UN LIVRE *branché* SUR VOTRE RÉUSSITE !

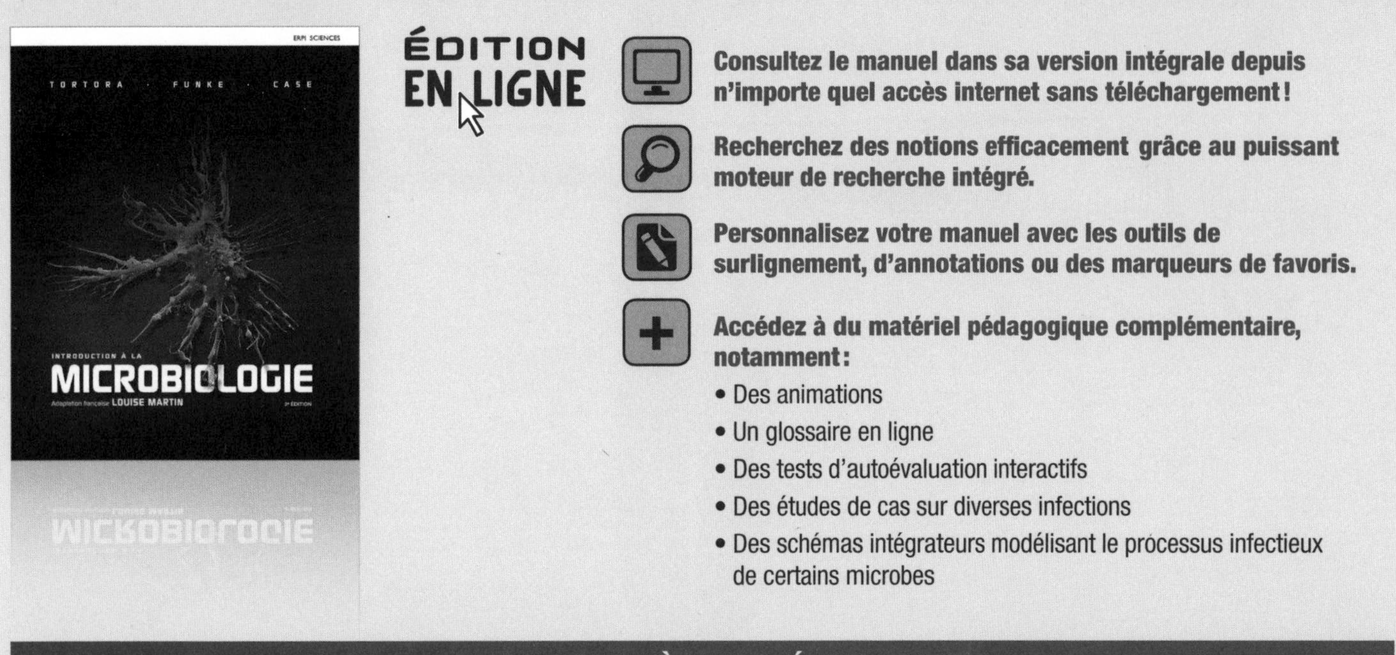

Consultez le manuel dans sa version intégrale depuis n'importe quel accès internet sans téléchargement !

Recherchez des notions efficacement grâce au puissant moteur de recherche intégré.

Personnalisez votre manuel avec les outils de surlignement, d'annotations ou des marqueurs de favoris.

Accédez à du matériel pédagogique complémentaire, notamment :

- Des animations
- Un glossaire en ligne
- Des tests d'autoévaluation interactifs
- Des études de cas sur diverses infections
- Des schémas intégrateurs modélisant le processus infectieux de certains microbes

CODE D'ACCÈS DE L'ÉTUDIANT

ÉDITION EN LIGNE

1. Rendez-vous à l'adresse de connexion de l'Édition en ligne : **http://enligne.erpi.com/tortora/**
2. Cliquez sur « S'inscrire » et suivez les instructions à l'écran.
3. Vous pouvez retourner en tout temps à l'adresse de connexion pour consulter l'Édition en ligne.

Afin d'éviter une désactivation de votre code d'accès causée par une inscription incomplète ou erronée, consultez la capsule vidéo d'information sur le site **http://assistance.pearsonerpi.com**

L'accès est valide pendant 36 MOIS à compter de la date de votre inscription.

Code d'accès étudiant
ÉDITION EN LIGNE ►

AVERTISSEMENT : Ce livre NE PEUT ÊTRE RETOURNÉ si la case ci-dessus est découverte.

Besoin d'aide ? : http://assistance.pearsonerpi.com

CODE D'ACCÈS DE L'ENSEIGNANT

Du matériel complémentaire à l'usage exclusif de l'enseignant est offert sur adoption de l'ouvrage. Certaines conditions s'appliquent. **Demandez votre code d'accès à information@erpi.com**

W20615 (A45800)

ERPI SCIENCES

INTRODUCTION À LA

MICROBIOLOGIE

2e ÉDITION

ERPI SCIENCES

INTRODUCTION À LA

MICROBIOLOGIE

2e ÉDITION

GERARD J. TORTORA

BERDELL R. FUNKE

CHRISTINE L. CASE

Adaptation française
LOUISE MARTIN

PEARSON

Montréal Toronto Boston Columbus Indianapolis New York San Francisco Upper Saddle River
Amsterdam Le Cap Dubaï Londres Madrid Milan Munich Paris
Delhi México São Paulo Sydney Hong-Kong Séoul Singapour Taipei Tōkyō

Supervision éditoriale
Jacqueline Leroux

Traduction et révision linguistique
Michel Boyer et Hélène Crevier

Correction d'épreuves
Odile Dallaserra

Recherche iconographique
Chantal Bordeleau

Direction artistique
Hélène Cousineau

Coordination de la production
Muriel Normand

Conception graphique et couverture
Martin Tremblay

Édition électronique
Interscript

Couverture : photographie de David Scharf et Peter Arnold représentant une cellule dendritique, reconnaissable aux nombreux prolongements de son cytoplasme qui rappellent la forme des dendrites d'un neurone. Les cellules dendritiques sont en quelque sorte des sentinelles, qui absorbent les microbes envahisseurs, les dégradent et les transportent jusqu'aux nœuds lymphatiques, où elles les présentent aux lymphocytes T : c'est pourquoi on les appelle « cellules présentatrices d'antigènes ».

Published by arrangement with the original publisher, Pearson Education, Inc., publishing as Addison Wesley Longman.

Cet ouvrage est une version française de la dixième édition de *Microbiology – an Introduction*, de Gerard J. Tortora, Berdell R. Funke et Christine L. Case, publiée et vendue à travers le monde avec l'autorisation d'ADDISON WESLEY LONGMAN, une filiale de Pearson Education, Inc.

Membre du groupe Pearson Education depuis 1989

5757, rue Cypihot
Saint-Laurent (Québec) H4S 1R3
CANADA
Téléphone : 514 334-2690
Télécopieur : 514 334-4720
info@pearsonerpi.com
http://pearsonerpi.com

Dépôt légal – Bibliothèque et Archives nationales du Québec, 2011
Dépôt légal – Bibliothèque et Archives Canada, 2011

Imprimé au Canada 4567890 II 17 16 15 14
ISBN 978-2-7613-4139-4 20615 ABCD SM9

PRÉSENTATION DU MANUEL

Introduction à la microbiologie de Tortora, Funke et Case dévoile le monde fascinant de la microbiologie en conjuguant la rigueur de la science et le plaisir de la découverte. Écrit dans un style simple et direct, ce manuel va à l'essentiel et constitue un classique de la discipline; périodiquement mis à jour, il en est à sa dixième édition anglaise et à sa deuxième édition française.

Le monde des microbes est captivant, et ce livre en révèle quelques secrets passionnants!

Les nouveautés

La deuxième édition française existe en version papier – dans laquelle sont regroupés des chapitres qui font une large place à la microbiologie médicale – et en version en ligne – qui présente des chapitres consacrés aux notions fondamentales de biochimie et de biotechnologie, aux techniques immunologiques ainsi qu'à la microbiologie appliquée et industrielle, en plus de la totalité du contenu de la version papier. Cette deuxième édition innove également par un **schéma guide**, qui présente le centre d'intérêt de chacun des chapitres.

Schéma guide

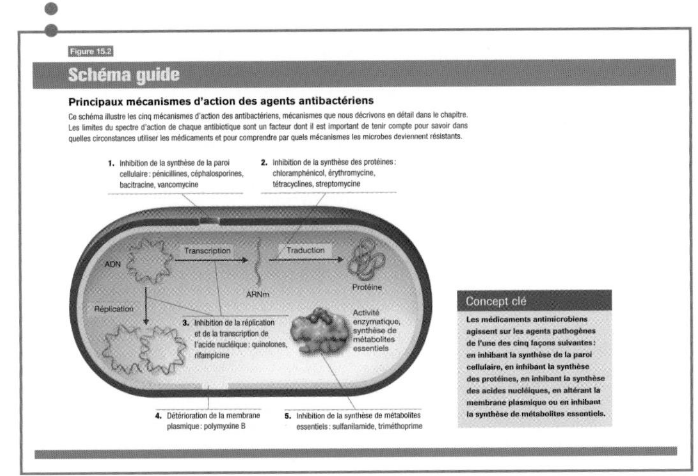

Sur la première page de chaque chapitre, une **question** est posée, et pour en trouver la **réponse**, il faut lire attentivement le chapitre.

Question/Réponse

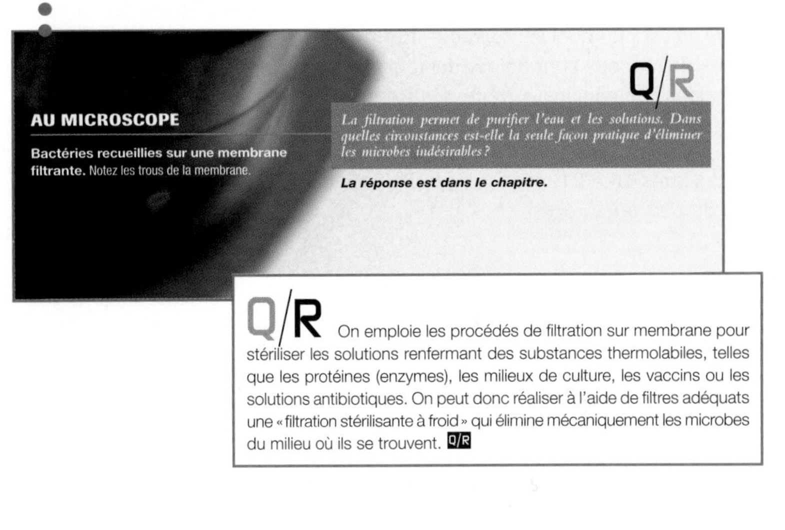

Q/R
AU MICROSCOPE
Bactéries recueillies sur une membrane filtrante. Notez les trous de la membrane.
La filtration permet de purifier l'eau et les solutions. Dans quelles circonstances est-elle la seule façon pratique d'éliminer les microbes indésirables?
La réponse est dans le chapitre.
Q/R On emploie les procédés de filtration sur membrane pour stériliser les solutions renfermant des substances thermolabiles, telles que les protéines (enzymes), les milieux de culture, les vaccins ou les solutions antibiotiques. On peut donc réaliser à l'aide de filtres adéquats une « filtration stérilisante à froid » qui élimine mécaniquement les microbes du milieu où ils se trouvent. Q/R

La structure

Le manuel est organisé selon une séquence logique : on présente d'abord des concepts généraux (chapitres 1 et 2), puis on traite des caractéristiques des divers groupes d'agresseurs (chapitres 3 à 8), de la relation entre un microbe et son hôte (chapitre 9), des mécanismes de pathogénicité microbienne (chapitre 10), des réactions de défense de l'hôte – l'attaque suivie de la défense – (chapitres 11 à 13), des moyens de contrôle (chapitres 14 et 15) et, enfin, des maladies infectieuses causées par les agents pathogènes (chapitres 16 à 21).

Chaque chapitre est rédigé de telle sorte qu'il soit le plus autonome possible ; en outre, nous avons intégré un grand nombre de renvois à des figures et à des tableaux. Dans le texte aussi bien que dans les illustrations, nous décrivons les **processus par étapes** de façon à en révéler la logique et à aider l'étudiant à se représenter l'ordre des événements.

Processus par étapes

> La **figure 12.5** illustre les étapes du phénomène qu'on appelle **sélection clonale**. ❶ Les lymphocytes B matures, issus de cellules souches, peuvent reconnaître un nombre presque infini d'antigènes, mais chaque lymphocyte B n'en reconnaît qu'un (figure 12.8). ❷ Le contact d'un antigène particulier, associé ou non à l'intervention d'un lymphocyte T_H1, déclenche l'activation du lymphocyte B qui est spécifique de cet antigène. ❸ Une fois activé, le lymphocyte B entre dans une phase de prolifération appelée *expansion clonale*. Il en résulte un clone composé de cellules ayant toutes la même spécificité, d'où l'expression « **sélection clonale** ». (Nous verrons plus loin dans ce chapitre que les lymphocytes T suivent un cheminement analogue.) ❹a Certaines de ces cellules se différencient en **plasmocytes**, dont la fonction consiste à synthétiser et à sécréter de grandes quantités d'anticorps. ❹b D'autres deviennent des **lymphocytes B mémoires**. Ceux-ci jouissent d'une longue durée de vie et sont prêts à réagir rapidement au même antigène s'il se présente à nouveau. Cette réaction secondaire à l'antigène mène à une production d'anticorps plus vigoureuse que la réaction primaire (figure 12.16). ❺ Les anticorps, libérés dans la circulation sanguine, entrent en contact avec les antigènes.

Beaucoup d'étudiants auront à appliquer les connaissances acquises dans le cadre de leur formation. C'est pourquoi chaque chapitre se termine par une **section Autoévaluation** comprenant des **questions à court développement** et des **applications cliniques**; dans l'Édition en ligne, cette section est renforcée par des questions à choix multiple interactives, d'autres questions à court développement et des applications cliniques particulièrement adaptées aux étudiants inscrits en soins infirmiers.

AUTOÉVALUATION

QUESTIONS À COURT DÉVELOPPEMENT

1. Démontrez à l'aide d'exemples pertinents que les bactéries ont une importance remarquable dans les domaines médical, agroalimentaire, environnemental et industriel, ainsi que dans la recherche.
2. Quel genre d'organismes correspond le mieux à la description suivante? Détaillez les situations présentées.
   a) Des organismes qui produisent un combustible utilisé pour le chauffage des habitations et la production d'électricité.
   b) Des bactéries à Gram positif qui constituent le principal problème d'origine microbienne pour l'industrie de l'apiculture.
   c) Des bacilles à Gram positif utilisés par l'industrie laitière pour la fermentation.
   d) Des γ-protéobactéries utilisées pour dégrader les hydrocarbures à la suite d'un déversement de pétrole.

APPLICATIONS CLINIQUES

N. B. Ces questions nécessitent que vous cherchiez des réponses dans les différents chapitres du livre.

1. Après avoir été en contact avec du liquide cérébrospinal (LCS) prélevé chez un patient atteint de méningite, un technicien de laboratoire a souffert de fièvre et de nausée, et des lésions pourpres sont apparues sur son cou et ses membres. Des diplocoques à Gram négatif se sont développés dans des milieux de culture inoculés avec des prélèvements de sa gorge et du LCS.

   À quel genre appartient la bactérie responsable de l'infection? Énumérez les éléments qui vous ont mis sur la piste. (*Indice:* Voir le chapitre 17.)
2. Entre le 1er avril et le 15 mai d'une même année, 22 enfants résidant dans trois villes différentes ont souffert de diarrhée, de fièvre et de vomissements. Tous ces enfants avaient reçu un caneton comme animal de compagnie. On a isolé un bacille

Section Autoévaluation

Le contenu

Les cours d'introduction à la microbiologie couvrent une matière considérable. Les sujets qui doivent être abordés sont nombreux et exigent l'acquisition d'une terminologie parfois rébarbative. C'est pourquoi les **termes clés** sont mis en caractères gras dans le texte et les principaux d'entre eux sont définis dans le glossaire. Rappelons que, dans l'Édition en ligne, les définitions des principaux mots clés apparaissent d'un simple clic.

Termes clés

la plupart n'affichent pas la longévité et la tolérance extrême des endospores bactériennes.

Les spores naissent à partir des hyphes aériens et se forment de plusieurs façons, selon l'espèce. Les spores de mycètes peuvent être asexuées ou sexuées. Les **spores asexuées** sont produites par les hyphes d'un organisme sans l'intervention d'un autre membre de l'espèce. Quand elles germent, elles donnent naissance à des individus identiques au parent sur le plan génétique. Les **spores sexuées** naissent de la fusion de noyaux de deux cellules provenant [...]bles de la même espèce. Les organismes issus de [...]dent des caractères héréditaires des deux souches [...]ètes produisent plus souvent des spores asexuées [...]ées. Les spores étant d'une importance considé[...]cation des mycètes, nous examinons maintenant [...]vers types de spores asexuées et sexuées.

Pour faciliter le **repérage des maladies** décrites dans les chapitres 16 à 21, nous avons utilisé un caractère gras de **couleur rouge**.

Chacun sait par expérience que plusieurs affections courantes touchent les voies respiratoires et que ces dernières se transmettent généralement par contact direct avec des sécrétions des personnes infectées ou porteuses. Nous traiterons sous peu de la **pharyngite**, inflammation des muqueuses de la gorge aussi appelée *angine*. Si l'infection touche le larynx, le sujet souffre d'une **laryngite**, qui réduit sa capacité de parler. Cette dernière affection est causée par une bactérie, telle que *S. pneumoniæ*, ou par un virus, et souvent par des microbes des deux types. Les microbes responsables de la pharyngite peuvent aussi provoquer une inflammation des tonsilles, la **tonsillite**, communément appelée *amygdalite*.

Repérage des maladies

De nombreux tableaux et figures viennent renforcer le contenu notionnel.

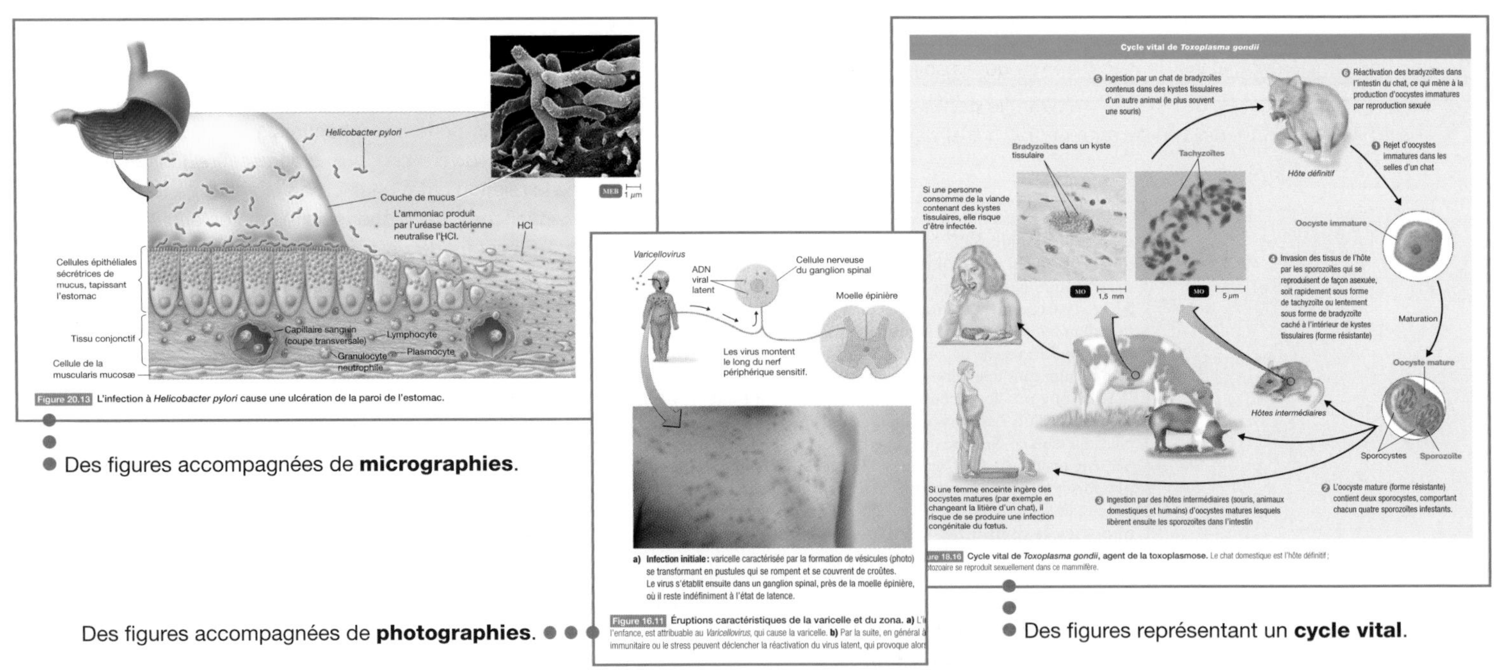

● Des figures accompagnées de **micrographies**.

Des figures accompagnées de **photographies**.

● Des figures représentant un **cycle vital**.

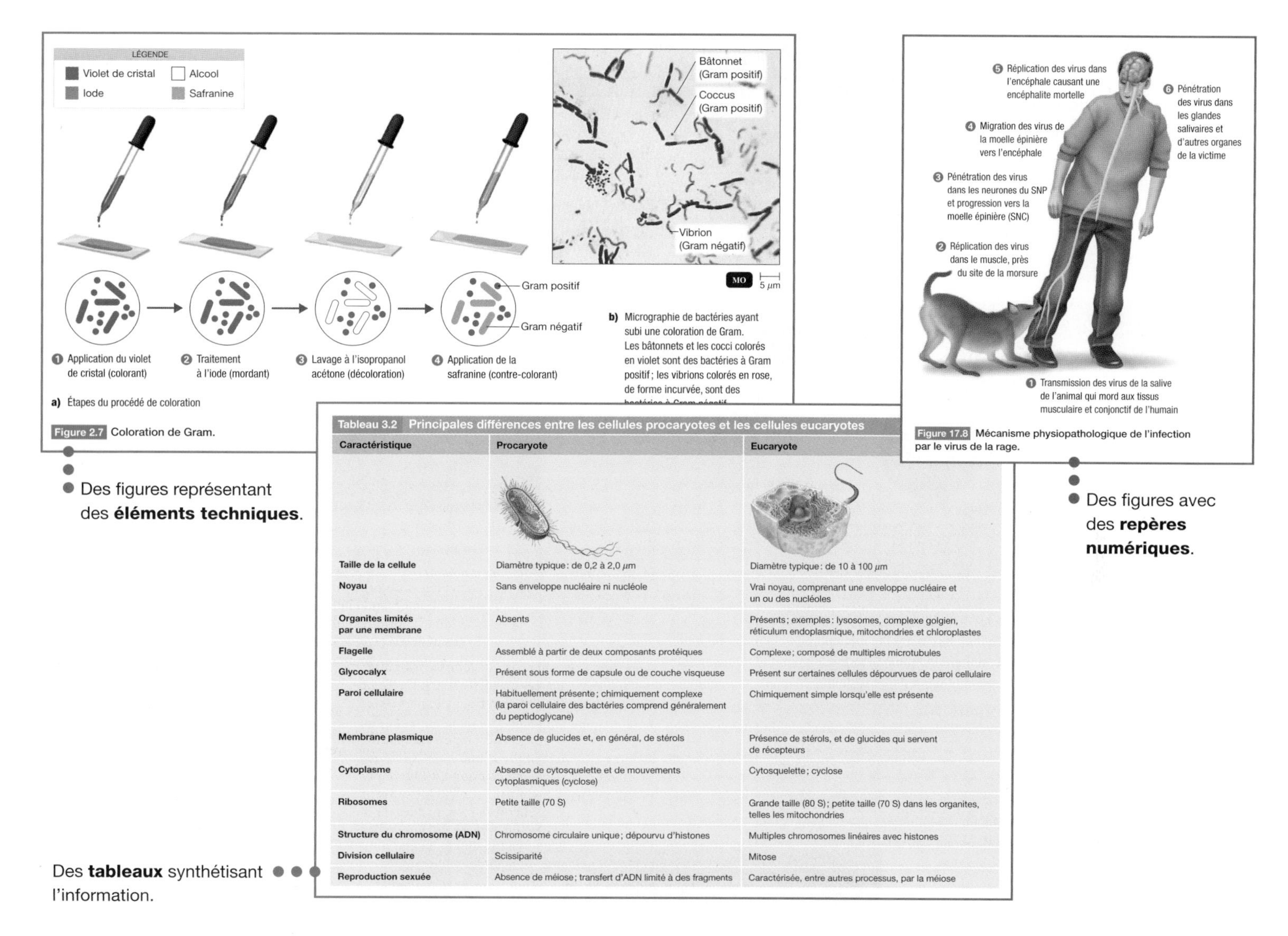
LÉGENDE
Violet de cristal
Alcool
Iode
Safranine
Gram positif
Gram négatif
1 Application du violet de cristal (colorant)
2 Traitement à l'iode (mordant)
3 Lavage à l'isopropanol acétone (décoloration)
4 Application de la safranine (contre-colorant)
a) Étapes du procédé de coloration
Bâtonnet (Gram positif)
Coccus (Gram positif)
Vibrion (Gram négatif)
MO
5 µm
b) Micrographie de bactéries ayant subi une coloration de Gram. Les bâtonnets et les cocci colorés en violet sont des bactéries à Gram positif; les vibrions colorés en rose, de forme incurvée, sont des
Figure 2.7 Coloration de Gram.
5 Réplication des virus dans l'encéphale causant une encéphalite mortelle
6 Pénétration des virus dans les glandes salivaires et d'autres organes de la victime
4 Migration des virus de la moelle épinière vers l'encéphale
3 Pénétration des virus dans les neurones du SNP et progression vers la moelle épinière (SNC)
2 Réplication des virus dans le muscle, près du site de la morsure
1 Transmission des virus de la salive de l'animal qui mord aux tissus musculaire et conjonctif de l'humain
Figure 17.8 Mécanisme physiopathologique de l'infection par le virus de la rage.

Tableau 3.2 Principales différences entre les cellules procaryotes et les cellules eucaryotes

Caractéristique	Procaryote	Eucaryote
Taille de la cellule	Diamètre typique: de 0,2 à 2,0 µm	Diamètre typique: de 10 à 100 µm
Noyau	Sans enveloppe nucléaire ni nucléole	Vrai noyau, comprenant une enveloppe nucléaire et un ou des nucléoles
Organites limités par une membrane	Absents	Présents; exemples: lysosomes, complexe golgien, réticulum endoplasmique, mitochondries et chloroplastes
Flagelle	Assemblé à partir de deux composants protéiques	Complexe; composé de multiples microtubules
Glycocalyx	Présent sous forme de capsule ou de couche visqueuse	Présent sur certaines cellules dépourvues de paroi cellulaire
Paroi cellulaire	Habituellement présente; chimiquement complexe (la paroi cellulaire des bactéries comprend généralement du peptidoglycane)	Chimiquement simple lorsqu'elle est présente
Membrane plasmique	Absence de glucides et, en général, de stérols	Présence de stérols, et de glucides qui servent de récepteurs
Cytoplasme	Absence de cytosquelette et de mouvements cytoplasmiques (cyclose)	Cytosquelette; cyclose
Ribosomes	Petite taille (70 S)	Grande taille (80 S); petite taille (70 S) dans les organites, telles les mitochondries
Structure du chromosome (ADN)	Chromosome circulaire unique; dépourvu d'histones	Multiples chromosomes linéaires avec histones
Division cellulaire	Scissiparité	Mitose
Reproduction sexuée	Absence de méiose; transfert d'ADN limité à des fragments	Caractérisée, entre autres processus, par la méiose

Des figures représentant des **éléments techniques**.

Des figures avec des **repères numériques**.

Des **tableaux** synthétisant l'information.

Diverses icônes ponctuent le texte et les figures, par exemple:

- Un **stéthoscope** facilite le repérage des notions intéressant particulièrement les étudiants inscrits dans les domaines de la santé tels que les soins infirmiers.
- Dans certaines figures, des icônes indiquant le **genre** de microscope utilisé et la **référence** à la dimension permettent de se représenter l'objet dans sa réalité.

ules

b) *Influenzavirus* MET 50 nm

Figure 8.3 Morphologie d'un virus hélicoïdal enveloppé. **a)** Diagramme d'un virus hélicoïdal enveloppé. **b)** Micrographie du virus de la grippe type A2. Notez l'anneau de spicules saillant de la surface de chacune des enveloppes (figure 19.15).

Genre de microscope et référence à la dimension

Stéthoscope

Dans le domaine hospitalier, la résistance variée des microbes à la sécheresse est un facteur décisif dont il faut tenir compte lors de techniques de prélèvements. Ainsi, il est essentiel d'acheminer au laboratoire tout prélèvement de sperme ou de sécrétions vaginales dans un milieu de transport adéquat, de sorte que les bactéries potentiellement présentes, telle *Neisseria gonorrhϾ,* ne meurent pas. De plus, la capacité de certains microbes et endospores déshydratés à rester revivifiables est déterminante dans le contexte hospitalier. La poussière, les vêtements, la lingerie et les pansements sont susceptibles de contenir du mucus, de l'urine, du pus ou des fèces séchés qui renferment des microbes potentiellement infectieux. Par exemple, lorsqu'on refait les lits, il faut veiller à ne pas secouer les draps trop vigoureusement afin de ne pas projeter dans l'air de nombreux microbes. En effet, ces derniers pourraient se retrouver quelques minutes plus tard sur une plaie humide; il s'ensuivrait rapidement l'hydratation des microbes, leur retour à l'état infectieux et, par conséquent, l'apparition d'une infection.

Les compléments

Toujours dans l'esprit de mettre l'accent sur l'application des connaissances, l'ouvrage comprend des encadrés qui rendent compte des avancées en microbiologie.

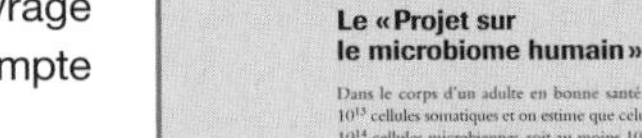

La microbiologie dans L'ACTUALITÉ Encadré 9.1

Le « Projet sur le microbiome humain »

La microbiologie dans l'actualité permet d'approfondir certains sujets qui font les manchettes, tels que le « Projet sur le microbiome » et le « riboswicth », un nouveau type d'antibiotique.

CAS CLINIQUES Encadré 16.1 — Extrait de *Morbidity and Mortality Weekly Report*

Des infections contractées au gymnase

Cas cliniques vise à susciter l'esprit critique de l'étudiant lorsqu'il est appelé à analyser des situations cliniques. Plusieurs cas illustrent des situations épidémiologiques, telles que les éclosions d'infections dans les garderies, les gymnases et les hôpitaux, ou de grands problèmes actuels, tels que la tuberculose urbaine et la résistance aux antibiotiques.

APPLICATIONS DE LA MICROBIOLOGIE Encadré 20.3

Les probiotiques : de bonnes bactéries pour lutter contre les mauvaises !

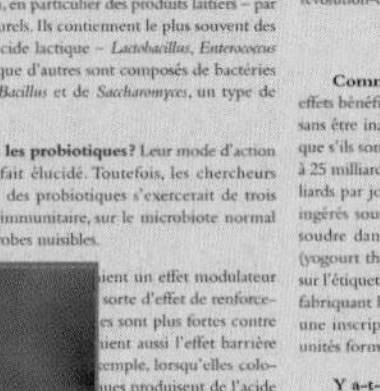

Applications de la microbiologie porte sur les utilisations modernes de la microbiologie et de la biotechnologie, tels les probiotiques et les bactéries mises au service de la haute technologie – une nouvelle avenue pour traiter le cancer.

PLEINS FEUX SUR LES MALADIES Encadré 19.1

Les maladies infectieuses des voies respiratoires supérieures

Tuméfaction des nœuds lymphatiques, caractéristique de la maladie

Maladie	Agent pathogène	Signes et symptômes	Modes de transmission	Prévention/ Traitement
BACTÉRIOSES				
Sinusite	*Streptococcus pneumoniæ* ou *Hæmophilus influenzæ* de type b	Inflammation des muqueuses, écoulement nasal de liquide muqueux, congestion et douleur ; parfois de la fièvre	Par contact direct	Antibiotiques
Épiglottite	*H. influenzæ* de type b	Fièvre, inflammation de l'épiglotte et suffocation possible	Par contact direct	Vaccin Hib ; antibiotiques et soutien respiratoire
Pharyngite (ou angine) streptococcique	Streptocoques, en particulier SBHA	Inflammation des muqueuses de la gorge, fièvre supérieure à 38 °C, adénopathie cervicale ; complication possible : otite moyenne	Par contact direct	Pénicilline ; érythromycine (si allergie à la pénicilline)
Scarlatine	Souches de SBHA productrices de toxines érythrogènes	Forte fièvre et érythème rouge rosé sur la peau et la langue ; desquamation de la peau touchée	Par contact direct	Pénicilline ; érythromycine
Diphtérie	*Corynebacterium diphteriæ*	Malaise général, céphalée, fièvre, maux de gorge et œdème du cou ; formation d'une membrane fibreuse dans la gorge ; dommages au cœur, aux reins et à d'autres organes ; il existe une forme cutanée de la maladie	Par contact direct ; par contact indirect ; par voie aérienne	Vaccin DCaT ; pénicilline et antitoxine
Otite moyenne	Diverses bactéries, dont *S. pneumoniæ*, *H. influenzæ* de type b, SBHA, *Moraxella catarrhalis* et *Staphylococcus aureus*	Douleurs dues à une pression accrue sur la membrane du tympan causée par l'accumulation de pus	Par contact direct (complication du rhume ou de la pharyngite)	Vaccin contre les pneumocoques ; antibiotiques à large spectre
VIROSES Voir le tableau 8.2 pour les caractéristiques des familles de virus qui infectent l'humain.				
Rhume	*Rhinovirus*, *Coronavirus*	Inflammation de la gorge, éternuements, sécrétions nasales abondantes et congestion ; rarement de la fièvre	Par contact direct ; contact indirect avec des objets fraîchement contaminés	Soutien

Pleins feux sur les maladies récapitule les maillons de la chaîne épidémiologique des agents pathogènes à l'origine des maladies infectieuses décrites dans les chapitres 16 à 21. Chaque encadré comporte une courte mise en situation à résoudre à l'aide des informations du tableau.

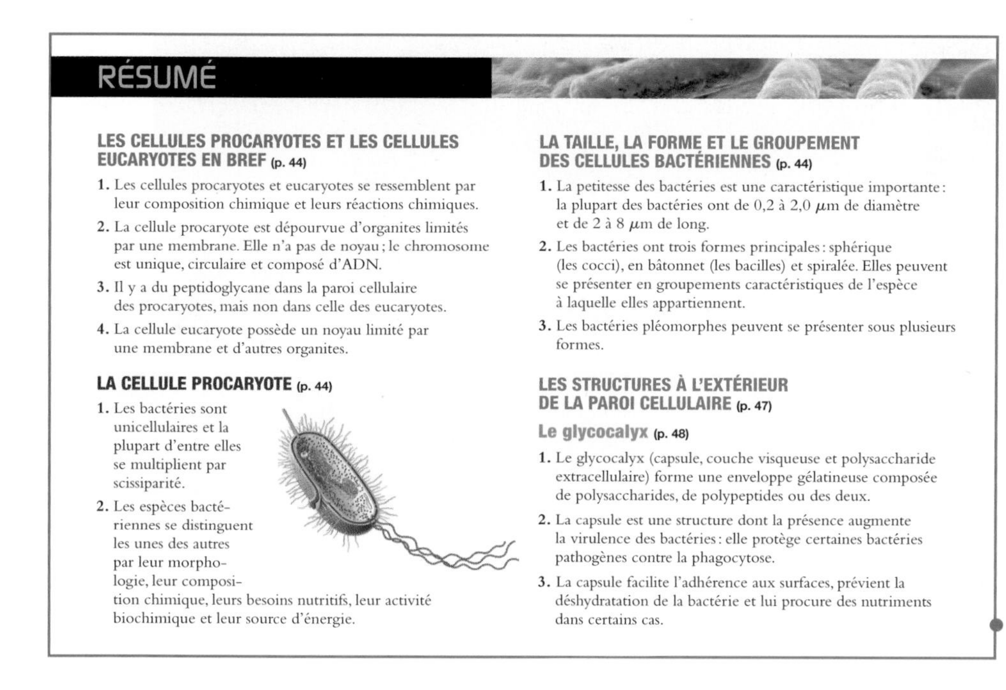

RÉSUMÉ

LES CELLULES PROCARYOTES ET LES CELLULES EUCARYOTES EN BREF (p. 44)

1. Les cellules procaryotes et eucaryotes se ressemblent par leur composition chimique et leurs réactions chimiques.
2. La cellule procaryote est dépourvue d'organites limités par une membrane. Elle n'a pas de noyau ; le chromosome est unique, circulaire et composé d'ADN.
3. Il y a du peptidoglycane dans la paroi cellulaire des procaryotes, mais non dans celle des eucaryotes.
4. La cellule eucaryote possède un noyau limité par une membrane et d'autres organites.

LA CELLULE PROCARYOTE (p. 44)

1. Les bactéries sont unicellulaires et la plupart d'entre elles se multiplient par scissiparité.
2. Les espèces bactériennes se distinguent les unes des autres par leur morphologie, leur composition chimique, leurs besoins nutritifs, leur activité biochimique et leur source d'énergie.

LA TAILLE, LA FORME ET LE GROUPEMENT DES CELLULES BACTÉRIENNES (p. 44)

1. La petitesse des bactéries est une caractéristique importante : la plupart des bactéries ont de 0,2 à 2,0 μm de diamètre et de 2 à 8 μm de long.
2. Les bactéries ont trois formes principales : sphérique (les cocci), en bâtonnet (les bacilles) et spiralée. Elles peuvent se présenter en groupements caractéristiques de l'espèce à laquelle elles appartiennent.
3. Les bactéries pléomorphes peuvent se présenter sous plusieurs formes.

LES STRUCTURES À L'EXTÉRIEUR DE LA PAROI CELLULAIRE (p. 47)

Le glycocalyx (p. 48)

1. Le glycocalyx (capsule, couche visqueuse et polysaccharide extracellulaire) forme une enveloppe gélatineuse composée de polysaccharides, de polypeptides ou des deux.
2. La capsule est une structure dont la présence augmente la virulence des bactéries : elle protège certaines bactéries pathogènes contre la phagocytose.
3. La capsule facilite l'adhérence aux surfaces, prévient la déshydratation de la bactérie et lui procure des nutriments dans certains cas.

Précieux outil de révision, le **résumé**, à la fin de chaque chapitre, est structuré selon les sections du chapitre.

Résumé

Les objectifs

Le présent ouvrage vise trois grands objectifs :

- Donner une solide assise scientifique en microbiologie générale.
- Comprendre la maladie infectieuse comme une perturbation de l'homéostasie.
- Établir la relation entre une infection et le mécanisme physiopathologique qui conduit à l'apparition des principaux signes de la maladie en tenant compte de la réaction de l'organisme agressé.

Afin de faciliter l'atteinte de ces visées fondamentales, nous proposons en début de section des **objectifs d'apprentissage** et, en fin de section, la rubrique **Vérifiez vos acquis**, en lien direct avec les objectifs d'apprentissage.

Objectifs d'apprentissage

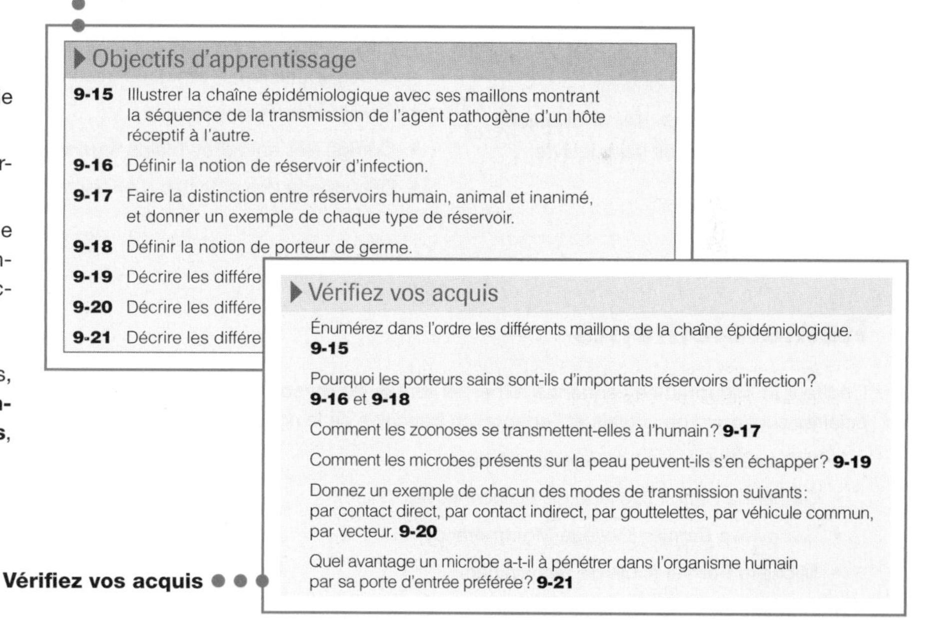

Objectifs d'apprentissage

9-15 Illustrer la chaîne épidémiologique avec ses maillons montrant la séquence de la transmission de l'agent pathogène d'un hôte réceptif à l'autre.

9-16 Définir la notion de réservoir d'infection.

9-17 Faire la distinction entre réservoirs humain, animal et inanimé, et donner un exemple de chaque type de réservoir.

9-18 Définir la notion de porteur de germe.

9-19 Décrire les différe

9-20 Décrire les différe

9-21 Décrire les différe

Vérifiez vos acquis

Énumérez dans l'ordre les différents maillons de la chaîne épidémiologique. **9-15**

Pourquoi les porteurs sains sont-ils d'importants réservoirs d'infection? **9-16** et **9-18**

Comment les zoonoses se transmettent-elles à l'humain? **9-17**

Comment les microbes présents sur la peau peuvent-ils s'en échapper? **9-19**

Donnez un exemple de chacun des modes de transmission suivants : par contact direct, par contact indirect, par gouttelettes, par véhicule commun, par vecteur. **9-20**

Quel avantage un microbe a-t-il à pénétrer dans l'organisme humain par sa porte d'entrée préférée? **9-21**

Vérifiez vos acquis

L'étude des maladies infectieuses est organisée en fonction des organes et des systèmes de l'hôte qui sont touchés. L'approche que nous avons privilégiée s'appuie sur le concept de l'homéostasie – soit l'état d'équilibre physiologique dynamique de l'organisme –, ce qui permet aux étudiants de bien comprendre les répercussions des conditions défavorables qui mènent à l'agression du corps humain par un microbe. À ce propos, l'appendice A contient un guide taxinomique des maladies infectieuses décrites dans l'ouvrage.

Le mécanisme physiopathologique par lequel un agent pathogène est capable de causer un déséquilibre physiologique et (ou) métabolique est souvent très complexe. Dans le présent ouvrage, nous avons choisi de simplifier le traitement du sujet, afin de permettre une meilleure compréhension des principales étapes de ce mécanisme. Dans chacun des chapitres consacrés aux maladies infectieuses, nous abordons ainsi, dans un premier temps, les structures et les fonctions des organes du système atteint et le rôle du microbiote normal, s'il y a lieu. Dans un deuxième temps, nous analysons en détail des maladies en tenant compte de l'agent responsable, de son pouvoir pathogène, de ses réservoirs, de ses modes de transmission, de ses portes d'entrée et des hôtes réceptifs susceptibles à l'infection. Pour certaines des maladies les plus courantes, nous décrivons dans leurs grandes lignes le mécanisme physiopathologique de même que les réactions de défense de l'organisme agressé. Les méthodes de diagnostic, les mesures de prévention et les thérapeutiques sont aussi exposées.

L'Édition en ligne, c'est non seulement l'ajout de 7 chapitres – soit un contenu notionnel exhaustif distribué dans 28 chapitres –, mais aussi du matériel pédagogique complémentaire.

Des animations

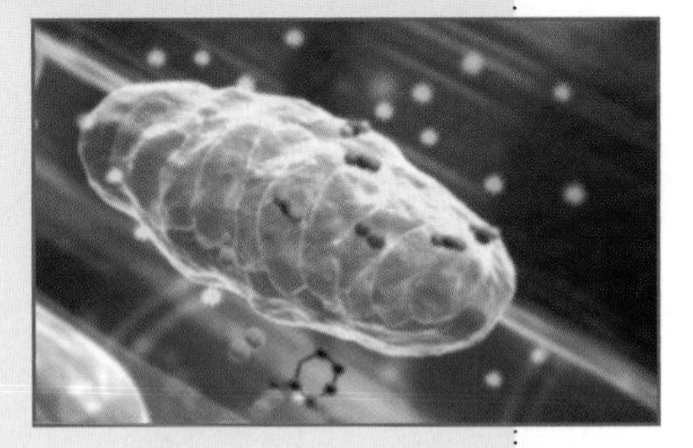

- Sept capsules 3D d'une qualité remarquable sont consacrées à des thèmes de la biologie cellulaire et de la microbiologie : par exemple, la cytologie d'une cellule animale ; la réplication de l'ADN et la synthèse des protéines ; la mitose et la méiose ; le métabolisme ; l'immunologie.
- Plus d'une centaine d'animations 2D traitent d'une grande variété de sujets : par exemple, la mobilité des bactéries ; la reproduction et la croissance bactériennes ; la réplication virale, les phages et les prions ; les facteurs de pathogénicité microbienne, la chaîne épidémiologique ; le mode d'action des agents de contrôle antimicrobien et les mécanismes de résistance ; les mécanismes de l'immunité innée et de l'immunité adaptative ; les infections nosocomiales.

Un glossaire en ligne

- Les définitions des principaux mots clés (en gras dans le texte) sont accessibles par simple clic.

De l'aide à l'apprentissage

- Des tests d'autoévaluation interactifs
- Des études de cas sur une dizaine d'infections
- Des schémas intégrateurs modélisant le processus infectieux de certains microbes choisis
- Des hyperliens par chapitre et des hyperliens généraux

Du matériel pédagogique (à la disposition exclusive de l'enseignant)

- Figures et tableaux du livre
- Figures muettes du livre
- Liste et référence des applications cliniques décrites dans le livre
- Corrigé des questions à court développement et des applications cliniques des 28 chapitres
- Corrigé des études de cas
- Corrigé des encadrés Pleins feux sur les maladies
- Découpage des activités d'enseignement

Remerciements

L'éditeur et l'adaptatrice tiennent à remercier toutes les personnes qui ont aimablement donné leurs commentaires éclairés sur l'ouvrage anglais et l'adaptation française de la nouvelle édition, notamment les enseignants suivants :

- Sylvain Beausoleil (Collège Ahuntsic)
- Catherine Benoit (Collège de Maisonneuve)
- Geneviève Bernier (Collège Montmorency)
- Michelle Bernier (Collège Shawinigan)
- Caroline Boucher (Collège Édouard Montpetit)
- Manon Deschâtelets (Collège de l'Outaouais)
- Maryse Dupuis (Cégep de Saint-Jérôme)
- Zoé Dupuis (Collège Shawinigan)
- Patrick Fillion (Collège de l'Outaouais)
- Guylaine Fréchette-Frigon (Cégep de Saint-Hyacinthe)
- Sonia Gagné (Collège Lionel-Groulx)
- Marie-Andrée Godbout (Collège de Valleyfield)
- Viviane Hardy (Cégep André-Laurendeau)
- Caroline Jolin (Collège Shawinigan)
- Patrick Létourneau (Collège Édouard Montpetit)
- Sylvain Marchand (Cégep de Saint-Jérôme)
- Karine Martel (Cégep régional de Lanaudière à Joliette)
- Stéphanie Martel (Collège Édouard Montpetit)
- Bernard Rose (Collège de Maisonneuve)
- Sébastien Sachetelli (Collège Montmorency)
- Denise Sylvestre (Collège de Bois-de-Boulogne)
- Francine Tessier (Collège de Valleyfield)
- Pierre-Jean Thibault (Collège de l'Outaouais)
- Isabelle Tremblay (Cégep de Trois-Rivières)
- Mélanie Villeneuve (Collège de Maisonneuve)

L'adaptatrice tient particulièrement à remercier Michel Forest pour sa contribution à l'Édition en ligne, pour la mise à jour des statistiques et pour son attitude *zen* réconfortante ainsi que son soutien indéfectible.

TABLE DES MATIÈRES

QUATRIÈME PARTIE
Les microorganismes et les maladies infectieuses humaines 431

L'Édition en ligne fournit en plus les chapitres 22 à 28.

PREMIÈRE PARTIE

Éléments de microbiologie

Tel un astronaute qui découvre une planète éloignée, nous abordons un nouveau monde fabuleux, celui des microbes, de minuscules organismes vivants invisibles à l'œil nu. Le grand thème du présent ouvrage est la relation qui existe entre les microbes et nous. Le premier chapitre vous présente un bref historique de la microbiologie ainsi que la grande diversité des microorganismes qui nous entourent et nous habitent. Le chapitre 2 vous introduit à la microscopie et à quelques techniques de coloration, des outils de prédilection pour visualiser les microorganismes. Au chapitre 3, nous examinons en détail leur structure cellulaire par une étude comparative des cellules procaryotes et des cellules eucaryotes et au chapitre 4, nous étudions comment les microbes se nourrissent et se reproduisent.

Sommaire

CHAPITRE

1

Le règne des microbes et nous

La relation qui existe entre les microbes et nous comprend non seulement les effets nocifs familiers de certains microorganismes, tels que la maladie et les aliments gâtés, mais aussi leurs nombreux effets bénéfiques. Dans le présent chapitre, nous vous donnons quelques exemples de l'influence que les microbes exercent sur nos vies. Vous verrez au cours de notre bref historique de la microbiologie qu'ils sont, depuis nombre d'années, l'objet d'études qui ne cessent de porter leurs fruits. Nous présenterons ensuite l'incroyable diversité des microorganismes. Puis, nous examinerons leur importance écologique, notamment comment ils contribuent à l'équilibre de l'environnement en favorisant la circulation des éléments chimiques tels que le carbone et l'azote entre le sol, les êtres vivants et l'atmosphère. Nous nous pencherons ensuite sur leur utilisation dans le commerce et l'industrie pour la préparation d'aliments, de produits chimiques et de médicaments (comme la pénicilline) ainsi que pour le traitement des eaux usées, la lutte contre les animaux nuisibles et le nettoyage des sites pollués. Enfin, nous traiterons des maladies infectieuses émergentes comme celles causées par les bactéries multirésistantes aux antibiotiques.

Dans le présent manuel, nous utilisons les termes «germes», «microbes» et «microorganismes» comme des synonymes, afin de simplifier le vocabulaire. Toutefois, selon plusieurs sources consultées, en français, le terme «microbe» (ainsi que le terme «germe») fait référence à un microorganisme unicellulaire pathogène (sens moderne et en médecine), et le sens où il est synonyme du mot «microorganisme» est considéré comme vieilli. L'expression «agents pathogènes» désigne à la fois des organismes microscopiques et des organismes visibles à l'œil nu, tels les arthropodes et les vers, capables de causer des maladies.

Q/R

Dans leurs messages publicitaires, les fabricants d'agents de nettoyage nous disent que nos maisons sont peuplées de bactéries et de virus, et qu'il nous faut acheter leurs produits antimicrobiens. Doit-on se laisser convaincre?

La réponse est dans le chapitre.

AU MICROSCOPE

Bactéries de la langue. La plupart des bactéries qui se trouvent dans notre bouche sont inoffensives.

Les microbes dans nos vies

Objectif d'apprentissage

1-1 Donner des exemples de l'importance des microbes dans nos vies.

Pour beaucoup, les mots «germe» et «microbe» évoquent un groupe de bestioles minuscules qui ne semblent appartenir à aucune des catégories auxquelles on pense quand on pose la fameuse question: «Est-ce animal, végétal ou minéral?» Les microbes, aussi appelés **microorganismes**, sont des êtres vivants qui sont trop petits pour être visibles à l'œil nu. Le groupe comprend les bactéries (chapitre 6), les mycètes (levures et moisissures), les protozoaires et les algues microscopiques (chapitre 7). Il inclut aussi les virus, ces entités non cellulaires que l'on considère parfois comme situées à la limite entre le vivant et le non-vivant (chapitre 8). Nous vous présenterons plus loin chacun de ces groupes de microbes.

On a tendance à associer ces petits organismes seulement aux grandes maladies comme le sida, au rhume et à la grippe ou à certains désagréments communs tels que les aliments gâtés. Cependant, la majorité des microorganismes jouent un *rôle indispensable* dans le bien-être des habitants de la Terre en participant au maintien de l'équilibre écologique entre les organismes vivants et les composants chimiques dans l'environnement. Les microorganismes – qu'ils soient d'eau salée ou d'eau douce – sont les premiers maillons de la chaîne alimentaire des océans, des lacs et des rivières. Les microbes dans le sol contribuent à la dégradation des déchets et à l'incorporation de l'azote de l'air dans les composés organiques, favorisant ainsi le recyclage des éléments chimiques dans le sol, l'eau, l'air et la matière vivante. Certains microbes jouent un rôle important dans la photosynthèse: la nourriture et le dioxygène (O_2) produits par ce processus sont essentiels à la vie sur Terre. Les humains et beaucoup d'autres animaux dépendent des microbes présents dans leurs intestins pour bien digérer et faire la synthèse de quelques vitamines nécessaires à l'organisme, dont certaines vitamines B pour le métabolisme et la vitamine K pour la coagulation du sang.

Les microorganismes servent aussi dans un grand nombre d'applications industrielles. On les utilise dans la synthèse de l'acétone (propanone), de certains acides (acides carboxyliques), de vitamines, d'enzymes, d'alcools et de beaucoup de médicaments. Le procédé par lequel les microbes produisent de l'acétone et du butanol a été mis au point en 1914 par Chaim Weizmann, chimiste d'origine russe travaillant en Angleterre. En août de cette année-là, la Première Guerre mondiale éclatait et l'acétone, qu'on pouvait dès lors obtenir en grande quantité, était employée pour fabriquer la cordite (poudre à canon), un composant des munitions. Le procédé de Weizmann a contribué pour beaucoup à l'issue de la guerre.

L'industrie alimentaire utilise aussi les microbes pour préparer du vinaigre, de la choucroute, des cornichons, des boissons alcoolisées, des olives vertes, de la sauce soja, du babeurre, du fromage, du yogourt et du pain. Grâce aux progrès récents de la science et de la technologie, on peut maintenant manipuler génétiquement les microbes de telle sorte qu'ils produisent des substances qu'ils ne synthétisent pas normalement. Ces produits sont, entre autres, la cellulose, des eupeptiques (additifs qui facilitent la digestion) et des nettoyeurs d'égouts, ainsi que des substances thérapeutiques importantes comme l'insuline. À ce propos, votre blue-jean préféré a peut-être été traité au moyen d'enzymes fabriquées exprès par des microbes modifiés (**encadré 1.1**).

Bien qu'il n'y ait qu'un petit nombre de microorganismes **pathogènes** (susceptibles de causer des maladies), une connaissance pratique des microbes est nécessaire en médecine et dans les sciences de la santé connexes.

Par exemple, le personnel hospitalier doit être en mesure de protéger les patients contre les microbes communs qui sont normalement inoffensifs mais qui peuvent menacer les malades et les blessés.

On sait aujourd'hui que des microorganismes sont présents presque partout. Toutefois, il n'y a pas si longtemps, avant l'invention du microscope, les microbes étaient inconnus des scientifiques. Des milliers de personnes mouraient au cours d'épidémies dévastatrices, dont on ne comprenait pas les causes. On était souvent impuissant à empêcher que les aliments ne se gâtent, et des familles entières étaient emportées parce qu'il n'existait pas de vaccins et d'antibiotiques pour combattre les infections.

Nous pouvons entrevoir comment les idées actuelles en microbiologie ont pris forme en rappelant quelques-uns des événements marquants qui ont changé notre vie dans ce domaine. Mais auparavant, nous allons donner un aperçu des principaux groupes de microbes et des règles qu'on emploie pour les nommer et les classer.

Vérifiez vos acquis

Donnez quelques exemples de l'utilité et des effets néfastes des microbes. **1-1***

L'appellation et la classification des microorganismes

Objectifs d'apprentissage

1-2 Reconnaître le système de nomenclature scientifique suivant lequel on utilise deux mots: le premier pour désigner le genre et le second, l'espèce.

1-3 Distinguer les principales caractéristiques des groupes de microorganismes.

1-4 Nommer les trois domaines qui regroupent tous les organismes vivants.

La nomenclature

Le système de nomenclature des organismes utilisé aujourd'hui a été mis au point en 1735 par Carl von Linné. Les noms scientifiques sont en latin parce que, à l'époque de Linné, c'était la langue employée par les savants. Suivant la nomenclature scientifique, l'appellation de chaque organisme est formée de deux mots: le premier désigne le **genre** et il porte toujours la majuscule; le second est une **épithète spécifique** (qui désigne l'**espèce**) sans majuscule. Pour parler d'un organisme, on utilise les deux mots, qui sont

* Cette indication renvoie à l'objectif d'apprentissage qui porte le même numéro.

Le blue-jean : vêtement griffé... par un microbe !

La popularité des jeans en toile bleue n'a cessé de croître depuis que Levi Strauss et Jacob Davis les ont conçus pour les chercheurs d'or californiens en 1873. À l'heure actuelle, nombre d'usines à travers le monde les manufacturent. Au cours des années, le procédé de fabrication n'a guère été modifié. Aujourd'hui, les sociétés qui produisent la toile des jeans et ses dérivés se tournent vers la microbiologie pour mettre au point des méthodes de production fiables qui diminuent à la fois la quantité de déchets toxiques et les frais qui sont associés à leur traitement. Ces procédés sont non seulement moins coûteux, mais ils fournissent également des matières premières abondantes et renouvelables.

Le jean « délavé »

Dans les années 1980, une toile plus souple, dite « délavée à la pierre », a fait son apparition. L'étoffe n'est pas vraiment lavée à la pierre. Ce sont des enzymes appelées *cellulases*, produites par le champignon *Trichoderma*, qui digèrent une partie de la cellulose du coton et, de ce fait, l'assouplissent. Contrairement aux conditions extrêmes qu'exigent les procédés chimiques, les réactions enzymatiques ont habituellement lieu à des températures et à des pH modérés. De plus, les enzymes sont des protéines ; elles se dégradent donc facilement, ce qui facilite leur élimination des eaux usées.

Le coton

La toile des jeans est à base de coton. Pour croître, les plants de coton ont besoin d'eau, d'engrais coûteux et de pesticides souvent nuisibles à la santé. La production de coton repose sur les conditions météorologiques et sur la résistance des plantes aux maladies. Certaines bactéries peuvent produire à la fois du coton et des polyesters, et ce, avec moins d'impacts environnementaux. *Gluconacetobacter xylinus* est une bactérie qui sécrète des bandes de cellulose étroites et spiralées grâce auxquelles elle peut s'ancrer à son substrat. La cellulose est produite par l'assemblage, en chaînes, d'unités de glucose qui forment des microfibrilles. Par le biais d'un pore, les microfibrilles de cellulose sont libérées à la surface de la membrane externe de la bactérie, où les paquets qu'elles forment sont entortillés en rubans. Une colonie de *G. xylinus* sécrète de grandes quantités de fibres en quelques heures.

Le blanchiment

Le peroxyde est un agent de blanchiment moins dangereux que le chlore, et il peut être facilement éliminé du tissu et des eaux usées par une enzyme, la peroxydase. Des chercheurs de Novo Nordisk Biotech ont extrait d'un mycète un gène de peroxydase, qu'ils ont cloné dans une levure. Ils ont cultivé celle-ci dans des conditions semblables à celles qui prévalent dans une machine à laver le linge et ils ont sélectionné les organismes survivants pour obtenir une souche commercialisable de levure productrice de peroxydase.

Bactéries *E. coli* produisant de l'indigo

L'indigo

La synthèse chimique de l'indigo exige un pH élevé et produit des déchets qui explosent au contact de l'air. Genencor, une société de biotechnologie californienne, a mis au point un procédé qui permet d'obtenir de l'indigo à partir de bactéries. Dans les laboratoires de Genencor, *Escherichia coli* arbore une teinte bleue après avoir incorporé le gène d'une bactérie du sol, *Pseudomonas putida*, qui permet de transformer l'indole en indigo. En ayant recours à la mutagenèse dirigée et en modifiant certaines conditions du milieu dans lequel vit *E. coli*, les scientifiques sont capables de lui faire augmenter sa production d'indigo. Une autre société, W. R. Grace, cultive un mycète muté qui produit aussi de l'indigo.

Le plastique

Les microorganismes peuvent même fabriquer des fermetures éclair en plastique et du matériel d'emballage pour les jeans. Plus de 25 bactéries produisent du polyhydroxyalcanoate (PHA), qu'elles emmagasinent dans des réserves de nutriments appelées *inclusions*. Le PHA est similaire à d'autres plastiques connus, mais étant d'origine bactérienne, il est facilement dégradé par de nombreuses bactéries. Il est donc un plastique biodégradable qui pourrait remplacer les plastiques traditionnels dérivés du pétrole.

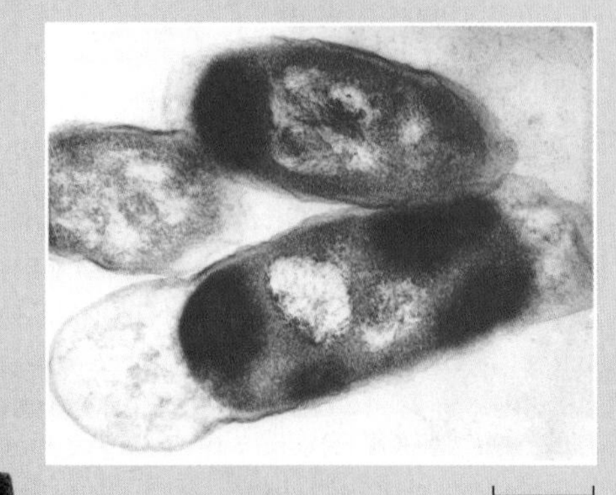

L'indigo est fabriqué à partir du tryptophane par *E. coli*, une bactérie.

0,3 μm

MET

soulignés ou écrits en italique. On a l'habitude, après avoir mentionné un nom scientifique une fois, de l'abréger en écrivant la lettre initiale du genre suivie de l'épithète spécifique.

Les noms scientifiques peuvent, entre autres choses, décrire l'organisme, rendre hommage à un chercheur ou nommer l'habitat d'une espèce. Par exemple, considérons *Staphylococcus aureus*, une bactérie qui se trouve communément sur la peau des humains. *Staphylo-* décrit la disposition groupée des cellules; *-coccus* indique qu'elles ont la forme de sphères. L'épithète spécifique, *aureus*, signifie «doré» en latin: un grand nombre de colonies de cette bactérie sont de cette couleur. Le nom de genre de la bactérie *Escherichia coli* a été donné en l'honneur du scientifique Theodor Escherich, alors que son épithète spécifique, *coli*, nous rappelle qu'*E. coli* habite le côlon, ou gros intestin. Notons cependant que, dans les médias, les noms scientifiques latins des microbes ne sont pas très souvent utilisés; ainsi, on parlera du staphylocoque doré au lieu de *Staphylococcus aureus* ou encore du bacille du tétanos au lieu de *Clostridium tetani*. On utilise alors le nom vernaculaire du microbe. Le **tableau 1.1** vous donne quelques exemples.

▶ Vérifiez vos acquis

Comment indique-t-on, dans la nomenclature, la différence entre le genre et l'espèce? **1-2**

Les types de microorganismes

Nous examinerons en détail la classification et l'identification des microorganismes au chapitre 5. Nous vous présentons ici un aperçu des principaux types de microorganismes, notamment les bactéries, les archéobactéries, les mycètes, les protozoaires et les algues. Nous traiterons aussi des virus, des prions et des parasites animaux pluricellulaires.

Les bactéries

Les **bactéries** (**figure 1.1a**) sont des organismes unicellulaires (une seule cellule) relativement simples dont le matériel génétique, représenté par un seul chromosome circulaire, n'est pas contenu dans une enveloppe nucléaire, mais forme néanmoins un nucléoïde, soit la région nucléaire de la cellule. C'est pourquoi ces microorganismes sont dits **procaryotes**, d'après deux mots grecs signifiant «prénoyau».

Les cellules bactériennes se présentent sous plusieurs formes. Les plus courantes sont les *bacilles* (bâtonnets), les *cocci* – coccus au singulier – (sphériques ou ovoïdes) et les formes *spiralées* (en tire-bouchon ou courbées), mais certaines bactéries sont carrées et d'autres ressemblent à des étoiles (figures 3.1, 3.2, 3.4 et 3.5). Elles peuvent former des paires, des chaînes, des amas ou d'autres regroupements; ces associations sont habituellement caractéristiques d'espèces ou de genres particuliers de bactéries.

Les bactéries sont des cellules entourées d'une paroi rigide qui est composée principalement d'une substance complexe appelée *peptidoglycane*. (Par contraste, la cellulose est le principal composant de la paroi des cellules végétales et des cellules des algues.) En règle générale, les bactéries se reproduisent de façon asexuée en se divisant en deux cellules filles de taille égale; ce processus s'appelle *division par scissiparité*. Elles se nourrissent pour la plupart de composés organiques qui, dans la nature, peuvent être dérivés d'organismes vivants ou morts. Les bactéries vivant sur et dans le corps humain en sont un bel exemple. D'autres bactéries peuvent produire leur propre nourriture par photosynthèse et certaines peuvent se servir de substances inorganiques (soufre, méthane, etc.) pour se nourrir. Beaucoup de bactéries, particulièrement les bacilles et les spirilles, peuvent se déplacer au moyen d'appendices mobiles appelés *flagelles*. (Nous traiterons en détail de la classification des bactéries au chapitre 6.)

Les archéobactéries

Les **archéobactéries** tirent leur nom du grec *arkhaios-*, qui signifie «ancien». Comme les bactéries, les archéobactéries sont des cellules procaryotes, mais elles présentent plusieurs différences tant sur le plan de la forme que sur ceux de la physiologie, du mode de reproduction et de l'habitat. Elles peuvent être entourées ou non d'une paroi cellulaire mais, si elles en ont une, cette dernière est dépourvue de peptidoglycane. Les archéobactéries, qu'on trouve souvent dans des milieux où règnent des conditions extrêmes, sont réparties

Tableau 1.1 Se familiariser avec les noms scientifiques

Il est intéressant de connaître la signification des noms scientifiques, car ils paraissent moins étranges si on en comprend le sens.
Il est bon aussi de se familiariser avec de nouvelles appellations. Voici quelques exemples de noms de microbes utilisés tant par les médias qu'au laboratoire.

Nom scientifique	Origine du nom du genre	Origine de l'épithète spécifique
Salmonella typhimurium (bactérie)	Du nom du microbiologiste en santé publique Daniel Salmon	De la stupeur (*typh-*) provoquée chez les souris (*muri-*)
Streptococcus pyogenes (bactérie)	De l'apparence des cellules assemblées en chaînettes (*strepto-*)	De la formation (*-genes*) de pus (*pyo-*)
Saccharomyces cerevisiæ (levure)	De la propriété du mycète (*-myces*) qui utilise du sucre (*saccharo-*)	De son utilité pour la fabrication de la bière (*cerevisia*)
Penicillium chrysogenum (mycète)	De la forme évoquant un pinceau (*penicill-*) observée au microscope	Produit un pigment jaune (*chryso* = jaune)
Trypanosoma cruzi (protozoaire)	De la forme en tire-bouchon (*trypano-* = vrille; *soma* = corps) observée au microscope	Du nom de l'épidémiologiste Oswaldo Cruz

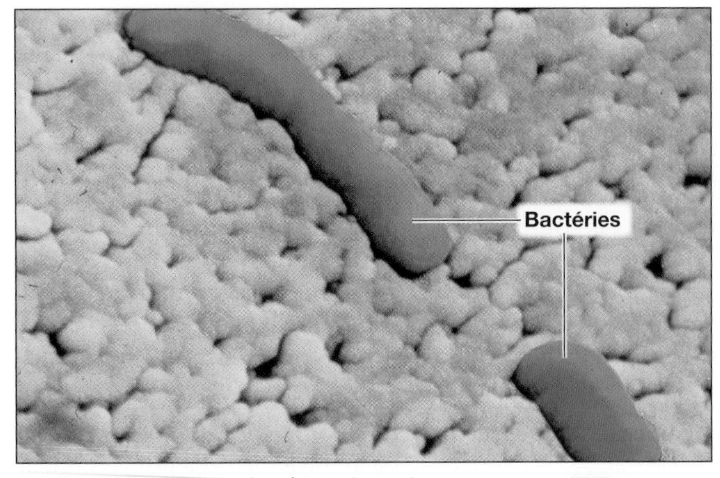

a) *Hæmophilus influenzæ,* bactérie en forme de bâtonnet, est une des causes de la pneumonie. MEB 1,0 μm

b) Le mycète *Aspergillus flavus* est une moisissure qui occasionne des allergies pulmonaires. C'est aussi un agent pathogène opportuniste à l'origine d'infections pulmonaires chez les immunodéprimés. MEB 5 μm

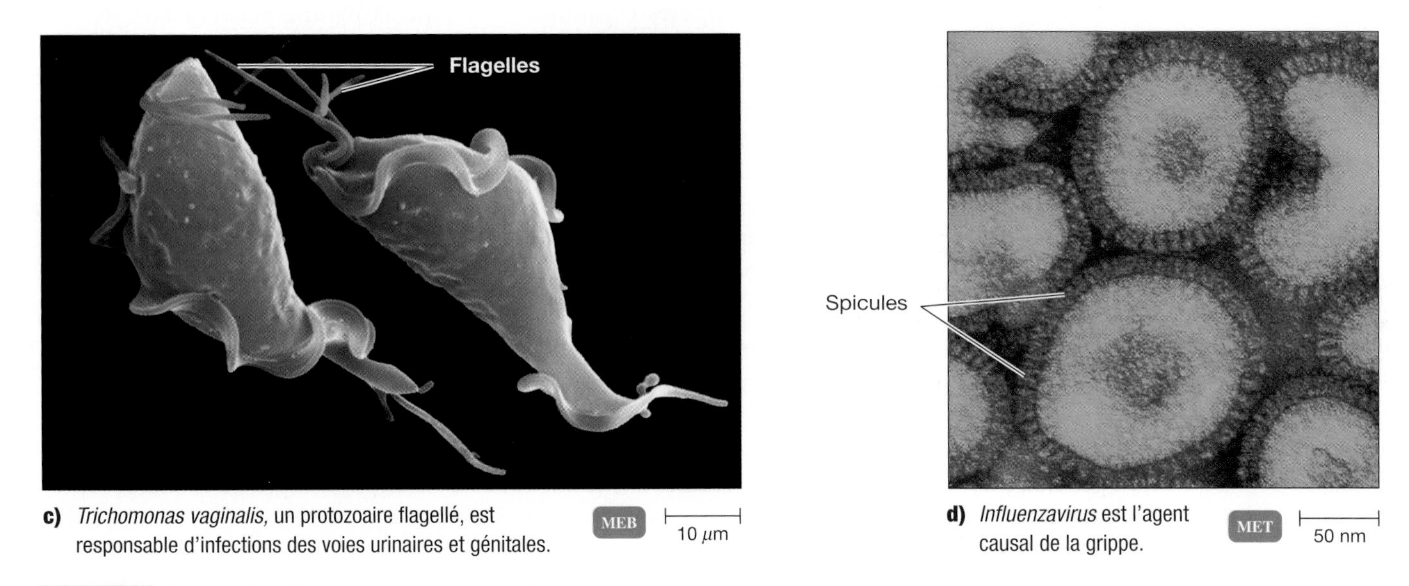

c) *Trichomonas vaginalis,* un protozoaire flagellé, est responsable d'infections des voies urinaires et génitales. MEB 10 μm

d) *Influenzavirus* est l'agent causal de la grippe. MET 50 nm

Figure 1.1 **Types de microorganismes.** *Note : Une pastille rouge sous une photo indique que la micrographie a été colorisée.*

en plusieurs groupes parmi lesquels on compte : les *bactéries méthanogènes*, qui produisent du méthane comme déchet de la respiration ; les *bactéries halophiles extrêmes*, qui vivent dans des environnements extrêmement salés tels que le Grand Lac Salé ou la mer Morte ; les *bactéries thermophiles extrêmes*, qui vivent dans les eaux sulfureuses chaudes telles que les sources thermales du parc national de Yellowstone. Les archéobactéries ne semblent pas causer de maladies chez l'humain.

Les mycètes

Les **mycètes**, communément appelés *champignons*, sont des **eucaryotes**, c'est-à-dire des organismes dont les cellules possèdent un noyau distinct contenant le matériel génétique (plusieurs chromosomes formés d'ADN) et limité par une membrane particulière appelée *enveloppe nucléaire*. La paroi des cellules des mycètes est composée principalement d'une substance appelée *chitine*. Le règne des mycètes comprend des organismes très variés ; certains peuvent être unicellulaires ou pluricellulaires. Certains gros mycètes pluricellulaires, tels nos champignons comestibles, peuvent ressembler à des plantes mais, contrairement à ces dernières, ils sont incapables de photosynthèse. Les formes unicellulaires des mycètes, nommées *levures*, sont des microorganismes ovales plus gros que les bactéries. Les mycètes pluricellulaires les plus typiques sont les *moisissures* (**figure 1.1b**). Les moisissures forment des masses visibles appelées *mycéliums*, constituées de longs filaments (*hyphes*) qui se ramifient et s'entrelacent. Les excroissances ouatées que l'on observe parfois sur le pain et les fruits sont des mycéliums de moisissures. Les mycètes se reproduisent en formant des spores de façon sexuée ou asexuée. La figure 1.1b montre la formation de conidies, une sorte de spores asexuées, qui s'assemblent en chaînette à l'extrémité d'un hyphe aérien. Les mycètes se nourrissent en absorbant des solutions de matière organique tirées de leur environnement, qu'il s'agisse du sol, de l'eau de mer, de l'eau douce, d'un animal hôte ou d'une plante hôte. Certains organismes, appelés *protistes fongiformes*, possèdent à la fois des caractéristiques qui sont propres aux mycètes et d'autres qui sont propres aux amibes. Nous étudierons les mycètes et les protistes fongiformes au chapitre 7.

Les protozoaires

Les **protozoaires** sont des microorganismes unicellulaires de type eucaryote. De structure cellulaire complexe, les protozoaires sont entourés d'une membrane mais ne possèdent pas de paroi cellulaire. Ils ont des formes variées et peuvent être des entités libres ou des parasites – organismes se nourrissant aux dépens d'hôtes vivants – qui absorbent ou ingèrent des composés organiques de leur environnement. Les protozoaires se reproduisent soit de façon asexuée, soit de façon sexuée, et certains utilisent les deux modes. Très souvent mobiles, ils se déplacent au moyen de pseudopodes, de flagelles ou de cils. Les amibes utilisent des prolongements de leur cytoplasme appelés *pseudopodes* (= faux pieds). Certains protozoaires ont de longs *flagelles* (**figure 1.1c**) ou un grand nombre d'appendices de locomotion courts appelés *cils*. Nous étudierons les protozoaires au chapitre 7.

Les algues

Les **algues** sont des eucaryotes de formes très diverses, capables de photosynthèse et de reproduction aussi bien sexuée qu'asexuée. Les algues qui intéressent les microbiologistes sont habituellement unicellulaires (chapitre 7). Dans bien des cas, leur paroi cellulaire, comme celle des plantes, est composée de *cellulose*. Les algues se trouvent en abondance dans l'eau douce et l'eau salée, dans le sol et en association avec des plantes. Elles utilisent la photosynthèse pour produire leur nourriture et croître ; en conséquence, il leur faut de la lumière et de l'air, mais, en général, elles n'ont pas besoin des composés organiques de leur environnement. Grâce à la photosynthèse, elles produisent de l'oxygène et des glucides, qui sont consommés par d'autres organismes, dont les animaux. C'est ainsi qu'elles jouent un rôle important dans l'équilibre de la nature.

Les virus et les prions

Les **virus** (**figure 1.1d**) sont très différents des autres groupes de microorganismes mentionnés ici. Ils sont si petits que la plupart ne sont visibles qu'au microscope électronique et ils sont acellulaires, c'est-à-dire que ce ne sont pas des cellules proprement dites. De structure très simple, la particule virale n'est composée que d'une nucléocapside. Le matériel génétique, formé d'un seul type d'acide nucléique, soit d'ADN ou d'ARN, est entouré d'une *capside* protéique qui est parfois elle-même recouverte d'une membrane lipidique appelée *enveloppe*. Des protubérances protéiques, appelées *spicules*, couvrent parfois la surface du virus. Toutes les cellules vivantes possèdent de l'ARN *et* de l'ADN, sont capables de réactions chimiques et peuvent se reproduire en tant qu'unités autosuffisantes. Les virus peuvent se répliquer, c'est-à-dire se reproduire, mais seulement s'ils utilisent la machinerie et l'énergie d'une cellule vivante. C'est ainsi que tous les virus sont des parasites intracellulaires obligatoires ; hors d'une cellule vivante, ils sont inertes.

Un **prion** est un agent pathogène de nature protéique qui, au contraire des autres types d'agents infectieux tels que les virus, les bactéries, les mycètes et les parasites, ne contient pas d'acide nucléique (ADN ou ARN) comme support génétique de son potentiel infectieux. Les prions sont responsables de maladies se manifestant par une dégénérescence du système nerveux central liée à leur multiplication chez l'individu atteint. (Nous étudierons les virus et les prions en détail au chapitre 8.)

Les parasites animaux pluricellulaires

Bien que les parasites animaux pluricellulaires ne soient pas, au sens strict, des microorganismes, nous les décrivons dans le présent ouvrage en raison de leur importance sur le plan médical. Les deux principaux groupes de vers parasites sont les vers plats et les vers ronds, appelés collectivement **helminthes**. Durant certains stades de leur cycle vital, les helminthes sont microscopiques. L'identification de ces organismes en laboratoire comprend plusieurs des techniques qui servent aussi à reconnaître les microbes. Nous étudierons les helminthes au chapitre 7.

Les arthropodes représentent aussi un groupe de parasites qui causent bien des soucis à l'humain, et ce, depuis la nuit des temps. Ces parasites vivent sur la peau, c'est-à-dire à la surface corporelle d'un individu : on les appelle **ectoparasites**. Chez l'humain, ce sont par exemple les poux, les punaises et les sarcoptes responsables de la gale. L'ectoparasite passe sa vie ou une partie de celle-ci sur la peau de son hôte ; il s'en nourrit en suçant son sang. Généralement nuisible, il cause des piqûres et des démangeaisons, et est souvent à l'origine d'épidémies redoutables.

▶ Vérifiez vos acquis

Quels groupes de microbes sont formés de procaryotes ? Lesquels sont constitués d'eucaryotes ? **1-3**

La classification des microorganismes

Avant que l'on connaisse l'existence des microbes, tous les organismes étaient regroupés soit dans le règne animal, soit dans le règne végétal. Avec la découverte, à la fin du XVIIe siècle, d'êtres microscopiques ayant des caractéristiques semblables à celles des animaux ou des plantes, il devint nécessaire de mettre au point un nouveau système de classification. Cependant, il fallut attendre la fin des années 1970 pour que les biologistes s'entendent sur les critères à employer pour classifier les nouveaux organismes qu'ils découvraient.

En 1978, Carl Woese proposa un système de classification fondé sur l'organisation cellulaire des êtres vivants. Il regroupa tous les organismes vivants en trois **domaines** de la façon suivante :

- Bactéries (la paroi cellulaire contient du peptidoglycane)
- Archéobactéries (s'il y a paroi cellulaire, elle est dépourvue de peptidoglycane)
- Eucaryotes, qui comprennent les groupes suivants :
  - Protistes (protistes fongiformes, protozoaires et algues)
  - Mycètes (levures unicellulaires, moisissures pluricellulaires et champignons au sens courant du terme)

– Plantes (ex.: mousses, fougères, conifères et plantes à fleurs)
– Animaux (ex.: éponges, vers, insectes et vertébrés)

Nous approfondirons les principes de la classification dans la deuxième partie du manuel (chapitres 5 à 7).

▶ Vérifiez vos acquis

Quels sont les trois domaines? **1-4**

Un bref historique de la microbiologie

▶ Objectifs d'apprentissage

1-5 Expliquer l'importance historique des observations de Hooke et de Leeuwenhoek effectuées à l'aide de leurs microscopes rudimentaires.
1-6 Comparer les théories de la génération spontanée et de la biogenèse.
1-7 Nommer les contributions de Needham, de Spallanzani, de Virchow, de Pasteur et de Lister à la microbiologie.
1-8 Expliquer l'importance des travaux de Pasteur quant au rôle des microbes dans les maladies et comment ces travaux ont influé sur ceux de Lister et de Koch.
1-9 Reconnaître l'importance des postulats de Koch dans l'approche étiologique (causes) des maladies.
1-10 Reconnaître l'importance des travaux de Jenner dans la prévention des maladies infectieuses.
1-11 Relever les contributions d'Ehrlich et de Fleming à la microbiologie.
1-12 Définir la bactériologie, la mycologie, la parasitologie, l'immunologie et la virologie.
1-13 Expliquer l'importance de la technologie de l'ADN recombinant.

Les débuts de la microbiologie en tant que science remontent à quelque 200 ans seulement. Toutefois, la découverte récente d'ADN de *Mycobacterium tuberculosis* dans des momies égyptiennes vieilles de 3 000 ans nous rappelle que les microorganismes sont parmi nous depuis très longtemps. En fait, la première cellule vivante sur Terre était une forme de bactérie primitive. Si on est relativement peu au courant de ce que les peuples primitifs savaient des maladies infectieuses – leurs causes, leur mode de transmission et leur traitement – , l'histoire des quelques derniers siècles est mieux connue. Nous allons maintenant examiner quelques faits marquants de l'évolution de la microbiologie qui ont contribué à faire progresser le domaine et ont préparé l'éclosion des technologies de pointe utilisées aujourd'hui.

Les premières observations

Une des plus importantes découvertes de l'histoire de la biologie s'est produite en 1665 à l'aide d'un microscope plutôt primitif. L'Anglais Robert Hooke annonce au monde que la plus petite unité structurale de l'être vivant est une «petite boîte» ou, pour employer son expression, une «cellule». Se servant d'un microscope composé (ayant un jeu de deux lentilles) dont il a amélioré les propriétés, Hooke réussit à voir des cellules individuelles dans des préparations végétales. Sa découverte marque le début de la **théorie cellulaire**, selon laquelle *tous les êtres vivants sont constitués de cellules.* Les recherches qui suivent, sur la structure et les fonctions des cellules, sont fondées sur cette théorie.

Bien qu'il soit capable de montrer les cellules, le microscope de Hooke n'a pas le pouvoir de résolution nécessaire pour qu'on puisse voir clairement les microbes. Le marchand et scientifique amateur hollandais Antonie van Leeuwenhoek est probablement le premier à observer des microorganismes vivants à travers des lentilles grossissantes. En levant son microscope à la lumière, Leeuwenhoek parvient à observer des êtres vivants invisibles à l'œil nu. Il place le spécimen sur la pointe réglable d'une aiguille et il l'examine à travers une minuscule lentille presque sphérique montée dans un cadre de laiton. Le plus fort grossissement possible avec ces microscopes est d'environ 300 fois (300×). Il examine ainsi de l'eau de pluie, un liquide dans lequel des grains de poivre ont macéré, ses propres selles et de la matière qu'il a prélevée en se grattant les dents. Entre 1673 et 1723, il fait parvenir une série de lettres à la Royal Society of London décrivant les «animalcules» qu'il a vus à l'aide de son microscope. Ses dessins détaillés des «animalcules» observés permettront plus tard d'établir qu'il s'agit de bactéries et de protozoaires (**figure 1.2**).

▶ Vérifiez vos acquis

Qu'est-ce que la théorie cellulaire? **1-5**

Le débat sur la génération spontanée

Après la découverte par Leeuwenhoek du monde jusque-là «invisible» des microorganismes, la communauté scientifique de l'époque commence à s'intéresser aux origines de ces minuscules êtres vivants. Jusqu'à la deuxième moitié du XIXe siècle, beaucoup de scientifiques et de philosophes croient que *certains êtres vivants peuvent être engendrés «spontanément» à partir de la matière non vivante.* Ce processus hypothétique, appelé **théorie de la génération spontanée**, était ardemment défendu depuis Aristote (384-322 av. J.-C.). Rappelons que, il y a 150 ans, on croyait communément que les crapauds, les serpents et les souris pouvaient naître de brindilles de paille sur un sol humide, les mouches du fumier et les asticots de cadavres en décomposition, et ce, par la simple action d'une force (énergie) vitale sur la matière inerte.

Pour beaucoup de scientifiques, les animalcules découverts par Leeuwenhoek constituent un nouvel argument en faveur de leurs croyances. Ces petits organismes, jusque-là invisibles, sont assez simples pour être engendrés spontanément par la matière inerte. La notion de génération spontanée des microorganismes semble même se confirmer en 1745 avec la découverte de l'Anglais John Needham: en versant des liquides nutritifs préalablement chauffés (bouillons de poulet ou de maïs) dans des bouteilles qu'il refermait hermétiquement, il a constaté que des microorganismes se mettaient à y pulluler peu de temps après que les liquides eurent refroidi.

Pour Needham, il ne fait pas de doute que les microbes surgissent spontanément des liquides refroidis. Vingt ans plus tard, le scientifique italien Lazzaro Spallanzani avance l'idée que des microorganismes présents dans l'air étaient probablement entrés dans les solutions de Needham après qu'elles eurent bouilli. Spallanzani montre que les liquides nutritifs chauffés *après* avoir été mis dans des bouteilles fermées ne donnent pas lieu à la croissance de microbes. Needham rétorque que la «force vitale» nécessaire à la génération spontanée a été détruite par la chaleur et que les

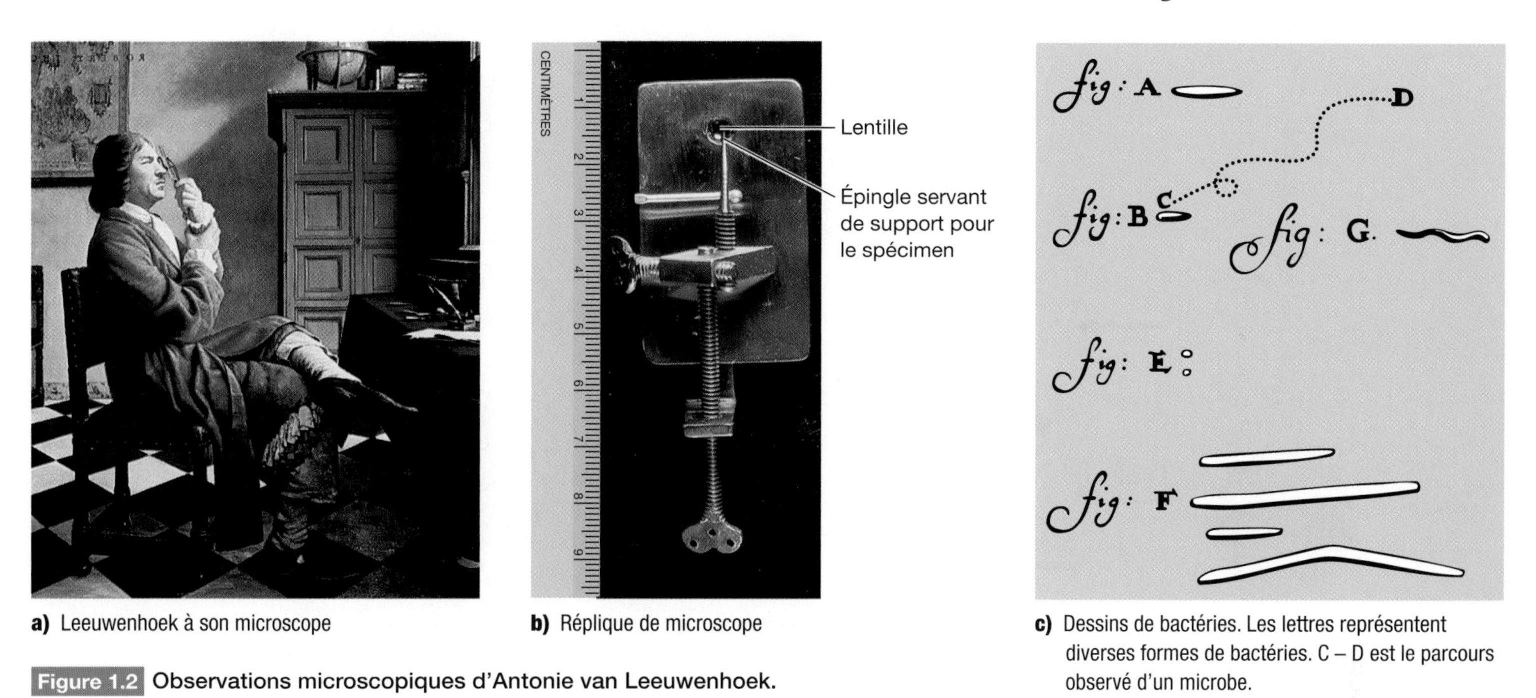

a) Leeuwenhoek à son microscope

b) Réplique de microscope

c) Dessins de bactéries. Les lettres représentent diverses formes de bactéries. C – D est le parcours observé d'un microbe.

Figure 1.2 Observations microscopiques d'Antonie van Leeuwenhoek.

bouchons l'empêchent de se réintroduire dans les bouteilles. Cette notion de « force vitale » intangible gagne encore du terrain peu après l'expérience de Spallanzani, grâce à Laurent Lavoisier, qui a montré l'importance de l'oxygène pour la vie. On critique les observations de Spallanzani en faisant valoir qu'il n'y a pas assez d'oxygène dans les bouteilles fermées pour entretenir la vie microbienne.

La théorie de la biogenèse

La question est toujours sans réponse en 1858, alors que le scientifique allemand Rudolf Virchow oppose à la génération spontanée le concept de **biogenèse**, selon lequel *une cellule vivante peut être engendrée seulement par une cellule vivante préexistante*. Le débat sur la génération spontanée se poursuit jusqu'en 1861, date à laquelle le scientifique français Louis Pasteur tranche la question.

Grâce à une série d'expériences ingénieuses et convaincantes, Pasteur montre que les microorganismes sont présents dans l'air et peuvent contaminer les solutions stériles, mais que l'air lui-même ne crée pas les microbes. Il remplit de bouillon de bœuf plusieurs ballons à goulots courts et en fait bouillir le contenu. Certains sont laissés ouverts et mis à refroidir. Quelques jours plus tard, Pasteur constate que ces ballons sont contaminés par des microbes. Les autres ballons, qui ont été bouchés après avoir été mis à bouillir, ne contiennent pas de microorganismes. Ces résultats amènent Pasteur à conclure que les microbes dans l'air sont les agents qui ont contaminé la matière non vivante telle que les bouillons dans les bouteilles de Needham.

Puis, Pasteur introduit du bouillon dans des ballons ouverts à cols longs et replie ces derniers de façon à former des cols-de-cygne – à double courbe – (**figure 1.3**). Il fait alors bouillir, puis refroidir, le contenu des ballons. Le dispositif remarquable inventé par Pasteur permet à l'air d'entrer dans le ballon, mais la courbure en S du col-de-cygne s'oppose au passage de tout microorganisme aérien qui pourrait entrer et contaminer le bouillon. L'air se trouve ainsi filtré, le bouillon ne se gâte pas et, même au bout de plusieurs mois, on n'y voit aucun signe de vie. Par contre, si le ballon est incliné de façon que le bouillon puisse venir toucher les parois du col-de-cygne, les microbes de l'air emprisonnés contaminent le liquide et se mettent à pulluler quelque temps après dans le bouillon. (Certains des récipients originaux, qui ont été par la suite fermés hermétiquement, sont exposés à l'Institut Pasteur de Paris. Comme celui de la figure 1.3, ils ne présentent aucun signe de contamination plus de 100 ans plus tard.)

Pasteur a permis d'infirmer la théorie de la génération spontanée en fournissant un certain nombre de preuves que les microorganismes ne sont pas engendrés par des forces mystiques présentes dans la matière non vivante. Il a confirmé la théorie de la biogenèse en démontrant que toute apparition de vie « spontanée » dans une solution non vivante peut être attribuée à une contamination par des microorganismes déjà présents dans l'air ou dans le liquide lui-même. Ainsi, par ses travaux, Pasteur a contribué de façon décisive au progrès de la microbiologie en démontrant que les microorganismes peuvent être présents dans la matière non vivante – sur les solides, dans les liquides et dans l'air. De plus, il a prouvé de façon irréfutable que la vie microbienne peut être détruite par la chaleur et qu'on peut mettre au point des méthodes pour protéger les milieux nutritifs contre les microorganismes aériens. En d'autres termes, il a montré comment stériliser des milieux nutritifs et les garder stériles.

Ces découvertes sont à l'origine de l'**asepsie**, ensemble de méthodes qui permettent de prévenir la contamination par les microorganismes indésirables et qui sont devenues pratique courante dans les laboratoires et dans maintes interventions en soins infirmiers et en médecine. Les techniques d'asepsie modernes sont une des premières choses, et l'une des plus importantes, que les futurs intervenants en santé doivent apprendre.

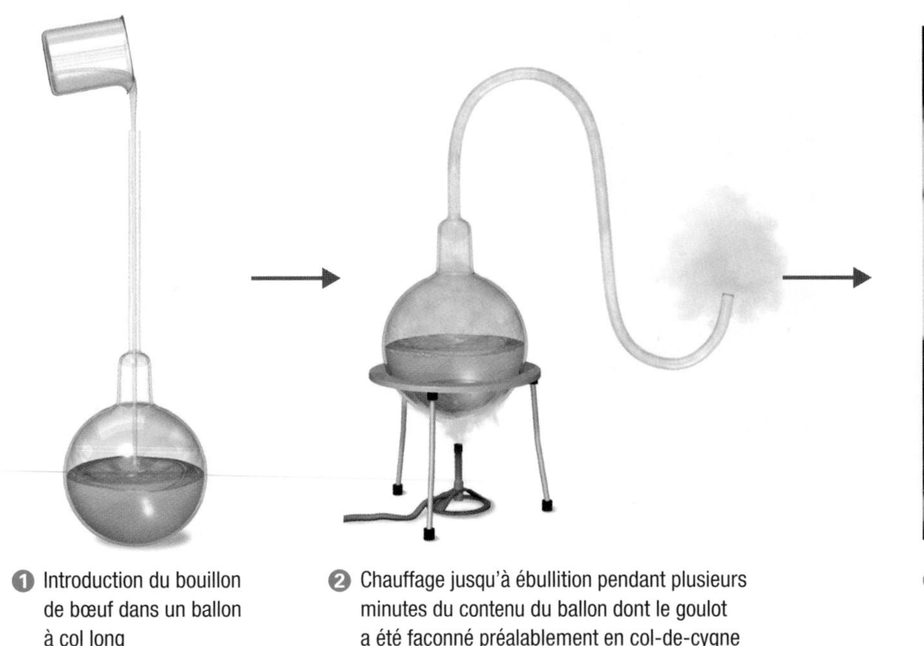

① Introduction du bouillon de bœuf dans un ballon à col long

② Chauffage jusqu'à ébullition pendant plusieurs minutes du contenu du ballon dont le goulot a été façonné préalablement en col-de-cygne

③ Photo récente d'un des ballons «stériles» que Pasteur a utilisés pour réaliser ses expériences

Figure 1.3 **Expérience de Pasteur infirmant la théorie de la génération spontanée.**

> ▶ Vérifiez vos acquis
>
> Sur quelles observations la théorie de la génération spontanée était-elle fondée? **1-6**
>
> Comment a-t-on réfuté la théorie de la génération spontanée? **1-7**

L'âge d'or de la microbiologie

Pendant environ 60 ans, on assiste à une explosion de découvertes en microbiologie, à commencer par les travaux de Pasteur. La période qui s'étend de 1857 à 1914 est appelée, à juste titre, *l'âge d'or* de la microbiologie. Les progrès rapides, accomplis surtout par Pasteur et Robert Koch, permettent d'établir la microbiologie en tant que science. Au nombre des découvertes, on compte les agents pathogènes de nombreuses infections et le rôle de l'immunité dans la prévention et la guérison des maladies. Durant cette période effervescente, les microbiologistes étudient l'activité chimique des microorganismes, améliorent les techniques de microscopie et les méthodes de culture des microorganismes et mettent au point des vaccins et des techniques chirurgicales. Certains des grands événements de l'âge d'or de la microbiologie sont énumérés à la **figure 1.4**. Parmi eux, la théorie sur l'origine germinale des maladies infectieuses est d'une importance capitale.

La fermentation et la pasteurisation

Une des étapes clés qui a permis d'établir la relation entre les microorganismes et la maladie est amorcée par un groupe de marchands français qui demandent à Pasteur de trouver ce qui fait aigrir le vin et la bière. Ils espèrent mettre au point une méthode qui empêchera la détérioration de ces boissons quand elles sont transportées sur de longues distances. À l'époque, beaucoup de scientifiques croient que l'air convertit le sucre présent dans ces liquides en alcool. Pasteur découvre que ce sont plutôt des microorganismes – appelés *levures* – qui transforment les sucres en alcool en l'absence d'air. Ce processus, appelé **fermentation** (chapitre 23 EN LIGNE), sert à la fabrication du vin et de la bière. Toutefois, Pasteur découvre que ces boissons s'aigrissent et se détériorent sous l'action de microorganismes différents appelés *bactéries*. En présence d'air, les bactéries transforment en vinaigre l'alcool contenu dans le vin et la bière.

La solution de Pasteur à ce problème est de chauffer la bière et le vin juste assez pour tuer la plupart des bactéries qui les font aigrir. Ce procédé est appelé **pasteurisation**; mis au point à l'origine pour traiter des boissons alcoolisées, il est maintenant employé communément pour tuer les bactéries qui font tourner le lait et dont certaines peuvent être nocives pour la santé. La mise au jour du lien entre la détérioration des aliments et les microorganismes représente un grand pas vers l'établissement de la relation entre la maladie – ou l'altération de la santé – et les microbes.

La théorie germinale des maladies

Nous avons vu que, jusqu'à une époque relativement récente, on ne savait pas que beaucoup de maladies étaient liées à des microorganismes. Avant Pasteur, des traitements efficaces contre bon nombre d'affections avaient été découverts au cours des siècles, mais les causes des maladies étaient restées inconnues.

La mise au jour par Pasteur du rôle capital des levures dans la fermentation du vin montre pour la première fois le lien entre l'activité d'un microorganisme et certains changements physiques et chimiques dans la matière organique. Cette découverte amène les scientifiques de l'époque à penser que des microorganismes pourraient entretenir des relations semblables avec les plantes et les animaux, l'humain y compris. Plus précisément, *les maladies pourraient*

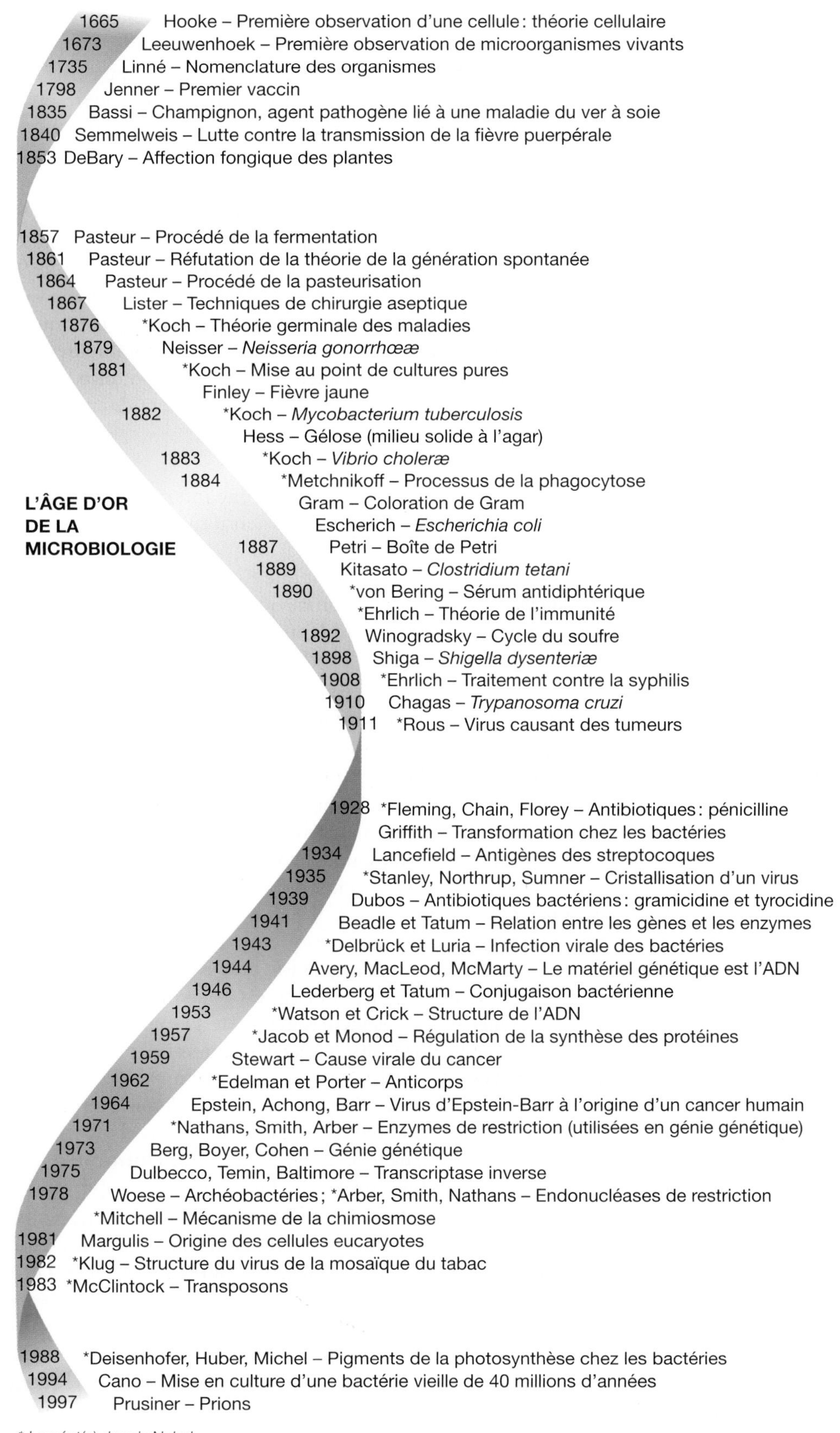

1665 Hooke – Première observation d'une cellule : théorie cellulaire
1673 Leeuwenhoek – Première observation de microorganismes vivants
1735 Linné – Nomenclature des organismes
1798 Jenner – Premier vaccin
1835 Bassi – Champignon, agent pathogène lié à une maladie du ver à soie
1840 Semmelweis – Lutte contre la transmission de la fièvre puerpérale
1853 DeBary – Affection fongique des plantes
1857 Pasteur – Procédé de la fermentation
1861 Pasteur – Réfutation de la théorie de la génération spontanée
1864 Pasteur – Procédé de la pasteurisation
1867 Lister – Techniques de chirurgie aseptique
1876 *Koch – Théorie germinale des maladies
1879 Neisser – *Neisseria gonorrhϾ*
1881 *Koch – Mise au point de cultures pures
Finley – Fièvre jaune
1882 *Koch – *Mycobacterium tuberculosis*
Hess – Gélose (milieu solide à l'agar)
1883 *Koch – *Vibrio choleræ*
1884 *Metchnikoff – Processus de la phagocytose
Gram – Coloration de Gram
Escherich – *Escherichia coli*
L'ÂGE D'OR DE LA MICROBIOLOGIE
1887 Petri – Boîte de Petri
1889 Kitasato – *Clostridium tetani*
1890 *von Bering – Sérum antidiphtérique
*Ehrlich – Théorie de l'immunité
1892 Winogradsky – Cycle du soufre
1898 Shiga – *Shigella dysenteriæ*
1908 *Ehrlich – Traitement contre la syphilis
1910 Chagas – *Trypanosoma cruzi*
1911 *Rous – Virus causant des tumeurs
1928 *Fleming, Chain, Florey – Antibiotiques : pénicilline
Griffith – Transformation chez les bactéries
1934 Lancefield – Antigènes des streptocoques
1935 *Stanley, Northrup, Sumner – Cristallisation d'un virus
1939 Dubos – Antibiotiques bactériens : gramicidine et tyrocidine
1941 Beadle et Tatum – Relation entre les gènes et les enzymes
1943 *Delbrück et Luria – Infection virale des bactéries
1944 Avery, MacLeod, McMarty – Le matériel génétique est l'ADN
1946 Lederberg et Tatum – Conjugaison bactérienne
1953 *Watson et Crick – Structure de l'ADN
1957 *Jacob et Monod – Régulation de la synthèse des protéines
1959 Stewart – Cause virale du cancer
1962 *Edelman et Porter – Anticorps
1964 Epstein, Achong, Barr – Virus d'Epstein-Barr à l'origine d'un cancer humain
1971 *Nathans, Smith, Arber – Enzymes de restriction (utilisées en génie génétique)
1973 Berg, Boyer, Cohen – Génie génétique
1975 Dulbecco, Temin, Baltimore – Transcriptase inverse
1978 Woese – Archéobactéries ; *Arber, Smith, Nathans – Endonucléases de restriction
*Mitchell – Mécanisme de la chimiosmose
1981 Margulis – Origine des cellules eucaryotes
1982 *Klug – Structure du virus de la mosaïque du tabac
1983 *McClintock – Transposons
1988 *Deisenhofer, Huber, Michel – Pigments de la photosynthèse chez les bactéries
1994 Cano – Mise en culture d'une bactérie vieille de 40 millions d'années
1997 Prusiner – Prions
* Lauréat(e) du prix Nobel

Louis Pasteur (1822-1895)
Il a montré par ses expériences que la vie ne surgit pas spontanément de la matière inanimée.

Robert Koch (1843-1910)
Il a mis au point un protocole expérimental permettant d'établir le lien entre une maladie donnée et le microbe qui l'a causée.

Rebecca C. Lancefield (1895-1981)
Elle a classifié les streptocoques selon leurs sérotypes (variantes au sein d'une espèce).

Figure 1.4 **Événements marquants de l'évolution de la microbiologie.** Les événements qui ont eu lieu durant l'âge d'or de la microbiologie sont indiqués en jaune ; le nom du chercheur est associé à la découverte d'un microbe, à la mise au point d'une technique ou d'un procédé, ou encore à l'explication d'un processus ou d'une théorie.

être le résultat de la croissance de microorganismes, donc, les microorganismes pourraient être la cause de maladies. On donne à cette idée le nom de **théorie germinale des maladies**. Encore faut-il la prouver.

En effet, la théorie germinale est difficile à accepter pour beaucoup de gens parce qu'on croit depuis des siècles que la maladie existe pour punir les individus de leurs crimes ou de leurs mauvaises actions. Quand une maladie se répand dans un village, on jette souvent le blâme sur des démons qui apparaissent sous la forme d'émanations nauséabondes venant des eaux usées ou de vapeurs toxiques sortant des marais. Seul Dieu peut lutter contre les démons, et la médecine n'a que peu de remèdes curatifs et encore moins de moyens pour prévenir la maladie. De plus, il est inconcevable pour la plupart des contemporains de Pasteur que des microbes « invisibles » puissent se propager dans l'air et infecter des plantes et des animaux, ou rester sur les vêtements et la literie pour se transmettre d'une personne à une autre et causer des maladies aux individus atteints. Mais petit à petit, des scientifiques comme Pasteur, Lister et Koch accumulent l'information nécessaire pour étayer la nouvelle théorie germinale.

En 1865, on fait appel à Pasteur pour combattre la maladie du ver à soie, qui est en train de ruiner l'industrie de ce textile partout en Europe. Des années auparavant, en 1835, l'amateur de microscopie Agostino Bassi avait prouvé qu'une autre maladie du ver à soie était causée par un champignon, donc par un microorganisme. Utilisant certaines données fournies par Bassi, Pasteur découvre que l'infection en cours est due à un protozoaire ; il voit encore ici un lien entre un microorganisme et une maladie. Il met au point une méthode pour reconnaître les papillons qui en sont atteints, et la maladie régresse.

Dans les années 1860, le chirurgien anglais Joseph Lister livre des observations médicales qui contribuent à faire avancer la théorie germinale. Lister sait que, dans les années 1840, le médecin hongrois Ignác Semmelweis a montré que les médecins, qui ne se désinfectent pas les mains à l'époque, transmettent systématiquement des infections (fièvre puerpérale) d'une patiente qui accouche à l'autre. Lister a aussi entendu parler des travaux de Pasteur qui établissent un lien entre les microbes et certaines maladies chez les animaux. On n'utilise pas de désinfectants à l'époque, mais Lister sait qu'on traite les champs au phénol (eau phéniquée) dans la région de la ville de Carlisle pour protéger le bétail contre les maladies ; il en déduit que le phénol peut tuer des bactéries. Lister se met alors à traiter les plaies chirurgicales et les fractures ouvertes avec une solution de phénol, et les patients traités guérissent sans complications. La pratique de désinfection réduit à tel point l'incidence d'infections et la mortalité que d'autres chirurgiens l'adoptent presque aussitôt. La technique de Lister est une des premières tentatives médicales pour maîtriser les infections causées par les microorganismes. En fait, ses résultats prouvent que ces derniers causent les infections des plaies opératoires.

La première preuve que les bactéries causent effectivement des maladies vient de Robert Koch en 1876. Koch, un médecin allemand, est un jeune rival de Pasteur dans la course pour découvrir la cause de l'anthrax – ou maladie du charbon –, une maladie qui est en train de détruire les bovins et les moutons en Europe. Koch découvre des bactéries en forme de bâtonnet qu'on appelle aujourd'hui *Bacillus anthracis* dans le sang de bovins morts du charbon. Il cultive la bactérie dans un milieu nutritif, puis en injecte un échantillon dans des animaux sains. Quand ces derniers deviennent malades et meurent, Koch isole la bactérie de leur sang et la compare à celle qu'il a isolée au point de départ. Il découvre que les deux cultures contiennent la même bactérie. Cette expérimentation, qui permet la mise en culture des microorganismes isolés de malades, confirme irréfutablement la théorie germinale des maladies.

C'est ainsi que Koch établit *une suite d'étapes expérimentales pour relier directement un microbe spécifique à une maladie spécifique.* Ces étapes portent aujourd'hui le nom de **postulats de Koch** (figure 9.3). Au cours des cent dernières années, ces critères ont été d'une valeur inestimable dans les recherches qui ont permis de prouver que des microorganismes spécifiques étaient la cause de nombreuses maladies. Au chapitre 9, nous examinerons en détail les postulats de Koch, leurs limites et leurs applications dans le traitement des maladies.

La vaccination

Il arrive souvent qu'un traitement ou une intervention préventive soient mis au point avant que les scientifiques sachent pourquoi ils sont efficaces. Le vaccin antivariolique en est un exemple. Le 4 mai 1796, presque 70 ans avant que Koch n'établisse que la maladie du charbon est causée par un microorganisme spécifique, le jeune médecin britannique Edward Jenner se lance dans une expérience pour trouver un moyen de protéger les humains contre la variole.

On craint beaucoup les épidémies de variole à cette époque. La maladie balaie périodiquement l'Europe, faisant des milliers de morts. Introduite dans le Nouveau Monde par les colons européens, elle emporte 90 % des Amérindiens de la côte Est.

Une jeune trayeuse affirmant qu'elle ne peut pas contracter la variole parce qu'elle a déjà été malade de la vaccine – affection beaucoup moins grave touchant les bovins –, Jenner décide de mettre l'histoire de la jeune fille à l'épreuve. Tout d'abord, il gratte des vésicules de vaccine sur la peau de vaches atteintes de la maladie et en prélève de la matière qu'il inocule à un volontaire sain âgé de huit ans en lui égratignant le bras avec une aiguille contaminée. L'égratignure se transforme en boursouflure. Au bout de quelques jours, le sujet devient légèrement malade mais se rétablit. Il ne contractera jamais plus la vaccine, ni la variole. On appelle ce procédé *vaccination*, du latin *vacca*, qui signifie « vache ». Pasteur a choisi ce nom en l'honneur des travaux de Jenner. La protection contre la maladie, conférée par la vaccination (ou observée quand on se rétablit de la maladie elle-même), s'appelle **immunité**. Nous reviendrons sur les mécanismes de l'immunité au chapitre 12.

Des années après l'expérience de Jenner, aux environs de 1880, Pasteur découvre pourquoi la vaccination fonctionne. Il constate que la bactérie qui cause le choléra des poules perd la capacité de provoquer la maladie (perd sa *virulence*, ou devient *avirulente*) après avoir été longtemps en culture dans le laboratoire. Toutefois, tout comme d'autres microorganismes dont la virulence est affaiblie, elle peut conférer l'immunité contre les infections subséquentes par le microbe virulent. La découverte de ce phénomène fournit un indice qui permet d'expliquer l'expérience réussie de Jenner sur la vaccine. La variole et la vaccine sont toutes deux causées par des virus. Bien qu'il ne soit pas dérivé du virus de la variole par des manipulations en laboratoire, le virus de la vaccine est assez voisin de ce dernier pour conférer l'immunité aux deux agents pathogènes.

Pasteur donne le nom de *vaccin* aux cultures de microorganismes avirulents utilisées pour faire des inoculations préventives.

Avec l'expérience de Jenner, c'est la première fois en Occident qu'un agent viral vivant – le virus de la vaccine – est utilisé pour produire l'immunité. En Chine, des médecins immunisent déjà des patients en introduisant dans leur nez une poudre fine préparée à partir des squames de pustules en train de s'assécher prélevés sur une personne atteinte d'un cas léger de variole.

Certains vaccins sont encore produits à partir de souches microbiennes avirulentes qui stimulent l'immunité contre la souche virulente apparentée. D'autres sont préparés à partir de microbes virulents tués, de composants isolés des microorganismes virulents ou de produits obtenus par la technologie de l'ADN recombinant.

▶ Vérifiez vos acquis

Résumez en vos propres mots la théorie germinale des maladies. **1-8**

Quelle est l'importance des postulats de Koch? **1-9**

Quelle est la portée de la découverte de Jenner? **1-10**

La naissance de la chimiothérapie moderne et l'espoir de tenir enfin une «tête chercheuse»

Après avoir établi le rapport entre les microorganismes et la maladie, les microbiologistes spécialisés en médecine se mettent à la recherche de substances qui peuvent détruire les microorganismes pathogènes sans porter atteinte aux animaux ou aux humains infectés. Le traitement des maladies au moyen de substances chimiques s'appelle **chimiothérapie**. (On emploie aussi ce mot pour désigner le traitement chimique de maladies non infectieuses, telles que le cancer.) Les agents chimiothérapiques préparés à partir de produits chimiques dans les laboratoires s'appellent **médicaments de synthèse**. Les corps chimiques issus naturellement des bactéries ou des mycètes et destinés à lutter contre d'autres microorganismes s'appellent **antibiotiques**. Le succès de la chimiothérapie, qu'il s'agisse de médicaments de synthèse ou d'antibiotiques, repose sur le fait que certaines molécules sont plus toxiques pour les microorganismes que pour les hôtes infectés par les microbes. Nous examinerons plus en détail les traitements antimicrobiens au chapitre 15.

Les premiers médicaments de synthèse

Le médecin allemand Paul Ehrlich est le visionnaire à l'origine de la révolution que va devenir la chimiothérapie. Pendant qu'il est étudiant en médecine, il entretient l'idée d'une «tête chercheuse» qui pourrait débusquer et détruire un agent pathogène sans nuire à l'hôte infecté. Ehrlich se met à la recherche de cette arme. En 1910, après avoir mis à l'essai des centaines de substances, il trouve un agent chimiothérapique appelé *salvarsan*, un dérivé de l'arsenic efficace contre la syphilis. Le produit est ainsi nommé parce qu'on le croit «salvateur» dans les cas de syphilis et qu'il contient de l'arsenic. Avant cette découverte, le seul produit chimique connu dans l'arsenal médical européen est la *quinine*, extrait d'écorce provenant d'un arbre d'Amérique du Sud utilisé par les conquistadors pour traiter le paludisme (malaria).

À la fin des années 1930, les chercheurs ont mis au point plusieurs autres médicaments de synthèse capables de détruire les microorganismes. La plupart sont des dérivés de teintures. En effet, toujours à l'affût de «têtes chercheuses», les microbiologistes vérifient systématiquement les propriétés antimicrobiennes des teintures synthétisées et commercialisées pour les textiles. À peu près à la même époque, les *sulfamides* sont aussi synthétisés.

Un accident heureux – les antibiotiques

Contrairement aux sulfamides, qui sont mis au point intentionnellement à partir d'une série de produits chimiques industriels, le premier antibiotique est découvert par accident. Le médecin et bactériologiste écossais Alexander Fleming s'apprête à jeter au rebut des boîtes de culture qui ont été contaminées par une moisissure. Heureusement, il s'interroge sur la curieuse répartition des bactéries dans les boîtes contaminées. Il y a une région dégagée autour des moisissures, où les bactéries ne poussent pas. Il s'agit d'une moisissure qui peut inhiber la croissance d'une bactérie. Fleming apprend plus tard que cette moisissure est *Penicillium notatum* (renommée plus tard *Penicillium chrysogenum*) et, en 1928, il baptise l'inhibiteur actif *pénicilline*. Ainsi, la pénicilline est un antibiotique produit par un mycète. L'énorme utilité de la pénicilline ne devient évidente que dans les années 1940, quand elle est finalement soumise à des essais cliniques et commercialisée.

Depuis cette époque, on a découvert des milliers d'autres antibiotiques, dont la grande majorité est efficace contre les bactéries. Malheureusement, les antibiotiques et les autres médicaments chimiothérapiques ne sont pas sans risques. Beaucoup de corps chimiques antimicrobiens sont trop toxiques pour les humains; ils tuent les microbes pathogènes, mais ils endommagent aussi l'hôte infecté. Pour des raisons que nous expliquerons plus loin, la toxicité pour les humains pose des problèmes particuliers à ceux qui doivent mettre au point des médicaments contre les maladies virales. La prolifération virale étant très étroitement liée aux processus vitaux des cellules hôtes normales, seuls quelques rares médicaments antiviraux peuvent être qualifiés de réussis.

Il existe un autre problème majeur associé aux médicaments antimicrobiens; il s'agit de l'émergence et de la propagation de nouvelles variétés de microorganismes qui résistent aux antibiotiques, notamment à cause de l'usage abusif qui est fait de ces derniers. Avec les années, de plus en plus de microbes sont devenus résistants aux antibiotiques qui s'avéraient auparavant très efficaces contre eux. La résistance aux médicaments résulte d'une réaction d'adaptation des microbes leur permettant de tolérer jusqu'à un certain point un antibiotique qui normalement les inhiberait. Les manifestations de cette réaction peuvent être la production par les microbes de molécules (enzymes) qui inactivent les antibiotiques, des changements à la surface du microbe qui rendent les antibiotiques incapables de s'y attacher ou des modifications qui ne laissent pas les antibiotiques pénétrer dans le microorganisme.

L'apparition récente de souches de *Staphylococcus aureus* et d'*Enterococcus fæcalis* résistantes à la vancomycine inquiète les professionnels de la santé parce que certaines infections bactériennes qu'on pouvait traiter jusqu'à maintenant pourraient bientôt devenir impossibles à maîtriser.

▶ Vérifiez vos acquis

Qu'est-ce que la «tête chercheuse» dont rêvait Ehrlich? **1-11**

La microbiologie aujourd'hui

Les efforts pour contrer la résistance aux médicaments, identifier les virus et mettre au point des vaccins nécessitent des techniques de recherche sophistiquées et des études statistiques dont on n'aurait jamais imaginé l'existence au temps de Koch et de Pasteur.

Les bases qu'on a jetées durant l'âge d'or de la microbiologie ont rendu possibles plusieurs réalisations de grande envergure au cours du XXe siècle. Outre la bactériologie, la mycologie et la parasitologie, de nouvelles branches de la microbiologie ont vu le jour, dont l'immunologie et la virologie. Tout récemment, la création d'un ensemble de nouvelles méthodes qui forment ce qu'on appelle la technologie de l'ADN recombinant a transformé de fond en comble la recherche et les applications pratiques dans tous les domaines de la microbiologie.

a) La forme du caducée, symbole de la profession médicale, a peut-être été inspirée par l'opération qui permet de retirer le ver de Guinée du corps humain.

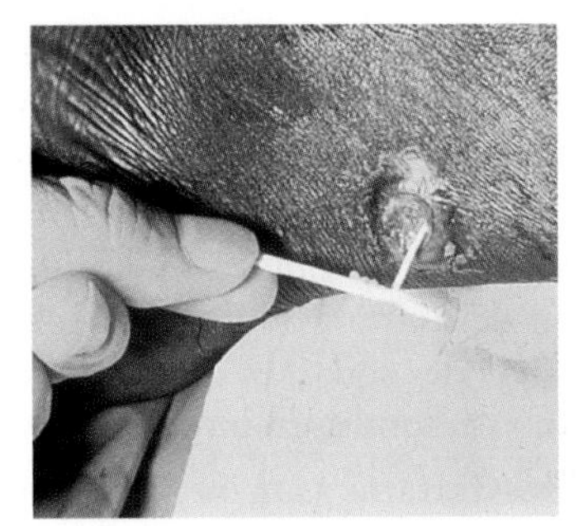

b) Un médecin extirpe un ver de Guinée (*Dracunculus medinensis*) du tissu sous-cutané d'un patient.

Figure 1.5 La parasitologie : étude des protozoaires et des vers parasites.

La bactériologie, la mycologie et la parasitologie

La **bactériologie**, ou étude des bactéries, est née avec les premières observations effectuées par Leeuwenhoek de la matière grattée à la surface de ses dents. De nouvelles bactéries pathogènes sont encore découvertes régulièrement. Beaucoup de bactériologistes, comme leur prédécesseur Pasteur, se penchent sur le rôle des bactéries dans les aliments et l'environnement. Heide Schulz a fait une découverte fascinante en 1997, en révélant l'existence d'une bactérie assez grosse pour être visible à l'œil nu (0,2 mm de large). Cette bactérie, qu'elle nomma *Thiomargarita namibiensis*, habite dans la vase du littoral africain. *Thiomargarita* est exceptionnelle en raison de sa taille et de sa niche écologique. Elle consomme le sulfure d'hydrogène, qui est toxique pour les autres animaux vivant dans la vase (figure 6.27).

La **mycologie**, ou étude des mycètes (champignons), possède des branches en médecine, en agriculture et en écologie. Rappelons que les travaux de Bassi qui ont abouti à la théorie germinale des maladies portaient sur un mycète pathogène. Le taux d'infections aux mycètes est en hausse depuis la dernière décennie et représente 10 % des infections nosocomiales (contractées à l'hôpital). On croit que les changements climatiques et environnementaux (grave sécheresse) sont à l'origine de l'augmentation des infections à *Coccidioides immitis*, qui ont décuplé en Californie. On est actuellement à la recherche de nouvelles techniques pour diagnostiquer et traiter les infections causées par des mycètes.

La **parasitologie** est l'étude des protozoaires et des vers parasites. Comme beaucoup de vers parasites sont assez gros pour être visibles à l'œil nu, les humains les connaissent depuis des milliers d'années. Selon certains, le caducée, qui est le symbole de la médecine, représenterait l'extraction du ver de Guinée (**figure 1.5**). On découvre de nouvelles infections causées par des parasites chez l'humain au fur et à mesure que les travailleurs qui défrichent les forêts pluviales s'exposent à ces organismes. Des parasitoses insoupçonnées jusqu'à maintenant se manifestent aussi chez les patients dont le système immunitaire ne réagit pas par suite d'une greffe d'organe, d'une chimiothérapie contre le cancer ou du sida.

La bactériologie, la mycologie et la parasitologie connaissent actuellement un « âge d'or de classification ». Des progrès récents en **génomique**, ou étude de l'ensemble des gènes d'un organisme, permettent aux scientifiques de classer les bactéries et les mycètes en les situant par rapport aux autres bactéries, mycètes ou protozoaires. Auparavant, on classifiait les microorganismes selon un nombre limité de caractères visibles.

L'immunologie

En Occident, l'**immunologie**, ou étude de l'immunité, remonte en fait à la première expérience de vaccination faite par Jenner en 1796. Depuis lors, les connaissances sur le système immunitaire s'accumulent sans arrêt et ont fait un bond rapide au XXe siècle. Il y a maintenant des vaccins contre un grand nombre de maladies virales, dont la rougeole, la rubéole, les oreillons, la varicelle, la grippe, la polio et l'hépatite B, et contre des maladies bactériennes, dont les pneumonies à streptocoques, le tétanos, la tuberculose et la coqueluche. Le vaccin antivariolique s'est avéré si efficace que la maladie a été éliminée. Les responsables de la santé publique estiment que la polio sera éradiquée d'ici à quelques années grâce à la vaccination. En 1960, on a découvert les interférons, qui sont des substances produites par le système immunitaire lui-même et qui inhibent la réplication des virus. Cette découverte a été à l'origine de nombreuses recherches liées au traitement des maladies virales et du cancer. À l'heure actuelle, une des plus grandes difficultés à surmonter en immunologie consiste à trouver des façons de stimuler le système immunitaire pour qu'il combatte le virus responsable du sida, une maladie qui détruit le système immunitaire.

L'immunologie a fait un grand pas en 1933 grâce à Rebecca Lancefield, qui a proposé que les streptocoques soient classifiés par sérotypes (variantes d'une même espèce) selon la nature de certains composants antigéniques de la paroi cellulaire des bactéries. Les streptocoques sont à l'origine de diverses maladies, telles que les maux de gorge (angine streptococcique), le choc toxique streptococcique et la septicémie, et la connaissance des sérotypes est capitale lors du diagnostic bactériologique.

La virologie

La **virologie**, ou étude des virus, a en fait pris naissance durant l'âge d'or de la microbiologie. En 1892, Dmitri Ivanowski révéla que l'organisme qui cause la mosaïque du tabac, une maladie des plants de tabac, est si petit qu'il traverse les filtres les plus fins, lesquels retiennent par ailleurs toutes les bactéries connues. En 1935, Wendell Stanley montra que cet organisme, appelé *virus de la mosaïque du tabac* (VMT), était fondamentalement différent des autres microbes et si simple et homogène qu'on pouvait le cristalliser comme un composé chimique. Avec l'avènement du microscope électronique dans les années 1940, les microbiologistes ont été en mesure d'observer la structure des virus en détail, si bien qu'aujourd'hui on en sait beaucoup plus sur leur composition et leur activité.

La technologie de l'ADN recombinant

La technologie de l'ADN recombinant permet maintenant de modifier les microorganismes pour qu'ils produisent de grandes quantités d'hormones humaines et d'autres substances médicinales dont on a un urgent besoin. Vers la fin des années 1960, Paul Berg montra qu'on pouvait attacher à l'ADN de bactéries des fragments d'ADN humain ou animal contenant le code de protéines importantes (gènes). L'hybride obtenu fut le premier exemple d'**ADN recombinant**. Quand on introduit de l'ADN recombinant dans une bactérie (ou dans un autre microbe), cette dernière peut être utilisée pour fabriquer de grandes quantités de la protéine choisie. La technologie qui s'est développée à partir de ce type de manipulation s'appelle **technologie de l'ADN recombinant**, ou parfois **génie génétique**. Elle est issue de deux domaines reliés. Le premier, la **génétique des microbes**, étudie les mécanismes par lesquels les microorganismes transmettent leurs traits d'une génération à l'autre. Le second, la **biologie moléculaire**, a pour objet d'étude la structure de la molécule d'ADN qui porte l'information génétique et la façon dont cette dernière dirige la synthèse des protéines.

Jusque dans les années 1930, toute la recherche en génétique était fondée sur l'étude des cellules végétales et animales. Mais dans les années 1940, les scientifiques se mirent à utiliser des organismes unicellulaires, surtout des bactéries, qui présentent plusieurs avantages sur le plan des manipulations génétiques et biochimiques. Tout d'abord, les bactéries sont moins complexes que les plantes et les animaux. Ensuite, leur cycle vital dure souvent moins d'une heure, si bien qu'on peut cultiver un très grand nombre d'organismes en un temps relativement court.

Une fois amorcée l'étude scientifique des unicellulaires, les progrès en génétique s'accélèrent. En1941, George W. Beadle et Edward L. Tatum montrent la relation qui existe entre les gènes et les protéines enzymatiques. En 1944, Oswald Avery, Colin MacLeod et Maclyn McCarty confirment que l'ADN est le matériel héréditaire. En 1946, Joshua Lederberg et Edward L. Tatum découvrent que les bactéries peuvent échanger du matériel génétique par un processus appelé *conjugaison*. Puis, en 1953, James Watson et Francis Crick proposent leur modèle de la structure et de la réplication de l'ADN. Au début des années 1960, on est témoin d'une nouvelle explosion de découvertes concernant les mécanismes par lesquels l'ADN gouverne la synthèse des protéines. En 1961, François Jacob et Jacques Monod découvrent l'ARN (acide ribonucléique) messager, une molécule qui joue un rôle dans la synthèse des protéines, et plus tard, ils font les premières découvertes d'importance portant sur la régulation du fonctionnement des gènes chez les bactéries. À la même époque, les scientifiques parviennent à déchiffrer le code génétique et à comprendre les liens qui existent entre les molécules d'ADN, les molécules d'ARN messager et les protéines. Les chapitres 24 et 25 EN LIGNE traitent des techniques de l'ADN recombinant.

▶ Vérifiez vos acquis

Définissez la *bactériologie*, la *mycologie*, la *parasitologie*, l'*immunologie* et la *virologie*. **1-12**

Quelle est la différence entre la génétique des microbes et la biologie moléculaire? **1-13**

Les microbes et la santé humaine

▶ Objectifs d'apprentissage

1-14 Nommer au moins quatre activités utiles des microorganismes.

1-15 Nommer deux applications de la biotechnologie où on utilise la technologie de l'ADN recombinant.

Nous avons déjà mentionné que seule une minorité des microorganismes sont pathogènes. Les microbes qui font pourrir les aliments, qui causent par exemple les meurtrissures sur les fruits et les légumes, la décomposition de la viande et le rancissement des graisses et des huiles, sont aussi très peu nombreux. La grande majorité des microbes est utile aux humains, aux autres animaux et aux plantes, de bien des façons. Dans les sections qui suivent, nous dressons un bref bilan de certaines de ces actions bénéfiques telles que le recyclage d'éléments vitaux, le traitement des eaux, la biorestauration et la lutte biologique contre les insectes nuisibles. Dans les chapitres ultérieurs, nous les examinerons plus en détail.

Le recyclage d'éléments vitaux

Dans les années 1880, les découvertes de deux microbiologistes, Martinus Beijerinck et Sergei Winogradsky, nous permettent aujourd'hui de comprendre les cycles biochimiques qui rendent la vie possible sur Terre. L'**écologie microbienne**, soit l'étude des relations entre les microorganismes et leur environnement, est issue de leurs travaux. Aujourd'hui, cette science comprend plusieurs branches, dont l'étude des interactions des populations microbiennes avec les plantes et les animaux dans divers milieux. Les spécialistes de l'écologie microbienne s'intéressent, entre autres choses, à la pollution microbienne de l'eau et à la contamination de l'environnement par les produits toxiques. L'expression « écologie microbienne humaine » désigne l'écosystème composé des microorganismes qui résident à la surface et à l'intérieur du corps humain.

Le carbone, l'azote, l'oxygène, le soufre et le phosphore sont des éléments chimiques essentiels à la vie et présents en abondance, mais pas nécessairement sous une forme que les organismes peuvent utiliser. Les microorganismes sont les principaux artisans de la conversion de ces éléments en substances dont les plantes et les animaux peuvent se servir. Ainsi, les microorganismes, surtout les bactéries et les mycètes, jouent un rôle clé dans le processus qui retourne le dioxyde de carbone (CO_2) à l'atmosphère lors de la décomposition de déchets organiques provenant des végétaux et des animaux morts. Les algues, les cyanobactéries et les plantes supérieures utilisent le dioxyde de carbone atmosphérique durant la photosynthèse pour produire des glucides qui sont par la suite consommés par les animaux, les mycètes et les bactéries. Le cycle du carbone est ainsi bouclé. Le diazote (N_2) est abondant dans l'atmosphère mais doit être transformé en ammoniac par les bactéries – seuls microorganismes capables d'effectuer cette modification – pour que les plantes et les animaux puissent l'utiliser.

Le traitement des eaux usées, ou l'utilisation des microbes pour recycler l'eau

Au fur et à mesure que nous nous éveillons au besoin de préserver l'environnement, nous prenons conscience que l'eau est un bien précieux que nous nous devons de recycler et qu'il nous faut, par conséquent, prévenir la pollution des rivières et des océans. Les eaux usées sont un des principaux polluants. Elles sont constituées des excréments humains, des eaux d'égout, des déchets industriels et des eaux de ruissellement. Elles contiennent environ 99,9 % d'eau et quelques centièmes de 1 % de solides en suspension, parmi lesquels on trouve des microorganismes. Le reste est composé de diverses matières chimiques dissoutes.

Les stations de traitement des eaux usées éliminent les matières indésirables et les microorganismes nuisibles. Les traitements sont une combinaison de divers procédés physiques et chimiques comprenant l'action de microbes utiles. Les gros objets solides comme le papier, le bois, le verre, le gravier et le plastique sont d'abord retirés des eaux usées ; il reste alors les matières liquides et organiques que les bactéries convertissent en divers sous-produits tels que le dioxyde de carbone, les nitrates, les phosphates, les sulfates, l'ammoniac, le sulfure d'hydrogène et le méthane. Les microorganismes participent ainsi au traitement des eaux usées. (Nous examinerons le traitement des eaux usées en détail au chapitre 27 EN LIGNE.)

La biorestauration, ou l'utilisation des microbes pour éliminer les polluants

En 1988, des scientifiques se sont mis à utiliser des microorganismes pour neutraliser des polluants et des déchets toxiques dérivés de divers procédés industriels. Par exemple, certaines bactéries peuvent en fait transformer les polluants en sources d'énergie qu'elles peuvent consommer ; d'autres produisent des enzymes qui convertissent les toxines en substances moins nocives. Grâce à cette utilisation des bactéries ou des mycètes – procédé appelé **biorestauration** ou **bioremédiation** –, on peut éliminer les toxines qui polluent les puits ou la nappe phréatique et dégrader les toxines amenées par les déversements de produits chimiques, les déchets toxiques enfouis et les marées noires, comme le déversement de pétrole de l'*Exxon Valdez* en 1989 (encadré 22.1 EN LIGNE). Par contre, la bioremédiation n'est pas encore le procédé de choix pour effectuer de grands nettoyages comme celui exigé après l'explosion, le 20 avril 2010, de la plate-forme pétrolière *Deepwater Horizon* dans le golfe du Mexique, près des côtes de la Louisiane. L'efficacité du métabolisme bactérien ne peut faire face à l'ampleur de la pollution de l'environnement marin causée par cette catastrophe.

À plus petite échelle, des enzymes bactériennes sont utilisées dans les déboucheurs pour dégager les lavabos et les conduits sans rejeter de produits chimiques nocifs dans l'environnement. Dans certains cas, on se sert de microorganismes indigènes (que l'on trouve dans l'environnement) ; dans d'autres cas, on a recours à des microbes génétiquement modifiés. Parmi les microbes les plus souvent employés pour la biorestauration, on trouve certaines espèces de bactéries des genres *Pseudomonas* et *Bacillus*. Les enzymes de *Bacillus* s'utilisent aussi dans les détergents ménagers pour détacher les vêtements.

Les microorganismes dans la lutte contre les insectes nuisibles

En plus de propager des maladies, les insectes peuvent dévaster les cultures. En conséquence, il est important de lutter contre les insectes nuisibles tant pour l'amélioration de l'agriculture que pour la prévention des maladies chez les humains.

Bacillus thuringiensis est une bactérie largement utilisée aux États-Unis pour combattre les insectes et les parasites qui s'attaquent à la luzerne, aux épis de maïs, aux choux, aux plants de tabac et aux feuilles d'arbres fruitiers. On ajoute la bactérie à une poudre qu'on répand sur les cultures dont se nourrissent ces insectes. La bactérie produit des cristaux protéiques qui sont toxiques pour le système digestif des insectes. On se sert aussi de plants modifiés génétiquement, dont les cellules produisent l'enzyme bactérienne (plantes transgéniques). Grâce à l'utilisation de pesticides microbiens plutôt que chimiques, les agriculteurs évitent de causer du tort à l'environnement. Beaucoup d'insecticides chimiques, tels que le DDT, restent dans le sol sous forme de résidus toxiques et finissent par s'introduire dans la chaîne alimentaire.

La biotechnologie moderne et la technologie de l'ADN recombinant

Nous avons mentionné plus haut qu'on utilise des microorganismes dans l'industrie pour fabriquer certains aliments et produits chimiques courants. Ces applications pratiques de la microbiologie s'appellent **biotechnologie**. Ces dernières années, la biotechnologie a connu une révolution provoquée par l'arrivée de la technologie de l'ADN recombinant, qui applique les techniques de recombinaisons génétiques in vitro pour accroître le potentiel de bactéries, de virus, de levures et d'autres mycètes et les transformer en usines biochimiques miniatures. On utilise aussi des cellules végétales et animales en culture, ainsi que des plantes et des animaux entiers, pour créer des recombinants.

Les applications de cette technologie ont permis jusqu'à maintenant la production de nombreuses protéines naturelles, de vaccins et d'enzymes. Le potentiel de ces substances sur le plan médical est énorme ; nous en décrivons quelques-unes au tableau 25.2 EN LIGNE.

Parmi les retombées de la technologie de l'ADN recombinant, l'une des plus importantes et prometteuses est la **thérapie génique**, qui consiste à insérer un gène manquant dans des cellules humaines ou à remplacer un gène défectueux. Cette technique fait appel à un virus inoffensif qui transporte le gène nouveau ou manquant jusque dans certaines cellules hôtes, où il est repris et inséré dans le chromosome approprié. Depuis 1990, la thérapie génique a servi à traiter des patients souffrant de dystrophie musculaire de Duchenne, une maladie qui détruit les muscles ; de fibrose kystique du pancréas, une maladie des parties sécrétrices des voies respiratoires, du pancréas, des glandes salivaires et des glandes sudoripares ; et de déficit en récepteurs de LDL (lipoprotéines de basse densité), un trouble qui fait en sorte que les lipoprotéines de basse densité n'entrent pas dans les cellules et restent donc dans le sang. Leur concentration élevée favorise la formation de plaques graisseuses dans les vaisseaux sanguins, ce qui fait augmenter le risque d'athérosclérose et de maladie coronarienne. L'évaluation des résultats est en cours. Il est aussi possible qu'un jour la thérapie génique permette de traiter certaines maladies héréditaires : par exemple, l'hémophilie, caractérisée par l'absence de coagulation normale du sang ; le diabète, qui est marqué par des taux de sucre élevés dans le sang ; l'anémie falciforme, due à un type d'hémoglobine anormal ; et une forme d'hypercholestérolémie.

En plus de permettre la création d'applications médicales, la technologie de l'ADN recombinant s'est avérée utile en agriculture. Les utilisations potentielles de cette technologie comprennent la résistance à la sécheresse, aux insectes et aux maladies d'origine microbienne, ainsi qu'une plus grande tolérance des cultures à la chaleur.

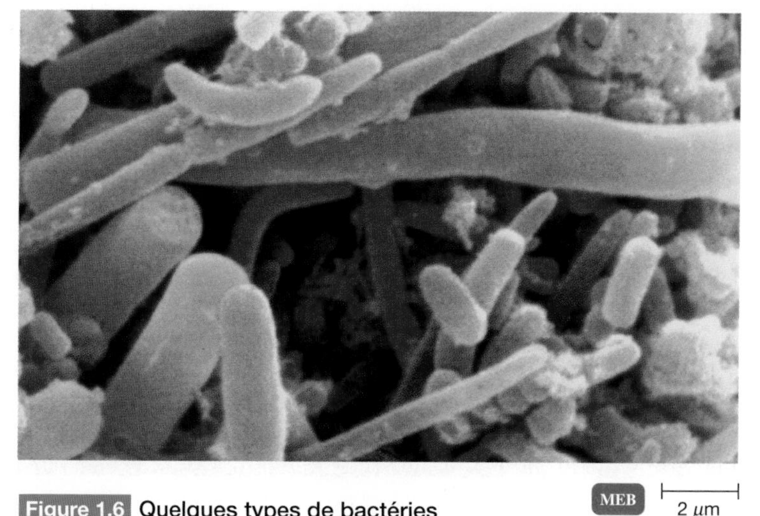

Figure 1.6 Quelques types de bactéries appartenant au microbiote normal de la surface de la langue des humains.

▶ Vérifiez vos acquis

Donnez deux exemples d'applications où les bactéries sont utiles aux humains. **1-14**

Quelle est la différence entre la biotechnologie et la technologie de l'ADN recombinant ? **1-15**

Les microbes et les maladies humaines

▶ Objectifs d'apprentissage

1-16 Définir le microbiote normal, décrire sa relation avec le corps humain et définir la résistance.

1-17 Définir les biofilms.

1-18 Définir les maladies infectieuses émergentes, en nommer quelques-unes et énumérer quelques facteurs qui contribuent à leur émergence.

Le microbiote normal

Nous évoluons de la naissance à la mort dans un monde peuplé de microbes et nous portons tous une multitude de microorganismes à la surface et à l'intérieur de notre corps. Ces microorganismes constituent notre **microbiote normal** anciennement appelé « flore microbienne normale » (figure 1.6). Celui-ci est non seulement inoffensif, mais il peut même aussi être bénéfique. Par exemple, il nous protège contre la maladie en empêchant la prolifération de microbes nuisibles ; il produit des substances utiles telles que la vitamine K et certaines vitamines B. Toutefois, il arrive qu'il nous rende malades ou qu'il infecte les personnes qui nous côtoient. C'est ce qui se passe quand des microorganismes s'échappent de leur milieu habituel et vont coloniser une autre partie du corps.

À quel moment un microbe est-il accueilli comme partie intégrante d'un humain en bonne santé et à quel moment devient-il la cause d'une maladie ? La distinction entre la santé et la maladie repose en grande partie sur l'équilibre entre les défenses naturelles du corps et les propriétés des microorganismes qui donnent naissance à la maladie. La capacité de notre corps à s'opposer aux tactiques offensives lancées par les microbes dépend de notre **résistance**, c'est-à-dire de notre aptitude à repousser la maladie. Pour une bonne part, la résistance est assurée par la barrière de la peau, des muqueuses, des cils vibratiles, de l'acide gastrique et des molécules antimicrobiennes telles que les interférons. Les microbes sont détruits par l'inflammation, la fièvre, les leucocytes (globules blancs) et les réponses spécifiques du système immunitaire. Parfois, quand les défenses naturelles du corps humain ne suffisent pas à maîtriser l'envahisseur microbien, on doit recourir à une aide extérieure en les combattant avec des antibiotiques ou d'autres médicaments.

Les biofilms

Dans la nature, certains microorganismes se présentent sous forme de cellules isolées qui flottent ou nagent dans un milieu liquide quelconque. On en trouve aussi qui vivent agglomérés les uns aux autres ou fixés à une surface, le plus souvent solide. Dans ce dernier cas, on parle de **biofilm**, c'est-à-dire d'un regroupement complexe de microbes. La pellicule visqueuse qui recouvre les roches au fond des lacs est un biofilm. Celle que l'on détecte en passant la langue sur ses dents en est un autre. Certains biofilms sont très utiles. Ils protègent nos muqueuses contre les microbes nuisibles. Dans les plans d'eau, ils sont une source de nourriture importante pour les animaux aquatiques. À l'opposé, certains d'entre eux sont nuisibles. Par exemple, ils peuvent obstruer les canalisations d'eau. Lorsqu'ils se forment dans les cathéters utilisés en médecine (figure 1.7) ou sur ses implants tels que les prothèses articulaires, ils peuvent déclencher des infections comme l'endocardite (inflammation du cœur). Les bactéries qui forment des biofilms ont souvent une grande résistance aux antibiotiques, parce que la pellicule dans laquelle elles se trouvent leur sert de barrière protectrice (encadré 2.1). Nous reviendrons sur les biofilms au chapitre 4.

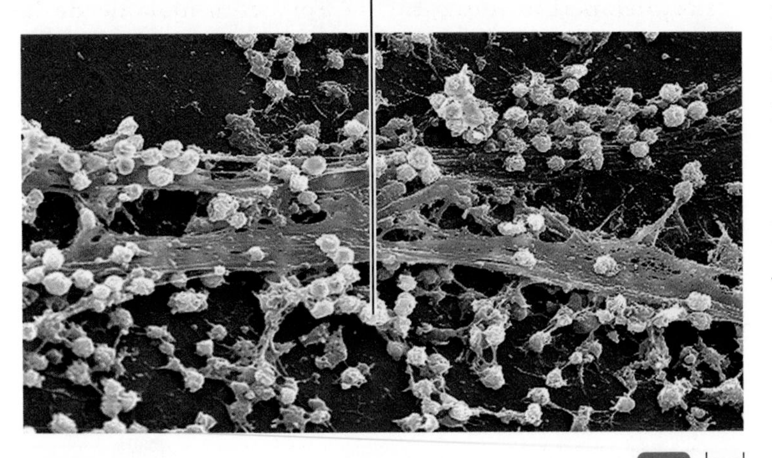

Figure 1.7 Biofilm sur un cathéter. En adhérant aux surfaces solides, les bactéries du genre *Staphylococcus* forment une pellicule visqueuse. Il arrive que certaines bactéries s'échappent du biofilm et provoquent une infection.

Les maladies infectieuses

Une **maladie infectieuse**, ou **infection**, est causée par un agent pathogène tel qu'une bactérie, un virus, un mycète, un protozoaire ou un helminthe. Elle se déclare quand l'agent pathogène envahit l'hôte, par exemple un humain, dont la résistance est souvent affaiblie. L'agent pathogène s'installe dans les tissus et les organes, et s'y développe; l'infection entraîne des perturbations ou des déséquilibres physiologiques chez l'hôte et, en conséquence, les symptômes de la maladie peuvent se manifester.

À la fin de la Seconde Guerre mondiale, beaucoup ont cru que les maladies infectieuses étaient maîtrisées. On pensait que le paludisme (malaria) serait supprimé grâce au DDT, un insecticide qui tue les moustiques vecteurs, qu'un vaccin préviendrait la diphtérie et qu'une meilleure hygiène contribuerait à freiner la transmission du choléra. Dans les faits, le paludisme est loin d'être éliminé: 300 millions de personnes sont infectées dans le monde entier. Depuis 1986, on en a connu des flambées localisées au Texas, en Californie, en Floride, au New Jersey et dans l'État de New York. Le climat plus frais empêche le moustique de monter plus au nord, mais le réchauffement de la planète pourrait bien favoriser dans l'avenir l'expansion du paludisme vers le Canada. En 1994, la diphtérie a refait surface aux États-Unis, apportée par des voyageurs en provenance des États récemment émancipés de l'ancienne Union soviétique; l'épidémie massive de diphtérie qui y sévissait n'a été circonscrite qu'en 1998. Des épidémies de choléra surviennent encore dans certaines régions en développement. En 2010, Haïti en a connu une après le terrible tremblement de terre qui a secoué le pays.

Les maladies infectieuses émergentes

Les exemples précédents illustrent le fait que les maladies infectieuses ne sont pas en train de disparaître, mais que, au contraire, elles semblent plutôt être en recrudescence. De plus, un certain nombre d'affections inusitées – les **maladies infectieuses émergentes** – ont surgi au cours des dernières années. Il s'agit de maladies nouvelles ou en train de changer, dont l'incidence augmente ou pourrait augmenter dans un avenir proche. Les facteurs qui contribuent à l'émergence de ces maladies sont multiples: on parle d'adaptations évolutives touchant des organismes existants (*Vibrio choleræ* O139); de la propagation de maladies connues dans de nouvelles populations ou régions du globe par le truchement des moyens de transport modernes (encéphalite à virus du Nil); de l'exposition accrue des humains à de nouveaux agents infectieux jusque-là inconnus dans des régions soumises à des changements écologiques tels que la déforestation et la construction (virus de la fièvre hémorragique du Vénézuela). Certaines maladies infectieuses peuvent connaître une recrudescence parce que les agents pathogènes qui les causent deviennent résistants aux antibiotiques: on parle alors de multirésistance (encadré 16.1).

Le nombre accru d'incidents des dernières années met en lumière l'étendue du problème de la résistance aux antibiotiques. Les antibiotiques constituent une arme indispensable dans la lutte contre les infections bactériennes. Toutefois, au fil des ans, le recours abusif à ces médicaments et leur mauvaise utilisation ont favorisé l'apparition de bactéries qui vivent sans difficulté dans les milieux où ils sont présents. Comment une bactérie devient-elle résistante? C'est à la faveur d'une mutation survenue par hasard dans ses gènes qu'elle acquiert le pouvoir de résister à un antibiotique. Lorsqu'elle est exposée à ce dernier, elle se trouve avantagée par rapport aux bactéries susceptibles et peut proliférer là où les autres en sont empêchées. C'est ainsi que les souches antibiorésistantes sont devenues un fléau mondial. L'érosion des mesures de santé publique qui permettaient par le passé d'éviter les infections a favorisé l'éclosion de cas inattendus de tuberculose, de coqueluche et de diphtérie (chapitre 19). Des cas de tuberculose résistante aux antibiotiques observés chez des personnes atteintes du sida donnent à penser que le fléau pourrait être de retour.

Chez l'humain, *Staphylococcus aureus* est à l'origine de diverses affections, telles que les boutons, les furoncles, la pneumonie, l'intoxication alimentaire et les infections des plaies chirurgicales. Il est aussi une cause importante d'infections nosocomiales. La pénicilline réussissait autrefois à juguler les infections mais, dans les années 1950, l'apparition d'une souche résistante suscita de grandes inquiétudes dans les hôpitaux, où il s'avéra nécessaire de recourir à la méthicilline. Dans les années 1980, le **staphylocoque doré résistant à la méthicilline (SDRM)** entra en scène et devint endémique dans un grand nombre d'hôpitaux. On fut alors contraint d'utiliser fréquemment la vancomycine. À la fin des années 1990, on se mit à observer que certaines infections à *S. aureus* étaient plus difficiles à maîtriser par la vancomycine. On assigna à la nouvelle souche le sigle **VISA** (de *Vancomycin-intermediate S. aureus*). Enfin, en 2002, aux États-Unis, on découvrit qu'un patient était infecté par un **staphylocoque doré résistant à la vancomycine (SDRV)**.

Q/R Les agents antibactériens qu'on ajoute à certains nettoyants ménagers ressemblent aux antibiotiques à bien des égards. Si on s'en sert correctement, ils empêchent la croissance des bactéries.

Toutefois, si on les utilise sur toutes les surfaces sans distinction, on crée un environnement qui favorise la survie des microbes résistants. Si, un jour, une situation survient où il faut s'assurer que les mains et les objets sont bien désinfectés – par exemple si on doit protéger des infections un membre de la famille qui revient d'un séjour à l'hôpital –, il est possible qu'on rencontre l'opposition d'une armée de bactéries pour la plupart résistantes.

Il est bon de nettoyer la maison et de se laver les mains régulièrement, mais on peut utiliser pour ce faire des savons et des détergents ordinaires (sans agents antibactériens). Par ailleurs, les désinfectants qui s'évaporent rapidement, tels que l'eau de Javel, l'alcool, l'ammoniaque et le peroxyde d'hydrogène, éliminent les bactéries qui peuvent devenir pathogènes sans laisser de résidu propice à la sélection de souches résistantes. Q/R

Certains virus sont aussi responsables de maladies infectieuses émergentes. Ce sont, par exemple, le **virus du Nil occidental**, le **virus de la fièvre hémorragique d'Ebola**, les *Hantavirus*, le **virus de l'immunodéficience humaine** et les virus grippaux comme les **virus de la grippe aviaire A(H5N1)**. En mars 2009, une nouvelle forme d'influenza, nommée *grippe porcine* puis **grippe A(H1N1)**, s'est d'abord propagée au Mexique, puis aux États-Unis et, à la fin avril, au Canada. Cette grippe, dérivée du porc et des oiseaux, se transmettait désormais d'humain à humain. À la mi-juillet 2009, on répertoriait 10 156 cas au Canada. Le 11 juin 2009, l'OMS haussait l'alerte au niveau 6 ; la grippe A(H1N1) était classée « pandémie ». La production rapide d'un vaccin et la mise en place d'un programme intensif de vaccination ont très certainement contribué à stopper la pandémie. Cette dernière grippe pandémique, quoique de faible gravité, nous rappelle que nous devons demeurer vigilants, car ces virus évoluent et pourraient devenir très virulents pour l'humain. C'est pourquoi on a mis en place des mesures de surveillance des cas d'infections et de transmission entre individus (encadré 8.1).

Signalons enfin, parmi les maladies infectieuses émergentes, l'**encéphalopathie spongiforme bovine** ou **maladie de la vache folle**, qu'on attribue à ces mystérieux prions contre lesquels la médecine semble pour le moment démunie.

Les techniques de la microbiologie ont permis aux chercheurs de vaincre la variole et d'endiguer la syphilis. De la même façon, elles aideront les scientifiques du XXIe siècle à découvrir les causes des maladies infectieuses émergentes. Néanmoins, il y aura sans doute de nouvelles maladies. Les *Influenzavirus* sont des exemples de virus qui semblent en voie d'accroître leur pouvoir d'infecter différentes espèces hôtes. Nous reviendrons sur les maladies infectieuses émergentes au chapitre 9.

▶ Vérifiez vos acquis

Quelle est la différence entre le microbiote normal et une maladie infectieuse ? **1-16**

Pourquoi les biofilms sont-ils importants ? **1-17**

Quels sont les facteurs qui favorisent l'émergence des maladies infectieuses ? **1-18**

* * *

Les maladies que nous avons mentionnées sont causées par des virus, des bactéries, des protozoaires et des prions – qui sont des types de microorganismes, au sens large du terme. Le présent ouvrage est une introduction à l'énorme diversité des organismes microscopiques. Il montre comment les microbiologistes utilisent des techniques et des méthodes spécifiques pour étudier les microbes qui causent des maladies telles que le sida et la diarrhée – ainsi que des affections qui sont encore à découvrir. Nous traitons également des réactions du corps aux infections microbiennes et nous examinons comment certains médicaments les combattent. Enfin, nous nous penchons sur les nombreux rôles utiles joués par les microbes autour de nous.

RÉSUMÉ

LES MICROBES DANS NOS VIES (p. 3)

1. Les êtres vivants trop petits pour être visibles à l'œil nu s'appellent microorganismes.
2. Les microorganismes jouent un rôle essentiel dans le maintien de l'équilibre écologique de la Terre.
3. Certains microorganismes vivent dans le corps des humains ou d'autres animaux, où leur présence est nécessaire au maintien de la santé.
4. Certains microorganismes servent dans des applications industrielles telles que la fabrication d'aliments et de produits chimiques.
5. Certains microorganismes causent des maladies ; ce sont des microbes pathogènes.

L'APPELLATION ET LA CLASSIFICATION DES MICROORGANISMES (p. 3)

La nomenclature (p. 3)

1. Dans le système de nomenclature créé par Carl von Linné (1735), l'appellation scientifique de chaque organisme vivant est formée de deux mots latins.
2. Les deux mots sont un nom de genre et une épithète spécifique, qui sont tous deux soulignés ou écrits en italique. Le nom du genre porte une majuscule. Exemple : *Staphylococcus aureus*.

Les types de microorganismes (p. 5)

Les bactéries (p. 5)

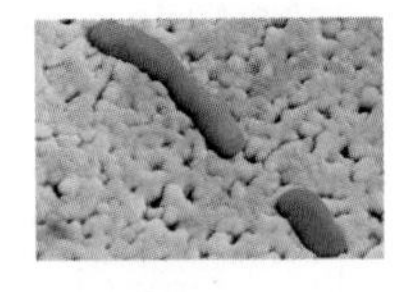

3. Les bactéries sont des microorganismes unicellulaires. Comme elles n'ont pas de noyau délimité par une membrane, les cellules sont dites procaryotes.

4. Les trois principales formes de bactéries sont les bacilles, les cocci et les formes spiralées.

5. La plupart des bactéries ont une paroi cellulaire de peptidoglycane ; elles se reproduisent de façon asexuée par scissiparité.

6. Certaines bactéries possèdent des flagelles qui les rendent mobiles.

7. Des substances chimiques de toutes sortes peuvent servir de nourriture pour les bactéries. Les bactéries qui se développent sur et dans le corps humain utilisent des substances chimiques organiques.

Les archéobactéries (p. 5)

8. Les archéobactéries sont des microorganismes unicellulaires ; ce sont des procaryotes dont la paroi cellulaire est dépourvue de peptidoglycane.

9. Les archéobactéries, dont une caractéristique est de supporter des conditions de vie difficiles, comprennent les bactéries méthanogènes, les bactéries halophiles extrêmes et les bactéries thermophiles extrêmes.

Les mycètes (p. 6)

10. Les mycètes, ou champignons, sont formés de cellules eucaryotes (ayant un vrai noyau).

11. Parmi les mycètes d'intérêt médical, on trouve des formes unicellulaires, ou *levures*, et des formes pluricellulaires filamenteuses, ou *moisissures*.

12. Les cellules sont entourées d'une paroi cellulaire contenant de la chitine.

13. Les mycètes se nourrissent en absorbant la matière organique qui se trouve dans leur environnement.

Les protozoaires (p. 7)

14. Les protozoaires sont des eucaryotes unicellulaires.

15. Les moyens par lesquels les protozoaires se nourrissent sont l'absorption ou l'ingestion par des structures spécialisées.

16. Certains sont des parasites qui vivent aux dépens de leur hôte ; c'est ainsi qu'ils peuvent causer des dommages à l'humain.

17. Très souvent mobiles, ils se déplacent au moyen de pseudopodes (les amibes, par exemple), de flagelles ou de cils.

Les algues (p. 7)

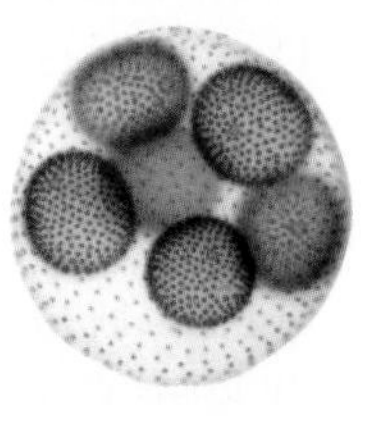

18. Les algues sont des eucaryotes unicellulaires ou pluricellulaires qui obtiennent leur nourriture par photosynthèse.

19. Les algues produisent de l'oxygène et des glucides qui sont utilisés par d'autres organismes.

Les virus et les prions (p. 7)

20. Les virus sont des entités parasites obligatoires des cellules vivantes.

21. Les virus sont acellulaires ; ils sont composés d'une nucléocapside formée d'un seul acide nucléique (ADN ou ARN), lui-même entouré d'une capside protéique. Dans certains cas, la capside est recouverte d'une enveloppe membranaire.

22. Les virus se multiplient par réplication.

Les parasites animaux pluricellulaires (p. 7)

23. Les principaux groupes de parasites animaux pluricellulaires sont les vers plats et les vers ronds, appelés collectivement *helminthes*. Ils ont pour caractéristique d'être des parasites, donc de vivre aux dépens de leur hôte.

24. Les stades microscopiques du cycle vital des helminthes sont révélés par les techniques classiques de la microbiologie.

La classification des microorganismes (p. 7)

25. Tous les organismes sont regroupés en Procaryotes, qui comprennent les Bactéries et les Archéobactéries, ou en Eucaryotes, qui comprennent les Protistes (protistes fongiformes, protozoaires, algues), les Mycètes, ou champignons, les Plantes et les Animaux.

UN BREF HISTORIQUE DE LA MICROBIOLOGIE (p. 8)

Les premières observations (p. 8)

1. Robert Hooke observe que la matière végétale est composée de « petites boîtes » ; il leur donne le nom de *cellules* (1665).

2. Les observations de Hooke sont à l'origine de la théorie cellulaire, selon laquelle tous les êtres vivants sont constitués de cellules.

3. Se servant d'un microscope simple, Antonie van Leeuwenhoek est le premier à observer des microorganismes (1673).

Le débat sur la génération spontanée (p. 8)

4. Jusqu'au milieu des années 1880, beaucoup croyaient à la génération spontanée, selon laquelle des organismes vivants pouvaient être engendrés de façon spontanée à partir de la matière non vivante.

5. Un débat historique s'étirant sur plusieurs années a mis en conflit les opposants et les défenseurs de la théorie de la génération spontanée.

6. John Needham soutient que des microorganismes peuvent se former spontanément dans un bouillon nutritif préalablement chauffé puis mis dans des bouteilles fermées (1745).

7. Lazzaro Spallanzani répète les expériences de Needham et pense que les résultats de ce dernier sont dus à des microorganismes dans l'air qui sont tombés dans ses bouillons (1765).

8. Rudolf Virchow propose le concept de biogenèse : une cellule vivante peut être engendrée seulement par une cellule préexistante (1858).

9. Louis Pasteur démontre que les microorganismes sont partout dans l'air et présente des preuves à l'appui de la biogenèse (1861).

10. Les découvertes de Pasteur sont à l'origine des techniques d'asepsie employées dans les laboratoires et les interventions médicales pour prévenir la contamination par les microorganismes aériens.

L'âge d'or de la microbiologie (p. 10)

11. La microbiologie a fait des progrès rapides sur le plan scientifique entre 1857 et 1914.

La fermentation et la pasteurisation (p. 10)

12. Pasteur découvre, lors de travaux sur le vin et la bière, que les levures font fermenter le sucre pour produire de l'alcool et que les bactéries peuvent oxyder l'alcool en acide acétique.
13. Un procédé qui fait appel à la chaleur, nommé *pasteurisation*, est utilisé pour tuer les bactéries dans certaines boissons alcoolisées et le lait.

La théorie germinale des maladies (p. 10)

14. Agostino Bassi (1835) et Pasteur (1865) montrent qu'il y a une relation de cause à effet entre les microorganismes et la maladie.
15. Joseph Lister (1860) est le premier à utiliser un désinfectant pour nettoyer les plaies chirurgicales (asepsie chirurgicale) afin de réduire les infections chez les humains, infections qu'il attribue à des microorganismes.
16. Robert Koch (1876) prouve que les microorganismes causent des maladies. Sa démonstration, qui s'appuie sur une suite ordonnée d'expériences, forme ce qu'on appelle les postulats de Koch. Ces postulats servent aujourd'hui à prouver qu'un microorganisme particulier cause une maladie donnée.

La vaccination (p. 12)

17. Lors de la vaccination, l'immunité (résistance à une maladie particulière) est conférée par l'inoculation d'un vaccin.
18. En 1798, Edward Jenner démontre que l'inoculation d'une préparation tirée de vaches atteintes de la vaccine immunise les humains contre la variole.
19. Aux environs de 1880, Pasteur découvre qu'une bactérie avirulente peut servir de vaccin contre le choléra des poules; il invente le terme « vaccin ».
20. Les vaccins modernes sont préparés à partir de microorganismes avirulents vivants ou d'agents pathogènes tués, de composants isolés d'agents pathogènes ou de produits obtenus par génie génétique.

La naissance de la chimiothérapie moderne et l'espoir de tenir enfin une « tête chercheuse » (p. 13)

21. La chimiothérapie est le traitement chimique des maladies.
22. Les médicaments de synthèse (préparés en laboratoire par des moyens chimiques) et les antibiotiques (substances produites naturellement par des bactéries et des mycètes pour inhiber la croissance d'autres microorganismes) sont deux types d'agents chimiothérapiques.
23. Paul Ehrlich est le premier à utiliser un produit chimique contenant de l'arsenic appelé *salvarsan* pour traiter la syphilis (1910).
24. Alexander Fleming observe que *Penicillium*, une moisissure (mycète), inhibe la croissance d'une culture bactérienne. Il nomme l'inhibiteur actif pénicilline (1928).
25. L'utilisation clinique de la pénicilline en tant qu'antibiotique remonte aux années 1940.
26. Les chercheurs s'attaquent au problème des microbes résistant aux médicaments.

La microbiologie aujourd'hui (p. 14)

27. La bactériologie est l'étude des bactéries, la mycologie, celle des mycètes et la parasitologie, celle des protozoaires et des vers parasites.
28. Les microbiologistes utilisent la génomique, soit l'étude de l'ensemble des gènes d'un organisme, pour classifier les bactéries, les mycètes et les protozoaires.
29. L'étude du sida, l'analyse de l'action des interférons et la création de nouveaux vaccins sont parmi les sujets de recherche auxquels on s'intéresse présentement en immunologie.
30. De nouvelles techniques en biologie moléculaire et en microscopie électronique procurent des outils pour faire progresser les connaissances en virologie.
31. L'essor du génie génétique a favorisé le progrès dans toutes les sphères de la microbiologie.

LES MICROBES ET LA SANTÉ HUMAINE (p. 15)

1. Les microorganismes décomposent les plantes et les animaux morts et recyclent les éléments chimiques qui peuvent alors être utilisés par les plantes et les animaux vivants.
2. On utilise des bactéries pour décomposer la matière organique dans les eaux usées.
3. Les procédés de biorestauration font appel aux bactéries pour éliminer les déchets toxiques.
4. On emploie des bactéries qui causent des maladies chez les insectes pour lutter par des moyens biologiques contre les espèces nuisibles. Ces armes biologiques combattent l'insecte nuisible et ne nuisent pas à l'environnement.
5. L'utilisation des microbes pour fabriquer, par exemple, de la nourriture et des produits chimiques s'appelle biotechnologie.
6. Grâce à l'ADN recombinant, les bactéries peuvent produire des substances importantes telles que des protéines, des vaccins et des enzymes.
7. En thérapie génique, on utilise des virus pour introduire dans les cellules humaines des gènes de remplacement pour ceux qui sont défectueux ou absents.
8. En agriculture, on utilise des bactéries modifiées par génie génétique pour protéger les plantes contre le gel et les insectes, et améliorer la durée de conservation des fruits et des légumes.

LES MICROBES ET LES MALADIES HUMAINES (p. 17)

1. Nous portons tous des microorganismes à la surface et à l'intérieur de notre corps; ils constituent notre microbiote normal, ou flore microbienne normale.

2. Parmi les facteurs importants qui contribuent à déterminer si une personne contractera une maladie infectieuse, on compte les propriétés pathogènes de l'espèce de microbe en cause ainsi que la résistance de l'hôte.
3. Les regroupements de bactéries qui forment des pellicules visqueuses à la surface des objets sont appelés *biofilms*.
4. Une maladie infectieuse peut se déclarer quand un agent pathogène envahit un hôte dont la résistance est affaiblie.
5. Une maladie infectieuse émergente est une affection entièrement nouvelle ou une maladie connue qui est en train de changer. Ses caractéristiques sont une augmentation récente de son incidence ou la probabilité qu'elle se propage dans un avenir rapproché.

AUTOÉVALUATION

QUESTIONS À COURT DÉVELOPPEMENT

1. Comment s'est formée l'idée de la génération spontanée dans l'esprit des humains?
2. Au Moyen Âge, durant les mois très froids, on entassait dans de grands lits les enfants atteints de différentes maladies – toux, vomissements, teigne, éruptions diverses, etc. – afin de les maintenir au chaud. Pourquoi la prévention des maladies n'était-elle pas une nécessité concevable à cette époque?
3. Dans le débat sur la génération spontanée, certains tenants de cette théorie croyaient que l'air est nécessaire à la vie. Ils estimaient que Spallanzani ne réfutait pas vraiment la génération spontanée parce que ses ballons, contenant du bouillon chauffé, étaient fermés hermétiquement, ce qui empêchait l'air d'y entrer. Comment les expériences de Pasteur ont-elles permis de répondre au problème de l'air sans que les microbes qui y vivent gâchent son expérience?
4. Comment la théorie de la biogenèse a-t-elle ouvert la voie à la théorie germinale des maladies?
5. La théorie germinale des maladies n'a été formellement prouvée qu'en 1876. Pourquoi alors Semmelweis (1840) et Lister (1867) plaidaient-ils pour l'utilisation des techniques d'asepsie en milieu hospitalier?
6. Nommez quelques rôles utiles que les microorganismes peuvent jouer dans l'intérêt de la santé humaine.
7. Trouvez au moins trois produits de supermarché fabriqués à l'aide de microorganismes. (*Indice :* Vous pourrez lire sur l'étiquette le nom scientifique de l'organisme ou les mots « culture », « fermenté » ou « brassé ».)
8. On a cru que toutes les maladies microbiennes seraient maîtrisées au XXe siècle. Nommez au moins trois raisons pour lesquelles on découvre de nouvelles maladies infectieuses maintenant.

APPLICATIONS CLINIQUES

N. B. Certaines de ces questions nécessitent que vous cherchiez des réponses dans les différents chapitres du livre.

1. En 1864, Lister observe que les patients qui ont une fracture fermée se rétablissent complètement, mais que les fractures ouvertes ont des « conséquences désastreuses ». Il sait qu'on traite les champs au phénol (eau phéniquée) dans la région de la ville de Carlisle pour protéger le bétail contre les maladies. Lister se met à traiter les fractures ouvertes avec du phénol et observe que les patients guérissent sans complications. Comment les travaux de Pasteur ont-ils influencé Lister? Du point de vue de la méthode scientifique, pourquoi les travaux de Koch étaient-ils encore nécessaires? (*Indice :* Voir le chapitre 14.)
2. La prévalence de l'arthrite aux États-Unis est de 1 pour 100 000 enfants. Cependant, à Lyme, au Connecticut, l'arthrite touche 1 enfant sur 10 entre juin et septembre 1973. Allen Steere, rhumatologue à l'université Yale, examine les cas de Lyme et découvre que 25 % des patients se souviennent d'avoir fait de l'urticaire pendant l'épisode d'arthrite et que la maladie obéit à la pénicilline. Steere conclut qu'il s'agit d'une nouvelle maladie infectieuse dont la cause n'est pas environnementale, génétique ni immunologique. Quel est l'élément du dossier qui a incité Steere à tirer cette conclusion? Quelle hypothèse pouvait-il faire quant à la cause probable de la maladie? Feuilletez le chapitre 18, qui porte sur les maladies infectieuses des systèmes cardiovasculaire et lymphatique, et donnez un argument qui explique la prévalence plus élevée de la maladie de Lyme entre juin et septembre.

ÉDITION EN LIGNE Consultez le volet de gauche de l'Édition en ligne pour d'autres activités.

CHAPITRE 2

L'observation des microorganismes au microscope

Les microorganismes sont beaucoup trop petits pour être vus à l'œil nu. Pour les examiner, on doit se munir d'un microscope. Le mot «microscope» dérive des mots grecs *micro*, qui signifie «petit», et *skopein*, qui veut dire «examiner». Les microbiologistes d'aujourd'hui se servent de microscopes qui agrandissent de dix à des milliers de fois les images que Leeuwenhoek obtenait avec une lentille unique (figure 1.2a). Dans la première partie de ce chapitre, nous décrirons le fonctionnement et les avantages des différents types de microscopes.

À cause de leur taille ou de la présence de particularités données, certains microorganismes sont plus visibles que d'autres. Toutefois, avant de pouvoir les observer au microscope optique, on doit faire subir à un grand nombre d'entre eux plusieurs étapes de coloration, de sorte que leur paroi cellulaire, leurs membranes et d'autres structures qui ne sont pas naturellement pigmentées deviennent visibles. Dans la dernière partie du chapitre, nous nous pencherons sur quelques-unes des méthodes de préparation d'échantillons les plus courantes.

Vous vous demandez peut-être comment les spécimens que nous étudierons sont triés, comptés et mesurés. Voyons dans un premier temps de quelle façon le système international d'unités permet de mesurer la taille des microbes.

AU MICROSCOPE

Mycobacterium tuberculosis est l'agent causal de la tuberculose.

Q/R

La coloration acido-alcoolo-résistante des expectorations est une méthode rapide, fiable et peu coûteuse de déterminer si une personne a la tuberculose. Quelle est la couleur des cellules bactériennes chez un patient atteint de tuberculose?

La réponse est dans le chapitre.

Les unités de mesure

▶ Objectif d'apprentissage

2-1 Nommer les unités servant à mesurer la taille des microorganismes.

Les microorganismes et leurs structures sont si petits qu'il faut, pour les mesurer, utiliser des unités que la plupart d'entre nous n'emploient jamais dans la vie de tous les jours. Rappelons d'abord que l'unité de longueur à la base du système international d'unités est le mètre (m) et que les subdivisions de cette unité sont décimales. Ainsi, 1 mètre (m) équivaut à 10 décimètres (dm), à 100 centimètres (cm) ou à 1 000 millimètres (mm). À l'échelle des microorganismes, les unités utilisées sont le micromètre et le nanomètre. Un **micromètre (μm)** équivaut à 0,000 001 m (10^{-6} m). Le préfixe « micro » indique que l'unité de mesure qui suit doit être divisée par 1 million, ou 10^6 (voir la section sur la notation exponentielle à l'appendice D). Un **nanomètre (nm)** vaut 0,000 000 001 m (10^{-9} m). Autrefois, on utilisait l'angström (Å) pour indiquer 10^{-10} m, ou 0,1 nm.

Le **tableau 2.1** présente les principales unités de longueur métriques. À l'aide de ce tableau, vous êtes à même de comparer les unités de mesure microscopiques, tels le micromètre et le nanomètre, avec les unités de mesure macroscopiques que l'on utilise couramment, tels le millimètre, le centimètre, le mètre et le kilomètre. En jetant un coup d'œil à la figure 2.1, vous pourrez comparer la taille relative de différents organismes mesurés à l'échelle métrique.

Tableau 2.1 Unités de longueur métriques

Unité métrique	Notation équivalente
1 kilomètre (km)	1 000 m = 10^3 m
1 mètre (m)	Unité de longueur étalon
1 décimètre (dm)	0,1 m = 10^{-1} m
1 centimètre (cm)	0,01 m = 10^{-2} m
1 millimètre (mm)	0,001 m = 10^{-3} m
1 micromètre (μm)	0,000 001 m = 10^{-6} m
1 nanomètre (nm)	0,000 000 001 m = 10^{-9} m
1 picomètre (pm)	0,000 000 000 001 m = 10^{-12} m

▶ Vérifiez vos acquis

Si un microbe a une longueur de 10 μm, combien mesure-t-il en nanomètres ? **2-1**

La microscopie : les appareils

▶ Objectifs d'apprentissage

2-2 Décrire le trajet de la lumière dans un microscope optique composé à fond clair en nommant les différentes structures traversées.

2-3 Définir le grossissement total et la résolution.

2-4 Nommer une application de la microscopie à fond noir, à contraste de phase, à contraste d'interférence différentielle, à fluorescence, confocale, à deux photons et acoustique à balayage, et comparer les caractéristiques des images obtenues avec celles que fournit un microscope optique à fond clair.

2-5 Expliquer en quoi la microscopie électronique diffère de la microscopie optique sur les plans de la source de rayonnement, du type de lentilles et du moyen d'observation.

2-6 Nommer un usage des microscopes électroniques à transmission (MET) et à balayage (MEB) ainsi que des microscopes à sonde.

Le microscope simple utilisé par Antonie van Leeuwenhoek au XVIIe siècle n'est constitué que d'une lentille unique semblable à un verre grossissant. Cependant, grâce à son talent insurpassable de polisseur de lentilles, Leeuwenhoek fabrique des lentilles qui sont tellement précises qu'une seule d'entre elles peut grossir un microbe 300 fois. Ainsi, il est le premier à observer les bactéries au moyen d'un microscope rudimentaire.

Les contemporains de Leeuwenhoek, dont Robert Hooke, construisent des microscopes composés, c'est-à-dire constitués de plusieurs lentilles. De fait, l'inventeur de ce type de microscope est un lunetier hollandais, Zaccharias Janssen, qui monte le premier microscope composé vers 1600. Toutefois, ces premiers microscopes sont de piètre qualité et ne peuvent servir à examiner les bactéries. Ce n'est qu'en 1830 qu'apparaîtra un microscope de qualité nettement meilleure, conçu par Joseph Jackson Lister, le père de Joseph Lister. Les améliorations successives apportées au microscope de Lister ont conduit à la mise au point des microscopes composés modernes, ceux dont on se sert aujourd'hui dans les laboratoires de microbiologie. Au moyen de ces appareils, l'étude de microorganismes vivants a révélé un monde d'interactions extraordinaires (**encadré 2.1**).

Notez que les micrographies obtenues par les divers appareils décrits dans ce chapitre sont montrées en médaillon au début de chacune des descriptions de microscopes ainsi que dans le **tableau 2.2**.

La microscopie optique

Le terme **microscopie optique** renvoie à l'observation d'un objet à l'aide d'un microscope qui fait appel à la lumière visible. Les microscopes optiques modernes sont tous *composés*, c'est-à-dire que l'image produite est agrandie par une série de lentilles parfaitement polies.

Le **microscope optique (MO)** (**figure 2.1a**) permet d'examiner de très petits organismes, de même que certains de leurs détails. Une série de lentilles (**figure 2.1b**) forme une image nette qui grossit plusieurs fois l'objet observé. Pour obtenir une image agrandie bien définie, les rayons de la **source lumineuse**, dont la quantité est régie par un diaphragme, traversent le **condenseur** (appelé à tort *condensateur*), où des lentilles les focalisent vers l'objet. Puis, la lumière continue son trajet à travers les lentilles de l'**objectif**, soit celles situées le plus près de l'objet. L'image de l'objet est agrandie une dernière fois par l'**oculaire**, contre lequel l'observateur place son œil. Le système lenticulaire de l'objectif et de l'oculaire produit le grossissement total de l'objet observé. L'image réelle est inversée et renversée par le système de lentilles.

Des bactéries au service de la haute technologie

Voilà plus de 250 ans, un commerçant hollandais du nom d'Antonie van Leeuwenhoek s'intéressait à la microscopie. La fabrication à la main de plus de 250 microscopes lui a permis de devenir le premier à observer et à décrire ces minuscules êtres vivants, invisibles à l'œil nu, qu'on appelle aujourd'hui *micro-organismes*. Cet homme ne se doutait certainement pas que son intérêt pour les microscopes, véritable nouvelle technologie pour l'époque, le ferait passer à l'histoire comme « le père de la microbiologie ». Depuis ce temps, la microscopie s'est développée par bonds spectaculaires et, de nos jours, les chercheurs inventent de nouveaux microscopes de plus en plus raffinés qui leur permettent même d'observer l'infiniment petit, telle la structure des molécules et des atomes. De plus, sans l'avènement des microscopes, les connaissances sur les maladies infectieuses n'auraient certainement pas avancé au même rythme. Comme pour celle du monde des microbes, l'innovation technologique précède très souvent les découvertes fondamentales.

Aujourd'hui, on est à même de constater que la haute technologie progresse de façon exponentielle. Quoiqu'on puisse être fasciné par la robotique et l'utilisation de « machines complexes », il n'est pas surprenant que les scientifiques contemporains cherchent à combiner l'ingéniosité d'une technologie novatrice et les caractéristiques fascinantes du vivant. Un très bel exemple de cette association est révélé par les recherches actuelles de Sylvain Martel, professeur et directeur du Laboratoire de nanorobotique d'interventions médicales (UNIM) de l'École polytechnique de Montréal.

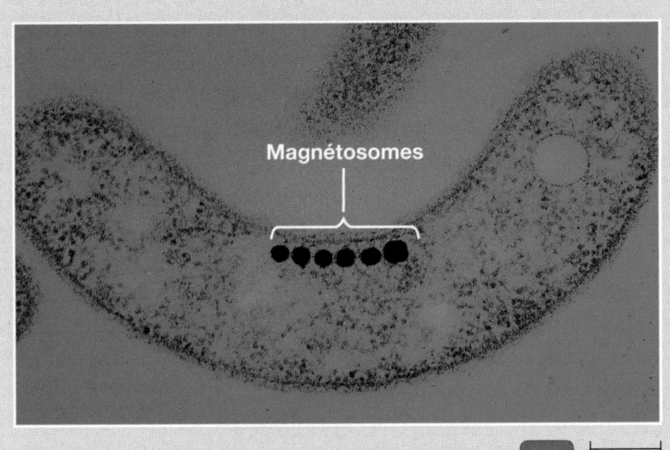

Chaîne de magnétosomes dans le cytoplasme de *Magnetospirillum magnetotacticum*

Le but du projet de l'équipe de chercheurs est le développement d'une nouvelle méthode pour améliorer la qualité du traitement du cancer par le biais de nouveaux transporteurs magnétiques. Parmi les hypothèses de travail, l'équipe tente des essais de ciblage tumoral en faisant intervenir des bactéries magnétotactiques. On trouve ces bactéries à Gram négatif partout sur la planète, aussi bien en eau douce et qu'en eau salée. Dans la nature, elles sont concentrées dans les sédiments, où elles se déplacent en nageant – elles sont très mobiles – le long des lignes du champ magnétique terrestre. Grâce à la microscopie électronique, on a pu observer que leur cytoplasme contient des granules d'oxydes métalliques, appelés *magnétosomes*, généralement de morphologie bien définie et de taille uniforme. Ces granules forment des chaînes le long de l'axe de la cellule (voir la figure). Leur découverte a inspiré des expériences démontrant que, placées dans un champ magnétique artificiel, les bactéries nagent et se réorientent à l'unisson à l'approche d'un aimant : une telle particularité biologique est appelée *magnétotaxie*, d'où l'appellation de bactéries magnétotactiques. L'équipe du professeur Martel a donc eu l'idée géniale d'exploiter les propriétés particulières de ces bactéries pour en faire des *transporteurs bactériens magnétotactiques* (BMT).

Sur le plan expérimental, les bactéries magnétotactiques mobiles poussent des microbilles, dans lesquelles sont incorporés des agents chimiothérapeutiques. L'équipe peut suivre et contrôler en temps réel le trajet des biotransporteurs grâce à l'imagerie par résonnance magnétique (IRM). Entre autres, les chercheurs peuvent fournir un moyen de propulsion supplémentaire pour aider les bactéries à se frayer un chemin dans les capillaires les plus étroits et assurer qu'elles acheminent les médicaments vers leur destination. Ils pilotent les biotransporteurs bactériens – qui agissent comme de véritables boussoles – en changeant la direction du champ magnétique contrôlé par ordinateur pour permettre leur migration ciblée vers la tumeur.

Dans la pratique, l'un des plus grands défis de la médecine moderne est d'atténuer la toxicité secondaire des traitements du cancer. Pour relever ce défi, on compte beaucoup sur la créativité et l'ingéniosité des chercheurs. Tout comme les premiers microscopes ont permis des avancées imprévisibles pour les gens de l'époque, les nouvelles technologies développées par les scientifiques de l'École polytechnique et leur audace à rendre complices des bactéries munies de magnétosomes suscitent bien des espoirs (http://wiki.polymtl.ca/nano/fr/index.php/Recherche#Am.C3.A9lioration_du_ciblage_tumoral_IRM_par_le_biais_de_transporteurs_bact.C3.A9riens_magn.C3.A9totactiques).

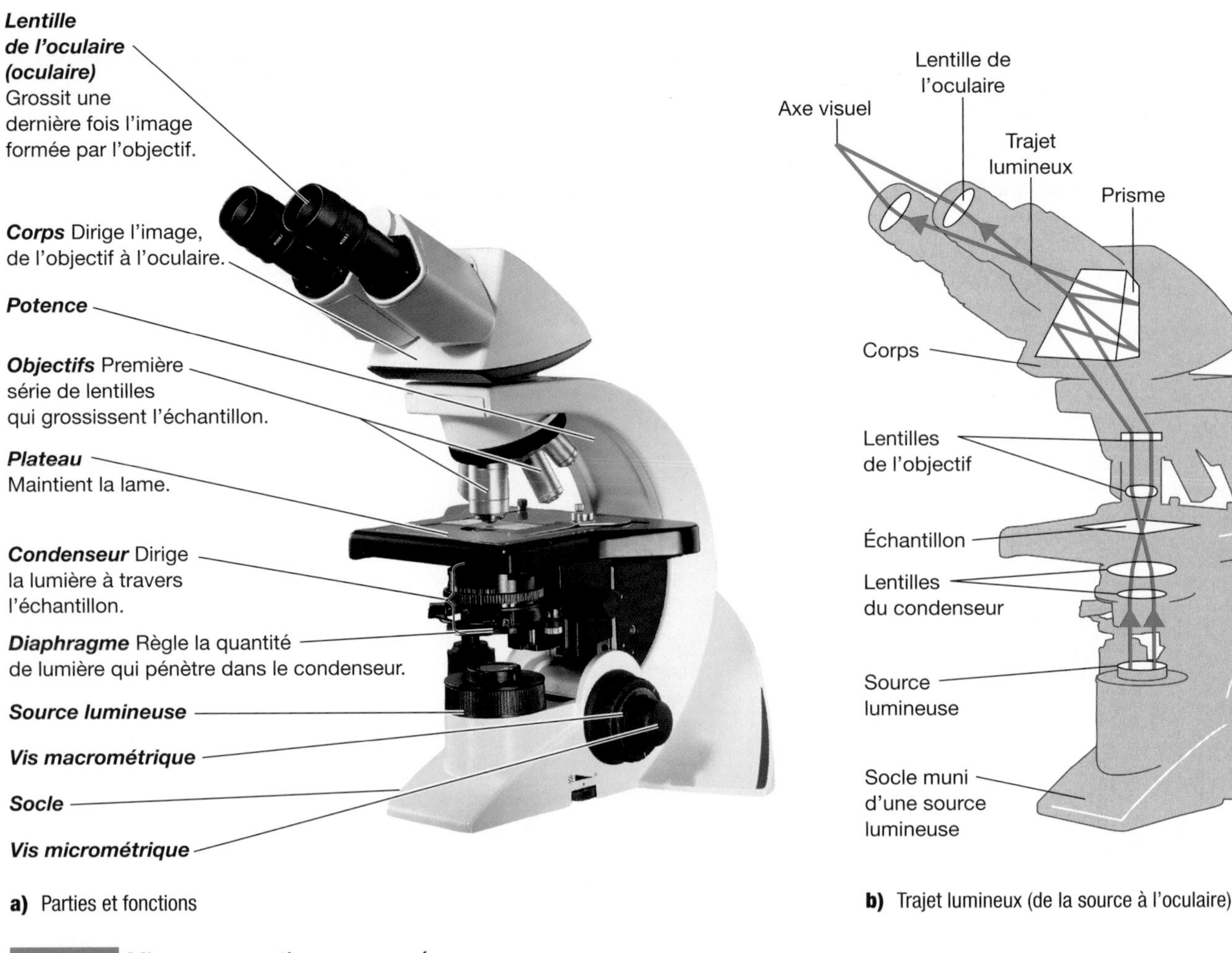

Figure 2.1 Microscope optique composé.

On calcule le **grossissement total** d'un échantillon en multipliant le grossissement de l'objectif par celui de l'oculaire. La plupart des microscopes utilisés en microbiologie sont munis de plusieurs objectifs, dont l'objectif 10× (faible grossissement), l'objectif 40× (fort grossissement) et l'objectif 100× (qui nécessite de l'huile à immersion), que nous présentons plus loin. La plupart des oculaires agrandissent l'échantillon par un facteur de 10. Le produit du grossissement d'un objectif donné (10×, 40×, 100×) par celui de l'oculaire aboutit à un grossissement total de 100× à faible grossissement, de 400× à fort grossissement et de 1 000× à un grossissement dans l'huile à immersion.

La **résolution** (ou **pouvoir de résolution**) est la capacité d'une lentille à séparer deux structures très proches l'une de l'autre ou à distinguer les détails fins d'une même structure. Par exemple, si un microscope a un pouvoir de résolution de 0,4 μm, il peut produire deux images distinctes de deux points espacés d'au moins 0,4 μm. Deux points plus rapprochés apparaîtraient comme un seul objet. Selon un principe général de microscopie, plus la longueur d'onde de la lumière qui éclaire l'échantillon est courte, plus la résolution du microscope est importante. Étant donné la longueur d'onde relativement longue de la lumière blanche, les microscopes optiques composés ne peuvent percevoir les structures inférieures à approximativement 0,2 μm. Par conséquent, ce facteur et certaines autres considérations d'ordre pratique restreignent le grossissement du meilleur microscope optique à environ 2 000×. À des fins de comparaison, sachez que le microscope simple de Leeuwenhoek avait une résolution de 1 μm. Le schéma guide (**figure 2.2**) illustre divers spécimens visibles à l'œil nu, au microscope optique et au microscope électronique.

Pour obtenir une image claire et bien définie d'un objet observé au microscope optique composé, on doit faire contraster fortement l'objet avec son *milieu* (substance traversée par la lumière). Pour atteindre un tel contraste, on doit modifier l'indice de réfraction de l'échantillon par rapport à celui du milieu. L'**indice de réfraction** mesure la capacité d'un milieu à faire dévier les rayons de la lumière. Il est possible de modifier l'indice de réfraction d'un échantillon grâce à la coloration, procédé que nous allons décrire sous peu. D'ordinaire, les rayons lumineux traversent un milieu en ligne droite. Cependant, après coloration, lorsqu'ils parcourent deux matériaux (l'échantillon et son milieu) dont les indices de réfraction diffèrent, ils changent de direction et s'écartent de leur parcours rectiligne ; on dit alors qu'ils sont réfractés. À l'interface des deux matériaux, ils forment un angle, ce qui augmente le contraste entre l'échantillon et son milieu. Ensuite, les rayons émergent de l'objet et pénètrent dans l'objectif. C'est ainsi que l'image agrandie est bien définie.

Figure 2.2

Schéma guide

Taille relative de divers spécimens et pouvoirs de résolution

Cette figure illustre deux concepts : 1) la taille relative de divers spécimens, et 2) le pouvoir de résolution de l'œil et celui de quelques microscopes. Dans le présent ouvrage, les micrographies sont accompagnées d'une échelle qui permet d'apprécier la taille des spécimens et d'une abréviation (dans une pastille) indiquant le type de microscope utilisé. Une pastille rouge indique que la micrographie a été colorisée. Vous trouverez d'autres exemples dans le tableau 2.2.

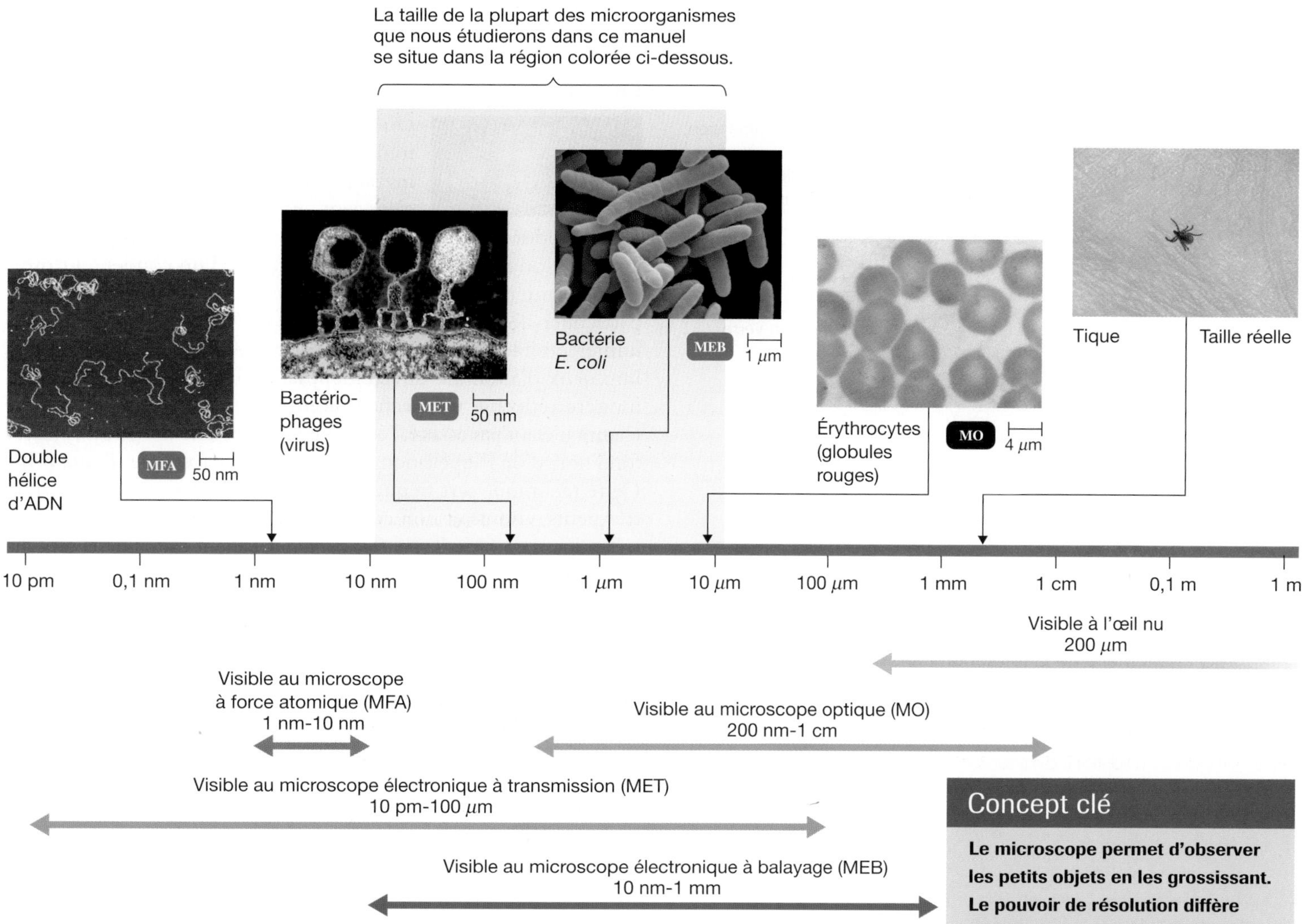

La taille de la plupart des microorganismes que nous étudierons dans ce manuel se situe dans la région colorée ci-dessous.

Double hélice d'ADN — MFA — 50 nm

Bactériophages (virus) — MET — 50 nm

Bactérie *E. coli* — MEB — 1 μm

Érythrocytes (globules rouges) — MO — 4 μm

Tique — Taille réelle

10 pm | 0,1 nm | 1 nm | 10 nm | 100 nm | 1 μm | 10 μm | 100 μm | 1 mm | 1 cm | 0,1 m | 1 m

Visible à l'œil nu 200 μm

Visible au microscope à force atomique (MFA) 1 nm-10 nm

Visible au microscope optique (MO) 200 nm-1 cm

Visible au microscope électronique à transmission (MET) 10 pm-100 μm

Visible au microscope électronique à balayage (MEB) 10 nm-1 mm

Concept clé

Le microscope permet d'observer les petits objets en les grossissant. Le pouvoir de résolution diffère d'un type de microscope à l'autre. C'est la taille du spécimen qui détermine quel microscope il faut employer pour obtenir une image interprétable.

Le grossissement produit par un microscope optique est limité par la qualité du système lenticulaire de l'objectif et de l'oculaire. Pour donner une résolution élevée à un fort grossissement, la lentille de l'objectif 100× doit être de faible diamètre. Bien que la lumière qui traverse l'échantillon et son milieu doive être réfractée différemment, il ne faut pas que les rayons lumineux se dispersent une fois l'échantillon traversé. Pour éviter cette perte et maintenir le trajet de la lumière, on dépose de l'huile à immersion entre la lame de verre et l'objectif à immersion à fort grossissement (**figure 2.3**). L'huile à immersion possède le même indice de réfraction que le verre, si bien qu'elle devient partie intégrante de l'optique du microscope. Sans huile à immersion, les rayons lumineux sont réfractés au moment où ils sortent de la lame et entrent en contact avec l'air ; il faudrait donc augmenter le diamètre de la lentille de l'objectif pour les capter. Or, l'huile produit le même résultat qu'une augmentation du diamètre de la lentille de l'objectif ; elle augmente donc la résolution de la lentille. Lorsqu'un objectif à immersion est utilisé sans huile à immersion, la résolution est de piètre qualité et l'image est floue.

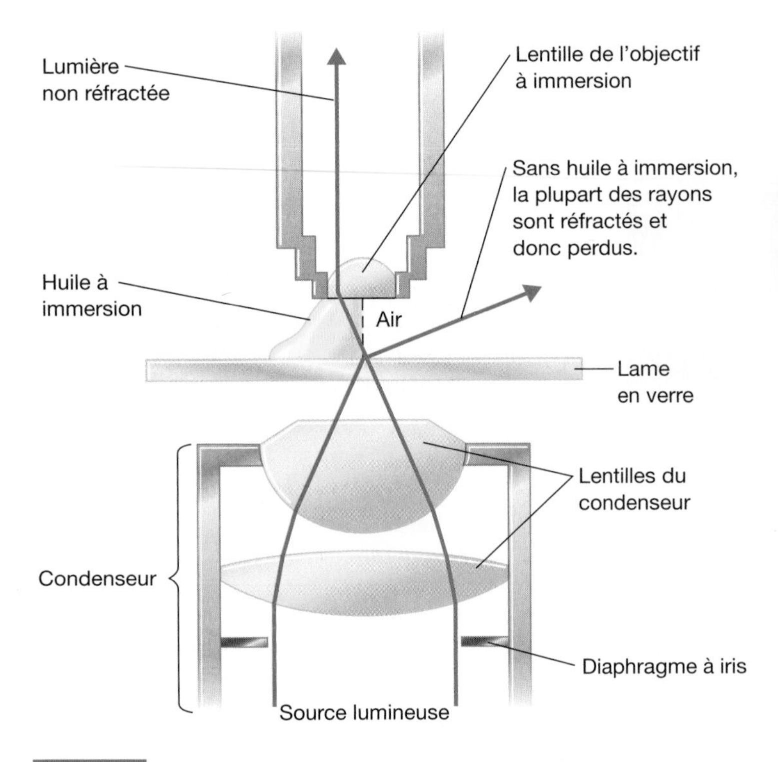

Figure 2.3 Phénomène de la réfraction dans un microscope composé muni d'un objectif à immersion. Étant donné que la lame en verre et l'huile à immersion ont le même indice de réfraction, les rayons lumineux ne sont pas réfractés lorsqu'ils passent de l'un à l'autre dans un objectif à immersion. Cette méthode permet une meilleure résolution à des grossissements de plus de 900×.

▶ Vérifiez vos acquis

Quelles lentilles la lumière doit-elle traverser dans un microscope optique composé ? **2-2**

Qu'est-ce qu'un pouvoir de résolution de 2 nm ? **2-3**

Nous allons maintenant étudier différents types de microscopie optique.

La microscopie à fond clair

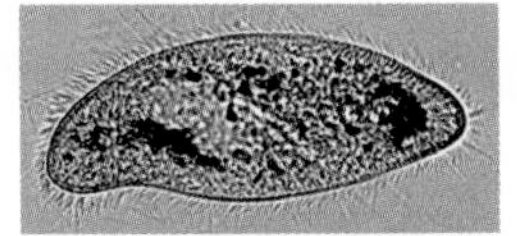

Dans les conditions normales d'utilisation, le champ de vision d'un microscope optique est brillant. En focalisant la lumière visible, le condenseur produit un éclairage à fond clair (**figure 2.4a**) de telle sorte que l'échantillon habituellement plus foncé apparaît sur un fond brillant. Ce type de microscope sert principalement à examiner des frottis d'une variété d'échantillons de microorganismes morts et colorés et à faire le décompte des microorganismes. Il révèle certaines structures internes artificiellement colorées et le contour transparent de la membrane cellulaire ; toutefois, il ne permet pas de distinguer les structures en deçà de 0,2 μm et, par conséquent, il ne peut détecter les virus. Il est très utile en laboratoire médical pour l'étude des bactéries, en particulier pour l'analyse de leur morphologie.

Il n'est pas toujours indiqué de colorer un échantillon. Comme nous l'avons mentionné plus haut, une cellule non colorée offre un faible contraste avec son milieu, ce qui rend son observation difficile. Il existe cependant des microscopes composés modifiés qui facilitent l'examen de cellules non colorées. Nous les présentons dans la section suivante.

La microscopie à fond noir

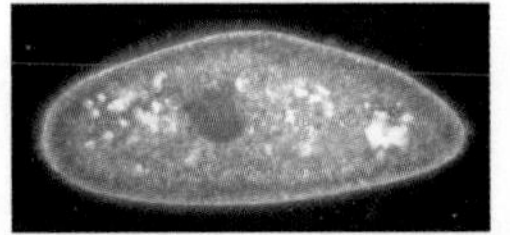

Un **microscope à fond noir** sert à examiner les microorganismes vivants qui sont invisibles en microscopie optique sur fond clair, ceux qui ne peuvent être colorés par les méthodes habituelles ou ceux qui sont si déformés par la coloration qu'on ne peut les identifier. Au lieu d'un condenseur ordinaire, le microscope à fond noir est constitué d'un condenseur particulier doté d'un disque opaque ; l'échantillon est éclairé à la lumière visible. Le rôle du disque opaque est d'empêcher les rayons lumineux d'atteindre directement la lentille de l'objectif ; seule la lumière réfléchie par l'échantillon pénètre dans l'instrument. Le champ n'étant pas éclairé, l'échantillon forme une image brillante sur fond noir, d'où l'appellation de ce type de microscopie (**figure 2.4b**). Cette technique sert fréquemment à l'étude des microorganismes très petits, vivants et non colorés en suspension, et des spirochètes très minces comme *Treponema pallidum*, l'agent causal de la syphilis.

La microscopie à contraste de phase

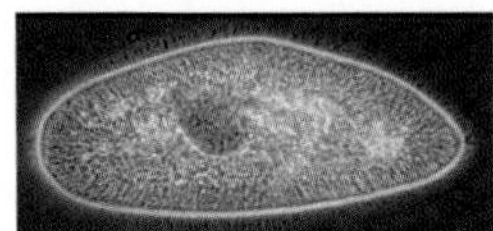

Une autre façon d'observer les microorganismes consiste à employer un **microscope à contraste de phase**. Ce type de microscopie optique est particulièrement utile, car il permet d'examiner en détail les structures internes de microorganismes *vivants*. De surcroît, il ne requiert ni fixation (qui permet l'adhérence des microorganismes à la lame) ni coloration de l'échantillon, procédés susceptibles de déformer ou de tuer les microorganismes. En principe, ce microscope permet d'augmenter le contraste entre des structures d'épaisseurs variées qui ne sont pas visibles avec un microscope à fond clair, par exemple.

Le fonctionnement du microscope à contraste de phase repose sur la nature ondulatoire de la lumière et sur le fait que les rayons lumineux peuvent être en phase (les sommets et les creux des ondes lumineuses se superposent) ou déphasés (les sommets et les creux des ondes sont décalés). Quand les ondes sont en phase, les rayons lumineux se renforcent (d'où une brillance). En revanche, quand elles sont déphasées, les rayons interagissent pour produire une interférence (noirceur). Ce microscope permet donc de transformer de légères différences d'indices de réfraction des structures présentes dans l'échantillon en différences d'intensités lumineuses observables.

En microscopie à contraste de phase, le condenseur est muni d'un diaphragme annulaire et l'objectif est doté d'une lame de phase. Ces deux dispositifs régissent l'éclairage de façon à produire des zones de brillance différentes. Le diaphragme annulaire permet aux rayons lumineux de traverser le condenseur, qui focalise la lumière sur le spécimen et sur la lame de phase de l'objectif. Ainsi, en partant d'une seule source lumineuse modifiée par le diaphragme annulaire, une partie des rayons lumineux émane directement de la source, alors que l'autre partie est diffractée par une structure donnée de l'échantillon. (La diffraction est le phénomène par lequel les rayons lumineux sont fléchis lorsqu'ils « touchent » le pourtour de l'échantillon.) Les rayons diffractés sont déviés et retardés lorsqu'ils traversent l'objet, contrairement aux rayons qui ne pénètrent pas l'échantillon et dont la trajectoire demeure rectiligne ; en traversant l'objectif, les rayons non déviés se trouvent en opposition de phase avec les rayons déviés (**figure 2.4c**). La combinaison des deux types de rayons – ceux qui sont directs et ceux qui sont diffractés – forme une image de l'échantillon à l'oculaire qui présente des régions dont le spectre s'étend de la brillance (rayons en phase) à la noirceur (rayons déphasés), en passant par des tons de gris. Ainsi, les structures internes des cellules se trouvent plus finement définies, d'où l'intérêt de ce type de microscopie pour révéler des constituants internes tels que des inclusions et des endospores.

La microscopie à contraste d'interférence différentielle

La **microscopie à contraste d'interférence différentielle (CID)** éclaire l'échantillon à la lumière visible et, comme la microscopie à contraste de phase, elle met à profit la diversité des indices de réfraction pour produire des images. Cependant, le microscope fait ici appel à deux faisceaux lumineux au lieu d'un seul. Des prismes scindent chaque faisceau lumineux, ce qui colore l'échantillon de manière contrastée. Il en résulte une résolution plus importante que celle que l'on obtient en microscopie à contraste de phase. De surcroît, l'image est brillante, colorée et presque tridimensionnelle, ce qui représente un intérêt non négligeable.

La microscopie à fluorescence

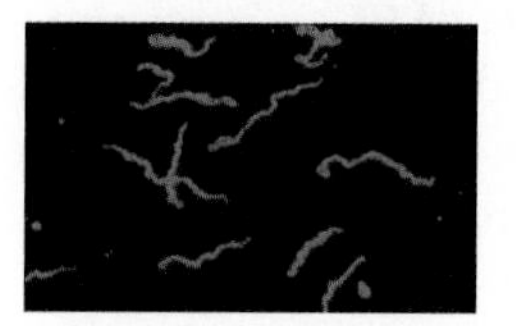

La **microscopie à fluorescence** s'appuie sur la **fluorescence**, c'est-à-dire la capacité d'une substance à absorber la lumière à des longueurs d'onde courtes (lumière ultraviolette) et à émettre de la lumière à des longueurs d'onde longues (lumière visible). Certains organismes sont naturellement fluorescents lorsqu'ils sont exposés à la lumière ultraviolette. Toutefois, si l'échantillon que l'on examine ne présente pas naturellement de fluorescence, il doit être coloré avec un colorant fluorescent de la famille des *fluorochromes*. Dans un microscope à fluorescence, le microorganisme marqué au fluorochrome est éclairé par une source lumineuse émettant dans l'ultraviolet ou à des longueurs d'onde similaires et apparaît comme un objet luminescent et brillant sur fond noir.

Les fluorochromes ne sont pas absorbés de la même manière par tous les microorganismes. Par exemple, l'auramine O, fluorochrome qui émet une couleur jaune en réponse à la stimulation de

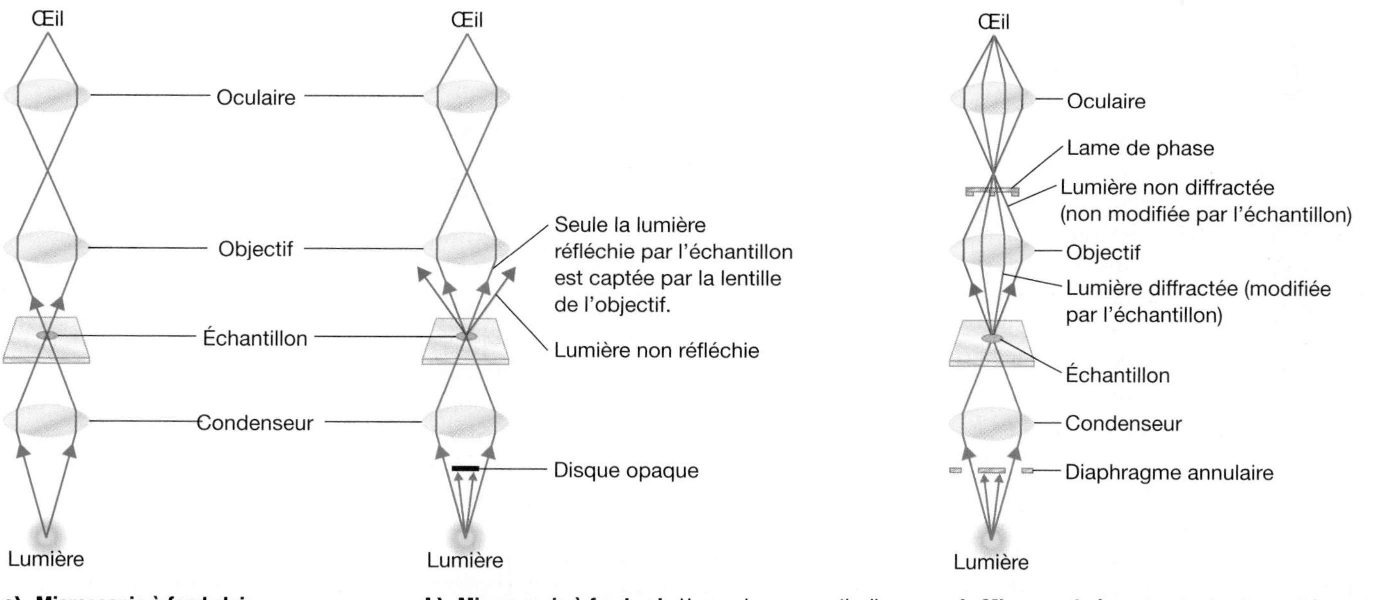

a) Microscopie à fond clair. Trajet lumineux typique dans un microscope optique composé à fond clair.

b) Microscopie à fond noir. Un condenseur particulier muni d'un disque opaque élimine tous les rayons lumineux situés au centre du faisceau. Les rayons lumineux qui atteignent l'échantillon arrivent en biais. En conséquence, seule la lumière réfléchie par l'échantillon (flèches bleues) traverse l'objectif.

c) Microscopie à contraste de phase. L'échantillon est éclairé par une source lumineuse filtrée par deux dispositifs, un diaphragme annulaire et une lame de phase. Quand ils traversent l'échantillon, les rayons lumineux directs (flèches rouges) suivent un trajet différent de celui des rayons diffractés (flèches bleues). La combinaison de ces deux sortes de rayons forme l'image.

Figure 2.4 Microscopie à fond clair, à fond noir et à contraste de phase.
Les schémas montrent le trajet lumineux dans ces trois types de microscopes.

la lumière ultraviolette, est fortement absorbé par *Mycobacterium tuberculosis*, la bactérie responsable de la tuberculose. Si on soupçonne qu'un échantillon contient ces bactéries, on le colore avec l'auramine O. Au microscope, la présence de *M. tuberculosis* se manifeste sous la forme de microorganismes qui apparaissent jaune vif sur un fond noir. *Bacillus anthracis*, la bactérie causant l'anthrax, arbore une couleur vert pomme lorsqu'elle est colorée par le fluorochrome appelé *isothiocyanate de fluorescéine* (ITFC).

La microscopie à fluorescence est principalement utilisée dans une technique de diagnostic en microbiologie médicale, appelée **détection par les anticorps fluorescents (AF)** ou **immunofluorescence**. Cette technique fait intervenir des anticorps combinés à des molécules fluorescentes. Les **anticorps** sont des molécules de défense immunitaire naturellement produites par certaines cellules humaines et animales en réponse à la présence de substances étrangères appelées *antigènes*. Les anticorps fluorescents dirigés contre un antigène spécifique sont obtenus de la manière suivante: on injecte à un animal un antigène donné, une bactérie, par exemple. L'animal se met alors à produire des anticorps dirigés contre cet antigène. Au bout d'un certain temps, on extrait les anticorps du sérum de l'animal. Puis, comme le montre la **figure 2.5**, on les marque chimiquement au fluorochrome. On dépose ensuite ces anticorps fluorescents sur une lame de microscope contenant une bactérie inconnue. Si la bactérie inconnue est identique à la bactérie qui a été injectée à l'animal, les anticorps fluorescents se lieront aux antigènes situés à sa surface, ce qui la rendra fluorescente.

Cette technique permet de détecter et d'identifier rapidement les bactéries ou autres microorganismes pathogènes, même s'ils sont situés à l'intérieur des cellules, des tissus ou d'autres échantillons cliniques de même nature. Soulignons que cette technique permet d'identifier un microorganisme en quelques minutes. L'immunofluorescence est particulièrement utile pour diagnostiquer la syphilis et la rage. Nous étudierons plus en détail les réactions antigène-anticorps et l'immunofluorescence au chapitre 26 EN LIGNE.

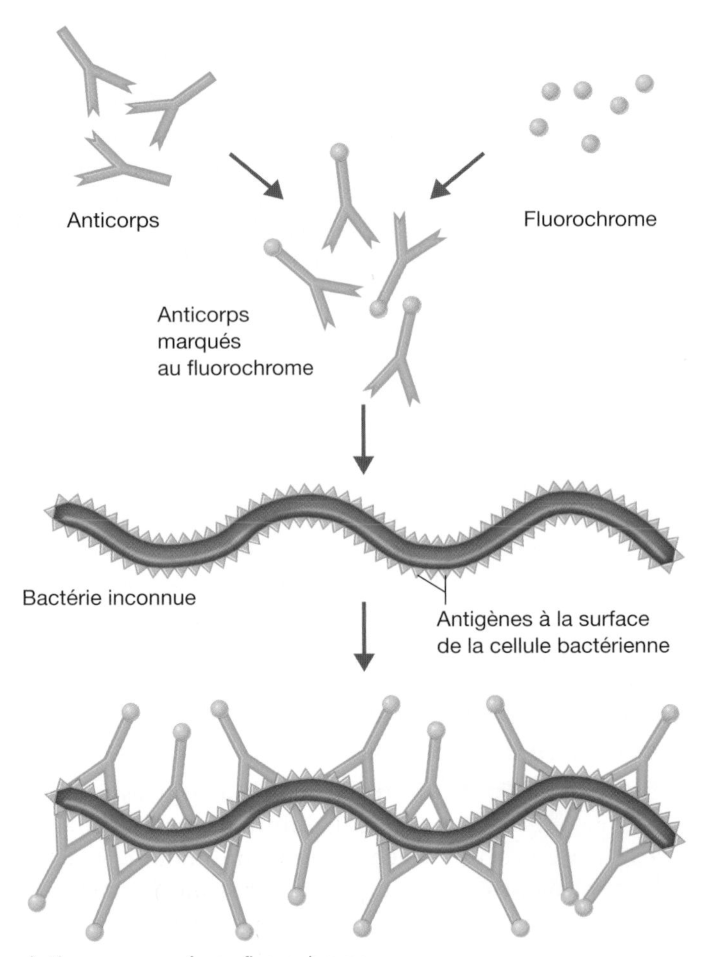

Figure 2.5 **Principe de l'immunofluorescence.** On marque au fluorochrome des anticorps spécifiques qui agissent sur une bactérie particulière. Puis, on dépose cette préparation sur une lame contenant des microorganismes. S'il y a, parmi ceux-ci, des bactéries de l'espèce recherchée, les anticorps s'y fixent et les rendent fluorescentes lorsqu'elles sont exposées à la lumière ultraviolette.

La microscopie confocale

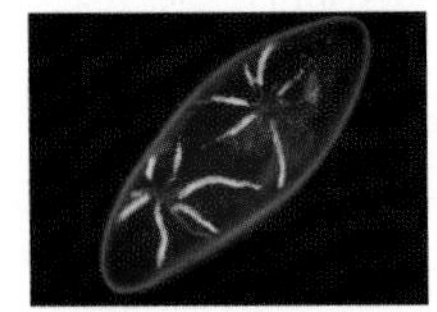

La **microscopie confocale (MC)** résulte des progrès récents réalisés en microscopie optique. Comme dans le cas de la microscopie à fluorescence, les échantillons sont colorés avec des fluorochromes afin qu'ils puissent émettre de la lumière. Dans cette technique, un plan d'une petite région de l'échantillon est éclairé par des ondes lumineuses de longueurs courtes (de couleur bleue) et la lumière émise traverse une ouverture alignée dans le même plan que la région éclairée. À chaque plan correspond une image représentant une tranche de l'échantillon. Des plans des régions successives sont exposés au laser jusqu'à ce que l'échantillon en entier ait été balayé. Parce qu'il utilise de très petites ouvertures, le microscope confocal élimine la perte de résolution qui accompagne d'autres types de microscopes. C'est pourquoi cette technique microscopique donne lieu à des images bidimensionnelles exceptionnellement claires, dont la résolution dépasse de 40% celle des autres microscopes optiques.

La plupart des microscopes confocaux sont couplés à des ordinateurs. Tous les plans d'un échantillon obtenus par balayage – sorte de pile d'images – sont transformés en une information numérique, qui est utilisée par l'ordinateur pour construire des représentations à deux ou trois dimensions. Les images reconstruites peuvent subir des rotations et être visualisées dans n'importe quelle direction. Par cette technique, on peut obtenir des images tridimensionnelles de cellules entières et de constituants cellulaires, images très utiles dans le domaine biomédical. De surcroît, on peut étudier la physiologie cellulaire en mesurant, par exemple, la distribution et la concentration de substances telles que l'ATP et les ions calcium.

Vérifiez vos acquis

En quoi les techniques de microscopie à fond clair, à fond noir, à contraste de phase et à fluorescence sont-elles semblables? **2-4**

La microscopie à deux photons

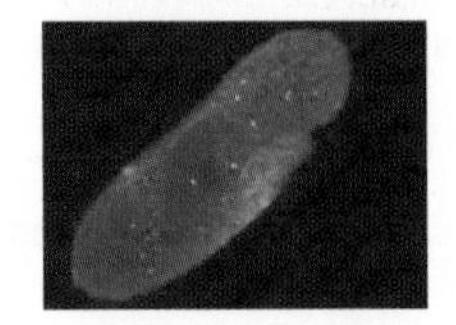

La **microscopie à deux photons** permet d'observer des échantillons qui ont été préalablement colorés avec un fluorochrome comme en microscopie confocale. On utilise une lumière à longueurs d'onde longues (rouge), si bien qu'il faut envoyer deux photons, plutôt qu'un seul, pour exciter le fluorochrome afin qu'il émette de la lumière. À de telles longueurs d'onde, on peut voir les cellules vivantes au cœur de tissus qui ont jusqu'à 1 mm de profondeur. Par comparaison, en microscopie confocale, on obtient une image détaillée seulement si la profondeur est inférieure à 100 μm. De plus, on risque moins de produire de l'oxygène singulet, lequel endommage les cellules (voir p. 85). Autre avantage, on peut suivre l'activité cellulaire en temps réel. Par exemple, on a observé des cellules du système immunitaire en train de réagir à un antigène.

La microscopie acoustique à balayage

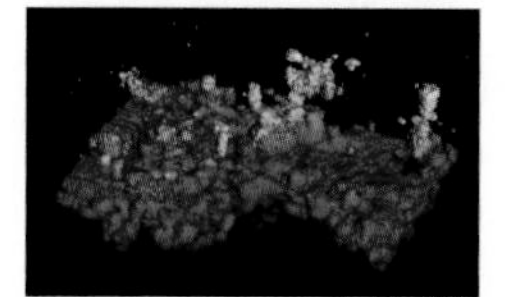

Essentiellement, la **microscopie acoustique à balayage** consiste à interpréter la réaction d'une onde sonore qu'on fait passer à travers un échantillon. L'onde, qui a une fréquence déterminée, se propage dans l'objet. Lorsqu'elle rencontre une interface, elle est en partie réfléchie. La résolution est d'environ 1 μm. On utilise ce type de microscopie pour étudier les cellules vivantes fixées à une surface, telles que les cellules cancéreuses, les plaques athéroscléreuses sur les artères et les biofilms bactériens qui souillent divers équipements.

La microscopie électronique

Les objets qui mesurent moins de 0,2 μm, par exemple les virus et les structures internes des cellules, doivent être étudiés à l'aide d'un **microscope électronique**. Ce type de microscope éclaire l'échantillon au moyen d'un faisceau d'électrons libres qui se déplacent sous la forme d'ondes. Son pouvoir de résolution se situe bien au-delà de celui des microscopes optiques que nous avons décrits jusqu'à présent, en raison des très courtes longueurs d'onde des électrons, qui sont près de 100 000 fois plus petites que les longueurs d'onde de la lumière visible. Par conséquent, les microscopes électroniques servent à observer les structures que le microscope optique ne peut révéler. Ils fournissent toujours des images en noir et blanc qu'on colore parfois artificiellement pour en accentuer certains détails.

Pour focaliser le faisceau d'électrons sur l'échantillon, le microscope électronique emploie des lentilles (ou aimants) électromagnétiques plutôt que des lentilles de verre. Les microscopes électroniques sont de deux types : à transmission et à balayage.

La microscopie électronique à transmission

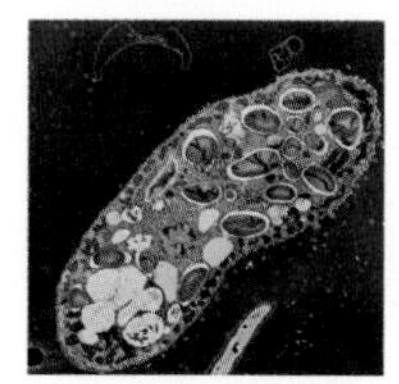

Dans un **microscope électronique à transmission (MET)**, un faisceau d'électrons (et non la lumière), finement focalisé, émis par un canon à électrons, pénètre une préparation composée d'une couche ultramince d'un spécimen (**figure 2.6a**). Le faisceau est dirigé sur une petite portion du spécimen par la lentille électromagnétique du condenseur, lequel joue un rôle similaire à celui du condenseur du microscope optique, c'est-à-dire qu'il aligne le faisceau d'électrons pour éclairer l'échantillon.

Les microscopes électroniques font appel à des lentilles électromagnétiques pour régler le faisceau d'électrons, le focaliser et l'amplifier. Au lieu d'être placé sur une lame de verre, comme c'est le cas pour le microscope optique, le spécimen est déposé sur une grille en cuivre. Le faisceau d'électrons traverse l'échantillon, puis la lentille électromagnétique de l'objectif, qui agrandit l'image. Ensuite, les électrons sont focalisés sur un écran fluorescent ou sur une plaque photographique par une lentille projecteur, également électromagnétique. Cette lentille remplace en quelque sorte la lentille de l'oculaire du microscope optique. L'image finale, appelée *image de microscopie électronique à transmission*, est composée de plusieurs régions dont la densité est proportionnelle au nombre d'électrons absorbés par les parties correspondantes de l'échantillon.

En pratique, grâce à la longueur d'onde plus courte des électrons, ce microscope peut distinguer des objets rapprochés de 2,5 nm ; son pouvoir grossissant est de 10 000 à 100 000×. Étant donné la minceur de la plupart des échantillons, le contraste entre leurs structures ultrafines et le fond est faible. C'est la raison pour laquelle on emploie un « colorant » qui absorbe les électrons et qui engendre ainsi une région plus foncée à l'endroit où la couleur a été fixée. Les sels d'une variété de métaux lourds, tels que le plomb, l'osmium, le tungstène et l'uranium, sont couramment utilisés comme colorants. Ces métaux ont le pouvoir de se fixer sur l'échantillon (*coloration positive*) ou servent à augmenter l'opacité du fond (*coloration négative*). La coloration négative est utile lorsqu'on étudie des spécimens très petits comme les virus, les flagelles de bactéries et les molécules de protéines.

En plus d'être mis en évidence par une coloration positive ou négative, les microorganismes peuvent être visualisés par une technique nommée *ombrage métallique*. Un métal lourd comme le platine ou l'or est vaporisé sur le microbe à un angle de 45°, de sorte qu'il ne se dépose que d'un seul côté. Le métal s'accumule et forme une ombre tout en faisant contraster le côté opposé, non recouvert de métal, qui apparaît alors illuminé. Cette technique procure un aspect tridimensionnel au spécimen et donne une idée générale de sa forme et de sa taille (voir la micrographie de la figure 3.6).

Le microscope électronique à transmission possède une résolution élevée et s'avère d'une grande utilité pour étudier les diverses couches d'un même spécimen. Il présente toutefois certains désavantages. En raison du faible pouvoir pénétrant des électrons, seules les coupes de spécimen très minces (environ 100 nm) donnent de bons résultats. Il s'ensuit une image à deux dimensions seulement. En outre, il faut que l'échantillon soit fixé et déshydraté, et que la colonne du microscope contenant les lentilles et l'échantillon soit sous vide afin d'empêcher la dispersion et la déviation des électrons. Non seulement ces traitements tuent les microorganismes, mais ils les déforment et les rapetissent aussi au point que l'on croit parfois percevoir de nouvelles structures dans la préparation. Ces fausses structures, qui résultent de la méthode de préparation, sont appelées *artéfacts*.

La microscopie électronique à balayage

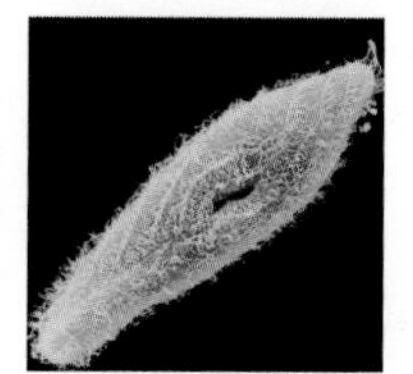

Le **microscope électronique à balayage (MEB)**, comme le microscope électronique à transmission, fait appel à un faisceau d'électrons (non à la lumière). En pratique, ce microscope permet de distinguer des objets proches de 10 nm et il peut grossir un objet de 1 000 à 10 000× (**figure 2.6b**). Ce type de microscope fournit des images impressionnantes à trois dimensions. Son fonctionnement fait appel à un canon émettant un faisceau d'électrons finement focalisé, appelé *faisceau d'électrons primaires*. Ces électrons traversent les lentilles électromagnétiques et sont dirigés de façon à frôler la surface du spécimen. Au passage, ils éjectent certains des électrons de la surface. Ces derniers, dits électrons secondaires, sont recueillis par un capteur. Le signal obtenu est amplifié et converti en une image projetée sur un écran ou sur une plaque photographique. Cette image est appelée *image de microscopie électronique à balayage*. Ce microscope est particulièrement utile pour observer la morphologie et étudier la structure externe des cellules intactes et des virus. Grâce à la grande profondeur de champ des images, on peut même examiner les microorganismes dans leur environnement naturel, par exemple des staphylocoques incrustés entre les cellules de la peau. L'obtention d'images en relief par la microscopie électronique à balayage résout le problème associé aux coupes ultraminces utilisées en microscopie à transmission.

▶ Vérifiez vos acquis

Pourquoi le pouvoir de résolution des microscopes électroniques est-il plus grand que celui des microscopes optiques? **2-5**

La microscopie à sonde

Depuis le début des années 1980, plusieurs types de microscopes, les **microscopes à sonde** (*scanned-probe microscopes*), ont vu le jour. Les sondes, dont il existe divers types, permettent d'observer de près la surface des spécimens, sans les modifier ni les endommager par des rayonnements de haute énergie. À l'aide de tels microscopes, on peut déterminer la forme des atomes et des molécules, établir certaines propriétés magnétiques et chimiques, et mesurer les variations de température ayant cours dans les cellules. Les microscopes à sonde comprennent entre autres les microscopes à sonde à effet tunnel et les microscopes à force atomique, que nous présentons ci-dessous.

La microscopie à sonde à effet tunnel

Par une fine sonde métallique (en tungstène), le **microscope à sonde à effet tunnel** (**STM**, pour *scanning tunneling microscope*) balaie l'échantillon et produit une image qui révèle les aspérités des atomes situés à la surface. Son pouvoir de résolution est de loin supérieur à celui d'un microscope électronique puisqu'il permet de distinguer des objets d'une grosseur équivalente à 1/100 de la taille d'un atome. De surcroît, il n'est pas nécessaire de préparer l'échantillon de façon particulière. En faisant appel à ces microscopes, on obtient des images tridimensionnelles incroyablement détaillées de molécules situées à l'intérieur des cellules telles que l'ADN.

La microscopie à force atomique

Dans le cas du **microscope à force atomique (MFA)**, une sonde en métal et en diamant est placée au contact direct de l'échantillon. À mesure qu'elle parcourt la surface de l'échantillon, ses mouvements sont enregistrés et transformés en une image tridimensionnelle. Comme dans le cas de la microscopie à effet tunnel, les échantillons observés en microscopie à force atomique ne requièrent pas de

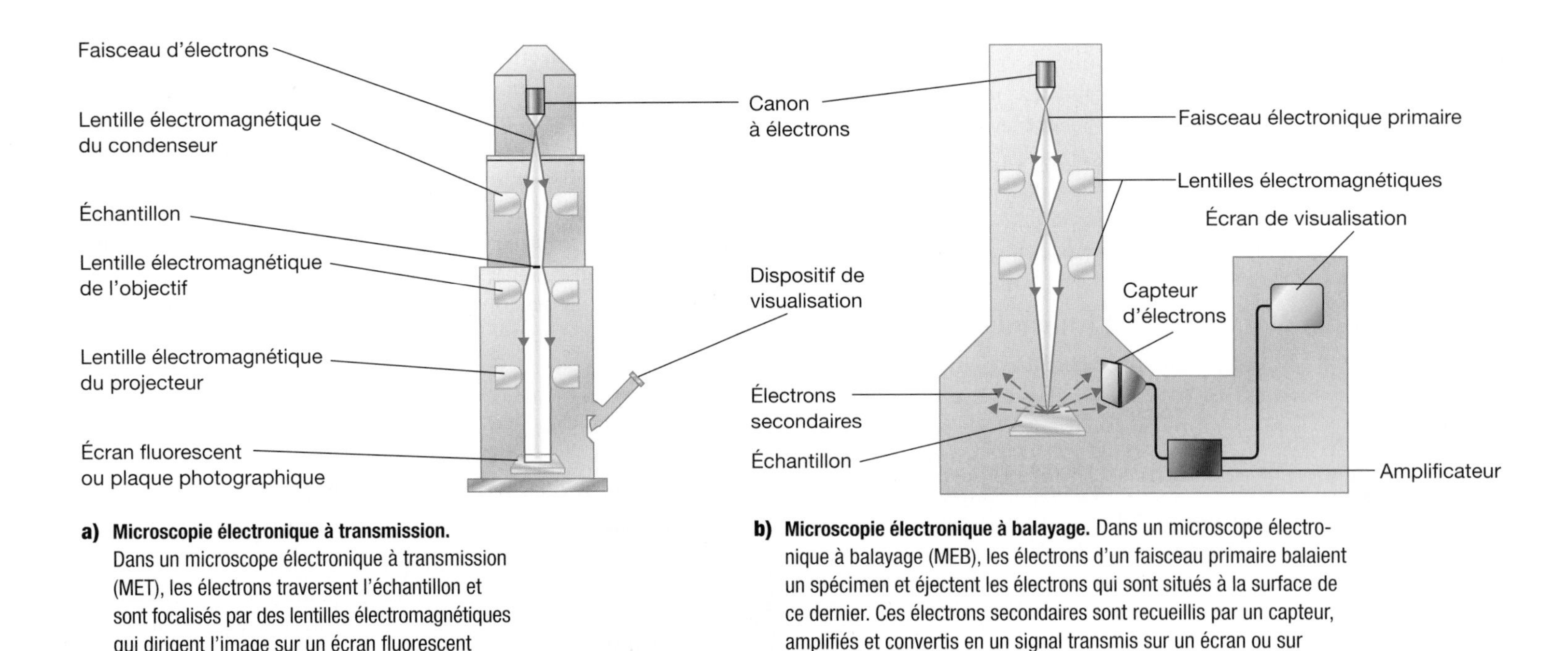

a) Microscopie électronique à transmission. Dans un microscope électronique à transmission (MET), les électrons traversent l'échantillon et sont focalisés par des lentilles électromagnétiques qui dirigent l'image sur un écran fluorescent ou sur une plaque photographique.

b) Microscopie électronique à balayage. Dans un microscope électronique à balayage (MEB), les électrons d'un faisceau primaire balaient un spécimen et éjectent les électrons qui sont situés à la surface de ce dernier. Ces électrons secondaires sont recueillis par un capteur, amplifiés et convertis en un signal transmis sur un écran ou sur une plaque photographique.

Figure 2.6 Microscopie électronique à transmission et à balayage.

Tableau 2.2 Récapitulation des différents types de microscopes

Type de microscope	Particularités	Image type	Principaux usages
Microscope optique (MO)			
À fond clair	Éclaire l'échantillon à la lumière visible; ne permet pas de distinguer les structures en deçà de 0,2 μm; le spécimen habituellement plus foncé apparaît sur un fond clair.	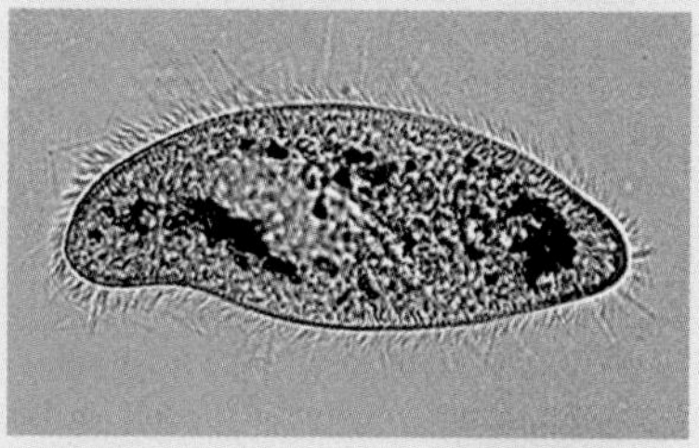 *Paramecium* MO 25 μm	Observation d'une variété d'échantillons colorés et décompte des microorganismes; ne peut détecter les virus.
À fond noir	Éclaire l'échantillon à la lumière visible; fait appel à un condenseur muni d'un disque opaque qui empêche les rayons lumineux de pénétrer directement l'objectif; seule la lumière réfléchie par l'échantillon pénètre l'objectif; le spécimen brille alors sur un fond noir.	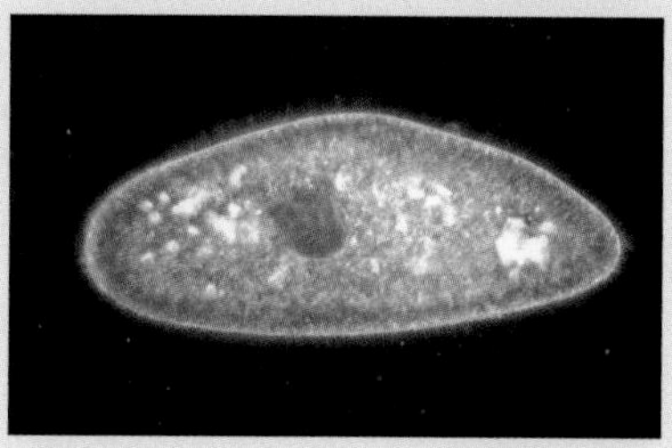 *Paramecium* MO 25 μm	Observation de microorganismes vivants invisibles en microscopie à fond clair, difficiles à colorer ou facilement déformés par la coloration; fréquemment employé pour détecter *Treponema pallidum* dans le diagnostic de la syphilis.
À contraste de phase	Éclaire l'échantillon à la lumière visible; utilise un condenseur doté d'un diaphragme annulaire et d'un objectif spécial muni d'une lame de phase. Les rayons lumineux qui traversent l'échantillon sont diffractés alors que les autres rayons continuent leur trajectoire rectiligne; les deux dispositifs combinent les rayons directs et les rayons diffractés pour former une image de l'échantillon qui présente des régions dont le spectre s'étend de la brillance (ondes lumineuses en phase) à la noirceur (ondes lumineuses déphasées), en passant par des tons de gris. Ne nécessite pas de fixation ni de coloration.	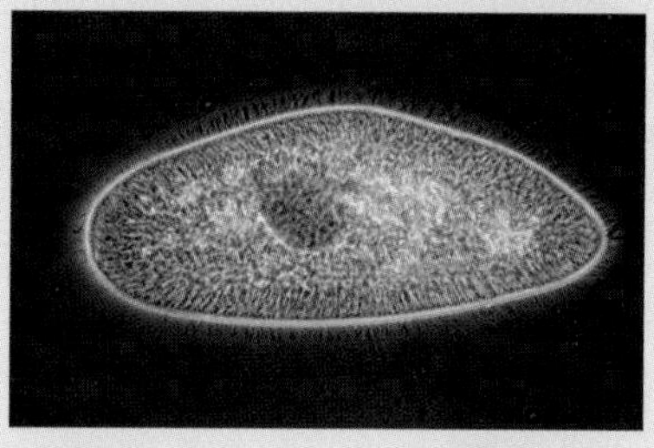 *Paramecium* MO 25 μm	Observation détaillée des structures internes d'épaisseurs variées de spécimens vivants, tels des inclusions et des endospores.
À contraste d'interférence différentielle (CID)	Éclaire l'échantillon à la lumière visible et, comme le microscope à contraste de phase, met à profit les différences entre les indices de réfraction pour produire des images. Est constitué de deux faisceaux lumineux scindés par des prismes grâce auxquels le spécimen apparaît coloré. Résolution meilleure que celle du microscope à contraste de phase. Ne nécessite pas de coloration.	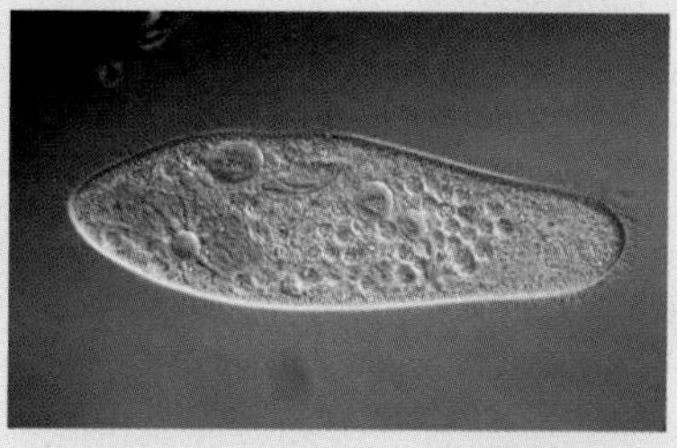 *Paramecium* MO 25 μm	Observation détaillée des structures internes; obtention d'images tridimensionnelles.
À fluorescence	Échantillon préalablement coloré avec un fluorochrome. Éclaire l'échantillon par une source lumineuse émettant dans l'ultraviolet ou à des longueurs d'onde proches, ce qui produit la fluorescence (jaune-vert) des microorganismes qui apparaissent luminescents et brillants sur un fond noir.	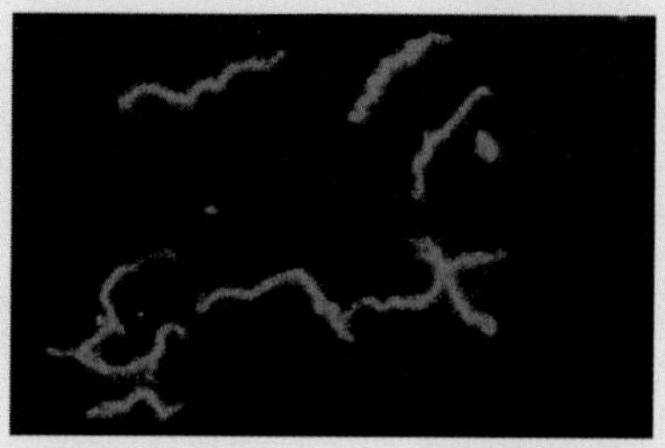 *Treponema pallidum* MO 5 μm	Observation de microbes présents dans les tissus ou d'autres échantillons cliniques par la technique des anticorps fluorescents (immunofluorescence). Utile pour la détection et l'identification de microbes à des fins de diagnostic microbiologique.

Tableau 2.2 Récapitulation des différents types de microscopes (*suite*)

Type de microscope	Particularités	Image type	Principaux usages
Confocal	Échantillon préalablement coloré avec un fluorochrome; éclaire un seul plan de l'échantillon à la fois au moyen d'un photon unique (laser); obtention d'images à une profondeur de 100 μm.	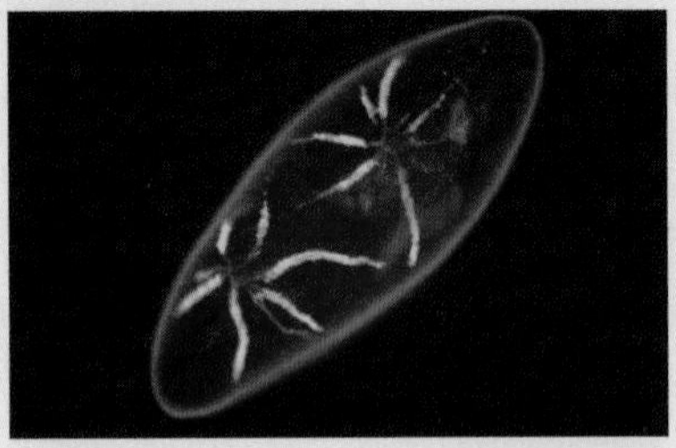 *Paramecium* MO 22 μm	Observation d'images de cellules à deux ou à trois dimensions si elles sont numérisées; permet d'étudier la physiologie cellulaire; surtout utilisé dans le domaine biomédical.
Microscope à deux photons	Échantillon préalablement coloré avec un fluorochrome; éclaire l'échantillon au moyen d'une lumière à longueurs d'onde longues (rouge); nécessite l'envoi de deux photons. Obtention d'images jusqu'à une profondeur de 1 mm; atténuation de la phototoxicité.	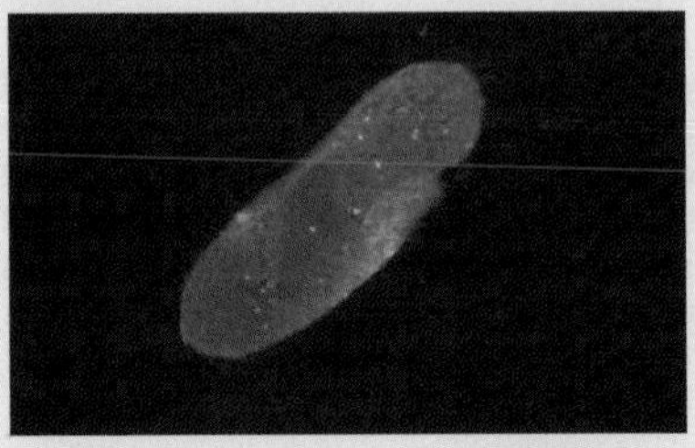 *Paramecium* MDP 20 μm	Observation d'images de cellules vivantes et de l'activité cellulaire en temps réel.
Microscope acoustique à balayage	Expose l'échantillon à une onde sonore d'une fréquence déterminée; l'onde est partiellement réfléchie quand elle rencontre une interface sur son passage à travers le spécimen. Résolution d'environ 1 μm.	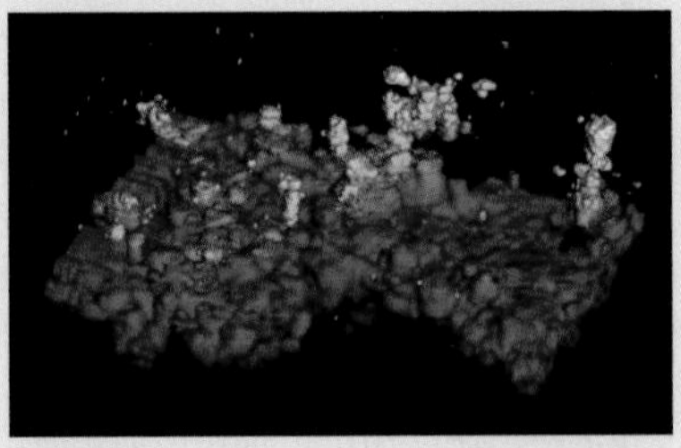 *Biofilm* MAB 300 μm	Observation de cellules vivantes fixées à une surface; par exemple, cellules cancéreuses, plaques athéroscléreuses sur une artère ou biofilms.
Microscope électronique			
À transmission	Emploie des lentilles électromagnétiques et fait appel à un faisceau d'électrons libres et non à la lumière; grâce à la longueur d'onde plus courte des électrons, permet d'examiner les structures inférieures à 0,2 μm; nécessite des coupes ultra-minces. Grossissement habituel de 10 000 à 100 000×. L'image produite est en noir et blanc et est colorée artificiellement.	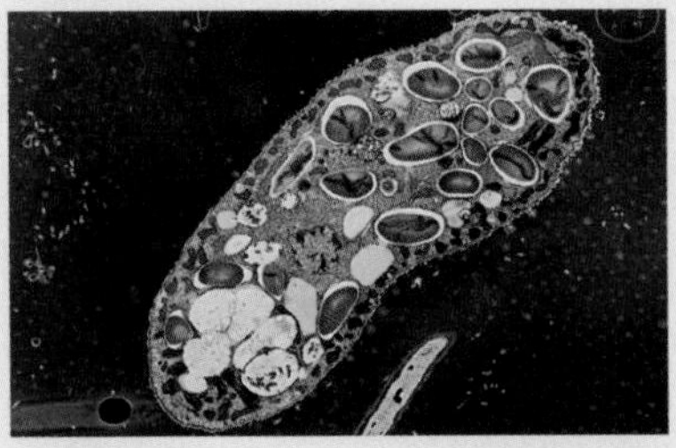 *Paramecium* MET 25 μm	Observation de virus ou de la structure interne de cellules; obtention d'images bidimensionnelles.
À balayage	Emploie des lentilles électromagnétiques et fait appel à un faisceau d'électrons libres et non à la lumière; grâce à la longueur d'onde plus courte des électrons, permet d'observer les structures inférieures à 0,2 μm. Grande profondeur de champ et grossissement habituel de 1 000 à 10 000×.	 *Paramecium* MEB 25 μm	Observation de la morphologie des cellules intactes et des virus dans leur environnement naturel, par exemple *Staphylococcus aureus* sur la peau. Obtention d'images tridimensionnelles en relief.

Tableau 2.2 (*suite*)

Type de microscope	Particularités	Image type	Principaux usages
Microscope à sonde			
À effet tunnel	Utilise une sonde métallique qui balaie la surface d'un échantillon et produit une image révélant les aspérités des atomes situés à sa surface. Résolution beaucoup plus importante que celle d'un microscope électronique ; distingue des objets d'une grosseur équivalant à 1/1 000 de la taille d'un atome. L'échantillon ne requiert pas de préparation particulière.	Protéine RecA produite par *E. coli* STM 5 nm	Observation de vues très détaillées des molécules situées à l'intérieur des cellules, par exemple de l'ADN.
À force atomique	Emploie une sonde en métal et en diamant placée en contact avec la surface de l'échantillon ; parcourt la surface de l'échantillon et produit une image tridimensionnelle. L'échantillon ne requiert pas de préparation particulière.	Toxine perfringoglycine O produite par *Clostridium perfringens* MFA 11 nm	Observation d'images de molécules d'échantillons biologiques à l'échelle atomique ; permet de mesurer des propriétés physiques et d'observer des processus moléculaires.

préparation particulière. On se sert de ce type de microscopie pour obtenir des images de substances biologiques à l'échelle atomique ainsi que de processus moléculaires (tels que l'assemblage de la fibrine, protéine de la coagulation).

▶ Vérifiez vos acquis

Quelles sont les applications de la microscopie électronique à transmission ? de la microscopie électronique à balayage ? de la microscopie à sonde ? **2-6**

La préparation des échantillons en microscopie optique

▶ Objectifs d'apprentissage

- **2-7** Différencier les colorants acides des colorants basiques.
- **2-8** Comparer les buts visés par la coloration simple, la coloration différentielle et la coloration des structures spécifiques.
- **2-9** Énumérer dans l'ordre toutes les étapes d'une coloration de Gram et décrire l'apparence des cellules à Gram positif et à Gram négatif après chaque étape.
- **2-10** Distinguer la coloration de Gram de la coloration acido-alcoolo-résistante.
- **2-11** Expliquer dans quel but les capsules, les endospores et les flagelles sont spécifiquement colorés en laboratoire de bactériologie.

En raison de leur absence de couleur, on doit souvent préparer les microorganismes avant de les observer au microscope optique. Une des méthodes de préparation consiste à les colorer. Dans les sections suivantes, nous nous penchons sur les différentes techniques de coloration.

La préparation des frottis en vue de la coloration

En premier lieu, on examine généralement les microorganismes au moyen de préparations colorées. La **coloration** est le procédé par lequel on utilise un colorant pour mettre en évidence certaines structures microbiennes. Cependant, toute coloration nécessite au préalable la **fixation** de l'échantillon sur une lame. La fixation entraîne à la fois la mort du microorganisme et son adhérence à la lame. Elle préserve également certaines structures cellulaires dans leur état naturel et ne les déforme que très peu.

Pour fixer un échantillon, on étend une mince goutte du prélèvement contenant les microorganismes sur une lame. Cette préparation, appelée **frottis**, est séchée à l'air. Dans la plupart des méthodes de coloration, on fixe le frottis, orienté vers le haut, par un chauffage rapide au-dessus de la flamme d'un bec Bunsen. On répète cette étape plusieurs fois. C'est le séchage à l'air et l'exposition à la chaleur qui fixent les microorganismes à la lame. Un autre procédé de fixation consiste à couvrir le frottis de méthanol pendant 1 minute. Ensuite, on recouvre le frottis de colorant, on le rince avec de l'eau et l'excédent de liquide est éliminé sur un papier absorbant. Sans la fixation, le colorant détacherait les microbes de la lame. On peut ensuite observer les microorganismes colorés.

Il existe plusieurs types de colorants qui tirent leur coloration de la présence de groupes chromophores pouvant se fixer aux cellules par un jeu de liaisons chimiques. Certains colorants sont des sels composés d'ions positifs ou d'ions négatifs qui se lient aux cellules par interaction ionique. Les **colorants basiques** tirent leur couleur de la présence d'ions positifs et les **colorants acides**, de la présence d'ions négatifs. À pH 7, les bactéries sont légèrement chargées négativement. Il s'ensuit que les ions positifs d'un colorant basique sont naturellement attirés vers la charge négative portée par les bactéries. Les colorants basiques – notamment le bleu de méthylène, le vert de malachite, le violet de cristal et la safranine – sont plus couramment employés en bactériologie que leurs équivalents acides. En effet, parce qu'ils sont composés d'ions négatifs, les colorants acides sont repoussés par les charges négatives situées à la surface des bactéries. C'est pourquoi ces colorants ne colorent pas la plupart des bactéries, mais plutôt le fond de la lame. Ce type de coloration, appelée **coloration négative**, est très utile pour observer la forme, la taille et les capsules des bactéries, qui forment un contraste avec le fond coloré (figure 2.9). Dans cette méthode, la taille et la forme des cellules sont relativement bien conservées, car, d'une part, la fixation à la chaleur n'a pas lieu et, d'autre part, les cellules ne sont pas altérées par le colorant. Parmi les colorants acides, on compte l'éosine, la fuchsine acide et la nigrosine.

Les microbiologistes font appel aux colorants acides et basiques dans trois méthodes de coloration : la coloration simple, la coloration différentielle et les colorations spéciales de structures spécifiques.

La coloration simple

En **coloration simple**, on emploie une solution aqueuse ou alcoolisée contenant un colorant basique unique. Même si les différents colorants se fixent spécifiquement à diverses structures de la cellule, le but premier visé par la coloration simple est de faire ressortir les cellules en entier afin de visualiser leur taille, leur forme et leur groupement ainsi que certaines structures fondamentales. On verse le colorant sur le frottis fixé et on le laisse s'imprégner pendant un certain temps. On rince ensuite l'excès de colorant, puis on sèche la lame et on l'examine. On ajoute parfois un agent chimique, appelé **mordant**, à la solution afin d'intensifier la coloration. Le mordant vise à augmenter l'affinité du colorant pour le spécimen biologique et à enrober les structures (le flagelle, par exemple) pour les rendre plus épaisses et visibles après coloration. Le bleu de méthylène, la fuchsine basique, le violet de cristal et la safranine sont les colorants simples les plus couramment utilisés en laboratoire de bactériologie.

▶ Vérifiez vos acquis

Pourquoi la coloration négative ne colore-t-elle pas aussi les cellules ? **2-7**

Pourquoi faut-il fixer les cellules pour la plupart des colorations ? **2-8**

La coloration différentielle

Au contraire des colorants simples, les **colorants différentiels** réagissent avec les bactéries selon leur affinité tinctoriale (pour le colorant). C'est cette différence de réaction qui permet de les distinguer. La coloration de Gram et la coloration acido-alcoolo-résistante font partie des colorations différentielles les plus fréquemment employées. Ces deux types de coloration différentielle nécessitent une étape de décoloration afin de mettre en évidence les bactéries qui retiennent ou non le premier colorant.

La coloration de Gram

La **coloration de Gram** a été mise au point en 1884 par le bactériologiste danois Hans Christian Gram. Elle est l'une des méthodes de coloration les plus utiles, car elle permet de diviser les bactéries en deux grands groupes : les bactéries à Gram positif et les bactéries à Gram négatif.

Cette technique de coloration comprend les étapes suivantes (**figure 2.7a**) :

1. On recouvre un frottis fixé à la chaleur d'un colorant basique violet, habituellement le violet de cristal. Cette coloration violette est qualifiée de *primaire*, car toutes les bactéries sont colorées sans exception.
2. Après un court laps de temps, on lave le colorant violet à l'eau et on traite le frottis avec une solution d'iode, le mordant. Lorsque l'excédent d'iode est enlevé, les bactéries à Gram positif et à Gram négatif apparaissent toutes en violet foncé.
3. Ensuite, on lave la lame avec un mélange d'isopropanol et d'acétone (ou d'éthanol à 95 %). Cette solution *décolorante* élimine la couleur violette des bactéries de certaines espèces, mais est inopérante pour d'autres espèces.
4. On chasse le surplus de la solution décolorante par un lavage à l'eau, puis on traite le frottis avec la safranine, un colorant rouge basique. On effectue un nouveau lavage, puis on égoutte la lame sur du papier absorbant et on l'observe au microscope optique, le plus souvent à l'immersion.

Le colorant violet et l'iode se mélangent dans le cytoplasme de la bactérie et la colorent en violet foncé. Les bactéries qui gardent leur couleur violette après un lavage décolorant sont dites **à Gram positif**, et celles qui perdent cette couleur après la décoloration sont dites **à Gram négatif** (**figure 2.7b**). Étant donné qu'elles sont incolores, les bactéries à Gram négatif ne sont plus visibles au microscope. C'est la raison pour laquelle on procède à une deuxième coloration, à la safranine cette fois, qui leur donne une couleur rouge rosée (les microbiologistes s'entendent pour la couleur rose). Les colorants tels que la safranine qui fournissent une couleur contrastante après une coloration primaire sont appelés **contre-colorants**. Quant aux bactéries à Gram positif, elles ne peuvent être contre-colorées, car elles ont gardé leur coloration primaire violette.

Comme nous le verrons au chapitre 3, les différentes espèces de bactéries réagissent différemment à la coloration de Gram pour des raisons liées à la structure de leur paroi cellulaire. Selon sa composition, cette dernière retient ou laisse échapper le mélange de violet de cristal et d'iode, plus précisément appelé *complexe violet-iode* (CV-I). À propos de la structure de la paroi cellulaire, notons que celle des bactéries à Gram positif est formée d'une couche plus épaisse de peptidoglycane (assemblage de disaccharides et d'acides aminés) comparativement à la paroi des bactéries à Gram négatif, qui possède une couche mince de peptidoglycane doublée d'une couche externe de lipopolysaccharides, un assemblage de lipides et de polysaccharides (figure 3.11). Ainsi, lorsque les bactéries à Gram positif et à Gram négatif sont colorées, le violet de cristal et l'iode pénètrent successivement dans les cellules et y forment un complexe CV-I. De taille plus imposante qu'une molécule de violet de cristal, ce complexe est retenu à l'intérieur de la cellule par l'épaisse couche de peptidoglycane des bactéries à Gram

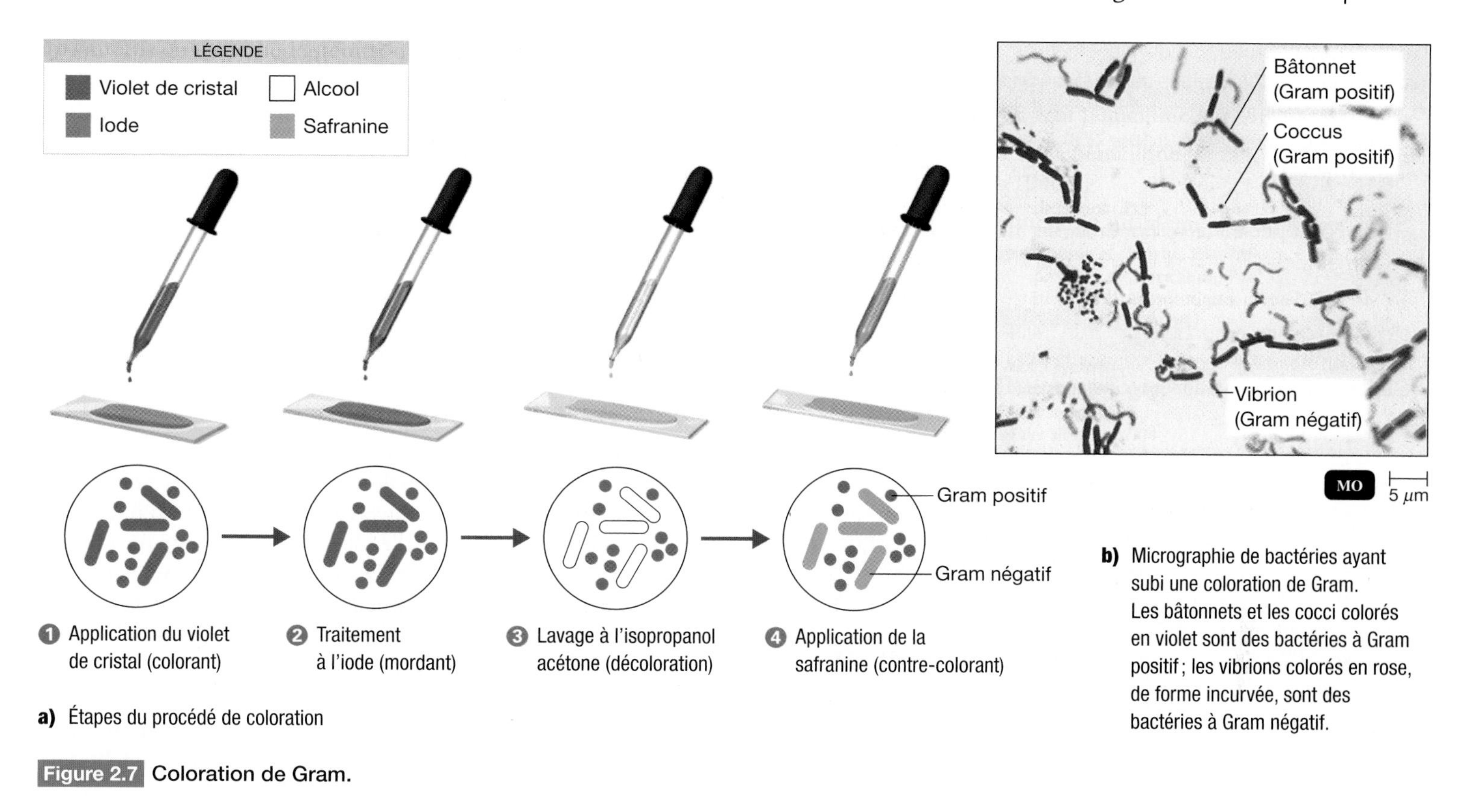

a) Étapes du procédé de coloration

b) Micrographie de bactéries ayant subi une coloration de Gram. Les bâtonnets et les cocci colorés en violet sont des bactéries à Gram positif; les vibrions colorés en rose, de forme incurvée, sont des bactéries à Gram négatif.

Figure 2.7 Coloration de Gram.

positif, malgré le lavage avec la solution décolorante. C'est la raison pour laquelle ces bactéries gardent la couleur du violet de cristal. À l'opposé, dans le cas des bactéries à Gram négatif, la solution décolorante dissout la couche externe de lipopolysaccharides et libère ainsi le complexe CV-I, qui traverse la couche mince de peptidoglycane. En conséquence, les cellules à Gram négatif sont incolores avant leur contre-coloration à la safranine, qui les fait virer au rose.

En résumé, les cellules à Gram positif gardent le colorant et restent violettes. Les bactéries à Gram négatif perdent le colorant; elles sont incolores jusqu'à ce qu'elles soient contre-colorées avec la safranine, qui les fait apparaître roses; c'est ce qui explique l'appellation «différentielle» donnée à la coloration de Gram.

La coloration de Gram est l'un des procédés de coloration les plus importants en microbiologie médicale. Cette technique de coloration différentielle fournit de précieux renseignements pour traiter les maladies causées par des bactéries. Ainsi, les bactéries à Gram positif sont généralement détruites par les pénicillines et les céphalosporines, tandis que les bactéries à Gram négatif y sont pour la plupart résistantes, car ces antibiotiques ne peuvent pénétrer au-delà de leur couche de lipopolysaccharides. Les antibiotiques ont donc une action différente sur les bactéries selon la composition de la paroi cellulaire de ces dernières, qui peut être mise en évidence par la coloration de Gram, d'où la grande utilité de cette coloration pour déterminer le choix des antibiotiques. Par contre, il faut mentionner que la résistance présentée parfois par les bactéries, autant à Gram négatif qu'à Gram positif, s'explique par leur capacité à inactiver les antibiotiques.

C'est lorsque les bactéries sont en croissance dans des milieux de culture que la réaction de Gram donne les meilleurs résultats. On peut toutefois effectuer la coloration directement sur un échantillon prélevé chez un patient. De cette façon, on peut émettre un diagnostic de présomption et commencer un traitement rapide avec des antibiotiques connus. Cependant, cette méthode de coloration ne fonctionne pas pour toutes les bactéries, car certaines d'entre elles se colorent mal, voire pas du tout.

La coloration acido-alcoolo-résistante

La **coloration acido-alcoolo-résistante** est une autre coloration différentielle importante dans laquelle les colorants se lient fortement aux bactéries dont la paroi cellulaire contient des cires (lipides). Les microbiologistes se servent de cette méthode de coloration pour identifier les bactéries du genre *Mycobacterium*, y compris deux agents pathogènes importants: *Mycobacterium tuberculosis* et *Mycobacterium lepræ*, respectivement responsables de la tuberculose et de la lèpre. On emploie également cette coloration pour identifier les espèces pathogènes du genre *Nocardia,* agents pathogènes opportunistes souvent en cause dans les infections respiratoires.

Q/R Le procédé de la coloration acido-alcoolo-résistante comprend les étapes suivantes. On recouvre d'abord le frottis fixé d'un colorant rouge, la fuchsine basique, puis on chauffe légèrement la lame pendant quelques minutes. La chaleur accentue la pénétration et la rétention du colorant. On refroidit la lame et on la rince à l'eau. Ensuite, on procède à la décoloration du frottis avec une solution d'acide et d'alcool. Les bactéries acido-alcoolo-résistantes demeurent rouges parce que la fuchsine basique se solubilise plus aisément dans les lipides de leur paroi cellulaire que dans le mélange d'alcool et d'acide, d'où leur résistance à ce traitement (**figure 2.8**). Par contre, chez les bactéries non acido-alcoolo-résistantes, dont la paroi ne renferme pas de lipides, le colorant est rapidement éliminé au cours de la décoloration. Ces bactéries redeviennent alors incolores. Par la suite, on traite le frottis au bleu de méthylène, le contre-colorant, qui colore les bactéries en bleu.

Cette coloration met en évidence la résistance de la paroi des bactéries du genre *Mycobacterium* à un traitement avec des substances acides. Certains désinfectants acides sont donc moins efficaces sur ce type de bactéries acido-alcoolo-résistantes. Q/R

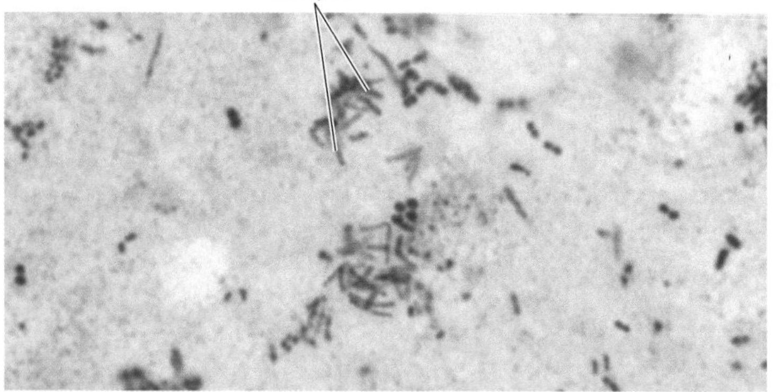

Figure 2.8 **Bactéries acido-alcoolo-résistantes.**
Mycobacterium lepræ, la bactérie qui a infecté ce tissu, apparaît en rouge après une coloration acido-alcoolo-résistante.

▶ Vérifiez vos acquis

Pourquoi la coloration de Gram est-elle si utile? **2-9**

Quelle coloration utilise-t-on pour identifier les microbes des genres *Mycobacterium* et *Nocardia*? **2-10**

La coloration de structures spécifiques

Certaines structures de bactéries, telles que les endospores et les flagelles, et la présence de capsules sont révélées par des méthodes particulières de coloration. Ces procédés de coloration permettent d'obtenir des renseignements importants sur la présence, la localisation et la forme de ces organites bactériens. Ces indications taxinomiques (aidant à la classification) servent à l'identification des bactéries responsables de maladies lors d'examens effectués en vue d'établir un diagnostic.

La coloration négative des capsules

Un grand nombre de microorganismes sont recouverts d'une enveloppe gélatineuse, la **capsule**, que nous aborderons au chapitre 3 dans notre étude des bactéries.

En microbiologie médicale, la présence de capsules est un indice de la virulence d'un organisme, c'est-à-dire qu'elle permet d'apprécier si son pouvoir de causer une maladie est important. Par comparaison avec les autres méthodes de coloration, la coloration de la capsule est plus difficile, car les constituants capsulaires sont solubles dans l'eau et peuvent être délogés ou éliminés par un lavage trop énergique. Pour vérifier leur présence, un microbiologiste mélange les bactéries à une solution contenant une fine suspension colloïdale de particules colorées (habituellement de l'encre de Chine ou de la nigrosine) afin de donner un fond contrastant, puis colore les bactéries avec un colorant simple comme la safranine. En raison de leur incapacité à absorber la plupart des colorants, les capsules, contrastées par le fond foncé, prennent l'apparence de halos autour des bactéries lorsqu'on les observe au microscope optique (**figure 2.9a**).

La coloration des endospores

Une **endospore** est une structure dormante qui se forme à l'intérieur de la bactérie lorsque celle-ci doit se protéger contre des conditions environnementales défavorables. Bien que, en général, les bactéries ne produisent pas d'endospores, il en existe néanmoins quelques genres qui sporulent. Les endospores ne peuvent être colorées par les méthodes habituelles, car les colorants pénètrent difficilement la paroi sporale. Par exemple, traitées à la coloration de Gram, les bactéries sporulées se colorent, mais l'endospore demeure transparente.

Dans le contexte d'un diagnostic microbiologique où il importe de vérifier leur présence pour identifier l'agent pathogène, il faut colorer spécifiquement les endospores.

Le procédé de coloration le plus courant pour les endospores est la *coloration de Schaeffer-Fulton* (**figure 2.9b**). Après l'avoir fixé à la chaleur, on recouvre le frottis de vert de malachite, le colorant primaire. Puis, on chauffe jusqu'à évaporation pendant environ 5 minutes. La chaleur favorise la pénétration du colorant dans l'endospore, à travers sa paroi. Puis, on lave la préparation à l'eau pendant environ 30 secondes pour éliminer le vert de malachite en excédent qui se trouve ailleurs que dans l'endospore. Ensuite, on procède au traitement à la safranine, le contre-colorant, pour colorer les constituants bactériens qui ne sont pas des endospores. Si le frottis a été correctement préparé, les endospores apparaissent en vert à l'intérieur des bactéries colorées en rouge ou en rose. En raison de leur pouvoir de réfraction élevé, les endospores sont visibles au microscope optique à fond clair même si elles ne sont pas colorées. Cependant, sans coloration, elles ne peuvent être distinguées des inclusions intracellulaires et l'intérêt d'un examen de laboratoire pour établir un diagnostic est alors négligeable.

La coloration des flagelles

Les **flagelles** de bactéries sont des structures de locomotion trop fines pour être vues directement au microscope optique. Leur coloration, un procédé fastidieux et délicat, fait appel à un mordant et à la fuchsine basique pour augmenter leur diamètre et les rendre ainsi visibles (**figure 2.9c**). Les microbiologistes s'appuient sur le nombre et l'arrangement des flagelles pour établir un diagnostic.

▶ Vérifiez vos acquis

Quelle est l'apparence des endospores non colorées? des endospores colorées? **2-11**

* * *

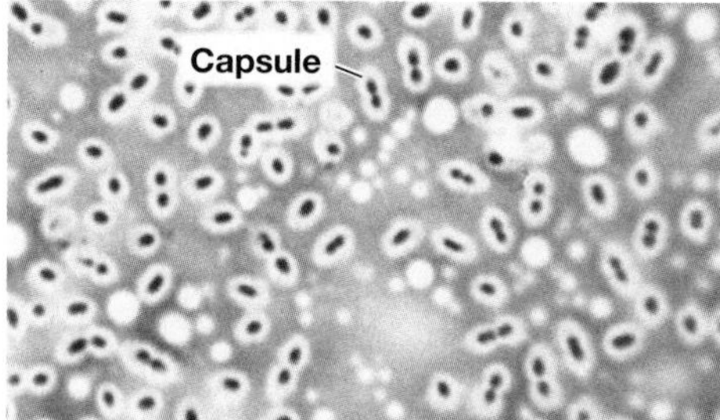

a) Coloration négative. La coloration négative des capsules de *Klebsiella pneumoniæ* permet de les faire apparaître comme des régions brillantes (halos) enrobant les bactéries colorées, par contraste avec le fond foncé. MO 5 μm

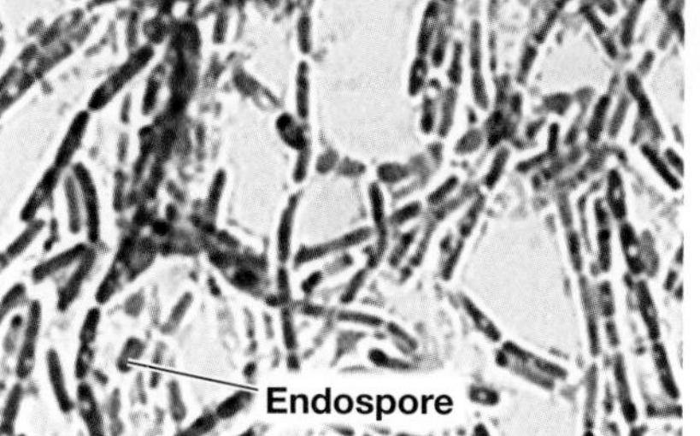

b) Coloration des endospores. La coloration de Shaeffer-Fulton colore en vert les endospores de *Bacillus cereus* (voir aussi la figure 3.19). MO 5 μm

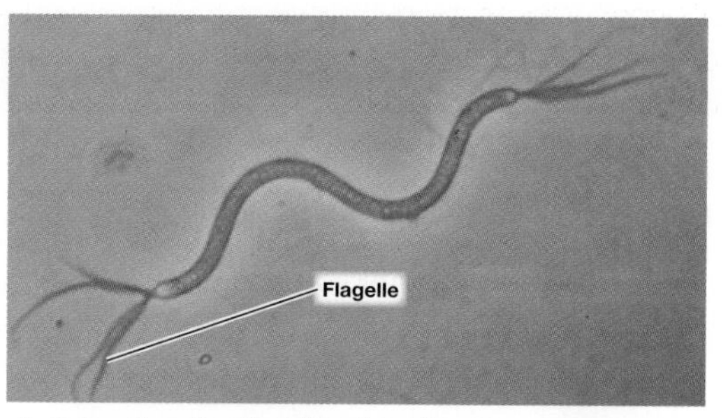

c) Coloration des flagelles. La coloration des flagelles a mis en évidence ces prolongements situés aux extrémités de *Spirillum volutans.* Comparativement à la bactérie, le flagelle est beaucoup plus épais que la normale, car l'utilisation d'un mordant a favorisé l'accumulation de plusieurs couches de colorant. MO 5 μm

Figure 2.9 Coloration de structures spécifiques.

Le **tableau 2.3** présente une récapitulation des différentes méthodes de coloration. Dans le chapitre suivant, nous examinerons en détail la structure des microbes et nous étudierons la façon dont ils se protègent, se nourrissent et se reproduisent.

Tableau 2.3 Récapitulation des différentes méthodes de coloration et de leurs usages

Coloration	Particularités et principaux usages
Simple (bleu de méthylène, fuchsine basique, violet de cristal, safranine)	Solution aqueuse ou alcoolique dans laquelle est dissous un colorant basique unique. (On ajoute parfois un mordant pour intensifier la coloration.) Met en évidence la taille, la forme et le groupement des microorganismes.
Différentielle de Gram	La réaction obtenue lors de la coloration permet de distinguer le type de bactérie. Divise les bactéries en deux grands groupes : à Gram positif et à Gram négatif. Les bactéries à Gram positif gardent le violet de cristal, alors que les bactéries à Gram négatif le perdent et restent incolores jusqu'à leur contre-coloration à la safranine, qui les fait apparaître roses. Utile au diagnostic en microbiologie.
Acido-alcoolo-résistante	Différencie les espèces de *Mycobacterium* et certaines espèces de *Nocardia*. Une fois traitées à la fuchsine basique et lavées avec un mélange acide-alcool, les bactéries acido-alcoolo-résistantes demeurent rouges, car elles gardent le colorant. En revanche, après avoir subi le même traitement, puis une coloration au bleu de méthylène, celles qui ne sont pas acido-alcoolo-résistantes apparaissent en bleu, car, à la suite de la décoloration par le mélange acide-alcool, elles ne retiennent pas la fuchsine basique et sont donc à même de fixer le bleu de méthylène.
De structures spécifiques	Colore et fait ressortir certaines structures telles que les capsules, les endospores et les flagelles ; peut servir d'outil diagnostique.
Négative	Révèle la présence de capsules. En raison de leur incapacité à absorber la plupart des colorants, les capsules, contrastées par le fond foncé, prennent l'apparence de halos autour des bactéries.
Endospore	Révèle la présence d'endospores chez les bactéries. Le frottis de cellules bactériennes fixé à la chaleur est traité au vert de malachite. Le colorant pénètre dans les endospores, ce qui les colore en vert. Puis, on lave le frottis et on le traite ensuite avec de la safranine (rouge) pour colorer les autres parties des cellules en rouge ou en rose.
Flagelle	Révèle la présence de flagelles. On utilise un mordant pour augmenter le diamètre des flagelles afin de les rendre visibles au microscope au moyen de la coloration à la fuchsine basique.

RÉSUMÉ

LES UNITÉS DE MESURE (p. 24)

1. L'étalon des mesures de longueur est le mètre (m).
2. Les microorganismes sont mesurés en micromètres (μm), soit 10^{-6} m, et en nanomètres (nm), soit 10^{-9} m.

LA MICROSCOPIE : LES APPAREILS (p. 24)

1. Un microscope simple comprend une seule lentille, alors qu'un microscope composé en comprend plusieurs.

La microscopie optique (p. 24)

2. Le microscope le plus employé en microbiologie est le microscope optique composé (MO).
3. Dans un microscope optique composé, le trajet de la lumière part de la source lumineuse, puis traverse les lentilles du condenseur, qui les focalise sur l'échantillon. Les rayons passent ensuite au travers des lentilles de l'objectif puis au travers de celles de l'oculaire.
4. Le grossissement total d'un objet est la multiplication du grossissement de l'objectif par le grossissement de l'oculaire.
5. Le microscope optique composé fonctionne à l'aide de la lumière visible.
6. La résolution maximale, ou pouvoir de résolution (capacité de distinguer clairement deux points proches l'un de l'autre), d'un microscope optique composé est de 0,2 μm. Son grossissement maximal est de 2000×.
7. La coloration des échantillons accentue la différence entre l'indice de réfraction du spécimen et celui de son milieu, ce qui permet d'augmenter la visibilité du spécimen.
8. L'objectif à immersion requiert de l'huile pour réduire la perte de rayons lumineux entre la lame et la lentille.
9. Les frottis colorés sont observés à l'aide d'un microscope à fond clair alors qu'il est préférable d'examiner les cellules non colorées par microscopie à fond noir, à contraste de phase ou à contraste d'interférence différentielle (CID).

La microscopie à fond clair (p. 28)

10. Le microscope à fond clair permet d'examiner une variété d'échantillons colorés et de faire le décompte des microorganismes ; il ne détecte pas les virus.
11. Ce microscope est très utile en laboratoire médical pour l'étude des bactéries et de leur morphologie.

La microscopie à fond noir (p. 28)

12. Le microscope à fond noir a un condenseur muni d'un disque opaque qui empêche les rayons lumineux de pénétrer directement l'objectif ; seule la lumière réfléchie par l'échantillon pénètre l'objectif ; la forme de l'organisme illuminé brille alors sur un fond noir.
13. Cette technique de microscopie est très utile pour observer des microorganismes vivants invisibles en microscopie à fond clair, difficiles à colorer ou facilement déformés par la coloration et chez lesquels la détection des petits détails n'est pas nécessaire.
14. Fréquemment employée pour détecter *Treponema pallidum* dans le diagnostic de la syphilis.

La microscopie à contraste de phase (p. 28)

15. Le microscope à contraste de phase éclaire l'échantillon à la lumière visible ; il utilise un condenseur doté d'un diaphragme annulaire et d'un objectif spécial muni d'une lame de phase. Ces dispositifs transforment les différences d'indices de réfraction des structures présentes dans l'échantillon en différences d'intensités lumineuses, ce qui produit une image dont les contrastes sont accentués.
16. Cette technique de microscopie permet d'observer des structures internes d'épaisseurs variées dans des spécimens vivants non colorés.

La microscopie à contraste d'interférence différentielle (p. 29)

17. Le microscope à contraste d'interférence différentielle (CID) éclaire l'échantillon à la lumière visible et, comme le microscope à contraste de phase, met à profit les différences entre les indices de réfraction pour produire des images. Est constitué de deux faisceaux lumineux scindés par des prismes grâce auxquels le spécimen apparaît coloré.
18. Cette technique de microscopie produit des images tridimensionnelles de l'objet observé, qui apparaît coloré par le jeu de contraste de la lumière. Elle permet l'étude détaillée d'organismes vivants.

La microscopie à fluorescence (p. 29)

19. En microscopie à fluorescence, l'échantillon doit d'abord être marqué avec un fluorochrome. On le visualise au moyen d'un microscope composé dont la source de lumière émet des rayonnements ultraviolets ou de longueurs d'onde proches.
20. Dans ce type de microscopie, les microorganismes apparaissent lumineux et contrastent avec le fond foncé.
21. La microscopie à fluorescence est principalement employée pour détecter et identifier rapidement des microbes présents dans les tissus ou d'autres échantillons cliniques par la technique des anticorps fluorescents (AF), ou immunofluorescence, technique utilisée par exemple pour le diagnostic de la syphilis.

La microscopie confocale (p. 30)

22. En microscopie confocale (MC), l'échantillon est coloré avec une substance fluorescente pour que chacun de ses plans puisse être observé successivement à l'aide d'un éclairage au laser. Sa résolution est près de 40 fois supérieure à celle des autres MO.

23. Pour produire des images de cellules à deux ou trois dimensions, ce microscope est couplé à un ordinateur. Il est surtout utilisé dans le domaine biomédical.

La microscopie à deux photons (p. 30)

24. En microscopie à deux photons, on colore un échantillon vivant avec un fluorochrome et on l'éclaire au moyen d'une lumière à longueurs d'onde longues.

La microscopie acoustique à balayage (p. 31)

25. La microscopie acoustique à balayage consiste à interpréter le parcours d'une onde sonore qu'on fait passer à travers un échantillon. Elle permet d'étudier les cellules vivantes fixées à une surface, telles que les cellules cancéreuses, les plaques athéroscléreuses et les biofilms.

La microscopie électronique (p. 31)

26. Le microscope électronique fait appel à un faisceau d'électrons plutôt qu'à la lumière pour éclairer l'échantillon. Il est particulièrement utile pour l'étude des virus ou de fines structures intracellulaires dans de minces coupes cellulaires. Le microscope électronique à transmission (MET) et le microscope électronique à balayage (MEB) en sont deux exemples.
27. Des aimants électromagnétiques, plutôt que des lentilles de verre, règlent la focalisation, l'éclairage et l'agrandissement de l'image, qui est projetée sur un écran fluorescent ou sur une plaque photographique.

La microscopie électronique à transmission (p. 31)

28. Le microscope électronique à transmission (MET) permet l'observation des virus ou de la structure interne de coupes ultraminces de cellules. Son grossissement est de 10 000 à 100 000× et son pouvoir de résolution est de 2,5 nm.
29. L'image produite est bidimensionnelle.

La microscopie électronique à balayage (p. 31)

30. Par le microscope électronique à balayage (MEB), on obtient des images tridimensionnelles de la surface de microorganismes entiers et de virus. Son grossissement est de 1 000 à 10 000× et son pouvoir de résolution est de 20 nm.

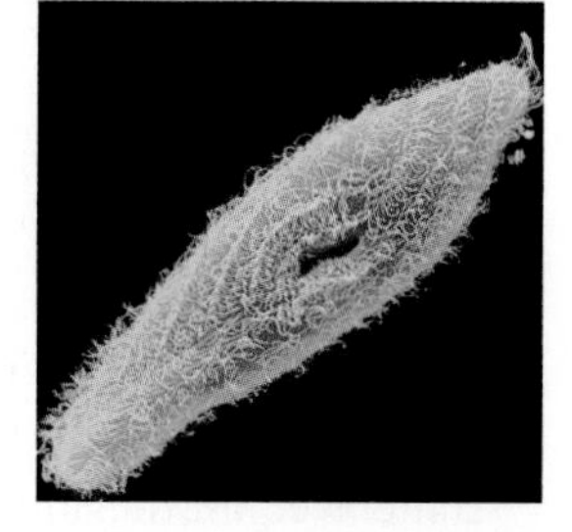

La microscopie à sonde (p. 32)

31. Le microscope à sonde à effet tunnel (STM) et le microscope à force atomique (MFA) fournissent des images tridimensionnelles de la surface des molécules.

La microscopie à sonde à effet tunnel (p. 32)

32. Le microscope à sonde à effet tunnel (STM) utilise une sonde métallique qui balaie la surface d'un échantillon et produit une image révélant les aspérités des atomes situés à sa surface ; son pouvoir de résolution est beaucoup plus important que celui d'un microscope électronique.
33. Il permet l'obtention de vues très détaillées des molécules situées à l'intérieur des cellules.

La microscopie à force atomique (p. 32)

34. Le microscope à force atomique (MFA) emploie une sonde en métal et en diamant placée en contact avec la surface de l'échantillon. La sonde parcourt la surface de l'échantillon. Le MFA produit une image tridimensionnelle.
35. Il permet l'obtention d'images de molécules biologiques à l'échelle atomique ainsi que de processus moléculaires.

LA PRÉPARATION DES ÉCHANTILLONS EN MICROSCOPIE OPTIQUE (p. 35)

La préparation des frottis en vue de la coloration (p. 35)

1. Colorer un microorganisme signifie le traiter avec un colorant pour rendre visibles certaines de ses structures.
2. La fixation est le procédé par lequel le spécimen est tué et fixé sur la lame au moyen de la chaleur ou de l'alcool.
3. Un frottis est une goutte de prélèvement déposée sur une lame pour une observation ultérieure au microscope.
4. Certains colorants se lient aux cellules par liaison ionique. Les bactéries sont chargées négativement ; c'est pourquoi les ions positifs des colorants basiques se lient aux bactéries et les colorent.
5. Les ions négatifs des colorants acides colorent le fond d'un frottis, ce qui donne une coloration négative.

La coloration simple (p. 36)

6. Un colorant simple est constitué d'une solution aqueuse ou alcoolique dans laquelle un colorant basique unique est dissous.
7. Cette méthode de coloration met en évidence la taille, la forme et le groupement des cellules.
8. Un mordant peut être utilisé pour augmenter l'affinité entre le colorant et le spécimen.

La coloration différentielle (p. 36)

9. C'est par leurs réactions avec les colorants différentiels, dont les colorants de Gram et ceux qui sont acido-alcoolo-résistants, qu'on peut identifier des bactéries.
10. La coloration de Gram emploie un colorant violet (le violet de cristal), de l'iode qui sert de mordant, un décolorant (une solution d'isopropanol et d'acétone) et un contre-colorant rouge (la safranine). Les bactéries à Gram positif gardent la coloration du violet de cristal après l'étape de décoloration, alors que les bactéries à Gram négatif la perdent et apparaissent donc roses après la contre-coloration à la safranine.
11. Les microbes acido-alcoolo-résistants comprennent les membres des genres *Mycobacterium* et *Nocardia*. Une fois traitées à la fuchsine basique et lavées avec un mélange acide-alcool, les bactéries acido-alcoolo-résistantes demeurent rouges. Les bactéries qui ne sont pas acido-alcoolo-résistantes ne retiennent pas la fuchsine basique et sont contre-colorées avec du bleu de méthylène.

La coloration de structures spécifiques (p. 38)

12. La coloration de structures spécifiques est très utile pour l'identification et la classification des bactéries en laboratoire médical ; elle peut servir d'outil diagnostique.

13. Certaines parties des bactéries comme les capsules, les endospores et les flagelles nécessitent des colorations spécifiques.

14. La coloration négative fait apparaître les capsules microbiennes sous la forme d'un halo autour des bactéries.

15. La présence d'endospores chez les bactéries peut être révélée par coloration au vert de malachite. Les endospores se colorent en vert. Les autres parties des cellules sont contre-colorées en rouge ou en rose par la safranine.

16. Une coloration à la fuchsine basique peut révéler la présence de flagelles. On utilise un mordant pour augmenter le diamètre des flagelles afin de les rendre visibles au microscope.

AUTOÉVALUATION

QUESTIONS À COURT DÉVELOPPEMENT

1. En coloration de Gram, on peut sauter une étape sans compromettre la différenciation entre les bactéries à Gram positif et les bactéries à Gram négatif. Quelle est cette étape ? Quel sera alors le problème ?

2. Si vous aviez accès à un bon microscope optique constitué d'un oculaire 10×, d'une lentille à immersion 100× et dont le pouvoir de résolution est de 0,3 μm (micromètre), seriez-vous en mesure de distinguer deux objets séparés par une distance de 3 μm ? de 0,3 μm ? de 300 nm (nanomètres) ?

3. Pour quelle raison la coloration de Gram n'est-elle pas utilisée pour colorer les bactéries acido-alcoolo-résistantes ? Si vous tentiez une coloration de Gram sur des bactéries acido-alcoolo-résistantes, quelle serait la réaction de Gram ? Quelle est la réaction de Gram lorsqu'on a effectué une coloration de bactéries qui ne sont pas acido-alcoolo-résistantes ? (*Indice :* Voir le chapitre 3.)

4. Dans les bactéries non colorées, les endospores peuvent apparaître comme des structures réfringentes (plus brillantes) tandis que, dans les bactéries traitées à la coloration de Gram, elles forment des régions transparentes. Dans quelles situations particulières est-il nécessaire de colorer les endospores spécifiquement ?

APPLICATIONS CLINIQUES

N. B. Certaines de ces questions nécessitent que vous cherchiez des réponses dans les différents chapitres du livre.

1. En 1882, le bactériologiste allemand Paul Ehrlich a décrit une méthode pour colorer *Mycobacterium* et a fait l'observation suivante : « Il est probable que les agents de désinfection acides n'altéreront pas ce bacille [de tubercule] et qu'il faudra recourir à des agents alcalins. » Sans avoir auparavant expérimenté ces désinfectants, comment en était-il venu à cette conclusion ?

2. En laboratoire, le diagnostic d'une infection à *Neisseria gonorrhϾ* est établi par un examen au microscope d'un échantillon de pus traité à la coloration de Gram. L'agent pathogène est une bactérie à Gram négatif en forme de cocci accolés deux à deux. À l'aide de cette image de microscopie optique, pourriez-vous confirmer la présence éventuelle de cette bactérie dans l'échantillon ? Associée, chez l'homme, aux symptômes de brûlure lors de la miction, de quelle maladie le patient pourrait-il être atteint ? Le médecin pourrait-il émettre un diagnostic de présomption et commencer le traitement par antibiotiques ? Justifiez cette dernière réponse. (*Indice :* Voir le chapitre 21.)

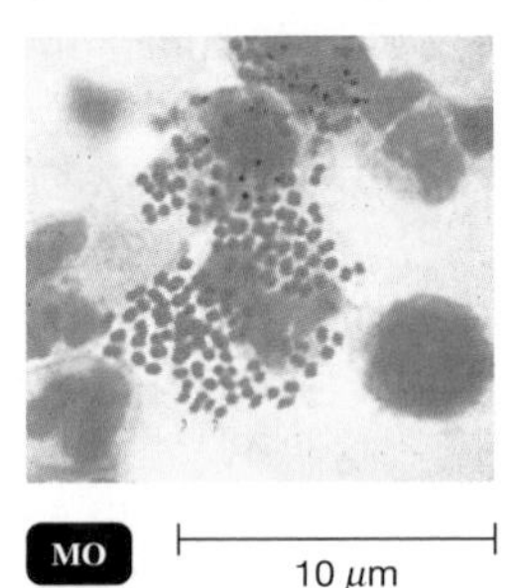

3. Vous observez un échantillon clinique ayant fait l'objet d'une coloration. Des cellules rose-rouge, biconcaves et mesurant entre 8 μm et 10 μm sont recouvertes de petites cellules bleues mesurant 0,5 μm × 1,5 μm. Quels sont les deux types de cellules qui apparaissent au microscope ? Laquelle de ces cellules est susceptible d'être une bactérie ?

4. Le laboratoire procède à une technique d'immunofluorescence sur un échantillon de sperme en utilisant des anticorps anti-*Treponema pallidum* fluorescents. L'observation au microscope à la lumière ultraviolette ne révèle aucun spécimen coloré en jaune vif sur le fond foncé. Qu'en sera-t-il du diagnostic microbiologique ? Justifiez votre réponse.

5. Un échantillon du crachat de Calle, un éléphant asiatique de 30 ans, est déposé sur une lame et séché à l'air. Une fois fixé, on dépose de la fuchsine basique sur le frottis et on le chauffe pendant cinq minutes. Après un rinçage à l'eau, on le traite avec un mélange d'alcool et d'acide durant 30 secondes. Enfin, pendant 30 secondes, on le colore avec du bleu de méthylène, on le rince à l'eau et on le sèche. À un grossissement de 1 000×, le vétérinaire du zoo aperçoit des bâtonnets rouges sur la lame. Quel type d'infection pourrait être en cause ? (Après un traitement par antibiotiques, Calle s'est complètement rétabli.) Donnez quatre arguments qui appuient votre réponse.

Consultez le volet de gauche de l'Édition en ligne pour d'autres activités.

CHAPITRE 3

Anatomie fonctionnelle des cellules procaryotes et des cellules eucaryotes

Malgré leur complexité et leur variété, toutes les cellules vivantes peuvent être classées en deux groupes selon leurs caractéristiques structurales et fonctionnelles. Ces groupes sont les procaryotes et les eucaryotes. Du point de vue structural, les procaryotes sont généralement plus petits et plus simples que les eucaryotes. Leur ADN (patrimoine génétique) se présente habituellement sous la forme d'un chromosome circulaire unique et n'est pas protégé par une membrane. À l'opposé, l'ADN des eucaryotes est composé de multiples chromosomes et occupe un noyau entouré d'une enveloppe. Les organites, ces structures spécialisées aux fonctions diverses, avec leur membrane isolante, sont absents des procaryotes. On observe aussi d'autres différences, sur lesquelles nous reviendrons plus loin.

Les plantes et les animaux sont entièrement composés de cellules eucaryotes. Dans l'univers microbien, les bactéries et les archéobactéries sont des procaryotes. Les autres microbes cellulaires – mycètes (levures et moisissures), protozoaires et algues – sont des cellules eucaryotes. Les êtres humains exploitent les différences entre les cellules bactériennes (procaryotes) et leurs propres cellules (eucaryotes) pour se protéger contre la maladie. Par exemple, certains médicaments tuent ou neutralisent les bactéries sans porter atteinte aux cellules humaines, et certaines molécules à la surface des bactéries provoquent chez l'humain une réaction de défense aboutissant à l'élimination des bactéries qui l'envahissent.

Les virus, qui sont des éléments acellulaires, font bande à part et n'appartiennent à aucune classe de cellule vivante. Ce sont des particules dotées d'un patrimoine héréditaire, qui peuvent se répliquer, mais qui sont incapables d'accomplir les activités chimiques habituelles des cellules vivantes. Nous examinerons au chapitre 13 la structure et l'activité virales.

On a qualifié la pénicilline de « remède miracle » parce qu'elle épargne les cellules humaines. Pourquoi les épargne-t-elle?

La réponse est dans le chapitre.

AU MICROSCOPE

Mise à mort d'un phagocyte par *Staphylococcus aureus*. Ce dernier est une bactérie qui produit la leucocidine, une toxine capable de détruire les leucocytes de l'hôte qu'il infecte.

Les cellules procaryotes et les cellules eucaryotes en bref

▶ Objectif d'apprentissage

3-1 Comparer la cellule procaryote avec la cellule eucaryote.

Les cellules procaryotes et les cellules eucaryotes sont semblables sur le plan chimique, en ce sens qu'elles contiennent toutes des acides nucléiques, des protéines, des lipides et des glucides. Elles font appel aux mêmes types de réactions chimiques pour dégrader la nourriture, fabriquer des protéines et stocker l'énergie. C'est avant tout la structure des parois cellulaires et celle des membranes, ainsi que l'absence d'*organites* membranaires (structures cellulaires spécialisées ayant des fonctions précises), qui distinguent les procaryotes des eucaryotes.

Les principaux traits distinctifs des **procaryotes** (de deux mots grecs signifiant « prénoyau ») sont les suivants :

1. Le support du patrimoine héréditaire (l'ADN) n'est pas enveloppé par une membrane et est constitué d'un seul chromosome circulaire. Quelques bactéries, telles que *Vibrio choleræ*, ont deux chromosomes alors que d'autres bactéries possèdent un chromosome linéaire.
2. L'ADN n'est pas associé à des histones (protéines chromosomiques uniques aux eucaryotes) ; d'autres protéines sont associées à l'ADN.
3. Il n'y a pas d'organites intracellulaires limités par des membranes.
4. La paroi cellulaire contient presque toujours du peptidoglycane, un polysaccharide complexe.
5. Ces organismes se divisent habituellement par **scissiparité**. Au cours de ce processus, l'ADN est copié et la cellule se scinde en deux. La scissiparité ne fait pas intervenir autant de structures et ne possède pas autant d'étapes que la division cellulaire eucaryote.

Les **eucaryotes** (de deux mots grecs signifiant « véritable noyau ») ont les traits distinctifs suivants :

1. L'ADN se trouve dans le noyau de la cellule, qui est séparé du cytoplasme par une enveloppe nucléaire, et il forme plusieurs chromosomes multiples.
2. L'ADN est normalement associé à des protéines chromosomiques appelées *histones* ainsi qu'à des non-histones.
3. Il y a un certain nombre d'organites intracellulaires limités par des membranes, dont les mitochondries, le réticulum endoplasmique, le complexe golgien, les lysosomes et, dans certains cas, les chloroplastes.
4. La paroi cellulaire, quand elle existe, est simple sur le plan chimique et ne contient pas de peptidoglycane.
5. Ces cellules se divisent habituellement par mitose. Au cours de celle-ci, les chromosomes se répliquent et deux noyaux contenant des chromosomes identiques se forment. Le processus est guidé par le fuseau mitotique, assemblage de microtubules dont la forme rappelle un ballon de football (voir plus loin). Il est suivi par la division du cytoplasme et des autres organites et aboutit à la formation de deux cellules identiques.

Le tableau 3.2 présente d'autres différences entre les cellules procaryotes et les cellules eucaryotes. Nous abordons maintenant une description détaillée des parties de la cellule procaryote.

▶ Vérifiez vos acquis

Qu'est-ce qui distingue avant tout les procaryotes des eucaryotes ? **3-1**

LA CELLULE PROCARYOTE

Les espèces qui appartiennent au monde des procaryotes constituent un vaste groupe hétérogène d'organismes unicellulaires minuscules. Les procaryotes comprennent les bactéries et les archéobactéries. La majorité d'entre eux, y compris les cyanobactéries qui sont capables de photosynthèse, font partie des bactéries. Bien qu'elles se ressemblent, les bactéries et les archéobactéries diffèrent par leur composition chimique, comme nous le verrons plus loin. Les milliers d'espèces de bactéries se distinguent les unes des autres par un grand nombre de facteurs, dont la morphologie (forme), la composition chimique de leur paroi cellulaire (souvent révélée par la réaction aux colorants), les besoins nutritifs, l'activité biochimique et la source d'énergie requise (rayonnement solaire ou énergie chimique). On estime que 99 % des bactéries dans la nature existent sous forme de biofilms. Pour en savoir plus sur les interactions qui permettent à ces organismes de se constituer en biofilms, voyez l'**encadré 3.1**.

La taille, la forme et le groupement des cellules bactériennes

▶ Objectif d'apprentissage

3-2 Reconnaître les trois principales formes de la cellule bactérienne et les principaux modes de groupement des cellules bactériennes.

Il y a une très grande diversité de tailles et de formes de bactéries. La plupart d'entre elles ont de 0,2 à 2,0 μm de diamètre et de 2 à 8 μm de long. La petitesse des bactéries, par rapport à la grosseur des cellules humaines par exemple, est un élément important qui favorise leur croissance et leur multiplication si rapides. Les cellules bactériennes individuelles présentent trois formes principales : la forme sphérique des **cocci** (coccus au singulier = grain), la forme en bâtonnet des **bacilles** (= baguette) et la forme en **spirale**.

Les cocci sont habituellement ronds mais peuvent être ovales, allongés ou plats d'un côté (réniformes). Quand elles se divisent pour se reproduire, les bactéries peuvent rester attachées les unes aux autres et se présenter en groupements caractéristiques de l'espèce à laquelle elles appartiennent. Les plans suivant lesquels les bactéries se divisent déterminent le groupement des cellules. Les modes de groupement des cocci sont variés. Ainsi, les cocci qui restent groupés par paires après s'être divisés sont appelés **diplocoques** ; ceux qui forment des chaînettes sont appelés **streptocoques** (**figure 3.1a**). Ceux qui se divisent sur deux plans et constituent des groupements de quatre cellules portent le nom de **tétrades** (**figure 3.1b**). Ceux qui se divisent sur trois plans et restent

La vie sociale des bactéries... un terrain glissant !

En se multipliant, les bactéries restent souvent assemblées et forment des communautés, appelées *biofilms*, qui s'accrochent aux pierres, aux aliments, à la paroi intérieure des canalisations et aux implants utilisés en médecine. Les cellules bactériennes interagissent et se donnent une certaine organisation multicellulaire (**figure A**). Voici des exemples.

Pseudomonas æruginosa peut vivre chez l'humain sans provoquer de maladie, mais s'il parvient à produire un biofilm, il est capable d'échapper au système immunitaire de l'hôte. C'est sous cette forme qu'il colonise les poumons des personnes atteintes de fibrose kystique du pancréas, devenant ainsi une des principales causes de décès chez ces patients (**figure B**). Pour qu'un biofilm prenne naissance, il faut qu'une substance appelée *auto-inducteur* soit présente (voir plus loin). Un jour, on mettra peut-être au point un médicament qui neutralisera l'auto-inducteur.

On a découvert que l'origine d'une septicémie récurrente chez un patient était un amas de *Staphylococcus aureus* croissant sur son stimulateur cardiaque. Les bactéries résistaient à la pénicilline parce qu'elles étaient protégées par la couche visqueuse d'un biofilm (figure 1.7). Cependant, les cellules individuelles qui se détachaient du biofilm étaient sensibles à l'antibiotique. Les cellules ne se comportaient pas de la même façon selon qu'elles étaient intégrées au biofilm ou qu'elles vivaient isolément.

Les myxobactéries

On trouve les myxobactéries dans la matière organique en décomposition et dans l'eau douce, et ce, partout au monde. Bien qu'il s'agisse de bactéries, beaucoup de myxobactéries n'existent jamais sous forme de cellules individuelles. *Myxococcus xanthus* donne l'impression de chasser en meute. Dans leur milieu aquatique naturel, les cellules de *M. xanthus* forment des colonies sphériques autour de leurs proies, en l'occurrence d'autres bactéries, qu'elles attaquent en sécrétant des enzymes digestives. Elles absorbent par la suite les nutriments libérés. Sur des substrats solides, d'autres cellules myxobactériennes glissent sur la surface et y laissent des pistes visqueuses que les autres cellules empruntent. Quand la nourriture est rare, les cellules forment des agrégats. Certaines d'entre elles se différencient en une fructification qui comprend une tige visqueuse et des amas de spores comme celle de la **figure C**.

Figure A *Pænibacillus.* Les bactéries quittent la colonie mère par petits groupes. En peu de temps, elles se mettent toutes en mouvement pour créer la colonie en spirale qu'on aperçoit ici.

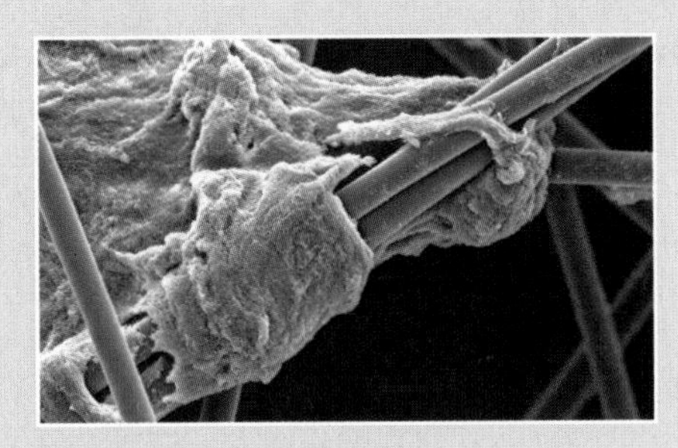

Figure B Biofilm de *Pseudomonas æruginosa*

Vibrio

Vibrio fischeri est une bactérie bioluminescente qui vit dans les organes spécialisés de certains poissons et calmars capables d'émettre de la lumière. À l'état libre, les bactéries sont dispersées et ne sont pas lumineuses. Lorsqu'elles habitent leur hôte, avec lequel elles sont en symbiose, leur concentration est très élevée et chaque cellule se met à synthétiser de la luciférase, une enzyme faisant partie de la voie métabolique à l'origine de la luminescence.

Figure C Fructification d'une myxobactérie

Comment les bactéries vivent en société

Lorsqu'une agglomération de bactéries atteint une densité critique, l'expression de certains gènes bactériens se modifie, par suite d'un phénomène appelé *détection du quorum*. Dans une assemblée, le quorum est le nombre minimum de membres qui doivent être présents pour que les décisions aient force de loi. Les bactéries qui détectent un quorum sont capables de communiquer entre elles et de coordonner leur comportement. Elles produisent et libèrent alors un messager chimique appelé *auto-inducteur*. En diffusant dans le milieu, celui-ci attire d'autres cellules bactériennes qui se mettent elles aussi à en produire. La concentration de l'auto-inducteur augmente au fur et à mesure que le nombre de bactéries croît, ce qui fait venir davantage de cellules et donne encore plus de messager.

attachés en groupements cubiques de huit cellules s'appellent **sarcines** (**figure 3.1c**). Ceux qui se divisent dans de nombreuses directions et forment des grappes sont appelés **staphylocoques** (**figure 3.1d**). Ces groupements sont une caractéristique qui facilite souvent l'identification de certains cocci.

La division des bacilles s'effectue dans un seul plan, de part et d'autre du petit axe transversal. En conséquence, on observe moins de groupements de bacilles que de groupements de cocci. La plupart des bacilles sont des bâtonnets simples (**figure 3.2a**). Les **diplobacilles** restent par paires après leur division (**figure 3.2b**) et les **streptobacilles** forment des chaînettes (**figure 3.2c**). Certains bacilles ressemblent à des pailles. D'autres ont les extrémités effilées, comme des cigares. D'autres encore sont ovales et ont une apparence tellement semblable à celle des cocci qu'on les appelle **coccobacilles** (**figure 3.2d**).

Il ne faut pas confondre les termes « bacilles » et « *Bacillus* ». Le premier désigne des bactéries d'une forme particulière ; le second, qui porte toujours la majuscule et est écrit en italique, est le nom d'un genre de bactéries. Par exemple, on dira : « *Bacillus anthracis* est l'agent causal de l'anthrax, ou maladie du charbon », mais « Les bacilles sont des cellules qui forment souvent de longues chaînes enlacées » (**figure 3.3**).

Les bactéries spiralées présentent une ou plusieurs courbes ; elles ne sont jamais droites. Celles qui ont la forme d'un bâtonnet incurvé et qui ressemblent à des virgules s'appellent **vibrions** (**figure 3.4a**). D'autres, appelées **spirilles**, ont une forme hélicoïdale, comme un tire-bouchon, et un corps passablement rigide (**figure 3.4b**). Un troisième groupe est caractérisé par une forme flexible en hélice ; ce sont les **spirochètes** (**figure 3.4c**). Contrairement aux spirilles, qui se déplacent à l'aide d'appendices externes en forme de fouet appelés *flagelles*, les spirochètes avancent au moyen de filaments axiaux, qui ressemblent à des flagelles mais sont contenus dans une gaine externe flexible, nommée *endoflagelle*.

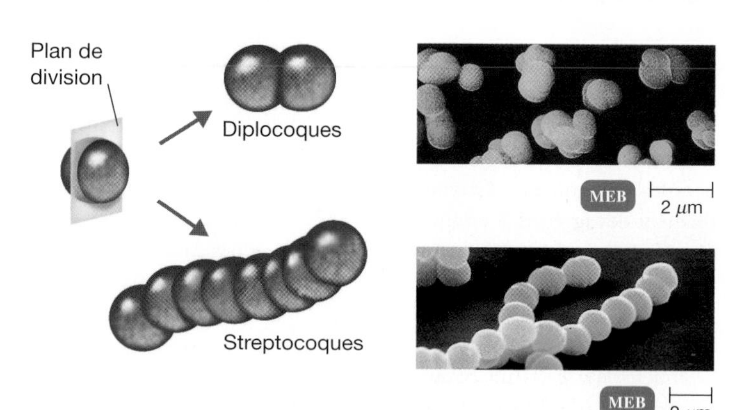

a) La division dans un même plan produit des diplocoques et des streptocoques.

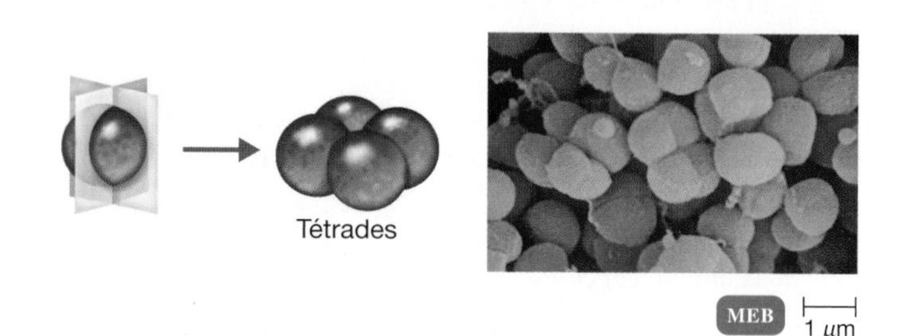

b) La division sur deux plans produit des tétrades.

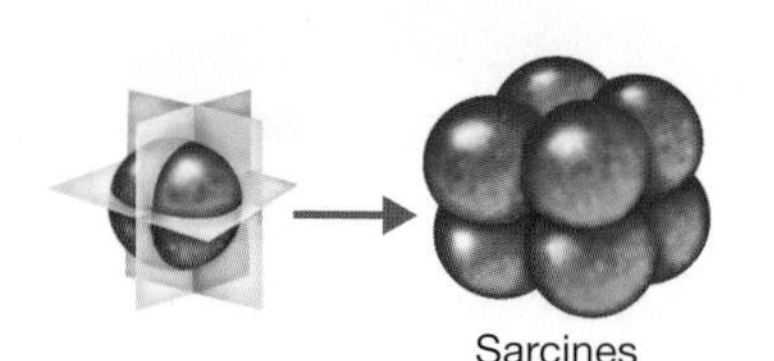

c) La division sur trois plans produit des sarcines.

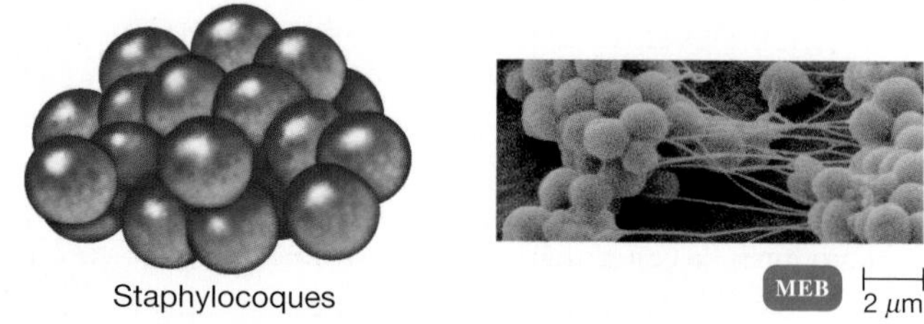

d) La division dans de nombreuses directions produit des staphylocoques.

Figure 3.1 Groupements de cocci.

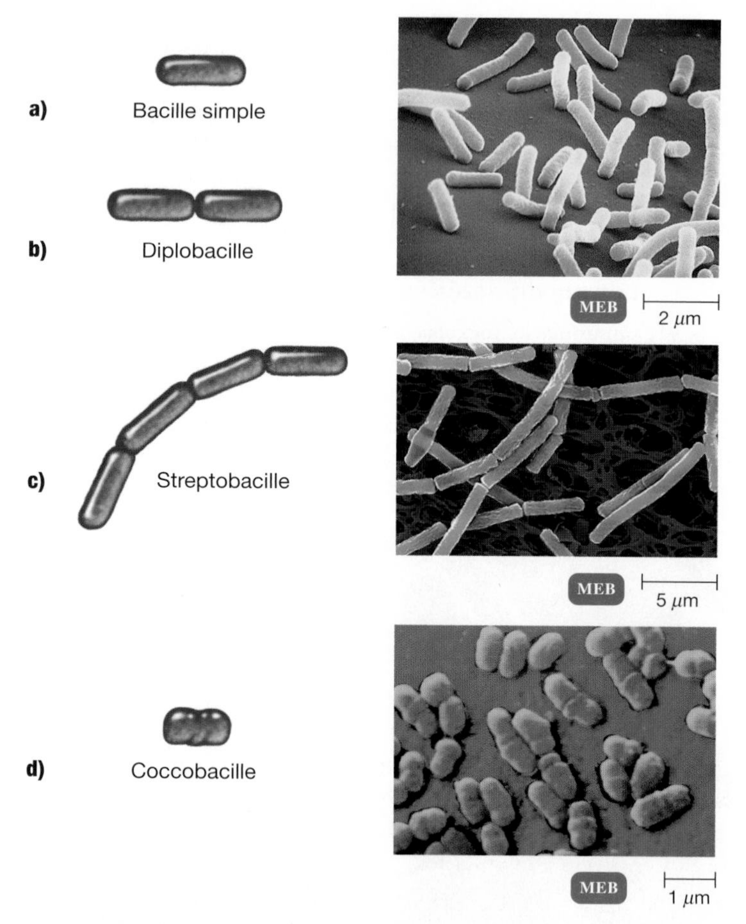

Figure 3.2 **Bacilles. a)** Bacilles simples. **b)** Diplobacilles, représentés par quelques paires de bacilles reliés, dans la partie supérieure de la micrographie. **c)** Streptobacilles. **d)** Coccobacilles.

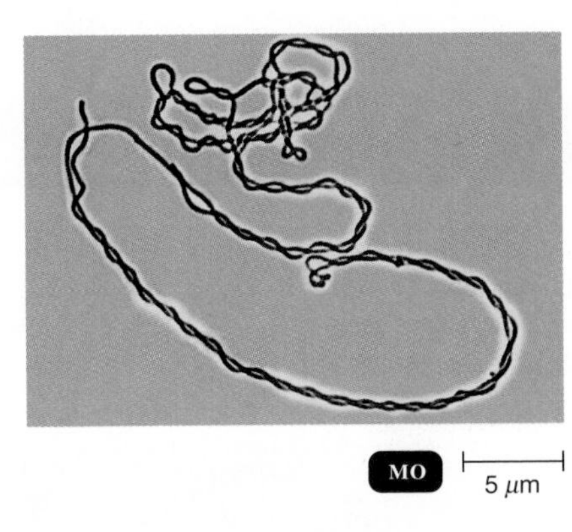

Figure 3.3 Chaînettes de *Bacillus subtilis* enlacées en double hélice.

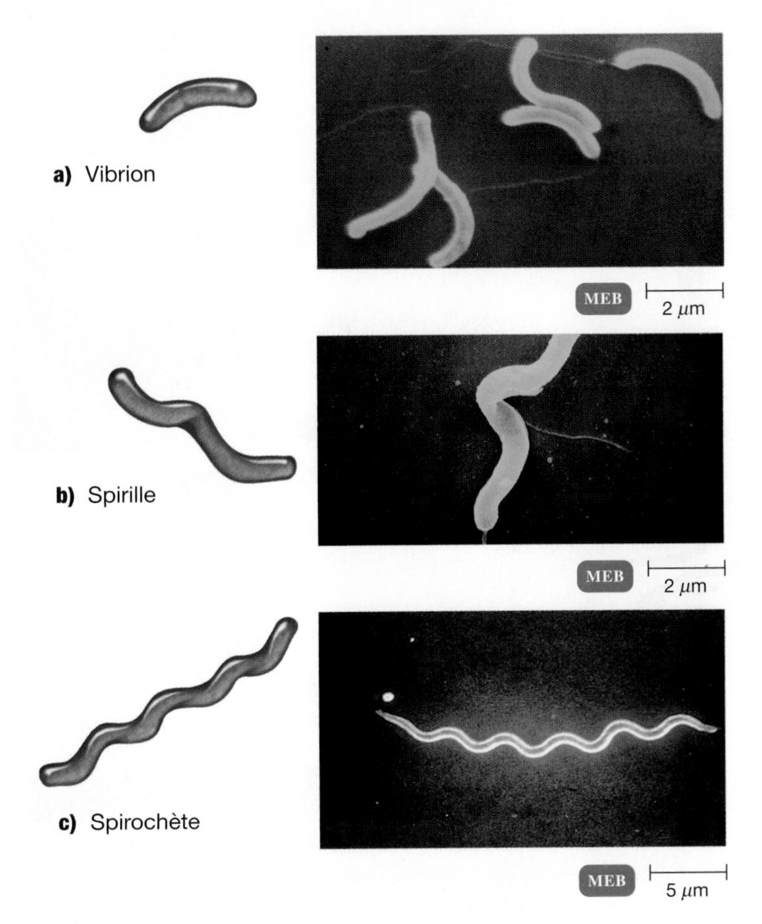

Figure 3.4 Bactéries spiralées.

Outre les trois principales formes, on trouve aussi des cellules en étoile (genre *Stella*), des cellules plates et rectangulaires (archéobactéries halophiles) du genre *Haloarcula* (**figure 3.5a** et **b**), ainsi que des cellules triangulaires.

Les formes des bactéries sont déterminées par l'hérédité. La plupart des bactéries sont **monomorphes** sur le plan génétique, c'est-à-dire qu'elles conservent toujours la même forme. Toutefois, certaines conditions du milieu peuvent altérer cette forme. Dans ce cas, l'identification est plus difficile. Par ailleurs, certaines bactéries,

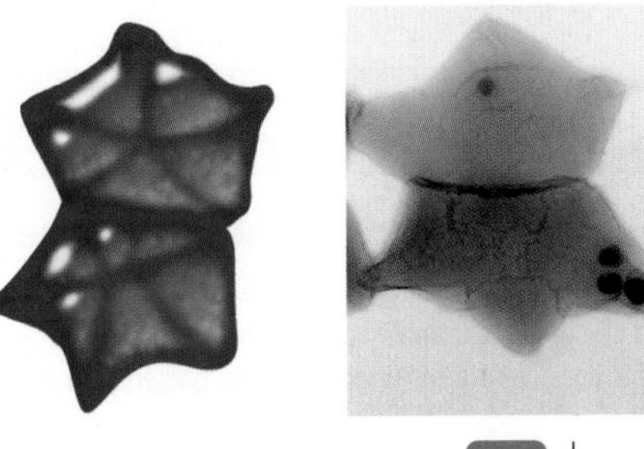

a) Bactéries en forme d'étoile. *Stella* (cellules en forme d'étoile).

b) Bactéries rectangulaires. *Haloarcula,* sorte d'archéobactérie halophile (cellules rectangulaires).

Figure 3.5 Procaryotes rectangulaires et procaryotes en forme d'étoile.

telles que *Rhizobium* et *Corynebacterium*, sont génétiquement **pléomorphes**, ce qui signifie qu'elles peuvent se présenter sous plusieurs formes plutôt que sous une seule.

La structure de la cellule procaryote typique est représentée à la **figure 3.6**. Nous en examinons les composantes dans l'ordre suivant : 1) structures à l'extérieur de la paroi cellulaire, 2) paroi cellulaire, et 3) structures à l'intérieur de la paroi cellulaire.

▶ Vérifiez vos acquis

Quel(s) critère(s) vous permettraient d'identifier des streptocoques au microscope ? **3-2**

Les structures à l'extérieur de la paroi cellulaire

▶ Objectifs d'apprentissage

3-3 Décrire la structure et la fonction du glycocalyx, des flagelles, des filaments axiaux, des fimbriæ et des pili.

3-4 Décrire les rôles importants que jouent les structures suivantes dans la virulence des bactéries : glycocalyx, flagelles et filaments axiaux, fimbriæ et pili.

Parmi les structures situées à l'extérieur de la paroi cellulaire procaryote, on trouve le glycocalyx, les flagelles, les filaments axiaux, les fimbriæ et les pili.

Figure 3.6

Schéma guide

Cellule procaryote et principales structures

Cette cellule procaryote montre des structures typiques qui peuvent se trouver dans les bactéries. Chacune des structures indiquées sera discutée dans ce chapitre. Comme nous le verrons ultérieurement, certaines de ces structures contribuent à la virulence bactérienne, jouent un rôle comme critères d'identification bactérienne et sont des cibles sur lesquelles agissent des agents antimicrobiens.

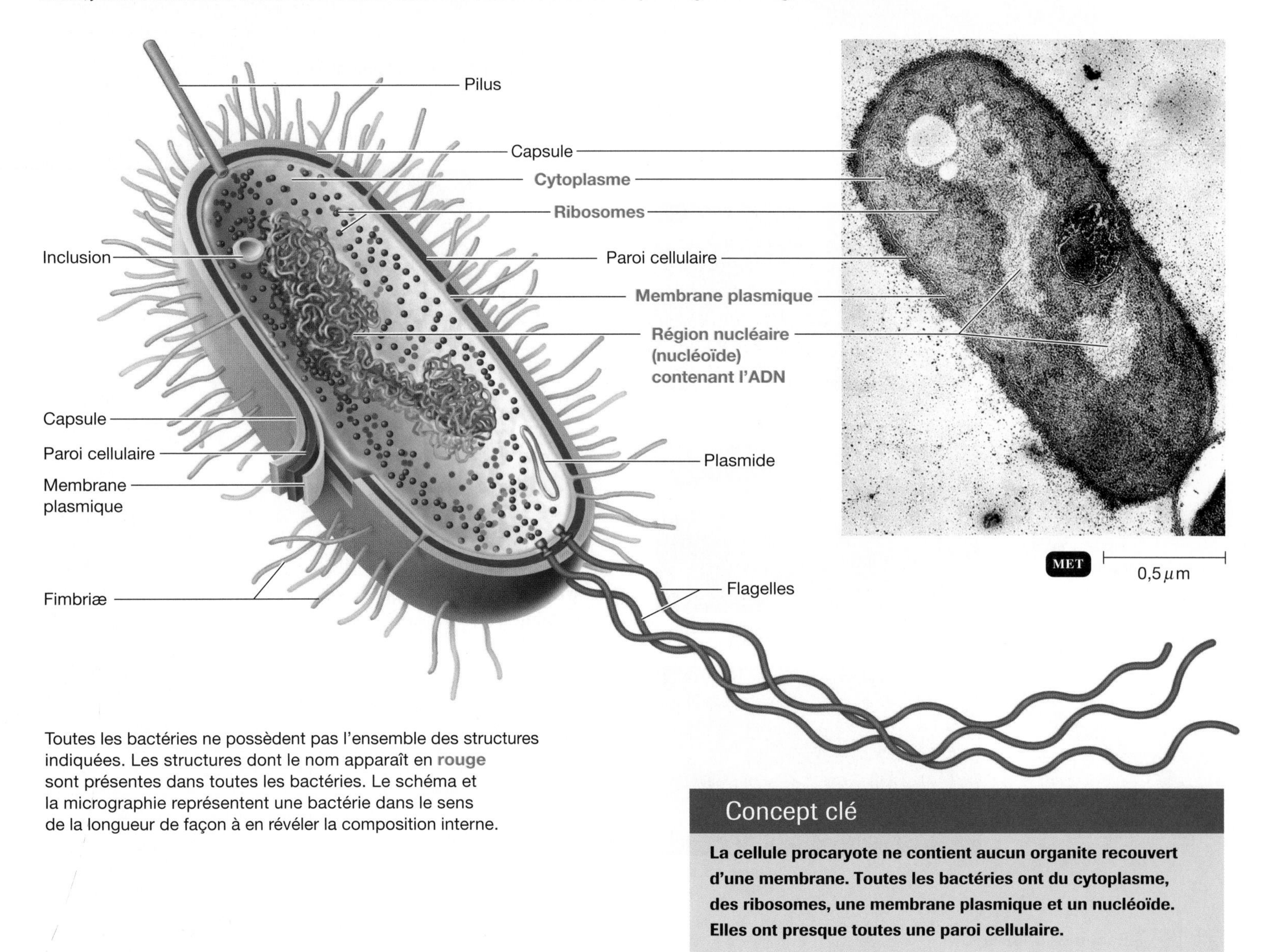

Toutes les bactéries ne possèdent pas l'ensemble des structures indiquées. Les structures dont le nom apparaît en **rouge** sont présentes dans toutes les bactéries. Le schéma et la micrographie représentent une bactérie dans le sens de la longueur de façon à en révéler la composition interne.

Concept clé

La cellule procaryote ne contient aucun organite recouvert d'une membrane. Toutes les bactéries ont du cytoplasme, des ribosomes, une membrane plasmique et un nucléoïde. Elles ont presque toutes une paroi cellulaire.

Le glycocalyx

Le **glycocalyx** est le terme générique employé pour désigner les substances qui enveloppent les cellules. Le glycocalyx bactérien est un polymère gélatineux et visqueux, situé à l'extérieur de la paroi cellulaire et composé de polysaccharides, de polypeptides ou des deux. Sa composition chimique diffère énormément d'une espèce à l'autre. En règle générale, il est produit à l'intérieur de la cellule et excrété à sa surface. Si la substance est organisée et solidement fixée à la paroi, le glycocalyx porte le nom de **capsule**.

On peut révéler la présence d'une capsule au moyen de la coloration négative, dont nous avons décrit la technique au chapitre 2 (tableau 2.3). Si la substance est moins bien organisée et associée de façon lâche à la paroi, le glycocalyx est nommé **couche visqueuse**.

Chez certaines espèces, la capsule joue un rôle important dans la virulence de la bactérie – sa capacité à causer la maladie. La capsule protège souvent les bactéries pathogènes contre la phagocytose par les cellules de l'hôte (comme nous le verrons plus tard, la phagocytose consiste en l'ingestion et en la digestion de microbes et d'autres particules). C'est le cas de *Bacillus anthracis*, qui produit une capsule composée d'acide D-glutamique. Or, les acides aminés de forme D sont rares (chapitre 22 EN LIGNE). Les cellules phagocytaires ne peuvent digérer que des molécules de forme L, ce qui expliquerait la résistance de cette capsule à la phagocytose. Puisque seuls les *B. anthracis* capsulés causent l'anthrax (chapitre 18), on croit que le rôle de la capsule est de prévenir la destruction de ces bactéries par phagocytose.

Mentionnons aussi *Streptococcus pneumoniæ*, qui cause la pneumonie seulement quand ses cellules sont protégées par une capsule composée de polysaccharides. Lorsqu'il est dépourvu de sa capsule, *S. pneumoniæ* est incapable de provoquer la maladie et est facilement phagocyté. La capsule de polysaccharides de *Klebsiella* prévient aussi la phagocytose ; de plus, elle permet à la bactérie d'adhérer aux voies respiratoires, étape préalable à l'infection.

Le glycocalyx est un composant important des biofilms (chapitre 4). Lorsqu'il permet aux cellules bactériennes d'adhérer les unes aux autres et de se fixer à une surface cible, on l'appelle **polymère extracellulaire (PEC)**. Le PEC protège les bactéries qu'il abrite, facilite la communication entre elles et leur donne la capacité de se fixer à diverses surfaces dans leur environnement naturel afin d'assurer leur survie. De cette façon, les bactéries peuvent croître sur diverses surfaces telles que les pierres dans les cours d'eau rapides, les racines des plantes, les dents humaines, les implants chirurgicaux, les conduites d'eau et les filtres des humidificateurs et, même, sur d'autres bactéries. Par exemple, *Streptococcus mutans*, qui cause souvent des caries dentaires, se fixe à la surface des dents par un glycocalyx. Cette bactérie peut même utiliser sa capsule comme source de nourriture. Quand les réserves d'énergie sont basses, elle dégrade la capsule et en tire les sucres. *Vibrio choleræ*, agent causal du choléra, produit un glycocalyx qui favorise son attachement aux cellules de la muqueuse de l'intestin grêle. Le glycocalyx peut protéger la bactérie contre la déshydratation. De plus, il est possible que sa viscosité inhibe la fuite des nutriments de la cellule. Nous reparlerons de l'importance et du rôle de la capsule dans la virulence bactérienne au chapitre 10, où nous traiterons des différents mécanismes de pathogénicité microbienne.

Les flagelles

Certaines cellules procaryotes ont des **flagelles** (= fouet), dont dépend leur **mobilité**. Il s'agit de minces et longs appendices filamenteux qui leur permettent de se déplacer par elles-mêmes (**figure 3.7**). Les bactéries sans flagelles sont appelées **bactéries atriches**.

L'arrangement des flagelles bactériens peut être **péritriche** (des flagelles répartis sur toute la surface de la cellule ; figure 3.7a)

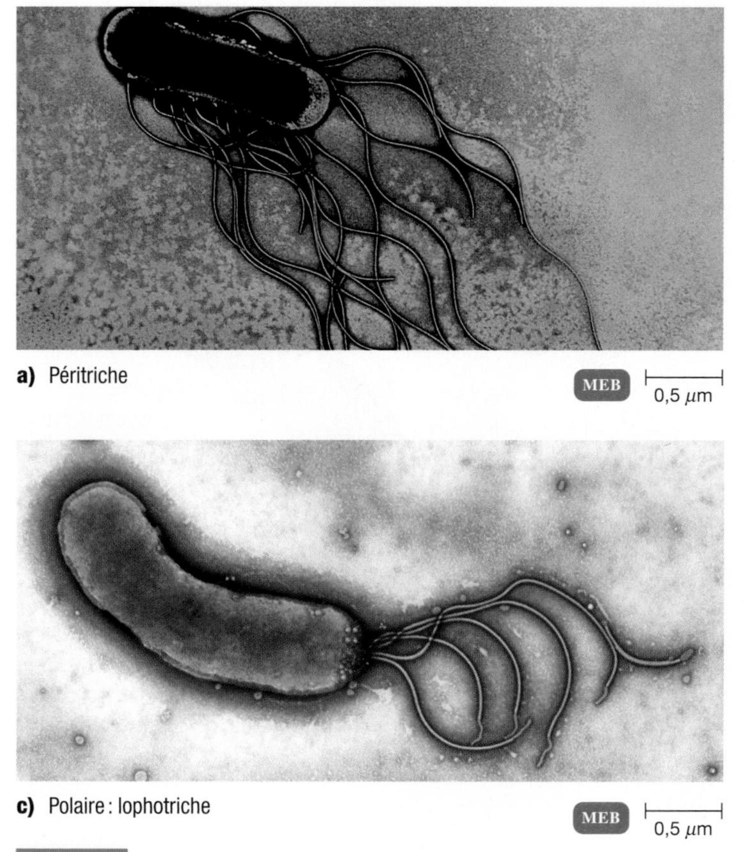

a) Péritriche

c) Polaire : lophotriche

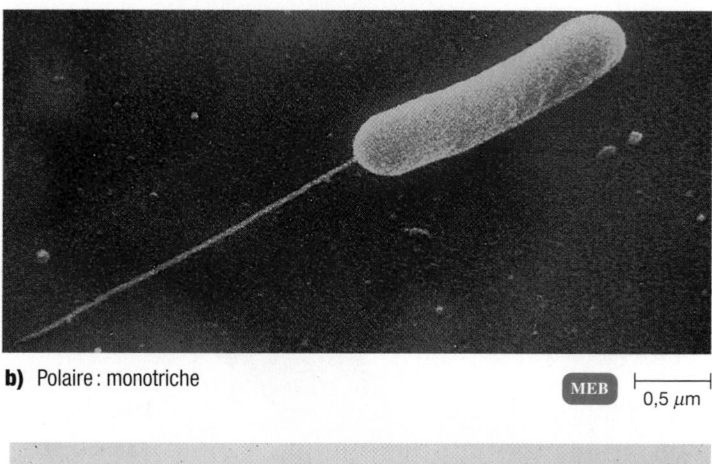

b) Polaire : monotriche

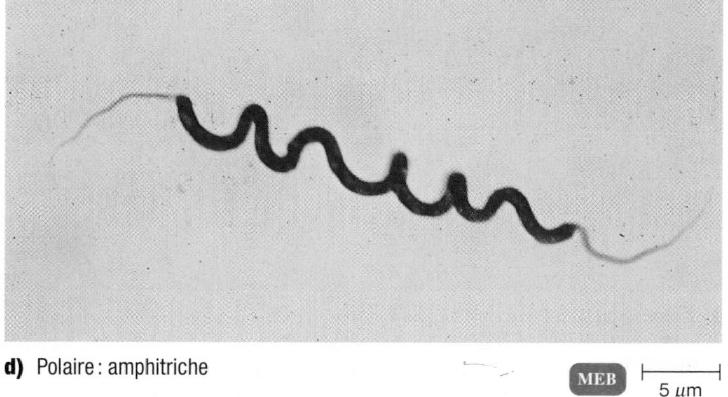

d) Polaire : amphitriche

Figure 3.7 **Modes d'insertion des flagelles bactériens.**

ou **polaire** (à l'un ou aux deux pôles, ou extrémités, de la cellule). L'arrangement polaire présente trois types différents : **monotriche** (un seul flagelle polaire ; figure 3.7b), **lophotriche** (deux ou plusieurs flagelles à une extrémité de la cellule ; figure 3.7c) ou **amphitriche** (un ou plusieurs flagelles aux deux extrémités de la cellule ; figure 3.7d).

Le flagelle comprend trois parties principales (**figure 3.8**). Le *filament* est la partie visible, qui s'étend à partir de la surface de la bactérie. C'est un long segment de diamètre constant, en forme de cylindre creux et composé de *flagelline*, une protéine globulaire (plus ou moins sphérique). Chez la plupart des bactéries, les filaments ne sont pas recouverts d'une membrane, ou gaine, comme dans le cas des filaments des cellules eucaryotes. Le filament est fixé à un *crochet* un peu plus large, constitué d'une protéine différente. La troisième partie du flagelle est le *corpuscule basal*, qui ancre la structure dans la paroi cellulaire et la membrane plasmique.

Le corpuscule basal est composé d'une petite tige centrale insérée dans une série d'anneaux. Les bactéries à Gram négatif contiennent deux paires d'anneaux ; la paire externe est ancrée à différentes parties de la paroi cellulaire et la paire interne, à la membrane plasmique. Chez les bactéries à Gram positif, seule la paire interne est présente. Nous verrons plus loin que les flagelles (et les cils) des cellules eucaryotes sont plus complexes que ceux des cellules procaryotes.

Chaque flagelle des cellules procaryotes est une structure hélicoïdale semi-rigide qui fait avancer la cellule en tournant sur elle-même à partir du corpuscule basal (flèches bleues dans la figure 3.8). Sa rotation s'effectue autour de son grand axe dans le sens des aiguilles d'une montre ou dans le sens inverse. (Par contraste, le flagelle des cellules eucaryotes a un mouvement ondulatoire.) Le mouvement du flagelle des cellules procaryotes résulte de la rotation du corpuscule basal et ressemble à celui de l'arbre d'un moteur électrique. En tournant, les flagelles s'assemblent en un faisceau qui pousse contre le liquide environnant et propulse la bactérie. Le fonctionnement de ce « moteur » biologique repose sur la production continuelle d'énergie par la bactérie. Les cellules bactériennes peuvent modifier la vitesse et le sens de rotation de leurs flagelles. Quand une bactérie avance dans le même sens pendant un certain temps, le mouvement s'appelle « course » ou « nage ». Les nages sont interrompues périodiquement par des changements de direction abrupts et aléatoires appelés *culbutes*. Les culbutes sont causées par un renversement de la rotation des flagelles et sont suivies par une nouvelle nage.

Un des avantages de la mobilité est de permettre à la bactérie de se diriger vers un environnement favorable ou de fuir de mauvaises conditions. La réaction d'une bactérie qui la pousse à se rapprocher ou à s'éloigner d'un stimulus particulier s'appelle **tactisme**. Les stimuli peuvent être de nature chimique (**chimiotactisme**) ou lumineuse (**phototactisme**). Les bactéries mobiles possèdent des récepteurs à divers endroits, tels que dans la paroi cellulaire ou juste au-dessous. Ces récepteurs captent les stimuli chimiques, tels que l'oxygène, le ribose et le galactose. L'information communiquée par le stimulus est transmise aux flagelles. Dans le cas d'un signal chimiotactique positif, dit *attractif*, les bactéries se dirigent

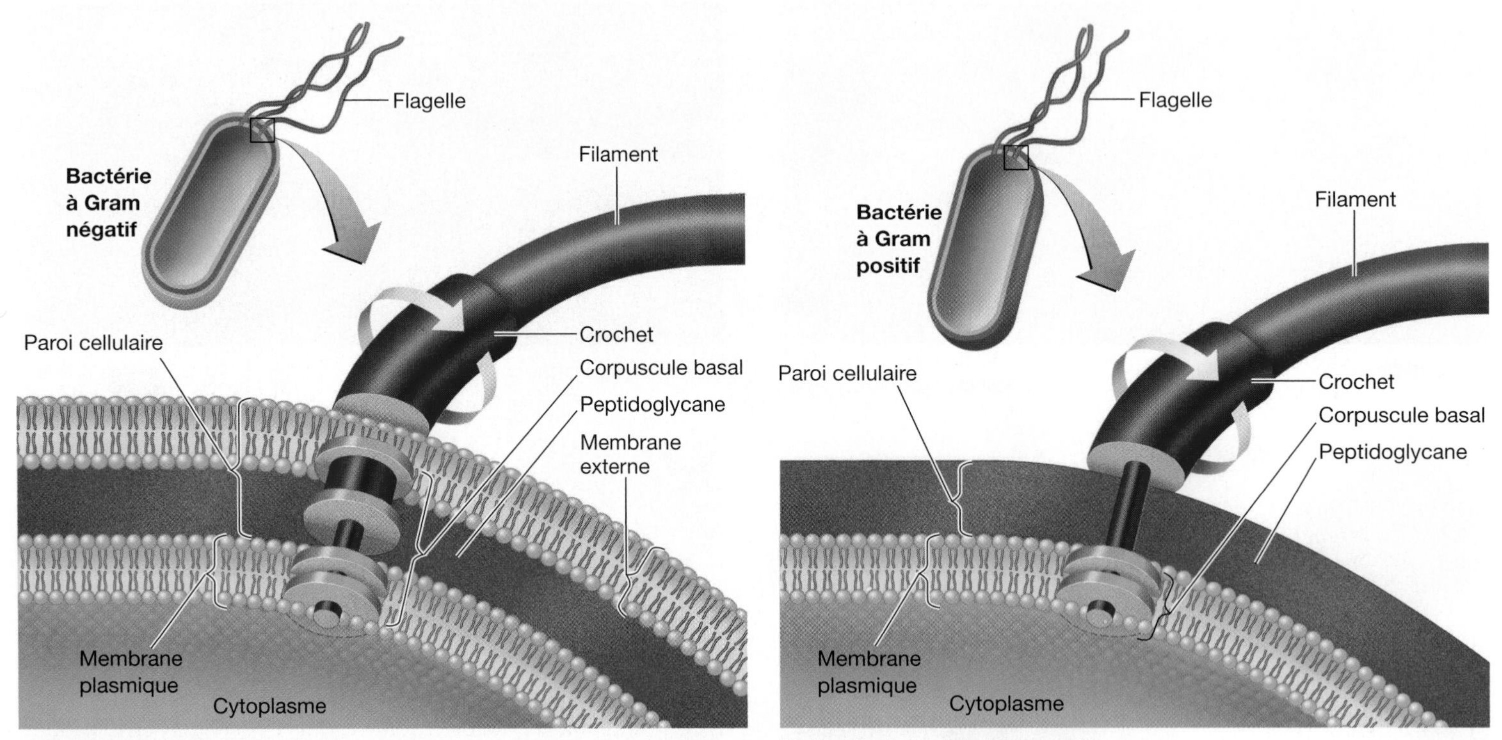

a) Flagelle de bactérie à Gram négatif

b) Flagelle de bactérie à Gram positif

Figure 3.8 **Structure d'un flagelle procaryote.** Les parties et l'insertion d'un flagelle de bactérie à Gram négatif et d'un flagelle de bactérie à Gram positif sont représentées de façon très schématique. Notez que la flèche bleue indique le sens de la rotation flagellaire.

vers le stimulus en faisant de nombreuses nages et peu de culbutes. Dans le cas d'un signal chimiotactique négatif, dit *répulsif*, la fuite des bactéries s'accompagne de culbutes fréquentes.

On peut identifier certaines bactéries pathogènes grâce à leurs protéines flagellaires. La protéine flagellaire appelée **antigène H** permet de distinguer les **sérotypes**, c'est-à-dire les variations au sein d'une même espèce, de bactéries flagellées à Gram négatif. Par exemple, il y a au moins 50 antigènes H différents chez la bactérie *Escherichia coli*. Les sérotypes *E. coli* O157:H7 sont associés aux épidémies qui se propagent par les aliments, par exemple la maladie du hamburger.

Les filaments axiaux

Les spirochètes sont un groupe de bactéries dont la structure et la mobilité sont uniques. Un des spirochètes les mieux connus est *Treponema pallidum*, qui cause la syphilis. Un autre est *Borrelia burgdorferi*, qui cause la maladie de Lyme. Ces bactéries se déplacent au moyen de **filaments axiaux**, ou **endoflagelles**. Il s'agit de faisceaux de fibrilles qui prennent naissance aux extrémités de la bactérie sous une gaine externe et qui forment une spirale autour du corps de la cellule (figure 3.9).

Les filaments axiaux, qui sont amarrés à une extrémité du spirochète, ont une structure semblable à celle des flagelles. La rotation des filaments imprime à la gaine externe un mouvement qui fait vriller la bactérie et lui permet d'avancer. Ce type de mouvement ressemble à celui d'un tire-bouchon qui se fraie un chemin dans le liège. Il permet probablement aux bactéries telles que *T. pallidum* de se déplacer efficacement dans les liquides organiques, ce qui contribue à la virulence du microbe.

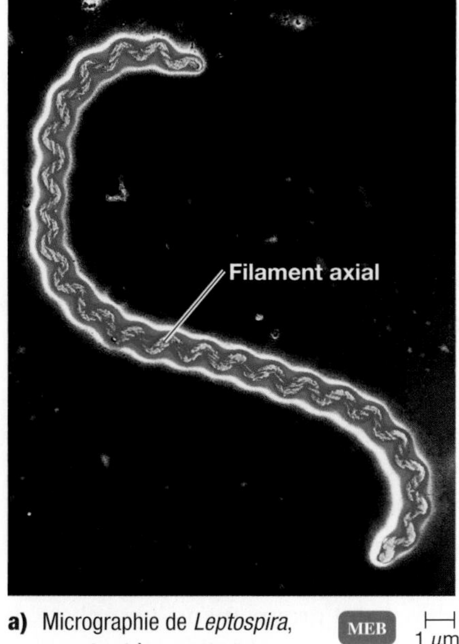

a) Micrographie de *Leptospira*, un spirochète, mettant en évidence un filament axial

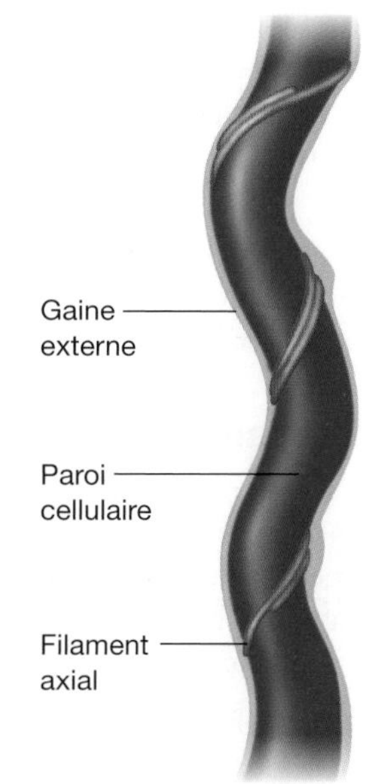

b) Diagramme de filaments axiaux s'enroulant autour d'une partie d'un spirochète

Figure 3.9 Filaments axiaux.

Les fimbriæ et les pili

Beaucoup de bactéries à Gram négatif possèdent des appendices filiformes qui sont plus courts, plus droits et plus minces que les flagelles et qui servent plutôt à fixer la bactérie qu'à la faire avancer. Ces structures, constituées d'une protéine appelée *piline*, sont de deux types, les fimbriæ et les pili, qui ont des fonctions très différentes. (Contrairement à certains microbiologistes qui utilisent indifféremment les deux termes pour désigner toutes les structures de ce type, nous employons ces deux mots dans des sens distincts.)

Les **fimbriæ** (fimbria au singulier) émergent des pôles de la cellule bactérienne ou sont uniformément distribuées sur toute sa surface. Leur nombre peut varier de quelques-unes à plusieurs centaines par cellule (figure 3.10). Les fimbriæ ont tendance à adhérer les unes aux autres et aux surfaces avec lesquelles elles entrent en contact. C'est ainsi qu'elles participent à la formation des biofilms et à divers regroupements de microorganismes sur les liquides, le verre ou les pierres. Elles permettent aussi aux bactéries d'adhérer aux cellules épithéliales à l'intérieur du corps. Voici deux exemples : les fimbriæ de *Neisseria gonorrhϾ*, bactérie qui cause la blennorragie, facilitent l'adhérence du microbe aux muqueuses, étape préalable au développement de la maladie ; les fimbriæ d'*E. coli* O157 rendent cette bactérie capable d'adhérer à la muqueuse de l'intestin grêle et d'y causer une diarrhée grave. Quand il n'y a pas de fimbriæ (par suite d'une mutation génique), l'implantation n'a pas lieu et la maladie ne se manifeste pas. Nous traiterons des fimbriæ plus en détail au chapitre 10, dans l'étude de la virulence bactérienne.

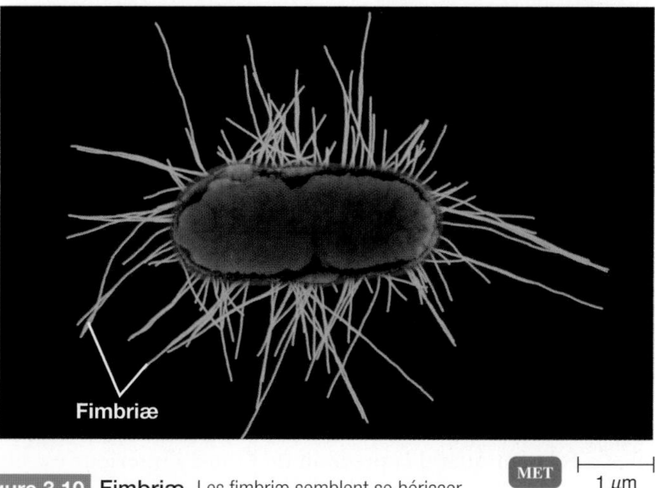

Figure 3.10 Fimbriæ. Les fimbriæ semblent se hérisser à la surface de cette cellule d'*E. coli*, qui commence à se diviser.

Les **pili** (pilus au singulier) sont généralement plus longs que les fimbriæ et leur nombre ne dépasse pas un ou deux par cellule. Ils confèrent une certaine mobilité aux organismes et participent au transfert d'ADN. Ils sont à l'origine de la **motilité par secousses**, un type particulier de locomotion au cours duquel un pilus s'allonge par l'addition de sous-unités de piline, se fixe à une surface ou à une autre cellule, puis se rétracte en retirant des sous-unités de piline. Cette forme de motilité, appelée *modèle du grappin*, se manifeste par une succession de mouvements courts et saccadés. On l'observe chez *Pseudomonas æruginosa*, *Neisseria gonorrhϾ* et certaines souches d'*E. coli*. Les pili sont à l'origine d'un second type de locomotion, appelé **motilité par glissements continus**, qui caractérise les déplacements tout en douceur des myxobactéries. On ignore le mécanisme exact de cette motilité chez la plupart des myxobactéries, mais on sait que certaines d'entre elles procèdent par rétraction de leur pilus. Les microbes peuvent ainsi se déplacer dans des environnements pauvres en eau, tels que le sol et les biofilms.

Certains pili, appelés **pili de conjugaison**, ou **pili sexuels**, permettent aux bactéries de s'unir et de s'échanger de l'ADN (chapitre 24 EN LIGNE). Au cours de la conjugaison, une cellule bactérienne, dite F^+, fixe son pilus au récepteur de surface d'une autre bactérie, qui peut être ou non de la même espèce, et lui transfère de l'ADN. La cellule réceptrice peut acquérir de cette façon une nouvelle fonction, telle que la résistance à un antibiotique ou la capacité de mieux digérer les nutriments de son milieu.

▶ Vérifiez vos acquis

Différencier les flagelles, les fimbriæ et les pili. **3-3**

Quelle structure permet le mouvement des bactéries? l'adhérence des bactéries à des cellules? **3-3**

Comment le glycocalyx participe-t-il à la virulence bactérienne? **3-4**

La paroi cellulaire

▶ Objectifs d'apprentissage

3-5 Comparer la composition des parois cellulaires des bactéries à Gram positif, des bactéries à Gram négatif, des bactéries acido-alcoolo-résistantes, des archéobactéries et des mycoplasmes.

3-6 Décrire les fonctions de la paroi cellulaire des bactéries et les rôles importants que joue la paroi cellulaire dans la virulence des bactéries.

3-7 Distinguer les protoplastes, les sphéroplastes et les formes L.

La **paroi cellulaire** de la bactérie est une structure semi-rigide complexe, qui donne sa forme à la cellule; elle protège la fragile membrane plasmique (cytoplasmique) sous-jacente. Presque toutes les cellules procaryotes ont une paroi cellulaire (figure 3.6).

La principale fonction de la paroi cellulaire est de protéger la bactérie et son milieu intérieur contre les variations défavorables de l'environnement; par exemple, elle empêche que les cellules bactériennes n'éclatent quand la pression de l'eau à l'intérieur est supérieure à celle de l'environnement. Elle contribue aussi à maintenir la forme de la bactérie et sert de point d'ancrage pour les flagelles. Sa superficie et celle de la membrane plasmique s'accroissent au besoin, au fur et à mesure que le volume de la bactérie augmente. Au point de vue médical, la paroi cellulaire est importante parce que, chez certaines espèces, elle présente des composants qui peuvent augmenter le pouvoir pathogène de la bactérie, c'est-à-dire la capacité de cette dernière à causer une maladie; par ailleurs, la paroi cellulaire peut être la cible de certains antibiotiques utilisés pour détruire les bactéries. En laboratoire clinique, la composition chimique de la paroi cellulaire permet de distinguer les types de bactéries.

Bien que les cellules de certains eucaryotes, dont les plantes, les algues et les mycètes, possèdent des parois cellulaires, leurs parois sont différentes de celles des procaryotes au point de vue chimique; leur structure chimique est aussi plus simple et elles sont moins rigides.

Composition et caractéristiques

La paroi cellulaire bactérienne est composée d'un réseau macromoléculaire, le **peptidoglycane** (aussi appelé *muréine*), qui est présent seul ou associé à d'autres substances. Le peptidoglycane est constitué d'un disaccharide qui se répète pour former des chaînes reliées entre elles par des polypeptides. Cet assemblage en treillis enveloppe toute la cellule et la protège. Le disaccharide est composé de monosaccharides appelés *N-acétylglucosamine* (NAG) et *acide N-acétylmuramique* (NAM) – de *murus*, mur –, qui sont apparentés au glucose (appendice E EN LIGNE).

Les divers composants du peptidoglycane sont assemblés dans la paroi cellulaire (**figure 3.11a**). Les molécules de NAM et de NAG se suivent en alternance pour former des rangées de 10 à 65 sucres qui constituent un «squelette» glucidique (la partie glycane du peptidoglycane). Les rangées adjacentes sont reliées par des **polypeptides** (la partie peptide du peptidoglycane). La structure du lien polypeptidique varie, mais elle comprend toujours un *tétrapeptide latéral*, composé de quatre acides aminés reliés aux NAM du squelette. Ces courtes chaînes sont formées d'une alternance d'isomères D et d'isomères L (figure 22.13 EN LIGNE), ce qui est particulier au monde bactérien parce que les acides aminés des autres protéines sont de la forme L. Les tétrapeptides parallèles peuvent être liés directement les uns aux autres ou au moyen d'un *pont interpeptidique*, constitué d'une petite chaîne d'acides aminés.

En microbiologie médicale, la lutte contre les microbes est constante. Étant donné que la paroi cellulaire est essentielle à la bactérie, toute action qui perturbe l'intégrité de sa structure va porter préjudice à la bactérie et finira par provoquer sa destruction. Par exemple, la pénicilline perturbe les liens entre les rangées de peptidoglycane et les ponts interpeptidiques (figure 3.11a). En conséquence, la paroi cellulaire se trouve très affaiblie et, comme elle ne peut plus protéger la bactérie, cette dernière est soumise à la **lyse**, c'est-à-dire qu'elle est détruite par suite de la rupture de sa membrane plasmique et de la perte de son cytoplasme.

Nous avons vu que, en laboratoire, la coloration de Gram permet de distinguer deux types de bactéries selon l'affinité particulière de la paroi pour les colorants, soit les bactéries à Gram positif et les bactéries à Gram négatif (figure 2.7).

Les parois cellulaires à Gram positif

Chez la plupart des bactéries à Gram positif, la paroi cellulaire est composée de multiples couches de peptidoglycane, qui forment une structure homogène, épaisse et rigide (**figure 3.11b**). Par comparaison, la paroi des bactéries à Gram négatif contient seulement une mince couche de peptidoglycane (**figure 3.11c**).

De plus, la paroi cellulaire des bactéries à Gram positif contient des *acides teichoïques*, qui sont formés principalement de polymères de glycérol ou de ribitol reliés à des groupements phosphate. Il y a deux classes d'acides teichoïques: l'*acide teichoïque* (*de paroi*) directement fixé à la couche de peptidoglycane et l'*acide lipoteichoïque*, qui traverse la couche de peptidoglycane et se lie aux lipides de la membrane plasmique. Les acides teichoïques atteignent la surface

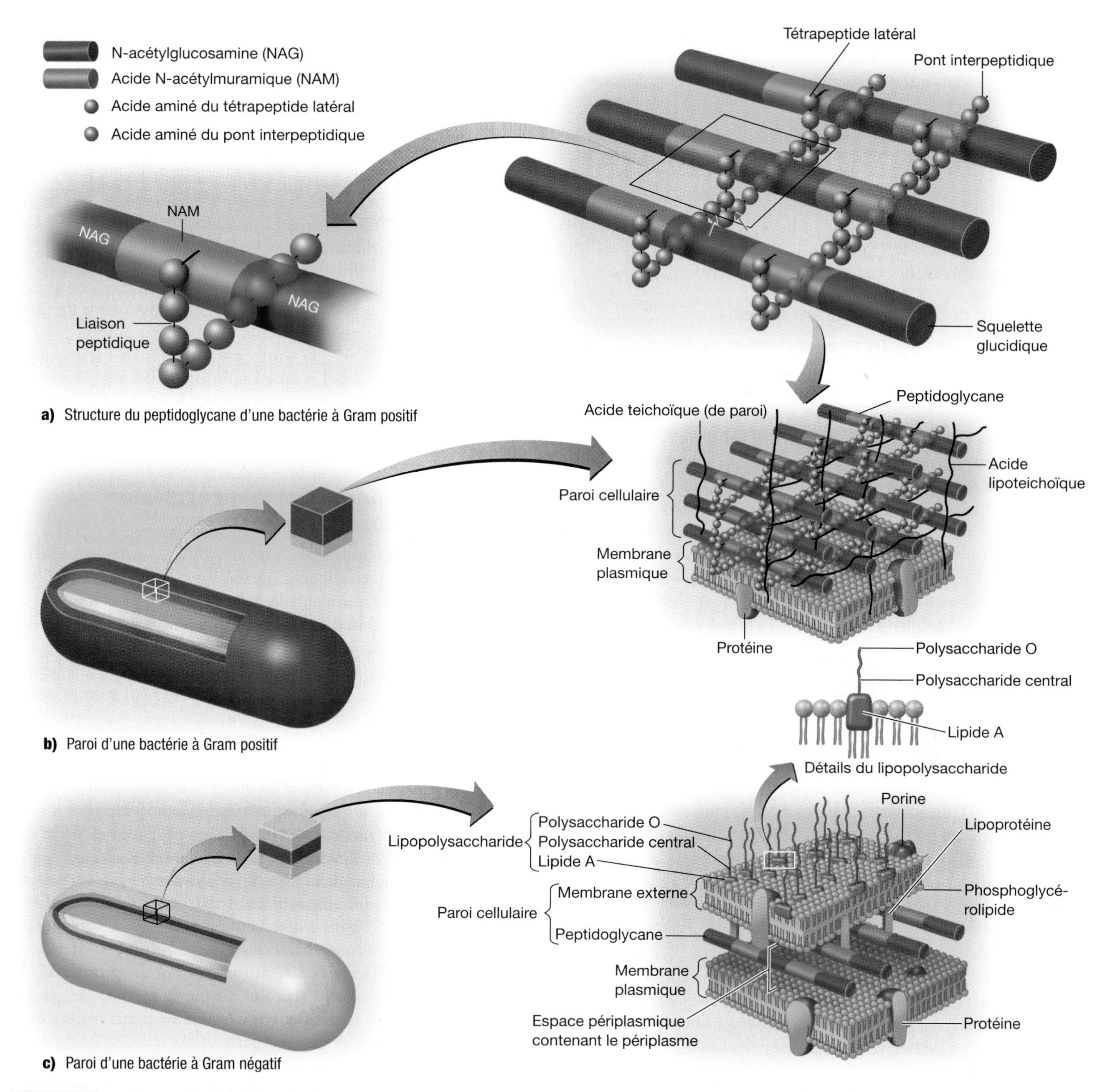

Figure 3.11 Parois cellulaires bactériennes. a) Structure du peptidoglycane d'une bactérie à Gram positif. Le squelette glucidique (partie glycane de la molécule) et le tétrapeptide latéral (partie peptidique) forment le peptidoglycane. La fréquence des ponts interpeptidiques et le nombre d'acides aminés qu'ils contiennent varient selon les espèces de bactéries. Les petites flèches indiquent les liaisons qui se forment normalement entre les rangées de peptidoglycane et les ponts interpeptidiques, et dont la pénicilline empêche la formation. **b)** Paroi d'une bactérie à Gram positif. **c)** Paroi d'une bactérie à Gram négatif.

du peptidoglycane et, en raison de leur charge négative due aux groupements phosphate, confèrent à la paroi des bactéries à Gram positif une charge négative. Les fonctions des acides teichoïques ne sont pas toutes connues, mais on croit qu'étant chargés négativement, ils se lient aux cations (ions positifs) et assurent la régulation de leur va-et-vient entre l'intérieur et l'extérieur de la cellule. Il est possible qu'ils jouent aussi un rôle dans la croissance de la cellule, empêchant la détérioration massive de sa paroi et sa lyse éventuelle. Enfin, les acides teichoïques confèrent à la paroi la majeure partie de sa spécificité antigénique et rendent ainsi possible l'identification des bactéries par certains tests de laboratoire (chapitre 5).

La paroi cellulaire des streptocoques est recouverte de divers polysaccharides qui permettent d'en faire une classification utile en médecine. Celle des bactéries acido-alcoolo-résistantes, telles que *Mycobacterium*, contient jusqu'à 60 % d'acide mycolique, un lipide cireux, le reste étant du peptidoglycane. Ces bactéries retiennent le violet de crystal de la coloration de Gram et sont considérées comme des bactéries à Gram positif.

Les parois cellulaires à Gram négatif

La paroi cellulaire des bactéries à Gram négatif comprend une couche, ou quelques couches seulement, de peptidoglycane ainsi qu'une membrane externe (figure 3.11c). La membrane externe contient des lipoprotéines – lipides unis par des liaisons covalentes à des protéines – qui sont liées au peptidoglycane sous-jacent, de telle sorte que les deux structures forment un tout. Entre la membrane externe et la membrane plasmique se trouve l'*espace périplasmique*, région remplie d'une gelée liquide appelée *périplasme*. En plus d'entourer la couche de peptidoglycane, le périplasme contient une concentration élevée d'enzymes de dégradation et de transporteurs protéiques. La paroi des bactéries à Gram négatif n'a pas d'acides teichoïques. En raison de la faible quantité de peptidoglycane qu'elle contient, elle risque davantage de se briser quand elle est soumise à un effort mécanique et à des variations de pression osmotique.

La *membrane externe* de la bactérie à Gram négatif est composée de lipopolysaccharides (LPS), de lipoprotéines et de phosphoglycérolipides (figure 3.11c). Elle accomplit plusieurs fonctions spécialisées. Sa forte charge négative est un facteur important qui permet à la bactérie d'échapper à la phagocytose et à l'action du complément – groupe d'enzymes sériques qui lysent les bactéries et favorisent la phagocytose. La phagocytose et le complément sont deux moyens de défense immunitaire (nous y reviendrons en détail au chapitre 11). La membrane externe constitue également une barrière qui protège la bactérie à Gram négatif contre certains antibiotiques (par exemple la pénicilline) et contre les enzymes digestives telles que le lysozyme, les désinfectants, les métaux lourds, les sels biliaires et certaines teintures.

Cependant, la membrane externe ne s'oppose pas au passage de toutes les substances de l'environnement puisque les nutriments doivent la traverser pour soutenir le métabolisme de la cellule. Sa perméabilité est due en partie à des protéines membranaires, appelées **porines**, qui forment des canaux. Les porines laissent passer des molécules telles que les nucléotides, les disaccharides, les peptides, les acides aminés, la vitamine B_{12} et le fer.

L'un des éléments de la membrane externe, les **lipopolysaccharides (LPS)**, est à l'origine de caractéristiques importantes des bactéries à Gram négatif. Premièrement, la partie lipidique du lipopolysaccharide, appelée *lipide A*, est fixée à la surface de la membrane externe et se comporte comme une *endotoxine*. La toxicité du lipide A s'exerce quand des bactéries pathogènes à Gram négatif sont détruites. La mort cellulaire entraîne la dispersion de fragments de la paroi cellulaire ; l'endotoxine est alors libérée et devient toxique quand elle se trouve dans la circulation sanguine ou le tube digestif de l'hôte. L'endotoxine circulante provoque des symptômes tels que la fièvre et des frissons, la vasodilatation et la coagulation, et peut causer l'état de choc. Partie intégrante de la paroi cellulaire, elle entraîne les mêmes effets toxiques, quelle que soit la bactérie à Gram négatif qui l'a produite. Nous examinerons la nature et l'importance des endotoxines et des autres toxines bactériennes au chapitre 10. Deuxièmement, la partie glucidique est composée de deux types de polysaccharides, le polysaccharide central et le polysaccharide O. Le *polysaccharide central* est fixé au lipide A et son rôle est d'assurer une stabilité structurelle à la paroi. Le *polysaccharide O*, qui est relié au polysaccharide central, est tourné vers l'extérieur. Les molécules de sucres qui le composent agissent comme antigènes de surface et permettent ainsi de différencier les espèces de bactéries à Gram négatif. Par exemple, l'agent pathogène *E. coli* O157:H7, qui contamine la nourriture (par exemple la viande hachée), peut être distingué des autres sérotypes par certains tests de laboratoire permettant de révéler les antigènes O, qui lui sont spécifiques. Ce rôle est comparable à celui des acides teichoïques des bactéries à Gram positif.

Les parois cellulaires et le mécanisme de la coloration de Gram

Ayant étudié la coloration de Gram (chapitre 2) et la composition chimique de la paroi cellulaire bactérienne (voir ci-dessus), vous comprendrez plus facilement le mécanisme de la coloration de Gram. Ce mécanisme est fondé sur les différences structurales entre les parois cellulaires des bactéries à Gram positif et à Gram négatif, et sur les effets que produisent sur elles les divers réactifs utilisés dans la coloration. Le violet de cristal, qui est le colorant primaire, confère une couleur violette (ou pourpre foncé) aux deux types de bactéries, qu'elles soient à Gram positif ou à Gram négatif, parce qu'il pénètre jusqu'au cytoplasme des deux types de cellules. Quand l'iode (le mordant) est ajouté, il forme avec le colorant des cristaux (complexe violet-iode) qui sont trop gros pour s'échapper en traversant la paroi cellulaire. La solution d'isopropanol et d'acétone (ou d'éthanol à 95 %) qu'on ajoute par la suite déshydrate l'épaisse couche de peptidoglycane des bactéries à Gram positif, ce qui rend leur paroi encore plus imperméable aux cristaux du complexe violet-iode ; ces bactéries conservent alors la coloration violette initiale, d'où leur nom de bactéries à Gram positif. L'effet de ce traitement sur les bactéries à Gram négatif est assez différent. La solution d'isopropanol et d'acétone dissout la membrane externe des bactéries à Gram négatif et laisse même de petits trous dans la mince couche de peptidoglycane, par lesquels les cristaux du complexe violet-iode diffusent et sortent des bactéries. Celles-ci perdent alors la couleur violette, d'où leur nom de bactéries à Gram négatif. Ces cellules étant incolores après le traitement à l'isopropanolacétone, on ajoute de la safranine (contre-coloration), ce qui les fait apparaître en rose (ou rouge). La safranine offre un effet contrastant par rapport au colorant primaire qu'est le violet de cristal. Ainsi, malgré le fait que les bactéries à Gram positif et à Gram négatif absorbent toutes deux la safranine, la couleur rose est masquée par la couleur violette conservée par les bactéries à Gram positif.

Dans toute population de bactéries, certaines cellules à Gram positif réagissent comme si elles étaient des cellules à Gram négatif. Ce sont habituellement des cellules mortes. Toutefois, il existe quelques genres à Gram positif qui présentent une proportion croissante de cellules à Gram négatif au fur et à mesure que la culture vieillit. *Bacillus*, *Clostridium* et *Mycobacterium* sont les mieux connus de ce groupe et sont souvent appelés *cellules à Gram variable.*

Le **tableau 3.1** met en parallèle certaines caractéristiques des bactéries à Gram positif et à Gram négatif.

Les parois cellulaires atypiques

Certaines cellules procaryotes n'ont pas de paroi ou ne possèdent que des rudiments de paroi. Elles appartiennent au genre *Mycoplasma* ou aux organismes apparentés. Les mycoplasmes sont les plus petites bactéries connues à pouvoir croître et se reproduire hors d'une cellule hôte vivante. En raison de leur taille et de l'absence de paroi cellulaire, ces bactéries traversent la plupart des filtres antibactériens. C'est ainsi qu'on les a pris à l'origine pour des virus. Leur membrane plasmique est particulière en ce qu'elle contient des lipides appelés *stérols*, qui contribuent, croit-on, à augmenter leur résistance en les protégeant de la lyse (rupture), par exemple lorsque les mycoplasmes se trouvent dans des milieux dilués (hypotoniques).

Les archéobactéries sont dépourvues de paroi ou possèdent une paroi inhabituelle composée de polysaccharides et de protéines, mais non de peptidoglycane. Toutefois, ces parois contiennent une substance semblable au peptidoglycane appelée *pseudomuréine*, qui

Tableau 3.1 Comparaison de certaines caractéristiques des bactéries à Gram positif et à Gram négatif

Caractéristique	À Gram positif	À Gram négatif
	MO 4 μm	MO 4 μm
Réaction à la coloration de Gram	Les bactéries retiennent le violet de cristal et se colorent en violet ou en pourpre foncé.	Les bactéries se décolorent pour accepter la safranine (contre-coloration) et apparaître en rose (ou en rouge).
Couche de peptidoglycane	Épaisse (multiples couches)	Mince (une seule couche)
Acides teichoïques	Souvent présents	Absents
Espace périplasmique	Absent	Présent
Membrane externe	Absente	Présente
Quantité de lipopolysaccharides (LPS)	Presque nulle	Élevée
Quantité de lipides et de lipoprotéines	Faible (les bactéries acidorésistantes ont des lipides liés au peptidoglycane)	Élevée (en raison de la membrane externe)
Structure des flagelles	Corpuscule basal à deux anneaux	Corpuscule basal à quatre anneaux
Toxines produites	Exotoxines surtout	Endotoxines surtout et exotoxines
Résistance à la rupture par les agents physiques	Élevée	Faible
Altération de la paroi cellulaire par le lysozyme	Importante	Légère (nécessite un traitement préalable pour déstabiliser la membrane externe)
Sensibilité à la pénicilline et au sulfamide	Élevée	Faible
Sensibilité à la streptomycine, au chloramphénicol et à la tétracycline	Faible	Élevée
Inhibition par les colorants basiques	Élevée	Faible
Sensibilité aux détergents anioniques	Élevée	Faible
Résistance à l'azoture de sodium	Élevée	Faible
Résistance à l'assèchement	Élevée	Faible

comprend de l'acide N-acétyltalosaminuronique à la place du NAM et ne contient pas les acides D-aminés qu'on trouve dans la paroi cellulaire bactérienne. En règle générale, on ne soumet pas les archéobactéries à la coloration de Gram, mais si on le fait, elles ressemblent à des cellules à Gram négatif en raison de l'absence de peptidoglycane.

Les parois acido-alcoolo-résistantes

Nous avons vu au chapitre 2 que la coloration acido-alcoolo-résistante permet d'identifier toutes les bactéries du genre *Mycobacterium* et les espèces pathogènes de *Nocardia*. La paroi cellulaire de ces bactéries contient une forte concentration (60 %) d'**acides mycoliques**, un lipide cireux hydrophobe, qui empêche l'absorption des colorants, y compris ceux de la coloration de Gram. L'acide mycolique recouvre une mince couche de peptidoglycane, auquel il est lié par un polysaccharide. On peut colorer les bactéries acido-alcoolo-résistantes à la fuchsine basique, qu'on chauffe pour en améliorer la pénétration. Le colorant traverse la paroi cellulaire, se lie au cytoplasme et résiste à la décoloration par l'acide et l'alcool. Les bactéries demeurent rouges parce que la fuchsine basique se solubilise plus aisément dans l'acide mycolique que dans le mélange d'alcool et d'acide. Si on élimine la couche d'acide mycolique de leur paroi cellulaire, ces bactéries prennent la coloration de Gram.

Les altérations de la paroi cellulaire

Les produits chimiques qui endommagent la paroi cellulaire des bactéries, ou nuisent à sa synthèse, épargnent souvent les cellules de l'hôte animal parce que la paroi bactérienne possède une composition chimique qui n'existe pas dans la cellule eucaryote. En conséquence, la synthèse de la paroi cellulaire est la cible de certains médicaments antimicrobiens. On peut fragiliser la paroi en l'exposant au *lysozyme*, enzyme digestive qui fait normalement partie de certaines cellules eucaryotes et qui est un constituant des larmes, du mucus et de la salive. L'action du lysozyme s'exerce particulièrement sur le peptidoglycane, composant majeur de la paroi de la plupart des bactéries à Gram positif, rendant celles-ci vulnérables à la lyse. Il catalyse la rupture des liaisons entre les sucres des chaînes de disaccharides (NAM et NAG) dont l'arrangement forme le « squelette glucidique » du peptidoglycane. C'est comme si on coupait les supports d'acier d'un pont avec un chalumeau : la paroi de la bactérie à Gram positif est presque complètement détruite par le lysozyme. Le contenu cellulaire encore enveloppé par la membrane plasmique reste intact s'il n'y a pas de lyse ; on appelle cette cellule sans paroi un **protoplaste**. En règle générale, le protoplaste est sphérique, car il a perdu sa forme rigide ; quoique très fragile, il est encore capable de métabolisme.

Il arrive à certaines bactéries, notamment du genre *Proteus*, de perdre leur paroi cellulaire et de devenir de gros globules au contour irrégulier. On leur donne alors le nom de **formes L**, en l'honneur du Lister Institute, où elles ont été découvertes. Elles peuvent apparaître spontanément ou en réaction à la pénicilline (qui inhibe l'élaboration de la paroi cellulaire) ou au lysozyme (qui détruit la paroi). Les formes L peuvent vivre et se multiplier ou se refaire une paroi.

Quand on expose des bactéries à Gram négatif au lysozyme, la paroi n'est habituellement pas atteinte aussi gravement que celle des bactéries à Gram positif. Une partie de la membrane externe est aussi épargnée. Dans ce cas, le contenu de la cellule, la membrane plasmique et la couche de paroi externe restante forment une cellule également sphérique appelée **sphéroplaste**. Pour que le lysozyme exerce son action sur les bactéries à Gram négatif, on doit traiter ces dernières au préalable avec de l'acide éthylène-diamino-tétraacétique (EDTA). L'EDTA affaiblit les liaisons ioniques de la membrane externe et produit des brèches par lesquelles le lysozyme accède à la couche de peptidoglycane.

Sans paroi cellulaire pour les protéger, les protoplastes et les sphéroplastes éclatent dans l'eau distillée ou les solutions de sel ou de sucre très diluées parce que les molécules d'eau du liquide ambiant pénètrent massivement dans la cellule, dont la concentration interne en eau est beaucoup plus faible, et la font gonfler. Cette rupture s'appelle **lyse osmotique** et sera étudiée en détail un peu plus loin. La présence de la paroi cellulaire assure donc à la bactérie une bonne protection contre la lyse osmotique.

Nous avons indiqué plus haut que certains antibiotiques, tels que la pénicilline, détruisent les bactéries en perturbant la mise en place des ponts interpeptidiques du peptidoglycane, empêchant ainsi la formation d'une paroi cellulaire fonctionnelle. La plupart des bactéries à Gram négatif ne sont pas aussi sensibles à la pénicilline que les bactéries à Gram positif parce que leur membrane externe constitue une barrière qui s'oppose à l'entrée non seulement de la pénicilline, mais d'autres substances également, et parce qu'elles possèdent moins de ponts interpeptidiques. En revanche, les bactéries à Gram négatif sont assez sensibles à d'autres antibiotiques, dont certaines β-lactamines (bêta-lactamines) qui pénètrent mieux la membrane externe que la pénicilline. Nous nous pencherons en détail sur les antibiotiques au chapitre 15.

▶ Vérifiez vos acquis

Les parois cellulaires des bactéries à Gram positif et à Gram négatif constituent d'excellentes cibles pour une thérapie par antibiotiques. Pourquoi la pénicilline, par exemple, n'agit-elle pas de la même manière sur les deux types de bactéries ? **3-5**

Pourquoi les mycoplasmes sont-ils résistants aux antibiotiques qui perturbent la synthèse de la paroi cellulaire ? **3-6**

En quoi les protoplastes diffèrent-ils des sphéroplastes ? **3-7**

Les structures à l'intérieur de la paroi cellulaire

▶ Objectifs d'apprentissage

3-8 Décrire la composition chimique, la structure et les fonctions de la membrane plasmique procaryote, ainsi que son rôle dans la virulence des bactéries.

3-9 Définir la diffusion simple, la diffusion facilitée, l'osmose, le transport actif et la translocation de groupe.

3-10 Nommer les fonctions de la région nucléaire (nucléoïde), des plasmides, des ribosomes et des inclusions.

3-11 Décrire le comportement des bactéries dans les solutions isotoniques, hypotoniques et hypertoniques.

3-12 Décrire les fonctions des endospores en insistant sur leurs caractéristiques et sur les problèmes que ces structures génèrent en milieu clinique ; décrire les processus de la sporulation et de la germination des endospores.

Jusqu'ici, nous avons examiné la paroi cellulaire des procaryotes et les structures situées au dehors. Nous nous tournons maintenant vers l'intérieur de la cellule pour décrire les structures et les fonctions de la membrane plasmique et des constituants du cytoplasme.

La membrane plasmique

La **membrane plasmique (cytoplasmique)**, ou *membrane interne*, est une structure mince, à la fois souple et résistante, qui s'étend sous la paroi cellulaire et qui enveloppe et retient le cytoplasme de la cellule (figure 3.6). Chez les procaryotes, elle est composée principalement de phosphoglycérolipides (figure 22.10 EN LIGNE), qui sont les molécules les plus abondantes de la membrane, et de protéines. Par comparaison, la membrane plasmique eucaryote contient en plus des glucides et des stérols, tels que le cholestérol. Étant dépourvue de stérols, la membrane plasmique procaryote est moins rigide que celle des eucaryotes. *Mycoplasma*, un procaryote sans paroi, fait exception à cet égard : sa membrane contient des stérols.

Structure

Au microscope électronique, la membrane plasmique des procaryotes et des eucaryotes (ainsi que la membrane externe des bactéries à Gram négatif) apparaît comme une structure à deux couches ; on aperçoit deux lignes foncées séparées par un espace plus pâle (**figure 3.12a**). Les molécules de phosphoglycérolipides s'assemblent en deux rangées parallèles et forment une *bicouche* (**figure 3.12b**). La molécule de phosphoglycérolipide est composée de deux grandes parties : 1) une tête polaire, composée d'un groupement phosphate et de glycérol, qui est hydrophile (ami de l'eau) et soluble dans l'eau, et 2) une queue non polaire, composée de chaînes d'acides gras qui sont hydrophobes (craignent l'eau) et insolubles dans l'eau

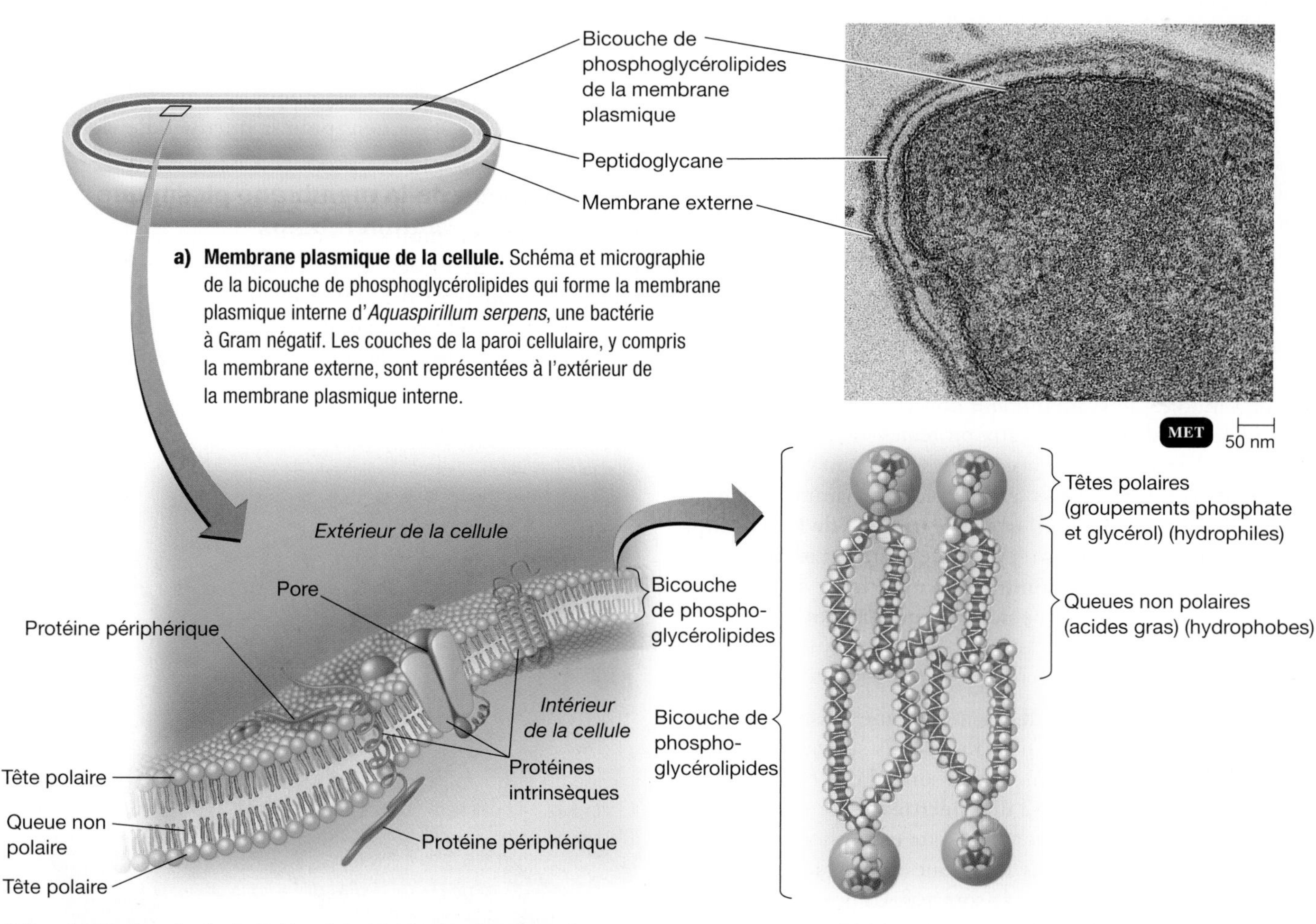

a) Membrane plasmique de la cellule. Schéma et micrographie de la bicouche de phosphoglycérolipides qui forme la membrane plasmique interne d'*Aquaspirillum serpens*, une bactérie à Gram négatif. Les couches de la paroi cellulaire, y compris la membrane externe, sont représentées à l'extérieur de la membrane plasmique interne.

b) Bicouche de phosphoglycérolipides de la membrane plasmique. Coupe de la membrane interne montrant la bicouche de phosphoglycérolipides et des protéines. La membrane externe des bactéries à Gram négatif est aussi une bicouche de phosphoglycérolipides.

c) Molécules de phosphoglycérolipides dans la bicouche. Modèles « compacts » de quatre molécules et de leur disposition dans la bicouche de phosphoglycérolipides.

Figure 3.12 Membrane plasmique.

(figure 3.12c). Les têtes polaires occupent les deux surfaces exposées de la bicouche de phosphoglycérolipides et les queues non polaires sont tournées vers l'intérieur de la bicouche.

Les molécules de protéines peuvent être disposées de plusieurs façons dans la membrane. Certaines, appelées *protéines périphériques*, sont situées à la surface interne ou externe de la membrane. Ces protéines périphériques peuvent agir comme des enzymes qui catalysent des réactions chimiques, comme des molécules structurales qui forment des « échafaudages » et comme des médiateurs qui modifient la forme de la membrane lors des mouvements de la cellule. D'autres protéines, appelées *protéines intrinsèques*, s'enfoncent dans la bicouche. On croit que certaines protéines intrinsèques traversent complètement la membrane ; elles portent alors le nom de *protéines transmembranaires*. Certaines sont des canaux qui possèdent un pore, ou orifice, par lequel des substances pénètrent dans la cellule ou en sortent.

On trouve sur la face externe de la membrane plasmique un grand nombre de protéines auxquelles sont fixés des glucides. Ces complexes portent le nom de **glycoprotéines**. Certains lipides sont aussi liés à des glucides et sont alors appelés **glycolipides**. Ces deux types de molécules servent à protéger et à lubrifier la cellule bactérienne ; elles jouent aussi un rôle dans les interactions avec les autres cellules, notamment avec les cellules humaines. Par exemple, les glycoprotéines interviennent dans certaines maladies infectieuses en favorisant l'adhérence du microbe à leur cellule cible.

Les recherches ont révélé que les molécules de phosphoglycérolipides et de protéines de la bicouche ne sont pas immobiles mais se déplacent plutôt librement dans le plan de la membrane. Ces mouvements sont probablement associés aux nombreuses fonctions remplies par la membrane plasmique. Puisque les queues d'acides gras ont tendance à se coller les unes aux autres, les phosphoglycérolipides forment en présence d'eau une bicouche qui se répare spontanément et se referme d'elle-même lorsqu'une brèche apparaît. La fluidité de la membrane doit être voisine de celle de l'huile d'olive afin de permettre aux protéines membranaires de se déplacer assez librement pour accomplir leurs tâches sans détruire la structure de la bicouche. Cet arrangement dynamique de phosphoglycérolipides et de protéines est appelé **modèle de la mosaïque fluide**. Selon ce modèle, on se représente la structure dynamique de la membrane plasmique comme une mer fluide composée de lipides contenant une mosaïque de protéines en mouvement.

Fonctions

La plus importante fonction de la membrane plasmique est de dresser une barrière sélective par laquelle les substances doivent passer pour entrer dans la cellule ou en sortir. Pour cela, les membranes plasmiques sont dotées d'une **perméabilité sélective** (on dit aussi qu'elles sont *semi-perméables*). Cette expression signifie que certaines molécules et certains ions sont autorisés à traverser la membrane alors que d'autres ne le sont pas. La perméabilité de la membrane dépend de plusieurs facteurs, dont la taille des molécules ou leur solubilité dans les lipides ou dans l'eau. Les grosses molécules (telles que les protéines) ne peuvent pas franchir la membrane plasmique, peut-être parce que leur diamètre est plus grand que celui des pores des protéines intrinsèques qui servent de canaux. En revanche, les plus petites molécules (telles que l'eau, l'oxygène, le dioxyde de carbone et certains sucres simples) passent habituellement sans difficulté. Les ions pénètrent la membrane très lentement. Les substances qui sont facilement dissoutes dans les lipides (telles que l'oxygène, le dioxyde de carbone et les molécules organiques non polaires) entrent et sortent plus facilement que les autres substances parce que la membrane est constituée principalement de phosphoglycérolipides. Le mouvement des matières à travers la membrane plasmique dépend aussi de molécules de transport, qui seront décrites sous peu.

La membrane plasmique des bactéries joue aussi un rôle important dans la dégradation des nutriments et la production d'énergie. Elle contient des enzymes capables de catalyser les réactions chimiques qui dégradent les nutriments et produisent de l'ATP. Chez certaines bactéries photosynthétiques, les pigments et les enzymes qui participent au processus de la photosynthèse se trouvent dans des invaginations de la membrane plasmique qui s'enfoncent dans le cytoplasme. Ces structures membraneuses portent le nom de **chromatophores**, ou **thylakoïdes** (figure 3.13).

Au microscope électronique, la membrane plasmique bactérienne présente souvent un ou plusieurs grands replis irréguliers appelés **mésosomes**. On a attribué beaucoup de fonctions à ces derniers. Mais, on sait aujourd'hui que ce sont des artéfacts, et non de véritables structures cellulaires. On croit que les mésosomes sont des replis de la membrane plasmique qui se forment au cours de la préparation des spécimens pour la microscopie électronique.

La destruction de la membrane plasmique par les agents antimicrobiens

La membrane plasmique étant vitale pour la cellule bactérienne, toute action qui perturbe l'intégrité de sa structure va porter préjudice à la bactérie et finira par provoquer sa destruction ; il n'est donc pas étonnant qu'elle soit la cible de plusieurs agents antimicrobiens.

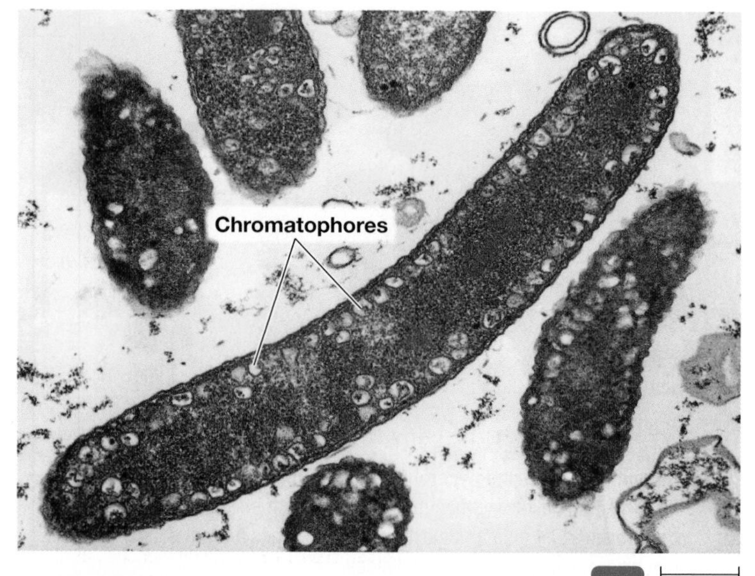

Figure 3.13 Chromatophores. Les chromatophores sont visibles dans *Rhodospirillum rubrum*, une bactérie pourpre non sulforéductrice.

En plus des substances chimiques qui endommagent la paroi cellulaire et exposent ainsi indirectement la membrane interne aux lésions, beaucoup de composés s'attaquent directement à la membrane plasmique. Ils comprennent certains alcools et composés d'ammonium quaternaire, qui servent de désinfectants. Un groupe d'antibiotiques appelés *polymyxines* perturbent l'intégrité de la structure des phosphoglycérolipides membranaires et provoquent ainsi des fuites du contenu intracellulaire qui finissent par tuer la cellule. Nous reviendrons sur ce mécanisme au chapitre 15.

Le mouvement des substances à travers la membrane plasmique

Les substances traversent la membrane plasmique des cellules procaryotes (et des cellules eucaryotes) grâce à deux types de processus: l'un passif et l'autre actif. Dans les *processus passifs*, elles franchissent la membrane en se dirigeant d'une zone où leur concentration est élevée (+) vers une autre où leur concentration est basse (−); le déplacement s'effectue dans le sens du gradient de concentration, sans que la cellule dépense d'énergie (ATP). Dans les *processus actifs*, la cellule doit utiliser de l'énergie (ATP) pour déplacer les substances d'une zone de faible concentration vers une autre de concentration élevée, c'est-à-dire en remontant le gradient de concentration.

Processus passifs Les processus passifs comprennent la diffusion simple, la diffusion facilitée et l'osmose.

La **diffusion simple** est le déplacement de molécules ou d'ions (les solutés) d'une région de concentration élevée vers une région de faible concentration (**figures 3.14** et **3.15a**). Le déplacement se poursuit jusqu'à ce que les molécules ou les ions soient distribués uniformément dans le solvant: la solution est devenue homogène. Lorsque ce dernier état est atteint, on dit qu'il y a *équilibre*. À l'état d'équilibre, la concentration des solutés est uniforme dans la solution, la diffusion nette cesse, mais le mouvement des molécules continue. Les cellules comptent sur la diffusion simple pour faire passer directement certaines petites molécules liposolubles, telles que l'oxygène et le dioxyde de carbone, à travers la bicouche de phosphoglycérolipides de la membrane plasmique. Notez que, puisque la membrane plasmique est composée de lipides (le solvant), seules les molécules liposolubles (les solutés) peuvent la traverser par diffusion.

Figure 3.14 **Principe de la diffusion simple. a)** Quand on met une pastille de colorant dans un bécher d'eau, les molécules de matière colorante diffusent dans l'eau à partir de la région où leur concentration est élevée vers celles où leur concentration est faible. **b)** Diffusion d'un colorant, le permanganate de potassium

Dans la **diffusion facilitée**, des protéines membranaires intrinsèques fonctionnent comme des canaux ou des transporteurs qui facilitent le mouvement des ions ou d'autres grosses molécules à travers la membrane plasmique. De telles protéines intrinsèques sont appelées *transporteurs* ou *perméases*. La diffusion facilitée est semblable à la diffusion simple en ce que la cellule n'a pas à dépenser d'énergie, la substance passant d'une concentration élevée à une concentration basse. Elle s'en distingue par le fait qu'elle requiert des transporteurs protéiques. Certains de ces derniers autorisent le passage d'ions inorganiques, en général petits, qui sont trop hydrophiles pour franchir la région non polaire située au milieu de la bicouche lipidique (**figure 3.15b**). Ces transporteurs, qui sont répandus chez les procaryotes, acceptent un large éventail d'ions (même de petites molécules). D'autres, nombreux chez les eucaryotes, sont spécialisés et ne laissent passer que certaines molécules, en général de bonne taille, telles que les monosaccharides (glucose, fructose et galactose) et les vitamines. Dans ce cas, la substance à transporter se lie à un transporteur spécifique sur la face externe de la membrane plasmique; puis, sans qu'il y ait d'énergie dépensée, elle se retrouve de l'autre côté de la membrane par suite d'un changement de forme du transporteur (**figure 3.15c**).

Dans certains cas, les molécules dont la bactérie a besoin sont trop grosses pour être transportées de cette façon à l'intérieur de la cellule. Toutefois, la plupart des bactéries produisent des enzymes qui peuvent réduire les grosses molécules en composés plus simples (par exemple les protéines en acides aminés, les polysaccharides en sucres simples ou les nucléotides en bases azotées). Ces enzymes, qui sont libérées par les bactéries dans le milieu environnant, sont appelées, à juste titre, *enzymes extracellulaires*. Après que les enzymes ont dégradé les grosses molécules, les sous-unités passent dans la cellule grâce aux transporteurs protéiques. Par exemple, des transporteurs spécifiques récupèrent les bases d'ADN, telles que la guanine, qui se trouvent dans le milieu extracellulaire et les déposent dans le cytoplasme de la cellule.

L'**osmose** est le déplacement net des molécules du solvant à travers une membrane à perméabilité sélective. Ce déplacement s'effectue d'une région où la concentration des molécules de solvant est élevée (concentration des solutés faible) vers une région où la concentration des molécules de solvant est plus faible (concentration des solutés élevée). Dans les systèmes vivants, le principal solvant est l'eau. Les molécules d'eau franchissent la membrane plasmique en traversant la bicouche de lipides par diffusion simple ou en utilisant des protéines membranaires intrinsèques appelées *aquaporines* (**figure 3.15d**), de véritables petits canaux à eau.

On peut faire une démonstration de l'osmose à l'aide du dispositif présenté à la **figure 3.16**. On remplit un sac de cellophane d'une solution de saccharose (sucre de table) à 20%. La membrane du sac est une membrane sélective perméable à l'eau et imperméable au saccharose. Le sac est fermé avec un bouchon percé d'un tube de verre ouvert aux extrémités. Pour la démonstration,

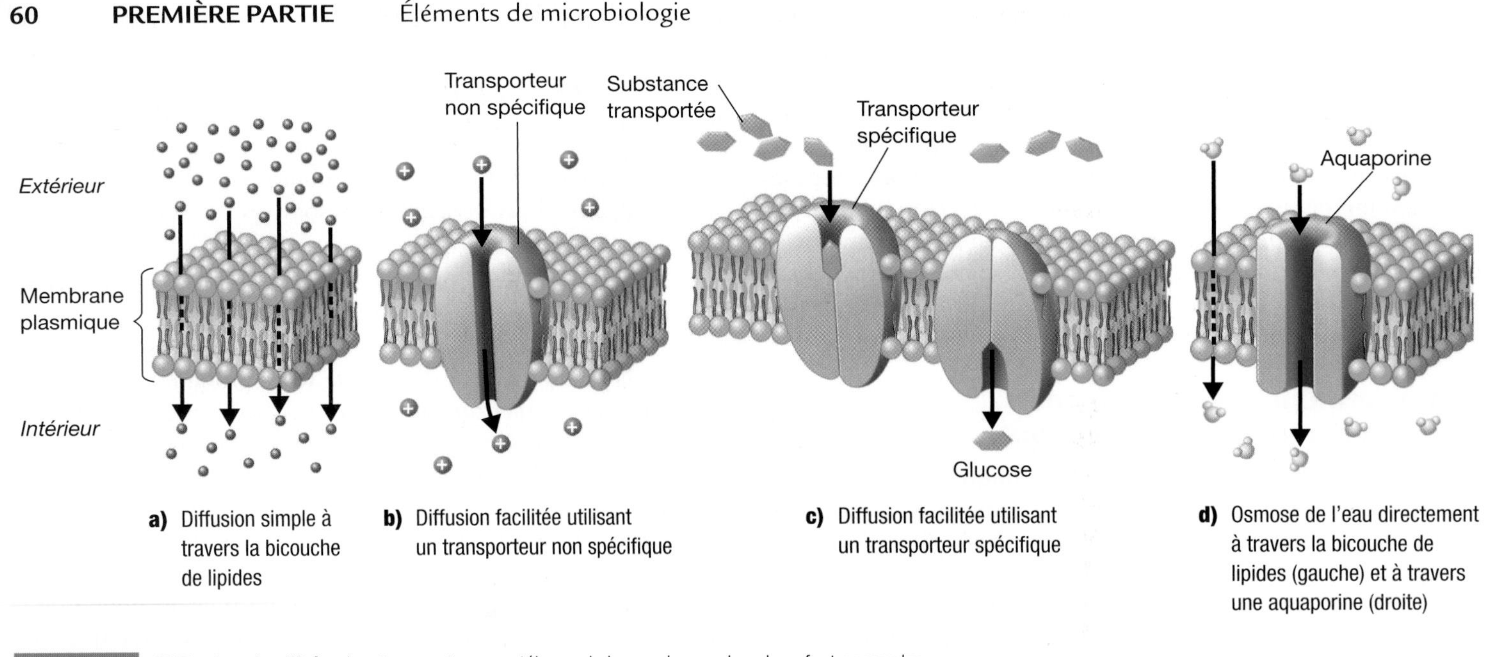

Figure 3.15 **Diffusion facilitée.** Les transporteurs protéiques de la membrane plasmique font passer les molécules à travers la membrane à partir d'une région de haute concentration vers une région de basse concentration en suivant le gradient de concentration. Un changement s'opère dans la forme des transporteurs afin que le passage des substances puisse avoir lieu. Le processus ne requiert pas d'ATP.

on plonge le sac dans un bécher contenant de l'eau distillée (sans soluté). Au départ, les concentrations d'eau de part et d'autre de la membrane sont différentes. Dans le sac de cellophane contenant la solution de saccharose à 20 %, la concentration de l'eau est réduite à 80 %, alors que l'eau est pure à 100 % dans le bécher. En suivant leur gradient de concentration, les molécules d'eau se déplacent du bécher vers l'intérieur du sac de cellophane (figure 3.16a).

Par contre, le sucre ne s'échappe pas du sac pour passer dans le bécher parce que le cellophane est imperméable aux molécules de sucre – ces molécules sont en effet trop grosses pour les pores de la membrane. Au fur et à mesure que l'eau entre dans le sac de cellophane, la solution de saccharose se dilue de plus en plus et, comme le sac est étiré à la limite par l'accroissement du volume d'eau, le liquide se met à monter dans le tube de verre. On pourrait penser que le déplacement de l'eau du bécher vers le sac va se poursuivre longtemps sans atteindre l'équilibre. Cependant, avec le temps, l'eau qui s'est accumulée dans le sac et le tube commence à exercer une pression sur la membrane, et cette pression force des molécules d'eau à sortir du sac et à retourner dans le bécher. C'est ainsi que, plus le volume de la solution dans le sac augmente, plus la pression exercée sur la membrane par la solution s'accroît. Cette pression, appelée *pression hydrostatique du liquide*, force les molécules d'eau à retraverser la membrane vers le bécher. Nous avons mentionné que le sucre ne s'échappe pas du sac. Une solution qui contient des molécules de soluté ne pouvant traverser la membrane exerce sur cette dernière une force appelée **pression osmotique**. La pression osmotique s'oppose au déplacement de l'eau pure vers la solution contenue dans le sac. Elle est proportionnelle à la concentration des solutés retenus par la membrane ; plus la solution est concentrée, plus la pression osmotique de la solution est élevée. Dans notre démonstration, on peut évaluer la pression osmotique en imaginant la pression qu'il faudrait appliquer sur la solution contenue dans le tube pour que l'eau reflue vers le sac et repasse dans le bécher. Autrement dit, la pression osmotique est la pression requise pour arrêter l'écoulement de l'eau à travers la membrane à perméabilité sélective, d'un milieu contenant de l'eau pure vers une solution contenant des solutés. Quand les molécules d'eau quittent le sac de cellophane au même rythme qu'elles y entrent, l'équilibre est atteint (figure 3.16b).

La cellule bactérienne peut être soumise à trois types de solutions osmotiques : isotonique, hypotonique et hypertonique. Une **solution isotonique** est un milieu dans lequel la concentration des solutés est égale à celle à l'intérieur de la cellule (*iso-* = égal). L'eau entre dans la cellule et en sort au même rythme, et le déplacement osmotique net est nul. Une bactérie placée dans une solution isotonique ne subit pas de modification de son volume, et la concentration du milieu intracellulaire est en équilibre avec la concentration de la solution à l'extérieur de la paroi cellulaire (figure 3.16c).

Une **solution hypotonique** à l'extérieur de la cellule est un milieu dont la concentration des solutés est inférieure à celle à l'intérieur de la cellule (*hypo-* = sous ou moins). L'eau pénètre rapidement par osmose à l'intérieur de la bactérie en se déplaçant selon le gradient de concentration. La plupart des bactéries évoluent dans des solutions hypotoniques et résistent au gonflement grâce à leur paroi cellulaire, qui les protège. Les cellules dont la paroi est faible, telles que les bactéries à Gram négatif, peuvent éclater ou subir la lyse osmotique par suite d'une absorption excessive d'eau (figure 3.16d). Nous avons mentionné plus haut que le lysozyme et certains antibiotiques endommagent la paroi des cellules bactériennes et causent la rupture, ou lyse, de ces dernières. Cette rupture se produit parce que le cytoplasme bactérien contient habituellement une concentration de solutés si élevée que, lorsque la paroi est affaiblie ou disparaît, comme dans le cas des protoplastes

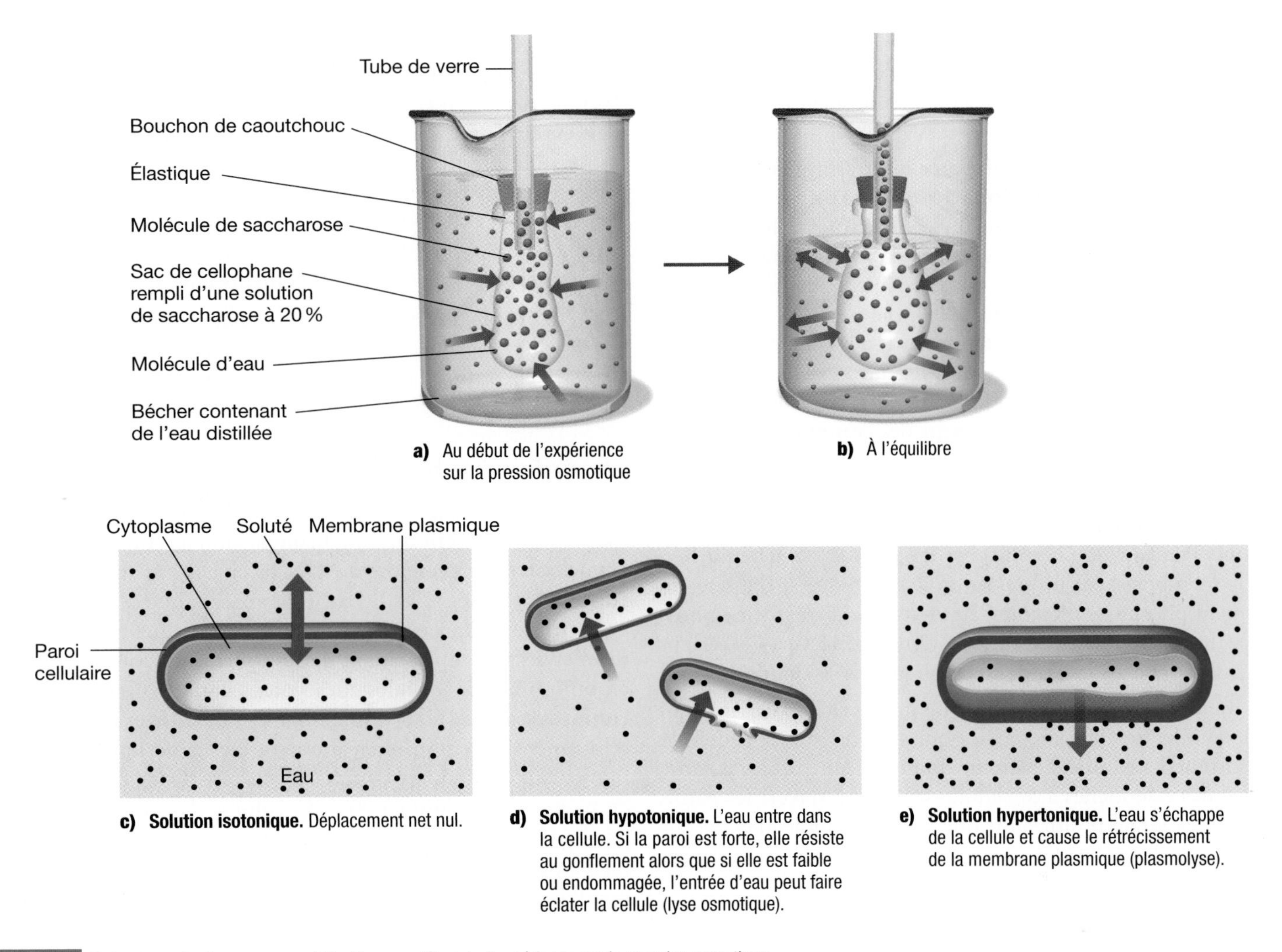
Tube de verre
Bouchon de caoutchouc
Élastique
Molécule de saccharose
Sac de cellophane rempli d'une solution de saccharose à 20 %
Molécule d'eau
Bécher contenant de l'eau distillée
a) Au début de l'expérience sur la pression osmotique
b) À l'équilibre
Cytoplasme
Soluté
Membrane plasmique
Paroi cellulaire
Eau
c) Solution isotonique. Déplacement net nul.
d) Solution hypotonique. L'eau entre dans la cellule. Si la paroi est forte, elle résiste au gonflement alors que si elle est faible ou endommagée, l'entrée d'eau peut faire éclater la cellule (lyse osmotique).
e) Solution hypertonique. L'eau s'échappe de la cellule et cause le rétrécissement de la membrane plasmique (plasmolyse).

Figure 3.16 **Principe de l'osmose. a)** Système au début de l'expérience sur la pression osmotique. Les molécules d'eau commencent à entrer dans le sac à partir du bécher en suivant le gradient de concentration. **b)** Système à l'équilibre. La pression osmotique exercée par la solution dans le sac freine l'osmose pour équilibrer la vitesse d'entrée de l'eau. La hauteur de la colonne de solution dans le tube de verre à l'équilibre est une mesure de la pression osmotique. **c)** à **e)** Effets de diverses solutions sur les cellules bactériennes.

et des sphéroplastes, l'eau afflue dans la cellule par osmose et la fait gonfler. La paroi cellulaire endommagée (ou absente) ne peut s'opposer au gonflement exagéré de la cellule et la membrane plasmique éclate. Il s'agit là d'un exemple de lyse osmotique observé quand des bactéries dont la paroi cellulaire est disparue ou très affaiblie sont immergées dans une solution hypotonique.

Une **solution hypertonique** est un milieu qui a une concentration de solutés plus élevée que l'intérieur de la cellule (*hyper-* = au-dessus ou plus), ce qui signifie que la cellule est plus riche en eau. La plupart des cellules bactériennes plongées dans une solution hypertonique rétrécissent, s'affaissent et subissent ce qu'on appelle une **plasmolyse** parce que l'eau s'en échappe par osmose (figure 3.16e). Rappelons que les termes « isotonique », « hypotonique » et « hypertonique » désignent la concentration des solutions à l'extérieur des cellules *par rapport à* la concentration à l'intérieur des cellules.

Processus actifs La diffusion simple et la diffusion facilitée sont des mécanismes de transport utiles pour faire entrer les substances dans les cellules quand la concentration des substances est plus élevée à l'extérieur de la membrane. Mais quand une cellule bactérienne se trouve dans un milieu où les nutriments sont présents à basse concentration, elle doit utiliser des processus actifs, tels que le transport actif et la translocation de groupe, pour accumuler les substances requises.

Lors du **transport actif**, la cellule *utilise de l'énergie* sous la forme d'adénosine triphosphate (ATP) pour acheminer les substances à travers la membrane plasmique. C'est ainsi qu'elle fait passer les ions (tels que Na^+, K^+, H^+, Ca^{2+} et Cl^-), les acides aminés et les monosaccharides. Bien qu'elle puisse se procurer ces substances par des processus passifs, c'est seulement par transport actif qu'elle peut le faire si elle doit vaincre le gradient de concentration pour accumuler les matières premières dont elle a besoin. Le déplacement des substances par transport actif se fait généralement de l'extérieur vers l'intérieur, même si la concentration est parfois beaucoup plus élevée au-dedans de la cellule. Comme dans le cas de la diffusion facilitée, le transport actif dépend de transporteurs protéiques situés dans la membrane plasmique (figure 3.15b et c). Il semble y avoir un transporteur spécifique pour chaque substance transportée ou chaque groupe de substances transportées de nature très semblable. Le transport actif permet au microbe de s'approvisionner à un rythme constant, même si le milieu est relativement pauvre.

Dans le transport actif, la substance qui traverse la membrane ne change pas. Dans la **translocation de groupe**, une forme spéciale de transport actif unique aux procaryotes, elle subit une modification chimique en passant dans la membrane. Une fois qu'elle est modifiée et absorbée par la cellule, la membrane plasmique lui est désormais imperméable, si bien qu'elle ne peut pas s'échapper. Ce mécanisme important permet à la cellule d'accumuler diverses substances même si leur concentration dans le milieu extracellulaire est faible. La translocation de groupe nécessite une dépense énergétique qui fait intervenir des composés phosphatés riches en énergie, tels que l'acide phosphoénolpyruvique (PEP).

Le transport du glucose, un glucide qui fait souvent partie des nutriments essentiels aux bactéries, est un exemple de translocation de groupe. Pendant que la molécule de glucose est acheminée à travers la membrane par un transporteur protéique spécifique, un groupement phosphate est ajouté au sucre. Sous cette forme phosphorylée, le glucose ne peut pas être retransporté vers l'extérieur et s'engage alors dans les voies métaboliques de la cellule.

La membrane plasmique constitue une véritable barrière qui contrôle la sélection des molécules qui entrent dans la cellule et qui en sortent. La paroi cellulaire ne doit pas y faire obstacle. Ainsi, les molécules essentielles à la cellule diffusent à travers les parois des bactéries à Gram positif, alors que les petites molécules hydrosolubles passent dans les porines et les canaux protéiques présents dans la membrane externe des bactéries à Gram négatif.

Certaines cellules eucaryotes (celles qui sont dépourvues de paroi cellulaire) peuvent faire appel à deux autres moyens de transport actif appelés *phagocytose* et *pinocytose*. Nous reviendrons plus loin sur ces processus, qui n'ont pas lieu chez les bactéries.

▶ Vérifiez vos acquis

Quelles sont les fonctions de la membrane plasmique? **3-8**

Quels agents antimicrobiens peuvent endommager la membrane plasmique bactérienne? **3-8**

En quoi la diffusion simple et la diffusion facilitée sont-elles semblables? En quoi sont-elles différentes? **3-9**

Dans le cas du transport actif, pourquoi les cellules ont-elles à dépenser de l'énergie (ATP)? **3-9**

Le cytoplasme

Dans le cas de la cellule procaryote, le **cytoplasme** est la substance contenue à l'intérieur de la membrane plasmique (figure 3.6). Il est épais, aqueux, semi-transparent et élastique. Il est constitué d'eau à environ 80% et contient surtout des protéines (notamment des enzymes), des glucides, des lipides, des ions inorganiques et un grand nombre de composés de faible masse moléculaire. Les ions inorganiques sont présents dans le cytoplasme à des concentrations beaucoup plus élevées que celles qui existent dans la plupart des milieux. Le cytoplasme est donc riche en molécules et en nutriments, situation qui favorise un taux très élevé de métabolisme et, par ricochet, un taux de croissance très rapide. Dans les cellules procaryotes, les principales structures du cytoplasme sont la région nucléaire (contenant l'ADN), des particules appelées *ribosomes* et des réserves sous forme de dépôts appelées *inclusions*. Les protéines filamenteuses présentes dans le cytoplasme sont principalement responsables du maintien des formes, en bâtonnet ou spiralée, des bactéries. Le cytoplasme des procaryotes est dépourvu de certaines caractéristiques observées dans le cytoplasme des cellules eucaryotes, comme le cytosquelette, le réticulum endoplasmique et les mitochondries. Nous décrivons ces éléments plus loin.

Du point de vue médical, toute action qui perturbe l'intégrité du cytoplasme en altérant ses composants va porter préjudice à la bactérie et finira par provoquer sa destruction. Les composants du cytoplasme sont ainsi les cibles de plusieurs antibiotiques.

La région nucléaire

La région nucléaire, ou **nucléoïde**, de la cellule bactérienne (figure 3.6) contient un long filament simple, continu, souvent de forme circulaire, composé d'ADN bicaténaire et appelé **chromosome bactérien**. C'est le patrimoine génétique de la bactérie, qui porte toute l'information nécessaire à la production de ses structures et à l'accomplissement de ses fonctions. Contrairement aux chromosomes des cellules eucaryotes, celui des bactéries n'est pas entouré d'une enveloppe (membrane) nucléaire et ne contient pas d'histones. La région nucléaire peut être sphérique, allongée ou renflée aux extrémités comme un haltère. Dans une bactérie en croissance active, jusqu'à 20% du volume de la cellule est occupé par l'ADN parce que la cellule synthétise d'avance le matériel nucléaire pour les cellules à venir. Le chromosome est fixé à la membrane plasmique. On croit que des protéines de cette dernière se chargent de la réplication de l'ADN et de la ségrégation des nouveaux chromosomes dans les cellules filles au moment de la division cellulaire.

Du point de vue médical, toute action qui perturbe la structure du chromosome va porter préjudice à la bactérie et finira par provoquer sa destruction. Des antibiotiques, tels que les fluoroquinolones dont l'action inhibe la synthèse de l'ADN, sont efficaces pour tuer des bactéries.

En plus de leur chromosome, les bactéries contiennent souvent de petites molécules circulaires d'ADN bicaténaire appelées **plasmides** (facteur F de la figure 24.27a EN LIGNE). Ces molécules sont des éléments génétiques extrachromosomiques, c'est-à-dire qu'elles ne sont pas reliées au chromosome bactérien et que leur réplication est indépendante de celle de l'ADN chromosomique. Ils contiennent habituellement de 5 à 100 gènes qui, en règle générale, ne sont pas essentiels à la vie de la bactérie quand les conditions de l'environnement sont normales; ils peuvent être acquis ou perdus sans que cela nuise à la bactérie. Par contre, dans certaines conditions, les plasmides confèrent plus d'un avantage aux cellules. Ils peuvent porter des gènes pour des activités telles que la résistance aux antibiotiques, la tolérance aux métaux toxiques, la production de toxines et la synthèse d'enzymes; la présence des plasmides contribue généralement à l'augmentation de la virulence des bactéries. Ces molécules d'ADN extrachromosomiques peuvent être transmises à une bactérie par un virus; elles sont ensuite transmises d'une bactérie à l'autre.

Du point de vue médical, la découverte des plasmides a permis de comprendre des phénomènes tels que la progression rapide de la résistance aux antibiotiques et la grande virulence de certaines souches bactériennes comme *E. coli* O157:H7, responsables de la maladie du hamburger, et du streptocoque β-hémolytique du groupe A, la bactérie mangeuse de chair.

Les chercheurs en biotechnologie utilisent l'ADN sous forme de plasmide dans leurs recherches et leurs manipulations génétiques.

Les ribosomes

Toutes les cellules eucaryotes et procaryotes contiennent des **ribosomes**, qui sont le siège de la synthèse des protéines. Les cellules qui ont un taux élevé de synthèse de protéines, telles que celles qui sont en croissance active, ont un grand nombre de ribosomes. La cellule procaryote renferme des dizaines de milliers de ces très petites structures dispersées dans le cytoplasme, qui donnent à ce dernier son aspect granuleux (figure 3.6). La présence des très nombreux ribosomes dans le cytoplasme, sa très forte teneur en nutriments et le fait que le chromosome peut y flotter librement constituent trois caractéristiques de l'organisation structurale de la bactérie qui favorisent ses activités métaboliques, dont la synthèse des protéines. Par analogie, on pourrait comparer l'organisation cellulaire de la bactérie à une petite maison à bâtir où beaucoup d'ouvriers sont engagés sur le chantier (les ribosomes), où tous les matériaux sont disponibles (les nutriments) et où le contremaître a entre les mains le plan de la construction (le chromosome) dans tous ses détails.

Les ribosomes sont composés de deux sous-unités, comprenant chacune des *protéines* et un type d'ARN appelé *ARN ribosomal* (*ARNr*). Les ribosomes des cellules procaryotes (**figure 3.17**) se distinguent des ribosomes des cellules eucaryotes par le nombre de protéines et de molécules d'ARNr qu'ils contiennent ; ils sont aussi un peu plus petits et moins denses que ceux des cellules eucaryotes. C'est ainsi qu'ils sont appelés *ribosomes 70 S**, alors que leurs pendants eucaryotes portent le nom de ribosomes 80 S*. Les sous-unités du ribosome 70 S sont une petite sous-unité 30 S contenant une molécule d'ARNr et une grosse sous-unité 50 S contenant deux molécules d'ARNr.

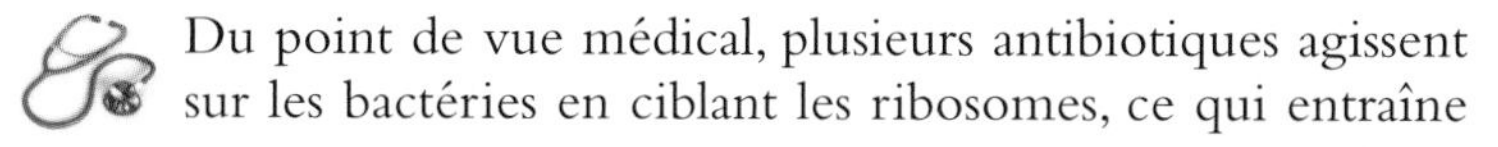

Du point de vue médical, plusieurs antibiotiques agissent sur les bactéries en ciblant les ribosomes, ce qui entraîne l'arrêt de la synthèse des protéines bactériennes. C'est ainsi que la streptomycine et la gentamicine se fixent à la sous-unité 30 S et nuisent à la synthèse des protéines. D'autres antibiotiques, tels que l'érythromycine et le chloramphénicol, ont le même effet en s'attachant à la sous-unité 50 S. En raison des différences entre les ribosomes des eucaryotes et ceux des procaryotes, les antibiotiques peuvent tuer la cellule microbienne sans porter atteinte aux ribosomes cytoplasmiques de la cellule hôte eucaryote.

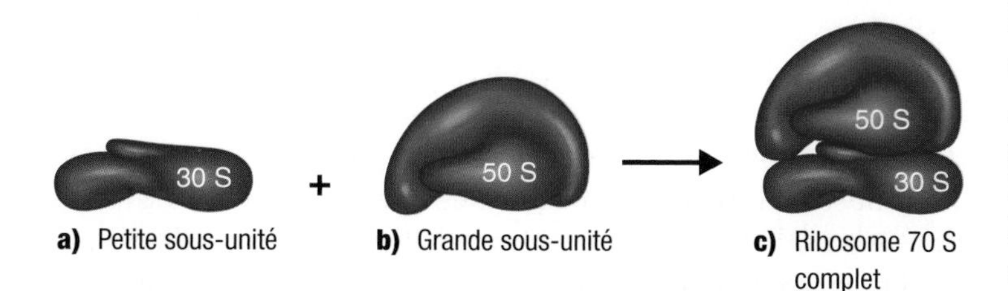

Figure 3.17 Ribosome procaryote. Une petite sous-unité 30 S et une grande sous-unité 50 S composent le ribosome procaryote complet de 70 S.

* La lettre S est le symbole de l'unité Svedberg, qui indique la vitesse de sédimentation relative lors de la centrifugation à ultra-haute vitesse. La vitesse de sédimentation d'une particule est fonction de sa taille, de sa masse et de sa forme.

Les inclusions

On trouve dans le cytoplasme de la cellule procaryote plusieurs types de dépôts de réserve, appelés **inclusions**. La cellule y accumule certains nutriments quand ils sont en abondance et les utilise quand le milieu s'appauvrit. Les résultats expérimentaux suggèrent que les macromolécules concentrées dans les inclusions préviennent l'augmentation de la pression osmotique qui aurait lieu si ces molécules étaient dispersées dans le cytoplasme. Certaines inclusions sont communes à un large éventail de bactéries, alors que d'autres sont limitées à un petit nombre d'espèces et servent alors de points de repère pour l'identification.

Les granules métachromatiques

Les **granules métachromatiques** sont de grandes inclusions qui doivent leur nom au fait qu'elles se colorent parfois en rouge sous l'action de certains colorants bleus tels que le bleu de méthylène. On les appelle aussi collectivement **volutine**. La volutine est une réserve de phosphates inorganiques (polyphosphates) qui peut servir à la synthèse d'ATP. Elle se forme habituellement dans les cellules qui croissent dans des milieux riches en phosphate. On observe des granules métachromatiques non seulement chez les bactéries, mais aussi chez les algues, les mycètes et les protozoaires. Elles sont caractéristiques de *Corynebacterium diphteriæ*, la bactérie qui cause la diphtérie ; elles ont ainsi une valeur diagnostique.

Les granules de polysaccharides

Les inclusions appelées **granules de polysaccharides** sont généralement constituées de glycogène et d'amidon, et leur présence peut être révélée par l'application d'iode aux cellules. En présence d'iode, les granules de glycogène sont brun rougeâtre et les granules d'amidon, bleus.

Les inclusions de lipides

On observe des **inclusions de lipides** dans diverses espèces de *Mycobacterium*, de *Bacillus*, d'*Azotobacter*, de *Spirillum* et d'autres genres. Une façon répandue de stocker les lipides, unique aux bactéries, est de les emmagasiner sous la forme d'un polymère, l'*acide poly-β-hydroxybutyrique*. On révèle les inclusions de lipides en traitant les cellules aux colorants liposolubles, tels que les colorants au noir Soudan.

Les granules de soufre

Certaines bactéries – par exemple les thiobactéries qui appartiennent au genre *Thiobacillus* – tirent de l'énergie de l'oxydation du soufre et des composés sulfurés. Ces bactéries peuvent former des **granules de soufre** dans la cellule, qui servent de réserves d'énergie.

Les carboxysomes

Les **carboxysomes** sont des inclusions qui contiennent une enzyme, la ribulose 1,5-diphosphate carboxylase. Les bactéries photosynthétiques, dont la seule source de carbone est le dioxyde de carbone, ont besoin de cette enzyme pour fixer ce dernier. Parmi les bactéries qui ont des carboxysomes, on compte les bactéries nitrifiantes, les cyanobactéries et les thiobacilles.

Les vacuoles gazeuses

On appelle **vacuoles gazeuses**, ou **à gaz**, certaines cavités présentes chez de nombreuses cellules procaryotes aquatiques, dont les cyanobactéries, les bactéries photosynthétiques anoxygéniques et les bactéries halophiles. Les vacuoles gazeuses sont des organes de flottaison qui permettent à la cellule de se maintenir dans l'eau à une profondeur appropriée, où elles reçoivent suffisamment d'oxygène, de lumière et de nutriments.

Les magnétosomes

Les **magnétosomes** sont des inclusions d'oxyde de fer (Fe_3O_4), constituées par plusieurs espèces de bactéries à Gram négatif telles que *Magnetospirillum magnetotacticum*, qui agissent comme des aimants (**figure 3.18**). Les bactéries peuvent se servir des magnétosomes pour se déplacer jusqu'à ce qu'elles atteignent un point d'attache qui leur convient. En laboratoire, les magnétosomes peuvent décomposer le peroxyde d'hydrogène, qui se forme dans les cellules en présence d'oxygène. Les chercheurs estiment qu'ils protègent la cellule contre l'accumulation de cette molécule.

Les endospores

Quand les nutriments essentiels viennent à manquer, certaines bactéries à Gram positif, notamment celles des genres *Clostridium* et *Bacillus*, produisent une forme de cellule « dormante », appelée **endospore** (**figure 3.19**). Comme nous le verrons plus tard, quelques espèces du genre *Clostridium* sont responsables de maladies telles que la gangrène, le tétanos, le botulisme et les intoxications alimentaires. Certaines espèces du genre *Bacillus* causent l'anthrax et des intoxications alimentaires. Les endospores, qui sont uniques aux bactéries, sont des cellules déshydratées, très durables, munies d'une paroi épaisse et de couches externes supplémentaires. Elles se forment à l'intérieur de la membrane de la cellule bactérienne.

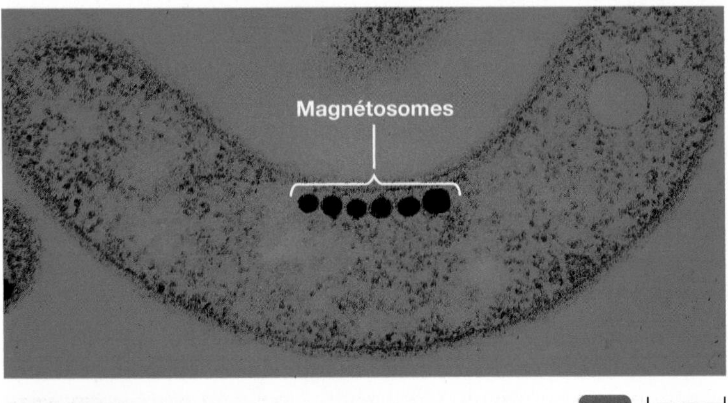

Figure 3.18 Chaîne de magnétosomes.

Quand elles sont libérées dans l'environnement, elles peuvent résister à la chaleur extrême, à l'absence d'eau ainsi qu'à l'exposition à de nombreux produits chimiques toxiques et aux rayonnements. Par exemple, des endospores de *Thermoactinomyces vulgaris*, vieilles de 7 500 ans, ont été extraites de la vase glaciale d'Elk Lake au Minnesota et ont germé après avoir été mises dans un milieu nutritif et incubées. On a rapporté que des endospores vieilles de 25 à 40 millions d'années, emprisonnées dans l'ambre, ont germé après avoir été mises dans un milieu nutritif. On trouve les véritables endospores chez les bactéries à Gram positif, mais une espèce à Gram négatif, *Coxiella burnetii* – microorganisme causant la fièvre Q, une forme de pneumonie atypique –, produit des structures qui leur sont semblables, qui résistent comme elles à la chaleur et aux agents chimiques, et qui réagissent aux mêmes colorants (figure 19.14).

La formation d'une endospore dans une *cellule végétative* – cellule mère dont les fonctions métaboliques sont actives – s'effectue sur plusieurs heures et s'appelle **sporulation**, ou **sporogenèse** (figure 3.19a). Ce processus est déclenché lorsqu'un nutriment clé, telle une source de carbone ou d'azote, devient rare ou inaccessible. Durant le premier stade observable de la sporulation, un chromosome bactérien récemment répliqué et une petite quantité de cytoplasme sont isolés par des invaginations de la membrane plasmique qui donnent naissance à ce qu'on appelle le *septum transversal*. Ce dernier devient une membrane double qui enveloppe le chromosome et le cytoplasme. La structure ainsi formée, entièrement contenue dans la cellule d'origine, s'appelle *préspore*. D'épaisses couches de peptidoglycane se constituent entre les deux membranes. Puis, une épaisse *tunique sporale* composée de protéines se forme autour de la membrane externe. La tunique confère à l'endospore sa résistance à un grand nombre d'agents chimiques ou physiques nocifs. Une fois à maturité, l'endospore est libérée par rupture (lyse) de la paroi de la cellule végétative.

Le diamètre de l'endospore peut être égal à celui de la cellule végétative. Il peut aussi être plus petit ou plus grand – dans le cas d'une spore non déformante et d'une spore déformante, respectivement. Selon l'espèce, la position de l'endospore dans la cellule végétative peut être *terminale* (formée à une extrémité), *subterminale* (formée près d'une extrémité ; figure 3.19b) ou *centrale*.

La majeure partie de l'eau qui se trouve dans le cytoplasme de la préspore est éliminée au cours de la sporulation. Il n'y a pas de réactions métaboliques dans une endospore. L'intérieur hautement déshydraté contient seulement de l'ADN, de petites quantités d'ARN, des ribosomes, des enzymes et quelques petites molécules importantes. Parmi celles-ci se trouve une quantité étonnante d'un composé organique, appelé *acide dipicolinique*, accompagné d'un grand nombre d'ions calcium. Ces composants cellulaires sont essentiels à la reprise du métabolisme qui s'effectuera plus tard.

Les endospores peuvent rester en dormance pendant des millénaires. Elles retournent à l'état végétatif grâce à un processus appelé **germination**, qui est déclenché par le retour de conditions environnementales favorables. À la suite d'une lésion de la tunique sporale par un agent physique ou chimique, les enzymes de l'endospore se mettent à dégrader les couches protectrices qui l'enveloppent, l'eau y entre et le métabolisme reprend. Puisque la cellule végétative forme une seule endospore qui, après la germination,

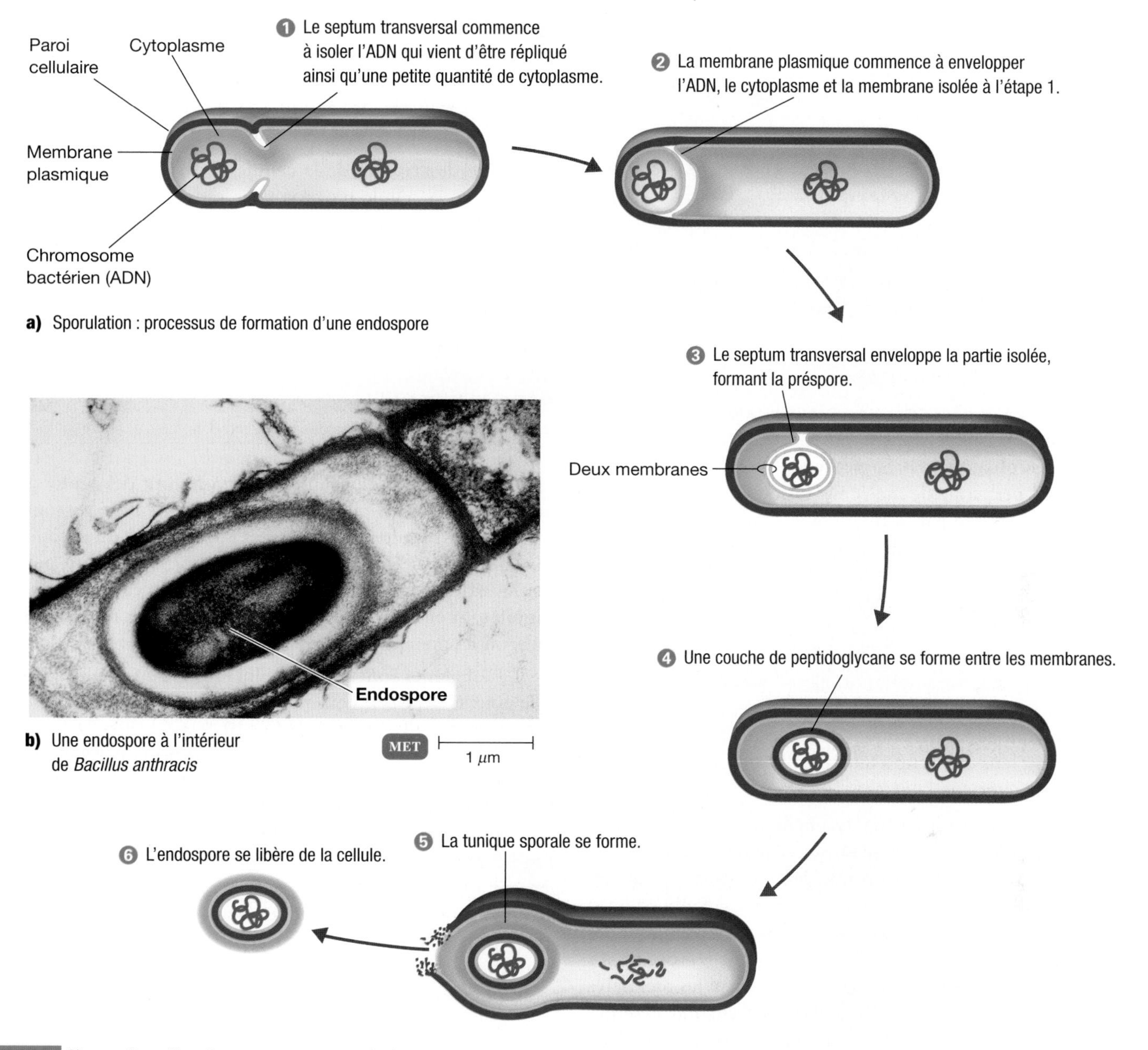

Paroi cellulaire
Cytoplasme
1 Le septum transversal commence à isoler l'ADN qui vient d'être répliqué ainsi qu'une petite quantité de cytoplasme.
2 La membrane plasmique commence à envelopper l'ADN, le cytoplasme et la membrane isolée à l'étape 1.
Membrane plasmique
Chromosome bactérien (ADN)
a) Sporulation : processus de formation d'une endospore
3 Le septum transversal enveloppe la partie isolée, formant la préspore.
Deux membranes
Endospore
b) Une endospore à l'intérieur de *Bacillus anthracis*
MET
1 μm
4 Une couche de peptidoglycane se forme entre les membranes.
6 L'endospore se libère de la cellule.
5 La tunique sporale se forme.

Figure 3.19 **Formation d'endospores, ou sporulation.**

constitue une seule cellule, la sporulation chez les bactéries *n'est pas* un moyen de reproduction. Le processus ne fait pas augmenter le nombre de cellules.

Les endospores jouent un rôle important en milieu clinique et dans l'industrie de l'alimentation, d'une part parce qu'elles se dispersent facilement dans l'air (du fait qu'elles sont déshydratées), et d'autre part parce qu'elles résistent aux traitements qui tuent normalement les cellules végétatives. Ces derniers comprennent la chaleur, le gel, la dessiccation, l'utilisation d'agents chimiques et les rayonnements. Alors que la plupart des cellules végétatives sont tuées par l'exposition à des températures supérieures à 70 °C, les endospores peuvent survivre dans l'eau bouillante pendant plusieurs heures. Celles des bactéries thermophiles peuvent y résister pendant 19 heures.

Du point de vue médical, les bactéries qui forment des endospores représentent un danger évident. Leur dissémination facile (elles sont volatiles) et leur résistance à des traitements ordinaires de stérilisation et de désinfection en font des agents pathogènes redoutables.

Les bactéries qui forment des endospores sont aussi une source de problèmes dans l'industrie de l'alimentation parce qu'elles peuvent survivre à des traitements inadéquats et, si les conditions de croissance sont réunies, elles peuvent, selon les espèces, produire des toxines et occasionner des maladies. Par exemple, en 1975 aux États-Unis, on a rapporté une centaine de cas de mortalité de jeunes bébés à la suite d'une intoxication à une bactérie sporulée, *Clostridium botulinum*, dont les endospores auraient été trouvées dans du miel. Il semble que l'organisme des très jeunes enfants combatte moins bien l'action toxique des endospores qui germent et se développent. Nous examinerons au chapitre 14 les méthodes particulières qui permettent d'éliminer les microorganismes producteurs d'endospores.

▶ Vérifiez vos acquis

Comment les plasmides participent-ils à la virulence des bactéries? **3-10**

Quel est le sort réservé à des bactéries plongées dans une solution hypotonique? dans une solution hypertonique? **3-11**

Quelles sont les conditions qui entraînent la formation d'endospores chez les bactéries? **3-12**

* * *

Retenons que l'organisation structurale et fonctionnelle de la bactérie en fait une cellule dont le potentiel de croissance et de multiplication est phénoménal. Sa petitesse – associée à un cytoplasme contenant beaucoup de molécules dissoutes dont la concentration élevée est assurée par la membrane semi-perméable et la paroi cellulaire –, la présence de nombreux ribosomes dispersés dans tout le cytoplasme et la présence d'un chromosome facilement accessible constituent une organisation qui lui permet de produire à grande vitesse toutes les protéines nécessaires à sa croissance et à sa multiplication. Toute altération d'un de ces composants essentiels constitue une attaque grave sinon mortelle à l'intégrité de la cellule bactérienne. Beaucoup de procédés et de produits chimiques antimicrobiens, tels que les antiseptiques, les désinfectants et les antibiotiques, doivent leur efficacité à leur action sur l'un ou l'autre de ces constituants bactériens.

Ayant examiné l'anatomie fonctionnelle de la cellule procaryote, nous nous penchons maintenant sur celle de la cellule eucaryote. Nous constaterons que l'anatomie de la cellule eucaryote est plus complexe que celle de la cellule procaryote; sa taille est aussi plus volumineuse. On pourrait croire que les bactéries, qui sont des cellules procaryotes, sont moins évoluées parce qu'elles sont moins complexes. Retenons que les bactéries ont été parmi les premières cellules à apparaître sur la Terre et qu'elles sont encore présentes aujourd'hui en grande partie grâce à leur simplicité, qui leur confère une grande capacité d'adaptation. Leur petitesse leur donne aussi un avantage majeur; elles se multiplient en effet beaucoup plus rapidement que les cellules eucaryotes.

LA CELLULE EUCARYOTE

Nous avons déjà mentionné que les organismes eucaryotes comprennent les algues, les protozoaires, les mycètes (ou champignons), les plantes supérieures et les animaux. Certains d'entre eux sont susceptibles de causer des maladies. Par exemple, des algues sont toxiques, des protozoaires provoquent des diarrhées, des mycètes infectent la peau, des helminthes sont responsables de troubles digestifs. L'étude de la cellule eucaryote nous permettra d'aborder l'organisation anatomique des cellules qui composent ces organismes.

En règle générale, la cellule eucaryote est plus grosse et plus complexe sur le plan structural que la cellule procaryote (**figure 3.20**). En comparant la structure de la cellule procaryote représentée à la figure 3.6 avec celle de la cellule eucaryote, on se rend compte des différences entre ces deux types de cellules. Le **tableau 3.2** présente un résumé des principales différences entre les cellules procaryotes et les cellules eucaryotes.

Notre description de la cellule eucaryote suit le même plan que celle de la cellule procaryote. C'est ainsi que nous commençons par les structures externes qui se situent dans le prolongement de la cellule.

Les flagelles et les cils

▶ Objectif d'apprentissage

3-13 Comparer les flagelles des cellules procaryotes et eucaryotes.

Beaucoup de types de cellules eucaryotes ont des prolongements qui servent à la locomotion ou au déplacement de substances à la surface de la cellule. Ces structures contiennent du cytoplasme et sont limitées par la membrane plasmique. Si elles sont peu nombreuses et longues par rapport à la taille de la cellule, on les appelle **flagelles**. Si elles sont nombreuses et courtes, et ressemblent à des poils, on les appelle **cils**.

Les euglènes sont des unicellulaires qui utilisent un long flagelle pour se déplacer, alors que les protozoaires tels que *Tetrahymena* se servent de cils (**figure 3.21a** et **b**). Les flagelles et les cils sont ancrés dans la membrane plasmique par un corpuscule basal. Le filament du flagelle procaryote est un cylindre creux composé d'une protéine nommée *flagelline,* tandis que les flagelles et les cils eucaryotes sont formés de neuf paires de microtubules (doublets) disposées en cercle et d'une paire de microtubules centraux, arrangement appelé *disposition de type 9 + 2* (**figure 3.21c**). Les **microtubules** sont de longs cylindres creux composés d'une protéine appelée *tubuline.* Le flagelle procaryote tourne sur lui-même, alors que le mouvement du flagelle eucaryote est ondulatoire, l'onde pouvant être plate ou hélicoïdale (**figure 3.21d**).

La paroi cellulaire et le glycocalyx

▶ Objectif d'apprentissage

3-14 Comparer la paroi cellulaire et le glycocalyx des cellules procaryotes et eucaryotes.

La plupart des cellules eucaryotes possèdent une paroi cellulaire, bien que cette dernière soit en règle générale beaucoup plus simple que celle de la cellule procaryote. Beaucoup d'algues ont une paroi constituée (comme celle de toutes les plantes) de *cellulose*, un polysaccharide; d'autres molécules peuvent aussi être présentes. La paroi de certains mycètes contient également de la cellulose, mais chez la plupart de ces organismes, le principal composant structural de la paroi cellulaire est la *chitine,* un polysaccharide formé d'unités de N-acétylglucosamine (NAG) polymérisés. (La chitine est aussi le principal composant structural de l'exosquelette des crustacés et des insectes.) La paroi cellulaire des levures contient du *glucane* et

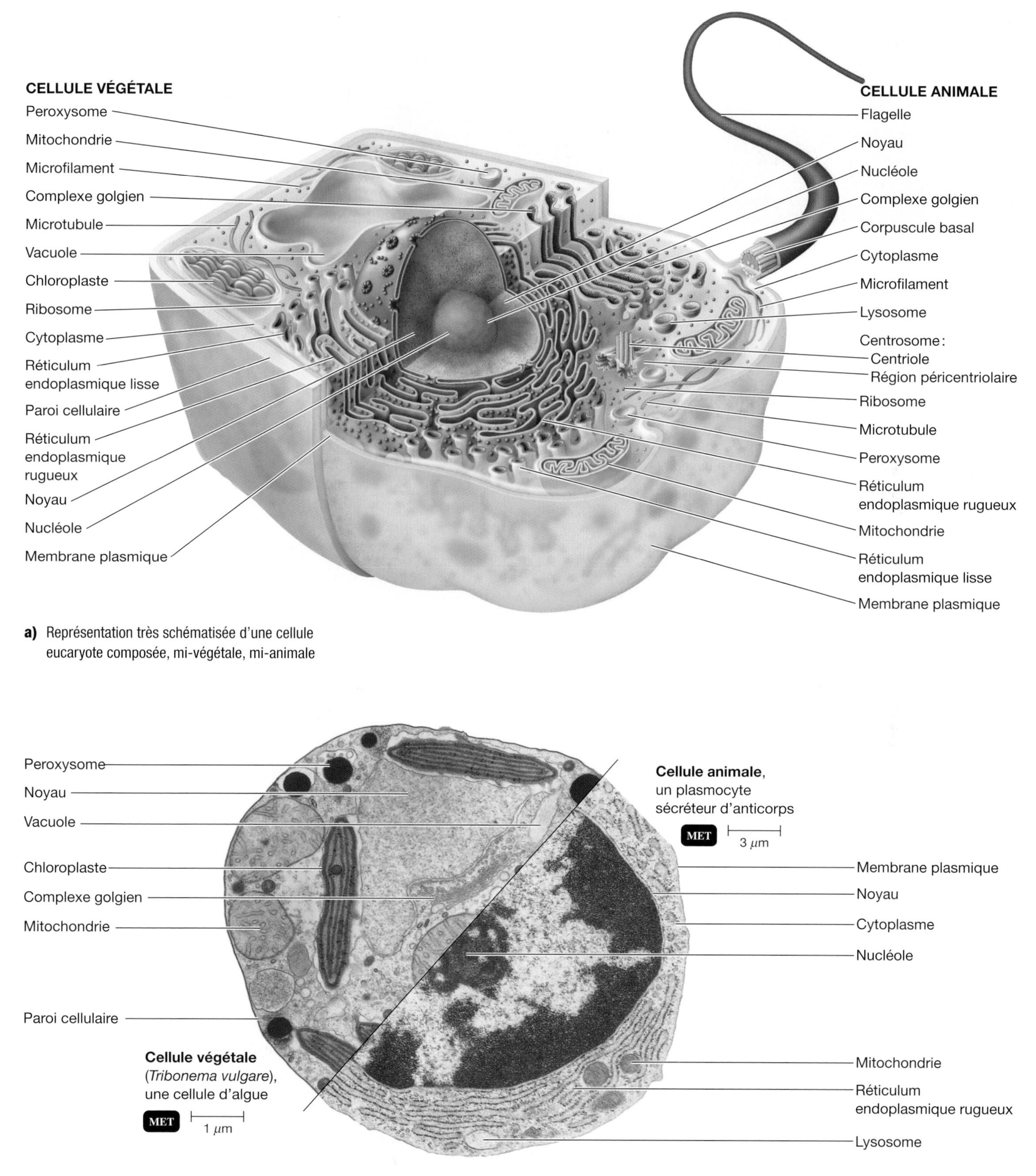

a) Représentation très schématisée d'une cellule eucaryote composée, mi-végétale, mi-animale

b) Micrographies au microscope électronique à transmission d'une cellule végétale et d'une cellule animale

Figure 3.20 Cellules eucaryotes et leurs principales structures.

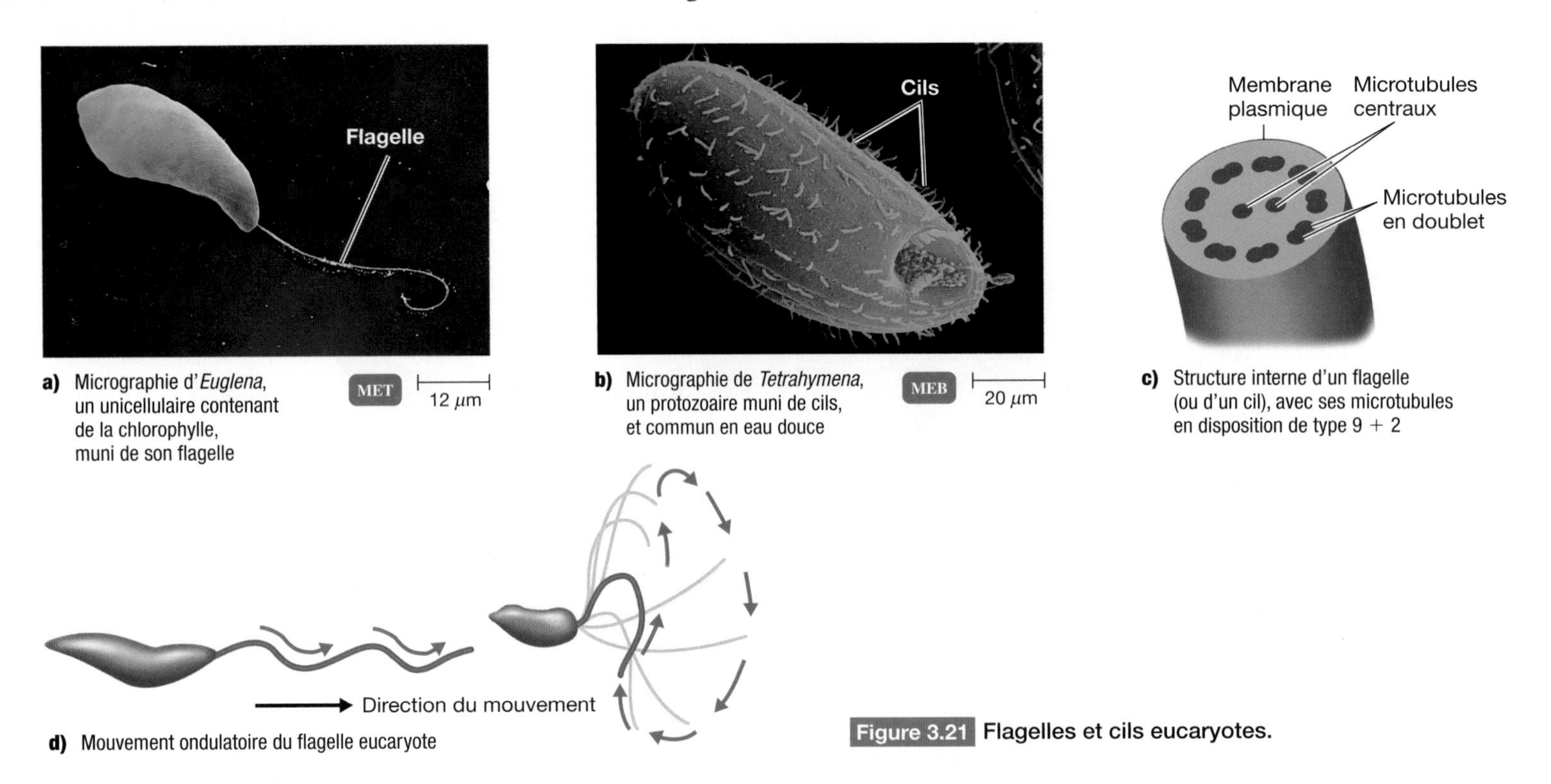

a) Micrographie d'*Euglena*, un unicellulaire contenant de la chlorophylle, muni de son flagelle

b) Micrographie de *Tetrahymena*, un protozoaire muni de cils, et commun en eau douce

c) Structure interne d'un flagelle (ou d'un cil), avec ses microtubules en disposition de type 9 + 2

d) Mouvement ondulatoire du flagelle eucaryote

Figure 3.21 Flagelles et cils eucaryotes.

Tableau 3.2 Principales différences entre les cellules procaryotes et les cellules eucaryotes

Caractéristique	Procaryote	Eucaryote
Taille de la cellule	Diamètre typique : de 0,2 à 2,0 μm	Diamètre typique : de 10 à 100 μm
Noyau	Sans enveloppe nucléaire ni nucléole	Vrai noyau, comprenant une enveloppe nucléaire et un ou des nucléoles
Organites limités par une membrane	Absents	Présents ; exemples : lysosomes, complexe golgien, réticulum endoplasmique, mitochondries et chloroplastes
Flagelle	Assemblé à partir de deux composants protéiques	Complexe ; composé de multiples microtubules
Glycocalyx	Présent sous forme de capsule ou de couche visqueuse	Présent sur certaines cellules dépourvues de paroi cellulaire
Paroi cellulaire	Habituellement présente ; chimiquement complexe (la paroi cellulaire des bactéries comprend généralement du peptidoglycane)	Chimiquement simple lorsqu'elle est présente
Membrane plasmique	Absence de glucides et, en général, de stérols	Présence de stérols, et de glucides qui servent de récepteurs
Cytoplasme	Absence de cytosquelette et de mouvements cytoplasmiques (cyclose)	Cytosquelette ; cyclose
Ribosomes	Petite taille (70 S)	Grande taille (80 S) ; petite taille (70 S) dans les organites, telles les mitochondries
Structure du chromosome (ADN)	Chromosome circulaire unique ; dépourvu d'histones	Multiples chromosomes linéaires avec histones
Division cellulaire	Scissiparité	Mitose
Reproduction sexuée	Absence de méiose ; transfert d'ADN limité à des fragments	Caractérisée, entre autres processus, par la méiose

du *mannane*, deux polysaccharides. Chez les eucaryotes dépourvus de paroi cellulaire, la membrane plasmique peut servir d'enveloppe externe ; toutefois, les cellules qui sont en contact direct avec l'environnement ont parfois un revêtement qui protège la membrane plasmique. Les protozoaires n'ont pas de paroi cellulaire au sens strict ; ils ont plutôt une enveloppe externe flexible appelée *pellicule*.

Dans le cas des autres cellules eucaryotes, y compris les cellules animales, la membrane plasmique est recouverte d'un **glycocalyx**, couche de matière contenant une quantité substantielle de glucides visqueux. Certains de ces glucides sont combinés par des liaisons covalentes à des protéines et à des lipides de la membrane plasmique pour former des glycoprotéines et des glycolipides qui fixent le glycocalyx à la cellule. Le glycocalyx renforce la surface cellulaire, favorise l'adhérence des cellules les unes aux autres et contribue peut-être à la reconnaissance intercellulaire.

Q/R Les cellules eucaryotes ne contiennent pas de peptidoglycane, qui constitue la charpente de la paroi des bactéries. Cette propriété est importante sur le plan médical parce que les antibiotiques tels que les pénicillines et les céphalosporines agissent sur le peptidoglycane et, de ce fait, ne touchent pas les cellules eucaryotes humaines. Q/R

La membrane plasmique

▶ Objectif d'apprentissage

3-15 Comparer la membrane plasmique des cellules procaryotes et eucaryotes.

Les cellules procaryotes et eucaryotes ont des **membranes plasmiques** (cytoplasmiques) qui sont très semblables par leur fonction et leur structure fondamentale. Toutefois, il y a des différences quant aux types de protéines qui s'y trouvent. Les membranes eucaryotes contiennent aussi des glucides, qui servent de sites récepteurs ayant un rôle dans des fonctions telles que la reconnaissance intercellulaire. Ces glucides procurent aux bactéries des sites d'attachement qui lui permettent de se fixer. Les membranes plasmiques eucaryotes contiennent également des *stérols*, lipides complexes qui sont absents des membranes plasmiques procaryotes (sauf dans les cellules de *Mycoplasma*). Les stérols semblent liés à la capacité des membranes à résister à la lyse causée par l'élévation de la pression osmotique.

Les substances peuvent traverser les membranes plasmiques procaryotes et eucaryotes par diffusion simple, diffusion facilitée, osmose ou transport actif. La translocation de groupe n'existe pas dans les cellules eucaryotes. En revanche, ces dernières peuvent utiliser un mécanisme appelé **endocytose**, qui a lieu quand un segment de membrane plasmique enveloppe complètement une particule ou une grosse molécule et la fait pénétrer dans la cellule. La phagocytose et la pinocytose sont deux types d'endocytose très importants. Durant la *phagocytose*, des prolongements cellulaires appelés *pseudopodes* entourent les particules et les font entrer dans la cellule. La phagocytose est utilisée par certains leucocytes pour détruire les bactéries et les substances étrangères (figure 11.7). Au cours de la *pinocytose*, la membrane plasmique forme une invagination qui entraîne du liquide extracellulaire dans la cellule avec les substances qui y sont dissoutes. Les virus peuvent pénétrer dans la cellule par pinocytose (figure 8.14).

Le cytoplasme

▶ Objectif d'apprentissage

3-16 Comparer le cytoplasme des cellules procaryotes et eucaryotes.

Le **cytoplasme** des cellules eucaryotes comprend la substance contenue à l'intérieur de la membrane plasmique et à l'extérieur du noyau (figure 3.20a). C'est la substance dans laquelle on trouve divers composants cellulaires. Le terme **cytosol** désigne la partie liquide du cytoplasme, dans laquelle se trouvent les organites. Une des principales différences entre le cytoplasme procaryote et le cytoplasme eucaryote, c'est que ce dernier possède une structure interne complexe, sorte de réseau constitué de plusieurs types de filaments protéiques appelés respectivement, des plus petits aux plus gros, *microfilaments*, *filaments intermédiaires* et *microtubules*. Ensemble, ils composent le **cytosquelette**. Ce dernier soutient la cellule et contribue à lui donner sa forme. Il aide à maintenir les organites en place (tel le noyau) et facilite le transport des substances dans le cytoplasme ainsi que le déplacement de la cellule entière, comme dans le cas de la phagocytose. Le mouvement du cytoplasme eucaryote d'une partie de la cellule à l'autre, qui contribue à la distribution des nutriments, au déplacement des organites en suspension et à la progression de la cellule sur une surface solide, s'appelle **cyclose**. Le cytoplasme de la cellule eucaryote se distingue également de celui de la cellule procaryote par le fait que beaucoup d'enzymes importantes qui sont en suspension dans le liquide cytoplasmique chez les procaryotes se trouvent séquestrées dans des organites chez les eucaryotes.

Les ribosomes

▶ Objectif d'apprentissage

3-17 Comparer la structure et la fonction des ribosomes des cellules procaryotes et eucaryotes.

Les **ribosomes** (figure 3.23) sont fixés à la surface externe du RE rugueux, mais se trouvent aussi à l'état libre dans le cytoplasme. Comme chez les procaryotes, les ribosomes sont le siège de la synthèse des protéines dans la cellule.

Les ribosomes du RE rugueux et du cytoplasme eucaryotes sont un peu plus gros et denses que ceux des cellules procaryotes. Ce sont des ribosomes 80 S, composés d'une grande sous-unité 60 S ayant trois molécules d'ARNr et d'une petite sous-unité 40 S ayant une molécule d'ARNr. Les sous-unités sont synthétisées séparément dans le nucléole. Elles quittent ensuite le noyau et se réunissent dans le cytosol. Les chloroplastes et les mitochondries contiennent des ribosomes 70 S, ce qui indique peut-être que ces structures descendent des procaryotes. Nous examinons cette hypothèse plus loin dans le présent chapitre. Nous décrirons plus en détail au chapitre 24 EN LIGNE le rôle des ribosomes dans la synthèse des protéines.

Certains ribosomes, appelés *ribosomes libres*, ne sont liés à aucune autre structure du cytoplasme. Ils synthétisent principalement des protéines qui sont utilisées *à l'intérieur* de la cellule. Les autres ribosomes, appelés *ribosomes liés à la membrane*, se fixent à l'enveloppe nucléaire et au réticulum endoplasmique rugueux. Parfois, on trouve de 10 à 20 ribosomes reliés en chapelet; ils portent alors le nom de *polyribosome*. Ils synthétisent des protéines qui seront insérées dans la membrane plasmique ou exportées par la cellule (par sécrétion). Les ribosomes présents dans les mitochondries synthétisent les protéines mitochondriales.

Nous avons mentionné que, en raison des différences entre les ribosomes des eucaryotes et ceux des procaryotes, les antibiotiques peuvent tuer la cellule bactérienne sans porter atteinte aux ribosomes cytoplasmiques de la cellule hôte eucaryote. Toutefois, les ribosomes des mitochondries, qui sont semblables aux ribosomes bactériens, peuvent être touchés par les antibiotiques. La synthèse des protéines mitochondriales est alors interrompue, et la cellule hôte se trouve atteinte elle aussi.

▶ Vérifiez vos acquis

Nommez au moins une différence importante entre la cellule procaryote et la cellule eucaryote quant au flagelle, aux cils, à la paroi cellulaire, à la membrane plasmique et au cytoplasme. **3-13 à 3-16**

L'érythromycine est un antibiotique qui s'attache à la sous-unité 50 S du ribosome. Quel est l'effet de cet antibiotique sur la cellule procaryote? sur la cellule eucaryote? **3-17**

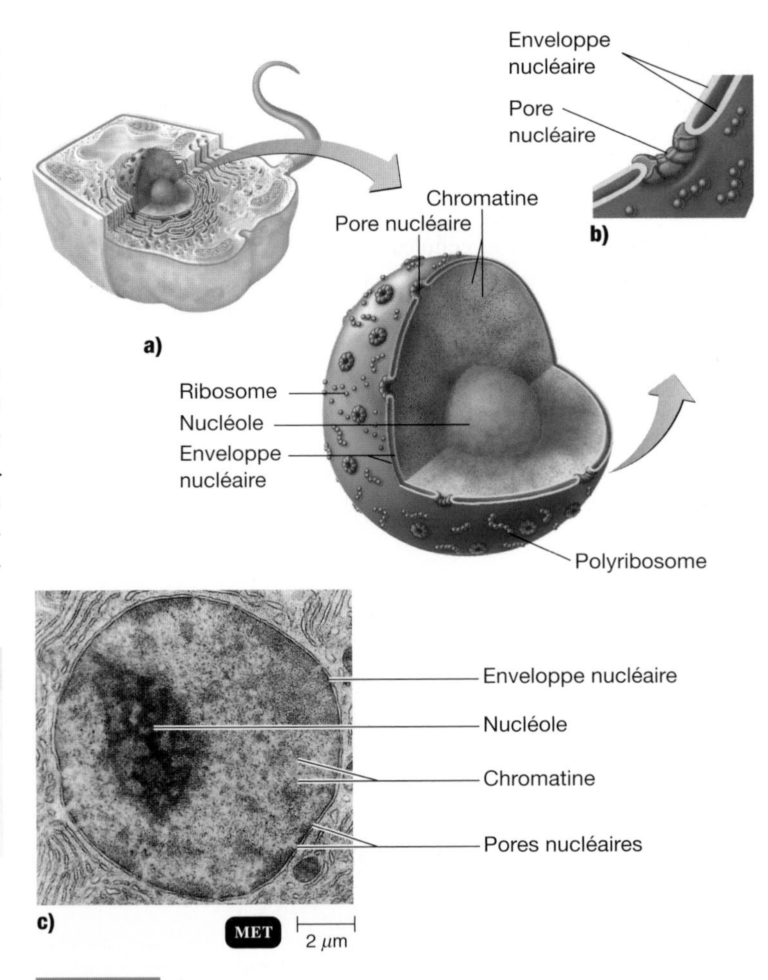

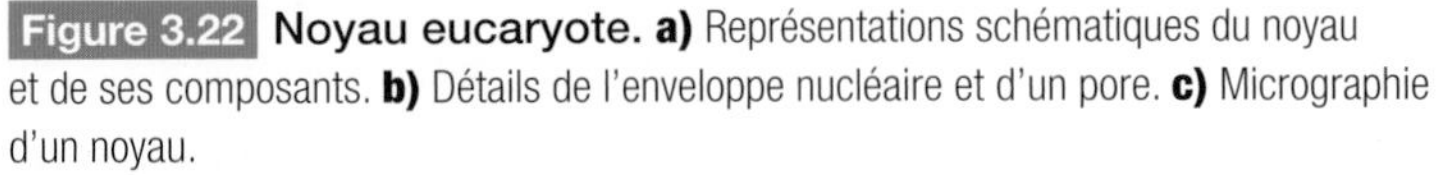

Figure 3.22 **Noyau eucaryote. a)** Représentations schématiques du noyau et de ses composants. **b)** Détails de l'enveloppe nucléaire et d'un pore. **c)** Micrographie d'un noyau.

Les organites

▶ Objectifs d'apprentissage

3-18 Définir l'organite.

3-19 Décrire les fonctions du noyau, du réticulum endoplasmique (rugueux et lisse), du complexe golgien, des lysosomes, des vacuoles, des mitochondries, des chloroplastes, des peroxysomes et des centrosomes.

Les **organites** sont des structures propres aux cellules eucaryotes, qui ont des formes caractéristiques et des fonctions spécialisées. Ils comprennent le noyau, le réticulum endoplasmique, le complexe golgien, les lysosomes, les vacuoles, les mitochondries, les chloroplastes, les peroxysomes et les centrosomes. Tous les organites décrits ne sont pas présents dans toutes les cellules. Certaines cellules possèdent leur propre type d'organites et une distribution particulière basés sur leur âge, leur niveau d'activité et leur spécialité.

Le noyau

Le **noyau** (figure 3.22a) est l'organite le plus caractéristique de la cellule eucaryote. Il est habituellement sphérique ou ovale; il est fréquemment la plus grande structure dans la cellule et contient presque tout le patrimoine héréditaire (ADN) de cette dernière. Une petite quantité d'ADN se trouve également dans les mitochondries et dans les chloroplastes.

Le noyau est entouré d'une membrane double appelée **enveloppe nucléaire**. Chacune des membranes de l'enveloppe ressemble par sa structure à la membrane plasmique. De minuscules canaux appelés **pores nucléaires** traversent les membranes et permettent au noyau de communiquer avec le cytoplasme (figure 3.22b). Ces pores régissent le mouvement des substances entre le noyau et le cytoplasme. Dans l'espace limité par l'enveloppe nucléaire se trouvent un ou plusieurs corps sphériques appelés **nucléoles**. Ces derniers sont en fait des régions de chromosomes condensées où s'effectue la synthèse d'ARN ribosomal, composant essentiel des ribosomes.

L'ADN contenu dans le noyau est combiné à plusieurs protéines, dont certaines sont basiques. On compte parmi ces dernières les **histones** et les non-histones. Quand la cellule n'est pas en train de se reproduire, l'ADN et ses protéines ressemblent à une masse de filaments enchevêtrés appelée **chromatine**. Durant la division nucléaire, la chromatine s'enroule sur elle-même pour constituer des corps en forme de bâtonnet courts et épais appelés **chromosomes**. Ce processus n'a pas lieu dans la cellule procaryote. De plus, le chromosome de la cellule procaryote n'a pas d'histones et n'est pas contenu à l'intérieur d'une enveloppe nucléaire.

La cellule eucaryote fait appel à deux mécanismes complexes, la mitose et la méiose, pour effectuer la ségrégation des chromosomes avant la division cellulaire. Aucun de ces processus n'existe chez les procaryotes.

Le réticulum endoplasmique

Le **réticulum endoplasmique (RE)** constitue dans le cytoplasme de la cellule eucaryote un réseau étendu de sacs ou tubules membraneux et aplatis, appelés **citernes** (figure 3.23). Le réseau du RE et l'enveloppe nucléaire sont dans le prolongement l'un de l'autre.

La plupart des cellules eucaryotes contiennent deux formes de RE qui diffèrent par leur structure et leurs fonctions mais qui ont des rapports étroits. La membrane du **RE rugueux**, ou **RE granulaire**, prolonge celle de l'enveloppe nucléaire, et ses replis composent habituellement une série de sacs aplatis. La surface externe du RE rugueux est parsemée de ribosomes, sièges de la synthèse des protéines. Les protéines synthétisées par ces ribosomes passent à l'intérieur des citernes du RE, où elles sont traitées et triées. Dans certains cas, des enzymes situées dans les citernes lient les protéines à des glucides pour former des glycoprotéines. Dans d'autres cas, des enzymes lient les protéines à des phosphoglycérolipides, également synthétisés dans le RE rugueux. Certaines de ces molécules sont par la suite incorporées aux membranes d'organites ou à la membrane plasmique. Le RE rugueux est en quelque sorte une usine où s'effectue la synthèse de molécules membranaires et de protéines destinées à la sécrétion.

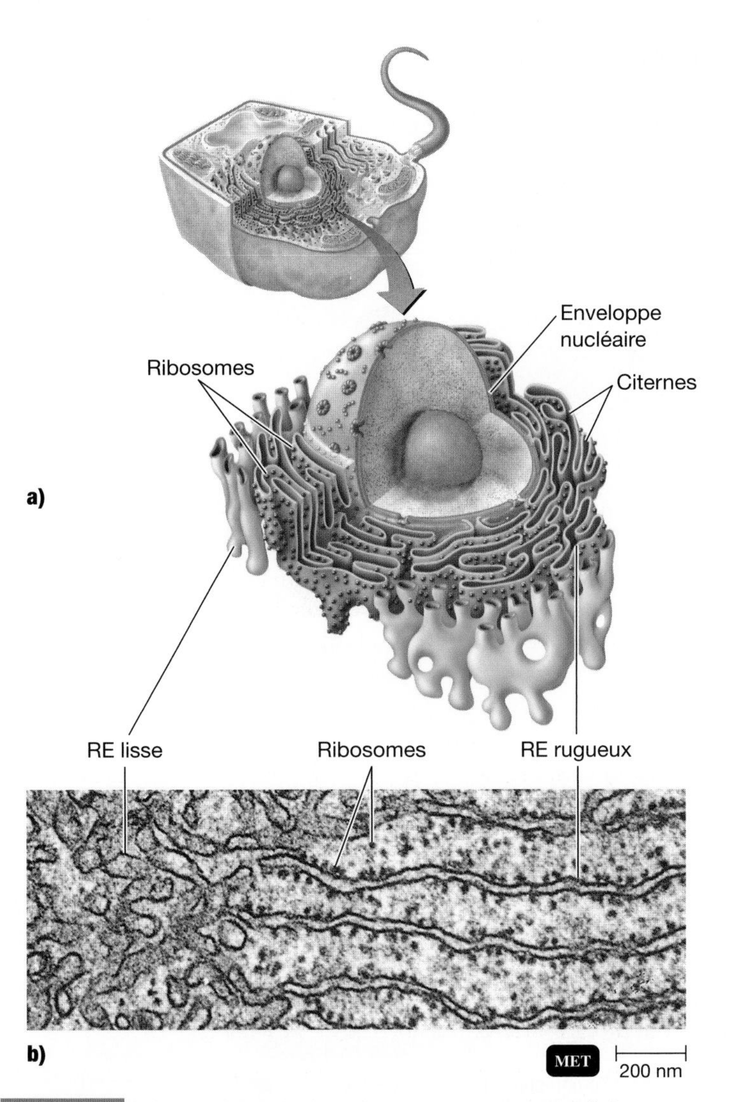

Figure 3.23 Réticulum endoplasmique rugueux parsemé de ribosomes et réticulum endoplasmique lisse. a) Schéma du réticulum endoplasmique. **b)** Micrographie du réticulum endoplasmique et des ribosomes.

Le **RE lisse**, ou **RE agranulaire**, prolonge le RE rugueux pour former un réseau de tubules membraneux (figure 3.23). Contrairement au RE rugueux, il ne possède pas de ribosomes. En revanche, il contient des enzymes uniques qui en font une structure plus diversifiée que le RE rugueux sur le plan fonctionnel. Bien qu'il ne synthétise pas de protéines, il produit des phosphoglycérolipides, à l'instar du RE rugueux. Les fonctions du RE lisse sont tributaires du type de cellule eucaryote. Dans les cellules humaines, par exemple, le RE lisse synthétise des corps gras et des stéroïdes, tels que les œstrogènes et la testostérone ; dans les cellules du foie, les enzymes du RE lisse participent à la libération du glucose dans la circulation sanguine et contribuent à inactiver et à détoxiquer les drogues, les médicaments et les autres substances qui peuvent avoir des effets nocifs (par exemple l'alcool).

Le complexe golgien

La plupart des protéines synthétisées par les ribosomes fixés au RE rugueux finissent par être transportées vers d'autres régions de la cellule. La première étape de cette voie de transport est le passage dans un organite appelé **complexe golgien**, ou appareil de Golgi. Ce dernier comprend de 3 à 20 sacs membraneux aplatis au milieu et bombés à la périphérie, nommés **saccules** ou **citernes**, qui ressemblent à des pains pitas empilés (figure 3.24). Les citernes sont souvent courbées et confèrent à cet organite l'aspect d'une tasse. La face convexe est appelée *face cis* et la face concave, *face trans.*

Les protéines synthétisées par les ribosomes du RE rugueux sont enveloppées par des portions de la membrane du RE, qui se détachent de la surface membranaire par bourgeonnement pour constituer des **vésicules de transport**. Les vésicules de transport fusionnent avec des citernes du complexe golgien et déversent leurs protéines dans les citernes (face cis). Les protéines sont modifiées et acheminées d'une citerne à l'autre par des **vésicules de transfert** qui se forment par bourgeonnement aux extrémités de chacune des citernes. Les enzymes des citernes modifient les protéines pour constituer des glycoprotéines et des lipoprotéines. Certaines des protéines traitées quittent les citernes dans des **vésicules de sécrétion**, qui se détachent des citernes (face trans) et transportent les protéines jusqu'à la membrane plasmique, où elles sont déversées dans le milieu par exocytose. D'autres protéines traitées quittent les citernes dans des vésicules et sont acheminées à la membrane plasmique pour y être incorporées. Enfin, certaines protéines traitées sont expédiées des citernes dans des **vésicules de stockage**. La principale vésicule de stockage est le lysosome, dont nous allons maintenant examiner la structure et les fonctions. En résumé, le complexe golgien modifie, trie et incorpore dans des vésicules les protéines qu'il a reçues du RE rugueux ; il libère des protéines par exocytose ; il remplace des portions de la membrane plasmique et forme les lysosomes.

Les lysosomes

Les **lysosomes** sont formés à partir du complexe golgien et ont l'aspect de sphères limitées par une membrane. Contrairement aux mitochondries, ils possèdent une seule membrane et sont dépourvus

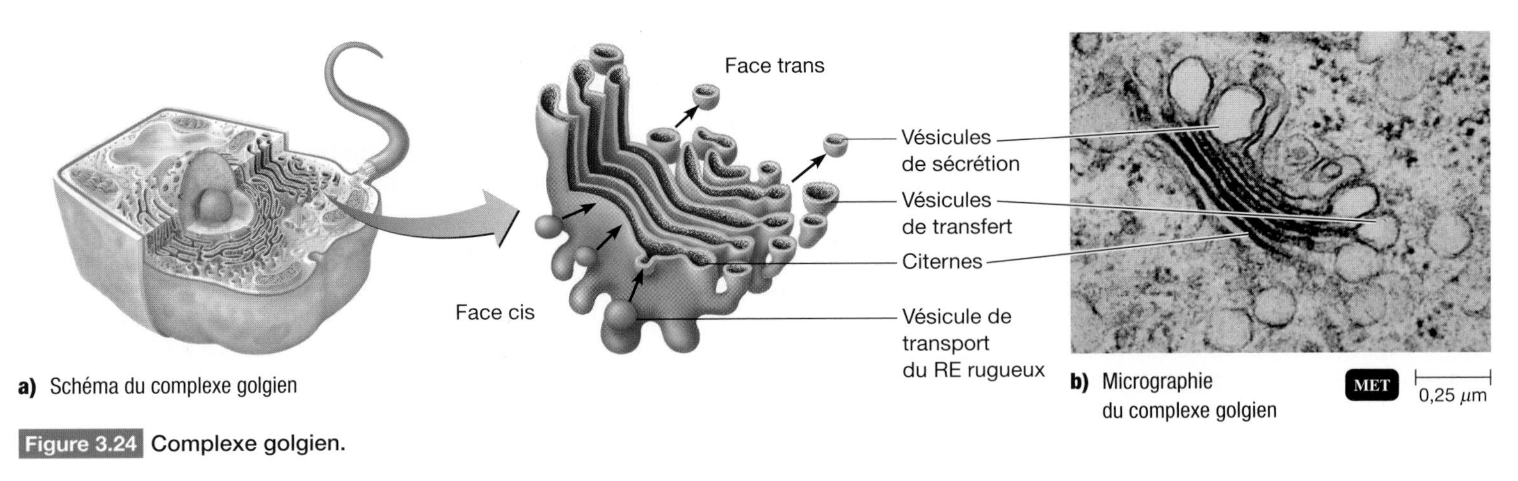

Figure 3.24 Complexe golgien.

de structure interne (figure 3.25). Toutefois, ils contiennent jusqu'à 40 sortes d'enzymes digestives capables de dégrader diverses molécules. De plus, ces enzymes peuvent digérer certaines bactéries qui entrent dans la cellule. Les leucocytes (globules blancs) humains, qui utilisent la phagocytose pour ingérer les bactéries, contiennent un grand nombre de lysosomes.

Les vacuoles

Une **vacuole** (figure 3.20) est un espace ou une cavité dans le cytoplasme d'une cellule qui est limité par une membrane appelée *tonoplaste.* Chez les plantes, les vacuoles peuvent occuper de 5 à 90% du volume cellulaire, selon le type de cellule. Les vacuoles se forment à partir du complexe golgien et accomplissent diverses fonctions. Certaines d'entre elles servent d'organites de stockage temporaire pour des substances telles que des protéines, des glucides, des acides carboxyliques (organiques) et des ions inorganiques. D'autres se forment au moment de l'endocytose et contribuent à l'approvisionnement de la cellule en nutriments. Beaucoup de cellules végétales y emmagasinent des déchets et des poisons qui seraient nocifs s'ils s'accumulaient dans le cytoplasme. Enfin, les vacuoles peuvent absorber de l'eau, ce qui permet aux cellules végétales d'augmenter leur taille et procure une certaine rigidité aux feuilles et aux tiges.

Les mitochondries

Les **mitochondries** sont des organites sphériques ou en forme de bâtonnet qui sont disséminés dans le cytoplasme de la plupart des cellules eucaryotes. Le nombre de mitochondries par cellule est très variable. Par exemple, *Giardia* est un protozoaire – souvent en cause dans les diarrhées – qui en est totalement dépourvu, alors que chaque cellule du foie en contient de 1 000 à 2 000. La mitochondrie est limitée par deux membranes dont la structure ressemble à celle de la membrane plasmique (**figure 3.25**). La membrane mitochondriale externe est lisse. La membrane interne forme une série de replis appelés **crêtes**. L'intérieur de l'organite consiste en une substance semi-liquide appelée **matrice mitochondriale**. En raison de la nature et de la disposition des crêtes, la membrane interne présente une énorme superficie qui se prête aux réactions chimiques. Certaines protéines qui participent à la respiration cellulaire, y compris les enzymes qui produisent l'ATP, sont situées sur les crêtes de la membrane mitochondriale interne et un grand nombre des étapes métaboliques de la respiration cellulaire sont concentrées dans la matrice (chapitre 23 EN LIGNE). On qualifie souvent la mitochondrie de «centrale énergétique» de la cellule à cause du rôle clé qu'elle joue dans la production d'ATP.

Les mitochondries contiennent des ribosomes 70 S et une certaine quantité d'ADN qui leur est propre, ainsi que tout ce qu'il

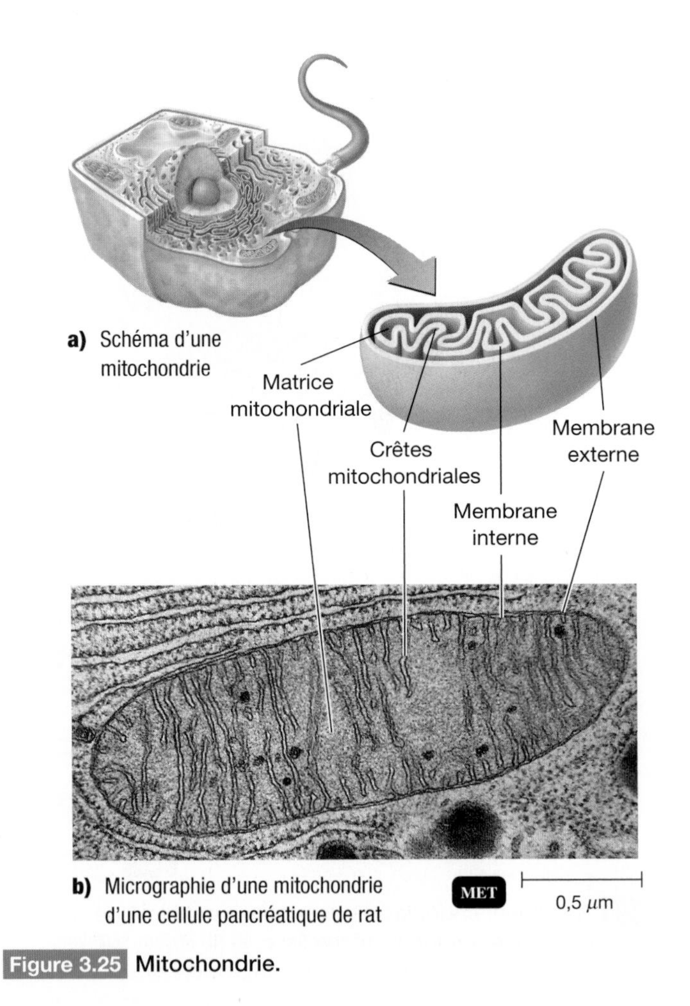

Figure 3.25 Mitochondrie.

faut pour répliquer, transcrire et traduire l'information codée dans leur ADN. De plus, elles peuvent se reproduire par elles-mêmes en grandissant et en se divisant en deux.

Les chloroplastes

Les algues et les plantes vertes possèdent un organite unique appelé **chloroplaste** (figure 3.26). Il s'agit d'une structure limitée par une membrane qui contient un pigment, la chlorophylle, et les enzymes nécessaires pour les phases de la photosynthèse au cours desquelles la lumière est absorbée. La chlorophylle est située dans des sacs membraneux aplatis appelés **thylakoïdes** ; ces derniers forment des piles appelées *grana* (granum au singulier).

Comme les mitochondries, les chloroplastes contiennent des ribosomes 70 S, de l'ADN et des enzymes qui participent à la synthèse des protéines. Ils sont en mesure de se multiplier par eux-mêmes dans la cellule. La multiplication des chloroplastes et des mitochondries – qui s'effectue par une augmentation de taille suivie d'une division en deux – ressemble remarquablement à celle des bactéries.

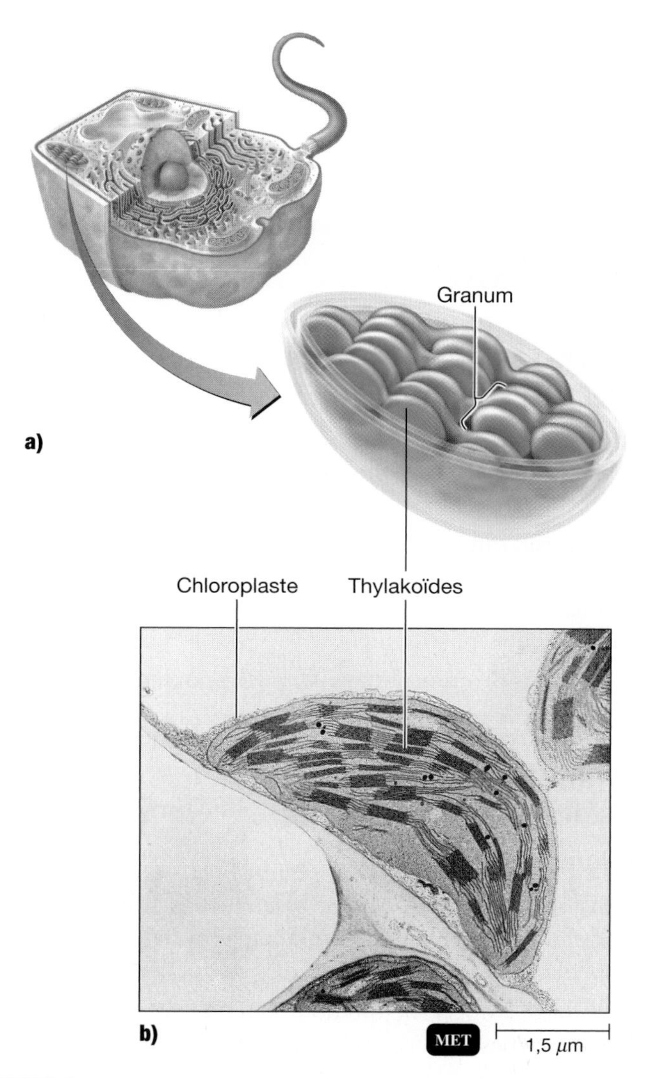

Figure 3.26 **Chloroplaste.** La photosynthèse a lieu dans les chloroplastes ; les pigments qui captent la lumière sont situés sur les thylakoïdes. **a)** Schéma d'un chloroplaste et de ses grana. **b)** Micrographie de chloroplastes dans la cellule d'une plante.

Les peroxysomes

Les **peroxysomes** (figure 3.20) sont des organites dont la structure rappelle celle des lysosomes, mais en plus petit. On a cru par le passé qu'ils se formaient par bourgeonnement du RE, mais il est généralement admis aujourd'hui qu'ils se forment par division de peroxysomes existants.

Les peroxysomes contiennent une ou plusieurs enzymes qui peuvent oxyder diverses substances organiques. Par exemple, au cours du métabolisme cellulaire normal, il y a oxydation de substances telles que les acides aminés et les acides gras dans les peroxysomes. De plus, certaines enzymes assurent l'oxydation de substances toxiques, telles que l'alcool. Ces réactions d'oxydation donnent lieu à la formation de peroxyde d'hydrogène (H_2O_2), composé qui peut lui-même être toxique. Toutefois, on trouve aussi dans les peroxysomes une enzyme, appelée *catalase*, qui décompose la molécule de H_2O_2 (chapitre 4). Comme la production et la dégradation de cette molécule s'effectuent dans le même organite, les peroxysomes protègent le reste de la cellule contre les effets toxiques de H_2O_2.

Le centrosome

Le **centrosome**, qui est situé près du noyau, est constitué de deux éléments : la région péricentriolaire et les centrioles (figure 3.20). La *région péricentriolaire* est une zone du cytosol composée d'un réseau serré de petites fibres protéiques. Elle est le centre d'organisation du fuseau mitotique, qui joue un rôle clé durant la division cellulaire, et des microtubules (un élément du cytosquelette) qui se forment dans les cellules qui ne sont pas en train de se diviser. Dans cette région, on trouve les *centrioles*, une paire de structures cylindriques composées chacune de neuf groupes de trois microtubules (triplets) disposés en cercle. Cet arrangement porte le nom de *disposition de type 9 + 0*. Le 9 désigne les neuf groupes de microtubules et le 0, l'absence de microtubules au centre (notez la différence entre cet arrangement et celui du flagelle eucaryote). L'axe longitudinal d'un centriole est perpendiculaire à l'axe longitudinal de l'autre.

▶ Vérifiez vos acquis

Le cytoplasme des cellules procariotes contient-il des organites ? **3-18**

Quelles sont les différences, sur les plans de l'organisation structurale et des fonctions, entre le RE rugueux, le RE lisse et le complexe golgien ? **3-19**

L'évolution des eucaryotes

▶ Objectif d'apprentissage

3-20 Examiner les faits sur lesquels s'appuie l'hypothèse de l'origine endosymbiotique des eucaryotes.

La majorité des biologistes croient que la vie est apparue sur Terre il y a 3,5 ou 4 milliards d'années et qu'elle a pris la forme d'organismes très simples, semblables aux cellules procaryotes que nous connaissons. Il y a environ 2,5 milliards d'années, des cellules procaryotes se sont transformées et ont donné naissance aux premières cellules eucaryotes. Rappelons que la principale différence entre les procaryotes et les eucaryotes est la présence, chez ces derniers, d'organites hautement spécialisés. Lynn Margulis a été la première scientifique à proposer un mécanisme, appelé **hypothèse de l'origine endosymbiotique**, pour expliquer comment les eucaryotes se sont formés. Selon elle, certaines grosses cellules bactériennes auraient perdu leur paroi cellulaire ; elles auraient absorbé des bactéries plus petites et leur auraient donné asile. Ce type de relation, où un organisme vit au sein d'un autre, s'appelle *endosymbiose* (symbiose = vivre ensemble).

Cette hypothèse suppose que la membrane plasmique de l'eucaryote primitif a formé une enveloppe autour du chromosome, créant ainsi un noyau rudimentaire (figure 5.2). La nouvelle cellule, appelée *nucléoplasme*, a ingéré des bactéries aérobies, qui s'y sont installées. Cet arrangement a évolué en une symbiose par laquelle le nucléoplasme fournissait des nutriments et la bactérie endosymbiotique produisait de l'énergie pour son hôte. Les chloroplastes auraient fait un cheminement semblable. Ils seraient les descendants de procaryotes photosynthétiques qui auraient été avalés par un nucléoplasme primitif. On croit que l'origine des flagelles et des cils eucaryotes remonte à des associations symbiotiques entre la membrane plasmique d'eucaryotes primitifs et des bactéries mobiles en forme de vrille appelées *spirochètes*.

Un certain nombre d'études comparatives des cellules procaryotes et eucaryotes révèlent des faits qui confortent l'hypothèse de l'origine endosymbiotique. Par exemple, les mitochondries et les chloroplastes ressemblent à des bactéries par leur forme et leur taille. De plus, ils contiennent de l'ADN circulaire, un trait caractéristique des procaryotes, et ils sont capables de se reproduire d'eux-mêmes. Leurs ribosomes ressemblent à ceux des procaryotes et ils utilisent des mécanismes de synthèse des protéines rappelant davantage ceux des bactéries. Enfin, les antibiotiques qui s'attaquent aux ribosomes des bactéries inhibent aussi ceux des mitochondries et des chloroplastes.

▶ Vérifiez vos acquis

Trois organites ne sont pas reliés au complexe golgien. Quels sont-ils? Quelle pourrait être l'origine de ces organites? **3-20**

* * *

Le sujet qui retiendra notre attention à partir de maintenant est la croissance microbienne. Dans le chapitre 4, vous verrez comment les conditions environnementales influent sur la capacité de proliférer des différents types de microorganismes.

RÉSUMÉ

LES CELLULES PROCARYOTES ET LES CELLULES EUCARYOTES EN BREF (p. 44)

1. Les cellules procaryotes et eucaryotes se ressemblent par leur composition chimique et leurs réactions chimiques.
2. La cellule procaryote est dépourvue d'organites limités par une membrane. Elle n'a pas de noyau ; le chromosome est unique, circulaire et composé d'ADN.
3. Il y a du peptidoglycane dans la paroi cellulaire des procaryotes, mais non dans celle des eucaryotes.
4. La cellule eucaryote possède un noyau limité par une membrane et d'autres organites.

LA CELLULE PROCARYOTE (p. 44)

1. Les bactéries sont unicellulaires et la plupart d'entre elles se multiplient par scissiparité.
2. Les espèces bactériennes se distinguent les unes des autres par leur morphologie, leur composition chimique, leurs besoins nutritifs, leur activité biochimique et leur source d'énergie.

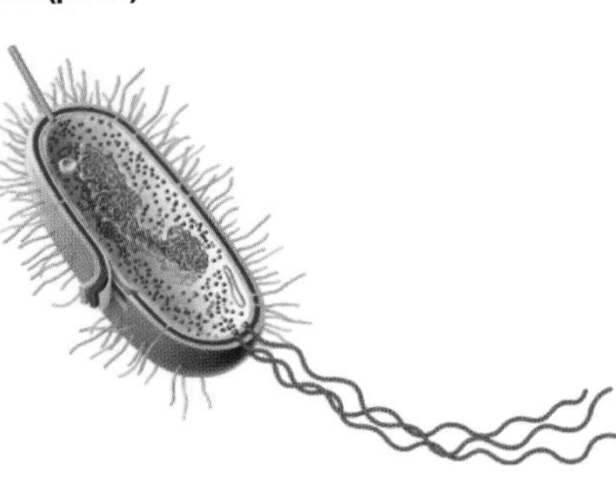

LA TAILLE, LA FORME ET LE GROUPEMENT DES CELLULES BACTÉRIENNES (p. 44)

1. La petitesse des bactéries est une caractéristique importante : la plupart des bactéries ont de 0,2 à 2,0 μm de diamètre et de 2 à 8 μm de long.
2. Les bactéries ont trois formes principales : sphérique (les cocci), en bâtonnet (les bacilles) et spiralée. Elles peuvent se présenter en groupements caractéristiques de l'espèce à laquelle elles appartiennent.
3. Les bactéries pléomorphes peuvent se présenter sous plusieurs formes.

LES STRUCTURES À L'EXTÉRIEUR DE LA PAROI CELLULAIRE (p. 47)

Le glycocalyx (p. 48)

1. Le glycocalyx (capsule, couche visqueuse et polysaccharide extracellulaire) forme une enveloppe gélatineuse composée de polysaccharides, de polypeptides ou des deux.
2. La capsule est une structure dont la présence augmente la virulence des bactéries : elle protège certaines bactéries pathogènes contre la phagocytose.
3. La capsule facilite l'adhérence aux surfaces, prévient la déshydratation de la bactérie et lui procure des nutriments dans certains cas.

Les flagelles (p. 49)

4. Le flagelle est un appendice souple relativement long, composé d'un filament, d'un crochet et d'un corpuscule basal.
5. Le flagelle procaryote tourne sur lui-même pour faire avancer la cellule en la poussant.
6. Les bactéries mobiles sont capables de tactisme ; le tactisme positif est un déplacement dirigé vers un signal attractif et le tactisme négatif est une fuite causée par un signal répulsif. La mobilité due aux flagelles confère aux bactéries l'avantage de pouvoir s'approcher d'un environnement particulier ou de s'en éloigner. Les flagelles sont donc des structures dont la présence peut favoriser la virulence des bactéries.
7. La protéine flagellaire (H) a des propriétés antigéniques. Plusieurs sérotypes d'une espèce bactérienne sont différenciés grâce à ces antigènes H.

Les filaments axiaux (p. 51)

8. Les cellules spiralées qui se déplacent grâce à un filament axial (endoflagelle) sont appelées *spirochètes*.
9. Les filaments axiaux ressemblent aux flagelles, sauf qu'ils s'enroulent autour de la cellule.

Les fimbriæ et les pili (p. 51)

10. Les fimbriæ sont des structures dont la présence augmente la virulence des bactéries : elles facilitent l'adhérence des bactéries aux surfaces, telles les muqueuses humaines, d'où leur capacité de faire apparaître une maladie.
11. Les pili jouent un rôle dans la motilité par secousses et dans le transfert d'ADN.

LA PAROI CELLULAIRE (p. 52)

Composition et caractéristiques (p. 52)

1. La paroi cellulaire confère forme et rigidité à la bactérie, enveloppe la membrane plasmique, protège la bactérie contre les variations de pression d'eau et maintient une concentration en solutés élevée dans le cytoplasme.
2. La paroi cellulaire des bactéries est composée de peptidoglycane, polymère constitué de NAG et de NAM (partie glucidique), et de chaînes courtes d'acides aminés (partie peptidique). Le peptidoglycane est un composé propre aux cellules bactériennes ; les cellules humaines n'en contiennent pas.
3. La paroi cellulaire des bactéries à Gram positif est formée de nombreuses couches de peptidoglycane et contient des acides teichoïques.
4. Les bactéries à Gram négatif ont une membrane externe de lipopolysaccharides-lipoprotéines-phospholipides qui enveloppent une couche mince de peptidoglycane.
5. Des agents chimiques, tels que la pénicilline et le lysozyme, perturbent la synthèse du peptidoglycane ; ils détruisent les parois des bactéries à Gram positif ; les bactéries à Gram négatif y sont beaucoup moins sensibles.
6. La membrane externe des bactéries à Gram négatif protège la cellule contre la phagocytose et contre la pénicilline, le lysozyme et d'autres agents chimiques.
7. Les porines sont des protéines qui permettent le passage des petites molécules à travers la membrane externe ; des canaux protéiques spécifiques permettent à d'autres molécules de traverser la membrane externe.
8. La composition chimique de la paroi cellulaire participe à la virulence des bactéries : la partie lipopolysaccharide de la membrane externe des bactéries à Gram négatif est constituée de glucides (polysaccharides O) qui jouent le rôle d'antigènes et de lipide A, qui est une endotoxine. L'endotoxine est libérée à la mort de la bactérie. Elle contribue à la virulence des bactéries qui en libèrent.

Les parois cellulaires et le mécanisme de la coloration de Gram (p. 54)

9. Le complexe formé par le violet de cristal et l'iode se combine au peptidoglycane de la paroi cellulaire.
10. L'agent décolorant augmente la rétention du violet chez les bactéries à Gram positif, qui conservent le violet ; par contre, l'agent décolorant altère la structure de la membrane externe lipidique des bactéries à Gram négatif, qui perdent le violet de cristal et se décolorent. Le contre-colorant, la safranine, colore les bactéries à Gram négatif en rose.

Les parois cellulaires atypiques (p. 55)

11. *Mycoplasma* est un genre bactérien naturellement dépourvu de paroi cellulaire ; la membrane plasmique contient des stérols qui confèrent une protection à la bactérie.
12. Les archéobactéries possèdent de la pseudomuréine ; elles n'ont pas de peptidoglycane.
13. La paroi cellulaire des bactéries acido-alcoolo-résistantes possède une couche d'acides mycoliques qui recouvre une mince couche de peptidoglycane.

Les altérations de la paroi cellulaire (p. 56)

14. En présence de lysozyme, la paroi des bactéries à Gram positif est détruite et le contenu cellulaire, limité par la seule membrane cytoplasmique, prend une forme sphérique appelée *protoplaste*.
15. En présence de lysozyme, la paroi des bactéries à Gram négatif n'est pas complètement détruite mais grandement affaiblie ; la cellule qui reste est appelée *sphéroplaste*.
16. Les protoplastes et les sphéroplastes sont sujets à la lyse osmotique dans des milieux hypotoniques.
17. Les formes L sont des bactéries qui ont perdu leur paroi cellulaire ou ne parviennent pas à la synthétiser.
18. Les antibiotiques tels que la pénicilline perturbent la synthèse de la paroi cellulaire bactérienne mais pas celle des cellules humaines – qui ne possèdent pas de paroi cellulaire –, différence importante dans le contexte d'une thérapie par antibiotiques.

LES STRUCTURES À L'INTÉRIEUR DE LA PAROI CELLULAIRE (p. 56)

La membrane plasmique (p. 57)

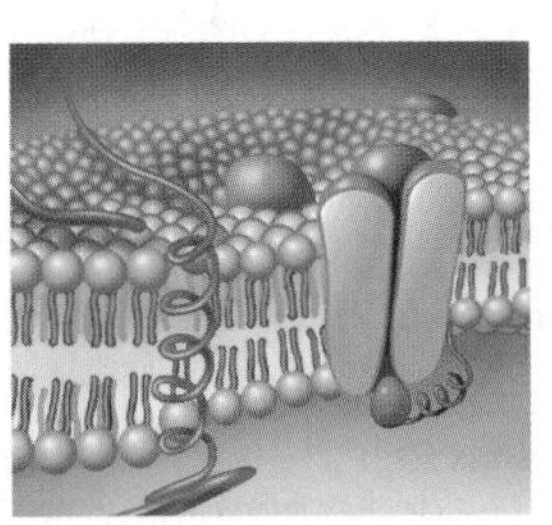

1. La membrane plasmique enveloppe le cytoplasme et se compose d'une bicouche de phosphoglycérolipides associée à des protéines périphériques et intrinsèques (modèle de la mosaïque fluide).
2. La membrane plasmique est semi-perméable (ou à perméabilité sélective).
3. La membrane plasmique porte des enzymes qui catalysent des réactions métaboliques, telles que la dégradation de nutriments, la production d'énergie et la photosynthèse.
4. Les mésosomes, invaginations irrégulières de la membrane plasmique, sont des artéfacts et non de véritables structures cellulaires.
5. La membrane plasmique peut être détruite par les alcools et les polymyxines (antibiotiques).

Le mouvement des substances à travers la membrane plasmique (p. 59)

6. Les substances peuvent traverser la membrane par des processus passifs, au cours desquels elles se déplacent des régions de haute concentration vers des régions de basse concentration, sans que la cellule dépense d'énergie.
7. Dans le cas de la diffusion simple, les solutés tels que les molécules et les ions se déplacent jusqu'à ce que l'équilibre soit atteint.
8. Dans le cas de la diffusion facilitée, les substances franchissent la membrane à l'aide de transporteurs protéiques à partir de régions de concentration élevée vers des régions de basse concentration.
9. L'osmose est un déplacement d'eau à travers une membrane à perméabilité sélective, à partir de régions de concentration élevée en eau vers des régions de basse concentration en eau. Le déplacement se poursuit jusqu'à ce que l'équilibre soit atteint.
10. Dans le cas du transport actif, les substances passent de régions de basse concentration à des régions de concentration élevée à l'aide de transporteurs protéiques et la cellule doit dépenser de l'énergie.
11. Dans la translocation de groupe, la cellule dépense de l'énergie pour modifier des molécules et les transporter à travers la membrane. Les substances modifiées pour pénétrer dans la bactérie ne peuvent en sortir, si bien que la bactérie peut les accumuler.

Le cytoplasme (p. 62)

12. Le cytoplasme est le composant fluide retenu à l'intérieur de la membrane plasmique.
13. Le cytoplasme est surtout constitué d'eau avec des molécules inorganiques et organiques, de l'ADN, des ribosomes et des inclusions. Il est épais, transparent et très riche en molécules dissoutes.

La région nucléaire (p. 62)

14. La région nucléaire contient l'ADN du chromosome bactérien qui est unique, circulaire et dépourvu de membrane nucléaire, ce qui le rend très accessible lors des processus liés à la synthèse des protéines.
15. Les bactéries peuvent aussi contenir des plasmides, qui sont des molécules d'ADN extrachromosomique circulaires contenant des gènes de résistance et des gènes de toxicité. La présence de plasmides est associée à une virulence accrue des bactéries.

Les ribosomes (p. 63)

16. Le cytoplasme du procaryote contient de nombreux ribosomes 70 S; les ribosomes sont formés d'ARNr et de protéines. Ils sont dispersés dans le cytoplasme.
17. La synthèse des protéines s'effectue au niveau des ribosomes; elle peut être inhibée par certains antibiotiques.

Les inclusions (p. 63)

18. Les inclusions sont des dépôts dans lesquels les cellules procaryotes et eucaryotes accumulent des réserves.
19. Les inclusions des bactéries comprennent, entre autres éléments, les granules métachromatiques (phosphate inorganique), les granules de polysaccharides (habituellement de glycogène ou d'amidon), les inclusions de lipides, les granules de soufre, les carboxysomes (ribulose 1,5-diphosphate carboxylase), les magnétosomes (Fe_3O_4) et les vacuoles gazeuses.

Les endospores (p. 64)

20. Les endospores sont des structures dormantes formées par certaines bactéries pour assurer leur survie lorsque les conditions de l'environnement sont défavorables.
21. Le processus de formation des endospores s'appelle sporulation; le retour d'une endospore à l'état végétatif s'appelle germination.
22. Les endospores sont déshydratées et donc très volatiles; elles résistent à des agents physiques, tels que la chaleur, l'absence d'eau et les rayonnements, et à des agents chimiques, tels que les désinfectants et les antibiotiques.

LA CELLULE EUCARYOTE (p. 66)

LES FLAGELLES ET LES CILS (p. 66)

1. Les flagelles sont peu nombreux et longs par rapport à la taille de la cellule; les cils sont abondants et courts.
2. Les flagelles et les cils servent à la mobilité de la cellule; les cils permettent aussi de déplacer des substances le long de la surface de la cellule.
3. Les flagelles et les cils sont formés de neuf paires de microtubules disposées en cercle autour de deux microtubules simples.

LA PAROI CELLULAIRE ET LE GLYCOCALYX (p. 66)

1. La paroi cellulaire de nombreuses algues et de certains mycètes contient de la cellulose.
2. Le principal composant de la paroi cellulaire des mycètes est la chitine.
3. La paroi cellulaire des levures est composée de glucane et de mannane.
4. La cellule animale est entourée d'un glycocalyx qui renforce la cellule et lui procure un moyen de se fixer à d'autres cellules.

LA MEMBRANE PLASMIQUE (p. 69)

1. Comme celle des procaryotes, la membrane plasmique des eucaryotes est une bicouche de phosphoglycérolipides contenant des protéines.
2. La membrane plasmique eucaryote contient des glucides fixés aux protéines et des stérols qui n'existent pas dans la cellule procaryote (sauf chez *Mycoplasma*, une bactérie).
3. Dans la cellule eucaryote, les substances traversent la membrane plasmique grâce aux processus passifs également utilisés par les procaryotes, mais aussi grâce au transport actif et à l'endocytose (phagocytose et pinocytose), processus absents chez les bactéries.

LE CYTOPLASME (p. 69)

1. Le cytoplasme de la cellule eucaryote comprend la substance contenue à l'intérieur de la membrane plasmique et à l'extérieur du noyau.
2. Les caractéristiques chimiques du cytoplasme de la cellule eucaryote ressemblent à celles du cytoplasme de la cellule procaryote ; le cytoplasme bactérien est cependant plus concentré et plus riche en molécules dissoutes.
3. Le cytoplasme eucaryote possède un cytosquelette ; il est aussi capable de cyclose.

LES RIBOSOMES (p. 69)

1. Les ribosomes 80 S sont situés dans le cytoplasme ou sont fixés au RE rugueux. Les ribosomes des bactéries sont plus petits (70 S), différence importante dans le contexte des thérapies par antibiotiques.

LES ORGANITES (p. 70)

1. Les organites sont des structures spécialisées, limitées par une membrane, dans le cytoplasme de la cellule eucaryote.
2. Le noyau, qui contient l'ADN sous forme de chromosomes, est l'organite le plus caractéristique de la cellule eucaryote.

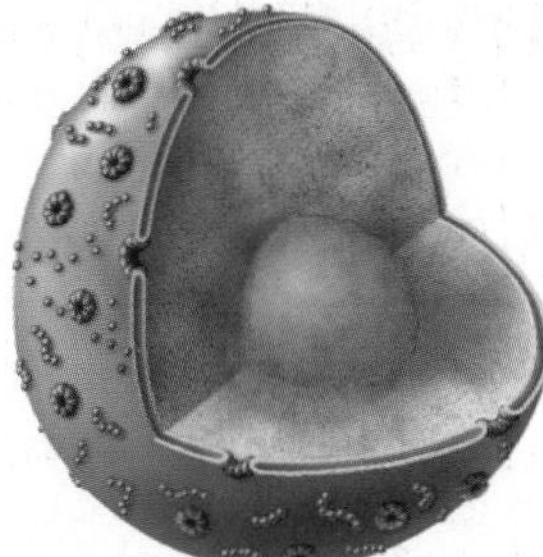

3. L'enveloppe nucléaire est reliée à un système de membranes du cytoplasme appelé *réticulum endoplasmique* (RE).
4. Le RE procure une surface pour les réactions chimiques, sert de réseau de transport et emmagasine les molécules qui sont synthétisées. La synthèse et le transport des protéines ont lieu dans le RE rugueux ; la synthèse des lipides s'effectue dans le RE lisse.
5. Le complexe golgien est constitué de sacs aplatis appelés *citernes*. Il a pour fonctions la formation des membranes et la sécrétion des protéines.
6. Les lysosomes se forment à partir du complexe golgien. Ils renferment de puissantes enzymes digestives.
7. Les vacuoles sont des cavités limitées par une membrane qui se forment à partir du complexe golgien ou résultent de l'endocytose. On les trouve habituellement dans les cellules des plantes où elles emmagasinent diverses substances, participent à l'absorption des nutriments, augmentent la taille des cellules et contribuent à la rigidité des feuilles et des tiges.
8. Les mitochondries sont le principal siège de la production d'ATP. Elles contiennent des ribosomes 70 S et de l'ADN, et elles se multiplient par scissiparité.
9. Les chloroplastes contiennent la chlorophylle et les enzymes de la photosynthèse. Comme les mitochondries, ils sont pourvus de ribosomes 70 S et d'ADN, et se multiplient par scissiparité.
10. Divers composés organiques sont oxydés dans les peroxysomes. La catalase est une enzyme des peroxysomes qui détoxique les molécules de H_2O_2.
11. Le centrosome est constitué de la région péricentriolaire et des centrioles. Les centrioles sont composés de neuf triplets de microtubules qui jouent un rôle dans la formation des autres microtubules et du fuseau mitotique.

L'ÉVOLUTION DES EUCARYOTES (p. 73)

1. Selon l'hypothèse de l'origine endosymbiotique, la cellule eucaryote se serait formée à partir de procaryotes symbiotiques vivant à l'intérieur d'autres cellules procaryotes.

AUTOÉVALUATION

QUESTIONS À COURT DÉVELOPPEMENT

1. Comment la cellule bactérienne peut-elle accomplir toutes les fonctions nécessaires à la vie, avoir un métabolisme très élevé et présenter une croissance rapide bien qu'elle soit plus petite et de structure plus simple que la cellule eucaryote ?
2. Certaines structures bactériennes, essentielles à la viabilité de la cellule, constituent d'excellentes cibles pour une thérapie par antibiotiques. Quelles sont ces structures, et pourquoi leur destruction entraîne-t-elle la mort de la bactérie ?

3. Expliquez comment la coloration de Gram permet de distinguer entre les deux types de parois cellulaires, à Gram positif et à Gram négatif.
4. Expliquez pourquoi la perte de la capsule ou celle des fimbriæ entraîne chez les bactéries une perte de virulence.
5. *Clostridium botulinum* est une bactérie anaérobie stricte, c'est-à-dire qu'elle est tuée par l'oxygène moléculaire (O_2) présent dans l'air. Comment cette bactérie survit-elle sur les plantes cueillies pour la consommation humaine ? Pourquoi les conserves faites à la maison sont-elles la source la plus fréquente de botulisme ? (*Indice :* Voir le chapitre 17.)
6. Expliquez l'avantage que donne à une bactérie la présence d'un plasmide dans son cytoplasme.
7. Le nom donné aux agents pathogènes est complexe. Par exemple, *E. coli* O157:H7 est une bactérie responsable d'épidémies de diarrhée. Que signifient les combinaisons de lettres et de nombres (O157 et H7) dans ce sérotype ?
8. Des cultures vivantes de *Bacillus thuringiensis* sont vendues commercialement. Quelles structures permettent à ces bactéries d'en faire des préparations vendues dans le commerce ? Dans quel but les vend-on ? (*Indice :* Voir le chapitre 6.)

APPLICATIONS CLINIQUES

N. B. Certaines de ces questions nécessitent que vous cherchiez des réponses dans les différents chapitres du livre.

1. Une enfant souffrant d'une infection à *Neisseria*, bactérie à Gram négatif à diffusion hématogène, a été traitée à la gentamicine. Après le traitement, on a tenté sans succès d'obtenir une culture de *Neisseria* à partir de son sang, ce qui indique que les bactéries avaient été détruites par l'antibiotique. Néanmoins, les signes et symptômes de fièvre et de malaise de l'enfant ont persisté et se sont même aggravés avec un état de choc. Expliquez pourquoi le traitement aux antibiotiques a causé une exacerbation des signes et symptômes de l'infection. (*Indice :* Voir le chapitre 10.)
2. Une infirmière en poste au Centre de prévention des infections est chargée d'enseignement auprès du personnel. Quelles explications donnera-t-elle pour faire comprendre le grand danger que représentent les endospores dans le milieu hospitalier, particulièrement les endospores de *Clostridium perfringens,* l'agent causal de la gangrène, dans un service où sont hospitalisés des patients atteints de diabète ? (*Indice :* Voir le chapitre 9.)
3. Dans un grand hôpital, cinq patients en hémodialyse se sont mis à souffrir de fièvre et de frissons au cours d'une période de trois jours. Chez trois de ces patients, on a isolé *Pseudomonas æruginosa* et *Klebsiella pneumoniæ*. On a aussi isolé *P. æruginosa*, *K. pneumoniæ* et *Pantoea agglomerans* dans les appareils de dialyse. La coloration de Gram indique que ces bactéries ont toutes trois des parois à Gram négatif. Pourquoi ces trois bactéries causent-elles des signes et symptômes semblables ? (*Indice :* Voir le chapitre 10.)
4. Une infirmière remarque que plusieurs enfants hospitalisés dans une chambre commune ont contracté une pneumonie causée par une bactérie. Elle fait une demande de dépistage de l'agent pathogène dans l'environnement. On trouve des bactéries dans l'humidificateur de la chambre. Comment une bactérie peut-elle se trouver dans les voies respiratoires humaines et sur les filtres d'un humidificateur ? Comment la contamination a-t-elle pu se produire ? (*Indice :* Voir le chapitre 10.)
5. Une jeune maman demande à une infirmière de lui expliquer pourquoi, dans un livre sur l'alimentation des bébés, une diététicienne québécoise recommande aux parents de ne pas donner de miel à manger à leur bébé avant l'âge de un an. Quelle serait l'explication donnée par l'infirmière ? (*Indice :* Voir le chapitre 17.).

ÉDITION EN LIGNE Consultez le volet de gauche de l'Édition en ligne pour d'autres activités.

CHAPITRE

4 La croissance microbienne

La notion de croissance microbienne se rapporte au *nombre* de cellules, et non à la taille de celles-ci. Les microbes qui « se développent » augmentent en nombre et forment des *colonies* (groupes de cellules assez importants pour être visibles sans l'aide d'un microscope) de centaines de milliers de cellules ou des *populations* de milliards de cellules. En général, on ne s'intéresse pas au développement d'une seule cellule. Bien que la taille d'une cellule double presque durant sa croissance, cet accroissement est minime comparativement à l'augmentation de la taille d'une plante ou d'un animal depuis la naissance jusqu'à la mort.

Nous allons voir dans le présent chapitre qu'une population de microbes peut atteindre un volume considérable dans un laps de temps très court. La compréhension des facteurs essentiels à la croissance microbienne permet d'établir des méthodes de lutte contre le développement de microbes qui causent des maladies ou la détérioration des aliments. Elle permet également de découvrir des moyens de stimuler le développement de microbes utiles. À première vue, le directeur d'une station d'épuration des eaux usées et le directeur d'une brasserie ont peu de choses en commun ; pourtant, ils souhaitent tous deux favoriser une activité microbienne rapide.

Dans ce chapitre, nous allons examiner les conditions physiques et chimiques essentielles à la croissance microbienne, divers milieux de culture, la division bactérienne, les phases de la croissance microbienne et des méthodes de mesure de cette croissance. La deuxième partie du livre suit avec une vue d'ensemble du monde microbien.

AU MICROSCOPE

Escherichia coli. *E. coli*, une bactérie du microbiote normal de l'intestin humain, peut vivre en présence et en l'absence d'oxygène (O_2).

Q/R

L'oxygène atmosphérique est essentiel à la vie humaine. En l'absence d'oxygène, comment certaines bactéries font-elles pour vivre et se multiplier?

La réponse est dans le chapitre.

Les facteurs essentiels à la croissance

Objectifs d'apprentissage

4-1 Classer les microorganismes en cinq groupes selon l'intervalle de température où leur croissance est optimale.

4-2 Décrire comment et pourquoi on contrôle le pH d'un milieu de culture.

4-3 Expliquer le rôle de la pression osmotique dans la croissance microbienne.

4-4 Nommer une utilisation de chacun des quatre éléments (carbone, azote, soufre et phosphore) dont une grande quantité est essentielle à la croissance microbienne.

4-5 Expliquer comment on classe les microbes en fonction de leurs besoins en oxygène.

4-6 Nommer les moyens utilisés par les microorganismes aérobies pour se protéger contre les formes toxiques de l'oxygène.

Les facteurs essentiels à la croissance microbienne se divisent en deux grandes catégories selon qu'ils sont de nature physique ou chimique. Les facteurs physiques comprennent la température, le pH et la pression osmotique; les facteurs chimiques incluent l'approvisionnement en carbone, en azote, en soufre, en phosphore, en oligoéléments, en oxygène et en facteurs organiques de croissance.

Les facteurs physiques

La température

La majorité des microorganismes se développent bien aux températures que préfèrent les humains. Il existe néanmoins des bactéries capables de croître à des températures extrêmes qui mettraient certainement en péril la majorité des organismes eucaryotes.

On classe les microorganismes en trois grands groupes selon l'intervalle de température où leur croissance est optimale: les **psychrophiles** (du grec *psychro-* = froid, et *-phile* = ami), les **mésophiles** (du grec *méso-* = moyen) et les **thermophiles** (du grec *thermo-* = chaud). La plupart des bactéries se développent seulement si la température du milieu se situe dans une fourchette donnée, et l'intervalle de températures – soit la différence entre leurs températures maximale et minimale de croissance – ne comprend que 30 °C. En règle générale, le développement des bactéries est faible aux extrémités minimale et maximale de température et nul si la température excède leurs températures limites.

Chaque espèce de bactéries possède des températures minimale, optimale et maximale de croissance. On appelle **température minimale de croissance** d'une espèce la température la plus basse à laquelle celle-ci peut se développer; la **température optimale de croissance** est la température à laquelle l'espèce croît le plus rapidement; la **température maximale de croissance** est la température la plus élevée à laquelle l'espèce peut encore se développer. Le graphique du taux de croissance microbienne dans un intervalle de températures indique que la température optimale de croissance se situe d'ordinaire plus près de la limite de température maximale que de la limite de température minimale; au-dessus de la température maximale, le taux de croissance diminue à toute allure (**figure 4.1**). Cela est sans doute dû au fait que l'augmentation de la température au-delà de cette valeur inactive les systèmes enzymatiques de la cellule qui jouent un rôle essentiel dans la croissance.

Les valeurs des limites maximale et minimale de température et les valeurs des températures optimales de croissance en fonction desquelles on classe les bactéries en psychrophiles, en mésophiles et en thermophiles ne sont pas définies de façon rigoureuse. Par exemple, on considérait autrefois les psychrophiles comme des organismes capables de croissance à une température de 0 °C. On reconnaît aujourd'hui qu'il existe deux groupes bien distincts de microorganismes capables de se développer à cette température. Le premier groupe, composé de psychrophiles au sens strict, peut croître à 0 °C, mais sa température optimale de croissance se situe à environ 15 °C. La majorité des membres de ce groupe sont tellement sensibles à la chaleur qu'ils ne croissent pas dans une pièce moyennement chaude (25 °C). On les trouve surtout dans les grands fonds marins ou dans certaines régions polaires, et ils constituent rarement un problème en ce qui a trait à la conservation des aliments. Le second groupe capable de se développer à 0 °C comprend les **psychrotrophes**. Les membres de ce groupe peuvent croître à

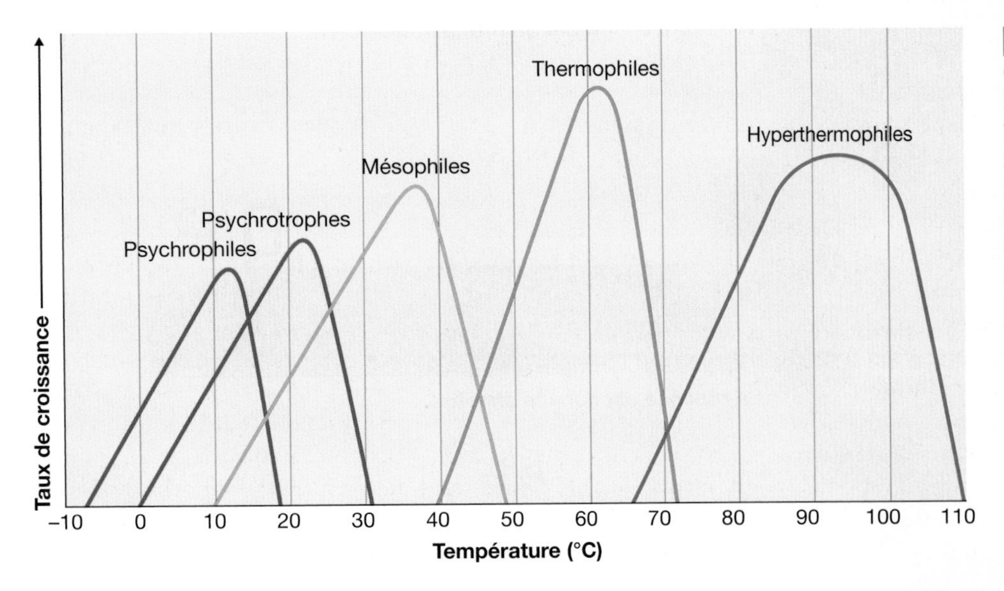

Figure 4.1 Taux de croissance caractéristiques de divers types de microorganismes, selon la température. La croissance optimale (c'est-à-dire le taux le plus élevé de reproduction) correspond au sommet de la courbe de croissance. Notez que le taux de reproduction diminue très rapidement dès que la température dépasse la température optimale de croissance propre à chaque type de microorganismes. À l'une ou l'autre extrémité de l'intervalle de températures, le taux de reproduction est nettement inférieur à sa valeur observée à la température optimale.

des températures variant de 0 à 35 °C et leur température optimale de croissance, plus élevée, est d'ordinaire comprise entre 20 et 30 °C. Ils sont tués par des températures supérieures à 40 °C. Ce sont les microorganismes psychrotrophes qui causent la plupart du temps la détérioration des aliments gardés à basse température, car ils se développent assez bien aux températures habituelles de réfrigération.

La réfrigération est la méthode la plus courante de conservation des aliments. Elle repose sur le principe suivant : le taux de reproduction des microbes est plus faible à basse température. Même s'ils survivent en général à des températures au-dessous du point de congélation (ils peuvent être en dormance), le nombre des microbes diminue petit à petit. Certaines espèces dépérissent plus rapidement que d'autres. En fait, les psychrotrophes ne se développent pas bien à basse température, sauf si on les compare avec d'autres organismes, mais ils finissent tout de même par dégrader les aliments. La détérioration peut être d'ordre visuel (changement de couleur des aliments, apparition de mycélium de moisissure à leur surface) ou d'ordre gustatif (altération du goût). La température à l'intérieur d'un réfrigérateur bien réglé ralentit considérablement la croissance de la majorité des organismes causant la détérioration et empêche la croissance de presque toutes les bactéries pathogènes, qui ne peuvent ni se multiplier ni produire d'entérotoxines. Par contre, des toxines apparaissent si la nourriture est laissée à la température ambiante.

Par exemple, *Staphylococcus aureus* est une bactérie souvent responsable d'intoxications alimentaires survenant lors de pique-niques agrémentés de charcuteries et de gâteaux à la crème. La contamination se produit d'ordinaire lorsqu'un individu porteur du germe touche à la nourriture avec ses mains. Une autre bactérie, *Bacillus cereus*, est aussi susceptible de se multiplier dans de la nourriture conservée dans des conditions de réfrigération inadéquates ; elle produit alors des toxines et peut être responsable d'intoxications diarrhéiques (chapitre 20). La **figure 4.2** montre combien il est important de maintenir des températures basses pour éviter le développement de microorganismes causant la détérioration ou responsables de maladies. Par ailleurs, lorsqu'il s'agit de réfrigérer des aliments chauds, il faut se rappeler que plus les quantités sont grandes, plus il est difficile de les refroidir rapidement (**figure 4.3**).

Les mésophiles, dont la température optimale de croissance se situe entre 25 et 40 °C, constituent le type le plus courant de microbes. Les organismes qui se sont adaptés à la vie dans le corps d'un animal ont d'ordinaire une température optimale de croissance voisine de la température de leur hôte. Cette température optimale est d'environ 37 °C chez beaucoup de bactéries pathogènes, et on règle habituellement les incubateurs utilisés pour les cultures cliniques à environ 37 °C. La majorité des microorganismes pathogènes pour l'humain ou de ceux qui entraînent la putréfaction sont mésophiles.

Les thermophiles sont des microorganismes capables de se développer à des températures élevées. Nombre d'entre eux ont une température optimale de croissance comprise entre 50 et 60 °C, soit à peu près la température de l'eau qui coule d'un robinet d'eau chaude. C'est aussi, à peu de chose près, la température du sol exposé au Soleil et des eaux thermales d'une source chaude. Il est à noter que beaucoup de thermophiles sont incapables de se développer à des températures inférieures à 45 °C environ. Les endospores produites par des bactéries thermophiles sont souvent thermorésistantes ; elles peuvent survivre au traitement thermique appliqué de coutume aux conserves en boîte. Même si une température d'entreposage élevée permet à des endospores ayant survécu de germer et de se développer, ce qui entraîne la détérioration des aliments, on ne considère pas que les bactéries thermophiles constituent un problème de santé publique. Les thermophiles jouent un rôle important dans les tas de compost organique (chapitre 27 EN LIGNE), où la température atteint rapidement de 50 à 60 °C.

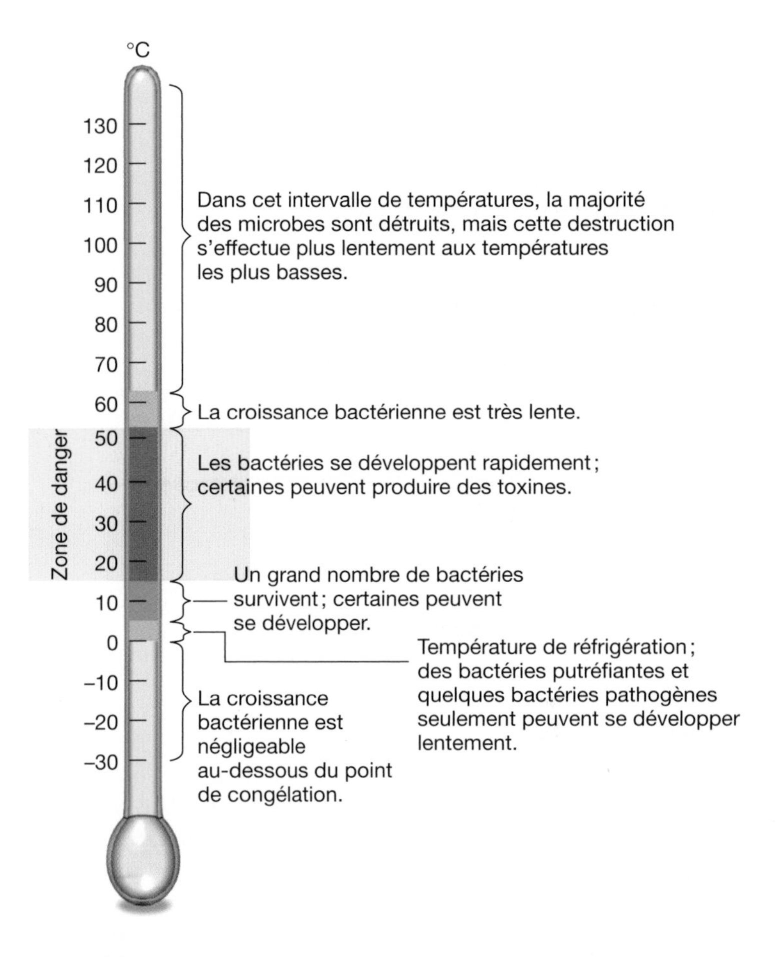

Figure 4.2 Températures de préservation des aliments. La conservation par réfrigération repose sur le principe selon lequel le taux de reproduction des microbes est plus faible à basse température. Toutefois, il y a des exceptions. Par exemple, certaines bactéries sont capables de croître à des températures qui tuent la majorité d'entre elles. Il y a aussi quelques rares bactéries qui vivent et se multiplient à des températures bien au-dessous du point de congélation.

La température optimale de croissance de certaines Archéobactéries est d'au moins 80 °C. Ces bactéries sont dites **hyperthermophiles** ou **thermophiles extrêmes**. La majorité de ces organismes vivent dans les sources thermales associées à l'activité volcanique, et le soufre joue d'habitude un rôle important dans leur métabolisme. On a enregistré une température record à laquelle les bactéries se développent – environ 121 °C –, et ce, au fond de l'océan, à proximité de cheminées hydrothermales. La pression considérable qui existe sur les grands fonds empêche l'eau de bouillir même à des températures supérieures à 100 °C.

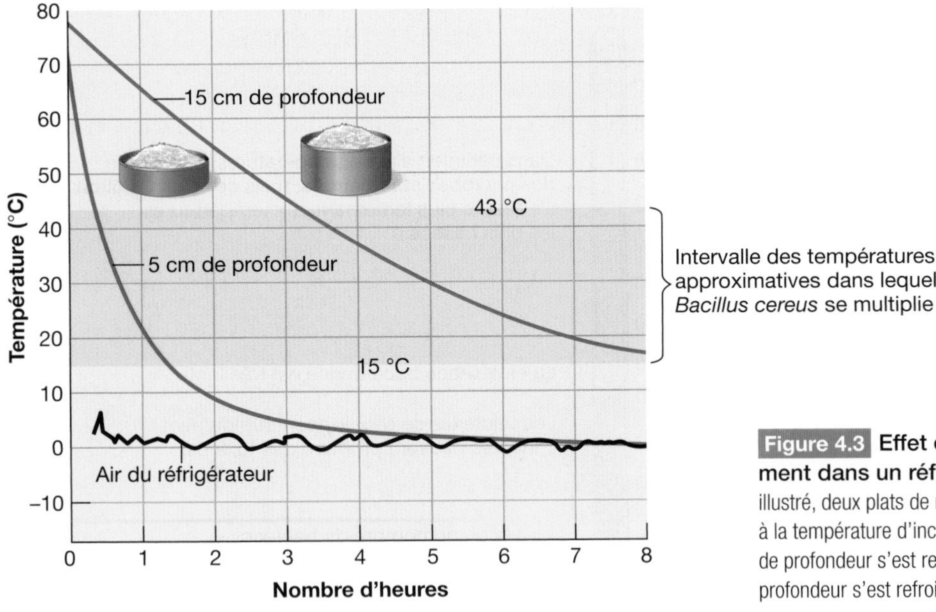

Figure 4.3 Effet de la quantité d'aliments sur le taux de refroidissement dans un réfrigérateur et risque de détérioration. Dans l'exemple illustré, deux plats de riz ont été soumis à l'intervalle de températures correspondant à la température d'incubation de *Bacillus cereus*. Notez que le plat de riz de 5 cm de profondeur s'est refroidi en 1 h environ, alors que le plat de riz de 15 cm de profondeur s'est refroidi en près de 5 h.

Le pH

La valeur du pH indique l'acidité ou l'alcalinité d'une solution. La majorité des bactéries ont une croissance optimale dans un intervalle de pH étroit voisin de la neutralité, soit entre 6,5 et 7,5. Très peu de bactéries se développent dans un milieu ayant un pH acide inférieur à 4 environ. C'est pourquoi un certain nombre d'aliments, dont la choucroute, les cornichons et des fromages, se conservent bien grâce aux acides produits par la fermentation bactérienne. Il existe cependant des bactéries, dites **acidophiles**, qui tolèrent remarquablement bien l'acidité. Ainsi, *Lactobacillus* tolère un pH 6. Un type de bactéries chimioautotrophes, que l'on trouve dans les eaux usées provenant de mines de charbon, forme de l'acide sulfurique en oxydant le soufre et peut survivre dans un milieu à pH 1 (chapitre 28 EN LIGNE). Les moisissures et les levures se développent dans un intervalle de pH plus étendu que ne le font les bactéries, mais le pH optimal pour ces deux types de microorganismes est souvent inférieur – généralement, pH 5 à 6 – au pH optimal des bactéries. L'alcalinité inhibe aussi la croissance microbienne, mais on n'y a guère recours comme méthode de conservation des aliments.

Les bactéries que l'on fait croître en laboratoire produisent souvent des acides qui finissent par faire obstacle à leur propre développement. Pour neutraliser ces acides et maintenir un pH optimal, on ajoute des solutions tampons au milieu de culture. Les peptones et les acides aminés présents dans certains milieux jouent le rôle de tampons ; beaucoup de milieux contiennent aussi des sels, plus précisément des phosphates. Ces sels présentent l'avantage d'exercer un effet tampon qui maintient la valeur du pH dans l'intervalle adéquat pour la croissance de la majorité des bactéries. De plus, ils sont non toxiques et fournissent même un nutriment essentiel : le phosphore.

La pression osmotique

Les microorganismes tirent presque tous les nutriments dont ils ont besoin des eaux environnantes, où ces substances sont dissoutes. La concentration en molécules de soluté du milieu environnant est donc un facteur de croissance essentiel. Les microorganismes ont aussi besoin d'eau pour se développer, et sont eux-mêmes composés de 80 à 90 % d'eau.

Quand on place une bactérie dans un environnement où la concentration des solutés est plus élevée que dans la cellule bactérienne (solution hypertonique), l'eau contenue dans la cellule traverse la membrane plasmique pour gagner la solution à forte concentration en solutés. (Voir la section traitant de l'osmose au chapitre 3, et la figure 3.16, qui illustre les trois types de solutions dans lesquelles une cellule peut se trouver.) Cette perte d'eau essentielle dans le milieu environnant entraîne la **plasmolyse**, c'est-à-dire le rétrécissement de la membrane plasmique de la cellule (figure 4.4).

La plasmolyse est un phénomène important du fait que la croissance d'une cellule bactérienne est inhibée lorsque la membrane plasmique s'éloigne de la paroi cellulaire. Ainsi, l'ajout d'un sel ou d'un autre soluté (le sucre, par exemple) à une solution et l'augmentation de la pression osmotique du milieu qui s'ensuit peuvent servir à la conservation des aliments. C'est en grande partie ce phénomène qui assure la conservation du poisson salé, du miel et du lait concentré sucré ; à cause de la concentration élevée en sel ou en sucre, l'eau s'échappe de toutes les cellules microbiennes présentes, de sorte que celles-ci cessent de se développer. Les effets de la pression osmotique dépendent en règle générale du nombre de molécules et d'ions dissous dans un volume de solution donné.

Certains organismes, appelés **halophiles extrêmes**, sont si bien adaptés à des concentrations élevées en sel qu'ils ont en fait besoin de sel pour se développer. Dans ce cas, on parle d'**halophiles stricts**. Les microorganismes qui vivent dans des eaux très salines, comme celles de la mer Morte, ont souvent besoin d'une concentration en sel de près de 30 % ; ainsi, lors d'un prélèvement clinique, on doit d'abord immerger dans une solution saturée de sel l'anse de repiquage (dispositif servant à manipuler les bactéries au laboratoire) utilisée pour les ensemencer. Les

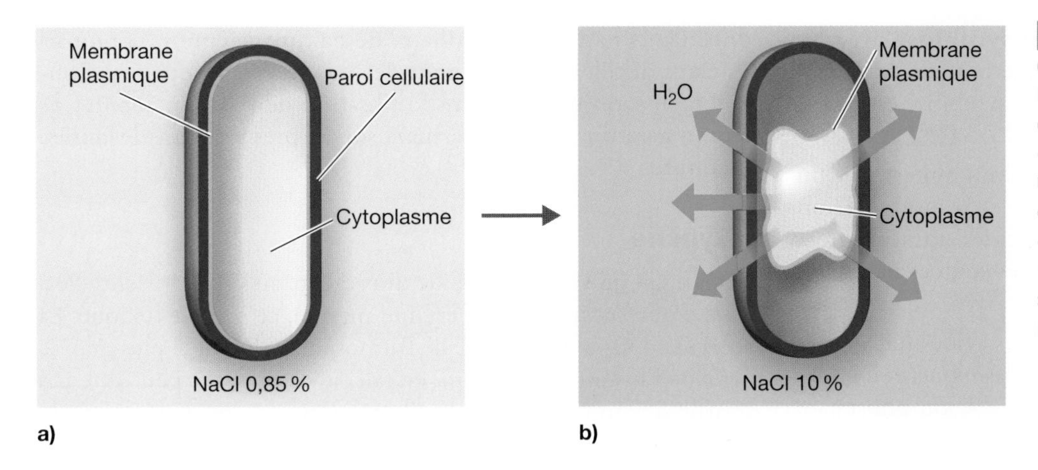

Figure 4.4 Plasmolyse. **a) Bactérie normale dans une solution isotonique.** Dans ces conditions, la concentration en solutés à l'intérieur de la cellule est équivalente à celle d'une solution de chlorure de sodium (NaCl) à 0,85 %. **b) Bactérie en plasmolyse dans une solution hypertonique.** Si la concentration en solutés est plus élevée dans le milieu environnant (solution hypertonique) que dans la cellule bactérienne, l'eau a tendance à quitter la cellule, et cette dernière se déshydrate, d'où son rétrécissement (plasmolyse). La croissance de la cellule est alors inhibée.

halophiles facultatifs, qui sont plus communs, ne requièrent pas une concentration en sel élevée, mais ils sont capables de se développer tant que celle-ci ne dépasse pas 2 %, alors qu'une telle concentration inhibe la croissance de bien d'autres microorganismes. Quelques espèces d'halophiles facultatifs tolèrent une concentration en sel de 7,5 % ; c'est le cas de *S. aureus.* D'autres espèces tolèrent même une concentration en sel de 15 %.

À l'inverse, quand on place une bactérie dans un environnement où la concentration des solutés est plus faible (solution hypotonique), telle que l'eau distillée, la pression osmotique plus élevée du cytoplasme bactérien tend à faire entrer l'eau dans la bactérie et à la faire gonfler. Une paroi rigide confère généralement une certaine protection contre la lyse osmotique. Toutefois, les bactéries dont la paroi est plus mince peuvent éclater lors d'un tel traitement.

Le comportement des microorganismes vis-à-vis de la pression osmotique est donc un facteur dont il faut tenir compte lorsqu'on veut les cultiver. On doit cultiver la majorité des microorganismes dans un milieu composé presque uniquement d'eau. Par exemple, la concentration de l'agar (un polysaccharide complexe extrait d'algues marines) utilisée pour solidifier les milieux de croissance microbienne est souvent d'environ 1,5 %. Si on emploie une concentration beaucoup plus élevée, le développement de certaines bactéries risque d'être inhibé, car la pression osmotique du milieu est alors trop forte.

▶ Vérifiez vos acquis

Quel est le problème auquel doivent faire face les personnes qui préparent de la nourriture pour de grands groupes ? **4-1**

Pourquoi utilise-t-on le vinaigre pour conserver les aliments ? **4-2**

Expliquez pourquoi on réussit à empêcher les aliments de fermenter sous l'action des microorganismes en les traitant pour qu'ils soient très sucrés (par exemple confitures) ou très salés (par exemple poissons salés). **4-3**

Les facteurs chimiques

Plusieurs facteurs chimiques sont indispensables à la croissance microbienne et doivent être présents en grande quantité ; ce sont les macroéléments. Le sigle CHOAPS est un bon moyen mnémotechnique pour apprendre le nom de ces éléments : C pour carbone, H pour humidité (eau), O pour oxygène s'il y a lieu, A pour azote, P pour phosphore, S pour soufre.

Le carbone

Le carbone est, avec l'eau, l'une des substances indispensables à la croissance bactérienne. Il constitue le squelette structural de la matière vivante ; tous les composés organiques présents dans une cellule vivante contiennent du carbone. En fait, la moitié de la biomasse sèche d'une cellule bactérienne typique est composée de carbone. On distingue les microorganismes selon la nature de la source de carbone qu'ils utilisent. Les chimiohétérotrophes tirent la plus grande partie du carbone dont ils ont besoin de leur source d'énergie chimique, soit de substances organiques telles que les protéines, les glucides et les lipides. Les chimioautotrophes et les photoautotrophes tirent le carbone dont ils ont besoin du dioxyde de carbone (CO_2). Nous traiterons de ces différents types de microorganismes au chapitre 23 EN LIGNE.

L'azote, le soufre et le phosphore

Les microorganismes ont besoin d'éléments autres que le carbone pour synthétiser la matière cellulaire. Par exemple, la synthèse des protéines requiert des quantités considérables d'azote, de même que du soufre. La synthèse des acides nucléiques – ADN et ARN – nécessite également de l'azote et du phosphore, et il en est de même de la synthèse de l'ATP, molécule qui joue un rôle crucial dans l'entreposage et le transfert de l'énergie chimique au sein de la cellule. L'azote représente environ 14 % de la biomasse sèche d'une cellule bactérienne, tandis que le soufre et le phosphore constituent à eux deux près de 4 % de cette biomasse.

Les organismes utilisent l'azote surtout pour former le groupement amine des acides aminés des protéines. De nombreuses bactéries répondent à ce besoin en décomposant des substances protéiques et en réincorporant les acides aminés dans des protéines nouvelles et d'autres composés azotés. D'autres bactéries utilisent l'azote provenant d'ions ammonium (NH_4^+), qui sont des composés déjà réduits, présents en règle générale dans la matière cellulaire organique. Enfin, il existe aussi des bactéries capables de tirer de l'azote des nitrates (composés qui libèrent des ions nitrate, NO_3^-, en se dissolvant).

Des bactéries importantes, y compris de nombreuses cyanobactéries phototrophes, utilisent directement le diazote (N_2) atmosphérique. Ce processus s'appelle **fixation de l'azote**. Certains des organismes capables de fixer l'azote vivent à l'état libre, le plus souvent dans le sol, mais d'autres vivent en **symbiose** avec les parties souterraines de légumineuses, telles que le trèfle, le soja, la luzerne, les haricots et les pois. L'azote fixé en symbiose est utilisé à la fois par la plante et par la bactérie (figure 27.3 EN LIGNE).

Le soufre sert à synthétiser les acides aminés renfermant du soufre et des vitamines, telles que la thiamine et la biotine. L'ion sulfate (SO_4^{2-}), le sulfure d'hydrogène et les acides aminés renfermant du soufre comptent parmi les principales sources naturelles de soufre.

Le phosphore est essentiel à la synthèse des acides nucléiques et des phosphoglycérolipides de la membrane plasmique, et il intervient aussi dans les liaisons phosphate de l'ATP. L'ion phosphate (PO_4^{3-}) est une source majeure de phosphore.

Le potassium, le magnésium et le calcium comptent au nombre des autres éléments dont les microorganismes ont besoin, souvent en tant que cofacteurs des enzymes (chapitre 23 EN LIGNE).

Les oligoéléments

Les microbes ont besoin de très petites quantités de divers autres minéraux tels que le fer, le cuivre, le molybdène et le zinc ; on les appelle **oligoéléments**. La majorité des oligoéléments sont essentiels au bon fonctionnement de certaines enzymes, le plus souvent en tant que cofacteurs. Bien qu'en laboratoire on ajoute parfois des oligoéléments au milieu de culture, on suppose habituellement qu'ils sont présents dans l'eau du robinet et d'autres constituants naturels des milieux de culture. Même si la plupart des eaux distillées contiennent des quantités appropriées d'oligoéléments, on exige parfois l'utilisation de l'eau du robinet de façon à garantir que ces derniers soient présents dans le milieu de culture.

L'oxygène

Chacun sait que la molécule de dioxygène, ou O_2, est essentielle à la vie. Pourtant, dans une certaine mesure, ce gaz est toxique. La molécule d'O_2 a été absente de l'atmosphère durant la plus grande partie de l'histoire de la Terre ; en fait, la vie ne serait peut-être pas apparue si l'atmosphère originelle en avait contenu. Cependant, le métabolisme de nombreuses formes de vie actuelles requiert des molécules d'oxygène pour la respiration aérobie. Au cours de ce processus, les atomes d'hydrogène (H) extraits de composés organiques se combinent à des molécules d'O_2 pour former de l'eau (figure 23.14 EN LIGNE). Cette réaction libère une grande quantité d'énergie sous forme d'ATP tout en neutralisant un gaz potentiellement toxique – la molécule d'O_2 –, ce qui constitue tout compte fait une excellente solution.

Les microorganismes qui ont obligatoirement besoin de molécules d'O_2 atmosphérique pour vivre sont dits **aérobies stricts** (**tableau 4.1a**). En fait, la molécule d'O_2 est l'accepteur obligatoire d'électrons dans la chaîne respiratoire. En son absence, les aérobies stricts ne peuvent pas se développer.

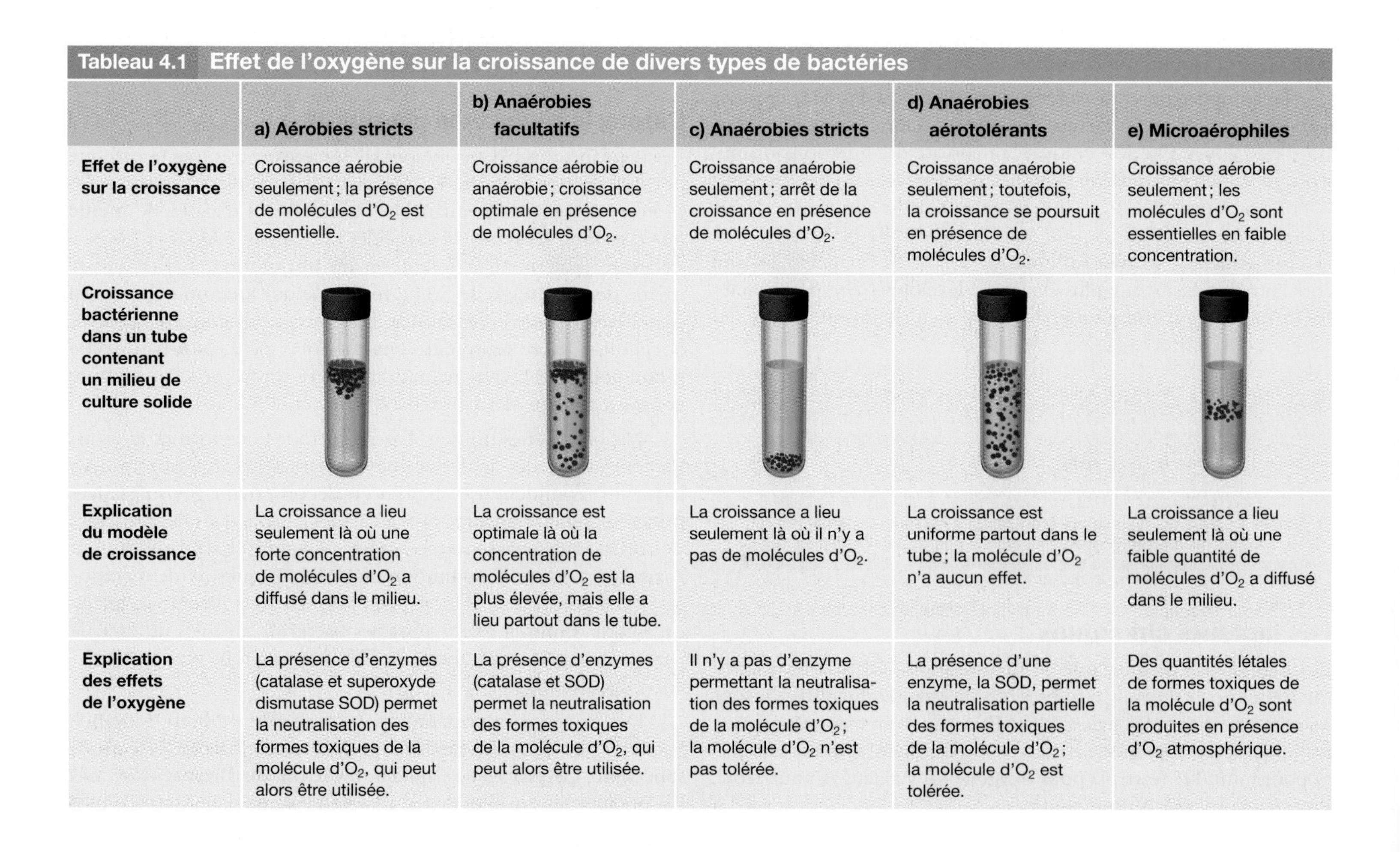

Tableau 4.1 Effet de l'oxygène sur la croissance de divers types de bactéries

	a) Aérobies stricts	b) Anaérobies facultatifs	c) Anaérobies stricts	d) Anaérobies aérotolérants	e) Microaérophiles
Effet de l'oxygène sur la croissance	Croissance aérobie seulement ; la présence de molécules d'O_2 est essentielle.	Croissance aérobie ou anaérobie ; croissance optimale en présence de molécules d'O_2.	Croissance anaérobie seulement ; arrêt de la croissance en présence de molécules d'O_2.	Croissance anaérobie seulement ; toutefois, la croissance se poursuit en présence de molécules d'O_2.	Croissance aérobie seulement ; les molécules d'O_2 sont essentielles en faible concentration.
Croissance bactérienne dans un tube contenant un milieu de culture solide					
Explication du modèle de croissance	La croissance a lieu seulement là où une forte concentration de molécules d'O_2 a diffusé dans le milieu.	La croissance est optimale là où la concentration de molécules d'O_2 est la plus élevée, mais elle a lieu partout dans le tube.	La croissance a lieu seulement là où il n'y a pas de molécules d'O_2.	La croissance est uniforme partout dans le tube ; la molécule d'O_2 n'a aucun effet.	La croissance a lieu seulement là où une faible quantité de molécules d'O_2 a diffusé dans le milieu.
Explication des effets de l'oxygène	La présence d'enzymes (catalase et superoxyde dismutase SOD) permet la neutralisation des formes toxiques de la molécule d'O_2, qui peut alors être utilisée.	La présence d'enzymes (catalase et SOD) permet la neutralisation des formes toxiques de la molécule d'O_2, qui peut alors être utilisée.	Il n'y a pas d'enzyme permettant la neutralisation des formes toxiques de la molécule d'O_2 ; la molécule d'O_2 n'est pas tolérée.	La présence d'une enzyme, la SOD, permet la neutralisation partielle des formes toxiques de la molécule d'O_2 ; la molécule d'O_2 est tolérée.	Des quantités létales de formes toxiques de la molécule d'O_2 sont produites en présence d'O_2 atmosphérique.

Q/R La croissance des bactéries aérobies stricts est limitée par la disponibilité d'O_2, peu soluble dans l'eau du milieu où elles vivent. C'est pourquoi de nombreuses bactéries aérobies ont acquis ou conservé la capacité de se développer de façon continue en l'absence d'O_2 ou en présence de celui-ci en quantité variable. Les microorganismes qui s'adaptent à la quantité de molécules d'O_2 présentes s'appellent **anaérobies facultatifs** (tableau 4.1b). Autrement dit, les anaérobies facultatifs peuvent utiliser les molécules d'O_2 si celles-ci sont présentes dans le milieu ; la production d'ATP est alors maximale, ce qui leur permet de se développer rapidement. Les anaérobies facultatifs peuvent aussi se développer grâce à la fermentation ou à la respiration anaérobie en l'absence d'O_2 ; la production d'ATP est alors moins élevée et la croissance est ralentie. Les anaérobies facultatifs comprennent *E. coli,* bactérie bien connue présente dans le tube digestif, de même que plusieurs levures. Lors de la respiration anaérobie (chapitre 23 EN LIGNE), de nombreux microbes sont capables de remplacer la molécule d'O_2 par divers autres accepteurs d'électrons, tels que les ions nitrate, ce que les cellules humaines ne sont pas capables de faire. Q/R

Les **anaérobies stricts** (tableau 4.1c) sont des bactéries incapables d'utiliser la molécule d'O_2 lors de réactions qui libèrent de l'énergie. En fait, les molécules d'O_2 sont toxiques, voire mortelles, pour la majorité de ces microorganismes. Le genre *Clostridium,* qui comprend les espèces responsables du tétanos et du botulisme, regroupe les anaérobies stricts les mieux connus. Ces bactéries utilisent les atomes d'oxygène présents dans la matière cellulaire ; ces atomes proviennent en général de l'eau.

Pour comprendre de quelle façon la molécule d'O_2 peut endommager les organismes, nous allons définir brièvement les formes toxiques d'oxygène.

1. L'**oxygène singulet** ($^1O_2^-$) est une molécule d'O_2 normale rendue très réactive du fait de l'augmentation de son niveau d'énergie.
2. Les **radicaux superoxyde** ($O_2^{\overline{\cdot}}$), ou **anions superoxyde**, sont formés en petite quantité durant la respiration cellulaire aérobie (par les organismes qui utilisent la molécule d'O_2 comme accepteur d'électrons final et qui produisent ainsi de l'eau). Dans un milieu où les molécules d'O_2 sont présentes, les anaérobies stricts semblent également former des radicaux superoxyde. Les radicaux superoxyde produits sont très toxiques parce que ce sont des agents oxydants très puissants qui détruisent les composants cellulaires. Leur toxicité est telle que tous les microorganismes qui tentent de se développer en présence d'oxygène atmosphérique doivent fabriquer une enzyme, la **superoxyde dismutase (SOD)**, qui sert à neutraliser les radicaux et, par conséquent, à protéger les microorganismes. La toxicité de ces derniers est due à leur grande instabilité ; ils attirent facilement un électron d'une molécule voisine, qui se transforme elle-même en un radical, lequel acquiert un électron, et ainsi de suite. Les bactéries aérobies, les anaérobies facultatifs qui se développent par voie aérobie et les anaérobies aérotolérants (dont nous traitons plus loin) produisent de la superoxyde dismutase, qu'ils utilisent pour convertir le radical superoxyde en dioxygène (O_2) et en peroxyde d'hydrogène (H_2O_2) :
$$O_2^{\overline{\cdot}} + O_2^{\overline{\cdot}} + 2\,H^+ \xrightarrow{\text{SOD}} H_2O_2 + O_2$$
3. Le peroxyde d'hydrogène résultant de cette réaction contient l'**anion peroxyde** (O_2^{2-}) et est également toxique. Nous verrons au chapitre 14 qu'il constitue le composant actif de deux agents antimicrobiens : le peroxyde d'hydrogène et le peroxyde de benzoyle. Étant donné que le peroxyde d'hydrogène produit par la respiration aérobie normale est toxique, les microbes ont élaboré des enzymes pour le neutraliser. La mieux connue de ces enzymes est la **catalase**, qui transforme le peroxyde d'hydrogène (H_2O_2) en eau (H_2O) et en dioxygène (O_2) :
$$2\,H_2O_2 \xrightarrow{\text{catalase}} 2\,H_2O + O_2$$
La catalase est facilement décelable, car elle agit sur le peroxyde d'hydrogène ; si on ajoute une goutte de peroxyde d'hydrogène à une colonie de cellules bactériennes qui produisent de la catalase, des bulles de dioxygène sont libérées. S'il vous est arrivé de tamponner une blessure avec du peroxyde d'hydrogène, vous savez que les cellules des tissus humains contiennent elles aussi de la catalase. La seconde enzyme qui décompose le peroxyde d'hydrogène est la **peroxydase**, qui se distingue de la catalase par le fait qu'elle ne produit pas de dioxygène au cours de la réaction suivante :
$$H_2O_2 + 2\,H^+ \xrightarrow{\text{peroxydase}} 2\,H_2O$$
L'**ozone** (O_3) est une autre forme importante d'oxygène réactif (chapitre 14).
4. Le **radical hydroxyle** ($OH\cdot$) est probablement la forme intermédiaire d'oxygène la plus réactive. Il est produit dans le cytoplasme de la cellule par l'action de rayonnements ionisants (rayons X et rayons gamma, par exemple). En général, la respiration aérobie produit des radicaux hydroxyle.

Ces formes toxiques d'oxygène sont une composante essentielle d'un moyen de défense utilisé par le corps humain dans sa lutte contre les microorganismes pathogènes, soit la phagocytose (figure 11.7). Dans les phagocytes, les microbes pathogènes ingérés sont tués par exposition à l'oxygène singulet, aux radicaux superoxyde, aux anions peroxyde du peroxyde d'hydrogène, aux radicaux hydroxyle et aux autres composés oxydatifs.

Les anaérobies stricts ne produisent habituellement ni superoxyde dismutase ni catalase. Étant donné que les conditions aérobies sont favorables à l'accumulation de radicaux superoxyde toxiques dans le cytoplasme, les anaérobies stricts mis en présence d'O_2 ne peuvent y survivre.

Les **anaérobies aérotolérants** (tableau 4.1d) ne peuvent utiliser la molécule d'O_2 pour se développer, mais ils la tolèrent assez bien. Ils croissent à la surface d'un milieu de culture solide sans qu'il soit nécessaire d'appliquer les techniques requises pour les anaérobies stricts (dont il sera question plus loin). Un grand nombre de bactéries aérotolérantes produisent de l'acide lactique par fermentation des glucides. À mesure qu'il s'accumule, l'acide lactique crée une niche écologique favorable aux organismes qui le produisent, en inhibant le développement des concurrents aérobies. Le lactobacille offre un exemple courant de producteur anaérobie aérotolérant ; il est utilisé pour la fabrication de divers aliments fermentés acides, tels que les marinades et le fromage. Au laboratoire, on manipule et on cultive les lactobacilles à peu près de la même façon que les autres bactéries, mais ils n'utilisent pas l'O_2 de l'air. Ces bactéries tolèrent la présence de molécules d'O_2 dans leur milieu parce qu'elles produisent de la superoxyde dismutase, ou qu'elles sont dotées d'un système équivalent, capable de neutraliser les formes toxiques d'O_2.

Il existe quelques bactéries **microaérophiles** (**tableau 4.1e**). Elles sont aérobies, c'est-à-dire qu'elles ont besoin d'O_2, mais elles se développent uniquement dans un milieu où la concentration d'O_2 est inférieure à celle de l'air. Dans une éprouvette contenant un milieu nutritif solide, elles croissent seulement à une profondeur où de petites quantités de molécules d'O_2 ont diffusé ; elles ne se développent pas à la surface, riche en O_2, ni au-dessous de la zone étroite où la concentration en O_2 est appropriée. La tolérance limitée de ces bactéries s'explique probablement par leur sensibilité aux radicaux superoxyde et aux peroxydes, qu'elles produisent en concentration létale dans un milieu riche en molécules d'O_2.

Les facteurs organiques de croissance

Les composés organiques dont un organisme a besoin mais qu'il est incapable de synthétiser s'appellent **facteurs organiques de croissance** ; ils doivent être tirés directement du milieu. Les vitamines constituent un groupe de facteurs organiques de croissance pour les humains. La majorité des vitamines jouent le rôle de coenzymes, c'est-à-dire les cofacteurs organiques sans lesquels certaines enzymes ne peuvent remplir leur fonction. De nombreuses bactéries synthétisent leurs propres vitamines ; elles ne dépendent donc pas de sources extérieures. Par contre, d'autres bactéries ne possèdent pas les enzymes nécessaires à la synthèse de certaines vitamines, si bien que ces vitamines sont pour elles des facteurs organiques de croissance. Parmi les autres facteurs organiques de croissance requis par quelques bactéries, citons les acides aminés, les purines et les pyrimidines.

Maintenant que nous savons que les microorganismes se distinguent par leurs exigences particulières sur le plan des conditions physiques et chimiques de croissance qu'ils requièrent, nous allons intégrer ces notions dans un cadre d'applications pratiques, soit par le biais de l'étude des milieux de culture.

> **Vérifiez vos acquis**
>
> Si le milieu de culture d'une bactérie contient pour seule source de soufre un isotope radioactif (^{35}S), dans quelles molécules bactériennes trouvera-t-on le ^{35}S ? **4-4**
>
> Comment sait-on si un microbe est un anaérobie strict ? **4-5**
>
> Comme il y a de l'O_2 presque partout dans l'environnement, il est très difficile pour un microbe de ne jamais y être exposé. Quel est alors le moyen le plus simple pour un tel organisme de se protéger contre les effets nocifs de l'O_2 ? **4-6**

Les biofilms

> **Objectif d'apprentissage**
>
> **4-7** Décrire la formation des biofilms et comment ils peuvent causer des infections.

Dans la nature, les microorganismes forment rarement des colonies pures composées d'une seule espèce comme on en trouve en laboratoire. Le plus souvent, ils sont regroupés en **biofilms**. La microscopie confocale (chapitre 2) a permis d'apprécier toute l'importance du phénomène des biofilms en rendant visible leur structure tridimensionnelle, laquelle consiste en une matrice visqueuse contenant principalement des polysaccharides, mais aussi des protéines et de l'ADN. Un biofilm peut aussi être considéré comme un *hydrogel*, c'est-à-dire un polymère complexe emprisonnant une quantité d'eau équivalant à plusieurs fois sa masse sèche. La signalisation chimique entre les cellules, ou *détection du quorum*, permet aux bactéries de coordonner leur activité et de former des regroupements qui leur sont profitables, un peu à la manière des organismes multicellulaires (encadré 3.1). En somme, les biofilms ne sont pas uniquement des dépôts de matière visqueuse, mais plutôt des systèmes biologiques, dans lesquels les bactéries s'organisent en communautés et sont capables de fonctionner de façon coordonnée. Ils sont habituellement fixés à un support, tel qu'une pierre dans un étang, une dent (plaque ; voir la figure 20.3b), ou une muqueuse. Ils peuvent contenir des microorganismes d'une seule ou de plusieurs espèces. Ils peuvent aussi prendre diverses formes, telles que le floc qu'on trouve dans certains procédés de traitement des eaux usées (figure 27.21 EN LIGNE), ou les rubans filamenteux qui ondulent dans les cours d'eau vive. Les bactéries regroupées en biofilms ont accès à des réserves communes de nutriments et sont à l'abri de certains dangers présents dans l'environnement, tels que la dessication, les antibiotiques et le système immunitaire de leur hôte. Il est aussi possible que la promiscuité des microorganismes favorise le transfert de matériel génétique, par exemple au moyen de la conjugaison.

En règle générale, un biofilm se crée quand une bactérie à l'état libre (*planctonique*) se fixe sur un support et se multiplie. Si la colonie naissante s'épaissit, les bactéries du fond risquent d'être coupées des nutriments et de baigner dans les déchets toxiques. Les microorganismes contournent parfois ces difficultés en érigeant des structures qui ressemblent à des piliers (**figure 4.5**) entre lesquels

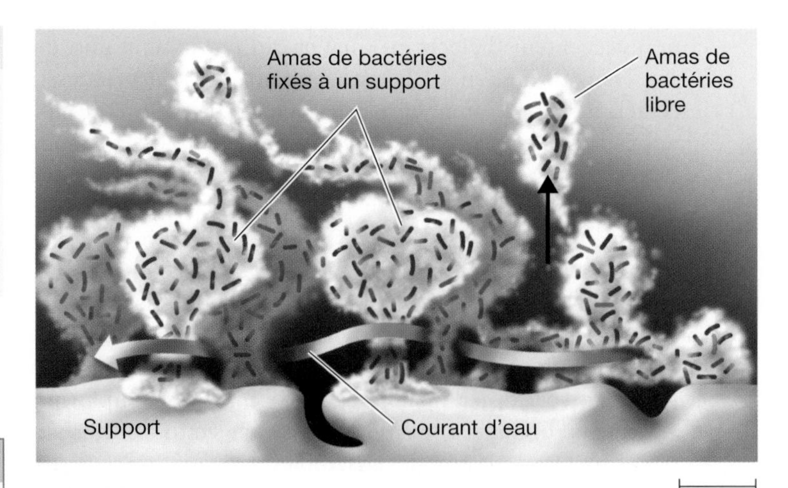

Figure 4.5 Biofilms. L'eau circule (flèche bleue) entre les piliers visqueux érigés par les bactéries qui se multiplient après s'être fixées à un support solide. Ces structures favorisent l'accès aux nutriments et l'élimination des déchets. Certaines bactéries isolées, mais capables de sécréter la matrice visqueuse, ou regroupées au sein d'un amas de matrice se détachent de la colonie mère et vont s'établir plus loin. Voir la figure 1.7.

l'eau peut passer, apportant avec elle des nutriments et évacuant les déchets. Il s'établit alors une sorte de système circulatoire primitif. À l'occasion, en se détachant de la masse, quelques microbes ou des fragments de la colonie vont s'implanter à proximité et contribuent ainsi à agrandir le biofilm. Dans ce cas, on observe généralement une couche de surface d'environ 10 μm d'épaisseur et des piliers qui montent jusqu'à 200 μm de haut.

Dans un biofilm, les microorganismes sont capables de coopérer en vue de réaliser des tâches complexes. Par exemple, dans le système digestif des ruminants, tels que le bœuf, il faut un grand nombre d'espèces de microbes pour digérer la cellulose. La plupart de ces microbes vivent ensemble dans des biofilms. Ces derniers constituent aussi un élément essentiel au bon fonctionnement des systèmes de traitement des eaux usées, dont nous reparlerons au chapitre 27 EN LIGNE. Par contre, ils peuvent aussi créer des problèmes dans les canalisations et les cathéters, où ils s'accumulent et entravent l'écoulement des liquides.

Les biofilms influent beaucoup sur la santé humaine. Par exemple, ils offrent probablement 1 000 fois plus de résistance aux microbicides. Selon les experts des Centers for Disease Control and Prevention (CDC), ils joueraient un rôle dans quelque 70 % des infections bactériennes chez l'humain. On estime qu'ils contribuent à la plupart des infections nosocomiales (infections contractées dans des établissements de soins de santé), car ils se forment dans les cathéters (figures 1.7 et 16.3). En fait, on en trouve sur presque tous les implants biomédicaux, y compris les valves cardiaques artificielles. Les biofilms, dont ceux élaborés par des mycètes tels que *Candida*, sont associés à un nombre considérable de maladies, telles que les infections résultant du port de lentilles cornéennes, les caries dentaires (chapitre 20) et les infections à *Pseudomonas* (chapitre 6). Voir l'**encadré 4.1**.

On peut prévenir la formation de biofilms en incorporant des agents antimicrobiens aux surfaces auxquelles ils adhèrent. D'autre part, on s'emploie à définir la nature des signaux chimiques par lesquels s'opère la détection du quorum, sans laquelle les biofilms ne se forment pas. On espère ainsi parvenir à bloquer ces signaux. Par ailleurs, on a découvert que la lactoferrine, une protéine abondante dans de nombreuses sécrétions humaines, inhibe l'établissement des biofilms (chapitre 11). Cette protéine se lie au fer, ce qui affaiblit tout particulièrement les bactéries du genre *Pseudomonas*, dont les biofilms contribuent à la pathologie de la mucoviscidose (ou fibrose kystique du pancréas). La carence en fer dans le milieu inhibe la mobilité de surface des bactéries et les empêche de s'agglomérer.

À l'heure actuelle, la plupart des méthodes de laboratoire en microbiologie exigent que les microorganismes soient cultivés dans leur état planctonique. Toutefois, on prévoit se tourner de plus en plus vers l'observation des conditions de vie réelles des microbes et des relations que les cellules entretiennent entre elles, et ce, autant en recherche médicale que dans l'industrie.

Vérifiez vos acquis

Pourquoi est-il avantageux pour un agent pathogène de former un biofilm? **4-7**

Les milieux de culture

Objectifs d'apprentissage

- **4-8** Distinguer le milieu synthétique (défini) du milieu complexe (empirique).
- **4-9** Justifier l'utilisation des éléments suivants : les techniques anaérobies, les cellules hôtes vivantes, les jarres anaérobies, les milieux sélectifs, les milieux différentiels et les milieux d'enrichissement.
- **4-10** Distinguer les niveaux de biosécurité 1, 2, 3 et 4.

Une préparation nutritive destinée à la croissance de microorganismes en laboratoire s'appelle **milieu de culture**. Certaines bactéries se développent bien dans presque tous les milieux de culture, tandis que d'autres ont besoin d'un milieu particulier. Enfin, il existe des bactéries pour lesquelles on n'a pas encore découvert de milieu artificiel (non vivant) dans lequel elles puissent se développer. Le prélèvement de microbes introduits dans un milieu de culture en vue de leur croissance s'appelle **inoculum** ; les microbes qui se développent et se multiplient dans ou sur un milieu de culture constituent une **culture**.

Si on désire faire croître un microorganisme donné, par exemple un microbe provenant d'un échantillon clinique, à quels critères le milieu de culture doit-il satisfaire ? Premièrement, il doit contenir les nutriments dont le microorganisme qu'on veut faire croître a besoin, soit des ions minéraux, des facteurs organiques de croissance, des sources de carbone et d'énergie. Il doit également présenter des taux adéquats d'humidité et de pH, ainsi qu'une pression osmotique et une concentration en molécules d'oxygène appropriées, ce qui signifie parfois que cette dernière doit être nulle. Il est essentiel que le milieu de culture soit initialement **stérile**, c'est-à-dire qu'il ne contienne aucun microorganisme vivant, de manière que la culture soit constituée uniquement des microbes ajoutés au milieu et de leurs descendants. Enfin, le milieu de croissance doit être incubé à une température appropriée.

Il existe une grande diversité de milieux destinés à la culture de microorganismes en laboratoire. On peut se procurer la majorité d'entre eux dans le commerce sous la forme de mélanges auxquels on doit ajouter de l'eau et que l'on doit ensuite stériliser. On élabore constamment de nouveaux milieux de culture, et on améliore les milieux existants, en vue de l'isolement et de l'identification de bactéries auxquelles s'intéressent les chercheurs dans des domaines tels que l'alimentation, l'épuration de l'eau et la microbiologie clinique.

Les milieux liquides sont fort utiles mais, lorsqu'il est préférable de faire croître des bactéries sur un milieu solide, on ajoute un agent de solidification tel que l'**agar-agar**, aussi appelé simplement **agar**. L'agar-agar est un polysaccharide extrait d'une algue marine, depuis longtemps utilisé comme gélifiant dans la préparation d'aliments tels que les gelées et la crème glacée.

À cause de ses propriétés, l'agar est très utile en microbiologie, et on n'a encore découvert aucun produit de remplacement satisfaisant. Très peu de microorganismes sont capables de le dégrader, de sorte que l'agar reste solide. L'agar forme avec l'eau un gel solide à une température inférieure à environ 60 °C ; il se liquéfie à environ 100 °C (le point d'ébullition de l'eau) et, au niveau de la mer, il se solidifie à peu près à 40 °C. En laboratoire, on conserve la gélose

Le cathétérisme à l'origine d'infections hématogènes à retardement

En lisant cet encadré, vous serez amené à considérer une suite de questions que les responsables du contrôle des infections se posent quand ils tentent de remonter aux origines d'une maladie infectieuse. Examinez chaque question dans l'ordre où elle se présente et essayez d'y répondre avant de passer à la suivante.

❶ Au début de mars 2005, on rappelle une solution d'héparine intraveineuse qu'on croit à l'origine d'infections hématogènes à *Pseudomonas fluorescens*. On a observé de telles infections en janvier et février 2005 dans quatre États. La solution d'héparine a été contaminée à l'étape de la fabrication.

Examinez la figure A. Selon vous, le rappel a-t-il été efficace?

❷ Trois mois après le rappel, soit de juillet 2005 à avril 2006, on découvre dans deux États des patients exposés à l'héparine contaminée et maintenant atteints d'infections hématogènes.

Quels renseignements devez-vous tenter d'obtenir?

❸ Lorsque l'infection s'est déclarée chez ces patients, il s'était écoulé de 84 à 421 jours depuis leur dernière exposition à l'héparine contaminée. Aucun d'eux n'avait présenté de signes d'infection lors de la flambée de janvier et février. Ils portaient tous une sonde intraveineuse à demeure, c'est-à-dire des cathéters insérés dans une veine pour l'administration à long terme de solutions concentrées, par exemple de médicaments anticancéreux.

Quelle est la prochaine étape?

❹ Une enquête sur les lieux permet de confirmer que les cliniques fréquentées par ces patients n'utilisent plus, et ont même retourné, l'héparine visée par le rappel. Les cultures de la nouvelle héparine en cours d'utilisation ne révèlent aucun microorganisme. La contamination n'est donc pas récente.

Que devez-vous faire maintenant?

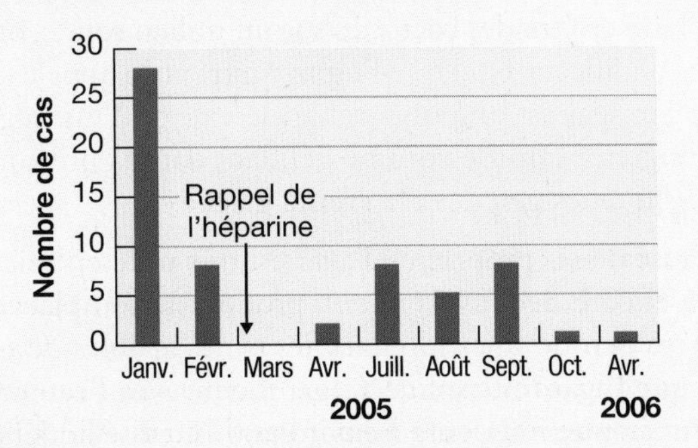

Figure A Infections hématogènes à *P. fluorescens* chez les patients portant une sonde intraveineuse

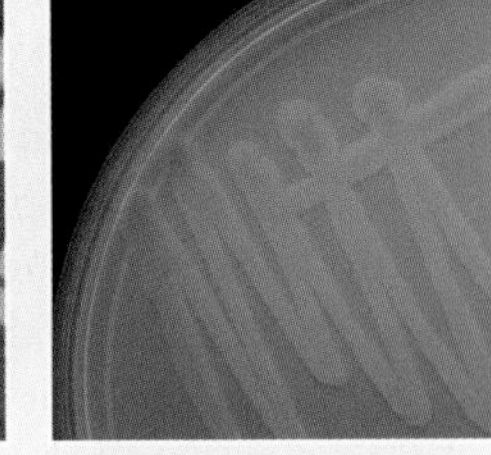

Figure B *P. fluorescens* est un bacille aérobie à Gram négatif qui prolifère bien lorsque la température se situe entre 25 et 30 °C, mais plutôt mal à la température d'incubation qu'on utilise habituellement dans les laboratoires de microbiologie des hôpitaux (environ 37 °C). Il produit un pigment qui le rend fluorescent lorsqu'on l'expose aux rayons ultraviolets.

❺ On procède à des cultures de sang et de prélèvements de cathéters (figure B).

Quel est le résultat présenté dans la figure B?

❻ Les cultures révèlent la présence de *P. fluorescens* chez 15 patients et sur 17 cathéters. Il s'agit des premiers cas observés d'infections hématogènes qui se déclarent avec un retard considérable (de 84 à 421 jours) par rapport au moment de l'exposition au produit contaminé.

À quoi peut-on attribuer ces infections?

❼ Les Centers for Disease Control and Prevention montrent par microscopie électronique à balayage que *P. fluorescens* a colonisé l'intérieur des cathéters et y a formé des biofilms. D'autres observations au microscope électronique ont déjà indiqué que presque toutes les sondes intravasculaires à demeure deviennent colonisées par des microorganismes enveloppés dans des biofilms.

Pourquoi *Pseudomonas* a-t-il mis en moyenne 237 jours pour déclencher une infection après l'exposition à l'héparine contaminée?

❽ Au moment de l'exposition à l'héparine contaminée, il est probable que le nombre de *P. fluorescens* à entrer dans la circulation sanguine des patients n'était pas suffisant pour qu'on observe des symptômes d'infection. Toutefois, en s'entourant d'un biofilm, les bactéries ont pu s'installer dans les cathéters. Elles y ont proliféré et, à la faveur d'une perfusion ultérieure avec une solution non contaminée, elles se sont dégagées de leur gangue et ont pénétré dans la circulation, où elles ont causé la maladie à retardement.

Source : *MMWR*, 55(35) : 961-963 (9 août 2006).

préparée dans un bain-marie maintenu à 50 °C, car à cette température on peut soit la verser dans une boîte de Petri (figure 4.17b), soit la verser directement sur des bactéries qui tolèrent bien la chaleur (figure 4.17a). Une fois qu'elle s'est solidifiée, il est possible d'incuber la gélose à des températures atteignant près de 100 °C sans qu'elle se liquéfie de nouveau. Cette propriété est particulièrement utile pour la culture de bactéries thermophiles.

En général, on place un milieu contenant de l'agar dans une *éprouvette* ou dans une *boîte de Petri*. La gélose est dite *inclinée* si elle s'est solidifiée lorsque l'éprouvette était maintenue en position inclinée de manière à agrandir la surface de croissance ; elle est dite *profonde* lorsque l'éprouvette est maintenue en position verticale et que le contenu se solidifie. Une boîte de Petri (du nom de son inventeur) est un récipient transparent peu profond, muni d'un couvercle qui s'emboîte sur le fond de manière à empêcher toute contamination. Selon la quantité d'agar ajoutée, les milieux peuvent être solides ou semi-solides (géloses molles).

Les milieux synthétiques

Pour qu'un microbe puisse se développer, le milieu de culture doit lui fournir une source d'énergie de même que des sources de carbone, d'azote, de soufre, de phosphore et de tout autre facteur organique de croissance qu'il est incapable de synthétiser. On appelle **milieu synthétique** (*chemically defined medium*) un milieu de culture dont on connaît exactement la composition chimique, qualitativement et quantitativement. Pour répondre aux besoins nutritifs d'une bactérie chimiohétérotrophe, un milieu synthétique contiendra une quantité connue de facteurs organiques de croissance, qui servent de sources d'énergie et de carbone. Par exemple, on met une quantité précise de glucose dans les milieux employés pour faire croître le chimiohétérotrophe *E. coli* (**tableau 4.2**).

Tableau 4.2 Milieu synthétique destiné à la culture d'un chimiohétérotrophe typique tel qu'*E. coli*

Constituant	Quantité
Glucose	5,0 g
Dihydrogénophosphate d'ammonium ($NH_4H_2PO_4$)	1,0 g
Chlorure de sodium (NaCl)	5,0 g
Sulfate de magnésium heptahydraté ($MgSO_4 \cdot 7H_2O$)	0,2 g
Hydrogénophosphate de potassium (K_2HPO_4)	1,0 g
Eau	1 L

Les microorganismes qui ont besoin de plusieurs facteurs de croissance sont dits *exigeants.* On utilise parfois des microorganismes qui ont des exigences nutritionnelles particulières, tels que *Lactobacillus,* dans des épreuves servant à déterminer la concentration d'une vitamine donnée dans une substance. Pour effectuer ce type d'*épreuve microbiologique,* on prépare d'abord un milieu de culture contenant toute la matière essentielle au développement de la bactérie, à l'exception de la vitamine à analyser. On mélange ensuite le milieu de culture, la substance testée et la bactérie, puis on mesure la croissance de la bactérie. Celle-ci se reflète dans la quantité d'acide lactique produite, quantité qui devrait être proportionnelle à la quantité de vitamine contenue dans la substance étudiée. Il faut comprendre ici que la croissance de *Lactobacillus*, qui dépend de la présence de la vitamine, entraîne la production d'acide lactique. Ainsi, plus il y a production d'acide lactique, plus la croissance de *Lactobacillus* a été stimulée et, par conséquent, plus la quantité de vitamine contenue dans la substance est élevée.

Les milieux complexes

En général, les milieux synthétiques ne sont employés que pour des travaux expérimentaux en laboratoire ou pour la culture de bactéries autotrophes. De façon courante, la majorité des bactéries hétérotrophes (qui utilisent les composés chimiques comme sources de carbone) et des mycètes sont mis en culture dans des milieux naturels appelés **milieux complexes** ou *milieux empiriques.* Les milieux complexes sont constitués de nutriments tels que des extraits de levure, de viande ou de plantes, ou de macérations de protéines contenues dans ces extraits ou d'autres sources. Ils contiennent donc des ingrédients dont la composition chimique est indéterminée. De plus, la composition chimique exacte d'un milieu complexe peut varier légèrement d'un lot à un autre. Le **tableau 4.3** présente une recette d'usage courant.

Tableau 4.3 Composition d'une gélose nutritive, milieu complexe destiné à la culture de bactéries hétérotrophes

Constituant	Quantité
Peptone (protéine partiellement digérée)	5,0 g
Extrait de bœuf	3,0 g
Chlorure de sodium	8,0 g
Gélose	15,0 g
Eau	1 L

Dans un milieu de culture complexe, ce sont essentiellement les protéines qui fournissent aux microorganismes l'énergie, le carbone, l'azote et le soufre dont ils ont besoin pour leur croissance. Une protéine est une grosse molécule, plus ou moins insoluble, que peu de microorganismes sont capables d'utiliser directement ; la digestion partielle par un acide ou une enzyme réduit une protéine en chaînes plus courtes d'acides aminés, appelées *peptones.* Les bactéries sont alors capables de digérer ces petits fragments de peptones solubles.

Les vitamines et d'autres facteurs organiques de croissance sont fournis par des extraits de viande ou de levure. Les vitamines et les minéraux solubles contenus dans la viande ou la levure sont dissous dans l'eau d'extraction, que l'on fait ensuite évaporer de manière à accroître la concentration en facteurs organiques. Les extraits fournissent aussi l'azote organique et des composés du carbone. Les extraits de levure sont particulièrement riches en vitamine B. Les milieux complexes sont de composition et de préparation assez simples et contiennent une même base nutritive. À l'état liquide, un milieu complexe s'appelle **bouillon nutritif**; si on y ajoute de l'agar, il se solidifie et porte le nom de **gélose nutritive**. (Cette terminologie peut prêter à confusion ; rappelez-vous que la gélose n'est pas elle-même un nutriment.) La gélose nutritive constitue un excellent milieu sur lequel la plupart des microorganismes peuvent se développer. Les bactéries étalées à la surface de la gélose formeront autant de colonies qu'il y avait de bactéries à l'origine. Au moyen d'une technique adéquate, on peut isoler les colonies les unes des autres ; c'est pourquoi la gélose nutritive constitue un bon **milieu d'isolement**. Par la suite, on pourra procéder au prélèvement d'une colonie isolée pour obtenir des cultures pures et éventuellement réaliser une étude systématique en vue d'identifier les agents pathogènes. Nous traitons ce point plus loin dans la section intitulée « La préparation d'une culture pure ».

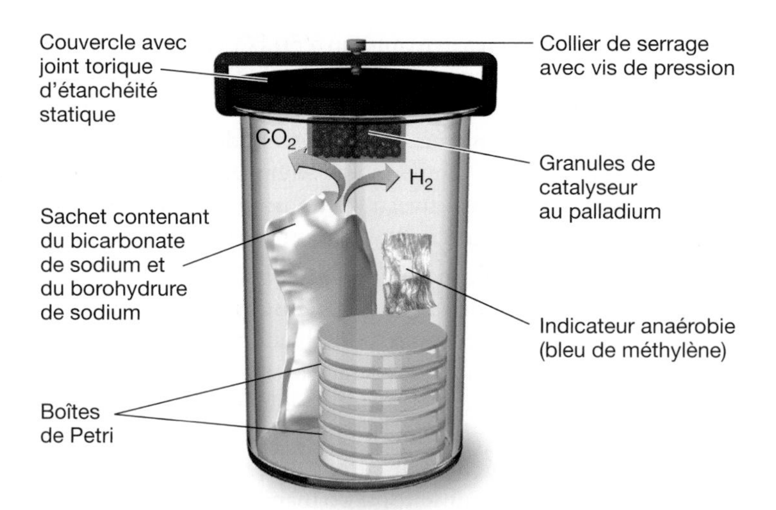

Figure 4.6 Jarre servant à la culture de bactéries anaérobies en boîtes de Petri.

Les milieux et méthodes de culture des anaérobies

La culture des bactéries anaérobies pose un problème particulier. Puisque les anaérobies peuvent être tués du fait de la présence de molécules d'oxygène, on doit utiliser un **milieu réducteur**. Les milieux de ce type contiennent des ingrédients, tels que le thioglycolate de sodium, qui réagissent avec les molécules d'oxygène dissoutes et éliminent ainsi celles-ci du milieu de culture. Pour obtenir des cultures pures d'anaérobies stricts et les conserver, les microbiologistes emploient souvent des milieux réducteurs entreposés dans des éprouvettes ordinaires hermétiquement fermées. Ils réchauffent légèrement les éprouvettes juste avant de s'en servir, de manière à éliminer toutes les molécules d'oxygène qui auraient pu y pénétrer.

Lorsqu'on doit faire croître des microorganismes anaérobies sur des boîtes de Petri pour être en mesure d'observer les différentes colonies, il faut prendre des précautions supplémentaires. Si le nombre de boîtes est relativement restreint, on peut les mettre dans de grands contenants qu'on ferme hermétiquement et dont on retire l'O_2. Dans certains systèmes, on ajoute de l'eau à un sachet de produits chimiques avant de fermer le contenant (figure 4.6). Il s'ensuit une réaction chimique qui génère de l'H_2 et du CO_2 (de 4 à 10 % environ). En présence d'un catalyseur au palladium inséré dans le couvercle, l'H_2 se combine à l'O_2 pour former de l'eau. Dans un autre système en vente dans le commerce, on ouvre tout simplement le sachet pour en exposer le principe actif (l'acide ascorbique) à l'O_2 qui se trouve dans le contenant. Nul besoin d'eau, ni de catalyseur. Dans ce cas, l'atmosphère est dépourvue d'H_2 et contient moins de 5 % d'O_2 et environ 18 % de CO_2. Enfin, dans un système mis sur le marché récemment (OxyPlate), chaque boîte de Petri devient une petite chambre anaérobie. Le milieu de culture contient de l'oxyrase, une enzyme qui catalyse la réaction de l'O_2 avec l'H_2 pour former de l'eau.

Les chercheurs qui étudient les anaérobies de manière intensive utilisent des chambres anaérobies (figure 4.7). Celles-ci sont remplies de gaz inertes (généralement environ 85 % de N_2, 10 % d'H_2 et 5 % de CO_2) et sont munies de sas par lesquels on introduit les cultures et le matériel.

Figure 4.7 Chambre anaérobie étanche. Pour faire ses manipulations, dans ce cas-ci mettre des bactéries en suspension dans un erlenmeyer, le technicien utilise une chambre anaérobie remplie d'un gaz inerte exempt de molécules d'oxygène. Il a les bras et les mains entièrement recouverts par des gants fixés à des ronds de gants. Les microorganismes et le matériel sont introduits dans la chambre et en sont retirés à travers un sas dont on voit le hublot à gauche.

Les techniques spéciales de culture

Certaines bactéries s'avèrent réfractaires à la culture sur des milieux artificiels en laboratoire. À l'heure actuelle, on a tendance à cultiver *Mycobacterium lepræ*, le bacille de la lèpre, dans un petit mammifère, le tatou, ou armadille, dont la température corporelle relativement basse correspond aux exigences de ce microbe. Le spirochète de la syphilis ne se prête pas bien non plus à la culture en laboratoire, bien qu'on ait réussi à faire croître des souches non pathogènes de ce microbe sur des milieux artificiels. À quelques exceptions près, les bactéries intracellulaires strictes, telles que la rickettsie et la chlamydie, ne se développent pas sur des milieux artificiels. Tout comme les virus, elles se reproduisent uniquement dans une cellule hôte vivante (figure 8.8).

De nombreux laboratoires de biologie médicale disposent d'*étuves avec dioxyde de carbone* pour la culture de bactéries aérobies qui ont besoin d'une concentration de CO_2 plus élevée ou plus faible que celle de l'atmosphère. Les microbes dont la croissance est favorisée par une concentration élevée de CO_2 sont dits **capnophiles**. On maintient la concentration de CO_2 recherchée à l'aide de commandes électroniques. On peut de la sorte recréer en laboratoire les conditions que l'on trouve dans certains milieux où la concentration en O_2 est faible et la concentration en CO_2 élevée, par exemple dans le tube digestif, le système respiratoire et d'autres tissus humains où se développent des bactéries pathogènes.

S'ils ont besoin d'incuber une ou deux cultures seulement sur des boîtes de Petri, les chercheurs des laboratoires cliniques se servent volontiers de petits sachets en plastique qui contiennent un générateur chimique de gaz complet, qui est activé lorsqu'on froisse l'enveloppe ou qu'on l'humidifie avec quelques millilitres d'eau. Il existe des sachets conçus pour fournir des concentrations données en CO_2 et en O_2, et qui sont destinés à la culture d'organismes tels que *Campylobacter,* une bactérie microaérophile.

Certains microorganismes sont trop dangereux pour qu'on les manipule sans prendre des précautions extraordinaires. On les garde alors dans des laboratoires de *niveau de biosécurité 4* (*NB 4*). Il n'y a qu'une poignée de ces laboratoires en Amérique du Nord. Ce sont des pièces étanches au cœur de bâtiments de bonne dimension, avec une atmosphère sous pression négative dont ne peuvent pas s'échapper les aérosols contenant les agents pathogènes. L'air, autant celui qu'on y admet et que celui qui en est évacué, passe par des filtres absolus, ou filtres HEPA (chapitre 14). L'air évacué est filtré deux fois. Tous les déchets qui quittent le laboratoire sont traités de façon à être non infectieux. Le personnel porte des scaphandres alimentés en air de l'extérieur (**figure 4.8**).

Le niveau de biosécurité est moins élevé là où les organismes étudiés ne sont pas aussi nocifs. C'est ainsi que, dans les établissements d'enseignement, les laboratoires de microbiologie sont habituellement classés NB 1. Au niveau de biosécurité 2, on analyse des organismes qui ont un pouvoir infectieux moyen ; le personnel revêt la blouse et les gants, et porte parfois des protecteurs oculaires et un masque. Les laboratoires NB 3 servent à contenir les agents pathogènes aéroportés qui sont très infectieux, tels que ceux de la tuberculose. On y utilise des enceintes de sécurité biologique, semblables en quelque sorte à la chambre anaérobie de la figure 4.7. Le laboratoire est gardé sous pression négative et l'air y est filtré pour empêcher que les agents pathogènes s'en échappent.

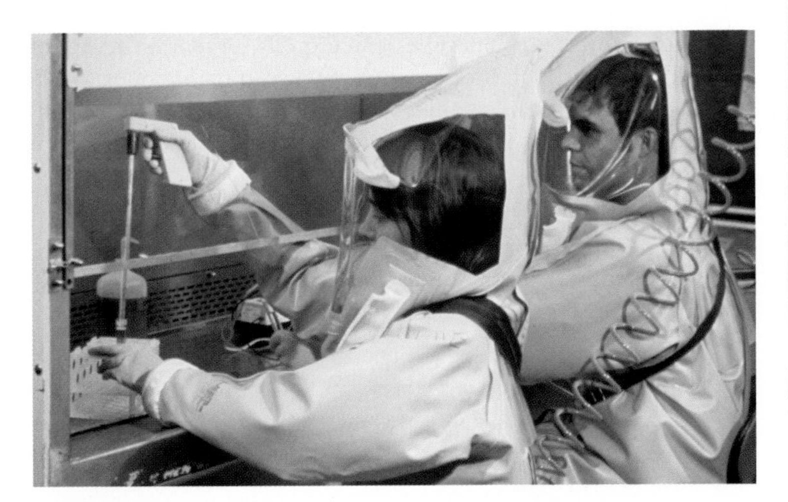

Figure 4.8 Techniciens à l'œuvre dans un laboratoire de niveau de biosécurité 4 (NB 4). Dans une enceinte NB 4, les membres du personnel portent des scaphandres et respirent de l'air en provenance d'une source située à l'extérieur de la pièce.

Les milieux sélectifs et les milieux différentiels

En microbiologie clinique et dans le domaine de la santé publique, on a souvent besoin de déceler la présence de microorganismes spécifiques associés à des maladies ou à de mauvaises conditions d'hygiène. On utilise alors des milieux sélectifs et des milieux différentiels.

Les **milieux sélectifs** sont conçus pour inhiber la croissance des bactéries indésirables et stimuler celle des microbes recherchés. Par exemple, une gélose au sulfite de bismuth constitue un milieu approprié pour extraire de fèces (selles) la bactérie à Gram négatif responsable de la typhoïde, *Salmonella typhi.* Le sulfite de bismuth inhibe la croissance des bactéries à Gram positif, de même que celle de la majorité des bactéries intestinales à Gram négatif autres que *S. typhi.* On utilise une gélose Sabouraud dextrose, milieu à pH 5,6, pour isoler les mycètes dont la croissance est supérieure à celle de la majorité des bactéries à cette valeur de pH.

Les **milieux différentiels** sont conçus pour faciliter la distinction entre les colonies du microbe recherché et les autres colonies qui se développent sur la même boîte de Petri. De plus, les cultures pures de microorganismes ont des réactions caractéristiques reconnaissables sur les milieux différentiels en éprouvette ou sur boîte de Petri. Les microbiologistes utilisent souvent comme milieu la gélose au sang (qui contient des érythrocytes) pour identifier les espèces bactériennes qui détruisent les érythrocytes. Dans le cas de ces espèces, à l'une desquelles appartient la bactérie responsable de l'amygdalite, ou pharyngite*, due au streptocoque β-hémolytique du groupe A, il se forme un anneau pâle autour des colonies, là où elles ont lysé les érythrocytes avoisinants (**figure 4.9**).

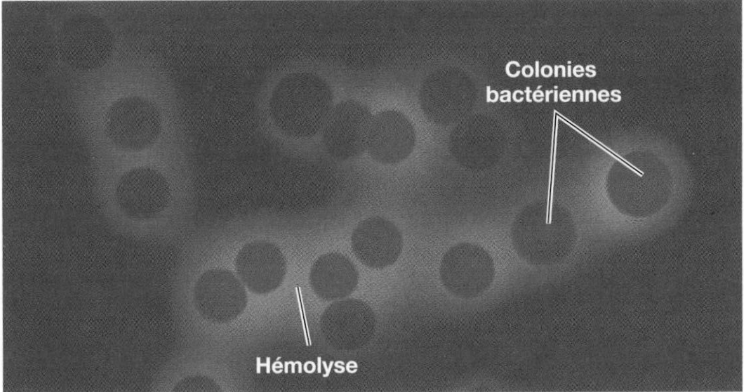

Figure 4.9 La gélose au sang est un milieu différentiel contenant des érythrocytes. Les bactéries ont lysé les érythrocytes (hémolyse), d'où l'apparition de régions pâles autour des colonies.

* Au Québec, les termes « amygdalite » et (ou) « pharyngite » sont utilisés pour désigner une inflammation de la gorge. Le terme « angine » est équivalent.

On prépare parfois un milieu possédant aussi bien les caractéristiques des milieux sélectifs que celles des milieux différentiels. Cela s'avère utile par exemple pour isoler la bactérie *Staphylococcus aureus,* présente dans les voies aériennes supérieures. Ce microorganisme tolère une forte concentration en chlorure de sodium (NaCl), et il produit de l'acide en provoquant la fermentation du mannitol, un glucide. La gélose mannitol contient 7,5 % de chlorure de sodium, concentration qui inhibe le développement des microorganismes compétitifs ; elle favorise donc de façon *sélective* la croissance de *S. aureus.* Ce milieu salin contient également un indicateur de pH dont la couleur change lorsque le mannitol est transformé en acide par fermentation. On peut ainsi *distinguer* les colonies de *S. aureus,* qui provoquent la fermentation du mannitol, des colonies de bactéries qui ne la provoquent pas. En laboratoire, il est facile de reconnaître les bactéries qui tolèrent une concentration élevée en sel et provoquent la fermentation du mannitol en acide grâce au changement de couleur de l'indicateur. Ce sont probablement des colonies de *S. aureus,* et on peut effectuer des tests additionnels pour s'en assurer.

La gélose de Mac Conkey est aussi à la fois un milieu sélectif et un milieu différentiel. Elle contient des sels biliaires et du violet de cristal, qui inhibent le développement des bactéries à Gram positif. Comme ce milieu contient en outre du lactose, il permet de distinguer les bactéries à Gram négatif qui peuvent croître sur le lactose de celles qui en sont incapables. Les bactéries qui fermentent le lactose forment des colonies rouges ou roses ; les bactéries qui ne le fermentent pas forment des colonies incolores. Au chapitre 5, nous verrons comment un milieu différentiel permet de reconnaître une souche d'*E. coli* productrice de toxines. La **figure 4.10** illustre l'aspect de colonies bactériennes sur un tel milieu.

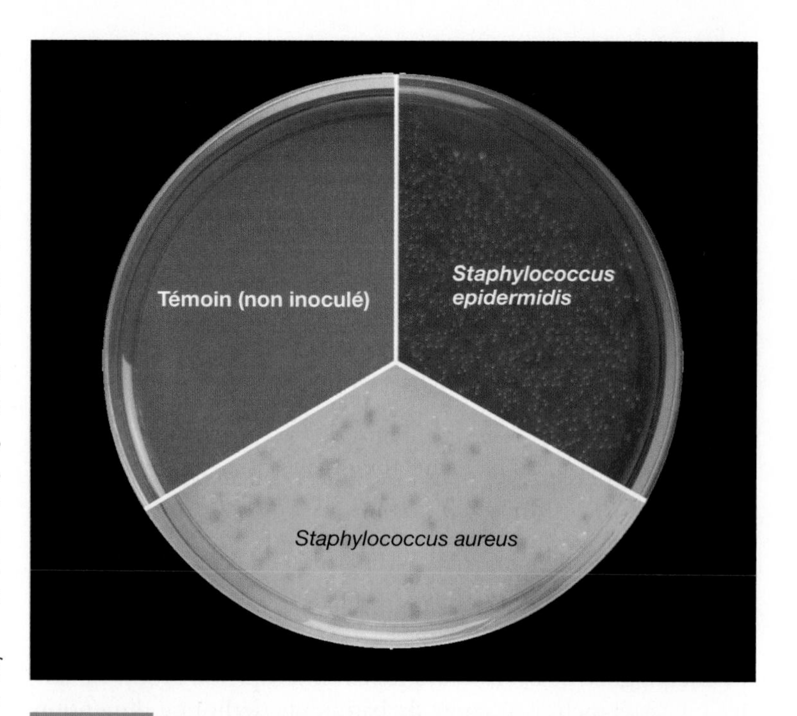

Figure 4.10 **Milieu différentiel.** Les colonies bactériennes ont un aspect caractéristique lorsqu'elles sont sur un milieu différentiel, ici une gélose mannitol. Les bactéries capables de faire fermenter le mannitol en acide provoquent un changement de couleur. En fait, ce milieu est aussi *sélectif,* car la haute teneur en sel inhibe la croissance de la plupart des bactéries, mais non de *Staphylococcus* spp.

Les milieux d'enrichissement

Étant donné qu'un petit nombre de bactéries peut facilement passer inaperçu, surtout si d'autres bactéries sont présentes en beaucoup plus grand nombre, il est parfois nécessaire d'utiliser un **milieu d'enrichissement**. C'est souvent le cas pour les échantillons de sol ou de fèces. Un milieu d'enrichissement est d'ordinaire liquide, et il fournit des nutriments et des conditions favorables à la croissance d'un seul microbe donné. En ce sens, il s'agit aussi d'un milieu sélectif, mais il est conçu pour favoriser la multiplication du microorganisme recherché, initialement présent en très petit nombre, de manière qu'il forme des colonies observables sur une gélose.

Supposons par exemple qu'on veuille isoler d'un échantillon de sol un microbe capable de se développer en présence de phénol, mais qui se trouve en petite quantité dans l'échantillon par rapport à d'autres espèces. Si on place l'échantillon de sol dans un milieu enrichi liquide où le phénol est l'unique source de carbone et d'énergie, les microbes incapables de métaboliser le phénol ne se développent pas. On laisse le milieu de culture incuber pendant quelques jours, puis on en transfère une petite quantité dans un autre flacon contenant le même milieu. Si on répète cette opération à quelques reprises, tous les microbes de l'inoculum initial dont la croissance est inhibée par le phénol sont rapidement dilués au cours des transferts successifs, et la population obtenue sera formée uniquement de bactéries capables de métaboliser le phénol. La période durant laquelle on permet aux bactéries de se développer dans le milieu, entre deux transferts, s'appelle *phase d'enrichissement* (encadré 28.1). Si on étale le produit de la dernière dilution sur un milieu solide de même composition, seules des colonies de bactéries capables d'utiliser le phénol devraient se développer. L'un des aspects intéressants de cette technique, c'est que le phénol est normalement létal pour la majorité des bactéries.

Lorsque les cultures sur des milieux différentiels et sélectifs ont permis de mettre en évidence la croissance d'une espèce pathogène, il faut encore procéder à une identification précise. Les milieux d'identification sont alors utiles parce qu'ils servent à mettre en évidence des particularités biochimiques et métaboliques spécifiques. Nous étudierons ces milieux au chapitre 5, où nous traiterons des méthodes et des techniques de classification et d'identification des microorganismes.

* * *

Le **tableau 4.4** donne un bref aperçu des principales applications des divers types de milieux de culture.

▶ Vérifiez vos acquis

Un être humain pourrait-il se nourrir adéquatement d'un milieu synthétique, en supposant par ailleurs qu'il vit dans des conditions semblables à celles d'un laboratoire ? **4-8**

Dans les années 1880, Louis Pasteur aurait-il pu obtenir des virus de la rage à partir d'une culture cellulaire plutôt qu'à partir d'animaux vivants ? **4-9**

Quel est le niveau de biosécurité de votre laboratoire ? **4-10**

Tableau 4.4 Milieux de culture

Type de milieu	Utilisations
Synthétique	Croissance de chimioautotrophes et de photo-autotrophes, et dosages de microbiologie
Complexe	Croissance de la majorité des organismes chimio-hétérotrophes
Réducteur	Croissance des anaérobies stricts
Sélectif	Inhibition de la croissance des microbes indésirables et stimulation de la croissance des microbes recherchés
Différentiel	Différenciation de la croissance de microorganismes grâce à leurs réactions caractéristiques identifiables sur ces milieux
Enrichissement	Utilisations semblables à celles des milieux sélectifs, mais il y a d'abord augmentation du nombre des microbes recherchés pour que ces derniers forment des colonies observables

La préparation d'une culture pure

▶ Objectifs d'apprentissage

4-11 Définir une colonie.

4-12 Décrire l'isolement d'une culture pure par la méthode des stries.

La majorité des prélèvements effectués dans le but d'identifier des agents pathogènes, tels que le pus, les expectorations et l'urine, contiennent plusieurs types de bactéries ; il en est de même des échantillons de sol, d'eau et d'aliments. Si on dépose ces prélèvements sur un milieu solide, il se forme un grand nombre de colonies. Chacune de celles-ci est issue d'un microorganisme qui se trouvait dans l'échantillon d'origine et se compose de cellules identiques à la cellule mère.

En clinique, il faut isoler les agents pathogènes recherchés. Pour ce faire, on utilise une technique de laboratoire qui consiste à étaler l'une de ces substances, du pus par exemple, à la surface d'une gélose nutritive en boîte de Petri, de telle sorte que chaque bactérie se développe et forme une **colonie** isolée. Théoriquement, une colonie est une masse, visible à l'œil nu, de cellules microbiennes qui proviennent toutes d'une même cellule mère – soit d'une cellule végétative, soit d'une spore – ou d'un groupe de microorganismes identiques assemblés en amas ou en chaînettes. La plupart des colonies ont un aspect caractéristique de leur espèce, ce qui permet de différencier les microbes. Il est toutefois nécessaire que les bactéries soient suffisamment disséminées pour que l'on puisse distinguer les colonies les unes des autres.

La majorité des travaux reliés à la bactériologie portent sur des cultures pures, ou clones, de bactéries. La technique la plus courante d'isolement est la **méthode des stries** (figure 4.11). Elle consiste à plonger une anse de repiquage dans une culture mixte (qui contient plus d'un type de bactéries), puis à tracer des stries avec l'anse sur la surface d'une gélose. Des bactéries passent de l'anse au milieu durant le traçage, et les dernières bactéries qui quittent l'anse sont assez dispersées pour former des colonies distinctes. Une de ces colonies, parfaitement isolée, peut être ensuite prélevée et transférée, toujours au moyen d'une anse de repiquage, dans un milieu nutritif, où les bactéries forment à leur tour des colonies identiques à la colonie prélevée. On parle alors de *culture pure*, c'est-à-dire que la culture ne contient qu'un seul type de bactéries.

La méthode des stries donne de bons résultats dans le cas où le microorganisme à isoler est présent en grande quantité relativement à la population totale. Cependant, si cette condition n'est pas satisfaite, il faut accroître la population du microbe à isoler par enrichissement sélectif avant d'appliquer la méthode des stries.

▶ Vérifiez vos acquis

Selon vous, pourquoi les colonies ne s'étendent-elles pas à l'infini ou, à tout le moins, pourquoi ne remplissent-elles pas les boîtes de Petri dans lesquelles elles se trouvent? **4-11**

Peut-on isoler un microbe pour le mettre en culture par la méthode des stries s'il est le seul représentant de son espèce dans une suspension de quelques milliards de bactéries? **4-12**

Décrivez comment on peut obtenir des cultures pures par la méthode des stries. **4-12**

a)

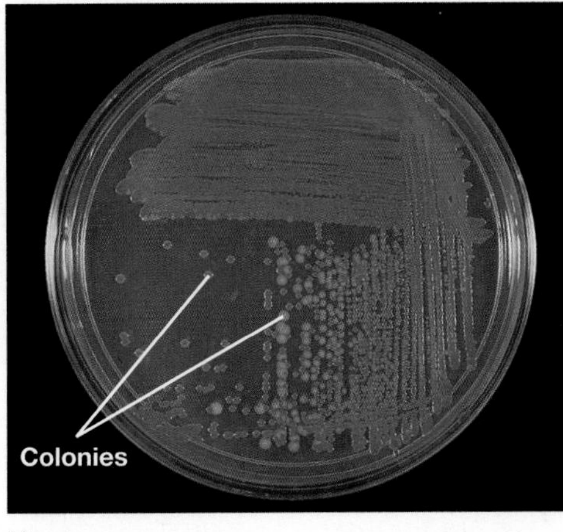

b)

Figure 4.11 Isolement de cultures bactériennes pures par la méthode des stries. **a)** La direction du traçage des stries est indiquée par les flèches. Le premier ensemble de stries a été effectué avec la culture bactérienne originale. L'anse de repiquage doit être stérilisée après chaque opération de traçage. Dans les deuxième et troisième ensembles de stries, on prélève avec l'anse des bactéries provenant de l'ensemble précédent, de sorte que la concentration de bactéries est diluée à chaque opération. Il existe plusieurs variantes des modèles illustrés. **b)** Notez que le troisième ensemble de stries comprend des colonies bien distinctes de deux types différents de bactéries.

La conservation d'une culture bactérienne

> **Objectif d'apprentissage**
>
> **4-13** Expliquer deux méthodes de conservation des microorganismes : la surgélation et la lyophilisation.

La réfrigération permet de conserver des cultures bactériennes pendant un court laps de temps, mais les deux méthodes les plus courantes pour la conservation durant une longue période sont la surgélation et la lyophilisation. La **surgélation** consiste à placer une culture microbienne pure dans un liquide en suspension et à la refroidir rapidement à des températures variant de −50 à −95 °C. Ce traitement permet d'ordinaire de décongeler la culture et de la faire croître, même au bout de plusieurs années. La **lyophilisation**, ou **cryodéshydratation**, consiste à congeler rapidement une suspension de microbes à des températures allant de −54 à −72 °C tout en éliminant l'eau par la création d'un vide poussé (processus de sublimation). Le récipient est scellé alors qu'il est encore sous vide au moyen d'une torche à haute température. Le produit qui contient les microbes ayant survécu est entreposé sous forme de poudre, et il peut être conservé pendant des années. Il est possible en tout temps de ranimer les microorganismes par hydratation avec un milieu nutritif liquide approprié.

> **Vérifiez vos acquis**
>
> Si une brèche s'ouvrait soudainement dans la Station spatiale internationale, les humains à bord, plongés dans le froid et le vide, mourraient instantanément. Les bactéries qui les accompagnent seraient-elles toutes tuées également? **4-13**

La croissance d'une culture bactérienne

> **Objectifs d'apprentissage**
>
> **4-14** Définir la croissance bactérienne, y compris la division par scissiparité.
>
> **4-15** Comparer les différentes phases de la croissance microbienne et décrire la relation de chacune avec le temps de génération.
>
> **4-16** Décrire quatre méthodes de mesure directe de la croissance microbienne.
>
> **4-17** Faire la distinction entre les méthodes directes et les méthodes indirectes de mesure de la croissance microbienne.
>
> **4-18** Décrire trois méthodes indirectes de mesure de la croissance bactérienne.

En microbiologie, il est essentiel de pouvoir représenter graphiquement les populations considérables résultant de la croissance de cultures bactériennes. On doit également être en mesure de déterminer le nombre des bactéries, soit directement en les dénombrant, soit indirectement en mesurant leur activité métabolique.

La division bactérienne

Nous avons souligné au début du chapitre que la notion de croissance microbienne a trait à l'augmentation du nombre de bactéries, et non à l'augmentation de la taille des cellules. Le mode de reproduction des bactéries est normalement la division par **scissiparité** (**figure 4.12**).

Il existe d'autres modes de reproduction, peu courants. Quelques espèces de bactéries se reproduisent par **bourgeonnement** ; la bactérie produit d'abord une petite excroissance (un bourgeon) qui grossit jusqu'à ce que sa taille atteigne presque celle de la cellule mère, dont elle se sépare alors. Des bactéries filamenteuses (certains actinomycètes) se reproduisent en formant des chaînes de conidies, qui s'accrochent sur la face externe des extrémités des filaments (figure 1.1b). Enfin, quelques espèces filamenteuses se divisent simplement en fragments, dont la croissance donne naissance à de nouvelles cellules.

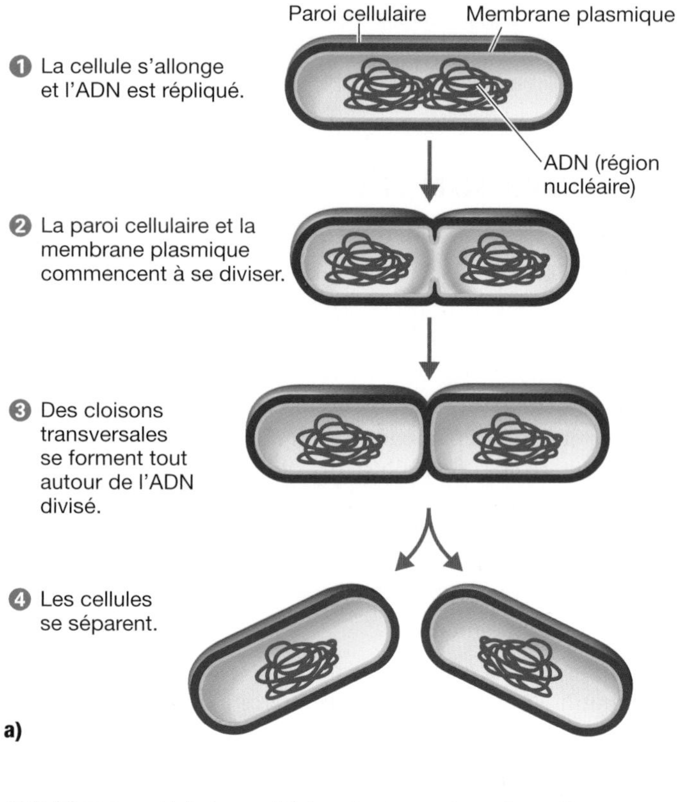
Paroi cellulaire
Membrane plasmique
1 La cellule s'allonge et l'ADN est répliqué.
ADN (région nucléaire)
2 La paroi cellulaire et la membrane plasmique commencent à se diviser.
3 Des cloisons transversales se forment tout autour de l'ADN divisé.
4 Les cellules se séparent.
a)

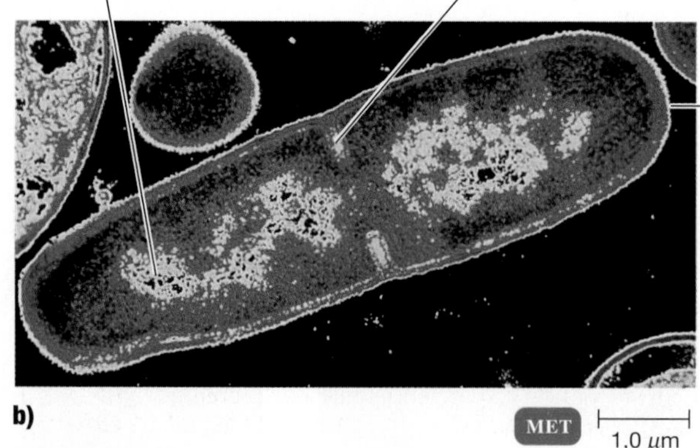
ADN (région nucléaire)
Cloison transversale en formation
Paroi cellulaire
b)
MET
1,0 μm

Figure 4.12 Division bactérienne par scissiparité. a) Diagramme illustrant les phases successives de la division d'une bactérie. **b)** Coupe mince d'une cellule de *Bacillus licheniformis* qui commence à se diviser.

Le temps de génération

Nous nous en tiendrons au calcul du temps de génération des bactéries qui se divisent par scissiparité, qui est de loin le mode de reproduction le plus courant. La **figure 4.13** illustre le fait que la scissiparité est un dédoublement : la division d'une bactérie donne deux cellules, la division de deux bactéries donne quatre cellules, et ainsi de suite. Puisque la population de bactéries double à chaque génération, l'augmentation du nombre de bactéries peut s'exprimer sous la forme de la puissance 2^n, l'exposant correspondant au nombre de dédoublements subis par la bactérie mère.

Le temps que met une cellule à se diviser (et la population dont elle provient, à doubler) s'appelle **temps de génération**. Il varie considérablement d'un microorganisme à l'autre et en fonction des conditions du milieu, notamment la température. Le temps de génération de la majorité des bactéries est de 1 à 3 h et d'à peine 20 min dans des conditions idéales ; il est de plus de 24 h pour certaines espèces. Grâce au processus de la division par scissiparité, une bactérie peut produire un nombre considérable de cellules. Dans le cas d'*E. coli,* par exemple, si les conditions sont favorables, un dédoublement a lieu toutes les 20 min, de sorte qu'après 21 générations – soit près de 7 h – une seule bactérie initiale donne naissance à plus de 1 million de cellules. En 30 générations – soit 10 h –, la population atteint 1 milliard de cellules et, en 24 h, elle est de l'ordre de 10^{21}. Il est difficile de représenter graphiquement l'accroissement rapide par dédoublement de la population à l'aide d'une échelle arithmétique. C'est pourquoi on emploie généralement une échelle logarithmique pour représenter la croissance bactérienne. Il est essentiel de comprendre la représentation logarithmique de populations bactériennes pour l'étude de la microbiologie en laboratoire, et les notions mathématiques requises sont expliquées à l'appendice D EN LIGNE.

La représentation logarithmique d'une population de bactéries

Nous allons utiliser l'expression de 20 générations de bactéries sous forme arithmétique et sous forme logarithmique pour illustrer la différence entre ces deux modes de représentation d'une population de bactéries. Au bout de 5 générations (2^5), une bactérie donne 32 cellules ; au bout de 10 générations (2^{10}), il y a 1 024 cellules, et ainsi de suite. (Si vous disposez d'une calculatrice munie des fonctions y^x et log, vous pouvez faire les calculs qui donnent le résultat inscrit dans la troisième colonne.)

Dans la **figure 4.14**, notez que la courbe tracée à l'échelle arithmétique (en trait plein) ne représente pas clairement les variations de la population durant les premières générations. En fait, la courbe semble se confondre avec l'axe des abscisses pour les dix

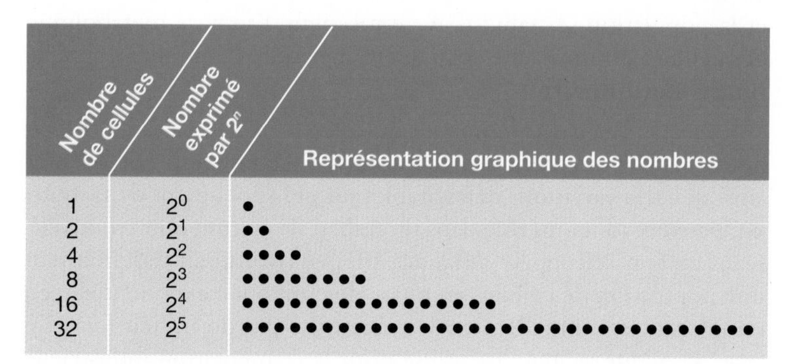

a) Représentation graphique de la croissance des bactéries sur cinq générations. Le nombre de bactéries double à chaque division. L'exposant indique le nombre de générations ; ainsi, $2^5 = 5$ générations.

Nombre de générations	Puissance de 2	Nombre de cellules	Log_{10} du nombre de cellules
0	2^0 =	1	0
5	2^5 =	32	1,51
10	2^{10} =	1 024	3,01
15	2^{15} =	32 768	4,52
16	2^{16} =	65 536	4,82
17	2^{17} =	131 072	5,12
18	2^{18} =	262 144	5,42
19	2^{19} =	524 288	5,72
20	2^{20} =	1 048 576	6,02

b) Méthode utilisée pour exprimer le nombre de cellules dans une population sous forme logarithmique. Pour obtenir les valeurs de la 3e colonne, utilisez la fonction y^x de votre calculatrice. Ainsi, la population de la 5e génération de bactéries (2^5) comprend 32 cellules. Pour obtenir les valeurs de la 4e colonne, utilisez la fonction *log*. Par exemple, l'afficheur indique que log_{10} de 32 est égal à 1,51 (arrondi).

Figure 4.13 Division bactérienne. Si on exprime le nombre de cellules de chaque génération sous la forme d'une puissance de 2, soit par 2^n, l'exposant est égal au nombre de dédoublements (ou de générations) qui ont eu lieu.

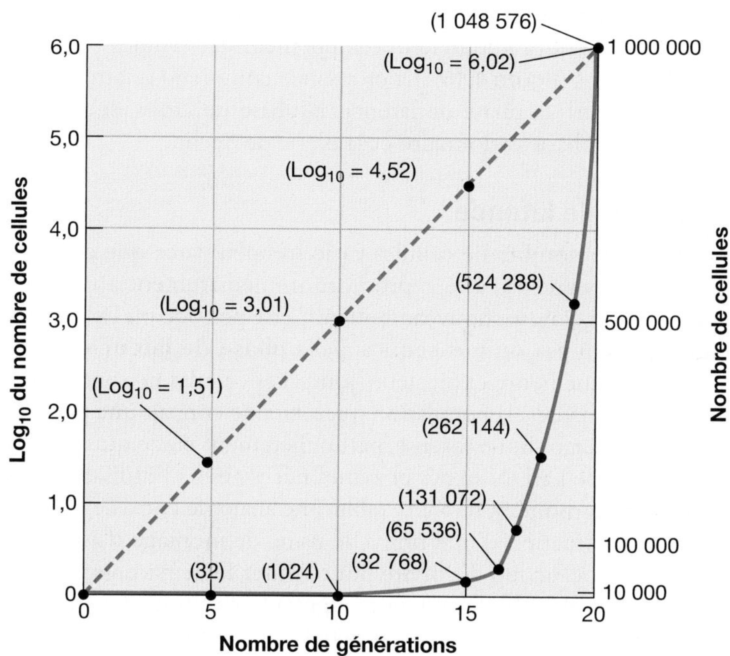

Figure 4.14 Représentations logarithmique (ligne en pointillé) et arithmétique (trait plein) de la croissance d'une population qui augmente de façon exponentielle. On voit par cette figure pourquoi il est préférable d'utiliser une représentation logarithmique plutôt qu'arithmétique pour analyser les écarts parfois énormes entre les tailles des populations de bactéries au début et à la fin de leur croissance. Par exemple, remarquez qu'à la 10e génération, la courbe des valeurs arithmétiques s'élève à peine au-dessus de l'axe des abscisses, alors que sur la droite logarithmique la valeur correspondante (3,01) apparaît au milieu du graphique.

premières générations. De plus, si on voulait représenter une ou deux générations additionnelles à la même échelle arithmétique, la hauteur du graphique serait telle qu'il sortirait de la page.

Comme l'indique la droite en pointillé de la figure 4.14, on évite les problèmes énumérés ci-dessus en traçant le graphique de $\log_{10}$ du nombre de cellules de la population. On a d'abord représenté par des points les valeurs de $\log_{10}$ de la taille de la population pour 5, 10, 15 et 20 générations. Remarquez qu'en reliant ces points on obtient une droite et qu'on pourrait représenter une population 1 000 fois plus grande (1 000 000 000 ou $\log_{10}$ 9,0) sans avoir besoin de beaucoup plus d'espace. Cependant, pour profiter des avantages de la représentation logarithmique, il faut accepter d'aller à l'encontre de notre perception habituelle de la situation réelle. Il n'est pas habituel de considérer les choses à l'aide de relations logarithmiques, mais il faut s'y exercer si on veut comprendre vraiment la représentation graphique de populations de microbes.

▶ Vérifiez vos acquis

Si une bactérie se reproduit toutes les 20 min, combien y aura-t-il de bactéries au bout de 2 h? **4-14**

Pourquoi les bactéries d'une même colonie sont-elles identiques? **4-14**

Les phases de croissance

Si on ensemence un milieu de culture liquide avec quelques bactéries, puis que l'on dénombre la population de bactéries à intervalles réguliers, il est possible de tracer la **courbe de croissance bactérienne** qui indique le développement des cellules en fonction du temps (**figure 4.15**). La croissance comprend quatre phases fondamentales: la phase de latence, la phase de croissance exponentielle, la phase stationnaire et la phase de déclin.

La phase de latence

Au début, le nombre de cellules varie très peu parce que celles-ci ne commencent pas à se reproduire immédiatement après leur introduction dans un nouveau milieu. Cette période où les cellules ne se divisent pas, ou très peu, s'appelle **phase de latence**, et elle dure entre une heure et plusieurs jours. Les cellules ne sont toutefois pas dormantes; la population microbienne connaît une période d'activité métabolique intense, particulièrement en ce qui a trait à la synthèse de l'ADN et des enzymes nécessaires à l'utilisation des sources de carbone. (On peut établir une analogie entre ce phénomène et la situation d'une nouvelle usine de montage d'automobiles: il y a beaucoup d'activité pour assurer le démarrage, mais le nombre de véhicules fabriqués n'augmente pas immédiatement.)

La phase de croissance exponentielle

Après la phase de latence, les cellules commencent à se diviser; elles entrent dans une période de croissance appelée **phase de croissance exponentielle**. C'est la période durant laquelle la reproduction cellulaire est la plus intense, et le temps de génération atteint est constant et a la plus courte durée. Comme le temps de génération est constant pendant cette phase, la représentation logarithmique de la croissance est une droite. C'est aussi pendant la phase de croissance exponentielle que l'activité métabolique des bactéries est la plus intense. On tient compte de ce fait pour les applications industrielles lorsque, par exemple, on veut produire une substance de façon efficace.

Durant la phase de croissance exponentielle, les microorganismes sont très sensibles à des conditions défavorables. Les rayonnements et de nombreux médicaments antimicrobiens, tels que la pénicilline, empêchent le déroulement normal d'étapes importantes du processus de croissance; ils sont donc particulièrement nocifs durant la phase infectieuse active.

La phase stationnaire

Si elle se déroule normalement, la phase de croissance exponentielle entraîne la production d'une myriade de cellules. Par exemple, une seule bactérie (dont la masse est de $9{,}5 \times 10^{-13}$ g) qui se divise toutes les 20 minutes pendant seulement 25 heures et demie peut théoriquement donner naissance à une population dont la masse totale est égale à celle d'un porte-avions de plus de 73 millions de kilogrammes (80 000 tonnes). Mais il en est autrement en pratique; le taux de croissance finit par ralentir jusqu'à ce que le nombre de bactéries qui meurent soit égal au nombre de nouvelles bactéries, et la population se stabilise. À ce moment, l'activité métabolique des cellules diminue elle aussi. Cette période d'équilibre s'appelle **phase stationnaire**.

On ne sait pas toujours ce qui met fin à la croissance exponentielle. L'épuisement des nutriments, l'accumulation de déchets ainsi que des variations défavorables du pH sont autant de facteurs qui peuvent jouer un rôle dans un milieu de culture non renouvelé. Dans un appareil appelé *chémostat,* on peut maintenir indéfiniment une population de cellules en phase de croissance exponentielle en remplaçant continuellement le milieu usé par du milieu frais. Ce type de *culture continue* est utilisé pour la fermentation industrielle (chapitre 28 EN LIGNE).

La phase de déclin

Il vient un moment où le nombre de bactéries qui meurent dépasse le nombre de nouvelles bactéries; la population entre alors dans la **phase de déclin**, ou **phase de décroissance logarithmique**. Cette phase se poursuit régulièrement jusqu'à ce que la population ne constitue plus qu'une toute petite fraction du nombre de bactéries présentes durant la phase stationnaire, ou jusqu'à ce que toutes les cellules meurent. Chez certaines espèces, les quatre phases se déroulent en quelques jours seulement, tandis que des bactéries de diverses autres espèces peuvent survivre presque indéfiniment. Nous reparlerons de la mortalité microbienne au chapitre 14.

Il existe plusieurs méthodes pour mesurer la croissance microbienne; elles peuvent être soit directes, soit indirectes.

▶ Vérifiez vos acquis

Décrivez les quatre phases de la courbe de croissance bactérienne. **4-15**

La mesure directe de la croissance bactérienne

Plusieurs techniques permettent de mesurer directement la croissance d'une population microbienne, c'est-à-dire de voir et de

Figure 4.15

Schéma guide

Courbe de croissance bactérienne

La courbe de croissance bactérienne est une représentation de la dynamique des populations microbiennes, une notion fondamentale en microbiologie. Elle permet de comprendre et de suivre l'évolution de ces populations. Elle a des applications dans le domaine de la conservation des aliments, en microbiologie industrielle (par exemple dans la fabrication d'éthanol), et dans l'évaluation et le traitement des maladies infectieuses.

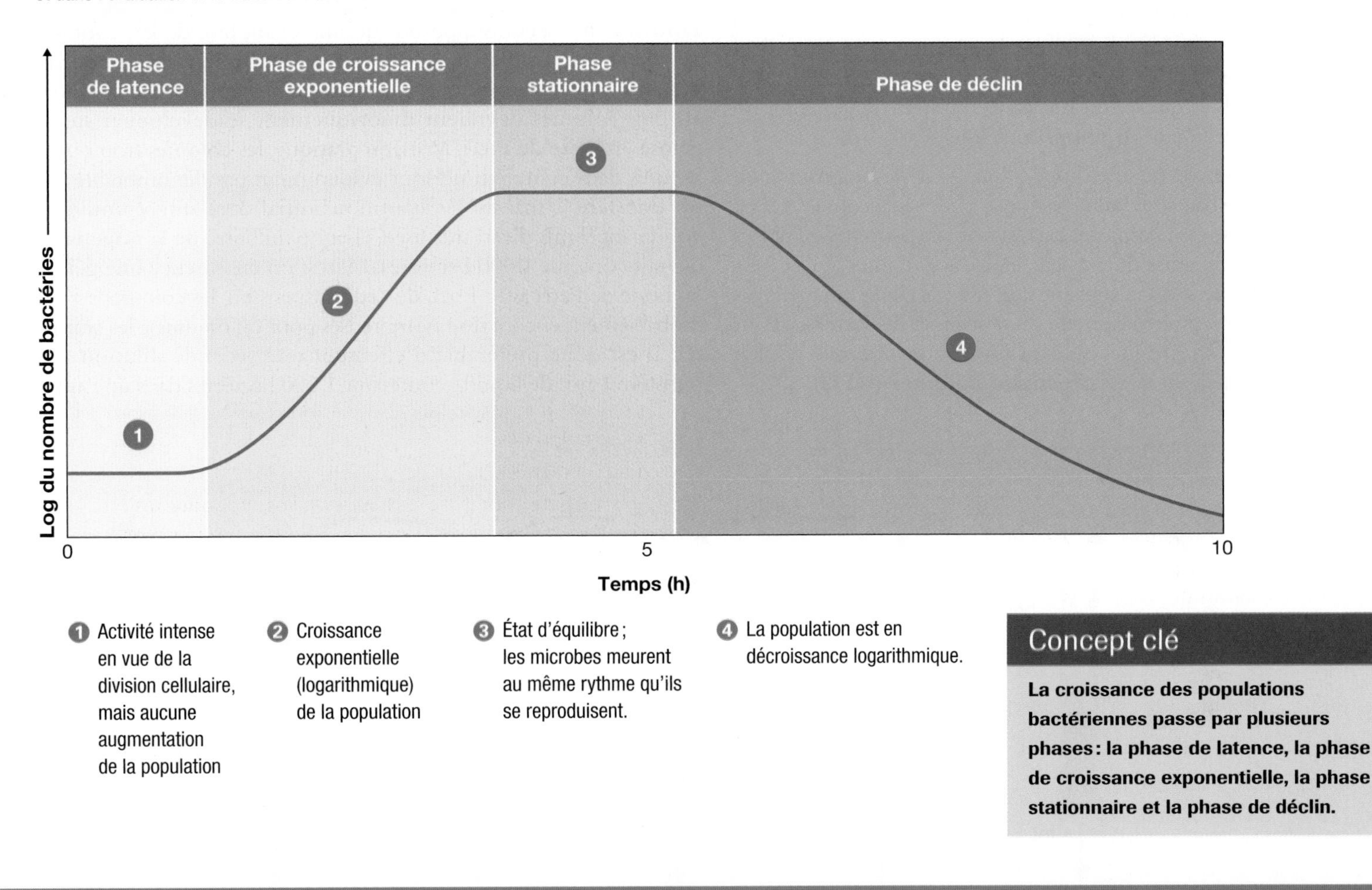
Phase de latence
Phase de croissance exponentielle
Phase stationnaire
Phase de déclin
Log du nombre de bactéries
0
5
10
Temps (h)
1 Activité intense en vue de la division cellulaire, mais aucune augmentation de la population
2 Croissance exponentielle (logarithmique) de la population
3 État d'équilibre; les microbes meurent au même rythme qu'ils se reproduisent.
4 La population est en décroissance logarithmique.
Concept clé
La croissance des populations bactériennes passe par plusieurs phases: la phase de latence, la phase de croissance exponentielle, la phase stationnaire et la phase de déclin.

compter les microbes. Ces mesures directes comprennent le dénombrement des colonies après culture, le dénombrement de cellules microbiennes et l'estimation du nombre le plus probable (NPP) de bactéries.

En général, on exprime la population par le nombre de cellules dans 1 millilitre (mL) de liquide ou dans 1 gramme (g) de matière solide. Étant donné que les populations de bactéries sont habituellement considérables, la majorité des méthodes de comptage reposent sur la mesure du nombre de bactéries dans de très petits échantillons; on effectue ensuite des calculs pour déterminer la taille de la population tout entière. Par exemple, si 1 millionième de millilitre (ou 10^{-6} mL) de lait aigre contient 70 bactéries, il devrait y avoir 70 millions de bactéries par millilitre.

Toutefois, il n'est pas pratique de mesurer le nombre de bactéries dans un volume aussi petit qu'un millionième de millilitre de liquide ou dans une quantité aussi petite qu'un millionième de gramme d'un aliment. On utilise donc une méthode comportant des dilutions successives. Par exemple, si on ajoute 1 mL de lait à 99 mL d'eau, le nombre de bactéries dans chaque millilitre de suspension est égal à un centième du nombre de bactéries dans chaque millilitre de l'échantillon initial – dilution centésimale (1/100). En effectuant plusieurs dilutions successives de ce type, on arrive facilement à estimer le nombre de bactéries dans l'échantillon. Pour dénombrer les microbes dans un aliment (un hamburger, par exemple), on broie finement, au mélangeur, une partie homogène d'aliment dans neuf parties d'eau – dilution décimale

(1/10). On transfère ensuite à l'aide d'une pipette des échantillons de cette première dilution afin de les diluer davantage et de dénombrer les bactéries qu'ils contiennent.

Le dénombrement de colonies après culture

La méthode la plus courante pour mesurer une population de bactéries s'appelle **dénombrement de colonies après culture** (*plate count*). Cette méthode offre un avantage considérable: elle permet de mesurer le nombre de bactéries viables. Mais elle présente un inconvénient: il faut attendre en général 24 heures ou plus pour que se forment des colonies visibles. Cette période d'attente pose problème pour certaines applications industrielles, telles que le contrôle de la qualité du lait, parce qu'on ne peut garder un lot donné durant un laps de temps aussi long.

Cette méthode de mesure suppose que, en se développant et en se divisant, chaque bactérie donne naissance à une seule colonie. Or, ce n'est pas toujours le cas puisque les bactéries restent souvent assemblées en chaînettes ou en amas durant leur croissance (figures 3.1 et 3.2). Une colonie provient donc souvent non d'une cellule unique, mais d'un petit fragment d'une chaînette ou d'un amas de bactéries. Pour tenir compte de cette réalité, on exprime fréquemment le résultat d'un dénombrement en **unités formant colonies (UFC)**.

Lorsqu'on effectue un dénombrement de colonies, il importe qu'un nombre limité de colonies se développe sur la gélose en boîte de Petri. Si les colonies sont trop nombreuses, certaines bactéries ne se développent pas parce qu'elles sont trop entassées, ce qui fausse le résultat du comptage. En général, on utilise uniquement des géloses contenant entre 25 et 250 colonies. Pour être certain d'obtenir des échantillons de cette taille, on dilue plusieurs fois l'inoculum initial au moyen d'un processus appelé **dilution en série** (figure 4.16).

Dilution en série Supposons qu'un échantillon de lait contient 10 000 bactéries par millilitre. Si on applique la méthode du dénombrement de colonies après culture à 1 mL de l'échantillon, 10 000 colonies devraient théoriquement se développer sur la gélose en boîte de Petri. Mais, en pratique, les colonies trop nombreuses dans ce milieu ne sont évidemment pas dénombrables. Si on transfère 1 mL de l'échantillon initial dans une éprouvette contenant 9 mL d'eau stérilisée, chaque millilitre de la suspension devrait contenir 1 000 bactéries. Mais si on ensemence une gélose en boîte de Petri avec 1 mL de cette suspension, les colonies seront probablement encore trop nombreuses pour qu'on puisse les compter. Il est donc préférable d'effectuer une seconde dilution: on transfère 1 mL de liquide contenant 1 000 bactéries dans une autre

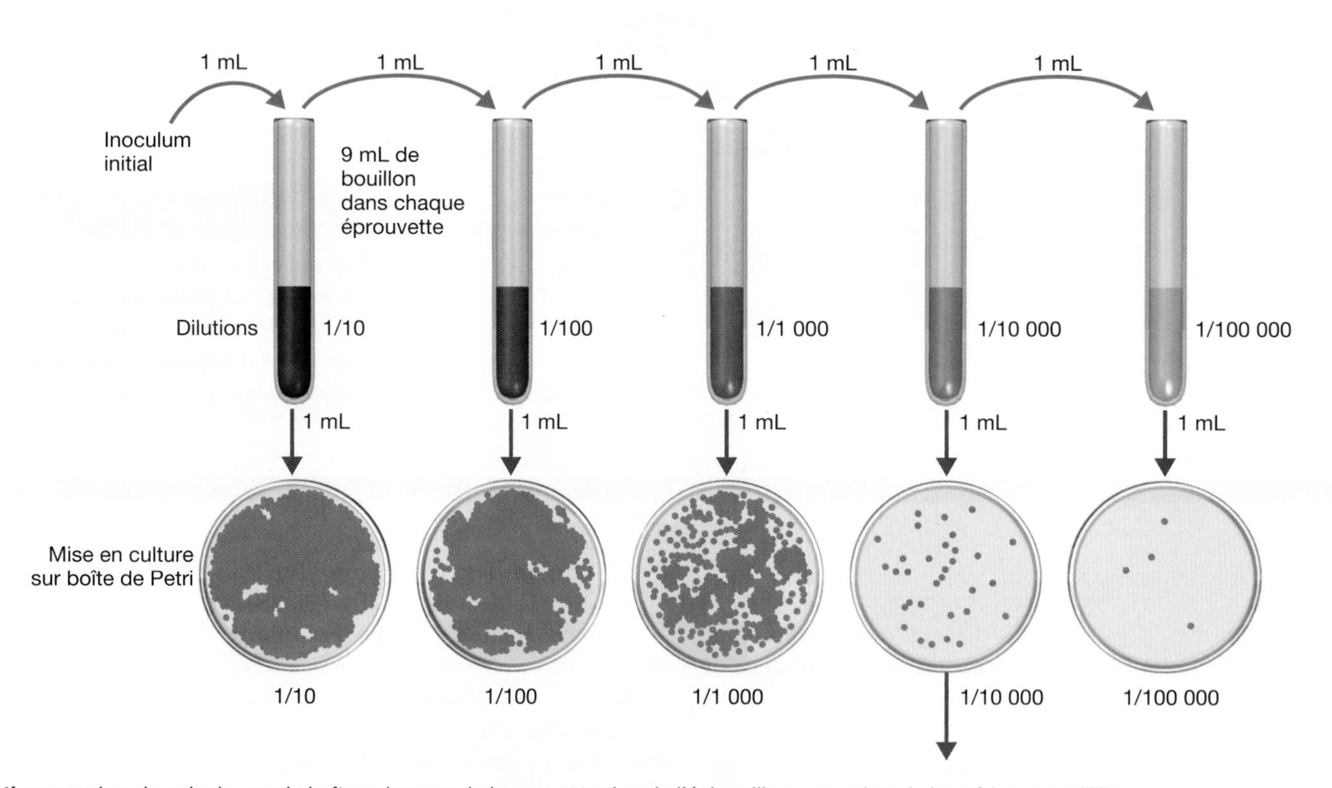

Équation: nombre de colonies sur la boîte × inverse de la concentration de l'échantillon = nombre de bactéries par millilitre.
(Par exemple, s'il y a 32 colonies sur la surface d'une boîte inoculée avec une solution diluée à 1/10 000, le nombre de bactéries est de 32 × 10 000 = 320 000 bactéries par millilitre de suspension.)

Figure 4.16 Dénombrement de colonies après culture et dilution en série. La dilution en série consiste à diluer successivement l'inoculum initial dans plusieurs éprouvettes. Dans l'exemple illustré, chaque éprouvette contient seulement un dixième du nombre de bactéries présentes dans l'éprouvette précédente. On étale une suspension de volume connu (1 mL) pour inoculer la surface des géloses. On remarque que l'inoculum provenant de l'éprouvette (1/10 000), étalé à la surface de la gélose, donne des colonies qui peuvent être dénombrées. On estime ensuite le nombre de bactéries dans l'échantillon original à l'aide du résultat du comptage en unités formant colonies.

éprouvette renfermant 9 mL d'eau. Chaque millilitre de cette deuxième suspension devrait contenir 100 bactéries seulement. Si on applique la méthode du dénombrement de colonies après culture à 1 mL de la suspension, on devrait observer le développement de 100 colonies, ce qui constitue un échantillon facilement dénombrable. Une partie importante de certains exercices de laboratoire en microbiologie est consacrée à l'apprentissage par les étudiants de la mise en œuvre d'une dilution en série.

Isolement de colonies par des techniques d'étalement en profondeur et d'étalement en surface Le dénombrement de colonies après culture sur une gélose en boîte de Petri peut se faire par des techniques d'étalement en surface ou en profondeur. La **technique d'étalement en profondeur** (*pour plate*) est illustrée dans la **figure 4.17a**. On verse 1,0 ou 0,1 mL d'une suspension bactérienne diluée dans le fond d'une boîte de Petri, puis on verse sur l'échantillon bactérien de la gélose liquide, que l'on a maintenue dans un bain-marie à environ 50 °C. Enfin, on remue légèrement la boîte pour bien mélanger l'échantillon et la gélose liquide. Lorsque la gélose s'est solidifiée, on incube la boîte. Ainsi, les colonies bactériennes se développent tant à l'intérieur qu'à la surface de la gélose à partir des bactéries en suspension dans le milieu au moment où la gélose s'est solidifiée.

La technique décrite ci-dessus présente des inconvénients. En versant la gélose liquide, on risque d'endommager certains microorganismes thermosensibles, qui seront alors incapables de former des colonies. Par ailleurs, si on utilise certains milieux de culture différentiels, l'aspect distinctif de la colonie à la surface joue un rôle dans l'établissement d'un diagnostic ; les colonies qui se développent sous la surface d'un milieu coulé en boîte de Petri ne conviennent pas pour les épreuves de ce type. Pour pallier ces inconvénients, on a souvent recours à la **technique d'étalement en surface** (*spread plate*) (**figure 4.17b**). Par exemple, on place 0,1 mL d'un échantillon

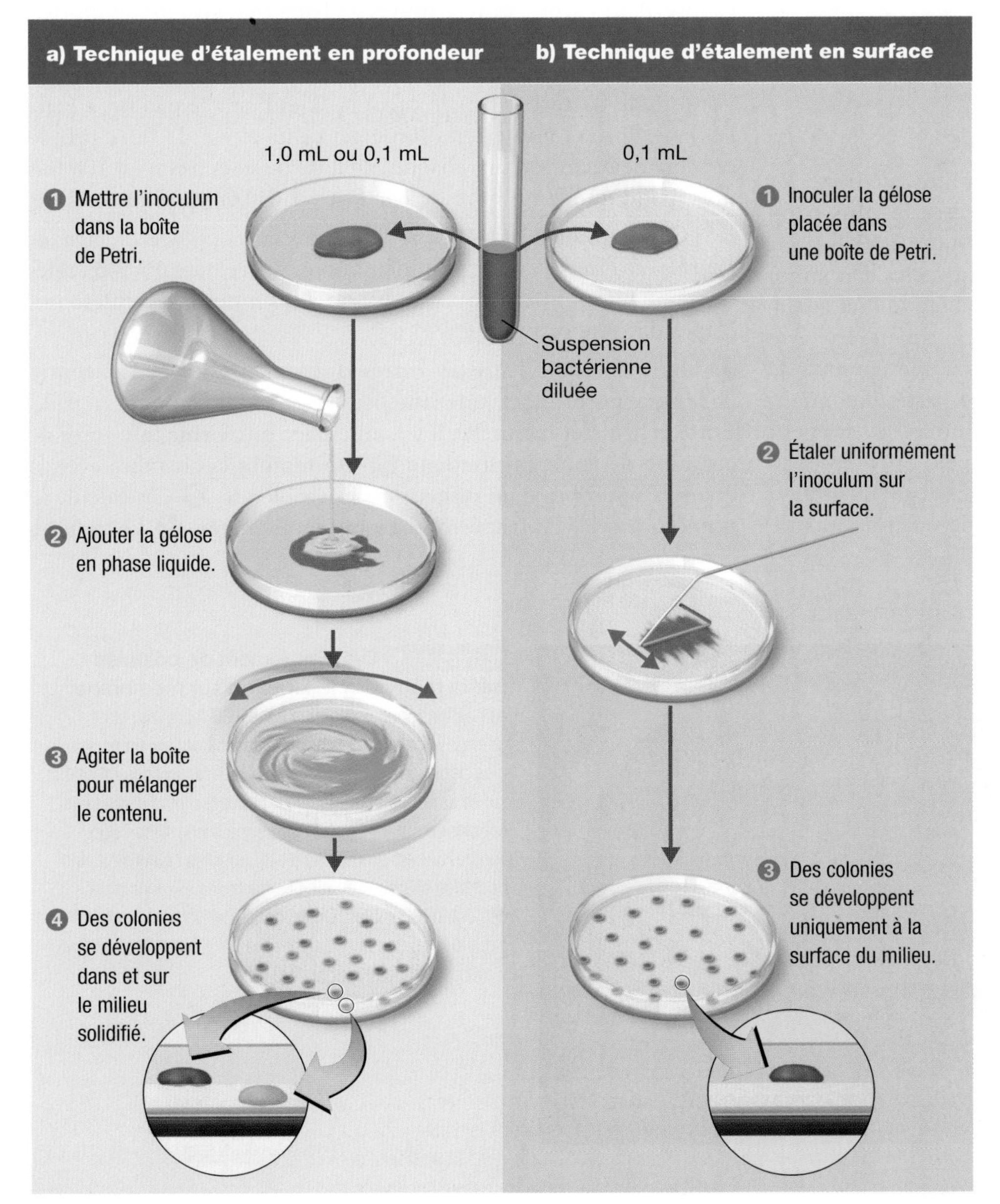
a) Technique d'étalement en profondeur
b) Technique d'étalement en surface
1,0 mL ou 0,1 mL
0,1 mL
1 Mettre l'inoculum dans la boîte de Petri.
1 Inoculer la gélose placée dans une boîte de Petri.
Suspension bactérienne diluée
2 Étaler uniformément l'inoculum sur la surface.
2 Ajouter la gélose en phase liquide.
3 Agiter la boîte pour mélanger le contenu.
3 Des colonies se développent uniquement à la surface du milieu.
4 Des colonies se développent dans et sur le milieu solidifié.

Figure 4.17 Techniques de préparation des boîtes de Petri pour le dénombrement des colonies.

sur la surface d'une gélose, puis on étale uniformément l'inoculum avec une tige en verre stérilisée de forme particulière. Grâce à cette méthode, toutes les colonies se développent sur la surface et les bactéries n'entrent jamais en contact avec la gélose en phase liquide.

Filtration sur membrane Lorsque la teneur en bactéries est très faible dans l'échantillon, comme c'est le cas dans les lacs et les cours d'eau relativement purs, on a recours à une méthode appelée **filtration sur membrane** pour dénombrer les colonies (**figure 4.18a**). L'une des techniques mises en œuvre consiste à faire passer au moins 100 mL d'eau à travers une membrane filtrante dont les pores sont trop petits pour que les bactéries s'y introduisent. Les bactéries ne sont pas filtrées, car elles restent sur la membrane. On place ensuite le filtre dans une boîte de Petri contenant un tampon imprégné de milieu nutritif liquide, ce qui permet aux bactéries sur le filtre de se développer et de former des colonies. On utilise fréquemment cette méthode pour déceler et compter les bactéries coliformes, qui sont des indicateurs de la contamination fécale des aliments ou de l'eau (chapitre 27 EN LIGNE). Elle permet de distinguer les colonies formées par des coliformes si on emploie un milieu de culture différentiel. (Les colonies illustrées dans la **figure 4.18b** sont des exemples de colonies de coliformes.)

La méthode du nombre le plus probable

Il existe une autre technique pour estimer le nombre de bactéries dans un échantillon, soit la **méthode du nombre le plus probable** ou **méthode du NPP**, illustrée dans la **figure 4.19**. Il s'agit d'une technique d'estimation fondée sur le fait que, plus le nombre de bactéries dans un échantillon est grand, plus il faut diluer celui-ci pour que la concentration diminue au point qu'aucune bactérie ne se développe dans les éprouvettes au cours d'une épreuve de dilution en série. La méthode du NPP s'avère particulièrement utile dans le cas où les microbes à dénombrer ne se développent pas sur un milieu solide. On l'applique aussi quand on veut identifier des bactéries en observant leur croissance dans un milieu liquide différentiel. Par exemple, cette méthode est utile lors de la vérification de la qualité de l'eau, pour trouver les bactéries coliformes qui fermentent le lactose en acide. Comme son nom l'indique, cette méthode permet seulement d'affirmer que la probabilité que la population de bactéries se situe dans un intervalle donné est de 95 %, et que le résultat est la valeur la plus fréquente.

Le dénombrement direct de cellules microbiennes

Le **dénombrement direct de cellules microbiennes**, ou numération, est une méthode qui permet notamment d'évaluer quantitativement de grandes populations microbiennes à partir d'un volume connu d'une suspension de bactéries déposée à l'intérieur d'une région définie sur une lame de microscope. Comme elle permet de gagner du temps, on utilise souvent cette technique pour compter le nombre de bactéries dans les échantillons de lait. On étale un volume connu de lait, généralement 0,01 mL, sur une aire de 1 cm^2 tracée à la surface d'une lame porte-objet. On ajoute un colorant qui permet de voir les bactéries et on examine ensuite l'échantillon à travers un objectif à immersion dont le champ de vision a été calibré. Après avoir compté toutes les bactéries, vivantes et mortes, dans plusieurs champs, on calcule le nombre moyen de bactéries par champ. Enfin, les données obtenues permettent de calculer le nombre de bactéries dans le carré de 1 cm^2 sur lequel on a étalé l'échantillon. Comme le volume de celui-ci est de 0,01 mL, le nombre de bactéries dans chaque millilitre de suspension est 100 fois plus grand que le nombre de bactéries dans l'échantillon mesuré.

On peut aussi utiliser une lame spéciale, appelée *chambre de comptage de Petroff-Hausser*, pour dénombrer des cellules microbiennes directement au microscope. La **figure 4.20** montre les différentes étapes de cette technique.

❶ Une grille, dont l'aire des carrés est connue, est tracée au centre de la lame porte-objet; une lamelle couvre-objet recouvre la grille. Entre la grille et la lamelle, il y a un espace qui forme une sorte de chambre de faible profondeur. ❷ On remplit la chambre avec la quantité appropriée de suspension microbienne. ❸ On calcule le nombre moyen de bactéries dans plusieurs carrés. ❹ Le volume

a) MEB 1 μm

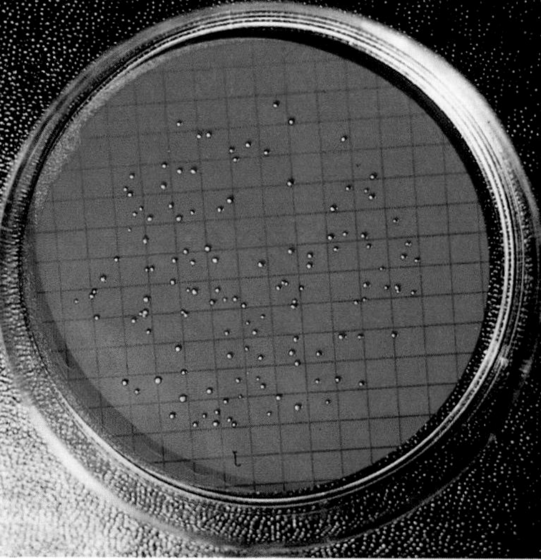

b)

Figure 4.18 Dénombrement de colonies par la méthode de filtration sur membrane.
a) Les bactéries contenues dans 100 mL d'eau sont retenues par une membrane filtrante dont les pores sont plus petits que les bactéries. **b)** Une membrane semblable, sur laquelle les bactéries sont beaucoup plus dispersées, est placée sur un tampon imprégné d'un milieu Endo liquide, qui est un milieu sélectif pour les coliformes, des bactéries à Gram négatif. Les bactéries forment alors des colonies visibles. On en dénombre ici 124, ce qui signifie que, dans l'eau dont on a tiré l'échantillon, il devait y avoir 124 bactéries par 100 mL.

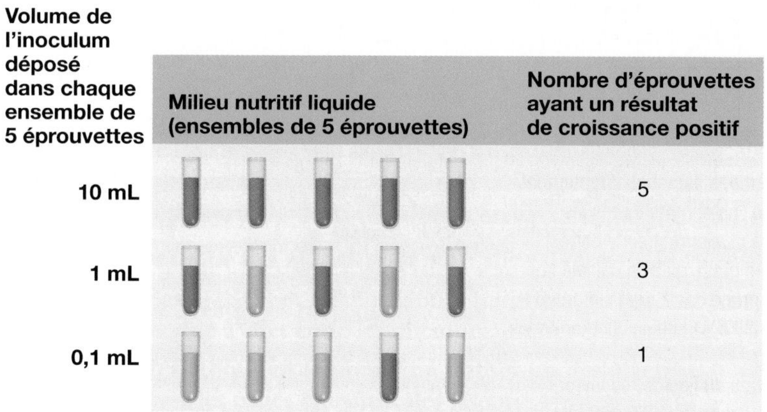

Volume de l'inoculum déposé dans chaque ensemble de 5 éprouvettes	Milieu nutritif liquide (ensembles de 5 éprouvettes)	Nombre d'éprouvettes ayant un résultat de croissance positif
10 mL		5
1 mL		3
0,1 mL		1

a) Dans l'exemple illustré, il y a trois ensembles de cinq éprouvettes. On verse 10 mL d'inoculum, provenant par exemple d'un échantillon d'eau, dans chacune des cinq éprouvettes du premier ensemble, 1 mL dans les éprouvettes du deuxième ensemble, et 0,1 mL dans les éprouvettes du troisième ensemble. L'échantillon contient suffisamment de bactéries pour qu'on puisse observer leur croissance dans chacune des cinq éprouvettes du premier ensemble, et le résultat est positif dans chaque cas. Les éprouvettes du second ensemble contiennent 10 fois moins d'inoculum, et le résultat est positif dans 3 cas seulement. Dans le troisième ensemble, les éprouvettes contiennent 100 fois moins d'inoculum que les éprouvettes du premier ensemble, et un seul résultat est positif.

Combinaison de résultats positifs	Index NPP/100 mL	Limites de confiance de 95 % Inférieure	Limites de confiance de 95 % Supérieure
4-2-0	22	6,8	50
4-2-1	26	9,8	70
4-3-0	27	9,9	70
4-3-1	33	10	70
4-4-0	34	14	100
5-0-0	23	6,8	70
5-0-1	31	10	70
5-0-2	43	14	100
5-1-0	33	10	100
5-1-1	46	14	120
5-1-2	63	22	150
5-2-0	49	15	150
5-2-1	70	22	170
5-2-2	94	34	230
5-3-0	79	22	220
5-3-1	110	34	250
5-3-2	140	52	400

b) À l'aide de la table de détermination du NPP, on peut calculer, pour un échantillon donné, le nombre de microbes pour lequel on devrait statistiquement obtenir de tels résultats. On cherche dans la première colonne la combinaison correspondant aux résultats de croissance positifs obtenus pour les trois ensembles : 5, 3, 1. Dans ce cas, la valeur de l'indice NPP pour 100 mL est de 110, ce qui signifie statistiquement que 95 % des échantillons d'eau pour lesquels les résultats sont 5-3-1 contiennent de 34 à 250 bactéries (dans 100 mL), le nombre le plus probable étant 110.

Figure 4.19 Méthode du nombre le plus probable (ou méthode du NPP).

connu du liquide recouvrant le grand carré étant de 1/1 250 000 mL, on multiplie le résultat du comptage par le facteur 1 250 000, ce qui donne le nombre de bactéries par millilitre.

Les méthodes de mesure directe au microscope présentent certains inconvénients. D'une part, il est difficile de dénombrer des bactéries mobiles à l'aide de ces méthodes sans encourir des erreurs de comptage. D'autre part, on ne peut pas procéder au dénombrement des cellules viables, car on risque de compter les cellules mortes aussi bien que les cellules vivantes. Par ailleurs, la concentration de bactéries doit être élevée (environ 10 millions de bactéries par millilitre) pour qu'il soit possible de dénombrer celles-ci. Mais les méthodes de mesure par lecture directe présentent l'immense avantage de ne pas exiger de période d'incubation. On applique donc ces méthodes presque uniquement dans les cas où il est prioritaire d'effectuer le comptage en un court laps de temps. Le *compteur de cellules électronique,* parfois appelé *compteur de Coulter,* qui dénombre automatiquement le nombre de cellules dans un volume donné de liquide, présente le même avantage. On utilise des instruments de ce type dans les laboratoires et les hôpitaux.

▶ Vérifiez vos acquis

Donnez les avantages de chacune des techniques suivantes, qui servent à mesurer directement les populations microbiennes : le dénombrement des colonies après culture, le dénombrement de cellules microbiennes et l'estimation du nombre le plus probable (NPP) de bactéries. **4-16**

L'estimation du nombre de bactéries par une méthode indirecte

Il n'est pas toujours nécessaire de compter les cellules microbiennes pour estimer leur nombre. En recherche et dans l'industrie, on emploie souvent des méthodes indirectes semblables à celles qui sont décrites dans cette section pour déterminer combien il y a de microbes et quelle est leur activité.

La mesure de la croissance par turbidimétrie

Dans certains travaux expérimentaux, il est pratique d'utiliser la mesure de la **turbidité** comme indice de la croissance bactérienne.

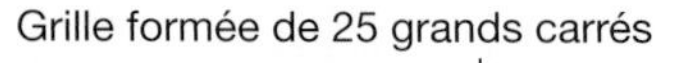

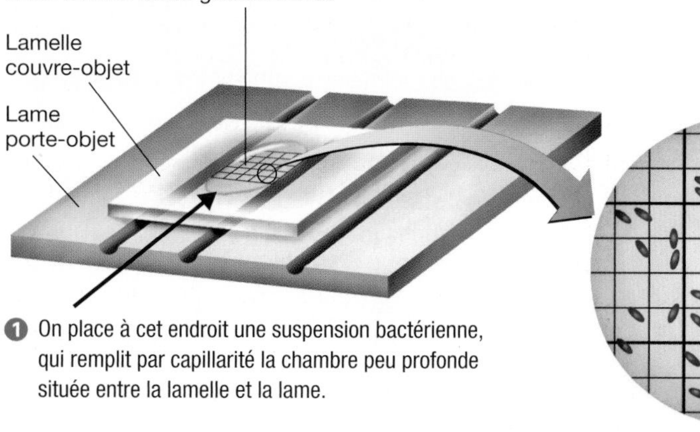

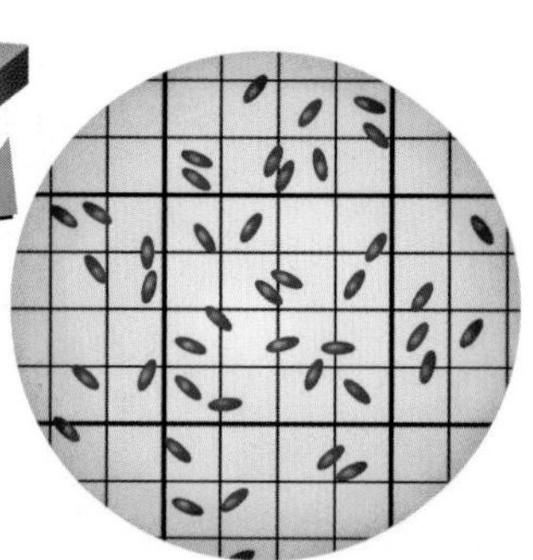

❶ On place à cet endroit une suspension bactérienne, qui remplit par capillarité la chambre peu profonde située entre la lamelle et la lame.

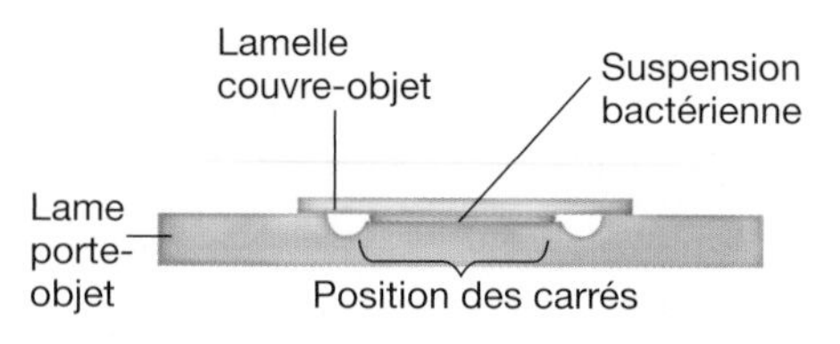

❷ Section transversale de la chambre de comptage. On connaît la hauteur de la chambre située entre la lamelle et la lame, de même que l'aire des carrés, de sorte qu'on peut calculer le volume occupé par la suspension bactérienne recouvrant les carrés (volume = hauteur × aire).

❸ Dénombrement des bactéries directement au microscope : on compte toutes les bactéries dans plusieurs grands carrés (lignes en tracé gras), puis on calcule la moyenne par grand carré. Dans le grand carré illustré, il y a 14 cellules bactériennes.

❹ Le volume connu du liquide recouvrant le grand carré est de 1/1 250 000 mL. Comme il y a 14 bactéries dans le carré illustré, il y a 14 fois 1 250 000 (soit 17 500 000) bactéries par millilitre.

Figure 4.20 Dénombrement direct de cellules microbiennes à l'aide de la chambre de comptage de Petroff-Hausser. Le produit du nombre moyen de bactéries dans un grand carré et d'un facteur de 1 250 000 est égal au nombre de bactéries par millilitre.

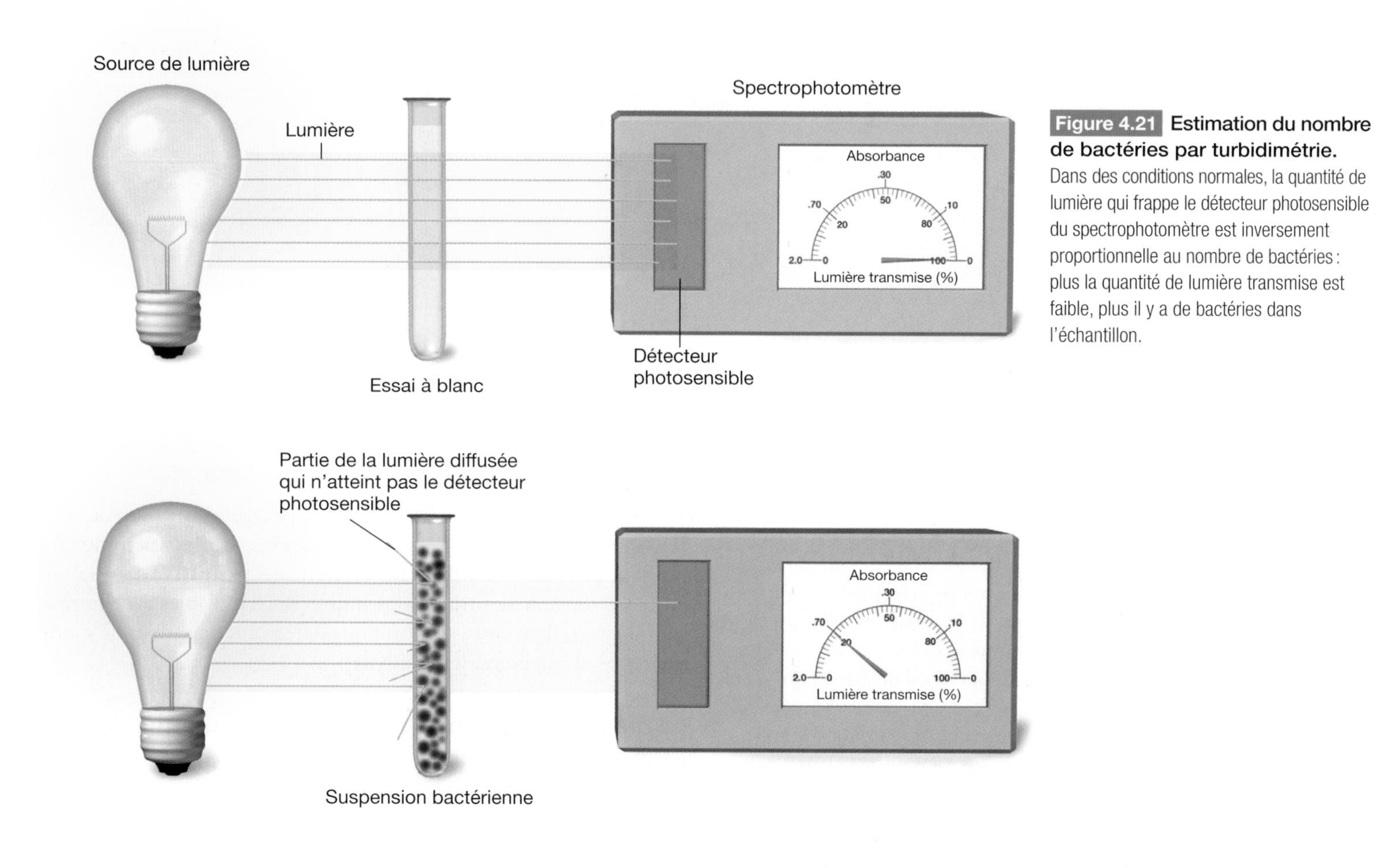

Figure 4.21 Estimation du nombre de bactéries par turbidimétrie. Dans des conditions normales, la quantité de lumière qui frappe le détecteur photosensible du spectrophotomètre est inversement proportionnelle au nombre de bactéries : plus la quantité de lumière transmise est faible, plus il y a de bactéries dans l'échantillon.

Au fur et à mesure que des bactéries se multiplient dans un milieu liquide, celui-ci devient de plus en plus opaque, les cellules formant un léger trouble semblable à un nuage.

On mesure l'état du trouble, ou *turbidité*, à l'aide d'un *spectrophotomètre* dans lequel un faisceau lumineux frappe une suspension bactérienne avant d'être transmis à un détecteur photosensible (**figure 4.21**). Au fur et à mesure que le nombre de bactéries augmente, la quantité de lumière qui atteint le détecteur photosensible diminue. Cette variation est indiquée en *pourcentage transmis* sur la graduation de l'instrument, qui comprend aussi une expression logarithmique appelée *absorbance* ou *densité optique*; l'instrument peut également donner une valeur dérivée du pourcentage de lumière transmis. On se sert de l'absorbance pour représenter graphiquement la croissance bactérienne. Lorsque les bactéries sont en phase de croissance exponentielle ou en phase de déclin, la courbe de l'absorbance en fonction du temps est approximativement une droite. Si, pour une culture donnée, on établit la correspondance entre les valeurs de l'absorbance et celles de mesures directes au microscope, la corrélation obtenue peut servir par la suite à estimer le nombre de bactéries à partir de mesures de la turbidité.

La turbidité commence à être observable seulement lorsque le nombre de bactéries par millilitre de liquide dépasse le million. Il faut de 10 à 100 millions de bactéries par millilitre d'une suspension pour que la turbidité de celle-ci soit mesurable à l'aide d'un spectrophotomètre. On ne peut donc pas utiliser la turbidité comme mesure de la contamination d'un liquide qui contient un nombre relativement faible de bactéries.

La mesure de la croissance par la mesure de l'activité métabolique

On peut aussi calculer indirectement le nombre de bactéries d'une population en mesurant l'*activité métabolique* de celle-ci. Cette méthode suppose que la quantité d'un produit donné du métabolisme, tel qu'un acide ou le CO_2, est directement proportionnelle au nombre de bactéries présentes. Comme exemple d'application pratique d'une épreuve métabolique, citons le dosage de microbiologie, qui consiste à déterminer la quantité de vitamines à l'aide de la quantité d'acide lactique produite par *Lactobacillus*.

La détermination de la biomasse sèche

Les méthodes courantes de dénombrement des bactéries donnent des résultats plus ou moins satisfaisants dans le cas des organismes filamenteux, tels que les moisissures. Par exemple, le dénombrement de colonies après culture ne permet pas de mesurer l'augmentation de la masse filamenteuse. Si on applique cette technique à des moisissures, on compte souvent en fait le nombre de spores asexuées, ce qui n'est pas une mesure adéquate de la croissance. La *détermination de la biomasse sèche* fournit l'une des mesures les plus satisfaisantes de la croissance des organismes filamenteux. Cette technique consiste à retirer le mycète du milieu de culture, à le filtrer pour éliminer les substances étrangères, à le placer dans un ballon puis à le dessécher dans un dessicateur et, enfin, à le peser. On emploie à peu près la même méthode dans le cas des bactéries, mais celles-ci sont généralement retirées du milieu de culture par centrifugation, séchées puis pesées. On évalue ensuite la population en considérant que 1 mg de poids sec correspond à quelques milliards de bactéries. La biomasse sèche totale de la population est souvent directement proportionnelle au nombre de cellules.

▶ Vérifiez vos acquis

Quelle est la différence entre les techniques de mesure directe des populations microbiennes et les techniques de mesure indirecte? **4-17**

Pourquoi la mesure de la densité optique par turbidimétrie est-elle une méthode indirecte de mesure de la croissance bactérienne? **4-18**

* * *

Vous savez maintenant quels sont les facteurs indispensables à la croissance microbienne et comment on mesure cette croissance. Dans la deuxième partie du livre, nous aurons une vue d'ensemble du monde microbien. Le prochain chapitre traitera de la classification des microorganismes.

RÉSUMÉ

LES FACTEURS ESSENTIELS À LA CROISSANCE (p. 80)

1. La croissance d'une population est l'augmentation du nombre de cellules. On parle de la croissance de la population microbienne.
2. Les facteurs essentiels à la croissance microbienne sont de nature physique ou chimique.
3. Les facteurs physiques comprennent la température, le pH et la pression osmotique; les facteurs chimiques incluent l'approvisionnement en eau, en carbone, en azote, en soufre, en phosphore, en oligoéléments, en oxygène et en facteurs organiques de croissance.

Les facteurs physiques (p. 80)

4. On classe les microbes en psychrophiles (psychrophiles au sens strict et psychrotrophes), en mésophiles et en thermophiles (thermophiles et thermophiles extrêmes), selon l'échelle optimale de température qui permet la croissance microbienne.
5. La température minimale de croissance d'une espèce est la température la plus basse à laquelle cette espèce peut vivre; la température optimale de croissance est la température à laquelle l'espèce se développe le mieux; la température maximale de croissance est la température la plus élevée à laquelle l'espèce peut se développer.

6. La croissance de la majorité des bactéries est favorisée par une valeur du pH située entre 6,5 et 7,5. Les bactéries acidophiles tolèrent des milieux plus acides.
7. La plupart des microbes subissent la plasmolyse dans une solution hypertonique, mais les microorganismes halophiles tolèrent une concentration élevée en sel. Les microbes dont la paroi cellulaire est fragile ou altérée subissent une lyse osmotique dans une solution hypotonique.

Les facteurs chimiques (p. 83)

8. Tous les organismes ont besoin d'une source d'énergie; les phototrophes utilisent l'énergie de la lumière, les chimiotrophes utilisent l'énergie fournie par l'oxydation de molécules chimiques.
9. Tous les organismes ont besoin d'une source de carbone; les hétérotrophes tirent cet élément de molécules organiques, tandis que les autotrophes le tirent du dioxyde de carbone (CO_2).
10. Les agents pathogènes qui agressent l'organisme humain sont des chimiohétérotrophes qui tirent leur source de carbone et leur source d'énergie de composés chimiques organiques.
11. L'azote est indispensable à la synthèse des protéines et des acides nucléiques. Il provient de la décomposition de protéines ou des ions NH_4^+ ou NO_3^-; quelques bactéries sont capables de fixer le diazote (N_2).
12. Selon leurs besoins en molécules d'oxygène (O_2), on classe les organismes en aérobies stricts, en anaérobies facultatifs, en anaérobies stricts, en anaérobies aérotolérants et en microaérophiles.
13. Les aérobies, de même que les anaérobies facultatifs et les anaérobies aérotolérants, ont besoin d'une enzyme, la superoxyde dismutase ($2\ O_2^{\overline{\cdot}} + 2\ H^+ \longrightarrow O_2 + H_2O_2$), et de l'une de deux enzymes, la catalase ($2\ H_2O_2 \longrightarrow 2\ H_2O + O_2$) et la peroxydase ($H_2O_2 + 2\ H^+ \longrightarrow 2\ H_2O$), pour neutraliser les effets toxiques des radicaux dérivés de la molécule d'oxygène.
14. Les autres substances essentielles à la croissance microbienne comprennent le soufre, le phosphore, des oligoéléments et, dans le cas de quelques microorganismes, des facteurs organiques de croissance.

LES BIOFILMS (p. 86)

1. Les microbes adhèrent aux surfaces et prolifèrent à l'abri de biofilms attachés à des supports solides arrosés d'eau.
2. On trouve des biofilms sur les dents, les lentilles cornéennes et les cathéters.
3. Les microbes sous forme de biofilms résistent mieux aux antibiotiques que leurs semblables à l'état libre.

LES MILIEUX DE CULTURE (p. 87)

1. On appelle milieu de culture toute préparation nutritive destinée à la croissance de bactéries en laboratoire.
2. On appelle culture l'ensemble des microbes qui se développent et se multiplient dans ou sur un milieu de culture.
3. L'agar est un agent de solidification couramment utilisé dans la préparation de milieux de culture.

Les milieux synthétiques (p. 89)

4. On appelle milieu synthétique un milieu de culture dont on connaît exactement la composition chimique.

Les milieux complexes (p. 89)

5. On appelle milieu complexe un milieu de culture dont on ne connaît qu'approximativement la composition chimique; celle-ci varie légèrement d'un lot à un autre.

Les milieux et méthodes de culture des anaérobies (p. 90)

6. En utilisant des agents chimiques réducteurs dans la préparation d'un milieu de culture anaérobie, on élimine la molécule d'oxygène (O_2) qui nuirait à la croissance des anaérobies.
7. On incube les boîtes de Petri dans une jarre à vide ou dans une chambre anaérobie hermétiquement close.

Les techniques spéciales de culture (p. 90)

8. La culture de certains parasites et de certaines bactéries exigeantes n'est possible que chez un animal vivant ou dans une culture de cellules hôtes vivantes.
9. On utilise un incubateur au CO_2 pour la culture des bactéries qui exigent une concentration élevée en dioxyde de carbone.
10. Il existe quatre niveaux de biosécurité pour l'équipement et les méthodes de travail qui ont trait à la manipulation des microorganismes pathogènes. Ces niveaux sont établis pour réduire au minimum l'exposition aux microbes étudiés compte tenu de leur pouvoir pathogène.

Les milieux sélectifs et les milieux différentiels (p. 91)

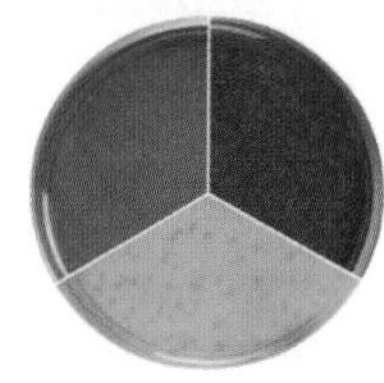

11. Un milieu sélectif contient des sels, des colorants ou d'autres substances qui inhibent le développement des microorganismes indésirables, de sorte qu'il permet seulement la croissance des microbes recherchés.
12. Un milieu différentiel sert à distinguer différents microorganismes grâce à leurs réactions caractéristiques identifiables sur ce type de milieu.

Les milieux d'enrichissement (p. 92)

13. Un milieu d'enrichissement sert à stimuler la croissance d'un microorganisme donné présent initialement en petite quantité dans un échantillon ou dans un milieu de culture mixte.

LA PRÉPARATION D'UNE CULTURE PURE (p. 93)

1. On appelle colonie une masse visible de cellules microbiennes qui proviennent toutes théoriquement d'une même cellule mère.
2. On emploie généralement la méthode des stries pour la préparation d'une culture pure.
3. Une culture pure contient un seul type de bactéries.

LA CONSERVATION D'UNE CULTURE BACTÉRIENNE (p. 94)

1. On peut conserver des microbes durant une longue période grâce à la surgélation ou à la lyophilisation.

LA CROISSANCE D'UNE CULTURE BACTÉRIENNE (p. 94)

La division bactérienne (p. 94)

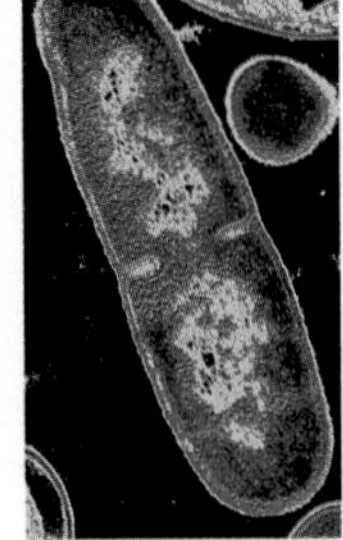

1. Les bactéries se reproduisent normalement par scissiparité, c'est-à-dire que chaque cellule se divise en deux cellules identiques.
2. Quelques espèces de bactéries se reproduisent par bourgeonnement, d'autres par la formation de spores aériennes et d'autres encore par fragmentation.

Le temps de génération (p. 95)

3. On appelle temps de génération le temps requis pour qu'une bactérie se divise ou que la taille d'une population double.

La représentation logarithmique d'une population de bactéries (p. 95)

4. La division des bactéries suit une progression logarithmique (deux cellules, puis quatre, huit, etc.).

Les phases de croissance (p. 96)

5. Durant la phase de latence, il y a peu de variation du nombre de cellules, mais l'activité métabolique intense assure les conditions nécessaires à la croissance bactérienne.
6. Durant la phase de croissance exponentielle, les bactéries se multiplient aussi rapidement que le permettent les conditions ambiantes. La population double à chaque génération.
7. Durant la phase stationnaire, il existe un équilibre entre la division et la mort des cellules.
8. Durant la phase de déclin, le nombre de morts de cellules est plus élevé que le nombre de nouvelles cellules.

La mesure directe de la croissance bactérienne (p. 96)

9. Le dénombrement de colonies après culture, méthode qui suppose que chaque bactérie forme une seule colonie, donne le nombre de bactéries viables dans l'échantillon ; on exprime le résultat en unités formant colonies.
10. Pour dénombrer les colonies, il faut obtenir des colonies isolées sur des boîtes de Petri. On utilise soit la technique d'étalement en surface, soit la technique d'étalement en profondeur.
11. La filtration sur membrane consiste à retenir les bactéries sur la surface d'une membrane filtrante, puis à placer celle-ci dans un milieu de culture où les bactéries se développent avant d'être comptées sous forme de colonies.
12. La méthode du nombre le plus probable (ou méthode du NPP) de microbes viables est une méthode d'estimation statistique ; on l'utilise pour dénombrer des bactéries qui se développent dans un milieu liquide.
13. Le dénombrement direct de cellules microbiennes consiste à compter les microbes présents dans un volume donné d'une suspension bactérienne au moyen d'une lame porte-objet quadrillée et calibrée et d'une lecture au microscope.

L'estimation du nombre de bactéries par une méthode indirecte (p. 101)

14. On utilise un spectrophotomètre pour déterminer la turbidité ; cet instrument permet de mesurer la quantité de lumière transmise par un liquide contenant des bactéries en suspension.
15. La mesure de l'activité métabolique d'une population (par exemple la production d'acide ou la consommation d'O_2) est une méthode indirecte d'estimation du nombre de bactéries.
16. Dans le cas des organismes filamenteux, tels que les mycètes, la détermination de la biomasse sèche est une méthode pratique de mesure de la croissance.

AUTOÉVALUATION

QUESTIONS À COURT DÉVELOPPEMENT

1. Après avoir incubé *E. coli*, dans des conditions aérobies, dans un milieu nutritif contenant deux sources différentes de carbone, on a obtenu la courbe de croissance suivante.

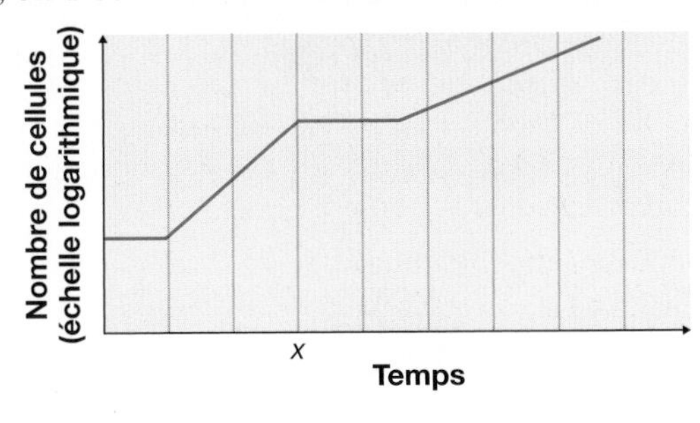

   a) Expliquez ce qui s'est produit à l'instant *x*.

   b) Quel substrat a le plus favorisé la croissance de la bactérie ? Justifiez votre réponse.

2. Deux flacons, *A* et *B*, contiennent un bouillon de culture glucose-sels minimaux renfermant des cellules de levure. On incube le flacon *A* à 30 °C dans des conditions aérobies et le flacon *B*, à 30 °C dans des conditions anaérobies. (Les levures sont des anaérobies facultatifs.) Pour chacune des questions, justifiez votre réponse.

   a) Quelle culture produit le plus d'ATP ?

   b) Quelle culture produit le plus d'alcool ?

c) Pour quelle culture la durée de génération est-elle la plus courte ?

d) Dans quelle culture la biomasse cellulaire est-elle la plus grande ?

e) Quelle culture a la plus grande absorbance au test de la turbidimétrie ?

3. Expliquez pourquoi la bactérie *Listeria monocytogenes* peut constituer un danger pour l'organisme humain lorsqu'elle est ingérée avec de la nourriture normalement réfrigérée. (*Indice :* Voir le chapitre 17.)

APPLICATIONS CLINIQUES

N. B. Certaines de ces questions nécessitent que vous cherchiez des réponses dans les différents chapitres du livre.

1. Marie est étudiante en soins infirmiers et partage un appartement avec trois amies. Les filles ont l'habitude de se laver avec le même pain de savon lorsqu'elles prennent leur douche. Marie apporte le savon au laboratoire de microbiologie ; elle en gratte une petite surface équivalant à 1 g de savon et dilue l'échantillon de manière à obtenir une solution $1/10^6$. Elle effectue ensuite un étalement sur gélose. À la fin d'une période d'incubation de 24 h, elle dénombre 168 colonies.

Combien de bactéries y avait-il dans l'échantillon de savon ? D'où ces bactéries vivantes proviennent-elles ? Les 168 colonies dénombrées sont-elles de la même espèce ? Quel critère peut aider Marie à les différencier ? Quelle solution de rechange pourrait-elle proposer à ses camarades, qui serait plus appropriée dans la situation de cohabitation ? Que devrait-elle penser si, au cours d'un stage en pédiatrie, elle trouvait dans les salles de bain attenantes aux chambres d'enfants malades des savonnettes sur les bordures de lavabo ?

2. Les comptoirs de cafétéria comprennent souvent une table alimentée par des bacs d'eau très chaude, servant à maintenir des aliments cuits à environ 50 °C durant une période pouvant aller jusqu'à 12 h. On a réalisé l'expérience suivante pour vérifier si cette méthode représente un danger éventuel pour la santé.

On a ensemencé la surface de cubes de bœuf avec 500 000 bactéries, puis on a incubé les cubes à des températures comprises entre 43 et 53 °C pour déterminer l'échelle de température de croissance des bactéries. On a obtenu les résultats suivants en appliquant une méthode standard de dénombrement des colonies, 6 h et 12 h après la contamination de la viande.

		Nombre de bactéries par gramme de bœuf	
	T (°C)	Au bout de 6 h	Au bout de 12 h
S. aureus	43	140 000 000	740 000 000
	51	810 000	59 000
	53	650	300
S. typhimurium	43	3 200 000	10 000 000
	51	950 000	83 000
	53	1 200	300
C. perfringens	43	1 200 000	3 600 000
	51	120 000	3800
	53	300	300

À quelle température recommanderiez-vous de conserver les cubes de bœuf en vue d'un effet bactéricide optimal ? S'il est vrai que la cuisson détruit normalement les bactéries, d'où proviennent celles qui peuvent contaminer les aliments ? Quelle maladie chacune des trois espèces de bactéries étudiées peut-elle causer ? (*Indice :* Voir le chapitre 20.)

3. Julianne, une infirmière, s'occupe d'une stagiaire qui l'accompagne dans l'exercice de ses fonctions. Julianne doit effectuer un premier prélèvement d'urine vésicale et un deuxième prélèvement de pus en vue d'une recherche d'anaérobies. Le délai de transport au laboratoire est d'environ 2 heures. Julianne doit expliquer à la stagiaire ce qui peut arriver aux bactéries lorsqu'elles sont prélevées, c'est-à-dire lorsqu'elles sont retirées des tissus qui assurent leurs conditions de croissance.

Quelle sera l'explication de Julianne pour justifier qu'elle doive déposer le prélèvement d'urine au réfrigérateur ? (*Indice :* Voir le chapitre 15.) Julianne mentionne à la stagiaire les consignes strictes qu'elle doit suivre lors du prélèvement de l'échantillon de pus. Quelles sont ces consignes ? Quelle est finalement la façon de procéder pour tous les prélèvements bactériologiques lorsqu'on prévoit un délai pour leur transport au laboratoire ? En quoi cette question se référant aux prélèvements a-t-elle un rapport avec le sujet du présent chapitre ?

ÉDITION EN LIGNE Consultez le volet de gauche de l'Édition en ligne pour d'autres activités.

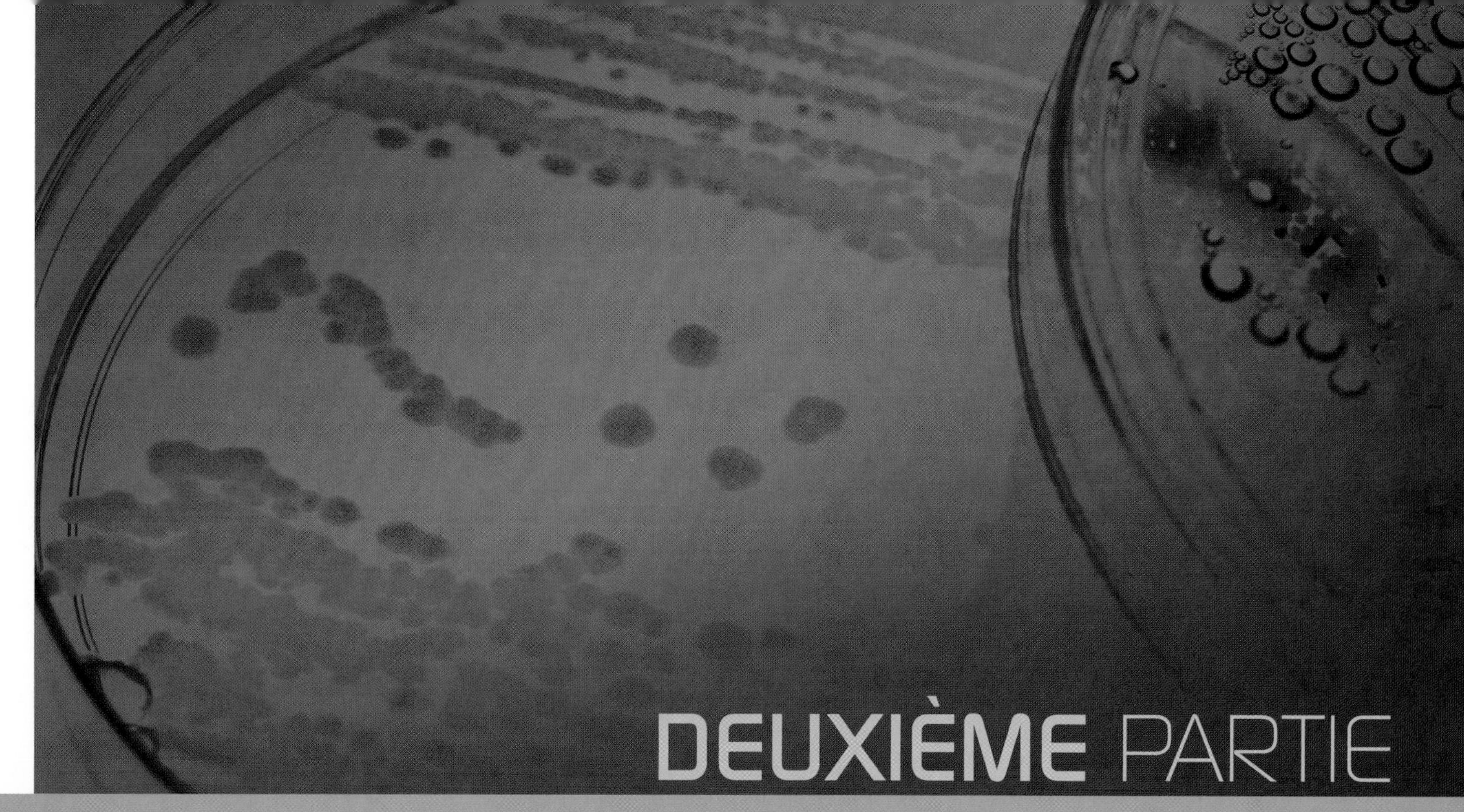

DEUXIÈME PARTIE

Vue d'ensemble du monde microbien

Deux microbiologistes examinent une séquence d'ADN qui a été soumise à une électrophorèse sur gel. Les bandes sombres sont des fragments d'ADN qui migrent à différentes vitesses sous l'action d'un courant électrique, et que la coloration rend visibles. On utilise des empreintes génétiques de ce type pour classer les organismes que l'on découvre et identifier les agents responsables des maladies infectieuses.

Sommaire

CHAPITRE

La classification des microorganismes

La science des lois de la classification, et en particulier de la classification des formes de vie, s'appelle **taxinomie** (mot formé des éléments grecs *taxi-* = arrangement, ordre ; *-nomie* = lois) ; on dit aussi taxonomie. L'objectif de la taxinomie est donc de nommer les organismes vivants et de les classer, c'est-à-dire d'établir des relations entre deux groupes d'organismes et de faire la distinction entre eux. Il existe peut-être 100 millions d'organismes vivants distincts, dont 10 % au plus sont connus actuellement ; la proportion d'organismes classés et identifiés est encore plus faible.

La taxinomie fournit également des points de repère pour l'identification d'organismes classés. Par exemple, si on pense qu'une bactérie isolée d'un patient est responsable d'une maladie donnée, on tente de découvrir une correspondance entre les caractéristiques de bactéries classées et celles de l'isolat afin de reconnaître ce dernier. Si on réussit, on peut choisir un médicament qui influe sur la bactérie identifiée ; la taxinomie présente donc un grand intérêt pour la médecine qui traite des maladies infectieuses. Enfin, en tant que langage universel, la taxinomie est un outil fondamental et indispensable pour les scientifiques.

La taxinomie moderne constitue un champ d'étude fascinant et dynamique. Des techniques récentes, reliées à la biologie moléculaire et à la génétique, permettent d'aborder la classification et l'évolution sous de nouvelles perspectives. Dans le présent chapitre, nous décrivons différents systèmes et critères de classification, de même que des épreuves servant à reconnaître des microorganismes déjà classés.

Q/R

Quel intérêt y a-t-il à classer un organisme parmi les protozoaires plutôt que parmi les mycètes ?

La réponse est dans le chapitre.

AU MICROSCOPE

Pneumocystis jirovecii. On a longtemps pensé que ce microorganisme était un protozoaire jusqu'à ce que des analyses d'ADN révèlent qu'il s'agit en fait d'un mycète. *P. jirovecii* cause la pneumonie chez les individus immunodéprimés.

L'étude des relations phylogénétiques

▶ Objectifs d'apprentissage

5-1 Définir la taxinomie, le taxon, la phylogénie et la systématique.

5-2 Examiner les limites d'un système de classification à deux règnes.

5-3 Reconnaître les contributions de *Carl von Linné*, de von Nägeli, de Chatton, de Whittaker et de Woese.

5-4 Examiner les avantages du système à trois domaines.

5-5 Énumérer les caractéristiques du domaine des Bactéries, de celui des Archéobactéries et de celui des Eucaryotes.

En 2001, on a lancé le projet international *All Species Inventory* (Inventaire complet des espèces). Il a pour objectif d'identifier et de répertorier d'ici à 25 ans toutes les espèces qui vivent sur terre. Le défi est de taille. À ce jour, les biologistes ont identifié plus de 1,7 million d'organismes, mais on estime qu'il y a de 10 à 100 millions d'espèces vivantes.

Les organismes vivants présentent une unité et une diversité considérables. Par exemple, tous les organismes vivants sont composés de cellules entourées d'une membrane cytoplasmique ; ils utilisent tous l'ATP comme source d'énergie et ils emmagasinent tous l'information génétique dans l'ADN. Ces similitudes s'expliquent par l'évolution, c'est-à-dire par la descendance d'un ancêtre commun. En 1859, le naturaliste britannique Charles Darwin émet l'hypothèse que la sélection naturelle est responsable à la fois des similitudes et des différences entre les organismes. Il attribue ces différences à la survie des organismes dont les caractéristiques sont le mieux adaptées à un milieu donné.

Pour faciliter la recherche, l'apprentissage et la communication, on classe les organismes en unités, appelées **taxons**, de manière à faire ressortir les degrés de similitude. La **taxinomie** est la science qui s'intéresse à la description et à la définition des taxons. La **systématique** est l'étude de la diversité biologique ; elle a pour objet de dénombrer et de classer les taxons dans un certain ordre. La systématique se place donc dans le prolongement de la taxinomie. La **phylogénie** est l'étude de l'histoire évolutive d'un groupe d'organismes. La classification hiérarchique des taxons met en évidence les relations évolutives probables, ou *phylogénétiques,* entre ces derniers. Une classification phylogénétique suppose que l'on regroupe les êtres vivants en fonction de leurs liens de parenté.

La taxinomie est une science de synthèse en constante évolution. Depuis l'époque d'Aristote, les organismes vivants ont été classés en deux catégories seulement : les plantes et les animaux. En 1735, le botaniste suédois Carl von Linné élabore une première classification formelle des organismes en deux « règnes » à partir de la similitude de leurs structures – *Plantæ* et *Animalia.* Il utilise les noms latins afin de donner un langage commun aux systématiciens. Mais l'essor des sciences biologiques incite les biologistes à chercher un système de classification *naturel,* qui regrouperait les organismes en fonction de leurs relations ancestrales et permettrait de percevoir un certain ordre dans les formes de vie. En 1857, Karl von Nägeli, un contemporain de Pasteur, suggère de classer les bactéries et les champignons dans le règne des Plantes. En 1866, Ernst Haeckel propose le règne des Protistes et y regroupe les bactéries, les protozoaires, les algues et les champignons. Mais comme on n'arrive pas à s'entendre sur la définition des protistes, les biologistes continuent pendant un siècle encore à classer les bactéries et les champignons dans le règne des Plantes, comme l'avait suggéré Nägeli. Il est ironique de constater que, selon le séquençage de l'ADN – qui est une technique récente –, les champignons sont plus apparentés aux animaux qu'aux plantes. Depuis 1959, on considère que les champignons constituent un règne à part, le règne des Mycètes.

L'invention du microscope électronique a permis d'observer les différences structurales entre des cellules. Edward Chatton est le premier, en 1937, à employer le mot « procaryote » pour caractériser les cellules dépourvues de noyau et les distinguer des cellules nucléées des plantes et des animaux (qui sont des eucaryotes). En 1961, Roger Stanier énonce la définition des procaryotes encore en usage aujourd'hui : cellules dans lesquelles le matériel nucléaire (nucléoplasme) n'est pas entouré d'une membrane. En 1968, Robert G. E. Murray suggère de créer un troisième règne, celui des Procaryotes.

En 1969, Robert H. Whittaker élabore un système à cinq règnes dans lequel les procaryotes forment le règne des Monères, tandis que les eucaryotes se répartissent dans quatre autres règnes : Protistes, Mycètes, Plantes et Animaux. La création du règne regroupant les procaryotes reposait sur des observations microscopiques. Depuis, de nouvelles techniques de biologie moléculaire ont montré qu'il existe en fait deux types de cellules procaryotes, alors que toutes les cellules eucaryotes sont d'un même type.

▶ Vérifiez vos acquis

Quels sont les objectifs de la taxinomie et de la systématique ? **5-1**

Pourquoi ne peut-on pas inclure les bactéries dans le règne des Plantes ? **5-2** et **5-3**

Les trois domaines

C'est la constatation que les ribosomes ne sont pas tous identiques (chapitre 3) qui a mené à la découverte de trois types différents de cellules. Comme toutes les cellules contiennent des ribosomes, ceux-ci peuvent servir de critères de comparaison. Ainsi, en comparant les séquences de nucléotides de l'ARN ribosomal (ARNr) de différentes cellules, on constate qu'il existe trois groupes distincts d'organismes : les Eucaryotes et deux types de procaryotes, les Bactéries et les Archéobactéries.

En 1978, Carl R. Woese suggère de faire des trois types de cellules des divisions taxinomiques supérieures aux règnes : les **domaines**. Il pense que les Archéobactéries (*Archæa*) et les Bactéries (*Bacteria*), bien qu'apparemment semblables, devraient former deux domaines séparés dans l'arbre phylogénétique (**figure 5.1**). Les organismes sont classés dans les trois domaines selon le type de cellules. Ils se différencient non seulement par l'ARNr, mais aussi par la structure lipidique membranaire, les molécules d'ARN de transfert et la sensibilité aux antibiotiques (**tableau 5.1**) ; ces différences sont liées à la composition chimique des cellules.

Dans ce modèle largement accepté, le troisième domaine, celui des **Eucaryotes** (*Eucarya*), est constitué par le règne des Animaux (*Animalia*), le règne des Plantes (*Plantæ*), le règne des Mycètes et le

Figure 5.1

Schéma guide

Classification des êtres vivants selon le système des trois domaines

Cette figure montre les relations entre différents groupes d'organismes vivants. Les lignes indiquent comment chaque groupe est issu de l'ancêtre commun*.

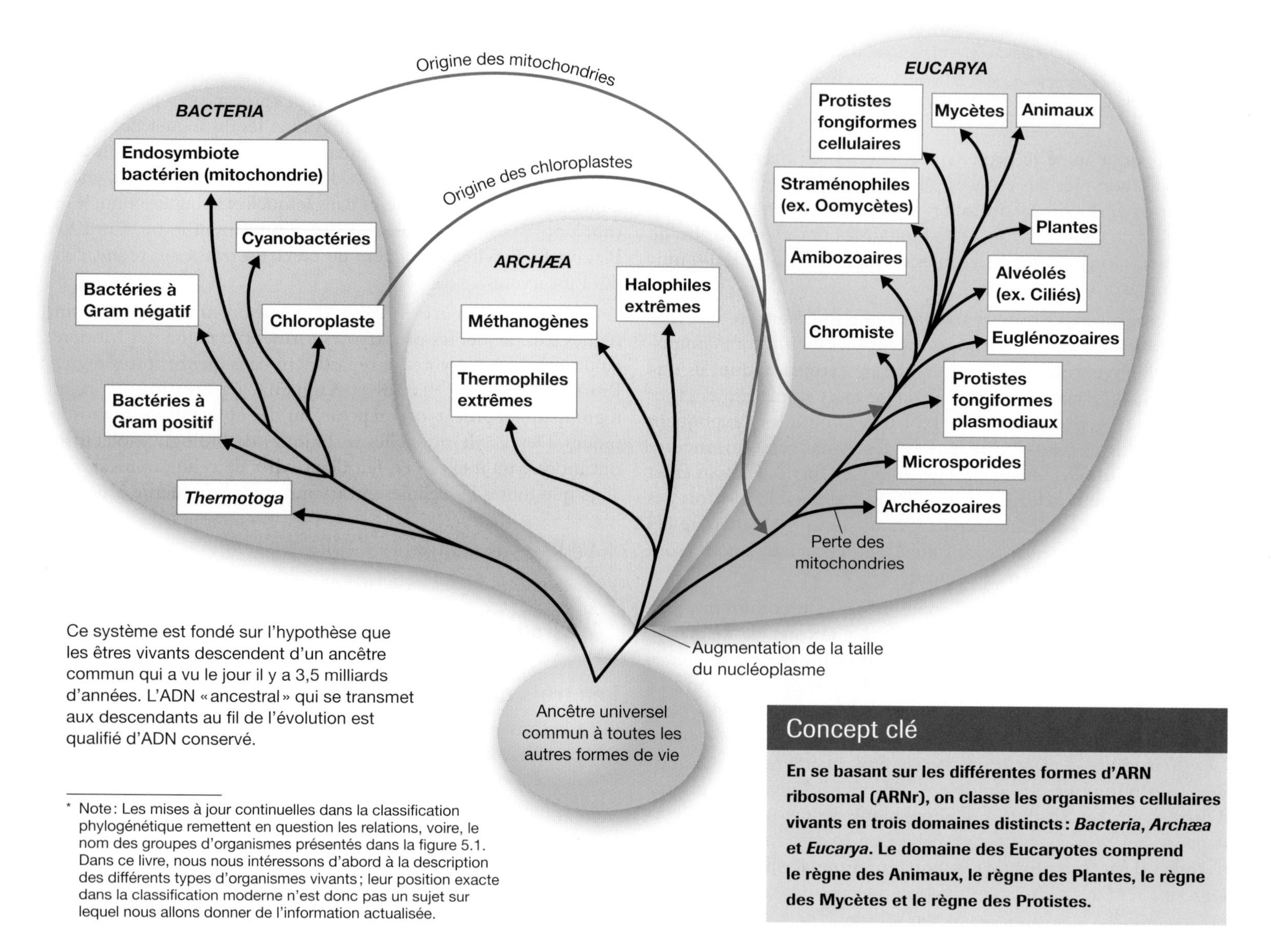

Ce système est fondé sur l'hypothèse que les êtres vivants descendent d'un ancêtre commun qui a vu le jour il y a 3,5 milliards d'années. L'ADN « ancestral » qui se transmet aux descendants au fil de l'évolution est qualifié d'ADN conservé.

* Note : Les mises à jour continuelles dans la classification phylogénétique remettent en question les relations, voire, le nom des groupes d'organismes présentés dans la figure 5.1. Dans ce livre, nous nous intéressons d'abord à la description des différents types d'organismes vivants ; leur position exacte dans la classification moderne n'est donc pas un sujet sur lequel nous allons donner de l'information actualisée.

Concept clé

En se basant sur les différentes formes d'ARN ribosomal (ARNr), on classe les organismes cellulaires vivants en trois domaines distincts : *Bacteria*, *Archæa* et *Eucarya*. Le domaine des Eucaryotes comprend le règne des Animaux, le règne des Plantes, le règne des Mycètes et le règne des Protistes.

règne des Protistes. Par ailleurs, en 2005, un comité de spécialistes propose une nouvelle classification qui remplace celle des anciens embranchements regroupés dans la catégorie des Protistes. Cette classification phylogénétique moderne basée sur l'ARNr réunit les Eucaryotes en de nouveaux groupes réputés monophylétiques. Des modifications à cette classification sont apportées régulièrement, au fur et à mesure que de nouvelles relations phylogénétiques sont retracées (il y a eu des publications en 2008, en 2009 et en 2011). Il se dégage un constat particulier de tous ces récents changements : le règne des « Protistes » est à proprement parler disparu. Dans leur présentation, certains auteurs n'utilisent plus nécessairement les niveaux traditionnels de classification (règnes, embranchements, classes, etc.) ou, à l'inverse, d'autres subdivisent les règnes en sous-règnes et en infra-règnes, etc. Il semble donc quelque peu hasardeux de présenter actuellement les divers groupes d'organismes (anciennement membres des Protistes) en suivant rigoureusement un modèle de classification, compte tenu qu'il sera probablement obsolète dans quelque temps. Les groupes d'organismes qui nous

Tableau 5.1 Quelques caractéristiques des domaines des *Archæa*, des *Bacteria* et des *Eucarya*

	Archæa	*Bacteria*	*Eucarya*
	Sulfolobus MEB 0,5 μm	*E. coli* MEB 1 μm	*Amœba* MEB 10 μm
Type de cellule	Procaryote	Procaryote	Eucaryote
Paroi cellulaire	Composition variable; ne contient pas de peptidoglycane.	Contient du peptidoglycane.	Composition variable; contient des glucides.
Lipides membranaires	Composés de chaînes de carbone ramifiées unies à du glycérol par des liaisons éther	Composés de chaînes de carbone droites unies à du glycérol par des liaisons ester	Composés de chaînes de carbone droites unies à du glycérol par des liaisons ester
Codon d'initiation de la synthèse des protéines	Méthionine	Formylméthionine	Méthionine
Sensibilité aux antibiotiques	Non	Oui	Non
Boucle d'ARNr*	Absente	Présente	Absente
Fragment commun d'ARNt**	Absent	Présent	Présent

* Se lie aux protéines des ribosomes; présente dans toutes les bactéries.

** Il s'agit d'une séquence de bases d'ARNt présente chez tous les eucaryotes et toutes les bactéries: guanine-thymine-pseudouridine-cytosine-guanine.

intéressent dans le présent ouvrage sont présentés dans l'arbre phylogénétique très simplifié du vivant de la figure 5.1. Le domaine des **Bactéries** comprend tous les procaryotes pathogènes, beaucoup de procaryotes non pathogènes présents dans le sol et dans l'eau, ainsi que les procaryotes photoautotrophes. Le domaine des **Archéobactéries** regroupe les procaryotes dont la paroi cellulaire ne contient pas de peptidoglycane. Ces organismes vivent souvent dans des conditions environnementales extrêmes et ils sont le siège de processus métaboliques exceptionnels. Les Archéobactéries comprennent trois grands groupes:

1. Les bactéries méthanogènes, qui sont des anaérobies stricts produisant du méthane (CH_4) à partir de dioxyde de carbone et d'hydrogène.
2. Les bactéries halophiles extrêmes, qui vivent uniquement dans les milieux à forte concentration en sel.
3. Les bactéries thermophiles extrêmes, qui croissent normalement dans les environnements dont les températures sont très chaudes.

Les biologistes ont poursuivi des études sur les relations phylogénétiques entre les trois domaines. On a d'abord cru que les Archéobactéries constituaient le groupe le plus primitif et que les Bactéries étaient plutôt apparentées aux Eucaryotes. Cependant, des études portant sur l'ARNr indiquent qu'un ancêtre rudimentaire universel a donné naissance à trois lignées – les Archéobactéries, les Bactéries et ce qui devait évoluer vers le nucléoplasme des Eucaryotes (figure 5.1). Les fossiles les plus anciens sont constitués des restes de procaryotes ayant vécu il y a plus de 3,5 milliards d'années. Les cellules eucaryotes sont apparues plus récemment, il y a environ 1,4 milliard d'années. Selon l'hypothèse de l'origine endosymbiotique (*endo-* = à l'intérieur; symbiose = vivre ensemble), des cellules eucaryotes se sont développées à partir de cellules procaryotes qui vivaient les unes à l'intérieur des autres, c'est-à-dire comme des endosymbiotes (ou endosymbiontes) (chapitre 3). En fait, les similitudes entre les cellules procaryotes et les organites intracellulaires des eucaryotes fournissent des preuves frappantes d'une telle relation endosymbiotique (**tableau 5.2**).

Le nucléoplasme est issu d'une cellule procaryote. On suppose que des invaginations de la membrane plasmique ont entouré la région nucléaire, de manière à constituer un véritable noyau (**figure 5.2**). Des chercheurs français ont récemment ajouté foi à cette hypothèse par leurs observations d'un vrai noyau chez la bactérie *Gemmata*. Au fil du temps, le chromosome du nucléoplasme aurait incorporé des ajouts, tels que des transposons (chapitre 24 EN LIGNE). Dans certaines cellules, le chromosome, devenu très long, se serait fragmenté pour créer de plus petits chromosomes linéaires. On peut imaginer qu'il est plus avantageux pour la cellule qui se divise de posséder de tels chromosomes que d'être encombrée par un long chromosome circulaire.

Le nucléoplasme a été le premier hôte dans lequel des bactéries endosymbiotes se sont transformées en organites. La **figure 5.3** représente *Cyanophora paradoxa*, un exemple d'une cellule hôte

Tableau 5.2 Comparaison des cellules procaryotes et des organites des eucaryotes

	Cellule procaryote	Cellule eucaryote	Organites des eucaryotes (mitochondries et chloroplastes)
ADN	Circulaire	Linéaire	Circulaire
Histones	Chez les archéobactéries	Oui	Non
Codon d'initiation de la synthèse des protéines	Formylméthionine (bactérie) Méthionine (archéobactérie)	Méthionine	Formylméthionine
Ribosomes	70 S	80 S	70 S
Croissance	Scissiparité	Mitose	Scissiparité

eucaryote dans laquelle vit une bactérie endosymbiote. Cet organisme actuel, où l'hôte et l'endosymbiote ont besoin l'un de l'autre pour vivre, constitue un modèle pour les théoriciens qui essaient d'imaginer comment se sont formées les cellules eucaryotes.

En effectuant le séquençage du génome d'un procaryote appelé *thermotoga maritima*, la microbiologiste Karen Nelson a observé que cette espèce possède des gènes semblables à la fois à ceux des Bactéries et à ceux des Archéobactéries. Cette découverte porte à croire que *Thermotoga* est l'une des cellules les plus anciennes, et qu'elle existait avant que les Bactéries et les Archéobactéries se différencient.

La taxinomie fournit des outils pour mieux comprendre l'évolution des organismes et les relations qui les unissent. On découvre chaque jour de nouveaux organismes, et les taxinomistes tentent toujours d'élaborer un système naturel de classification qui reflète les relations phylogénétiques.

Une hiérarchie phylogénétique

Dans une hiérarchie phylogénétique, le regroupement d'organismes en fonction de propriétés communes suppose qu'un groupe donné d'organismes résulte de l'évolution d'un ancêtre commun, chaque espèce ayant conservé certaines caractéristiques de cet ancêtre. Les fossiles fournissent une partie de l'information utilisée pour établir la classification et déterminer les relations phylogénétiques entre les organismes d'ordre supérieur. Les os, les carapaces et les tiges contenant des minéraux ou ayant laissé une empreinte dans le roc, autrefois à l'état de boue, sont des exemples de fossiles.

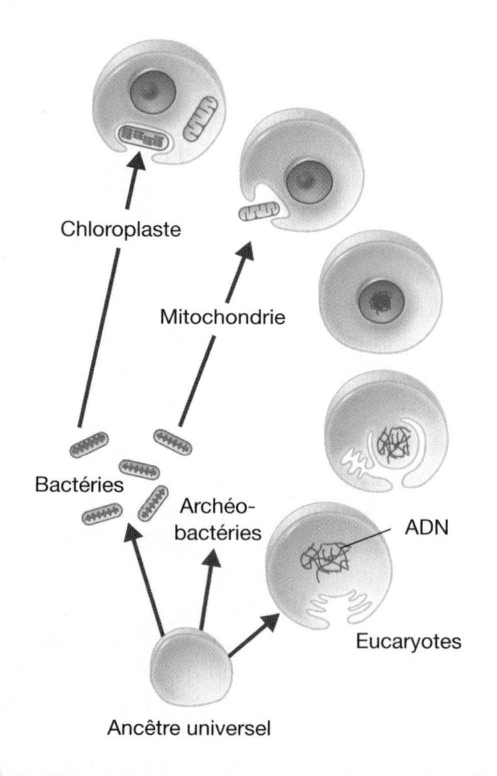

Figure 5.2 Modèle de l'origine des eucaryotes. Il est possible que l'enveloppe nucléaire et le réticulum endoplasmique se soient formés à partir d'invaginations de la membrane plasmique. La présence d'éléments communs, y compris des séquences d'ARN, indiquent que des procaryotes endosymbiotes seraient à l'origine des mitochondries et des chloroplastes.

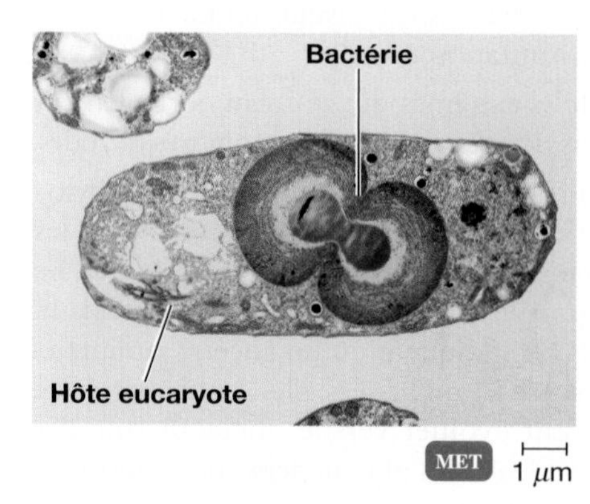

Figure 5.3 ***Cyanophora paradoxa.*** Cet organisme unicellulaire est l'hôte eucaryote d'une bactérie endosymbiote. Les deux cellules ont besoin l'une de l'autre pour vivre.

La structure de la majorité des microorganismes ne se fossilise pas facilement. Voici toutefois quelques exceptions.

- Des colonies fossilisées d'un protiste marin forment les falaises de craie blanche de Dover, en Angleterre.
- Les stromatolithes, qui sont des restes fossilisés de communautés microbiennes ayant prospéré il y a entre 0,5 et 2 milliards d'années (**figure 5.4a** et **b**).
- Les cyanobactéries fossilisées découvertes dans des roches d'Australie-Occidentale et qui datent de 3,0 à 3,5 milliards d'années. Ce sont les plus vieux fossiles connus.

Comme il n'existe pas de fossile de la majorité des procaryotes, leur classification repose sur d'autres types de données. Il existe cependant une exception remarquable : des scientifiques ont isolé des bactéries et des levures vivantes vieilles de 25 à 40 millions d'années. En 1995, le microbiologiste américain Raul Cano et ses collaborateurs ont affirmé qu'ils faisaient la culture de *Bacillus sphæricus* et de divers autres microorganismes non connus qui avaient survécu dans de l'ambre (résine végétale fossilisée) pendant des millions d'années. Si les résultats sont confirmés, cette découverte devrait fournir des informations nouvelles sur l'évolution des microorganismes.

Les conclusions d'études portant sur le séquençage de l'ARNr et l'hybridation de l'ADN de certains ordres et familles d'eucaryotes confirment les données provenant de l'examen de fossiles. Cette constatation a incité les chercheurs à se servir du séquençage de l'ARNr et de l'hybridation de l'ADN pour mieux comprendre les relations phylogénétiques entre les divers groupes de procaryotes.

a) Les stromatolithes sont des formes calcifiées de communautés bactériennes. Ceux qu'on voit ici se sont mis à croître il y a environ 3 000 ans. 30 cm

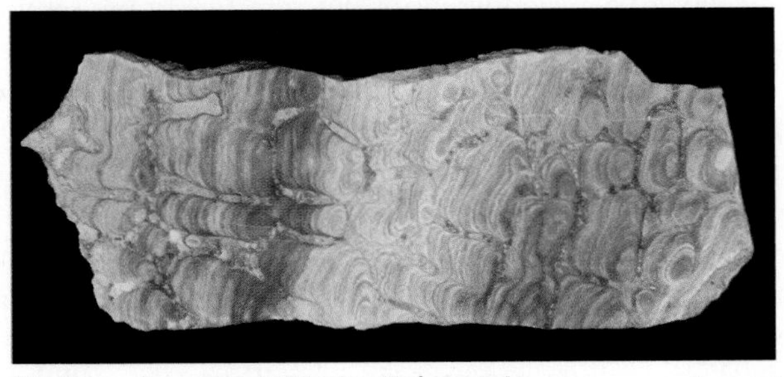

b) Coupe d'un stromatolithe fossilisé vieux de 2 milliards d'années 2 cm

Figure 5.4 **Procaryotes fossilisés.**

▶ Vérifiez vos acquis

Sur quelles observations s'appuie la classification des organismes vivants en trois domaines ? **5-4**

Comparez les bactéries et les archéobactéries, les bactéries et les eucaryotes, et les archéobactéries et les eucaryotes selon les caractéristiques énumérées dans le tableau 5.1. **5-5**

La classification des organismes

▶ Objectifs d'apprentissage

5-6 Expliquer l'utilité de la nomenclature scientifique.

5-7 Énumérer les principaux taxons par ordre décroissant.

5-8 Différencier culture, clone, espèce et souche.

5-9 Énumérer les principales caractéristiques servant à différencier les trois règnes d'Eucaryotes pluricellulaires.

5-10 Définir les Protistes.

5-11 Distinguer les espèces d'eucaryotes, de procaryotes et de virus.

Les organismes vivants sont regroupés en fonction de caractéristiques communes (classification), et chaque organisme est désigné par un nom scientifique unique. Les règles de classification et de nomenclature, utilisées par tous les biologistes dans le monde, sont décrites dans les paragraphes suivants.

La nomenclature scientifique

Comme le monde est habité par des millions d'organismes vivants, les biologistes doivent s'assurer qu'ils savent exactement de quel organisme ils parlent entre eux. L'emploi de noms courants (ou noms vernaculaires) n'est pas satisfaisant parce qu'un même nom désigne souvent des organismes distincts dans des régions différentes. Par exemple, deux plantes distinctes sont couramment appelées herbe à puce et herbe à poux au Québec ; ni l'une ni l'autre de ces plantes n'ont respectivement de puces ni de poux. La première cause une dermatite de contact, la seconde provoque une rhinite allergique. Étant donné que les appellations courantes sont rarement spécifiques et qu'elles prêtent souvent à confusion, on a élaboré au XVIIIe siècle un système de noms scientifiques faisant référence à une *nomenclature scientifique* ; ainsi, l'herbe à puce porte le nom de *Rhus radicans* L.* et l'herbe à poux, le nom d'*Ambrosia artemisiifolia* L.

Nous avons vu au chapitre 1 que chaque organisme est désigné par deux mots latins, ou binôme. Ces mots sont le **genre** et l'**épithète spécifique** (qui désigne l'**espèce**), et ils sont toujours imprimés en italique – comme dans ce manuel – ou soulignés. Le mot désignant le genre commence par une majuscule, et c'est toujours un nom ; le mot précisant l'espèce commence par une minuscule, et c'est généralement un adjectif. Comme il désigne chaque organisme au moyen de deux mots, ce système est appelé **nomenclature binominale**.

Voici quelques exemples. L'être humain est désigné par le genre et l'épithète spécifique *Homo sapiens*. Le nom, qui désigne le genre, signifie homme et l'adjectif, ou épithète spécifique, signifie

* En botanique, on emploie l'abréviation standardisée L. pour faire référence à Linné (Carl von), le naturaliste qui a jeté les bases du système moderne de la nomenclature binominale.

sage. Une moisissure qui contamine le pain s'appelle *Rhizopus stolonifer. Rhizo-* (racine) évoque les structures qui ressemblent à des racines et *stolo-* (tube) se rapporte à la forme allongée de l'hyphe. D'autres exemples sont présentés dans le tableau 1.1.

Les scientifiques du monde entier emploient la nomenclature binominale, quelle que soit leur langue maternelle, de manière à partager leurs connaissances de façon efficace et précise. Plusieurs entités scientifiques sont responsables de l'établissement des règles qui régissent la désignation des organismes. Ainsi, l'*International Code of Zoological Nomenclature* contient les règles de nomenclature des protozoaires et des vers parasites, et l'*International Code of Botanical Nomenclature,* les règles de nomenclature des mycètes et des algues. Le *Comité international de la systématique des procaryotes* fixe les règles de la nomenclature des bactéries nouvellement classées et de l'intégration de ces dernières dans un taxon ; ces règles sont colligées dans le *Bacteriological Code.* La description des procaryotes et les données servant à les classer sont d'abord publiées dans l'*International Journal of Systematic and Evolutionary Microbiology,* puis elles sont intégrées dans le *Bergey's Manual of Systematic Bacteriology*, 2e édition, 5 volumes (appendice B EN LIGNE). Selon le *Bacteriological Code,* tout nom scientifique doit être un mot latin (le terme désignant le genre peut toutefois être emprunté au grec) ou un mot latinisé par l'ajout d'un suffixe approprié. Par exemple, dans le domaine des Bactéries, les suffixes employés pour les termes désignant un ordre et une famille sont respectivement *–ales* et *–aceæ.*

Lorsque de nouvelles techniques de laboratoire permettent de caractériser des microorganismes de façon plus précise, il arrive qu'on regroupe deux genres distincts en un seul, ou encore qu'on divise un genre unique en deux genres distincts. Par exemple, en 1974, on a regroupé les genres « *Diplococcus* » et *Streptococcus* ; il existe actuellement une seule espèce diplocoque, soit *Streptococcus pneumoniæ.* En 1984, des études portant sur l'hybridation de l'ADN ont montré que « *Streptococcus fæcalis* » et « *Streptococcus fæcium* » n'étaient que faiblement apparentés aux autres espèces streptococciques. On a donc créé un nouveau genre, soit *Enterococcus,* et les deux espèces ont été renommées *E. fæcalis* et *E. fæcium,* car les règles de nomenclature stipulent qu'on doit conserver l'épithète spécifique originale.

En 2001, à partir de techniques utilisant le séquençage de l'ARNr et l'hybridation de l'ADN, certaines espèces de *Chlamydia* ont été reclassées dans un nouveau genre, *Chlamydophila.* Un changement de nom risque de créer une confusion. C'est pourquoi on écrit souvent l'ancien nom entre parenthèses. Par exemple, un médecin qui cherche à déterminer la cause des symptômes d'une pneumo-entérite (mélioïdose) chez un patient trouvera de l'information sur une bactérie appelée *Burkholderia* (*Pseudomonas*) *pseudomallei.*

Il est important de connaître le nom d'un organisme pour décider du traitement à appliquer, parce que ce choix se fait en fonction du type d'agents agresseurs ; ainsi, les médicaments antifongiques n'ont aucun effet sur les bactéries et les médicaments antibactériens n'affectent pas les virus.

La hiérarchie taxinomique

On classe tous les organismes dans des divisions successives qui forment la hiérarchie taxinomique. L'organisation en taxons permet donc de voir les relations phylogénétiques qui existent entre les organismes. Une **espèce eucaryote** est un ensemble d'organismes étroitement apparentés et interféconds. (Nous traitons plus loin d'espèces bactériennes, où le mot « espèce » a une autre définition.) Un **genre** se compose d'espèces génétiquement apparentées, mais qui présentent des différences. Par exemple, les chênes appartiennent au genre *Quercus,* qui regroupe tous les arbres de ce type (chêne blanc, chêne rouge, chêne à gros fruits, chêne rouvre, etc.). De la même façon qu'un genre regroupe des espèces, des genres apparentés forment une **famille**. Les familles apparentées constituent un **ordre**, et un ensemble d'ordres semblables forment une **classe**. Les classes apparentées forment à leur tour un **embranchement**, ou **phylum** (ce dernier terme est plutôt utilisé en botanique). Ainsi, un organisme donné – ou une espèce – est désigné par un nom de genre et une épithète spécifique, et il appartient à une famille, à un ordre, à une classe et à un embranchement. Tous les embranchements apparentés constituent un **règne**, et les règnes apparentés sont regroupés en **domaines** (figure 5.5.)

▶ Vérifiez vos acquis

Pourquoi la nomenclature scientifique binominale est-elle préférable à l'usage des noms communs pour désigner les organismes vivants ? **5-6**

Quel est le taxon hiérarchiquement supérieur à celui de « famille » et le taxon qui lui est inférieur ? **5-7**

La classification des organismes procaryotes

On trouve un modèle de classification taxinomique des procaryotes dans la deuxième édition du *Bergey's Manual of Systematic Bacteriology* (appendice B EN LIGNE), dont le premier tome a été publié en 2000. Depuis lors, le deuxième tome est paru, et les trois autres sont attendus dans les années à venir. Dans cette édition, les procaryotes sont divisés en deux domaines : les Bactéries (*Bacteria*) et les Archéobactéries (*Archæa*), et chaque domaine est divisé en embranchements. Rappelez-vous que la classification est fondée sur les similitudes des séquences de nucléotides de l'ARNr, et que les classes sont divisées en ordres, les ordres en familles, les familles en genres, et les genres en espèces.

On ne définit pas une espèce procaryote exactement de la même façon qu'une espèce eucaryote, qui est un ensemble d'organismes étroitement apparentés et interféconds. Contrairement à la reproduction des organismes eucaryotes, la division cellulaire des bactéries est asexuée (elle n'est pas directement reliée à la conjugaison sexuée, peu fréquente et pas toujours spécifique). On peut donc définir une **espèce procaryote** simplement comme une population de cellules bactériennes ayant des caractéristiques semblables. (Il sera question plus loin des caractéristiques servant à la classification.) En pratique, il n'y a pas de différence entre les membres d'une même espèce bactérienne ; par contre, il y a des différences avec les membres des autres espèces. On distingue les espèces en se fondant généralement sur plusieurs critères. Nous avons déjà expliqué que les bactéries qui se multiplient dans un temps donné sur un milieu nutritif forment une culture. Une culture pure est souvent un **clone**, c'est-à-dire une population de cellules dérivant toutes de la division d'une cellule parentale unique. Toutes les cellules d'un clone sont en principe identiques. Toutefois, dans certains cas, des cultures pures d'une même espèce ne sont pas tout à fait pareilles. On utilise alors le terme « **souche** » pour désigner chaque groupe

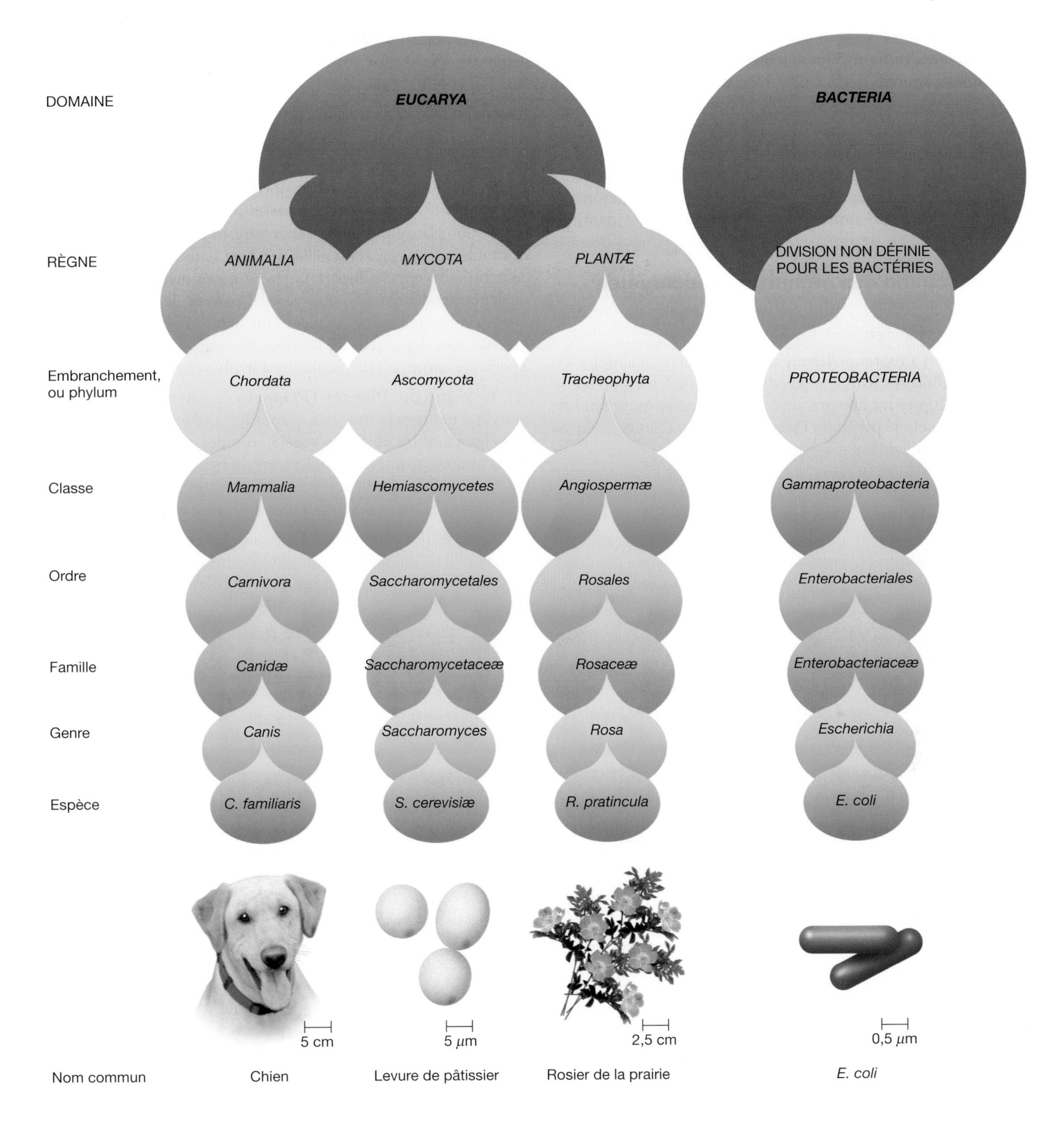

Figure 5.5 Hiérarchie taxinomique. On regroupe les organismes selon les traits qu'ils ont en commun. Les espèces qui sont étroitement apparentées forment un genre. Par exemple, la levure de pâtissier appartient au même genre que la levure du levain (*Saccharomyces exiguus*). Les genres apparentés, tels que *Saccharomyces* et *Candida*, sont regroupés dans la même famille, et ainsi de suite. Chaque niveau de la hiérarchie renferme un plus grand nombre d'organismes que le précédent. Le domaine des *Eucarya* comprend tous les êtres vivants possédant des cellules eucaryotes (avec un noyau délimité par une membrane).

distinct. On distingue les souches d'une même espèce en faisant suivre l'épithète spécifique d'un numéro, d'une lettre ou d'un nom. Par exemple, la souche *E. coli* O157:H7 est l'agent responsable de la diarrhée associée à la maladie du hamburger.

Le manuel de Bergey est un ouvrage de référence pour l'identification de bactéries au laboratoire, et il fournit un modèle de classification des bactéries. La **figure 5.6** présente un modèle des relations phylogénétiques entre les bactéries. Nous parlerons au chapitre 6 des caractéristiques utilisées pour classer et identifier les bactéries.

La classification des organismes eucaryotes

Le schéma de la figure 5.1 présente quelques règnes du domaine des Eucaryotes (*Eucarya*).

En 1969, on a regroupé les organismes eucaryotes simples, en majorité unicellulaires, dans le règne des **Protistes**, qui est un règne fourre-tout comprenant une grande diversité d'organismes. Pendant longtemps, on a classé parmi les Protistes tous les organismes eucaryotes qui ne semblaient pas appartenir aux autres règnes. Environ 200 000 espèces de protistes ont ainsi été identifiées. Le séquençage de l'ARN ribosomal permet aujourd'hui de diviser les protistes en catégories, ou **clades**, fondées sur la descendance d'un ancêtre commun. Par conséquent, les clades de protistes sont des groupes présentant des relations phylogénétiques. Pour des raisons pratiques, nous employons le terme « protiste » pour désigner n'importe quel eucaryote unicellulaire et tout organisme qui lui est étroitement apparenté. Nous traiterons des Eucaryotes au chapitre 12.

Les Mycètes, les Plantes et les Animaux constituent les trois règnes d'organismes eucaryotes plus complexes, en majorité pluricellulaires.

Le règne des **Mycètes** comprend les levures unicellulaires, les moisissures pluricellulaires et des espèces macroscopiques telles que les champignons. Les mycètes obtiennent les matières premières essentielles à leurs fonctions vitales en absorbant, à travers leur membrane plasmique, de la matière organique dissoute. Les cellules de nombreux mycètes pluricellulaires sont unies de manière à former de petits tubes appelés *hyphes*. Les hyphes sont divisés en unités polynucléées par des cloisons transversales percées de trous, de manière que le cytoplasme puisse circuler d'une unité à l'autre. La majorité des mycètes sont dépourvus de flagelles. Ces organismes se développent à partir de spores ou de fragments d'hyphes (figure 7.1).

Le règne des **Plantes (*Plantæ*)** comprend certaines algues, toutes les mousses et fougères, et tous les conifères et plantes à fruits. Tous les membres du règne végétal sont des organismes pluricellulaires photoautotrophes. Une plante obtient l'énergie dont elle a besoin par photosynthèse – processus de conversion du CO_2 et de l'eau en molécules organiques utilisées par la cellule.

Le règne des **Animaux (*Animalia*)**, également composé d'organismes pluricellulaires, comprend notamment les spongiaires, les vers, les insectes et les animaux pourvus d'une colonne vertébrale

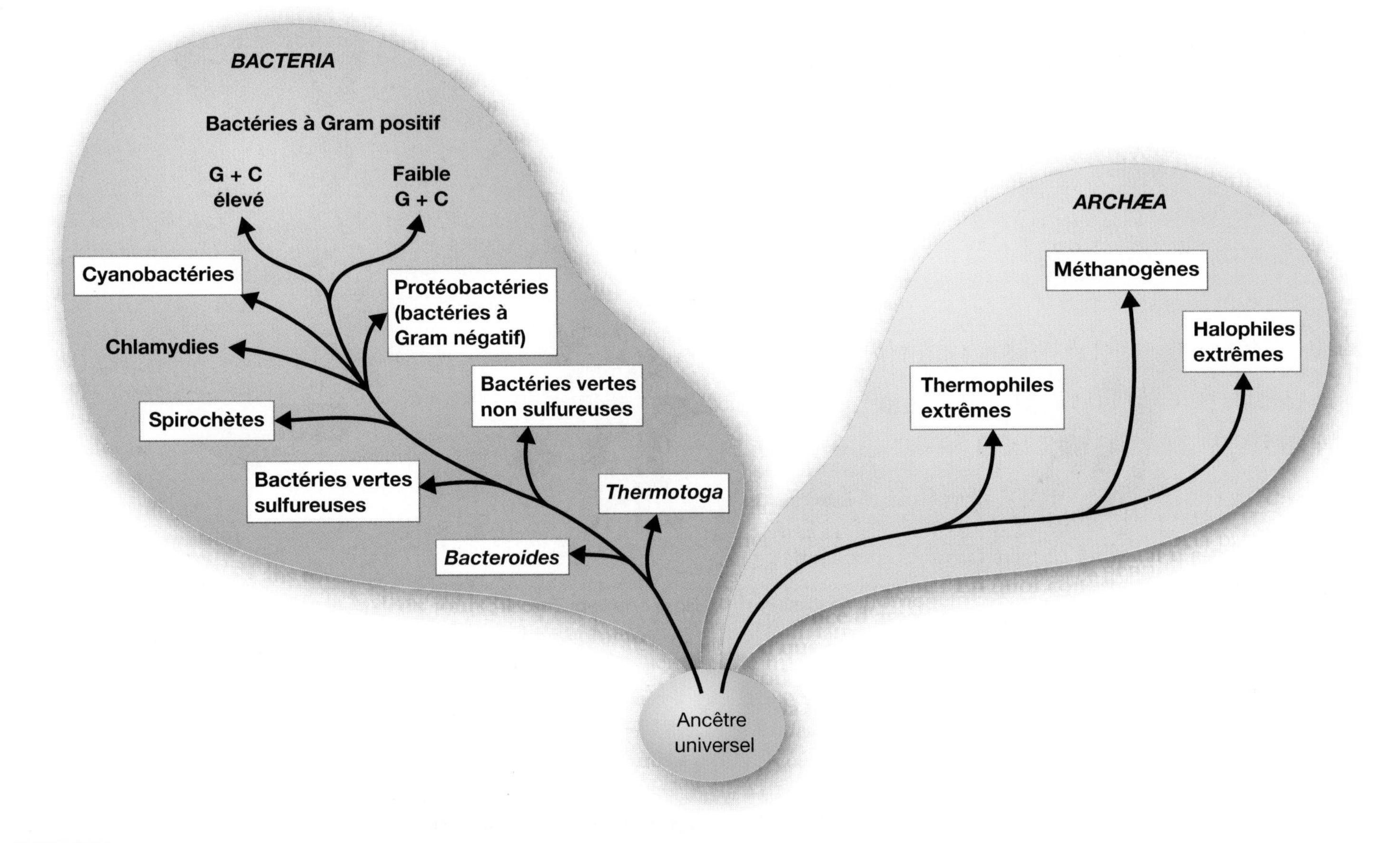

Figure 5.6 Relations phylogénétiques entre des procaryotes. Les flèches indiquent les principales lignées de descendants des groupes bactériens. Quelques embranchements sont nommés dans les rectangles blancs.

(les Vertébrés). Les animaux sont des organismes chimiohétérotrophes qui obtiennent les nutriments et l'énergie dont ils ont besoin en ingérant de la matière organique par une sorte de bouche.

La classification des virus

Les virus ne sont classés dans aucun des trois domaines. Ce sont des agents infectieux acellulaires; ils utilisent les systèmes anabolisants de leur cellule hôte pour se multiplier. Le génome d'un virus peut régir la biosynthèse à l'intérieur de la cellule hôte, et le génome de certains virus s'intègre même au génome de la cellule hôte. La niche écologique d'un virus est sa cellule hôte spécifique, de sorte que les virus sont parfois plus apparentés à leur hôte qu'à d'autres virus. Le Comité international de taxonomie des virus a défini une **espèce virale** comme une population de virus présentant des caractéristiques similaires (relatives à la morphologie, aux gènes et aux enzymes) et ayant une niche écologique spécifique.

Les virus sont des parasites intracellulaires obligatoires; ils ne peuvent donc apparaître qu'au moment où il existe une cellule hôte appropriée. Deux hypothèses ont été retenues à propos de l'origine des virus: 1) ils sont issus de brins d'acides nucléiques à réplication indépendante (tels que les plasmides) ; 2) ils se sont développés à partir de cellules dégénérescentes qui ont graduellement perdu, en de nombreuses générations, la capacité de survivre de façon indépendante, mais pouvaient encore vivre en association avec une autre cellule. Nous traiterons des virus au chapitre 8.

▶ Vérifiez vos acquis

En utilisant les mots «espèce», «culture», «clone» et «souche», décrivez en une phrase la croissance du staphylocoque doré résistant à la méthicilline (SDRM). **5-8**

Imaginez que vous avez découvert un nouvel organisme: il est multicellulaire, hétérotrophe et possède un noyau et des parois cellulaires. À quel règne appartient-il? **5-9**

Définissez le terme «protiste» en utilisant vos propres mots. **5-10**

Pourquoi ne peut-on pas se servir de la définition d'une espèce virale pour écrire celle d'une espèce bactérienne? **5-11**

Les méthodes de classification et d'identification des microorganismes

▶ Objectifs d'apprentissage

5-12 Comparer et différencier les notions de classification et d'identification.

5-13 Expliquer l'utilité du manuel de Bergey*.

5-14 Décrire le rôle des caractères morphologiques, des caractères tinctoriaux et des épreuves biochimiques dans l'identification des bactéries.

5-15 Différencier la technique de transfert de Western de la technique de transfert de Southern.

5-16 Expliquer de quelle façon on identifie une bactérie inconnue au moyen d'épreuves sérologiques, de la lysotypie et de la cytométrie en flux.

5-17 Décrire comment un microorganisme nouvellement découvert peut être classé à l'aide des techniques suivantes: détermination de la composition des bases d'ADN, analyse des empreintes génétiques et amplification en chaîne par polymérase (ACP).

5-18 Décrire comment des microorganismes peuvent être identifiés à l'aide des techniques suivantes: hybridation moléculaire, technique de transfert de Southern, puces à ADN, séquençage de l'ARNr et hybridation *in situ* en fluorescence (FISH)

5-19 Faire la distinction entre clé dichotomique et cladogramme.

Un modèle de classification fournit une liste de caractéristiques et une méthode de comparaison destinées à faciliter l'identification des organismes. Une fois que l'on a déterminé ses caractéristiques, on peut situer un organisme dans un modèle de classification préétabli.

On *identifie* les microorganismes pour des raisons pratiques, par exemple pour définir un traitement approprié contre une infection. On n'emploie pas nécessairement les mêmes techniques pour identifier les microorganismes et pour les classer. La majorité des processus d'identification s'effectuent facilement au laboratoire et ils font appel au plus petit nombre possible d'épreuves; en effet, l'identification d'un microorganisme isolé d'un patient doit se faire avec rapidité et efficacité. On identifie généralement les protozoaires, les vers parasites et les mycètes à l'aide d'un microscope. La plupart des microorganismes procaryotes présentent peu de traits morphologiques distinctifs ou de différences marquées quant à la taille ou à la forme. Les microbiologistes ont donc dû élaborer diverses méthodes pour mettre en évidence les réactions métaboliques et d'autres caractéristiques des procaryotes qui permettent de les reconnaître.

Le *Bergey's Manual of Determinative Bacteriology* est un manuel de référence largement utilisé depuis la parution de la première édition en 1923. Dans la neuvième édition, publiée en 1994, l'auteur ne classe pas les bactéries en fonction de relations phylogénétiques; il propose un modèle d'identification fondé sur des critères tels que la composition de la paroi cellulaire, la morphologie, la coloration différentielle, les besoins en oxygène et des épreuves biochimiques. La majorité des Bactéries et des Archéobactéries n'ont jamais fait l'objet de culture, et les scientifiques estiment qu'on ne connaît pas plus de 1% des microbes de ce type.

Les taxinomistes considèrent généralement le pouvoir pathogène des microorganismes comme un caractère accessoire de classification, parce que 10% seulement des 2 600 espèces de bactéries énumérées dans *Approved Lists of Bacterial Names* sont des agents pathogènes connus chez l'humain. Cependant, la microbiologie médicale – branche de la microbiologie qui traite des agents pathogènes agressant l'organisme humain – est à l'origine de l'intérêt grandissant suscité par les microbes, et ce fait se reflète dans plusieurs nouveaux modèles d'identification.

Dans les paragraphes suivants, nous allons examiner quelques critères et méthodes de classification des microorganismes et les processus courants d'identification de certains d'entre eux. Ces méthodes et processus tiennent compte non seulement des propriétés du microorganisme lui-même, mais aussi de la source et de l'habitat de l'isolat bactérien. En microbiologie clinique, le médecin

* Dans ce livre, le terme «manuel de Bergey» désigne à la fois le *Bergey's Manual of Systematic Bacteriology* et le *Bergey's Manual of Determinative Bacteriology*; nous donnons les titres complets seulement lorsque le sujet à l'étude est traité exclusivement dans l'un des deux ouvrages.

prélève un peu de pus ou un échantillon de tissu au moyen d'un coton-tige, qu'il plonge dans une éprouvette contenant un **milieu de transport**. En règle générale, ce dernier n'est pas nutritif; il sert plutôt à garder vivants les agents pathogènes exigeants. Le médecin remplit une demande d'analyses microbiologiques sur laquelle il indique la nature du prélèvement et les tests à effectuer (**figure 5.7**). Le rapport qu'il obtient du laboratoire lui fournit parfois assez de données pour qu'il puisse entreprendre immédiatement le traitement approprié (encadré 23.2 EN LIGNE).

Les caractères morphologiques

Depuis deux siècles, les taxinomistes utilisent notamment les caractères morphologiques (structuraux) pour classer les organismes; la morphologie cellulaire fournit peu d'information à propos des relations phylogénétiques. La classification des organismes d'ordre supérieur se fait souvent d'après des détails anatomiques, mais beaucoup de microorganismes se ressemblent trop pour qu'il soit possible de les classer uniquement en fonction de leur morphologie. Des bactéries ayant des métabolismes et des propriétés physiologiques

DEMANDE D'ANALYSES MICROBIOLOGIQUES

Laboratoire:

Date et heure de réception:

Date:	Heure:	Fiche rédigée par:
Nom du médecin:	Prélèvements effectués par:	Numéro de dossier du patient:

NE RIEN ÉCRIRE DANS CET ESPACE — **INSCRIRE UNE SEULE DEMANDE PAR FICHE**

RAPPORT DE COLORATION DE GRAM

- ☐ COCCI À GRAM POS., GROUPES
- ☐ COCCI À GRAM POS., PAIRES OU CHAÎNETTES
- ☐ BACILLES À GRAM POS.
- ☒ COCCI À GRAM NÉG.
- ☐ BACILLES À GRAM NÉG.
- ☐ COCCOBACILLES À GRAM NÉG.
- ☐ LEVURES
- ☐ AUTRE

- ☐ AUCUNE CROISSANCE
- ☐ AUCUNE CROISSANCE EN ___ JOURS
- ☐ MICROBIOTE MIXTE
- ☐ SPÉCIMEN RECUEILLI OU TRANSPORTÉ DE FAÇON INADÉQUATE
- ☐ ___ TYPES DIFFÉRENTS D'ORGANISMES
- ☐ NÉGATIF POUR *SALMONELLA, SHIGELLA* ET *CAMPYLOBACTER*
- ☐ AUCUN ŒUF, SPORE OU PARASITE OBSERVÉ
- ☒ DIPLOCOQUES À GRAM NÉG., À OXYDASE POS.
- ☐ PRÉSOMPTION DE STREP. BÊTA DU GROUPE A, PAR LA BACITRACINE

SOURCE DU SPÉCIMEN

- ☐ SANG
- ☐ LIQUIDE CÉPHALORACHIDIEN
- ☐ LIQUIDE (précisez la source) ______
- ☐ GORGE
- ☐ EXPECTORATIONS
- ☐ AUTRE sécrétion des voies respiratoires (décrire) ______
- ☐ URINE du milieu du jet, dans un flacon propre
- ☐ URINE, sonde à demeure
- ☐ URINE, sonde ordinaire
- ☐ URINE, 1re miction du matin, complète
- ☐ URINE, autre (décrire) ______
- ☐ SELLES
- ☑ GU (préciser la source) vagin
- ☐ ABCÈS (préciser la source) ______
- ☐ TISSU (préciser la source) ______
- ☐ ULCÈRE (préciser la source) ______
- ☐ BLESSURE (préciser la source) ______
- ☐ VÉRIFICATION D'UN STÉRILISATEUR

ÉPREUVE(S) DEMANDÉE(S)

Bactériologie

- ☐ **Cultures courantes;** coloration de Gram, culture anaérobie, épreuve de sensibilité. Infection de la gorge au strep. du groupe A
- ☐ Culture de *Legionella*
- ☐ *Rochalimæa*
- ☐ Hémoculture

Cultures non courantes

- ☐ *E. coli* 0157:H7
- ☐ *Vibrio*
- ☐ *Yersinia*
- ☑ *H. ducreyi*
- ☐ *B. pertussis*
- ☐ Autre ______

Cultures sélectives

- ☑ Gonocoque
- ☐ Strep. du groupe B
- ☐ Strep. du groupe A
- ☐ Autre ______

- ☐ **BACILLES ACIDO-ALCOOLO-RÉSISTANTS**
- ☐ **MYCÈTES**

VIRUS

- ☐ Culture courante
- ☐ *Herpes simplex*
- ☐ Anticorps fluorescents (méthode directe) pour ______

PARASITOLOGIE

- ☐ Recherche d'œufs et de parasites dans l'intestin
- ☐ Test immunologique pour *Giardia*
- ☐ *Cryptosporidium*
- ☐ Prép. d'oxyure
- ☐ Parasites dans le sang
- ☐ Concentration de filaires
- ☐ *Trichomonas*
- ☐ Autre ______

DÉTECTION DE TOXINES

- ☐ *Clostridium difficile*

DÉTECTION D'ANTIGÈNES

- ☐ Antigène LCR cryptococcal seulement
- ☐ Antigènes bactériens (préciser) ______

PARTICULARITÉS

- ☐ Épreuves antimicrobiennes (CMI)

* rempli par une personne

* rempli par une personne différente

Figure 5.7 Formulaire de rapport de laboratoire de microbiologie clinique. Dans le domaine des soins de santé, la morphologie des microorganismes et la coloration différentielle jouent un rôle important dans la détermination du traitement approprié contre une maladie microbienne. Un médecin remplit un formulaire dans lequel il précise la nature de l'échantillon et les épreuves à effectuer. Dans le cas illustré, on demande d'examiner un échantillon génito-urinaire (GU) prélevé dans le vagin afin de dépister une infection transmissible sexuellement. Le technicien de laboratoire a inscrit les résultats (croix rouge) de la coloration de Gram (cocci à Gram négatif) et de la culture (diplocoques à Gram négatif, à oxydase positive). Deux microorganismes ont été identifiés: *H. ducreui* et des gonocoques. (Nous traiterons de la concentration minimale inhibitrice, CMI, des antibiotiques au chapitre 15.)

différents peuvent paraître semblables lorsqu'on les observe au microscope ; des centaines d'espèces bactériennes ont en effet l'apparence de petits bâtonnets ou de petits cocci.

Q/R Les microorganismes de taille relativement plus grande que les bactéries, dotés de structures intracellulaires, ne sont pas nécessairement faciles à classer. La pneumonie à *Pneumocystis* est l'infection opportuniste la plus courante chez les individus dont les réactions immunitaires sont affaiblies, et elle cause la mort de nombreuses personnes atteintes du sida. L'agent responsable de cette infection, *Pneumocystis carinii,* n'a été reconnu comme agent pathogène que durant les années 1970. Ce microorganisme ne possède pas de structure qui permette de l'identifier facilement (figure 19.18) et sa position dans la classification systématique est toujours incertaine depuis sa découverte en 1909 par Carlos Chagas chez la souris. On l'a d'abord classé provisoirement parmi les protozoaires, mais des études récentes portant sur la comparaison de sa séquence d'ARNr avec celle de divers autres organismes (protozoaires, *Euglena,* protistes fongiformes cellulaires, plantes, mammifères et mycètes) indiquent qu'il pourrait appartenir au règne des Mycètes. Les chercheurs n'ont pas réussi à obtenir de culture de *Pneumocystis,* mais ils ont élaboré des traitements contre la pneumonie à *Pneumocystis.* S'ils prennent en compte le fait que ce microorganisme est apparenté aux mycètes, ils arriveront peut-être à mettre au point des méthodes de culture, ce qui contribuerait à la découverte de traitements.

Les caractères morphologiques fournissent peu d'informations à propos des relations phylogénétiques. Toutefois, ils sont utiles pour orienter le processus d'identification des bactéries. On peut ainsi distinguer les bactéries d'après leur forme, leurs groupements et leur taille ; de plus, les différences entre des structures telles que les endospores, les capsules ou les flagelles fournissent des indications précieuses. Q/R

Les caractères tinctoriaux : la coloration différentielle

Nous avons vu au chapitre 3 que la coloration différentielle est l'une des premières étapes du processus d'identification d'une bactérie. La majorité des bactéries sont soit à Gram positif, soit à Gram négatif. D'autres colorations différentielles, telles que la coloration acido-alcoolo-résistante, peuvent servir à identifier des microorganismes appartenant à des groupes plus restreints. Rappelez-vous que ces colorations sont élaborées en fonction de la composition chimique de la paroi cellulaire et qu'elles ne permettent donc pas d'identifier les bactéries sans paroi ou les archéobactéries dont la paroi présente des caractéristiques inhabituelles.

L'observation au microscope d'une coloration de Gram ou d'une coloration acido-alcoolo-résistante permet d'obtenir rapidement des informations dans un contexte clinique.

Les épreuves biochimiques

L'activité enzymatique sert souvent à différencier des bactéries. Il est généralement possible de distinguer des bactéries étroitement apparentées et de les regrouper en des espèces distinctes au moyen d'épreuves biochimiques, comme celle qu'on utilise pour déterminer leur capacité à provoquer la fermentation d'une gamme donnée de glucides (figures 23.22 et 23.23 EN LIGNE). L'**encadré 5.1** contient un exemple d'identification de bactéries (isolées de mammifères marins dans ce cas précis) à l'aide d'épreuves biochimiques. Ces épreuves peuvent aussi fournir des informations sur la niche écologique d'une espèce à l'intérieur d'un écosystème. Par exemple, on sait qu'une bactérie du sol capable de fixer l'azote atmosphérique ou d'oxyder le soufre joue un rôle important comme fournisseur de nutriments aux plantes et aux animaux. Nous en reparlerons au chapitre 27 EN LIGNE.

Du point de vue médical, la différenciation de l'activité enzymatique des bactéries au moyen d'épreuves biochimiques constitue une étape dans le processus d'identification des bactéries. Les entérobactéries à Gram négatif forment un vaste groupe hétérogène de microbes dont l'habitat naturel est le tractus intestinal des humains et de divers autres animaux. Cette famille comprend plusieurs espèces de bactéries pathogènes responsables de maladies diarrhéiques. Un technicien de laboratoire dispose de nombreuses épreuves biochimiques pour identifier rapidement l'agent pathogène, de manière que le médecin puisse entreprendre le traitement approprié et que l'épidémiologiste puisse déterminer la source de la maladie. Ainsi, tous les genres de la famille des *Enterobacteriaceæ* – soit *Escherichia, Enterobacter, Shigella, Citrobacter* et *Salmonella* – ont la propriété commune de ne pas produire d'oxydase. *Escherichia, Enterobacter* et *Citrobacter,* qui transforment le lactose en acide et en gaz par fermentation, se distinguent de *Salmonella* et de *Shigella,* qui n'ont pas cette capacité. D'autres épreuves biochimiques permettent de différencier les genres d'entérobactéries, comme l'indique la **figure 5.8**.

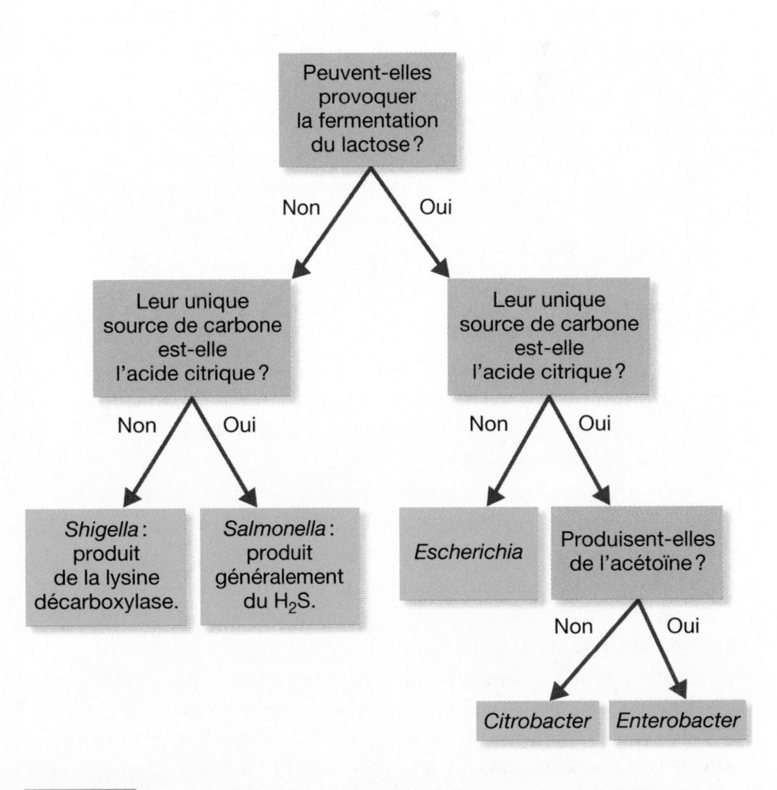

Figure 5.8 Identification d'un genre d'entérobactéries à l'aide de caractères métaboliques.

Un nombre considérable de décès chez les mammifères marins attire l'attention des microbiologistes vétérinaires

Au cours de la dernière décennie, la mort s'est abattue de façon inattendue sur des milliers de mammifères marins un peu partout dans le monde. Lorsqu'elle frappe, elle peut emporter de une douzaine à des milliers d'animaux d'un seul coup. Chaque fois, les microbiologistes tentent d'établir les causes de cette tragédie. On a attribué la mort en 2007 de nombreuses otaries de Californie à la leptospirose. Également en Californie, un nombre croissant de loutres de mer sont victimes de maladies infectieuses, telles que la toxoplasmose. Le déclin actuel de la population de loutres de mer de Californie, dont le taux de mortalité est de 40%, est la conséquence de diverses maladies infectieuses d'origine bactérienne. De telles statistiques font craindre que des populations entières de mammifères marins pourraient disparaître.

En 2007, la brucellose a emporté un dauphin de Maui, dont l'espèce est en voie de disparition. Fait plus inquiétant, on a aussi découvert chez les dauphins un grand nombre d'agents pathogènes opportunistes, dont 55 espèces de *Vibrio*. Ces bactéries font partie du microbiote normal des dauphins et du biote des eaux côtières ; elles ne rendent les animaux malades que si le système immunitaire de ces derniers, c'est-à-dire leurs défenses normales contre l'infection, est affaibli. *Arcanobacterium phocæ* est un microbe opportuniste qui provoque des infections graves chez les phoques blessés.

Le morbillivirus du phoque et celui des cétacés ont occasionné la mort de 20 000 mammifères marins dans les eaux côtières d'Europe. Périodiquement, ils provoquent la mort de groupes de dauphins à gros nez le long de la côte atlantique des États-Unis. Certains faits donnent à penser que les globicéphales transmettent le morbillivirus aux autres espèces et favorisent sa propagation sur de grandes étendues d'océan.

La rareté des informations

Les questions soulevées ci-dessus sont du ressort de la microbiologie vétérinaire, qui était considérée jusqu'à tout récemment comme une branche peu importante de la microbiologie médicale. Bien que les maladies qui touchent certains animaux tels que les vaches, les poulets et les visons aient été étudiées, en partie parce que les chercheurs ont facilement accès à ces bêtes, la microbiologie des animaux sauvages, et en particulier des mammifères marins, est un domaine d'étude relativement nouveau. La collecte d'échantillons d'animaux vivant en haute mer et l'analyse bactériologique de ces échantillons présentent de grandes difficultés. À l'heure actuelle, on étudie principalement les animaux vivant en captivité (**figure A**) et ceux qui viennent se reproduire sur les côtes, tels que l'otarie à fourrure de l'Alaska.

Les scientifiques identifient les bactéries présentes chez les mammifères marins à l'aide de batteries de tests traditionnels (**figure B**) et de données génomiques relatives aux espèces connues. Ils comparent ces bactéries aux espèces décrites dans le manuel de Bergey afin de les nommer ou de les identifier. On découvrira peut-être ainsi de nouvelles espèces de bactéries chez les mammifères marins.

Les microbiologistes vétérinaires espèrent que l'intensification de l'étude de la microbiologie des animaux sauvages, et en particulier des mammifères marins, améliorera non seulement la gestion de la faune, mais fournira aussi des modèles pour l'étude des maladies humaines.

Figure A Des chercheurs qui étudient les mammifères marins examinent un dauphin à gros nez du Pacifique.

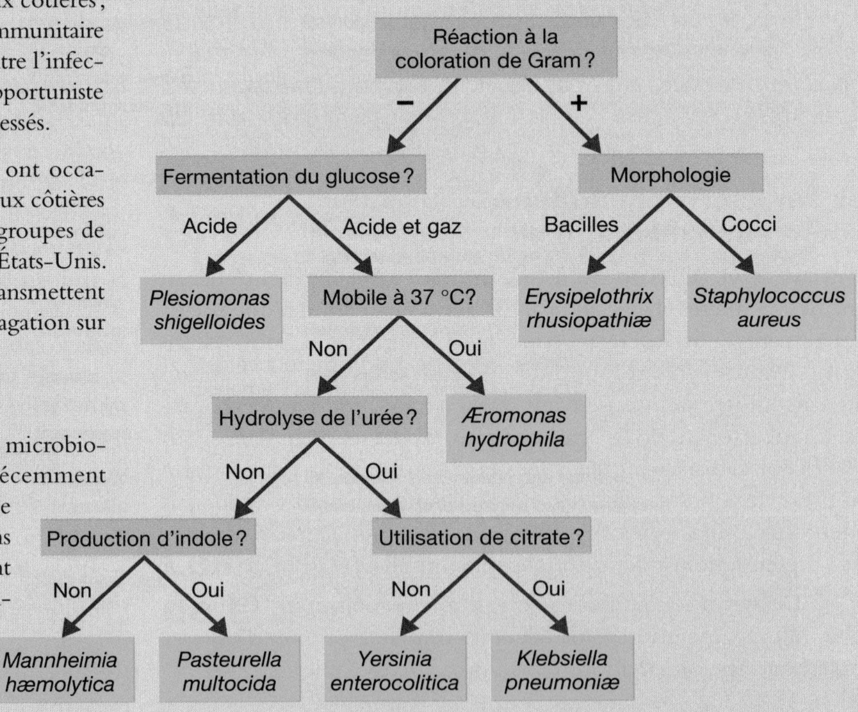

Figure B Identification à l'aide d'épreuves biochimiques d'agents pathogènes humains isolés de mammifères marins

On réduit considérablement le temps nécessaire pour identifier des bactéries en utilisant des milieux de culture sélectifs et différentiels ou des méthodes d'identification rapides. Nous avons vu au chapitre 4 que les milieux sélectifs contiennent des ingrédients qui stimulent la croissance du microorganisme recherché et inhibent le développement des organismes compétitifs, et que les milieux différentiels permettent au microorganisme recherché de former des colonies présentant des traits distinctifs. La croissance ou l'inhibition de la croissance bactérienne est fonction des besoins spécifiques du métabolisme bactérien.

Pour poser un diagnostic juste et prescrire un traitement approprié, le médecin doit connaître l'espèce, voire la souche, de l'agent infectieux. C'est pourquoi on a mis au point des batteries d'épreuves spécifiques qui permettent d'identifier rapidement les microorganismes dans les laboratoires des centres hospitaliers. De telles batteries d'épreuves existent pour détecter les bactéries, les levures et certains autres mycètes.

On trouve sur le marché des méthodes et des outils d'identification rapide de groupes de bactéries importantes sur le plan médical, telles que les entérobactéries. Ces outils, où la rapidité est souvent alliée à la miniaturisation, sont conçus pour permettre d'effectuer plusieurs épreuves biochimiques simultanément et d'identifier des bactéries dans un intervalle de 4 à 24 heures. On assigne aux résultats de chaque épreuve un code numérique (qui varie selon l'outil utilisé). Dans le cas d'épreuves relativement simples, on assigne les valeurs 1 pour un résultat positif et 0 pour un résultat négatif. Dans la plupart des trousses d'épreuves vendues commercialement, les résultats des tests sont exprimés par des chiffres variant entre 1 et 4, et indiquant la fiabilité et l'importance relatives de l'épreuve. Les résultats des épreuves simultanées sont analysés au moyen d'une grille d'interprétation (base de données sur des microorganismes connus).

La **figure 5.9** illustre la méthode rapide d'identification de l'Enterotube[MD] II de Becton Dickinson, qui comporte une série de 15 épreuves. ❶ On introduit une tige contaminée par une entérobactérie inconnue dans une éprouvette, munie de compartiments, qui contient des milieux de culture conçus pour effectuer 15 épreuves biochimiques différentes. ❷ À la fin de la période d'incubation, on observe les résultats obtenus dans chaque compartiment, ❸ et on enregistre ceux qui sont positifs sur une feuille de pointage. Notez qu'une valeur est assignée à chaque épreuve, et que le nombre résultant du pointage de toutes les épreuves est appelé valeur ID (valeur d'identification, ou profil numérique). La fermentation du glucose étant un élément important, une réaction

❶ On introduit un inoculum d'une entérobactérie inconnue dans une éprouvette contenant un ensemble de 15 milieux de culture.

❷ À la fin de la période d'incubation, on note les résultats obtenus.

❸ On encercle la valeur des épreuves positives. On additionne les valeurs obtenues pour chaque groupe d'épreuves. On obtient ainsi une suite de chiffres qui constituent la valeur ID.

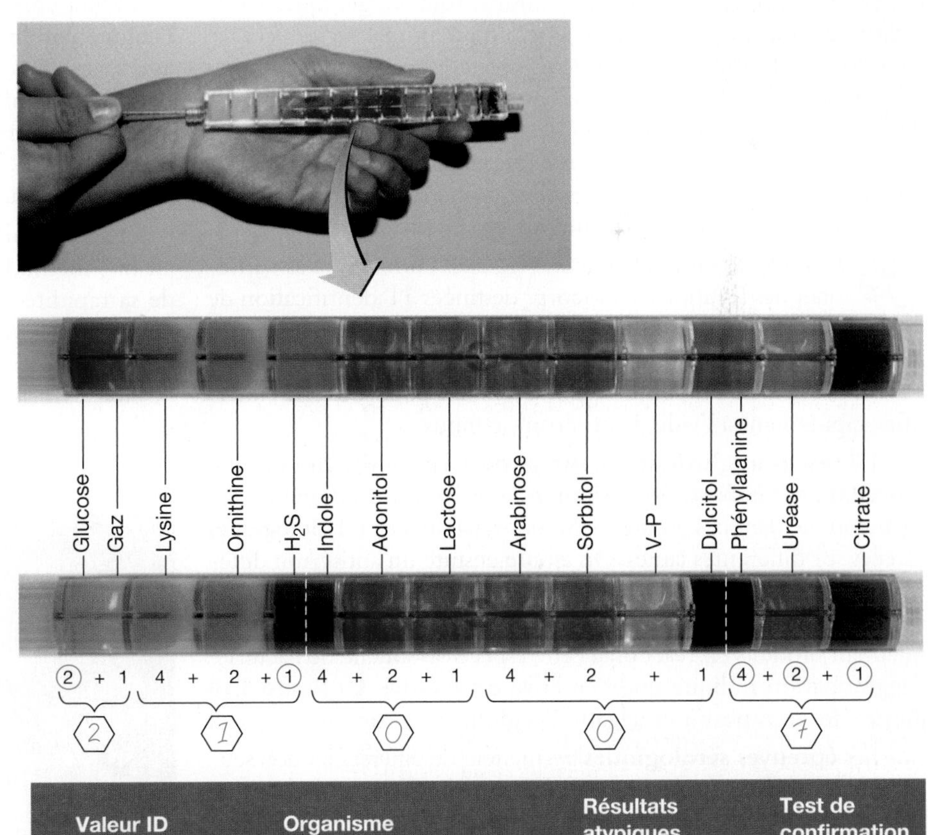

❹ La comparaison des valeurs ID avec une liste de résultats obtenus par ordinateur indique que le microorganisme inoculé est *Proteus mirabilis*. Cependant, d'autres souches de la même bactérie peuvent donner des résultats différents, qui sont notés dans la colonne portant le titre Résultats atypiques. On emploie l'épreuve V-P pour confirmer l'identification.

Valeur ID	Organisme	Résultats atypiques	Test de confirmation
21006	*Proteus mirabilis*	Ornithine⁻	Sucrose
21007	*Proteus mirabilis*	Ornithine⁻	
21020	*Salmonella cholerӕsuis*	Lysine⁻	

Figure 5.9 L'une des méthodes d'identification rapide de bactéries : Enterobube[MD] II de Becton Dickinson.

positive correspond à la valeur 2, alors que la production d'acétoïne (épreuve V-P ou Voges-Proskauer) est de valeur nulle. ❹ Les résultats des épreuves simultanées sont comparés par ordinateur avec une base de données fournie par le fabricant. Dans l'exemple illustré, les résultats – typiques pour la bactérie recherchée – indiquent qu'il s'agit de *Proteus mirabilis*.

Lorsqu'on veut établir le diagnostic d'une maladie, on doit identifier l'espèce et la souche du microorganisme en cause afin d'être en mesure de déterminer le traitement approprié. C'est pourquoi plusieurs firmes ont élaboré des ensembles d'épreuves biochimiques spécifiquement destinés à l'identification rapide dans les laboratoires des hôpitaux. Des systèmes de plus en plus sophistiqués – miniaturisés, automatisés et assistés par ordinateur – permettent une identification fiable et très rapide. Les épreuves biochimiques ont toutefois une portée limitée ; en effet, les mutations et l'acquisition d'un plasmide peuvent donner naissance à des souches présentant des caractéristiques différentes. À moins d'effectuer un nombre considérable de tests, il est toujours possible de commettre une erreur lors de l'identification d'un microorganisme.

Les épreuves sérologiques

La **sérologie** est la science qui étudie le sérum sanguin et les réponses immunitaires mises en évidence par l'examen du sérum (chapitre 26 EN LIGNE). Les microorganismes sont antigéniques, c'est-à-dire que leur présence dans le corps d'un animal incite celui-ci à produire des anticorps. Les anticorps sont des protéines, produites par l'organisme infecté, qui circulent dans le sang et se combinent de façon très spécifique avec les bactéries qui ont déclenché leur production. Par exemple, le système immunitaire d'un lapin auquel on a injecté des bactéries mortes de la typhoïde (antigènes) réagit en produisant des anticorps contre ce type de bactéries.

On trouve sur le marché des trousses commerciales contenant des solutions d'anticorps destinées à l'identification de divers microorganismes importants d'un point de vue médical. Ce type de solution s'appelle **antisérum** ou **immunsérum**. Si on isole une bactérie inconnue d'un patient, on peut souvent l'identifier rapidement à l'aide d'antisérums connus.

Le **test d'agglutination sur lame** avec l'antisérum est une procédure qui consiste à incorporer des échantillons d'une bactérie inconnue dans des gouttes de solution saline (eau physiologique) placées sur différentes lames. On ajoute ensuite un antisérum différent à chaque échantillon. Les bactéries s'agglutinent (ou forment des grumeaux) lorsqu'elles sont mélangées aux anticorps spécifiquement produits en réaction à cette espèce ou souche de bactérie ; l'agglutination indique que l'épreuve est positive. La **figure 5.10** illustre des tests positif et négatif d'agglutination sur lame.

Les **épreuves sérologiques** permettent de différencier non seulement des espèces de microorganismes, mais aussi des souches d'une même espèce. Les souches possédant différents antigènes sont appelées **sérotypes**, **sérovars** ou **biovars** (voir au chapitre 6 la discussion sur *Escherichia coli* et *Salmonella*). Nous avons vu au chapitre 1 que Rebecca Lancefield (1933) a réussi à classer des sérotypes de streptocoques grâce à l'étude de réactions sérologiques. Elle a découvert que les antigènes présents sur la paroi cellulaire de divers sérotypes de streptocoques stimulaient la production d'anticorps spécifiques. Par ailleurs, puisque des bactéries étroitement apparentées produisent certains des mêmes antigènes, les épreuves sérologiques servent aussi à vérifier si des isolats bactériens présentent ou non des similitudes. Si un antisérum réagit avec des protéines provenant d'espèces ou de souches bactériennes différentes, on peut effectuer des épreuves additionnelles pour vérifier à quel point ces bactéries sont apparentées.

On a employé des épreuves sérologiques pour déterminer si l'augmentation du nombre de cas de fasciite nécrosante observée aux États-Unis et en Angleterre depuis 1987 était due à une source commune d'infection. On n'a pas découvert une telle source, mais on a constaté une augmentation de la fréquence d'apparition de deux sérotypes de streptocoque β-hémolytique du groupe A, qui ont valu à ce dernier l'appellation de bactérie mangeuse de chair.

La **méthode ELISA** (pour *enzyme-linked immunosorbent assay*) est une méthode immunoenzymatique largement utilisée en raison de sa rapidité (**figure 5.11** ; voir aussi la figure 26.14 EN LIGNE). Le couplage des réactifs avec une réaction enzyme-substrat produit une modification visible de la couleur, ce qui donne la possibilité de lire les résultats avec un lecteur automatique. Une méthode

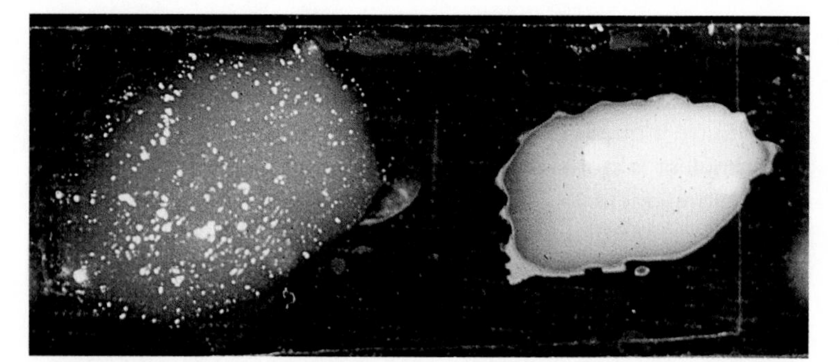

a) Test positif. Lorsque le test est positif, l'apparence granuleuse de l'échantillon est due à l'agglutination (ou agglomération) des bactéries.

b) Test négatif. Lorsque le test est négatif, les bactéries conservent une distribution uniforme dans la solution saline et l'antisérum.

Figure 5.10 Test d'agglutination sur lame.

a) Une technicienne utilise une micropipette pour ajouter des échantillons sur une microplaque.

b) Les résultats de la méthode ELISA sont ensuite lus par ordinateur.

Figure 5.11 Méthode ELISA.

ELISA directe consiste à placer des anticorps connus dans les puits d'une microplaque, puis à ajouter un spécimen de bactéries inconnues (l'antigène à tester) dans chaque puits. Une réaction qui se produit entre l'anticorps et la bactérie permet d'identifier celle-ci. Une méthode ELISA indirecte permet la détection des anticorps dans le sang d'un patient au moyen d'antigènes connus. On utilise par exemple une méthode ELISA directe pour effectuer les tests de détection des antigènes de la salmonellose et du choléra et une méthode ELISA indirecte pour les tests de détection des anticorps contre le virus de l'immunodéficience humaine (anti-VIH) responsable du sida. Les résultats de la méthode ELISA sont ensuite lus par ordinateur.

La **technique de transfert de Western**, ou *immunobuvardage*, permet l'identification de protéines spécifiques associées à un agent pathogène grâce à leur détection par des anticorps présents dans le sérum d'un patient. On utilise cette technique pour confirmer une infection par le VIH et souvent pour diagnostiquer la maladie de Lyme, causée par *Borrelia burgdorferi* (chapitre 18). Les étapes de cette technique sont illustrées à la **figure 5.12**.

L'immunobuvardage comprend en fait trois techniques : ❶ la séparation par électrophorèse sur gel de polyacrylamide d'une préparation purifiée de protéines spécifiques de l'agent pathogène que l'on soupçonne être à l'origine de l'infection, ici *B. burgdorferi* ; ❷ le transfert des protéines séparées sur une membrane de nitrocellulose par un procédé de buvardage ; ❸ la détection des protéines (les antigènes) par des anticorps spécifiques, dits primaires. Finalement, pour mettre en évidence cette réaction, et donc la présence des anticorps dans le sérum du patient, on utilise d'autres anticorps, dits secondaires, préalablement marqués et qui ont la propriété de reconnaître les anticorps humains en produisant un composé qui cause un changement de couleur observable.

Lorsque la maladie de Lyme est soupçonnée chez un patient malade :

❶ On utilise une préparation purifiée de protéines antigéniques obtenues à partir d'un lysat de bactéries, ici *Borrelia burgdorferi*. On sépare les différentes protéines par électrophorèse sur gel de polyacrylamide. Lorsque le gel est soumis à un courant électrique, les protéines migrent selon leur masse moléculaire et se séparent en bandes. Chaque bande est composée de nombreuses molécules d'une protéine donnée (un antigène). Les bandes ne sont pas visibles à cette étape. Elles sont colorées en bleu aux fins de compréhension du procédé.

❷ On transfère les bandes sur une membrane de nitrocellulose par buvardage ; la membrane repose dans une solution saline.

❸ Les protéines antigéniques transférées sur la membrane sont exactement dans la position qu'elles occupaient sur le gel. On incube ensuite la membrane dans le sérum du patient. S'il y en a, les anticorps primaires réagissent spécifiquement avec chacune des protéines antigéniques de *B. burgdorferi*. Puis la membrane est rincée afin d'enlever les anticorps qui n'ont pas réagi. On révèle la présence des anticorps du patient au moyen d'un second anticorps, dit secondaire, généralement conjugué à une enzyme, qui se lie aux anticorps du patient et devient visible lorsqu'on ajoute le substrat de l'enzyme. La réaction enzyme-substrat permet ainsi l'identification visuelle des protéines sur la membrane.

❹ On lit les résultats du test. Dans le cas présent, le test est positif : les bandes rouges indiquent que le sérum contient des anticorps spécifiques des protéines de *B. burgdorferi*. Autrement dit, le patient a été infecté par la bactérie. À noter que, parallèlement au test du sérum du patient, des échantillons connus de sérum de patients séropositifs et d'individus séronégatifs sont aussi testés à titre d'échantillons témoins (ces derniers ne sont pas illustrés).

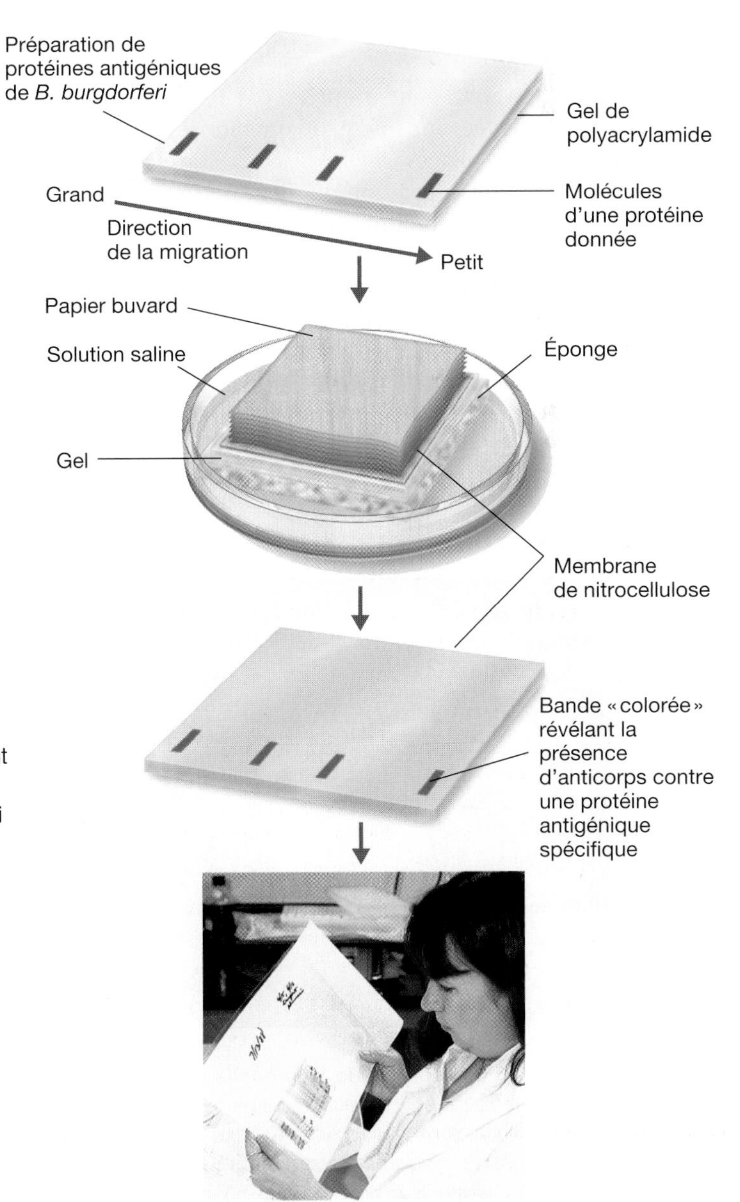

Figure 5.12 Technique de transfert de Western. Lorsqu'on soupçonne la maladie de Lyme chez un patient, on prélève un échantillon de son sérum afin de vérifier si les anticorps contre le microbe, *Borrelia burgdorferi*, sont présents.

La lysotypie

À l'instar des épreuves sérologiques, la **lysotypie** sert à révéler les similitudes entre les bactéries et s'avère utile pour trouver l'origine d'une maladie et suivre son évolution. Il s'agit d'une épreuve destinée à identifier les phages auxquels une bactérie est sensible. Les bactériophages (ou phages) sont des virus qui infectent les bactéries, dont ils provoquent généralement la lyse. La lysotypie se fonde sur le fait que les phages sont très spécialisés, en ce sens qu'ils n'infectent le plus souvent que les membres d'une espèce donnée, ou même de souches données d'une espèce. Une souche bactérienne peut être sensible à deux phages distincts, tandis qu'une autre souche de la même espèce est sensible aux deux mêmes phages, et aussi à un troisième. Nous traiterons des bactériophages plus en détail au chapitre 8.

Une version de la lysotypie consiste à faire d'abord croître des bactéries sur toute la surface d'une boîte de Petri contenant de la gélose. On place ensuite sur les bactéries des gouttes de différentes solutions contenant chacune l'un des phages à étudier. Partout où les phages infectent les cellules bactériennes et les lysent, il se forme des zones pâles (appelées *plages de lyse*) où la croissance des bactéries est inhibée (**figure 5.13**).

Une telle épreuve peut montrer, par exemple, que des bactéries prélevées sur une plaie opératoire ont le même type de sensibilité aux phages que les bactéries prélevées sur le chirurgien qui a pratiqué l'opération ou sur le personnel infirmier qui l'a assisté. Les résultats démontrent alors que le chirurgien ou un membre du personnel infirmier est à l'origine de l'infection. La lysotypie est une technique utile en épidémiologie ; par exemple, lors d'une épidémie de fièvre thyphoïde, la lysotypie des germes isolés des patients permet de savoir s'il s'agit du même germe contaminant ou de cas non reliés entre eux. La lysotypie est particulièrement utile pour déterminer la source des infections d'origine alimentaire.

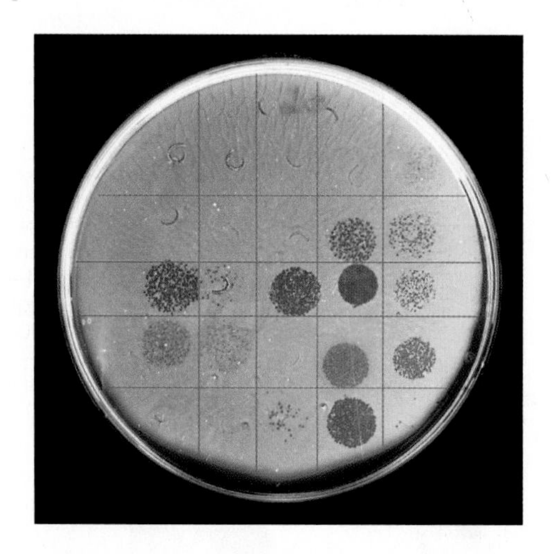

Figure 5.13 Lysotypie d'une souche de *Salmonella enterica*. La culture de la souche à tester recouvre toute la boîte de Petri. Les plages, ou régions, de lyse ont été produites par des bactériophages, ce qui indique que la souche étudiée est sensible à l'infection par ces phages. Cette technique est utilisée pour distinguer les sérotypes de *S. enterica* et les types de *Staphylococcus aureus*.

Le profil des acides gras

Les bactéries synthétisent une large gamme d'acides gras et, en général, les mêmes acides gras sont présents chez tous les individus d'une espèce donnée. Il existe un procédé commercial pour isoler les acides gras d'une cellule et les comparer avec ceux d'organismes connus. La méthode FAME (*Fatty Acid Methyl Ester*), ou profil des acides gras, est largement utilisée à des fins cliniques dans les laboratoires de santé publique.

La cytométrie en flux

La **cytométrie en flux** est une technique d'analyse de cellules et de constituants cellulaires ; elle sert à identifier les bactéries présentes dans un échantillon sans qu'il soit nécessaire d'en faire la culture. Dans un *cytomètre en flux,* les bactéries, préalablement marquées avec des anticorps spécifiques fluorescents et en suspension dans un liquide en mouvement, sont guidées vers une petite ouverture (figure 26.1 EN LIGNE). Lorsqu'on éclaire au laser le liquide qui passe par l'ouverture, les anticorps fluorescents fixés aux bactéries sont excités ; la fluorescence émise est transformée en signal électrique. Un détecteur décèle la présence des bactéries en enregistrant la différence de conductivité électrique entre les cellules bactériennes et le milieu environnant. La dispersion de la lumière fournit des informations à propos de la taille, de la forme, de la densité et de la surface de la cellule ; ces données sont ensuite analysées à l'aide d'un ordinateur. On utilise la fluorescence pour détecter les cellules naturellement fluorescentes, telles que *Pseudomonas,* ou des cellules marquées avec une substance fluorescente.

La cytométrie en flux a des applications intéressantes dans le domaine biomédical et pour le contrôle de la qualité des aliments. Par exemple, elle permet de déceler la présence de *Listeria monocytogenes* dans le lait. La technique consiste à marquer des anticorps contre *Listeria* avec un composé fluorescent, puis à ajouter les anticorps au lait à tester. On fait passer le lait dans un cytomètre en flux, qui enregistre la dispersion de la lumière par les bactéries combinées aux anticorps fluorescents. L'identification de la bactérie est donc possible sans qu'il soit nécessaire d'en faire la culture, ce qui représente une économie de temps.

La composition des bases d'ADN

Les taxinomistes utilisent fréquemment une technique de classification appelée **détermination de la composition des bases d'ADN**. La composition des bases s'exprime généralement sous la forme du pourcentage de guanine et de cytosine (G + C). En théorie, la composition des bases d'une espèce donnée est une propriété constante ; ainsi, la comparaison des teneurs en guanine et en cytosine de différentes espèces devrait refléter le degré de parenté entre ces espèces. Au chapitre 24 EN LIGNE, on peut lire que chaque guanine (G) de l'ADN est associée à une cytosine complémentaire (C). De même, chaque adénine (A) de l'ADN est associée à une thymine complémentaire (T). Donc, le pourcentage de bases d'ADN qui sont des paires GC indique également le pourcentage de bases qui sont des paires AT (car GC + AT = 100 %). Si deux organismes sont étroitement apparentés, c'est-à-dire s'ils ont en commun de nombreux gènes identiques ou similaires, leur ADN renfermera à peu près les mêmes quantités des différentes bases. Toutefois, si la différence des pourcentages de paires G + C est supérieure à 10 % (par exemple, l'ADN d'une bactérie contient 40 % de G + C, tandis que l'ADN d'une seconde bactérie en contient 60 %), les deux organismes ne sont probablement pas apparentés. Il est clair que, même si deux organismes ont un pourcentage de G + C équivalent, cela ne signifie pas qu'ils soient étroitement apparentés ; ce fait doit être étayé par d'autres données pour qu'on puisse en tirer des conclusions sur une relation phylogénétique.

La technique de l'empreinte génétique

Il existe des méthodes biochimiques modernes qui permettent de déterminer la séquence complète de bases de l'ADN d'un organisme mais, en pratique, ce processus est applicable seulement aux microorganismes les plus petits (soit les virus) à cause du temps requis. Cependant, les chercheurs peuvent comparer les séquences de bases de différents organismes à l'aide d'enzymes de restriction. Ces dernières coupent une molécule d'ADN en chaque point où il y a une séquence spécifique de bases, ce qui produit des fragments de restriction (chapitre 25 EN LIGNE). Par exemple, l'enzyme *Eco*RI coupe l'ADN à l'endroit indiqué par la flèche dans chaque séquence :

...G↓A A T T C...
...C T T A A↑G...

La technique de comparaison consiste à traiter l'ADN de deux (ou plusieurs) microorganismes différents avec une même enzyme de restriction, puis à séparer les fragments de restriction obtenus par électrophorèse. On obtient ainsi des cartes de restriction, qui sont en quelque sorte des cartes d'identité du génome où est représentée la localisation des sites de restriction sur la molécule d'ADN. En comparant le nombre et la taille des fragments de restriction provenant de divers organismes, on obtient des informations sur les similitudes et les différences génétiques. Plus il y a de similarités, c'est-à-dire plus les *empreintes génétiques* se ressemblent, plus les organismes devraient être apparentés (**figure 5.14**).

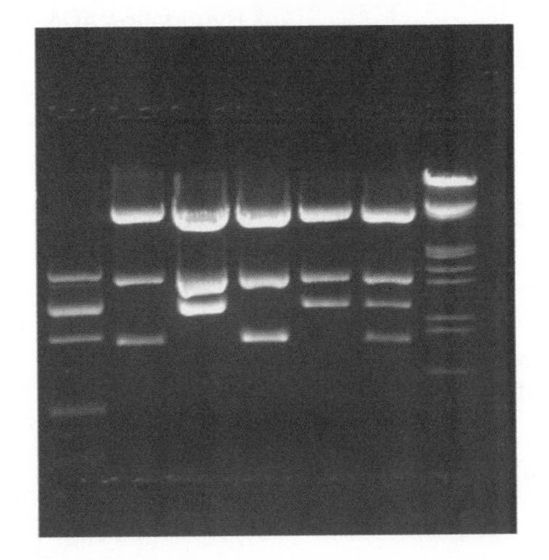

Figure 5.14 Technique de l'empreinte génétique. Une même enzyme de restriction a digéré les plasmides de sept bactéries différentes. On place chaque produit de digestion dans une alvéole distincte (origine) de gel d'agarose. On applique ensuite un courant électrique au gel pour séparer les fragments en fonction de leur taille et de leur charge électrique. On rend l'ADN visible par coloration au bromure d'éthidium, qui présente une fluorescence sous l'effet de la lumière ultraviolette. La comparaison des bandes indique que tous les échantillons d'ADN sont distincts (et que, par conséquent, toutes les bactéries sont distinctes).

On utilise la **technique de l'empreinte génétique** notamment pour déterminer la source des infections nosocomiales. Dans un hôpital, par exemple, des patients ayant subi un pontage coronarien ont contracté une infection à *Rhodococcus bronchialis.* Les empreintes génétiques des bactéries isolées des patients et d'une infirmière se sont révélées identiques. L'hôpital a ainsi été en mesure d'interrompre la chaîne de transmission de l'infection en incitant l'infirmière à utiliser la technique d'asepsie requise.

L'amplification en chaîne par polymérase

Lorsqu'il est impossible d'obtenir une culture d'un microorganisme par une méthode traditionnelle, on risque de ne pouvoir reconnaître l'agent responsable d'une maladie infectieuse. Cependant, l'**amplification en chaîne par polymérase (ACP)** permet de multiplier l'ADN microbien et d'obtenir des quantités auxquelles on peut ensuite appliquer une électrophorèse sur gel (figure 25.4 EN LIGNE).

En 1992, des chercheurs ont utilisé l'ACP* pour mettre en évidence l'agent responsable de la maladie de Whipple, soit une bactérie que l'on a nommée depuis *Tropheryma whipplei.* George Whipple a été le premier, en 1907, à décrire cette maladie comme un trouble gastro-intestinal et neurologique causé par un bacille inconnu. Personne n'arrivait à faire la culture de cette bactérie pour l'identifier et il n'existait donc aucune méthode fiable de diagnostic ni aucun traitement.

Récemment, l'ACP a permis plusieurs découvertes que l'on n'aurait pu faire à l'aide d'autres méthodes. Par exemple, en 1992, Raul Cano a amplifié par polymérase l'ADN de bactéries du genre *Bacillus* enfermées dans de l'ambre vieux de 25 à 40 millions d'années. Les amorces faites à partir de séquences d'ARNr de *Bacillus circulans,* une espèce vivante, ont servi à amplifier le codage de l'ADN pour l'ARNr provenant de l'ambre. Les mêmes amorces multiplient également l'ADN de *Bacillus* appartenant à d'autres espèces, mais elles ne multiplient pas l'ADN de diverses autres bactéries, telles qu'*Escherichia* ou *Pseudomonas.* On a procédé au séquençage de l'ADN après l'amplification, et on a utilisé les données obtenues pour déterminer les relations entre les bactéries anciennes et les bactéries actuelles.

En 1993, à l'aide de l'ACP, des microbiologistes ont découvert qu'un *Hantavirus* était l'agent pathogène responsable d'une fièvre virale hémorragique qui sévissait dans le sud-ouest des États-Unis. La détermination de l'agent pathogène s'est faite en un temps record, soit en moins de deux semaines. En 1994, on a employé l'ACP pour identifier *Ehrlichia chaffeensis,* une bactérie à l'origine d'une nouvelle maladie à tiques (l'ehrlichiose granulocytaire humaine). L'encadré 17.1 décrit l'emploi de l'ACP pour déterminer la source d'une infection au virus de la rage. (Voir aussi l'encadré 9.1.)

En 1996, Applied Biosystems a mis sur le marché TaqMan^MD^, procédé fondé sur l'ACP et destiné à identifier *E. coli* dans les aliments et l'eau ; immédiatement après avoir été amplifié, l'ADN de cet agent pathogène émet une fluorescence et peut ainsi être décelé par électrophorèse.

* ACP : dans la littérature, on trouve souvent l'acronyme PCR, de l'anglais *Polymerase Chain Reaction.*

L'hybridation des acides nucléiques

La **figure 5.15** illustre la technique de l'hybridation moléculaire. ❶ Le fait de soumettre une molécule d'ADN double brin à la chaleur entraîne la séparation des brins complémentaires par rupture des liaisons hydrogène entre les bases. ❷ et ❸ Si on refroidit ensuite les brins simples lentement, ils se regroupent pour former une molécule double brin identique à la molécule originale. (Cette réunion est possible à cause de la complémentarité séquentielle des brins simples.) ❹ En appliquant cette technique à des brins d'ADN séparés qui proviennent de deux organismes différents, on peut déterminer à quel point les séquences de bases se ressemblent. Cette méthode, appelée **hybridation moléculaire**, est fondée sur l'hypothèse que, si deux espèces sont similaires ou apparentées, une bonne partie des séquences des nucléotides sont semblables. Elle permet de mesurer la capacité des brins d'ADN d'un organisme à s'hybrider (à s'unir par appariement de bases complémentaires) avec des brins d'ADN d'un autre organisme. Le degré d'hybridation est d'autant plus élevé que les deux organismes sont apparentés.

Des réactions d'hybridation peuvent avoir lieu entre n'importe quels brins simples d'acide nucléique: ADN-ADN, ARN-ARN, ADN-ARN. Au chapitre 24 EN LIGNE, nous mentionnons que l'ARN est monocaténaire et que sa transcription se fait à partir d'un brin d'ADN; un brin donné d'ARN est donc complémentaire du brin d'ADN qui a servi à sa synthèse, et il peut s'hybrider avec ce brin séparé d'ADN. Ainsi, on peut employer l'hybridation ADN-ARN pour déterminer le degré de parenté entre l'ADN d'un organisme et l'ARN d'un second organisme, de la même façon qu'on utilise l'hybridation ADN-ADN. Les réactions d'hybridation sont à la base de plusieurs techniques utilisées pour dépister et identifier les microorganismes, autant ceux qui sont connus et dont on veut confirmer la présence dans un échantillon, que ceux qui sont jusque-là inconnus.

La technique de transfert de Southern

L'hybridation moléculaire sert à déceler des microorganismes inconnus par la technique de transfert de Southern (figure 25.16 EN LIGNE). On élabore actuellement des méthodes d'identification rapide où interviennent des **sondes d'ADN**. L'une de ces méthodes consiste à fragmenter l'ADN extrait de *Salmonella* au moyen d'une enzyme de restriction, puis à choisir un fragment spécifique comme sonde pour *Salmonella* (**figure 5.16**). Il faut que ce fragment soit capable de s'hybrider avec l'ADN de toutes les souches de *Salmonella,* mais il ne faut pas qu'il s'hybride avec l'ADN d'entérobactéries étroitement apparentées. ❶ On clone le fragment d'ADN choisi (la sonde) dans un plasmide introduit dans *E. coli,* ce qui aboutit à la formation de centaines de fragments spécifiques d'ADN de *Salmonella.* ❷ On marque ces fragments avec un colorant fluorescent, puis on les sépare de manière à produire des brins simples d'ADN. ❸-❻ On mélange les sondes d'ADN ainsi obtenues avec de l'ADN monocaténaire préparé à partir d'un échantillon d'un aliment susceptible de contenir *Salmonella.* ❼ Si *Salmonella* est présent dans l'échantillon, les sondes d'ADN s'hybrident avec l'ADN de *Salmonella.* On sait si ce processus d'hybridation a eu lieu grâce à la fluorescence des sondes.

La puce à ADN

La **puce à ADN** est une nouvelle technique fascinante. Elle devrait permettre de séquencer rapidement des génomes entiers et de déceler un agent pathogène dans un hôte par identification d'un gène spécifique à cet agent (**figure 5.17**). Une puce à ADN se compose de sondes d'ADN et d'un colorant fluorescent qui sert d'indicateur. Si on ajoute à la puce un échantillon contenant de l'ADN d'un organisme inconnu, l'hybridation entre la sonde d'ADN et l'ADN contenu dans l'échantillon est décelée par fluorescence.

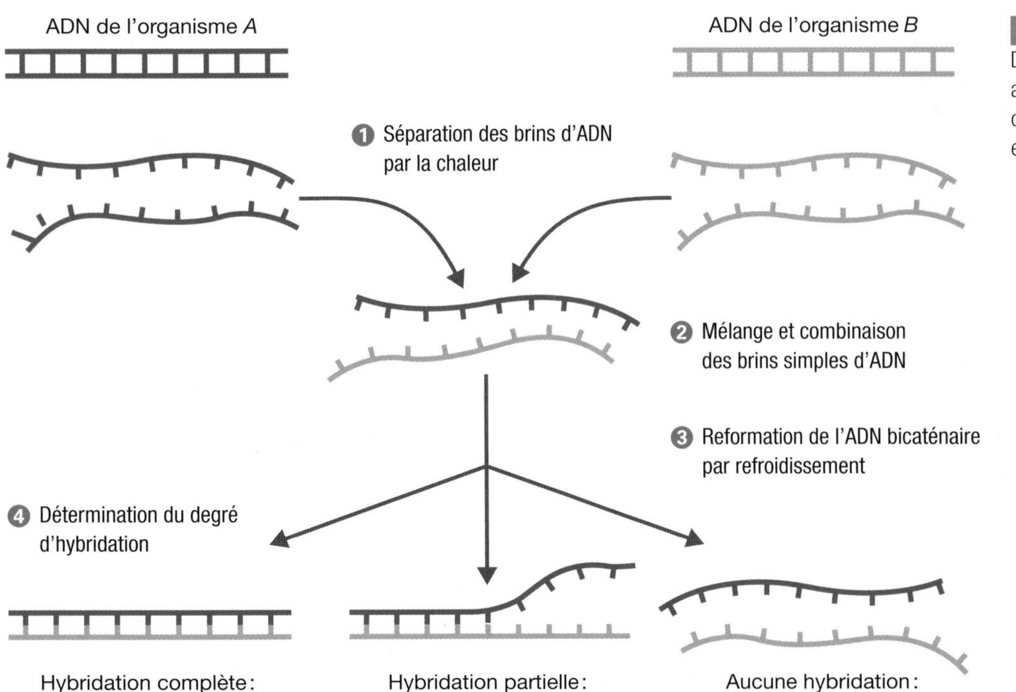
ADN de l'organisme *A*
ADN de l'organisme *B*
❶ Séparation des brins d'ADN par la chaleur
❷ Mélange et combinaison des brins simples d'ADN
❸ Reformation de l'ADN bicaténaire par refroidissement
❹ Détermination du degré d'hybridation
Hybridation complète: deux organismes identiques
Hybridation partielle: deux organismes apparentés
Aucune hybridation: deux organismes non apparentés

Figure 5.15 Hybridation ADN-ADN. Deux organismes sont d'autant plus étroitement apparentés que le nombre d'appariements de brins d'ADN (hybridation) provenant de ces deux organismes est élevé.

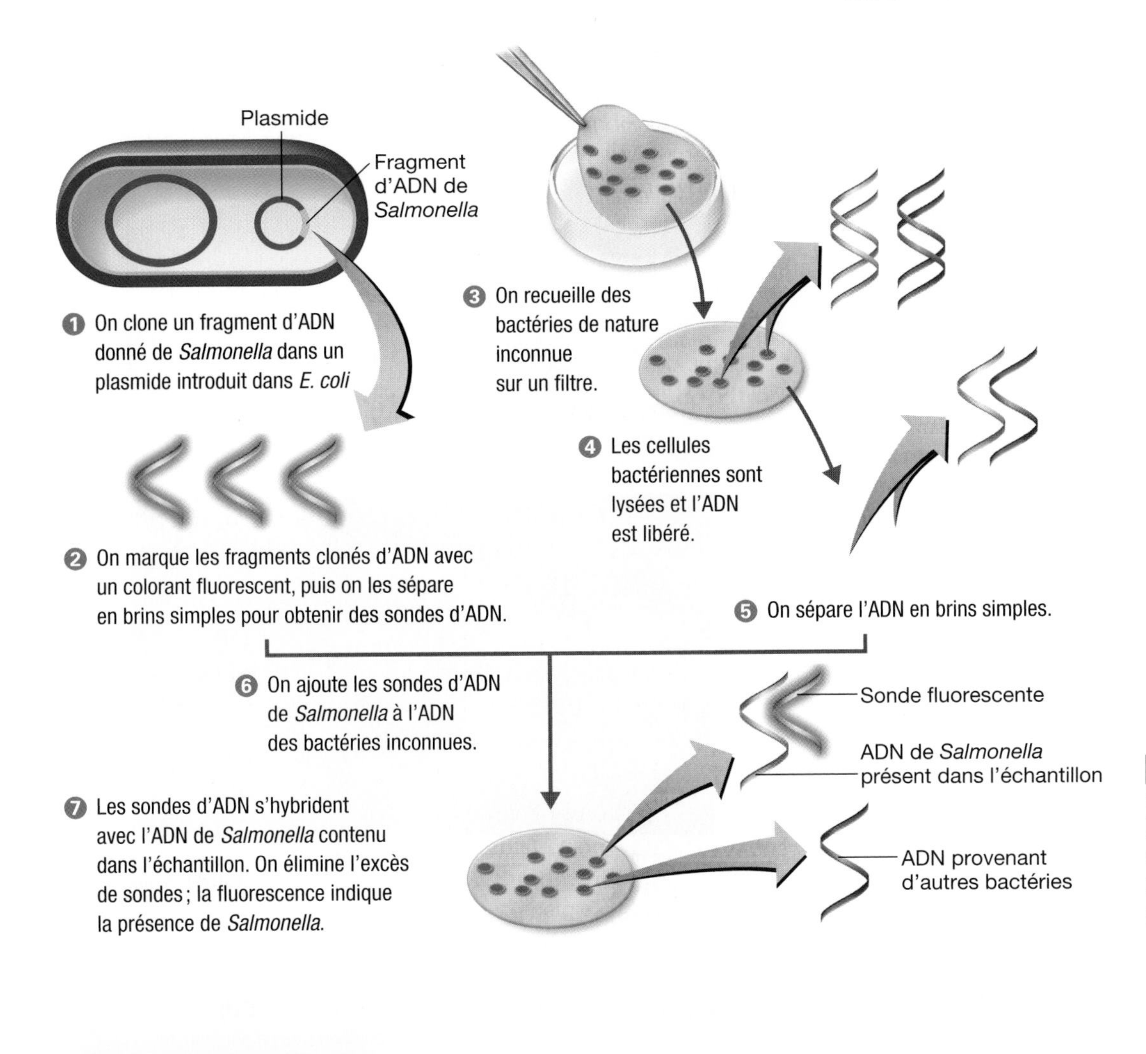
Plasmide
Fragment d'ADN de *Salmonella*
1 On clone un fragment d'ADN donné de *Salmonella* dans un plasmide introduit dans *E. coli*
2 On marque les fragments clonés d'ADN avec un colorant fluorescent, puis on les sépare en brins simples pour obtenir des sondes d'ADN.
3 On recueille des bactéries de nature inconnue sur un filtre.
4 Les cellules bactériennes sont lysées et l'ADN est libéré.
5 On sépare l'ADN en brins simples.
6 On ajoute les sondes d'ADN de *Salmonella* à l'ADN des bactéries inconnues.
7 Les sondes d'ADN s'hybrident avec l'ADN de *Salmonella* contenu dans l'échantillon. On élimine l'excès de sondes; la fluorescence indique la présence de *Salmonella*.
Sonde fluorescente
ADN de *Salmonella* présent dans l'échantillon
ADN provenant d'autres bactéries

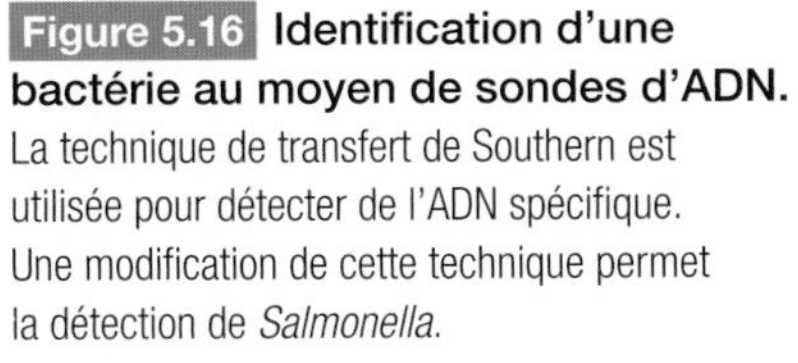
Figure 5.16 Identification d'une bactérie au moyen de sondes d'ADN. La technique de transfert de Southern est utilisée pour détecter de l'ADN spécifique. Une modification de cette technique permet la détection de *Salmonella*.

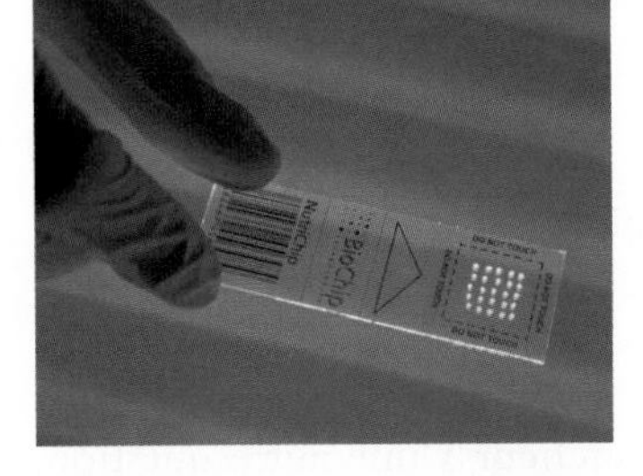

a) On peut fabriquer une puce qui contient des centaines de milliers de séquences d'ADN à brin simple obtenues par synthèse. Supposons que les séquences d'ADN sont spécifiques de gènes différents.

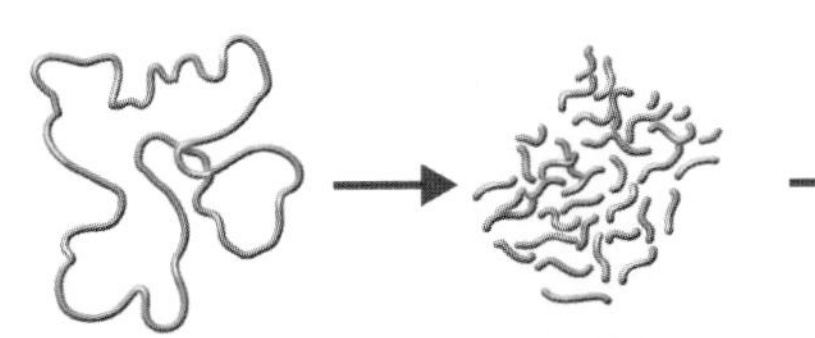

b) L'ADN obtenu d'un patient est séparé en brins simples, fragmenté au moyen d'enzymes et marqué avec un colorant fluorescent.

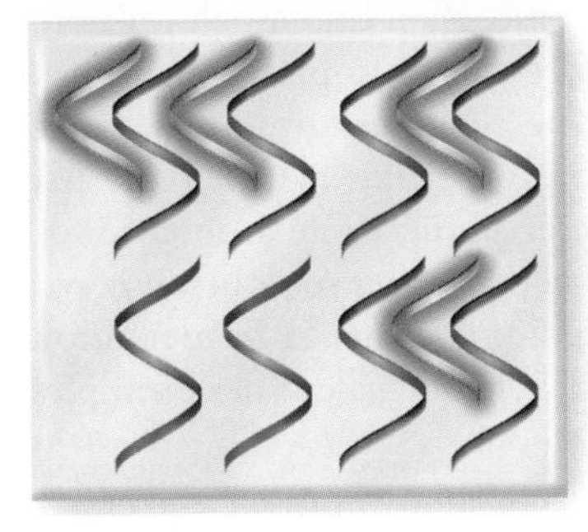

c) On introduit les fragments d'ADN du patient dans la puce pour qu'ils s'hybrident avec l'ADN synthétique.

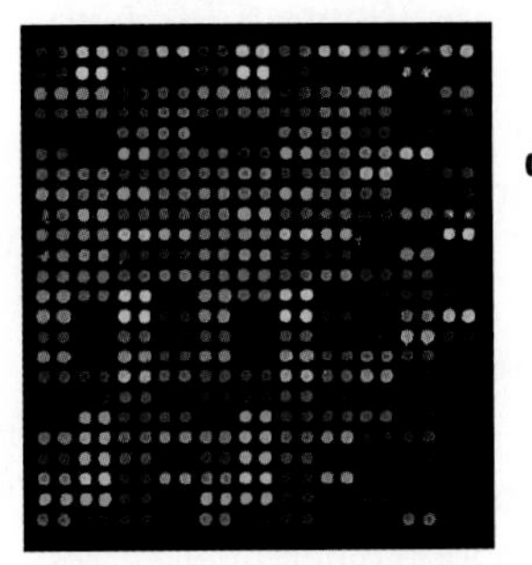

d) L'ADN marqué se lie uniquement si la puce contient des séquences complémentaires. La liaison est révélée par fluorescence et analysée par ordinateur. Les points rouges représentent des gènes exprimés dans les cellules normales; les points verts, des gènes exprimés dans les tumeurs; et les points jaunes, des gènes exprimés dans les deux types de cellules.

Figure 5.17 Puce à ADN. On prévoit que la puce à ADN permettra un jour d'effectuer des analyses plus rapidement, à moindres frais et avec beaucoup plus de sondes. La technologie est encore jeune, mais les scientifiques espèrent avoir bientôt à leur disposition des puces pour détecter les microbes chez l'humain ou dans l'environnement, révéler les gènes du cancer, identifier les criminels ou les victimes de crimes ou de catastrophes, reconnaître les espèces en voie de disparition et trouver des donneurs d'organes compatibles. Si la puce montrée en *d)* était constituée d'ADN bactérien, chaque point représenterait une bactérie particulière. Elle permettrait d'identifier une bactérie dans un échantillon par le point qui s'allume par fluorescence.

Le séquençage de l'ARN ribosomal

À l'heure actuelle, le **séquençage de l'ARNr** sert à caractériser la diversité des organismes et les relations phylogénétiques entre eux. L'emploi de l'ARNr présente plusieurs avantages. Premièrement, toutes les cellules contiennent des ribosomes. Deuxièmement, les gènes de l'ARNr ont peu changé au cours des ans, de telle sorte que tous les membres d'un domaine, d'un règne, d'un embranchement et dans certains cas, d'un genre, ont les mêmes séquences «signature» dans leur ARNr. On emploie en général un ARNr appartenant à la petite unité des ribosomes. Troisièmement, il n'est pas nécessaire de faire la culture de cellules en laboratoire.

On peut augmenter la quantité d'ADN contenu dans un échantillon microbien de sol ou d'eau au moyen de la technique d'amplification en chaîne par polymérase (ACP), en utilisant une amorce d'ARNr spécifique d'une séquence signature particulière. L'ADN obtenu est coupé au moyen d'une ou de plusieurs enzymes de restriction et on sépare les fragments par électrophorèse. On compare alors la répartition des bandes qui apparaissent sur le gel. Ensuite, on séquence les gènes d'ARNr extraits des fragments amplifiés afin de mettre au jour les liens phylogénétiques entre les organismes. La technique est utile pour établir le domaine ou l'embranchement auquel appartient un organisme jusque-là inconnu, ou encore pour déterminer de quels types sont, en général, les organismes présents dans un environnement. Toutefois, les sondes employées ne permettent pas de préciser de quelles espèces il s'agit. Pour ce faire, il faut avoir recours à des sondes plus spécifiques.

L'hybridation *in situ* en fluorescence

L'**hybridation *in situ* en fluorescence** (en anglais *FISH*, pour *fluorescence in situ hybridization*) est une technique qui permet de colorer spécifiquement les microorganismes *in situ*, c'est-à-dire là où ils se trouvent. On traite les cellules de telle sorte qu'elles absorbent les sondes d'ADN ou d'ARN marquées en fluorescence. Ces sondes se lient sur place (*in situ*) aux ribosomes cibles. La technique sert à déterminer l'identité, l'abondance et l'activité relative des microorganismes dans un milieu donné et à détecter des bactéries qui n'ont jamais été mises en culture. C'est ainsi qu'on a découvert *Pelagibacter*, une minuscule bactérie marine, apparentée aux rickettsies (chapitre 6). On s'emploie à créer des sondes qui aideront à identifier les bactéries dans l'eau potable et à détecter celles qui infectent les humains (**figure 5.18**). Cela permettra de gagner du temps et de passer plus rapidement à l'action, s'il y a lieu. Rappelons qu'il faut normalement attendre 24 heures ou plus si on a choisi de procéder autrement, c'est-à-dire par une culture.

La combinaison de plusieurs méthodes de classification

Il y a quelques années, les seuls outils d'identification disponibles étaient les caractères morphologiques, la coloration différentielle et les épreuves biochimiques. Grâce aux progrès de la technologie, on peut aujourd'hui employer couramment des techniques d'analyse des acides nucléiques qui servaient autrefois exclusivement à la classification.

Les données relatives aux microbes obtenues à l'aide des différentes méthodes servent à l'identification et à la classification des organismes. Il existe deux techniques d'application des données obtenues.

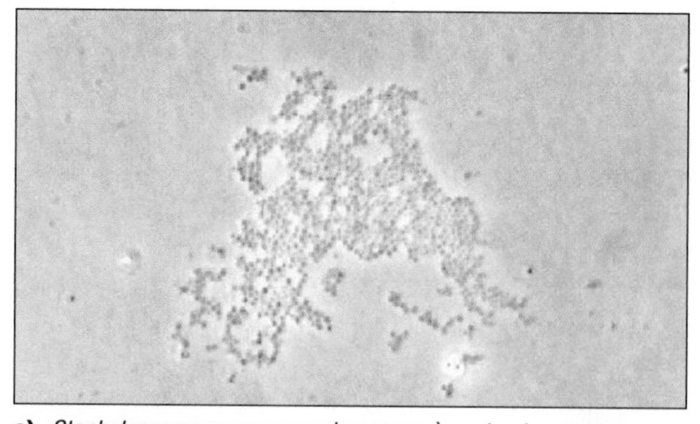

a) *Staphylococcus aureus* au microscope à contraste de phase MO 5 μm

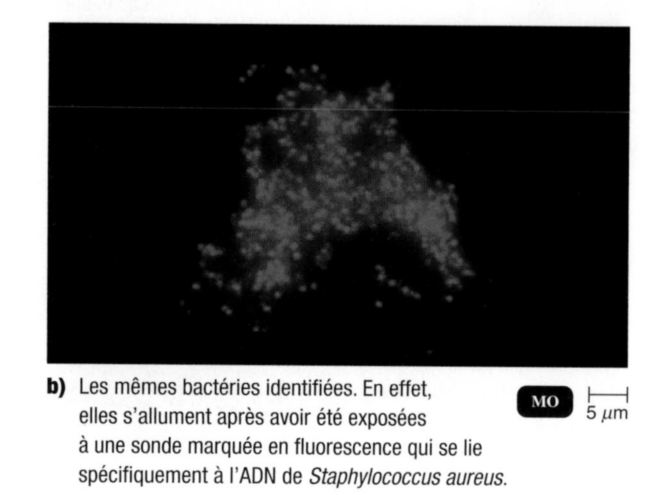

b) Les mêmes bactéries identifiées. En effet, elles s'allument après avoir été exposées à une sonde marquée en fluorescence qui se lie spécifiquement à l'ADN de *Staphylococcus aureus*. MO 5 μm

Figure 5.18 **Hybridation *in situ* en fluorescence (FISH).** On utilise des sondes d'ADN ou d'ARN marquées en fluorescence pour colorer les chromosomes.

Les clés dichotomiques

On utilise couramment des **clés dichotomiques**, ou **clés analytiques**, pour l'identification d'organismes. Une clé dichotomique est une série de questions auxquelles on peut répondre de deux façons (dichotomique signifie «qui procède par divisions binaires»). La réponse à une question mène le chercheur à une autre question, jusqu'à ce que l'organisme soit identifié. Bien que les clés n'aient souvent pas grand-chose à voir avec les relations phylogénétiques, elles sont des outils très précieux. Une clé dichotomique destinée à l'identification d'une bactérie commencerait par exemple par une question portant sur une caractéristique facile à déterminer, telle que la forme de la cellule, puis elle pourrait se poursuivre par une question portant sur la capacité à provoquer la fermentation d'un sucre. La figure 5.8 et l'encadré 5.1 fournissent des exemples de clés dichotomiques.

Les cladogrammes

Un **cladogramme** (*clado-* = branche) est un schéma arborescent qui met en évidence les relations phylogénétiques entre les organismes. Dans les cladogrammes des figures 5.1 et 5.6, chaque point d'intersection de deux branches correspond à une caractéristique commune aux espèces situées après ce nœud. On a longtemps établi des cladogrammes pour les vertébrés sur la base de données provenant de l'examen des fossiles. On utilise maintenant les séquences d'ARNr pour confirmer les hypothèses élaborées de cette façon. Nous avons souligné que la majorité des microorganismes ne laissent pas de traces fossiles. Le séquençage de l'ARNr sert donc principalement à préparer des cladogrammes de microorganismes sur la base de leurs relations phylogénétiques. On emploie la petite sous-unité d'ARNr qui comporte 1 500 bases, et les calculs sont effectués par ordinateur. La **figure 5.19** résume les étapes de la construction d'un cladogramme. ❶ On décrit deux séquences d'ARNr et ❷ on calcule le pourcentage de similitudes entre ces séquences. ❸ On trace les branches horizontales du cladogramme de manière que leur longueur soit proportionnelle au pourcentage de similitude calculé. Toutes les espèces situées après un nœud (l'intersection de deux branches) ont des séquences semblables d'ARNr, ce qui permet de supposer qu'elles descendent d'un même ancêtre, correspondant au nœud.

▶ Vérifiez vos acquis

Qu'est-ce que le manuel de Bergey? **5-13**

Imaginez un moyen rapide d'identifier *Staphylococcus aureus*. (*Indice:* Voir la figure 4.10.) **5-14**

Quels renseignements cherche-t-on à obtenir par la technique de transfert de Western et par celle de Southern? **5-15**

Qu'est-ce que la lysotypie permet d'identifier? **5-16**

Pourquoi l'ACP permet-elle d'identifier les microbes? **5-17**

Quelles techniques font appel à l'hybridation moléculaire? **5-18**

Le cladogramme sert-il à l'identification ou à la classification? **5-12** et **5-19**

❶ On détermine la séquence des bases d'une molécule d'ARNr de chacun des microorganismes. Dans le présent exemple, on donne seulement une courte séquence de bases.

Lactobacillus brevis	AGUCCAGAGC
L. sanfranciscencis	GUAAAAGAGC
L. acidophilus	AGCGGAGAGC
L. plantarum	ACGUUAGAGC

❷ On calcule le pourcentage de similitude entre les bases nucléotidiques des différentes espèces. Par exemple, les séquences de l'ADN de *L. Brevis* et de *L. acidophilus* sont similaires à 70 %.

	Pourcentage de similitude
L. brevis ⟶ *L. sanfranciscensis*	50 %
L. brevis ⟶ *L. acidophilus*	70 %
L. brevis ⟶ *L. plantarum*	60 %
L. sanfranciscensis ⟶ *L. acidophilus*	50 %
L. sanfranciscensis ⟶ *L. plantarum*	50 %
L. plantarum ⟶ *L. acidophilus*	60 %

❸ On construit un cladogramme où la longueur des branches horizontales est proportionnelle au pourcentage de similitude. Chaque nœud représente un ancêtre commun à toutes les espèces situées au-delà du nœud, et il est défini en fonction de la similarité de l'ARNr de toutes ces espèces.

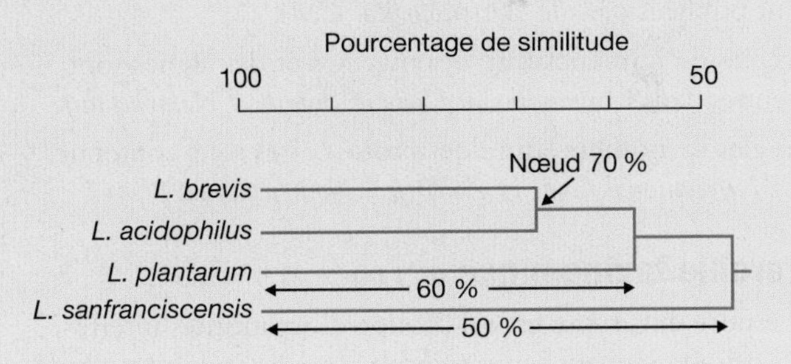

Figure 5.19 Construction d'un cladogramme.

RÉSUMÉ

INTRODUCTION (p. 108)

1. La taxinomie est la science de la classification des organismes, dont le but est de mettre en évidence les relations entre les organismes.
2. La taxinomie fournit des critères de classification et des outils pour l'identification de microorganismes inconnus, d'où sa grande utilité en médecine clinique.

L'ÉTUDE DES RELATIONS PHYLOGÉNÉTIQUES (p. 109)

1. La phylogénie est l'histoire évolutive d'un groupe d'organismes.
2. La hiérarchie taxinomique met en évidence les relations évolutives, ou phylogénétiques, entre les organismes.
3. En 1968, on crée le règne des Procaryotes, qui inclut les bactéries.
4. En 1969, on divise les êtres vivants en cinq règnes.

Les trois domaines (p. 109)

5. On classe actuellement les êtres vivants en trois domaines. Un domaine peut être divisé en règnes.
6. Dans la classification actuelle, les règnes des Plantes, des Animaux, des Mycètes et des Protistes appartiennent au domaine des Eucaryotes.
7. Les Bactéries (dont la paroi contient du peptidoglycane) forment un deuxième domaine.
8. Les Archéobactéries (dont la paroi cellulaire est exceptionnelle) forment un troisième domaine.

Une hiérarchie phylogénétique (p. 112)

9. On regroupe les organismes dans des taxons définis en fonction de relations phylogénétiques (descendance d'un ancêtre commun).
10. Les fossiles fournissent des données à propos des relations phylogénétiques entre les eucaryotes.
11. On détermine les relations phylogénétiques entre les procaryotes par séquençage de l'ARNr.

LA CLASSIFICATION DES ORGANISMES (p. 113)

La nomenclature scientifique (p. 113)

1. La nomenclature binominale assigne à chaque organisme un nom composé de deux termes, dont le premier désigne le genre et le second – appelé *épithète spécifique* – désigne l'espèce.
2. Les règles de nomenclature des bactéries sont établies par le Comité international de la systématique des procaryotes et sont publiées dans le *Bacteriological Code*.
3. Les règles de nomenclature des mycètes et des algues sont contenues dans l'*International Code of Botanical Nomenclature*.
4. Les règles de nomenclature des protozoaires sont contenues dans l'*International Code of Zoological Nomenclature*.

La hiérarchie taxinomique (p. 114)

5. Une espèce eucaryote est un groupe d'organismes interféconds qui ne peuvent se reproduire avec des individus d'une autre espèce.
6. Les espèces semblables forment un genre ; les genres semblables, une famille ; les familles, un ordre ; les ordres, une classe ; les classes, un embranchement ou phylum ; les embranchements, un règne ; les règnes, un domaine.

La classification des organismes procaryotes (p. 114)

7. Le *Bergey's Manual of Systematic Bacteriology* est l'ouvrage de référence en matière de classification des bactéries.
8. On appelle souche un groupe de bactéries descendant d'une même cellule.
9. Des souches bactériennes étroitement apparentées forment une espèce.
10. Les procaryotes sont divisés en deux domaines, soit les Archéobactéries et les Bactéries.

La classification des organismes eucaryotes (p. 116)

11. Les organismes eucaryotes appartiennent à l'un des quatre règnes suivants : Protistes, Mycètes, Plantes et Animaux.
12. Le règne des Protistes regroupe en majorité des organismes unicellulaires.
13. Le règne des Mycètes comprend les levures, les moisissures et les champignons ; ce sont des chimiohétérotrophes qui absorbent les matières premières essentielles à leurs fonctions vitales à travers leur membrane plasmique ; ils peuvent se développer à partir de spores.
14. Les photoautotrophes pluricellulaires appartiennent au règne des Plantes.
15. Les chimiohétérotrophes pluricellulaires dotés d'un système digestif appartiennent au règne des Animaux.

La classification des virus (p. 117)

16. Les virus ne sont classés dans aucun domaine ni aucun règne. Ils sont acellulaires et ne peuvent se développer qu'à l'intérieur d'une cellule hôte, d'où le nom de parasite intracellulaire obligatoire qu'on leur donne.
17. Une espèce virale est une population de virus présentant des caractéristiques similaires (relatives à la morphologie, aux gènes et aux enzymes) et occupant une niche écologique spécifique.

LES MÉTHODES DE CLASSIFICATION ET D'IDENTIFICATION DES MICROORGANISMES (p. 117)

1. Un modèle de classification fournit une liste de caractéristiques et une méthode de comparaison destinées à faciliter l'identification des organismes, c'est-à-dire leur détermination précise, et ce, afin de définir – dans le domaine médical, par exemple – le traitement approprié contre une infection.
2. Le *Bergey's Manual of Determinative Bacteriology* est l'ouvrage de référence pour l'identification de bactéries au laboratoire ; il propose un modèle d'identification fondé sur des critères tels que la composition de la paroi cellulaire, la morphologie, la coloration différentielle, les besoins en O_2 et les épreuves biochimiques.
3. Les caractères morphologiques sont utiles pour identifier des microorganismes, en particulier à l'aide de techniques de microscopie qui permettent de mettre en évidence la forme, la taille et les structures cellulaires.
4. Les techniques de coloration différentielle sont utiles pour identifier des microorganismes à partir de l'affinité tinctoriale de la paroi cellulaire pour certains colorants.
5. La présence de diverses enzymes et la manifestation de l'activité enzymatique, déterminées par des épreuves biochimiques, servent à l'identification de microorganismes.
6. Les épreuves sérologiques, qui font intervenir les réactions des microorganismes avec des anticorps spécifiques, sont utiles pour déterminer l'identité de souches et d'espèces bactériennes ou virales, de même que les relations

phylogénétiques entre des organismes. La méthode ELISA et la technique de transfert de Western sont deux exemples d'épreuves sérologiques.

7. La lysotypie consiste à identifier des espèces ou des souches bactériennes par la détermination de leur sensibilité à divers phages.
8. La détermination du profil des acides gras permet d'identifier certains organismes.
9. La cytométrie en flux sert à déterminer des caractéristiques physiques et chimiques des cellules de façon à pouvoir les trier, et ce, sans qu'il soit nécessaire d'en faire la culture.
10. Le pourcentage de paires de bases GC dans l'acide nucléique d'une cellule sert à classer des organismes.
11. Le nombre et la taille des fragments d'ADN produits par les enzymes de restriction forment des empreintes génétiques, qui servent à déterminer les similitudes génétiques entre les organismes.
12. La composition des bases de l'ARN ribosomal sert à classer des organismes.
13. L'amplification en chaîne par polymérase (ACP) permet d'amplifier de petites quantités d'ADN microbien dans un échantillon afin de l'identifier.
14. Des brins complémentaires d'ADN, ou d'ADN et d'ARN, qui proviennent d'organismes apparentés produisent une molécule bicaténaire en formant des liaisons hydrogène ; la formation de telles liaisons s'appelle hybridation moléculaire.

15. La technique de transfert de Southern, l'emploi de puces à ADN et l'hybridation *in situ* en fluorescence (FISH) sont trois exemples de techniques d'hybridation moléculaire employées pour classer et identifier les microorganismes.
16. Le séquençage des bases de l'ARNr sert à la classification des organismes.
17. On utilise les clés dichotomiques (analytiques) pour identifier les organismes et les cladogrammes pour représenter les relations phylogénétiques entre eux.

AUTOÉVALUATION

QUESTIONS À COURT DÉVELOPPEMENT

1. Pouvez-vous dire lesquels des organismes énumérés dans le tableau suivant sont le plus étroitement apparentés ? Deux des organismes énumérés appartiennent-ils à une même espèce ?

Caractéristique	A	B	C	D
Morphologie	Bâtonnet	Coccus	Bâtonnet	Bâtonnet
Réaction à la coloration de Gram	+	−	−	+
Utilisation du glucose	Fermentation	Oxydation	Fermentation	Fermentation
Oxydase cytochrome	Présente	Présente	Absente	Absente
% de moles de GC	De 48 à 52	De 23 à 40	De 50 à 54	De 49 à 53

Voici quelques informations supplémentaires concernant les organismes décrits dans le tableau précédent.

Organisme	Pourcentage d'hybridation de l'ADN
A et B	De 5 à 15
A et C	De 5 à 15
A et D	De 70 à 90
B et C	De 10 à 20
B et D	De 2 à 5

Lesquels de ces organismes sont le plus étroitement apparentés ? Comparez votre réponse avec celle que vous avez donnée à la question précédente.

2. La concentration en G + C est de 66 à 75 % chez *Micrococcus,* et de 30 à 40 % chez *Staphylococcus.* Doit-on conclure de ces données que les deux genres sont étroitement apparentés ?
3. Décrivez l'utilisation d'une sonde d'ADN pour :
   a) identifier rapidement une bactérie.
   b) déterminer quelles bactéries d'un groupe donné sont le plus étroitement apparentées.
4. À l'aide des informations contenues dans le tableau suivant, construisez un cladogramme pour les organismes énumérés. À quoi un cladogramme sert-il ? Quelle est la différence entre un cladogramme et une clé dichotomique portant sur le même ensemble d'organismes ?

	Similitude des bases de l'ARNr
P. æruginosa – M. pneumoniæ	52 %
P. æruginosa – C. botulinum	52 %
P. æruginosa – E. coli	79 %
M. pneumoniæ – C. botulinum	65 %
M. pneumoniæ – E. coli	52 %
E. coli – C. botulinum	52 %

APPLICATIONS CLINIQUES

N. B. Certaines de ces questions nécessitent que vous cherchiez des réponses dans les différents chapitres du livre.

1. Une campagne de vaccination est lancée contre la méningite de type C à la suite du décès de quelques enfants et jeunes adultes dans la région de Montréal. Marie, une adolescente de 17 ans, vient de se faire vacciner. La semaine précédente, son ami, qui appartient à un club de sport, a été hospitalisé d'urgence. Un prélèvement du liquide cérébrospinal a permis de déceler des cocci à Gram négatif en grain de café groupés 2 à 2 ; on suspecte une méningite bactérienne. Un traitement initial à la pénicilline a été aussitôt administré sur la base des

symptômes du jeune homme et du résultat de la coloration de Gram. Par la suite, une épreuve rapide d'agglutination a permis d'identifier la bactérie *Neisseria meningitidis* du groupe B. On a administré des antibiotiques à ses proches et à tous les membres du club. (*Indice :* Voir le chapitre 17.)

La coloration de Gram est-elle une technique d'identification suffisante pour établir un diagnostic précis ? Justifiez votre réponse. Quels réactifs le test de l'agglutination comprend-il ? Marie devra-t-elle prendre les antibiotiques ? Justifiez votre réponse. Expliquez pourquoi les tests diagnostiques et le traitement doivent être effectués rapidement.

2. André travaille depuis deux mois dans un centre d'hébergement de personnes âgées en perte d'autonomie ; en tant qu'aide-soignant, il donne des soins d'hygiène aux personnes âgées et les aide à se nourrir. Avant ce travail, André a voyagé ; il a parcouru l'Asie, notamment l'Indonésie. À son retour, des tests microbiologiques obligatoires ont révélé qu'il était porteur sain de *Salmonella parathyphi B* ; on lui a dit de ne pas s'inquiéter, et que les bactéries allaient normalement disparaître de son microbiote intestinal en quelques mois. Cependant, depuis trois semaines, plusieurs personnes âgées et des membres du personnel présentent des signes et symptômes semblables : nausées et vomissements, crampes et douleurs abdominales, diarrhée et fièvre. Le médecin pense qu'il s'agit d'une fièvre entérique du type salmonellose. Des prélèvements de selles sont immédiatement effectués chez les résidents et le personnel. Tous les échantillons sont soumis à des épreuves biochimiques sur des milieux sélectifs et différentiels, ce qui permet de déterminer qu'il s'agit bien d'un début d'épidémie de salmonellose causée par la bactérie *Salmonella typhimurium*. Outre les personnes malades contaminées, on a découvert qu'une infirmière, une aide-soignante et le cuisinier sont porteurs sains de *S. typhimurium*. Les œufs des dernières livraisons alimentaires sont aussi contaminés. Pour tester les échantillons d'œufs, on a dû procéder à l'amplification en chaîne par polymérase (ACP) ; on a terminé les tests en soumettant les différents types de spécimens à la technique de l'empreinte génétique. (*Indice :* Voir le chapitre 20.)

   André se demande s'il est à l'origine de l'épidémie. Quelle réponse lui donneriez-vous ? Donnez une explication plausible de la façon dont l'infection a pu se propager entre le point d'origine, les personnes âgées et le personnel. Quel est l'intérêt d'utiliser l'ACP ? Quel est l'intérêt d'utiliser la technique de l'empreinte génétique dans le cas d'une épidémie potentielle ?

3. Un vétérinaire de 55 ans tousse, fait de la fièvre et souffre de douleurs à la poitrine depuis deux jours ; il est hospitalisé. Une analyse des expectorations par la méthode de coloration de Gram révèle la présence de bacilles à Gram négatif. Une culture préparée à partir des expectorations met en évidence la présence de bacilles inactifs sur le plan biochimique. On envoie des échantillons à un laboratoire spécialisé, lequel procède à un test d'absorption avec des anticorps fluorescents sur le spécimen bactérien, puis à une lysotypie. Ces techniques permettent de déceler la présence de *Yersinia pestis* dans les expectorations et le sang du patient, d'où la décision de lui administrer du chloramphénicol et de la tétracycline. Le vétérinaire meurt quelques jours après son admission à l'hôpital, et on administre de la tétracycline à 220 personnes qui ont été en contact avec lui. (*Indice :* Voir le chapitre 18.)

   Pourquoi a-t-on acheminé des échantillons du patient au laboratoire spécialisé ? En quoi consistent la lysotypie et la technique des anticorps fluorescents ? De quelle maladie le patient souffrait-il ? Pourquoi a-t-on traité 220 personnes qui l'avaient côtoyé ? Une telle histoire médicale apparaît-elle plausible dans un pays comme les États-Unis ou le Canada ? Justifiez votre réponse.

4. Une fillette de 6 ans est hospitalisée pour une pharyngite grave compliquée d'une endocardite. On procède à des prélèvements du pharynx et de sang. Une coloration de Gram effectuée à partir du prélèvement du pharynx révèle la présence de bacilles à Gram positif avec une extrémité en forme d'haltère, ce qui lance le médecin sur la piste des bactéries du genre *Corynebacterium*. Des cultures sur des milieux sélectifs effectuées à partir de prélèvements sanguins révèlent la présence d'un bacille anaérobie, que le laboratoire de l'hôpital identifie comme étant *Corynebacterium xerosis*, une bactérie qui peut faire partie du microbiote normal du pharynx et de la peau et qui est rarement mise en cause dans des maladies graves telles qu'une endocardite. La fillette est traitée à la pénicilline et au chloramphénicol, administrés par injection intraveineuse ; son état se détériore et elle meurt six semaines après le début du traitement. La gravité des symptômes et la mort de la fillette amènent le médecin à douter du diagnostic microbiologique. Il envoie donc un prélèvement sanguin à un laboratoire spécialisé, qui effectue des tests sur la bactérie ; le verdict est : *Corynebacterium diphteriæ*. Voici les résultats obtenus par les deux laboratoires.

	Labo de l'hôpital	**Autre labo**
Catalase	+	+
Réduction des nitrates	+	+
Urée	–	–
Hydrolyse de l'esculine	–	–
Fermentation du maltose	+	+
Fermentation du sucrose	–	+
Test sérologique portant sur la production de toxines	Aucun test	+
Diagnostic	*C. xerosis*	*C. diphteriæ*

   Pourquoi le laboratoire de l'hôpital n'a-t-il pas identifié l'agent pathogène ? En quoi consiste un test sérologique ? L'absence d'amélioration aurait-elle dû enclencher une remise en question du diagnostic ? Justifiez votre réponse. Quelles conséquences l'erreur risque-t-elle d'avoir du point de vue de la santé publique ? (*Indice :* Voir le chapitre 19.)

Consultez le volet de gauche de l'Édition en ligne pour d'autres activités.

CHAPITRE 6

Les domaines des Bacteria *et des* Archææa

La première fois que des biologistes ont découvert des bactéries, ils se sont demandé comment classer ces organismes microscopiques. De toute évidence, il ne s'agissait ni d'animaux ni de plantes à racines. Malgré de nombreuses tentatives, ils n'ont pas réussi à élaborer un système taxinomique pour les bactéries en se référant au modèle du système établi pour les plantes et les animaux. Dans les premières éditions du *Manuel de Bergey* (1923), les bactéries ont été classées en fonction de leur morphologie (sphérique, hélicoïdale, en forme de bâtonnet), de leurs réactions à la coloration, de la présence d'endospores et d'autres caractéristiques évidentes. Bien que ce système présente des avantages du point de vue pratique, les microbiologistes étaient conscients qu'il comportait de nombreuses lacunes. Par exemple, des bactéries classées dans deux catégories distinctes selon la forme sphérique ou la forme en bâtonnet pouvaient être en fait étroitement apparentées du point de vue métabolique.

La connaissance des bactéries à l'échelle moléculaire a progressé à tel point que, dans la récente édition du *Bergey's Manual of Systematic Bacteriology* (2e éd., 2004), il a été possible de classer ces microorganismes en fonction de relations phylogénétiques. Par exemple, les genres *Rickettsia* et *Chlamydia* ne sont plus classés dans le même groupe de microorganismes à croissance intracellulaire obligatoire. Les membres du genre *Chlamydia* sont maintenant groupés dans un embranchement appelé *Chlamydiæ* alors que les membres du genre *Rickettsia* appartiennent à un embranchement distinct, les *Proteobacteria*, et à une classe distincte, les *Alphaproteobacteria*. Pour certains scientifiques, ces changements sont quelque peu contrariants. Toutefois, ils sont le reflet d'importantes différences phylogénétiques, concernant principalement l'ARN ribosomal (ARNr) des microorganismes, lequel est un critère extrêmement utile pour le classement dans les taxons qui se situent au-dessus de l'espèce. L'ARNr, un acide nucléique, ne change que lentement et il remplit les mêmes fonctions dans tous les organismes.

AU MICROSCOPE

Thiomargarita namibiensis. Cette bactérie géante fait figure de cas rare dans la nature.

Les bactéries sont des organismes unicellulaires qui absorbent leurs nutriments par diffusion simple. T. namibiensis *est une bactérie plusieurs centaines de fois plus grosse que la plupart des autres membres de son domaine. À cette taille, la diffusion simple est un mécanisme qui ne peut pas suffire à la tâche. Comment la bactérie surmonte-t-elle cette difficulté?*

La réponse est dans le chapitre.

LES GROUPES DE PROCARYOTES

Dans la deuxième édition du manuel de Bergey, les procaryotes sont divisés en deux *domaines*: les *Archæa* et les *Bacteria*. Tous ces organismes sont formés de cellules procaryotes. Le reste des organismes, qui sont des eucaryotes – unicellulaires ou pluricellulaires –, sont regroupés dans un troisième domaine, celui des *Eucarya*. La division des organismes vivants en trois grands domaines est présentée dans la figure 5.1 et le tableau 5.1. Chaque domaine est divisé en embranchements, chaque embranchement en classes, et ainsi de suite. Les embranchements dont il est question dans le présent chapitre sont énumérés dans le **tableau 6.1**. (Voir également l'appendice B EN LIGNE, qui présente la classification complète des bactéries du *Bergey's Manual of Systematic Bacteriology*.)

LE DOMAINE DES *BACTERIA*

On imagine généralement les bactéries comme de petites créatures invisibles et potentiellement dangereuses. Mais, en réalité, peu d'espèces de bactéries causent des maladies chez les humains, les animaux, les plantes ou quelque organisme que ce soit. L'étude de la microbiologie devrait vous faire prendre conscience que la vie telle qu'on la connaît serait en grande partie impossible sans la présence de bactéries. En fait, tous les organismes constitués de cellules eucaryotes descendent probablement d'organismes du type bactérien, qui comptent parmi les premières formes de vie.

Dans le présent chapitre, vous allez apprendre ce qui distingue les différents groupes de bactéries ainsi que l'importance de ces organismes dans le monde de la microbiologie. Nous nous attardons aux bactéries utiles sur le plan pratique, particulièrement en médecine, et à celles qui illustrent des principes biologiques exceptionnels ou intéressants. Certaines espèces de bactéries sont responsables d'infections. Vous trouverez à l'appendice A EN LIGNE un guide taxinomique des maladies infectieuses, qui vous permettra d'établir le lien entre le nom d'une maladie infectieuse, le nom de la bactérie pathogène et les pages du manuel où nous traitons de cette maladie.

En 1999, la Commission judiciaire a décidé de remplacer le terme «bactérie» par celui de «procaryote». Cette décision entraîne par voie de conséquence le changement de tous les mots dérivés de «bactérie». Par exemple, «bactériologie» devient «procaryologie» et «procaryotique» remplace «bactérien». Étant donné que les microbiologistes ne semblent toutefois pas disposés à accepter ce changement, nous conserverons le terme «bactérie» dans le présent manuel.

L'embranchement des *Proteobacteria*

> **Objectifs d'apprentissage**
>
> **6-1** Analyser, à titre de modèle, la construction de la clé dichotomique destinée à distinguer les α-protéobactéries décrites dans le présent chapitre afin d'en produire une pour les différentes classes (alpha à epsilon) de *Proteobacteria*.
>
> **6-2** Nommer quelques caractéristiques des espèces de bactéries d'intérêt médical pour chacune des différentes classes de *Proteobacteria*.
>
> **6-3** Nommer quelques caractéristiques des espèces de bactéries d'intérêt écologique, industriel ou commercial.

On suppose que les protéobactéries (*Proteobacteria*), qui comprennent la majorité des bactéries à Gram négatif chimiohétérotrophes, descendent d'un ancêtre commun photosynthétique. Elles forment actuellement le groupe taxinomique de bactéries le plus nombreux. Peu d'entre elles sont encore photosynthétiques, cette caractéristique ayant été remplacée par d'autres modes de métabolisme et de nutrition. Les relations phylogénétiques entre les protéobactéries sont fondées sur des études de l'ARNr. Le terme «**Protéobactérie**» vient du nom du dieu grec Protée, qui pouvait changer de forme. Les classes de Protéobactéries sont désignées par des lettres grecques: α (alpha), β (bêta), γ (gamma), δ (delta) et ε (epsilon).

La classe des *Alphaproteobacteria*

Le présent chapitre va vous permettre de vous familiariser avec les organismes à étudier et vous aider à reconnaître les similitudes et les différences entre ces organismes. Pour comprendre les relations établies entre les différents groupes de bactéries, il est utile d'élaborer une clé dichotomique. À titre d'exemple, nous vous donnons ci-dessous une clé, dont vous pouvez vous servir comme modèle. Cette clé sert à distinguer les α-protéobactéries (*Alphaproteobacteria*). Il s'agit là d'un exercice rigoureux qui s'avère d'un grand intérêt dans le cadre d'une étude scientifique.

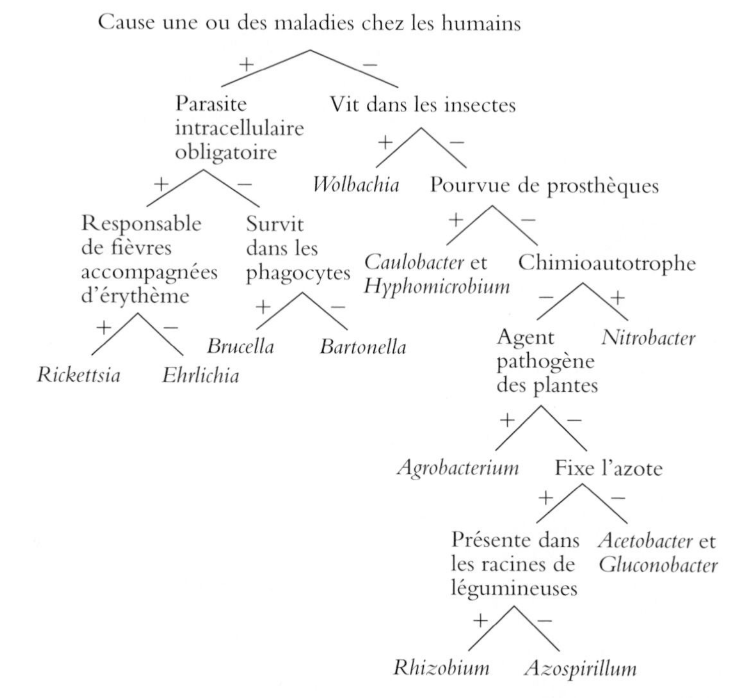

La classe des α-protéobactéries rassemble la majorité des protéobactéries capables de se développer même si la quantité de nutriments disponibles est très faible. Certains de ces organismes ont une morphologie singulière; ils comportent par exemple des appendices prolongeant la cellule, appelés ***prosthecæ*** (*prostheca* au singulier) ou prosthèques. L'appendice, plus mince que la cellule, est enveloppé par la membrane plasmique et la paroi cellulaire; il peut présenter des protubérances. Les α-protéobactéries comprennent également des agents pathogènes des plantes et des humains, de même que des bactéries qui jouent un rôle important en agriculture parce qu'elles déclenchent le processus de fixation du diazote (N_2) chez les plantes avec lesquelles elles vivent en symbiose.

Tableau 6.1 Quelques caractéristiques des procaryotes : extrait du *Bergey's Manual of Systematic Bacteriology* *

DOMAINE **Embranchement** Classe	**Ordres**	**Genres importants**	**Traits particuliers**
DOMAINE DES *BACTERIA*			
Proteobacteria			
Alphaproteobacteria	*Caulobacterales*	*Caulobacter*	Pourvues de prosthèques
	Rickettsiales	*Ehrlichia*	Pathogènes intracellulaires obligatoires humains
		Rickettsia	Pathogènes intracellulaires obligatoires humains
		Wolbachia	Symbiotes des insectes
	Rhizobiales	*Agrobacterium*	Pathogènes des plantes
		Bartonella	Pathogènes humains
		Beijerinckia	Fixatrices d'azote vivant à l'état libre
		Bradyrhizobium	Symbiotes fixatrices d'azote
		Brucella	Pathogènes humains
		Hyphomicrobium	Bourgeonnantes
		Nitrobacter	Nitrifiantes
		Rhizobium	Symbiotes fixatrices d'azote
	Rhodospirillales	*Acetobacter*	Productrices d'acide acétique
		Azospirillum	Fixatrices d'azote
		Gluconobacter	Productrices d'acide acétique
		Rhodospirillum	Photosynthétique, anoxygénique
Betaproteobacteria	*Burkholderiales*	*Burkholderia*	Pathogènes opportunistes
		Bordetella	Pathogènes humains
		Sphærotilus	Enfermées dans une gaine
	Hydrogenophilales	*Thiobacillus*	Sulfooxydantes
	Neisseriales	*Neisseria*	Pathogènes humains
	Nitrosomonadales	*Nitrosomonas*	Nitrifiantes
		Spirillum	Vivent dans l'eau douce stagnante
	Rhodocyclales	*Zoogloea*	Utilisées dans le traitement aérobie des eaux usées
Gammaproteobacteria	*Chromatiales*	*Chromatium*	Photosynthétique, anoxygénique
	Thiotrichales	*Beggiatoa*	Sulfooxydantes
		Thiomargarita	Géante
		Francisella	Pathogènes humains
	Legionellales	*Legionella*	Pathogènes humains
		Coxiella	Pathogènes intracellulaires obligatoires humains
	Pseudomonadales	*Azomonas*	Fixatrices d'azote ; vivent à l'état libre
		Azotobacter	Fixatrices d'azote ; vivent à l'état libre
		Moraxella	Pathogènes humains
		Pseudomonas	Pathogènes opportunistes
	Vibrionales	*Vibrio*	Pathogènes humains
	Enterobacteriales	*Citrobacter*	Pathogènes opportunistes
		Enterobacter	Pathogènes opportunistes
		Erwinia	Pathogènes des plantes
		Escherichia	Membres du microbiote intestinal humain ; certaines souches sont pathogènes
		Klebsiella	Pathogènes opportunistes
		Proteus	Membres du microbiote intestinal humain ; occasionnellement pathogènes
		Salmonella	Pathogènes humains
		Serratia	Pathogènes opportunistes
		Shigella	Pathogènes humains
		Yersinia	Pathogènes humains
	Pasteurellales	*Hæmophilus*	Pathogènes humains
		Pasteurella	Pathogènes humains
Deltaproteobacteria	*Bdellovibrionales*	*Bdellovibrio*	Parasites d'autres bactéries
	Desulfovibrionales	*Desulfovibrio*	Bactéries sulforéductrices
	Myxococcales	*Myxococcus*	Bactéries fructifères ; déplacement par glissement
		Stigmatella	Bactéries fructifères ; déplacement par glissement
Epsilonproteobacteria	*Campylobacterales*	*Campylobacter*	Pathogènes humains
		Helicobacter	Pathogènes humains ; carcinogènes

* À noter que, dans les genres qui sont qualifiés de pathogènes, tous les membres du groupe ne présentent pas nécessairement ce trait.

Tableau 6.1 Quelques caractéristiques des procaryotes (*suite*)

DOMAINE Embranchement Classe	Ordres	Genres importants	Traits particuliers
Bactéries à Gram négatif autres que *Proteobacteria*			
Cyanobacteria		*Anabæna*	Photosynthétique, oxygénique
		Gœocapsa	Photosynthétique, oxygénique
Chlorobi		*Chlorobium*	Photosynthétique, oxygénique
Chloroflexi		*Chloroflexus*	Photosynthétique, oxygénique
***Firmicutes* (bactéries à Gram positif, à faible teneur en G + C)**	*Clostridiales*	*Clostridium*	Anaérobies ; production d'endospores ; quelques espèces pathogènes pour l'humain
		Sarcina	Formation de tétrades
	*Mycoplasmatales***	*Mycoplasma*	Pathogènes humains ; sans paroi cellulaire
		Spiroplasma	Pathogènes des plantes ; pléomorphes et sans paroi cellulaire
		Ureaplasma	Pathogènes humains occasionnels ; dégradent l'urée en ammoniac ; sans paroi cellulaire
	Bacillales	*Bacillus*	Production d'endospores ; quelques espèces pathogènes pour l'humain
		Listeria	Pathogènes humains
		Staphylococcus	Quelques espèces pathogènes pour l'humain
	Lactobacillales	*Enterococcus*	Pathogènes opportunistes
		Lactobacillus	Production d'acide lactique
		Streptococcus	Plusieurs sont d'importants agents pathogènes humains
***Actinobacteria* (bactérie à Gram positif, à forte teneur en G + C)**	*Actinomycetales*	*Actinomyces*	Filamenteuses ; ramifiées ; quelques espèces pathogènes pour l'humain
		Corynebacterium	Pathogènes humains
		Frankia	Symbiotes fixatrices d'azote
		Gardnerella	Pathogènes humains
		Mycobacterium	Pathogènes humains ; acidorésistantes
		Nocardia	Filamenteuses ; ramifiées ; pathogènes opportunistes
		Propionibacterium	Production d'acide propionique
		Streptomyces	Filamenteuses ; ramifiées ; plusieurs espèces produisent des antibiotiques
Planctomycetes	*Planctomycetales*	*Planctomyces*	Paroi cellulaire dépourvue de peptidoglycane ; appendice semblable au prosthèque
		Gemmata	Paroi cellulaire dépourvue de peptidoglycane ; structure semblable à celle du noyau eucaryote
Chlamydiæ	*Chlamydiales*	*Chlamydia*	Pathogènes humains intracellulaires
		Chlamydophila	Pathogènes humains intracellulaires
Spirochætes	*Spirochætales*	*Borrelia*	Pathogènes humains
		Leptospira	Pathogènes humains
		Treponema	Pathogènes humains
Bacteroidetes	*Bacteroidales*	*Bacteroides*	Résidentes de l'intestin des humains
		Prevotella	Résidentes de la bouche des humains
Fusobacteria	*Fusobacteriales*	*Fusobacterium*	Résidentes de l'intestin des humains
		Streptobacillus	Pathogène humain
DOMAINE DES *ARCHAEA*			
***Crenarchæota* (à Gram négatif)**	*Desulfurococcales*	*Pyrodictium*	Thermophiles extrêmes
		Sulfolobus	Thermophiles extrêmes
***Euryarchæota* (à Gram positif et à Gram variable)**	*Méthanobacteriales*	*Methanobacterium*	Producteurs utiles de CH_4
	Halobacteriales	*Halobacterium*	Requiert un milieu à pression osmotique élevée
		Halococcus	Requiert un milieu à pression osmotique élevée

** Les bactéries de l'ordre des *Mycoplasmatales* sont généralement classées dans le groupe des bactéries à Gram positif à faible teneur en G + C. Toutefois, elles sont dépourvues de paroi cellulaire et sont à Gram négatif. Elles sont maintenant classées dans un embranchement distinct, soit dans celui des *Tenericutes*.

Pelagibacter *Pelagibacter ubique* appartient à un groupe de bactéries marines qu'on a découvert grâce à l'hybridation *in situ* en fluorescence (*FISH*, voir le chapitre 5). On l'a d'abord appelée SAR 11, car on l'a trouvée dans la mer des Sargasses. *P. ubique* est la première espèce de son groupe à être cultivée. Son génome, dont on a établi la séquence, ne contient que 1 354 gènes, ce qui est très peu pour un organisme autonome, mais n'est pas un record, car certaines espèces de mycoplasmes (voir p. 153) en ont encore moins. Ce sont les bactéries qui vivent en symbiose qui possèdent les plus petits génomes, car elles ont un métabolisme plus simple (voir p. 159). *P. ubique* est une bactérie extrêmement petite, mesurant à peine plus de 0,3 μm de diamètre. Sa faible taille et son génome réduit lui permettent probablement de survivre mieux que d'autres dans des milieux pauvres en nutriments. En fait, sa masse totale ferait d'elle l'organisme le plus abondant des océans et peut-être de la planète (l'épithète « ubique » signifie « partout » en latin). En raison de son grand nombre, on suppose qu'elle joue un rôle important dans le cycle du carbone de la Terre.

Azospirillum Les agromicrobiologistes se sont intéressés aux espèces du genre *Azospirillum*, soit des bactéries du sol qui se développent en association étroite avec les racines de diverses plantes, notamment avec celles des plantes herbacées tropicales. La bactérie utilise les nutriments excrétés par ces plantes et, à son tour, fixe le diazote atmosphérique. Cette forme de fixation du diazote est remarquable chez certaines plantes herbacées tropicales et chez la canne à sucre, bien que l'on puisse isoler *Azospirillum* des racines de nombreuses plantes de régions tempérées, telles que le maïs.

Acetobacter* et *Gluconobacter *Acetobacter* et *Gluconobacter* sont des organismes aérobies importants pour l'industrie ; ils convertissent l'éthanol en acide acétique (vinaigre).

Rickettsia Dans la première édition du manuel de Bergey, les genres *Rickettsia, Coxiella* et *Chlamydia* avaient été classés dans des groupes apparentés parce que ces bactéries possèdent une caractéristique commune : ce sont des parasites intracellulaires obligatoires, c'est-à-dire qu'elles se reproduisent uniquement à l'intérieur d'une cellule vivante de mammifère. Les mêmes organismes sont maintenant classés dans des groupes non apparentés. Vous trouverez une comparaison entre les rickettsies, les chlamydies et les virus dans le tableau 8.1.

Les rickettsies sont des bactéries à Gram négatif en forme de petit bâtonnet ou de coccobacille (**figure 6.1a**). Presque toutes les rickettsies ont une caractéristique commune : elles se transmettent aux humains, comme *Coxiella* (dont nous reparlerons en examinant les γ-protéobactéries), lors de morsures de tiques ou d'insectes suceurs de sang, qui en sont les vecteurs. Les rickettsies pénètrent dans la cellule hôte en provoquant la phagocytose. Elles entrent rapidement dans le cytoplasme de la cellule, où elles se reproduisent par scissiparité (**figure 6.1b**). En général, on peut les faire croître artificiellement dans une culture cellulaire ou dans un embryon de poulet (figure 8.7).

Les rickettsies sont responsables de plusieurs maladies, appelées *rickettsioses*. Celles-ci comprennent le typhus épidémique, causé par *Rickettsia prowazekii* et transmis par les poux, le typhus murin (endémique), causé par *R. typhi* et transmis par les puces de rats, et la fièvre pourprée des montagnes Rocheuses, causée par *R. rickettsii* et transmise par les tiques (figure 18.17). Chez les humains, les rickettsies infectent les cellules endothéliales des petits vaisseaux sanguins, altérant ainsi la perméabilité des capillaires ; les cellules endothéliales atteintes se rompent, ce qui entraîne la formation de petits caillots puis le blocage des vaisseaux, d'où l'apparition d'un érythème maculopapuleux caractéristique.

Ehrlichia Les bactéries du genre *Ehrlichia* sont des bactéries à Gram négatif qui ressemblent aux rickettsies. Ces bactéries sont des parasites intracellulaires obligatoires des leucocytes. Les diverses espèces d'*Ehrlichia* se transmettent aux humains par les tiques et elles causent l'ehrlichiose, une maladie potentiellement fatale.

Caulobacter* et *Hyphomicrobium *Caulobacter* et *Hyphomicrobium* produisent des appendices proéminents appelés *prosthecæ*. Les membres du genre *Caulobacter* résident dans les milieux aquatiques pauvres en nutriments, tels que les lacs. Ils sont dotés de prosthèques qui leur permettent de se fixer à diverses surfaces (**figure 6.2**). Cette propriété accroît la quantité de nutriments qu'ils peuvent absorber, car ils sont ainsi exposés à un flux d'eau qui change continuellement.

Couche extracellulaire

a) MET 0,04 μm

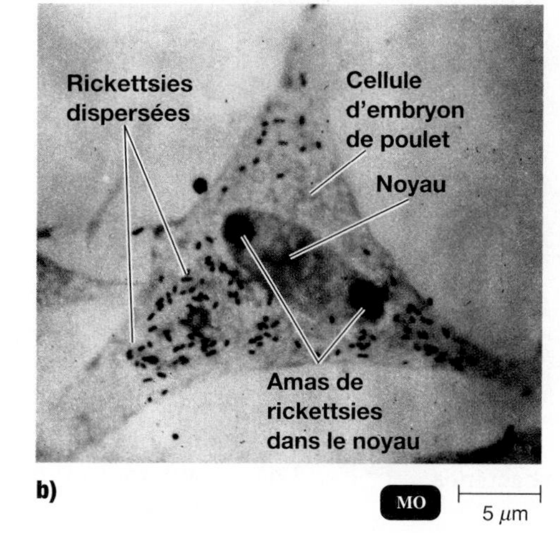

b) MO 5 μm

Figure 6.1 **Rickettsies. a)** Micrographie d'une rickettsie libérée de sa cellule hôte. **b)** La micrographie montre une cellule d'embryon de poulet infectée par des rickettsies intracellulaires. Notez la présence de rickettsies dispersées dans le cytoplasme et de deux amas distincts de rickettsies dans la région du noyau cellulaire ovale.

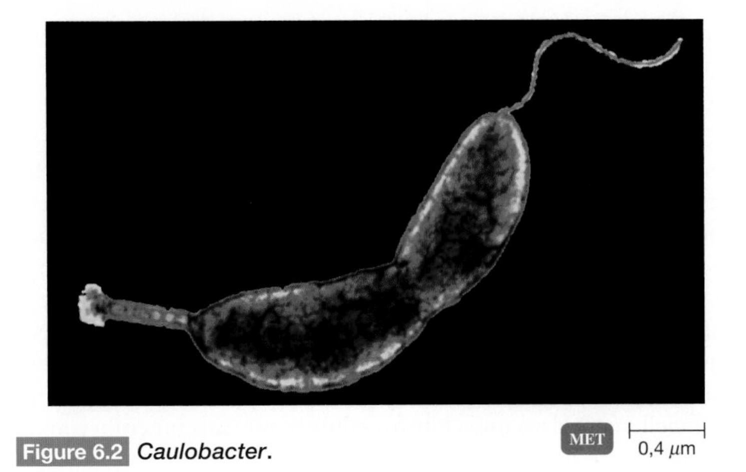

Figure 6.2 *Caulobacter.*

Si la concentration en nutriments est particulièrement faible, la taille des prosthèques augmente, afin sans doute que la surface d'absorption des nutriments soit la plus grande possible par rapport au volume de la cellule. De plus, si elles se fixent à la surface d'un hôte vivant, les bactéries peuvent utiliser les excrétions de ce dernier comme nutriments.

Certaines bactéries ne se divisent pas par scissiparité pour former deux cellules identiques ; elles se reproduisent par bourgeonnement. Le processus de bourgeonnement ressemble à la reproduction asexuée de diverses levures (figure 7.3). La cellule mère conserve son identité tandis que le bourgeon fait saillie à sa surface et augmente de volume, jusqu'à ce qu'il se sépare pour constituer une cellule tout à fait distincte. D'autres bactéries forment un bourgeon à l'intérieur de leur prosthèque lorsque cette dernière est présente. Le genre *Hyphomicrobium* fournit l'exemple, illustré dans la **figure 6.3**, d'une bactérie dont la prosthèque peut être reproductrice parce qu'elle contient un bourgeon. À l'instar de *Caulobacter*, *Hyphomicrobium* vit dans des milieux aquatiques pauvres en nutriments, et l'on a même constaté que ces bactéries sont capables de se développer dans un bain-marie au laboratoire.

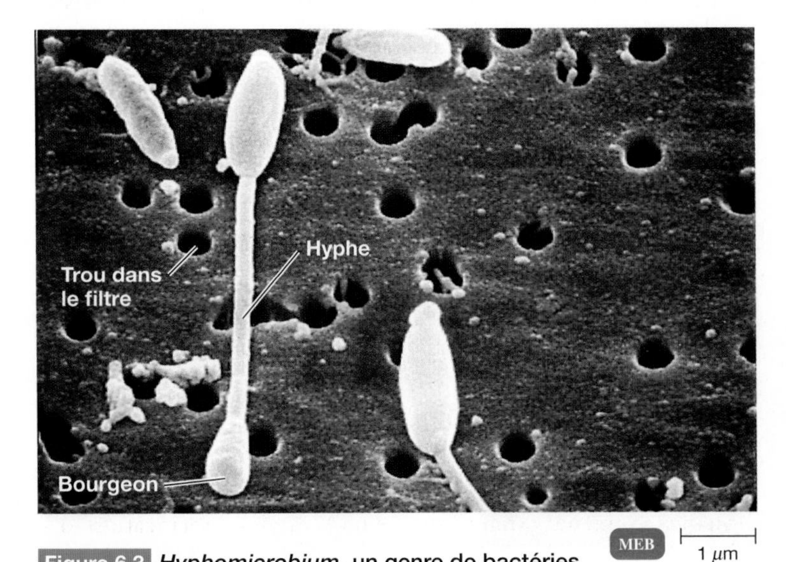

Figure 6.3 *Hyphomicrobium*, un genre de bactéries bourgeonnantes.

Rhizobium*, *Bradyrhizobium* et *Agrobacterium Les genres *Rhizobium* et *Bradyrhizobium* comprennent des bactéries qui jouent un rôle important en agriculture ; elles vivent dans les racines de certaines légumineuses, telles que les fèves, les pois et le trèfle. La présence de ces bactéries provoque la formation de nodosités dans lesquelles les bactéries et la plante vivent en symbiose, entraînant la fixation du diazote atmosphérique que la plante utilise (figure 27.5 EN LIGNE).

Les bactéries du genre *Agrobacterium* sont capables elles aussi de pénétrer dans les plantes. Cependant, elles ne provoquent pas la formation de nodosités sur les racines ni la fixation du diazote. *Agrobacterium tumefaciens* présente un intérêt particulier, car cette espèce est l'agent des plantes responsable de la maladie de la galle du collet. (Le collet est la zone de la plante d'où émergent d'un côté les racines et de l'autre, la tige.) La galle, d'apparence tumorale, se forme lorsqu'*A. tumefaciens* insère un plasmide contenant de l'information génétique bactérienne dans l'ADN chromosomique de la plante (figure 25.19 EN LIGNE). C'est la raison pour laquelle les spécialistes du génie génétique s'intéressent de près à ce microorganisme.

Bartonella Le genre ***Bartonella*** comprend plusieurs espèces pathogènes pour l'humain. La plus connue est *Bartonella henselæ*, un bacille à Gram négatif responsable de la maladie des griffes du chat.

Brucella *Brucella* est un petit coccobacille à Gram négatif non mobile. Toutes les espèces du genre *Brucella* sont des parasites obligatoires de cellules de mammifère responsables d'une maladie appelée *brucellose* ou *fièvre ondulante*. Du point de vue médical, soulignons la capacité de *Brucella* à survivre à la phagocytose, qui constitue une défense importante des humains contre les bactéries (chapitre 11).

Nitrobacter* et *Nitrosomonas Les bactéries nitrifiantes du genre *Nitrobacter* et du genre *Nitrosomonas* (ce dernier fait partie des β-protéobactéries) sont importantes sur le plan de l'environnement et en agriculture. Ce sont des chimioautotrophes qui sont capables d'obtenir l'énergie qu'ils requièrent de l'oxydation de substances chimiques inorganiques, et de tirer le carbone dont ils ont besoin uniquement du dioxyde de carbone (CO_2), à partir duquel ils synthétisent tous leurs constituants organiques complexes. Ces bactéries tirent leur énergie de composés azotés réduits. *Nitrobacter* transforme l'ammonium (NH_4^+) en nitrite (NO_2^-) par oxydation, et *Nitrosomonas* transforme le nitrite en nitrate (NO_3^-), également par oxydation, au cours du processus appelé *nitrification*. L'ion nitrate joue un rôle essentiel en agriculture, car cette forme de l'azote est très mobile dans le sol, de sorte que les plantes ont de bonnes chances d'entrer en contact avec elle et de l'utiliser.

Wolbachia Le genre *Wolbachia* compte probablement les bactéries infectieuses les plus répandues au monde. Malgré cela, on le connaît à peine. Les organismes qui le composent vivent à l'intérieur des cellules de leurs hôtes, lesquels sont en général des insectes (où ils forment une relation appelée *endosymbiose*). De ce fait, ils échappent aux moyens de détection qu'offrent les méthodes de culture habituelles. Nous reviendrons sur ce groupe fascinant à l'**encadré 6.1**.

La classe des *Betaproteobacteria*

Les β-protéobactéries (*Betaproteobacteria*) et les α-protéobactéries ont des traits communs, par exemple les bactéries nitrifiantes dont il a été question plus haut. De nombreuses β-protéobactéries utilisent les nutriments qui diffusent depuis des zones de décomposition anaérobie de matière organique, en particulier l'hydrogène gazeux, l'ammoniac et le méthane. Ce type de bactéries comprend plusieurs agents pathogènes importants.

Thiobacillus Les espèces *Thiobacillus* et d'autres bactéries sulfooxydantes jouent un rôle décisif dans le cycle du soufre (figure 27.8 EN LIGNE). Ces bactéries chimioautotrophes sont capables de se procurer de l'énergie en transformant par oxydation les substances sulfurées réduites, telles que le sulfure d'hydrogène (H_2S) et le soufre élémentaire (S^0), en ions sulfate (SO_4^{2-}).

Spirillum Les bactéries de ce type vivent principalement dans les masses d'eau douce. Leur mobilité est assurée par des flagelles polaires. Les spirilles sont des bactéries aérobies à Gram négatif relativement grosses (**figure 6.4**).

Sphærotilus Les bactéries engainées, dont fait partie *Sphærotilus natans,* sont présentes dans les masses d'eau douce et les eaux usées diluées. Ce sont des bactéries à Gram négatif, pourvues de flagelles polaires, qui vivent à l'intérieur d'une gaine filamenteuse creuse qu'elles produisent elles-mêmes (**figure 6.5**). La cellule bactérienne est libre à l'intérieur de cette gaine qui lui sert d'abri, la protège et lui permet d'accumuler des réserves nutritives. *Sphærotilus* contribue probablement au problème majeur que représente le gonflement des eaux usées lors de leur traitement (chapitre 27 EN LIGNE).

Burkholderia On a reclassé récemment le genre *Burkholderia*; il se trouvait anciennement avec le genre *Pseudomonas*, qui fait partie des γ-protéobactéries. À l'instar de *Pseudomonas*, presque toutes les espèces de *Burkholderia* se déplacent au moyen d'un unique flagelle polaire ou d'une touffe de flagelles. L'espèce la mieux connue est *Burkholderia cepacia,* un bacille à Gram négatif aérobie. Ce bacille a un éventail nutritionnel extraordinaire; il est capable de dégrader plus de 100 molécules organiques différentes (encadré 10.1). Cette aptitude contribue souvent à la contamination du matériel ou de médicaments en milieu hospitalier; en fait, *B. cepacia* peut

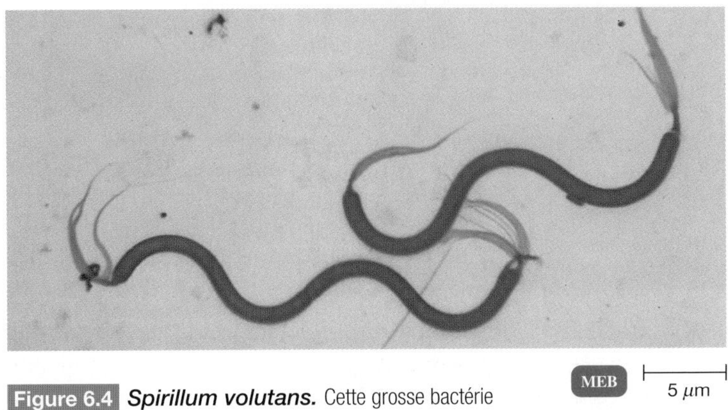

Figure 6.4 ***Spirillum volutans.*** Cette grosse bactérie hélicoïdale pourvue de flagelles polaires vit dans les milieux aquatiques.

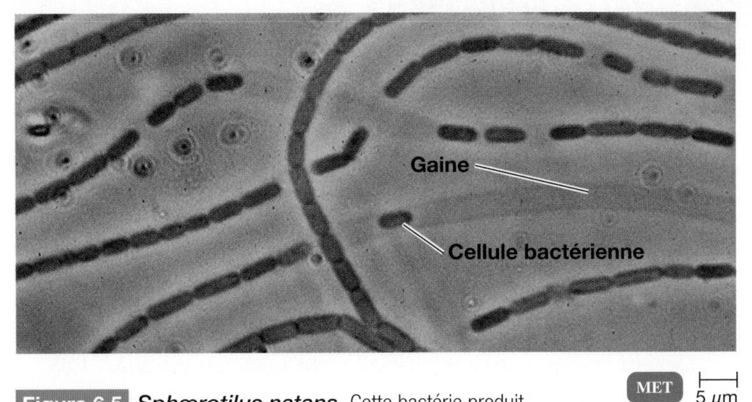

Figure 6.5 ***Sphærotilus natans.*** Cette bactérie produit une gaine allongée qui lui sert d'abri.

même se développer dans des solutions désinfectantes. Cette bactérie est également une source de problèmes pour les patients atteints de fibrose kystique, car elle est capable de métaboliser les sécrétions qui s'accumulent dans les voies respiratoires.

Bordetella *Bordetella pertussis,* qui est un bacille à Gram négatif aérobie, non mobile, est particulièrement important. Cet agent pathogène virulent est responsable de la coqueluche (figure 19.7).

Neisseria Les bactéries du genre *Neisseria* sont des cocci aérobies à Gram négatif qui résident habituellement dans les muqueuses des mammifères. Les espèces pathogènes humaines comprennent le gonocoque *Neisseria gonorrhϾ*, dont les cocci sont disposés en paires (diplocoques) par leur face concave. Les fimbriæ permettent au microorganisme de se fixer à une muqueuse et contribuent ainsi à sa pathogénicité. *N. gonorrhϾ* est l'agent de la blennorragie (**figure 6.6**) et *N. meningitidis* est l'agent de la méningite méningococcique (figure 17.3).

Zooglœa Le genre *Zooglœa* joue un rôle de premier plan dans certains types de traitement aérobie des eaux usées, tels que le système à boues activées (chapitre 27 EN LIGNE). Lorsqu'elles se développent, les bactéries *Zooglœa* produisent des masses mucilagineuses, visqueuses, essentielles à l'application du procédé.

La classe des *Gammaproteobacteria*

Les γ-protéobactéries (*Gammaproteobacteria*) constituent la classe de bactéries la plus nombreuse, et comprennent des microorganismes très diversifiés sur le plan physiologique. Nous décrivons une espèce qui joue un rôle en microbiologie industrielle dans l'encadré 28.1 EN LIGNE. Les γ-protéobactéries comptent plusieurs ordres.

Beggiatoa *Beggiatoa alba,* l'unique espèce de ce genre peu répandu, se développe dans les sédiments aquatiques, à l'interface des couches aérobie et anaérobie. Ce microorganisme ressemble par sa morphologie à certaines cyanobactéries filamenteuses, mais il n'est pas photosynthétique. Il se déplace par glissement grâce à la production d'une substance visqueuse qui lui procure une certaine lubrification lors des mouvements. Il utilise le sulfure d'hydrogène (H_2S) comme source d'énergie et accumule des réserves nutritives internes de

Les bactéries et la sexualité des insectes

Il est fort possible que les bactéries infectieuses les plus répandues sur la planète appartiennent au genre *Wolbachia*. Bien que leur découverte remonte à 1924, ce n'est qu'au cours des années 1990 qu'on a commencé à s'y intéresser. On ne peut les détecter par les méthodes de culture habituelles, car elles vivent en endosymbiose dans les cellules d'insectes et d'autres invertébrés (**figure A**).

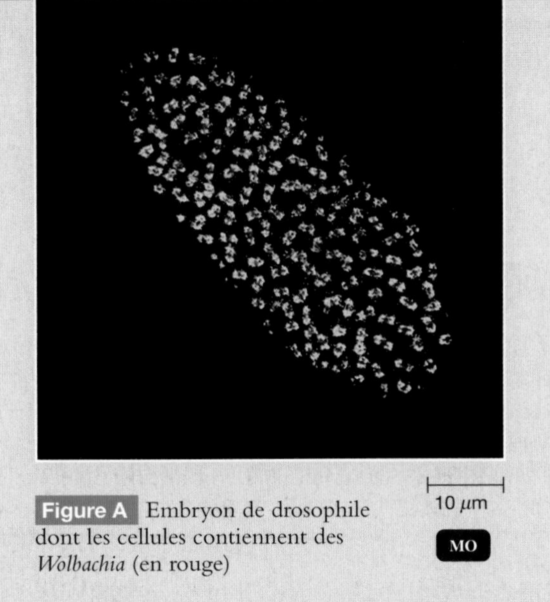

Figure A Embryon de drosophile dont les cellules contiennent des *Wolbachia* (en rouge)

10 μm

MO

Elles infectent plus de un million d'espèces d'invertébrés, principalement des insectes. Au total, jusqu'à 75 % des espèces d'animaux examinées sont porteuses de la bactérie. Dans le cas des nématodes, leur présence est vitale ; si on les élimine au moyen d'antibiotiques, le ver hôte meurt aussi. Le puceron du pois infecté par *Wolbachia* est épargné par la larve d'une guêpe parasite dont l'attaque est normalement fatale ; la bactérie est inoffensive pour le puceron, mais elle tue la guêpe.

Chez certains insectes, *Wolbachia* neutralise le mâle de l'espèce hôte. Elle en fait une femelle en perturbant l'action de l'hormone mâle. La **figure B** montre que, s'ils ne sont pas infectés, le mâle et la femelle de l'insecte ont une progéniture normale. Si le mâle est infecté mais non la femelle, la reproduction échoue. La femelle infectée se reproduit toujours, avec ou sans mâle, transmettant *Wolbachia* dans le cytoplasme de ses œufs. Toutefois, s'il n'y a pas fécondation, les insectes qui naissent sont femelles. De cette façon, les bactéries sont transmises à la génération suivante. On observe cette forme de reproduction, appelée *parthénogenèse*, chez divers insectes, ainsi que chez certains amphibiens et certains reptiles. D'où la question : *Wolbachia* est-elle toujours en cause dans ces situations ?

Par définition, les organismes d'une espèce eucaryote ne se reproduisent qu'avec des membres de leur propre espèce. Cet isolement reproductif empêche la production d'hybrides et préserve de la sorte le caractère unique de chaque espèce. En laboratoire, les chercheurs ont découvert qu'après traitement aux antibiotiques, des guêpes d'espèces différentes peuvent donner naissance à une progéniture hybride. On s'est alors demandé s'il y avait un lien entre *Wolbachia* et l'évolution des insectes. Y a-t-il des insectes qui peuvent se reproduire entre espèces, sans être infectés ?

Il existe une souche virulente de *Wolbachia*, surnommée *popcorn*, qui provoque la lyse des cellules hôtes et finit par tuer l'insecte qui l'abrite. On pourrait être tenté d'utiliser cette souche dans la lutte contre les moustiques. D'un autre côté, si on éliminait la bactérie des insectes nuisibles, on obtiendrait peut-être moins de femelles, ce qui permettrait de freiner leur propagation.

Grâce à ses caractéristiques biologiques uniques, *Wolbachia* a attiré l'attention de plus d'un chercheur, aussi bien de ceux qui s'interrogent sur le rôle joué par les infections dans le cours de l'évolution que de ceux qui voient là une occasion d'applications commerciales.

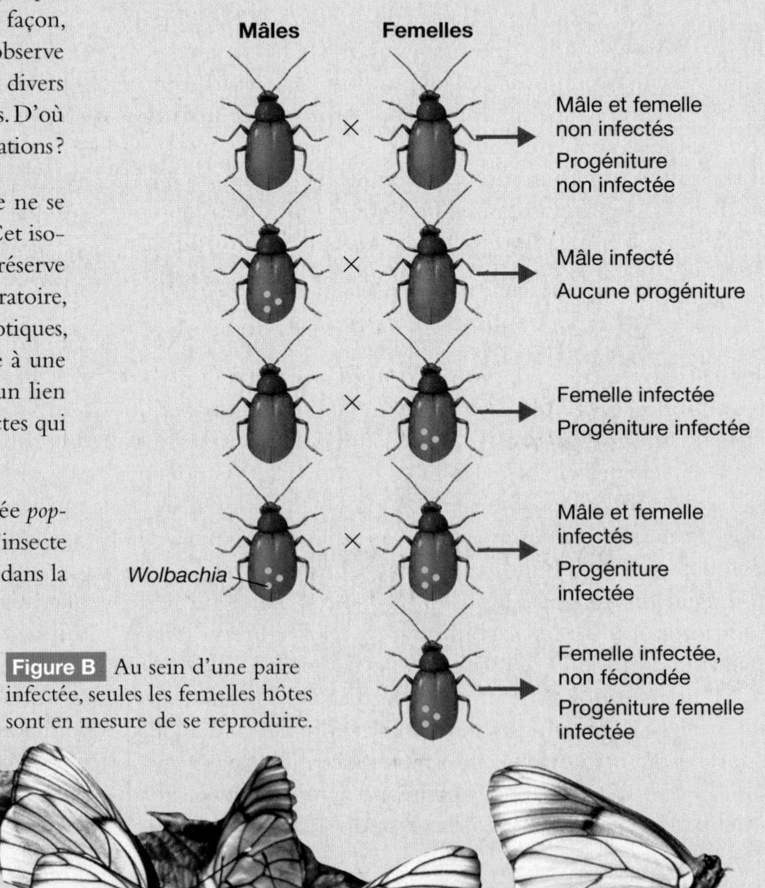

Figure B Au sein d'une paire infectée, seules les femelles hôtes sont en mesure de se reproduire.

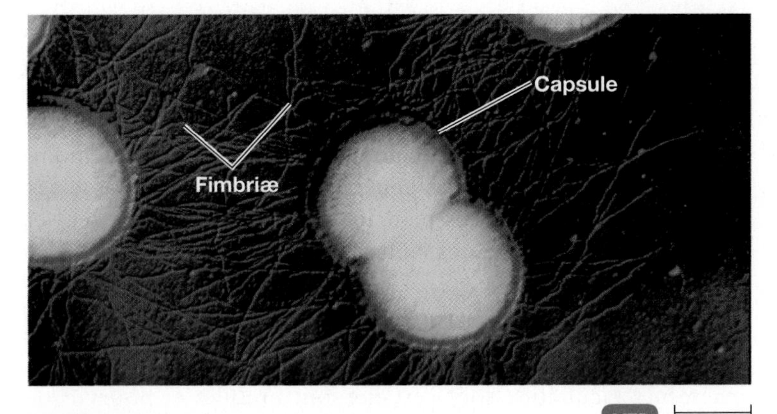

Figure 6.6 ***Neisseria gonorrhϾ.*** Les diplocoques sont munis de fimbriæ leur permettant de se fixer à une muqueuse, ce qui contribue à leur pathogénicité.

granules de soufre. Dans la description du cycle du soufre au chapitre 27 EN LIGNE, nous parlerons du rôle que *B. alba* a joué dans la découverte du métabolisme autotrophe.

Francisella Le genre *Francisella* regroupe de petites bactéries pléomorphes qui se développent uniquement sur des milieux complexes, enrichis de sang ou d'extraits tissulaires. *Francisella tularensis* est l'agent d'une maladie appelée *tularémie*.

L'ordre des *Pseudomonadales*

Les membres de l'ordre des *Pseudomonadales* sont des bacilles ou des cocci aérobies à Gram négatif. Le genre le plus important est *Pseudomonas.*

Pseudomonas *Pseudomonas* est un genre très important, composé de bacilles à Gram négatif aérobies dont la mobilité est assurée par un ou deux flagelles polaires ou une touffe de flagelles polaires (**figure 6.7**). Plusieurs espèces du genre *Pseudomonas* excrètent des pigments extracellulaires, solubles dans l'eau, qui diffusent dans le milieu. L'espèce *Pseudomonas æruginosa* produit des pigments jaune-vert solubles. Dans certaines conditions, et en particulier chez un hôte affaibli, elle infecte les voies urinaires, les brûlures et les blessures, et peut causer une septicémie (invasion du sang par la bactérie), des abcès ou la méningite. On soupçonne la présence de cette bactérie lorsque les sécrétions purulentes d'une plaie chez un patient deviennent jaune verdâtre ; cette bactérie est souvent en cause dans des infections nosocomiales. D'autres espèces de *Pseudomonas* produisent des pigments solubles fluorescents, qui luisent en présence de lumière ultraviolette. (À la suite d'études de l'ARNr, certaines espèces de *Pseudomonas* ont été reclassées dans le genre *Burkholderia,* dont il a été question dans la section consacrée aux β-protéobactéries.)

On trouve couramment des espèces de *Pseudomonas* dans le sol et d'autres milieux naturels. Ces bactéries utilisent moins efficacement que d'autres hétérotrophes nombre de nutriments communs, mais elles compensent cette lacune de diverses façons. Par exemple, elles sont capables de synthétiser un nombre considérable d'enzymes et de métaboliser une large gamme de substrats. Elles jouent donc sans doute un rôle majeur dans la décomposition de substances chimiques qui ont été répandues dans l'environnement, telles que les pesticides ou les hydrocarbures des déversements de pétrole. Beaucoup d'espèces de *Pseudomonas* sont susceptibles de se développer aux températures de réfrigération. Cette caractéristique, combinée à la capacité d'utiliser les protéines et les lipides, en fait des agents importants de la dégradation des aliments.

Dans les hôpitaux et autres lieux où l'on prépare des agents pharmaceutiques, la capacité de *Pseudomonas* à se développer en utilisant des quantités infimes de carbone provenant de sources inhabituelles, telles que les résidus de savon ou les adhésifs de joints contenus dans une solution, pose des problèmes sérieux auxquels on ne s'attendait pas. Ces bactéries peuvent même croître dans des antiseptiques tels que les composés d'ammonium quaternaire. Leur résistance à la majorité des antibiotiques, inquiétante sur le plan médical, est probablement reliée aux caractéristiques des porines, qui régularisent le passage des molécules à travers la paroi cellulaire ; c'est ainsi que les médicaments seraient pompés à l'extérieur de la bactérie avant d'agir (encadré 4.1 et figure 15.12). Les *Pseudomonas* sont responsables d'environ 10 % des infections nosocomiales, en particulier dans les unités de grands brûlés. Les personnes atteintes de fibrose kystique montrent une plus grande sensibilité aux infections causées par *Pseudomonas* et par les espèces reclassées dans le genre *Burkholderia*. Plusieurs espèces de *Pseudomonas* peuvent croître au froid, notamment dans les réfrigérateurs.

Bien que les espèces de *Pseudomonas* soient classées parmi les aérobies, certaines sont capables d'utiliser l'ion nitrate au lieu de l'oxygène au cours du processus de respiration anaérobie. Par exemple, dans un sol recouvert d'eau, *Pseudomonas* finissent par transformer les précieux ions nitrate (NO_3^-) en diazote (N_2), gaz qui s'échappe dans l'atmosphère. Leur présence dans le sol cause ainsi d'importantes pertes de nitrate, un constituant précieux des engrais (chapitre 27 EN LIGNE).

Azotobacter* et *Azomonas Certaines bactéries fixatrices de N_2, telles qu'*Azotobacter* et *Azomonas,* vivent à l'état libre dans le sol. Ce sont de grosses bactéries ovoïdes dotées d'une capsule épaisse qui, pour fixer des quantités de diazote significatives du point de vue de l'agriculture, auraient besoin de sources d'énergie, telles que les glucides, dont le sol ne contient qu'une réserve limitée.

Figure 6.7 ***Pseudomonas.*** Cette bactérie est pourvue de flagelles polaires caractéristiques du genre.

Moraxella Les espèces du genre *Moraxella* sont des coccobacilles aérobies stricts, c'est-à-dire que leur forme se situe entre celle des cocci et celle des bacilles. *Moraxella lacunata* est un agent de la conjonctivite – inflammation de la conjonctive, membrane qui recouvre l'œil et tapisse les paupières.

Acinetobacter Les bactéries du genre *Acinetobacter* sont aérobies et, dans les préparations colorées, se présentent le plus souvent par paires. Dans la nature, elles habitent le sol et l'eau.

L'espèce *Acinetobacter baumanii* suscite de plus en plus d'inquiétude dans les services de santé, car elle devient très rapidement résistante aux antibiotiques. Certaines souches résistent à la plupart des antibiotiques connus. À l'heure actuelle, la bactérie n'est pas répandue aux États-Unis, mais elle fait partie des agents pathogènes opportunistes présents surtout dans les milieux hospitaliers. En raison de sa résistance aux antibiotiques et de la fragilité des patients infectés, on observe un taux de mortalité exceptionnellement élevé. L'agent pathogène attaque principalement le système respiratoire, mais il infecte aussi la peau, les tissus mous et les plaies. À l'occasion, il envahit même la circulation. Il tolère mieux les environnements hostiles que la plupart des bactéries à Gram négatif. Une fois qu'il s'est établi dans un hôpital, il est difficile à éliminer.

L'ordre des *Legionellales*

Les genres *Legionella* et *Coxiella* sont étroitement apparentés et ils sont tous deux classés dans l'ordre des *Legionellales*.

Legionella *Legionella* cause une forme de pneumonie appelée *légionellose* ou *maladie du légionnaire*. En laboratoire, ces bactéries ont besoin d'un milieu artificiel approprié sur lequel il est possible de les isoler spécifiquement et de les faire croître. Les microbes appartenant à ce genre sont fréquemment présents dans les cours d'eau et colonisent divers habitats, dont les canalisations d'eau chaude des hôpitaux et l'eau contenue dans les refroidisseurs atmosphériques des circuits de climatisation (encadré 19.2). Leur capacité de survivre et de se reproduire à l'intérieur d'amibes aquatiques complique leur élimination des réseaux d'aqueduc.

Coxiella L'espèce *Coxiella burnetii,* qui est responsable de la fièvre Q, était autrefois classée avec les rickettsies. Comme ces dernières, elle se reproduit uniquement à l'intérieur d'une cellule hôte de mammifère mais, contrairement aux rickettsies, elle n'est pas transmise aux humains par les piqûres d'insectes ou les morsures de tiques. Bien qu'elle infeste la tique du bétail, *C. burnetii* se transmet principalement par les petites particules aérosolées et le lait contaminé. On a observé l'existence d'un cycle sporogène (formation d'une endospore) (figure 19.14b), ce qui explique peut-être que la bactérie tolère relativement bien le stress de la transmission aérienne et du traitement par la chaleur.

L'ordre des *Vibrionales*

Les membres de l'ordre des *Vibrionales* sont des bacilles à Gram négatif, anaérobies facultatifs, dont un bon nombre sont légèrement incurvés. On les trouve surtout dans des habitats aquatiques.

Vibrio Les espèces du genre *Vibrio* sont des bacilles et plusieurs d'entre eux sont légèrement incurvés (**figure 6.8**). *Vibrio choleræ* est un agent pathogène important, responsable du choléra. Cette maladie est caractérisée par une diarrhée liquide profuse. *V. parahæmolyticus* cause une forme de gastroentérite moins grave. Cette espèce, qui vit en général dans les eaux côtières salées, est transmise aux humains principalement par des crustacés et coquillages crus ou pas assez cuits.

L'ordre des *Enterobacteriales*

L'ordre des *Enterobacteriales* regroupe des bacilles à Gram négatif, anaérobies facultatifs, dont certains sont mobiles et pourvus de flagelles péritriches. Ces bacilles ont une morphologie rectiligne et des besoins nutritifs simples. Il s'agit d'un groupe majeur de bactéries, communément appelées **entérobactéries**. Cette appellation reflète le fait que ces organismes résident dans l'intestin des humains et de divers autres animaux. La majorité des entérobactéries sont des agents fermentaires actifs du glucose et de divers autres glucides.

Étant donné leur importance clinique, il existe plusieurs méthodes d'isolement et d'identification des entérobactéries. Reportez-vous à la figure 5.8, qui représente une clé dichotomique destinée à identifier certaines de ces bactéries, et à la figure 5.9, qui illustre un outil moderne dans lequel interviennent 15 épreuves biochimiques. Les épreuves biochimiques sont essentielles pour les études cliniques en laboratoire, la microbiologie alimentaire et la microbiologie de l'eau.

Les entérobactéries sont dotées de fimbriæ qui leur permettent de se fixer à la surface des muqueuses. Les pili sexuels spécialisés servent à l'échange d'informations génétiques entre les bactéries lors du processus de la conjugaison, et notamment à la transmission de la résistance aux antibiotiques (figures 24.26 et 24.27 EN LIGNE).

Comme bien d'autres bactéries, les entérobactéries produisent des protéines, appelées *bactériocines*, qui provoquent la lyse des espèces bactériennes étroitement apparentées. Les bactériocines sont susceptibles de contribuer au maintien de l'équilibre écologique des diverses entérobactéries de l'intestin.

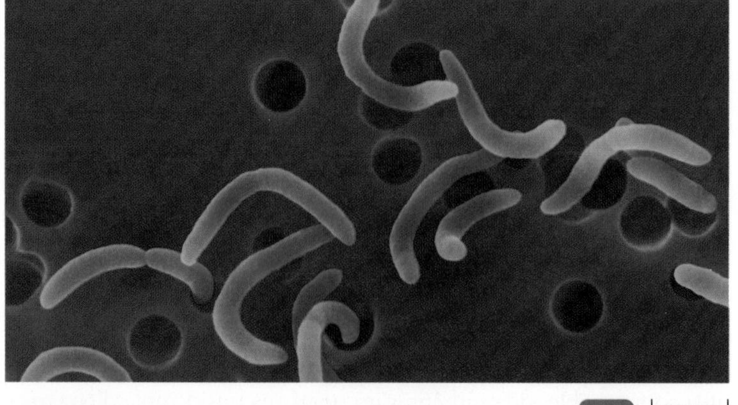

Figure 6.8 ***Vibrio choleræ.*** La forme des bacilles, caractéristique du genre, est légèrement incurvée.

Escherichia La bactérie *Escherichia coli* est l'un des résidents les plus communs de l'intestin des humains, et c'est probablement l'organisme le mieux connu en microbiologie. La présence d'*E. coli* dans l'eau ou les aliments est un indice de contamination fécale (chapitre 27 EN LIGNE). Bien que ce microorganisme ne soit habituellement pas un agent pathogène, il cause parfois des infections des voies urinaires; certaines souches produisent des **entérotoxines** responsables de la turista (diarrhée des voyageurs), et provoquent occasionnellement de très graves maladies d'origine alimentaire telles que la maladie du hamburger (voir *E. coli* O157:H7 au chapitre 20).

Salmonella Presque toutes les espèces du genre *Salmonella* sont potentiellement pathogènes. Cela explique qu'on ait mis au point toute une batterie de tests biochimiques et sérologiques pour isoler et identifier les salmonelles. On trouve fréquemment ces bactéries dans l'intestin de nombreux animaux, et en particulier de la volaille et du bétail. Lorsque les conditions d'hygiène sont médiocres, il y a un risque de contamination des aliments et, par conséquent, des humains.

La nomenclature du genre *Salmonella* est inhabituelle. Pour des raisons pratiques, on considère souvent que les membres de ce genre infectant les animaux endothermes (à «sang chaud») constituent une seule espèce, soit *Salmonella enterica,* divisée en plus de 2 400 **sérovars** ou **sérotypes**. À propos de ces deux derniers termes, mentionnons que, lorsqu'on injecte des salmonelles d'un sérovar particulier dans un animal approprié, les flagelles, la capsule et la paroi cellulaire du microbe jouent le rôle d'*antigènes,* de sorte que l'animal produit, dans son sang, des *anticorps* spécifiques des antigènes de chacune de ces structures. On se sert donc des méthodes sérologiques pour distinguer les microorganismes entre eux. Les techniques de sérologie sont étudiées plus en détail au chapitre 26 EN LIGNE; il suffit pour le moment de savoir qu'elles servent à différencier et à identifier les bactéries.

D'un point de vue technique, un sérotype tel que *Salmonella typhimurium* n'est pas une espèce, de sorte qu'on devrait en fait écrire «*Salmonella enterica* sérotype *Typhimurium*». La convention établie par les Centers for Disease Control and Prevention (CDC) est d'écrire le nom complet à sa première mention et d'employer par la suite la forme abrégée *Salmonella Typhimurium*. Dans le présent ouvrage, nous nous contentons de désigner les sérotypes de salmonelles de la même façon que les espèces, c'est-à-dire que nous écrivons par exemple *S. typhimurium*.

Dans le but d'effectuer des tests sérologiques en laboratoire de microbiologie clinique, on utilise des préparations commerciales d'anticorps spécifiques pour différencier les sérotypes de *Salmonella* à l'aide d'une méthode appelée *modèle de Kauffmann-White*. Dans ce modèle, on désigne un microorganisme par des nombres et des lettres qui correspondent à des antigènes spécifiques présents sur la capsule, la paroi cellulaire et les flagelles, ces structures étant représentées respectivement par les lettres K, O et H. Ainsi, la formule antigénique de la bactérie *S. typhimurium* est O1,4,[5],12:H,i,1,2*. On désigne plusieurs salmonelles uniquement par leur formule antigénique. On différencie à leur tour les sérotypes en **biovars**, ou **biotypes**, en fonction de propriétés biochimiques ou physiologiques caractéristiques.

La fièvre typhoïde, due à *Salmonella typhi,* est la maladie la plus grave causée par un membre du genre *Salmonella*. La salmonellose est une maladie gastro-intestinale moins grave, due à d'autres salmonelles. C'est l'une des formes les plus fréquentes de maladie d'origine alimentaire (encadré 20.2).

Shigella L'espèce *Shigella* est responsable d'une maladie appelée *dysenterie bacillaire* ou *shigellose*. Contrairement aux salmonelles, ces bactéries n'infestent que les humains. Elles viennent au deuxième rang, après *E. coli,* parmi les causes les plus fréquentes de la turista. Certaines souches de *Shigella* sont responsables d'une dysenterie potentiellement mortelle.

Klebsiella L'espèce *Klebsiella pneumoniæ* cause parfois d'une façon opportuniste une forme grave de pneumonie chez les humains. Les espèces du genre *Klebsiella* sont fréquemment présentes dans le sol et l'eau. Nombre de ces bactéries sont capables de fixer l'azote atmosphérique.

Serratia *Serratia marcescens* se distingue par le fait qu'elle produit un pigment rouge. En milieu hospitalier, on trouve parfois cette bactérie sur les sondes, dans les solutions d'irrigation salines et dans diverses autres solutions soi-disant stériles. Cette forme de contamination est probablement responsable de bon nombre d'infections nosocomiales des voies urinaires ou respiratoires et de septicémies lors de chirurgies cardiaques.

Proteus La mobilité de *Proteus mirabilis* est assurée par des flagelles péritriches (**figure 6.9a**). Les colonies de *Proteus* qui se développent sur gélose en boîte de Petri présentent un mode de croissance par essaimage où les cellules forment des anneaux concentriques (**figure 6.9b**). Ces anneaux résultent de la croissance à la périphérie de la colonie de générations de cellules très mobiles qui se convertissent de façon synchrone en générations de cellules peu mobiles, et ce, à répétition. Une communication par signaux chimiques permet aux bactéries de modifier leur degré de mobilité. On trouve cette bactérie à Gram négatif dans les plaies et dans de nombreuses infections des voies urinaires, où l'activité de l'enzyme qu'elle produit, l'uréase, est un facteur déterminant.

Yersinia *Yersinia pestis* est responsable de la peste bubonique, qui a ravagé l'Europe au Moyen Âge. Les rats, dans certaines villes du monde, et les écureuils fouisseurs, dans le sud-ouest des États-Unis, sont porteurs de ces bactéries, qui se transmettent généralement aux humains et aux autres animaux par l'intermédiaire des puces. Le contact avec des gouttelettes de salive d'animaux ou de personnes infectées peut aussi jouer un rôle dans la transmission de cette infection qui sévit encore dans certains pays tels que l'Inde (figure 18.9).

---

* Les lettres viennent des termes en usage en allemand; ainsi, K est la première lettre du mot qui signifie «capsule». (Les salmonelles dotées d'une capsule sont identifiées du point de vue sérologique par un antigène d'enveloppe spécifique appelé *Vi*, pour virulence.) Les colonies qui forment un mince film sur une surface de gélose sont désignées par le terme «Hauch» (film). La mobilité indispensable à la formation d'un tel film suppose la présence de flagelles, et la lettre H représente les antigènes portés par les flagelles. Les bactéries non mobiles sont qualifiées de ohne Hauch, c'est-à-dire sans film, de sorte que O représente les antigènes de la surface cellulaire. On emploie une terminologie semblable pour *E. coli* O157:H7, *Vibrio choleræ* O:1 et d'autres organismes.

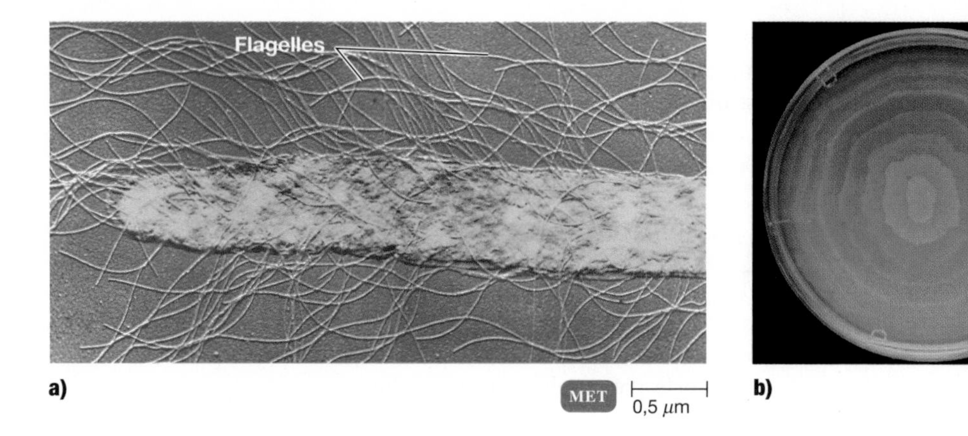

Figure 6.9 ***Proteus mirabilis.*** **a)** *Proteus mirabilis* doté de flagelles péritriches. **b)** Croissance en anneaux concentriques d'une colonie de *Proteus mirabilis.*

Erwinia Les espèces du genre *Erwinia* sont surtout des agents pathogènes des plantes cultivées. *Erwinia carotovora* produit des enzymes qui hydrolysent la pectine présente entre les cellules végétales, ce qui entraîne une forme de décomposition des légumes appelée *pourriture molle.*

Enterobacter Deux espèces du genre *Enterobacter,* soit *E. cloacæ* et *E. ærogenes,* causent des infections des voies urinaires et des infections nosocomiales. Elles sont très répandues chez les humains et les animaux, ainsi que dans l'eau, les eaux usées et le sol.

L'ordre des *Pasteurellales*

Les bactéries de l'ordre des *Pasteurellales* sont non mobiles ; elles sont surtout connues en tant qu'agents pathogènes pour les humains et les animaux.

Pasteurella Le genre *Pasteurella* est d'abord connu en tant qu'agent pathogène pour les animaux domestiques. Il cause la septicémie chez le bétail, le choléra chez les poulets et la volaille en général, et la pneumonie chez divers animaux. L'espèce la plus étudiée est *Pasteurella multocida,* transmissible aux humains par les morsures de chien ou de chat.

Hæmophilus Le genre *Hæmophilus* regroupe d'importantes bactéries pathogènes, fréquemment présentes dans le microbiote normal des muqueuses des voies respiratoires supérieures, de la bouche, du vagin et de l'intestin. L'espèce la mieux connue parmi celles qui affectent les humains est *Hæmophilus influenzæ,* ainsi nommée autrefois parce qu'on pensait à tort qu'elle était responsable de la grippe.

Le nom *Hæmophilus* reflète le fait que ces bactéries ont besoin de facteurs de croissance présents dans le sang pour se multiplier, comme l'indique l'étymologie grecque de leur nom (*hemo-* = sang ; *-phile* = ami). *Hæmophilus* est incapable de synthétiser des composés majeurs du système de cytochromes, indispensables à la chaîne de transport des électrons (respiration cellulaire). C'est pourquoi le milieu de culture doit fournir deux facteurs de croissance essentiels à leur croissance : le **facteur X**, ou hématine, tiré de l'hémoglobine sanguine et le **facteur V**, ou nicotinamide-adénine-dinucléotide (NAD^+ ou $NADP^+$), un cofacteur. Les laboratoires cliniques emploient des tests portant sur les besoins relatifs à l'un ou l'autre de ces deux facteurs, ou aux deux, pour vérifier si un isolat bactérien contient une espèce particulière d'*Hæmophilus.*

Hæmophilus influenzæ est responsable de plusieurs maladies importantes. Cette bactérie constitue une cause fréquente de méningite et d'otite moyenne chez les jeunes enfants. Parmi les autres états cliniques attribuables à *H. influenzæ,* on note l'épiglottite (infection, potentiellement mortelle, de l'épiglotte, accompagnée d'inflammation), l'arthrite septique de l'enfant, la bronchite et la pneumonie. Une autre espèce, *H. ducreyi,* est responsable d'une maladie transmise sexuellement, appelée *chancre mou* ou *chancrelle.*

La classe des *Deltaproteobacteria*

Les δ-protéobactéries (*Deltaproteobacteria*) ont ceci de particulier qu'elles comptent des prédateurs de diverses autres bactéries. Elles jouent également un rôle majeur dans le cycle du soufre.

Bdellovibrio Les bactéries du genre *Bdellovibrio* sont particulièrement intéressantes. Elles attaquent d'autres bactéries à Gram négatif (*bdella* = sangsue) (**figure 6.10**). Elles s'y fixent solidement et traversent leur couche externe, après quoi elles se reproduisent dans le périplasme. Là, les cellules s'allongent pour former une hélice serrée, qui se fragmente ensuite en plusieurs cellules flagellées, produites presque simultanément. Les cellules hôtes se lysent alors pour libérer les cellules flagellées.

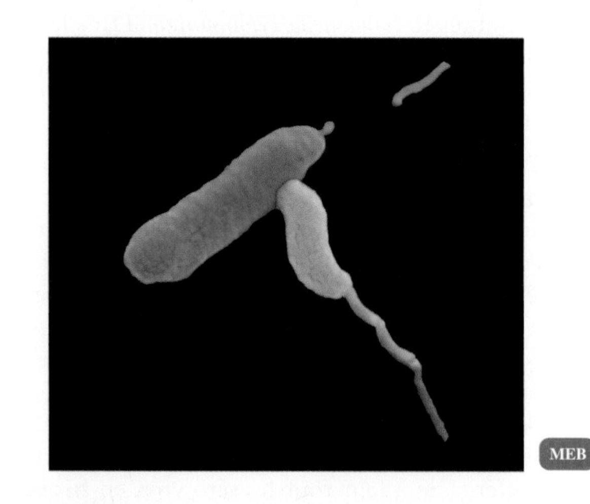

Figure 6.10 ***Bdellovibrio bacteriovorus.*** *B. bacteriovorus* (en jaune) attaque une bactérie colorée en bleu.

L'ordre des *Desulfovibrionales*

Les espèces de l'ordre des *Desulfovibrionales* sont des bactéries sulfo-réductrices, anaérobies stricts, qui utilisent des formes oxydées du soufre – telles que l'ion sulfate (SO_4^{2-}) et le soufre élémentaire – plutôt que de l'O_2, comme accepteurs d'électrons. Le produit de la réduction est du sulfure d'hydrogène (H_2S). Par leur activité, ces bactéries libèrent des millions de tonnes de H_2S dans l'atmosphère chaque année ; elles jouent donc un rôle primordial dans le cycle du soufre (figure 27.7 EN LIGNE).

Desulfovibrio Le genre de bactéries sulforéductrices le plus étudié est *Desulfovibrio,* que l'on trouve dans les sédiments anaérobies, de même que dans les intestins des humains et des animaux. Les bactéries qui réduisent le soufre et l'ion sulfate se servent de composés organiques – tels que le lactate, l'éthanol et les acides gras – comme donneurs d'électrons. Le soufre et l'ion sulfate sont ainsi réduits en H_2S. Lorsqu'il réagit avec le fer, le H_2S produit du FeS insoluble, responsable de la couleur noire de nombreux types de sédiments.

L'ordre des *Myxococcales*

Dans la première édition du manuel de Bergey, l'ordre des *Myxococcales* était classé parmi les bactéries fructifères et mucilagineuses. Cet ordre illustre la forme la plus complexe du cycle de vie bactérien, qui comprend une phase pendant laquelle les bactéries sont des microprédateurs de diverses autres bactéries.

Myxococcus Les espèces du genre *Myxococcus* sont des bactéries à Gram négatif qui vivent dans le sol. Les cellules végétatives des myxobactéries (*myxo-* = mucus) laissent, en se déplaçant par glissement, une trace visqueuse (**figure 6.11a**). *Myxococcus xanthus* et *M. fulvus* sont des représentants très étudiés du genre *Myxococcus*. Lorsque les myxobactéries se déplacent, les bactéries qu'elles rencontrent constituent leur source de nutrition ; elles lysent ces bactéries par action enzymatique, puis les digèrent. L'assèchement du sol ou une diminution de la quantité de nutriments dans le milieu déclenche la différenciation des myxobactéries. Un grand nombre d'entre elles s'agglomèrent puis, en se différenciant, elles forment un organe fructifère pédonculé microscopique qui contient des cellules dormantes, appelées *myxospores* ; ces dernières sont souvent incluses dans des structures fermées elles-mêmes appelées *sporangioles* (**figure 6.11b**). Dans des conditions favorables, résultant habituellement d'une modification de la source de nutriments, les myxospores germent et donnent de nouvelles cellules mucilagineuses végétatives.

La classe des *Epsilonproteobacteria*

Les ε-protéobactéries (*Epsilonproteobacteria*) sont de minces bacilles à Gram négatif de forme hélicoïdale ou incurvés en virgule. Une bactérie hélicoïdale est dite incurvée en virgule si elle ne forme pas un tour complet. Nous traitons ici des deux genres majeurs d'ε-protéobactéries, dont tous les membres se déplacent au moyen de flagelles et sont microaérophiles.

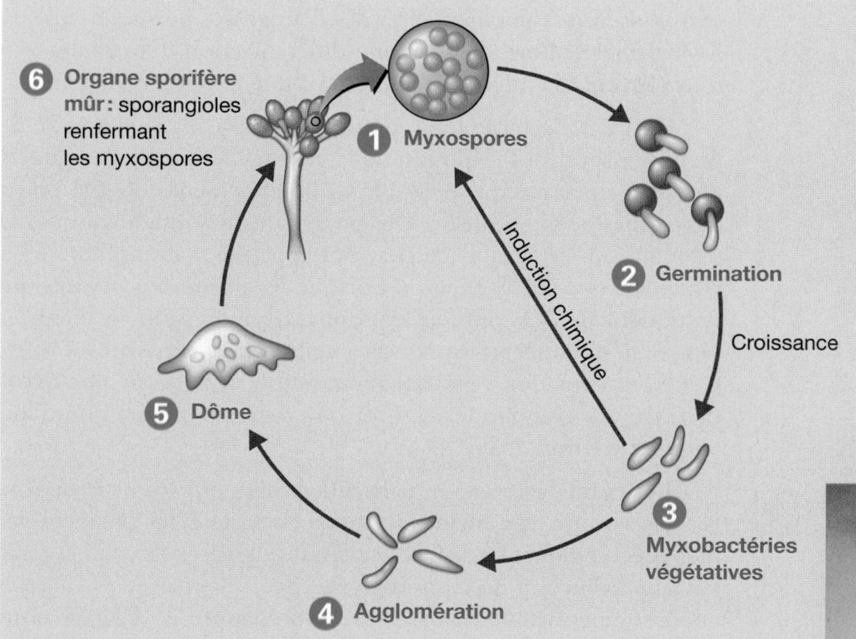

a)

1. Les myxospores sont produits par l'organe sporifère ou par induction chimique des cellules végétatives.
2. Les myxospores germent et forment des cellules (bactéries) végétatives à Gram négatif, qui se reproduisent par scissiparité.
3. Les myxobactéries végétatives se déplacent par glissement, laissant derrière elles une trace visqueuse observable.
4. Quand certaines conditions sont réunies, les myxobactéries végétatives essaiment vers un point commun et forment une agglomération.
5. En s'agglomérant, les cellules forment un dôme, une structure appelée à se transformer en organe sporifère.
6. Les dômes de myxobactéries se différencient et deviennent des organes sporifères, arborant des sporangioles dans lesquels sont entassées les myxospores.

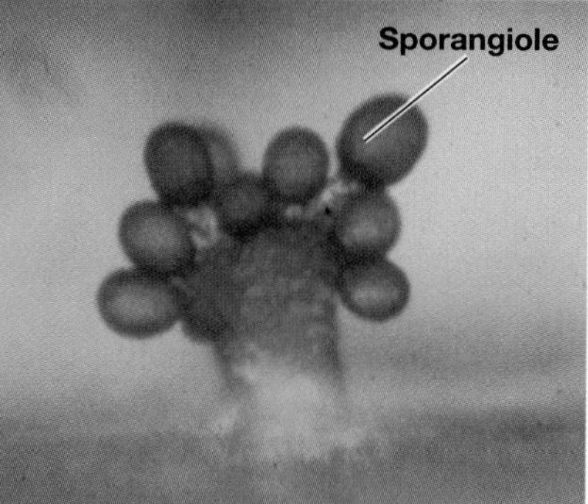

b)

Figure 6.11 **Ordre des *Myxococcales*. a)** Cycle vital des *Myxococcales*. **b)** Organe sporifère de la myxobactérie ; chaque sporangiole contient environ 10 000 myxospores.

Campylobacter Les bactéries du genre *Campylobacter* sont des vibrions microaérophiles ; chaque cellule est dotée d'un flagelle polaire. L'espèce *C. fetus* est l'agent responsable d'avortements spontanés chez les animaux domestiques, et *C. jejuni* est l'une des principales causes des maladies intestinales d'origine alimentaire.

Helicobacter Le genre *Helicobacter* est constitué de bacilles incurvés microaérophiles, dotés de plusieurs flagelles. On a découvert récemment que l'espèce *Helicobacter pylori* est la cause la plus fréquente de l'ulcère gastroduodénal chez les humains et une des causes du cancer de l'estomac (**figure 6.12** ; voir aussi la figure 20.13).

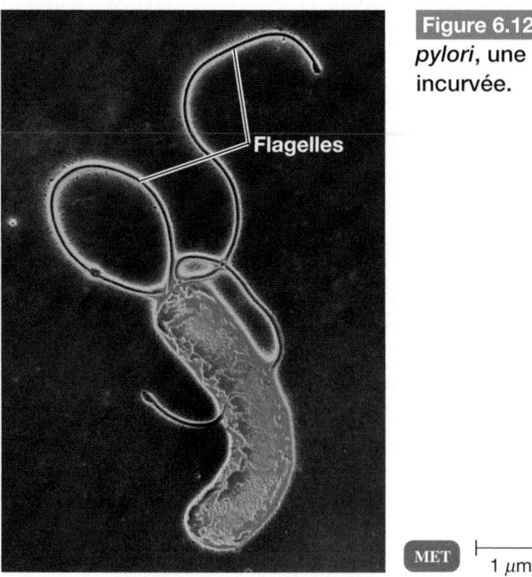

Figure 6.12 ***Helicobacter pylori*, une bactérie incurvée.**

▶ Vérifiez vos acquis

Dessinez une clé dichotomique qui distingue les bactéries (décrites dans ce chapitre) faisant partie de chacune des différentes classes de protéobactéries. **6-1**

Nommez les genres de bactéries d'intérêt médical des différentes classes de protéobactéries et distinguez-les par leur pouvoir pathogène. **6-2**

Nommez les genres de bactéries d'intérêt écologique des différentes classes de protéobactéries. **6-3**

Les bactéries à Gram négatif autres que les protéobactéries

▶ Objectifs d'apprentissage

6-4 À partir des exemples décrits dans ce chapitre, construire une clé dichotomique destinée à distinguer les groupes de bactéries à Gram négatif autres que les protéobactéries.

6-5 Établir les différences et les similitudes entre les bactéries photosynthétiques pourpres ou vertes et les cyanobactéries.

La majorité des bactéries chimiohétérotrophes à Gram négatif appartiennent à l'embranchement des protéobactéries. Il existe toutefois des bactéries à Gram négatif qui ne sont pas étroitement apparentées aux protéobactéries et doivent être classées à part. Certaines se distinguent sur le plan physiologique ; ce sont les bactéries photosynthétiques qui appartiennent aux embranchements suivants : *Cyanobacteria, Chlorobi* et *Chloroflexi*. D'autres, telles que les spirochètes, diffèrent sur le plan morphologique. Les relations phylogénétiques entre ces groupes d'organismes sont fondées sur des études de l'ARNr.

L'embranchement des *Cyanobacteria*

Les **cyanobactéries**, dont le nom évoque la pigmentation caractéristique bleu-vert (ou cyan), étaient autrefois appelées *algues bleu-vert*. Bien qu'elles ressemblent aux algues eucaryotes et qu'elles occupent souvent les mêmes niches écologiques, l'appellation d'algue est inappropriée parce que ce sont des bactéries, alors que les algues n'en sont pas. Les cyanobactéries effectuent un type de photosynthèse qui scinde la molécule d'eau et libère du dioxygène (O_2) ; les cyanobactéries sont donc généralement oxygéniques. Certaines sont capables de photosynthèse dans des conditions anaérobies. En outre, beaucoup de cyanobactéries sont capables de fixer le diazote (N_2). Des cellules spécialisées, appelées **hétérocystes**, contiennent des enzymes qui fixent le diazote atmosphérique, de sorte que les cellules en croissance puissent l'utiliser (**figure 6.13a**). De nombreuses espèces qui se développent dans l'eau sont pourvues de *vacuoles à gaz* entourées d'une paroi protéique, imperméable à l'air mais non à l'eau. Ces vacuoles fournissent à la cellule la flottabilité requise pour se déplacer vers un milieu favorable. Les cyanobactéries qui sont mobiles se déplacent par glissement.

Les cyanobactéries présentent une grande diversité morphologique. Elles comprennent des formes unicellulaires qui se divisent par scissiparité simple (**figure 6.13b**), des formes en colonies qui se divisent par scissiparité multiple et des formes filamenteuses qui se reproduisent par fragmentation des filaments. Chez ces dernières, il y a généralement une certaine différenciation des cellules, qui sont souvent assemblées à l'intérieur d'une enveloppe ou gaine.

Les cyanobactéries qui produisent de l'O_2 ont joué un rôle de premier plan dans l'évolution de la vie sur Terre, où, à l'origine, il n'existait à peu près pas d'O_2 à l'état libre, élément essentiel à bien des formes de vie actuelles. Des preuves fossiles indiquent que, au moment où les cyanobactéries sont apparues, l'atmosphère n'en contenait que 0,1 % environ. Lorsque les plantes eucaryotes qui produisent de l'O_2 ont fait leur apparition des millions d'années plus tard, sa concentration avait augmenté et dépassait les 10 %. Cette augmentation a probablement résulté de l'activité photosynthétique des cyanobactéries. L'air que nous respirons aujourd'hui contient environ 20 % d'O_2.

Les cyanobactéries, en particulier celles qui fixent le diazote (N_2), jouent un rôle environnemental essentiel. Elles occupent des niches écologiques similaires à celles des algues eucaryotes, mais le fait que beaucoup de cyanobactéries peuvent fixer le N_2 accroît encore leur capacité d'adaptation. Au chapitre 27 EN LIGNE, nous examinerons l'eutrophisation, c'est-à-dire l'accumulation excessive de matières nutritives dans une masse d'eau, et nous reviendrons alors sur le rôle environnemental des cyanobactéries.

Anabæna représente un des principaux genres de cyanobactéries détectés dans les plans d'eau qui prennent une couleur verdâtre au cours de l'été. Ce genre produit des toxines

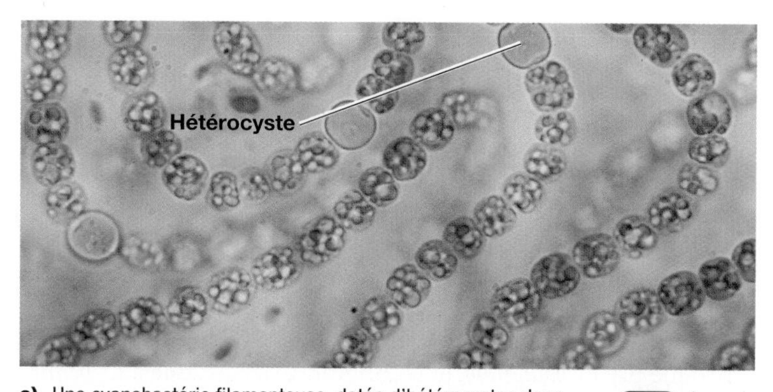

a) Une cyanobactérie filamenteuse, dotée d'hétérocystes dans lesquels s'effectue l'activité de fixation de l'azote MO 10 μm

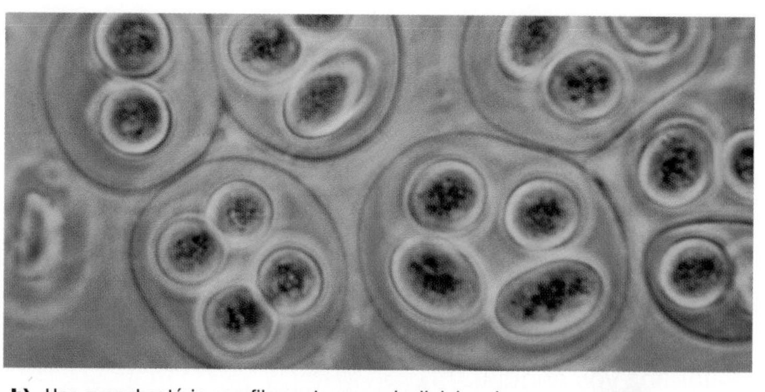

b) Une cyanobactérie non filamenteuse, unicellulaire, du genre *Gleocapsa*. Des groupes de cellules, qui se divisent par scissiparité, sont maintenues ensemble par leur glycocalyx. MO 10 μm

Figure 6.13 Cyanobactéries.

qui s'attaquent au foie ou au système nerveux. En conséquence, il rend l'eau impropre à la consommation et à la baignade, autant pour les humains que pour les animaux domestiques.

Les bactéries photosynthétiques pourpres ou vertes

La classification taxinomique des bactéries photosynthétiques prête quelque peu à confusion. Ce groupe de bactéries à Gram négatif comprend les cyanobactéries, les bactéries pourpres sulfureuses ou non sulfureuses, de même que les bactéries vertes sulfureuses ou non sulfureuses.

Les bactéries photosynthétiques sont disséminées dans différentes classes taxinomiques (tableau 11.2 et appendice B EN LIGNE). La catégorie importante des bactéries pourpres appartient à l'embranchement des *Proteobacteria*. Les bactéries pourpres sulfureuses font partie des γ-protéobactéries, tandis que les bactéries pourpres non sulfureuses font partie des α-protéobactéries. Quant aux bactéries vertes, elles ne sont pas considérées comme des protéobactéries et sont classées dans d'autres embranchements : les bactéries vertes sulfureuses font partie de l'embranchement des *Chlorobi* alors que les bactéries vertes non sulfureuses appartiennent à l'embranchement des *Chloroflexi*. La morphologie des bactéries photosynthétiques est très diversifiée ; on note des formes hélicoïdales, en bâtonnet, sphériques et même en bourgeon. Ces bactéries photosynthétiques, qui ne sont pas nécessairement de couleur pourpre ou verte, sont en général anaérobies. Elles vivent habituellement dans les sédiments des zones profondes des lacs et des étangs (figure 27.12 EN LIGNE). Comme les plantes, les algues et les cyanobactéries, elles produisent des glucides (CH_2O) par photosynthèse. Pour compenser le peu de lumière qui les atteint, elles possèdent un type de chlorophylle sensible à des rayons du spectre visible que n'interceptent pas les organismes photosynthétiques vivant à de moins grandes profondeurs. La chlorophylle utilisée par ces bactéries photosynthétiques s'appelle *bactériochlorophylle*.

Les cyanobactéries, tout comme les plantes et les algues, produisent du dioxygène (O_2) à partir de l'eau (H_2O) lors de la photosynthèse. En raison de la production d'O_2, le processus photosynthétique chez les cyanobactéries est dit *oxygénique* (tableau 23.6 EN LIGNE).

$$1)\quad 2H_2O + CO_2 \xrightarrow{\text{lumière}} (CH_2O) + H_2O + O_2$$

Les *bactéries pourpres sulfureuses* et les *bactéries vertes sulfureuses* utilisent des composés sulfurés réduits, dont le sulfure d'hydrogène (H_2S), au lieu de l'eau, et elles produisent des granules de soufre (S^0) qui sont déposés à l'intérieur des cellules. La photosynthèse des bactéries pourpres ou vertes est dit *anoxygénique* – elle ne produit pas d'O_2.

$$2)\quad 2H_2S + CO_2 \xrightarrow{\text{lumière}} (CH_2O) + H_2O + 2S^0$$

Le genre *Chlorobium* est représentatif des bactéries vertes sulfureuses et le genre *Chromatium* (**figure 6.14**), des bactéries pourpres sulfureuses. À une certaine époque, l'une des questions importantes en biologie était de savoir d'où provient l'O_2 produit par la photosynthèse végétale : du CO_2 ou de l'H_2O ? Jusqu'à la découverte des marqueurs radioactifs, qui ont permis de détecter l'oxygène de l'eau et du dioxyde de carbone, ce qui a réglé la question, la comparaison des équations 1 et 2 constituait la meilleure preuve que l'O_2 provenait de l'H_2O. La comparaison de ces équations permet également de comprendre comment des composés sulfurés réduits, tels que H_2S, peuvent se substituer à l'eau dans la photosynthèse. Des

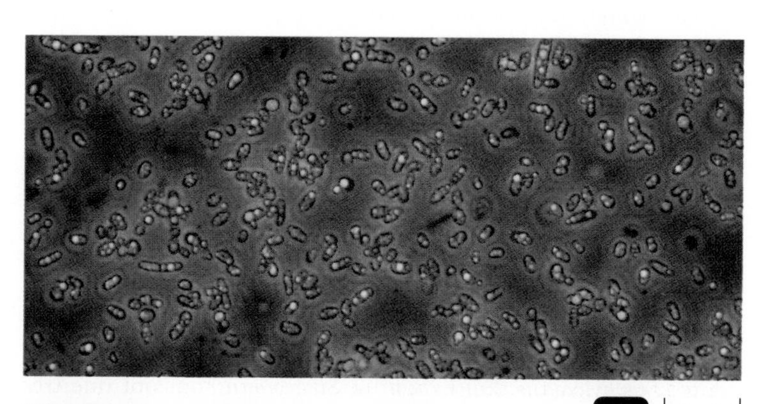

Figure 6.14 Bactéries pourpres sulfureuses. MO 10 μm
Au microscope, les bactéries du genre *Chromatium* paraissent multicolores et réfringentes en raison des granules de soufre qu'elles contiennent.

formes de vie complexes et interdépendantes, que l'on trouve dans des cavernes ou sur les fonds marins obscurs, utilisent fréquemment des composés sulfurés comme source d'énergie.

Les *bactéries pourpres non sulfureuses*, par exemple *Rhodospirillum*, et les *bactéries vertes non sulfureuses*, par exemple *Chloroflexus*, sont des photohétérotrophes. Ces bactéries utilisent la lumière comme source d'énergie lors de la photosynthèse et des composés organiques tels que les acides et les glucides comme source de carbone (figure 23.28 EN LIGNE).

▶ Vérifiez vos acquis

Dessinez une clé dichotomique qui distingue les bactéries (décrites dans ce chapitre) à Gram négatif autres que les *Proteobacteria*. **6-4**

De quelle manière la photosynthèse des cyanobactéries diffère-t-elle de la photosynthèse des bactéries pourpres ou vertes sulfureuses ? **6-5**

Les bactéries à Gram positif

▶ Objectifs d'apprentissage

6-6 Construire une clé dichotomique destinée à distinguer les embranchements de bactéries à Gram positif et les genres respectifs inclus dans l'embranchement des *Firmicutes* et dans celui des *Actinobacteria* (décrits dans ce chapitre).

6-7 Distinguer, s'il y a lieu, les espèces de bactéries d'intérêt médical des autres espèces d'intérêt écologique, industriel ou commercial.

6-8 Nommer quelques caractéristiques des espèces de bactéries d'intérêt médical.

On divise les bactéries à Gram positif en deux grandes catégories, selon que leur rapport G + C (rapport guanine-cytosine) est élevé ou faible. Voici quelques exemples. Le genre *Streptococcus* a une faible teneur en G + C, qui se situe entre 33 et 44 %, tandis que le genre *Clostridium* a une teneur comprise entre 21 et 54 %. Les mycoplasmes sont dépourvus de paroi cellulaire et n'ont donc pas de réaction de Gram (certains leur attribuent par défaut une réaction négative). Leur rapport G + C est compris entre 23 et 40 %, ce qui constitue une faible teneur en G + C.

Par contre, les actinobactéries filamenteuses du genre *Streptomyces* ont une teneur élevée en G + C, comprise entre 69 et 73 %. Les bactéries à Gram positif des genres *Corynebacterium* et *Mycobacterium*, dont la morphologie est plus ordinaire, ont une teneur élevée en G + C, de 51 à 63 % et de 62 à 70 % respectivement.

Ces différents groupes de bactéries sont classés dans des embranchements distincts : les *Firmicutes* (faible teneur en G + C) et les *Actinobacteria* (forte teneur en G + C).

L'embranchement des *Firmicutes* (bactéries à Gram positif à faible teneur en G + C)

L'embranchement des *Firmicutes* regroupe des bactéries à Gram positif à faible teneur en G + C. On y trouve des genres importants tels que *Clostridium* et *Bacillus*, qui produisent des endospores ; les genres *Staphylococcus*, *Enterococcus* et *Streptococcus*, qui ont une très grande influence sur la santé ; et le genre *Lactobacillus*, qui produit de l'acide lactique. Les mycoplasmes, bactéries dépourvues de paroi cellulaire, se trouvent aussi dans cet embranchement.

L'ordre des *Clostridiales*

Clostridium Les espèces du genre *Clostridium* sont des bacilles à Gram positif, anaérobies stricts. Ces bactéries contiennent des endospores qui provoquent généralement leur déformation (**figure 6.15**). Le fait que les bactéries produisent des endospores est important à la fois pour la médecine et pour l'industrie alimentaire à cause de la résistance des endospores à la chaleur et à de nombreuses substances chimiques qui servent de désinfectants ou d'antiseptiques. Les maladies associées aux clostridies comprennent le tétanos, dû à *C. tetani* (figure 17.6), le botulisme, provoqué par *C. botulinum*, et la gangrène gazeuse, due à *C. perfringens* et à d'autres clostridries. *C. perfringens* est en outre responsable d'une forme courante de diarrhée d'origine alimentaire. *C. difficile* réside normalement dans l'intestin et est susceptible de causer une forme grave de diarrhée ; cela ne se produit que si une thérapie aux antibiotiques modifie le microbiote intestinal normal et permet à *C. difficile* de croître en trop grand nombre, car cette espèce produit une toxine.

Epulopiscium Les biologistes ont longtemps pensé que toute bactérie était nécessairement de petite taille. Aussi, lorsqu'on a observé pour la première fois, en 1991, un organisme en forme de cigare vivant en symbiose dans le tube digestif d'un poisson, on a pensé qu'il s'agissait d'un protozoaire, à cause de ses dimensions. Il mesure pas moins de 80 μm sur 600 μm – soit une longueur de plus d'un demi-millimètre – et est visible à l'œil nu (**figure 6.16**). Il est donc à peu près un million de fois plus gros que la bactérie bien connue *E. coli*, qui mesure environ 1 μm sur 2 μm.

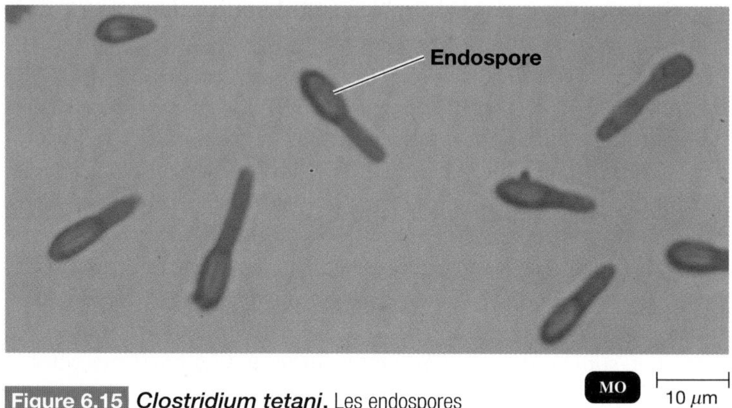

Figure 6.15 ***Clostridium tetani.*** Les endospores des clostridies déforment généralement la paroi cellulaire.

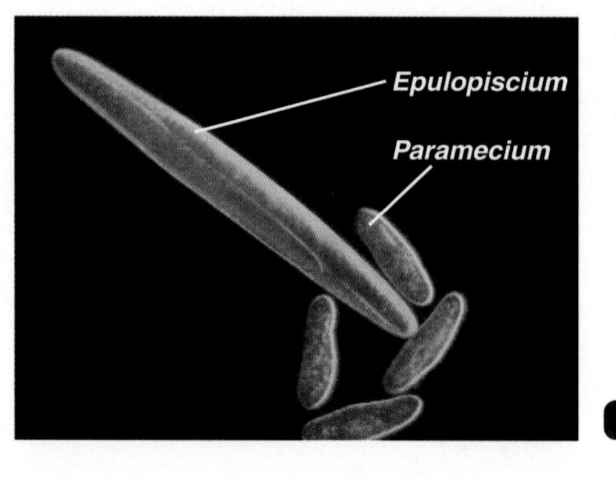

Figure 6.16 **Une cellule procaryote géante, *Epulopiscium fishelsoni*.** Chacune de ces bactéries est un million de fois plus volumineuse qu'*E. coli*.

Des études ont mis en évidence le fait que les structures externes que l'on avait d'abord considérées comme les cils d'un protozoaire ressemblent en réalité à des flagelles bactériens, et que l'organisme ne possède pas de noyau entouré d'une membrane. L'analyse de l'ARN ribosomal a permis de classer *Epulopiscium* parmi les procaryotes. Il ressemble plus particulièrement aux bactéries à Gram positif du genre *Clostridium*. Il est étonnant de constater qu'*Epulopiscium fishelsoni* ne se reproduit pas par scissiparité. Les cellules filles se forment dans la cellule et sont libérées à travers une mince fente percée dans la cellule mère. Cette caractéristique est peut-être reliée à l'apparition évolutive de la sporulation.

Récemment, les biologistes ont découvert que cette grosse cellule ne dépendait pas, comme les procaryotes, du processus de diffusion pour se procurer des nutriments mais que, en raison de sa grande capacité génétique, elle peut produire suffisamment de protéines dans les régions intracellulaires qui en ont besoin. Étant donné sa taille, les scientifiques peuvent insérer des sondes électroniques dans *E. fishelsoni* pour étudier directement ces aspects de la physiologie bactérienne, ce qui n'est pas possible dans le cas des bactéries de petite et moyenne tailles. À la fin du présent chapitre, nous allons décrire une autre bactérie géante, découverte plus récemment, soit *Thiomargarita* (figure 6.28).

L'ordre des *Bacillales*

L'ordre des *Bacillales* comprend plusieurs genres de bacilles et de cocci à Gram positif, dont *Thermoactinomyces.* Ce genre exceptionnel produit des chaînes filamenteuses de cellules, appelées collectivement *mycélium*, et des endospores. Ces dernières ont une durée de vie très longue et on a observé qu'elles pouvaient croître après être restées dans de la boue gelée pendant plus de 7 000 ans.

Bacillus Les bactéries du genre *Bacillus* sont en général des bacilles qui produisent des endospores. On les trouve fréquemment dans le sol, et seulement quelques espèces sont pathogènes pour l'humain. Plusieurs espèces produisent des substances antimicrobiennes pour contrôler leur environnement ; la médecine les utilise comme source d'antibiotiques.

Bacillus anthracis est responsable de l'anthrax, maladie qui affecte les bœufs, les moutons et les chevaux, et qui est transmissible aux humains. C'est l'un des agents qui pourrait être utilisé lors d'une guerre bactériologique. Ce scénario catastrophe a pris corps dans la réalité dans les mois qui ont suivi les attaques terroristes du 11 septembre 2001 ; des envois postaux de lettres contaminées avec *B. anthracis* ont en effet déclenché une véritable panique aux États-Unis. Le bacille de l'anthrax est une grosse bactérie non mobile, anaérobie facultatif, qui forme souvent des chaînettes dans une culture. Les endospores, localisées au centre, ne déforment pas la paroi cellulaire.

Bacillus thuringiensis est probablement l'agent pathogène microbien des insectes le mieux connu (**figure 6.17a**). Il produit des cristaux intracellulaires lors de la sporulation. Des produits commerciaux contenant des endospores et des toxines cristallines de *B. thuringiensis* sont vendus dans les boutiques d'articles de jardinage. Lorsqu'elle est ingérée par les insectes, la toxine provoque rapidement la paralysie de leur tube digestif et les empêche de se nourrir.

Bacillus cereus (**figure 6.17b**) est une bactérie fréquemment présente dans l'environnement et parfois responsable d'intoxications alimentaires, dues le plus souvent à l'ingestion de féculents, tels que le riz, et à des conditions inadéquates de réfrigération (figure 4.3).

Ces trois espèces du genre *Bacillus* montrent plusieurs caractéristiques différentes surtout en ce qui concerne leur pouvoir pathogène. Dans les faits, ces différences s'expliquent presque totalement par les gènes portés par un plasmide, lequel est facilement transféré d'une bactérie à l'autre. C'est pourquoi les taxinomistes les considèrent comme des variantes d'une même espèce.

Staphylococcus Les staphylocoques sont des cocci qui s'assemblent en grappes caractéristiques (**figure 6.18**). L'espèce la plus importante, *Staphylococcus aureus,* est ainsi nommée à cause de la pigmentation jaune des colonies (*aureus* = doré). Elle est constituée d'anaérobies facultatifs à Gram positif.

Certaines caractéristiques des staphylocoques sont responsables de leur pathogénicité, qui revêt plusieurs formes. Les staphylocoques se développent relativement bien dans des conditions de pression osmotique élevée et de faible taux d'humidité, ce qui explique en partie qu'ils croissent dans les sécrétions nasales (ils sont souvent présents dans le nez), dans le nombril de plusieurs d'entre nous et sur la peau, et y survivent. Ces mêmes caractéristiques expliquent que *S. aureus* se développe dans certains aliments dans lesquels la

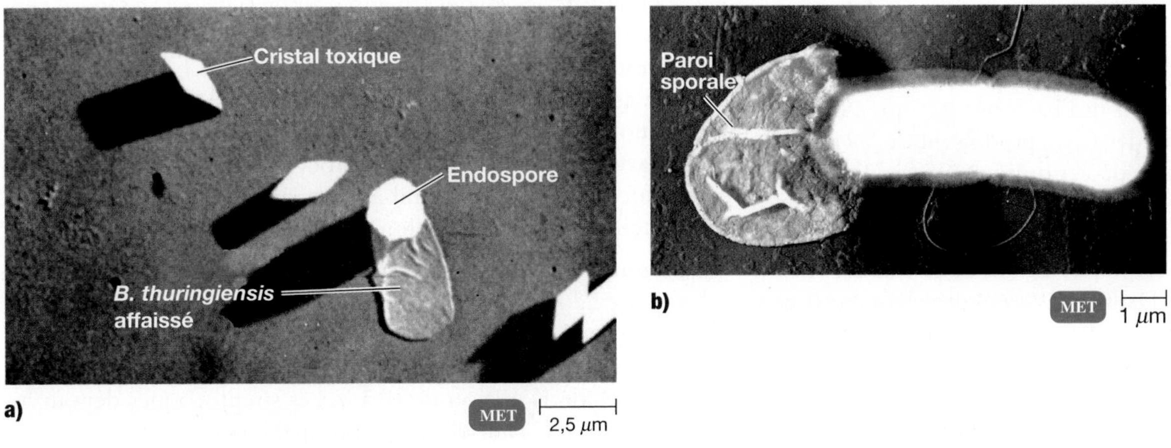

Figure 6.17 ***Bacillus.*** **a)** *Bacillus thuringiensis.* Le cristal en forme de diamant, près de l'endospore, est toxique pour les insectes qui l'ingèrent. **b)** *Bacillus cereus* en phase de germination.

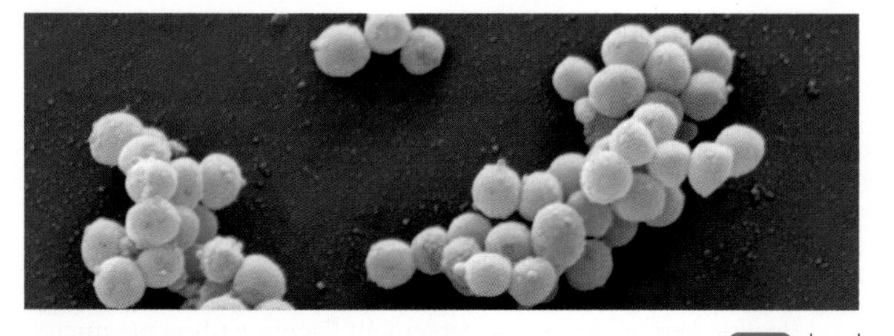

Figure 6.18 ***Staphylococcus aureus.*** Notez le rassemblement en grappes des cocci à Gram positif.

pression osmotique est élevée (tels que le jambon et d'autres viandes salées et fumées) ou bien la teneur en eau faible, facteurs qui inhibent la croissance d'autres microorganismes. La pigmentation jaune des staphylocoques les protège probablement dans une certaine mesure contre l'action antimicrobienne de la lumière solaire.

S. aureus produit de nombreuses toxines qui contribuent à sa pathogénicité en accroissant sa capacité à pénétrer dans l'organisme et les tissus. L'infection de plaies chirurgicales par cette bactérie est un problème courant dans les hôpitaux (encadré 9.1). En outre, la capacité de *S. aureus* à devenir rapidement résistant aux antibiotiques tels que la pénicilline rend cette bactérie plus dangereuse pour les patients hospitalisés. *S. aureus* produit la toxine responsable du syndrome de choc toxique staphylococcique, infection grave caractérisée par une fièvre élevée et des vomissements, et parfois fatale. *S. aureus* produit également une **entérotoxine** dont l'ingestion provoque des vomissements et la nausée ; c'est l'une des causes les plus fréquentes d'intoxication alimentaire.

Listeria L'espèce *Listeria monocytogenes* est un agent pathogène qui peut contaminer les aliments, en particulier les produits laitiers tels que le fromage. Parmi ses caractéristiques importantes, notez sa capacité de survivre à l'intérieur de phagocytes (figure 17.5) ; lorsqu'il infecte une femme enceinte, cet organisme risque de provoquer l'accouchement d'un enfant mort-né ou de causer de graves dommages au fœtus. *L. monocytogenes* peut aussi se développer aux températures de réfrigération, ce qui en fait un agent d'intoxications alimentaires.

L'ordre des *Lactobacillales*

L'ordre des *Lactobacillales* comprend plusieurs genres importants de bacilles et de cocci, qui se caractérisent par leur capacité de dégrader les sucres et de les transformer en acide lactique. Le genre *Lactobacillus,* qui est représentatif des bactéries lactiques, est utile pour l'industrie parce que ces dernières produisent de l'acide lactique. La majorité des bactéries de cet ordre n'ont pas de système de cytochromes et ne peuvent donc pas utiliser l'oxygène en tant qu'accepteur d'électron. Toutefois, contrairement à la plupart des anaérobies stricts, elles sont aérotolérantes et donc capables de se développer en présence d'O_2. Dans ce cas cependant, leur croissance est limitée comparativement à celle des microbes aérobies. Par ailleurs, la production d'acide lactique à partir de glucides simples inhibe la croissance des microorganismes compétitifs, de sorte que la croissance des bactéries lactiques demeure comparable à celle des microbes compétitifs en dépit de leur handicap métabolique. Le genre *Streptococcus* présente les mêmes caractéristiques métaboliques que *Lactobacillus.* Il comprend plusieurs espèces importantes pour l'industrie, mais on connaît surtout les streptocoques en raison de leur pathogénicité. Les genres *Streptococcus* et *Enterococcus* sont des anaérobies facultatifs et plusieurs espèces sont d'importants pathogènes.

Lactobacillus Chez les humains, les bactéries du genre *Lactobacillus* sont présentes dans le vagin, l'intestin et la cavité buccale. Les lactobacilles participent activement au maintien de l'équilibre de l'écosystème microbien de ces muqueuses. Leur présence entraîne une légère acidification des sécrétions vaginales, caractéristique du milieu qui régule la prolifération des levures (*Candida albicans*) et des bactéries pathogènes.

Les lactobacilles sont utilisés commercialement. On les emploie pour la production industrielle de yogourt, de babeurre, de choucroute et de marinades. En général, une série de lactobacilles, dont chacun est plus tolérant à l'acide que le précédent, prennent part aux fermentations successives de l'acide lactique.

Streptococcus Les espèces du genre *Streptococcus* sont des bactéries à Gram positif sphériques, non sporulées et non mobiles, qui forment des chaînettes caractéristiques (**figure 6.19**). Il s'agit d'un groupe taxinomique complexe, qui cause probablement un plus grand nombre et une plus large gamme de maladies que tout autre ensemble de bactéries.

Les streptocoques pathogènes produisent plusieurs substances extracellulaires qui contribuent à leur pathogénicité. Certaines de ces substances détruisent les phagocytes, qui sont des éléments essentiels du système immunitaire. Les enzymes sécrétées par certains streptocoques propagent des infections en digérant le tissu conjonctif de leur hôte, ce qui entraîne du reste une importante destruction de tissu (figure 16.8). Les enzymes qui lysent la fibrine des caillots sanguins favorisent également la dissémination des agents infectieux depuis le site d'une blessure.

On classe les streptocoques selon plusieurs critères, notamment en fonction du type d'hémolysine produite, de la présence ou non sur la paroi cellulaire d'un antigène spécifique de chaque groupe, et du pouvoir pathogène.

- **Types d'hémolysine** Certains streptocoques élaborent des enzymes appelées *hémolysines*, qui lysent les érythrocytes. Lorsque ces streptocoques sont ensemencés sur de la gélose au sang, il peut se produire une hémolyse totale (on parle alors de streptocoque β-hémolytique), incomplète (streptocoque α-hémolytique) ou nulle (streptocoque non hémolytique ou γ-hémolytique). L'hémolyse totale est une zone claire autour de la colonie due à la destruction complète des érythrocytes (figure 4.9) ; une hémolyse incomplète correspond à l'apparition d'une zone verdâtre distinctive autour de la colonie.
- **Présence ou non d'un antigène de la paroi cellulaire** Un antigène lié à un polysaccharide de la paroi – le polyoside C – permet de classer les streptocoques en plusieurs groupes antigéniques. Chacun de ces groupes est représenté par une lettre, soit de A à H, de K à P ou de R à V. Les streptocoques dépourvus du polyoside C sont dits « non groupables ».

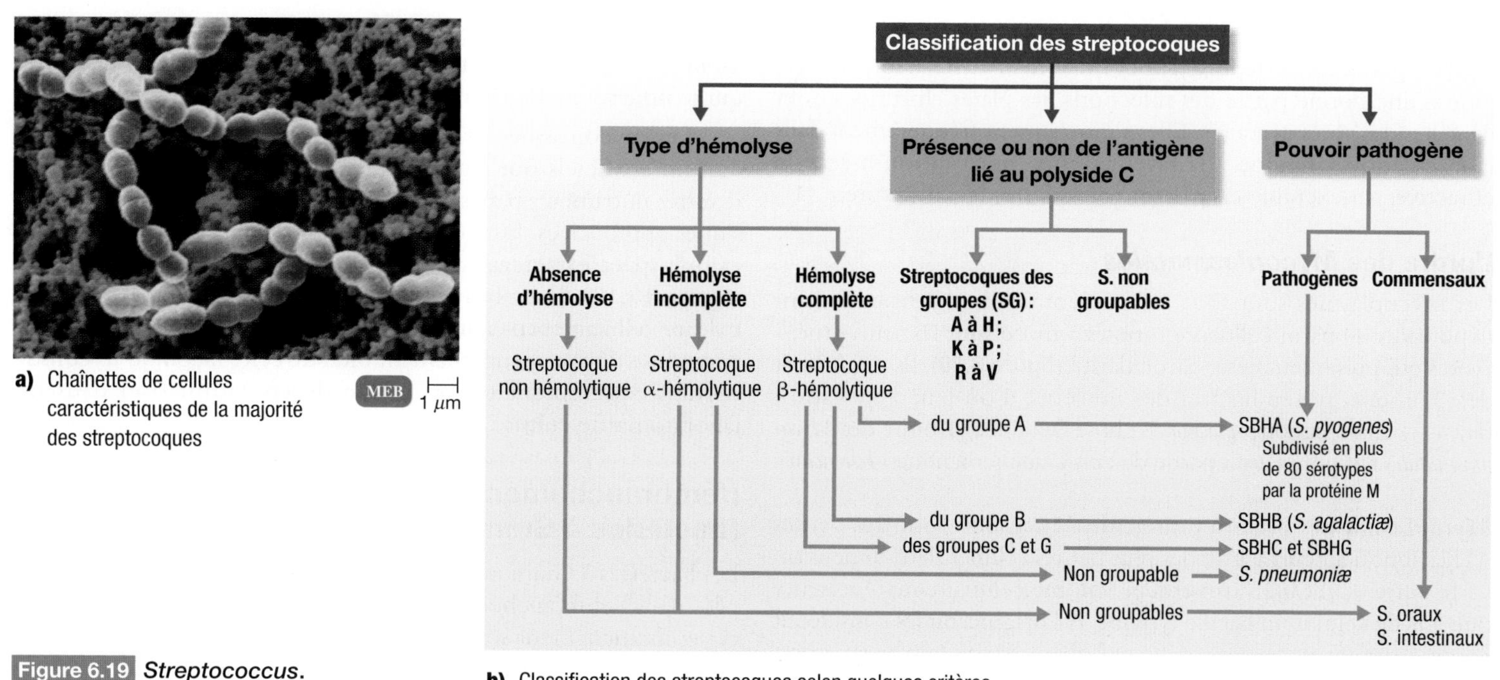

a) Chaînettes de cellules caractéristiques de la majorité des streptocoques

b) Classification des streptocoques selon quelques critères

Figure 6.19 *Streptococcus.*

- **Pouvoir pathogène** Parmi les streptocoques, certaines espèces sont commensales et font partie du microbiote humain normal alors que d'autres sont pathogènes. Parmi les groupes définis par le polyoside C, les groupes A, B, C et G comprennent les espèces de streptocoques β-hémolytiques les plus pathogènes pour l'humain. Toutefois, *S. pneumoniæ,* un streptocoque α-hémolytique et non groupable, est aussi un agent pathogène. Les streptocoques commensaux font partie du microbiote buccopharyngé et intestinal. Les streptocoques oraux sont pour la plupart α-hémolytiques ou non hémolytiques, et souvent non groupables. Certaines espèces de streptocoques intestinaux, le plus souvent non hémolytiques, constituent le groupe D – l'antigène de groupe D n'est pas lié au polyoside C mais plutôt à l'acide teichoïque de la paroi. Dans certaines circonstances, les streptocoques commensaux peuvent devenir opportunistes et causer des maladies.

Streptocoques β-hémolytiques Le principal agent pathogène représentatif du genre est le streptocoque β-hémolytique du groupe A (SBHA*). En latin, le nom de l'espèce est *Streptococcus pyogenes.* Ce microbe est responsable, entre autres maladies, de la scarlatine, de l'amygdalite et de la pharyngite, de l'otite et de la sinusite, de l'impétigo, de l'érysipèle, de la terrible fasciite nécrosante – communément appelée *maladie de la bactérie mangeuse de chair* (figure 16.8) – et de complications post-streptococciques telles que le rhumatisme articulaire aigu (RAA) et la glomérulonéphrite. Le facteur de virulence le plus important du streptocoque β-hémolytique du groupe A est la *protéine M* qu'il porte à la surface de sa paroi cellulaire (figure 16.6) et qui lui permet notamment d'échapper à la phagocytose. Les spécificités antigéniques de la protéine M ont permis de subdiviser les streptocoques β-hémolytiques du groupe A en plus de 80 sérotypes ; certains de ceux-ci sont associés à l'apparition de maladies particulières, par exemple le sérotype M-1 au syndrome de choc septique. Le streptocoque β-hémolytique du groupe B (SBHB), ou *Streptococcus agalactiæ,* est une autre espèce pathogène. Cette bactérie, la seule espèce qui présente l'antigène du groupe B, est la cause d'une maladie grave du nouveau-né, la septicémie néonatale, et d'infections cutanées, urinaires et génitales chez l'adulte (chapitre 21).

* SBHA : on note dans la littérature scientifique deux acronymes pour Streptocoque bêta-hémolytique du groupe A, soient SBHA et SGA. Nous utilisons dans le livre SBHA.

Streptocoques non β-hémolytiques Parmi les espèces autres que β-hémolytiques, on trouve des streptocoques α*-hémolytiques.* En présence d'oxygène, ils produisent du peroxyde d'hydrogène, qui contribue pour une bonne part à la destruction partielle des érythrocytes. L'espèce pathogène la plus importante de ce groupe est *Streptococcus pneumoniæ,* qui cause la pneumonie lorsqu'il est encapsulé (chapitre 19). Lorsque non encapsulé, *S. pneumoniæ* peut résider normalement dans les voies respiratoires supérieures.

Les streptocoques oraux correspondent au groupe appelé *Streptococcus viridans* (*viridans* = verdoyant). Cependant, ils ne produisent pas tous des zones d'α-hémolyse verdâtres, si bien que l'appellation est quelque peu trompeuse. L'agent pathogène le plus important du groupe est probablement *Streptococcus mutans*, principale cause de la carie dentaire. Les espèces non hémolytiques (ou γ-hémolytiques) sont pour la plupart des espèces commensales.

Enterococcus Les entérocoques sont des organismes adaptés aux endroits du corps qui sont riches en nutriments mais pauvres en oxygène, tels que le tube digestif, le vagin et la cavité orale. On les trouve en grand nombre dans les selles humaines. Ce sont des microbes relativement résistants, qui contaminent les objets dans les hôpitaux et perdurent sur les mains, dans la literie, et parfois sous forme d'aérosol fécal. Ces dernières années, ils sont devenus une des principales causes d'infections nosocomiales, surtout en raison de leur grande résistance à la plupart des antibiotiques. Deux espèces, *Enterococcus fæcalis* et *Enterococcus fæcium*, sont à l'origine d'une bonne partie des infections des plaies chirurgicales et de celles des voies urinaires. Elles s'introduisent fréquemment dans la circulation sanguine à la faveur d'une intervention médicale effractive, par exemple en passant par une sonde à demeure.

L'ordre des *Mycoplasmatales*

Les mycoplasmes sont tout à fait pléomorphes, puisqu'ils sont dépourvus de paroi cellulaire – notez que ce sont les seuls procaryotes qui présentent cette particularité (**figure 6.20**). Ils produisent des filaments ressemblant à des mycètes, d'où leur appellation (*myco-* = champignon; *-plasma* = chose façonnée). L'ordre des *Mycoplasmatales* fait dorénavant partie de l'embranchement des *Tenericutes*.

Mycoplasma Les bactéries du genre *Mycoplasma* sont très petites – elles font d'ailleurs partie des plus petites cellules : leur dimension varie entre 0,1 et 0,25 μm et leur volume cellulaire ne représente que 5 % de celui d'un bacille typique. À l'origine, on les considérait comme des virus, car leur taille et leur plasticité leur permettent de traverser les filtres qui retiennent les bactéries. Les mycoplasmes sont peut-être les plus petits organismes capables de se reproduire par eux-mêmes et de vivre en autonomie. Chez une des espèces, on ne compte que 517 gènes; le minimum requis se situe entre 265 et 350. L'analyse de leur ADN suggère qu'ils sont génétiquement apparentés au groupe des bactéries à Gram positif dont font partie les genres *Bacillus*, *Streptococcus* et *Lactobacillus*, mais qu'ils ont perdu du matériel génétique au fil du temps, un processus parfois appelé *évolution dégénérescente*.

Chez les mycoplasmes, le principal agent pathogène de l'humain est *M. pneumoniæ*, responsable d'une forme courante et légère de pneumonie. Les filaments semblent munis d'une structure terminale qui aide probablement la bactérie infectante à s'attacher aux cellules eucaryotes. Les bactéries du genre *Ureaplasma,* ainsi nommé parce que celles qui en font partie dégradent l'urée en urine par action enzymatique, sont associées à des infections des voies urinaires. Parmi les autres genres de l'ordre des *Mycoplasmatales*, citons le genre *Spiroplasma*, composé de bactéries dont la morphologie ressemble à un tire-bouchon au pas de vis serré; elles sont de virulents agents pathogènes des plantes et des parasites communs des insectes qui se nourrissent de plantes.

Les mycoplasmes peuvent se développer sur des milieux de culture artificiels qui leur fournissent des stérols (au besoin) et d'autres nutriments particuliers, de même que des conditions physiques appropriées. Une colonie a un diamètre inférieur à 1 μm et un aspect caractéristique d'« œuf poêlé » lorsqu'on la grossit (figure 19.13). Pour beaucoup d'applications, des méthodes de culture cellulaire sont souvent plus satisfaisantes. En fait, les mycoplasmes se développent tellement bien de cette façon qu'ils constituent fréquemment un problème de contamination dans les laboratoires de culture cellulaire.

L'embranchement des *Actinobacteria* (bactéries à Gram positif à forte teneur en G + C)

Les bactéries à Gram positif à forte teneur en G + C sont regroupées dans l'embranchement des *Actinobacteria.* Plusieurs genres de cet embranchement sont des pléomorphes. Ce sont, par exemple, les genres *Corynebacterium* et *Gardnerella,* et plusieurs autres genres tels que *Streptomyces,* dont la croissance produit des structures ramifiées et filamenteuses. Cet embranchement comprend plusieurs genres incluant des agents pathogènes virulents, comme les espèces de *Mycobacterium,* responsables de la tuberculose et de la lèpre.

L'ordre des *Actinomycetales* regroupe aussi les genres *Streptomyces, Frankia, Actinomyces* et *Nocardia* qui comprennent des bactéries filamenteuses, dont la morphologie ressemble à première vue à celle des mycètes filamenteux : c'est pourquoi on les appelle de manière informelle *actinomycètes*. Cependant, les filaments des actinomycètes sont en réalité constitués de cellules procaryotes dont le diamètre est beaucoup plus petit que celui des cellules eucaryotes des moisissures. Par ailleurs, certains actinomycètes se reproduisent comme les moisissures au moyen de spores asexuées externes.

Les actinomycètes résident couramment dans le sol, où le mode de croissance filamenteux présente des avantages. Il permet en effet aux bactéries d'établir des ponts au-dessus des espaces secs qui séparent entre elles les particules du sol, pour se déplacer vers

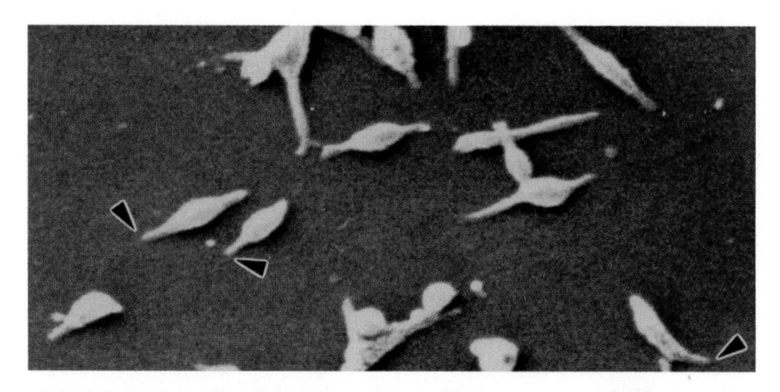

a) Cellules individuelles de *M. pneumoniæ*. Les flèches indiquent les structures terminales qui aident probablement la bactérie infectante à s'attacher aux cellules eucaryotes. MEB 0,8 μm

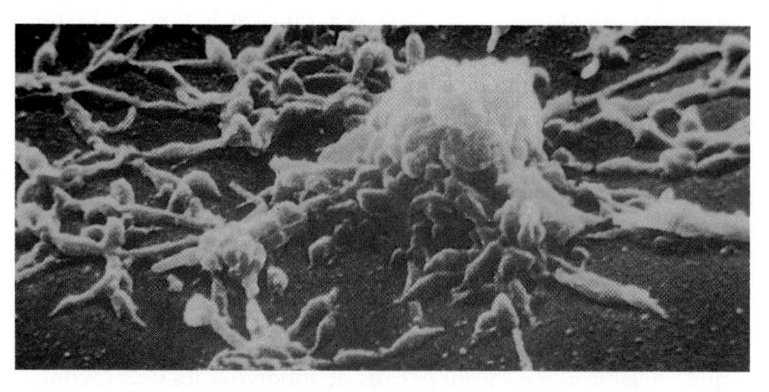

b) *M. pneumoniæ* se reproduit par fragmentation des filaments aux points de renflement. MEB 1,5 μm

Figure 6.20 ***Mycoplasma pneumoniæ.***

de nouveaux sites de nutrition. La morphologie des actinomycètes leur procure un rapport entre la surface et le volume relativement élevé, ce qui accroît leur efficacité sur le plan nutritionnel dans le milieu très compétitif qu'est le sol.

L'ordre des *Actinomycetales*

Mycobacterium Les mycobactéries sont des bacilles aérobies qui ne produisent pas d'endospores. L'élément *myco-* évoque le fait que ces bactéries présentent parfois des excroissances filamenteuses semblables à celles des mycètes. Certaines caractéristiques des mycobactéries, telles que la réaction à la coloration acido-alcoolo-résistante, la résistance à des médicaments et la pathogénicité, sont reliées à la nature particulière de leur paroi cellulaire, qui ressemble à celle des bactéries à Gram négatif sur le plan structural (figure 3.11c). Cependant, la couche périphérique de lypopolysaccharide est remplacée chez les mycobactéries par des acides mycoliques qui forment une couche imperméable cireuse. Ces microorganismes deviennent ainsi résistants aux contraintes du milieu – l'assèchement, par exemple –, si bien que peu de médicaments antimicrobiens sont capables de pénétrer dans la bactérie. De plus, les nutriments traversent très lentement cette couche cireuse pour entrer dans la cellule, ce qui explique en partie le faible taux de croissance des mycobactéries ; il faut parfois des semaines pour que des colonies visibles apparaissent. Les mycobactéries comprennent des agents pathogènes importants, soit *Mycobacterium tuberculosis* (figure 19.8), responsable de la tuberculose, et *M. lepræ*, responsable de la lèpre. D'autres espèces de mycobactéries, présentes dans le sol et l'eau, sont des agents pathogènes occasionnels.

Corynebacterium Les corynebactéries (*coryne* = renflé, en forme d'outre) sont généralement pléomorphes et leur morphologie varie en fonction de l'âge de la bactérie. L'espèce la mieux connue, *Corynebacterium diphteriæ*, est l'agent causal de la diphtérie.

Propionibacterium Le nom *Propionibacterium* évoque la capacité des bactéries de ce genre à produire de l'acide propionique ; certaines espèces jouent un rôle important dans la fermentation de cet acide lors de la fabrication du fromage suisse. On trouve fréquemment *Propionibacterium acnes* sur la peau des humains, et c'est la principale cause bactérienne de l'acné.

Gardnerella La bactérie *Gardnerella vaginalis* est responsable de l'une des formes les plus courantes de vaginite. Il a toujours été difficile de situer cette espèce dans la classification taxinomique ; il s'agit d'une bactérie à Gram variable et tout à fait pléomorphe.

Frankia Les bactéries du genre *Frankia* provoquent la formation de nodules de fixation de diazote dans les racines de l'aulne, un peu à la manière dont *Rhizobium* entraîne la formation de nodules sur les racines des légumineuses.

Streptomyces Les bactéries du genre *Streptomyces* sont les actinomycètes les mieux connus et les plus fréquemment isolés du sol (**figure 6.21**). Des spores reproductrices asexuées, appelées *conidiospores,* se forment aux extrémités des filaments aériens. Si chaque

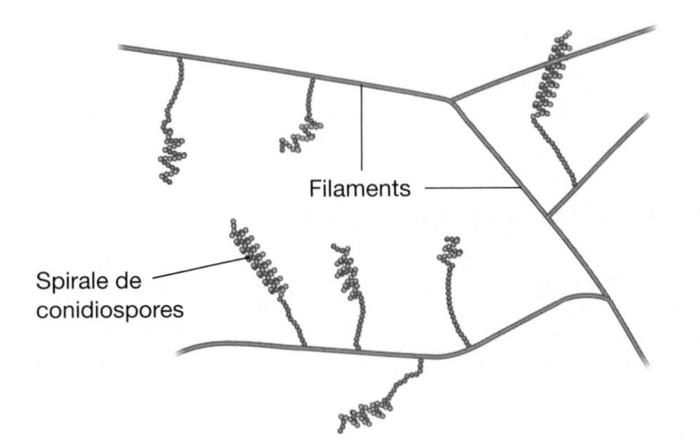

a) Illustration d'une bactérie représentative du genre *Streptomyces*, présentant une excroissance ramifiée et filamenteuse. Les extrémités des filaments portent des conidiospores reproductrices asexuées.

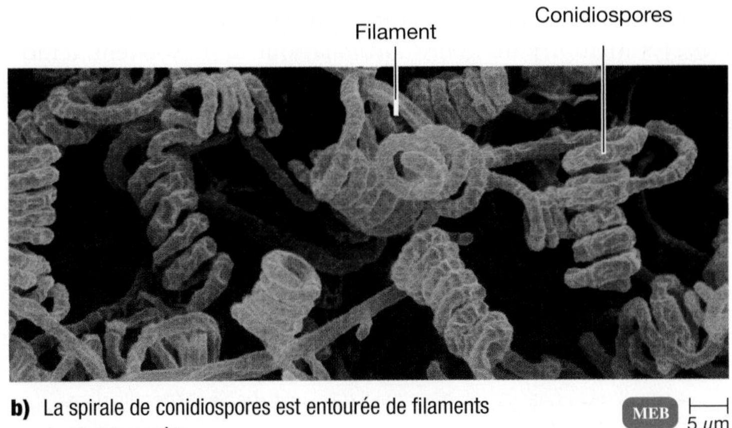

b) La spirale de conidiospores est entourée de filaments du streptomycète.

Figure 6.21 *Streptomyces.*

conidiospores atterrit sur un substrat approprié, elle peut y germer et former une nouvelle colonie. Les espèces du genre *Streptomyces* sont des aérobies stricts. La plupart produisent des enzymes extracellulaires qui leur permettent d'utiliser les protéines, les polysaccharides – tels que l'amidon –, la cellulose et bien d'autres substances organiques présentes dans le sol. Les espèces *Streptomyces* produisent en outre un composé gazeux caractéristique, appelé *géosmine,* qui donne à la terre fraîche son odeur distinctive de moisi. Ces espèces sont précieuses, car ce sont elles qui fournissent la majorité des antibiotiques fabriqués à l'échelle industrielle (tableau 15.1). Cela explique qu'on ait étudié en détail le genre *Streptomyces,* dont on a décrit environ 500 espèces.

Actinomyces Le genre *Actinomyces* est constitué d'anaérobies facultatifs qu'on trouve dans la bouche et la gorge des humains et des animaux. Ces bactéries forment parfois des filaments susceptibles de se fragmenter (**figure 6.22**). L'espèce *Actinomyces israelii* est responsable de l'actinomycose, maladie qui entraîne la destruction de tissus et qui est généralement localisée dans la tête, le cou ou les poumons.

Nocardia Les bactéries du genre *Nocardia* ont une morphologie semblable à celle des bactéries du genre *Actinomyces,* mais ce sont des aérobies. Pour se reproduire, ces bactéries forment des filaments rudimentaires qui se fragmentent en courts bâtonnets.

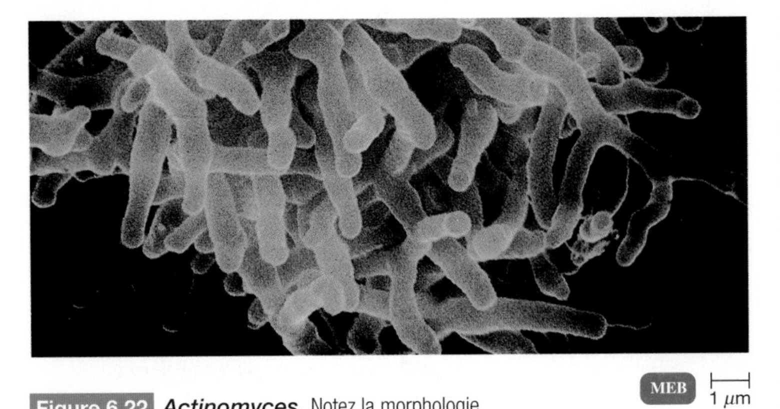

MEB 1 µm

Figure 6.22 ***Actinomyces.*** Notez la morphologie filamenteuse ramifiée.

La paroi cellulaire a une structure similaire à celle des mycobactéries; les membres du genre *Nocardia* sont donc souvent acido-alcoolo-résistants. On trouve couramment les espèces *Nocardia* dans le sol et certaines d'entre elles, dont *Nocardia asteroides,* causent occasionnellement une infection pulmonaire chronique, difficile à traiter. *N. asteroides* est en outre l'un des agents de l'actinomycétome, infection chronique et destructrice principalement localisée sur les pieds et les membres inférieurs.

▶ Vérifiez vos acquis

Dessinez une clé dichotomique destinée à distinguer les embranchements de bactéries à Gram positif et les genres respectifs inclus dans l'embranchement des *Firmicutes* et dans celui des *Actinobacteria* (décrits dans ce chapitre). **6-6**

Distinguer, s'il y a lieu, les espèces de bactéries à Gram positif d'intérêt médical des autres espèces d'intérêt écologique, industriel ou commercial. **6-7**

Nommez les genres de bactéries à Gram positif d'intérêt médical et comparez-les quant à leur pouvoir pathogène. **6-8**

* * *

Le cinquième et dernier volume de la deuxième édition de *Bergey's Manual of Systematic Bacteriology* (à paraître) contiendra des embranchements divers, notamment *Planctomycetes*, *Chlamidiæ*, *Spirochætes*, *Bacteroidetes* et *Fusobacteria*. Il comprendra plusieurs agents pathogènes importants, tels que les genres *Chlamydia*, *Borrelia* et *Treponema*. Certains membres des genres *Bacteroides* et *Fusobacterium* sont des résidents importants de l'intestin humain, où on les trouve en grand nombre.

L'embranchement des *Planctomycetes*

▶ Objectif d'apprentissage

6-9 Montrer, au moyen d'une clé dichotomique, les différences entre les planctomycètes, les chlamidies, les spirochètes, *Bacteroidetes*, *Cytophaga* et *Fusobacteria*.

Les planctomycètes sont des bactéries bourgeonnantes à Gram négatif. Bien qu'ils soient de nature bactérienne par leur ADN, ils présentent des particularités qui «brouillent» ce qu'on entend habituellement par le terme «bactérie». Par exemple, les membres du genre *Planctomyces* sont des bactéries aquatiques qui produisent des prosthèques semblables à celles de *Caulobacter* (voir p. 138), mais leur paroi cellulaire rappelle celle des archéobactéries, c'est-à-dire qu'elle est dépourvue de peptidoglycane. Chez *Gemmata obscuriglobus*, l'ADN est entouré d'une double membrane interne, un peu à la manière du noyau eucaryote, ce qui amène certains biologistes à considérer l'organisme comme un modèle de l'origine du noyau.

L'embranchement des *Chlamydiæ*

Dans les premières éditions du manuel de Bergey, les genres *Chlamydia* et *Rickettsia* sont regroupés, car ils rassemblent tous deux des parasites intracellulaires à Gram négatif. Les rickettsies font maintenant partie des α-protéobactéries, alors que le genre *Chlamydia* est inclus dans l'embranchement des *Chlamydiæ* et classé avec des bactéries génétiquement similaires dont la paroi cellulaire ne contient pas de peptidoglycane. Nous examinerons ici seulement les genres *Chlamydia* et *Chlamydophila.*

Chlamydia* et *Chlamydophila Les chlamydies présentent un cycle de développement unique, qui constitue peut-être leur caractéristique la plus distinctive (**figure 6.23a**). Ces microorganismes forment au cours de leur cycle vital des structures appelées **corps élémentaires**; ces structures constituent la forme infectante du microbe (**figure 6.23b**). Les chlamydies sont des bactéries coccoïdes à Gram négatif. Contrairement aux rickettsies, les chlamydies ne se transmettent pas par l'intermédiaire d'insectes ou de tiques. Elles se transmettent aux humains par contact interpersonnel ou, dans l'air, par voie respiratoire. Comme il s'agit de parasites intracellulaires obligatoires, on ne peut faire croître les chlamydies que dans les tissus d'animaux de laboratoire, dans des cultures cellulaires ou dans le sac vitellin d'œufs embryonnés de poule.

Il existe trois espèces de chlamydies qui sont des agents pathogènes importants pour l'humain. *Chlamydia trachomatis* est l'agent du trachome, infection de la cornée et de la conjonctive qui cause fréquemment la cécité chez les humains (figure 16.20). Cette bactérie est aussi considérée comme le principal agent responsable à la fois de l'urétrite non gonococcique, qui est sans doute l'infection transmissible sexuellement la plus fréquente aux États-Unis, et de la lymphogranulomatose vénérienne, une autre infection transmissible sexuellement.

Deux espèces du genre *Chlamydophila* sont des pathogènes très bien connus. *Chlamydophila psittaci* est l'agent responsable de la psittacose (ou ornithose), maladie respiratoire transmise aux humains par des oiseaux contaminés. *Chlamydophila pneumoniæ* provoque une forme légère de pneumonie, notamment chez les jeunes adultes.

L'embranchement des *Spirochætes*

Les spirochètes ont une morphologie spiralée qui leur donne l'apparence d'un ressort de métal dont les spires sont plus ou moins serrées selon l'espèce. Cependant, leur trait le plus distinctif est leur façon de se déplacer, qui dépend de deux ou plusieurs **filaments axiaux** logés entre une enveloppe externe et le corps de

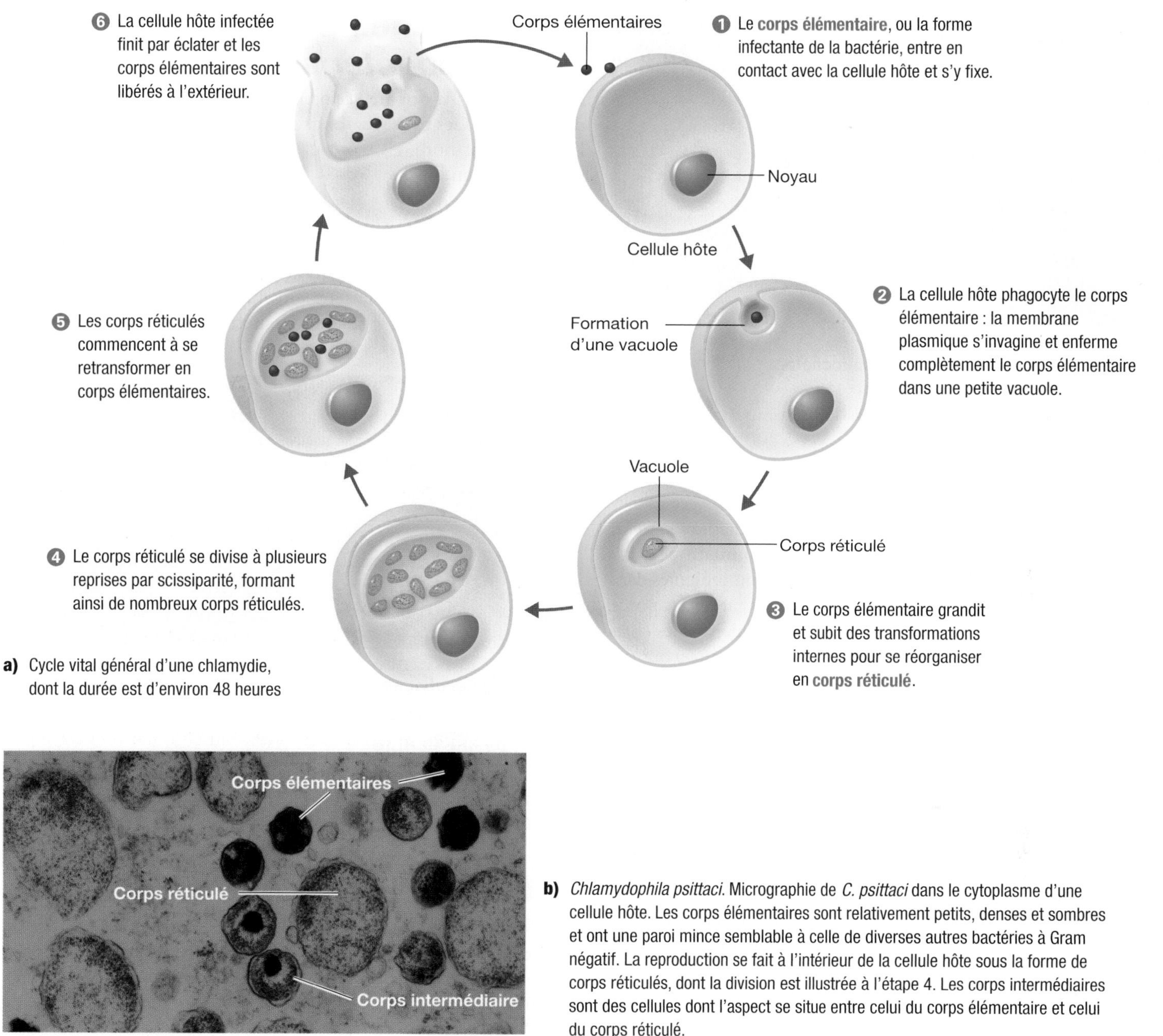

❶ Le corps élémentaire, ou la forme infectante de la bactérie, entre en contact avec la cellule hôte et s'y fixe.
Corps élémentaires
Noyau
Cellule hôte
❷ La cellule hôte phagocyte le corps élémentaire : la membrane plasmique s'invagine et enferme complètement le corps élémentaire dans une petite vacuole.
Formation d'une vacuole
Vacuole
Corps réticulé
❸ Le corps élémentaire grandit et subit des transformations internes pour se réorganiser en corps réticulé.
❹ Le corps réticulé se divise à plusieurs reprises par scissiparité, formant ainsi de nombreux corps réticulés.
❺ Les corps réticulés commencent à se retransformer en corps élémentaires.
❻ La cellule hôte infectée finit par éclater et les corps élémentaires sont libérés à l'extérieur.
Corps élémentaires
Corps réticulé
Corps intermédiaire
MET
0,3 μm

a) Cycle vital général d'une chlamydie, dont la durée est d'environ 48 heures

b) *Chlamydophila psittaci.* Micrographie de *C. psittaci* dans le cytoplasme d'une cellule hôte. Les corps élémentaires sont relativement petits, denses et sombres et ont une paroi mince semblable à celle de diverses autres bactéries à Gram négatif. La reproduction se fait à l'intérieur de la cellule hôte sous la forme de corps réticulés, dont la division est illustrée à l'étape 4. Les corps intermédiaires sont des cellules dont l'aspect se situe entre celui du corps élémentaire et celui du corps réticulé.

Figure 6.23 Chlamydies.

la bactérie ; c'est pourquoi on parle aussi d'endoflagelles. Une extrémité de chaque filament est fixée près d'un pôle de la bactérie (**figure 6.24** ; voir aussi la figure 3.9). Si la cellule tourne un filament axial dans un sens, elle effectue une rotation en sens opposé, plus ou moins en tire-bouchon, ce qui constitue un mode de locomotion très efficace dans un liquide. Pour une bactérie, il est en effet plus difficile qu'il n'y paraît de se déplacer dans un liquide. À l'échelle de ces microorganismes, l'eau est aussi visqueuse que de la mélasse pour un animal. Cependant, une bactérie parcourt fréquemment des distances égales à 100 fois sa longueur en 1 seconde (soit environ 50 μm/s), tandis qu'un gros poisson, comme le thon, ne parcourt qu'environ 10 fois sa longueur durant le même laps de temps.

On trouve de nombreux types de spirochètes dans la cavité buccale des humains. Ils furent probablement parmi les premiers microorganismes à avoir été décrits par Leeuwenhoek, au XVIIe siècle, qui les isola de la salive et de substances prélevées sur les dents.

Treponema Les spirochètes comprennent un certain nombre de bactéries pathogènes importantes, dont les mieux connues sont celles du genre *Treponema,* qui inclut *Treponema pallidum,* l'agent de la syphilis (figure 6.24).

Borrelia Les membres du genre *Borrelia* sont responsables de la fièvre récurrente et de la maladie de Lyme, deux maladies graves généralement transmises par les tiques ou les poux.

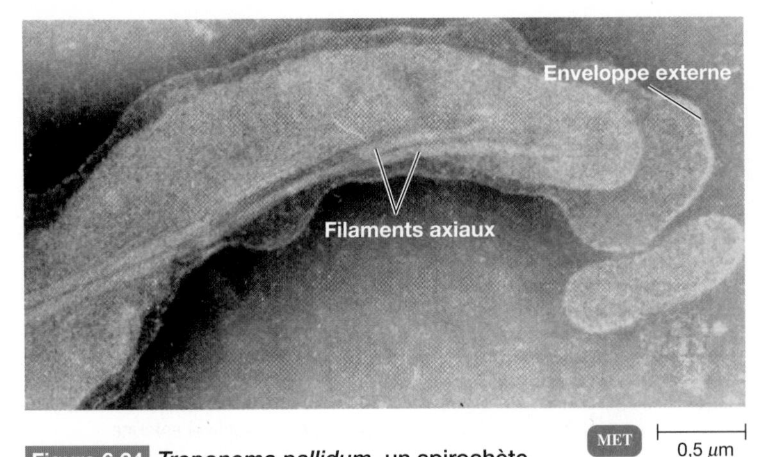

Figure 6.24 ***Treponema pallidum*, un spirochète.** Micrographie montrant deux filaments axiaux attachés à une extrémité de la cellule, sous l'enveloppe qui s'est séparée du corps de la bactérie.

Leptospira La leptospirose est une maladie habituellement transmise aux humains lors de la consommation d'eau contaminée par l'espèce *Leptospira.* Ces bactéries sont présentes dans l'urine de certains animaux, tels que les chiens, les rats et les porcs, ce qui explique que l'on vaccine fréquemment les chiens et les chats domestiques contre la leptospirose. Les cellules de *Leptospira* ont des extrémités caractéristiques en forme de crochet (figure 21.4).

L'embranchement des *Bacteroidetes*

L'embranchement des *Bacteroidetes* regroupe plusieurs genres de bactéries anaérobies. *Bacteroides* et *Prevotella* sont deux genres représentatifs qui peuvent devenir pathogènes. L'embranchement comprend également des bactéries du sol dotées de diverses capacités métaboliques. *Cytophaga* en est un genre représentatif.

Bacteroides Les bactéries du genre *Bacteroides* ne sont pas mobiles et ne forment pas d'endospores. Elles résident de façon prédominante dans l'intestin des humains ; on en dénombre presque un milliard par gramme de fèces. Certaines espèces de *Bacteroides* occupent des habitats anaérobies, dont le sillon gingival (gencives), et on les isole fréquemment de tissus profonds infectés. Les infections dues à des *Bacteroides* résultent souvent de blessures ou de plaies chirurgicales, et elles sont une cause courante de péritonite – inflammation déclenchée par la perforation de l'intestin.

Prevotella Les bactéries du genre *Prevotella* sont souvent isolées de spécimens prélevés dans la bouche lors de gingivites (chapitre 20), ou dans les voies respiratoires et les voies urogénitales.

Cytophaga Les membres du genre *Cytophaga* sont importants parce qu'ils dégradent la cellulose présente dans le sol et qu'ils jouent un rôle dans le traitement des eaux usées. Ils sont entourés d'une couche visqueuse et glissent sur les surfaces, en laissant souvent une trace visible.

L'embranchement des *Fusobacteria*

Les bactéries fusiformes constituent un autre embranchement d'anaérobies. Ces bactéries sont souvent polymorphes mais, comme l'indique leur nom, elles ont généralement la forme d'un fuseau (*fusus* = fuseau).

Fusobacterium Les bactéries anaérobies du genre *Fusobacterium* sont de longs bâtonnets minces dont les extrémités sont plutôt pointues qu'arrondies (**figure 6.25**). Chez les humains, on les trouve le plus souvent dans le sillon gingival, où elles sont responsables d'abcès dentaires, et dans l'intestin.

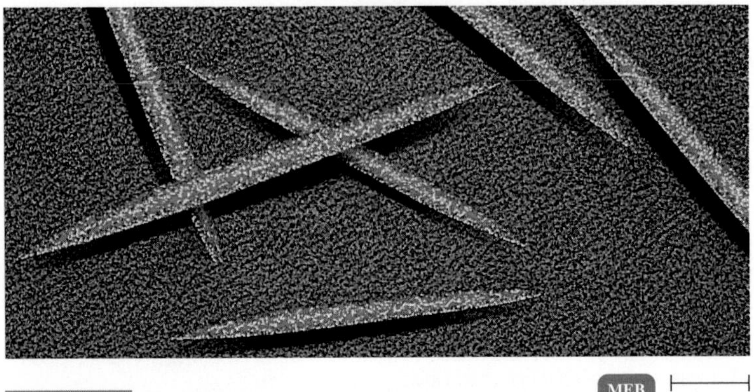

Figure 6.25 ***Fusobacterium*.**

> **Vérifiez vos acquis**
>
> Dessinez une clé dichotomique destinée à distinguer les embranchements suivants : *Planctomycetes, Chlamydiæ, Spirochætes, Bacteroidetes* et *Fusobacteria.* **6-9**

LE DOMAINE DES *ARCHÆA*

À la fin des années 1970, on a découvert un type particulier de cellules procaryotes, tellement différentes des bactéries qu'on a pensé qu'elles formaient pratiquement une troisième forme de vie. Le plus étonnant, c'est que leur paroi cellulaire ne contenait pas de peptidoglycane comme celle de la majorité des autres bactéries. On s'est bientôt rendu compte qu'elles avaient aussi en commun de nombreuses séquences d'ARNr, et que ces séquences différaient de celles du domaine des *Bacteria* et du domaine des *Eucarya*. L'analyse du génome des archéobactéries (*Archæa*) a montré que, même si ces dernières ont des gènes qu'on trouve chez les bactéries, plus de la moitié de leurs gènes leur sont propres. Ces différences sont suffisamment importantes pour que ces organismes constituent maintenant un nouveau groupe taxinomique, le domaine des ***Archæa***.

La diversité des *archéobactéries*

> **Objectif d'apprentissage**
>
> **6-10** Nommer un habitat de chaque groupe d'archéobactéries.

Les archéobactéries présentent une grande diversité. La morphologie de la plupart de ces microorganismes est ordinaire : sphérique, hélicoïdale ou en forme de bâtonnet, mais dans quelques cas elle est tout à fait exceptionnelle, comme l'illustre la **figure 6.26** (voir aussi la figure 3.5b). Certaines archéobactéries sont à Gram positif et d'autres, à Gram négatif; certaines se divisent par scissiparité et d'autres, par fragmentation ou par bourgeonnement; quelques-unes n'ont pas de paroi cellulaire. Les archéobactéries présentent également une grande diversité physiologique, depuis les aérobies jusqu'aux anaérobies stricts en passant par les anaérobies facultatifs. Du point de vue nutritionnel, ce domaine comprend des chimioautotrophes, des photoautotrophes et des chimiohétérotrophes. Il est particulièrement intéressant pour les microbiologistes de constater que de nombreuses archéobactéries résident dans des milieux où les conditions de température, d'acidité et de salinité sont extrêmes. On parle respectivement de bactéries thermophiles, acidophiles et halophiles extrêmes. On ne connaît pas d'archéobactéries pathogènes.

Les bactéries halophiles extrêmes sont prédominantes dans le domaine des *Archæa*. Elles survivent dans des milieux à très forte concentration en sel (plus de 25 %), tels que le Grand Lac Salé et les étangs de distillation solaire. Un représentant de ce groupe, *Halobacterium*, vit dans des milieux très riches en chlorure de sodium (NaCl) ; il a en fait besoin d'une forte concentration en sel pour se développer.

La température optimale de croissance des bactéries thermophiles extrêmes avoisine 80 °C ou plus. Un record a été établi lorsqu'on a découvert des archéobactéries vivant près de cheminées hydrothermales à une température de 121 °C et à une profondeur de 2 000 m. D'autres archéobactéries survivent dans des sources thermales acides et riches en soufre, d'où leur nom de thermoacidophiles extrêmes. C'est le cas de *Sulfolobus*, dont le pH optimal de croissance est d'environ 2 et la température optimale, de plus de 70 °C.

Le domaine des *Archæa* comprend également des membres anaérobies stricts, qui produisent du méthane ; ces bactéries sont dites méthanogènes et elles appartiennent au genre *Methanobacterium*. Elles sont très importantes sur le plan économique. Elles sont utilisées pour le traitement des eaux usées (chapitre 27 EN LIGNE). Ces archéobactéries tirent l'énergie dont elles ont besoin de la production de méthane (CH_4) à partir d'hydrogène (H_2) et de dioxyde de carbone (CO_2). Une constituante essentielle du traitement des eaux usées consiste à stimuler la croissance de bactéries méthanogènes dans des cuves de digestion anaérobie afin de convertir les boues en CH_4. De plus, ces microorganismes produisent du méthane pouvant servir à divers usages, par exemple comme combustible pour le chauffage des habitations. Les bactéries méthanogènes font aussi partie du microbiote humain de la bouche et du colon de même que du vagin.

▶ Vérifiez vos acquis

Quel type d'archéobactéries peut croître dans un étang de distillation solaire ? **6-10**

LA DIVERSITÉ MICROBIENNE

▶ Objectif d'apprentissage

6-11 Nommer deux facteurs qui limitent notre connaissance de la diversité des microbes.

La Terre abrite ce qui peut sembler une infinité de niches écologiques que l'évolution se charge constamment de peupler d'êtres plus originaux les uns que les autres. Beaucoup de microbes qui occupent ces niches ne se cultivent pas par les méthodes traditionnelles sur les milieux qui existent, si bien qu'ils restent inconnus pour nous. Toutefois, ces dernières années, les méthodes d'isolement et d'identification sont devenues beaucoup plus sophistiquées, et on commence à faire la lumière sur des microorganismes jusque-là inaccessibles, dans bien des cas sans les mettre en culture. Un groupe particulièrement intéressant se compose de bactéries dont les dimensions repoussent les limites théoriques établies pour la taille des cellules procaryotes.

Dans ce chapitre, nous avons décrit une bactérie géante, *Epulopiscium*. En 1999, on a découvert une autre bactérie géante, à une profondeur de 100 m, dans les sédiments des eaux côtières qui bordent la Namibie, pays situé dans le sud-ouest de l'Afrique. On a nommé cette bactérie *Thiomargarita namibiensis*, ce qui signifie « perle de soufre de Namibie ». Il s'agit d'un organisme sphérique, classé parmi les γ-protéobactéries, dont le diamètre atteint 750 μm (**figure 6.27**), ce qui est un peu plus que la taille d'*Epulopiscium*.

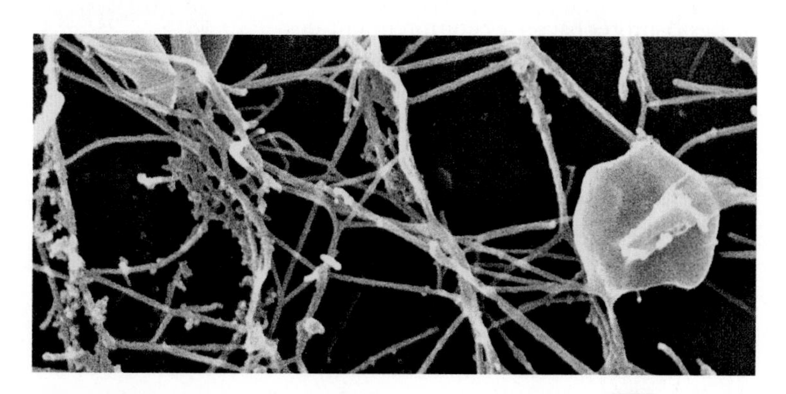

Figure 6.26 Archéobactéries. *Pyrodictium abyssi* croît dans les sédiments des grands fonds marins, à une température de 110 °C. La cellule en forme de disque est dotée d'un réseau de tubules.

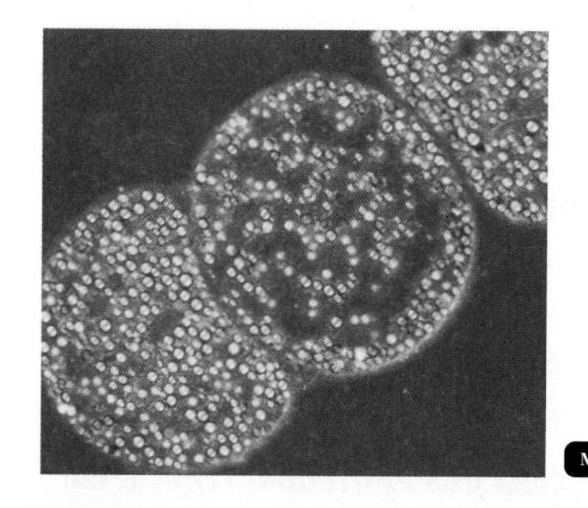

Figure 6.27 ***Thiomargarita namibiensis.*** Notez que cette bactérie visible au microscope optique a un diamètre de 750 μm.

Q/R Nous avons souligné que l'un des facteurs qui limitent les dimensions des cellules procaryotes est le fait que les nutriments doivent entrer dans le cytoplasme par diffusion simple. Dans le cas de *T. namibiensis*, ce problème est en partie résolu du fait que cette bactérie ressemble à un ballon rempli de liquide, l'intérieur de la cellule étant en bonne partie occupé par une vacuole entourée d'une couche relativement mince de cytoplasme. Les principaux nutriments sont le sulfure d'hydrogène, qui se trouve en abondance dans les sédiments où réside habituellement *T. namibiensis*, et l'ion nitrate, que la bactérie extrait de façon intermittente de l'eau de mer – qui contient une grande quantité de ces ions – lorsqu'une tempête provoque le brassage des sédiments mobiles. La vacuole, qui occupe environ 98 % du volume de la cellule, sert de réserve pour entreposer les ions nitrate entre deux périodes d'approvisionnement. La cellule tire l'énergie dont elle a besoin de l'oxydation du sulfure d'hydrogène ; l'ion nitrate, qui constitue une source d'azote nutritionnel, sert principalement d'accepteur d'électrons en l'absence de dioxygène.

La découverte de bactéries très volumineuses a soulevé la question suivante : quelle taille peut atteindre une cellule procaryote tout en étant capable de se nourrir par simple diffusion ? À l'autre extrême, l'observation dans des roches profondes de *nanobactéries,* mesurant de 0,02 à 0,03 μm, a amené les chercheurs à se demander s'il existe une limite inférieure pour les dimensions d'un microorganisme vivant. En s'appuyant sur des considérations théoriques, des scientifiques ont calculé qu'une cellule doit avoir un diamètre d'au moins 0,1 μm pour que son activité métabolique soit suffisante. Certaines bactéries ont un génome minuscule. Par exemple, *Carsonella ruddii* vit en symbiose avec un insecte hôte, plus précisément un psylle qui se nourrit de la sève de plantes. En conséquence, cette bactérie n'a pas besoin d'un patrimoine génétique aussi complexe qu'un microbe autonome. En fait, elle possède seulement 182 gènes, ce qui frise le minimum théorique de 151 gènes pour un microorganisme vivant en symbiose. (Comparez ces valeurs aux exigences génétiques minimales des mycoplasmes, un organisme autonome dont nous avons parlé à la p. 153.) *C. ruddii* n'est pas tout à fait un parasite de son hôte, puisque l'insecte en tire quelques acides aminés essentiels. Le microbe est probablement engagé dans un processus évolutif qui le transformera en organelle, à la manière de la mitochondrie (figure 5.2).

Les microbiologistes ont décrit jusqu'à présent 5 000 espèces de bactéries seulement, dont 3 000 sont énumérées dans le manuel de Bergey, mais on pense qu'il en existe peut-être des millions. On n'arrive pas à faire croître dans les conditions et milieux de culture habituels nombre des bactéries présentes dans le sol, l'eau ou d'autres milieux naturels. En outre, certaines bactéries font partie d'une chaîne alimentaire complexe et ne peuvent se développer qu'en présence de divers autres microbes qui leur fournissent des facteurs de croissance spécifiques. Des chercheurs ont récemment obtenu, à l'aide de l'amplification en chaîne par polymérase (ACP), des millions de copies de gènes prélevés au hasard dans un échantillon de sol. En comparant les gènes résultant de l'application répétée de ce procédé, ils arrivent à estimer les différentes espèces bactériennes présentes dans l'échantillon. Une expérience de ce type indique qu'un seul gramme de sol peut contenir environ 10 000 types différents de bactéries, soit à peu près le double du nombre de bactéries décrites jusqu'à aujourd'hui. **Q/R**

▶ Vérifiez vos acquis

Comment pouvez-vous détecter la présence d'une bactérie qui ne peut croître sur un milieu de culture ? **6-11**

RÉSUMÉ

INTRODUCTION (p. 133)

1. Dans le manuel de Bergey, les bactéries sont classées en taxons en fonction des séquences d'ARNr.
2. Le manuel de Bergey énumère des caractéristiques qui permettent d'identifier les bactéries : réaction à la coloration de Gram, morphologie cellulaire, besoins en oxygène, propriétés nutritionnelles, etc.

LES GROUPES DE PROCARYOTES (p. 134)

1. Les microorganismes procaryotes sont divisés en deux domaines : les *Bacteria* et les *Archæa*.

LE DOMAINE DES *BACTERIA* (p. 134)

1. Les bactéries sont essentielles à la vie sur Terre.

L'EMBRANCHEMENT DES *PROTEOBACTERIA* (p. 134)

1. Les membres de l'embranchement des *Proteobacteria* sont pour la plupart des bactéries à Gram négatif.
2. Les α-protéobactéries comprennent des bactéries fixatrices d'azote, des chimioautotrophes et des chimiohétérotrophes ; elles comprennent *Brucella* et *Rickettsia*.

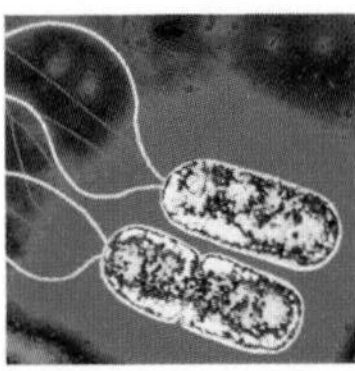

3. Les β-protéobactéries comprennent des chimioautotrophes et des chimiohétérotrophes ; elles comprennent *Bordetella* et *Neisseria*.
4. Les organismes classés dans les ordres des *Thiotrichales*, des *Pseudomonadales*, des *Legionellales*, des *Vibrionales*, des *Enterobacteriales* et des *Pasteurellales* sont considérés comme des γ-protéobactéries.
5. Les bactéries photosynthétiques pourpres ou vertes sont des photoautotrophes qui utilisent l'énergie de la lumière et le dioxyde de carbone (CO_2) ; elles ne produisent pas de dioxygène (O_2).
6. *Myxococcus* et *Bdellovibrio* sont des δ-protéobactéries prédatrices de diverses autres bactéries.
7. Les ε-protéobactéries comprennent *Campylobacter* et *Helicobacter.*

LES BACTÉRIES À GRAM NÉGATIF AUTRES QUE LES PROTÉOBACTÉRIES (p. 146)

1. Plusieurs embranchements de bactéries à Gram négatif n'ont pas de relation phylogénétique avec les Protéobactéries.
2. Les cyanobactéries sont des photoautotrophes qui utilisent l'énergie solaire et le dioxyde de carbone (CO_2), et produisent de l'oxygène (O_2).
3. Les *Planctomycetes*, *Chlamydiae*, *Spirochætes*, *Bacteroidetes* et *Fusobacteria* sont des exemples de chimiohétérotrophes.

LES BACTÉRIES À GRAM POSITIF (p. 148)

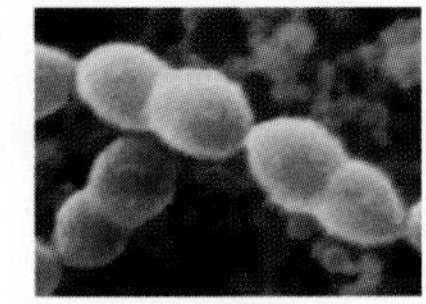

1. Dans le manuel de Bergey, les bactéries à Gram positif sont divisées en deux grandes catégories, selon que leur rapport G + C est faible ou élevé.
2. Les bactéries à Gram positif à faible teneur en G + C comprennent des bactéries des sols, les bactéries lactiques et plusieurs agents pathogènes chez l'humain, tels les *Staphylococcus*, les *Streptococcus* et les *Clostridium*.
3. Les bactéries à Gram positif à forte teneur en G + C comprennent les mycobactéries, les corynebactéries et les actinomycètes.

LE DOMAINE DES *ARCHÆA* (p. 156)

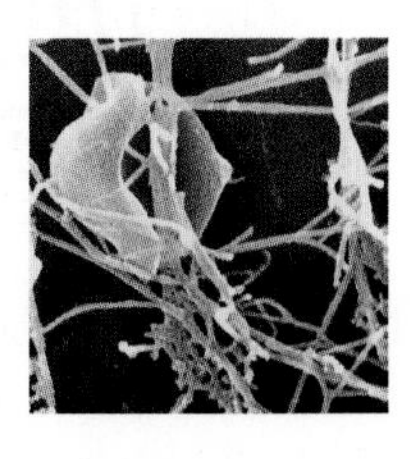

1. Les halophiles extrêmes, les hyperthermophiles et les méthanogènes font partie des Archéobactéries.

LA DIVERSITÉ MICROBIENNE (p. 157)

1. Un petit nombre seulement de procaryotes ont été isolés et identifiés.
2. On utilise l'ACP pour déceler la présence de bactéries qu'il est impossible de faire croître au laboratoire.

AUTOÉVALUATION

QUESTIONS À COURT DÉVELOPPEMENT

1. Démontrez à l'aide d'exemples pertinents que les bactéries ont une importance remarquable dans les domaines médical, agroalimentaire, environnemental et industriel, ainsi que dans la recherche.
2. Quel genre d'organismes correspond le mieux à la description suivante ? Détaillez les situations présentées.
   a) Des organismes qui produisent un combustible utilisé pour le chauffage des habitations et la production d'électricité.
   b) Des bactéries à Gram positif qui constituent le principal problème d'origine microbienne pour l'industrie de l'apiculture.
   c) Des bacilles à Gram positif utilisés par l'industrie laitière pour la fermentation.
   d) Des γ-protéobactéries utilisées pour dégrader les hydrocarbures à la suite d'un déversement de pétrole.
3. En vous servant du tableau 6.1, classez les bactéries suivantes dans la catégorie appropriée.
   a) Bactérie munie d'une paroi cellulaire sans peptidoglycane.
   b) Bactérie sans paroi cellulaire.
   c) Bactérie munie d'une paroi cellulaire avec peptidoglycane et membrane externe.
4. Auquel des groupes d'organismes suivants la bactérie photosynthétique *Chromatium* est-elle le plus étroitement apparentée ? (Justifiez votre réponse.)
   a) Les cyanobactéries. **b)** *Chloroflexus*. **c)** *Escherichia*.

APPLICATIONS CLINIQUES

N. B. Ces questions nécessitent que vous cherchiez des réponses dans les différents chapitres du livre.

1. Après avoir été en contact avec du liquide cérébrospinal (LCS) prélevé chez un patient atteint de méningite, un technicien de laboratoire a souffert de fièvre et de nausée, et des lésions pourpres sont apparues sur son cou et ses membres. Des diplocoques à Gram négatif se sont développés dans des milieux de culture inoculés avec des prélèvements de sa gorge et du LCS.

   À quel genre appartient la bactérie responsable de l'infection ? Énumérez les éléments qui vous ont mis sur la piste. (*Indice :* Voir le chapitre 17.)
2. Entre le 1er avril et le 15 mai d'une même année, 22 enfants résidant dans trois villes différentes ont souffert de diarrhée, de fièvre et de vomissements. Tous ces enfants avaient reçu un caneton comme animal de compagnie. On a isolé un bacille anaérobie facultatif à Gram négatif, non sporulé, à la fois des fèces des patients et des excréments des canetons. Le laboratoire a déterminé que le sérotype du bacille était C2, ce qui a permis de le distinguer des 2 000 sérotypes existants.

   À quel genre appartient la bactérie ? Énumérez les éléments qui vous ont mis sur la piste. (*Indice :* Voir le chapitre 20.)

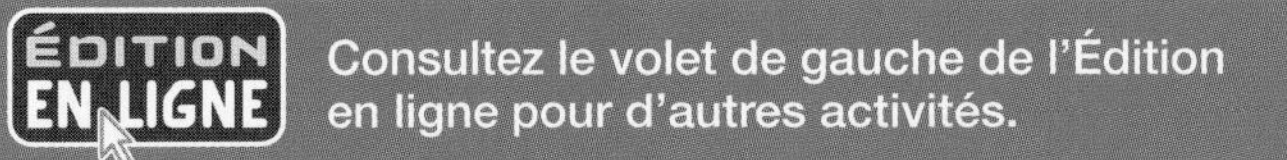
ÉDITION
EN LIGNE
Consultez le volet de gauche de l'Édition en ligne pour d'autres activités.

CHAPITRE 7

Le domaine des Eucarya : mycètes, protozoaires, helminthes et arthropodes

Plus de la moitié de la population mondiale est infectée par des eucaryotes pathogènes. L'Organisation mondiale de la santé (OMS) compte 6 maladies parasitaires parmi les 20 premières causes de mort par infection microbienne au monde. Chaque année dans les pays en voie de développement, les cas rapportés de paludisme, de bilharziose, d'amibiase, d'ankylostomiase, de trypanosomiase africaine et de parasitoses intestinales se chiffrent à plus de cinq millions pour chacune de ces affections. Dans les pays industrialisés, on assiste à l'émergence d'agents pathogènes eucaryotes tels que *Pneumocystis,* la première cause de mort chez les patients atteints du sida ; *Cryptosporidium* et *Cyclospora,* deux protozoaires qui causent des diarrhées ; *Stachybotrys,* un mycète à l'origine d'une nouvelle maladie respiratoire ; et des algues qui occasionnent de plus en plus d'intoxications jusque-là inconnues. Les affections mettant en cause des moisissures sont aussi à la hausse, si bien qu'un débat s'est engagé sur l'opportunité d'adopter une réglementation qui définirait les niveaux sécuritaires d'exposition à ces organismes.

Dans le présent chapitre, nous examinons les microorganismes eucaryotes qui affectent les humains : mycètes, algues unicellulaires, protozoaires et helminthes. Le **tableau 7.1** dresse une liste comparative de leurs caractéristiques. Plusieurs maladies causées par ces agents pathogènes sont décrites dans la quatrième partie (chapitres 16 à 21). À la fin du chapitre, nous faisons un survol des arthropodes qui transmettent des maladies.

Q/R

En Irlande, la grande famine du milieu du XIXe siècle a causé la mort ou forcé l'émigration de plus d'un million de personnes. Elle a été provoquée par l'action dévastatrice de Phytophthora infestans, *une algue qui s'attaque aux pommes de terre et détruit les récoltes. Quels sont les dommages infligés aujourd'hui par* Phythophthora *ailleurs dans le monde?*

La réponse est dans le chapitre.

AU MICROSCOPE

Saprolegnia ferax. Cette algue, appelée *moisissure d'eau*, est pathogène pour certaines plantes et certains animaux.

Tableau 7.1 Microorganismes eucaryotes : principales différences entre les mycètes, les algues, les protozoaires et les helminthes

	Mycètes	Algues	Protozoaires	Helminthes
Règne	Mycètes	« Protistes »	« Protistes »	Animaux
Type nutritionnel*	Chimiohétérotrophe	Photoautotrophe	Chimiohétérotrophe	Chimiohétérotrophe
Organismes pluricellulaires	Tous, sauf les levures	Quelques-uns	Aucun	Tous
Arrangement cellulaire	Unicellulaire, filamenteux, charnu (comme les champignons)	Unicellulaire, en colonies, filamenteux ; en tissus	Unicellulaire	En tissus et organes
Mode d'acquisition de la nourriture	Absorption	Diffusion	Absorption ; ingestion (cytostome)	Ingestion (bouche) ; absorption
Traits caractéristiques	Spores sexuées et asexuées	Pigments	Mobilité ; certains forment des kystes	Beaucoup ont des cycles vitaux complexes comprenant œuf, larve et adulte.
Embryogenèse	Aucune	Aucune	Aucune	Tous

* Type nutritionnel : voir la figure 23.28 EN LIGNE.

Le règne des Mycètes*

Objectifs d'apprentissage

7-1 Énumérer les traits morphologiques et fonctionnels qui caractérisent les mycètes.

7-2 Distinguer la reproduction asexuée et la reproduction sexuée, et décrire chacun de ces processus chez les mycètes.

7-3 Nommer les traits caractéristiques des trois embranchements de Mycètes importants en médecine.

7-4 Nommer deux effets bénéfiques et deux effets indésirables des mycètes.

Depuis les 20 dernières années, on assiste à une augmentation de l'incidence des mycoses graves. Il s'agit d'infections nosocomiales qui touchent les personnes dont le système immunitaire est affaibli. De plus, des milliers de maladies fongiques affectent les plantes qui ont une valeur économique importante, causant des pertes de plus d'un milliard de dollars par année.

Les mycètes sont aussi utiles. Ils jouent un rôle important dans la chaîne alimentaire parce qu'ils décomposent la matière végétale morte, recyclant ainsi des éléments vitaux. Grâce à des enzymes extracellulaires telles que les cellulases, les mycètes sont les principaux décomposeurs des parties dures des plantes, que les animaux sont incapables de digérer. Presque toutes les plantes dépendent de mycètes symbiotiques, qui forment avec eux des **mycorhizes**, à l'aide desquelles leurs racines absorbent les minéraux et l'eau du sol (chapitre 27 EN LIGNE). Les mycètes sont aussi utiles aux animaux. Certaines fourmis cultivent des mycètes qui dégradent la cellulose et la lignine des plantes, ce qui leur permet de se procurer le glucose qu'elles digèrent ensuite. Les humains utilisent les mycètes comme nourriture et s'en servent pour produire d'autres aliments (pain, acide citrique), des boissons (alcool) et des médicaments (pénicilline). Il y a plus de 100 000 espèces de mycètes ; de ce nombre, seulement 200 sont pathogènes pour les humains et les animaux.

L'étude des mycètes s'appelle **mycologie**. Nous examinerons d'abord les structures sur lesquelles on se fonde pour identifier les mycètes dans les laboratoires d'analyses médicales. Puis nous nous pencherons sur leur cycle vital, surtout parce qu'on classe les mycètes en fonction du stade sexué de leur cycle vital. Nous avons vu au chapitre 5 qu'il est souvent indispensable d'identifier les agents pathogènes pour bien traiter la maladie et prévenir sa propagation.

Nous étudierons également les besoins nutritionnels de ces microorganismes. Tous les mycètes sont chimiohétérotrophes : ils dépendent des composés organiques pour leurs sources d'énergie et de carbone. Les mycètes sont des aérobies ou des anaérobies facultatifs ; on ne connaît que quelques espèces anaérobies. Le **tableau 7.2** dresse la liste des principales différences entre les mycètes et les bactéries.

Les caractéristiques des mycètes

L'identification des levures, comme celle des bactéries, se fait à l'aide de tests biochimiques. Par contre, celle des mycètes pluricellulaires repose sur leurs traits physiques, dont les caractéristiques des colonies et les spores reproductrices.

Les structures végétatives

Les colonies de mycètes sont qualifiées de structures *végétatives* parce qu'elles se composent de cellules ayant pour fonction le catabolisme et la croissance.

Moisissures et mycètes charnus Le corps végétatif d'un mycète s'appelle **thalle**. Chez une moisissure ou un mycète charnu, le thalle est constitué de longs filaments de cellules reliées les unes aux autres ; ces filaments s'appellent **hyphes**. Ces structures sont souvent petites

* Certains utilisent le terme « Eumycètes ».

Tableau 7.2 Comparaison des mycètes et des bactéries d'après certains critères

	Mycètes	Bactéries
Type de cellule	Eucaryotes	Procaryotes
Membrane cellulaire	Présence de stérols	Absence de stérols, sauf chez *Mycoplasma*
Paroi cellulaire	Glucanes ; mannanes ; chitine (aucun peptidoglycane)	Peptidoglycane
Spores	Produisent des spores reproductrices sexuées et asexuées de toutes sortes.	Endospores (sans rapport avec la reproduction) ; dans certains cas, spores reproductrices asexuées
Métabolisme	Seulement hétérotrophe ; aérobies, anaérobies facultatifs	Hétérotrophe, chimioautotrophe, photoautotrophe ; aérobies, anaérobies facultatifs, anaérobies

mais peuvent atteindre des proportions énormes. On a trouvé au Michigan un mycète dont les hyphes s'étendent sur 15,6 kilomètres.

Chez la plupart des moisissures, les hyphes sont divisés par des **cloisons**, ou **septa** (septum au singulier), formant des unités qui ressemblent à des cellules distinctes avec un seul noyau. On les appelle alors **hyphes segmentés** ou **septés** (figure 7.1a). Dans quelques classes de Mycètes, les hyphes ne contiennent pas de cloisons et ont l'aspect de longues cellules continues à noyaux multiples ; ils sont appelés **cénocytes** (figure 7.1b). Chez les mycètes à hyphes segmentés, il y a habituellement des ouvertures dans les cloisons qui font en sorte que le cytoplasme des « cellules » adjacentes est continu ; en réalité, ces structures sont aussi des cénocytes.

Les hyphes, qu'ils soient segmentés ou non, sont en fait de petits tubules transparents entourés d'une paroi cellulaire rigide. La composition de cette paroi est très différente de celle des bactéries ; elle contient de la chitine et des polyosides de cellulose, éléments chimiques qui lui confèrent une plus grande rigidité, une plus grande longévité et une plus grande capacité de résistance à la chaleur et à des pressions osmotiques élevées – plus élevées que celles que supportent normalement les bactéries. Les mycètes sont donc capables de vivre dans des habitats où ne peuvent survivre des bactéries.

Les hyphes croissent grâce à l'allongement de leurs extrémités (figure 7.1c). Chacune des parties de l'hyphe est capable de croissance. Quand un fragment se détache, il peut s'allonger pour former un nouvel hyphe. Dans le laboratoire, la culture des mycètes se fait habituellement à partir de fragments de thalles.

La partie de l'hyphe qui obtient les nutriments s'appelle *hyphe végétatif* ; la partie consacrée à la reproduction est l'*hyphe reproducteur* ou *aérien*, ainsi nommé parce qu'il s'élève au-dessus du milieu sur lequel le mycète croît. Les hyphes aériens portent souvent des spores reproductrices (figure 7.2a) ; nous y reviendrons plus loin. Quand les conditions du milieu le permettent, les hyphes grandissent pour former une masse filamenteuse caractéristique appelée **mycélium**, qui est visible à l'œil nu (figure 7.2b). Cet aspect duveteux permet de distinguer relativement bien une colonie de moisissures d'une colonie de bactéries.

Levures Les **levures** sont des mycètes unicellulaires, non filamenteux, qui sont généralement sphériques ou ovales. Comme les moisissures, les levures sont très répandues dans la nature ; elles se présentent souvent sous forme de poudre blanche sur les fruits et les feuilles. Les **levures bourgeonnantes**, telles que *Saccharomyces*, se divisent de façon asymétrique. Lors du bourgeonnement (figure 7.3), il se forme une protubérance (bourgeon) à la surface de la cellule mère. Pendant que le bourgeon grossit, le noyau de la cellule mère se divise (mitose). Un des noyaux obtenus gagne le bourgeon. Une paroi cellulaire commence à se former entre la cellule mère et le bourgeon, et ce dernier finit par se détacher. Le bourgeon se développe, grossit et devient à son tour une levure adulte capable de bourgeonnement.

Une cellule mère de levure peut produire avec le temps jusqu'à 24 cellules filles par bourgeonnement. Certaines levures font des bourgeons qui ne se détachent pas ; il se forme alors une courte

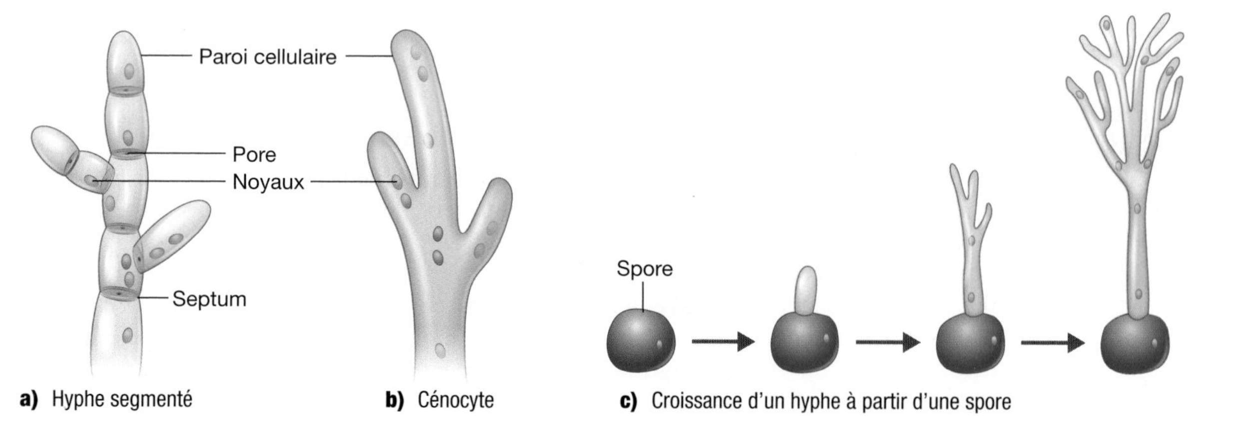

Figure 7.1 **Caractéristiques des hyphes de mycètes.** **a)** Les hyphes segmentés ont des septa (cloisons) qui les divisent en unités semblables à des cellules. **b)** Les cénocytes n'ont pas de cloisons. **c)** Les hyphes grandissent par prolongement de leurs extrémités.

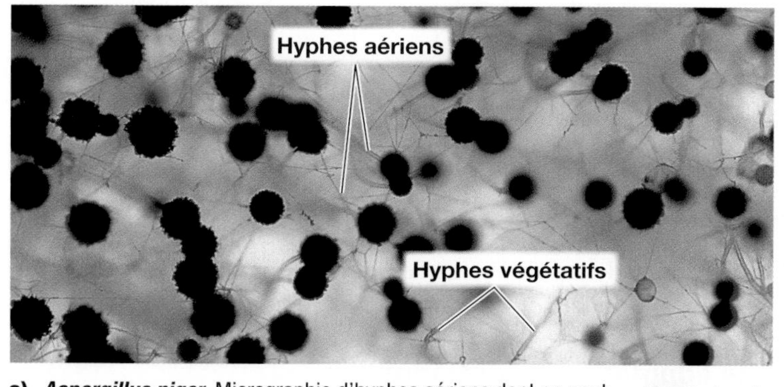

a) ***Aspergillus niger.*** Micrographie d'hyphes aériens dont on peut voir les spores reproductrices. MO 20 μm

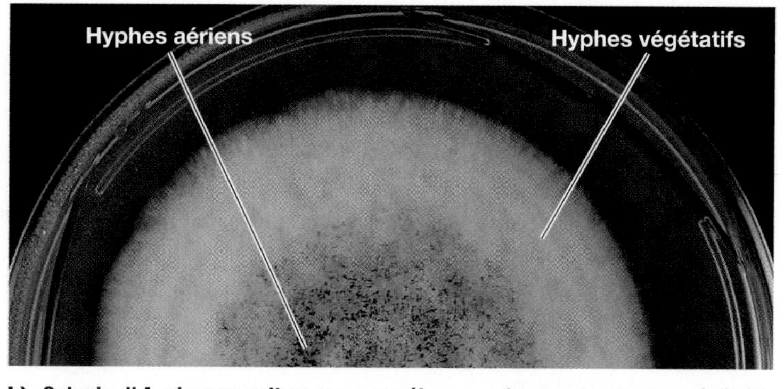

b) Colonie d'*A. niger* en culture sur une gélose au glucose. Les hyphes végétatifs et aériens sont visibles.

Figure 7.2 Hyphes aériens et végétatifs.

chaîne de cellules appelée **pseudohyphe**. *Candida albicans* se fixe aux cellules épithéliales humaines sous forme de levure mais doit généralement produire des pseudohyphes pour envahir les tissus plus profonds (figure 16.17a).

Les **levures scissipares**, telles que *Schizosaccharomyces*, se divisent de façon symétrique pour donner deux nouvelles cellules filles. Durant la division, la cellule mère s'allonge, son noyau se divise et deux cellules filles sont produites. Lorsque le nombre de cellules d'une levure augmente sur une gélose, on voit apparaître une colonie dont l'aspect est semblable à celui d'une colonie bactérienne.

Les levures sont capables de croissance anaérobie facultative. Elles peuvent utiliser la molécule d'O_2 ou un composé organique comme accepteur d'électrons final ; cette adaptation est précieuse parce qu'elle leur permet de vivre dans divers environnements. S'il y a des molécules d'O_2 dans le milieu, les levures se servent de la respiration aérobie pour métaboliser les glucides en dioxyde de carbone (CO_2) et en eau ; si elles en sont privées, elles fermentent les glucides et produisent de l'éthanol et du CO_2. Cette fermentation est exploitée dans l'industrie pour fabriquer de la bière, du vin et du pain. Diverses espèces de *Saccharomyces* produisent l'éthanol dans les boissons fermentées et le CO_2 qui fait lever la pâte pour le pain et les pâtisseries.

Mycètes dimorphes Certains mycètes, plus particulièrement les espèces pathogènes, sont dotés de **dimorphisme** – ils croissent

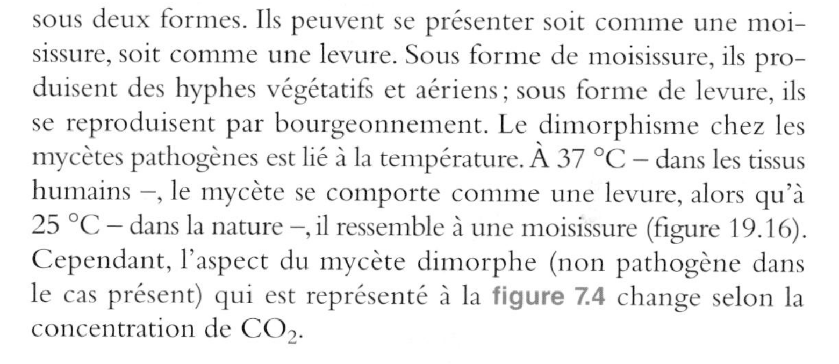
sous deux formes. Ils peuvent se présenter soit comme une moisissure, soit comme une levure. Sous forme de moisissure, ils produisent des hyphes végétatifs et aériens ; sous forme de levure, ils se reproduisent par bourgeonnement. Le dimorphisme chez les mycètes pathogènes est lié à la température. À 37 °C – dans les tissus humains –, le mycète se comporte comme une levure, alors qu'à 25 °C – dans la nature –, il ressemble à une moisissure (figure 19.16). Cependant, l'aspect du mycète dimorphe (non pathogène dans le cas présent) qui est représenté à la **figure 7.4** change selon la concentration de CO_2.

Le cycle vital

Les mycètes filamenteux peuvent se reproduire de manière asexuée par fragmentation de leurs hyphes. De plus, la reproduction chez les mycètes s'effectue par la formation de **spores**, de manière sexuée ou asexuée. En fait, l'identification de ces organismes est habituellement fondée sur les types de spores.

Les spores des mycètes sont passablement différentes des endospores bactériennes. En effet, ces dernières permettent aux cellules bactériennes de survivre – dans un état de dormance – malgré des conditions environnementales défavorables (figure 3.19).

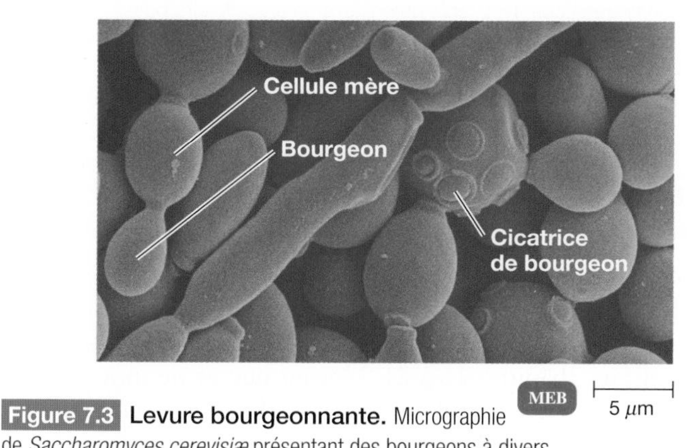

MEB 5 μm

Figure 7.3 **Levure bourgeonnante.** Micrographie de *Saccharomyces cerevisiæ* présentant des bourgeons à divers stades de formation.

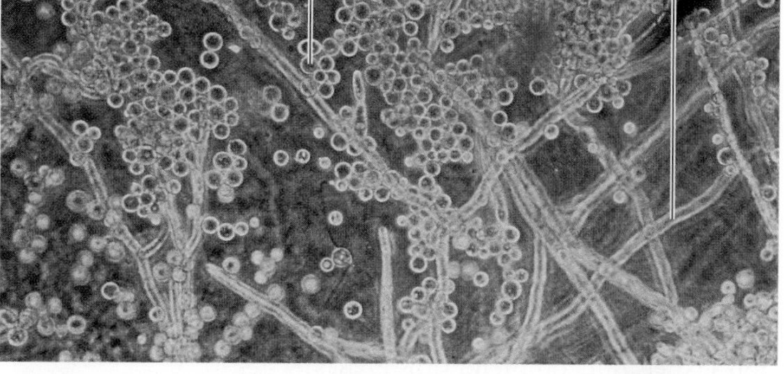

MO 50 μm

Figure 7.4 **Dimorphisme fongique.** Chez le mycète *Mucor indicus*, le dimorphisme dépend de la concentration de CO_2. À la surface de la gélose, la croissance de *Mucor* est semblable à celle d'une levure, mais sous la surface, le mycète ressemble à une moisissure.

Une bactérie végétative ne forme qu'une seule endospore qui, lors de la germination, sort de son état de dormance pour redevenir une cellule végétative. Il ne s'agit donc pas de reproduction parce que ce processus ne fait pas augmenter le nombre total de cellules bactériennes. Dans le cas des mycètes, la spore se détache de la cellule mère et, après germination, la cellule se développe et devient un nouveau mycète (figure 7.1c). Contrairement à l'endospore bactérienne, elle est une véritable spore reproductrice parce qu'elle donne naissance à un deuxième organisme. Bien que les spores des mycètes puissent résister longtemps à la sécheresse et à la chaleur, la plupart n'affichent pas la longévité et la tolérance extrême des endospores bactériennes.

Les spores naissent à partir des hyphes aériens et se forment de plusieurs façons, selon l'espèce. Les spores de mycètes peuvent être asexuées ou sexuées. Les **spores asexuées** sont produites par les hyphes d'un organisme sans l'intervention d'un autre membre de l'espèce. Quand elles germent, elles donnent naissance à des individus identiques au parent sur le plan génétique. Les **spores sexuées** naissent de la fusion de noyaux de deux cellules provenant de souches compatibles de la même espèce. Les organismes issus de spores sexuées possèdent des caractères héréditaires des deux souches parentales. Les mycètes produisent plus souvent des spores asexuées que des spores sexuées. Les spores étant d'une importance considérable pour l'identification des mycètes, nous examinons maintenant quelques-uns des divers types de spores asexuées et sexuées.

Spores asexuées Les spores asexuées se forment au sein d'un même individu par mitose puis division cellulaire; il n'y a pas de fusion de noyaux provenant de cellules différentes. Les spores asexuées sont de deux types: celles qui ne sont pas enfermées dans un sac et celles qui le sont. Les spores asexuées qui ne se développent pas dans un sac se différencient selon leur mode de production par les mycètes. Les **conidies**, ou **conidiospores**, forment des chaînes à l'extrémité d'un hyphe aérien appelé **conidiophore** (**figure 7.5a**). Elles sont produites notamment par *Aspergillus*. L'**arthroconidie**, ou **arthrospore**, est un type de spore issue de la fragmentation d'un hyphe segmenté en cellules simples et légèrement épaissies (**figure 7.5b**). On la trouve chez *Coccidioides immitis* (figure 19.18) et, inhalée, elle provoque des symptômes d'atteinte pulmonaire. La **blastoconidie**, ou **blastospore**, se constitue par bourgeonnement d'une cellule mère (**figure 7.5c**). On l'observe chez toutes les levures, par exemple chez *Candida albicans* et *Cryptococcus*. La **chlamydoconidie**, ou **chlamydospore**, apparaît à l'extrémité ou au sein d'un segment de l'hyphe à la suite de la condensation du cytoplasme et de la formation d'une paroi épaisse (**figure 7.5d**). Elle est produite, entre autres, par la levure *C. albicans*.

La **sporangiospore** est le deuxième type de spore asexuée; elle prend naissance dans un **sporange**, ou sac, à l'extrémité d'un hyphe aérien appelé **sporangiophore**. Le sporange peut contenir des centaines de sporangiospores (**figure 7.5e**). On trouve ce type de spores asexuées chez *Rhizopus*.

Spores sexuées Ce type de spores est le résultat de la reproduction sexuée, qui comprend trois phases:

1. **Plasmogamie** Phase où se produit la fusion protoplasmique, qui met en présence deux noyaux à l'intérieur d'une même cellule: le noyau haploïde d'une cellule donneuse (1) pénètre dans le cytoplasme d'une cellule receveuse (2).
2. **Caryogamie** Les noyaux (1) et (2) fusionnent pour former le noyau diploïde d'un zygote.
3. **Méiose** Le noyau diploïde donne naissance à des noyaux haploïdes (spores sexuées). Les noyaux issus de la méiose sont parfois recombinés.

Les spores sexuées servent de critère pour la classification des mycètes. Dans le laboratoire, la plupart de ces organismes ne produisent que des spores asexuées. Par conséquent, l'identification clinique est fondée sur l'examen microscopique des spores asexuées.

Les adaptations nutritionnelles

Les mycètes sont généralement adaptés à des environnements qui seraient hostiles aux bactéries. Ce sont des chimiohétérotrophes et, à l'instar des bactéries, ils absorbent les nutriments plutôt que de les ingérer comme le font les animaux. Toutefois, ils se distinguent des bactéries par certains besoins que le milieu doit satisfaire et par les caractéristiques nutritionnelles suivantes:

- En règle générale, les mycètes se développent mieux dans un environnement dont le pH est d'environ 5, ce qui est trop acide pour la croissance de la plupart des bactéries habituelles.
- Presque toutes les moisissures sont aérobies. La plupart des levures sont des anaérobies facultatifs.
- La plupart des mycètes résistent mieux à la pression osmotique que les bactéries; par conséquent, la plupart peuvent croître dans des milieux où la concentration de sucre ou de sel est relativement élevée.
- Les mycètes peuvent se nourrir de substances qui contiennent une très faible teneur en eau, généralement trop faible pour permettre la croissance des bactéries.
- Les mycètes ont un peu moins besoin de diazote que les bactéries pour atteindre un taux équivalent de croissance.
- Les mycètes sont souvent capables de métaboliser des glucides complexes, tels que la lignine (un constituant du bois), que la plupart des bactéries ne peuvent pas utiliser comme nutriments.

Ces traits permettent aux mycètes de pousser sur des substrats qui semblent peu propices à la vie, tels que les murs de salles de bain, le cuir et les vieux journaux.

▶ Vérifiez vos acquis

Supposons que vous avez isolé un organisme unicellulaire possédant une paroi cellulaire. Comment établirez-vous qu'il s'agit d'un mycète et non d'une bactérie? **7-1**

Comparez les mécanismes de formation des conidies et des ascospores. **7-2**

Les embranchements de Mycètes importants en médecine

La présente section donne une vue d'ensemble des embranchements de Mycètes importants en médecine. Les maladies causées par ces microorganismes seront étudiées dans la quatrième partie du manuel, aux chapitres 16 à 21. Notons que ce ne sont pas tous les mycètes qui provoquent des maladies. Les autres embranchements de Mycètes ne retiennent pas notre attention parce qu'ils ne comptent pas d'espèces pathogènes.

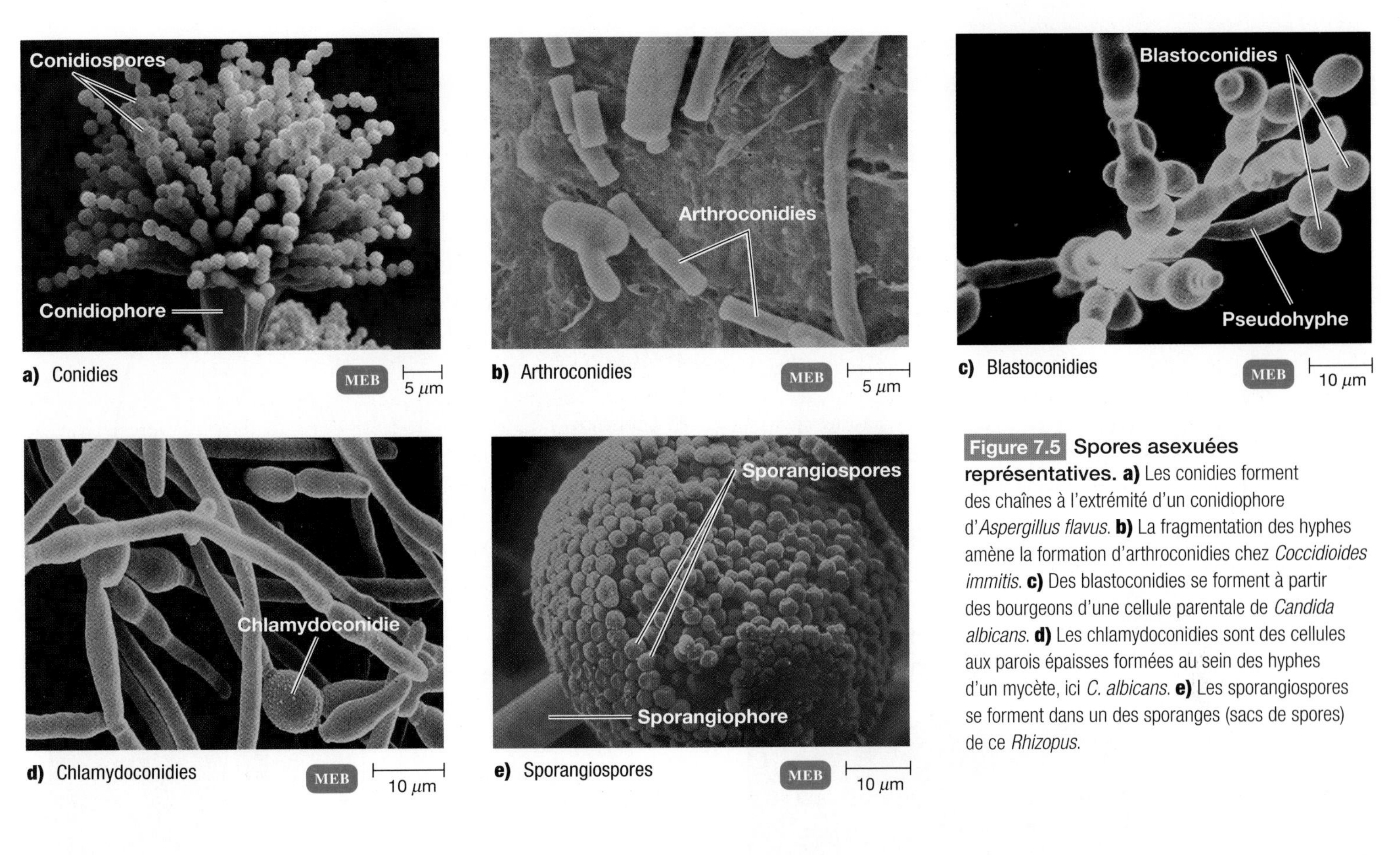

Figure 7.5 Spores asexuées représentatives. a) Les conidies forment des chaînes à l'extrémité d'un conidiophore d'*Aspergillus flavus*. **b)** La fragmentation des hyphes amène la formation d'arthroconidies chez *Coccidioides immitis*. **c)** Des blastoconidies se forment à partir des bourgeons d'une cellule parentale de *Candida albicans*. **d)** Les chlamydoconidies sont des cellules aux parois épaisses formées au sein des hyphes d'un mycète, ici *C. albicans*. **e)** Les sporangiospores se forment dans un des sporanges (sacs de spores) de ce *Rhizopus*.

Parmi les genres nommés dans les paragraphes suivants, il y en a beaucoup qui sont des contaminants faciles à repérer dans la nourriture et les cultures bactériennes de laboratoire. Bien qu'ils ne soient pas tous d'une importance capitale en médecine, ils constituent des exemples représentatifs de leurs groupes respectifs.

L'embranchement des *Zygomycota*

Les Zygomycètes, ou mycètes à conjugaison, sont des moisissures **saprophytes** dont les hyphes sont cénocytiques (non segmentés). Dans la nouvelle classification, cet embranchement porte le nom de *Glomeromycota*. *Rhizopus stolonifer*, la moisissure noire du pain, en est un exemple familier. Les spores asexuées de *Rhizopus* sont des sporangiospores (figure 7.6, en haut, à droite). Les sporangiospores sombres à l'intérieur du sporange donnent à *Rhizopus* son nom commun. Le sporange de forme élargie est situé à l'extrémité d'un sporangiophore. ➊ – ➍ Quand le sporange éclate, les sporangiospores sont dispersées. Si elles tombent sur un milieu propice, elles germent pour former un nouveau thalle de moisissure.

➎ – ⓫ Les spores sexuées sont des **zygospores**. Deux cellules qui se ressemblent sur le plan morphologique fusionnent leur paroi et forment un tube de fécondation. Ce tube permet la rencontre des deux noyaux, qui est suivie de la production d'une grosse spore limitée par une paroi épaisse, échancrée et de couleur foncée (figure 7.6, en bas, à gauche). La zygospore produit un nouveau sporange, lequel laissera échapper de nouvelles sporangiospores.

L'embranchement des *Ascomycota*

Les Ascomycètes, ou mycètes à sacs, comprennent des moisissures à hyphes segmentés et certaines levures. Leurs spores asexuées sont habituellement des conidiospores, ou conidies, qui forment de longues chaînes au bout des conidiophores. Le mot « conidie » signifie poussière. ➊ – ➍ À la moindre perturbation, ces spores se détachent facilement de la chaîne à laquelle elles appartiennent et flottent dans l'air comme des grains de poussière. Les conidiospores germent et forment des myséliums.

➎ – ➒ L'**ascospore** résulte de la fusion des noyaux de deux cellules qui peuvent être semblables ou non sur le plan morphologique. Ces spores sont produites dans des structures appelées **asques** qui ressemblent à des sacs (figure 7.7). Cet embranchement de Mycètes tire son nom de ces asques.

L'embranchement des *Basidiomycota*

Les Basidiomycètes, ou mycètes à massue, possèdent aussi des hyphes segmentés. Cet embranchement comprend les organismes qu'on appelle champignons à chapeau (figure 7.8). ➊ – ➌ Un fragment de l'hyphe aboutit à la formation d'un nouveau mycélium. ➍ – ➒ Les **basidiospores** se forment à l'extérieur sur une sorte de petit socle appelé **baside**. (C'est cette structure qui donne son nom à cet embranchement de Mycètes.) Il y a habituellement quatre basidiospores par baside. Certains basidiomycètes produisent des conidies asexuées. Cet embranchement inclut les mycètes, tels que les rouilles et les charbons des céréales, et des agents pathogènes des plantes.

La forme de reproduction sexuée des mycètes est dite *téléomorphe*, alors que la forme asexuée est dite *anamorphe*. Les mycètes que nous avons examinés jusqu'ici sont des téléomorphes, c'est-à-dire qu'ils produisent des spores sexuées et asexuées. Certains mycètes

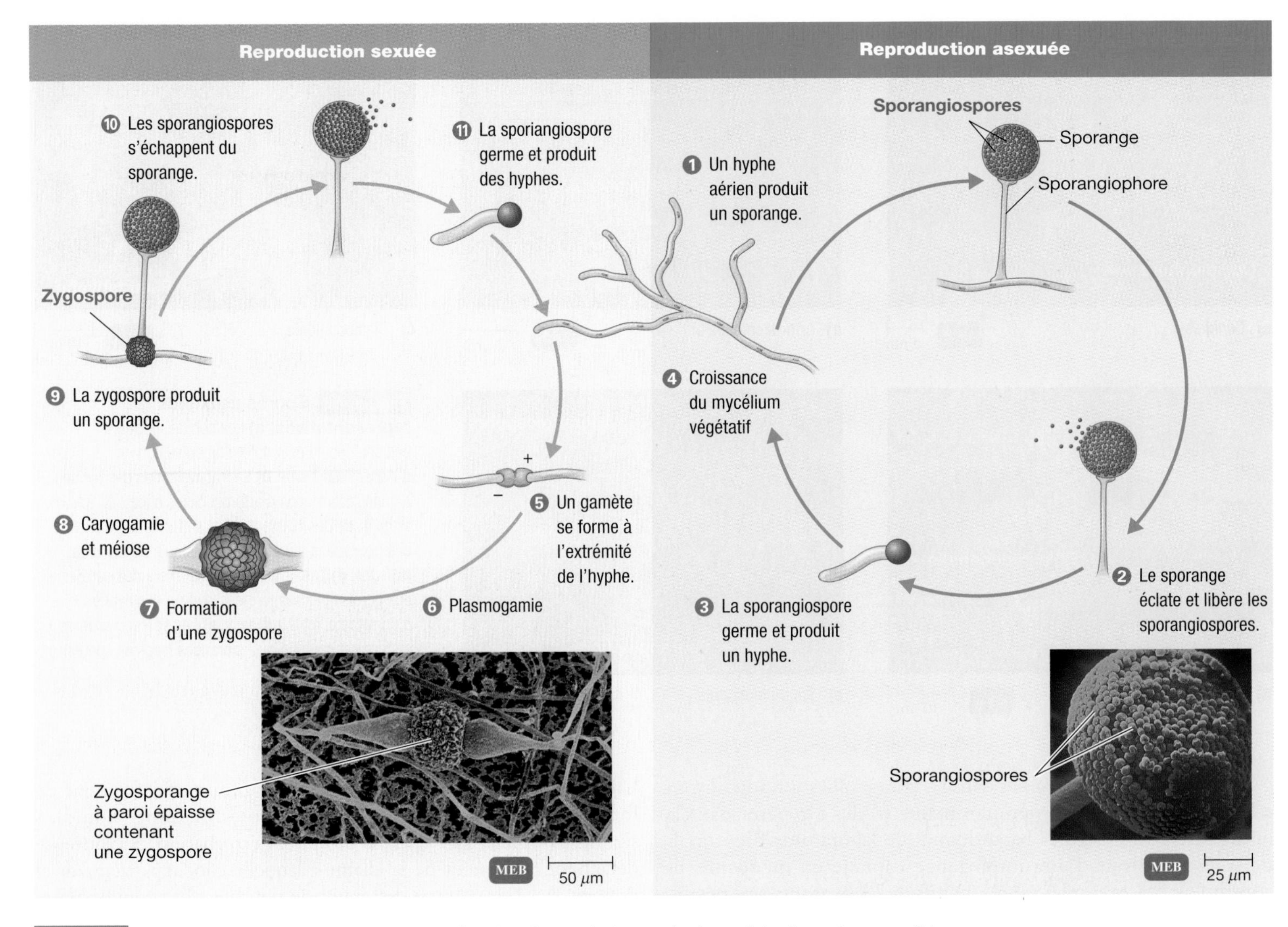
Reproduction sexuée
Reproduction asexuée
⑩ Les sporangiospores s'échappent du sporange.
⑪ La sporiangiospore germe et produit des hyphes.
Zygospore
⑨ La zygospore produit un sporange.
⑧ Caryogamie et méiose
⑦ Formation d'une zygospore
⑥ Plasmogamie
⑤ Un gamète se forme à l'extrémité de l'hyphe.
+
−
Zygosporange à paroi épaisse contenant une zygospore
MEB
50 μm
Sporangiospores
Sporange
Sporangiophore
① Un hyphe aérien produit un sporange.
④ Croissance du mycélium végétatif
③ La sporangiospore germe et produit un hyphe.
② Le sporange éclate et libère les sporangiospores.
Sporangiospores
MEB
25 μm

Figure 7.6 Cycle vital de *Rhizopus*, un zygomycète. Dans la reproduction sexuée, deux cellules de souches compatibles (désignées par les signes + et −) sont nécessaires pour donner naissance à une zygospore. Les étapes ② et ③ sont similaires aux étapes ⑩ et ⑪.

ont perdu la capacité de se reproduire sexuellement ou, à tout le moins, leur stade sexué n'a pas été observé. *Penicillium* est un exemple de mycète anamorphe issu par mutation d'un mycète téléomorphe. Jusqu'à maintenant, les mycètes auxquels on ne connaissait pas de cycle sexué étaient classés dans une « catégorie temporaire » appelée **Deutéromycètes**, ou *Mycètes imparfaits*. Aujourd'hui, les mycologues se servent du séquençage de l'ARNr pour classifier ces organismes. La plupart de ces deutéromycètes, jusqu'ici non classifiés, sont des Ascomycètes au stade anamorphe (asexué) ; quelques-uns sont des Basidiomycètes.

Le **tableau 12.3** énumère certains mycètes qui causent des maladies chez les humains. Dans certains cas, deux noms de genre sont indiqués. Il s'agit de mycètes importants sur le plan médical qui sont mieux connus en clinique par le nom qu'ils portent dans leur phase anamorphe.

Les mycoses

Toute infection fongique s'appelle **mycose**. Les mycoses sont généralement des infections chroniques (de longue durée) parce que les mycètes croissent lentement.

Les mycoses sont classées en cinq groupes selon l'importance de la pénétration dans les tissus de l'hôte et la résistance que celui-ci oppose au mycète. C'est ainsi qu'elles peuvent être systémiques, sous-cutanées, cutanées, superficielles ou opportunistes. Les mycètes sont des organismes eucaryotes, ce qui rend souvent difficile le traitement des mycoses chez les humains et les autres animaux puisqu'ils sont eux aussi des organismes composés de cellules eucaryotes.

Les **mycoses systémiques** sont des infections fongiques profondes. Elles ne sont pas limitées à une région particulière du corps mais peuvent toucher plusieurs tissus et organes. Les mycoses systémiques sont habituellement causées par des mycètes présents dans le sol. La voie de transmission est l'inhalation de spores ; ces infections commencent le plus souvent dans les poumons, puis se propagent aux autres tissus du corps. Elles ne se transmettent pas de l'animal à l'humain ni d'humain à humain. Deux mycoses systémiques, l'histoplasmose (*Histoplasma capsulatum*) et la coccidioïdomycose (*Coccidioides immitis*), seront décrites au chapitre 19.

Les **mycoses sous-cutanées** sont des infections fongiques sous la peau causées par des mycètes saprophytes qui vivent dans le sol et sur la végétation. L'infection se produit par l'implantation

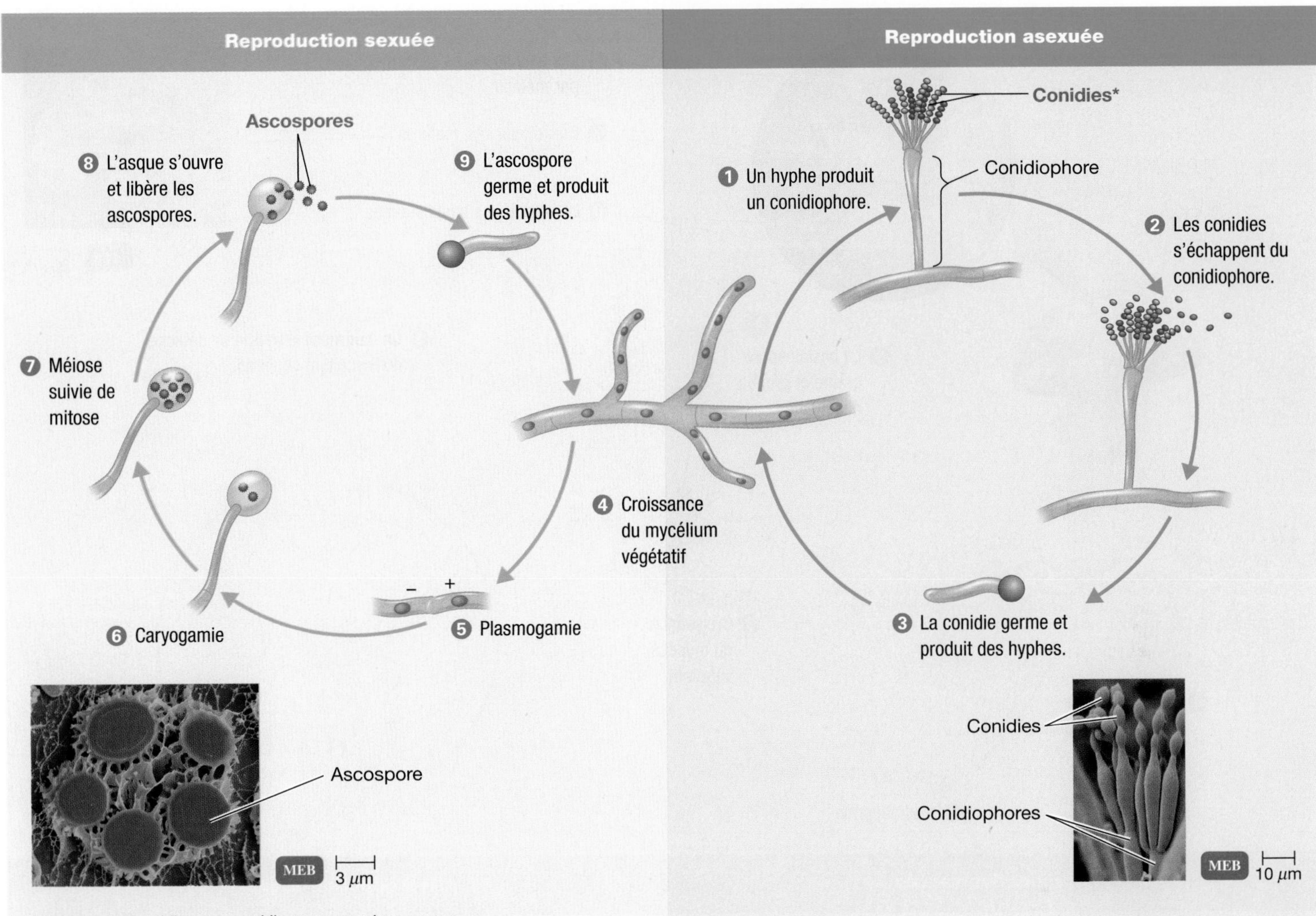

Figure 7.7 Cycle vital de *Talaromyces*, un ascomycète. À l'occasion, il y a reproduction sexuée quand deux cellules compatibles appartenant à des souches différentes (+ et −) fusionnent et forment une ascospore.

directe de spores ou de fragments de mycélium dans la peau à la suite d'une blessure par perforation. La sporotrichose, une mycose sous-cutanée qui touche fréquemment les fermiers et les jardiniers, sera décrite au chapitre 16.

Les mycètes qui infectent seulement l'épiderme, les cheveux et les ongles s'appellent **dermatophytes**. Les maladies qu'ils provoquent s'appellent dermatomycoses ou **mycoses cutanées** (figure 16.16). Les dermatophytes sécrètent de la kératinase, une enzyme qui dégrade la **kératine**. Cette dernière est une protéine présente dans les poils, la peau et les ongles. L'infection se transmet d'humain à humain ou de l'animal à l'humain par contact direct ou par contact avec des cellules épidermiques ou des cheveux infectés (par exemple sur les instruments de coiffeurs ou les planchers de douches).

Les mycètes qui causent les **mycoses superficielles** occupent les tiges des poils et les cellules épidermiques superficielles. Ces infections sont courantes dans les climats tropicaux. Les processus de résistance naturelle de l'organisme humain le protègent relativement bien contre ce type de mycose. Toutefois, les agents pathogènes dits **opportunistes**, généralement inoffensifs dans leur habitat normal, peuvent causer des maladies chez les hôtes qui sont gravement affaiblis, ont subi un traumatisme important, prennent des antibiotiques à large spectre d'action ou des immunosuppresseurs, ou souffrent d'une maladie qui atteint leur système immunitaire.

Pneumocystis est un agent pathogène opportuniste chez les individus dont le système immunitaire est affaibli, et constitue la principale cause de mort chez les patients atteints du sida (figure 19.18).

Stachybotrys est un autre exemple d'agent pathogène opportuniste. Ce mycète se nourrit normalement de la cellulose des plantes en décomposition, mais on le trouve depuis quelques années dans les maisons, en train de pousser sur les murs endommagés par l'eau. Une fois inhalées, les spores germent et le mycète produit des toxines (trichothécènes, chapitre 10) qui peuvent provoquer des hémorragies pulmonaires fatales chez les nourrissons.

Rhizopus et *Mucor* causent la mucormycose. On observe cette infection opportuniste surtout chez les patients qui souffrent du diabète sucré ou de la leucémie, ou qui prennent des immunosuppresseurs.

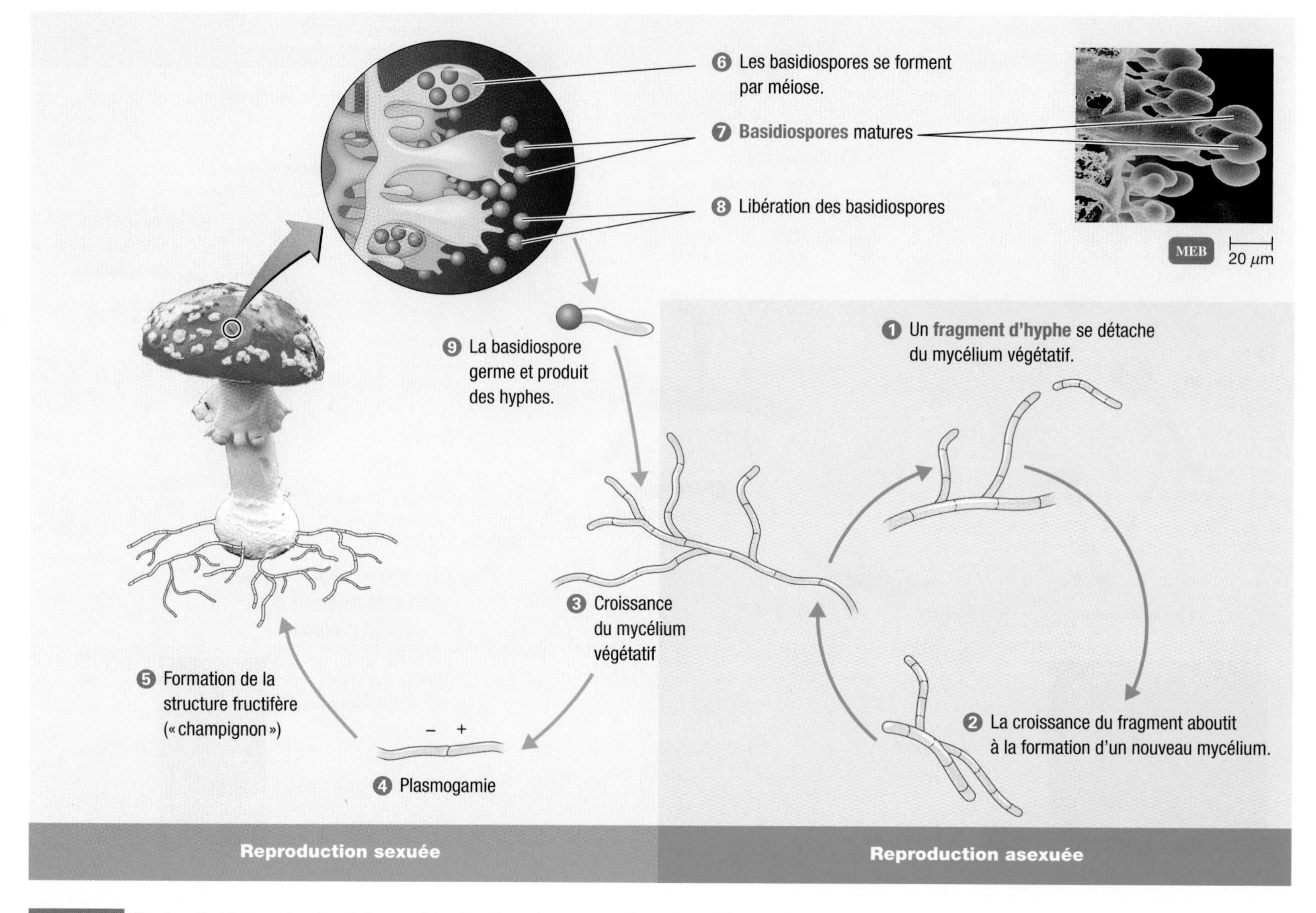

6 Les basidiospores se forment par méiose.
7 Basidiospores matures
8 Libération des basidiospores
MEB
20 μm
9 La basidiospore germe et produit des hyphes.
1 Un fragment d'hyphe se détache du mycélium végétatif.
3 Croissance du mycélium végétatif
5 Formation de la structure fructifère («champignon»)
– +
2 La croissance du fragment aboutit à la formation d'un nouveau mycélium.
4 Plasmogamie
Reproduction sexuée
Reproduction asexuée

Figure 7.8 Cycle vital type d'un basidiomycète. Les champignons apparaissent lorsqu'il y a eu fusion de cellules appartenant à deux souches compatibles (+ et −).

L'aspergillose est aussi une mycose opportuniste qui touche particulièrement les poumons ; elle est causée par *Aspergillus* (figure 7.2b). Cette maladie touche les personnes qui ont des maladies respiratoires débilitantes ou des cancers, ou sont immunodéprimées, et qui aspirent des spores d'*Aspergillus* présentes dans le sol et sur les débris organiques. Les infections opportunistes causées par *Cryptococcus* et *Penicillium* peuvent être fatales chez les personnes atteintes du sida ; toutefois, ces mycètes n'infectent généralement pas les individus immunocompétents.

La **candidose** est causée le plus souvent par *Candida albicans* et peut prendre la forme soit d'une vulvovaginite à *Candida*, soit du muguet, candidose cutanéomuqueuse de la bouche. Elle atteint souvent les nouveau-nés, les personnes qui ont le sida et celles qui prennent des antibiotiques à large spectre d'action.

Certains mycètes provoquent la maladie en produisant des toxines. Nous examinerons ces toxines au chapitre 10.

L'importance économique des mycètes

On utilise les mycètes en biotechnologie depuis bien des années. Par exemple, *Aspergillus niger* sert à produire de l'acide citrique pour la préparation des aliments et des boissons depuis 1914. La levure *Saccharomyces cerevisiæ* est employée pour faire du pain et du vin. Elle a aussi été génétiquement modifiée pour produire diverses protéines, y compris un vaccin contre l'hépatite B. *Trichoderma* est utilisé commercialement pour produire de la cellulase, une enzyme qui permet d'éliminer les parois cellulaires des plantes et de clarifier ainsi les jus de fruits. Quand on a découvert le taxol, un médicament anticancéreux provenant de l'if, on a craint que les forêts de ce conifère ne soient décimées dans la ruée pour la substance thérapeutique. Mais en 1993, Andrea et Donald Stierle ont sauvé les ifs en découvrant que le mycète *Taxomyces* produit lui aussi du taxol.

On utilise des mycètes dans la lutte biologique contre les insectes nuisibles. En 1990, le mycète *Entomorphaga* s'est mis subitement à proliférer et à tuer la spongieuse, un papillon qui était en train de détruire les arbres dans l'est des États-Unis et du Canada. À l'heure actuelle, on poursuit des recherches en vue d'établir si ce mycète peut remplacer les insecticides chimiques. Chaque année, de 25 à 50 % des fruits et des légumes cueillis sont gâtés par les mycètes. On ne peut pas utiliser les fongicides chimiques contre

Tableau 7.3 Caractéristiques de quelques mycètes pathogènes

Embranchement	Caractéristiques de croissance	Types de spores asexuées	Agents pathogènes pour l'humain	Habitat	Type de mycose	Notes cliniques	Chapitres
Zygomycota (*Glomeromycota*)	Hyphes non segmentés	Sporangiospores	*Rhizopus*	Ubiquiste	Systémique	Agent pathogène opportuniste	19
			Mucor	Ubiquiste	Systémique	Agent pathogène opportuniste	19
Ascomycota	Dimorphisme	Conidies	*Aspergillus*	Ubiquiste	Systémique	Agent pathogène opportuniste	19
			Blastomyces (Ajellomyces**) dermatitidis*	Inconnu	Systémique	Inhalation	19
			Histoplasma (Ajellomyces**) capsulatum*	Sol	Systémique	Inhalation	19
	Hyphes segmentés, forte affinité pour la kératine	Conidies	*Microsporum*	Sol, animaux	Cutanée	Teigne tondante	16
		Arthroconidies	*Trichophyton* (Arthroderma**)*	Sol, animaux	Cutanée	Pied d'athlète	16
Basidiomycota	Hyphes segmentés ; cellules capsulées ressemblant à des levures	Conidies	*Cryptococcus neoformans* (Filobasidiella**)*	Sol, excréments d'oiseaux	Systémique	Inhalation	17
			Malassezia	Peau humaine	Cutanée	Dermatose	16
Deuteromycota***	Hyphes segmentés	Conidies	*Epidermophyton*	Sol, humains	Cutanée	Eczéma marginé de Hebra, onychomycose	16
	Dimorphisme		*Sporothrix schenckii, Stachybotrys*	Sol	Sous-cutanée	Blessure par perforation	16
		Arthroconidies	*Coccidioides immitis*	Sol	Systémique	Inhalation	19
	Ressemblent à des levures, pseudohyphes	Chlamydoconidies	*Candida albicans*	Microbiote normal humain	Cutanée, systémique, cutanéomuqueuse	Agent pathogène opportuniste	16
	Unicellulaire	Inconnues	*Pneumocystis*	Ubiquiste	Systémique	Agent pathogène opportuniste	19

* Nom anamorphe
** Nom téléomorphe
*** *Deuteromycota* : embranchement temporaire qui regroupe des mycètes anarmorphes pouvant être reclassifiés.

ce fléau pour des raisons de sécurité et de protection de l'environnement. Toutefois, on peut employer sans risque, et on le fait, un autre mycète, *Candida oleophila,* pour empêcher la croissance des mycètes sur les fruits cueillis. Ce biopesticide est efficace parce que *C. oleophila* recouvre la surface du fruit avant que les mycètes nuisibles s'y établissent. Les recherches se poursuivent pour trouver d'autres mycètes utiles dans la lutte contre les parasites :

- *Metarrhizium* pousse sur les racines des plantes, et certains charançons parasites meurent après s'être nourris des racines.
- Au Texas, on a découvert un mycète sur des insectes qui se nourrissent d'aubergines. On espère utiliser ce mycète comme nouvelle arme de biocontrôle contre l'aleurode, une petite mouche blanche très répandue qui occasionne des pertes importantes en agriculture.
- *Coniothyrium minitans* s'attaque aux mycètes qui détruisent les cultures de soja et d'autres légumineuses.
- Dans la lutte contre les termites dissimulées dans les troncs d'arbres et dans d'autres endroits difficiles d'accès, on a mis au point une mousse contenant *Pæcilomyces fumosoroseus.* On mise sur cette arme biologique comme solution de rechange aux insecticides chimiques.

Contrairement à ces effets bénéfiques, les mycètes peuvent avoir des effets indésirables sur l'industrie et l'agriculture en raison de leurs adaptations nutritionnelles. La détérioration des fruits, des céréales et des légumes par les moisissures est assez répandue et bien connue de la plupart d'entre nous, et celle qui est causée par les bactéries est beaucoup moins importante. La surface intacte de ces aliments retient peu d'humidité et l'intérieur des fruits est trop acide pour beaucoup de bactéries. Les confitures et les gelées sont souvent acides également et les sucres qu'elles contiennent leur confèrent une pression osmotique élevée. Tous ces facteurs s'opposent à la croissance des bactéries mais favorisent celle des moisissures. Une couche de paraffine qui ferme un pot de gelée maison contribue à arrêter la croissance des mycètes parce que ces derniers sont des aérobies qui se voient ainsi privés d'oxygène. En revanche, la viande fraîche et certains autres aliments sont des substrats si propices à la croissance des bactéries que ces microorganismes non seulement poussent plus vite que les moisissures, mais inhibent aussi la croissance de ces dernières dans ce type de nourriture.

La maladie hollandaise de l'orme est une maladie fongique des plantes. Elle est causée par *Ceratocystis ulmi* et transportée d'un arbre à l'autre par un insecte, le scolyte de l'orme. Le mycète bloque la circulation de l'arbre auquel il s'attaque. La maladie a décimé la population des ormes partout en Amérique du Nord.

Vérifiez vos acquis

Nommez les spores asexuées et sexuées des Zygomycètes, des Ascomycètes et des Basidiomycètes. **7-3**

Les levures sont-elles utiles ou nuisibles? **7-4**

Les algues

Objectifs d'apprentissage

7-5 Énumérer les traits caractéristiques des algues unicellulaires.

7-6 Énumérer les traits saillants des embranchements d'algues unicellulaires examinés dans le présent chapitre.

7-7 Nommer deux effets bénéfiques et deux effets indésirables des algues unicellulaires.

On connaît les algues par les étendues de varech brun au bord de la mer, la mousse verte dans les flaques d'eau et les taches vertes sur le sol ou les roches. Quelques algues sont à l'origine d'intoxications alimentaires. Certaines sont unicellulaires, d'autres sont filamenteuses et quelques-unes ont des thalles. Les algues unicellulaires et filamenteuses retiennent notre attention dans ce chapitre. Les autres types d'algues seront étudiés au chapitre 27 EN LIGNE.

Les caractéristiques des algues unicellulaires et filamenteuses

Les algues sont des eucaryotes photoautotrophes relativement simples. Bien que l'on trouve des algues unicellulaires et filamenteuses dans le sol, elles occupent fréquemment des milieux marins ou d'eau douce, où elles forment le plancton. Leur choix d'habitat dépend de la disponibilité des nutriments appropriés, des longueurs d'onde de la lumière et des surfaces sur lesquelles elles peuvent croître.

Le cycle vital

Toutes les algues peuvent se reproduire de façon asexuée. Quand une algue unicellulaire se reproduit, son noyau commence par se diviser (mitose) et les deux nouveaux noyaux se rendent aux pôles opposés de la cellule. Puis la cellule se scinde en deux cellules complètes (cytocinèse). Les formes filamenteuses se reproduisent de façon asexuée par fragmentation; chaque morceau est alors capable de former un nouveau filament et un nouveau thalle. Les algues, telles que les diatomées, sont aussi capables de reproduction sexuée. La reproduction asexuée peut avoir lieu pendant plusieurs générations; puis, sous l'influence de nouvelles conditions, ces mêmes espèces se reproduisent de façon sexuée.

La nutrition

Les algues unicellulaires et filamenteuses, tout comme les algues pluricellulaires, sont photoautotrophes. En conséquence, on les trouve à tous les niveaux de la zone euphotique, soit la zone aquatique comprise entre la surface de l'eau et la profondeur maximale à laquelle les organismes reçoivent une lumière suffisante pour que se produise la photosynthèse. La chlorophylle *a* (un pigment qui capte la lumière) et les pigments accessoires qui interviennent dans la photosynthèse sont à l'origine des couleurs distinctives de nombreuses algues.

On classe les algues selon leur structure, leurs pigments et d'autres propriétés. Nous décrivons ci-après quelques groupes d'algues. L'identification des algues unicellulaires et filamenteuses nécessite un examen microscopique.

Quelques groupes d'algues unicellulaires et filamenteuses

Selon la nouvelle classification phylogénétique, les *diatomées* et les moisissures d'eau (Oomycètes) sont réunis dans le groupe taxinomique des *Stramenopiles* et les dinoflagellés, dans le groupe des Alvéolés. Les diatomées sont des algues unicellulaires ou filamenteuses, généralement de couleur brunâtre, dont les parois cellulaires complexes sont composées de pectine et d'une couche de silice (**figure 7.9**). Les deux parties de la paroi s'imbriquent comme les moitiés d'une boîte de Petri. Les structures caractéristiques des parois sont très utiles pour l'identification de ces organismes. On trouve chez les différentes espèces de diatomées des pigments photosynthétiques particuliers dont les chlorophylles *a* (pigment bleu-vert) et *c*, et des pigments de la famille des caroténoïdes, les carotènes (pigment orange) et les xanthophylles (pigment jaune). Ces algues emmagasinent l'énergie captée par la photosynthèse sous forme d'huile.

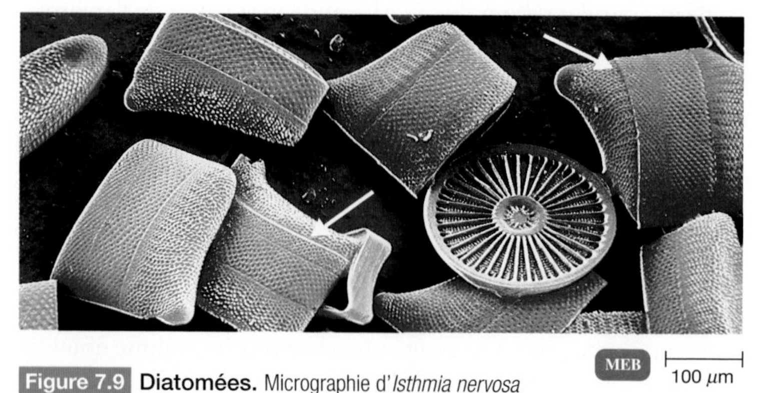

Figure 7.9 Diatomées. Micrographie d'*Isthmia nervosa* montrant les deux parties de la paroi cellulaire emboîtées (flèches).

C'est en 1987, à l'Île-du-Prince-Édouard, que l'on a observé pour la première fois l'éclosion d'une maladie neurologique causée par des diatomées. Les personnes touchées avaient mangé des moules qui s'étaient nourries de ces algues. Les diatomées produisent de l'**acide domoïque**, une biotoxine qui se concentre dans les moules. Les symptômes de l'intoxication connue sous le nom d'**intoxication par phycotoxine amnestique** comprennent la nausée, les vomissements, la diarrhée et la perte de mémoire. Le taux de mortalité clinique a été de près de 4 %. Depuis 1991, des centaines d'oiseaux de mer et d'otaries sont morts de cette même intoxication à l'acide domoïque en Californie.

Les *dinoflagellés* sont des algues unicellulaires, de couleur brunâtre, qui forment ce qu'on appelle le **plancton**, ou organismes en suspension dans l'eau. Ils ont une structure rigide qui est due à la cellulose enchâssée dans la membrane plasmique. Certains dinoflagellés, tel *Peridinium*, possèdent deux flagelles situés dans des sillons perpendiculaires (**figure 7.10**) ; quand les deux flagelles battent en même temps, la cellule tourne sur elle-même. On trouve chez les différentes espèces de dinoflagellés les pigments photosynthétiques suivants : les chlorophylles *a* et *c*, et des pigments de la famille des caroténoïdes, les carotènes et les fucoxanthines (pigment jaune). Ces algues emmagasinent l'énergie captée par la photosynthèse sous forme d'amidon.

Certains dinoflagellés produisent des neurotoxines. Au cours des 20 dernières années, la prolifération planétaire des algues marines toxiques a tué des millions de poissons, des centaines de mammifères marins et même quelques humains. Quand des poissons nagent au milieu d'un grand nombre de *Gymnodinium breve*, certaines cellules du dinoflagellé restent emprisonnées dans les ouïes des poissons et libèrent une neurotoxine qui empêche ces derniers de respirer. *Alexandrium* est un genre de dinoflagellés dont les neurotoxines, appelées **saxitoxines**, causent l'**intoxication par phycotoxine paralysante**. La toxine est concentrée quand les mollusques, tels que les moules ou les myes, consomment de grandes quantités de dinoflagellés. La paralysie touche les humains qui s'intoxiquent en mangeant ces mollusques. Des concentrations élevées d'*Alexandrium* donnent à la mer une couleur rouge foncé ; c'est de là que vient l'expression **marée rouge** (figure 27.15 EN LIGNE). On ne doit pas récolter les mollusques pour les consommer en cas de marée rouge. Quand le dinoflagellé *Gambierdiscus toxicus* remonte la chaîne alimentaire et devient concentré dans les gros poissons, on observe une maladie appelée *ciguatera*. Cette maladie est endémique (constamment présente) dans le Pacifique Sud et les Antilles.

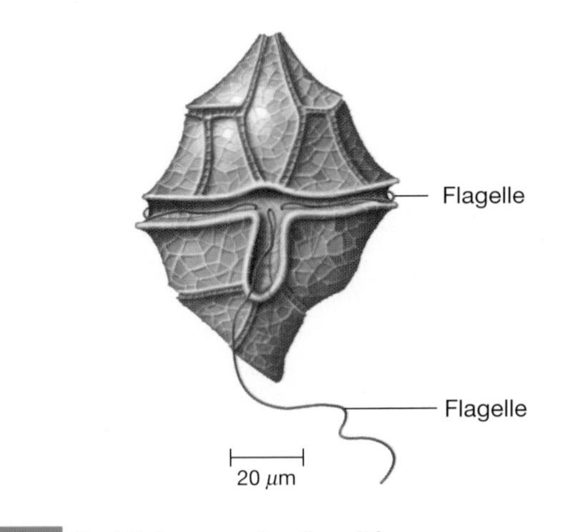

Figure 7.10 *Peridinium*, un dinoflagellé.

La plupart des moisissures d'eau, ou *Oomycota*, sont des décomposeurs. Elles forment des masses cotonneuses sur les algues et les animaux morts, habituellement en eau douce (**figure 7.11a**). En phase de reproduction asexuée, elles produisent des sporanges (sacs) semblables à ceux des zygomycètes. Toutefois, leurs spores, appelées **zoospores** (**figure 7.11b**), possèdent deux flagelles, contrairement à celles des mycètes, qui n'en ont pas. On classait autrefois ces organismes parmi les mycètes en raison de certaines ressemblances superficielles. En même temps, on s'interrogeait sur leur rapport avec les algues, car à l'instar de celles-ci, les oomycètes ont une paroi cellulaire composée de cellulose. Récemment, on a confirmé, par des analyses de leur ADN, que ces organismes sont plus proches des diatomées et des dinoflagellés que des mycètes. Parmi les espèces terrestres, beaucoup sont des parasites des plantes. Les inspecteurs du département de l'Agriculture des États-Unis scrutent les plantes importées à la recherche de la rouille blanche ou d'autres parasites. Souvent, les voyageurs, et même les importateurs qui font le commerce des plantes, ne savent pas qu'une simple fleur ou un jeune plant peut transporter un parasite capable d'occasionner des millions de dollars de dommages à l'agriculture.

Q/R En Irlande, au milieu des années 1800, la récolte des pommes de terre a été dévastée et un million de personnes sont mortes de faim. L'algue à l'origine du mildiou de la pomme de terre, *Phytophthora infestans*, a été un des premiers microorganismes dont on a révélé l'association à une maladie. Aujourd'hui, *Phytophthora* infecte les graines de soja et de cacao, en plus de la pomme de terre, et ce, partout dans le monde. Les hyphes végétatifs produisent des zoospores flagellées et des hyphes reproducteurs spécialisés (figure 7.11). À l'origine, aux États-Unis, toutes les souches étaient du même type sexuel, soit A1. Puis, dans les années 1990, le deuxième type, A2, est apparu. Lorsqu'ils sont près l'un de l'autre, A1 et A2 se différencient pour produire des gamètes haploïdes qui, s'ils fusionnent, donnent un zygote. Lorsque celui-ci germe, il devient une algue contenant des gènes de chacun des parents.

En Australie, *P. cinnamoni* infecte une espèce d'*Eucalyptus*. À ce jour, elle a atteint environ 20 % des individus. Aux États-Unis, *Phytophthora* est arrivée dans les années 1990 et a causé des dommages aux récoltes de fruits et de légumes à bien des endroits au pays. En 1995, les chênes de la Californie se sont mis tout à coup à mourir. La cause de ces « morts subites » chez les chênes a été attribuée par des chercheurs de l'Université de Californie à une nouvelle espèce, *P. ramorum*, dont on apprend qu'elle infecte aussi les séquoias. Q/R

Le rôle des algues dans la nature

Les algues sont un élément important de toute chaîne alimentaire aquatique parce qu'elles fixent le CO_2 atmosphérique et en font des glucides que peuvent consommer les chimiohétérotrophes. La molécule d'O_2 est un sous-produit de leur photosynthèse. Toute masse d'eau contient, près de la surface, une population d'algues planctoniques qui peut s'étendre jusqu'à quelques mètres de profondeur. Puisque 75 % de la Terre est recouverte d'eau, on estime que 80 % de l'O_2 de la planète est produit par les algues planctoniques.

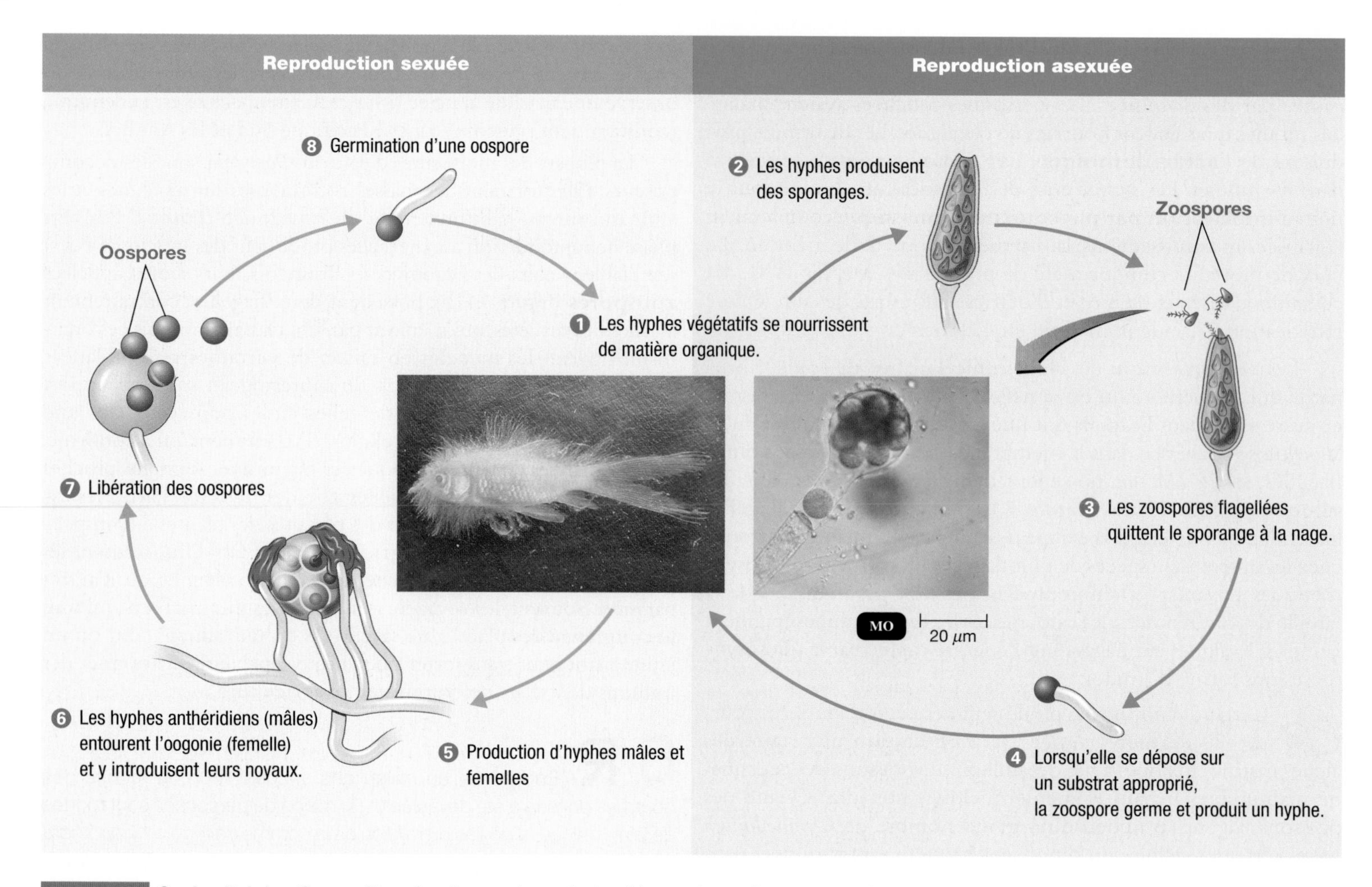
Reproduction sexuée
Reproduction asexuée
8 Germination d'une oospore
Oospores
2 Les hyphes produisent des sporanges.
Zoospores
1 Les hyphes végétatifs se nourrissent de matière organique.
7 Libération des oospores
3 Les zoospores flagellées quittent le sporange à la nage.
MO
20 µm
6 Les hyphes anthéridiens (mâles) entourent l'oogonie (femelle) et y introduisent leurs noyaux.
5 Production d'hyphes mâles et femelles
4 Lorsqu'elle se dépose sur un substrat approprié, la zoospore germe et produit un hyphe.

Figure 7.11 **Cycle vital des *Oomycètes*.** Ces algues, qu'on confond parfois avec des mycètes, sont des décomposeurs qui vivent en eau douce. Certaines sont à l'origine de maladies chez les poissons et les plantes terrestres. Notez la masse duveteuse de *Saprolegnia ferax* qui enveloppe le poisson.

Les changements saisonniers auxquels sont soumis les éléments nutritifs, la lumière et la température causent des fluctuations dans les populations d'algues; les augmentations périodiques du nombre d'algues planctoniques s'appellent **fleurs d'eau.** Les épisodes de prolifération des dinoflagellés sont à l'origine des marées rouges saisonnières. La prolifération de quelques espèces particulières indique que l'eau dans laquelle elles poussent est polluée parce que ces algues s'épanouissent là où il y a des concentrations élevées de matière organique, comme c'est le cas dans les eaux d'égout et les effluents industriels. Quand les algues meurent, la décomposition de la masse de cellules associée à la fleur d'eau fait chuter le taux d'oxygène dissous dans l'eau. (Nous reviendrons sur ce phénomène au chapitre 27 EN LIGNE.)

Une grande partie du pétrole de la planète provient des diatomées et des autres microorganismes planctoniques qui ont vécu il y a plusieurs millions d'années. Quand ces organismes sont morts et ont été ensevelis sous les sédiments, les molécules organiques qu'ils contenaient ne se sont pas décomposées pour reprendre leur place dans le cycle du carbone sous forme de CO_2. La chaleur et la pression résultant des mouvements géologiques de la Terre ont modifié les huiles emmagasinées dans les cellules et leurs membranes. L'oxygène et les autres éléments ont été éliminés, laissant un résidu composé d'hydrocarbures qui se sont constitués en dépôts de pétrole et de gaz naturel.

▶ Vérifiez vos acquis

Quels sont les traits caractéristiques des algues qui les différencient des bactéries? des mycètes? **7-5** et **7-6**

Quelles maladies humaines pouvez-vous associer aux diatomées et aux dinoflagellés? **7-7**

Les protozoaires

▶ Objectifs d'apprentissage

7-8 Énumérer les traits caractéristiques des protozoaires.

7-9 Décrire les traits saillants des sept embranchements de protozoaires importants en médecine et donner un exemple de chacun d'eux.

7-10 Distinguer entre l'hôte intermédiaire et l'hôte définitif.

Les protozoaires sont des eucaryotes unicellulaires et chimiohétérotrophes. Nous allons voir qu'il existe de nombreuses variantes de cette structure cellulaire chez les protozoaires. On trouve ces microorganismes dans l'eau et dans le sol. Durant le stade où ils s'alimentent et croissent, ils portent le nom de **trophozoïtes**. Ils se nourrissent de bactéries et de petites particules de matière. Certains protozoaires font partie du microbiote normal des animaux. Il y a près de 20 000 espèces de protozoaires ; de ce nombre, il y en a relativement peu qui causent des maladies, et ils sévissent pour la plupart dans les pays tropicaux.

Les caractéristiques des protozoaires

Le mot « protozoaire » signifie « premier animal », ce qui rend compte de manière générale de son mode d'alimentation semblable à celui des animaux. En plus de se procurer de la nourriture, le protozoaire doit se reproduire et les espèces parasites doivent être capables de passer d'un hôte à l'autre.

Le cycle vital

Les protozoaires se reproduisent de façon asexuée par scissiparité, bourgeonnement ou schizogonie. La **schizogonie** est une forme de division multiple ; le noyau se divise à plusieurs reprises avant que la division cellulaire ait lieu. Après la formation des nombreux noyaux, une petite partie du cytoplasme se concentre autour de chacun d'eux et la cellule unique se sépare en cellules filles.

La reproduction sexuée a été observée chez certains protozoaires. Les ciliés, tels que *Paramecium*, se reproduisent sexuellement par **conjugaison** (figure 7.12), processus très différent de celui des bactéries (figure 24.26 EN LIGNE). Les ciliés possèdent deux noyaux de dimensions et de fonctions différentes. Le macronoyau contient les gènes nécessaires à la synthèse des protéines, à la régulation du métabolisme et à d'autres fonctions cellulaires communes. Le micronoyau intervient lors de la reproduction sexuée, ou conjugaison, au cours de laquelle deux cellules compatibles s'accolent et fusionnent. Un micronoyau haploïde (après division du micronoyau) de chaque cellule migre alors dans l'autre cellule au cours de l'appariement. Les cellules parentales conjuguées se séparent, formant chacune une cellule fécondée dans laquelle les deux micronoyaux gamétiques fusionnent et constituent un zygote (diploïde). Par la suite, chaque cellule engendrera deux cellules filles dotées d'ADN recombinant. Certains protozoaires produisent des **gamètes** (appelés dans ce cas **gamétocytes**), qui sont des cellules sexuelles haploïdes. Durant la reproduction, deux gamètes fusionnent pour former un zygote diploïde.

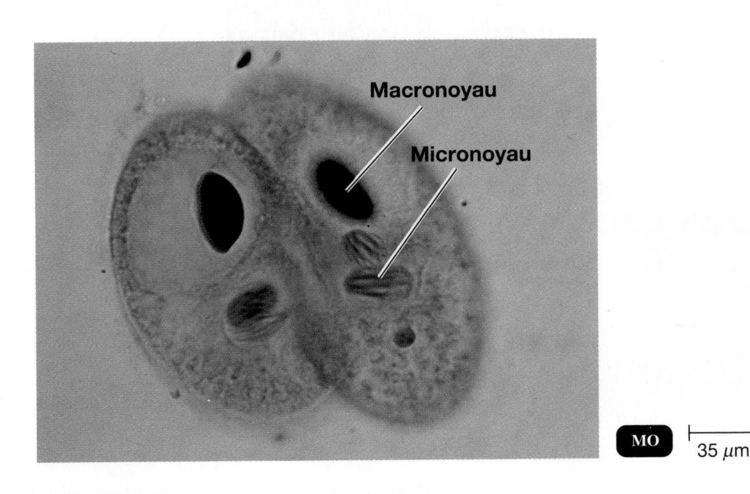

Figure 7.12 Conjugaison de *Paramecium*, un protozoaire cilié.

Enkystement Quand les conditions du milieu sont trop difficiles, certains protozoaires produisent une enveloppe protectrice appelée **kyste**. Cette adaptation leur permet de survivre, sous une forme dormante, quand il y a pénurie de nourriture, d'humidité ou d'O_2, que les températures sont défavorables ou que des molécules toxiques sont présentes. Le kyste permet aussi aux espèces parasites de vivre à l'extérieur de l'hôte. Cela est important parce que les protozoaires parasites doivent parfois être excrétés pour se propager à un nouvel hôte. Certains kystes sont dits reproductifs ; ainsi, le kyste des organismes de l'embranchement des *Apicomplexa*, appelé **oocyste** (ou ookyste), est une structure reproductrice dans laquelle de nouvelles cellules sont produites de façon asexuée.

La nutrition

En règle générale, les protozoaires sont des aérobies hétérotrophes, mais beaucoup de protozoaires intestinaux sont capables de croissance anaérobie.

Tous les protozoaires vivent dans des milieux où l'eau est abondante. Certains absorbent leur nourriture par transport à travers la membrane plasmique. Par contre, d'autres possèdent une enveloppe protectrice, ou *pellicule*, et doivent par conséquent avoir recours à des structures spécialisées pour s'alimenter. Les ciliés se nourrissent en agitant leurs cils en direction d'une sorte de bouche appelée **cytostome**. Les amibes englobent leur nourriture au moyen de pseudopodes et l'absorbent par phagocytose. Chez tous les protozoaires, la digestion s'effectue dans des **vacuoles** limitées par une membrane et les déchets sont éliminés à travers la membrane plasmique ou par une structure spécialisée, le **cytoprocte** ou **pore anal**.

Les groupes de protozoaires importants en médecine

Nous examinons dans le présent chapitre la biologie des protozoaires. Nous nous pencherons sur les maladies qu'ils causent dans la quatrième partie du manuel.

Les protozoaires sont nombreux et diversifiés. À l'heure actuelle, la classification des espèces de protozoaires repose sur l'analyse de leurs séquences d'ARNr. Les groupes que nous présentons ici constituaient auparavant des embranchements du règne des Protistes. L'obtention de nouveaux renseignements a permis d'en reclasser certains comme des règnes du domaine des *Eucarya* ; la pertinence d'autres groupes, comme celui des *Archæzoa*, est par contre remise en question.

Les *Archæzoa*

Les *Archæzoa*, ou **archéozoaires**, sont des eucaryotes dépourvus de mitochondries. Toutefois, ils possèdent un organite de nature unique, appelé **mitosome**, qui pourrait être un vestige des mitochondries présentes dans l'ancêtre de l'embranchement. Beaucoup d'*Archæzoa* sont des symbiotes qui vivent dans le tube digestif d'animaux. Ils sont généralement fusiformes et projettent des flagelles vers l'avant (**figure 7.13a**). La plupart possèdent deux flagelles ou plus, qui s'agitent comme des fouets et tirent la cellule en avant dans le milieu.

Trichomonas vaginalis est un exemple d'*Archæzoa* parasite de l'humain (**figure 7.13b**). Comme certains autres flagellés, *T. vaginalis* possède une **membrane ondulante**, c'est-à-dire une membrane bordée d'un flagelle. *T. vaginalis* ne passe pas par le stade de kyste et doit être transféré rapidement quand il change d'hôte pour éviter de se dessécher. On trouve ce protozoaire dans le vagin, chez la femme, et dans les voies urinaires, chez l'homme. Il est habituellement transmis par contact sexuel mais peut l'être aussi par les sièges ou les serviettes des toilettes contaminées. Ce flagellé cause des infections des voies urinaires et génitales.

Giardia lamblia, un autre *Archæzoa* parasite, est quelquefois appelé *G.intestinalis* ou *G.duodenalis*. Le trophozoïte de ce parasite possède huit flagelles et deux gros noyaux, qui lui donnent un aspect unique (**figure 7.13c**). On trouve ce parasite dans l'intestin grêle des humains et d'autres mammifères. Il est excrété dans les matières fécales sous forme de kyste (**figure 7.13d**) qui le protège des assauts de l'environnement jusqu'à ce qu'il soit ingéré par un nouvel hôte, par exemple lorsque ce dernier boit l'eau d'une source ou d'un ruisseau. On établit souvent le diagnostic de giardiase, la maladie dont *G. lamblia* est la cause, par la présence de kystes dans les selles (figure 20.17) Au Canada, de nombreux lacs et cours d'eau sont contaminés par ce protozoaire, en particulier les eaux où vivent des animaux tels que les castors et les rats musqués; c'est pourquoi cette maladie est aussi appelée *fièvre du castor*.

Les *Microsporidia*

Les ***Microsporidia***, ou **microsporidies**, tout comme les archéozoaires, sont des protozoaires eucaryotes singuliers, parce qu'ils sont dépourvus de mitochondries. Ils n'ont pas de microtubules (chapitre 3) et sont des parasites intracellulaires obligatoires. On attribue à ces protozoaires opportunistes un certain nombre de maladies humaines, dont la diarrhée chronique et la kératoconjonctivite (une inflammation de la conjonctive aux abords de la cornée), plus particulièrement chez les patients atteints du sida.

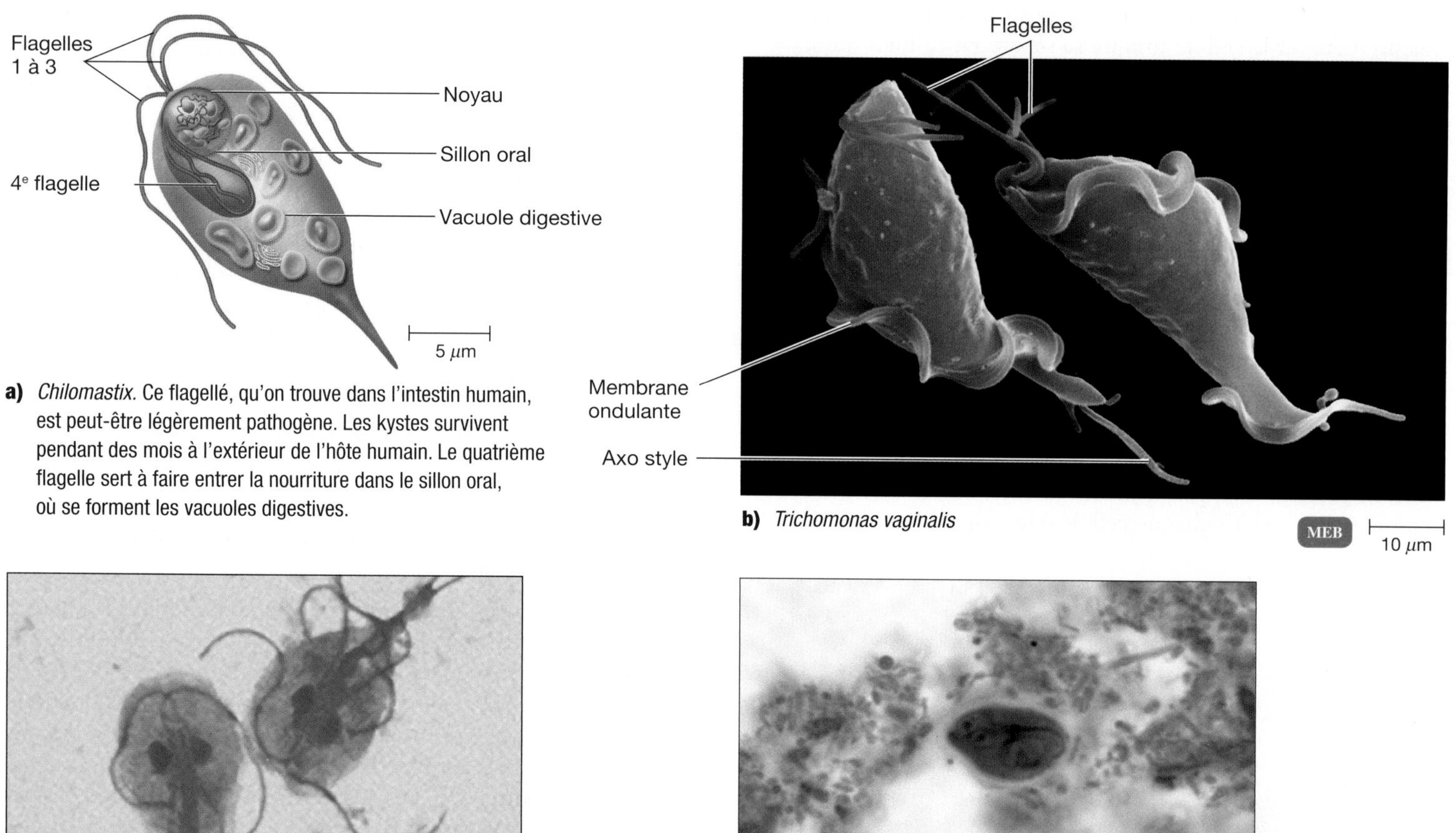

a) *Chilomastix.* Ce flagellé, qu'on trouve dans l'intestin humain, est peut-être légèrement pathogène. Les kystes survivent pendant des mois à l'extérieur de l'hôte humain. Le quatrième flagelle sert à faire entrer la nourriture dans le sillon oral, où se forment les vacuoles digestives.

b) *Trichomonas vaginalis*

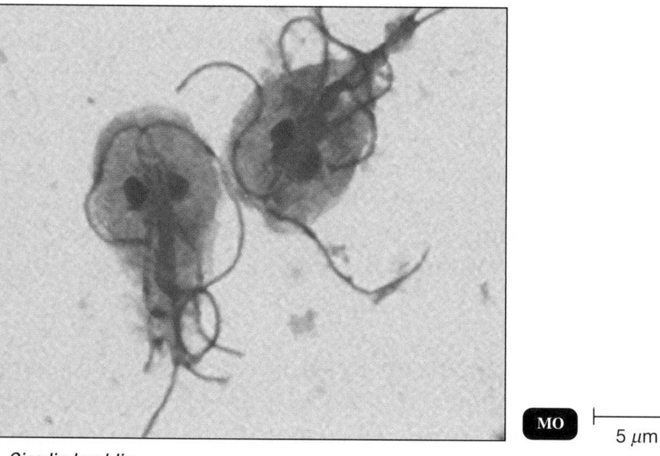

c) *Giardia lamblia*

d) Kyste *de G. lamblia*

Figure 7.13 *Archæzoa.*

Les *Amœbozoa*

Les ***Amœbozoa***, ou **amibozoaires**, se déplacent au moyen de prolongements globuleux du cytoplasme appelés **pseudopodes** (**figure 7.14a**). L'amibe peut émettre plusieurs pseudopodes du même côté, puis s'y glisser tout entière, pour avancer ainsi vers son but. Des vacuoles digestives se forment quand les pseudopodes enveloppent la nourriture et la font pénétrer dans la cellule.

Entamœba histolytica, le germe causal de la dysenterie amibienne, est la seule amibe pathogène qu'on trouve dans l'intestin humain. On estime qu'elle colonise jusqu'à 10 % de la population humaine. Grâce à des techniques récentes, dont les analyses de l'ADN et les épreuves de liaison avec les lectines, on a découvert que l'amibe qu'on croyait être *E. histolytica* est en fait deux organismes d'espèces différentes. L'espèce non pathogène, *E. dispar*, est la plus répandue. L'autre, *E. histolytica*, est invasive et cause la dysenterie amibienne (**figure 7.14b**). Dans l'intestin humain, *E. histolytica* se sert de protéines appelées *lectines* pour se fixer au galactose de la membrane plasmique, ce qui entraîne la lyse de la cellule attaquée. *E. dispar* n'a pas ces lectines qui se lient au galactose. *Entamœba* se transmet d'humain à humain par l'ingestion de kystes excrétés dans les selles des personnes infectées ; cet amibe entraîne la formation d'ulcères intestinaux (figure 20.19). *Acanthamœba,* qui pousse dans l'eau, y compris l'eau du robinet, peut infecter la cornée et causer la cécité (chapitre 16).

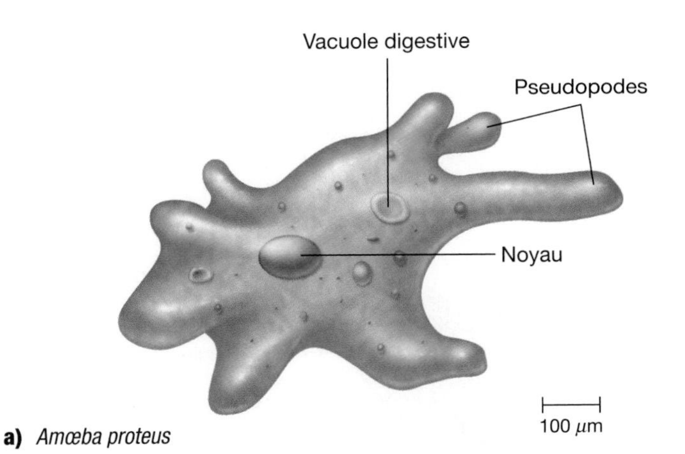

a) *Amœba proteus*

b) *Entamœba histolytica.* La présence d'érythrocytes ingérés est signe d'une infection par *Entamœba.*

Figure 7.14 *Amœbozoa.*

Depuis 1990, on attribue à *Balamuthia* certains abcès du cerveau formant ce qu'on appelle aux États-Unis et dans certains autres pays *granulomatous amoebic encephalitis* (encéphalite amibienne granulomateuse). Le plus souvent, ce sont des personnes immunodéprimées qui sont atteintes. Comme *Acanthamœba*, *Balamuthia* est une amibe autonome qui vit dans l'eau et ne se transmet pas d'un humain à l'autre.

Les *Apicomplexa*

Les ***Apicomplexa***, ou **apicomplexes**, sont réunis avec les dinoflagellés et les ciliés dans le règne des Alvéolés. Ils ne sont pas mobiles dans leur forme adulte et sont des parasites intracellulaires obligatoires. Ils se caractérisent par la présence d'un complexe d'organites spécialisés à l'apex (extrémité) de la cellule (d'où leur nom). Les organites de ce complexe apical contiennent des enzymes qui pénètrent les tissus de l'hôte. Les apicomplexes ont un cycle vital compliqué au cours duquel les protozoaires passent par plusieurs hôtes.

Plasmodium est un exemple de ce type de microorganisme (figure 18.17). Il est le germe causal du paludisme, qui atteint 10 % de la population mondiale. Chaque année, de 300 à 500 millions de nouveaux cas sont recensés. La complexité du cycle vital de *Plasmodium* fait obstacle à l'élaboration d'un vaccin contre la maladie.

On observe un phénomène curieux propre au paludisme : l'intervalle entre les périodes de fièvre causées par la libération des parasites est toujours le même pour une espèce de *Plasmodium* donnée et est toujours un multiple de 24 heures. La raison de cette précision et le mécanisme par lequel elle se réalise ont attiré l'attention des scientifiques. En effet, pourquoi un parasite a-t-il besoin d'une horloge biologique ? Des chercheurs ont montré que le développement de *Plasmodium* est régulé par la température du corps de l'hôte, qui fluctue normalement sur une période de 24 heures. Ce synchronisme rigoureux du parasite assure que les gamétocytes arrivent à maturité la nuit, quand les anophèles, vecteurs du parasite, se nourrissent, ce qui facilite la transmission du parasite à un nouvel hôte.

Babesia microti, un autre apicomplexe, parasite les érythrocytes. Il cause de la fièvre et de l'anémie chez les individus dont le système immunitaire est affaibli. Aux États-Unis, il est transmis par la tique *Ixodes scapularis.*

Toxoplasma gondii est un parasite intracellulaire des humains qui fait aussi partie des apicomplexes. Son cycle vital fait intervenir le chat domestique. Les parasites se reproduisent sexuellement et asexuellement dans les chats infectés, et les oocystes résistants aux conditions environnementales sont excrétés dans les selles. Si les oocystes sont ingérés par les humains ou d'autres animaux, les nouveaux parasites se reproduisent dans les tissus du nouvel hôte (figure 18.16). *T. gondii* est dangereux chez les femmes enceintes, car il peut entraîner des infections congénitales chez l'enfant.

Cryptosporidium est un parasite de l'humain reconnu depuis peu. Chez les patients atteints du sida ou autrement immunodéprimés, *Cryptosporidium* peut occasionner des infections des voies respiratoires et de la vésicule biliaire. Il peut être une importante cause de décès. Le microorganisme, qui vit à l'intérieur des cellules tapissant l'intestin grêle, peut être transmis aux humains par l'intermédiaire des matières fécales du bétail, des rongeurs, des chiens et des chats. On a aussi observé certaines infections transmises par l'eau et d'autres d'origine nosocomiale. Dans la cellule hôte, *Cryptosporidium* forme des oocystes contenant les parasites (figure 20.18). Quand l'oocyste éclate, les parasites peuvent soit infecter de nouvelles cellules de l'hôte, soit être évacués dans les selles.

En 1996, un apicomplexe semblable à *Cryptosporidium*, appelé *Cyclospora cayetanensis,* a été responsable, aux États-Unis et au Canada, de 850 cas de diarrhée associée aux framboises. En 2004, 300 cas de diarrhée étaient associés aux pois mange-tout contaminés par ce même parasite (**encadré 7.1**).

Les *Ciliophora*

Les ***Ciliophora***, ou **ciliés**, sont pourvus de cils apparentés aux flagelles mais plus courts et disposés en rangées précises sur la cellule (**figure 7.15**). Ils battent à l'unisson pour faire avancer la cellule dans son milieu et diriger les particules de nourriture. Les ciliés possèdent des structures spécialisées pour l'ingestion de la nourriture (cytostome), l'élimination des déchets (cytoprocte) et la régulation de la pression osmotique (vacuoles pulsatiles). De plus, ils ont deux noyaux : un macronoyau et un micronoyau. Le premier se consacre à la synthèse des protéines et à d'autres fonctions cellulaires communes. Le second intervient lors de la reproduction sexuée.

Balantidium coli, le seul cilié parasite des humains, est le germe responsable d'un type de dysenterie grave, bien que rare. Quand ils sont ingérés par l'hôte, les kystes pénètrent dans le gros intestin. Là, les trophozoïtes sont libérés et se multiplient en se nourrissant de bactéries et de matières fécales. Les kystes qu'ils produisent sont excrétés dans les selles.

Dans la nouvelle classification, les ciliés, les apicomplexes et les dinoflagellés pourraient être regroupés dans leur propre règne, appelé ***Alveolata***, ou **alvéolés**, parce qu'ils possèdent sous la surface cellulaire des cavités (alvéoles) limitées par des membranes et qu'ils ont en commun des séquences d'ARNr.

Les *Euglenozoa*

Les ***Euglenozoa***, ou **euglénozoaires**, comprennent deux groupes de cellules flagellées qui ont en commun des séquences d'ARNr, des mitochondries en forme de disque et le fait qu'ils sont incapables de reproduction sexuée. Ce sont les euglénoïdes et les hémoflagellés.

Les **euglénoïdes** sont photoautotrophes (**figure 7.16**). Ils possèdent une membrane plasmique semi-rigide appelée *pellicule* et se déplacent grâce à un flagelle qu'ils portent à l'extrémité antérieure. La plupart des euglénoïdes ont aussi un *stigma* rouge à ce bout de la cellule. Cet organite, qui contient un caroténoïde, est sensible à la lumière et oriente la cellule dans la bonne direction au moyen d'un *flagelle court*. Certains euglénoïdes sont des chimiohétérotrophes facultatifs. Dans l'obscurité, ils ingèrent de la matière organique par un cytostome. Les euglénoïdes sont souvent regroupés avec les algues parce qu'ils sont capables de photosynthèse.

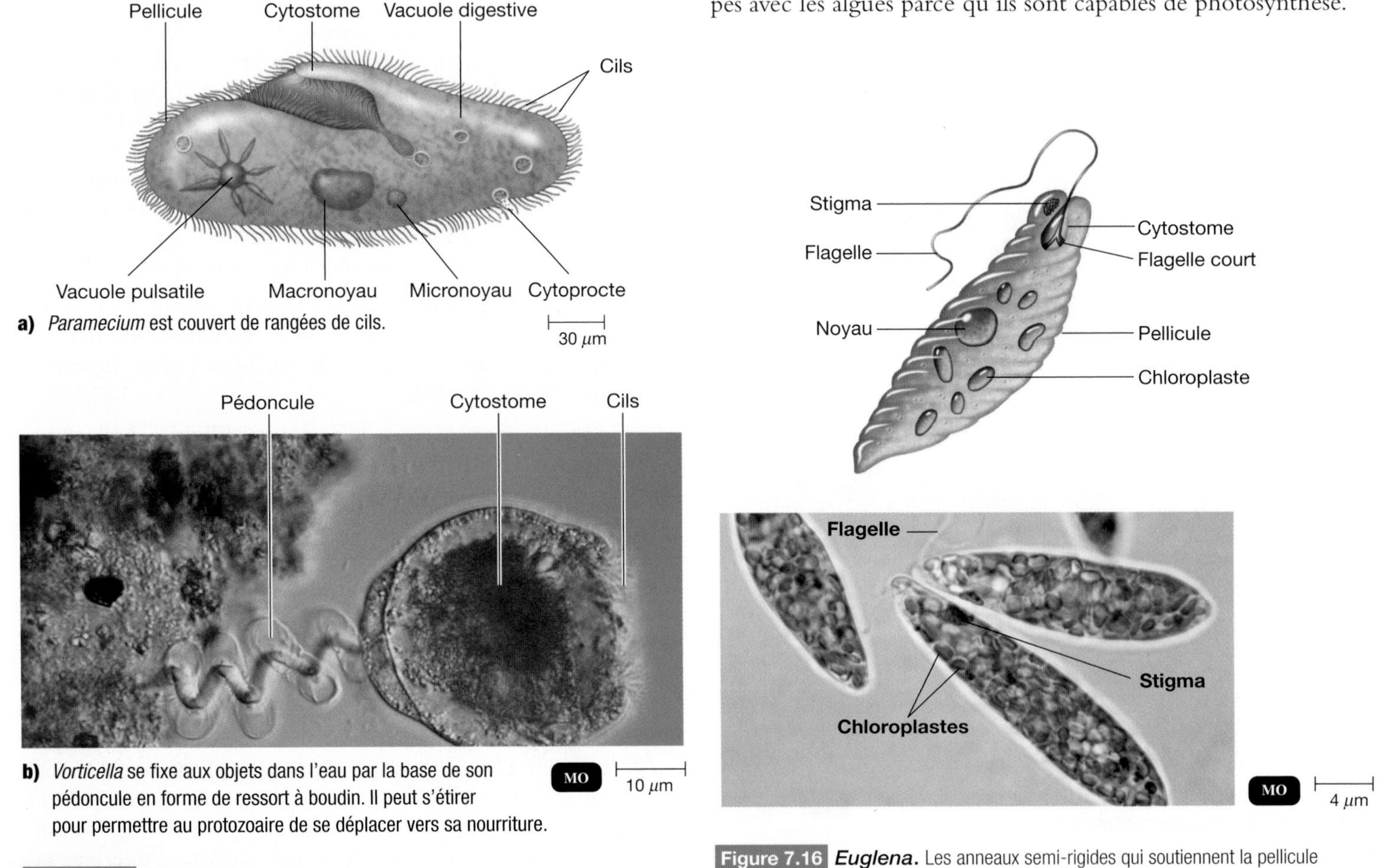

a) *Paramecium* est couvert de rangées de cils.

b) *Vorticella* se fixe aux objets dans l'eau par la base de son pédoncule en forme de ressort à boudin. Il peut s'étirer pour permettre au protozoaire de se déplacer vers sa nourriture.

Figure 7.15 Ciliés.

Figure 7.16 ***Euglena***. Les anneaux semi-rigides qui soutiennent la pellicule permettent à cette euglène de changer de forme.

La cause la plus fréquente de diarrhée propagée par l'eau dans les parcs aquatiques

En lisant cet encadré, vous serez amené à considérer une suite de questions que les responsables du contrôle des infections se posent quand ils tentent de remonter aux origines d'une maladie infectieuse. Examinez chaque question dans l'ordre où elle se présente et essayez d'y répondre avant de poursuivre votre lecture.

❶ Une semaine après une fête pour marquer son anniversaire, une fillette de huit ans est affligée de diarrhée aqueuse, de vomissements et de coliques.

Quelles sont les maladies possibles? (*Indice:* Voir le chapitre 20.)

❷ On effectue une coloration acido-alcoolo-résistante de ses selles. Les résultats sont représentés à la **figure A**.

Des oocystes sont décelés. Quel protozoaire peut être suspecté?

❸ Cette technique permet d'identifier les oocystes de *Cryptosporidium* à leur couleur rouge. Dans le cas présent, elle révèle aussi des sporozoïtes dans un des kystes (flèche). Les oocystes sont infectieux dès leur excrétion dans les selles. Après enquête, on a découvert que 12 des personnes présentes à la fête ont également souffert de diarrhées aqueuses, de vomissements et de coliques. Elles ont été malades pendant 2 à 10 jours.

Quels autres renseignements devez-vous obtenir?

❹ La fête s'est tenue dans un parc d'attractions aquatiques.

Comment la maladie se transmet-elle?

❺ L'infection à *Cryptosporidium* se transmet par voie fécale-orale, c'est-à-dire par l'ingestion d'oocystes dans des aliments ou de l'eau contaminés par des matières fécales ou lors de contacts directs avec des personnes ou des animaux contaminés. La dose infectieuse est faible; les études ont montré que l'ingestion de 10 à 30 oocystes suffit à déclencher une infection chez les personnes en bonne santé. Selon les rapports publiés, les individus infectés peuvent excréter de 10^8 à 10^9 oocystes par selles, et ce, jusqu'à 50 jours après la cessation des diarrhées.

Aujourd'hui, *Cryptosporidium* est l'organisme le plus souvent mis en cause dans les flambées de gastroentérite associée aux activités de loisirs aquatiques, et ce, même dans les endroits où l'eau est désinfectée. En 1994, ce type d'infection est devenu une maladie à déclaration obligatoire (**figure B**).

Comment prévenir les infections à *Cryptosporidium*

Les espèces de *Cryptosporidium* résistent à la plupart des désinfectants chimiques, tels que le chlore. On peut réduire le risque d'infection en suivant les recommandations suivantes:

- S'abstenir de toute baignade durant les maladies qui s'accompagnent de diarrhées et pendant deux semaines après s'être rétabli de ces affections.
- Éviter d'avaler l'eau de piscine.
- Se laver les mains après être allé aux toilettes ou avoir manipulé des couches souillées.

Source: MMWR, 56(29): 729-732 (27 juillet 2007).

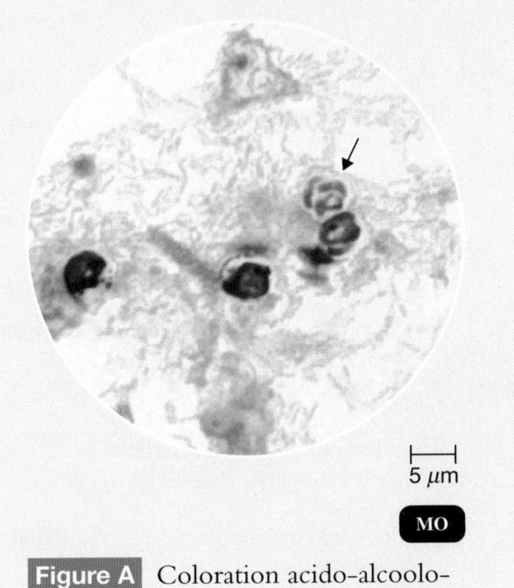

Figure A Coloration acido-alcoolo-résistante des selles de la patiente

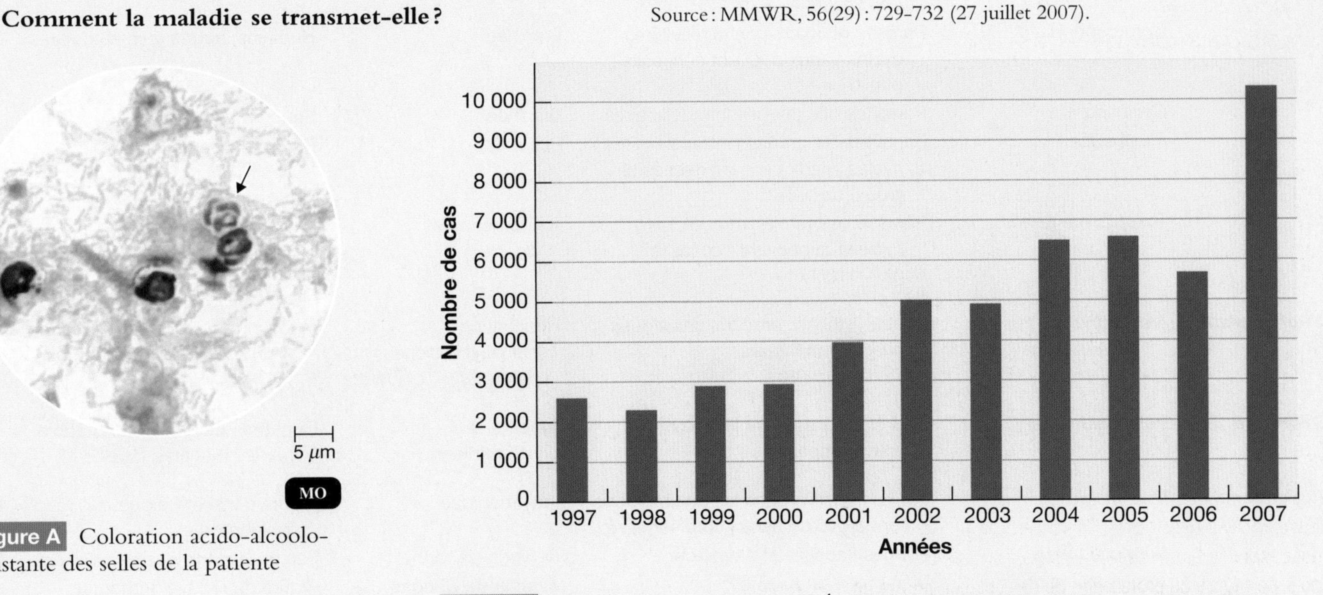

Figure B Nombre de cas déclarés aux États-Unis. Au Canada, 623 cas ont été déclarés en 2000 (première année de la procédure de déclaration), puis 1724 en 2001, et quelque 600 cas annuellement de 2002 à 2004.

Les **hémoflagellés** (parasites du sang) sont transmis par les insectes qui se nourrissent de sang. On les trouve dans le système circulatoire des hôtes qui ont été piqués. Pour survivre dans ce liquide visqueux, les hémoflagellés sont dotés d'un corps long et mince, et d'une membrane ondulante. Le genre *Trypanosoma* comprend l'espèce à l'origine de la maladie du sommeil, *T. brucei gambiense,* qui est transmise par la mouche tsé-tsé. *T. cruzi* (figure 18.15), le germe responsable de la maladie de Chagas, est transmis par des insectes apparentés aux punaises – les réduves, particulièrement les triatomes – qui piquent la peau, quelquefois le visage (figure 7.28d). Après s'être introduit dans l'insecte lorsque ce dernier absorbe le sang contaminé d'un être humain, le trypanosome se multiplie rapidement. S'il arrive à l'insecte de déféquer pendant qu'il pique à nouveau un humain, les trypanosomes libérés peuvent contaminer la piqûre.

Le **tableau 7.4** énumère quelques protozoaires parasites typiques et les maladies qu'ils causent.

▶ Vérifiez vos acquis

Nommez trois différences entre les protozoaires et les animaux. **7-8**

Les protozoaires ont-ils des mitochondries ? **7-9**

Où a lieu la reproduction sexuée de *Plasmodium* ? **7-10**

Les protistes fongiformes

▶ Objectif d'apprentissage

7-11 Comparer les protistes fongiformes cellulaires et les protistes fongiformes plasmodiaux.

Les **protistes fongiformes** ont des caractéristiques qui les rapprochent à la fois des mycètes et des amibes ; ils sont probablement

Tableau 7.4 Quelques protozoaires parasites représentatifs

Division	Organismes pathogènes	Traits caractéristiques	Maladies	Sources des infections humaines	Figures et tableaux
Archæzoa	*Giardia lamblia*	Pas de mitochondries ; deux noyaux et huit flagelles Stade d'enkystement	Giardiase (diarrhée)	Contamination de l'eau potable par les matières fécales	Figure 20.17
	Trichomonas vaginalis	Pas de mitochondries ; pas de stade d'enkystement	Urétrite, vaginite	Contact d'un écoulement vaginal ou urétral	Figure 21.15
Microspora	*Microsporidies*	Pas de mitochondries ; parasites intracellulaires obligatoires	Diarrhée, kératoconjonctivite	Autres animaux	–
Amœbozoa	*Acanthamœba*	Pseudopodes	Kératite	Eau	
	Entamœba histolytica *E. dispar*	Pseudopodes ; stade d'enkystement	Dysenterie amibienne	Contamination de l'eau potable par les matières fécales	Figure 20.19
	Balamuthia		Encéphalite	Eau	
Apicomplexa	*Babesia microti*	Parasite obligatoire intracellulaire opportuniste	Babésiose	Animaux domestiques, tiques	–
	Cryptosporidium	Parasite obligatoire intracellulaire ; cycles vitaux pouvant nécessiter plus d'un hôte	Diarrhée	Humains, autres animaux, eau	Figure 20.18 Encadré 20.7
	Cyclospora	Parasites obligatoires intracellulaires	Diarrhée	Eau	Encadré 20.7
	Plasmodium	Parasites obligatoires intracellulaires ; cycles vitaux pouvant nécessiter plus d'un hôte	Paludisme	Piqûre d'insecte (anophèle)	Figure 18.17
	Toxoplasma gondii	Parasite obligatoire intracellulaire ; cycle vital pouvant nécessiter plus d'un hôte	Toxoplasmose	Chats, autres animaux ; voie congénitale	Figure 18.16
Dinoflagellata	*Alexandrium, Pfiesteria*	Photosynthèse ; *proches des algues photosynthétiques*	Intoxication par phycotoxine paralysante ; ciguatera	Ingestion de dinoflagellés dans les mollusques ou poissons	Figure 27.15
Ciliophora	*Balantidium coli*	Seul cilié parasite de l'humain ; enkystement	Dysenterie balantidienne	Contamination de l'eau potable par les matières fécales	–
Euglenozoa	*Leishmania*	Forme flagellée dans les moustiques ; forme ovoïde dans l'hôte vertébré	Leishmaniose	Piqûre d'insecte piqueur (phlébotome)	Figure 18.19
	Nægleria fowleri	Formes flagellée et amiboïde	Méningo-encéphalite	Eau où les individus se baignent	Figure 17.12
	Trypanosoma cruzi	Membrane ondulante	Maladie de Chagas	Piqûre du réduve (triatome)	Figure 18.15
	T. brucei gambiense *T. b. rhodesiense*		Trypanosomiase africaine	Piqûre de la mouche tsé-tsé	Encadré 17.4

plus apparentés aux amibes. Il y a deux embranchements de protistes fongiformes : l'un est cellulaire et l'autre, plasmodial. Les *protistes fongiformes cellulaires* (Acrasiomycètes) sont des cellules eucaryotes typiques qui ressemblent aux amibes. Durant le cycle vital de ces organismes, illustré à la **figure 7.17**, ❶ les cellules amiboïdes vivent et se multiplient en ingérant des mycètes microscopiques et des bactéries par phagocytose. Lorsque les conditions sont défavorables, ❷ – ❸ les cellules amiboïdes se rassemblent en grand nombre pour former une structure unique. Cette agrégation a lieu parce que certaines amibes individuelles produisent de l'AMP cyclique (AMPc), molécule qui attire les autres amibes. ❹ La colonie de cellules amiboïdes est enfermée dans une gaine visqueuse qui la fait ressembler à une *limace*. La colonie peut ainsi migrer en bloc vers la lumière. ❺ Au bout d'un certain nombre d'heures, la migration cesse et des cellules amiboïdes se différencient en pédoncule. ❻ Certaines gravissent le pédoncule, se rassemblent à l'extrémité et forment des *sporocarpes* qui vont assurer la reproduction asexuée. ❼ La plupart des cellules se différencient en spores, une forme dormante et résistante du protiste fongiforme. ❽ Quand les spores sont libérées et que les conditions sont favorables, ❾ elles germent et chacune donne naissance à une cellule amiboïde.

Les *protistes fongiformes plasmodiaux* (Myxomycètes) se présentent comme une masse de protoplasme contenant un grand nombre de noyaux (ils sont plurinucléés). Cette masse de protoplasme porte le nom de **plasmode**. Le cycle vital d'un protiste fongiforme plasmodial est illustré à la **figure 7.18**. ❶ Le plasmode entier se déplace comme une amibe géante ; il englobe les détritus organiques et les bactéries. Des protéines avec des propriétés rappelant les protéines musculaires et qui s'assemblent en microfilaments permettent d'expliquer le mouvement du plasmode. ❷ En phase de croissance, le protoplasme à l'intérieur du plasmode circule et change aussi bien de vitesse que de direction pour permettre une distribution uniforme de l'oxygène et des nutriments : ce phénomène s'appelle **cyclose**. Le plasmode continue de croître tant qu'il y a assez de nourriture et d'eau pour assurer sa subsistance. ❸ Quand l'un ou l'autre de ces éléments vient à manquer, le plasmode se divise en de nombreux groupes de protoplasme, première ébauche de la construction des sporocarpes – les structures sporifères qui servent à la reproduction sexuée ; ❹ les sporocarpes sont formés d'un pédoncule terminé par une extrémité renflée, ❺ dans laquelle se développent des spores. ❻ Les noyaux à l'intérieur de ces spores se divisent par méiose et donnent naissance à des cellules haploïdes uninucléées (gamètes). ❼ Les spores sont alors libérées. ❽ Quand les conditions s'améliorent, ces spores germent et donnent des gamètes de forme amiboïde ou flagellée ; ❾ des gamètes semblables fusionnent pour constituer un zygote diploïde ; ❿ le zygote subit

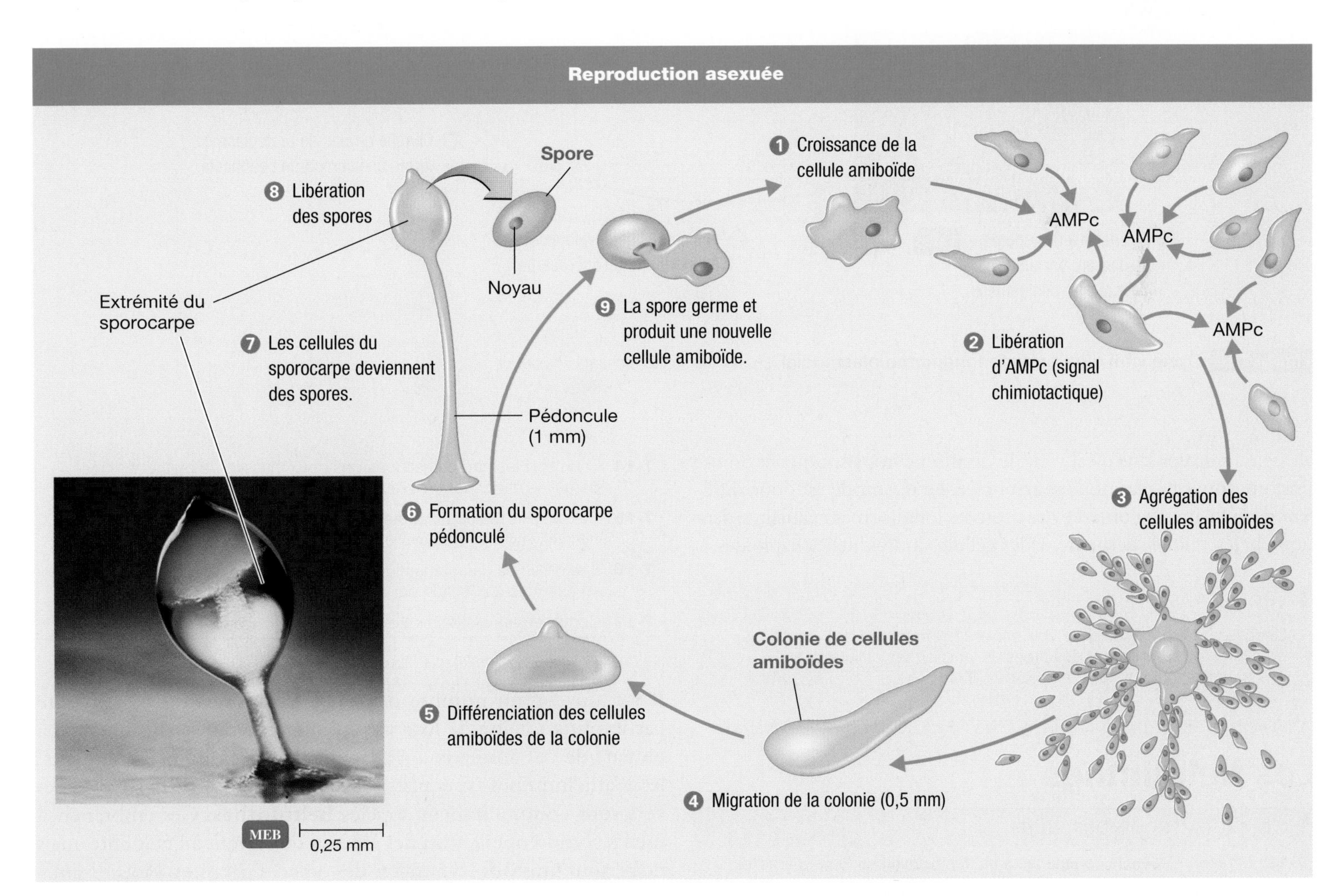

Reproduction asexuée
❶ Croissance de la cellule amiboïde
AMPc
AMPc
AMPc
❷ Libération d'AMPc (signal chimiotactique)
❸ Agrégation des cellules amiboïdes
Colonie de cellules amiboïdes
❹ Migration de la colonie (0,5 mm)
❺ Différenciation des cellules amiboïdes de la colonie
❻ Formation du sporocarpe pédonculé
Pédoncule (1 mm)
❼ Les cellules du sporocarpe deviennent des spores.
Extrémité du sporocarpe
❽ Libération des spores
Spore
Noyau
❾ La spore germe et produit une nouvelle cellule amiboïde.
MEB
0,25 mm

Figure 7.17 Cycle vital d'un protiste fongiforme cellulaire. La micrographie représente un sporocarpe de *Dictyostelium*.

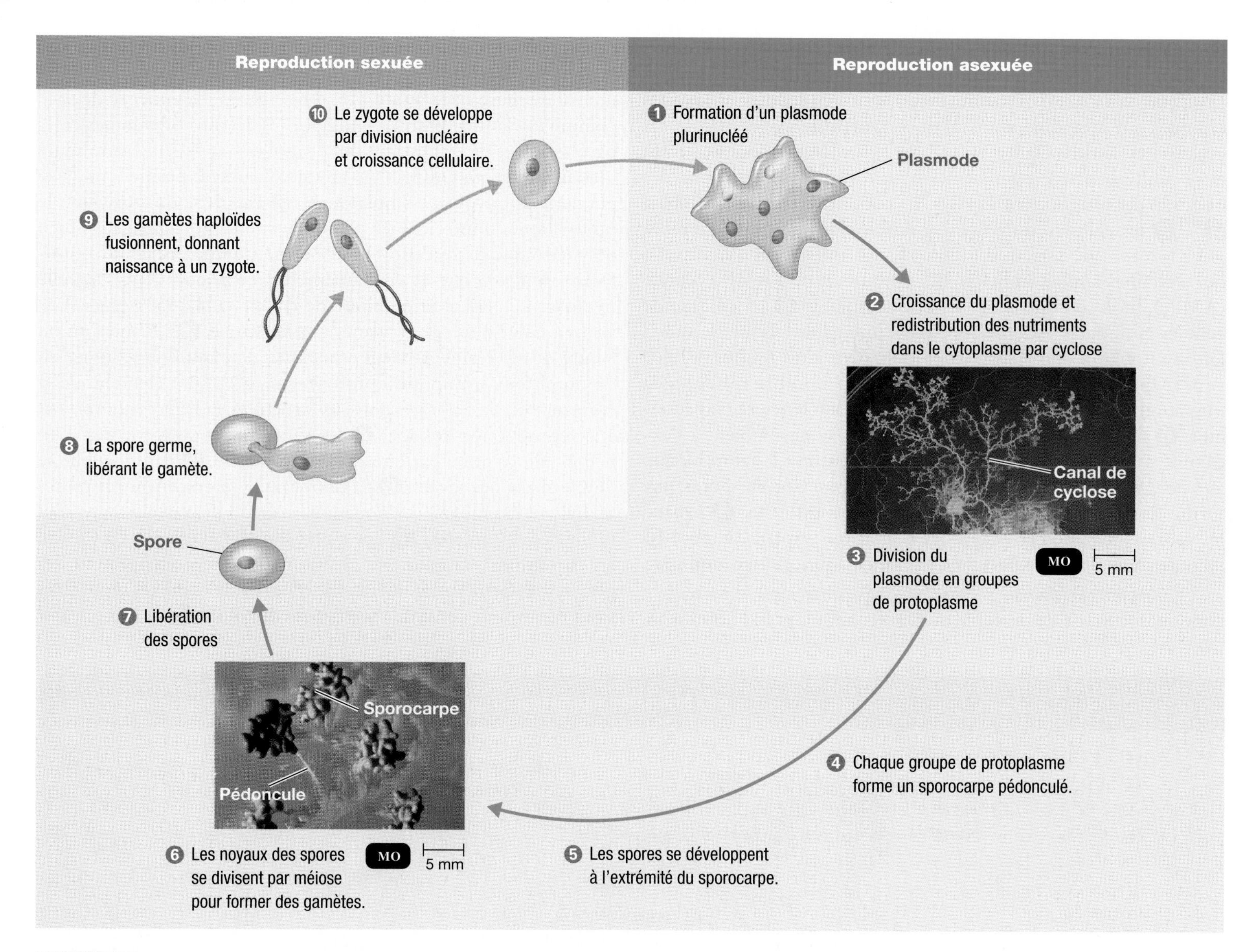
Reproduction sexuée
Reproduction asexuée
❿ Le zygote se développe par division nucléaire et croissance cellulaire.
❶ Formation d'un plasmode plurinucléé
Plasmode
❾ Les gamètes haploïdes fusionnent, donnant naissance à un zygote.
❷ Croissance du plasmode et redistribution des nutriments dans le cytoplasme par cyclose
❽ La spore germe, libérant le gamète.
Canal de cyclose
Spore
❸ Division du plasmode en groupes de protoplasme
MO
5 mm
❼ Libération des spores
Sporocarpe
Pédoncule
❹ Chaque groupe de protoplasme forme un sporocarpe pédonculé.
❻ Les noyaux des spores se divisent par méiose pour former des gamètes.
MO
5 mm
❺ Les spores se développent à l'extrémité du sporocarpe.

Figure 7.18 **Cycle vital d'un protiste fongiforme plasmodial.** Les micrographies montrent *Physarum*.

plusieurs mitoses sans qu'il y ait de division cytoplasmique et donne ainsi un nouveau plasmode plurinucléé. Le plasmode est donc différent de la forme agglomérée des protistes fongiformes cellulaires, dans laquelle les cellules demeurent des cellules individuelles haploïdes.

▶ Vérifiez vos acquis

Décrivez les étapes du cycle vital enclenchées lorsque des conditions défavorables surprennent des protistes fongiformes cellulaires. des protistes fongiformes plasmodiaux. **7-11**

Les helminthes

▶ Objectifs d'apprentissage

7-12 Énumérer les traits caractéristiques des helminthes (vers) parasites.

7-13 Expliquer pourquoi il est nécessaire que le cycle vital des helminthes parasites soit aussi complexe.

7-14 Énumérer les caractéristiques des deux classes de plathelminthes parasites et donner un exemple de chacune d'elles.

7-15 Décrire des maladies parasitaires pour lesquelles l'humain est l'hôte définitif, l'hôte intermédiaire ou les deux.

7-16 Énumérer les caractéristiques des nématodes parasites et donner un exemple d'infection par des œufs et d'infection par des larves.

7-17 Comparer les plathelminthes avec les nématodes.

Il y a un certain nombre d'animaux parasites qui passent une partie ou la totalité de leur vie à l'intérieur du corps humain. La plupart de ces animaux appartiennent à deux embranchements : les Plathelminthes (vers plats) et les Nématodes (vers ronds). Ces vers sont communément appelés **helminthes**. Ces embranchements comprennent aussi des espèces qui vivent à l'état libre, mais nous nous limitons ici à traiter des espèces parasites. Nous examinons les maladies causées par les vers parasites dans la quatrième partie du manuel.

Les caractéristiques des helminthes

Les helminthes sont des animaux eucaryotes pluricellulaires qui possèdent généralement des systèmes nerveux, digestif, circulatoire, excréteur et reproducteur lorsqu'ils vivent à l'état libre. Les helminthes *parasites* doivent être hautement spécialisés pour vivre à l'intérieur de leurs hôtes. Ils se distinguent des organismes qui appartiennent aux mêmes embranchements mais vivent à l'état libre par les traits généraux suivants :

1. Les helminthes parasites peuvent être *dépourvus* d'un tube digestif. Ils peuvent obtenir leurs nutriments de la nourriture, des liquides organiques et des tissus de leurs hôtes.
2. Leur système nerveux est *rudimentaire*. Ils n'ont pas besoin d'un système nerveux développé parce qu'ils n'ont pas à chercher leur nourriture ou à réagir beaucoup à leur milieu. Leur environnement à l'intérieur de l'hôte est assez constant.
3. Leur système locomoteur est soit *rudimentaire*, soit *inexistant*. Puisqu'ils sont transférés d'un hôte à l'autre, ils n'ont pas besoin de se déplacer pour trouver un habitat adéquat.
4. Leur système reproducteur est souvent complexe ; un individu produit un grand nombre d'œufs fécondés qui permettent d'infecter un hôte approprié.

Le cycle vital

Le cycle vital des helminthes parasites peut être extrêmement complexe. Il peut comprendre une suite d'hôtes intermédiaires pour chacun des stades **larvaires** du développement du parasite et un hôte définitif pour le stade adulte.

Les helminthes adultes peuvent être **dioïques** ; les organes de reproduction mâles sont portés par un individu et les organes femelles par un autre. Dans ces espèces, la reproduction n'a lieu que lorsqu'il y a deux adultes de sexes différents dans le même hôte.

Les helminthes adultes peuvent aussi être **monoïques** ou **hermaphrodites** – le même animal possède les organes de reproduction mâles et femelles. Deux hermaphrodites peuvent s'accoupler et se féconder l'un l'autre. Quelques types d'hermaphrodites peuvent se féconder eux-mêmes.

Vérifiez vos acquis

Pourquoi les médicaments qui servent à combattre les helminthes parasites sont-ils souvent toxiques pour l'hôte ? **7-12**

Quel est l'avantage pour les helminthes parasites de posséder un cycle vital très complexe ? **7-13**

Les Plathelminthes

Les membres de l'embranchement des Plathelminthes, ou **vers plats**, ont un corps aplati d'une extrémité à l'autre. Parmi les classes de vers plats parasites, on compte les Trématodes et les Cestodes. Ces parasites sont responsables de maladies chez une grande variété d'animaux.

Les Trématodes

Les Trématodes, tels que les **douves**, ont souvent un corps plat, en forme de feuille, avec une ventouse ventrale et une ventouse orale (**figure 7.19**). Les ventouses maintiennent l'organisme en place ; la bouche est située au centre de la ventouse orale et lui permet d'aspirer les liquides de l'hôte. Les Trématodes peuvent aussi absorber des nutriments à travers leur **cuticule**, une enveloppe externe protectrice. Les douves sont hermaphrodites ; chacune possède des testicules et des ovaires. Parmi les Trématodes, on distingue les douves et les schistosomes. Les douves adultes peuvent infecter les conduits biliaires, l'intestin ou les poumons. Elles tirent souvent leur nom commun du tissu de l'hôte définitif dans lequel s'établit le parasite adulte (par exemple douve pulmonaire, douve du foie). À l'occasion, on observe la douve du foie, *Clonorchis sinensis,* qui est d'origine asiatique, chez les immigrants aux États-Unis et au Canada, mais elle n'est pas transmissible parce que ses hôtes intermédiaires ne sont pas dans ces pays.

Pour illustrer le cycle vital d'une douve, examinons le cas de *Paragonimus westermani,* la douve pulmonaire, représenté à la **figure 7.20**. On trouve les hôtes intermédiaires de ce parasite et, par conséquent, la douve elle-même partout dans le monde, y compris aux États-Unis et au Canada. La douve pulmonaire adulte vit dans les bronchioles des humains et d'autres mammifères. Elle mesure environ 6 mm de large et 12 mm de long.

Le cycle vital de la douve pulmonaire est complexe. Ce trématode se reproduit de façon sexuée chez l'humain et de façon asexuée chez l'escargot, son premier hôte intermédiaire. Voyons le détail de ce cycle vital : ❶ Les douves adultes hermaphrodites libèrent des œufs fécondés dans les bronches de l'organisme humain. Les œufs contenus dans les expectorations bronchiques sont souvent avalés. C'est pourquoi ils se retrouvent dans l'intestin et sont habituellement excrétés dans les selles. Pour que le cycle vital de la douve se poursuive, ❷ il faut que les œufs parviennent à une étendue d'eau où ils vont attendre des conditions favorables pour poursuivre leur développement. ❸ Une minuscule larve ciliée de 0,8 mm de long, appelée **miracidium** (ou miracidie), se développe dans l'œuf et, à l'éclosion de ce dernier, est libérée dans

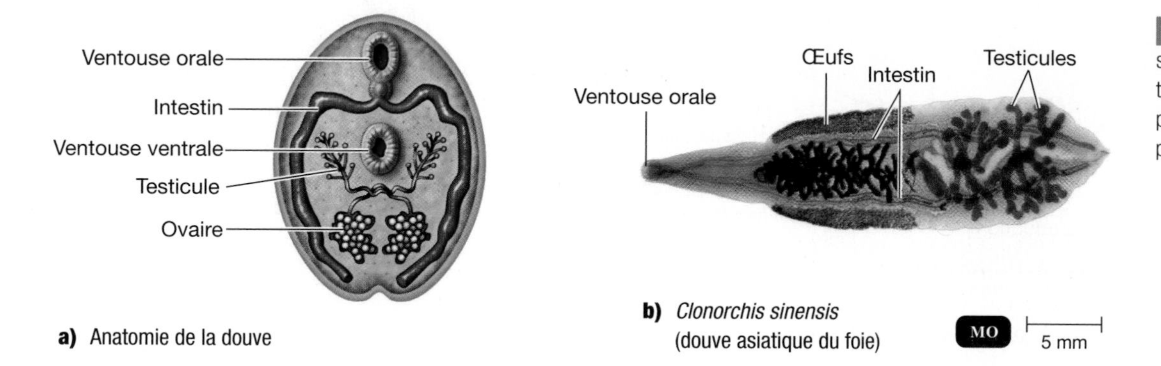

Figure 7.19 Douves. **a)** Anatomie simplifiée de la douve adulte, en coupe transversale. **b)** Les infestations graves peuvent boucher les canaux biliaires en provenance du foie.

l'eau. ❹ Cette larve ciliée va se déplacer à la recherche de son premier hôte intermédiaire. Seules quelques espèces d'escargots (mollusques gastéropodes) aquatiques peuvent être ce premier hôte intermédiaire. ❺ À l'intérieur de l'escargot, la larve ciliée passe par différents stades larvaires; elle se différencie notamment en **rédie** – une larve qui se multiplie par reproduction asexuée. Les nouvelles rédies produisent à leur tour des **cercaires** (0,5 mm de long) ❻ qui se fraient un chemin dans les tissus du mollusque pour en sortir et s'échapper dans l'eau. Les cercaires – une forme larvaire capable de nage libre – se déplacent dans l'eau jusqu'à ce qu'elles puissent s'approcher d'une écrevisse, le deuxième hôte intermédiaire, et pénétrer sa paroi. ❼ Dans les tissus de l'écrevisse, en particulier les muscles, les cercaires produisent des **métacercaires** – une forme larvaire enkystée. Les écrevisses infestées sont consommées par les humains, l'hôte définitif. ❽ La larve enkystée parvient à l'intestin grêle, traverse sa paroi et, après plusieurs détours dans la circulation sanguine, pénètre dans les poumons, où elle gagne les bronchioles. La métacercaire (de 0,25 à 0,5 mm) est donc la forme larvaire enkystée qui infecte l'hôte définitif. Les larves enkystées se transforment ensuite en adultes hermaphrodites qui libèrent des œufs fécondés dans les poumons humains. Et le cycle recommence.

En laboratoire, l'épreuve diagnostique consiste à examiner les expectorations et les selles au microscope pour y déceler les œufs de douve. L'infection résulte de la consommation d'écrevisses qui ne sont pas assez cuites. On peut prévenir la maladie en s'assurant de bien cuire ces crustacés.

Les cercaires de *Schistosoma* ne sont pas ingérées. Elles se creusent un chemin à travers la peau de l'hôte humain et entrent dans la circulation sanguine. On trouve les adultes, mâles et femelles, dans certaines veines abdominales et pelviennes. Les œufs sont éliminés dans les fèces ou l'urine. La schistosomiase, ou bilharzie, est une maladie qui pose un des plus importants problèmes de santé au monde; nous reviendrons sur la description du cycle de reproduction au chapitre 18 (figure 18.20).

Les Cestodes

Les Cestodes, tels que le **ténia**, sont des parasites intestinaux. La **figure 7.21** illustre leur structure. La tête, ou **scolex**, possède des ventouses qui permettent à l'organisme d'adhérer à la muqueuse intestinale de l'hôte définitif; certaines espèces possèdent aussi de petits crochets qui servent d'attaches. Les cestodes n'ingèrent pas

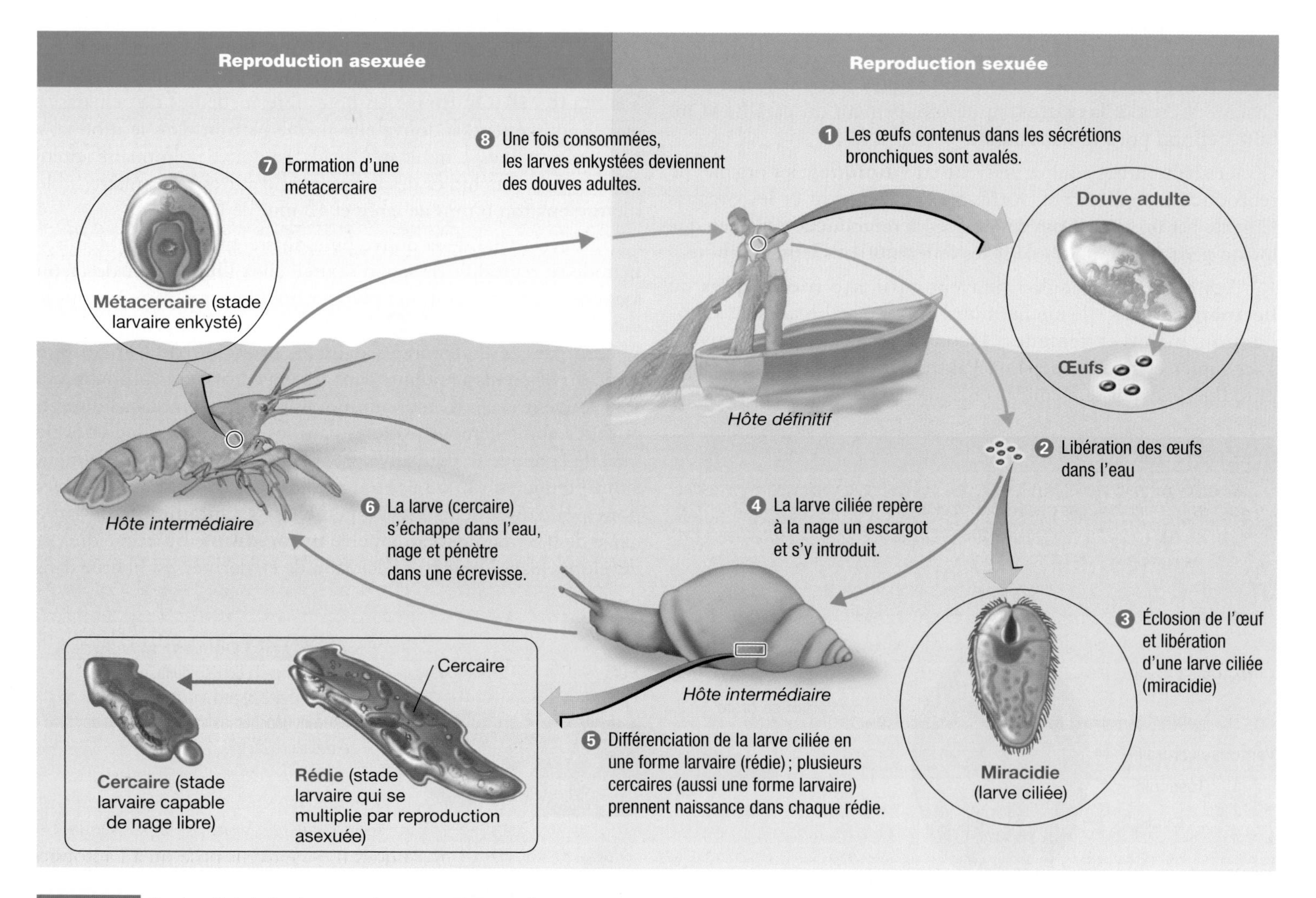
Reproduction asexuée
Reproduction sexuée
❶ Les œufs contenus dans les sécrétions bronchiques sont avalés.
Douve adulte
Œufs
❷ Libération des œufs dans l'eau
❸ Éclosion de l'œuf et libération d'une larve ciliée (miracidie)
Miracidie (larve ciliée)
❹ La larve ciliée repère à la nage un escargot et s'y introduit.
Hôte intermédiaire
❺ Différenciation de la larve ciliée en une forme larvaire (rédie); plusieurs cercaires (aussi une forme larvaire) prennent naissance dans chaque rédie.
Cercaire
Cercaire (stade larvaire capable de nage libre)
Rédie (stade larvaire qui se multiplie par reproduction asexuée)
❻ La larve (cercaire) s'échappe dans l'eau, nage et pénètre dans une écrevisse.
Hôte intermédiaire
❼ Formation d'une métacercaire
Métacercaire (stade larvaire enkysté)
❽ Une fois consommées, les larves enkystées deviennent des douves adultes.
Hôte définitif

Figure 7.20 Cycle vital de la douve pulmonaire *Paragonimus westermani*.

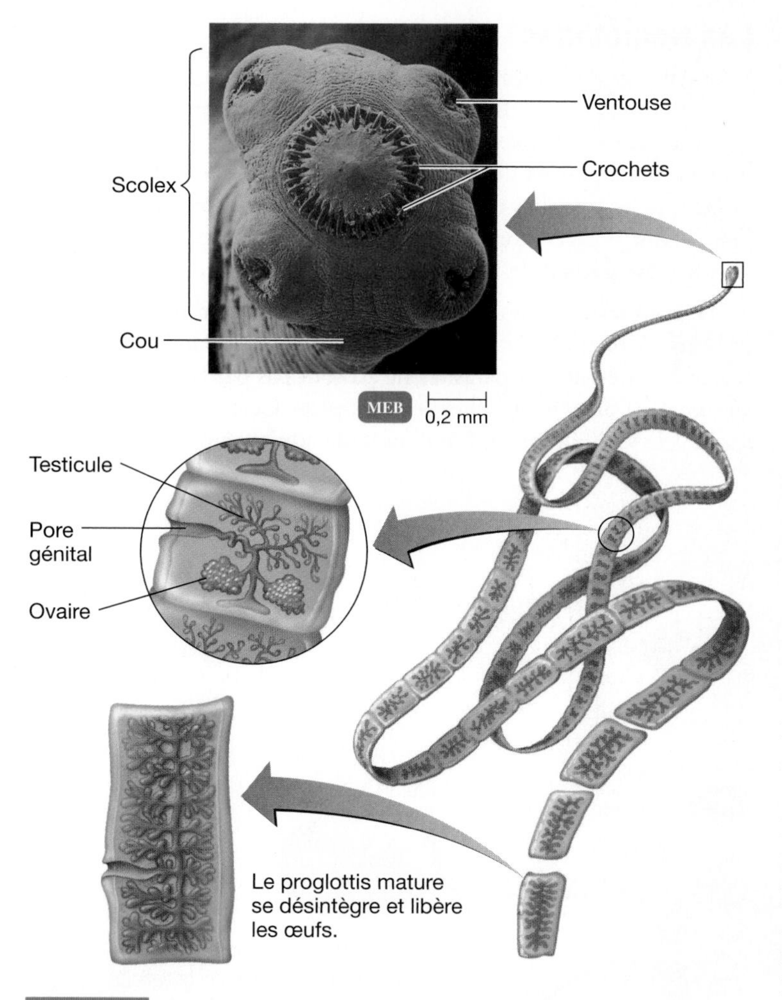

Figure 7.21 Anatomie simplifiée d'un cestode adulte. Le scolex est ici muni de ventouses et de crochets. Chaque proglottis contient des testicules et des ovaires.

les tissus de leurs hôtes ; en fait, ils n'ont pas de système digestif. Ils obtiennent les nutriments dont ils ont besoin dans l'intestin grêle en les absorbant à travers leur cuticule. Le corps du cestode est composé de segments appelés **proglottis**. Ces segments sont produits continuellement dans la région du cou du scolex, tant que ce dernier est fixé et vivant. Chaque proglottis contient les organes de reproduction mâles et femelles. Ceux qui sont le plus éloignés du scolex sont matures et contiennent les œufs fécondés. Les proglottis matures sont essentiellement des sacs d'œufs et chaque œuf est capable d'infester un hôte intermédiaire approprié. Grâce à son système reproducteur qui assure la formation d'œufs fécondés, le cestode peut vivre seul dans l'intestin, d'où son appellation courante de ver solitaire.

L'humain en tant qu'hôte définitif L'adulte de *Tænia saginata,* le ténia du bœuf, est un parasite du corps humain qui peut atteindre 6 m de long. Le scolex mesure environ 2 mm de long et peut avoir 1 000 proglottis et plus à sa suite. Les selles d'un humain infesté contiennent des proglottis matures qui renferment chacun des milliers d'œufs. En se tortillant pour se dégager des matières fécales, les proglottis augmentent leurs chances d'être ingérés par un herbivore. L'ingestion des œufs par le bétail les fait éclore et les larves se creusent un chemin à travers la paroi intestinale. Elles migrent jusqu'aux muscles (viande), où elles forment des kystes et prennent le nom de **cysticerques**. Quand les cysticerques sont ingérés par un humain, tout est digéré sauf le scolex, qui s'accroche à l'intestin grêle et se met à produire des proglottis à sa suite.

On établit un diagnostic d'infestation par un cestode chez l'humain en révélant la présence de proglottis matures et d'œufs dans les selles. Les cysticerques sont visibles à l'œil nu dans la viande et lui donnent une apparence caractéristique. Une des façons de prévenir les infestations par le ténia du bœuf consiste à inspecter la viande destinée à la consommation humaine et à éliminer celle qui contient des cysticerques. Une autre méthode de prévention consiste à éviter l'utilisation des excréments humains non traités pour fertiliser les pâturages. Dans les pays où les mesures de surveillance alimentaire sont déficientes, la cuisson en profondeur de la viande reste le meilleur moyen d'éviter la contamination ; en effet, les cysticerques sont détruits à des températures supérieures à 55 °C.

L'être humain est le seul hôte définitif connu de *Tænia solium,* le ténia du porc. Les vers adultes qui vivent dans l'intestin humain produisent des œufs qui sont expulsés dans les selles. Quand les porcs ingèrent les œufs, les larves de l'helminthe envahissent leurs muscles et y forment des cysticerques. Les humains deviennent infestés quand ils consomment du porc qui n'est pas suffisamment cuit. Le cycle de *T. solium*, de l'humain au porc à l'humain, est courant en Amérique latine, en Asie et en Afrique. Mais, aux États-Unis et au Canada, *T. solium* est à peu près inexistant chez les porcs ; le parasite se propage par contagion interhumaine. Les œufs provenant d'une personne et ingérés par une autre donnent naissance à des larves qui forment des cysticerques dans le cerveau et ailleurs dans le corps, causant une cysticercose (figure 20.21). L'humain qui porte les larves de *T. solium* sert d'hôte intermédiaire. La meilleure prévention réside dans un lavage des mains efficace pour toutes les personnes afin d'empêcher la transmission oro-fécale des œufs.

L'humain en tant qu'hôte intermédiaire L'être humain est l'hôte intermédiaire d'*Echinococcus granulosus*. Le chien, le loup et le renard sont les hôtes définitifs de ce cestode minuscule (de 2 à 8 mm).

Le cycle vital d'*Echinococcus granulosus* est représenté à la **figure 7.22**. ❶ Les œufs de ce ver parasite sont excrétés par les chiens, les loups, les coyotes et les renards, qui contaminent l'environnement en rejetant leurs excréments. Les humains en contact avec des chiens peuvent être infestés par les mains (salive d'un chien qui s'est léché, poils, fèces). ❷ Les humains qui ingèrent ces œufs deviennent les hôtes intermédiaires de ce ver parasite. ❸ L'éclosion des œufs a lieu dans l'intestin grêle de l'humain et les formes larvaires (oncosphères) se rendent au foie ou aux poumons, voire au cerveau. ❹ La larve se transforme en un **kyste hydatique** où des milliers de scolex peuvent être produits. Notons que, en tant qu'hôte intermédiaire, l'humain constitue une impasse parasitaire. Le diagnostic de kystes hydatiques n'est souvent posé qu'à l'autopsie, bien que l'on puisse détecter les kystes aux rayons X (figure 20.22). Dans la nature, les œufs peuvent être ingérés par les cerfs et les orignaux (herbivores), eux aussi des hôtes intermédiaires. Les formes larvaires se rendent de l'intestin grêle au foie ou aux poumons de l'animal, où elles se transforment en kyste hydatique remplis de milliers de scolex. ❺ Par la suite, le loup prédateur se contamine en dévorant les organes contaminés du cerf qu'il chasse. ❻ Les scolex, la forme larvaire infestante pour les canidés, peuvent alors se fixer à l'intestin du loup et produire des proglottis. Ce cycle peut aussi avoir lieu chez le chien nourri avec de la viande de gibier contaminée; les chiens s'auto-infectent et infectent les autres chiens.

▶ Vérifiez vos acquis

Différenciez le cycle vital de *Paragonimus* et de *Tænia*. **7-14**

Les Nématodes

Les membres de l'embranchement des Nématodes, ou **vers ronds**, sont cylindriques et effilés aux extrémités. Les vers ronds ont un système digestif *complet*, composé d'une bouche, d'un intestin et d'un anus. La plupart des espèces sont dioïques. Les mâles sont plus petits que les femelles et possèdent un ou deux **spicules** rigides à l'extrémité postérieure. Ces structures servent à guider le sperme vers le pore génital de la femelle.

Certaines espèces de nématodes vivent à l'état libre dans le sol et l'eau, alors que d'autres sont des parasites des plantes et des animaux. Les nématodes parasites ne passent pas par la suite de stades larvaires qu'on observe chez les vers plats. Certains accomplissent leur cycle vital entier, de l'œuf au stade adulte, dans le même hôte.

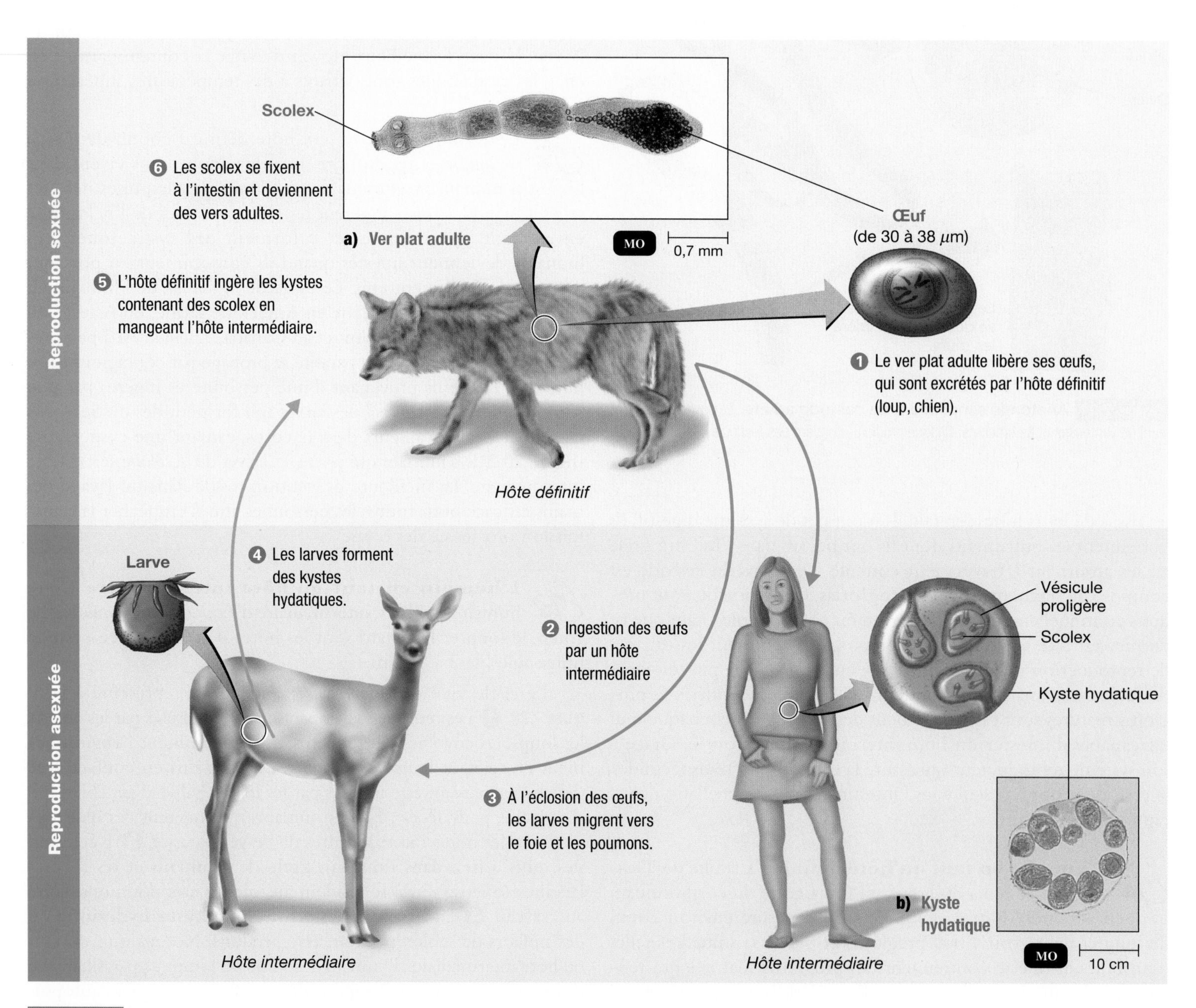

Figure 7.22 **Cestode *Echinococcus granulosus*.** On trouve ce minuscule ténia dans l'intestin du chien, du loup et du renard. Le parasite ne peut compléter son cycle vital que si les kystes sont ingérés par un hôte définitif.

Chez l'humain, les infestations par les nématodes peuvent être regroupées en deux catégories selon qu'elles sont causées par l'œuf ou par la larve.

L'infestation des humains par les œufs

L'oxyure *Enterobius vermicularis* passe sa vie entière dans un hôte humain (**figure 7.23**). La contamination se fait par les œufs qui se trouvent généralement dans l'eau, les aliments ou chez les individus infectés ; les enfants sont des hôtes cibles. On trouve les oxyures adultes dans le gros intestin. De là, l'oxyure femelle migre jusqu'à l'anus et dépose ses œufs sur l'épiderme périanal. Les infestations par les oxyures sont décelées par la présence d'œufs.

Ascaris lumbricoides est un gros nématode (30 cm de long) (figure 20.24). Il est dioïque et se distingue par son **dimorphisme sexuel**, c'est-à-dire que le mâle et la femelle sont d'apparences très différentes, le premier étant plus petit et pourvu d'une queue recourbée. L'*Ascaris* adulte vit dans l'intestin grêle des humains et des animaux domestiques ; il se nourrit principalement d'aliments partiellement digérés. Les œufs, excrétés dans les selles, peuvent survivre longtemps dans le sol jusqu'à ce qu'ils soient accidentellement ingérés par un nouvel hôte, qui mange par exemple des légumes non lavés. Les enfants s'infectent en portant leurs mains et leurs jouets à leur bouche. Les œufs infectieux (fécondés) éclosent dans l'intestin grêle de l'hôte, deviennent adultes dans les poumons et, de là, retournent à l'intestin.

On pose souvent le diagnostic quand les vers adultes sont excrétés dans les selles. On peut prévenir l'infestation chez les humains par une bonne hygiène. Chez le porc, on peut interrompre le cycle vital d'*Ascaris* en gardant les animaux dans des endroits sans matières fécales.

L'infestation des humains par les larves

L'adulte des Nématodes, tels qu'*Ancylostoma duodenale* et *Necator americanus,* vit dans l'intestin grêle des humains (figure 20.23) ; les œufs sont excrétés dans les selles. Les larves éclosent dans le sol, où elles se nourrissent de bactéries. La larve s'introduit dans un hôte en traversant la peau. Le diagnostic est fondé sur la présence d'œufs dans les selles. On peut prévenir les infestations par l'ankylostome en portant des chaussures.

Dans la plupart des régions du monde, les infestations par *Trichinella spiralis,* appelées *trichinoses*, résultent principalement de la consommation de larves enkystées dans la viande de porc mal cuite. Aux États-Unis et au Canada, on contracte plus souvent la trichinose en mangeant du gibier, tel que l'ours. Dans le tube digestif humain, les larves s'échappent des kystes. Elles deviennent adultes dans l'intestin grêle et s'y reproduisent de façon sexuée. Les œufs se développent dans la femelle, qui donne naissance à des larves. Les larves pénètrent dans les vaisseaux sanguins et lymphatiques de l'intestin et se propagent partout dans le corps. Elles s'enkystent dans les muscles et ailleurs, et y restent (figure 20.25).

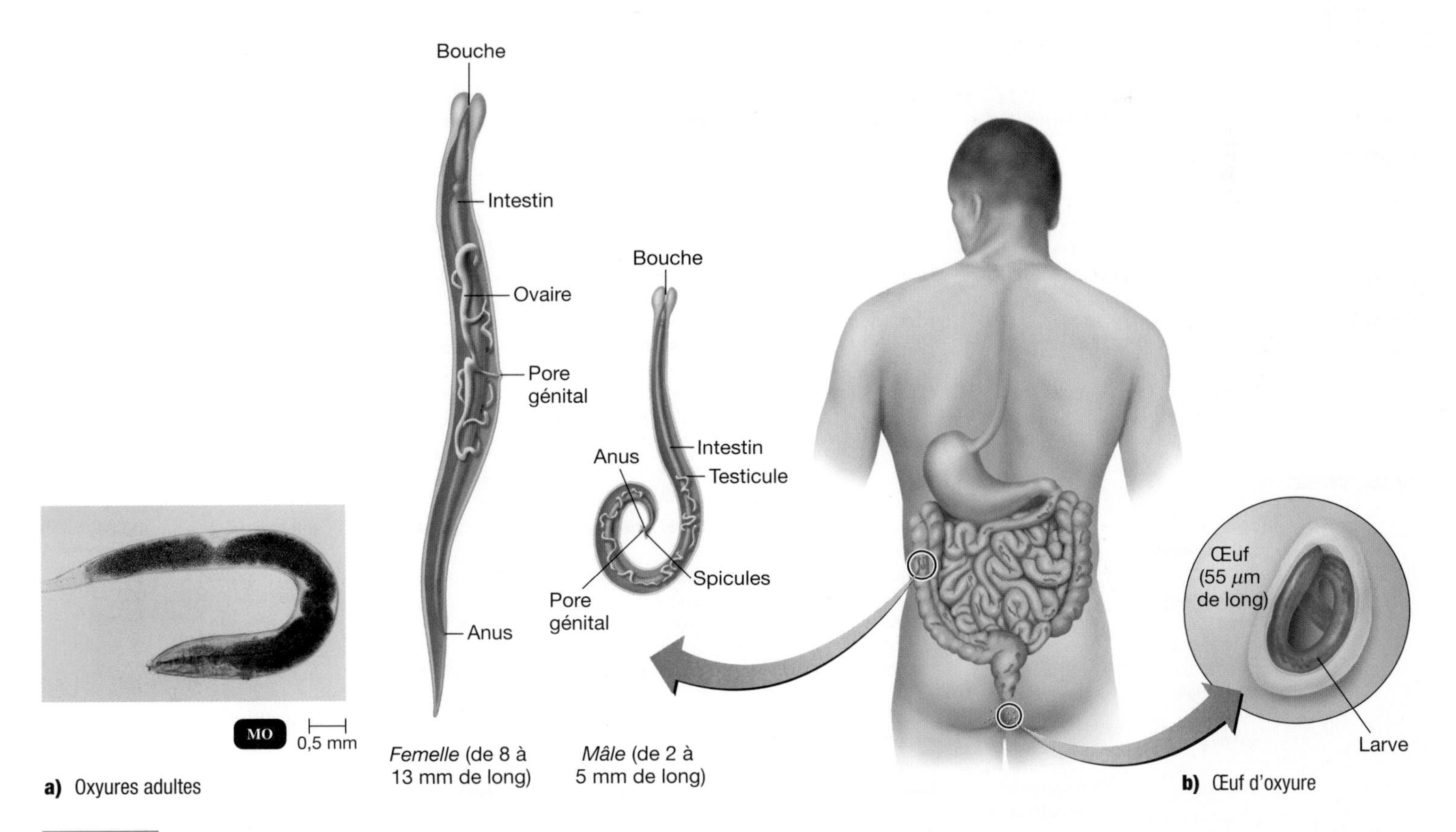

Figure 7.23 **Oxyure *Enterobius vermicularis*.** **a)** L'oxyure femelle est souvent bien plus grosse que le mâle. **b)** Les œufs de l'oxyure sont déposés par la femelle sur la peau périanale durant la nuit.

On diagnostique la trichinose en faisant une biopsie musculaire qu'on examine au microscope pour vérifier la présence de larves. Il est possible de prévenir la maladie en faisant bien cuire la viande avant de la consommer.

Dirofilaria immitis est un nématode qui se transmet d'hôte en hôte par la piqûre du moustique *Ædes*. Le parasite affecte surtout les chiens et les chats, mais il lui arrive d'infester les poumons des humains. Les larves injectées par le moustique migrent vers divers organes, où elles se développent et deviennent adultes. Ce nématode est appelé **ver du cœur** parce qu'il passe souvent sa vie adulte dans le cœur de l'animal hôte, lequel finit par mourir d'insuffisance cardiaque (**figure 7.24**). La maladie est présente sur tous les continents sauf en Antarctique. Il semble que la bactérie *Wolbachia* soit essentielle au développement de l'embryon du ver (encadré 6.1).

Quatre genres de vers ronds appelés *anisakines*, dont le « ver du hareng », peuvent se transmettre accidentellement aux humains par l'intermédiaire de poissons d'eau de mer infestés et consommés crus, peu cuits, fumés ou marinés artisanalement. L'anisakiase, la maladie qu'ils provoquent, est bien connue dans les pays riverains de la mer du Nord et de la mer Baltique, ainsi qu'au Japon (consommation de sushis et de shashimis) et en Chine ; elle est moins fréquente aux États-Unis et au Canada. Certains cas ont été signalés en France. Les larves se trouvent dans l'intestin des poissons et migrent vers les muscles durant l'entreposage réfrigéré. Elles sont tuées si la chair est congelée ou bien cuite.

Le **tableau 7.5** présente une liste d'helminthes parasites typiques de chaque embranchement et chaque classe, ainsi que les maladies qu'ils causent.

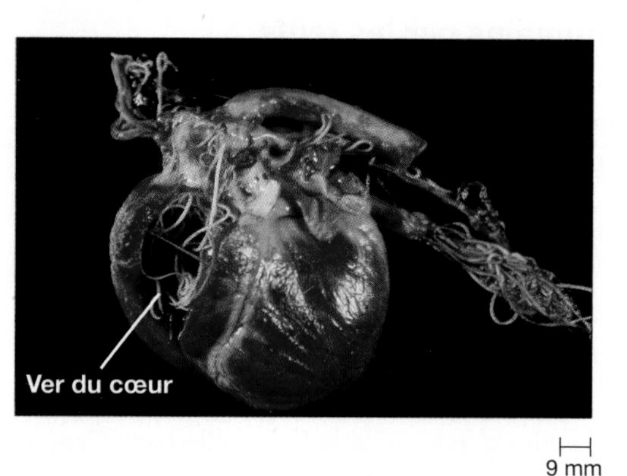

Figure 7.24 Ver du cœur, *Dirofilaria immitis*. Quatre vers adultes dans le ventricule droit du cœur d'un chien. Chaque ver mesure de 12 à 30 cm de long.

Vérifiez vos acquis

Quel est l'hôte définitif d'*Enterobius*? **7-15**

À quel stade le parasite *Dirofilaria immitis* est-il infectieux pour les chiens et les chats? **7-16**

Vous trouvez un ver parasite dans la couche d'un bébé. Comment établirez-vous s'il s'agit du genre *Tænia* ou du genre *Necator*? **7-17**

Tableau 7.5 Helminthes parasites représentatifs

Classes	Parasites humains	Hôtes intermédiaires	Hôtes définitifs et organes cibles	Stades transmis à l'humain ; modes de transmission	Maladies	Localisation chez l'humain	Figures
PLATHELMINTHES							
Trématodes	*Paragonimus westermani*	Escargot d'eau douce et écrevisse	Humain ; poumons	Métacercaire ; ingestion	Paragonimiase (douve pulmonaire)	Poumons	7.20
	Schistosoma	Escargot d'eau douce	Humain ; sang	Cercaire ; par la peau	Schistosomiase	Veines	18.20
Cestodes	*Tænia saginata*	Bétail	Humain ; intestin grêle	Cysticerque ; ingestion	Téniase	Intestin grêle	–
	Tænia solium	Humain ; porc	Humain	Œufs ; ingestion	Neuro-cysticercose	Cerveau et autres tissus	20.21
	Echinococcus granulosus	Humain	Chien et autres animaux ; intestins	Œufs provenant d'autres animaux ; ingestion	Hydatidose	Poumons, foie, cerveau	7.22 20.22
NÉMATODES							
	Ascaris lumbricoides	–	Humain ; intestin grêle	Œufs ; ingestion	Ascaridiase	Intestin grêle	20.24
	Enterobius vermicularis	–	Humain ; gros intestin	Œufs ; ingestion	Oxyurose	Gros intestin	7.23
	Necator americanus	–	Humain ; intestin grêle	Larves ; par la peau	Ankylostomiase	Intestin grêle	20.28
	Ancylostoma duodenale	–	Humain ; intestin grêle	Larves ; par la peau	Ankylostomiase	Intestin grêle	20.23
	Trichinella spiralis	–	Humain, porc et autres mammifères ; intestin grêle	Larves ; ingestion	Trichinose	Muscles	20.25
	Anisakines	Poisson marin et calmar	Mammifères marins	Larves ; ingestion	Anisakiase (« ver du hareng »)	Tube digestif	–

Note : L'étude des helminthes parasites est répartie dans les chapitres 12, 23 EN LIGNE et 25 EN LIGNE.

Les arthropodes

▶ Objectif d'apprentissage

7-18 Définir l'arthropode vecteur.

7-19 Distinguer entre la tique et le moustique, et nommer une maladie transmise par chacun de ces arthropodes.

7-20 Définir les ectoparasites et citer quelques maladies attribuables à ces organismes.

Les arthropodes en tant que vecteurs

Les Arthropodes sont des animaux qui se caractérisent par un corps segmenté, un squelette externe et des pattes articulées. Comprenant près d'un million d'espèces, cet embranchement est le plus important du règne animal. Bien qu'ils ne soient pas eux-mêmes des microbes, nous décrivons brièvement ici les arthropodes parce que certains d'entre eux sucent le sang des humains et d'autres animaux, et peuvent ainsi transmettre des maladies microbiennes. Les arthropodes qui transportent des microorganismes pathogènes s'appellent **vecteurs**. Par ailleurs, la gale est une maladie qui est causée par un arthropode. Nous y reviendrons au chapitre 16.

Les groupes suivants sont des classes représentatives d'arthropodes :

- Arachnides (huit pattes) : araignées, acariens, tiques
- Crustacés (quatre antennes) : crabes, écrevisses
- Insectes (six pattes) : abeilles, mouches, poux

Le **tableau 7.6** donne une liste des arthropodes qui sont des vecteurs importants. Les **figures 7.25**, **7.26** et **7.27** en représentent quelques-uns. On ne trouve ces vecteurs sur des animaux que lorsqu'ils se nourrissent. Le pou fait exception à cette règle : il passe sa vie entière sur son hôte et, à défaut d'en trouver un autre, il ne subsiste pas longtemps s'il s'en éloigne.

Certains vecteurs sont uniquement un moyen physique de transport pour l'agent pathogène. Par exemple, la mouche domestique pond ses œufs sur la matière organique en décomposition, telle que les excréments. Un organisme pathogène peut alors se retrouver sur les pattes ou le corps de la mouche qui le transporte et le dépose inopinément sur notre nourriture.

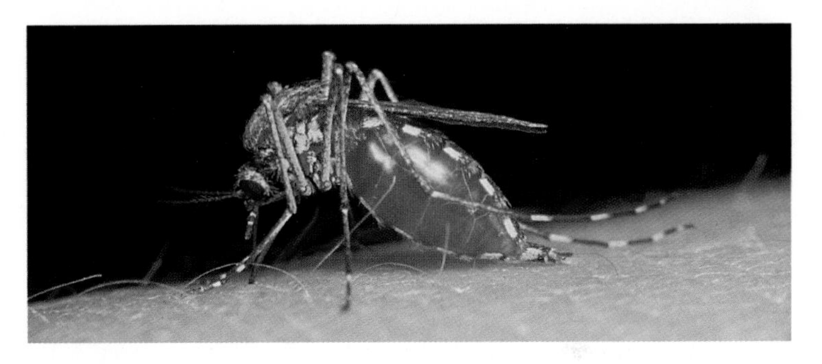

Figure 7.25 Moustique. Moustique femelle suçant le sang à travers la peau d'un humain. Les moustiques transmettent plusieurs maladies de personne à personne, entre autres la dengue et la fièvre jaune, toutes deux causées par des virus.

Tableau 7.6 Quelques arthropodes vecteurs représentatifs et les maladies qu'ils transmettent

Arthropode vecteur	Agents responsables	Maladies	Références
Classe des Arachnides			
Dermacentor andersoni et spp. (ordre des Tiques)	*Rickettsia rickettsii*	Fièvre pourprée des montagnes Rocheuses	Fig. 18.11
Ixodes spp. (ordre des Tiques)	*Ehrlichia* spp. *Borrelia burgdorferi*	Ehrlichiose Maladie de Lyme	Ch. 18 Fig. 7.26 ; fig. 18.11
Ornithodorus spp. (ordre des Tiques)	*Borrelia* spp.	Fièvre récurrente	Ch. 18
Classe des Insectes			
Pediculus humanus (ordre des poux suceurs)	*Rickettsia prowazekii*	Typhus (épidémique) Fièvre récurrente	Fig. 7.28 ; ch. 18
Xenopsylla cheopis (puce de rat)	*Rickettsia typhi* *Yersinia pestis*	Typhus murin (endémique) Peste	Fig. 7.28a ; ch. 18 Fig. 7.28a ; ch. 18
Chrysops (moustique) (ordre des Diptères)	*Francisella tularensis*	Tularémie	Fig. 7.28b
Ædes (moustique) (ordre des Diptères) *Ædes* *Ædes ægypti*	Larves de *Dirofilaria immitis* *Alphavirus* (virus de la fièvre jaune) *Alphavirus* (virus de la dengue)	Maladie du ver du cœur Fièvre jaune Dengue	Fig. 7.24 Ch. 18 Ch. 18
Anopheles (moustique) (ordre des Diptères)	*Plasmodium* spp.	Paludisme	Fig. 7.25 ; fig. 18.17
Culex (moustique) (ordre des Diptères)	*Alphavirus* (virus de l'encéphalite)	Encéphalite à arbovirus	Ch. 17
Glossina spp. (mouche tsé-tsé) (ordre des Diptères)	*Trypanosoma brucei gambiense* et *T. b. rhodesiense*	Trypanosomiase africaine	Ch. 17
Triatoma (réduve) (ordre des Hémiptères)	*Trypanosoma cruzi*	Maladie de Chagas (trypanosomiase américaine)	Fig. 7.28c ; ch. 18

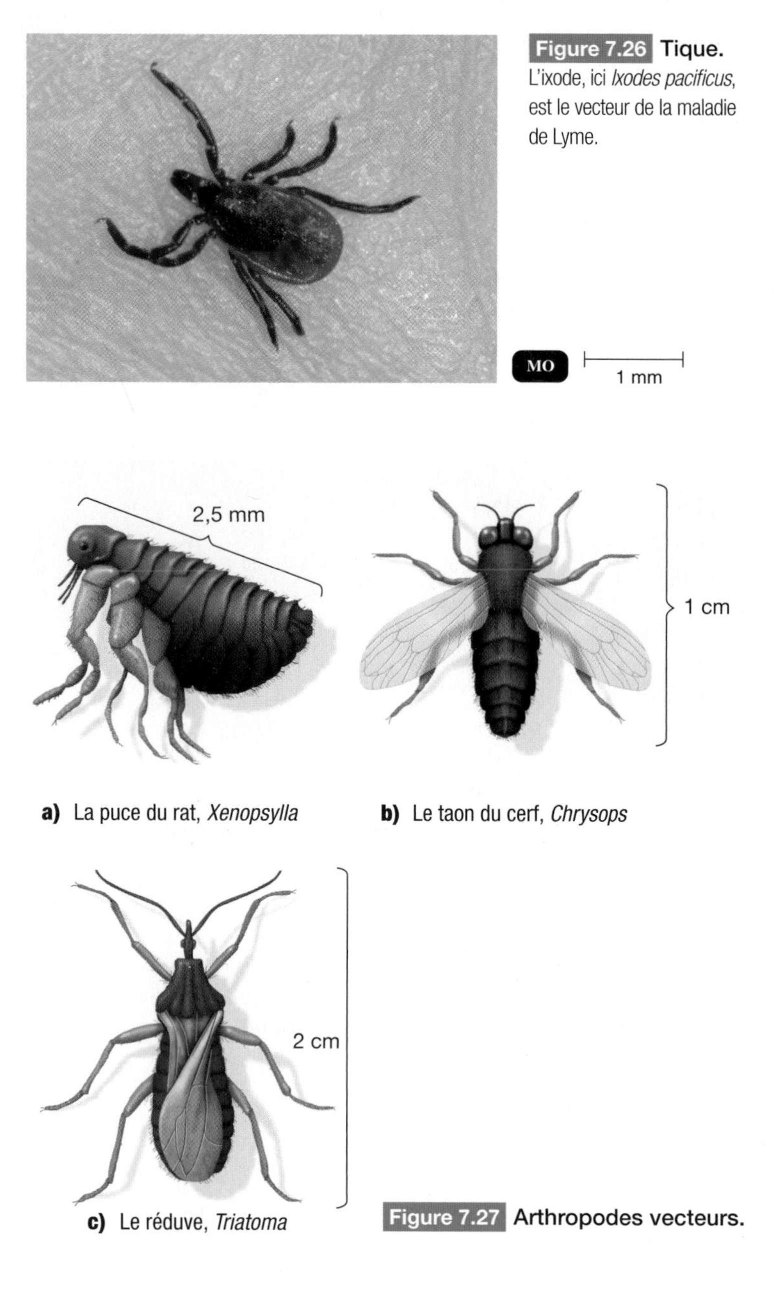

Figure 7.26 **Tique.** L'ixode, ici *Ixodes pacificus*, est le vecteur de la maladie de Lyme.

a) La puce du rat, *Xenopsylla*

b) Le taon du cerf, *Chrysops*

c) Le réduve, *Triatoma*

Figure 7.27 **Arthropodes vecteurs.**

Certains parasites se multiplient au sein de leurs vecteurs. Dans ce cas, ils peuvent s'accumuler dans les fèces ou la salive de ces derniers. Par la suite, ils sont déposés en grand nombre sur ou dans l'hôte pendant que le vecteur est là en train de se nourrir. C'est ainsi que les tiques transmettent le spirochète qui cause la maladie de Lyme (figure 18.10). Le virus du Nil occidental est transmis de la même façon par des moustiques (chapitre 17).

Nous avons indiqué plus haut que *Plasmodium* est un exemple de parasite dont le vecteur doit aussi être l'hôte définitif. La reproduction sexuée de *Plasmodium* n'est possible que dans l'intestin d'un moustique du genre *Anopheles.* Le parasite est introduit dans l'hôte humain par la salive du moustique, dont l'action anticoagulante assure la fluidité du sang.

Les organismes de la santé s'emploient à éliminer les vecteurs dans leur lutte contre les affections, telles que la maladie du sommeil, qui sont transmises par ces intermédiaires.

Les ectoparasites

Lorsqu'il est question d'arthropodes, on pense tout de suite à une autre forme de petits parasites externes qui vivent à la surface corporelle d'un être vivant ; on les appelle **ectoparasites**. L'humain n'est pas exempt d'infestations par plusieurs types d'ectoparasites. Les plus importants en médecine sont des insectes, tels que les poux et les morpions, et des acariens, tels que les sarcoptes. Ils sont la cause de maladies appelées **parasitoses**. Ces maladies seront décrites plus en détail au chapitre 16.

La pédiculose est une infestation de la peau par les poux. Très contagieuse, elle peut parfois évoluer dans les collectivités sur un mode épidémique, notamment dans les garderies et les écoles. Notez que les adultes peuvent aussi être infestés. Cette maladie est bénigne mais cause beaucoup de démangeaisons dues aux morsures des poux qui se nourrissent de sang. Selon la région corporelle atteinte, on distingue trois types de pédiculoses : la pédiculose du cuir chevelu causée par le pou de la tête, *Pediculus humanus capitis,* la pédiculose du corps (ou du vêtement) due au pou *Pediculus humanus corporis.* Une pédiculose pubienne est causée par le pou du pubis *Phthirus pubis,* communément appelé *morpion.*

La pédiculose du cuir chevelu sévit partout dans le monde, indépendamment du climat et souvent même des conditions d'hygiène. Elle peut provoquer des démangeaisons, voire des lésions de grattage, notamment autour des oreilles, sur la nuque et les épaules. Les poux, mobiles lorsque vivants, pondent de petites lentes brillantes qui deviennent ternes et blanchâtres après l'éclosion (trois semaines après la ponte). Les lentes restent collées aux cheveux (**figure 7.28**). La pédiculose du corps est transmise par des vêtements infestés ou par contact étroit. La promiscuité est souvent mise en cause dans la transmission. Le pou du corps peut agir comme vecteur de transmission du typhus épidémique (tableau 7.6), alors que le pou de la tête ne transmet pas de maladie. La pédiculose pubienne ou phthiriase est une infestation de la peau spécifique à l'humain et se localise particulièrement au niveau des régions pubienne, génitale et périanale ; elle peut toutefois envahir d'autres surfaces poilues telles que les sourcils, la barbe et les aisselles. La transmission est fréquemment réalisée par contacts sexuels. La parasitose, gênante mais peu grave, fait alors partie des infections transmissibles sexuellement (ITS).

a) Pou adulte accroché à un cheveu

b) Lente, ou œuf de pou

MEB 0,2 mm

Figure 7.28 **Pou et lente.**

La gale est une infestation de la peau causée par l'ectoparasite *Sarcoptes scabiei hominis* (figure 21.18). Cet acarien ne survit pas plus de quelques jours hors de son hôte. La transmission doit donc se faire rapidement. La période d'incubation, de deux à trois semaines, passe presque inaperçue. Toutefois, la présence des sarcoptes, qui se reproduisent en creusant des sillons sous la peau, dans la couche cornée de l'épiderme, entraîne un prurit désagréable, surtout la nuit, attribué à un phénomène allergique. La transmission des parasites est facilitée par les échanges de vêtements et le contact avec la literie et les meubles en tissu contaminés. Les personnes immunodéprimées y sont particulièrement susceptibles.

La punaise de lit est en train de devenir l'une des pires infestations des grandes villes, dont celle de Montréal. Selon un sondage Omnibus réalisé en 2010, environ 2,7 % des ménages résidant sur l'île de Montréal auraient eu des punaises de lit dans leur domicile au cours des 12 mois précédant l'enquête. La punaise de lit est un insecte brun-rouge qui n'aime pas la lumière. Elle est sans aile et ne saute pas ; toutefois, elle se déplace rapidement en marchant. Elle ne vit pas sur l'humain, mais le visite quand elle a faim. Elle se nourrit du sang des dormeurs en les piquant la nuit ; elle devient alors engorgée et prend une teinte rouge « sang ». Durant le jour, elle se cache surtout près des coutures des matelas et des sommiers, dans les replis des draps et des oreillers. Une punaise adulte à jeun ressemble à un pépin de pomme et peut donc facilement se dissimuler un peu partout, voire dans des endroits inusités tels les câblages électriques et la tuyauterie.

▶ Vérifiez vos acquis

On divise les vecteurs en trois types principaux, selon la fonction qu'ils accomplissent dans la vie du parasite. Énumérez les trois types de vecteurs et nommez une maladie transmise par chacun d'eux. **7-18**

Supposons que vous découvrez un arthropode sur votre bras. Comment saurez-vous s'il s'agit d'une tique ou d'une puce ? **7-19**

Le système immunitaire est-il efficace pour lutter contre les ectoparasites tels que les poux et les morpions ? **7-20**

RÉSUMÉ

LE RÈGNE DES MYCÈTES (p. 161)

1. La mycologie est l'étude des mycètes.
2. Le nombre de mycoses graves est à la hausse.
3. Les mycètes sont des chimiohétérotrophes aérobies ou anaérobies facultatifs.
4. La plupart des mycètes sont des décomposeurs. Certains sont des parasites de plantes et d'animaux.

Les caractéristiques des mycètes (p. 161)

5. Le thalle des mycètes est constitué de filaments de cellules appelés *hyphes* ; les hyphes peuvent être segmentés ou non (cénocytes) ; une masse d'hyphes s'appelle mycélium.
6. L'hyphe, segmenté ou non, est un petit tubule transparent qui fait office de cellule ; il est entouré d'une paroi cellulaire rigide contenant de la chitine et des polymères de la cellulose.
7. La paroi cellulaire des mycètes leur confère une plus grande rigidité, une longévité accrue et une plus grande capacité de résistance à la chaleur et à des pressions osmotiques élevées ; la paroi cellulaire des mycètes est peu antigénique et ils sont peu sensibles aux antibiotiques ; les infections fongiques sont souvent chroniques.
8. Les levures sont des mycètes unicellulaires. Pour se reproduire, les levures scissipares se divisent de façon symétrique, alors que les levures bourgeonnantes se divisent de façon asymétrique.
9. Les bourgeons qui ne se séparent pas de la cellule mère forment des pseudohyphes.
10. Les mycètes dimorphes pathogènes se comportent comme des levures à 37 °C et comme des moisissures à 25 °C.
11. Les spores suivantes peuvent être produites de façon asexuée : les conidies, les arthroconidies, les blastoconidies, les chlamydoconidies (cellules aux parois épaisses) et les sporangiospores.
12. On classifie les mycètes selon le type de spores sexuées qu'ils produisent ; ce sont les Zygomycètes, les Ascomycètes et les Basidiomycètes.
13. Les spores sexuées sont habituellement produites en réponse à des circonstances particulières, souvent des changements dans le milieu.
14. Les mycètes peuvent croître en aérobiose dans des environnements acides et peu humides.
15. Ils sont en mesure de métaboliser des glucides complexes.

Les embranchements de Mycètes importants en médecine (p. 164)

16. Les Zygomycètes ont des hyphes cénocytiques et produisent des sporangiospores et des zygospores ; ils comprennent les mycètes *Rhizopus* et *Mucor*.
17. Les Ascomycètes ont des hyphes segmentés ; ils produisent des ascospores et souvent des conidies ; ils comprennent *Blastomyces dermatitidis*, *Aspergillus* et *Histoplasma capsulatum*.

18. Les Basidiomycètes ont des hyphes segmentés et produisent des basidiospores ; certains font des conidies ; ils comprennent *Cryptococcus neoformans*.
19. Les mycètes téléomorphes produisent des spores sexuées et asexuées. Les mycètes anamorphes produisent seulement des spores asexuées ; ils comprennent *Stachybotrys*, *Candida albicans* et *Coccidioides immitis*.

Les mycoses (p. 166)

20. Les mycoses systémiques sont des infections fongiques profondes qui touchent beaucoup de tissus et d'organes.
21. Les mycoses sous-cutanées sont des infections fongiques sous la peau.
22. Les mycoses cutanées touchent les tissus qui contiennent de la kératine, tels que les cheveux, les ongles et la peau.
23. Les mycoses superficielles ont pour cibles les tiges des poils et les cellules superficielles de la peau.
24. Les mycoses opportunistes sont causées par les mycètes du microbiote normal ou par certains mycètes qui ne sont pas pathogènes habituellement.
25. Les mycoses opportunistes comprennent, entre autres, la mucormycose, causée par certains zygomycètes, l'aspergillose, causée par *Aspergillus,* et la candidose, causée par *Candida*.
26. Les mycoses opportunistes peuvent atteindre n'importe quel tissu. Toutefois, elles sont habituellement systémiques.

L'importance économique des mycètes (p. 168)

27. *Saccharomyces* et *Trichoderma* sont employés dans la production des aliments.
28. Les mycètes sont utilisés dans la lutte biologique contre les insectes nuisibles.
29. La détérioration des fruits, des céréales et des légumes par les moisissures est plus importante que celle causée par les bactéries.
30. Beaucoup de mycètes sont à l'origine de maladies des plantes (par exemple, ils s'attaquent à la pomme de terre, au châtaignier et à l'orme).

LES ALGUES (p. 170)

1. Les algues sont unicellulaires, filamenteuses ou pluricellulaires (thallophytes).
2. La plupart des algues sont aquatiques.

Les caractéristiques des algues unicellulaires et filamenteuses (p. 170)

3. Toutes les algues sont des eucaryotes photoautotrophes.
4. Les algues unicellulaires se reproduisent de façon asexuée par division cellulaire et les algues filamenteuses par fragmentation.
5. Certaines algues sont capables de reproduction sexuée.
6. Les algues sont des photoautotrophes qui produisent de l'oxygène.
7. Les algues sont classifiées selon leurs structures et leurs pigments.

Quelques groupes d'algues unicellulaires et filamenteuses (p. 170)

8. Les diatomées sont unicellulaires et leur paroi cellulaire contient de la pectine et de la silice ; certaines produisent de l'acide domoïque, toxine responsable de l'intoxication par phycotoxine amnestique.

9. Les dinoflagellés produisent des neurotoxines qui causent l'intoxication par phycotoxine paralysante et la ciguatera lorsqu'ils se concentrent dans des poissons comestibles.
10. Les Oomycètes sont hétérotrophes. La plupart sont des décomposeurs ; certains sont pathogènes.

Le rôle des algues dans la nature (p. 171)

11. Les algues sont les principaux producteurs des chaînes alimentaires aquatiques.
12. Les algues planctoniques produisent la majeure partie de l'oxygène de l'atmosphère terrestre.
13. Le pétrole se forme à partir des restes des algues planctoniques.
14. Certaines algues unicellulaires sont des symbiotes d'animaux tels que *Tridacna*.

LES PROTOZOAIRES (p. 172)

1. Les protozoaires sont des eucaryotes unicellulaires et chimio-hétérotrophes.
2. On trouve les protozoaires dans le sol et l'eau. Certains font partie du microbiote normal des animaux.

Les caractéristiques des protozoaires (p. 173)

3. La forme végétative s'appelle trophozoïte.
4. La reproduction asexuée s'effectue par scissiparité, bourgeonnement ou schizogonie.
5. La reproduction sexuée s'accomplit par conjugaison.
6. Durant la conjugaison, chez les ciliés, deux noyaux haploïdes fusionnent pour produire un zygote.
7. Certains protozoaires peuvent former un kyste qui les protège quand les conditions du milieu sont défavorables.
8. Les protozoaires sont des cellules complexes possédant une pellicule, un cytostome et un cytoprocte.

Les groupes de protozoaires importants en médecine (p. 173)

9. Les *Archæzoa* sont dépourvus de mitochondries mais possèdent des flagelles ; ils comprennent *Trichomonas vaginalis* et *Giardia lamblia*.

10. Les *Microsporidia* sont dépourvus de mitochondries ; certains causent la diarrhée chez les patients atteints du sida.

11. Les *Rhizopoda* sont des amibes ; ils comprennent *Entamœba histolytica* et *Acanthamœba*.

12. Les *Apicomplexa* possèdent des organites apicaux pour pénétrer les tissus de leurs hôtes ; ils comprennent *Plasmodium*, *Toxoplasma gondii*, *Cryptosporidium* et *Cyclospora*.

13. Les *Ciliophora* se déplacent grâce à leurs cils ; *Balantidium coli* est le seul cilié parasite de l'humain.

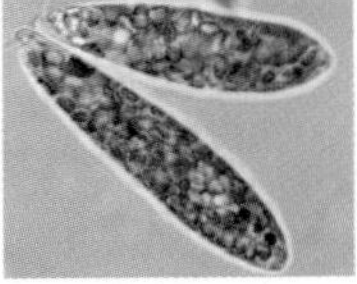

14. Les *Euglenozoa* se déplacent au moyen de flagelles et sont incapables de reproduction sexuée ; ils comprennent *Trypanosoma*, l'agent de la maladie de Chagas.

LES PROTISTES FONGIFORMES (p. 178)

1. Les protistes fongiformes cellulaires ressemblent à des amibes et ingèrent des bactéries par phagocytose.

2. Les protistes fongiformes plasmodiaux sont constitués d'une masse de protoplasme plurinucléée appelée *plasmode*, qui englobe les détritus organiques et les bactéries en se déplaçant.

LES HELMINTHES (p. 180)

1. Les vers plats parasites appartiennent à l'embranchement des Plathelminthes, qui incluent les Trématodes et les Cestodes.

2. Les vers ronds parasites appartiennent à l'embranchement des Nématodes.

Les caractéristiques des helminthes (p. 181)

3. Les helminthes sont des animaux pluricellulaires ; quelques-uns sont des vers parasites de l'humain.

4. Les exigences du parasitisme ont modifié l'anatomie et le cycle vital des helminthes qui vivent aux dépens d'autres organismes. La plupart ont un système nerveux rudimentaire mais pas de système locomoteur, certains ont un tube digestif et d'autres pas ; seul le système reproducteur est développé.

5. Les helminthes parasites peuvent pénétrer dans un organisme par ingestion de larves ou d'œufs.

6. Chez les helminthes parasites, le stade adulte a lieu dans l'hôte définitif.

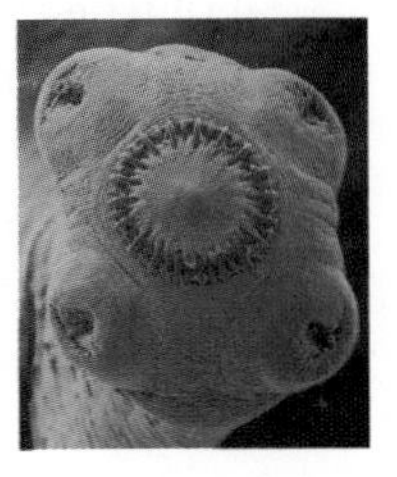

7. Chaque stade larvaire d'un helminthe parasite nécessite un ou des hôtes intermédiaires.

8. Les helminthes peuvent être monoïques (mâles ou femelles) ou dioïques (hermaphrodites).

Les Plathelminthes (p. 181)

9. Les vers plats sont des animaux aplatis dans le sens dorso-ventral. Les vers plats parasites sont parfois dépourvus de système digestif.

10. Les trématodes adultes, tels que les douves, possèdent des ventouses orale et ventrale grâce auxquelles ils se fixent aux tissus de leur hôte et en tirent leur nourriture.

11. À l'éclosion, les œufs des trématodes libèrent dans l'eau de petites larves ciliées (miracidies) capables de nager librement, qui s'introduisent dans le premier hôte intermédiaire. Les miracidies se différencient en rédies, qui se multiplient. Les rédies produisent des cercaires qui se fraient un chemin à travers les tissus du premier hôte intermédiaire pour s'échapper et pénétrer le deuxième hôte intermédiaire. Les cercaires s'enkystent dans le deuxième hôte intermédiaire et deviennent des métacercaires. Après l'ingestion de l'hôte intermédiaire par l'hôte définitif, les métacercaires se transforment en vers adultes.

12. Les cestodes, tels que le ver solitaire, sont composés d'un scolex (tête) et de proglottis.

13. Les humains sont les hôtes définitifs du ténia du bœuf et le bétail est l'hôte intermédiaire.

14. Les humains sont les hôtes définitifs et peuvent être des hôtes intermédiaires du ténia du porc.

15. L'humain est un hôte intermédiaire d'*Echinococcus granulosus* ; les hôtes définitifs sont le chien, le loup et le renard.

Les Nématodes (p. 184)

16. Les vers ronds ont un système digestif complet.

17. Les nématodes qui infestent les humains au moyen de leurs œufs sont *Enterobius vermicularis* (oxyure) et *Ascaris lumbricoides*.

18. Les nématodes qui infestent les humains au moyen de leurs larves sont *Necator americanus* et *Ancylostoma duodenale* (ankylostomes), *Trichinella spiralis* et les anisakines.

LES ARTHROPODES (p. 187)

1. Les animaux dotés d'un corps segmenté, d'un squelette externe et de pattes articulées, tels que les tiques et les insectes, appartiennent à l'embranchement des Arthropodes.

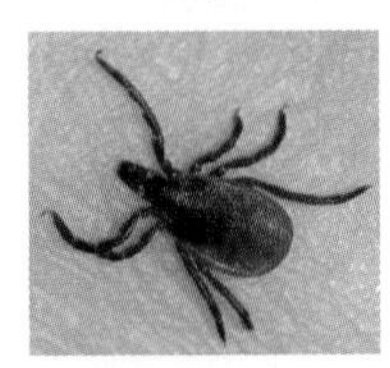

2. Les arthropodes qui transmettent des maladies sont appelés *vecteurs*.

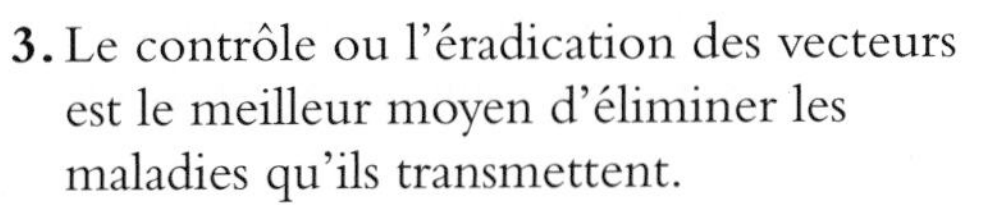

3. Le contrôle ou l'éradication des vecteurs est le meilleur moyen d'éliminer les maladies qu'ils transmettent.

4. L'humain peut être l'hôte de plusieurs types d'ectoparasites infectieux tels que les poux, les sarcoptes et les punaises de lit. Ces organismes sont la cause de maladies appelées *parasitoses*.

AUTOÉVALUATION

QUESTIONS À COURT DÉVELOPPEMENT

1. La figure ci-dessous résume le cycle vital d'une douve du foie *Clonorchis sinensis.*
   a) Indiquez sur l'illustration les stades du cycle vital.
   b) Nommez l'hôte intermédiaire (ou les hôtes s'il y en a plus d'un).
   c) Nommez l'hôte définitif (ou les hôtes s'il y en a plus d'un).
   d) À quel embranchement et à quelle classe cette douve appartient-elle ?
   e) Pourquoi les Canadiens ne risquent-ils pas de contracter cette douve du foie ?

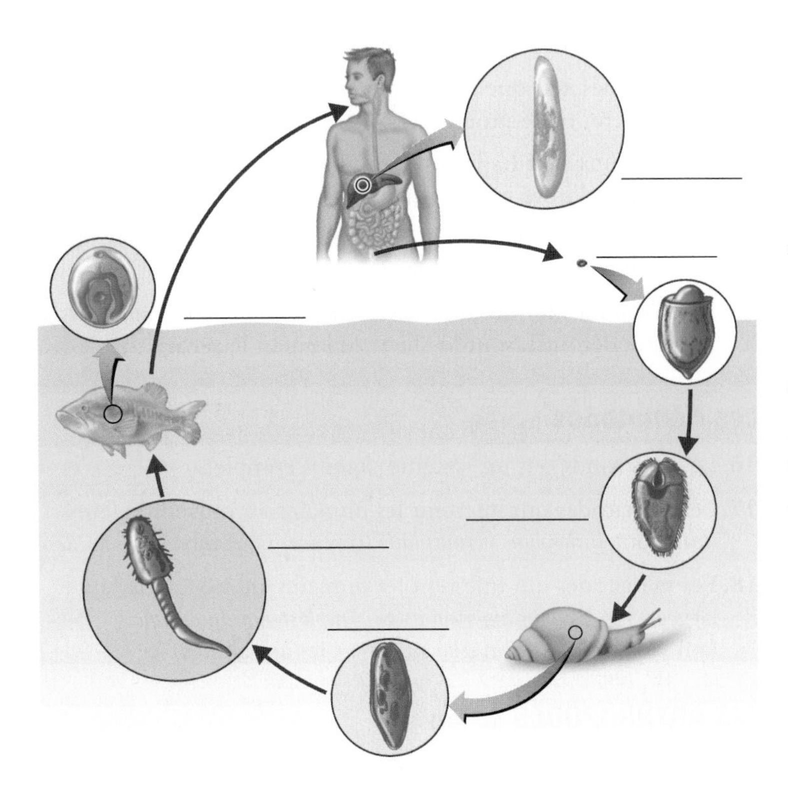

2. La taille de la cellule est limitée par le rapport entre sa surface et son volume ; en d'autres termes, si le volume devient trop grand, la chaleur interne ne se dissipe pas, et les nutriments et les déchets ne peuvent pas être transportés efficacement. Comment les protistes fongiformes plasmodiaux parviennent-ils à contourner cette difficulté ?
3. *Trypanosoma brucei gambiense* (figure *a*) est le germe causal de la maladie du sommeil ; il sévit en Afrique.
   a) À quel groupe de flagellés appartient-il ? Comment sa morphologie est-elle adaptée à son environnement ?
   b) La figure *b* montre des étapes importantes du cycle vital de *T. b. gambiense.* Nommez l'hôte et le vecteur de ce parasite.
   c) Comment le parasite se transmet-il ?

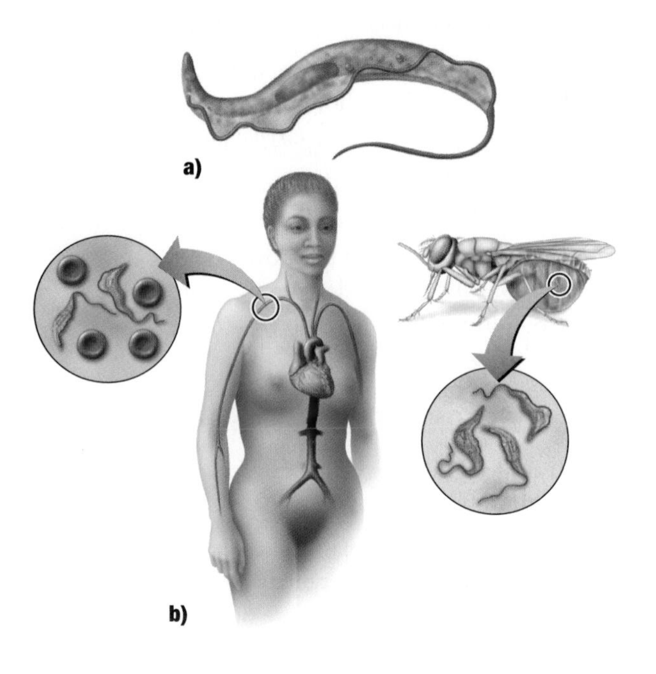

4. De jeunes amis à vous préparent un voyage en Afrique. Ils sont d'ores et déjà invités à un méchoui. Quelle recommandation leur feriez-vous ?

APPLICATIONS CLINIQUES

N. B. Certaines de ces questions nécessitent que vous cherchiez des réponses dans les différents chapitres du livre.

1. Émilie, quatre ans, va à la garderie. Depuis quelques jours, elle est irritable, fatiguée et a perdu l'appétit. Une nuit, Émilie se réveille en pleurant ; son anus la démange et elle se gratte sans soulagement. Sa mère découvre des petits vers blancs à peine plus gros qu'un cil. À la clinique, on donne à la mère un tube de prélèvement dans lequel elle trouve une languette munie d'une surface gommée. Durant la nuit, elle applique la languette gommée sur l'anus de sa petite fille. Au laboratoire, l'examen révèle la présence d'œufs. On prescrit à Émilie un médicament antiparasitaire, le pamoate de pyrantel (Combantrin), et tous les membres de sa famille doivent en prendre également. (*Indice :* Voir le chapitre 20.)

   Quel est l'agent pathogène le plus probable ? Expliquez pourquoi le prélèvement doit être effectué la nuit, en appuyant votre argumentation sur le cycle vital de cet agent pathogène. Comment la contamination d'Émilie s'est-elle produite ? Celle des membres de sa famille ?
2. Un homme travaille dans un ranch dans une région semi-désertique de la Californie. Il présente les signes et symptômes suivants : une température subfébrile, une douleur thoracique, de la toux et une perte de poids. La radiographie montre une infiltration pulmonaire. Un examen microscopique de ses expectorations révèle la présence de sphérules, petites

structures contenant des spores. La culture des expectorations fait apparaître des myCéliums et des arthroconidies. (*Indice :* Voir le chapitre 19.)

Quel type d'organisme est la cause probable de ces symptômes ? Énumérez les éléments qui vous ont mis sur la piste de l'agent pathogène. Comment cette maladie est-elle transmise ? Quelle précaution doit prendre le personnel de laboratoire lors de la manipulation des prélèvements ?

3. Un homme d'affaires a séjourné une semaine en Afrique rurale subsaharienne. Il se plaint de fièvre rémittente qui survient à des intervalles de deux jours, de frissons et de fatigue. Un frottis épais de sang révèle des parasites en forme d'anneau dans ses érythrocytes. Il est traité, avec succès, à la primaquine et à la chloroquine. (*Indice :* Voir le chapitre 18.)

   Quel type de parasite est en cause ici ? De quelle maladie s'agit-il ? Expliquez en quoi sa maladie est liée à son voyage.

4. Dans 10 hôpitaux, 17 patients présentant des plaies ont une mycose causée par *Rhizopus.* Dans les 17 cas, on utilise des tampons de gaze stérile retenus par des bandages Elastoplast pour recouvrir les plaies. Quatorze de ces patients ont des plaies chirurgicales, deux des piqûres de perfusion intraveineuse et un a été mordu. Les lésions observées quand on retire les bandages vont des éruptions vésiculopustuleuses aux ulcérations et à la nécrose de la peau nécessitant l'excision des débris de la plaie.

   Comment les plaies se sont-elles le plus probablement contaminées ? Comment vérifier l'hypothèse de cette contamination ? Pourquoi le contaminant dans ce cas est-il plus probablement un mycète qu'une bactérie ? *Rhizopus* est souvent mis en cause dans des infections opportunistes. Est-ce le cas ici ?

5. À la mi-décembre, une femme qui prenait de la prednisone et qui souffre de diabète insulino-dépendant tombe et s'écorche le dos de la main droite. On lui donne de la pénicilline. La plaie tarde à guérir et on continue la médication. À la fin de janvier, la plaie est devenue un ulcère et la patiente est envoyée à un chirurgien plasticien. Le 30 janvier, un prélèvement de la plaie est mis en culture à 35 °C sur une gélose au sang. Le même jour, on effectue un prélèvement pour une coloration de Gram. Cette dernière révèle la présence d'éléments fongiques. Des colonies brunâtres et cireuses ont poussé sur la gélose au sang. Des cultures sur lame ensemencées le 1er février et incubées à 25 °C révèlent des hyphes segmentés et des conidies simples. On identifie le mycète *Blastomyces dermatitidis.* (*Indice :* Voir le chapitre 19.)

   Selon vous, que faut-il faire maintenant sur le plan de la médication ? Quel est le mode habituel de contamination de *B. dermatitidis* ? Comment expliquer son isolement dans ce cas-ci dans une plaie cutanée ?

6. Dans la région de Montréal, durant l'hiver 2002, trois hôpitaux sont aux prises avec la présence du mycète *Stachybotrys* dans leurs murs.

   Quel est le problème à la base de la prolifération de ce mycète dans les murs des hôpitaux ? Quel est le danger à craindre lorsqu'on procédera à la réparation des murs ? Ce mycète peut-il être mis en cause dans des infections opportunistes graves ? Justifiez votre réponse.

7. Une jeune fille de 22 ans souffre d'attaques convulsives généralisées. On soupçonne un trouble neurologique et on procède à des tests. La scanographie révèle une lésion cérébrale unique qui pourrait être une tumeur. Par la suite, la biopsie de la lésion révèle la présence d'un cysticerque. Il est reconnu que le porc est l'hôte de ce parasite.

   Quel type de parasite est à l'origine de son affection ? Précisez l'espèce. Quels sont les indices qui vous ont permis de déterminer le nom du parasite ? Si, au Canada, toute la viande de porc est inspectée et, par conséquent, sans risque pour les consommateurs, et que la patiente n'a jamais quitté sa région au sud du Québec, comment cette maladie a-t-elle été transmise à la jeune fille ? Quelles sont les mesures de prévention à prendre ?

Consultez le volet de gauche de l'Édition en ligne pour d'autres activités.

CHAPITRE

Les virus, les viroïdes et les prions

Aujourd'hui, on sait que les virus sont trop petits pour être vus au microscope optique, qu'ils ne peuvent se reproduire qu'à l'intérieur de cellules vivantes et qu'ils parasitent tous les types d'organismes. Malgré le fait que les maladies humaines causées par les virus ne sont pas nouvelles dans la mesure où elles existaient peut-être avant que la médecine occidentale les reconnaisse, les virus eux-mêmes n'ont pu être étudiés qu'à partir du xxe siècle. En 1886, le chimiste hollandais Adolf Mayer démontre que la maladie de la mosaïque du tabac est transmissible d'une plante malade à une plante saine. En 1892, au cours d'une expérience visant à isoler la cause de cette maladie, le bactériologiste russe Dimitri Ivanowski filtre la sève de plants de tabac malades au moyen d'un dispositif en porcelaine qui retient normalement les bactéries. Il s'attend à ce que le microbe soit retenu dans l'appareil ; or, l'agent infectieux passe par les minuscules pores du filtre. Lorsqu'il injecte le filtrat à des plants sains, ces derniers contractent la maladie. La première maladie virale chez les humains associée à des agents filtrants a été la fièvre jaune.

Les progrès accomplis par les techniques de biologie moléculaire au cours des années 1980 et 1990 ont mis en évidence de nouveaux virus humains, dont le virus de l'immunodéficience humaine (VIH) et le coronavirus associé au syndrome respiratoire aigu sévère (SARS-coV). En 2006, on a assisté avec inquiétude aux ravages du virus de la paralysie aiguë, lequel s'attaque aux abeilles. Dans certaines ruches, il a tué jusqu'à 90 % des pollinisatrices. Ce nouveau virus a été découvert en Israël en 2002, et il semble s'être établi aux États-Unis vers la même époque. Dans la quatrième partie de cet ouvrage, nous nous pencherons sur les maladies causées par les virus. Dans le présent chapitre, nous examinerons leurs caractéristiques biologiques.

Q/R

En 2007, des chercheurs ont converti des cellules de la peau en cellules souches embryonnaires. Ils ont utilisé un virus dans lequel ils ont introduit de l'ARN ayant une séquence complémentaire de quatre gènes embryonnaires. Le provirus qui s'est formé a inséré les gènes dans l'ADN des cellules de la peau. De quel virus s'agissait-il ?

La réponse est dans le chapitre.

AU MICROSCOPE

Lentivirus. Le virus qui cause le sida.

Les caractéristiques générales des virus

Objectifs d'apprentissage

8-1 Distinguer un virus d'une bactérie.

8-2 Reconnaître les caractéristiques des virus comme agents infectieux.

8-3 Définir le spectre d'hôtes cellulaires.

Il y a 100 ans, les chercheurs ne s'imaginaient pas qu'un agent infectieux pouvait être formé de particules trop petites pour qu'on les voie au microscope optique. Ils appelaient ce type d'agent *contagium vivum fluidum*, ou liquide contagieux. Dans les années 1930, les scientifiques se mettent à employer le mot « virus », nom latin signifiant poison, pour désigner ces substances qui traversent les filtres. Toutefois, ils ne sont pas encore capables d'en préciser la nature. En 1935, le chimiste américain Wendell Stanley parvient à isoler le virus de la mosaïque du tabac, rendant possibles les premières études morphologiques et chimiques d'un virus purifié. Vers la même époque, l'invention du microscope électronique permet de voir les virus pour la première fois.

Le caractère vivant des virus prête à controverse. On peut définir un processus vital comme un ensemble complexe de réactions résultant de l'action de protéines codées par des acides nucléiques. Les acides nucléiques concourent continuellement à faire fonctionner la cellule vivante. Étant donné qu'ils sont inertes en dehors de la cellule hôte vivante, les virus ne sont pas considérés comme des organismes vivants. Cependant, une fois que les virus ont pénétré à l'intérieur d'une cellule hôte, les acides nucléiques viraux deviennent actifs et il en résulte une prolifération virale. À cet égard, les virus sont vivants lorsqu'ils se multiplient dans les cellules hôtes qu'ils infectent. D'un point de vue clinique, on considère que les virus sont vivants parce qu'ils causent des infections et des maladies, à l'instar des bactéries, des mycètes et des protozoaires pathogènes. Selon le point de vue qu'on adopte, on peut considérer un virus comme un agrégat exceptionnellement complexe de substances chimiques inertes ou comme un microorganisme vivant extrêmement simple.

Comment alors peut-on définir un virus ? À l'origine, les virus ont été distingués des autres agents infectieux en raison de leur taille minuscule (ils sont filtrables) et parce qu'ils sont des **parasites intracellulaires obligatoires** – c'est-à-dire qu'ils dépendent totalement de leur cellule hôte pour se reproduire. Toutefois, il est à noter que certaines petites bactéries, telles que diverses rickettsies, possèdent également ces deux propriétés. Le **tableau 8.1** offre une comparaison entre les virus et les bactéries.

Tableau 8.1 Comparaison entre les virus et les bactéries

	Bactéries		
	Bactérie typique	**Rickettsies/ chlamydies**	**Virus**
Parasite intracellulaire	Non	Oui	Oui
Membrane plasmique	Oui	Oui	Non
Scissiparité	Oui	Oui	Non
Filtrable par un filtre bactériologique	Non	Non/oui	Oui
Renferme à la fois de l'ADN et de l'ARN	Oui	Oui	Non
Métabolisme générant de l'ATP	Oui	Oui/non	Non
Ribosomes	Oui	Oui	Non
Sensible aux antibiotiques	Oui	Oui	Non
Sensible à l'interféron	Non	Non	Oui

On sait aujourd'hui que les virus se démarquent des autres microorganismes vivants par leur organisation structurale et leur mécanisme de reproduction. Les **virus** sont des entités qui :

- ne possèdent pas d'organisation cellulaire (ils sont acellulaires) ;
- ne renferment qu'un seul type d'acide nucléique – soit de l'ADN, soit de l'ARN ;
- sont constituées d'une coque protéique (parfois entourée d'une enveloppe de lipides, de protéines et de glucides) qui contient le matériel génétique ;
- se reproduisent uniquement à l'intérieur d'une cellule vivante en détournant le métabolisme énergétique de la cellule au profit de la synthèse de leurs constituants viraux ;
- provoquent la synthèse de nouvelles particules virales capables de transférer l'acide nucléique viral aux autres cellules.

Les virus ne possèdent pas de système enzymatique qui leur permettrait de produire leur propre énergie et de synthétiser leurs propres protéines. Pour se reproduire, ils doivent détourner à leur avantage le métabolisme de la cellule hôte, ce qui cause des dommages à cette dernière. Cette capacité revêt une signification particulière en médecine en ce qui concerne la mise au point de médicaments antiviraux. En effet, la plupart des médicaments qui empêcheraient la multiplication virale agiraient également sur le fonctionnement de la cellule hôte ; ils sont par conséquent trop toxiques pour être utilisés cliniquement. (Nous traiterons des médicaments antiviraux au chapitre 15.)

Le spectre d'hôtes cellulaires

Le **spectre d'hôtes cellulaires** d'un virus est l'éventail de cellules hôtes qu'il peut infecter. Les virus s'attaquent aussi bien aux invertébrés qu'aux vertébrés, aux plantes, aux protistes, aux mycètes et aux bactéries. Toutefois, la plupart n'infectent que des types spécifiques de cellules provenant d'une espèce donnée. Bien que ce soit rare, il arrive qu'ils repoussent les limites de leur spécificité et agrandissent de cette façon leur spectre d'hôtes cellulaires. L'**encadré 8.1** présente un exemple de ce phénomène. Dans ce chapitre, nous traitons principalement des virus touchant soit les humains, soit les bactéries. Les virus qui infectent les bactéries s'appellent **bactériophages** ou **phages**.

La grippe fait tomber la barrière entre les espèces

Les virus de la grippe A infectent un grand nombre d'animaux, dont les oiseaux, les porcs, les cétacés, les chevaux et les phoques. Il arrive que le virus qu'on trouve chez une espèce parte à l'assaut d'une autre espèce et y amène la maladie. Par exemple, jusqu'en 1998, le virus H1N1 était le seul à circuler librement au sein de la population des porcs. Cette année-là, le virus H3N2 en provenance des humains infecta les porcs et en rendit un grand nombre malades. Les sous-types diffèrent les uns des autres par la composition de certaines protéines présentes à la surface des particules virales ; ces protéines sont l'hémagglutinine (HA) et la neuraminidase (NA). Il existe 16 sous-types HA et 9 sous-types NA du virus de la grippe A.

Combien y a-t-il de combinaisons possibles des protéines H et N?

Chaque combinaison forme un sous-type différent. Quand on parle des « virus de la grippe humaine », il s'agit des sous-types répandus au sein de notre espèce. Il n'y a que trois sous-types connus de virus de la grippe humaine. Ce sont H1N1, H1N2 et H3N2.

Qu'est-ce qui distingue les virus du tableau A?

Les virus du **tableau A** sont présents surtout chez les oiseaux. Ce sont les influenzavirus aviaires. En règle générale, ils n'infectent pas les humains. Quand ils le font, ils se transmettent 1) directement des oiseaux ou des contaminants qu'ils laissent dans leur milieu, ou 2) en passant par un hôte intermédiaire, tel que le porc. Ce dernier est un porteur important, car il peut contracter la grippe humaine aussi bien que la grippe aviaire. Le génome du virus se compose de huit segments séparés. Cette segmentation permet aux gènes de se mélanger et de former un nouveau virus de la grippe A si une personne ou un animal est infecté au même moment par des virus en provenance de deux espèces (voir la figure). On parle alors de *mutation antigénique*.

Pourquoi n'observe-t-on pas plus de cas de grippe aviaire chez l'humain?

Jusqu'à maintenant, il n'y a pas eu de flambée de grippe aviaire dans la population humaine parce que le virus causal ne se transmet pas d'une personne à l'autre. Tous les cas du tableau A peuvent être attribués à des épisodes de maladie chez les poulets, sauf un cas notable où une fille a probablement transmis l'infection à sa mère.

Tableau A Cas récents d'infections de l'humain par l'influenzavirus aviaire

Souche	Point d'origine	Année(s)	Nombre de cas humains
H5N1	Asie du Sud-Est	2005-2007	350 ; sporadique
H5N1	Égypte	2006-2007	38
H5N1	Chine	2006-2007	25
H7N2	Royaume-Uni	2007	4
H5N1	Turquie	2006	2
H5N1	Iraq	2006	3
H5N1	Azerbaïdjan	2006	1
H5N1	Djibouti	2006	1
H5N1	Nigeria	2007	1
H5N1	Asie du Sud-Est	2005	130 ; sporadique
H5N1	Asie du Sud-Est	2004	35 ; sporadique
H7N3	Canada	2004	Infections de l'œil chez les travailleurs de poulaillers
H7N2	New York	2003	1
H7N7	Pays-bas	2003	89
H5N1	Chine	2003	2
H7N2	Virginie	2002	1
H9N2	Chine	1999	2
H5N1	Chine	1997	18

Sur quels continents les infections humaines à H5N1 ont-elles eu lieu?

Au cours du XXe siècle, trois pandémies sont survenues à la suite de l'émergence de nouveaux sous-types du virus de la grippe A. Les quatre se sont propagées sur tous les continents dans l'année qui a suivi leur détection (**tableau B**). Il est fort probable que certains éléments génétiques de ces souches de grippe A provenaient des porcs et des oiseaux. Beaucoup de scientifiques estiment que nous subirons un jour une autre pandémie de grippe ; ce n'est qu'une question de temps.

Source : *MMWR*.

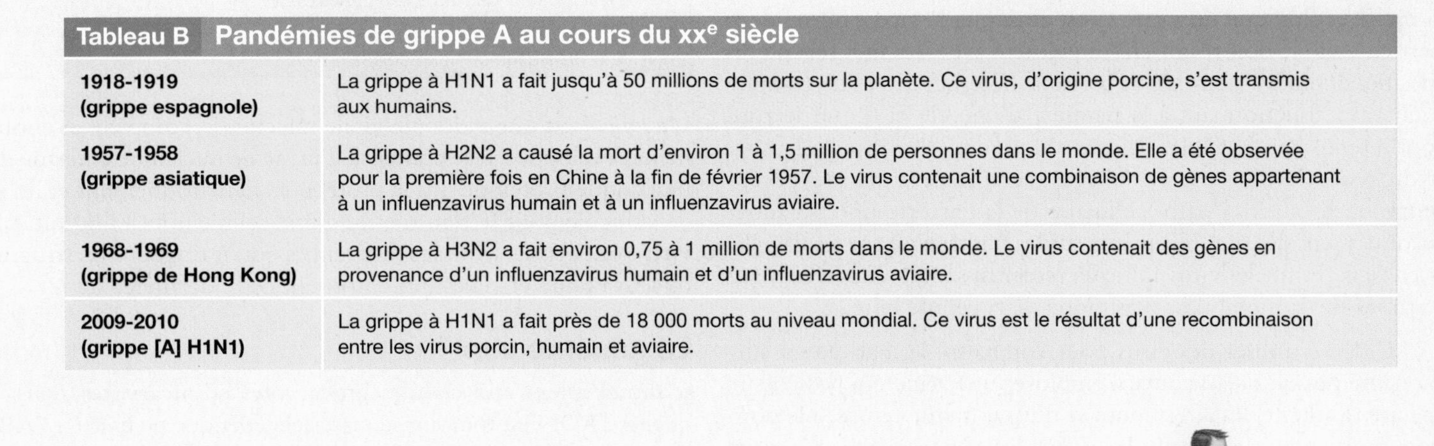

Tableau B — Pandémies de grippe A au cours du xxe siècle

1918-1919 (grippe espagnole)	La grippe à H1N1 a fait jusqu'à 50 millions de morts sur la planète. Ce virus, d'origine porcine, s'est transmis aux humains.
1957-1958 (grippe asiatique)	La grippe à H2N2 a causé la mort d'environ 1 à 1,5 million de personnes dans le monde. Elle a été observée pour la première fois en Chine à la fin de février 1957. Le virus contenait une combinaison de gènes appartenant à un influenzavirus humain et à un influenzavirus aviaire.
1968-1969 (grippe de Hong Kong)	La grippe à H3N2 a fait environ 0,75 à 1 million de morts dans le monde. Le virus contenait des gènes en provenance d'un influenzavirus humain et d'un influenzavirus aviaire.
2009-2010 (grippe [A] H1N1)	La grippe à H1N1 a fait près de 18 000 morts au niveau mondial. Ce virus est le résultat d'une recombinaison entre les virus porcin, humain et aviaire.

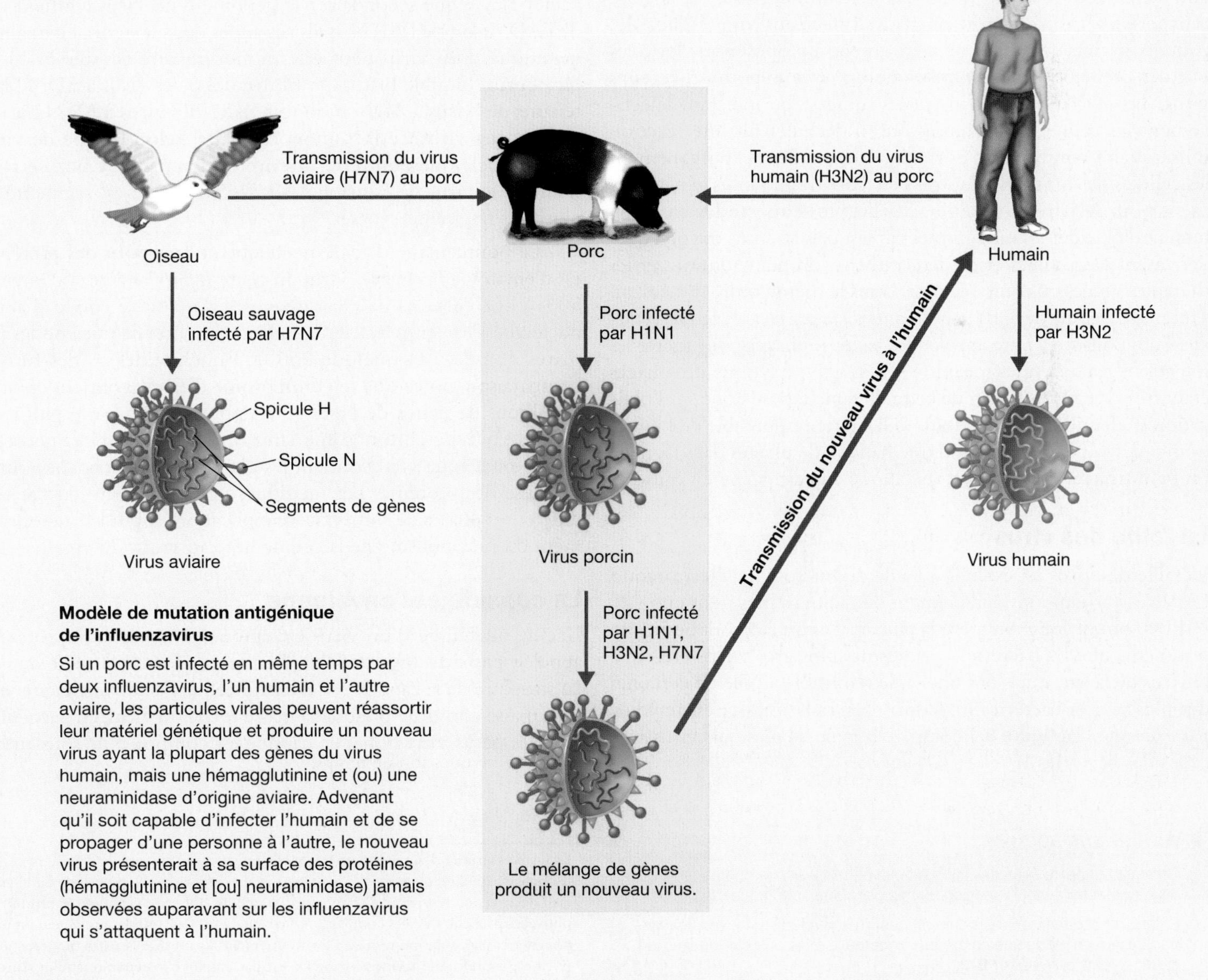

Modèle de mutation antigénique de l'influenzavirus

Si un porc est infecté en même temps par deux influenzavirus, l'un humain et l'autre aviaire, les particules virales peuvent réassortir leur matériel génétique et produire un nouveau virus ayant la plupart des gènes du virus humain, mais une hémagglutinine et (ou) une neuraminidase d'origine aviaire. Advenant qu'il soit capable d'infecter l'humain et de se propager d'une personne à l'autre, le nouveau virus présenterait à sa surface des protéines (hémagglutinine et [ou] neuraminidase) jamais observées auparavant sur les influenzavirus qui s'attaquent à l'humain.

L'ensemble des cellules sensibles à un virus définit son spectre d'hôtes. Le spectre d'hôtes cellulaires est déterminé par les exigences du virus concernant son adhérence spécifique (attachement) sur la cellule hôte, et par la présence, au sein de cette dernière, des constituants cellulaires nécessaires à la multiplication virale : on parle de la niche écologique du virus. C'est ainsi que la face externe de la particule virale doit réagir chimiquement avec des sites récepteurs spécifiques situés à la surface de la cellule hôte. Les deux sites complémentaires, fonctionnant à la manière d'une clé et d'une serrure, sont retenus par de faibles liaisons chimiques telles que les liaisons hydrogène. Certains bactériophages reconnaissent des sites récepteurs localisés sur la paroi cellulaire de la bactérie hôte ; d'autres reconnaissent des sites récepteurs sur les fimbriæ ou sur les flagelles bactériens. Enfin, les virus animaux reconnaissent les sites récepteurs localisés sur la membrane plasmique de la cellule hôte.

L'idée d'utiliser des virus pour combattre la maladie est surprenante puisqu'on se trouve à employer une arme qui possède un spectre d'hôtes cellulaires limité et qui, en même temps, a le pouvoir de tuer les cellules hôtes. Dans les années 1920, à la suite d'expériences où on provoquait des infections virales chez des patients atteints de cancer, on a été amené à proposer que les virus ont des propriétés antitumorales. Selon cette hypothèse, certains virus, dits *oncolytiques*, détruisent les tumeurs en infectant sélectivement les cellules cancéreuses ou en déclenchant une réaction immunitaire contre elles. Certains virus attaquent spontanément les cellules des tumeurs ; d'autres peuvent être modifiés génétiquement pour le faire. À l'heure actuelle, plusieurs études en cours tentent d'élucider les mécanismes par lesquels les virus oncolytiques détruisent leurs cibles et de déterminer si on peut administrer les thérapies virales en toute sécurité. Dans le même ordre d'idées, on s'intéresse depuis déjà 100 ans à la *thérapie par phages*, ou *phagothérapie*, qui consiste à faire appel à des bactériophages pour traiter les infections bactériennes (chapitre 15). L'activité lytique des phages étant très spécifique, le défi de cette thérapie repose donc sur l'obligation d'identifier avec certitude la bactérie responsable de l'infection et d'avoir à sa disposition une banque de phages dans laquelle on peut trouver celui qui est spécifique au pathogène en cause.

La taille des virus

La taille des virus est évaluée à l'aide du microscope électronique. Les virus varient considérablement en taille ; ils mesurent entre 20 et 1 000 nm de long. Même si la plupart d'entre eux sont beaucoup plus petits que les bactéries, certains des plus gros virus – tels que le virus de la vaccine – ont une taille semblable à celle de certaines des plus petites bactéries (mycoplasmes, rickettsies et chlamydies, par exemple). La **figure 8.1** compare la taille de plusieurs virus avec celles des bactéries *E. coli* et *Chlamydia*.

▶ Vérifiez vos acquis

Comment la petite taille des virus a-t-elle permis aux chercheurs de les détecter avant l'invention du microscope électronique ? **8-1**

En quoi la capacité de reproduction des virus revêt-elle une signification particulière en médecine en ce qui concerne la mise au point de médicaments antiviraux ? **8-2**

Qu'est-ce qui détermine le spectre d'hôtes cellulaires ? **8-3**

La structure virale

▶ Objectifs d'apprentissage

8-4 Décrire la structure chimique et l'organisation morphologique des virus enveloppés et des virus sans enveloppe.

8-5 Décrire les rôles des structures virales par rapport à la capacité d'un virus d'infecter une cellule hôte.

Un *virion** est une particule virale infectieuse, complète et entièrement développée. Il se compose d'un acide nucléique enfermé dans une coque protéique qui le protège de l'environnement et lui sert de véhicule pour se transmettre d'une cellule hôte à une autre. Les virus sont classés selon les différences qui distinguent les structures de leur coque et celles qui entourent cette dernière.

Le génome viral

Contrairement aux cellules procaryotes et eucaryotes, dans lesquelles l'ADN est toujours le matériel génétique de base (et l'ARN, l'acide nucléique secondaire), le génome d'un virus contient soit de l'ADN, soit de l'ARN, mais jamais les deux à la fois. Le matériel génétique d'un virus peut être monocaténaire (simple brin) ou bicaténaire (double brin). On trouve donc des virus à ADN bicaténaire, des virus à ADN monocaténaire, des virus à ARN bicaténaire et des virus à ARN monocaténaire. Selon le type de virus, l'acide nucléique peut être linéaire ou circulaire. Chez certains (comme le virus de la grippe), l'acide nucléique est segmenté en plusieurs fragments séparés.

Le pourcentage d'acide nucléique codant pour des protéines est d'environ 1 % chez les virus du genre *Influenzavirus*, et d'environ 50 % chez certains bactériophages. La quantité totale d'acide nucléique varie entre quelques milliers de paires de nucléotides (ou paires de bases) et quelque 250 000 nucléotides. À des fins de comparaison, notez que le chromosome d'*E. coli* contient environ 4 millions de paires de bases. C'est pourquoi on parle plutôt de génome que de chromosome chez un virus. Malgré sa petitesse, l'acide nucléique viral contient les gènes essentiels codant pour la synthèse des protéines enzymatiques qui entrent en jeu dans les différentes phases de son cycle de réplication, et pour le détournement du métabolisme de la cellule hôte au profit du virus.

La capside et l'enveloppe

L'acide nucléique d'un virus est entouré d'une coque protéique appelée **capside** (**figure 8.2a**) ; l'ensemble forme la *nucléocapside*. La structure de la capside est déterminée par l'acide nucléique viral et sa masse constitue presque la masse totale du virus, en particulier chez les petits virus. Chaque capside est composée de sous-unités

* Le terme « virion » désigne la particule virale infectieuse. Il s'emploie précisément dans le contexte où il est question de l'infection virale, c'est-à-dire de la période où le virus, en l'occurrence le virion, s'attache à une cellule hôte, s'y réplique et produit de nouvelles particules virales complètes. Le terme « virus » est utilisé plus largement pour désigner la particule inerte dans l'environnement autant que la particule infectieuse (virion). Toutefois, le terme « virion » n'est pas employé systématiquement dans les textes et les livres. Dans le présent manuel, nous utiliserons de façon générale le terme « virus » pour simplifier le vocabulaire et éviter la confusion.

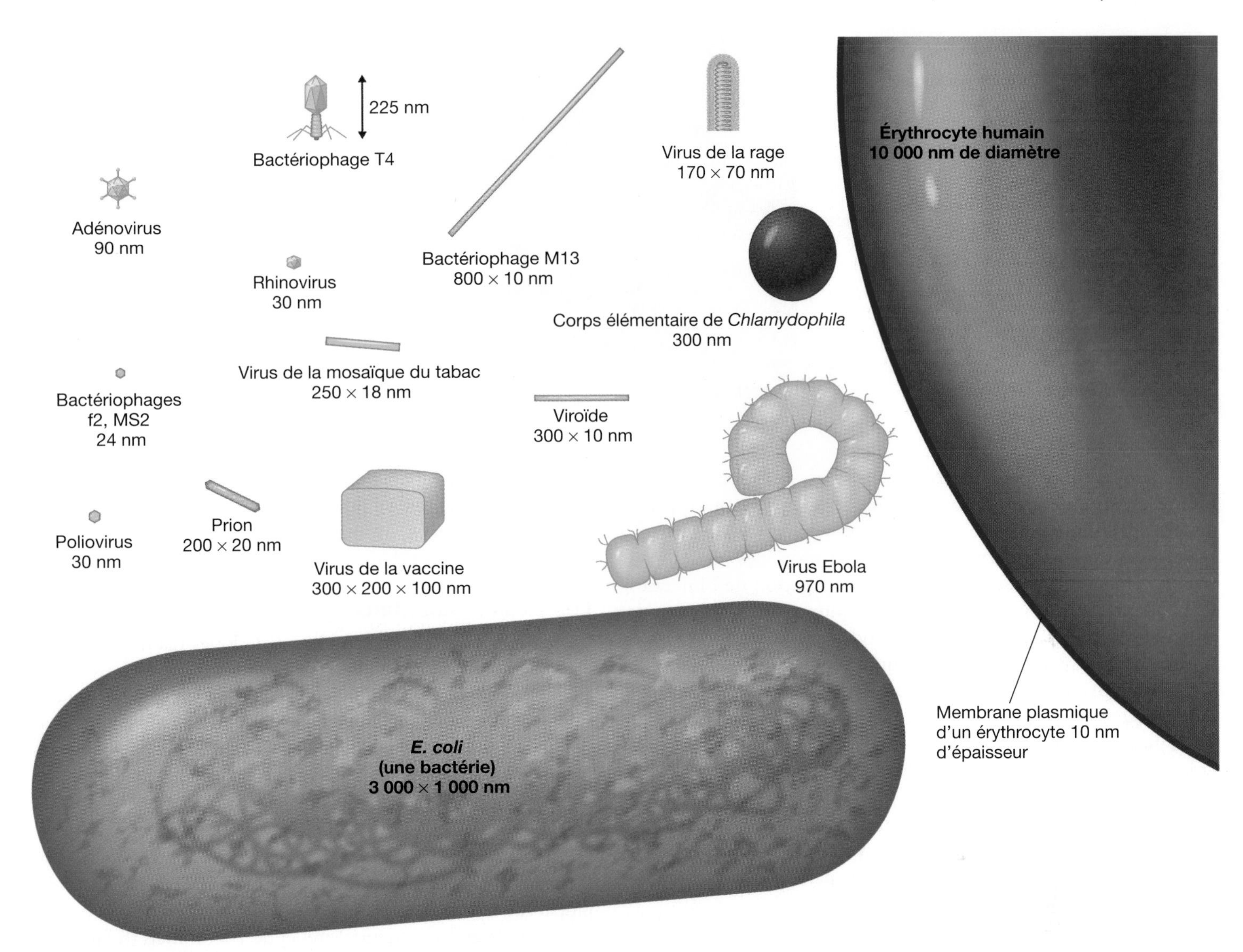

Figure 8.1 **Tailles de virus.** La taille de plusieurs virus (en bleu), d'une bactérie (en brun) et d'un corps élémentaire de *Chlamydophila* (en mauve) est comparée avec celle d'un érythrocyte humain, représenté à droite des microorganismes. Les dimensions sont données en nanomètres (nm) et représentent soit le diamètre de la particule, soit sa longueur sur sa largeur.

protéiques, les **capsomères**. Selon les virus, les protéines composant les capsomères sont d'un seul ou de plusieurs types. Les capsomères sont souvent visibles individuellement au microscope électronique (**figure 8.2b**). L'arrangement structural des capsomères détermine la morphologie de la capside ; cet arrangement est caractéristique du type de virus.

Chez certains virus, la capside est recouverte d'une **enveloppe** membraneuse (**figure 8.3a**) généralement constituée d'un mélange de lipides, de protéines et de glucides. Certains virus animaux et humains acquièrent cette enveloppe lorsqu'ils sont relâchés de la cellule hôte ; ils arrachent pour ainsi dire une portion de membrane de la cellule lors de leur expulsion. Cette enveloppe membraneuse joue également un rôle lors de la pénétration d'un virus dans une nouvelle cellule hôte. Dans de nombreux cas, outre les constituants de la membrane de la cellule hôte, l'enveloppe contient des protéines d'origine virale.

Selon les virus, les enveloppes sont parfois couvertes de **spicules**, complexes de protéines et de glucides (glycoprotéines) formant des projections proéminentes à la surface. C'est par ces spicules que certains virus se fixent à la cellule hôte et peuvent ensuite y pénétrer. Ces structures de l'enveloppe sont si caractéristiques qu'elles peuvent servir à identifier certains virus. La capacité de certains virus, tels que les *Influenzavirus*, à s'attacher aux érythrocytes est due à la présence des spicules. Ces virus se lient aux érythrocytes et forment même des ponts entre eux. Ce phénomène d'agrégation, mis à profit dans plusieurs tests de laboratoire fort utiles, s'appelle *hémagglutination* (figure 26.8 EN LIGNE).

Les virus dont la capside n'est pas entourée d'une enveloppe portent le nom de *virus sans enveloppe* (figure 8.2). Leur capside protège l'acide nucléique contre la digestion enzymatique effectuée par les nucléases présentes dans les liquides biologiques et permet au virus de se fixer à une cellule hôte cible et d'y pénétrer.

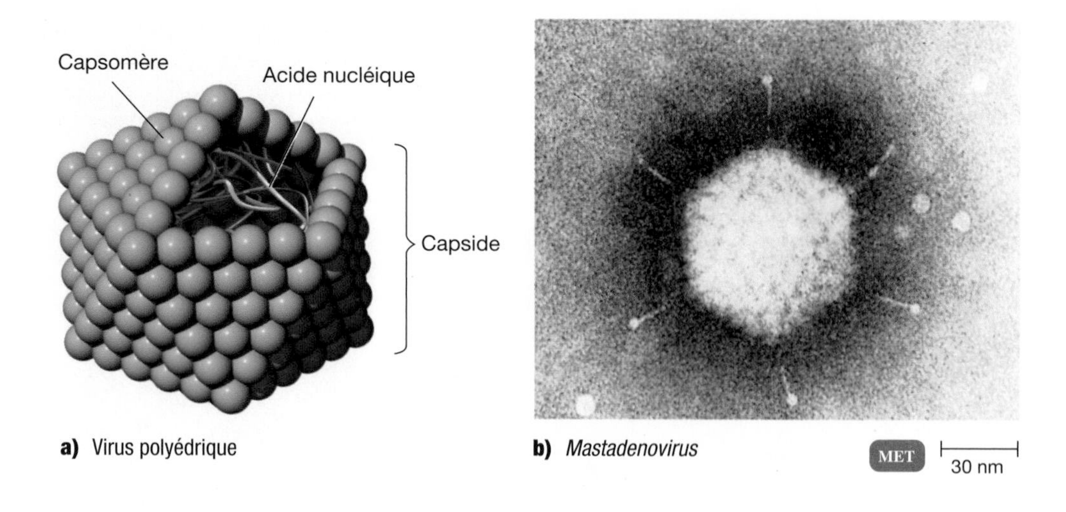

Figure 8.2 Morphologie d'un virus polyédrique sans enveloppe. a) Diagramme d'un virus polyédrique (icosaédrique). **b)** Micrographie de *Mastadenovirus*, un adénovirus. Les capsomères de la capside sont visibles.

Lorsque l'hôte a été infecté par un virus, son système immunitaire est stimulé à produire des anticorps – protéines qui réagissent spécifiquement avec les protéines de surface du virus. La réaction entre les anticorps de l'hôte et les protéines virales inactive généralement le virus et arrête la propagation de l'infection. Cependant, certains virus peuvent se prémunir contre l'action des anticorps, car les régions des gènes codant pour les protéines de surface de ces virus subissent des mutations. Les descendants des virus mutants arborent alors des protéines de surface modifiées, si bien que les anticorps sont incapables de les reconnaître. Les virus grippaux (*Influenzavirus*) modifient fréquemment leurs spicules de cette manière (**figure 8.3b**). C'est la raison pour laquelle il est possible de contracter la grippe plus d'une fois. Même si vous avez produit des anticorps contre un virus de la grippe, le virus peut muter et vous infecter à nouveau. Cette capacité de mutation augmente la virulence virale et, par ricochet, le nombre de personnes réceptives.

La morphologie générale

Les virus peuvent être classés en plusieurs groupes morphologiques selon la structure de leur capside. On examine cette dernière au moyen de la microscopie électronique et de la cristallographie aux rayons X. Selon l'arrangement des capsomères, la capside présente deux types de symétrie architecturale : hélicoïdale et polyédrique. Les virus bactériens, ou bactériophages, présentent une structure complexe alliant les deux types de symétrie.

Les virus hélicoïdaux

Les virus hélicoïdaux ressemblent à de longs filaments qui peuvent être rigides ou flexibles. Leur acide nucléique se trouve dans une capside cylindrique creuse (**figure 8.4**). Les capsomères sont liés les uns aux autres et forment un ruban continu enroulé en spirale, ce qui détermine la structure hélicoïdale de la capside. Les virus responsables de la rage et de la fièvre hémorragique Ebola font partie de ce groupe.

Les virus polyédriques

De nombreux virus animaux, végétaux et bactériens sont polyédriques, c'est-à-dire qu'ils présentent plusieurs faces. La capside de la plupart de ces virus a la forme d'un *icosaèdre*, soit un polyèdre régulier composé de 20 faces triangulaires et de 12 sommets (figure 8.2a). Les capsomères de chacune des faces forment un triangle équilatéral. L'adénovirus illustré à la figure 8.2b et le poliovirus sont des exemples de virus icosaédriques. La capside creuse contient l'acide nucléique enroulé sur lui-même.

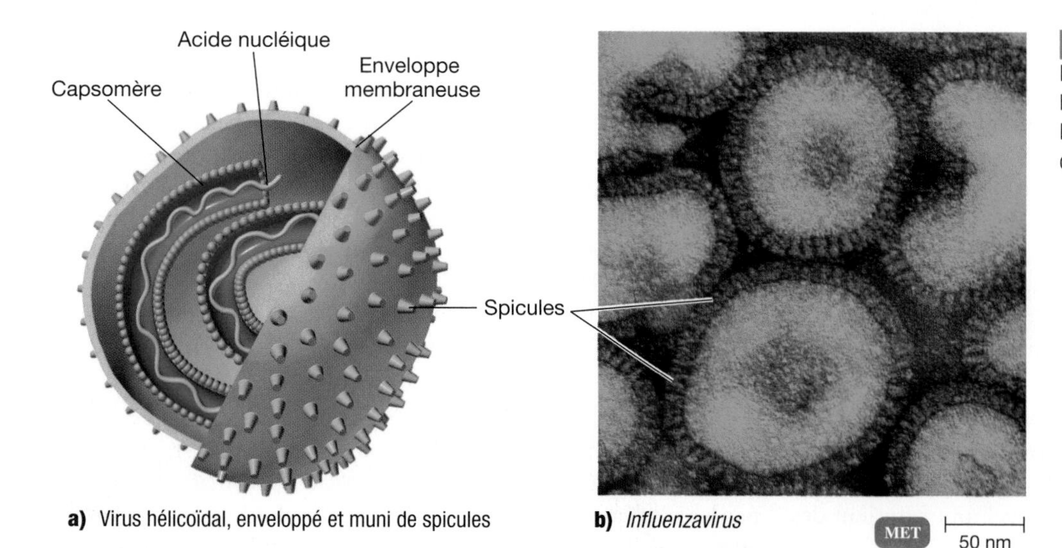

Figure 8.3 Morphologie d'un virus hélicoïdal enveloppé. a) Diagramme d'un virus hélicoïdal enveloppé. **b)** Micrographie du virus de la grippe type A2. Notez l'anneau de spicules saillant de la surface de chacune des enveloppes (figure 19.15).

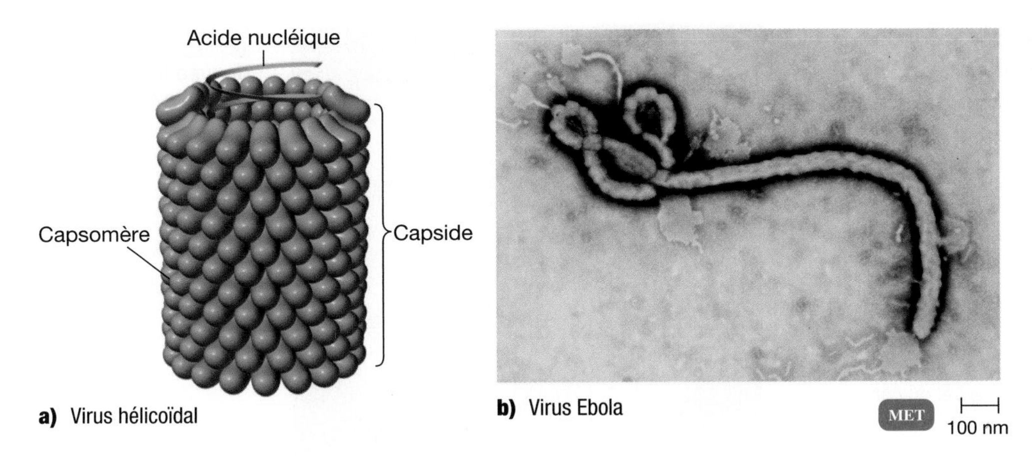

Figure 8.4 Morphologie d'un virus hélicoïdal.
a) Diagramme d'une portion d'un virus hélicoïdal. Plusieurs rangées de capsomères ont été éliminées afin de révéler la présence de l'acide nucléique. **b)** Micrographie du virus Ebola, un *Filovirus* hélicoïdal en forme de filament.

Les virus enveloppés

Comme nous l'avons mentionné plus haut, la capside de certains virus est recouverte d'une enveloppe. Les virus enveloppés sont plus ou moins sphériques. Quand un virus hélicoïdal ou polyédrique possède une enveloppe, il est appelé *virus hélicoïdal enveloppé* ou *virus polyédrique enveloppé*. Le virus grippal *Influenzavirus* est un exemple de virus hélicoïdal enveloppé (figure 8.3b) et le virus de l'herpès humain *Simplexvirus,* un exemple de virus polyédrique (icosaédrique) enveloppé (figure 8.16).

Les virus complexes

Certains virus, en particulier les virus bactériens, présentent des structures complexes, d'où leur nom de **virus complexes**. Parmi les virus complexes, on compte les bactériophages. Certains d'entre eux possèdent des capsides sur lesquelles d'autres structures sont attachées (**figure 8.5a**). Dans cette figure, remarquez que la capside (tête) est polyédrique et que la gaine est de forme hélicoïdale. La tête renferme l'acide nucléique. Plus loin dans le chapitre, nous traiterons de la fonction des autres structures telles que la gaine, les fibres de la queue, la plaque terminale et les spicules. Les poxvirus (**figure 8.5b**) sont également des virus complexes. Ils ne possèdent pas de capside clairement identifiable, mais l'acide nucléique est entouré de plusieurs enveloppes.

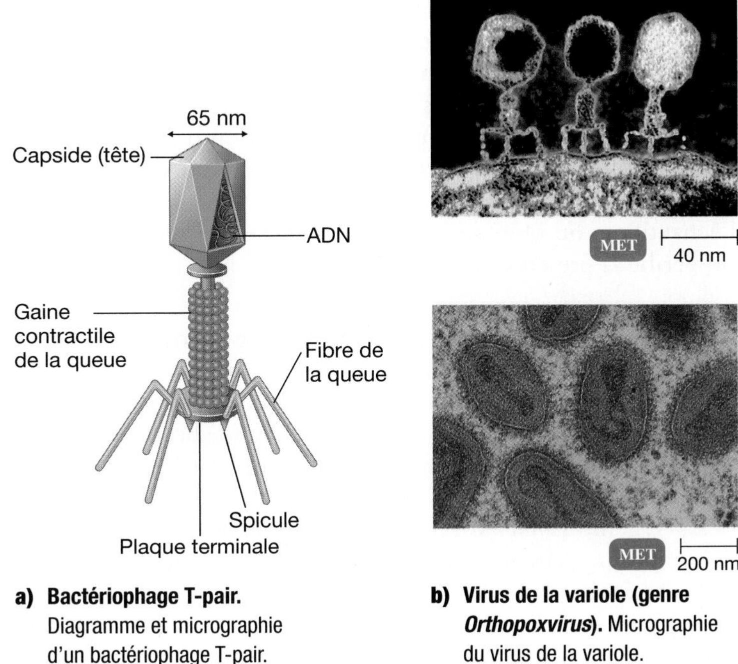

a) Bactériophage T-pair. Diagramme et micrographie d'un bactériophage T-pair.

b) Virus de la variole (genre *Orthopoxvirus*). Micrographie du virus de la variole.

Figure 8.5 Morphologie des virus complexes.

> **Vérifiez vos acquis**
>
> Dessinez un virus polyédrique non enveloppé muni de spicules. **8-4**
>
> Quel est le rôle des spicules dans la capacité d'un virus à infecter une cellule hôte? **8-5**

La taxinomie des virus

> **Objectifs d'apprentissage**
>
> **8-6** Définir une espèce virale.
>
> **8-7** Donner, à titre d'exemple, la famille, le genre et le nom commun d'un virus.

Tout comme pour les plantes, les animaux et les bactéries, on a besoin d'une taxinomie qui permette de classer les nouveaux virus et de les comprendre. Le plus ancien système de classification des virus reposait sur la symptomatologie des maladies qu'ils entraînent, telles que les maladies respiratoires. Ce système était pratique mais pas assez rigoureux scientifiquement, car le même virus peut causer plus d'une maladie selon le tissu qu'il touche. En outre, ce système regroupait arbitrairement des virus n'infectant pas les humains.

Les virologistes s'attaquèrent au problème de la taxinomie virale en 1966 en formant le Comité international sur la taxonomie des virus (CITV). Depuis lors, le CITV a regroupé les virus en familles sur la base 1) du type d'acide nucléique qu'ils contiennent, 2) de leur mode de réplication et 3) de leur morphologie. Les noms de genre se terminent par le suffixe *–virus,* les noms de famille par le suffixe *–viridæ* et les noms d'ordre par le suffixe *–ales*. Dans l'usage scientifique, les noms des familles et des genres sont présentés de la façon suivante : famille des *Herpesviridæ*, genre *Simplexvirus*, virus de l'herpès humain types 1 et 2 (ou HHV-1 et 2 ; on dit aussi virus de l'herpès simplex de types 1 et 2 ou HSV-1 et 2).

Une **espèce virale** est définie comme un groupe de virus ayant le même bagage génétique et la même niche écologique. On ne fait pas appel à des épithètes spécifiques pour nommer les virus. Par conséquent, les espèces virales sont désignées par des noms courants descriptifs, tels que le virus de l'immunodéficience humaine (VIH), avec – s'il y a lieu – un chiffre qui indique la sous-espèce (VIH-1). Le **tableau 8.2** dresse une récapitulation de la classification des virus qui infectent les humains.

> **Vérifiez vos acquis**
>
> En quoi la définition d'une espèce virale se distingue-t-elle de celle d'une espèce bactérienne? **8-6**
>
> Ajoutez les suffixes appropriés au terme « *Papilloma-* » pour obtenir la famille et le genre auxquels appartient VPH, l'agent causal du cancer du col de l'utérus. **8-7**

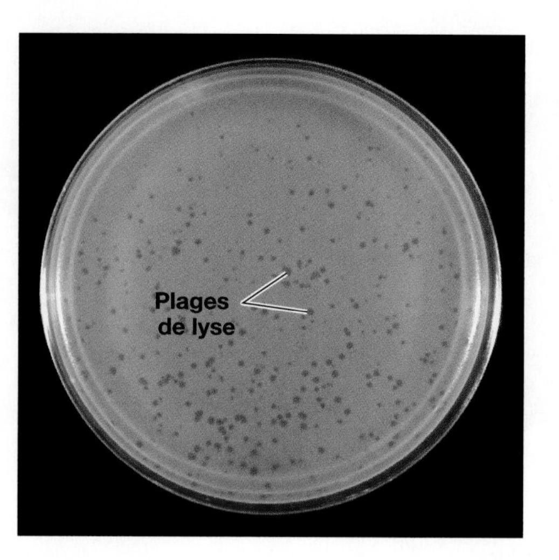

Figure 8.6 Plages de lyse formées par des bactériophages. Des bactériophages lambda ont formé des plages de lyse virale de différentes tailles (régions claires) sur un tapis bactérien d'*E. coli.*

L'isolement, la culture et l'identification des virus

> **Objectifs d'apprentissage**
>
> **8-8** Décrire la culture des bactériophages.
>
> **8-9** Décrire la culture des virus animaux.
>
> **8-10** Énumérer trois techniques d'identification des virus.

Compte tenu de leur incapacité à se propager en dehors d'un hôte cellulaire vivant, il est difficile de détecter les virus, de les compter et de les identifier et, par conséquent, de déterminer le facteur causal d'une maladie que l'on pense être d'origine virale. Au lieu d'un simple milieu de substances chimiques, tel que la gélose nutritive, ils nécessitent des cellules vivantes pour proliférer. Les plantes et les animaux vivants requièrent des soins particuliers et coûteux, et les virus pathogènes qui ne se développent que chez les primates supérieurs et les humains créent des difficultés supplémentaires. Toutefois, il est relativement facile de multiplier les virus qui parasitent une bactérie hôte – les bactériophages – sur une culture bactérienne. C'est la raison pour laquelle la plupart des connaissances sur la réplication virale proviennent de l'étude des bactériophages.

La culture des bactériophages en laboratoire

Les bactériophages ou phages peuvent être mis en culture dans une suspension bactérienne liquide ou sur une culture bactérienne en milieu solide. L'utilisation d'un milieu solide permet de détecter les virus et de les compter par la *méthode des plages*. On verse de l'agar (ou gélose) liquide comprenant des bactériophages et des bactéries hôtes sur le dessus d'une boîte de Petri contenant une couche de gélose solide. En se solidifiant, le mélange de phages et de bactéries forme une couche très mince. Chaque phage infecte alors une bactérie, se réplique et donne naissance à plusieurs centaines de nouveaux phages. Ces virus infectent à leur tour les bactéries situées dans leur environnement immédiat, ce qui engendre d'autres virus. Après plusieurs cycles de prolifération, toutes les bactéries adjacentes à la bactérie hôte infectée par le premier phage sont détruites. Il en résulte un éclaircissement du tapis de bactéries situé à la surface de la gélose, qu'on appelle **plage de lyse** (**figure 8.6**) ; cette zone circulaire est exempte de toute bactérie. En même temps que les plages de lyse se forment, les bactéries non infectées par le phage se multiplient rapidement ailleurs sur la gélose, ce qui rend la surface de cette dernière légèrement opaque ; l'observation des plages de lyse s'en trouve facilitée.

En théorie, chaque plage de lyse correspond à un virus de la suspension originelle. Par conséquent, en comptant le nombre de plages, il est possible de mesurer la concentration de la suspension virale, qui est généralement exprimée en **unités formatrices de plages de lyse (UFP)**.

La culture des virus animaux en laboratoire

En laboratoire, il existe trois méthodes de mise en culture des virus animaux. Ces méthodes utilisent des animaux, des œufs embryonnés ou des cellules en culture.

La culture par propagation dans les animaux vivants

Certains virus animaux ne peuvent être cultivés que chez des animaux vivants, tels que les souris, les lapins et les cochons d'Inde. Dans la plupart des expériences portant sur la réponse du système immunitaire aux infections virales, on doit aussi recourir à des animaux vivants que l'on infecte. L'inoculation d'un animal avec un échantillon clinique peut servir à identifier un virus, à l'isoler et, ensuite, à poser un diagnostic. Après avoir inoculé l'animal avec l'échantillon, on observe ses signes cliniques, ou on le sacrifie et on vérifie la présence du virus dans les tissus infectés.

Certains virus humains ne peuvent croître et se multiplier dans les animaux, ou bien prolifèrent mais ne causent pas de maladies. L'absence de modèles animaux dans la recherche sur le sida a d'ailleurs retardé la compréhension de la maladie et a empêché la mise en place d'expériences in vivo avec des médicaments inhibiteurs de la croissance du virus. On peut infecter les chimpanzés avec une sous-espèce du virus de l'immunodéficience humaine (VIH-1, genre *Lentivirus*). Toutefois, parce qu'ils ne présentent pas de symptômes, ces animaux ne peuvent servir à étudier les effets de la croissance virale et les traitements possibles. À l'heure actuelle, on expérimente des vaccins contre le sida chez des humains, mais la maladie progresse si lentement qu'il s'écoulera des années avant que l'on puisse évaluer leur efficacité. En 1986, le sida simiesque, la maladie immunodéficitaire chez le singe vert, a été mis en évidence,

Tableau 8.2 Familles de virus infectant les humains

Caractéristiques/ dimensions	Famille	Genre important	Caractéristiques cliniques ou particulières
ADN simple brin (sb), sans enveloppe			
De 18 à 25 nm	*Parvoviridæ*	Parvovirus humain B19	Cinquième maladie; anémie chez les immunodéprimés. Chapitre 16.
ADN double brin (db), sans enveloppe			
De 70 à 90 nm	*Adenoviridæ*	*Mastadenovirus*	Virus de taille moyenne qui provoquent diverses infections respiratoires chez les humains; certains causent des tumeurs chez les animaux.
De 40 à 57 nm	*Papovaviridæ*	*Papillomavirus* (VPA) *Polyomavirus*	Petits virus qui causent des tumeurs; le virus du papillome humain (VPA) (verrue) et certains des virus provoquant les cancers chez les animaux (polyome) appartiennent à cette famille. Chapitres 16 et 21.
ADN double brin (db), enveloppé			
De 200 à 350 nm	*Poxviridæ*	*Orthopoxvirus* (virus de la vaccine et virus de la variole) *Molluscipoxvirus*	Virus complexes de grosse taille, en forme de brique, associés à des maladies telles que la variole, le molluscum contagiosum (petite tumeur bénigne de la peau) et la vaccine. Chapitre 16.
De 150 à 200 nm	*Herpesviridæ*	*Simplexvirus* (HHV-1 et 2) *Varicellovirus* (HHV-3) *Lymphocryptovirus* (HHV-4) *Cytomegalovirus* (HHV-5) *Roseolovirus* (HHV-6) HHV-7 Sarcome de Kaposi (HHV-8)	Virus de taille moyenne responsables de diverses maladies humaines telles que les boutons de fièvre (vésicules herpétiques), la varicelle, le zona et la mononucléose infectieuse; causent le lymphome de Burkitt, un cancer humain. Chapitres 16, 18 et 21.
42 nm	*Hepadnaviridæ*	*Hepadnavirus* (VHB)	Après la synthèse protéique, le virus de l'hépatite B (VHB) utilise une transcriptase inverse pour produire son ADN à partir de l'ARNm; cause l'hépatite B et les tumeurs hépatiques. Chapitre 20.
ARN simple brin à polarité positive (sb +), sans enveloppe			
De 28 à 30 nm	*Picornaviridæ*	*Enterovirus* *Rhinovirus* (virus du rhume) *Hepatovirus* (VHA)	On a isolé plus de 70 *Enterovirus*, notamment les virus poliomyélitiques, les virus Coxsackie et les virus Echo; il existe plus de 100 *Rhinovirus*, principale cause des rhumes. Le virus de l'hépatite A (VHA) cause l'hépatite A. Chapitres 17, 19 et 20.
De 35 à 40 nm	*Caliciviridæ*	*Norovirus* (virus Norwalk) *Hepeviridæ* *Hepevirus* (VHE)	Provoquent les gastroentérites et un type d'hépatite humaine. Chapitre 20.
ARN simple brin à polarité positive (sb +), enveloppé			
De 60 à 70 nm	*Togaviridæ*	*Alphavirus* *Rubivirus* (virus de la rubéole)	Comprennent de nombreux virus transmis par les arthropodes (*Alphavirus*), dont ceux de l'encéphalite de l'Est et de l'encéphalite de l'Ouest. Le virus de la rubéole se transmet par voie aérienne. Chapitres 16, 17 et 18.

Tableau 8.2 Familles de virus infectant les humains (*suite*)

Caractéristiques/ dimensions	Famille	Genre important	Caractéristiques cliniques ou particulières
De 40 à 50 nm	*Flaviviridæ*	*Flavivirus* *Pestivirus* *Hepacivirus* (VHC)	Peuvent se répliquer dans les arthropodes qui les transmettent; responsables notamment de la fièvre jaune, de la dengue, des encéphalites de Saint-Louis et du virus du Nil occidental. Le virus de l'hépatite C (VHC) cause un type d'hépatite. Chapitres 17, 18 et 20.
De 80 à 160 nm	*Coronaviridæ*	*Coronavirus*	Associés aux infections des voies respiratoires supérieures, au rhume commun et au SRAS. Chapitre 19.
ARN simple brin à polarité négative (sb −)			
De 70 à 180 nm	*Rhabdoviridæ*	*Vesiculovirus* (virus de la stomatite vésiculeuse) *Lyssavirus* (virus de la rage)	Virus fuselés recouverts d'une enveloppe avec des spicules; provoquent la rage et de nombreuses maladies animales. Chapitre 17.
De 80 à 14 000 nm	*Filoviridæ*	*Filovirus*	Virus hélicoïdaux enveloppés; le virus Ebola et le virus de Marburg sont des *Filovirus*. Chapitre 18.
De 150 à 300 nm	*Paramyxoviridæ*	*Rubulavirus* (virus des oreillons) *Morbillivirus* (virus de la rougeole) *Pneumovirus* (VRS)	Les *Paramyxovirus* comprennent les *Rubulavirus* (le virus parainfluenza et le virus des oreillons), les *Morbillivirus* (le virus de la rougeole) et les *Pneumovirus* (le virus respiratoire syncitial [VRS]). Chapitres 16, 19 et 20.
32 nm	*Deltaviridæ*	*Deltavirus* (VHD)	Met en cause le virus de l'hépatite D (VHD) et dépend d'une co-infection par un *Hepadnavirus*. Chapitre 20.
Multiples brins d'ARN, brin négatif (−)			
De 80 à 200 nm	*Orthomyxoviridæ*	*Influenzavirus* (virus de la grippe A, B et C)	Les spicules de l'enveloppe peuvent agglutiner les érythrocytes. Chapitre 19.
De 90 à 120 nm	*Bunyaviridæ*	*Bunyavirus* (virus de l'encéphalite californienne) *Hantavirus*	Les *Hantavirus* sont responsables de fièvres hémorragiques telles que la fièvre hémorragique coréenne et le syndrome pulmonaire à *Hantavirus*; associés aux rongeurs. Chapitres 17 et 18.
De 110 à 130 nm	*Arenaviridæ*	*Arenavirus*	La capside hélicoïdale contient des granules qui renferment l'ARN; causent la chorioméningite lymphocytaire, la fièvre hémorragique vénézuélienne et la fièvre de Lassa. Chapitre 18.
Produit de l'ADN			
De 100 à 120 nm	*Retroviridæ*	Oncovirus *Lentivirus* (VIH)	Comprennent tous les virus à ARN provoquant des tumeurs. Des oncovirus causent la leucémie et des tumeurs chez les animaux; le *Lentivirus* VIH est responsable du sida. Chapitre 13.
ARN double brin (db), sans enveloppe			
De 60 à 80 nm	*Reoviridæ*	*Reovirus*, dont *Rotavirus*	Jouent un rôle dans les infections respiratoires mineures et les gastroentérites infantiles; une espèce non classée cause la fièvre à tiques du Colorado. Chapitre 20.

suivi, en 1987, d'une version féline chez le chat domestique. Ces maladies sont causées par des *Lentivirus*, qui sont apparentés au VIH, et elles se développent en quelques mois ; elles offrent donc un modèle pour étudier la prolifération du virus dans divers tissus. En 1990, en examinant des souris immunodéficientes greffées pour produire des lymphocytes T humains et des gammaglobulines humaines (anticorps), on a découvert une façon d'infecter ces animaux avec le virus du sida humain. Bien qu'elles ne puissent servir à la mise au point d'un vaccin contre le sida, les souris constituent néanmoins un modèle fiable pour les recherches sur la réplication virale.

La culture dans les œufs embryonnés

Si le virus peut proliférer dans un *œuf embryonné*, cet hôte peut être un moyen pratique et peu coûteux pour cultiver de nombreux virus animaux. Pour ce faire, on perce la coquille de l'œuf embryonné et on injecte dans celui-ci une suspension virale ou un tissu présumé infecté. L'œuf possède plusieurs membranes, et on injecte le virus près de celle qui favorisera sa croissance (**figure 8.7**). La multiplication virale est annoncée par la mort de l'embryon, par des lésions cellulaires chez ce dernier ou par la formation de vésicules typiques ou de lésions dans les membranes de l'œuf. Il fut un temps où cette méthode était la plus utilisée pour isoler des virus et les faire croître. Elle est encore adoptée de nos jours pour produire certains vaccins, et c'est pour cette raison qu'on vous questionne parfois sur vos allergies avant de vous administrer un vaccin. En effet, les protéines de l'œuf pourraient encore être présentes dans la préparation vaccinale du virus et causer une réaction allergique (nous aborderons les réactions allergiques au chapitre 13).

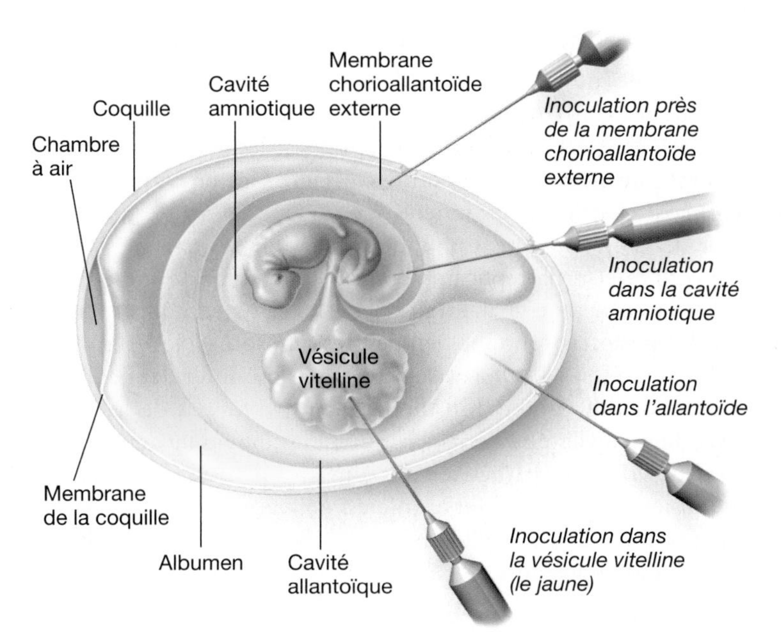

Figure 8.7 **Inoculation d'un œuf embryonné.** Le site d'injection détermine sur quelle membrane le virus se multipliera.

La culture dans les cellules

Aujourd'hui, on a recours aux cultures de cellules in vitro plutôt qu'aux œufs embryonnés pour multiplier les virus. Une culture de cellules est un procédé de laboratoire qui permet de multiplier des cellules dans un milieu de culture. En raison de son homogénéité et du fait qu'on peut multiplier les cellules et les manipuler comme les cultures bactériennes, l'utilisation de ce type de culture est beaucoup plus pratique que celle des animaux ou des œufs embryonnés.

La **figure 8.8** illustre les étapes de la culture de cellules in vitro. La culture de lignées cellulaires ❶ débute par le traitement enzymatique d'un tissu animal, lequel sépare les cellules individuellement. Ces cellules sont ensuite ❷ mises en suspension dans une solution qui leur fournit les nutriments, les facteurs de croissance et la pression osmotique dont elles ont besoin pour se développer. Les cellules normales ❸ ont tendance à adhérer au contenant de verre ou de plastique et se reproduisent en formant une seule couche. Les virus qui infectent cette couche causent parfois la détérioration des cellules à mesure qu'ils se multiplient. Cette détérioration cellulaire porte le nom d'**effet cytopathogène** (**figure 8.9**). Elle peut s'exprimer par des modifications dégénératives ou par l'apparition de lésions ou d'altérations qui conduisent inexorablement à la mort de la cellule (figure 8.9b). L'effet cytopathogène peut être détecté et mesuré de la même manière que les plages de lyse des bactériophages sur le tapis bactérien.

Les virus peuvent proliférer dans des lignées de cellules primaires ou de cellules continues. Les **lignées de cellules primaires** dérivent de spécimens tissulaires et tendent à mourir au bout de quelques générations seulement. Certaines lignées de cellules obtenues à partir d'embryons humains, appelées **lignées de cellules diploïdes**, peuvent se garder durant une centaine de générations

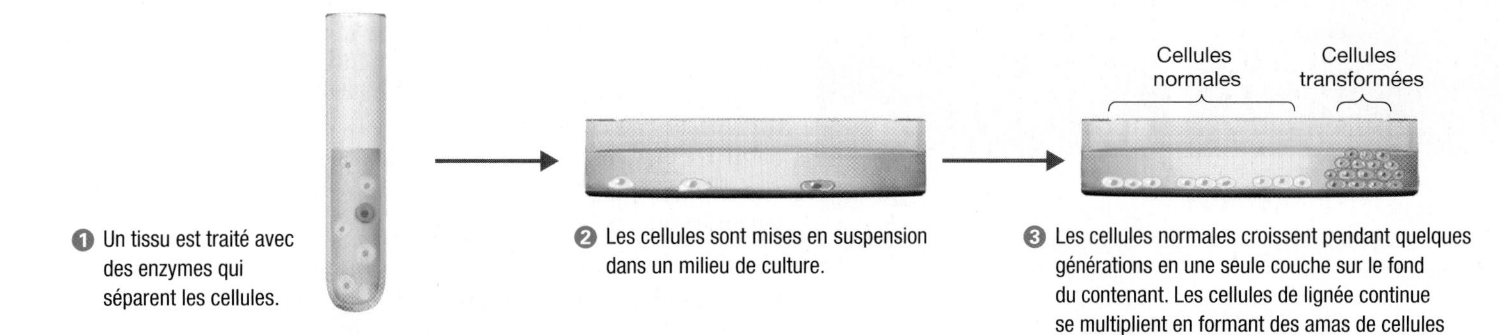

❶ Un tissu est traité avec des enzymes qui séparent les cellules.
❷ Les cellules sont mises en suspension dans un milieu de culture.
Cellules normales
Cellules transformées
❸ Les cellules normales croissent pendant quelques générations en une seule couche sur le fond du contenant. Les cellules de lignée continue se multiplient en formant des amas de cellules et peuvent être maintenues indéfiniment.

Figure 8.8 **Cultures de cellules in vitro.** On peut cultiver les cellules en laboratoire.

et servent habituellement à cultiver les virus qui requièrent un hôte humain. Elles sont utilisées pour cultiver le virus de la rage (genre *Lyssavirus*) en vue de produire un vaccin antirabique appelé *vaccin sur cellules diploïdes humaines* (chapitre 17).

Lorsqu'on met régulièrement des virus en culture, on fait appel à des cultures de *cellules de lignée continue* (figure 8.8). Il s'agit de cellules transformées (cancéreuses) qui peuvent être maintenues vivantes pendant un nombre de générations indéfini, d'où leur autre nom de *lignées de cellules immortelles* (voir la section sur le processus de transformation, plus loin dans le chapitre). Une de ces lignées, la lignée HeLa, a été isolée des tumeurs cancéreuses d'une femme décédée en 1951. Après des années de culture, nombre de ces lignées ont perdu presque toutes les caractéristiques de la cellule d'origine, mais ces modifications n'ont pas empêché l'utilisation des cellules en vue de la prolifération virale. Bien que l'isolement et la multiplication des virus à l'aide de la culture de cellules soient une réussite, certains virus n'ont jamais pu être cultivés de cette manière.

L'identification des virus

L'identification des virus d'un isolat est une tâche malaisée, d'autant plus qu'ils ne sont visibles qu'au microscope électronique. Les méthodes sérologiques, telles que la technique de transfert de Western, sont les méthodes d'identification les plus courantes (figure 5.12). Au cours de ces techniques, les virus sont détectés et identifiés grâce à leur réaction avec des anticorps. Nous traiterons en détail des tests immunologiques d'identification des virus au chapitre 26 EN LIGNE. L'observation de l'effet cytopathogène, décrit au chapitre 10, constitue une autre méthode d'identification.

Pour identifier les virus et les caractériser, les virologistes ont également recours à des techniques moléculaires modernes telles que l'amplification en chaîne par polymérase (ACP) et les polymorphismes de taille des fragments de restriction (RFLP) (chapitre 25 EN LIGNE). L'ACP a servi à amplifier l'ARN aviaire et humain afin d'identifier le virus du Nil occidental lors de l'épidémie qui a frappé les États-Unis en 1999 et le coronavirus associé au SRAS en Chine lors de l'épidémie de 2002.

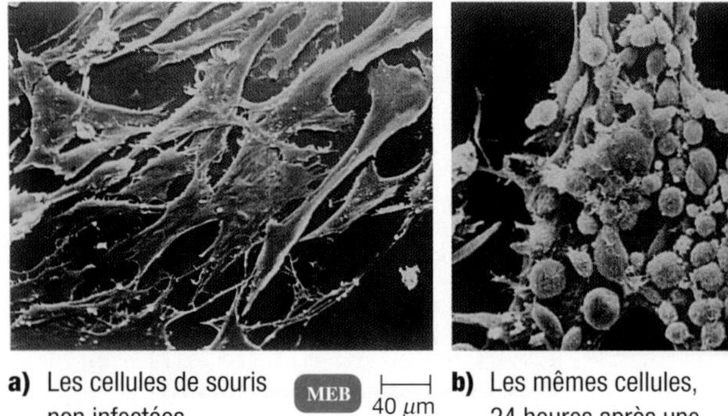

a) Les cellules de souris non infectées prolifèrent pour former une seule couche. MEB 40 μm

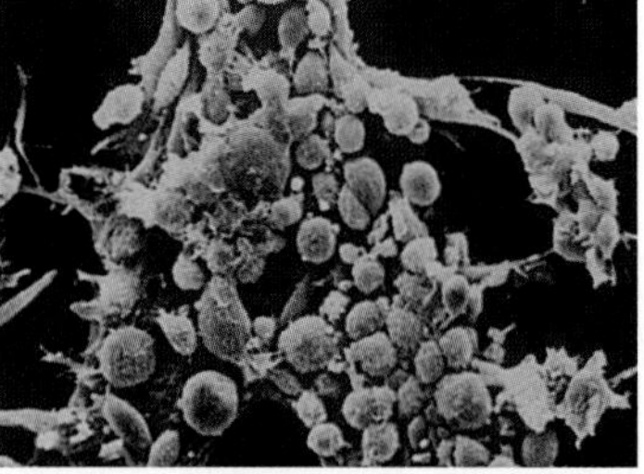

b) Les mêmes cellules, 24 heures après une infection par le virus de la stomatite vésiculaire (figure 8.18a). Notez que les cellules forment un amas et se sont arrondies. MEB 20 μm

Figure 8.9 **Effet cytopathogène des virus.**

▸ Vérifiez vos acquis

Qu'est-ce que la méthode des plages de lyse? **8-8**

Pourquoi est-il plus pratique de faire la culture des virus dans des lignées de cellules continues que dans des lignées de cellules primaires? **8-9**

Quelles sont les techniques auxquelles vous pourriez avoir recours pour identifier l'influenzavirus chez un patient? **8-10**

La multiplication virale

▸ Objectifs d'apprentissage

8-11 Décrire le cycle lytique à l'aide de l'exemple des bactériophages T-pairs.

8-12 Décrire le cycle lysogénique à l'aide de l'exemple des bactériophages lambda.

8-13 Comparer les conséquences du cycle lytique avec celles de la lysogénie.

8-14 Comparer le cycle de réplication des virus animaux à ADN et à ARN.

L'acide nucléique d'un virus ne renferme que quelques-uns des gènes nécessaires à la synthèse de nouveaux virus. Parmi eux, on compte des gènes régulateurs, les gènes des constituants structuraux, tels que les protéines de la capside, et les gènes de certaines enzymes utilisées au cours du cycle viral. Ces enzymes ne sont synthétisées et ne fonctionnent que lorsque le virus est à l'intérieur de sa cellule hôte. En pratique, l'action des enzymes virales ne porte que sur la réplication ou sur la maturation moléculaire de l'acide nucléique viral. En revanche, les enzymes qui participent à la synthèse des protéines virales, les ribosomes, les ARNt, les acides aminés et les différents constituants qui interviennent dans le processus de production d'énergie, proviennent de la cellule hôte. Bien que les plus petits virus non enveloppés ne contiennent pas d'enzymes présynthétisées, les plus gros peuvent posséder une ou plusieurs enzymes dont le rôle est de seconder le virus lors de la pénétration dans la cellule hôte ou lors de la réplication de son propre acide nucléique.

Par conséquent, pour qu'il puisse se multiplier, un virus doit envahir une cellule hôte et détourner le métabolisme de cette dernière à son profit. Une particule virale peut donner naissance à quelques copies de virus, ou dans certains cas à des milliers de copies, à partir d'une seule cellule hôte ; ce processus de prolifération s'appelle **réplication virale** de l'acide nucléique. La réplication virale peut modifier radicalement la cellule hôte et même entraîner sa mort. Du point de vue médical, le pouvoir pathogène des virus est directement lié au type de cellule hôte infectée et aux dommages causés. La capacité des virus de produire et de libérer des particules virales au détriment de la cellule infectée et la capacité des nouveaux virus d'infecter d'autres cellules placent les virus parmi les agents agresseurs infectieux.

On peut illustrer la multiplication des virus par une **courbe du cycle de réplication** (figure 8.10). On commence par infecter toutes les cellules d'une culture, puis on compte les particules virales obtenues dans le milieu et, s'il y en a, dans les cellules. On mesure également les protéines et les acides nucléiques viraux.

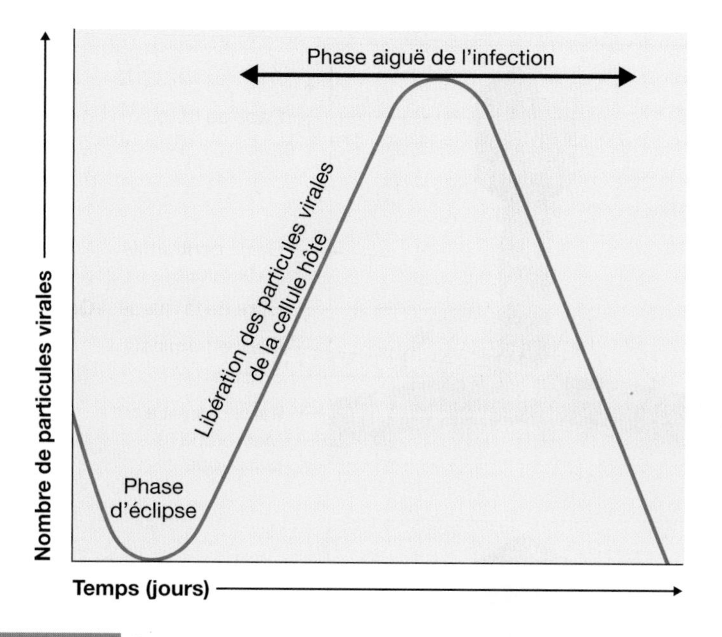

Figure 8.10 **Courbe du cycle de réplication.** On peut observer la présence de virus complets infectieux une fois que les phases de synthèse et de maturation sont terminées. La plupart des cellules meurent des suites de l'infection ; en conséquence, aucune autre particule virale n'est produite.

Un modèle d'étude : la multiplication des bactériophages

Même si les modes de pénétration des virus dans la cellule hôte et leurs modes de sortie de cette dernière varient, le mécanisme de base de la multiplication virale est similaire pour tous les virus. Le cycle viral des bactériophages est le cycle le plus étudié et peut servir de modèle. Les phages se multiplient par deux mécanismes : le cycle lytique et le cycle lysogénique. Le **cycle lytique** s'achève avec la lyse et la mort de la cellule hôte, alors que dans le **cycle lysogénique** la cellule hôte reste vivante. Parce que les *bactériophages T-pairs* (T2, T4 et T6) ont fait l'objet de recherches approfondies, nous décrirons la réplication de ces virus dans leur bactérie hôte, *E. coli*, à titre d'exemple d'un cycle lytique.

Le cycle lytique du bactériophage T-pair

Les bactériophages T-pairs sont de grosses particules virales complexes non enveloppées, présentant la tête et la queue caractéristiques de la structure des virus complexes (figure 8.5a). Même si la longueur de la molécule d'ADN contenue dans ces bactériophages ne représente que 6 % de celle d'*E. coli*, le phage possède néanmoins assez d'ADN pour plus de 100 gènes. Le cycle de multiplication de ce phage, tout comme celui de tous les virus, comporte cinq phases distinctes : l'attachement, la pénétration, la biosynthèse, la maturation et la libération (**figure 8.11**).

Attachement ❶ L'*attachement*, ou *adsorption*, a lieu lorsque les bactériophages entrent accidentellement en collision avec des bactéries. Durant cette phase, le site de fixation du phage se lie à un site récepteur spécifique situé sur la bactérie. De cette fixation résulte une interaction dans laquelle des liens chimiques sont formés entre les deux sites complémentaires. Comme site de fixation, les bactériophages T-pairs utilisent les fibres situées à l'extrémité de leur queue. Le site récepteur complémentaire se trouve sur la paroi bactérienne. Ainsi, un bactériophage ne se fixe pas sur n'importe quelle bactérie ; l'attachement est spécifique.

Pénétration ❷ Après l'attachement, le bactériophage injecte son ADN (l'acide nucléique) dans la bactérie. Pour ce faire, sa queue libère une enzyme, le lysozyme, qui dégrade une partie de la paroi bactérienne, diminuant ainsi la rigidité et la résistance de la bactérie à cet endroit. Durant la *pénétration*, la gaine de la queue se contracte, et le tube central creux se fraye un chemin dans la paroi et perce la membrane plasmique ; l'ADN logé dans la tête descend dans la queue, franchit la membrane plasmique et pénètre dans la cellule bactérienne. La capside vide reste à l'extérieur de la bactérie. Voilà pourquoi on peut comparer le phage qui injecte son ADN dans une bactérie à une seringue hypodermique.

Biosynthèse ❸ Une fois que l'ADN du bactériophage a atteint le cytoplasme de la bactérie hôte, la synthèse des protéines de la bactérie est arrêtée pour deux raisons : 1) soit le virus provoque une dégradation de l'ADN bactérien, ce qui entraîne un arrêt total de toutes les synthèses bactériennes ; 2) soit le virus cause une inhibition de l'ADN bactérien en nuisant à la transcription ou à la traduction. Les autres structures bactériennes restent intactes et fonctionnelles et vont être détournées vers la synthèse du bactériophage ; la bactérie est maintenant sous la gouverne du virus parasite.

D'abord, le phage utilise les nucléotides de la bactérie hôte et plusieurs de ses enzymes pour synthétiser de nombreuses copies de son ADN viral. Peu de temps après, la synthèse des protéines virales débute. À cette étape, tout l'ARN produit dans la bactérie hôte provient de la transcription de l'ADN viral en ARNm. Durant le cycle de multiplication, des gènes régulateurs gouvernent le moment de la transcription des différentes régions de l'ADN viral en ARNm. Par exemple, au début du cycle, des gènes précoces provoquent la synthèse de protéines précoces nécessaires au détournement du métabolisme de la bactérie hôte et à la réplication de l'ADN du phage. De la même façon, des gènes tardifs gouvernent la production de protéines tardives qui entrent dans la composition de la tête, de la queue et des fibres caudales du phage.

Quelques minutes après la pénétration de l'ADN viral, on ne trouve pas encore de phages complets dans la bactérie hôte. On ne peut détecter que des constituants séparés – l'ADN et les protéines. La période du cycle de réplication durant laquelle on n'observe pas encore de virus complets et infectieux s'appelle **phase d'éclipse**. Toutefois, il ne s'agit pas d'une phase d'inactivité.

Maturation ❹ L'étape suivante voit l'assemblage des particules virales ; c'est l'étape de la *maturation*. L'ADN du bactériophage et la capside (tête, queue et fibres) sont assemblés pour donner des virus complets. La tête et la queue du phage sont montées séparément à partir des sous-unités protéiques, l'ADN est inséré dans la tête et cette dernière est fixée à la queue. Les constituants viraux essentiels s'associent spontanément en particules virales.

Libération ❺ La *libération* des virus de la bactérie hôte constitue la dernière étape de la multiplication virale. En général, on emploie le mot « **lyse** » pour désigner cette phase du cycle de multiplication des phages T-pairs, car, dans ce cas particulier, la membrane plasmique

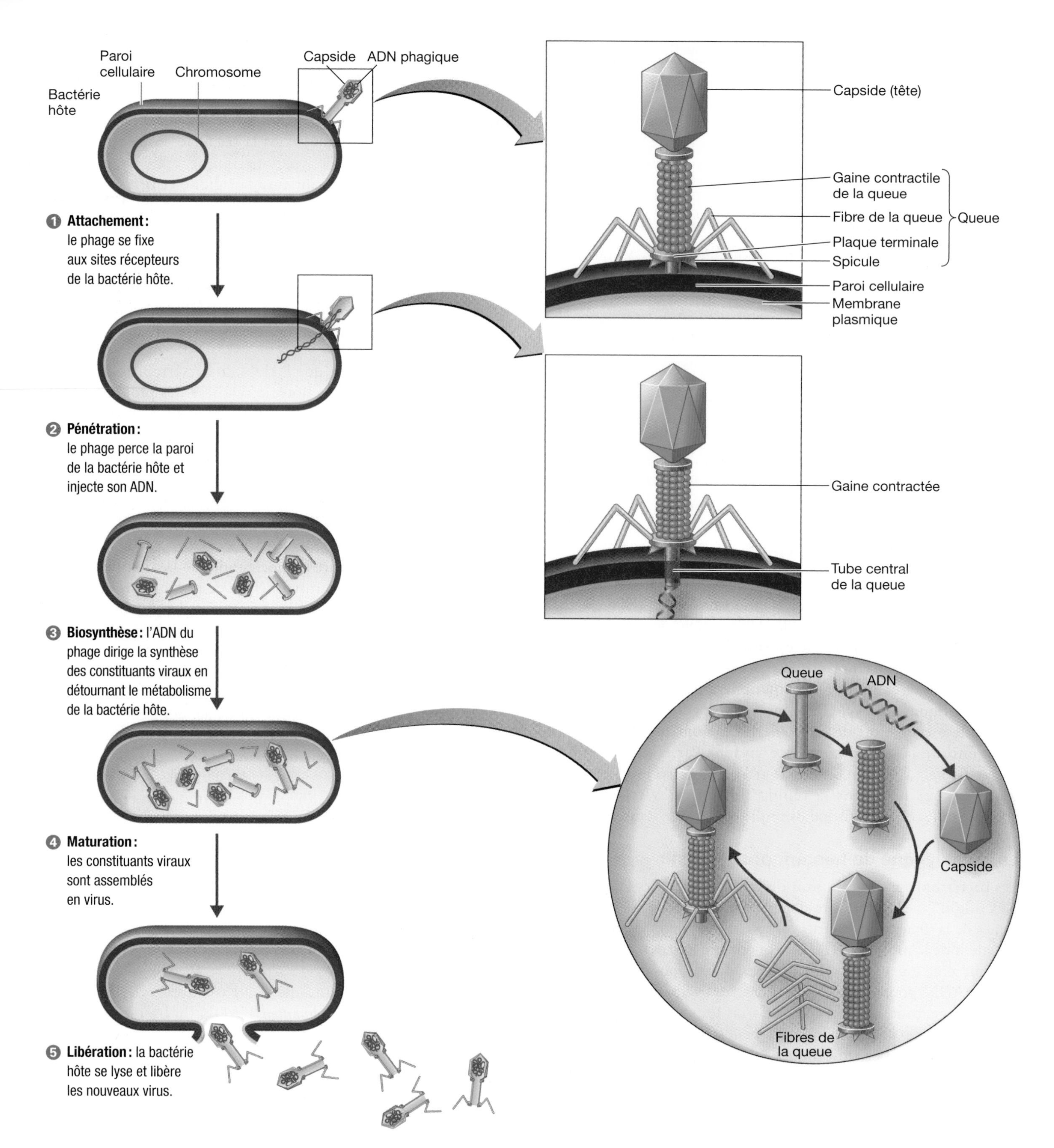
Paroi cellulaire
Chromosome
Bactérie hôte
Capside
ADN phagique
Capside (tête)
Gaine contractile de la queue
Fibre de la queue
Plaque terminale
Spicule
Queue
Paroi cellulaire
Membrane plasmique
1 Attachement: le phage se fixe aux sites récepteurs de la bactérie hôte.
2 Pénétration: le phage perce la paroi de la bactérie hôte et injecte son ADN.
Gaine contractée
Tube central de la queue
3 Biosynthèse: l'ADN du phage dirige la synthèse des constituants viraux en détournant le métabolisme de la bactérie hôte.
Queue
ADN
Capside
4 Maturation: les constituants viraux sont assemblés en virus.
Fibres de la queue
5 Libération: la bactérie hôte se lyse et libère les nouveaux virus.

Figure 8.11 Cycle lytique d'un bactériophage T-pair.

éclate (se lyse). Le lysozyme, qui est codé par un gène du phage, est synthétisé dans la bactérie hôte. Cette enzyme détériore l'intérieur de la paroi bactérienne, qui éclate, et les bactériophages nouvellement assemblés sont libérés de la bactérie. Les nouveaux phages sont rigoureusement identiques au phage qui a infecté la bactérie au départ, et ils peuvent à leur tour infecter les cellules bactériennes adjacentes. Le cycle de réplication virale est ainsi répété à l'intérieur de ces cellules.

Le cycle lysogénique du bactériophage lambda

À l'opposé de celle des bactériophages T-pairs, la réplication de certains virus n'entraîne pas la lyse et la mort de la cellule hôte. Ces virus sont capables d'incorporer leur ADN dans le chromosome de la cellule hôte au cours d'un processus de **lysogénisation**. Des phages lysogéniques dits *tempérés,* capables d'entamer un cycle lytique, sont également capables d'incorporer leur ADN dans le chromosome d'une bactérie. La **lysogénie** est l'état de la bactérie qui porte un génome phagique incorporé à son chromosome ; sous cette forme, le phage reste inactif ou latent. Dans ce type de relation, la bactérie hôte est qualifiée de cellule *lysogène*. Pour illustrer la lysogénisation (**figure 8.12**), nous aurons recours au bactériophage λ (lambda), phage lysogénique bien connu de la bactérie *E. coli*.

1. Après l'attachement du phage et la pénétration de l'ADN dans *E. coli*,
2. l'ADN linéaire du phage prend une forme circulaire. Deux voies sont possibles :

3A cet ADN circulaire peut se répliquer et les gènes viraux sont transcrits, donnant ainsi naissance à de nouvelles particules phagiques et

4A entraînant la lyse de la bactérie, ce qui a pour effet de libérer les nouveaux phages.

Ces étapes sont celles du cycle lytique puisque la réplication du phage entraîne la lyse de la bactérie hôte. Le génome du phage peut aussi opter pour un autre mode de réplication :

3B l'ADN phagique peut s'incorporer à un site spécifique du chromosome circulaire bactérien (lysogénisation) lors d'une recombinaison. L'ADN qui s'est inséré s'appelle **prophage**. La plupart des prophages demeurent latents à l'intérieur de la cellule hôte ; ils sont inhibés par deux répresseurs protéiques produits par des gènes phagiques. Ces répresseurs bloquent la transcription de tous les autres gènes phagiques. Par conséquent, les gènes du phage qui auraient dirigé la synthèse et la libération de nouveaux virus sont inhibés (un tel mécanisme est illustré chez *E. coli*, où le répresseur *lac* inhibe les gènes de l'opéron *lac* ; figure 24.12 EN LIGNE).

Chaque fois que la cellule hôte réplique le chromosome bactérien,

4B elle réplique également le prophage. Ce dernier se transmet de génération en génération tout en demeurant latent à l'intérieur des bactéries filles.

5. Toutefois, l'ADN du phage peut s'exciser (se retirer) de l'ADN bactérien et amorcer un cycle lytique. Ce phénomène peut survenir à la suite d'une exposition aux rayonnements ultraviolets ou à certaines substances chimiques, ou spontanément.

La lysogénisation se traduit par trois conséquences importantes. Premièrement, les cellules lysogènes sont immunisées contre toute réinfection par le même phage. (Cependant, la cellule hôte n'est

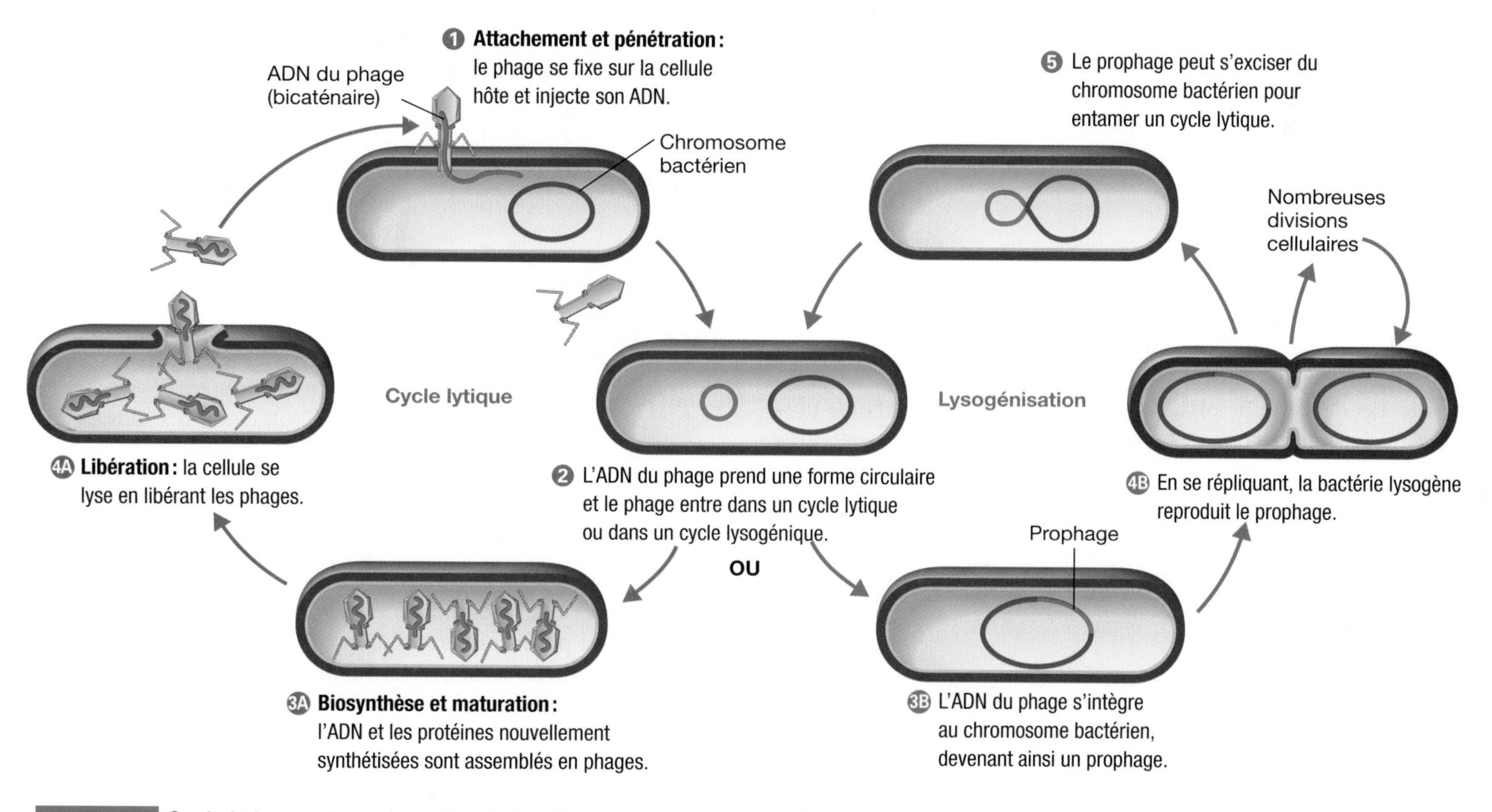

1 Attachement et pénétration : le phage se fixe sur la cellule hôte et injecte son ADN.
ADN du phage (bicaténaire)
Chromosome bactérien
5 Le prophage peut s'exciser du chromosome bactérien pour entamer un cycle lytique.
Nombreuses divisions cellulaires
Cycle lytique
Lysogénisation
4A Libération : la cellule se lyse en libérant les phages.
2 L'ADN du phage prend une forme circulaire et le phage entre dans un cycle lytique ou dans un cycle lysogénique.
OU
4B En se répliquant, la bactérie lysogène reproduit le prophage.
Prophage
3A Biosynthèse et maturation : l'ADN et les protéines nouvellement synthétisées sont assemblés en phages.
3B L'ADN du phage s'intègre au chromosome bactérien, devenant ainsi un prophage.

Figure 8.12 Cycle lytique et lysogénisation du bactériophage λ dans *E. coli*.

pas protégée contre les autres phages.) Deuxièmement, la lysogénisation peut aboutir à une **conversion phagique**, c'est-à-dire que la cellule hôte peut présenter de nouvelles caractéristiques, souvent associées à une plus grande virulence. Par exemple, *Corynebacterium diphteriæ*, l'agent causal de la diphtérie, est une bactérie pathogène dont la nocivité est associée à la synthèse d'une toxine. Or, cette bactérie ne produit la toxine que lorsqu'elle renferme un prophage, car ce dernier porte le gène codant pour la toxine. Par exemple encore, seuls les streptocoques renfermant un phage lysogénique ont la capacité de produire la toxine associée à la scarlatine. La toxine produite par *Clostridium botulinum,* l'agent du botulisme, est codée par le gène d'un prophage, ainsi que la toxine sécrétée par les souches pathogènes de *Vibrio choleræ*, l'agent responsable du choléra. De la même façon, les bactéries peuvent recevoir des gènes de résistance à des antibiotiques. Il s'agit ici d'une véritable synergie microbienne : le virus, bien caché au cœur de la bactérie, lui confère des caractéristiques qui accroissent sa virulence. Plus la bactérie se multiplie et se propage, plus le virus se trouve lui-même propagé par la même occasion.

Troisièmement, la lysogénie rend possible la **transduction localisée**. Au chapitre 24 EN LIGNE, nous mentionnons que les gènes bactériens peuvent être enfermés dans une capside phagique et transférés à une autre bactérie au cours d'un processus appelé *transduction généralisée* (figure 24.28 EN LIGNE). N'importe quel gène bactérien peut être transféré par transduction généralisée parce que le chromosome de la cellule hôte est découpé en fragments, dont chacun peut être enfermé dans une capside phagique. Dans la transduction localisée cependant, seuls certains gènes bactériens peuvent être transférés. La transduction localisée s'effectue par l'intermédiaire d'un phage lysogénique. Quand il s'excise du chromosome de la bactérie hôte, il arrive que le prophage emporte avec lui les gènes bactériens adjacents à chacune de ses extrémités. Dans la figure 8.13, ❶ – ❸ le bactériophage λ a soutiré à sa bactérie hôte à galactose positif le gène *gal,* responsable de la dégradation du galactose. ❹ – ❻ Le phage transporte ce gène à l'intérieur d'une cellule à galactose négatif, et cette dernière devient une cellule à galactose positif.

Certains virus animaux peuvent également être soumis à des processus similaires à la lysogénie. Ceux qui demeurent latents dans les cellules pendant de longues périodes, sans proliférer ni causer de maladie, peuvent se trouver insérés dans le chromosome, ou bien rester séparés de l'ADN dans un état réprimé (comme dans le cas de certains phages lysogéniques). Nous verrons plus loin dans le chapitre que des virus causant le cancer peuvent aussi être latents.

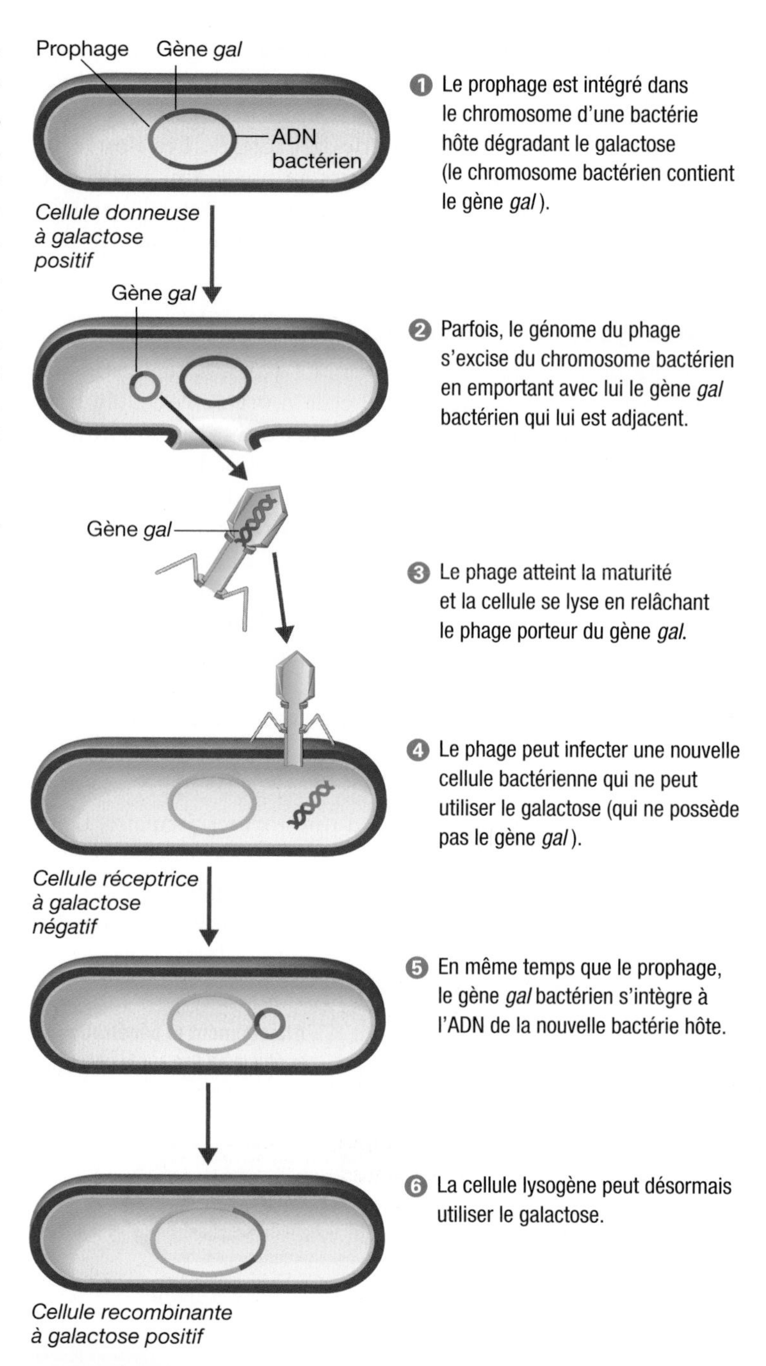

Prophage
Gène *gal*
ADN bactérien
❶ Le prophage est intégré dans le chromosome d'une bactérie hôte dégradant le galactose (le chromosome bactérien contient le gène *gal*).
Cellule donneuse à galactose positif
Gène *gal*
❷ Parfois, le génome du phage s'excise du chromosome bactérien en emportant avec lui le gène *gal* bactérien qui lui est adjacent.
Gène *gal*
❸ Le phage atteint la maturité et la cellule se lyse en relâchant le phage porteur du gène *gal*.
❹ Le phage peut infecter une nouvelle cellule bactérienne qui ne peut utiliser le galactose (qui ne possède pas le gène *gal*).
Cellule réceptrice à galactose négatif
❺ En même temps que le prophage, le gène *gal* bactérien s'intègre à l'ADN de la nouvelle bactérie hôte.
❻ La cellule lysogène peut désormais utiliser le galactose.
Cellule recombinante à galactose positif

Figure 8.13 Transduction localisée. Quand il s'excise du chromosome de l'hôte, le prophage peut emporter une portion de l'ADN du chromosome bactérien qui lui est adjacent.

▶ Vérifiez vos acquis

Comment les bactériophages obtiennent-ils les nucléotides et les acides aminés nécessaires s'ils n'ont pas d'enzymes métaboliques? **8-11**

C'est seulement quand *Vibrio choleræ* est lysogène qu'elle produit des toxines et qu'elle peut causer le choléra. Qu'est-ce que cela signifie? **8-12**

La multiplication des virus animaux

Fondamentalement, les virus animaux se répliquent selon un mode similaire à celui des bactériophages. Les phases de leur cycle présentent toutefois quelques différences dont le tableau 8.3 offre une récapitulation. Si, comme les phages, les virus animaux doivent d'abord s'attacher spécifiquement à une cellule hôte selon le modèle clé-serrure, ils choisissent une cellule dont la membrane plasmique n'est pas recouverte d'une paroi cellulaire rigide, et leur mécanisme d'entrée n'est pas le même. Après la pénétration du virus dans la cellule hôte, la biosynthèse et l'assemblage des nouveaux constituants viraux diffèrent également, en partie du fait des différences entre cellules procaryotes et cellules eucaryotes. Les virus animaux possèdent des types d'enzymes qui n'existent pas chez les bactériophages. Enfin, le mécanisme de maturation, le

Tableau 8.3 Comparaison entre la multiplication des bactériophages et celle des virus animaux

Phase	Bactériophage	Virus animaux
Attachement	Fixation spécifique des fibres de la queue du phage sur les protéines de la paroi cellulaire	Fixation spécifique du virus sur les protéines et sur les glycoprotéines de la membrane plasmique
Pénétration	Injection de l'ADN viral à l'intérieur de la bactérie hôte	Pénétration de la capside par endocytose ou par fusion
Décapsidation	Non requise	Décapsidation enzymatique
Biosynthèse	Dans le cytoplasme	Dans le noyau (virus à ADN) ou le cytoplasme (virus à ARN)
Infection chronique	Lysogénie	Latence; infections virales lentes; cancer
Libération	Lyse de la bactérie hôte	Libération des virus enveloppés par bourgeonnement; libération des virus non enveloppés par lyse de la membrane plasmique

mode de libération et les conséquences de l'infection sur la cellule hôte ne sont pas les mêmes pour les virus animaux et les phages.

Dans notre étude de la réplication des virus animaux, nous allons nous pencher sur les phases communes aux virus animaux à ARN et à ADN. Ces phases sont l'attachement, la pénétration et la décapsidation, la biosynthèse, la maturation et la libération. Nous comparerons de façon plus détaillée la synthèse des virus à ADN et celle des virus à ARN.

L'attachement

À l'instar des bactériophages (modèle d'étude), les virus animaux possèdent des sites d'attachement qui se fixent à des sites récepteurs complémentaires situés sur la membrane plasmique de la cellule hôte. Dans le cas des cellules animales, les sites récepteurs sont des protéines et des glycoprotéines de la membrane plasmique. Par ailleurs, les virus animaux ne disposent pas pour se fixer de certaines structures propres aux bactériophages, telles que les fibres de la queue. Les sites d'attachement des virus animaux sont distribués sur la surface de la particule virale. Ils varient selon le groupe auquel le virus appartient. Chez les adénovirus, de forme icosaédrique, de petites fibres dépassant des sommets de l'icosaèdre font office de sites (figure 8.2b). Chez de nombreux virus enveloppés, tels que chez les *Influenzavirus*, ces sites sont les spicules exposés à la surface de l'enveloppe (figure 8.3b). Dès qu'un spicule se fixe à un récepteur de la cellule hôte, d'autres sites récepteurs localisés sur la membrane plasmique migrent vers le virus. L'attachement est achevé lorsque de nombreux sites viraux sont liés aux sites récepteurs de la membrane.

Les sites récepteurs sont des caractères hérités de la cellule hôte, ce qui signifie que le site récepteur d'un virus donné peut varier d'une personne à l'autre. Cette différence pourrait expliquer pourquoi la susceptibilité à un virus en particulier varie selon les individus. La compréhension du mécanisme d'attachement pourrait conduire à la mise au point de médicaments qui préviendraient les infections virales. Par exemple, les individus dont les cellules n'affichent pas le récepteur cellulaire du parvovirus B19, appelé *antigène P*, sont naturellement résistants à l'infection et ne contractent pas la cinquième maladie (chapitre 16). Les anticorps monoclonaux (abordés au chapitre 12) qui se lient au site de fixation du virus ou au site récepteur de la cellule hôte pourraient bientôt être utilisés dans le traitement de certaines infections virales. Dans les premières années de l'épidémie du sida, on a conçu un traitement expérimental qui consistait à injecter au patient de nombreuses molécules analogues des récepteurs cellulaires. On espérait qu'en s'y fixant, le virus deviendrait incapable de s'attacher aux sites récepteurs des cellules.

La pénétration

Après l'attachement, la pénétration a lieu par fusion ou par pinocytose selon que le virus est enveloppé ou non. Les virus non enveloppés pénètrent dans les cellules eucaryotes par **pinocytose**, mécanisme de transport cellulaire actif par lequel les nutriments et d'autres molécules sont normalement transportés dans une cellule (chapitre 3). Durant la pinocytose, la membrane plasmique de la cellule s'invagine et se referme pour former des vésicules qui contiennent alors des éléments extérieurs apportés à l'intérieur de la cellule pour être digérés ultérieurement. Lorsqu'un virus non enveloppé s'attache à la membrane plasmique d'une cellule hôte, il profite de ce mécanisme de transport aux dépens de la cellule, qui l'entoure d'une partie de sa membrane pour l'isoler dans une vésicule digestive (**figure 8.14**).

Les virus enveloppés peuvent pénétrer les cellules par un autre mode d'entrée nommé **fusion**. Dans ce cas, l'enveloppe virale fusionne avec la membrane plasmique de la cellule, qui se creuse et forme une vésicule – laquelle n'est toutefois pas digestive – autour du virus; la vésicule se rupture lorsque l'enveloppe virale est éliminée, puis la capside est directement relâchée dans le cytoplasme. La fusion est en fait le mode d'entrée qui correspond à l'inverse du *bourgeonnement*, le mécanisme de sortie des virus enveloppés que nous verrons plus loin (figure 8.20). Le virus de l'herpès humain pénètre dans les cellules de cette manière.

La décapsidation

Durant la phase d'éclipse d'une infection, les virus disparaissent temporairement. C'est à ce moment-là que s'effectue la **décapsidation**, c'est-à-dire la séparation de l'acide nucléique viral de sa coque protéique, ou capside.

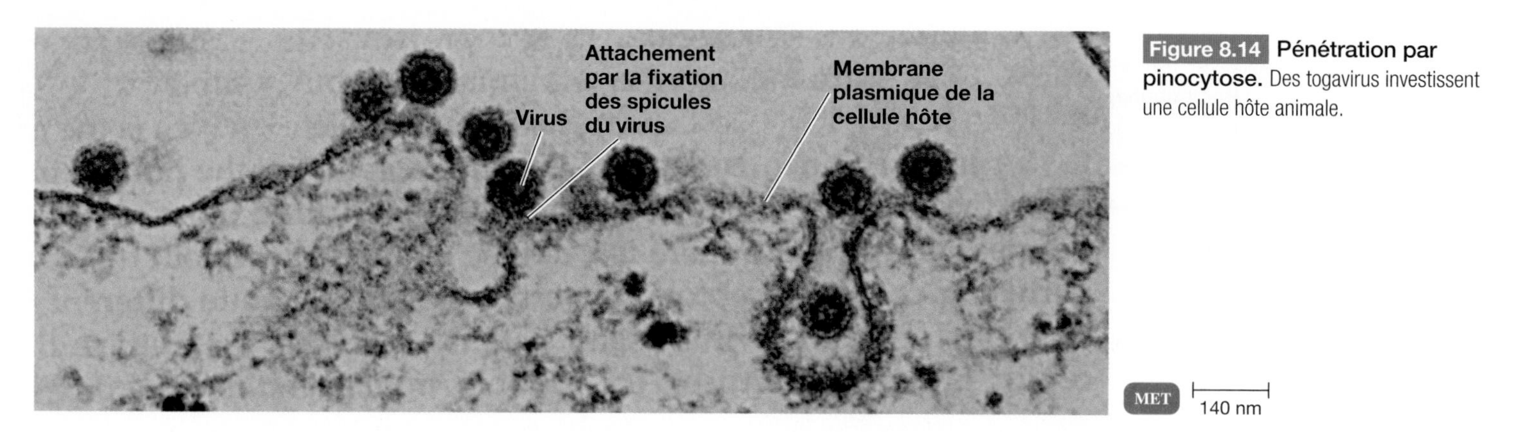

Figure 8.14 Pénétration par pinocytose. Des togavirus investissent une cellule hôte animale.

Ce processus varie apparemment selon le type de virus. Certains virus animaux perdent leur capside sous l'action d'enzymes lysosomiales contenues dans les vésicules digestives de la cellule hôte. Ces enzymes agissent en dégradant les protéines de la capside virale. Les poxvirus sont décapsidés par une enzyme spécifique codée par l'ADN viral et synthétisée aussitôt après la pénétration du virus. En ce qui concerne d'autres virus dont la capside est relâchée dans le cytoplasme lors de leur pénétration, il semble que la décapsidation soit causée exclusivement par des enzymes du cytoplasme de la cellule hôte. Dans le cas d'un virus au moins, le poliovirus, la décapsidation débute apparemment lorsque le virus est encore fixé à la membrane plasmique de la cellule hôte.

Après la décapsidation, la synthèse de nouveaux virus peut débuter. Les mécanismes de réplication virale diffèrent selon le génome viral, composé soit d'ADN, soit d'ARN.

La biosynthèse des virus à ADN

Généralement, les virus à ADN répliquent leur ADN dans le noyau de la cellule hôte en se servant d'enzymes virales, alors qu'ils synthétisent leur capside et d'autres protéines virales dans le cytoplasme en utilisant les enzymes de la cellule hôte. Une fois produites, les protéines virales migrent vers le noyau et sont jointes à l'ADN nouvellement synthétisé pour former de nouveaux virus. Ces derniers sont transportés le long du réticulum endoplasmique vers la membrane plasmique pour être relâchés à l'extérieur de la cellule hôte. Les herpèsvirus, les papovavirus, les adénovirus et les hepadnavirus procèdent ainsi pour se multiplier (**tableau 8.4**). Les poxvirus font exception parce que tous les constituants sont synthétisés dans le cytoplasme.

La **figure 8.15** illustre les étapes de la multiplication d'un virus à ADN bicaténaire, un papovavirus. Après ❶ l'attachement, ❷ la

Tableau 8.4 Comparaison de la synthèse des virus à ADN et à ARN

Acide nucléique viral	Famille de virus	Caractéristiques particulières de la synthèse de l'acide nucléique et de l'ARNm
ADN monocaténaire ou simple brin (sb)	*Parvoviridæ*	Une enzyme cellulaire transcrit l'ADN viral en ARNm positif (+) dans le noyau.
ADN bicaténaire ou double brin (db)	*Herpesviridæ* *Papovaviridæ*	Une enzyme cellulaire transcrit le brin d'ADN viral en ARNm positif (+) dans le noyau.
	Poxviridæ	Une enzyme virale transcrit l'ADN viral dans le cytoplasme pour donner des virus.
ADN bicaténaire ou double brin (db), transcriptase inverse	*Hepadnaviridæ*	Une enzyme cellulaire transcrit l'ADN viral en ARNm positif (+) dans le noyau; la transcriptase inverse se sert de l'ARNm comme matrice pour fabriquer l'ADN viral.
ARN monocaténaire ou simple brin + (sb +)	*Picornaviridæ* *Togaviridæ*	Le brin positif (+) de l'ARN viral sert de matrice pour la synthèse de l'enzyme ARN polymérase. L'enzyme copie un brin négatif (−) d'ARN; ce dernier est ensuite transcrit, dans le cytoplasme, en ARNm positif (+), puis incorporé dans la capside comme matériel génétique; l'ARNm positif (+) sert aussi pour la synthèse des protéines virales.
ARN monocaténaire ou simple brin − (sb −)	*Rhabdoviridæ*	L'enzyme virale transcrit le brin négatif (−) de l'ARN viral en ARNm positif (+) dans le cytoplasme; ce dernier sert ensuite pour la synthèse des protéines virales et pour la synthèse de nouveaux brins négatifs (−) d'ARN incorporés dans les capsides.
ARN bicaténaire ou double brin (db)	*Reoviridæ*	L'enzyme virale copie, dans le cytoplasme, le brin négatif (−) de l'ARN viral pour fabriquer de l'ARNm positif (+).
ARN, transcriptase inverse	*Retroviridæ*	La transcriptase inverse copie, dans le cytoplasme, le brin positif (+) d'ARN en ADN qui se déplace ensuite vers le noyau; l'ADN est transcrit en ARNm positif (+), lequel sert par la suite pour la synthèse des protéines virales.

Figure 8.15

Schéma guide

Réplication d'un virus animal à ADN

La réplication des virus à ADN est représentée ici par celle du papovavirus. Il est important d'en connaître les étapes, d'une part pour mettre au point des médicaments appropriés, et d'autre part pour mieux comprendre les états pathologiques d'origine virale dont nous parlerons plus loin.

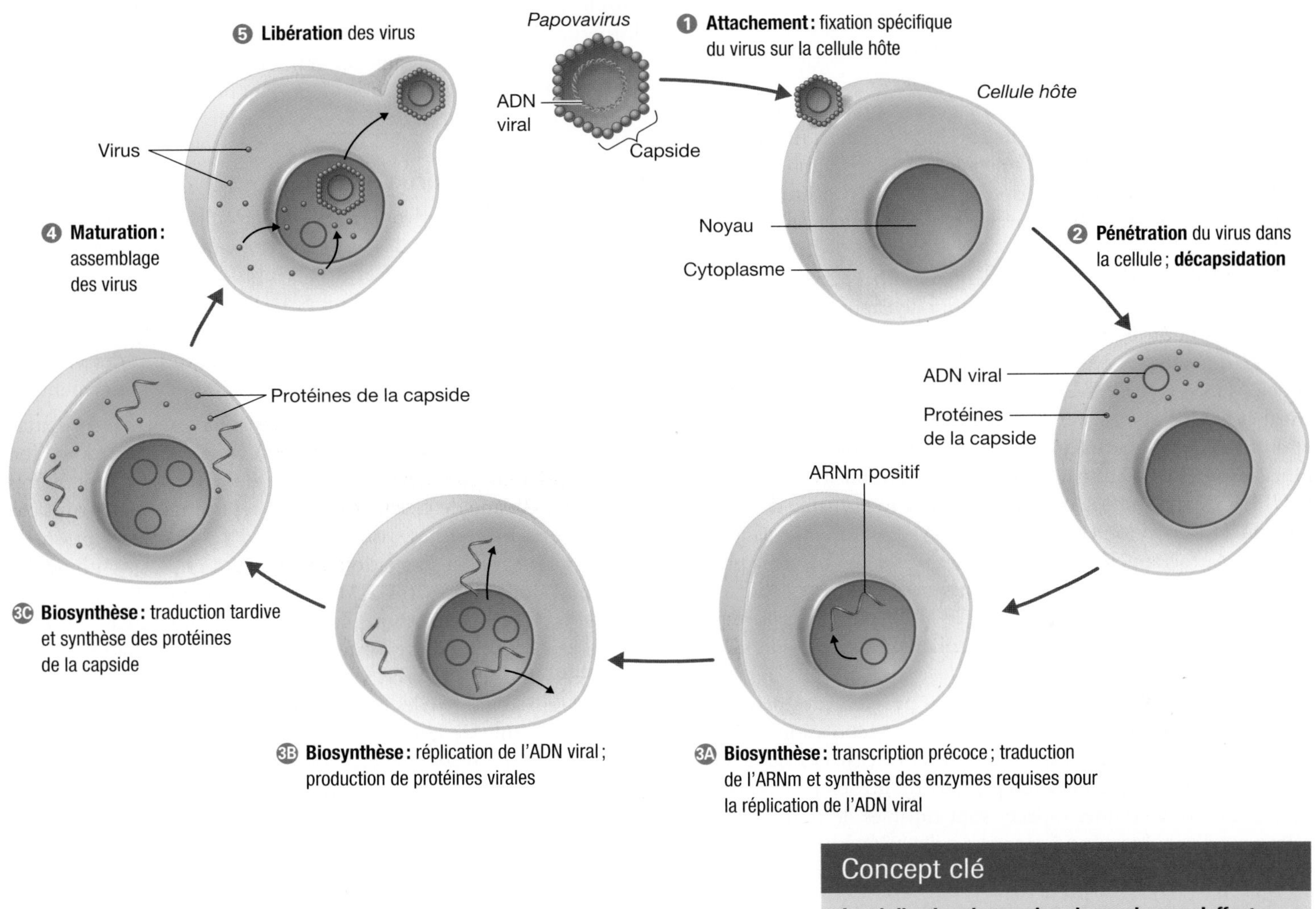
Papovavirus
ADN viral
Capside
1 Attachement : fixation spécifique du virus sur la cellule hôte
Cellule hôte
Noyau
Cytoplasme
2 Pénétration du virus dans la cellule ; décapsidation
ADN viral
Protéines de la capside
ARNm positif
3A Biosynthèse : transcription précoce ; traduction de l'ARNm et synthèse des enzymes requises pour la réplication de l'ADN viral
3B Biosynthèse : réplication de l'ADN viral ; production de protéines virales
3C Biosynthèse : traduction tardive et synthèse des protéines de la capside
Protéines de la capside
4 Maturation : assemblage des virus
Virus
5 Libération des virus

Concept clé

La réplication de tous les virus animaux s'effectue en une série d'étapes et fait généralement intervenir les processus suivants : attachement, pénétration, décapsidation, biosynthèse des acides nucléiques et des protéines virales, maturation et libération.

pénétration et la décapsidation, l'ADN viral est libéré dans le cytoplasme et migre vers le noyau de la cellule hôte. L'étape des biosynthèses débute. 3A Dans un premier temps, une partie seulement de l'ADN viral, les gènes « précoces », est transcrite en ARNm, puis traduite. Les produits de ces gènes sont les enzymes requises pour la réplication de l'ADN viral. Pour la plupart des virus à ADN, la transcription précoce est effectuée par la transcriptase de la cellule hôte (ARN polymérase), sauf dans le cas des poxvirus, qui possèdent leur propre enzyme. La réplication de l'ADN viral se déroule dans le noyau de la cellule hôte. 3B Après le déclenchement de la réplication, a lieu la transcription des gènes viraux « tardifs » en ARNm suivie de la traduction de ce dernier. 3C La biosynthèse des protéines de la capside s'effectue dans le cytoplasme de la cellule hôte. ❹ Puis, les protéines de la capside migrent vers le noyau, où la maturation intervient. L'ADN viral et les protéines de la capside s'assemblent pour former des virus complets. ❺ Les virus matures finiront par être libérés de la cellule hôte.

Voici quelques exemples de familles de virus à ADN.

Adenoviridæ Le nom de ces virus vient du mot « adénoïde », tissu duquel ils ont été isolés pour la première fois ; les adénoïdes sont de petites tonsilles (amygdales) rhinopharyngiennes. Les adénovirus causent des maladies respiratoires de nature aiguë. Le rhume commun en est un exemple (**figure 8.16a**).

Poxviridæ Toutes les maladies associées aux poxvirus, notamment la variole et la vaccine, engendrent des lésions cutanées (figure 16.10). *Pox* fait référence aux lésions purulentes. La multiplication du génome viral est amorcée par la transcriptase virale. Les constituants viraux sont synthétisés et assemblés dans le cytoplasme de la cellule hôte.

Herpesviridæ On connaît une centaine d'herpèsvirus à ce jour (**figure 8.16b**). Ces virus tirent leur nom de l'apparence étalée (*herpétique*) des boutons de fièvre. Les espèces d'herpèsvirus humains (HHV) incluent les types suivants. Les HHV-1 et HHV-2 (aussi appelés HSV-1 et HSV-2) sont les virus responsables de l'herpès labial et génital, respectivement ; le HHV-3, ou virus de la varicelle et du zona (VZV), provoque la varicelle et une récidive, le zona ; le HHV-4, ou virus d'Epstein-Barr, cause la mononucléose infectieuse ; le HHV-5, ou cytomégalovirus (CMV), est responsable de la maladie à inclusions cytomégaliques ; le HHV-6 est associé à la roséole infantile, parfois appelée *sixième maladie* ; le HHV-7 infecte la plupart des enfants dès l'âge de trois ans mais ne serait pas associé à une pathologie clairement définie ; enfin, le HHV-8 est le virus responsable du sarcome de Kaposi, en particulier chez les patients sidéens.

Papovaviridæ Le nom de papovavirus provient des papillomes (verrues), des polyomes (tumeurs) et de la vacuolation (vacuoles cytoplasmiques produites par certains de ces virus). Les verrues sont formées à la suite d'une infection par les virus du genre *Papillomavirus* (figure 21.14). Certaines espèces sont capables de transformer les cellules et d'entraîner ainsi l'apparition d'un cancer. L'ADN viral se réplique dans le noyau de la cellule hôte en même temps que les chromosomes de cette dernière. Les cellules hôtes peuvent alors se mettre à proliférer et donner naissance à une tumeur.

Hepadnaviridæ Ces virus sont nommés ainsi car ils causent l'*hépatite* et contiennent de l'ADN (*dna*, en anglais). Le seul genre de cette famille est responsable de l'hépatite de type B (figure 20.15). (Même s'ils ne sont pas apparentés entre eux, les virus de l'hépatite A, C, D, E, F et G sont des virus à ARN. L'hépatite est une infection des cellules du foie causée par des virus appartenant à diverses familles ; nous l'étudierons au chapitre 20.) Les *Hepadnavirus* se distinguent des autres virus à ADN, car ils synthétisent l'ADN à partir de l'ARN en utilisant une transcriptase inverse virale. Nous abordons l'étude de cette enzyme un peu plus loin dans la section consacrée aux rétrovirus, la seule autre famille virale qui la possède.

La synthèse des virus à ARN

La multiplication des virus à ARN se déroule essentiellement de la même façon que celle des virus à ADN, sauf que les mécanismes de formation de l'ARNm et de l'ARN viral diffèrent selon les familles de virus à ARN (tableau 8.4). Bien que l'étude détaillée de ces mécanismes dépasse le cadre de ce manuel, nous décrirons, à des fins de comparaison, le cycle de multiplication des virus en fonction des caractéristiques de l'ARN viral qu'ils renferment.

La réplication des virus à ARN débute par les étapes ❶ d'attachement (adsorption), ❷ de pénétration et de décapsidation. Une fois la capside digérée, l'ARN et les protéines du virus sont libérés dans le cytoplasme de la cellule hôte. La réplication se poursuit par l'étape de la biosynthèse, qui comprend 3A la transcription de l'ARN viral et 3B la traduction de l'ARNm et de la synthèse des protéines virales. Les virus à ARN se répliquent à l'intérieur du cytoplasme de la cellule hôte ; les principales différences entre les modes de réplication de ces virus tiennent à la façon dont l'ARNm et l'ARN viral sont transcrits et synthétisés. Une fois que l'ARN viral et les protéines virales ont été fabriqués, ❹ l'étape de la maturation se déroule de la même façon dans tous les virus animaux, comme nous allons le voir ci-après ; la réplication se termine par ❺ la libération des virus. Nous présentons à la **figure 8.17** les cycles de réplication de trois types de virus à ARN, soit ceux des familles des *Picornaviridæ*, des *Rhabdoviridæ* et des *Reoviridæ*. Nous verrons plus loin ceux des *Retroviridæ*.

a) *Mastadenovirus*

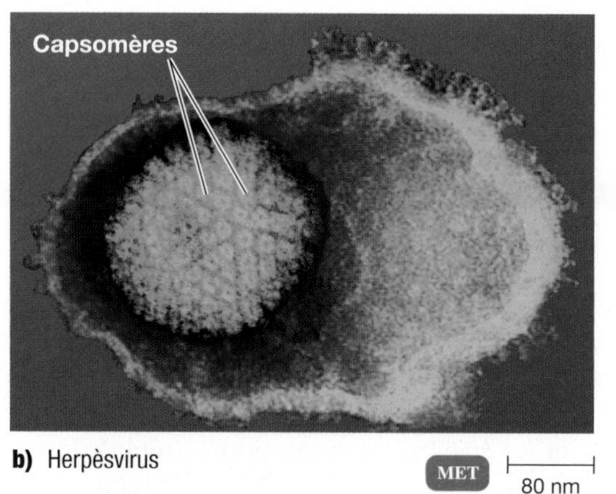

b) Herpèsvirus

Figure 8.16 Virus animaux à ADN. **a)** Coloration négative de la capside de *Mastadenovirus*, un membre de la famille des adénovirus. Les capsomères individuels sont visibles. **b)** Coloration négative d'un herpèsvirus. L'enveloppe autour de la capside du virus est brisée, donnant à l'ensemble l'aspect d'un œuf frit.

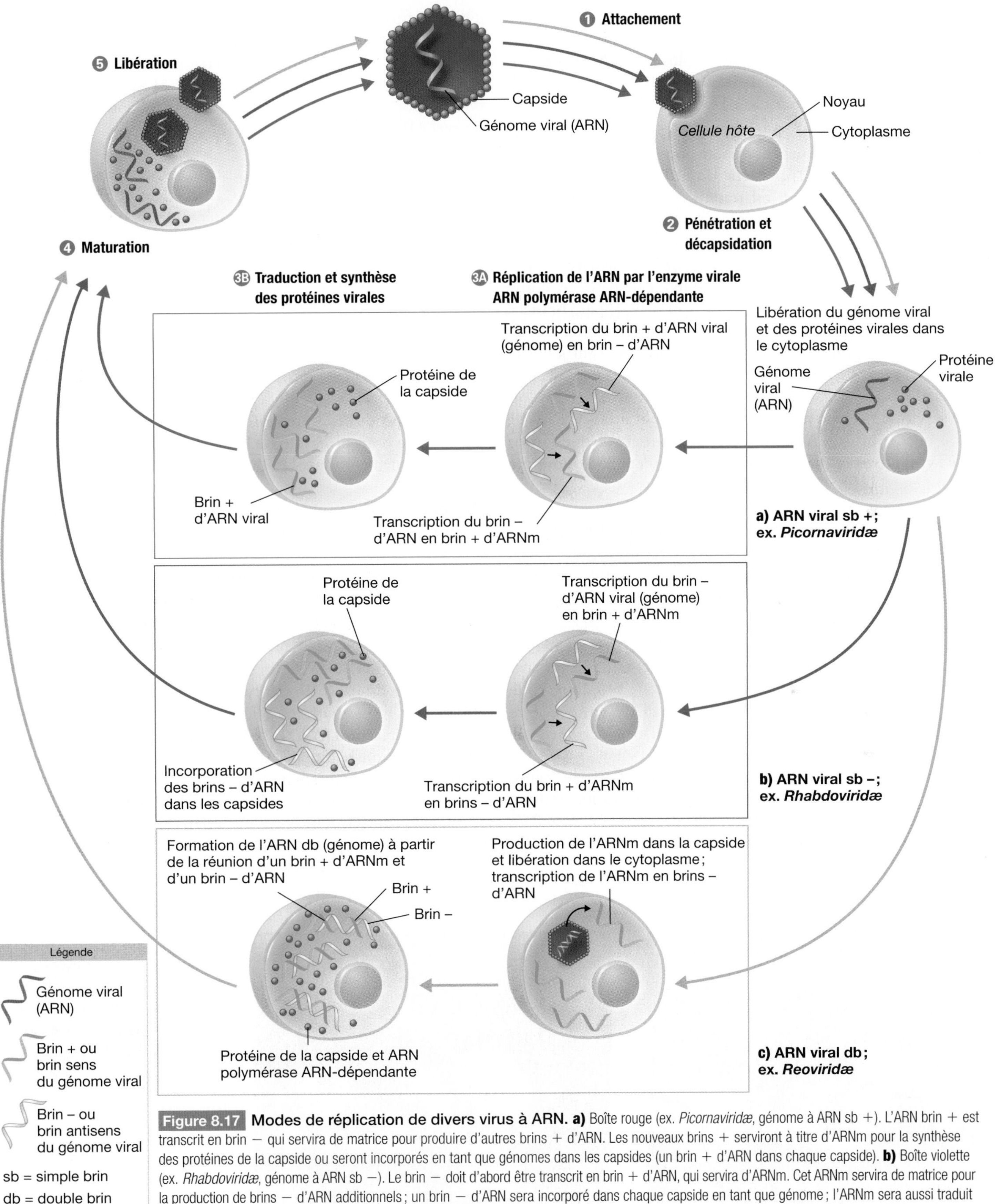

Figure 8.17 **Modes de réplication de divers virus à ARN. a)** Boîte rouge (ex. *Picornaviridæ*, génome à ARN sb +). L'ARN brin + est transcrit en brin – qui servira de matrice pour produire d'autres brins + d'ARN. Les nouveaux brins + serviront à titre d'ARNm pour la synthèse des protéines de la capside ou seront incorporés en tant que génomes dans les capsides (un brin + d'ARN dans chaque capside). **b)** Boîte violette (ex. *Rhabdoviridæ*, génome à ARN sb –). Le brin – doit d'abord être transcrit en brin + d'ARN, qui servira d'ARNm. Cet ARNm servira de matrice pour la production de brins – d'ARN additionnels ; un brin – d'ARN sera incorporé dans chaque capside en tant que génome ; l'ARNm sera aussi traduit en protéines de la capside. **c)** Boîte jaune (ex. *Reoviridæ*, génome à ARN db). Un ARNm est produit dans la capside et libéré dans le cytoplasme. Cet ARNm sera traduit en protéines, celles de la capside y compris ; il servira aussi de matrice pour produire des brins – d'ARN. Un brin d'ARNm et un brin – formeront une double chaîne, laquelle sera incorporée en tant que génome.

Picornaviridæ Les picornavirus, tels que les poliovirus (chapitre 17), sont des virus à ARN monocaténaire (simple brin) à polarité positive (sb +). De tous les virus, ce sont les plus petits. Leur nom est formé du préfixe *pico-* (= petit) et de RNA (= ARN). La figure 8.17a illustre le mécanisme de réplication de ces virus.

Le simple brin de l'ARN de ce virus s'appelle **brin +** (polarité positive) ou **brin sens**, car il peut jouer le rôle d'ARNm. Après que l'attachement, la pénétration et la décapsidation sont terminées, l'ARN viral sb + est traduit en deux protéines précoces, dont l'une inhibe les processus de synthèse d'ARN et de protéines de la cellule hôte, et l'autre forme une enzyme appelée *ARN polymérase ARN-dépendante*. Cette enzyme catalyse la synthèse de l'autre brin d'ARN, dont la séquence de bases est complémentaire au brin + original. Le nouveau brin, appelé **brin −** (polarité négative) ou **brin antisens**, sert de matrice pour produire d'autres brins +. Les nouveaux brins + d'ARN peuvent jouer le rôle d'ARNm lors de la synthèse des protéines de la capside, être incorporés dans les capsides pour former un nouveau virus, ou encore servir de matrice pour continuer la réplication de l'ARN. Une fois que les brins d'ARN + et les protéines tardives du virus ont été synthétisés, la maturation peut débuter; elle conduira à l'assemblage et à la libération de nouveaux virus.

Togaviridae Les togavirus, qui comprennent les *Arbovirus* (ou *Alphavirus)* transportés par les arthropodes (chapitre 17), possèdent également un acide nucléique composé d'un simple brin + d'ARN (figure 8.17a). Ces virus sont enveloppés; leur nom vient du mot latin *toga*, qui signifie «toge».

Une fois formé à partir du brin + d'ARN, le brin − d'ARN sert à transcrire deux types d'ARNm. L'un d'eux est le brin court codant pour les protéines de l'enveloppe; l'autre, le brin long, code pour les protéines de la capside. Le brin long d'ARNm peut être incorporé à l'intérieur de la capside en tant qu'acide nucléique viral.

Rhabdoviridæ Les rhabdovirus, tels que le virus de la rage (genre *Lyssavirus*), sont habituellement de forme fuselée (**figure 8.18a**). *Rhabdo-* vient d'un mot grec qui signifie bâtonnet, mais il ne reflète pas de manière juste leur morphologie. Ces virus possèdent un génome formé d'un simple brin − d'ARN (figure 8.17b). Ils contiennent aussi l'enzyme ARN polymérase ARN-dépendante, qui utilise le brin − comme matrice pour produire un brin + d'ARN. Le brin + d'ARN joue le rôle à la fois d'ARNm pour la synthèse des protéines virales et de matrice pour la synthèse du nouvel ARN viral.

Reoviridæ On trouve les réovirus dans les systèmes respiratoire et digestif (entérique) des humains. Ils n'étaient pas associés à une maladie quelconque lors de leur découverte, si bien qu'on les a considérés comme des virus orphelins. Leur nom dérive des premières lettres des mots «*r*espiratoire», «*e*ntérique» et «*o*rphelin». On sait maintenant que trois sérotypes provoquent des infections des voies respiratoires et des voies gastro-intestinales.

La capside qui contient l'ARN bicaténaire est digérée lors de son entrée dans la cellule hôte. L'ARNm est produit dans la capside virale et libéré dans le cytoplasme, où il est utilisé pour la synthèse des protéines virales (figure 8.17c). Une des protéines virales nouvellement produites joue le rôle de l'ARN polymérase ARN-dépendante pour produire des brins d'ARN −. Les brins + et − d'ARNm forment un ARN bicaténaire, qui est ensuite encapsidé.

Retroviridæ De nombreux rétrovirus infectent les vertébrés (**figure 8.18b**). Un genre de cette famille, *Lentivirus*, comprend les sous-espèces du virus de l'immunodéficience humaine, les VIH-1 et VIH-2, qui causent le sida (chapitre 13). Nous nous pencherons sur les rétrovirus responsables du cancer plus loin dans ce chapitre-ci. Le rétrovirus est un virus enveloppé dont le génome est composé de deux brins + d'ARN identiques.

La formation de l'ARNm et de l'ARN des rétrovirus est schématisée à la **figure 8.19**. Ce type de virus transporte sa propre polymérase, une enzyme appelée *transcriptase inverse*, parce qu'elle permet une réaction (ARN → ADN) qui est l'inverse du processus de transcription habituel (ADN → ARN). On a forgé le nom «rétrovirus» en utilisant les premières lettres des mots anglais «*re*verse *tr*anscriptase». La réplication débute ❶ par l'attachement des spicules du rétrovirus aux récepteurs spécifiques de la cellule hôte; puis, la pénétration a lieu par fusion de la membrane de

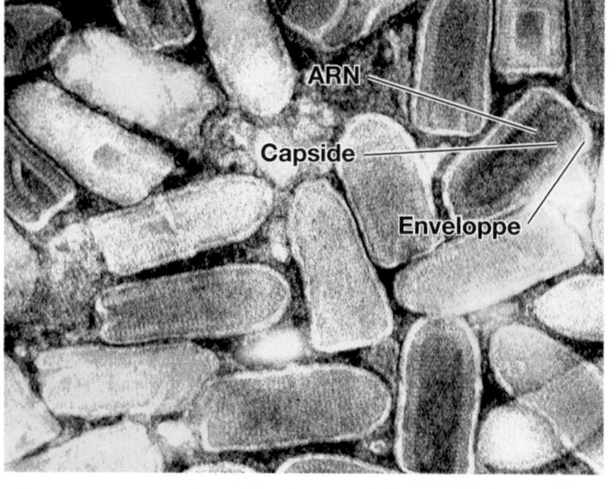

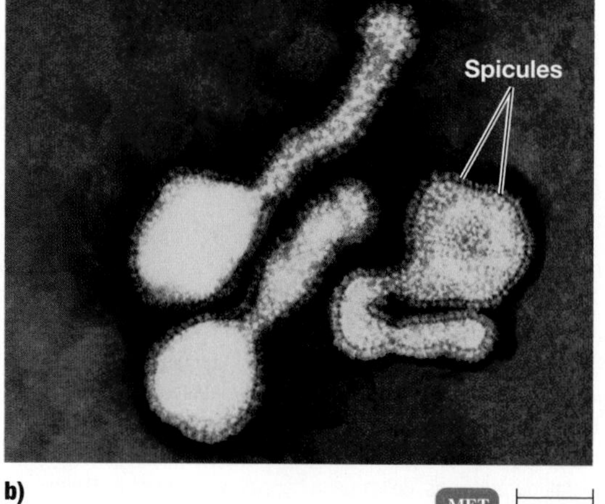

Figure 8.18 Virus animaux à ARN. a) Virus de la stomatite vésiculaire (*Vesiculovirus*), de la famille des *Rhabdoviridæ*. **b)** Virus tumoral de la glande mammaire de la souris (MMTV), de la famille des *Retroviridæ*.

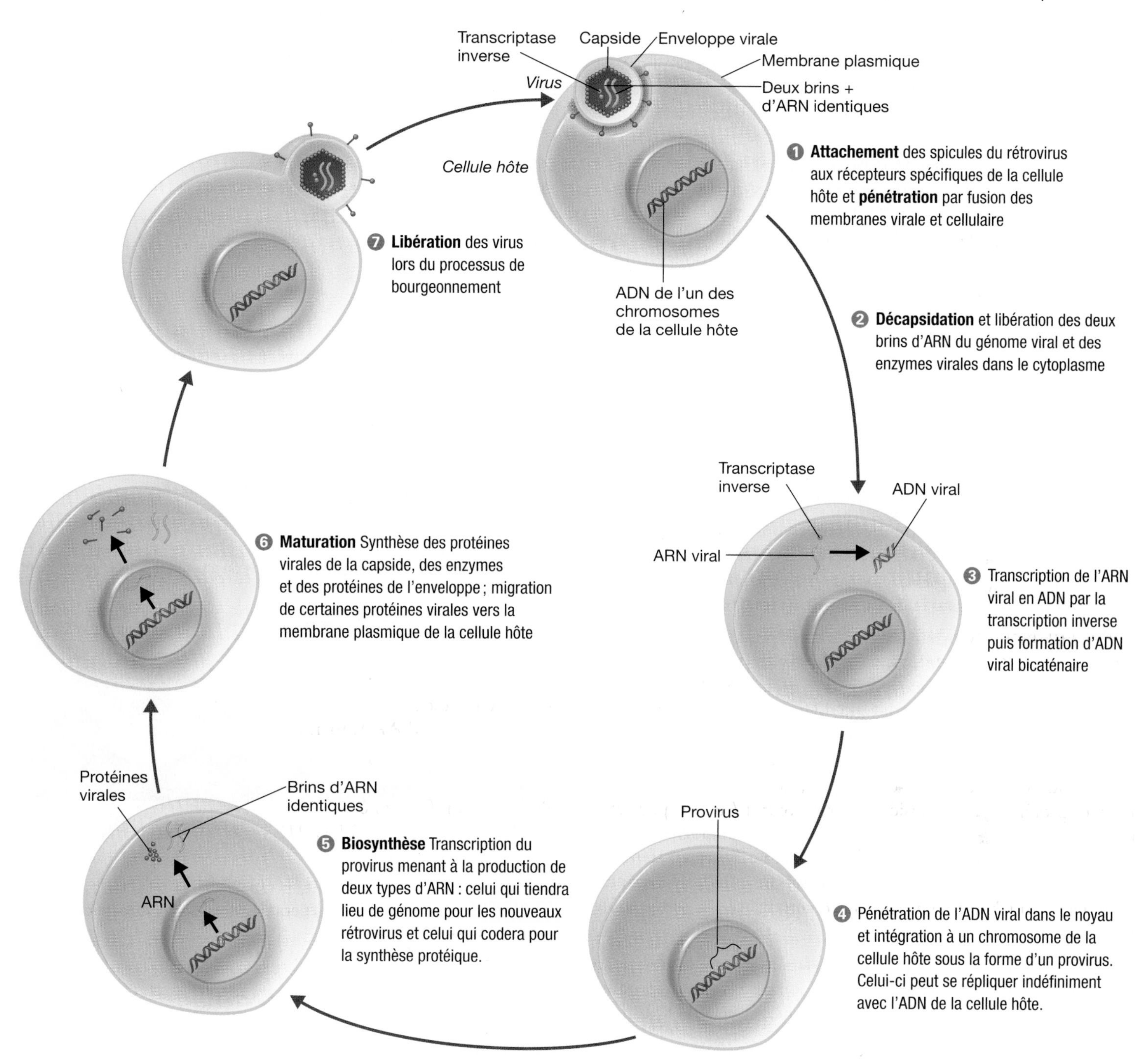

Transcriptase inverse
Capside
Enveloppe virale
Membrane plasmique
Virus
Deux brins + d'ARN identiques
Cellule hôte
❶ **Attachement** des spicules du rétrovirus aux récepteurs spécifiques de la cellule hôte et **pénétration** par fusion des membranes virale et cellulaire
❼ **Libération** des virus lors du processus de bourgeonnement
ADN de l'un des chromosomes de la cellule hôte
❷ **Décapsidation** et libération des deux brins d'ARN du génome viral et des enzymes virales dans le cytoplasme
Transcriptase inverse
ADN viral
ARN viral
❻ **Maturation** Synthèse des protéines virales de la capside, des enzymes et des protéines de l'enveloppe ; migration de certaines protéines virales vers la membrane plasmique de la cellule hôte
❸ Transcription de l'ARN viral en ADN par la transcription inverse puis formation d'ADN viral bicaténaire
Protéines virales
Brins d'ARN identiques
Provirus
❺ **Biosynthèse** Transcription du provirus menant à la production de deux types d'ARN : celui qui tiendra lieu de génome pour les nouveaux rétrovirus et celui qui codera pour la synthèse protéique.
ARN
❹ Pénétration de l'ADN viral dans le noyau et intégration à un chromosome de la cellule hôte sous la forme d'un provirus. Celui-ci peut se répliquer indéfiniment avec l'ADN de la cellule hôte.

Figure 8.19 **Réplication des *Retroviridæ*.** Un rétrovirus peut devenir un provirus qui demeure à l'état latent ou qui donne naissance à de nouveaux virus.

l'enveloppe virale avec la membrane plasmique de la cellule hôte. ❷ Après la décapsidation, les brins d'ARN viral et les enzymes virales – la transcriptase inverse, l'intégrase et les protéases – sont libérées dans le cytoplasme. ❸ La transcriptase inverse utilise un brin + d'ARN du virus en guise de matrice pour produire un brin d'ADN complémentaire qui, à son tour, se réplique ; les deux brins d'ADN forment une double chaîne d'ADN viral. Cette enzyme dégrade aussi l'ARN viral d'origine. ❹ Le nouvel ADN viral formé dans le cytoplasme de la cellule hôte migre dans le noyau et l'intégrase l'incorpore dans l'ADN du chromosome de la cellule hôte. À cette étape, l'ADN viral s'appelle **provirus**. Contrairement au prophage (lysogénisation, figure 8.12), le provirus ne s'excise jamais du chromosome. C'est sa qualité de provirus qui confère au VIH une protection contre le système immunitaire de l'hôte et contre les médicaments antiviraux. Une fois que le provirus s'est intégré à l'ADN de la cellule hôte, plusieurs événements peuvent survenir. Parfois, le provirus demeure simplement latent et se réplique en même temps que l'ADN de la cellule hôte. ❺ Dans d'autres cas, il exprime ses gènes, ce qui entraîne la formation de particules virales complètes. L'étape de la biosynthèse requiert au préalable une nouvelle transcription de l'ADN viral en ARN, lequel tiendra lieu à la fois de génome viral qui sera incorporé à l'intérieur des nouveaux rétrovirus et d'ARNm codant pour la synthèse protéique. ❻ Les protéases catalysent la biosynthèse des protéines virales de la capside, des enzymes et des protéines de l'enveloppe. Certaines protéines virales migrent vers la membrane plasmique de la cellule hôte. ❼ Les nouveaux rétrovirus matures sont libérés par la cellule ; en quittant la cellule par bourgeonnement, ils acquièrent une enveloppe pourvue des spicules nécessaires à leur attachement, de telle sorte qu'ils peuvent dès lors infecter les cellules adjacentes.

Les mutagènes tels que les rayonnements gamma peuvent entraîner l'expression des gènes du provirus. Le provirus peut aussi transformer la cellule hôte en cellule tumorale. Les mécanismes hypothétiques de ce phénomène seront abordés plus loin.

La maturation et la libération

La première étape de la maturation virale consiste en l'assemblage habituellement spontané des protéines de la capside. Comme nous l'avons vu plus haut, la capside de nombreux virus animaux est entourée d'une enveloppe formée de protéines, de lipides et de glucides.

Parmi cette catégorie de virus, on compte les *Orthomyxovirus* et les *Paramyxovirus*. Les protéines de l'enveloppe sont codées par des gènes viraux et sont incorporées à la membrane plasmique de la cellule hôte. Les lipides et les glucides de l'enveloppe sont des constituants de la membrane plasmique de la cellule hôte. L'enveloppe se forme autour de la capside par un processus appelé **bourgeonnement** (figure 8.20). C'est ainsi que la capside entièrement assemblée et renfermant le génome viral forme une excroissance sur la membrane plasmique. Une partie de la membrane plasmique adhère au virus et devient son enveloppe. Le bourgeonnement est l'un des modes de libération des virus. Il ne conduit pas immédiatement à la mort de l'hôte et, dans certains cas, la cellule hôte y survit.

Les virus non enveloppés sont relâchés lors de la lyse de la membrane plasmique de la cellule hôte. Comparativement au bourgeonnement, ce mode de libération entraîne généralement la mort de la cellule hôte.

Du point de vue médical, la gravité d'une infection virale est généralement associée au type de cellule hôte humaine infectée et au type de dommages cellulaires qui en résultent. Par exemple, l'infection active des cellules hépatiques par le virus de l'hépatite C peut provoquer en peu de semaines la destruction du foie et la mort de l'individu. Par contre, chez les personnes en bonne santé, une infection au virus de l'herpès humain type 1 est bénigne ; elle provoque généralement des boutons de fièvre limités à la région buccale.

▶ Vérifiez vos acquis

Décrivez brièvement, pour un virus à ADN enveloppé, les étapes suivantes de la multiplication : attachement, pénétration, décapsidation, biosynthèse, maturation et libération. **8-13**

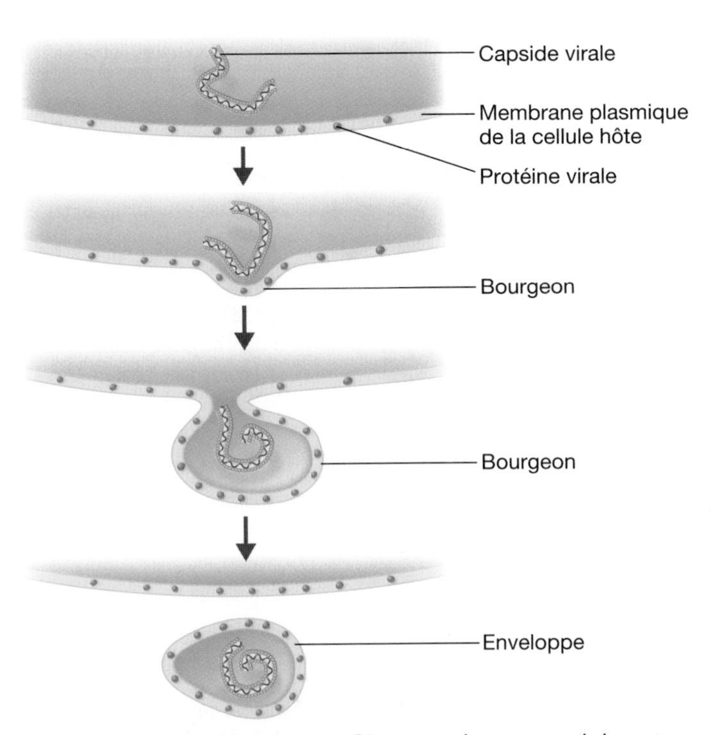

a) Libération par bourgeonnement. Diagramme du processus de bourgeonnement.

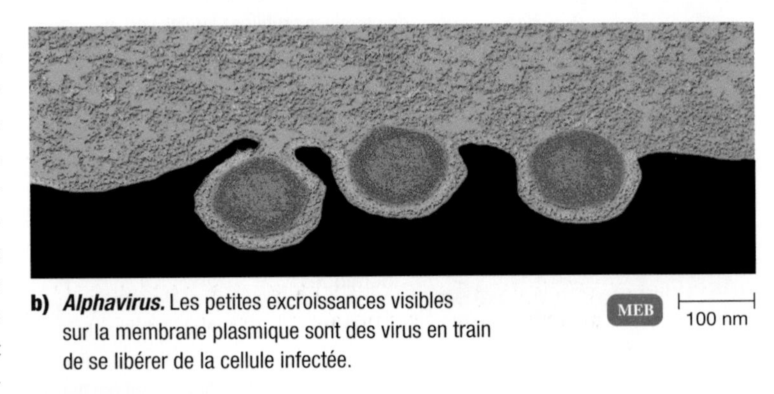

b) *Alphavirus.* Les petites excroissances visibles sur la membrane plasmique sont des virus en train de se libérer de la cellule infectée.

Figure 8.20 Libération par bourgeonnement d'un virus enveloppé.

Les virus et le cancer

▶ Objectifs d'apprentissage

8-15 Définir l'oncogène et la cellule transformée.

8-16 Discuter du lien entre les virus à ARN et à ADN et le cancer.

On sait aujourd'hui que plusieurs types de cancer sont imputables à des virus. La recherche effectuée sur les virus cancérogènes a amélioré la compréhension générale du cancer. La recherche en biologie moléculaire montre que le mécanisme des maladies est similaire, même dans les cas où le cancer n'est pas provoqué par un virus.

On associe difficilement une cause virale aux cancers, et ce, pour plusieurs raisons. D'abord, la plupart des particules de certains virus infectent les cellules, mais ne provoquent pas de cancer. Deuxièmement, le cancer se manifeste parfois longtemps après l'infection virale. Troisièmement, les cancers ne semblent pas être contagieux, comme le sont habituellement les maladies virales.

La transformation des cellules normales en cellules tumorales

Presque tout ce qui peut altérer le matériel génétique d'une cellule eucaryote a le pouvoir de transformer une cellule normale en cellule cancéreuse. Ces modifications de l'ADN conduisant au cancer touchent des éléments du génome appellés **oncogènes**. Les oncogènes ont d'abord été considérés comme une partie intégrante du génome viral normal. Cependant, on sait maintenant que ces gènes cancérogènes, qui ont pour vecteurs des virus, proviennent en fait de cellules animales. Par exemple, le gène cancérogène *src,* dont le virus du sarcome aviaire est porteur, provient d'une partie normale du génome du poulet.

Les oncogènes peuvent être amenés à fonctionner de manière anormale par divers agents, notamment les substances chimiques mutagènes, les rayonnements de haute énergie et les virus. Les virus capables de provoquer des tumeurs chez les animaux s'appellent **virus oncogènes** ou *oncovirus*. Environ 10% des cancers sont de nature virale. Tous les virus oncogènes présentent une caractéristique étonnante qui réside dans leur capacité d'intégrer leur matériel génétique à l'ADN de la cellule hôte et de se répliquer en même temps que les chromosomes de cette dernière. Ce mécanisme est semblable à la lysogénie bactérienne et peut modifier les caractéristiques de la cellule hôte de la même manière.

Les virus à ARN aussi bien que les virus à ADN peuvent causer l'apparition de tumeurs chez les animaux. Lorsque cela se produit, les cellules tumorales subissent une **transformation**, c'est-à-dire qu'elles acquièrent des propriétés distinctes de celles de cellules non infectées ou de cellules infectées qui ne forment pas de tumeur. Après avoir été transformées par des virus, de nombreuses cellules présentent des antigènes spécifiques au virus appelés **antigènes de transplantation spécifiques aux tumeurs** (**TSTA** pour *tumor-specific transplantation antigen*) à la surface de leur membrane ou des antigènes dans leur noyau appelés **antigènes T**. Les cellules transformées ont tendance à être moins sphériques que les cellules normales et à présenter certaines anomalies chromosomiques, telles qu'un nombre inhabituel de chromosomes ou des chromosomes fragmentés.

Les virus oncogènes à ADN

On trouve des virus oncogènes dans plusieurs familles de virus à ADN. Parmi elles, on compte les *Adenoviridæ*, les *Herpesviridæ*, les *Poxviridæ*, les *Papovaviridæ* et les *Hepadnaviridæ*. Les *Papillomavirus*, de la famille des *Papovaviridæ*, sont responsables du cancer du col de l'utérus.

Presque tous les cancers du col de l'utérus sont causés par le virus du papillome humain (VPH), et environ la moitié sont attribuables à VPH-16. Il existe un vaccin contre quatre VPH, y compris VPH-16, qu'on recommande d'administrer aux filles âgées de 11 à 12 ans.

Le genre *Lymphocryptovirus,* de la famille des *Herpesviridæ,* comprend le virus d'Epstein-Barr (virus EB), qui est associé à la mononucléose infectieuse. Environ 90% de la population nord-américaine est probablement porteuse du virus EB à l'état latent dans les lymphocytes, mais ne présente pas de symptômes. Bien qu'elle se manifeste par des symptômes légers chez les enfants sains, l'infection par ce virus peut provoquer la mononucléose infectieuse, surtout chez les adolescents ; cette maladie est mieux connue sous le nom de maladie du baiser (chapitre 18). Le virus EB est aussi associé à deux cancers humains, le lymphome de Burkitt et le carcinome du rhinopharynx. Certaines recherches indiquent également qu'il pourrait jouer un rôle dans la maladie de Hodgkin, un cancer du système lymphatique.

Le virus de l'hépatite B (HBV, genre *Hepadnavirus*) est un autre virus à ADN cancérogène. De nombreuses études menées sur des animaux ont démontré que le virus est l'agent causal du cancer du foie. Une recherche effectuée sur les humains a révélé que presque toutes les personnes atteintes d'un cancer du foie avaient déjà souffert d'infections à HBV.

Les virus oncogènes à ARN

Parmi les virus à ARN, seuls les oncovirus de la famille des *Retroviridæ* provoquent un cancer. Les virus de la leucémie des lymphocytes T humains (HTLV-1 et HTLV-2) sont les rétrovirus responsables de la leucémie des lymphocytes T de l'adulte et du lymphome chez les humains. (Les lymphocytes T sont un type de leucocytes – globules blancs – qui jouent un rôle dans la réponse immunitaire.)

Les virus associés aux sarcomes félins, aviaires et murins et les virus responsables des tumeurs des glandes mammaires chez les souris sont des rétrovirus. Un autre rétrovirus, le virus de la leucémie féline, cause et transmet la leucémie des chats. Un test permet de détecter la présence du virus dans le sérum félin.

Q/R La capacité des rétrovirus de causer un cancer est liée à la production de la transcriptase inverse grâce au mécanisme de formation d'un provirus que nous avons décrit plus haut (figure 8.19). Le provirus, un ADN bicaténaire copié à partir de l'ARN viral par l'enzyme, s'intègre à l'ADN de la cellule hôte, introduisant ainsi du nouveau matériel génétique dans le génome de cette dernière. C'est la raison pour laquelle les rétrovirus peuvent provoquer un cancer. Certains rétrovirus contiennent des oncogènes ; d'autres possèdent des promoteurs qui activent les oncogènes ou d'autres facteurs causant le cancer. Q/R

▶ Vérifiez vos acquis

Qu'est-ce qu'un provirus ? **8-15**

Comment un virus à ARN peut-il causer le cancer s'il n'a pas d'ADN à insérer dans le génome de la cellule hôte ? **8-16**

Les infections virales latentes

▶ Objectifs d'apprentissage

8-17 Définir l'infection virale latente.

8-18 Donner un exemple d'infection virale latente.

Un virus peut vivre en harmonie avec son hôte et ne provoquer aucun symptôme de maladie pendant parfois des années ; l'infection est alors cachée et qualifiée d'*infection latente*. Tous les virus herpétiques humains peuvent demeurer dans les cellules de l'hôte durant toute sa vie. Lorsqu'un virus herpétique est réactivé lors d'une immunosuppression (par exemple dans le cas du sida), l'infection qui en résulte peut être fatale. Toute réactivation n'est cependant pas aussi grave. L'infection cutanée imputable au virus de l'herpès humain type 1 se manifeste par des vésicules («feux sauvages»); cette infection représente l'exemple classique d'une infection latente. Ce virus réside dans les cellules nerveuses de l'hôte, mais ne cause des dommages que lorsqu'il est soudainement activé par un stimulus comme la fièvre ou les coups de soleil, d'où le terme «boutons de fièvre» (figure 16.12). Lorsqu'il y a reprise de la maladie sans contact nouveau avec le pathogène, on parle alors d'*infection récurrente*. Même si un pourcentage important de la population est porteur, de 10 à 15% seulement des individus infectés manifesteront la maladie. Certains individus produisent des virus mais ne présentent jamais de symptômes. Les virus de certaines infections latentes existent à l'*état lysogénique* à l'intérieur des cellules hôtes.

Le virus de la varicelle (famille des *Herpesviridæ*) peut aussi être latent. La varicelle est une maladie de la peau que l'on contracte habituellement durant l'enfance. Le virus atteint la peau par le sang. Du sang, certains virus entrent dans les nerfs, où ils vont rester latents dans les ganglions nerveux. Des modifications ultérieures de la réponse immunitaire peuvent activer ces virus latents et causer le zona, ou herpès zoster. Les éruptions de zona apparaissent sur la peau le long des nerfs dans lesquels le virus était latent. Le zona atteint de 10 à 20% des personnes ayant eu la varicelle (figure 16.11).

Les infections virales persistantes

▶ Objectif d'apprentissage

8-19 Distinguer les infections virales persistantes des infections virales latentes et donner un exemple pour chacun de ces types d'infections.

Le terme «infection virale lente» a été forgé dans les années 1950 pour désigner une maladie qui s'étale sur une longue période de temps et dont l'agent causal présumé est un virus. Ces maladies chroniques sont mieux désignées par le terme «**infection virale persistante**» ou encore «**infection à virus lent**». Ce type d'infection virale est habituellement fatal.

On a démontré qu'un bon nombre d'infections virales étaient dues à des virus courants. Par exemple, plusieurs années après avoir causé la maladie, le virus de la rougeole peut provoquer une forme d'encéphalite rare appelée *leucoencéphalite sclérosante subaiguë*. Il semble que c'est l'augmentation graduelle, sur une longue période de temps, du taux de virus détectable – c'est le cas de la plupart des infections virales persistantes – qui permet de distinguer l'infection virale persistante de l'infection virale latente, laquelle se caractérise plutôt par une augmentation soudaine (**figure 8.21**).

Le **tableau 8.5** donne plusieurs exemples d'infections virales persistantes imputables à des virus courants.

▶ Vérifiez vos acquis

Le zona est-il le résultat d'une infection persistante ou latente? **8-19**

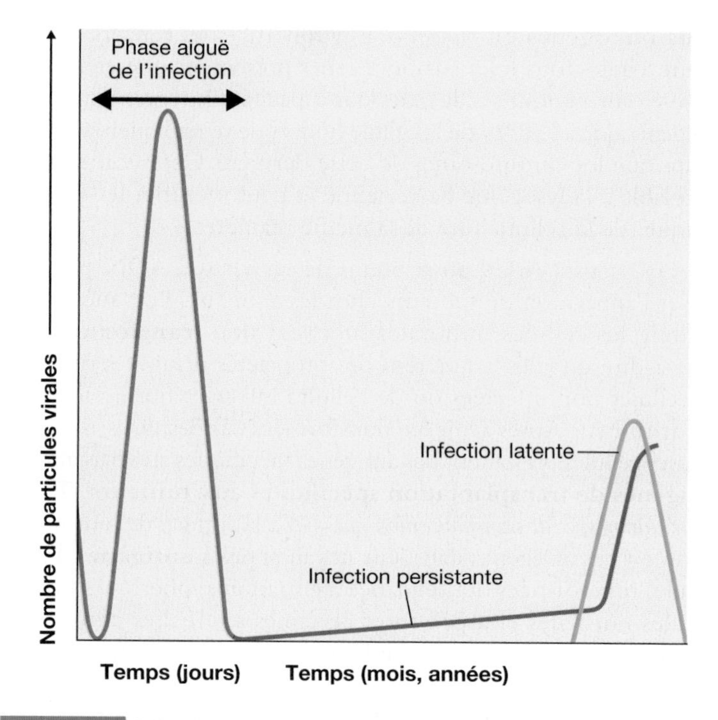

Figure 8.21 Infections virales latentes et persistantes.

Tableau 8.5 Exemples d'infections virales latentes et persistantes chez les humains

Maladie	Principale conséquence	Virus causal
Latente	**Aucun symptôme pendant la phase de latence; aucun virus n'est libéré**	
Boutons de fièvre; herpès génital	Lésions de la peau et des muqueuses; lésions sur les organes génitaux	Virus de l'herpès humain types 1 et 2
Leucémie	Prolifération anormale des leucocytes	HTLV-1 et HTLV-2
Zona	Lésions de la peau	*Varicellovirus* (herpèsvirus)
Persistante	**Des virus sont libérés continuellement**	
Cancer du col utérin	Augmentation de la croissance cellulaire	Virus du papillome humain
VIH/sida	Diminution des lymphocytes CD4+	VIH-1 et VIH-2 (*Lentivirus*)
Cancer du foie	Augmentation de la croissance cellulaire	Virus de l'hépatite B
Infection persistante à entérovirus	Détérioration mentale associée au sida	Echovirus
Encéphalite progressive	Détérioration mentale rapide	Virus de la rubéole
Leucoencéphalite sclérosante subaiguë	Détérioration mentale	Virus de la rougeole

Les prions

▶ Objectif d'apprentissage

8-20 Décrire comment une protéine peut devenir infectieuse.

D'autres maladies infectieuses sans cause virale peuvent être provoquées par des agents appelés *prions*. En 1982, le neurobiologiste américain Stanley Prusiner a émis l'hypothèse que des protéines infectieuses étaient à l'origine d'une maladie neurologique du mouton appelée *scrapie* (mot anglais dérivé d'un verbe signifiant gratter). L'infectiosité des tissus infectés diminuait après un traitement aux protéases mais pas après un traitement aux rayonnements, ce qui suggérait que l'agent infectieux était une protéine pure. Prusiner a inventé le mot «**prion**» (de l'anglais «*pro*teinaceous *in*fectious particle») pour désigner la particule. Cette découverte continue de susciter beaucoup d'interrogations en raison de la nature même de cet agent infectieux, qui consiste en une simple protéine.

Neuf maladies animales, parmi lesquelles on compte la «maladie de la vache folle» qui a infecté le cheptel du Royaume-Uni en 1987, tombent maintenant sous cette catégorie d'agent infectieux. Il s'agit dans les neuf cas d'atteintes neurologiques nommées *encéphalopathies spongiformes*, car le cerveau se troue alors de grosses vacuoles (figure 17.13b). Les maladies humaines sont le kuru, la maladie de Creutzfeldt-Jakob (MCJ), le syndrome de Gerstmann-Sträussler-Scheinker et l'insomnie familiale fatale. (Nous examinerons les maladies neurologiques au chapitre 17.) Ces maladies sont transmises dans certaines familles, ce qui suggère une cause génétique. Toutefois, elles ne peuvent être uniquement héréditaires pour deux raisons. D'une part, on sait que la maladie de la vache folle a été transmise au bétail par des farines animales contaminées avec de la viande de moutons infectés par la scrapie. D'autre part, la nouvelle variante (bovine) a été transmise aux humains par ingestion de viande insuffisamment cuite provenant de vaches infectées. Par ailleurs, on a observé que la MCJ a également été transmise par le biais de tissus nerveux transplantés et d'instruments chirurgicaux contaminés.

Une hypothèse visant à expliquer comment un agent infectieux peut ne pas posséder d'acide nucléique est illustrée à la **figure 8.22**. L'agent infectieux semble être une protéine, la PrP (pour protéine du prion), dont le gène fait partie de l'ADN normal de l'hôte. Chez les humains, le gène de la PrP est localisé sur le chromosome 20. Chez l'humain sain, la protéine PrP s'appelle PrP^{c} (c pour cellulaire). La maladie pourrait être causée par la forme anormale de la PrP, nommée PrP^{Sc}, que l'on trouve dans le cerveau d'animaux atteints de *scrapie*. L'inoculation de PrP^{Sc} chez des animaux de laboratoire sains provoque l'apparition de la maladie. La protéine anormale PrP^{Sc} peut altérer la protéine normale PrP^{c}. Lorsqu'une PrP^{Sc} est mise en contact avec une PrP^{c} normale et qu'elle l'amène à se replier en forme de PrP^{Sc}, les nouvelles molécules de PrP^{Sc} attaquent d'autres molécules de PrP^{c} normales.

On ne connaît pas encore l'origine des lésions cellulaires. On a observé des plaques résultant de l'accumulation de PrP^{Sc} dans le cerveau, mais elles ne semblent pas endommager les cellules. On s'appuie néanmoins sur leur présence lors de l'autopsie pour déterminer la cause de la mort.

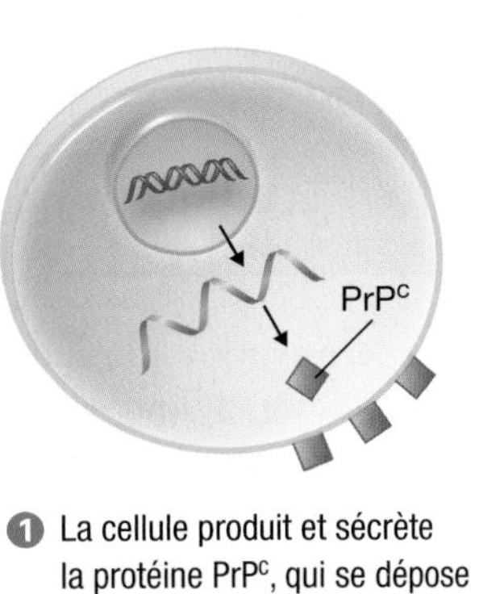

❶ La cellule produit et sécrète la protéine PrP^{c}, qui se dépose sur la membrane plasmique.

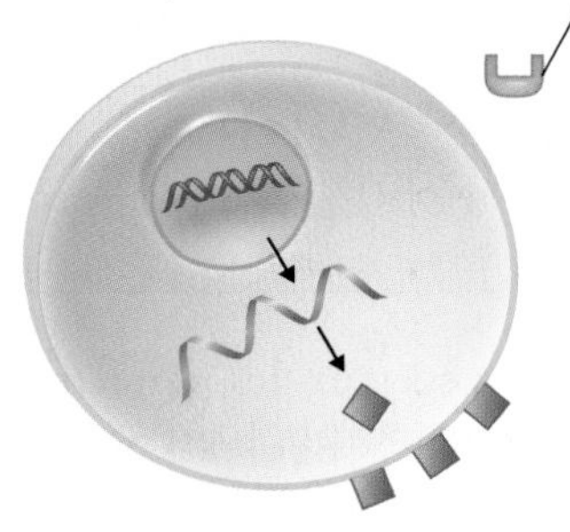

❷ La protéine PrP^{Sc} s'introduit dans l'organisme ou est produite par un gène *PrP^{c}* muté.

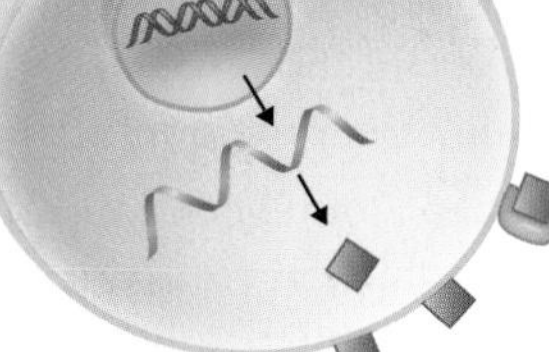

❸ La PrP^{Sc} réagit avec la PrP^{c} à la surface de la cellule.

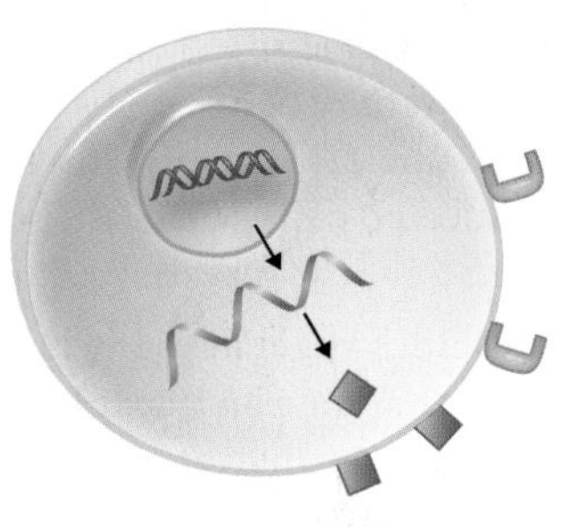

❹ La PrP^{Sc} transforme la PrP^{c} en PrP^{Sc}.

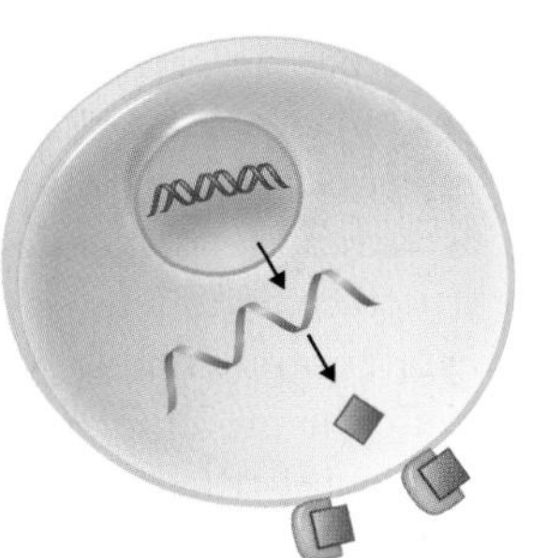

❺ La PrP^{Sc} nouvellement créée se met à transformer d'autres molécules de PrP^{c}.

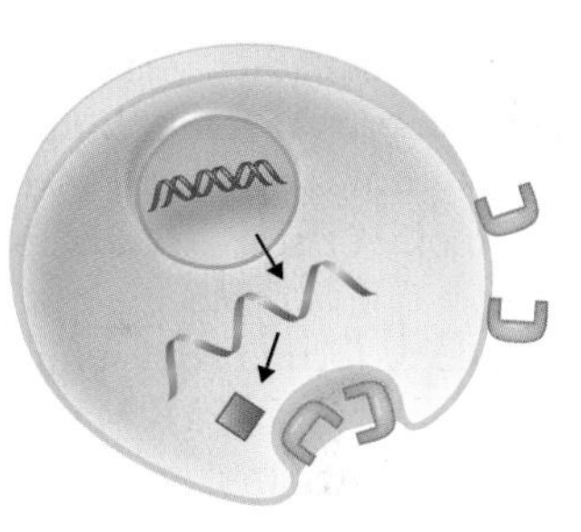

❻ La nouvelle PrP^{Sc} est absorbée par endocytose.

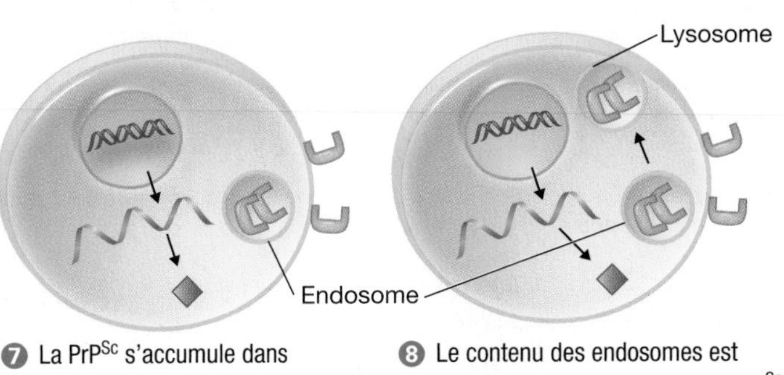

❼ La PrP^{Sc} s'accumule dans les endosomes.

❽ Le contenu des endosomes est transféré à des lysosomes. La PrP^{Sc} continue de s'accumuler, et la cellule finit par mourir.

Figure 8.22 **Comment une protéine peut devenir infectieuse.** Lorsqu'il pénètre dans une cellule, un prion anormal (PrP^{Sc}) transforme un prion normal PrP^{c} en PrP^{Sc}, qui à son tour modifiera un autre prion normal, et ainsi de suite. Cette réaction en chaîne aboutit à une accumulation de prions PrP^{Sc} anormaux. Notez que la protéine PrP^{c} prend alors la forme de la protéine PrP^{Sc}.

Les virus végétaux et les viroïdes

Objectifs d'apprentissage

8-21 Différencier les virus, les viroïdes et les prions.

8-22 Nommer un virus qui provoque une maladie des plantes.

Les virus végétaux ressemblent aux virus animaux à plusieurs égards. Leur morphologie et les types d'acide nucléique qu'ils contiennent sont similaires (**tableau 8.6**). De fait, certains virus de plantes peuvent se répliquer à l'intérieur de cellules d'insectes. Ces virus causent de nombreuses maladies qui touchent des plantes agricoles importantes pour l'économie, telles que les légumineuses (virus de la mosaïque du haricot), le maïs, la canne à sucre (virus de la tumeur des blessures) et les pommes de terre (virus du nanisme jaune de la pomme de terre). Ils peuvent engendrer un changement de couleur, une déformation, un flétrissement et un étiolement de la partie infectée de la plante. Cependant, certains hôtes demeurent asymptomatiques et servent uniquement de réservoirs d'infection.

Les cellules végétales sont habituellement protégées contre la maladie grâce à une paroi cellulaire imperméable. En conséquence, les virus doivent pénétrer la plante par une blessure ou être aidés par des parasites des plantes tels que les nématodes, les mycètes et, comme cela se produit fréquemment, les insectes qui sucent la sève des plantes. Une fois que la plante est infectée, la maladie peut se propager à d'autres plantes par dissémination de pollen et de graines.

Certaines maladies végétales sont causées par des **viroïdes**, petits fragments d'ARN nu longs de 300 à 400 nucléotides et sans capside ; les viroïdes sont donc des ARN infectieux. Les ribonucléotides forment souvent un appariement intramoléculaire des bases, si bien que la molécule possède une structure tridimensionnelle, repliée et fermée, qui semble la protéger contre les attaques d'enzymes cellulaires. L'ARN ne code pour aucune protéine. À ce jour, on a démontré que les viroïdes sont des agents pathogènes de plantes uniquement. Chaque année, des infections par viroïdes, tels que le viroïde responsable de la maladie des turbercules en fuseau de la pomme de terre (PSTV pour *potato spindle tuber viroid*), causent des dommages qui entraînent des pertes se chiffrant à des millions de dollars (**figure 8.23**).

La recherche actuelle sur les viroïdes a révélé des similarités entre la séquence des bases des viroïdes et celle des introns. Rappelez-vous que les introns sont des séquences de matériel génétique qui ne codent pas pour des polypeptides (chapitre 24 EN LIGNE). On en a tiré l'hypothèse que les viroïdes pourraient dériver des introns, ce qui laisse penser que l'on pourrait un jour découvrir des viroïdes animaux.

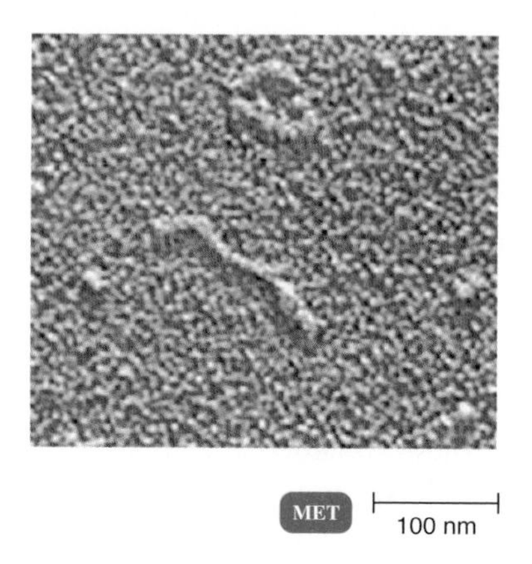

Figure 8.23 **Viroïdes linéaires et circulaires de la maladie des tubercules en fuseau de la pomme de terre.**

Vérifiez vos acquis

Comparez le viroïde avec le prion. Nommez une maladie causée par chacun de ces agents pathogènes. **8-20** et **8-21**

Comment les virus des plantes s'introduisent-ils dans les cellules hôtes ? **8-22**

Tableau 8.6 Classification de quelques virus de plantes parmi les plus importants

Caractéristiques	Famille virale	Genre viral ou membres non classés	Morphologie	Mode de transmission
ADN bicaténaire, non enveloppé	*Papovaviridæ*	Virus de la mosaïque du chou-fleur		Pucerons
ARN monocaténaire, brin +, non enveloppé	*Potyviridæ*	Virus du rabougrissement jaune du melon		Pucerons
	Tetraviridæ	*Tobamovirus*		Blessures
ARN monocaténaire, brin –, enveloppé	*Rhabdoviridæ*	Virus du nanisme jaune de la pomme de terre		Cicadelles et pucerons
ARN bicaténaire, non enveloppé	*Reovirus*	Virus de la tumeur des blessures		Cicadelles

RÉSUMÉ

LES CARACTÉRISTIQUES GÉNÉRALES DES VIRUS (p. 195)

1. Selon le point de vue qu'on adopte, on peut considérer les virus comme des agrégats de substances chimiques, exceptionnellement complexes mais inertes, ou comme des microorganismes vivants extrêmement simples – d'où la difficulté de décrire les virus comme de la matière vivante ou comme de la matière non vivante.
2. Les virus contiennent un génome formé d'un seul type d'acide nucléique (ADN ou ARN) et une coque protéique, parfois entourée d'une enveloppe composée de lipides, de protéines et de glucides.
3. Les virus sont des parasites intracellulaires obligatoires. Ils se multiplient en utilisant le métabolisme de la cellule hôte pour effectuer la synthèse de constituants viraux spécialisés ; ces derniers produiront de nouveaux virus susceptibles d'infecter d'autres cellules. Le pouvoir pathogène des virus est lié aux dommages causés aux cellules qu'ils infectent.

Le spectre d'hôtes cellulaires (p. 195)

4. Le spectre d'hôtes cellulaires fait référence à l'éventail de cellules hôtes dans lesquelles un virus peut proliférer.
5. La plupart des virus n'infectent que des types spécifiques de cellules d'une espèce donnée.
6. Le spectre d'hôtes cellulaires d'un virus est déterminé par les sites récepteurs spécifiques localisés à la surface de la membrane de la cellule hôte et par la présence des constituants cellulaires nécessaires à la réplication virale.

La taille des virus (p. 198)

7. La taille des virus est évaluée à l'aide d'un microscope électronique ; l'unité de mesure est le nanomètre (nm).
8. La longueur des virus varie entre 20 et 1 000 nm.

LA STRUCTURE VIRALE (p. 198)

1. La structure des virus reflète leur organisation acellulaire : ils ne possèdent ni membrane plasmique, ni cytoplasme, ni aucun organite ; ces caractéristiques les distinguent des bactéries.

Le génome viral (p. 198)

2. Le génome des virus contient soit de l'ADN, soit de l'ARN, mais jamais les deux à la fois. L'acide nucléique peut être monocaténaire ou bicaténaire, linéaire, circulaire ou fragmenté en molécules séparées.
3. Chez les virus, le pourcentage d'acide nucléique codant pour des protéines varie de 1 à 50 %.

La capside et l'enveloppe (p. 198)

4. La coque protéique qui entoure l'acide nucléique d'un virus s'appelle capside.
5. La capside est composée de sous-unités, les capsomères, qui sont d'un seul ou de plusieurs types protéiques. La capside sert à l'attachement des virus non enveloppés sur la cellule hôte.
6. Chez certains virus, la capside est entourée d'une enveloppe formée de lipides, de protéines et de glucides ; cette enveloppe est acquise lors de l'expulsion des virus de la cellule hôte.
7. Certaines enveloppes sont couvertes de spicules, projections chimiquement complexes composées de glycoprotéines ; ces spicules servent de sites récepteurs lors de l'attachement des virus sur leur cellule hôte.

La morphologie générale (p. 200)

8. Les virus hélicoïdaux (le virus Ebola, par exemple) ont une forme fuselée et leur capside ressemble à un cylindre creux de forme hélicoïdale dans lequel se trouve l'acide nucléique enroulé en hélice.
9. Les virus polyédriques (les adénovirus, par exemple) possèdent une capside à plusieurs faces. Habituellement, leur capside est un icosaèdre (20 faces).
10. Les virus recouverts d'une enveloppe sont plus ou moins sphériques mais peuvent prendre des formes diverses. Il existe aussi des virus hélicoïdaux enveloppés (*Influenzavirus*, par exemple) et des virus polyédriques enveloppés (*Simplexvirus*, par exemple).
11. Les virus complexes présentent des structures complexes. Par exemple, de nombreux bactériophages possèdent une capside polyédrique munie d'une queue hélicoïdale.

LA TAXINOMIE DES VIRUS (p. 201)

1. La classification virale repose sur le type d'acide nucléique (ADN ou ARN, soit monocaténaire, soit bicaténaire), le mode de réplication et la morphologie des virus (symétrie cubique ou hélicoïdale). Elle ne repose pas sur le type de symptôme ni sur le type de cellule hôte infectée.
2. Les noms de famille des virus se terminent par le suffixe *-viridæ*, les noms de genre par le suffixe *-virus*.
3. Une espèce virale est définie comme un groupe de virus ayant le même bagage génétique et la même niche écologique.

L'ISOLEMENT, LA CULTURE ET L'IDENTIFICATION DES VIRUS (p. 202)

1. Les virus doivent obligatoirement être cultivés dans des cellules vivantes.
2. Les bactériophages sont les virus les plus faciles à cultiver.

La culture des bactériophages en laboratoire (p. 202)

3. Dans la méthode des plages, on mélange des bactériophages avec des bactéries hôtes et une gélose nutritive.

4. Après plusieurs cycles de prolifération virale, les bactéries adjacentes à la bactérie hôte infectée par le premier phage sont détruites à leur tour par les phages répliqués. L'endroit où la lyse bactérienne a lieu s'appelle plage de lyse.
5. Chaque plage de lyse tire son origine d'une seule particule virale. La concentration virale est exprimée en unités formatrices de plages de lyse.

La culture des virus animaux en laboratoire (p. 202)

6. La culture de certains virus animaux requiert l'utilisation d'animaux vivants.
7. Les versions simiesque et féline du sida fournissent des modèles d'étude du sida humain.
8. Certains virus animaux se cultivent dans des œufs embryonnés.
9. Une culture de cellules est un procédé de laboratoire qui permet de multiplier des cellules dans un milieu de culture.
10. Les lignées de cellules dites primaires et les lignées de cellules diploïdes embryonnaires ne vivent qu'un certain temps in vitro.
11. Les lignées de cellules dites continues peuvent être maintenues indéfiniment in vitro.
12. L'infection des cultures cellulaires par des virus peut se traduire par un effet cytopathogène.

L'identification des virus (p. 205)

13. Pour identifier les virus, on emploie la plupart du temps des tests sérologiques.
14. Les virus peuvent aussi être identifiés par les RFLP et l'ACP.

LA MULTIPLICATION VIRALE (p. 206)

1. Les virus ne possèdent pas les enzymes nécessaires à la production d'énergie ou à la synthèse protéique.
2. Pour se multiplier, un virus doit envahir une cellule hôte, inhiber les processus de synthèse cellulaire et détourner le métabolisme de la cellule en vue de la synthèse d'enzymes et de constituants viraux ; cette caractéristique de *parasite intracellulaire obligatoire* distingue les virus de la majorité des bactéries.
3. Les fonctions cellulaires perturbées lors de l'infection virale sont associées au détournement du métabolisme énergétique et des processus de biosynthèse de la cellule au profit des virus.

Un modèle d'étude : la multiplication des bactériophages (p. 207)

4. Durant le cycle lytique, le phage cause la lyse et la mort de la cellule hôte ; durant la lysogénisation, la cellule hôte reste vivante.
5. Les bactériophages T-pairs qui infectent *E. coli* ont fait l'objet de recherches approfondies.
6. Les étapes du cycle lytique des bactériophages T-pairs qui infectent *E. coli* sont les suivantes :
   - Attachement : certains sites situés sur les fibres de la queue du phage se fixent sur des sites récepteurs complémentaires présents à la surface de la bactérie.
   - Pénétration : le lysozyme du phage détruit une partie de la paroi bactérienne, la gaine de la queue se contracte pour que le tube central se fraye un chemin à travers la paroi, puis l'ADN du phage pénètre dans la bactérie. La capside demeure à l'extérieur de la bactérie.
   - Biosynthèse : l'ADN du phage est transcrit en ARNm codant pour les enzymes nécessaires à la prolifération du virus. L'ADN du phage est répliqué et les protéines de la capside sont synthétisées.
   - Maturation : l'ADN du phage et les composantes de la capside sont assemblés pour former des phages complets.
   - Libération : une enzyme dégrade la paroi bactérienne pour relâcher les nouvelles particules de phages. La bactérie hôte éclate et meurt.
7. Au cours de la lysogénisation, le prophage, intégré dans le chromosome de la cellule hôte, est gouverné par un répresseur qui l'oblige à demeurer latent. Il se réplique lors de la division cellulaire de la bactérie hôte.
8. L'exposition à certains mutagènes peut conduire à l'excision du prophage et au déclenchement d'un cycle lytique.
9. Du fait de leur état, les cellules bactériennes lysogènes sont immunisées contre toute réinfection par le même phage.
10. Les cellules bactériennes lysogènes peuvent subir une conversion, c'est-à-dire acquérir de nouvelles caractéristiques d'origine virale souvent associées à une augmentation de la virulence (par exemple production de toxine).
11. Un phage lysogénique peut transporter des gènes bactériens d'une cellule à une autre par transduction localisée. N'importe quel gène peut être transféré par transduction généralisée, mais seuls des gènes spécifiques seront transférés par transduction localisée. Le transport de gènes peut entraîner le transfert de facteurs de virulence.

La multiplication des virus animaux (p. 210)

12. Les premières étapes du cycle de réplication des virus animaux sont semblables à celles de la réplication des bactériophages. Au cours de l'attachement, les virus animaux se fixent aux récepteurs spécifiques présents à la surface de la membrane plasmique de la cellule hôte. Les virus animaux pénètrent leur cellule hôte par endocytose ou par fusion des membranes. La capside des virus animaux est ensuite dégradée par des enzymes virales ou par celles de la cellule hôte (décapsidation). Toutefois, la biosynthèse de l'acide nucléique viral et celle des protéines diffèrent selon le type de virus, à ADN ou à ARN.
13. Biosynthèse chez les virus à ADN. L'acide nucléique de la plupart des virus à ADN est libéré à l'intérieur du cytoplasme, puis migre vers le noyau de la cellule hôte ; l'ADN viral se réplique en plusieurs copies. L'ADN viral est transcrit en ARNm, lequel sert à la synthèse des protéines. Les protéines de la capside sont synthétisées dans le cytoplasme de la cellule hôte. Les virus à ADN comprennent les familles des *Adenoviridæ,* des *Poxviridæ,* des *Herpesviridæ,* des *Papoviridæ* et des *Hepadnaviridæ.*

14. Biosynthèse chez les virus à ARN : la synthèse de l'acide nucléique et des protéines varie selon le type d'ARN des virus. L'enzyme ARN polymérase ARN – dépendante catalyse la synthèse du brin d'ARN complémentaire.
    - L'ARN viral des *Picornaviridæ* est un ARN sb + ; cet ARN viral agit comme ARNm et dirige la synthèse de l'ARN polymérase ARN-dépendante ; il sert aussi de matrice pour la synthèse d'un brin – d'ARN qui servira à produire des brins + additionnels. Les brins + d'ARN tiennent lieu d'ARNm et sont traduits en protéines de la capside. Les brins + d'ARN sont incorporés en tant que génome viral.
    - L'ARN viral des *Togaviridæ* est un ARN sb + qui sert de matrice à l'ARN polymérase ARN-dépendante pour transcrire des brins – d'ARN. Les nouveaux brins – d'ARN sont ensuite transcrits en brin + d'ARNm ; ce dernier est utilisé pour la synthèse des protéines virales.
    - L'ARN viral des *Rhabdoviridæ* est un ARN sb – qui tient lieu de matrice à l'ARN polymérase ARN-dépendante, qui le transcrit en brin + d'ARNm ; ce dernier est utilisé pour la synthèse des protéines virales et celle de nouveaux brins – d'ARN, qui seront incorporés dans la capside.
    - L'ARN des *Reoviridæ* est un ARN db. L'ARNm est produit dans le cytoplasme de la cellule hôte et sert à la synthèse protéique. L'ARN polymérase ARN-dépendante copie des brins – d'ARN pour former la double chaîne et l'incorporer en tant que génome viral.
    - La transcriptase inverse des *Retroviridæ* (ADN polymérase ARN-dépendante) copie le brin + d'ARN viral en ADN complémentaire dans le cytoplasme qui se déplace ensuite vers le noyau ; l'ADN viral s'intègre sous la forme d'un provirus. La transcription du provirus peut entraîner la production de nouveaux virus.
15. Maturation : le génome viral et la capside sont assemblés pour former des virus complets.
16. Libération : après leur maturation, les nouveaux virus sont relâchés. Le bourgeonnement est l'un des modes de libération utilisés et forme une enveloppe autour du virus. Les virus nus sont libérés par suite d'une rupture de la membrane cytoplasmique de la cellule hôte.
17. La cellule infectée est gravement affectée lors de la libération des virus : elle éclate et meurt, ou est très affaiblie. La gravité des infections est liée aux dommages cellulaires causés par les virus et aux types de cellules hôtes infectées.

LES VIRUS ET LE CANCER (p. 218)

1. On associe difficilement une cause virale aux cancers, et ce, pour plusieurs raisons. 1. La plupart des particules de certains virus infectent les cellules mais ne provoquent pas de cancer. 2. Le cancer se manifeste parfois longtemps après l'infection virale. 3. Les cancers ne semblent pas être contagieux, comme le sont habituellement les maladies virales.

La transformation des cellules normales en cellules tumorales (p. 219)

2. Lorsqu'ils sont activés, les oncogènes transforment les cellules normales en cellules cancéreuses.
3. Les virus capables de provoquer la formation de tumeurs s'appellent virus oncogènes.
4. Plusieurs virus à ADN et des rétrovirus sont oncogènes.
5. Le matériel génétique des virus oncogènes s'intègre à l'ADN de la cellule hôte.
6. Les cellules transformées perdent la propriété de l'inhibition de contact, elles contiennent des antigènes spécifiques aux virus (TSTA et antigène T), présentent des anomalies chromosomiques et peuvent causer la formation de tumeurs si elles sont injectées à des animaux réceptifs.

Les virus oncogènes à ADN (p. 219)

7. On trouve les virus oncogènes chez les familles des *Adenoviridæ*, des *Herpesviridæ*, des *Poxviridæ* et des *Papovaviridæ*.
8. Le virus d'Epstein-Barr, un herpèsvirus, cause le lymphome de Burkitt et le carcinome du rhinopharynx. Les *Hepadnavirus* sont associés à certains cancers du foie.

Les virus oncogènes à ARN (p. 219)

9. Parmi les virus à ARN, seuls les rétrovirus semblent être oncogènes.
10. Le HTLV-1 et le HTLV-2 sont responsables de certaines leucémies et de certains lymphomes humains.
11. La capacité d'un virus de provoquer la formation de tumeurs est liée à la production de transcriptase inverse. L'ADN synthétisé à partir de l'ARN viral s'intègre au génome de la cellule hôte sous la forme d'un provirus.
12. Un provirus peut demeurer à l'état latent, donner naissance à de nouvelles particules virales ou transformer la cellule hôte (cancer).

LES INFECTIONS VIRALES LATENTES (p. 219)

1. Une infection virale latente est une infection au cours de laquelle le virus demeure dans la cellule hôte pendant de longues périodes sans se manifester par une maladie ; sous l'effet d'un stimulus, elle peut soudainement mener à la multiplication virale et à l'apparition de symptômes.
2. Parmi ce type d'infections, on compte les infections provoquées par des virus herpétiques, telles que les boutons de fièvre (« feux sauvages ») et le zona.

LES INFECTIONS VIRALES PERSISTANTES (p. 220)

1. Les infections virales persistantes sont des infections qui durent longtemps et qui sont généralement fatales. La rougeole en est un exemple.
2. Ce type d'infection est causé par des virus courants qui s'accumulent progressivement dans l'organisme.

LES PRIONS (p. 221)

1. Les prions sont des protéines infectieuses dépourvues d'acide nucléique, qui ont été découvertes au début des années 1980.
2. Dans les encéphalites spongiformes subaiguës, telles que la maladie de Creutzfeldt-Jakob et la maladie de la vache folle, on observe une dégénérescence des tissus du cerveau.
3. Les encéphalites spongiformes subaiguës semblent être associées à la présence d'une protéine modifiée. Une mutation du gène normal codant pour la PrP^{c} ou une transformation par une protéine modifiée (PrP^{Sc}) pourraient être à l'origine de la maladie.

LES VIRUS VÉGÉTAUX ET LES VIROÏDES (p. 222)

1. Les virus végétaux pénètrent à l'intérieur de leur cellule hôte par le biais de blessures ou grâce à des parasites qui envahissent les plantes, tels que les insectes.
2. Certains virus de plantes prolifèrent également dans des cellules d'insectes (vecteurs).
3. Les viroïdes sont des fragments d'ARN infectieux nus (dépourvus de capside) qui causent certaines maladies des plantes telles que la maladie des tubercules en fuseau de la pomme de terre.

AUTOÉVALUATION

QUESTIONS À COURT DÉVELOPPEMENT

1. Présentez des arguments pour et contre le fait que les virus soient reconnus comme des organismes vivants.
2. Sur le plan clinique, les virus sont des agents agresseurs infectieux qui causent des maladies. Quels avantages l'organisation structurale et fonctionnelle des virus leur confère-t-elle en regard de l'expression de leur pouvoir pathogène ? Quels sont les effets de l'infection virale sur la cellule hôte ?
3. En prenant un exemple approprié, expliquez comment l'association d'une bactérie non pathogène et d'un prophage peut potentiellement accroître la virulence de la bactérie. Quel avantage le prophage tire-t-il de cette association ?
4. On a comparé les prophages et les provirus aux plasmides bactériens. En quoi sont-ils similaires ? différents ?

APPLICATIONS CLINIQUES

N. B. Certaines de ces questions nécessitent que vous cherchiez des réponses dans les différents chapitres du livre.

1. Depuis deux semaines, un homme de 40 ans atteint du sida présente des douleurs poitrinaires, une diarrhée persistante, de la fatigue et un peu de fièvre (38 °C). Une radiographie de la poitrine révèle la présence d'exsudats dans les poumons. La coloration de Gram et la coloration acido-alcoolo-résistante donnent des résultats négatifs. Un laboratoire spécialisé révèle la cause des signes et des symptômes : le HHV-5, un virus à ADN bicaténaire polyédrique enveloppé, de grande taille, a été mis en évidence dans les cellules cultivées sous forme d'une inclusion intranucléaire en « œil de poisson ».

   Quel est ce virus et à quelle famille appartient-il ? Pourquoi la culture virale a-t-elle été effectuée après l'obtention des résultats de la coloration de Gram et de la coloration acido-alcoolo-résistante ? Pourquoi une infirmière non immunisée contre ce virus et qui deviendrait enceinte ne devrait-elle pas entrer en contact avec ce patient ? (*Indice :* Voir le chapitre 20.)
2. Thomas, six ans, souffre d'un gros rhume ; il fait 39 °C de fièvre depuis deux jours. Sa mère l'amène à la clinique parce qu'il présente maintenant de nombreuses lésions vésiculaires et ulcéreuses sur le pourtour de la bouche et du nez ainsi que sur la poitrine.

   Quel virus est probablement responsable de l'apparition des boutons de fièvre ? Pourquoi cette infection peut-elle survenir à d'autres reprises au cours de l'existence de cet enfant ? Quels pourront être les facteurs ou les situations qui favoriseront la réapparition de l'infection ? (*Indice :* Voir le chapitre 16.)
3. Trente-deux personnes habitant la même ville consultent leur médecin pour les signes et les symptômes suivants : fièvre (40 °C), maux de tête, jaunisse, diarrhée avec selles décolorées, malaises digestifs et faiblesse générale. Toutes ont bu des boissons glacées préparées dans la même épicerie. Les tests effectués sur l'activité fonctionnelle du foie des patients présentent des résultats anormaux. Au cours des semaines qui suivent, les signes et les symptômes diminuent et de nouveaux tests montrent que le foie des patients retourne à une activité normale.

   De quelle maladie souffrent les patients ? Quelles sont les deux informations qui vous ont mis sur la voie du type de maladie ? Cette infection pourrait être attribuée à un virus appartenant à la famille des *Picornaviridæ*, des *Hepadnaviridæ* ou des *Flaviviridæ* ; comparez le mode de transmission, la morphologie et le type de matériel génétique des virus appartenant à ces trois familles. De quel virus peut-il s'agir dans cette situation ? (*Indice :* Voir les chapitres 8 et 20.)
4. Laurent, un homme de 52 ans, boite ; il a une jambe plus courte que l'autre. À l'âge de quatre ans, il a été atteint d'une poliomyélite antérieure aiguë qui l'a laissé paralysé.

   Expliquez pourquoi une infection par le virus de la polio a résulté en une paralysie qui a entraîné des séquelles permanentes. Comment a-t-il pu être contaminé par ce virus ? (*Indice :* Voir le chapitre 17.)

ÉDITION EN LIGNE Consultez le volet de gauche de l'Édition en ligne pour d'autres activités.

TROISIÈME PARTIE

L'interaction entre un microbe et son hôte

Le grand thème de la troisième partie est la relation qui existe entre les microbes et nous, relation fragile qui oscille entre le maintien de la santé et l'apparition de la maladie infectieuse. Le chapitre 9 nous présente le microbiote normal qui cohabite avec l'humain, certains aspects de la théorie des infections et la chaîne épidémiologique. Au chapitre 10, nous examinons les mécanismes physiopathologiques par lesquels les agents pathogènes provoquent la maladie. Les chapitres 11, 12 et 13 nous introduisent à l'étude des défenses immunitaires innées et adaptatives employées par le corps humain pour lutter contre la maladie et nous initient aux dysfonctionnements de ces mécanismes de défense sensés le protéger. Les chapitres 14 et 15 nous présentent les moyens utilisés pour prévenir les maladies infectieuses et les traiter.

Sommaire

La théorie des maladies infectieuses et l'épidémiologie

CHAPITRE
9

Maintenant que nous avons acquis une base de connaissances sur les structures et les fonctions des microorganismes et que nous avons une bonne idée des différents groupes de microbes qui existent sur la Terre, nous allons examiner l'interaction entre le corps humain et différents microorganismes du point de vue de la santé et de la maladie.

Nous possédons tous des mécanismes de défense qui nous permettent de demeurer en bonne santé. Cependant, en dépit de l'existence de moyens de défense, les humains sont sensibles à des **agents pathogènes**. Il existe un équilibre fragile entre les défenses du corps humain et la virulence des agents pathogènes. Si le système de défense résiste à l'agression microbienne, l'**homéostasie** est maintenue et l'individu demeure en bonne santé; sinon, l'équilibre est brisé et l'agent pathogène déclenche une **maladie**. Une fois que la maladie s'est déclarée, l'individu infecté peut se rétablir complètement, souffrir de séquelles temporaires ou permanentes, ou mourir. L'issue dépend en fait de nombreux facteurs.

Dans ce premier chapitre, qui traite des aspects généraux de la théorie des maladies infectieuses, il est d'abord question de la signification et de l'importance de la pathologie. Dans la dernière section du chapitre, qui porte sur l'épidémiologie, nous verrons comment on applique ces principes à l'étude et à la prévention des maladies.

Q/R

Une personne s'est déchiré un ligament dans le genou droit. On prévoit dans son cas une chirurgie d'un jour. Malheureusement, elle contracte une pneumonie et elle est hospitalisée pendant 10 jours. Comment expliquez-vous ce qui lui est arrivé?

La réponse est dans le chapitre.

AU MICROSCOPE

Staphylococcus aureus. Cette bactérie potentiellement pathogène se trouve souvent sur la peau des personnes en bonne santé.

La relation d'équilibre ou homéostasie

▶ Objectifs d'apprentissage

9-1 Définir l'homéostasie et les facteurs qui déterminent le maintien de l'équilibre homéostasique.

9-2 Définir la pathologie, l'étiologie, l'infection et la maladie.

L'observation des êtres vivants montre que, dans tous les cas, la presque totalité de l'énergie utilisée par l'individu sert à assurer sa survie et, par voie de conséquence, sa reproduction. Donc, qu'il s'agisse d'un insecte, d'une plante, d'un animal ou d'un être humain, l'objectif premier est le même : la survie.

Les microorganismes*, si petits soient-ils, n'échappent pas à cette loi de la nature. Tous – bactéries, virus, mycètes ou protozoaires – obéissent à cet instinct de vie. Celui-ci est intimement lié au fait que les microorganismes recherchent constamment un environnement qui leur permette de satisfaire leurs besoins physiologiques et métaboliques et d'assurer, par leur reproduction, la continuité de l'espèce.

Les microorganismes sont omniprésents ; on les trouve dans tous les habitats naturels, tels que l'air, l'eau, le sol, les végétaux et les animaux. Pour certaines espèces microbiennes, l'humain constitue cet environnement privilégié capable de répondre à leurs besoins fondamentaux. On peut donc concevoir l'organisme humain comme une véritable terre d'asile accueillant plusieurs milliards de petits êtres vivants microscopiques !

Dans un contexte de survivance, il est clair que les deux parties, le microbe et l'organisme humain, ont tout intérêt à ce que la cohabitation se fasse dans l'harmonie plutôt que dans le désordre. La recherche de ce juste milieu se définit comme un équilibre dynamique dans lequel l'humain doit rester continuellement sur ses gardes et déployer des moyens de défense efficaces pour se protéger contre le danger potentiel d'une agression microbienne. Le maintien de l'équilibre résultant de l'interaction des défenses de l'organisme humain fait appel au concept d'**homéostasie**.

Durant la majeure partie de notre vie, la bonne entente règne, mais l'équilibre reste fragile. Lorsque les défenses de l'organisme ne sont pas adéquates, l'équilibre est rompu ; l'infection s'installe et peut entraîner la maladie. La détérioration de la santé est reliée à la multiplication des agents pathogènes et (ou) à la sécrétion de substances toxiques qui endommagent les cellules ; les lésions cellulaires altèrent alors la capacité fonctionnelle d'un organe et d'un système de l'organisme humain.

L'infection qui conduit à la maladie peut se manifester par des signes et des symptômes. En général, ces derniers apparaissent lorsque les organes d'un système biologique présentent des dommages qui l'empêchent de fonctionner normalement. Par exemple, lorsque des pneumocoques pathogènes envahissent les alvéoles pulmonaires, celles-ci se remplissent d'érythrocytes, de granulocytes neutrophiles et de liquide provenant de tissus adjacents ; l'altération des alvéoles réduit les échanges gazeux, causant une détresse respiratoire. Il est donc essentiel de connaître les mécanismes physiopathologiques afin de comprendre l'interaction entre les microbes pathogènes et l'organisme humain.

Au cours d'une agression microbienne, l'agresseur et l'agressé se font face, et chacun présente des atouts et des faiblesses. Ainsi, la sensibilité ou la résistance de l'organisme humain de même que la virulence des microbes constituent les facteurs déterminants de la capacité des microorganismes à causer ou non des infections. Dans tous les cas, c'est le plus fort qui gagne ! La santé n'est pas un état permanent ; elle résulte d'une lutte constante des systèmes de défense immunitaire de l'organisme humain contre les microbes. Cette victoire se reflète dans la tendance à maintenir l'équilibre, c'est-à-dire l'homéostasie. Dans le cas contraire, c'est la maladie infectieuse qui l'emporte, sujet que nous allons aborder maintenant.

La pathologie, l'infection et la maladie

La **pathologie** est la science qui a pour objet l'étude des maladies (*pathos* = souffrance, maladie ; *logos* = science). Elle comporte trois domaines : l'**étiologie** – l'étude des causes des maladies –, la **pathogénie** ou **pathogenèse** – l'étude du processus par lequel une maladie se développe – et, enfin, la pathologie proprement dite – l'étude des changements structuraux et fonctionnels provoqués par la maladie, et les effets de ces changements sur l'organisme.

Bien que l'on emploie parfois indifféremment les termes « infection » et « maladie infectieuse », ils n'ont pas exactement le même sens. Une **infection** est l'invasion d'un organisme par des microbes pathogènes et leur implantation au sein de celui-ci ; une **maladie infectieuse** se déclare lorsqu'une infection produit un changement quelconque qui altère l'état de santé. La maladie est un état anormal caractérisé par l'incapacité d'une partie ou de la totalité d'un organisme à s'adapter ou à remplir normalement ses fonctions. En revanche, il peut y avoir infection en l'absence de toute maladie observable. Par exemple, un individu peut être infecté par le virus responsable du sida sans présenter aucun des symptômes de la maladie (cette personne est dite séropositive).

La présence d'un type donné de microorganismes dans une partie du corps où il ne devrait pas se trouver normalement constitue aussi une infection, et risque de provoquer une maladie. Par exemple, même si un grand nombre de bactéries *Escherichia coli* résident normalement dans l'intestin d'une personne saine, l'infection des voies urinaires par cette bactérie cause le plus souvent une maladie.

Il existe peu de microorganismes pathogènes. En fait, la présence de certains microorganismes est bénéfique pour leur hôte. C'est pourquoi, avant d'examiner le rôle des microbes dans les maladies, nous allons étudier la relation entre ceux-ci et le corps humain en bonne santé.

▶ Vérifiez vos acquis

Qu'est-ce que l'homéostasie ? **9-1**

Quels sont les objectifs d'étude de la pathologie ? **9-2**

* Dans le présent manuel, nous utilisons les termes « germes », « microbes » et « microorganismes » comme des synonymes afin de simplifier le vocabulaire. Toutefois, selon plusieurs sources consultées en français, le terme « microbe » (ainsi que le terme « germe ») fait référence à un microorganisme unicellulaire pathogène (sens moderne en médecine), et le sens où il est synonyme du mot « microorganisme » est considéré comme vieilli. L'expression « agents pathogènes » désigne à la fois les organismes microscopiques et les organismes visibles à l'œil nu, tels les arthropodes et les vers, capables de causer des maladies.

Le microbiote normal

▶ Objectifs d'apprentissage

9-3 Définir le microbiote normal et le microbiote transitoire.

9-4 Comparer le commensalisme, le mutualisme et le parasitisme, et donner un exemple de chacun de ces modes d'association.

9-5 Mettre en évidence les relations entre le microbiote normal ou transitoire et les microorganismes opportunistes.

In utero, les animaux, y compris les humains, sont généralement exempts de tout microbe. (Notons que l'absence de microbes évite des dommages cellulaires au fœtus en développement.) À la naissance, cependant, des populations microbiennes normales et caractéristiques commencent à se développer dans l'organisme du nouveau-né. Immédiatement avant l'accouchement, les lactobacilles présents dans le vagin de la mère se multiplient rapidement. Les premiers microorganismes avec lesquels le nouveau-né entre en contact sont généralement ces lactobacilles, qui deviennent les principaux microorganismes présents dans l'intestin du bébé. D'autres microorganismes provenant de l'environnement pénètrent ensuite dans le corps du nouveau-né lorsqu'il commence à respirer et à se nourrir. Il semble que le mode d'allaitement influe sur le développement de certains types de microorganismes; ainsi, le lait maternel favorise la croissance de la bactérie *Bifidobacterium bifidus,* alors que le lait animal diminue sa croissance au profit du développement d'autres espèces bactériennes, telles que les lactobacilles, les streptocoques fécaux et les bactéries fermentatives (par exemple *E. coli,* bactérie souvent associée aux coliques des bébés).

Plusieurs microorganismes habituellement inoffensifs pénètrent aussi les différentes muqueuses de l'organisme sain ou se développent à la surface de la peau. La cohabitation des microbes et de l'organisme humain va durer toute la vie de l'individu. Toutefois, en réaction aux variations des conditions ambiantes, leur nombre et la composition des populations microbiennes peuvent augmenter ou diminuer, ce qui peut contribuer à l'apparition d'une maladie.

Le corps humain contient en général 10^{13} cellules somatiques et il héberge quelque 10^{14} cellules bactériennes. L'ensemble des microorganismes (bactéries, mycètes, virus et autres) résidant en permanence sur et dans le corps humain sans y causer de maladies forme le **microbiote normal**, ou anciennement la *flore microbienne normale* (**figure 9.1** ; **encadré 9.1**). L'installation de microorganismes qui ne perturbent pas la santé de l'individu s'appelle **colonisation**. D'autres microorganismes demeurent sur les tissus de façon temporaire – quelques jours, semaines ou mois –, puis disparaissent: ils forment le **microbiote transitoire**, ou anciennement la *flore transitoire*. Le microbiote transitoire est composé d'une part de microorganismes qui appartiennent au microbiote normal et qui ont migré vers une autre région de l'organisme (par exemple des doigts à la bouche lors d'un repas, ou de la gorge aux mains lors d'un éternuement) et, d'autre part, de microorganismes provenant de l'environnement extérieur (air, eau, aliments, objets, autres humains).

On trouve des microorganismes sur la totalité de la surface de la peau ; ils colonisent toutes les muqueuses, mais leur territoire est limité aux régions proches des orifices naturels. Par exemple, la colonisation de la muqueuse respiratoire diminue progressivement de la muqueuse nasale à la muqueuse bronchique, et les alvéoles pulmonaires sont normalement exemptes de microbes. La muqueuse digestive est colonisée sur toute sa longueur, mais les microorganismes sont peu présents sur la muqueuse gastrique, qui est très acidifiée, alors qu'ils sont environ 100 000 milliards sur la muqueuse intestinale. C'est ainsi qu'on parlera du **microbiote intestinal humain**, ou *flore intestinale humaine*, lorsqu'il s'agira précisément de l'ensemble des microorganismes colonisant l'intestin.

La distribution et la composition du microbiote normal dépendent de nombreux facteurs, lesquels comprennent la présence de nutriments appropriés, certaines conditions physiques et chimiques, les défenses de l'hôte et les contraintes de nature mécanique. Les microorganismes diffèrent les uns des autres quant aux types de nutriments qu'ils peuvent utiliser comme source d'énergie. En conséquence, ils ne colonisent que les endroits où ils sont à même de satisfaire leurs besoins. Certains puisent leurs nutriments dans les produits que les cellules sécrètent ou excrètent; d'autres, dans les composants des liquides organiques, dans les restes des cellules mortes ou encore dans les aliments du tube digestif.

Certains facteurs physiques et chimiques influent sur la croissance des microbes en général ainsi que sur le développement et la composition du microbiote normal en particulier. Ce sont, entre autres, la température, le pH, la quantité d'oxygène et de dioxyde de carbone disponible, la salinité et le rayonnement solaire.

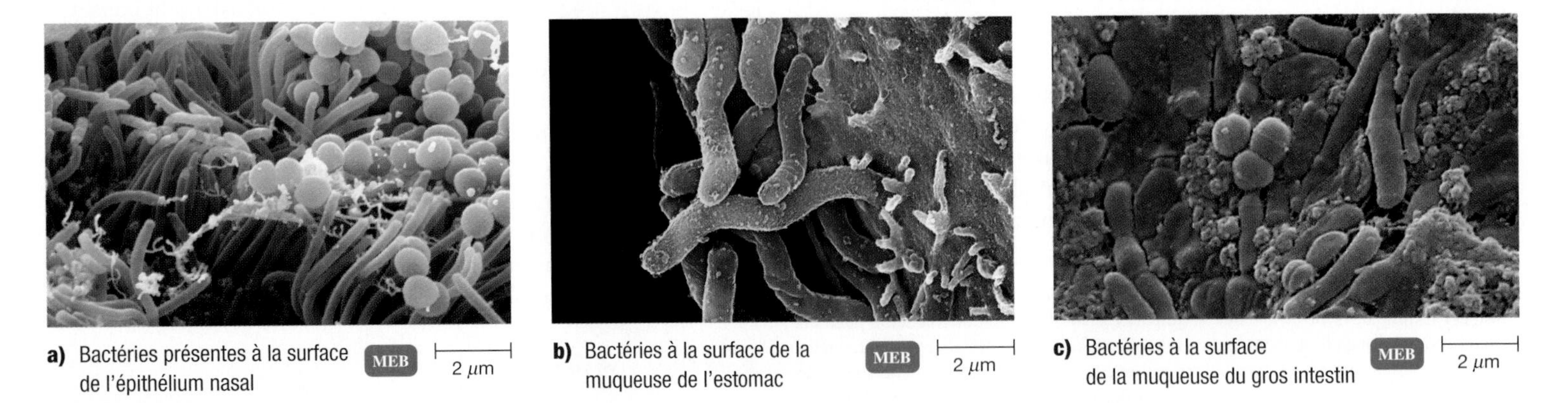

a) Bactéries présentes à la surface de l'épithélium nasal

b) Bactéries à la surface de la muqueuse de l'estomac

c) Bactéries à la surface de la muqueuse du gros intestin

Figure 9.1 Microorganismes représentatifs du microbiote normal du nez, de l'estomac et du gros intestin.

Le « Projet sur le microbiome humain »

Dans le corps d'un adulte en bonne santé, on compte près de 10^{13} cellules somatiques et on estime que celui-ci héberge quelque 10^{14} cellules microbiennes, soit au moins 10 fois plus que de cellules humaines ! L'ensemble des populations de microorganismes résidant sur et dans le corps humain constitue le **microbiote humain**. Ces populations microbiennes sont adaptées durablement aux conditions de vie qui caractérisent la surface et les profondeurs de nombreuses parties de notre corps, soit la peau, le nez, la bouche, les oreilles, les voies respiratoires supérieures, les voies urogénitales et, évidemment, le tube digestif. Pour désigner à la fois les communautés microbiennes et les interactions fonctionnelles entre elles et l'organisme humain avec lequel elles sont en relation, on parle maintenant du **microbiome humain** (*micro-* = petit ; *-bios* = vie).

Le microbiome constitue un écosystème très complexe. Les microorganismes vivent la plupart du temps en harmonie avec les cellules humaines et ils jouent un rôle primordial dans l'homéostasie et le maintien de la santé ; cependant, on reconnaît que certains d'entre eux sont potentiellement pathogènes, c'est-à-dire qu'ils peuvent nous infecter et nous rendre malades. Depuis quelques années, on soupçonne que le microbiote humain n'est pas étranger à l'apparition ou à l'aggravation de certains problèmes de santé chroniques comme les maladies auto-immunes – par exemple les maladies inflammatoires de l'intestin (maladie de Crohn), l'arthrite inflammatoire et le psoriasis – ou encore les allergies et les intolérances alimentaires, le diabète, voire l'obésité et le cancer. Des données récentes indiqueraient une association possible entre les perturbations du microbiote humain et certaines modifications neurologiques et comportementales.

Le « Projet sur le microbiome humain » est né du constat que la quantité impressionnante de microorganismes colonisant le corps humain constitue un énorme collectif de gènes qui contient, tous microbes confondus, probablement 100 fois plus d'information génétique que le génome humain. L'expression génétique du microbiome aurait-elle une influence sur le développement humain, la physiologie, l'immunité et la nutrition ? Des changements dans le microbiome peuvent-ils être corrélés avec des changements dans la santé ? À partir d'analyses de la composition moléculaire du microbiote intestinal, les recherches actuelles ont permis de définir l'état normal de ce dernier et ont mis au jour des variations individuelles marquées dans celui des personnes atteintes de maladies inflammatoires de l'intestin, par exemple la maladie de Crohn. Dans ces cas, le microbiome est perturbé tant par les conditions de l'intestin enflammé que par le type et la composition du microbiote intestinal. Le défi reste entier d'élucider la relation de cause à effet, à savoir de déterminer si les changements dans le microbiome sont une cause de la maladie ou une conséquence. S'il est prouvé qu'une perturbation du microbiote est à l'origine de la maladie, le jour viendra où on assistera à l'émergence de nouveaux traitements ou à de nouvelles stratégies visant le retour du microbiote à la normale et le rétablissement de la santé.

L'étude des populations microbiennes a toujours constitué une tâche difficile et contraignante en laboratoire. Toutefois, à partir de 2000 et à la suite du programme de décryptage du génome humain, il est devenu possible d'explorer le microbiome humain* en utilisant une technique de pointe, la **métagénomique**. Cette technologie rend possible le séquençage des gènes de communautés entières de microbes isolées dans leur environnement naturel ; elle permet d'analyser et de décrire ces populations et d'explorer leur impact sur la santé humaine. D'une façon simplifiée, on peut dire qu'elle sert à obtenir la liste de tous les gènes présents dans un échantillon (par exemple quelques grammes de selles) contenant des espèces microbiennes vivantes toutes mélangées : on obtient ainsi le **métagénome** de l'échantillon. Les technologies bio-informatiques viennent à la rescousse pour livrer la liste des microbes et celle de leurs gènes respectifs.

En 2007, le Human Microbiome Project (HMP) a démarré aux États-Unis. Les interrogations sur le sujet étaient nombreuses. Vu l'ampleur du travail, une approche internationale coordonnée a été nécessaire – d'où la création en 2008 du Consortium international sur le microbiome humain (CIMH), dont font partie plusieurs pays – notamment l'Australie, le Canada, la Chine, les États-Unis, la France, l'Irlande, le Japon et la Corée du Sud.

En plus d'assurer la coordination à l'échelle mondiale, le Consortium a pour objectifs de générer des données et des protocoles communs sur le microbiome humain et de faciliter les échanges de résultats et de stratégies. En septembre 2007, le Canada, par le biais de l'Institut des maladies infectieuses et immunitaires (IMII), a lancé l'Initiative canadienne du microbiome (ICM) afin de se mettre au diapason du HMP et d'aider les chercheurs canadiens à jouer un rôle déterminant au sein du CIMH. Nous sommes peut-être à l'orée de nouvelles découvertes qui vont bousculer nos conceptions des microbes et de leur interaction avec nous. Ce n'est qu'un début !

---

* Par extension, le microbiome peut aussi désigner la somme des génomes des microorganismes vivant normalement dans ou sur un organisme.

Source : Instituts de recherche en santé du Canada.

Nous verrons aux chapitres 11 et 12 que le corps humain possède des moyens de défense contre les microbes. Ceux-ci comprennent diverses molécules et cellules qui, lorsqu'elles sont activées, peuvent tuer les microorganismes, inhiber leur croissance, prévenir leur adhésion à la surface des cellules hôtes et neutraliser leurs toxines. Tous ces moyens sont très importants pour défendre l'organisme contre les agents pathogènes, mais on ne connaît pas bien quel rôle ils jouent dans l'établissement et la régulation du microbiote normal.

Certaines régions du corps sont soumises à des forces mécaniques susceptibles d'influer sur la stabilité du microbiote normal. Par exemple, lors de la mastication, le broyage de la nourriture et les mouvements de la langue délogent une partie des microbes fixés aux dents et à la muqueuse. Le long du tube digestif, l'action de la salive et des sucs digestifs, ainsi que les contractions musculaires du pharynx, de l'œsophage, de l'estomac et des intestins peuvent emporter les microbes qui ne sont pas solidement attachés. Le passage de l'urine contribue aussi à les évacuer. Dans les voies respiratoires, le mucus les emprisonne et le mouvement des cils les expulse dans le pharynx.

Les conditions auxquelles les microorganismes sont soumis dans les divers endroits du corps varient d'une personne à l'autre. En conséquence, le microbiote normal subit aussi l'influence de facteurs tels que l'âge, l'état nutritionnel, le régime alimentaire, l'état de santé, les handicaps, l'état psychique, le stress, le climat, la situation géographique, l'hygiène personnelle, le travail ainsi que les conditions et les habitudes de vie.

Le **tableau 9.1** contient la liste des principaux microorganismes qui constituent le microbiote normal de différentes régions du corps, ainsi que certains traits caractéristiques de ces régions. Nous traiterons plus en détail de ce sujet dans la quatrième partie du manuel.

En laboratoire, il est possible d'élever des animaux axéniques (sans germes) qui naissent et vivent dans des environnements stériles. Grâce à eux, on a montré que des animaux vivant sans microbes ont un système immunitaire sous-développé, qu'ils sont particulièrement sujets aux infections et aux maladies graves et qu'ils doivent consommer plus d'aliments énergétiques et de vitamines que les animaux normaux. Dans les faits, ces animaux ne survivraient que

Tableau 9.1 Quelques membres représentatifs du microbiote normal de diverses parties du corps humain*

Partie du corps	Principaux microorganismes	Remarques
Peau	Diverses espèces de *Propionibacterium, Staphylococcus, Corynebacterium, Micrococcus, Acinetobacter, Brevibacterium ; Pityrosporum* (mycète), *Candida* (mycète), *Malassezia* (mycète)	• La majorité des microorganismes qui entrent directement en contact avec la peau n'y résident pas longtemps (microbiote transitoire) parce que les sécrétions des glandes sudoripares et sébacées ont des propriétés antimicrobiennes. • La kératine forme une barrière résistante et le pH acide de la peau inhibe plusieurs microorganismes. • La peau a un taux relativement faible d'humidité.
Yeux (conjonctive)	*Staphylococcus epidermidis, S. aureus* et diverses espèces de diphtéroïdes, *Propionibacterium, Corynebacterium, Streptococcus, Micrococcus*	• La conjonctive, qui est un prolongement de la peau ou de la muqueuse, contient fondamentalement le même microbiote que la peau. • Les larmes et le clignotement des paupières éliminent certains microbes ou empêchent la colonisation par d'autres.

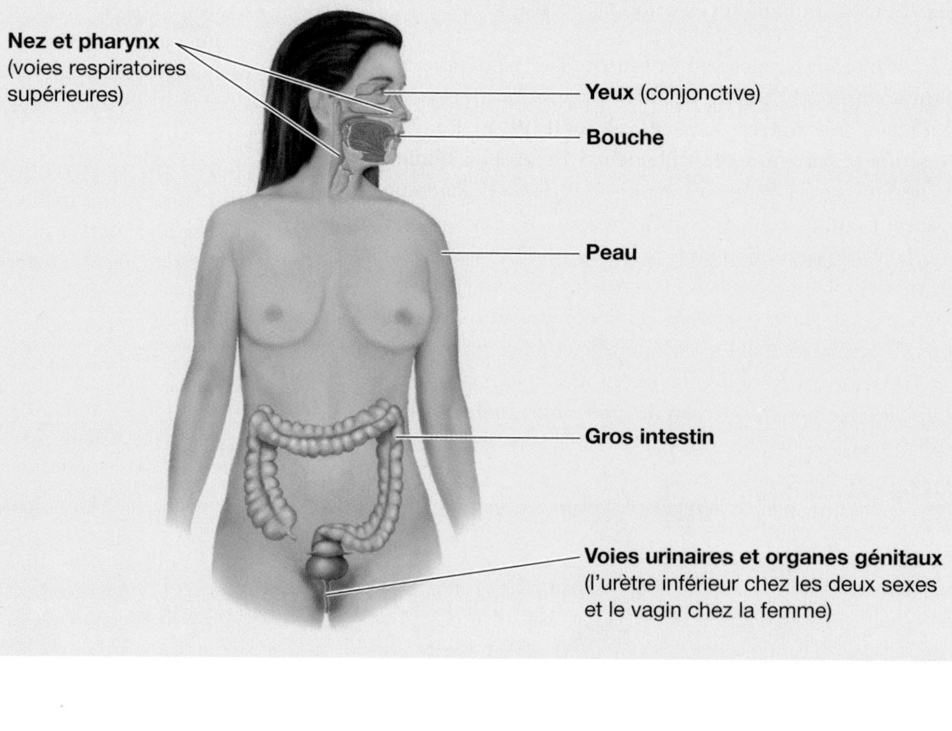

quelques heures dans un environnement normal. La cohabitation des microbes et de l'organisme humain est donc, sans contredit, un élément clé de la survie de l'humain.

Les relations entre le microbiote normal et l'hôte

Une fois qu'il s'est développé, le microbiote normal procure des avantages à son hôte en prévenant la croissance de microbes nuisibles à sa santé. Ce phénomène, appelé **antagonisme microbien** ou **effet barrière**, fait intervenir la compétition entre les microbes. Le microbiote normal protège ainsi l'hôte contre l'implantation de microbes pathogènes : il entre en concurrence avec ces derniers pour les nutriments, il produit des substances susceptibles de leur nuire et il influe sur les conditions ambiantes, telles que le pH et la quantité d'O_2 disponible. Tout déséquilibre entre le microbiote normal et les microbes pathogènes peut avoir pour conséquence l'apparition d'une maladie infectieuse. Par exemple, le microbiote bactérien normal du vagin d'une femme adulte maintient le pH des sécrétions vaginales entre 3,5 et 4,5, conditions d'acidité qui limitent la croissance excessive du mycète *Candida albicans*. Mais si la population bactérienne normale est réduite par la prise d'antibiotiques ou si le pH des sécrétions vaginales est rendu moins acide, par exemple en raison de l'usage abusif de douches vaginales, alors *C. albicans* peut croître au point de constituer le principal microorganisme dans le vagin. Il en résulte une forme de vaginite appelée *infection vaginale à champignons*.

On observe aussi l'antagonisme microbien dans la bouche, où des streptocoques produisent des composés qui inhibent la croissance de la majorité des cocci à Gram négatif ou à Gram positif. On le trouve également à l'œuvre dans le gros intestin, où les cellules d'*E. coli* produisent des *bactériocines* ; ces protéines inhibent la croissance de diverses autres bactéries de la même espèce ou d'espèces apparentées, dont les agents pathogènes *Salmonella* et *Shigella*. La bactériocine produite par une bactérie donnée ne tue pas cette dernière, mais elle peut détruire d'autres bactéries. En microbiologie médicale, l'analyse de ces substances est un des moyens utilisés pour identifier les souches bactériennes. Dans les cas de flambées multiples d'une maladie infectieuse, elle permet d'établir s'il faut les attribuer à une seule ou à plusieurs souches de bactéries.

La présence de *Clostridium difficile* dans le gros intestin offre un dernier exemple d'antagonisme bactérien. Le microbiote normal

Tableau 9.1 (*suite*)

Partie du corps	Principaux microorganismes	Remarques
Voies respiratoires supérieures		• Bien que certains microorganismes appartenant au microbiote normal soient potentiellement pathogènes, leur capacité à causer des maladies est réduite par l'antagonisme microbien. • Les sécrétions nasales tuent ou inhibent plusieurs espèces microbiennes. Le mucus et l'action des cils de la muqueuse balaient les microbes vers la bouche, d'où leur élimination.
Nez	*Staphylococcus aureus, S. epidermidis* et des diphtéroïdes aérobies dans le nez	
Pharynx	*S. epidermidis, S. aureus,* des diphtéroïdes, *Streptococcus pneumoniæ, Hæmophilus* et *Neisseria*	
Bouche et dents	*Streptococcus, Lactobacillus, Actinomyces, Bacteroides, Veillonella, Neisseria, Hæmophilus, Fusobacterium, Treponema, Staphylococcus, Corynebacterium,* et *Candida* (mycète)	• Un fort taux d'humidité, la chaleur et la présence constante d'aliments font de la bouche un milieu idéal pour le développement de diverses grandes populations microbiennes, à la fois sur la langue, les joues, les dents et les gencives. • Cependant, la mastication, les mouvements de la langue et la salivation délogent les microbes ; la salive contient des substances antimicrobiennes.
Jéjunum et iléum	Bactéries anaérobies à Gram négatif et entérobactéries en faible quantité	• La vitesse de la progression des aliments réduit considérablement le microbiote.
Gros intestin	*Escherichia coli, Bacteroides, Fusobacterium, Lactobacillus, Enterococcus, Bifidobacterium, Enterobacter, Citrobacter, Proteus, Klebsiella, Candida* et *Streptococcus* groupe D	• Le gros intestin contient la plus grande partie des membres de microbiote résidant normalement dans le corps humain parce qu'il fournit des conditions d'humidité appropriées et des nutriments en abondance. • Le mucus et la desquamation périodique des cellules superficielles empêchent beaucoup de microbes de se fixer à l'épithélium du tube digestif. De plus, la muqueuse produit des substances antimicrobiennes. • La diarrhée provoque l'expulsion d'une partie du microbiote normal.
Système urogénital	*Staphylococcus, Micrococcus, Enterococcus, Lactobacillus, Bacteroides,* diphtéroïdes aérobies, *Pseudomonas, Klebsiella* et *Proteus* dans l'urètre ; lactobacilles, *Streptococcus, Clostridium, Candida albicans* et *Trichomonas vaginalis* (protozoaire) à l'occasion dans le vagin	• L'urètre inférieur, chez les deux sexes, abrite des microorganismes en permanence ; une population de microbes acidorésistants résident dans le vagin du fait de la nature des sécrétions vaginales. • Le mucus et la desquamation périodique des cellules superficielles empêchent les microbes de se fixer à l'épithélium des voies urinaires. L'urine déloge les microbes et les emporte lors de la miction ; son pH et l'urée qu'elle contient ont des propriétés antimicrobiennes. • Les cils et le mucus expulsent les microbes du col de l'utérus vers le vagin, dont l'acidité a pour effet de les inhiber ou de les détruire.

* Certains des microbes énumérés dans le tableau ne sont pas étudiés dans le présent chapitre ; il en sera question dans la quatrième partie du manuel. Sauf indication contraire, les organismes nommés sont des bactéries.

du gros intestin inhibe cette bactérie de manière efficace, peut-être en occupant les récepteurs cellulaires de l'hôte, en s'appropriant les nutriments disponibles ou en produisant des bactériocines. Cependant, si le microbiote normal est réduit, par exemple par des antibiotiques, *C. difficile* peut poser des problèmes. Ce microbe est responsable de presque toutes les infections gastro-intestinales consécutives à une thérapie aux antibiotiques, depuis la diarrhée légère jusqu'à des colites (inflammations du côlon) graves et parfois même fatales. Le microbe envahit la paroi intestinale et libère des toxines qui provoquent la destruction de nombreuses cellules de la muqueuse intestinale et l'apparition d'une diarrhée, de la fièvre et de douleurs abdominales.

Il est donc essentiel que le microbiote normal demeure stable pour jouer son rôle protecteur. À la suite d'une modification du milieu ou d'un bouleversement qui entraîne en partie sa destruction, des microorganismes habituellement non pathogènes profitent de la situation pour occuper le territoire; leur croissance risque de provoquer une infection.

La relation où le microbiote normal et l'hôte vivent en association pour leur survie s'appelle **symbiose** (figure 9.2). Dans un type particulier de relation symbiotique appelé **commensalisme**, l'un des organismes tire avantage de l'association sans nuire au second, c'est-à-dire sans provoquer de maladies chez l'hôte; il se développe en utilisant les produits du métabolisme cellulaire de l'hôte. Nombre des microorganismes qui font partie du microbiote normal des humains sont des commensaux; c'est le cas des corynébactéries présentes à la surface de l'œil et de certaines mycobactéries saprophytes qui résident dans l'oreille et sur les organes génitaux externes. Ces bactéries saprophytes (*sapro-* = pourri, gâté; *-phyte* = plante) se nourrissent de sécrétions et de cellules mortes exfoliées présentes à la surface de la peau et des muqueuses; elles en tirent elles-mêmes des bénéfices sur les plans du gîte et de la nourriture. Elles ne procurent apparemment aucun avantage à leur hôte, mais elles ne semblent pas non plus lui nuire.

Le **mutualisme** est une forme de symbiose qui procure des avantages aux deux organismes associés. Par exemple, le gros intestin contient des bactéries, telles qu'*E. coli*, qui synthétisent la vitamine K et certaines vitamines du complexe B. Ces vitamines passent dans le sang circulant, qui les distribue aux cellules qui en ont besoin. Une autre bactérie, *Bifidobacterium bifidus,* dégrade des déchets issus du métabolisme tels que, le cholestérol et les acides biliaires. En échange, le gros intestin fournit aux bactéries les nutriments essentiels à leur survie.

Figure 9.2 Symbiose.

Ces dernières années, l'intérêt manifesté pour le rôle des bactéries dans la santé humaine a donné naissance à des recherches sur les **probiotiques** (*pro-* = pour; *bios* = vie), qui sont des cultures microbiennes vivantes dont l'application ou la consommation est censée produire des effets bénéfiques (encadré 20.3). On peut administrer les probiotiques conjointement avec des **prébiotiques**, substances chimiques destinées à favoriser sélectivement la croissance des bonnes bactéries. Plusieurs études ont montré que l'ingestion de certaines bactéries lactiques durant une antibiothérapie atténue la diarrhée et prévient la colonisation par *Salmonella enterica.* Lorsqu'elles colonisent le gros intestin, les bactéries lactiques produisent de l'acide lactique et des bactériocines qui inhibent la croissance de certains agents pathogènes. Les chercheurs examinent aussi dans quelle mesure ces bactéries peuvent prévenir les infections des plaies chirurgicales par *Staphylococcus aureus* et les infections vaginales par *E. coli.* Dans une étude menée à l'Université Stanford, on a obtenu une diminution de l'infection au VIH chez des femmes auxquelles on a administré des bactéries lactiques génétiquement modifiées, capables de produire des molécules du récepteur CD4, une protéine qui se lie au VIH.

Dans un autre mode de symbiose, un organisme tire parti de l'association aux dépens d'un second organisme; c'est ce qu'on appelle le **parasitisme**. De nombreuses bactéries pathogènes sont des parasites.

Les microorganismes opportunistes

Bien qu'il soit pratique de classer les relations symbiotiques comme nous venons de le faire, il ne faut pas oublier que, dans certaines conditions, ces relations peuvent changer. Par exemple, si les conditions s'y prêtent, un organisme mutualiste, tel qu'*E. coli,* peut devenir nuisible. Cette bactérie est généralement inoffensive tant qu'elle demeure dans le gros intestin – son habitat normal –, mais si elle réussit par exemple à se rendre dans d'autres organes du corps habituellement stériles – tels que la vessie, les poumons et la moelle épinière – ou à pénétrer dans une blessure, elle est susceptible de causer respectivement une infection des voies urinaires, une infection des poumons, une méningite et un abcès. Les microbes de ce type s'appellent **agents pathogènes opportunistes**. Ils ne provoquent pas de maladie tant qu'ils résident dans leur habitat normal et que leur hôte est sain, mais ils deviennent pathogènes chez un hôte affaibli et moins résistant à l'infection ou lorsque les conditions sont modifiées de façon importante et avantageuse pour eux. Ainsi, les microbes qui pénètrent dans l'organisme par une incision dans la peau au cours d'une opération chirurgicale ou lors de l'extraction d'une dent et qui diffusent dans le sang peuvent causer des infections opportunistes. Les patients alités et impotents souffrent souvent d'escarres de décubitus et sont sujets à des infections par des bactéries d'origine intestinale puisque la plaie cutanée est à proximité de l'anus. Par ailleurs, si l'hôte est déjà affaibli par une première infection, des microbes habituellement inoffensifs sont susceptibles de provoquer une infection secondaire. Le sida s'accompagne fréquemment d'une infection opportuniste, la pneumonie à *Pneumocystis,* qui est causée par le microbe *Pneumocystis jirovecii* (figure 19.20). Les personnes atteintes du sida contractent cette infection parce que leur système immunitaire est déficient. Ce type de pneumonie était rare avant le début de l'épidémie de sida. Les agents opportunistes présentent d'autres traits qui contribuent à les rendre pathogènes. Par exemple, ils sont présents en grand nombre sur le corps, dans certaines cavités de l'organisme ou dans l'environnement. Certains d'entre eux s'établissent dans des endroits où ils sont en quelque sorte à l'abri des moyens de défense du corps. Il y en a aussi qui sont résistants aux antibiotiques.

De nombreux individus sont porteurs de microorganismes autres que ceux qui forment habituellement le microbiote normal; ils sont dits *porteurs de germes*. Ces microbes, bien qu'ils soient généralement considérés comme pathogènes, ne causent pas nécessairement de maladie chez les porteurs de germes, mais ils sont susceptibles d'en faire naître chez les personnes prédisposées. Parmi les agents pathogènes qu'on trouve souvent chez des individus sains, on compte les échovirus (*écho* vient de «enteric *c*ytopathogenic *h*uman *o*rphan»), responsables de maladies intestinales, et les adénovirus, à l'origine de maladies respiratoires. *Neisseria meningitidis,* qui réside fréquemment dans les voies respiratoires sans poser de problème, peut provoquer la méningite – inflammation grave des membranes qui entourent l'encéphale et la moelle épinière; les nouveau-nés sont particulièrement sensibles à cette infection. *Streptococcus pneumoniæ,* qui réside normalement dans le nez et la gorge, est susceptible d'entraîner une pneumonie.

La coopération entre les microorganismes

Si la compétition entre microbes peut être une source de maladies, il en est de même de la coopération. Dans certaines conditions, un microbe permet à un autre de provoquer une maladie ou de causer des symptômes plus graves qu'à l'ordinaire. Tel est le cas des streptocoques oraux qui colonisent les dents. Les agents pathogènes qui causent la gingivite possèdent des récepteurs qui les rendent capables de se fixer aux streptocoques oraux, alors qu'ils ne peuvent pas se fixer directement sur les dents (chapitre 10).

▶ Vérifiez vos acquis

En quoi le microbiote normal est-il différent du microbiote transitoire? **9-3**

Donnez au moins trois exemples d'antagonisme microbien. **9-4**

Comment les agents pathogènes opportunistes causent-ils des infections? **9-5**

L'étiologie des maladies infectieuses

▶ Objectif d'apprentissage

9-6 Énoncer les postulats de Koch.

Grâce à la recherche, on connaît la cause de certaines maladies, telles que la poliomyélite, la maladie de Lyme et la tuberculose. Par contre, l'étiologie de diverses autres maladies n'a pas encore donné de résultats sûrs; ainsi, la relation entre les virus et certains cancers reste à clarifier. Dans d'autres cas, comme celui de la maladie d'Alzheimer, la cause est inconnue malgré la découverte des prions (chapitre 8). Les microorganismes ne sont évidemment pas responsables de toutes les maladies. Ainsi, l'hémophilie est une *maladie héréditaire* (ou *génétique*), tandis que l'arthrite et la cirrhose sont considérées comme des *maladies dégénératives.* Il existe plusieurs autres catégories de maladies, mais dans le présent manuel nous nous intéressons uniquement aux *maladies infectieuses,* c'est-à-dire les maladies provoquées par des microorganismes. La description des travaux de Robert Koch permet de comprendre la façon dont les microbiologistes abordent la cause d'une maladie infectieuse.

Les postulats de Koch

Dans le survol historique de la microbiologie présenté au chapitre 1, nous avons souligné que ce médecin allemand a joué un rôle primordial dans la démonstration de l'hypothèse que les microbes causent des maladies données. En 1877, Koch a publié des articles novateurs sur l'anthrax, maladie du bétail qui affecte aussi les humains. Grâce à ses travaux, il a prouvé qu'une bactérie, appelée aujourd'hui *Bacillus anthracis,* était présente dans le sang de tous les animaux atteints d'anthrax, et qu'on ne la rencontrait pas dans les animaux sains. Il savait que la simple présence d'une bactérie ne prouvait pas que celle-ci était responsable de la maladie: la maladie pouvait tout aussi bien avoir entraîné la croissance de la bactérie. Il a donc poursuivi ses expériences.

Koch a prélevé un échantillon de sang chez un animal atteint d'anthrax et il l'a injecté à un animal sain. Ce dernier a contracté la même maladie et il en est mort. Le chercheur a répété la même expérience de nombreuses fois, et il a toujours obtenu le même résultat. (Cette approche est cruciale puisque l'un des critères fondamentaux de la validité d'une théorie scientifique est la possibilité de reproduire chaque expérience en obtenant toujours les mêmes résultats.) Koch a également fait croître le microbe dans des liquides, à l'extérieur du corps de l'animal, et il a prouvé que la bactérie est capable de causer l'anthrax même après de nombreux transferts d'une culture bactérienne à une autre.

En établissant le lien entre l'anthrax et *B. anthracis,* Koch a montré qu'une maladie infectieuse spécifique est due à un microorganisme particulier et que l'on peut isoler et faire croître l'agent responsable sur un milieu artificiel. Il a par la suite utilisé les mêmes méthodes pour démontrer que *Mycobacterium tuberculosis* est la bactérie qui cause la tuberculose.

Les travaux de Koch ont fourni un cadre référentiel pour déterminer l'étiologie des maladies infectieuses, étape nécessaire à la mise au point d'un traitement approprié et à l'élaboration de mesures de prévention des maladies. Les exigences expérimentales énoncées par Koch sont aujourd'hui appelées **postulats de Koch** (**figure 9.3**). En voici un résumé.

1. Un même agent pathogène doit être présent chez chacun des individus atteints de la maladie.
2. On doit pouvoir isoler l'agent pathogène chez l'hôte malade ou mort, et en obtenir une culture pure.
3. L'agent pathogène extrait de la culture pure doit provoquer la même maladie si on l'injecte à un animal de laboratoire sain et réceptif.
4. On doit pouvoir isoler en culture pure l'agent pathogène de l'animal inoculé et démontrer qu'il s'agit bien du microorganisme originel.

Les exceptions aux postulats de Koch

Dans la majorité des cas, les postulats de Koch sont utiles pour identifier l'agent responsable d'une maladie infectieuse, mais il existe des exceptions. Par exemple, certains microbes ont des exigences de croissance très particulières. On sait que *Treponema pallidum* cause la syphilis, mais on n'a jamais réussi à faire croître des souches virulentes de cette bactérie sur des milieux de culture artificiels. L'agent responsable de la lèpre, *Mycobacterium lepræ*, n'a pu être non plus cultivé sur des milieux artificiels. Il est également impossible de faire croître sur des milieux artificiels beaucoup de rickettsies ainsi que tous les virus pathogènes, qui ne se reproduisent qu'à l'intérieur de cellules vivantes.

La découverte de microorganismes incapables de se développer sur un milieu artificiel a entraîné la modification des postulats de Koch et l'utilisation d'autres méthodes de culture et de détection de microbes. Par exemple, lorsque les chercheurs qui tentaient de déterminer la cause de la légionellose (ou maladie des légionnaires; chapitre 19) se sont rendu compte qu'ils ne pouvaient isoler directement le microbe chez une victime, ils ont décidé d'inoculer du tissu pulmonaire provenant d'une victime à des cobayes. Ces derniers ont présenté les symptômes caractéristiques de la légionellose, qui ressemblent à ceux d'une pneumonie, tandis que les cobayes inoculés avec du tissu pulmonaire provenant d'une personne saine n'ont présenté aucun symptôme. Les chercheurs ont ensuite effectué des cultures d'œufs embryonnés ensemencées avec des échantillons de tissu pulmonaire provenant des cobayes malades, technique qui permet de mettre en évidence la croissance de microbes extrêmement petits (figure 8.7). Après avoir laissé incuber les embryons, les chercheurs ont fait des prélèvements et, à l'aide d'un microscope électronique, y ont observé des bactéries en forme de bâtonnet. Enfin, ils ont employé des techniques immunologiques modernes (dont il sera question dans le chapitre 26 EN LIGNE) pour montrer que les bactéries présentes dans les œufs embryonnés étaient identiques à celles qui se trouvaient chez les cobayes et les humains atteints de légionellose.

Dans certains cas, un hôte humain présente des signes et des symptômes associés exclusivement à un agent pathogène donné et à la maladie qu'il provoque. Par exemple, les agents responsables respectivement de la diphtérie et du tétanos déclenchent des signes et des symptômes caractéristiques qu'aucun autre microbe ne produit; il ne fait aucun doute que seuls ces microorganismes causent ces deux maladies cliniquement bien définies. Mais les choses ne sont pas toujours aussi tranchées; certaines maladies infectieuses constituent des exceptions aux postulats de Koch. Par exemple, la glomérulonéphrite (inflammation des reins) peut être due à plusieurs agents pathogènes différents qui provoquent tous les mêmes signes et symptômes. Il est donc souvent difficile de déterminer quel microbe se trouve à l'origine d'une maladie. Parmi les autres

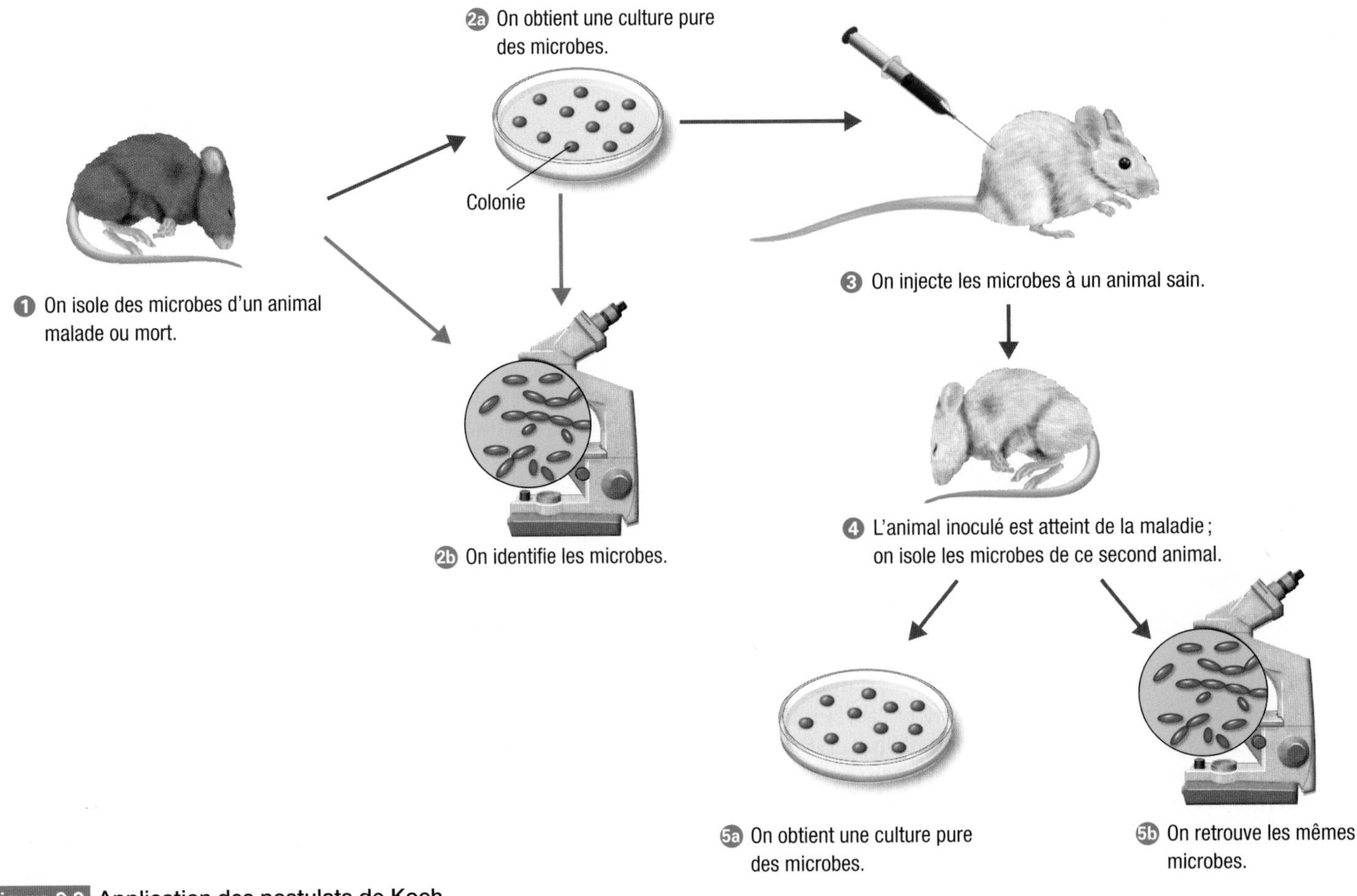

2a On obtient une culture pure des microbes.
Colonie
1 On isole des microbes d'un animal malade ou mort.
3 On injecte les microbes à un animal sain.
2b On identifie les microbes.
4 L'animal inoculé est atteint de la maladie; on isole les microbes de ce second animal.
5a On obtient une culture pure des microbes.
5b On retrouve les mêmes microbes.

Figure 9.3 Application des postulats de Koch.

maladies infectieuses dont la cause est difficile à déterminer, citons la pneumonie, la méningite et la péritonite (inflammation du péritoine, cette membrane qui tapisse les cavités abdominale et pelvienne).

On a noté une autre exception aux postulats de Koch : certains agents pathogènes provoquent plusieurs états pathologiques. *Mycobacterium tuberculosis,* par exemple, joue un rôle dans des maladies des poumons, de la peau, des os et des organes internes. Le *streptocoque β-hémolytique du groupe A* est responsable notamment des tonsillites (amygdalites) et des pharyngites (angines), de la scarlatine, d'infections de la peau (dont l'érysipèle) et de l'ostéomyélite (inflammation de l'os). En considérant à la fois les manifestations cliniques et les analyses de laboratoire, on arrive habituellement à distinguer ces infections de celles qui touchent les mêmes organes mais sont causées par d'autres agents pathogènes.

Par ailleurs, certaines considérations éthiques requièrent que l'on fasse exception aux postulats de Koch. Ainsi, il existe des agents anthropopathogènes pour lesquels on ne connaît pas d'autre hôte que l'être humain. C'est le cas du virus de l'immunodéficience humaine (VIH), l'agent du sida. La question éthique soulevée est la suivante : peut-on inoculer intentionnellement un individu avec un agent infectieux ? En 1721, le roi George Ier fit une offre à des condamnés : s'ils acceptaient d'être inoculés avec la variole afin de tester un vaccin expérimental antivariolique, ceux qui survivraient seraient libérés. On considère aujourd'hui que l'expérimentation sur des humains dans le cas de maladies incurables est inacceptable. Il arrive toutefois qu'une personne soit inoculée accidentellement. C'est ainsi que l'utilisation d'un greffon contaminé de moelle osseuse a prouvé la validité du troisième postulat de Koch en montrant qu'un virus, le virus d'Epstein-Barr, peut causer le cancer.

▶ Vérifiez vos acquis

Nommez quelques exceptions aux postulats de Koch. **9-6**

La classification des maladies infectieuses

▶ Objectifs d'apprentissage

- **9-7** Distinguer les infections d'origine endogène et d'origine exogène.
- **9-8** Distinguer les symptômes et les signes.
- **9-9** Distinguer les maladies transmissibles et les maladies non transmissibles.
- **9-10** Classer les maladies en fonction de leur fréquence.
- **9-11** Classer les maladies selon leur gravité et leur durée.
- **9-12** Définir la notion d'immunité collective.

La provenance des agents pathogènes

Nous avons vu plus haut que les microorganismes du microbiote normal vivent en harmonie sur des tissus du corps humain. Toutefois, ce microbiote peut occasionnellement être la source d'une infection. Lorsque les microbes déjà présents à l'état inoffensif agressent le corps au cours de situations fortuites, l'infection qui en résulte est d'origine **endogène**. La vaginite à *Candida* en est un exemple classique.

Les infections endogènes sont fréquentes en milieu hospitalier. Par exemple, des plaies cutanées peuvent être contaminées par des bactéries venant des orifices naturels ; de même, le matériel biomédical contaminé par le microbiote normal (par exemple une sonde vésicale à demeure) peut provoquer des infections endogènes (par exemple une infection urinaire). L'origine endogène d'une infection est suspectée lorsque les bactéries en cause s'avèrent peu résistantes aux antibiotiques, ce qui est le cas chez les personnes qui n'ont pas d'antécédents d'antibiothérapie massive.

Lorsque les microbes proviennent de l'extérieur (personnes malades, porteurs sains ou asymptomatiques, environnement) et qu'ils agressent l'organisme, l'infection est d'origine **exogène**. La grippe et les infections transmissibles sexuellement et par le sang (ITSS) en sont des exemples.

Les infections nosocomiales (contractées lors d'un séjour à l'hôpital) sont des infections exogènes.

Les manifestations cliniques

Toute maladie qui touche le corps entraîne des modifications particulières de ses structures et de ses fonctions, et ces altérations se manifestent habituellement de plusieurs façons. Par exemple, le patient perçoit des **symptômes**, ou modifications des fonctions de l'organisme, tels que de la douleur ou un *malaise*. Ces changements *subjectifs* ne sont pas visibles pour un observateur. Mais le patient peut aussi présenter des **signes**, soit des modifications *objectives* que le médecin peut observer et mesurer. Les signes que l'on évalue fréquemment comprennent les changements produits par la maladie : les signes cutanés tels que les écoulements (pus), les lésions et les éruptions, le gonflement, la sudation, la couleur de la peau ; les changements dans les fréquences cardiaque et respiratoire, dans la valeur de la pression artérielle ; les troubles gastro-intestinaux ; la fièvre ; les signes neurologiques tels que les céphalées, la prostration, la paralysie et les raideurs, etc.

Un ensemble spécifique de symptômes ou de signes accompagne certaines maladies ; on l'appelle **syndrome**. Par exemple, la congestion, des écoulements nasaux épais et verdâtres, la toux, l'expectoration de sécrétions purulentes et la dyspnée sont habituellement des manifestations d'une atteinte des voies respiratoires ; les nausées, les vomissements, la diarrhée et les crampes abdominales révèlent le plus souvent la présence de troubles digestifs. On diagnostique par conséquent une maladie en évaluant les signes et les symptômes, en association avec les résultats des cultures et des analyses de laboratoire.

La transmissibilité de l'infection

Les relations entre les microorganismes et l'humain concernent non seulement l'individu, mais aussi, sur le plan épidémiologique, des groupes plus ou moins grands d'individus. On classe souvent les maladies en fonction de leur comportement chez un hôte et dans une population donnée. Toute maladie qui se transmet d'un hôte à un autre, directement ou indirectement, s'appelle **maladie transmissible**. La varicelle, la rougeole, l'herpès génital, la fièvre typhoïde et la tuberculose en sont des exemples. La varicelle et la rougeole sont également des **maladies contagieuses**, c'est-à-dire qu'elles se transmettent *facilement* d'une personne à une autre. Une **maladie non transmissible** ne se transmet pas d'un hôte à un autre. Elle est causée par un microbe qui réside normalement dans le corps et ne déclenche qu'occasionnellement une maladie, ou par un microbe qui réside à l'extérieur du corps et ne provoque une maladie que lorsqu'il pénètre dans le corps. Le tétanos est un exemple de maladie infectieuse non transmissible : *Clostridium tetani* ne provoque une maladie que lorsqu'il pénètre dans le corps au site d'une érosion ou d'une blessure.

La fréquence d'une maladie

Pour comprendre l'importance exacte d'une maladie, il faut en connaître la fréquence. On appelle **incidence** d'une maladie le nombre de nouveaux cas apparus dans la population exposée durant une période donnée. La **prévalence** d'une maladie est le nombre total de cas – nouveaux et anciens – dans la population exposée, à un moment précis ou durant une période donnée, quel que soit le moment où la maladie a commencé à se manifester. La prévalence est une indication de l'importance et de la durée d'une maladie dans une population donnée. Par exemple, les CDC* (juillet 2010) rapportaient que, pour les années recensées sur l'épidémie de sida allant de 1979 à 2006, les 250 000 premiers cas avaient été déclarés sur une période de 12 ans, tandis que les 250 000 cas suivants l'avaient été en 3 ans seulement (de 1993 à 1995). Une bonne partie de l'augmentation observée en 1993 était due au fait que la définition d'un cas de sida adoptée cette année-là avait une portée plus large. À partir de 1996, et ce, jusqu'en 2006, on nota une nette diminution du nombre de cas (**figure 9.4**). L'incidence du sida à la fin de 2007 était de 56 300 cas, alors que la prévalence pour la même année représentait près de 1 185 000 cas. Poursuivant les mêmes objectifs, l'Agence de la santé publique du Canada publie régulièrement des résultats sur l'incidence et la prévalence du sida sur son territoire. Des données récentes** montrent que le nombre estimatif total de nouveaux cas d'infection par le VIH au Canada en 2008 se situe entre 2 300 et 4 300, ce qui est essentiellement la même chose qu'en 2005, année où on enregistrait de 2 200 à 4 200 nouveaux cas. L'incidence de l'infection par le VIH au Canada ne diminue donc pas. Toutefois, un plus grand nombre de Canadiens vivent avec le VIH : à la fin de 2008, on estimait qu'ils étaient 65 000, comparativement à 57 000 à la fin de 2005.

S'ils connaissent à la fois l'incidence et la prévalence d'une maladie dans différentes populations (qui correspondent par exemple à des régions géographiques ou à des groupes ethniques), les scientifiques sont en mesure d'estimer l'intervalle de fréquence de la maladie et le risque qu'un groupe de personnes soit affecté plus qu'un autre. L'incidence et la prévalence d'une infection sont deux indicateurs d'une donnée importante, la morbidité, décrite à la fin de ce chapitre.

La fréquence est l'un des critères utilisés pour classer les maladies selon les aspects de la diffusion dans les populations. Si une maladie n'apparaît qu'occasionnellement et par cas isolés, il s'agit d'une **maladie sporadique** ; au Canada et aux États-Unis, la fièvre typhoïde est considérée comme une maladie sporadique. Si une maladie est constamment présente dans une population, il s'agit d'une **maladie endémique** ; le rhume en est un exemple. Si un grand nombre de personnes d'une région donnée contractent une maladie donnée durant un laps de temps relativement court, il s'agit d'une **maladie épidémique** ; la grippe, qui apparaît subitement et se propage rapidement, est un exemple de maladie qui a tendance à devenir épidémique. Certains scientifiques considèrent également la blennorragie et d'autres ITSS comme épidémiques à l'heure actuelle (figure 21.5).

Le nombre de personnes atteintes peut être relativement petit, comme dans le cas des épidémies dues aux souches multirésistantes de *Staphylococcus aureus*, lesquelles sont limitées aux hôpitaux. (Notons que le mot « épidémie » est souvent utilisé pour désigner la propagation rapide d'une maladie contagieuse.) Une maladie épidémique à l'échelle mondiale s'appelle **pandémie**. On observe périodiquement des pandémies de grippe, et certains auteurs estiment que le sida est aussi une pandémie.

La gravité et la durée d'une maladie

Les notions de gravité et de durée permettent également de définir de façon utile l'importance d'une maladie. Une **maladie aiguë** évolue rapidement, mais dure peu longtemps ; la grippe en est un bon exemple. Une **maladie chronique** évolue plus lentement et les réactions de l'organisme peuvent être moins graves, mais la maladie est en général constamment présente ou elle resurgit périodiquement. La mononucléose infectieuse, la tuberculose et l'hépatite B font partie de cette catégorie. Une maladie qui se situe entre l'état aigu et l'état chronique s'appelle **maladie subaiguë** ; c'est le cas de la leucoencéphalite sclérosante subaiguë (où le virus de la rougeole est souvent en cause), maladie cérébrale rare caractérisée par la diminution des facultés intellectuelles et par la perte des fonctions nerveuses. Dans une **maladie latente**, l'agent pathogène est inactif pendant un intervalle de temps plus ou moins long, après quoi il devient actif et provoque les signes et les symptômes de la maladie ; c'est le cas du zona, l'une des maladies dues à l'herpèsvirus humain 3 (HHV-3), aussi appelé virus de la varicelle et du zona.

La vitesse à laquelle une maladie, ou une épidémie, se propage dans une population et le nombre d'individus qu'elle atteint sont déterminés en partie par l'immunité de la population. La vaccination peut protéger un individu contre certaines maladies pour une longue période ou même toute la vie. Les personnes immunisées contre une maladie infectieuse n'en sont pas porteuses, ce qui réduit la fréquence de la maladie. Les personnes immunisées constituent en fait une sorte de barrière contre la propagation de l'agent infectieux. Ainsi, même si une maladie très facilement transmissible peut provoquer une épidémie, de nombreuses personnes non immunisées sont protégées parce que la probabilité qu'elles entrent en contact avec un individu infecté est faible. L'un des avantages importants de la vaccination réside dans le fait que la proportion de la population protégée contre la maladie est suffisante pour éviter que cette dernière ne se propage rapidement aux individus non vaccinés. Lorsqu'une communauté comprend un nombre élevé de membres immunisés, on dit qu'il existe une **immunité collective** ou *immunité de masse* : plus il y a d'individus immunisés et par conséquent réfractaires à une infection, plus la survie de l'agent pathogène est précaire.

* Centers for Disease Control and Prevention (CDC). *HIV in the United States*. http://www.cdc.gov/hiv/resources/factsheets/us.htm.

** Agence de la santé publique du Canada : http://www.phac-aspc.gc.ca/aids-sida/publication/epi/2010/1-fra.php.

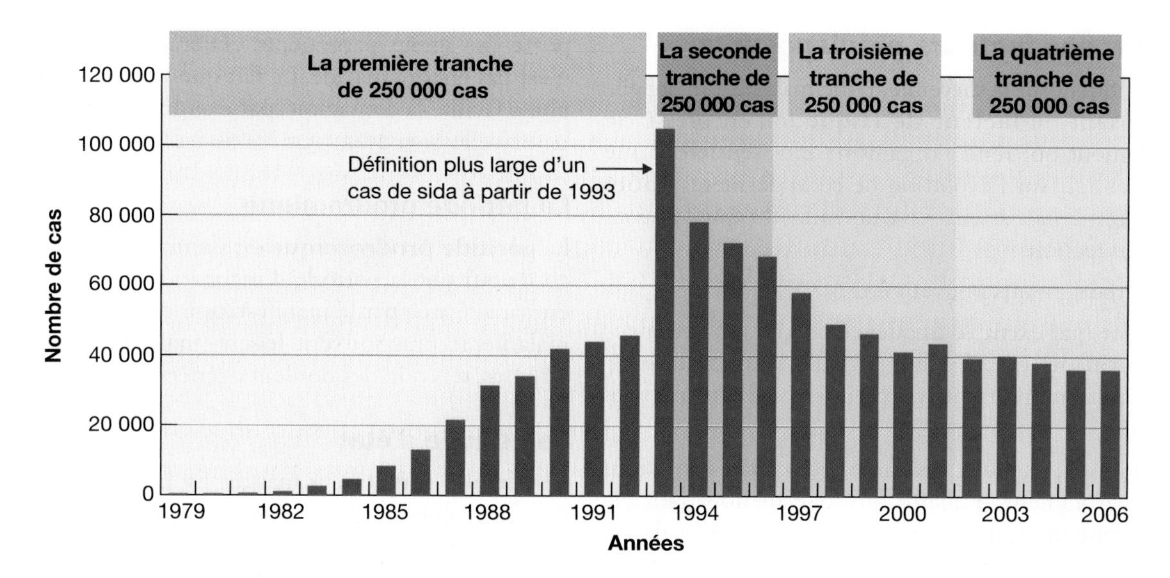

Figure 9.4 **Cas déclarés de sida aux États-Unis, entre 1979 et 2006.** (Source : Centers for Disease Control and Prevention.)

L'étendue des dommages causés à l'hôte

Les infections peuvent être aussi classées en fonction de l'étendue des dommages causés à l'hôte. Dans le cas d'une **infection locale**, les microbes envahisseurs résident uniquement dans une zone relativement petite de l'organisme. Les pustules et les abcès sont des exemples d'infections locales. Dans une **infection systémique** (ou **généralisée**), les microbes ou les substances qu'ils produisent se répandent dans tout l'organisme par l'intermédiaire du sang ou de la lymphe. La rougeole, par exemple, est une infection généralisée. Les infections des dents, de la gorge ou des sinus sont des infections locales. Toutefois, il arrive fréquemment que l'agent responsable d'une infection locale pénètre dans un vaisseau sanguin ou lymphatique, qu'il atteigne un ou des organes du corps et qu'il s'y installe. Ce phénomène s'appelle **infection focale**. C'est ainsi que des streptocoques infectant la gorge peuvent pénétrer dans le sang par une lésion, atteindre les valvules cardiaques et y causer une endocardite.

La **sepsie** est un état inflammatoire toxique résultant de la dissémination d'agents pathogènes, en particulier de bactéries ou de leurs toxines, à partir d'un foyer d'infection (chapitre 18). La **septicémie**, aussi appelée empoisonnement de sang, est une infection généralisée provoquée par la multiplication d'agents pathogènes dans le sang. La septicémie est une forme courante de sepsie. La présence de bactéries dans le sang s'appelle **bactériémie**. Une **toxémie** est la présence d'une toxine dans le sang (comme dans le cas du tétanos), et une **virémie**, de virus dans le sang.

La capacité de résistance de l'hôte est aussi un facteur déterminant de la gravité des dommages causés par une infection. Une **primo-infection** ou **infection primaire** est une infection aiguë due à l'envahissement, pour la première fois, de l'organisme par un microbe ; une **infection secondaire** est une infection provoquée par un agent pathogène opportuniste lorsque les défenses de l'organisme sont déjà affaiblies par une infection primaire. Les infections secondaires de la peau et des voies respiratoires sont fréquentes et parfois plus dangereuses que les infections primaires. La pneumonie à *Pneumocystis* due au sida en est un exemple ; la bronchopneumonie streptococcique survenant à la suite d'une grippe est l'exemple d'une infection secondaire plus grave que l'infection primaire. Une **infection subclinique** (non apparente) ne se manifeste par aucune maladie observable. Ainsi, des personnes peuvent être porteuses du poliovirus ou du virus de l'hépatite A sans jamais être atteintes de la maladie.

▶ Vérifiez vos acquis

D'où proviennent les microorganismes qui causent des maladies infectieuses ? **9-7**

Faites la distinction entre signes, symptômes et syndrome. **9-8**

Est-ce que la gangrène causée par *Clostridium perfringens* est une infection transmissible ? **9-9**

Faites la distinction entre maladies sporadique, endémique et épidémique, et pandémie. **9-10**

Faites la distinction entre une maladie aiguë, une maladie chronique et une maladie latente. **9-11**

Qu'est-ce que l'immunité collective ? **9-12**

Les modèles de la maladie infectieuse

▶ Objectifs d'apprentissage

9-13 Définir au moins quatre facteurs prédisposant l'hôte réceptif à la maladie infectieuse.

9-14 Classer et décrire les concepts suivants selon le modèle d'évolution d'une maladie infectieuse : période d'incubation, période prodromique, période d'état, période de déclin, période de convalescence.

Les agents pathogènes causent des dommages à l'hôte par un processus appelé *pathogénie* (dont il sera question dans le prochain chapitre). La gravité de la maladie dépend de l'importance des dommages causés aux cellules de l'hôte, soit directement par les microbes, soit par les toxines qu'ils produisent. En dépit des effets de tous ces facteurs, l'apparition de la maladie dépend en définitive de la résistance de l'hôte à l'action de l'agent pathogène.

L'hôte réceptif: ses facteurs prédisposants

Certains facteurs influent sur la survenue d'une maladie. On appelle **facteur prédisposant** ou **facteur de risque** (ou encore *facteur d'influence*) un élément qui rend l'organisme plus sensible à une maladie et qui peut agir sur l'évolution de cette dernière. L'**hôte réceptif**, aussi nommé *hôte sensible,* est un individu qui présente un risque élevé d'infection.

Les facteurs prédisposants peuvent être:

- génétiques: le sexe (par exemple fréquence plus élevée des infections des voies urinaires chez les femmes que chez les hommes, alors que ces derniers montrent un taux plus élevé de pneumonies et de méningite);
- liés à l'âge (nourrisson, enfant et personne âgée); à des conditions physiologiques particulières (puberté, grossesse, ménopause); à la malnutrition (dénutrition, anorexie, etc.); à des habitudes de vie comportant des risques (nombreux partenaires sexuels); au stress et à des troubles de santé mentale;
- liés à une maladie qui s'accompagne de déficiences d'ordre anatomique, physiologique, métabolique ou immunitaire. Il s'agit de maladies chroniques (diabète, asthme, cancer, etc.); de déficits immunitaires (maladies de la peau, leucopénie, hypogammaglobulinémie, sida, etc.); de déséquilibres hormonaux; de troubles liés à l'obésité, à l'alcoolisme ou au tabagisme;
- liés à la prise de médicaments (corticostéroïdes, antibiotiques, antiacides, etc.); à des traitements (chimiothérapie, immunothérapie, etc.); à des interventions effractives (opérations chirurgicales, installation de sondes – cathéter, tube endotrachéal –, appareillage technique pour l'hémodialyse, etc.); à des traumatismes accidentels (brûlures, plaies, infections, etc.);
- liés à l'environnement: hygiène (pollution de l'air, insalubrité); milieu de travail (exposition à des risques de contagion dans des hôpitaux et des garderies); causes géographiques et climatiques (par exemple fréquence plus élevée des affections respiratoires durant l'hiver et des diarrhées durant l'été; voyages dans des pays où la maladie est endémique).

Il est souvent difficile de déterminer de manière précise l'importance relative de chacun des facteurs prédisposants; par ailleurs, l'action combinée de certains facteurs contribue à affaiblir la résistance de l'organisme à l'infection.

L'évolution d'une maladie infectieuse

Après qu'un microbe a vaincu les défenses de l'hôte, l'évolution de la maladie est à peu près la même, que l'infection soit aiguë ou chronique (**figure 9.5**). Cette évolution se déroule en cinq périodes.

La période d'incubation

La **période d'incubation** est l'intervalle de temps compris entre l'infection initiale (introduction du microbe dans l'organisme) et la manifestation des premiers signes ou symptômes. Cette phase silencieuse est de longueur fixe ou variable selon le type de maladie. Elle dépend de la nature du microbe responsable, de son degré de pathogénicité (virulence), du nombre de microbes infectieux et de la résistance de l'hôte. (Le tableau 9.3 donne la période d'incubation de quelques maladies microbiennes.) Le *porteur en incubation* porte des agents pathogènes généralement transmissibles, mais il n'est pas encore malade. Le fait que l'on ne peut reconnaître cette phase facilite la contagion; par exemple, les enfants se transmettent la varicelle bien avant que les vésicules apparaissent.

La période prodromique

La **période prodromique** est un intervalle de temps relativement court qui suit la période d'incubation de certaines maladies. Elle est caractérisée par la manifestation des premiers symptômes de la maladie, le plus souvent légers (malaise) mais quelquefois assez intenses, tels que des douleurs généralisées.

La période d'état

La **période d'état** de la maladie est la phase la plus aiguë de l'invasion microbienne; l'organisme ne peut s'y opposer efficacement. La personne présente des signes et des symptômes patents, qui atteignent leur intensité maximale: fièvre, frissons, douleurs musculaires (myalgie), sensibilité à la lumière (photophobie), maux de gorge (pharyngite), gonflement des nœuds lymphatiques (adénopathie), troubles gastro-intestinaux, etc. Le nombre de leucocytes (globules blancs) augmente ou diminue parfois. (Pour une description détaillée des signes et des symptômes caractéristiques de la période d'état, vous pouvez consulter les chapitres 16 à 21, où sont examinées différentes maladies infectieuses.)

En général, l'infection est freinée après un certain temps par la réponse immunitaire de la personne atteinte et par d'autres mécanismes de défense qui réussissent à vaincre l'agent pathogène, de sorte que la période d'état prend fin. Mais si l'agent pathogène à l'origine du déséquilibre biologique n'est pas neutralisé (ou si le traitement échoue), c'est au cours de cette phase que le déséquilibre s'accentue et s'aggrave à un point tel que la mort survient.

La période de déclin

Durant la **période de déclin**, les signes et les symptômes s'estompent. Cette phase apparaît souvent quelques heures après l'administration d'un traitement efficace. La fièvre diminue, et il en est de même

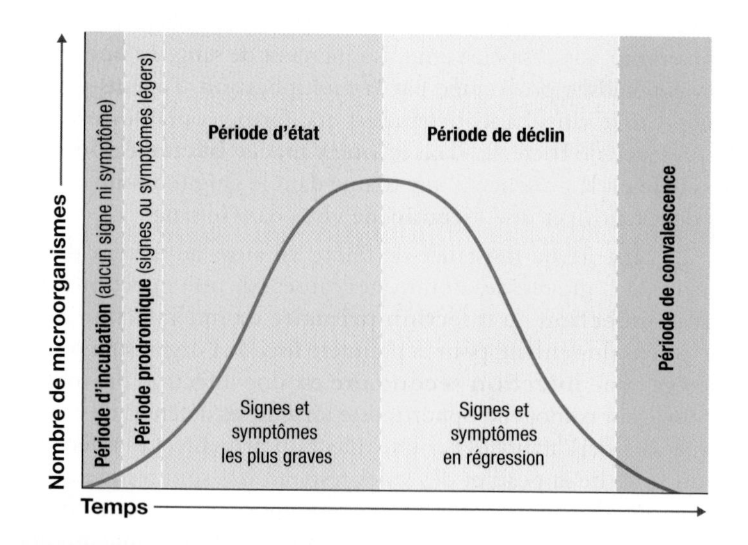

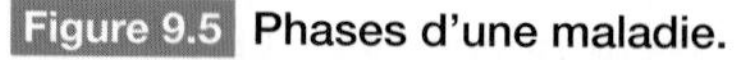
Figure 9.5 Phases d'une maladie.

de la sensation de malaise. C'est durant cette phase, qui dure de moins de 24 heures à quelques jours, que le patient affaibli est susceptible de souffrir d'une infection secondaire.

La période de convalescence

Durant la **période de convalescence**, la personne reprend des forces et se rétablit. L'organisme retourne à l'état antérieur à la maladie : c'est de nouveau l'homéostasie.

Chacun sait que durant la période d'état la personne infectée constitue une source de la maladie et qu'elle peut facilement transmettre l'infection à d'autres individus. Mais il faut savoir qu'elle peut également transmettre l'infection durant la période de convalescence. Cela s'applique particulièrement à des maladies comme la fièvre typhoïde et le choléra, car dans ces deux cas la personne convalescente peut demeurer porteuse des microbes pathogènes pendant des mois, voire des années. Le *porteur convalescent* n'est plus malade mais peut transmettre l'agent pathogène à son insu.

▶ Vérifiez vos acquis

Qu'est-ce qu'un facteur prédisposant ? Nommez-en quelques-uns. **9-13**

Classer dans l'ordre les concepts suivants selon le modèle d'évolution d'une maladie infectieuse : période d'état, période prodromique, période d'incubation, période de convalescence et période de déclin. **9-14**

La propagation d'une infection

▶ Objectifs d'apprentissage

9-15 Illustrer la chaîne épidémiologique avec ses maillons montrant la séquence de la transmission de l'agent pathogène d'un hôte réceptif à l'autre.

9-16 Définir la notion de réservoir d'infection.

9-17 Faire la distinction entre réservoirs humain, animal et inanimé, et donner un exemple de chaque type de réservoir.

9-18 Définir la notion de porteur de germe.

9-19 Décrire les différentes portes de sortie des agents pathogènes.

9-20 Décrire les différents modes de transmission des maladies.

9-21 Décrire les différentes portes d'entrée des agents pathogènes.

Les scientifiques ont recours à un modèle pour illustrer le cycle de propagation d'une maladie infectieuse ; il s'agit de la **chaîne épidémiologique**, soit la production en série des événements qui permettent à l'agent infectant de se transmettre d'un hôte réceptif à l'autre. L'hôte réceptif que nous venons de décrire est l'un des maillons de la chaîne épidémiologique. Cette chaîne est illustrée à la **figure 9.6**.

Dans cette section, nous allons étudier les sources d'agents pathogènes, les portes de sortie des microbes, les modes de transmission des maladies ainsi que les portes d'entrée des microorganismes dans l'organisme. Les capacités d'agression des agents pathogènes seront étudiées au chapitre 10.

Les réservoirs d'infection

Une maladie ne peut se perpétuer s'il n'existe pas une source continuelle des microbes qui en sont responsables. La source peut être un organisme vivant (être humain ou animal) ou un objet inanimé qui fournissent à l'agent pathogène les conditions appropriées à sa survie et qui lui permettent de se propager. Une telle source s'appelle **réservoir d'infection**.

Les réservoirs humains

Le principal réservoir vivant de maladies humaines est le corps humain lui-même. Quantité de gens hébergent des agents pathogènes, qu'ils transmettent directement ou indirectement à d'autres personnes. Les individus qui présentent des signes et des symptômes d'une maladie peuvent la transmettre : ce sont des *porteurs actifs*. Toutefois, il existe des personnes qui abritent des agents pathogènes qu'elles sont susceptibles de transmettre, même si elles ne présentent pas de maladie. Ainsi, lorsque des microbes pathogènes sont présents transitoirement et en faible quantité sur la peau ou les muqueuses, on parle de **portage** et l'individu touché est qualifié de **porteur sain**. Ces individus, aussi appelés *porteurs inapparents,* n'ont pas la maladie, mais ils constituent d'importants réservoirs vivants. Par exemple, les porteurs sains de *Neisseria meningitidis,* l'agent de la méningite, abritent la bactérie dans le rhinopharynx ; ils peuvent la donner à de jeunes enfants, qui sont plus réceptifs que les adultes à la maladie. Certains porteurs abritent des agents pathogènes sous forme latente dans une *phase asymptomatique* de la maladie – soit en période d'incubation (avant que les symptômes se manifestent), soit en période de convalescence. Le portage de germes peut être de courte durée ou persister quelques mois. Par exemple, après avoir guéri d'une fièvre typhoïde, l'individu continue d'éliminer les bactéries dans ses selles pendant plusieurs mois. Les porteurs humains jouent un grand rôle dans la propagation de certaines maladies telles que le sida, la diphtérie, la fièvre typhoïde, l'hépatite, la blennorragie, la dysenterie amibienne et les infections streptococciques. À l'exception des porteurs actifs, les porteurs de germes ignorent la plupart du temps qu'ils sont susceptibles de transmettre la maladie, si bien qu'ils ne prennent pas les mesures de prévention adéquates pour éviter toute transmission, comme peuvent le faire les personnes malades qui se savent contagieuses. Ces porteurs constituent une véritable menace pour leur entourage familial et professionnel.

Les réservoirs animaux

Les animaux sauvages ou domestiques constituent des réservoirs vivants de microorganismes susceptibles de causer des maladies humaines. Les maladies qui touchent principalement les animaux et qui sont transmissibles à l'être humain s'appellent **zoonoses**. La brucellose, l'anthrax, la maladie des griffes du chat, la peste, le typhus et la fièvre pourprée des montagnes Rocheuses sont des exemples de zoonoses (encadré 18.6). D'autres zoonoses représentatives sont énumérées dans le **tableau 9.2**.

On connaît environ 150 zoonoses. La transmission à l'être humain se fait de plusieurs façons : par contact direct avec un animal infecté ; par contact direct avec les déjections d'un animal domestique ; par l'intermédiaire d'aliments ou d'eau contaminés ; par l'air en contact avec du cuir, de la fourrure ou des plumes contaminées ; par l'ingestion de produits d'animaux infectés (viandes, lait, œufs) ; par des insectes vecteurs (qui transmettent l'agent pathogène). Par exemple, la toxoplasmose est une infection généralement

Figure 9.6

Schéma guide

Maillons de la chaîne épidémiologique

Il se produit généralement une suite bien définie d'événements au cours de la propagation d'une infection. En premier lieu, une maladie infectieuse ne se déclare que s'il existe un *réservoir* ou une source d'*agents pathogènes.* Ensuite, les agents pathogènes doivent pouvoir s'échapper du réservoir et se transmettre à un nouvel hôte réceptif. L'invasion suit la *transmission,* c'est-à-dire que les microbes pénètrent dans l'hôte réceptif et s'y installent.

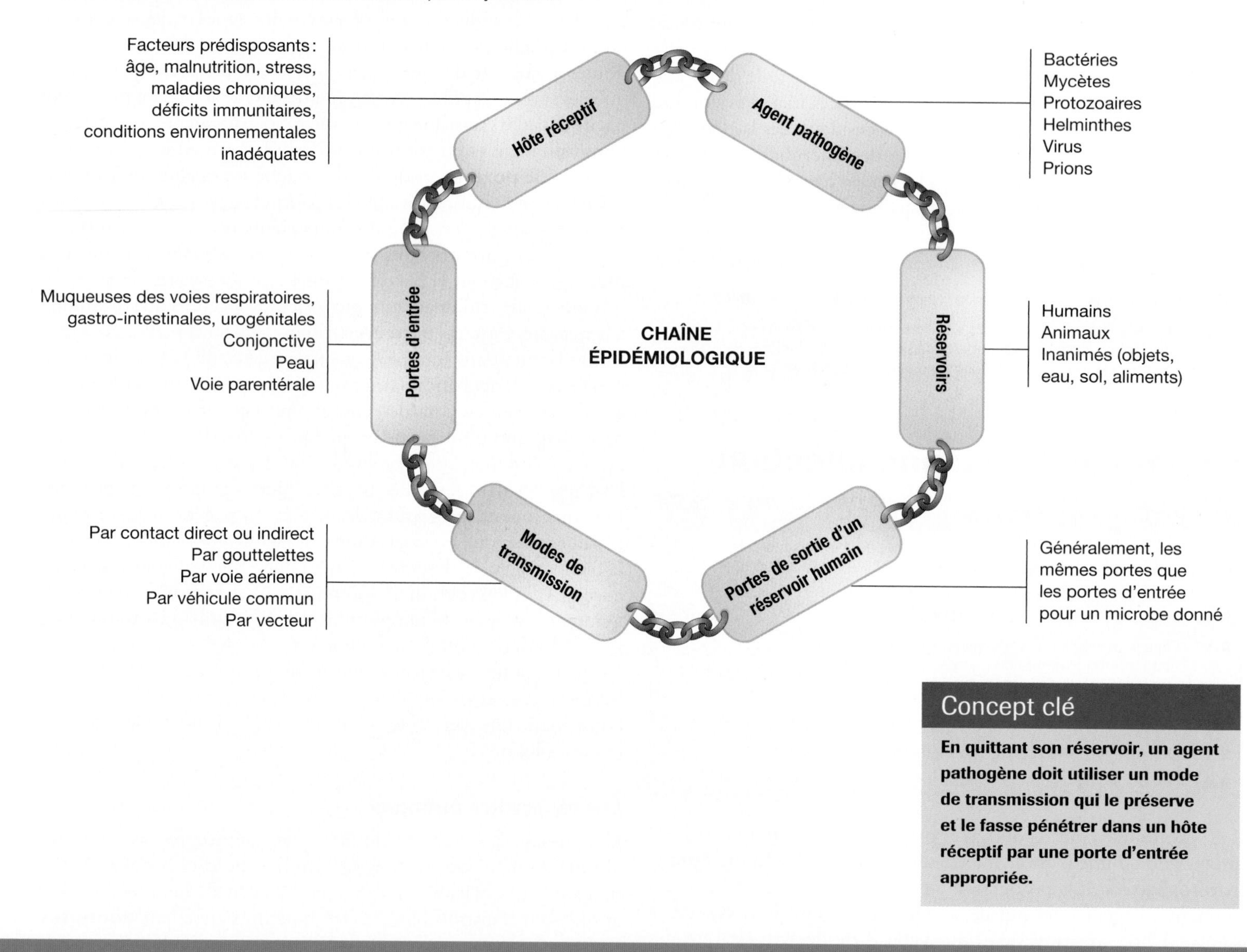

Concept clé

En quittant son réservoir, un agent pathogène doit utiliser un mode de transmission qui le préserve et le fasse pénétrer dans un hôte réceptif par une porte d'entrée appropriée.

transmise à un enfant qui joue dans un bac à sable contaminé par des déjections d'oiseaux ou de chats, ou à un adulte qui nettoie une litière de chat ou une cage d'oiseau (figure 18.16).

Les réservoirs inanimés

Les principaux réservoirs inanimés de maladies infectieuses sont le sol, l'eau, les objets et les aliments. Le sol abrite divers agents pathogènes: des mycètes responsables de mycoses et d'infections généralisées (tableau 7.3); *Clostridium botulinum,* la bactérie responsable du botulisme; et *C. tetani,* la bactérie responsable du tétanos. Comme ces deux espèces de clostridies font partie du microbiote intestinal normal des chevaux et des vaches, on les rencontre en particulier dans les sols fertilisés au moyen de fèces animales.

L'eau contaminée par des fèces humaines ou animales est un réservoir de nombreux agents pathogènes, en particulier ceux qui sont responsables de maladies gastro-intestinales. Ces agents comprennent *Vibrio choleræ,* qui cause le choléra, et *Salmonella typhi,* qui provoque la fièvre typhoïde.

Tableau 9.2 Quelques zoonoses représentatives

Maladie	Agent responsable	Réservoir	Mode de transmission	Encadré
Viroses				
Certains types de grippe	*Influenzavirus*	Porcs, sauvagine (canards)	Contact direct	Encadré 19.4
Rage	*Lyssavirus*	Chauves-souris, moufettes, renards, chiens, chats	Contact direct (morsure)	Encadré 17.4
Bactérioses				
Maladie de Lyme	*Borrelia burgdorferi*	Mulots, cerfs	Morsure de tique	Encadré 18.6
Psittacose (ou ornithose)	*Chlamydophila psittaci*	Oiseaux, en particulier les perroquets et les perruches	Contact direct	Encadré 19.2
Salmonellose	*Salmonella enterica*	Volaille, reptiles	Ingestion d'aliments ou d'eau contaminés et contamination main-bouche	Encadré 20.3
Mycose				
Teignes	*Trichophyton* *Microsporum* *Epidermophyton*	Mammifères domestiques	Contact direct; objets inanimés	Encadré 16.4
Protozoose				
Toxoplasmose	*Toxoplasma gondii*	Chats et autres mammifères	Contact direct avec des matières fécales ou ingestion de viande contaminée	Encadré 18.5
Helminthiase				
Ténia (porc)	*Tænia solium*	Porcs	Ingestion de porc contaminé insuffisamment cuit	Encadré 20.7

Les aliments préparés ou entreposés de façon inadéquate font également partie des réservoirs inanimés; ils peuvent constituer des sources de maladies telles que la trichinose, la salmonellose et la listériose.

Les objets, tels les jouets, les ustensiles, les couvertures et les tapis, constituent des réservoirs de microbes; ils peuvent contribuer à la transmission de maladies telles que le rhume, l'hépatite A et la pédiculose.

Les portes de sortie

Des microorganismes qui tuent leur hôte sans pouvoir s'en échapper risquent bien de mourir emprisonnés dans un organisme mort dont les conditions physicochimiques ne répondent plus à leurs besoins. Il est essentiel pour leur survie que les microbes pathogènes s'échappent du corps agressé par des **portes de sortie**, ou **voies de sortie**, spécifiques telles que les sécrétions, les excrétions, le pus et les tissus infectés. En général, les portes de sortie des agents pathogènes sont reliées à la partie du corps infectée à partir de laquelle les microorganismes peuvent s'échapper. Ces derniers utilisent fréquemment les mêmes portes d'entrée et de sortie. En s'échappant par diverses portes de sortie, les pathogènes peuvent se répandre dans la population en se transmettant d'un hôte réceptif à un autre. La dissémination d'une maladie infectieuse dans une population est un aspect important pour les épidémiologistes.

Les principales portes de sortie sont les *voies respiratoires* et les *voies gastro-intestinales*. De nombreux agents pathogènes qui colonisent ou infectent les voies respiratoires sortent par le nez ou par la bouche, dans les gouttelettes de mucus expulsées lorsqu'une personne tousse ou éternue. C'est ainsi que se transmettent les microorganismes de la coqueluche, de la pneumonie, de la méningite, de la rougeole, de la varicelle, des oreillons, du rhume et de la grippe. D'autres agents pathogènes quittent le corps par les voies gastro-intestinales, dans les fèces ou la salive (lors de vomissements). Les fèces risquent d'être contaminées, par exemple, par les agents associés à la salmonellose, au choléra, à la fièvre typhoïde, à la shigellose et à la poliomyélite. La salive peut aussi contenir des agents pathogènes, tels que les virus de la mononucléose ou ceux des oreillons.

Les *voies urogénitales* sont une porte de sortie importante. Les microbes responsables des ITSS sont présents dans les sécrétions provenant du pénis et du vagin. L'urine peut aussi contenir les agents responsables de la fièvre typhoïde et de la brucellose, qui peuvent quitter le corps par les voies urinaires.

La *peau* est aussi une porte de sortie. Les infections transmises par la peau peuvent se faire par l'intermédiaire des pellicules (squames) de la peau ou par des écoulements de liquide séreux ou purulent. Les infections cutanées comprennent l'impétigo, la scarlatine, les dermatophyties (mycoses), l'herpès et les verrues. Le fluide purulent qui s'écoule d'une plaie est susceptible de transmettre une infection à une autre personne, directement ou par contact avec un objet contaminé.

La *voie sanguine* est une autre porte de sortie. Lors d'une piqûre ou d'une morsure, un insecte peut aspirer du sang d'une personne infectée et l'injecter à une autre; les maladies transmises par des piqûres ou des morsures d'insectes comprennent la fièvre jaune, la peste, la tularémie et le paludisme. Les aiguilles et les seringues contaminées jouent également un rôle dans la propagation des infections au sein d'une population ; le sida et les hépatites B et C se transmettent notamment par l'intermédiaire d'aiguilles ou de seringues contaminées.

La transmission des maladies infectieuses

L'agent responsable d'une maladie infectieuse peut se transmettre d'un réservoir à un hôte sensible selon trois principaux modes : par contact, par véhicule ou par vecteur (**figures 9.7**, **9.8** et **9.9**)*. Certaines infections peuvent toutefois se transmettre par des modes multiples.

La transmission par contact

On appelle **transmission par contact** la propagation d'un agent pathogène par contact direct ou indirect, ou par des gouttelettes. La **transmission par contact direct**, ou *transmission interpersonnelle,* est la propagation d'un agent pathogène par le contact physique entre une personne infectée ou colonisée et un autre individu réceptif ; aucun objet ne joue le rôle d'intermédiaire (figure 9.7a). Les formes les plus courantes de contact direct permettant la transmission sont le toucher, le baiser et les relations sexuelles. Les maladies transmissibles par contact direct comprennent des maladies virales telles que le rhume, la grippe, l'hépatite A, la rougeole, la mononucléose infectieuse et le sida, des infections bactériennes telles que les infections staphylococciques et streptococciques, et les ITSS telles que la syphilis, la blennorragie, l'herpès génital et les condylomes.

Dans un établissement de santé, la transmission par contact direct est grandement facilitée par la profusion de gestes professionnels nécessaires pour traiter les patients. La transmission par les mains mal lavées du personnel soignant et la peau des patients infectés ou colonisés par des microbes résistants aux antibiotiques est un facteur épidémiologique important. Le staphylocoque doré résistant à la méthicilline (SDRM), par exemple, peut se transmettre par contact direct. Dans le milieu hospitalier, on enseigne que les 10 ennemis du patient sont les 10 doigts du personnel soignant. Le lavage antiseptique des mains élimine la plupart des microorganismes présents sur la peau ; toutefois, au bout de quelques minutes, la sudation a fait remonter à la surface les bactéries enfouies dans les pores et les sillons épidermiques, d'où la nécessité de porter des gants (figure 9.8) pour se prémunir contre la transmission interpersonnelle. Les gants ont une double fonction : d'une part, ils protègent le patient contre les microbes transportés par le personnel ; d'autre part, ils protègent le personnel lors de soins donnés à des patients infectés.

Des agents potentiellement pathogènes se transmettent aussi par contact direct entre un animal (ou un produit animal) et un être humain. C'est le cas des agents responsables de la rage et de l'anthrax.

On appelle **transmission par contact indirect** la propagation d'un agent pathogène d'un réservoir à un hôte réceptif par l'intermédiaire d'un objet inanimé qui se trouve dans l'environnement immédiat de la personne contaminée – par exemple un mouchoir de papier ou de tissu, une serviette, la literie, une couche, un jouet, un gobelet, des ustensiles, une poignée de porte ou une pièce de monnaie (figure 9.7b). Les seringues contaminées servent d'intermédiaire dans la transmission du sida et des hépatites B et C. D'autres objets, par exemple des clous rouillés, peuvent transmettre des maladies comme le tétanos.

Dans le milieu hospitalier, les mesures de prévention des infections doivent être rigoureusement appliquées pour contrôler les situations où la contamination de l'environnement est prévisible. Par exemple, une surveillance accrue doit accompagner les patients incontinents souffrant de diarrhée et dont la couche peut ne pas suffire à contenir les selles liquides. La transmission par contact indirect peut se faire par l'intermédiaire de gants qu'on omet de changer entre les patients, d'instruments contaminés ou d'autres objets tels les contenants de médicaments, qui se trouvent dans l'environnement immédiat du patient.

La **transmission par gouttelettes** est une forme particulière de transmission par contact. Par « gouttelettes », on entend les grosses gouttelettes ayant un diamètre égal ou supérieur à cinq micromètres. Ces gouttelettes sont expulsées dans l'air par un individu qui tousse, éternue, rit ou parle. Elles sont projetées sur une courte distance (moins d'un mètre) et se déposent sur la muqueuse des yeux, du

* Dans la version révisée de son guide de prévention des infections (1999), Santé Canada présente cinq modes de transmission des microbes : par contacts direct et indirect ; par gouttelettes ; par voie aérienne ; par un véhicule commun ; par un vecteur. Source : *Pratiques de base et précautions additionnelles visant à prévenir la transmission des infections dans les établissements de santé* : http://www.collectionscanada.gc.ca/webarchives/20071124112837/ ; http://www.phac-aspc.gc.ca/publicat/ccdr-rmtc/99pdf/cdr25s4f.pdf.

a) Par contact direct

b) Par contact indirect

c) Par gouttelettes : la photographie ultrarapide montre l'expulsion de petites gouttelettes par la bouche lors d'un éternuement.

Figure 9.7 Transmission par contact.

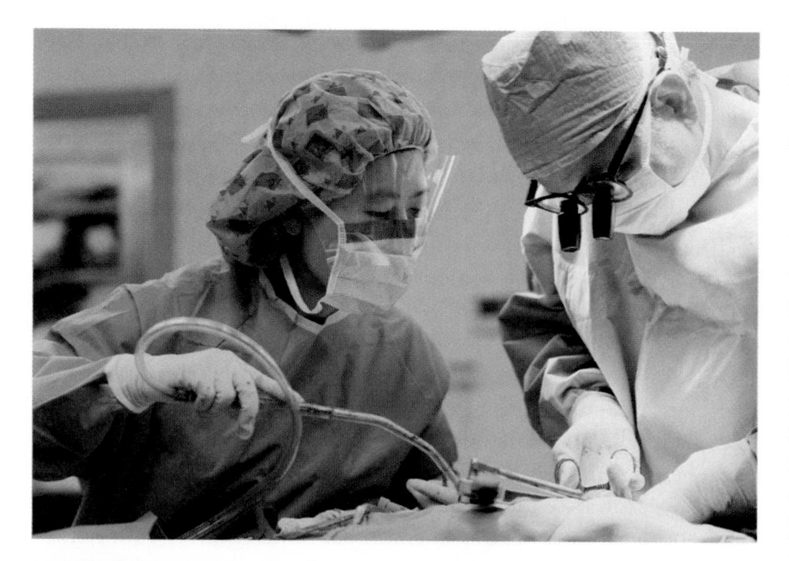

Figure 9.8 **Prévention de la transmission par contact direct, au moyen de gants, de masques et de lunettes de protection.**

nez ou de la bouche d'un nouvel hôte qui se tient à proximité. Un seul éternuement peut produire 20 000 gouttelettes (figure 9.7c). Généralement, les microbes transmis par ce mode ne survivent que très peu de temps dans l'air environnant et sur les doigts. On ne considère pas que les agents pathogènes qui parcourent des distances aussi courtes se propagent par voie aérienne. (Il sera question plus loin de la transmission aérienne.) La pneumonie à *Hæmophilus influenzæ* de type b, la méningite (à *Neisseria meningitidis*) et la coqueluche (à *Bordetella pertussis*) sont des exemples de maladies transmissibles directement par gouttelettes.

Dans les milieux de la petite enfance de même que dans les écoles, la transmission de la méningite est facilitée dans les pièces surpeuplées où les enfants ont des contacts très rapprochés ou sont assis très près les uns des autres. Dans les établissements de soins, la transmission par gouttelettes est fréquente, surtout dans les services pédiatriques et pendant des interventions telles que l'aspiration ou la bronchoscopie. Dans certains cas, les grosses gouttelettes expulsées peuvent se déposer sur des mains ou des objets environnants, et les microbes qu'elles contiennent, par exemple le virus de la grippe, peuvent résister assez longtemps pour contaminer d'autres personnes par contact direct (mains) ou indirect (objets fraîchement contaminés). On peut constater ici que la frontière entre les différents modes de transmission est mince et qu'il faut surtout en comprendre la signification plutôt que d'essayer d'en faire une nette distinction.

La transmission par voie aérienne

On appelle *transmission aérienne* la dissémination dans l'air d'agents pathogènes par l'intermédiaire de microgouttelettes, de particules de poussière et d'autres débris composés de squames (pellicules de la peau) qui restent en suspension dans l'air pendant de longues périodes, de telle sorte qu'elles peuvent être disséminées dans l'environnement (figure 9.9a). Les microgouttelettes sont de petites particules, inférieures à cinq micromètres, résultant de l'évaporation des grosses gouttelettes, et qui parcourent plus d'un mètre depuis le réservoir jusqu'à l'hôte. La rougeole, la varicelle et la tuberculose peuvent se propager par microgouttelettes aéroportées. Les staphylocoques et les streptocoques peuvent survivre dans les particules de poussière et être transportés par voie aérienne. Les spores libérées par certains mycètes et susceptibles de causer des mycoses telles que l'histoplasmose, la coccidioïdomycose et la blastomycose se transmettent facilement par voie aérienne (chapitre 19).

Le milieu hospitalier est un terrain propice à la transmission aérienne. Par exemple, des microbes aéroportés sont largement disséminés par les courants d'air et inspirés par des hôtes réceptifs éloignés de la source du microbe. Ces microbes peuvent même aboutir dans différents services ou locaux de l'établissement de soins. Les endospores produites par les bactéries du genre *Clostridium* telles que *C. perfringens* (responsable de la gangrène gazeuse) et *C. difficile* se transmettent facilement par voie aérienne. On peut ainsi comprendre le bien-fondé de l'isolement d'un patient atteint d'une diarrhée à *C. difficile* susceptible de propager l'infection par voie aérienne à d'autres patients.

La transmission par un véhicule commun

La **transmission par un véhicule commun** désigne la propagation d'une infection à partir d'une unique source contaminée à de nombreux hôtes. L'eau, la nourriture et le sang sont des exemples de véhicules de transmission d'infections. Ce mode de transmission, qui implique un véhicule commun à tous les individus infectés,

a) Transmission aérienne

b) Transmission par véhicule d'origine hydrique

c) Transmission par véhicule d'origine alimentaire

Figure 9.9 **Transmission aérienne et transmission par véhicule commun.**

peut engendrer une épidémie galopante. Une flambée d'infections à *Salmonella* due à la transmission par un véhicule commun est décrite dans l'encadré 20.2.

Dans la *transmission d'origine hydrique,* les agents pathogènes sont généralement disséminés par de l'eau contaminée telle que les eaux usées non traitées ou traitées de façon inadéquate (figure 9.9b). La poliomyélite, le choléra, la shigellose d'origine hydrique et la leptospirose sont des maladies transmises selon ce mode.

Dans la *transmission d'origine alimentaire,* les agents pathogènes sont en général disséminés par l'intermédiaire d'aliments insuffisamment cuits, réfrigérés de façon inadéquate ou préparés dans des conditions non hygiéniques (figure 9.9c). Les intoxications alimentaires, la listériose due à la bactérie *Listeria monocytogenes* (chapitre 17) et l'infestation à ténias comptent au nombre des maladies causées par des agents pathogènes d'origine alimentaire. En 2008, le ministère de l'Agriculture, des Pêcheries et de l'Alimentation du Québec (MAPAQ) rapportait quelques cas de listériose reliés à la bactérie *L. monocytogenes*. La contamination a touché particulièrement les fabricants de fromages québécois ; ce problème a donné lieu à la destruction de tous les stocks de fromage produits durant une période donnée.

Le milieu hospitalier est aussi un terrain propice à la transmission par véhicule commun. Par exemple, le sang, l'urine et les autres liquides organiques, les médicaments, les solutés et autres solutions intraveineuses peuvent servir de véhicules. Souvenons-nous de la tragédie du « sang contaminé » au cours de laquelle des milliers de Québécois, ayant reçu une transfusion sanguine pendant les années 1980, ont contracté le VIH et (ou) l'hépatite C. Les trois quarts des personnes qui ont contracté le VIH par du sang contaminé sont mortes.

Les vecteurs

Les arthropodes forment le principal groupe de vecteurs de maladies. On appelle **vecteur** un animal qui transporte des agents pathogènes d'un hôte à un autre (chapitre 7). Les arthropodes vecteurs transmettent des maladies selon deux modes principaux. La **transmission mécanique** est le transport passif d'un agent pathogène par les pattes ou une autre partie du corps d'un insecte (**figure 9.10**). Si l'insecte entre en contact avec la nourriture, l'agent pathogène risque d'être transféré aux aliments et ingéré par l'hôte. Ainsi, les mouches domestiques sont susceptibles de transporter les agents responsables de la fièvre typhoïde et de la dysenterie bacillaire (shigellose) depuis des fèces provenant de personnes infectées jusqu'à de la nourriture.

La **transmission biologique** est un processus actif et complexe. En mordant ou en piquant une personne ou un animal infectés, un arthropode ingère du sang contaminé. Les agents pathogènes se reproduisent ensuite dans le vecteur et l'augmentation de leur nombre accroît le risque de transmission à un second hôte. Certains parasites se reproduisent dans l'intestin des arthropodes et peuvent donc être présents dans les fèces de ces derniers. Si un arthropode défèque ou vomit au moment où il mord un hôte potentiel, le parasite peut pénétrer dans la blessure. D'autres parasites se reproduisent également dans l'intestin d'un vecteur, puis ils migrent vers la glande salivaire ; ils sont alors injectés directement au site de la morsure ou de la piqûre. Certains protozoaires et helminthes parasites utilisent un vecteur comme hôte durant la phase de développement de leur cycle vital.

Le tableau 7.6 contient une liste de quelques arthropodes vecteurs importants et des maladies qu'ils transmettent.

Selon Santé Canada, c'est la transmission par contacts direct et indirect qui sont les modes de transmission les plus répandus dans les établissements de santé. La transmission par gouttelettes est fréquente, surtout dans les services pédiatriques. La transmission par voie aérienne et par un véhicule commun survient moins fréquemment et les transmissions vectorielles sont rares. Dans ces milieux, l'adoption de mesures et de techniques d'asepsie vise essentiellement à réduire les risques de transmission des agents pathogènes. Par exemple, le port de masques empêche la transmission par gouttelettes, le lavage antiseptique des mains et le port de gants stériles freinent la transmission par contact direct, l'utilisation de matériel stérile à usage unique réduit les risques de transmission par contact indirect et la réfection des lits correctement effectuée devrait réduire les risques de contamination par voie aérienne.

Les portes d'entrée

Il existe des microbes, comme ceux qui sont à l'origine de la carie dentaire et de l'acné, qui peuvent provoquer une maladie sans pénétrer dans le corps. Toutefois, la majorité des agents pathogènes peuvent s'introduire dans le corps humain et celui d'autres hôtes par plusieurs **voies**, appelées **portes d'entrée**. Les portes d'entrée, ou voies d'entrée, des agents pathogènes sont les muqueuses, la peau et le dépôt direct de microbes sous la peau ou les membranes (la voie parentérale).

Les muqueuses

Beaucoup de bactéries et de virus s'introduisent dans le corps humain en traversant les muqueuses qui tapissent les voies respiratoires, le tube digestif, les voies urogénitales et la conjonctive. La plupart des agents pathogènes pénètrent par les muqueuses des voies respiratoires et gastro-intestinales.

Les voies respiratoires sont la porte d'entrée la plus accessible et la plus souvent utilisée par les microbes infectieux. Les microbes sont aspirés par le nez et la bouche dans des gouttelettes d'eau et sur des grains de poussière. Ceux qui survivent aux moyens de

Figure 9.10 Transmission par vecteur : transmission mécanique.

défense déployés par l'organisme peuvent provoquer des maladies qui comprennent, par exemple, le rhume et ses complications ORL, la pneumonie, la grippe, la rougeole, la varicelle et la tuberculose.

Les microorganismes peuvent s'introduire dans le tube digestif par les aliments et l'eau et par les doigts contaminés. La plupart des microbes qui entrent dans le corps par la voie digestive sont détruits par le chlorure d'hydrogène (HCl) et les enzymes gastriques ou par la bile et les enzymes intestinaux. Ceux qui survivent à l'action des sucs digestifs peuvent provoquer des maladies. Les microbes qui passent par le tube digestif pour atteindre d'autres organes peuvent causer par exemple la poliomyélite et l'hépatite A, la fièvre typhoïde, la shigellose (dysenterie bacillaire), le choléra et la giardiase ; ils peuvent aussi entraîner des dysfonctionnements dans l'intestin même. Ces différents agents pathogènes sont éliminés dans les selles et peuvent être transmis à d'autres hôtes par l'eau, la nourriture ou les doigts contaminés. C'est ce qu'on appelle la **transmission orofécale**.

Le système urogénital est la porte d'entrée des agents pathogènes qui se propagent par l'intermédiaire des rapports sexuels. Certains microbes qui causent des ITSS peuvent pénétrer la muqueuse intacte. D'autres ont besoin d'une coupure ou d'une égratignure quelconque. Parmi les ITSS, on compte l'infection par le VIH, les condylomes, les maladies à chlamydies, l'herpès, la syphilis et la gonorrhée.

La conjonctive est une délicate membrane qui tapisse les paupières et recouvre la sclère (blanc de l'œil). Malgré le fait qu'elle soit une barrière efficace contre l'infection, certaines maladies telles que la conjonctivite et le trachome peuvent l'affecter.

La peau

La peau est un des plus grands organes du corps par sa superficie ; elle offre une protection importante contre la maladie. La peau intacte est impénétrable par la plupart des microorganismes. En règle générale, les microbes s'introduisent dans la peau par les ouvertures naturelles, telles que les follicules pileux et les conduits des glandes sudoripares et sébacées. Toutefois, certaines larves de vers peuvent pénétrer la peau intacte et quelques mycètes croissent sur la kératine de la peau ou infectent la peau elle-même.

La voie parentérale

D'autres microorganismes pénètrent dans le corps quand ils sont déposés directement dans les tissus sous la peau ou dans les muqueuses quand ces barrières sont contournées ou endommagées. Ce moyen d'accès est appelé **voie parentérale**. Les piqûres, les morsures, les coupures et les crevasses causées par les tuméfactions ou l'assèchement de la peau peuvent devenir une voie parentérale. Dans de tels cas, les bactéries qui résident dans les sillons épidermiques et les orifices glandulaires se retrouvent dans le milieu chaud et humide de la plaie, riche en cellules endommagées, ce qui favorise l'infection. Le VIH, les virus hépatiques et les bactéries causant le tétanos et la gangrène pénètrent dans le corps par la voie parentérale.

Dans le contexte médical, où l'asepsie des mains est exigée, deux mesures peuvent être appliquées, soit le lavage antiseptique et le port de gants. Le lavage antiseptique a pour but de déloger et de détruire le microbiote bactérien superficiel, mais le brossage ne peut éliminer les microbes logés au creux des pores et dans les orifices glandulaires. Au bout de quelques minutes, le processus normal de transpiration fait remonter à la surface une partie des microbes, ce qui entraîne la contamination endogène de la peau des mains. C'est pourquoi le port de gants est essentiel en salle de chirurgie et pour toutes les techniques qui requièrent un certain temps pour être effectuées. Par exemple, *Staphylococcus epidermidis* à coagulase négative, une bactérie présente dans le microbiote cutané normal, est généralement considéré comme non pathogène. Toutefois, on observe depuis quelques années une augmentation du taux d'infections nosocomiales dues à cette bactérie. Il semble que la voie d'entrée de la bactérie soit une contamination du sang par le microbiote cutané, par exemple lors d'une injection, d'une ponction ou de la mise en place d'un cathéter. Une antisepsie insuffisante de la peau serait à l'origine de l'infection.

La porte d'entrée préférée

Même après avoir pénétré dans le corps, les microorganismes ne causent pas nécessairement des maladies. L'apparition de la maladie dépend de plusieurs facteurs et la porte d'entrée n'est que l'un d'entre eux. Beaucoup d'agents pathogènes ont une porte d'entrée préférée qui détermine s'ils seront en mesure de provoquer une maladie. S'ils s'introduisent dans le corps par une autre porte, il n'y aura peut-être pas de maladie. Par exemple, la bactérie de la fièvre typhoïde, *Salmonella typhi,* déclenche tous les signes et symptômes de la maladie quand on l'avale (voie préférée), mais si on l'applique sur la peau, même en frictionnant, il n'y a pas de réaction (sauf peut-être une légère inflammation). Les streptocoques qui sont inhalés (voie préférée) peuvent causer la pneumonie ; en règle générale, ceux qui sont avalés n'occasionnent pas de signes ni de symptômes. Certains agents pathogènes, tels que *Yersinia pestis,* causant la peste, et *Bacillus anthracis*, responsable de l'anthrax, peuvent provoquer la maladie à partir de plusieurs portes d'entrée. Le **tableau 9.3** dresse une liste des portes d'entrée préférées de quelques organismes pathogènes communs.

Dans la lutte contre les maladies infectieuses, la prévention est primordiale. Un des éléments de la prévention a trait au dépistage des risques de contagion. Un **risque de contagion** est en fait toute situation qui favorise la transmission de microbes pathogènes, virulents ou opportunistes d'une personne à une autre. Les risques de contagion sont particulièrement élevés dans le milieu hospitalier ; les patients sensibles sont en effet exposés à des microbes résistants aux antibiotiques, ils subissent des techniques effractives et ils sont souvent contraints à l'immobilité.

▶ Vérifiez vos acquis

Énumérez dans l'ordre les différents maillons de la chaîne épidémiologique. **9-15**

Pourquoi les porteurs sains sont-ils d'importants réservoirs d'infection ? **9-16** et **9-18**

Comment les zoonoses se transmettent-elles à l'humain ? **9-17**

Comment les microbes présents sur la peau peuvent-ils s'en échapper ? **9-19**

Donnez un exemple de chacun des modes de transmission suivants : par contact direct, par contact indirect, par gouttelettes, par véhicule commun, par vecteur. **9-20**

Quel avantage un microbe a-t-il à pénétrer dans l'organisme humain par sa porte d'entrée préférée ? **9-21**

Tableau 9.3 Portes d'entrée des agents pathogènes de certaines maladies communes

Porte d'entrée	Agent pathogène*	Maladie	Période d'incubation
Muqueuses Voies respiratoires	*Streptococcus pneumoniæ*	Pneumonie à pneumocoques	Variable
	*Mycobacterium tuberculosis***	Tuberculose	Variable
	Bordetella pertussis	Coqueluche	De 12 à 20 jours
	Virus de la grippe (*Influenzavirus*)	Grippe	De 18 à 36 heures
	Virus de la rougeole (*Morbillivirus*)	Rougeole	De 11 à 14 jours
	Virus de la rubéole (*Rubivirus*)	Rubéole	De 2 à 3 semaines
	Virus d'Epstein-Barr (*Lymphocryptovirus*)	Mononucléose infectieuse	De 2 à 6 semaines
	Virus varicelle-zona (*Varicellovirus*)	Varicelle (primo-infection)	De 14 à 16 jours
	Histoplasma capsulatum (mycète)	Histoplasmose	De 5 à 18 jours
Voies gastro-intestinales	*Shigella* spp.	Dysenterie bacillaire (shigellose)	1 ou 2 jours
	Brucella spp.	Brucellose (fièvre ondulante)	De 6 à 14 jours
	Vibrio choleræ	Choléra	De 1 à 3 jours
	Salmonella enterica	Salmonellose	De 7 à 22 heures
	Salmonella typhi	Fièvre typhoïde	14 jours
	Virus de l'hépatite A (*Hepatovirus*)	Hépatite A	De 15 à 50 jours
	Virus des oreillons (*Rubulavirus*)	Oreillons	De 2 à 3 semaines
	Trichinella spiralis (helminthe)	Trichinose	De 2 à 28 jours
Voies urogénitales	*Neisseria gonorrhϾ*	Gonorrhée	De 3 à 8 jours
	Treponema pallidum	Syphilis	De 9 à 90 jours
	Chlamydia trachomatis	Urétrite non gonococcique	De 1 à 3 semaines
	Virus herpès simplex de type 2 (*Simplexvirus*)	Infections par les herpèsvirus	De 4 à 10 jours
	Virus du VIH (*Lentivirus*)***	Sida	10 ans
	Candida albicans (mycète)	Candidose	De 2 à 5 jours
Peau ou voie parentérale	*Clostridium perfringens*	Gangrène gazeuse	De 1 à 5 jours
	Clostridium tetani	Tétanos	De 3 à 21 jours
	Rickettsia rickettsii	Fièvre pourprée des montagnes Rocheuses	De 3 à 12 jours
	Virus de l'hépatite B (*Hepadnavirus*)***	Hépatite B	De 6 semaines à 6 mois
	Virus de la rage (*Lyssavirus*)	Rage	De 10 jours à 1 an
	Plasmodium spp. (protozoaire)	Paludisme	2 semaines

* Tous les agents pathogènes sont des bactéries, sauf indication contraire. Dans le cas des virus, le nom de l'espèce et (ou) du genre est indiqué.
** Ces agents pathogènes peuvent aussi causer la maladie en s'introduisant dans le corps par le tube digestif.
*** Ces agents pathogènes peuvent aussi causer la maladie en s'introduisant dans le corps par la voie parentérale ou les voies urogénitales.

Les infections nosocomiales

Objectifs d'apprentissage

9-22 Définir les infections nosocomiales et montrer leur importance.
9-23 Définir la notion d'hôte affaibli.
9-24 Énumérer plusieurs modes de transmission de maladies dans un hôpital.
9-25 Décrire comment on peut prévenir les infections nosocomiales.

Q/R Comme nous l'avons vu plus haut, les réservoirs de microorganismes sont nombreux et ces derniers peuvent se propager facilement grâce à divers modes de transmission. En outre, des conditions particulières augmentent le risque de certaines infections de manière significative. On appelle *infection nosocomiale* une infection contractée à l'hôpital, alors que le patient ne présentait aucun signe qu'il hébergeait l'agent pathogène, ou que celui-ci était en période d'incubation, au moment de l'admission. (L'adjectif « nosocomial » vient d'un mot latin signifiant « hôpital » ; il s'applique également aux infections contractées dans une maison de repos ou tout autre établissement sanitaire.) Dans les hôpitaux modernes, de 5 à 15 % de toutes les personnes hospitalisées contractent une forme quelconque d'infection nosocomiale. En dépit des progrès des méthodes de stérilisation et de l'utilisation de matériel jetable, le taux des infections nosocomiales a augmenté de 36 % au cours des 20 dernières années. Aux États-Unis, les infections nosocomiales représentent la huitième cause de décès.

Les infections nosocomiales résultent de l'interaction de plusieurs facteurs : 1) la présence de microorganismes dans le milieu hospitalier (réservoirs) ; 2) l'état d'affaiblissement de l'hôte ; 3) la présence d'une chaîne de transmission dans le milieu hospitalier. La **figure 9.11** indique que l'existence d'un seul de ces facteurs ne suffit généralement pas à provoquer une infection nosocomiale ; c'est l'interaction des trois facteurs qui constitue un risque important. Q/R

La présence de microorganismes dans le milieu hospitalier

Malgré les efforts considérables déployés pour éliminer les microorganismes ou restreindre leur croissance en milieu hospitalier, cet endroit constitue un immense réservoir de divers

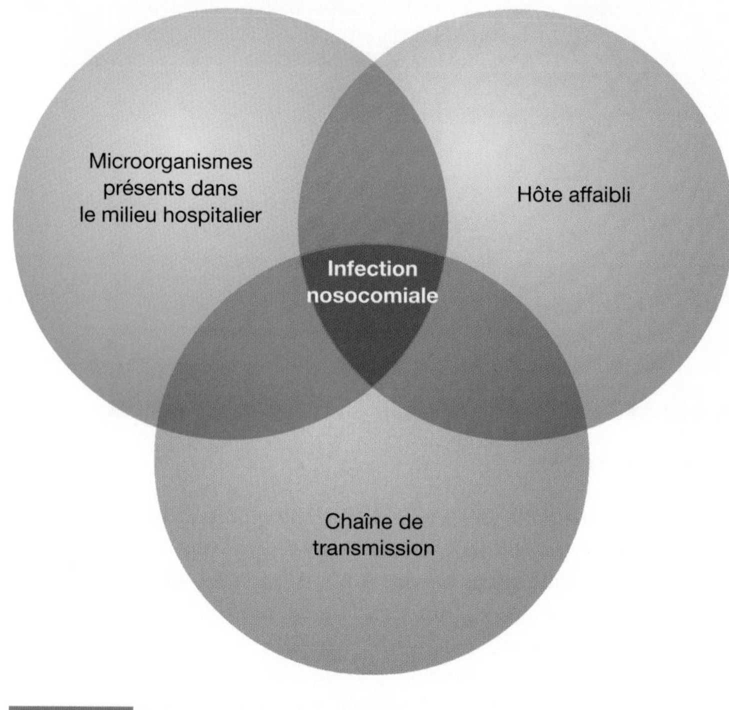

Figure 9.11 **Infections nosocomiales.**

agents pathogènes. Cela s'explique en partie du fait que le microbiote normal du corps humain comprend des microbes opportunistes qui sont particulièrement dangereux pour les patients affaiblis. En réalité, la majorité des microbes responsables d'infections nosocomiales ne provoquent pas de maladie chez les personnes saines; ils sont pathogènes uniquement pour les personnes dont les défenses immunitaires sont affaiblies par la maladie ou une thérapie (**encadré 9.2** et encadré 14.1).

Dans les années 1940 et 1950, la majorité des infections nosocomiales étaient dues à des microbes à Gram positif. Il fut un temps où la bactérie *Staphylococcus aureus* était la cause principale de ce type d'infections. Dans les années 1970, les bacilles à Gram négatif, telles qu'*E. coli* et *Pseudomonas æruginosa,* provoquaient la majorité des infections nosocomiales; les infections à *P. æruginosa* étaient dues en grande partie à la capacité de ces bacilles de se développer sur des milieux pauvres (résidus de savon), dans des antiseptiques (composés d'ammonium quaternaire), partout où il y a de l'humidité (lavabos, balais à franges, humidificateurs, matériel d'inhalothérapie, air ambiant) de même que sur les aliments et sur les plantes (pots de fleurs). Dans les années 1980, des bactéries à Gram positif antibiorésistantes, telles que *Staphylococcus aureus*, des staphylocoques à coagulase négative et *Enterococcus* spp., sont devenus des agents pathogènes nosocomiaux. Dans les années 1990, ces bactéries à Gram positif ont été responsables de 34% des infections nosocomiales, tandis que quatre agents pathogènes à Gram négatif en ont provoqué 32%. Le **tableau 9.4** contient la liste des principaux microbes qui interviennent dans les infections nosocomiales.

Certains microbes opportunistes présents en milieu hospitalier sont aussi résistants aux antibiotiques d'usage courant. Par exemple, il est difficile de maîtriser au moyen d'antibiotiques la croissance de *P. æruginosa* et de diverses autres bactéries à Gram négatif, à cause de leur résistance aux antibiotiques (chapitre 24 EN LIGNE). Cette résistance est génétique; les gènes de la résistance sont portés par les facteurs R (des plasmides) et, lorsque ceux-ci se recombinent, il y a production de nouveaux facteurs de résistance multiple. Depuis 2000, la présence de bactéries résistantes dans le milieu hospitalier représente un problème majeur. En effet, les souches résistantes s'intègrent au microbiote normal des patients et à celui du personnel hospitalier. La résistance est alors transférée aux bactéries du microbiote normal, qui deviennent graduellement de plus en plus résistantes à l'antibiothérapie. Ces personnes deviennent ainsi partie intégrante du réservoir (et de la chaîne de transmission) de souches bactériennes antibiorésistantes; ces dernières sont communes en milieu hospitalier. En général, si l'hôte se défend bien, les nouvelles souches résistantes ne causent pas vraiment de problème. Mais si les défenses de l'hôte sont affaiblies par la maladie, une opération chirurgicale ou un traumatisme, il peut être difficile, voire impossible, de traiter l'infection.

L'état d'affaiblissement de l'hôte

On appelle **hôte affaibli** une personne dont la résistance à l'infection est réduite. Les deux principaux états qui affaiblissent l'hôte sont les altérations de la peau ou d'une muqueuse, et la déficience du système immunitaire.

Tant qu'elles sont intactes, la peau et les muqueuses constituent une barrière physique très efficace contre la majorité des agents pathogènes (chapitre 11). Les brûlures, les plaies chirurgicales, les traumatismes (comme une plaie accidentelle), les injections, les techniques diagnostiques effractives (qui brisent la barrière), la ventilation assistée, les thérapies intraveineuses et les sondes vésicales (utilisées pour drainer l'urine) risquent toutes d'entamer la première ligne de défense d'un individu et d'augmenter les risques d'infection durant le séjour à l'hôpital. Les brûlés sont particulièrement sensibles aux infections nosocomiales.

Divers procédés effractifs constituent un risque d'infection, notamment l'anesthésie, qui altère la respiration et peut entraîner une pneumonie, et la trachéotomie, qui consiste à pratiquer une incision dans la trachée afin de faciliter la respiration. Les patients pour lesquels on a recours à des procédés effractifs souffrent généralement d'une affection sous-jacente grave, qui augmente leur sensibilité à l'infection. Le matériel effractif fournit une voie d'entrée aux microorganismes présents dans le milieu et il contribue au transport de microbes d'une partie du corps à une autre. De plus, les agents pathogènes se développent parfois sur le matériel lui-même. Les bactéries – *Serratia marcescens* et les espèces de *Pseudomonas* – sont souvent responsables d'infections nosocomiales du fait de leur capacité à contaminer le matériel médical.

Chez les individus sains, les cellules du système immunitaire protègent l'organisme contre les agresseurs microbiens. Des leucocytes appelés *lymphocytes T* contribuent à la résistance de l'organisme en éliminant directement les agents pathogènes, en mobilisant les phagocytes et d'autres lymphocytes, et en sécrétant des substances chimiques qui tuent les agents pathogènes (chapitre 12). D'autres leucocytes, appelés *lymphocytes B*, qui deviennent des cellules productrices d'anticorps, protègent aussi contre les infections. Les anticorps assurent l'immunité notamment en neutralisant les toxines, en

Les infections nosocomiales

En lisant cet encadré, vous serez amené à considérer une suite de questions que les épidémiologistes se posent quand ils tentent de remonter aux origines d'une maladie infectieuse. Examinez chaque question dans l'ordre où elle se présente et essayez d'y répondre avant de poursuivre votre lecture.

❶ Une année, 5 287 patients ont contracté une bactériémie durant leur séjour à l'hôpital. Tous avaient de la fièvre (> 38 °C) et des frissons, et leur pression artérielle était faible ; 14 % d'entre eux présentaient une fasciite nécrosante grave (chapitre 16). Une hémoculture sur gélose mannitol a révélé la présence de cocci à Gram positif et à coagulase positive (**figure A**).

Quels sont les organismes susceptibles d'être à l'origine de cette infection ?

❷ Les analyses biochimiques ont permis d'identifier *Staphylococcus aureus.* Les épreuves de sensibilité aux antibiotiques ont révélé que tous les isolats étaient résistants à la méthicilline. Six isolats étaient du type VISA (résistance intermédiaire), c'est-à-dire difficiles à maîtriser par la vancomycine, et un était résistant à cet antibiotique. Le staphylocoque doré résistant à la méthicilline (SDRM) produit une toxine, la leucocidine, qui peut déclencher une maladie nécrosante parfois mortelle.

Quels autres renseignements vous faut-il obtenir ?

❸ Grâce à l'amplification en chaîne par polymérase (ACP) on a établi que 80 % des cas d'infection à SDRM analysés dans le présent rapport étaient attribuables à la souche USA100, laquelle est à l'origine de 92 % des infections nosocomiales. La majorité (89 %) des infections extra-hospitalières à SDRM sont causées par la souche USA300. L'incidence de ces infections communautaires est de 0,02 à 0,04 %.

Selon les renseignements fournis dans le tableau, quelle est l'intervention la plus susceptible d'occasionner une infection ?

Figure A Cocci à Gram positif sur gélose mannitol

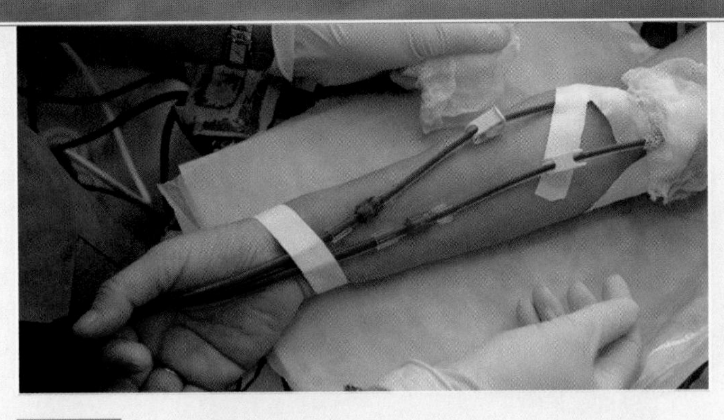

Figure B Hémodialyse

❹ Dans les hôpitaux des États-Unis, on estime qu'il y a chaque année 250 000 cas d'infections hématogènes provoquées par l'insertion d'aiguilles dans les veines pour l'administration de solutions intraveineuses. Pour chacune de ces infections, la mortalité estimée est de 12 à 25 %. Les personnes hémodialysées sont particulièrement vulnérables parce qu'elles sont soumises à des ponctions fréquentes et doivent rester branchées à des appareils pendant des périodes prolongées (**figure B**). En outre, les patients colonisés par SDRM constituent des réservoirs pour la transmission nosocomiale. Chez les hémodialysés, le plus important facteur de risque d'infection bactérienne est l'accès fréquent aux veines. Le risque est le plus élevé dans le cas des cathéters et le plus faible dans le cas des greffes directes aux veines.

En quoi les thérapies antimicrobiennes contribuent-elles à ces infections ?

❺ Les thérapies antimicrobiennes utilisées pour combattre les infections associées à l'hémodialyse font augmenter la prévalence de la résistance microbienne. Les bactéries susceptibles sont éliminées, et celles portant des mutations qui leur confèrent la résistance peuvent alors proliférer sans concurrence. Les souches de SDRM d'origine nosocomiale, telles que USA100, sont généralement résistantes à plusieurs antibiotiques.

Source : *MMWR*, 56(9) : 197-199 (9 mars 2007).

Intervention	Patients infectés par SDRM	Nombre total de patients
Hémodialyse	813	1 807
Cathéter intraveineux (IV)	1 057	16 516
Chirurgie	945	5 659
Sonde urinaire	1 750	7 919
Ventilation assistée (intubation)	722	7 367
Prise d'antibiotiques au cours des 6 mois précédant l'infection		
Vancomycine	21	41
Fluoroquinolones	49	113
Ceftriaxone	14	41

Tableau 9.4 Microorganismes intervenant dans la majorité des infections nosocomiales

Microorganisme	Pourcentage du nombre total d'infections (%)	Pourcentage de la résistance aux antibiotiques (%)	Infections
Staphylocoques à coagulase négative	25	89	Cause la plus fréquente de septicémie
Staphylococcus aureus	16	60	Cause la plus fréquente de pneumonie
Enterococcus	10	29	Cause la plus fréquente d'infection des plaies chirurgicales
Escherichia coli, Pseudomonas æruginosa, Enterobacter spp. et *Klebsiella pneumoniæ*	23	De 5 à 32	Pneumonie et infection des plaies chirurgicales
Clostridium difficile	13	Non indiqué	Presque la moitié des diarrhées nosocomiales
Mycètes (principalement *Candida albicans*)	6	Non indiqué	Infections des voies urinaires et septicémie
Autres bactéries à Gram négatif (*Acinetobacter, Citrobacter* et *Hæmophilus*)	7	Non indiqué	Infections des voies urinaires et des plaies chirurgicales

empêchant la fixation d'un agent pathogène à une cellule hôte et en contribuant à la lyse des agents pathogènes. Certains facteurs peuvent limiter l'action des lymphocytes T ou B, affaiblir par le fait même les défenses immunitaires de l'hôte et augmenter sa sensibilité ; il s'agit de certains traitements (chimiothérapie, radiothérapie, stéroïdothérapie), de maladies (diabète, leucémie, maladies du rein), de plaies (brûlures, incisions chirurgicales), de circonstances aggravantes (stress et malnutrition). Surtout, le virus du sida s'introduit dans certains lymphocytes T et provoque leur destruction, d'où l'apparition d'un état de déficience immunitaire qui rend l'organisme très sensible aux infections opportunistes.

Le tableau 9.5 présente une récapitulation des principaux sites d'infection nosocomiale.

La chaîne de transmission des infections nosocomiales

Étant donné la diversité des agents pathogènes (ou potentiellement pathogènes) présents en milieu hospitalier et l'état d'affaiblissement de l'hôte, il faut constamment prêter attention aux voies de transmission. Les principaux modes de propagation des infections nosocomiales sont 1) la transmission par contact direct entre le patient et le personnel hospitalier ou un autre patient, 2) la transmission par contact indirect, par l'intermédiaire d'objets ou d'un support contaminés, 3) la transmission par véhicule commun – par l'intermédiaire de nourriture – et 4) la transmission aérienne par le système de ventilation de l'établissement.

Comme le personnel hospitalier est en contact direct avec les patients, il arrive souvent qu'il transmette des maladies. Par exemple, un médecin ou une infirmière risque de transmettre à un patient des microorganismes en refaisant un pansement, ou encore un employé de cuisine porteur de *Salmonella* peut contaminer de la nourriture.

Certaines zones d'un hôpital sont réservées à des soins spécialisés, tels que le traitement des grands brûlés, l'hémodialyse, la réanimation, les soins intensifs ou l'oncologie. Malheureusement, même dans ces services, les patients sont regroupés et le milieu se prête à la propagation épidémique d'infections nosocomiales d'un patient à un autre.

Beaucoup de techniques diagnostiques et de procédés thérapeutiques favorisent la transmission par contact indirect. La sonde vésicale utilisée pour drainer l'urine de la vessie joue un rôle dans de nombreuses infections nosocomiales. Les cathéters veineux, passés à travers la peau et insérés dans une veine, qui servent à administrer des fluides, des nutriments ou des médicaments, risquent aussi de transmettre des infections nosocomiales. Les appareils d'oxygénothérapie peuvent introduire des fluides contaminés dans les poumons et les aiguilles, des agents pathogènes dans les muscles ou dans le sang ; si les pansements chirurgicaux sont contaminés par des fluides, ils peuvent transmettre des microbes.

La lutte contre les infections nosocomiales

Les mesures de lutte contre les infections nosocomiales diffèrent d'un établissement à l'autre, mais certains procédés sont d'application courante. Il est essentiel de réduire le nombre d'agents pathogènes auxquels les patients sont exposés en appliquant des techniques d'asepsie, en manipulant prudemment le matériel contaminé, en insistant sur le lavage de mains fréquent et complet, en enseignant aux membres du personnel les mesures fondamentales de lutte contre les infections et en utilisant des chambres d'isolement et des services de contagieux.

Dans le domaine médical, le lavage des mains est de loin la mesure la plus importante de lutte contre la transmission des infections. Pourtant, l'adhésion du personnel à l'obligation d'introduire systématiquement le lavage antiseptique des mains dans sa pratique de prévention des infections a été jusqu'à tout récemment relativement faible – aux environs de 40 %. L'utilisation maintenant très répandue de distributeurs de gel ou de mousse d'alcool installés à la sortie des chambres et un peu partout dans les établissements de santé est un moyen efficace qui permet de progressivement changer les habitudes.

Il importe également de désinfecter après chaque utilisation les lavabos et les baignoires utilisées pour laver les patients afin d'éviter que les bactéries d'un patient ne contaminent le suivant. Les respirateurs et les humidificateurs constituent à la fois un milieu favorable à la croissance de certaines bactéries et un moyen de transmission aérienne.

Tableau 9.5 Principaux sites des infections nosocomiales

Type d'infection	Remarques
Infections des voies urinaires	Les plus courantes : constituent environ 40 % des infections nosocomiales ; reliées le plus souvent au port d'une sonde vésicale à demeure.
Infections d'une plaie chirurgicale	Viennent au second rang pour ce qui est de la fréquence (environ 20 %). On estime que de 5 à 12 % des opérés présentent une infection postopératoire ; ce pourcentage s'élève jusqu'à 30 % dans le cas de certaines chirurgies, dont les opérations au côlon et les amputations.
Infections des voies respiratoires inférieures	Les pneumonies nosocomiales viennent au troisième rang ; elles constituent environ 15 % des infections nosocomiales et le taux de mortalité est élevé (de 13 à 55 %). La majorité des pneumonies de ce type sont liées à l'utilisation d'appareils d'oxygénothérapie, qui servent à faciliter la respiration ou à administrer des médicaments.
Infections cutanées	Représentent environ 8 % des infections nosocomiales, mais les nouveau-nés sont très sensibles aux infections de la peau et des yeux.
Bactériémie	Représentent 6 % seulement des infections nosocomiales. La pose d'un cathéter veineux joue un rôle dans plusieurs infections nosocomiales du sang circulant, et particulièrement dans les infections dues à des bactéries ou à des mycètes.
Autres	Toutes les autres représentent 11 % des infections nosocomiales.

Source : Centers for Disease Control and Prevention, National Nosocomial Infections Surveillance.

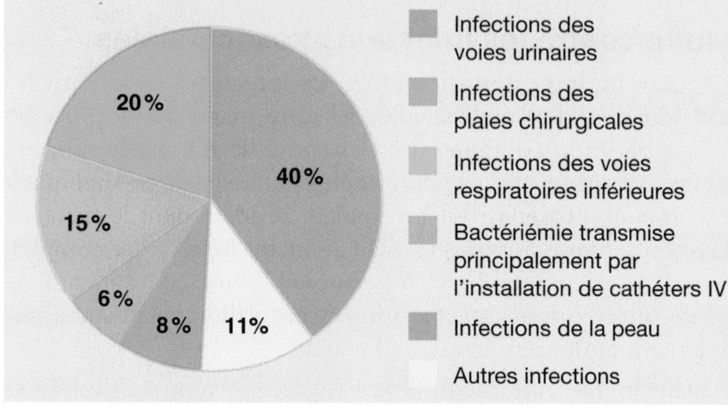

Il faut maintenir les sources d'infections nosocomiales parfaitement propres et les désinfecter, et le matériel employé pour les bandages et le cathétérisme (insertion d'une sonde dans un organe ou un conduit, tels que la trachée, l'urètre ou un vaisseau sanguin) doit être jetable ou stérilisé après chaque usage. L'emballage qui assure la stérilité doit être retiré de façon aseptique. Les médecins peuvent aider leurs patients à accroître leur résistance aux infections en ne leur prescrivant des antibiotiques que lorsque cela est indispensable, en appliquant le moins souvent possible des techniques susceptibles de blesser la peau ou les muqueuses et en réduisant au minimum l'emploi de médicaments immunodépresseurs.

Chaque hôpital agréé devrait se doter d'un comité de prévention des infections. En fait, la majorité des hôpitaux comptent au moins une infirmière responsable de la lutte anti-infectieuse ou un épidémiologiste (personne qui étudie la distribution des maladies dans une population). Ces personnes ont comme fonction de déterminer les sources de problèmes, telles que les souches de bactéries antibiorésistantes et les techniques inadéquates de stérilisation. La personne responsable de la prophylaxie des infections devrait examiner périodiquement le matériel hospitalier pour évaluer l'importance de la contamination microbienne. On devrait régulièrement analyser des échantillons prélevés sur les tubulures, les cathéters, les cartouches des respirateurs et d'autres pièces d'équipement. En tout temps, la prévention des infections est la meilleure mesure de lutte contre les agresseurs microbiens.

▶ Vérifiez vos acquis

Quels sont les facteurs dont l'interaction favorise l'apparition d'une infection nosocomiale ? **9-22**

Qu'entend-on par « hôte affaibli » dans le contexte hospitalier ? **9-23**

Énumérez quatre modes de transmission de maladies infectieuses fréquemment observés dans les hôpitaux. **9-24**

Nommez trois façons de prévenir les infections nosocomiales. **9-25**

Les maladies infectieuses émergentes

▶ Objectif d'apprentissage

9-26 Nommer plusieurs raisons probables de l'émergence de maladies infectieuses et donner un exemple illustrant chaque cas.

Au chapitre 1, il est mentionné qu'une **maladie infectieuse émergente** est une maladie nouvelle ou en voie de changement, dont la fréquence a augmenté récemment ou augmentera potentiellement dans un proche avenir. Une maladie infectieuse émergente est causée par un virus, une bactérie, un mycète, un protozoaire ou un helminthe. Il existe plusieurs critères pour déterminer ce type de maladies. Par exemple, certaines présentent des symptômes nettement distinctifs ; d'autres sont identifiées grâce à l'amélioration des techniques diagnostiques, qui permet la détermination d'un nouvel agent pathogène ; d'autres encore sont identifiées au moment où une maladie locale se généralise, une maladie rare devient fréquente, une maladie bénigne devient grave, ou l'accroissement de l'espérance de vie entraîne la survenue d'une maladie à évolution lente. Des maladies infectieuses émergentes sont décrites dans les encadrés des chapitres 8 et 24 EN LIGNE. Plusieurs maladies émergentes sont énumérées dans le **tableau 9.6** et décrites dans les chapitres indiqués. L'infection par le VIH et le sida font l'objet d'un dossier détaillé au chapitre 13.

Divers facteurs contribuent à l'émergence de nouvelles maladies infectieuses.

- Un nouveau sérovar, tel que *Vibrio choleræ* O139, peut résulter du changement ou de l'adaptation évolutive de microorganismes existants.
- L'utilisation répandue, et parfois injustifiée, d'antibiotiques et de pesticides favorise le développement de populations de microbes

Tableau 9.6 Maladies infectieuses émergentes

Microorganisme	Année(s) d'émergence	Maladie	Chapitre
Bactéries			
Bacillus anthracis	2001	Anthrax	18
Bordetella pertussis	2000	Coqueluche	19
Staphylococcus aureus résistant à la vancomycine	1996	Bactériémie, pneumonie	15
Streptococcus pneumoniæ	1995	Pneumonie résistante aux antibiotiques	19
Streptocoque β-hémolytique du groupe A	1995	Syndrome de choc toxique streptococcique	16
Corynebacterium diphteriæ	1994	Diphtérie épidémique en Europe de l'Est	19
Vibrio choleræ O139	1992	Nouveau sérovar du choléra, en Asie	20
Enterococci résistants à la vancomycine	1988	Infections des voies urinaires, bactériémie, endocardite	21, 18
Bartonella henselæ	1983	Maladie des griffes du chat	18
Escherichia coli O157:H7	1982	Diarrhée hémorragique	20
Staphylococcus aureus résistant à la méthicilline	1980	Bactériémie, pneumonie	15
Legionella pneumophila	1976	Légionellose (ou maladie du légionnaire)	19
Borrelia burgdorferi	1975	Maladie de Lyme	18
Mycètes			
Coccidioides immitis	1993	Coccidioïdomycose	19
Pneumocystis carinii	1981	Pneumonie chez les patients immunodéprimés	19
Protozoaires			
Trypanosoma cruzi	2007	Maladie de Chagas aux États-Unis	18
Cyclospora cayetanensis	1993	Diarrhée grave et cachexie	20
Plasmodium spp.	1986	Paludisme aux États-Unis	18
Cryptosporidium spp.	1976	Cryptosporidiose	20
Helminthes			
Baylisascaris procyonis	2001	Encéphalite à ver rond du raton laveur chez l'humain	
Virus			
Influenzavirus de type A H1N1	2009-2010	Grippe	19
Influenzavirus de type A H5N1	2007-2005, 1997	Grippe	19
Coronavirus associé au SRAS	2002	Syndrome respiratoire aigu sévère	19
Virus Ebola	2002, 1995, 1975	Fièvre hémorragique d'Ebola	18
Virus du Nil occidental	1999	Encéphalite à virus du Nil occidental	17
Virus Nipah	1998	Encéphalite, en Malaisie	17
Virus de Hendra	1994	Syndromes respiratoires ou neurologiques apparentés à l'encéphalite, en Australie	17
Hantavirus	1993	Syndrome pulmonaire à *Hantavirus*	18
Virus de la fièvre hémorragique vénézuélienne	1991	Fièvre hémorragique virale, en Amérique du Sud	18
Virus de l'hépatite E	1990	Hépatite	20
Virus de l'hépatite C	1989	Hépatite	20
Virus de la dengue	1984	Dengue et dengue hémorragique ; en Amérique du Sud, en Amérique centrale, dans les Caraïbes	18
VIH	1983	Sida	13
Prions			
Agent de l'encéphalopathie bovine spongiforme	1996	Maladie de la vache folle, en Grande-Bretagne	17

de plus en plus résistants, de même que d'insectes (moustiques et poux) et de tiques porteurs de tels microbes.

- Le réchauffement de la planète risque d'étendre la distribution des réservoirs et des vecteurs et d'améliorer leur survie, ce qui entraînerait la pénétration et la dissémination de maladies, telles que le paludisme et le syndrome pulmonaire à *Hantavirus* dans de nouvelles régions.
- Des maladies connues, telles que le choléra et l'encéphalite à virus du Nil occidental, peuvent s'étendre à de nouvelles régions géographiques à cause de l'utilisation accrue des transports modernes. Ce risque était moins grand il y a un siècle, car les déplacements prenaient tellement de temps que les voyageurs infectés soit mouraient, soit guérissaient durant le trajet.
- Des infections jusque-là méconnues peuvent apparaître chez des individus qui vivent ou travaillent dans des régions où il s'est produit des changements écologiques à la suite d'une catastrophe naturelle, de constructions, d'une guerre ou de l'étalement des établissements humains. En Californie, la fréquence de la

coccidioïdomycose a été multipliée par 10 après le tremblement de terre de 1994 à Northridge. Les travailleurs qui défrichent les forêts d'Amérique du Sud contractent maintenant la fièvre hémorragique du Venezuela.

- Même les mesures de contrôle des populations animales peuvent modifier la fréquence d'une maladie. Il est possible que l'augmentation de la fréquence de la maladie de Lyme au cours des dernières années soit due à l'accroissement des populations de cerfs résultant de l'élimination de leurs prédateurs, tels que les loups.
- L'échec de programmes de santé publique risque de contribuer à l'émergence d'infections autrefois maîtrisées. Par exemple, dans les années 1990, le fait que des adultes ne se soient pas soumis à une vaccination antidiphtérique de rappel a provoqué une épidémie de diphtérie dans les républiques indépendantes issues du démembrement de l'Union soviétique. De même, la recrudescence de la tuberculose chez les sans-abri serait liée à la difficulté de s'assurer de la prise régulière des médicaments antituberculeux par ces personnes.

Les exemples suivants sont représentatifs des problèmes de santé publique liés aux maladies infectieuses émergentes qui touchent plus particulièrement le Québec et le Canada. En 1995, au Québec, les médias rapportent que leur premier ministre est victime d'une infection fulminante au streptocoque β-hémolytique du groupe A (ou IGAS, Invasive Group A *Streptococcus*), communément appelé *bactérie mangeuse de chair*. Les infections à IGAS ont tendance à augmenter aux États-Unis, en Scandinavie, en Angleterre et au pays de Galles. Les raisons de cette récente montée restent obscures, mais des groupes d'experts au Canada, aux États-Unis et ailleurs dans le monde étudient cette forme fulminante d'infection (figure 16.8).

Le deuxième exemple est celui de la maladie couramment nommée *maladie du hamburger*, dont il faut se méfier lors des barbecues de la saison chaude. *Escherichia coli* fait partie du microbiote commensal du gros intestin de l'humain. Toutefois, il existe une souche virulente appelée *E. coli* O157:H7 qui cause des diarrhées sanglantes quand elle croît dans les intestins. Cette souche a été mise au jour en 1982 et, depuis lors, elle est devenue un problème de santé publique. Elle est une des principales causes de diarrhée partout dans le monde. En 2000, *E. coli* O157:H7 a tué sept personnes et rendu malade la moitié de la population de Walkerton en Ontario (Canada), ville dont l'eau potable aurait été contaminée par du fumier de vache. Au Canada, des cas d'infection à *E. coli* O157:H7 sont signalés chaque année au Centre de contrôle des maladies à Ottawa; des campagnes de sensibilisation auprès de la population incitent cette dernière à bien faire cuire la viande hachée afin de diminuer les risques d'infection. Les récentes flambées d'infections à *E. coli* O157:H7 aux États-Unis, associées à la contamination de viandes mal cuites et de boissons non pasteurisées, ont sensibilisé les responsables de la santé publique à la nécessité de mettre au point de nouvelles méthodes de dépistage des bactéries dans la nourriture (chapitre 20).

Le virus de la grippe A (H1N1) pandémique s'est propagé rapidement à travers le monde après la flambée survenue au Mexique en avril 2009. Il s'agissait de la première pandémie grippale majeure depuis 1969. Le Québec, à l'instar du reste du Canada, s'est doté d'un plan d'urgence qui a permis de vacciner et de protéger par le fait même une grande partie de sa population contre le virus grippal. Heureusement, cette grippe n'était pas en soi une infection grave; toutefois, la crise a permis d'améliorer les protocoles d'intervention et les stratégies d'urgence face à la propagation d'une épidémie.

Le choléra ne fait pas de victimes directes au Québec. Toutefois, en janvier 2010, lors du séisme en Haïti, la population du Québec s'est mobilisée pour participer activement à l'aide humanitaire et plus encore, lorsque la situation s'est détériorée par suite d'une épidémie de choléra. Faute de conditions sanitaires adéquates, l'épidémie aurait été déclenchée par une contamination aux excréments humains de l'eau avoisinant les camps de réfugiés. Le constat difficile des comportements humains inappropriés associés à des conditions sanitaires quasiment moyenâgeuses reflète le fait indéniable que les microbes sont encore le pire ennemi de l'humain.

Les CDC, les National Institutes of Health (NIH) et l'Organisation mondiale de la santé (OMS) ainsi que d'autres organismes tels que l'Agence de la santé publique du Canada ont élaboré des programmes ayant trait à l'émergence des maladies infectieuses. Voici quelques-unes des priorités.

1. Déceler, analyser rapidement et surveiller les agents pathogènes de maladies infectieuses émergentes, ainsi que ces maladies et les facteurs influant sur leur émergence.
2. Favoriser la recherche fondamentale et appliquée sur les facteurs écologiques et environnementaux, les modifications et l'adaptation des microbes, et les interactions entre les hôtes qui influent sur les maladies infectieuses émergentes.
3. Encourager la diffusion d'informations relatives à la santé publique et la mise en œuvre rapide de programmes de prévention en matière de maladies infectieuses émergentes.
4. Élaborer à l'échelle mondiale des programmes de surveillance des maladies infectieuses émergentes et de lutte contre ces maladies.

L'importance que la communauté scientifique accorde aux maladies infectieuses émergentes a mené à la publication de la revue *Emerging Infectious Diseases*, qui traite uniquement de ce sujet et dont le premier numéro est paru en janvier 1995.

▶ Vérifiez vos acquis

Quels sont les facteurs qui favorisent l'émergence des maladies infectieuses? Donnez quelques exemples de maladies émergentes. **9-26**

L'épidémiologie

▶ Objectifs d'apprentissage

9-27 Définir l'épidémiologie et décrire trois types d'études épidémiologiques.

9-28 Définir les termes « morbidité », « mortalité » et « maladie à déclaration obligatoire ».

Dans le monde actuel, surpeuplé, les maladies se propagent vite à cause de la fréquence des déplacements, de même que de la production de masse et de la distribution de produits alimentaires et autres à l'échelle mondiale. Par exemple, des aliments ou de l'eau contaminés risquent d'affecter des milliers de personnes très rapidement. Dès lors, il importe d'identifier l'agent pathogène responsable afin de lutter efficacement contre la maladie et de traiter les personnes infectées. Il est aussi crucial de comprendre le mode de transmission et la distribution géographique d'une maladie. La science qui étudie la distribution, le moment et la fréquence de l'apparition des maladies infectieuses, de même que leur mode de propagation au sein d'une population, s'appelle **épidémiologie**. Les épidémiologistes ont spécialement contribué à la lutte contre la propagation des épidémies, par exemple lors du tremblement de terre en Haïti, au début de 2010, où les conditions d'hygiène dans les camps de rescapés étaient inadéquates. Le choléra s'est propagé et a causé de nombreux décès.

Un épidémiologiste ne détermine pas seulement la cause d'une maladie, mais aussi d'autres facteurs potentiellement décisifs, de même que des modèles concernant les populations atteintes. Une partie essentielle de la tâche d'un épidémiologiste consiste à recueillir et à analyser des données, telles que l'âge, le sexe, le métier ou la profession, les habitudes personnelles, le statut socioéconomique, les antécédents vaccinaux, la présence de toute autre maladie et les actions identiques (comme le fait de manger la même nourriture) des individus atteints. Il importe également, si on veut prévenir de nouvelles poussées épidémiques, de savoir à quel endroit un hôte réceptif est entré en contact avec l'agent infectieux. L'épidémiologiste doit en outre prendre en compte la période à laquelle la maladie est survenue, en ce qui a trait soit aux saisons (pour déterminer si la maladie prédomine durant l'été ou l'hiver), soit aux années (pour évaluer les effets de la vaccination ou pour vérifier s'il s'agit d'une maladie émergente ou réémergente).

L'épidémiologiste s'intéresse aussi aux méthodes de lutte contre les maladies. Les techniques employées comprennent l'utilisation de médicaments (chimiothérapie) et de vaccins (immunisation). Parmi les autres méthodes, on note le dépistage des réservoirs humains, animaux et inanimés d'infection, le traitement de l'eau, l'élimination adéquate des eaux usées (maladies entériques), l'entreposage au froid, la pasteurisation, l'inspection des aliments et leur cuisson adéquate (maladies d'origine alimentaire), l'amélioration de la nutrition pour accroître les défenses de l'hôte, les modifications des habitudes personnelles, et l'examen du sang transfusé et des organes transplantés. En d'autres termes, l'épidémiologiste étudie les différents moyens susceptibles de bloquer la chaîne épidémiologique en agissant sur l'un ou l'autre des maillons de la chaîne.

Les graphiques de la **figure 9.12** représentent l'incidence de quelques maladies. Ils indiquent si celles-ci sont sporadiques ou épidémiques et, dans le deuxième cas, de quelle façon elles se sont probablement propagées. En évaluant la fréquence d'une maladie dans une population donnée et en déterminant les facteurs responsables de la transmission, l'épidémiologiste est en mesure de fournir aux médecins des informations dont ils ont besoin pour établir le pronostic et le traitement. Les épidémiologistes évaluent également l'efficacité des mesures de lutte contre une maladie, telles que la vaccination, au sein d'une population. Enfin, ils peuvent fournir des données susceptibles de contribuer à l'évaluation et à la planification de l'ensemble des soins de santé dans une communauté.

Les épidémiologistes utilisent principalement trois méthodes pour analyser la fréquence des maladies : la méthodes descriptive, la méthode analytique et la méthode expérimentale.

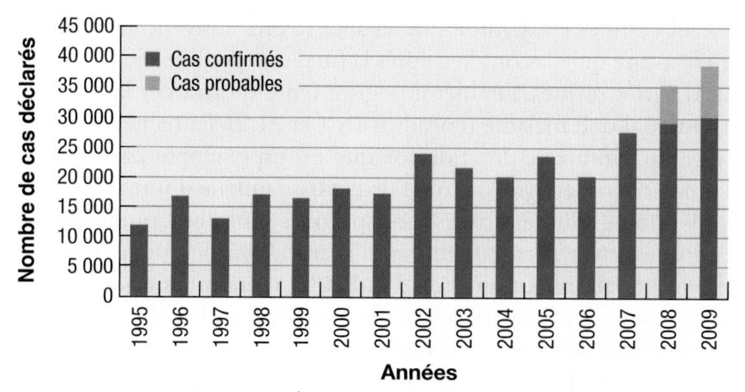

a) Cas de maladie de Lyme aux États-Unis, 1995-2009. Histogramme des cas de maladie de Lyme indiquant la fréquence annuelle pour la période étudiée. (Source : Centers for Disease Control and Prevention.)

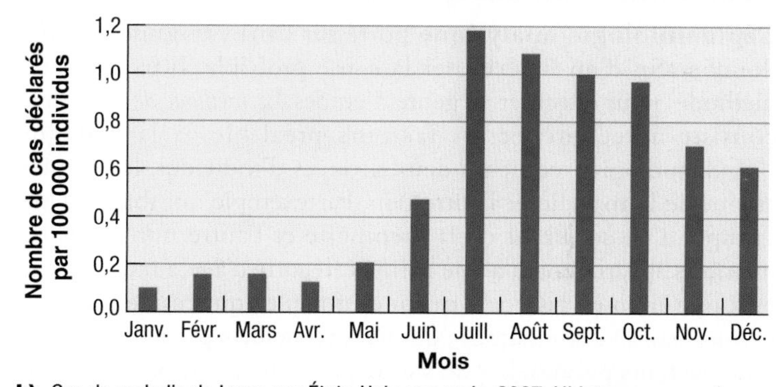

b) Cas de maladie de Lyme aux États-Unis, par mois, 2007. L'histogramme, qui indique la fréquence de la maladie de Lyme pour une année (2007), permet aux épidémiologistes de conclure que la maladie a été transmise par un vecteur actif durant l'été et l'automne. (Source : Centers for Disease Control and Prevention.)

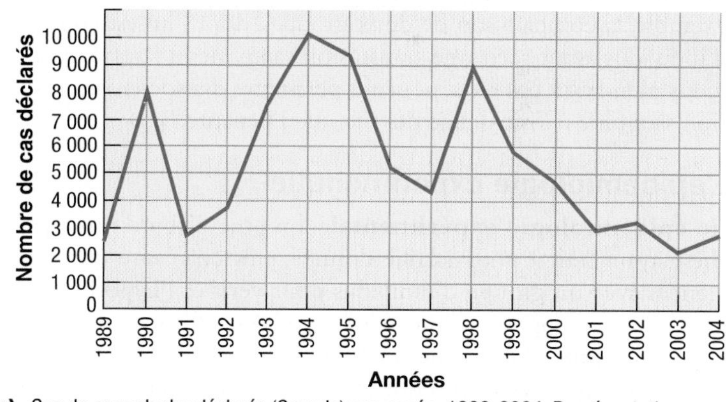

c) Cas de coqueluche déclarés (Canada) par année, 1989-2004. Représentation graphique des cas déclarés de coqueluche (tous âges, les deux sexes) indiquant la fréquence annuelle pour une période donnée. Le nombre de cas demeure relativement stable malgré les pics en 1990, en 1994 et en 1998. (Source : Centre de prévention et de contrôle des maladies infectieuses. Agence de la santé publique du Canada. 2005. Graphique généré par OWTChart.)

Figure 9.12 Graphiques épidémiologiques.

L'épidémiologie descriptive

L'**épidémiologie descriptive** s'intéresse à la collecte des données relatives à la fréquence de la maladie étudiée. Les données pertinentes comprennent généralement des informations sur les individus atteints, de même que sur le lieu et le moment où la maladie est apparue.

Les études épidémiologiques sont le plus souvent *rétrospectives* (c'est-à-dire qu'elles ont lieu après la fin d'une poussée épidémique). En d'autres termes, l'épidémiologiste tente de trouver la cause et la source d'une maladie (encadrés 16.1 et 21.2). La recherche de la cause du syndrome de choc toxique est un exemple assez récent d'étude rétrospective. Au cours de la phase initiale d'une recherche épidémiologique, les études rétrospectives sont plus courantes que les études *prospectives* (concernant l'avenir), pour lesquelles l'épidémiologiste choisit un groupe d'individus n'étant pas atteints de la maladie étudiée. Les maladies dont souffrent ultérieurement les sujets durant une période donnée sont notées. En 1954 et en 1955, on a effectué des études prospectives pour vérifier l'efficacité du vaccin de Salk contre la poliomyélite.

L'épidémiologie analytique

L'**épidémiologie analytique** porte sur l'analyse d'une maladie donnée afin d'en déterminer la cause probable. Il existe deux méthodes pour effectuer ce genre d'études. La *méthode de cas-témoin* consiste à rechercher les facteurs préalables à la maladie. L'épidémiologiste compare deux groupes d'individus, le premier atteint de la maladie et l'autre sain. Par exemple, on forme deux groupes, l'un souffrant de la méningite et l'autre non, dont les membres appartiennent à une même catégorie d'âge, au même sexe et à une même classe socioéconomique, et qui résident en un même lieu. On compare les données recueillies pour déterminer quels facteurs potentiels – de nature génétique, environnementale, nutritionnelle ou autre – sont probablement responsables de la méningite. La *méthode des cohortes* consiste à étudier deux populations dont l'une a été en contact avec l'agent responsable d'une maladie et l'autre non (chaque population est appelée *cohorte*). Par exemple, la comparaison de deux groupes, dont l'un est composé d'individus ayant reçu une transfusion sanguine et l'autre, d'individus n'en ayant pas reçu, pourrait permettre d'associer la transfusion sanguine à l'incidence du virus de l'hépatite B.

L'épidémiologie expérimentale

En **épidémiologie expérimentale**, on pose d'abord une hypothèse ayant trait à une maladie donnée, puis on réalise des expériences avec un groupe d'individus pour vérifier l'hypothèse. Par exemple, on suppose qu'un médicament est efficace contre une maladie donnée. On forme un groupe de personnes infectées et on choisit au hasard celles qui recevront le médicament et celles auxquelles on administrera un placebo (substance n'ayant aucun effet). Si on maintient tous les autres facteurs constants dans les deux groupes et si les sujets ayant reçu le médicament se rétablissent plus rapidement que les autres, on en conclut que le médicament est le facteur expérimental (ou la variable) responsable de la différence observée.

La déclaration des cas

Dans le présent chapitre, nous avons vu qu'il est extrêmement important d'établir la chaîne de transmission d'une maladie, car il est alors possible de l'interrompre, de manière à ralentir ou à arrêter la dissémination de la maladie.

La *déclaration des cas* est une méthode très efficace pour établir la chaîne de transmission. Elle exige que les professionnels de la santé déclarent les cas de maladies données aux autorités nationales, régionales et locales en matière de santé publique. On peut comprendre que ces professionnels ne peuvent déclarer que les cas qu'ils diagnostiquent; c'est pourquoi le nombre de cas déclarés est souvent inférieur au nombre de cas réels de la maladie. Les maladies à déclaration obligatoire comprennent entre autres le sida, la rougeole, la rage, la tuberculose, la coqueluche, les infections à méningocoques et la fièvre typhoïde. La déclaration des cas fournit aux épidémiologistes une valeur approximative de l'incidence et de la prévalence d'une maladie. Ces données sont utiles pour les autorités qui doivent décider s'il est nécessaire ou non d'effectuer des recherches sur une maladie spécifique. Elles permettent aussi de comparer la fréquence des maladies, par exemple de comparer l'incidence, pour l'année 2004, des hépatites A, B et C pour les cas déclarés au Canada (**figure 9.13**).

La déclaration des cas a fourni aux épidémiologistes de précieuses indications quant à la source et à la propagation du sida. En fait, l'un des premiers indices relatifs à cette maladie a été la déclaration de cas du sarcome de Kaposi chez des hommes jeunes, maladie qui n'affectait jusqu'alors que des hommes d'un certain âge. Ces données ont amené les épidémiologistes à entreprendre des études portant sur ces patients. Si une recherche épidémiologique montre qu'un segment important d'une population est atteint d'une maladie, on cherche à isoler puis à identifier l'agent responsable au moyen de l'une ou l'autre d'une gamme de méthodes. L'identification de l'agent responsable fournit souvent des informations précieuses sur le réservoir de la maladie.

Si on arrive à établir la chaîne de transmission d'une infection, il est possible d'appliquer des mesures qui réduisent la dissémination de la maladie. Ces mesures comprennent par exemple l'élimination de la source d'infection, l'isolement des personnes infectées et leur traitement, l'élaboration de vaccins et, dans le cas du sida, l'éducation sanitaire.

Les organismes de santé publique

L'épidémiologie est une question importante pour les services de santé publique. De nombreux pays et grandes villes se sont dotés de services qui compilent des données épidémiologiques. L'Organisation

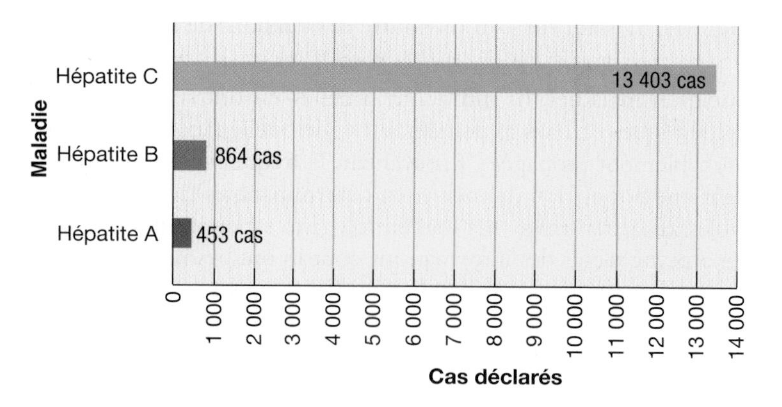

Figure 9.13 Incidence de maladies infectieuses. Histogramme représentant les cas déclarés d'hépatite A, B et C en 2004, pour tous les âges et les deux sexes combinés. (Source : Centre de prévention et de contrôle des maladies infectieuses. Agence de la santé publique du Canada. 2005. Graphique généré par OWTChart.)

mondiale de la santé (OMS) est une institution intergouvernementale, créée en 1948, qui fournit des statistiques à l'échelle mondiale sur les maladies et les causes de décès.

Les Centers for Disease Control and Prevention (CDC), organismes américains de santé publique dont le siège social est situé à Atlanta, en Géorgie, constituent une source centralisée d'informations épidémiologiques concernant les États-Unis. Les CDC émettent une publication appelée *Morbidity and Mortality Weekly Report*. Le ***MMWR*** est lu par les microbiologistes, les médecins et d'autres professionnels de la santé. Il contient des données sur la **morbidité**, dont les indicateurs sont la prévalence et l'incidence des maladies à déclaration obligatoire, et sur la **mortalité**, c'est-à-dire le nombre de décès dus à ces maladies. Les informations sont habituellement regroupées par État. Les **maladies à déclaration obligatoire** énumérées dans le tableau 9.7 sont celles dont les médecins sont tenus de déclarer chaque cas aux directions des affaires sanitaires et sociales. C'est ainsi qu'aux États-Unis, jusqu'en 2008, 63 maladies infectieuses avaient été déclarées au total. Au Canada, en date d'avril 2010, on en avait déclaré 56. Le **taux de morbidité** est le rapport entre le nombre de personnes atteintes d'une maladie durant une période donnée et la population totale exposée au risque de l'infection. Le **taux de mortalité** est le rapport entre le nombre de décès dus à une maladie durant une période donnée et la population totale.

Le *MMWR* contient des rapports sur les flambées épidémiques de différentes maladies, des études de cas présentant un intérêt particulier et des résumés de l'état de maladies données au cours d'une période récente. Ces articles comprennent souvent des recommandations quant aux procédés diagnostiques, à l'immunisation et au traitement. Un certain nombre de graphiques et de données inclus dans le présent manuel sont extraits du *MMWR*, et le texte des encadrés portant sur des études de cas est une adaptation de rapports tirés de cette publication.

Tableau 9.7 Maladies à déclaration obligatoire, 2008-2009

Anthrax*	Infection à arbovirus*	Poliomyélite paralytique
Botulisme	Infection à norovirus**	Psittacose*
Brucellose	Infection au SARV	Rage humaine et animale
Campylobactériose**	Infection invasive à *Hæmophilus influenzæ* de sérotype b	Rougeole
Infections des voies génitales à *Chlamydia trachomatis*	Infection invasive à *Hæmophilus influenzæ* de sérotype non b**	Rubéole
Chancre mou	Infection invasive à méningocoques	Salmonellose
Choléra	Infection invasive à *Streptococcus pneumoniæ* (pneumocoques) résistant aux médicaments	Shigellose
Coccidioïdomycose*	Infection par le virus de l'immunodéficience humaine (VIH)	Syndrome congénital rubéoleux
Coqueluche	Infection par le virus du Nil occidental**	Syndrome d'immunodéficience acquise (sida)
Cryptosporidiose	Infection invasive à streptocoques β-hémolytiques du groupe A	Syndrome de choc toxique non streptococcique*
Cyclosporiase	Infection invasive à streptocoques du groupe B chez le nouveau-né**	Syndrome de choc toxique streptococcique*
Diarrhée associée au *Clostridium difficile***	Intoxication à la phycotoxine paralysante**	Syndrome hémolytique et urémique, postdiarrhéique
Diphtérie	Légionellose	Infection à coronavirus associé au syndrome respiratoire aigu sévère (SRAS)
Ehrlichiose*	Listériose invasive	Syndrome pulmonaire à *Hantavirus*
Fièvre hémorragique virale**	Maladie de Hansen (lèpre)	Syphilis toute catégorie
Fièvre jaune	Maladie de Creutzfeldt-Jakob (MCJ)**	Tétanos
Fièvre pourprée des montagnes Rocheuses*	Maladie de Lyme	Trichinose*
Fièvre typhoïde	Oreillons	Tuberculose
Giardiase	Paludisme	Tularémie
Gonococcies	Paralysie flasque aiguë**	Varicelle
Grippe (Influenza) confirmée en laboratoire	Peste	Variole
Hépatite A		Vibriose*
Hépatite B		
Hépatite C		

* Maladies à déclaration obligatoire aux États-Unis seulement.

** Maladies à déclaration obligatoire au Canada seulement (http://www.phac-aspc.gc.ca/bid-bmi/dsd-dsm/duns-fra.php).

N. B. L'absence d'indication signifie que la maladie est déclarée dans les deux pays.

Pour sa part, le Canada participe activement à la mise en place de stratégies et de mesures pour contrer les épidémies. Par exemple, à la suite des épidémies récentes de SRAS et de grippe, il a instauré un système d'alerte sur Internet, le Centre canadien de surveillance intégrée des éclosions (CCSIE), qui permet aux professionnels de la santé publique de partout au pays d'échanger rapidement de l'information. Sous l'égide d'une loi votée en 2006, des services de mise en quarantaine sont maintenant offerts dans les principaux aéroports du Canada afin de prévenir la propagation de maladies contagieuses graves par des voyageurs malades qui arrivent ou quittent le pays. La Direction générale de la santé de la population et de la santé publique, un organisme de Santé Canada, fait régulièrement état de l'incidence des maladies sur le territoire. Plus particulièrement, le Centre de prévention et de contrôle des maladies infectieuses établit des statistiques sur les maladies infectieuses à déclaration obligatoire. (Certains graphiques du manuel sont générés à partir de logiciels [OWT Chart] disponibles sur le site Internet de Santé Canada [figure 9.13].) Au Québec, les Bureaux de surveillance épidémiologique, sous la responsabilité de la Direction de la santé publique, publient des statistiques périodiques sur les maladies infectieuses à déclaration obligatoire sévissant dans les grandes villes, notamment dans certains quartiers.

En France, la Direction générale de la santé (DGS) et la Direction départementale des affaires sanitaires et sociales (DDASS) compilent les données statistiques sur les cas de maladies à déclaration obligatoire qui sont, à quelques exceptions près, les mêmes que celles des listes établies aux États-Unis et au Canada. Ces cas font aussi l'objet de déclarations hebdomadaires dans des publications scientifiques portant sur l'épidémiologie.

▶ Vérifiez vos acquis

L'agent de prophylaxie des infections d'un hôpital est informé que 40 membres du personnel ont eu des nausées et des vomissements. Son enquête révèle que 39 d'entre eux ont mangé des haricots verts au restaurant de l'hôpital, alors que 34 autres personnes qui ont mangé au même endroit ce jour-là n'ont pas consommé de haricots et n'ont pas été malades. Quel type d'épidémiologie l'agent pratique-t-il? **9-27**

En 2003, la morbidité du syndrome hémolytique et urémique s'élevait à 176 cas et la mortalité à 29. La morbidité de la listériose était de 696 et la mortalité de 33. Laquelle de ces deux affections risque le plus d'être fatale? **9-28**

* * *

Dans le prochain chapitre, nous examinerons les mécanismes de la pathogénicité. En fait, nous étudierons plus en détail ce qui se produit entre la pénétration des agents pathogènes dans un hôte réceptif et leur sortie. Nous verrons donc comment les microorganismes causent la maladie et quels sont les effets de celle-ci sur l'organisme.

RÉSUMÉ

INTRODUCTION (p. 228)

1. On appelle agent pathogène un organisme (microscopique ou non) qui cause une maladie.
2. Les agents pathogènes possèdent des propriétés caractéristiques qui leur permettent de pénétrer dans le corps humain ou de produire des toxines.
3. Quand un microorganisme réussit à vaincre les défenses de l'hôte, il en résulte une maladie.

LA RELATION D'ÉQUILIBRE OU HOMÉOSTASIE (p. 229)

1. L'homéostasie est la tendance ou la capacité de l'organisme à maintenir l'état d'équilibre de son milieu intérieur. Dans la relation de l'organisme humain avec les microbes, l'homéostasie résulte de l'efficacité des mécanismes de défense immunitaire contre l'action des agents pathogènes.

LA PATHOLOGIE, L'INFECTION ET LA MALADIE (p. 229)

1. La pathologie est la science qui a pour objet l'étude des maladies.
2. La pathologie concerne notamment l'étiologie (étude des causes des maladies) et la pathogénie (étude de leur évolution); elle porte aussi sur les conséquences des maladies.
3. On appelle infection la pénétration et la croissance d'agents pathogènes dans un organisme.
4. Un hôte est un organisme qui héberge un agent pathogène et en assure le développement.
5. La maladie est un état anormal dans lequel une partie ou la totalité d'un organisme n'arrive pas à s'adapter ou à remplir ses fonctions normales. La maladie infectieuse est l'altération de l'état de santé par un microbe.

LE MICROBIOTE NORMAL (p. 230)

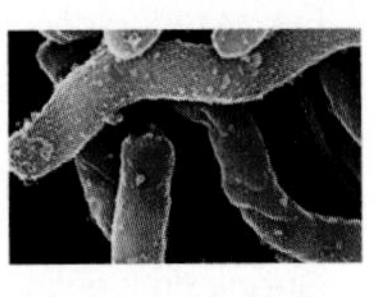

1. Les animaux, et en particulier les humains, sont généralement exempts de microbes in utero.
2. La colonisation est l'implantation et l'installation normales de microorganismes dans les tissus de l'organisme.
3. Les microorganismes commencent à coloniser le corps peu de temps après la naissance; la colonisation est limitée à la peau et aux muqueuses proches des orifices.
4. Les microorganismes qui colonisent le corps de façon permanente, sans causer de maladie (ils sont potentiellement pathogènes), constituent le microbiote normal.

5. Le microbiote normal peut varier dans le temps mais il est toujours renouvelé.
6. Le microbiote transitoire est l'ensemble des microbes présents durant une période plus ou moins longue, mais qui finit par disparaître.

Les relations entre le microbiote normal et l'hôte (p. 233)

7. Le microbiote normal empêche certains agents pathogènes de causer une infection ; on appelle ce phénomène antagonisme microbien ou effet barrière. Il peut être dû à l'occupation des récepteurs cellulaires de l'hôte, à l'appropriation des nutriments disponibles, à la production de composés inhibiteurs tels que des substances acidifiantes ou encore à la production de bactériocines par les microorganismes.
8. Le microbiote normal et l'hôte vivent en symbiose (mode d'association).
9. Les trois types de symbiose sont le commensalisme (un organisme tire profit d'un autre sans lui nuire), le mutualisme (les deux organismes tirent avantage de l'association) et le parasitisme (un organisme tire parti de l'association qui nuit au second organisme).
10. Les bactéries du microbiote normal procurent des avantages à leur hôte dans le mutualisme : par exemple, dans le gros intestin, des bactéries synthétisent la vitamine K et certaines vitamines du complexe B et dégradent des molécules.

Les microorganismes opportunistes (p. 234)

11. Les agents pathogènes opportunistes ne causent pas de maladie dans des conditions normales, mais ils en provoquent dans des situations particulières, par exemple lorsque le système immunitaire de l'hôte est affaibli.

La coopération entre les microorganismes (p. 235)

12. Dans certaines conditions, un microbe permet à un autre de provoquer une maladie ou de causer des symptômes plus graves qu'à l'ordinaire.

L'ÉTIOLOGIE DES MALADIES INFECTIEUSES (p. 235)

Les postulats de Koch (p. 235)

1. Les postulats de Koch sont des critères permettant de déterminer si un microbe spécifique cause une maladie précise.
2. Les postulats de Koch sont les suivants : a) l'agent pathogène doit être présent dans tous les cas de la maladie ; b) on doit pouvoir obtenir une culture pure de l'agent pathogène isolé ; c) l'agent pathogène isolé de la culture pure doit causer la même maladie chez un animal de laboratoire réceptif et sain ; d) l'agent pathogène doit pouvoir être isolé de l'animal de laboratoire inoculé.

Les exceptions aux postulats de Koch (p. 236)

3. On modifie les postulats de Koch pour déterminer la cause de maladies lorsque :
   - **a)** les maladies sont causées par des virus ou des bactéries qu'il est impossible de faire croître sur des milieux de culture artificiels ;
   - **b)** les maladies, par exemple la pneumonie et la glomérulonéphrite, peuvent être dues à divers microbes qui provoquent tous les mêmes signes et symptômes ;
   - **c)** des agents pathogènes, tels que le streptocoque β-hémolytique du groupe A, causent plusieurs maladies affectant différents tissus : peau, os, sang, poumons ;
   - **d)** des agents pathogènes, dont le VIH, provoquent des maladies uniquement chez les humains et que, pour des raisons éthiques, il est impossible d'inoculer l'humain à titre expérimental.

LA CLASSIFICATION DES MALADIES INFECTIEUSES (p. 237)

La provenance des agents pathogènes (p. 237)

1. Une infection est dite endogène si l'agent pathogène fait partie du microbiote normal de l'individu ; l'infection est dite exogène si l'agent pathogène provient de l'environnement.

Les manifestations cliniques (p. 237)

2. Un patient présente généralement des symptômes (changements subjectifs des fonctions de l'organisme) et des signes (changements objectifs et mesurables), que le médecin prend en compte pour poser un diagnostic (détermination de la maladie). Un ensemble de symptômes ou de signes qui accompagne toujours une même maladie s'appelle syndrome.

La transmissibilité de l'infection (p. 237)

3. Les maladies transmissibles se propagent directement ou indirectement d'un hôte à un autre.
4. Une maladie qui se transmet facilement d'une personne à une autre est dite contagieuse.
5. Les maladies non transmissibles sont causées par des microorganismes qui se développent normalement à l'extérieur du corps humain, et elles ne se propagent pas d'un hôte à un autre.

La fréquence d'une maladie (p. 238)

6. La fréquence d'une maladie s'exprime à l'aide de l'incidence (le nombre de personnes qui contractent la maladie à un moment donné) et de la prévalence (le nombre de cas – nouveaux et anciens – à un moment donné).
7. On classe les maladies en fonction de leur fréquence : maladies sporadiques (occasionnelles), endémiques (constantes) ou épidémiques (nombreux individus atteints sur un territoire donné), et pandémies (à l'échelle mondiale).

La gravité et la durée d'une maladie (p. 238)

8. Selon sa gravité et sa durée, une maladie est aiguë, chronique, subaiguë ou latente.
9. On appelle immunité collective le fait que la majorité d'une population est immunisée contre une maladie.

L'étendue des dommages causés à l'hôte (p. 239)

10. Une infection locale touche une petite région du corps, tandis qu'une infection systémique s'étend à tout le corps par l'intermédiaire du système cardiovasculaire.

11. Une infection primaire est l'infection aiguë qui cause l'apparition de la maladie initiale.
12. Une infection secondaire apparaît chez un hôte affaibli par une infection primaire.
13. Une infection subclinique (ou non apparente) ne produit aucun signe de maladie chez l'hôte.

LES MODÈLES DE LA MALADIE INFECTIEUSE (p. 239)

L'hôte réceptif : ses facteurs prédisposants (p. 240)

1. Un facteur est dit prédisposant (ou de risque) s'il rend l'organisme plus réceptif à une maladie ou s'il modifie l'évolution de cette dernière.
2. Il existe de nombreux facteurs prédisposants : facteurs génétiques, âge, mauvaise alimentation, défenses immunitaires affaiblies, présence de maladies chroniques d'origine hormonale ou métabolique, tabagisme, alcoolisme, conditions environnementales inadéquates.

L'évolution d'une maladie infectieuse (p. 240)

3. La période d'incubation est l'intervalle de temps compris entre l'infection initiale et l'apparition des premiers signes ou symptômes.
4. La période prodromique est caractérisée par l'apparition des premiers signes ou symptômes.
5. Durant la période d'état de la maladie, tous les signes et symptômes sont visibles et atteignent leur intensité maximale.
6. Durant la période de déclin, les signes et les symptômes se résorbent.
7. Durant la période de convalescence, l'organisme revient à l'état qui prévalait avant la maladie : il recouvre la santé.

LA PROPAGATION D'UNE INFECTION (p. 241)

Les réservoirs d'infection (p. 241)

1. Un réservoir d'infection est une source continue d'infection.
2. Les personnes porteuses d'un microorganisme pathogène et atteintes d'une maladie dont les symptômes sont visibles sont des réservoirs humains, ou porteurs, actifs d'infection.
3. Les porteurs en incubation, les porteurs en convalescence et les porteurs asymptomatiques sont des réservoirs humains qui transmettent la maladie sans qu'elle soit apparente.
4. Les porteurs sains sont des individus qui ne sont pas malades mais qui peuvent transmettre des agents pathogènes à des personnes réceptives.
5. Les zoonoses sont des maladies qui affectent les animaux sauvages ou domestiques, et qui sont transmissibles aux humains.
6. Certains microorganismes pathogènes se développent dans des réservoirs inanimés, comme le sol, l'eau et les aliments.

Les portes de sortie (p. 243)

7. Les portes de sortie courantes sont les voies respiratoires, lors de la toux ou de l'éternuement ; les voies gastro-intestinales, par l'intermédiaire de la salive, des vomissements ou des fèces ; les voies urogénitales, par l'intermédiaire des sécrétions vaginales ou des sécrétions émises par l'urètre ; la voie cutanée, par l'intermédiaire de la desquamation ou des écoulements de plaie ; et la voie sanguine, par l'intermédiaire de piqûres d'insectes, de transfusions ou de contacts avec le sang.

La transmission des maladies infectieuses (p. 244)

8. La transmission d'une maladie infectieuse peut se faire par différents modes : par contact direct et par contact indirect, par gouttelettes, par voie aérienne, par un véhicule commun et par l'intermédiaire de vecteurs.
9. La transmission par contact direct exige un contact physique étroit entre la source de la maladie et un hôte réceptif (transmission interpersonnelle).
10. La transmission par contact indirect se fait par l'intermédiaire d'un objet inanimé fraîchement contaminé (mouchoirs, literie, jouets, etc).
11. La transmission par gouttelettes est la propagation d'une infection par l'intermédiaire de salive ou de mucus lorsqu'une personne tousse ou éternue ; les grosses gouttelettes transportent l'agent pathogène sur une distance inférieure à un mètre.
12. La transmission aérienne est la propagation d'une infection par l'intermédiaire de microgouttelettes ou de poussières qui transportent l'agent pathogène – généralement résistant à l'environnement – sur une distance supérieure à un mètre.
13. La transmission par un véhicule commun se fait par l'intermédiaire d'une substance comme l'eau, la nourriture, le sang et d'autres liquides ou pièces d'équipement qui contaminent un grand nombre de personnes. C'est la voie des épidémies galopantes.
14. Les arthropodes vecteurs transportent des agents pathogènes d'un hôte à un autre ainsi que par transmission mécanique et par transmission biologique.

Les portes d'entrée (p. 246)

15. La voie qu'emprunte un agent pathogène pour s'introduire dans le corps est appelée porte d'entrée.
16. Beaucoup de microbes peuvent pénétrer la barrière cutanéomuqueuse en traversant la peau et les diverses muqueuses de la conjonctive et des voies respiratoires, gastro-intestinales et urogénitales.
17. Les voies respiratoires constituent la porte d'entrée la plus souvent utilisée ; les microbes sont aspirés dans des gouttelettes d'eau et sur des grains de poussière.

18. Les microbes entrent dans le tube digestif par l'intermédiaire de la nourriture, de l'eau et des doigts contaminés.
19. Les microbes qui passent par les voies urogénitales peuvent pénétrer dans le corps en traversant la muqueuse ; c'est la porte d'entrée des agents pathogènes qui se propagent par l'intermédiaire des rapports sexuels.
20. La plupart des microbes sont incapables de pénétrer la peau intacte ; ils entrent par les follicules pileux et les conduits des glandes sudoripares et sébacées.
21. Certains mycètes infectent la peau elle-même.
22. Certains microbes peuvent s'introduire dans les tissus par inoculation à travers la peau et les muqueuses lors de morsures, de piqûres et par d'autres plaies. Cette porte d'entrée est appelée voie parentérale.
23. Beaucoup de microbes ne peuvent causer des infections que s'ils passent par la porte d'entrée qui leur est spécifique, appelée porte d'entrée préférée. S'ils s'introduisent dans le corps par une autre porte, ils ne déclenchent pas de maladie.

LES INFECTIONS NOSOCOMIALES (p. 248)

1. On appelle infection nosocomiale toute infection contractée au cours d'un séjour dans un hôpital, dans une maison de repos ou dans n'importe quel autre établissement de soins.
2. Une infection nosocomiale résulte de l'interaction de trois facteurs : l'hôte affaibli, les microbes présents dans le milieu hospitalier et la chaîne de transmission des infections.
3. De 5 à 15 % des patients hospitalisés contractent une infection nosocomiale.

La présence de microorganismes dans le milieu hospitalier (p. 248)

4. Des microbes faisant partie du microbiote normal causent fréquemment des infections nosocomiales lorsqu'ils pénètrent dans l'organisme lors de traitements médicaux, comme une chirurgie ou un cathétérisme.
5. Les bactéries à Gram négatif, résistantes aux antibiotiques, sont la cause la plus fréquente d'infection nosocomiale.

L'état d'affaiblissement de l'hôte (p. 249)

6. Les patients qui présentent des brûlures ou des plaies chirurgicales, des maladies chroniques, ou dont le système immunitaire est déficient sont particulièrement sensibles aux infections nosocomiales.

La chaîne de transmission des infections nosocomiales (p. 251)

7. Les infections nosocomiales se transmettent entre les membres du personnel hospitalier et les patients, et entre les patients.
8. Des objets inanimés, tels que les cathéters, les seringues et les appareils respiratoires, sont susceptibles de transmettre les infections nosocomiales.

La lutte contre les infections nosocomiales (p. 251)

9. Les techniques aseptiques servent à prévenir les infections nosocomiales.
10. Les membres du personnel hospitalier responsables de la lutte anti-infectieuse doivent s'assurer que le matériel et les fournitures sont nettoyés, stérilisés, entreposés et manipulés de façon adéquate.

LES MALADIES INFECTIEUSES ÉMERGENTES (p. 252)

1. Les nouvelles maladies et celles dont la fréquence augmente sont appelées maladies infectieuses émergentes.
2. Une maladie émergente peut résulter par exemple de l'utilisation d'antibiotiques ou de pesticides, de variations climatiques, de la circulation de personnes ou de biens, ou de l'absence de vaccination et de déclaration obligatoire des infections.
3. Les organismes de santé publique de plusieurs pays ainsi que l'OMS sont responsables de la surveillance des maladies infectieuses émergentes et de la lutte contre ces dernières.

L'ÉPIDÉMIOLOGIE (p. 254)

1. L'épidémiologie est la science qui étudie la transmission, l'incidence et la prévalence des maladies.
2. L'épidémiologie descriptive s'intéresse à la collecte et à l'analyse de données sur des personnes infectées.
3. L'épidémiologie analytique porte sur la comparaison de groupes de personnes infectées et de personnes non infectées ; ces études peuvent être rétrospectives ou prospectives.
4. L'épidémiologie expérimentale consiste en la conception et en la réalisation d'expériences contrôlées visant à vérifier des hypothèses.
5. La déclaration des cas fournit aux autorités locales, régionales et nationales des données sur l'incidence et la prévalence des maladies.
6. Les Centers for Disease Control and Prevention (CDC) constituent la principale source d'informations épidémiologiques aux États-Unis. Il existe des centres statistiques équivalents au Canada (Agence de la santé publique du Canada), en France et dans bien d'autres pays.
7. Les CDC publient le *Morbidity and Mortality Weekly Report* (*MMWR*), qui fournit des informations sur la morbidité (incidence) des maladies et la mortalité (décès).

AUTOÉVALUATION

QUESTIONS À COURT DÉVELOPPEMENT

1. Selon le graphique ci-dessous, qui représente le nombre de cas confirmés de diarrhées d'*E. coli*, à quel moment y a-t-il une pointe épidémique ? Quel réservoir contribue généralement à l'augmentation du nombre de cas ? Quel est le mode de transmission ?

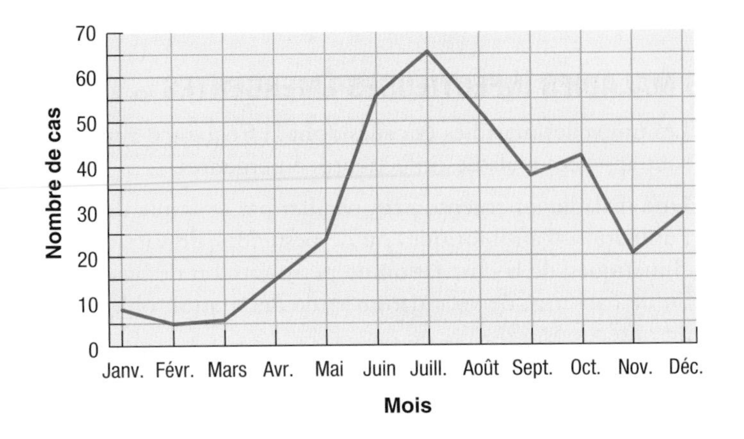

2. Le graphique suivant représente la fréquence de la fièvre typhoïde aux États-Unis entre 1954 et 2007. Indiquez sur ce graphique les portions qui correspondent à la période où la maladie est épidémique et à la période où elle est sporadique. Quel semble être le taux endémique ? Que devrait inclure le graphique pour indiquer une pandémie ? Quel est le mode de transmission de la fièvre typhoïde ? (*Indice :* Voir le chapitre 20.)

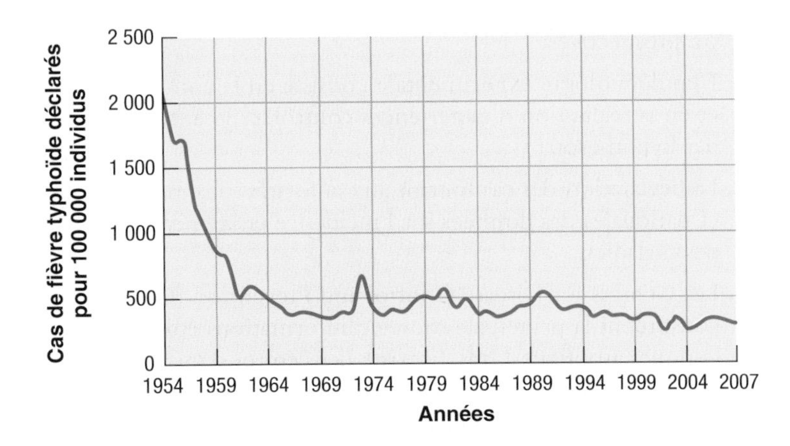

3. Voici le nombre de cas déclarés de sida, au Canada, entre 1991 et 1999.

Années	1991	1992	1993	1994	1995	1996	1997	1998	1999
Cas déclarés	1 556	1 732	1 758	1 733	1 579	1 063	688	599	415

Quelle en est la prévalence en 1999 ? l'incidence en 1995 ?

4. Parcourez les chapitres 21 à 26 du manuel et décrivez l'hôte ou les hôtes réceptifs et le mode de transmission de chacun des agents pathogènes responsables des maladies infectueuses suivantes.

a) Coqueluche.
b) Salmonelle.
c) Hépatite B.
d) Toxoplasmose.
e) Maladie de Lyme.

APPLICATIONS CLINIQUES

N. B. Certaines de ces questions nécessitent que vous cherchiez des réponses dans les différents chapitres du livre.

1. Une femme âgée a fait une chute dans un escalier. Elle a dû subir une intervention chirurgicale pour consolider le fémur fracturé sous l'épiphyse proximale. Comme la douleur est intense, la patiente est maintenue sous analgésique. Elle est obèse et sa mobilisation est difficile.

   Des facteurs prédisposent la patiente à l'infection de sa plaie. Quels sont-ils ? De quelle source potentielle pourraient provenir les bactéries à l'origine d'une infection de type endogène ? à l'origine d'une infection exogène ? Justifiez vos réponses.

2. Un jeune garçon, Patrick, est transporté d'urgence à l'hôpital : selon la mère, sa température s'est brusquement élevée, il a été pris de violents maux de tête, de vomissements en jets et sa nuque est raide. À la suite de l'examen du patient, le médecin suspecte une méningite et effectue une ponction lombaire ; on remplit trois tubes de liquide cérébrospinal. Laurence, une infirmière, porte les prélèvements au laboratoire dans les plus brefs délais. Les tests rapides de laboratoire indiquent que l'enfant est atteint d'une infection à *Neisseria meningitidis.* Au cours de cette journée, Laurence a participé à l'intubation de Patrick. Quatre jours plus tard, elle présente des symptômes qui indiquent qu'elle aussi est atteinte de méningite de type C. Des 24 membres du personnel hospitalier ayant prodigué des soins au jeune patient, seule Laurence est atteinte de la maladie. Elle s'est rappelé avoir été en contact avec des sécrétions rhinopharyngées lors de l'intubation ; toutefois, se croyant vaccinée, elle n'en a pas avisé la responsable du service, et n'a donc pas reçu de traitement antibiotique.

   Quelles sont les trois erreurs que l'infirmière a commises ? Quel est le mode de transmission de la méningite ? Même si les 24 membres du personnel hospitalier ne sont pas malades, quelle précaution faudrait-il prendre pour éviter toute transmission de la bactérie ? Sera-t-il utile de procéder à une décontamination des locaux où a séjourné le patient ? (*Indice :* Voir le chapitre 17.)

3. Trois patients admis au service de gériatrie d'un grand hôpital contractent une infection à *Pseudomonas æruginosa* durant leur séjour. Les infections sont différentes : l'un des patients souffre d'une pneumonie, un autre d'une sinusite et le dernier, d'une

escarre infectée. Les trois patients occupent chacun une chambre. D'autres patients dans le même service présentent des maladies respiratoires chroniques. La responsable de la prévention des infections constate que les membres du personnel chargé de la réfection des lits secouent les draps et pressent la literie sur leur uniforme avant de la déposer sur le plancher. La responsable demande au laboratoire de microbiologie d'effectuer des prélèvements sur les différents réservoirs potentiels de ce microbe. Les tests provenant de l'humidificateur de la salle commune et des robinets de lavabo de deux des trois chambres individuelles sont positifs.

Expliquez en quoi la méthode utilisée pour la réfection des lits est liée à la contamination des humidificateurs et des robinets. Quelles caractéristiques de *P. æruginosa* rendent cette bactérie capable de survivre sur de tels réservoirs? Ce microbe peut-il être à l'origine d'infections nosocomiales? Justifiez votre réponse. (*Indice :* Voir les chapitres 6, 14 et 16.)

4. Le 7 février, Édouard, un vétérinaire de 49 ans, a examiné et soigné un perroquet atteint d'une maladie respiratoire. Le 9 mars, Édouard est pris de frissons, se plaint de maux de tête et ressent des douleurs aux jambes. Le 16 mars, il présente des douleurs dans la poitrine, de la toux et de la diarrhée, et sa température atteint 41 °C. On lui administre les antibiotiques requis à partir du 17 mars, et, 12 heures plus tard, la fièvre a disparu. Il continue de prendre des antibiotiques pendant 14 jours. Une fois le traitement terminé, tout est revenu dans l'ordre. Il s'agissait de la psittacose.

   Quelle en est la cause? Déterminez chaque période du développement de la maladie. (*Indice :* Voir le chapitre 19.)

5. En 1989, dans un grand hôpital, 21 % des patients ont contracté une diarrhée et une colite à *Clostridium difficile* au cours de leur séjour. Ils ont dû rester hospitalisés plus longtemps que les patients non infectés. Des études épidémiologiques ont fourni les données suivantes.

Taux d'infection des patients:	
En chambre individuelle	7 %
En chambre pour deux personnes	17 %
En chambre pour trois personnes	26 %

Taux d'isolement de *C. difficile* dans le milieu:	
Côté de lit	10 %
Commode	1 %
Plancher	18 %
Bouton d'appel	6 %
Toilette	3 %

Les prélèvements effectués sur les mains de membres du personnel après qu'ils ont été en contact avec les patients ont été positifs à la culture dans les proportions suivantes:	
Utilisation de gants	0 %
Non-utilisation de gants	59 %
Présence de *C. difficile* avant tout contact avec les patients	3 %
Lavage avec un savon sans antiseptique	40 %
Lavage avec un savon avec antiseptique	3 %
Pas de lavage des mains	20 %

   Quel facteur prédisposant peut favoriser l'infection à *C. difficile*? Déterminez les différents maillons de la chaîne épidémiologique de cette maladie dans la situation présentée. Imaginez un scénario qui illustre comment la bactérie a probablement été transmise aux patients dans le milieu hospitalier. Appuyez votre scénario en vous basant sur les données fournies. Comment peut-on prévenir la transmission de cette bactérie?

6. La bactérie *Mycobacterium avium-intracellulare* est fréquemment présente chez les personnes atteintes du sida. Pour tenter de déterminer la source de ce type d'infection, on a prélevé des échantillons d'eau dans le système d'alimentation d'un hôpital. L'eau contenait du chlore.

Pourcentage des échantillons contenant *M. avium*:			
Eau chaude		**Eau froide**	
Février	88 %	Février	22 %
Juin	50 %	Juin	11 %

   Quel est le mode de transmission habituel de *Mycobacterium*? Quelle est la source probable de ce type d'infection dans les hôpitaux? Comment peut-on prévenir ce genre d'infection nosocomiale? (*Indice :* Voir les chapitres 4 et 10, les biofilms.)

ÉDITION EN LIGNE Consultez le volet de gauche de l'Édition en ligne pour d'autres activités.

Les mécanismes de pathogénicité microbienne

CHAPITRE

Maintenant que vous avez une vue d'ensemble de la façon dont les microbes peuvent causer une maladie infectieuse, nous allons examiner certaines des propriétés qui leur confèrent leur **pouvoir pathogène** – leur capacité de causer la maladie en déjouant les défenses de l'hôte – et leur **virulence** – l'intensité de leur pouvoir pathogène. (Lorsque nous employons le terme «hôte», nous entendons habituellement l'être humain.) Les microbes ne s'implantent pas dans le but de nous causer des maladies; ils tentent seulement de trouver un gîte et de la nourriture, tout en défendant leur territoire et en luttant pour leur survie.

Selon la logique humaine, un parasite qui tue son hôte se nuit à lui-même. Alors quel intérêt a-t-il à le faire? Rappelons que la nature n'a pas de plan préétabli; les variations génétiques qui rendent possible l'évolution sont le fruit de mutations aléatoires, et non de décisions logiques. Toutefois, selon la sélection naturelle, ce sont les organismes les mieux adaptés à leur milieu qui survivent et se reproduisent. Il semble y avoir coévolution du parasite et de son hôte: le comportement de l'un influe sur celui de l'autre. Certains agents pathogènes, comme la bactérie du choléra, sont transmis avant que l'hôte meure. *Vibrio choleræ* provoque rapidement la diarrhée et menace ainsi la vie de son hôte en lui faisant perdre beaucoup de liquide et de sels, mais il se donne en même temps un moyen de transmettre ses descendants à une autre personne par l'ingestion d'eau contaminée.

Rappelez-vous que beaucoup de propriétés qui contribuent au pouvoir pathogène et à la virulence des microbes demeurent obscures ou inconnues. Toutefois, l'issue du conflit entre le germe et l'hôte dépend grandement de l'état de sensibilité ou de résistance de ce dernier. Si la force d'agression microbienne est supérieure à la riposte de l'hôte, la maladie infectieuse prend le dessus.

Dans le présent chapitre, nous allons examiner les **mécanismes de pathogénicité microbienne**. Nous allons voir que ces mécanismes, qui conduisent à l'apparition des principaux signes des maladies infectieuses, sont souvent très complexes.

Presque tous les agents pathogènes possèdent un mécanisme d'attachement aux tissus qui leur servent de porte d'entrée dans leur hôte. Comment appelle-t-on cet attachement, et comment se réalise-t-il?

La réponse est dans le chapitre.

AU MICROSCOPE

Les bactéries (en mauve) ont le pouvoir de s'agripper aux tissus de leurs hôtes, ici la peau humaine.

Les étapes du processus infectieux

▶ Objectif d'apprentissage

10-1 Énumérer les étapes du processus infectieux.

Lors de l'étude de la chaîne épidémiologique, nous avons vu que la plupart des agents pathogènes doivent d'abord accéder à un hôte réceptif par une porte d'entrée dite préférée. Une fois cette première étape franchie, la pénétration doit se poursuivre par l'**adhérence** aux tissus et aux cellules de l'hôte, par laquelle les germes se prémunissent contre l'expulsion; vient ensuite l'étape de l'**invasion**, qui leur permet de franchir les défenses de l'hôte et d'y résister; la dernière étape se manifeste par l'atteinte des tissus cibles et l'apparition du **dysfonctionnement physiologique** exprimé par les signes et les symptômes de la maladie. Pour faciliter leur propagation, les agents pathogènes doivent finalement accéder à une porte de sortie pour quitter l'organisme agressé et se transmettre à d'autres hôtes réceptifs. C'est la loi de la survie!

La pénétration des agents pathogènes dans l'organisme hôte

▶ Objectifs d'apprentissage

10-2 Définir les notions de DL_{50} et de DI_{50}.

10-3 Décrire les propriétés qui contribuent au pouvoir pathogène d'un microorganisme au cours de l'étape d'adhérence aux cellules humaines.

10-4 À l'aide d'exemples, expliquer comment les microbes adhèrent aux cellules de l'hôte.

Au chapitre 9, nous avons étudié les portes d'entrée des agents pathogènes. Nous devons maintenant examiner un concept important avant de poursuivre notre propos sur les mécanismes de pathogénicité microbienne.

Le nombre de microbes envahisseurs

Sauf exception, si un petit nombre de microbes pénètrent dans le corps, ils seront probablement éliminés par les défenses de l'hôte. Mais si beaucoup de microbes envahissent l'organisme, les conditions sont probablement favorables à l'éclosion de la maladie. Ainsi, la probabilité de la maladie augmente avec le nombre d'agents pathogènes. Lors d'un test diagnostique de laboratoire, un nombre très élevé d'agents pathogènes dans un produit prélevé sur un foyer infectieux indique la virulence de ce microorganisme.

On exprime souvent la virulence d'un microbe par l'abréviation $\mathbf{DI_{50}}$, soit le nombre de microbes dans une dose qui tue 50% des animaux-tests inoculés. Le 50 n'est pas une valeur absolue. On l'utilise pour comparer la virulence relative sous des conditions expérimentales. Par exemple, *Bacillus anthracis* peut causer une infection en pénétrant par trois portes d'entrée différentes. La valeur DI_{50} de la porte cutanée est de 10 à 50 endospores; par inhalation (voie respiratoire), la DI_{50} est de 10 000 à 20 000 endospores alors que par ingestion (voie digestive), elle est de 250 000 endospores à 1 000 000 d'endospores. Ces données montrent que l'anthrax cutané est plus facile à contracter que les formes respiratoire ou digestive de la maladie. Une étude montre que la DI_{50} de *Vibrio choleræ* est de 10^8 cellules mais que, si l'acidité gastrique est neutralisée par du bicarbonate, le nombre de cellules requis pour provoquer l'infection diminue de façon importante.

Le pouvoir virulent d'une toxine est exprimé par l'abréviation $\mathbf{DL_{50}}$, soit la dose de toxine nécessaire pour tuer 50% des animaux-tests (DL = dose létale). Par exemple, la valeur de la DL_{50} de la toxine botulinique chez la souris est de 0,03 ng/kg, celle de la toxine de Shiga est de 250 ng/kg et celle de l'entérotoxine staphylococcique, de 1 350 ng/kg. En d'autres termes, comparativement à ces deux dernières toxines, la toxine botulinique peut causer les symptômes de la maladie à une dose plus petite.

L'adhérence aux cellules hôtes

Nous avons déjà comparé l'agression du corps humain par des microbes à une véritable bataille. Comme tout agresseur qui part en guerre pour s'approprier un nouveau territoire et ses ressources, le microbe doit être équipé à la fois pour l'attaque et pour la riposte. Son pouvoir pathogène repose donc essentiellement sur l'efficacité des moyens de nature offensive et défensive dont il dispose.

Ainsi, une fois qu'ils ont franchi la première étape du processus infectieux, c'est-à-dire la pénétration dans l'hôte, les microbes sont menacés par les divers mécanismes de défense naturels du corps humain, y compris ses processus de nettoyage innés, qui permettent l'écoulement ou l'expulsion des sécrétions vers l'extérieur. Les microbes pathogènes sont ceux qui franchissent ces barrières.

Q/R Pour déclencher une infection, presque tous les organismes pathogènes possèdent un moyen quelconque de se fixer aux cellules des tissus de l'hôte. Pour la plupart d'entre eux, cette propriété, appelée **adhérence** (ou attachement chez les virus), est un élément essentiel de leur pouvoir pathogène. (Bien sûr, les microorganismes qui ne sont pas pathogènes ont aussi des structures pour se fixer à des cellules hôtes.) Les agents pathogènes s'attachent aux cellules hôtes au moyen de leurs propres molécules de surface. Ces molécules, appelées **adhésines** ou **ligands**, se lient de façon spécifique à des **récepteurs** à la surface des cellules de certains tissus de l'hôte (**figure 10.1**). Les adhésines peuvent se trouver dans le glycocalyx d'un microbe ou sur une autre structure de surface, telle que les fimbriæ, les pili et les flagelles (chapitre 3). Une fois qu'il est bien fixé à une cellule hôte, le microbe peut se multiplier sur place et produire, selon ses capacités, des enzymes et des toxines. Q/R

La plupart des adhésines des microorganismes étudiés à ce jour sont des glycoprotéines ou des lipoprotéines. Les récepteurs des cellules hôtes sont le plus souvent des sucres, tels que le mannose. La structure des adhésines peut varier d'une souche à l'autre de la même espèce de microorganismes pathogènes. Celle des récepteurs peut aussi changer d'une cellule à l'autre du même hôte.

Les exemples suivants illustrent la diversité des adhésines. *Streptococcus mutans*, une bactérie qui joue un rôle clé dans la carie dentaire (chapitre 20), adhère à la surface des dents par son glycocalix.

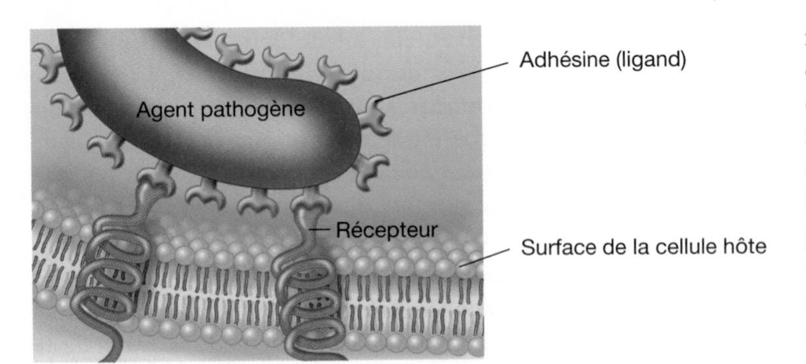

a) Des molécules à la surface des microorganismes pathogènes, appelées *adhésines* ou *ligands*, se lient spécifiquement à des récepteurs à la surface des cellules de certains tissus hôtes.

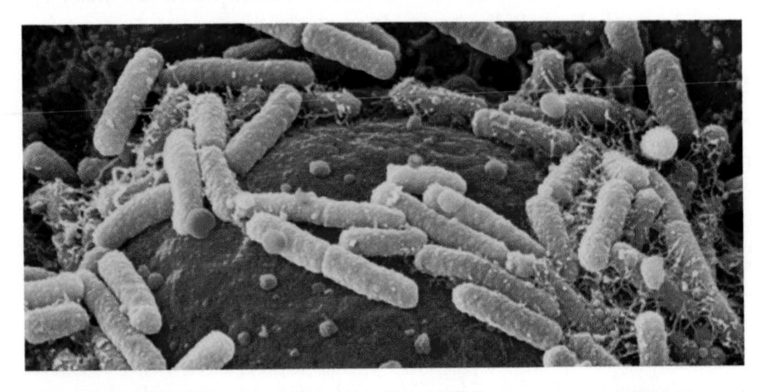

b) Adhérence sélective de bactéries *E. coli* aux cellules d'une vessie humaine

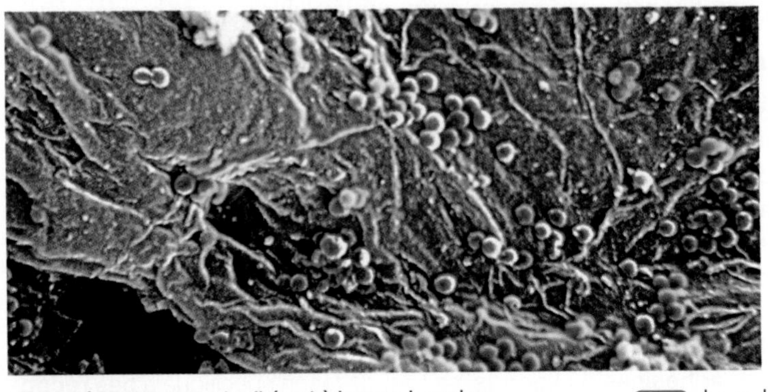

c) Bactéries (en mauve) adhérant à la peau humaine

Figure 10.1 Adhérence.

Une enzyme produite par *S. mutans,* appelée *glucosyltransférase*, convertit le glucose (obtenu à partir du saccharose) en un polysaccharide visqueux et insoluble appelé *dextran*, qui forme le glycocalyx. *Actinomyces* possède des fimbriæ qui adhèrent au glycocalyx de *S. mutans.* L'activité combinée des deux microbes et la production de dextran forment la plaque dentaire, ce qui contribue à la carie dentaire.

Les microbes ont la capacité de s'agglomérer, d'adhérer aux surfaces, de capturer les nutriments et de les partager entre eux. En se regroupant ainsi et en produisant des substances extracellulaires qui facilitent leur fixation à divers supports vivants et non vivants, ils forment des **biofilms** (encadré 3.1 et chapitre 4). La plaque dentaire, les algues sur les parois des piscines et les pellicules visqueuses sur les rideaux de douche en sont des exemples. Les biofilms se forment en général sur des surfaces humides qui retiennent des matières organiques. Les premiers microbes à s'y installer sont habituellement des bactéries. Aussitôt fixées, celles-ci se mettent à proliférer et sécrètent un glycocalyx qui renforce les liens entre elles et leur adhésion à la surface (figure 4.5). Dans certaines circonstances, les biofilms sont composés de couches multiples et abritent plusieurs types de bactéries. Ils constituent un moyen d'adhérence important. Comme ils résistent aux désinfectants et aux antibiotiques, leur présence peut avoir des conséquences graves, notamment lorsqu'ils colonisent des structures telles que les dents, les cathéters utilisés en médecine (figure 1.7), les endoprothèses vasculaires, les valvules cardiaques, les prothèses de la hanche et les lentilles cornéennes. La plaque dentaire est en réalité un biofilm qui se minéralise avec le temps. On estime que les biofilms interviennent dans 65% des infections bactériennes chez l'humain. À ce sujet, voyez l'encadré 4.1.

En règle générale, le microbiote des dents et de la bouche est inoffensif. Toutefois, à la faveur d'une extraction dentaire, par exemple, *S. mutans* peut diffuser dans le sang et adhérer aussi à la surface des valvules cardiaques, causant l'endocardite infectieuse. Les souches entéropathogènes d'*Escherichia coli* (qui provoquent des maladies gastro-intestinales) possèdent des adhésines sur des fimbriæ qui se fixent seulement à des types spécifiques de cellules dans certaines régions de l'intestin grêle. Après avoir adhéré aux cellules hôtes, *Shigella* et *E. coli* provoquent l'endocytose, ce qui leur permet de pénétrer dans ces cellules et de s'y multiplier (figure 20.7). *Treponema pallidum,* une bactérie spiralée qui cause la syphilis, utilise son extrémité effilée comme crochet pour s'agripper aux cellules hôtes. *Listeria monocytogenes,* qui aurait un rôle à jouer notamment dans certains cas d'avortements spontanés, produit une adhésine pour un récepteur spécifique sur les cellules hôtes (chapitre 17). *Neisseria gonorrhϾ,* l'agent de la gonorrhée, possède aussi des fimbriæ contenant des adhésines, qui lui permettent de se fixer aux cellules de la muqueuse urogénitale, des yeux et du pharynx possédant les récepteurs appropriés. *Staphylococcus aureus,* qui peut causer des infections de la peau, se lie aux cellules de l'épiderme par un mécanisme d'adhérence qui ressemble à celui de l'attachement d'un virus sur une cellule hôte (chapitre 8). Les virus, de même que les mycètes et les helminthes, ont aussi des mécanismes de fixation aux cellules hôtes. Nous en traiterons plus loin dans le chapitre.

Dans le domaine pharmaceutique, la lutte contre les microbes est possible dans la mesure où l'on peut modifier les adhésines ou les récepteurs, ou les deux, de façon à nuire à l'adhérence ; ainsi, on a mis au point des médicaments antiadhésines qui peuvent prévenir (ou à tout le moins contenir) l'infection.

▶ Vérifiez vos acquis

Pour provoquer une infection, quelle étape un microbe doit-il franchir aussitôt après avoir pénétré dans l'organisme? **10-1**

La valeur de la DL_{50} d'une toxine A est de 0,03 ng/kg et celle d'une toxine B est de 12 ng/kg. Quelle est la toxine la plus dangereuse? **10-2**

Comment un médicament qui se lit au mannose des cellules humaines peut-il faire obstacle à un agent pathogène? **10-3** et **10-4**

Le processus d'invasion de l'hôte et le contournement de ses défenses par des bactéries pathogènes

▶ Objectifs d'apprentissage

10-5 Expliquer comment la capsule, les composants de la paroi cellulaire, la production d'enzymes et l'utilisation du cytosquelette de la cellule hôte contribuent au pouvoir pathogène des bactéries.

10-6 Comparer les effets des coagulases, des kinases, de l'hyaluronidase, de la collagénase, des hémolysines et des leucocidines.

10-7 Définir la variation antigénique et en donner un exemple.

10-8 Décrire comment les bactéries pénètrent dans la cellule hôte en utilisant son cytosquelette.

Bien que certains agents pathogènes puissent produire des lésions à la surface de la peau et des muqueuses, la plupart doivent pénétrer ces tissus pour causer la maladie. Nous examinons maintenant certains facteurs qui contribuent au pouvoir des bactéries d'envahir leur hôte et de résister aux réactions de défense de l'organisme hôte. Il s'agit de la troisième étape du processus infectieux.

Les capsules

Nous avons vu au chapitre 3 que certaines bactéries produisent un glycocalyx qui forme une capsule autour de la paroi cellulaire ; cette propriété contribue à l'augmentation de la virulence de l'espèce. En effet, la capsule bactérienne fait obstacle aux défenses de l'hôte en perturbant la phagocytose, processus par lequel certaines cellules du corps capturent et détruisent les microbes (figure 11.7). Il semble que la nature chimique de la capsule empêche l'adhérence de la cellule phagocytaire à la bactérie. Cependant, le corps humain peut produire des anticorps contre la capsule (au bout de 7 à 10 jours) et, quand ces anticorps sont liés à la surface de la capsule, la bactérie capsulée peut être détruite facilement par phagocytose. Entretemps, les bactéries pathogènes ont pu se multiplier, amorcer l'infection et causer des dommages à l'hôte.

Streptococcus pneumoniæ, l'agent de la pneumonie à pneumocoques, est une des bactéries qui doit sa virulence à la présence d'une capsule de polysaccharide (figure 19.12). Certaines souches de cette bactérie ont une capsule et d'autres n'en ont pas. Les souches capsulées sont virulentes alors que les souches sans capsule sont avirulentes parce qu'elles sont sans défense contre la phagocytose. Parmi les autres bactéries dont la virulence est liée à la production d'une capsule, on compte *Klebsiella pneumoniæ,* un germe causal de la pneumonie bactérienne, *Hæmophilus influenzæ,* une cause de pneumonie et de méningite chez les enfants, *Bacillus anthracis,* l'agent du charbon, et *Yersinia pestis,* l'agent de la peste bubonique. Rappelons que la capsule n'est pas le seul facteur à l'origine de la virulence. Beaucoup de bactéries non pathogènes produisent une capsule et la virulence de certains agents pathogènes n'est pas liée à la présence d'une capsule.

Les composants de la paroi cellulaire

La paroi cellulaire de certaines bactéries contient des substances chimiques qui contribuent à la virulence. Par exemple, le streptocoque β-hémolytique du groupe A (SBHA) produit une molécule thermorésistante et acidorésistante appelée **protéine M** (figure 16.6). Cette protéine se trouve et à la surface de la bactérie et sur les fimbriæ. Elle permet au streptocoque d'adhérer aux cellules épithéliales de l'hôte et de résister à la phagocytose, et accroît ainsi sa virulence. La protéine M est sous la régulation d'un gène qui a subi de nombreuses mutations au cours des années ; en laboratoire, on a identifié et décrit 80 souches différentes classées en types M-1, M-2, M-3... M-80. Certaines souches, telles que les souches M-1 et M-3, sont associées aux formes fulminantes de pneumonie, de choc septique, de septicémie et de fasciite nécrosante (ou maladie de la bactérie mangeuse de chair). D'autres souches, moins virulentes mais toujours pathogènes, causent la scarlatine, l'amygdalite, l'impétigo, etc. L'immunité au SBHA dépend de la production d'anticorps spécifiques du type de protéine M produit par la bactérie. La croissance de *Neisseria gonorrhϾ* s'effectue à l'intérieur des cellules épithéliales et des leucocytes humains. La bactérie adhère aux cellules hôtes par ses fimbriæ et une protéine de sa membrane externe appelée **Opa**. Lorsque ces deux éléments sont attachés, *Neisseria* est absorbée par la cellule hôte. (Les bactéries qui produisent la protéine Opa forment des colonies *opa*ques en culture.) Les cires qui entrent dans la composition de la paroi cellulaire de *Mycobacterium tuberculosis* font aussi augmenter la virulence de cette bactérie en lui permettant de résister à la digestion par les macrophagocytes. En fait, *M. tuberculosis* peut même se multiplier à l'intérieur des macrophagocytes (figure 19.9).

Les enzymes extracellulaires

On estime que la virulence de certaines bactéries est augmentée par la production d'enzymes extracellulaires (exoenzymes) et de substances apparentées. Ces molécules peuvent perforer les cellules, dissoudre la matière intercellulaire, et former ou décomposer les caillots de sang, entre autres fonctions. Pour la bactérie, il s'agit là d'un moyen de briser l'intégrité tissulaire et de poursuivre son processus d'invasion.

Les **coagulases** sont des enzymes bactériennes qui coagulent le fibrinogène du sang. Le fibrinogène est une protéine plasmatique produite par le foie qui est convertie par les coagulases en fibrine, substance filamenteuse qui forme la trame du caillot de sang. Le caillot fibrineux protégerait la bactérie de la phagocytose et l'isolerait des autres moyens de défense de l'hôte, ce qui expliquerait la contribution de la coagulase à la virulence de la bactérie. Les coagulases sont synthétisées par certaines espèces du genre *Staphylococcus* ; elles interviennent peut-être dans la formation de l'enveloppe protectrice qui entoure les abcès dus aux staphylocoques. La virulence de *S. aureus* à coagulase positive serait reliée à la capacité de la coagulase de provoquer la formation de caillots fibrineux septiques susceptibles d'être mis en circulation dans le sang et de bloquer de petits vaisseaux, entraînant ainsi des embolies septiques. Cependant, certains staphylocoques qui ne produisent pas de coagulases sont quand même virulents. (Il est possible que la capsule joue un rôle plus important dans la virulence.)

Les **kinases** bactériennes sont des enzymes qui dégradent la fibrine, défaisant ainsi les caillots formés par le corps pour isoler l'infection. Parmi les mieux connues de ces kinases, citons la *staphylokinase,* produite par *Staphylococcus aureus*, et la *fibrinolysine* (*streptokinase*), sécrétée par des streptocoques tels que le *streptocoque β-hémolytique du groupe A*. Lors d'une extraction de dent, les streptocoques producteurs de streptokinase constituent un grand danger. La streptokinase lyse la fibrine du caillot qui ferme la plaie; la dissémination des bactéries dans le sang peut finir par causer une endocardite.

On utilise avec succès la streptokinase à des fins thérapeutiques: on l'injecte directement dans la circulation pour dissoudre certains types de caillots de sang dans les cas de crises cardiaques consécutives à l'obstruction des artères coronaires.

La **hyaluronidase** est une enzyme sécrétée par certaines bactéries telles que les streptocoques. Elle hydrolyse l'acide hyaluronique, type de polysaccharide présent dans la matière intercellulaire, en particulier entre les cellules qui forment le tissu conjonctif (tissu de soutien). On croit que cette action digestive contribue à faire noircir les tissus des plaies infectées, et que la destruction du tissu conjonctif favorise la dissémination du microbe à partir du premier foyer d'infection. La hyaluronidase est aussi produite par certaines espèces du genre *Clostridium* qui causent la gangrène gazeuse.

La hyaluronidase a toutefois une utilité thérapeutique: on la mélange à un médicament pour favoriser la pénétration de ce dernier dans les tissus du corps.

Une autre enzyme, la **collagénase**, produite par plusieurs espèces de *Clostridium,* facilite la propagation de la gangrène gazeuse. La collagénase dégrade le collagène, protéine qui forme le tissu conjonctif entre les muscles et d'autres organes et tissus.

Pour se défendre contre l'adhérence des agents pathogènes aux muqueuses, le corps produit une classe d'anticorps appelés *IgA*. Certains microbes produisent des enzymes, appelées **IgA protéases**, qui détruisent ces anticorps. C'est le cas de *N. gonorrhϾ*, de *N. meningitidis*, agent causal de la méningite à méningocoques, et d'autres microbes qui infectent le système nerveux central.

La variation antigénique

Au chapitre 12, nous emploierons l'expression «immunité adaptative (acquise)» pour désigner les réactions de défense spécifiques du corps à l'infection et, plus généralement, aux antigènes. Nous verrons qu'en présence de ces derniers, le corps produit des protéines appelées *anticorps*, qui se lient aux antigènes et les neutralisent ou facilitent leur destruction. Toutefois, certains agents pathogènes sont capables de parer le coup en modifiant leurs antigènes de surface, un processus qui porte le nom de **variation antigénique**. Ainsi, profitant du délai nécessaire pour que le corps mette en place une réponse immunitaire, l'agent pathogène change ses antigènes, si bien qu'il échappe à l'assaut des anticorps. Certains microbes sont capables d'activer des gènes de rechange et de produire ainsi de nouveaux antigènes. Par exemple, *N. gonorrhϾ* possède plusieurs exemplaires du gène de la protéine Opa, ce qui lui permet de générer une population de cellules ayant des antigènes différents ou de modifier périodiquement les antigènes des cellules.

Un grand nombre de microbes ont recours à la variation antigénique. À titre d'exemples, citons *Influenzavirus*, l'agent causal de la grippe et *Trypanosoma brucei gambiense*, celui de la trypanosomiase africaine, ou maladie du sommeil (figure 17.11).

L'utilisation du cytosquelette de la cellule hôte

Nous avons déjà mentionné que les microbes se fixent aux cellules hôtes au moyen d'adhésines. Cette interaction déclenche des signaux dans la cellule, qui mettent en branle des facteurs dont l'action peut aboutir à la pénétration de certaines bactéries. En fait, le mécanisme est fourni par le cytosquelette de la cellule hôte. Nous avons vu au chapitre 3 que le cytoplasme eucaryote possède une structure interne complexe maintenue par des filaments protéiques – appelés *microfilaments, filaments intermédiaires* et *microtubules* – qui forment le cytosquelette.

Parmi les principaux composants du cytosquelette, on compte une protéine appelée *actine*, que certains microbes utilisent pour pénétrer dans les cellules hôtes et que d'autres emploient pour traverser ou contourner ces cellules. Voici des exemples intéressants.

Lorsque des souches de *Salmonella* et d'*Escherichia coli* viennent s'immobiliser contre une cellule hôte, des modifications spectaculaires de la membrane plasmique se produisent alors au point de contact. Les microbes affichent des protéines de surface appelées **invasines**, qui déclenchent le réarrangement des filaments d'actine du cytosquelette à proximité de la membrane. Par exemple, sous l'action des invasines de *S. typhimurium*, la membrane de la cellule hôte se froisse et se met à enfermer la salmonelle dans ses replis pour l'entraîner à l'intérieur de la cellule. Cet effet de la *membrane chiffonnée* est le résultat de la perturbation du cytosquelette de la cellule hôte (**figure 10.2**).

Une fois qu'elles se sont introduites dans une cellule hôte, certaines bactéries telles que des espèces de *Shigella* et de *Listeria* peuvent se servir de l'actine du cytosquelette pour se déplacer à l'intérieur du cytoplasme et passer d'une cellule hôte à l'autre. La condensation de l'actine à une extrémité de la bactérie joue le rôle d'un piston qui propulse cette dernière à travers le cytoplasme. Les bactéries entrent aussi en contact avec les jonctions membranaires qui font partie du réseau de communication entre les cellules hôtes. Elles utilisent une glycoprotéine appelée *cadhérine*, qui sert de pont dans les jonctions, pour passer d'une cellule à l'autre.

L'étude des nombreuses interactions entre les microbes et le cytosquelette des cellules hôtes est un secteur de la recherche sur les mécanismes de la virulence qui connaît une activité intense.

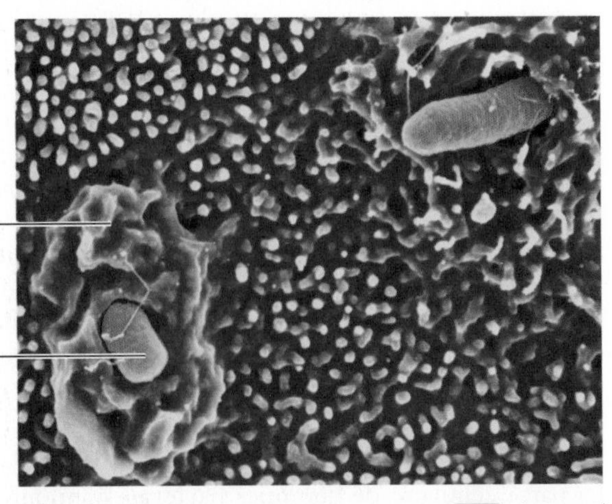

Figure 10.2 Pénétration de *Salmonella* dans des cellules épithéliales.

▶ Vérifiez vos acquis

Quelles fonctions la capsule et la protéine M ont-elles en commun? **10-5**

À quoi peut-on s'attendre lorsqu'une bactérie est capable de produire simultanément une coagulase et une kinase? **10-6**

Plusieurs vaccins confèrent des années de protection contre les maladies infectieuses. Pourquoi le vaccin antigrippal n'offre-t-il que quelques mois de protection? **10-7**

Comment la bactérie *E. coli* tire-t-elle profit du cytosquelette de la cellule hôte pour traverser la membrane plasmique? **10-8**

L'apparition des dysfonctionnements physiologiques dus aux effets des agents pathogènes bactériens

▶ Objectifs d'apprentissage

10-9 Décrire la fonction des sidérophores.

10-10 Donner un exemple de lésion directe et le comparer aux effets des toxines.

10-11 Décrire la nature et les effets des exotoxines et des endotoxines, et les comparer.

10-12 Donner un aperçu des mécanismes d'action des toxines A-B, des toxines cytolytiques et des superantigènes. Distinguer les toxines diphtérique, érythrogène, botulinique, tétanique, cholérique et staphylococcique.

10-13 Constater l'importance du test LAL.

10-14 À l'aide d'exemples, décrire le rôle des plasmides et de la lysogénie dans le pouvoir pathogène des bactéries.

Quand un microbe envahit un tissu, il doit d'abord affronter les phagocytes de l'hôte. Si cette ligne de défense réussit à détruire l'envahisseur, l'hôte ne subit aucun autre dommage. Mais si l'agent pathogène a raison des défenses de l'hôte, il peut entraîner l'apparition de troubles cellulaires et métaboliques qui déterminent les signes et les symptômes d'une maladie infectieuse. Il s'agit de la quatrième étape du processus infectieux.

Les microbes peuvent nuire aux cellules hôtes ou les endommager de quatre manières: 1) ils peuvent s'approprier les nutriments destinés aux cellules hôtes; 2) causer des lésions directes dans le voisinage immédiat de l'invasion; 3) produire des toxines qui sont transportées par le sang et la lymphe, portant atteinte à des tissus éloignés du point d'entrée; 4) provoquer des réactions d'hypersensibilité (allergie) de l'hôte aux produits microbiens. Nous traiterons en détail des réactions d'hypersensibilité au chapitre 13. Examinons maintenant les trois premiers types de lésions.

L'utilisation des nutriments de l'hôte: les sidérophores

La plupart des bactéries pathogènes ont besoin de fer pour se multiplier. Dans l'organisme humain, il y a relativement peu de fer libre, car cet élément se lie fortement aux protéines de transport telles que la lactoferrine, la transferrine, la ferritine et l'hémoglobine. Nous examinerons ces substances plus en détail au chapitre 11. Certains agents pathogènes se procurent du fer en sécrétant des protéines appelées **sidérophores**, qui dépouillent les protéines de transport de leur chargement grâce à leur plus grande affinité pour le fer. Une fois formé, le complexe fer-sidérophore se lie à des récepteurs de sidérophores sur la bactérie et le fer est absorbé. Dans certains cas, le complexe se dissocie pour laisser entrer seulement le fer; dans d'autres, il traverse en entier la paroi bactérienne.

S'ils n'ont pas recours aux sidérophores, certains agents pathogènes ont des récepteurs qui se lient directement aux protéines de transport et à l'hémoglobine. Celles-ci sont alors absorbées avec l'élément convoité. Il se peut aussi que certaines bactéries produisent des toxines (voir plus loin) lorsque la teneur en fer n'est pas assez élevée. Ces toxines tuent les cellules hôtes, qui libèrent alors leur fer au profit des bactéries.

Les lésions directes

Une fois fixés aux cellules hôtes, les agents pathogènes sont à même de causer des lésions directes en accaparant les nutriments et en produisant des déchets. Par leur activité métabolique et leur prolifération, ils font généralement éclater les cellules qui les abritent. Beaucoup de virus ainsi que certains protozoaires et bactéries intracellulaires s'échappent dans le milieu quand il y a rupture de la cellule hôte. Ces microbes se répandent alors dans les tissus en grand nombre. Certaines bactéries, telles qu'*E. coli, Shigella, Salmonella* et *N. gonorrhϾ,* peuvent forcer les cellules épithéliales hôtes à les englober par un processus qui ressemble à la phagocytose. Elles peuvent par la suite être expulsées des cellules hôtes par un processus d'exocytose (phagocytose à rebours) qui leur permet d'aller vers d'autres cellules hôtes. Certaines bactéries peuvent aussi pénétrer les cellules hôtes en sécrétant des enzymes et en se servant de leur propre mobilité; ces formes de pénétration peuvent elles-mêmes endommager les cellules hôtes. Cependant, la plupart des lésions causées par les bactéries sont l'œuvre des toxines.

La production de toxines bactériennes

L'expression de troubles cellulaires et métaboliques chez l'hôte infecté peut être liée directement à la production de substances microbiennes toxiques. Les **toxines** sont des poisons produits par certains microbes. Elles constituent souvent le facteur qui contribue le plus à leurs propriétés pathogènes. On appelle **toxigénicité** la capacité des microbes de produire des toxines. Quand elles sont transportées par le sang et la lymphe, les toxines peuvent avoir des effets graves, et parfois mortels. Certaines causent de la fièvre, des troubles cardiovasculaires, la diarrhée et le choc septique. Elles peuvent aussi inhiber la synthèse des protéines, détruire les cellules sanguines et les vaisseaux sanguins, et perturber le système nerveux en provoquant des spasmes. On connaît environ 220 toxines bactériennes. Près de 40% d'entre elles rendent malade en endommageant les membranes des cellules eucaryotes qui composent le corps humain. La présence de toxines dans le sang s'appelle **toxémie**. Il y a deux types de toxines: les exotoxines et les endotoxines.

Les exotoxines bactériennes

Les **exotoxines** sont produites à l'intérieur de certaines bactéries. Elles sont le résultat de leur croissance et de leur métabolisme, et sont sécrétées dans le milieu environnant ou libérées lors de la lyse de la cellule bactérienne (**figure 10.3**). Compte tenu de la nature

Figure 10.3

Schéma guide

Exotoxines et endotoxines

Les lésions causées aux cellules hôtes sont souvent dues aux toxines bactériennes. Plusieurs maladies décrites dans la quatrième partie du livre sont attribuables à ces toxines.

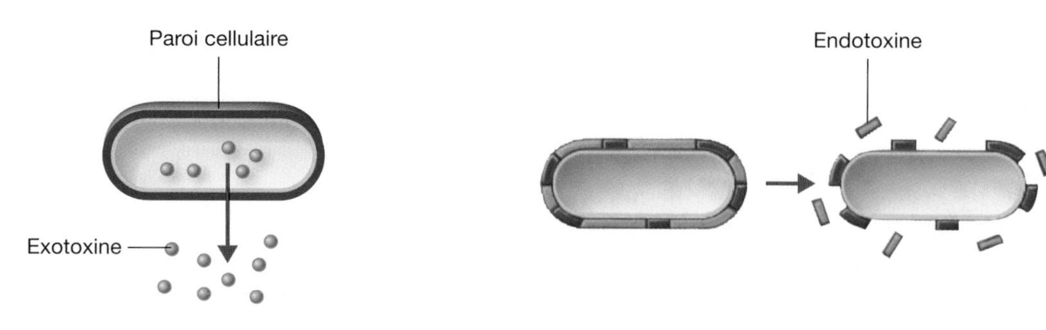

a) Les **exotoxines** sont synthétisées à l'intérieur de bactéries, surtout à Gram positif. Ce sont des produits de la croissance et du métabolisme bactériens, qui sont sécrétés ou libérés dans le milieu environnant lors de la lyse cellulaire.

b) Les **endotoxines** sont le composant lipidique (lipide A) des lipopolysaccharides (LPS) qui font partie de la membrane externe de la paroi cellulaire des bactéries à Gram négatif (figure 3.11c). Elles sont libérées quand les bactéries meurent et que la paroi cellulaire se décompose.

Concept clé

Il existe deux types de toxines: les exotoxines et les endotoxines.

enzymatique de la plupart des exotoxines, une petite quantité est suffisante pour causer des dommages importants, car leur action peut se poursuivre sur une période prolongée. Les bactéries qui produisent des exotoxines peuvent être à Gram positif ou à Gram négatif. Les gènes de la plupart (sinon de l'ensemble) des exotoxines sont portés par des plasmides bactériens ou par des phages. Étant solubles dans les liquides organiques, les exotoxines peuvent diffuser facilement dans le sang et sont rapidement disséminées dans le corps.

L'action des exotoxines consiste à détruire des parties précises des cellules hôtes ou à inhiber certaines fonctions métaboliques. Elles produisent des effets physiopathologiques très spécifiques sur les tissus du corps et figurent parmi les poisons les plus mortels qu'on connaisse. Seulement 1 mg de la toxine botulinique suffit à tuer 1 million de cobayes. Heureusement, il n'y a que quelques espèces bactériennes qui produisent des exotoxines aussi puissantes.

Les maladies causées par les bactéries productrices d'exotoxines sont souvent engendrées par des quantités infimes de ces substances et non par les bactéries elles-mêmes. Ce sont les exotoxines qui sont à l'origine des signes et des symptômes spécifiques de la maladie. Par exemple, *Clostridium tetani* peut infecter une lésion qui n'est pas plus grande ou douloureuse qu'une piqûre d'épingle. Néanmoins, les bactéries qui se trouvent dans une plaie de cette taille peuvent sécréter assez de toxine tétanique pour tuer un être humain qui n'est pas vacciné. De même, une intoxication alimentaire due aux staphylocoques est plutôt un empoisonnement qu'une infection.

Le corps produit des anticorps appelés **antitoxines** qui le protègent contre les exotoxines. Quand on rend les exotoxines inactives par un traitement à la chaleur ou à un agent chimique tel que le formaldéhyde ou l'iode, elles ne peuvent plus causer la maladie mais peuvent stimuler la production d'antitoxines dans le corps. Ces exotoxines modifiées sont appelées **toxoïdes** ou **anatoxines**. Quand elles sont injectées dans le corps sous forme de vaccin, elles provoquent la synthèse d'anticorps qui confèrent l'immunité. On peut prévenir la diphtérie et le tétanos en vaccinant avec des anatoxines.

Nomenclature des exotoxines On donne aux exotoxines des noms qui reflètent l'une ou l'autre de leurs caractéristiques. Ainsi, on peut les nommer d'après le type de cellules hôtes agressées. Par exemple, les **neurotoxines** attaquent les cellules nerveuses et perturbent la transmission des influx nerveux; les **cardiotoxines** endommagent les cellules du cœur; les **hépatotoxines** attaquent les cellules du foie; les **leucotoxines** détruisent les leucocytes; les **entérotoxines** brisent les cellules épithéliales de la muqueuse gastro-intestinale; et les **cytotoxines** tuent des cellules hôtes variées ou altèrent leur fonctionnement. Le nom des exotoxines peut être associé au type de maladie qu'elles causent. Ainsi, la toxine diphtérique cause la diphtérie et la toxine tétanique, le tétanos. D'autres exotoxines sont nommées d'après le nom de la bactérie qui les synthétise; par exemple, la toxine botulinique est produite par *Clostridium botulinum* et la toxine choléragène, par *Vibrio choleræ*.

Nous allons maintenant examiner brièvement quelques-unes des exotoxines les plus importantes (nous reviendrons sur les anatoxines [vaccins] au chapitre 26 EN LIGNE).

Types d'exotoxines On divise les exotoxines en trois groupes principaux selon leur structure et leur fonction: 1) les toxines A-B; 2) les toxines cytolytiques; 3) les superantigènes.

Les toxines A-B Les **toxines A-B** ont été les premières à faire l'objet d'études approfondies. Elles sont formées de deux polypeptides désignés A et B, d'où leur nom. La plupart des exotoxines sont de ce type. La partie A est le composant actif (enzymatique), tandis que la partie B sert à lier l'ensemble à la cellule. La toxine diphtérique en est un exemple (**figure 10.4**).

1. La bactérie libère la toxine A-B.
2. Le composant B se lie à un récepteur à la surface de la membrane plasmique de la cellule hôte.
3. La liaison de l'exotoxine et du récepteur provoque une invagination de la membrane plasmique au point de contact et déclenche l'endocytose du complexe toxine-récepteur.
4. Une portion de la membrane plasmique se referme sur la toxine A-B et son récepteur, et les emprisonne dans une vésicule.
5. Les composants A et B de la toxine se séparent. Le composant A, largué à l'intérieur de la cellule, perturbe le fonctionnement de la cellule hôte, souvent en inhibant la synthèse des protéines. Le composant B quitte la cellule et le récepteur retourne à la membrane plasmique pour être utilisé à nouveau.

Les toxines cytolytiques Les **toxines cytolytiques** détruisent les cellules hôtes en perturbant leur membrane plasmique. Certaines d'entre elles, par exemple la toxine de *Staphylococcus aureus*, forment des canaux protéiques qui s'insèrent dans la membrane et la rendent perméable ; d'autres, telles que celle de *Clostridium perfringens*, s'attaquent aux phosphoglycérolipides. Ces toxines contribuent à la virulence en tuant les cellules hôtes, plus particulièrement les phagocytes, notamment en aidant les bactéries à s'échapper des vésicules digestives (phagosomes) et à gagner le cytoplasme des phagocytes hôtes.

Les toxines qui provoquent la lyse des leucocytes phagocytaires sont appelées **leucocidines**. Elles perturbent la membrane plasmique de ces cellules en y mettant des canaux protéiques. Elles agissent aussi sur les macrophagocytes présents dans les tissus. La plupart sont produites par les staphylocoques et les streptocoques. Les dommages qu'elles infligent aux phagocytes diminuent la résistance de l'hôte.

Les toxines qui détruisent les érythrocytes par la formation de canaux protéiques sont appelées **hémolysines**. Les staphylocoques et les streptocoques sont d'importants producteurs de ces toxines. Les hémolysines qui proviennent des streptocoques sont appelées **streptolysines**. L'une d'elles, la *streptolysine O* (*SLO*), est ainsi nommée parce qu'elle est inactivée par l'oxygène atmosphérique. À l'opposé, la *streptolysine S* (*SLS*) est stable en présence d'oxygène. Ces deux toxines peuvent provoquer la lyse non seulement des érythrocytes, mais aussi des leucocytes (dont le rôle est d'éliminer les streptocoques), des macrophagocytes et de diverses autres cellules. Cette mise en échec des cellules sanguines contribue au pouvoir pathogène des bactéries et augmente leur virulence.

Les superantigènes Les **superantigènes** sont des protéines bactériennes qui déclenchent une réaction immunitaire très intense en provoquant l'activation non spécifique et la prolifération effrénée des lymphocytes T. Nous verrons au chapitre 12 que les lymphocytes T sont des leucocytes qui réagissent habituellement de façon spécifique aux microbes et régulent l'activation et la prolifération

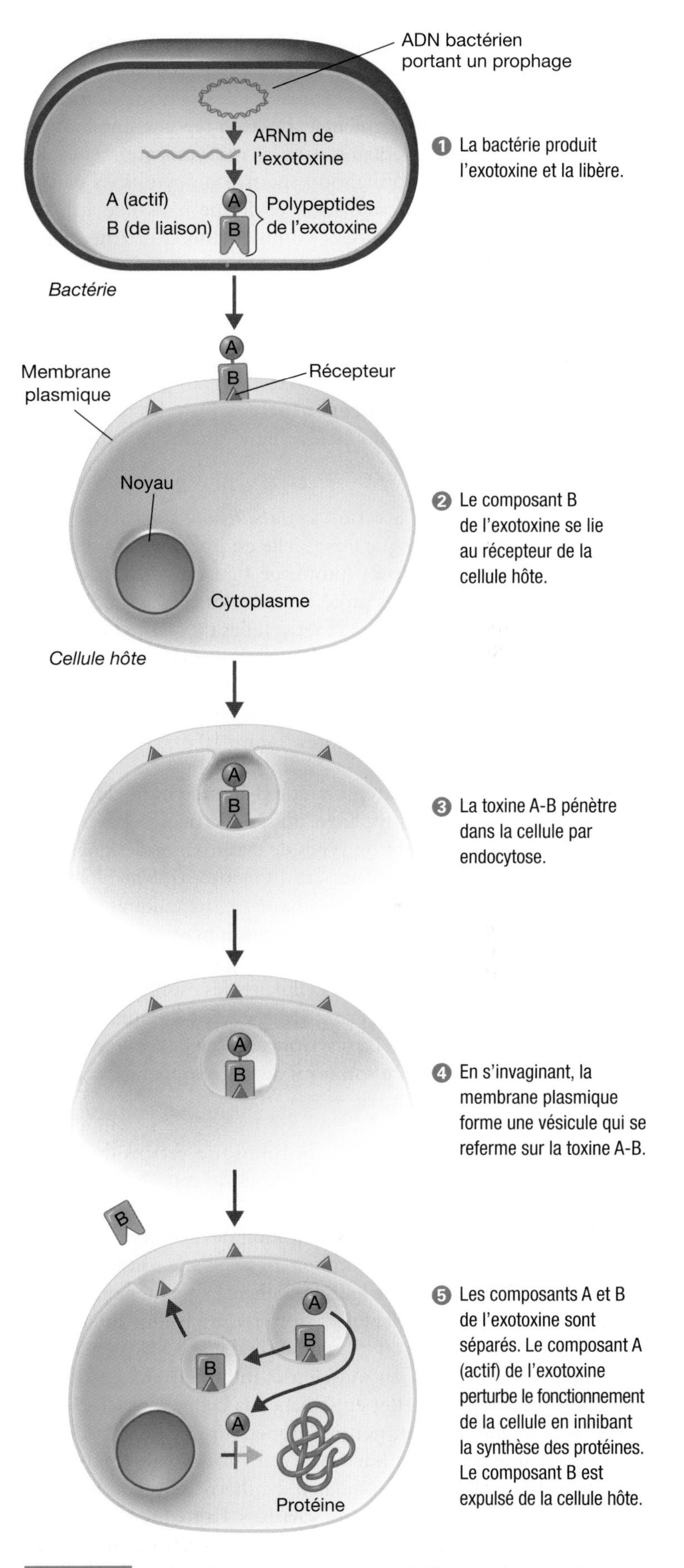
ADN bactérien portant un prophage
ARNm de l'exotoxine
A (actif)
B (de liaison)
Polypeptides de l'exotoxine
Bactérie
1 La bactérie produit l'exotoxine et la libère.
Membrane plasmique
Récepteur
Noyau
Cytoplasme
Cellule hôte
2 Le composant B de l'exotoxine se lie au récepteur de la cellule hôte.
3 La toxine A-B pénètre dans la cellule par endocytose.
4 En s'invaginant, la membrane plasmique forme une vésicule qui se referme sur la toxine A-B.
5 Les composants A et B de l'exotoxine sont séparés. Le composant A (actif) de l'exotoxine perturbe le fonctionnement de la cellule en inhibant la synthèse des protéines. Le composant B est expulsé de la cellule hôte.
Protéine

Figure 10.4 Action d'une exotoxine A-B. Modèle proposé pour rendre compte du mécanisme d'action de la toxine diphtérique.

des autres cellules du système immunitaire. Sous l'action des superantigènes, ces lymphocytes se mettent à sécréter d'énormes quantités de substances appelées *cytokines*. Celles-ci sont de petites protéines qui servent normalement à réguler la réponse immunitaire et agissent comme intermédiaires dans la communication entre les cellules immunitaires. La libération massive de cytokines par les lymphocytes T inonde la circulation et donne naissance à divers symptômes, tels que fièvre, nausées, vomissements et diarrhée. Dans certains cas, elle provoque le choc et peut même entraîner la mort. Parmi les superantigènes bactériens, on compte les toxines staphylococciques qui produisent les intoxications alimentaires et le syndrome de choc toxique.

Certaines exotoxines représentatives Dans les paragraphes qui suivent, nous examinons brièvement quelques exotoxines importantes.

Toxine diphtérique La bactérie *Corynebacterium diphteriæ* ne produit la toxine diphtérique que lorsqu'elle est infectée par un phage lysogénique portant le gène *tox* (prophage, figure 8.12). Cette cytotoxine inhibe la synthèse des protéines dans les cellules eucaryotes, en particulier dans les neurones et les cellules du cœur et des reins, ce qui a pour effet d'inhiber tout le métabolisme cellulaire et de provoquer la mort des cellules. Elle utilise pour ce faire un mécanisme qui constitue un excellent exemple du mode d'action des exotoxines A-B sur les cellules hôtes (figure 10.4).

Toxines érythrogènes Le streptocoque β-hémolytique du groupe A (SBHA), porteur d'un prophage, possède le matériel génétique nécessaire pour synthétiser trois types de cytotoxines, désignées par les lettres A, B et C. Ces toxines érythrogènes (*érythro-* = rouge; *gène* = produire), aussi appelées exotoxines pyrogéniques, sont des superantigènes qui déclenchent une libération massive de cytokines à action inflammatoire. Ces dernières provoquent de la fièvre; elles endommagent aussi la membrane cellulaire des capillaires sanguins sous la peau et produisent un exanthème, c'est-à-dire une rougeur cutanée plus ou moins vive. La scarlatine, causée par les exotoxines érythrogènes du SBHA, tire son nom de cette rougeur caractéristique (scarlatine signifie écarlate).

Toxine botulinique La toxine botulinique est produite par *Clostridium botulinum*. On trouve les spores de cette bactérie dans le sol et la nourriture. Bien que sa production soit associée à la germination des spores et à la multiplication des cellules végétatives, il y a très peu de toxine dans le milieu avant qu'elle soit libérée par la lyse des bactéries à la fin de leur croissance. La toxine botulinique est une neurotoxine A-B; elle exerce son action à la jonction neuromusculaire (point de contact d'un neurone et d'une cellule musculaire) et bloque la transmission au muscle des influx en provenance du neurone. Elle suscite cet effet en se liant à la cellule nerveuse et en inhibant la libération d'un neurotransmetteur appelé *acétylcholine*. Il en résulte une paralysie caractérisée par l'absence de tonus musculaire (paralysie flasque). *C. botulinum* synthétise plusieurs types de toxines botuliniques de puissances variables. La toxine botulinique est thermolabile; la cuisson des aliments à des températures adéquates inactive la toxine et diminue les risques d'intoxication alimentaire (chapitre 17).

Toxine tétanique *Clostridium tetani* est une bactérie anaérobie qui pénètre dans l'organisme à la faveur d'une plaie souillée de terre contenant des spores tétaniques. Dans une plaie ischémique ou nécrotique, les spores germent, mais les bactéries n'envahissent pratiquement pas les tissus avoisinants. Toutefois, elles produisent en phase de croissance la redoutable neurotoxine tétanique, appelée *tétanospasmine*. Cette exotoxine A-B diffuse dans le sang et atteint le système nerveux central, particulièrement la moelle épinière, et se lie aux neurones moteurs qui régissent la contraction de divers muscles squelettiques. En fait, l'action spécifique de la neurotoxine tétanique consiste à bloquer l'arc réflexe sensitif-moteur. Normalement, les cellules nerveuses envoient des influx inhibiteurs qui préviennent les contractions aléatoires et mettent fin aux contractions qui ont fait leur travail. Or, la liaison de la tétanospasmine bloque cette voie de relaxation; il en résulte une contraction des muscles antagonistes, ce qui provoque le spasme. Lorsque la toxine atteint plusieurs arcs réflexes, il s'ensuit une activité musculaire irrépressible qui engendre les symptômes convulsifs (contractions spasmodiques) du tétanos (figure 17.6).

Toxine cholérique *Vibrio choleræ* produit une exoentérotoxine A-B, appelée aussi toxine choléragène. Cette toxine, comme celle de la diphtérie, est constituée de deux polypeptides, A (actif) et B (de liaison). Le composant B se lie à la membrane plasmique des cellules épithéliales qui tapissent l'intestin grêle et le composant A déclenche la libération de grandes quantités de liquides et d'électrolytes (ions) dans l'intestin. Les contractions musculaires normales de l'intestin sont perturbées, ce qui entraîne une diarrhée importante qui s'accompagne parfois de vomissements. La grande quantité de liquide perdue entraîne une grave déshydratation en même temps qu'une chute brutale de la pression artérielle, qui peut causer un état de choc souvent fatal (chapitre 20).

L'*entérotoxine thermolabile* (ainsi nommée parce qu'elle est plus sensible à la chaleur que la plupart des toxines), produite par certaines souches d'*E. coli*, a une action identique à celle de la toxine cholérique. Les infections à *E. coli* sont souvent associées à la diarrhée des voyageurs (communément appelée « turista »).

Staphylotoxine *Staphylococcus aureus* produit une entérotoxine, un superantigène, qui est ingérée avec la nourriture et qui affecte l'intestin de la même façon que l'atoxine choléragène. Il y a aussi une souche de *S. aureus* dont les superantigènes déclenchent le syndrome du choc toxique (chapitre 20).

Le **tableau 10.1** présente un résumé des maladies causées par les exotoxines.

Les endotoxines bactériennes

Les **endotoxines** se distinguent des exotoxines de plusieurs façons. Elles font partie de la couche externe de la paroi cellulaire des bactéries à Gram négatif, d'où leur nom d'*endo*toxine. Nous avons vu au chapitre 3 que les bactéries à Gram négatif possèdent une paroi cellulaire composée d'une petite couche de peptidoglycane entourée par une membrane externe. Cette membrane externe est constituée de phosphoglycérolipides et de lipopolysaccharides (LPS) (figure 3.11c). La partie lipidique du LPS, appelée **lipide A**, est l'endotoxine. Par conséquent, les endotoxines sont des lipopolysaccharides, alors que les exotoxines sont des protéines.

Tableau 10.1 Maladies causées par les exotoxines

Maladie	Bactérie	Type d'exotoxine	Mécanisme physiopathologique
Botulisme	*Clostridium botulinum*	A-B	La neurotoxine bloque la transmission des influx nerveux moteurs; il en résulte une paralysie flasque.
Tétanos	*Clostridium tetani*	A-B	La neurotoxine bloque les influx nerveux moteurs vers la voie de la relaxation musculaire; il en résulte une paralysie tétanique.
Diphtérie	*Corynebacterium diphteriæ*	A-B	La cytotoxine inhibe la synthèse des protéines, en particulier dans les neurones, dans les cellules du cœur et des reins.
Érythrodermie bulleuse avec épidermolyse	*Staphylococcus aureus*	A-B	Une des exotoxines cause la séparation des couches de la peau et leur desquamation (épidermolyse).
Choléra	*Vibrio choleræ*	A-B	L'entérotoxine provoque une sécrétion excessive de liquides et d'électrolytes (ions), qui cause la diarrhée.
Diarrhée des voyageurs	*Escherichia coli* entérotoxinogène et *Shigella* spp.	A-B	L'entérotoxine provoque une sécrétion excessive de liquides et d'électrolytes, qui cause la diarrhée.
Anthrax	*Bacillus anthracis*	A-B	Le composant A entraîne un état de choc et diminue la réponse immunitaire.
Gangrène gazeuse et intoxication alimentaire	*Clostridium perfringens* et autres espèces de *Clostridium*	Cytolytique	Une des exotoxines (cytotoxine) cause une destruction massive des érythrocytes (hémolyse); une autre exotoxine (entérotoxine) est associée aux intoxications alimentaires et cause la diarrhée.
Diarrhée associée aux antibiotiques	*Clostridium difficile*	Cytolytique	L'entérotoxine provoque une sécrétion de liquides et d'électrolytes, qui cause la diarrhée; la cytotoxine endommage le cytosquelette de la cellule hôte.
Intoxication alimentaire	*Staphylococcus aureus*	Superantigène	L'entérotoxine provoque une sécrétion de liquides et d'électrolytes, qui cause la diarrhée.
Syndrome de choc toxique	*Staphylococcus aureus*	Superantigène	La toxine cause une sécrétion de liquides et d'électrolytes des capillaires, entraînant une diminution du volume sanguin et une chute de la pression artérielle.

Les endotoxines exercent leur action quand les bactéries à Gram négatif meurent et que leur paroi cellulaire se fragmente (figure 10.3). Elles sont aussi libérées durant la multiplication des bactéries. Les antibiotiques employés pour traiter les maladies causées par les bactéries à Gram négatif peuvent entraîner la lyse des cellules bactériennes, ce qui peut libérer l'endotoxine et exacerber les symptômes dans l'immédiat. Toutefois, l'état du patient s'améliore habituellement au fur et à mesure que la toxine se dégrade. Celle-ci exerce son action en stimulant la libération de grandes quantités de cytokines par les macrophagocytes. À ces concentrations, les cytokines sont toxiques. Au contraire des exotoxines, dont l'action est spécifique, toutes les endotoxines produisent les mêmes signes et symptômes, quelle que soit l'espèce de microbe, et c'est leur intensité qui peut varier. On observe des frissons, de la fièvre, des douleurs généralisées; un affaiblissement fréquemment associé à une hypoglycémie, des troubles de l'hémostase, la libération de substances vasoactives; et, dans certains cas, l'état de choc, voire la mort. Les endotoxines peuvent aussi provoquer une fausse couche.

Les endotoxines peuvent occasionner des troubles de l'hémostase. Entre autres choses, elles peuvent activer les protéines de la coagulation sanguine, entraînant la formation de petits caillots de sang. Ces caillots bouchent les capillaires, et la diminution de l'apport sanguin qui en résulte cause la nécrose (mort) des tissus. Cette réaction s'appelle *coagulation intravasculaire disséminée* (*CIVD*). Un exemple saisissant de l'effet des endotoxines sur le processus de la coagulation est décrit lors de l'étude de la méningococcémie (chapitre 17).

La fièvre (réaction pyrogène) due aux endotoxines serait la conséquence de la succession d'événements illustrée à la **figure 10.5**.

1. Des bactéries à Gram négatif sont ingérées par les macrophagocytes.
2. Lorsque les bactéries sont dégradées dans les vacuoles de ces derniers, les LPS de la paroi cellulaire bactérienne sont fragmentés et libérés. En réaction à ces endotoxines, les macrophagocytes se mettent à produire des cytokines dont l'une est appelée **interleukine 1 (IL-1)**, autrefois nommée pyrogène endogène, et l'autre **facteur nécrosant des tumeurs** (TNF-α pour *tumor necrosis factor alpha*), quelquefois appelé *cachectine*.
3. Les cytokines sont transportées par le sang jusqu'à l'hypothalamus, dans l'encéphale, où se trouve le centre thermorégulateur du corps.

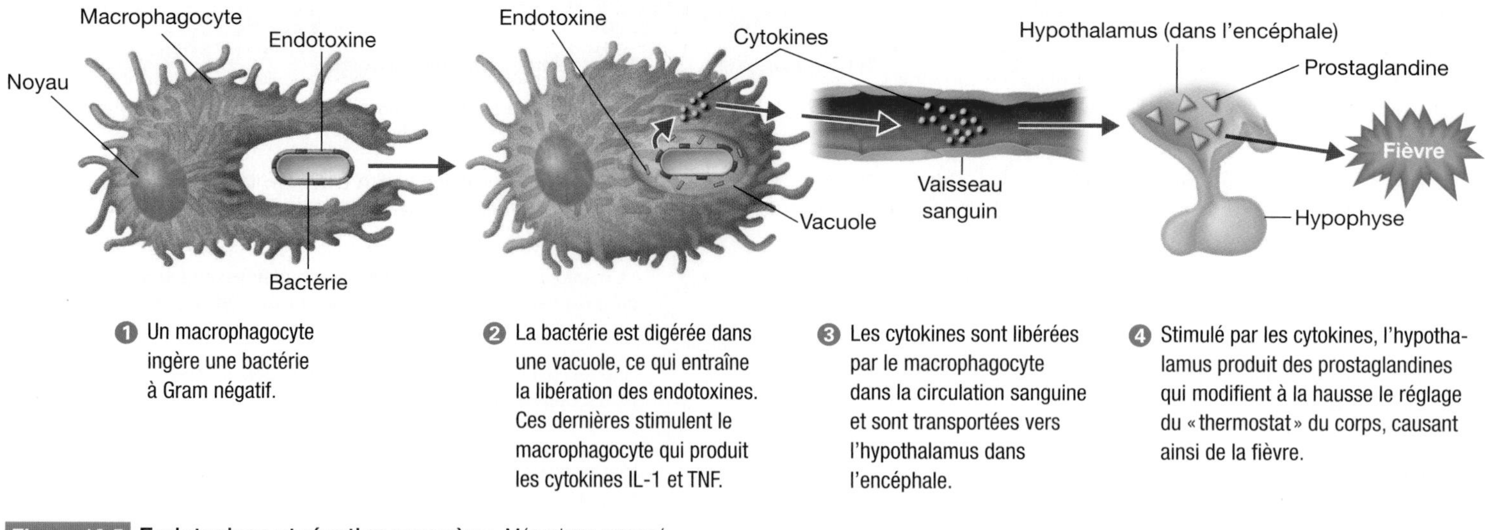

Macrophagocyte
Endotoxine
Noyau
Bactérie
Endotoxine
Cytokines
Vacuole
Vaisseau sanguin
Hypothalamus (dans l'encéphale)
Prostaglandine
Fièvre
Hypophyse
❶ Un macrophagocyte ingère une bactérie à Gram négatif.
❷ La bactérie est digérée dans une vacuole, ce qui entraîne la libération des endotoxines. Ces dernières stimulent le macrophagocyte qui produit les cytokines IL-1 et TNF.
❸ Les cytokines sont libérées par le macrophagocyte dans la circulation sanguine et sont transportées vers l'hypothalamus dans l'encéphale.
❹ Stimulé par les cytokines, l'hypothalamus produit des prostaglandines qui modifient à la hausse le réglage du « thermostat » du corps, causant ainsi de la fièvre.

Figure 10.5 **Endotoxines et réaction pyrogène.** Mécanisme proposé pour expliquer comment les endotoxines causent la fièvre.

❹ Sous l'action des cytokines, l'hypothalamus libère des lipides appelés *prostaglandines*, qui modifient la valeur de référence de la température du corps et règlent le thermostat à une température plus élevée. Des frissons apparaissent alors et la fièvre en est la conséquence.

La mort des cellules bactériennes causée par la lyse ou les antibiotiques peut aussi provoquer la fièvre par ce mécanisme. L'aspirine et l'acétaminophène réduisent tous deux la fièvre en inhibant la production des prostaglandines. (Nous examinerons la fonction de la fièvre dans le corps au chapitre 11.)

On appelle **choc** toute défaillance du système cardiovasculaire entraînant une baisse de la pression artérielle qui met la vie en danger. L'état de choc dû à des bactéries se nomme **choc septique** ; quand il est dû à des bactéries à Gram négatif, il se nomme **choc endotoxique**. Comme la fièvre, la chute de la pression artérielle causée par les endotoxines est liée à la libération du facteur nécrosant des tumeurs (TNF) par les macrophagocytes. Le TNF se lie aux cellules de nombreux tissus du corps et modifie leur métabolisme de plusieurs façons. Il a notamment pour effet d'affaiblir les capillaires sanguins et d'augmenter leur perméabilité, ce qui provoque la perte de grandes quantités de liquide plasmatique. La déperdition de liquide déclenche une véritable hypovolémie fonctionnelle qui se traduit par l'effondrement de la pression artérielle, d'où l'état de choc.

La faible pression artérielle entraîne des effets graves sur les reins, les poumons et le tube digestif. L'observation d'une accélération brutale du pouls (effet compensatoire de la chute de pression) et de la fréquence respiratoire, un arrêt du fonctionnement des reins (compensation par conservation des liquides) et un état de confusion doivent alerter le personnel médical et l'amener à suspecter un choc septique.

Les endotoxines peuvent entraîner la libération de substances vasoactives, qui amènent également un état de choc. Par exemple, lors de septicémies mettant en cause des bactéries à Gram négatif, les substances vasoactives provoquent une vasoconstriction cutanée intense ; la peau devient froide et très pâle, et on parle de *choc froid*. Sur le plan physiopathologique, la résistance vasculaire de la peau augmente et la circulation sanguine en périphérie diminue. De plus, une partie du sang reste emprisonnée dans le système veineux et le retour veineux se trouve fortement réduit. À l'inverse, dans le cas de septicémies causées par des bactéries à Gram positif telles que *S. aureus*, certaines substances vasoactives déclenchent une vasodilatation cutanée intense ; la peau est chaude, sèche et rouge, et on parle de *choc chaud*. Sur le plan physiopathologique, la résistance vasculaire de la peau diminue et la circulation sanguine en périphérie augmente ; le retour veineux se trouve fortement réduit.

De plus, la présence de bactéries à Gram négatif telles que *Hæmophilus influenzæ* sérotype b dans le liquide cérébrospinal provoque la libération d'IL-1 et de TNF. Ces molécules affaiblissent la barrière hémato-encéphalique qui protège normalement le système nerveux central contre l'infection. L'affaiblissement de la barrière a pour but de laisser passer les macrophagocytes, mais il permet aussi à un plus grand nombre de bactéries de s'introduire dans le système nerveux à partir de la circulation sanguine.

Parmi les autres caractéristiques des endotoxines, mentionnons le fait qu'elles ne favorisent pas la formation d'antitoxines efficaces. Il y a production d'anticorps mais, en général, ils ne s'opposent pas à l'action de la toxine ; parfois, ils en augmentent même les effets.

Parmi les microbes qui produisent des endotoxines, *Salmonella typhi* (agent de la fièvre typhoïde), *Proteus* spp. (souvent à l'origine des infections du système urinaire) et *Neisseria meningitidis* (germe causal de la méningite à méningocoques) constituent des espèces représentatives.

Dans le domaine médical, il est important de posséder un test sensible pour révéler la présence d'endotoxines dans les médicaments injectables, sur les appareils médicaux et dans les liquides organiques. Le matériel qui a été stérilisé peut renfermer des endotoxines, même s'il ne contient pas de bactéries capables de croître en culture (**encadré 10.1**). Un de ces tests de laboratoire, appelé **test LAL** (*Limulus amœbocyte lysate*), peut révéler la présence d'endotoxines même en quantité infime. L'hémolymphe (sang) du limule de l'Atlantique, *Limulus polyphemus,* contient des globules blancs appelés *amibocytes* qui renferment, en grande quantité, une protéine (lysat) qui cause la coagulation. Les endotoxines provoquent la lyse des amibocytes et la libération de leur protéine coagulante. Il en résulte un caillot gélatineux (précipité) qui confirme la présence d'endotoxines. L'ampleur de la réaction est déterminée à l'aide d'un spectrophotomètre, instrument qui mesure le degré de turbidité (figure 4.21).

Le **tableau 10.2** présente en parallèle les propriétés des exotoxines et celles des endotoxines.

Les plasmides, la lysogénie et le pouvoir pathogène des bactéries

Nous avons vu au chapitre 3 que les plasmides sont de petites molécules d'ADN circulaires qui ne sont pas reliées au chromosome bactérien et sont capables de réplication autonome. Les plasmides appelés *facteurs R* (résistance) confèrent à certains microbes la résistance aux antibiotiques. Par ailleurs, ils peuvent être porteurs de l'information génétique codant pour des protéines qui déterminent le pouvoir pathogène des bactéries. La tétanospasmine, l'entérotoxine thermolabile d'*E. coli* et l'entérotoxine staphylococcique sont des exemples de facteurs de virulence dont les gènes sont situés sur des plasmides. Font aussi partie de ce groupe la dextranesucrase, une enzyme produite par *Streptococcus mutans* qui joue un rôle dans la carie dentaire; les adhésines et la coagulase produites par *Staphylococcus aureus*; et un type de fimbriæ propre aux souches entéropathogènes d'*E. coli*.

Au chapitre 8, nous avons mentionné que certains bactériophages (virus qui infectent les bactéries) peuvent incorporer leur ADN dans le chromosome bactérien. Ils deviennent ainsi des prophages, c'est-à-dire qu'ils restent latents et ne provoquent pas la lyse des bactéries. Cet état porte le nom de *lysogénie,* et les cellules qui contiennent un prophage sont appelées lysogènes. La lysogénie a plusieurs conséquences, notamment le fait que la cellule bactérienne hôte et ses descendants peuvent acquérir de nouvelles propriétés encodées dans l'ADN du prophage. Cette modification des caractéristiques d'un microbe causée par un prophage s'appelle **conversion phagique**. À la suite de cette conversion, la cellule bactérienne est immune – elle ne peut pas être infectée à nouveau par le même type de phage. Certaines pathogénies bactériennes sont déterminées par les prophages qu'elles contiennent.

Parmi les gènes de bactériophages qui influent sur le pouvoir pathogène des bactéries, on compte ceux qui codent pour la toxine diphtérique, les toxines érythrogènes, l'entérotoxine et la toxine pyrogène staphylococciques, la neurotoxine botulinique et la protéine de la capsule produite par *Streptococcus pneumoniæ.* La souche *E. coli* O157:H7 contient un prophage avec les gènes de la toxine

Tableau 10.2 Exotoxines et endotoxines

Propriété	Exotoxine	Endotoxine
Source bactérienne	Bactéries à Gram positif, surtout	Bactéries à Gram négatif
Relation avec le microbe	Produit du métabolisme de la bactérie en croissance	Présente dans le LPS de la membrane externe de la paroi cellulaire et libérée seulement lors de la destruction de la cellule
Nature chimique	Protéine ou petit peptide	Partie lipidique (lipide A) du LPS (lipopolysaccharide) de la membrane externe
Physiopathologie (effet sur le corps)	Action spécifique sur une structure ou une fonction cellulaire particulière de l'hôte (atteint principalement les fonctions cellulaires, les nerfs et le tube digestif)	Non spécifique, p. ex.: fièvre, faiblesses, douleurs et état de choc; toutes les endotoxines ont les mêmes effets
Stabilité thermique	Instable; est détruite en général entre 60 et 80 °C (sauf l'entérotoxine staphylococcique)	Stable; résiste à l'autoclave (121 °C pendant 1 h)
Toxicité	Élevée	Faible
Capacité de produire de la fièvre	Non	Oui
Immunologie (quant aux anticorps)	Peut être convertie en anatoxine servant à immuniser contre la toxine; est neutralisée par l'antitoxine	Difficile à neutraliser par l'antitoxine; en conséquence, on ne peut pas produire d'anatoxines efficaces pour immuniser contre les endotoxines
Dose létale	Faible	Considérablement plus élevée
Maladies représentatives	Gangrène gazeuse, tétanos, botulisme, diphtérie, scarlatine	Fièvre typhoïde, infections du système urinaire et méningite à méningocoques

L'inflammation de l'œil

En lisant cet encadré, vous serez amené à considérer une suite de questions que les intervenants des services de prévention et de contrôle des infections se posent quand ils tentent de remonter aux origines d'une maladie infectieuse. Examinez chaque question dans l'ordre où elle se présente et essayez d'y répondre avant de poursuivre votre lecture.

❶ Le 11 octobre, un ophtalmologiste a opéré de la cataracte 10 patients en chirurgie d'un jour (figure A). Un peu plus tard ce jour-là, il note que huit patients présentent une inflammation inhabituelle. De plus, leurs pupilles sont fixes et ne réagissent pas à la lumière. Cinq patients ont eu un remplacement du cristallin de l'œil gauche et trois de l'œil droit.

Que pouvez-vous conclure?

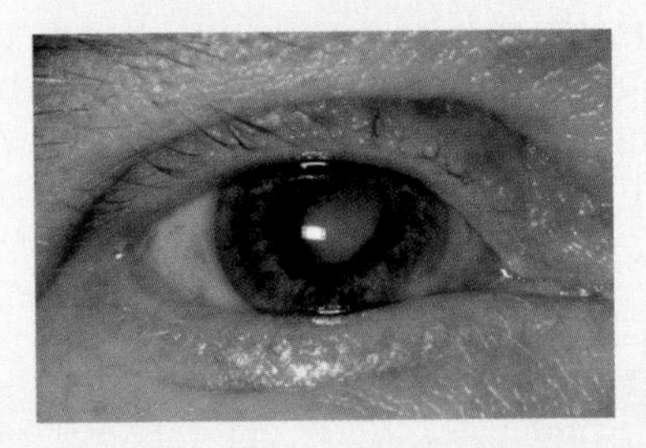

Figure A Cataracte

❷ Dans le cas d'une infection, il faut de trois à quatre jours pour que les symptômes apparaissent. Ici, les symptômes se sont manifestés le jour même, ce qui donne à penser qu'il s'agit d'une réaction à une substance telle qu'une toxine. On parle alors de *syndrome toxique du segment antérieur*. Celui-ci est causé par 1) des substances chimiques qui se trouvent sur les instruments chirurgicaux et qui n'ont pas été éliminées lors du nettoyage, 2) des produits introduits dans l'œil durant l'opération, tels que des solutions de lavage ou des médicaments, ou 3) d'autres substances qui pénètrent dans l'œil durant ou après la chirurgie, telles que des onguents topiques ou le talc des gants de chirurgien.

Quels renseignements faut-il encore obtenir?

❸ L'adrénaline utilisée durant la chirurgie et la solution enzymatique pour l'appareil à ultrasons qui sert à nettoyer les instruments étaient stériles. Les médicaments utilisés dans chaque cas provenaient de lots différents. Le chirurgien est agréé et a 20 ans d'expérience. L'autoclave qui a servi à stériliser l'équipement ophtalmique était en bon état. L'antiseptique iodé à application topique était du type à usage unique. On a utilisé un embout stérile neuf pour l'extraction du cristallin de chaque patient.

Quelle est l'étape suivante?

❹ On a analysé la solution présente dans l'appareil à ultrasons. Le résultat au test LAL était positif.

Qu'est-ce que cela signifie?

❺ La solution de l'appareil à ultrasons contenait des endotoxines.

D'où viennent ces endotoxines? Les antibiotiques sont-ils efficaces dans un tel cas?

❻ On trouve souvent des bactéries à Gram négatif telles que *Burkholderia* dans les réservoirs qui contiennent des liquides et dans les endroits humides. Ces bactéries peuvent coloniser les canalisations d'eau et les récipients de laboratoire qui contiennent de l'eau, et y former des biofilms (figure B). Certaines d'entre elles peuvent se détacher de leur colonie lors des lavages et contaminer les solutions. Le passage à l'autoclave tue les bactéries, mais libère des endotoxines. La plupart des patients se rétablissent sans difficulté après un traitement par un anti-inflammatoire topique, tel que la prednisone. Les antibiotiques sont à éviter, parce que le syndrome toxique du segment antérieur n'est pas une infection.

L'opération de la cataracte est une des interventions chirurgicales les plus fréquentes aux États-Unis. On en effectue environ deux millions par année. En 2005, le pays a connu une flambée du syndrome toxique du segment antérieur ayant pour origine une solution d'irrigation commerciale contaminée aux endotoxines. La principale façon de prévenir le syndrome consiste à adopter des protocoles appropriés de nettoyage et de stérilisation de l'équipement chirurgical et à se montrer vigilant en ce qui concerne les solutions, les médicaments et le matériel ophtalmique employé en chirurgie.

Source: *MMWR*, 56(25): 629-630 (28 juin 2007).

Notez que, au Canada, plus de 250 000 chirurgies de la cataracte sont réalisées chaque année et que quelques cas de syndrome toxique du segment antérieur sont déclarés. Au regard de l'expérience des États-Unis, les chirurgiens canadiens travaillent sur les causes probables de l'éclosion des cas et sur la gestion de la maladie.

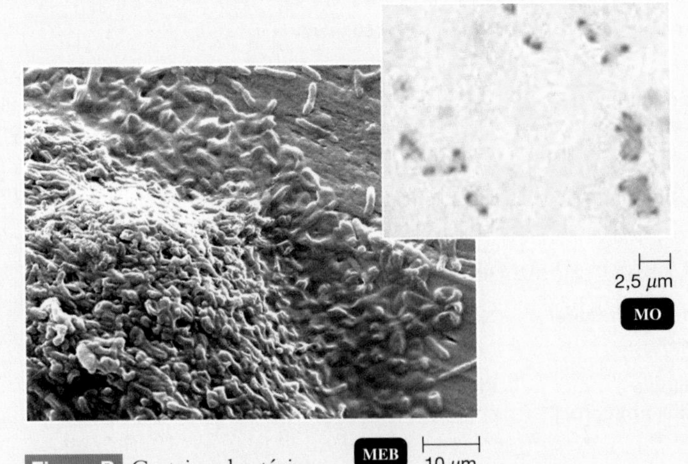

Figure B Certaines bactéries, ici *Burkholderia*, forment des biofilms dans les canalisations et les récipients d'eau. En médaillon: À la coloration de Gram, *Burkholderia* présente un aspect bipolaire typique.

de Shiga, laquelle est responsable du syndrome hémolytique et urémique. Les souches pathogènes de *Vibrio choleræ* contiennent des prophages qui peuvent transmettre le gène de la toxine cholérique aux souches non pathogènes de *V. choleræ*, faisant ainsi augmenter le nombre de bactéries pathogènes.

▶ Vérifiez vos acquis

Quelle est la contribution des sidérophores à la virulence des bactéries? **10-9**

Quelle est la différence entre la toxigénicité et la capacité de causer des lésions directes? **10-10**

Différenciez une exotoxine d'une endotoxine. **10-11**

Les empoisonnements causés par les aliments peuvent être regroupés en deux catégories: les infections dues aux aliments et les intoxications alimentaires. Expliquez la différence entre ces deux catégories. **10-12**

De l'eau contenant des bactéries du genre *Pseudomonas* a été stérilisée, puis utilisée pour laver des cathéters intracardiaques. Trois patients ont reçu un cathétérisme intracardiaque à la suite duquel ils ont éprouvé des frissons, de la fièvre et de l'hypotension. L'eau et les cathéters étaient stériles. Pourquoi les patients ont-ils réagi ainsi? Comment aurait-il fallu vérifier la qualité de l'eau? **10-13**

Comment la lysogénie transforme-t-elle une bactérie normalement inoffensive telle qu'*E. coli* en un agent pathogène? **10-14**

Les propriétés pathogènes des virus

▶ Objectif d'apprentissage

10-15 Nommer les différents effets cytopathogènes des infections virales.

Comme chez tous les microbes, les propriétés pathogènes des virus sont liées à leur capacité de s'introduire dans un hôte, de s'y fixer, de déjouer ses défenses et d'endommager ou de tuer ses cellules tandis qu'ils se reproduisent (chapitre 8). Après avoir franchi la première étape du processus infectieux – la pénétration par l'une des portes d'entrée que le corps humain lui offre naturellement –, les virus abordent l'étape suivante, soit l'invasion des cellules hôtes.

Le processus d'invasion de l'hôte par des virus pathogènes et le contournement de ses défenses

Les virus se servent de divers mécanismes pour leurrer la cellule dans laquelle ils vont pénétrer. Dans un premier temps, l'attachement (adsorption) d'un virus sur une cellule est possible parce qu'il possède des sites de liaison qui s'adaptent à un récepteur spécifique présent à la surface de la cellule cible. Quand un de ses sites de liaison est en contact avec le récepteur approprié, le virus peut s'arrimer à la cellule et passer à l'intérieur. Certains virus parviennent à entrer dans les cellules hôtes parce que leurs sites de liaison imitent des substances utiles à ces cellules. Par exemple, les sites de liaison du virus de la rage se fixent sur les récepteurs cellulaires de l'acétylcholine, un neurotransmetteur. La cellule hôte – un neurone – fait ensuite pénétrer le virus. Les virus sont, par définition, des parasites intracellulaires obligatoires. Cette caractéristique leur permet de se cacher à l'intérieur des cellules et de s'y trouver à l'abri des attaques du système immunitaire. Certains virus y demeurent pendant de longues périodes sous forme latente.

Le virus du sida (VIH) va plus loin. Il dissimule ses sites de liaison pour les soustraire à la réponse immunitaire et s'attaque à des éléments du système immunitaire lui-même (chapitre 13). Comme certains autres virus, le VIH est spécifique d'un type de cellule, c'est-à-dire qu'il s'en prend seulement à certaines cellules du corps. Il se contente d'attaquer les cellules qui possèdent une protéine de surface nommée *CD4*. Ce sont pour la plupart des cellules du système immunitaire appelées *lymphocytes T*. Les sites de liaison du VIH sont complémentaires de la protéine CD4. La surface du virus est plissée de manière à former des crêtes et des vallées, et les sites de liaison sont situés au fond de ces dernières. Les protéines CD4 sont assez longues et minces pour s'arrimer à ces sites de liaison, alors que les molécules d'anticorps contre le VIH sont trop grosses pour les atteindre. En conséquence, il est difficile pour ces anticorps de détruire le VIH.

L'apparition des dysfonctionnements physiologiques dus aux effets cytopathogènes des virus

Quand une cellule hôte est infectée par un virus animal, elle en meurt la plupart du temps. La mort peut être causée par l'accumulation d'un grand nombre de virus qui se multiplient, par les effets des protéines virales sur la perméabilité de la membrane plasmique de la cellule hôte ou par l'inhibition de la synthèse de l'ADN, de l'ARN ou des protéines de la cellule hôte. Les effets visibles des dysfonctionnements cellulaires dus à un virus s'appellent **effets cytopathogènes**. Ceux qui aboutissent à la mort de la cellule sont nommés *effets cytocides*; ceux qui occasionnent des lésions mais ne tuent pas la cellule sont appelés *effets non cytocides*. On utilise les effets cytopathogènes pour diagnostiquer de nombreuses infections virales.

Les effets cytopathogènes varient d'un virus à l'autre. C'est ainsi qu'ils ne se produisent pas tous au même moment du cycle d'infection virale. Certaines infections provoquent des changements dans la cellule hôte en peu de temps; dans d'autres cas, les changements ne se manifestent que beaucoup plus tard. Par ailleurs, la gravité des répercussions des effets cytocides dépend du type de cellules cibles infecté par un virus donné. Ainsi, la mort d'une cellule épidermique et celle d'une cellule nerveuse causées toutes deux par le virus de la varicelle n'ont pas des conséquences identiques.

Un virus peut produire un ou plusieurs des effets cytopathogènes suivants.

1. *Arrêt de la mitose*. À une certaine étape de leur multiplication, les virus cytocides font cesser la synthèse des macromolécules dans la cellule hôte. Certains virus, tels que le virus de l'herpès simplex, bloquent la mitose de façon irréversible.
2. *Lyse*. Quand une cellule est infectée par un virus cytocide, ses lysosomes libèrent leurs enzymes, ce qui entraîne la destruction du contenu intracellulaire et la mort de la cellule hôte.
3. *Formation de corps d'inclusion*. Les **corps d'inclusion** sont des granules qui apparaissent dans le cytoplasme ou le noyau de certaines cellules infectées (**figure 10.6a**). Ces granules sont parfois des parties de virus, c'est-à-dire des acides nucléiques ou des protéines sur le point de s'assembler pour former des virus entiers. La taille et la forme des granules, ainsi que leur réaction à la coloration, diffèrent d'un virus à l'autre. On caractérise les corps d'inclusion selon qu'ils sont sensibles aux

colorants acides (acidophiles) ou basiques (basophiles). D'autres corps d'inclusion se forment à des endroits où il y a déjà eu synthèse virale, mais ils ne contiennent eux-mêmes ni virus assemblés ni leurs composants. Les corps d'inclusion sont importants parce que leur présence peut faciliter l'identification du virus qui cause l'infection. Par exemple, le virus de la rage produit généralement des corps d'inclusion (corps de Negri) dans le cytoplasme des cellules nerveuses et leur présence dans le tissu cérébral d'animaux soupçonnés d'avoir la rage a été utilisée comme outil diagnostique pour confirmer la maladie. On observe aussi des corps d'inclusion associés aux virus de la rougeole, de la vaccine et de la variole, ainsi qu'à certains herpèsvirus et aux adénovirus.

4. *Fusion de cellules infectées.* À l'occasion, plusieurs cellules infectées qui sont adjacentes fusionnent pour former une très grande cellule plurinucléée appelée **syncytium** (**figure 10.6b**). Ces cellules géantes sont produites à la suite d'infections par des virus non cytocides qui causent des maladies, telles que la rougeole, les oreillons et le rhume (*Paramyxovirus*).
5. *Changements physiologiques et métaboliques.* Certaines infections virales entraînent des changements dans les fonctions des cellules hôtes sans produire d'effets visibles dans les cellules infectées. Par exemple, en se liant à un récepteur appelé CD46, le virus de la rougeole affaiblit son hôte. En effet, la cellule porteuse du récepteur CD46 réagit en diminuant sa production d'IL-12, une substance du système immunitaire nécessaire pour combattre l'infection (encadré 12.1).
6. *Synthèse d'interféron.* Certaines cellules infectées par un virus produisent des substances appelées **interférons**. L'infection virale amène les cellules hôtes à produire des interférons, mais c'est l'ADN de la cellule hôte qui dirige leur synthèse. Ces substances protègent les cellules saines situées à proximité de l'infection virale. On peut dire qu'il s'agit là d'une bonne action de la part des virus! (Nous reviendrons sur les interférons au chapitre 11.)
7. *Changements antigéniques.* Beaucoup d'infections virales provoquent des changements antigéniques à la surface des cellules hôtes atteintes. Ces changements déclenchent la production de lymphocytes T par l'hôte contre ses propres cellules infectées. Ils destinent ainsi ces cellules à être détruites par le propre système immunitaire de l'hôte, ce qui permet en définitive aux virus cytocides de s'échapper de la cellule cible.
8. *Changements chromosomiques.* Certains virus provoquent des changements dans les chromosomes des cellules hôtes. Par exemple, certaines infections virales entraînent des lésions des chromosomes, le plus souvent des cassures chromosomiques. Les oncogènes (gènes à l'origine de cancers) proviennent fréquemment de virus ou sont activés par eux.
9. *Transformation des cellules hôtes.* La plupart des cellules normales cessent de croître in vitro quand elles sont juxtaposées à une autre cellule; ce phénomène s'appelle **inhibition de contact**. Nous avons indiqué au chapitre 8 que les virus capables de causer le cancer *transforment* les cellules hôtes. La transformation donne naissance à une cellule anormale en forme de fuseau. Cette cellule donne naissance à des cellules transformées qui n'obéissent plus à l'inhibition de contact. La perte de l'inhibition de contact entraîne donc une croissance cellulaire déréglée et l'apparition d'une tumeur (**figure 10.7**).

Le **tableau 10.3** donne la liste de quelques virus représentatifs qui produisent des effets cytopathogènes. Dans les chapitres 19 à 21, nous examinerons plus en détail les propriétés pathogènes des virus.

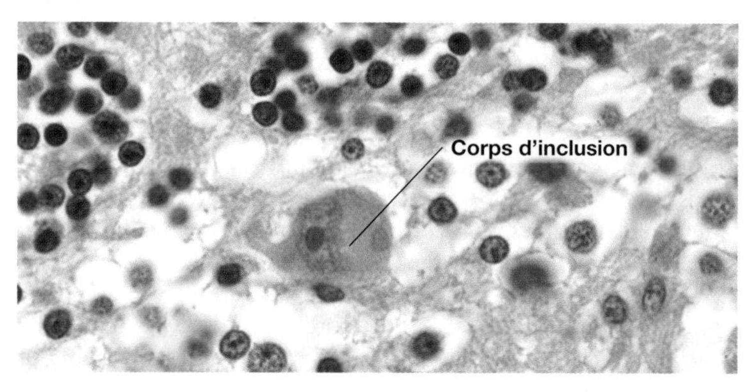

a) Corps d'inclusion cytoplasmique dans le tissu cérébral d'une personne décédée de la rage MO 10 μm

Masse cytoplasmique

Noyaux

b) Partie d'un syncytium (cellule géante) qui s'est formé dans une cellule infectée par le virus de la rougeole MO 15 μm

Figure 10.6 Quelques effets cytopathogènes des virus.

Tableau 10.3 Effets cytopathogènes de quelques virus

Virus (genre)	Effet cytopathogène
Poliovirus (*Enterovirus*)	Cytocide (mort cellulaire)
Papovavirus	Corps d'inclusion acidophiles dans le noyau
Adénovirus (*Mastadenovirus*)	Corps d'inclusion basophiles dans le noyau
Rhabdovirus	Corps d'inclusion acidophiles dans le cytoplasme
Cytomégalovirus	Corps d'inclusion acidophiles dans le noyau et le cytoplasme
Virus de la rougeole (*Morbillivirus*)	Fusion cellulaire
Polyomavirus	Transformation
VIH (*Lentivirus*)	Destruction des lymphocytes T

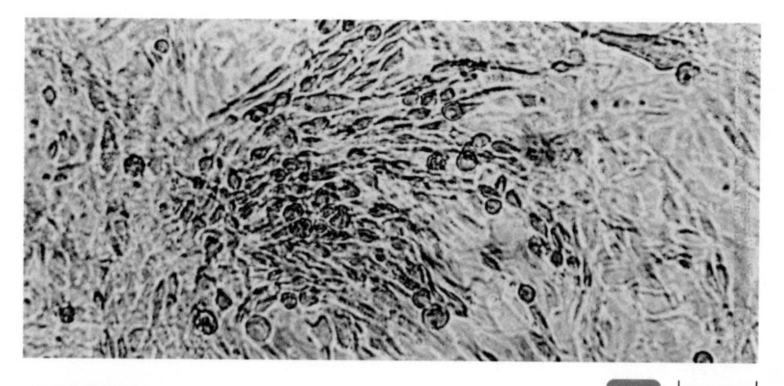

Figure 10.7 **Culture de cellules transformées.** MO 100 µm

Des cellules d'embryon de poulet transformées par le virus du sarcome de Rous prennent un aspect sombre au centre de la mince monocouche de cellules translucides normales s'étalant autour d'elles.

▶ Vérifiez vos acquis

Définissez l'effet cytopathogène et donnez-en cinq exemples. **10-15**

Les propriétés pathogènes des mycètes, des protozoaires, des helminthes et des algues

▶ Objectif d'apprentissage

10-16 Examiner les causes des symptômes des maladies qui ont pour origine un mycète, un protozoaire, un helminthe ou une algue.

Dans la présente section, nous décrivons quelques effets pathologiques généraux des mycètes, des protozoaires, des helminthes et des algues qui causent des maladies chez l'humain. Nous examinerons en détail dans la quatrième partie de ce manuel (chapitres 16 à 21) la plupart des maladies spécifiques causées par les mycètes, les protozoaires et les helminthes, ainsi que les propriétés pathogènes de ces organismes.

Les mycètes

Bien qu'ils causent des maladies, les mycètes ne sont pas caractérisés par un ensemble bien défini de facteurs de virulence. Certains mycètes produisent des métabolites qui sont toxiques pour les hôtes humains. Toutefois, dans ces cas-là, la toxine est seulement une cause indirecte de la maladie, puisque le mycète est déjà en croissance sur ou dans l'hôte. Certains d'entre eux, tels que les moisissures qui poussent dans les maisons, peuvent provoquer une réaction allergique chez l'hôte.

Les *trichothécènes* sont des toxines fongiques qui inhibent la synthèse des protéines dans les cellules eucaryotes. Elles provoquent des irritations cutanées, des maux de tête, des vomissements graves, de la diarrhée, des problèmes oculaires et, parfois, des hémorragies pulmonaires fatales. *Stachybotrys* et *Fusarium* sont des mycètes qui poussent sur les murs endommagés par l'eau. Au cours des dernières années, les trichothécènes ont causé la mort de plusieurs nourrissons.

Il semble évident que certains mycètes présentent des structures et des propriétés qui contribuent à leur virulence. *Candida albicans* et *Trichophyton* sont deux mycètes qui provoquent des infections cutanées et sécrètent des protéases. On croit que ces enzymes modifient la membrane des cellules de l'hôte de façon à permettre l'adhérence du microbe. *Cryptococcus neoformans* est un mycète qui entraîne un type de méningite ; il produit une capsule qui l'aide à résister à la phagocytose. Certains mycètes ont acquis une résistance aux médicaments antifongiques, notamment en réduisant la synthèse de leurs récepteurs pour ces produits.

L'ergotisme, maladie courante en Europe au Moyen Âge, est le fait d'une toxine produite par un ascomycète pathogène des plantes, *Claviceps purpurea* – l'**ergot** –, qui pousse sur les céréales, dont le seigle. La toxine est un alcaloïde qui peut causer des hallucinations semblables à celles suscitées par le LSD. Elle provoque aussi la constriction des capillaires et peut entraîner la gangrène des membres en enrayant la circulation du sang dans le corps.

Plusieurs autres toxines sont élaborées par des mycètes qui croissent sur les céréales ou d'autres plantes. Par exemple, le beurre d'arachide est occasionnellement retiré de la vente en raison d'une quantité excessive d'**aflatoxine**, substance qui a des propriétés cancérogènes. L'aflatoxine est produite par la croissance de la moisissure *Aspergillus flavus.* À la suite de son ingestion, elle se transformerait dans le corps humain en un composé mutagène.

Quelques mycètes sont à l'origine de toxines appelées **mycotoxines**. La **phalloïdine** et l'**amanitine**, qui proviennent d'*Amanita phalloides,* sont des exemples de mycotoxines. Ces neurotoxines sont assez puissantes pour causer la mort de ceux qui mangent ce champignon macroscopique.

Les protozoaires

Les protozoaires présentent des facteurs de virulence liés à leur croissance, à l'excrétion des déchets de leur métabolisme et à la libération de substances par les tissus endommagés. Cet ensemble de facteurs est à l'origine des symptômes de maladie chez les hôtes (tableau 7.4). Par exemple, *Plasmodium*, l'agent causal du paludisme, pénètre à l'intérieur des cellules hôtes et s'y reproduit ; le parasite évite ainsi le repérage immunitaire. Au cours de son cycle de développement, il envahit les cellules hépatiques et les érythrocytes et entraîne leur rupture, d'où l'apparition de troubles métaboliques et de périodes intenses de fièvre et de grande faiblesse. *Toxoplasma* se fixe aux macrophagocytes et se laisse absorber par phagocytose. Le parasite bloque ensuite l'acidification et la digestion enzymatique normales ; il peut ainsi faire sa demeure dans la vacuole phagocytaire et y croître. D'autres protozoaires, tels que *Giardia lamblia,* le germe causal de la giardiase, s'agrippent aux parois intestinales en adhérant aux cellules par le biais d'une ventouse (figure 20.17). Les parasites se multiplient, causant une inflammation, digèrent les cellules et les liquides des tissus et entraînent finalement une diarrhée.

Certains protozoaires peuvent déjouer les défenses de l'hôte et causer des maladies qui durent très longtemps. Par exemple, *G. lamblia,* et *Trypanosoma* à l'origine de la trypanosomiase africaine (maladie du sommeil), possèdent un mécanisme qui leur permet de garder leur avance sur le système immunitaire de l'hôte. (Le système immunitaire a pour tâche de reconnaître les substances

Figure 10.8

Schéma guide

Mécanismes de pathogénicité microbienne

Quand la balance penche en faveur des germes dans la relation hôte-microbe, il en résulte généralement une infection ou une maladie infectieuse. L'étude des mécanismes de pathogénicité microbienne est fondamentale, car elle permet de comprendre comment les agents pathogènes (décrits dans les chapitres 16 à 21) arrivent à déjouer les défenses mises en place par l'organisme hôte.

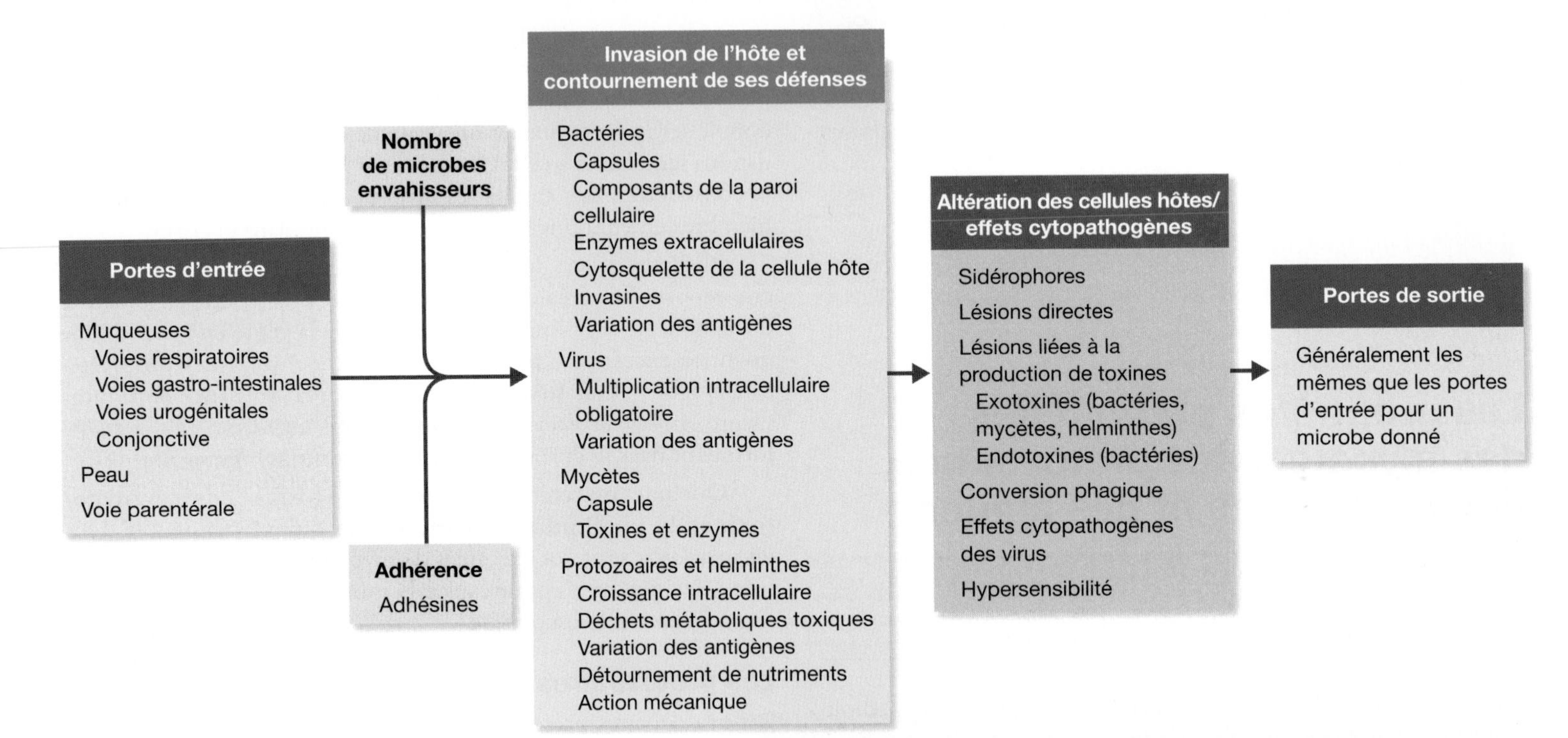

Concept clé

Pour être en mesure de causer une maladie une fois qu'ils ont pénétré dans l'organisme hôte, la plupart des agents pathogènes, qu'ils soient bactéries, virus, mycètes, protozoaires, helminthes ou algues, suivent les différentes étapes du processus infectieux : adhérence aux tissus et aux cellules hôtes, invasion de l'hôte et contournement de ses défenses, atteinte des tissus cibles et apparition de dysfonctionnements physiologiques. Ensuite, ils doivent être capables d'en sortir, généralement en empruntant la porte par laquelle ils sont entrés.

étrangères appelées *antigènes* ; lorsqu'il en détecte, il se met à produire des anticorps dans le but de les détruire ; chapitre 12.) Quand *Trypanosoma* est introduit dans la circulation sanguine par une mouche tsé-tsé, le protozoaire produit et affiche un antigène spécifique. Le corps réagit en synthétisant des anticorps contre cet antigène. Cependant, le microbe riposte à son tour dans les deux semaines qui suivent. Il cesse d'afficher l'antigène d'origine et se met à en produire un autre qu'il expose à la place. En conséquence, les premiers anticorps sont rendus inefficaces. Puisque le microbe peut élaborer jusqu'à 1 000 antigènes différents, l'infection peut durer des décennies.

Les helminthes

La présence d'helminthes produit aussi souvent des symptômes de maladie chez l'hôte (tableau 7.5). Les symptômes varient selon le mode d'action des parasites. Certains ont une action spoliatrice ; par exemple, des vers intestinaux détournent les nutriments à leur profit, entraînant des carences chez l'hôte infesté. D'autres ont une action toxique ; les déchets de leur métabolisme ou leurs toxines occasionnent les symptômes. D'autres encore ont une action mécanique ; ils utilisent les tissus de l'hôte pour leur propre croissance ou donnent naissance à de grosses masses parasitaires ; les lésions cellulaires qui en résultent font apparaître les symptômes. C'est le cas du ver rond *Wuchereria bancrofti,* qui est à l'origine de l'éléphantiasis. Le parasite bloque la circulation lymphatique, ce qui entraîne une accumulation de lymphe et finit par causer des tuméfactions grotesques dans les jambes et ailleurs sur le corps. La gravité de la maladie est en lien avec le nombre de parasites et le degré de virulence.

Les algues

Quelques espèces d'algues produisent des neurotoxines. Par exemple, certains genres de dinoflagellés, tels qu'*Alexandrium,* sont importants sur le plan médical parce qu'ils synthétisent une neurotoxine appelée **saxitoxine**. Les mollusques qui se nourrissent de ces dinoflagellés n'ont aucun symptôme de maladie, mais les humains qui les consomment présentent des symptômes semblables à ceux du botulisme. L'affection porte le nom d'intoxication par phycotoxine paralysante. Les services de santé publique interdisent souvent la consommation de mollusques durant les marées rouges (chapitre 7).

▶ Vérifiez vos acquis

Nommez un facteur de virulence qui contribue à la pathogénicité de chacun des agents pathogènes suivants : mycètes, protozoaires, helminthes et algues. **10-16**

* * *

Dans le prochain chapitre, nous nous pencherons sur un groupe de moyens de défense non spécifiques de l'hôte contre la maladie. Mais avant d'aller plus loin, nous vous invitons à examiner attentivement la **figure 10.8** (page 280). Elle résume quelques-unes des notions clés étudiées dans le présent chapitre et dans le précédent à propos des mécanismes de pathogénicité microbienne.

INTRODUCTION (p. 264)

1. Le pouvoir pathogène, ou pathogénicité, d'un microbe est sa capacité de causer la maladie en déjouant les défenses de l'hôte.
2. La virulence est l'intensité du pouvoir pathogène.

LES ÉTAPES DU PROCESSUS INFECTIEUX (p. 265)

1. Les étapes du processus infectieux comprennent 1) la pénétration des agents pathogènes par leur porte d'entrée préférée, 2) leur adhérence aux cellules hôtes, 3) l'invasion qui permet de contourner les défenses de l'hôte, et 4) l'apparition de dysfonctionnements physiologiques.

LA PÉNÉTRATION DES AGENTS PATHOGÈNES DANS L'ORGANISME HÔTE (p. 265)

Le nombre de microbes envahisseurs (p. 265)

1. À moins de représenter une quantité de microbes ou une dose de toxine suffisantes, la virulence microbienne ne peut se manifester. On peut exprimer la virulence par l'abréviation DL_{50} (dose létale pour 50 % des hôtes inoculés) ou DI_{50} (dose infectieuse pour 50 % des hôtes inoculés).

L'adhérence aux cellules hôtes (p. 265)

2. Les agents pathogènes tels que les bactéries possèdent à leur surface des molécules appelées *adhésines* (ou *ligands*) qui se lient à des récepteurs complémentaires sur les cellules hôtes.
3. Les adhésines peuvent être des glycoprotéines ou des lipoprotéines et sont souvent associées aux fimbriæ de la bactérie.
4. Le mannose, présent à la surface de la cellule hôte, est le récepteur le plus répandu.
5. Les biofims permettent aux microbes de s'attacher aux cellules hôtes et de résister aux agents antimicrobiens.

LE PROCESSUS D'INVASION DE L'HÔTE ET LE CONTOURNEMENT DE SES DÉFENSES PAR DES BACTÉRIES PATHOGÈNES (p. 267)

Les capsules (p. 267)

1. Certains organismes pathogènes ont des capsules qui les protègent contre la phagocytose.

Les composants de la paroi cellulaire (p. 267)

2. Certaines protéines de la paroi cellulaire facilitent l'adhérence ou protègent les agents pathogènes contre la phagocytose. Certains microbes peuvent se reproduire à l'intérieur des phagocytes.

Les enzymes extracellulaires (p. 267)

3. Les infections locales peuvent être protégées par un caillot fibrineux qui se forme sous l'action de la coagulase, une enzyme bactérienne.
4. Les bactéries peuvent se disséminer à partir d'un foyer d'infection à l'aide de kinases (qui détruisent les caillots de sang), de la hyaluronidase (qui détruit un mucopolysaccharide dont la fonction est de lier les cellules les unes aux autres) et de la collagénase (qui hydrolyse le collagène du tissu conjonctif).
5. Les IgA protéases détruisent les anticorps de type IgA.

La variation antigénique (p. 268)

6. Certains microbes peuvent modifier leurs antigènes de surface au cours d'une infection et rendre ainsi les anticorps inefficaces. Par exemple, la variation des antigènes capsulaires fait apparaître différentes souches dans une même espèce, d'où la nécessité d'une réponse immunitaire ciblant chaque souche.

L'utilisation du cytosquelette de la cellule hôte (p. 268)

7. La bactérie *Salmonella* produit des protéines, les invasines, qui réarrangent l'actine du cytosquelette de la cellule hôte. La membrane de celle-ci devient alors chiffonnée et forme des replis qui enveloppent la bactérie et l'entraînent dans la cellule.

L'APPARITION DES DYSFONCTIONNEMENTS PHYSIOLOGIQUES DUS AUX EFFETS DES AGENTS PATHOGÈNES BACTÉRIENS (p. 269)

L'utilisation des nutriments de l'hôte : les sidérophores (p. 269)

1. Certaines bactéries s'approprient le fer de leur hôte en sécrétant des protéines, les sidérophores, qui se lient fermement au fer libre.

Les lésions directes (p. 269)

2. Les cellules hôtes peuvent être détruites directement par la multiplication des microbes pathogènes qui les envahissent ou bien par les produits du métabolisme microbien.

La production de toxines bactériennes (p. 269)

3. Les poisons produits par les microbes sont appelés toxines ; la présence de toxines dans le sang s'appelle toxémie. La capacité des microbes de produire des toxines porte le nom de toxigénicité.
4. Les exotoxines sont des protéines produites par les bactéries et libérées dans le milieu environnant. Ce sont les exotoxines, et non les bactéries, qui causent les symptômes spécifiques des maladies.

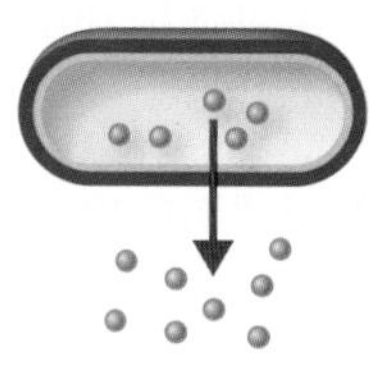

5. Les anticorps produits contre les exotoxines s'appellent antitoxines.
6. Les toxines A-B sont formées d'un composant actif qui inhibe une fonction cellulaire et d'un composant de liaison qui attache l'ensemble à la cellule cible. La toxine diphtérique en est un exemple.
7. Les toxines cytolytiques détruisent les cellules en attaquant leur membrane. L'hémolysine en est un exemple.
8. Les superantigènes provoquent la libération de cytokines, qui sont à l'origine de symptômes tels que la fièvre et la nausée. Le syndrome de choc toxique est causé par un superantigène.
9. L'endotoxine est la partie lipidique, appelée *lipide A*, du lipopolysaccharide (LPS), composant de la paroi cellulaire des bactéries à Gram négatif.
10. La mort des cellules bactériennes, les antibiotiques et les anticorps peuvent entraîner la libération des endotoxines.

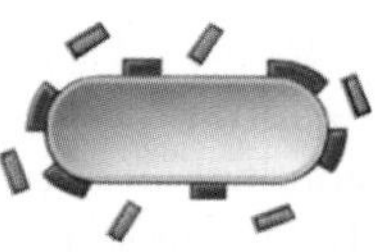

11. Les endotoxines causent toutes les mêmes signes et symptômes : par exemple, de la fièvre (en provoquant la libération d'interleukine 1) et l'état de choc (en stimulant la libération de TNF, qui fait baisser la pression artérielle).
12. Les endotoxines permettent aux bactéries de traverser la barrière hémato-encéphalique.
13. Le test LAL permet de détecter les endotoxines dans les médicaments et sur les appareils médicaux.

Les plasmides, la lysogénie et le pouvoir pathogène des bactéries (p. 275)

14. Les plasmides peuvent porter des gènes de résistance aux antibiotiques, ainsi que des gènes de toxines, de capsules et de fimbriæ.
15. La conversion phagique peut produire des bactéries qui possèdent des facteurs de virulence tels que des toxines ou des capsules.

LES PROPRIÉTÉS PATHOGÈNES DES VIRUS (p. 277)

1. Un virus peut se fixer à une cellule parce qu'il possède des sites de liaison qui s'adaptent à un récepteur spécifique sur la cellule cible.
2. Les virus échappent à la réponse immunitaire de l'hôte en se multipliant à l'intérieur des cellules ; ce sont des parasites intracellulaires obligatoires.
3. Les signes visibles d'une infection virale sont appelés *effets cytopathogènes*.

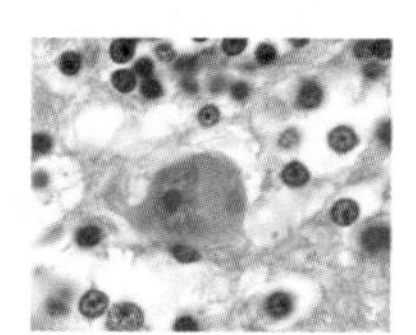

4. Certains virus ont des effets cytocides (mort cellulaire). D'autres ont des effets non cytocides (lésions qui n'entraînent pas la mort cellulaire).
5. Les effets cytopathogènes comprennent l'arrêt de la mitose, la lyse, la formation de corps d'inclusion, la fusion de cellules infectées, les changements antigéniques, les changements chromosomiques et la transformation.

LES PROPRIÉTÉS PATHOGÈNES DES MYCÈTES, DES PROTOZOAIRES, DES HELMINTHES ET DES ALGUES (p. 279)

1. Les symptômes des mycoses peuvent être causés par des capsules, des toxines et des réactions allergiques.
2. Les symptômes des maladies causées par les protozoaires et les helminthes peuvent être la conséquence des lésions subies par les tissus de l'hôte ou des déchets métaboliques des parasites.
3. Certains protozoaires remplacent leurs antigènes de surface au cours de leur croissance dans l'hôte pour ne pas être tués par les anticorps de ce dernier.
4. Certaines algues produisent des neurotoxines qui causent la paralysie quand elles sont ingérées par les humains.

AUTOÉVALUATION

QUESTIONS À COURT DÉVELOPPEMENT

1. Comment les plasmides et la lysogénie peuvent-ils transformer *E. coli*, un organisme normalement inoffensif, en agent pathogène?

2. La cyanobactérie *Microcystis æruginosa* produit un peptide qui est toxique pour les humains. Selon le graphique ci-dessous, quel facteur influe sur la virulence de la cyanobactérie? À quel moment cette bactérie est-elle le plus toxique? Justifiez votre réponse. À quel moment de l'année peut-on s'attendre à des cas plus nombreux d'intoxication?

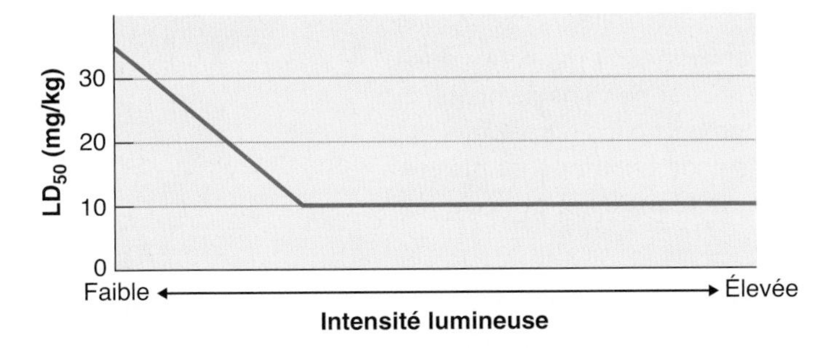

3. Comment chacune des stratégies suivantes contribue-t-elle à la virulence d'un agent pathogène?

a) Production de leucocidine, une enzyme.

b) Modification des antigènes de surface après son entrée dans l'hôte.

c) Production d'une endotoxine.

d) Croissance intracellulaire.

e) Présence de fimbriæ.

4. Parcourez les chapitres 16 à 21 du manuel et décrivez un facteur de virulence pour chacun des agents pathogènes responsables des maladies infectieuses suivantes.

a) Streptocoque β-hémolytique du groupe A dans la scarlatine.

b) *Hæmophilus influenzæ* type b dans la méningite.

c) Virus de la poliomyélite.

d) *Giardia lamblia* dans la giardiase.

e) *Escherichia coli* O157:H7 dans la colite hémorragique.

f) *Clostridium perfringens* dans la gangrène gazeuse.

g) Virus de l'herpès simplex.

APPLICATIONS CLINIQUES

N. B. Certaines de ces questions nécessitent que vous cherchiez des réponses dans les différents chapitres du livre. Vous pouvez aussi revoir les applications cliniques du chapitre 3.

1. Le 8 juillet, un homme de 47 ans se rend à une clinique et on lui prescrit un antibiotique pour traiter ce qu'on croit être une sinusite. Mais son état s'aggrave et il est incapable de manger pendant quatre jours parce qu'il souffre de raideur et de douleurs intenses dans la mâchoire. Le 12 juillet, il est hospitalisé pour des spasmes faciaux si graves que les contractures musculaires bloquent sa mâchoire. Lors de son admission, le patient signale au médecin que, le 5 juillet, alors qu'il était en camping, il s'est infligé une blessure par perforation à la base de l'orteil avec un vieux bout de racine; il a nettoyé la plaie mais, préférant ne pas interrompre ses vacances, n'a pas consulté de médecin.

Quelle question le médecin doit-il poser à son patient en regard de la blessure à l'orteil? Quelle est la cause probable des signes et des symptômes intenses? Quel réservoir héberge l'agent pathogène? Décrivez le mécanisme physiopathologique de l'apparition des spasmes musculaires. Pourquoi l'antibiotique a-t-il été inefficace? (*Indice :* Voir le chapitre 17 et la figure 17.6.)

2. Pour chacun des exemples suivants, expliquez s'il s'agit d'une infection ou d'une intoxication par les aliments. (*Indice :* Voir le chapitre 20.)

a) Des personnes qui ont mangé des crevettes pêchées à Matane, au Québec, présentent, de quatre heures à deux jours après le repas, les symptômes suivants: diarrhée, crampes, faiblesse, nausées, frissons, maux de tête et fièvre.

b) Des personnes qui ont mangé du barracuda pêché en Floride présentent, de trois à six heures après le repas, les symptômes suivants: malaises, nausées, vision trouble, difficultés à respirer et engourdissement.

3. De l'eau de lavage contenant des *Pseudomonas,* des bactéries à Gram négatif, est stérilisée et utilisée à nouveau pour nettoyer des sondes intracardiaques. Trois patients qui ont subi un cathétérisme cardiaque sont atteints de fièvre, de frissons et d'hypotension. L'eau et les sondes étaient stériles. L'endotoxine produite par les bactéries est responsable de l'apparition des signes et des symptômes.

Décrivez le mécanisme physiopathologique qui relie l'endotoxine à l'apparition, d'une part de la fièvre et des frissons et, d'autre part, de l'hypotension. (*Indice :* Voir le chapitre 11.) Y a-t-il un lien entre les symptômes et le fait que l'eau et les sondes sont stériles? Justifiez votre réponse.

4. La prévention contre le sida met l'accent sur les relations sexuelles protégées et sur la non-réutilisation de seringues usagées. On précise que la maladie n'est pas transmissible par la salive, ou très rarement. Par contre, bien des gens sont convaincus que le virus se transmet aussi par un simple baiser.

Comment expliquez-vous que, dans la très grande majorité des cas, la contamination a lieu au cours de relations sexuelles? (*Indice :* Voir le chapitre 13.)

ÉDITION EN LIGNE — Consultez le volet de gauche de l'Édition en ligne pour d'autres activités.

CHAPITRE

11

L'immunité innée

Nous avons établi jusqu'à maintenant que les microbes pathogènes sont dotés de propriétés particulières qui leur permettent de causer la maladie si l'occasion leur en est donnée. S'ils ne se butaient jamais à la résistance de l'hôte, nous serions toujours malades et finirions par succomber à toutes sortes de maladies. Mais, dans la plupart des cas, les défenses de l'organisme font obstacle aux microbes. Certains de ces moyens de défense sont destinés à interdire l'accès du corps à ces derniers, d'autres les éliminent s'ils parviennent à y entrer et d'autres encore leur livrent bataille s'ils arrivent à s'y implanter. Il arrive aussi que ces moyens de défense s'attaquent, parfois à notre détriment, à des irritants environnementaux tels que le pollen, les médicaments, les produits chimiques, les poils d'animaux et certains aliments. On appelle **immunité**, ou **résistance**, la capacité de l'organisme à combattre les agressions et la maladie infectieuse par des mécanismes de défense. Cette résistance contribue au maintien de l'**homéostasie** de l'organisme. La vulnérabilité, ou absence de résistance, porte le nom de **susceptibilité**.

On regroupe les moyens de défense du corps en deux grandes catégories : 1) l'immunité innée et 2) l'immunité adaptative. L'**immunité innée** comprend deux lignes de défense. La première ligne de défense est constituée de la peau et des muqueuses et la deuxième ligne est assurée par diverses cellules (notamment par les phagocytes) et par l'inflammation, la fièvre et des substances antimicrobiennes produites par l'organisme. L'immunité innée fait l'objet de ce chapitre alors que l'immunité adaptative est étudiée au chapitre 12.

Le système immunitaire se définit principalement comme un « système fonctionnel » qui met à contribution à la fois les composantes de l'immunité innée et celles de l'immunité adaptative. Sur le plan anatomique, il comprend un ensemble d'organes et de tissus, notamment ceux du système lymphatique, dispersés dans l'organisme et composés d'un nombre impressionnant de cellules et de molécules à l'origine des réponses immunitaires. Selon certains auteurs, la définition du système immunitaire s'applique seulement à l'immunité adaptative.

Q/R

Au cours d'une année, 74 patients hospitalisés dans le même établissement ont contracté des infections nosocomiales. Tous étaient intubés et sous ventilation mécanique. La cause des infections était la bactérie Burkholderia cepacia, *qui se trouvait dans un rince-bouche non stérile. Pourquoi ces patients ont-ils été infectés, alors que d'autres qui ont aussi utilisé le rince-bouche ne l'ont pas été?*

La réponse est dans le chapitre.

AU MICROSCOPE

Burkholderia cepacia. Cette bactérie à Gram négatif peut dégrader toutes sortes de molécules organiques, dont certains désinfectants.

Le concept d'immunité

▶ Objectifs d'apprentissage

11-1 Différencier l'immunité innée et l'immunité adaptative.

11-2 Définir les récepteurs Toll.

Notre corps se défend des agressions microbiennes en déployant différents mécanismes de défense groupés en deux grandes catégories : 1) l'immunité innée et 2) l'immunité adaptative (**figure 11.1**). L'**immunité innée**, ou immunité non spécifique*, désigne des moyens de défense « innés », présents dès la naissance, et prêts en tout temps à assurer une protection rapide contre un large éventail d'agents pathogènes et de substances étrangères. Dans ce type d'immunité, la reconnaissance des microbes et l'intensité de la réaction déclenchée pour les éliminer sont sensiblement les mêmes dans tous les cas d'infection. Il n'y a pas de composante mémoire, c'est-à-dire une réponse plus rapide et plus intense à une deuxième attaque par le même microbe. L'immunité innée comprend deux lignes de défense. La première est constituée de la peau et des muqueuses intactes et la deuxième est assurée par diverses cellules, notamment les cellules tueuses naturelles et les phagocytes, par l'inflammation, la fièvre et des substances antimicrobiennes produites par l'organisme. Les réponses immunitaires innées représentent le système d'intervention précoce de l'immunité. Elles empêchent la pénétration des microbes dans le corps et aident à éliminer ceux qui y sont entrés.

Immunité innée	
Première ligne de défense	**Deuxième ligne de défense**
• Protection par la peau et les muqueuses intactes grâce à des facteurs mécaniques et chimiques • Effet barrière du microbiote normal	• Phagocytose • Inflammation • Fièvre • Substances antimicrobiennes – Système du complément – Interférons – Protéines liant le fer – Peptides antimicrobiens
Immunité adaptative	
Troisième ligne de défense	
• Réponse immunitaire à médiation humorale : lymphocytes B et anticorps • Réponse immunitaire à médiation cellulaire : lymphocytes T	

Figure 11.1 **Vue d'ensemble des moyens de défense du corps :** l'immunité innée et l'immunité adaptative.

* On sait maintenant que des cellules et des molécules intervenant dans la réponse immunitaire non spécifique sont essentielles aussi au déclenchement des mécanismes de la réponse immunitaire spécifique. Il n'est plus possible de considérer ces deux types d'immunité comme indépendants l'un de l'autre, de sorte que les expressions « non spécifique » et « spécifique » peuvent paraître limitatives. Nous utiliserons les expressions « immunité innée » et « immunité adaptative » à la place d'« immunité non spécifique » et d'« immunité spécifique », respectivement.

L'**immunité adaptative**, ou immunité spécifique, correspond à la troisième ligne de défense dressée par le corps contre les microbes après que ceux-ci ont traversé les lignes de défense de l'immunité innée. La réaction est « adaptée » à un microbe particulier, plus lente à se déployer que la défense innée, mais capable de déclencher une réponse mémoire. L'immunité adaptative repose sur l'activité de lymphocytes T et de lymphocytes B (deux types de leucocytes) et sur la production de protéines spécifiques appelées *anticorps*. Nous reviendrons sur ce type d'immunité au chapitre 12.

Les défenses innées du système immunitaire réagissent rapidement aux envahisseurs. On sait depuis peu qu'elles se mettent en branle grâce à l'action de récepteurs protéiques fixés à la membrane plasmique de certaines cellules immunitaires. Parmi ces récepteurs, on trouve les **récepteurs Toll** qui se lient à des composants microbiens appelés **motifs moléculaires associés aux agents pathogènes** (en anglais : *pathogen-associated molecular patterns*, PAMPs) (figure 11.7). Ces composants se trouvent sur beaucoup de microorganismes. Ils comprennent entre autres les lipopolysaccharides (LPS) de la membrane externe des bactéries à Gram négatif, la flagelline des flagelles bactériens, le peptidoglycane de la paroi cellulaire des bactéries à Gram positif, l'ADN bactérien ainsi que l'ADN et l'ARN des virus. Les récepteurs Toll se lient aussi à certains composants des mycètes et d'autres parasites. Dans le cas des macrophagocytes et des cellules dendritiques, deux types de cellules de l'immunité innée dont nous parlerons plus loin dans le présent chapitre, les récepteurs déclenchent la libération de cytokines lorsqu'ils entrent en contact avec les motifs moléculaires appropriés. Les **cytokines** (*cyto-* = cellule ; *-kinesis* = mouvement) sont des protéines qui régulent l'intensité et la durée de la réponse immunitaire. Elles contribuent notamment à la réaction inflammatoire en recrutant d'autres cellules, y compris des macrophagocytes et des cellules dendritiques, pour isoler et détruire les microbes. Elles activent aussi les lymphocytes T et B de l'immunité adaptative. Nous reviendrons au chapitre 12 sur les cytokines et leurs fonctions.

▶ Vérifiez vos acquis

Les barrières à la *pénétration* des microbes dans le corps relèvent-elles de l'immunité innée ou de l'immunité adaptative ? **11-1**

Quel rapport existe-t-il entre les récepteurs Toll et les motifs moléculaires associés aux agents pathogènes ? **11-2**

LA PREMIÈRE LIGNE DE DÉFENSE DE L'IMMUNITÉ INNÉE : LA PEAU ET LES MUQUEUSES

▶ Objectifs d'apprentissage

11-3 Décrire le rôle de la peau et des muqueuses dans l'immunité innée.

11-4 Distinguer entre les facteurs mécaniques et chimiques, et donner cinq exemples de chaque catégorie.

11-5 Décrire le rôle du microbiote normal dans l'immunité innée.

La peau et les muqueuses constituent d'excellents habitats pour les microorganismes qui y trouvent normalement gîte et nourriture (tableau 9.1). Cependant, la présence de ces microorganismes sur les tissus externes du corps représente une menace réelle pour le milieu interne, qui doit demeurer stérile. Il n'est donc pas surprenant de constater que la peau et les muqueuses intactes constituent la première ligne de défense du corps contre les agents pathogènes. Cette fonction repose sur des facteurs mécaniques aussi bien que chimiques. Alors que les facteurs mécaniques forment une barrière qui s'oppose à la pénétration des microbes et à leur progression vers les tissus internes ou permettent leur élimination de la surface du corps, les facteurs chimiques interviennent avec des substances produites par le corps pour inhiber la croissance microbienne ou pour tuer les microbes pathogènes.

Les facteurs mécaniques

La **peau** intacte est par sa superficie et son poids le plus gros organe du corps humain ; chez un adulte moyen, la peau a une superficie totale d'environ 1,9 m^2, et son épaisseur varie de 0,05 à 3,0 mm. Elle est formée de deux parties distinctes : le derme et l'épiderme (**figure 11.2**). Le **derme** est la partie interne et la plus épaisse de la peau ; il est composé de tissu conjonctif dans lequel on trouve les follicules pileux et les conduits des glandes sudoripares et sébacées. L'**épiderme**, la partie externe et plus mince, se trouve en contact direct avec l'environnement. L'épiderme est formé d'une superposition de feuillets continus de cellules épithéliales, dont les plus nombreuses sont les kératinocytes, serrées les unes contre les autres et entre lesquelles il n'y a pas d'autre matière ou il y en a très peu. La couche superficielle de l'épiderme, le *stratum corneum* ou couche cornée, est constituée de plusieurs strates de kératinocytes morts et aplatis – ressemblant à de petites écailles – qui contiennent de la kératine, une protéine imperméabilisante ; cette protéine protège les couches plus profondes contre l'abrasion et contre la pénétration des microbes. La couche profonde de l'épiderme, le *stratum basale* ou couche basale, est composée d'une épaisseur de cellules souches qui assurent le renouvellement constant des kératinocytes et partant, le maintien de l'épaisseur normale de la peau. De plus, la couche cornée desquame continuellement, ce qui permet de faire remonter les microbes à la surface ; ainsi, lorsqu'elles se détachent de l'épiderme, les cellules mortes entraînent avec elles les microbes qui y sont fixés et, par ricochet, deviennent des véhicules de transport qui contribuent à la contamination de l'air. La sécheresse normale de la peau est un facteur qui aide à y inhiber la croissance microbienne. Malgré le fait que le microbiote normal et d'autres microbes sont présents sur la surface complète de la peau, les régions humides sont plus colonisées. Quand l'épiderme est moite, les infections de la peau sont assez fréquentes ; les microbes en cause sont ceux qui colonisent les plis cutanés ou qui s'infiltrent dans les microfissures de la peau normale. Les mycètes sont souvent les agents pathogènes à l'origine de ce type d'infections parce qu'ils produisent de la kératinase capable, en présence d'eau, d'hydrolyser la kératine. C'est ce qui explique la fréquence élevée de mycoses, telles que le pied d'athlète, chez les usagers des piscines et des douches publiques qui circulent pieds nus sur le sol.

Quand on considère l'étroite juxtaposition des cellules, leur superposition en couches continues, la présence de la kératine dans la couche supérieure ainsi que le maintien de l'épaisseur normale de l'épiderme, on voit pourquoi la peau intacte constitue une barrière formidable contre la pénétration des microbes.

Toutefois, l'épiderme comporte des sillons épidermiques, des follicules pileux et des poils de même que les orifices des conduits des glandes sudoripares et sébacées, situés dans le derme (figure 16.1). Ces détails anatomiques ont leur importance, car les microorganismes ne sont pas uniquement présents à la surface de l'épiderme ; ils s'enfoncent aussi dans les sillons et les pores. Les follicules pileux et les conduits des glandes sudoripares et sébacées constituent pour les microbes des portes d'entrée dans la peau et dans les tissus plus profonds.

Sur le plan clinique, il arrive souvent qu'une infection survienne après qu'une brèche s'est ouverte dans la peau. Les infections de la peau et des tissus sous-jacents sont souvent la conséquence de brûlures, de coupures, de blessures par perforation et d'autres lésions. Dans le domaine médical, plusieurs mesures d'asepsie découlent de la compréhension du rôle de la peau dans le processus de défense du corps. Lorsqu'on doit procéder à une ponction veineuse ou à un cathétérisme qui auront comme conséquence de briser la barrière naturelle de la peau, on emploie des techniques précises d'asepsie afin d'éviter toute contamination. En effet, les staphylocoques à coagulase négative (SCON), qui constituent le microbiote prédominant potentiellement pathogène de la peau, peuvent adhérer à la surface du matériel biomédical, pénétrer dans le sang et causer une septicémie. De même, la peau moite et irritée des patients alités présente des risques élevés d'infection. Il est donc important, après un bain, d'assécher soigneusement la peau de ces patients, en particulier celle des personnes atteintes de diabète, qui sont plus vulnérables aux infections causées par des

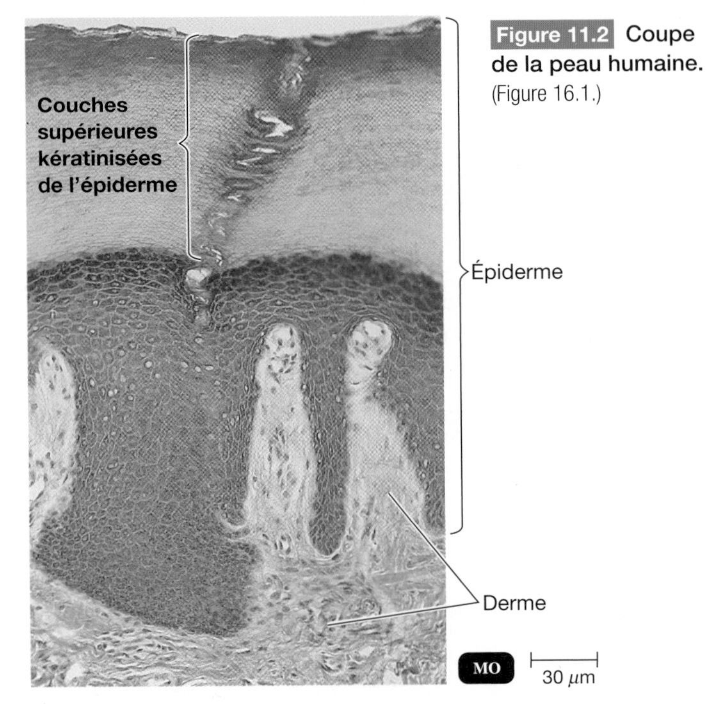

Figure 11.2 Coupe de la peau humaine.
(Figure 16.1.)

mycètes opportunistes. Lorsqu'un patient présente une irritation ou une plaie sur la peau consécutive à un alitement prolongé, par exemple une escarre de décubitus, on évalue le potentiel de contamination de la plaie en fonction de la proximité des orifices naturels, endroits où le microbiote est prolifique, tels que l'anus, afin de prévenir les infections d'origine endogène.

Les **muqueuses** tapissent le tube digestif, les voies respiratoires et les voies urogénitales sur toute leur longueur. À l'instar de la peau, elles sont composées d'une couche de cellules épithéliales étroitement juxtaposées et d'une couche sous-jacente de tissu conjonctif dont la base est fixée à une mince **membrane basale**. Les muqueuses présentent souvent des replis (par exemple les villosités intestinales), ce qui accroît considérablement leur superficie. En moyenne, la superficie totale des muqueuses du corps humain est d'environ 400 m^2, valeur bien supérieure à celle de la peau. La couche épithéliale fait obstacle à l'entrée de nombreux microbes, mais les cellules protègent moins bien que la peau parce que, entre autres choses, elles ne sont pas kératinisées. Beaucoup de cellules épithéliales, notamment les cellules caliciformes, sécrètent du mucus, d'où le nom de muqueuse, tandis que d'autres sont dotées de cils. Le **mucus**, un liquide légèrement visqueux et composé de glycoprotéines, fait en sorte que les conduits ne se dessèchent pas. Certains agents pathogènes qui peuvent proliférer dans les sécrétions humides des muqueuses parviennent à pénétrer ces dernières s'ils sont présents en quantité suffisante. *Treponema pallidum,* l'agent de la syphilis, est de ce nombre. La pénétration est souvent facilitée par des substances toxiques produites par le microbe, par une lésion préexistante consécutive à une infection virale ou encore par une irritation de la muqueuse.

En plus des barrières physiques que constituent la peau et les muqueuses, plusieurs autres facteurs mécaniques contribuent à prévenir les attaques contre le corps. L'œil est protégé par un de ces mécanismes, l'**appareil lacrymal**, un groupe de structures qui produit et évacue les larmes (**figure 11.3**). Les glandes lacrymales, qui sont situées dans la partie supérieure externe de chaque orbite, élaborent les larmes et les déversent sous la paupière supérieure. De là, les larmes sont dirigées vers le coin de l'œil près du nez et se jettent par deux petits orifices dans des conduits (canalicules lacrymaux) qui les acheminent vers la cavité nasale. Les larmes sont répandues sur la surface de la conjonctive par le clignement des paupières. Normalement, elles s'évaporent ou passent dans le nez au fur et à mesure qu'elles sont sécrétées. Ce lavage continu s'oppose à l'établissement des microbes à la surface de l'œil. Si une substance irritante ou un grand nombre de microorganismes entrent en contact avec l'œil, les glandes lacrymales se mettent à produire des sécrétions abondantes, et les larmes qui s'accumulent ne peuvent pas être évacuées assez rapidement. Cette production excessive est un mécanisme de protection puisque la profusion de larmes dilue et emporte la substance ou les microorganismes irritants. Par contre, les personnes qui ne produisent pas suffisamment de larmes, par exemple les personnes âgées, sont en général plus sensibles à des irritations et à des infections de la muqueuse de l'œil.

La **salive**, qui est produite par les glandes salivaires, exerce une action nettoyante très semblable à celle des larmes. Elle contribue à diluer les microorganismes et elle les déloge de la surface des dents et de la muqueuse buccale, ce qui freine la colonisation par les microbes. De plus, les microorganismes sont avalés en même temps que la salive et la nourriture, et vont plonger dans un bain de chlorure d'hydrogène (HCl) dans l'estomac !

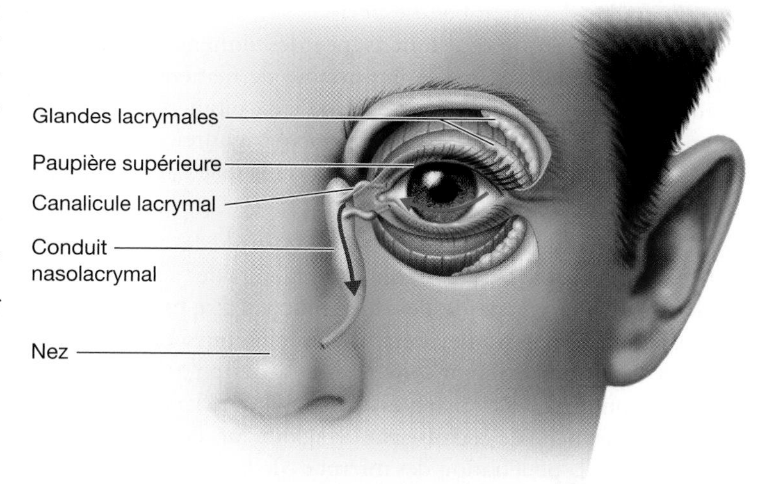

Figure 11.3 **Appareil lacrymal.** Le rinçage est effectué par les larmes qui emportent les corps étrangers vers l'angle interne de l'œil (flèche rouge). Là, les larmes se jettent dans les canalicules lacrymaux et le conduit nasolacrymal (flèche bleue).

Q/R Les muqueuses qui bordent l'intérieur des voies respiratoires et du tube digestif possèdent beaucoup de moyens de défense mécaniques. Le **mucus** emprisonne nombre de microbes qui s'introduisent dans les conduits. La muqueuse du nez possède aussi des **vibrisses** enduites de mucus qui filtrent l'air aspiré et retiennent les microbes, la poussière et les polluants. Les cellules de la muqueuse des voies respiratoires inférieures sont tapissées de **cils**. Le mouvement synchronisé de ces cils refoule la poussière qui a été aspirée et les microbes emprisonnés dans le mucus, et les fait remonter vers le pharynx (la gorge). Cet **escalier** (ou **tapis roulant**) **mucociliaire** (**figure 11.4**) maintient la couche de mucus en mouvement et la dirige vers le pharynx au rythme de 1 à 3 centimètres par heure ; la toux et les éternuements accélèrent ce rythme. Certaines substances dans la fumée de cigarette sont toxiques pour les cils et peuvent gravement entraver le fonctionnement de l'escalier mucociliaire ; c'est pourquoi le tabagisme est l'un des facteurs prédisposants des infections respiratoires. Par ailleurs, l'accumulation de sécrétions dans les voies respiratoires inférieures, par exemple chez les personnes atteintes de fibrose kystique, favorise les infections nosocomiales, en particulier par la bactérie *Burkholderia cepacia*, qui contamine souvent les instruments et les désinfectants. L'accès des microbes aux voies respiratoires inférieures est aussi contré par l'**épiglotte**, petit couvercle de cartilage qui ferme le larynx durant la déglutition. Q/R

Le nettoyage de l'urètre par l'écoulement de l'**urine** constitue un autre facteur mécanique qui prévient la colonisation microbienne du système urogénital. De même, l'écoulement naturel des **sécrétions vaginales** évacue les microbes du corps de la femme. Le **péristaltisme**, la **défécation** et le **vomissement** permettent aussi d'expulser les microbes. Le péristaltisme est une suite coordonnée de contractions qui font avancer les aliments dans le tube digestif. L'arrivée d'une masse importante de matière fécale dans le rectum déclenche la défécation. Lorsqu'il est submergé de toxines microbiennes, le tube digestif se contracte vigoureusement et se vide de son contenu par le vomissement ou la diarrhée. Ce faisant, il se débarrasse des microbes pathogènes.

Dans le domaine médical, on observe que les patients sous ventilation mécanique sont plus vulnérables aux infections parce que le mécanisme de l'escalier mucociliaire est inhibé. De même, les personnes qui deviennent hémiplégiques à la suite d'un accident vasculaire cérébral sont sujettes à des pneumonies dites par aspiration. En effet, la paralysie des muscles du larynx empêche la fermeture étanche de la glotte par l'épiglotte lors de la déglutition, ce qui favorise la pénétration des microbes de la salive dans les voies respiratoires ; la position allongée aggrave les risques d'infection. Par ailleurs, les patients qui portent des sondes urinaires à demeure s'exposent à de plus grands risques d'infections urinaires.

Les facteurs chimiques

À eux seuls, les facteurs mécaniques ne rendent pas compte de la résistance considérable opposée par la peau et les muqueuses aux invasions microbiennes. Certains facteurs chimiques jouent également des rôles importants.

Les glandes sébacées produisent une substance huileuse appelée **sébum**, un mélange de lipides, de protéines et de sels, qui protège la peau et les cheveux contre l'assèchement. Le sébum forme aussi une pellicule protectrice qui couvre la surface de la peau. Il est composé, entre autres substances, d'acides gras non saturés qui inhibent la croissance de certains mycètes et bactéries pathogènes. La peau a un pH qui se situe entre 3 et 5 et qui est entretenu en partie par la sécrétion d'acides gras et d'acide lactique. L'acidité de la peau décourage probablement la prolifération de nombreux microbes.

Les bactéries qui vivent en commensalisme sur la peau décomposent les cellules qui s'exfolient (desquamation). Les molécules organiques résultant de cette activité et les produits du métabolisme bactérien donnent naissance à l'odeur corporelle. Nous verrons au chapitre 16 que certaines bactéries souvent présentes sur la peau métabolisent le sébum et forment ainsi des acides gras libres qui causent la réaction inflammatoire associée à l'acné. L'isotretinoïne (Accutane), un dérivé de la vitamine A qui empêche la formation du sébum, permet de traiter une forme grave de ce trouble appelée *acné kystique*.

Les glandes sudoripares produisent la sueur, qui contribue au maintien de la température corporelle et élimine certains déchets. La **transpiration** déloge les microbes qui se trouvent à la surface de la peau et le sel contenu dans la sueur inhibe le développement de nombreux microbes. La sueur contient aussi du **lysozyme**, enzyme capable de dégrader le peptidoglycane de la paroi cellulaire des bactéries à Gram positif et, dans une moindre mesure, de celle des bactéries à Gram négatif (figure 3.11). Il y a aussi du lysozyme dans les larmes, la salive, les sécrétions nasales et les liquides tissulaires.

La salive contient non seulement une enzyme (amylase salivaire) qui digère l'amidon, mais aussi un certain nombre de substances qui inhibent la croissance microbienne, dont le lysozyme que nous venons de mentionner, l'urée et l'acide urique. De plus, son pH (de 6,55 et 6,85) réprime certains microbes. En outre, elle contient des anticorps (immunoglobulines A) qui entravent l'adhérence des microbes et les empêchent de pénétrer les muqueuses. Le **suc gastrique** est produit par les glandes de l'estomac. Il s'agit d'un mélange de chlorure d'hydrogène (HCl), d'enzymes et de mucus. Son acidité très élevée (pH 1,2 à 3,0) suffit à préserver la stérilité habituelle de l'estomac à jeun. Cette acidité détruit les bactéries et la plupart des toxines bactériennes, sauf celles de *Clostridium botulinum* et de *Staphylococcus aureus*.

Sur le plan clinique, on constate que plusieurs pathogènes entériques persistent jusqu'à leur arrivée dans l'intestin parce qu'ils sont ingérés avec de la nourriture qui les protège de l'environnement acide de l'estomac. D'un autre côté, on observe aussi une fréquence plus élevée d'infections de l'estomac et de l'intestin lorsqu'un agent pathogène est capable de perturber les conditions normales d'acidité de la muqueuse gastrique. Par exemple, *Helicobacter pylori* neutralise l'acidité gastrique, ce qui lui permet de proliférer dans l'estomac ; sa croissance initie une réaction immunitaire qui entraîne l'apparition de gastrites et d'ulcères (figure 20.13). L'effet antimicrobien de l'acidité gastrique peut aussi être atténué

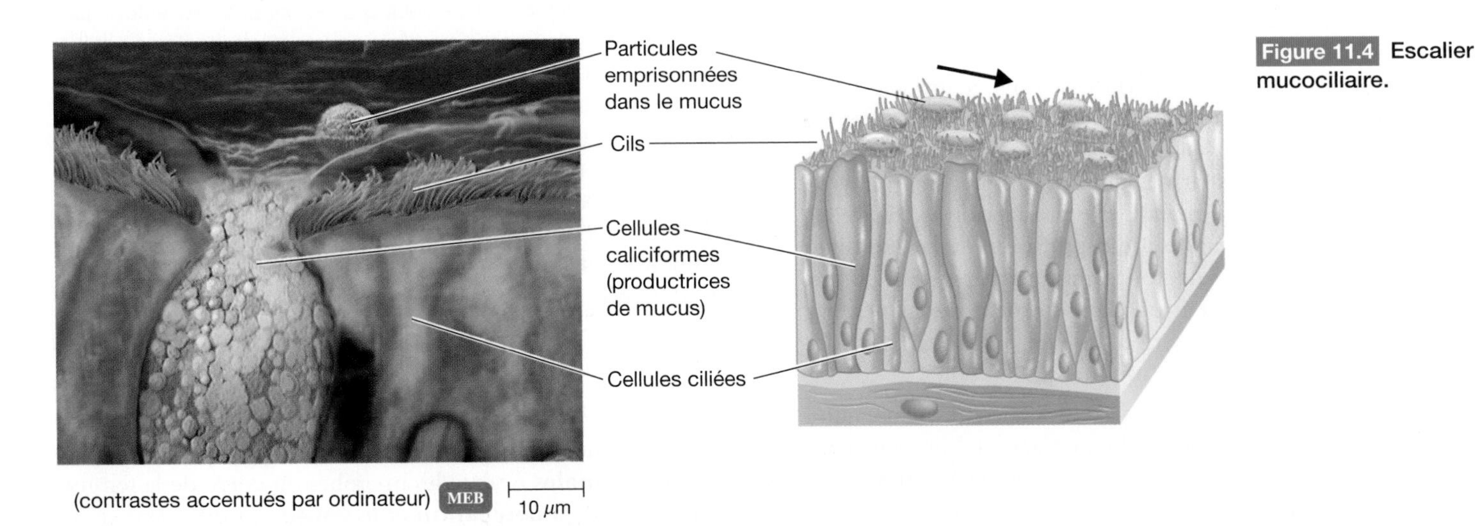

Figure 11.4 Escalier mucociliaire.

par certaines conditions physiopathologiques ; ainsi, l'état d'hypochlorhydrie caractéristique de certains cas de gastrite peut augmenter les risques d'infections intestinales par des microbes qui, normalement, auraient dû être détruits dans l'estomac. Par ailleurs, de nombreux agents pathogènes entériques sont protégés par les particules de nourriture et peuvent ainsi, en suivant le tube digestif, entrer dans l'intestin et y causer des infections alimentaires.

Les **sécrétions vaginales** sont assez acides (pH 3 à 5) et s'opposent ainsi à la croissance bactérienne. De plus, le mucus du col de l'utérus a des propriétés antimicrobiennes.

En plus de les exposer au lysozyme qu'elle contient, l'**urine** inhibe les microbes par son pH légèrement acide (6, en moyenne). Par ailleurs, elle contient de l'urée et d'autres métabolites, tels que l'acide urique, l'acide hippurique et l'indican, qui nuisent à leur croissance.

Plus loin dans ce chapitre, nous décrirons les peptides antimicrobiens, qui jouent un rôle très important dans l'immunité innée.

L'effet barrière du microbiote normal

Théoriquement, le microbiote normal ne fait pas partie de la première ligne de défense de l'immunité innée. Toutefois, au chapitre 9, nous avons mentionné que l'un des rôles bénéfiques des microorganismes qui le composent consiste à prévenir la croissance de certains agents pathogènes et, à ce titre, ils peuvent être considérés comme participant aux moyens de défense de l'immunité innée ; c'est ce qu'on appelle l'effet barrière du microbiote normal. L'antagonisme microbien s'exerce contre les agents pathogènes par la création d'une situation de concurrence pour les nutriments, par la production de substances qui sont nocives à ces agents et par l'altération des conditions du milieu qui influent sur leur survie, telles que le pH et la quantité d'oxygène disponible. Ainsi, dans le gros intestin, *Escherichia coli* produit des bactériocines qui inhibent la croissance de *Salmonella* et de *Shigella*. Dans le vagin, sous l'influence des œstrogènes, les cellules épithéliales de la muqueuse sécrètent du glycogène. Certaines bactéries du microbiote vaginal normal – les lactobacilles – métabolisent ce sucre en acide lactique, ce qui a pour effet d'acidifier légèrement les sécrétions et de freiner par la même occasion la prolifération de *Candida albicans*.

En milieu clinique, on observe fréquemment chez la femme un bouleversement de l'équilibre hormonal qui entraîne une réduction de l'acidité des sécrétions vaginales et, par voie de conséquence, une modification du microbiote normal du vagin. C'est souvent ainsi que commence l'infection endogène à *Candida*, levure pathogène qui cause la vaginite ; le stress émotif, la prise d'antibiotiques ou de fortes doses d'anovulants peuvent être des facteurs prédisposants.

Dans le cas du commensalisme, un organisme utilise le corps d'un organisme plus gros comme environnement physique et peut s'en servir pour obtenir des nutriments. Dans cette relation, un des organismes profite de la situation alors que l'autre n'est pas touché. La plupart des microorganismes qui font partie du microbiote commensal se trouvent sur la peau et dans le tube digestif (tableau 9.1). La majorité d'entre eux sont des bactéries qui possèdent des mécanismes d'adhérence hautement spécialisés et leur survie dépend de la satisfaction d'exigences très précises. Normalement, ces microorganismes sont inoffensifs, mais ils peuvent causer des maladies si les conditions du milieu sont modifiées. Ce sont alors des agents pathogènes opportunistes ; ils comprennent *E. coli*, *S. aureus*, *S. epidermidis*, *Enterococcus fæcalis*, *Pseudomonas æruginosa* et les streptocoques oraux. En fait, les commensaux peuvent rendre service à l'hôte en empêchant la colonisation par d'autres microbes pathogènes. C'est là une des fonctions du microbiote intestinal. Le commensalisme se convertit plutôt en mutualisme, où les deux organismes profitent de leur association.

▶ Vérifiez vos acquis

Nommez un facteur mécanique et un facteur chimique qui empêchent les microbes d'entrer dans le corps par la peau et les muqueuses. **11-3**

Nommez un facteur mécanique et un facteur chimique qui empêchent les microbes d'entrer dans le corps ou de le coloniser en passant par les yeux, le tube digestif et les voies respiratoires. **11-4**

Quelle est la différence entre l'antagonisme microbien et le commensalisme ? **11-5**

LA DEUXIÈME LIGNE DE DÉFENSE DE L'IMMUNITÉ INNÉE

Lorsqu'ils ont franchi la première ligne de défense que constituent la peau et les muqueuses, les microorganismes agresseurs se heurtent à la deuxième ligne de l'immunité innée : la phagocytose, l'inflammation, la fièvre et les substances antimicrobiennes.

Avant d'aborder le sujet de la phagocytose, nous allons d'abord étudier les composants du sang.

Les éléments figurés du sang

▶ Objectifs d'apprentissage

11-6 Classifier les cellules phagocytes et décrire le rôle des granulocytes et des monocytes.

11-7 Reconnaître le rôle de la formule leucocytaire du sang dans le diagnostic des maladies infectieuses.

Le sang est constitué d'un liquide appelé **plasma**, qui contient des **éléments figurés** – c'est-à-dire des cellules et des fragments de cellules. Parmi les cellules du **tableau 11.1**, celles qui retiennent présentement notre attention sont les **leucocytes**, ou globules blancs.

On regroupe les leucocytes en deux grandes catégories selon leur apparence au microscope optique : granulocytes et agranulocytes. Les **granulocytes** doivent leur nom à la présence dans leur cytoplasme de grosses granulations visibles au microscope optique après coloration. Selon la nature des colorants fixés, on distingue trois types de granulocytes : les neutrophiles, les basophiles et les éosinophiles. Les granulations des neutrophiles prennent une teinte lilas pâle sous l'action d'un mélange de colorants acides et basiques ; celles des basophiles prennent une couleur bleu violet

Tableau 11.1 Éléments figurés du sang

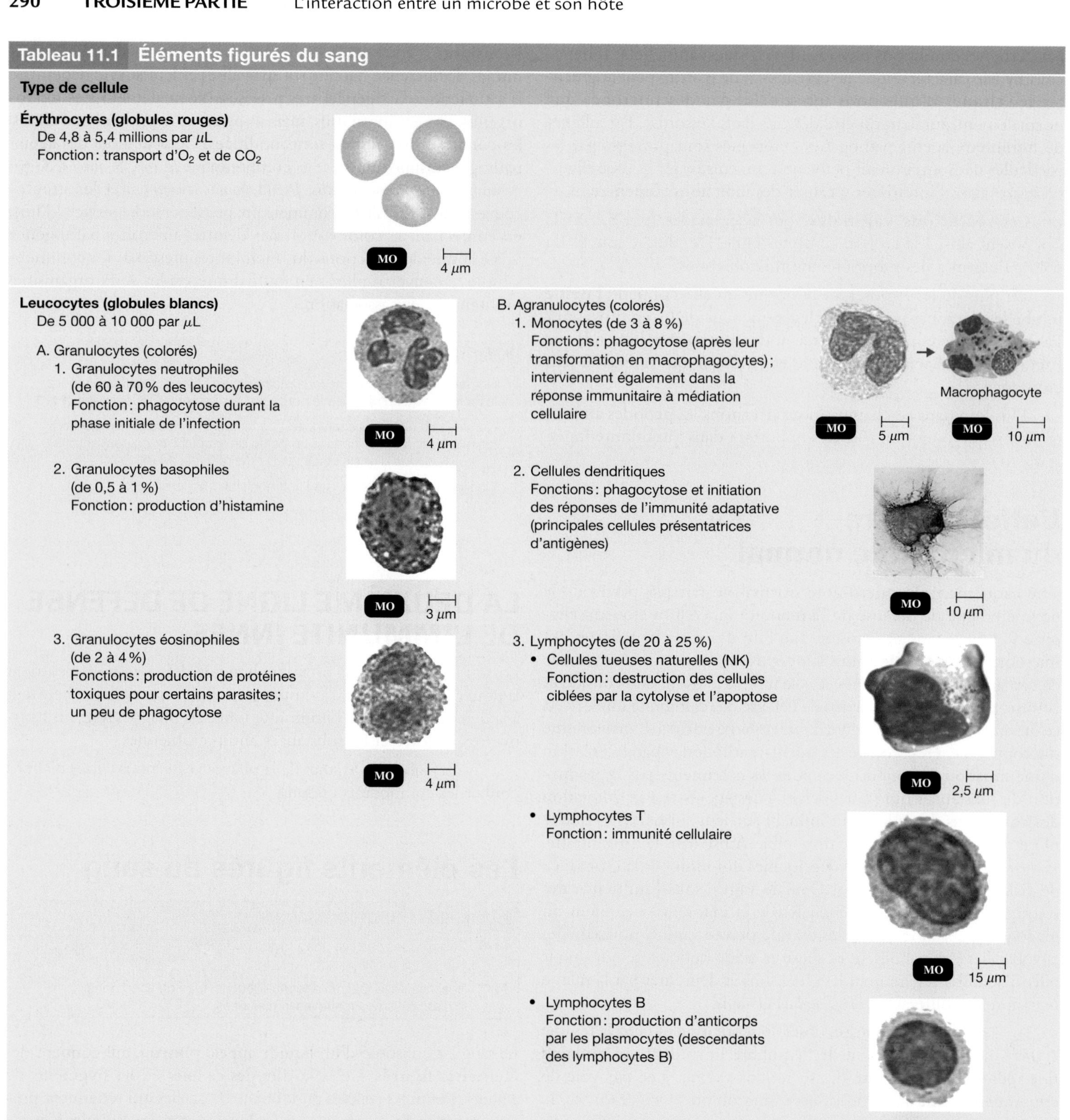

Type de cellule

Érythrocytes (globules rouges)
De 4,8 à 5,4 millions par μL
Fonction : transport d'O_2 et de CO_2

Leucocytes (globules blancs)
De 5 000 à 10 000 par μL

A. Granulocytes (colorés)
1. Granulocytes neutrophiles (de 60 à 70 % des leucocytes)
   Fonction : phagocytose durant la phase initiale de l'infection
2. Granulocytes basophiles (de 0,5 à 1 %)
   Fonction : production d'histamine
3. Granulocytes éosinophiles (de 2 à 4 %)
   Fonctions : production de protéines toxiques pour certains parasites ; un peu de phagocytose

B. Agranulocytes (colorés)
1. Monocytes (de 3 à 8 %)
   Fonctions : phagocytose (après leur transformation en macrophagocytes) ; interviennent également dans la réponse immunitaire à médiation cellulaire
2. Cellules dendritiques
   Fonctions : phagocytose et initiation des réponses de l'immunité adaptative (principales cellules présentatrices d'antigènes)
3. Lymphocytes (de 20 à 25 %)
   - Cellules tueuses naturelles (NK)
     Fonction : destruction des cellules ciblées par la cytolyse et l'apoptose
   - Lymphocytes T
     Fonction : immunité cellulaire
   - Lymphocytes B
     Fonction : production d'anticorps par les plasmocytes (descendants des lymphocytes B)

Plaquettes
De 150 000 à 400 000 par μL
Fonction : coagulation du sang

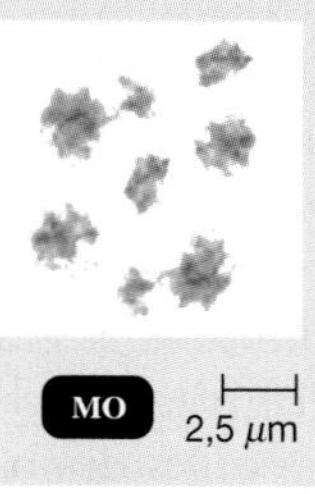

quand elles sont exposées au bleu de méthylène, un colorant basique, et celles des éosinophiles deviennent rouges ou orange sous l'action de l'éosine, un colorant acide. Les **granulocytes neutrophiles** sont souvent appelés *leucocytes polynucléaires* parce que leur noyau est découpé en lobes, au nombre de deux à cinq. Ils sont d'avides phagocytes très mobiles et entrent en action dès les premières phases d'une infection. Ils peuvent quitter la circulation sanguine, pénétrer un tissu infecté et détruire les microbes et les particules de matière étrangère. Les **granulocytes basophiles** libèrent des substances, telles que l'histamine, qui exercent une action importante lors de l'inflammation et des réponses allergiques. Les **granulocytes éosinophiles** montrent une faible activité phagocytaire et sont aussi capables de quitter la circulation sanguine. Leur principale fonction est de s'attaquer à certains parasites, tels que les helminthes. Bien qu'ils soient trop petits pour ingérer et détruire les helminthes, ils peuvent se fixer à leur surface externe et libérer des ions peroxyde qui les détruisent (figure 12.15). Leur nombre augmente de façon significative durant certaines infestations par les vers parasites et lors des réactions d'hypersensibilité (allergie).

Les **agranulocytes** possèdent aussi des granulations dans leur cytoplasme, mais celles-ci ne sont pas visibles au microscope optique après coloration. Il y a trois différents types d'agranulocytes : les monocytes, les cellules dendritiques et les lymphocytes. Les **monocytes** n'ont pas d'action phagocytaire jusqu'à ce qu'ils quittent la circulation sanguine, migrent vers les tissus du corps et s'y différencient en **macrophagocytes**, ou macrophages. En fait, la maturation et la prolifération des macrophagocytes (ainsi que des lymphocytes) sont une des causes du gonflement des nœuds lymphatiques durant les infections. Les macrophagocytes sont les cellules immunitaires dont l'activité phagocytaire est la plus intense. Au fur et à mesure que le sang et la lymphe traversent les organes qui contiennent des macrophagocytes, les microbes qui s'y trouvent sont retirés et digérés par phagocytose. Les macrophagocytes éliminent aussi les érythrocytes usés.

Les **cellules dendritiques** sont des cellules immunitaires que l'on croit issus des monocytes et qui ont migré du sang vers les tissus. Elles sont particulièrement abondantes dans l'épiderme, les muqueuses, le thymus et les nœuds lymphatiques. Ces cellules sont hérissées de prolongements cytoplasmiques longs et fins, semblables aux dendrites des neurones, d'où leur nom. Les fonctions de ces cellules sont de capturer et de détruire les microbes par phagocytose ; toutefois, leur activité phagocytaire est moins intense que celle des macrophagocytes. Leur rôle le plus important est d'initier par un système de coopération cellulaire les réponses de l'immunité adaptative ; ce sont en fait les cellules présentatrices d'antigènes (CPA) les plus efficaces.

Les **lymphocytes** sont un groupe de cellules comprenant les cellules tueuses naturelles, les lymphocytes T et les lymphocytes B. On trouve les **cellules tueuses naturelles (NK)** dans le sang, la rate, les nœuds lymphatiques et la moelle osseuse rouge. Elles sont capables de tuer toutes sortes de cellules infectées et certaines cellules tumorales, qu'elles reconnaissent aux protéines anormales ou inhabituelles à la surface de leur membrane plasmique. Lorsqu'elles se lient à leur cible, par exemple une cellule humaine infectée, elles libèrent des vésicules, ou granules, contenant des substances toxiques. On trouve dans ces granules une protéine appelée **perforine**, qui s'insère dans la membrane plasmique de la cellule cible et la transperce en y pratiquant des canaux (perforations). Le liquide extracellulaire s'engouffre dans les canaux et fait éclater la cellule par un processus appelé **cytolyse** (*cyto-* = cellule ; *-lyse* = dissolution). D'autres granules libèrent des **granzymes**. Ceux-ci sont des enzymes qui hydrolysent les protéines et déclenchent l'apoptose, ou autodestruction, de la cellule cible. Par leur action, les cellules NK tuent les cellules infectées, mais non les microbes qui se trouvent à l'intérieur. Toutefois, une fois libérés dans le milieu, ces derniers, qu'ils soient intacts ou non, deviennent la proie des phagocytes.

En règle générale, les **lymphocytes** ne sont pas capables de phagocytose, mais ils jouent un rôle clé dans l'immunité adaptative (chapitre 12). On les trouve dans tous les tissus lymphoïdes et dans le sang.

Beaucoup de types d'infections, en particulier les infections bactériennes, occasionnent une augmentation du nombre total de leucocytes ; cette prolifération s'appelle *leucocytose*. Durant la phase active d'une infection, la numération leucocytaire peut doubler, tripler ou quadrupler, selon la gravité de l'infection. Les maladies qui peuvent causer de telles élévations de la population des leucocytes comprennent la méningite, la mononucléose infectieuse, l'appendicite, la pneumonie à pneumocoques et la gonorrhée. D'autres maladies, telles que la salmonellose et la brucellose, ainsi que certaines rickettsioses et infections virales, peuvent entraîner une *diminution* de la numération leucocytaire, appelée *leucopénie*. La leucopénie peut être associée soit à une production déficitaire de leucocytes, soit aux effets d'enzymes bactériennes telle la leucocidine, soit aux effets de la sensibilité accrue de la membrane des leucocytes à l'action délétère du complément – ensemble de protéines plasmatiques antimicrobiennes qui seront décrites plus loin dans le présent chapitre.

Dans le domaine médical, on peut déceler l'augmentation ou la diminution du nombre de leucocytes par la **formule leucocytaire du sang**, soit le calcul du pourcentage de chaque type de leucocyte dans un échantillon de 100 leucocytes. Les pourcentages de la formule leucocytaire normale figurent entre parenthèses dans la première colonne du tableau 11.1.

Le système lymphatique

Objectif d'apprentissage

11-8 Différencier les systèmes circulatoires sanguin et lymphatique.

Le **système lymphatique** est constitué de la lymphe, des vaisseaux lymphatiques et de plusieurs structures et organes qui contiennent du tissu lymphoïde, tels que les tonsilles, ou communément amygdales, la rate, le thymus, les follicules lymphatiques agrégés (ou plaques de Peyer) de l'intestin grêle, les nœuds lymphatiques et la moelle osseuse rouge, où se forment les cellules du système immunitaire à partir de cellules souches (**figure 11.5a**). Le tissu lymphoïde contient de nombreux lymphocytes T et B et des phagocytes qui participent aux réponses immunitaires.

Les vaisseaux lymphatiques prennent naissance dans les capillaires lymphatiques. Contrairement aux capillaires sanguins, qui constituent un réseau de canalisations reliant deux vaisseaux plus gros (soit une artériole et une veinule), les capillaires lymphatiques sont, au point de départ, de petits culs-de-sac situés dans les espaces intercellulaires (**figure 11.5b** et **c**). Les cellules endothéliales qui forment leurs parois ne sont pas fixées les unes aux autres, elles se chevauchent plutôt; leur structure unique permet au liquide interstitiel d'y entrer, mais non d'en sortir. (La plupart des composants du plasma sanguin traversent les parois des capillaires sanguins pour former le liquide interstitiel, qui entoure les cellules des tissus.) La **lymphe** (*lympha* = eau) est le nom qu'on donne au liquide interstitiel une fois qu'il est entré dans les capillaires lymphatiques. Ces derniers transportent la lymphe vers de plus gros vaisseaux lymphatiques (figure 11.5a) qui ressemblent aux veines, mais leurs parois sont plus minces et leurs valvules à sens unique plus nombreuses. En plusieurs points de leur parcours, ils traversent des structures recouvertes d'une capsule appelées **nœuds lymphatiques**, dont le rôle est en quelque sorte de filtrer la lymphe. À l'intérieur des nœuds lymphatiques, des fibres réticulaires emprisonnent les microbes, puis des macrophagocytes et des cellules dendritiques les détruisent par phagocytose. Les nœuds lymphatiques sont aussi les sites d'activation des lymphocytes B et T, cellules de la réponse immunitaire adaptative qui détruisent spécifiquement les microbes. Depuis les vaisseaux lymphatiques, la lymphe se déverse dans deux grands vaisseaux, le conduit thoracique et le conduit lymphatique droit. Principal vaisseau collecteur de la lymphe, le conduit thoracique prend naissance dans un évasement appelé *citerne du chyle*; il draine le côté gauche du corps (de la tête aux pieds) et la partie du côté droit située sous les côtes; il retourne la lymphe à la circulation sanguine par la veine subclavière gauche. Le conduit lymphatique droit reçoit la lymphe de la partie supérieure droite du corps et la

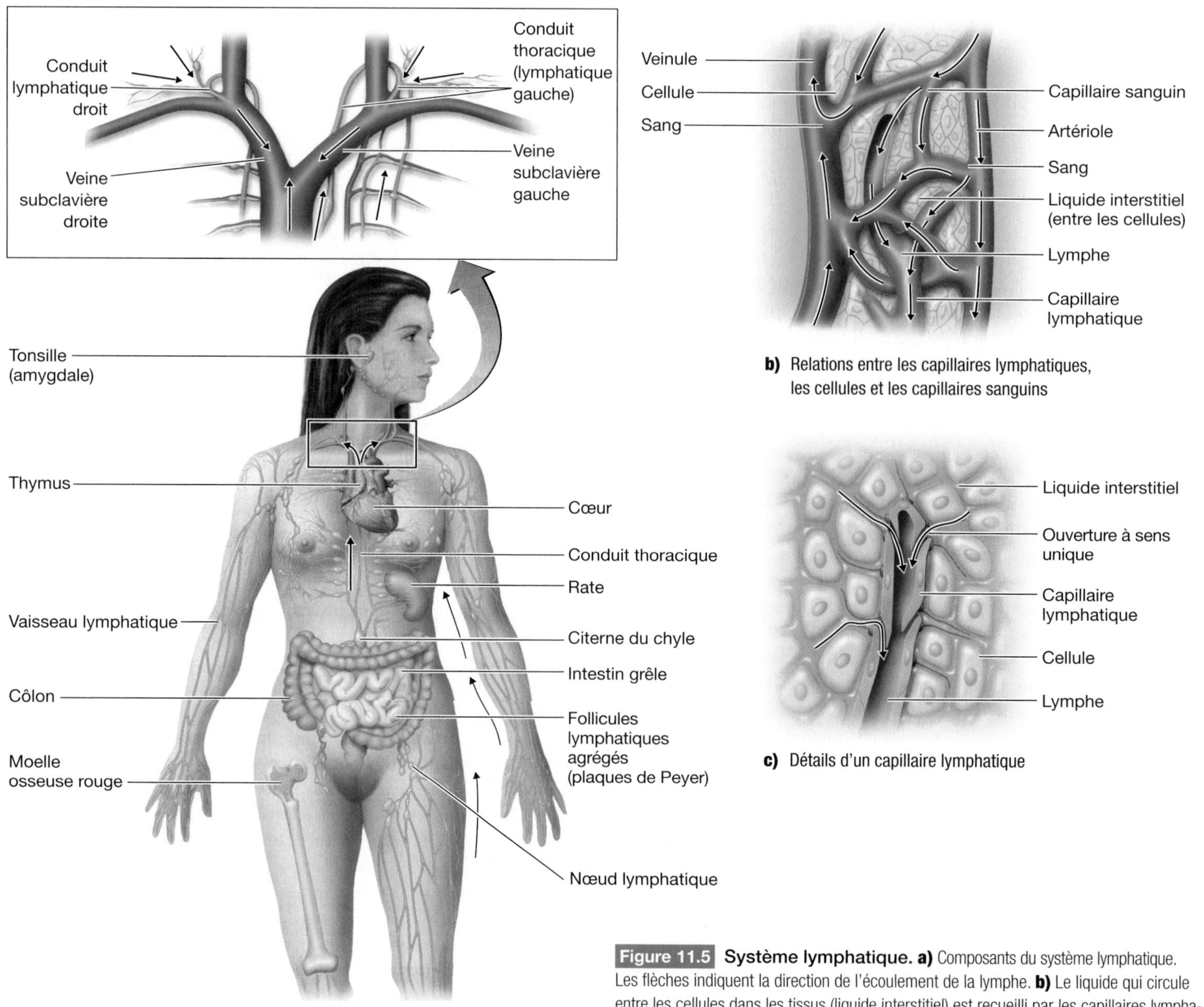

a) Composants du système lymphatique

b) Relations entre les capillaires lymphatiques, les cellules et les capillaires sanguins

c) Détails d'un capillaire lymphatique

Figure 11.5 Système lymphatique. a) Composants du système lymphatique. Les flèches indiquent la direction de l'écoulement de la lymphe. **b)** Le liquide qui circule entre les cellules dans les tissus (liquide interstitiel) est recueilli par les capillaires lymphatiques. **c)** Les capillaires lymphatiques sont, au point de départ, de petits culs-de-sac.

retourne à la circulation sanguine par la veine subclavière droite. La lymphe ainsi retournée s'ajoute au plasma sanguin qui, transporté par la circulation sanguine, redeviendra ultimement du liquide interstitiel, puis de la lymphe : un autre cycle recommence.

Le tissu et les organes lymphoïdes disséminés dans la muqueuse du tube digestif et dans celle des voies respiratoires protègent l'organisme contre les microbes ingérés ou inhalés. À plusieurs endroits du corps, on trouve des amas de tissu lymphoïde, par exemple dans les *tonsilles* qui bordent le pharynx et dans les *plaques de Peyer* de l'intestin grêle (figure 12.9).

La *rate* contient des lymphocytes et des macrophagocytes qui, au passage du sang circulant, détectent les microbes et leurs produits, par exemple les toxines qu'ils sécrètent. Ce faisant, la rate joue un rôle de surveillance du sang semblable à celui qu'exercent les nœuds lymphatiques à l'égard de la lymphe. Le *thymus* est un organe où s'effectue la maturation des lymphocytes T. Il abrite aussi des cellules dendritiques et des macrophagocytes.

▶ Vérifiez vos acquis

Comparez les structures et les fonctions des monocytes et des granulocytes neutrophiles. **11-6**

Décrivez les six types de leucocytes et nommez une fonction accomplie par chacun d'eux. **11-7**

Quel est le rôle des nœuds lymphatiques ? **11-8**

Les phagocytes

▶ Objectifs d'apprentissage

11-9 Définir la phagocytose et le phagocyte.

11-10 Décrire le processus de la phagocytose, y compris l'adhérence et l'ingestion.

11-11 Nommez six mécanismes qui permettent d'échapper à la destruction par phagocytose.

La **phagocytose** (nom tiré de mots grecs signifiant manger et cellule) est une fonction accomplie par certaines cellules qui ont la capacité d'ingérer des microbes ou d'autres substances de grande taille telles que des débris de cellules mortes et des protéines dénaturées. Du point de vue immunitaire, elle est un des moyens utilisés par les cellules du corps humain pour combattre l'infection – elle appartient à la deuxième ligne de défense de l'immunité innée. Les cellules qui accomplissent cette tâche sont qualifiées de **phagocytes** et elles font toutes partie des leucocytes ou en sont dérivées.

Le rôle des phagocytes

Quand une infection est déclenchée, les granulocytes (surtout les neutrophiles, mais aussi les éosinophiles), les cellules dendritiques et les monocytes migrent vers la région infectée. Durant leur migration, les monocytes augmentent de taille et se transforment en macrophagocytes – cellules douées d'une activité phagocytaire intense (**figure 11.6**). Certains macrophagocytes, dits **macrophagocytes fixes**, s'installent à demeure dans certains tissus et organes du corps. On trouve les macrophagocytes fixes dans la peau (macrophagocytes intraépidermiques ou cellules de Langerhans) et le tissu conjonctif (histiocytes), dans le foie (cellules de Kupffer), les conduits

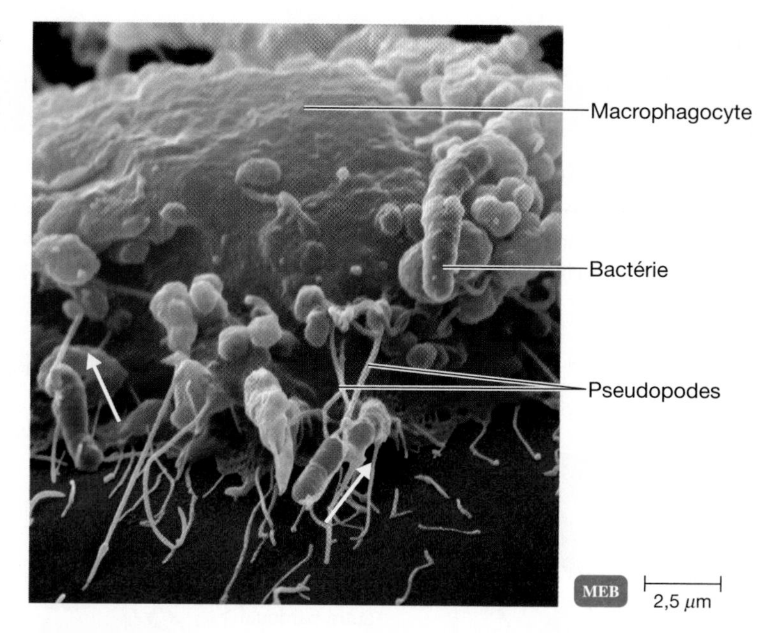

Figure 11.6 Macrophagocyte englobant des bacilles. Après la phase initiale de l'infection, les macrophagocytes entrent en jeu et s'emploient à éliminer les microorganismes.

de l'arbre bronchique et les poumons (macrophagocytes alvéolaires), le système nerveux (microglyocytes), la rate, les nœuds lymphatiques, la moelle osseuse rouge et les cavités péritonéale et pleurale. D'autres macrophagocytes, appelés **macrophagocytes libres**, sont mobiles et circulent dans les tissus jusqu'à ce qu'ils atteignent un site d'infection ou d'inflammation. Les divers macrophagocytes du corps constituent le **système des phagocytes mononucléés** ou **système réticulo-endothélial**.

Au cours d'une infection, un changement se produit dans le type de leucocyte qui prédomine dans la circulation sanguine. Les granulocytes, surtout neutrophiles, dominent dans la phase initiale de l'infection bactérienne et sont alors des phagocytes actifs ; cet état de fait est révélé par l'accroissement de leur nombre dans la formule leucocytaire. Mais au fur et à mesure que l'infection progresse, les macrophagocytes prennent la relève ; ils débusquent, capturent, engloutissent et digèrent – phagocytent – les bactéries encore vivantes ainsi que celles qui sont mortes ou mourantes. L'augmentation du nombre de monocytes circulants (appelés à devenir des macrophagocytes) se reflète aussi dans la formule leucocytaire. Au cours des infections virales et des mycoses, les macrophagocytes dominent à tous les stades de l'immunité innée.

Le mécanisme de la phagocytose

Comment s'effectue la phagocytose ? Pour en faciliter l'étude, nous la divisons en quatre grandes phases : le chimiotactisme, l'adhérence, l'ingestion et la digestion. À la **figure 11.7**, nous avons subdivisé les deux dernières phases, si bien que le processus compte au total huit étapes.

Le chimiotactisme

❶ Le **chimiotactisme** est l'attraction chimique exercée sur les phagocytes par des microbes (chapitre 3). Plusieurs substances

Figure 11.7

Schéma guide

Mécanisme de la phagocytose

La phagocytose est un élément important de la deuxième ligne de défense de l'organisme. Elle entre en action lorsque les agents pathogènes franchissent la première ligne. Les phagocytes jouent aussi un rôle important dans l'immunité adaptative; nous verrons au chapitre 12 qu'ils accomplissent cette tâche en stimulant les lymphocytes T et B.

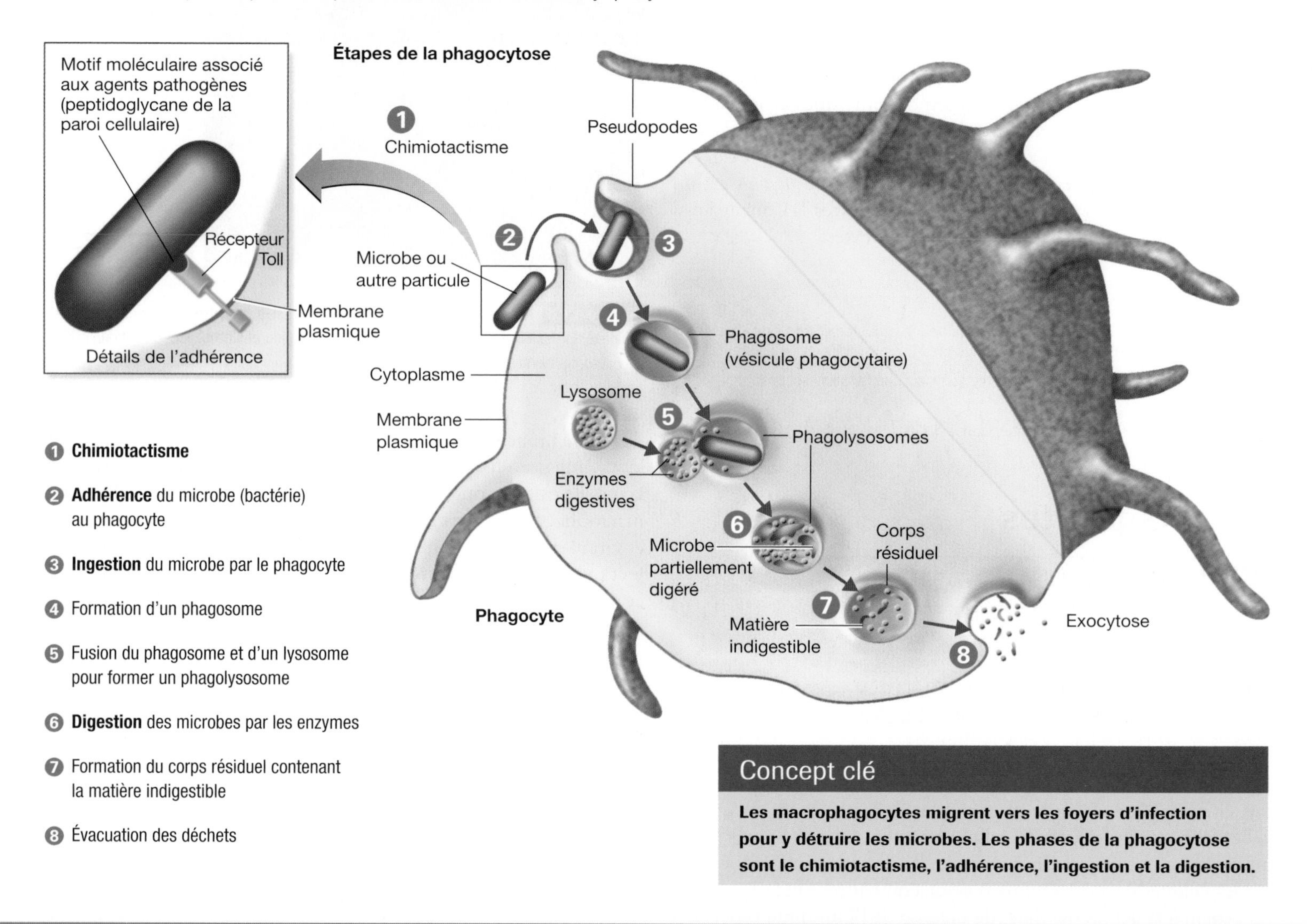
Motif moléculaire associé aux agents pathogènes (peptidoglycane de la paroi cellulaire)
Récepteur Toll
Membrane plasmique
Détails de l'adhérence
Étapes de la phagocytose
1 Chimiotactisme
Pseudopodes
2
3
Microbe ou autre particule
4
Phagosome (vésicule phagocytaire)
Cytoplasme
Lysosome
Membrane plasmique
5
Phagolysosomes
Enzymes digestives
6
Microbe partiellement digéré
Corps résiduel
7
Matière indigestible
8
Exocytose
Phagocyte
1 Chimiotactisme
2 Adhérence du microbe (bactérie) au phagocyte
3 Ingestion du microbe par le phagocyte
4 Formation d'un phagosome
5 Fusion du phagosome et d'un lysosome pour former un phagolysosome
6 Digestion des microbes par les enzymes
7 Formation du corps résiduel contenant la matière indigestible
8 Évacuation des déchets
Concept clé
Les macrophagocytes migrent vers les foyers d'infection pour y détruire les microbes. Les phases de la phagocytose sont le chimiotactisme, l'adhérence, l'ingestion et la digestion.

chimiotactiques sont présentes à l'état inactif dans les cellules vivantes. Dès que celles-ci sont détruites par des microbes, elles libèrent ces substances chimiotactiques, qui s'activent alors et attirent ainsi les phagocytes sur le site de l'agression. Parmi les molécules chimiotactiques, on compte les produits microbiens, les composants des leucocytes et des cellules lésées, les cytokines et les peptides dérivés du complément (voir plus loin dans le présent chapitre).

L'adhérence

Au regard de la phagocytose, 2 l'**adhérence** est la fixation de la membrane plasmique d'un phagocyte à la surface d'un microbe ou d'une substance étrangère. Elle se réalise mieux lorsque les motifs moléculaires associés aux agents pathogènes se lient à certains récepteurs des phagocytes, tels que les récepteurs Toll. Cette liaison déclenche non seulement la phagocytose, mais aussi la libération de cytokines qui attirent d'autres phagocytes au foyer d'infection.

Dans certains cas, l'adhérence s'effectue aisément et le microbe est phagocyté d'emblée. Par ailleurs, les microbes sont plus faciles à phagocyter s'ils sont d'abord enrobés de certaines protéines sériques (du sang) qui favorisent grandement leur fixation aux phagocytes. Le processus par lequel les microbes sont enrobés s'appelle **opsonisation** (ou immunoadhérence). Les protéines qui jouent le rôle d'*opsonines* comprennent certains anticorps et des composants du système du complément (décrits plus loin dans le présent chapitre et au chapitre 12.) Par analogie, les opsonines correspondent à des «balises de repérage» placées à la surface d'un agent pathogène de façon à attirer les phagocytes et à faciliter son ingestion.

L'ingestion

Après l'adhérence, ❸ l'ingestion a lieu. Au cours de ce processus, la membrane plasmique du phagocyte forme des prolongements appelés *pseudopodes* qui englobent le microbe. ❹ Une fois que ce dernier est cerné, les pseudopodes se touchent et fusionnent, enveloppant le microbe dans un sac appelé **phagosome** ou *vésicule phagolytique*. Dans la membrane du phagosome, des enzymes agissant comme pompes à protons font entrer des ions H^+ qui réduisent le pH de la vésicule à environ 4. À ce pH, les enzymes hydrolytiques se mettent à agir.

La digestion

À cette étape de la phagocytose, le phagosome se libère de la membrane plasmique et s'enfonce dans le cytoplasme. Là, il entre en contact avec des lysosomes qui contiennent des enzymes digestives et des substances bactéricides (chapitre 3). ❺ Lorsque le contact est établi, les membranes du phagosome et du lysosome fusionnent pour former une seule grande vacuole appelée **phagolysosome**. ❻ Le contenu du phagolysosome est ensuite digéré.

Les enzymes lysosomiales qui s'attaquent directement aux cellules microbiennes comprennent le lysozyme. Ce dernier est capable d'hydrolyser le peptidoglycane de la paroi cellulaire bactérienne. Diverses autres enzymes, telles que les lipases, les protéases, la ribonucléase et la désoxyribonucléase, hydrolysent les autres composants macromoléculaires des microorganismes. Les lysosomes contiennent aussi des enzymes qui peuvent mener, au cours d'un processus appelé *explosion oxydative*, à des produits oxygénés toxiques tels que le radical superoxyde ($O_2^{\cdot-}$), le peroxyde d'hydrogène (H_2O_2), l'oxygène singulet ($^1O_2^-$) et le radical hydroxyle ($OH\cdot$) et à du monoxyde d'azote (NO) (chapitre 4). D'autres enzymes peuvent se servir de ces produits oxygénés toxiques pour tuer les microorganismes ingérés. Par exemple, l'enzyme myéloperoxydase convertit les ions chlorure (Cl^-) et le peroxyde d'hydrogène en acide hypochloreux (HClO), un composé très toxique. L'acide contient des ions hypochlorite, comme ceux qui confèrent à l'eau de Javel son pouvoir antimicrobien (chapitre 14).

❼ Après que les enzymes ont digéré le contenu du phagolysosome, l'organite renferme une matière indigestible qui s'appelle *corps résiduel*. ❽ Ce corps résiduel se déplace alors vers la périphérie de la cellule et évacue ses déchets dans le milieu extérieur par exocytose, processus inverse de l'ingestion. Bien qu'elle soit l'étape normale qui termine le processus de phagocytose, l'exocytose n'est pas toujours présente. Le phagocyte peut accumuler les corps résiduels sans les déverser dans le milieu extérieur, lequel en l'occurrence est le liquide interstitiel.

La résistance à la phagocytose

La capacité d'un pathogène à initier une infection dépend de son habileté à éviter la phagocytose. Certaines bactéries possèdent des structures, par exemple la présence de la protéine M ou celle d'une grosse capsule, leur permettant d'inhiber l'étape de l'adhérence (chapitre 10). Ainsi, la protéine M du streptocoque β-hémolytique du groupe A empêche l'attachement des phagocytes à la surface de ce microbe et rend leur adhérence plus difficile. Parmi les bactéries qui possèdent une grosse capsule protectrice, on compte *Streptococcus pneumoniæ* et *Hæmophilus influenzæ* de sérotype b. De tels microbes bien capsulés ne peuvent être ingérés que si le phagocyte réussit à les plaquer contre une surface rugueuse, telle que celle d'un vaisseau sanguin, d'un caillot de sang ou de fibres de tissu conjonctif, d'où ils ne peuvent pas se glisser pour prendre la fuite.

Il existe des microbes qui se laissent absorber sans que cela les tue. Par exemple, *Staphylococcus* produit des leucocidines qui peuvent détruire le phagocyte en provoquant la libération des enzymes lysosomales dans le cytoplasme. La streptolysine des streptocoques agit d'une manière analogue.

Après leur ingestion, certains agents pathogènes intracellulaires sécrètent des toxines qui induisent la formation de pores dans les membranes du phagocyte, provoquant ainsi la lyse de ce dernier. Par exemple, *Trypanosoma cruzi* (agent causal de la trypanosomiase américaine) et *Listeria monocytogenes* (agent causal de la listériose) forment des pores qui détruisent la membrane des phagolysosomes, ce qui entraîne la libération des microbes dans le cytoplasme du phagocyte. Là, ils se multiplient, puis produisent d'autres pores, cette fois-ci dans la membrane plasmique. La lyse qui en résulte permet la libération des microbes dans le milieu, d'où ils peuvent infecter d'autres cellules.

Les enzymes lysosomiales ne tuent pas tous les microbes phagocytés, et certains survivent à l'intérieur du phagocyte. En fait, *Coxiella burnetii* (agent de la fièvre Q) a besoin du pH acide qui existe dans les phagolysosomes pour se multiplier. Certaines bactéries pathogènes, telles que *L. monocytogenes, Shigella* (agent de la shigellose) et *Rickettsia* (agent de la fièvre pourprée des montagnes Rocheuses et du typhus), sont capables de s'échapper du phagosome avant sa fusion avec un lysosome. D'autres microbes, tels que *Mycobacterium tuberculosis*, le VIH (agent du sida), *Chlamydia* (agent du trachome et de l'urétrite gonococcique), *Leishmania* (un protozoaire) et *Plasmodium* (agent du paludisme), peuvent empêcher la fusion des phagosomes et des lysosomes, ainsi que l'activation des enzymes digestives. Ils se multiplient alors à l'intérieur des phagocytes, occupant presque tout l'espace interne. Dans la plupart des cas, le phagocyte meurt, libérant les microbes par autolyse et leur permettant d'infecter d'autres cellules. D'autres microbes encore, tels ceux qui causent la tularémie et la brucellose, peuvent demeurer dans un état de latence au sein des phagocytes pendant des mois ou des années.

Les microbes qui vivent en biofilms sont aussi protégés, car les phagocytes ne parviennent pas à les dégager de la couche visqueuse qui les abrite. De plus, par rapport à leurs congénères libres, certaines bactéries en biofilms, telles que *Pseudomonas æruginosa*, provoquent une explosion oxydative atténuée. Dans le cas de *P. æruginosa*, la réaction des granulocytes neutrophiles est aussi ralentie.

L'organisme humain lutte contre l'agression microbienne. À la guerre, l'ennemi peut gagner une bataille en franchissant une ligne de défense. Dans la lutte contre les microbes agresseurs, nous avons vu que beaucoup d'entre eux utilisent des stratégies diverses pour se protéger contre la phagocytose. On sait maintenant que ces microbes ont une virulence accrue.

▶ Vérifiez vos acquis

Quelles sont les fonctions des macrophagocytes libres et des macrophagocytes fixes? **11-9**

Quel est le rôle des récepteurs Toll dans la phagocytose? **11-10**

Par quels moyens les bactéries suivantes échappent-elles à la destruction par les phagocytes: *Streptococcus pneumoniæ, Staphylococcus aureus, Listeria monocytogenes, Mycobacterium tuberculosis, Rickettsia*? **11-11**

★ ★ ★

En plus de contribuer à l'immunité innée de l'hôte, la phagocytose joue un rôle dans l'immunité adaptative. Au chapitre 12, nous examinerons ce rôle plus en détail. Nous verrons notamment comment les macrophagocytes aident les lymphocytes T et B à accomplir des fonctions immunitaires vitales.

Dans la section suivante, nous verrons comment la phagocytose fait souvent partie d'un autre mécanisme de résistance non spécifique: l'inflammation.

L'inflammation

▶ Objectifs d'apprentissage

11-12 Nommer les étapes de l'inflammation.

11-13 Décrire le rôle des kinines, des prostaglandines, des leucotriènes et des cytokines dans l'inflammation.

11-14 Décrire les étapes de la mobilisation des phagocytes.

Toute lésion des tissus déclenche dans le corps une réaction locale appelée **inflammation** ou **réaction inflammatoire**, un autre composant de la deuxième ligne de défense de l'immunité innée (figure 11.1). La lésion peut être causée par une infection microbienne, un agent physique (tel que la chaleur, les rayonnements, l'électricité ou un objet tranchant) ou par un agent chimique (acide, base et gaz). L'inflammation se caractérise habituellement par quatre signes et symptômes: *rougeur, chaleur, tuméfaction* et *douleur.* À l'occasion, il y en a un cinquième: la *perte fonctionnelle,* dont la présence dépend de la localisation et de l'importance de la lésion.

Si la cause de l'inflammation est supprimée en un laps de temps relativement court, la réaction inflammatoire est intense, et on la qualifie d'*inflammation aiguë.* C'est ce qu'on observe lorsque *S. aureus* occasionne un furoncle. Si, au contraire, la cause est difficile ou impossible à éliminer, la réaction se prolonge, mais elle est moins intense (bien que plus dommageable en fin de compte). On parle alors d'*inflammation chronique.* Elle a lieu, par exemple, quand s'installe une infection chronique telle que la tuberculose, causée par *M. tuberculosis.*

Bien que les signes et les symptômes observés semblent démentir ce fait, la réaction inflammatoire est bénéfique. Elle a les fonctions suivantes: 1) détruire, si possible, l'agent nocif et débarrasser le corps du germe et de ses produits; 2) si la destruction est impossible, limiter les effets sur le corps en isolant l'agent nocif et ses produits; et 3) réparer ou remplacer le tissu lésé par l'agent nocif ou ses produits.

Au début de la réaction, certaines structures microbiennes, telles que la flagelline, les lipopolysaccharides (LPS) et l'ADN bactérien se lient aux récepteurs Toll des macrophagocytes. Ceux-ci se mettent alors à produire des cytokines, telles que le facteur nécrosant des tumeurs α (TNF-α). Lorsqu'il détecte la présence de ce dernier dans le sang, le foie synthétise un groupe de protéines appelées **protéines de la phase aiguë**. Certaines de ces protéines se trouvent déjà dans la circulation sous une forme inactive et sont converties en leur forme active au cours de la réaction inflammatoire. Les protéines de la phase aiguë déclenchent aussi bien des réactions localisées que systémiques. Elles comprennent la protéine C-réactive, la lectine liant le mannose et plusieurs protéines spécialisées telles que le fibrinogène (coagulation du sang) et les kinines (vasodilatation).

Toutes les cellules qui participent à l'inflammation ont des récepteurs du TNF-α, auquel elles réagissent en produisant à leur tour leur propre TNF-α, ce qui a pour effet d'amplifier la réaction inflammatoire. Malheureusement, lorsqu'elle est excessive, la production de ce facteur peut donner naissance à des affections telles que la polyarthrite rhumatoïde et la maladie de Crohn. À l'heure actuelle, on traite plusieurs dérèglements causés par l'inflammation au moyen d'anticorps monoclonaux (chapitre 26 EN LIGNE).

Pour les besoins de la présente description, nous divisons le processus de l'inflammation en trois étapes: la vasodilatation et l'augmentation de la perméabilité des vaisseaux sanguins, la mobilisation des phagocytes et la phagocytose, et la réparation tissulaire. Les étapes du processus sont décrites à la **figure 11.8**.

La vasodilatation et l'augmentation de la perméabilité des vaisseaux sanguins

Immédiatement après l'apparition de la lésion, les vaisseaux sanguins dans la région atteinte se dilatent et deviennent plus perméables (figure 11.8a et b). La **vasodilatation** est une augmentation du diamètre des vaisseaux sanguins. Elle accroît le débit de sang dans la région lésée et est à l'origine de la rougeur (érythème) et de la chaleur associées à l'inflammation.

L'augmentation de la perméabilité permet aux substances défensives normalement retenues dans la circulation de traverser les parois des vaisseaux sanguins et d'atteindre la région lésée. En permettant aux liquides de passer du sang aux zones interstitielles des tissus, la perméabilité accrue cause l'**œdème** (tuméfaction) propre à l'inflammation. La douleur peut être le fait de lésions nerveuses, de l'irritation provoquée par les toxines ou de la pression de l'œdème. Le liquide évacué peut se déverser dans une cavité, ce qui entraîne entre autres choses les écoulements abondants observés dans les cas de rhume.

❶ La vasodilatation et l'augmentation de la perméabilité des vaisseaux sanguins sont causées par des molécules que les cellules libèrent en réaction aux lésions qu'elles subissent. Parmi ces substances, on compte l'**histamine** présente dans de nombreuses cellules du corps, en particulier dans les mastocytes (cellules particulièrement abondantes dans le tissu conjonctif de la peau et du système respiratoire, et dans les vaisseaux sanguins), les granulocytes basophiles circulants et les thrombocytes (plaquettes). L'histamine est libérée en réponse directe aux lésions causées aux cellules qui en contiennent; elle est aussi sécrétée lorsque ces cellules sont stimulées par certains composants du système du complément (voir plus loin). Les granulocytes neutrophiles attirés par la lésion peuvent aussi produire des molécules qui provoquent la libération d'histamine.

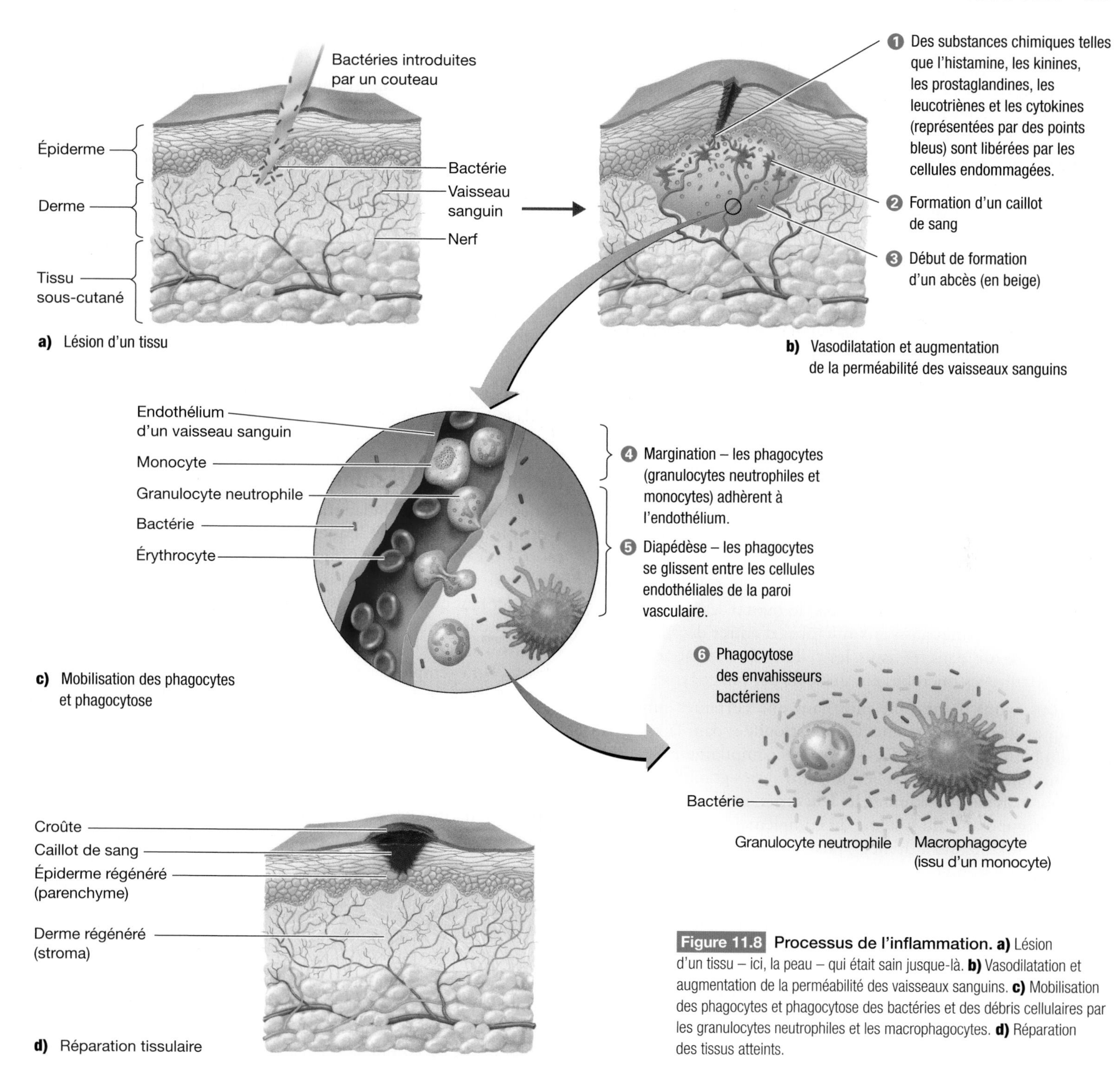
Bactéries introduites par un couteau
Épiderme
Derme
Tissu sous-cutané
Bactérie
Vaisseau sanguin
Nerf
a) Lésion d'un tissu
1 Des substances chimiques telles que l'histamine, les kinines, les prostaglandines, les leucotriènes et les cytokines (représentées par des points bleus) sont libérées par les cellules endommagées.
2 Formation d'un caillot de sang
3 Début de formation d'un abcès (en beige)
b) Vasodilatation et augmentation de la perméabilité des vaisseaux sanguins
Endothélium d'un vaisseau sanguin
Monocyte
Granulocyte neutrophile
Bactérie
Érythrocyte
4 Margination – les phagocytes (granulocytes neutrophiles et monocytes) adhèrent à l'endothélium.
5 Diapédèse – les phagocytes se glissent entre les cellules endothéliales de la paroi vasculaire.
c) Mobilisation des phagocytes et phagocytose
6 Phagocytose des envahisseurs bactériens
Bactérie
Granulocyte neutrophile
Macrophagocyte (issu d'un monocyte)
Croûte
Caillot de sang
Épiderme régénéré (parenchyme)
Derme régénéré (stroma)
d) Réparation tissulaire

Figure 11.8 Processus de l'inflammation. a) Lésion d'un tissu – ici, la peau – qui était sain jusque-là. **b)** Vasodilatation et augmentation de la perméabilité des vaisseaux sanguins. **c)** Mobilisation des phagocytes et phagocytose des bactéries et des débris cellulaires par les granulocytes neutrophiles et les macrophagocytes. **d)** Réparation des tissus atteints.

Les **kinines** constituent un autre groupe de substances à l'origine de la vasodilatation et de l'augmentation de la perméabilité des vaisseaux sanguins. Elles sont présentes dans le plasma sanguin et, lorsqu'elles sont activées, elles jouent un rôle dans le chimiotactisme en attirant les granulocytes phagocytes, surtout neutrophiles, dans la région de la lésion.

Les **prostaglandines** sont des substances qui sont libérées par les cellules atteintes; elles augmentent les effets de l'histamine et des kinines, et facilitent le passage des phagocytes à travers les parois des capillaires. Les **leucotriènes** sont des substances produites par les mastocytes et par les granulocytes basophiles; elles font augmenter la perméabilité des vaisseaux sanguins et favorisent l'adhérence des macrophagocytes aux agents pathogènes. Les macrophagocytes fixes sécrètent des **cytokines** qui contribuent aussi à la vasodilatation et à l'augmentation de la perméabilité.

L'ensemble des substances libérées à cette étape de la réaction inflammatoire permet aux facteurs de coagulation du sang de parvenir à la région de la lésion. 2 Les caillots de sang qui se forment autour du foyer d'activité empêchent les microbes (ou leurs toxines) d'atteindre d'autres parties du corps. 3 En conséquence, il peut y avoir une accumulation locale de **pus** – mélange de cellules mortes et de liquides organiques – dans une cavité formée par la décomposition des tissus. Ce foyer d'infection s'appelle **abcès**. Les pustules et les furoncles sont des abcès communs.

L'étape suivante de l'inflammation est celle de la mobilisation des phagocytes, qui aboutit à leur déploiement dans la région de la lésion.

La mobilisation des phagocytes et la phagocytose

En règle générale, dans l'heure qui suit le déclenchement du processus inflammatoire, les phagocytes migrent vers les lieux de l'agression (figure 11.8c). ❹ Avec le ralentissement graduel du débit sanguin, les phagocytes (granulocytes neutrophiles et monocytes) commencent à s'agripper à la surface de l'endothélium (revêtement intérieur) des capillaires ; ce processus d'adhésion s'appelle **margination**. Il résulte de l'action des cytokines, qui provoquent des modifications des molécules d'adhérence cellulaire (CAM) sur les cellules de l'endothélium. ❺ Puis les phagocytes ainsi rassemblés se glissent entre les cellules endothéliales des capillaires pour passer du sang au milieu interstitiel et atteindre la région lésée. Ce processus, qui est semblable au mouvement amiboïde, est appelé **diapédèse** ; il peut se faire en seulement 2 minutes. À noter que les cellules endothéliales qui tapissent les vaisseaux sanguins et lymphatiques ne sont pas aussi serrées les unes contre les autres comme c'est le cas des cellules épithéliales de l'épiderme. Cet arrangement permet certes aux cellules défensives de quitter les vaisseaux vers les tissus, mais permet aussi aux microbes d'entrer dans la circulation. ❻ Une fois dans les tissus, les cellules de défense se mettent alors à détruire les microbes envahisseurs par phagocytose.

Nous avons mentionné plus haut que certaines substances chimiques attirent les granulocytes neutrophiles dans la région de la lésion (chimiotactisme). Ces substances comprennent des molécules produites par les microbes ou par d'autres granulocytes neutrophiles, mais aussi les kinines, les leucotriènes, les chimiokines, et certains composants du système du complément. Les chimiokines sont des cytokines qui attirent les phagocytes et les lymphocytes T ; de ce fait, elles stimulent à la fois la réaction inflammatoire et l'immunité adaptative.

Les granulocytes neutrophiles appelés au combat dans les tissus sont remplacés dans la circulation par des cellules fraîches en provenance de la moelle osseuse rouge. Au bout de quelque temps, les monocytes pénètrent dans la région infectée à la suite des granulocytes neutrophiles. Une fois qu'ils sont établis dans les tissus, leurs propriétés biologiques se modifient et ils deviennent des macrophagocytes libres. Les granulocytes neutrophiles dominent au début de l'infection, mais ils se mettent à mourir rapidement. Les macrophagocytes entrent en scène plus tard au cours de l'infection, après que les granulocytes neutrophiles se sont acquittés de leur tâche. Leur pouvoir phagocytaire est plusieurs fois plus grand que celui des granulocytes neutrophiles et ils sont assez gros pour phagocyter les tissus détruits, les granulocytes épuisés et les microbes envahisseurs.

Après avoir englobé une grande quantité de microbes et de tissus endommagés, les granulocytes neutrophiles et les macrophagocytes finissent eux-mêmes par mourir. Il en résulte la formation de pus qui se continue habituellement jusqu'à ce que l'infection disparaisse. À l'occasion, le pus se fraie un chemin jusqu'à la surface du corps ou se déverse dans une cavité interne, où il est dispersé. Dans d'autres cas, le pus reste présent même après la fin de l'infection. Il est alors détruit graduellement en quelques jours et est absorbé par le corps.

En milieu clinique, on sait que, malgré l'efficacité de la phagocytose comme moyen de défense de l'immunité innée, le mécanisme s'avère moins fonctionnel dans certaines conditions. Par exemple, certains individus sont incapables, dès la naissance, de produire des phagocytes. Et avec le vieillissement, l'efficacité de la phagocytose connaît un déclin progressif. Les receveurs de greffes du cœur ou du rein ont une résistance innée amoindrie parce qu'ils prennent des médicaments qui combattent le rejet du greffon. La radiothérapie peut aussi diminuer les réactions de défense innées en altérant la moelle osseuse rouge ; les médicaments antiinflammatoires, comme leur nom l'indique, luttent contre la réaction inflammatoire. Certaines maladies comme le sida et le cancer peuvent même porter atteinte au bon fonctionnement de l'immunité innée.

La réparation tissulaire

La dernière étape de l'inflammation est la réparation tissulaire, c'est-à-dire le processus par lequel les tissus remplacent les cellules mortes ou endommagées (figure 11.8d). La réparation s'amorce durant la phase active de l'inflammation, mais elle ne peut pas s'achever tant que toutes les substances nocives ne sont pas neutralisées ou éliminées de l'endroit où se trouve la lésion. La capacité d'un tissu à se régénérer, ou se réparer lui-même, dépend du type de tissu. Par exemple, la peau a une capacité de régénération élevée, alors que le tissu musculaire du cœur n'en a presque pas.

Un tissu se répare quand son stroma ou son parenchyme produit de nouvelles cellules. Le *stroma* est le tissu conjonctif de soutien et le *parenchyme* est la partie fonctionnelle du tissu. Si les cellules du parenchyme sont les seules à participer à la réparation, la reconstruction du tissu est parfaite ou presque. Comme exemple de reconstruction parfaite, citons celle qui suit une coupure mineure de la peau, où les cellules épidermiques du parenchyme jouent le rôle principal. À l'inverse, si ce sont les cellules dermiques du stroma de la peau qui sont plus actives, il y a formation de tissu cicatriciel.

Nous avons indiqué plus haut que certains microbes mettent en œuvre des mécanismes qui leur permettent d'échapper à la phagocytose. Souvent, ces microbes sont à l'origine d'une réaction inflammatoire chronique, laquelle peut endommager considérablement les tissus du corps. La conséquence la plus importante de l'inflammation chronique est l'accumulation et l'activation de macrophagocytes au foyer d'infection. Sous l'action des cytokines produites par les macrophagocytes activés, les fibroblastes tissulaires se mettent à synthétiser des fibres de collagène. En se rassemblant, celles-ci forment du tissu cicatriciel, un processus appelé *fibrose*. Comme le tissu cicatriciel ne possède pas les structures spécialisées des tissus sains, la fibrose peut nuire au fonctionnement normal des tissus.

▶ Vérifiez vos acquis

À quoi sert l'inflammation ? **11-12**

Quelle est la cause de la rougeur, de la tuméfaction et de la douleur associées à l'inflammation ? **11-13**

Qu'est-ce que la margination ? **11-14**

La fièvre

▶ Objectif d'apprentissage

11-15 Décrire les causes physiopathologiques à l'origine de chacun des signes de la fièvre et indiquer les effets de celle-ci.

L'inflammation est une réaction locale du corps à une lésion. Il y a aussi des réactions systémiques, ou générales. Une des plus importantes est la **fièvre**, soit une élévation anormale de la température du corps qui contribue à la deuxième ligne de défense de l'immunité innée. La cause la plus fréquente de la fièvre est l'infection par des bactéries (et leurs toxines) ou des virus.

La température corporelle est régie par une région de l'encéphale appelée *hypothalamus*. On donne parfois à ce dernier le nom de thermostat du corps et il est normalement réglé pour maintenir une température de 37 °C. On croit que certaines substances agissent sur l'hypothalamus de façon qu'il élève la température basale du corps. Nous avons vu au chapitre 10 que, lorsque des phagocytes ingèrent des bactéries à Gram négatif, les lipopolysaccharides (LPS) de la paroi cellulaire (endotoxines) sont libérés; les phagocytes réagissent en sécrétant des cytokines, plus précisément de l'interleukine 1 et du TNF-α. Sous l'action de ces cytokines, l'hypothalamus libère des prostaglandines qui modifient à la hausse le réglage du thermostat hypothalamique, causant ainsi de la fièvre (figure 10.5).

Supposons que le corps est envahi par des agents pathogènes et que le réglage du thermostat est modifié pour atteindre 39 °C. Pour se conformer au nouveau réglage, le corps ordonne la mise en action de mécanismes qui diminuent la perte de chaleur, tels que la constriction des vaisseaux sanguins périphériques, et celle de mécanismes qui augmentent la production de chaleur, tels qu'une augmentation de la vitesse du métabolisme et des *frissons* (petites contractions musculaires), qui ensemble font monter la température du corps. Même si la température corporelle commence à s'élever au-dessus de la normale, la peau reste froide et les frissons continuent. Cet état est un signe clair que la température du corps augmente. Quand elle atteint la valeur fixée par le thermostat, les frissons cessent. Le corps continue de maintenir sa température à 39 °C jusqu'à ce que les cytokines soient éliminées. Le thermostat se règle alors à nouveau à 37 °C. Quand l'infection diminue, les mécanismes de dissipation de la chaleur tels que la vasodilatation et la sudation entrent en jeu. La peau devient chaude et la personne se met à suer. Cette phase de la fièvre, appelée **crise**, indique que la température corporelle s'abaisse.

Jusqu'à un certain point, la fièvre est considérée comme un moyen de défense innée contre la maladie, car elle inhibe la croissance de certains microbes. L'interleukine 1 contribue à activer la production des lymphocytes T. L'élévation de la température corporelle augmente l'effet des interférons (protéines antivirales qui seront examinées plus loin) et inhibe la croissance de certains microbes en faisant diminuer la quantité de fer à leur disposition. De plus, l'élévation de la température ayant pour effet d'accélérer les réactions du corps, on estime qu'elle permet aux tissus de se réparer plus rapidement.

Les complications de la fièvre comprennent la tachycardie (élévation de la fréquence cardiaque), qui peut fragiliser les personnes âgées souffrant de maladies cardiopulmonaires; l'accélération du métabolisme, qui peut amener une acidose; la déshydratation; un déséquilibre électrolytique; des crises convulsives chez les enfants en bas âge; le délire et le coma. En règle générale, si la température s'élève au-dessus de 44 à 46 °C, la mort survient.

▶ Vérifiez vos acquis

Pourquoi le frisson indique-t-il qu'un accès de fièvre est imminent? **11-15**

Les substances antimicrobiennes

▶ Objectifs d'apprentissage

11-16 Énumérer les composants du système du complément.

11-17 Décrire trois voies d'activation du système du complément.

11-18 Décrire trois conséquences de l'activation du système du complément.

11-19 Définir les interférons.

11-20 Comparer l'action des interférons α et β à celle de l'interféron γ.

11-21 Définir le rôle des protéines liant le fer dans l'immunité innée.

11-22 Définir le rôle des peptides antimicrobiens dans l'immunité innée.

En plus des facteurs chimiques, le corps produit certaines substances antimicrobiennes qui contribuent à la deuxième ligne de défense de l'immunité innée (figure 11.1). On compte parmi les plus importantes de celles-ci les protéines du système du complément, les interférons, les protéines liant le fer et les peptides antimicrobiens.

Le système du complément

Le **système du complément** est un mécanisme de résistance composé de plus de 30 protéines produites par le foie. On trouve ces protéines dans la circulation sanguine et dans les tissus. Le système doit son nom au fait qu'il «complémente» les cellules du système immunitaire dans leur lutte contre les microbes. Toutefois, il ne s'adapte pas et ne change pas avec l'âge; c'est pourquoi il fait partie de l'immunité innée. Néanmoins, il peut être sollicité et mis en branle par les cellules de l'immunité adaptative. Ensemble, les protéines du système du complément détruisent les microbes en provoquant 1) la cytolyse (**figure 11.9**), 2) l'inflammation et 3) la phagocytose. Elles protègent aussi les tissus de l'hôte contre les dommages excessifs. On utilise habituellement la lettre majuscule C

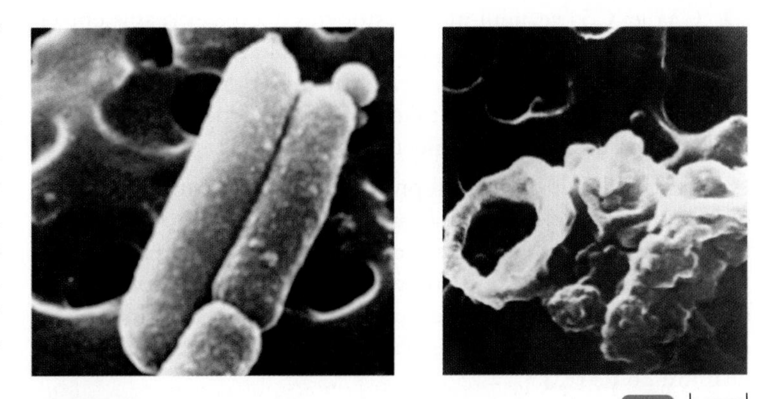

Figure 11.9 **Cytolyse causée par le complément.**
Micrographies d'une bactérie en bâtonnet avant la cytolyse (à gauche) et après (à droite). (Source: *Journal of Experimental Medicine*, 149: 870-882 [1979].)

pour désigner chacune de ces protéines, qui sont inactives tant qu'elles sont intactes. On les numérote de C1 à C9, selon l'ordre dans lequel on les a découvertes. Pour devenir actives, elles doivent être fragmentées, et ce sont les produits de cette fragmentation, auxquels on attribue les lettres minuscules a et b, qui sont à l'origine de l'action destructrice du complément. Par exemple, la protéine inactive C3 est divisée en deux fragments activés, C3a et C3b.

Les protéines du complément agissent en *cascade*. Ainsi, une réaction en déclenche une deuxième, qui à son tour en entraîne une troisième, et ainsi de suite. De plus, chaque protéine agit à plusieurs reprises, formant ainsi de nombreux produits qui agissent eux aussi plusieurs fois, si bien que la cascade va en s'amplifiant au fur et à mesure que les réactions se succèdent.

Les conséquences de l'activation du complément

L'activation de la protéine C3 peut être réalisée de trois façons, que nous examinerons sous peu. Cette activation est très importante, car elle est le point de départ de la cascade (**figure 11.10**) qui aboutit à la cytolyse, à l'inflammation et à la phagocytose.

1. La protéine inactive C3 est divisée en deux fragments, C3a et C3b, tous deux activés.
2. Les fragments C3b se fixent à la surface des microbes, ce qui les rend plus faciles à *phagocyter*. À ce titre, les fragments C3b jouent le rôle d'opsonines au cours du mécanisme appelé *opsonisation*. Étant munis de récepteurs qui se lient aux molécules C3b, les phagocytes peuvent mieux s'emparer des microbes pour les ingurgiter.
3. Le fragment C3b déclenche aussi une série de réactions qui aboutit à la cytolyse. Il commence par diviser C5 en C5a et en C5b. Les fragments C5b, C6, C7 et C8 se lient l'un à la suite de l'autre et s'intègrent à la membrane plasmique de l'agent envahisseur. Ils y forment une sorte de récepteur qui attire un fragment C9. D'autres fragments C9 viennent ensuite s'ajouter pour créer un canal transmembranaire. Ensemble, le groupe C5b à C8 et les fragments C9 qui l'accompagnent constituent le **complexe d'attaque membranaire** (**MAC**, *membrane attack complex*).
4. Les canaux transmembranaires du complexe sont ni plus ni moins des trous qui causent l'éclatement, ou *cytolyse*, de la cellule microbienne soudainement aux prises avec un afflux de liquide extracellulaire qu'elle est incapable d'évacuer.
5. C3a et C5a se lient aux mastocytes. Ceux-ci réagissent en libérant de l'histamine et d'autres substances qui font augmenter la perméabilité des vaisseaux sanguins durant l'*inflammation*. C5a est aussi un puissant facteur chimiotactique qui attire les phagocytes au foyer d'infection (**figure 11.11**).

Les cellules de l'hôte sont protégées de la lyse par des protéines qui font partie de leur membrane plasmique et qui s'opposent à la fixation des molécules du complexe d'attaque membranaire. Par ailleurs, le complexe est un élément clé de la réaction de fixation du complément utilisée pour diagnostiquer certaines maladies. Nous examinons cette réaction dans l'**encadré 11.1** et au chapitre 26 EN LIGNE.

Comme elles ont seulement quelques couches de peptidoglycane, voire une seule dans certains cas, pour protéger leur membrane plasmique des effets du complément, les bactéries à Gram négatif succombent plus facilement à la cytolyse. À l'opposé, les bactéries à Gram positif possèdent de nombreuses couches de peptidoglycane qui empêchent le complément d'atteindre la membrane plasmique, si bien qu'elles résistent mieux à la cytolyse. Il existe certaines bactéries qui échappent entièrement à l'action du complexe d'attaque membranaire.

L'activation du complément par la voie classique

La **voie classique** (**figure 11.12**), ainsi nommée parce qu'elle a été découverte la première, est déclenchée par la fixation d'anticorps à leur antigène (un microbe). Elle comprend les étapes suivantes :

1. Des anticorps présents dans la circulation se fixent à des antigènes microbiens (par exemple des protéines ou des polysaccharides de grande taille à la surface d'une bactérie ou d'une autre cellule). Les complexes antigène-anticorps ainsi formés se lient à C1 et l'activent.
2. C1 active à son tour C2 et C4 en les coupant en deux. Les fragments de C2 sont appelés C2a et C2b, et les fragments de C4, C4a et C4b.
3. C2a et C4b se combinent et coupent C3 en deux fragments activés, C3a et C3b. Les fragments C3a déclenchent alors les réactions qui aboutissent à l'inflammation et les fragments C3b mènent à la cytolyse et à l'opsonisation (figure 11.10).

L'activation du complément par la voie alterne

La **voie alterne** a été découverte après la voie classique, d'où son nom, et s'en distingue par le fait qu'elle est déclenchée sans le concours d'anticorps. Elle a pour point de départ le contact entre certaines protéines du complément et un agent pathogène (**figure 11.13**). ❶ C3 est un composant permanent du sang. Il se combine avec des protéines du complément appelées *facteur B*, *facteur D* et *facteur P* (properdine) qui se sont liées au préalable à certains éléments de surface du microbe pathogène (le plus souvent des complexes de lipides et de glucides propres à certaines bactéries et à certains mycètes). ❷ L'interaction des protéines du complément qui se sont combinées provoque la fragmentation de C3 en C3a et en C3b. Comme dans la voie classique, C3a donne lieu à l'inflammation, et C3b à la cytolyse et à l'opsonisation (figure 11.10).

La voie de la lectine

Parmi les mécanismes d'activation du complément, la **voie de la lectine** est celle dont la découverte est la plus récente. Lorsqu'ils absorbent des bactéries, des virus et d'autres substances étrangères par phagocytose, les macrophagocytes libèrent des cytokines auxquelles le foie réagit en produisant des protéines, appelées **lectines**, qui se lient aux glucides (**figure 11.14**).

1. L'une d'elles, la **lectine liant le mannose** (**MBL**, *mannose-binding lectin*), se fixe à un grand nombre d'agents pathogènes qui présentent à leur surface un motif glucidique dont le mannose est le constituant distinctif. On trouve ce motif sur la paroi cellulaire des bactéries et sur certains virus. Après s'être liée, la lectine agit comme opsonine, c'est-à-dire qu'elle facilite la phagocytose.
2. De plus, elle active C2 et C4.
3. Enfin, C2a et C4b activent C3, ce qui déclenche la cascade illustrée à la figure 11.10.

Figure 11.10

Schéma guide

Conséquences de l'activation du complément

Le système du complément est un des moyens employés par le corps pour lutter contre l'infection et détruire les agents pathogènes. Bien qu'il fasse partie de l'immunité innée, il est souvent appelé à « complémenter » d'autres réactions immunitaires, dont certaines relèvent de l'immunité adaptative.

1. La protéine inactive C3 est divisée en deux fragments, C3a et C3b, tous deux activés.
2. En se liant aux microbes, les fragments C3b occasionnent leur opsonisation.
3. C3b fragmente C5 en C5a et en C5b.
4. Les fragments C5b, C6, C7 et C8 se lient l'un à la suite de l'autre et s'intègrent à la membrane plasmique du microbe. Ils y forment une sorte de récepteur qui attire un fragment C9. D'autres fragments C9 viennent ensuite s'ajouter pour créer un canal transmembranaire. Ensemble, le groupe C5b à C8 et les fragments C9 qui l'accompagnent constituent le complexe d'attaque membranaire (MAC). Cette suite de réactions aboutit à la cytolyse du microbe.
5. Stimulés par C3a et C5a, les mastocytes libèrent de l'histamine, ce qui nourrit l'inflammation ; d'autre part, C5a attire les phagocytes.

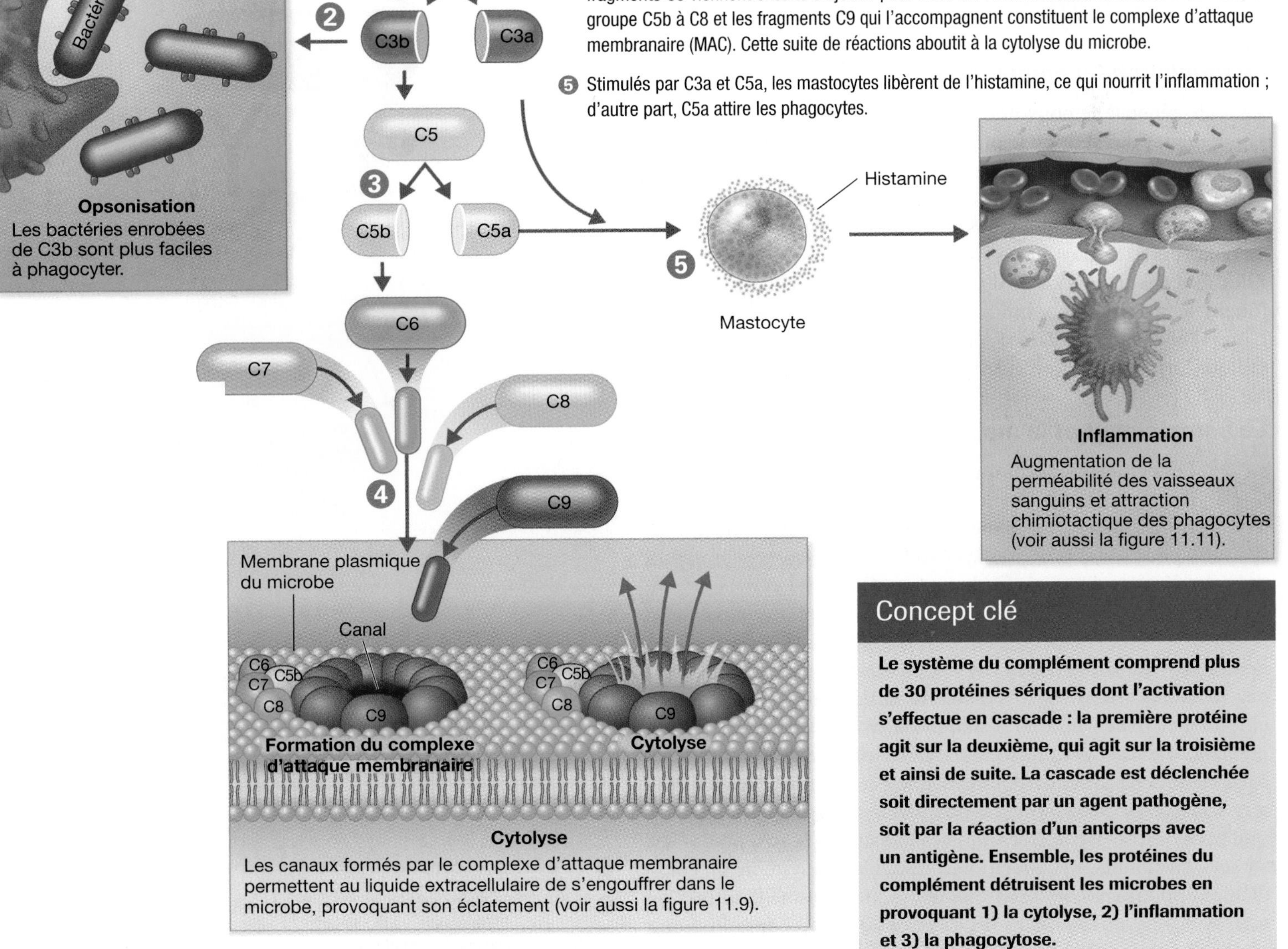

Opsonisation
Les bactéries enrobées de C3b sont plus faciles à phagocyter.

Inflammation
Augmentation de la perméabilité des vaisseaux sanguins et attraction chimiotactique des phagocytes (voir aussi la figure 11.11).

Cytolyse
Les canaux formés par le complexe d'attaque membranaire permettent au liquide extracellulaire de s'engouffrer dans le microbe, provoquant son éclatement (voir aussi la figure 11.9).

Concept clé

Le système du complément comprend plus de 30 protéines sériques dont l'activation s'effectue en cascade : la première protéine agit sur la deuxième, qui agit sur la troisième et ainsi de suite. La cascade est déclenchée soit directement par un agent pathogène, soit par la réaction d'un anticorps avec un antigène. Ensemble, les protéines du complément détruisent les microbes en provoquant 1) la cytolyse, 2) l'inflammation et 3) la phagocytose.

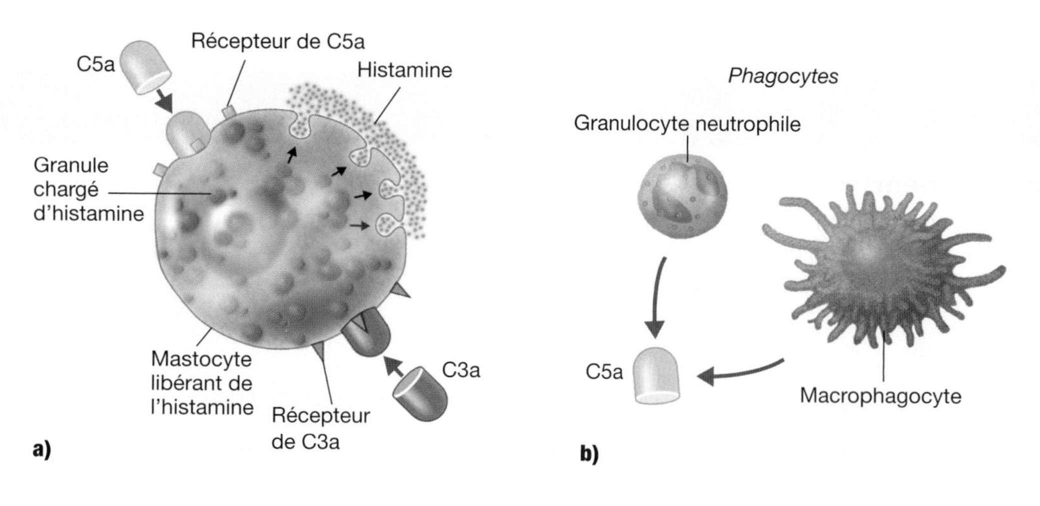

Figure 11.11 Stimulation de l'inflammation par le complément. a) C3a et C5a se lient aux mastocytes, aux granulocytes basophiles et aux thrombocytes, déclenchant ainsi la libération d'histamine, qui augmente la perméabilité des vaisseaux sanguins. **b)** C5a constitue un facteur chimiotactique qui attire les phagocytes là où le complément est activé.

La régulation du complément

En règle générale, le pouvoir destructeur du complément est jugulé rapidement pour réduire le plus possible les dommages causés aux cellules de l'hôte. La désactivation de la cascade est accomplie par diverses protéines régulatrices présentes dans le sang et sur certaines cellules, telles que les globules sanguins. Ces protéines se trouvent en concentrations plus élevées que les constituants du complément. Elles sont à l'origine de la dégradation des molécules activées et jouent le rôle d'agents inhibiteurs et d'enzymes hydrolytiques. L'une d'elles, appelée *CD59*, empêche l'assemblage des protéines C9 qui forment le complexe d'attaque membranaire.

Le complément et la maladie

Les cliniciens savent que, même si les protéines du système du complément jouent un rôle bénéfique dans la résistance à l'infection, il arrive que ce mécanisme s'avère moins fonctionnel. Comme pour toute protéine, la synthèse des différentes protéines du complément est sous régulation génétique. Si cette synthèse n'est pas normale, le système du complément peut contribuer à l'éclosion d'une maladie due, par exemple, à des déficiences héréditaires. Ainsi, des déficits en C1, en C2 ou en C4 occasionnent des maladies associées au collagène de la paroi vasculaire qui entraînent l'hypersensibilité (anaphylaxie) ; un déficit en C3, bien que rare, se traduit par une plus grande susceptibilité aux infections bactériennes par des microbes pyogènes, et les anomalies des protéines C5 à C9 donnent lieu à une plus grande susceptibilité aux infections causées par *Neisseria meningitidis* et *N. gonorrhϾ*. Par ailleurs, en stimulant la libération d'histamine, le système du complément potentialise les réactions allergiques comme l'asthme. De même, il joue un rôle dans les réactions à composante immune associées aux maladies auto-immunes, telles que le lupus érythémateux, les formes variées d'arthrite, la sclérose en plaques et la maladie de Crohn. Les protéines du système du complément interviennent aussi dans la maladie d'Alzheimer et dans les maladies neurodégénératives.

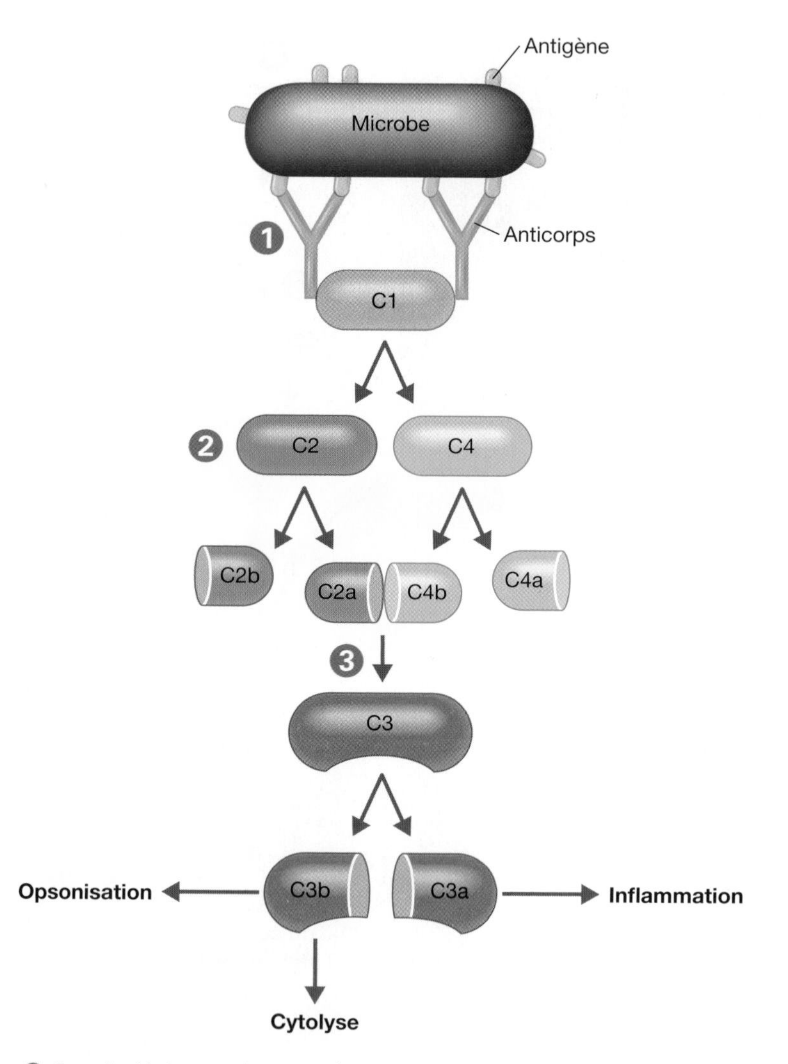

1. En se liant à des complexes antigène-anticorps, la protéine C1 devient activée.
2. Une fois activée, C1 fragmente C2 en C2a et en C2b, et C4 en C4a et en C4b.
3. C2a et C4b se combinent et coupent C3 en deux fragments activés, C3a et C3b.

Figure 11.12 Activation du complément par la voie classique. La voie classique a pour point de départ la réaction entre un anticorps et son antigène. La fragmentation de C3 en C3a et en C3b déclenche une cascade qui aboutit à la cytolyse, à l'inflammation et à l'opsonisation (voir aussi la figure 11.10).

Les prélèvements sanguins

Il est souvent nécessaire de prélever plusieurs échantillons de sang pour les tests de laboratoire demandés par les médecins. On recueille le sang dans des éprouvettes munies de bouchons de couleur (figure A). Dans certains cas, on a besoin de sang entier pour la culture des microbes ou pour déterminer le groupe sanguin. Dans d'autres, c'est le sérum qu'on veut analyser pour la présence d'enzymes ou d'autres substances. Le sérum est le liquide jaune paille qui reste après qu'on a laissé coaguler le sang. Le plasma est aussi un liquide ; on l'obtient en retirant les éléments figurés du sang non coagulé, par exemple par centrifugation.

De quel type d'échantillon auriez-vous besoin pour faire la numération des cellules sanguines ? pour analyser le complément ?

On doit parfois mesurer l'activité du système du complément, car une insuffisance de ce dernier peut ouvrir la voie à des infections bactériennes récurrentes. En outre, le complément est un élément clé des maladies des complexes immuns telles que le lupus érythémateux aigu disséminé et la polyarthrite rhumatoïde. On peut suivre l'évolution ou le traitement de ces affections en observant le taux de complément sérique, qui diminue lorsqu'il y a formation de complexes immuns.

On évalue l'activité totale du complément au moyen de l'épreuve illustrée à la figure B. Celle-ci consiste à mélanger des dilutions du sérum du patient avec des érythrocytes de mouton et des anticorps spécifiques de ces érythrocytes. Après une incubation de 20 minutes à 37 °C, on mesure l'hémolyse.

À quoi servent les érythrocytes et les anticorps ?

Les anticorps réagissent avec leur antigène (les érythrocytes), ce qui active le complément. Le niveau d'hémolyse dépend de la quantité de complément présent dans le sérum du patient. On le compare à l'hémolyse obtenue lorsqu'on utilise un mélange de sérums provenant de 50 donneurs sains, et on exprime le résultat en pourcentage de la valeur du groupe témoin.

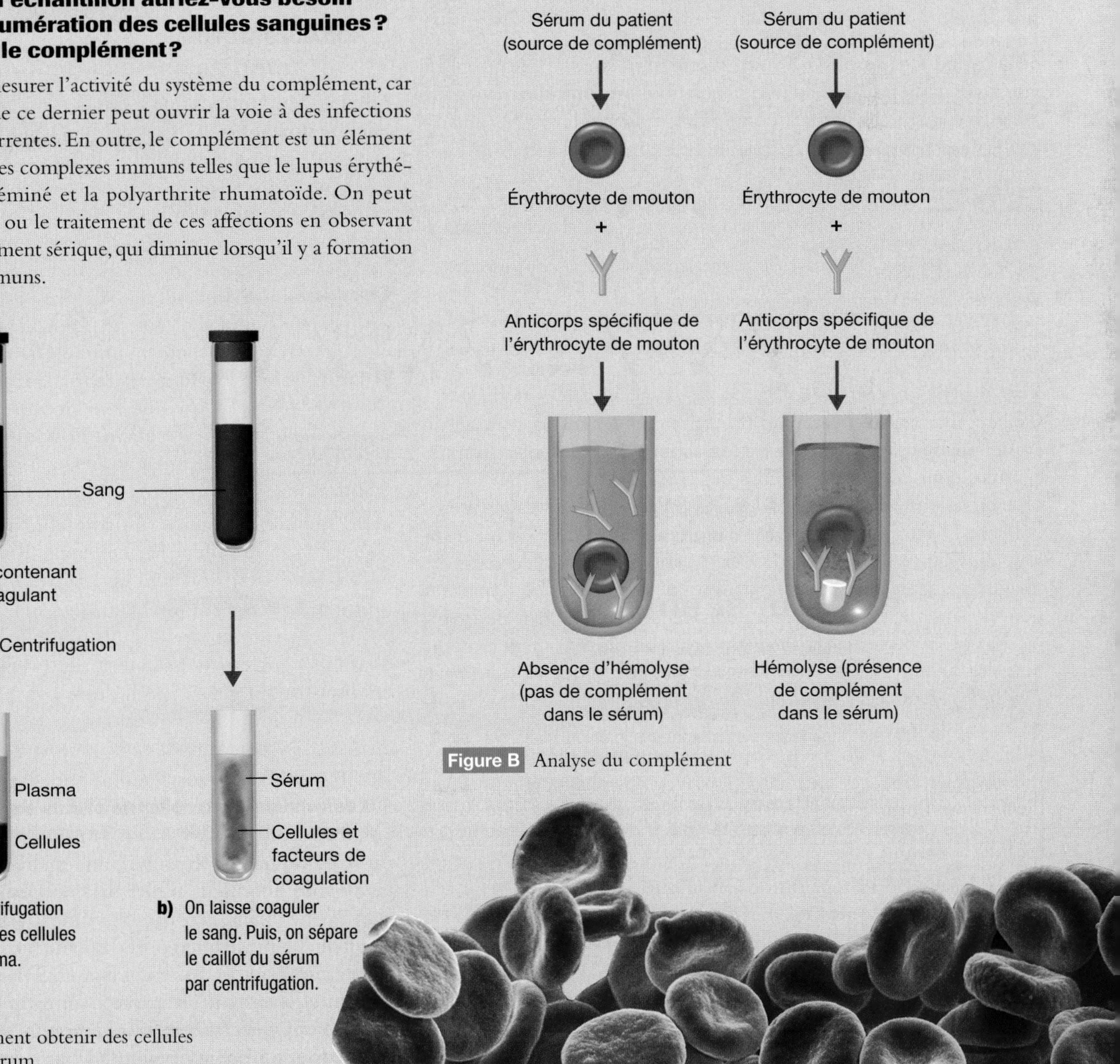

Figure B Analyse du complément

Figure A Comment obtenir des cellules sanguines et du sérum

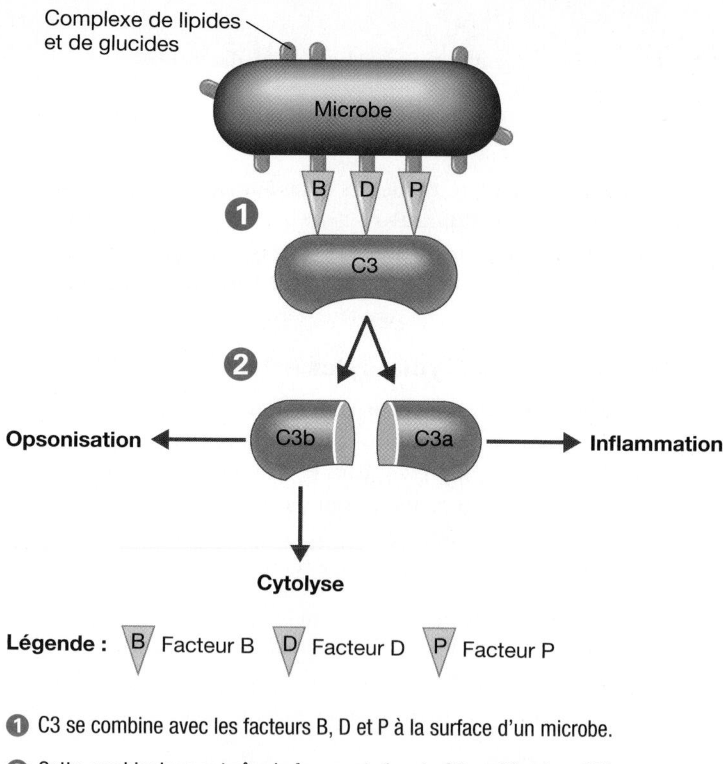

❶ C3 se combine avec les facteurs B, D et P à la surface d'un microbe.

❷ Cette combinaison entraîne la fragmentation de C3 en C3a et en C3b.

Figure 11.13 Activation du complément par la voie alterne. La voie alterne a pour point de départ le contact entre un agent pathogène et certaines protéines du complément (C3 et les facteurs B, D et P). Les anticorps n'interviennent pas dans cette voie. Aussitôt formés, les fragments C3a et C3b participent à la cytolyse, à l'inflammation et à l'opsonisation (voir aussi la figure 11.10).

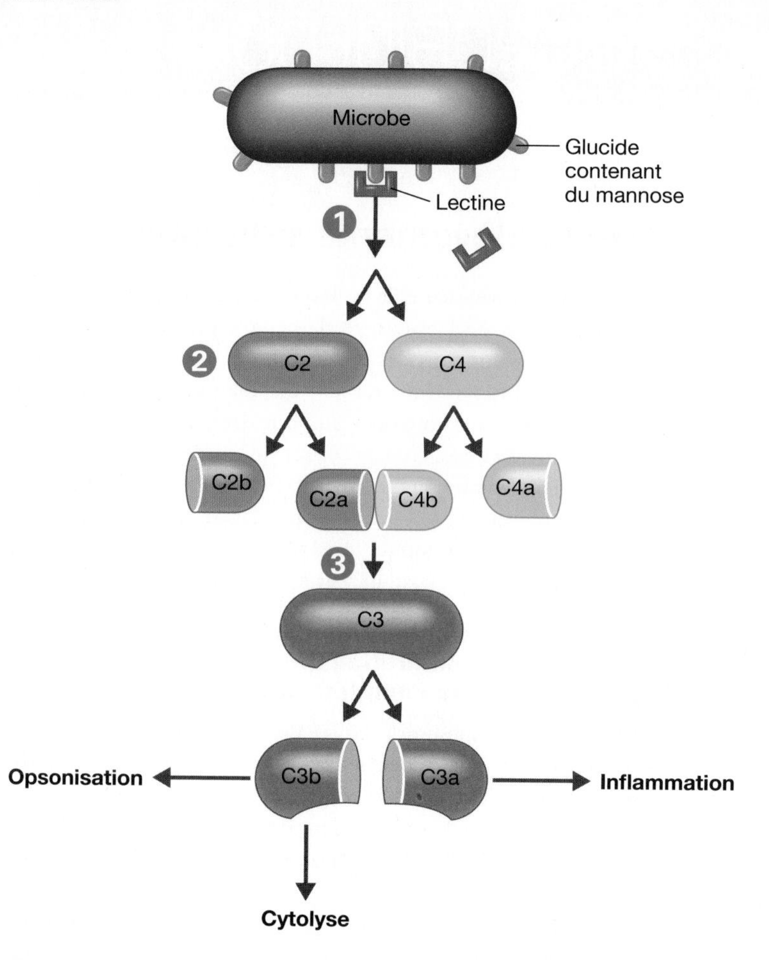

❶ La lectine se lie à un agent pathogène et agit comme opsonine.

❷ Une fois liée, la lectine coupe les protéines C2 et C4.

❸ C2a et C4b se combinent et activent C3, qui est fragmenté en C3a et en C3b (figure 11.10).

Figure 11.14 Activation du complément par la voie de la lectine. Après sa liaison au mannose sur un microbe, la lectine liant le mannose active le complément et facilite la phagocytose en agissant comme opsonine.

Les défenses des microbes contre le complément

Grâce à leur capsule, certaines bactéries empêchent l'activation du complément et échappent ainsi à son action. C'est ainsi que certaines capsules contiennent de grandes quantités d'acide sialique, qui fait obstacle à l'opsonisation et à la création du complexe d'attaque membranaire. D'autres inhibent la formation de C3b et de C4b, ou enveloppent C3b de manière à prévenir le contact avec les récepteurs des phagocytes. Certaines bactéries à Gram négatif, telles que *Salmonella*, peuvent augmenter la taille du polysaccharide O de leur lipopolysaccharide et perturber la formation du complexe d'attaque membranaire. D'autres bactéries à Gram négatif, telles que *N. gonorrhϾ*, *Bordetella pertussis* et *Hæmophilus influenzæ*, obtiennent le même résultat en ajoutant de l'acide sialique au lipide A de leur lipopolysaccharide. Les cocci à Gram positif sécrètent une enzyme capable d'hydrolyser C5a, ce qui retarde l'arrivée des phagocytes au foyer d'infection. Enfin, chez les virus, celui d'Epstein-Barr, agent causal de la mononucléose, amorce son cycle vital en s'attachant aux récepteurs du complément présents sur les cellules du corps.

▶ Vérifiez vos acquis

Qu'est-ce que le complément? **11-16**

Quelles sont les étapes de l'activation du complément par 1) la voie classique, 2) la voie alterne et 3) la voie de la lectine? **11-17**

Résumez les principales conséquences de l'activation du complément. **11-18**

Les interférons

Puisque les virus comptent sur les cellules hôtes pour accomplir beaucoup de fonctions liées à la multiplication virale, il est difficile d'inhiber cette dernière sans nuire à la cellule hôte elle-même. Un des moyens qui permet à l'hôte de combattre les infections virales est la libération d'un type de cytokines, les interférons. Les **interférons** (IFN) sont une classe de protéines antivirales ayant des caractéristiques communes et produites par certaines cellules animales qui ont été stimulées par des virus. Une des principales fonctions des interférons consiste à faire obstacle à la multiplication virale.

Ces molécules présentent une caractéristique intéressante : elles sont spécifiques des cellules de l'hôte mais non des virus, ce qui signifie que les interférons exercent leur action sur plus d'une espèce de virus. De plus, différentes espèces animales produisent différents interférons, et différentes cellules du même animal produisent différents interférons. Les interférons humains sont de trois types principaux : l'*interféron* α (IFNα), l'*interféron* β (IFNβ) et l'*interféron* γ (IFNγ). Il y a aussi des sous-types d'interférons dans chacun des principaux groupes. Dans le corps humain, les interférons sont sécrétés par les fibroblastes du tissu conjonctif et par les lymphocytes et autres leucocytes. Chacun des trois types exerce une action légèrement différente sur le corps.

Tous les interférons sont de petites protéines; ils sont passablement stables même si le pH est acide et sont assez résistants à la chaleur.

L'interféron γ est produit par les lymphocytes; il rend les granulocytes neutrophiles capables de tuer les bactéries. Il stimule aussi les macrophagocytes, qui produisent alors du monoxyde d'azote. On croit que ce dernier tue les bactéries et les cellules tumorales en inhibant la synthèse d'ATP. Chez les individus atteints de granulomatose familiale chronique – un trouble héréditaire –, ni les granulocytes neutrophiles, ni les macrophagocytes ne tuent les bactéries. Mais si on administre à ces personnes de l'interféron γ recombinant, ces cellules recouvrent leur pouvoir bactéricide. Toutefois, l'interféron γ ne les guérit pas de leur maladie et elles doivent en prendre toute leur vie. Nous verrons au chapitre 12 que l'interféron γ accroît l'expression des molécules de classe I et de classe II du complexe majeur d'histocompatibilité (CMH), ce qui favorise la présentation de l'antigène.

Les interférons α et β proviennent de cellules hôtes infectées par un virus. Ils ne sont libérés qu'en très petite quantité et gagnent par diffusion les cellules avoisinantes qui ne sont pas infectées (**figure 11.15**). Ils se lient à des récepteurs de la membrane plasmique ou de l'enveloppe nucléaire et amènent les cellules non infectées à élaborer de l'ARNm pour la synthèse de **protéines antivirales (PAV)**. Ces protéines sont des enzymes qui dérèglent diverses étapes de la multiplication virale. Par exemple, l'une d'elles, appelée *oligoadénylate synthétase,* dégrade l'ARNm viral. Une autre, appelée *protéine kinase,* inhibe la synthèse des protéines.

En raison des avantages qu'ils présentent, on pourrait croire que les interférons sont des substances antivirales idéales. Mais ils ont aussi des inconvénients. Tout d'abord, leur efficacité est passagère; ils ne restent pas stables dans le corps sur de longues périodes de temps. Ils produisent aussi des effets secondaires tels que nausées, fatigue, céphalées, vomissements, perte pondérale et fièvre. En concentration élevée, ils sont toxiques pour le cœur, le foie, les reins et la moelle osseuse rouge. Habituellement, ils jouent un rôle majeur dans les infections aiguës et de courte durée, telles que les rhumes et la grippe. Toutefois, ils sont sans effet sur la multiplication virale dans les cellules déjà infectées. Certains virus, tels que les adénovirus (qui causent des infections respiratoires), ont des mécanismes de résistance qui inhibent les PAV. D'autres, tels que le virus de l'hépatite B, stimulent très peu les cellules de l'hôte, si bien que la production d'interférons est insuffisante.

L'importance des interférons pour la protection du corps contre les virus et leur potentiel anticancéreux font en sorte que leur production massive est devenue une priorité dans le domaine de la santé. Grâce aux techniques de l'ADN recombinant, plusieurs équipes de chercheurs sont parvenues à modifier certaines

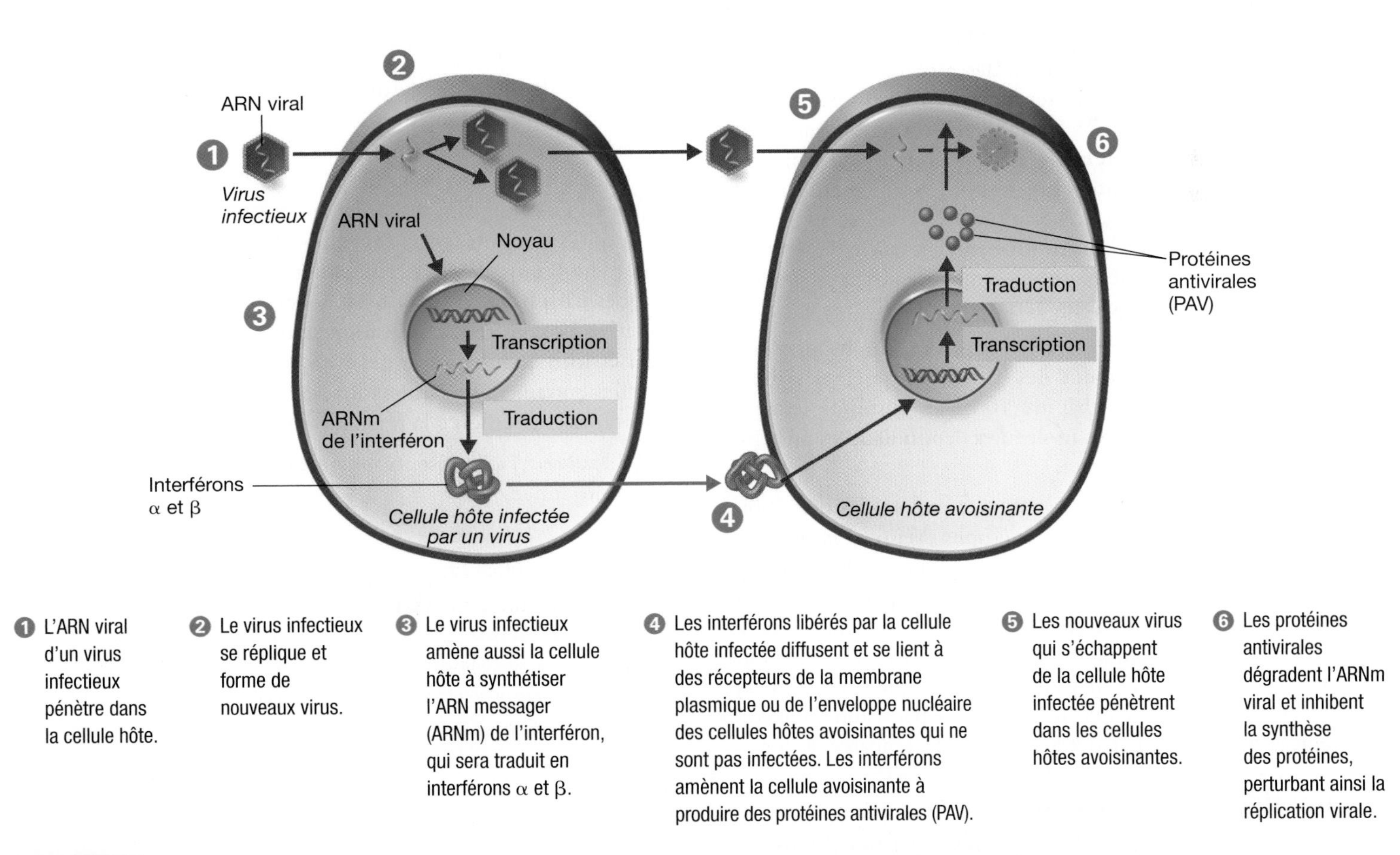

ARN viral
Virus infectieux
ARN viral
Noyau
Transcription
ARNm de l'interféron
Traduction
Interférons α et β
Cellule hôte infectée par un virus
Traduction
Transcription
Protéines antivirales (PAV)
Cellule hôte avoisinante
1 L'ARN viral d'un virus infectieux pénètre dans la cellule hôte.
2 Le virus infectieux se réplique et forme de nouveaux virus.
3 Le virus infectieux amène aussi la cellule hôte à synthétiser l'ARN messager (ARNm) de l'interféron, qui sera traduit en interférons α et β.
4 Les interférons libérés par la cellule hôte infectée diffusent et se lient à des récepteurs de la membrane plasmique ou de l'enveloppe nucléaire des cellules hôtes avoisinantes qui ne sont pas infectées. Les interférons amènent la cellule avoisinante à produire des protéines antivirales (PAV).
5 Les nouveaux virus qui s'échappent de la cellule hôte infectée pénètrent dans les cellules hôtes avoisinantes.
6 Les protéines antivirales dégradent l'ARNm viral et inhibent la synthèse des protéines, perturbant ainsi la réplication virale.

Figure 11.15 Action antivirale des interférons α et β. Les interférons sont spécifiques des cellules de l'hôte mais non des virus.

espèces de bactéries pour qu'elles synthétisent des interférons (chapitre 25 EN LIGNE). Ces derniers, appelés *interférons recombinants,* sont importants pour deux raisons : ils sont purs et on peut en obtenir de grandes quantités.

Dans les essais cliniques, les interférons n'ont pas eu d'effet sur certains types de tumeurs et seulement un effet mitigé sur d'autres. L'IFNα (Intron A) est approuvé aux États-Unis pour le traitement de plusieurs troubles associés à des virus. L'un d'eux est le sarcome de Kaposi, cancer fréquent chez les patients infectés par le VIH. L'IFNα est également approuvé pour le traitement de l'herpès génital, des hépatites à virus B et C, du mélanome malin, de la maladie de Crohn et de la polyarthrite rhumatoïde. Des études sont aussi en cours pour déterminer s'il peut freiner l'évolution du sida. Une forme d'IFNβ (Betaseron) ralentit la progression de la sclérose en plaques et diminue la fréquence et l'intensité des crises causées par la maladie ; une autre forme de l'IFNβ (Actimmune) est utilisée pour traiter l'ostéoporose.

Les protéines liant le fer

La plupart des bactéries pathogènes ont besoin d'une certaine quantité de fer pour croître et se reproduire. Chez les humains, le fer est un composant des cytochromes de la chaîne de transport des électrons ; il est aussi un cofacteur de certains systèmes enzymatiques et il fait partie de l'hémoglobine, qui transporte l'oxygène dans le sang. On se trouve alors en présence d'une situation de concurrence intéressante, où les humains et beaucoup d'agents pathogènes se disputent le fer pour satisfaire leurs besoins vitaux.

La teneur du sang humain en fer libre est faible. En effet, la majeure partie de celui-ci est liée à des molécules telles que la transferrine, la lactoferrine, la ferritine et l'hémoglobine. Ces molécules, appelées **protéines liant le fer**, servent à transporter et à stocker le fer. La **transferrine** est une protéine du sang et du liquide interstitiel. La **lactoferrine** se trouve dans le lait, la salive et le mucus. La **ferritine** est un composant du foie, de la rate et de la moelle osseuse rouge, et l'**hémoglobine** fait partie des érythrocytes. Grâce à ces protéines, la plupart des agents pathogènes se trouvent privés de fer jusqu'à un certain point.

Pour assurer leur survie dans le corps humain, beaucoup de bactéries pathogènes sécrètent des protéines appelées **sidérophores**. Nous avons vu au chapitre 10 qu'en raison de leur plus grande affinité pour le fer, ces molécules dépouillent les protéines humaines de l'élément convoité.

Certains agents pathogènes n'ont pas recours aux sidérophores pour s'approvisionner en fer. Par exemple, *Neisseria meningitidis*, agent causal de la méningite, exprime des récepteurs de surface qui se fixent directement aux protéines liant le fer et permettent de les absorber tout rond avec leur chargement. Certains microbes, tels que le streptocoque β-hémolytique du groupe A, sécrètent de l'hémolysine, une protéine enzymatique qui provoque la lyse des érythrocytes. L'hémoglobine est ensuite dégradée par d'autres enzymes du streptocoque, ce qui permet à celui-ci de s'emparer du fer.

Les peptides antimicrobiens

Découverts assez récemment, les **peptides antimicrobiens** sont peut-être l'un des composants les plus importants de l'immunité innée (chapitre 15). Ce sont des peptides courts composés d'environ 12 à 50 acides aminés. Ils sont synthétisés sur les ribosomes. On les a observés à l'origine dans la peau des grenouilles, la lymphe des insectes et les granulocytes neutrophiles des humains ; à ce jour, on en a répertorié plus de 600, et presque tous les animaux et toutes les plantes en ont. Ce sont des agents antimicrobiens à large spectre : ils agissent sur les bactéries, les virus, les mycètes et les parasites eucaryotes. Leur synthèse est déclenchée par des protéines et des glucides présents à la surface des microbes. Les cellules les produisent lorsque des molécules microbiennes se lient aux récepteurs Toll.

Les peptides antimicrobiens agissent de diverses façons. Certains inhibent la synthèse de la paroi cellulaire ; d'autres forment dans la membrane plasmique des pores qui provoquent la cytolyse ; d'autres encore détruisent l'ADN et l'ARN. Parmi ceux qui sont produits par l'humain, on compte la *dermicidine* des glandes sudoripares ; les *défensines* et les *cathélicidines* des granulocytes neutrophiles, des macrophagocytes et de l'épithélium ; et la *thrombocidine* des trombocytes (plaquettes).

Les scientifiques s'intéressent particulièrement aux peptides antimicrobiens, et ce, pour plusieurs raisons. Outre l'étendue de leur spectre d'activité, ils agissent en synergie avec d'autres agents antimicrobiens, c'est-à-dire que les effets de leur action, combinée à celle de ces derniers, sont plus grands que la somme des effets séparés. En outre, les peptides antimicrobiens sont très stables sur un large intervalle de pH. Fait particulièrement important, les microbes ne semblent pas acquérir de résistance, bien qu'ils y soient exposés pendant de longues périodes.

En plus de leur effet cytolytique, les peptides antimicrobiens participent à diverses fonctions immunitaires. Par exemple, ils peuvent emprisonner les LPS qui se détachent des bactéries à Gram négatif. Rappelons que le lipide A des LPS est l'endotoxine des bactéries à Gram négatif responsable des signes et des symptômes associés à l'infection (choc septique). D'autre part, les peptides attirent vigoureusement les cellules dendritiques, qui détruisent les microbes par phagocytose et déclenchent la réaction immunitaire adaptative. Ils recrutent les mastocytes, qui provoquent la vasodilatation et font augmenter la perméabilité des vaisseaux sanguins. Ces effets entraînent l'inflammation, qui détruit les microbes, limite les dommages et amorce la réparation tissulaire.

Le **tableau 11.2** présente un résumé des défenses propres à l'immunité innée.

▶ Vérifiez vos acquis

Qu'est-ce que l'interféron ? **11-19**

Pourquoi l'IFNα et l'IFNβ se lient-ils au même récepteur des cellules cibles, alors que l'IFNγ a son propre récepteur ? **11-20**

Quel rôle les sidérophores jouent-ils dans l'infection ? **11-21**

Pourquoi les scientifiques s'intéressent-ils aux peptides antimicrobiens ? **11-22**

Au chapitre 12, nous traiterons des principaux facteurs qui contribuent à l'immunité adaptative.

* * *

Tableau 11.2 Moyens de défense de l'immunité innée	
Composant	**Fonction**
PREMIÈRE LIGNE DE DÉFENSE : LA PEAU ET LES MUQUEUSES	
FACTEURS MÉCANIQUES	
Peau	Forme une barrière mécanique qui s'oppose à la pénétration des microbes.
Muqueuses	S'opposent à la pénétration de beaucoup de microbes, mais moins bien que la peau.
Mucus	Emprisonne les microbes dans les voies respiratoires et le tube digestif.
Appareil lacrymal	Les larmes diluent et évacuent les substances irritantes et les microbes.
Salive	Déloge les microbes de la surface des dents et de la muqueuse buccale.
Vibrisses	Retiennent les microbes et la poussière qui entrent dans le nez.
Cils	Évacuent des voies respiratoires inférieures les microbes et la poussière emprisonnés dans le mucus.
Épiglotte	S'oppose à l'entrée des microbes dans les voies respiratoires inférieures.
Urine	Emporte les microbes qui s'introduisent dans l'urètre.
Sécrétions vaginales	Évacuent les microbes des voies génitales de la femme.
Péristaltisme, défécation et vomissement	Expulsent les microbes du corps.
FACTEURS CHIMIQUES	
Sébum	Forme une pellicule acide qui couvre la surface de la peau et inhibe la croissance d'un grand nombre de microbes.
Lysozyme	Enzyme présente dans la sueur, les larmes, la salive, les sécrétions nasales, l'urine et les liquides tissulaires ; dégrade le peptidoglycane.
Salive	Contient du lysozyme, de l'urée et de l'acide urique, qui inhibent la croissance des microbes ; contient aussi des immunoglobulines A (anticorps), qui entravent l'adhérence des microbes aux muqueuses. Sa légère acidité perturbe la croissance microbienne.
Suc gastrique	Détruit les bactéries et la plupart des toxines dans l'estomac.
Urine	Contient du lysozyme, de l'urée et de l'acide urique, qui inhibent la croissance des microbes. Sa légère acidité perturbe la croissance microbienne.
Sécrétions vaginales	Leur légère acidité s'oppose à la croissance des bactéries et des mycètes.
DEUXIÈME LIGNE DE DÉFENSE	
CELLULES	
Phagocytes	Phagocytose par certaines cellules telles que granulocytes neutrophiles et éosinophiles, cellules dendritiques et macrophagocytes.
Cellules tueuses naturelles (NK)	Détruisent les cellules infectées en libérant des granules contenant de la perforine et des granzymes. Par la suite, les phagocytes tuent les microbes qui s'échappent des cellules mortes.
SYSTÈME LYMPHATIQUE	Filtre la lymphe et le sang. Emprisonne les microbes et facilite leur destruction par les phagocytes et les cellules de l'immunité adaptative.
INFLAMMATION	Circonscrit l'infection, détruit les microbes et amorce la réparation tissulaire.
FIÈVRE	Augmente les effets des interférons, inhibe la croissance de certains microbes et accélère les réactions qui amènent la réparation tissulaire.
SUBSTANCES ANTIMICROBIENNES	
Système du complément	Provoque la cytolyse des microbes, favorise la phagocytose et contribue à l'inflammation.
Interférons	Protègent les cellules hôtes non infectées contre les attaques des virus.
Protéines liant le fer	Inhibent la croissance de certaines bactéries en les privant de fer.
Peptides antimicrobiens	Inhibent la synthèse de la paroi cellulaire ; forment des pores dans la membrane plasmique qui provoquent la cytolyse ; et détruisent l'ADN et l'ARN.

RÉSUMÉ

INTRODUCTION (p. 284)

1. La capacité de repousser la maladie infectieuse grâce aux réactions de défense du corps s'appelle immunité.
2. L'absence d'immunité face aux microbes pathogènes porte le nom de susceptibilité.

LE CONCEPT D'IMMUNITÉ (p. 285)

1. L'immunité innée comprend un ensemble de moyens de défense qui protègent le corps contre les agents pathogènes de toute nature ; ils sont présents dès la naissance et actifs tout au long de la vie.
2. L'immunité adaptative est l'ensemble des moyens de défense – dont les anticorps et les lymphocytes T – dirigés contre les microbes, qui sont alors ciblés de façon spécifique.

LA PREMIÈRE LIGNE DE DÉFENSE DE L'IMMUNITÉ INNÉE : LA PEAU ET LES MUQUEUSES (p. 285)

1. La première ligne de défense du corps contre l'infection est constituée de la peau et des muqueuses qui forment une double barrière, physique et chimique.

LES FACTEURS MÉCANIQUES (p. 286)

1. La structure anatomique de la peau intacte et la kératine – protéine à l'épreuve de l'eau – permettent au corps de résister aux invasions microbiennes. La peau constitue une barrière dont les principales caractéristiques sont la couche superficielle de cellules mortes kératinisées, la juxtaposition serrée des kératinocytes (cellules épidermiques) et le renouvellement constant des cellules.
2. Certains agents pathogènes peuvent pénétrer les muqueuses s'ils sont assez nombreux.
3. L'appareil lacrymal – grâce au nettoyage naturel des larmes – protège les yeux contre les microbes et les substances irritantes.
4. La salive emporte les microbes qui se déposent sur les dents et les gencives.
5. Le mucus emprisonne nombre de microbes qui pénètrent dans les voies respiratoires et le tube digestif ; dans les voies respiratoires, l'escalier mucociliaire pousse le mucus vers le haut et contribue à son expulsion.
6. La défécation est une voie d'expulsion de microbes.
7. L'écoulement de l'urine évacue les microbes du système urinaire et les sécrétions vaginales les expulsent du vagin.

LES FACTEURS CHIMIQUES (p. 288)

1. Le sébum contient des acides gras non saturés, qui inhibent la croissance des bactéries pathogènes. Certaines bactéries qui se trouvent communément sur la peau peuvent métaboliser le sébum et occasionner la réaction inflammatoire associée à l'acné.
2. La sueur emporte les microorganismes qui se trouvent sur la peau.
3. Le lysozyme, une enzyme antimicrobienne, est présent dans les larmes, la salive, les sécrétions nasales, les sécrétions vaginales et la sueur.
4. L'acidité élevée (pH 1,2 à 3,0) du suc gastrique empêche la croissance microbienne dans l'estomac.
5. Les sécrétions vaginales légèrement acides s'opposent à la croissance de certaines espèces bactériennes et à celle de levures telles que *Candida albicans*.

L'EFFET BARRIÈRE DU MICROBIOTE NORMAL (p. 289)

1. Le microbiote normal modifie les conditions physicochimiques des tissus du corps, ce qui peut empêcher la croissance des agents pathogènes ; il s'agit de l'effet barrière, ou antagonisme microbien.

LA DEUXIÈME LIGNE DE DÉFENSE DE L'IMMUNITÉ INNÉE (p. 289)

1. Un microorganisme qui a franchi la barrière de la peau ou celle des muqueuses fera face aux mécanismes de la phagocytose, de l'inflammation et de la fièvre, ainsi qu'à la production de substances antimicrobiennes qui constituent la deuxième ligne de défense de l'immunité innée.

LES ÉLÉMENTS FIGURÉS DU SANG (p. 289)

1. Le sang est constitué de plasma (un liquide) et d'éléments figurés (des cellules et des fragments de cellules).
2. Les leucocytes (globules blancs) sont regroupés en deux catégories : les granulocytes (neutrophiles, basophiles, éosinophiles) et les agranulocytes (lymphocytes, monocytes et cellules dendritiques).
3. Les granulocytes neutrophiles et les agranulocytes (monocytes) différenciés en macrophagocytes sont les deux principaux types de phagocytes. Les cellules dendritiques sont aussi des phagocytes, mais on les associe surtout à leur rôle de cellules présentatrices d'antigènes.
4. Beaucoup d'infections s'accompagnent d'une élévation du nombre de leucocytes (leucocytose) ; certaines infections sont caractérisées par une diminution du nombre de leucocytes (leucopénie).

LE SYSTÈME LYMPHATIQUE (p. 291)

1. Le système lymphatique est constitué des vaisseaux lymphatiques, des nœuds lymphatiques et du tissu lymphoïde.
2. Le liquide interstitiel est retourné à la circulation sanguine par les vaisseaux lymphatiques.

LES PHAGOCYTES (p. 293)

1. La phagocytose est l'ingestion de microbes ou de particules de matière par une cellule.

2. La phagocytose est accomplie par les phagocytes. Ces derniers font partie des leucocytes ou en sont dérivés.

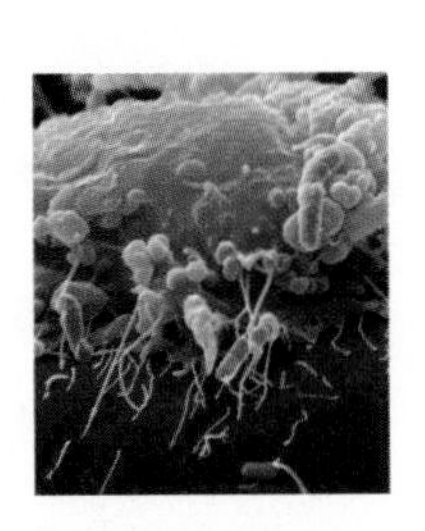

Le rôle des phagocytes (p. 293)

3. Les granulocytes neutrophiles sont les principaux phagocytes qui interviennent au début de l'infection.
4. Les monocytes sont des agranulocytes qui se différencient en deux types de macrophagocytes capables de phagocytose : les macrophagocytes libres et les macrophagocytes fixes.
5. Les macrophagocytes fixes se trouvent dans certains tissus et organes du corps ; les macrophagocytes libres sont les monocytes qui quittent la circulation et qui migrent à travers les tissus vers les régions infectées. Les deux types de macrophagocytes font partie du système des phagocytes mononucléés.
6. Les granulocytes neutrophiles dominent dans la phase initiale de l'infection, tandis que les macrophagocytes s'imposent au fur et à mesure que l'infection diminue. Leur activité phagocytaire est intense.

Le mécanisme de la phagocytose (p. 293)

7. Chimiotactisme : processus par lequel les phagocytes sont attirés vers les microbes de la zone atteinte.
8. Adhérence : les récepteurs Toll du phagocyte adhèrent aux cellules microbiennes ; ce processus est favorisé par l'opsonisation – qui a pour effet d'enrober les microbes de protéines du sérum.
9. Ingestion : les pseudopodes des phagocytes englobent les microbes dans un phagosome et les enferment dans une vésicule phagolytique issue de la fusion du phagosome avec un lysosome (phagolysosome).
10. Digestion : beaucoup de microbes phagocytés sont tués par les enzymes lysosomiales et les agents oxydants.

La résistance à la phagocytose (p. 295)

11. Certains microbes ne sont pas tués par les phagocytes et peuvent même se reproduire à l'intérieur de ces cellules.
12. Les moyens de résistance des microbes comprennent la protéine M, les capsules, les leucocidines, les complexes d'attaque membranaire (pores) et la capacité d'empêcher la formation des phagolysosomes.

L'INFLAMMATION (p. 296)

1. L'inflammation est une réaction du corps aux lésions cellulaires. Elle est caractérisée par la rougeur, la chaleur, la tuméfaction et la douleur, et parfois par la perte fonctionnelle. La réaction inflammatoire se réalise au cours des trois étapes suivantes : la vasodilatation et l'augmentation de la perméabilité des vaisseaux sanguins ; la mobilisation des phagocytes et la phagocytose ; la réparation tissulaire.
2. Le facteur nécrosant des tumeurs α (TNF-α) stimule la production des protéines de la phase aiguë.

La vasodilatation et l'augmentation de la perméabilité des vaisseaux sanguins (p. 296)

3. La libération d'histamine, de kinines, de prostaglandines et de leucotriènes entraîne la vasodilatation et l'augmentation de la perméabilité des vaisseaux sanguins.
4. Des caillots de sang peuvent se former autour d'un abcès pour enrayer la dissémination de l'infection.

La mobilisation des phagocytes et la phagocytose (p. 298)

5. Margination : les phagocytes sont capables de s'agripper au revêtement intérieur des vaisseaux sanguins, notamment à proximité d'une zone lésée.
6. Diapédèse : les phagocytes sont aussi capables de quitter la circulation en se glissant entre les cellules endothéliales des capillaires, et de migrer vers la zone lésée.
7. Le pus est une accumulation de tissus endommagés ainsi que de microbes, de granulocytes et de macrophagocytes morts.

La réparation tissulaire (p. 298)

8. Un tissu se répare quand le stroma (tissu de soutien) ou le parenchyme (tissu fonctionnel) produisent de nouvelles cellules.
9. Quand la réparation est faite par les fibroblastes du stroma, il y a production de tissu cicatriciel.

LA FIÈVRE (p. 299)

1. La fièvre est une élévation anormale de la température corporelle consécutive à une infection bactérienne ou virale.
2. Les endotoxines bactériennes, l'interleukine 1 et le facteur nécrosant des tumeurs α (TNF-α) peuvent provoquer la fièvre.
3. Les frissons et la pâleur de la peau indiquent que la température du corps monte ; la crise, qui se manifeste par la chaleur de la peau et la sudation, indique que la température s'abaisse.

LES SUBSTANCES ANTIMICROBIENNES (p. 299)

Le système du complément (p. 299)

1. Le système du complément est composé d'un groupe de protéines du sérum qui s'activent les unes à la suite des autres, en cascade, pour détruire les microbes envahisseurs. Le sérum est le liquide qui reste après la formation d'un caillot.
2. L'activation de C3 peut aboutir à la lyse cellulaire (cytolyse), à l'inflammation et à l'opsonisation, qui favorise la phagocytose.
3. Le complément peut être activé par la voie classique, la voie alterne ou la voie de la lectine.
4. Le complément est désactivé par des protéines de régulation de l'hôte.
5. Les déficiences en complément peuvent se traduire par une plus grande susceptibilité à la maladie infectieuse.

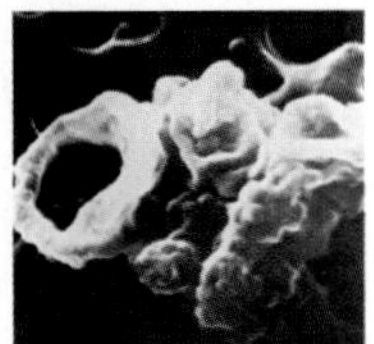

6. Certaines bactéries échappent à l'action destructrice du complément grâce à leur capsule, aux lipopolysaccharides qu'elles portent à leur surface et à une enzyme qui dégrade le fragment C5a.

Les interférons (p. 304)

7. Les interférons sont des protéines antivirales produites à la suite d'une infection par un virus.
8. Les interférons sont spécifiques des cellules de l'hôte mais non des virus.
9. Il y a trois types d'interférons humains : l'interféron α, l'interféron β et l'interféron γ. On a réussi à produire des interférons recombinants.
10. Les interférons α et β agissent sur les cellules non infectées et les amènent à produire des protéines antivirales qui empêchent la réplication virale.
11. L'interféron γ rend les granulocytes neutrophiles et les macrophagocytes capables de tuer les bactéries.

Les protéines liant le fer (p. 306)

12. Certaines protéines transportent et stockent le fer en formant une liaison chimique avec lui. Elles en privent ainsi la plupart des agents pathogènes.

Les peptides antimicrobiens (p. 306)

13. Les peptides antimicrobiens inhibent la synthèse de la paroi cellulaire ; forment des pores dans la membrane plasmique qui entraînent la cytolyse ; et détruisent l'ADN et l'ARN.
14. Les peptides antimicrobiens sont produits par presque tous les animaux et toutes les plantes. Aucun cas de résistance à ces peptides n'a été observé chez les bactéries.

AUTOÉVALUATION

QUESTIONS À COURT DÉVELOPPEMENT

1. Pourquoi le taux sérique de transferrine combinée au fer augmente-t-il durant une infection ? Expliquez en quoi une bactérie capable de contrer l'élévation du taux de transferrine combinée au fer aurait ainsi une virulence accrue.
2. Il existe divers médicaments qui peuvent réduire l'inflammation. Dites pourquoi il peut être dangereux de mal utiliser ces antiinflammatoires.
3. Le tableau suivant présente quelques microbes et associe à chacun un facteur de virulence. Décrivez l'effet de ces facteurs. Nommez une maladie causée par chacun des microbes.

Microorganisme	Facteur de virulence
Streptocoque du groupe A	C3b ne se lie pas à la protéine M de la paroi cellulaire.
Virus de la grippe	Provoque la libération d'enzymes lysosomiales dans la cellule hôte.
Mycobacterium tuberculosis	Inhibe la fusion du lysosome et du phagosome.
Toxoplasma gondii	Empêche l'acidification des phagolysosomes.
Trichophyton	Sécrète de la kératinase.
Trypanosoma cruzi	Lyse la membrane des phagosomes.

APPLICATIONS CLINIQUES

N. B. Certaines de ces questions nécessitent que vous cherchiez des réponses dans les différents chapitres du livre.

1. Les personnes dont le nez et la gorge sont atteints d'une infection à *Rhinovirus* présentent un taux de kinines 80 fois plus élevé que la normale. Quels signes doit-on s'attendre à observer dans ce cas ? Comment ces signes contribuent-ils à la propagation de l'infection ? Quelle est la maladie causée par les espèces de *Rhinovirus* ? (*Indice :* Voir le chapitre 19.)
2. Les hématologistes font souvent faire la formule leucocytaire du sang à partir d'un prélèvement sanguin. Cette formule donne les proportions des divers types de leucocytes. Pourquoi ces valeurs sont-elles importantes ? Qu'indique la formule leucocytaire d'un patient qui montre une neutropénie ? Quelle devra être la nature des mesures de prévention de l'infirmière auprès de ce patient ?
3. Janie est une enfant de trois ans dont la courte vie a été marquée par de multiples infections à répétition. Sa susceptibilité anormale aux infections a incité son médecin à vérifier la présence d'une déficience immunitaire. Les résultats des tests montrent un déficit d'adhérence leucocytaire, maladie héréditaire caractérisée par l'incapacité des granulocytes neutrophiles à reconnaître les microbes enrobés de C3b. En ce qui concerne l'agression microbienne, expliquez comment cette affection influe sur la résistance immunitaire de l'enfant. Ce diagnostic peut-il rendre compte des problèmes de santé de Janie ? Justifiez votre réponse.
4. Delphine a accouché il y a quelques semaines d'un bébé chez lequel on a diagnostiqué une maladie héréditaire très rare, le syndrome de Chediak-Higashi. Les enfants atteints de cette maladie présentent des leucocytes phagocytes anormaux. Ces derniers ont un nombre de récepteurs chimiotactiques inférieur à la normale et leurs lysosomes éclatent spontanément. En ce qui concerne l'agression microbienne, expliquez comment cette affection influe sur la résistance immunitaire de l'enfant, et comment elle affecte globalement sa santé et son espérance de vie. (*Indice :* Voir le chapitre 3.)

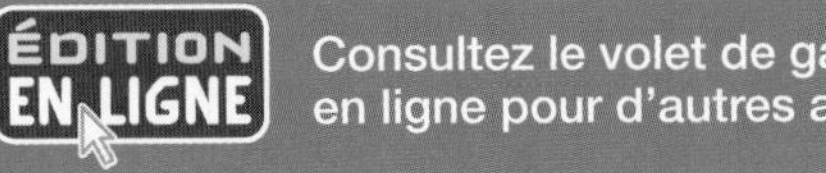
ÉDITION
EN LIGNE
Consultez le volet de gauche de l'Édition en ligne pour d'autres activités.

CHAPITRE

12

L'immunité adaptative

Les humains présentent une *insusceptibilité* à certaines maladies, c'est-à-dire qu'ils ne sont pas affectés par certaines maladies infectieuses qui menacent d'autres animaux. Par exemple, la maladie de Carré atteint le chien, mais non l'humain. Cette protection naturelle liée à l'espèce humaine nous exempte de l'agression de plusieurs agents pathogènes.

Au chapitre 11, nous nous sommes penchés sur l'étude des moyens de défense de l'immunité innée déterminée par le patrimoine héréditaire. Cette protection innée – présente dès la naissance – est prête en tout temps à lutter contre un large éventail d'agents pathogènes et de substances étrangères. Toutefois, il lui arrive de ne pas résister aux assauts des microbes, qui pénètrent alors dans les tissus et s'y installent, causant une infection, voire une maladie infectieuse. Un combat plus intensif et mieux ciblé doit alors s'organiser pour les éliminer et permettre au corps de retrouver la santé.

Dans le présent chapitre, nous étudierons l'immunité adaptative, qui constitue une autre dimension du système de défense du corps. L'immunité adaptative est la protection qui se met en place au cours de la vie d'un individu contre certains types de microbes ou de substances étrangères. La réaction est «adaptée» à un microbe particulier. Elle est plus lente à se déployer que celle des défenses innées, mais elle se souvient des agresseurs qu'elle a combattus. Elle permet ainsi au corps de réagir rapidement et vigoureusement contre les microbes qui l'ont attaqué une première fois, si bien que ceux-ci n'ont plus la capacité de s'installer et de causer la maladie. ▶▶▶

AU MICROSCOPE

Cellule dendritique. Les cellules dendritiques sont des cellules présentatrices d'antigènes dont un des rôles clés est d'aider le système immunitaire à distinguer le soi du non-soi.

Q/R

Normalement, les réactions adaptatives du système immunitaire ne prennent pas pour cible les tissus de notre propre corps. Pourquoi?

La réponse est dans le chapitre.

▶▶▶ Il s'agit là d'un avantage extraordinaire par comparaison avec les mécanismes de l'immunité innée, qui ne gardent pas en mémoire les combats antérieurs et pour lesquels la lutte contre l'infection est un perpétuel recommencement.

La bataille entre les microbes et les humains n'est pas toujours égale. La victoire est loin d'être assurée dans tous les cas. Ainsi, la résistance aux maladies infectieuses peut varier d'un peuple à l'autre ou d'une personne à l'autre. Par exemple, la plupart du temps, la rougeole est relativement sans gravité chez les individus de descendance européenne, mais l'affection a décimé les populations des îles du Pacifique qui y ont été exposées au contact des explorateurs européens. Cette différence s'explique par la sélection naturelle. Chez les Européens, l'exposition au virus de la rougeole pendant de nombreuses générations a probablement favorisé la sélection de gènes qui confèrent une certaine résistance à cet agent pathogène. D'autres facteurs génétiques ainsi que le sexe, l'âge, l'état nutritionnel et l'état de santé général d'un individu influent également sur sa résistance à la maladie.

Combattre les microbes est exigeant. Les anticorps et les lymphocytes T mettent une dizaine de jours à se mobiliser en nombre suffisant pour neutraliser les agresseurs. Le combat nécessite la synthèse d'une quantité phénoménale de molécules défensives et le métabolisme roule à plein régime. Aussi paradoxal que cela puisse paraître, il faut être en bonne santé pour vaincre ces petits ennemis redoutables que sont les microbes ! (Pour un rappel des moyens de défense du corps, voir la figure 11.1.)

L'immunité adaptative

▶ Objectif d'apprentissage

12-1 Distinguer entre l'immunité adaptative et l'immunité innée.

On reconnaît depuis longtemps que, au cours de sa vie, un individu peut acquérir une immunité durable contre certaines maladies infectieuses. Après s'être rétablie de la varicelle ou de la rougeole, une personne est presque toujours immunisée contre la même maladie, bien qu'elle puisse y être exposée à nouveau. Son corps se souvient en quelque sorte de l'infection, et le fait qu'il puisse garder ainsi en mémoire l'empreinte des batailles qu'il a livrées aux microbes constitue un atout important de l'immunité adaptative, atout dont la médecine a su tirer profit. C'est ainsi qu'on a mis au point des façons de susciter l'immunité adaptative à des agents pathogènes en exposant les sujets à des formes inoffensives de ces derniers. Le traitement par lequel on « immunise » les personnes est appelé *vaccination* (chapitre 26 EN LIGNE). On l'a employé la première fois pour combattre la variole, une centaine d'années avant la découverte des agents pathogènes microscopiques. Toutefois, la science de l'immunité adaptative ne s'est mise à progresser systématiquement qu'après qu'on eut formulé les principes de la théorie germinale des maladies, selon laquelle des microbes pathogènes spécifiques sont à l'origine de maladies particulières (figure 9.3).

▶ Vérifiez vos acquis

L'immunité conférée par la vaccination est-elle une forme d'immunité innée ou adaptative ? **12-1**

La dualité de l'immunité adaptative

▶ Objectif d'apprentissage

12-2 Distinguer entre l'immunité humorale et l'immunité à médiation cellulaire, et expliquer l'interdépendance de ces deux types d'immunité.

Le premier prix Nobel de physiologie et de médecine a été décerné en 1901 au bactériologiste allemand Emil von Behring, qui a découvert que l'immunité (*immunis* = exempté) pouvait être transférée d'un animal immunisé contre la diphtérie à un autre qui ne l'était pas. On appelait ce phénomène *immunité humorale,* parce qu'il dépendait de facteurs qui se trouvaient dans les liquides organiques (anciennement, les liquides organiques étaient appelés *humeurs* et comprenaient le sang, le phlegme, la bile jaune et la bile noire). On a su plus tard, dans les années 1930, que ces facteurs sériques étaient les anticorps et jusqu'aux années 1950-1960, on a cru qu'ils étaient les seuls à procurer une défense contre les toxines et les microbes.

Le biologiste russe Élie Metchnikoff, qui a reçu le prix Nobel en 1908 pour ses travaux en immunologie, avait quant à lui observé que certaines cellules étaient beaucoup plus efficaces chez les animaux immunisés. À partir de 1960, la science de l'immunologie a énormément progressé et permis de mettre en évidence un autre type d'immunité, l'*immunité à médiation cellulaire.* On a alors établi que les cellules responsables étaient les lymphocytes. Par des expériences semblables à celles de von Behring, on a montré que les lymphocytes pouvaient transférer d'un animal à l'autre l'immunité acquise contre certaines maladies, telles que la tuberculose. Nous verrons que l'immunité humorale et l'immunité à médiation cellulaire sont étroitement liées (figure 12.19).

Aujourd'hui, la communauté scientifique s'entend pour définir l'**immunité adaptative** comme une réaction de défense *spécifique* à une invasion par une substance ou un organisme «étranger». Cette définition sous-entend que le système immunitaire reconnaît les substances qui ne font pas partie du corps de l'hôte et qu'il lance une opération destinée à les éliminer spécifiquement. Cette réponse immunitaire ciblée se traduit par la synthèse de protéines plasmatiques appelées *anticorps* et la production de lymphocytes spécialisés. Les substances qui provoquent ce type de réponse sont appelées *antigènes* (contraction des mots anglais «*anti*body *gen*erators»). Les anticorps et les lymphocytes spécialisés s'attaquent spécifiquement aux antigènes qui ont amené leur formation et ils peuvent les détruire ou les inactiver.

Les agents envahisseurs – pathogènes – peuvent être des bactéries, des mycètes, des protozoaires, de plus gros organismes tels que les helminthes ou encore de très petits tels que les virus; les substances étrangères comprennent également le pollen, le venin d'insecte et les tissus greffés. Le corps reconnaît aussi comme étrangères les cellules qui deviennent cancéreuses et, dans certains cas, il les élimine. (Toutefois, si elles parviennent à s'établir sous forme de tumeur solide, le système immunitaire n'a plus d'emprise sur elles.) Nous verrons dans le présent chapitre, ainsi que dans le chapitre 13, que le système immunitaire est essentiel à la vie, mais qu'il peut aussi nuire à la santé si ses attaques sont mal dirigées.

L'immunité humorale

L'**immunité humorale** met en jeu la production d'anticorps qui sont dirigés contre les substances et les agents pathogènes étrangers. Ces anticorps se trouvent dans les liquides extracellulaires, tels que le sérum sanguin, la lymphe, le liquide interstitiel et les mucosités. Les **lymphocytes B** sont les cellules à l'origine de la production des anticorps. La réponse immunitaire humorale a pour principales cibles les bactéries, les toxines bactériennes et les virus qui circulent librement dans les liquides organiques. Elle joue aussi un rôle dans certaines réactions de rejet des greffons.

L'immunité à médiation cellulaire

L'**immunité à médiation cellulaire** est le fait de cellules spécialisées appelées **lymphocytes T** qui s'attaquent aux organismes et aux tissus étrangers. Les lymphocytes T ont aussi pour fonction la régulation de l'activation et de la prolifération d'autres cellules du système immunitaire, telles que les macrophagocytes. La réponse immunitaire à médiation cellulaire est le plus efficace contre les bactéries et les virus d'origine intracellulaire – qui se trouvent dans les macrophagocytes ou les cellules hôtes infectées –, et contre les mycètes, les protozoaires et les helminthes. Contrairement à l'immunité humorale, la réponse à médiation cellulaire n'est pas transférée au fœtus par le placenta. L'immunité à médiation cellulaire est la principale cause de rejet des tissus greffés entre personnes différentes. Elle est également un facteur essentiel de la lutte engagée par le corps contre le cancer.

On sait aujourd'hui que la production des lymphocytes commence dans le foie dès les premières semaines du développement embryonnaire. Vers le troisième mois de gestation, la moelle osseuse rouge remplace le foie dans cette fonction. Dans la moelle, les lymphocytes sont engendrés par des cellules souches et se mettent à acquérir leurs compétences, c'est-à-dire qu'ils se différencient. Certains achèvent leur maturation sur place et deviennent des **lymphocytes B** (ainsi nommés parce qu'on les a observés la première fois chez les oiseaux dans la bourse de Fabricius). Les lymphocytes B reconnaissent chacun un antigène particulier, puis produisent des anticorps dirigés spécifiquement contre cet antigène. La reconnaissance des différents antigènes dépend de la présence de récepteurs d'antigène exposés à la surface du lymphocyte B. La sécrétion des anticorps dans le sang et les liquides organiques nécessite des signaux supplémentaires qui viendront par la suite. D'autres lymphocytes arrivent à maturation après un séjour dans le thymus: on les appelle **lymphocytes T**, et ils sont à l'origine de l'**immunité cellulaire**. Ces deux types de lymphocytes s'observent principalement dans le sang et les organes lymphoïdes. À l'instar des lymphocytes B, les lymphocytes T réagissent aux antigènes par le truchement de récepteurs intégrés à leur membrane plasmique. Ceux-ci sont appelés **récepteurs d'antigène du lymphocyte T** (**TCR**, *T-cell receptor*). En se liant à l'antigène qui lui est spécifique, le récepteur déclenche la prolifération du lymphocyte T. Au lieu de produire des anticorps, certains lymphocytes T se mettent alors à sécréter des *cytokines*, qui sont des messagers chimiques capables d'induire d'autres cellules à accomplir certaines fonctions (voir plus loin).

▶ Vérifiez vos acquis

Quelle est la différence majeure entre l'immunité humorale et l'immunité à médiation cellulaire? **12-2**

Les antigènes et les anticorps

▶ Objectifs d'apprentissage

12-3 Définir l'antigène, l'épitope et l'haptène.

12-4 Expliquer la fonction des anticorps et en décrire la structure et les caractéristiques chimiques.

12-5 Nommer une fonction propre à chacune des cinq classes d'anticorps.

Les antigènes et les anticorps ont des rôles clés à jouer dans les réponses du système immunitaire. Les antigènes (certains préfèrent les appeler *immunogènes,* terme plus descriptif) sont à l'origine d'une réponse immunitaire hautement spécifique dans l'organisme, qui résulte, dans l'immunité humorale, en la production d'anticorps capables de reconnaître les antigènes qui en ont déclenché la formation.

La nature des antigènes

Normalement, le système immunitaire reconnaît le «soi», c'est-à-dire les composants du corps qu'il protège, et le distingue du «non-soi», c'est-à-dire les matières étrangères. C'est en raison de cette reconnaissance que le système de défense ne produit habituellement pas d'anticorps dirigés contre les propres tissus de l'individu (bien que cela puisse arriver à l'occasion, comme nous le verrons au chapitre 13).

La plupart des **antigènes** sont soit des protéines, soit des polysaccharides de grande taille. En règle générale, les lipides et les acides nucléiques ne sont antigéniques que s'ils sont combinés à des protéines ou à des polysaccharides. Les substances antigéniques sont souvent des composants de microbes, tels que la capsule, la paroi cellulaire, les flagelles, les fimbriæ et les toxines des bactéries ; la capside et les spicules des virus ; ou la surface d'autres types de microbes. En fait, on peut considérer une bactérie ou un virus comme des mosaïques d'antigènes en raison de la complexité des structures qui les composent. Les antigènes non microbiens comprennent le pollen, le blanc d'œuf, les molécules de surface des globules sanguins, les protéines du sérum d'autres individus ou espèces, et les molécules de surface des tissus et des organes greffés.

D'ordinaire, les anticorps reconnaissent des régions spécifiques des antigènes appelées **épitopes** ou **déterminants antigéniques** (**figure 12.1**). C'est avec ces épitopes qu'ils interagissent et la nature de l'interaction dépend de la taille, de la forme et de la structure chimique du site de liaison de la molécule d'anticorps.

La plupart des antigènes ont une masse moléculaire de 10 000 daltons ou plus. Dans bien des cas, une substance étrangère dont la masse moléculaire est faible n'est pas antigénique – trop petite pour stimuler par elle-même la formation d'anticorps –, sauf si elle est fixée à une molécule porteuse. Ces petits composés sont appelés **haptènes** (du grec *haptein,* saisir ; **figure 12.2**). Une fois qu'il est formé, un anticorps dirigé contre un haptène peut réagir avec ce dernier indépendamment de la molécule porteuse. La pénicilline est un bon exemple d'haptène. Ce médicament n'est pas antigénique en soi, mais certaines personnes y deviennent allergiques. (La réaction allergique est une forme de réponse immunitaire.) Chez ces individus, la pénicilline qui se combine aux protéines du sérum forme un composé qui déclenche une réponse immunitaire conduisant à la réaction d'allergie.

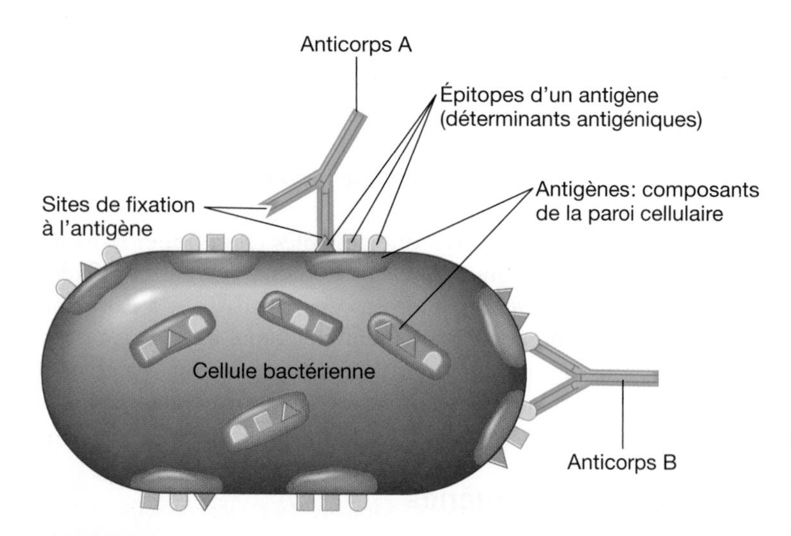

Figure 12.1 **Épitopes (déterminants antigéniques).** Dans le diagramme ci-dessus, l'antigène est un élément de la paroi cellulaire d'une bactérie. Il présente de nombreux épitopes. Chaque anticorps a au moins deux sites de liaison identiques, qui peuvent se fixer à deux épitopes identiques de l'antigène. Un anticorps peut aussi se lier en même temps à des épitopes identiques présents sur deux cellules différentes (figure 26.4 EN LIGNE), ce qui peut entraîner l'agglutination de cellules voisines les unes des autres.

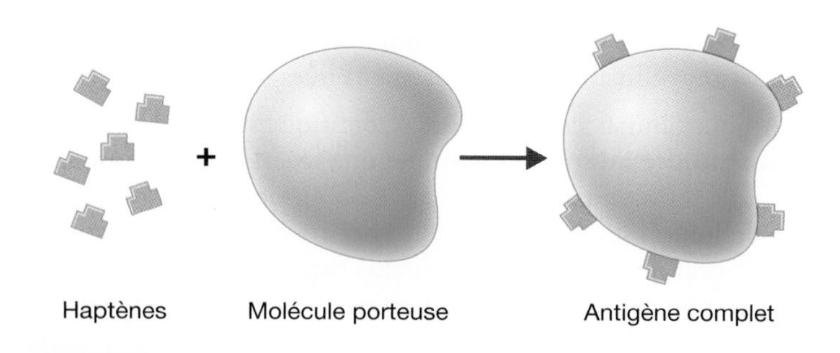

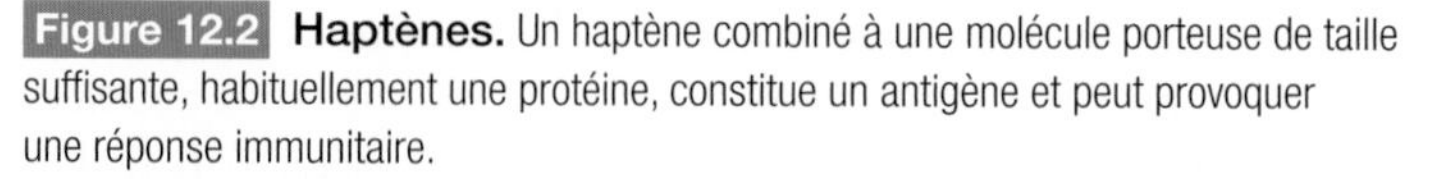

Figure 12.2 **Haptènes.** Un haptène combiné à une molécule porteuse de taille suffisante, habituellement une protéine, constitue un antigène et peut provoquer une réponse immunitaire.

▶ Vérifiez vos acquis

Quand une bactérie fait réagir un anticorps, est-ce nécessairement en tant qu'antigène ou en tant qu'épitope qu'elle le fait ? **12-3**

La nature des anticorps

Les **anticorps** font partie d'un groupe de protéines plasmatiques, relativement solubles, dont la forme tridimensionnelle est globulaire et compacte, d'où leur nom d'**immunoglobulines (Ig)**. Synthétisés en réponse à un antigène, ils peuvent reconnaître ce dernier et s'y lier, puis contribuer à le neutraliser ou à le détruire. Leur spécificité à l'égard des antigènes qui sont à l'origine de leur formation est très élevée. Un antigène présent sur une bactérie ou un virus présente souvent plusieurs épitopes qui stimulent la production d'anticorps différents.

Chaque anticorps possède au moins deux sites identiques qui se lient aux épitopes. On les appelle **sites de fixation à l'antigène**. Le nombre de ces sites sur un anticorps est la **valence** de cet anticorps. Par exemple, ayant deux sites de fixation, la plupart des anticorps humains sont bivalents.

La structure des anticorps

Du fait qu'il présente la structure moléculaire la plus simple, l'anticorps bivalent est appelé **monomère**. Le monomère typique est formé de quatre chaînes protéiques : deux *chaînes légères* (*L* pour *light*) identiques et deux *chaînes lourdes* (*H* pour *heavy*), identiques aussi. (Les qualificatifs « légère » et « lourde » se rapportent aux masses moléculaires relatives des chaînes.) Les chaînes sont reliées par des ponts disulfure (figure 22.15c EN LIGNE) et d'autres liaisons pour former une molécule en forme d'Y (**figure 12.3** ; notez la région charnière). La forme Y est flexible et peut prendre l'aspect d'un T.

Les deux segments qui forment les extrémités des bras du Y s'appellent *régions variables* (*V*). La séquence des acides aminés, et partant la structure tridimensionnelle, des régions variables est particulière à chaque anticorps et détermine la conformation des sites de fixation à l'antigène. La spécificité de l'anticorps est due à ces régions, dont la structure épouse la forme de l'antigène. En fait, on utilise souvent l'image de la clé dans sa serrure pour représenter le lien entre l'antigène et l'anticorps.

La queue du Y et la partie inférieure des bras portent le nom de *région constante* (*C*). Il y a cinq grands types de régions C, qui correspondent aux cinq grandes classes d'immunoglobulines, que

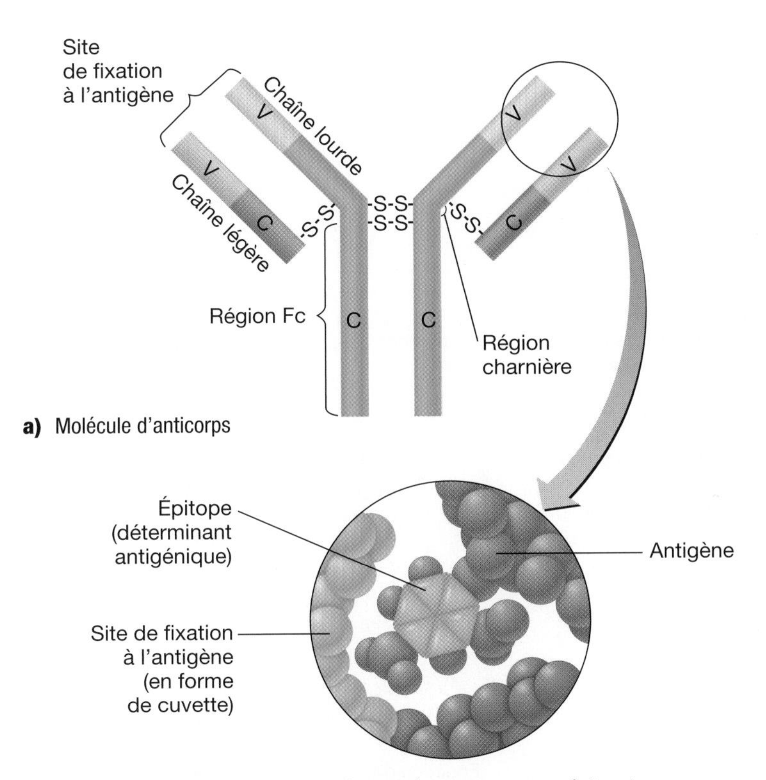

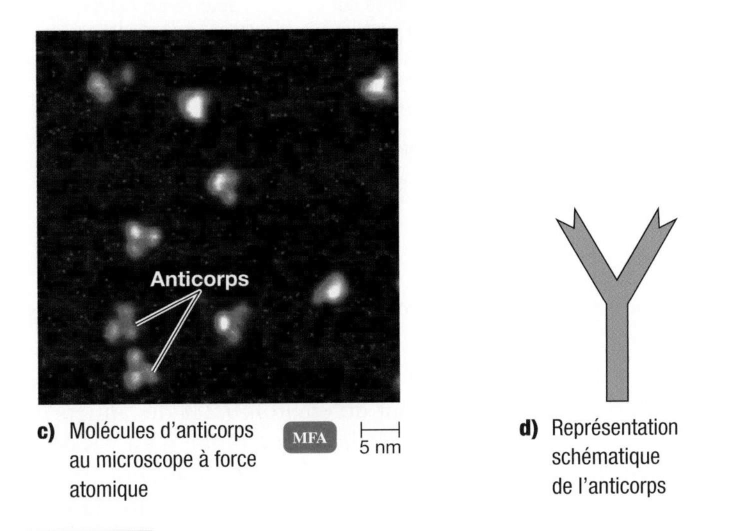

Anticorps
c) Molécules d'anticorps
au microscope à force
atomique
MFA
5 nm
d) Représentation
schématique
de l'anticorps

Figure 12.3 **Structure d'un anticorps type. a)** La molécule en forme d'Y se compose de deux chaînes légères et de deux chaînes lourdes reliées par des ponts disulfure (S–S). Les régions constantes (C) sont les mêmes pour tous les anticorps de la même classe. Les régions variables (V), qui forment les deux sites de fixation à l'antigène, diffèrent d'une molécule à l'autre. **b)** Grossissement d'un site de fixation à l'antigène et de l'épitope complémentaire. **c)** Molécules d'anticorps au microscope à force atomique. **d)** Symbole qui représente un anticorps dans le présent ouvrage.

nous allons examiner sous peu. La queue du Y de l'anticorps monomère est appelée *région Fc*, parce que, quand on s'est mis à étudier la structure de cette molécule, on la retrouvait dans un fragment (F) qui cristallisait au froid (c pour *cold*).

La région Fc joue souvent un rôle important dans les réactions immunologiques. Si elle est encore exposée après que les deux sites de fixation à l'antigène sont occupés, par exemple par une bactérie, les régions Fc d'anticorps adjacents peuvent se lier à la protéine C1 du système du complément. Le processus qui est alors déclenché amène la destruction de la bactérie, comme l'illustre la figure 11.10. À l'inverse, la région Fc peut se lier à une cellule ; les sites de fixation d'anticorps adjacents restent ainsi libres de réagir avec les antigènes dont ils sont spécifiques (figure 13.1a), ce qui peut provoquer des réactions allergiques.

Les classes d'immunoglobulines

Les immunoglobulines les plus simples et les plus abondantes sont des monomères. Certaines d'entre elles se présentent sous forme de dimères et de pentamères. Les cinq classes d'immunoglobulines (Ig) sont représentées par les abréviations IgG, IgM, IgA, IgD et IgE. Chaque classe joue un rôle particulier dans la réponse immunitaire. La structure des molécules d'IgG, d'IgD et d'IgE est semblable à celle de la figure 12.3a. Habituellement, les molécules d'IgA et d'IgM comprennent respectivement deux et cinq monomères reliés entre eux. La structure et les caractéristiques des classes d'immunoglobulines sont résumées dans le **tableau 12.1**.

IgG Les **IgG** (G pour gamma ; on trouve ces molécules dans la fraction des gammaglobulines sanguines) constituent environ 80 % de l'ensemble des anticorps dans le sérum. Ce sont des monomères qui traversent facilement les parois des vaisseaux sanguins et pénètrent dans le liquide interstitiel. Par exemple, les IgG maternelles peuvent traverser le placenta et conférer une immunité passive au fœtus.

Les IgG assurent une protection contre les bactéries et les virus qui se trouvent dans la circulation. Elles neutralisent les toxines bactériennes, déclenchent le système du complément et, lorsqu'elles sont liées à des antigènes, augmentent l'efficacité des phagocytes.

IgM Les anticorps de la classe des **IgM** (M pour *macro,* rappel de leur grande taille) constituent de 5 à 10 % des anticorps dans le sérum. Les IgM sont des pentamères, c'est-à-dire qu'elles sont composées de cinq monomères reliés par un polypeptide appelé *chaîne J* (pour *joining*). En raison de leur grande taille, les IgM ne se déplacent pas aussi facilement que les IgG. En règle générale, elles sont confinées aux vaisseaux sanguins et ne pénètrent pas dans les tissus environnants.

Les IgM sont les principaux anticorps de la réponse aux antigènes du système ABO qui se trouvent à la surface des érythrocytes (tableau 13.2). Elles se montrent aussi efficaces que les IgG dans l'agglutination des virus et des antigènes cellulaires et dans les réactions qui provoquent la fixation du complément (figure 11.9). Enfin, elles peuvent favoriser l'ingestion des cellules cibles par les phagocytes, comme le font les IgG.

Les IgM sont les premiers anticorps observés en réponse à une première exposition à un antigène. Une deuxième exposition à un antigène donne lieu plutôt à une augmentation de la production d'IgG.

Puisqu'elles se manifestent les premières en réponse à une primo-infection et disparaissent relativement vite, les IgM présentent un intérêt unique pour le diagnostic des maladies. Si on détecte chez un patient une concentration élevée d'IgM dirigées contre un agent pathogène, ce dernier est probablement la cause de la maladie observée. La présence d'IgG, qui persiste assez longtemps, peut indiquer seulement que l'immunité contre un agent pathogène particulier a été acquise à un moment donné dans le passé.

Tableau 12.1 Résumé des classes d'immunoglobulines

Caractéristique	IgG	IgM	IgA	IgD	IgE
Structure	Monomère	Pont disulfure; Chaîne J; Pentamère	Chaîne J; Composant sécrétoire; Dimère (lié au composant sécrétoire)	Monomère	Monomère
Titre des anticorps	80 %	De 5 à 10 %	De 10 à 15 %*	0,2 %	0,002 %
Localisation	Sang, lymphe, intestin	Sang, lymphe, surface des lymphocytes B (sous forme de monomère)	Sécrétions (larmes, salive, mucus, intestin, lait maternel), sang, lymphe	Surface des lymphocytes B, sang, lymphe	Liées aux mastocytes et aux granulocytes basophiles partout dans le corps, sang
Demi-vie dans le sérum	23 jours	5 jours	6 jours	3 jours	2 jours
Fixation du complément	Oui	Oui	Non**	Non	Non
Transfert placentaire	Oui	Non	Non	Non	Non
Fonctions connues	Active la phagocytose; neutralise les toxines et les virus; protège le fœtus et le nouveau-né	Particulièrement efficace pour combattre les microbes et agglutiner les antigènes; premiers anticorps produits en réponse à une primo-infection	Protection locale à la surface des muqueuses	Fonction dans le sérum inconnue; leur présence sur les lymphocytes B joue un rôle dans le déclenchement de la réponse immunitaire	Réactions allergiques; contribue peut-être à la lyse des vers parasites

* Pourcentage calculé pour le sérum seulement; si on tient compte des muqueuses et des sécrétions du corps, le pourcentage est beaucoup plus élevé.

** Peut-être oui par la voie alterne.

IgA Les **IgA** représentent seulement de 10 à 15% des anticorps présents dans le sérum, mais elles sont de loin la classe la plus répandue dans les muqueuses et les sécrétions du corps telles que le mucus, la salive, les sucs digestifs, les larmes et le lait maternel. Compte tenu de cette particularité, les IgA sont les immunoglobulines les plus abondantes de l'organisme. (Les IgG sont majoritaires dans le sérum.)

Les *IgA* dites *sériques* circulent dans le sérum surtout sous forme de monomère. Mais c'est en tant que dimère, appelé *IgA sécrétoire,* que cette molécule est la plus efficace. Elle est composée de deux monomères reliés par une chaîne J et est sécrétée sous cette forme par des plasmocytes présents dans les follicules lymphatiques intégrés dans les muqueuses. Les dimères traversent ensuite une cellule de la muqueuse où ils se lient à un polypeptide appelé *composant sécrétoire* qui les protège contre la dégradation enzymatique. La principale tâche des IgA sécrétoires est probablement d'empêcher les microbes pathogènes, notamment les virus et certaines bactéries, de se fixer à la surface de cellules hôtes des muqueuses. Cette fonction est particulièrement importante dans la résistance aux agents pathogènes des voies respiratoires et intestinales. Et puisque l'immunité que procurent les IgA est relativement transitoire, la durée de la protection contre les infections respiratoires l'est aussi. Les IgA dans le colostrum aident probablement le nourrisson à résister aux infections gastro-intestinales durant les premières semaines de sa vie.

IgD La structure des **IgD** est semblable à celle des IgG. Ces immunoglobulines ne constituent qu'environ 0,2% des anticorps du sérum; leur fonction dans le sérum et la lymphe n'est pas bien connue. On les trouve surtout à la surface des lymphocytes B, où elles jouent le rôle de récepteurs d'antigène (**figure 12.4** et tableau 12.1).

IgE Les anticorps de la classe des **IgE** sont légèrement plus gros que les IgG, mais ils ne constituent que 0,002% des anticorps dans le sérum. Ils se lient fortement par leur région Fc à des récepteurs présents sur des mastocytes et sur des granulocytes basophiles, deux types de cellules spécialisées qui participent aux réactions allergiques (chapitre 13). Quand un antigène, tel que le pollen, réagit avec les IgE fixées à leur surface, les mastocytes et les granulocytes basophiles libèrent de l'histamine et d'autres médiateurs chimiques. Ces molécules provoquent une réaction – par exemple une allergie telle que le rhume des foins. Toutefois, la réaction peut aussi être protectrice, car elle attire des protéines du complément et des phago00cytes. Cela est particulièrement utile quand les anticorps se lient à des vers parasites. La concentration des IgE augmente considérablement durant certaines réactions allergiques et infections parasitaires, réaction souvent utile au diagnostic.

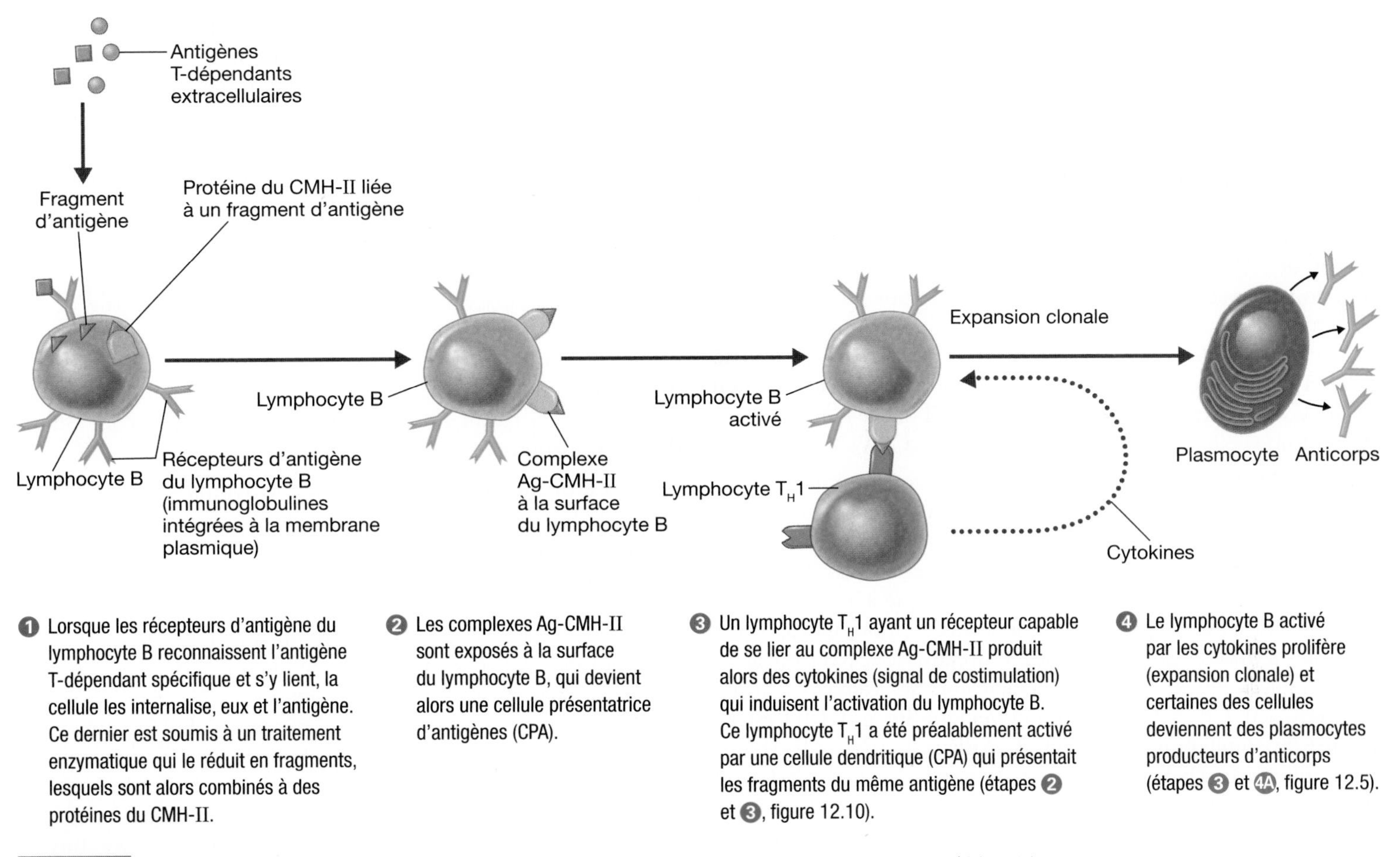

❶ Lorsque les récepteurs d'antigène du lymphocyte B reconnaissent l'antigène T-dépendant spécifique et s'y lient, la cellule les internalise, eux et l'antigène. Ce dernier est soumis à un traitement enzymatique qui le réduit en fragments, lesquels sont alors combinés à des protéines du CMH-II.

❷ Les complexes Ag-CMH-II sont exposés à la surface du lymphocyte B, qui devient alors une cellule présentatrice d'antigènes (CPA).

❸ Un lymphocyte T_H1 ayant un récepteur capable de se lier au complexe Ag-CMH-II produit alors des cytokines (signal de costimulation) qui induisent l'activation du lymphocyte B. Ce lymphocyte T_H1 a été préalablement activé par une cellule dendritique (CPA) qui présentait les fragments du même antigène (étapes ❷ et ❸, figure 12.10).

❹ Le lymphocyte B activé par les cytokines prolifère (expansion clonale) et certaines des cellules deviennent des plasmocytes producteurs d'anticorps (étapes ❸ et 4A, figure 12.5).

Figure 12.4 Activation des lymphocytes B menant à la production d'anticorps. Le lymphocyte B illustré ici produit des anticorps dirigés contre un antigène T-dépendant.

▶ **Vérifiez vos acquis**

Qu'est-ce qui détermine la spécificité de chaque anticorps? **12-4**

Quelle classe d'immunoglobulines (anticorps) est la plus susceptible de vous protéger contre le rhume? **12-5**

Les lymphocytes B et l'immunité humorale

▶ **Objectifs d'apprentissage**

12-6 Comparer les antigènes T-dépendants et T-indépendants.

12-7 Distinguer les plasmocytes des cellules mémoires.

12-8 Décrire la théorie de la sélection clonale.

12-9 Décrire les étapes du processus par lequel l'humain peut produire différents anticorps.

Nous avons mentionné plus haut que les agents de la réponse immunitaire humorale sont les anticorps. Le processus qui aboutit à la production d'anticorps se met en branle quand des cellules spécialisées, les lymphocytes B, sont exposées à des *antigènes libres*, ou *antigènes extracellulaires*.

La sélection clonale des cellules productrices d'anticorps

Le lymphocyte B synthétise des immunoglobulines qui s'intègrent à la surface de la membrane cellulaire et qui constituent les récepteurs d'antigène du lymphocyte B. Ces immunoglobulines sont spécifiques d'un épitope donné et dans la majorité des cas, ce sont des IgM et des IgD. Un nombre restreint de lymphocytes B (10 % ou moins) ont des immunoglobulines des autres classes, mais ils se rassemblent souvent à certains endroits, où ils forment des groupes importants. C'est ainsi que, dans la muqueuse intestinale, on trouve beaucoup de lymphocytes B porteurs d'IgA. Chaque lymphocyte B est hérissé d'au moins 100 000 immunoglobulines identiques.

Dans la plupart des cas, la production d'anticorps est déclenchée par des **antigènes T-dépendants**, c'est-à-dire qu'elle ne se met en branle qu'avec l'intervention d'un lymphocyte T auxiliaire (T_H). Ces antigènes T-dépendants sont surtout des protéines. On les trouve à la surface des virus, des bactéries et des érythrocytes étrangers. Ce sont aussi certaines protéines vectrices auxquelles sont fixés des haptènes.

En règle générale, deux conditions sont nécessaires pour qu'un lymphocyte B mis en présence d'antigènes T-dépendants devienne *activé*. La première est la liaison de ses immunoglobulines de surface à l'épitope (antigène T-dépendant) dont il est spécifique; la deuxième est le concours d'un *lymphocyte T auxiliaire* (T_H), comme le montre la figure 12.4. (Plus loin dans ce chapitre, à la figure 12.10, nous reviendrons sur le rôle des lymphocytes T_H.)

Regardons de plus près les étapes de la figure 12.4 : ❶ le lymphocyte B doit tout d'abord se lier à l'antigène T-dépendant grâce à ses immunoglobulines de surface (récepteurs) ; cette liaison spécifique correspond à la première condition nécessaire à l'activation du lymphocyte B. Puis, le lymphocyte B absorbe l'antigène et les récepteurs. À l'intérieur de la cellule, l'antigène est soumis à un *traitement enzymatique* – c'est-à-dire qu'il est dégradé par des enzymes et réduit en peptides de faible taille. ❷ Les fragments sont combinés à des molécules du **complexe majeur d'histocompatibilité (CMH)** et sont renvoyés à la surface de la cellule pour y être en quelque sorte « exposés » ; c'est pourquoi on dit que le lymphocyte B devient une cellule présentatrice d'antigènes (CPA).

Le CMH est un ensemble de gènes qui codent pour des glycoprotéines (protéines possédant des groupements glucidiques) très diversifiées, intégrées à la membrane plasmique des cellules nucléées des mammifères. On a commencé à s'intéresser au CMH, il y a un bon nombre d'années, après avoir découvert que le rejet des greffons coïncidait avec la présence, sur les tissus, de molécules appelées *antigènes d'histocompatibilité*. Chez l'humain, le CMH est aussi appelé *système HLA*, ou *système des antigènes des leucocytes humains* (chapitre 13). Chaque fragment antigénique lié au CMH est en mesure de stimuler un lymphocyte T auxiliaire possédant les récepteurs appropriés. Dans le cas présent, il s'agit de protéines du CMH de classe II, que l'on trouve à la surface des *cellules présentatrices d'antigènes* (*CPA*), dont font partie les lymphocytes B. Pour nommer ce complexe formé par l'antigène traité et les protéines du CMH de classe II, on utilise l'abréviation Ag-CMH-II. Nous examinerons d'autres CPA plus loin dans ce chapitre.

❸ Le lymphocyte B doit ensuite se lier à un lymphocyte T_H1 ayant un récepteur capable de reconnaître le fragment d'antigène combiné au CMH-II. (Nous verrons à la figure 12.10 que le lymphocyte T_H1 a été préalablement activé par une cellule dendritique.) Une fois la liaison établie, le lymphocyte T_H1 se met à produire des cytokines – des messagers chimiques qui jouent le rôle de signaux de costimulation –, la deuxième condition nécessaire à l'activation du lymphocyte B. ❹ Stimulé par les cytokines, le lymphocyte B activé prolifère et forme un clone constitué de nombreuses cellules – des plasmocytes – qui produisent des anticorps. Pour qu'il y ait réaction, il faut donc qu'un lymphocyte B et un lymphocyte T_H1 soient tous deux activés et en interaction.

La **figure 12.5** illustre les étapes du phénomène qu'on appelle **sélection clonale**. ❶ Les lymphocytes B matures, issus de cellules souches, peuvent reconnaître un nombre presque infini d'antigènes, mais chaque lymphocyte B n'en reconnaît qu'un (figure 12.8). ❷ Le contact d'un antigène particulier, associé ou non à l'intervention d'un lymphocyte T_H1, déclenche l'activation du lymphocyte B qui est spécifique de cet antigène. ❸ Une fois activé, le lymphocyte B entre dans une phase de prolifération appelée *expansion clonale*. Il en résulte un clone composé de cellules ayant toutes la même spécificité, d'où l'expression « **sélection clonale** ». (Nous verrons plus loin dans ce chapitre que les lymphocytes T suivent un cheminement analogue.) ❹a Certaines de ces cellules se différencient en **plasmocytes**, dont la fonction consiste à synthétiser et à sécréter de grandes quantités d'anticorps. ❹b D'autres deviennent des **lymphocytes B mémoires**. Ceux-ci jouissent d'une longue durée de vie et sont prêts à réagir rapidement au même antigène s'il se présente à nouveau. Cette réaction secondaire à l'antigène mène à une production d'anticorps plus vigoureuse que la réaction primaire (figure 12.16). ❺ Les anticorps, libérés dans la circulation sanguine, entrent en contact avec les antigènes.

La théorie de la sélection clonale soulève une question importante : pourquoi le système immunitaire ne se dresse-t-il pas contre les cellules et les macromolécules du corps dont il fait partie ? Cette absence de réaction s'appelle **tolérance immunitaire**. Autrement dit, le corps a la capacité de distinguer entre le *soi* et le *non-soi*. Il détruit les lymphocytes B et T qui réagissent aux antigènes du soi avant qu'ils n'arrivent à maturité. Ce mécanisme porte le nom de **délétion clonale**.

Les antigènes qui peuvent stimuler les lymphocytes B directement, sans la participation des lymphocytes T_H, s'appellent **antigènes T-indépendants**. Ce sont habituellement des polysaccharides ou des lipopolysaccharides qui se présentent comme de longues suites de sous-unités (épitopes) identiques. Les capsules et les flagelles bactériens sont souvent de bons exemples d'antigènes T-indépendants. La **figure 12.6** illustre comment les épitopes identiques peuvent se lier à une série de récepteurs du lymphocyte B, ce qui explique probablement pourquoi il n'est pas nécessaire de faire appel aux lymphocytes T_H. En règle générale, les antigènes T-indépendants provoquent une réponse immunitaire plus faible que les antigènes T-dépendants. Cette réponse fait appel principalement à des IgM et il n'y a pas de production de cellules mémoires. Il arrive souvent que le système immunitaire des nourrissons ne réagisse pas à leur présence avant l'âge de 2 ans. Nous examinerons de nouveau ces facteurs quand nous traiterons des vaccins au chapitre 26 EN LIGNE.

▸ Vérifiez vos acquis

La production d'anticorps pour combattre la pneumonie à pneumocoques (figure 19.12) nécessite-t-elle la stimulation d'un lymphocyte B par un lymphocyte T auxiliaire (T_H) ? **12-6**

Les plasmocytes produisent des anticorps. Produisent-ils également des cellules mémoires ? **12-7**

De quelle manière un lymphocyte B exposé à un antigène devient-il une cellule présentatrice de cet antigène ? **12-8**

La diversité des anticorps

Le système immunitaire est en mesure de reconnaître un nombre astronomique d'antigènes ; on estime ce nombre à au moins 10^{15} antigènes. On pourrait penser que les gènes nécessaires pour produire une telle diversité formeraient la majeure partie du patrimoine héréditaire d'un humain. Grâce à ses recherches, qui lui ont valu un prix Nobel en 1987, Susumu Tonegawa, un immunologiste japonais, a mis au jour un mécanisme qui permet d'obtenir cette diversité avec seulement quelques centaines de gènes, plutôt que des milliards. Si on simplifie, on peut comparer ce mécanisme au langage, qui permet de produire un nombre considérable de mots à partir d'un alphabet limité. Dans ce cas-ci, l'alphabet est formé d'éléments génétiques qui se combinent entre eux au hasard pour créer la séquence d'acides aminés de la région variable (V) de la molécule

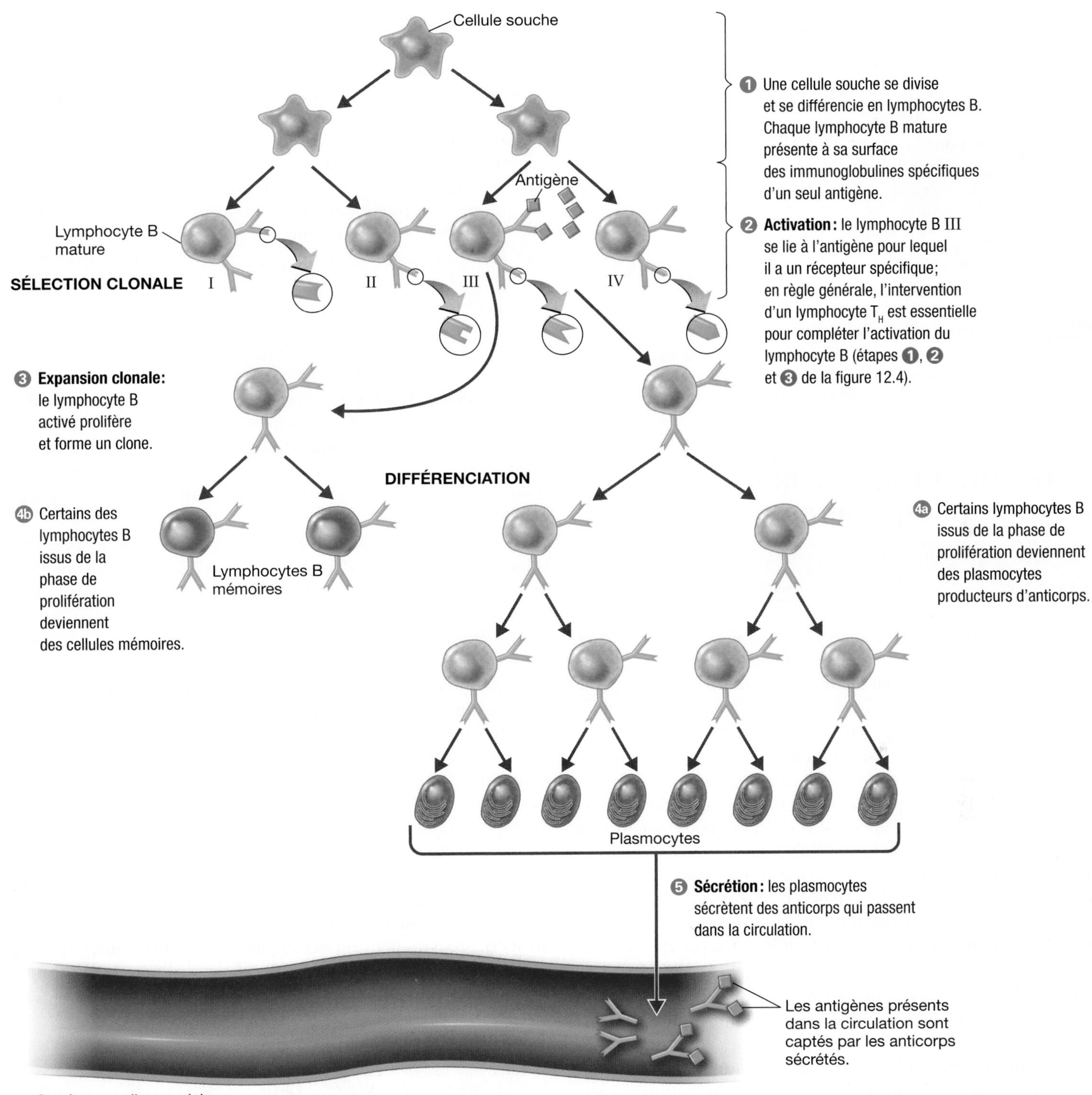

Cellule souche
① Une cellule souche se divise et se différencie en lymphocytes B. Chaque lymphocyte B mature présente à sa surface des immunoglobulines spécifiques d'un seul antigène.
Antigène
Lymphocyte B mature
SÉLECTION CLONALE
I
II
III
IV
② Activation : le lymphocyte B III se lie à l'antigène pour lequel il a un récepteur spécifique; en règle générale, l'intervention d'un lymphocyte T_H est essentielle pour compléter l'activation du lymphocyte B (étapes ①, ② et ③ de la figure 12.4).
③ Expansion clonale: le lymphocyte B activé prolifère et forme un clone.
DIFFÉRENCIATION
4b Certains des lymphocytes B issus de la phase de prolifération deviennent des cellules mémoires.
Lymphocytes B mémoires
4a Certains lymphocytes B issus de la phase de prolifération deviennent des plasmocytes producteurs d'anticorps.
Plasmocytes
⑤ Sécrétion : les plasmocytes sécrètent des anticorps qui passent dans la circulation.
Les antigènes présents dans la circulation sont captés par les anticorps sécrétés.
Système cardiovasculaire

Figure 12.5 **Sélection clonale et différenciation des lymphocytes B.** Le contact d'un antigène particulier déclenche l'activation et la prolifération d'un lymphocyte B qui est spécifique de cet antigène. Il en résulte un clone composé de cellules ayant toutes la même spécificité, d'où l'expression « sélection clonale ».

d'immunoglobuline (figure 12.3). En raison des combinaisons et des permutations possibles, la quantité d'information génétique requise est de beaucoup diminuée, si bien qu'il n'est pas nécessaire de posséder un gène différent pour réagir à chaque antigène qui se présente.

▶ Vérifiez vos acquis

Sur quel segment de la molécule d'immunoglobuline se situe la séquence d'acides aminés qui rend possible l'énorme diversité des anticorps ? **12-9**

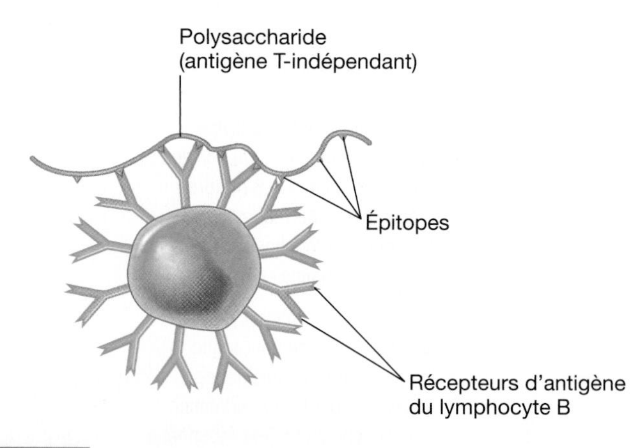

Figure 12.6 **Antigènes T-indépendants.** Les antigènes T-indépendants sont constitués d'une série d'épitopes identiques qui peuvent relier entre eux les récepteurs d'antigène d'un lymphocyte B. Ce faisant, ils stimulent ce dernier et induisent la production d'anticorps sans l'intervention des lymphocytes T_H. Les polysaccharides des capsules bactériennes sont des exemples de ce type d'antigènes.

La liaison antigène-anticorps et ses conséquences

▶ Objectif d'apprentissage

12-10 Décrire quatre conséquences de la réaction antigène-anticorps.

Quand un anticorps entre en contact avec un antigène qu'il reconnaît, il se forme rapidement un **complexe antigène-anticorps (Ag-Ac)**. La liaison de l'anticorps à l'antigène est spécifique et s'opère par le truchement du *site de fixation à l'antigène* dont la forme est complémentaire à celle d'un épitope porté par l'antigène (figure 12.1).

On appelle **affinité** la force de la liaison qui unit un antigène et un anticorps. En règle générale, plus le contact est étroit, plus l'affinité est grande. La plupart du temps, l'anticorps reconnaît l'épitope d'un antigène par sa forme et il est doté d'une **spécificité** remarquable. Il est sensible à des différences mineures dans la séquence d'acides aminés d'une protéine et peut même distinguer entre deux isomères (figure 22.13 EN LIGNE). En conséquence, on peut utiliser des anticorps pour différencier les virus de la varicelle et de la rougeole, ou des bactéries d'espèces différentes, par exemple.

La liaison d'un anticorps à un antigène protège l'hôte en marquant les cellules et les molécules étrangères, ce qui les destine à être détruites par les phagocytes et le complément. L'anticorps lui-même n'endommage pas l'antigène. Les toxines et les organismes étrangers sont rendus inoffensifs par quelques mécanismes seulement, représentés à la **figure 12.7**. Ce sont l'agglutination, l'opsonisation, la neutralisation, la cytotoxicité à médiation cellulaire dépendant des anticorps et l'action du complément, qui aboutissent à la lyse cellulaire et à l'inflammation du tissu affecté.

Il y a **agglutination** quand la combinaison des anticorps et des antigènes produit des amas. Par exemple, les deux sites de fixation à l'antigène d'une molécule d'IgG peuvent se lier à des épitopes situés sur deux bactéries différentes, formant ainsi un agrégat que les phagocytes ont plus de facilité à ingérer. Grâce à leurs nombreux sites de fixation, les IgM peuvent réticuler et agglutiner plus efficacement les particules antigéniques (figure 26.5 EN LIGNE). Il faut de 100 à 1 000 fois plus de molécules d'IgG pour obtenir le même résultat. (Au chapitre 26 EN LIGNE, nous verrons l'importance de l'agglutination dans l'établissement du diagnostic de certaines maladies.)

L'**opsonisation** (*opsonare* = saupoudrer) est un processus au cours duquel un agent pathogène, par exemple une bactérie, est « marqué » de façon à attirer les macrophagocytes et à faciliter son ingestion et sa lyse. Des facteurs sériques, que certains appellent « opsonines », s'attachent à la surface de la bactérie comme une sorte de balise de repérage ; les anticorps peuvent jouer ce rôle. Ainsi, dès qu'une bactérie est enrobée d'anticorps, dont la partie Fc reste libre et tournée vers l'extérieur, les macrophagocytes arrivent en plus grand nombre. Un macrophagocyte va se fixer solidement aux parties Fc des anticorps, ce qui facilite l'ingestion de la bactérie et par la suite sa digestion (figure 12.7). Notez que l'opsonisation a lieu également lorsque des fragments C3b du système du complément se fixent à la surface d'une bactérie. Une fois la bactérie opsonisée, la phagocytose est augmentée (figure 11.9).

La **cytotoxicité à médiation cellulaire dépendant des anticorps** (figure 12.15) ressemble à l'opsonisation en ce que le microbe ciblé se trouve enrobé d'anticorps. Toutefois, la destruction de ce dernier, qui est généralement volumineux, est l'œuvre de cellules non spécifiques du système immunitaire qui n'ingèrent pas leur cible.

Dans le cas de la **neutralisation**, les IgG inactivent les microbes et les virus en bloquant leur adhérence aux cellules hôtes et rendent les toxines bactériennes inoffensives en occupant leur site actif.

Un des aspects particuliers de la réaction inflammatoire est qu'elle favorise l'opsonisation des microbes grâce à la fixation d'anticorps à leurs antigènes de surface. Par la suite, un composant du système du complément peut se lier aux anticorps, de telle sorte qu'un complexe anticorps-complément se trouve attaché à la surface du microbe. Tant les IgG que les IgM peuvent déclencher l'*activation du complément* qui provoque la *lyse* cellulaire des microbes, ce qui mène à l'augmentation de l'inflammation, une situation qui attire de nombreux phagocytes (figure 11.10) et d'autres cellules du système immunitaire.

Nous verrons au chapitre 13 que l'action des anticorps peut aussi nuire à l'hôte. Par exemple, les complexes immuns formés d'anticorps, d'antigènes et de complément peuvent causer des lésions des tissus de l'hôte. Les antigènes qui se combinent aux IgE sur les mastocytes peuvent déclencher des réactions allergiques, et les anticorps peuvent réagir avec les cellules de l'hôte, occasionnant des maladies auto-immunes.

▶ Vérifiez vos acquis

Quels sont certains des résultats qui peuvent être produits par la réaction d'un antigène et d'un anticorps ? **12-10**

Les lymphocytes T et l'immunité à médiation cellulaire

▶ Objectifs d'apprentissage

12-11 Décrire au moins une des fonctions de chacun des éléments suivants : cellule M, lymphocytes T auxiliaires T_H1 et T_H2, lymphocyte T cytotoxique (T_C), lymphocyte T régulateur (T_{reg}), cellule présentatrice d'antigènes (CPA), cellule tueuse naturelle (NK), lymphocyte de l'hypersensibilité retardée (T_{DH}).

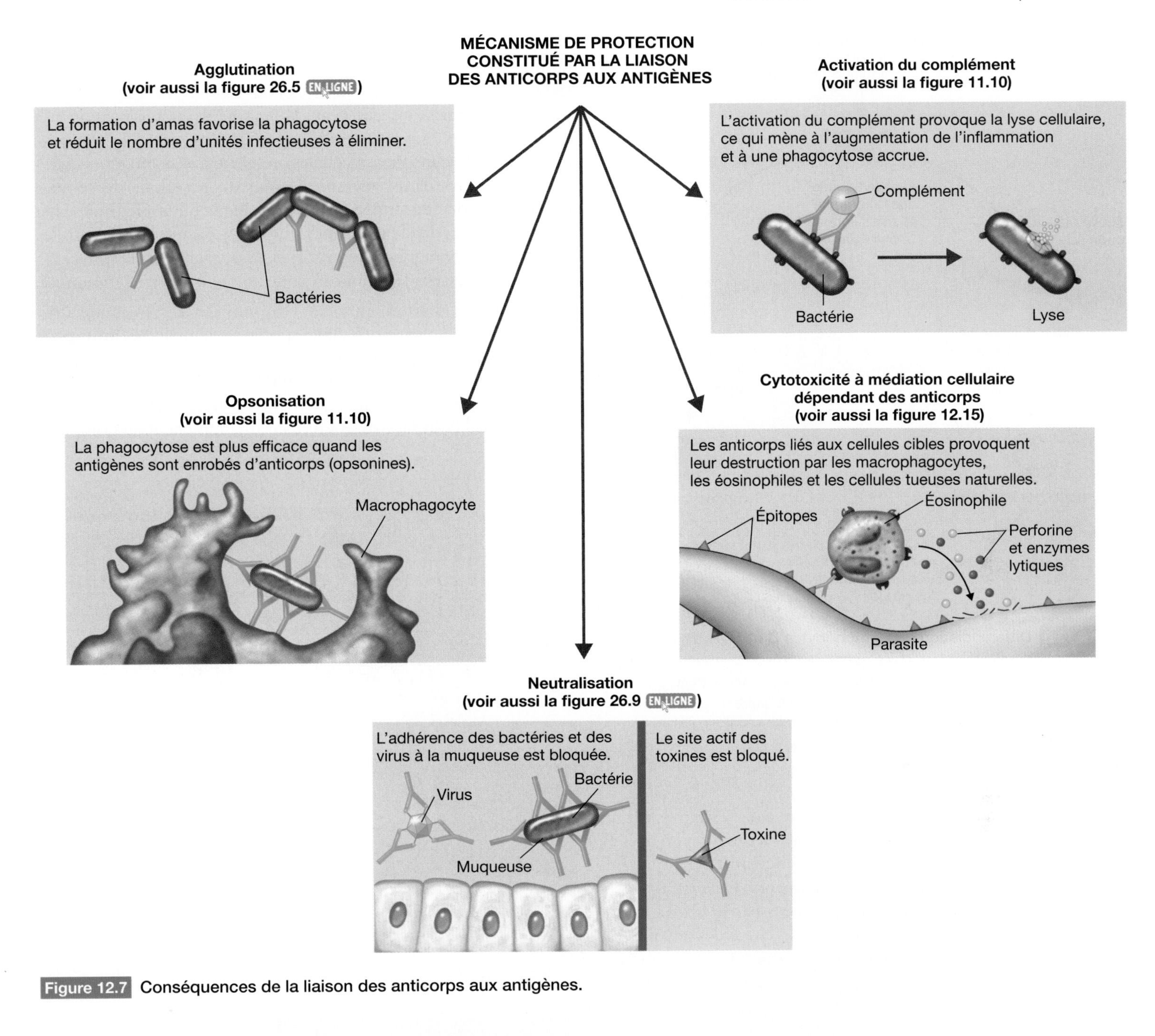

Figure 12.7 Conséquences de la liaison des anticorps aux antigènes.

12-12	Différencier les éléments suivants : lymphocyte T auxiliaire (T_H), lymphocyte T cytotoxique (T_C) et lymphocyte T régulateur (T_{reg}).
12-13	Différencier les lymphocytes T auxiliaires T_H1 et T_H2.
12-14	Définir l'apoptose.

Les anticorps de l'immunité humorale combattent efficacement les agents pathogènes, tels que les virus et les bactéries, qui circulent librement dans les liquides organiques, où ils sont accessibles. Les antigènes intracellulaires, tels que les virus qui infectent les cellules, ne sont pas exposés aux anticorps. Certains parasites et bactéries peuvent s'introduire dans les cellules et y habiter. On peut probablement attribuer l'évolution des lymphocytes T à la nécessité de contrer cet aspect de la pathogénicité, causée par les agents pathogènes intracellulaires. Les lymphocytes T constituent aussi l'arme employée par le système immunitaire pour reconnaître les cellules du non-soi, plus particulièrement les cellules cancéreuses.

Comme le lymphocyte B, chaque lymphocyte T est spécifique d'un seul antigène, mais à la différence du lymphocyte B, sa spécificité ne repose pas sur des immunoglobulines ancrées dans sa membrane plasmique. Elle lui est conférée par les récepteurs d'antigène du lymphocyte T. Comme toutes les cellules qui participent à la réponse immunitaire, les lymphocytes B et T proviennent de cellules souches de la moelle osseuse rouge d'un adulte ou dans le foie fœtal (**figure 12.8**). (Les érythrocytes, les monocytes, les granulocytes neutrophiles et les autres leucocytes sont aussi issus de ces mêmes cellules souches.) Les lymphocytes T prennent naissance sous forme de précurseurs qui émigrent de la moelle osseuse et achèvent leur *maturation* dans le thymus. La majorité des lymphocytes T

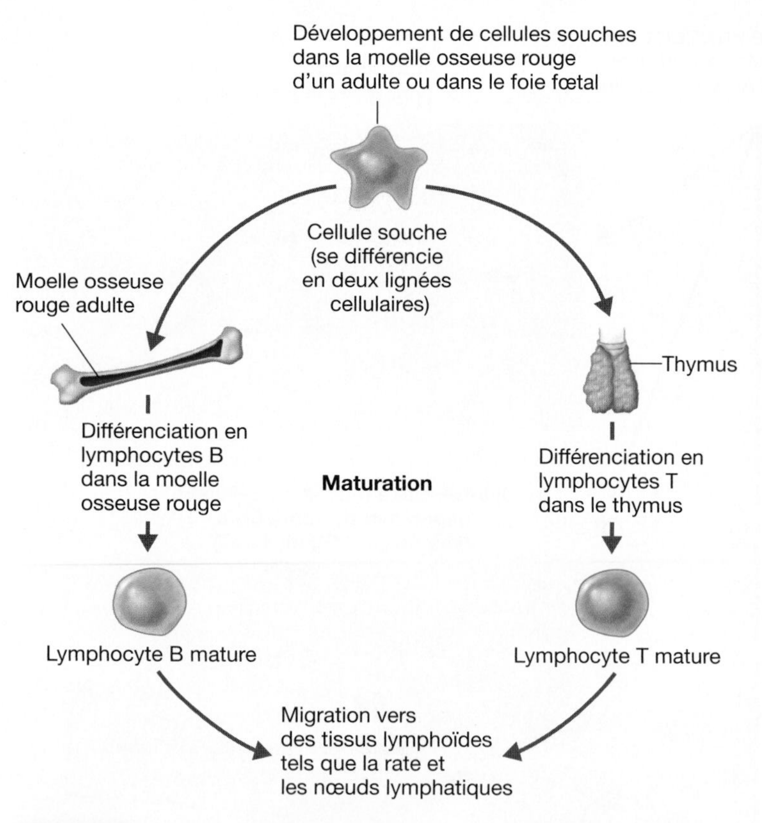

Figure 12.8 Différenciation des lymphocytes B et T. Les lymphocytes B et T proviennent de cellules souches situées dans la moelle osseuse rouge. Certaines cellules deviennent des lymphocytes T matures après un séjour dans le thymus. D'autres deviennent des lymphocytes B matures, probablement dans la moelle osseuse. Ces deux types de cellules passent ensuite dans la circulation et certaines s'établissent dans les tissus lymphoïdes, tels que les nœuds lymphatiques ou la rate.

immatures (98 %, estime-t-on) sont éliminés dans le thymus par un processus de délétion clonale semblable à celui des lymphocytes B. Il s'agit là d'une forme de triage, appelé **sélection thymique**, qui a pour but d'écarter les cellules qui ne reconnaissent pas spécifiquement les molécules du soi représentées par le CMH. Cette sélection est importante, car elle préserve le corps des attaques du système immunitaire qui cibleraient ses propres tissus. Les lymphocytes T matures quittent le thymus par les vaisseaux sanguins et lymphatiques et gagnent les tissus lymphoïdes (figure 11.5), où ils sont à même d'entrer en contact avec les antigènes. Les lymphocytes B et T matures sont également qualifiés de *lymphocytes immunocompétents*.

La plupart des agents pathogènes que le système immunitaire est appelé à combattre pénètrent dans le corps par les voies gastro-intestinales, respiratoires ou urogénitales, où ils se heurtent à une barrière de cellules épithéliales. Dans l'épaisseur des muqueuses, en particulier celle de l'intestin grêle, se trouvent de petits **follicules lymphatiques agrégés**, ou *plaques de Peyer*, produisant des lymphocytes B, des lymphocytes T et des macrophagocytes. Ces follicules lymphatiques sont associés à des cellules – **cellules M**, ou *cellules à microplis* – (**figure 12.9** et figure 20.7) : leur association forme le MALT (pour *mucosa-associated lymphoid tissue*). Les cellules M recouvrent les follicules lymphatiques agrégés. (À la différence des cellules absorbantes du tube digestif, dont la surface est hérissée d'une myriade de microvillosités ressemblant à des doigts, les cellules M présentent une surface finement plissée.) Normalement, les microbes présents dans le tube digestif peuvent franchir la barrière épithéliale seulement au niveau des cellules M, lesquelles sont des cellules « portillons ». Elles ont la capacité de capter les antigènes qui se trouvent dans le tube digestif et de leur ouvrir la voie jusqu'aux lymphocytes et aux cellules présentatrices d'antigènes disséminées dans les tissus, juste en dessous de la couche de cellules épithéliales, ou regroupées dans les follicules lymphatiques. De nombreux anticorps, principalement des IgA, se forment dans les follicules lymphatiques agrégés. De là, ils migrent vers la surface de la muqueuse intestinale, dont ils contribuent à assurer l'immunité.

Pour être reconnu par un lymphocyte T, l'antigène doit d'abord être traité par une cellule spécialisée, appelée **cellule présentatrice d'antigènes (CPA)**. Nous avons déjà mentionné que le lymphocyte B peut agir comme CPA dans l'immunité humorale (figure 12.4). Au terme du traitement, un fragment de l'antigène est présenté à la surface de la CPA sur une molécule du complexe

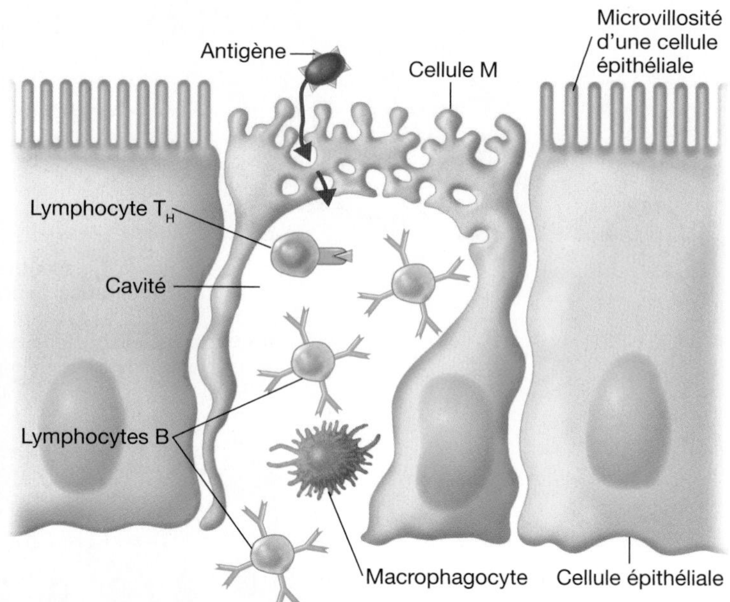

a) Les cellules M facilitent le contact entre les antigènes qui passent dans le tube digestif et les cellules du système immunitaire.

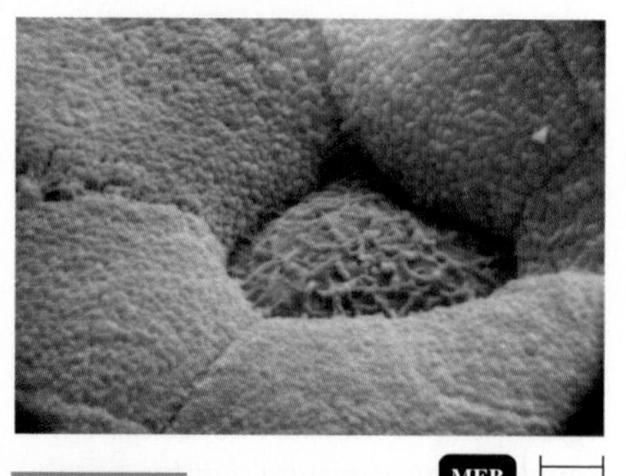

b) Cellule M sur un follicule lymphatique agrégé. Remarquez, sur les cellules épithéliales voisines, la forêt de microvillosités dont les extrémités confèrent à la surface un aspect bosselé.

Figure 12.9 Cellules M. MEB 1 μm
Les cellules M recouvrent les follicules lymphatiques agrégés, ou plaques de Peyer (figure 11.5a) situées dans la paroi de l'intestin grêle. Elles ont pour fonction de capter les antigènes présents dans le tube digestif, de les transporter à travers la paroi intestinale et de les mettre en contact avec les lymphocytes et les cellules présentatrices d'antigènes du système immunitaire.

majeur d'histocompatibilité (CMH). Plus loin dans le chapitre, nous examinerons en détail le rôle des CPA, dont font partie les macrophagocytes activés et, plus particulièrement, les cellules dendritiques.

À partir de la fin de l'adolescence, le corps perd petit à petit la capacité de générer de nouveaux lymphocytes T. Avec l'âge, le thymus s'atrophie et sa production de cellules diminue. De son côté, la moelle osseuse rouge libère de moins en moins de lymphocytes B. En conséquence, le système immunitaire des personnes âgées est relativement fragile. Toutefois, il possède un nombre suffisant de lymphocytes T et B mémoires pour qu'il soit possible d'immuniser ces personnes contre des maladies telles que la grippe et la pneumonie à pneumocoques.

▶ Vérifiez vos acquis

Quel est le principal anticorps produit quand un antigène est absorbé par une cellule M? **12-11**

Les classes de lymphocytes T

À l'instar des immunoglobulines, les lymphocytes T sont répartis en différentes classes selon les fonctions qu'ils accomplissent. Par exemple, les lymphocytes T auxiliaires (T_H) collaborent avec les lymphocytes B dans la production des anticorps, principalement en sécrétant des messagers chimiques, ou cytokines (figure 12.4). C'est ainsi qu'ils jouent un rôle important dans l'immunité humorale. Leur contribution à l'immunité cellulaire est encore plus importante. Dans ce cas, ils ne participent pas à la production d'anticorps, mais leur interaction avec les antigènes est plus directe. Les deux principales populations de cellules issues du thymus sont les **lymphocytes T auxiliaires (T_H*)** et les **lymphocytes T cytotoxiques (T_C)**.

On classe aussi les lymphocytes T selon certains marqueurs présents à leur surface. Ces marqueurs sont des glycoprotéines formant des **classes de différenciation**, ou **CD**. Il s'agit de molécules membranaires particulièrement importantes pour la fixation aux récepteurs. Les marqueurs les plus intéressants sont CD4 et CD8; les cellules qui portent ces molécules sont dites cellules **$CD4^+$** et **$CD8^+$**, respectivement. (Leur importance dans l'infection au VIH est mise en évidence à la figure 13.12.) Les lymphocytes T_H sont du groupe $CD4^+$: ils se lient aux molécules du CMH de classe II à la surface des cellules présentatrices d'antigènes, dont les lymphocytes B (figures 12.4 et 12.10). Les lymphocytes T_C sont des cellules $CD8^+$: ils se lient aux molécules du CMH de classe I (figure 12.11).

Les lymphocytes T auxiliaires ($CD4^+$)

Nous avons vu que la phagocytose constitue un élément essentiel des défenses innées du corps. Certains phagocytes sont aussi des cellules présentatrices d'antigènes (CPA) et, de ce fait, jouent un rôle important dans l'immunité adaptative. C'est le cas des macrophagocytes. Les lymphocytes T_H sont en mesure de reconnaître les antigènes présentés par ces cellules. En retour, ils les activent, de telle sorte qu'ils stimulent leur pouvoir de phagocyter et de présenter les antigènes. Mais en réalité, ce sont les cellules dendritiques qui sont les CPA par excellence. Leur action contribue tout particulièrement à activer les lymphocytes T_H, ou lymphocytes T $CD4^+$, et à les transformer en cellules effectrices (**figure 12.10**).

L'activation d'un lymphocyte T $CD4^+$ nécessite au moins deux signaux. ❶-❷ Le lymphocyte T $CD4^+$ doit d'abord reconnaître, par ses récepteurs (TCR, *T-cell receptor*), un antigène qui a été traité et qui lui est présenté sous forme de fragment associé à une protéine du CMH de classe II à la surface d'une cellule dendritique (CPA). Cette étape de reconnaissance constitue le premier signal d'activation. Un second signal est aussi nécessaire et porte le nom de *signal de costimulation*. Comme le but de l'activation est d'éliminer un agent pathogène, la présentation des fragments d'antigènes doit faire intervenir les *récepteurs Toll* (figure 11.7), qui signalent la présence d'un microbe nocif phagocyté par la CPA. En effet, s'il y a intervention d'un récepteur Toll – lié à des « motifs moléculaires associés aux agents pathogènes » –, la cellule dendritique sécrète alors une molécule de costimulation, par exemple une cytokine, telle que l'IL-2. La réunion des deux signaux ainsi produits active le lymphocyte T $CD4^+$. ❸ Le lymphocyte T $CD4^+$ activé prolifère (expansion clonale) au rythme de deux ou trois cycles cellulaires par jour, engendrant des lymphocytes T_H producteurs de cytokines, ou cellules effectrices, qui régissent les fonctions de nombreux types de cellules du système immunitaire.

Il est à noter que tous les lymphocytes T_H issus d'un même clone portent à leur surface des récepteurs identiques et spécifiques du même fragment d'antigène combiné au CMH-II. Ces cellules effectrices se différencient par ailleurs en populations de lymphocytes T_H1 ou T_H2, et produisent des cellules mémoires.

Les cytokines produites par les **lymphocytes T_H1**, en particulier l'IFNγ, activent les cellules qui sont surtout associées à des éléments importants de l'immunité cellulaire. Entres autres, elles activent d'autres lymphocytes T_H spécifiques du même antigène; elles sont à l'origine de l'activation des macrophagocytes, ce qui favorise la phagocytose et augmente efficacement l'activité du complément, en particulier l'opsonisation et l'inflammation (figure 11.10); de plus, elles contribuent à l'hypersensibilité retardée (chapitre 13). En ce qui a trait aux lymphocytes B, les lymphocytes T_H activés interviennent directement avec ces derniers. Dans ce cas, un lymphocyte T_H « activé » reconnaît le complexe Ag-CMH-II porté par un lymphocyte B et s'y lie, puis libère des cytokines comme signal de costimulation, ce qui permet au lymphocyte B de compléter son activation (figure 12.4). L'activation des lymphocytes T cytotoxiques nécessite aussi l'intervention d'un lymphocyte T_H1 (**figure 12.11**).

Les **lymphocytes T_H2** produisent des cytokines qui sont principalement associées à la production d'anticorps, en particulier des IgE, ayant un rôle important à jouer dans les réactions allergiques (voir la section « Hypersensibilité » au chapitre 13). Ils participent également à l'activation des granulocytes éosinophiles, qui combattent les infections par les parasites extracellulaires tels que les helminthes (figure 12.15).

Les lymphocytes T cytotoxiques ($CD8^+$)

À leur sortie du thymus, les lymphocytes T_C, ou lymphocytes T $CD8^+$, ne sont pas prêts à s'attaquer immédiatement à une cellule cible et à la détruire. Ils doivent se soumettre à un processus

* L'indice H vient du mot anglais *Helper*.

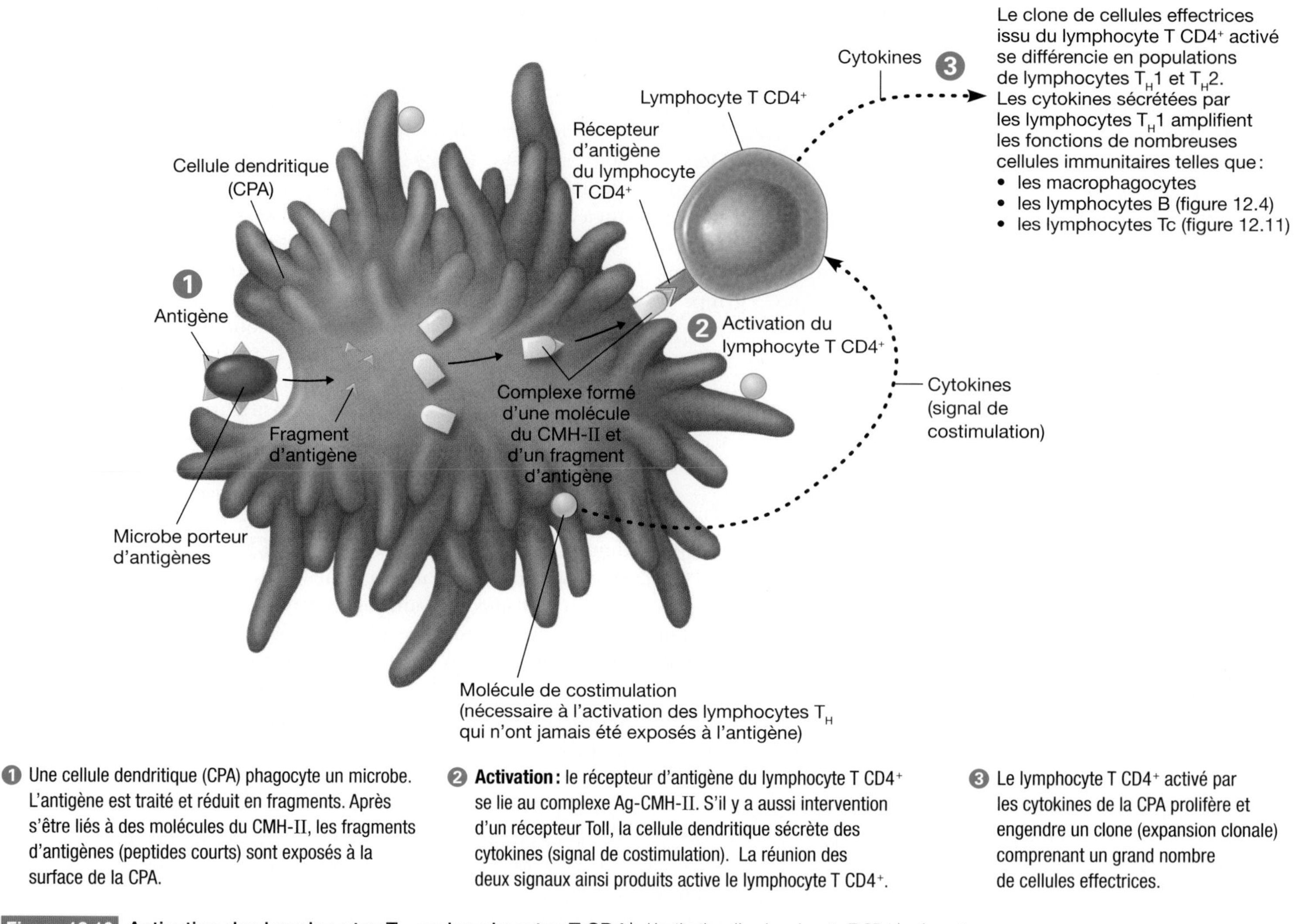

Cellule dendritique
(CPA)
Antigène
Fragment
d'antigène
Microbe porteur
d'antigènes
Récepteur
d'antigène
du lymphocyte
T CD4+
Lymphocyte T CD4+
Cytokines
Complexe formé
d'une molécule
du CMH-II et
d'un fragment
d'antigène
Activation du
lymphocyte T CD4+
Cytokines
(signal de
costimulation)
Molécule de costimulation
(nécessaire à l'activation des lymphocytes TH
qui n'ont jamais été exposés à l'antigène)
Le clone de cellules effectrices
issu du lymphocyte T CD4+ activé
se différencie en populations
de lymphocytes TH1 et TH2.
Les cytokines sécrétées par
les lymphocytes TH1 amplifient
les fonctions de nombreuses
cellules immunitaires telles que:
• les macrophagocytes
• les lymphocytes B (figure 12.4)
• les lymphocytes Tc (figure 12.11)

1 Une cellule dendritique (CPA) phagocyte un microbe. L'antigène est traité et réduit en fragments. Après s'être liés à des molécules du CMH-II, les fragments d'antigènes (peptides courts) sont exposés à la surface de la CPA.

2 **Activation :** le récepteur d'antigène du lymphocyte T CD4+ se lie au complexe Ag-CMH-II. S'il y a aussi intervention d'un récepteur Toll, la cellule dendritique sécrète des cytokines (signal de costimulation). La réunion des deux signaux ainsi produits active le lymphocyte T CD4+.

3 Le lymphocyte T CD4+ activé par les cytokines de la CPA prolifère et engendre un clone (expansion clonale) comprenant un grand nombre de cellules effectrices.

Figure 12.10 Activation des lymphocytes T_H, ou lymphocytes T $CD4^+$. L'activation d'un lymphocyte T $CD4^+$ nécessite au moins deux signaux. Le premier est la liaison du récepteur d'antigène du lymphocyte T $CD4^+$ à un fragment d'antigène traité. Le second est un signal de costimulation donné par les cytokines sécrétées par la cellule dendritique (CPA).

de différenciation ordonné et complexe qui comprend l'exposition à un antigène approprié, l'intervention d'un lymphocyte T_H1 et l'action d'un signal de costimulation. Le lymphocyte T cytotoxique qui émerge de ce processus est une cellule effectrice activée, capable de reconnaître et de tuer les cellules cibles appartenant au non-soi (figure 12.11). Notez que la cellule normale ne déclenche pas d'attaque par les lymphocytes T_C. 1 Dans la plupart des cas, les cellules cibles étaient au départ des composantes du soi, mais elles ont été altérées à la suite d'une infection par un agent pathogène, tel qu'un virus. 2 Elles portent à leur surface des fragments d'**antigènes endogènes** qui, le plus souvent, sont synthétisés à l'intérieur de la cellule et sont d'origine virale ou parasitaire. Les tumeurs et les greffons constituent aussi des cibles importantes (figure 13.11). Contrairement au lymphocyte T $CD4^+$, qui réagit à un fragment d'antigène présenté par une CPA sur une molécule du CMH de classe II, le lymphocyte T $CD8^+$ reconnaît un antigène endogène combiné à une molécule du CMH de classe I (complexe Ag-CMH-I), et ce, à la surface de la cellule cible. Pour activer ce lymphocyte, il suffit qu'un complexe Ag-CMH-I se fixe à ses récepteurs et que des cytokines (produites par des lymphocytes T_H1 activés) soient présentes dans l'environnement et agissent comme signal de costimulation. 3 Une fois activé, le lymphocyte T $CD8^+$ prolifère (expansion clonale). Certaines cellules deviennent des cellules effectrices capables de détruire la cellule infectée en induisant son apoptose. Comme les molécules du CMH de classe I sont présentes sur toutes les cellules possédant un noyau, les lymphocytes T cytotoxiques peuvent attaquer presque n'importe quelle cellule altérée de l'hôte. D'autres cellules issues de la prolifération deviennent des cellules mémoires.

Lorsqu'il passe à l'attaque, le lymphocyte T_C $CD8^+$ activé se fixe à la cellule cible et libère de la **perforine**, une protéine qui creuse des pores dans la membrane, un peu à la manière du complexe d'attaque membranaire dont il a été question au chapitre 11. Il sécrète alors des protéases appelées **granzymes** qui pénètrent dans la cellule par les pores et en induisent l'**apoptose** (*ptôsis* = chute), aussi appelée *mort cellulaire programmée*. Lorsqu'elles meurent par apoptose, les cellules commencent par fragmenter leur génome. Ensuite, leur membrane se couvre de boursoufflures (**figure 12.12**) et

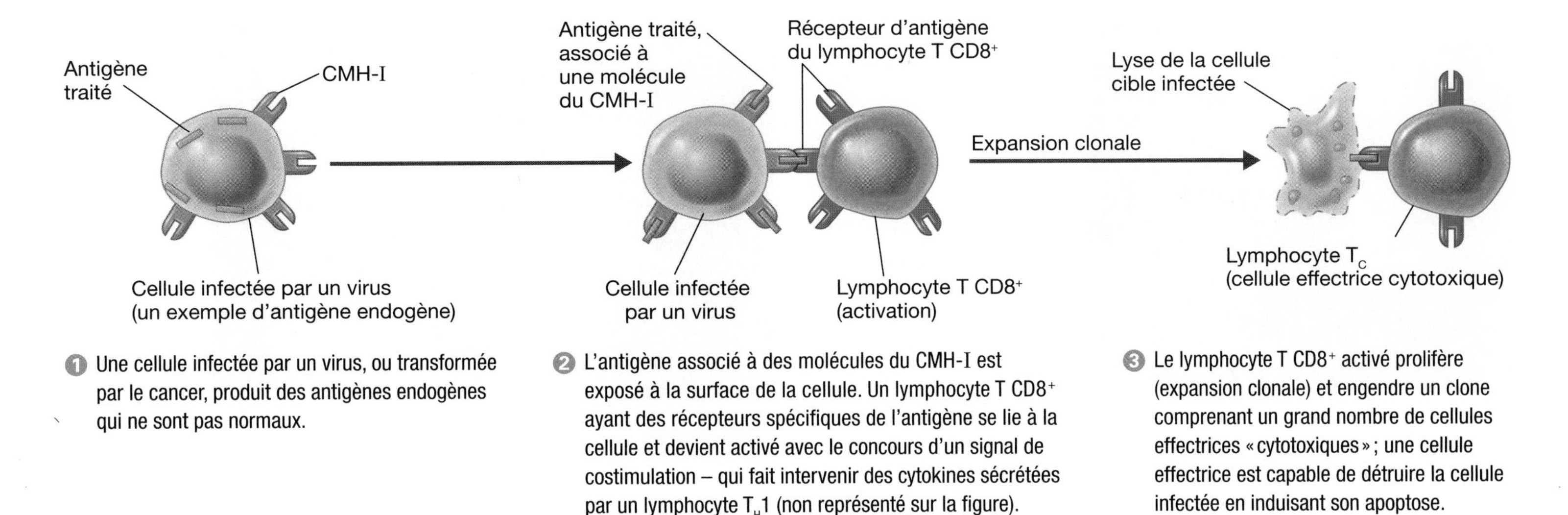
Antigène traité
CMH-I
Cellule infectée par un virus (un exemple d'antigène endogène)
Antigène traité, associé à une molécule du CMH-I
Récepteur d'antigène du lymphocyte T CD8+
Cellule infectée par un virus
Lymphocyte T CD8+ (activation)
Expansion clonale
Lyse de la cellule cible infectée
Lymphocyte T_C (cellule effectrice cytotoxique)
1 Une cellule infectée par un virus, ou transformée par le cancer, produit des antigènes endogènes qui ne sont pas normaux.
2 L'antigène associé à des molécules du CMH-I est exposé à la surface de la cellule. Un lymphocyte T CD8+ ayant des récepteurs spécifiques de l'antigène se lie à la cellule et devient activé avec le concours d'un signal de costimulation – qui fait intervenir des cytokines sécrétées par un lymphocyte T_H1 (non représenté sur la figure).
3 Le lymphocyte T CD8+ activé prolifère (expansion clonale) et engendre un clone comprenant un grand nombre de cellules effectrices « cytotoxiques » ; une cellule effectrice est capable de détruire la cellule infectée en induisant son apoptose.

Figure 12.11 Destruction par un lymphocyte T cytotoxique (T_C) d'une cellule infectée par un virus.

produit des signaux qui indiquent aux phagocytes circulants de digérer les restes de la cellule avant qu'elle ne laisse échapper son contenu. L'apoptose permet ainsi de prévenir la dissémination des virus infectieux. Elle met aussi un terme à la réaction immunitaire, ce qui protège les tissus environnants contre les dommages secondaires.

Les lymphocytes T régulateurs (T_{reg})

Les **lymphocytes T régulateurs**, autrefois appelés *lymphocytes T suppresseurs*, représentent de 5 à 10 % de la population de lymphocytes T. Ils forment un sous-groupe de lymphocytes T $CD4^+$ qui se distinguent des autres par la présence à leur surface de molécules CD25. Leur principale fonction consiste à prévenir l'auto-immunité en réprimant les lymphocytes T qui réagissent contre le soi et qui ont échappé à la délétion clonale lors de leur passage dans le thymus. Ils mettent aussi à l'abri du système immunitaire les bactéries intestinales nécessaires à la digestion et à d'autres fonctions. De la même façon, on croit qu'ils aident à protéger le fœtus durant la grossesse : comme il appartient au non-soi, celui-ci risque de déclencher une réaction de rejet.

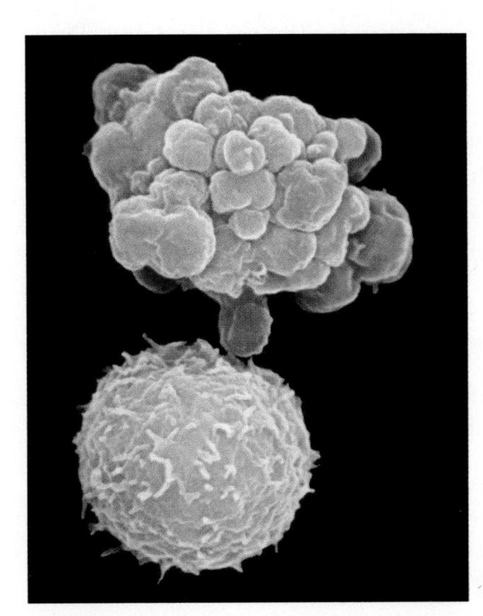
MEB
4 µm

Figure 12.12 Apoptose. La cellule du bas est un lymphocyte B normal. Celle du haut est un lymphocyte B en cours d'apoptose. Remarquez les boursoufflures de la membrane.

▶ Vérifiez vos acquis

Quel type de lymphocyte T est généralement appelé à intervenir quand un lymphocyte B réagit à un antigène et produit des anticorps contre ce dernier ? **12-12**

Quel type de lymphocyte T intervient généralement lors d'une réaction allergique ? **12-13**

On substitue parfois au terme « apoptose » une expression qui en décrit la fonction. Quelle est cette expression ? **12-14**

Les cellules présentatrices d'antigènes (CPA)

▶ Objectif d'apprentissage

12-15 Décrire les cellules présentatrices d'antigènes (CPA).

Nous avons mentionné plus haut que, dans le cas de l'immunité humorale, la présentation des antigènes peut être accomplie par les lymphocytes B. Dans la présente section, nous nous penchons sur deux cellules présentatrices d'antigènes dont l'action contribue autant à l'immunité cellulaire qu'à l'immunité humorale. Ce sont les cellules dendritiques et les macrophagocytes activés.

Les cellules dendritiques

On reconnaît les **cellules dendritiques** aux nombreux prolongements de leur cytoplasme qui rappellent les dendrites des neurones (figure 12.13). Langerhans a été le premier anatomiste à en donner la description dans ses travaux de 1868. Aujourd'hui, les cellules dendritiques de la peau et des voies génitales portent encore le nom de *cellules de Langerhans*. (Fait intéressant, les vaccins qu'on injecte entre les couches de la peau, là où les cellules dendritiques sont abondantes, sont souvent plus efficaces que ceux qu'on

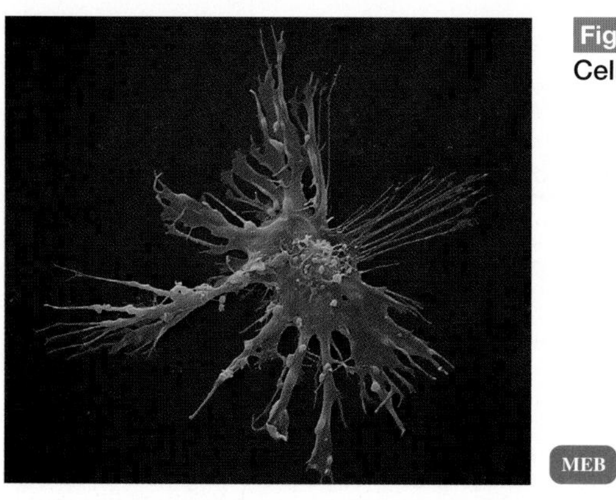

Figure 12.13 Cellule dendritique.

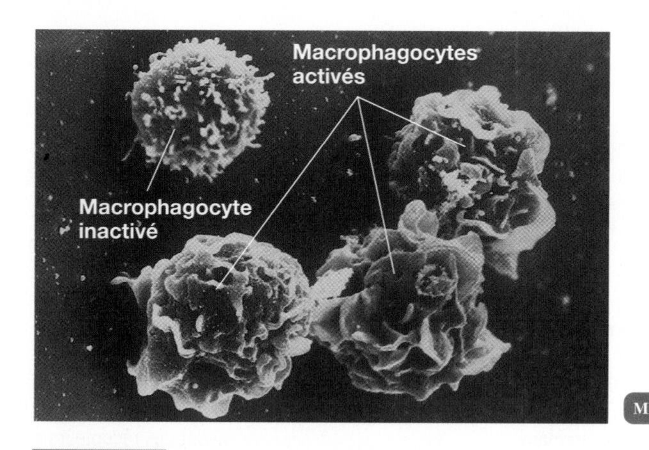

Figure 12.14 Macrophagocytes activés.

administre dans les muscles.) Les cellules de Langerhans représentent une de quatre populations de cellules dendritiques dont les noms sont tirés des cellules qui leur donnent naissance ou de la région du corps qu'elles occupent. Les autres populations se trouvent dans les nœuds lymphatiques, la rate, le thymus, le sang et divers tissus, sauf l'encéphale. Les cellules dendritiques sont en quelque sorte des sentinelles qui absorbent les microbes envahisseurs, les dégradent et les transportent jusqu'aux nœuds lymphatiques, où elles les présentent aux lymphocytes T. Elles sont les principales cellules présentatrices d'antigènes à l'origine des réponses immunitaires relevant des lymphocytes T.

Les macrophagocytes

Les **macrophagocytes** (gros mangeurs, en grec) sont des cellules qui ne quittent leur état de veille habituel que si elles sont sollicitées par des circonstances particulières. Nous nous sommes penchés sur leurs fonctions lors de notre description de la phagocytose. Les macrophagocytes jouent un rôle clé dans l'immunité innée et débarrassent le corps des érythrocytes épuisés et d'autres déchets, tels que les restes cellulaires de l'apoptose. Leur pouvoir phagocytaire augmente considérablement lorsqu'ils sont stimulés et deviennent des **macrophagocytes activés** (figure 12.14). L'activation peut être déclenchée par l'ingestion de matières antigéniques et s'amplifier sous l'action de cytokines produites par les lymphocytes T_H1. Elle augmente leur efficacité non seulement comme phagocytes, mais aussi comme cellules présentatrices d'antigènes. Elle en fait des acteurs importants dans la lutte contre les cellules cancéreuses et les agents pathogènes intracellulaires tels que les bacilles tuberculeux et les cellules infectées par des virus. L'activation modifie aussi sensiblement l'aspect des macrophagocytes : ils deviennent plus gros et prennent une apparence chiffonnée.

Après avoir absorbé un antigène, une CPA se met habituellement en mouvement et se rend dans un nœud lymphatique ou un autre centre lymphoïde de la muqueuse, où elle présente l'antigène aux lymphocytes T qui s'y trouvent. Comme, en général, il y a relativement peu de lymphocytes qui portent le récepteur spécifique de l'antigène présenté, la migration de la CPA augmente les chances d'une rencontre heureuse entre les cellules appropriées. Les macrophagocytes ne sont pas des CPA aussi efficaces que les cellules dendritiques, bien que leur pouvoir de phagocyter les agents pathogènes soit supérieur. En revanche, ils jouent un rôle clé au cours des dernières étapes de la réponse adaptative.

▶ Vérifiez vos acquis

Les cellules dendritiques sont-elles associées avant tout à l'immunité humorale ou à l'immunité cellulaire? **12-15**

Les cellules tueuses naturelles (NK)

▶ Objectif d'apprentissage

12-16 Décrire la fonction des cellules tueuses naturelles.

Nous avons vu que les lymphocytes T cytotoxiques éliminent les cellules infectées en utilisant des moyens extracellulaires, c'est-à-dire sans les absorber au préalable. Les **cellules tueuses naturelles (NK)** procèdent de la même façon pour détruire certaines cellules tumorales ou infectées par des virus. Elles peuvent aussi s'attaquer aux parasites, qui sont beaucoup plus gros que la plupart des bactéries (figure 12.15). Ces cellules, aussi appelées *grands lymphocytes granuleux*, représentent de 10 à 15 % des lymphocytes présents dans la circulation. En réalité, elles font partie des moyens de défense de l'immunité innée, car elles ne sont pas spécifiques d'un antigène particulier, ce qui les distingue des lymphocytes T cytotoxiques. Elles reconnaissent les cellules cibles par leur absence de molécules du CMH de classe I, ou antigènes du soi. Au début d'une infection virale ou lorsque l'infection est due à un virus qui perturbe la présentation de l'antigène, il arrive souvent qu'une cellule soit dépourvue d'antigènes du soi. Les cellules tumorales ont aussi un nombre réduit de molécules du CMH de classe I à leur surface. Dans de telles situations, les cellules tueuses naturelles entrent en action. Employant des mécanismes semblables à ceux des lymphocytes T cytotoxiques, elles mettent en place des pores dans la membrane de la cellule cible et provoquent sa mort par cytolyse ou apoptose.

Le tableau 12.2 résume les fonctions des cellules tueuses naturelles et des autres cellules qui jouent un rôle de premier plan dans l'immunité à médiation cellulaire.

▶ Vérifiez vos acquis

Que fait la cellule tueuse naturelle si elle entre en contact avec une cellule n'ayant pas de molécules du CMH de classe I à sa surface? **12-16**

Tableau 12.2 Principales cellules de l'immunité à médiation cellulaire

Cellule	Fonction
Lymphocyte T_H (T_H1)	Active directement ou indirectement les cellules de l'immunité cellulaire telles que les macrophagocytes, les lymphocytes B (ce qui stimule la production des anticorps), les lymphocytes T cytotoxiques (T_C) et les cellules tueuses naturelles. Stimule la phagocytose, augmente l'activité du complément, en particulier l'opsonisation et l'inflammation.
Lymphocyte T_H (T_H2)	Stimule la production des granulocytes éosinophiles, des IgM et des IgE (associées aux réactions allergiques).
Lymphocyte T cytotoxique	Détruit par apoptose les cellules cibles avec lesquelles il entre en contact; l'apoptose est réalisée grâce à la sécrétion de perforines et de granzymes.
Lymphocyte T régulateur (T_{reg})	Régule la réponse immunitaire et contribue à maintenir la tolérance immunitaire.
Macrophagocyte activé	Grande capacité de phagocytose; attaque les cellules cancéreuses.
Cellule tueuse naturelle (NK)	Attaque et détruit les cellules cibles de façon non spécifique; participe à la cytotoxicité à médiation cellulaire dépendant des anticorps.

La cytotoxicité à médiation cellulaire dépendant des anticorps

▶ Objectif d'apprentissage

12-17 Décrire le rôle des anticorps et des cellules tueuses naturelles dans la cytotoxicité à médiation cellulaire dépendant des anticorps.

Avec le concours des anticorps produits par la réponse immunitaire humorale, la réponse à médiation cellulaire peut amener la mobilisation des cellules tueuses naturelles et d'autres cellules de l'immunité innée, telles que les macrophagocytes, qui vont alors tuer les cellules cibles. C'est ainsi qu'un organisme – par exemple un protozoaire ou un helminthe – qui est trop gros pour être phagocyté peut être attaqué par les cellules du système immunitaire, qui agissent à sa périphérie et le détruisent par **cytotoxicité à médiation cellulaire dépendant des anticorps**. L'attaque se déroule de la façon suivante (figure 12.15) : ❶ Un gros parasite pathogène (par exemple un protozoaire), voire un helminthe, est d'abord enrobé d'anticorps dont la région Fc (la queue du Y) reste libre et tournée vers l'extérieur. ❷ En plus des cellules tueuses naturelles, plusieurs types de cellules cytotoxiques, dont les macrophagocytes et les granulocytes neutrophiles ou éosinophiles, possèdent des récepteurs qui se fixent à ces régions Fc exposées et, partant, au parasite. ❸ Celui-ci est alors lysé par des substances que sécrètent les cellules cytotoxiques. Grâce à ce processus, le système immunitaire peut détruire beaucoup d'organismes de taille relativement grande, tels que les helminthes parasites à divers stades de leur cycle vital.

▶ Vérifiez vos acquis

Qu'est-ce qui provoque la cellule tueuse naturelle, qui n'est pas immunologiquement spécifique, à attaquer une cellule cible? **12-17**

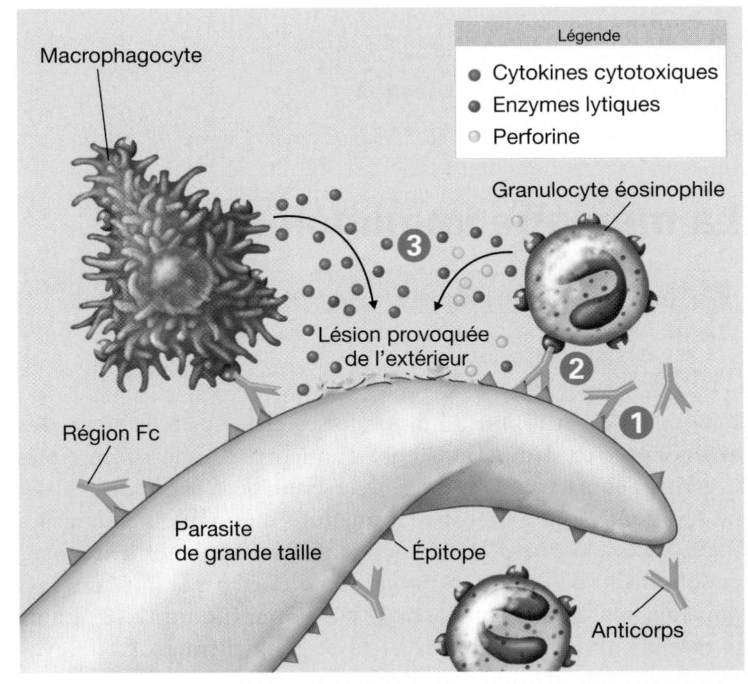

a) Un organisme, tel un protozoaire ou un helminthe, qui est trop gros pour être phagocyté peut être attaqué de l'extérieur par les cellules du système immunitaire.

❶ Le parasite est enrobé d'anticorps dont la région Fc est tournée vers l'extérieur.

❷ Des granulocytes éosinophiles, des macrophagocytes et des cellules tueuses naturelles (non illustrées) se lient à la région Fc et, du même coup, au parasite.

❸ Ces cellules immunitaires sécrètent alors des enzymes lytiques et d'autres facteurs qui détruisent le parasite.

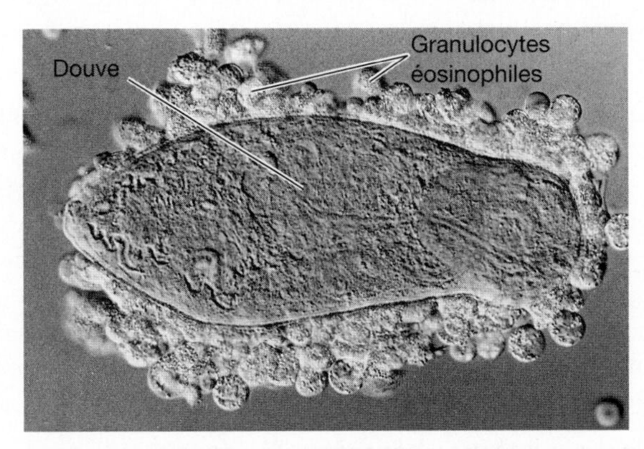

b) Larve de douve attaquée par des granulocytes éosinophiles

Figure 12.15 Cytotoxicité à médiation cellulaire dépendant des anticorps.

Les cytokines : les messagers chimiques du système immunitaire

▶ Objectif d'apprentissage

12-18 Nommer au moins un des rôles de chacune des molécules suivantes : cytokines, interleukines, chimiokines, interférons, facteur nécrosant des tumeurs (TNF) et cytokines hématopoïétiques.

La réponse immunitaire est l'aboutissement d'un jeu complexe d'interactions entre différents types de cellules, qui communiquent entre elles au moyen de médiateurs chimiques appelés **cytokines** (*cyto* = cellule ; *kinein* = bouger). Ces médiateurs sont des protéines ou des glycoprotéines solubles. Presque toutes les cellules du système immunitaire en produisent lorsqu'elles reçoivent un stimulus approprié. Beaucoup de cytokines – il y en a probablement plus de 200 – portent des noms qui désignent la fonction qu'on leur connaissait au moment de leur découverte ; on sait aujourd'hui que certaines d'entre elles ont plus d'une fonction. Elles agissent seulement sur les cellules dotées de récepteurs capables de les lier.

Les cytokines qui permettent aux leucocytes de communiquer entre eux sont appelées **interleukines**. Un comité international de nomenclature leur attribue un symbole et un numéro, tel que IL-1, après avoir établi leurs principales caractéristiques et déterminé la séquence de leurs acides aminés. Leur capacité de stimuler le système immunitaire a inspiré la mise au point de certaines applications thérapeutiques (**encadré 12.1**).

Certaines petites cytokines induisent la migration des leucocytes vers les foyers d'infection ou les tissus lésés. Elles appartiennent à la famille des **chimiokines**, terme dérivé de *chimiotactisme*. Elles jouent un rôle particulièrement important dans l'inflammation. Par ailleurs, certains récepteurs de chimiokines sont nécessaires à l'infection par le VIH (chapitre 13).

Les **interférons** font partie d'une deuxième famille de cytokines. Décrits brièvement au chapitre 11, ils doivent leur nom à la première fonction qu'on leur a reconnue, celle de protéger les cellules contre les infections virales. On les désigne souvent par le symbole IFN suivi d'une lettre grecque, par exemple IFNα. Quelques interférons sont commercialisés et servent à traiter des maladies telles que l'hépatite et certains cancers.

Les **facteurs nécrosants des tumeurs** forment une famille de cytokines très importante. Ils sont représentés par l'abréviation TNF suivie, elle aussi, d'une lettre grecque. Leur nom leur a été attribué, à l'origine, pour leur capacité de cibler, entre autres, les cellules tumorales. Ils contribuent largement à la réaction inflammatoire qui accompagne certaines maladies auto-immunes telles que la polyarthrite rhumatoïde. On peut traiter certaines de ces affections au moyen d'anticorps monoclonaux qui bloquent l'action du facteur nécrosant des tumeurs (chapitre 26 EN LIGNE).

La famille des **cytokines hématopoïétiques** régit les voies par lesquelles les cellules souches se différencient pour donner naissance aux érythrocytes et aux divers leucocytes. Certaines de ces cytokines sont des interleukines, telles que l'IL-3, et sont employées à des fins thérapeutiques (encadré 12.1) ; d'autres sont des *facteurs de croissance des colonies* (*CSF, colony stimulating factor*). Par exemple, le facteur de croissance des granulocytes (G-CSF) stimule la production des granulocytes neutrophiles à partir d'un précurseur commun aux granulocytes et aux monocytes. Le GM-CSF, quant à lui, est employé comme agent thérapeutique pour faire augmenter le nombre de macrophagocytes et de granulocytes protecteurs chez les patients qui reçoivent une greffe de moelle osseuse.

Lorsqu'elles stimulent les cellules, les cytokines peuvent provoquer une rétroactivation par laquelle elles se trouvent à amplifier leur propre production, parfois jusqu'à l'excès. Il en résulte alors une **hypercytokinémie**, qui peut causer des dommages considérables aux tissus et contribuer, estime-t-on, à la pathologie de certains troubles ou maladies tels que la grippe, la réaction du greffon contre l'hôte (chapitre 13), le sepsis et la réaction aux superantigènes (chapitre 10).

Q/R Nous avons vu que plusieurs mécanismes sont en place pour empêcher la réponse adaptative du système immunitaire de se retourner contre nous. Ces mécanismes comprennent la délétion des cellules qui ne reconnaissent pas le soi dans les tissus de l'hôte. Ils font aussi intervenir les molécules du complexe majeur d'histocompatibilité, en particulier celles qui se trouvent à la surface des cellules présentatrices d'antigènes (figure 12.11) et qui doivent se combiner avec un antigène étranger pour déclencher une réaction immunitaire humorale ou cellulaire. Cela dit, certaines questions sont toujours sans réponse satisfaisante : par exemple, pourquoi le corps de la mère ne rejette-t-il pas le fœtus, dont les tissus portent des antigènes du non-soi ? Q/R

▶ Vérifiez vos acquis

Quelle est la fonction des cytokines ? **12-18**

La mémoire immunologique

▶ Objectif d'apprentissage

12-19 Distinguer entre la réaction primaire et la réaction secondaire du système immunitaire.

L'intensité de la réponse humorale se reflète dans le **titre des anticorps**, c'est-à-dire la quantité d'anticorps dans le sérum. Après le premier contact avec un antigène, le sérum de la personne exposée ne contient pas d'anticorps en quantité mesurable pendant 4 à 7 jours. Puis, le titre des anticorps se met à augmenter lentement ; ce sont d'abord des IgM qui sont produites et, par la suite, des IgG qui atteignent un pic entre le 10e et le 17e jour (**figure 12.16**). Enfin, le titre des anticorps se remet à baisser graduellement. Cette évolution est caractéristique de la **réaction primaire** à l'antigène.

Les réponses immunitaires de l'hôte s'intensifient après une deuxième exposition au même antigène. Cette **réaction immunitaire secondaire** porte aussi le nom de **réponse anamnestique**.

La microbiologie dans L'ACTUALITÉ

Encadré 12.1

L'IL-12 est-elle le nouveau « remède miracle » ?

À travers le monde, le VIH/sida et les maladies qui y sont reliées tuent 3 millions de personnes chaque année. La rougeole, pour sa part, en tue 1 million. Si les épreuves de laboratoire laissent présager la voie de l'avenir, la cytokine IL-12 (interleukine 12) pourrait bien être le « remède miracle » qui permettra de vaincre le sida, de nombreuses formes de cancer et bien d'autres maladies.

Depuis sa découverte dans les années 1980, l'Il-12 ne cesse de se démarquer des autres cytokines. Elle inhibe la réponse humorale et active la réponse à médiation cellulaire en stimulant les lymphocytes T_H1 (**figure A**).

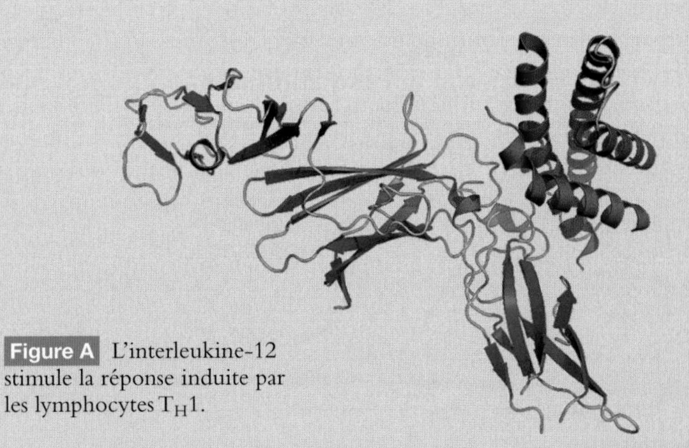

Figure A L'interleukine-12 stimule la réponse induite par les lymphocytes T_H1.

Les chercheurs du National Institute of Allergy and Infectious Diseases (NIAID) ont démontré que le traitement à l'IL-12 peut induire l'activation des phagocytes et favoriser la guérison de souris infectées par divers pathogènes tels que *Histoplasma* (mycète), *Leishmania*, *Cryptosporidium* et *Toxoplasma gondii* (protozoaires), de même que *Mycobacterium avium*. Les trois derniers pathogènes provoquent des infections opportunistes chez les individus dans les derniers stades du sida. Récemment, on a mené des essais cliniques chez des personnes atteintes à la fois du sida et de *M. avium*.

Les chercheurs ont montré que les infections par le VIH et le virus de la rougeole font diminuer la production d'IL-12, ce qui rend peut-être le patient moins résistant aux infections opportunistes. Lorsqu'on les traite à l'IL-12, les lymphocytes T_H provenant de personnes séropositives réagissent aux virus, y compris au VIH.

On sait que l'IL-12 inhibe une vingtaine de types de tumeurs chez la souris en empêchant la formation de vaisseaux sanguins destinés à les alimenter. Plusieurs essais cliniques progressent pour tester l'efficacité de l'IL-12 chez des patients atteints d'un cancer du rein à un stade avancé.

Comme elle active la voie des lymphocytes T_H1, l'IL-12 peut faire apparaître les symptômes associés aux maladies inflammatoires chroniques, telles que la maladie de Crohn, le psoriasis, la polyarthrite rhumatoïde et la sclérose en plaques. Les chercheurs du NIAID se sont proposés de bloquer l'action de l'IL-12 chez les patients atteints de ces maladies. Pour ce faire, il existe deux façons de procéder. La première consiste à utiliser l'ARNi pour bloquer la transcription, ce qui empêche la production et la sécrétion d'IL-12. La seconde fait appel à des anticorps monoclonaux qui se lient à l'IL-12 sécrétée. La méthode par les anticorps a été mise à l'essai en 2007 auprès de 300 patients atteints de psoriasis. On a alors observé une amélioration spectaculaire de l'état des patients traités, par comparaison avec ceux ayant reçu le placebo.

L'IL-12 est-elle la panacée ? Il faudra faire d'autres études pour déterminer si les traitements par l'IL-12 peuvent avoir des effets indésirables, tels que l'éclosion de maladies auto-immunes, ou si le blocage de l'IL-12 peut accroître la croissance des cellules cancéreuses.

Comparée à la réponse primaire, elle est plus rapide et atteint en seulement 2 à 7 jours un pic d'anticorps beaucoup plus élevé. Comme nous l'avons vu dans la figure 12.5, certains lymphocytes B activés ne se transforment pas en plasmocytes producteurs d'anticorps, mais persistent en tant que **lymphocytes mémoires**, ou **cellules mémoires**, qui se distinguent par leur longue durée de vie. Des années (peut-être des décennies) plus tard, ces lymphocytes déjà sensibilisés peuvent se différencier rapidement en plasmocytes producteurs d'anticorps s'ils sont stimulés par le même antigène. C'est leur présence qui explique la réaction secondaire rapide illustrée à la figure 12.16. On observe un phénomène semblable chez les lymphocytes T.

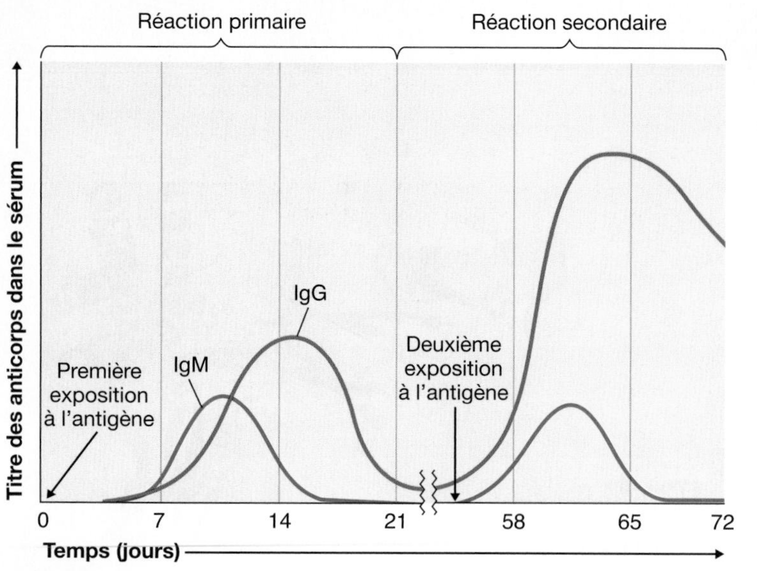

Figure 12.16 Réactions primaire et secondaire à l'antigène. Une première exposition à l'antigène fait apparaître les IgM dans le sérum. Suivent ensuite les IgG. La deuxième exposition au même antigène stimule les lymphocytes mémoires formés au moment de la première exposition ; ces cellules produisent une grande quantité d'anticorps, surtout des IgG.

▶ Vérifiez vos acquis

La réaction anamnestique est-elle une réponse primaire ou une réponse secondaire à l'antigène ? **12-19**

Les types d'immunité adaptative

▶ Objectif d'apprentissage

12-20 Comparer les quatre types d'immunité adaptative.

L'**immunité adaptative** est la protection que se donne un animal, l'humain y compris, contre certains types de microbes ou de substances étrangères. Elle se met en place au cours de la vie d'un individu. La **figure 12.17** résume les divers types d'immunité adaptative.

L'immunité peut être acquise soit activement, soit passivement. Elle est acquise *activement* quand une personne est exposée à des microbes ou à des substances étrangères et que son système immunitaire réagit contre eux ; sa durée est variable et, dans le meilleur des cas, elle est permanente. Elle est acquise *passivement* quand des anticorps sont transférés d'une personne à une autre. L'immunité passive est temporaire et dure tant que les anticorps reçus sont présents dans le corps – dans la plupart des cas, de quelques semaines à quelques mois. Que ce soit de façon active ou de façon passive, l'immunité peut être acquise par des moyens naturels ou artificiels.

- L'**immunité active acquise naturellement** est celle qui se met en place spontanément chez une personne exposée à des antigènes microbiens qui devient malade et en guérit. Une fois acquise, l'immunité dure toute la vie pour certaines maladies, telles que la rougeole et la varicelle. Pour d'autres affections, en particulier les troubles intestinaux, il arrive que l'immunité ne dure que quelques années. Les *infections subcliniques* (celles qui ne s'accompagnent d'aucun signe ou symptôme apparent de maladie) peuvent aussi conférer l'immunité.
- L'**immunité passive acquise naturellement** s'établit par le transfert naturel d'anticorps d'une mère à son nourrisson. Le corps de la femme enceinte permet à certains de ses anticorps de gagner le fœtus en traversant le placenta selon un mécanisme nommé *transfert placentaire*. Si la mère est immunisée contre la diphtérie, la rubéole ou la polio, le nouveau-né le sera aussi pendant quelque temps. Certains anticorps passent également de la mère à son bébé quand elle le nourrit au sein, en particulier dans les premières sécrétions appelées *colostrum*. Chez le nourrisson, l'immunité dure généralement tant que les anticorps transmis sont présents – habituellement de quelques semaines à quelques mois. Ces anticorps maternels sont indispensables pour procurer une certaine immunité au bébé pendant que son propre système immunitaire se constitue.
- L'**immunité active acquise artificiellement** résulte de la vaccination. La **vaccination**, aussi appelée **immunisation**, introduit dans le corps des antigènes spécialement préparés, nommés **vaccins**. Ces derniers peuvent être des toxines bactériennes inactivées (anatoxines), des microbes tués, des microbes vivants mais atténués ou des fragments de microbes tels que les capsules. Ces fragments ne peuvent plus causer de maladies, mais ils peuvent provoquer une réponse immunitaire, à la manière des agents pathogènes acquis naturellement (**encadré 12.2**). Nous examinerons les vaccins plus en détail au chapitre 26 EN LIGNE.
- L'**immunité passive acquise artificiellement** s'obtient par l'introduction d'anticorps (plutôt que d'antigènes) dans le corps. Ces anticorps proviennent d'un animal ou d'une personne qui sont eux-mêmes immunisés.

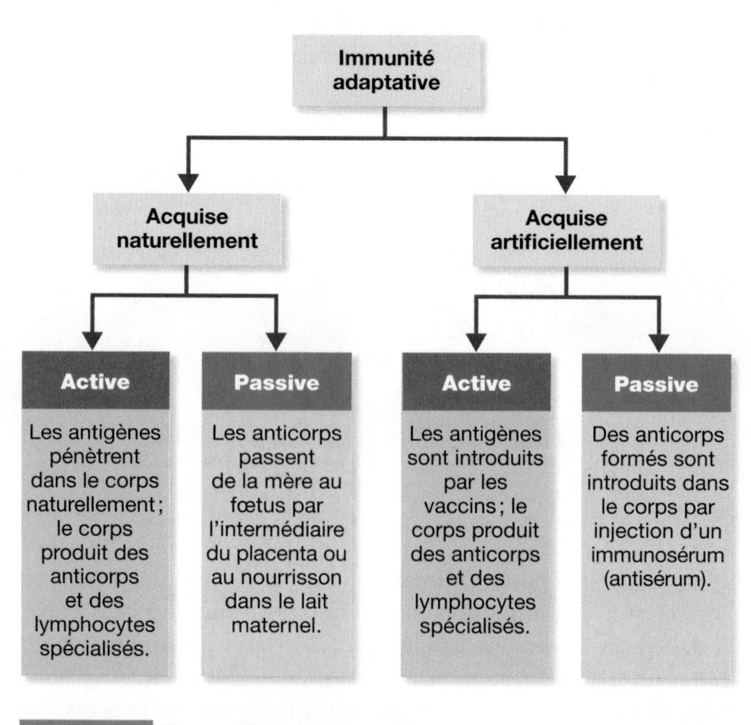

Figure 12.17 Types d'immunité acquise.

Pourquoi vacciner?

De tout temps, les maladies infectieuses ont été associées à des conditions socioéconomiques, d'hygiène et de salubrité déficientes, à des problèmes de malnutrition et à l'affaiblissement de l'état de santé général des populations. Dès que les conditions de vie s'améliorent, on constate une réduction notable de la transmission des maladies contagieuses, et ce, partout dans le monde. De plus, on reconnaît scientifiquement que la protection immunitaire après une infection contractée naturellement est généralement supérieure à celle développée après une vaccination. Alors pourquoi vacciner, particulièrement dans un pays moderne aussi développé que le nôtre?

D'une part, même si les maladies infectieuses de la petite enfance sont souvent considérées comme bénignes par les parents (par exemple la varicelle), plusieurs d'entre elles causent de la souffrance (coqueluche, tétanos), s'accompagnent de complications (rougeole, oreillons), de séquelles (poliomyélite, méningite) et, dans certains cas, peuvent même provoquer la mort (diphtérie). D'autre part, malgré les meilleures conditions de vie, certaines infections sont si invasives, que la vaccination demeure le seul moyen efficace de les prévenir. Depuis l'introduction systématique de la vaccination, la variole a été éradiquée, et le tétanos, toujours présent puisque la bactérie vit dans le sol, est devenu très rare en Amérique du Nord. Par ailleurs, l'incidence mondiale de la poliomyélite a été réduite de 99 %. De 1994 à 2010, il n'y a pas eu de cas déclarés de polio au Canada ; de plus, la diphtérie, la rougeole et la rubéole sont maintenant rares, voire exceptionnelles, au Canada.

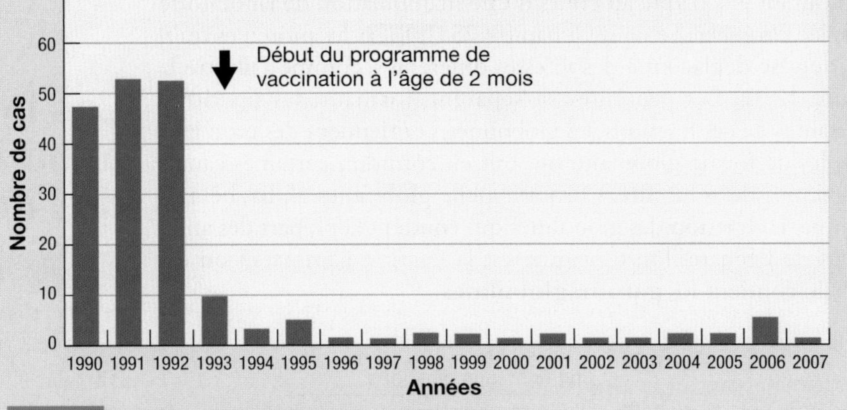

Figure A En 1992, le Québec a introduit son programme de vaccination systématique des enfants à partir de l'âge de 2 mois contre les infections invasives à *Hæmophilus influenzæ* de type b (Hib). Le nombre annuel de cas déclarés pour l'ensemble des infections invasives à Hib chez les moins de 5 ans a chuté à 3 en 2007 : la méningite à Hib est maintenant rare, au grand soulagement de tout parent! La figure A ci-dessus présente le nombre annuel de cas déclarés de méningite à Hib au Québec pour la même période. (Source : Bureau de surveillance et de vigie. DPSP, MSSS à partir du fichier MADO, extraction le 17 avril 2008.)

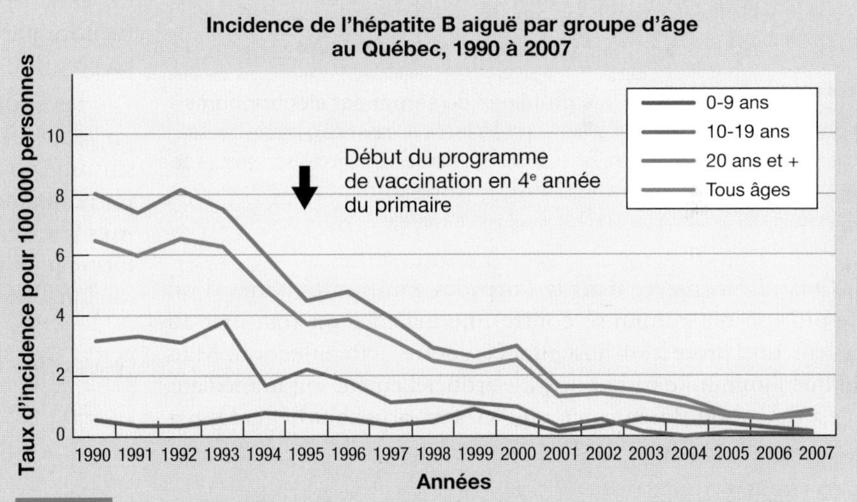

Figure B Depuis 1994, le Québec procède à la vaccination systématique des élèves de la 4e année du primaire et de certains groupes à risque pour tenter d'enrayer la propagation de l'hépatite B. La figure B montre que l'incidence de la maladie aiguë a grandement diminué dans presque tous les groupes d'âge et a presque complètement disparu dans les cohortes vaccinées. (Source : Bureau de surveillance et de vigie. DPSP, MSSS à partir du fichier MADO, extraction le 3 avril 2008.)

Mais attention! Récemment, soit en date du 8 juin 2011, 330 cas de rougeole ont été déclarés au Bureau de surveillance et de vigie (BSV ; Santé et Services sociaux du Québec), un nombre de cas considéré comme une éclosion épidémique. Fait particulier : on trouve une forte proportion (64 %) de cas chez les jeunes âgés de 10 à 19 ans. On a estimé que les trois quarts de ces malades n'étaient pas considérés comme protégés (immuns). Ce créneau d'âge correspond à une diminution de la vaccination des jeunes enfants dans la décennie 1990, attribuée à la mauvaise presse du vaccin anti-rougeole relié à l'apparition de cas d'autisme. À partir de cette observation, il est bien tentant de conclure que la vaccination est efficace! Selon l'Agence de la santé publique du Canada, au cours des 50 dernières années, la vaccination a sauvé plus de vies au pays que toute autre intervention. L'Organisation mondiale de la santé (OMS) estime pour sa part que la vaccination a permis de prévenir plus de 2 millions de décès pour la seule année 2003.

Les anticorps se trouvent dans le sérum de l'animal ou de l'individu immunisé. C'est pourquoi le mot « **antisérum** » est devenu un terme générique désignant les liquides dérivés du sang qui contiennent des anticorps (encadré 11.1). De même, l'étude des réactions entre les anticorps et les antigènes porte le nom de **sérologie**. Une technique permet de mettre en évidence les anticorps dans le sérum ; si on soumet un échantillon de ce dernier à un courant électrique au cours d'une manipulation de laboratoire appelée *électrophorèse sur gel* (chapitre 25 EN LIGNE), les protéines qu'il contient se déplacent à des vitesses différentes, comme l'illustre la figure 12.18. Les protéines se séparent, formant des fractions. Certaines de ces fractions, les globulines, contiennent des protéines simples de forme globulaire qui ont en commun certaines caractéristiques de solubilité. On les appelle globulines alpha, bêta et gamma. La fraction des globulines qui contient la plupart des anticorps de l'échantillon d'origine est la fraction gamma, et on dit qu'elle contient les **gammaglobulines**.

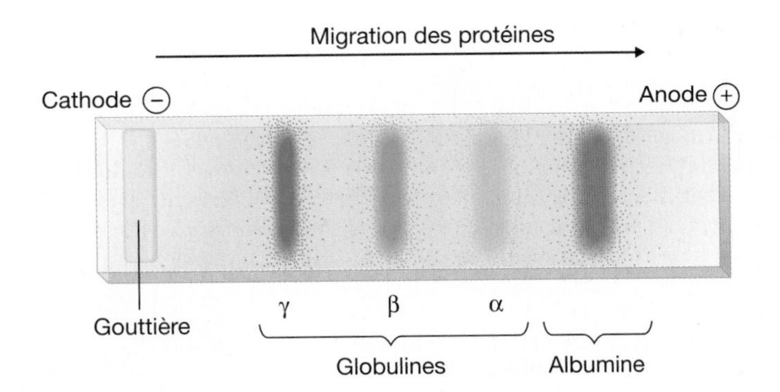

Figure 12.18 Séparation des protéines du sérum par électrophorèse sur gel. La technique consiste d'abord à déposer le sérum dans une gouttière creusée dans le gel. Lorsqu'elles sont soumises à un courant électrique, les protéines sériques de charge négative se déplacent dans le gel depuis l'extrémité qui possède la charge négative (cathode) vers celle dont la charge est positive (anode).

Quand on injecte dans le corps les gammaglobulines d'un individu qui est immunisé contre une maladie, on transmet au receveur une protection instantanée contre cette affection. Mais bien que l'immunité passive acquise artificiellement soit immédiate, elle est de courte durée parce que les anticorps sont dégradés par le receveur. En règle générale, la demi-vie d'anticorps injectés (le temps requis pour que la moitié des anticorps disparaissent) est d'environ 3 semaines.

▶ Vérifiez vos acquis

De quel type d'immunité adaptative s'agit-il lorsqu'on injecte des gammaglobulines à une personne ? **12-20**

Les interactions de l'immunité à médiation cellulaire et de l'immunité humorale

▶ Objectif d'apprentissage

12-21 Comparer l'immunité à médiation cellulaire et l'immunité humorale.

Bien qu'elles soient considérées comme des branches distinctes du système immunitaire, l'immunité à médiation cellulaire et l'immunité humorale sont unies par des liens étroits de coopération. Quand nous avons examiné les mécanismes par lesquels les anticorps protègent l'organisme, nous avons noté des occasions où les anticorps de la réponse immunitaire humorale et les lymphocytes T de la réponse à médiation cellulaire travaillent ensemble. En fait, il n'est pas possible de décrire la production de la plupart des anticorps – concept primordial de l'immunité humorale – sans mentionner la participation des lymphocytes T auxiliaires, qui sont au cœur de la réponse immunitaire à médiation cellulaire.

La figure 12.19 résume la matière du présent chapitre et met en relief les deux volets de la réponse immunitaire. Au chapitre suivant, nous étudierons les troubles provoqués par un système immunitaire qui fait défaut. Au chapitre 26 EN LIGNE, nous examinerons la vaccination et la façon dont elle mobilise le système immunitaire pour qu'il fasse échec à la maladie. Nous y décrirons également quelques tests courants utilisés pour diagnostiquer les maladies.

▶ Vérifiez vos acquis

Quel rôle les lymphocytes T_H jouent-ils dans la production d'anticorps ? **12-21**

RÉSUMÉ

L'IMMUNITÉ ADAPTATIVE (p. 312)

1. Quand elle est déterminée par le patrimoine héréditaire, la résistance d'un individu à certaines maladies s'appelle immunité innée. Le sexe, l'âge, l'état nutritionnel et l'état de santé général influent sur la résistance individuelle.
2. L'immunité adaptative est la capacité du corps de neutraliser spécifiquement les substances ou les organismes étrangers. Elle résulte de la production de lymphocytes spécialisés et d'anticorps.

LA DUALITÉ DE L'IMMUNITÉ ADAPTATIVE (p. 312)

1. Les cellules souches de la moelle osseuse rouge donnent naissance aux lymphocytes. Parmi ces derniers, ceux qui arrivent à maturité dans la moelle osseuse deviennent des lymphocytes B.
2. L'immunité humorale est due à des anticorps que l'on trouve dans les liquides organiques et qui sont produits par des lymphocytes B.

Figure 12.19

Schéma guide

Dualité du système immunitaire

Cette figure présente les principales étapes de la réponse adaptative du système immunitaire. Reportez-vous à la figure 11.1 pour un rappel de la place qu'occupe l'immunité adaptative dans l'ensemble des moyens de défense du corps. Les grands concepts présentés ci-dessous sont essentiels à la compréhension des aspects cliniques et des applications pratiques de l'immunologie, dont il sera question dans les chapitres à venir.

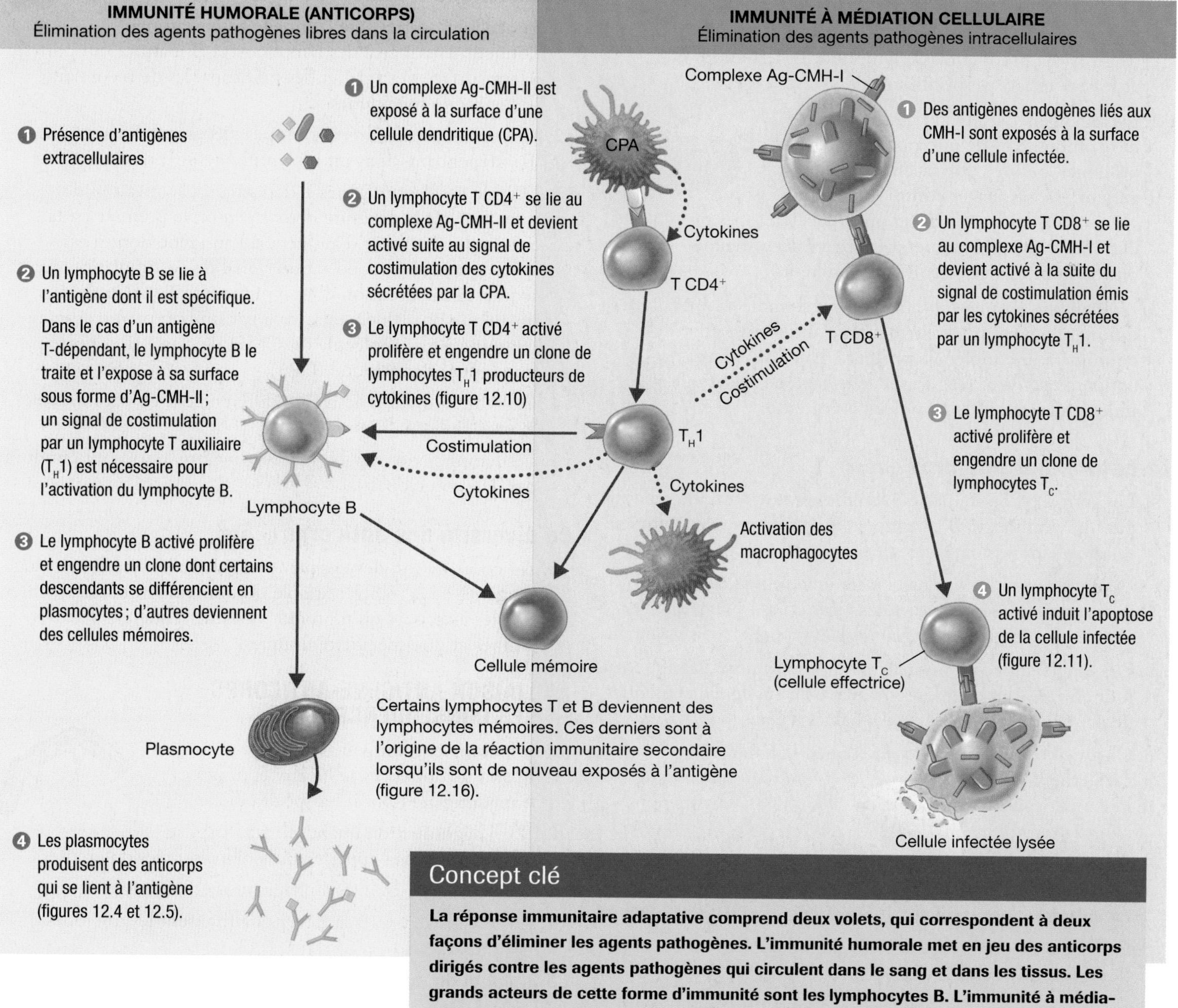
IMMUNITÉ HUMORALE (ANTICORPS)
Élimination des agents pathogènes libres dans la circulation
IMMUNITÉ À MÉDIATION CELLULAIRE
Élimination des agents pathogènes intracellulaires
1 Présence d'antigènes extracellulaires
1 Un complexe Ag-CMH-II est exposé à la surface d'une cellule dendritique (CPA).
CPA
Complexe Ag-CMH-I
1 Des antigènes endogènes liés aux CMH-I sont exposés à la surface d'une cellule infectée.
2 Un lymphocyte T CD4+ se lie au complexe Ag-CMH-II et devient activé suite au signal de costimulation des cytokines sécrétées par la CPA.
Cytokines
T CD4+
2 Un lymphocyte T CD8+ se lie au complexe Ag-CMH-I et devient activé à la suite du signal de costimulation émis par les cytokines sécrétées par un lymphocyte TH1.
2 Un lymphocyte B se lie à l'antigène dont il est spécifique.
Dans le cas d'un antigène T-dépendant, le lymphocyte B le traite et l'expose à sa surface sous forme d'Ag-CMH-II ; un signal de costimulation par un lymphocyte T auxiliaire (TH1) est nécessaire pour l'activation du lymphocyte B.
3 Le lymphocyte T CD4+ activé prolifère et engendre un clone de lymphocytes TH1 producteurs de cytokines (figure 12.10)
Cytokines
Costimulation
T CD8+
3 Le lymphocyte T CD8+ activé prolifère et engendre un clone de lymphocytes TC.
Costimulation
TH1
Cytokines
Cytokines
Lymphocyte B
Activation des macrophagocytes
3 Le lymphocyte B activé prolifère et engendre un clone dont certains descendants se différencient en plasmocytes ; d'autres deviennent des cellules mémoires.
4 Un lymphocyte TC activé induit l'apoptose de la cellule infectée (figure 12.11).
Cellule mémoire
Lymphocyte TC (cellule effectrice)
Certains lymphocytes T et B deviennent des lymphocytes mémoires. Ces derniers sont à l'origine de la réaction immunitaire secondaire lorsqu'ils sont de nouveau exposés à l'antigène (figure 12.16).
Plasmocyte
4 Les plasmocytes produisent des anticorps qui se lient à l'antigène (figures 12.4 et 12.5).
Cellule infectée lysée

Concept clé

La réponse immunitaire adaptative comprend deux volets, qui correspondent à deux façons d'éliminer les agents pathogènes. L'immunité humorale met en jeu des anticorps dirigés contre les agents pathogènes qui circulent dans le sang et dans les tissus. Les grands acteurs de cette forme d'immunité sont les lymphocytes B. L'immunité à médiation cellulaire repose sur des lymphocytes T capables d'éliminer les agents pathogènes intracellulaires, les greffons se présentant comme non-soi et les cellules tumorales. Grâce à leurs actions conjuguées, ces deux volets interdépendants du système immunitaire contribuent à maintenir le corps libre d'agents pathogènes.

3. L'immunité à médiation cellulaire est due aux lymphocytes T qui se sont différenciés dans le thymus. Elle vise avant tout les bactéries et les virus intracellulaires, les parasites pluricellulaires, les tissus greffés et les cellules cancéreuses.
4. C'est grâce à leurs récepteurs d'antigène que les lymphocytes B et T sont capables de reconnaître un agent pathogène spécifique.

LES ANTIGÈNES ET LES ANTICORPS (p. 313)

La nature des antigènes (p. 313)

1. Un antigène est une substance chimique à laquelle le corps réagit par la production de lymphocytes T sensibilisés et (ou) d'anticorps spécifiques.
2. En règle générale, les antigènes sont des composantes de microbes envahisseurs : protéines, ou gros polysaccharides. Les anticorps sont dirigés contre des régions spécifiques des antigènes qu'on appelle épitopes ou déterminants antigéniques. La plupart des antigènes ont de nombreux déterminants différents.

3. Un haptène est une substance de masse moléculaire faible qui ne provoque pas la formation d'anticorps, sauf s'il est combiné à une molécule porteuse. Une fois formés, les anticorps peuvent réagir avec leur haptène spécifique, indépendamment de la molécule porteuse.

La nature des anticorps (p. 314)

4. Un anticorps, ou immunoglobuline, est une protéine produite par un lymphocyte B (plasmocyte) en réponse à un antigène et capable de se combiner spécifiquement avec ce dernier.

   Les anticorps ont pour principale fonction de défendre le corps contre les bactéries, les virus et les toxines que l'on trouve dans le plasma sanguin et la lymphe.
5. Un simple anticorps bivalent est un monomère. Les anticorps monomères sont composés de quatre chaînes polypeptidiques : deux chaînes lourdes et deux chaînes légères.
6. Chaque chaîne comprend une région variable (V), où s'effectue la fixation à l'antigène, et une région constante (C). Les anticorps sont regroupés en classes selon leurs régions constantes.
7. L'anticorps monomère a la forme d'un Y ; les régions variables constituent les extrémités des bras et les régions constantes, la racine des bras et la queue ; la région Fc se situe dans la queue.
8. La région Fc des IgG peut se fixer au complément et celle des IgE, à une cellule hôte.
9. Les IgG sont les anticorps les plus abondants dans le sérum ; elles neutralisent les toxines bactériennes, participent à la fixation du complément et favorisent la phagocytose ; elles procurent l'immunité passive acquise naturellement.
10. Les IgM sont composées de cinq monomères reliés par une chaîne J ; elles interviennent dans l'agglutination des microbes et la fixation du complément.
11. Les IgA sériques sont des monomères ; les IgA sécrétoires sont des dimères qui protègent les muqueuses contre les invasions par les agents pathogènes.
12. Les IgD sont des récepteurs d'antigène sur les lymphocytes B.
13. Les IgE se lient aux mastocytes et aux granulocytes basophiles ; elles jouent un rôle dans les réactions allergiques.

LES LYMPHOCYTES B ET L'IMMUNITÉ HUMORALE (p. 317)

La sélection clonale des cellules productrices d'anticorps (p. 317)

1. Les cellules souches de la moelle osseuse rouge donnent naissance à des lymphocytes B matures qui portent à leur surface des IgM et des IgD capables de reconnaître des épitopes spécifiques.
2. Grâce à leurs nombreux épitopes identiques, les antigènes T-indépendants activent les lymphocytes B directement.
3. Dans le cas des antigènes T-dépendants, l'activation des lymphocytes B nécessite deux signaux : le premier est la liaison du récepteur d'antigène à l'antigène dont il est spécifique, et le second est un signal de costimulation qui requiert l'intervention d'un lymphocyte T_H1. Ce dernier est lui-même préalablement activé par un fragment d'antigène combiné à une molécule du CMH de classe II et porté par une cellule dendritique (CPA).
4. Les lymphocytes B activés se différencient en plasmocytes et en cellules mémoires.
5. Les lymphocytes capables de reconnaître le soi sont éliminés par délétion clonale.

La diversité des anticorps (p. 318)

6. Au cours de son développement, le lymphocyte B réarrange les gènes de la région variable des immunoglobulines, si bien que les anticorps qu'il produit ont une séquence d'acides aminés et une spécificité uniques.

LA LIAISON ANTIGÈNE-ANTICORPS ET SES CONSÉQUENCES (p. 320)

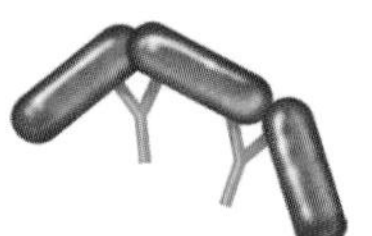

1. Un complexe antigène-anticorps se forme quand un anticorps se lie aux épitopes d'un antigène dont il est spécifique.
2. Il y a agglutination quand un anticorps se lie à des épitopes appartenant à deux cellules différentes.
3. L'opsonisation facilite la phagocytose des antigènes.
4. En se liant à eux, les anticorps neutralisent les microbes et les toxines.
5. L'activation du complément aboutit à la cytolyse des microbes.

LES LYMPHOCYTES T ET L'IMMUNITÉ À MÉDIATION CELLULAIRE (p. 320)

1. Les cellules souches de la moelle osseuse rouge donnent naissance à des lymphocytes T dont la maturation s'achève dans le thymus. La sélection thymique élimine les cellules qui ne reconnaissent pas les molécules du soi représentées par le CMH.

2. La reconnaissance de l'antigène par le lymphocyte T s'effectue au moyen d'un récepteur d'antigène spécifique.
3. Les lymphocytes T reconnaissent les antigènes qui ont été traités au préalable par une cellule, cette dernière étant une cellule présentatrice d'antigènes.

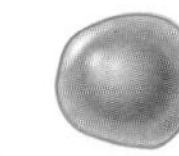

4. Les lymphocytes T reconnaissent les antigènes associés à des molécules du CMH.

Les classes de lymphocytes T (p. 323)

5. On classe les lymphocytes T selon leurs fonctions et selon certaines glycoprotéines de surface appelées CD.

Les lymphocytes T auxiliaires ($CD4^+$) (p. 323)

6. Les lymphocytes T auxiliaires sont des lymphocytes T $CD4^+$. Ils sont activés par des antigènes combinés à des molécules du CMH de classe II à la surface de cellules présentatrices d'antigènes (cellules dendritiques). Une fois activés, ils prolifèrent et forment des clones de cellules effectrices.
7. Les lymphocytes T_H activés (cellules effectrices) se différencient en populations de lymphocytes T_H1 et T_H2.
8. Les lymphocytes T_H1 activent les cellules liées à l'immunité cellulaire ; ils sécrètent des cytokines qui stimulent les lymphocytes B et d'autres lymphocytes T. Les lymphocytes T_H2 sont associés aux réactions allergiques et aux infections parasitaires.

Les lymphocytes T cytotoxiques ($CD8^+$) (p. 323)

9. Les lymphocytes T cytotoxiques (T_C) sont des lymphocytes T $CD8^+$. Ils sont activés par des antigènes endogènes combinés à des molécules du CMH de classe I à la surface des cellules cibles ; l'activation nécessite la présence de cytokines sécrétées par des lymphocytes T_H1.
10. Les lymphocytes T_C (cellules effectrices) provoquent la lyse ou l'apoptose des cellules cibles.

Les lymphocytes T régulateurs (T_{reg}) (p. 325)

11. Les lymphocytes T régulateurs (T_{reg}) répriment les lymphocytes T qui s'attaquent au soi.

LES CELLULES PRÉSENTATRICES D'ANTIGÈNES (CPA) (p. 325)

1. Les cellules présentatrices d'antigènes (CPA) comprennent les cellules dendritiques, les macrophagocytes et les lymphocytes B.
2. Les cellules dendritiques sont les plus importantes cellules présentatrices d'antigènes.
3. Les macrophagocytes activés sont des cellules phagocytaires et des CPA efficaces.
4. Les CPA transportent les antigènes jusque dans les tissus lymphoïdes où se trouvent les lymphocytes T capables de reconnaître ces antigènes.

LES CELLULES TUEUSES NATURELLES (NK) (p. 326)

1. Les cellules tueuses naturelles provoquent la lyse des cellules infectées par des virus, des cellules tumorales et des parasites. Elles s'attaquent aux cellules qui n'expriment pas d'antigènes du CMH de classe I.

LA CYTOTOXICITÉ À MÉDIATION CELLULAIRE DÉPENDANT DES ANTICORPS (p. 327)

1. Les cellules tueuses naturelles et les macrophagocytes provoquent la lyse de gros parasites enrobés d'anticorps.

LES CYTOKINES : LES MESSAGERS CHIMIQUES DU SYSTÈME IMMUNITAIRE (p. 328)

1. Les cellules du système immunitaire communiquent entre elles au moyen de molécules appelées cytokines.
2. Les interleukines (IL) sont des cytokines qui servent de messagers entre les leucocytes.
3. Les chimiokines sont des cytokines qui stimulent la migration des leucocytes vers les foyers d'infection.
4. Les interférons α et β sont des cytokines qui protègent les cellules contre les virus. L'interféron γ augmente la phagocytose.
5. Les facteurs nécrosants des tumeurs stimulent la réaction inflammatoire.
6. Les cytokines hématopoïétiques favorisent le développement des leucocytes.
7. La production excessive de cytokines aboutit à l'hypercytokinémie, qui peut causer des dommages aux tissus.

LA MÉMOIRE IMMUNOLOGIQUE (p. 328)

1. La quantité d'anticorps dans le sérum s'appelle titre des anticorps.
2. La réponse immunitaire provoquée par une première exposition à un antigène s'appelle réaction primaire. Elle se caractérise par l'apparition d'anticorps de type IgM suivis d'anticorps de type IgG.
3. Par la suite, l'exposition au même antigène produit une réaction secondaire, ou réponse anamnestique, caractérisée par un titre des anticorps très élevé. Les anticorps sont principalement des IgG.

LES TYPES D'IMMUNITÉ ADAPTATIVE (p. 330)

1. L'immunité résultant d'une infection est appelée immunité active acquise naturellement ; ce type d'immunité peut offrir une protection de longue durée.
2. Les anticorps transférés de la mère au fœtus (transfert placentaire) ou au nouveau-né par le colostrum confèrent au nourrisson une immunité passive acquise naturellement ; ce type d'immunité peut durer jusqu'à quelques mois.
3. L'immunité résultant de la vaccination est appelée immunité active acquise artificiellement ; elle peut procurer une protection de longue durée.
4. L'immunité passive acquise artificiellement est obtenue par l'injection d'anticorps humoraux ; ce type d'immunité peut durer quelques semaines ou quelques mois.
5. Un sérum qui contient des anticorps est souvent appelé antisérum (ou immunosérum).

6. Quand on soumet le sérum à l'électrophorèse sur gel, on trouve les anticorps dans la fraction gamma du sérum et on les appelle immunoglobulines ou gammaglobulines.

LES INTERACTIONS DE L'IMMUNITÉ À MÉDIATION CELLULAIRE ET DE L'IMMUNITÉ HUMORALE (p. 332)

1. Bien qu'elles soient considérées comme des branches distinctes du système immunitaire, l'immunité à médiation cellulaire et l'immunité humorale sont unies par des liens étroits de coopération. Ainsi, la production de la plupart des anticorps – concept primordial de l'immunité humorale – nécessite la participation des lymphocytes T auxiliaires, qui sont au cœur de la réponse immunitaire à médiation cellulaire.

AUTOÉVALUATION

QUESTIONS À COURT DÉVELOPPEMENT

1. Décrivez l'importance des IgG et des IgA.
2. Expliquez l'interdépendance de l'immunité humorale et de l'immunité cellulaire.
3. Lorsqu'il est positif, le test cutané à la tuberculine indique une immunité à médiation cellulaire spécifique de *Mycobacterium tuberculosis.* Comment une personne peut-elle acquérir cette immunité ?

APPLICATIONS CLINIQUES

N. B. Certaines de ces questions nécessitent que vous cherchiez des réponses dans les différents chapitres du livre.

1. Christian doit partir en voyage en Amérique du Sud. Il vérifie son carnet de vaccination et s'aperçoit qu'il doit subir une injection de rappel du vaccin antitétanique, un vaccin contre la fièvre jaune et une injection de gammaglobuline anticholérique. Il est obligé de devancer son départ et s'envole trois jours à peine après qu'on lui a administré les substances. Quel sera l'état de la protection contre les trois types d'agents pathogènes lorsqu'il sera arrivé à destination ? S'il devait prolonger son séjour au-delà d'un an, la protection serait-elle encore efficace ? Justifiez vos réponses. (*Indice :* Voir le chapitre 26 EN LIGNE.)
2. Patrick est un sans-abri atteint du sida. Depuis quelques mois, il ne suit plus aucun traitement anti-viral. Il se présente au centre de soins en piètre état. Le médecin demande immédiatement une formule leucocytaire. Les résultats présentent un faible rapport T auxiliaire/T régulateur. Reliez le désordre immunologique à la vulnérabilité de Patrick aux infections opportunistes. (*Indice :* Voir le chapitre 13.)
3. André souffre de diarrhées chroniques. On découvre une déficience en IgA dans ses sécrétions intestinales, bien que la teneur de son sérum en IgA soit normale. Reliez le désordre immunologique aux diarrhées chroniques d'André.
4. Vous travaillez dans une clinique médicale. Le groupe de médecins a reçu le mois dernier 14 femmes enceintes, auxquelles ils ont fait subir un test sérologique pour déterminer leur état d'immunité au virus de la rubéole. Les résultats sont arrivés du laboratoire et vous procédez à leur compilation. (*Indice :* Voir les chapitres 26 EN LIGNE et 16.)

Nombre de cas	Titre des IgM	Titre des IgG
1 femme enceinte de 12 semaines	512	0
2 femmes enceintes, respectivement de 15 et de 16 semaines	0	0
11 femmes enceintes, de 12 à 17 semaines	0	Variable : de 128 et plus selon le cas

Vous devez adresser au médecin traitant les cas à risque et donner les conseils appropriés aux autres mères. Quel(s) cas adresserez-vous le plus tôt possible au médecin traitant ? Expliquez votre raisonnement et décrivez le danger que le virus de la rubéole constitue pour cette ou ces femmes. Quels conseils donnerez-vous aux autres femmes ?

5. Delphine est une enfant de trois ans, sans dysfonctionnement d'ordre immunologique, qui a tout de même attrapé quatre rhumes durant l'année écoulée. Reliez la survenue de ces rhumes à répétition et l'apparition à chaque fois du gonflement des nœuds lymphatiques cervicaux chez l'enfant. (*Indice :* Voir le chapitre 19.)
6. Expliquez pourquoi une personne rétablie d'une maladie infectieuse peut soigner d'autres personnes atteintes de l'infection sans craindre d'être atteinte de nouveau.

Consultez le volet de gauche de l'Édition en ligne pour d'autres activités.

CHAPITRE

Les dysfonctionnements associés au système immunitaire

Dans le présent chapitre, nous allons voir que les réponses du système immunitaire ne donnent pas toujours des résultats heureux. Il arrive en effet que ces réactions soient nocives. C'est le cas du rhume des foins, affection bien connue qui résulte d'expositions répétées au pollen de certaines plantes. La plupart d'entre nous savent qu'une transfusion sanguine sera rejetée si le sang du donneur et celui du receveur ne sont pas compatibles, et que le rejet est une conséquence possible des greffes d'organes. Dans certains cas, le système immunitaire se tourne contre les propres tissus de l'individu et cause des maladies qu'on qualifie d'auto-immunes. Certains antigènes provoquent une réponse immunitaire si énergique qu'ils ont été appelés **superantigènes** ; ils stimulent en même temps et sans distinction un grand nombre de récepteurs des lymphocytes T et donnent ainsi naissance à une réaction exagérée et nocive.

Certaines personnes viennent au monde avec un déficit immunitaire et dans l'ensemble de la population, l'efficacité des réponses immunitaires diminue avec l'âge. C'est pourquoi on remarque chez ces personnes une plus grande fréquence d'infections. L'apparition d'un cancer peut être une autre indication, bien que moins évidente, d'une insuffisance du système immunitaire. Par ailleurs, beaucoup d'individus greffés se soumettent volontairement à des traitements qui diminuent l'efficacité de leur système immunitaire (traitements immunosuppresseurs) afin de réduire le risque de rejet de leurs nouveaux organes. D'autres souffrent des effets du VIH, qui attaque le système immunitaire lui-même.

Lors de votre étude, il sera important d'établir les relations entre les différents dysfonctionnements du système immunitaire et les mécanismes physiopathologiques qui mènent à l'apparition de maladies.

Comment est-il possible que des grains de pollen microscopiques causent des malaises aigus, voire accablants, chez autant de personnes ?

La réponse est dans le chapitre.

AU MICROSCOPE

Grains de pollen. À certaines périodes de l'année, le pollen libéré par les plantes entraîne chez les personnes allergiques l'apparition du rhume des foins avec son cortège de symptômes tels que le nez qui coule, les éternuements et les yeux larmoyants.

L'hypersensibilité

Objectifs d'apprentissage

13-1 Définir ce qu'on entend par hypersensibilité.

13-2 Comparer les manifestations physiopathologiques de l'anaphylaxie systémique et de l'anaphylaxie localisée.

13-3 Décrire le mécanisme physiopathologique de la réaction d'hypersensibilité anaphylactique à l'origine de l'état de choc anaphylactique, de l'asthme et de l'allergie alimentaire ou médicamenteuse.

13-4 Expliquer comment fonctionnent les tests d'allergie cutanés.

13-5 Définir la désensibilisation et l'anticorps bloquant.

13-6 Décrire le mécanisme physiopathologique de la réaction d'hypersensibilité cytotoxique à l'origine de la maladie hémolytique du nouveau-né, du purpura thrombocytopénique, de l'agranulocytose et de l'anémie hémolytique.

13-7 Décrire le principe à la base de la classification des groupes sanguins ABO et Rh.

13-8 Expliquer le rapport entre les groupes sanguins, les transfusions sanguines et la maladie hémolytique du nouveau-né.

13-9 Décrire le mécanisme physiopathologique de la réaction d'hypersensibilité à complexes immuns à l'origine des lésions inflammatoires dans les vaisseaux sanguins.

13-10 Décrire le mécanisme physiopathologique de la réaction d'hypersensibilité à médiation cellulaire (retardée) à l'origine des lésions de la peau lors d'une dermatite de contact.

Le mot «**hypersensibilité**» s'applique aux réactions immunitaires qui dépassent ce qui est considéré comme normal; le mot «**allergie**» est plus connu et est essentiellement synonyme. Ces réponses ont lieu chez les individus qui ont été *sensibilisés,* c'est-à-dire qui ont été exposés auparavant à un antigène – dans ce contexte, cet antigène porte le nom d'**allergène**. Quand un individu sensibilisé est exposé à nouveau à l'allergène, son système immunitaire déclenche une réaction dont les effets sont nocifs. Notez que la sensibilisation peut se préparer sur une période prolongée au cours de laquelle l'individu entre en contact plusieurs fois avec l'allergène; une fois que l'état de sensibilisation est établi, une nouvelle exposition déclenche les manifestations de l'allergie. Les quatre principaux types de réactions d'hypersensibilité, figurant au **tableau 13.1**, sont les réactions anaphylactique, cytotoxique, à complexes immuns et à médiation cellulaire (ou hypersensibilité retardée).

Vérifiez vos acquis

Les réponses immunitaires sont-elles toutes bénéfiques? **13-1**

Les réactions d'hypersensibilité de type I (anaphylactiques)

La réaction de type I, ou réaction anaphylactique, est presque immédiate; elle survient souvent entre 2 et 30 minutes après qu'un sujet a été exposé à un allergène auquel il a été préalablement sensibilisé. Le mot «anaphylaxie» signifie «à l'opposé de la protection», du grec *ana-* = en sens contraire et *phylaxis* = protection. L'**anaphylaxie** est un terme qui englobe les réactions occasionnées quand certains allergènes se combinent aux anticorps de la classe des IgE. L'anaphylaxie peut être *systémique* ou *localisée.* Dans le premier cas, elle entraîne un état de choc (chute de la pression sanguine) et des troubles respiratoires, et peut être fatale. Dans le second cas, elle comprend les allergies courantes telles que le rhume des foins, l'asthme et l'urticaire (plaques rouges qui font légèrement saillie sur la peau et s'accompagnent souvent de démangeaisons). On utilise aussi le terme «atopie» pour indiquer cette tendance de nature héréditaire ou constitutionnelle à développer des réactions d'hypersensibilité immédiate à des substances qui ne déclenchent aucune réaction chez les sujets normaux.

La toute première exposition à l'allergène, tel que le venin d'un insecte, les spores de mycètes ou encore le pollen d'une plante, provoque la production d'anticorps de type IgE; cette réaction ne s'accompagne d'aucun symptôme mais conduit à la sensibilisation de la personne. Les premières étapes du processus de sensibilisation sont les mêmes que celles de la réponse immunitaire humorale: les

Tableau 13.1 Types de réactions d'hypersensibilité

Type de réaction	Délai d'apparition des signes cliniques	Caractéristiques	Exemples
Type I (anaphylactique)	< 30 min	Fixation des IgE aux mastocytes et aux granulocytes basophiles. La liaison de l'allergène à des IgE cause la dégranulation des mastocytes ou des granulocytes basophiles et la libération de substances réactives (médiateurs chimiques) telles que l'histamine.	Choc anaphylactique provoqué par les médicaments ou le venin d'insectes; allergies courantes telles que le rhume des foins, l'asthme ou l'urticaire
Type II (cytotoxique)	De 5 à 12 h	L'antigène déclenche la production d'IgM ou d'IgG qui se lient aux cellules cibles. Cette action, combinée à celle du complément, cause la destruction des cellules cibles.	Réaction à la transfusion sanguine, incompatibilité due au facteur Rh Réaction cytotoxique d'origine médicamenteuse
Type III (à complexes immuns)	De 3 à 8 h	Les anticorps et les antigènes forment des complexes qui entraînent une inflammation nocive.	Phénomène d'Arthus, maladie du sérum
Type IV (à médiation cellulaire ou hypersensibilité retardée)	De 24 à 48 h	Les antigènes déclenchent la production de lymphocytes T_C qui tuent les cellules cibles.	Rejet de greffe de tissu; dermatite de contact, due par exemple au sumac vénéneux; certaines maladies chroniques, telles que la tuberculose

allergènes entraînent l'activation de lymphocytes B spécifiques qui se transforment en plasmocytes producteurs d'anticorps, dans ce cas-ci des IgE (figure 12.5). Le processus de sensibilisation est terminé lorsque les IgE s'attachent à la membrane de certaines cellules telles que les mastocytes et les granulocytes basophiles. Ces deux types de cellules se ressemblent par leur morphologie et leur fonction dans les réactions allergiques. Les **mastocytes** sont particulièrement nombreux dans le tissu conjonctif de la peau et des voies respiratoires, et dans les vaisseaux sanguins environnants (**figure 13.1a**). Les **granulocytes basophiles** se trouvent dans la circulation, où ils forment moins de 1 % des leucocytes. Les deux types de cellules sont remplies de granulations contenant un éventail de molécules appelées *médiateurs chimiques*.

Les mastocytes et les granulocytes basophiles peuvent posséder jusqu'à 500 000 récepteurs pour les IgE. La région Fc (queue de l'anticorps) des IgE (figure 12.3) peut se lier à ces sites récepteurs, laissant libres les deux sites de fixation à l'antigène. Bien sûr, les IgE fixées aux cellules ne sont pas toutes spécifiques du même allergène, puisque le processus de sensibilisation peut se répéter pour plusieurs substances. Si, au cours d'une exposition ultérieure, il se trouve en présence de deux anticorps adjacents ayant la spécificité appropriée, l'allergène peut se lier à ces anticorps par leur site de fixation et former un pont entre eux. Ce pont déclenche chez le mastocyte ou le granulocyte basophile le phénomène de la **dégranulation**, c'est-à-dire la libération des granulations contenues dans la cellule et celle des médiateurs qu'elles renferment, tels que l'histamine et les leucotriènes (**figure 13.1b**).

Ces médiateurs sont à l'origine des effets désagréables et nocifs des réactions allergiques. Le médiateur le mieux connu est l'**histamine**. La libération d'histamine augmente la perméabilité et la dilatation des capillaires sanguins, produisant ainsi de l'œdème (tuméfaction) et un érythème (rougeur). Elle stimule aussi la sécrétion de mucus (donnant lieu, par exemple, à l'écoulement nasal) et la contraction des muscles lisses, ce qui, dans les bronches, occasionne une gêne respiratoire.

Les autres médiateurs comprennent divers types de **leucotriènes** et les **prostaglandines**. Ces molécules ne sont pas produites d'avance et stockées dans les granulations, mais sont synthétisées par les cellules sous l'action des allergènes. Les leucotriènes tendent à provoquer des contractions prolongées de certains muscles lisses ; c'est ainsi que leur action contribue à déclencher les spasmes des bronches observés durant les crises d'asthme. Les prostaglandines agissent sur les muscles lisses du système respiratoire et font augmenter la sécrétion de mucus.

Ensemble, ces médiateurs servent d'agents chimiotactiques qui, en quelques heures, attirent des granulocytes neutrophiles et éosinophiles dans les environs de la cellule dégranulée. Ils activent alors divers facteurs qui se manifestent chez l'individu par l'apparition de signes inflammatoires tels que la dilatation des capillaires, la tuméfaction, l'augmentation de la sécrétion de mucus et la contraction involontaire des muscles lisses (spasme).

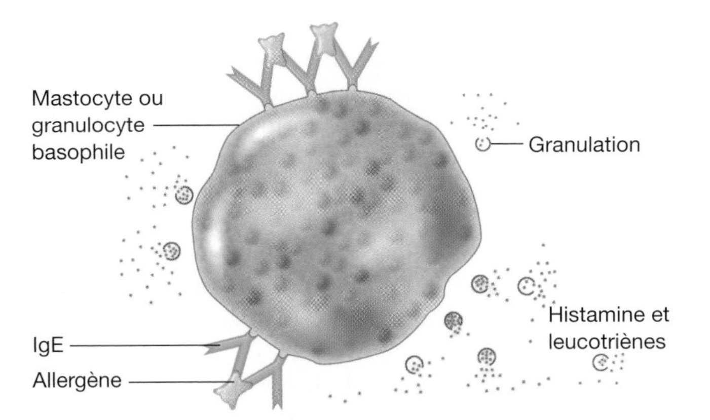

a) Quand un allergène forme un pont entre deux anticorps IgE adjacents de la même spécificité, il y a dégranulation de la cellule et libération de médiateurs tels que l'histamine et les leucotriènes, qui sont responsables de l'apparition des symptômes de l'allergie.

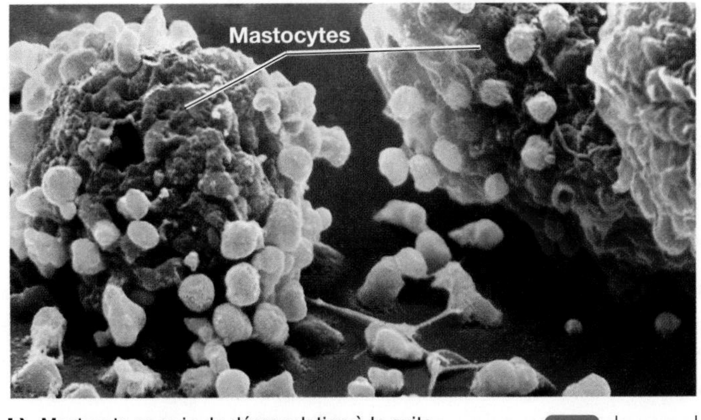

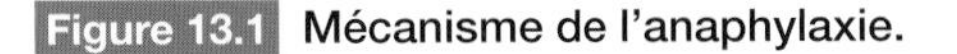

b) Mastocyte en voie de dégranulation à la suite d'une interaction avec un allergène

Figure 13.1 Mécanisme de l'anaphylaxie.

L'anaphylaxie systémique

Au tournant du siècle dernier, deux biologistes français ont publié leurs observations sur la réaction provoquée chez des chiens par le venin contenu dans les piqûres de méduses. À forte dose, le venin tue habituellement les chiens, mais à l'occasion, certains sont épargnés. Lorsque ces derniers reçoivent une nouvelle injection de venin, le résultat est étonnant. Une très faible dose de venin, qui serait à peu près inoffensive normalement, suffit à les tuer. Ils souffrent d'oppression respiratoire, tombent en état de choc par suite du collapsus de leur système cardiovasculaire et meurent rapidement. Ce phénomène porte le nom de **choc anaphylactique**.

L'**anaphylaxie systémique**, ou **choc anaphylactique**, peut survenir quand un individu est exposé de nouveau à un allergène auquel il a été sensibilisé. Ce sont les allergènes injectés qui sont le plus susceptibles de provoquer une réponse spectaculaire, mais ils ne sont pas les seuls. La libération massive de médiateurs cause la dilatation des vaisseaux sanguins périphériques partout dans l'organisme, suivie de la diminution du débit cardiaque et, par conséquent, d'une chute de la pression sanguine – d'où le choc. Cette réaction peut être fatale en quelques minutes. On dispose de très peu de temps pour agir lorsqu'on est atteint d'anaphylaxie systémique. Le traitement consiste habituellement à administrer une injection d'épinéphrine. L'épinéphrine, ou adrénaline, est une substance sympathicomimétique qui a pour effet d'augmenter la vasoconstriction et, par conséquent, la pression sanguine.

Certains d'entre vous connaissent peut-être quelqu'un qui réagit à la pénicilline de cette façon. Chez ces individus, la pénicilline, un haptène, se combine à une protéine du sang qui sert de molécule porteuse. C'est sous cette forme seulement qu'elle est immunogène et donc capable de déclencher la production d'anticorps IgE. Environ 2 % de la population nord-américaine est probablement allergique à cet antibiotique. Des tests cutanés dépistent l'hypersensibilité à la pénicilline, et on peut désensibiliser les personnes allergiques par l'administration orale de pénicilline V en une suite de doses croissantes. L'intervalle entre les doses est de 15 minutes seulement, et le traitement s'étale sur 4 heures ou moins. La désensibilisation n'est valable que si elle est suivie immédiatement d'un traitement à la pénicilline en une série ininterrompue. Certains médicaments de la même famille que la pénicilline, tels que les carbapénems (chapitre 15), peuvent aussi déclencher une réaction allergique.

L'anaphylaxie localisée

Alors que la sensibilisation à un allergène injecté est souvent la cause de l'anaphylaxie systémique, l'**anaphylaxie localisée** est habituellement associée à des allergènes qui sont ingérés (aliments) ou inhalés (pollen) (**figure 13.2a**). Les symptômes dépendent avant tout de la voie empruntée par l'allergène pour pénétrer dans le corps.

Q/R Dans le cas des allergies qui touchent les voies respiratoires supérieures, telles que le rhume des foins (et autres rhinites allergiques), la sensibilisation concerne en général les mastocytes de la muqueuse qui tapisse ces organes. La réaction allergique est déclenchée par une nouvelle exposition à l'allergène dans l'air environnant, tel que le pollen d'une plante, les spores de mycètes, les fèces d'acariens de la poussière de maison (**figure 13.2b**), et les squames ou les phanères animaux*. Les symptômes typiques sont le larmoiement et le prurit oculaire, la congestion des voies nasales, la toux et les éternuements. On traite souvent ces symptômes au moyen d'antihistaminiques qui occupent les sites récepteurs de l'histamine. Pour être efficaces, les antihistaminiques doivent par conséquent être pris avant l'exposition aux allergènes.

L'asthme est une réaction allergique qui touche principalement les voies respiratoires inférieures. Les symptômes, tels que la respiration sifflante et l'essoufflement, sont causés par l'inflammation, le mucus et la constriction des muscles lisses des bronches.

L'asthme, on ne sait pas pourquoi, est en train de devenir une épidémie. Il touche environ 10 % des enfants dans les sociétés occidentales, mais il s'atténue souvent avec l'âge. Prenant appui sur l'« hypothèse de l'hygiène », certains avancent que l'absence d'exposition des enfants des pays développés à de nombreuses infections est un des facteurs qui a favorisé l'accroissement de l'incidence de l'asthme. Le stress mental ou émotif peut aussi contribuer à déclencher une crise. On traite habituellement les symptômes de l'asthme au moyen de bronchodilatateurs en aérosol. Malheureusement, l'emploi de ces produits est souvent très difficile pour les tout-petits. Xolair (omalizumab) est un médicament récent, mais cher, qui bloque les IgE et sert à traiter les cas graves d'asthme d'origine allergique.

* Les animaux libèrent dans l'air des particules microscopiques qui se détachent de leur peau ou de leurs poils. Par exemple, le chat transporte environ 100 mg de ces particules sur son pelage et en dissémine environ 0,1 mg par jour. Cette matière s'accumule sur les meubles et dans les tapis. Souvent, les personnes qui souffrent d'allergies aux souris, aux gerbilles et aux autres petits animaux semblables réagissent en fait aux composants de l'urine qui s'accumulent dans les cages.

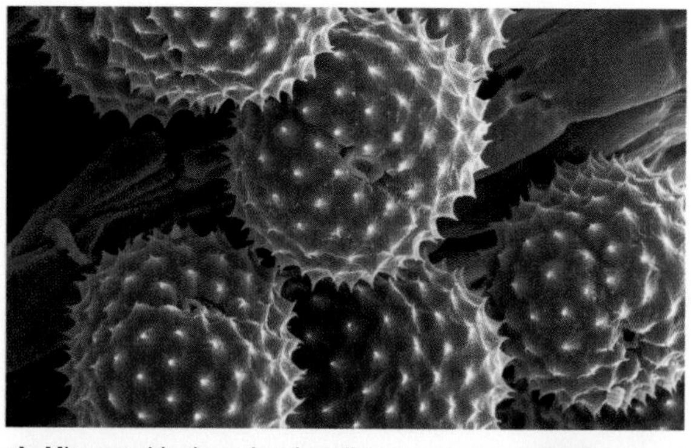

a) Micrographie de grains de pollen MEB 6 μm

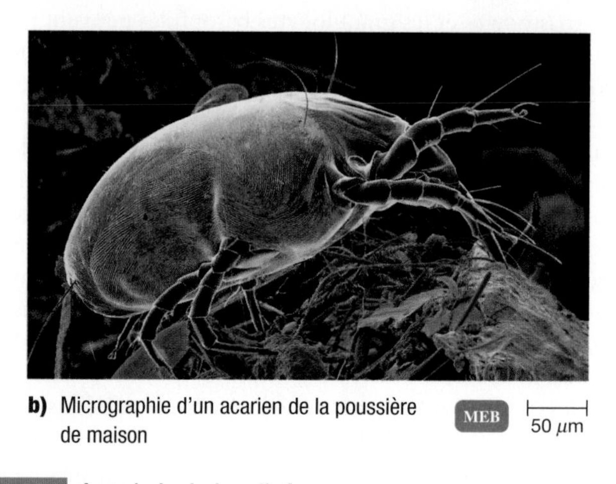

b) Micrographie d'un acarien de la poussière de maison MEB 50 μm

Figure 13.2 Anaphylaxie localisée.

Les allergènes qui entrent dans le corps par le tube digestif peuvent aussi sensibiliser les individus. Il est possible que, dans bien des cas, ce qu'on appelle allergie alimentaire n'ait rien à voir avec l'hypersensibilité, mais soit plutôt une *intolérance alimentaire*. Par exemple, beaucoup sont incapables de digérer le lactose du lait parce qu'ils n'ont pas l'enzyme qui permet de dégrader ce disaccharide. Le lactose passe dans l'intestin, où il cause une rétention osmotique de liquides et provoque la diarrhée.

Le malaise gastro-intestinal fait partie des symptômes qui accompagnent souvent l'allergie alimentaire, mais il peut aussi être occasionné par une foule d'autres facteurs. L'urticaire est plus caractéristique de ce type d'allergie et l'ingestion de l'allergène peut déclencher une anaphylaxie systémique. Huit aliments seulement sont responsables de 97 % des allergies alimentaires : les œufs, les arachides, les noix et autres fruits à écales des arbres, le lait, le soja, les fruits de mer, le blé et les pois. La plupart des enfants qui sont allergiques au lait, aux œufs, au blé ou au soja deviennent tolérants en vieillissant, mais la réactivité aux arachides, aux noix et autres fruits à écales des arbres et aux fruits de mer a tendance à perdurer.

Les sulfites, auxquels beaucoup de gens sont allergiques, occasionnent souvent des problèmes. On les utilise largement dans la nourriture et les boissons, et, bien que l'étiquetage soit censé en indiquer la présence, ils sont difficiles à éviter en pratique. Au cours de sa préparation, un produit peut être contaminé par un allergène qui se trouve dans les appareils ou les instruments de cuisson ayant servi à la confection d'autres aliments. Dans une de ses publications, la U.S. Food and Drug Administration a révélé que 25 % des produits de boulangerie, des friandises et des préparations contenant de la crème glacée renfermaient des allergènes d'arachides, bien que la présence de celles-ci n'était pas mentionnée sur l'étiquette. Q/R

La prévention des réactions anaphylactiques

La façon la plus évidente de prévenir les réactions allergiques consiste à éviter le contact avec l'allergène sensibilisant. Malheureusement, cela n'est pas toujours possible. Certains individus allergiques peuvent ignorer à quel allergène alimentaire ils sont sensibilisés. Dans leurs cas, il peut s'avérer utile de faire des tests cutanés pour établir un diagnostic (**figure 13.3**). Pour ces tests, on dépose sur la peau des gouttes de liquide contenant chacune un allergène soupçonné. On pratique ensuite une petite égratignure avec une aiguille pour permettre aux allergènes de pénétrer la peau. La sensibilité à l'allergène est révélée par une réaction inflammatoire immédiate qui produit une rougeur, de l'œdème et une démangeaison au point d'inoculation. Cette petite région porte le nom de *bulle d'œdème*. Cependant, les tests cutanés ne sont pas des indicateurs très fiables pour le diagnostic des allergies alimentaires et les tests parfaitement contrôlés permettant de dépister l'hypersensibilité aux aliments ingérés sont très difficiles à réussir.

Une fois que l'allergène responsable est identifié, la personne peut soit l'éviter, soit avoir recours à la **désensibilisation**. Ce traitement consiste à injecter une série de doses de plus en plus concentrées d'allergène sous la peau. Il a pour objectif de favoriser la production d'IgG, plutôt que d'IgE, dans l'espoir que ces molécules jouent le rôle d'*anticorps bloquants* dans la circulation et interceptent les allergènes de façon à les neutraliser avant qu'ils ne réagissent avec les IgE fixées sur les cellules. La désensibilisation n'est pas toujours couronnée de succès, mais elle est efficace chez 65 à 75 % des individus dont les allergies sont provoquées par des antigènes inhalés et chez 97 %, selon les chiffres publiés, de ceux qui réagissent au venin d'insectes.

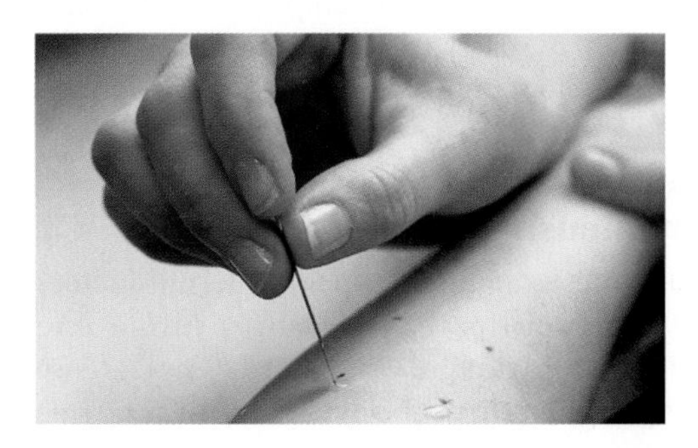

Figure 13.3 Test d'allergie cutané. L'apparition d'une bulle d'œdème autour du point d'inoculation d'un allergène testé indique que la substance est susceptible de provoquer une réaction allergique.

▶ Vérifiez vos acquis

Dans quels tissus trouve-t-on les mastocytes, ces cellules qui jouent un rôle majeur dans les réactions allergiques telles que le rhume des foins ? **13-2**

Entre l'anaphylaxie systémique et l'anaphylaxie localisée, laquelle met le plus la vie en péril ? **13-3**

Comment détermine-t-on si une personne est sensibilisée à un allergène donné, par exemple le pollen d'un arbre ? **13-4**

Quel type d'anticorps faut-il bloquer pour désensibiliser une personne sujette aux allergies ? **13-5**

Les réactions d'hypersensibilité de type II (cytotoxiques)

Dans les réactions d'hypersensibilité de type II (cytotoxiques), on observe généralement une activation du complément par suite de la combinaison d'anticorps IgG ou IgM avec des antigènes situés à la surface de cellules ou de tissus. Cette activation du complément aboutit à la lyse des cellules en cause, qui peuvent être soit d'origine étrangère, soit des cellules de l'hôte qui portent à leur surface un déterminant antigénique étranger (tel qu'un médicament). Dans les 5 à 8 heures qui suivent, d'autres dommages cellulaires peuvent être provoqués par les macrophagocytes et les leucocytes qui s'attaquent aux cellules coiffées d'anticorps.

Les réactions d'hypersensibilité cytotoxique les mieux connues sont les *réactions à la transfusion* qui occasionnent la destruction des érythrocytes lorsque ceux-ci réagissent avec les anticorps circulants. Elles font intervenir les systèmes de groupes sanguins qui comprennent les antigènes ABO et Rh.

Le système ABO

En 1901, Karl Landsteiner découvre les quatre grands types de sang humain, qu'il appelle A, B, AB et O. Cette classification porte le nom de **système ABO**. On a découvert depuis d'autres systèmes de groupes sanguins, tels que le système Lewis et le système MN, mais nous nous limiterons ici à en décrire deux des mieux connus, les systèmes ABO et Rh. Le **tableau 13.2** présente un résumé des principales caractéristiques du système ABO.

Tableau 13.2 Système ABO

Groupe sanguin	Antigènes des érythrocytes	Représentation schématique	Anticorps du plasma	Donneurs compatibles
AB	A et B	A, B	Ni anti-A, ni anti-B	A, B, AB, O
B	B		Anti-A	B, O
A	A		Anti-B	A, O
O	Aucun		Anti-A et anti-B	O

Le type sanguin d'une personne dépend de la présence ou de l'absence d'antigènes glucidiques sur la membrane plasmique des érythrocytes. Les érythrocytes du type O ne possèdent ni l'antigène A, ni l'antigène B ; les érythrocytes du type AB possèdent les deux ; les érythrocytes du type A possèdent l'antigène A, et les érythrocytes du type B possèdent l'antigène B. Le plasma des individus d'un groupe sanguin donné contient des anticorps contre le ou les antigènes qu'il ne possède pas. Par exemple, dans le plasma d'une personne de groupe A, il y a des anticorps anti-B ; dans celui d'une personne de groupe B, il y a des anticorps anti-A. Les individus du groupe AB ne produisent pas d'anticorps puisque leurs érythrocytes présentent les antigènes A et B. Les individus du groupe O produisent des anticorps anti-A et anti-B puisque leurs érythrocytes ne présentent aucun des deux antigènes. Pour les groupes sanguins A, B et O, les anticorps ne sont pas présents à la naissance mais sont produits, durant les premières années de la vie, en réponse au contact avec des microorganismes ou des aliments qui ont des déterminants antigéniques très semblables à ceux des groupes sanguins.

Lors d'une transfusion, le danger réside dans la possibilité que les anticorps du receveur puissent réagir avec les antigènes présents sur les érythrocytes du donneur. Comme les personnes du groupe O n'ont pas d'antigènes, leurs érythrocytes peuvent être transfusés sans difficulté, mais elles ne peuvent recevoir que du sang de type O ; par contre, les personnes du groupe AB peuvent recevoir du sang contenant des érythrocytes de type A, de type B et de type AB puisqu'elles n'ont pas d'anticorps anti-A ni d'anticorps anti-B.

Quand une transfusion est incompatible, par exemple lorsqu'on donne du sang de type B à une personne du groupe A, les antigènes de type B réagissent avec les anticorps anti-B circulant dans le plasma du receveur. Cette réaction antigène-anticorps active le complément et entraîne la lyse des érythrocytes du donneur au moment où ils arrivent dans l'organisme du receveur. Dans un test in vitro, la réaction des anticorps entraîne l'agglutination des érythrocytes qui possèdent les antigènes correspondants.

On a observé un rapport entre les groupes sanguins et certaines maladies, qui tient peut-être à la répartition particulière des types sanguins dans certaines régions du globe. Par exemple, les individus du groupe O sont plus exposés au choléra et à d'autres formes de diarrhée, et ils sont plus gravement atteints que ceux du groupe B. Cela explique peut-être pourquoi, sur le sous-continent indien, le type B est commun alors que le type O est plus rare. En Islande, les pourcentages des groupes A et AB sont relativement bas, peut-être en raison d'une succession d'épidémies de variole qui se sont abattues sur la population de ce petit pays et ont décimé les groupes A et AB. Plus de la moitié de la population de l'Afrique est du groupe O : la malaria a tendance à affecter moins gravement les individus de ce groupe.

Le système Rh

Dans les années 1930, les chercheurs découvrent un autre antigène à la surface des érythrocytes humains, présent aussi sur les érythrocytes des singes rhésus. On a appelé cet antigène **facteur Rh** (rhésus). Environ 85 % de la population humaine possède l'antigène ; ces individus forment ce qu'on appelle le groupe Rh^+ ; les personnes qui n'ont pas cet antigène à la surface de leurs érythrocytes (environ 15 %) sont du groupe Rh^-. Les anticorps qui réagissent avec l'antigène Rh ne se trouvent pas naturellement dans le plasma des individus Rh^- mais, s'ils sont exposés à l'antigène, ces derniers deviennent sensibilisés et leur système immunitaire se met à produire des anticorps anti-Rh.

Transfusions sanguines et incompatibilité Rhésus Si on donne à un receveur Rh^- du sang d'un donneur Rh^+, les érythrocytes du donneur stimulent la production d'anticorps anti-Rh chez le receveur. Si, par la suite, ce dernier reçoit une autre transfusion de sang Rh^+, il aura une réaction hémolytique immédiate et grave.

Maladie hémolytique du nouveau-né Une personne Rh^- peut être sensibilisée à du sang Rh^+ autrement que par une transfusion sanguine. ❶ Quand une femme Rh^- a un enfant d'un homme Rh^+, les chances que le rejeton soit Rh^+ sont de 50 % (**figure 13.4**). ❷ Si c'est le cas, la mère Rh^- peut devenir sensibilisée à l'antigène Rh durant l'accouchement, quand les membranes placentaires se déchirent et laissent passer des érythrocytes Rh^+ du bébé dans la circulation maternelle, ❸ où ils déclenchent la production d'anticorps anti-Rh de type IgG. ❹ Si le fœtus d'une grossesse ultérieure est Rh^+, les anticorps anti-Rh de la mère traversent le placenta et détruisent les érythrocytes fœtaux. Le corps du fœtus réagit à cette attaque immunitaire en produisant de grandes quantités d'érythrocytes immatures appelés érythroblastes – d'où le terme « érythroblastose fœtale » pour désigner cette affection qu'on appelle plus communément **maladie hémolytique du nouveau-né**. Avant la naissance du bébé, la circulation maternelle élimine la plupart des produits toxiques de la désintégration des érythrocytes fœtaux. Mais après la naissance, le sang fœtal n'est plus purifié par la mère et le nouveau-né souffre de jaunisse et d'une anémie grave.

Aujourd'hui, on peut habituellement prévenir la maladie hémolytique du nouveau-né en procédant à une immunisation passive de la mère Rh^- chaque fois qu'elle accouche d'un enfant Rh^+, au moyen d'une préparation de gammaglobulines commercialisée (RhoGAM). Ces anticorps anti-Rh se combinent rapidement aux érythrocytes Rh^+ fœtaux qui se sont introduits dans la circulation maternelle, si bien qu'il est beaucoup moins probable que la mère se sensibilise à l'antigène Rh. Si on n'a pas réussi à prévenir la maladie, il peut être nécessaire de remplacer le sang Rh^+ du nouveau-né, et les anticorps maternels qui le contaminent, par une transfusion de sang non contaminé.

Les réactions cytotoxiques d'origine médicamenteuse

Les thrombocytes (plaquettes sanguines), qui sont de minuscules fragments de cellules en circulation dans le sang, peuvent être détruits par une réaction cytotoxique d'origine médicamenteuse dans la maladie appelée **purpura thrombocytopénique**. En règle générale, les molécules des médicaments sont des haptènes, parce qu'elles sont trop petites pour être antigéniques par elles-mêmes. Dans la situation représentée dans la **figure 13.5**, on voit ❶ un thrombocyte mis en présence des molécules d'un médicament (la quinine est un exemple bien connu). ❷ Les molécules du médicament s'attachent à la surface du thrombocyte. Cette combinaison s'avère

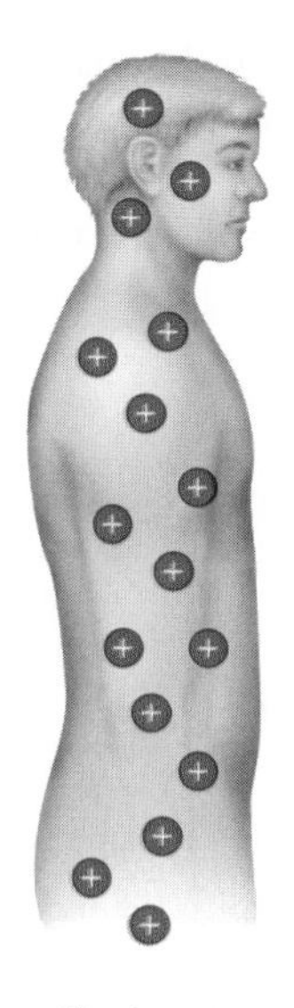

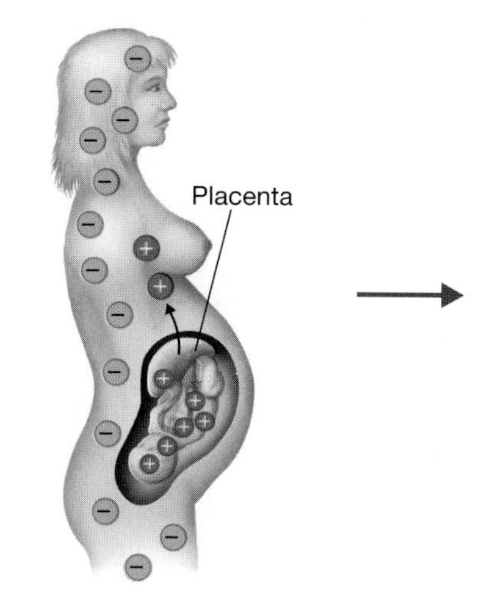
Placenta

❶ Père Rh+

❷ Mère Rh− qui porte son premier fœtus Rh+. Entrée d'antigènes Rh du bébé dans la circulation maternelle au moment de l'accouchement.

❸ Production par la mère d'anticorps anti-Rh en réponse aux antigènes Rh fœtaux

❹ Par la suite, la mère porte un autre fœtus Rh+. Ses anticorps anti-Rh traversent le placenta et attaquent les érythrocytes fœtaux.

Figure 13.4 **Maladie hémolytique du nouveau-né.**

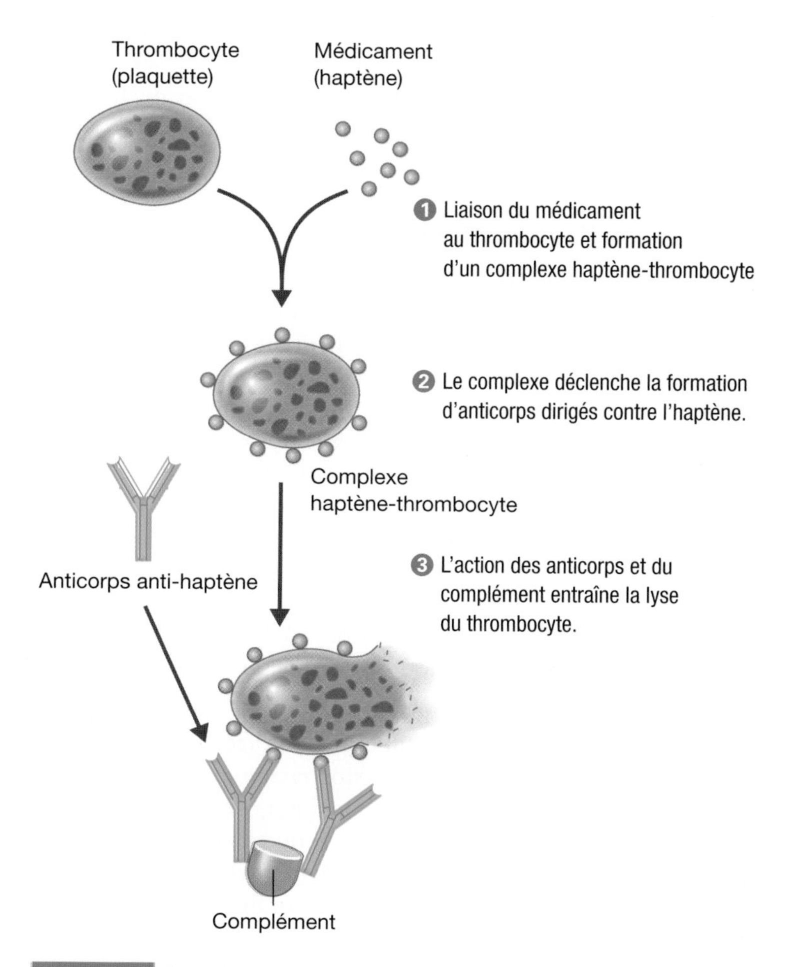
Thrombocyte
(plaquette)
Médicament
(haptène)
❶ Liaison du médicament au thrombocyte et formation d'un complexe haptène-thrombocyte
❷ Le complexe déclenche la formation d'anticorps dirigés contre l'haptène.
Complexe haptène-thrombocyte
Anticorps anti-haptène
❸ L'action des anticorps et du complément entraîne la lyse du thrombocyte.
Complément

Figure 13.5 **Purpura thrombocytopénique d'origine médicamenteuse.** Certains médicaments se fixent à la surface des thrombocytes. Ceux-ci deviennent alors la cible d'une réponse immunitaire qui les détruit.

antigénique. ❸ Le complexe haptène-thrombocyte stimule une réponse immunitaire humorale qui, avec l'aide du complément, provoque la lyse (destruction) des thrombocytes. Puisque ces derniers sont essentiels à la coagulation du sang, leur perte entraîne des hémorragies qui forment des taches rouge violacé (purpura) sur la peau.

De la même façon, certains médicaments peuvent se lier aux leucocytes ou aux érythrocytes et causer des hémorragies localisées dont un des signes est l'apparition de petites taches violacées sur la peau. La destruction des granulocytes s'appelle **agranulocytose** ; elle altère la résistance immunitaire du corps en influant sur la phagocytose. Quand ce sont les érythrocytes qui sont détruits, l'affection s'appelle **anémie hémolytique**.

▶ Vérifiez vos acquis

Outre un allergène et un anticorps, que faut-il pour précipiter une réaction cytotoxique ? **13-6**

Quels sont les antigènes présents sur la membrane plasmique des cellules sanguines du groupe O ? **13-7**

Si un fœtus Rh+ peut être atteint par les anticorps anti-Rh de la mère, pourquoi est-il toujours épargné s'il s'agit de la première grossesse ? **13-8**

Les réactions d'hypersensibilité de type III (à complexes immuns)

Les réactions d'hypersensibilité de type II visent des antigènes situés à la surface de cellules ou de tissus. Par contraste, les réactions de type III, aussi appelées *réactions à complexes immuns* ou encore *réactions semi-retardées*, sont causées par des anticorps, habituellement des IgG, dirigés contre des antigènes solubles qui circulent dans le sang.

Les **complexes immuns** se forment seulement quand les antigènes et les anticorps qui les composent sont présents dans des proportions particulières. Un excédent appréciable d'anticorps entraîne la formation de complexes qui fixent le complément et qui sont rapidement éliminés de l'organisme par phagocytose. Quand l'excès d'antigène est important, les complexes immuns solubles qui se forment ne fixent pas le complément et n'entraînent pas de réaction inflammatoire. Toutefois, quand il existe un rapport antigène-anticorps où l'antigène est légèrement excédentaire, il y a formation de petits complexes immuns qui échappent à la phagocytose. Ces complexes solubles circulent dans le sang et, par les vaisseaux sanguins, atteignent des organes tels les poumons, les reins et le cœur. L'activation du système du complément entraîne des lésions de nature inflammatoire dans ces tissus et organes.

La **figure 13.6** illustre une des conséquences de cette situation. ❶ En circulant dans le sang, les complexes immuns passent entre les cellules endothéliales des vaisseaux sanguins et restent emprisonnés dans la membrane basale. ❷ De là, ils peuvent activer le complément et attirer sur les lieux des granulocytes neutrophiles. ❸ Ces derniers libèrent des enzymes lorsqu'ils phagocytent les complexes immuns. Les enzymes libérées causent des lésions aux cellules endothéliales adjacentes à la membrane basale ainsi que des lésions aux cellules qui forment les tissus avoisinants, entraînant une réaction inflammatoire transitoire. L'introduction répétée du même antigène peut provoquer, dans un laps de temps de 2 à 8 heures, des lésions des cellules endothéliales adjacentes à la membrane basale et causer des réactions inflammatoires graves dans la paroi des vaisseaux sanguins. Cette maladie porte le nom de maladie du sérum ou **phénomène d'Arthus**.

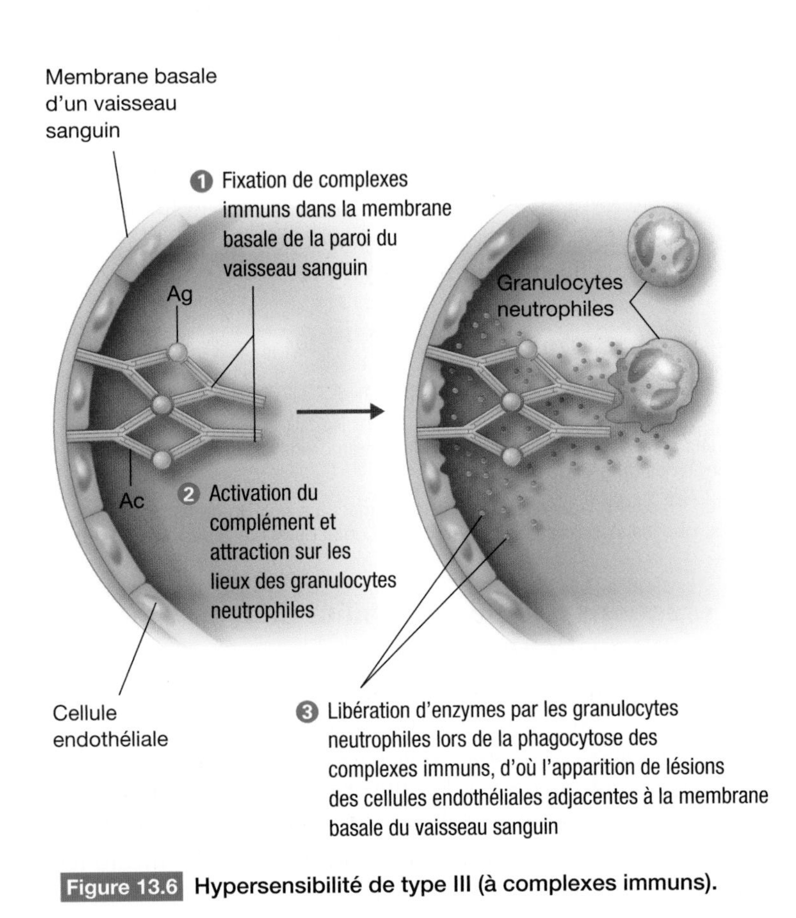

Figure 13.6 Hypersensibilité de type III (à complexes immuns).

L'hypersensibilité de type III se traduit parfois par des maladies pulmonaires graves dues par exemple à l'inhalation de foin moisi ou de spores de mycètes. La **glomérulonéphrite** est aussi une maladie à complexes immuns qui cause des lésions inflammatoires aux glomérules du rein.

▶ Vérifiez vos acquis

Sur quel type de tissu la réaction d'hypersensibilité à complexes immuns se manifeste-t-elle ? **13-9**

Les réactions d'hypersensibilité de type IV (à médiation cellulaire)

Jusqu'à maintenant, nous avons examiné les réactions d'hypersensibilité humorale, c'est-à-dire celles qui mettent en jeu les IgE, les IgG ou les IgM. Les réactions de type IV sont une forme de réponse immunitaire à médiation cellulaire et sont provoquées surtout par des lymphocytes T. Au lieu de se produire dans les minutes ou les heures après qu'un individu sensibilisé a été exposé de nouveau à un allergène, ces réactions d'**hypersensibilité retardée** ne se manifestent qu'au bout d'un ou de plusieurs jours (**encadré 13.1**). Plusieurs facteurs expliquent ce retard, notamment le délai requis pour que les lymphocytes T et les macrophagocytes en cause se rendent en nombres suffisants là où se trouve l'allergène étranger. Dans certains types d'hypersensibilité qui s'accompagnent de lésions tissulaires, tel le rejet de greffon, on trouve surtout des lymphocytes T cytotoxiques ; d'autres réactions sont déclenchées par la lyse cellulaire due au complément et par la cytotoxicité à médiation cellulaire dépendant des anticorps.

Les causes des réactions de type IV

Le processus de sensibilisation qui donne lieu aux réactions d'hypersensibilité de type IV se produit quand certaines petites molécules étrangères, en particulier des haptènes qui se lient à des protéines présentes à la surface de cellules, forment des allergènes complets. Ces derniers sont phagocytés par les macrophagocytes (CPA) et présentés aux récepteurs qui se trouvent à la surface des lymphocytes T. Le mécanisme est essentiellement le même que celui de la réponse immunitaire à médiation cellulaire. Le contact entre les déterminants antigéniques et les récepteurs T appropriés déclenche l'activation des lymphocytes T, leur prolifération et leur différenciation en lymphocytes T effecteurs et en lymphocytes T mémoires. Ces étapes, qui prennent de 7 à 10 jours, conduisent à la sensibilisation de la personne – état où aucun signe ni symptôme n'est encore apparent.

Quand une personne sensibilisée de cette façon est de nouveau exposée au même antigène, une réaction retardée d'hypersensibilité à médiation cellulaire peut se déclencher. Les lymphocytes T mémoires de la première exposition s'activent et prolifèrent rapidement (de 1 à 2 jours). Ces derniers migrent vers les sites d'introduction de l'allergène et libèrent des cytokines destructrices par suite de leur interaction avec les cellules cibles porteuses de l'haptène. Par ailleurs, certaines cytokines alimentent la réaction inflammatoire à l'antigène en attirant des macrophagocytes sur les lieux et en les activant.

CAS CLINIQUES Encadré 13.1

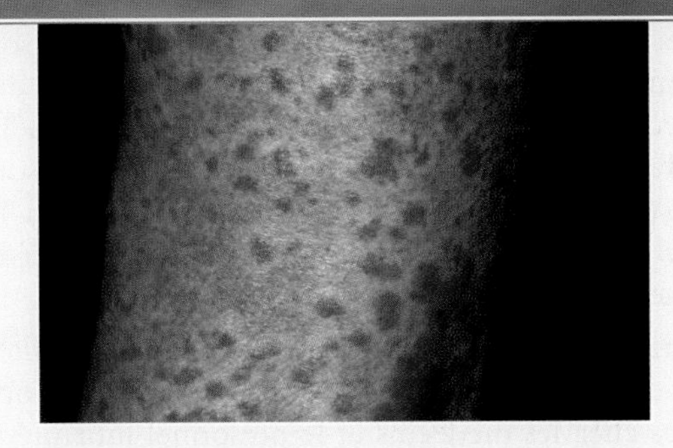

Une éruption tardive

En lisant cet encadré, vous serez amené à considérer une suite de questions que les professionnels de la santé se posent dans le but de déterminer la cause des symptômes de leurs patients. Examinez chaque question dans l'ordre où elle se présente et essayez d'y répondre avant de poursuivre votre lecture.

❶ Une femme de 65 ans, dont les articulations de la hanche et de l'épaule ont été remplacées par des prothèses, consulte son dentiste pour un examen de routine. Elle demande un renouvellement de son ordonnance habituelle de céphalothine. L'infirmière clinicienne lui prescrit de la pénicilline, faisant valoir que le prix en est moins élevé. En raison des prothèses, la femme doit prendre des antibiotiques pendant deux jours après tout traitement dentaire.

Pour quelle raison les patients ayant des prothèses implantées sont-ils plus sujets aux infections après être passés chez le dentiste ?

❷ Les bactéries de la bouche qui pénètrent dans le sang lors d'un traitement dentaire peuvent coloniser les prothèses implantées. Il en résulte la formation d'un biofilm qui peut donner naissance à des infections systémiques graves. Le nettoyage des dents s'est déroulé sans histoire. Toutefois, au bout de sept jours, la femme présente une éruption maculopapuleuse sur les jambes et le torse (photo).

Quelles sont les causes les plus probables d'une éruption, en l'absence de fièvre ou d'autres signes d'infection ?

❸ L'éruption est probablement due à une réaction allergique.

Quelles questions devez-vous poser à la patiente ?

❹ La patiente n'a rien changé à son régime alimentaire, ni utilisé de nouveaux produits de nettoyage, ni porté de vêtements neufs. La pénicilline est la seule chose hors de l'ordinaire qu'elle a prise au cours des 10 derniers jours. L'infirmière clinicienne a dit que le médicament ne pouvait pas être en cause, car on réagit à la pénicilline dans les minutes ou dans les heures qui suivent son administration.

L'infirmière clinicienne a-t-elle raison ?

❺ En règle générale, les réactions allergiques qui surviennent au bout de quelques minutes ou de quelques heures sont causées par des anticorps. Le fait que rien n'ait été signalé pendant des jours donne à penser qu'il s'agit d'une réaction de type IV à médiation cellulaire.

Quelles sont les cellules à l'origine de l'hypersensibilité de type IV ? Quels sont les anticorps qui déclenchent l'hypersensibilité de type I ?

❻ Ce sont des lymphocytes T sensibilisés qui produisent les réactions d'hypersensibilité retardée, dont les éruptions provoquées par les antibiotiques. Les réactions de type I (hypersensibilité immédiate) sont le fait d'anticorps de la classe des IgE, spécifiques des médicaments allergènes.

Quelle question l'infirmière clinicienne aurait-elle dû poser ?

❼ L'infirmière aurait dû demander à la patiente si elle avait des allergies aux médicaments. Toutefois, dans le cas présent, la patiente n'avait jamais fait de réaction allergique à un médicament.

Était-ce la première fois que la patiente prenait de la pénicilline ?

❽ Les réactions allergiques ne se déclarent pas à la première exposition à un antigène. La patiente aurait pu avoir été exposée une fois auparavant dans sa vie. Beaucoup d'immunologistes estiment qu'il y a 40 ans, on a fait un usage abusif de la pénicilline pour combattre les infections bactériennes, ce qui a entraîné une augmentation de la fréquence des réactions allergiques. En revanche, la plupart des patients qui ont des antécédents d'allergie à la pénicilline tolèrent bien les céphalosporines.

Les réactions d'hypersensibilité à médiation cellulaire touchant la peau

Nous avons vu que les symptômes d'hypersensibilité apparaissent souvent sur la peau. Parmi les réactions d'hypersensibilité à médiation cellulaire qui se manifestent de cette façon, on compte la cutiréaction, test cutané bien connu pour le dépistage de la tuberculose. Étant un microbe qui survit à l'intérieur des macrophagocytes, *Mycobacterium tuberculosis* peut stimuler une réponse immunitaire à médiation cellulaire. Le test consiste à injecter dans le derme des fragments protéiques de la bactérie ou de la tuberculine. Si le receveur est (ou a été) infecté par la bactérie de la tuberculose ou qu'il a été vacciné, une réaction inflammatoire au point d'injection de l'antigène se révélera sur la peau dans les 24 ou 48 heures qui suivent (figure 19.10) ; ce délai est typique des réactions d'hypersensibilité retardée.

Les **dermatites**, ou **eczémas de contact**, autre manifestation commune d'hypersensibilité de type IV, sont habituellement causées par des haptènes qui produisent chez certaines personnes une réponse immunitaire en se combinant aux protéines de la peau (plus particulièrement aux lysines, un type d'acide aminé) ; la combinaison devient le véritable allergène. Les réactions au sumac vénéneux (**figure 13.7**), aux produits de beauté, au latex des condoms et aux métaux dans les bijoux (en particulier le nickel) sont des exemples familiers de ces allergies de contact.

Dans les établissements de soins, l'hypersensibilité au latex est devenue un sujet de préoccupation. On l'observe de plus en plus chez les médecins et le personnel infirmier qui sont exposés au latex dans les gants qu'ils portent. On l'observe aussi chez des patients dont la peau et les muqueuses sont en contact avec certains cathéters, les tubulures servant à faire les lavements ou les gants en latex utilisés par les professionnels de la santé. Il en résulte une dermatite de contact comme celle illustrée à la **figure 13.8** ; la mort par choc anaphylactique est aussi possible. La poudre ajoutée aux gants est aussi une source d'ennuis ; elle absorbe les allergènes, se disperse dans l'air et peut être inhalée.

Plusieurs protéines du caoutchouc naturel sont peut-être en cause, et ces protéines peuvent causer différentes réactions immunitaires. Les gants de latex à faible teneur en protéines, et sans poudre pour créer des aérosols, provoquent moins de réactions indésirables. Au lieu du latex, on peut utiliser des polymères synthétiques tels que le vinyle et, tout particulièrement, le nitrile, quoique même ce dernier déclenche occasionnellement des allergies. La plupart des gants en latex naturel, de même que ceux en nitrile et en néoprène, contiennent des additifs chimiques appelés *accélérateurs.* Ces additifs augmentent la réticulation, ce qui rend le matériau plus résistant, mais on croit qu'ils favorisent les réactions allergiques. Il existe par ailleurs un gant de nitrile fabriqué sans accélérateur, qui est approuvé comme dispositif médical de classe II par la U.S. Food and Drug Administration (FDA) et qui peut être commercialisé avec la mention « sans allergène ».

Plusieurs personnes allergiques au latex montrent aussi, pour une raison qu'on ignore encore, des signes évidents d'allergie à certains fruits, notamment aux avocats, aux châtaignes, aux bananes et aux kiwis. En revanche, la peinture au latex ne risque pas de provoquer des réactions d'hypersensibilité. Malgré son nom, ce type de peinture ne contient pas de latex naturel, mais seulement des polymères synthétiques non allergènes. Pour terminer, citons l'exposition de plus en plus répandue au latex dans les préservatifs (condoms), tant chez l'homme que chez la femme, ce qui hausse le niveau de préoccupation suscité par ce type d'hypersensibilité.

On se sert habituellement d'un *épidermotest* pour établir la nature du facteur environnemental qui cause la dermatite de contact. Des échantillons des substances suspectées sont collés à la peau ; au bout de 48 heures, on vérifie s'il y a inflammation.

Vérifiez vos acquis

Comment explique-t-on que les signes et les symptômes de l'hypersensibilité à médiation cellulaire ne se manifestent qu'au bout d'un laps de temps assez long ? **13-10**

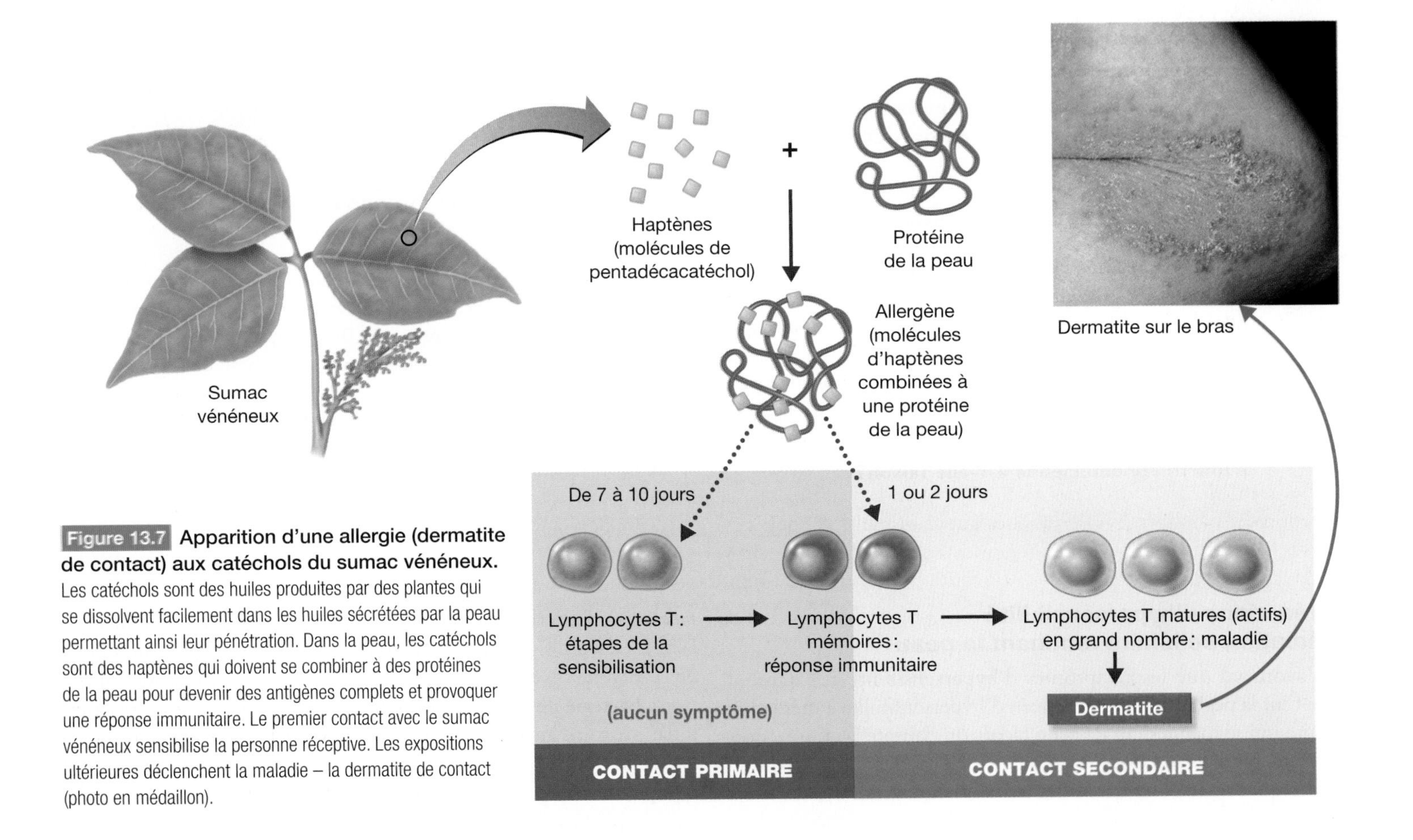

Figure 13.7 Apparition d'une allergie (dermatite de contact) aux catéchols du sumac vénéneux. Les catéchols sont des huiles produites par des plantes qui se dissolvent facilement dans les huiles sécrétées par la peau permettant ainsi leur pénétration. Dans la peau, les catéchols sont des haptènes qui doivent se combiner à des protéines de la peau pour devenir des antigènes complets et provoquer une réponse immunitaire. Le premier contact avec le sumac vénéneux sensibilise la personne réceptive. Les expositions ultérieures déclenchent la maladie – la dermatite de contact (photo en médaillon).

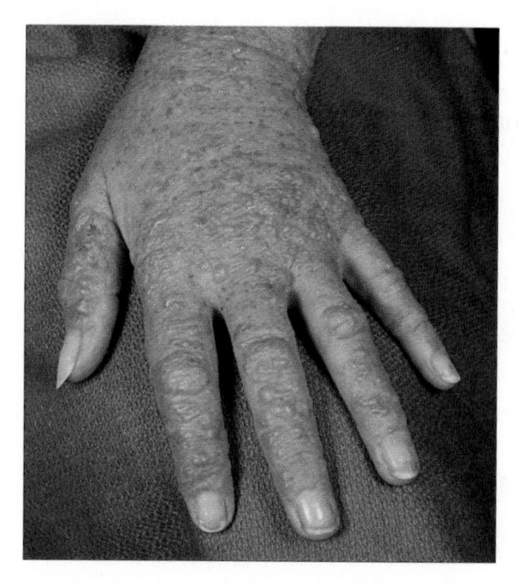

Figure 13.8 Dermatite de contact. Cas grave de dermatite de contact, un exemple de réaction d'hypersensibilité retardée, causée par le port de gants chirurgicaux en latex.

Les maladies auto-immunes

> **Objectifs d'apprentissage**
>
> **13-11** Décrire un mécanisme qui rende compte de la tolérance immunitaire.
>
> **13-12** Décrire les mécanismes physiopathologiques à l'origine des maladies auto-immunes de type I, II, III et IV, et donner des exemples de chacun des types de maladies.

Quand le système immunitaire réagit à des antigènes du soi et cause des lésions des organes chez une personne, on dit que cette dernière est atteinte d'une **maladie auto-immune**. Cette réaction est en quelque sorte une réaction d'auto-destruction dirigée contre certaines des propres structures de la personne. Elle entraîne des dommages cellulaires et tissulaires. On a répertorié plus de 40 maladies auto-immunes. Relativement rares, elles touchent environ 5 % de la population des pays développés. Environ 75 % des cas sont des femmes. Grâce au progrès des connaissances sur les mécanismes qui régissent les réactions immunitaires, les traitements pour soulager ces maladies ne cessent de s'améliorer.

Le corps est protégé contre les maladies auto-immunes par la **tolérance immunitaire**, c'est-à-dire par la capacité du système immunitaire de distinguer entre le soi et le non-soi. Selon le modèle en vigueur, les lymphocytes T acquièrent cette capacité lors de leur séjour dans le thymus. Nous avons vu au chapitre 12 que les lymphocytes T dont la cible est une cellule de l'hôte sont soit inactivés, soit éliminés par *délétion clonale*. C'est ainsi qu'il est peu probable de trouver des lymphocytes T en mesure d'attaquer les cellules du soi.

Dans les maladies auto-immunes, la perte de la tolérance immunitaire entraîne la production d'anticorps – des auto-anticorps – ou l'activation de lymphocytes T sensibilisés qui réagissent aux antigènes des tissus de l'hôte. Certaines réactions auto-immunes, et les maladies qu'elles engendrent, sont de nature cytotoxique ; d'autres sont à complexes immuns et d'autres encore sont à médiation cellulaire.

Lors d'une infection naturelle, des anticorps, de type IgG et IgM, sont produits en réponse à un agent infectieux tel qu'une bactérie ou un virus ; toutefois, à cause de similitudes entre certaines séquences des protéines de l'hôte et de celles de l'agent pathogène, les anticorps se tournent contre les cellules du soi, ce qui entraîne des lésions. Par ce mécanisme de réactions croisées, une infection par le streptocoque β-hémolytique du groupe A peut déclencher la production d'anticorps spécifiques qui non seulement combattent le streptocoque, mais attaquent également le tissu conjonctif de l'organisme, notamment celui des articulations et du péricarde, provoquant des lésions permanentes et caractéristiques de la maladie connue sous le nom de rhumatisme articulaire aigu (RAA, chapitre 18). De la même manière, le virus de l'hépatite C peut donner naissance à une hépatite auto-immune.

Les réactions auto-immunes cytotoxiques

La maladie de Graves (ou maladie de Basedow) et la myasthénie grave sont deux exemples de troubles causés par des réactions auto-immunes. Dans les deux cas, on observe la présence d'auto-anticorps dirigés contre des récepteurs situés à la surface des cellules. L'occupation de ces récepteurs par les auto-anticorps empêche l'action normale du ligand naturel ; le complément n'intervient pas et il n'y a pas de destruction des cellules de l'hôte par cytotoxicité.

La **maladie de Graves** est due à des auto-anticorps appelés *activateurs thyroïdiens à action prolongée*. Ces anticorps se lient, par mimétisme, à des récepteurs sur les cellules de la glande thyroïde qui sont normalement la cible de la thyrotrophine (TSH, *thyroid-stimulating hormone*), une hormone élaborée par l'hypophyse. Il en résulte une stimulation de la glande thyroïde qui produit alors des hormones thyroïdiennes en abondance et dont la taille augmente considérablement. Les signes les plus frappants de la maladie sont le goitre, conséquence de l'hypertrophie de la thyroïde, les yeux exorbités ainsi que les symptômes habituels d'une hyperthyroïdie.

La **myasthénie grave** est une maladie caractérisée par un affaiblissement progressif des muscles. Elle est causée par des auto-anticorps qui bloquent les récepteurs d'acétylcholine aux jonctions neuromusculaires, où les influx nerveux sont transmis aux muscles volontaires. Il s'ensuit un dysfonctionnement et une faiblesse musculaires graves. On note parmi les symptômes une faiblesse des muscles oculaires, de la déglutition, de la mastication, de la locution et une faiblesse des membres. Avec le temps, les muscles du diaphragme et de la cage thoracique peuvent cesser de recevoir les signaux nerveux nécessaires. Il y a alors arrêt respiratoire et la mort s'ensuit.

Les réactions auto-immunes à complexes immuns

Le **lupus érythémateux disséminé** est une maladie auto-immune systémique qui comprend des réactions à complexes immuns et qui touche surtout les femmes. La cause de cette affection n'est que partiellement élucidée, mais les individus atteints produisent des anticorps dirigés contre des éléments de leurs propres cellules, y compris l'ADN, qui est probablement libéré durant la dégradation normale des tissus, en particulier celle de la peau. Les effets les plus nocifs de la maladie sont attribuables aux dépôts de complexes immuns dans les glomérules du rein.

La **polyarthrite rhumatoïde** est une maladie invalidante qui résulte du dépôt dans les articulations de complexes immuns d'IgM, d'IgG et de complément. En fait, il peut se former des complexes immuns, appelés *facteurs rhumatoïdes,* constitués d'IgM liées aux régions Fc d'IgG normales. On trouve ces facteurs chez 70 % des individus atteints de polyarthrite rhumatoïde. L'inflammation chronique due à ces dépôts finit par entraîner des lésions graves du cartilage et de l'os dans les articulations.

Les réactions auto-immunes à médiation cellulaire

Il peut arriver au cours de la vie qu'il y ait modification des antigènes du soi par mutation ou par fixation de molécules étrangères – par exemple un médicament – et dès lors, les antigènes modifiés déclenchent une réaction immunitaire.

La **sclérose en plaques** figure parmi les maladies auto-immunes les plus fréquentes. Il s'agit d'une affection neurologique qui touche surtout les jeunes adultes, pour la plupart des Blancs vivant sous des latitudes boréales. Les femmes y sont deux fois plus sujettes que les hommes. La maladie se caractérise par la destruction de la gaine de myéline des nerfs par les lymphocytes T et les macrophagocytes. Les symptômes peuvent se limiter à la fatigue et à la faiblesse, mais ils peuvent aussi, dans certains cas, évoluer vers la paralysie. Le mal progresse lentement, sur de nombreuses années. Les attaques périodiques, qui amènent une détérioration de l'état de santé, sont souvent séparées par des rémissions prolongées. De nombreux travaux de recherche font état d'une susceptibilité génétique, qui tiendrait non pas à un gène unique, mais à l'interaction de plusieurs d'entre eux. Bien que l'étiologie de la sclérose en plaques soit inconnue, les données épidémiologiques indiquent une contribution probable d'un ou de plusieurs agents infectieux auxquels le patient aurait été exposé au début de l'adolescence. Le virus d'Epstein-Barr (chapitre 8) est un candidat souvent mentionné. Il n'y a pas de traitement curatif; toutefois, les interférons et plusieurs médicaments qui perturbent les processus immunitaires peuvent ralentir considérablement l'évolution de la maladie.

La **thyroïdite chronique de Hashimoto** résulte de la destruction de la glande thyroïde, surtout par des lymphocytes T au cours d'une réponse auto-immune à médiation cellulaire. Il s'agit d'une maladie assez répandue qui atteint souvent plusieurs personnes dans une même famille.

Le **diabète insulinodépendant** (type 1) est une affection auto-immune dans près de 90% des cas; il touche particulièrement les enfants et les adolescents. Des conditions familiales augmentent le risque d'apparition de la maladie, donnant à penser que des facteurs génétiques sont en cause. La maladie est consécutive à la destruction, par le système immunitaire, des cellules sécrétrices d'insuline situées dans le pancréas. Les lymphocytes T auto-immuns jouent clairement un rôle dans cette maladie.

Le **psoriasis** est une affection de la peau assez courante, d'origine auto-immune, qui se caractérise par un épaississement en plaques de l'épiderme donnant lieu à des rougeurs et à des démangeaisons. Dans 25% des cas, il s'accompagne de **rhumatisme psoriasique**. Plusieurs médicaments topiques et systémiques, notamment les corticostéroïdes et le méthotrexate, permettent de maîtriser les manifestations cutanées. Le psoriasis, qu'on attribue aux lymphocytes T_H1, se traite efficacement au moyen d'immunosuppresseurs qui ciblent les lymphocytes T et plus particulièrement le facteur nécrosant des tumeurs α (chapitre 11), une cytokine qui joue un rôle important dans l'inflammation. Pour le rhumatisme psoriasique, comme pour la polyarthrite rhumatoïde, la thérapeutique la plus efficace consiste à injecter des anticorps monoclonaux qui inhibent le TNF-α. Un autre traitement récent fait l'objet de l'encadré 12.1.

▶ Vérifiez vos acquis

Quelle est l'importance du mécanisme de la délétion thymique? **13-11**

Décrivez le mécanisme auto-immun qui altère le fonctionnement de la glande thyroïde dans la maladie de Graves. **13-12**

Les réactions liées au système des antigènes des leucocytes humains (HLA)

▶ Objectifs d'apprentissage

- **13-13** Définir le système HLA et expliquer son importance pour la susceptibilité à la maladie et les greffes de tissus.
- **13-14** Décrire le mécanisme physiologique qui déclenche le rejet d'un greffon.
- **13-15** Définir la notion de site privilégié.
- **13-16** Expliquer le rapport entre les cellules souches et la transplantation.
- **13-17** Définir l'autogreffe, l'isogreffe, l'allogreffe et la xénogreffe.
- **13-18** Expliquer l'origine de la réaction du greffon contre l'hôte.
- **13-19** Expliquer comment on prévient le rejet des greffons.

Les caractéristiques génétiques qui constituent le patrimoine héréditaire ne s'expriment pas seulement dans les caractères morphologiques tels que la taille et la couleur des yeux, mais aussi dans la composition des **molécules du soi** exposées à la surface des cellules. Certaines de ces molécules présentes sur la membrane plasmique des cellules nucléées des mammifères sont des glycoprotéines appelées **antigènes d'histocompatibilité**. Ces derniers sont codés par une collection de gènes regroupés sous l'appellation de **complexe majeur d'histocompatibilité (CMH)**. Chez l'humain, cet ensemble de gènes porte le nom de **système HLA** (pour *human leukocyte antigen*). Nous avons traité de ces molécules du soi au chapitre 12, où nous avons expliqué que la plupart des antigènes ne stimulent une réponse immunitaire que s'ils sont associés à des molécules du CMH.

On peut identifier et comparer les protéines HLA grâce à un procédé appelé *typage HLA*. Certains antigènes HLA vont de pair avec une plus grande susceptibilité à certaines maladies; une des applications médicales du typage HLA consiste à révéler ces susceptibilités. Par exemple, des individus possédant certains antigènes HLA spécifiques courent de 4 à 5 fois plus de risques de développer des maladies auto-immunes inflammatoires telles que la sclérose en plaques et le rhumatisme articulaire aigu; d'autres présentent de 10 à 12 fois plus de risques pour la maladie de Graves – une maladie auto-immune endocrinienne – et d'autres, de 1,4 à 1,8 fois plus pour des affections malignes comme la maladie de Hodgkin – un cancer des nœuds lymphatiques. Parmi les autres applications médicales importantes du typage HLA, on compte la greffe de tissus et d'organes, où la compatibilité entre le donneur et le receveur peut être vérifiée par *groupage tissulaire*. La méthode sérologique illustrée à la **figure 13.9** est celle qu'on utilise le plus souvent. Pour effectuer le typage sérologique, les laboratoires emploient des antisérums normalisés ou des anticorps monoclonaux qui sont spécifiques d'antigènes HLA particuliers. ❶ On mélange les lymphocytes du sujet avec des anticorps qui sont spécifiques d'une molécule HLA particulière, et on les laisse réagir. ❷ On ajoute du complément et un colorant, tel que le bleu trypan. ❸ Si les anticorps réagissent spécifiquement avec les lymphocytes, ces derniers sont lysés par le complément et ils fixent le colorant (les lymphocytes intacts ne se colorent pas). On en conclut que le test est positif: il établit que les lymphocytes du sujet possèdent l'antigène HLA correspondant à l'anticorps utilisé. Cette méthode est simple et rapide.

L'*amplification en chaîne par polymérase* (*ACP*), qui permet d'amplifier l'ADN d'une cellule, est une nouvelle technique prometteuse pour l'analyse du système HLA (figure 25.4 EN LIGNE). On peut faire passer ce test aux donneurs et aux receveurs, et les apparier en fonction de la compatibilité de leurs ADN. La précision de cette méthode, associée à un test de dépistage de leur groupe sanguin, devrait permettre d'augmenter de beaucoup le taux de succès des greffes.

Rappelez-vous que deux grandes classes de molécules du CMH, désignées *classe I* et *classe II*, jouent un rôle essentiel dans la compatibilité des tissus. Il est d'usage depuis longtemps de vérifier la compatibilité des donneurs et des receveurs quant aux molécules de classe I, qui sont exprimées sur toutes les cellules nucléées du corps. Ces antigènes du soi stimulent une réponse immunitaire vigoureuse par les anticorps et les lymphocytes T_C qui sont à l'origine du rejet des greffes. Toutefois, la compatibilité des molécules de classe II, qui se trouvent principalement à la surface de certaines cellules spécialisées du système immunitaire (CPA et lymphocytes B), pourrait bien être plus importante, en particulier quand le tissu provient d'une personne sans lien de parenté avec le receveur. Si ces molécules du soi ne sont pas identiques chez le donneur et le receveur, la greffe sera probablement rejetée.

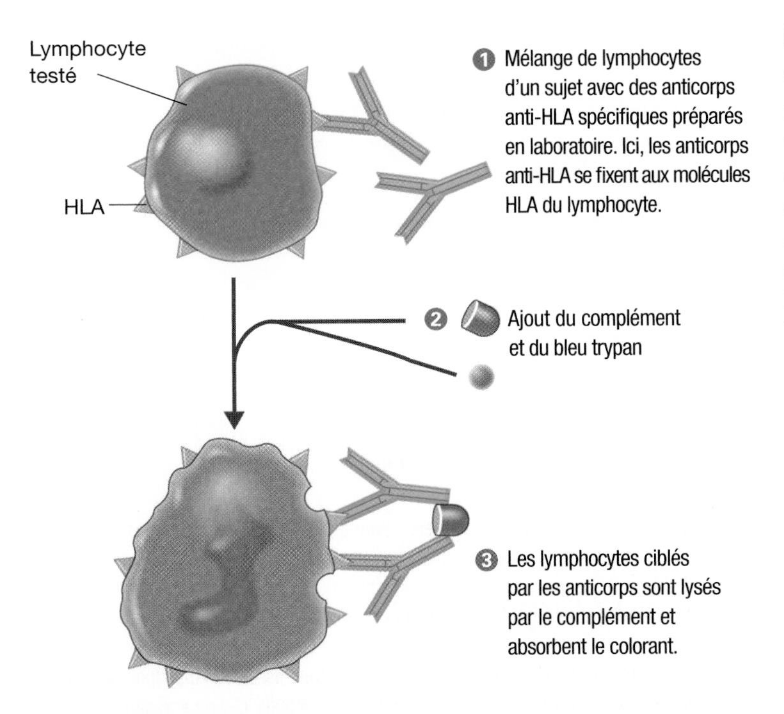

Lymphocyte testé
HLA
❶ Mélange de lymphocytes d'un sujet avec des anticorps anti-HLA spécifiques préparés en laboratoire. Ici, les anticorps anti-HLA se fixent aux molécules HLA du lymphocyte.
❷ Ajout du complément et du bleu trypan
❸ Les lymphocytes ciblés par les anticorps sont lysés par le complément et absorbent le colorant.

Figure 13.9 **Groupage tissulaire, une méthode sérologique.** Un résultat positif indique que le sujet exprime la molécule HLA correspondant à l'anticorps utilisé.

▶ Vérifiez vos acquis

Quel rapport y a-t-il entre les appellations « complexe majeur d'histocompatibilité (CMH) » et « système HLA » ? **13-13**

Les réactions aux greffons

Au XVIe siècle, en Italie, on punissait souvent les criminels en leur coupant le nez. Dans ses efforts pour réparer ce type de mutilation, un chirurgien de l'époque remarqua que, si la peau provenait du patient, elle guérissait bien, mais que tel n'était pas le cas si elle était prélevée sur une autre personne. Il vit là une manifestation de « la force et du pouvoir de l'individualité ».

Nous connaissons aujourd'hui les principes qui sous-tendent ce phénomène de rejet. Les greffons qui sont reconnus comme étrangers (non-soi) sont rejetés – attaqués par des lymphocytes T qui lysent directement les cellules greffées – par des macrophagocytes activés par les lymphocytes T et, dans certains cas, par des anticorps qui activent le système du complément et endommagent les vaisseaux sanguins irriguant le tissu transplanté. Par contre, les greffons qui ne sont pas rejetés peuvent redonner à une personne de nombreuses années de bonne santé.

Pratiquée pour la première fois en 1954, la greffe du rein est presque devenue une opération de routine. Parmi les autres types de greffes maintenant possibles, on compte celles de la moelle osseuse rouge, des poumons, du cœur, du foie et de la cornée. Les tissus et les organes proviennent habituellement d'individus morts peu auparavant. À l'occasion, on peut prélever sur un donneur vivant un des organes pairs tels qu'un rein, voire un des lobes du foie.

Les sites et les tissus privilégiés

Certaines greffes ou transplantations ne stimulent pas de réponse immunitaire. Par exemple, les greffes de cornée sont rarement rejetées, surtout parce que, d'ordinaire, il n'y a pas d'anticorps circulant dans cette partie de l'œil, qui est de ce fait considérée comme un **site privilégié** du point de vue immunologique. (Cependant, il y a parfois rejet, en particulier quand de nombreux vaisseaux sanguins se sont formés dans la cornée par suite d'infections ou de lésions.) L'encéphale est aussi un site immunologiquement privilégié, probablement parce qu'il est dépourvu de vaisseaux lymphatiques et que les parois de ses vaisseaux sanguins sont différentes de celles qu'on trouve ailleurs dans le corps (nous traiterons de la barrière hémato-encéphalique au chapitre 17). Il sera peut-être même possible un jour de remplacer des nerfs endommagés dans l'encéphale et la moelle épinière par des greffes de nerfs étrangers.

Comment les mammifères tolèrent-ils la grossesse sans rejeter le fœtus ? Ce phénomène n'est que partiellement élucidé. L'utérus n'est pas un site privilégié ; néanmoins, durant la grossesse, les tissus de deux individus différents sur le plan génétique sont en contact direct. Un facteur important semble être le fait que les molécules du CMH de classe I et de classe II, situées sur les cellules de la couche externe du placenta et touchant au tissu maternel, ne sont pas du type qui stimule une réponse immunitaire cellulaire. Le fœtus produirait aussi une certaine protéine enzymatique dont l'action immunosuppressive le protégerait contre le rejet. Toutefois, il n'y a pas d'explication unique ni simple à ce phénomène.

Il demeure possible de greffer un **tissu privilégié** et de prévenir ainsi le rejet par le système immunitaire. Par exemple, on peut remplacer une valve endommagée du cœur d'une personne par une valve provenant d'un cœur de porc. Toutefois, les sites et les tissus privilégiés sont plutôt l'exception que la règle.

Les cellules souches

En médecine, la pratique des transplantations est appelée à se transformer par suite des recherches sur les **cellules souches** (figure 12.8), ces cellules maîtresses qui peuvent donner naissance à n'importe lequel des innombrables types cellulaires du corps. Les **cellules souches embryonnaires**, ou **cellules ES** (*embryonic stem*), suscitent de loin le plus d'intérêt. Ces cellules peuvent être isolées d'embryons qui se trouvent à un stade très précoce de leur développement. Il s'agit le plus souvent d'embryons surnuméraires créés par fécondation in vitro. Les cellules ES sont *pluripotentes*, c'est-à-dire qu'elles peuvent générer de nombreux types de cellules. On les récolte au stade du blastocyste, soit quelques jours après la fécondation, au moment où l'embryon est une sphère creuse composée de 100 à 150 cellules indifférenciées (**figure 13.10**). Lorsqu'on les met en culture, on peut orienter leur développement pour qu'elles produisent différentes lignées cellulaires, destinées par exemple à former des myocytes, des neurones ou des globules sanguins.

Les possibilités thérapeutiques des cellules ES font naître beaucoup d'espoirs. Par exemple, on pourrait théoriquement les utiliser pour régénérer les tissus endommagés du cœur ou les cellules pancréatiques qui cessent de produire de l'insuline chez les personnes diabétiques. On pourrait soulager les patients atteints de polyarthrite rhumatoïde en remplaçant le cartilage détérioré de leurs articulations, ou traiter les affections neurologiques telles que la maladie de Parkinson ou la paralysie résultant d'un trauma. On entrevoit même de faire pousser des organes entiers. Dans certains cas, le donneur serait aussi le receveur, ce qui assurerait des tissus tout à fait compatibles sur le plan génétique. Heureusement, les cellules ES humaines semblent exprimer peu d'antigènes du CMH de classe I et aucun de classe II, ce qui atténue le problème de rejet du greffon, sans toutefois l'évacuer. C'est pourquoi les chercheurs veulent créer des cellules pluripotentes compatibles avec celles du patient ou capables d'échapper à la surveillance du système immunitaire.

Comme les cellules ES ont pour origine des embryons, beaucoup de gens s'opposent à leur utilisation, même s'il s'agit d'organismes à un stade de développement microscopique. Une solution de rechange consiste à utiliser les *cellules souches adultes* que l'on trouve dans certains tissus tels que le sang et la peau. Toutefois, celles-ci permettent d'obtenir seulement quelques types cellulaires, généralement proches du tissu d'origine. De plus, elles sont difficiles à entretenir en culture. Récemment, on a mis au point une technique prometteuse grâce à laquelle on peut reprogrammer génétiquement des cellules souches adultes pour obtenir des *cellules souches pluripotentes induites*, ou *cellules IPS* (*induced pluripotent stem cells*). La technique repose sur l'utilisation de virus pour introduire certains gènes dans des cellules en provenance de la peau ou d'autres organes adultes. Enfin, on peut contourner le problème posé par l'utilisation des embryons en prélevant les cellules souches dans le sang du cordon ombilical. Ces cellules, que l'on considère comme si elles venaient d'un adulte, sont avant tout des *cellules souches hématopoïétiques*, qui vont donner naissance à des cellules sanguines telles que les érythrocytes et les leucocytes. Les greffes de moelle osseuse sont une forme de transplantation de cellules souches, en général hématopoïétiques.

Les greffes

Quand un tissu est transplanté d'une partie du corps à une autre, comme c'est le cas dans le traitement des brûlures ou en chirurgie plastique, il n'est pas rejeté. Des techniques récentes permettent d'utiliser quelques cellules de la peau intacte d'un patient brûlé pour produire en culture de grands feuillets de peau neuve. Cette nouvelle peau est un exemple d'**autogreffe**. Les vrais jumeaux ont le même patrimoine héréditaire ; c'est pourquoi on peut greffer entre eux de la peau ou des organes tels qu'un rein sans provoquer de réponse immunitaire. Une telle transplantation s'appelle **isogreffe**.

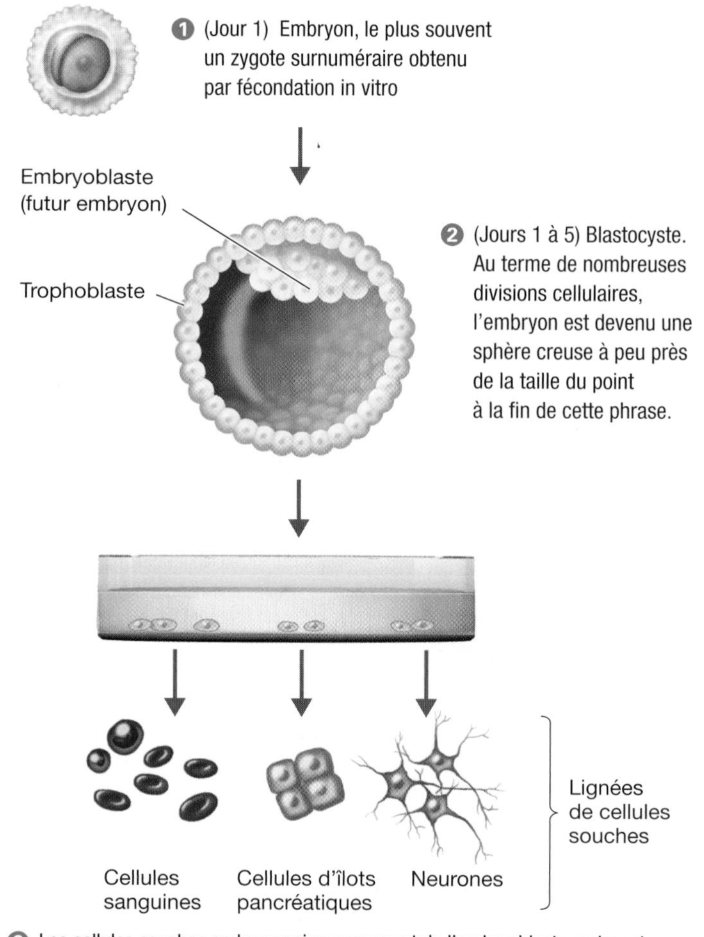

1 (Jour 1) Embryon, le plus souvent un zygote surnuméraire obtenu par fécondation in vitro
Embryoblaste (futur embryon)
Trophoblaste
2 (Jours 1 à 5) Blastocyste. Au terme de nombreuses divisions cellulaires, l'embryon est devenu une sphère creuse à peu près de la taille du point à la fin de cette phrase.
Cellules sanguines
Cellules d'îlots pancréatiques
Neurones
Lignées de cellules souches
3 Les cellules souches embryonnaires provenant de l'embryoblaste croissent sur une couche de cellules nourricières dans un milieu de culture. Des lignées cellulaires et des groupes de cellules souches forment des colonies. En variant les conditions et en ajoutant des facteurs de croissance au milieu de culture, on oriente le développement des cellules souches pour qu'elles deviennent des lignées de cellules souches appelées à former divers tissus du corps (par exemple des cellules sanguines, des cellules d'îlots pancréatiques, des neurones).

Figure 13.10 Culture des cellules souches embryonnaires.

Cependant, la plupart des greffes se font entre personnes qui ne sont pas de vrais jumeaux et, par conséquent, elles déclenchent une réponse immunitaire. On s'efforce de trouver les donneurs et les receveurs les plus compatibles possible quant aux antigènes HLA de manière à réduire le risque de rejet. Puisqu'ils ont plus de chances d'avoir des antigènes HLA en commun, les proches parents, en particulier les frères et sœurs, sont les donneurs préférés. Les transplantations entre personnes qui ne sont pas des jumeaux vrais s'appellent **allogreffes**.

En raison de la pénurie d'organes disponibles, il serait souhaitable que les **xénogreffes**, ou *hétérotransplantations,* dans lesquelles les tissus et les organes proviennent d'animaux, puissent mieux réussir chez les humains. Cependant, le corps lance habituellement une attaque particulièrement vigoureuse contre ce type de greffe, qui offre la compatibilité la plus faible entre donneur et receveur. On a tenté sans grand succès d'employer des organes de babouins et d'autres primates non humains. La recherche s'intéresse vivement à tirer profit du génie génétique pour transformer des porcs en donneurs d'organes compatibles; ces animaux sont abondants, d'une taille convenable, et le public est peu susceptible de s'opposer à leur utilisation. La principale inquiétude que suscitent les xénogreffes est la possibilité de transférer à l'humain des virus animaux nuisibles.

On effectue en ce moment certaines recherches préliminaires, qui permettront peut-être un jour d'obtenir en culture des os et des organes à partir de cellules prélevées sur l'hôte lui-même.

Pour réussir une xénogreffe, on doit surmonter le **rejet hyperaigu**, qui est causé par la production, dès la tendre enfance, d'anticorps dirigés contre tous les animaux avec lesquels nous avons un lien de parenté éloigné (évolution), tels que les porcs. À l'aide du complément, ces anticorps attaquent les tissus animaux transplantés et les détruisent en moins d'une heure. Le rejet hyperaigu ne survient dans les greffes entre humains que s'il y a eu auparavant formation d'anticorps par suite de transfusions, de greffes ou de grossesses antérieures. La transplantation du foie entre humains est singulière en ce sens qu'elle ne fait habituellement pas l'objet d'un rejet hyperaigu. En effet, les exigences en matière de compatibilité des antigènes HLA ne sont pas aussi strictes pour les greffes du foie que pour d'autres types de tissus.

Les greffes de moelle osseuse rouge

On entend souvent parler des greffes de moelle osseuse dans l'actualité. Les receveurs sont habituellement des individus qui n'ont pas la capacité de produire les lymphocytes B et T essentiels à l'immunité, ou qui souffrent de leucémie ou de myélome multiple. Nous avons vu au chapitre 12 que les cellules souches de la moelle osseuse rouge donnent naissance aux érythrocytes et aux leucocytes du système immunitaire. Les greffes de moelle osseuse rouge ont pour objectif de redonner au receveur la possibilité de produire ces cellules immunocompétentes vitales. Toutefois, elles peuvent provoquer une **réaction du greffon contre l'hôte**. La moelle osseuse du donneur contient des cellules immunocompétentes qui entraînent une réponse immunitaire primaire, surtout à médiation cellulaire, contre les tissus de l'organisme dans lequel elles sont greffées. Puisque le receveur est dépourvu d'un système immunitaire qui fonctionne, la réaction du greffon immunocompétent contre l'hôte constitue une complication grave qui peut même être fatale.

Il existe une technique extrêmement prometteuse pour éviter ce problème. Au lieu de moelle osseuse rouge, on utilise du *sang de cordon ombilical.* Ce sang provient du placenta et du cordon ombilical de nouveau-nés, soit de tissus qui seraient normalement jetés après l'accouchement. Le sang est très riche en cellules souches (figure 12.3) comme celles de la moelle osseuse rouge. Non seulement ces cellules prolifèrent pour donner les divers éléments figurés dont le receveur a besoin, mais elles sont aussi plus jeunes et moins différenciées, si bien que les exigences de compatibilité sont moins contraignantes que dans le cas de la moelle osseuse. Par conséquent, le risque de réaction du greffon contre l'hôte est plus faible.

▶ Vérifiez vos acquis

Quelles cellules du système immunitaire sont à l'origine du rejet du greffon? **13-14**

Pourquoi la greffe de la cornée réussit-elle habituellement sans que le tissu transplanté soit reconnu comme non-soi et rejeté? **13-15**

Distinguez entre la cellule souche embryonnaire et la cellule souche adulte. **13-16**

Quel type de greffon est le plus susceptible de déclencher un rejet hyperaigu? **13-17**

Lors d'une greffe de moelle osseuse rouge, beaucoup de cellules immunocompétentes sont transplantées. Pourquoi s'inquiète-t-on des conséquences de cela? **13-18**

Les immunosuppresseurs

Pour mettre le problème du rejet des greffes en perspective, il y a lieu de rappeler que le système immunitaire ne fait que s'acquitter de sa tâche et n'a aucun moyen de reconnaître que son assaut sur le greffon est dommageable. On tente habituellement de prévenir le rejet en donnant au receveur d'une allogreffe un traitement destiné à freiner cette réponse immunitaire normale contre le greffon.

Sur le plan chirurgical, il est généralement souhaitable d'atténuer l'immunité à médiation cellulaire, qui constitue le facteur le plus important dans le rejet des greffes. Si on épargne l'immunité humorale, on conserve une bonne part de la résistance aux infections microbiennes.

Le succès des transplantations d'organes telles que celles du cœur et du foie remonte d'une manière générale à l'époque de la découverte, en 1976, de la cyclosporine que l'on a isolée d'une moisissure. Utilisée comme médicament, cette substance supprime la sécrétion de l'interleukine 2 (IL-2) et perturbe ainsi l'immunité à médiation cellulaire, dont l'activité des lymphocytes T cytotoxiques. Dans la foulée de ces résultats encourageants, d'autres immunosuppresseurs n'ont pas tardé à faire leur apparition. Le *tacrolimus* (FK506) agit selon un mécanisme semblable à celui de la cyclosporine et est souvent utilisé à la place de cette dernière, mais les deux ont des effets secondaires importants. Ni la cyclosporine ni le tacrolimus ne freinent beaucoup la production d'anticorps par la branche humorale du système immunitaire.

Certains médicaments plus récents, tels que le *sirolimus* (rapamycine), inhibent aussi bien l'immunité humorale que l'immunité à médiation cellulaire. Cela peut être utile si on doit se prémunir contre le rejet chronique ou hyperaigu par les anticorps. Des médicaments comme le *mycophénolate mofétil* inhibent la prolifération des lymphocytes T et B. Deux anticorps monoclonaux chimères (chapitre 26 EN LIGNE), *basiliximab* et *daclizumab*, bloquent l'IL-2 et constituent deux immunosuppresseurs intéressants. On administre habituellement plus d'un immunosuppresseur à la fois.

Plusieurs autres médicaments sont à l'étude dans le but d'améliorer le taux de réussite déjà impressionnant des opérations de transplantation. On observe à l'occasion chez des receveurs ayant interrompu la médication immunosuppressive qu'ils ne rejettent pas le greffon. Fait surprenant, dont on cherche encore l'explication!

▶ Vérifiez vos acquis

Quelle est la cytokine habituellement ciblée par les médicaments immunosuppresseurs utilisés pour prévenir le rejet d'un greffon? **13-19**

Le système immunitaire et le cancer

▶ Objectifs d'apprentissage

13-20 Décrire comment le système immunitaire réagit au cancer et comment les cellules cancéreuses peuvent échapper à sa surveillance.

13-21 Définir l'immunothérapie et en donner deux exemples.

À l'instar des maladies infectieuses, le cancer constitue une défaillance des moyens de défense de l'organisme, y compris du système immunitaire. Une des voies les plus prometteuses dans la recherche d'un traitement efficace du cancer fait appel aux techniques immunologiques.

Depuis plus de 100 ans, on reconnaît que des cellules cancéreuses apparaissent fréquemment dans l'organisme et que le système immunitaire, toujours à l'affût, les traite comme des cellules étrangères. Autrement dit, il s'attaque à elles, si bien qu'il réussit habituellement à les éliminer avant qu'elles ne deviennent des tumeurs établies. Ce processus est appelé **surveillance immunitaire**. Certains soutiennent que la réponse immunitaire à médiation cellulaire est apparue principalement pour remplir cette fonction. On observe, à l'appui de cette notion, que le cancer survient le plus souvent chez les adultes vieillissants ou chez les très jeunes enfants. Dans le premier cas, le système immunitaire est en perte d'efficacité et, dans le second, il ne s'est peut-être pas développé complètement ou correctement. En outre, les individus immunodéprimés (immunosupprimés) par des moyens naturels ou artificiels sont plus sujets au cancer.

Une cellule devient cancéreuse quand elle se transforme et se met à proliférer sans limite (chapitre 8). Par suite de la transformation, la surface de cette cellule peut acquérir des antigènes tumoraux que le système immunitaire reconnaît comme non-soi. Certains lymphocytes T cytotoxiques activés réagissent à ces antigènes du non-soi. Ils se fixent aux cellules cancéreuses, qui les portent et provoquent leur lyse (**figure 13.11**). Des macrophagocytes activés peuvent aussi détruire les cellules cancéreuses.

Il arrive que le cancer survienne même chez des personnes qui ont en principe un système immunitaire sain, lequel montre toutefois des limites. Au départ, le cancer est constitué d'une cellule unique qui subit des mutations, peut-être par suite d'une exposition à des produits chimiques ou à des rayonnements. Le passage de l'état normal à l'état cancéreux est habituellement consécutif à des lésions multiples (qui touchent les gènes et sont souvent considérablement espacées dans le temps). Une infection virale peut aussi opérer ce changement. Les cellules cancéreuses individuelles qui apparaissent sont attaquées par le système immunitaire, un peu comme le sont les tissus étrangers dans une greffe. Dans certains cas, toutefois, elles se multiplient à une telle vitesse qu'elles échappent à la destruction. Si, de surcroît, elles parviennent à former un tissu et que le tissu se vascularise (est relié à la circulation sanguine), le système immunitaire les perd de vue et cesse de les combattre. Dans

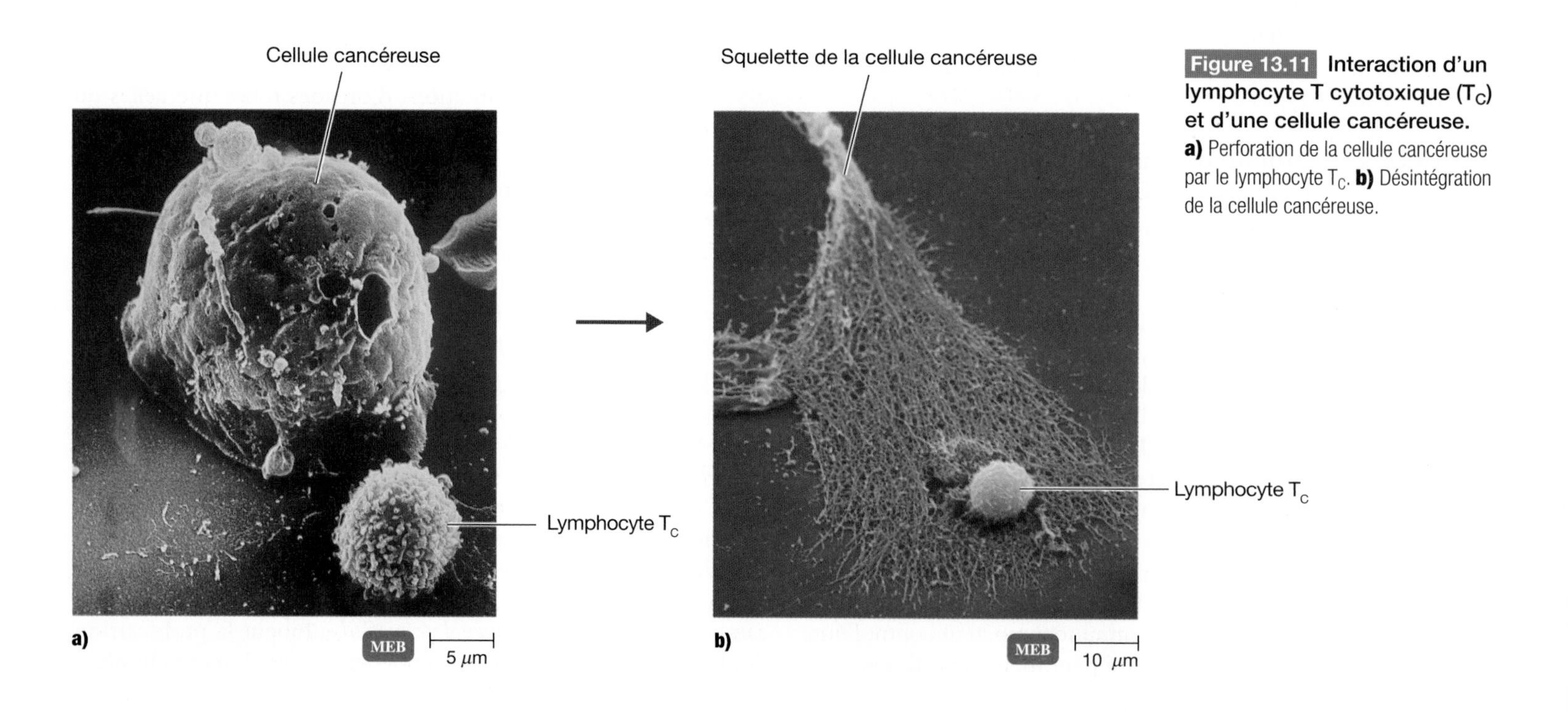

Figure 13.11 **Interaction d'un lymphocyte T cytotoxique (T_C) et d'une cellule cancéreuse.** **a)** Perforation de la cellule cancéreuse par le lymphocyte T_C. **b)** Désintégration de la cellule cancéreuse.

d'autres cas, les cellules cancéreuses ne présentent pas d'antigènes tumoraux repérables. Ces cellules peuvent alors se reproduire très rapidement sans que nos défenses interviennent efficacement.

Les cellules des tumeurs exercent parfois une action suppressive sur le système immunitaire ; elles produisent des facteurs qui diminuent l'efficacité des lymphocytes T cytotoxiques et, dans certains cas, elles poussent les cellules immunitaires à se détruire par apoptose (chapitre 12).

Il est encourageant de constater que certains cancers disparaissent à l'occasion de façon spontanée, probablement détruits par la réponse immunitaire. Le phénomène de la résistance du cancer au système immunitaire suscite l'intérêt parce que, si on arrive à mieux le comprendre, on trouvera peut-être des moyens de le contourner, comme nous le verrons ci-dessous dans la section sur l'immunothérapie.

L'immunothérapie contre le cancer

L'hypothèse que le cancer représente une dysfonction du système immunitaire a conduit à l'idée qu'on pourrait combattre l'affection par des moyens immunologiques – d'où l'**immunothérapie**. On s'intéresse beaucoup à l'heure actuelle aux traitements du cancer fondés sur le facteur nécrosant des tumeurs, une petite protéine produite par les macrophagocytes qui perturbe l'irrigation sanguine des cancers chez les animaux, et sur d'autres cytokines telles que l'interleukine 2 (chapitre 12) et les interférons (chapitre 11). Le traitement du cancer par immunothérapie est une approche qui est appelée à se répandre car, contrairement aux techniques de chimiothérapie et de radiothérapie, on peut l'appliquer sans causer d'importants dommages aux cellules saines.

On reconnaît que les rémissions spontanées de certains cancers sont probablement le fait de l'action efficace du système immunitaire. Par conséquent, l'idée qu'on puisse trouver un jour un vaccin contre le cancer représente un grand espoir. Par exemple, il existe depuis longtemps un vaccin efficace contre la maladie de Marek, un type de cancer de la volaille. De même, un vaccin offre aux chats une protection considérable contre la leucémie féline.

Les vaccins contre le cancer sont de deux types : ils peuvent être *thérapeutiques* (destinés à traiter un cancer existant) ou *prophylactiques* (administrés pour prévenir l'apparition d'une tumeur). En fait, ces derniers existent déjà. Le cancer du foie est souvent causé par le virus de l'hépatite B, contre lequel beaucoup de personnes se font immuniser. Recommandé pour les jeunes filles, le vaccin Gardasil réduit les risques de développer un cancer du col de l'utérus causé par certaines souches d'un virus, lequel est aussi à l'origine des condylomes génitaux.

Bien qu'on tente de mettre au point des vaccins contre le cancer depuis maintenant près d'un siècle, la recherche dans ce domaine n'en est encore qu'à ses débuts. À l'heure actuelle, le mieux qu'on puisse espérer d'un vaccin, c'est qu'il prévienne les récidives après un premier traitement, parce qu'alors le système immunitaire a à affronter un nombre réduit de cellules malignes.

Les anticorps monoclonaux offrent un moyen prometteur d'administrer les traitements anticancéreux. Le *trastuzumab* (Herceptin) est un anticorps monoclonal humanisé employé à l'heure actuelle dans le traitement du cancer du sein. Il neutralise spécifiquement HER2, un facteur de croissance déterminé génétiquement, qui favorise la prolifération des cellules cancéreuses et qui est exprimé en quantités relativement élevées chez environ 25 à 30 % des patientes.

Par ailleurs, on peut combiner un anticorps monoclonal avec un agent toxique et créer ce qu'on appelle une **immunotoxine**. L'anticorps monoclonal, qui est dirigé contre un type particulier d'antigène tumoral, localise alors sélectivement la cellule cancéreuse ; l'agent toxique qu'il porte détruit cette dernière mais touche peu, ou pas du tout, les tissus sains. Dans les essais cliniques, on a obtenu des résultats encourageants, sauf dans le cas de masses tumorales importantes où les cellules ne sont pas toutes accessibles à l'immunotoxine.

▶ Vérifiez vos acquis

Quel rôle les antigènes tumoraux jouent-ils dans le développement du cancer ? **13-20**

Donnez un exemple de vaccin prophylactique utilisé à l'heure actuelle contre le cancer. **13-21**

L'immunodéficience

▶ Objectif d'apprentissage

13-22 Comparer l'immunodéficience congénitale et l'immunodéficience acquise.

L'insuffisance de réponses immunitaires adéquates s'appelle **immunodéficience** ou **déficit immunitaire**. Un tel déficit concerne la phagocytose ou l'immunité humorale ou cellulaire ; dans tous les cas, il entraîne une réceptivité plus grande aux infections. Il peut être soit congénital, soit acquis.

L'immunodéficience congénitale

Certaines personnes ont à la naissance un système immunitaire déficient. Un certain nombre de gènes peuvent être à l'origine de l'**immunodéficience congénitale**, soit qu'ils présentent des défectuosités, soit qu'ils sont absents. Ainsi, les individus ayant un certain gène récessif peuvent être dépourvus de thymus et, par conséquent, d'immunité à médiation cellulaire. La présence d'un autre gène récessif se traduit par un nombre insuffisant de lymphocytes B et par une altération de l'immunité humorale ; l'agammaglobulinémie congénitale en est un exemple (*a* = absence ; *gammaglobulin-* = anticorps ; *-émie* = sang).

L'immunodéficience acquise

Divers médicaments, traitements, cancers ou agents infectieux peuvent occasionner des **immunodéficiences acquises**. L'immunodéficience peut être acquise dans des circonstances naturelles ou dans des circonstances artificielles après un traitement immunosuppresseur. Par exemple, la maladie de Hodgkin et le myélome multiple (deux formes de cancer) affaiblissent la réponse à médiation cellulaire. Beaucoup de virus sont capables d'infecter et de tuer les lymphocytes, diminuant ainsi les réponses immunitaires. L'ablation de la rate réduit l'immunité humorale. Le **tableau 13.3** présente plusieurs des immunodéficiences les mieux connues, y compris le sida.

Tableau 13.3 Immunodéficiences acquises

Maladie	Cellules atteintes	Commentaires
Syndrome d'immunodéficience acquise (sida)	Lymphocytes T (destruction des lymphocytes T auxiliaires [$CD4^+$] par un virus)	Ouvre la porte au cancer et aux maladies causées par les bactéries, les virus, les mycètes et les protozoaires; résulte d'une infection par le VIH.
Déficit en IgA	Lymphocytes B et T	Atteint environ 1 individu sur 700, occasionnant des infections fréquentes des muqueuses; cause exacte incertaine.
Hypogammaglobulinémie commune variable	Lymphocytes B et T (faible quantité d'immunoglobulines)	Infections virales et bactériennes fréquentes; au deuxième rang des immunodéficiences les plus courantes, atteignant environ 1 individu sur 70 000; héréditaire.
Dysgénésie réticulaire	Lymphocytes B et T et cellules souches (déficit immunitaire combiné; déficits en lymphocytes B et T, et en granulocytes neutrophiles)	Cause généralement la mort en très bas âge; très rare; héréditaire; la greffe de moelle osseuse rouge constitue un traitement possible.
Déficit immunitaire combiné sévère	Lymphocytes B et T et cellules souches (déficits en lymphocytes B et T)	Atteint environ 1 individu sur 100 000; donne lieu à des infections graves; héréditaire; se traite par greffe de moelle osseuse rouge et de thymus fœtal; la thérapie génique est prometteuse.
Athymie (syndrome de Di George)	Lymphocytes T (déficit en lymphocytes T causé par une malformation du thymus)	Absence d'immunité à médiation cellulaire; cause généralement la mort en bas âge par suite de pneumonie à *Pneumocystis*, d'infections virales ou de mycoses; due au fait que le thymus ne se développe pas dans l'embryon.
Syndrome de Wiskott-Aldrich	Lymphocytes B et T (thrombocytes en nombre insuffisant, lymphocytes T anormaux)	Infections fréquentes par les virus, les mycètes et les protozoaires; eczéma, mauvaise coagulation du sang; cause habituellement la mort pendant l'enfance; héréditaire, lié au chromosome X.
Agammaglobulinémie infantile liée au chromosome X (maladie de Bruton)	Lymphocytes B (absence ou faible quantité d'immunoglobulines)	Infections bactériennes extracellulaires fréquentes; atteint environ 1 individu sur 200 000; héréditaire, liée au chromosome X.

▶ Vérifiez vos acquis

Le sida est-il une forme d'immunodéficience congénitale ou acquise? Justifiez votre réponse. **13-22**

Le syndrome d'immunodéficience acquise (sida)

▶ Objectifs d'apprentissage

13-23 Illustrer par deux exemples comment les maladies infectieuses émergentes voient le jour.

13-24 Expliquer comment le VIH se fixe sur une cellule hôte.

13-25 Nommer des moyens employés par le VIH pour éviter les attaques du système immunitaire de l'hôte.

13-26 Décrire le processus physiopathologique d'une infection par le VIH.

13-27 Décrire les effets d'une infection par le VIH sur le système immunitaire.

13-28 Décrire comment on pose un diagnostic d'infection par le VIH.

13-29 Indiquer les voies de transmission du VIH.

13-30 Examiner la distribution géographique de la transmission du VIH.

13-31 Nommer les méthodes existantes de prévention et de traitement de l'infection par le VIH.

Le **sida (syndrome d'immunodéficience acquise)** est porté à l'attention du public pour la première fois en 1981, à l'occasion de la mort, à Los Angeles, de quelques jeunes homosexuels atteints d'une forme de pneumonie, rare jusque-là, appelée pneumonie à *Pneumocystis*. Avant leur mort, ces hommes ont connu un affaiblissement grave de leur système immunitaire, qui combat normalement les maladies infectieuses. Bientôt, on établit une corrélation entre ces cas et un nombre inhabituel de manifestations d'une forme de cancer rare, la maladie de Kaposi, chez les jeunes hommes homosexuels. On signale une augmentation semblable de ces maladies rares chez les hémophiles et les usagers de drogues par voie intraveineuse.

Les chercheurs ont rapidement découvert que la cause du sida était un virus jusque-là inconnu. Le virus, maintenant appelé **virus de l'immunodéficience humaine** (VIH), détruit les lymphocytes T $CD4^+$. La maladie et la mort sont occasionnées par des microbes ou des cellules cancéreuses qui auraient pu être éliminés autrement par les défenses naturelles du corps. Jusqu'à maintenant, l'affection s'est avérée inexorablement fatale, une fois les symptômes déclarés.

L'origine du sida

On croit aujourd'hui que le VIH est apparu par suite de la mutation d'un virus présent depuis longtemps sous forme endémique dans certaines régions d'Afrique centrale. On a conclu, à la suite d'analyses génétiques, que le VIH-2 (un type de VIH peu contagieux et rarement observé ailleurs qu'en Afrique occidentale) est une forme mutée du virus de l'immunodéficience simienne (SIV). Le mangabey, un singe d'Afrique occidentale, est un porteur naturel du SIV, mais ne souffre pas de la maladie. Des études récentes ont révélé que le VIH-1 (forme la plus répandue du virus chez l'humain) est apparenté génétiquement à un autre SIV, infectant celui-là les chimpanzés d'Afrique centrale.

Apparemment, ce n'est qu'assez récemment (bien après le début du XXe siècle) que ces infections virales ont franchi la barrière des espèces pour atteindre la population humaine d'Afrique, reconnue pour sa consommation de gibier simien. Selon les modèles mathématiques de Bette Korber du Los Alamos National Laboratory, qui rendent compte de l'évolution présumée du VIH, le virus est probablement passé chez l'humain vers 1930. La maladie se serait propagée lentement, sans attirer l'attention, tant que sa transmission restait limitée à de petits villages où le taux de promiscuité sexuelle est faible. Le virus ne devait pas entraîner l'invalidité de ses hôtes ni leur mort rapide, sinon il n'aurait pas pu se maintenir dans les populations des villages. La cessation abrupte du colonialisme européen a perturbé les structures sociales de l'Afrique subsaharienne. La population s'est mise à migrer vers les villes ; on croit que les conséquences de l'urbanisation, telles que l'augmentation de la prostitution et la croissance du transport routier, sont responsables de la dissémination de la maladie. Le premier cas attesté de sida est celui d'un patient de Léopoldville, au Congo belge (aujourd'hui Kinshasa, capitale de la République démocratique du Congo). L'homme est mort en 1959 ; les échantillons de son sang qui ont été conservés contiennent des anticorps anti-VIH. En Occident, le premier cas confirmé de sida est celui d'un marin norvégien mort en 1976, qui a probablement été infecté en 1961 ou 1962 par suite de contacts qu'il aurait eus en Afrique occidentale.

▶ Vérifiez vos acquis

Sur quel continent le VIH-1 est-il apparu ? **13-23**

L'infection par le VIH

Une des erreurs les plus répandues concernant le VIH consiste à croire qu'être infecté par le virus est synonyme d'avoir le sida. En fait, le sida n'est que le stade final d'une longue infection.

La structure du VIH

Le VIH, qui appartient au genre *Lentivirus,* est un rétrovirus. Il possède 2 brins identiques d'ARN, une enzyme – la transcriptase inverse – et une enveloppe de phosphoglycérolipides (**figure 13.12**). L'enveloppe est hérissée de spicules composés de glycoprotéines appelées gp120 et gp41.

L'infectiosité et le pouvoir pathogène du VIH

Il existe un lien étroit entre l'infection par le VIH et le système immunitaire. Le virus se propage souvent par le truchement des cellules dendritiques, qui absorbent l'agent pathogène et le transportent jusqu'aux organes lymphoïdes, où il entre en contact avec les cellules du système immunitaire, plus particulièrement les lymphocytes T_H activés, et déclenche une réponse immunitaire au départ vigoureuse.

Pour causer une infection, le VIH doit se fixer sur les récepteurs d'une cellule hôte, sa membrane virale doit fusionner avec la membrane cellulaire et il doit pénétrer à l'intérieur de la cellule. À la figure 8.19, nous avons illustré ces premières phases de l'infection par un rétrovirus. Nous en reprenons quelques étapes à la figure 13.12. ❶ Les glycoprotéines gp120 des spicules permettent au virus de s'arrimer aux récepteurs CD4 et de s'attacher à la cellule hôte – un

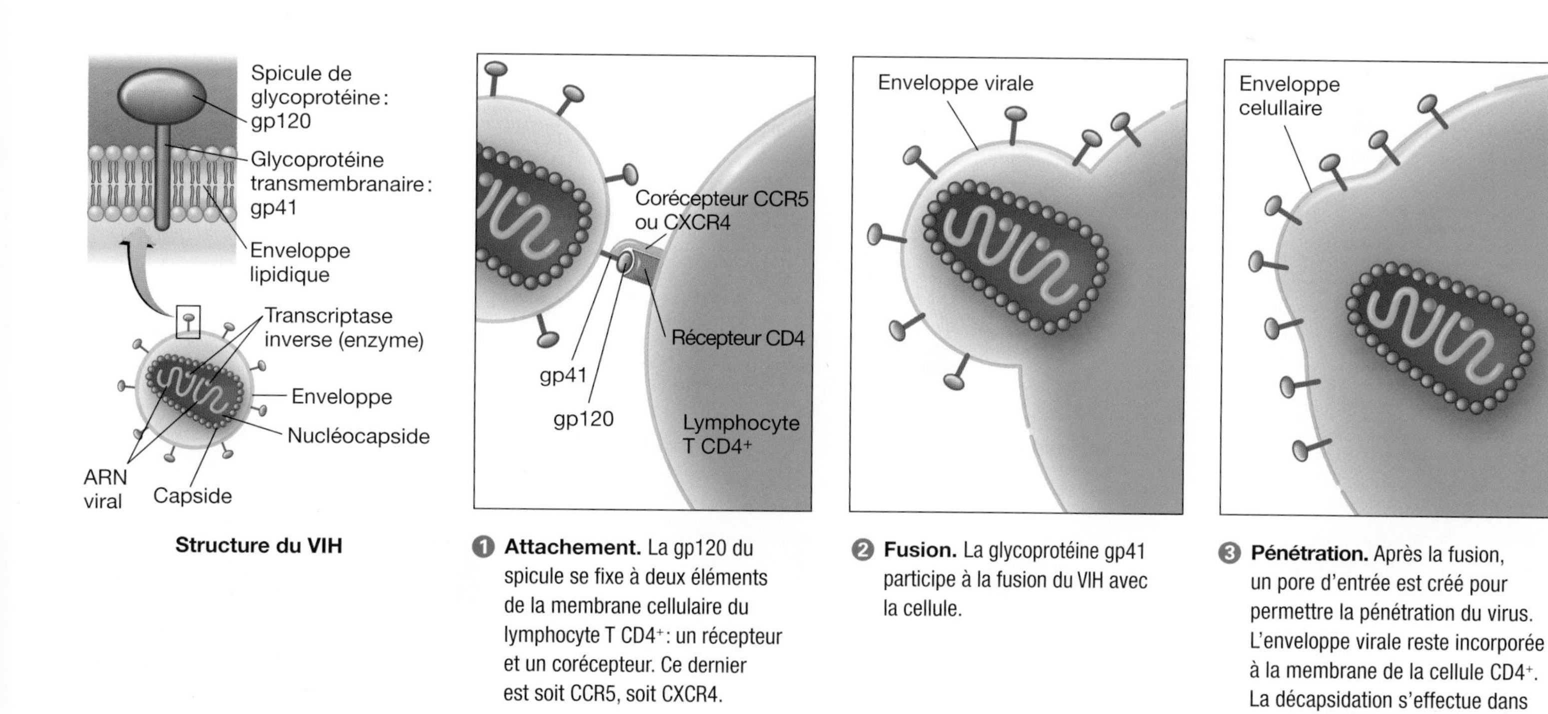

❶ **Attachement.** La gp120 du spicule se fixe à deux éléments de la membrane cellulaire du lymphocyte T CD4$^+$: un récepteur et un corécepteur. Ce dernier est soit CCR5, soit CXCR4.

❷ **Fusion.** La glycoprotéine gp41 participe à la fusion du VIH avec la cellule.

❸ **Pénétration.** Après la fusion, un pore d'entrée est créé pour permettre la pénétration du virus. L'enveloppe virale reste incorporée à la membrane de la cellule CD4$^+$. La décapsidation s'effectue dans le cytoplasme et l'ARN libéré entame le processus par lequel de nouveaux virus sont synthétisés (figure 13.14b).

Figure 13.12 Structure du VIH et infection d'un lymphocyte T CD4$^+$. La glycoprotéine gp120, partie exposée du spicule du virus, s'attache à un récepteur membranaire de la cellule CD4$^+$. Il est probable que la glycoprotéine transmembranaire gp41 facilite la fusion en s'attachant à un présumé récepteur de fusion sur la cellule CD4$^+$.

lymphocyte T auxiliaire, principale cellule hôte du VIH. Chaque lymphocyte T présente près de 65 000 de ces récepteurs CD4. Certains corécepteurs, qui sont en fait des récepteurs de chimiokines, sont aussi requis. Les deux corécepteurs de chimiokines les mieux connus sont appelés CCR5 et CXCR4*. Les récepteurs CD4 sont aussi présents sur les macrophagocytes et les cellules dendritiques (dérivées des monocytes). Par ailleurs, plusieurs cellules infectées ne présentent pas de récepteurs CD4, ce qui donne à penser que d'autres récepteurs ont un rôle à jouer dans l'infection par le VIH. ❷ Après l'attachement (adsorption) du virus aux récepteurs, il y a fusion de la membrane lipidique virale avec celle du lymphocyte T, fusion à laquelle participe la glycoprotéine gp41. ❸ La membrane virale reste incorporée à la membrane cellulaire et le virus dénudé pénètre dans la cellule, où il peut diriger la biosynthèse de nouvelles particules virales.

Une fois à l'intérieur de la cellule, l'ARN viral (génome) est libéré et transcrit en ADN par l'action enzymatique de la transcriptase inverse. Cet ADN viral s'intègre alors à l'ADN d'un chromosome de la cellule hôte sous forme de *provirus*. Deux situations peuvent se présenter. D'une part, le provirus peut rester inactif, ne pas produire de nouveaux VIH et demeurer tapi dans le chromosome de la cellule hôte : on parle alors d'*infection latente* (**figure 13.13a**). À l'opposé, le provirus peut régir le déroulement d'une *infection active* au cours de laquelle a lieu la transcription de l'ADN viral en ARN viral (génome) et en ARN messager, ce dernier étant par la suite traduit en protéines virales ; de nouveaux virus se forment ainsi. L'assemblage final s'effectue à proximité de la membrane cellulaire, là où se sont intégrés des spicules. Puis les virus s'enrobent de membrane et quittent le lymphocyte T CD4+ par bourgeonnement (**figure 13.13b** et **c**). La réplication du virus et son bourgeonnement peuvent se faire avec une telle rapidité que la cellule finit par éclater.

Les VIH produits par une cellule hôte ne sont pas nécessairement libérés dans le milieu, mais peuvent demeurer sous forme de *virus latents* dans des vacuoles au sein de la cellule – par exemple un macrophagocyte (**figure 13.14a**). Lors de l'activation du macrophagocyte (non du virus à l'origine de l'infection), le provirus déclenche la synthèse de nouveaux virus ; les virus latents et les nouveaux virus sont libérés par bourgeonnement, alors que d'autres virus sont emprisonnés dans des vacuoles et persistent sous forme latente (**figure 13.14b**). En fait, au lieu de mourir, les cellules infectées deviennent un réservoir de VIH latents qui peut persister pendant des décennies.

En tant que provirus ou virus latents dans des vacuoles, le VIH échappe à la détection par le système immunitaire. Cette capacité du virus de rester caché à l'intérieur d'une cellule hôte est une des principales raisons pour lesquelles les anticorps anti-VIH élaborés par les individus infectés ne parviennent pas à inhiber l'évolution de l'infection. Le VIH utilise un autre moyen pour se soustraire aux attaques du système immunitaire ; il s'agit de la fusion de cellules, moyen par lequel le virus se déplace d'une cellule infectée à une cellule voisine encore saine (voir la section sur les effets cytopathogènes au chapitre 10).

* Cette nomenclature rébarbative représente la séquence des premiers acides aminés de ces protéines. L'expression CCR5 indique que la séquence de départ se compose de deux cystéines, d'où CC. La lettre R représente par convention le reste de la molécule. Si un acide aminé quelconque est interposé entre les deux premières cystéines, on écrit CXC, par exemple CXCR4.

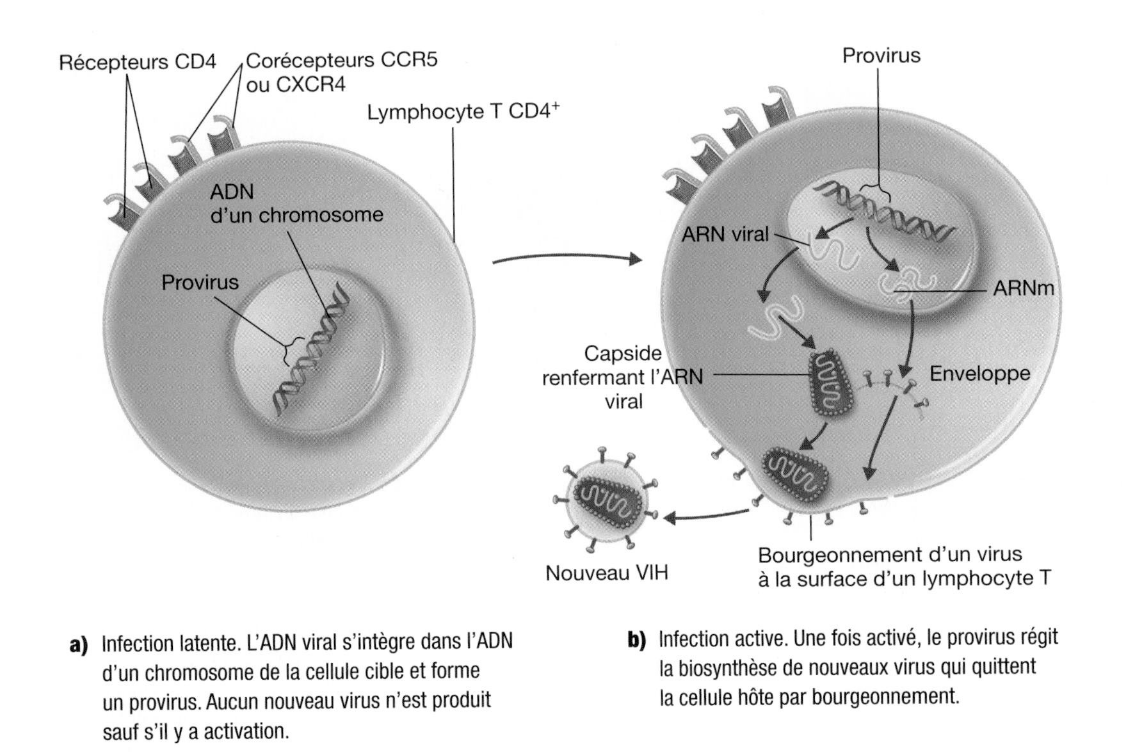

a) Infection latente. L'ADN viral s'intègre dans l'ADN d'un chromosome de la cellule cible et forme un provirus. Aucun nouveau virus n'est produit sauf s'il y a activation.

b) Infection active. Une fois activé, le provirus régit la biosynthèse de nouveaux virus qui quittent la cellule hôte par bourgeonnement.

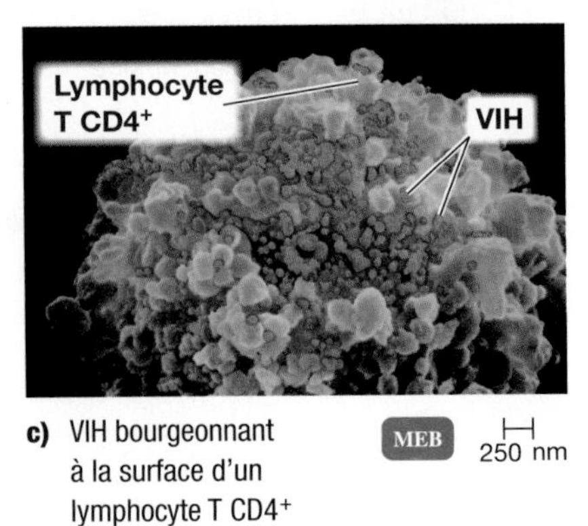

c) VIH bourgeonnant à la surface d'un lymphocyte T CD4+ MEB 250 nm

Figure 13.13 **Infection latente et infection active de lymphocytes T CD4+ par le VIH.**

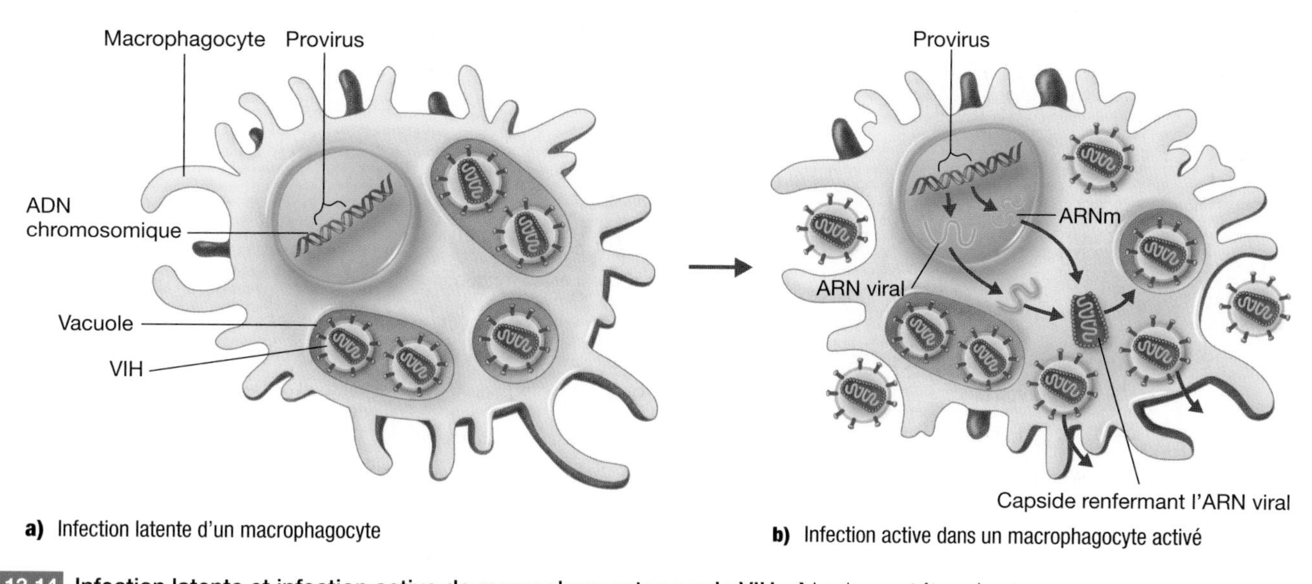

a) Infection latente d'un macrophagocyte

b) Infection active dans un macrophagocyte activé

Figure 13.14 Infection latente et infection active de macrophagocytes par le VIH. a) Le virus peut être présent sous forme de provirus dans l'ADN chromosomique de la cellule et sous forme de virus latents emmagasinés dans des vacuoles. **b)** Il y a production de nouveaux virus à partir du provirus ; certains virus demeurent dans des vacuoles, d'autres sont libérés.

Le virus échappe aussi aux moyens de défense immunitaires en s'adonnant à des variations antigéniques rapides. N'ayant pas de fonction d'édition pour corriger ses erreurs, la transcriptase inverse impose aux rétrovirus un taux de mutation élevé par rapport aux virus à ADN. En conséquence, chez une personne infectée, il apparaît probablement une mutation à chaque insertion du génome du VIH dans l'ADN de la cellule hôte, et ce, à de nombreuses reprises tous les jours. Cela peut représenter une accumulation de 1 million de variantes du virus chez un individu asymptomatique et de 100 millions de variantes durant les derniers stades de l'infection. Ces quantités prodigieuses laissent entrevoir l'ampleur du problème de la résistance aux médicaments et les obstacles qui peuvent entraver l'élaboration de vaccins et de tests diagnostiques.

Les clades (sous-types) de VIH

En se diversifiant, le VIH a commencé à former dans le monde des groupes distincts. Le séquençage du génome viral a permis de caractériser trois groupes de VIH-1 qu'on a appelés *M* (« main »), *O* (« outlier ») et *N* (« ni *M* ni *O* »). Le groupe M comprend neuf clades (rameaux en grec) désignés par les lettres A à D, F à H, J et K. (Il y a aussi des sous-types des groupes O et N.) Les clades prévalents dans le monde sont C et E (ce dernier est en fait un clade recombinant dont le nouveau nom est CRF-OIAE). Le clade C, qui se propage à l'heure actuelle en Afrique centrale et vers l'Afrique du Sud, est aussi le plus répandu en Inde et en Asie du Sud-Est, et il commence à prédominer dans certaines régions de la Chine. Il serait à l'origine de la moitié des infections par le VIH dans le monde. Le clade E est présent surtout en Asie du Sud-Est. En Amérique du Nord et du Sud, et en Europe, c'est le clade B qui prévaut. Ces regroupements sont constamment révisés au gré de l'évolution des virus.

Les phases de l'infection par le VIH

L'évolution de l'infection par le VIH chez l'adulte peut être divisée en trois phases cliniques (**figure 13.15**). Le **tableau 13.4** présente un résumé des maladies ou des états le plus souvent associés aux phases 2 et 3 de l'infection par le VIH.

Phase 1 Au cours de la première semaine environ, le nombre de molécules d'ARN viral par millilitre de plasma sanguin peut monter à plus de 10 millions. Des milliards de lymphocytes T $CD4^+$ peuvent être infectés en 2 semaines. Dans les quelques semaines qui suivent, la réponse immunitaire et la diminution du nombre de cellules cibles non infectées font chuter brusquement la quantité de virus dans le sang. À ce stade, l'infection peut être asymptomatique ou causer une lymphadénopathie (nœuds lymphatiques enflés) persistante.

Phase 2 Le nombre de lymphocytes T $CD4^+$ diminue sans cesse. La réplication du VIH se poursuit, mais au ralenti, et elle est surtout confinée aux tissus lymphoïdes. Elle est probablement freinée par l'action des lymphocytes T $CD8^+$ (chapitre 12). Relativement peu de cellules infectées libèrent des virus, même si elles sont nombreuses à abriter le virus sous forme latente ou provirale. Ce stade montre peu de symptômes graves, mais se caractérise par l'apparition des premiers signes d'insuffisance immunitaire. Il s'agit d'infections persistantes par la levure *Candida albicans,* qui se manifestent dans la bouche, la gorge ou le vagin. On peut aussi observer d'autres affections, telles que le zona, des diarrhées et une fièvre tenaces, des plaques blanchâtres sur la muqueuse orale (leucoplasie chevelue) et certains états cancéreux ou précancéreux du col de l'utérus.

Phase 3 C'est le stade du sida. Le compte des lymphocytes T $CD4^+$ tombe au-dessous de 350 cellules/μL. Les signes cliniques importants qui indiquent la maladie sont les infections par *Candida albicans* dans l'œsophage, les bronches et les poumons ; les infections des yeux par le cytomégalovirus ; la tuberculose ; la pneumonie à *Pneumocystis* ; la toxoplasmose encéphalique et le sarcome de Kaposi (probablement causé par l'herpèsvirus humain 8).

Tableau 13.4 Quelques maladies souvent associées au sida

Cause	Agent pathogène ou maladie	Description de la maladie
Protozoaires	*Cryptosporidium parvum*	Diarrhée persistante
	Toxoplasma gondii	Encéphalite
	Isospora belli	Gastroentérite
Virus	Cytomégalovirus	Fièvre, encéphalite, cécité
	Virus de l'herpès simplex	Vésicules sur la peau et les muqueuses
	Virus de la varicelle et du zona	Zona
Bactéries	*Mycobacterium tuberculosis*	Tuberculose
	M. avium-intracellulare	Peut infecter beaucoup d'organes ; gastroentérite et autres symptômes variables
Mycètes	*Pneumocystis jirovecii*	Pneumonie qui menace la vie du malade
	Histoplasma capsulatum	Infection disséminée
	Cryptococcus neoformans	Maladie disséminée, mais en particulier méningite
	C. albicans	Prolifération sur les muqueuses orale et vaginale (phase 2 d'infection par le VIH)
	C. albicans	Prolifération dans l'œsophage et les poumons (phase 3 d'infection par le VIH)
Cancers et états précancéreux	Sarcome de Kaposi	Cancer de la peau et des vaisseaux sanguins (probablement causé par HHV-8)
	Leucoplasie chevelue	Plaques blanchâtres sur les muqueuses ; état généralement précancéreux
	Dysplasie cervicale	Tumeur du col de l'utérus

Les Centers for Disease Control and Prevention (CDC) divisent aussi l'évolution des infections par le VIH selon les populations de lymphocytes T. Cette classification a pour objectif principal de fournir des indications pour le traitement telles que le moment approprié pour administrer certains médicaments. La population normale de lymphocytes T $CD4^+$ chez un individu sain est de 800 à 1 000 lymphocytes T $CD4^+$ par microlitre (1 μL = 1 mm^3). Un nombre inférieur à 200/μL est généralement considéré comme symptomatique du sida, quelle que soit le stade clinique observé.

En règle générale, l'évolution de la maladie, à partir de l'infection par le VIH jusqu'au sida, s'étend sur environ 10 ans chez l'adulte. Cette donnée est typique des pays industrialisés ; toutefois, en Afrique, la durée de la maladie est souvent réduite de moitié. Pendant ce temps, la guerre cellulaire fait rage sur une très grande échelle. Chez un individu dont l'infection est active, au moins 100 milliards de VIH sont produits tous les jours, chacun ayant une demi-vie remarquablement courte d'à peu près 6 heures. Ces virus doivent être éliminés par le corps, qui se défend au moyen d'anticorps, de lymphocytes T cytotoxiques et de macrophagocytes. La plupart, soit au moins 99 %, des VIH proviennent des lymphocytes T $CD4^+$ infectés, qui meurent au bout d'environ 2 jours (normalement, les lymphocytes T vivent plusieurs années). Chaque jour, près de 2 milliards de lymphocytes T $CD4^+$, en moyenne, sont produits pour compenser les pertes. Mais avec le temps, il y a une perte nette quotidienne d'au moins 20 millions de lymphocytes T $CD4^+$; c'est là un des principaux marqueurs de l'évolution de l'infection par le VIH. Les études les plus récentes révèlent que la diminution des lymphocytes T $CD4^+$ n'est pas entièrement imputable à la destruction directe des cellules par le virus ; elle est plutôt causée par le raccourcissement de la durée de vie des cellules et l'incapacité du corps à combler les pertes en augmentant la production de lymphocytes T. En réduisant le nombre de virus, la chimiothérapie enlève apparemment cette inhibition qui limite la production de nouveaux lymphocytes T.

La résistance à l'infection par le VIH

L'infection par le VIH est unique en ce que le virus prolifère malgré les réponses immunitaires humorale et cellulaire qui tentent de lui faire obstacle. Au départ, elle provoque une réaction vigoureuse et assez efficace (figure 13.15). Quelques mois après l'infection, le nombre de virus s'est amenuisé considérablement, en raison principalement, croit-on, des lymphocytes T cytotoxiques (lymphocytes T $CD8^+$). Les anticorps neutralisants, eux, font leur entrée seulement après que la virémie a commencé à baisser, et leur efficacité est minée par les incessantes mutations génétiques du virus. Néanmoins, grâce aux lymphocytes T $CD8^+$, la charge virale diminue. Mais une fois qu'elle est établie, l'infection par le VIH ne peut plus être jugulée et progresse inexorablement chez pratiquement tous les patients, en grande partie parce que le virus se crée très tôt un réservoir de lymphocytes T $CD4^+$ à infection latente. Très rares sont les patients qui parviennent à éliminer complètement les agents infectieux, même si la thérapie antivirale réussit à abaisser la virémie au point de la rendre indétectable (moins de 50 particules par millilitre). L'établissement de la phase de latence distingue cette infection de presque toutes les autres infections virales et pose un défi majeur à ceux qui s'efforcent de trouver un vaccin.

Survivre avec le VIH

L'infection par le VIH ravage le système immunitaire, si bien que celui-ci est incapable de réagir efficacement aux agents pathogènes. Les succès obtenus dans le traitement des maladies ou des états le plus souvent associés à l'infection par le VIH et au sida ont permis de prolonger la vie de nombreux individus infectés par ce virus.

Figure 13.15

Schéma guide

Évolution de l'infection par le VIH

Connaître la progression de l'infection par le VIH chez un hôte permet de comprendre par la suite le diagnostic, la transmission, la prévention et le traitement du virus responsable de cette pandémie.

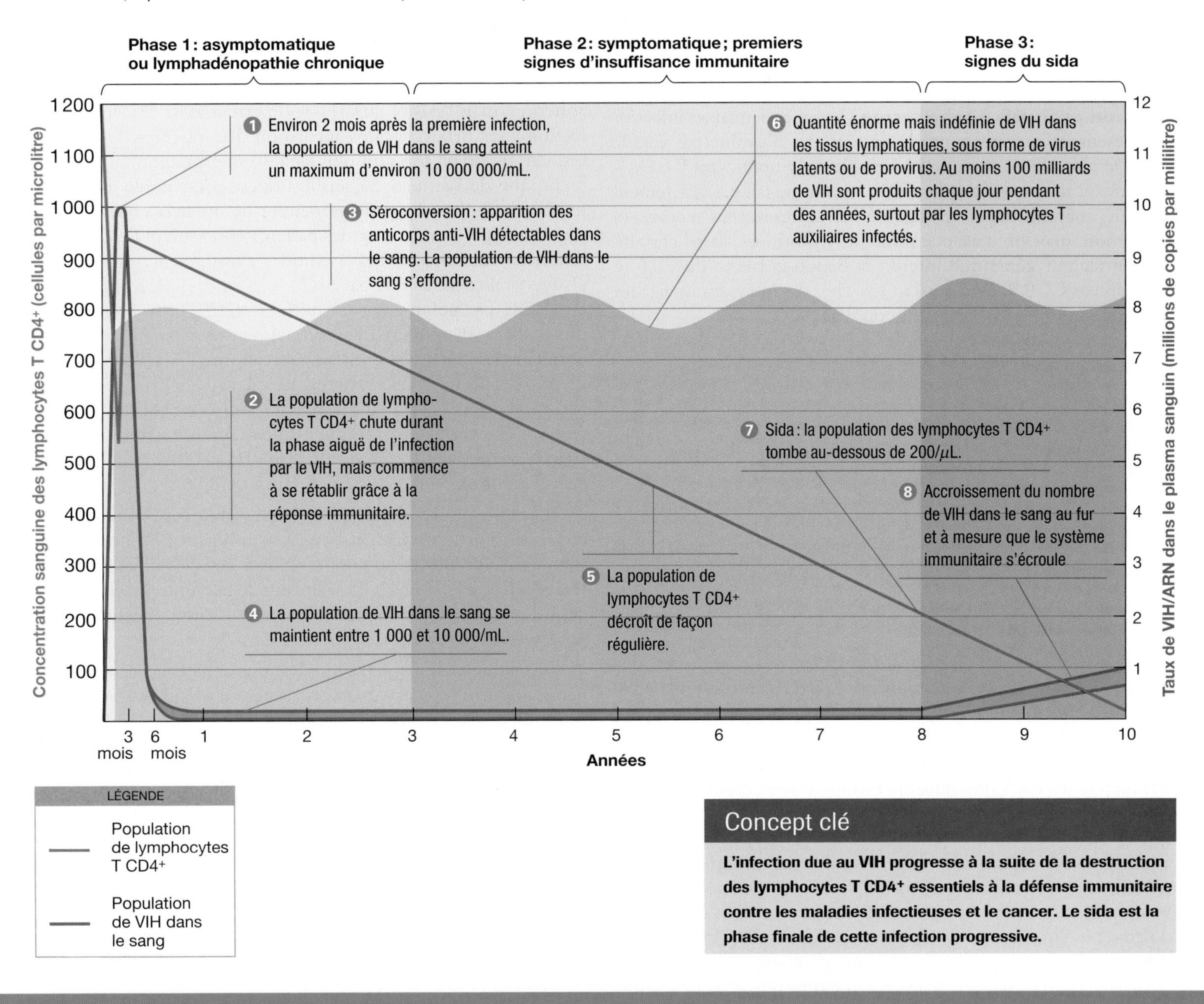

Phase 1 : asymptomatique ou lymphadénopathie chronique
Phase 2 : symptomatique ; premiers signes d'insuffisance immunitaire
Phase 3 : signes du sida
Concentration sanguine des lymphocytes T CD4+ (cellules par microlitre)
Taux de VIH/ARN dans le plasma sanguin (millions de copies par millilitre)
1 200
1 100
1 000
900
800
700
600
500
400
300
200
100
12
11
10
9
8
7
6
5
4
3
2
1
1 Environ 2 mois après la première infection, la population de VIH dans le sang atteint un maximum d'environ 10 000 000/mL.
2 La population de lymphocytes T CD4+ chute durant la phase aiguë de l'infection par le VIH, mais commence à se rétablir grâce à la réponse immunitaire.
3 Séroconversion : apparition des anticorps anti-VIH détectables dans le sang. La population de VIH dans le sang s'effondre.
4 La population de VIH dans le sang se maintient entre 1 000 et 10 000/mL.
5 La population de lymphocytes T CD4+ décroît de façon régulière.
6 Quantité énorme mais indéfinie de VIH dans les tissus lymphatiques, sous forme de virus latents ou de provirus. Au moins 100 milliards de VIH sont produits chaque jour pendant des années, surtout par les lymphocytes T auxiliaires infectés.
7 Sida : la population des lymphocytes T CD4+ tombe au-dessous de 200/μL.
8 Accroissement du nombre de VIH dans le sang au fur et à mesure que le système immunitaire s'écroule
3 mois
6 mois
1
2
3
4
5
6
7
8
9
10
Années
LÉGENDE
Population de lymphocytes T CD4+
Population de VIH dans le sang
Concept clé
L'infection due au VIH progresse à la suite de la destruction des lymphocytes T CD4+ essentiels à la défense immunitaire contre les maladies infectieuses et le cancer. Le sida est la phase finale de cette infection progressive.

L'âge de la personne infectée peut aussi être un facteur important. Les adultes plus âgés sont moins capables de remplacer les populations de lymphocytes T $CD4^+$. Les bébés et les jeunes enfants sont plus sujets aux infections opportunistes, car leur système immunitaire n'est pas complètement développé. Les nouveau-nés de mères séropositives ne sont pas toujours infectés – en fait, c'est la minorité qui l'est. La vitesse de l'évolution de la maladie chez les nourrissons atteints est directement proportionnelle à la gravité de la maladie chez la mère. Les bébés les plus gravement infectés survivent moins de 18 mois.

Population exposée mais non infectée Dans environ 1 % de la population, le gène du récepteur CCR5 présente une délétion majeure. Les personnes qui font partie de ce groupe (elles sont pour la plupart de descendance européenne ; la mutation est rare chez les Africains et les Asiatiques) offrent une étonnante résistance au VIH, même si elles y sont exposées à de multiples reprises. La molécule CCR5 n'est pas exprimée à la surface de la cellule, si bien que l'infection ne peut pas avoir lieu. (Toutefois, certaines souches rares du VIH sont capables d'infecter les cellules en l'absence de CCR5.)

En Afrique, certaines prostituées, constamment exposées au VIH mais toujours séronégatives, forment une autre population résistante digne de mention. Ces personnes produisent des lymphocytes T cytotoxiques particulièrement efficaces contre le virus.

Cas non évolutifs à long terme Certaines personnes infectées ne présentent aucun symptôme et leur état n'évolue pas vers le sida. De plus, elles ont un nombre stable de lymphocytes T $CD4^+$. On prévoit une survie de plus de 25 ans. On ne sait pas exactement par quel mécanisme, ou groupe de mécanismes, elles repoussent l'infection, mais on a avancé plusieurs hypothèses. Dans certains cas, un facteur génétique interdit la liaison correcte du VIH au corécepteur CCR5. On a aussi trouvé chez des individus un facteur antiviral qui inhibe la réplication du VIH.

▶ Vérifiez vos acquis

Quel est le récepteur de la cellule hôte auquel le VIH s'attache en premier lieu ? **13-24**

Un anticorps spécifique de la capside du VIH pourrait-il se lier au provirus ? **13-25**

Considère-t-on qu'une personne a le sida quand le nombre de ses lymphocytes T $CD4^+$ est de 300/μL ? **13-26**

Quelles cellules du système immunitaire sont les principales cibles du VIH ? **13-27**

Les tests diagnostiques

À l'heure actuelle, les CDC recommandent qu'on fasse un dépistage de routine de l'infection par le VIH dans certaines circonstances, notamment lorsqu'un patient commence un traitement contre la tuberculose ou qu'une personne consulte pour une infection transmissible sexuellement. D'habitude, la détection des anticorps contre le VIH s'effectue au moyen de la méthode ELISA (figure 26.14 EN LIGNE), considérée comme la plus sensible. Il existe plusieurs tests relativement peu coûteux, rapides (de 10 à 20 minutes) et utiles, particulièrement dans les cliniques de soins primaires et les services des urgences, ainsi que dans les pays en voie de développement. Ces tests se font à partir d'un échantillon d'urine ou d'une goutte de sang, et pour le test OraQuick, il suffit d'un peu de salive prélevée avec un coton-tige. Certains tests pourraient être utilisés à la maison. On estime que 25 % des Nord-Américains séropositifs ignorent qu'ils sont infectés, contribuant sans le savoir à propager la maladie. Des moyens de dépistage rapides et à prix modique pourraient aider à corriger cette situation.

On doit confirmer les résultats positifs par une autre méthode. Pour ce faire, on utilise habituellement la technique de transfert de Western (figure 5.12).

Les tests fondés sur les anticorps présentent un inconvénient majeur : ils ne rendent pas compte de l'intervalle entre l'infection et l'apparition d'anticorps détectables, ou **séroconversion**. La figure 13.15 montre que cette dernière devient manifeste peu après que le nombre de virus dans la circulation a atteint son maximum, soit jusqu'à trois mois après l'infection. Dans un tel délai, il est possible que le receveur d'une greffe d'organe ou d'une transfusion sanguine devienne infecté par le VIH, même si les résultats des tests aux anticorps ne révèlent pas de virus chez le donneur. Les améliorations apportées aux méthodes permettent aujourd'hui de détecter le virus de 21 à 25 jours après l'infection.

Aux États-Unis, la FDA a récemment approuvé un test qui offre une solution de rechange à la méthode de confirmation par transfert de Western. Ce test, appelé APTIMA, détecte non pas des anticorps, mais l'ARN du VIH-1. Il permet ainsi de dépister l'infection à ses débuts, avant l'apparition des anticorps. De plus, les résultats qu'on en tire sont plus faciles à interpréter que ceux de la technique de Western. Sa sensibilité est comparable à celle des méthodes approuvées qui permettent de doser la **charge virale plasmatique** dans le sang des patients et de suivre l'évolution et le traitement du sida. Les méthodes classiques de dosage de la charge virale plasmatique par ARN sont fondées sur l'amplification en chaîne par polymérase (chapitre 25 EN LIGNE) ou l'hybridation moléculaire (chapitre 5). Elles sont coûteuses, et il faut 2 ou 3 jours pour faire les manipulations. On peut détecter l'ARN viral au bout de 7 à 10 jours ou, si on se contente d'un degré de fiabilité moindre, après 2 à 4 jours. Afin de garantir le plus possible la sécurité des réserves de sang, la Croix-Rouge américaine a instauré des test de triage pour déceler les anticorps anti-VIH et d'hybridation moléculaire pour repérer l'ARN viral (encadré 20.6).

Les tests qui révèlent l'ARN viral sont les seuls utilisables au cours de l'infection primaire, avant la production d'anticorps. Ce sont aussi les seuls qu'on peut employer chez les nouveau-nés de mères infectées par le VIH, car le sang de ces nourrissons contient des immunoglobulines maternelles qui rendent inopérants les tests de détection des anticorps.

Il faut aussi se rappeler que les tests actuels ne détectent pas nécessairement les innombrables variantes d'un VIH en perpétuelle mutation et, plus particulièrement, les sous-types que l'on n'observe pas normalement dans la population. De plus, les dosages de la charge virale plasmatique rendent compte seulement des virus présents dans la circulation, lesquels forment un très petit échantillon par comparaison avec ce qui est contenu dans les centaines de milliards de cellules infectées.

▶ Vérifiez vos acquis

Quel type d'acide nucléique les tests de la charge virale plasmatique détectent-ils ? **13-28**

La transmission du VIH

La transmission du VIH n'a lieu que si une personne reçoit des liquides organiques infectés ou entre en contact direct avec eux. Le liquide le plus important est le sang, qui contient de 1 000 à 100 000 virus infectieux par millilitre, suivi du sperme, qui contient de 10 à 50 virus par millilitre. Les virus se trouvent souvent à l'intérieur de cellules dans ces liquides, en particulier dans les macrophagocytes. Le VIH peut survivre plus de 1,5 jour au sein d'une cellule, mais seulement quelque 6 heures au-dehors.

Les voies de transmission du VIH comprennent les relations sexuelles, le lait maternel, l'infection transplacentaire du fœtus, les seringues contaminées par du sang, les greffes d'organes, l'insémination artificielle et les transfusions sanguines. Le type de relation sexuelle le plus dangereux est vraisemblablement le coït anal. Lors du coït vaginal, il est beaucoup plus probable que le VIH se transmette de l'homme à la femme que l'inverse. Par ailleurs, la transmission dans un sens ou dans l'autre est beaucoup plus grande s'il y a présence de lésions génitales. La transmission peut aussi avoir lieu, bien que rarement, par contact orogénital.

La salive contient généralement moins de 1 virus par millilitre, et on ne connaît aucun cas de contagion par les baisers. Depuis 1985, on analyse scrupuleusement le sang qui sert aux transfusions afin de s'assurer qu'il ne contient pas de VIH ni d'anticorps anti-VIH, si bien qu'il est peu probable aujourd'hui que le virus se transmette de cette façon. Cependant, il existe toujours un faible risque, comme nous l'avons mentionné plus haut. On peut comprendre que les travailleurs de la santé sont parmi les personnes les plus exposées à contracter une infection par le VIH. La première ligne de défenses contre une telle éventualité est d'éviter l'exposition aux virus. L'**encadré 13.2** présente différentes facettes des risques de contamination et des stratégies mises en place pour les réduire. Le VIH n'est pas transmis par les insectes, ni par les contacts simples tels que serrer une personne infectée dans ses bras ou partager les mêmes articles ménagers.

▶ Vérifiez vos acquis

Quelle est la forme de contact sexuel considérée comme la plus dangereuse pour la transmission du VIH? **13-29**

Le sida dans le monde

Environ deux décennies seulement après le premier cas reconnu de sida, les infections par le VIH sont devenues une pandémie planétaire. On estime qu'elles ont fait 25 millions de morts dans le monde et que près de 5 millions de personnes sont infectées chaque année. Il s'agit de la principale cause de décès en Afrique subsaharienne (**figure 13.16**). En 2010, l'Organisation mondiale de la santé (OMS) estimait qu'il y avait dans le monde entre 60 et 100 millions de personnes vivant avec le VIH/sida.

Dans les grands bassins de population de l'Asie, en particulier en Chine et en Inde, où la maladie s'installe de plus en plus, l'incidence de l'infection par le VIH pourrait dépasser un million de nouveaux cas par an. On observe aussi une forte augmentation de l'incidence en Europe de l'Est, en Russie et en Asie centrale. En Europe occidentale et aux États-Unis, le recours à des traitements antiviraux efficaces a fait diminuer la mortalité due au sida.

Au début de la pandémie, aux États-Unis, au Canada et en Europe, la transmission du virus s'effectuait le plus souvent entre hommes homosexuels et entre usagers de drogues par injection (UDI). Ces modes de transmission sont encore importants. À

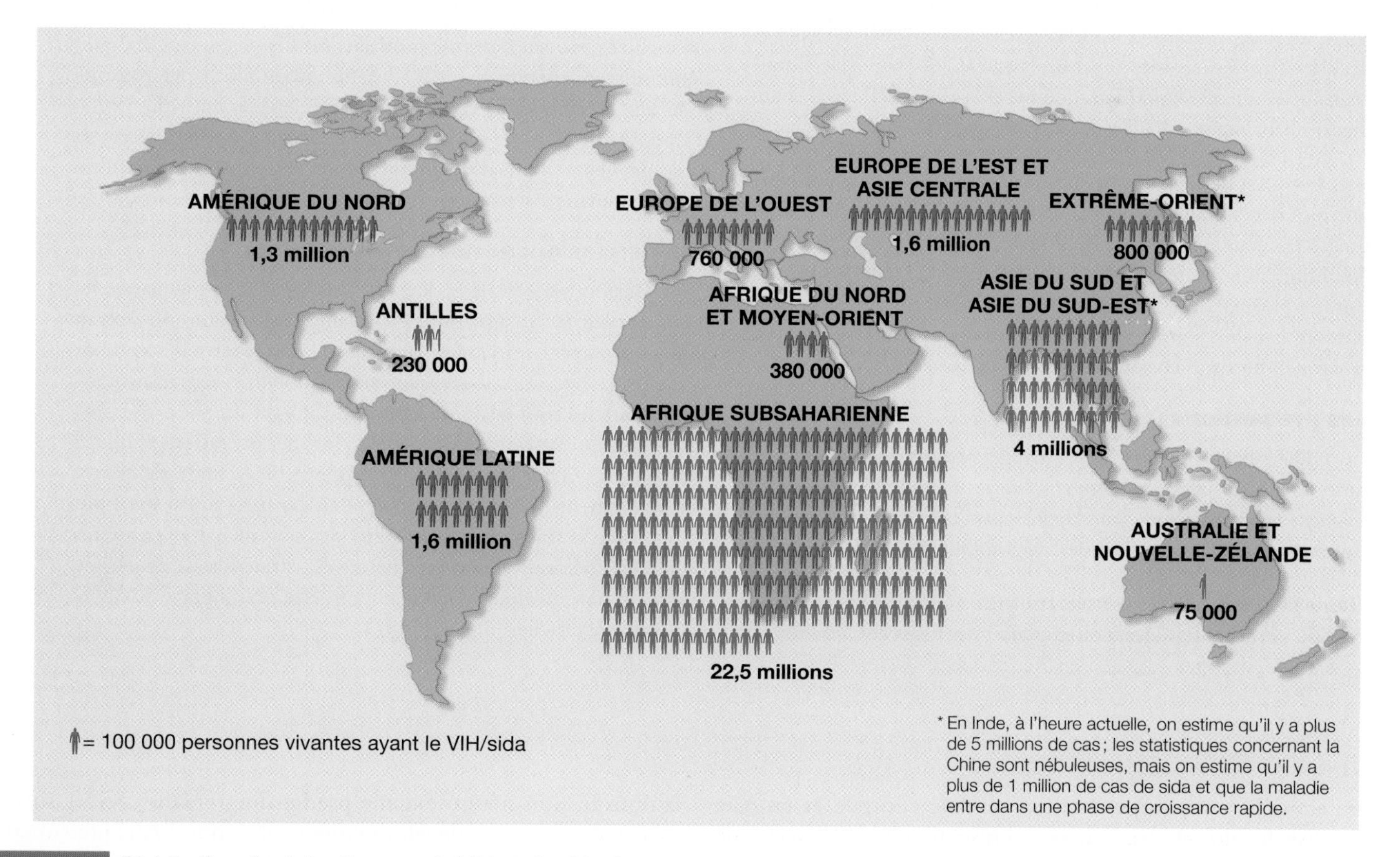

Figure 13.16 **Distribution des infections par le VIH et du sida dans le monde.** Dans le monde, 43 % des personnes vivantes ayant le VIH/sida sont des femmes. (Source : Carte produite à partir de données d'ONUSIDA : OMS.)

La microbiologie dans L'ACTUALITÉ

Encadré 13.2

Les travailleurs de la santé et le sida

Depuis que l'épidémie de sida a fait son apparition, les travailleurs de la santé se préoccupent, à juste titre, des risques de contracter la maladie après une exposition aux liquides biologiques de patients infectés. Cependant, si l'on prend certaines précautions, le risque encouru est très faible, même pour les personnes qui soignent les patients sidéens.

Comprendre les risques

La première mesure à adopter consiste à connaître précisément le mode de transmission du sida dans un contexte professionnel. Dans l'état actuel de nos connaissances, le seul mode de transmission avéré dans le milieu de la santé est la contamination directe par des matières infectées telles que le sang, le sperme, les sécrétions vaginales et le lait maternel. La voie de transmission la plus commune demeure la piqûre accidentelle par une aiguille souillée. Cependant, il peut y avoir inoculation chez le personnel soignant par contact des muqueuses ou par contact d'une blessure cutanée avec du matériel infecté. Pour le moment, il n'existe pas de preuves de la transmission du virus par les aérosols, la voie orofécale, la bouche, le toucher ou un contact avec des objets tels que les planchers, les murs, les chaises ou le siège des toilettes. Même s'il a été décelé dans des liquides tels que la salive, les larmes, le liquide céphalorachidien, le liquide amniotique et l'urine, le VIH ne se transmet probablement pas à la suite d'une exposition à ces substances.

Les CDC estiment que la probabilité de transmission après une piqûre d'aiguille souillée de sang contaminé est de 3 sur 1 000 ou 0,3 %. Quant aux infections consécutives à une contamination des muqueuses par le sang, les risques sont de 0,1 %. En comparaison, les risques de contracter l'hépatite B après avoir subi une blessure par une aiguille souillée avec du sang contenant le VHB (virus de l'hépatite B) sont de l'ordre de 6 à 30 %.

Les précautions

Les CDC ont mis sur pied une stratégie recommandant des « précautions universelles » à suivre par *tous* les membres du personnel soignant. Ces précautions sont adoptées par l'ensemble de la communauté médicale. En voici une description (Source : *MMWR*, 2004).

Gants Des gants jetables doivent être portés lors d'un contact direct avec du sang, des liquides biologiques et des tissus contaminés. Les gants doubles sont recommandés lors des chirurgies effractives. Lorsqu'ils présentent eux-mêmes des lésions de la peau ouvertes, des dermatites suintantes ou des blessures cutanées, les travailleurs ne devraient pas donner des soins.

Blouses, masques et lunettes Il est recommandé de porter un masque et des lunettes de protection quand il y a risque d'éclaboussures, notamment au cours de manipulations des voies respiratoires, lors d'une endoscopie et d'une opération dentaire, et en laboratoire.

Aiguilles Pour diminuer les risques de piqûre, il est préférable de ne pas recouvrir les aiguilles de leur capuchon après les avoir utilisées et de s'en débarrasser dans un contenant résistant aux perforations en vue d'une stérilisation ultérieure. Lorsque le budget le permet, on peut aussi acheter des dispositifs d'aiguilles sécuritaires qui réduisent au minimum les risques de blessures.

Désinfection L'entretien ménager des lieux devrait comprendre le lavage du plancher, des murs et des endroits qui ne sont pas habituellement associés à la transmission de la maladie avec une dilution de 1 partie d'eau de Javel pour 100 parties d'eau. Une dilution de 1 :10 est recommandée pour le nettoyage d'un déversement.

Le traitement préventif après une exposition

Le meilleur moyen de protection du travailleur consiste à éviter l'exposition. Cependant, il faut admettre qu'on n'échappe pas toujours aux accidents. Des études ont montré que les individus exposés peuvent réduire leurs risques de contracter la maladie par la prise prophylactique d'un médicament antiviral, la zidovudine (AZT) pendant 4 semaines.

Les risques encourus par les patients

Les associations médicale et dentaire américaines, de même que les CDC et d'autres organisations ont évalué les situations où il serait indiqué d'empêcher les travailleurs infectés par le virus d'accomplir certaines tâches. Dans leurs recommandations, ces organismes stipulent que les risques de transmission du VIH du personnel soignant aux patients sont les plus élevés lors des opérations et que le choix d'empêcher ou non un travailleur de la santé de traiter certains patients relève d'une analyse au cas par cas. Par exemple, on a étudié la transmission du VHB des travailleurs aux patients durant les opérations dentaires effractives (extraction de dents). Ce risque de transmission est faible et peut être réduit grâce aux précautions universelles.

l'heure actuelle, en Europe de l'Est, en Asie centrale et en Asie du Sud-Est, le tiers des infections sont attribuables à l'usage de drogues par injection. Une fois établies, ces infections servent de pont pour les autres modes de transmission. À l'échelle mondiale, la transmission hétérosexuelle prédomine (environ 85 %), surtout dans les régions en développement telles que l'Afrique subsaharienne, centre actuel de la pandémie. Ces dernières années, on a observé une augmentation du pourcentage de femmes infectées (environ 42% dans le monde, la majorité en Afrique subsaharienne) et, du même coup, un plus grand nombre de transmissions du VIH de la mère au bébé. Dans la plupart des cas, il s'agit de jeunes femmes infectées par des hommes plus âgés.

▶ Vérifiez vos acquis

À l'échelle de la planète, quel est le mode de transmission du VIH le plus répandu? **13-30**

La prévention et le traitement du sida

À l'heure actuelle, dans la plupart des régions du monde, le seul moyen pratique de circonscrire l'infection consiste à freiner la transmission du virus. Pour ce faire, il faut des programmes d'éducation pour promouvoir l'utilisation du préservatif (condom) et décourager les rapports sexuels avec de nombreux partenaires. Fait intéressant, on a découvert que la circoncision diminue le taux d'infection d'au moins 60%. Dans les pays riches, les médicaments ont permis de repousser l'issue fatale. Malheureusement, l'amélioration des moyens de gérer la maladie s'accompagne d'un relâchement des pratiques sécuritaires dans les rapports sexuels. On a tendance à oublier que les thérapies actuelles ne font que ralentir l'évolution de l'infection; elles ne procurent pas de guérison. Il importe également de tenter de prévenir l'utilisation des seringues contaminées par les usagers de drogues par injection. Pour être efficaces, les programmes d'éducation exigent souvent des transformations sociales en profondeur qui ne sont pas faciles à réaliser, mais ils ont réussi à ralentir la propagation de l'infection à certains endroits tels que la Thaïlande. Chez les professionnels de la santé, les risques de contamination sont élevés et les mesures de prévention doivent être strictement observées.

Les vaccins contre le VIH

Dans leurs efforts pour prévenir la maladie causée par le VIH, les chercheurs doivent prendre en considération le fait important que le système immunitaire ne s'est pas montré très efficace dans sa lutte contre les infections contractées naturellement. Parmi les quelque 60 millions d'infections par le VIH dans le monde, il n'y a pas un seul cas connu d'élimination complète de l'agent pathogène par le système immunitaire. Les obstacles à l'élaboration d'un vaccin sont formidables, et les essais avortés ne se comptent plus. En raison du taux de mutation très élevé du virus, il est difficile de mettre au point un produit capable de faire échec à toutes les variantes qui surgissent au cours d'une infection. De plus, les nombreux clades qui se sont formés varient considérablement d'une région du globe à l'autre, si bien qu'il faudrait probablement un vaccin pour chacun d'eux.

Idéalement, le vaccin recherché préviendrait l'infection en stimulant la production d'anticorps. Toutefois, nous avons vu que le virus résiste en général à ces derniers, et ne s'expose à leur attaque qu'au tout dernier instant avant de s'attacher à la cellule hôte et d'y pénétrer. Chez les personnes déjà infectées, il faudrait un vaccin capable de freiner l'évolution de la maladie par une réponse à médiation cellulaire. Toutefois, pour que cela fonctionne, il faudrait que les lymphocytes T cytotoxiques générés soient plus efficaces que ceux induits par l'infection naturelle. Il se trouve que les cellules infectées par le VIH ne se laissent pas attaquer facilement par les lymphocytes T cytotoxiques. Par ailleurs, il faut être en mesure d'atteindre la population virale qui persiste sous forme de provirus et de virus latents (figure 13.14), et qui échappe entièrement au système immunitaire. Enfin, il faut offrir le vaccin à un prix abordable dans les régions du monde où on a à peine les moyens d'assurer sa subsistance. Selon certains experts, il n'est pas possible de produire un vaccin qui confère une protection quasi complète, comme dans le cas de la variole ou de la rougeole. Il faudra peut-être se contenter de rehausser l'immunité à médiation cellulaire chez les personnes infectées et d'aider ce qui reste du système immunitaire à réprimer le virus.

La chimiothérapie

On a fait beaucoup de progrès dans l'utilisation de la chimiothérapie pour freiner les infections par le VIH. Au chapitre 15, nous décrirons les médicaments employés à cet effet. La première cible des médicaments anti-VIH a été la transcriptase inverse, enzyme qui n'est pas présente dans les cellules humaines. On lui a opposé des *inhibiteurs nucléosidiques de la transcriptase inverse*, soit des analogues de nucléosides qui mettent un terme à la synthèse de l'ADN viral par inhibition compétitive (chapitre 23 EN LIGNE). D'autres médicaments ayant la même fonction ne sont pas des analogues d'acides nucléiques; ce sont les *inhibiteurs non nucléosidiques de la transcriptase inverse*.

En se reproduisant, le virus fait appel à une enzyme, plus précisément à une protéase, dont le rôle consiste à découper les protéines de la capside en sous-unités, de telle sorte qu'elles puissent s'assembler et former les nouvelles particules virales. Les *inhibiteurs de la protéase* sont des médicaments qui s'opposent à l'action de cette enzyme.

Pour qu'il y ait infection, le virus doit franchir un certain nombre d'étapes: 1) il doit s'attacher au récepteur CD4 de la cellule; 2) son spicule gp120 doit interagir avec un corécepteur (par exemple CCR5); et 3) il doit fusionner avec la cellule pour s'introduire à l'intérieur de celle-ci (figure 13.12). Récemment, on a mis au point un médicament qui comprend un groupe d'*inhibiteurs de la fusion* et qui cible la région de la gp41 sur l'enveloppe virale.

Après la fusion, la transcriptase inverse produit un ADNc double brin du matériel génétique viral, qui pénètre dans le noyau. Là, grâce à une enzyme appelée *intégrase*, le complexe comprenant l'ADNc s'incorpore à un chromosome de l'hôte et forme un provirus. Les *inhibiteurs de l'intégrase* sont des médicaments qui bloquent le processus d'intégration. D'autres étapes du cycle de reproduction du VIH, telles que la maturation, sont ciblées par des médicaments inhibiteurs, présentement à l'étude ou déjà rendus au stade des essais cliniques.

Grâce au nombre croissant de médicaments qui freinent la reproduction virale, du moins temporairement, on peut presque considérer l'infection par le VIH comme une maladie chronique soignable – à condition d'avoir accès à des traitements à prix abordable. Le taux de reproduction rapide et la fréquence des mutations conférant la résistance rendent nécessaire le recours à plusieurs médicaments en même temps. La thérapie que l'on prescrit à l'heure actuelle porte le nom de **traitement antirétroviral hautement actif (HAART)**. Il s'agit d'une association de médicaments. Par exemple, une des associations les plus utilisées comprend deux inhibiteurs nucléosidiques de la transcriptase inverse combinés soit à un inhibiteur non nucléosidique de la transcriptase inverse, soit à un inhibiteur de la protéase. Les patients doivent souvent prendre jusqu'à 40 pilules par jour, suivant un schéma posologique complexe auquel ils sont strictement tenus de se conformer, car le virus est sans merci. Malgré ce régime, il faut s'attendre à voir apparaître des souches résistantes du virus. Ce qui a amené un scientifique à observer que, dans ses efforts pour résister aux médicaments, le VIH est soumis à une pression sélective d'une intensité dont Darwin n'avait pas idée. L'expérience a aussi montré qu'il est particulièrement difficile d'éliminer les virus à l'état latent dans les tissus lymphoïdes. On parvient souvent à réduire le nombre de virus dans la circulation sous le seuil de détection, mais cela n'est pas synonyme d'éradication. Il faut être vigilant à cet égard, car un patient dont la charge virale est indétectable pourrait quand même être infectieux. Afin de s'assurer de l'efficacité des traitements, on doit refaire fréquemment les analyses pour la présence de virus (et non pour la présence d'anticorps ; voir plus haut la section sur les tests diagnostiques). Une augmentation de la virémie indique probablement l'émergence d'une population résistante.

Les applications de la chimiothérapie ont remporté un succès incontestable. Notamment, elles ont permis de réduire les risques de transmission du VIH des mères infectées à leur bébé, par l'administration non pas d'une batterie de médicaments, mais d'un seul inhibiteur nucléosidique de la transcriptase inverse.

L'épidémie de sida et l'importance de la recherche scientifique

L'épidémie de sida fournit un argument éloquent en faveur de la poursuite de la recherche fondamentale en science. Sans les percées qui ont été faites en biologie moléculaire au cours des dernières décennies, on n'aurait même pas pu déterminer le germe causal du sida. On aurait été incapable de mettre au point les tests de dépistage du virus dans les dons de sang, de trouver les endroits, dans le cycle vital du VIH, contre lesquels élaborer des médicaments à toxicité sélective, voire de suivre l'évolution de l'infection. Au cours de leur vie, la plupart d'entre nous auront eu l'occasion d'être témoins d'une page d'histoire médicale écrite par ceux qui luttent sans répit contre ce virus mortel si difficile à cerner.

▶ Vérifiez vos acquis

Les hommes circoncis sont-ils plus à risque d'être infectés par le VIH? **13-31**

RÉSUMÉ

INTRODUCTION (p. 337)

1. Le rhume des foins, le rejet des greffons et l'auto-immunité sont des exemples de réactions immunitaires nocives ; les infections et l'immunodéficience sont des exemples d'échecs du système immunitaire.
2. L'immunosuppression représente l'inhibition du système immunitaire.
3. Les superantigènes stimulent un grand nombre de récepteurs des lymphocytes T, provoquant ainsi la libération d'une quantité excessive de cytokines qui peuvent occasionner chez l'hôte des réponses nocives.

L'HYPERSENSIBILITÉ (p. 338)

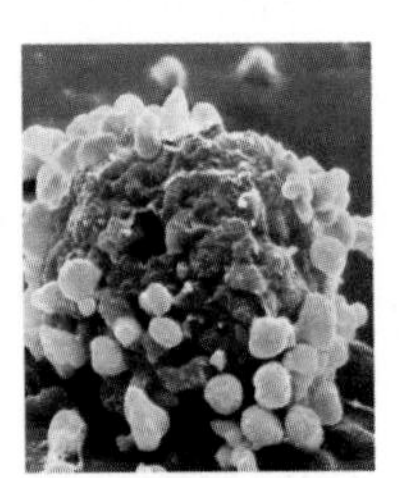

1. Les réactions d'hypersensibilité sont des réponses immunitaires à un antigène (allergène) qui entraînent des lésions des tissus plutôt que l'immunité.
2. Les réactions d'hypersensibilité surviennent quand une personne a été sensibilisée au préalable à l'allergène.
3. Il y a quatre types de réactions d'hypersensibilité : les types I, II et III sont des réactions qui relèvent de l'immunité humorale (avec anticorps) ; le type IV est une réaction retardée relevant de l'immunité à médiation cellulaire (avec lymphocytes T).

Les réactions d'hypersensibilité de type I (anaphylactiques) (p. 338)

4. Consécutives à l'exposition de l'individu à un allergène, les réactions anaphylactiques sont caractérisées par la production d'anticorps de la classe des IgE qui se lient aux mastocytes et aux granulocytes basophiles, de telle sorte qu'ils sensibilisent l'hôte.
5. La liaison d'un allergène à deux anticorps IgE adjacents stimule la libération, par les mastocytes et les granulocytes basophiles, de médiateurs chimiques, tels que l'histamine, les leucotriènes et les prostaglandines, qui causent les réactions allergiques observées.
6. L'anaphylaxie systémique peut survenir dans les minutes qui suivent l'injection ou l'ingestion de l'allergène. Elle peut entraîner une chute de la pression sanguine, d'où l'état de choc et la mort : on parle de choc anaphylactique.

7. L'urticaire, le rhume des foins et l'asthme sont des exemples d'anaphylaxie localisée.
8. Les tests cutanés sont un moyen utile d'établir la sensibilité à un allergène.
9. La désensibilisation s'obtient par une suite d'injections de l'allergène qui aboutissent à la formation d'anticorps bloquants (IgG).

Les réactions d'hypersensibilité de type II (cytotoxiques) (p. 341)

10. Les réactions d'hypersensibilité de type II mettent en jeu des IgG ou des IgM et le système du complément.
11. Les anticorps sont dirigés contre des cellules, qui peuvent appartenir à l'hôte ou être d'origine étrangère. La fixation du complément entraîne le plus souvent la lyse des cellules. Les macrophagocytes et d'autres cellules peuvent aussi occasionner des lésions des cellules coiffées d'anticorps. Les réactions de type II mettent souvent en jeu les érythrocytes.

Le système ABO (p. 341)

12. Il y a quatre grands groupes sanguins chez l'humain, qui sont désignés par les lettres A, B, AB et O.
13. La présence ou l'absence, à la surface des érythrocytes, de deux antigènes glucidiques appelés A et B détermine le groupe sanguin d'un individu.
14. Des anticorps produits naturellement contre les antigènes A et B opposés sont présents dans le plasma ou absents de celui-ci.
15. Une transfusion sanguine incompatible entraîne la lyse par le complément des érythrocytes du donneur.

Le système Rh (p. 342)

16. Environ 85 % de la population humaine possède un autre antigène de groupe sanguin, appelé antigène Rh ; on dit que ces personnes sont Rh^+.
17. L'absence de cet antigène chez certains individus (Rh^-) peut amener leur sensibilisation s'ils y sont exposés.
18. Une personne Rh^+ peut recevoir une transfusion de sang d'un donneur Rh^+ ou d'un donneur Rh^-.
19. Quand une personne Rh^- reçoit du sang d'un donneur Rh^+, elle produit des anticorps anti-Rh.
20. Une nouvelle exposition à des cellules Rh^+ entraînera une réaction hémolytique immédiate aux conséquences graves.
21. Une mère Rh^- qui porte un fœtus Rh^+ produit des anticorps anti-Rh.
22. Les grossesses ultérieures où il y a incompatibilité Rh peuvent entraîner la maladie hémolytique du nouveau-né.
23. On peut prévenir la maladie par l'immunisation passive de la mère au moyen d'anticorps anti-Rh.

Les réactions cytotoxiques d'origine médicamenteuse (p. 342)

24. Le purpura thrombocytopénique est une maladie au cours de laquelle les thrombocytes (plaquettes) sont détruits par des anticorps et le complément.
25. L'agranulocytose et l'anémie hémolytique sont causées par des anticorps qui s'attaquent aux propres érythrocytes d'une personne quand les molécules d'un médicament se fixent à leur surface.

Les réactions d'hypersensibilité de type III (à complexes immuns) (p. 343)

26. Les maladies à complexes immuns surviennent lorsque des anticorps IgG et un antigène soluble forment de petits complexes. Certains complexes immuns restent emprisonnés dans la membrane basale sous les cellules endothéliales des vaisseaux sanguins.
27. La fixation du complément qui s'ensuit provoque l'inflammation des vaisseaux sanguins de l'organe.

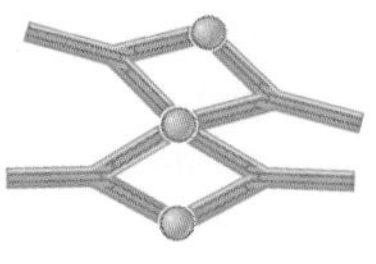

28. La glomérulonéphrite est une maladie à complexes immuns.

Les réactions d'hypersensibilité de type IV (à médiation cellulaire) (p. 344)

29. Dans ce type d'hypersensibilité retardée, les allergènes responsables sont des haptènes qui se lient à des protéines de l'hôte et forment des allergènes complets ; ces allergènes stimulent la prolifération de lymphocytes T, une réponse immunitaire à médiation cellulaire.
30. Lors d'un second contact avec l'allergène spécifique, une réaction d'hypersensibilité retardée est déclenchée. Elle est due principalement à la prolifération de lymphocytes T sensibilisés qui migrent vers les sites d'introduction de l'allergène.
31. Les lymphocytes T sensibilisés sécrètent des cytokines en réponse à l'antigène approprié.
32. Les cytokines attirent et activent les macrophagocytes, et sont à l'origine de lésions tissulaires.
33. Le test cutané à la tuberculine et la dermatite de contact sont des exemples d'hypersensibilité retardée.

LES MALADIES AUTO-IMMUNES (p. 347)

1. L'auto-immunité résulte d'une perte de la tolérance immunitaire.
2. La tolérance immunitaire s'établit durant le développement du fœtus ; les lymphocytes T dont la cible est une cellule de l'hôte sont éliminés (délétion clonale) ou inactivés. L'auto-immunité pourrait être due au fait que ces lymphocytes ne sont pas éliminés ou inactivés.
3. L'auto-immunité peut être due à des anticorps dirigés contre des agents infectieux qui, par réactions croisées, se retournent contre les cellules de l'hôte.
4. La maladie de Graves et la myasthénie grave sont des réactions auto-immunes cytotoxiques causées par des anticorps qui se lient à des récepteurs de surface sur les cellules hôtes ; le complément n'intervient pas et il n'y a pas de destruction cellulaire.
5. Le lupus érythémateux disséminé et la polyarthrite rhumatoïde sont des réactions auto-immunes caractérisées par la formation et le dépôt de complexes immuns qui entraînent des lésions inflammatoires tissulaires.
6. La sclérose en plaques, le diabète insulinodépendant (type 1) et le psoriasis sont des réactions auto-immunes causées par des lymphocytes T (médiation cellulaire) qui détruisent les cellules de l'hôte.

LES RÉACTIONS LIÉES AU SYSTÈME DES ANTIGÈNES DES LEUCOCYTES HUMAINS (HLA) (p. 348)

1. Les molécules du soi, ou d'histocompatibilité, situées à la surface des cellules sont l'expression de différences génétiques entre les individus ; ces antigènes sont régis par des gènes du complexe majeur d'histocompatibilité (CMH), ou système HLA.
2. Pour prévenir le rejet des greffes, on s'assure que les antigènes du HLA et le groupe sanguin ABO du donneur et du receveur sont le plus compatibles possible.
3. Les greffons reconnus comme antigènes étrangers peuvent être lysés par les lymphocytes T et attaqués par les macrophagocytes et les anticorps qui fixent le complément.
4. Une greffe dans un site privilégié (tel que la cornée) ou d'un tissu privilégié (tel qu'une valve de cœur de porc) ne provoque pas de réponse immunitaire, ou en provoque peu.
5. Les cellules souches sont des cellules pluripotentes. Elles peuvent se différencier en cellules de différents tissus, lesquels peuvent être ensuite transplantés.
6. On distingue quatre types de greffes selon le lien de parenté génétique qui existe entre le donneur et le receveur : ce sont les autogreffes, les isogreffes, les allogreffes et les xénogreffes.
7. Les xénogreffes sont sujettes au rejet hyperaigu.
8. Une greffe de moelle osseuse rouge (contenant des cellules immunocompétentes) peut entraîner une réaction du greffon contre l'hôte.
9. Le succès des greffes est souvent lié à l'utilisation d'immunosuppresseurs qui préviennent les réponses immunitaires dirigées contre les tissus transplantés.

LE SYSTÈME IMMUNITAIRE ET LE CANCER (p. 352)

1. Les cellules cancéreuses sont des cellules, normales au départ, qui se sont transformées, se multiplient sans arrêt et possèdent des antigènes tumoraux à la surface de leur membrane.
2. La réaction du système immunitaire au cancer est appelée surveillance immunitaire.
3. Les lymphocytes T_C reconnaissent les cellules cancéreuses et les lysent.
4. Les cellules cancéreuses peuvent se soustraire à la surveillance du système immunitaire. Elles échappent ainsi à la destruction par les cellules immunitaires.
5. Les cellules cancéreuses exercent parfois une action suppressive sur les lymphocytes T ou se multiplient à un rythme tel qu'elles dépassent les capacités de réagir du système immunitaire.

L'immunothérapie contre le cancer (p. 353)

6. Des vaccins contre le cancer du foie et du col de l'utérus sont disponibles.
7. Le trastuzumab (Herceptin) est une préparation d'anticorps monoclonaux dirigés contre un facteur de croissance d'une tumeur du sein.
8. Les immunotoxines sont des poisons chimiques liés à des anticorps monoclonaux ; les anticorps débusquent les cellules cancéreuses et leur transmettent sélectivement le poison.

L'IMMUNODÉFICIENCE (p. 353)

1. L'immunodéficience peut être congénitale ou acquise.
2. L'immunodéficience congénitale est due à des gènes défectueux ou absents.
3. Divers médicaments, cancers et maladies infectieuses peuvent occasionner l'immunodéficience acquise.
4. L'immunodéficience entraîne une plus grande susceptibilité aux infections.

LE SYNDROME D'IMMUNODÉFICIENCE ACQUISE (SIDA) (p. 354)

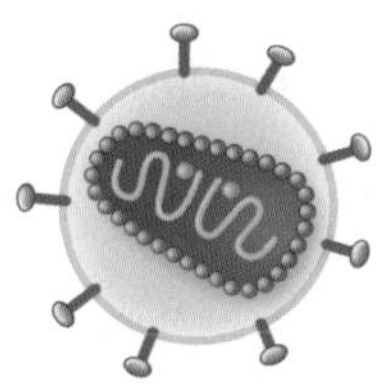

L'origine du sida (p. 354)

1. On croit que le VIH est apparu en Afrique centrale et qu'il a été introduit dans d'autres pays par le transport moderne et par l'intermédiaire de rapports sexuels non protégés.

L'infection par le VIH (p. 355)

2. Le sida est le stade final de l'infection par le VIH.
3. Le VIH est un rétrovirus composé de 2 brins d'ARN, d'une transcriptase inverse et d'une enveloppe de phospholipides hérissée de spicules, dont certains sont des glycoprotéines gp120.
4. Les spicules du VIH se fixent aux récepteurs CD4 et aux corécepteurs des cellules hôtes ; on trouve le récepteur CD4 sur les lymphocytes T auxiliaires, les macrophagocytes et les cellules dendritiques.
5. L'ARN viral est transcrit en ADN par la transcriptase inverse. L'ADN viral est intégré dans un chromosome de l'hôte. Là, il peut soit rester latent sous forme de provirus, soit régir la synthèse de nouveaux virus.
6. Le VIH échappe au système immunitaire grâce à une infection intracellulaire : il peut devenir provirus, rester à l'abri sous forme de virus latents dans des vacuoles, se propager par fusion directe entre cellules et utiliser la variation antigénique.
7. Les groupes génétiquement distincts du VIH sont classés en clades.
8. L'infection par le VIH se divise en phases caractérisées par des symptômes particuliers : la phase 1 (asymptomatique), la phase 2 (premiers symptômes) et la phase 3 (manifestation du syndrome).
9. La gravité de l'infection par le VIH se mesure aussi par le nombre de lymphocytes T $CD4^+$. À 200 lymphocytes $CD4^+$ par microlitre, une personne est considérée comme atteinte du sida.
10. L'évolution de la maladie, à partir de l'infection par le VIH jusqu'au sida, s'étend sur environ 10 ans.
11. On peut prolonger la vie d'un patient atteint du sida par le traitement approprié des infections opportunistes.

12. Les individus ne possédant pas le corécepteur CCR5 sont résistants à l'infection par le VIH.

Les tests diagnostiques (p. 360)

13. Les anticorps anti-VIH sont détectés par la méthode ELISA et par la technique de transfert de Western.
14. Avant de les transplanter, on vérifie si les tissus et les organes humains sont contaminés par le VIH.
15. Les tests mesurant la charge virale plasmatique détectent les acides nucléiques viraux et sont utilisés pour quantifier la virémie.

La transmission du VIH (p. 360)

16. Le VIH se transmet par les relations sexuelles, le lait maternel, les seringues contaminées, la voie transplacentaire, l'insémination artificielle et les transfusions sanguines.
17. Dans les pays industrialisés, la transmission par les transfusions sanguines est improbable ou minime parce qu'on s'assure que le sang ne contient pas d'anticorps anti-VIH.

Le sida dans le monde (p. 361)

18. La transmission s'effectue principalement par contact hétérosexuel.

La prévention et le traitement du sida (p. 363)

19. L'utilisation de préservatifs (condoms) et de seringues stériles prévient la transmission du VIH.
20. L'élaboration d'un vaccin est freinée parce que le VIH est un virus parasite intracellulaire.
21. Les agents chimiothérapeutiques courants ciblent les enzymes viraux incluant la transcriptase inverse, l'intégrase et la protéase.

AUTOÉVALUATION

QUESTIONS À COURT DÉVELOPPEMENT

1. Dans quelles circonstances et comment notre système immunitaire distingue-t-il entre les antigènes du soi et ceux du non-soi ?
2. Lorsqu'ils administrent des vaccins à virus vivants atténués contre les oreillons et la rougeole préparés sur embryons de poulet, les professionnels de la santé sont tenus d'avoir de l'épinéphrine à leur disposition. L'épinéphrine n'est pourtant pas un traitement pour ces infections virales. Quelle est l'utilité d'avoir ce médicament à portée de la main ?
3. Les personnes atteintes du sida produisent-elles des anticorps ? Si oui, pourquoi dit-on qu'elles ont un déficit immunitaire ?
4. Deux types de maladies auto-immunes conduisent à des dysfonctionnements de la glande thyroïde. Comment peut apparaître une hypothyroïdie ? une hyperthyroïdie ?

APPLICATIONS CLINIQUES

1. Étienne travaille dans une ferme de culture de champignons depuis plusieurs mois. Depuis quelques jours, il présente les signes suivants : eczéma, œdème et tuméfaction des nœuds lymphatiques. Le médecin diagnostique une allergie de type anaphylactique dans laquelle l'allergène est constitué de conidies (spores) produites par les moisissures qui poussent dans le terreau. Comment le médecin a-t-il pu déterminer l'état de sensibilité d'Étienne à cet allergène particulier ?

   Étienne souhaite continuer à travailler à la ferme, mais le médecin le lui déconseille. Décrivez le mécanisme physiopathologique à l'origine des signes d'allergie d'Étienne et expliquez pourquoi il ferait mieux de cesser son travail. Les autres employés ne présentent pas les signes d'Étienne. Expliquez pourquoi ils ne risquent pas de contracter la même maladie.
2. Au cours d'un repas au restaurant avec des amis, Robert est pris soudainement de malaises : ses lèvres et sa langue enflent, sa gorge est serrée. Il a de la difficulté à avaler et à respirer. Reconnaissant ses symptômes, Robert se fait immédiatement une injection d'épinéphrine (ÉpiPen) sur la face latérale externe de la cuisse. Son état s'améliore, mais il quitte ses amis pour l'hôpital. Reliez la réaction d'hypersensibilité anaphylactique au mécanisme physiopathologique qui a déclenché les signes et les symptômes de Robert.
3. Ariane est une adepte de la randonnée pédestre et elle aime se promener en forêt. Un beau matin du mois d'août, elle décide de reprendre une piste qu'elle avait empruntée l'été précédent. Le lendemain, elle constate que des petites bulles prurigineuses sont apparues sur ses jambes. À la clinique, on lui dit qu'elle présente une dermatite de contact causée par une plante communément appelée herbe à puce. Ariane se demande comment elle a pu attraper cette dermatite au cours de sa randonnée.

   Décrivez le mécanisme physiopathologique à l'origine des signes et des symptômes d'Ariane et expliquez pourquoi la dermatite de contact n'est pas une maladie qui s'attrape, mais une réaction d'hypersensibilité. Expliquez comment les deux randonnées, celle de l'année précédente et celle de la veille, sont liées à l'apparition des signes et des symptômes. Ariane demande au médecin si elle peut refaire la même randonnée sans s'exposer à une nouvelle réaction. Que pourrait-il lui conseiller ?
4. Une femme dont le groupe sanguin est A^- a eu trois enfants : le premier est du groupe sanguin B^- et le deuxième, du groupe A^+ ; le troisième enfant est venu au monde atteint de la maladie hémolytique du nouveau-né. Expliquez pourquoi ce troisième bébé a la maladie alors que les deux premiers n'en ont pas été atteints.

5. Josiane a 3 ans. L'année dernière, on a diagnostiqué chez elle une déficience immunitaire progressive associée à une incapacité de produire des gammaglobulines (anticorps). La maladie évolue vers une agammaglobulinémie. Hospitalisée depuis une semaine, la fillette est installée dans une chambre totalement isolée et maintenue dans une stérilité complète. Le médecin a décidé de pratiquer une greffe de moelle osseuse rouge et, au vu des résultats des tests d'histocompatibilité, de prélever le greffon chez le frère aîné de Josiane. Expliquez le mécanisme physiopathologique susceptible de s'enclencher si la tentative de greffe se solde par un échec.
6. Depuis quelques mois, une jeune fille se sent fatiguée, faible et frileuse. Elle a récemment pris 4 kilogrammes sans avoir changé son alimentation. Le médecin diagnostique une hypothyroïdie. Des tests supplémentaires révèlent que le dysfonctionnement thyroïdien est d'origine auto-immune. Reliez la maladie auto-immune au mécanisme physiopathologique qui a conduit à l'apparition des signes et des symptômes de l'hypothyroïdie.
7. Une jeune femme de 20 ans consulte son médecin. Depuis quelque temps, elle souffre de faiblesse et d'épuisement musculaire. Un prélèvement sanguin révèle la présence d'anticorps anti-récepteurs d'acétylcholine. Établissez la relation entre la présence des anticorps et le mécanisme physiopathologique qui a conduit à l'apparition des symptômes de faiblesse musculaire.
8. Vous faites partie d'une équipe qui participe à une ExpoScience portant sur le sida. Votre équipe est chargée de présenter une synthèse de plusieurs aspects de l'infection virale. Vous pouvez avoir recours à différents moyens, du grand carton à la projection sur ordinateur. Les thèmes abordés sont les suivants :
   - L'historique de la maladie et sa distribution dans le monde
   - La structure du virus et ses facteurs de pathogénicité
   - Les personnes réceptives et les facteurs prédisposants
   - Les modes de transmission et les moyens de prévention
   - Les troubles immunologiques et physiologiques causés par l'infection
   - Les traitements et les perspectives d'avenir

ÉDITION EN LIGNE Consultez le volet de gauche de l'Édition en ligne pour d'autres activités.

CHAPITRE

14

La lutte contre les microbes

Les efforts pour limiter la croissance microbienne avec des méthodes fondées sur les principes scientifiques remontent à une centaine d'années seulement. Nous avons vu au chapitre 1 que les travaux de Pasteur sur les microorganismes ont amené les scientifiques à penser que les microbes étaient peut-être responsables de certaines maladies. Au milieu du XIXe siècle, deux médecins, le Hongrois Ignác Semmelweis et l'Anglais Joseph Lister, convaincus du bien-fondé de cette hypothèse, élaborent quelques-unes des premières mesures de lutte contre les microbes dans le cadre de la pratique médicale. Ces mesures comprennent le lavage des mains avec du chlorure de chaux, un agent antimicrobien, et des techniques de **chirurgie aseptique** à base de phénol, destinées à éviter la contamination des plaies opératoires. Jusque-là, la contamination hospitalière, ou *infection nosocomiale*, était responsable de la mort de 10 % des patients opérés, et le taux de décès lors des accouchements atteignait 25 %. On se doutait si peu de l'existence des microbes que, durant la guerre de Sécession, il n'aurait pas été étonnant de voir un chirurgien nettoyer son scalpel sur la semelle de ses bottes entre deux incisions.

Au cours du XXe siècle, les scientifiques élaborent toute une gamme de méthodes physiques et d'agents chimiques pour combattre la croissance microbienne. Les méthodes physiques comprennent l'utilisation de la chaleur, la filtration, la dessiccation, l'augmentation de la pression osmotique et l'emploi de rayonnements. Les agents chimiques sont des substances qui détruisent les microbes ou en limitent la croissance sur les êtres vivants ou sur les objets inanimés. Au chapitre 20, nous traiterons des méthodes destinées à lutter contre les microbes après l'apparition d'une infection, et plus particulièrement de l'emploi thérapeutique des antibiotiques.

AU MICROSCOPE

Bactéries recueillies sur une membrane filtrante. Notez les trous de la membrane.

Q/R

La filtration permet de purifier l'eau et les solutions. Dans quelles circonstances est-elle la seule façon pratique d'éliminer les microbes indésirables ?

La réponse est dans le chapitre.

La terminologie de la lutte contre les microbes

▶ Objectif d'apprentissage

14-1 Définir les termes clés suivants, relatifs à la lutte contre les microbes: stérilisation, désinfection, antisepsie, décontamination, mesures sanitaires, asepsie, biocide (germicide), bactériostatique.

On emploie fréquemment le terme «stérilisation», parfois de façon abusive, lorsqu'il est question de lutte contre les microbes. Au sens strict, la **stérilisation** est la destruction de *toutes les formes* de vie microbienne, et même si toutes les techniques actuelles épargnent les prions, on considère que le terme sous-entend l'absence de ces derniers.

La méthode de stérilisation la plus courante est le traitement par la chaleur; elle tue tous les microbes, y compris les endospores très résistantes. On emploie aussi des produits chimiques appelés **stérilisants**. Enfin, on peut stériliser les liquides et les gaz par filtration.

Bien des gens pensent que les conserves en boîte vendues dans les supermarchés sont tout à fait stériles. En fait, le traitement par la chaleur qu'on devrait appliquer pour s'assurer d'une stérilité absolue réduirait inutilement la qualité des aliments. On soumet donc ceux-ci à une température tout juste suffisante pour détruire les endospores de *Clostridium botulinum,* qui sont susceptibles de produire une toxine mortelle. Ce traitement partiel par la chaleur s'appelle *stérilisation commerciale.* Les endospores de certaines bactéries thermophiles, qui peuvent détériorer les aliments mais ne causent pas de maladie chez les humains, tolèrent bien mieux la chaleur que *C. botulinum.* Des endospores de ce type peuvent survivre dans des conserves, mais cela n'a pas vraiment d'importance, car elles ne germent pas et ne se développent pas à une température normale d'entreposage. Toutefois, si on faisait incuber des conserves achetées dans un supermarché à une température adéquate pour la croissance des thermophiles (soit environ 45 °C), on observerait une détérioration notable des aliments. Il existe bien d'autres cas où une stérilisation complète n'est pas nécessaire. Par exemple, l'organisme est d'ordinaire capable de se défendre contre les microbes présents dans la nourriture et contre quelques microbes qui s'infiltrent dans une plaie opératoire. Dans les restaurants, la lutte contre les microbes consiste simplement à éliminer, par exemple d'un verre ou d'une fourchette, les microorganismes potentiellement pathogènes qui risqueraient d'être transmis d'une personne à une autre.

La **désinfection** est une mesure qui vise à détruire des microbes potentiellement pathogènes et (ou) à inactiver des virus indésirables. Il s'agit en général d'éliminer des agents pathogènes végétatifs (qui ne produisent pas d'endospores), processus qui diffère de la stérilisation complète. La désinfection vise la stérilité mais ne l'atteint pas, et le résultat n'est que temporaire. Pour désinfecter, on utilise surtout des substances chimiques, des rayonnements ultraviolets, de l'eau bouillante ou de la vapeur. Mais, en pratique, le terme «désinfection» désigne le plus souvent l'emploi d'une substance chimique, appelée *désinfectant*, pour traiter essentiellement la surface d'objets inertes. Si elle est appliquée à un tissu vivant, la désinfection s'appelle **antisepsie**, et la substance antimicrobienne est un *antiseptique.* Donc, en pratique, une même substance se nomme désinfectant ou antiseptique selon l'usage que l'on en fait. Bien sûr, de nombreux produits utilisés pour nettoyer le dessus d'une table ne peuvent pas être appliqués sur un tissu vivant ou, à tout le moins, pas à la même concentration. Par définition, un antiseptique est un produit non irritant et non toxique pour les tissus vivants qui vise à éliminer ou à inhiber la croissance des agents pathogènes. On entend souvent dire dans le milieu hospitalier que l'on «désinfecte une plaie», mais vous savez maintenant que cette expression ne correspond pas à la stricte définition du terme.

La **décontamination** vise à éliminer la plupart des microbes présents sur des tissus vivants et sur des supports inertes, de façon que ceux qui restent puissent être considérés comme sans danger; néanmoins, des microbes peuvent survivre.

Dans le domaine médical, par exemple, avant de pratiquer une injection, on nettoie la peau avec un tampon imprégné d'un antiseptique tel que l'alcool. Ce procédé de décontamination consiste à éliminer mécaniquement, plutôt qu'à détruire, la majorité des microbes présents sur une petite surface de tissus vivants. On procède aussi à un **nettoyage** du matériel clinique en vue de le décontaminer (figure 14.1). Avant de procéder au nettoyage, il faut d'abord éliminer toute trace de matière organique en rinçant les objets à l'eau froide; ensuite, le nettoyage se poursuit par le lavage à l'eau chaude savonneuse, le brossage, le rinçage et le séchage. Pour un usage immédiat, les objets nettoyés devront ensuite subir une désinfection en règle; rappelez-vous cependant que les microbes ne seront détruits que lors d'une stérilisation ultérieure.

Dans les restaurants, on soumet la verrerie, la vaisselle et la coutellerie à une décontamination afin de diminuer le nombre de microbes; il s'agit de respecter les normes d'hygiène et de santé publique et de réduire au minimum les risques de transmission d'une maladie d'un client à un autre. Ces *mesures sanitaires* consistent en général à laver les objets avec de l'eau très chaude ou, dans le cas de la verrerie utilisée dans un bar, à les laver à l'évier, puis à les plonger dans un désinfectant.

Le nom des produits utilisés pour détruire réellement les microbes porte le suffixe «-cide», qui signifie «tuer». Ainsi, un **biocide**, ou **germicide**, tue les microbes (à quelques exceptions près, les endospores, par exemple); un **bactéricide** tue les bactéries; un **fongicide** tue les mycètes; un **virucide** inactive les virus, et ainsi de suite. Il existe aussi des produits qui inhibent ou freinent la croissance des bactéries sans les détruire; les termes qui les désignent se terminent par le suffixe «-statique», qui signifie «propre à arrêter». Par exemple, un agent **bactériostatique** empêche la multiplication des bactéries mais, si on le retire, la croissance bactérienne reprend.

Le qualificatif «septique» – tiré du terme grec *sepsis* = putréfaction – se rapporte à une contamination microbienne; par exemple, dans le domaine des eaux usées, on parle de fosse septique et dans le domaine clinique, il désigne un état infectieux, comme dans l'expression «choc septique». La *septicité* est le caractère de ce qui est contaminé ou causé par des microbes pathogènes. Par ailleurs, le qualificatif «aseptique» signifie «exempt d'agents pathogènes»; l'**asepsie** est donc l'absence d'agents pathogènes.

Dans la pratique, l'asepsie désigne tout traitement utilisé dans le but de bloquer la chaîne de transmission des microbes. Selon les risques encourus, on distingue deux types d'asepsie : l'asepsie médicale et l'asepsie chirurgicale. L'asepsie chirurgicale – effectuée avant et pendant toute intervention visant une région normalement stérile du corps – comprend les différents procédés et produits utilisés pour détruire tous les microbes et les spores sur un objet ou une région délimitée. On vise ainsi à éviter toute contamination par les instruments, l'équipe chirurgicale et le patient lui-même. L'asepsie médicale consiste à réduire le nombre et la croissance des agents pathogènes sur un objet ou dans une région circonscrite de façon à diminuer les risques de transmission. Les objets ou les régions traités sont « presque » exempts d'agents pathogènes : les objets sont dits « propres » par opposition aux objets contaminés. On a recours à une technique d'asepsie médicale pour réduire le microbiote normal lorsqu'on applique un antiseptique sur la surface de la peau avant de procéder à une injection.

Vous trouverez à la **figure 14.1** un organigramme mettant en relief les relations fonctionnelles entre les différents procédés utilisés pour éliminer les microbes qui contaminent le matériel clinique, et au **tableau 14.1** une récapitulation de certains termes relatifs à la lutte contre les microbes.

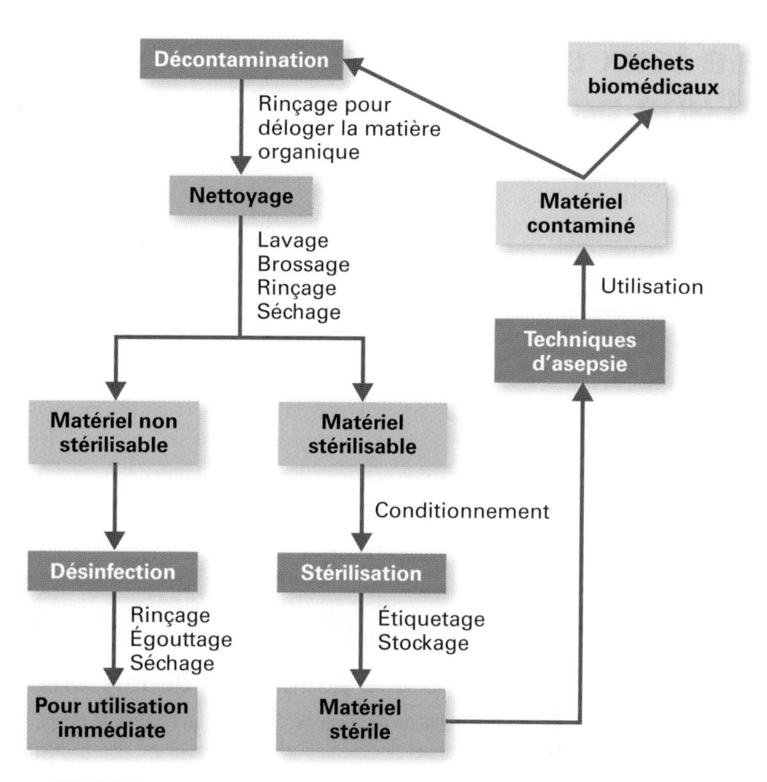

Figure 14.1 Relations fonctionnelles entre les différents procédés utilisés pour traiter le matériel clinique*.

▶ Vérifiez vos acquis

Dans le langage courant, le terme « stérilisation » désigne l'élimination ou la destruction de toutes les formes de vie microbienne. En pratique, y a-t-il des exceptions à cette définition ? **14-1**

* Organigramme gracieusement fourni par Caroline Boucher et Patrick Létourneau, professeurs de biologie au cégep Édouard-Montpetit, Longueuil (Québec).

Tableau 14.1 Terminologie de la lutte contre les microbes

	Définition	Commentaires
Stérilisation	Opération destinée à détruire ou à éliminer toute forme de vie microbienne, y compris les endospores, mais à l'exception peut-être des prions.	Se fait généralement au moyen d'agents antimicrobiens physiques (vapeur pressurisée, etc.) ; l'oxyde d'éthylène est un des seuls produits chimiques stérilisants.
Stérilisation commerciale	Opération destinée à détruire les endospores de *C. botulinum* dans les conserves, au moyen d'un traitement par la chaleur qui suffit mais n'altère pas les aliments.	Les endospores très résistantes des bactéries thermophiles peuvent survivre dans les conserves ; toutefois, celles-ci ne germent pas et ne se développent pas à une température normale d'entreposage.
Désinfection	Opération destinée à détruire ou à éliminer les agents pathogènes végétatifs présents sur des supports inertes.	Se fait au moyen d'agents antimicrobiens physiques ou chimiques.
Antisepsie	Opération destinée à éliminer ou à inhiber des agents pathogènes végétatifs présents sur des tissus vivants.	Se fait presque toujours au moyen d'agents antimicrobiens chimiques non toxiques.
Décontamination	Opération destinée à réduire le nombre de microbes présents sur une superficie limitée, par exemple sur le site d'une injection ou sur des objets inertes.	Se fait la plupart du temps par élimination mécanique et chimique à l'aide de produits désinfectants ou antiseptiques, selon les objectifs visés.
Nettoyage du matériel clinique	Opération destinée à préparer le matériel clinique en vue d'une désinfection ou d'une stérilisation ultérieure.	Les étapes à suivre sont l'élimination mécanique de la matière organique par lavage à l'eau froide, puis lavage à l'eau chaude savonneuse, brossage avec un abrasif, rinçage et séchage.
Asepsie	Ensemble des mesures de contrôle antimicrobien destinées à empêcher tout apport de microbes exogènes.	Est obtenue par divers traitements : stérilisation, désinfection, antisepsie et décontamination.
Mesures sanitaires	Opérations destinées à éliminer ou à réduire le nombre de microbes présents, par exemple dans la nourriture ou sur des objets, afin de respecter les normes d'hygiène.	Est obtenue par lavage des objets avec de l'eau très chaude ou par trempage dans un désinfectant.

Le taux de mortalité d'une population microbienne

▶ Objectifs d'apprentissage

14-2 Décrire le schéma d'inactivation ou de mortalité d'une population de microbes.

14-3 Décrire les facteurs qui influent sur la destruction des microbes par des agents antimicrobiens.

Les microbes ne sont pas tous tués instantanément dès qu'on les soumet à l'action d'un agent antimicrobien. La mort d'une population microbienne, tout comme sa croissance, suit une courbe exponentielle, plus précisément une courbe de décroissance exponentielle. Par exemple, si on traite une population de 1 million de microbes pendant 1 min et que 90 % de la population est détruite, il reste 100 000 microbes survivants ; si on traite ces derniers pendant 1 min encore et que 90 % des *survivants* meurent, il ne reste plus que 10 000 microbes. Après le traitement de ces 10 000 microbes, il en reste 1 000, puis 100, 10 et enfin 1 seul spécimen. Autrement dit, à chaque application du traitement pendant 1 min, 90 % de la population restante est détruite. Le taux de mortalité est donc constant. Ainsi, en traçant la courbe des décès sur une échelle logarithmique, on obtient une droite (**figure 14.2a**).

Voici cinq facteurs qui influent sur l'efficacité d'un traitement antimicrobien, quels que soient le produit ou le moyen utilisés.

Figure 14.2

Schéma guide

Courbe des décès dans une population de microbes

La courbe des décès dans une population de microbes, mettant en relation le temps et la taille de la population de départ, est un outil particulièrement utile dans le domaine de la conservation des aliments et pour la stérilisation des milieux de culture et du matériel médical.

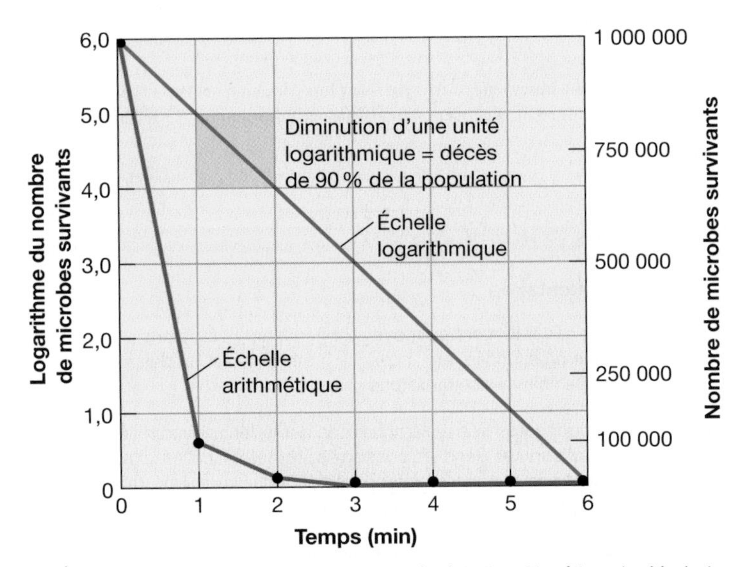

a) À partir des données, on trace une courbe à l'échelle arithmétique (en bleu) et une courbe à l'échelle logarithmique (en rouge). On a construit le graphique de telle sorte que les échelles coïncident à deux endroits : à 1 cellule et à 1 million de cellules. Dans le cas présent, les cellules meurent à un rythme constant, soit à 90 % par minute. Remarquez combien la courbe à l'échelle arithmétique est peu pratique : à 3 minutes, la population, qui est de 1 000 cellules, se situe à un centième de la distance entre le bas du graphique et 100 000 sur l'échelle verticale. C'est pourquoi il est préférable d'utiliser une échelle logarithmique, même si celle-ci semble coller moins bien à la situation telle que nous la percevons.

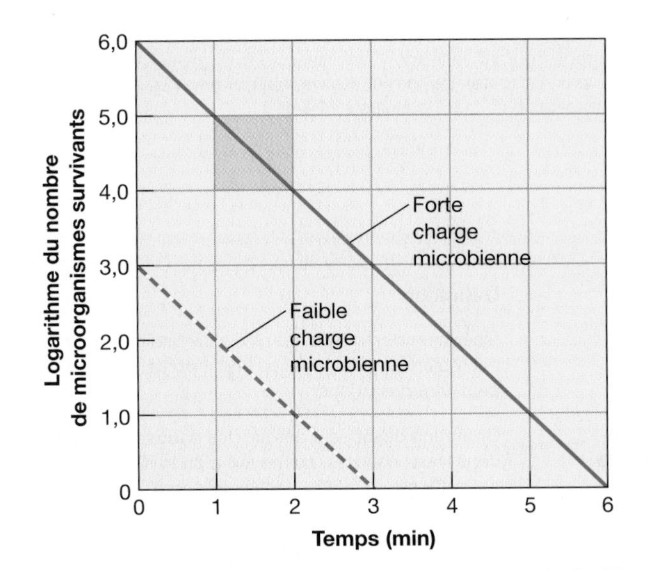

b) Les deux courbes montrent l'effet de la taille de la charge microbienne initiale. Si le taux de mortalité est identique, il faut plus de temps pour détruire tous les microbes d'une grande population qu'il en faut pour éliminer une population de taille plus modeste, et ce, tant dans le cas d'un traitement par la chaleur que dans celui d'un traitement par un agent chimique.

Concept clé

Il faut utiliser une échelle logarithmique pour bien se représenter l'évolution des populations bactériennes. Par exemple, la courbe des décès dans une population bactérienne permet de déterminer l'effet de la taille de départ de la population sur le temps requis pour accomplir la stérilisation.

1. *Le type de microbes.* Les agents pathogènes présentent des sensibilités différentes aux moyens employés contre eux dans la lutte antimicrobienne. Certaines bactéries sont très sensibles à un traitement particulier, qu'il soit physique ou chimique, alors que d'autres y sont résistantes. Leur résistance est réduite durant la phase de croissance exponentielle, où la croissance est optimale; les endospores sont plus résistantes. Certains virus sont beaucoup plus difficiles à traiter que les bactéries, et les prions sont les plus résistants (**figure 14.3**).
2. *Le nombre initial de microbes.* Plus il y a de microbes au départ, plus il faut de temps pour détruire la population tout entière (**figure 14.2b**). Dans le cas de tissus contaminés, plus la contamination est profonde, plus il faut de temps pour atteindre les microbes.
3. *Les facteurs environnementaux.* Divers facteurs environnementaux influent sur l'efficacité des traitements antimicrobiens. Premièrement, la présence de matière organique inhibe l'action des agents antimicrobiens. Dans les hôpitaux, on tient compte de la présence de matière organique (pus, sang, matières vomies ou fèces) lors du choix d'un désinfectant ou d'un antiseptique. Par exemple, un antiseptique à base d'alcool provoque la coagulation des protéines des tissus humains; il n'est donc pas approprié d'y avoir recours pour nettoyer une plaie parce que la diffusion de l'alcool dans les tissus de la plaie est très limitée.

   Deuxièmement, les bactéries ne se développent pas de la même façon dans la nature et en laboratoire. Sur les milieux de culture, elles forment des colonies isolées typiques. Sur d'autres surfaces, les bactéries s'y fixent, se multiplient sur place et forment un **biofilm** qui protège les microcolonies. C'est une organisation semblable, illustrée à la figure 4.5, que l'on observe sur des biomatériaux utilisés en médecine (cathéters, prothèses, etc.). Ces biofilms font obstacle à l'action des désinfectants sur les différents microbes qui contaminent le matériel médical.

   Troisièmement, la température joue un rôle dans les traitements antimicrobiens. Comme ils agissent par l'intermédiaire de réactions chimiques qui dépendent de la température, les agents actifs des désinfectants sont plus efficaces à une température relativement élevée. Ainsi, une étiquette placée sur le contenant précise souvent que le désinfectant doit être dilué avec de l'eau chaude. Quatrièmement, la nature du milieu de suspension est un facteur déterminant dans le cas, par exemple, d'un traitement par la chaleur. Les graisses et les protéines jouent un rôle protecteur, de sorte que les microbes présents dans un milieu riche en graisses et en protéines ont un taux de survie plus élevé. C'est pourquoi tous les instruments, ciseaux et pinces doivent être débarrassés de toute substance organique avant d'être stérilisés à la chaleur. La chaleur est aussi nettement plus efficace dans des conditions de pH acide.
4. *La durée d'exposition.* La durée d'exposition à un agent antimicrobien doit souvent être assez longue pour que les microbes et les endospores les plus résistants en subissent l'effet. Dans le cas d'un traitement par la chaleur, on peut augmenter la durée d'exposition si la température n'est pas très élevée, notamment pour la pasteurisation des produits laitiers. Les effets de l'irradiation de microbes sont aussi fonction de la durée d'exposition si tous les autres paramètres sont constants.
5. *Les caractéristiques des microbes.* Les caractéristiques des microbes influent sur l'efficacité des méthodes chimiques et physiques utilisées pour les combattre.

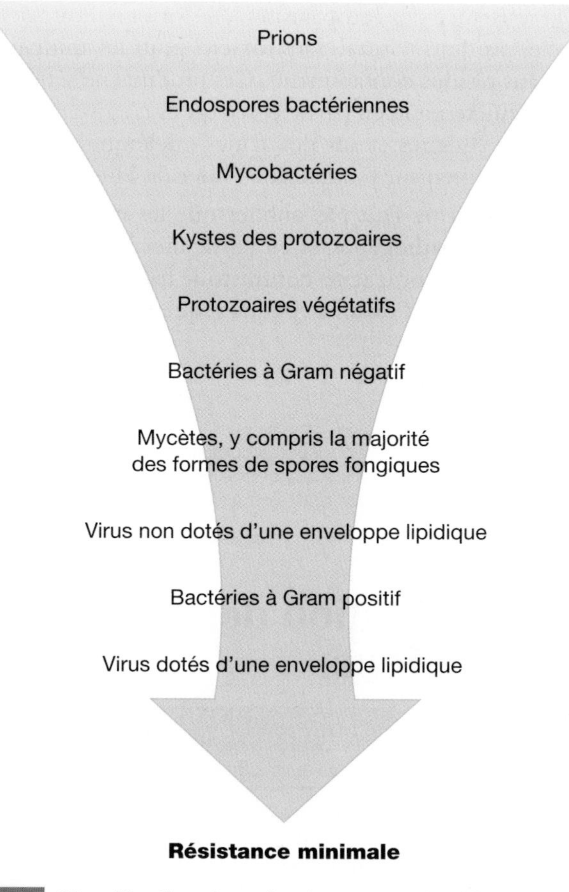

Figure 14.3 Classification des microbes par ordre décroissant de la résistance aux biocides chimiques.

▶ **Vérifiez vos acquis**

Pourquoi faut-il plus de temps pour stériliser une solution contenant un million de bactéries qu'il en faut pour une solution ayant un demi-million de bactéries? **14-2**

Nommez cinq facteurs qui influent sur la destruction des microbes par des agents antimicrobiens. **14-3**

Si vous utilisez le même produit désinfectant pour laver votre table de cuisine et la poubelle, quelles conditions devez-vous respecter pour que la désinfection soit efficace dans les deux cas? **14-3**

Les caractéristiques des agents pathogènes et leur résistance relative aux biocides chimiques

▶ **Objectif d'apprentissage**

14-4 Expliquer de quelle façon la nature des microbes influe sur la lutte contre la croissance microbienne.

La figure 14.3 établit une classification sommaire des principaux groupes d'agents pathogènes en fonction de leur résistance relative aux biocides chimiques.

Les prions montrent la plus forte résistance aux biocides chimiques. Il n'y a pas encore de méthodes fiables ou de produits qui détruisent les prions – des protéines infectieuses qui causent des maladies neurologiques telles que l'encéphalopathie spongiforme bovine (ESB), également appelée «maladie de la vache folle», et la maladie de Creutzfeldt-Jakob, de même nature que l'ESB. Également, très peu de biocides agissent sur les endospores bactériennes – la forme dormante déshydratée de certaines espèces de bactéries.

Les mycobactéries – un groupe de bactéries qui ne produisent pas d'endospores – offrent une résistance aux biocides supérieure à la moyenne. Ce groupe comprend *Mycobacterium tuberculosis,* l'agent pathogène responsable de la tuberculose. La paroi cellulaire de cet organisme et de certaines autres mycobactéries comporte un constituant cireux, riche en lipides. L'étiquette apposée sur un désinfectant précise souvent si celui-ci est tuberculocide, ce qui indique si le produit est efficace contre les mycobactéries. On a élaboré des épreuves d'effet tuberculocide pour évaluer spécifiquement l'efficacité des biocides contre les mycobactéries. L'effet des principaux types d'agents antimicrobiens contre les mycobactéries et les endospores est résumé dans le **tableau 14.2**.

Les spores, les kystes et oocystes des protozoaires sont aussi relativement résistants aux désinfectants chimiques, alors que les protozoaires à l'état végétatif (chapitre 7) y sont un peu moins, ce qui permet généralement de mieux contrôler la transmission de la maladie.

De manière générale, les biocides sont plus efficaces contre les bactéries à Gram positif que contre les bactéries à Gram négatif. La membrane externe de lipopolysaccharide des bactéries à Gram négatif est un facteur déterminant de cette résistance. Dans ce groupe de bactéries, celles qui appartiennent aux genres *Pseudomonas* et *Burkholderia* présentent un intérêt particulier. Elles sont étroitement apparentées, offrent une résistance exceptionnelle aux biocides (figure 14.8) et peuvent même croître dans certains désinfectants et antiseptiques, notamment dans les composés d'ammonium quaternaire. Cette résistance aux agents antimicrobiens dépend principalement des caractéristiques des *porines* (orifices structuraux de la paroi des bactéries à Gram négatif; figure 3.11c). Ces dernières sont très sélectives quant aux molécules qu'elles laissent entrer dans la cellule. Nous verrons au chapitre 15 qu'elles augmentent également la résistance à de nombreux antibiotiques.

Les mycètes, en particulier la majorité des spores fongiques, présentent une certaine résistance, quoique généralement moins élevée que celle des bactéries à Gram négatif. Les virus qui ne possèdent pas d'enveloppe et sont recouverts uniquement d'une couche protéique sont plus résistants que les autres; en fait, peu de biocides agissent sur eux. Les biocides chimiques liposolubles sont en théorie plus efficaces contre les virus à enveloppe. Si c'est le cas, l'étiquette apposée sur le produit l'indique.

Les helminthes (par exemple les oxyures) et les ectoparasites – poux et puces, sarcoptes, tiques et autres – sont des organismes généralement plus gros et plus complexes que les bactéries, les mycètes ou les protozoaires. C'est pourquoi la décontamination environnementale s'effectue généralement par des procédés et des produits chimiques différents. Le problème de la résistance aux molécules couramment utilisées est préoccupante, mais il semblerait qu'elle décroît selon qu'il s'agisse, dans l'ordre, des helminthes, des tiques, du sarcopte de la gale, des diptères et des poux. Seul le malathion semble encore avoir un faible taux de résistance. Pour contrer la résistance des ectoparasites, on s'oriente donc de plus en plus vers les produits naturels sans toxicité pour les animaux à sang chaud et sans résidus contaminants. Ces produits ne seront étudiés que très succinctement, en partie parce qu'ils n'agissent pas sur des composants cellulaires et sur des acides nucléiques (ce que nous étudions), mais bien sur l'organisme entier de l'insecte.

En résumé, il ne faut pas oublier que les méthodes de lutte contre les agents pathogènes, et en particulier l'usage de biocides, n'ont pas la même efficacité contre tous les microbes; le choix d'un désinfectant ou d'un antiseptique requiert donc une attention particulière.

Tableau 14.2 Efficacité des agents antimicrobiens chimiques contre les endospores et les mycobactéries

Agent antimicrobien	Endospores	Mycobactéries
Mercure	Effet nul	Effet nul
Phénol et dérivés	Peu efficaces	Efficaces
Bisphénols	Effet nul	Effet nul
Composés d'ammonium quaternaire (quats)	Effet nul	Effet nul
Chlore et dérivés	Moyennement efficaces	Moyennement efficaces
Iode	Peu efficace	Efficace
Alcools	Peu efficaces	Efficaces
Glutaraldéhyde	Moyennement efficace	Efficace
Chlorhexidine	Effet nul	Moyennement efficace

▶ Vérifiez vos acquis

Il est incontestable que les endospores compliquent la lutte contre les microbes, mais pourquoi les bactéries à Gram négatif résistent-elles mieux aux biocides chimiques que les bactéries à Gram positif? **14-4**

Le mode d'action des agents antimicrobiens

▶ Objectif d'apprentissage

14-5 Décrire les effets des agents antimicrobiens sur les structures cellulaires.

L'action antimicrobienne s'exerce par l'intermédiaire de produits ou de procédés qui font intervenir soit des agents physiques, soit des agents chimiques. Dans la présente section, nous allons étudier de quelle façon les agents détruisent ou inhibent la croissance des microbes. Les stratégies élaborées pour lutter contre ces derniers visent à les éliminer en attaquant leurs structures cellulaires essentielles – paroi, membrane plasmique, cytoplasme, ribosomes et ADN – ou en inactivant des molécules telles que les enzymes nécessaires à leur métabolisme. Elles tentent également de rendre l'environnement impropre à leur reproduction en limitant les sources nutritives ou en ajoutant des poisons. Par conséquent, attaquer une des structures cellulaires, dénaturer les enzymes ou altérer les conditions de croissance, c'est atteindre l'intégrité de la cellule microbienne et provoquer sa mort à plus ou moins brève échéance.

L'altération de la paroi cellulaire

La paroi cellulaire est la cible de nombreux agents antimicrobiens. Les ultrasons, par exemple, la font éclater. La destruction de la paroi entraîne à son tour la lyse des bactéries. Toutefois, dans la lutte antimicrobienne, les antibiotiques qui agissent sur la paroi cellulaire demeurent des substances de choix (chapitre 15).

L'altération de la perméabilité de la membrane

La membrane plasmique des microbes, située juste sous la paroi cellulaire, est la cible de nombreux agents antimicrobiens. Essentielle à la cellule, cette membrane joue un rôle actif dans la régulation de l'entrée des nutriments et de l'élimination des déchets. La détérioration des lipides ou des protéines de la membrane plasmique par un agent antimicrobien entraîne l'éclatement de la cellule et l'écoulement de son contenu dans le milieu environnant.

La détérioration des protéines cytoplasmiques

On se représente parfois une bactérie comme un «petit sac d'enzymes». Les enzymes, qui sont essentiellement des protéines, jouent un rôle crucial dans toutes les activités métaboliques de la cellule microbienne. Nous avons vu que les propriétés fonctionnelles d'une protéine dépendent de sa forme tridimensionnelle (figure 22.15 EN LIGNE). Celle-ci résulte des liaisons chimiques qui unissent les portions adjacentes de la chaîne d'acides aminés qui se courbe et s'enroule sur elle-même. Certaines de ces liaisons sont des liaisons hydrogène, susceptibles de se rompre sous l'action de la chaleur ou de substances chimiques, et leur rupture entraîne la dénaturation de la protéine (figure 23.6 EN LIGNE). Les liaisons covalentes, plus fortes, peuvent tout de même être touchées. Par exemple, les ponts disulfure – qui influent sur la structure protéique en reliant les acides aminés qui comportent des groupements sulfhydryle (—SH) – peuvent être rompus par certaines substances chimiques ou une température élevée. En inactivant les protéines enzymatiques, on entrave le métabolisme de la bactérie et on provoque sa mort.

La détérioration des acides nucléiques

Les acides nucléiques (ADN et ARN) sont les porteurs de l'information génétique des cellules. Leur détérioration par la chaleur, les rayonnements ou les substances chimiques entraîne fréquemment la mort de la cellule, laquelle ne peut plus se reproduire ni remplir ses fonctions métaboliques normales, telles que la synthèse des protéines.

> **Vérifiez vos acquis**
>
> Un agent antimicrobien chimique qui cible la membrane plasmique produira-t-il des effets indésirables chez l'humain? **14-5**

Les méthodes physiques de lutte contre les microbes

> **Objectifs d'apprentissage**
>
> **14-6** Comparer l'efficacité de la chaleur humide (ébouillantage, stérilisation en autoclave et pasteurisation) et de la chaleur sèche.
>
> **14-7** Décrire de quelle façon la filtration, le maintien à basse température, la haute pression, la dessiccation et une pression osmotique élevée inhibent la croissance microbienne.
>
> **14-8** Expliquer de quelle façon les rayonnements ionisants tuent les cellules microbiennes.

C'est probablement dès l'âge de pierre que les humains ont utilisé des méthodes physiques de lutte contre les microbes pour conserver les aliments. Le séchage et la salaison de la viande ou du poisson ont vraisemblablement fait partie des premières techniques employées.

Lorsqu'on choisit une méthode de lutte contre les microbes, il faut tenir compte de ses effets potentiels sur d'autres éléments. Par exemple, la chaleur est susceptible d'inactiver des vitamines utiles qui sont en solution dans le milieu à stériliser. Certains instruments utilisés dans les laboratoires ou les hôpitaux, tels que les tuyaux en caoutchouc ou en latex, se détériorent si on les chauffe à plusieurs reprises. Il faut également prendre en considération le facteur économique; par exemple, il est peut-être moins coûteux de se servir d'un récipient en plastique préalablement stérilisé et jetable que d'employer pendant un certain temps un récipient en verre que l'on doit stériliser après chaque usage. De plus, l'emploi de matériel à usage unique élimine les risques inhérents à une méthode de stérilisation inefficace.

La chaleur

Une visite dans un supermarché suffit à se convaincre que la mise en conserve appertisée est l'une des méthodes les plus courantes de conservation des aliments. L'appertisation est un procédé qui combine la préparation d'aliments dans des boîtes de conserve étanches et leur stérilisation par la chaleur afin de détruire et d'inactiver tous les microbes – ou leurs toxines – dont la présence pourrait rendre la nourriture impropre à la consommation (figure 28.1 EN LIGNE). Les conserves et confitures familiales sont stérilisées par la chaleur. C'est aussi à ce procédé qu'on a d'ordinaire recours pour stériliser les milieux de culture et le matériel en verre de laboratoire, de même que les instruments médicaux.

Il semble que la chaleur détruise les microbes en dénaturant leurs enzymes; il en résulte un changement de la forme tridimensionnelle de ces protéines, qui sont ainsi inactivées. La résistance à la chaleur varie selon les types de microbes. Il existe des normes scientifiques auxquelles on peut se référer. Ainsi, la **valeur d'inactivation thermique** (**TDP** pour *thermal death point*) est la température minimale à laquelle tous les microbes en suspension dans un liquide sont détruits en 10 min. Toutefois, cette valeur n'est pas une mesure très précise parce que plusieurs facteurs expérimentaux peuvent intervenir, tels que la qualité de la suspension (concentration des bactéries, quantité d'eau, présence de matière organique), le choix des milieux de croissance après l'épreuve, etc.

Il est donc également indispensable de tenir compte du temps requis pour tuer les microbes. On exprime ce facteur par le **temps**

d'inactivation thermique (**TDT** pour *thermal death time*), soit le temps minimal requis pour que, à une température donnée, toutes les bactéries présentes dans un milieu de culture liquide soient détruites. La valeur et le temps d'inactivation thermique sont utiles en tant qu'indicateurs de la rigueur du traitement nécessaire pour tuer une population donnée de bactéries.

Le **temps de réduction décimale**, ou **valeur D**, est le troisième concept relié à la résistance des bactéries à la chaleur. Il s'agit du temps exigé (exprimé en minutes), à une température donnée, pour réduire de 90 % la population microbienne. Par exemple, dans la figure 14.2a, le temps de réduction décimale est de 1 min et la population initiale est de 10^6 bactéries (1 000 000) ou de 6 en $\log_{10}$. Après 1 min, 90 % de la population est détruite, ce qui laisse 10^5 bactéries survivantes (100 000) ; après la 2e min, il reste 10^4 bactéries (10 000) ; après la 3e min, 10^3 (1 000) ; après la 4e min, 10^2 (100) ; après la 5e min, 10^1 (10) ; et finalement après la 6e min, il ne reste qu'une seule survivante. Dans l'industrie de la conserve, ce concept particulièrement utile est à la base du traitement 12D (chapitre 28 EN LIGNE).

La stérilisation par la chaleur consiste en un traitement soit par la chaleur humide, soit par la chaleur sèche. L'action de la chaleur dépend de l'environnement, de l'état physiologique des microbes (bactérie en croissance, spore) et du nombre de ces derniers.

La chaleur humide

La chaleur humide tue les microbes surtout parce qu'elle provoque la dénaturation des protéines. Plus précisément, elle rompt les liaisons hydrogène qui aident à stabiliser la structure tridimensionnelle des protéines. C'est le phénomène que l'on observe lorsqu'on fait cuire un blanc d'œuf à la poêle.

L'**ébouillantage**, qui utilise le procédé de la chaleur humide, tue les bactéries pathogènes végétatives, presque tous les virus, ainsi que les mycètes et leurs spores en 10 min environ, et souvent beaucoup plus rapidement. La température de la vapeur en écoulement libre (et non sous pression) est à peu près la même que celle de l'eau bouillante. Cependant, il faut bien plus de 10 min pour détruire certaines endospores et certains virus. Par exemple, des virus de l'hépatite peuvent survivre jusqu'à 30 min après le début de l'ébullition et certaines endospores bactériennes, plus de 20 h. L'ébouillantage ne peut donc pas être toujours considéré comme une méthode fiable de stérilisation et, par conséquent, il est préférable de parler ici de « désinfection par ébouillantage ». Au regard des critères habituels de bonne hygiène, un bref ébouillantage tue généralement la majorité des agents pathogènes, ce qui est satisfaisant. On applique ce principe lorsqu'on « désinfecte » un biberon par ébouillantage.

Pour être plus fiable, la stérilisation par chaleur humide doit se faire à une température supérieure au point d'ébullition de l'eau (100 °C). La méthode la plus courante pour obtenir des températures de cet ordre est l'utilisation de vapeur sous pression dans un **autoclave** – une enceinte métallique hermétiquement fermée dans laquelle l'eau est chauffée et la vapeur, mise sous pression (**figure 14.4**). En fait, c'est à la stérilisation en autoclave qu'on a toujours recours, à moins que la matière à stériliser ne risque d'être endommagée par la chaleur ou l'humidité, ou qu'elle ne contienne des substances thermolabiles, c'est-à-dire sensibles à la chaleur.

Le principe est le suivant. À la pression atmosphérique normale au niveau de la mer (101,3 kPa), la température de la vapeur d'eau en écoulement libre est de 100 °C. Si on exerce sur la vapeur libre une pression supérieure, la température de la vapeur monte. Ainsi, lorsqu'on enferme de la vapeur dans un contenant hermétique – tel un autoclave – et qu'on élève la pression, par exemple jusqu'à 202,6 kPa, soit le double de la pression atmosphérique normale, la température de la vapeur d'eau atteint 121 °C ; si on fait monter la pression à 303,9 kPa, la température atteint 135 °C. Habituellement, dans un autoclave, la température de la vapeur atteint 121 °C à 202,6 kPa (ou 2 atm), soit à 2 fois la pression normale.

La stérilisation en autoclave est d'autant plus efficace que les microbes, présents sur de la verrerie ou dans un milieu de culture, sont soit en contact direct avec la vapeur, soit plongés dans une petite quantité d'une solution aqueuse. Dans ces conditions, la vapeur pressurisée et chauffée à 121 °C tue *tous* les microbes et les endospores en 15 à 20 min environ.

Dans le milieu médical, on emploie l'autoclave pour stériliser les milieux de culture, les instruments, les pansements, les cathéters, les applicateurs, les solutions, les seringues, les dispositifs servant à la transfusion, la literie et de nombreux autres objets qui tolèrent des températures et des pressions élevées.

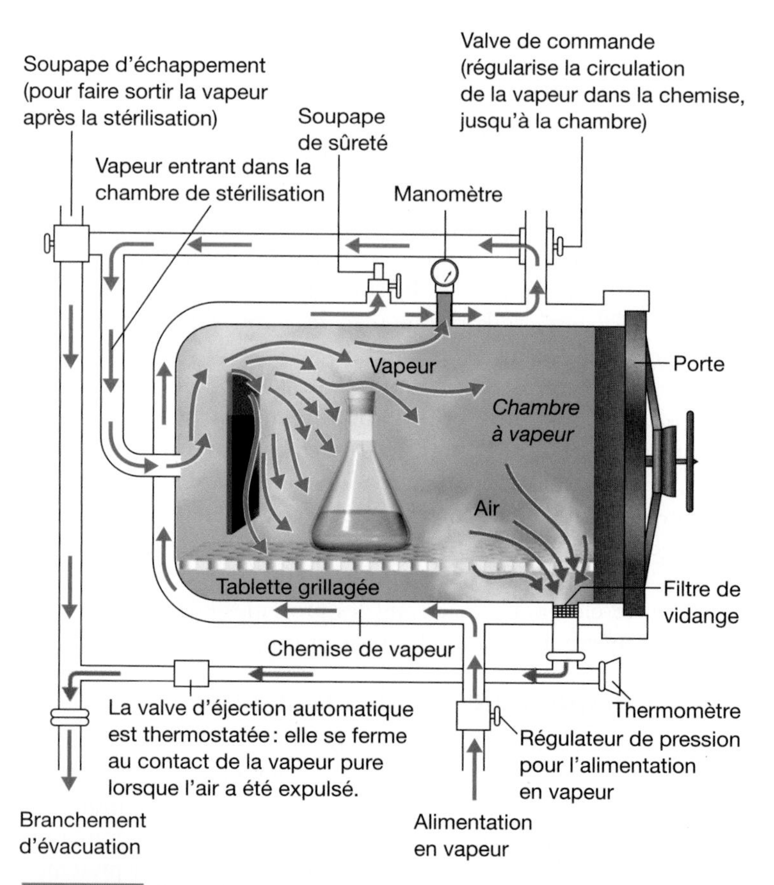

Figure 14.4 **Autoclave.** La vapeur qui entre par la gauche pousse l'air (flèches rouges), qui sort par le fond (flèches bleues). La valve d'éjection automatique reste ouverte tant qu'un mélange d'air et de vapeur sort par le branchement d'évacuation. Lorsque l'air a été complètement évacué, la valve se ferme, car la température de la vapeur pure est plus élevée que celle du mélange, et la pression à l'intérieur de la chambre augmente.

Le fonctionnement des énormes autoclaves industriels et des autocuiseurs utilisés pour la mise en conserve artisanale repose sur le même principe.

La chaleur met plus de temps à atteindre le centre d'un solide, tel qu'une conserve de viande, parce qu'il n'existe pas dans la matière solide de courants de convection qui distribuent la chaleur de manière efficace comme c'est le cas dans les liquides. Par ailleurs, rappelez-vous que, plus un récipient est grand, plus il faut de temps pour en chauffer le contenu. Le **tableau 14.3** donne le temps requis pour stériliser le liquide contenu dans des récipients de différentes dimensions. Pour stériliser la surface d'un solide, la vapeur doit entrer directement en contact avec celle-ci. Lorsqu'on stérilise de la verrerie sèche, des pansements et d'autres objets semblables, il faut donc s'assurer que la vapeur entre en contact avec toutes les surfaces. Par exemple, les pellicules d'aluminium sont imperméables à la vapeur. Par conséquent, on ne doit pas s'en servir pour envelopper de la matière sèche à stériliser; il faut plutôt utiliser du papier. On doit également éviter d'emprisonner de l'air au fond d'un récipient sec, parce que l'air s'opposera au passage de la vapeur, plus légère. L'air emprisonné agit un peu à la manière d'un four à air chaud, dans lequel il faut plus de temps et une température plus élevée pour stériliser du matériel, comme nous allons le voir sous peu. On place donc les récipients susceptibles d'emprisonner l'air en position inclinée, de manière que la vapeur puisse chasser l'air. On n'emploie pas les méthodes de stérilisation appliquées aux solutions aqueuses pour des produits dans lesquels la vapeur ne peut pénétrer, tels que l'huile de paraffine et la vaseline.

De nombreux produits offerts sur le marché portent sur l'emballage une indication relative à la stérilisation par la chaleur. Dans certains cas, un indicateur chimique change de couleur après une période donnée et lorsque la température requise est atteinte (**figure 14.5**). Dans d'autres cas, le mot «stérile» apparaît sur l'emballage ou sur une étiquette. En laboratoire, on peut effectuer un test d'usage courant, qui consiste à mettre dans l'autoclave des bandes de papier imprégnées d'endospores d'espèces données de bactéries. À la fin de la stérilisation, on procède à l'inoculation de ces endospores dans un milieu de culture. Si elles germent et se développent, cela indique que des endospores ont survécu et que la stérilisation n'était pas adéquate.

Tableau 14.3 Effet des dimensions du récipient sur la durée de stérilisation en autoclave d'une solution liquide*

Dimensions du récipient	Volume du liquide	Durée de stérilisation (min)
Éprouvette : 18 mm × 150 mm	10 mL	15
Flacon Erlenmeyer : 125 mL	95 mL	15
Flacon Erlenmeyer : 2 000 mL	1 500 mL	30
Flacon à fermentation : 9 000 mL	6 750 mL	70

* La durée de stérilisation en autoclave comprend le temps requis pour que le contenu du récipient atteigne la température de stérilisation. Dans le cas d'un petit récipient, il faut au plus 5 min, mais pour un flacon de 9 000 mL, cela peut prendre jusqu'à 70 min. Notez qu'un contenant est généralement rempli à au plus 75 % de sa capacité.

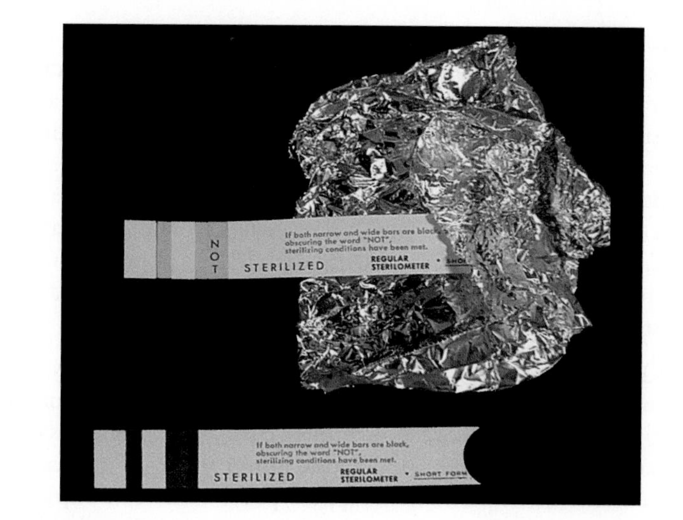

Figure 14.5 Exemples d'indicateurs de stérilisation. Les inscriptions sur les bandes de papier indiquent si l'objet a été stérilisé adéquatement par la chaleur: le mot NOT apparaît si le chauffage n'était pas suffisant. Dans l'illustration, l'indicateur qui était enveloppé dans une pellicule d'aluminium n'a pas été stérilisé parce que la vapeur ne traverse pas ce type d'emballage.

Les produits stériles sont exempts à 100 % de microbes et ce résultat doit être permanent, ce qui suppose l'obligation de conserver le produit dans un emballage imperméable à toute recontamination. De plus, l'emballage doit indiquer une date de péremption, dont il est essentiel de tenir compte lors de l'utilisation du produit stérile. Il faut par ailleurs veiller à ne pas déballer le matériel stérile avant le moment précis où on s'apprête à l'utiliser.

Le *lavage* à l'eau chauffée à plus de 55 °C tue les ectoparasites. S'il y a infestation, par exemple dans les cas de pédiculose ou de gale, il est impératif de laver à une température minimale de 60 °C tous les vêtements contaminés, y compris les chaussures, les serviettes et débarbouillettes, la literie, les matelas, les fauteuils et canapés, les sièges de voitures, les jouets pelucheux, les accessoires de coiffure et autres objets utilisés ou portés durant les 3 ou 4 jours précédant le traitement. Un séchage à haute température devrait normalement suivre l'étape du lavage. Les articles ne pouvant pas être lavés doivent, si possible, être isolés dans de grands sacs de plastique et désinfectés avec un aérosol antiparasitaire, qu'on laisse agir pendant 48 h.

La pasteurisation

Nous avons vu au chapitre 1 que la découverte par Pasteur d'une méthode pratique de conservation de la bière et du vin compte parmi les premières réalisations de la microbiologie. Le chercheur a utilisé un léger chauffage pour détruire les microbes responsables de la détérioration de ces boissons, sans en altérer notablement le goût. La même technique a été appliquée par la suite au lait. Appelée depuis lors *pasteurisation*, elle permet d'obtenir du lait exempt de microbes pathogènes. Elle réduit également le nombre total de microbes, ce qui prolonge la durée de conservation par réfrigération. Beaucoup de bactéries thermorésistantes survivent à la pasteurisation, mais elles risquent peu de causer des maladies ou de détériorer le lait réfrigéré.

La durée et la température de pasteurisation varient considérablement d'un produit à l'autre selon qu'il s'agit de lait, de crème glacée, de yogourt, de bière, de vin, de jus de fruits ou d'autres préparations. Les causes de ces variations sont en partie dues à l'efficacité moins grande de la chaleur sur des aliments visqueux et au fait que les graisses ont un effet protecteur. L'industrie laitière emploie d'habitude une *épreuve à la phosphatase* (la phosphatase est une enzyme naturellement présente dans le lait) pour déterminer si un produit a été bien pasteurisé. Si c'est le cas, la phosphatase du lait est inactivée.

Quels que soient les procédés de pasteurisation utilisés, tous laissent intactes les propriétés biochimiques du lait, ses qualités nutritives et ses qualités organoleptiques, c'est-à-dire couleur, saveur et odeur. On emploie une température minimale de 72 °C, pendant 15 s seulement. Ce traitement, appelé **pasteurisation rapide à haute température**, est appliqué pendant que le lait coule continuellement entre des plaques chauffantes. Puis, le lait est brusquement refroidi à 10 °C.

On peut aussi stériliser le lait (ce qui n'est pas du tout la même chose que la pasteurisation) par un **traitement à ultra-haute température (UHT)**, de manière à obtenir une longue conservation – de plusieurs mois – et à pouvoir l'entreposer à la température fraîche ambiante. La vente du lait UHT est très répandue en Europe et ce procédé s'avère particulièrement utile dans les pays où peu d'individus ont accès à un appareil de réfrigération. Au Canada comme aux États-Unis, on applique le procédé UHT aux petits contenants de crème servis avec le café dans les restaurants. Pour que le lait ne prenne pas un goût de cuit, sa température doit être plus élevée que celle des surfaces avec lesquelles il vient en contact. En règle générale, le lait liquide est pulvérisé et projeté dans une enceinte remplie de vapeur surchauffée et sous pression. De cette façon, on obtient de fines gouttelettes dont la surface totale exposée à la chaleur est relativement grande, si bien que la température stérilisante est atteinte presque instantanément. Après avoir été chauffé à 140 °C pendant 4 secondes, le liquide est refroidi rapidement sous vide, puis il est mis dans des contenants stériles à fermeture étanche.

Les traitements par la chaleur décrits ci-dessus illustrent le concept de **traitements équivalents** : plus on augmente la température, moins il faut de temps pour tuer un nombre donné de microbes. Par exemple, si la destruction d'endospores thermorésistantes prend 70 min à 115 °C, elle se fait en 7 min à 125 °C. Les deux traitements donnent le même résultat. Le concept de traitement équivalent explique aussi le fait que la pasteurisation rapide à haute température à 72 °C (ou plus) pendant 15 s et le traitement UHT à 140 °C pendant 4 s ont des effets similaires.

La stérilisation à la chaleur sèche

La chaleur sèche détruit les microbes par oxydation. Le processus est analogue à la carbonisation d'un morceau de papier dans un four allumé où la température n'atteint pas le point d'inflammation du papier. Le **flambage** direct est l'une des méthodes les plus simples de stérilisation à la chaleur sèche. Vous utiliserez ce procédé au laboratoire de microbiologie pour stériliser des anses de repiquage. Pour qu'il soit efficace, il faut chauffer l'anse jusqu'à ce qu'elle émette une lueur rougeoyante. On applique un principe similaire dans le cas de l'*incinération,* qui constitue une méthode efficace de stérilisation et d'élimination de produits contaminés dans le milieu hospitalier de même que d'élimination de produits domestiques dans les grands immeubles.

La **stérilisation par air chaud** est une autre forme de stérilisation à la chaleur sèche. Dans ce cas, on place les objets à stériliser dans un four où l'on maintient généralement une température d'environ 170 °C pendant près de 2 h. La durée de stérilisation est plus longue, et la température plus élevée, que pour la stérilisation par chaleur humide parce que la chaleur se transmet plus facilement à un corps froid dans l'eau que dans l'air.

La filtration

Nous avons vu au chapitre 4 que la **filtration** est le passage d'une substance à travers une matière poreuse qui retient les microorganismes en raison de la dimension de ses pores. On se sert fréquemment d'un dispositif muni d'une membrane filtrante pour dénombrer les microbes (figure 4.18a). On peut procéder de la même manière pour obtenir cette fois-ci un filtrat stérile.

Q/R On emploie les procédés de filtration sur membrane pour stériliser les solutions renfermant des substances thermolabiles, telles que les protéines (enzymes), les milieux de culture, les vaccins ou les solutions antibiotiques. On peut donc réaliser à l'aide de filtres adéquats une « filtration stérilisante à froid » qui élimine mécaniquement les microbes du milieu où ils se trouvent. Q/R

La filtration est une technique qu'on applique à la purification de l'air. On crée une atmosphère filtrée dans les salles d'opération et dans les chambres occupées par les grands brûlés, afin de réduire le nombre de microbes dans l'air. En laboratoire, les hottes de sécurité biologique utilisées pour la purification de produits fortement contaminés sont munies de **filtres à air à haute efficacité contre les particules** (ou filtres HEPA pour *high-efficiency particular air*), qui éliminent presque tous les microorganismes dont le diamètre est supérieur à 0,3 μm environ.

En laboratoire et dans l'industrie, on emploie couramment depuis quelques années des **membranes filtrantes**, composées de substances telles que l'acétate de cellulose et les polymères de plastique (**figure 14.6**). L'épaisseur de ces filtres n'est que de 0,1 mm ; le diamètre des pores des membranes filtrantes utilisées pour retenir les bactéries est, par exemple, de 0,22 μm ou au plus de 0,45 μm. Cependant, des bactéries très flexibles (telles que les spirochètes) et les mycoplasmes (qui sont dépourvus de paroi) passent parfois à travers les filtres de ce type. Il existe maintenant des filtres dont les pores n'ont que 0,01 μm de diamètre ; ils peuvent ainsi retenir les virus et même certaines grosses molécules protéiques.

Les filtres HEPA ont aussi d'autres utilités. Ainsi, pour nettoyer les meubles, les matelas, les tapis, les rideaux et autres objets qui servent de cachettes aux punaises de lit et à d'autres petites bestioles du même acabit, on peut utiliser un aspirateur équipé de tels filtres. Ceux-ci retiennent les ectoparasites de façon qu'ils ne contaminent pas à nouveau l'environnement.

Figure 14.6 Stérilisation par filtration : appareil filtrant préalablement stérilisé et jetable. On verse l'échantillon dans le récipient du haut, et le liquide est aspiré sous vide à travers la membrane filtrante dans le récipient du bas. Leur taille étant trop grande, les bactéries ne passent pas par les pores du filtre, si bien que le filtrat obtenu est stérile.

Les basses températures

L'effet de basses températures dépend de la nature des microbes et de l'intensité du traitement. Par exemple, aux températures normales de réfrigération (entre 0 et 7 °C), la vitesse du métabolisme de la majorité des microbes est réduite au point qu'ils ne sont plus capables de se reproduire ou de synthétiser des toxines ; de plus, il peut se produire une dénaturation des protéines. Autrement dit, la réfrigération courante a un effet bactériostatique. Toutefois, les psychrotrophes croissent quand même, bien que lentement, aux températures de réfrigération (figure 4.1) et, avec le temps, ils altèrent l'apparence et le goût des aliments. Par exemple, un microbe qui se reproduit ne serait-ce que trois fois par jour donne naissance à une population de plus de 2 millions de microbes en une semaine. Les bactéries pathogènes ne se développent généralement pas aux températures de réfrigération, mais il existe au moins une exception importante, *Listeria monocytogenes*, dont il sera question au chapitre 17.

Listeria est une bactérie psychrophile qui se développe à des températures comprises entre 3 et 45 °C, et sa température optimale est de 37 °C. Le fait qu'elle peut croître aussi bien à une température de réfrigération qu'à celle du corps humain la rend très dangereuse.

La température de congélation de la plupart des aliments est de −2 °C, voire plus basse. S'ils sont placés à de telles températures rapidement, les microbes ont tendance à entrer en état de latence, mais ils ne meurent pas nécessairement. Il est étonnant de constater que des microorganismes peuvent se développer à des températures inférieures au point de congélation. La congélation lente est plus nuisible aux bactéries ; les cristaux de glace qui se forment et se développent détruisent leurs structures cellulaires et moléculaires. En réalité, c'est la décongélation qui cause le plus de dommages, car elle est plus lente par nature. Le tiers d'une population de certaines espèces de bactéries végétatives peut survivre jusqu'à un an après la congélation mais, chez d'autres espèces, il n'y aura que quelques survivants après ce laps de temps. De nombreux parasites eucaryotes, tels que le ver responsable de la trichinose, meurent au bout de plusieurs jours d'exposition à des températures inférieures au point de congélation. La figure 4.2 décrit d'importants effets de la température sur les microbes et la dégradation des aliments.

La haute pression

Lorsqu'on applique une pression élevée à un liquide contenant des substances en suspension, la force exercée se transmet instantanément et uniformément à l'ensemble du milieu. Si elle est assez haute, la pression change la structure moléculaire des protéines et des glucides, ce qui entraîne l'inactivation rapide des bactéries végétatives. Les endospores résistent relativement bien aux pressions élevées. On peut toutefois les tuer par d'autres moyens, par exemple en combinant haute pression et température élevée, ou en les soumettant à des changements de pression qui les font germer, puis en détruisant par haute pression les cellules végétatives ainsi obtenues. Au Japon et aux États-Unis, on commercialise des jus de fruits traités par haute pression, ce qui permet d'en préserver le goût, la couleur et la valeur nutritive.

La dessiccation

En l'absence d'eau, les microorganismes, dits en état de **dessiccation**, ne peuvent croître ni se reproduire, mais ils demeurent viables pendant des années. Ainsi, si on leur fournit de l'eau, ils recommencent à se développer et à se diviser. C'est cette propriété qu'on applique en laboratoire quand on conserve des microbes par lyophilisation (chapitre 4). On applique également la lyophilisation à des aliments, tels que le café et les fruits ajoutés aux céréales sèches, pour mieux les conserver.

La résistance à la dessiccation des cellules végétatives varie en fonction de l'espèce et du milieu. Par exemple, la bactérie responsable de la gonorrhée résiste à peine une heure à la sécheresse, tandis que la bactérie responsable de la tuberculose reste viable pendant des mois. Les virus résistent généralement à la dessiccation, mais pas aussi bien que les endospores bactériennes, dont certaines ont survécu pendant des siècles.

Dans le domaine hospitalier, la résistance variée des microbes à la sécheresse est un facteur décisif dont il faut tenir compte lors de techniques de prélèvements. Ainsi, il est essentiel d'acheminer au laboratoire tout prélèvement de sperme ou de sécrétions vaginales dans un milieu de transport adéquat, de sorte que les bactéries potentiellement présentes, telle *Neisseria gonorrhϾ*, ne meurent pas. De plus, la capacité de certains microbes et endospores déshydratés à rester revivifiables est déterminante dans le contexte hospitalier. La poussière, les vêtements, la lingerie et les pansements sont susceptibles de contenir du mucus, de l'urine, du pus ou des fèces séchés qui renferment des microbes potentiellement infectieux. Par exemple, lorsqu'on refait les lits, il faut veiller à ne pas secouer les draps trop vigoureusement afin de ne pas projeter dans l'air de nombreux microbes. En effet, ces derniers pourraient se retrouver quelques minutes plus tard sur une plaie humide ; il s'ensuivrait rapidement l'hydratation des microbes, leur retour à l'état infectieux et, par conséquent, l'apparition d'une infection.

La pression osmotique

L'emploi de grandes concentrations de sel ou de sucre pour la conservation des aliments repose sur les effets de la *pression osmotique*. Une concentration élevée d'une substance de ce type crée un milieu hypertonique autour des microbes qui y sont plongés, ce qui provoque la sortie de l'eau de la cellule microbienne vers le milieu (figure 4.4). Ce procédé ressemble à la conservation par dessiccation, en ce sens que les deux méthodes privent la cellule de l'eau indispensable à sa croissance. Le principe de l'augmentation de la pression osmotique est appliqué à la conservation des aliments. Par exemple, on utilise des solutions salines concentrées pour saler la viande ou le poisson, et des solutions sucrées épaisses pour conserver les fruits.

En général, les moisissures et les levures se développent bien mieux que les bactéries dans un milieu à faible teneur en eau. C'est en partie pour cette raison que des moisissures apparaissent sur un mur humide ou un rideau de douche. C'est également parce que certaines moisissures sont capables de croître dans des conditions acides ou dans un milieu à pression osmotique élevée que la détérioration des fruits, des confitures et des céréales est plus souvent due à des moisissures qu'à des bactéries.

Les rayonnements

Les rayonnements ont différents effets sur les cellules selon leur longueur d'onde, leur intensité et leur durée. Du point de vue de la physique, la quantité d'énergie cédée par un rayonnement à une cellule vivante est d'autant plus élevée que la longueur d'onde du rayonnement est courte. Du point de vue de la biologie, le danger d'un rayonnement est lié à la quantité d'énergie qui frappe la cellule. Les rayonnements qui détruisent les microbes (dits rayonnements stérilisants) sont de deux types : ionisants et non ionisants. Il s'agit d'une autre forme de « stérilisation à froid ».

Les **rayonnements ionisants** – soit les rayons gamma, les rayons X et les faisceaux d'électrons à haute énergie – ont une plus petite longueur d'onde que les rayonnements non ionisants : elle est inférieure à 1 nm environ. Ils transportent donc beaucoup plus d'énergie. Les *rayons gamma*, dont la longueur d'onde est la plus courte, sont émis par des éléments radioactifs, dont le cobalt, et les faisceaux d'électrons sont produits lorsque des énergies très élevées sont communiquées à des électrons, dans un appareil dit « accélérateur ». Les *rayons X*, produits par des appareils similaires aux accélérateurs, ressemblent aux rayons gamma. Les rayons gamma et les rayons X pénètrent profondément dans la matière, mais ils mettent parfois des heures à stériliser de grandes masses de matière ; les *faisceaux d'électrons à haute énergie* ont une capacité de pénétration bien plus faible, mais ils stérilisent généralement la matière exposée en quelques secondes seulement.

Le principal effet des rayonnements ionisants est l'ionisation de l'eau, laquelle produit des radicaux hydroxyles très réactifs (voir la description des formes toxiques d'oxygène au chapitre 4). Ces radicaux réagissent avec les constituants organiques de la cellule, plus particulièrement avec l'ADN, en provoquant la rupture de ce dernier et (ou) des changements chimiques dans sa structure. Pour tenter d'expliquer la détérioration par les rayonnements, on suppose que des particules ionisantes, qui agiraient comme des missiles chargés d'énergie, passent à travers des parties vitales de la cellule, ou à proximité de celles-ci ; c'est ce qu'on appelle un « coup au but » (*target theory*). Quelques coups au but, ou un seul qui atteint l'ADN, ne provoquent en général qu'une mutation non mortelle ; mais de nombreux coups au but entraîneront sans doute suffisamment de mutations pour que le microbe en meure.

L'industrie alimentaire manifeste un regain d'intérêt pour l'emploi des rayonnements dans la conservation d'aliments tels que les épices, la viande et les légumes (chapitre 28 EN LIGNE). Précisons que l'utilisation de faibles doses de rayonnements ionisants dans l'alimentation est soumise à des règles administratives qui diffèrent selon les pays. Notons par ailleurs que les rayonnements font l'objet d'une controverse : on a évalué certains de leurs effets sur les microbes, mais on ne connaît pas encore précisément leurs effets sur les substances environnantes ni, par ricochet, sur l'humain qui consomme les aliments traités.

Les rayonnements ionisants, notamment les faisceaux d'électrons à haute énergie, sont aussi utilisés pour la stérilisation de produits pharmaceutiques et de matériel dentaire ou médical jetable tels que les seringues et les contenants en plastique, les gants chirurgicaux, les accessoires de suture et les cathéters. Pour lutter contre le bioterrorisme, le service des postes stérilise souvent certaines classes de courrier au moyen de faisceaux d'électrons.

Les longueurs d'onde des **rayonnements non ionisants** sont plus grandes que celles des rayonnements ionisants : elles sont généralement supérieures à 1 nm environ. La lumière ultraviolette (UV) constitue le meilleur exemple de ce type de rayonnement ; elle détériore l'ADN des cellules qui y sont exposées en provoquant la formation de liaisons entre des molécules adjacentes de thymine dans un des brins d'ADN (figure 24.20 EN LIGNE). L'anomalie produite empêche la réplication correcte de l'ADN lors de la reproduction de la cellule. La **figure 14.7** indique les différentes longueurs d'onde des rayonnements ultraviolets. Les UV les plus efficaces pour la destruction de microbes ont une longueur d'onde d'environ 260 nm ; les rayons de cette longueur d'onde sont plus facilement absorbés par l'ADN cellulaire. On utilise aussi les rayonnements UV pour limiter la présence des microbes dans l'air.

Dans les hôpitaux, il n'est pas rare de trouver une lampe ultraviolette, dite « lampe germicide », dans une chambre, une pouponnière, une salle d'opération ou à la cafétéria. On a également recours à la lumière ultraviolette pour désinfecter des vaccins, d'autres produits médicaux et des surfaces de travail telles que les tables de laboratoire. La faible capacité de pénétration des rayonnements UV constitue un obstacle majeur à l'utilisation de ce type de lumière comme désinfectant ; en effet, les microbes à détruire doivent être directement exposés aux rayonnements car, s'ils sont recouverts de papier, de verre ou d'une matière textile, ils ne sont pas endommagés. La lumière ultraviolette pose un autre problème potentiel chez les humains : elle risque d'endommager les yeux, et une exposition prolongée peut provoquer des brûlures ou un cancer de la peau.

La lumière solaire contient des rayonnements UV, mais les rayonnements de faible longueur d'onde – les plus efficaces pour lutter contre les bactéries – sont absorbés par la couche atmosphérique d'ozone. L'effet antimicrobien de la lumière solaire est dû essentiellement à la formation d'oxygène singulet dans le cytoplasme (chapitre 4). Les bactéries produisent de nombreux pigments qui les protègent contre la lumière solaire.

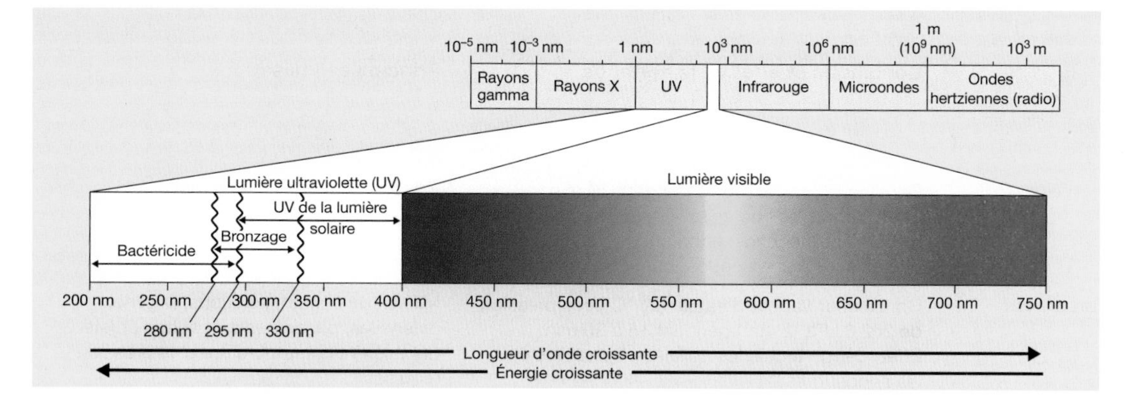

Figure 14.7 Spectre de l'énergie de rayonnement. La lumière visible et les autres types d'énergie de rayonnement irradient dans l'espace sous la forme d'ondes de différentes longueurs. Les rayonnements ionisants, tels que les rayons gamma et les rayons X, ont une longueur d'onde inférieure à 1 nm. Les rayonnements non ionisants, comme la lumière ultraviolette (UV), ont une longueur d'onde comprise entre 1 et 380 nm environ, soit la limite inférieure du spectre de lumière visible.

Les **microondes** ont peu d'effet direct sur les microorganismes, et on trouve souvent des bactéries à l'intérieur d'un four à microondes juste après son utilisation. Les fours à microondes ne peuvent chauffer que les produits qui absorbent les ondes, soit l'eau et les graisses. On ne peut donc s'en servir pour stériliser du matériel ou des substances sèches. Les microondes réchauffent les aliments humides en activant les molécules d'eau à la température de 100 °C, chaleur qui tue habituellement la majorité des agents pathogènes. Toutefois, leur effet n'est pas certain. En effet, la chaleur n'est pas distribuée uniformément dans les aliments solides, et ce, parce que l'eau n'y est pas distribuée de façon uniforme. Dans les faits, les fours à microondes ont l'efficacité d'une pasteurisation. Des cas d'intoxication alimentaire et de trichinose ont pu être attribués à la consommation de viande cuite au four à microondes, par exemple de la viande de bœuf contaminée par *Clostridium botulinum* ou de la viande de porc contaminée par *Trichinella spiralis*.

Les ultrasons peuvent tuer les microbes mis en suspension dans un liquide. Par exemple, on peut placer des instruments contaminés dans un tube rempli de liquide et déposer ce dernier dans un appareil qui émet des ultrasons. Le bombardement des cellules microbiennes par les ultrasons provoque la lyse de la paroi cellulaire et la libération du contenu de la cellule. Ainsi, les dentistes utilisent des appareils à ultrasons pour stériliser les instruments dont ils se servent. Cependant, l'effet bactéricide de ces appareils diffère selon les espèces de bactéries : si *Escherichia coli* meurt, *Mycobacterium tuberculosis* n'est que partiellement détruit.

L'extirpation et l'électrocution

Comme on les voit facilement, les ectoparasites, tels que les poux et les tiques, inspirent souvent le dégoût et, chez certains, la panique. Pourtant, leur taille même est précisément ce qui permet de s'en débarrasser avec des moyens relativement simples. Après une randonnée dans une région où il y a des tiques porteuses de maladies, une inspection soigneuse de toutes les parties du corps est impérative. On extraie alors les parasites qui se sont incrustés dans la peau à l'aide d'une petite pince*. Dans le cas des poux, il existe actuellement un peigne électronique bien spécial. Lorsqu'on le glisse sur les cheveux secs et qu'un pou se trouve sur son passage, le peigne émet une décharge électrique qui tue l'insecte sur le coup. On retire ensuite ce dernier avec une petite brosse qui accompagne le peigne. Le dispositif peut être utilisé à plusieurs reprises par la famille entière, et jusqu'ici, le pou n'a pas acquis de résistance.

Le **tableau 14.4** présente une récapitulation des méthodes physiques de lutte contre les microbes.

* Si la tique prélevée correspond à la description d'*Ixodes scapularis,* qui transmet la bactérie causant la maladie de Lyme, il ne faut ni l'écraser ni la jeter. Il faut voir un médecin qui s'assurera de la faire parvenir au Laboratoire de santé publique du Québec. En moyenne, 10 % des tiques *I. scapularis* identifiées par le LSPQ sont infectées par la bactérie qui cause la maladie de Lyme. Les tiques analysées ont été trouvées sur des humains ou sur leurs animaux de compagnie.

▶ Vérifiez vos acquis

Comment empêche-t-on les microbes de croître dans les aliments en conserve ? **14-6**

Pourquoi faut-il plus de temps pour stériliser une boîte de porc qu'une boîte de soupe contenant des morceaux de porc, la température étant la même dans les deux cas ? **14-7**

En ce qui concerne la destruction des microbes, quel rapport y a-t-il entre les rayonnements stérilisants et les radicaux hydroxyles ? **14-8**

Quel effet l'augmentation de la quantité de rayonnements UV (due à la diminution de la couche d'ozone) a-t-elle sur les écosystèmes terrestres ? **14-8**

Les méthodes chimiques de lutte contre les microbes

▶ Objectifs d'apprentissage

14-9 Énumérer les facteurs déterminants d'une désinfection efficace.

14-10 Interpréter les résultats de l'évaluation d'un désinfectant d'après la méthode dite des porte-germes et d'après la méthode de diffusion sur gélose.

14-11 Décrire le mode d'action et les principales utilisations des désinfectants chimiques.

14-12 Faire la distinction entre les halogènes utilisés comme antiseptiques et ceux utilisés comme désinfectants.

14-13 Décrire les utilisations appropriées des agents de surface.

14-14 Énumérer les avantages du glutaraldéhyde comparativement aux autres désinfectants.

14-15 Décrire la méthode de stérilisation des ustensiles de laboratoire en plastique.

Tableau 14.4 Méthodes physiques de lutte contre les microbes

Méthode	Mode d'action	Conditions et effet de la méthode	Principales utilisations
Chaleur			
1. Chaleur humide			
a) Désinfection par ébouillantage	Dénaturation des protéines	Conditions : eau à 100 °C pendant 10 min. Effet : détruit les bactéries végétatives et les mycètes pathogènes, et presque tous les virus ; peu efficace sur les endospores et certains virus.	Vaisselle, cuvettes et matériel divers
b) Stérilisation en autoclave	Dénaturation des protéines	Conditions : vapeur d'eau à 121 °C sous pression de 202,6 kPa (2 atm) pendant 15 à 20 min. Effet : détruit toutes les cellules végétatives et les endospores.	Milieux de culture, solutions, lingerie, ustensiles, pansements et autres objets qui tolèrent la température et la pression requises
c) Lavage à l'eau chaude	Élimination des ectoparasites	Conditions : eau chauffée à 60 °C. Effet : tue les ectoparasites.	Vêtements, literie, jouets, etc.
2. Pasteurisation	Dénaturation des protéines	Conditions : 72 °C pendant 15 s. Effet : détruit les agents pathogènes et la majorité des agents non pathogènes.	Lait, crème, jus de fruits et certaines boissons alcoolisées (bière et vin)
3. Chaleur sèche			
a) Stérilisation par flambage direct	Réduction en cendres	Effet biocide très efficace.	Anses de repiquage
b) Stérilisation par incinération	Réduction en cendres	Effet biocide très efficace.	Pansements contaminés, carcasses animales, déchets domestiques
c) Stérilisation par air chaud	Oxydation	Conditions : 170 °C pendant environ 2 h. Effet biocide très efficace.	Verrerie vide, instruments, aiguilles et seringues en verre
Filtration			
1. Filtration sur membrane	Élimination complète des bactéries en suspension dans un liquide	Conditions : passage à travers une membrane filtrante dont les pores mesurent de 0,22 à 0,45 μm. Effet : stérilisation.	Liquides (enzymes, vaccins) qui seraient détruits par la chaleur
2. Filtre HEPA	Élimination de presque tous les microbes de l'air	Conditions : filtres à air à haute efficacité contre les particules dont le diamètre est supérieur à 0,3 μm environ.	En salle d'opération et dans les chambres de grands brûlés ; en laboratoire, hottes de sécurité biologique
Les basses températures			
1. Réfrigération	Ralentissement du métabolisme et modification possible des protéines	Conditions : température entre 0 et 7 °C. Effet bactériostatique.	Conservation des aliments, des médicaments et des milieux de culture
2. Surgélation	Ralentissement du métabolisme et modification possible des protéines	Conditions : refroidissement rapide jusqu'à une température comprise entre −50 et −95 °C. Effet bactériostatique.	Conservation des aliments, des médicaments et des milieux de culture
3. Lyophilisation	Ralentissement du métabolisme et modification possible des protéines	Méthode la plus efficace pour une conservation à long terme. L'eau est retirée par la création d'un vide, à basse température.	Conservation des aliments, des médicaments et des milieux de culture
Haute pression	Modification de la structure moléculaire des protéines et des glucides	Conditions : pression élevée appliquée sur des liquides. Effet : inactivation des bactéries végétatives ; moins efficace sur les endospores.	Jus de fruits (préservation de la couleur, de la saveur et de la valeur nutritive)
Dessiccation	Ralentissement du métabolisme et modification possible des protéines	Conditions : élimination de l'eau par la création d'un vide, à basse température (lyophilisation). Effet bactériostatique de longue durée.	Conservation des aliments, des médicaments et des milieux de culture
Pression osmotique	Plasmolyse (perte d'eau par les cellules microbiennes)	Conditions : solution hypertonique. Effet bactériostatique.	Conservation des aliments
Rayonnements			
1. Ionisants	Destruction de l'ADN	D'usage peu fréquent pour la stérilisation ordinaire.	Matériel pharmaceutique, médical ou dentaire ; contenants de plastique
2. Non ionisants	Détérioration de l'ADN	Rayonnements peu pénétrants. Effet biocide.	Dans un milieu fermé au moyen d'une lampe UV
Peignes électroniques antipoux	Électrocution	Insecticide mécanique.	Élimination des poux de tête

On utilise des agents chimiques pour inhiber la croissance des microbes, tant sur les tissus vivants que sur les objets inanimés. Il existe malheureusement peu d'agents chimiques qui assurent la stérilisation; la majorité d'entre eux ne font que réduire les populations de microbes à des taux qui ne présentent pas de risque, ou ils éliminent des objets inanimés les formes végétatives des agents pathogènes. Le choix d'un agent chimique fait partie des problèmes courants que pose la désinfection. Il n'y a pas un désinfectant unique qui convienne dans tous les cas.

Les principes d'une désinfection efficace

L'étiquette apposée sur une bouteille de désinfectant fournit de nombreuses informations sur les propriétés du produit. Elle indique habituellement contre quels types de microbes le désinfectant est efficace, si ce dernier est biocide ou seulement bactéricide, et ainsi de suite. Rappelez-vous que l'action d'un désinfectant dépend en partie de sa *concentration*; il est donc impératif de suivre rigoureusement les directives du manufacturier concernant la dilution. En effet, une trop grande concentration pourrait être toxique et corrosive, alors qu'une trop faible concentration pourrait laisser des survivants et entraîner la sélection de bactéries plus résistantes.

Il importe aussi de savoir si le désinfectant peut entrer facilement en *contact avec les microbes*. Il faut se demander par exemple si la présence de matière organique risque d'atténuer l'effet du désinfectant. On doit parfois laver et rincer une surface avant d'appliquer un désinfectant. De même, le *pH du milieu* influe grandement sur l'action d'un désinfectant. On doit aussi tenir compte de la *nature des objets* à désinfecter. D'ordinaire, la désinfection est un processus graduel. Dans certains cas, il faut laisser le produit sur la surface pendant plusieurs heures pour qu'il soit efficace. La *durée d'exposition* a donc aussi son importance. Un bon désinfectant aura une action rapide, pénétrante et non corrosive.

L'évaluation d'un désinfectant

La méthode des porte-germes

Il est nécessaire d'évaluer l'efficacité des désinfectants et des antiseptiques. On a recours à la **méthode des porte-germes** selon les normes standardisées de l'American Official Analytical Chemist's. Les bactéries sont d'abord fixées sur des supports inertes, dits porte-germes, tels que des bandelettes de papier ou des pièces de métal. Par exemple, on peut plonger des anneaux métalliques porte-germes dans des cultures normalisées de la bactérie étudiée, que l'on a fait croître dans un milieu liquide; on les retire de la culture puis on les fait sécher à 37 °C pendant un court laps de temps. On les place ensuite dans une solution du désinfectant dont la concentration est conforme aux directives du fabricant, puis on laisse reposer pendant 10 min à 20 °C. À la fin de cette période, on met les anneaux porte-germes dans un milieu favorable à la croissance de toute bactérie qui aurait survécu. Il est alors possible de déterminer l'efficacité du désinfectant en dénombrant les colonies qui se développent.

Dans la majorité des cas, cette épreuve est effectuée avec trois types de bactéries susceptibles d'apporter des renseignements pertinents sur les désinfectants testés: *Staphylococcus aureus, Escherichia coli* et *Pseudomonas æruginosa*. Ainsi, on sait que *Pseudomonas* résiste à divers désinfectants parce que cette bactérie à Gram négatif est capable de métaboliser plusieurs molécules organiques et d'inactiver les désinfectants qui en contiennent.

On emploie des variantes de cette méthode pour évaluer l'efficacité d'agents antimicrobiens contre les endospores, les mycobactéries responsables de la tuberculose (qui résistent aux produits acides) et les mycètes, parce qu'il est difficile de lutter contre ces microbes avec des substances chimiques. En outre, l'évaluation de produits antimicrobiens destinés à des usages particuliers, comme la désinfection de la vaisselle utilisée dans l'industrie laitière, remplace parfois d'autres épreuves bactériennes.

La méthode de diffusion sur gélose

On utilise la *méthode de diffusion sur gélose* dans les laboratoires d'enseignement pour évaluer l'efficacité d'un agent chimique. On imprègne un disque de papier filtre de la substance chimique testée, puis on le place sur une gélose en boîte de Petri inoculée au préalable avec un microorganisme donné, et on incube la gélose. À la fin de la période d'incubation et si la substance est efficace, une zone pâle apparaît autour du disque, là où la croissance microbienne a été inhibée (**figure 14.8**): cette région s'appelle zone d'inhibition. Par ailleurs, on ne peut pas dire si l'effet du désinfectant est bactéricide ou bactériostatique; pour ce faire, il faudrait prendre un échantillon dans la zone d'inhibition et l'ensemencer sur un milieu de culture. L'absence de croissance confirmerait l'effet bactéricide.

On trouve sur le marché des disques de papier filtre imprégnés d'antibiotiques, qui servent à déterminer la sensibilité des microbes à l'antibiotique. Ce test s'appelle antibiogramme (figure 15.9).

Les types de désinfectants

Le phénol et les dérivés phénolés

Aujourd'hui, on se sert rarement du **phénol** comme antiseptique ou désinfectant parce qu'il irrite la peau et les muqueuses et a une odeur désagréable. Toutefois, on l'emploie dans des onguents cutanés ou pour la fabrication de pastilles pour la gorge à cause de son effet bactériostatique local, mais il a peu d'effet antimicrobien à la faible concentration utilisée. Par contre, le phénol a une action antibactérienne importante si la concentration avoisine les 10%. Les structures moléculaires des différents désinfectants et antiseptiques, dont le phénol, sont illustrées à l'appendice E EN LIGNE.

Les **dérivés phénolés** contiennent une molécule de phénol qu'on a chimiquement modifiée afin d'en réduire les propriétés irritantes ou d'en accroître l'activité antimicrobienne en conjugaison avec un savon ou un détergent. Tout comme le phénol, les dérivés phénolés agissent en endommageant les membranes plasmiques qui contiennent des lipides – ce qui entraîne la fuite du contenu de la cellule – et en dénaturant les protéines enzymatiques. La paroi cellulaire des mycobactéries, responsables de la tuberculose et de la lèpre, est riche en lipides, ce qui rend ces microbes sensibles aux dérivés phénolés. On emploie fréquemment ces derniers comme désinfectants: ils sont stables, ils restent actifs longtemps après leur application et leur action est efficace, quoique atténuée, en présence de composés organiques. Pour ces mêmes raisons, les dérivés phénolés sont des agents appropriés pour désinfecter les objets contaminés par du pus, de la salive ou des fèces.

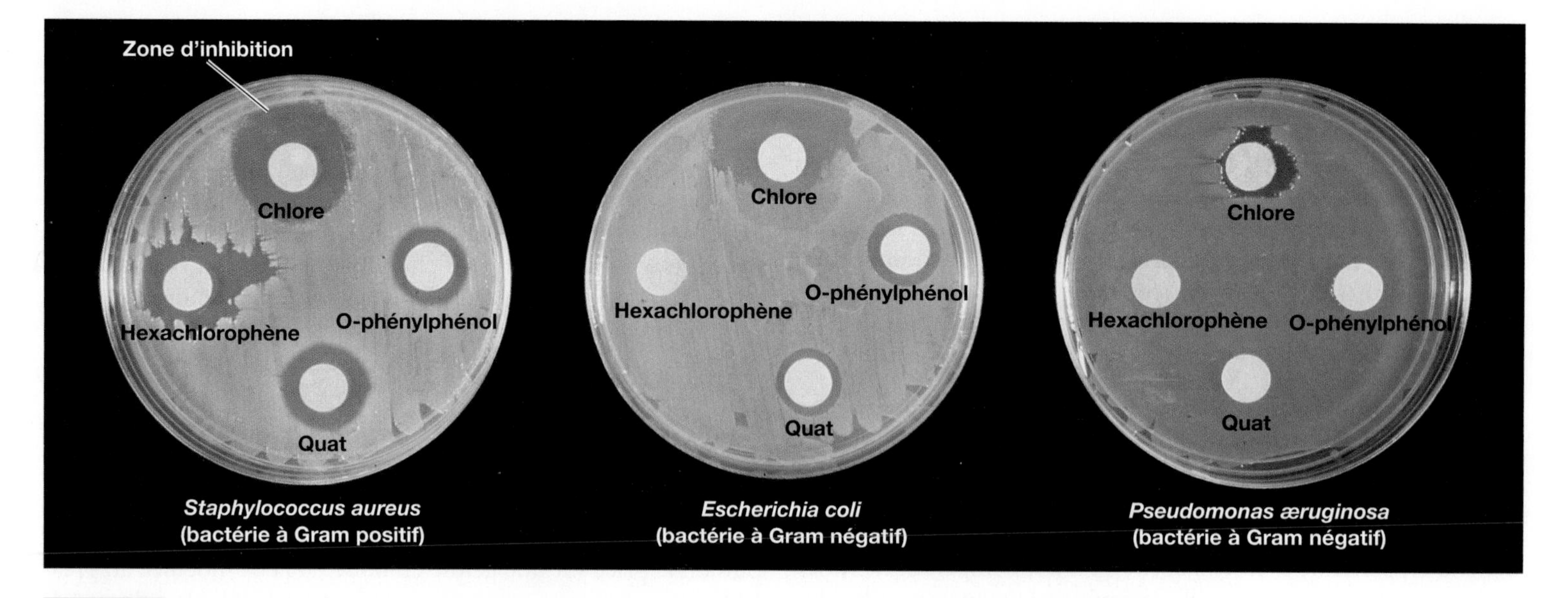

Figure 14.8 **Évaluation des désinfectants par diffusion sur gélose.** Dans cette expérience, on a placé des disques de papier filtre imprégnés d'une solution de désinfectant sur la surface d'une gélose nutritive que l'on avait au préalable ensemencée par étalement avec des bactéries d'espèces connues, de manière qu'elles se développent uniformément à la surface de la gélose. On constate que dans la partie supérieure de chaque boîte de Petri les zones d'inhibition montrent que le chlore (sous la forme d'hypochlorite de sodium) est efficace contre les trois espèces de bactéries étudiées, notamment contre les bactéries à Gram positif ; dans la partie inférieure, le composé d'ammonium quaternaire (ou quat) est aussi plus efficace contre les bactéries à Gram positif et il n'a aucun effet sur *Pseudomonas*, la bactérie à Gram négatif ; dans la partie gauche, l'hexachlorophène est efficace uniquement contre les bactéries à Gram positif ; enfin, dans la partie droite des boîtes de Petri, le o-phénylphénol n'a aucun effet sur *Pseudomonas*, mais il a la même efficacité contre les bactéries à Gram positif et les bactéries à Gram négatif telles qu'*E. coli*. En bref, les quatre substances chimiques ont un effet sur la bactérie à Gram positif étudiée (*S. aureus*), mais une seule, le chlore, agit sur *Pseudomonas*.

Les *crésols,* dérivés du goudron de houille, sont des substances phénolées d'usage courant. L'un des plus importants est le *o-phénylphénol* (figure 14.8), qui est le principal ingrédient du désinfectant commercial Lysol. Les crésols sont d'excellents désinfectants de surface.

Les bisphénols

Les **bisphénols** sont des dérivés phénolés qui contiennent deux groupements phénol reliés par un pont (*bis* indique le doublement). L'hexachlorophène et le triclosan sont deux bisphénols dont le mode d'action est la rupture probable de la membrane plasmique. Ils n'agissent pas sur les mycètes et sur les virus sans enveloppe.

L'*hexachlorophène* (figure 14.8) est un des ingrédients de Phisohex, une lotion antiseptique d'ordonnance vendue en pharmacie et utilisée pour ses effets bactériostatiques dans les hôpitaux et, en particulier, dans les salles d'opération. Les staphylocoques et les streptocoques, des bactéries à Gram positif, susceptibles de causer des infections de la peau chez les nouveau-nés, sont particulièrement sensibles à l'hexachlorophène, de sorte qu'on emploie souvent cette substance dans les pouponnières pour combattre les infections de ce type. Cependant, un usage excessif de l'hexachlorophène, comme le fait de l'employer plusieurs fois par jour pour donner un bain à un bébé, comporte des risques d'absorption du produit dans le sang et d'apparition de lésions neurologiques. C'est pourquoi ce produit n'est plus d'usage courant ; il ne serait utilisé en pédiatrie qu'en cas d'épidémie à staphylocoques, par exemple.

Le *triclosan* est aussi un bisphénol d'usage courant. C'est un ingrédient de certains savons antibactériens, de dentifrices, de rince-bouches, de désodorisants ou de mousses à raser. On incorpore même le triclosan dans des planches à découper, des manches de couteau et d'autres ustensiles de cuisine en plastique. Son utilisation est tellement répandue qu'on a découvert l'existence de bactéries résistantes, et on s'inquiète à l'heure actuelle de ses effets sur la résistance des microbes à certains antibiotiques. En inhibant une enzyme nécessaire à la biosynthèse des acides gras (lipides), le triclosan affecte principalement l'intégrité de la membrane plasmique. Il est particulièrement efficace contre les bactéries à Gram positif, mais il attaque aussi les levures et les bactéries à Gram négatif. Toutefois, certains microbes lui échappent. C'est le cas de *Pseudomonas æruginosa*, une bactérie à Gram négatif qui résiste très bien non seulement au triclosan, mais aussi à beaucoup d'antibiotiques et de désinfectants.

Les bisbiguanides

Les *bisbiguanides* sont des substances à large spectre d'activité dont le mode d'action affecte les protéines, notamment celles des membranes bactériennes. Leurs effets s'exercent sur les bactéries à Gram positif et sur les bactéries à Gram négatif à une exception près importante – celle de la majorité des espèces de *Pseudomonas*. Les bisbiguanides détruisent la plupart des bactéries végétatives et plusieurs mycètes. Par contre, les mycobactéries les tolèrent relativement bien ; toutefois, ils n'ont aucun effet sur les endospores et les kystes de protozoaires. Les virus entourés d'une enveloppe lipidique sont les seuls sur lesquels ils agissent.

La *chlorhexidine* appartient au groupe des **bisbiguanides chlorés**. Selon la concentration utilisée, elle est bactéricide ou bactériostatique. En solution aqueuse, elle est utilisée essentiellement comme antiseptique cutané. Combinée à un détergent ou à de l'alcool, elle sert au lavage chirurgical des mains et à la préparation de la peau des patients avant une opération. Elle sert aussi comme antiseptique pour les plaies et brûlures superficielles peu étendues. Cependant, elle risque de causer des dommages si elle entre en contact avec les yeux ou les muqueuses génitales. Elle est toxique pour l'oreille moyenne et peut aussi provoquer des allergies. L'*alexidine* est un bisbiguanide similaire mais d'action plus rapide.

Les halogènes

Les **halogènes** – notamment l'iode, le chlore et le fluor – sont des agents antimicrobiens efficaces, qu'ils soient employés seuls ou comme constituants de composés inorganiques ou organiques. L'*iode* (I_2) a été l'un des premiers antiseptiques utilisés, et c'est aussi l'un des plus efficaces. Il agit contre tous les types de bactéries, de nombreuses endospores, différents mycètes et certains virus. L'iode a pour effets de perturber la synthèse des protéines et d'altérer la membrane cellulaire, apparemment en formant des complexes avec des acides aminés et des acides gras insaturés.

Les antiseptiques iodés agissent par libération d'iode sous forme d'I_2. Ils se présentent principalement sous forme de teinture d'iode et d'iodophores. La **teinture d'iode** – de l'iode dissous dans une solution aqueuse d'alcool – est utilisée comme antiseptique sur la peau. Son efficacité est excellente, mais le produit est irritant et il peut tacher. Les **iodophores** – une combinaison d'iode et d'une molécule organique – ont une activité antimicrobienne identique à celle de l'iode, mais ils offrent des avantages : ils ne tachent pas, sont moins irritants et ils libèrent lentement l'iode, d'où leur utilisation courante comme antiseptique préopératoire pour la peau.

Betadine, une *polyvidone iodée*, est le produit commercial le plus couramment utilisé. La polyvidone (ou polyvinylpyrrolidone iodée) est un iodophore de surface qui accroît le pouvoir mouillant d'une substance et sert de réservoir d'iode libre. On se sert des produits à base d'iode surtout pour le nettoyage antiseptique de la peau et le traitement de blessures ; les iodophores ne sont pas des désinfectants.

Par ailleurs, beaucoup de campeurs connaissent bien l'utilisation de l'iode pour le traitement de l'eau. Ce traitement consiste à ajouter des comprimés d'iode à l'eau ou à faire passer l'eau à travers un filtre de résine imprégné d'iode. Il constitue l'un des seuls usages de l'iode à des fins de désinfection.

Le *chlore* (Cl_2), sous forme de gaz ou combiné à d'autres substances chimiques, est aussi un désinfectant d'usage courant et un des antiseptiques les plus utilisés. Son action germicide est due à un acide – le monooxochlorate d'hydrogène ($HClO$), ou acide hypochloreux – qui se forme lorsqu'on place du chlore dans l'eau :

1)

$$\underset{\text{Chlore}}{Cl_2} + \underset{\text{Eau}}{H_2O} \rightleftharpoons \underset{\text{Ion hydrogène}}{H^+} + \underset{\text{Ion chlorure}}{Cl^-} + \underset{\text{Acide hypochloreux}}{HClO}$$

2)

$$\underset{\text{Acide hypochloreux}}{HClO} \rightleftharpoons \underset{\text{Ion hydrogène}}{H^+} + \underset{\text{Ion hypochlorite}}{ClO^-}$$

L'acide hypochloreux est un agent oxydant puissant qui entrave le fonctionnement d'une bonne partie du système enzymatique cellulaire. Il est la forme de chlore la plus efficace parce qu'il est électriquement neutre et diffuse aussi rapidement que l'eau à travers la paroi cellulaire. Par contre, l'ion hypochlorite (ClO^-) ne pénètre pas facilement dans la cellule à cause de sa charge négative.

On emploie très fréquemment du chlore gazeux comprimé, à l'état liquide, pour désinfecter l'eau potable, l'eau des piscines et les eaux usées. Plusieurs composés du chlore sont aussi des désinfectants efficaces. Par exemple, on utilise des solutions d'*hypochlorite de calcium* (anciennement appelé chlorure de chaux) pour désinfecter l'équipement de laiterie et les couverts utilisés dans les restaurants. Un autre composé du chlore, soit l'*hypochlorite de sodium* (figure 14.8), mieux connu sous le nom d'eau de Javel, est utilisé comme agent de blanchiment ménager, comme désinfectant dans les laiteries, les installations de traitement des aliments et les appareils d'hémodialyse, et comme antiseptique pour la peau. L'eau de Javel adéquatement diluée devient un excellent antiseptique de la peau sous le nom de solution Dakin. Lorsqu'on doute de la qualité de l'eau potable, l'emploi d'un agent de blanchiment ménager donne à peu près le même résultat que la chloration effectuée par les municipalités. Si on ajoute 2 gouttes d'un tel agent à 1 L d'eau (4 gouttes si l'eau est trouble) et qu'on laisse reposer la solution pendant 30 min, on obtient de l'eau considérée comme potable dans les situations d'urgence.

Les *chloramines* sont des composés formés de chlore et d'ammoniac. On les utilise comme désinfectant, antiseptique ou agent de nettoyage. On ajoute habituellement de l'ammoniac au chlore dans les systèmes municipaux de traitement de l'eau, de manière à former des chloramines. (Les chloramines sont toxiques pour les poissons d'aquarium, mais les animaleries vendent des produits qui neutralisent ces substances.) Les soldats et les campeurs peuvent utiliser des comprimés (Chlor-Floc) renfermant du *dichloroisocyanurate de sodium*, un chloramine combiné à un agent qui provoque la floculation (ou la coagulation) des matières en suspension dans un échantillon d'eau, de sorte que celles-ci forment un dépôt, ce qui clarifie l'eau. On emploie les chloramines pour nettoyer la verrerie et les couverts, de même que pour traiter l'équipement de laiterie et de fabrique de produits alimentaires. Ce sont des composés très stables qui libèrent du chlore pendant de longues périodes. Ils sont relativement efficaces dans la matière organique, mais ils agissent plus lentement et ont un pouvoir de purification moins élevé que d'autres composés du chlore.

Le *fluor* est une substance naturelle présente dans la plupart des sources d'eau potable. À faible dose, il inhiberait l'activité enzymatique des bactéries et entraînerait ainsi leur destruction. On ajoute du fluor dans des produits d'hygiène tels que la pâte dentifrice et les rince-bouches, et, dans certaines villes du Canada et des États-Unis, dans l'eau destinée à la distribution publique.

Les alcools

Les **alcools** sont d'une grande efficacité pour détruire les bactéries et les mycètes, mais pas les endospores ni les virus sans enveloppe lipidique. Un alcool agit généralement en dénaturant les protéines, mais il peut aussi rompre les membranes et dissoudre différents lipides, y compris le constituant lipidique des virus enveloppés. Les alcools présentent l'avantage de s'évaporer rapidement après avoir agi, sans laisser de résidu.

Lorsqu'on badigeonne la peau (pour la décontaminer) avant une injection, l'action antimicrobienne est due en grande partie au fait que le nettoyage enlève les poussières et les microbes en même temps que les huiles naturelles. Cependant, les alcools ne sont pas des antiseptiques appropriés pour le traitement de blessures ; ils provoquent la coagulation d'une couche de protéines sous laquelle les bactéries continuent de se développer.

L'éthanol et l'isopropanol sont les deux alcools les plus couramment utilisés. La concentration optimale recommandée est de 70 % dans le cas de l'*éthanol,* qui semble détruire les microbes aussi rapidement à une concentration comprise entre 60 et 95 % (**tableau 14.5**). L'éthanol pur est moins efficace qu'une solution aqueuse de cet alcool (mélange d'eau et d'éthanol) parce que l'eau joue un rôle essentiel dans la dénaturation des protéines. L'*isopropanol,* souvent vendu sous le nom d'alcool à friction, est un peu plus efficace que l'éthanol en tant qu'antiseptique et désinfectant. De plus, il est moins volatile, moins coûteux et plus facile à produire que l'éthanol. Purell, une préparation commerciale largement utilisée pour nettoyer les mains, contient de 62 à 65 % d'éthanol ainsi que des hydratants.

Tableau 14.5 Effet biocide de solutions aqueuses d'éthanol, de diverses concentrations, contre le streptocoque ß-hémolytique du groupe A (*S. pyogenes*)

Concentration d'éthanol (%)	Temps d'exposition (s)				
	10	20	30	40	50
100	–	–	–	–	–
95	+	+	+	+	+
90	+	+	+	+	+
80	+	+	+	+	+
70	+	+	+	+	+
60	+	+	+	+	+
50	–	–	+	+	+
40	–	–	–	–	–

Remarques : Le signe (–) indique une croissance bactérienne ; le signe (+) indique un effet germicide (il n'y a pas de croissance bactérienne). La région ombrée représente les bactéries détruites par le germicide.

On utilise fréquemment l'éthanol et l'isopropanol pour accroître l'efficacité d'autres agents chimiques. Par exemple, une solution aqueuse de Zephiran (voir la description plus loin) détruit environ 40 % d'une population de microbes en 2 min, tandis qu'une teinture de Zephiran (solution d'alcool) tue environ 85 % de la même population durant le même laps de temps. On compare l'efficacité de teintures et de solutions aqueuses dans la figure 14.10.

Les métaux lourds et leurs sels

Plusieurs métaux lourds, dont l'argent, le mercure, le zinc et le cuivre, ont des propriétés désinfectantes ou antiseptiques. La capacité d'un métal lourd, en particulier de l'argent et du cuivre, à exercer en très petite quantité une activité antimicrobienne s'appelle **action oligodynamique** (*oligo-* = peu nombreux). On peut observer ce type d'activité en plaçant une pièce de monnaie, ou un morceau quelconque de métal propre contenant de l'argent ou du cuivre, sur une culture en boîte de Petri. Une très petite quantité de métal diffuse dans le milieu de culture et inhibe la croissance des bactéries dans un certain rayon autour de la pièce (**figure 14.9**). Cet effet est dû à l'action des ions de métaux lourds sur les microbes. Lorsque ces ions se combinent avec des groupements sulfhydryle (—SH) des protéines cellulaires, celles-ci subissent une dénaturation.

On utilise l'argent comme antiseptique sous la forme d'une solution de *nitrate d'argent* à 1 %. Jusqu'à récemment, on appliquait systématiquement quelques gouttes de nitrate d'argent dans les yeux des nouveau-nés pour prévenir l'ophtalmie gonococcique du nouveau-né, infection contractée par le bébé lors d'un accouchement naturel. De nos jours, on a plutôt recours aux antibiotiques. L'emploi de l'argent comme agent antimicrobien connaît à l'heure actuelle un regain d'intérêt. On a constaté que des pansements imprégnés d'une préparation qui libère lentement des ions d'argent peuvent s'avérer très utiles dans le cas de bactéries antibiorésistantes. L'ajout d'argent à toutes sortes de produits de consommation est aussi en vogue. Par exemple, on trouve des contenants en plastique additionné de nanoparticules d'argent censés mieux conserver la fraîcheur des aliments, ou des maillots et des chaussettes de sport traités à l'argent qui, dit-on, ne retiennent pas les odeurs.

La préparation la plus courante est la *sulfadiazine d'argent,* mélange d'argent et de sulfadiazine (une substance médicamenteuse). Il s'agit d'une crème topique destinée au traitement des brûlures. On incorpore aussi des préparations à base d'argent dans les sondes urinaires à demeure, qui sont souvent une source d'infections nosocomiales, et dans les pansements. L'antimicrobien Surfacine est un produit relativement récent qui, comme son nom l'indique, sert à protéger les surfaces et qui peut être utilisé autant sur les objets inanimés que sur les êtres vivants. Composé d'iodure d'argent non hydrosoluble dans un polymère porteur, il persiste très longtemps, au moins 13 jours, là où il est appliqué. Quand une bactérie se pose sur la surface, la membrane externe de la cellule déclenche la libération d'une dose létale d'ions d'argent.

Des composés inorganiques du mercure, tels que le *chlorure de mercure* (I), sont utilisés depuis longtemps dans des pommades antiseptiques. Un composé organique du mercure, le mercurochrome,

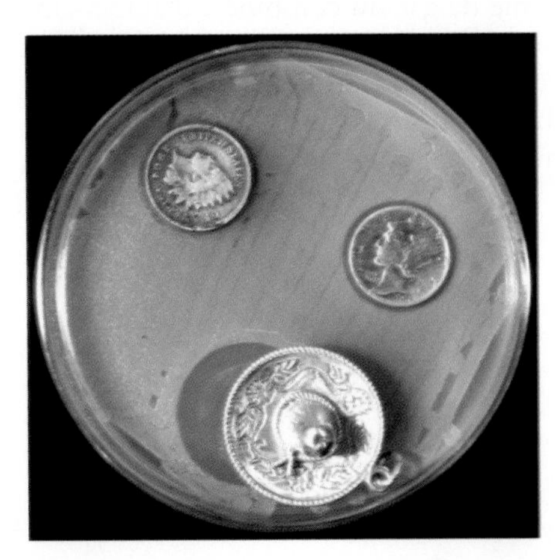

Figure 14.9 Action oligodynamique des métaux lourds. La breloque (qui a été déplacée) et la pièce de dix cents contiennent de l'argent et la pièce de un cent, du cuivre. Des zones translucides apparaissent là où la croissance bactérienne a été inhibée.

est aussi un antiseptique courant. Ces composés inorganiques et organiques ont un large spectre d'activité et leur effet est essentiellement bactériostatique. Les désinfectants à base de mercure ont cependant un emploi restreint à cause de leur toxicité, de leur corrosivité et de leur inefficacité en présence de matière organique ; on s'en sert pour désinfecter les instruments chirurgicaux, par exemple. Aujourd'hui, les substances mercurielles permettent surtout de prévenir la formation de moisissures dans les peintures.

Le cuivre, sous forme de *sulfate de cuivre,* et le zinc servent surtout à détruire les algues vertes (algicide) qui croissent dans les réservoirs d'eau, les piscines et les aquariums. Si l'eau ne contient pas une très grande quantité de matière organique, le sulfate de cuivre est efficace à une concentration d'une partie par million. On incorpore parfois des composés du cuivre, tels que le 8-hydroxyquinoléinate de cuivre, à la peinture afin de prévenir la formation de moisissures.

On a recours au zinc comme antiseptique sous forme de pommade topique et d'onguent pour prévenir l'infection dans les cas d'érythème fessier chez les bébés. Le *chlorure de zinc* est un ingrédient courant dans les rince-bouches, et les shampoings antipelliculaires contiennent du *pyrithione de zinc.*

Les agents de surface

Les **agents de surface**, ou **surfactants**, possèdent le pouvoir de réduire la tension superficielle entre les molécules d'un liquide. Ils comprennent les savons et les détergents.

Savons et détergents Le savon est peu efficace comme antiseptique, mais il joue un rôle important dans le lavage destiné à éliminer mécaniquement les microbes. La peau est normalement recouverte de cellules mortes, de poussière, de sueur séchée, de microbes et de sécrétions grasses provenant des glandes sébacées. Le savon sépare le film gras en fines gouttelettes ; ce processus, appelé *émulsification,* permet à l'eau savonnée de soulever les graisses émulsifiées et les débris, qui sont éliminés lors du rinçage. En ce sens, les savons sont de bons agents antimicrobiens mécaniques. Les détergents se divisent en deux groupes : détergents anioniques et détergents cationiques, dont les plus importants sont les composés d'ammonium quaternaire.

Détergents anioniques Les détergents anioniques sont essentiels pour le nettoyage de la vaisselle et de l'équipement de laiterie. Leur pouvoir d'assainissement vient de la partie de la molécule chargée négativement (anion), qui réagit avec la membrane plasmique. Les nettoyeurs de ce type combattent une vaste gamme de microbes, y compris les bactéries thermorésistantes dont il est difficile de se débarrasser. De plus, ils ne sont ni toxiques ni corrosifs, et ils agissent rapidement.

Composés d'ammonium quaternaire (quats) Les agents de surface les plus couramment utilisés sont les détergents cationiques, et en particulier les **composés d'ammonium quaternaire** (aussi appelés **quats**). Leur pouvoir détersif vient de la partie de la molécule chargée positivement (cation) et ils tirent leur nom du fait qu'ils sont des dérivés de l'ion ammonium, NH_4^+. Les composés d'ammonium quaternaire ont un grand pouvoir bactéricide dans le cas des bactéries à Gram positif, mais ils sont moins efficaces, voire inefficaces, pour lutter contre les bactéries à Gram négatif (figure 14.8).

Les quats sont également fongicides et amœbicides, et ils sont actifs contre les virus à enveloppe lipidique ; toutefois, ils ne détruisent pas les endospores ni les mycobactéries (**encadré 14.1**). On ne connaît pas leur mode d'action chimique, mais ils modifient la perméabilité de la membrane et provoquent la perte de composants cytoplasmiques essentiels, tels que le potassium.

Le *chlorure de benzalkonium* (Zephiran) et le *chlorure de cetylpyridinium* (Cepacol) sont deux quats d'usage courant. Ce sont deux agents antimicrobiens puissants, incolores, inodores, insipides, stables, faciles à diluer, et non toxiques sauf en concentration élevée. Si le rince-bouche que vous employez mousse lorsque vous agitez la bouteille, il contient sans doute un quat. Toutefois, la présence de matière organique réduit considérablement l'activité des quats, qui sont par ailleurs rapidement neutralisés par les savons et les détergents anioniques. Notez que la teinture de Zephiran est plus efficace que la solution aqueuse de cet antiseptique (**figure 14.10**).

Toute personne qui utilise des quats à des fins médicales doit savoir que des bactéries, telles que certaines espèces de *Pseudomonas,* survivent dans les composés d'ammonium quaternaire, et même s'y développent. On observe cette résistance non seulement dans des solutions de ce type de désinfectant, mais aussi dans de la gaze et des pansements humides, dont les fibres tendent à neutraliser les quats.

Les additifs de conservation

On emploie fréquemment des additifs chimiques pour retarder la détérioration des aliments. On a longtemps utilisé le *dioxyde de*

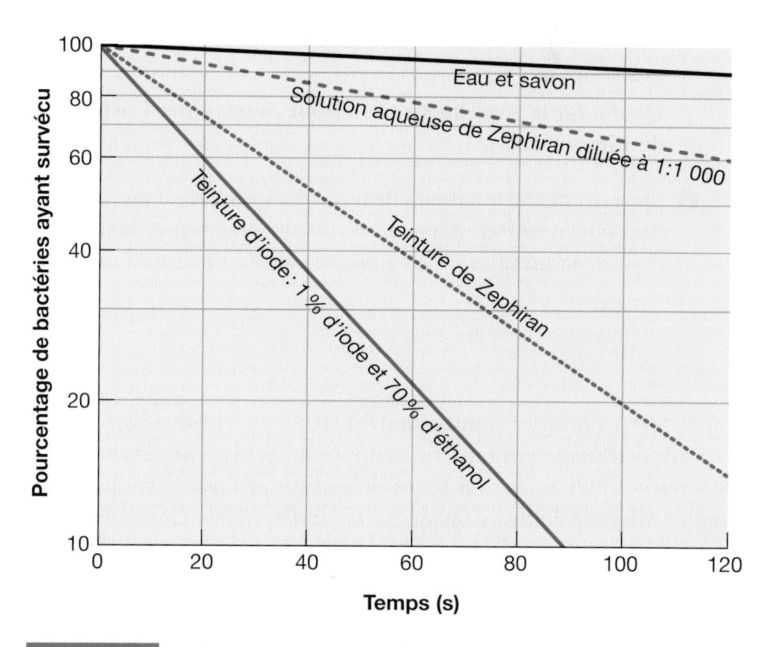

Figure 14.10 Comparaison de l'efficacité de teintures et de solutions aqueuses. Un antiseptique est d'autant plus efficace que la pente (vers le bas) de la courbe de décès est grande. La solution contenant 1 % d'iode et 70 % d'éthanol est donc l'agent le plus efficace, tandis que l'eau et le savon constituent l'agent le moins efficace. Notez que la teinture de Zephiran est plus efficace que la solution aqueuse de cet antiseptique.

CAS CLINIQUES Encadré 14.1 Extrait de *Morbidity and Mortality Weekly Report*

L'infection consécutive à une injection de stéroïdes

En lisant cet encadré, vous serez amené à considérer une suite de questions que les responsables du contrôle des infections se posent quand ils tentent de remonter aux origines d'une maladie infectieuse. Examinez chaque question dans l'ordre où elle se présente et essayez d'y répondre avant de passer à la suivante.

❶ Au cours d'une période de 3 mois, un médecin du service des maladies infectieuses a déclaré à la direction de santé publique 12 cas d'infections des articulations et des tissus mous par *Mycobacterium abscessus*. Les mycobactéries à croissance lente, telles que *M. tuberculosis* et *M. lepræ*, sont pathogènes chez l'humain. Les infections rapportées ici étaient causées par des mycobactéries à croissance rapide (MCR).

Où trouve-t-on normalement les MCR? (*Indice*: Voir le chapitre 6.)

❷ Le médecin a donné aux 12 patients des injections pour soulager leur arthrite, en procédant de la façon suivante: il a nettoyé la peau avec un tampon d'ouate imbibé de Zephiran dilué (1:10); il a badigeonné la peau à l'iode avec un tampon de préparation commerciale; il a anesthésié la région avec 0,5 mL de lidocaïne à 1 % administrée au moyen d'une seringue stérile et d'une aiguille de calibre 22 stérile aussi; il a injecté de 0,5 à 1,0 mL de bétaméthasone, un corticostéroïde, dans l'articulation avec une seringue stérile et une aiguille stérile de calibre 20.

Quelle est la marche à suivre pour déterminer l'origine de l'infection?

❸ On a fait des prélèvements de la surface intérieure d'un contenant ouvert de forceps en métal et d'un contenant de tampons d'ouate en métal, et on les a mis en culture. On a aussi mis en culture les tampons d'iode, les tampons imbibés de Zephiran, les solutions de lidocaïne et de bétaméthasone, la préparation de Zephiran diluée et non diluée, et l'eau distillée en bouteille capsulée qui a servi à la dilution de Zephiran.

Quelle est la classe d'antiseptiques à laquelle appartient Zephiran?

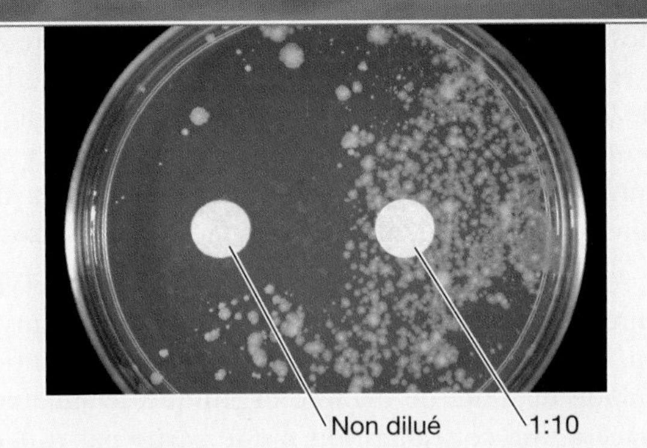

Évaluation de l'action de Zephiran sur *M. abscessus* par la méthode de diffusion sur gélose

❹ On a obtenu une seule culture de *M. abscessus*, soit à partir des tampons imbibés de Zephiran. On a procédé à une épreuve de diffusion sur gélose (figure ci-dessus).

On a noté deux problèmes. Quels sont-ils, et comment peut-on prévenir les infections observées?

❺ Les solutions diluées de Zephiran ne tuent pas *M. abscessus*. De plus, l'action désinfectante de Zephiran et des autres quats est diminuée par la présence de matière organique, par exemple d'ouate. Pour éviter d'inoculer des bactéries aux patients, il ne faut pas garder les tampons d'ouate dans l'antiseptique.

Source: *Clinical Infectious Diseases*, 36: 954-962 (2003).

soufre (SO_2) comme désinfectant, surtout en vinification. Parmi les additifs d'usage courant, on compte les acides carboxyliques et les nitrates/nitrites. Le benzoate de sodium, l'acide sorbique et le propionate de calcium sont des *acides carboxyliques* simples ou des sels d'acides carboxyliques qui sont facilement métabolisés par l'organisme et dont la présence dans les aliments est en général considérée comme sans danger. L'*acide sorbique* ou le *sorbate de potassium* – le sel plus soluble de cet acide – de même que le *benzoate de sodium* préviennent la formation de moisissures dans des aliments acides tels que les fromages et les boissons gazeuses. Ces aliments, dont le pH ne dépasse pas 5,5, sont particulièrement susceptibles d'être attaqués par des moisissures. Le *propionate de calcium,* un agent fongistatique efficace ajouté au pain, prévient le développement de moisissures superficielles et de *Bacillus,* bactérie qui rend le pain collant. Les acides carboxyliques inhibent la croissance des moisissures et ne modifient pas le pH, mais ils perturbent le métabolisme de ces microbes ou altèrent l'intégrité de leur membrane plasmique.

On ajoute du *nitrate de sodium* et du *nitrite de sodium* à de nombreux produits carnés, tels que le jambon, le bacon, la saucisse fumée et les saucisses en général. L'ingrédient actif est le nitrite de sodium, que certaines bactéries présentes dans la viande sont capables de synthétiser à partir de nitrate de sodium. Le nitrite inhibe certaines enzymes contenant du fer dans les bactéries anaérobies. Le nitrite a deux fonctions principales: conserver à la viande sa couleur rouge attrayante en réagissant avec les constituants du sang présents dans celle-ci et y prévenir la germination et le développement de toute endospore de botulisme (*Clostridium botulinum*). Parce que la réaction des nitrites avec les acides aminés peut former des produits cancérogènes, appelés **nitrosamines**, on a maintenant tendance à réduire la quantité de nitrites ajoutée aux aliments. On continue cependant d'utiliser ces substances parce qu'il a été établi que leur emploi prévient le botulisme. Étant donné que l'organisme produit des nitrosamines à partir de diverses sources, le risque additionnel que représente l'ajout de petites quantités de nitrites et de nitrates à la viande serait moins important qu'on ne l'avait cru.

Les antibiotiques

Les agents antimicrobiens dont il est question dans le présent chapitre ne servent pas à traiter des maladies par ingestion ou par injection. Ce sont les antibiotiques qui sont destinés à cet usage. Il existe des restrictions importantes à l'emploi des antibiotiques à d'autres fins que médicales ; toutefois, deux substances de ce type sont largement utilisées pour la conservation des aliments. La *nisine,* additif fréquemment ajouté au fromage pour inhiber la croissance de bactéries productrices d'endospores qui détériorent les aliments, est un exemple de bactériocine, c'est-à-dire une protéine produite par une bactérie et qui en inhibe une autre (chapitre 24 EN LIGNE). La nisine est naturellement présente en petite quantité dans de nombreux produits laitiers. Elle est insipide, facile à digérer et non toxique. La *natamycine* (ou pimaricine) est un antibiotique antifongique dont l'ajout aux aliments, et en particulier au fromage, est autorisé.

Les aldéhydes

Les **aldéhydes** comptent parmi les agents antimicrobiens les plus efficaces. Le formaldéhyde et le glutaraldéhyde en sont deux exemples. Ils inactivent les protéines en formant des liaisons croisées covalentes avec plusieurs de leurs groupements fonctionnels (—NH_2, —OH, —COOH et —SH). Le *formaldéhyde gazeux* est un excellent désinfectant. On le trouve surtout sous la forme d'une solution aqueuse à 37 % appelée *formol,* couramment utilisée autrefois pour conserver les spécimens biologiques et pour inactiver les bactéries et les virus présents dans les vaccins.

Le *glutaraldéhyde* est une substance chimique apparentée au formaldéhyde, mais il est moins irritant, agit en présence de substances organiques et est efficace plus rapidement.

On emploie le glutaraldéhyde dans les hôpitaux pour désinfecter les instruments médicaux, notamment les endoscopes, le matériel d'inhalothérapie et l'équipement d'anesthésie, mais ces instruments doivent être soigneusement nettoyés au préalable. Sous la forme d'une solution à 2 %, il est bactéricide – en particulier pour la bactérie de la tuberculose –, virucide en 10 min et sporicide en 3 à 10 h. Le glutaraldéhyde est l'un des rares désinfectants liquides que l'on puisse considérer presque comme un agent de stérilisation. Cependant, on suppose en général qu'un sporicide doit agir en au plus 30 min, et le glutaraldéhyde ne satisfait pas à cette exigence. Les entrepreneurs de pompes funèbres utilisent le glutaraldéhyde et le formol pour l'embaumement.

Dans bien des cas, on peut remplacer le glutaraldéhyde par l'*ortho-phtalaldéhyde* (OPA), qui est plus efficace contre beaucoup de microbes et n'est pas aussi irritant.

Les gaz stérilisants

On peut se servir de produits chimiques liquides pour faire la stérilisation, mais on les trouve généralement peu pratiques, même si, comme le glutaraldéhyde, ils sont sporicides. Par contre, on a souvent recours aux gaz stérilisants à la place de procédés physiques. Leur utilisation exige une enceinte fermée semblable à celle de l'autoclave. Un gaz couramment employé est l'*oxyde d'éthylène* :

Formule de l'oxyde d'éthylène $H_2C—CH_2$ (pont O)

Il agit par *alkylation*, c'est-à-dire qu'il substitue des radicaux chimiques aux atomes d'hydrogène labiles des protéines, tels que ceux des groupements —SH, —COOH ou —CH_2CH_2OH. Il en résulte une réticulation des acides nucléiques et des protéines, qui inhibe les fonctions cellulaires vitales. L'oxyde d'éthylène tue tous les microbes et toutes les endospores, mais il faut prévoir plusieurs heures d'exposition. C'est une substance toxique et explosive lorsqu'elle est pure, de sorte qu'on la mélange généralement avec un gaz non inflammable, par exemple du CO_2. L'oxyde d'éthylène possède un grand pouvoir de pénétration, et la stérilisation peut se faire à la température ambiante.

Étant donné qu'ils ne nécessitent pas l'emploi de la chaleur, les gaz comme l'oxyde d'éthylène sont couramment utilisés pour stériliser le matériel médical, en particulier les objets en plastique. De nombreux centres hospitaliers possèdent des stérilisateurs à l'oxyde d'éthylène, dont certains sont assez vastes pour qu'on puisse y placer des matelas. Il est même possible de désinfecter des locaux spécialisés et des chambres de malades contaminées.

Le *dioxyde de chlore* est un gaz instable qu'on produit habituellement sur les lieux mêmes où on veut l'utiliser. Il a servi notamment à désinfecter par fumigation des bâtiments contaminés aux endospores d'anthrax. Il est beaucoup plus stable en solution aqueuse. On l'emploie le plus souvent dans les stations de traitement de l'eau potable, juste avant l'étape de la chloration, au cours de laquelle certains composés cancérogènes peuvent parfois se former. Il sert alors à éliminer ces composés ou à en limiter la production.

Les plasmas

En plus des trois états habituels de la matière – solide, liquide et gazeux –, on pourrait considérer qu'il en existe un quatrième appelé **plasma**. On peut amener un gaz à cet état en l'excitant, par exemple par un champ électromagnétique, de telle sorte qu'il forme un mélange de noyaux de charges électriques diverses et d'électrons libres. Dans les établissements de soins, il est nécessaire de stériliser les instruments chirurgicaux en métal et en plastique utilisés pour les nouvelles interventions par voies arthroscopique et laparoscopique, ce qui pose des défis importants. Ces instruments possèdent de longs tubes, dont le diamètre intérieur est souvent de quelques millimètres seulement ; ils sont de ce fait difficiles à nettoyer. C'est alors qu'on a recours à la *stérilisation par plasma*, une méthode qui s'avère fiable dans cette situation. On place les instruments dans une boîte où ils sont exposés à un plasma formé à partir de peroxyde d'hydrogène (et parfois d'acide peracétique) que l'on soumet, sous vide, à un champ électromagnétique. Le plasma contient un grand nombre de radicaux libres qui détruisent rapidement les microbes et leurs endospores. Le procédé, dans lequel on reconnaît des éléments des méthodes physiques et chimiques, présente l'avantage de fonctionner à des températures peu élevées. Par contre, il coûte cher.

Les fluides supercritiques

La stérilisation par fluides supercritiques fait intervenir une combinaison de méthodes physiques et chimiques. Lorsqu'on le comprime jusqu'à l'état « supercritique », le CO_2 adopte des propriétés qui tiennent à la fois des liquides (une plus grande solubilité) et des gaz (une tension superficielle plus basse). Les organismes exposés au *dioxyde de carbone supercritique* sont inactivés, y compris la plupart des agents pathogènes des aliments et les formes végétatives qui causent la détérioration de la nourriture. Pour inactiver les endospores, une température d'environ 45 °C suffit. On utilise le CO_2 supercritique depuis un bon nombre d'années pour traiter certains aliments. Plus récemment, on a commencé à s'en servir pour décontaminer les implants médicaux, tels que les os, les tendons et les ligaments prélevés sur les donneurs d'organes.

Les peroxydes et autres agents oxydants

Les **peroxydes** sont des agents oxydants ; ils exercent une action microbienne qui repose sur l'oxydation de constituants cellulaires des microbes visés. Ils incluent le peroxyde d'hydrogène et l'acide peracétique.

Le *peroxyde d'hydrogène* est un agent antiseptique que l'on trouve dans l'armoire à pharmacie de nombreux foyers et dans les réserves de fournitures des hôpitaux. Ce n'est pas un antiseptique approprié pour le traitement des plaies ouvertes, car il est susceptible de ralentir la cicatrisation. En effet, il se décompose rapidement en eau et en O_2 gazeux sous l'action d'une enzyme présente dans les cellules humaines, la catalase (chapitre 4). Cependant, le peroxyde d'hydrogène est un désinfectant efficace pour les objets inanimés ; dans ce cas, il est même sporicide, surtout à des températures élevées. Sur une surface inerte, les enzymes des bactéries aérobies ou anaérobies facultatives, qui jouent normalement un rôle protecteur, sont inhibées par le peroxyde utilisé en forte concentration (de 10 à 20 %). Compte tenu de ces facteurs et de sa dégradation rapide en eau et en O_2, l'industrie alimentaire emploie de plus en plus le peroxyde d'hydrogène pour l'emballage aseptique (figure 28.4 EN LIGNE). On plonge le matériau d'emballage dans une solution chaude de ce composé avant d'en faire des récipients. Par ailleurs, les utilisateurs de lentilles cornéennes connaissent bien la désinfection au peroxyde d'hydrogène. Lorsqu'ils ont procédé à cette étape, ils ont recours à un catalyseur, inclus dans le nécessaire à désinfection, pour détruire le peroxyde d'hydrogène résiduel de manière qu'il n'en reste plus sur les lentilles, parce qu'il pourrait être irritant. Le peroxyde d'hydrogène chauffé peut servir de stérilisant gazeux. Son pouvoir pénétrant n'est pas aussi grand que celui de l'oxyde d'éthylène, et on ne peut pas l'utiliser pour stériliser les textiles ou les liquides.

L'*acide peracétique* est l'un des sporicides liquides les plus efficaces et il est considéré comme un stérilisant. Son mode d'action est similaire à celui du peroxyde d'hydrogène. Il agit généralement sur les endospores et les virus en 30 min, et il tue les bactéries végétatives et les mycètes en moins de 5 min. Cet acide a de nombreuses applications reliées à la désinfection des machines à préparer les aliments et du matériel médical, en particulier les endoscopes, parce qu'il ne laisse pas de résidu toxique et qu'il est peu sensible à la présence de matière organique. La U.S. Food ans Drug Administration a approuvé l'utilisation de l'acide peracétique pour le lavage des fruits et des légumes.

D'autres agents oxydants incluent le *peroxyde de benzoyle*, utilisé comme principal ingrédient des médicaments en vente libre contre l'acné, lequel résulte de l'infection des follicules pileux par une bactérie anaérobie. L'*ozone* (O_3) est une forme très réactive d'oxygène produite lorsque cet élément est soumis à des décharges électriques à haute tension. On lui doit l'odeur d'air frais qui se dégage après un orage, ou à proximité d'une lampe ultraviolette ou d'une source d'étincelles électriques. On l'ajoute souvent au chlore pour désinfecter l'eau parce qu'il permet de neutraliser les saveurs et les odeurs. L'ozone est un agent antimicrobien plus efficace que le chlore, mais il est difficile de maintenir son activité résiduelle dans l'eau, et son coût est plus élevé que celui du chlore.

Les pyréthrines et les pyréthrinoïdes

Lors d'une infestation par les punaises de lit, les poux ou le sarcopte de la gale, il faut procéder à la désinfection de tout ce qui peut être contaminé dans l'environnement. Les nouveaux insecticides contiennent des pyréthrines (ou des pyréthrinoïdes), qui ont la propriété d'agir directement sur le système nerveux des insectes et de les tuer rapidement après les avoir paralysés. Les pyréthrines sont des composés naturels présents dans les fleurs du pyrèthre ou dans les chrysanthèmes. Les pyréthrinoïdes sont des produits de synthèse organochlorés, organofluorés ou organobromés dont la structure générale est similaire à celle des pyréthrines. À dose plus faible, la pyréthrine a une activité insecticide ou répulsive ; elle entre dans la composition de tous les insecticides biologiques d'origine végétale sur le marché. Elle peut être utilisée autant à l'extérieur qu'à l'intérieur et ne s'attaque pas aux animaux à sang chaud. On l'utilise en pulvérisateur pour traiter l'environnement et prévenir le retour des parasites. Certaines infestations, la gale par exemple, ne se guérissent pas sans traitement topique cutané, voire sans chimiothérapie par voie orale.

▶ Vérifiez vos acquis

Pourquoi faut-il bien choisir son désinfectant pour nettoyer une surface contaminée par du vomi et une autre par un éternuement ? **14-9**

Selon vous, entre la méthode des porte-germes et celle de diffusion sur gélose, laquelle est la plus courante dans les laboratoires des cliniques médicales ? **14-10**

Pourquoi l'alcool est-il efficace contre certains virus seulement ? **14-11**

Lorsqu'il est utilisé sur la peau, Betadine est-il un antiseptique ou un désinfectant ? **14-12**

Les agents de surface possèdent certaines caractéristiques qui intéressent l'industrie laitière. Quelles sont ces caractéristiques ? **14-13**

Quels désinfectants chimiques peut-on qualifier de sporicides ? **14-14**

Quels sont les produits chimiques utilisés pour la stérilisation ? **14-15**

* * *

En résumé, nous vous présentons au **tableau 14.6** la liste des principaux agents chimiques employés pour combattre les microbes. Précisons que les composés dont il est question dans le présent chapitre ne sont généralement pas utiles pour le traitement de maladies. Étant donné que les antibiotiques sont employés en chimiothérapie, nous examinerons ces substances et les agents pathogènes qu'elles combattent dans le chapitre 15.

Tableau 14.6 Agents chimiques de lutte contre les microbes

Agent chimique (avec exemples)	Mode d'action	Commentaires	Principales utilisations
Phénol et dérivés phénolés			
1. Phénol	Rupture de la membrane plasmique (lipides) et dénaturation des enzymes	Irritant et dégage une odeur désagréable.	Rarement utilisé comme désinfectant ou antiseptique, sauf pour établir une comparaison
2. Dérivés phénolés O-phénylphénol (crésols)	Rupture de la membrane plasmique (lipides) et dénaturation des enzymes	Désinfectants. Réactifs même en présence de matière organique. Agissent sur les mycobactéries.	Surfaces, instruments médicaux souillés; surface de la peau et muqueuses
3. Bisphénols Hexachlorophène et triclosan	Rupture probable de la membrane plasmique	Antiseptiques et désinfectants; effet bactériostatique à large spectre d'activité mais surtout contre les bactéries à Gram positif.	Savons pour la peau, dentifrices, rince-bouches, désodorisants ou mousses à raser Surfaces culinaires; instruments médicaux
Bisbiguanides Chlorhexidine	Rupture de la membrane plasmique	Antiseptiques bactéricides ou bactériostatiques à large spectre d'activité (contre les bactéries végétatives à Gram positif et à Gram négatif, sauf *Pseudomonas* spp.); bons virucides et fongicides passables.	Nettoyage de la peau, en particulier lors du lavage chirurgical des mains; non toxiques et à action prolongée
Halogènes			
1. Iode Betadine, comprimés d'iode	Perturbation de la synthèse des protéines et altération de la membrane plasmique	Antiseptique efficace contre les bactéries, certaines endospores, certains mycètes et virus. Un seul usage comme désinfectant.	Sous forme de teinture ou d'iodophores: nettoyage de la peau et traitement de blessures Iode seul: désinfectant en comprimés pour traitement de petites quantités d'eau
2. Chlore acide hypochloreux, chloramines	Puissants agents oxydants qui entravent l'activité enzymatique de la cellule	Désinfectants efficaces; effet biocide.	Chlore gazeux: pour l'eau d'alimentation. Chloramines: pour traitement d'eau municipale et de petites quantités d'eau (Chlor-Floc), de l'équipement de laiterie, des instruments médicaux, des couverts, des articles ménagers et de la verrerie
3. Fluor	Perturbation de l'activité enzymatique	Désinfectant et antiseptique.	Dans l'eau potable, les dentifrices et les rince-bouches
Alcools Éthanol et isopropanol	Dénaturation des protéines et dissolution des lipides	Désinfectants à action rapide; effets bactéricide et fongicide, non efficaces contre les endospores et les virus sans enveloppe. Antiseptiques mécaniques.	Désinfection de thermomètres et autres instruments; nettoyage de la peau à l'alcool avant une injection: action antimicrobienne due à la simple élimination par frottage
Métaux lourds et leurs sels Argent, mercure, cuivre et zinc	Dénaturation des enzymes et de diverses autres protéines essentielles	Antiseptiques bactériostatiques. Désinfectants biocides.	Nitrate d'argent: imprégnation de pansements Sulfadiazine d'argent: crème topique pour les brûlures Mercurochrome: pour la peau Sels de cuivre et de zinc: dans des onguents contre la peau irritée Sulfate de cuivre: algicide
Agents de surface (surfactants)			
1. Savons	Émulsification des graisses cutanées	Agents antimicrobiens mécaniques.	Élimination des microbes et des débris présents sur la peau lors du rinçage à l'eau

Tableau 14.6 Agents chimiques de lutte contre les microbes (*suite*)

Agent chimique (avec exemples)	Mode d'action	Commentaires	Principales utilisations
Agents de surface (surfactants) (*suite*)			
2. Détergents acides anioniques	Réaction avec la membrane plasmique	Désinfectants à large spectre d'activité même sur bactéries thermorésistantes; non toxiques, non corrosifs et à action rapide.	Dans l'industrie laitière et alimentaire
3. Détergents cationiques (quats) Zephiran et Cepacol	Dénaturation des protéines et rupture de la membrane plasmique	Antiseptiques et désinfectants biocides pour les bactéries à Gram positif; non sporicides; bactériostatiques et fongicides; virucides sur les virus dotés d'une enveloppe.	Nettoyage de la peau; pour les instruments, les ustensiles et les objets en caoutchouc
Additifs de conservation			
1. Acides carboxyliques	Inhibition du métabolisme affectant plus particulièrement les moisissures	Fongistatiques et bactériostatiques.	Conservation des aliments; acide sorbique et acide benzoïque: fromages et boissons; propionate de calcium: pain
2. Nitrates/nitrites	Inhibition d'enzymes contenant du fer	Préviennent la germination d'endospores de botulisme.	Conservation de nombreux produits carnés (jambon, bacon, saucisse, etc.)
Aldéhydes Glutaraldéhyde et formaldéhyde	Dénaturation des protéines	Désinfectants très efficaces; bactéricides, sporicides et virucides (mais pas vraiment des stérilisants chimiques).	Pour du matériel médical sensible à la chaleur
Stérilisants gazeux			
1. Oxyde d'éthylène	Dénaturation des protéines et inhibition des fonctions cellulaires	Excellent agent de stérilisation mais action lente; effets biocide et sporicide.	Surtout pour les objets sensibles à la chaleur; stérilisation de locaux et de gros objets tels que matelas
2. Plasma	Inhibition des fonctions cellulaires	Particulièrement utile pour désinfecter les instruments médicaux à canules.	Le plus souvent, peroxyde d'hydrogène excité sous vide par un champ électromagnétique
3. Fluides supercritiques	Inhibition des fonctions cellulaires	Particulièrement utiles pour stériliser les implants biomédicaux.	Dioxyde ce carbone comprimé jusqu'à l'état supercritique
Peroxydes et autres agents oxydants	Oxydation	Désinfectants efficaces. L'acide peracétique est un stérilisant efficace.	Peroxyde d'hydrogène: emballage aseptique Acide peracétique: surfaces contaminées; certaines plaies profondes, à cause de leur efficacité contre les anaérobies sensibles à l'oxygène Le traitement à l'ozone remplace souvent la chloration
Pyréthrines et pyréthrinoïdes	Action neurotoxique et paralysie	Insecticides efficaces.	En pulvérisation sur tous les objets et surfaces contaminés

RÉSUMÉ

LA TERMINOLOGIE DE LA LUTTE CONTRE LES MICROBES (p. 370)

1. La lutte contre les microbes vise à prévenir les infections et la détérioration des aliments.
2. La stérilisation est le processus qui consiste à détruire toutes les cellules vivantes, tous les microbes, toutes les endospores et tous les virus présents sur un objet.
3. La stérilisation commerciale est le traitement des conserves en boîte par la chaleur, qui vise à détruire les endospores de *C. botulinum*.
4. La désinfection est le processus qui vise à détruire, à éliminer ou à inhiber des agents potentiellement pathogènes et, enfin, à rendre le milieu impropre à leur prolifération. Un désinfectant est un produit antimicrobien utilisé exclusivement sur des supports inertes.

5. L'antisepsie est le processus qui vise à détruire, à éliminer ou à inhiber des agents potentiellement pathogènes afin de prévenir une infection. Un antiseptique est un produit antimicrobien utilisé sur des tissus vivants.
6. La décontamination comprend les processus qui visent à éliminer ou à réduire le nombre de microbes sur des tissus vivants et sur des objets inertes.
7. L'asepsie est l'ensemble des mesures de contrôle antimicrobien destinées à empêcher toute pénétration de microbes.
8. Le suffixe «-cide» signifie «tuer» et le suffixe «-statique», «propre à arrêter».
9. Le terme «septique» se rapporte à la contamination par des bactéries; le terme «septicité» se rapporte au caractère septique et infectieux d'une maladie.

LE TAUX DE MORTALITÉ D'UNE POPULATION MICROBIENNE (p. 372)

1. Dans une population microbienne soumise à un traitement par la chaleur ou par un agent antimicrobien, le taux de mortalité suit un rythme généralement constant.
2. Une courbe de décès tracée à l'échelle logarithmique est une droite dont la pente désigne un taux constant de mortalité.
3. Le temps requis pour détruire une population de microbes est proportionnel à la taille de la population.

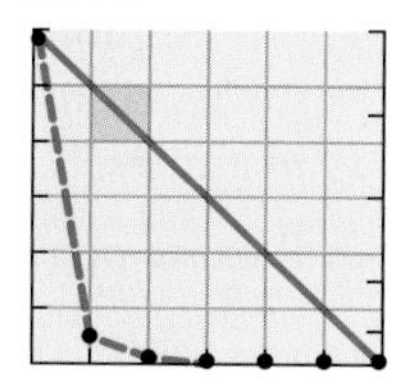

4. La sensibilité à un agent physique ou chimique de lutte contre les microbes varie en fonction de plusieurs facteurs, dont les suivants: les caractéristiques de l'espèce microbienne (dans le cas des endospores); la phase du cycle de vie du microbe (phase exponentielle); le nombre initial de microbes; la durée d'exposition au produit; la concentration du produit; les facteurs environnementaux, y compris les effets de la présence de matière organique, ceux de la température et du pH, ainsi que la nature du milieu de suspension.
5. La présence de matière organique peut réduire l'efficacité d'un traitement par la chaleur ou par un agent antimicrobien.
6. Une longue exposition à une température relativement peu élevée a généralement le même effet qu'une exposition plus courte à une température plus élevée.

LES CARACTÉRISTIQUES DES AGENTS PATHOGÈNES ET LEUR RÉSISTANCE RELATIVE AUX BIOCIDES CHIMIQUES (p. 373)

1. Les bactéries à Gram négatif sont généralement plus résistantes aux désinfectants et aux antiseptiques que les bactéries à Gram positif.
2. Les mycobactéries, les endospores, de même que les spores et les kystes des protozoaires sont très résistants aux désinfectants et aux antiseptiques.
3. Les virus sans enveloppe lipidique sont généralement plus résistants aux désinfectants et aux antiseptiques que les virus à enveloppe.

LE MODE D'ACTION DES AGENTS ANTIMICROBIENS (p. 374)

L'altération de la paroi cellulaire (p. 375)

1. Les agents antimicrobiens qui détruisent ou font éclater la paroi entraînent la lyse de la cellule.

L'altération de la perméabilité de la membrane (p. 375)

2. La sensibilité de la membrane cytoplasmique aux agents antimicrobiens est due au fait que certains de ses composants sont de nature lipidique ou protéique.
3. Certains agents antimicrobiens endommagent la membrane plasmique en modifiant sa perméabilité, ce qui perturbe tous les échanges cellulaires.

La détérioration des protéines cytoplasmiques (p. 375)

4. Certains agents antimicrobiens endommagent les protéines cellulaires en provoquant la rupture de liaisons hydrogène ou de liaisons covalentes. Les enzymes sont sensibles à la dénaturation, ce qui perturbe le métabolisme cellulaire.

La détérioration des acides nucléiques (p. 375)

5. Des agents antimicrobiens font obstacle à la réplication de l'ADN et de l'ARN, de même qu'à la synthèse des protéines. La reproduction cellulaire est alors impossible.

LES MÉTHODES PHYSIQUES DE LUTTE CONTRE LES MICROBES (p. 375)

La chaleur (p. 375)

1. On emploie fréquemment la chaleur pour éliminer les microbes.
2. La chaleur humide tue les microbes en dénaturant les enzymes.
3. On appelle valeur d'inactivation thermique (TDP) la température minimale à laquelle tous les microbes présents dans un milieu de culture liquide sont détruits en 10 min.
4. On appelle temps d'inactivation thermique (TDT) le temps minimal requis, à une température donnée, pour détruire toutes les bactéries présentes dans un milieu de culture liquide.
5. Le temps de réduction décimal (valeur D) est le temps requis, à une température donnée, pour détruire 90% d'une population de bactéries.
6. L'ébouillantage (100 °C) détruit beaucoup de cellules végétatives et de virus en 10 min.
7. La stérilisation en autoclave (vapeur sous pression) est la méthode de stérilisation par chaleur humide la plus efficace. La vapeur doit entrer directement en contact avec la matière à stériliser.
8. La pasteurisation rapide à haute température consiste à détruire les agents pathogènes par exposition à une température élevée pendant un court laps de temps (15 s à 72 °C), ce qui n'altère pas la saveur des aliments. On utilise le traitement à ultra-haute température (UHT; 4 s à 140 °C) pour stériliser les produits laitiers.

9. Les méthodes de stérilisation à la chaleur sèche comprennent le flambage direct, l'incinération et la stérilisation par air chaud. La chaleur sèche tue les microorganismes par oxydation.
10. Des méthodes différentes qui produisent le même effet (réduction de la croissance microbienne) sont appelées traitements équivalents.

La filtration (p. 378)

11. La filtration d'une substance consiste à faire passer celle-ci à travers un filtre qui retient les microbes en raison de la faible dimension de ses pores.
12. On élimine les microbes de l'air au moyen d'un filtre à air à haute efficacité (HEPA) contre les particules.
13. On emploie couramment une membrane filtrante en nitrocellulose ou en acétate de cellulose pour filtrer les bactéries, les virus et même les grosses protéines.

Les basses températures (p. 379)

14. L'efficacité des basses températures dépend de la nature du microbe et de l'intensité du traitement.
15. La majorité des microbes ne se reproduisent pas aux températures normales de réfrigération (de 0 à 7 °C).
16. Beaucoup de microbes survivent (mais ne croissent pas) aux températures inférieures à 0 °C, auxquelles on congèle les aliments.

La haute pression (p. 379)

17. La haute pression dénature les protéines des cellules végétatives.

La dessiccation (p. 379)

18. Les microorganismes sont incapables de se développer en l'absence d'eau, mais ils peuvent demeurer viables.
19. Les virus et les endospores tolèrent la dessiccation.

La pression osmotique (p. 380)

20. Les microorganismes plongés dans une solution à forte concentration en sel ou en sucre sont plasmolysés.
21. Les levures et les mycètes croissent mieux que les bactéries dans un milieu à faible teneur en eau.

Les rayonnements (p. 380)

22. L'effet d'un rayonnement dépend de sa longueur d'onde, de son intensité et de sa durée.
23. Les rayonnements ionisants (rayons gamma, rayons X et faisceaux d'électrons à haute énergie) ont un grand pouvoir de pénétration ; leur principal effet est l'ionisation de l'eau, qui forme des radicaux hydroxyles très réactifs.
24. Les rayonnements ultraviolets (UV) sont une forme de rayonnement non ionisant ; ils ont un faible pouvoir de pénétration et endommagent les cellules en produisant des liaisons entre des thymines adjacentes dans l'ADN, dont la réplication est ainsi compromise. Les rayonnements les plus efficaces pour leur effet germicide ont une longueur d'onde de 260 nm.
25. Les microondes peuvent détruire indirectement les microbes en chauffant l'eau présente dans la matière.

L'extirpation et l'électrocution (p. 381)

26. Les parasites incrustés dans la peau, tels que les tiques, peuvent être extirpés à l'aide d'une petite pince.
27. Les poux peuvent être éliminés à l'aide d'un peigne électronique qui émet une décharge électrique tuant l'insecte sur le coup.

LES MÉTHODES CHIMIQUES DE LUTTE CONTRE LES MICROBES (p. 381)

1. On emploie des agents chimiques comme antiseptiques sur les tissus vivants et comme désinfectants sur les objets inanimés.
2. Il existe peu d'agents chimiques capables d'assurer la stérilisation.

Les principes d'une désinfection efficace (p. 383)

3. Il est important de tenir compte des propriétés et de la concentration d'un désinfectant.
4. Il faut aussi tenir compte de la présence de matière organique, du degré de contact avec les microorganismes, de la durée d'exposition, de la température et du pH.

L'évaluation d'un désinfectant (p. 383)

5. La méthode dite des porte-germes peut servir à déterminer le taux de survie de bactéries dans une solution de désinfectant dont la concentration est conforme aux directives du manufacturier.
6. Les virus, les bactéries qui produisent des endospores, les mycobactéries et les mycètes peuvent aussi faire l'objet de la méthode des porte-germes.
7. La méthode de diffusion en gélose consiste à imprégner un disque de papier filtre d'une substance chimique, puis à le placer sur une gélose inoculée en boîte de Petri ; l'apparition d'une zone d'inhibition indique que la substance est efficace.

Les types de désinfectants (p. 383)

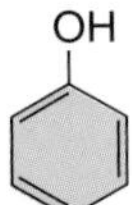

Le phénol et les dérivés phénolés (p. 383)

8. Le phénol et les dérivés phénolés agissent en endommageant la membrane cytoplasmique. Ils ont peu d'effet antiseptique, mais ce sont des désinfectants efficaces.

Les bisphénols (p. 384)

9. Les bisphénols, comme le triclosan et l'hexachlorophène, sont des antiseptiques d'usage courant pour les soins personnels de la peau.

Les bisbiguanides (p. 384)

10. La chlorhexidine endommage la membrane plasmique des cellules végétatives. Antiseptique utilisé en préopératoire.

Les halogènes (p. 385)

11. On emploie des halogènes (par exemple l'iode, le chlore et le fluor) seuls ou en tant que constituants de solutions organiques ou inorganiques.
12. En se combinant à certains acides aminés, l'iode inactive les enzymes et d'autres protéines de la cellule.
13. L'iode est offert sur le marché sous la forme de teinture (solution renfermant aussi de l'alcool) ou d'iodophore (combiné à une molécule organique).
14. L'action germicide du chlore repose sur le fait qu'il se forme de l'acide hypochloreux (HClO) quand on ajoute du chlore à l'eau.
15. Comme désinfectant, on utilise le chlore sous forme gazeuse (Cl_2) ou sous forme de composés tels que l'hypochlorite de calcium, l'hypochlorite de sodium (eau de Javel), le dichloroisocyanurate de sodium et les chloramines.
16. Le fluor agit contre les bactéries responsables de la carie dentaire ; on l'ajoute dans l'eau potable, les dentifrices et les rince-bouches.

Les alcools (p. 385)

17. Les alcools agissent en dénaturant les protéines et en dissolvant les lipides.
18. Sous forme de teintures, les alcools accroissent l'efficacité de divers autres agents antimicrobiens.
19. L'éthanol et l'isopropanol en solution aqueuse (de 60 à 95 %) sont utilisés comme désinfectants et antiseptiques.

Les métaux lourds et leurs sels (p. 386)

20. On utilise l'argent, le mercure, le cuivre et le zinc comme germicides.
21. L'action antimicrobienne des métaux lourds est de nature oligodynamique. La combinaison d'ions d'un métal lourd avec des groupements sulfhydryle (–SH) provoque la dénaturation des protéines.

Les agents de surface (p. 387)

22. Les agents de surface, ou surfactants, réduisent la tension superficielle entre les molécules d'un liquide ; les savons et les détergents en sont des exemples.
23. Les savons ont une action germicide limitée, mais ils contribuent à l'élimination des microorganismes lors du lavage.
24. On utilise des détergents anioniques pour nettoyer l'équipement de laiterie.
25. Les quats sont des détergents cationiques liés à NH_4^+.
26. Les quats provoquent la rupture de la membrane plasmique, ce qui entraîne l'écoulement des constituants cytoplasmiques hors de la cellule.
27. Les quats sont particulièrement efficaces pour combattre les bactéries à Gram positif.

Les additifs de conservation (p. 387)

28. Le dioxyde de soufre et l'acide sorbique ou le sorbate de potassium – le sel le plus soluble de cet acide –, de même que le benzoate de sodium et le propionate de calcium inhibent le métabolisme des moisissures ; c'est pourquoi on les utilise comme additifs de conservation dans les aliments.
29. Le nitrite et le nitrate de sodium sont des sels qui préviennent la germination des endospores de *Clostridium botulinum* dans la viande.

Les antibiotiques (p. 389)

30. La nisine et la natamycine sont deux antibiotiques utilisés pour la conservation des aliments, en particulier du fromage.

Les aldéhydes (p. 389)

31. Les aldhéhydes, tels que le formaldéhyde et le glutaraldéhyde, exercent une action antimicrobienne en inactivant les protéines.
32. Les aldéhydes comptent parmi les désinfectants chimiques les plus efficaces pour traiter le matériel médical.

Les gaz stérilisants (p. 389)

33. L'oxyde d'éthylène est le gaz le plus fréquemment utilisé comme stérilisant.
34. L'oxyde d'éthylène pénètre la majorité des substances et tue tous les microorganismes en dénaturant les protéines.

Les plasmas (p. 389)

35. Les radicaux libres présents dans les gaz à l'état de plasmas servent à stériliser les instruments de plastique.

Les fluides supercritiques (p. 390)

36. Les fluides supercritiques, dont les propriétés tiennent à la fois des liquides et des gaz, peuvent stériliser à des températures peu élevées.

Les peroxydes et autres agents oxydants (p. 390)

37. Le peroxyde d'hydrogène, l'acide peracétique, le peroxyde de benzoyle et l'ozone sont des agents antimicrobiens qui agissent en oxydant des molécules contenues dans les cellules.

Les pyréthrines et les pyréthrinoïdes (p. 390)

38. Les pyréthrines (origine naturelle) et les pyréthrinoïdes (synthèse chimique) sont des insecticides qui tuent en paralysant les insectes.

AUTOÉVALUATION

QUESTIONS À COURT DÉVELOPPEMENT

1. En appliquant la méthode de diffusion en gélose pour évaluer trois désinfectants, on a obtenu les résultats suivants.

Désinfectant	Zone d'inhibition
X	0 mm
Y	5 mm
Z	10 mm

a) Quel désinfectant est le plus efficace ?

b) Pouvez-vous déterminer si le composé Y est bactéricide ou bactériostatique ? Justifiez votre réponse.

2. Pourquoi chacune des bactéries suivantes est-elle résistante à plusieurs désinfectants ?

a) *Mycobacterium* **b)** *Pseudomonas* **c)** *Bacillus*

3. En utilisant la méthode des porte-germes pour évaluer l'efficacité de deux désinfectants contre *Salmonella choleræsuis,* on a obtenu les résultats suivants :

Durée d'exposition (min)	Croissance bactérienne après l'exposition au		
	Désinfectant A	Désinfectant B dilué dans de l'eau distillée	Désinfectant B dilué dans de l'eau du robinet
10	+	–	+
20	+	–	–
30	–	–	–

a) Quel désinfectant est le plus efficace ?

b) Peut-on se fier à ces résultats pour connaître le désinfectant que l'on devrait utiliser pour combattre *Staphylococcus aureus* ? Justifiez votre réponse.

4. On a préparé deux suspensions de 10^5 bactéries d'échantillon d'*E. coli* pour déterminer le pouvoir de destruction des microondes ; sur le graphique, cette quantité de bactéries est exprimée par le chiffre 5 à l'échelle logarithmique. Dans l'expérience, on a exposé l'une des suspensions telle quelle aux microondes ; la deuxième suspension a d'abord été lyophilisée, puis exposée aux rayonnements. Dans le graphique ci-après, les traits en pointillé indiquent la température des deux échantillons en fonction du temps.

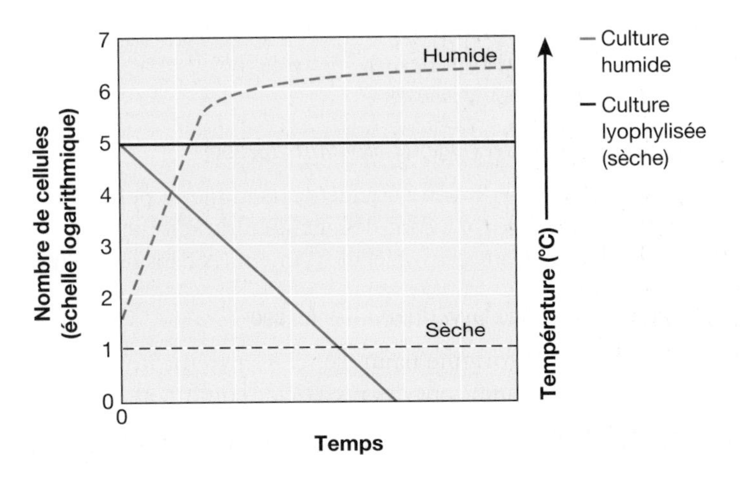

a) Pourquoi les températures des deux échantillons sont-elles différentes ?

b) Dans quelle suspension les microondes détruiront-elles probablement le plus grand nombre de microorganismes ? Justifiez votre réponse en utilisant les données du graphique.

APPLICATIONS CLINIQUES

N. B. Certaines de ces questions nécessitent que vous cherchiez des réponses dans les différents chapitres du livre.

1. Sébastien est préposé aux malades dans le service de gériatrie d'un grand hôpital. Il lave les patients dans une baignoire en acier inoxydable et, après chaque usage, il doit nettoyer la baignoire avec un produit à base de quat, que l'on utilise depuis quelques semaines seulement. On signale à l'infirmière en chef que 14 patients sur 20 ont contracté une infection de plaies à *Pseudomonas*. Elle soupçonne que l'infection est liée aux bains.

À la suite de quelles circonstances cette bactérie peut-elle se trouver dans la baignoire ? Le choix du désinfectant a-t-il un rapport avec le taux élevé d'infections ? Justifiez votre réponse. Quels facteurs hospitaliers augmentent les risques d'infection dans la situation présente ? (*Indice :* Voir le chapitre 9.)

2. Les administrateurs d'une clinique privée ont décidé de faire des économies. Ils demandent au personnel d'augmenter la dilution des produits désinfectants pour obtenir de plus grandes quantités ; ils exigent également une accélération de la cadence des techniques de soins et, par ricochet, une réduction du temps consacré à la désinfection et à l'antisepsie. Plusieurs membres du personnel soignant protestent vivement. À votre avis, quels seraient les arguments invoqués dans cette situation par le personnel ?

3. Entre le 9 mars et le 12 avril, cinq malades chroniques traités dans un hôpital par dialyse péritonéale contractent une infection à *Pseudomonas æruginosa.* Par suite de cette infection, quatre de ces patients présentent une péritonite (inflammation du péritoine) et le cinquième, une infection de la peau au point d'introduction du cathéter. Les patients atteints de péritonite ont un peu de fièvre ; leur liquide péritonéal est trouble et ils ont des douleurs abdominales. On avait posé aux cinq malades une sonde péritonéale à demeure, que le personnel infirmier nettoyait au moyen d'une gaze hydrophile imprégnée d'une solution d'iodophore (Betadine), chaque fois que le cathéter était raccordé à la tubulure du dialyseur ou en était débranché. Les portions requises d'iodophore étaient transférées de bouteilles standard à des flacons destinés à une utilisation immédiate. Les cultures effectuées à partir du dialysat concentré et d'échantillons provenant des parties internes du dialyseur ont toutes été négatives ; une culture pure de *P. æruginosa* a été obtenue à partir de l'iodophore contenu dans l'un des petits flacons en plastique.

Quelle technique inappropriée a été à la source de l'infection ? Justifiez votre réponse.

4. Dans un service de chirurgie orthopédique, 11 patients ont contracté une arthrite septique attribuable à *Serratia marcescens*, une bactérie à Gram négatif que l'on trouve dans l'environnement hospitalier. On procède à la vérification du contenu des bouteilles scellées de méthylprednisolone qui portent le même numéro de lot que le liquide utilisé, et on constate qu'il est stérile ; la méthylprednisolone était conservée à l'aide d'un quat. Le bouchon en caoutchouc des flacons pour injection à usages multiples était nettoyé avec un tampon d'ouate avant que le médicament ne soit prélevé avec une seringue jetable. Le point cutané d'injection était également nettoyé avec un tampon d'ouate. Les tampons étaient imprégnés de chlorure de benzalkonium (Zephiran), et on renouvelait au fur et à mesure le contenu de la jarre servant à l'entreposage des tampons. On constate que les flacons usagés de médicament et la jarre sont infectés par *S. marcescens.*

    Quelles sont les sources de contamination de la jarre ? des flacons de médicament ? De quelle façon l'infection s'est-elle transmise ? Quels ont été les éléments erronés du protocole suivi, et en quoi sont-ils liés à la contamination des patients ?

5. Jacinthe doit utiliser du matériel stérile à la clinique dentaire où elle vient d'être embauchée. Le dentiste lui donne trois conseils à suivre afin que le matériel soit véritablement stérile au moment de son utilisation. Quels sont ces trois conseils ?

6. Jean-Pierre est un homme de 58 ans atteint d'une septicémie. Son médecin soupçonne que le cathéter mis en place pour le soigner est la cause de l'infection. Il demande au laboratoire de réaliser une culture à partir du cathéter. Les cultures mettent en évidence la présence de *Staphylococcus aureus* à coagulase négative, de *Corynebacterium* et de *Propionibacterium*. Le médecin pense aussi que ces bactéries ont formé des biofilms à la surface du cathéter. (*Indice :* Voir les chapitres 4 et 10.)

    La présence de biofilms bactériens risque de compliquer le traitement antimicrobien. Quelle est votre explication de la situation ?

ÉDITION EN LIGNE Consultez le volet de gauche de l'Édition en ligne pour d'autres activités.

CHAPITRE

La chimiothérapie antimicrobienne

Quand les défenses naturelles du corps ne peuvent empêcher la maladie ni la vaincre, on a souvent recours à la **chimiothérapie**. Dans ce chapitre, nous nous penchons sur les médicaments antimicrobiens, cette classe d'agents chimiothérapeutiques utilisés pour traiter les maladies infectieuses. À l'instar des désinfectants que nous avons étudiés au chapitre 14, les **médicaments antimicrobiens** s'opposent à la croissance des microbes. Cependant, contrairement aux désinfectants, ils doivent souvent agir *à l'intérieur* de l'hôte. Par conséquent, leur action sur les cellules et les tissus de l'hôte est décisive. L'agent antimicrobien idéal tue le microorganisme nuisible, mais il n'a pas d'effet sur l'hôte humain ; c'est le principe de la **toxicité sélective**.

Les antibiotiques sont l'une des plus importantes découvertes de la médecine moderne. Il n'y a pas si longtemps, nous étions pratiquement sans moyens pour lutter contre nombre de maladies infectieuses mortelles. Grâce aux antimicrobiens tels que la pénicilline et le sulfanilamide, des affections comme la septicémie et les complications d'un appendice perforé sont devenues traitables, ce qui nous a permis d'assister à des guérisons à bien des égards miraculeuses.

Aujourd'hui, les progrès qu'on croyait avoir réalisés dans la lutte contre les microbes sont minés par la **résistance aux antibiotiques**. Par exemple, il est souvent question dans l'actualité de staphylocoques pathogènes devenus résistants à presque tous les antibiotiques connus. Certaines populations de l'agent causal de la tuberculose sont maintenant résistantes à la grande majorité des antibiotiques qui étaient autrefois efficaces. Dans certains cas, l'arsenal de la médecine est réduit à seulement quelques armes de plus que ce qui existait il y a 100 ans.

Cette bactérie se lyse parce qu'un antibiotique a provoqué la rupture de sa paroi cellulaire. Pourquoi l'antibiotique ne lyse-t-il pas les cellules humaines?

La réponse est dans le chapitre.

AU MICROSCOPE

Bactérie détruite par l'action d'un antibiotique.

L'historique de la chimiothérapie

▶ Objectifs d'apprentissage

15-1 Évaluer les contributions de Paul Ehrlich et d'Alexander Fleming à la chimiothérapie.

15-2 Nommer les microorganismes qui produisent la plupart des antibiotiques.

La chimiothérapie moderne tire ses origines des travaux effectués par Paul Ehrlich au début du XXe siècle en Allemagne. Alors qu'il tentait de colorer spécifiquement des bactéries en évitant le tissu adjacent, Ehrlich imagina une sorte de «tête chercheuse» sélective qui trouverait les agents pathogènes et les détruirait sans nuire à l'hôte. Cette idée est à la base de la chimiothérapie, mot qu'il a d'ailleurs forgé.

En 1928, Alexander Fleming observa que la croissance de *Staphylococcus aureus* était inhibée autour d'une colonie de moisissure ayant contaminé la boîte de Petri où se trouvaient les bactéries. La moisissure était *Penicillium notatum,* et l'agent actif, isolé peu de temps après, fut nommé *pénicilline*. En microbiologie, lorsqu'on ensemence un milieu solide avec un échantillon prélevé dans l'environnement, en particulier dans le sol, on observe couramment entre les diverses colonies des réactions d'inhibition similaires à celles de Fleming (**figure 15.1**). Ce mécanisme d'inhibition s'appelle *antibiose*. De ce mot dérive le terme «**antibiotique***», soit une substance produite par un microorganisme – habituellement une bactérie ou un mycète – et qui, en petites quantités, inhibe la croissance d'un autre microorganisme. Par conséquent, les médicaments entièrement synthétiques (préparés en laboratoire), tels que les sulfamides par exemple, ne sont pas à proprement parler des antibiotiques. Cependant, on ne fait pas toujours cette distinction dans la pratique médicale. Ce sont des scientifiques à l'emploi de l'industrie allemande qui ont découvert les sulfamides. En 1927, ils avaient entrepris d'examiner systématiquement les produits chimiques connus dans l'espoir d'y trouver une «tête chercheuse». En 1932, ils tombèrent sur un composé appelé *Prontosil rubrum* (un pigment) capable de juguler les infections aux streptocoques chez la souris. On découvrit plus tard que le principe actif du composé était le sulfanilamide. Le médicament qu'on en obtint fut largement utilisé par les forces alliées durant la Seconde Guerre mondiale. La découverte et l'usage des sulfamidés mettaient en évidence que des antimicrobiens pratiques pouvaient être efficaces contre les infections bactériennes systémiques. Elles firent renaître l'intérêt pour ce qui avait été publié auparavant sur la pénicilline.

La souche originale *P. notatum,* renommée plus tard *P. chrysogenum,* n'était pas une souche très productive d'antibiotiques. Vers 1940, des recherches intensives effectuées aux États-Unis ont conduit à l'isolement de souches de *Penicillium* particulièrement efficaces pour fabriquer l'antibiotique à l'échelle industrielle. La plus célèbre souche productrice a été isolée à partir d'un cantaloup acheté au marché à Peoria, en Illinois.

* Le terme «antibiotique» désigne toute substance produite par un microorganisme et destinée à repousser un autre microorganisme. À ce titre, un agent antibactérien produit par la moisissure *Penicillium* – la pénicilline – et un agent antifongique produit par la bactérie *Streptomyces* – l'amphotéricine B – sont, par définition, tous deux des antibiotiques. Toutefois, dans le langage courant, le terme «antibiotique» est couramment associé à un médicament combattant particulièrement les infections bactériennes.

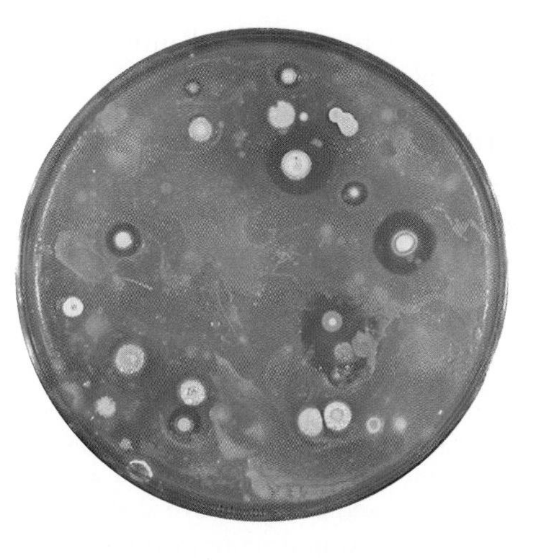

Figure 15.1 Observation de l'antibiose en laboratoire. Le plus souvent, les bactéries qui sécrètent des antibiotiques appartiennent au genre *Streptomyces*.

En fait, on découvre régulièrement de nouveaux antibiotiques, mais peu d'entre eux ont une valeur médicale ou marchande. Certains servent à d'autres fins commerciales que le traitement des maladies, par exemple en tant que complément alimentaire pour les animaux. Beaucoup sont toxiques pour l'humain ou ne comportent aucun avantage par rapport à ceux qui sont déjà sur le marché.

Plus de la moitié des antibiotiques qu'on utilise sont produits par les diverses espèces de *Streptomyces,* bactéries filamenteuses qui résident généralement dans le sol. Quelques-uns sont fabriqués par des bactéries du genre *Bacillus* et d'autres, par des moisissures dont la plupart appartiennent aux genres *Penicillium* et *Cephalosporium*. Le **tableau 15.1** présente la source des antibiotiques courants. Chose curieuse, cette liste est constituée d'un nombre limité d'organismes. Une recherche basée sur l'étude de 400 000 cultures microbiennes n'a mené à la découverte que de 3 antibiotiques utiles. Notez que

Tableau 15.1 Provenance des antibiotiques

Microorganisme	Antibiotique
Bâtonnets à Gram positif	
Bacillus subtilis	Bacitracine
Pænibacillus polymyxa	Polymyxine
Actinomycètes	
Streptomyces nodosus	Amphotéricine B
Streptomyces venezuelæ	Chloramphénicol
Streptomyces aureofaciens	Chlortétracycline et tétracycline
Saccharopolyspora erythræus	Érythromycine
Streptomyces fradiæ	Néomycine
Streptomyces griseus	Streptomycine
Micromonospora purpurea	Gentamicine
Mycètes	
Cephalosporium spp.	Céfalotine
Penicillium griseofulvum	Griséofulvine
Penicillium chrysogenum	Pénicilline

presque tous les microorganismes producteurs d'antibiotiques connaissent un processus semblable à la sporulation.

La découverte de nouveaux antibiotiques

On a découvert la plupart des antibiotiques utilisés aujourd'hui par des méthodes qui consistaient à mettre en culture des organismes, obtenus le plus souvent à partir d'échantillons de sols, puis à identifier et à isoler les colonies productrices de substances antimicrobiennes. Ces colonies sont assez faciles à reconnaître. Toutefois, beaucoup d'entre elles sont toxiques ou n'ont pas de valeur commerciale. Dans bien des cas, il faut se méfier des « fruits qui tombent de l'arbre sans résister ». C'est ainsi qu'il est arrivé souvent à des chercheurs de poursuivre des recherches pour redécouvrir à la fin un antibiotique déjà caractérisé. Par exemple, on trouve aisément de la streptomycine, car environ 1 % des isolats d'actinomycètes provenant du sol en produisent. Il en va tout autrement si un antibiotique est sécrété par seulement 1 microbe sur 10 millions dans le sol ou dans la mer. Il faut alors des méthodes, dites de *criblage à haut débit*, qui permettent de trier un nombre considérable de microorganismes.

▶ Vérifiez vos acquis

À qui doit-on l'expression « tête chercheuse » ? **15-1**

À quel genre appartiennent les bactéries qui produisent plus de la moitié des antibiotiques qu'on utilise ? **15-2**

Le spectre d'action antimicrobienne

▶ Objectifs d'apprentissage

15-3 Décrire les complications susceptibles de survenir au cours d'une chimiothérapie en tenant compte du type d'agent agresseur : virus, mycète, protozoaire et helminthe.

15-4 Définir les termes suivants : spectre d'action, toxicité sélective, antibiotique à large spectre, surinfection.

Il est relativement aisé de trouver ou de mettre au point des agents qui agissent sur les cellules procaryotes (bactéries) et qui n'influent pas sur les cellules eucaryotes de l'humain. Ces deux types de cellules présentent de nombreuses différences importantes telles que l'absence ou la présence d'une paroi cellulaire, la structure de leurs ribosomes et certains détails de leur métabolisme. En conséquence, la toxicité d'un agent antimicrobien vise beaucoup de cibles spécifiques des cellules procaryotes. Le problème est plus pointu lorsque l'agent pathogène est une cellule eucaryote telle que celle d'un mycète, d'un protozoaire ou d'un helminthe. Sur le plan cellulaire, ces organismes s'apparentent plus à une cellule humaine qu'à une cellule bactérienne. Nous verrons plus loin que l'arsenal contre ces types d'agents pathogènes est beaucoup plus limité que l'arsenal de médicaments antibactériens. Il est particulièrement difficile de traiter les infections virales, d'une part parce que le virus se trouve à l'intérieur de la cellule hôte, et d'autre part parce que le génome du virus commande à la cellule hôte de fabriquer de nouveaux virus et bloque la fabrication des constituants cellulaires normaux.

Certains médicaments possèdent un **spectre d'action antimicrobienne** étroit, c'est-à-dire qu'ils agissent sur un éventail restreint d'espèces de microbes. La pénicilline G, par exemple, agit sur les bactéries à Gram positif mais sur peu de bactéries à Gram négatif. C'est pourquoi les antibiotiques qui influent sur une gamme étendue d'espèces bactériennes à Gram positif et à Gram négatif sont dits **à large spectre**.

Dans le cas des bactéries à Gram négatif, la toxicité sélective des médicaments est largement déterminée par la couche externe de ces bactéries avec ses liposaccharides et par les porines formant les canaux remplis d'eau qui traversent la paroi cellulaire (figure 3.11c). Pour s'engager dans les canaux des porines, les médicaments doivent être relativement petits et de préférence hydrophiles. Ceux qui sont lipophiles (ayant une affinité pour les lipides) ou particulièrement volumineux ne pénètrent pas facilement dans ce type de bactéries.

Le **tableau 15.2** présente le spectre d'action d'un certain nombre d'agents chimiothérapeutiques. Étant donné qu'il n'est pas toujours

Tableau 15.2 Spectre d'action de quelques antibiotiques et d'autres médicaments antimicrobiens

<table>
<tr><th colspan="4">Procaryotes</th><th colspan="3">Eucaryotes</th><th>Virus</th></tr>
<tr><th>Mycobactéries*</th><th>Bactéries à Gram négatif</th><th>Bactéries à Gram positif</th><th>Chlamydies, rickettsies**</th><th>Mycètes</th><th>Protozoaires</th><th>Helminthes</th><th></th></tr>
<tr><td></td><td></td><td>Pénicilline G</td><td></td><td>Kétoconazole</td><td></td><td>Niclosamide (cestodes)</td><td></td></tr>
<tr><td colspan="2">Streptomycine</td><td></td><td></td><td></td><td>Méfloquine (paludisme)</td><td></td><td></td></tr>
<tr><td></td><td></td><td></td><td></td><td></td><td></td><td></td><td>Acyclovir</td></tr>
<tr><td></td><td></td><td></td><td></td><td></td><td></td><td>Praziquantel (trématodes)</td><td></td></tr>
<tr><td></td><td colspan="3">Tétracycline</td><td></td><td></td><td></td><td></td></tr>
<tr><td>Isoniazide</td><td></td><td></td><td></td><td></td><td></td><td></td><td></td></tr>
</table>

* Ces bactéries croissent souvent dans les macrophagocytes ou dans les structures tissulaires.

** Bactéries intracellulaires obligatoires.

possible d'identifier rapidement un agent pathogène, on pourrait penser que l'emploi d'un agent à large spectre pour traiter la maladie permet de gagner un temps précieux. Cette approche présente un inconvénient majeur; en effet, de nombreux microorganismes faisant partie du microbiote normal de l'hôte sont détruits par les médicaments à large spectre. D'ordinaire, la croissance des agents pathogènes et d'autres microbes est limitée par un effet d'antagonisme microbien. Si une partie des microorganismes du microbiote normal est détruite en même temps que les pathogènes par l'antibiotique à large spectre, les survivants peuvent proliférer et devenir des agents pathogènes opportunistes. Par exemple, on observe parfois une prolifération de la levure *Candida albicans,* qui n'est pas sensible aux antibiotiques bactériens. Cette prolifération s'appelle **surinfection**; ce terme peut s'utiliser comme synonyme d'une infection secondaire chez un individu affaibli par une première infection, dite infection primaire, surajoutant ses conséquences à celles de la première infection. Il s'applique également à la croissance d'un agent pathogène qui est devenu résistant à un antibiotique. Dans une telle situation, la souche résistante à l'antibiotique remplace la souche sensible d'origine, ce qui perpétue l'infection.

▶ Vérifiez vos acquis

Nommez au moins une des raisons pour lesquelles il est très difficile d'attaquer un virus pathogène sans endommager les cellules de l'hôte. **15-3**

Pourquoi les antibiotiques à très large spectre d'action sont-ils moins utiles qu'il n'y paraît de prime abord? **15-4**

Les mécanismes d'action des médicaments antimicrobiens

▶ Objectif d'apprentissage

15-5 Nommer cinq mécanismes d'action des médicaments antimicrobiens.

Les agents chimiothérapeutiques comprennent les antibactériens, les antifongiques, les antiprotozoaires, les antihelminthiques de même que les antiviraux. Ces agents sont soit **biocides** (ils tuent directement les microbes ou les virus), soit **biostatiques** (ils empêchent leur croissance). Lorsque l'effet est biostatique, les défenses de l'hôte, notamment la phagocytose et la production d'anticorps, finissent en général par détruire les microbes. Théoriquement, les médicaments antimicrobiens visent la destruction des agents pathogènes en s'attaquant directement à leurs structures cellulaires essentielles (paroi cellulaire – si présente –, ribosomes, membrane plasmique, ADN) et (ou) en perturbant leur métabolisme et leurs fonctions. Les agents antiviraux, qui s'attaquent à des particules et non à des cellules, agissent comme **inhibiteurs** de l'une ou l'autre des étapes de la réplication virale. Pour lutter contre les infestations causées par des ectoparasites, les insecticides utilisés s'attaquent à l'insecte lui-même, en ciblant son système nerveux, par exemple. Lorsque ces agents chimiothérapeutiques agissent par ricochet sur les cellules humaines et en dérèglent le fonctionnement, on dit qu'ils entraînent des effets secondaires. Notre étude portera particulièrement sur les médicaments antibactériens; la **figure 15.2** présente un résumé de leurs principaux mécanismes d'action.

L'inhibition de la synthèse de la paroi cellulaire

Q/R Nous avons vu au chapitre 3 que la paroi cellulaire bactérienne est composée d'un réseau macromoléculaire appelé peptidoglycane. Ce dernier se trouve seulement dans la paroi cellulaire des bactéries. Or, la pénicilline et d'autres antibiotiques empêchent la synthèse normale du peptidoglycane; par conséquent, la paroi cellulaire est grandement affaiblie, et la cellule finit par se lyser (**figure 15.3**). Puisque l'action de la pénicilline vise le processus de la synthèse, seules les cellules en croissance active sont touchées par ce type d'antibiotique. Et puisque la membrane des cellules humaines ne possède pas de peptidoglycane, la pénicilline n'a pas d'effet toxique direct sur la cellule hôte. Outre les pénicillines, les antibiotiques qui inhibent la synthèse de la paroi cellulaire sont les céphalosporines, la bacitracine et la vancomycine. Q/R

L'inhibition de la synthèse des protéines

Puisqu'elle est commune à toutes les cellules – aussi bien procaryotes qu'eucaryotes –, il semblerait que la synthèse des protéines ne puisse pas être la cible d'un agent à toxicité sélective. Or, les procaryotes et les eucaryotes se distinguent par la structure de leurs ribosomes, les organites responsables de la traduction de l'ARNm et de l'assemblage des acides aminés en protéines. Cibler les ribosomes, c'est perturber le processus de synthèse des protéines. Comme nous l'avons vu au chapitre 3, les cellules eucaryotes possèdent des ribosomes 80S (une sous-unité de 60S et une de 40S), alors que les cellules procaryotes contiennent des ribosomes 70S (une sous-unité de 50S et une de 30S). C'est sur cette distinction que repose la toxicité sélective des antibiotiques qui visent la synthèse des protéines. Cependant, les mitochondries (organites essentiels des cellules eucaryotes) ont aussi des ribosomes 70S similaires à ceux des bactéries; certains antibiotiques qui s'attaquent aux ribosomes 70S peuvent donc entraîner des effets indésirables sur les mitochondries des cellules de l'hôte. Parmi les antibiotiques inhibant la synthèse des protéines bactériennes, on compte le chloramphénicol, l'érythromycine, la streptomycine et les tétracyclines (**figure 15.4**).

La détérioration de la membrane plasmique

Certains antibiotiques, en particulier les antibiotiques polypeptidiques, influent sur la perméabilité de la membrane plasmique des bactéries. Ces modifications engendrent la rupture de la membrane et, par conséquent, la perte d'importants métabolites cellulaires. Par exemple, la polymyxine B provoque une rupture de la membrane plasmique en se fixant aux phosphoglycérolipides de cette dernière.

Certains agents antifongiques, tels que l'amphotéricine B, le miconazole et le kétoconazole, se combinent avec les *stérols* de la membrane plasmique du mycète et altèrent ainsi la membrane (figure 15.7).

Figure 15.2

Schéma guide

Principaux mécanismes d'action des agents antibactériens

Ce schéma illustre les cinq mécanismes d'action des antibactériens, mécanismes que nous décrivons en détail dans le chapitre. Les limites du spectre d'action de chaque antibiotique sont un facteur dont il est important de tenir compte pour savoir dans quelles circonstances utiliser les médicaments et pour comprendre par quels mécanismes les microbes deviennent résistants.

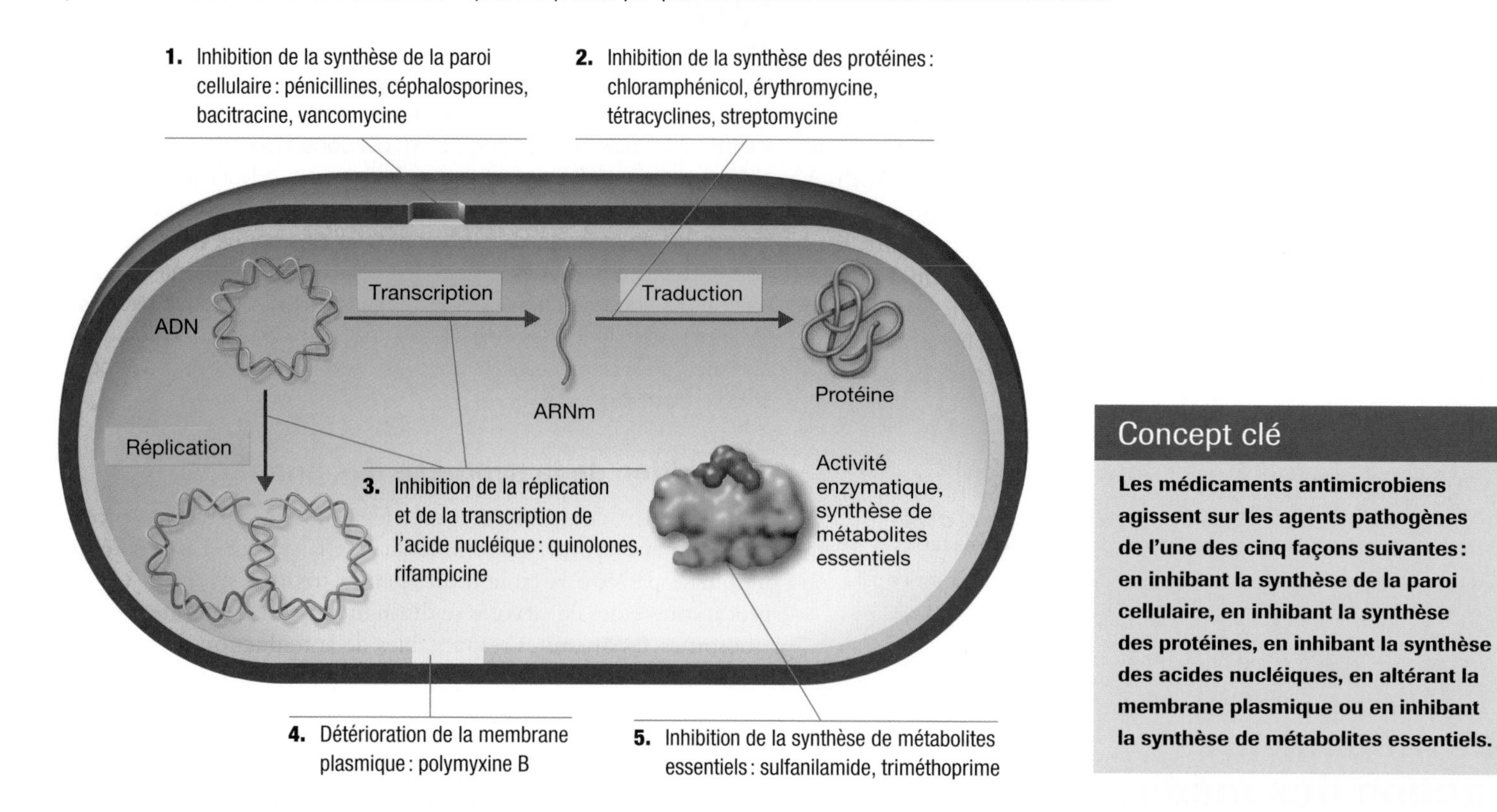

Concept clé

Les médicaments antimicrobiens agissent sur les agents pathogènes de l'une des cinq façons suivantes : en inhibant la synthèse de la paroi cellulaire, en inhibant la synthèse des protéines, en inhibant la synthèse des acides nucléiques, en altérant la membrane plasmique ou en inhibant la synthèse de métabolites essentiels.

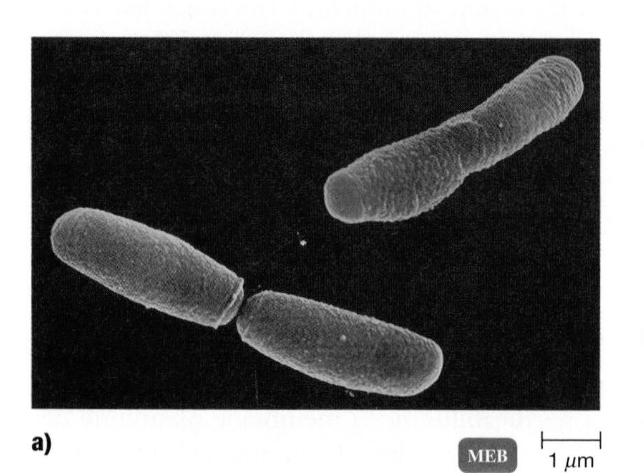

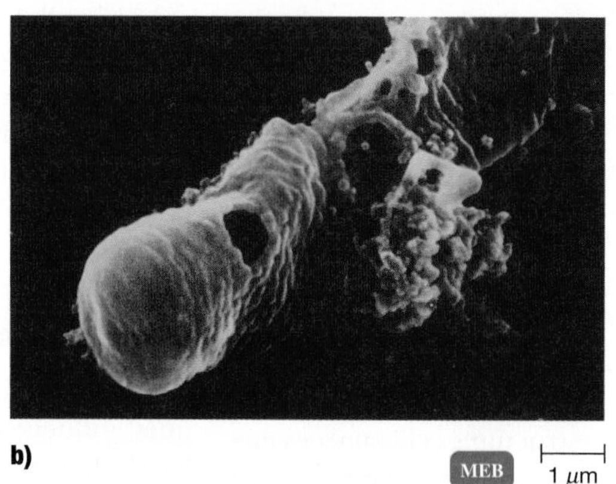

Figure 15.3 **Inhibition de la synthèse de la paroi bactérienne par la pénicilline. a)** Bacilles avant le traitement à la pénicilline. **b)** Lyse de la bactérie à la suite d'un affaiblissement de la paroi bactérienne imputable à la pénicilline.

L'inhibition de la synthèse des acides nucléiques

Un certain nombre d'agents antimicrobiens et d'antiviraux compromettent le processus de synthèse de l'ADN et (ou) de l'ARN des cellules microbiennes et des virus. Toutefois, certains des médicaments procédant par ce mécanisme sont d'une utilité très limitée, parce qu'ils exercent aussi une action sur l'ADN et l'ARN des cellules de mammifères. D'autres agents, tels que la rifampicine et les quinolones, sont employés plus couramment en chimiothérapie parce que leur toxicité est plus sélective.

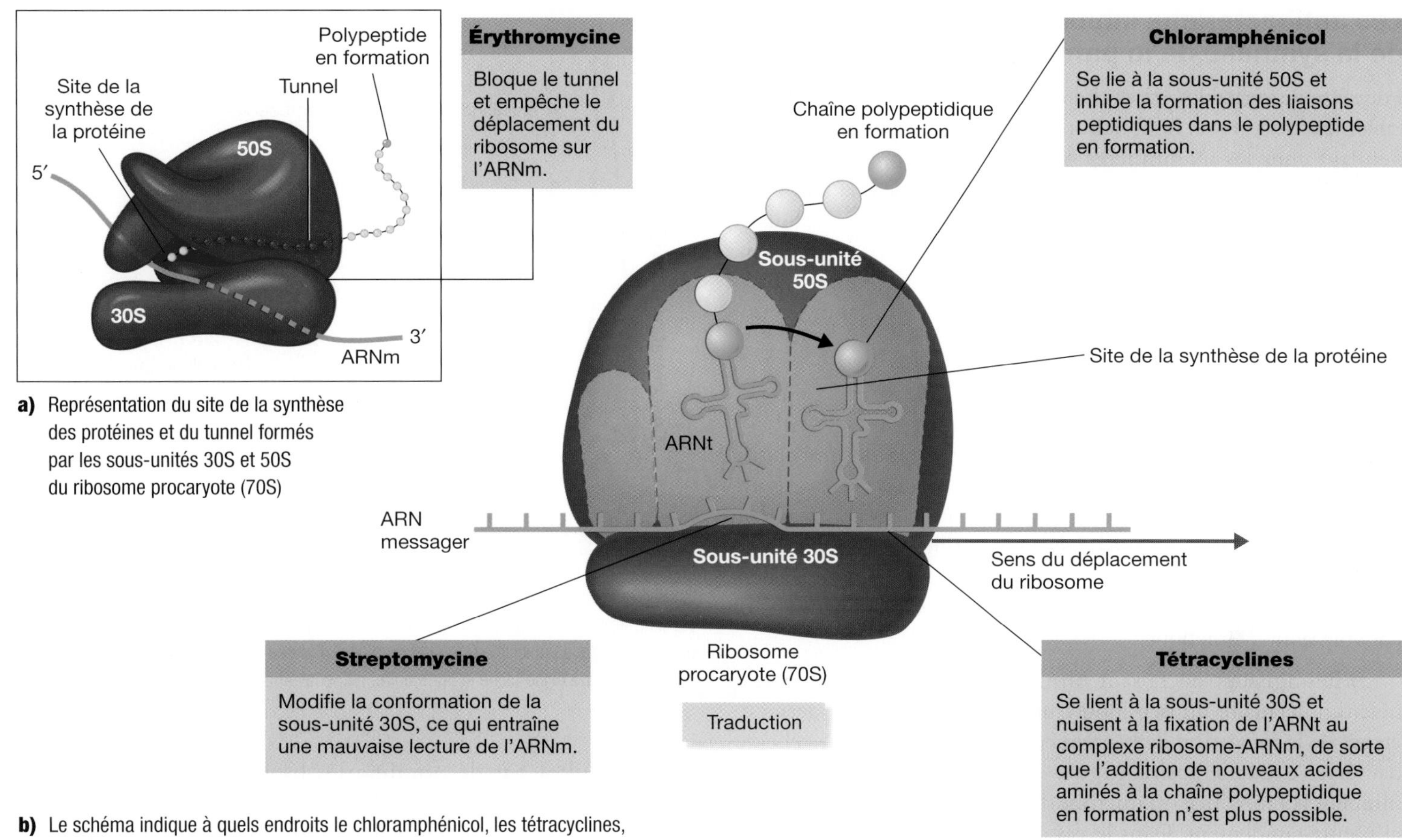

Polypeptide en formation
Site de la synthèse de la protéine
Tunnel
50S
5′
30S
3′
ARNm
a) Représentation du site de la synthèse des protéines et du tunnel formés par les sous-unités 30S et 50S du ribosome procaryote (70S)
Érythromycine
Bloque le tunnel et empêche le déplacement du ribosome sur l'ARNm.
Chloramphénicol
Se lie à la sous-unité 50S et inhibe la formation des liaisons peptidiques dans le polypeptide en formation.
Chaîne polypeptidique en formation
Sous-unité 50S
Site de la synthèse de la protéine
ARNt
ARN messager
Sous-unité 30S
Sens du déplacement du ribosome
Streptomycine
Modifie la conformation de la sous-unité 30S, ce qui entraîne une mauvaise lecture de l'ARNm.
Ribosome procaryote (70S)
Traduction
Tétracyclines
Se lient à la sous-unité 30S et nuisent à la fixation de l'ARNt au complexe ribosome-ARNm, de sorte que l'addition de nouveaux acides aminés à la chaîne polypeptidique en formation n'est plus possible.
b) Le schéma indique à quels endroits le chloramphénicol, les tétracyclines, la streptomycine et l'érythromycine exercent leur action.

Figure 15.4 Inhibition de la synthèse des protéines par les antibiotiques.

L'inhibition de la synthèse des métabolites essentiels

Nous verrons au chapitre 23 EN LIGNE qu'il est possible d'enrayer une enzyme au moyen d'une substance qui ressemble à son substrat normal. La substance (appelée *antimétabolite*) agit par *inhibition compétitive*. La relation entre le sulfanilamide, qui est un antimétabolite, et l'**acide para-aminobenzoïque (PABA)** est un exemple de cette forme d'inhibition. Chez beaucoup de microbes, le PABA est le substrat normal de la réaction enzymatique qui aboutit à la synthèse de l'acide folique, vitamine jouant le rôle de coenzyme dans la synthèse de certains constituants des acides nucléiques et de certains acides aminés. En présence de sulfanilamide, l'enzyme transformant habituellement le PABA en acide folique se combine avec l'antimétabolite plutôt qu'avec le PABA. La formation de ce complexe prévient la synthèse de l'acide folique et, par conséquent, bloque la croissance du microbe. Parce que les humains ne produisent pas d'acide folique à partir du PABA – ils l'obtiennent sous forme de vitamine dans les aliments qu'ils ingèrent–, le sulfanilamide présente une toxicité sélective. Parmi les agents chimiothérapeutiques qui agissent comme antimétabolites, on compte les sulfones et le triméthoprime.

▶ Vérifiez vos acquis

Quelle fonction cellulaire est inhibée par les tétracyclines? **15-5**

Les médicaments antimicrobiens les plus couramment utilisés

▶ Objectifs d'apprentissage

15-6 Expliquer pourquoi les agents décrits dans cette section ont une action spécifique contre les bactéries.

15-7 Énumérer les avantages des pénicillines semi-synthétiques, des céphalosporines et de la vancomycine par rapport à la pénicilline.

15-8 Expliquer pourquoi l'isoniazide et l'éthambutol sont antimycobactériens.

15-9 Décrire comment les aminoglycosides, les tétracyclines, le chloramphénicol et les macrolides inhibent la synthèse des protéines.

15-10 Comparer le mode d'action de la polymyxine B, de la bacitracine et de la néomycine.

15-11 Décrire comment les rifamycines et les quinolones tuent les bactéries.

15-12 Décrire le mécanisme d'action des sulfamides en regard de la croissance bactérienne.

15-13 Expliquer les mécanismes d'action des agents antifongiques courants.

15-14 Expliquer les mécanismes d'action des agents antiviraux courants.

15-15 Expliquer le mécanisme d'action des agents antiprotozoaires, antihelminthiques et antiectoparasitaires courants.

Les antibactériens inhibiteurs de la synthèse de la paroi cellulaire

Pour être de véritables « têtes chercheuses », les antibiotiques doivent cibler les structures et les fonctions microbiennes qui n'ont pas leur pendant chez les mammifères ou n'y sont pas présentes sous la même forme. Nous avons indiqué au chapitre 3 que la cellule eucaryote, celle-là même des mammifères, n'a pas de paroi cellulaire. Elle a seulement une membrane plasmique, qui du reste diffère par sa composition de celle de la cellule procaryote. Ainsi, la paroi cellulaire microbienne constitue une cible de choix pour l'action des antibiotiques.

La pénicilline

Le terme « **pénicilline** » regroupe plus de 50 antibiotiques chimiquement apparentés. Toutes les pénicillines ont une structure commune dans laquelle la chaîne cyclique β-lactame tient lieu de noyau. De ce fait, on les appelle aussi *β-lactamines*. Elles se distinguent par les chaînes latérales chimiques qui sont rattachées au noyau (appendice E EN LIGNE). Les pénicillines sont produites par voie naturelle ou par voie semi-synthétique.

Elles agissent en faisant obstacle à l'assemblage du réseau macromoléculaire du peptidoglycane, ce qui bloque les dernières étapes de la formation de la paroi cellulaire, en particulier celle des bactéries à Gram positif (figure 3.11a). Du même coup, elles inhibent la croissance du microbe. Dépourvu de protection, celui-ci meurt rapidement. Dans le cas des bactéries à Gram négatif, il n'est pas toujours judicieux d'utiliser ce type d'antibiotiques, car les endotoxines peuvent être libérées à la suite de la destruction de la paroi.

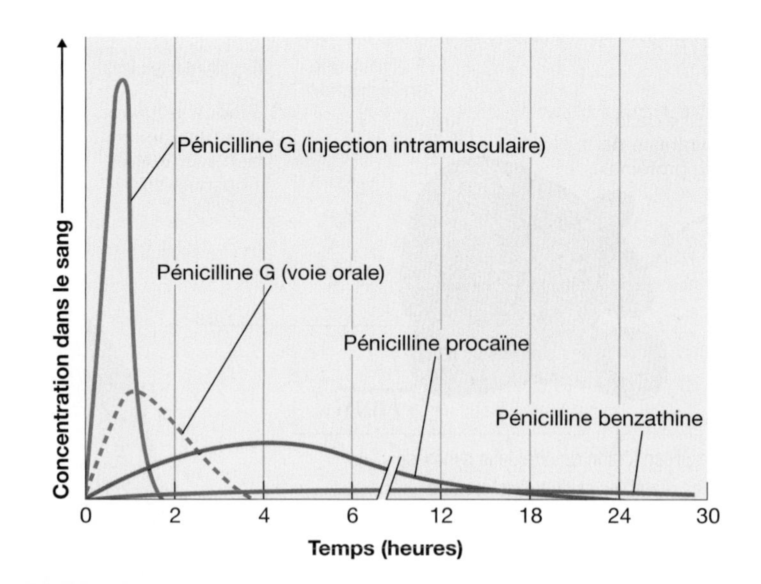

Figure 15.5 **Temps de rétention de la pénicilline G.** L'administration de la pénicilline G par injection (ligne rouge) se traduit par une concentration élevée dans le sang qui disparaît rapidement. Prise oralement (ligne pointillée rouge), la molécule est détruite par le suc gastrique et perd donc de son efficacité. Pour augmenter le temps de rétention de la pénicilline G, on la combine à d'autres composés tels que la procaïne ou la benzathine (ligne bleue et ligne noire, respectivement).

Pénicillines naturelles Les pénicillines extraites de cultures de la moisissure *Penicillium* existent sous plusieurs formes apparentées. On les appelle **pénicillines naturelles**. Le composé type de toutes les pénicillines est la *pénicilline G.* Cette molécule possède un spectre d'action étroit mais tout de même utile, et constitue souvent le traitement de choix contre la plupart des staphylocoques et streptocoques et contre plusieurs spirochètes. Lorsqu'elle est injectée dans les muscles, la pénicilline G est rapidement excrétée du corps en 3 à 6 heures (**figure 15.5**). Lorsqu'elle est ingérée, l'acidité des liquides digestifs de l'estomac réduisent sa concentration. La *pénicilline procaïne,* mélange de pénicilline G et de procaïne, peut être détectée jusqu'à 24 heures après son administration, et elle atteint son pic de concentration au bout d'environ 4 heures. Toutefois, le temps de rétention le plus long est celui de la *pénicilline benzathine,* combinaison de pénicilline G et de benzathine. Même si son temps de rétention peut atteindre 4 mois, la concentration du médicament est si faible que les microbes ciblés doivent y être très sensibles. La pénicilline V, qui reste stable en dépit de l'acidité du suc gastrique et dont l'efficacité est optimale lorsqu'elle est prise par voie orale, et la pénicilline G sont les molécules naturelles le plus souvent prescrites.

Les pénicillines naturelles comportent toutefois des désavantages, notamment leur spectre d'action étroit et leur sensibilité aux pénicillinases. Les *pénicillinases* sont des enzymes qui clivent le cycle β-lactame de la molécule de pénicilline (appendice E EN LIGNE). Elles sont produites par de nombreuses bactéries, particulièrement les espèces du genre *Staphylococcus.* À cause de leur mode d'action, les pénicillinases appartiennent au groupe d'enzymes appelées *β-lactamases* (*bêtalactamases*).

Pénicillines semi-synthétiques Un grand nombre de **pénicillines semi-synthétiques** ont été mises au point pour tenter de pallier les désavantages des molécules naturelles. En laboratoire, pour fabriquer ces pénicillines, on bloque la synthèse de la molécule par la moisissure *Penicillium* pour n'obtenir que le noyau commun de pénicilline ; les chaînes latérales des molécules naturelles complètes sont éliminées et remplacées chimiquement par d'autres chaînes latérales qui, entre autres choses, confèrent une augmentation de la résistance à la pénicillinase. C'est pourquoi on qualifie ces molécules de semi-synthétiques : une partie de la pénicilline est produite par la moisissure, alors que l'autre est ajoutée par des procédés de synthèse.

Pénicillines résistantes à la pénicillinase Au fil du temps, certains staphylocoques ont acquis un plasmide portant le gène de la β-lactamase et sont devenus de ce fait résistants à la pénicilline. On riposta en leur opposant la *méthicilline*, une pénicilline semi-synthétique relativement insensible à l'action de la β-lactamase. À nouveau, le microbe devint résistant. Aux États-Unis, ce dernier s'est répandu à tel point qu'on a cessé d'utiliser la méthicilline. On l'appelle **staphylocoque doré résistant à la méthicilline (SDRM)**, terme qui désigne aujourd'hui les souches devenues résistantes à un large éventail de pénicillines et de céphalosporines, y compris certains antibiotiques échappant à la pénicillinase, tels que l'*oxacilline*, et ceux qu'on a combinés à des inhibiteurs de la β-lactamase (voir ci-après). Nous reviendrons sur la résistance aux antibiotiques plus loin dans le chapitre.

Pénicillines à spectre élargi Pour remédier à l'étroitesse du spectre d'action des pénicillines naturelles, on a créé des molécules à spectre plus large. Ces nouvelles pénicillines semi-synthétiques sont efficaces contre beaucoup de bactéries et à Gram négatif et à Gram positif, quoiqu'elles ne soient pas résistantes aux pénicillinases.

Les premières pénicillines ainsi mises au point ont été les aminopénicillines, telles que l'*ampicilline* et l'*amoxicilline.* Lorsque les bactéries y sont devenues résistantes, on a créé les carboxypénicillines. Les membres de cette famille, tels que la *carbénicilline* et la *ticarcilline,* ont une action encore plus grande contre les bactéries à Gram négatif et possèdent l'avantage de s'attaquer à *Pseudomonas æruginosa.* Parmi les additions récentes à la famille des pénicillines, on compte les uréidopénicillines, telles que la *mezlocilline* et l'*azlocilline.* Ces agents à large spectre découlent d'une modification de la structure de l'ampicilline. Les recherches se poursuivent en vue de trouver des pénicillines modifiées encore plus efficaces.

Pénicillines et inhibiteurs de la β-lactamase On a recours à une autre approche pour bloquer la production de pénicillinase ; il s'agit de combiner les pénicillines avec du *clavulanate de potassium* (*acide clavulanique*), produit synthétisé par un streptomycète. Le clavulanate de potassium, qui ne présente pratiquement aucune activité antimicrobienne, est un inhibiteur non compétitif de la pénicillinase. Cette molécule a été combinée avec quelques-unes des nouvelles pénicillines à large spectre, telles que l'amoxicilline.

Les carbapénems

Les **carbapénems** possèdent un spectre d'action étonnamment étendu. Ces antibiotiques exercent leur activité en inhibant la synthèse de la paroi cellulaire et ils constituent une autre modification de la structure du cycle β-lactame. **Primaxin**, l'antibiotique représentatif du groupe, est une combinaison d'*imipénem* et de *cilastatine.* La *cilastatine* est une substance qui n'a pas d'activité antimicrobienne, mais qui empêche la dégradation du mélange dans les reins. Des épreuves ont montré que cette combinaison tue 98 % des microbes à Gram positif et à Gram négatif isolés de patients hospitalisés.

Les monobactames

L'*aztréonam,* le premier agent d'une nouvelle classe d'antibiotiques, a aussi été créé dans le but de vaincre les effets de la pénicillinase. Cet antibiotique synthétique, muni d'un seul cycle plutôt que des deux cycles habituels des β-lactamines, est donc un **monobactame**. Pour un composé apparenté aux pénicillines, le spectre d'action de l'aztréonam est remarquablement étroit. Cet antibiotique n'agit que sur certaines bactéries à Gram négatif, telles que *Pseudomonas* et *Escherichia coli.* Sa faible toxicité, un caractère peu commun, constitue un autre avantage de cette molécule.

Les céphalosporines

Les céphalosporines inhibent la synthèse de la paroi cellulaire essentiellement par le même mécanisme d'action que les pénicillines. Parmi les antibiotiques de type β-lactamines, ce sont les plus largement utilisés. Le cycle β-lactame des **céphalosporines** diffère légèrement de celui de la pénicilline (appendice E EN LIGNE). Les céphalosporines sont toutefois sensibles à l'action d'un groupe particulier de β-lactamases produites par les bactéries.

On classe le plus souvent les céphalosporines par générations, mettant ainsi en évidence leur évolution dans le temps. Celles de la première génération, par exemple la *céfalotine*, ont un spectre d'action relativement étroit. Elles visent principalement les bactéries à Gram positif. Celles de la deuxième génération agissent sur une plus grande variété de bactéries à Gram négatif. Ce sont par exemple la *céfamandole* et le *céfaclor*, qui s'administrent respectivement par voie intraveineuse et par voie orale. Celles de la troisième génération, telles que la *ceftazidime*, sont les plus efficaces contre les bactéries à Gram négatif, y compris certaines du genre *Pseudomonas.* Sauf la *céfixime*, qui se prend par la bouche, la plupart doivent être injectées. Les céphalosporines de la quatrième génération, telles que la *céfépime*, doivent aussi être injectées. En revanche, elles ont le spectre d'action le plus large.

Les antibiotiques polypeptidiques

La bacitracine La *bacitracine* est un antibiotique polypeptidique qui est surtout efficace contre les bactéries à Gram positif, telles que les staphylocoques et les streptocoques. Son nom vient du mot *Bacillus,* qui représente sa source, et du nom de la jeune fille infectée, Tracy, chez laquelle la bactérie a été isolée. La bacitracine inhibe la synthèse de la paroi cellulaire à un stade plus précoce que les pénicillines et les céphalosporines. Elle perturbe la synthèse des longs filaments de peptidoglycane (figure 3.11a). On l'utilise uniquement en application topique pour traiter les infections superficielles.

La vancomycine La *vancomycine* (terme quelque peu optimiste forgé à partir du verbe « vaincre ») appartient à un petit groupe d'antibiotiques glycopeptidiques tirés d'une espèce de *Streptomyces* originaire de la jungle de Bornéo. Au début, sa toxicité posait un problème épineux, mais on est parvenu à l'atténuer en améliorant les méthodes de purification. La molécule, dont l'action repose sur l'inhibition de la synthèse de la paroi cellulaire, possède un spectre très étroit. Néanmoins, elle a joué un rôle de premier plan dans la lutte contre le SDRM. On la considère comme la dernière ligne de défense antibiotique contre les infections à *Staphylococcus aureus* qu'on n'arrive pas à juguler par les autres antibiotiques. Par contre, son utilisation généralisée dans ce but a amené l'apparition d'**entérocoques résistants à la vancomycine (ERV)**. Ces derniers sont des bactéries opportunistes, à Gram positif, qui occasionnent beaucoup de difficultés dans les hôpitaux (chapitre 6 et encadré 16.4). La venue des agents pathogènes résistants à la vancomycine, contre lesquels la médecine a épuisé presque toutes les munitions à sa disposition, a créé une situation qualifiée à juste titre d'alarmante.

Les antibiotiques antimycobactériens

La paroi cellulaire des microbes du genre *Mycobacterium* diffère de celle de la plupart des autres bactéries. Les acides mycoliques qu'elle contient lui confèrent des propriétés particulières qui permettent la coloration acido-alcoolo-résistante (chapitre 2). Les mycobactéries comprennent des agents pathogènes importants, dont ceux qui causent la lèpre et la tuberculose.

L'**isoniazide (INH)** est un agent antimicrobien synthétique très efficace contre *Mycobacterium tuberculosis.* Son principal mécanisme d'action repose sur l'inhibition de la synthèse des acides mycoliques, constituants spécifiques de la paroi cellulaire des mycobactéries. Cet antibiotique a peu d'effets sur les autres bactéries. Lors du traitement contre la tuberculose, l'isoniazide est administré simultanément avec d'autres médicaments tels que la rifampicine ou l'éthambutol. La combinaison d'agents diminue les risques de voir naître une résistance. Étant donné que le bacille de la tuberculose ne réside habituellement que dans les macrophagocytes ou dans les tissus, tout agent antituberculeux doit être capable de pénétrer dans ces derniers.

L'**éthambutol** est efficace uniquement contre les mycobactéries. Cet antibiotique inhibe apparemment l'incorporation d'acide mycolique dans la paroi cellulaire. C'est un agent antituberculeux relativement faible. On l'utilise surtout comme traitement secondaire pour prévenir la résistance.

▶ Vérifiez vos acquis

Un des groupes d'antibiotiques les plus efficaces perturbe la synthèse de la paroi cellulaire bactérienne. Pourquoi ces substances ne s'attaquent-elles pas aux cellules des mammifères? **15-6**

Quel est le phénomène qui a poussé les chercheurs à créer les premiers antibiotiques semi-synthétiques, tels que la méthicilline? **15-7**

Dans quel genre de bactérie la paroi cellulaire contient-elle des acides mycoliques? **15-8**

Les antibactériens inhibiteurs de la synthèse des protéines

Le chloramphénicol

Le **chloramphénicol** est un antibiotique bactériostatique à large spectre qui perturbe la synthèse des protéines. En se liant à la sous-unité 50S du ribosome, il inhibe la formation des liaisons peptidiques dans les polypeptides en croissance. Du fait de sa structure chimique relativement simple (appendice E EN LIGNE), il est moins dispendieux à synthétiser chimiquement qu'à isoler à partir de cultures de *Streptomyces.* Sa faible taille moléculaire facilite sa diffusion dans des régions du corps habituellement inaccessibles à beaucoup d'autres agents. Le chloramphénicol engendre toutefois d'importants effets secondaires dont le plus sérieux est l'inhibition de l'activité des cellules de la moelle osseuse rouge à l'origine de la formation des cellules sanguines. Chez 1 patient sur 40 000, le médicament engendre une anémie aplastique, maladie potentiellement mortelle; l'incidence normale de cette anémie dans la population est de 1 individu sur 500 000. On recommande aux médecins de ne pas prescrire cet antibiotique lorsqu'un autre agent peut être tout aussi efficace.

La *clindamycine* et le *métronidazole* sont des antibiotiques qui inhibent la synthèse des protéines en se liant au même site du ribosome que le chloramphénicol. Ces trois médicaments n'ont pas de structure commune, mais ils s'attaquent vigoureusement aux anaérobies. La clindamycine est connue pour son association aux diarrhées à *Clostridium difficile* (chapitre 20). En raison de sa capacité à inhiber les anaérobies, on l'utilise dans le traitement de l'acné.

Les aminoglycosides

Les **aminoglycosides**, ou **aminosides**, forment une famille d'antibiotiques dont les molécules sont reliées par des liaisons glycosidiques. Ils comprennent la *streptomycine* et la *gentamicine*, qui perturbent les premières étapes de la synthèse des protéines en modifiant la conformation de la sous-unité 30S du ribosome procaryote. Il en résulte des erreurs de lecture du code génétique des ARNm. Ils font partie des premiers antibiotiques à présenter une activité notable contre les bactéries à Gram négatif.

L'aminoside le mieux connu est probablement la *streptomycine,* découverte en 1944. On y a encore recours comme traitement de relais contre la tuberculose, mais l'accroissement rapide de la résistance à cet antibiotique et ses effets toxiques sérieux ont fortement diminué son utilité.

Les aminoglycosides peuvent affecter l'audition en causant des lésions permanentes du nerf auditif et, dans certains cas, des dommages aux reins. C'est pourquoi on y a moins souvent recours. La *néomycine* entre dans la composition de nombreuses préparations à usage topique vendues sans ordonnance. La *gentamicine,* produite par la bactérie filamenteuse *Micromonospora,* est particulièrement efficace contre les infections à *Pseudomonas*, lesquelles constituent une sérieuse complication pour les personnes atteintes de fibrose kystique du pancréas. Pour aider ces malades à vaincre l'infection, on fait appel à la *tobramycine* administrée en aérosol.

Les tétracyclines

Les **tétracyclines** sont un groupe d'antibiotiques étroitement apparentés, produits par *Streptomyces* spp (appendice E EN LIGNE). Elles ont un large spectre d'action, qui comprend les bactéries à Gram positif et à Gram négatif, et certaines bactéries intracellulaires. Elles s'interposent entre les ARNt porteurs des acides aminés et la sous-unité 30S du ribosome, ce qui empêche l'ajout de nouveaux acides aminés au polypeptide en formation. Elles ne perturbent pas l'action des ribosomes des mammifères parce qu'elles ne pénètrent pas facilement dans les cellules de ces derniers. Toutefois, elles parviennent à s'y introduire au moins en petite quantité, comme en témoigne le fait que les chlamydies et les richettsies sont sensibles à cet antibiotique. Leur toxicité sélective tient à la plus grande susceptibilité des ribosomes bactériens. L'*oxytétracycline (*Terramycine*),* la *chlortétracycline* (Auréomycine) et la tétracycline elle-même sont les membres les plus utilisés de cette famille.

Il existe également quelques tétracyclines semi-synthétiques comme la *doxycycline* et la *minocycline.* L'avantage de ces molécules réside dans leur rétention plus longue par l'organisme. Les glycylcyclines, une nouvelle classe d'antibiotiques à large spectre d'action, sont dérivées de la minocycline. Le premier médicament de cette classe, la *tigécycline* (Tygacil), a été mis au point pour lutter contre le SDRM.

On utilise les tétracyclines pour traiter beaucoup d'infections urinaires, de pneumonies à mycoplasmes et d'infections à chlamydies et à rickettsies. Elles servent aussi souvent de médicaments de relais dans le traitement de maladies telles que la syphilis et la gonorrhée. Les tétracyclines détruisent souvent le microbiote normal des intestins à cause de leur large spectre d'action. Ce déséquilibre entraîne des troubles gastro-intestinaux et ouvre la voie aux surinfections, notamment celles imputables au mycète

Candida albicans. Il n'est recommandé de prescrire cet antibiotique ni aux enfants, chez qui son administration peut s'accompagner d'une coloration des dents, ni aux femmes enceintes, chez lesquelles il peut causer des dommages au foie. Les tétracyclines font partie des antibiotiques couramment ajoutés à l'alimentation des animaux pour faire augmenter rapidement leur poids. Cependant, cet ajout n'est pas sans conséquences sur la santé humaine (encadré 15.1).

Les macrolides

Les **macrolides** font partie d'une famille d'antibiotiques qui tire son nom du macrocycle lactone que ces agents renferment. En milieu clinique, le macrolide le plus utilisé est l'*érythromycine* (appendice E EN LIGNE). Son mécanisme d'action repose sur l'inhibition de la synthèse des protéines, apparemment en bloquant le tunnel formé entre les deux sous-unités ribosomales (figure 15.4a). Toutefois, l'érythromycine ne peut pénétrer la paroi cellulaire de la plupart des bactéries à Gram négatif. Par conséquent, son spectre d'action est similaire à celui de la pénicilline G. En pratique, elle constitue souvent une solution de rechange à la pénicilline. Parce qu'elle peut être administrée par voie orale, on prescrit souvent aux enfants une préparation d'érythromycine aromatisée à l'orange au lieu de pénicilline pour traiter les infections à streptocoques et à staphylocoques. L'érythromycine est l'antibiotique de choix pour le traitement de la légionellose, des pneumonies à mycoplasmes et de plusieurs autres infections.

L'*azithromycine* et la *clarithromycine* sont aussi des macrolides. Elles ont un spectre d'action plus large et pénètrent mieux les tissus que l'érythromycine. Cette propriété est particulièrement importante pour le traitement des affections imputables à certaines bactéries intracellulaires, telles que *Chlamydia*, agent causal de nombreux cas d'infections transmissibles sexuellement.

Les **kétolides** forment une nouvelle génération de substances semi-synthétiques mises au point pour faire face à la résistance grandissante aux autres macrolides. La préparation type de cette génération est la *télithromycine* (Ketek). Toutefois, elle présente plusieurs inconvénients importants relatifs à sa toxicité.

Les streptogramines

Nous avons indiqué plus haut que la présence d'agents pathogènes résistants à la vancomycine pose un problème médical inquiétant. Les **streptogramines**, un groupe unique d'antibiotiques, pourraient bien apporter un élément de solution. Le chef de file de ce groupe, appelé Synercid, est une association de deux peptides cycliques, la *quinupristine* et la *dalfopristine*, ayant des liens de parenté éloignés avec les macrolides. Ces peptides bloquent la synthèse des protéines en se fixant à la sous-unité 50S du ribosome, comme le font d'autres antibiotiques tels que le chloramphénicol, sauf que les sites d'action de Synercid sur le ribosome sont uniques. La dalfopristine inhibe une étape précoce de la synthèse des protéines alors que la quinupristine agit à une étape tardive. En association, elles provoquent la libération de chaînes peptidiques incomplètes, et leur effet est synergique (figure 15.14). Ce médicament est efficace contre un large éventail de bactéries à Gram positif qui sont devenues résistantes aux autres antibiotiques. En ce sens, il est très utile, bien qu'il coûte cher et que l'incidence d'effets indésirables soit élevée.

Les oxazolidinones

Les oxazolidinones constituent aussi une classe d'antibiotiques mise au point récemment pour surmonter la résistance à la vancomycine. Au moment de son approbation par la U.S. Food and Drug Administration, en 2001, cette nouvelle classe était la première à recevoir l'homologation depuis 25 ans. À l'instar de plusieurs autres antibiotiques inhibiteurs de la synthèse des protéines, les oxazolidinones exercent leur action sur les ribosomes (figure 15.4). Mais leur cible est unique, car elles se lient à la sous-unité 50S à proximité de l'interface avec la sous-unité 30S. Elles sont entièrement synthétiques, ce qui pourrait retarder l'apparition de souches de bactéries résistantes. Comme la vancomycine, elles n'ont pas d'effet sur les bactéries à Gram négatif, mais elles s'attaquent à certains entérocoques qui échappent à Synercid. Le *linézolide* (Zyvox), qui fait partie de ce groupe d'antibiotiques, sert surtout à combattre le SDRM.

▶ Vérifiez vos acquis

Pourquoi l'érythromycine, un macrolide, a-t-elle un spectre d'action limité principalement aux bactéries à Gram positif alors que son mode d'action est semblable à celui des tétracyclines, dont le spectre d'action est large? **15-9**

Les antibactériens qui agissent sur la membrane plasmique

Pour élaborer leur membrane plasmique, les bactéries doivent d'abord synthétiser les acides gras qui servent à son assemblage. Plusieurs antibiotiques et antimicrobiens ont pour fonction de perturber la production de ces acides gras. C'est le cas de l'*isoniazide*, utilisé pour traiter la tuberculose, et du *triclosan*, un désinfectant employé couramment (chapitre 14). La *platensimycine* est un antibiotique récent qui cible la biosynthèse des acides gras essentiels à la constitution de la membrane plasmique. Elle offre un intérêt particulier, car elle appartient à une nouvelle classe d'antibiotiques, et sa création représente un événement rare dans le domaine depuis une quarantaine d'années. (Le *linézolide* et la *daptomycine* sont d'autres exemples.) Cette classe d'antibiotiques pourrait devenir une autre arme à opposer à la menace du SDRM.

La *polymyxine B* est un antibiotique bactéricide efficace contre les bactéries à Gram négatif. Pendant longtemps, elle a été l'une des quelques substances médicamenteuses utilisées pour traiter les infections à *Pseudomonas.* De nos jours, on se sert rarement de la polymyxine B, sauf dans les préparations topiques destinées à guérir les infections superficielles.

La *bacitracine* et la *polymyxine B* entrent dans la composition d'onguents antiseptiques où ils sont habituellement combinés avec la *néomycine,* un aminoglycoside à large spectre. Contrairement à la règle générale, ces médicaments sont en vente libre.

Beaucoup de peptides antimicrobiens, dont il sera question plus loin dans le chapitre, ciblent la synthèse de la membrane plasmique.

▶ Vérifiez vos acquis

Trois médicaments sont couramment employés dans les crèmes antiseptiques en vente libre : la polymyxine B, la bacitracine et la néomycine. Laquelle de ces substances a le mode d'action qui rappelle le plus celui de la pénicilline? **15-10**

Les antibactériens inhibiteurs de la synthèse des acides nucléiques (ADN/ARN)

Les rifamycines

L'antibiotique le plus connu de la famille des **rifamycines** est la *rifampicine*. La structure de ces agents s'apparente à celle des macrolides et leur efficacité provient du fait qu'ils inhibent la synthèse de l'ARNm. La rifampicine, qui agit contre les mycobactéries, est principalement utilisée dans le traitement de la tuberculose et de la lèpre. Une de ses caractéristiques les plus importantes réside dans sa capacité à pénétrer les tissus et à atteindre une concentration thérapeutique dans le liquide cérébrospinal et dans les abcès, ce qui explique probablement son activité antituberculeuse. En effet, l'agent de la tuberculose se refugie habituellement dans les tissus ou dans les macrophagocytes. La rifampicine a un effet secondaire inusité : elle confère une teinte orangée à l'urine, aux selles, à la salive, à la sueur et même aux larmes.

Les quinolones et les fluoroquinolones

Au début des années 1960, l'*acide nalidixique,* le premier membre de la famille des **quinolones**, a été synthétisé. Cet agent antibactérien exerce un effet bactéricide remarquable par son inhibition sélective d'une enzyme (l'ADN gyrase) nécessaire à la réplication de l'ADN. En dépit de son usage limité au traitement des infections urinaires, l'acide nalidixique a conduit dans les années 1980 à la mise au point d'une nouvelle famille de quinolones synthétiques particulièrement utile, les **fluoroquinolones**.

Les fluoroquinolones sont regroupées selon leur spectre d'action en plusieurs générations. Les premières générations ont le spectre d'action le plus étroit. Elles comprennent la *norfloxacine* et la *ciprofloxacine*, deux substances souvent prescrites. La ciprofloxacine, mieux connue par la marque de commerce Cipro, a été l'objet de beaucoup d'attention par suite de son utilisation dans les cas d'anthrax. Parmi les fluoroquinolones récentes, on trouve la *gatifloxacine*, la *gémifloxacine* et la *moxifloxacine*. À l'exception de cette dernière, ces substances sont souvent les médicaments de choix pour le traitement des infections urinaires et de certains types de pneumonies. Dans l'ensemble, les fluoroquinolones sont relativement peu toxiques. Par contre, il arrive que les bactéries deviennent résistantes en peu de temps, parfois au milieu d'un traitement.

▶ Vérifiez vos acquis

Quel groupe d'antibiotiques inhibe l'ADN gyrase, enzyme nécessaire à la réplication de l'ADN? **15-11**

Les antibactériens inhibiteurs compétitifs de la synthèse des métabolites essentiels

Les sulfamides

Comme nous l'avons déjà mentionné, les **sulfamides**, ou sulfonamides, figurent parmi les premiers agents antimicrobiens synthétiques ayant servi à traiter les infections microbiennes. La découverte des antibiotiques a réduit leur utilisation en chimiothérapie, mais on a encore recours aux sulfamides pour traiter certaines infections urinaires et, dans quelques cas particuliers – par exemple en association médicamenteuse telle que la *sulfadiazine d'argent* –, les infections chez les grands brûlés. Les sulfamides sont bactériostatiques. Nous avons vu que leur efficacité est due à la similarité de leur structure avec celle de l'acide para-aminobenzoïque (PABA) (figure 23.7 EN LIGNE).

Il est probable que le sulfamide le plus couramment utilisé de nos jours est une combinaison de *triméthoprime* et de *sulfaméthoxazole* (TMP-SMZ). Ce mélange constitue un excellent exemple d'un phénomène pharmacologique appelé **synergie**. Lorsque les deux sulfamides sont combinés, 10 % seulement de la concentration permet d'obtenir les mêmes effets que ceux de chaque sulfamide administré séparément. Ensemble, ils possèdent aussi un spectre d'action plus étendu et diminuent considérablement l'apparition de souches résistantes. (Nous reviendrons sur la synergie plus loin dans le chapitre, notamment à la figure 15.14.) La **figure 15.6** illustre comment les deux substances bloquent différentes étapes d'une voie métabolique aboutissant à la synthèse de précurseurs des protéines, de l'ADN et de l'ARN.

Le **tableau 15.3** offre une récapitulation des agents antibactériens les plus couramment employés.

▶ Vérifiez vos acquis

L'acide para-aminobenzoïque (PABA) est un nutriment essentiel autant pour les humains que pour les bactéries. Pourquoi les sulfamides affectent-ils seulement les bactéries? **15-12**

Les antifongiques

Les cellules eucaryotes telles que les mycètes synthétisent les protéines et les acides nucléiques par les mêmes mécanismes que les cellules des animaux supérieurs. Par conséquent, il est plus ardu de trouver un élément susceptible de faire l'objet d'une toxicité sélective dans les cellules eucaryotes que dans les cellules procaryotes. Le problème devient de plus en plus sérieux du fait de l'incidence accrue des infections fongiques, qui constituent des infections opportunistes chez les individus immunodéprimés, surtout chez les sujets atteints du sida.

Les inhibiteurs de la synthèse des stérols

Beaucoup de médicaments antifongiques, appartenant aux polyènes, aux azoles et aux allylamines, s'attaquent aux stérols de la membrane plasmique. Chez les mycètes, le principal stérol de la membrane est l'ergostérol, alors que chez les animaux, c'est le cholestérol. Quand la biosynthèse de l'ergostérol est interrompue, la membrane devient très perméable, ce qui finit par tuer la cellule (**figure 15.7**). En ciblant cette biosynthèse, on assure la toxicité sélective de beaucoup d'antifongiques.

Les polyènes De la famille des antifongiques appelés **polyènes**, l'*amphotéricine B* est l'agent le plus couramment employé (appendice E EN LIGNE). Produit par des bactéries du genre *Streptomyces* vivant dans le sol, il a été pendant de nombreuses années le traitement de choix pour soigner les maladies fongiques systémiques telles que l'histoplasmose, la coccidioïdomycose et la blastomycose. Cependant, la toxicité du médicament, en particulier sur le rein, a considérablement limité son utilisation. L'administration de l'amphotéricine B encapsulé dans des lipides (liposomes) semble le rendre moins toxique.

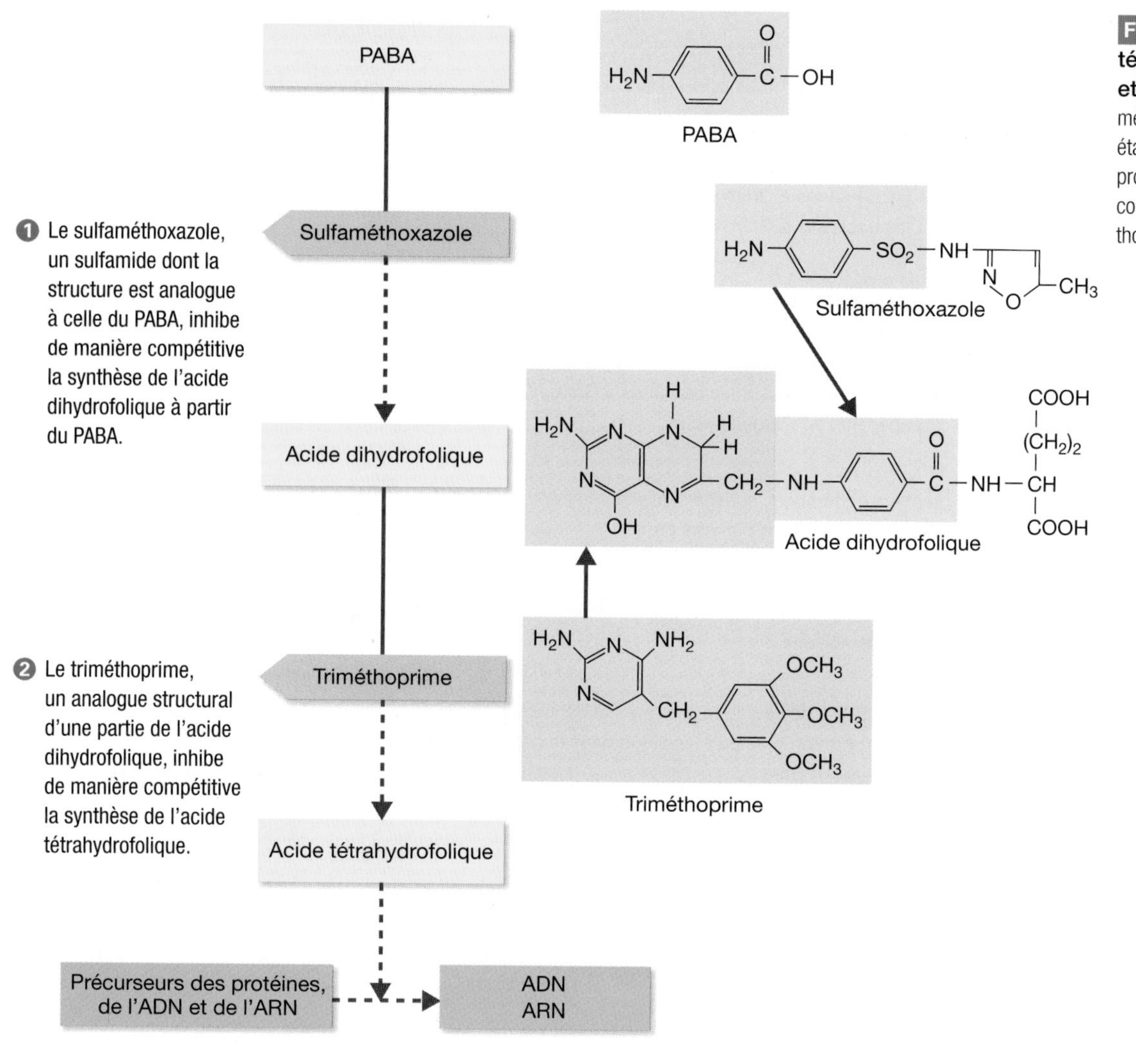

PABA
Sulfaméthoxazole
Acide dihydrofolique
Triméthoprime
Acide tétrahydrofolique
Précurseurs des protéines, de l'ADN et de l'ARN
ADN
ARN
PABA
Sulfaméthoxazole
Acide dihydrofolique
Triméthoprime
1 Le sulfaméthoxazole, un sulfamide dont la structure est analogue à celle du PABA, inhibe de manière compétitive la synthèse de l'acide dihydrofolique à partir du PABA.
2 Le triméthoprime, un analogue structural d'une partie de l'acide dihydrofolique, inhibe de manière compétitive la synthèse de l'acide tétrahydrofolique.

Figure 15.6 Action des antibactériens synthétiques triméthoprime et sulfaméthoxazole. L'association médicamenteuse TMP-SMZ inhibe différentes étapes de la synthèse de précurseurs des protéines, de l'ADN et de l'ARN. L'action conjuguée du triméthoprime et du sulfaméthoxazole est un exemple de synergie.

Les azoles Les antibiotiques de la famille des **azoles** sont parmi les antifongiques les plus utilisés. Avant leur découverte, l'amphotéricine B et la flucytosine (voir plus loin) étaient les seuls recours contre les infections systémiques par les mycètes. Les premiers azoles ont été des **imidazoles**, tels que le *clotrimazole* et le *miconazole*, lesquels sont administrés par voie topique pour traiter les mycoses cutanées comme le pied d'athlète ou les infections vaginales à levures, et sont vendus sans ordonnance. Le *kétoconazole* s'est ajouté par la suite à ce groupe, dont il constitue un membre important, car il a un spectre d'action particulièrement large contre les mycètes. Administré par voie orale, il peut remplacer l'amphotéricine B pour le traitement d'un grand nombre d'infections fongiques. On l'utilise sous forme de crème topique dans les cas de dermatomycoses.

Depuis leur mise en marché, les **triazoles** tendent à se substituer au kétoconazole pour le traitement les infections systémiques aux mycètes, et ce, en raison de leur moins grande toxicité. Les premiers médicaments de ce type ont été le *fluconazole* et l'*itraconazole*. Étant beaucoup plus solubles dans l'eau, ils sont plus faciles à administrer et plus efficaces contre les infections systémiques. Le *voriconazole*, un ajout récent au groupe des triazoles, est devenu le traitement de choix dans le cas des infections à *Aspergillus* chez les patients immunodéprimés. Le *posaconazole* (Noxafil), dernier triazole approuvé, sera probablement utilisé pour combattre diverses infections fongiques systémiques.

Les allylamines Les **allylamines** représentent une nouvelle classe d'antifongiques capables d'inhiber la biosynthèse des ergostérols par un mécanisme différent des autres. La *terbinafine* et la *naftifine* font partie de ce groupe. On les utilise souvent pour combattre les mycètes devenus résistants aux antifongiques de type azole.

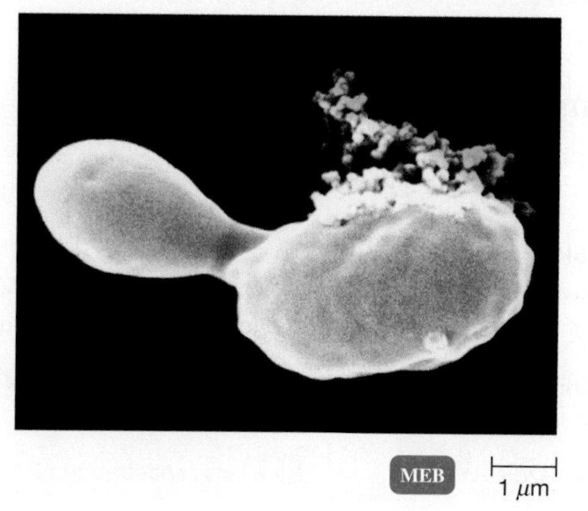

MEB
1 μm

Figure 15.7 Lésion à la membrane plasmique d'une levure, causée par un agent antifongique. La cellule libère son contenu cytoplasmique à mesure que la membrane plasmique se détériore sous l'action du miconazole, un agent antifongique.

Tableau 15.3 Médicaments antibactériens

Agents classés par mode d'action	Commentaires
INHIBITEURS DE LA SYNTHÈSE DE LA PAROI CELLULAIRE	
Pénicillines naturelles	
Pénicilline G	Agit sur les bactéries à Gram positif; par injection.
Pénicilline V	Agit sur les bactéries à Gram positif; par voie orale.
Pénicillines semi-synthétiques	
Oxacilline	Résistante à la pénicillinase.
Ampicilline	À large spectre.
Amoxicilline	À large spectre; combinée avec un inhibiteur de la pénicillinase.
Aztréonam	Un monobactame; agit sur les bactéries à Gram négatif, y compris *Pseudomonas* spp.
Imipénème-cilastatin	Un carbapénem; très large spectre.
Céphalosporines	
Céfalotine	De première génération; activité similaire à la pénicilline; par injection.
Céfixime	De troisième génération; par voie orale.
Antibiotiques polypeptidiques	
Bacitracine	Agit sur les bactéries à Gram positif; voie topique.
Vancomycine	Glycopeptide; agit sur les bactéries à Gram positif résistantes à la pénicillinase.
Antibiotiques antimycobactériens	
Isoniazide (INH)	Inhibe la synthèse de l'acide mycolique, un constituant de la paroi des espèces de *Mycobacterium*.
Éthambutol	Inhibe l'incorporation d'acide mycolique dans la paroi des espèces de *Mycobacterium*.
INHIBITEURS DE LA SYNTHÈSE DES PROTÉINES	
Chloramphénicol	À large spectre, potentiellement toxique.
Aminoglycosides	
Streptomycine	À large spectre, y compris les mycobactéries.
Néomycine	Voie topique, à large spectre.
Gentamicine	À large spectre, y compris *Pseudomonas* spp.
Tétracyclines	
Tétracycline, oxytétracycline, chlortétracycline	À large spectre, y compris les chlamydies et les rickettsies; complément alimentaire animal.
Macrolides	
Érythromycine	Traitement de relais pour les sujets sensibles à la pénicilline.
Azithromycine, clarithromycine	Semi-synthétique; à large spectre; meilleure pénétration dans les tissus que l'érythromycine.
Télithromycine (Ketek)	Nouvelle génération de macrolides semi-synthétiques; utilisée pour contourner la résistance aux autres macrolides.
Streptogramines	
Quinupristine et dalfopristine (ou synergistines)	Traitement de relais contre les bactéries à Gram positif résistantes à la vancomycine.
Oxazolidinones	
Linézolide (Zyvox)	Utilisé particulièrement contre les bactéries à Gram positif résistantes à la pénicilline.
ANTIBACTÉRIENS AGISSANT SUR LA MEMBRANE PLASMIQUE	
Polymyxine B	Voie topique, agit sur les bactéries à Gram négatif, y compris *Pseudomonas* spp.
INHIBITEURS DE LA SYNTHÈSE DES ACIDES NUCLÉIQUES	
Rifamycines	
Rifampicine	Inhibe la synthèse de l'ARNm; traitement de la tuberculose.
Quinolones et fluoroquinolones	
Acide nalidixique, norfloxacine, ciprofloxacine	Inhibe la synthèse de l'ADN; à large spectre; infections des voies urinaires.
Gatifloxacine	Nouvelle génération de quinolones; augmente l'efficacité contre les bactéries à Gram positif.
INHIBITEURS COMPÉTITIFS DE LA SYNTHÈSE DES MÉTABOLITES ESSENTIELS	
Sulfamides	
Triméthoprime-sulfaméthoxazole	À large spectre; combinaison couramment employée.

Les inhibiteurs antifongiques de la synthèse de la paroi cellulaire

La paroi cellulaire des mycètes contient des composés qui ne se trouvent pas ailleurs dans la nature. Parmi eux, le β-glucane constitue une cible de choix pour l'application de la toxicité sélective. Les **échinocandines**, premiers représentants d'une nouvelle classe d'antifongiques, inhibent la biosynthèse des glucanes. Il en résulte l'élaboration d'une paroi cellulaire incomplète et, à terme, la lyse de la cellule. On estime que la *caspofongine* (Cancidas), qui fait partie de ce groupe de médicaments, sera d'un précieux secours dans la lutte contre les infections systémiques à *Aspergillus* chez les personnes dont le système immunitaire est déprimé. Elle est aussi efficace contre certains mycètes importants, tels que *Candida* spp.

Les inhibiteurs antifongiques de la synthèse des acides nucléiques

La *flucytosine* est un analogue de la cytosine, une pyrimidine. Elle perturbe la biosynthèse de l'ARN et, partant, la synthèse des protéines. Sa toxicité sélective tient au fait que la cellule fongique convertit la flucytosine en 5-fluorouracile, qu'elle incorpore à l'ARN, rendant celui-ci impropre à diriger la synthèse des protéines. Les cellules des mammifères sont dépourvues de l'enzyme qui permet cette conversion du médicament. L'utilité de la flucytosine est limitée par son spectre d'action étroit et par sa toxicité pour les reins et la moelle osseuse rouge.

Les autres médicaments antifongiques

La **griséofulvine** est un antifongique produit par une espèce de *Penicillium*. Elle se caractérise par son activité contre les mycoses causées par des dermatophytes des cheveux (trichophytie du cuir chevelu et teigne) et des ongles, bien qu'elle soit administrée oralement. Il semble que la molécule se lie sélectivement à la kératine située dans la peau, dans les follicules du cheveu et dans les ongles. Elle agit essentiellement en bloquant l'assemblage des microtubules, ce qui nuit à la mitose et, par le fait même, à la reproduction du mycète.

Le *tolfanate* est un traitement topique de relais au miconazole pour soigner le pied d'athlète. Son mode d'action est inconnu. L'*acide undécylénique,* un acide gras, exerce également une activité antifongique contre le pied d'athlète, bien qu'il ne soit pas aussi efficace que le tolfanate ou les imidazoles.

La *pentamidine iséthionate* est utilisée dans le traitement de la pneumonie à *Pneumocystis,* une complication courante chez les patients immunodéprimés, surtout chez les sujets atteints du sida. On ne connaît pas son mode d'action, mais elle semble se fixer à l'ADN.

▶ Vérifiez vos acquis

Quel stérol de la membrane plasmique des mycètes est la cible la plus fréquente des antifongiques? **15-13**

Les antiviraux

Dans les pays industrialisés, on estime que 60 % au moins des maladies infectieuses sont imputables aux virus alors que 15 % environ sont causées par les bactéries. Chaque année, 90 % de la population américaine, sinon plus, souffre d'une maladie virale. Pourtant, le nombre de médicaments antiviraux qui a été approuvé aux États-Unis est relativement peu élevé et leur spectre d'action englobe un groupe très limité de maladies. La plupart des agents antiviraux récemment mis au point sont dirigés contre le VIH. C'est pourquoi on a pris l'habitude de présenter les antiviraux comme s'ils étaient divisés en deux grandes catégories: ceux qui servent à la chimiothérapie dirigée contre le VIH (chapitre 13) et ceux qui ont une portée plus générale (tableau 15.4).

Comme ils se reproduisent à l'intérieur de cellules, le plus souvent en détournant à leur profit les mécanismes génétiques et métaboliques de l'hôte, les virus ne sont pas faciles à détruire sans qu'on endommage en même temps les processus cellulaires qu'on veut protéger. Beaucoup d'antiviraux utilisés à l'heure actuelle sont des analogues de certains composants de l'ADN et de l'ARN des virus. Un des bienfaits des efforts pour mieux connaître la reproduction de ces organismes, c'est qu'on découvre de nouvelles cibles à attaquer.

Les analogues des nucléosides et des nucléotides

Plusieurs médicaments antiviraux importants sont des analogues des nucléosides et des nucléotides qui empêchent la réplication des acides nucléiques viraux. Dans la famille des analogues des nucléosides, l'*acyclovir* est l'agent le plus utilisé (**figure 15.8**). Bien qu'il soit surtout connu pour son utilisation dans le traitement de l'herpès génital, on s'en sert en général pour soigner la plupart des infections à *Herpesvirus,* notamment chez les individus immunodéprimés. Le *famciclovir,* que l'on peut prendre oralement, et le *ganciclovir* sont des dérivés de l'acyclovir et ont un mécanisme d'action semblable. La *ribavirine* ressemble à la guanosine, un nucléoside. Elle accélère le taux de mutation déjà élevé des virus à ARN jusqu'à ce que l'accumulation d'erreurs atteigne son paroxysme et détruise le virus. La *lamivudine* est un analogue de nucléoside utilisé pour le traitement de l'hépatite B. Récemment, on a mis sur le marché l'*adéfovir dipivoxil* (Hepsera), un analogue de nucléotide qui convient aux patients résistants à la lamivudine. Le *cidofovir* est un analogue de nucléoside employé à l'heure actuelle pour traiter les infections de l'œil au cytomégalovirus. Ce médicament est intéressant, car on croit qu'il pourrait servir à traiter la variole.

Les autres inhibiteurs d'enzyme

On offre depuis quelque temps deux inhibiteurs de la neuraminidase pour combattre la grippe (chapitre 19). Ce sont le *zanamivir* (Relenza) et l'*oseltamivir* (Tamiflu).

Les interférons

Les cellules infectées par un virus sécrètent souvent de l'interféron, substance qui empêche la diffusion de l'infection. Les interférons sont des cytokines; nous avons étudié ces dernières au chapitre 12. À l'heure actuelle, l'*interféron* α (chapitre 11) est le traitement de prédilection pour les hépatites virales. L'**imiquimod** est un médicament antiviral récent qui stimule la production des interférons. On le prescrit souvent pour traiter les condylomes génitaux.

▶ Vérifiez vos acquis

L'acyclovir, qui inhibe la synthèse de l'ADN, est un des antiviraux les plus utilisés. L'humain synthétise aussi de l'ADN. Pourquoi alors utilise-t-on quand même ce médicament? **15-14**

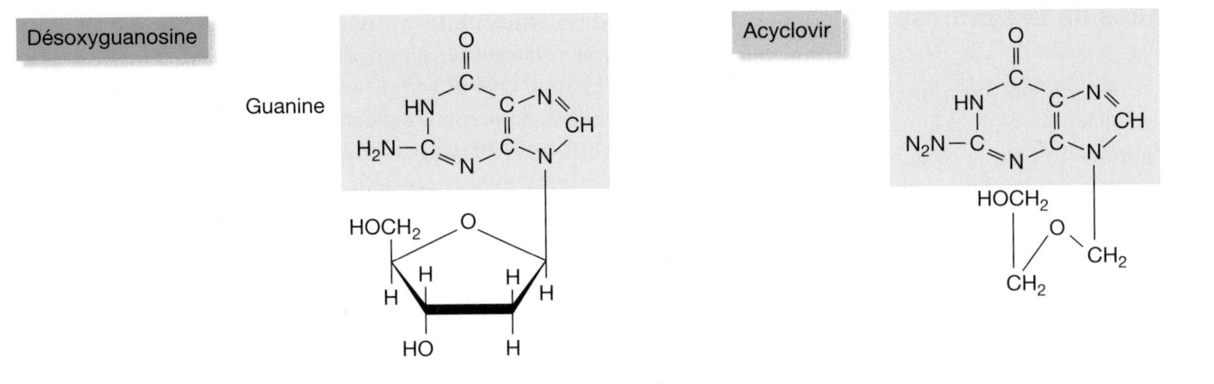

a) La structure chimique de l'acyclovir s'apparente à celle du nucléoside désoxyguanosine.

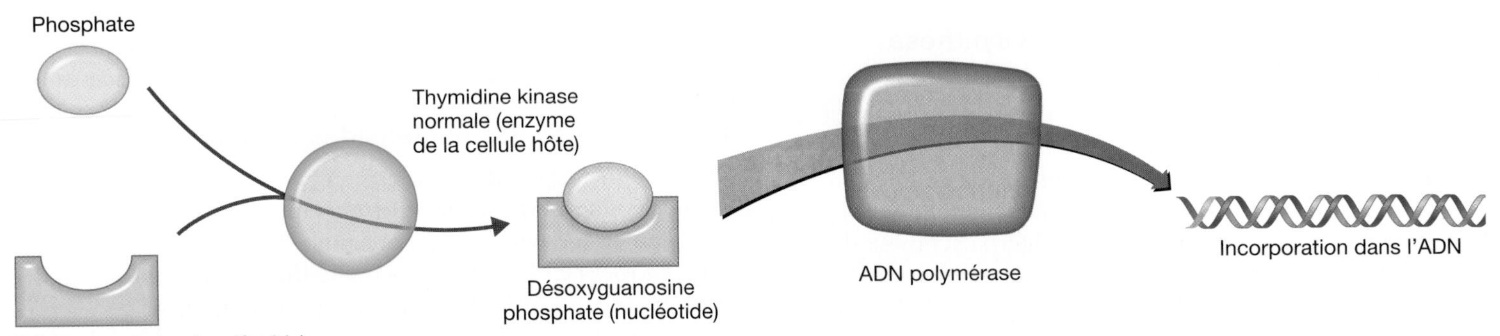

b) Dans une cellule non infectée par un virus, la thymidine kinase, une enzyme de la cellule hôte, associe des phosphates à des nucléosides, tels que la désoxyguanosine, pour former des nucléotides qui seront ultérieurement incorporés à l'ADN par l'ADN polymérase.

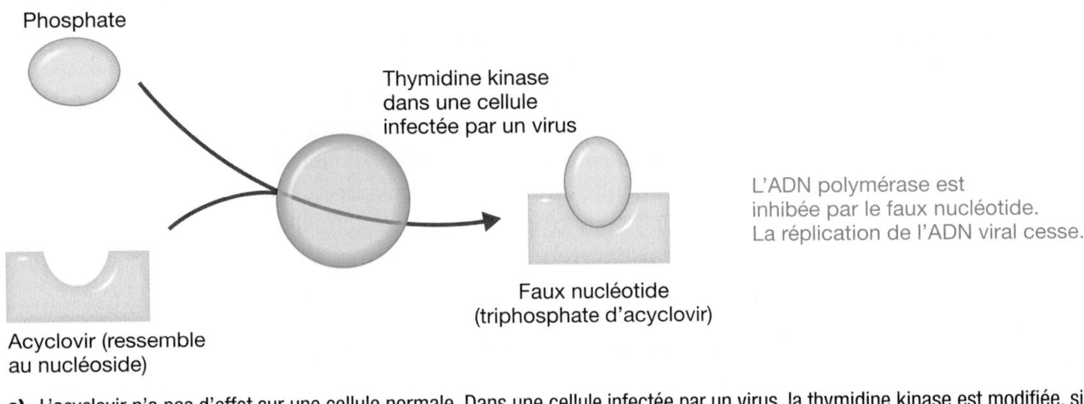

c) L'acyclovir n'a pas d'effet sur une cellule normale. Dans une cellule infectée par un virus, la thymidine kinase est modifiée, si bien qu'elle se met à convertir l'acyclovir en faux nucléotides, que l'ADN polymérase est incapable d'utiliser pour la synthèse de l'ADN.

Figure 15.8 **Structure et fonction de l'acyclovir, un agent antiviral.**

Les antiviraux pour le traitement de l'infection par le VIH/sida

En raison de l'intérêt que suscite la lutte pour juguler la pandémie provoquée par le VIH, nous allons consacrer quelques lignes aux nombreux médicaments antiviraux produits pour combattre cet agent pathogène. Le VIH est un virus à ARN. Pour sa reproduction, il dépend de la transcriptase inverse, une enzyme qui catalyse la synthèse d'ADN à partir d'ARN. On a souvent recours aux analogues des nucléotides et des nucléosides pour bloquer l'action de cette enzyme essentielle. À ce propos, le terme «**antirétroviral**» implique aujourd'hui l'emploi d'un médicament pour traiter l'infection par le VIH, comme dans l'expression «traitement antirétroviral hautement actif» (chapitre 13). La *zidovudine* est un exemple bien connu d'analogue de *nucléoside*. Le *ténofovir*, quant à lui, est un analogue de *nucléotide*. Devant la multiplicité d'agents thérapeutiques nécessaires pour battre en brèche le VIH sans se faire piéger par l'apparition de souches résistantes, il a fallu mettre au point des associations médicamenteuses. C'est le cas d'Atripla, une combinaison de ténofovir, d'emtricitabine et d'éfavirenz.

Les médicaments qui inhibent la transcriptase inverse ne sont pas tous des analogues des nucléosides ou des nucléotides. Par exemple, la *névirapine* bloque la synthèse de l'ARN par d'autres mécanismes.

Les études sur le VIH ont permis de mieux comprendre comment il se reproduit et ont fait apparaître de nouvelles façons de l'attaquer. Quand, sous l'impulsion du virus infectant, elle produit une nouvelle particule virale, la cellule hôte doit d'abord synthétiser des copies d'une enzyme virale, appelée *protéase*, nécessaire à la fragmentation de certaines protéines de grande taille. Les fragments obtenus servent à l'assemblage des virus. En utilisant des analogues d'acides aminés, on peut perturber le fonctionnement de cette enzyme par inhibition compétitive. L'*atazanavir*, l'*indinavir* et le *saquinavir* sont des **inhibiteurs de la protéase**, qui se sont avérés particulièrement efficaces en association avec les inhibiteurs de la transcriptase inverse.

On peut empêcher le VIH de s'introduire dans la cellule au moyen d'**inhibiteurs de la fusion**. L'*enfuvirtide* est un de ces inhibiteurs. C'est un peptide synthétique dont la structure est analogue à celle d'une région de la gp41 de l'enveloppe du VIH-1. En raison de cette similitude, le peptide bloque la fusion du virus avec la membrane plasmique et sa pénétration dans la cellule (figure 13.12). Toutefois, le prix du médicament est prohibitif, et il en faut deux injections par jour.

Certains médicaments à l'étude présentement ciblent d'autres aspects des processus de reproduction du VIH. Plusieurs sont au stade des essais cliniques. Ce sont, par exemple, les **inhibiteurs de l'intégrase**, qui neutralisent l'enzyme catalysant l'intégration de l'ADN viral à celui de la cellule infectée. On se penche aussi sur des moyens de bloquer la pénétration du virus dans les cellules en ciblant le corécepteur CCR5 (chapitre 13).

Les antiparasitaires

Pendant des centaines d'années, la quinine a constitué le seul traitement efficace connu contre les infections parasitaires (paludisme). Extraite de l'écorce du quinquina, un arbre du Pérou, cette substance a été introduite en Europe au début des années 1600 sous le nom de «poudre des jésuites». On dispose aujourd'hui de beaucoup de médicaments antiprotozoaires et antihelminthiques, même si l'on considère que nombre d'entre eux n'en sont encore qu'au stade expérimental. Cependant, ils peuvent être prescrits par des médecins agréés.

Les antiprotozoaires

On utilise encore la *quinine* pour combattre le paludisme, une protozoose (maladie due à des protozoaires), mais on a plus souvent recours à des dérivés synthétiques tels que la *chloroquine*. Pour éviter la propagation du paludisme dans les régions où le protozoaire a acquis une résistance à la chloroquine, on recommande de faire appel à un nouveau médicament, la *méfloquine*, et ce, malgré le fait que de sérieux effets secondaires d'ordre psychiatrique aient été rapportés. La *quinacrine* est le médicament de choix contre la giardiase. La *diiodohydroxyquine* (*iodoquinol*) est un médicament fondamental prescrit contre plusieurs maladies intestinales provoquées par les amibes, mais son dosage doit être soigneusement contrôlé pour éviter des dommages au nerf optique. Son mode d'action est inconnu.

Le *métronidazole* (Flagyl) fait partie des agents antiprotozoaires les plus utilisés. Il se caractérise par son efficacité contre les protozoaires parasitaires, mais aussi contre les bactéries anaérobies. Par exemple, en tant qu'agent antiprotozoaire, il constitue le meilleur traitement contre la vaginite à *Trichomonas vaginalis*. Cependant, il est aussi prescrit pour soigner la giardiase et la dysenterie amibienne. Il agit en entravant le métabolisme anaérobie, type de métabolisme que ces protozoaires ont en commun avec certaines bactéries anaérobies obligatoires telles que *Clostridium*.

Le *tinidazole*, un médicament semblable au métronidazole, vient d'être approuvé aux États-Unis, bien qu'on l'utilise depuis longtemps ailleurs sous la marque de commerce Fasigyn. Il traite efficacement la giardiase, la dysenterie amibienne et la trichomonase. Le *nitazoxanide* est un antiprotozoaire récent, le premier à être approuvé pour la chimiothérapie de la diarrhée causée par *Cryptosporidium hominis*. On l'emploie aussi dans les cas de giardiase et de dysenterie amibienne. Fait intéressant, il permet de soigner plusieurs helminthiases et il agit sur certaines bactéries anaérobies.

Les antihelminthiques

Avec l'engouement croissant des gens pour le sushi, spécialité japonaise souvent à base de poisson cru, les CDC ont noté une augmentation de l'incidence des infestations par les plathelminthes (cestodes). Pour évaluer le nombre de cas, cet organisme vérifie les ordonnances de *niclosamide,* le médicament habituellement prescrit contre ce type d'infestation. Ce médicament antihelminthique agit en inhibant la production d'ATP dans des conditions aérobies. Le *praziquantel* serait plus efficace que le *niclosamide* dans le traitement des maladies dues aux cestodes; mais on a observé l'apparition de résistances. Il tue ces vers en une seule dose en altérant la perméabilité de leur membrane plasmique. Son spectre d'action est étendu et on recommande son utilisation pour soigner les maladies dues aux trématodes, en particulier les schistosomiases. Cet agent provoque des spasmes musculaires chez les helminthes et semble les rendre sensibles à l'attaque du système immunitaire. On pense qu'il provoque l'exposition des antigènes sur leurs membranes, qui seront reconnus par les anticorps.

Le *mébendazole* et l'*albendazole* sont des agents antihelminthiques à large spectre d'action qui produisent peu d'effets indésirables. Ils sont devenus les médicaments de choix pour le traitement d'un grand nombre d'infestations intestinales par les helminthes. Ils inhibent la formation des microtubules dans le cytoplasme, ce qui perturbe l'absorption des nutriments par le parasite. On les utilise beaucoup dans l'élevage des animaux; en médecine vétérinaire, on les emploie pour traiter les ruminants, chez lesquels leur efficacité est relativement grande.

L'*ivermectine* est un médicament dont les applications sont nombreuses. À ce jour, la seule espèce de microorganisme qui produit cette substance est *Streptomyces avermectinius*, une bactérie du sol qu'on a découverte au Japon. L'ivermectine tue en perturbant la neurotransmission. Elle est efficace contre beaucoup de nématodes (vers ronds). On l'utilise surtout dans le domaine de l'élevage des animaux, en raison de son large spectre d'action antihelminthique. On ne connaît pas son mode d'action exact, mais on sait qu'elle paralyse et tue les helminthes sans toucher les mammifères qui leur servent d'hôtes.

Les médicaments contre les ectoparasites

Actuellement, deux catégories d'insecticides contre les ectoparasites sont largement utilisées: les produits antiparasitaires et les produits asphyxiants. Les produits antiparasitaires comptent parmi eux les pyréthrines et les pyréthrinoïdes qui tuent les insectes par action neurotoxique* et qu'on peut employer tant dans l'environnement que sur le corps. Les *pyréthrines* s'administrent par voie cutanée particulièrement dans le traitement des poux et de la gale. Tous les insecticides « bio » sur le marché en contiennent. La *perméthrine* (pyréthrinoïde) est largement utilisée, seule ou combinée à d'autres produits, sous forme de shampoing, de crème capillaire, d'aérosol ou de lotion pour le corps. Elle est efficace contre les poux, la gale et les punaises de lit, et ce, à toutes les étapes du cycle de vie du parasite.

L'ivermectine sert aussi à combattre plusieurs acariens (tels que ceux qui causent la gale), ainsi que des tiques et des insectes (tels que les poux). (Certains acariens et insectes ont des voies métaboliques semblables à celles des helminthes.) Le malathion, un insecticide organophosphoré, semble être un des derniers insecticides pour lequel les poux montrent encore un faible taux de résistance. Le lindane, un insecticide organochloré, faiblement lenticide, est efficace mais moins utilisé.

La lutte contre les ectoparasites comprend aussi des produits asphyxiants. Leur mode d'action est simple : les poux respirent par leur corps et sont asphyxiés s'ils sont enduits de substances grasses (par exemple huile de noix de coco, huile de citronnelle) ou de dérivés de silicone (diméticone).

Le **tableau 15.4** offre une récapitulation des médicaments les plus couramment employés pour combattre les microbes et les parasites autres que les bactéries.

Vérifiez vos acquis

Quel a été le premier médicament mis au point pour traiter les parasitoses? **15-15**

Le choix d'une chimiothérapie antimicrobienne

Objectifs d'apprentissage

15-16 Décrire les principes qui sous-tendent le choix d'une chimiothérapie antimicrobienne.

15-17 Expliquer le rôle des prélèvements en microbiologie clinique.

15-18 Décrire deux méthodes mesurant la sensibilité des microorganismes aux agents chimiothérapeutiques.

Pour choisir une chimiothérapie antimicrobienne, il est essentiel de déterminer le type de microbe responsable de l'infection : bactérie, virus, mycète ou protozoaire. Certains principes régissent la prescription d'un médicament antimicrobien. Par exemple, dans le cas d'une infection bactérienne, il faut d'abord isoler et identifier le microbe responsable, et connaître sa sensibilité aux antibiotiques ; toutefois, dans bien des cas, on s'en remet aux connaissances épidémiologiques du médecin sans demander de tests de laboratoire. Ensuite, il est nécessaire de bien localiser le site de l'infection afin de choisir une substance qui y diffuse efficacement. Il importe également de connaître l'état physiologique de la personne qui va recevoir la substance antimicrobienne – par exemple l'âge, la grossesse, l'obésité, les allergies, la prise de médicaments. De plus, il faut déterminer la posologie et la voie d'administration appropriées du médicament. Enfin, il faut assurer la surveillance des effets de la chimiothérapie sur les microbes en cause et sur le patient traité.

La qualité des prélèvements : un préalable à la détermination de la chimiothérapie appropriée

Pour identifier l'agent microbien responsable d'une infection, on doit obtenir un échantillon susceptible de contenir cet agent. La qualité des échantillons cliniques prélevés puis acheminés au laboratoire de microbiologie est essentielle à l'identification du microbe et à la détermination de la chimiothérapie la plus appropriée. Un **prélèvement** est l'action d'extraire du corps un spécimen pour l'examiner. On effectue des prélèvements de substances biologiques susceptibles de contenir des microbes pathogènes, telles que le pus, les crachats et expectorations, le sang, l'urine, les selles et le liquide cérébrospinal. Les microbes ainsi obtenus subissent un changement radical des conditions de vie qui leur sont assurées par les tissus vivants ; la température et le taux d'humidité, entre autres facteurs, chutent rapidement. Leur transport au laboratoire doit être fait dans des conditions telles qu'ils ne puissent ni mourir ni croître entre le moment où ils sont prélevés et celui où ils sont ensemencés sur des milieux de culture.

On constate régulièrement à l'hôpital que des demandes de tests sont reversées au dossier du patient, avec la mention que le prélèvement acheminé au laboratoire n'a pas permis de procéder à l'identification de l'agent pathogène à cause d'une manutention inadéquate ou d'une règle de procédure non suivie. Trois étapes cruciales peuvent influer sur la qualité des prélèvements ou celle du diagnostic : les informations consignées sur la demande de laboratoire, la procédure liée au prélèvement et le transport du prélèvement au laboratoire.

Des données pertinentes sur la demande de laboratoire On note tout d'abord le nom du patient et le numéro de sa chambre s'il est hospitalisé. On inscrit ensuite la date et l'heure auxquelles le prélèvement a été effectué ; ces données permettent de tenir compte du temps de transport et de ses conséquences sur la viabilité des microbes. On indique également la nature et la provenance du spécimen, afin que le personnel du laboratoire puisse vérifier rapidement la qualité du prélèvement, par une coloration de Gram, par exemple, et orienter la démarche d'identification de l'agent pathogène. On mentionne toute indication clinique pertinente telle que la médication ou l'antibiothérapie administrée au patient, ou encore toute investigation radiologique susceptible de rendre le spécimen prélevé inadéquat pour une culture microbienne. Ces données permettent, respectivement, d'établir une éventuelle incompatibilité médicamenteuse, de prévoir les difficultés d'identification de l'agent pathogène si des antibiotiques ont déjà perturbé l'image de l'infection, et d'interdire, par exemple, un prélèvement de selles après qu'un patient a subi un lavement baryté.

* Les pyréthrines et les pyréthrinoïdes agissent sur le système nerveux en perturbant le flux du canal sodique. Le retard de la repolarisation qui s'ensuit cause la paralysie et donc la mort de l'insecte.

Tableau 15.4 Médicaments antifongiques, antiviraux et antiparasitaires

	Mécanisme d'action	Traitement
AGENTS ANTIFONGIQUES		
Agents affectant la membrane plasmique (stérols)		
Polyènes		
Amphotéricine B	Détérioration de la membrane plasmique	Infections fongiques systémiques. Fongicide.
Azoles		
Clotrimazole, miconazole	Inhibition de la synthèse de la membrane plasmique	Voie topique.
Kétoconazole	Inhibition de la synthèse de la membrane plasmique	Voie orale pour les infections fongiques systémiques.
Voriconazole	Inhibition de la synthèse de la membrane plasmique	Peut pénétrer la barrière hématoencéphalique pour traiter l'aspergillose du SNC.
Allylamines		
Terbinafine, naftifine	Inhibition de la synthèse de la membrane plasmique	Nouvelle classe d'antifongiques fréquemment utilisée pour traiter les mycoses résistantes aux azoles.
Agents affectant la paroi cellulaire		
Échinocandines		
Caspofungine	Inhibition de la synthèse de la paroi cellulaire	Nouvelle classe d'antifongiques.
Agents inhibant les acides nucléiques		
Flucytosine	Inhibition de la synthèse de l'ARN et (par ricochet) de la synthèse des protéines	
Autres agents antifongiques		
Griséofulvine	Inhibition de la formation des microtubules mitotiques	Infections fongiques cutanées.
Tolfanate	Inconnu	Pied d'athlète.
AGENTS ANTIVIRAUX GÉNÉRAUX		
Agents analogues des nucléosides et des nucléotides		
Acyclovir, ganciclovir, famciclovir, ribavirine, lamivudine	Inhibition de la synthèse de l'ADN ou de l'ARN	Surtout contre les infections à herpèsvirus.
Cidofovir	Inhibition de la synthèse de l'ADN ou de l'ARN	Infections à cytomégalovirus; éventuellement contre la variole.
Adéfovir dipivoxil (Hepsera)	Inhibiteur compétitif de la transcriptase inverse pour le VHB	Souches résistantes à la lamivudine.
Agents inhibiteurs de l'attachement et de la décapsidation		
Zanamivir, oseltamivir	Inhibiteur de la neuraminidase du virus de l'influenza	Traitement de la grippe.
Interférons		
Interféron α	Inhibition de la transmission du virus à de nouvelles cellules	Hépatite virale.
AGENTS ANTIVIRAUX CONTRE LE VIH		
Zidovudine, ténofovir, Atripla, névirapine	Inhibition de la transcriptase inverse	Infection par le VIH.
Atazanavir, Indinavir, saquinavir	Inhibition de la protéase virale	
Enfuvirtide	Inhibition de la fusion	
AGENTS ANTIPROTOZOAIRES		
Chloroquine	Inhibition de la synthèse de l'ADN	Paludisme; efficace contre les globules rouges seulement.
Diiodohydroxyquine	Inconnu	Infections amibiennes. Tue les amibes.
Métronidazole, Tinidazole	Interférence dans le métabolisme anaérobie	Giardiase; amibiase, *Trichomonas.*
Nitazoxanide	Perturbation du métabolisme anaérobie	Giardiase; seul médicament approuvé contre la cryptosporidiose.
AGENTS ANTIHELMINTHIQUES		
Niclosamide	Inhibition de la formation d'ATP dans les mitochondries	Infections par les plathelminthes. Tue les vers plats.
Praziquantel	Perturbation de la perméabilité de la membrane plasmique	Infestations par les plathelminthes et les trématodes. Tue les vers plats.
Pamoate de pyrantel	Bloquant neuromusculaire	Contre les némathelminthes intestinaux. Tue les vers ronds.
Mebendazole, al bendazole	Inbibiteur de l'absorption de nutriments	Contre les némathelminthes intestinaux.
Ivermectine	Paralysant	En priorité contre les némathelminthes intestinaux.

Tableau 15.4 Médicaments antifongiques, antiviraux et antiparasitaires (*suite*)

	Mécanisme d'action	Traitement
AGENTS ANTIECTOPARASITES		
Produits antiparasitaires		
Pyréthrine	Paralysant	Contre la gale et la pédiculose du cuir chevelu (poux). Sous forme de shampoing, de crème capillaire, de lotion.
Perméthrine (pyréthrinoïde)	Paralysant	
Malathion	Antichlolinestérasique	Contre la gale et la pédiculose du cuir chevelu (poux).
Produits asphyxiants		
Huiles essentielles	Bloquant le mécanique de la respiration du parasite	Shampoing.

Une procédure particulière pour chaque type de prélèvement en fonction des microbes recherchés Tous les prélèvements doivent être obtenus de façon aseptique, ce qui suppose qu'ils n'aient pas été en contact avec le microbiote normal du patient présente à proximité du site de prélèvement ni avec des microbes de l'environnement. Il est donc essentiel d'utiliser du matériel stérile et de respecter les règles strictes d'asepsie: par exemple, faire les prélèvements à l'abri des courants d'air, éviter de parler, de tousser ou d'éternuer, ne pas toucher le matériel avec les doigts ni le mettre en contact avec des objets (literie, entre autres choses). Par ailleurs, on doit effectuer les prélèvements en tenant compte des activités qui s'exercent dans le milieu hospitalier. Ainsi, on s'abstiendra de faire le prélèvement d'une plaie juste après la réfection des lits, lorsque l'air est momentanément surchargé de microbes libérés par le secouage de la literie; de même, on évitera de faire un prélèvement de sécrétions de gorge ou d'expectorations après que le patient a pris un repas ou subi des soins dentaires.

Le transport des prélèvements, une étape cruciale Les prélèvements doivent être acheminés immédiatement, ou le plus rapidement possible, au laboratoire; en effet, tout délai est susceptible d'entraîner la croissance de certains microbes, et les déchets toxiques qu'ils produisent peuvent détruire d'autres microbes. Les microbes pathogènes sont plus vulnérables et meurent plus facilement si leurs conditions optimales de croissance ne sont pas maintenues. Il faut donc éviter de transporter ou de conserver les prélèvements dans des conditions inadéquates, conditions qui varient selon le type de microbes recherchés. Des sociétés spécialisées ont donc conçu des culturettes de transport munies d'écouvillons adaptés pour prélever des échantillons dans toutes les cavités corporelles.

La procédure reliée aux prélèvements et à leur transport doit impérativement tenir compte des particularités propres aux différents agents pathogènes recherchés pour assurer la validité du diagnostic microbiologique. Le tableau 15.5 décrit quelques exemples de prélèvements et leurs caractéristiques.

Un prélèvement correctement effectué et acheminé au laboratoire dans les plus brefs délais permet de procéder à l'identification du ou des microbes pathogènes responsables de l'infection observée chez le patient. Dans l'étape suivante, on procède à la mise en culture pure de l'agent pathogène et à la détermination de sa sensibilité à différents agents chimiothérapeutiques.

Les épreuves de sensibilité aux antibiotiques

Les diverses espèces et souches microbiennes présentent divers degrés de sensibilité aux substances antimicrobiennes. En outre, la sensibilité d'un microbe peut évoluer dans le temps, voire au cours d'une thérapie avec un agent donné. Par conséquent, un médecin doit connaître la sensibilité d'un agent pathogène avant de prescrire un traitement. Toutefois, il n'est pas toujours possible d'attendre les résultats des tests de sensibilité pour entreprendre un traitement, et le médecin doit alors déterminer de son mieux l'antibiotique à donner. Par exemple, pour des bactéries telles que *Pseudomonas æruginosa,* les streptocoques β-hémolytiques du groupe A ou les gonocoques, dont on connaît déjà la sensibilité à certains antibiotiques, il n'est pas nécessaire de faire les tests. Ces derniers ne sont requis que s'il n'est pas possible de prédire la sensibilité du microbe ou si une résistance à l'antibiotique apparaît. Dans de tels cas, plusieurs méthodes permettent de déterminer quel agent chimiothérapeutique combattra l'agent pathogène avec le plus d'efficacité.

Les méthodes de diffusion

Bien qu'elle ne soit pas la meilleure épreuve offerte, la **méthode de diffusion sur gélose**, ou *test de Kirby-Bauer,* est probablement le test de sensibilité le plus couramment utilisé (figure 15.9). Toute la surface d'une gélose en boîte de Petri est inoculée uniformément avec une quantité normalisée du microbe à tester. Puis, des disques de papier-filtre imbibés de concentrations connues d'agents chimiothérapeutiques sont déposés à la surface de la gélose. Durant l'incubation, les substances vont diffuser à partir des disques de façon circulaire dans l'agar. Plus l'agent s'éloigne du disque, plus sa concentration diminue. Si l'agent est efficace, une **zone d'inhibition** de la croissance se forme autour du disque après une incubation normalisée. Le diamètre de cette zone peut être mesuré. En

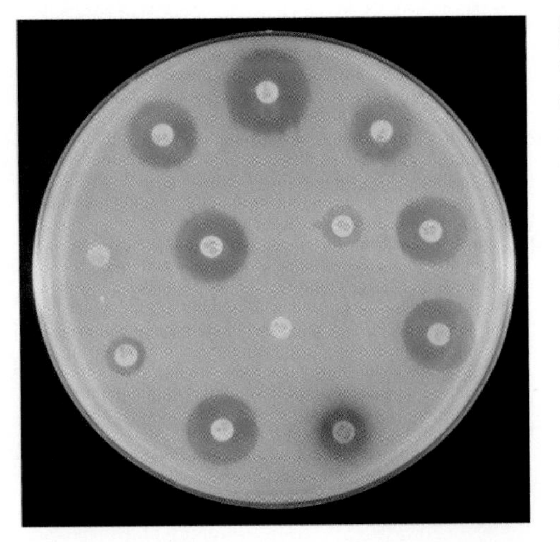

Figure 15.9 Méthode de diffusion sur gélose déterminant l'efficacité des agents antimicrobiens. L'inhibition de la croissance bactérienne se traduit par les zones claires.

Tableau 15.5 Principaux types de prélèvements et leurs caractéristiques

Précautions universelles

Tous les travailleurs de la santé, y compris les étudiants, doivent observer les précautions suivantes lorsque leurs activités les mettent en contact avec les patients, ou les amènent à manipuler du sang ou d'autres liquides organiques. Ces précautions ont été conçues pour réduire au minimum le risque de transmettre le VIH et le sida dans les établissements de soins. Toutefois, on les recommande aussi pour limiter la propagation des infections nosocomiales, quelles qu'elles soient.

1. Porter des gants pour toucher au sang ou aux autres liquides organiques, aux muqueuses, à la peau non intacte, et aux objets et surfaces souillés de sang ou de liquides organiques. Toujours changer de gants après avoir été en contact avec un patient.
2. Bien se laver les mains et la peau immédiatement lorsqu'elles sont contaminées par du sang ou d'autres liquides organiques. Se laver les mains immédiatement après avoir retiré les gants.
3. Porter un masque et des lunettes de sécurité ou un écran facial s'il y a risque d'éclaboussures de sang ou d'autres liquides organiques.
4. Porter une blouse ou un tablier s'il y a risque d'éclaboussures de sang ou d'autres liquides organiques.
5. Pour éviter les blessures, ne pas remettre le capuchon sur une aiguille; ne pas plier ou casser celle-ci délibérément, ni la manipuler autrement. Utiliser des contenants résistant à la perforation pour jeter les seringues et les aiguilles, les lames de bistouri et tout autre objet pointu et tranchant.
6. Bien qu'il n'y ait pas de cas déclaré de transmission du VIH par la salive, garder à portée de la main des dispositifs de ventilation, un embout buccal et un ballon dans les endroits où la réanimation peut être nécessaire. Éviter d'avoir recours au bouche à bouche.
7. Les travailleurs de la santé ayant des lésions exsudatives ou un eczéma suintant doivent éviter de donner des soins directement aux patients et de manipuler le matériel destiné aux soins.
8. Rien n'indique que les travailleuses de la santé qui sont enceintes sont plus à risque que les autres de contracter une infection par le VIH. Toutefois, si elles deviennent infectées, leur bébé peut le devenir aussi. Pour réduire ce risque, les travailleuses doivent bien connaître et appliquer rigoureusement les précautions nécessaires.

Indications de culture	Préparatifs / Prélèvement / Transport
Culture de pus dans une plaie ou un abcès	
La présence d'un écoulement purulent, sa couleur verdâtre et son odeur particulière constituent des indices importants de l'infection d'une plaie. Les plaies superficielles abritent généralement des microbes aérobies, alors que les plaies chirurgicales, les ulcères et les abcès, dont les tissus sont moins bien irrigués, sont habituellement infectés par des microbes anaérobies. La procédure de prélèvement doit tenir compte du type de microbes recherchés.	1. Une irrigation de la région avec une solution saline stérile est nécessaire lorsqu'il faut enlever les croûtes, le vieux pus et les débris de tissus (et de pansements, s'il y a lieu) qui adhèrent à la plaie. 2. Il faut ensuite effectuer un lavage antiseptique autour du site (et non sur le site) du prélèvement avec un tampon d'ouate stérile imbibé d'alcool à 70 % ou avec une solution de proviodine afin de diminuer le microbiote normal qui colonise les pourtours de la plaie. 3. Si la plaie est superficielle ou si l'abcès est ouvert, il faut prélever un échantillon de pus à l'aide d'un écouvillon (tige montée d'un bout de coton à une extrémité) stérile en l'insérant profondément et atteindre du pus frais en évitant de contaminer les tissus environnants; il faut placer immédiatement l'écouvillon dans un tube choisi selon la recherche demandée. On étiquette le tube au nom du patient. 4. Si le prélèvement doit se faire dans un abcès fermé, il faut utiliser une seringue stérile pour retirer le pus et injecter immédiatement l'échantillon dans un tube de transport pour anaérobies ou l'envoyer dans la seringue au laboratoire. Si le prélèvement est effectué à l'aide d'écouvillons, il faut s'assurer que les tubes sont adéquats et hermétiquement bouchés afin d'éviter tout contact avec l'air. 5. Les prélèvements de pus doivent être transportés le plus rapidement possible au laboratoire dans un milieu assurant un taux d'humidité adéquat; l'assèchement du pus pourrait entraîner la mort des agents pathogènes suspectés et interdire ainsi leur identification. L'utilisation d'une culturette de transport est recommandée.
Culture d'oreille	
L'infection des oreilles peut se limiter au tympan de l'oreille externe ou se manifester dans l'oreille moyenne. Si un écoulement purulent s'accumule dans l'oreille moyenne, il y a risque de rupture du tympan et d'écoulement de pus dans le conduit auditif. Ces deux situations peuvent nécessiter un prélèvement d'oreille.	1. Il faut d'abord procéder au nettoyage antiseptique de la peau de l'oreille avec une solution de teinture d'iode, à 1 %, par exemple. 2. On doit effectuer le prélèvement en frottant légèrement la région infectée purulente avec un écouvillon stérile, qui doit être replacé dans son tube de transport choisi en fonction des microbes pathogènes recherchés. 3. On étiquette ensuite le tube au nom du patient. Le transport doit se faire dans les plus brefs délais.
Culture d'œil	
La présence d'un écoulement purulent peut nécessiter un prélèvement.	1. L'œil doit d'abord être rincé avec une solution saline stérile. 2. On doit effectuer le prélèvement en frottant légèrement la région infectée purulente avec un écouvillon stérile, qui doit être replacé dans son tube de transport choisi en fonction des microbes pathogènes recherchés. 3. On étiquette ensuite le tube au nom du patient. Le transport doit se faire dans les plus brefs délais.

Tableau 15.5 Principaux types de prélèvements et leurs caractéristiques (*suite*)

Indications de culture	Préparatifs / Prélèvement / Transport
Culture de sang (hémoculture)	
L'apparition soudaine d'une fièvre élevée, une chute de la pression artérielle, des signes cutanés peuvent être, entre autres choses, des indications d'une septicémie. Un prélèvement de sang veineux doit être fait.	1. Il faut d'abord procéder au nettoyage antiseptique de la région où sera effectuée la ponction veineuse, au moyen d'un tampon d'ouate imbibé d'une solution de teinture d'iode à 2 %. Ce nettoyage, d'une importance capitale, vise à prévenir toute contamination du prélèvement par les staphylocoques à coagulase négative (SCON), habituellement des résidents de la flore normale de la peau. 2. Après un temps de contact adéquat de l'antiseptique, il faut l'enlever avec une gaze imbibée d'alcool à 70 %. 3. L'aiguille est insérée dans la veine choisie et la quantité de sang exigée est prélevée. 4. On étiquette ensuite le tube au nom du patient et on applique un bandage stérile sur le site de la ponction. Le transport doit se faire dans les plus brefs délais.
Culture d'urine	
Une sensation de brûlure à la miction et des mictions fréquentes en petites quantités constituent des signes et des symptômes d'infection urinaire. Le diagnostic d'une infection urinaire est fondé sur la numération des bactéries. Une numération moyenne de 10^5/L est considérée comme infectante.	1. Il est important de laver la région urogénitale avec un savon doux et de bien rincer à l'eau. Cette étape permet de diminuer la quantité de microbiote normal, très abondant dans cette région. 2. La personne doit commencer à uriner afin de laver l'urètre des bactéries de la peau qui s'y trouvent ; ensuite, il lui faut prélever, à mi-jet, un peu d'urine dans un contenant stérile. 3. En cas de délai, les prélèvements d'urine doivent être mis au réfrigérateur (de 4 à 6 °C) pendant 24 h, afin d'éviter la multiplication de microbes à croissance rapide qui pourrait fausser les résultats du comptage.
Culture de selles (coproculture)	
De la diarrhée accompagnée de selles purulentes ou de sang, des douleurs abdominales font partie des signes et des symptômes possibles d'une infection intestinale.	1. Il faut s'assurer que le patient n'a pas été soumis à un traitement intestinal dans les heures précédentes. Pour un examen bactériologique, un petit échantillon est souvent requis. Il est possible de le prélever au moyen d'un écouvillon inséré dans le rectum ou simplement dans les selles. 2. Les échantillons doivent être envoyés au laboratoire dans des tubes de transport contenant du bouillon enrichi stérile. 3. Dans le cas d'infestation où l'on suspecte des parasites, un petit échantillon des selles matinales doit être prélevé. Les échantillons qu'on soupçonne de contenir des œufs ou des parasites adultes doivent être placés dans un milieu de préservation (alcool polyvinylique, glycérol tamponé, solution saline ou formal) pour un examen microscopique ultérieur.
Culture d'expectorations	
De la toux accompagnée d'expectorations purulentes, de la fièvre, de la douleur thoracique et de la détresse respiratoire font partie des signes et des symptômes possibles d'une infection respiratoire.	1. Le prélèvement doit être fait de préférence le matin, au réveil et avant que le patient se lève ou prenne son petit-déjeuner, afin que l'échantillon contienne les microbes accumulés dans les voies respiratoires durant la nuit. 2. S'il n'est pas à jeun, le patient doit se rincer vigoureusement la bouche avec de l'eau afin de diminuer le microbiote buccal et d'éliminer toute particule de nourriture. 3. Le patient doit tousser profondément, de sorte que l'échantillon prélevé comprenne des expectorations et non pas de la salive. 4. Les infections respiratoires peuvent être causées par une variété de microbes pathogènes. Le transport des prélèvements doit être adapté à l'épreuve demandée. 5. On doit veiller à ne pas contaminer les travailleurs de la santé. 6. Si les expectorations sont peu abondantes, par exemple dans les cas de tuberculose, il peut être nécessaire de procéder par aspiration. 7. Les nourrissons et les enfants ont tendance à avaler leurs expectorations. Dans ces cas, il peut être utile de faire un prélèvement de selles.

général, plus la zone est étendue, plus le microbe est sensible à l'antibiotique. Le diamètre de la zone est comparé à un tableau de référence donnant les zones d'inhibition de cet agent en fonction de la concentration. Le microbe est ensuite classé comme *sensible, intermédiaire* ou *résistant*. Dans le cas d'un agent peu soluble, la zone d'inhibition indiquant la sensibilité du microbe est habituellement plus petite que celle d'un agent plus soluble et dont la diffusion est plus importante. Les résultats obtenus par la méthode de diffusion sur gélose sont souvent inadaptés aux besoins cliniques. Toutefois, le test est simple et peu coûteux, et c'est celui auquel on a le plus souvent recours lorsqu'on ne dispose pas d'un équipement de laboratoire sophistiqué.

Il existe une méthode de diffusion plus élaborée appelée **test E**, qui permet au personnel de laboratoire d'évaluer la **concentration**

minimale inhibitrice (CMI), soit la concentration la plus faible d'un antibiotique capable de limiter la croissance bactérienne à tel point qu'on ne la voit pas. Une languette enrobée de plastique et renfermant un gradient de concentration de l'antibiotique est déposée sur la gélose (au lieu d'un disque) et on peut lire la CMI sur l'échelle imprimée sur la languette (**figure 15.10**).

La méthode de dilution en bouillon

Le fait de ne pas pouvoir déterminer si un agent est bactéricide ou bactériostatique constitue un des désavantages de la méthode de diffusion. La **méthode de dilution en bouillon** est souvent très utile pour déterminer la CMI et la **concentration minimale létale (CML)**, ou **concentration bactéricide minimale (CBM)**, d'une substance antimicrobienne. On évalue la CMI en effectuant une dilution en série de l'agent antibactérien dans du bouillon, que l'on inocule ensuite avec la bactérie (**figure 15.11**). Le contenu des puits qui ne présentent pas de croissance bactérienne, c'est-à-dire dont la concentration est supérieure à la CMI, peut être cultivé dans un bouillon ou une boîte de Petri ne contenant pas l'agent antibactérien. S'il y a croissance dans le bouillon, l'antibiotique n'est pas bactéricide et on peut déterminer la CBM. Il est important de mesurer la CMI et la CBM, car ces données évitent une utilisation excessive ou erronée d'antibiotiques onéreux et réduisent au minimum les risques de toxicité associés à des doses inutilement élevées.

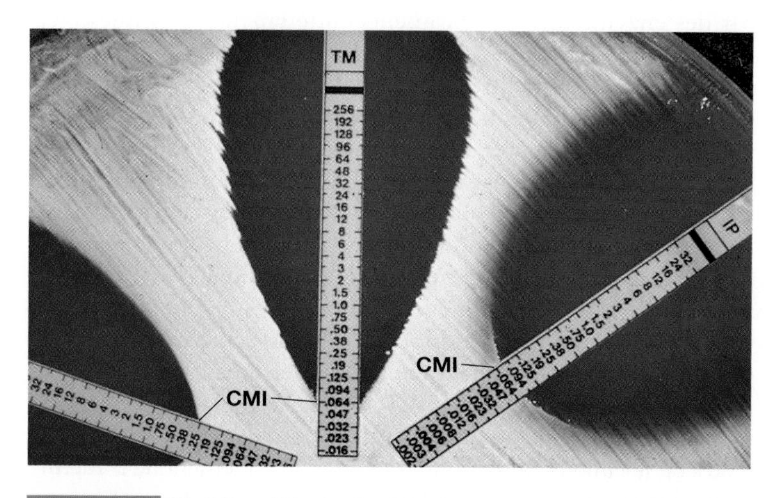

Figure 15.10 **Test E, méthode de diffusion mesurant la sensibilité de l'antibiotique et évaluant sa concentration minimale inhibitrice (CMI).** La languette de plastique déposée sur une gélose inoculée avec la bactérie à tester contient un gradient de concentration de l'antibiotique.

La méthode de dilution est souvent automatisée. Des antibiotiques déjà dilués dans un bouillon et contenus dans les puits d'une plaque en plastique sont offerts sur le marché. Il ne reste plus qu'à préparer une suspension du microbe à tester, et à inoculer tous les puits simultanément à l'aide d'un instrument spécial. Après l'incubation, on peut lire la turbidité à l'œil nu ou lire les plaques au moyen d'un appareil relié à un ordinateur qui analyse les données et détermine la CMI.

Il existe d'autres tests très utiles pour le clinicien. Par exemple, on peut mesurer la capacité d'un microbe à produire de la β-lactamase. On peut également avoir recours à une céphalosporine qui change de couleur lors de l'ouverture du cycle β-lactame ; cette méthode rapide est couramment utilisée. Par ailleurs, il importe de procéder à l'évaluation de la *concentration sérique* d'un agent antimicrobien quand des antibiotiques toxiques sont prescrits à des patients. Les épreuves varient selon l'antibiotique utilisé et ne sont pas toujours à la portée des petits laboratoires.

Dans les établissement de soins, les responsables du contrôle des infections publient périodiquement des rapports dans lesquels ils analysent les résultats des **antibiogrammes** et évaluent la

Figure 15.11 **Microplaque (ou plaque de microtitrage) utilisée pour déterminer la concentration minimale inhibitrice (CMI) d'un antibiotique.** La plaque se compose de petits puits (il peut y en avoir jusqu'à 96) contenant des concentrations connues d'antibiotiques. Les concentrations vont en décroissant de gauche à droite. En règle générale, les plaques sont vendues surgelées ou lyophilisées. Le microbe à l'étude est ajouté en même temps à tous les puits d'une rangée au moyen d'un instrument spécial. Après incubation, on voit apparaître un point blanc au fond des puits si l'antibiotique n'agit pas sur le microbe ; on indique alors que ce dernier est non sensible. S'il n'y a pas de croissance, le microbe est sensible à l'antibiotique à la concentration présente dans le puits. Pour s'assurer qu'il est capable de se multiplier en l'absence d'antibiotique, on ajoute le microbe à des puits contenant uniquement du bouillon (témoin positif). Pour s'assurer qu'il n'y a pas de contamination par des microbes étrangers, on prévoit des puits contenant du bouillon seulement, c'est-à-dire sans antibiotique ni inoculum (témoin négatif).

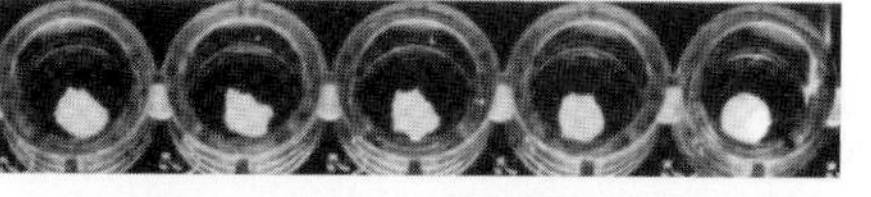

Doxycycline
(croissance dans tous les puits, microbe résistant)

Sulfaméthoxazole
(efficacité décroissante ; on convient habituellement que le point de virage se situe là où on observe une diminution de la croissance d'environ 80 %)

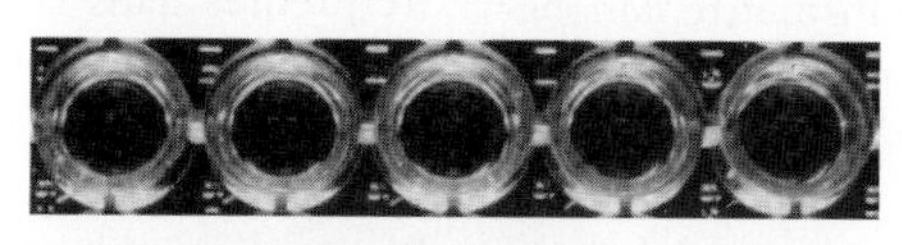

Streptomycine
(aucune croissance ; le microbe est sensible à toutes les concentrations)

Éthambutol

(croissance à partir du quatrième puits le microbe est sensible autant à l'éthambutol qu'à la kanamycine)

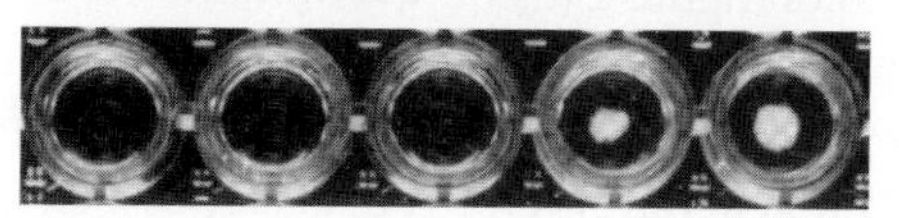

Kanamycine

Dilution de la concentration de l'agent chimiothérapeutique →

susceptibilité des organismes repérés en clinique. Ces rapports permettent de signaler l'émergence de toute souche d'agents pathogènes résistants aux antibiotiques utilisés dans l'établissement.

▶ Vérifiez vos acquis

Le traitement d'une infection bactérienne n'est pas toujours efficace. Quelles sont les pistes à explorer pour régler le problème? **15-16**

Pour quelle raison doit-on prendre un prélèvement d'expectorations de préférence le matin? **15-17**

Quelle est l'utilité des antibiogrammes en microbiologie clinique? **15-18**

Lorsqu'on emploie la méthode de diffusion sur gélose (Kirby-Bauer), la zone d'inhibition autour du disque, par laquelle on évalue la sensibilité du microbe, varie d'un antibiotique à l'autre. Pourquoi? **15-18**

La résistance aux agents chimiothérapeutiques

▶ Objectif d'apprentissage

15-19 Décrire les mécanismes de résistance aux agents antimicrobiens.

Les antibiotiques et autres antimicrobiens comptent parmi les plus grandes découvertes de la médecine moderne. Toutefois, les microbes s'adaptent à ces agents et trouvent sans cesse le moyen de revenir à la charge. Leur ténacité à cet égard occasionne beaucoup d'inquiétudes dans les milieux de la santé. Le type de réaction qu'on observe chez les microbes est un phénomène répandu dans la nature. Les populations humaines exposées pendant des générations à des agents infectieux deviennent petit à petit résistantes aux maladies qu'ils occasionnent. Au début de la colonisation des régions sous les tropiques, les Européens, peu adaptés aux conditions du milieu, succombaient à bien des maladies qu'ils contractaient, alors que les peuples autochtones, eux, étaient relativement résistants. D'une certaine façon, les antibiotiques représentent une forme de maladie pour les microbes. Ces derniers manifestent souvent une grande susceptibilité aux nouveaux antibiotiques et leur taux de mortalité est élevé. Il arrive que seulement une poignée d'entre eux survit, alors qu'au départ ils étaient des milliards. Ceux qui restent jouissent habituellement d'une caractéristique génétique qui leur a permis de résister, et leurs descendants héritent de cet avantage.

L'apparition de nouveaux caractères génétiques est le fait de mutations aléatoires. Ces caractères peuvent se transmettre *horizontalement* d'une bactérie à l'autre par conjugaison ou transduction (chapitre 24 EN LIGNE). La résistance héréditaire aux agents antibactériens est souvent portée par des plasmides ou par de petits fragments d'ADN appelés transposons qui se déplacent d'une région de la molécule d'ADN à une autre (chapitre 24 EN LIGNE). Certains plasmides, y compris les facteurs R, peuvent être transférés entre des cellules bactériennes au sein d'une population et entre des populations différentes mais étroitement apparentées (figure 24.29 EN LIGNE). Les facteurs R possèdent souvent des gènes de résistance à plusieurs antibiotiques.

Une fois acquise, la mutation se transmet de génération en génération par le mode de reproduction habituel. Ainsi, tous les descendants sont dotés du caractère génétique du parent résistant. En raison du taux de reproduction accéléré des bactéries, il faut très peu de temps pour que la presque totalité de la population microbienne soit résistante à un nouvel antibiotique.

Les mécanismes de résistance

Les bactéries disposent d'un petit nombre seulement de grands mécanismes par lesquels elles deviennent résistantes aux agents chimiothérapeutiques (**figure 15.12**).

La destruction ou l'inactivation du médicament par des enzymes

Ce sont surtout les antibiotiques d'origine naturelle, tels que les pénicillines et les céphalosporines, qui sont détruits ou inactivés par des enzymes. Les médicaments entièrement de synthèse tels que les fluoroquinolones sont moins vulnérables à cet égard, bien qu'ils puissent être neutralisés par d'autres moyens. On peut supposer que les microbes n'ont tout simplement pas eu le temps de s'adapter à ces structures chimiques inhabituelles. Les pénicillines, les céphalosporines et les carbapénems ont en commun une structure, le cycle β-lactame, que les β-lactamases, des enzymes bactériennes, attaquent et hydrolysent. On connaît à l'heure actuelle près de 200 β-lactamases différentes, chacune spécifique d'une variation mineure de la structure du cycle. Au début, on a tenté de contrer l'action de ces enzymes en modifiant la molécule originale de la pénicilline. La méthicilline a été le premier médicament résistant à la pénicillinase (voir plus haut). Toutefois, la résistance bactérienne n'a pas tardé à se manifester. La mieux connue des bactéries résistantes est le fameux SDRM, qui se joue non seulement de la méthicilline, mais de presque tous les antibiotiques. En outre, *S. aureus* n'est pas la seule bactérie concernée; d'autres agents pathogènes, tels que *Streptococcus pneumoniæ*, échappent aussi aux β-lactamines. De plus, le SDRM a trouvé moyen de se rendre résistant à une série de nouveaux médicaments tels que la vancomycine, même si celle-ci perturbe la synthèse de la paroi cellulaire par un mécanisme totalement différent de celui de la pénicilline. Heureusement, à l'heure actuelle, les souches résistantes à la vancomycine ne sont pas très répandues. Ces bactéries hautement adaptables se sont même rendues résistantes à des associations médicamenteuses comprenant l'acide clavulanique, mis au point exprès pour inhiber les β-lactamases. À l'origine, le SDRM posait problème presque exclusivement dans les établissements de santé, où environ 20 % des infections hématogènes lui étaient attribuables. Aujourd'hui, il est responsable de flambées fréquentes dans la population en général, affectant des personnes jusque-là en bonne santé et provoquant un nombre appréciable de morts. Aux États-Unis, il est devenu la première cause d'infections de la peau et des tissus mous traitées dans les services des urgences. En conséquence, on distingue maintenant entre le *SDRM associé à la communauté* et le *SDRM nosocomial*. Précisons que le mécanisme de résistance dont il a été question jusqu'ici ne concerne pas que les β-lactamases. Il existe des enzymes sans rapport avec ces dernières qui modifient et inactivent le chloramphénicol et les aminoglycosides.

Le blocage de la pénétration dans la cellule

Les bactéries à Gram négatif sont plus résistantes que les autres aux antibiotiques. La structure de leur paroi cellulaire limite l'absorption de nombreuses molécules en obligeant celles-ci à passer par

Figure 15.12

Schéma guide

Résistance aux antibiotiques

Nous avons vu à la figure 15.2 qu'il existe un nombre limité de modes d'action des antibiotiques. De même, le nombre de mécanismes que les bactéries peuvent utiliser pour résister aux médicaments est limité. Ce schéma illustre les quatre principaux mécanismes de résistance, que nous décrivons en détail dans le chapitre. Sachant comment ces mécanismes fonctionnent, on peut prescrire des antimicrobiens adaptés aux maladies qu'on se propose de traiter (en particulier celles dont il sera question dans les six chapitres à venir).

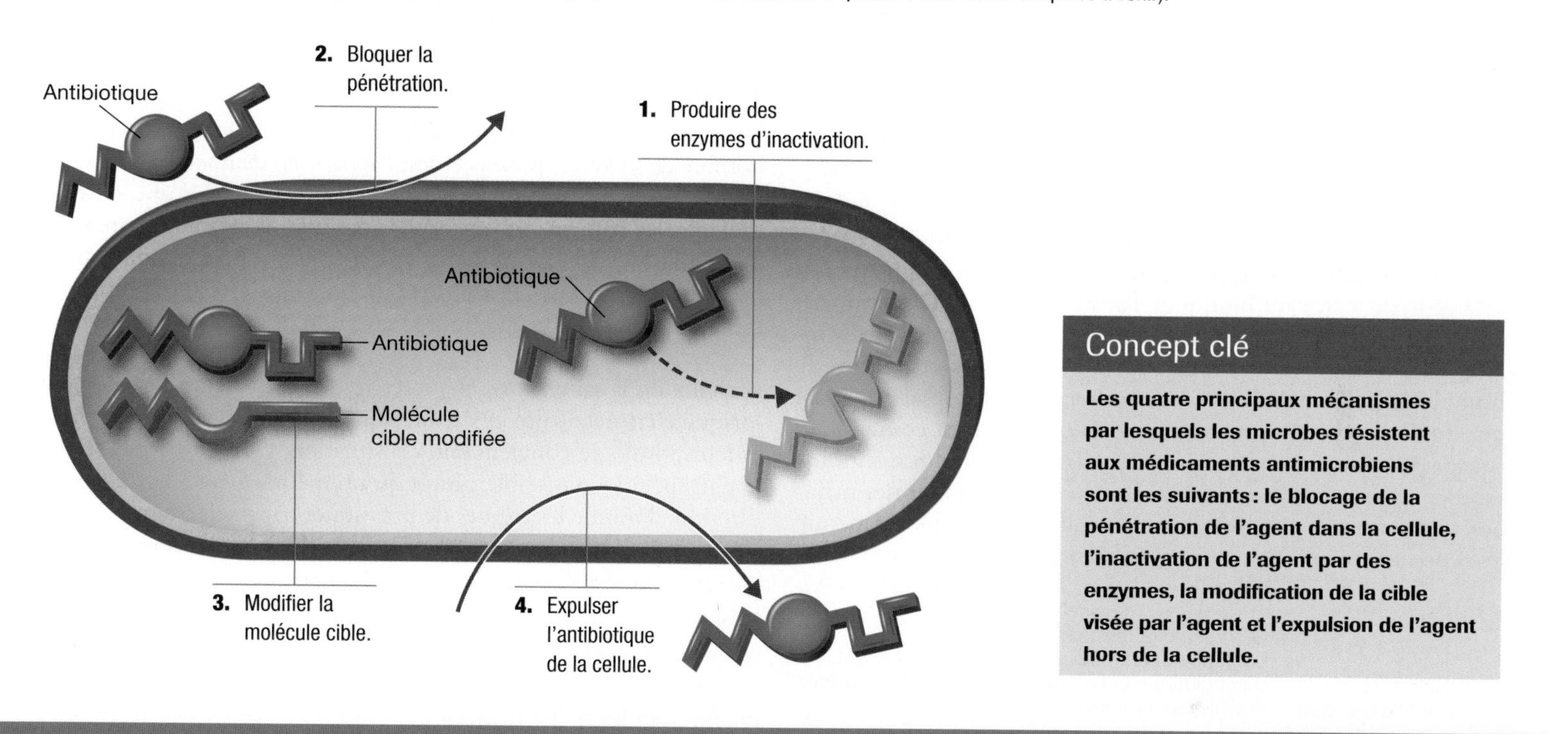

Antibiotique
2. Bloquer la pénétration.
1. Produire des enzymes d'inactivation.
Antibiotique
Antibiotique
Molécule cible modifiée
3. Modifier la molécule cible.
4. Expulser l'antibiotique de la cellule.
Concept clé
Les quatre principaux mécanismes par lesquels les microbes résistent aux médicaments antimicrobiens sont les suivants : le blocage de la pénétration de l'agent dans la cellule, l'inactivation de l'agent par des enzymes, la modification de la cible visée par l'agent et l'expulsion de l'agent hors de la cellule.

des ouvertures appelées porines (chapitre 3). Chez certains mutants, la porine est modifiée si bien que les antibiotiques ne peuvent pas pénétrer dans l'espace périplasmique. Fait peut-être plus important, lorsqu'il y a des β-lactamases dans l'espace périplasmique, l'antibiotique qui est parvenu jusque-là est attaqué et inactivé.

La modification de la cible du médicament

Pour que s'effectue la synthèse d'une protéine, le ribosome doit interagir avec un brin d'ARNm et des ARNt (figure 15.4). Plusieurs antibiotiques, en particulier les aminoglycosides, les tétracyclines et les macrolides, inhibent la synthèse des protéines en se liant aux sites de ces interactions. Certaines modifications mineures de ces sites peuvent neutraliser les antibiotiques sans perturber le fonctionnement de la cellule bactérienne de façon appréciable.

Fait intéressant, le principal mécanisme adopté par le SDRM pour échapper à la méthicilline n'a pas été de produire une nouvelle enzyme capable d'inactiver le médicament, mais de modifier la protéine de liaison des pénicillines (PLP), qui se trouve sur la membrane plasmique. Les β-lactamines exercent leur action en se liant à cette protéine, qui est nécessaire à la réticulation des peptidoglycanes et à la mise en place de la paroi cellulaire. Certaines souches de SDRM deviennent résistantes parce qu'elles produisent une PLP modifiée, en plus de la protéine normale. Les antibiotiques continuent d'inhiber cette dernière et l'empêchent de participer à la formation de la paroi cellulaire. Ils se lient aussi à la protéine modifiée, quoique faiblement. Malgré cela, les mutants parviennent à synthétiser une paroi qui suffit à leurs besoins.

L'expulsion du médicament

Certaines protéines de la membrane plasmique des bactéries à Gram négatif sont des pompes qui expulsent les antibiotiques et les empêchent d'atteindre la concentration requise pour qu'ils soient efficaces. C'est avec les tétracyclines qu'on a observé ce mécanisme pour la première fois. On sait aujourd'hui qu'il confère la résistance à presque toutes les grandes classes d'antibiotiques. Les bactéries ont normalement un grand nombre de pompes pour éliminer les substances toxiques.

Il existe aussi des variantes de ce mécanisme. Par exemple, un microbe pourrait devenir résistant au triméthoprime (un antimétabolite) en synthétisant d'importantes quantités de l'enzyme ciblée par cet antibiotique. À l'inverse, les polyènes voient leur efficacité diminuer lorsque les bactéries résistantes produisent de plus petites quantités de stérols. Il est possible que de tels *mutants résistants* finissent par remplacer les populations normales de microbes sensibles aux antimicrobiens. La **figure 15.13** illustre la rapidité avec laquelle le nombre de bactéries rebondit durant une infection à mesure que la résistance augmente.

L'usage impropre des antibiotiques

Les antibiotiques ont été utilisés de façon abusive, surtout dans les pays en voie de développement. Le personnel qualifié est rare, notamment dans les régions rurales, ce qui explique peut-être en partie pourquoi ces médicaments sont offerts en vente libre dans ces pays. Par exemple, une enquête effectuée dans les campagnes du Bengladesh a révélé que 8 % seulement des antibiotiques avaient été prescrits par des médecins. Dans beaucoup de pays du globe, ils sont vendus à mauvais escient pour traiter les migraines et d'autres affections. Lorsqu'ils servent à la bonne indication, la durée du traitement est habituellement écourtée, si bien que la survie de souches bactériennes résistantes est favorisée. Les antibiotiques périmés, frelatés (impurs), même contrefaits sont aussi monnaie courante.

Les pays industrialisés concourent également à l'augmentation de la résistance aux antibiotiques. Par exemple, les CDC estiment qu'aux États-Unis 30 % des antibiotiques prescrits par les médecins pour les infections de l'oreille, 100 % de ceux prescrits contre le rhume commun et 50 % de ceux prescrits pour le mal de gorge sont inutiles et inappropriés. Cette pratique est aussi courante au Canada. La moitié au moins des 100 000 tonnes et plus d'antibiotiques consommés aux États-Unis sert non pas à traiter des maladies, mais à favoriser la croissance du bétail, pratique que beaucoup désirent voir mieux réglementée (**encadré 15.1**).

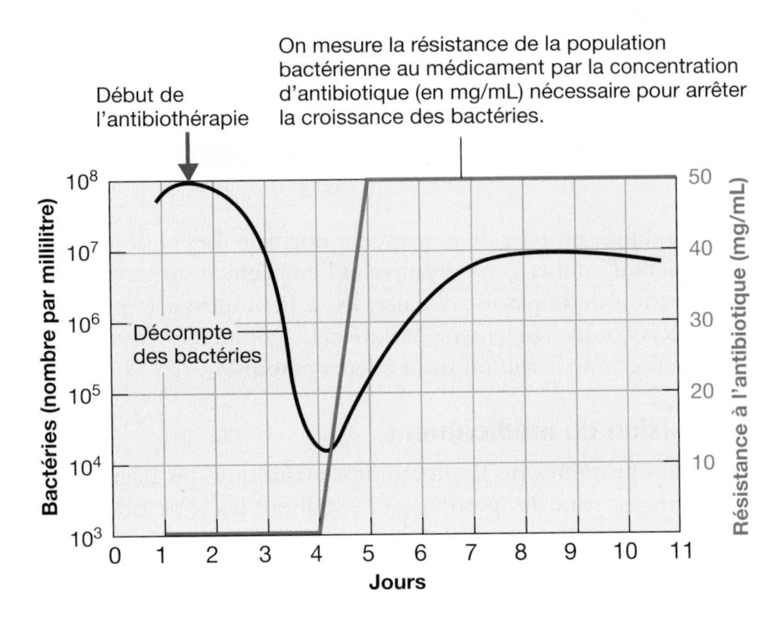

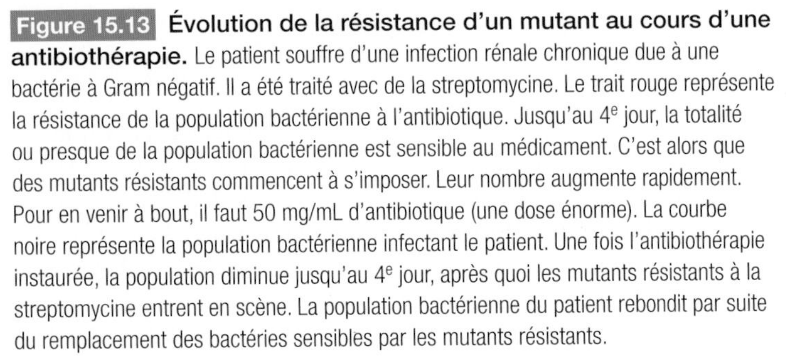

Figure 15.13 Évolution de la résistance d'un mutant au cours d'une antibiothérapie. Le patient souffre d'une infection rénale chronique due à une bactérie à Gram négatif. Il a été traité avec de la streptomycine. Le trait rouge représente la résistance de la population bactérienne à l'antibiotique. Jusqu'au 4e jour, la totalité ou presque de la population bactérienne est sensible au médicament. C'est alors que des mutants résistants commencent à s'imposer. Leur nombre augmente rapidement. Pour en venir à bout, il faut 50 mg/mL d'antibiotique (une dose énorme). La courbe noire représente la population bactérienne infectant le patient. Une fois l'antibiothérapie instaurée, la population diminue jusqu'au 4e jour, après quoi les mutants résistants à la streptomycine entrent en scène. La population bactérienne du patient rebondit par suite du remplacement des bactéries sensibles par les mutants résistants.

Le prix de la résistance

La résistance aux antibiotiques est coûteuse pour bien des raisons. Certaines de celles-ci sautent aux yeux, par exemple les taux plus élevés de morbidité et de mortalité. Mais il y en a d'autres. Mettre au point de nouveaux médicaments pour remplacer ceux qui ont perdu leur efficacité exige des ressources considérables. Presque toutes ces nouvelles spécialités vont coûter plus cher, et il y en aura qu'on pourra à peine s'offrir, même dans les pays les mieux nantis. Dans les régions en développement, il se peut que leur prix soit tout simplement prohibitif.

Prévenir la résistance

Les patients et les travailleurs de la santé peuvent adopter un certain nombre de stratégies pour prévenir l'apparition de microbes résistants. Même s'ils commencent à se sentir mieux au milieu d'une antibiothérapie, les patients doivent toujours suivre la posologie prescrite jusqu'au bout, et ce, pour ne pas favoriser la survie et la prolifération de mutants résistants. Ils ne doivent jamais utiliser les comprimés restants d'un antibiotique pour traiter une nouvelle affection, ni se soigner avec des médicaments destinés à un autre individu. Les travailleurs de la santé doivent prescrire des antibiotiques seulement lorsque c'est nécessaire et s'assurer que le choix des antimicrobiens et leur posologie conviennent à la situation. Donner l'antibiotique le plus spécifique possible, plutôt qu'un médicament à large spectre d'action, diminue les risques de provoquer par inadvertance l'apparition de souches résistantes dans le microbiote normal du patient.

On observe souvent des souches de bactéries résistantes chez les personnes qui travaillent dans les hôpitaux, où l'on utilise continuellement des antibiotiques. Quand ceux-ci sont injectés, et c'est souvent le cas, on doit d'abord tenir la seringue verticalement et en expulser les bulles d'air, ce qui crée des aérosols. Les infirmières et les médecins aspirent ces aérosols, exposant ainsi les microbes de leurs voies nasales au médicament. De nombreux hôpitaux ont mis sur pied des comités de surveillance chargés de veiller au bon usage des antibiotiques et à leur coût.

▶ Vérifiez vos acquis

Quel est le mécanisme le plus souvent employé par les bactéries pour résister aux effets de la pénicilline? **15-19**

Les notions de sécurité entourant les antibiotiques

Au cours de notre exposé sur les antibiotiques, nous avons mentionné à l'occasion leurs effets secondaires. Les réactions indésirables qu'ils sont susceptibles d'entraîner, telles que les dommages à la moelle osseuse rouge, au foie ou aux reins, ou la détérioration de l'ouïe, peuvent avoir de graves répercussions sur l'organisme. L'administration de presque tous les médicaments antimicrobiens doit comporter une évaluation des risques et des bienfaits, c'est-à-dire une mesure de l'*indice thérapeutique*. Parfois, une combinaison de deux médicaments peut engendrer une toxicité qui n'apparaît pas lorsque le médicament est pris individuellement. Une substance médicamenteuse peut aussi neutraliser les effets désirés d'une autre.

Les conséquences sur la santé humaine des antibiotiques ajoutés à la nourriture des animaux

En lisant cet encadré, vous serez amené à considérer une suite de questions que les microbiologistes se posent quand ils tentent de vaincre la résistance aux antibiotiques. Examinez chaque question dans l'ordre où elle se présente et essayez d'y répondre avant de passer à la suivante.

❶ Les éleveurs ajoutent des antibiotiques à la nourriture d'animaux étroitement parqués pour réduire le nombre d'infections bactériennes et accélérer la croissance des bêtes. À l'heure actuelle, plus de la moitié des antibiotiques utilisés à l'échelle planétaire est administrée aux animaux de ferme.

La viande et le lait vendus aux consommateurs ne contiennent pas de grandes quantités d'antibiotiques. En conséquence, quel risque y a-t-il à ajouter ces derniers à la nourriture des animaux?

❷ La présence constante d'antibiotiques chez les animaux plonge le microbiote en situation de «survie du plus apte». Certaines bactéries sont tuées par les antibiotiques, alors que d'autres jouissent de propriétés qui leur permettent de se tirer d'affaire.

Comment les bactéries obtiennent-elles les gènes de résistance?

❸ Chez les bactéries, la résistance aux agents antimicrobiens résulte de mutations, qui peuvent être transmises à d'autres bactéries par transfert horizontal de gènes (**figure A**).

Par quel type de preuves pourrait-on montrer que l'utilisation vétérinaire d'antibiotiques favorise la résistance?

❹ Des souches d'*Enterococcus* spp. résistantes à la vancomycine (ERV) ont été isolées pour la première fois en France en 1986 et décelées aux États-Unis en 1989. En Europe, la vancomycine et l'avoparcine, un glycopeptide, étaient couramment ajoutées à la nourriture pour animaux. En 1996, l'utilisation vétérinaire de l'avoparcine a été proscrite en Allemagne. Après l'interdiction, les échantillons ERV positifs sont passés de 100 à 25% et le pourcentage d'humains porteurs a diminué, passant de 12 à 3%.

***Campylobacter jejuni* est un organisme commensal résidant dans l'intestin des volailles. De quelle maladie humaine *C. jejuni* est-il l'agent causal?**

❺ Aux États-Unis, *Campylobacter* occasionne chaque année plus de 2 millions d'infections transmissibles par la nourriture. Dans les années 1990, une souche de *C. jejuni* résistante aux fluoroquinolones a été décelée chez les humains (**figure B**).

Quelles sont les fluoroquinolones utilisées pour traiter les infections chez les humains? (*Indice:* Voir le tableau 15.3.)

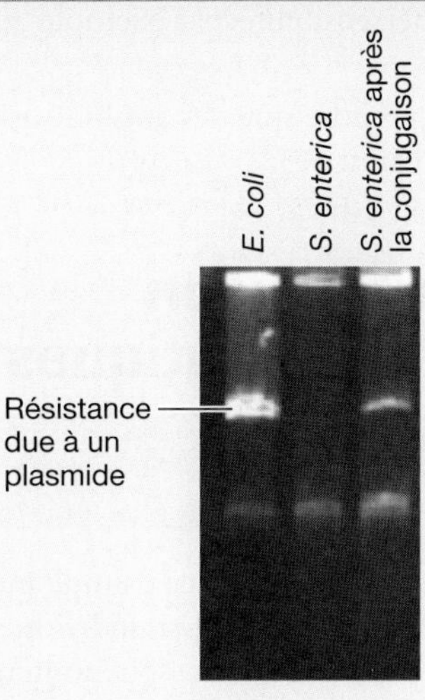

Figure A Transfert de la résistance à la céphalosporine, d'*E. coli* à *Salmonella enterica*, réalisé par conjugaison entre les bactéries dans l'intestin de dindons

❻ L'émergence de la bactérie résistante coïncidait avec la présence de *C. jejuni* résistant aux fluoroquinolones dans du poulet vendu dans les magasins d'alimentation. Mais il était aussi possible que la souche résistante ait vu le jour chez des patients ayant reçu auparavant un traitement aux fluoroquinolones. Toutefois, une étude d'isolats de *Campylobacter* obtenus de patients entre 1997 et 2001 a montré que les personnes infectées par la souche résistante n'avaient pas pris de fluoroquinolones avant de tomber malades et n'avaient pas quitté le pays.

Proposez une façon d'enrayer l'émergence de la résistance aux fluoroquinolones.

❼ En 2005, on a interdit l'utilisation des fluoroquinolones dans la nourriture pour volailles, dans l'espoir d'enrayer la progression de la résistance à l'antibiotique. Il sera peut-être nécessaire d'instaurer diverses mesures pour prévenir la maladie: 1) empêcher la colonisation des animaux dans les fermes; 2) réduire la contamination fécale de la viande à l'abattoir; et 3) utiliser des méthodes de conservation et de cuisson appropriées.

Sources: CDC et National Antimicrobial Resistance Monitoring System.

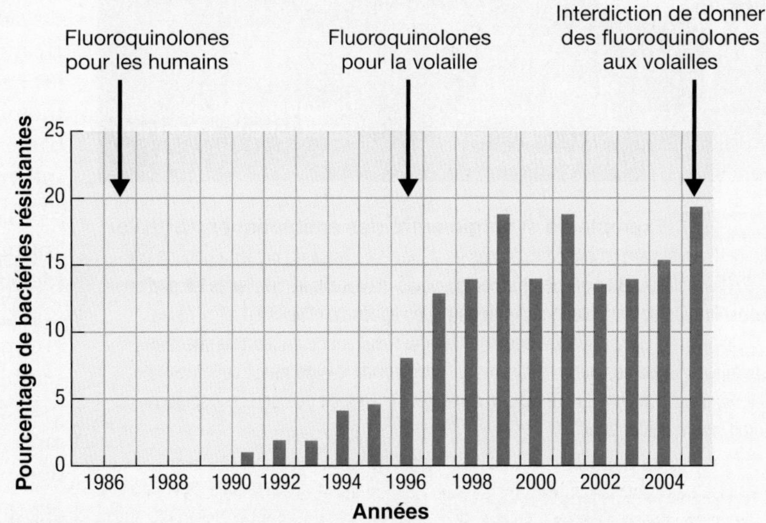

Figure B Proportion de *Campylobacter jejuni* résistant aux fluoroquinolones aux États-Unis, de 1982 à 2005

Par exemple, certains antibiotiques semblent diminuer l'efficacité des contraceptifs oraux (la «pilule»). Par ailleurs, certains individus peuvent présenter des réactions d'hypersensibilité, par exemple aux pénicillines (encadré 13.1).

Une femme enceinte ne devrait prendre que des antibiotiques ne présentant aucun risque pour le fœtus.

Les effets de la combinaison des agents chimiothérapeutiques

▶ Objectif d'apprentissage

15-20 Distinguer la synergie de l'antagonisme.

L'effet chimiothérapeutique de deux agents administrés simultanément est parfois plus important que l'effet de chacun pris individuellement (**figure 15.14**). Nous avons parlé plus haut de ce phénomène, appelé *synergie*. Par exemple, pour traiter une endocardite bactérienne, l'association de la pénicilline et de la streptomycine est beaucoup plus efficace que chacun de ces agents pris séparément. En effet, la pénicilline endommage la paroi cellulaire bactérienne et facilite ainsi l'entrée de la streptomycine dans la cellule.

Toutefois, les combinaisons d'agents chimiothérapeutiques peuvent aussi présenter un **antagonisme**. Par exemple, l'utilisation simultanée de pénicilline et de tétracycline s'avère souvent moins efficace que l'administration de chacun des agents pris séparément. En arrêtant la prolifération bactérienne, la tétracycline, qui est bactériostatique, empêche l'action de la pénicilline, qui elle-même requiert des bactéries en croissance.

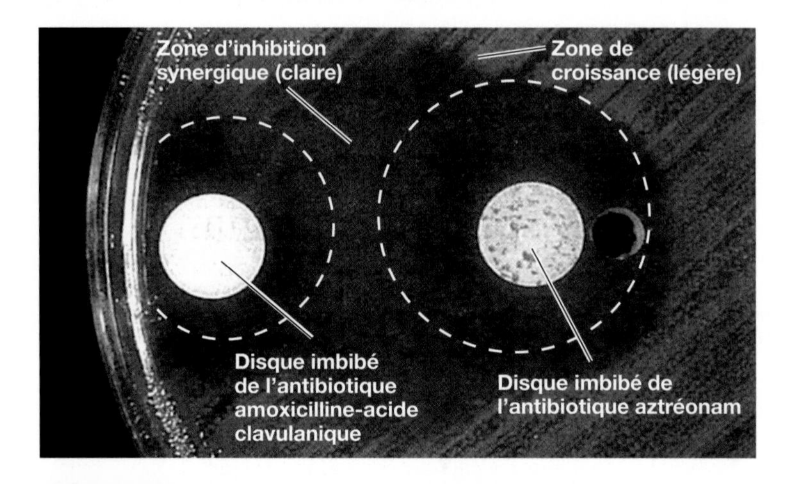

Figure 15.14 Exemple de synergie entre des antibiotiques. La gélose en boîte de Petri est ensemencée avec des bactéries. Le disque de papier à gauche est imbibé de l'association antibiotique amoxicilline-acide clavulanique ; le disque de papier à droite est imbibé de l'antibiotique aztréonam. Les lignes pointillées encerclent les zones d'inhibition de la croissance bactérienne, qui résultent de l'action de chacune des substances. Entre ces deux cercles et à l'extérieur de ces derniers, se trouve une zone d'inhibition additionnelle qui résulte de l'effet synergique des deux substances sur la croissance bactérienne.

▶ Vérifiez vos acquis

La tétracycline s'oppose parfois à l'activité de la pénicilline. Comment? **15-20**

L'avenir des agents chimiothérapeutiques

▶ Objectif d'apprentissage

15-21 Nommer trois pistes de recherche susceptibles d'aboutir à la mise au point de nouveaux agents chimiothérapeutiques.

Pour surmonter la résistance qui continue de miner l'efficacité des antibiotiques existants, les chercheurs s'emploient à élargir l'éventail plutôt limité de cibles bactériennes sur lesquelles les efforts se sont concentrés jusqu'ici (figure 15.2). La plupart des antibiotiques actuels sont dérivés de microorganismes. On s'intéresse de plus en plus à des agents antimicrobiens produits par les plantes et les animaux.

Les peptides antimicrobiens

Les organismes supérieurs, y compris ceux qui n'ont pas d'immunité adaptative, présentent souvent une résistance extraordinaire aux infections microbiennes. Ce phénomène a attiré l'attention des scientifiques en quête d'agents antimicrobiens pour remplacer ceux qui ont cessé d'agir.

Les microorganismes ne sont pas les seuls êtres vivants à produire des substances antimicrobiennes. Un grand nombre de plantes, d'oiseaux, d'amphibiens et de mammifères fabriquent des **peptides antimicrobiens**. Ceux-ci sont des éléments essentiels des défenses innées de la plupart des formes de vie. On en a répertorié des centaines à ce jour. En règle générale, ils sont composés de quelque 100 acides aminés, ou moins, et portent une charge positive. On les appelle de ce fait *peptides cationiques*. Cette charge électrique est au cœur de leur fonctionnement, car elle perturbe les membranes microbiennes en agissant sur les nombreux phospholipides qui, eux, portent des charges négatives (anioniques). Les virus à enveloppe sont aussi affectés sélectivement, et ce, par le même type d'interaction. Dans le cas des virus non enveloppés, les peptides antimicrobiens peuvent nuire à leur attachement à la cellule hôte en se liant aux récepteurs qui leur servent d'ancrage. Les bactéries sont probablement aussi affectées par l'action que ces substances exercent sur d'autres cibles intracellulaires, dont la synthèse des protéines et des acides nucléiques, et même la formation de la paroi cellulaire. Beaucoup de peptides sont capables d'endommager directement les bactéries, les virus et les mycètes, surtout en s'attaquant à leur membrane, mais leur contribution la plus importante consiste probablement à stimuler la réponse immunitaire innée et la réaction inflammatoire de l'hôte.

Les glandes de la peau des amphibiens sont riches en peptides antimicrobiens. Les mieux connus de ceux-ci sont les *magainines* (de *bouclier* en hébreu), dont le spectre d'action est particulièrement étendu. La *nisine*, dont nous avons déjà mentionné l'utilisation comme agent de conservation alimentaire, est un antimicrobien semblable aux bactériocines, dont le mode d'action sur les membranes rappelle celui des magainines. Fait particulièrement intéressant, cet antimicrobien, qu'on utilise depuis des décennies, n'a pas déclenché de résistance appréciable.

Les invertébrés, tels que les insectes, n'ont pas d'immunité adaptative comme celle qui existe chez les vertébrés. Ils n'ont que leur immunité innée pour se défendre contre les agents pathogènes.

À l'évidence, leurs moyens de défense sont très efficaces. Chose importante, les peptides qu'ils produisent font partie de ces moyens depuis la nuit des temps, et les microbes n'ont pas su devenir résistants. La saturnie, un grand papillon de nuit, est protégée par la *cécropine*, un peptide, et le venin d'abeille contient de la *mélittine*, aussi un peptide antibactérien. On mène présentement des études sur ces deux substances.

Les peptides antimicrobiens les plus abondants sont les *défensines*, qu'on trouve chez les plantes et les invertébrés tels que les insectes, mais aussi chez les oiseaux et les mammifères. Ces substances agissent surtout sur les bactéries et les mycètes. Les microbes phagocytés y sont exposés à l'intérieur des granulocytes neutrophiles. Les cellules de Paneth (cellules sécrétrices spécialisées) de l'intestin en libèrent également. Enfin, on en trouve dans la peau et les muqueuses des humains.

Les agents antisens

Une autre piste de recherche prometteuse fait appel à l'utilisation de courts fragments d'ADN de synthèse, appelés **agents antisens**. (Dans le milieu, on les appelle « nubiotiques », terme forgé à partir des expressions « acide nucléique » et « antibiotiques ».) Le principe consiste à trouver dans l'ADN ou l'ARN d'un microbe certains sites qui régissent la production de protéines responsables de l'effet pathogène. On synthétise alors des segments d'ADN capables de se lier exclusivement à ces sites, ce qui bloque la biosynthèse de leurs produits. Cette façon de procéder présente un grand avantage : elle s'attaque aux protéines pathogènes avant même qu'elles soient produites, plutôt que de tenter de les neutraliser après coup. Le *fomivirsen* est un antiviral antisens approuvé pour le traitement de la rétinite à cytomégalovirus, une maladie de l'œil.

Les cellules des mammifères ont un mécanisme qui, à l'occasion, peut empêcher l'ARN de donner naissance aux protéines pour lesquelles elles codent. Ce mécanisme, appelé **interférence ARN**, est utile quand, par exemple, un virus infectieux tente de s'approprier le métabolisme cellulaire pour produire des protéines virales. On s'en est inspiré pour concevoir des médicaments, appelés **petits ARN interférents (ARNsi*)**, destinés à bloquer la synthèse des protéines des agents pathogènes sans perturber celle des autres protéines (chapitre 25 EN LIGNE). Le principe à l'œuvre ici est semblable à celui des agents antisens, mais il est beaucoup plus efficace, du moins en théorie. À l'heure actuelle, il n'existe pas de bactéries résistantes à ces substances. Chaque molécule d'ARNsi peut inactiver plus d'un ARNm, car elle agit comme catalyseur, c'est-à-dire qu'elle est capable de répéter son action indéfiniment. Toutefois, la mise en vente d'un médicament pratique n'est pas pour demain, car beaucoup de difficultés restent à surmonter.

D'autres agents à l'étude

D'autres moyens, encore plus audacieux, pour résoudre le problème de la résistance aux antibiotiques sont présentement à l'étude. Avant même l'âge des antibiotiques, on avait envisagé de traiter des maladies à l'aide de bactériophages. L'idée d'utiliser des virus pour combattre la maladie est surprenante puisqu'on se trouve à employer une arme qui a le pouvoir de tuer les cellules hôtes. Il y a déjà 100 ans qu'on s'intéresse à la **thérapie par phages**, ou **phagothérapie**, qui consiste à faire appel à des bactériophages pour traiter les infections bactériennes. L'activité lytique d'un phage est très spécifique, c'est-à-dire que celui-ci ne détruit qu'une seule souche bactérienne, voire plusieurs souches d'une espèce donnée (*Staphylococcus aureus*, par exemple), beaucoup plus rarement toutes les espèces appartenant à un genre (*Staphylococcus*) (figure 5.13). Il devient donc essentiel de connaître précisément la bactérie responsable de l'infection avant d'appliquer un traitement de phagothérapie. Autrement dit, les prélèvements des échantillons chez le malade infecté sont obligatoires, et ils doivent être ensemencés sur des milieux de culture afin d'isoler et d'identifier avec certitude la ou les bactéries pathogènes responsables. De même, il faut disposer d'une « phagothèque » regroupant une grande variété de phages, pour trouver le virus qui peut lyser spécifiquement la bactérie à l'origine de l'infection. Récemment, la recherche dans ce domaine a été relancée par des découvertes qui permettent de mieux comprendre les interactions entre les virus et leurs hôtes. À l'heure actuelle, on est d'avis qu'il vaut mieux éviter d'utiliser les phages intacts, qui sont rapidement neutralisés par des souches de bactéries résistantes. En revanche, on peut imaginer la mise au point d'antimicrobiens pratiques à partir de peptides phagiques capables de tuer les bactéries par cytolyse.

Les études sur les vertébrés se sont aussi avérées productives. Comparativement à celui des mammifères, le système immunitaire des requins est rudimentaire, mais on sait que ces poissons résistent à l'infection même dans des eaux très contaminées. Les recherches entreprises pour expliquer cette observation ont mené à la découverte de la *squalamine*, un stéroïde intéressant qui agit sur beaucoup d'agents pathogènes, du moins en laboratoire, avec une efficacité qui rivalise avec celle de l'ampicilline.

D'autres expériences ont permis de mettre au jour un moyen vraiment original de lutter contre les agents pathogènes. À l'heure actuelle, les antibiotiques en usage ciblent des facteurs de croissance et de reproduction. Certains chercheurs ont adopté une tout autre approche, consistant à bloquer la production de facteurs qui rendent les microbes virulents. Lors d'études de prospection portant sur de petites molécules, ils ont découvert un composé expérimental, appelé *virstatine*, capable d'inhiber la production de la toxine du bacille du choléra et la formation d'un pilus d'attachement nécessaire à la pathogénicité de la bactérie. La virstatine bloque la synthèse de la toxine et réduit le nombre de bacilles pathogènes retenus dans l'intestin, sans affecter la croissance bactérienne. On croit que celle-ci favorise le développement normal de la réponse immunitaire et sert à prévenir les infections ultérieures. Ce nouvel antimicrobien n'est pas le seul à l'étude : certaines substances sont destinées, par exemple, à séquestrer le fer nécessaire à la croissance bactérienne ou à bloquer la formation des fimbriæ d'attachement. La plupart des nouvelles approches sont uniquement au stade de l'exploration (**encadré 15.2**). On s'intéresse particulièrement aux médicaments antiviraux, ainsi qu'aux antifongiques et aux antiparasitaires, car l'arsenal est plutôt limité dans ce domaine.

La production de médicaments antimicrobiens n'est pas en faveur auprès des investisseurs, car elle n'est pas particulièrement profitable. À l'instar des vaccins, ces substances s'utilisent seulement

* si = *small interfering*.

Encadré 15.2

Dans la lutte antibactérienne, le règne des antibiotiques achève. Le roi se meurt. Vive le riboswitch !

Daniel Lafontaine, chercheur à l'Université de Sherbrooke, et son équipe ont découvert une nouvelle classe d'antibactériens qui, plutôt que de s'attaquer à l'une ou l'autre des structures de la bactérie elle-même, agit sur le mécanisme de pathogénicité. Ce mécanisme interne est sous le contrôle de gènes qui codent pour la synthèse de certains composés essentiels à la survie des bactéries. Chez ces dernières, comme dans toute cellule, des « riborégulateurs » (*riboswitch*, dans le jargon anglo-scientifique) contrôlent l'expression des gènes en agissant comme une sorte d'interrupteur qui stoppe ou active la synthèse de molécules essentielles lorsque celles-ci sont soit en excès, soit en manque. Les chercheurs ont supposé qu'il était possible, par exemple en introduisant une molécule « leurre » qui trompe le riborégulateur, de perturber la synthèse d'un composé essentiel, assez pour faire mourir les bactéries.

L'équipe a découvert un riborégulateur de la guanine chez *Staphylococcus aureus* et une molécule, nommée PC1, capable de s'y lier. De plus, ils ont démontré in vitro et in vivo, sur un modèle animal, que la molécule PC1 liée au riboswitch empêche les bactéries de se multiplier. Théoriquement, le risque qu'une mutation modifie la structure d'un riborégulateur au point de rendre les bactéries résistantes à la molécule PC1 est extrêmement mince parce que le riborégulateur est une molécule vitale pour la bactérie et que la moindre mutation entraîne sa mort. Le constat le plus avantageux de cette découverte est que la résistance aux antibiotiques développée au cours des années par les bactéries est donc contournée.

Entre la découverte de l'agent antibactérien et sa mise en marché, il faudra attendre au moins 10 ans, soit le temps nécessaire pour parachever la mise au point de la molécule et effectuer tous les tests avec les compagnies pharmaceutiques. Les travaux de Daniel Lafontaine et de son équipe se sont classés parmi les 10 découvertes de l'année 2010 du magazine *Québec Science*.

Sources : http://www.quebecscience.qc.ca/Le-secret-du-Riboswitch ; http://www.usherbrooke.ca/sciences/accueil/nouvelles/nouvelles-details/article/14109/.

à l'occasion. Il n'est pas étonnant que l'industrie pharmaceutique préfère mettre au point des spécialités pour les affections chroniques, telles que l'hypertension ou le diabète, nécessitant une médication régulière, étalée sur de nombreuses années.

▶ Vérifiez vos acquis

Il est probable que la charge positive des peptides antimicrobiens est essentielle à leur mode d'action. Pourquoi ? **15-21**

* * *

Nous avons vu dans les derniers chapitres comment les progrès de la science ont permis de changer radicalement les effets des maladies infectieuses sur le taux de mortalité et la durée de vie humaine. Au tournant du XXe siècle, les maladies infectieuses constituaient les causes de mortalité les plus courantes. La plupart d'entre elles, y compris la tuberculose, la fièvre typhoïde et la diphtérie, étaient dues aux bactéries. Au début du XXIe siècle, ce sont des maladies virales telles que la grippe, les pneumonies virales et le sida qui constituent les seules maladies infectieuses figurant parmi les 10 principales causes de mortalité aux États-Unis et au Canada. Ces faits témoignent de l'efficacité des mesures d'hygiène et des vaccins et, comme nous l'avons noté dans ce chapitre, de la découverte et de l'utilisation des antibiotiques. Dans les chapitres 16 à 21, nous verrons que cette lutte est encore à l'ordre du jour.

RÉSUMÉ

INTRODUCTION (p. 398)

1. Un agent antimicrobien est une substance chimique qui détruit les microorganismes pathogènes en causant des dommages minimes aux tissus de l'hôte.
2. Les agents chimiothérapeutiques sont des molécules qui luttent contre les maladies dans le corps.

L'HISTORIQUE DE LA CHIMIOTHÉRAPIE (p. 399)

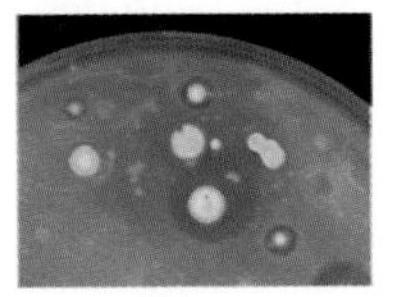

1. Paul Ehrlich a inventé le concept de chimiothérapie pour traiter les maladies microbiennes. Il a prédit la mise au point d'agents chimiothérapeutiques qui tueraient spécifiquement les agents pathogènes sans nuire à l'hôte.

2. Les sulfamides sont devenus des agents antimicrobiens importants à la fin des années 1930.
3. En 1929, Alexander Fleming a découvert le premier antibiotique, la pénicilline. Les premiers essais cliniques sur cet antibiotique ont eu lieu en 1940.

LE SPECTRE D'ACTION ANTIMICROBIENNE (p. 400)

1. Les agents antibactériens visent diverses cibles dans la cellule procaryote.
2. Les infections causées par les mycètes, les protozoaires et les helminthes sont beaucoup plus difficiles à traiter, car ces microorganismes sont formés de cellules eucaryotes. Les ectoparasites, des organismes complexes, sont aussi difficiles à combattre.
3. Les médicaments à spectre étroit ne s'attaquent qu'à un éventail restreint d'espèces de microorganismes, par exemple aux bactéries à Gram positif. Les médicaments à large spectre influent sur une gamme étendue d'espèces de microorganismes.
4. Les médicaments composés de molécules hydrophiles de petite taille agissent sur les bactéries à Gram négatif.
5. Les agents antimicrobiens ne doivent pas nuire à la flore normale.
6. Les surinfections, ou infections secondaires, surviennent lorsqu'un agent pathogène acquiert une résistance au médicament ou lorsque les bactéries résistantes de la flore normale se multiplient à l'excès.

LES MÉCANISMES D'ACTION DES MÉDICAMENTS ANTIMICROBIENS (p. 401)

1. Les agents antimicrobiens agissent en général soit en tuant directement le microorganisme (agents biocides), soit en inhibant sa croissance (agents biostatiques).
2. Certains antibiotiques, tels que la pénicilline, inhibent la synthèse de la paroi cellulaire chez les bactéries.
3. D'autres antibiotiques, tels que le chloramphénicol, l'érythromycine, les tétracyclines et la streptomycine, bloquent la synthèse des protéines en s'attaquant à l'une ou l'autre des sous-unités des ribosomes 70S.
4. Certains antibiotiques, tels que la polymyxine B, détériorent la membrane plasmique des mycètes.
5. La rifampicine et les quinolones entravent la synthèse des acides nucléiques.
6. Certains agents, tels que les sulfamides, agissent comme antimétabolites en inhibant l'activité enzymatique d'un microorganisme de manière compétitive.

LES MÉDICAMENTS ANTIMICROBIENS LES PLUS COURAMMENT UTILISÉS (p. 403)

Les antibactériens inhibiteurs de la synthèse de la paroi cellulaire (p. 404)

1. Toutes les pénicillines renferment un cycle β-lactame.
2. Les pénicillines naturelles produites par *Penicillium* sont efficaces contre les cocci à Gram positif et les spirochètes.

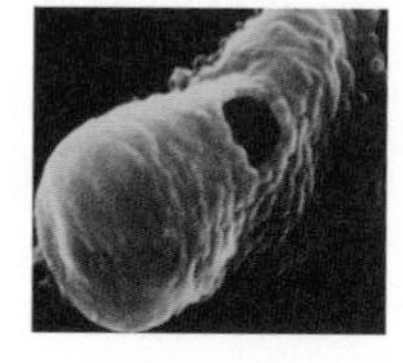

3. Les pénicillinases (ou β-lactamases) sont des enzymes bactériennes qui dégradent les pénicillines naturelles, ce qui rend les bactéries résistantes.
4. Les pénicillines semi-synthétiques sont obtenues en laboratoire par l'ajout de différentes chaînes latérales au cycle β-lactame produit par le mycète.
5. Les pénicillines semi-synthétiques sont résistantes aux pénicillinases et possèdent un spectre d'action plus large que les pénicillines naturelles.
6. Les carbapénems sont des antibiotiques à large spectre qui inhibent la synthèse de la paroi cellulaire.
7. L'aztréonam, un monobactame, s'attaque seulement aux bactéries à Gram négatif.
8. Les céphalosporines inhibent la synthèse de la paroi cellulaire et sont employées contre les souches résistantes aux pénicillines.
9. Les antibiotiques polypeptidiques tels que la bacitracine inhibent la synthèse de la paroi cellulaire et sont administrés par voie topique pour traiter les infections superficielles causées par des bactéries à Gram positif.
10. La vancomycine, qui inhibe la synthèse de la paroi cellulaire, peut être utilisée contre les staphylocoques produisant de la pénicillinase.
11. L'isoniazide (INH) inhibe la synthèse de l'acide mycolique chez les mycobactéries. Cette substance est administrée conjointement avec la rifampicine ou l'éthambutol pour traiter la tuberculose.

Les antibactériens inhibiteurs de la synthèse des protéines (p. 406)

12. Le chloramphénicol, les aminoglycosides, les tétracyclines, les macrolides et les streptogramines (ou synergistines) inhibent la synthèse des protéines au niveau des ribosomes 70S.
13. Les oxazolidinones bloquent la formation des ribosomes 70S.

Les antibactériens qui agissent sur la membrane plasmique (p. 407)

14. Une nouvelle classe d'antibiotiques inhibe la synthèse des acides gras, composants essentiels de la membrane plasmique.
15. La polymyxine B et la bacitracine détériorent les membranes plasmiques.

Les antibactériens inhibiteurs de la synthèse des acides nucléiques (ADN/ARN) (p. 408)

16. La rifampicine inhibe la synthèse de l'ARNm ; elle est utilisée dans le traitement de la tuberculose.
17. Les quinolones et les fluoroquinolones bloquent l'action de l'ADN gyrase lors du traitement des infections urinaires.

Les antibactériens inhibiteurs compétitifs de la synthèse des métabolites essentiels (p. 408)

18. Les sulfamides (ou sulfonamides) inhibent de manière compétitive la synthèse de l'acide folique.

19. Le TMP-SMZ (triméthoprime-sulfaméthoxazole) bloque de manière compétitive la synthèse de l'acide folique des bactéries; il s'agit d'une association médicamenteuse synergique, c'est-à-dire dont l'effet conjugué est plus grand que la somme des effets de chaque substance prise isolément.

Les antifongiques (p. 408)

20. Les polyènes, comme la nystatine et l'amphotéricine B, se combinent avec les stérols de la membrane plasmique et sont fongicides.
21. Les azoles et les allylamines entravent la synthèse des stérols et sont utilisés dans le traitement des mycoses cutanées et systémiques.
22. Les échinocandines perturbent la synthèse de la paroi cellulaire des mycètes.
23. La flucytosine, un agent antifongique, est un antimétabolite analogue à la cytosine.
24. La griséofulvine entrave la division des cellules eucaryotes et sert principalement à soigner les infections cutanées dues à un mycète.

Les antiviraux (p. 411)

25. Les analogues des nucléotides et des nucléosides, notamment l'acyclovir et la zidovudine, inhibent la synthèse de l'ADN ou de l'ARN.
26. Les inhibiteurs des enzymes virales sont utilisés dans le traitement de l'influenza et de l'infection par le VIH.
27. L'interféron α empêche la transmission des virus à de nouvelles cellules.

Les antiparasitaires (p. 413)

28. La chloroquine, la quinacrine, la diiodohydroxyquine, la pentamidine et le métronidazole sont utilisés dans le traitement des infections dues aux protozoaires.
29. Les agents antihelminthiques comprennent le niclosamide, le mébendazole, le praziquantel et la pipérazine.
30. Les pyréthrines et les pyréthrinoïdes, notamment la perméthrine, sont des insecticides efficaces contre les poux et la gale.

LE CHOIX D'UNE CHIMIOTHÉRAPIE ANTIMICROBIENNE (p. 414)

1. Pour choisir un antibiotique, il faut d'abord isoler la bactérie, l'identifier et connaître sa sensibilité aux antibiotiques.
2. Il faut localiser le site de l'infection et connaître l'état physiologique du patient.
3. Il faut déterminer la posologie et la voie d'administration.

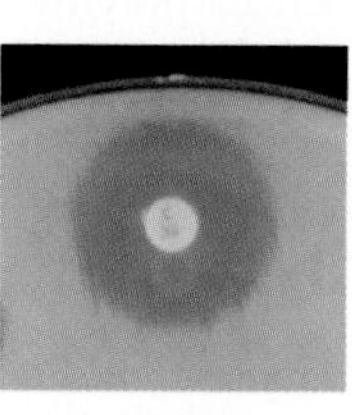

La qualité des prélèvements : un préalable à la détermination de la chimiothérapie appropriée (p. 414)

4. La qualité des prélèvements est une condition essentielle à l'identification de l'agent responsable de l'infection et, en conséquence, à la détermination de la chimiothérapie appropriée.
5. La procédure reliée aux prélèvements et à leur transport doit tenir compte des particularités propres aux différents agents pathogènes recherchés.

Les épreuves de sensibilité aux antibiotiques (p. 416)

6. On a recours à ces tests pour déterminer quel agent chimiothérapeutique sera le plus efficace contre un agent pathogène donné.
7. Ces tests sont utilisés lorsqu'on ne peut prédire la sensibilité de la ou des bactéries pathogènes ou lorsqu'on est en présence de bactéries résistantes.

Les méthodes de diffusion (p. 416)

8. Dans la méthode de diffusion sur gélose, ou test de Kirby-Bauer, on inocule une gélose avec une culture bactérienne et on y dépose des disques de papier-filtre imbibés d'agents chimiothérapeutiques.
9. Après l'incubation, l'absence de croissance bactérienne visible autour du disque est la zone d'inhibition.
10. Le diamètre de la zone d'inhibition, rapporté à un tableau de référence, sert à déterminer si l'organisme est sensible à l'agent, intermédiaire ou résistant.
11. La CMI est la concentration la plus faible d'un agent chimiothérapeutique capable d'empêcher la prolifération bactérienne. On peut estimer la CMI à l'aide du test E.

La méthode de dilution en bouillon (p. 419)

12. Dans la méthode de dilution en bouillon, le microorganisme est mis en culture dans un milieu liquide contenant différentes concentrations de l'agent chimiothérapeutique.
13. La concentration la plus faible de l'agent chimiothérapeutique capable de tuer la bactérie est appelée concentration minimale bactéricide (CMB).

LA RÉSISTANCE AUX AGENTS CHIMIOTHÉRAPEUTIQUES (p. 420)

1. La résistance peut être due à la destruction enzymatique d'un agent chimiothérapeutique, à l'empêchement de la pénétration de l'agent au site cellulaire ciblé ou à des modifications cellulaires ou métaboliques de ces sites d'action.
2. Les facteurs de résistance (facteurs R) héréditaires sont portés par les plasmides et les transposons.
3. La résistance peut être réduite par l'utilisation judicieuse d'agents chimiothérapeutiques à des concentrations et à des doses adéquates.

LES NOTIONS DE SÉCURITÉ ENTOURANT LES ANTIBIOTIQUES (p. 422)

1. Les risques (par exemple les effets secondaires) et les bienfaits (par exemple la guérison) des antibiotiques doivent être évalués avant leur prescription.

LES EFFETS DE LA COMBINAISON DES AGENTS CHIMIOTHÉRAPEUTIQUES (p. 424)

1. Certaines combinaisons d'agents chimiothérapeutiques entraînent des effets synergiques : ils sont plus efficaces

lorsqu'ils sont pris simultanément plutôt qu'individuellement; on peut réduire leur toxicité en diminuant leur dosage individuel dans la combinaison.

2. Les combinaisons d'agents chimiothérapeutiques peuvent diminuer le développement de la résistance aux antibiotiques.
3. Certaines combinaisons d'agents chimiothérapeutiques ont des effets antagonistes: lorsqu'ils sont pris simultanément, les deux agents sont moins efficaces que lorsqu'ils sont pris individuellement.

L'AVENIR DES AGENTS CHIMIOTHÉRAPEUTIQUES (p. 424)

1. De nombreuses maladies bactériennes autrefois traitables aux antibiotiques deviennent résistantes à ces derniers.
2. Certaines substances chimiques produites par les plantes et les animaux sont de nouveaux agents antimicrobiens. Parmi elles, on compte les peptides antimicrobiens.
3. On peut bloquer la synthèse des protéines des agents pathogènes au moyen d'ARNsi.
4. Des antimicrobiens présentement à l'étude pourraient inhiber les facteurs de virulence des bactéries.

AUTOÉVALUATION

QUESTIONS À COURT DÉVELOPPEMENT

1. Les agents suivants agissent-ils sur les cellules humaines? Justifiez votre réponse.

   a) Pénicilline **b)** Indinavir **c)** Érythromycine

2. Les données suivantes ont été obtenues grâce à la méthode par diffusion sur gélose.

Antibiotique	Zone d'inhibition
A	15 mm
B	0 mm
C	7 mm
D	15 mm

   a) Quel(s) antibiotique(s) vous paraît (paraissent) être le plus efficace(s) contre la bactérie testée?

   b) Quel antibiotique vous semble être le plus approprié pour traiter une infection causée par cette bactérie? Justifiez votre réponse.

   c) L'antibiotique A est-il bactéricide ou bactériostatique? Justifiez votre réponse.

3. Expliquez pourquoi l'administration de pénicilline lors d'une infection par des bactéries à Gram négatif n'est pas recommandée.
4. Les résultats de sensibilité microbienne suivants ont été obtenus à partir de la méthode de dilution en bouillon.

Concentration de l'antibiotique	Croissance	Croissance en sous-culture
200 μg	−	−
100 μg	−	−
50 μg	−	+
25 μg	+	+

   a) La CMI de cet antibiotique est de ________.

   b) La CMB de cet antibiotique est de ________.

APPLICATIONS CLINIQUES

N. B. Certaines de ces questions nécessitent que vous cherchiez des réponses dans les différents chapitres du livre.

1. Jérôme souffre d'un mal de gorge dû à des streptocoques; il prend de la pénicilline pendant 2 des 10 jours prescrits. Parce qu'il se sent mieux, il garde les comprimés restants pour une autre occasion. Au bout de 3 jours, son mal de gorge réapparaît. Expliquez ce qui peut avoir causé cette récidive.
2. Jacinthe est une jeune maman dont la petite fille souffre d'une otite. Depuis 5 jours, elle administre à l'enfant de l'ampicilline par voie orale. L'otite semble disparaître, mais la petite souffre maintenant de diarrhée. Jacinthe appelle le Centre des services de santé pour se renseigner. Comment lui expliqueriez-vous la survenue de la diarrhée? (*Indice:* Voir le chapitre 9.)
3. Dans le dossier d'un patient, vous remarquez que la chimiothérapie prescrite consiste en la combinaison de deux antibiotiques, la pénicilline et la tétracycline. En tant qu'infirmière, vous devez signaler qu'il s'agit là d'une combinaison inappropriée. La pénicilline et la streptomycine peuvent être administrées conjointement dans certaines circonstances, mais ce n'est pas le cas de la pénicilline et de la tétracycline. Expliquez pourquoi.
4. Xavier est un jeune enfant qui souffre d'une pneumonie pour la deuxième année consécutive. Après l'admission de Xavier à l'hôpital, le médecin demande une culture des expectorations et un antibiogramme. La culture montre qu'il s'agit d'une pneumonie à pneumocoques, et l'antibiogramme indique que la bactérie responsable est sensible à la pénicilline et à l'érythromycine. Le médecin prescrit à Xavier de la pénicilline par voie intramusculaire; cet antibiotique avait déjà été utilisé lors de sa première pneumonie. Le médecin prescrit également une seringue d'EpiPen. (*Indice:* Voir le chapitre 13.)

   Décrivez les raisons qui ont amené le médecin à prescrire la seringue d'EpiPen. L'érythromycine est le substitut de choix lorsqu'on ne peut administrer de la pénicilline. Pour quelles raisons l'érythromycine n'est-elle pas administrée aussi couramment que la pénicilline?

5. Une patiente souffrant d'une infection de la vessie est traitée avec de l'acide nalidixique, mais sa santé ne s'améliore pas. Expliquez pourquoi son infection guérit lorsqu'elle prend par la suite un sulfamide.

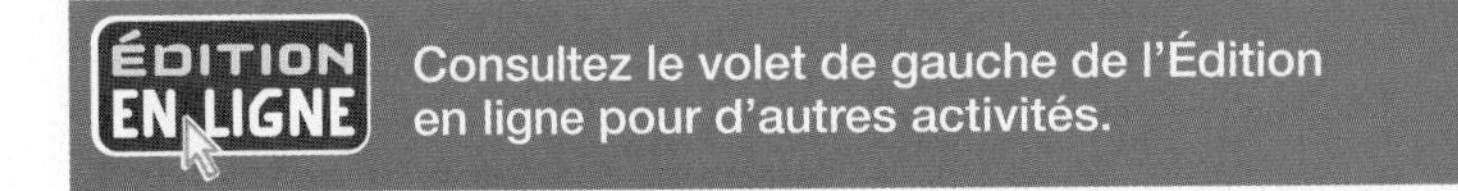
ÉDITION
EN LIGNE
Consultez le volet de gauche de l'Édition en ligne pour d'autres activités.

QUATRIÈME PARTIE

Les microorganismes et les maladies infectieuses humaines

Par analogie, on peut comparer la relation entre la résistance de l'hôte et les microbes pathogènes à une balance à deux plateaux. Lorsque la résistance immunitaire de l'organisme offre une barrière efficace contre l'envahissement, la balance est en équilibre. Toutefois, le point d'équilibre de cette balance est fragile. Si les moyens de défense s'affaiblissent quelque peu, la balance penche du côté des microbes. Lorsque le corps humain ne réussit pas à empêcher leur pénétration dans ses tissus et qu'il ne peut s'opposer efficacement à leur prolifération, les microbes peuvent alors causer une infection, voire une maladie infectieuse.

Les six chapitres de cette quatrième partie vous présentent un aperçu des maladies infectieuses qui perturbent le fonctionnement des systèmes du corps humain.

En règle générale, nous aborderons l'étude des maladies infectieuses sous l'angle de la chaîne épidémiologique (chapitre 9), à savoir les principaux réservoirs de l'agent pathogène en cause, ses portes d'entrée et de sortie, ses modes de transmission et les hôtes réceptifs qui y sont sensibles. Pour une révision des groupes de pathogènes et des facteurs qui contribuent à leur pathogénicité, consultez le chapitre 10 (facteurs de pathogénicité) et les chapitres 6 (bactéries), 7 (mycètes, protozoaires, helminthes et ectoparasites) et 8 (virus). Nous abordons aussi les principaux moyens de prophylaxie et de traitement de ces maladies. À ce sujet, vous pouvez consulter les chapitres 14 pour les méthodes de lutte contre les microbes, 15 pour les antibiotiques et les produits antiviraux et 26 EN LIGNE *pour les vaccins. Deux références vous seront utiles :* le Guide canadien d'immunisation, *7e édition, 2006 (Agence de la santé publique du Canada), et le* Protocole d'immunisation du Québec, *édition avril 2009, mis à jour en octobre 2011.*

Sommaire

Les maladies infectieuses de la peau et des yeux

La peau, qui recouvre et protège le corps, est la première ligne de défense – de l'immunité innée – à intervenir contre les agents pathogènes. Elle constitue une barrière physique et chimique qu'il leur est pratiquement impossible de franchir. Toutefois, certains microbes peuvent pénétrer dans l'organisme par une brèche à peine visible de l'épiderme, et la forme larvaire de quelques parasites est même capable de traverser la peau saine.

La peau constitue un milieu inhospitalier pour la majorité des microorganismes parce que les substances qu'elle sécrète sont acides et qu'en général sa teneur en eau est faible. De plus, elle est en grande partie exposée à des rayonnements qui inhibent la croissance microbienne. Cependant, sur quelques parties du corps, telles que les aisselles et les aines, le taux d'humidité est suffisant pour permettre le développement de populations bactériennes relativement grandes. D'autres parties, comme le cuir chevelu, n'hébergent qu'un petit nombre de microorganismes.

Par ailleurs, la peau contient des peptides antimicrobiens, appelés *défensines*, qui ont un large spectre d'action (chapitre 11). On trouve aussi ces peptides dans les muqueuses, en particulier celles qui tapissent le tube digestif.

Les encadrés 16.2 à 16.5 présentent une récapitulation des maladies infectieuses de la peau et des yeux. Pour un rappel des différents maillons de la chaîne épidémiologique, consultez la section « La propagation d'une infection » au chapitre 9 et le schéma guide de la figure 9.6.

De quelle façon la morphologie de Candida albicans *contribuerait-elle à sa pathogénicité?*

La réponse est dans le chapitre.

AU MICROSCOPE

Candida albicans, une levure qui forme des pseudomycéliums.

La structure et les fonctions de la peau

▶ Objectif d'apprentissage

16-1 Décrire la structure et les fonctions de la peau et des muqueuses, et la façon dont les agents pathogènes pénètrent dans la peau ou les muqueuses et se disséminent dans le corps.

La peau

Au chapitre 11, nous avons indiqué que la peau constitue la première ligne de défense de l'immunité innée et qu'une de ses fonctions est d'empêcher la pénétration des microbes. Rappelons que cette fonction est réalisée grâce à l'épiderme et au derme. L'**épiderme**, la partie externe plus mince, est formé de couches de kératinocytes étroitement collés les uns aux autres (**figure 16.1**). La couche cornée superficielle, constituée de kératinocytes morts, aplatis et contenant de la **kératine**, imperméabilise l'épiderme et protège les couches plus profondes contre l'abrasion. La couche basale, la plus profonde de l'épiderme, comprend les cellules souches qui assurent le renouvellement constant des kératinocytes. Le **derme**, la partie profonde relativement épaisse de la peau, est composé de tissu conjonctif dans lequel on trouve des nerfs et des vaisseaux sanguins. Il comprend aussi des follicules pileux et des glandes sudoripares et sébacées qui s'ouvrent sur l'extérieur. Les glandes répandent à la surface de l'épiderme de la sueur, qui humidifie la peau, et du sébum, qui la lubrifie. Leur distribution est différente selon les régions du corps, de sorte que les conditions d'hydratation et de lubrification varient aussi. Le sébum et la sueur, comme les cellules mortes, constituent une source de nutriments pour les microorganismes qui résident sur la peau.

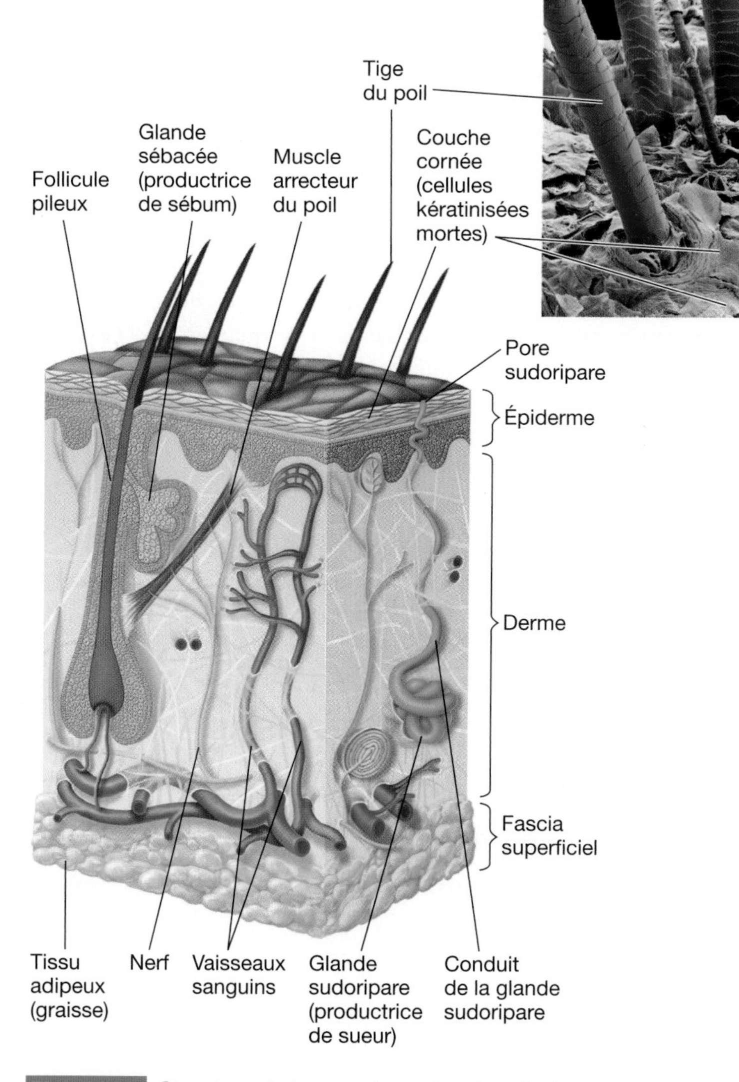

Figure 16.1 **Structure de la peau humaine.** Les microbes peuvent pénétrer dans les tissus profonds de la peau par les orifices des follicules pileux ou par les pores sudoripares.

En même temps qu'ils procurent gîte et nourriture à nombre de microorganismes, l'épiderme et le derme doivent constituer une barrière physique et chimique qui empêche efficacement leur pénétration – et celle de pathogènes extérieurs –, voire leur progression vers les tissus internes. Ainsi, la couche cornée de kératinocytes constitue le premier élément de cette barrière, et ce, malgré le fait que les follicules pileux et les conduits des glandes sudoripares et sébacées représentent pour les microorganismes des portes d'entrée naturelles dans la peau et les tissus plus profonds. Le sel contenu dans la sueur et les acides gras du sébum contribuent à inhiber la croissance microbienne. De plus, ces sécrétions contiennent du lysozyme, une enzyme antimicrobienne. Du point de vue de l'homéostasie, la protection est maintenue tant que la peau est intacte.

Certaines situations peuvent toutefois percer l'armure et offrir à des microbes une occasion de se multiplier et de causer une infection locale sur la peau ou même une invasion tissulaire plus profonde. Ainsi, toute blessure ou tout traumatisme – irritation, abrasion, piqûre, coupure, brûlure, nécrose – peut ouvrir une brèche dans la barrière ou modifier les caractéristiques tissulaires de la peau. Par exemple, une plaie chaude, humide et riche en cellules mortes offre des conditions favorables à la croissance microbienne et à l'apparition d'une infection. Prise dans son ensemble, la peau représente une grande surface sillonnée de nombreux plis et replis dont la quantité peut augmenter chez les personnes qui font de l'embonpoint. Sous les plis et les replis, les conditions – chaleur et humidité – sont propices à la colonisation microbienne. De toutes petites fissures peuvent devenir des portes d'entrée et le point d'origine d'une infection. La lutte contre les microbes débute donc par les soins d'hygiène destinés à assurer une peau propre et saine.

Les muqueuses

La barrière externe de protection qui tapisse les cavités du corps – notamment les muqueuses des voies gastro-intestinales, respiratoires, urinaires et génitales – diffère de la peau. D'une part, les replis (par exemple les villosités intestinales) des muqueuses accroissent considérablement sa superficie – environ 400 m^2 en moyenne, valeur bien supérieure à la superficie de la peau. D'autre part, les cellules épithéliales de la couche superficielle ne sont pas kératinisées. De plus, beaucoup de ces cellules sécrètent du mucus tandis que d'autres sont dotées de cils. À l'instar de la peau, les muqueuses font partie de la première ligne de défense de l'immunité innée qui s'oppose à la pénétration des microbes. Dans le système respiratoire, le mucus retient les particules, y compris les microorganismes, et les cils les remontent et les propulsent vers l'extérieur (figure 11.4). Certaines muqueuses contiennent des cellules qui sécrètent des substances acides (par exemple l'HCl de l'estomac), ce qui contribue à restreindre leur population microbienne. Quant à la muqueuse de l'œil, elle est nettoyée mécaniquement par les larmes, et le lysozyme contenu dans ces dernières détruit la paroi cellulaire de certaines bactéries. La salive, le sperme et les sécrétions vaginales contiennent aussi du lysozyme.

Tout comme la peau, les muqueuses offrent une bonne protection contre les microbes mais en même temps, elles représentent des habitats variés, chauds, humides et riches en éléments nutritifs où les microorganismes trouvent amplement gîte et nourriture, en particulier aux abords des orifices.

Malgré ces protections innées, plusieurs types d'infections peuvent survenir. Le processus infectieux est généralement facilité lorsque l'intégrité des muqueuses est atteinte et que l'homéostasie est perturbée. Ainsi, les agents irritants tels que la nicotine du tabac augmentent les risques d'infection respiratoire. De même, l'installation d'une sonde vésicale à demeure constitue une irritation constante de la muqueuse urétrale qui ouvre souvent la voie à une infection urinaire.

Nous avons traité au chapitre 11 des différents mécanismes de défense de l'immunité innée concernant les muqueuses ; nous traiterons des particularités des muqueuses respiratoires, gastro-intestinales et urogénitales dans les chapitres 19 à 21.

> **Vérifiez vos acquis**
>
> L'eau contenue dans la sueur favorise la croissance des microbes sur la peau. Quels agents de la transpiration font obstacle à cette croissance? **16-1**

Le microbiote cutané normal

> **Objectif d'apprentissage**
>
> **16-2** Donner des exemples de microorganismes appartenant au microbiote cutané normal, et préciser les régions de la peau favorables à leur croissance.

Bien qu'elle soit habituellement un milieu relativement inhospitalier pour la majorité des espèces microbiennes, la peau héberge certains microorganismes qui font partie du microbiote cutané (ou flore normale ; chapitre 9). Par sa présence, le microbiote empêche d'autres bactéries, potentiellement pathogènes, de s'installer sur la peau (antagonisme bactérien). Par exemple, des bactéries aérobies produisent des acides gras à partir du sébum ; ces acides inhibent le développement de nombreux microbes tout en favorisant la croissance de bactéries mieux adaptées aux conditions de la peau.

Les microorganismes pour lesquels la peau constitue un milieu approprié tolèrent bien la sécheresse et une concentration en sel relativement élevée. Le microbiote cutané normal comprend un assez grand nombre de bactéries à Gram positif, telles que des staphylocoques et des microcoques. Certaines de ces bactéries sont capables de se développer dans un milieu où la concentration en chlorure de sodium (NaCl) est égale ou supérieure à 7,5 %. La micrographie électronique à balayage a permis d'observer que, sur la peau, les bactéries ont tendance à se rassembler en petits amas. Un nettoyage vigoureux des mains peut réduire le nombre de microorganismes, mais il ne les élimine pas complètement. Ceux qui restent dans les follicules pileux et les glandes sébacées ou sudoripares suffisent à reformer rapidement les populations normales.

C'est pourquoi le lavage des mains avec un antiseptique, entre les soins donnés à différents patients, est une mesure d'asepsie obligatoire, de même que le brossage des mains avec un antiseptique et le port de gants sont obligatoires dans les salles d'opération.

Les parties du corps où le taux d'humidité est plus élevé, comme les aisselles et l'entrejambe, hébergent les plus grandes populations de microbes. Ces derniers métabolisent les sécrétions des glandes sudoripares et sont donc en grande partie responsables des odeurs corporelles.

Les *diphtéroïdes,* qui sont des bacilles pléomorphes à Gram positif, font aussi partie du microbiote cutané. Certains de ces bacilles, tels que *Propionibacterium acnes,* sont en général anaérobies et résident dans les follicules pileux. Leur croissance est favorisée par la présence des sécrétions des glandes sébacées (sébum) qui, nous le verrons plus loin, jouent un rôle dans l'acné. Ces diphtéroïdes élaborent de l'acide propionique, ce qui contribue à acidifier la peau, dont le pH se situe normalement entre 3 et 5. D'autres diphtéroïdes, tels que *Corynebacterium xerosis,* sont par contre aérobies et résident sur la surface de la peau. Une levure normalement présente dans le microbiote cutané, *Malassezia furfur,* est capable de croître de façon exagérée sur les sécrétions grasses du cuir chevelu, et on pense qu'elle est responsable de la desquamation à l'origine de ce qu'on appelle communément les pellicules. Les shampoings antipelliculaires contiennent du kétoconazole, un antifongique, du pyrithione de zinc ou du sulfure de sélénium, substances qui contribuent toutes à éliminer les levures.

> **Vérifiez vos acquis**
>
> Les bactéries qu'on trouve sur la peau sont-elles plus souvent à Gram positif qu'à Gram négatif, ou vice versa? **16-2**

Les maladies infectieuses de la peau

> **Objectifs d'apprentissage**
>
> **16-3** Faire la distinction entre les facteurs de virulence des staphylocoques et des streptocoques, et décrire le mécanisme physiopathologique à l'origine des principaux signes et symptômes des maladies suivantes : syndrome de choc toxique staphylococcique et infection invasive au SBHA.
>
> Décrire la chaîne épidémiologique qui conduit à l'infection cutanée, notamment les facteurs de virulence de l'agent pathogène en cause, ses principaux réservoirs, ses portes de sortie, ses modes de transmission, ses portes d'entrée, les facteurs prédisposants de l'hôte réceptif ainsi que le mécanisme physiopathologique à l'origine des principaux signes et symptômes de la maladie.

16-4 pour les bactérioses suivantes : impétigo, dermatite à *Pseudomonas*, otite externe, acné ;

16-5 pour les viroses suivantes : verrues, varicelle et zona, boutons de fièvre, rougeole, rubéole, cinquième maladie, roséole, maladie mains-pieds-bouche ;

16-6 pour les mycoses suivantes : candidoses, pied d'athlète ;

16-7 pour les parasitoses suivantes : gale, pédiculose.

16-8 Relier des infections cutanées à des moyens de prévention, à une thérapeutique et à des épreuves de diagnostic (s'il y a lieu).

16-9 Relier le zona et les boutons de fièvre aux mécanismes physiopathologiques qui conduisent à la récurrence de ces maladies.

Les éruptions et les lésions cutanées ne sont pas toujours le signe d'une infection ; en fait, de telles manifestations accompagnent beaucoup de maladies généralisées qui touchent les organes internes. Les changements qui se produisent dans une lésion cutanée sont souvent utiles pour décrire les signes et les symptômes de la maladie. Par exemple, une petite lésion gonflée remplie de liquide séreux est une **vésicule** (**figure 16.2a**) ; une vésicule dont le diamètre est supérieur à 1 cm environ est une **bulle** (**figure 16.2b**) ; une lésion plane et rougeâtre est une **macule** (**figure 16.2c**), et si le diamètre de la macule est supérieur à 100 mm, on parle d'une *plaque* ; enfin, une lésion surélevée et ferme est une **pustule** ou une **papule** selon qu'elle contient ou non du pus (**figure 16.2d**). Notez que la présence de pus est un indice important d'une infection. Par ailleurs, les lésions cutanées peuvent s'aggraver et donner lieu à des lésions secondaires, telles que des *croûtes* – zones de sérosité, de sang ou de pus séchés – ou des *ulcères* – perte de la couche épidermique et d'une partie du derme. Bien que le foyer de l'infection soit souvent localisé dans une autre partie du corps, il est pratique de classer les infections cutanées en fonction de l'organe le plus visiblement atteint, soit la peau.

Une éruption de la peau rouge et diffuse causée par une maladie infectieuse s'appelle **exanthème** ; lorsqu'elle survient sur une muqueuse, par exemple à l'intérieur de la bouche, on l'appelle **énanthème**.

On établit souvent un diagnostic provisoire des maladies associées à la peau à partir des caractéristiques de l'éruption observée (encadrés 16.2 à 16.4).

Les bactérioses de la peau

Deux genres de bactéries, *Staphylococcus* et *Streptococcus,* sont responsables de bon nombre des maladies touchant la peau. Nous nous y intéressons donc particulièrement dans le présent chapitre et nous en reparlerons dans les chapitres ultérieurs traitant d'autres organes et maladies. Les infections cutanées superficielles staphylococciques ou streptococciques sont très fréquentes. Ces bactéries entrent souvent en contact avec la peau et elles se sont relativement bien adaptées aux conditions physiologiques de ce milieu. En outre, les deux genres produisent des enzymes invasives et des toxines nuisibles qui contribuent au mécanisme physiopathologique.

Les infections cutanées staphylococciques

Les staphylocoques sont des bactéries sphériques à Gram positif qui s'assemblent en grappes de forme irrégulière (figures 3.1d et 6.18). Le réservoir naturel des staphylocoques est l'humain, en particulier ses voies nasales et sa peau, et les animaux à sang chaud. Ces bactéries très résistantes sont fréquemment trouvées dans l'environnement, d'où leur transmission possible par contact indirect (objets contaminés) et par voie aérienne.

Pour la quasi-totalité des applications cliniques, on divise les staphylocoques en deux catégories selon qu'ils produisent ou non de la **coagulase**, enzyme qui provoque la formation de caillots de fibrine dans le sang ; les premiers sont dits à coagulase positive et les seconds, à coagulase négative. De nombreuses souches de staphylocoques à coagulase négative (SCON), tels que *Staphylococcus epidermidis*, habitent la peau, où elles constituent environ 90 % du microbiote cutané normal.

En général, ces bactéries ne sont pathogènes que lorsque la barrière cutanée est rompue ou perforée lors d'une technique médicale effractive, comme l'insertion ou le retrait d'un cathéter veineux. Sur la surface de celui-ci (**figure 16.3**), les bactéries ont tendance à former des biofilms qui les protègent contre le dessèchement et les désinfectants (chapitres 4 et 10). Les SCON sont donc d'importants agents pathogènes nosocomiaux.

Staphylococcus aureus est le plus pathogène des staphylocoques (nous avons traité du SDRM au chapitre 15). On le trouve en permanence dans les voies nasales de 20 % de la population, et

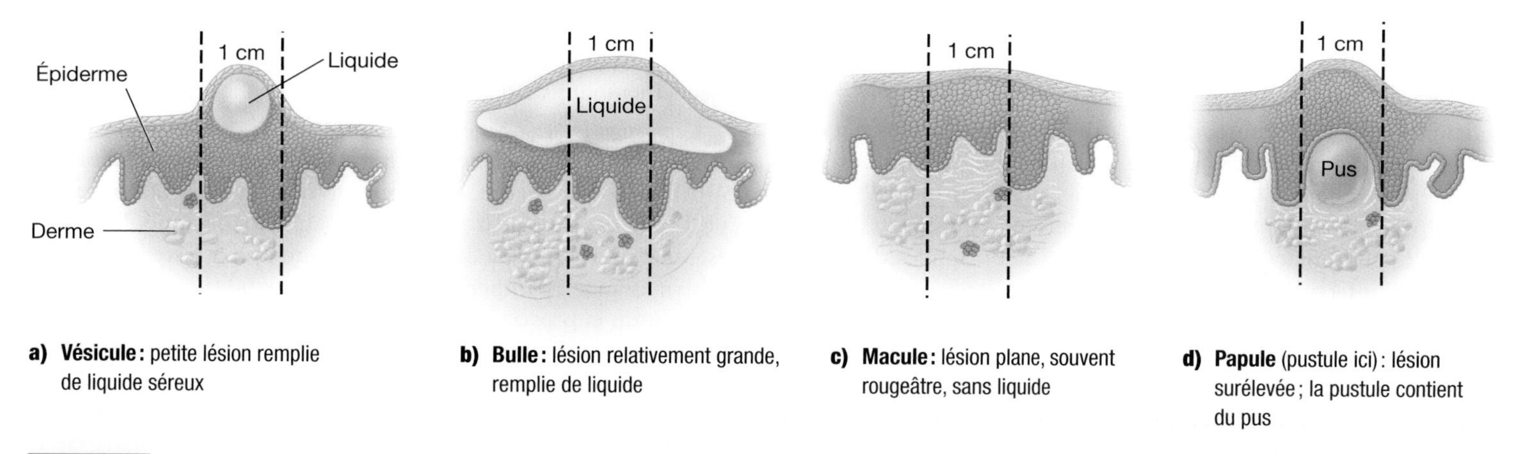

a) Vésicule : petite lésion remplie de liquide séreux

b) Bulle : lésion relativement grande, remplie de liquide

c) Macule : lésion plane, souvent rougeâtre, sans liquide

d) Papule (pustule ici) : lésion surélevée ; la pustule contient du pus

Figure 16.2 Lésions cutanées.

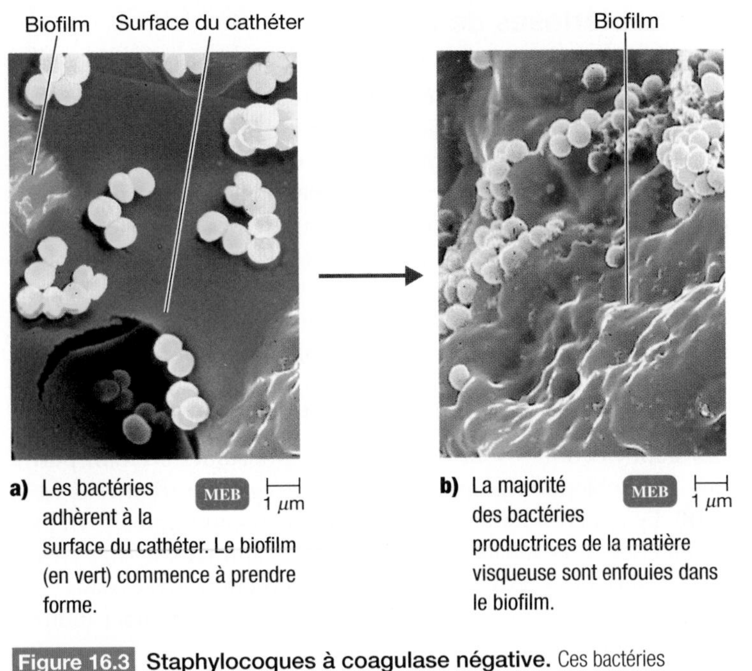

a) Les bactéries adhèrent à la surface du cathéter. Le biofilm (en vert) commence à prendre forme.

b) La majorité des bactéries productrices de la matière visqueuse sont enfouies dans le biofilm.

Figure 16.3 Staphylocoques à coagulase négative. Ces bactéries produisent une substance visqueuse qui leur permet d'adhérer aux objets. **a)** Après s'être fixées au cathéter, elles se mettent à proliférer. **b)** Elles forment un biofilm qui leur sert d'abri et qui finit par recouvrir toute la surface du cathéter.

occasionnellement à cet endroit chez 60 % des gens. Il peut vivre des mois sur une surface exposée à l'air. Il forme des colonies qui sont typiquement jaune d'or. La pigmentation le protège contre les effets antimicrobiens du soleil et les mutants qui en sont dépourvus sont tués plus facilement par les granulocytes neutrophiles. Comparativement à celui de *S. epidermidis*, espèce apparentée mais relativement inoffensive, le génome de *S. aureus* comprend quelque 300 000 paires de bases de plus, consacrées pour une bonne part à un éventail impressionnant de facteurs de virulence et d'attributs qui lui permettent d'échapper aux moyens de défense de l'hôte. Presque toutes les souches pathogènes de *S. aureus* sont à coagulase positive. Il existe une forte corrélation entre la capacité de la bactérie à sécréter de la coagulase et la production de toxines nuisibles dont plusieurs peuvent faciliter sa pénétration dans les tissus, endommager ces derniers ou tuer les cellules chargées de protéger l'hôte. De plus, certaines souches peuvent occasionner une sepsie parfois fatale (chapitre 18), tandis que d'autres produisent des *entérotoxines* qui dérèglent le fonctionnement du tube digestif (chapitre 20).

Lorsqu'il infecte la peau, *S. aureus* provoque une réaction inflammatoire vigoureuse, ce qui attire les granulocytes neutrophiles et les macrophagocytes vers le lieu de l'infection. Toutefois, la bactérie parvient souvent à déjouer la riposte normale de l'hôte. La plupart des souches pathogènes sécrètent une protéine qui entrave le chimiotactisme et empêche les neutrophiles d'accéder au site de l'infection. De plus, s'il lui arrive de rencontrer des phagocytes, la bactérie produit souvent des toxines qui les tuent. Elle résiste à l'opsonisation (chapitre 11), mais si elle est quand même phagocytée, elle peut très bien survivre au sein du phagosome. Elle sécrète également des protéines qui neutralisent les peptides antimicrobiens (défensines) de la peau, et sa paroi cellulaire ne cède pas aux attaques du lysozyme (chapitre 3). Cette bactérie est parfois traitée comme un superantigène par le système immunitaire (chapitre 10), mais le plus souvent elle échappe entièrement à l'immunité adaptative. Tous les humains ont des anticorps spécifiques de *S. aureus*, mais ceux-ci ne préviennent pas efficacement les infections, même après plusieurs expositions au germe. Les souches antibiorésistantes de *S. aureus* sont difficiles à combattre (chapitre 15). Elles sont à l'origine d'infections dans les établissements de santé et dans la communauté (**encadré 16.1**).

Étant souvent présents dans les voies nasales, les staphylocoques dorés ont facilement accès à la peau saine, sur laquelle il leur arrive de se déposer. Là, ils peuvent pénétrer dans le corps, d'ordinaire par un orifice naturel de la barrière cutanée, tel que le conduit d'un follicule pileux. L'infection de ce dernier, ou **folliculite**, prend fréquemment la forme d'un *bouton* ; il s'agit d'une petite inflammation, quelquefois d'une éruption en forme de pustule, centrée sur un poil. Le follicule infecté d'un cil de l'œil s'appelle **orgelet**. Le **furoncle**, ou *clou*, est une infection plus grave de la structure pilosébacée ; il s'agit d'une sorte d'**abcès** composé d'une région purulente entourée de tissu enflammé. Les antibiotiques ne pénètrent pas facilement dans les abcès, qui sont donc difficiles à traiter. Le drainage du pus constitue dans la plupart des cas la première étape d'un traitement efficace.

Si les défenses de l'organisme ne réussissent pas à circonscrire un furoncle, l'infection staphylococcique s'étend aux tissus souscutanés avoisinants, causant une lésion inflammatoire qui groupe plusieurs furoncles. Les dommages résultants, plus étendus, forment un **anthrax** (à ne pas confondre avec la maladie du charbon causée par *Bacillus anthracis*). Si l'infection atteint ce stade, le patient présente alors habituellement les signes d'une maladie infectieuse généralisée, dont de la fièvre.

Les staphylocoques sont le principal agent causal de l'**impétigo**, une infection cutanée très contagieuse qui touche surtout les enfants âgés de 2 à 5 ans, lesquels se la transmettent par contact direct. Le streptocoque β-hémolytique du groupe A (SBHA), dont nous traitons plus loin, peut aussi provoquer l'impétigo, quoique plus rarement. Parfois, *S. aureus* et le SBHA sont tous les deux en cause. La maladie se présente sous deux formes, l'impétigo non bulleux et l'impétigo bulleux. L'**impétigo non bulleux** est l'affection la plus répandue. L'agent pathogène pénètre habituellement par une lésion mineure de la peau. Il arrive qu'il se propage dans les régions adjacentes, par un processus appelé *auto-inoculation*. Les symptômes sont le fait de la réaction de l'hôte à l'infection. Les lésions finissent par se rompre, formant des croûtes jaunâtres (**figure 16.4**). On leur applique parfois un antibiotique topique, mais elles guérissent généralement sans traitement et sans laisser de cicatrice.

L'*impétigo bulleux*, une forme localisée du **syndrome d'épidermolyse staphylococcique aigu** (ou **syndrome des enfants ébouillantés** ou encore syndrome de nécrolyse épidermique de type Lyell), est causé par une toxine staphylococcique. En fait, il existe deux sérotypes de cette toxine. La toxine A reste localisée et donne naissance à l'impétigo bulleux. La toxine B se propage dans la circulation et provoque le syndrome des enfants ébouillantés. Les deux sérotypes donnent lieu à une *exfoliation*, ou séparation des couches de la peau (**figure 16.5**). Les flambées d'impétigo bulleux sont fréquentes dans les pouponnières des hôpitaux, où la maladie porte le nom d'**impétigo du nouveau-né**. (Voir le paragraphe sur l'hexachlorophène au chapitre 14.)

CAS CLINIQUES **Encadré 16.1** Extrait de *Morbidity and Mortality Weekly Report*

Des infections contractées au gymnase

En lisant cet encadré, vous serez amené à considérer une suite de questions que les épidémiologistes se posent quand ils tentent de remonter aux origines d'une flambée d'infections. Examinez chaque question dans l'ordre où elle se présente et essayez d'y répondre avant de passer à la suivante.

❶ Un étudiant de 21 ans, joueur de football, consulte la clinique de médecine du sport de l'université où il joue pour faire soigner un placard rouge de 11 cm × 5 cm sur sa cuisse droite. La peau à cet endroit est enflée et chaude, et sensible au toucher. L'étudiant n'a pas de fièvre. On lui prescrit du sulfaméthoxazole-triméthoprime.

Qu'indiquent ces symptômes et le traitement donné?

❷ Deux jours plus tard, le mal s'est aggravé. L'étudiant retourne à la clinique, où on constate que le placard s'est agrandi. On pose un diagnostic de cellulite. La pustule est incisée et drainée.

Quels autres renseignements devez-vous tenter d'obtenir?

❸ On soumet le pus à une coloration de Gram (**figure A**) et, après avoir mis le microbe en culture, on vérifie s'il produit de la coagulase (**figure B**).

Quelle est la cause de l'infection?

❹ La présence de cocci à Gram positif et à coagulase positive indique qu'il s'agit de *Staphylococcus aureus*.

Quel est le traitement recommandé?

Figure A MO 5 µm

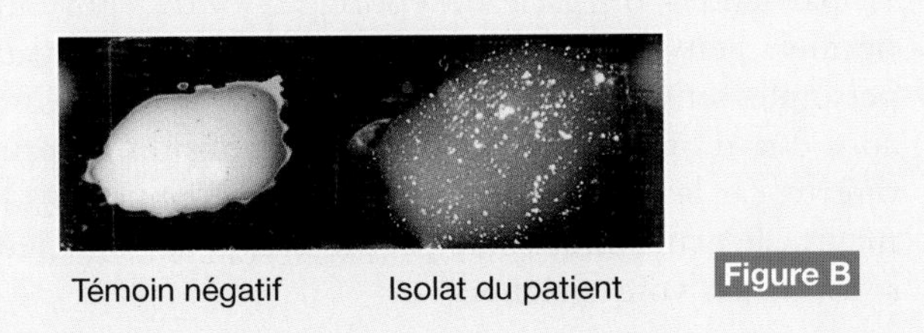

Témoin négatif — Isolat du patient

Figure B

❺ Les résultats des épreuves de sensibilité sont présentés à la **figure C**.

Quel est le traitement approprié?

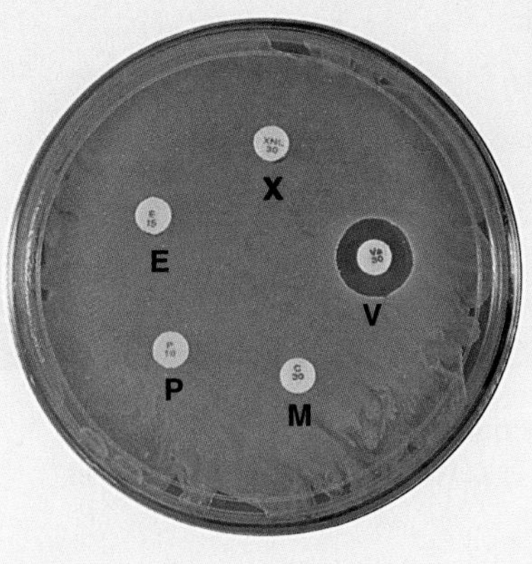

Figure C (P = pénicilline; M = méthicilline; E = érythromycine; V = vancomycine; X = sulfaméthoxazole-triméthoprime)

❻ En 3 mois, 10 membres des équipes de football et d'escrime, souffrant de cellulite, se sont présentés à la clinique de médecine du sport. Sept d'entre eux ont été hospitalisés; l'un d'eux a subi un débridement chirurgical et a reçu des greffes de peau.

Quelle est la source la plus probable de ce staphylocoque doré résistant à la méthicilline (SDRM)?

Les recherches décrites dans le présent rapport n'ont pas permis de cerner les causes exactes de la transmission du SDRM. Toutefois, trois facteurs ont pu contribuer à la propagation du microbe. Premièrement, dans certains sports, il n'est pas rare de subir des abrasions et d'autres lésions de la peau, lesquelles offrent une porte d'entrée aux agents pathogènes. Deuxièmement, les contacts physiques entre les joueurs sont fréquents dans certains sports. Dans ces circonstances, les microorganismes qui font partie du microbiote de la peau, tels que *S. aureus*, se transmettent facilement d'une personne à l'autre. Troisièmement, l'équipement ou les articles personnels que les individus s'échangent entre eux sans les laver au préalable sont des véhicules potentiels de *S. aureus*.

L'analyse des flambées d'infections à SDRM chez les joueurs professionnels de football (2004) et de baseball (2005) a révélé que toutes les infections avaient pris naissance dans des abrasions causées par des chutes ou des glissades au sol, et qu'elles s'étaient transformées rapidement en abcès de bonne taille nécessitant un drainage chirurgical. On a prélevé des staphylocoques dorés résistants à la méthicilline dans les bains à remous et les gels utilisés pour les bandages, ainsi que dans 35 des 84 prélèvements narinaires obtenus des joueurs et du personnel.

Il est possible que les médecins puissent prévenir la récurrence des infections en faisant des prélèvements et des cultures de routine lorsque les athlètes présentent des lésions infectées.

Sources: *MMWR*, 52(33): 793-795 (22 août 2003); *MMWR*, 55(24): 677-679 (23 juin 2006).

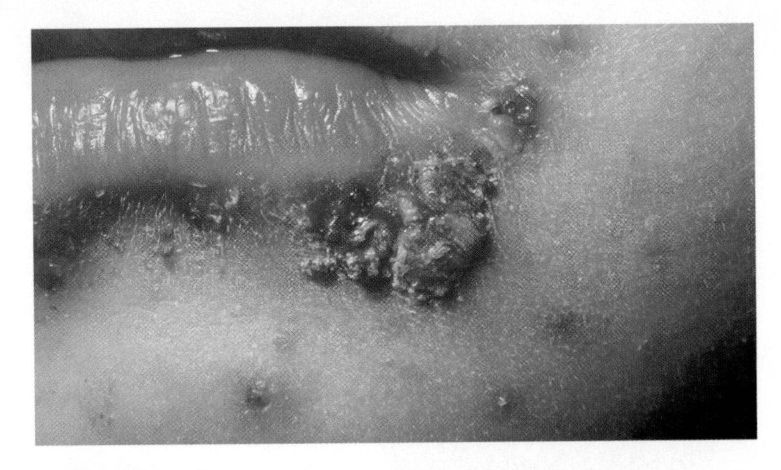

Figure 16.4 Lésions caractéristiques de l'impétigo causées par le SBHA. Apparition de vésicules et (ou) de pustules cutanées recouvertes d'une croûte jaunâtre.

Le syndrome staphylococcique des enfants ébouillantés est aussi associé aux derniers stades du **syndrome de choc toxique**. Ce dernier est caractérisé par de la fièvre, des vomissements et une éruption cutanée (vasodilatation périphérique) rappelant un coup de soleil, suivis par une chute de la pression artérielle et, quelquefois, par un dysfonctionnement organique, en particulier celui des reins. Ce syndrome parfois fatal a attiré l'attention au moment où l'on a mis en évidence un lien entre l'infection par les staphylocoques et l'emploi d'un type de tampon hygiénique très absorbant; la corrélation est particulièrement forte lorsque le tampon, contaminé par *S. aureus,* reste en place durant une longue période. La toxine staphylococcique – principalement la toxine du syndrome de choc toxique de type 1 (*TSST-1 = toxic shock syndrome toxin-1*) – pénètre dans la circulation sanguine depuis le site de croissance de la bactérie, soit à l'intérieur et autour du tampon, puis se dissémine dans le sang. Les symptômes occasionnés par cette toxine seraient attribuables à ses propriétés de superantigène (chapitre 10).

Au Canada, les tampons hygiéniques sont considérés comme des dispositifs médicaux. Santé Canada veille à ce qu'ils soient sûrs et de grande qualité grâce aux exigences d'homologation, de fabrication et de suivi après-vente. Malgré toutes ces précautions, à l'heure actuelle, quelques cas de syndrome de choc toxique sont encore associés aux tampons hygiéniques utilisés lors des menstruations.

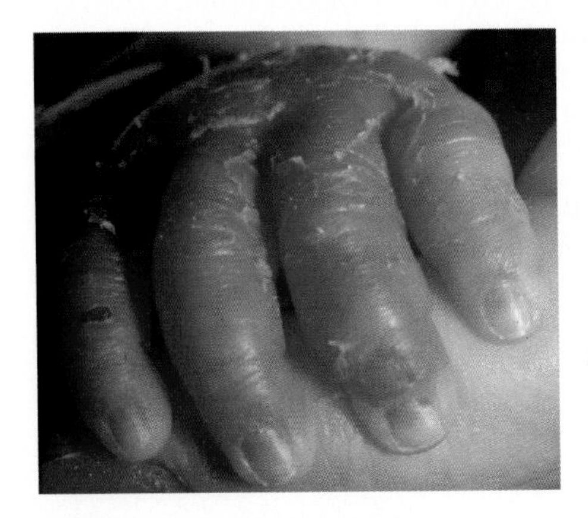

Figure 16.5 Lésions caractéristiques du syndrome staphylococcique des enfants ébouillantés. Décollement de larges feuillets de peau, par exemple sur la main.

Au Québec, une jeune adolescente en est morte au printemps 2011. Les autres cas résultent d'infections staphylococciques postérieures à une chirurgie nasale au cours de laquelle on a employé des tampons absorbants, à une incision chirurgicale, à la présence d'un instrument médical à demeure (cathéter, par exemple) ou à un accouchement.

Les infections cutanées streptococciques

Les streptocoques sont des bactéries à Gram positif, de forme sphérique et habituellement regroupées en chaînettes (figures 3.1a et 6.19). Ils sont responsables de tout un éventail d'états pathologiques tels que le mal de gorge (angine), l'otite moyenne, la méningite, la pneumonie, l'endocardite, la fièvre puerpérale et même la carie dentaire; nous traitons de certaines de ces maladies ici et dans les prochains chapitres.

Lorsqu'ils se développent, les streptocoques pathogènes élaborent des enzymes et des toxines telles que les *hémolysines,* qui lysent les érythrocytes. On classe ces bactéries selon le type d'hémolysine qu'elles produisent; on distingue les streptocoques α-hémolytiques, β-hémolytiques et γ-hémolytiques (ces derniers étant en fait non hémolytiques) (figure 6.19). Les hémolysines peuvent lyser non seulement les érythrocytes, mais aussi presque n'importe quelle cellule. Cependant, on ne sait pas exactement quel rôle elles jouent dans la pathogénicité des streptocoques.

Les streptocoques sont aussi classés en différents groupes antigéniques (méthode de Lancefield), chaque groupe étant désigné par une lettre de A à H, de K à P et de R à V selon la spécificité de l'antigène – le polyoside C – présent ou non sur la paroi cellulaire. Les streptocoques β-hémolytiques des groupes A, B, C ou G sont les plus souvent associés à des maladies. Le plus pathogène de ces groupes pour l'humain est celui formé par les *streptocoques β-hémolytiques du groupe A (SBHA)*; ce groupe comprend une seule espèce dont le nom latin est *Streptococcus pyogenes* et, à ce titre, on considère souvent les deux expressions comme synonymes. Les SBHA sont parmi les agents pathogènes les plus courants et sont responsables de plusieurs maladies infectieuses – dont certaines sont mortelles. Les humains constituent le seul réservoir naturel de cette bactérie que l'on trouve fréquemment dans le nez, la gorge, la salive et sur la peau. Des porteurs symptomatiques la propagent par contact direct via des mains contaminées par des sécrétions (nez, gorge, plaie). Lorsque ces streptocoques pathogènes sont présents de façon transitoire et en faible quantité sur les muqueuses, la gorge en particulier, on parle de « portage » et de « porteur sain ». Ces derniers peuvent transmettre les streptocoques pathogènes à des personnes sensibles qui développeront une maladie. L'infection peut aussi être d'origine endogène. La transmission est principalement directe, car la bactérie ne survit pas longtemps dans l'environnement; elle peut aussi se faire par projection de gouttelettes et, moins souvent, par voie aérienne.

Les SBHA sont divisés en plus de 80 types sérologiques, suivant les propriétés antigéniques de la *protéine M* présente chez certaines souches (**figure 16.6**). Cette protéine est située à l'extérieur de la paroi cellulaire, sur une couche filamenteuse de fimbriæ. La protéine M semble faciliter l'adhérence de la bactérie aux muqueuses, étape qui précède obligatoirement la colonisation (chapitre 10). Elle inhibe l'activation du complément, ce qui permet au microbe

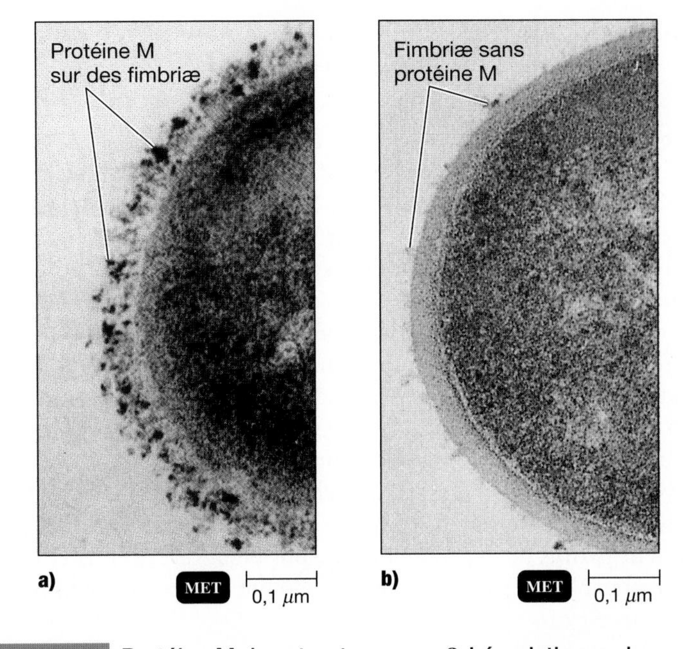

Figure 16.6 Protéine M des streptocoques β-hémolytiques du groupe A. a) Partie d'une cellule qui porte la protéine M sur une couche filamenteuse de fimbriæ superficielles. **b)** Partie d'une cellule dépourvue de protéine M.

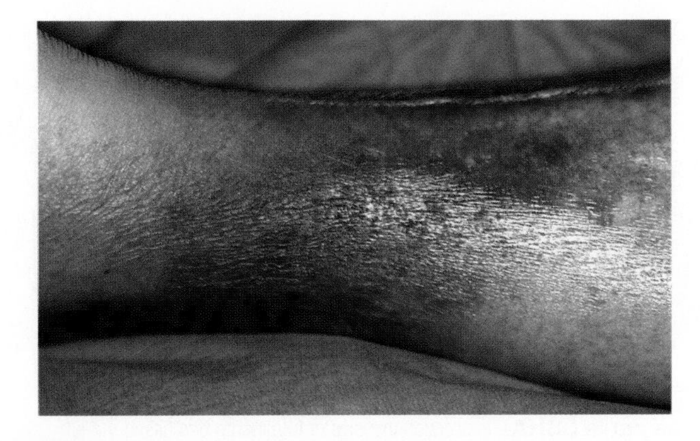

Figure 16.7 Lésions caractéristiques de l'érysipèle causé par le SBHA. Apparition de placards rouges dont la périphérie est surélevée ; l'affection peut entraîner la destruction des tissus.

d'échapper à la phagocytose par les granulocytes neutrophiles. Elle joue donc un rôle majeur dans la virulence des diverses souches qui la possèdent. Et bien qu'elle suscite la formation d'anticorps protecteurs, l'immunisation contre une souche spécifique de streptocoques, par exemple de type M1 ou M2, ne protège pas contre un autre sérotype. La virulence des SBHA dépend aussi de leur capsule d'acide hyaluronique. Les souches exceptionnellement virulentes sont riches en protéine M et sont fortement encapsulées, ce qui leur confère un aspect mucoïde sur les géloses au sang. L'acide hyaluronique n'est pas très immunogénique (il ressemble au tissu conjonctif humain), si bien que la production d'anticorps dirigés contre la capsule est faible.

Les SBHA produisent des substances qui favorisent la diffusion rapide de l'infection à travers les tissus par la liquéfaction du pus. Parmi ces substances, on compte les *streptokinases,* enzymes qui dissolvent les caillots sanguins et empêchent la formation de barrières fibrineuses autour des foyers infectieux, l'*hyaluronidase,* enzyme qui dissout l'acide hyaluronique (constituant du tissu conjonctif qui sert à souder les cellules les unes aux autres) et la *désoxyribonucléase* ou *ADNase,* une enzyme qui dégrade l'ADN. Ils élaborent aussi des *streptolysines*, dont la streptolysine O, une enzyme qui lyse les érythrocytes, les granulocytes neutrophiles et les thrombocytes.

Les infections cutanées streptococciques sont généralement localisées mais, si la bactérie atteint les tissus profonds, elle risque d'être très destructive. Lorsqu'il infecte le derme, le SBHA cause l'**érysipèle**. Cette maladie grave est caractérisée par l'apparition de placards rouges, chauds et douloureux dont la périphérie est surélevée (**figure 16.7**), et son évolution peut entraîner la destruction des tissus ; il arrive même que l'agent pathogène entre dans la circulation sanguine, provoquant ainsi une septicémie (chapitre 10 ; septicémie à Gram positif). Habituellement, l'infection se manifeste d'abord sur le visage et, dans la plupart des cas, elle est précédée d'une **pharyngite** (angine) streptococcique. Elle s'accompagne couramment de fièvre élevée. Heureusement, le SBHA est encore sensible aux β-lactamines, spécialement aux céphalosporines.

La **fasciite nécrosante** est une infection invasive due au SBHA, appelé couramment *bactérie mangeuse de chair* (**figure 16.8**). Les SBHA pénètrent généralement par une petite blessure cutanée et les premiers symptômes de l'infection sont difficiles à reconnaître, de sorte que le diagnostic et le traitement peuvent être retardés – entraînant de graves conséquences. Une fois déclarée, la maladie nécrosante peut détruire les tissus aussi rapidement qu'on peut en faire l'ablation chirurgicale, et le taux de mortalité due à une intoxication systémique dépasse 40 %. Les SBHA sont les agents pathogènes le plus souvent responsables de l'infection, mais d'autres bactéries peuvent provoquer des lésions similaires.

Des toxines font partie du mécanisme physiopathologique à l'origine de la nécrose tissulaire. L'un des facteurs déterminants de la virulence est la sécrétion dans le sang de toxines érythrogènes, dont l'*exotoxine A,* produite par des souches de SBHA dont la paroi cellulaire présente certains types de protéines M. En agissant comme un superantigène, l'exotoxine A déclenche une réaction exagérée et généralisée du système immunitaire qui favorise l'infection au lieu de la combattre.

Dans bien des cas, la fasciite nécrosante est associée au **syndrome de choc toxique streptococcique (SCTS)**. Celui-ci ressemble au syndrome de choc toxique staphylococcique dont il a été question plus haut, mais on y observe moins souvent d'éruption, alors que la probabilité de bactériémie est plus élevée. En outre, des protéines M se détachent de la surface des streptocoques et forment avec le fibrinogène des complexes qui se lient aux granulocytes neutrophiles et les activent. Ces derniers libèrent alors des enzymes qui endommagent les organes et précipitent l'état de choc.

Dans les cas les plus graves, les personnes infectées par un SBHA invasif peuvent développer une hypotension progressive et une défaillance multiviscérale. La chute de pression sanguine aboutit à une ischémie des tissus et, par ricochet, à une mauvaise oxygénation des cellules. Ces conditions anaérobies contribuent à

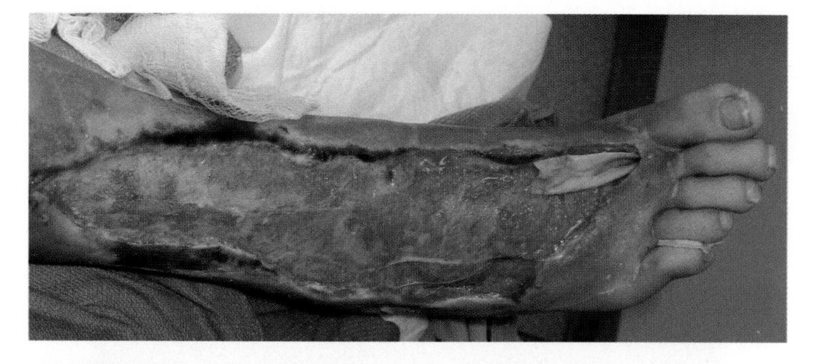

Figure 16.8 Lésions caractéristiques de la fasciite nécrosante causée par le SBHA. Destruction invasive et fulminante des tissus mous.

la destruction tissulaire et à l'apparition de zones de nécrose extrêmement douloureuses. Les SBHA anaérobies attaquent les tissus nécrosés solides (*cellulite*), les muscles (*myosite*) ou l'enveloppe des muscles (*fasciite*) de façon **fulminante**, et la progression de la maladie peut se faire à un rythme de 2 cm à l'heure si un traitement antibiotique n'est pas administré très rapidement.

Des antibiotiques à large spectre sont habituellement prescrits compte tenu de la présence possible de plusieurs autres espèces bactériennes pathogènes. La destruction massive de tissus exige généralement une chirurgie de reconstruction ou même, l'amputation du membre atteint. Depuis que Santé Canada en a fait l'objet d'une surveillance nationale en janvier 2000, on a noté la présence de l'infection fulgurante au SBHA chez trois à sept personnes sur un million par année au Canada. Près de 15 000 cas sont déclarés chaque année aux États-Unis.

Les infections à *Pseudomonas*

Pseudomonas est un bacille aérobie à Gram négatif, surtout présent dans le sol et l'eau. Il peut vivre dans n'importe quel milieu humide et est capable de se développer sur une infime quantité de matière organique, telle qu'un film de savon ou l'adhésif utilisé pour maintenir un pansement ou pour coller le joint d'un bouchon ; on le trouve aussi dans les humidificateurs et les pots de fleurs, et sur les balais à franges mouillées. Cette bactérie est résistante à plusieurs antibiotiques et désinfectants. L'espèce la plus importante est *Pseudomonas æruginosa,* qui est considérée comme un modèle d'agent pathogène opportuniste ; c'est aussi un agent commun d'infections nosocomiales (chapitres 6, 9 et 14).

Le bacille provoque fréquemment des poussées de **dermatite à *Pseudomonas***, une éruption cutanée de petits boutons rouges qui régresse spontanément, dure environ deux semaines et est souvent associée à l'immersion dans une piscine ou dans un bain à remous. Par exemple, si un grand nombre d'enfants se baignent dans une piscine, l'alcalinité augmente et le chlore perd de son efficacité ; de plus, la concentration des nutriments indispensables au développement de *Pseudomonas* croît elle aussi. Les enfants, dont la peau est plus sensible, contractent une dermatite qui peut s'étendre sur presque tout le corps. L'immersion en eau chaude aggrave le problème parce que la chaleur entraîne la dilatation des follicules pileux, ce qui facilite la pénétration des bactéries. Par ailleurs, les nageurs souffrent couramment d'**otite externe**, ou otite des piscines, douloureuse infection à *Pseudomonas* du conduit auditif, qui aboutit à l'inflammation de la membrane du tympan.

P. æruginosa produit plusieurs exotoxines, responsables en grande partie de la virulence de ce bacille, de même qu'une endotoxine. La bactérie forme des biofilms denses qui colonisent les dispositifs médicaux et les sondes à demeure, causant des infections nosocomiales (figure B de l'encadré 3.1). À l'exception d'atteintes cutanées superficielles et de l'otite externe, les infections à *P. æruginosa* sont rares chez les individus sains. Ce bacille cause cependant des infections opportunistes des voies respiratoires chez les personnes affaiblies par une déficience immunitaire (naturelle ou d'origine médicamenteuse) ou par une maladie pulmonaire chronique, telle que la mucoviscidose (ou fibrose kystique du pancréas). *P. æruginosa* est aussi un agent pathogène opportuniste très commun et très grave chez les brûlés, notamment chez ceux qui ont subi des brûlures au deuxième ou au troisième degré. Les infections s'accompagnent parfois de la production de pus bleu-vert dont la couleur est attribuable à la **pyocyanine**, un pigment bactérien, dont l'odeur de raisin est caractéristique.

La résistance relative aux antibiotiques, caractéristique de *Pseudomonas,* demeure un problème (chapitre 15). On a cependant élaboré plusieurs nouveaux antibiotiques au cours des dernières années, et la chimiothérapie utilisée pour traiter les infections dues à ce bacille est moins limitée qu'autrefois. Les médicaments d'élection sont généralement les fluoroquinolones et les nouveaux antibiotiques de la classe des β-lactamines. La sulfadiazine d'argent est très utile pour le traitement des brûlures infectées par *P. æruginosa.*

L'acné

L'**acné** est probablement la maladie de la peau la plus fréquente chez les humains. On estime que plus de 85 % des adolescents en Amérique du Nord en sont atteints à divers degrés. On distingue trois catégories d'acnés selon le type de lésions présentes : l'acné comédonienne, l'acné inflammatoire et l'acné nodulokystique. Chacune d'elles nécessite un traitement particulier.

En règle générale, les cellules épithéliales qui se détachent de la paroi intérieure des follicules pileux sont acheminées vers la surface de la peau et expulsées. Lorsqu'elles sont très nombreuses, elles peuvent se combiner au sébum et boucher les follicules, provoquant l'acné. L'accumulation de sébum donne naissance aux comédons, qui forment des points noirs au contact de l'air. Ces derniers sont noirs, non pas parce qu'ils retiennent la saleté, mais entre autres choses, parce que les lipides qu'ils contiennent s'oxydent. Les médicaments topiques n'atténuent pas la sécrétion de sébum, laquelle est la cause de l'acné et dépend de l'action d'hormones telles que les œstrogènes et les androgènes. Le régime alimentaire n'a pas d'effet connu sur la production de sébum. Par contre, la grossesse, certains contraceptifs hormonaux et les changements des taux d'hormones liés à l'âge en réduisent la formation.

L'**acné comédonienne** est une forme légère de l'affection qui se traite habituellement par des agents topiques tels que l'acide azélaïque (Azelex), des préparations d'acide salicylique et des rétinoïdes (dérivés de la vitamine A, tels que la trétinoïne, le tazarotène [Tazorac] ou l'adapalène [Differin]). Ces agents n'influent pas sur la production de sébum.

L'**acné inflammatoire** est une affection de gravité moyenne qui résulte de l'activité de certaines bactéries, en particulier *Propionibacterium acnes*, un bacille diphtéroïde anaérobie souvent présent sur la peau. *P. acnes* a besoin de glycérol, qu'il obtient en métabolisant le sébum. Ce faisant, il libère des acides gras qui provoquent une réaction inflammatoire. Attirés sur les lieux, les granulocytes neutrophiles sécrètent des enzymes qui endommagent la paroi du follicule pileux. Il se forme alors des papules et des pustules. Dans ces conditions, le traitement de prédilection consiste à freiner la production de sébum, par exemple au moyen d'isotrétinoïne (Accutane). Malheureusement, ce médicament est *tératogène*, c'est-à-dire qu'il risque de causer des anomalies du fœtus chez les femmes enceintes. Environ le tiers des bébés qui y ont été exposés in utero naissent avec des malformations aux conséquences tragiques. En raison de ces effets secondaires importants, on n'administre habituellement l'isotrétinoïne que dans les cas d'acné grave.

On peut aussi traiter l'acné inflammatoire avec des antibiotiques qui ciblent *P. acnes*. Les lotions contre l'acné en vente libre qui contiennent du peroxyde de benzoyle sont efficaces contre les bactéries, en particulier *P. acnes,* et leur action déshydratante contribue à désobstruer les follicules. Le peroxyde de benzoyle est également offert sous forme de gel et dans des préparations où il est combiné avec un antibiotique tel que la clindamycine (BenzaClin) ou l'érythromycine (Benzamycin). La U.S. Food and Drug Administration a également approuvé des traitements non chimiques pour l'acné légère ou modérée. Ainsi, dans le système Clear Light, qui consiste à exposer la peau à une lumière bleue (de 405 à 420 nm) de haute intensité, et le traitement Smoothbeam, au laser, la pénétration de l'épiderme par les rayons lumineux accélère la guérison et empêche la formation des boutons. On a aussi approuvé récemment un petit dispositif portable appelé ThermaClear qui permet de traiter les lésions au moyen de bouffées de chaleur.

Certaines personnes sont atteintes d'une forme grave d'acné, appelée **acné nodulokystique**. Les nodules, ou kystes, sont des lésions enflammées remplies de pus, creusant profondément dans la peau (**figure 16.9**). Ces lésions laissent des cicatrices apparentes sur le visage et le tronc, et parfois aussi des cicatrices psychologiques. Le traitement de cette affection a fait un grand bond en avant avec l'arrivée de l'isotrétinoïne, qui donne des résultats spectaculaires dans bien des cas. Toutefois, rappelons qu'il faut s'en servir avec circonspection et éviter de l'administrer aux femmes enceintes, ne serait-ce que pour quelques jours.

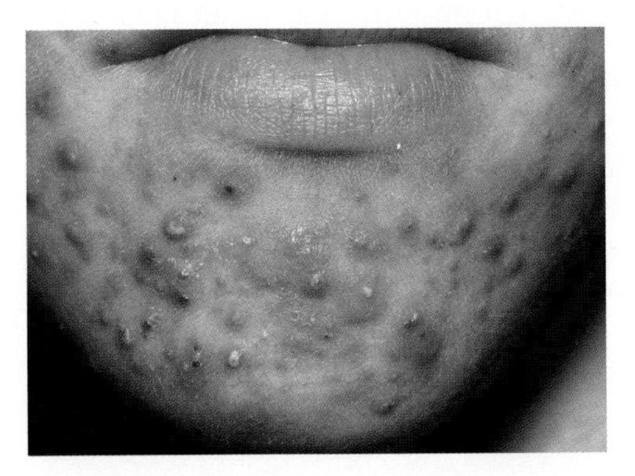

Figure 16.9 Lésions caractéristiques de l'acné grave. Pustules enflammées causées par *Propionibacterium acnes.*

▶ Vérifiez vos acquis

Dans quelle espèce de bactérie trouve-t-on le facteur de virulence appelé protéine M? **16-3**

Comment appelle-t-on familièrement l'otite externe? **16-4**

Les viroses de la peau

Plusieurs viroses (maladies virales), de nature généralisée et transmissibles par les voies respiratoires ou autres, sont apparentes surtout par leurs effets sur la peau.

Les verrues

Les **verrues**, aussi appelées condylomes ou encore papillomes, sont des excroissances de la peau, le plus souvent bénignes, causées par un virus du genre *Papillomavirus* – famille des *Papovaviridæ*, virus à ADN double brin, sans enveloppe (tableau 8.2). Les verrues sont transmissibles par contact interhumain, sexuel ou autre; on connaît actuellement plus de 50 types de papillomavirus humains qui provoquent la formation de divers genres de verrues, dont l'apparence est très variable. Les verrues communes et les verrues plantaires en sont des exemples.

Le papillomavirus s'introduit par une éraflure ou une petite coupure à la surface de la peau. Fixé dans l'épiderme, il entraîne une prolifération anormale des cellules qui se manifeste par une petite excroissance; toutefois, la verrue elle-même n'apparaît qu'après une période d'incubation de plusieurs semaines suivant l'infection. Dans certains cas, les virus restent latents pendant des années et ont tendance à produire des verrues en période de stress et de fatigue. La transmission peut se faire par contact direct avec les verrues. Les personnes dont la peau est sèche, fendillée ou eczémateuse sont les plus susceptibles à l'infection. Le fait de marcher pieds nus dans des endroits publics, tels que les piscines, les douches et les centres sportifs, favorise la transmission des verrues plantaires dont les virus persistent dans l'environnement. Les petites excoriations ou les microfissures de la peau de la plante des pieds constituent les portes d'entrée du virus.

Les verrues disparaissent souvent spontanément et le besoin de les traiter est plutôt esthétique, sauf en ce qui concerne les verrues plantaires. Parmi les traitements les plus courants, on compte l'application d'azote liquide à très basse température (cryothérapie), le dessèchement au moyen d'un courant électrique (électrocoagulation) et la destruction à l'aide d'un acide – les produits à base d'acide salicylique seraient particulièrement efficaces. L'application locale de médicaments d'ordonnance, tels que le podofilox ou l'imiquimode, produit souvent de bons résultats. Dans le cas des verrues résistantes à tout traitement, on utilise des injections de bléomycine (une substance qui empêche les cellules de se multiplier) ou le laser. Cependant, l'emploi du laser sur des verrues produit un aérosol chargé de virus, de sorte que des médecins qui ont appliqué ce traitement ont eux-mêmes contracté des verrues, en particulier dans les narines.

L'incidence des verrues génitales, dont il sera question au chapitre 21, a atteint des proportions épidémiques. Bien que ces verrues ne soient pas cancéreuses, certains cancers de la peau et du col de l'utérus sont associés aux virus du genre *Papillomavirus.*

La variole

On estime qu'au Moyen Âge environ 80 % des Européens contractaient la **variole** à un moment ou à un autre de leur vie, et ceux qui survivaient à la maladie portaient de vilaines cicatrices. La variole, introduite en Amérique par les colons européens, a été encore plus dévastatrice pour les autochtones, qui n'y avaient jamais été exposés et étaient donc peu résistants.

La variole est causée par un virus du genre *Orthopoxvirus* – famille des *Poxviridæ*, virus à ADN double brin, enveloppé (tableau 8.2). Il existe deux formes principales de la maladie : la **variole majeure** et la **variole mineure**, dont les taux de mortalité sont respectivement d'au moins 20 % et de moins de 1 %. (La seconde forme a fait son apparition autour de 1900.)

Transmis initialement par voie aérienne, le virus pénètre par les voies respiratoires, puis infecte plusieurs organes internes avant que sa diffusion dans la circulation sanguine ne provoque les éruptions caractéristiques et d'autres signes et symptômes facilement reconnaissables. La réplication du virus dans les cellules des couches de l'épiderme entraîne la formation de lésions qui se développent en pustules au bout d'une dizaine de jours (**figure 16.10**). Dans les cas graves, les pustules peuvent devenir presque confluentes.

La variole est la première maladie contre laquelle on a élaboré un vaccin (chapitres 1 et 26 EN LIGNE) et la première à avoir été éradiquée à l'échelle mondiale, le dernier cas naturel de variole mineure datant de 1977. L'éradication de la maladie a été possible parce qu'on a mis au point un vaccin efficace et qu'il n'existe pas de réservoir animal. Les efforts de vaccination à l'échelle planétaire ont été coordonnés par l'Organisation mondiale de la santé (OMS).

Depuis un certain nombre d'années, les sources les plus probables de la variole sont les stocks de virus conservés dans des laboratoires. Le risque n'est pas purement théorique : il y a eu plusieurs cas d'infections reliés à des expériences de laboratoire, dont un a été fatal. À l'heure actuelle, il n'existe plus que deux sites d'entreposage connus du virus, l'un aux États-Unis et l'autre en Russie. Une date pour la destruction de tous les stocks avait été choisie, mais l'échéance a été repoussée.

Le virus de la variole pourrait être un instrument de bioterrorisme particulièrement dangereux. Aux États-Unis, la vaccination a cessé au début des années 1970. L'immunité des personnes déjà vaccinées s'est affaiblie, bien qu'elle soit probablement suffisante pour atténuer la maladie, le cas échéant. À titre de précaution, on continue de mettre en réserve des préparations de vaccin antivariolique, mais il n'existe aucun programme de vaccination générale de la population. Seulement quelques groupes, dont les militaires et les travailleurs de la santé, font exception. S'il était administré à toute la population, le vaccin occasionnerait un certain nombre de décès, en particulier chez les personnes immunodéprimées.

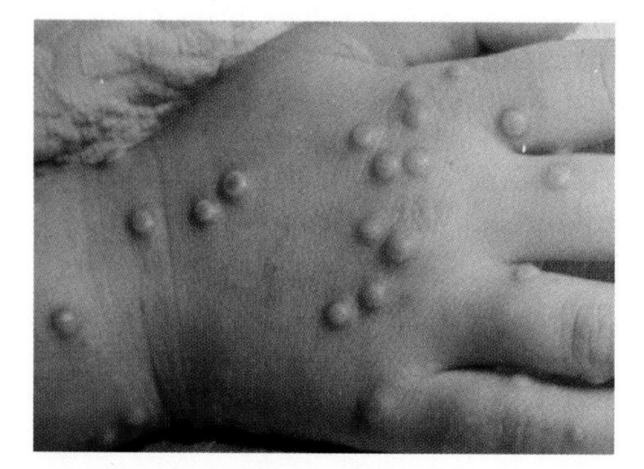

Figure 16.10 Lésions caractéristiques de la variole. Apparition de pustules cutanées qui peuvent, dans les cas graves, devenir presque confluentes.

À l'heure actuelle, on est à la recherche de médicaments antiviraux efficaces. Le cidofovir, administré par voie intraveineuse, est un de ceux-là. Toutefois, à défaut de patients atteints de la variole, il est difficile de mener des essais cliniques dont on puisse tirer des conclusions valables. Rien ne garantit qu'un produit efficace en éprouvette le sera aussi chez l'humain.

La varicelle et le zona

La **varicelle**, communément appelée *picote,* est une maladie infantile relativement bénigne, très contagieuse et répandue dans le monde entier, en particulier dans les grandes villes à population dense.

L'humain est le seul réservoir. En Amérique du Nord, la séroprévalence* de la varicelle est très élevée : de 90 à 95 % de la population possède des anticorps spécifiques avant l'âge de 15 ans. Le taux de mortalité est très faible et les décès dus à la maladie sont généralement consécutifs à des complications telles que l'encéphalite et la pneumonie virales. La varicelle est peu fréquente chez les adultes parce qu'elle a une forte incidence chez les enfants et qu'elle confère une immunité durable. Cependant, elle est beaucoup plus grave chez les adultes, et le taux de mortalité est relativement élevé dans ce groupe. Les sujets immunodéprimés y sont particulièrement vulnérables ; des complications neurologiques peuvent apparaître. La varicelle provoque de graves anomalies fœtales dans environ 2 % des cas où la mère contracte la maladie au début de la grossesse.

La varicelle (**figure 16.11a**) résulte d'une infection initiale causée par un virus du genre *Varicellovirus*, appelé herpèsvirus humain de type 3 (HHH-3) ou, plus couramment, virus de la varicelle et du zona – famille des *Herpesviridae*, virus à ADN double brin, enveloppé (tableau 8.2). Le mécanisme physiopathologique qui conduit à l'apparition des vésicules de la varicelle débute par la pénétration du virus dans le système respiratoire, puis sa diffusion dans le sang (virémie) ; l'infection s'installe dans les cellules de la peau 2 à 3 semaines plus tard (période d'incubation). Apparaissent alors une fièvre légère, des maux de tête, des écoulements de nez et un malaise général. La multiplication des virus dans les cellules de la peau et leur lyse entraînent l'apparition d'éruptions, d'abord maculaires puis vésiculaires, souvent accompagnées de prurit. Elles durent de 3 à 4 jours, pendant lesquels les vésicules se remplissent de liquide transparent, se rompent et forment des croûtes avant de disparaître. Les lésions débutent majoritairement sur le visage, la gorge et le bas du dos, mais elles peuvent s'étendre au thorax, aux épaules et au dos, notamment sur des zones de peau irritée, et même gagner tout le corps, y compris le cuir chevelu. Elles apparaissent par vagues mais disparaissent généralement au bout de 2 semaines. Le liquide présent dans les lésions cutanées contient les virus ; une fois qu'elles sont devenues sèches et se sont recouvertes d'une croûte, les lésions ne sont plus contagieuses. La transmission

* Séroprévalence : dans une population donnée, nombre de personnes qui répondent positivement à des tests sériques basés sur les techniques de détection d'anticorps spécifiques.

se fait donc par contact direct avec la peau infectée, par gouttelettes de mucus et par voie aérienne dans de fines gouttelettes contenant le virus. La contagion est possible de 1 à 2 jours avant le début de l'éruption et jusqu'à 5 jours après. Malgré le danger de contagion, on ne préconise pas de tenir à l'écart d'un enfant malade des enfants en bonne santé puisqu'il est préférable de contracter la maladie en bas âge. Cependant, les enfants immunodéprimés doivent être tenus éloignés et, dans certains cas, recevoir des immunoglobulines spécifiques.

Le **syndrome de Reye** est une complication grave, mais inhabituelle, de la varicelle, de la grippe et de diverses autres viroses. Quelques jours après la disparition de l'infection initiale, le patient est pris de vomissements incoercibles et il présente des signes de dysfonctionnement cérébral, tels qu'une léthargie marquée ou de l'agitation. Le coma et la mort peuvent s'ensuivre. Le taux de mortalité, qui a déjà été de près de 90% des cas déclarés, a chuté avec l'amélioration des soins; il est actuellement d'au plus 30% dans les cas où la maladie est diagnostiquée et traitée relativement tôt. Les survivants, surtout s'ils sont très jeunes, peuvent souffrir de séquelles neurologiques. Le syndrome de Reye touche presque exclusivement les enfants et les adolescents. L'emploi de l'aspirine (acide salicylique) pour réduire la fièvre durant la varicelle ou la grippe accroît les risques de survenue du syndrome de Reye.

À l'instar de tous les herpèsvirus, le virus de la varicelle et du zona est capable de rester latent au sein de l'organisme. D'une vésicule cutanée apparue au cours de la primo-infection, les virus «remontent» le long d'un nerf périphérique et migrent vers le ganglion spinal (groupe de corps cellulaires de neurones sensitifs situé sur la racine dorsale du nerf, à proximité de la moelle épinière). Les virus pénètrent dans la cellule nerveuse et y demeurent latent sous la forme d'ADN viral (figure 16.11a). Les anticorps humoraux ne peuvent pas pénétrer dans la cellule nerveuse infectée et, comme celle-ci ne porte aucun antigène viral à sa surface, les lymphocytes T cytotoxiques ne sont pas activés. Par conséquent, aucune des deux branches du système immunitaire adaptatif n'entre en lutte contre le virus latent.

Le virus latent de la varicelle et du zona peut être réactivé ultérieurement, parfois des dizaines d'années plus tard. Le déclencheur peut être le stress ou simplement l'affaiblissement des défenses immunitaires dû au vieillissement. Les particules virales produites par l'ADN réactivé se déplacent le long des nerfs périphériques, jusqu'aux terminaisons sensitives de la peau. Elles s'adsorbent sur des cellules, y pénètrent et s'y répliquent, causant une nouvelle manifestation du virus sur la peau, sous la forme de vésicules du **zona** (**figure 16.11b**).

Le zona provoque l'apparition de vésicules semblables à celles de la varicelle, mais situées dans des régions différentes. Les vésicules sont le plus souvent regroupées en bouquets et distribuées au niveau de la taille, mais on observe aussi un zona facial et des infections du haut du thorax et du dos. En fait, la localisation de l'infection

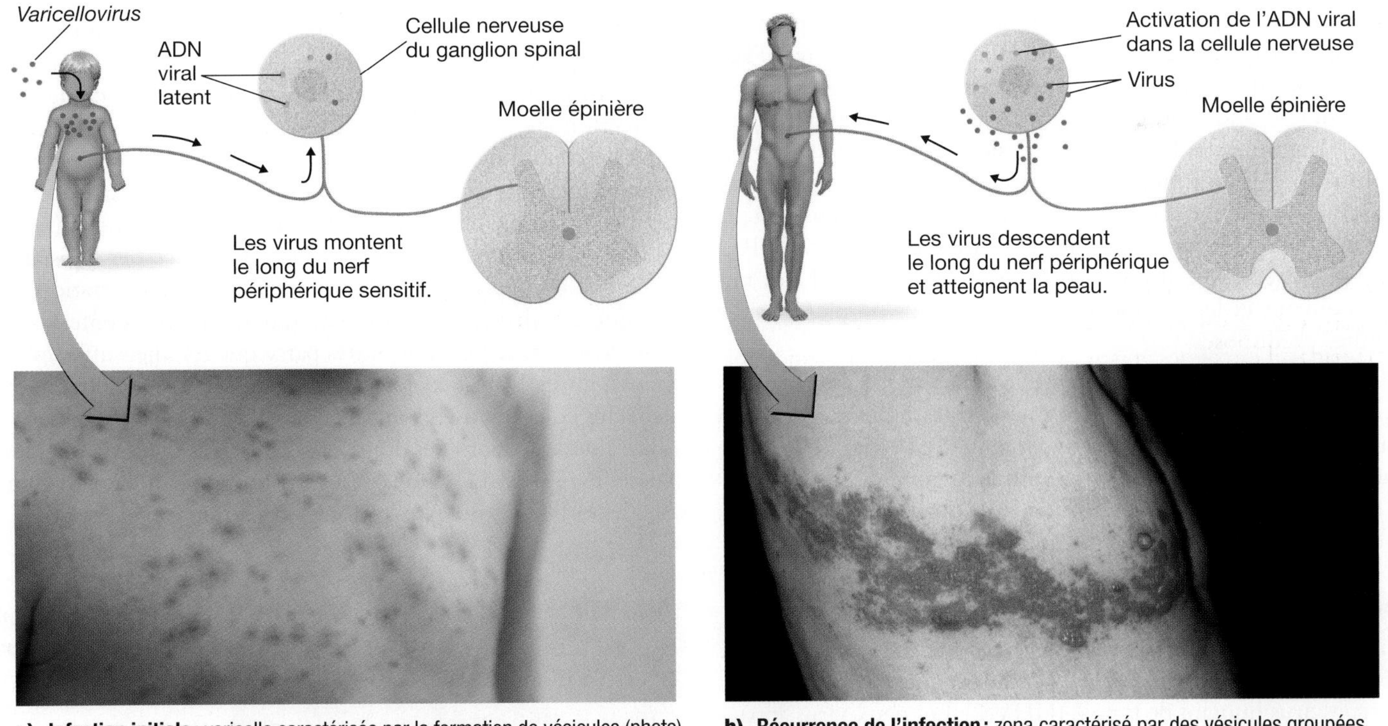

a) Infection initiale: varicelle caractérisée par la formation de vésicules (photo) se transformant en pustules qui se rompent et se couvrent de croûtes. Le virus s'établit ensuite dans un ganglion spinal, près de la moelle épinière, où il reste indéfiniment à l'état de latence.

b) Récurrence de l'infection: zona caractérisé par des vésicules groupées en bouquets et localisées sur le dos du patient, mais pouvant s'étendre jusque sur le flanc et la poitrine (photo).

Figure 16.11 Éruptions caractéristiques de la varicelle et du zona. a) L'infection initiale, habituellement durant l'enfance, est attribuable au *Varicellovirus*, qui cause la varicelle. **b)** Par la suite, en général à l'âge adulte, l'affaiblissement du système immunitaire ou le stress peuvent déclencher la réactivation du virus latent, qui provoque alors le zona.

correspond à celle des nerfs sensitifs de la peau qui sont touchés, et chaque manifestation de la maladie est généralement unilatérale. Il arrive parfois que l'infection des nerfs laisse des séquelles qui se manifestent par des troubles de la vue ou même une paralysie. Les patients disent souvent éprouver des douleurs intenses semblables à des brûlures ; à l'occasion, ces douleurs persistent des mois, voire des années, une condition appelée *névralgie postherpétique*.

Le zona est une autre expression du virus responsable de la varicelle ; le virus s'exprime différemment parce que, ayant déjà eu la varicelle, la victime est en partie immunisée. Après avoir été exposés au zona, des enfants qui n'avaient jamais eu la varicelle ont contracté cette maladie. Le zona atteint rarement les personnes de moins de 20 ans, et l'incidence est nettement plus élevée chez les adultes d'un certain âge.

Le traitement du zona avec des médicaments antiviraux, tels l'acyclovir, le valacyclovir et le famciclovir, est approuvé. Chez les patients immunodéprimés, le taux de mortalité est d'environ 17 %, et pour les patients ayant une atteinte oculaire, le traitement est impératif.

En 1989, au Canada, le nombre de cas déclarés de varicelle a été de 41 026. L'introduction d'un vaccin atténué entier en 1998 a fait en sorte que l'incidence de la maladie a constamment diminué. En 2004, le nombre de cas dans la population en général est tombé à 1 564. Les données canadiennes* et québécoises** sur l'immunogénicité de ce vaccin indiquent qu'après 1 dose, 98 % des enfants en bonne santé développent des anticorps protecteurs qui persistent dans 96 % des cas après 7 ans. Quant à l'efficacité de l'immunisation, on mentionne que 85 % des enfants sont protégés contre toute forme de varicelle. Cette efficacité diminue avec l'âge de la vaccination. Si, par contre, on contracte quand même la varicelle par suite d'une exposition au virus sauvage, la maladie, le plus souvent bénigne, est réduite à peu de lésions et à une fièvre légère. Le protocole d'immunisation du Québec (PIQ) recommande l'administration du vaccin antivaricelle aux enfants de 1 an ; la préparation peut être injectée seule ou combinée au vaccin RRO (rougeole-rubéole-oreillons). On suggère qu'un rappel soit fait chez les enfants et les adolescents âgés de 13 ans ou plus et chez les adultes prédisposés.

Un vaccin atténué entier contre le zona est suggéré pour les personnes de 60 ans ou plus, et ce même si les individus ont déjà contracté la varicelle ou le zona auparavant. Son efficacité globale sur un suivi de 3 années est de 51 %, efficacité qui diminue en fonction de l'âge de la vaccination. Ce vaccin contient près de 10 fois plus d'unités virales que le vaccin antivaricelle.

L'herpès

Les herpèsvirus humains (HHV pour *human herpesvirus*) se divisent en plusieurs groupes, dont l'herpèsvirus humain de type 1 (HHV-1) et l'herpèsvirus humain de type 2 (HHV-2). Les deux virus appartiennent au genre *Simplexvirus* – famille des *Herpesviridæ*, virus à ADN double brin, enveloppé (tableau 8.2). Dans la littérature, on trouve aussi les appellations suivantes : herpèsvirus simplex, herpès virus simplex de type 1 et 2, ou virus herpès simplex (VHS). Le premier est à l'origine de l'herpès labial et se transmet principalement par contact direct et par contact indirect avec des objets fraîchement contaminés. Les virus pénètrent par les muqueuses buccale ou respiratoire ; l'infection se produit de coutume durant l'enfance, de façon presque inévitable. Ce virus est répandu dans le monde entier ; la séroprévalence de l'infection à l'HHV-1 varie entre 50 et 90 % chez les adultes. La primo-infection est souvent inapparente, mais dans de nombreux cas on observe des lésions, appelées **boutons de fièvre** ou encore *feux sauvages* (**figure 16.12**), habituellement localisées sur la peau du visage, près des lèvres.

Au niveau de la lésion, les virus se multiplient dans les cellules épithéliales ; après leur libération, ils migrent vers le ganglion sensitif du nerf trijumeau, lequel s'étend du visage jusqu'au système nerveux central. Les lésions guérissent lorsque l'infection cesse ; toutefois, le virus de l'herpès reste généralement à l'état de latence dans le ganglion sensitif (**figure 16.13**). Les récurrences sont déclenchées notamment par l'exposition aux rayonnements ultraviolets solaires, par un état fébrile, par un stress émotionnel ou par un changement hormonal accompagnant les menstruations. La fréquence de ces récurrences est plus forte si l'immunité est affaiblie. À la différence du zona, l'herpès labial récidive souvent au même endroit. La kératite herpétique est une complication grave des infections dues au virus de l'herpès, dans laquelle la cornée est infectée. Nous reviendrons sur cette maladie plus loin dans le chapitre.

L'infection à HHV-1 peut aussi se transmettre au cours de la pratique de sports de combat tels que le judo ou la lutte, d'où l'appellation imagée d'**herpès des gladiateurs**. L'incidence de ce type d'infection atteindrait 3 % chez les lutteurs – particulièrement les lutteurs *lourds*. Lors de la primo-infection, les lésions se localisent fréquemment au cou, à la tête, au tronc et aux extrémités et, quelquefois, aux yeux. L'infection se transmet par contact cutané direct ; les frottements violents de la peau sur la surface des tapis altèrent l'intégrité de l'épiderme, ce qui contribue à la pénétration et à la diffusion du virus. La contamination demeure fréquente malgré la désinfection des tapis, entre autres parce que les sujets infectés continuent à lutter. Dans l'exercice de leurs fonctions, les infirmières, les médecins et les dentistes sont sujets aux **panaris herpétiques**, c'est-à-dire à des infections des doigts résultant du contact avec des lésions causées par HHV-1 – le mécanisme de transmission est le même que chez les enfants exposés aux ulcères herpétiques de la bouche.

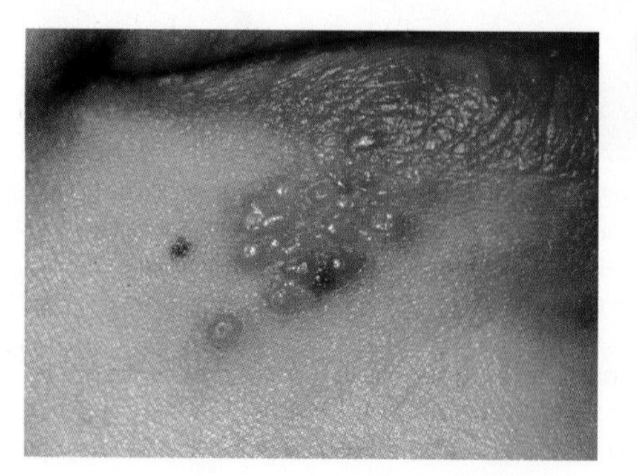

Figure 16.12 **Boutons de fièvre causés par le HHV-1.**

* *Guide canadien d'immunisation*, 7e édition, 2006. Agence de la santé publique du Canada. http://www.phac-aspc.gc.ca/publicat/cig-gci/index-fra.php.

** *Protocole d'immunisation du Québec*, édition avril 2009, mises à jour d'octobre 2011. http://publications.msss.gouv.qc.ca/acrobat/f/documentation/piq/09-283-02.pdf.

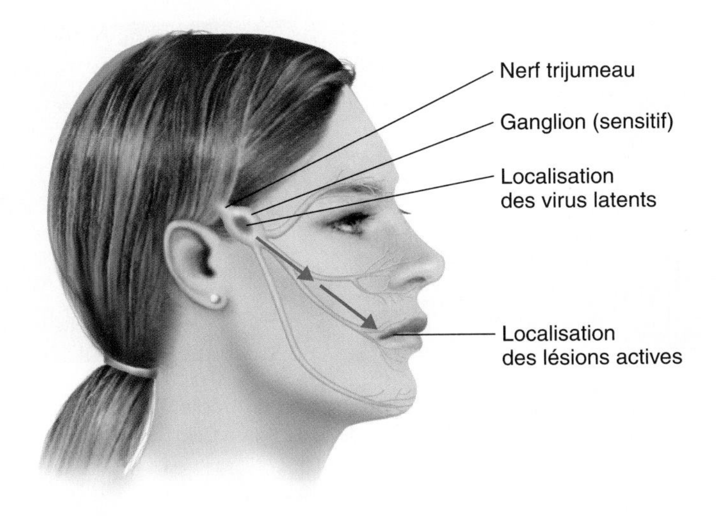

Figure 16.13 Localisation de l'HHV-1 latent dans le ganglion du nerf trijumeau.

On confond souvent les boutons de fièvre de l'herpès avec les **aphtes**. La cause de ces derniers est inconnue, mais leur manifestation coïncide souvent avec le stress ou les menstruations. Ils ressemblent aux boutons de fièvre, mais en général ils ne se forment pas aux mêmes endroits. Ils se caractérisent par des ulcérations douloureuses sur les muqueuses exposées aux frottements, par exemple sur la langue, les joues et la surface intérieure des lèvres. Ils guérissent habituellement en quelques jours, mais les récurrences sont fréquentes.

Un virus étroitement apparenté à celui de l'herpès labial, soit l'herpèsvirus humain de type 2 (HHV-2), se transmet principalement par contact sexuel. Il est la cause habituelle (85 % des cas) de l'*herpès génital* (chapitre 21). Le HHV-2 se distingue du HHV-1 par sa composition antigénique et par ses effets sur les cellules d'une culture tissulaire. De plus, contrairement au HHV-1, il est localisé à l'état de latence dans le ganglion sensitif du nerf sacré, situé près de la base de la colonne vertébrale. La prévalence de ce virus est plus élevée chez les personnes qui ont de nombreux partenaires sexuels.

Très rarement, il arrive que l'un ou l'autre type de l'herpès simplex virus envahisse l'encéphale et cause ainsi une **encéphalite herpétique**. Les infections par HHV-2 sont plus graves et, à défaut de traitement, le taux de mortalité peut atteindre 70 %. Parmi ceux que la mort épargne, environ 10 % seulement peuvent espérer mener une vie normale. L'administration rapide d'acyclovir guérit souvent ce genre d'encéphalite.

La rougeole

La **rougeole** est une maladie causée par le *Morbillivirus* – famille des *Paramyxoviridæ*, virus à ARN simple brin négatif, enveloppé (tableau 8.2) ; cette infection virale est extrêmement contagieuse et sévit à longueur d'année dans le monde entier. Elle se transmet par contact direct avec les sécrétions du nez ou de la gorge de personnes infectées et par la projection de gouttelettes de mucus, moins facilement par voie aérienne et par contact indirect avec des objets fraîchement contaminés par des sécrétions. Les portes d'entrée et de sortie du virus sont les voies respiratoires. Étant donné qu'une personne atteinte de rougeole est contagieuse avant l'apparition des premiers symptômes, la mise en quarantaine n'est pas une mesure de prévention efficace.

L'évolution de la rougeole ressemble à celle de la variole et de la varicelle. L'infection commence dans les voies respiratoires supérieures. Après une période d'incubation de 10 à 12 jours, on note l'apparition d'une fièvre modérée (38,3 °C) suivie de signes et de symptômes semblables à ceux du rhume – tels que de la toux, un écoulement nasal et des yeux rouges (conjonctivite). Rapidement, on observe une éruption cutanée maculaire (rash), qui atteint d'abord le visage et le cou, puis s'étend au tronc et aux membres (**figure 16.14**), et l'apparition de lésions sur la muqueuse buccale, à la hauteur des molaires, appelées *taches de Köplik* (petites taches rouges dont le centre ressemble à un grain de sable blanc). La présence de ces taches est un signe caractéristique de la maladie, utilisé pour le diagnostic.

La rougeole est une maladie très dangereuse, surtout pour les très jeunes enfants et les personnes très âgées. Les complications fréquentes comprennent l'infection de l'oreille moyenne et la pneumonie causée par le virus de la rougeole ou par une surinfection bactérienne. Environ 1 victime de la rougeole sur 1 000 souffre d'encéphalite, et les survivants de cette maladie sont souvent atteints de lésions cérébrales ou de surdité. Le taux de mortalité est de 1 sur 3 000, la majorité des victimes étant de très jeunes enfants. La virulence du virus semble ne pas être la même lors de différentes poussées épidémiques. La **panencéphalite sclérosante subaiguë** est une complication rare de la rougeole (environ 1 cas sur 1 million). Elle atteint surtout les sujets mâles et apparaît entre 1 et 10 ans après la guérison de la primo-infection. Des symptômes neurologiques graves mènent à la mort en quelques années.

Les humains sont l'unique réservoir du virus de la rougeole. En théorie, il devrait donc être possible d'éradiquer cette maladie,

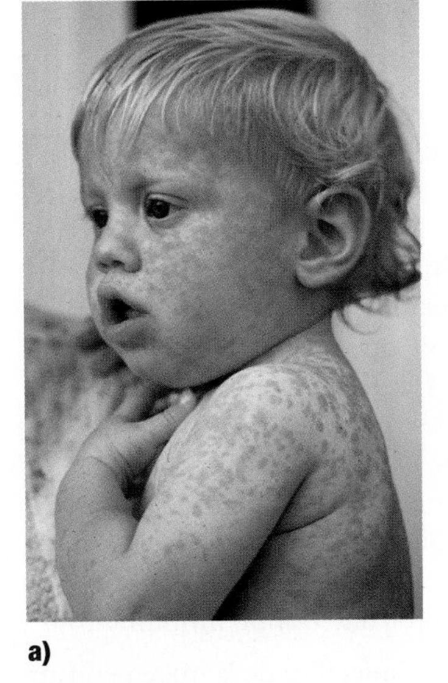
a)

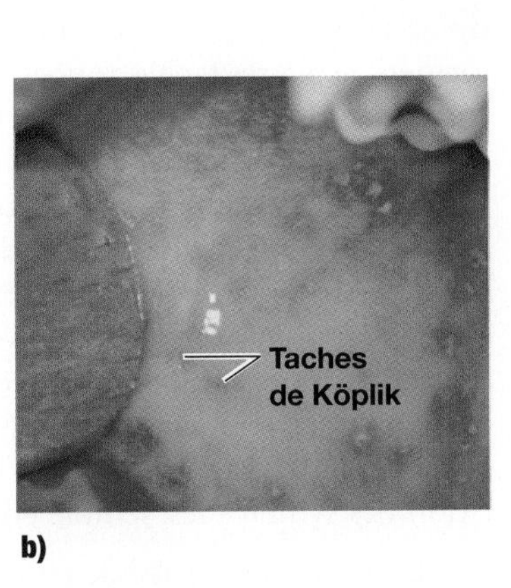

b)

Figure 16.14 Éruptions caractéristiques de la rougeole. a) Petites macules (taches) surélevées commençant sur le visage, puis s'étendant au tronc et aux membres. **b)** Taches de Köplik sur la muqueuse buccale, à la hauteur des molaires.

comme on l'a fait pour la variole. Toutefois, le virus de la rougeole est beaucoup plus contagieux que celui de la variole, de sorte qu'il est difficile d'obtenir une immunité collective. Dans ce contexte mondial, le but visé par les mesures de lutte contre la rougeole est de la « contrôler » par la vaccination plutôt que de l'éradiquer. Depuis la mise au point d'un vaccin atténué entier, le nombre estimé de 873 000 décès en 1999 est passé à 345 000 en 2005. En 2010, l'objectif était d'atteindre une réduction de 90 % de la mortalité mondiale (encadré 26.1 EN LIGNE). Au Canada, on compte en moyenne un ou deux cas de rougeole par année. Toutefois, depuis le printemps 2011, plus de 750 cas ont été déclarés au Québec. Ceux-ci touchent surtout les adolescents et les jeunes adultes, parmi lesquels certains sont vaccinés et d'autres non. Les épidémiologistes de la santé publique sont donc en alerte devant ce retour en force de la rougeole.

Bien que le vaccin soit efficace à 95 %, des personnes contractent tout de même la maladie parce qu'elles n'acquièrent pas ou ne conservent pas une bonne immunité. Certaines de ces infections sont transmises par contact avec une personne infectée venant d'un autre pays. La vaccination antirougeoleuse a eu un résultat inattendu. On assiste en effet à la survenue de la rougeole chez de nombreux enfants de moins de 1 an, chez qui les risques de complications neurologiques sont très élevés. Avant la mise sur le marché du vaccin, les cas de rougeole chez les enfants de cette classe d'âge étaient rares, car ils étaient protégés par les anticorps transmis par la mère, que celle-ci avait acquis (immunité active et naturelle) en se rétablissant de la maladie. Comme elles sont maintenant vaccinées, les mères transfèrent à leur bébé des anticorps produits par la réaction à la vaccination. Or, ces anticorps ne confèrent pas une protection aussi efficace que ceux produits par la réaction naturelle à la maladie. De plus, le vaccin n'étant pas efficace si on l'administre à un enfant en très bas âge, la première vaccination n'a pas lieu avant l'âge de 1 an. Pour ces raisons, les bébés de moins de 1 an sont particulièrement vulnérables durant cette période.

La rubéole

La **rubéole**, causée par le *Rubivirus* – famille des *Togaviridæ*, virus à ARN simple brin positif, enveloppé (tableau 8.2) –, est une maladie virale contagieuse qui sévit partout dans le monde ; elle est moins grave que la rougeole et elle passe souvent inaperçue. Les signes et les symptômes habituels sont une éruption maculaire, formée de petites taches rouges, et une fièvre légère accompagnée parfois de douleurs articulaires (**figure 16.15**). Les complications sont rares, en particulier chez les enfants, mais dans 1 cas sur 6 000, surtout chez les adultes, il se produit une encéphalite. La période d'incubation est normalement de 2 à 3 semaines, et la contagion peut se faire dès avant l'apparition des symptômes et jusqu'à 4 jours après. La transmission a lieu par voie aérienne ou par contact direct avec les sécrétions rhinopharingées présentes sur les mains. Les virus entrent et quittent par les voies respiratoires. Dans les cas cliniques et subcliniques, la guérison, qui survient une semaine après l'apparition des symptômes, semble conférer une bonne immunité.

La gravité de la rubéole est liée à l'infection de la mère pendant le premier trimestre de la grossesse et à l'apparition d'anomalies congénitales sérieuses, appelées **syndrome de la rubéole congénitale**. Le risque d'anomalies graves est d'environ 35 % et les

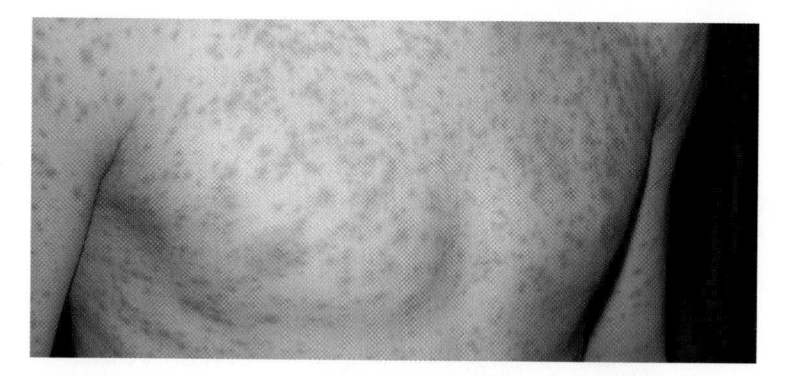

Figure 16.15 **Éruption caractéristique de la rubéole.** Petites macules (taches) non surélevées, comme dans le cas de la rougeole.

conséquences incluent la surdité, des cataractes, des malformations cardiaques, la déficience mentale et la mort. Environ 15 % des bébés atteints de ce syndrome meurent avant l'âge de 1 an. La dernière épidémie importante de rubéole aux États-Unis remonte aux années 1964-1965. Au Canada, 30 cas de rubéole congénitale ont été déclarés entre 1986 et 1995, mais seulement 1 cas par année entre 1996 et 1998.

Il est donc essentiel de savoir si une femme en âge de procréer est immunisée contre la rubéole afin d'éviter toute transmission transplacentaire. Il existe sur le marché plusieurs tests de laboratoire permettant de doser les anticorps sériques. Ce genre d'épreuve est indispensable pour poser un diagnostic précis de l'état immunitaire, car la vérification des antécédents médicaux n'est pas fiable.

Un vaccin antirubéoleux atténué entier a été mis sur le marché en 1969 et, en 1979, il a été remplacé par une variante plus efficace, ayant moins d'effets secondaires. Des études indiquent que plus de 90 % des individus vaccinés sont protégés pendant au moins 15 ans. Le vaccin antirubéoleux est inclus dans le vaccin trivalent rougeole-rubéole-oreillons. C'est ainsi qu'au Canada, de 1989 à 2004, le nombre de cas déclarés de rubéole est passé de 1 384 à 9 seulement dans la population en général.

On ne recommande pas la vaccination des femmes enceintes. Cependant, l'étude de centaines de cas de femmes vaccinées au cours des trois mois précédant ou suivant la date estimée de la conception n'a mis en évidence aucun cas de malformation due au syndrome de la rubéole congénitale. Les personnes dont le système immunitaire est déficient ne devraient recevoir aucun vaccin atténué.

Les autres éruptions cutanées virales

Cinquième maladie (érythème infectieux) Le nom vient d'une liste des maladies exanthématiques dressée en 1905 : la rougeole, la scarlatine, la rubéole, la maladie de Filatow-Dukes (une forme bénigne de scarlatine) et la cinquième maladie (de la liste). La **cinquième maladie**, causée par le ***Parvovirus* humain** B19 – famille des *Parvoviridæ*, virus à ADN simple brin, sans enveloppe (tableau 8.2) –, ne produit aucun symptôme chez environ 20 % des personnes infectées. En général, les signes et les symptômes ressemblent au début à ceux d'une légère grippe, à l'exception d'un érythème facial, conférant un aspect de « face giflée ». Après quelques jours, de petites éruptions maculopapuleuses apparaissent sur les extrémités et le tronc. Chez les adultes qui n'ont pas été atteints d'une infection immunisante durant l'enfance, la maladie peut causer l'anémie ou un épisode d'arthrite. La gravité de la maladie est souvent associée à la possibilité d'une fausse couche si l'infection est contractée pendant le premier trimestre. La transmission se fait surtout par contact direct avec des sécrétions respiratoires ou avec la salive, et par voie aérienne.

Roséole La **roséole** est une maladie infantile bénigne, très fréquente mais relativement peu contagieuse. Les agents pathogènes sont les herpèsvirus humains de type 6 (HHV-6) et de type 7 (HHV-7) – famille des *Herpesviridæ*, virus à ADN double brin, enveloppé (tableau 8.2) –, ce dernier étant responsable de 5 à 10 % des cas. Les deux virus sont présents dans la salive de la majorité des adultes. La roséole se transmet par voie aérienne, par contact direct avec les mains et par contact indirect avec des objets contaminés par les sécrétions du nez ou de la bouche, et ce, particulièrement à un âge où les enfants ont tendance à tout se mettre dans la bouche. L'enfant atteint présente une fièvre élevée pendant quelques jours, puis une éruption sur presque tout le corps durant une journée ou deux. Le rétablissement confère l'immunité.

Maladie mains-pieds-bouche (stomatite vésiculeuse avec exanthème) La **maladie mains-pieds-bouche** (MMPB) est causée le plus souvent par des virus de la famille des *Picornaviridæ* – virus à ARN simple brin positif, sans enveloppe (tableau 8.2) –, plus précisément par le *Coxsackie* A16 (CAV-16) ou encore par l'*Entérovirus* 71 (EV-71). La maladie est contagieuse et touche principalement les enfants qui ont entre 6 mois et 11 ans, surtout en été. Généralement bénigne, elle peut avoir des complications neurologiques graves. Après une courte période d'incubation de 4 à 6 jours, elle débute par l'apparition d'ulcères visibles dans le fond de la gorge, sur la langue, le palais, à l'intérieur des joues et sur les gencives. Une éruption cutanée légère, sous forme de vésicules ou de pustules souvent sensibles au toucher, survient ensuite sur les mains et les pieds et s'étend parfois aux fesses. Un mal de gorge, de la toux, une fièvre inférieure à 38 °C, de la diarrhée et des vomissements peuvent s'ajouter aux symptômes. Le virus se transmet par contact direct avec les sécrétions nasopharyngées, le liquide s'écoulant des vésicules et les selles d'une personne infectée, par gouttelettes, par contact indirect avec des objets contaminés par les selles (transmission orofécale) et par voie aérienne.

▶ Vérifiez vos acquis

D'où vient l'appellation de la maladie mains-pieds-bouche ? et celle de la cinquième maladie ? **16-5**

Pourquoi les boutons de fièvre (feux sauvages) peuvent-ils survenir à répétition ? **16-9**

Les mycoses de la peau

La peau est particulièrement sensible aux microorganismes qui tolèrent bien une pression osmotique élevée et un faible taux d'humidité. Il n'est donc pas surprenant que les mycètes soient responsables d'un certain nombre de dermatoses. Toute infection fongique de l'organisme est appelée **mycose**. Une mycose est souvent opportuniste, ce qui suppose que la personne présente un facteur particulier qui favorise l'infection. Par exemple, les mycètes responsables de mycoses cutanées n'ont de prise sur la peau que si cette dernière est altérée.

Les mycoses cutanées

Les mycètes qui colonisent les cheveux, les ongles et la couche superficielle de l'épiderme (couche cornée ; figure 16.1) sont appelés **dermatophytes** ; ils croissent uniquement sur la kératine présente en ces endroits, et ce, grâce à la production de kératinase. Les infections dues à ces mycètes sont appelées **dermatomycoses** ou, plus couramment, **teignes**. La **teigne du cuir chevelu**, ou *tinea capitis,* est relativement courante chez les enfants fréquentant l'école élémentaire et elle peut entraîner la chute des cheveux sur les zones atteintes. L'infection a tendance à s'étendre de façon concentrique (**figure 16.16a**), et elle se transmet généralement par contact direct ou par contact indirect avec un objet contaminé. La transmission peut aussi se faire par les animaux tels que les chiens et les chats, qui sont aussi souvent infectés par les mycètes qui causent la teigne chez les enfants. L'infection touche également d'autres parties du corps humain : on distingue ainsi la **teigne de l'aine**, ou *tinea cruris,* et la **teigne du pied**, aussi appelée **pied d'athlète**, ou encore *tinea pedis* (**figure 16.16b**). Le fort taux d'humidité de ces zones favorise

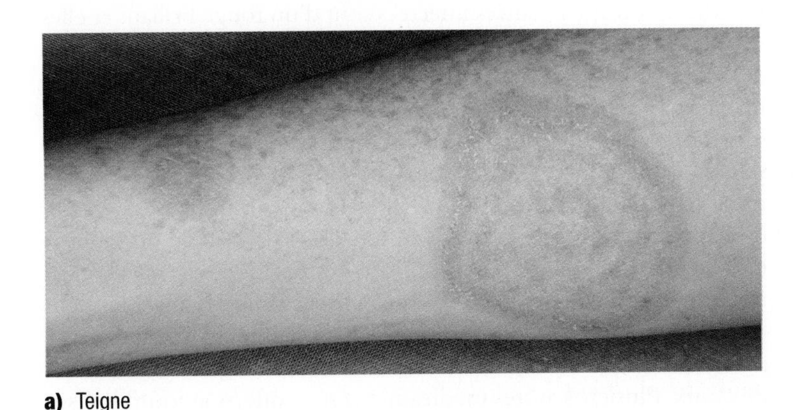

a) Teigne

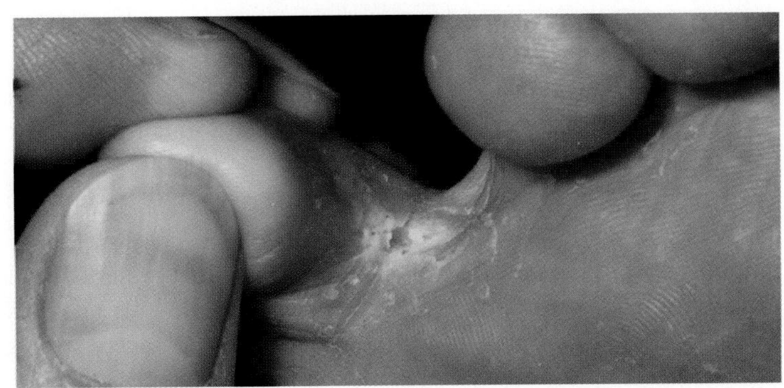

b) Pied d'athlète

Figure 16.16 Lésions caractéristiques des dermatomycoses.

en effet les infections fongiques. L'**onychomycose** (mycose des ongles), ou *tinea unguium*, est fréquente chez les personnes dont les mains ou les pieds restent humides.

Trois genres de mycètes jouent un rôle dans les mycoses cutanées. *Trichophyton* peut infecter les cheveux, la peau et les ongles; *Microsporum* n'attaque en général que les cheveux et la peau; enfin, *Epidermophyton* touche seulement la peau et les ongles. Les spores ou conidies produites par les mycètes persistent dans l'environnement, par exemple sur les planchers des douches publiques et des piscines, sur les tapis humides et dans les chaussures de course. Les mycètes sont opportunistes, si bien que l'implantation des spores dans la peau n'est favorisée que si cette dernière présente une brèche. Par conséquent, les personnes dont la peau des pieds est irritée, fissurée et moite sont plus vulnérables à l'infection. De plus, certains mycètes tels que *Trichophyton* sécrètent des protéases qui modifient la membrane plasmique des cellules de la peau, ce qui permet l'attachement du mycète à la cellule hôte, puis sa croissance.

Les médicaments topiques en vente libre pour le traitement des teignes comprennent le miconazole et le clotrimazole. Le pied d'athlète est souvent difficile à guérir. On recommande l'application topique de préparations d'allylamines, telles que la terbinafine, la naftifine ou la buténavine, que l'on peut obtenir sans ordonnance. En général, il faut s'armer de patience, car les résultats ne sont pas immédiats. Les traitements topiques ne sont pas très efficaces lorsque les cheveux sont atteints. Par contre, un antibiotique oral, la griséofulvine, s'avère souvent utile dans ces cas d'infections, car il se rend dans les tissus kératinisés. Si l'infection est exceptionnellement grave, on peut utiliser le kétoconazole par voie orale. Pour traiter l'infection des ongles, les médicaments d'élection sont l'itraconazole et la terbinafine par voie orale; toutefois, le traitement peut demander plusieurs semaines et causer des effets secondaires graves.

En règle générale, on peut poser un diagnostic de mycose cutanée à partir d'un examen microscopique du produit de grattage des lésions traité à l'hydroxyde de potassium (KOH). Ce dernier dissout le tissu épithélial, ce qui permet de voir clairement les hyphes fongiques.

Les mycoses sous-cutanées

Les mycoses sous-cutanées sont plus graves que les mycoses cutanées. Même lorsque la peau est rompue, les mycètes cutanés semblent incapables de pénétrer plus loin que la couche cornée, peut-être parce que l'épiderme et le derme ne leur fournissent pas suffisamment de fer pour qu'ils puissent s'y développer. Les mycoses sous-cutanées sont généralement dues à des mycètes qui résident dans le sol, en particulier dans la végétation en putréfaction, et qui pénètrent dans la peau par une petite blessure donnant accès aux tissus sous-jacents.

La **sporotrichose** est une mycose sous-cutanée provoquée par la croissance du mycète dimorphe *Sporothrix schenckii*. Elle se rencontre typiquement chez les personnes qui manipulent le sol – horticulteurs, jardiniers et fermiers, par exemple – et chez les animaux. L'infection produit fréquemment un petit ulcère sur les mains. Dans de nombreux cas, le mycète, sous la forme de levure, pénètre le système lymphatique dans la zone ulcérée et y forme des nodules sous-cutanés le long des vaisseaux lymphatiques. Dans les nodules, on trouve des levures dans le milieu extracellulaire ainsi qu'à l'intérieur des granulocytes neutrophiles et dans les macrophagocytes. La maladie est rarement fatale et l'administration orale d'une solution diluée d'iodure de potassium constitue un traitement efficace.

Les candidoses

Q/R Le microbiote bactérien des muqueuses des voies urogénitales et de la bouche inhibe habituellement la croissance des levures, telles que *Candida albicans*. Toutefois, des circonstances favorables peuvent déclencher une infection, laquelle est le plus souvent d'origine endogène. Outre *C. albicans*, plusieurs autres espèces de *Candida*, notamment *C. tropicalis* et *C. krusei*, peuvent jouer un rôle dans les candidoses. Ces organismes n'ont pas toujours la morphologie unicellulaire typique des levures. Il leur arrive de former des filaments pseudo-mycéliens, c'est-à-dire de longues cellules ressemblant à des hyphes. Sous cette forme, *Candida* peut résister à la phagocytose, ce qui contribue peut-être à sa pathogénicité (**figure 16.17a**). Q/R

Étant donné que les médicaments antibactériens n'ont aucun effet sur les mycètes, ceux-ci prolifèrent sur les muqueuses lorsque l'ingestion d'antibiotiques à large spectre perturbe le microbiote bactérien normal. Une variation du pH normal des muqueuses risque de produire le même effet. Une telle prolifération de *C. albicans* est appelée **candidose**. Les nouveau-nés, dont le microbiote normal n'est pas encore développé, présentent souvent, sur la langue et l'intérieur des joues, une couche épaisse d'un blanc crémeux représentative d'une candidose buccale, appelée communément **muguet**. Le muguet est favorisé lorsque les conditions chimiques qui prévalent dans la salive et la muqueuse sont perturbées, en particulier lorsqu'un pH moins acide contribue à la croissance des levures plutôt qu'à celle des bactéries. *C. albicans* est aussi une cause fréquente de vaginite (chapitre 21). Le mycète possède une adhésine sur sa paroi qui lui permet de se fixer à la cellule hôte et il sécrète des protéases qui modifient la membrane plasmique de celle-ci, ce qui favorise sa croissance.

Les individus immunodéprimés ou ceux qui présentent une neutropénie, notamment les patients atteints du sida, sont particulièrement prédisposés aux infections de la peau et des muqueuses par *Candida*. Chez les sujets obèses ou diabétiques, les régions de la peau typiquement humides constituent les sièges d'élection de la mycose. Les zones cutanées infectées sont d'un rouge brillant et elles sont entourées de lésions. Les candidoses buccales (**figure 16.17b**) et œsophagiennes sont fréquentes chez les sidéens; les candidoses urinaires touchent souvent les personnes chez qui on a installé une sonde à demeure. Chez les patients immunodéprimés, *C. albicans* serait à l'origine d'une infection nosocomiale sur quatre. Le traitement habituel des infections de la peau ou des muqueuses consiste en l'application locale de micozanole, de clotrimazole ou de nystatine. Dans le cas d'une candidose systémique, qui se produit notamment chez les individus immunodéprimés, la maladie peut être fulgurante (c'est-à-dire apparaître brusquement sous une forme grave) et fatale. L'administration de fluconazole est alors le traitement de choix. Plusieurs autres médicaments sont offerts aujourd'hui sur le marché, par exemple les nouveaux antifongiques de la classe des échinocandines, tels que la micafongine et l'anidulafongine.

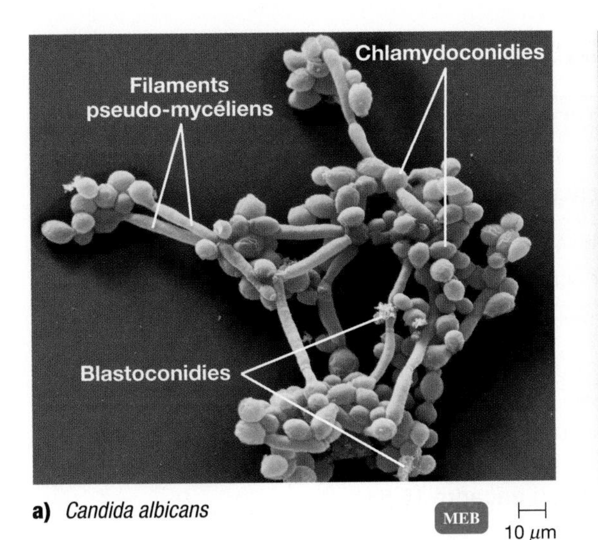

a) *Candida albicans* MEB 10 µm

b) Candidose buccale ou muguet

Figure 16.17 **Candidoses. a)** *Candida albicans.* Notez les chlamydoconidies sphériques (spores asexuées formées à partir de cellules fongiques) et les blastoconidies (spores asexuées produites par bourgeonnement), plus petites (chapitre 7). **b)** Lésions caractéristiques de la candidose buccale (ou muguet).

▶ Vérifiez vos acquis

Comment un traitement à la pénicilline peut-il occasionner une candidose? **16-6**

Les parasitoses de la peau

Des organismes parasites, tels que certains protozoaires, helminthes et arthropodes microscopiques, peuvent infester la peau et causer des maladies. Nous nous limitons à la description de deux exemples d'infestations communes par des arthropodes ectoparasites (chapitre 7) : la gale et la pédiculose du cuir chevelu.

La gale

La **gale**, qui a d'abord été décrite par un médecin italien en 1687, est probablement la première affection à propos de laquelle on a prouvé le lien entre un organisme microscopique et une maladie humaine. Elle cause une intense démangeaison locale et est provoquée par le minuscule acarien *Sarcoptes scabei* (de 330 à 450 µm), dont la femelle creuse des sillons dans la couche cornée de l'épiderme pour y déposer ses œufs (**figure 16.18**) ; il semble que les substances sécrétées par le parasite dans les sillons entraînent les sensations de prurit désagréables, surtout la nuit, causées par une réaction d'hypersensibilité (allergie). Les sillons ont fréquemment l'aspect de lignes ondulantes d'à peu près 1 mm de large. Toutefois, les lésions papuleuses peuvent s'enflammer si on les gratte. L'acarien vit environ 25 jours et pond une douzaine ou plus d'œufs ; le développement de l'œuf jusqu'au stade adulte prend 17 jours, et les signes et les symptômes apparaissent 3 semaines après la contamination.

La gale se transmet par contact direct, incluant le contact sexuel, et moins facilement par contact indirect avec des objets contaminés tels que les vêtements. Il arrive fréquemment que les membres d'une même famille, les pensionnaires d'une maison de repos ou les adolescents qui gardent de jeunes enfants soient atteints. Les membres des services ambulanciers et hospitaliers qui s'occupent de personnes infestées sont également sujets à la contamination. La gale sévit partout dans le monde, mais sa fréquence augmente en présence de conditions d'hygiène inadéquates.

Le diagnostic se fait par l'examen microscopique de prélèvements obtenus par grattage et le traitement recommandé consiste à appliquer localement une solution de perméthrine, un insecticide et lenticide (Kwellada). L'administration par voie orale d'ivermectine, un médicament contre les helminthes, est efficace dans les cas résistants.

La pédiculose du cuir chevelu

L'infestation par les poux, appelée **pédiculose**, indispose les humains depuis des milliers d'années. Dans le grand public, on l'attribue généralement à un manque d'hygiène. En réalité, l'affection n'est pas rare chez les enfants d'âge scolaire des classes moyenne et supérieure. Les parents sont habituellement consternés, mais les poux se transmettent assez facilement lorsque deux têtes se touchent, comme cela se produit souvent entre enfants qui se connaissent bien. Il ne faut pas confondre le pou de la tête, *Pediculus humanus capitis*, et le pou du corps, *Pediculus humanus corporis*. Ce sont des sous-espèces de *Pediculus humanus* qui se sont adaptées à des régions distinctes de la peau. Seul le pou du corps transmet des maladies, telles que le typhus épidémique.

Le pou se nourrit de sang et il doit s'alimenter plusieurs fois par jour. Au début, l'hôte ignore souvent qu'il transporte un passager clandestin. Il s'en rend compte quelques semaines plus tard quand surviennent les démangeaisons, provoquées par la sensibilisation à la salive du pou. Le fait de se gratter peut occasionner des

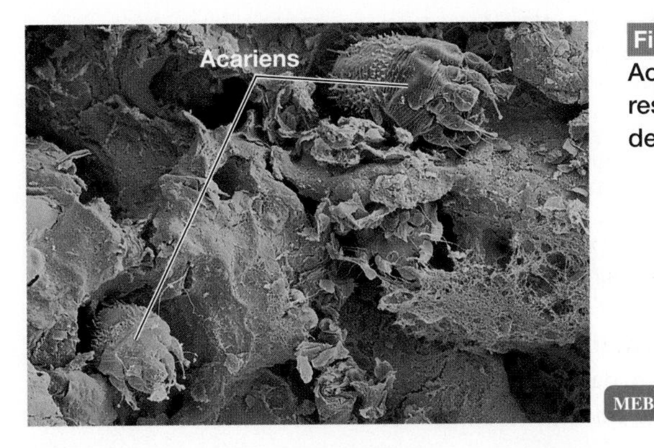

MEB 0,2 mm

Figure 16.18 **Acariens responsables de la gale.**

infections bactériennes secondaires. Les pattes du pou de la tête lui permettent de s'accrocher aux cheveux et sont très bien adaptées à cet égard (**figure 16.19**). Au cours de sa vie, qui dure un peu plus d'un mois, la femelle pond plusieurs œufs (lentes) par jour. Elle les fixe à la tige des cheveux près du cuir chevelu, où la chaleur est favorable à leur incubation. L'éclosion a lieu au bout d'environ une semaine. Les insectes qui émergent alors sont appelés *nymphes*. Une fois vidées de leur contenu, les lentes sont blanchâtres et plus visibles qu'auparavant. Toutefois, elles n'indiquent pas nécessairement qu'il y a des poux vivants. Au fur et à mesure que les cheveux poussent (soit environ 1 cm par mois), les lentes qui leur sont attachées s'éloignent du cuir chevelu.

Fait intéressant, l'incidence de la pédiculose chez les Afro-Américains est faible. En Amérique du Nord, les poux se sont adaptés aux tiges de cheveux cylindriques propres aux Blancs, alors qu'en Afrique ils ont évolué pour s'agripper aux cheveux à tige non cylindrique communs chez les Noirs.

Il existe de nombreux traitements pour la pédiculose, un rappel de l'adage médical selon lequel une abondance de remèdes signifie probablement qu'aucun d'eux ne fonctionne bien. En règle générale, on choisit d'abord les produits vendus sans ordonnance tels que les insecticides perméthrine (Nix) et pyréthrine (Rid), mais les poux y sont souvent résistants. On a aussi recours à des préparations topiques contenant d'autres insecticides tels que le malathion (Ovide) et le lindane (substance à toxicité plus élevée, interdite en Californie). À l'occasion, on administre de l'ivermectine en une seule dose par voie orale. LiceMD, un produit à base de silicone, est efficace et non toxique. Son principe actif, la *diméthicone*, bloque l'appareil respiratoire des poux. On peut également se servir d'un peigne fin pour dégager les lentes.

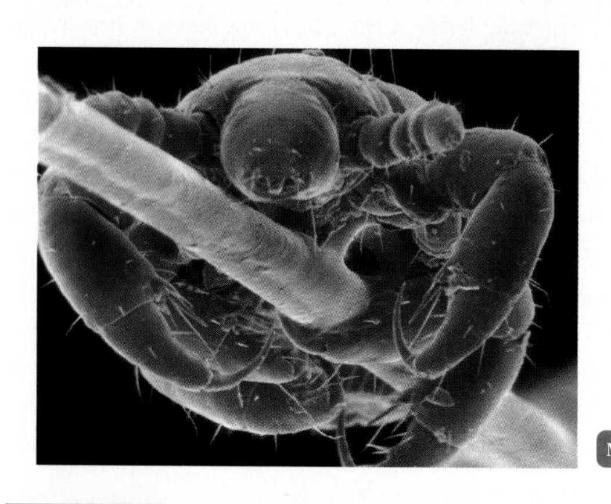

Figure 16.19 **Pou de la tête.** (Voir aussi la figure 7.28.)

▶ Vérifiez vos acquis

Quelles maladies, s'il y en a, sont transmises par le pou de la tête, *Pediculus humanus capitis*? **16-7**

Une solution de perméthrine, un insecticide, peut-elle être utilisée pour soigner la teigne du cuir chevelu? **16-8**

Les **encadrés 16.2, 16.3** et **16.4** présentent une récapitulation des principales maladies infectieuses de la peau. Pour un rappel des divers modes de transmission, consultez le chapitre 9.

Les maladies infectieuses de l'œil

▶ Objectifs d'apprentissage

16-10 Définir la conjonctivite.

16-11 Nommer l'agent causal et le mode de transmission des infections de l'œil suivantes : ophtalmie gonococcique du nouveau-né, conjonctivite à inclusions, trachome.

16-12 Nommer l'agent causal et le mode de transmission des infections de l'œil suivantes : kératite herpétique, kératite à *Acanthamœba*.

De nombreux microbes peuvent infecter l'œil, notamment par l'intermédiaire de la *conjonctive*. Cette muqueuse, composée de cellules épithéliales transparentes, tapisse les paupières et recouvre la face externe du globe oculaire. Les maladies infectieuses de l'œil sont résumées dans l'**encadré 16.5**.

L'inflammation de la muqueuse de l'œil : la conjonctivite

La **conjonctivite**, aussi appelée *œil rouge,* est une inflammation de la conjonctive. Lorsqu'elle est d'origine bactérienne, elle est le plus souvent causée par *Hæmophilus influenzæ*. On peut observer un gonflement des paupières, un écoulement purulent ainsi qu'une sensation de sable ou de corps étranger dans l'œil, mais il n'y a pas habituellement de douleur intense. La conjonctivite virale est habituellement attribuable à un adénovirus. Cela dit, l'affection peut être occasionnée par un grand nombre de bactéries et de virus, ainsi que par des allergies.

La popularité des lentilles cornéennes est liée à l'incidence accrue des infections de l'œil, et c'est particulièrement vrai pour les lentilles souples, que beaucoup de gens portent pendant de longues périodes. L'espèce *Pseudomonas,* qui fait partie des agents pathogènes bactériens responsables de la conjonctivite, peut causer de graves troubles oculaires. Pour prévenir les infections, les utilisateurs de lentilles ne devraient jamais employer de solutions salines maison, qui sont une source courante d'infection, et ils devraient suivre minutieusement les directives du fabricant relatives au nettoyage et à la désinfection des lentilles.

Les bactérioses de l'œil

La plupart des microbes bactériens à l'origine de maladies de l'œil proviennent de la peau ou des voies respiratoires supérieures.

L'ophtalmie gonococcique du nouveau-né

L'**ophtalmie gonococcique du nouveau-né** est une forme grave de conjonctivite provoquée par *Neisseria gonorrhϾ* (agent causal de la blennorragie). Il se forme de grandes quantités de pus et, si l'infection n'est pas traitée immédiatement, il en résulte habituellement une ulcération de la cornée. Le nouveau-né contracte la maladie au moment de sa naissance par voie naturelle, et le risque que l'infection cause la cécité est élevé. L'application d'une solution de nitrate d'argent à 1 % sur les yeux de tous les nouveau-nés a été un traitement très efficace contre l'ophtalmie gonococcique. Actuellement, le nitrate d'argent est remplacé par des antibiotiques parce que les infections gonococciques s'accompagnent souvent d'infections à *Chlamydia* sexuellement transmissibles, et le nitrate d'argent n'est pas efficace contre les chlamydies.

Encadré 16.2

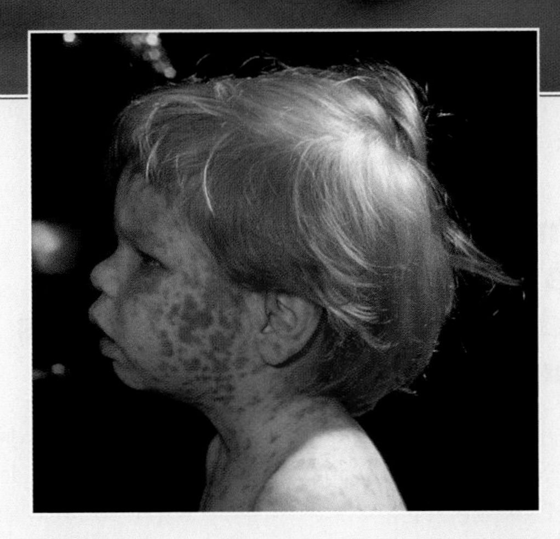

Les maladies infectieuses de la peau caractérisées par des éruptions maculeuses

Le diagnostic différentiel consiste à rechercher dans une liste de maladies celle qui correspond à l'information obtenue au cours de l'examen du patient. Il importe de poser un tel diagnostic afin de mettre en route le traitement et de commander les tests de laboratoire.

Par exemple, un garçon de 4 ans avec des antécédents récents de toux, de conjonctivite et de fièvre (38,3 °C) présente actuellement une éruption maculeuse qui a commencé sur le visage et le cou et s'étend petit à petit au reste du corps ; la muqueuse buccale présente aussi des petites taches rouges avec un centre blanc. Trouvez dans le tableau ci-dessous l'infection qui peut être à l'origine de ces signes et symptômes. Consultez aussi le texte du chapitre.

Maladie	Agent pathogène	Porte d'entrée	Signes et symptômes de l'éruption cutanée	Modes de transmission	Prévention/ Traitement
VIROSES Généralement, on pose le diagnostic à partir de l'observation des signes et des symptômes. Au besoin, on le confirme par des tests sérologiques et la technique de l'amplification en chaîne par polymérase (ACP). Voir le tableau 8.2 pour les caractéristiques des familles de virus qui infectent l'humain.					
Rougeole	Virus de la rougeole (*Morbillivirus*)	Voies respiratoires	Maladie relativement grave ; macules rougeâtres, apparaissant d'abord sur l'épiderme du visage, puis s'étendant au tronc et aux membres ; accompagnée de lésions sur la muqueuse buccale (taches de Köplik)	Par contact direct et par gouttelettes ; plus rarement par contact indirect et par voie aérienne	Aucun ; vaccination préventive
Rubéole	Virus de la rubéole (*Rubivirus*)	Voies respiratoires	Maladie bénigne ; éruption semblable à celle de la rougeole mais moins étendue et disparaissant en trois jours ou moins ; représente un danger pour les femmes enceintes	Par contact direct ; par voie aérienne ; par voie transplacentaire	Aucun ; vaccination préventive
Cinquième maladie (érythème infectieux)	*Parvovirus* humain B19	Voies respiratoires	Maladie bénigne ; macules sur le visage ; représente un danger pour les femmes enceintes	Par contact direct ; par voie aérienne	Aucun
Roséole	Virus de l'herpès humain de type 6 et de type 7 (*Roseolovirus*)	Voies respiratoires	Maladie infantile ; fièvre élevée suivie d'une éruption maculeuse sur tout le corps	Par contact direct ; par contact indirect ; par voie aérienne	Aucun
MYCOSES Le diagnostic est confirmé par un examen microscopique.					
Candidoses	*Candida albicans*	Régions humides de la peau ; muqueuses	Rash maculeux	Par contact direct ; contamination endogène*	Miconazole et clotrimazole (application locale)

* Due à des microorganismes qui font partie du microbiote humain normal.

Encadré 16.3

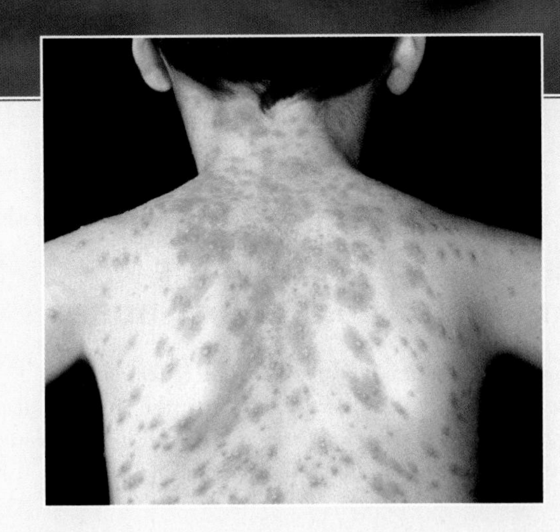

Les maladies infectieuses de la peau caractérisées par des éruptions vésiculeuses ou pustuleuses

Le diagnostic différentiel consiste à rechercher dans une liste de maladies celle qui correspond à l'information obtenue au cours de l'examen du patient. Il importe de poser un tel diagnostic afin de mettre en route le traitement et de commander les tests de laboratoire.

Par exemple, un garçon de 8 ans présente, depuis 5 jours, une éruption composée de vésicules remplies de liquide transparent sur le visage et le haut de l'abdomen ; l'éruption vésiculeuse s'étend aussi au cou et aux épaules, et couvre le dos. En 5 jours, 73 élèves de son école ont été atteints d'une maladie avec des manifestations identiques. Trouvez dans le tableau ci-dessous l'infection qui peut être à l'origine de ces signes et symptômes. Consultez aussi le texte du chapitre.

Maladie	Agent pathogène	Porte d'entrée	Signes et symptômes de l'éruption cutanée	Modes de transmission	Prévention/ Traitement
BACTÉRIOSES Généralement, on pose le diagnostic après une culture bactérienne.					
Impétigo	*Staphylococcus aureus* et, parfois, SBHA	Peau	Vésicules et pustules superficielles et isolées	Principalement par contact direct	Antibiotiques topiques ; pénicilline (uniquement pour les infections à SBHA)
VIROSES Généralement, on pose le diagnostic à partir de l'observation des signes et des symptômes. Au besoin, on le confirme par des tests sérologiques et la technique de l'amplification en chaîne par polymérase (ACP). Voir le tableau 8.2 pour les caractéristiques des familles de virus qui infectent l'humain.					
Variole	Virus de la variole (*Orthopoxvirus*)	Voies respiratoires	Pustules parfois presque confluentes ; infection généralisée qui touche beaucoup d'organes internes	Par voie aérienne	Aucun ; possibilité d'une vaccination préventive
Varicelle	Virus de la *varicelle-zoster* (*Varicellovirus*)	Voies respiratoires	Vésicules confinées, dans la majorité des cas, au visage, à la gorge et au bas du dos mais peuvent s'étendre à tout le corps	Par contact direct ; par gouttelettes ; par voie aérienne	Acyclovir pour individus immuno-déprimés ; vaccination préventive
Zona	Virus de la *varicelle-zoster* (*Varicellovirus*)	Endogène* à partir du virus latent localisé dans un ganglion spinal	Vésicules localisées et groupées, le plus souvent unilatéralement, à la taille, au visage et au cuir chevelu, ou dans la partie supérieure du thorax	Récurrence d'une infection latente due au virus de la varicelle	Acyclovir ; vaccination préventive
Herpès (boutons de fièvre)	Virus de l'herpès humain de type 1 (*Simplexvirus*)	Peau et muqueuses	Vésicules autour de la bouche ; peut toucher d'autres parties de la peau et des muqueuses	Infection initiale par contact direct et par contact indirect ; infection récurrente latente	Acyclovir
Maladie mains-pieds-bouche (stomatite vésiculeuse avec exanthème)	*Virus coxsackie* A16 et *Enterovirus* 71	Bouche	Lésions buccales ulcéreuses et vésicules ou pustules, souvent sensibles au toucher, sur les mains, les pieds et les fesses	Par contact direct ; par gouttelettes ; par contact indirect ; par voie aérienne	Aucun ; affection spontanément résolutive mais qui peut avoir des complications

* Infection due à des microorganismes qui font partie du microbiote humain normal.

Encadré 16.4

Les maladies infectieuses de la peau caractérisées par des plaques rouges ou des lésions boutonneuses

Une papule = 1mm

Le diagnostic différentiel consiste à rechercher dans une liste de maladies celle qui correspond à l'information obtenue au cours de l'examen du patient. Il importe de poser un tel diagnostic afin de mettre en route le traitement et de commander les tests de laboratoire.

Par exemple, une fillette de 11 mois présente, depuis une semaine, un érythème prurigineux localisé sous les bras. Elle semble davantage affectée la nuit et n'a pas de fièvre. Trouvez dans le tableau ci-dessous l'infection qui peut être à l'origine de ces signes et symptômes. Consultez aussi le texte du chapitre.

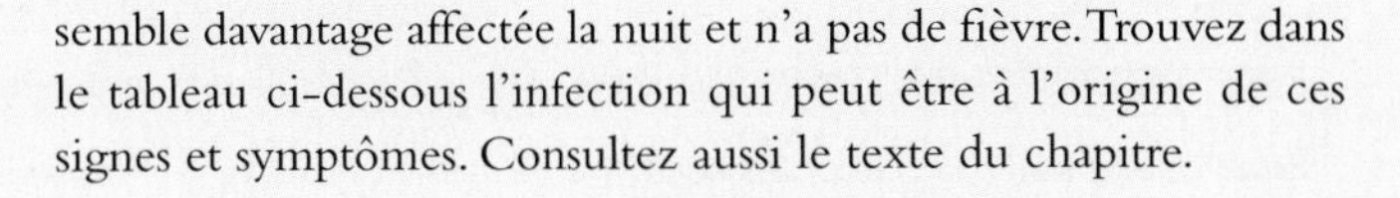

Maladie	Agent pathogène	Porte d'entrée	Signes et symptômes de l'éruption cutanée	Modes de transmission	Prévention/ Traitement
BACTÉRIOSES Généralement, on pose le diagnostic après une culture bactérienne.					
Folliculite	*Staphylococcus aureus*	Conduit d'un follicule pileux	Simple inflammation, quelquefois une éruption en forme de pustule, centrée sur un poil	Par contact direct; par contact indirect; infection endogène*	Drainage du pus; antibiotiques topiques
Syndrome de choc toxique	*S. aureus*	Incisions chirurgicales	Fièvre, éruption cutanée et état de choc toxique	Infection endogène*	Antibiotiques, selon les résultats des antibiogrammes
Fasciite nécrosante et SCTS	Streptocoque β-hémolytique du groupe A (SBHA)	Abrasion de la peau	Destruction importante des tissus mous sous-cutanés	Par contact direct; par gouttelettes	Ablation chirurgicale des tissus; antibiotiques à large spectre
Érysipèle	SBHA	Peau et muqueuses	Placards rouges et, souvent, fièvre élevée	Principalement une infection endogène*	Céphalosporines
Dermatite à *Pseudomonas*	*Pseudomonas æruginosa*	Abrasion de la peau	Éruption cutanée superficielle	Par véhicule (eau des piscines et des spas)	En général, spontanément résolutive
Otite externe	*P. æruginosa*	Oreille	Inflammation superficielle du conduit auditif	Par véhicule (eau des piscines)	Fluoroquinolones
Acné	*Propionibacterium acnes*	Conduits des glandes sébacées	Lésions inflammatoires dues à une rétention de sébum qui entraîne la rupture d'un follicule pileux	Par contact direct	Peroxyde de benzoyle; isotrétinoïne; acide azélaïque
VIROSES Généralement, on pose le diagnostic à partir de l'observation des signes et des symptômes. Voir le tableau 8.2 pour les caractéristiques des familles de virus qui infectent l'humain.					
Verrues	Virus du papillome humain (*Papillomavirus*)	Peau	Excroissance cornée de la peau due à une prolifération de cellules	Par contact direct; par contact indirect avec des surfaces humides	Cryocoagulation à l'aide d'azote liquide; électrocoagulation; acides ou laser

PLEINS FEUX SUR
LES MALADIES

Encadré 16.4 (*suite*)

Maladie	Agent pathogène	Porte d'entrée	Signes et symptômes de l'éruption cutanée	Modes de transmission	Prévention/ Traitement
MYCOSES Le diagnostic est confirmé par un examen microscopique.					
Teigne	*Microsporum, Trichophyton, Epidermophyton*	Peau	Lésions cutanées d'apparence très variable; les lésions situées sur le cuir chevelu peuvent entraîner la perte locale des cheveux	Par contacts direct et indirect; par contact avec des animaux domestiques contaminés	Griséofulvine (par voie orale); miconazole et clotrimazole (topique)
Sporotrichose	*Sporothrix schenckii*	Abrasion de la peau	Ulcère au foyer infectieux, qui s'étend aux vaisseaux lymphatiques avoisinants	Par véhicule (sol)	Solution d'iodure de potassium (par voie orale)
INFESTATIONS PARASITAIRES Le diagnostic est confirmé par un examen microscopique des parasites.					
Scabiose (gale)	*Sarcoptes scabiei* (acarien)	Peau	Papules formant de petits sillons, avec prurit désagréable dû à une réaction d'hypersensibilité aux acariens	Par contact direct (incluant contact sexuel); plus rarement par contact indirect	Hexachlorure de benzène; perméthrine (topique)
Pédiculose du cuir chevelu	*Pediculus humanis capitis*	Peau	Lésions dues au grattage; prurit désagréable	Surtout par contact direct; parfois par contact indirect avec des objets personnels	Insecticides topiques tels que la perméthrine

* Infection due à des microorganismes qui font partie du microbiote humain normal.

Dans les régions du monde où le coût des antibiotiques est trop élevé, l'application d'une solution de polyvidone iodée constitue un traitement efficace.

La conjonctivite à inclusions

La conjonctivite à *Chlamydia,* ou **conjonctivite à inclusions**, est très courante de nos jours. Elle est due à *Chlamydia trachomatis,* une bactérie vivant sous forme de parasite intracellulaire obligatoire. Chez les nouveau-nés, qui la contractent au cours de leur passage dans la filière pelvigénitale, la maladie est en général spontanément résolutive en quelques semaines ou quelques mois, mais, dans des cas rares, elle laisse une cicatrice sur la cornée, comme dans le trachome (dont il est question plus loin). La conjonctivite à *Chlamydia* semble également se transmettre par l'intermédiaire de l'eau insuffisamment chlorée des piscines; dans ce cas, on parle de **conjonctivite des piscines**. L'application d'une pommade ophtalmique à la tétracycline constitue un traitement efficace.

Le trachome

Le **trachome** est une infection grave provoquée par certains sérotypes de *Chlamydia trachomatis,* différents de ceux qui causent des infections génitales (chapitre 21). C'est la première cause de cécité d'origine infectieuse dans le monde à l'heure actuelle. Dans les régions arides d'Afrique et d'Asie, presque tous les enfants en bas âge contractent la maladie. À l'échelle mondiale, il y a probablement 500 millions de cas évolutifs et 7 millions de victimes aveugles. La maladie se transmet fréquemment par le contact des mains ou par l'usage commun d'objets de toilette, tels que les essuie-mains. Les mouches peuvent également être porteuses de la chlamydie. À force de récidives, les infections provoquent une inflammation (**figure 16.20a**), qui se transforme en **trichiasis**, une déviation des cils vers le bulbe oculaire (**figure 16.20b**). À la longue, l'abrasion de la cornée, en particulier par les cils, laisse des cicatrices et finit par causer la cécité. On peut corriger le trichiasis par une opération chirurgicale, attestée déjà dans les papyrus de l'Égypte ancienne. Les infections secondaires par d'autres bactéries pathogènes contribuent aussi à aggraver l'affection. On traite cette dernière au moyen d'antibiotiques destinés à éliminer les chlamydies, tels que l'azithromycine par voie orale. L'éducation en matière de santé et l'adoption de mesures d'hygiène aident à limiter la propagation de la maladie.

▶ Vérifiez vos acquis

Comment appelle-t-on couramment la conjonctivite à inclusions? **16-10**

Aujourd'hui, pour prévenir l'ophtalmie gonococcique du nouveau-né, on utilise presque exclusivement des antibiotiques à la place du nitrate d'argent, pourtant plus économique. Pourquoi ? **16-11**

PLEINS FEUX SUR

LES MALADIES

Encadré 16.5

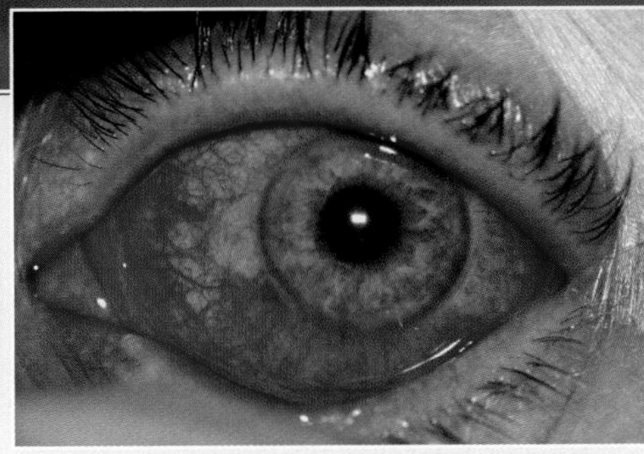

Les maladies infectieuses de l'œil

Le diagnostic différentiel consiste à rechercher dans une liste de maladies celle qui correspond à l'information obtenue au cours de l'examen du patient. Il importe de poser un tel diagnostic afin de mettre en route le traitement et de commander les tests de laboratoire.

Par exemple, un jeune homme âgé de 20 ans, qui pratique régulièrement la natation, avait au réveil les yeux rouges et croûtés de mucus et de pus séchés, a traité l'affection avec succès au moyen d'un antibiotique à usage topique. Trouvez dans le tableau ci-dessous l'infection qui peut être à l'origine de ces signes et symptômes. Consultez aussi le texte du chapitre.

Maladie	Agent pathogène	Porte d'entrée	Signes et symptômes	Modes de transmission	Prévention/ Traitement
BACTÉRIOSES Généralement, on pose le diagnostic après une culture bactérienne.					
Conjonctivite	*Hæmophilus influenzæ*	Conjonctive	Rougeur de la conjonctive; gonflement des paupières	Par contacts direct et indirect via des objets contaminés	Généralement aucun
Ophtalmie gonococcique du nouveau-né	*Neisseria gonorrhœæ*	Conjonctive	Inflammation aiguë avec formation de beaucoup de pus	Par contact avec la muqueuse du vagin lors de l'accouchement	Prévention : tétracycline, érythromycine ou polyvidone iodée
Conjonctivite à inclusions	*Chlamydia trachomatis*	Conjonctive	Rougeur de la conjonctive; gonflement de la paupière; formation de mucus et de pus	Par contact avec la muqueuse du vagin lors de l'accouchement; par véhicule (eau des piscines)	Tétracycline
Trachome	*Chlamydia trachomatis*	Conjonctive	Conjonctivite qui cause des cicatrices sur les paupières; les cicatrices endommagent la cornée par frottement, ce qui provoque souvent des surinfections	Par contacts direct et indirect avec des objets contaminés; par vecteur mécanique (mouches)	Azithromycine
VIROSES Généralement, on pose le diagnostic à partir de l'observation des signes et des symptômes. Voir le tableau 8.2 pour les caractéristiques des familles de virus qui infectent l'humain.					
Conjonctivite	*Adenovirus*	Conjonctive	Rougeur de la conjonctive	Par contact direct	Aucun
Kératite herpétique	Herpèsvirus humain de type 1 (HHV-1)	Conjonctive et cornée	L'évolution peut mener à l'ulcération de la cornée et à des dommages graves.	Par contact direct; infection récurrente latente	La trifluridine est parfois efficace.
PROTOZOOSES Le diagnostic est confirmé par un examen microscopique des parasites.					
Kératite à *Acanthamœba*	*Acanthamœba*	Abrasion de la cornée	Cause fréquemment de graves dommages à l'œil.	Par véhicule (eau fraîche); le port de lentilles cornéennes souples peut empêcher l'élimination des amibes par le clignotement des paupières	Application locale d'iséthionate de propamidine ou de miconazole; greffe de cornée ou ablation de l'œil si nécessaire

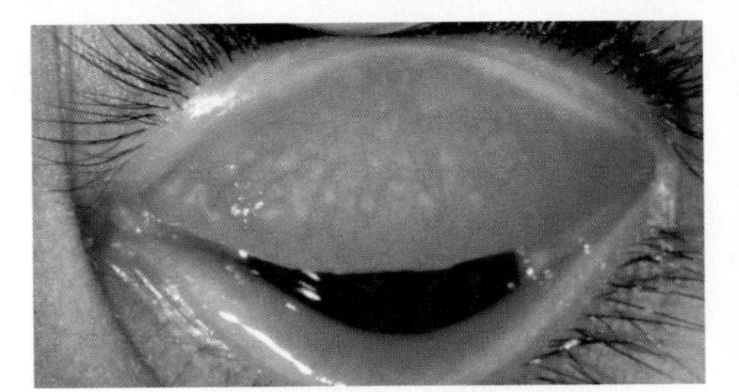

a) Nodules inflammatoires sur la paupière (ici soulevée) qui compriment le globe oculaire

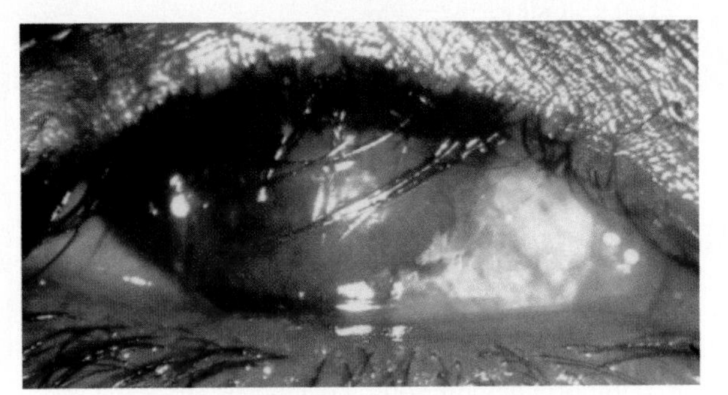

b) Trichiasis, ou recourbement des cils vers l'intérieur

Figure 16.20 Trachome. Les infections multiples à *Chlamydia trachomatis* engendrent une inflammation chronique. À mesure que le trachome évolue, les cils se recourbent vers l'intérieur (trichiasis), aggravant l'érosion de la cornée.

Les autres maladies infectieuses de l'œil

Des virus et des protozoaires peuvent aussi causer des maladies de l'œil. Celles dont il est question ici sont caractérisées par une inflammation de la cornée, appelée *kératite*. Dans nos contrées, cette dernière est surtout d'origine bactérienne. En Afrique et en Asie, les infections de l'œil sont dues le plus souvent à des mycètes, tels que *Fusarium* et *Aspergillus*.

La kératite herpétique

La **kératite herpétique** est due, comme les boutons de fièvre, à l'herpèsvirus humain de type 1 (HHV-1), qui reste à l'état de latence dans les nerfs trijumeaux (figure 16.13). Cette maladie est une infection de la cornée, qui produit souvent une ulcération profonde susceptible d'entraîner la cécité. La trifluridine est un traitement efficace dans de nombreux cas.

La kératite à *Acanthamœba*

L'amibe responsable de la **kératite à *Acanthamœba*** est présente dans les masses d'eau douce, l'eau du robinet, les bains à remous et le sol. Les facteurs aggravants sont des mesures de désinfection inappropriées, ou encore des mesures mal appliquées (seule la chaleur assure la destruction des spores), l'utilisation de solutions salines maison, et le port de lentilles cornéennes durant la nuit ou la baignade.

L'infection se manifeste initialement par une légère inflammation, mais à un stade plus avancé elle s'accompagne de douleurs intenses. On la traite avec les gouttes ophtalmiques à l'iséthionate de propamidine et la néomycine à usage topique. Administrés dès les premiers symptômes, ces médicaments se sont avérés efficaces. Les dommages sont souvent assez importants pour nécessiter une greffe de cornée ou même l'ablation de l'œil. Le diagnostic est confirmé par la présence de trophozoïtes et de kystes dans les produits colorés de grattage de la cornée.

▸ Vérifiez vos acquis

Entre la kératite herpétique et la kératite à *Acanthamœba*, laquelle a le plus de chances d'être causée par un microbe qui se reproduit dans les solutions salines pour lentilles cornéennes? **16-12**

* * *

RÉSUMÉ

INTRODUCTION (p. 432)

1. La peau constitue une barrière physique et chimique pour les microorganismes.
2. Les régions humides de la peau (comme les aisselles) hébergent de plus grandes populations de bactéries que les zones relativement sèches (comme le cuir chevelu).
3. La peau humaine produit des peptides antimicrobiens appelées défensines.

LA STRUCTURE ET LES FONCTIONS DE LA PEAU (p. 433)

1. La partie externe de la peau, appelée épiderme, contient de la kératine, qui forme une couche imperméable. La protection est assurée par de multiples couches de cellules étanches constamment renouvelées.
2. La partie interne de la peau, appelée derme, contient des follicules pileux, des glandes sudoripares et des glandes sébacées, qui constituent des portes d'entrée pour les microbes.
3. Les glandes sébacées et sudoripares déversent leurs sécrétions à l'extérieur par des conduits et sont susceptibles d'inhiber la croissance des microorganismes.
4. Le sébum et la sueur fournissent des nutriments à certains microorganismes.
5. Les cavités du corps sont tapissées de cellules épithéliales qui forment des muqueuses. Certaines cellules épithéliales possèdent des cils vibratiles, d'autres sécrètent du mucus.

LE MICROBIOTE CUTANÉ NORMAL (p. 434)

1. Les microorganismes qui résident sur la peau tolèrent bien la sécheresse et une forte concentration en sel. Les régions chaudes et humides sont favorables à leur croissance.
2. Les cocci à Gram positif prédominent sur la peau.
3. Le lavage de la peau n'en élimine pas tous les microorganismes.
4. Les membres du genre *Propionibacterium* métabolisent les lipides produits par les glandes sébacées et ils colonisent les follicules pileux.
5. La levure *Malassezia furfur* se développe sur les sécrétions grasses et cause parfois la formation excessive de pellicules.

LES MALADIES INFECTIEUSES DE LA PEAU (p. 434)

1. Une vésicule est une petite lésion remplie de liquide ; une bulle est une vésicule de plus de 1 cm ; une macule est une lésion plane rougeâtre ; une papule est une lésion surélevée ; une pustule est une lésion surélevée contenant du pus.

Les bactérioses de la peau (p. 435)

Les infections cutanées staphylococciques (p. 435)

2. Les staphylocoques sont des cocci à Gram positif groupés en grappes.
3. La majorité du microbiote cutané est composé de *S. epidermidis* à coagulase négative.

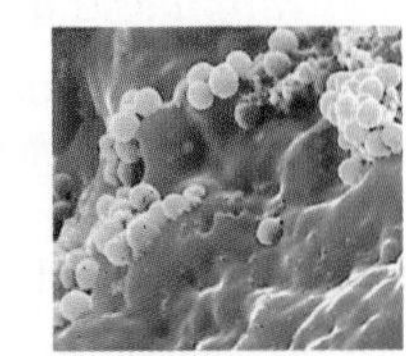

4. Presque toutes les souches pathogènes de *S. aureus* produisent de la coagulase.
5. L'agent pathogène *S. aureus* peut produire des entérotoxines, de la leucocidine et une toxine exfoliatrice ; beaucoup de souches de *S. aureus* produisent de la pénicillinase, et on traite les infections qu'elles provoquent avec la vancomycine.
6. Les infections locales (orgelets, boutons, furoncles et anthrax) sont dues à la pénétration de *S. aureus* par une brèche de la peau.
7. L'impétigo du nouveau-né est une infection cutanée superficielle très contagieuse, provoquée par *S. aureus.*
8. La toxémie est la présence de toxines dans la circulation sanguine ; les toxémies staphylococciques comprennent le syndrome d'épidermolyse staphyloccocique aigu ou syndrome des enfants ébouillantés et le syndrome de choc toxique.

Les infections cutanées streptococciques (p. 438)

9. Les streptocoques sont des cocci à Gram positif groupés en chaînettes.
10. On classe les streptocoques en fonction de leurs enzymes hémolytiques et des antigènes de leur paroi cellulaire.
11. Les streptocoques β-hémolytiques du groupe A (SBHA) sont les agents pathogènes humains les plus importants.
12. Les SBHA produisent plusieurs facteurs de virulence : la protéine M, des toxines érythrogènes, la désoxyribonucléase, des streptokinases et l'hyaluronidase.
13. L'érysipèle (placards rougeâtres) et l'impétigo (pustules isolées) sont des infections cutanées provoquées par les SBHA.
14. Les SBHA causent une destruction rapide et étendue des tissus. L'infection est appelée couramment maladie de la bactérie mangeuse de chair.

Les infections à **Pseudomonas** (p. 440)

15. *Pseudomonas* est un bacille aérobie à Gram négatif, que l'on trouve surtout dans le sol et l'eau, et qui est résistant à de nombreux désinfectants et antibiotiques. Cette bactérie est responsable d'infections opportunistes et nosocomiales.
16. L'espèce *Pseudomonas æruginosa* est la plus répandue ; elle produit une endotoxine et plusieurs exotoxines.
17. Les maladies provoquées par *P. æruginosa* comprennent l'otite externe, des infections respiratoires, des infections des brûlures et des dermatites.
18. Les infections à *Pseudomonas* produisent du pus d'une couleur bleu-vert caractéristique, due à un pigment appelé pyocyanine.
19. Les fluoroquinolones servent à traiter les infections à *P. æruginosa.*

L'acné (p. 440)

20. *Propionibacterium acnes* est capable de métaboliser le sébum emprisonné dans les follicules pileux obstrués.
21. Les déchets du métabolisme (acides gras) causent une réaction inflammatoire appelée acné.
22. La trétinoïne, le peroxyde de benzoyle, l'érythromycine et l'isotrétinoïne sont utilisés dans le traitement de l'acné.

Les viroses de la peau (p. 441)

Les verrues (p. 441)

23. Les papillomavirus provoquent la prolifération des cellules de la peau et la formation d'excroissances bénignes, appelées verrues ou papillomes.
24. Les verrues se transmettent par contact direct.
25. Une verrue peut disparaître spontanément ou nécessiter une ablation chimique ou physique.
26. Le virus reste latent et peut produire des verrues en période de stress.

La variole (p. 442)

27. Le virus de la variole provoque deux types d'infections cutanées, la variole majeure et la variole mineure.
28. Le virus de la variole quitte le corps par les voies respiratoires et se transmet par voie aérienne ; il se rend dans la peau par l'intermédiaire de la circulation sanguine.
29. Le seul hôte de la variole est l'être humain.
30. Les efforts de vaccination coordonnés par l'OMS ont permis d'éradiquer la variole.

La varicelle et le zona (p. 442)

31. Le virus de la varicelle et du zona quitte le corps par les voies respiratoires et se transmet surtout par voie aérienne ; il est localisé dans les cellules de la peau, où il provoque la formation d'une éruption vésiculaire.

32. L'encéphalite et le syndrome de Reye sont deux complications de la varicelle.

33. Après la survenue de la varicelle, le virus demeure à l'état latent dans des ganglions spinaux sensitifs et peut se manifester ultérieurement sous la forme de zona.

34. Le zona est caractérisé par une éruption vésiculaire sur le trajet des nerfs sensitifs cutanés atteints.

35. L'acyclovir permet de lutter contre le virus ; il existe aussi un vaccin à virus atténué entier.

L'herpès (p. 444)

36. L'infection de la peau ou d'une muqueuse par l'herpèsvirus humain de type 1 (HHV-1) produit des boutons de fièvre ; l'encéphalite herpétique et la kératite herpétique constituent parfois des complications de cette infection.

37. Le virus reste à l'état de latence dans des cellules nerveuses, et les boutons de fièvre réapparaissent lorsqu'il est activé.

38. Les voies de sortie de l'HHV-1 sont principalement les voies buccales et respiratoires.

39. L'acyclovir s'est révélé efficace pour le traitement de l'encéphalite herpétique.

La rougeole (p. 445)

40. La rougeole est une infection virale très contagieuse. Les portes de sortie du virus sont les voies respiratoires et il se transmet surtout par voie aérienne et par contact direct.

41. La vaccination avec le virus atténué de la rougeole confère une immunité efficace et durable.

42. À la fin de la période d'incubation dans les voies respiratoires supérieures, le virus provoque l'apparition de macules sur la peau et de taches de Köplik sur la muqueuse buccale.

43. L'infection de l'oreille moyenne, la pneumonie, l'encéphalite et les surinfections bactériennes font partie des complications de la rougeole.

La rubéole (p. 446)

44. Le virus de la rubéole quitte le corps par les voies respiratoires et se transmet surtout par voie aérienne et par contact direct.

45. Un individu infecté présente généralement une éruption cutanée rougeâtre et une légère fièvre, mais la maladie peut être asymptomatique.

46. Le syndrome de la rubéole congénitale peut toucher le fœtus lorsque la mère contracte la maladie au cours du premier trimestre de la grossesse.

47. L'accouchement d'un enfant mort-né, ou atteint de surdité, de cataracte, de malformations cardiaques et d'arriération mentale sont des conséquences potentielles de la rubéole congénitale.

48. La vaccination avec le virus atténué de la rubéole confère l'immunité pour une durée indéterminée.

Les autres éruptions cutanées virales (p. 446)

49. La cinquième maladie, la roséole et le syndrome mains-pieds-bouche sont trois autres infections virales qui causent des éruptions cutanées.

Les mycoses de la peau (p. 447)

Les mycoses cutanées (p. 447)

50. Les mycètes qui colonisent la couche superficielle de l'épiderme provoquent des dermatomycoses.

51. *Microsporum, Trichophyton* et *Epidermophyton* causent des dermatomycoses appelées teignes.

52. Les mycètes responsables des teignes se développent sur la partie de l'épiderme qui contient de la kératine : les cheveux, la peau et les ongles.

53. Les mycoses sont souvent opportunistes dans le sens où elles apparaissent lorsque les barrières de la peau et des muqueuses sont altérées (par exemple irritation, fissure, abrasion).

54. On traite généralement les teignes et le pied d'athlète par l'application locale de substances antifongiques.

55. Le diagnostic est fondé sur l'examen microscopique des produits de grattage de la peau ou de la culture des mycètes.

Les mycoses sous-cutanées (p. 448)

56. La sporotrichose est due à un mycète présent dans le sol, qui pénètre dans la peau par une petite blessure.

57. Les mycètes croissent et produisent des nodules sous-cutanés le long des vaisseaux lymphatiques.

Les candidoses (p. 448)

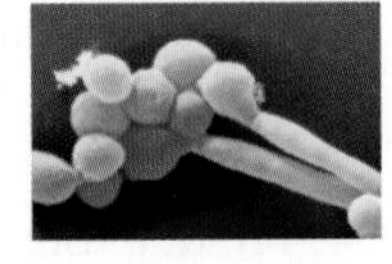

58. *Candida albicans* provoque des infections des muqueuses et est une cause fréquente du muguet (qui touche la muqueuse buccale) et de la vaginite.

59. *C. albicans* est un agent pathogène opportuniste qui risque de proliférer lorsque le microbiote normal est éliminé.

60. L'application locale de substances antifongiques sert à traiter les candidoses.

Les parasitoses de la peau (p. 449)

1. La gale est causée par un acarien qui creuse des sillons dans la peau et y dépose ses œufs.

2. La pédiculose du cuir chevelu est due aux poux du cuir chevelu (*Pediculus capitis*) ; les lentes déposées par les femelles sont fixées à la racine des cheveux.

LES MALADIES INFECTIEUSES DE L'ŒIL (p. 450)

1. La conjonctive est la muqueuse qui tapisse les paupières et recouvre le bulbe oculaire.

L'inflammation de la muqueuse de l'œil : la conjonctivite (p. 450)

2. Plusieurs bactéries peuvent provoquer la conjonctivite, une inflammation de la conjonctive ; celle-ci se transmet notamment par les lentilles cornéennes mal désinfectées.

Les bactérioses de l'œil (p. 450)

3. Le microbiote de la muqueuse de l'œil provient généralement de la peau et des voies respiratoires supérieures.

4. L'ophtalmie gonococcique du nouveau-né est due à la transmission de *Neisseria gonorrhϾ* par la mère infectée, lors du passage du bébé dans la filière pelvigénitale.
5. On traite tous les nouveau-nés avec un antibiotique pour prévenir la croissance de *Neisseria* et les infections à *Chlamydia*.
6. La conjonctivite à inclusions est une infection de la conjonctive provoquée par *Chlamydia trachomatis*. Elle se transmet au nouveau-né au moment de l'accouchement. On la contracte également par l'intermédiaire des eaux de piscine non chlorées.
7. Le trachome, causé par *C. trachomatis,* entraîne la formation de tissu cicatriciel sur la cornée.
8. Le trachome se transmet par les mains, par des objets inanimés tels que les lentilles cornéennes et, également, par des mouches.

Les autres maladies infectieuses de l'œil (p. 456)

9. La kératite est une inflammation de la cornée.
10. Les mycètes *Fusarium* et *Aspergillum* peuvent infecter l'œil.
11. La kératite herpétique provoque l'ulcération de la cornée. Elle est due à l'invasion du système nerveux central par l'herpèsvirus humain de type 1 et peut être récurrente.
12. Le protozoaire *Acanthamœba,* qui se transmet par l'eau, est responsable d'une forme grave de kératite.

AUTOÉVALUATION

QUESTIONS À COURT DÉVELOPPEMENT

1. Une épreuve de laboratoire servant à identifier *Staphylococcus aureus* consiste à faire croître la bactérie sur une gélose mannitol, un milieu de culture qui contient 7,5 % de chlorure de sodium (NaCl). Pourquoi cette gélose est-elle considérée comme un milieu sélectif pour *S. aureus* ?
2. Est-il nécessaire de traiter un patient qui présente des verrues ? Justifiez votre réponse.
3. Les données du tableau suivant proviennent de l'analyse de 9 cas de conjonctivite causés par différents agents pathogènes. Décrivez comment les cosmétiques et les lentilles cornéennes peuvent être des agents de transmission de l'infection. Comment peut-on la prévenir ?

Nombre de cas	Étiologie	Isolat provenant d'un cosmétique pour les yeux ou de lentilles cornéennes
5	*S. epidermidis*	+
1	*Acanthamœba*	+
1	*Candida*	+
1	*P. æruginosa*	+
1	*S. aureus*	+

4. Quel facteur a permis l'éradication de la variole ? Quelle autre maladie satisfait au même critère ?
5. Expliquez l'augmentation de l'incidence des cas de rougeole chez les bébés au cours de ces dernières années.
6. Pour quelles raisons doit-on vérifier, au cours des premiers mois de grossesse, si une femme enceinte est immunisée contre la rubéole ?

APPLICATIONS CLINIQUES

N. B. Certaines de ces questions nécessitent que vous cherchiez des réponses dans les différents chapitres du livre.

1. Vous êtes un infirmier ou une infirmière consultant(e) pour un centre de la petite enfance. Dans le groupe des enfants de 3 à 4 ans, comprenant 12 enfants, 5 cas de varicelle se sont déclarés depuis une dizaine de jours. La garderie compte 80 enfants âgés de 9 mois à 5 ans, et la directrice décide de faire appel à vous. Elle vous demande de lui fournir une fiche comportant des informations générales sur le microbe responsable de la varicelle, sur le mode de transmission, sur la période d'incubation et la contagiosité, sur le tableau clinique (principaux signes et symptômes) et sur la durée de la maladie. Elle vous demande également s'il faut prendre des mesures particulières en service de garde, et si les employés sont susceptibles d'être contaminés au même titre que les enfants. Vous devez répondre aux questions de la directrice. D'autre part, quelles mesures pourriez-vous lui suggérer d'adopter pour lutter contre l'apparition de nouveaux cas ? (*Indice :* Voir le chapitre 8.)
2. Marie-Andrée est une jeune fille de 12 ans atteinte de diabète ; elle est sous perfusion continuelle d'insuline par voie sous-cutanée. Vous êtes l'infirmière qui assure le suivi à domicile. Lors de votre dernière visite, la jeune fille présentait de la fièvre (39,4 °C), une pression artérielle plus faible que d'habitude, des douleurs abdominales, une éruption cutanée (rash) et des abcès aux points d'insertion de la perfusion. Elle devait changer de point d'insertion tous les 3 jours, après avoir nettoyé la peau avec une solution iodée, mais elle vous dit qu'elle n'en a changé que tous les 10 jours. Dans les circonstances, vous devez porter un jugement clinique sur l'état de la jeune fille. Vous recommandez aux parents d'emmener leur fille au service des urgences de l'hôpital. Le médecin qui la reçoit fait immédiatement une demande pour une culture en microbiologie. Les cultures obtenues à partir de produits de grattage des abcès sont positives quant à la croissance de *Staphylococcus aureus.* L'hémoculture est toutefois négative.

   Quel indice vous a permis de recommander aux parents d'emmener leur fille à l'hôpital ? Établissez une relation entre l'infection et le mécanisme physiopathologique qui a conduit à l'apparition du rash, de la fièvre et de la diminution de la pression artérielle. Quel est le syndrome regroupant ces signes ? Pour quelle raison l'hémoculture est-elle négative ? Quelles explications devrez-vous donner à la jeune fille pour éviter de telles complications à l'avenir ? (*Indice :* Voir les chapitres 9 et 10.)

3. Un groupe d'adolescents participe à un camp d'entraînement intensif de judo pendant trois semaines. Vous êtes le ou la responsable des soins infirmiers dans ce camp. Durant cette période, 34 % des adolescents contractent une infection due à l'herpèsvirus humain de type 1, forme dite *herpès des gladiateurs,* car elle apparaît généralement lors de sports de contact. Les lésions sont localisées au visage et au cou, de même que sur les membres et aux extrémités. On note que les individus au *poids le plus élevé* sont aussi le plus souvent atteints. L'entraînement n'est interrompu pour aucun des adolescents, ni pour ceux qui présentent des lésions, ni pour ceux dont la peau est irritée par les multiples frottements sur les tapis. Bien que ces tapis aient été désinfectés tous les jours, la transmission du virus n'a pu être évitée. Les propriétaires du camp vous demandent de faire une évaluation de la situation en vue de prendre des mesures susceptibles de prévenir ce type d'infection durant le prochain camp d'entraînement. (*Indice :* Voir le chapitre 9.)

   Vous devez énoncer les facteurs de risque qui favorisent l'infection de certains adolescents, établir la liste des réservoirs potentiels du virus et décrire ses modes de transmission et ses portes d'entrée. Vous devez également établir la série de mesures à prendre pour prévenir la transmission de l'infection. Si les mêmes adolescents viennent au prochain camp d'entraînement, les risques que la situation se reproduise seront-ils semblables ? Justifiez votre réponse.

4. Joseph est un patient diabétique de 76 ans qui pèse 110 kg. Il vient de subir une chirurgie en orthopédie pour une fracture de la cheville ; sa plaie s'infecte et se recouvre de pus bleu-vert, dégageant une odeur de raisin. En vous appuyant sur cette caractéristique, dites quelle est la cause probable de l'infection. Cette bactérie est fréquemment l'agent causal d'infections nosocomiales. Nommez quelques réservoirs qui contribuent à la dissémination de la bactérie. Expliquez pourquoi l'infection peut être difficile à maîtriser. Citez les données qui indiquent que la bactérie est opportuniste. (*Indice :* Voir les chapitres 6 et 9.)

5. Annette est une dame de 80 ans qui vit dans une résidence pour personnes en perte d'autonomie. Depuis une semaine, elle se plaint de douleurs cuisantes dans le dos ; le personnel soignant lui recommande de marcher et de faire un peu d'exercice pour assouplir ses muscles. Toutefois, au moment d'aider la dame à prendre son bain, l'infirmière observe sur le côté droit du dos un groupe de vésicules de couleur foncée. Le médecin appelé en consultation diagnostique un cas de zona intercostal. Nommez l'agent pathogène responsable de l'infection. L'infirmière doit expliquer au personnel de soutien que l'infection n'est pas contagieuse ; toutefois, les personnes qui n'ont pas contracté la varicelle doivent éviter tout contact avec la dame. Établissez les relations entre la varicelle, le zona et le mécanisme physiopathologique qui ont conduit à l'apparition des vésicules dans le dos de la dame. (*Indice :* Voir le chapitre 8.)

6. Amélie est un petit bébé de 3 mois. Depuis 2 jours, elle pleure dès que ses parents veulent lui donner le biberon. Elle semble affamée mais ne veut pas boire. Les parents consultent leur médecin, qui diagnostique un muguet sur la langue et à l'intérieur des joues du bébé. Quel est l'agent pathogène responsable et quel est le signe particulier de l'infection ? Indiquez s'il s'agit d'une infection d'origine exogène ou endogène. Pour quelle raison le médecin recommande-t-il aux parents de rincer soigneusement la tétine du biberon après l'avoir lavée à l'eau savonneuse ? Un médicament antibactérien serait-il efficace ? Justifiez vos réponses.

ÉDITION EN LIGNE Consultez le volet de gauche de l'Édition en ligne pour d'autres activités.

CHAPITRE 17

Les maladies infectieuses du système nerveux

Certaines des maladies infectieuses les plus graves touchent le système nerveux, en particulier l'encéphale et la moelle épinière. Les lésions qu'elles causent peuvent provoquer la surdité, la cécité, des troubles d'apprentissage, la paralysie et la mort.

Étant donné son importance primordiale, le système nerveux est enveloppé par des structures qui le protègent contre les accidents et les infections. Habituellement, les agents pathogènes qui ont réussi à gagner la circulation sanguine sont arrêtés aux abords de l'encéphale et de la moelle épinière par la barrière hématoencéphalique. À l'occasion, un trauma enfonce la barrière, ce qui entraîne de graves conséquences, car le liquide cérébrospinal qui irrigue le système nerveux central n'a pas les moyens de défense qu'on trouve dans la circulation sanguine. Il est donc particulièrement vulnérable. Par ailleurs, les agents pathogènes susceptibles de causer des maladies du système nerveux présentent souvent des caractéristiques de virulence exceptionnelles, qui leur permettent de percer les lignes de défense. Par exemple, certains d'entre eux peuvent se multiplier dans un nerf périphérique et se frayer un chemin par la suite jusqu'à l'encéphale ou à la moelle épinière.

Les encadrés 17.2 à 17.4 présentent une récapitulation des maladies infectieuses du système nerveux décrites dans le chapitre. Pour un rappel des différents maillons de la chaîne épidémiologique, consultez la section « La propagation d'une infection » au chapitre 9 et le schéma guide de la figure 9.6.

AU MICROSCOPE

Nægleria fowleri. Les infections provoquées par cette amibe sont associées à la baignade. Elles sont à l'origine d'une maladie qui est souvent mortelle.

Q/R

Dans cette photographie, on voit des amibes en train de dévorer une amibe morte. De quel tissu se nourrissent ces organismes lorsqu'ils infectent l'humain ?

La réponse est dans le chapitre.

La structure et les fonctions du système nerveux

▶ Objectifs d'apprentissage

17-1 Définir le système nerveux central et la barrière hématoencéphalique et nommer les structures qui protègent les organes du système nerveux.

17-2 Faire la distinction entre méningite et encéphalite.

17-3 Décrire des portes d'entrée d'agents pathogènes jusqu'au système nerveux.

Le système nerveux des humains comprend deux grandes parties : le système nerveux central et le système nerveux périphérique (**figure 17.1**). Le **système nerveux central (SNC)** est constitué de l'encéphale – lui-même formé du cerveau, du cervelet et du tronc cérébral – et de la moelle épinière. Il est le centre de régulation de l'ensemble du corps ; il recueille les informations sensorielles, les interprète et envoie des influx nerveux moteurs destinés à coordonner les activités de l'organisme. Le **système nerveux périphérique (SNP)** est composé de tous les nerfs qui émanent de l'encéphale et de la moelle épinière. Ces nerfs périphériques sont les voies de communication entre le SNC, les différentes parties du corps et le milieu extérieur. Les organes du système nerveux sont protégés par la peau, les muscles, les os et d'autres structures, telles que le tissu adipeux.

L'encéphale et la moelle épinière sont recouverts de trois membranes continues nommées *méninges* (**figure 17.2**), qui assurent aussi leur protection. Il s'agit, de l'extérieur vers l'intérieur, de la *dure-mère,* de l'*arachnoïde* et de la *pie-mère.* L'espace compris entre la pie-mère et l'arachnoïde s'appelle *cavité subarachnoïdienne* et, chez l'adulte, il renferme de 100 à 160 mL de *liquide cérébrospinal* (*LCS*), ou liquide céphalorachidien, circulant. Les organes du système nerveux sont normalement exempts de microbes. Étant donné que le LCS ne contient qu'une faible quantité d'anticorps circulants et de cellules phagocytaires, les bactéries ou les virus qui ont pu l'atteindre peuvent s'y multiplier rapidement.

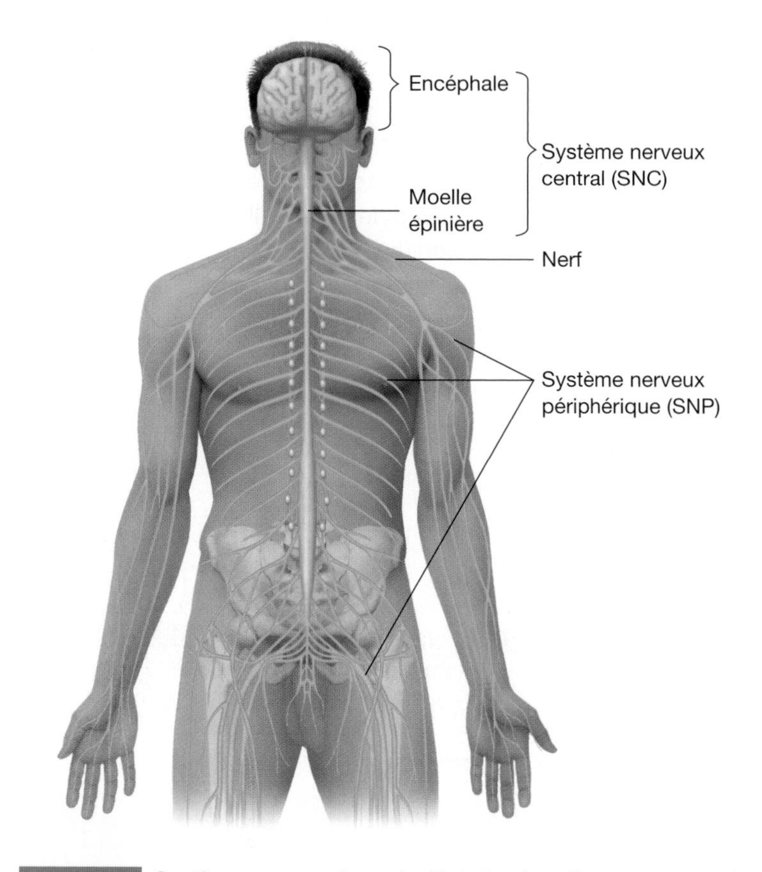

Figure 17.1 **Système nerveux humain.** Illustration du système nerveux central et du système nerveux périphérique.

La **barrière hématoencéphalique** est une caractéristique essentielle de l'encéphale. Comme son nom l'indique, cette barrière est formée par l'association très particulière des capillaires cérébraux avec des cellules gliales spécialisées, les astrocytes. Les capillaires cérébraux ne laissent passer que certaines substances du sang à l'encéphale. Ils sont moins perméables que les autres capillaires du corps et donc plus sélectifs quant aux substances dont ils permettent normalement le passage.

Les substances médicamenteuses ne peuvent franchir la barrière hématoencéphalique que si elles sont liposolubles. (Le glucose et de nombreux acides aminés non liposolubles traversent tout de même cette barrière grâce à des mécanismes de transport particuliers.) Le chloramphénicol, un antibiotique liposoluble, pénètre facilement dans l'encéphale. La pénicilline n'est que faiblement liposoluble mais, administrée en très fortes doses, elle peut franchir la barrière hématoencéphalique et s'avérer efficace. Toutefois, les inflammations de l'encéphale se traduisent par des modifications de la barrière, qui laisse alors passer les antibiotiques, ce qui ne serait pas possible d'ordinaire.

Bien qu'il soit très bien protégé, le SNC peut être envahi par des microbes de différentes façons. Par exemple, ceux-ci peuvent y pénétrer à la suite d'une sinusite ou d'une otite, ou à l'occasion d'un trauma, tel qu'une fracture du crâne ou de la colonne vertébrale, ou lors d'un acte médical, comme une ponction lombaire – une technique qui consiste à introduire une aiguille dans la cavité subarachnoïdienne des méninges spinales pour retirer un échantillon de LCS. Certains microbes sont également capables de se déplacer le long des nerfs périphériques et d'atteindre les organes du SNC. Toutefois, lorsqu'une inflammation modifie la perméabilité de la barrière hématoencéphalique, les portes d'entrée du SNC les plus courantes sont les systèmes cardiovasculaire et lymphatique.

L'inflammation des méninges causée par des microbes s'appelle **méningite** ; l'inflammation d'une partie plus ou moins étendue de l'encéphale lui-même se nomme **encéphalite**. Si les méninges et l'encéphale sont tous deux atteints, on parle alors de **méningoencéphalite**.

▶ Vérifiez vos acquis

Pourquoi, contrairement à la plupart des autres antibiotiques, le chloramphénicol traverse-t-il facilement la barrière hématoencéphalique ? **17-1**

Quel est l'organe ou la structure atteint d'inflammation, lors d'une encéphalite ? **17-2**

Quelles sont les portes d'entrée les plus courantes des agents pathogènes qui infectent le SNC ? **17-3**

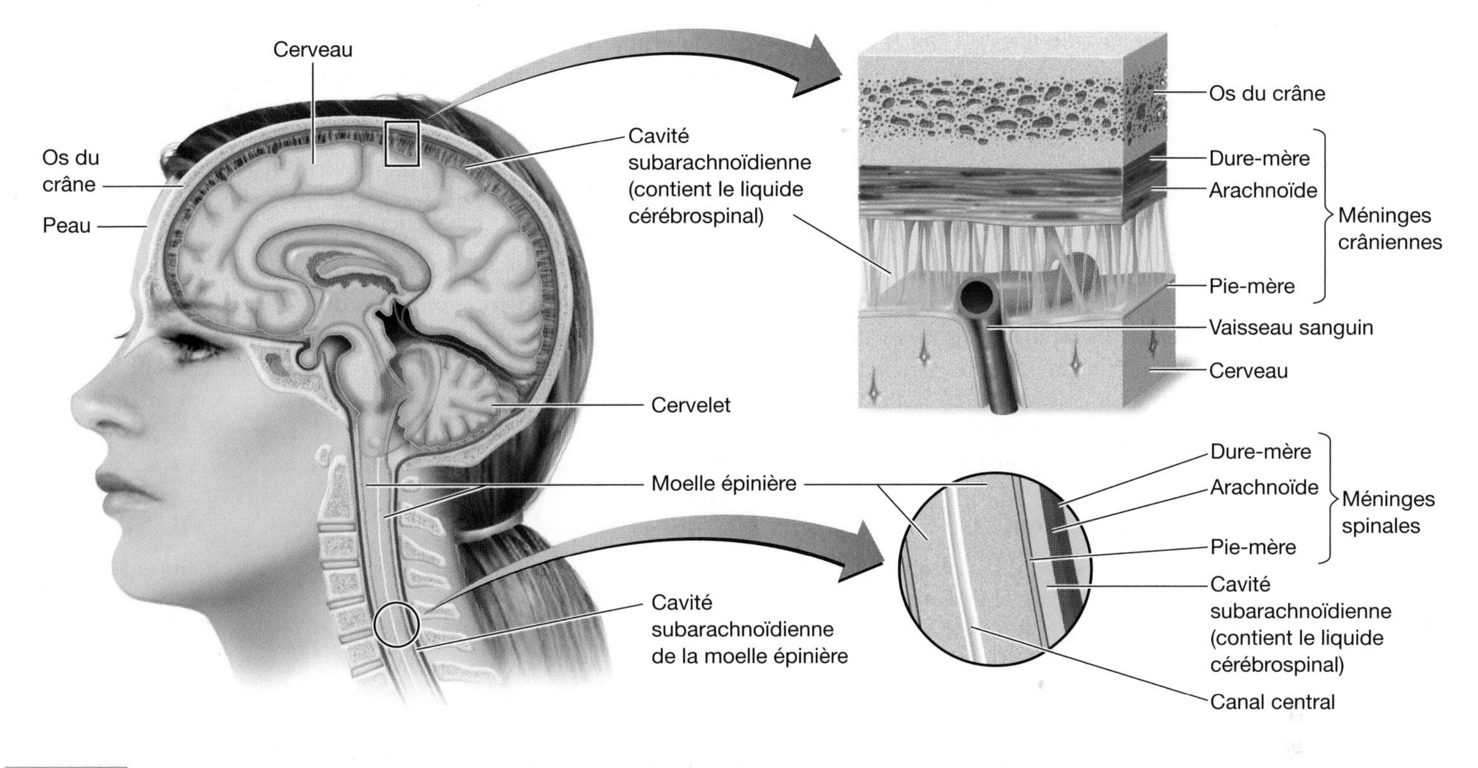

Figure 17.2 **Méninges et liquide cérébrospinal (LCS).** Les méninges – crâniennes et spinales – sont formées de trois membranes : la dure-mère, l'arachnoïde et la pie-mère. La cavité subarachnoïdienne, comprise entre l'arachnoïde et la pie-mère, contient le LCS. Des microbes transportés par le sang peuvent franchir la barrière hématoencéphalique en traversant la paroi des vaisseaux sanguins.

Les bactérioses du système nerveux

▶ Objectifs d'apprentissage

Décrire la chaîne épidémiologique qui conduit aux infections bactériennes suivantes, notamment les facteurs de virulence de l'agent pathogène en cause, ses principaux réservoirs, ses modes de transmission, ses portes d'entrée, les facteurs prédisposants de l'hôte réceptif ainsi que le mécanisme physiopathologique qui mène à l'apparition des principaux signes et symptômes de la maladie infectieuse :

17-4 pour les méningites à *Hæmophilus influenzæ*, à *Neisseria meningitidis*, à *Streptococcus pneumoniæ* et à *Listeria monocytogenes* ;

17-5 pour le tétanos et le botulisme ;

17-6 pour la lèpre.

17-7 Relier les méningites bactériennes, le tétanos et le botulisme à des moyens de prévention, à une thérapeutique et à des épreuves de diagnostic (s'il y a lieu).

Les infections bactériennes du SNC sont peu fréquentes, mais elles ont souvent de graves conséquences. Avant l'arrivée des antibiotiques, elles étaient presque toujours fatales.

Les méningites bactériennes

Les pathogènes responsables des **méningites** bactériennes pénètrent dans le corps humain par les voies respiratoires. D'ordinaire, les premiers signes et symptômes (période prodromique) de la méningite ne sont pas vraiment inquiétants : fièvre, maux de tête parfois violents et raideur de la nuque. Ils sont souvent suivis de nausées et de vomissements. Cependant, la maladie peut finir par entraîner des convulsions et le coma. Le taux de mortalité varie en fonction de l'agent pathogène, mais, de nos jours, il est généralement élevé pour une maladie infectieuse. Beaucoup de survivants souffrent de troubles neurologiques plus ou moins graves.

La méningite peut être causée par différents agents pathogènes, dont des bactéries, des virus, des mycètes et des protozoaires. La méningite virale, qui ne doit pas être confondue avec une encéphalite virale, est sans doute beaucoup plus fréquente que la méningite bactérienne, mais il s'agit d'ordinaire d'une maladie bénigne.

Par le passé, la plupart des méningites bactériennes, y compris la mortalité qu'elles occasionnaient, étaient causées par seulement trois espèces : le diplocoque à Gram positif *Streptococcus pneumoniæ* et les bactéries à Gram négatif *Hæmophilus influenzæ* et *Neisseria meningitidis*. Aujourd'hui, grâce à un vaccin efficace, on a pratiquement éliminé la méningite à *Hæmophilus influenzæ* type b, laquelle représentait la majorité des cas à une époque. Chez les adultes, c'est-à-dire chez les personnes ayant plus de 16 ans, *Streptococcus pneumoniæ* et *Neisseria meningitidis* sont à l'origine d'environ 80 % des infections. On s'attend à ce que l'utilisation de plus en plus répandue du vaccin conjugué contre *Streptococcus pneumoniæ* diminue l'incidence de la méningite attribuée à cette bactérie, en particulier chez les enfants. Il est possible que la vaccination entraîne une immunité collective qui profite également aux adultes.

Le pouvoir pathogène de ces trois bactéries est associé à la présence d'une capsule qui les protège contre la phagocytose lors de leur reproduction rapide dans la circulation sanguine, d'où elles peuvent passer dans le LCS. La mort consécutive à la méningite d'origine bactérienne survient souvent de manière très rapide; cela est sans doute dû au choc septique et à l'inflammation des méninges, causés par la libération d'endotoxines par les agents pathogènes à Gram négatif ou par la libération de fragments de la paroi cellulaire (peptidoglycanes et acides teichoïques) des bactéries à Gram positif.

Près de 50 autres espèces de bactéries pathogènes opportunistes peuvent provoquer la méningite à l'occasion. Les plus importantes sont les streptocoques, tels que les β-hémolytiques du groupe B (SBGB), les staphylocoques, *Listeria monocytogenes* et certaines bactéries à Gram négatif. Certains de ces microbes touchent surtout les nouveau-nés (*L. monocytogenes* et les SBGB). La plupart des autres sont à l'origine d'infections secondaires à une opération chirurgicale (les staphylocoques et les bactéries à Gram négatif).

La méningite à *Hæmophilus influenzæ*

Hæmophilus influenzæ est un petit bacille (coccobacille) aérobie à Gram négatif qui fait couramment partie du microbiote normal du pharynx (gorge). Occasionnellement, il peut toutefois pénétrer dans la circulation sanguine et provoquer plusieurs maladies invasives. Outre la méningite, ce microbe cause la pneumonie, l'épiglottite aiguë et l'otite moyenne. Sa capsule polysaccharidique est un facteur important de pathogénicité, en particulier chez les bactéries possédant des antigènes capsulaires de sérotype b. (On distingue six sérotypes différents, de *a* à *f;* les souches sans capsules sont dites non typables.) Cliniquement, on désigne souvent cette bactérie par l'acronyme «Hib».

La **méningite à Hib** se transmet par contact direct et par gouttelettes de sécrétions respiratoires projetées par des personnes malades ou par des porteurs sains; l'infection peut même être d'origine endogène. Elle touche surtout les enfants de moins de 4 ans et survient le plus souvent vers l'âge de 6 mois, lorsque la protection conférée par les anticorps de la mère s'affaiblit. L'incidence de cette maladie chez les enfants est en déclin depuis l'introduction d'un vaccin inactivé conjugué – fabriqué à partir d'un polysaccharide capsulaire purifié et conjugué à une anatoxine (protéine «porteuse»); on vise maintenant l'éradication de la maladie dans cette tranche d'âge. Au Canada comme aux États-Unis, on recommande de commencer l'administration d'une série de vaccins à l'âge de 2 mois, de manière que l'immunisation soit efficace vers l'âge de 6 mois (tableau 26.4 EN LIGNE). L'incidence chez les enfants de plus de 5 ans et chez les adultes a peu varié. Autrefois, la méningite à *Hæmophilus influenzæ* constituait à elle seule environ 45% des cas de méningite bactérienne déclarés et le taux de mortalité s'élevait à près de 6%.

La méningite à *Neisseria*

La **méningite à *Neisseria***, ou **méningite à méningocoques**, est due à *Neisseria meningitidis.* Le méningocoque est une bactérie aérobie à Gram négatif. À l'instar du Hib et du pneumocoque, il est souvent présent dans la bouche et la gorge et ne provoque aucun symptôme (**figure 17.3**). Ces porteurs sains, qui constituent environ 10% de la population, sont un réservoir d'infection pendant les quelques mois où le microbe est présent. La maladie est assez fréquente dans les collectivités où les contacts sont étroits – par exemple dans les garderies, les écoles, etc. Elle se transmet par contact direct et par la projection des gouttelettes de salive ou de sécrétions respiratoires; elle peut à l'occasion se transmettre indirectement par des objets fraîchement contaminés par des sécrétions (chapitre 9). Les épidémies coïncident souvent avec la saison sèche ou avec la saison hivernale, qui favorise le surchauffage des logements. En effet, une muqueuse nasale asséchée offre moins de résistance à l'invasion de ces bactéries.

Il existe cinq sérotypes capsulaires de méningocoques: A, B, C, Y et W-135. Les méningocoques du groupe A sont responsables d'épidémies étendues dans les régions arides de l'Afrique, de la Chine et du Moyen-Orient; les types C et W-135 sévissent occasionnellement. En Europe, le groupe B prédomine, mais le groupe C sévit aussi. Le Canada et les États-Unis ont connu des épidémies dues en majorité aux méningocoques des groupes B et C – le sérotype C semble plus virulent que le sérotype B –, au groupe Y et très peu au groupe W-135.

La méningite touche en général les enfants de moins de 2 ans et survient le plus souvent vers l'âge de 6 mois, soit après que l'immunité conférée par la mère s'est affaiblie; chez un nombre significatif des enfants rétablis, des séquelles neurologiques, telle la surdité, sont à craindre. Le sérotype C atteint plus fréquemment les adolescents.

La méningite à méningocoques commence habituellement par de la fièvre et par une infection de la gorge, qui évolue vers une bactériémie puis vers une méningite. Les signes et les symptômes de la maladie sont pour la plupart causés par une endotoxine que les bactéries libèrent rapidement dans la circulation sanguine et qui peut provoquer un état de choc en quelques heures (chapitre 10). On reconnaît la présence de l'endotoxine à la formation de petits thrombus (caillots) qui se manifestent sur la peau par l'apparition de taches rouges – les pétéchies – qui ne pâlissent pas sous la pression des doigts. Les caillots bloquent les vaisseaux sanguins qui irriguent les tissus atteints, provoquant une destruction étendue des tissus. La nécrose tissulaire peut même nécessiter l'amputation d'une partie des membres touchés. D'autres sites anatomiques peuvent être atteints, tels que le péricarde, les articulations et des organes du SNC. La personne infectée sombre dans un état comateux, et la mort peut survenir quelques heures après l'apparition de la fièvre. L'antibiothérapie a permis de réduire le taux de mortalité, qui s'élevait à 80% à une certaine époque.

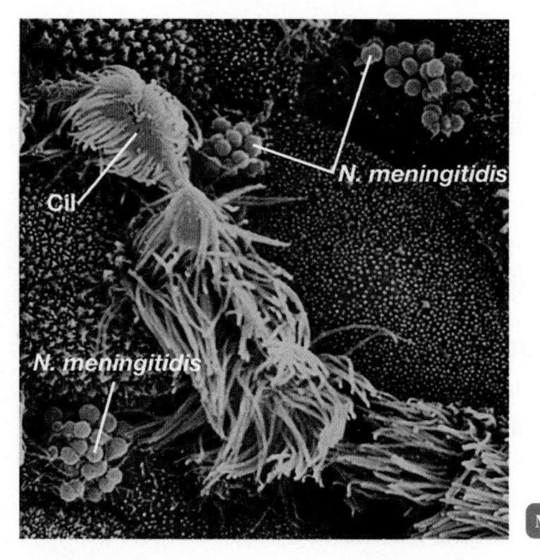

Figure 17.3 ***Neisseria meningitidis.*** Amas de *N. meningitidis* fixés à des cellules de la muqueuse du pharynx.

La vaccination constitue en effet un moyen de prévention efficace. Il existe un vaccin contre le sérotype C et un vaccin tétravalent contre les sérotypes A, C, Y et W-135. Ce sont des vaccins inactivés conjugués – fabriqués à partir des polysaccharides capsulaires purifiés et conjugués à une anatoxine (protéine « porteuse »). Au Québec, on suggère d'administrer aux enfants de 1 an le vaccin contre le méningocoque de sérotype C. Il n'y a pas encore de vaccin contre le sérotype B parce que sa capsule n'est pas immunogène ; toutefois, il y aurait actuellement des tests cliniques sur un tel vaccin.

La méningite à *Streptococcus pneumoniæ*

Streptococcus pneumoniæ, ou *pneumocoque,* est un diplocoque à Gram positif qui réside fréquemment dans la région nasopharyngée ; près de 70 % des personnes sont des porteurs sains. Le pneumocoque est l'un des principaux agents pathogènes bactériens, et la production de sa capsule est le facteur déterminant de sa pathogénicité. Il est responsable chaque année de cas de méningite, de pneumonie (d'où son nom) et de millions de cas d'otites douloureuses. Environ la moitié des cas de **méningite à *S. pneumoniæ*** concernent des enfants âgés de 1 mois à 4 ans, et le taux de mortalité est élevé. L'infection est souvent d'origine endogène. Lors d'épidémies, elle peut se transmettre par contact direct et par gouttelettes de sécrétions, particulièrement dans des environnements fermés.

La résistance aux antibiotiques constitue un obstacle de plus en plus sérieux pour le traitement des maladies à pneumocoques. C'est pourquoi on conseille d'administrer le vaccin inactivé conjugué – préparé à partir de polysaccharides capsulaires purifiés de 13 sérotypes de *Streptococcus pneumoniæ* – aux enfants de moins de 2 ans ; la première dose peut être donnée dès l'âge de 2 mois (tableau 26.4 EN LIGNE). Les personnes âgées forment un autre groupe à risque, mais il est possible de les protéger par l'administration du vaccin inactivé sous-unitaire – produit à partir des polysaccharides capsulaires de 23 sérotypes de *S. pneumoniæ* (tableau 26.1 EN LIGNE).

Le diagnostic et le traitement des formes les plus courantes de méningites bactériennes

Pour poser un diagnostic de méningite bactérienne, on prélève un échantillon de LCS au moyen d'une ponction lombaire (**figure 17.4**). Une simple coloration de Gram est souvent utile, car elle permet d'ordinaire d'identifier l'agent pathogène de façon relativement fiable. On prépare également des cultures à partir du liquide prélevé. Il faut alors manipuler l'échantillon rapidement et avec soin parce que les agents pathogènes qui s'y trouvent sont en général très sensibles : ils ne survivent pas à la dessiccation ou même à des variations de température. Les épreuves sérologiques les plus couramment effectuées sur le LCS sont les tests d'agglutination au latex. On obtient le résultat en 20 minutes environ ; un résultat négatif ne permet pas d'écarter la possibilité de la présence de bactéries pathogènes moins communes ou de causes non bactériennes.

Il est essentiel de traiter rapidement toute forme de méningite bactérienne ; en général, on commence une chimiothérapie dans les cas suspectés de la maladie avant même d'être certain de la nature de l'agent pathogène. Les antibiotiques d'élection sont les céphalosporines de troisième génération, à large spectre ; des experts recommandent d'ajouter de la vancomycine. Dès que l'agent pathogène a été identifié, ou parfois lorsque la sensibilité de l'antibiotique a été déterminée à l'aide de cultures, on peut décider de modifier l'antibiothérapie. Par ailleurs, toutes les personnes ayant été en contact avec des sujets atteints de méningite reçoivent une antibiothérapie de prévention, et des campagnes de sensibilisation incitent les gens à se faire vacciner.

La listériose

Listeria monocytogenes est un bacille à Gram positif dont on savait, avant de démontrer qu'il est responsable de maladies humaines, qu'il provoque l'accouchement d'enfants mort-nés et des affections neurologiques chez les animaux. Il est excrété dans les fèces des animaux, et est donc largement présent dans le sol et l'eau. Le nom *Listeria monocytogenes* évoque la prolifération des monocytes (un type de leucocytes) observée chez des animaux infectés par le bacille. La virulence du microbe est liée à sa capacité de contrecarrer l'action des macrophagocytes : lorsqu'il est ingéré par les phagocytes, il n'est pas détruit, car il libère des enzymes qui lysent les phagolysosomes (figure 11.7). Il peut même proliférer à l'intérieur de ces cellules. Il a également la capacité exceptionnelle de se déplacer directement d'un phagocyte à un autre phagocyte adjacent

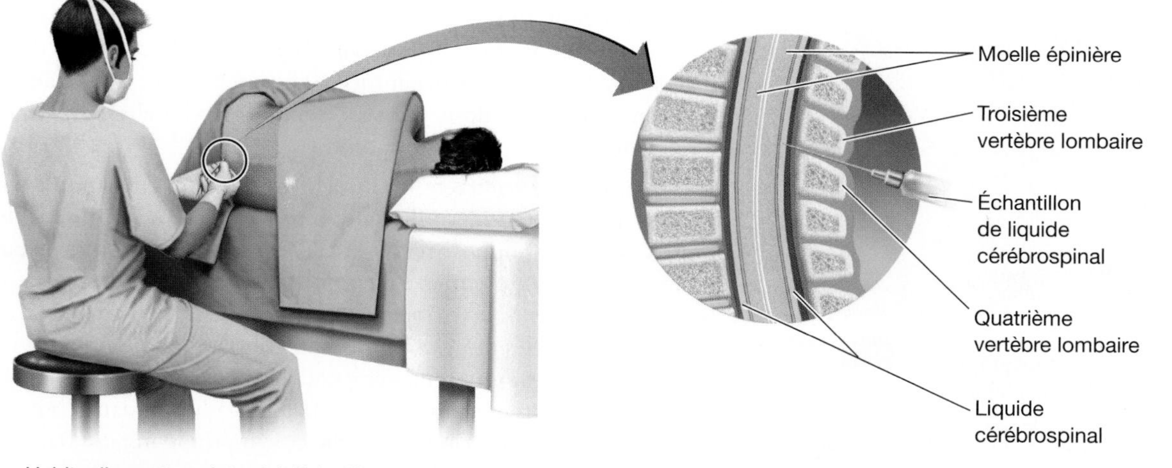

Figure 17.4 Ponction lombaire. Il faut souvent faire une ponction lombaire pour poser un diagnostic dans le cas des maladies qui touchent le SNC, telles que la méningite. À l'aide d'une aiguille que l'on introduit entre deux vertèbres au bas de la colonne vertébrale, on prélève du liquide cérébrospinal de la cavité subarachnoïdienne (figure 17.2). Le liquide est analysé en laboratoire.

(**figure 17.5**). Cette propriété ainsi que la capacité de croissance intracellulaire constituent deux des facteurs de pathogénicité de cette bactérie.

En tant qu'agent pathogène, *L. monocytogenes* cible trois hôtes différents : l'adulte, le fœtus et le nouveau-né. La **listériose** est d'ordinaire une maladie bénigne, souvent asymptomatique chez les adultes sains. Toutefois, si elle infecte les adultes immunodéprimés ou atteints d'un cancer, de diabète ou de cirrhose, la bactérie se comporte comme un microbe opportuniste qui se développe de préférence dans le SNC. La croissance du bacille se manifeste en général par une méningite qui peut évoluer vers une sepsie. Les sujets en voie de guérison ou apparemment sains rejettent souvent l'agent pathogène dans leurs selles pendant une période indéfinie, contribuant ainsi à la transmission du microbe.

L. monocytogenes est un dangereux pathogène quand il infecte les femmes enceintes. En fait, celles-ci ne sont que très peu affectées, mais le fœtus nourri par le placenta de la mère peut être gravement atteint. La capacité du microbe à se propager d'une cellule à l'autre est probablement ce qui lui permet de franchir la barrière placentaire et d'infecter le fœtus. Il en résulte un taux élevé de fausses couches et d'accouchements d'enfants mort-nés. Dans certains cas, la maladie se manifeste quelques semaines après la naissance, habituellement par une méningite qui peut causer des troubles neurologiques ou la mort. Le taux de mortalité infantile reliée à ce type d'infection est de 60 % environ.

Les épidémies chez les humains sont le plus souvent d'origine alimentaire. On isole fréquemment *L. monocytogenes* d'une large gamme d'aliments tels que les charcuteries, les viandes et les légumes ; des produits laitiers ont été associés à plusieurs épidémies. *L. monocytogenes* fait partie des rares agents pathogènes psychrophiles – c'est-à-dire capables de se développer aux températures normales de réfrigération –, ce qui explique que le nombre de bacilles puisse augmenter pendant la durée de conservation d'un aliment. Récemment, la U.S. Food and Drug Administration a approuvé l'utilisation de bactériophages en aérosol pour traiter les viandes prêtes-à-servir. Les phages sont capables de tuer au moins 170 souches de *L. monocytogenes*. Si les consommateurs ne répugnent pas à l'adopter, la technique pourrait servir de modèle et être étendue à d'autres agents pathogènes véhiculés par les aliments.

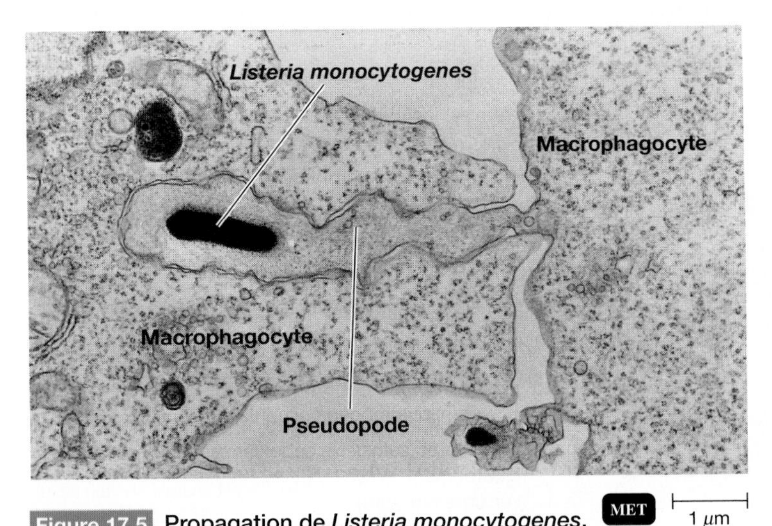

Figure 17.5 **Propagation de *Listeria monocytogenes*, l'agent de la listériose, par transfert d'une cellule à l'autre.**
Notez que la bactérie a amené le phagocyte de la partie de droite, dans lequel elle résidait, à produire un pseudopode que le phagocyte de gauche est en train d'engloutir. Le pseudopode est sur le point de se détacher par pincement, de sorte que le microbe sera transféré au phagocyte de gauche.

On tente actuellement d'améliorer les méthodes de détection de *L. monocytogenes* dans les aliments. On a réalisé des progrès considérables en employant des milieux de culture sélectifs et des épreuves biochimiques rapides. On pense que les sondes d'ADN et les épreuves sérologiques faisant intervenir des anticorps monoclonaux se révéleront les méthodes les plus utiles (chapitre 5). Chez les humains, le diagnostic se fonde sur l'isolement et la culture de l'agent pathogène, habituellement prélevé dans le sang ou dans le LCS. La pénicilline G est l'antibiotique d'élection pour le traitement de la listériose.

Les méningites et les encéphalites microbiennes sont résumées dans l'encadré 17.3.

Vérifiez vos acquis

Pourquoi la méningite causée par *Listeria monocytogenes* est-elle souvent associée à la consommation d'aliments réfrigérés ? **17-4**

Quel liquide organique prélève-t-on pour établir un diagnostic de méningite bactérienne ? **17-7**

Le tétanos

L'agent du **tétanos**, *Clostridium tetani*, est un bacille à Gram positif, anaérobie strict et producteur d'une endospore. On le rencontre surtout dans les sols contaminés par des matières fécales animales, qui sont les principaux réservoirs de la maladie. Le bacille ne se transmet pas de personne à personne.

Les signes et les symptômes du tétanos sont dus à une exotoxine extrêmement puissante, la *toxine tétanique*, ou spasmine tétanique, qui est libérée dans la plaie par autolyse de la bactérie en croissance ; il s'agit d'une neurotoxine (chapitre 10). La toxine peut atteindre le SNC par la voie sanguine et causer un *tétanos généralisé* ; elle peut aussi pénétrer les terminaisons axonales motrices qui innervent la région de la plaie, remonter vers les corps cellulaires des neurones moteurs de la moelle épinière et causer un *tétanos localisé*. Les bactéries elles-mêmes ne quittent pas le site d'infection et il n'y a pas d'inflammation. Plus la distance entre la porte d'entrée du bacille et la moelle épinière est courte, plus la période d'incubation de la maladie est brève. On pourrait tuer 30 personnes avec une quantité de cette exotoxine dont la masse serait égale à celle de l'encre nécessaire pour imprimer un point.

Pour qu'il se contracte, un muscle normal doit être stimulé par un potentiel d'action (influx nerveux). Au même moment, le muscle qui lui est opposé reçoit l'ordre de se détendre pour ne pas nuire à l'action du premier. En empêchant la libération de certains neurotransmetteurs, la toxine tétanique bloque la voie de la relaxation, si bien que les muscles opposés se contractent ensemble, provoquant les spasmes musculaires caractéristiques. Les muscles de la mâchoire sont atteints dès le début de la maladie, rendant l'ouverture de la bouche difficile. On appelle ce symptôme *trismus*. Dans les cas extrêmes, les spasmes des muscles du dos provoquent la contracture vers l'arrière de la tête et des talons, état appelé *opisthotonos* (**figure 17.6a**). Peu à peu, d'autres muscles squelettiques sont touchés, y compris les muscles responsables de la déglutition. Les spasmes des muscles respiratoires finissent par causer la mort.

Étant donné que le microbe est un anaérobie obligatoire, la plaie par laquelle il pénètre dans l'organisme doit fournir des conditions de croissance anaérobie ; c'est le cas notamment d'une blessure profonde mal nettoyée, causée par exemple par un clou rouillé (probablement contaminé par des saletés) ou par une morsure. Toutefois, de nombreux cas de tétanos sont dus à des blessures bénignes, provoquées par exemple par le fait de s'asseoir sur une punaise, que l'on ne juge pas assez sérieuses pour consulter un médecin ; souvent la blessure ne saigne pas ou très peu. Des actes médicaux, tels qu'une chirurgie ou des injections effectuées à l'aide d'instruments non stériles, peuvent aussi être en cause.

L'infection ne confère pas nécessairement l'immunité, la dose de toxine produite par les bactéries étant trop petite pour être immunogène. L'individu est donc susceptible de contracter la maladie plus d'une fois. On dispose de vaccins antitétaniques efficaces depuis les années 1940. Le vaccin antitétanique est une *anatoxine (ou toxoïde)*, c'est-à-dire une toxine inactivée qui stimule la formation d'anticorps capables de neutraliser la toxine produite par la bactérie ; la vaccination s'est répandue avec son association à la vaccination contre la diphtérie et la coqueluche (vaccin DCaT) administrée aux enfants (tableau 26.4 EN LIGNE). Le Protocole d'immunisation du Québec, à l'instar des lignes directrices du Canada, recommande la primovaccination de tous les enfants à l'âge de 2, 4, 6, et 18 mois ; après la quatrième dose, 100 % des enfants vaccinés obtiennent un taux d'anticorps protecteurs contre la toxine et la protection conférée est presque de 100 %. On recommande aussi l'administration d'une dose de rappel entre 4 et 6 ans (dcaT) et tous les 10 ans par la suite afin d'assurer une bonne immunité, mais beaucoup de sujets, probablement près de 50 % de la population vaccinée, ne reçoivent pas ces doses de rappel et n'ont donc plus un taux d'anticorps efficace.

Malgré tout, le tétanos est devenu une maladie rare dans les pays qui appliquent une politique de vaccination adéquate. À l'échelle mondiale, on estime que le nombre de cas de tétanos est d'environ 1 million par année, et au moins la moitié des victimes sont des nouveau-nés. Dans plusieurs régions du monde en effet, après avoir coupé le cordon ombilical, on recouvre ce qui en reste de terre, d'argile ou même de bouse de vache. On estime que le taux de décès dus au tétanos est d'environ 50 % dans les pays en voie de développement. Au Canada, les quelques cas de tétanos déclarés ces dernières années ne concernent que des adultes et près de la moitié sont âgés de 60 ans et plus. Entre 1980 et 2004, seulement 5 décès ont été recensés (**figure 17.6b**).

Si une blessure est assez grave pour nécessiter l'intervention d'un médecin, ce dernier doit décider si le patient a besoin d'être protégé contre le tétanos et, si oui, s'il faut procéder à une immunisation active – par un vaccin – ou à une immunisation passive – par une injection d'immunoglobulines spécifiques. Habituellement, même si on administre le vaccin antitétanique (anatoxine), celui-ci n'a pas le temps de stimuler suffisamment la production d'anticorps pour faire obstacle à l'évolution de l'infection, et ce, même s'il s'agit d'une injection de rappel. L'administration d'*immunoglobulines antitétaniques* (TIG), préparées à partir de sérum contenant des anticorps provenant de personnes vaccinées, assure une immunité immédiate, quoique temporaire.

a) Cas d'opisthotonos dû au tétanos. Les spasmes du dos peuvent provoquer la rupture de la colonne vertébrale. (Dessin réalisé par Charles Bell du Royal College of Surgeons d'Édimbourg.)

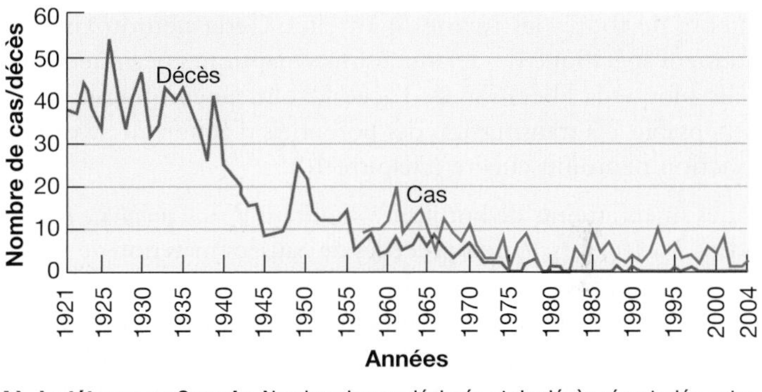

b) Le tétanos au Canada. Nombre de cas déclarés et de décès répertoriés entre 1921 et 2004. (Source : Agence de la santé publique du Canada. *Guide canadien d'immunisation*, 7e édition, 2006, http://www.phac-aspc.gc.ca/im/vpd-mev/tetanus-fra.php.)

Figure 17.6 Tétanos.

Le choix d'un traitement par le médecin dépend en grande partie de l'étendue des blessures profondes et des antécédents vaccinaux du patient, qui parfois n'est pas conscient. Dans le cas de blessures superficielles qui causent peu de dommages aux tissus, on considère que le risque pour le patient de contracter le tétanos est faible. Dans le cas de plaies chroniques, telles que des ulcères variqueux, ou dans le cas de blessures étendues, pour lesquelles l'individu a reçu au moins 3 doses d'anatoxine tétanique au cours des 10 dernières années, on considère que le sujet est immunisé et on ne prend aucune mesure de prévention. Dans le cas où on ne connaît pas les antécédents vaccinaux d'un sujet ou lorsque son immunité est faible, on administre à celui-ci des immunoglobulines antitétaniques afin de lui procurer une protection immédiate ; de plus, on procède à l'injection de la première d'une série de doses d'anatoxine tétanique visant à lui conférer une immunité de plus longue durée. Si on administre à la fois des préparations d'immunoglobulines antitétaniques et d'anatoxine tétanique, il faut utiliser des points d'injection différents pour éviter que la première ne neutralise la deuxième. Les adultes reçoivent un vaccin antidiphtérique et antitétanique (vaccin Td) qui renforce également leur immunité contre la diphtérie. Pour réduire au minimum la production de toxines, il est recommandé d'enlever les tissus endommagés (nécrosés) qui fournissent des conditions anaérobies favorables à la croissance de la bactérie – c'est-à-dire d'effectuer un **débridement** – et d'administrer des antibiotiques. Une fois que la toxine s'est fixée aux nerfs, cette thérapie s'avère cependant peu utile.

Le botulisme

Le **botulisme** est une forme d'intoxication alimentaire causée par *Clostridium botulinum,* un bacille à Gram positif producteur d'une endospore et anaérobie strict ; on le rencontre fréquemment dans le sol et les sédiments des eaux douces. Nous allons voir sous peu pourquoi l'ingestion des endospores n'est habituellement pas nuisible. Cependant, dans un milieu anaérobie, tel qu'une boîte de conserve étanche, la bactérie produit une exotoxine qui est la plus virulente de toutes les toxines naturelles. Cette neurotoxine est hautement spécifique des terminaisons synaptiques périphériques, où elle bloque la libération de l'acétylcholine, neurotransmetteur indispensable à la transmission des potentiels d'action au niveau de la jonction neuromusculaire (chapitre 10).

Les sujets atteints de botulisme souffrent d'une *paralysie flasque* pendant 1 à 10 jours. Parfois précédés de nausées mais non de fièvre, les premiers signes et symptômes neurologiques varient, mais presque tous débutent par une atteinte bilatérale des nerfs crâniens, de sorte que les victimes présentent une vision double ou floue et une faiblesse générale. Les autres symptômes comprennent une paralysie des muscles faciaux et de la gorge provoquant des troubles de la mastication et de la déglutition. L'effet neurotoxique peut « descendre » et atteindre les muscles du thorax, et les personnes risquent de succomber à une insuffisance respiratoire ou cardiaque. Le temps d'incubation varie, mais les premiers signes et symptômes apparaissent d'ordinaire en 1 ou 2 jours. Comme dans le cas du tétanos, la guérison ne confère pas l'immunité parce que la toxine n'est habituellement pas présente en quantité suffisante pour être vraiment immunogène.

La première description du botulisme comme maladie clinique remonte au début du XIXe siècle ; on l'appelait alors « maladie du boudin » (du latin *botulus* = boudin). À l'époque, on préparait le boudin noir en remplissant l'estomac d'un porc avec du sang et de la viande hachée, puis on fermait toutes les ouvertures et on faisait bouillir la préparation pendant une courte période avant de la fumer au-dessus d'un feu de bois. On entreposait ensuite le boudin à la température ambiante. Cette méthode de conservation comportait presque toutes les conditions requises pour l'apparition d'une épidémie de botulisme. Elle tuait les bactéries compétitives mais permettait aux endospores de *C. botulinum,* plus thermostables, de survivre et elle fournissait des conditions anaérobies et une période d'incubation propices à la germination des spores et à la production de la toxine.

La toxine botulinique est thermolabile, c'est-à-dire qu'elle est détruite par la plupart des méthodes de cuisson ordinaires dans lesquelles on porte la température des aliments au point d'ébullition. Le boudin et les saucisses sont rarement une source de botulisme aujourd'hui, en grande partie parce qu'on y ajoute des nitrites, qui inhibent la croissance de *C. botulinum* après la germination des endospores.

La toxine botulinique ne se forme pas dans les aliments acides (dont le pH est inférieur à 4,7), tels que les tomates, que l'on peut donc mettre en conserve en toute sécurité sans utiliser un autocuiseur. On a observé des cas de botulisme causés par des aliments acides qui, normalement, n'auraient pas dû assurer la croissance de la bactérie ; dans la majorité de ces cas, ceux-ci sont reliés au développement de moisissures qui métabolisent une quantité suffisante d'acide pour amorcer la croissance de *C. botulinum.*

Les types de toxines botuliniques

Il existe plusieurs types sérologiques de la toxine botulinique produits par différentes souches de l'agent pathogène, et ils varient considérablement quant à leur virulence.

La *toxine de type A* est probablement la plus virulente. Elle a causé la mort de personnes qui avaient simplement goûté à des aliments contaminés, sans les avaler. Il est même possible d'absorber une dose létale de toxine par une brèche de la peau lors de la manipulation d'échantillons pour analyse. L'endospore de type A est la plus thermorésistante des spores produites par les souches de *C. botulinum.* Les clostridies de type A sont habituellement protéolytiques (c'est-à-dire capables de décomposer les protéines, ce qui libère des amines à l'odeur désagréable), mais l'odeur caractéristique de l'altération n'est pas toujours perceptible dans le cas d'aliments à faible teneur en protéines, tels que le maïs et les haricots.

La *toxine de type B* est produite par des clostridies qui comprennent aussi bien des souches protéolytiques que des souches non protéolytiques.

La *toxine de type E* est produite par des clostridies que l'on rencontre fréquemment dans les sédiments marins ou lacustres. Les épidémies de botulisme ont donc souvent comme origine des fruits de mer. L'endospore responsable du botulisme de type E est moins thermorésistante que celle d'autres souches et elle est généralement détruite par l'ébouillantage. Elle n'est pas protéolytique, de sorte qu'il y a très peu de chances de détecter sa présence au moyen d'une odeur caractéristique de dégradation dans le cas des aliments riches en protéines, tels que le poisson. Par ailleurs, la bactérie est capable de produire des toxines aux températures de réfrigération et il ne requiert pas des conditions strictement anaérobies pour se développer.

L'incidence, le diagnostic et le traitement du botulisme

Le botulisme n'est pas une maladie courante. On enregistre quelques cas par année seulement, mais les flambées causées par des aliments servis dans un restaurant peuvent faire de nombreuses victimes. Environ la moitié des cas de botulisme sont de type A, et l'autre moitié se partage également entre les types B et E. Le type A est fréquent dans les États du sud et de l'ouest des États-Unis ; le taux de mortalité est de 60 à 70 % pour les cas non traités. Le type B est responsable de la majorité des épidémies de botulisme en Europe et dans l'est des États-Unis. Le taux de mortalité est d'environ 25 % pour les cas non traités. Les épidémies de type E ont lieu principalement dans le nord-ouest du Pacifique, en Alaska et dans la région des Grands Lacs. Ce sont probablement les autochtones de l'Alaska qui ont le plus fort taux de botulisme dans le monde. Cela s'explique par les méthodes de préparation des aliments, tels que le *muktuk,* qui reflètent la coutume d'employer le moins de combustible possible – une ressource rare – pour le chauffage et la cuisson. On le prépare en découpant des ailerons de phoque ou de baleine, puis en faisant sécher les tranches pendant quelques jours. Pour les attendrir, on les entrepose durant plusieurs semaines dans des conditions anaérobies, dans un récipient contenant de l'huile de phoque, jusqu'au point de putréfaction. Récemment, le taux de mortalité dû au botulisme de type E était encore de 40 % chez les autochtones d'Alaska, ce qui montre à quel point les groupes ethniques isolés ont de la difficulté à recevoir un traitement rapide.

Les bactéries responsables du botulisme ne semblent pas capables de remporter la compétition contre le microbiote intestinal normal, de sorte que la production de toxines par des bactéries ingérées ne cause presque jamais la maladie chez les adultes. Ce n'est cependant pas le cas des nouveau-nés, chez qui le microbiote intestinal n'est pas développé. La maladie porte alors le nom de **botulisme infantile**. Bien que les tout jeunes enfants aient souvent l'occasion d'ingérer de la terre ou d'autres substances contaminées par des endospores de *C. botulinum,* de nombreux cas déclarés ont été associés au miel. On rencontre assez souvent des endospores de *C. botulinum* dans cet aliment, et il suffit de 2 000 bactéries pour constituer une dose létale. On recommande donc de ne pas donner de miel aux enfants de moins de 1 an, mais il n'y a pas de risques pour les enfants plus âgés et les adultes, chez qui le microbiote intestinal normal a eu le temps de s'implanter.

L'agent pathogène du botulisme est capable de se développer dans une blessure, un peu comme les espèces *Clostridium* responsables du tétanos ou de la gangrène gazeuse. Il se produit donc occasionnellement des épisodes de **botulisme cutané**.

Le diagnostic du botulisme repose sur la détection de la toxine et sur l'identification du type de toxine. Pour déterminer la présence de la toxine botulinique, on injecte à des souris la portion liquide d'extraits d'aliments ou d'extraits de cultures sans cellules. Si les souris meurent en deçà de 72 heures, la présence de la toxine est démontrée. Pour déterminer le type de toxine présent, on procède à l'immunisation passive de groupes de souris au moyen d'immunoglobulines de *C. botulinum* de type A, B ou E. Puis on inocule la toxine d'essai à toutes les souris. Si, par exemple, seules les souris immunisées avec l'antitoxine de type A survivent, on en déduit que la toxine de type A est présente dans l'aliment ou la culture étudiés.

Le traitement du botulisme repose essentiellement sur les interventions de soutien. La guérison est longue, car elle met en jeu la régénération des terminaisons synaptiques périphériques. Le patient peut avoir besoin pendant longtemps d'une aide respiratoire en inhalothérapie, et certaines détériorations neurologiques persistent parfois pendant des mois. Les antibiotiques ne sont pratiquement d'aucun secours parce que la toxine est préformée. Il existe des immunoglobulines spécifiques capables de neutraliser les toxines A, B et E et, en général, on les administre simultanément. Cette immunothérapie trivalente n'a pas d'effet sur la toxine qui s'est déjà fixée à une terminaison nerveuse, et elle est probablement plus efficace contre le botulisme de type E que contre celui des types A et B.

Bien qu'elle ait le pouvoir de causer la mort, la toxine botulinique a aussi des vertus thérapeutiques. On l'utilise, sous l'appellation Botox, pour traiter un certain nombre d'affections, telles que les maux de tête chroniques. Elle sert également à soulager les contractions musculaires douloureuses occasionnées par exemple par l'infirmité motrice cérébrale, la maladie de Parkinson et la sclérose en plaques. Dans les cas de blessures au visage, les injections dans les tissus en régénération inhibent les mouvements musculaires et permettent d'obtenir de moins vilaines cicatrices. L'emploi de la toxine est approuvé pour le traitement des contractions spasmodiques des paupières (blépharospasme), du strabisme, et même de la transpiration excessive (hyperhidrose). Il reste que l'application la plus médiatisée est celle qui relève des soins de beauté, c'est-à-dire celle qui propose de faire disparaître les rides du visage par des injections locales périodiques.

▶ Vérifiez vos acquis

Le vaccin antitétanique est-il destiné à nous protéger contre la bactérie ou contre la toxine qu'elle produit ? **17-5**

Le botulisme est ainsi nommé parce que, à une époque, le boudin était le principal aliment à provoquer la maladie. Pourquoi le boudin est-il rarement la cause du botulisme aujourd'hui ? **17-6**

La lèpre

La **lèpre**, ou **maladie de Hansen**, est une maladie connue depuis l'Antiquité. Elle est causée par la bactérie *Mycobacterium lepræ,* laquelle est probablement la seule capable de se développer dans le SNP ; elle peut aussi croître dans les cellules de la peau. C'est un bacille acido-alcoolo-résistant étroitement apparenté à l'agent causal de la tuberculose, *Mycobacterium tuberculosis*. La température optimale de croissance de *M. lepræ* est de 30 °C et cette bactérie a une prédilection pour les régions périphériques, et donc les plus froides, du corps. On estime que le temps de génération est très long, soit environ 12 jours, et on n'a jamais réussi à faire multiplier la bactérie sur un milieu artificiel – celle-ci ayant une croissance intracellulaire –, mais on peut la faire croître chez des animaux comme dans les coussinets plantaires de souris. L'organisme humain semble constituer le seul réservoir du germe.

La lèpre existe sous deux formes principales (bien que l'on distingue aussi des types intermédiaires) qui semblent refléter l'efficacité de la réponse immunitaire à médiation cellulaire chez l'hôte. La *lèpre tuberculoïde* est la forme bénigne et non contagieuse de la maladie ; elle est dite *paucibacillaire*, car le bacille n'est pas retrouvé dans la muqueuse nasale ni dans les lésions cutanées lors du diagnostic. Elle se caractérise par la perte de sensation dans des régions cutanées hypopigmentées et entourées d'une couronne de nodules (**figure 17.7a**). Elle atteint les sujets ayant une réponse immunitaire efficace, et une récupération spontanée est possible. La *lèpre lépromateuse* est la forme évolutive et contagieuse de la maladie ; elle est dite *multibacillaire*, car les cellules de la muqueuse nasale et de la peau sont infectées par de grandes quantités de bacilles – ce qui prouve que la réaction immunitaire à médiation cellulaire (lymphocytes T) est faible. Des nodules défigurants apparaissent sur tout le corps. Les muqueuses du nez sont d'ordinaire touchées, et l'on associe souvent le faciès léonin à ce type de lèpre. La déformation de la main en griffe et une nécrose grave des tissus peuvent aussi survenir (**figure 17.7b**). Il est impossible de prédire l'évolution de la maladie ; des périodes de rémission alternent dans certains cas avec des phases de détérioration rapide.

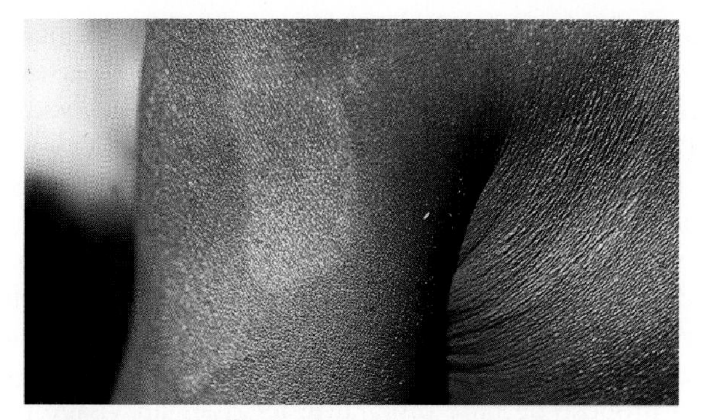

a) Lèpre tuberculoïde. La région de la peau atteinte est hypopigmentée et entourée d'une couronne de nodules.

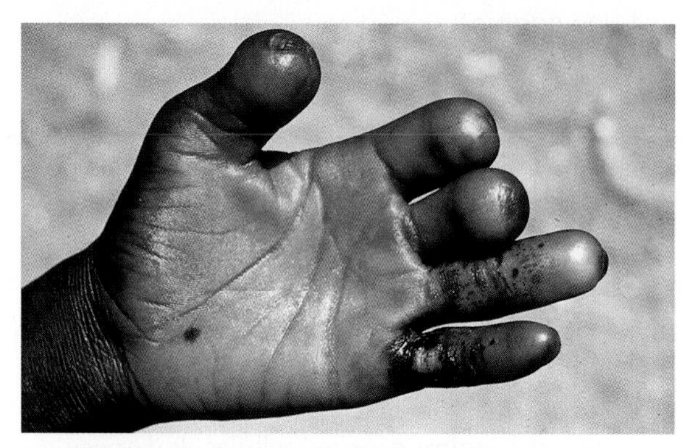

b) Lèpre lépromateuse (évolutive). Si le système immunitaire ne réussit pas à lutter contre la maladie, il en résulte des dommages graduels causés aux tissus des zones les plus froides du corps, par exemple cette main gravement déformée.

Figure 17.7 Lésions lépreuses.

La transmission du bacille de la lèpre se fait par émission de gouttelettes de sécrétions nasales et buccales et par contact direct avec les exsudats des lésions des personnes non traitées atteintes de lèpre lépromateuse. La porte d'entrée du bacille est la muqueuse nasale. Toutefois, la lèpre n'est pas très contagieuse, et elle ne se transmet en général qu'entre des individus ayant des contacts étroits et prolongés. Il faut habituellement des années pour que les premiers signes et symptômes apparaissent, mais la période d'incubation est beaucoup plus courte chez les enfants. D'ordinaire, la mort ne découle pas de la lèpre elle-même mais de complications, telles que la tuberculose.

La maladie sévit surtout dans les pays tropicaux. Au Canada et aux États-Unis, la plupart des personnes diagnostiquées ont contracté l'affection à l'étranger. Des millions d'individus, dont la plupart vivent en Asie ou en Afrique, souffrent aujourd'hui de la lèpre, et plus d'un demi-million de nouveaux cas sont déclarés chaque année.

On diagnostique la maladie par la détection de bacilles acido-alcoolo-résistants dans le liquide extrait d'une incision pratiquée dans une zone froide, comme le lobe de l'oreille : la charge bacillaire est faible dans la lèpre tuberculoïde et forte dans la lèpre lépromateuse. Le **test à la lépromine** consiste à injecter un extrait de tissu atteint dans la peau. Durant la phase de la lèpre tuberculoïde, il se produit une réaction apparente (hypersensibilité de type retardé) au point d'injection, dont on déduit que l'organisme a élaboré une réponse immunitaire de type cellulaire contre le bacille de la lèpre. Le test est négatif durant la phase lépromateuse, plus avancée, de la maladie.

La dapsone (un médicament à base de sulfone), la rifampicine et la clofazimine (une teinture liposoluble) sont les principaux médicaments administrés pour le traitement de la lèpre, et on emploie le plus souvent une combinaison de ces trois substances pour éviter la sélection de souches résistantes. Les personnes traitées ne sont plus contagieuses. Un vaccin mis sur le marché en Inde, en 1998, est utilisé conjointement avec la trichimiothérapie. Le fait que le vaccin BCG contre la tuberculose (également provoquée par une espèce de *Mycobacterium*) assure une certaine protection contre la lèpre est une découverte encourageante.

▶ Vérifiez vos acquis

La lèpre, une maladie connue depuis l'Antiquité, frappe-t-elle encore aujourd'hui dans le monde ? **17-7**

Les viroses du système nerveux

▶ Objectifs d'apprentissage

17-8 Décrire la chaîne épidémiologique qui conduit aux infections virales suivantes, notamment les facteurs de virulence de l'agent pathogène en cause, ses principaux réservoirs, ses modes de transmission, ses portes d'entrée, les facteurs prédisposants de l'hôte réceptif ainsi que le mécanisme physiopathologique qui mène à l'apparition des principaux signes et symptômes de la maladie infectieuse : poliomyélite, rage et encéphalites à arbovirus.

17-9 Comparer les vaccins antipoliomyélitiques de Salk et de Sabin.

17-10 Comparer les traitements préexposition et postexposition de la rage.

17-11 Décrire les méthodes de prévention des encéphalites à arbovirus.

La majorité des virus qui touchent le système nerveux y pénètrent par l'intermédiaire du système cardiovasculaire ou lymphatique. Certains virus peuvent s'introduire dans l'axone des neurones des nerfs périphériques, puis se déplacer le long de ceux-ci pour atteindre le SNC.

La poliomyélite

Le fait le mieux connu au sujet de la **poliomyélite** (ou **polio**) est qu'elle peut causer la paralysie et l'atrophie des membres inférieurs. Pourtant, la forme paralytique de la maladie touche probablement moins de 1 % des personnes infectées par le poliovirus, un *Enterovirus* – famille des *Picornaviridæ*, virus à ARN simple brin positif, sans enveloppe (tableau 8.2). La très grande majorité des cas sont asymptomatiques ou ne présentent que des symptômes légers, tels des maux de tête et de gorge, de la fièvre et des nausées. La transmission interhumaine est alors possible par contact direct avec des mains contaminées par des sécrétions buccales et des fèces.

Pourquoi cette maladie, dont le premier cas aux États-Unis remonte à 1894, est-elle apparue si soudainement ? Paradoxalement, c'est probablement à cause des progrès en matière d'hygiène qu'elle a pu prendre pied chez l'humain. Le poliovirus conserve son infectiosité pendant assez longtemps dans l'eau et les aliments. Le principal mode de transmission est donc l'ingestion d'eau contaminée par des matières fécales contenant le virus. À une époque, l'exposition au poliovirus était fréquente et précoce. (Elle l'est encore aujourd'hui dans certaines régions du monde.) En règle générale, les nourrissons étaient protégés par les anticorps reçus de leur mère. L'infection provoquait une réaction asymptomatique, laquelle procurait l'immunité à vie. Avec l'amélioration des mesures sanitaires, l'exposition à l'agent pathogène dans les fèces s'est trouvée retardée jusqu'après la disparition de la protection fournie par les anticorps maternels. Or, en contractant l'infection seulement à l'adolescence ou à l'âge adulte, on est plus susceptible de développer la forme paralytique de la maladie.

Comme l'infection est déclenchée par l'ingestion du virus, les principales régions de réplication sont la gorge et l'intestin grêle. C'est ce qui explique l'apparition de maux de gorge et de nausées au début de la maladie. Le virus envahit ensuite les tonsilles (amygdales) et les nœuds lymphatiques du cou et de l'iléum (segment terminal de l'intestin grêle). Puis il passe des nœuds lymphatiques à la circulation sanguine ; il se produit alors une *virémie.* Dans la majorité des cas, la virémie n'est que transitoire ; l'infection reste confinée au système lymphatique, et il ne s'ensuit pas de maladie clinique. Dans les cas où la virémie persiste, le virus traverse la paroi des capillaires et entre dans le SNC, où il témoigne d'une grande affinité pour les cellules nerveuses, en particulier pour les neurones moteurs de la corne antérieure (ventrale) de la moelle épinière. Il n'infecte pas les nerfs périphériques ni les muscles. La réplication du virus dans le cytoplasme des corps cellulaires des neurones moteurs provoque la destruction de ces derniers, d'où l'apparition d'une paralysie flasque avec hypotonie musculaire ; toutefois, il n'y a pas d'atteinte sensitive. La période d'état s'aggrave en cas d'insuffisance respiratoire, qui risque de provoquer la mort ; si la personne survit, la maladie entraîne des atrophies musculaires.

Le diagnostic de la polio repose généralement sur des épreuves sérologiques ou sur l'isolement du virus à partir des fèces et à partir de sécrétions de la gorge. On peut inoculer des cultures cellulaires et observer les effets cytopathogènes sur les cellules (tableau 10.4).

Dans beaucoup de pays, l'incidence de la polio a considérablement décliné depuis l'avènement de la vaccination antipoliomyélitique. Il existe trois sérotypes différents du poliovirus et il faut assurer l'immunité contre les trois. Deux types de vaccins sont sur le marché (tableau 26.2 EN LIGNE). Le *vaccin de Salk,* un vaccin à poliovirus inactivé (VPI) élaboré en 1954, repose sur l'emploi de virus entiers inactivés au formol. Une nouvelle version améliorée du vaccin, produit sur des cellules diploïdes humaines, a été élaborée. Ce vaccin trivalent à poliovirus inactivé (E-IPV, pour *enhanced inactivated polio vaccine*) a remplacé le VPI au Canada et aux États-Unis. Les vaccins inactivés requièrent l'administration d'une série d'injections. Leur taux d'efficacité contre la polio paralytique peut atteindre 90 % après 2 doses et près de 100 % après 3 doses. La primovaccination engendre une protection durable, peut-être même pour toute la vie, mais il est préférable de donner des doses de rappel, avant de partir en voyage, par exemple.

Le *vaccin de Sabin,* appelé vaccin à poliovirus oral (VPO) et mis sur le marché en 1963, contient les trois sérotypes atténués du virus. Ce vaccin a connu plus de popularité que le vaccin de Salk parce que son administration est moins coûteuse et que la majorité des gens préfèrent ingurgiter une petite quantité d'une boisson à la saveur d'orange contenant le virus que de recevoir une série d'injections. L'immunité qu'il confère ressemble à celle que l'on acquiert lors d'une infection naturelle. À la suite de l'ingestion du vaccin, les virus entiers atténués sont excrétés dans les selles. Le vaccin de Sabin présente cependant un inconvénient majeur. Dans de rares cas, soit 1 sur 750 000 pour une première dose et 1 sur environ 2,4 millions pour une dose subséquente, l'une des souches atténuées du virus excrété (type 3) peut retrouver sa virulence et transmettre la maladie. Ces cas sont dus fréquemment à une contamination secondaire, c'est-à-dire que les victimes ne sont pas des individus ayant eux-mêmes reçu le vaccin. On a enregistré quelques cas de polio vaccinale par année, ce qui illustre le fait que les receveurs du vaccin de Sabin peuvent infecter les personnes avec lesquelles ils sont en contact. Le plus souvent, ces dernières acquièrent ainsi l'immunité.

En 2000, compte tenu du risque de réversion du VPO, les Centers for Disease Control and Prevention (CDC) ont recommandé d'utiliser uniquement le vaccin inactivé (VPI) pour l'immunisation systématique des enfants. Le VPO ne devrait être administré que pour lutter contre des épidémies étendues et pour protéger les enfants qui voyagent dans des zones à risque élevé ou qui n'ont pas reçu les quatre injections de VPI au moment approprié. Les individus immunodéprimés ne doivent recevoir que le VPI, car ils risquent de contracter la polio si on leur donne le vaccin atténué (VPO).

L'éradication de la polio sera néanmoins plus difficile que celle de la variole, la nature orofécale de la transmission et la présence de cas asymptomatiques rendant l'endiguement plus difficile. Selon l'Organisation mondiale de la santé (OMS), après la campagne de vaccination de 1988, les cas de poliomyélite ont chuté de plus de 99 %, passant de 350 000 cas dans plus de 125 pays à 1 604 cas déclarés en 2009. En 2010, il ne restait plus que quatre régions d'endémie dans le monde – le nord de l'Inde, le Nigéria, et la zone frontière entre l'Afghanistan et le Pakistan.

Comme il est facile à administrer, le VPO contre les trois souches du poliovirus (VPO trivalent) est le vaccin le plus accessible dans la plupart des régions du monde. Toutefois, quelques personnes immunisées excrètent pendant longtemps des mutants virulents dérivés du vaccin. À plusieurs endroits où la vaccination a éliminé le virus de type sauvage, la maladie a refait surface, causée par des virus d'origine vaccinale. Pour éviter ce résultat fâcheux, on pourrait mettre fin aux campagnes de vaccination, mais d'importantes populations se retrouveraient bientôt privées d'immunité. En conséquence, il se peut que la seule solution consiste à poursuivre la vaccination, même là où la polio semble inexistante, en utilisant pour ce faire le VPI en association avec d'autres vaccins donnés de façon routinière.

Il faudra entretenir les réserves de VPO trivalent et les installations pour le produire. On devra également continuer d'immuniser systématiquement les enfants. Pour plusieurs raisons, le vaccin trivalent n'est pas aussi efficace dans les régions où les conditions sanitaires sont médiocres, notamment dans certaines provinces du nord de l'Inde. Malgré cela, les poliovirus de types 2 et 3 ont pratiquement été éliminés. Pour combattre les flambées isolées, on commence à utiliser des vaccins monovalents contre le virus de type 1, considéré à l'heure actuelle comme la cause la plus probable de la maladie. Les nouveaux vaccins sont particulièrement efficaces contre cette souche.

Durant les années 1980, de nombreux adultes d'âge moyen qui avaient eu la polio au cours de leur enfance ont commencé à présenter une faiblesse musculaire appelée aujourd'hui *syndrome de postpoliomyélite*. Il se pourrait que des cellules nerveuses, qui n'avaient pas été tuées alors, aient cependant subi des altérations dont les conséquences n'apparaissent que des années plus tard ; c'est pourquoi ces cellules commencent à mourir, provoquant un état de faiblesse musculaire. Heureusement, l'évolution de la maladie est extrêmement lente.

▶ Vérifiez vos acquis

Pourquoi la poliomyélite a-t-elle plus de chances de se manifester sous sa forme paralytique que sous la forme d'une infection bénigne ou asymptomatique dans les pays où le niveau d'hygiène est élevé ? **17-8**

Pourquoi le vaccin oral de Sabin est-il plus efficace que le vaccin injecté de Salk ? **17-9**

La rage

La **rage** (du latin *rabia* = transport de fureur) est une maladie qui déclenche presque toujours une encéphalite mortelle. L'agent causal est le virus rabique, un *Lyssavirus* – famille des *Rhabdoviridæ,* virus à ARN simple brin négatif, enveloppé (tableau 8.2) – à la forme fuselée caractéristique. La réplication des lyssavirus s'effectuant sans correction d'épreuve, les souches mutantes se forment rapidement. La plupart du temps, le virus se transmet à l'humain par la morsure d'un animal infecté, en particulier par celle d'un chien. Il prolifère dans le SNP, d'où il entreprend sa migration fatale vers le SNC. Aux États-Unis, la cause la plus fréquente de la rage est une variante du virus infectant la chauve-souris argentée. (Les animaux domestiques sont souvent vaccinés.) Grâce à une adaptation unique, ce virus peut se répliquer dans les cellules épidermiques, après quoi il pénètre dans un nerf périphérique. Par conséquent, on peut en absorber une dose létale à travers la peau intacte. Comme la cause des décès passe souvent inaperçue, il est arrivé dans plusieurs cas qu'on ait transmis la maladie en greffant des organes contaminés, en particulier des cornées.

Au début de l'infection (**figure 17.8**), ❶-❷ les virus se reproduisent – près du site de la morsure – dans les cellules des muscles squelettiques et du tissu conjonctif. Ils demeurent dans ces régions du corps pendant une période allant de quelques jours à quelques mois. Cette longue incubation est possible parce que la quantité de virus qui s'introduit par une blessure est trop faible pour provoquer rapidement une immunité naturelle efficace ; de plus, les virus ne diffusent pas dans la circulation sanguine ou lymphatique, où ils pourraient déclencher une meilleure réponse immunitaire. ❸ Les virus pénètrent ensuite dans les neurones du SNP où ils cheminent, à une vitesse de 15 à 100 mm par jour, jusqu'à la moelle épinière du SNC. ❹-❻ Ils terminent leur course dans les cellules nerveuses de l'encéphale où ils se multiplient, causant leur destruction et provoquant ainsi une encéphalite. On a observé des cas extrêmes pour lesquels la période d'incubation a atteint 6 ans, alors qu'elle est en moyenne de 30 à 50 jours. Une morsure dans une zone riche en fibres nerveuses, telle que la main ou le visage, est particulièrement dangereuse et la période d'incubation qui s'ensuit est d'ordinaire relativement courte. Une fois que les virus ont pénétré dans les nerfs périphériques, ils échappent à l'action du système immunitaire jusqu'à ce que les cellules du SNC commencent à mourir (effet cytopathogène), ce qui déclenche une réponse immunitaire tardive.

Les premiers signes et symptômes, légers et variés – céphalées, fièvre, vomissements –, ressemblent à ceux de plusieurs infections courantes. Une fois que le SNC est touché, des périodes d'agitation alternent d'ordinaire avec des périodes de calme. Le patient présente alors fréquemment des spasmes des muscles de la bouche et du pharynx lorsqu'il est exposé à un vent léger ou tente d'absorber du liquide. En fait, la seule vue ou la seule pensée de l'eau peuvent déclencher des spasmes, d'où l'appellation courante de la rage : *hydrophobie* (peur de l'eau). Les dernières phases de la maladie résultent d'une détérioration étendue des cellules nerveuses de l'encéphale et de la moelle épinière.

Les animaux peuvent être atteints d'une forme spastique de la maladie, appelée **rage furieuse**. Ces animaux sont d'abord agités, puis ils deviennent extrêmement excitables et cherchent à attraper tout ce qui se trouve à leur portée. Cette tendance à mordre joue un rôle essentiel dans le maintien du virus dans la population animale. Les humains présentent des symptômes semblables. Durant la période d'état de la maladie, on observe une phase d'excitation accompagnée d'anxiété, de confusion, d'insomnie, de sensibilité à la lumière et au bruit ainsi que d'hallucinations et d'hyperactivité,

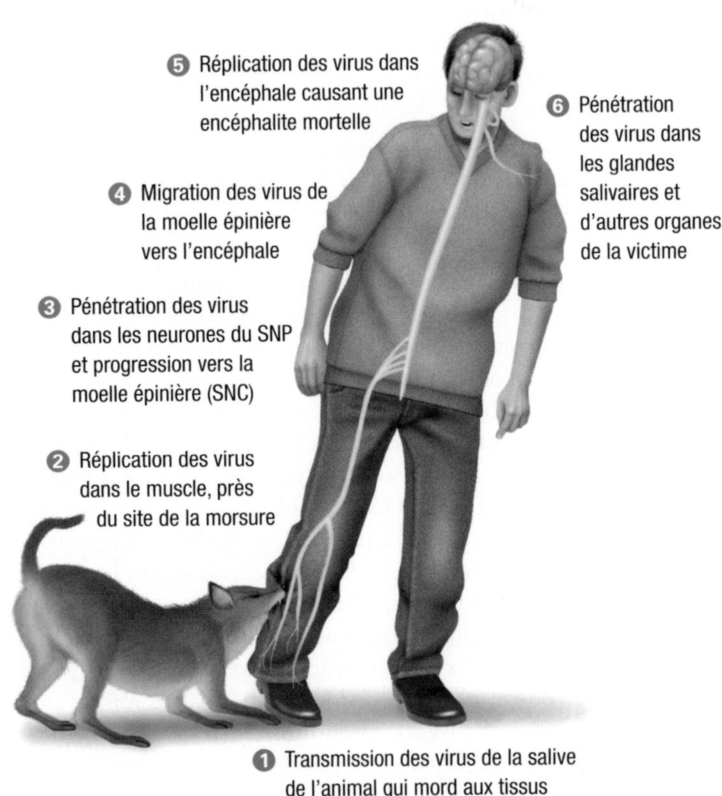
❺ Réplication des virus dans l'encéphale causant une encéphalite mortelle
❻ Pénétration des virus dans les glandes salivaires et d'autres organes de la victime
❹ Migration des virus de la moelle épinière vers l'encéphale
❸ Pénétration des virus dans les neurones du SNP et progression vers la moelle épinière (SNC)
❷ Réplication des virus dans le muscle, près du site de la morsure
❶ Transmission des virus de la salive de l'animal qui mord aux tissus musculaire et conjonctif de l'humain

Figure 17.8 Mécanisme physiopathologique de l'infection par le virus de la rage.

y compris le fait de mordre d'autres personnes. Lorsque la paralysie apparaît, le flux de salive augmente à cause d'un spasme laryngopharyngé qui rend la déglutition difficile, et la régulation nerveuse disparaît peu à peu ; c'est pourquoi un des signes classiques de la rage est l'hypersalivation. Le malade meurt presque infailliblement en quelques jours.

Certains animaux souffrent de **rage paralytique**, dans laquelle l'état d'excitation demeure assez faible. Cette forme de rage est particulièrement courante chez les chats. L'animal est relativement calme et semble plus ou moins conscient de son environnement, mais il peut s'irriter et chercher à mordre si on le manipule. On observe des manifestations semblables de la rage chez des humains, et la maladie est souvent confondue avec le syndrome de Guillain-Barré, une paralysie habituellement transitoire mais parfois mortelle, ou avec d'autres affections. Des chercheurs se demandent si les deux formes de la rage ne seraient pas dues à des virus légèrement différents.

Le diagnostic de laboratoire de la rage, tant chez les humains que chez les animaux, repose sur plusieurs données. Si le patient ou l'animal est vivant, on peut parfois poser le diagnostic grâce à l'immunofluorescence directe, technique hautement spécifique permettant de déceler la présence d'antigènes viraux dans la salive, le sérum ou le LCS. On peut aussi procéder à des biopsies cutanées ou à des frottis de muqueuses. Après la mort, on confirme le diagnostic par immunofluorescence sur des coupes de tissus cérébraux. À l'intention des pays en développement, les CDC ont récemment mis au point un *test immunohistochimique rapide*, qui nécessite seulement un microscope optique ordinaire et qui est aussi sensible et spécifique que l'immunofluorescence directe.

La prévention de la rage

Seules les personnes dont le travail favorise les contacts avec les animaux domestiques ou sauvages (vétérinaires, gardes-chasse, personnel de laboratoire, etc.) ont besoin d'une *vaccination préexposition*. Lorsqu'une personne a été mordue, égratignée ou léchée par un animal suspecté d'être atteint de la rage, on procède d'abord rapidement au lavage vigoureux de la plaie avec une solution d'eau de Javel, d'alcool ou d'iode, produits qui inactivent le virus rabique. Ensuite, le traitement consiste en une *prophylaxie postexposition*.

La rage présente une caractéristique unique : la faible dose de virus dans la blessure combinée à la longue période d'incubation donnent à la victime la possibilité d'acquérir l'immunité grâce à une prophylaxie postexposition qui consiste à recevoir une série de vaccins antirabiques et d'injections d'immunoglobulines spécifiques. Il est également recommandé d'administrer ce traitement antirabique aux personnes qui ont été mordues, sans provocation, par un animal sauvage lorsqu'il n'est plus possible de l'examiner. Dans le cas où il est impossible de trouver l'animal, on détermine la nécessité d'un traitement en fonction de la prévalence de la maladie dans la région. La morsure d'une chauve-souris n'est parfois pas plus apparente que la marque faite par l'aiguille d'une seringue hypodermique et, dans bien des cas, les victimes n'ont pas eu conscience de la morsure ; il est donc recommandé de procéder à la prophylaxie postexposition après tout contact avec une chauve-souris, à moins qu'on ne puisse éliminer tout risque de morsure ou qu'une analyse ne permette d'établir que l'animal n'avait pas la rage. Il est en outre impossible d'écarter l'hypothèse d'une morsure dans le cas de jeunes enfants ou dans celui d'adultes qui dormaient au moment du contact.

Le vaccin antirabique est un vaccin inactivé préparé soit sur des cellules diploïdes humaines, soit sur un embryon de poulet (tableau 26.2 EN LIGNE). On administre 5 ou 6 doses de ces vaccins sur une période de 30 jours. L'immunisation passive est assurée simultanément par l'injection d'immunoglobulines antirabiques humaines prélevées chez des personnes immunisées contre la rage, par exemple chez des employés de laboratoire.

Le traitement de la rage

Il est presque impossible de traiter efficacement la rage une fois que les symptômes sont apparus. Seulement une poignée de cas échappent à la mort et la plupart grâce à l'administration d'une prophylaxie postexposition avant le développement des symptômes. Toutefois, le risque est élevé de conserver quelques séquelles neurologiques.

La distribution de la rage dans le monde

On peut contracter la rage dans la plupart des régions du monde, généralement à la suite d'une morsure de chien. La vaccination des animaux de compagnie est inabordable presque partout en Afrique, en Amérique latine et en Asie, si bien que la maladie y cause des dizaines de milliers de morts tous les ans. Aux États-Unis et au Canada, la quasi-totalité des animaux de compagnie est vaccinée. Toutefois, la rage est largement répandue dans la faune, surtout chez les chauves-souris, les mouffettes, les renards et les ratons laveurs, mais aussi chez certains animaux domestiques (**figure 17.9**). Chaque année, on administre un vaccin postexposition à quelques milliers de personnes, souvent par mesure préventive, car il n'est pas toujours possible de savoir si la morsure provenait d'un animal enragé. Les écureuils, les lapins, les rats et les souris ne sont pratiquement jamais atteints. En Amérique du Sud, la maladie a longtemps été enzootique chez les vampires. En Europe et en Amérique du Nord,

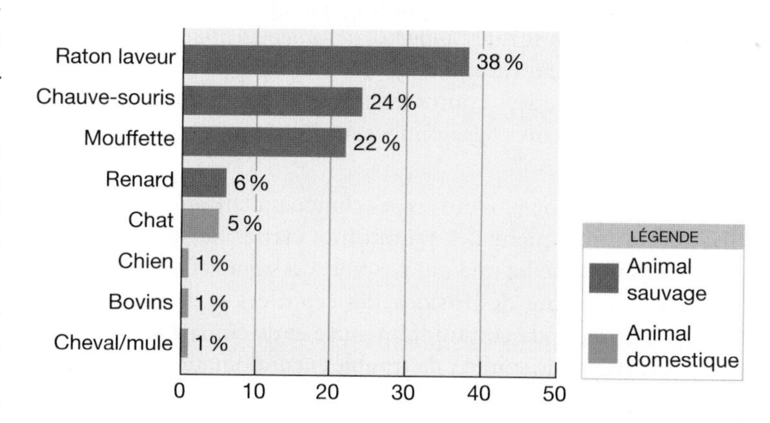

En raison du taux de vaccination élevé aux États-Unis (comme au Canada), la maladie est rare parmi les animaux domestiques mais plus fréquente chez les animaux sauvages. Chez l'humain, la plupart des cas surviennent à la suite de morsures par des chauves-souris. Dans le monde, ce sont les morsures de chiens qui provoquent le plus souvent la maladie chez les humains.

Figure 17.9 Principales espèces animales sauvages et domestiques touchées par la rage. Les statistiques concernant le renard regroupent des animaux de plusieurs espèces habitant différentes régions. (Source : CDC, 2006.)

on tente d'immuniser les animaux sauvages avec un vaccin antirabique composé de virus de la vaccine génétiquement modifiés qu'on ajoute à de la nourriture déposée dans la nature à l'intention des bêtes. En Europe, ce type d'expérience a connu beaucoup de succès, si bien que plusieurs pays ont été déclarés libres de rage.

Chaque année aux États-Unis, de 7000 à 8000 cas de rage sont diagnostiqués chez les animaux, alors que, depuis quelque temps, on compte seulement de 1 à 6 cas par an chez l'humain (**encadré 17-1**).

D'autres encéphalites à *Lyssavirus*

Au cours des dernières années, en Australie et en Écosse, deux pays réputés libres de rage, on a observé des décès consécutifs à une encéphalite présentant toutes les manifestations cliniques d'une infection rabique. On a découvert que ces cas étaient attribuables à des génotypes du genre *Lyssavirus* très semblables à celui du virus classique de la rage. Les agents pathogènes étaient le lyssavirus australien de la chauve-souris et le lyssavirus européen de la chauve-souris*. Il existe sept génotypes connus du genre *Lyssavirus* à l'origine de la rage classique répandue dans le monde. Les autres lyssavirus capables de provoquer des encéphalites sont des espèces indigènes d'Europe, d'Australie, d'Afrique et des Philippines, infectant le plus souvent les chauves-souris.

▶ Vérifiez vos acquis

Pourquoi la vaccination postexposition est-elle un traitement valable dans le cas de la rage? **17-10**

Les encéphalites à arbovirus

Les **encéphalites à arbovirus** sont relativement courantes dans plusieurs régions du monde. Elles sont provoquées par des virus dont les vecteurs sont des moustiques. (Le terme «arbovirus» est une abréviation de ar*thropod*-bor*ne virus* et représente un groupe fonctionnel et non un groupe taxinomique formel.) L'augmentation observée durant la saison estivale coïncide avec la période de prolifération des moustiques adultes. On effectue régulièrement des tests sur des *animaux de faction* (*sentinel animals*), tels que des lapins et des poulets gardés en cage, pour vérifier s'ils possèdent des anticorps contre les arbovirus. Cette mesure fournit aux autorités sanitaires des données sur l'incidence et la nature des virus dans leur région.

On a déterminé plusieurs types cliniques d'encéphalites à arbovirus. Tous provoquent des symptômes classés de subcliniques à graves, et parfois même une mort rapide. Les signes et les symptômes des cas évolutifs sont des frissons, des céphalées et de la fièvre, qui peuvent être suivis de confusion mentale et de coma. Les survivants courent le risque de souffrir de troubles neurologiques permanents.

Les chevaux sont fréquemment atteints par les arbovirus; ainsi, des souches d'arbovirus sont responsables de l'*encéphalite équine de l'Est* (*EEE*) et de l'*encéphalite équine de l'Ouest* (*EEO*) – famille des *Togaviridæ*, virus à ARN simple brin positif, enveloppé (tableau 8.2). Ce sont ces deux virus qui risquent le plus de causer des maladies graves, mais peu fréquentes, chez les humains. L'EEE est la forme la plus grave, le taux de mortalité étant d'au moins 30%. Une bonne proportion des survivants souffrent de lésions cérébrales, de surdité ou de divers autres troubles neurologiques. Les chevaux et les oiseaux sont fréquemment les réservoirs du virus. L'EEO est encore plus rare et son taux de mortalité est de 5%.

L'*encéphalite de Saint-Louis* (*ESL*) – famille des *Flaviviridæ*, virus à ARN simple brin positif, enveloppé (tableau 8.2) – tire son nom de la localité où est survenue une première épidémie importante (au cours de laquelle on a découvert le rôle joué par les moustiques dans la transmission de la maladie). L'ESL sévit du sud du Canada jusqu'en Argentine. Moins de 1% des cas s'accompagnent de symptômes mais, chez les patients symptomatiques, le taux de mortalité peut atteindre 20%. Les oiseaux sont les réservoirs du virus, dont le vecteur est un moustique du genre *Culex*.

L'*encéphalite de type Californie* (*EC*) – famille des *Bunyaviridæ*, virus à ARN multiple brins négatifs, enveloppé (tableau 8.2) – a été signalée la première fois dans l'État du même nom, mais la majorité des cas se produisent ailleurs aux États-Unis. Le sérotype La Crosse est le plus important sur le plan médical; il touche surtout les jeunes de 5 à 18 ans, tant en milieu rural que dans les banlieues. La maladie est relativement bénigne mais quelquefois fatale.

Une nouvelle maladie à arbovirus, aujourd'hui bien connue, a fait son apparition aux États-Unis en 1999. Elle s'est manifestée d'abord dans la région de New York, et on a rapidement établi qu'elle était causée par le *virus du Nil occidental (VNO)* – famille des *Flaviviridæ*, virus à ARN simple brin positif, enveloppé (tableau 8.2). La maladie se maintient au moyen d'un cycle faisant intervenir un oiseau, un moustique et, à nouveau, un oiseau. Le principal moustique, dont la forme adulte peut passer l'hiver dans les climats tempérés, appartient au genre *Culex*. Les oiseaux sont des hôtes amplificateurs qui, dans certains cas tels que les moineaux domestiques, peuvent vivre avec une virémie importante. Par contre, chez les corneilles, les corbeaux et les geais bleus, la mortalité est élevée. Il arrive que les autorités sanitaires demandent qu'on leur signale les cas d'oiseaux de ces dernières espèces trouvés morts. Chez l'humain, la plupart des infections par le virus du Nil occidental sont inapparentes ou sans gravité, mais elles peuvent causer une paralysie semblable à celle de la polio ou une encéphalite mortelle, surtout chez les personnes âgées. Aujourd'hui, le virus est établi chez les oiseaux non migrateurs de 47 États. Il est transmis d'un oiseau à l'autre – et des oiseaux aux chevaux et aux humains – par les moustiques. Des cas ont aussi été signalés au Canada, un pays dont les conditions climatiques sembleraient propres à mettre sa population hors d'atteinte de la maladie. Les maladies à arbovirus présentes aux États-Unis sont résumées dans l'**encadré 17.2**.

Il existe aussi des formes d'encéphalites à arbovirus endémiques en Extrême-Orient. La plus connue est l'**encéphalite B japonaise**, qui constitue un grave problème de santé publique, surtout au Japon, en Thaïlande, en Corée, en Chine et dans l'ouest de l'Inde. Dans ces pays, on utilise des vaccins pour lutter contre la maladie et on recommande souvent aux visiteurs de se faire vacciner.

* On a établi une longue liste de maladies dont la transmission est attribuable à la chauve-souris, ou est fortement soupçonnée de l'être. Ce sont notamment la rage et autres infections à lyssavirus, le SRAS, la fièvre Ebola, et les affections au virus de Hendra et au virus de Nipah. Les chauves-souris constituent de bons réservoirs d'agents pathogènes pour plusieurs raisons: il y en a plus d'un millier d'espèces dans diverses niches; elles vivent longtemps (de 5 à 50 ans), ce qui en fait des réservoirs stables; elles forment souvent de grands rassemblements, ce qui favorise la propagation des virus; et elles se déplacent sur d'assez longues distances à la recherche de leur nourriture – certaines espèces sont même migratrices. De plus, elles semblent capables d'abriter des virus pendant longtemps sans les éliminer, ni devenir malades.

Une affection neurologique

En lisant cet encadré, vous serez amené à considérer une suite de questions que les cliniciens se posent quand ils tentent d'établir un diagnostic et de choisir un traitement. Examinez chaque question dans l'ordre où elle se présente et essayez d'y répondre avant de passer à la suivante.

❶ Le 30 septembre, une fillette de 10 ans est examinée pour des douleurs et des engourdissements au bras droit. Elle a une fièvre de 38,3 °C. Le 3 octobre, les douleurs et les engourdissements s'intensifient et la fillette est prise de vomissements.

Qu'indiquent ces signes et ces symptômes?

❷ On soupçonne une infection aux streptocoques β-hémolytiques du groupe A ; toutefois, un test rapide se révèle négatif. Le 7 octobre, on hospitalise la fillette, qui éprouve de la difficulté à avaler. Sa langue, qui sort de sa bouche, est couverte d'une substance blanchâtre.

Quelles sont les infections possibles?

❸ Estimant qu'il s'agit d'une candidose de la muqueuse, on lui donne du fluconazole. Une ponction lombaire effectuée le 8 octobre révèle un nombre élevé de leucocytes.

Qu'est-ce que ce résultat indique?

❹ Craignant une méningoencéphalite, on administre de la vancomycine à la fillette. On observe alors des signes d'hypersalivation et de léthargie.

Que doit-on penser de ces manifestations? Comment peut-on confirmer la nature de la maladie?

❺ On confirme un diagnostic de rage en soumettant une biopsie de la peau à une épreuve d'immunofluorescence directe destinée à détecter les antigènes du virus. La patiente meurt le 2 novembre. On découvre un grand nombre d'inclusions contenant des virus de la rage dans le tronc cérébral (**figure A**).

Quel traitement allez-vous proposer aux personnes qui ont été en contact avec la patiente en octobre et en novembre?

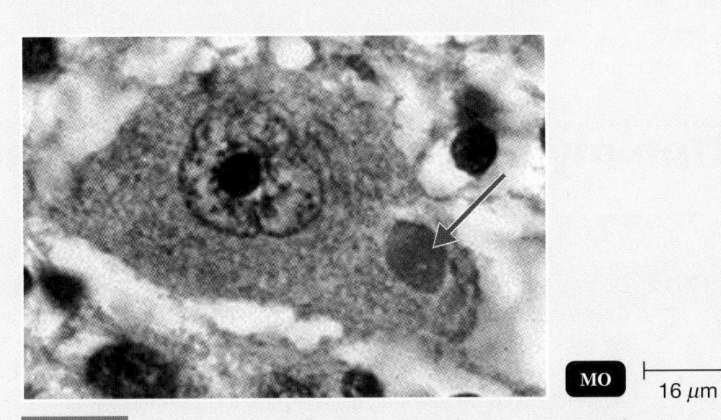

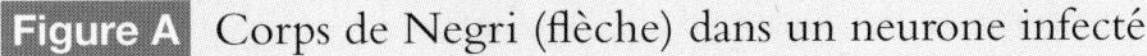

Figure A Corps de Negri (flèche) dans un neurone infecté

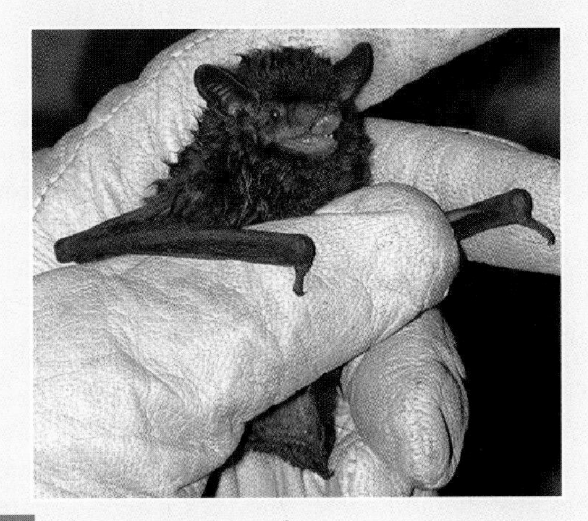

Figure B Chauve-souris argentée

❻ On administre une prophylaxie postexposition à 66 personnes, dont 31 à l'école de la patiente.

L'issue de la maladie aurait-elle été différente si on avait posé le diagnostic plus tôt?

❼ En règle générale, un diagnostic immédiat ne suffit pas à sauver le patient. Par contre, il permet de limiter le nombre de personnes exposées, qui auront besoin de prophylaxie postexposition.

Que faut-il encore déterminer à propos de ce cas?

❽ À la mi-juin, la fillette s'est réveillée pendant la nuit et a raconté qu'une chauve-souris s'était introduite dans sa chambre et l'avait mordue. Sa mère a nettoyé une petite tache sur son bras avec un antiseptique ordinaire, mais s'est dit que l'enfant avait sans doute fait un cauchemar. Deux jours après, le grand frère de la fillette a trouvé une chauve-souris morte dans le jardin. La mère n'a pas fait le lien entre les deux événements et n'a pas obtenu de prophylaxie postexposition pour sa fille.

On a analysé les particules virales au moyen de l'amplification en chaîne par polymérase. Une des séquences de nucléotides obtenues a permis d'identifier une variante du virus rabique associé à la chauve-souris argentée (**figure B**).

Pourquoi est-il important d'être à l'affût de la rage et de déclarer tous les cas observés?

❾ Entre 2000 et 2007, on a déclaré 25 cas de rage chez l'humain aux États-Unis. Dans 20 de ces cas, la maladie a été contractée au pays. On peut prévenir la rage par des soins appropriés de la morsure et l'administration d'immunoglobulines antirabiques humaines et du vaccin antirabique avant l'apparition des symptômes.

Sources : *MMWR*, 56(15) : 561-565 (20 avril 2007) ; *MMWR*, 57(8) : 197-200 (29 février 2008).

PLEINS FEUX SUR

LES MALADIES

Encadré 17.2

Les encéphalites à arbovirus

Moustique du genre *Culex*, gonflé de sang humain

Les signes et les symptômes habituels de l'encéphalite à arbovirus sont la fièvre, les céphalées et les perturbations de l'état mental, allant de la confusion au coma. La meilleure prévention consiste à limiter les contacts entre les humains et les moustiques vecteurs du virus. La lutte contre ces moustiques comprend l'assèchement des eaux mortes et l'utilisation d'insectifuges sur les vêtements et les parties du corps exposées aux piqûres.

Par exemple, dans une région rurale du Wisconsin, une fillette de 8 ans a des frissons, des maux de tête et de la fièvre ; un grand nombre d'excoriations dues à des piqûres de moustiques ont été observées aux membres inférieurs. Ses parents ont indiqué qu'elle aimait s'approcher des petits lièvres et jouer avec eux. Au bout de 4 jours, l'enfant a commencé à se rétablir, la maladie ne laissant pas de séquelles.

Trouvez dans le tableau ci-dessous le type d'encéphalite le plus probable. Consultez aussi le texte du chapitre. Comment vous proposez-vous de confirmer votre diagnostic ?

Maladie	Agent pathogène	Vecteur	Réservoir	Épidémiologie	Mortalité
VIROSES Généralement, on pose le diagnostic à partir de l'observation des signes et des symptômes. Au besoin, on le confirme par des tests sérologiques et la technique de l'amplification en chaîne par polymérase (ACP). Voir le tableau 8.2 pour les caractéristiques des familles de virus qui infectent l'humain.					
Encéphalite équine de l'Ouest (EEO)	Virus de l'EEO (*Alphavirus*)	*Culex*	Oiseaux ; chevaux	Maladie grave ; séquelles neurologiques fréquentes, surtout chez les nourrissons	5 %
Encéphalite équine de l'Est (EEE)	Virus de l'EEE (*Alphavirus*)	*Ædes*, *Culiseta*	Oiseaux ; chevaux	Plus grave que l'EEO ; touche surtout les jeunes enfants et les jeunes adultes ; relativement rare chez l'humain	> 30 %
Encéphalite de St-Louis (ESL)	Virus de l'ESL (*Flavivirus*)	*Culex*	Oiseaux	Flambées localisées surtout dans les villes ; touche principalement les adultes de plus de 40 ans	20 %
Encéphalite de type Californie (EC)	Virus de l'EC (*Bunyavirus*)	*Ædes*	Petits mammifères	Touche surtout les jeunes de 4 à 18 ans dans les banlieues et les régions rurales ; le sérotype Lacrosse est le plus important sur le plan médical ; maladie relativement bénigne et rarement mortelle ; séquelles neurologiques dans environ 10 % des cas	1 % des personnes hospitalisées
Encéphalite à virus du Nil occidental	Virus du Nil occidental (VNO) (*Flavivirus*)	*Culex* (surtout)	Principalement les oiseaux, certains rongeurs et certains grands mammifères	Asymptomatique dans la plupart des cas ; symptômes variables (de bénins à graves) ; le risque de symptômes neurologiques graves et de mortalité augmente avec l'âge	De 4 à 18 % des personnes hospitalisées

Le diagnostic des encéphalites à arbovirus repose sur des épreuves sérologiques, en particulier la méthode ELISA, qui permet d'identifier les anticorps IgM. Le moyen de prévention le plus efficace est la lutte à l'échelle locale contre les moustiques.

▶ Vérifiez vos acquis

Dans les cas où on observe d'importantes flambées locales d'encéphalites à arbovirus, par quels moyens tente-t-on habituellement de limiter la transmission du virus ? **17-11**

Une mycose du système nerveux

▶ Objectif d'apprentissage

17-12 Décrire la chaîne épidémiologique qui conduit à la méningite à *Cryptococcus neoformans*, notamment les facteurs de virulence de l'agent pathogène en cause, ses principaux réservoirs, ses modes de transmission, ses portes d'entrée, les facteurs prédisposants de l'hôte réceptif, les moyens thérapeutiques et les épreuves de diagnostic (s'il y a lieu).

Les mycètes envahissent rarement le SNC, mais il existe un mycète pathogène, du genre *Cryptococcus,* qui trouve des conditions de croissance favorables dans le LCS.

La méningite à *Cryptococcus neoformans* (cryptococcose)

Les mycètes du genre *Cryptococcus* sont des cellules sphériques levuriformes qui causent la maladie appelée **cryptococcose**. Ils se multiplient par bourgeonnement et produisent des capsules polysaccharidiques, dont certaines sont beaucoup plus épaisses que les cellules elles-mêmes (**figure 17.10**). Le pouvoir pathogène du mycète est associé à la présence de cette capsule, qui le protège contre la phagocytose (chapitre 10). Deux espèces, *Cryptococcus neoformans* et *C. grubii*, sont anthropopathogènes. Ces mycètes sont largement répandus dans le sol, et on les rencontre en particulier dans les sols contaminés par des excréments de pigeons. Il est aussi présent dans les nids et les perchoirs de pigeons que constituent les rebords de fenêtres des bâtiments urbains. La majorité des cas de cryptococcose surviennent dans les zones urbaines. On pense que la maladie se transmet par voie aérienne et que le mycète pénètre le corps humain par inhalation de poussières d'excréments séchés de pigeons infectés. La maladie était relativement rare avant l'apparition du sida.

L'inhalation des mycètes provoque d'abord une infection pulmonaire, fréquemment subclinique, et dans la plupart des cas, la maladie n'évolue pas davantage. Cependant, le microbe en croissance peut se propager par l'intermédiaire de la circulation sanguine à d'autres parties du corps, y compris l'encéphale et les méninges, notamment chez les individus immunodéprimés ou soumis à une stéroïdothérapie visant à lutter contre une maladie grave. La maladie se manifeste généralement par une méningite chronique, souvent évolutive et mortelle si elle n'est pas traitée. Ces dernières années, en Californie, on a noté chez les sidéens des flambées de cryptococcose causées par *C. gattii*, une espèce jusque-là observée seulement sous les tropiques (on croyait la niche écologique du mycète limitée à l'eucalyptus, à tort semble-t-il). À plusieurs endroits dans l'ouest de l'Amérique du Nord, y compris dans l'île de Vancouver, on a isolé *C. gattii* de personnes atteintes de cryptococcose, certaines d'entre elles n'ayant par ailleurs aucun antécédent médical.

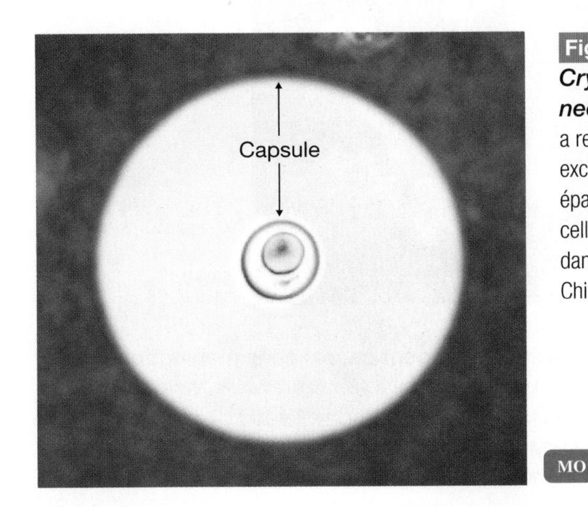

Figure 17.10 ***Cryptococcus neoformans.*** On a rendu visible la capsule, exceptionnellement épaisse, en mettant les cellules en suspension dans de l'encre de Chine diluée.

La meilleure épreuve de diagnostic sérologique est un test d'agglutination au latex, qui permet de déceler les antigènes cryptococcaux dans le sérum ou dans le LCS. Le traitement d'élection pour la cryptococcose est l'administration simultanée d'amphotéricine B et de flucytosine. Le taux de mortalité atteint près de 30 % même si la maladie est traitée.

> **▶ Vérifiez vos acquis**
>
> Quelle est, la plupart du temps, l'origine des infections à *Cryptococcus* transmises par voie aérienne? **17-12**

Les protozooses du système nerveux

> **▶ Objectif d'apprentissage**
>
> **17-13** Décrire la chaîne épidémiologique qui conduit aux maladies infectieuses suivantes, notamment les facteurs de virulence de l'agent pathogène en cause, ses principaux réservoirs, ses modes de transmission, ses portes d'entrée, les facteurs prédisposants de l'hôte réceptif, les moyens thérapeutiques et les épreuves de diagnostic (s'il y a lieu): trypanosomiase africaine et méningoencéphalite à *Nægleria*.

Il existe peu de protozoaires capables d'envahir le SNC. Cependant, ceux qui réussissent à y pénétrer causent de graves dommages.

La trypanosomiase africaine

La **trypanosomiase africaine**, ou maladie du sommeil, est une protozoose touchant le système nerveux. Aujourd'hui encore, l'affection fait environ un demi-million de victimes africaines, où approximativement 100 000 nouveaux cas sont déclarés chaque année.

La maladie du sommeil est causée par *Trypanosoma brucei gambiense* et *Trypanosoma brucei rhodesiense*. Ces deux sous-espèces de trypanosome sont identiques sur le plan morphologique, mais diffèrent considérablement par leur profil épidémiologique, c'est-à-dire par leur capacité d'infecter les hôtes non humains. Le seul réservoir important de *T. b. gambiense* est l'être humain. *T. b. rhodesiense*, quant à lui, peut parasiter le bétail et un grand nombre d'animaux sauvages. Ces protozoaires sont des flagellés semblables à celui de la figure 18.15. Ils sont injectés lors d'une piqûre de la mouche tsé-tsé, qui leur sert de vecteur. La mouche qui transmet *T. b. gambiense* habite la végétation riveraine des cours d'eau, un milieu également recherché par les humains. On la trouve en Afrique centrale et occidentale, si bien que la maladie porte parfois le nom de trypanosomiase d'Afrique de l'Ouest. Plus de 97 % des cas déclarés chez l'humain lui sont attribuables. La personne infectée présente peu de symptômes pendant des semaines, voire des mois. Puis, une forme de maladie chronique se développe avec de la fièvre, des céphalées et divers autres symptômes indiquant une atteinte et une détérioration du SNC. Sans traitement efficace, le coma et la mort sont inévitables.

À l'opposé, les infections à *T. b. rhodesiense* sont transmises par une espèce de mouche tsé-tsé qui habite les savanes (prairies avec quelques arbres clairsemés) de l'est et du sud de l'Afrique. Les animaux sauvages de ces régions sont bien adaptés au parasite et sont peu touchés. Par contre, les humains et les animaux domestiques infectés contractent une maladie aiguë. Il s'agit d'un fléau qui a eu une influence énorme sur la vie en Afrique subsaharienne. Dans cette région presque aussi vaste que les États-Unis, le développement agricole est rendu pratiquement impossible par les infections dont souffrent les animaux domestiques sur lesquels on compte pour se nourrir et travailler la terre. Chez l'humain, l'évolution de la maladie est plus aiguë que celle provoquée par *T. b. gambiense*. Les symptômes se manifestent tôt, souvent quelques jours après l'infection. La mort survient en quelques semaines ou quelques mois ; elle est parfois causée par des problèmes cardiaques précédant l'atteinte du SNC.

Il existe des agents chimiothérapeutiques moyennement efficaces, dont la suramine et la pentamidine, mais ils n'ont pas d'effet sur l'évolution de la maladie une fois le SNC atteint. Le mélarsoprol, lui, modifie l'évolution de la maladie, mais il est très toxique. En 1992, on a commencé à utiliser l'eflornithine, un médicament qui traverse la barrière hématoencéphalique et inhibe une enzyme essentielle à la prolifération du parasite. Il nécessite une longue série d'injections, mais il combat si bien l'infection, même à un stade avancé, qu'on le qualifie de « remède de la résurrection ». (Son efficacité contre *T. b. rhodesiense* étant variable, on recommande encore le mélarsoprol dans ce cas.) La petite histoire de l'eflornithine illustre bien les problèmes qu'il faut surmonter pour donner des soins de santé dans les régions pauvres du globe. Les populations atteintes par la trypanosomiase africaine n'ayant pas les moyens de s'offrir le médicament, on a cessé de le produire. Par chance, on lui a trouvé une application profitable auprès des femmes des pays industrialisés : on a découvert qu'il inhibe la croissance de la pilosité faciale. C'est ainsi que le fabricant a consenti à offrir l'eflornithine gratuitement à un grand nombre de villages africains, pendant encore quelque temps.

À l'heure actuelle, la principale arme employée pour combattre la maladie vise à en supprimer le vecteur, soit la mouche tsé-tsé. Sur l'île de Zanzibar, on a éliminé cette dernière en combinant deux méthodes : d'une part, des pièges insecticides en forme de tente ayant la couleur et l'odeur des animaux hôtes de l'insecte et, d'autre part, la libération massive de mouches mâles stériles. (La femelle de la mouche tsé-tsé ne s'accouple qu'une fois ; on la prive d'une descendance en l'obligeant à choisir un partenaire parmi une multitude de mâles d'élevage, stérilisés par irradiation.) Comme cette mouche ne vole pas sur de grandes distances, les autorités sanitaires ont bon espoir de l'éradiquer de la même façon dans certaines régions circonscrites du continent.

On travaille actuellement à l'élaboration d'un vaccin, mais le fait que le trypanosome est capable de modifier ses antigènes de surface de nombreuses fois (au moins 100 fois) constitue un obstacle de taille ; en effet, il peut ainsi échapper à l'action des anticorps, qui sont efficaces seulement contre une protéine ou quelques-unes. Chaque fois que le système immunitaire réussit à supprimer un trypanosome, un nouveau clone du parasite, doté d'antigènes différents, fait son apparition (**figure 17.11**). Le pouvoir pathogène de ce parasite est donc associé à sa capacité de modifier ses antigènes de surface, ce qui contribue manifestement à la chronicité de l'infection.

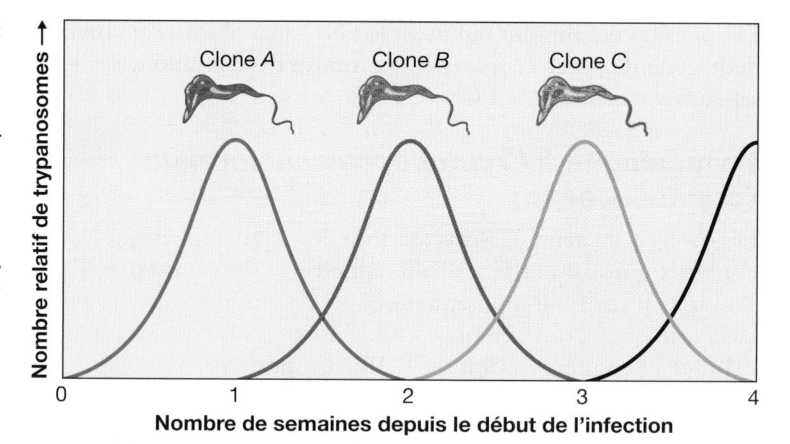

Figure 17.11 **Comment les trypanosomes échappent à l'action du système immunitaire.** La population de chaque clone de trypanosome est presque réduite à zéro lorsque le système immunitaire élimine ses membres, mais les clones disparus sont alors remplacés par de nouveaux clones dotés d'antigènes de surface différents. La courbe noire représente la population du clone *D*.

La méningoencéphalite à *Nægleria*

Q/R Deux espèces de protozoaires sont à l'origine de la méningoencéphalite amibienne, une grave maladie du système nerveux. Elles vivent toutes deux en eau douce, dans les endroits que les humains fréquentent aussi. Il semble d'ailleurs que beaucoup sont exposés à ces organismes ; la présence d'anticorps est répandue dans la population. Heureusement, la maladie et ses symptômes sont rares. *Nægleria fowleri* est une amibe (protozoaire) responsable de l'affection neurologique appelée **méningoencéphalite à *Nægleria*** (**figure 17.12**). Bien que l'on enregistre des cas de la maladie dans la plupart des régions du monde, on ne relève que quelques cas par année aux États-Unis. Les victimes sont surtout des enfants qui vont se baigner dans des étangs ou des ruisseaux. L'amibe infecte d'abord la muqueuse nasale, puis elle pénètre dans l'encéphale, où elle prolifère en se nourrissant du tissu cérébral. Le taux de mortalité est de près de 100 %, la mort survenant dans les quelques jours suivant l'apparition des symptômes. Le diagnostic se fait généralement à l'autopsie. Les très rares survivants ont été sauvés par un traitement à l'amphotéricine B, un antifongique. Q/R

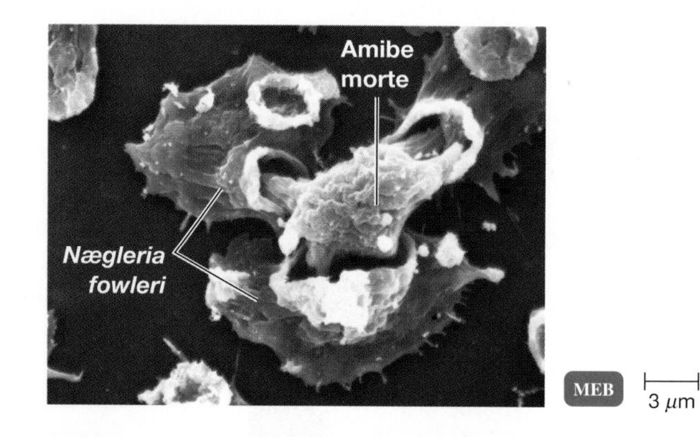

Figure 17.12 ***Nægleria fowleri*, agent causal de la méningoencéphalite à *Nægleria*.** La micrographie montre deux cellules de *N. fowleri* au stade végétatif en train d'engloutir une amibe présumée morte. Les structures en forme de ventouse servent à la phagocytose de divers débris et des tissus de l'hôte. Dans son habitat aqueux, c'est un flagellé en forme de poire.

La **méningoencéphalite granulomateuse** est une maladie neurologique apparentée à la méningoencéphalite à *Nægleria*. Elle est causée par une amibe du genre *Acanthamœba* distincte de celle à l'origine de la kératite (chapitre 16). Elle est chronique et lentement évolutive, la mort survenant en quelques semaines ou quelques mois. On ignore la durée de la période d'incubation, mais il peut s'écouler des mois avant l'apparition des premiers symptômes. La réaction immunitaire provoque la formation de granulomes (cicatrices tissulaires) autour du protozoaire (figure 18.20). La porte d'entrée est inconnue; il s'agit probablement d'une muqueuse. L'encéphale et d'autres organes, en particulier les poumons, subissent de multiples lésions. Il est probable que de nombreux cas attribués à *Acanthamœba* sont plutôt le fait de *Balamuthia mandrillaris*, un protozoaire semblable observé pour la première fois en 1989 chez le mandrill.

L'**encadré 17.3** récapitule les principales méningites et encéphalites.

> **Vérifiez vos acquis**
>
> Quel insecte est le vecteur de la trypanosomiase africaine? **17-13**

Les maladies du système nerveux causées par des prions

> **Objectif d'apprentissage**
>
> **17-14** Définir le prion et décrire le mode de transmission suspecté de l'encéphalopathie bovine spongiforme.

Plusieurs maladies humaines mortelles du SNC sont causées par des prions. Ces derniers sont des protéines autoreproductrices qui ne contiennent aucun acide nucléique détectable. Rappelons d'abord que la fonction d'une protéine, par exemple une enzyme, est déterminée par la conformation qu'elle adopte lors de sa synthèse (chapitre 23 EN LIGNE). À la surface des neurones de l'encéphale, de certaines cellules souches de la moelle osseuse rouge et de cellules destinées à devenir des neurones, on trouve une protéine, que nous appellerons *protéine normale*. Sa fonction est incertaine, mais il est possible qu'elle guide la maturation des cellules nerveuses. Ce qui est sûr, c'est que la conformation de cette protéine ne cause pas de dommages. Il arrive toutefois qu'elle adopte une autre conformation, anormale celle-là (sans qu'il y ait de modification de la séquence des acides aminés). La *protéine de conformation anormale* est appelée **prion** (figure 8.22). Lorsqu'elle vient en contact avec une protéine normale, elle induit chez celle-ci un changement de conformation qui la rend anormale. Autrement dit, elle la transforme en prion. Celui-ci modifie à son tour une autre protéine normale, et ainsi de suite. La réaction en chaîne ainsi déclenchée aboutit à la création de nombreux prions, qui s'agglomèrent et forment dans l'encéphale les agrégats de fibrilles caractéristiques de l'affection (**figure 17.13a**). À l'autopsie, on observe aussi une dégénérescence spongiforme du tissu cérébral infecté – qui prend un aspect poreux, comme une éponge (**figure 17.13b**). Les maladies causées par les prions, appelées **encéphalopathies spongiformes transmissibles (EST)**, constituent actuellement un des sujets d'étude les plus intéressants en microbiologie médicale.

La **tremblante du mouton** est typique des maladies causées par les prions chez les animaux. Connue depuis longtemps en Grande-Bretagne, elle a fait son apparition aux États-Unis en 1947. La bête infectée se frotte contre les clôtures et les murs jusqu'à ce que sa chair soit à vif. Au cours des semaines ou des mois suivants, ses fonctions motrices se détériorent et elle finit par mourir. Le prion peut être transmis expérimentalement à d'autres animaux par l'injection de tissu cérébral prélevé sur l'animal malade. L'*encéphalopathie des cervidés* est aussi une maladie à prions, qui affecte les cerfs et les wapitis de l'ouest des États-Unis et du Canada. Elle est toujours mortelle. On craint qu'elle se transmette aux humains qui consomment du gibier et qu'elle finisse par se communiquer au bétail.

Les humains souffrent d'affections neurologiques semblables à celles de la tremblante. La **maladie de Creutzfeldt-Jakob (MCJ)**, qui en est un exemple, est rare (environ 200 cas par année aux États-Unis et 100 cas recensés en France en 2000). Elle touche souvent plusieurs membres d'une même famille, ce qui laisse supposer la présence d'une composante héréditaire. La maladie se manifeste par des signes neurologiques précoces suivis de démence; elle dure de 4 à 5 mois et l'âge médian du décès est de 68 ans. Cette

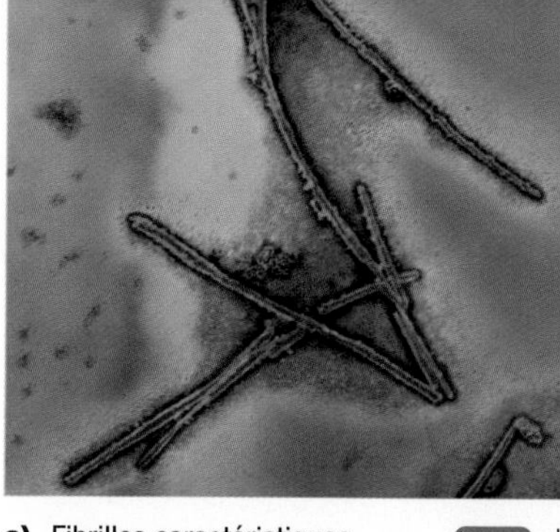

a) Fibrilles caractéristiques dues à des prions

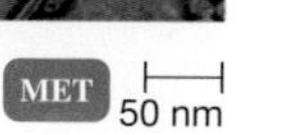

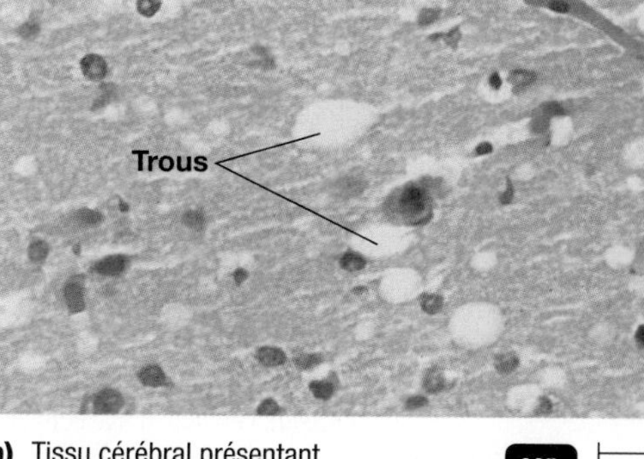

b) Tissu cérébral présentant des lésions spongiformes

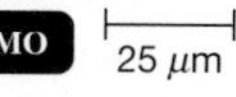

Figure 17.13 **Encéphalopathies spongiformes. a)** Les fibrilles correspondent à des agrégats insolubles de protéines anormales (prions). Il n'existe aucun procédé technique qui permette d'observer les prions eux-mêmes. **b)** Notez les trous (en blanc) qui confèrent au tissu cérébral son apparence spongiforme.

PLEINS FEUX SUR

LES MALADIES

Encadré 17.3

Les méningites et les encéphalites

La méningite est une inflammation des méninges causée par un microbe. L'encéphalite est aussi une inflammation causée par un microbe, mais elle touche l'encéphale. Le diagnostic différentiel consiste à rechercher dans une liste de maladies celle qui correspond à l'information obtenue au cours de l'examen du patient. Il importe de poser un tel diagnostic afin de mettre en route le traitement et de commander les tests de laboratoire.

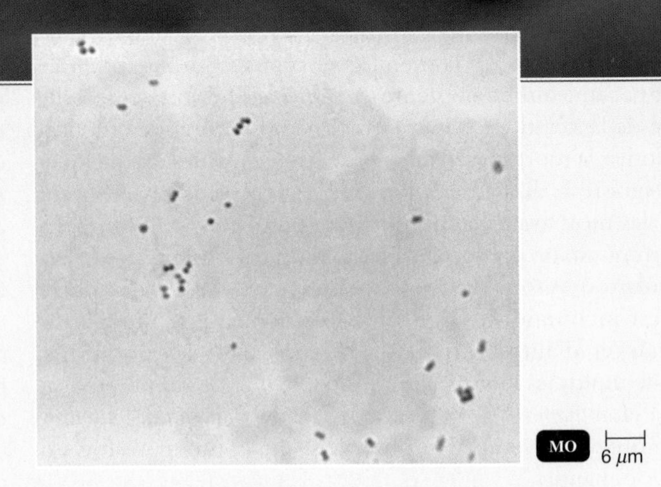

Liquide cérébrospinal traité à la coloration de Gram

Par exemple, une personne travaillant dans une garderie de l'est de Montréal, au Québec, s'absente à cause d'un mal de gorge, auquel s'ajoutent bientôt des frissons, de la fièvre, des maux de tête violents avec raideur de la nuque et des douleurs abdominales accompagnées de nausées et de vomissements. Quelques heures plus tard, son état se détériore rapidement, et elle meurt le jour de son hospitalisation. La figure ci-dessus présente la coloration de Gram de son liquide cérébrospinal. Trouvez dans le tableau ci-dessous l'infection qui peut être à l'origine de ces signes et de ces symptômes. Consultez aussi le texte du chapitre.

Maladie	Agent pathogène	Porte d'entrée	Modes de transmission	Traitement	Prévention
BACTÉRIOSES					
Méningite à *Hæmophilus influenzæ*	*H. influenzæ* de type b	Voies respiratoires	Par contact direct et par gouttelettes ; infection endogène*	Céphalosporine	Vaccin inactivé conjugué de *Hib*
Méningite à méningocoques	*Neisseria meningitidis*	Voies respiratoires	Par contact direct et par gouttelettes lors de contacts étroits	Céphalosporine	Vaccin inactivé conjugué monovalent (sérotype C) ou tétravalent (sérotypes A, C, Y et W-135)
Méningite à pneumocoques	*Streptococcus pneumoniæ*	Voies respiratoires	Par contact direct et par gouttelettes ; infection endogène	Céphalosporine	Vaccin inactivé conjugué 13-valent ; vaccin inactivé sous-unitaire 23-valent
Listériose	*Listeria monocytogenes*	Bouche	Par véhicule : aliments et eau ; par voie trans-placentaire ; par contact avec des selles animales	Pénicilline G	Cuisson des aliments et pasteurisation
MYCOSES					
Cryptococcose	*Cryptococcus neoformans ; Cryptococcus grubii*	Voies respiratoires	Par voie aérienne : inhalation de poussières d'excréments d'oiseaux (pigeons)	Amphotéricine B ; flucytosine	Aucune
PROTOZOOSES					
Méningoencéphalite à *Nægleria*	*Nægleria fowleri*	Muqueuse nasale	Par véhicule : baignade dans des eaux douces	Amphotéricine B	Aucune
Méningoencéphalite granulomateuse	*Acanthamœba, Balamuthia mandrillaris*	Muqueuse	Par véhicule : baignade dans des eaux douces	Amphotéricine B	Aucune

* Infection due à des microorganismes qui font partie du microbiote humain normal.

forme de la maladie est parfois qualifiée de classique, pour la distinguer des variantes qui existent. Il ne fait aucun doute qu'un agent infectieux est en cause puisqu'on a observé des cas de transmission par greffe cornéenne ou par de légères entailles que des chirurgiens se sont causées avec un scalpel lors d'une autopsie. On a établi un lien entre l'injection d'une hormone de croissance dérivée de tissus humains et plusieurs cas de la maladie. L'ébouillantage et l'irradiation n'ont aucun effet, et la stérilisation en autoclave elle-même n'est pas tout à fait sûre. À l'heure actuelle, l'OMS recommande de nettoyer les instruments réutilisables avec une solution caustique concentrée d'hydroxyde de sodium et de les stériliser longuement à l'autoclave à 134 °C. Toutefois, selon certains rapports, l'association d'un simple détergent et de protéases capables de digérer les prions constituerait une façon efficace de régler le problème. Une telle approche, fondée sur le principe de la digestion, est employée pour détruire les cadavres d'animaux infectés par des prions. Les tissus animaux contaminés sont d'abord réduits en bouillie par un traitement alliant la chaleur à des produits caustiques, puis le mélange inoffensif résultant de l'opération est évacué dans les égouts municipaux. Ce procédé est plus économique et écologique que l'incinération, la méthode la plus répandue à l'heure actuelle.

Dans certaines tribus de Nouvelle-Guinée, on observe une EST appelée **kuru** (mot indigène signifiant trembler), dont la transmission serait liée à des rituels cannibales. La maladie disparaît petit à petit au fur et à mesure que les pratiques cannibales sont abandonnées.

L'encéphalopathie spongiforme bovine et la nouvelle variante de la maladie de Creutzfeldt-Jakob

L'**encéphalopathie bovine spongiforme (EBS)** est une EST dont il est souvent question dans l'actualité. On l'appelle couramment *maladie de la vache folle*, en raison du comportement des animaux qui en sont atteints. La flambée survenue en 1986 en Angleterre a été jugulée à la fin par une épuration systématique du cheptel. On attribue généralement la cause de la maladie à des farines animales contenant des prions en provenance de moutons infectés par l'agent de la tremblante, une affection enzootique. Exposés à celle-ci, les bovins se sont mis à manifester les symptômes de l'EBS. Selon une autre hypothèse, la maladie n'aurait aucun rapport avec la tremblante, mais aurait été causée par une mutation spontanée chez un bovin.

Présentement, il y a un besoin urgent de tests fiables pour diagnostiquer l'EBS à un stade précoce, non symptomatique, chez les animaux vivants. Les tests actuels nécessitent le prélèvement post mortem de tissu cérébral et détectent seulement les stades avancés de l'affection. Pour prévenir l'introduction de l'EBS, plusieurs pays ont adopté des règlements qui interdisent toute utilisation de farines animales et de viande provenant d'animaux dits *downer*, c'est-à-dire incapables de se tenir debout. La Food and Drug Administration interdit aussi la vente pour consommation humaine de certaines parties des bovins susceptibles de contenir des agents pathogènes s'attaquant au système nerveux. Par ailleurs, aux États-Unis, on n'analyse qu'un faible pourcentage des carcasses pour la présence de l'EBS. À l'opposé, en Europe et au Japon, on soumet presque tous les animaux abattus à une vérification stricte.

Si elle devait se propager au sein du bétail, la maladie provoquerait une catastrophe économique. Mais ce n'est pas tout – on est en droit de se demander s'il y a un risque de transmission aux humains. En Grande-Bretagne et à quelques endroits dans le monde, on a relevé des cas de la MCJ, en apparence classiques mais touchant des sujets relativement jeunes. Comme on observe rarement la MCJ dans ce groupe d'âge, on a cru à un lien avec l'EBS. Les analyses ont aussi montré qu'il y avait des différences importantes entre la forme classique de la MCJ et cette nouvelle variante de la maladie de Creutzfeldt-Jakob (nv-MCJ). Cette dernière se manifeste par des symptômes psychiatriques et comportementaux frappants et par l'apparition tardive des signes neurologiques. Par ailleurs, la maladie dure de 13 à 14 mois et l'âge médian du décès est de 28 ans. À ce jour, moins de 200 cas ont été signalés. En raison de la longue période d'incubation des maladies à prions et du fait qu'il y a eu peut-être 1 million de bovins infectés par l'agent de l'EBS, on a craint de voir apparaître tôt ou tard un nombre considérable de cas de nv-MCJ. Toutefois, cette redoutable éventualité inquiète moins aujourd'hui. Après un petit sommet atteint en 2000, le nombre de cas a diminué.

L'**encadré 17.4** récapitule les principales maladies infectieuses accompagnées de symptômes neurologiques de paralysie.

> **▶ Vérifiez vos acquis**
>
> Quelles sont les recommandations concernant la stérilisation des instruments chirurgicaux réutilisables dans les cas où on craint une contamination par les prions? **17-14**

Les maladies causées par des agents inconnus

> **▶ Objectif d'apprentissage**
>
> **17-15** Nommer les causes possibles du syndrome de fatigue chronique.

Le syndrome de fatigue chronique

Certaines personnes sont perpétuellement fatiguées, à tel point qu'il leur est impossible de travailler. Elles souffrent d'un trouble qui n'a pas de cause apparente et qui intrigue le monde médical depuis longtemps. Souvent, ces personnes se plaignent aussi d'allergies de toutes sortes. Leur affection, appelée **syndrome de fatigue chronique**, peut durer des mois, même des années. À une époque, on n'y voyait que des plaintes de personnes déprimées ou obsédées par des symptômes insignifiants. Toutefois, les recherches récentes indiquent que le syndrome n'est pas une lubie de « malade imaginaire », mais qu'il est fortement lié au système immunitaire et comporte peut-être une composante génétique. Aujourd'hui, on l'appelle plutôt *encéphalomyélite myalgique*. Les personnes atteintes de cette maladie ont souvent de la difficulté à s'adapter au stress de tous les jours et à réagir vigoureusement en cas d'infection. Au début, le syndrome se manifeste fréquemment par une pseudo-grippe dont on n'arrive pas à se rétablir. Selon certains, il serait déclenché par une maladie virale, entre autres par la mononucléose infectieuse (causée par le virus d'Epstein-Barr), la fièvre Q ou la maladie de Lyme.

PLEINS FEUX SUR
LES MALADIES

Encadré 17.4

Les maladies infectieuses accompagnées de symptômes neurologiques de paralysie

Le diagnostic différentiel consiste à rechercher dans une liste de maladies celle qui correspond à l'information obtenue au cours de l'examen du patient. Il importe de poser un tel diagnostic afin de mettre en route le traitement et de commander les tests de laboratoire.

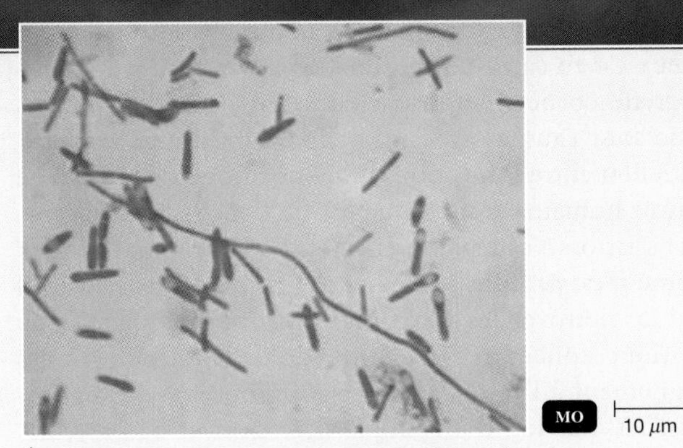

Échantillon de chili en conserve traité à la coloration de Gram

Par exemple, après avoir mangé du chili en conserve, deux enfants souffrent d'une atteinte bilatérale des nerfs crâniens, suivie d'une paralysie descendante. Ils respirent par ventilation mécanique. On analyse ce qui reste du chili au moyen d'un dosage biologique effectué sur des souris. Trouvez dans le tableau ci-dessous l'infection qui peut être à l'origine de ces signes et de ces symptômes. Consultez aussi le texte du chapitre.

Maladie	Agent pathogène	Symptômes	Modes de transmission	Traitement	Prévention
BACTÉRIOSES					
Tétanos	*Clostridium tetani*	Spasmes musculaires : trimus, déglutition difficile et insuffisance respiratoire	Par véhicule : souillure d'une blessure profonde par le sol contaminé par des déjections animales	Antitoxine (immunoglobulines) ; antibiotiques ; débridement	Anatoxine (DCaT, dt)
Botulisme	*Clostridium botulinum*	Paralysie flasque et insuffisance respiratoire	Par véhicule : ingestion d'aliments contenant la toxine préformée (intoxication alimentaire)	Antitoxine	Mise en conserve appropriée ; pas de miel aux enfants
Lèpre	*Mycobacterium lepræ*		Par contact prolongé avec des sécrétions contaminées	Dapsone/rifampine/ clofaximine	Vaccin BCG (peut-être)
VIROSES Voir le tableau 8.2 pour les caractéristiques des familles de virus qui infectent l'humain.					
Poliomyélite	Poliovirus (*Enterovirus*)	Maux de tête et de gorge, fièvre et nausées ; paralysie des nerfs moteurs périphériques	Par véhicule : ingestion d'eau contaminée (voie orofécale)	Ventilation mécanique	Vaccin trivalent à poliovirus inactivé (E-IPV)
Rage	Virus de la rage (*Lyssavirus*)	Au début : agitation, spasmes musculaires, difficulté à avaler ; la mort résulte d'une insuffisance respiratoire	Par morsure d'animal ou par léchage d'une plaie cutanée ; par une muqueuse saine (nez, yeux, bouche) (zoonose)	Prophylaxie postexposition : vaccin + immunoglobulines	Vaccin inactivé entier (pour personnes à haut risque) ; vaccination des animaux domestiques
PROTOZOOSES					
Trypanosomiase africaine	*Trypanosoma brucei rhodesiense* et *T. b. gambiense*	Maux de tête, fièvre et réduction de l'activité physique et mentale ; coma et mort	Par vecteur : mouche tsé-tsé	Suramine ; pentamidine	Élimination des vecteurs
MALADIES À PRIONS					
Maladie de Creutzfeldt-Jakob (MCJ)	Prion	Symptômes neurologiques incluant des tremblements ; mort	Composante génétique ; Par véhicule : ingestion de viande de bœuf infectée ; greffes	Aucun	Aucune
Kuru	Prion	Mêmes que ceux de la MCJ	Par véhicule : ingestion d'aliments (cannibalisme)	Aucun	Aucune

Les CDC ont donné une définition diagnostique du syndrome : un état de fatigue persistant, inexpliqué, qui dure au moins 6 mois. Le patient doit aussi présenter au moins quatre symptômes parmi une liste comprenant les suivants : mal de gorge, nœuds lymphatiques sensibles, myalgie, douleur dans plusieurs articulations, céphalées, sommeil non réparateur, malaises consécutifs à l'exercice, et troubles de la concentration ou de la mémoire à court terme. Le syndrome n'est pas rare aux États-Unis, la prévalence étant de 0,52 % chez les femmes et de 0,29 % chez les hommes, pour un total estimé de 800 000 à 2 500 000 personnes.

Il n'existe aucun traitement approuvé. Toutefois, un médicament expérimental appelé Ampligen, destiné à stimuler la lutte contre les virus par la production d'interférons, fait présentement l'objet d'essais.

Vérifiez vos acquis

Nommez une maladie répandue qui pourrait être liée au syndrome de fatigue chronique. **17-15**

* * *

RÉSUMÉ

LA STRUCTURE ET LES FONCTIONS DU SYSTÈME NERVEUX (p. 462)

1. Le système nerveux central (SNC) se compose de l'encéphale et de la moelle épinière, qui sont protégés par la peau, les muscles, les os crâniens, les vertèbres et les méninges.
2. Le système nerveux périphérique (SNP) est formé des nerfs qui émanent du SNC.
3. Le SNC est recouvert de trois enveloppes membranaires appelées méninges, soit, de l'extérieur vers l'intérieur, la dure-mère, l'arachnoïde et la pie-mère. Le liquide cérébrospinal (ou céphalorachidien) circule dans la cavité subarachnoïdienne, qui est comprise entre l'arachnoïde et la pie-mère.
4. La barrière hématoencéphalique empêche normalement de nombreuses substances, y compris les antibiotiques, de pénétrer dans l'encéphale.
5. Des microbes peuvent pénétrer dans le SNC à l'occasion de traumas, en cheminant dans les nerfs périphériques, ou par l'intermédiaire de la circulation sanguine ou du système lymphatique.
6. L'inflammation des méninges causée par des microbes s'appelle méningite ; l'inflammation d'une partie plus ou moins étendue de l'encéphale s'appelle encéphalite.

LES BACTÉRIOSES DU SYSTÈME NERVEUX (p. 463)

Les méningites bactériennes (p. 463)

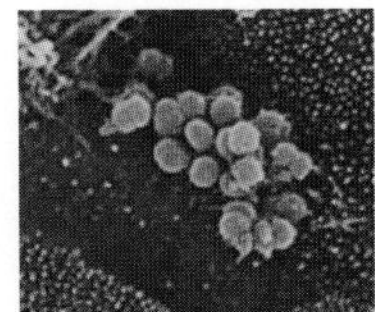

1. La méningite peut être causée par une bactérie, un virus, un mycète ou un protozoaire.
2. Les trois principaux agents responsables des méningites bactériennes sont *Hæmophilus influenzæ*, *Neisseria meningitidis* et *Streptococcus pneumoniæ*.
3. Près de 50 espèces de bactéries opportunistes peuvent provoquer la méningite.

La méningite à **Hæmophilus influenzæ** (p. 464)

4. *H. influenzæ* fait partie du microbiote humain normal du pharynx (gorge).
5. *H. influenzæ* a besoin de facteurs sanguins pour se développer ; il existe six types différents de *H. influenzæ*, qui se distinguent par leur capsule, dont le type b (Hib).
6. *Hib* est la cause la plus fréquente de méningite chez les enfants de moins de 4 ans.
7. Il existe un vaccin inactivé conjugué produit à partir d'un polysaccharide capsulaire purifié de Hib.

La méningite à **Neisseria** (p. 464)

8. *N. meningitidis* est l'agent causal de la méningite à méningocoques. Cette bactérie est présente dans la gorge de porteurs sains.
9. *N. meningitidis* entre probablement dans les méninges par l'intermédiaire de la circulation sanguine.
10. Les signes et les symptômes sont dus à une endotoxine. La maladie touche surtout les jeunes enfants.
11. Il existe deux vaccins inactivés conjugués, dont l'un est produit à partir d'un polysaccharide du sérotype C (monovalent) et l'autre, de polysaccharides de 4 sérotypes A, C, Y et W-135 (tétravalent).

La méningite à **Streptococcus pneumoniæ** (p. 465)

12. *S. pneumoniæ* est fréquemment présent dans le nasopharynx.
13. Les patients hospitalisés et les jeunes enfants sont particulièrement susceptibles d'être atteints de la méningite à pneumocoques. Le taux de mortalité est élevé si la maladie n'est pas traitée.
14. Le vaccin inactivé conjugué (13-valent) contre la pneumonie à pneumocoques fournit une certaine protection aux enfants.

Le diagnostic et le traitement des formes les plus courantes de méningites bactériennes (p. 465)

15. On peut administrer des céphalosporines avant d'avoir identifié l'agent pathogène.
16. Le diagnostic repose sur des épreuves de coloration de Gram, des cultures sur gélose au sang et des épreuves sérologiques portant sur la bactérie présente dans le LCS.

La listériose (p. 465)

17. *Listeria monocytogenes* est l'agent causal de la méningite chez les nouveau-nés, les individus immunodéprimés, les femmes enceintes et les personnes atteintes d'un cancer ; cet agent pathogène est une bactérie opportuniste.
18. L'infection par cette bactérie, transmise par l'ingestion d'aliments contaminés, est parfois asymptomatique chez les adultes sains.
19. *L. monocytogenes* peut traverser le placenta et provoquer une fausse couche ou l'accouchement d'un enfant mort-né.

Le tétanos (p. 466)

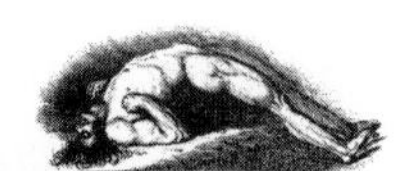

20. Le tétanos est dû à l'infection locale d'une blessure par *Clostridium tetani*.
21. *C. tetani* produit une neurotoxine, appelée spasmine tétanique, qui bloque la voie nerveuse qui mène au relâchement musculaire. Elle est responsable des signes et des symptômes du tétanos : spasmes, contraction des muscles de la mâchoire, mort résultant des spasmes des muscles respiratoires.
22. *C. tetani* est un bacille anaérobie qui se développe dans les blessures profondes mal nettoyées et dans les blessures qui saignent peu.
23. Les vaccins DCaT, dcaT et dt, qui contiennent l'anatoxine tétanique, confèrent l'immunité.
24. On peut administrer à une personne blessée, déjà vaccinée, des injections de rappel d'anatoxine tétanique. À une personne non vaccinée on donne des immunoglobulines antitétaniques, dont l'action protectrice est immédiate.
25. Le débridement (élimination de tissus) de la plaie et l'administration d'antibiotiques contribuent à la lutte contre l'infection.

Le botulisme (p. 468)

26. Le botulisme est dû à une exotoxine produite par *C. botulinum*, qui se développe dans les aliments.
27. Les différents types sérologiques de la toxine botulinique varient quant à la virulence ; le type A est le plus virulent.
28. La toxine botulinique est une neurotoxine qui inhibe les contractions musculaires en bloquant la libération d'acétylcholine au niveau de la jonction neuromusculaire.
29. En 1 ou 2 jours après le début de l'infection, la vision de la victime devient floue ; cette dernière souffre ensuite de paralysie flasque évolutive, de la tête vers le bas, pendant 1 à 10 jours, ce qui risque de provoquer la mort par insuffisance respiratoire ou cardiaque.
30. *C. botulinum* est incapable de se développer dans les aliments acides ou dans un milieu aérobie.
31. Les endospores de *C. botulinum* sont détruites par la mise en conserve appropriée. L'addition de nitrites aux aliments inhibe la croissance après la germination des endospores.
32. La toxine botulinique est thermolabile ; l'ébullition (à 100 °C) pendant 5 minutes la détruit.
33. Le botulisme infantile est dû à la croissance de *C. botulinum* dans les intestins du nourrisson, chez lequel le microbiote normal n'est pas suffisamment développé.
34. Le botulisme cutané est dû à la croissance de *C. botulinum* dans une plaie anaérobie.
35. Le diagnostic du botulisme repose sur l'inoculation de souris, protégées par une antitoxine, avec la toxine provenant du patient ou des aliments soupçonnés d'être contaminés.

La lèpre (p. 469)

36. *Mycobacterium lepræ* est l'agent causal de la lèpre, aussi appelée maladie de Hansen.
37. On n'a jamais réussi à faire croître *M. lepræ* sur un milieu artificiel, mais on peut le faire croître chez des animaux comme dans les coussinets plantaires de souris.
38. La lèpre tuberculoïde est caractérisée par une perte de sensation dans une région de la peau entourée de nodules. Le test à la lépromine est positif pour les personnes infectées.
39. Dans la lèpre lépromateuse, on observe des nodules disséminés sur la surface du corps et une nécrose des tissus. Dans ce cas, le test à la lépromine est négatif.
40. La lèpre n'est pas très contagieuse ; elle se transmet par le contact prolongé avec des exsudats.
41. Les personnes atteintes de la lèpre meurent souvent de complications d'origine bactérienne, telles que la tuberculose.
42. Le diagnostic de laboratoire repose sur l'observation de bacilles acido-alcoolo-résistants dans les lésions ou dans les exsudats et sur le test à la lépromine.
43. L'administration de médicaments à base de sulfone rend les patients atteints de la lèpre non contagieux.

LES VIROSES DU SYSTÈME NERVEUX (p. 470)

La poliomyélite (p. 470)

1. Les signes et les symptômes habituels de la poliomyélite comprennent des maux de tête et de gorge, de la fièvre et des nausées ; ils s'accompagnent de paralysie dans moins de 1 % des cas.
2. Le poliovirus pénètre dans le corps lors de l'ingestion d'eau contaminée par des fèces.
3. Le poliovirus envahit d'abord les nœuds lymphatiques du cou et de l'intestin grêle. Il se produit ensuite parfois une virémie et l'infection des corps cellulaires des neurones moteurs qui se rendent à la moelle épinière.
4. Le diagnostic repose sur l'isolement du virus dans les fèces et dans les sécrétions de la gorge.
5. Le vaccin de Salk (un vaccin à poliovirus inactivé, ou VPI) consiste à injecter des virus inactivés, puis à faire des injections de rappel à des intervalles de quelques années. Le vaccin de Sabin (un vaccin à poliovirus oral, ou VPO) contient trois souches atténuées du poliovirus.
6. On espère éradiquer la poliomyélite grâce à la vaccination.

La rage (p. 472)

7. Le virus rabique (*Lyssavirus*) provoque une encéphalite aiguë, habituellement mortelle, appelée rage.
8. La rage se contracte par la morsure d'un animal enragé et par l'intermédiaire d'abrasions minuscules de la peau ; il peut pénétrer par des muqueuses saines (yeux, nez, bouche). Le virus se reproduit dans les muscles squelettiques et le tissu conjonctif.
9. L'encéphalite se produit lorsque le virus pénètre dans le SNC après avoir cheminé dans les nerfs périphériques.
10. Les symptômes de la rage comprennent des spasmes des muscles de la bouche et de la gorge, suivis de lésions étendues de l'encéphale et de la moelle épinière, puis de la mort. L'hydrophobie et l'hypersalivation sont des signes caractéristiques.
11. Le diagnostic de laboratoire s'effectue notamment à l'aide de réactions d'immunofluorescence directe effectuées sur des prélèvements de salive, de sérum, et de frottis de peau, de muqueuses ou de tissus du SNP ou de l'encéphale.
12. Dans le monde, le chien errant est le principal réservoir ; dans les pays développés, les réservoirs de la rage comprennent surtout les animaux sauvages, notamment les ratons laveurs, les chauves-souris, les mouffettes et les renards. Les chiens et les chats domestiques peuvent aussi contracter la rage.
13. Le traitement postexposition habituel consiste à administrer simultanément des immunoglobulines antirabiques humaines et plusieurs injections intramusculaires d'un vaccin.
14. Le traitement préexposition consiste à administrer un vaccin aux personnes susceptibles d'être en contact avec le virus.
15. D'autres sérotypes de *Lyssavirus* peuvent aussi causer des maladies semblables à la rage.

Les encéphalites à arbovirus (p. 474)

16. De nombreux types de virus, appelés arbovirus, sont transmis par des moustiques et provoquent l'encéphalite. Le virus du Nil occidental en est un exemple.
17. Les signes et les symptômes de l'encéphalite comprennent des frissons, de la fièvre et, à la longue, le coma.
18. L'incidence des encéphalites à arbovirus augmente durant la saison estivale, alors que le nombre de moustiques est maximal.
19. Les chevaux sont fréquemment les réservoirs des virus de l'EEE et de l'EEO ; les oiseaux et (ou) les petits mammifères sont les réservoirs des virus de l'ESL, de l'EC et du VNO.
20. Le diagnostic repose sur des épreuves sérologiques.
21. L'élimination des moustiques vecteurs est la méthode de lutte la plus efficace contre l'encéphalite.

UNE MYCOSE DU SYSTÈME NERVEUX (p. 476)

La méningite à *Cryptococcus neoformans* (cryptococcose) (p. 477)

1. *Cryptococcus neoformans* est un mycète levuriforme encapsulé qui provoque la cryptococcose.
2. La cryptococcose se contracte par l'inhalation d'excréments séchés de pigeons infectés.
3. La maladie débute par une infection pulmonaire ; elle peut se disséminer dans la circulation et s'étendre à l'encéphale et aux méninges.
4. Les individus immunodéprimés sont plus susceptibles de contracter la cryptococcose.
5. Le diagnostic repose sur un test d'agglutination au latex en vue d'isoler des antigènes cryptococcaux dans le sérum ou dans le LCS

LES PROTOZOOSES DU SYSTÈME NERVEUX (p. 477)

La trypanosomiase africaine (p. 477)

1. La trypanosomiase africaine, ou maladie du sommeil, est causée par les protozoaires *Trypanosoma brucei gambiense* et *T. b. rhodesiense* ; elle se transmet par la piqûre de la mouche tsé-tsé.
2. La trypanosomiase touche le système nerveux de l'hôte humain ; elle provoque une léthargie et, à la longue, la mort.
3. La capacité du trypanosome à modifier ses antigènes de surface fait obstacle à l'élaboration d'un vaccin.

La méningoencéphalite à *Nægleria* (p. 478)

4. L'encéphalite due au protozoaire *N. fowleri* est presque toujours mortelle.
5. La méningoencéphalite granulomateuse, causée par *Acanthamœba* spp. et *Balamuthia mandrillaris*, est une maladie chronique.

LES MALADIES DU SYSTÈME NERVEUX CAUSÉES PAR DES PRIONS (p. 479)

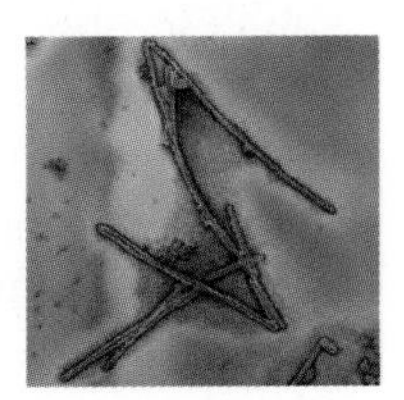

1. Les prions sont des protéines autoreproductrices qui ne contiennent aucun acide nucléique détectable.
2. Les maladies du SNC qui évoluent lentement et provoquent une dégénérescence spongiforme sont dues à des prions.
3. Les encéphalopathies spongiformes transmissibles sont des maladies causées par des prions qui se propagent d'un animal à l'autre.
4. La maladie de Creutzfeldt-Jakob et le kuru sont des maladies humaines qui ressemblent à la tremblante du mouton. Elles se transmettent d'une personne à l'autre.

LES MALADIES CAUSÉES PAR DES AGENTS INCONNUS (p. 481)

Le syndrome de fatigue chronique (p. 481)

1. Le syndrome de fatigue chronique serait déclenché par une infection microbienne.

AUTOÉVALUATION

QUESTIONS À COURT DÉVELOPPEMENT

1. On entend souvent dire qu'une blessure causée par un clou rouillé et qu'une plaie n'ayant pas saigné ou très peu peuvent provoquer le tétanos. Démontrez la justesse de cette affirmation.
2. Des professionnels de la santé pensent qu'on ne devrait plus utiliser le vaccin à poliovirus oral. Quel argument peut servir à étayer cette opinion ?
3. Démontrez que la déclaration obligatoire de tous les cas de méningite à méningocoques est judicieuse.
4. Démontrez que la recommandation faite aux parents de ne pas donner de miel à leur enfant de moins de 1 an est justifiée.
5. Le virus du Nil occidental a fait les manchettes durant l'été 2002. Quel est le mode de transmission de ce virus ? Quel facteur peut favoriser l'émergence de la maladie ? Justifiez votre réponse en expliquant les cas d'encéphalites dues au VNO dans des régions du Canada.
6. Expliquez pourquoi les personnes atteintes de botulisme ont besoin d'une aide respiratoire en inhalothérapie.

APPLICATIONS CLINIQUES

N. B. Certaines de ces questions nécessitent que vous cherchiez des réponses dans les différents chapitres du livre.

1. Au cours d'un voyage en France, Christian et Danielle s'interrogent à propos des étiquettes anti-*Listeria* sur certains produits alimentaires qu'ils achètent. Ces étiquettes donnent des informations sur les conditions de conservation du produit une fois ouvert, sur sa date de péremption et sur les conditions de consommation – cuisson ou non. Un épicier leur apprend que depuis 2002 l'Agence française de sécurité sanitaire des aliments a généralisé la pose de ces étiquettes anti-*Listeria* sur des aliments à risque. Christian mange néanmoins avec appétit. Danielle, légèrement inquiète, décide de consulter des sites Internet à propos de cette mystérieuse *Listeria*.

   Quelles explications Danielle donnera-t-elle à Christian si ce dernier lui demande quels sont les aliments à risque ? Pourquoi ce microbe est-il à l'origine de cette campagne de sensibilisation ? Christian fait-il partie de la population à risque ? Si Danielle est enceinte, décrivez le mécanisme physiopathologique responsable de la gravité de l'infection.

2. Jean-Benoît rend visite à un ami qui vient de faire un retour à la terre et dont les convictions l'amènent à rejeter tout ce qui ne lui semble pas « naturel ». Ainsi, ses deux animaux de compagnie ne sont pas vaccinés contre la rage et ses trois enfants ne sont pas vaccinés contre le tétanos. Or, les chiens partent fréquemment à la chasse aux animaux sauvages. Quant aux enfants, ils jouent pieds nus dans les bâtiments de la ferme, dans les champs et dans les bois environnants. Jean-Benoît travaille dans une clinique pédiatrique et connaît les dangers du tétanos et de la rage pour les enfants.

   Quels arguments Jean-Benoît devra-t-il donner à son ami pour le convaincre que la vaccination contre chacune de ces deux maladies est un choix judicieux compte tenu des caractéristiques des agents pathogènes, de la gravité des maladies et du contexte de la vie familiale ? Dans votre argumentation, décrivez l'épidémiologie des deux infections et reliez le pouvoir pathogène des agents en cause aux mécanismes physiopathologiques qui conduisent à l'apparition des principaux signes des maladies. (*Indice :* Voir les chapitres 10 et 26 EN LIGNE.)

3. Il y a quelques mois, 4 sans-abris ont été hospitalisés, victimes de cryptococcose. Deux d'entre eux, déjà atteints du sida, sont décédés rapidement. Antoine, un responsable des services de santé publique, est chargé d'effectuer une enquête épidémiologique. Il doit recueillir des données susceptibles d'établir un lien entre la maladie et l'environnement dans lequel les personnes atteintes ont vécu (centre-ville). Dans les circonstances décrites, Antoine détermine une source de contamination des individus ainsi que des facteurs favorisant l'infection chez les personnes atteintes. Selon vous, quelles sont ses conclusions ?

   Antoine doit répondre à trois questions : Le dépistage de la maladie est-il réalisable ? Y a-t-il un traitement susceptible de prévenir la mortalité ? De quoi les victimes meurent-elles en fin de compte (ou quels sont les facteurs de pathogénicité du microbe ainsi que les signes et les symptômes de la cryptococcose) ? D'après vous, quelles seront les réponses d'Antoine à ces questions ? (*Indice :* Voir le chapitre 13, sur le sida.)

4. Francis est un jeune homme de 25 ans qui vient d'être admis d'urgence à l'hôpital. Son état est critique. Son amie déclare que tout s'est produit rapidement. Il a commencé par vomir et par ressentir des raideurs dans la nuque ainsi que des maux de tête importants. Puis, il est devenu confus et est tombé complètement inerte. Le médecin constate les signes et les symptômes de l'état de choc et détecte des taches rouges (pétéchies) aux doigts et au thorax de Francis. Il suspecte un cas de méningococcémie et prescrit une antibiothérapie d'urgence. Une coloration de Gram, une hémoculture et une culture du LCS révèlent par la suite la présence d'un méningocoque de type C. Le diagnostic et le traitement très précoces de l'infection ont contribué au rétablissement de Francis ; cependant, on a dû l'amputer de trois doigts de la main gauche.

   Établissez les liens entre l'infection par un méningocoque virulent, le pouvoir pathogène de cet agent et le mécanisme physiopathologique qui ont conduit à l'obligation d'amputer les doigts. Son amie est à risque de contracter l'infection. Que peut-on faire pour la protéger ? Quelle est votre opinion sur la vaccination des bébés contre la méningite ? (*Indice :* Voir le chapitre 26 EN LIGNE.)

ÉDITION EN LIGNE Consultez le volet de gauche de l'Édition en ligne pour d'autres activités.

Les maladies infectieuses des systèmes cardiovasculaire et lymphatique

CHAPITRE

Le **système cardiovasculaire** se compose du cœur, du sang et des vaisseaux sanguins. Le **système lymphatique** est constitué de la lymphe, des vaisseaux et des nœuds lymphatiques, et des organes lymphoïdes (tonsilles, appendice vermiforme, rate et thymus). Les liquides transportés par les deux systèmes circulent partout dans le corps, et sont en contact intime avec de nombreux tissus et organes. Du point de vue physiologique, le sang et la lymphe distribuent les nutriments et l'oxygène aux tissus et emportent les déchets. Toutefois, ils servent en même temps de voie royale pour la dissémination des agents pathogènes qui pénètrent dans le corps par les blessures et les piqûres. Mais l'organisme n'est pas sans défense : une bonne partie des acteurs de l'immunité innée sont postés dans le sang et la lymphe pour repousser les envahisseurs au besoin. À cet égard, les phagocytes circulants jouent un rôle particulièrement important de même que les phagocytes fixes dans certains organes tels que les nœuds lymphatiques et la rate. Le sang est aussi un élément important du système immunitaire adaptatif ; c'est là que les anticorps et certains lymphocytes interceptent les agents pathogènes. À l'occasion, ces derniers parviennent à vaincre la résistance ; ils envahissent alors la circulation et causent d'importants dommages par leur prolifération débridée.

Les encadrés 18.3 à 18.7 présentent une récapitulation des maladies infectieuses des systèmes cardiovasculaire et lymphatique décrites dans le chapitre. Pour un rappel des différents maillons de la chaîne épidémiologique, consultez la section « La propagation d'une infection » au chapitre 9 et le schéma guide de la figure 9.6.

AU MICROSCOPE

Virus Ebola. Ce virus est l'agent causal d'une des fièvres hémorragiques dites émergentes.

Q/R

Même si on en voit très peu ailleurs qu'en Afrique tropicale, les fièvres hémorragiques émergentes ont attiré beaucoup d'attention en raison des terribles symptômes et de la mortalité qu'elles causent. Quels sont ces symptômes ?

La réponse est dans le chapitre.

La structure et les fonctions des systèmes cardiovasculaire et lymphatique

▶ Objectif d'apprentissage

18-1 Définir le rôle des systèmes cardiovasculaire et lymphatique dans la dissémination des microbes, d'une part, et dans leur élimination, d'autre part.

Le système cardiovasculaire comprend le cœur, les vaisseaux sanguins et le sang (**figure 18.1**). Sa fonction consiste à assurer l'irrigation des tissus de l'organisme. Le *cœur* est l'organe qui génère la pression nécessaire à la circulation du sang dans les vaisseaux. C'est grâce aux échanges de substances entre le sang et le liquide interstitiel, d'une part, et entre le liquide interstitiel et les cellules, d'autre part, que les cellules peuvent satisfaire leurs besoins fondamentaux (apport de nutriments, de molécules d'O_2 et d'eau, élimination du CO_2 et maintien de la température du milieu), produire leur énergie et accomplir leurs diverses fonctions. Toute perturbation de la fonction cardiaque par des dommages causés à la structure du cœur a des conséquences sur le maintien de la pression artérielle, sur la bonne circulation du sang et, par ricochet, sur le maintien de l'homéostasie.

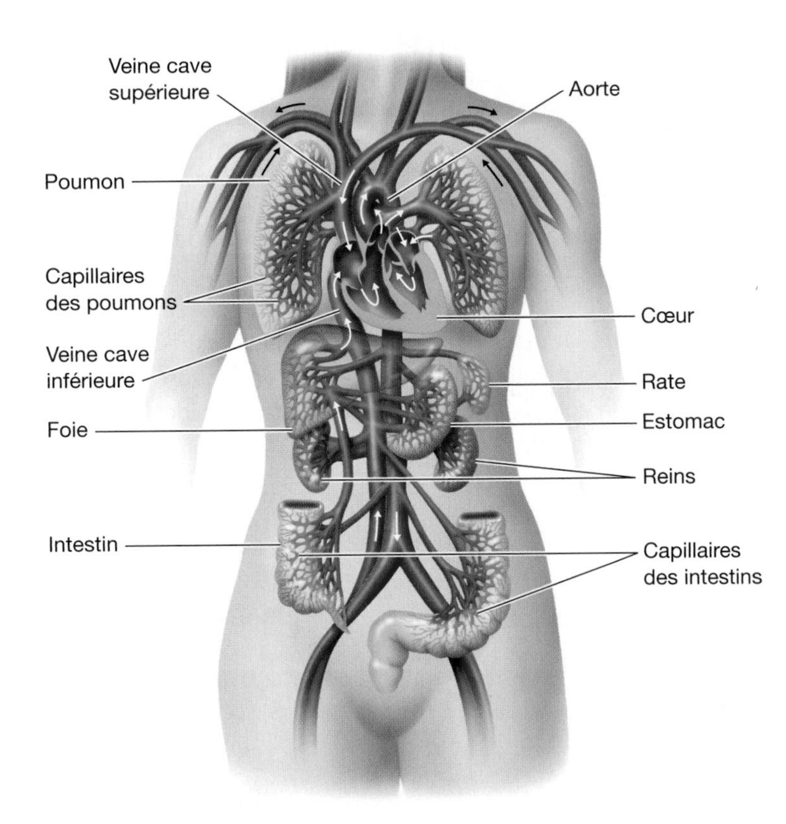

Figure 18.1 **Système cardiovasculaire humain.** Ce diagramme simplifié montre que le sang circule dans le système artériel (en rouge) depuis le cœur jusqu'aux capillaires (en violet) des poumons et des autres parties du corps. Des capillaires, le sang retourne au cœur par le système veineux (en bleu).

Le *sang* est un mélange d'éléments figurés et de liquide appelé plasma. Le *plasma* apporte des nutriments dissous aux cellules et recueille les déchets éliminés par celles-ci. Les éléments figurés du sang comprennent les érythrocytes (ou globules rouges), les leucocytes (ou globules blancs) et les thrombocytes (ou plaquettes) (tableau 11.1). Les érythrocytes transportent les molécules d'O_2 et de CO_2, mais la plus grande partie du CO_2 contenu dans le sang est dissous dans le plasma. Les leucocytes remplissent différentes fonctions reliées à la défense de l'organisme contre l'infection. Si des bactéries pénètrent dans la circulation sanguine, elles sont rapidement éliminées par les phagocytes logés dans la rate et le foie. Les bactéries ne demeurent donc pas longtemps dans le sang, à tout le moins chez les individus dont le système immunitaire est intact.

Le système lymphatique joue un rôle essentiel dans la circulation sanguine (**figure 18.2**). Du plasma provenant des capillaires sanguins passe dans les espaces intercellulaires et forme le *liquide interstitiel*. Les vaisseaux lymphatiques qui entourent les cellules sont appelés *capillaires lymphatiques*; ils sont plus gros et plus perméables que les capillaires sanguins. Lorsqu'il circule autour des cellules des tissus, le liquide interstitiel est absorbé par les capillaires lymphatiques et prend alors le nom de *lymphe*.

Puisqu'ils sont très perméables, les capillaires lymphatiques absorbent facilement les microbes et leurs produits. Des capillaires lymphatiques, la lymphe passe dans des vaisseaux lymphatiques plus gros qui comportent de nombreuses valvules antirefoulement permettant le retour de la lymphe vers le cœur. Toute la lymphe finit par retourner dans le sang juste avant que ce dernier pénètre dans l'oreillette droite du cœur – plus précisément à la hauteur de la veine subclavière gauche. Ce phénomène circulatoire retourne au sang les protéines et le liquide qui se sont échappés du plasma.

À plusieurs endroits dans le corps, le système lymphatique est ponctué de petits organes ovales, appelés *nœuds lymphatiques,* à travers lesquels circule la lymphe (figure 11.5). Des macrophagocytes fixes situés à l'intérieur des nœuds contribuent à éliminer les microbes infectieux emportés par la lymphe. Il arrive que ces nœuds soient eux-mêmes infectés. Ils sont alors gonflés et sensibles et portent le nom de **bubons** (figure 18.9).

Les nœuds lymphatiques sont également une composante importante du système immunitaire. Les microbes étrangers qui y pénètrent font face à deux types de lymphocytes : les lymphocytes B, qui produisent les anticorps après s'être différenciés en plasmocytes ; et les lymphocytes T, qui assurent l'immunité à médiation cellulaire après leur différenciation en cellules effectrices (chapitre 12).

Les microbes qui atteignent la circulation sanguine ou lymphatique y ont pénétré par l'une ou l'autre des voies d'accès suivantes au cours d'un événement particulier : lors d'un traumatisme accidentel – blessure, piqûre d'insecte – ; lors d'un acte médical – injection, pose d'un cathéter, extraction d'une dent, amygdalectomie – ; lors de l'infection d'une plaie cutanée ; lors de la traversée de la muqueuse intestinale au niveau des vaisseaux chylifères ; lors de la traversée d'une muqueuse qui a subi des lésions.

▶ Vérifiez vos acquis

Pourquoi le système lymphatique est-il indispensable au bon fonctionnement du système immunitaire ? **18-1**

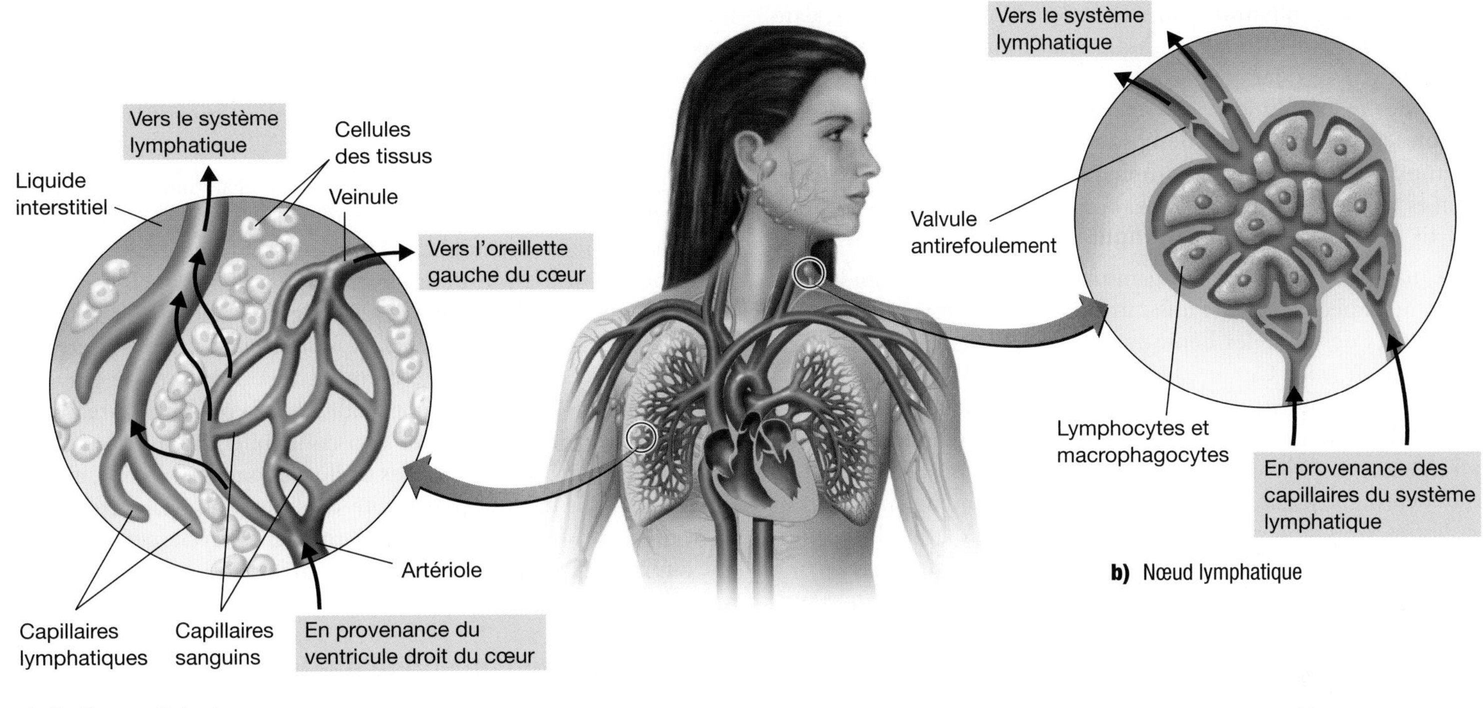

Figure 18.2 **Relation entre les systèmes cardiovasculaire et lymphatique. a)** Du plasma s'échappe des capillaires sanguins (en violet) et passe dans les tissus environnants, où il forme le liquide interstitiel, lequel entre dans les capillaires lymphatiques (en vert) et forme la lymphe. **b)** Au cours du trajet qui la ramène au cœur, la lymphe passe obligatoirement par au moins un nœud lymphatique. (Voir la figure 11.5.)

Les bactérioses des systèmes cardiovasculaire et lymphatique

▶ Objectifs d'apprentissage

18-2 Énumérer les signes et les symptômes de la sepsie, et expliquer la gravité des infections qui évoluent vers le choc septique.

18-3 Distinguer le choc septique provoqué par des bactéries à Gram négatif et le choc septique provoqué par des bactéries à Gram positif, et expliquer comment la fièvre puerpérale peut conduire à une sepsie.

Décrire la chaîne épidémiologique, notamment les facteurs de virulence de l'agent pathogène, ses principaux réservoirs, ses modes de transmission, ses portes d'entrée, les facteurs prédisposants de l'hôte réceptif, le mécanisme physiopathologique qui mène à l'apparition des principaux signes et symptômes (s'il y a lieu), ainsi que les thérapeutiques et les épreuves de diagnostic (s'il y a lieu), pour les affections suivantes :

18-4 l'endocardite et le rhumatisme articulaire aigu (RAA) ;

18-5 la tularémie ;

18-6 la brucellose ;

18-7 l'anthrax ;

18-8 la gangrène ;

18-9 la peste et la maladie de Lyme ;

18-10 le typhus épidémique, le typhus murin endémique et la fièvre pourprée des montagnes Rocheuses.

18-11 Nommer trois agents pathogènes transmis par la morsure ou par la griffure d'un animal.

18-12 Nommer le vecteur et préciser l'étiologie de cinq maladies transmises par les tiques.

Si elles pénètrent dans la circulation sanguine, les bactéries se disséminent dans l'organisme et sont parfois capables de se reproduire rapidement.

La sepsie et le choc septique

Bien qu'il s'agisse normalement d'un milieu stérile, le système circulatoire peut contenir un certain nombre de microorganismes sans que cela pose un problème. (Dans les établissements de santé, il arrive souvent que le sang soit contaminé au cours d'interventions effractives telles que l'insertion d'une sonde intraveineuse.) Le sang et la lymphe abritent de nombreux phagocytes défensifs. En outre, on y trouve peu de fer libre, lequel est essentiel à la croissance bactérienne. Toutefois, si les défenses des systèmes cardiovasculaire et lymphatique font défaut, les microbes peuvent proliférer librement. On définit le terme « bactériémie » par la présence de bactéries vivantes dans le sang. Si elles provoquent la lyse des érythocytes, la libération du fer contenu dans l'hémoglobine risque d'accélérer leur prolifération. Le terme « **septicémie** » désigne plutôt les maladies aiguës associées à la présence et à la persistance de microbes pathogènes ou de leurs toxines dans le sang. On appelle ***sepsie**** la réponse systémique de l'organisme à la présence d'un foyer d'infection (présumé ou identifié) qui libère des

* Du point de vue médical, les définitions de septicémie et de sepsie sont différentes ; toutefois, ces deux termes sont souvent utilisés comme synonymes.

médiateurs de l'inflammation, généralement des cytokines, dans la circulation. À la différence d'une septicémie, le siège de l'infection n'est pas nécessairement le système sanguin et, dans environ la moitié des cas, il n'y a pas de microbes dans le sang. La sepsie et la septicémie s'accompagnent souvent de **lymphangite**, une inflammation des vaisseaux lymphatiques qui se manifeste par des traînées rouges visibles sous la peau, parcourant le bras ou la jambe à partir du siège de l'infection (**figure 18.3**).

Quand les défenses de l'organisme ne viennent pas rapidement à bout de l'infection et de l'inflammation qu'elle provoque, la sepsie évolue vers des troubles hémodynamiques et viscéraux : on parle alors de *sepsie grave*. Cet état se manifeste généralement par l'apparition d'une température anormale, d'une tachycardie (augmentation des battements du cœur), d'une tachypnée (augmentation de la fréquence respiratoire) et d'une hyperleucocytose (taux élevé de leucocytes). La sepsie grave conduit à une hypotension (choc) et au dysfonctionnement d'au moins un organe. À la fin, l'injection de liquides ne suffit plus à faire remonter la pression artérielle, une défaillance multiviscérale et des altérations de la conscience surviennent, si bien que le **choc septique** s'installe. Dès que les organes se mettent à défaillir, le taux de mortalité monte en flèche. La sepsie, la sepsie grave et le choc septique sont donc trois états qui définissent la gravité croissante de la maladie. Le choc septique peut être provoqué aussi bien par les endotoxines des bactéries à Gram négatif que par des bactéries à Gram positif (chapitre 10).

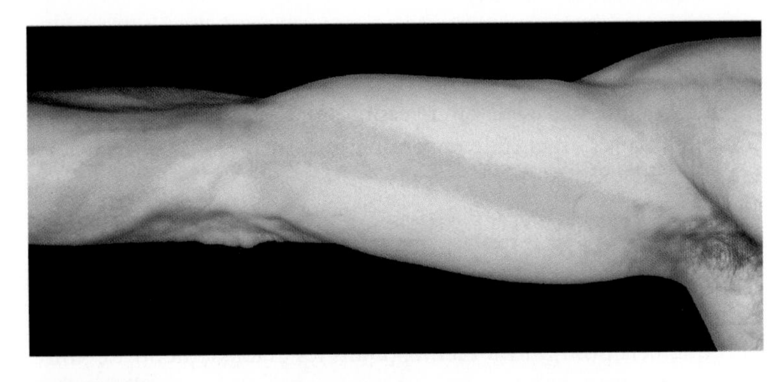

Figure 18.3 **La lymphangite, un des signes de la sepsie.** Lorsqu'une infection se propage, depuis le foyer d'origine, jusque dans les vaisseaux lymphatiques, les parois enflammées de ces derniers deviennent visibles sous la forme de traînées rouges.

Le choc septique provoqué par les bactéries à Gram négatif

Le choc septique est fréquemment causé par des bactéries à Gram négatif. Rappelons que la paroi cellulaire d'un grand nombre de ces bactéries (chapitre 3) contient des endotoxines qui sont libérées au moment de la lyse de la cellule. Ces substances peuvent provoquer une chute grave de la pression artérielle : on parle alors de *choc endotoxique*. Il en faut moins d'un millionième de milligramme pour faire apparaître les signes et les symptômes caractéristiques.

Dans le monde médical, on considère depuis longtemps comme une priorité la mise au point d'un traitement efficace de la sepsie grave et du choc septique. Les premiers symptômes de la sepsie ne sont pas très spécifiques, ni particulièrement inquiétants. C'est pourquoi on omet souvent de prescrire l'antibiothérapie qui tuerait l'infection dans l'œuf. L'évolution vers l'issue fatale est rapide et généralement impossible à arrêter. Il arrive même que les antibiotiques qu'on donne dans une telle situation aggravent le mal en provoquant la lyse d'un grand nombre de bactéries et la libération d'encore plus d'endotoxines.

Le traitement du choc septique consiste également à neutraliser les composantes des lipopolysaccharides (LPS) et les cytokines qui provoquent l'inflammation. La U.S. Food and Drug Administration a approuvé l'utilisation de la drotrécogine alfa (Xigris), premier médicament à faire diminuer le taux de mortalité. Il s'agit d'une forme recombinante de la *protéine C activée humaine*, un anticoagulant naturel produit en faible quantité lors d'une sepsie grave et d'un choc septique (à ne pas confondre avec la protéine C-réactive). Par son action, la drotrécogine alfa contribue à réduire les dommages causés aux organes par les caillots de sang. Toutefois, elle ne fonctionne que dans une minorité de situations. Malgré cela, on s'attend à ce qu'elle soit prescrite largement dans les cas de sepsie due aux bactéries à Gram négatif et de méningite à méningocoque (chapitre 17).

Le choc septique provoqué par les bactéries à Gram positif

À l'heure actuelle, les bactéries à Gram positif sont une cause fréquente du choc septique. Plusieurs affections peuvent prédisposer à l'infection, telles que le diabète, le cancer, l'insuffisance rénale et hépatique, et la déficience immunitaire. L'apparition de plaies cutanées chez les sujets atteints de ces maladies constitue souvent le foyer initial infectieux ; les microbes peuvent quitter le foyer infectieux pour ensuite pénétrer dans le sang. Dans les hôpitaux, les interventions effractives qu'on pratique en grand nombre permettent aussi aux bactéries à Gram positif de s'introduire dans la circulation sanguine. Les personnes qui doivent se soumettre régulièrement à l'hémodialyse sont particulièrement vulnérables à cet égard. Les staphylocoques et les streptocoques produisent de puissantes exotoxines qui déclenchent le choc septique, alors appelé *syndrome de choc toxique* (chapitre 16). La nature des composantes bactériennes qui conduisent à la sepsie puis au choc septique n'est pas parfaitement élucidée. Ce pourrait être certaines fractions de la paroi cellulaire à Gram positif ou même l'ADN bactérien.

Les entérocoques constituent un groupe important de bactéries à Gram positif ; ce sont des résidents commensaux du côlon humain qui contaminent souvent la peau. Deux espèces, *Enterococcus fæcium* et *Enterococcus fæcalis*, se distinguent plus particulièrement. On reconnaît aujourd'hui qu'elles sont une des premières causes d'infections nosocomiales des plaies et des voies urinaires. Les entérocoques sont naturellement résistants à la pénicilline et n'ont pas tardé à se soustraire à l'action d'autres antibiotiques. Ils sont devenus un sujet de vives inquiétudes le jour où on a découvert des souches résistantes à la vancomycine. Celle-ci était souvent le seul antibiotique auquel ces bactéries, en particulier *E. fæcium*, étaient sensibles. À l'heure actuelle, les isolats d'*E. fæcium* provenant d'infections nosocomiales de la circulation sanguine sont résistants à près de 90 %.

Jusqu'ici, nous avons surtout parlé des streptocoques β-hémolytiques du groupe A (SBHA). Toutefois, en milieu clinique, on s'intéresse de plus en plus aux streptocoques du groupe B (SBHB) et aux entérocoques. *S. agalactiæ*, seul streptocoque du groupe B, est l'agent le plus souvent responsable de la sepsie néonatale ou, lorsque la présence de pathogènes dans le sang est confirmée, de la septicémie néonatale, une maladie qui met en danger la vie du nouveau-né. On recommande aux femmes enceintes de passer un examen de dépistage des SBHB vaginaux et, s'il y a lieu, de prendre des antibiotiques durant l'accouchement.

La fièvre puerpérale

La **fièvre puerpérale** est une infection nosocomiale. Elle débute par une infection utérine consécutive à un accouchement ou à un avortement. Elle est causée le plus souvent par le streptocoque β-hémolytique du groupe A (SBHA), mais d'autres microbes, tels qu'*Escherichia coli,* sont aussi susceptibles de provoquer ce type d'infection.

L'infection utérine peut s'étendre à la cavité abdominale (*péritonite*) ; dans de nombreux cas, elle évolue vers la sepsie grave puis le choc septique. Autrefois, la maladie était transmise par les mains des médecins ou par les instruments qu'ils utilisaient. De nos jours, grâce à l'emploi d'antibiotiques, et en particulier de la pénicilline, de même qu'à des pratiques modernes d'hygiène et d'asepsie, la fièvre puerpérale au SBHA est devenue une complication rare de l'accouchement.

▶ Vérifiez vos acquis

Nommez deux des signes qui servent à définir la sepsie et le syndrome de réaction inflammatoire généralisée qui y est associé. **18-2**

Les endotoxines qui causent la sepsie proviennent-elles des bactéries à Gram positif ou des bactéries à Gram négatif ? **18-3**

Les bactérioses du cœur

La paroi du cœur se compose de trois tuniques. La tunique interne, l'*endocarde,* est formée de tissu épithélial. Cette membrane tapisse le muscle cardiaque lui-même et recouvre les valves ; la fonction de ces dernières consiste à favoriser le bon écoulement du sang d'une cavité cardiaque à l'autre et du cœur vers les artères. L'inflammation de l'endocarde s'appelle **endocardite**.

L'**endocardite bactérienne subaiguë** (figure 18.4) est caractérisée par de la fièvre, une anémie, une faiblesse générale et un souffle cardiaque. Elle est dite subaiguë parce qu'elle évolue lentement. Elle est habituellement due à des streptocoques α-hémolytiques, normalement présents dans le microbiote buccal et pharyngé, mais elle peut aussi être causée par des entérocoques ou des staphylocoques. Elle est probablement provoquée par un foyer d'infection situé dans une autre partie du corps, par exemple par des microbes libérés au moment de l'extraction d'une dent ou d'une amygdalectomie qui pénètrent dans le sang et se rendent au cœur. Certains cas d'endocardite sont également survenus à la suite de perçages corporels pratiqués en particulier sur le nez, la langue ou les mamelons. D'ordinaire, si le flux sanguin circule normalement à travers les structures du cœur et que les mécanismes de défense éliminent rapidement du sang les bactéries de ce type, il y a peu de risques d'infection. Toutefois, si une personne présente une anomalie des valves cardiaques ou une cardiopathie congénitale quelconque, les bactéries ont plus de chances de se nicher dans les lésions préexistantes. Elles s'y multiplient et sont piégées dans des *végétations* – des

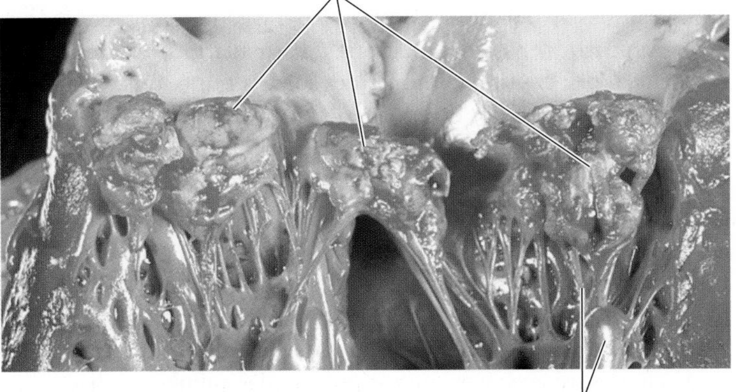

Figure 18.4 Endocardite bactérienne. La photo illustre un cas d'endocardite subaiguë. On a disséqué le cœur pour mettre à nu la valve bicuspide (ou mitrale) et les cordelettes tendineuses qui relient cette dernière aux muscles papillaires de l'endocarde.

caillots riches en fibrine et en plaquettes – qui grossissent par couches successives au fur et à mesure de la croissance des bactéries. Ces végétations sont en quelque sorte un biofilm qui recouvre les bactéries adhérentes et leur permet de proliférer à l'abri des défenses de l'hôte, telles que les phagocytes et les anticorps.

Lorsque la croissance des bactéries se poursuit et que le caillot devient de plus en plus volumineux, des parties de ce dernier se détachent et risquent d'obstruer les vaisseaux sanguins ou de se loger dans les reins. Le fonctionnement des valves cardiaques finit par se détériorer. L'administration d'une forte concentration d'antibiotiques est souvent efficace pour enrayer l'infection ; toutefois, si elle n'est pas traitée, l'endocardite bactérienne subaiguë entraîne la mort en quelques mois.

L'**endocardite bactérienne aiguë** est une endocardite à évolution beaucoup plus rapide, généralement due à *Staphylococcus aureus.* Les bactéries se fraient un chemin depuis le foyer initial d'infection jusqu'aux valves cardiaques et s'y installent, que celles-ci soient normales ou anormales. Elles y provoquent une destruction rapide qui entraîne souvent la mort en quelques jours ou quelques semaines si la maladie n'est pas traitée.

Les streptocoques sont également susceptibles de causer une **péricardite**, c'est-à-dire l'inflammation de la tunique externe du cœur (appelée *péricarde*).

▶ Vérifiez vos acquis

Quelles sont les interventions médicales le plus souvent à l'origine de l'endocardite ? **18-4**

Le rhumatisme articulaire aigu

Les infections à streptocoques provoquent parfois le **rhumatisme articulaire aigu (RAA)**. Cette maladie touche principalement les jeunes individus âgés de 4 à 18 ans, et elle est souvent consécutive à une infection respiratoire (mal de gorge) ou à une scarlatine, causées dans les deux cas par des streptocoques β-hémolytiques du groupe A (SBHA) et laissées sans traitement. Habituellement, la maladie se manifeste d'abord par un court épisode de fièvre et de douleurs rhumatismales dû à l'apparition de nodules sous-cutanés au niveau des articulations (**figure 18.5**) ; avec le temps, ces lésions peuvent provoquer l'inflammation de l'articulation, responsable de l'arthrite. Chez environ la moitié des sujets atteints, une inflammation du cœur cause des dommages aux valves; il s'agit alors d'une cardiopathie rhumatismale. La détérioration des valves peut être assez grave pour entraîner une insuffisance cardiaque et la mort.

La pathogénicité du RAA n'est pas de nature infectieuse. Elle est plutôt de nature auto-immune, c'est-à-dire que la maladie est probablement causée par une réponse immunitaire mal dirigée (chapitre 13). On pense que les anticorps produits contre un constituant de la paroi cellulaire streptococcique – la protéine M – réagiraient aussi avec certaines structures des cellules cardiaques et d'autres tissus, tels que les tissus articulaires. Cette réaction croisée serait responsable des symptômes inflammatoires de la maladie. Il existe plusieurs sérotypes différents de la protéine M streptococcique, mais seul un nombre restreint de sérotypes M peut causer le RAA.

L'incidence du RAA a diminué régulièrement dans les pays développés au point qu'il est devenu rare depuis le traitement de l'angine streptococcique par antibiothérapie. Par ailleurs, on pense que le déclin du RAA pourrait être dû à la réduction de la virulence des sérotypes de streptocoques en cause. Au moment de flambées locales de RAA, dues à certains sérotypes virulents qui avaient pratiquement disparu, certaines personnes ayant déjà été atteintes de RAA courent le risque de subir une réinfection par les streptocoques, ce qui déclenche une autre attaque immunitaire. Les symptômes du RAA sont traités avec des médicaments antiinflammatoires.

Les bactéries restent sensibles à la pénicilline, qui demeure le traitement de choix contre l'infection. Les personnes qui ont déjà été atteintes de RAA et celles dont la maladie a entraîné une cardiopathie grave doivent recevoir une injection de benzathine-pénicilline tout au long de leur vie. La pénicilline ne traite pas les dommages causés par la maladie auto-immune, mais elle combat la bactérie.

Près de 10% des personnes atteintes de RAA souffrent de **chorée rhumatismale** (ou chorée de Sydenham), qui est une complication rare de la maladie, connue au Moyen Âge sous le nom de danse de Saint-Guy. Plusieurs mois après un épisode de RAA, la victime présente des mouvements involontaires et sans finalité, à l'état d'éveil. L'affection disparaît au bout de quelques mois.

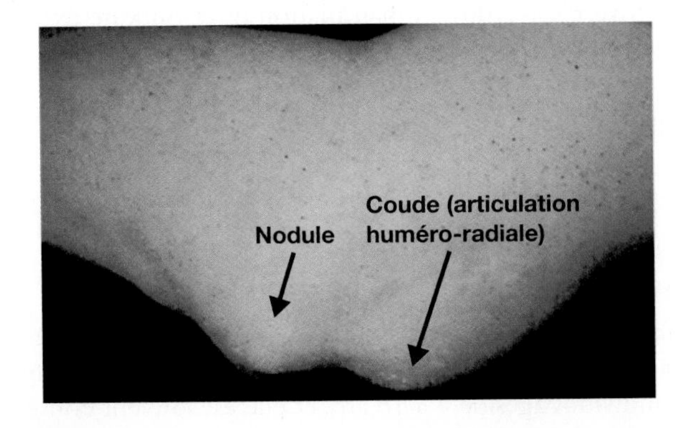

Figure 18.5 Nodule causé par le rhumatisme articulaire aigu. Le RAA doit son nom en partie aux nodules sous-cutanés caractéristiques qui apparaissent aux articulations, comme celui qui est adjacent au coude dans l'illustration.

La sepsie et les infections du cœur sont résumées dans l'encadré 18.3.

La tularémie

La **tularémie** est une zoonose causée par *Francisella tularensis,* un petit bacille pléomorphe, aérobie, à Gram négatif, transmis par des animaux infectés, notamment les lapins et les spermophiles. La bactérie peut pénétrer par plusieurs portes d'entrée. La plus fréquente se fait par l'intermédiaire de légères abrasions de la peau lors d'un contact où il suffit qu'une dizaine de bactéries pénètrent dans la lésion pour déclencher l'infection. Le premier signe est généralement une inflammation locale et un petit ulcère au site d'entrée. Une semaine plus tard, les nœuds lymphatiques régionaux s'hypertrophient, et beaucoup contiennent des poches remplies de pus (**encadré 18.1**). Si le système lymphatique n'arrive pas à endiguer l'infection, les bactéries envahissent le sang, provoquant ainsi une septicémie, et des abcès dans plusieurs organes. La virulence de ces bacilles est associée à leur capacité de survie durant une longue période dans les cellules, y compris dans les macrophagocytes, où ils peuvent se multiplier jusqu'à devenir 1 000 fois plus nombreux. C'est sans doute la raison pour laquelle la dose d'agents infectieux requise au départ peut être aussi faible.

Les humains contractent souvent l'infection en se frottant les yeux après avoir manipulé de petits animaux sauvages, voire des carcasses infectées. La bactérie peut aussi pénétrer par ingestion, par inhalation et par morsure. La consommation de viande insuffisamment cuite risque de causer un foyer d'infection dans la bouche ou la gorge. L'inhalation de poussières contaminées par l'urine ou les selles d'animaux infectés peut entraîner une pneumonie aiguë dont le taux de mortalité est de plus de 30% – normalement, le taux est de moins de 3%. En laboratoire, la manipulation du bacille est tellement dangereuse (à cause de la facilité avec laquelle les infections par aérosols se transmettent) qu'il faut utiliser une hotte d'isolement. La maladie se transmet également par la piqûre d'arthropodes tels que le taon du cerf (figure 7.27b), la tique et le pou de lapin.

La localisation intracellulaire du bacille pose un problème lorsqu'on veut avoir recours à la chimiothérapie. La tétracycline est l'antibiotique d'élection, mais il est nécessaire de l'administrer sur une période prolongée afin d'éviter les rechutes. Après l'infection, l'immunité naturelle acquise est le plus souvent permanente. Il existe un vaccin vivant atténué pour les employés de laboratoire à risque élevé.

La tularémie ne semble sévir que dans les régions froides et tempérées de l'hémisphère Nord, dont l'Amérique du Nord (Canada, États-Unis). C'est une zoonose assez rare, qui atteint l'humain de façon accidentelle.

La brucellose

À l'instar de la bactérie responsable de la tularémie, l'agent de la **brucellose** ou **fièvre ondulante**, appelé *Brucella,* est un parasite intracellulaire. Cette bactérie est un très petit bacille (coccobacille) aérobie à Gram négatif. Il en existe trois espèces principales (actuellement reconnues comme des variétés sérologiques de la même espèce) qui provoquent des maladies chez les animaux sauvages et domestiques. Chez les humains, l'infection est la zoonose bactérienne la plus fréquente dans le monde.

CAS CLINIQUES **Encadré 18.1** Extrait de *Morbidity and Mortality Weekly Report*

Un enfant malade

En lisant cet encadré, vous serez amené à considérer une suite de questions que les professionnels de la santé se posent quand ils tentent de résoudre un problème clinique. Comme eux, examinez les questions et essayez d'y répondre.

❶ Le 15 février, un garçon de 3 ans est examiné par son pédiatre. Il présente de la fièvre, un malaise, un nœud lymphatique hypertrophié et douloureux sous le bras gauche et un petit ulcère sur son annulaire gauche. Le médecin prescrit de l'amoxicilline.

Quelles sont les affections possibles?

❷ On pratique une excision-biopsie du nœud lymphatique axillaire gauche au bout de 49 jours de tuméfaction persistante et de fièvre intermittente. Le tissu excisé est mis en culture et on effectue une coloration de Gram des bactéries obtenues (figure de droite).

Quels autres examens sont nécessaires, à votre avis?

❸ Les analyses sérologiques produisent les résultats suivants:

Agent pathogène	Titre d'anticorps
Bartonella	0
Ehrlichia	0
Francisella	4 096
CMV	0
Toxoplasma gondii	0

L'état de l'enfant s'améliore après un traitement à la ciprofloxacine.

Quelle est la cause de l'infection?

Quels autres renseignements devez-vous obtenir?

❹ On confirme l'identification de *Francisella tularensis* par ACP. Entre le 2 janvier et le 8 février, la famille du garçon s'est procuré six hamsters dans une animalerie. Tous les animaux sont morts de diarrhée moins d'une semaine après l'achat. Un des hamsters a mordu l'enfant à l'annulaire gauche.

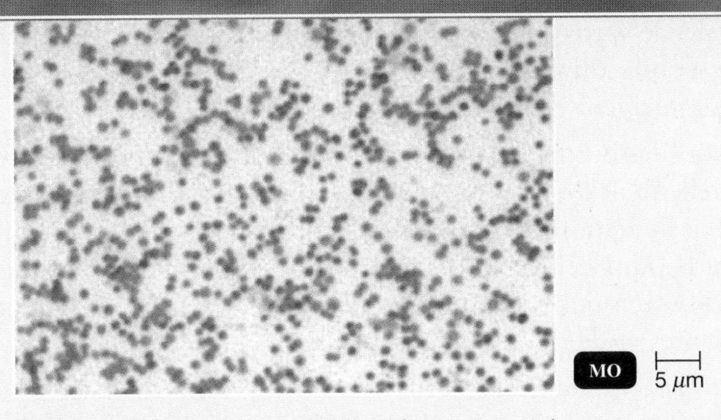

Bactéries provenant du nœud lymphatique excisé, après mise en culture et coloration de Gram

Où faut-il chercher la source de l'infection?

❺ Les employés de l'animalerie indiquent qu'un nombre inhabituel de hamsters, mais pas d'autres animaux, sont morts en janvier et en février. Huit autres clients disent que leurs hamsters sont morts moins de deux semaines après l'achat. On établit par sérologie et culture qu'aucun des hamsters présentement dans l'animalerie n'est infecté par *F. tularensis*. Des deux chats en résidence permanente à la boutique, l'un présente une réaction positive au test sérologique avec un titre de 256. Les hamsters proviennent de clients dont les animaux ont eu des portées non prévues.

Quelle est la source la plus probable de l'infection?

❻ Comme ils proviennent de sources différentes, les hamsters ne sont probablement pas à l'origine de l'infection. Le résultat positif de l'épreuve sérologique subie par le chat donne à penser qu'il y a des rongeurs sauvages infectés qui rôdent dans la boutique et qui ont transmis le microbe aux hamsters en polluant les cages avec leurs excréments. Le chat infecté a peut-être attrapé et mangé un des rongeurs sauvages et, s'il a été malade, personne ne s'en est rendu compte.

Les autorités sanitaires doivent être avisées que les rongeurs de compagnie peuvent être porteurs de la tularémie. Il est important d'identifier l'organisme infectieux parce qu'il est souvent résistant aux antibiotiques couramment utilisés pour traiter les infections cutanées et systémiques, et parce qu'il pourrait être employé comme arme de terrorisme biologique.

Sources: *MMWR*, 53(52): 1202 (7 janvier 2005); *MMWR*, 54(7): 170 (25 février 2005).

L'espèce *Brucella* la plus commune aux États-Unis et au Canada est *Brucella abortus,* qui infecte le bétail (aussi les chameaux ailleurs dans le monde) et dont le réservoir à l'état sauvage comprend notamment les orignaux et les bisons. La vaccination du bétail, y compris des bisons, a pratiquement permis d'éradiquer la maladie. *Brucella suis* est présent surtout chez les porcs. *Brucella melitensis* est l'espèce la plus pathogène et celle qui cause le plus d'infections humaines; son réservoir animal est constitué principalement de chèvres et de moutons.

Autrefois, la maladie se transmettait le plus souvent par l'intermédiaire du lait de vache ou de chèvre non pasteurisé. Les microbes pénètrent apparemment dans le corps humain par des lésions minuscules de la peau ou de la muqueuse de la bouche, de la gorge ou du tube digestif. Toutefois, le bacille se transmet aussi par voie aérienne, de sorte que le personnel de laboratoire de diagnostic est à haut risque d'infection ; à ce titre, *Brucella* peut être considéré comme un agent de bioterrorisme.

Chez les humains, la période d'incubation de la brucellose est habituellement de 1 à 3 semaines ou plus. Les symptômes typiques (dus à la libération d'endotoxines) sont l'apparition de frissons et de fièvre – qui s'élève le soir puis décroît par ondulations progressives, d'où le synonyme de *fièvre ondulante* –, de sueurs nocturnes abondantes et de douleurs musculaires.

La capacité du bacille à survivre à l'intérieur des macrophagocytes lui permet de contourner les défenses immunitaires de l'organisme. De fait, la maladie tend à devenir chronique et à affecter plusieurs organes ; elle est rarement fatale. L'espèce infectieuse détermine en grande partie la gravité de la brucellose. La maladie causée par *B. abortus* est habituellement légère, spontanément résolutive et souvent subclinique. Les infections à *B. suis* se distinguent par la formation occasionnelle d'abcès. La forme de brucellose provoquée par *B. melitensis* est généralement grave ; la fièvre peut atteindre 40 °C chaque soir et l'atteinte organique est sévère.

Il existe plusieurs épreuves sérologiques pour reconnaître l'agent pathogène. La preuve concluante consiste à isoler *Brucella* du sang ou des tissus du patient et à établir s'il y a eu contact avec le microbe dans une région où l'affection est endémique.

On peut avoir recours à l'antibiothérapie, car les bactéries ne sont pas devenues résistantes. Toutefois, le traitement, habituellement une combinaison de tétracycline et de streptomycine, exige plusieurs semaines.

Dans les pays développés, la maladie est maintenant rare. Dans les pays méditerranéens, au Moyen-Orient, en Asie, en Amérique latine et dans les Caraïbes, la zoonose est endémique chez les animaux et son incidence chez les humains est beaucoup plus forte.

L'anthrax

La bactérie responsable de l'**anthrax** (ou maladie du charbon) est un gros bacille aérobie à Gram positif producteur d'endospores, apparemment capable de se développer lentement dans des sols ayant un degré donné d'humidité. Des endospores ont survécu jusqu'à 60 ans lors de tests effectués sur des sols. La maladie frappe principalement les herbivores, tels que les vaches et les moutons. Les endospores de *B. anthracis* sont ingérées en même temps que l'herbe ; leur germination entraîne une septicémie fulminante et mortelle. Parmi les facteurs de virulence de *B. anthracis,* on compte aussi une capsule et la production d'exotoxines.

L'anthrax est maintenant rare chez les humains. Les personnes le plus à risque sont celles qui manipulent des animaux, des peaux, de la laine et d'autres produits d'origine animale fabriqués dans des pays étrangers.

Après avoir pénétré dans le corps, les endospores de *B. anthracis* sont absorbées par les macrophagocytes, où elles germent et deviennent des bactéries végétatives. Ces dernières ne sont pas tuées, mais se multiplient et finissent par causer la mort des macrophagocytes qui les abritent. Les bactéries libérées gagnent la circulation, se reproduisent rapidement et sécrètent des toxines.

Les principaux facteurs de virulence de *B. anthracis* sont deux exotoxines. Celles-ci ont en commun une troisième composante toxique constituée d'une protéine appelée *antigène protecteur*, qui assure la liaison des toxines à certains récepteurs des cellules cibles et leur permet de traverser la membrane plasmique. La première toxine, appelée *toxine œdématogène*, provoque un œdème local et perturbe la phagocytose. La deuxième, dite *toxine létale*, cible spécifiquement les macrophagocytes et les tue, ce qui prive l'hôte d'un moyen de défense capital. De plus, *B. anthracis* possède une capsule très particulière. Celle-ci n'est pas composée de polysaccharides mais d'acides aminés qui, pour une raison quelconque, n'induisent pas le système immunitaire à mettre en œuvre une réponse protectrice. Ainsi, une fois introduites dans la circulation, les bactéries de l'anthrax prolifèrent sans opposition jusqu'à ce qu'il y en ait des dizaines de millions par millilitre. Cette écrasante population de bactéries sécrétrices de toxines finit par tuer l'hôte.

Chez l'humain, l'anthrax se présente sous trois formes : l'anthrax cutané, l'anthrax gastro-intestinal et l'anthrax pulmonaire.

L'**anthrax (charbon) cutané** résulte du contact avec des matières contenant des endospores de *B. anthracis*. Chez l'humain, plus de 90 % des cas d'origine naturelle sont de cette forme. La porte d'entrée de l'endospore est le plus souvent une lésion mineure de la peau. Il se forme d'abord une papule, puis des vésicules, ou des pustules, qui se rompent et font place à un ulcère dont le fond se couvre d'une croûte noire (**figure 18.6**). (Le mot « anthrax » signifie charbon en grec.) Dans la majorité des cas, l'agent pathogène n'entre pas dans la circulation sanguine et les symptômes généraux sont un malaise et un peu de fièvre. Toutefois, si les défenses du corps ne réussissent pas à lutter contre cette infection localisée, les bactéries peuvent gagner la circulation et produire une septicémie. La mortalité sans antibiothérapie peut atteindre 20 %. En général, elle ne dépasse pas 1 % si des antibiotiques sont administrés.

L'**anthrax (charbon) gastro-intestinal** est relativement rare. Il résulte de l'ingestion d'endospores contenus dans des aliments qui n'ont pas été cuits suffisamment. Les symptômes sont des nausées, une douleur abdominale et une diarrhée sanglante. Le tube digestif présente des ulcérations qui sont surtout confinées aux intestins. La mortalité est habituellement supérieure à 50 %.

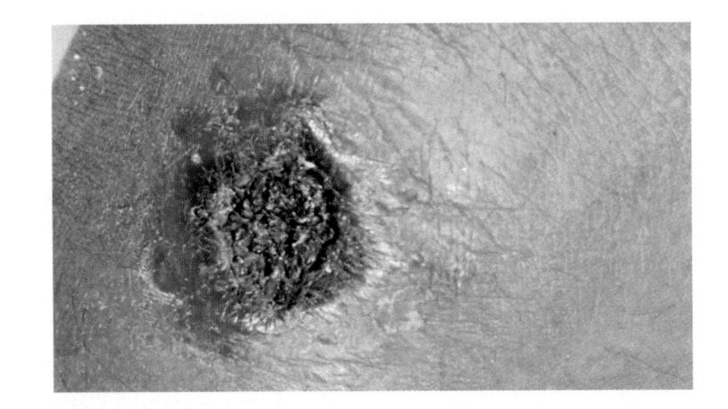

Figure 18.6 Pustule d'anthrax sur un bras, causée par *Bacillus anthracis*. La pustule apparue au point d'entrée des endospores s'est rompue et a fait place à un ulcère dont le fond s'est couvert d'une croûte noire.

L'**anthrax (charbon) pulmonaire** est la forme la plus dangereuse de la maladie chez l'humain. Les endospores qui s'introduisent dans les poumons ont de fortes chances de pénétrer dans la circulation. Pendant les premiers jours, les symptômes sont légers : une petite fièvre, de la toux et quelques douleurs thoraciques. Non traitées, les bactéries prolifèrent alors librement dans le sang. Le choc septique survient au bout de 2 ou 3 jours, et le patient meurt habituellement de 24 à 36 heures plus tard. Le taux de mortalité est exceptionnellement élevé, frisant les 100 %.

On peut traiter efficacement l'anthrax par des antibiotiques, à condition de les administrer à temps. À l'heure actuelle, on recommande la ciprofloxacine ou la doxycycline, plus un ou deux autres médicaments dont les effets sur la bactérie sont attestés. On peut administrer une antibiothérapie prophylactique aux personnes qui ont été exposées à des endospores. En règle générale, le traitement préventif doit s'étaler sur une période assez longue, car on sait par expérience qu'il peut s'écouler jusqu'à 60 jours avant que les endospores inhalées germent et déclenchent la maladie.

Dans les régions où la maladie est endémique, on vaccine systématiquement le bétail avec une dose unique de bactéries vivantes atténuées. Pour les humains, le seul vaccin approuvé présentement contient une forme inactivée de l'antigène protecteur. On l'administre en 6 injections sur une période de 18 mois, et on effectue un rappel tous les ans. En raison de l'utilisation récente de l'anthrax comme arme de bioterrorisme (**encadré 18.2**), il est urgent de trouver un vaccin plus pratique pour l'humain dont l'action serait assez rapide pour qu'on puisse le donner *après* l'exposition aux endospores.

Normalement, le diagnostic d'anthrax repose sur l'isolement et l'identification de *B. anthracis* à partir d'un prélèvement obtenu en clinique. Une analyse sanguine permet de révéler les cas d'anthrax cutané et pulmonaire en moins d'une heure. De plus, des détecteurs électroniques qui réagissent immédiatement à la présence d'endospores sont utilisés dans la lutte au bioterrorisme.

La gangrène

Si une blessure interrompt l'apport de sang, c'est-à-dire cause une *ischémie,* la plaie devient anaérobie. L'ischémie entraîne la **nécrose**, soit la mort du tissu. La mort d'un tissu mou découlant de l'interruption de l'alimentation en sang s'appelle **gangrène**. Cet état peut aussi être une complication du diabète.

Les substances libérées par les cellules mortes ou en train de mourir fournissent des nutriments à de nombreuses bactéries. Les conditions résultantes sont favorables à la croissance de diverses espèces du genre *Clostridium,* qui sont des bactéries, anaérobies stricts, à Gram positif, productrices d'endospores, et fréquemment présentes dans le sol et le tube digestif des humains et des animaux domestiques. *C. perfringens* est l'espèce le plus souvent responsable de la gangrène dite gazeuse, mais d'autres clostridies et plusieurs autres bactéries sont aussi susceptibles de se développer dans des plaies anaérobies.

S'il y a ischémie et nécrose, une **gangrène gazeuse** risque de survenir (**figure 18.7**), particulièrement dans les tissus musculaires. Lorsqu'elles se développent, les bactéries *C. perfringens* provoquent la fermentation des glucides dans le tissu, ce qui produit des gaz (CO_2 et H_2) faisant gonfler et crépiter les tissus. Elles fabriquent des exotoxines qui se déplacent le long de faisceaux musculaires, tuent des cellules et causent la nécrose des muscles (myonécrose). Les tissus musculaires nécrotiques favorisent à leur tour la croissance des bactéries anaérobies ; les toxines et les bactéries finissent par entrer dans la circulation sanguine et provoquent une maladie systémique. Des enzymes protéolytiques telles que l'hyaluronidase (chapitre 10), fabriquées par les bactéries, dégradent le collagène et les tissus, facilitant ainsi la dissémination de l'infection. La gangrène gazeuse est mortelle si elle n'est pas traitée.

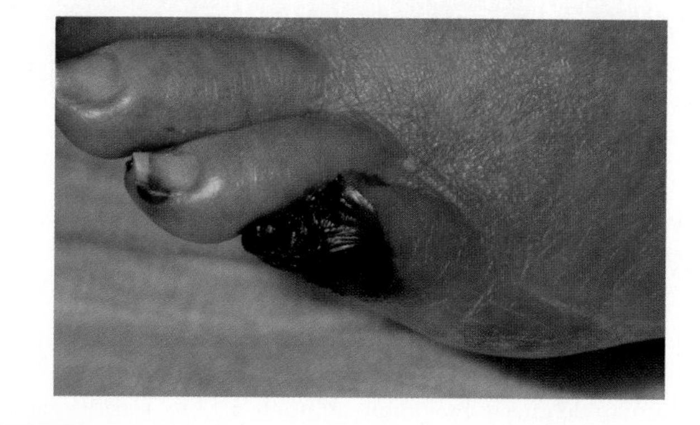

Figure 18.7 Orteil d'un patient atteint de gangrène gazeuse. L'affection est causée par *Clostridium perfringens* et d'autres clostridies. La présence de tissu noir nécrotique fournit des conditions de croissance anaérobie aux bactéries.

Parmi les complications d'un avortement mal exécuté, on compte l'invasion de la paroi utérine par *C. perfringens,* qui réside dans les voies génitales de 5 % des femmes environ. L'infection peut évoluer vers la gangrène gazeuse, ce qui risque de provoquer une invasion fatale de la circulation sanguine.

L'ablation du tissu nécrotique et l'amputation sont les traitements médicaux les plus courants de la gangrène gazeuse. Si la maladie atteint des régions comme la cavité abdominale, on peut soigner le patient dans un **caisson hyperbare**, qui contient une atmosphère pressurisée, riche en O_2. L'oxygène sature les tissus infectés, prévenant ainsi la croissance des clostridies. Il existe de petits caissons prévus pour le traitement d'un membre gangréneux. Le prompt nettoyage des plaies graves et une antibiothérapie prophylactique constituent les moyens les plus efficaces de prévention de la gangrène gazeuse. La pénicilline est efficace pour lutter contre *C. perfringens.*

▶ Vérifiez vos acquis

Quels animaux sont les réservoirs les plus fréquents de la tularémie ? **18-5**

Par quels moyens a-t-on réussi à réduire considérablement le nombre de cas de brucellose ? **18-6**

Quels sont les facteurs de virulence du bacille de l'anthrax ? **18-7**

Pour quelle raison la bactérie *Clostridium perfringens* est-elle dangereuse pour les personnes atteintes de diabète ? **18-8**

Les maladies systémiques dues à une morsure ou à une griffure

La morsure d'un animal peut provoquer une infection grave. La majorité des morsures sont dues à des animaux domestiques qui ont des contacts étroits avec les humains. Les animaux domestiques

La protection contre le bioterrorisme

L'arme biologique, c'est-à-dire l'utilisation d'agents pathogènes vivants à des fins hostiles, n'est pas une idée nouvelle. Le premier cas attesté de guerre biologique remonte à 1346. L'armée tartare, qui assiégeait Kaffa (Ukraine), fit tomber la ville en catapultant des cadavres pestiférés par-dessus les murailles. Les habitants en fuite emmenèrent la peste en Europe. C'est ainsi que débuta la pandémie de 1348-1350. Au cours de la guerre sino-japonaise (1937-1945), l'aviation nippone largua sur la Chine des bidons de puces infectées par *Yersinia pestis*.

En 1979, à Sverdlovsk (Union soviétique), la libération accidentelle de *Bacillus anthracis* d'un laboratoire où on produisait la bactérie a fait 100 morts en 2 semaines.

Dans le passé, les armes biologiques étaient utilisées seulement lors d'opérations militaires. À la fin du XXe siècle, on a commencé à les employer pour intimider les civils et les gouvernements. Le **bioterrorisme** était né.

- En 1984, les membres d'une secte religieuse ont attaqué la population de The Dalles, en Oregon, en contaminant les aliments dans les restaurants et les supermarchés au moyen de *Salmonella enterica*.
- En 1996, un technicien de laboratoire a contaminé des pâtisseries avec *Shigella dysenteriæ*, causant l'hospitalisation de 15 personnes atteintes de gastroentérites graves.
- En 2001, quelqu'un a utilisé le service des postes des États-Unis pour propager *Bacillus anthracis* dans les villes de New York et de Washington, D.C.

Comme les armes biologiques sont composées de microbes vivants (tableau ci-contre), les dégâts qu'elles causent sont difficiles à contenir, et même à prévoir. Si on appréhende une attaque, on peut vacciner les militaires et les premiers répondants (travailleurs de la santé et autres), à condition qu'il existe un vaccin. Pour protéger les citoyens, on peut appliquer des mesures semblables à celles qui sont prévues dans le plan d'urgence en cas de variole. Ainsi, on considère comme peu pratique le fait de vacciner toute la population. En cas de flambée de la maladie aux États-Unis, les autorités prévoient deux mesures : la circonscription par anneaux concentriques et la vaccination volontaire. La première consiste à dépister les personnes infectées, à vacciner toutes les personnes qui ont été en contact avec elles, puis à vacciner les personnes qui se trouvent à proximité.

Il est peut-être impossible de mettre fin à toutes les guerres, mais les responsables de la santé publique sont de mieux en mieux préparés à faire face aux armes biologiques. À l'heure actuelle, des recherches sont en cours pour réaliser des tests permettant de détecter rapidement, avant l'apparition des symptômes, certaines modifications qui surviennent chez les hôtes infectés. On s'emploie à mettre au point des systèmes d'alerte précoce, tels que des puces à ADN ou des cellules recombinantes qui réagissent par fluorescence aux agents pathogènes (figure ci-dessus). On crée de nouveaux vaccins et on met en réserve des préparations de vaccins existants pour les avoir sous la main en cas d'attaque.

Le détecteur Canary permet d'identifier les bactéries ou les virus utilisés comme armes biologiques au moyen de lymphocytes B. Ces lymphocytes, modifiés par génie génétique, émettent de la lumière lorsqu'ils détectent l'agent pathogène dont ils sont spécifiques.

L'arme biologique « idéale » peut être disséminée sous forme d'aérosol ; elle cause une affection qui se propage efficacement d'un humain à l'autre, rend gravement malade, et n'est pas facilement soignable. Les armes possibles comprennent généralement les organismes suivants ou leurs toxines.

Bactéries	Virus
Bacillus anthracis	Rougeole et polio « éradiquées »
Brucella spp.	Virus des encéphalites
Chlamydophila psittaci	Virus des fièvres hémorragiques (Ebola, Marburg, Lassa)
Toxines de *Clostridium botulinum*	Grippe A (souche de 1918)
Coxiella burnetii	Variole du singe
Francisella tularensis	Virus de Nipah
Rickettsia prowazekii	Variole
Shigella spp.	Fièvre jaune
Vibrio choleræ	
Yersinia pestis	

et sauvages abritent fréquemment *Pasteurella multocida,* un bacille à Gram négatif, dans les voies respiratoires supérieures. Ce bacille est principalement un agent pathogène des animaux, chez lesquels il cause une sepsie souvent mortelle (d'où l'appellation *multocida,* signifiant «qui tue en grand nombre»).

La réaction des humains infectés par *P. multocida* est variable. Par exemple, il peut se produire, au point de la morsure, une infection localisée sous forme d'abcès, accompagnée d'une forte enflure et de douleur. L'infection peut aussi entraîner diverses formes de pneumonie et même une sepsie, potentiellement mortelle. La pénicilline et la tétracycline sont généralement efficaces pour le traitement de telles infections qui peuvent être chroniques.

Outre *P. multocida*, les morsures d'animaux sont souvent infectées par diverses espèces de bactéries anaérobies et peuvent aussi contenir des espèces de *Staphylococcus*, de *Streptococcus* et de *Corynebacterium*. La morsure d'un humain, généralement la conséquence d'un combat, est aussi susceptible de produire une infection grave ; l'amputation est même nécessaire dans environ 5 % des cas.

La maladie des griffes du chat

La **maladie des griffes du chat** (ou lymphoréticulose bénigne d'inoculation, LRBI) est étonnamment courante, bien qu'elle attire peu l'attention. On estime qu'aux États-Unis le nombre annuel de cas est supérieur à 22 000, soit beaucoup plus que pour la maladie de Lyme, qui, elle, est bien connue. Les personnes qui possèdent un chat ou sont en contact étroit avec cet animal présentent un risque élevé. L'agent pathogène, *Bartonella henselæ,* est un coccobacille aérobie strict, à Gram négatif, que l'on rencontre fréquemment chez les chats de même que chez les chiens. La microscopie a révélé que cette bactérie intracellulaire peut vivre au sein de certains érythrocytes, d'où elle communique avec le liquide extracellulaire par un pore (**figure 18.8**). Elle occasionne de cette façon une bactériémie persistante. On estime que jusqu'à 50 % des chats domestiques et sauvages en sont porteurs. Le principal mode de transmission est la griffure ; il n'est pas clair si les morsures de chat ou les piqûres de puces de chat peuvent aussi causer la maladie. Quoi qu'il en soit, les puces assurent sans conteste le maintien de l'infection parmi les chats. *B. henselæ* se reproduit dans le système digestif de l'insecte et peut vivre plusieurs jours dans ses excréments, lesquels contaminent les griffes du chat.

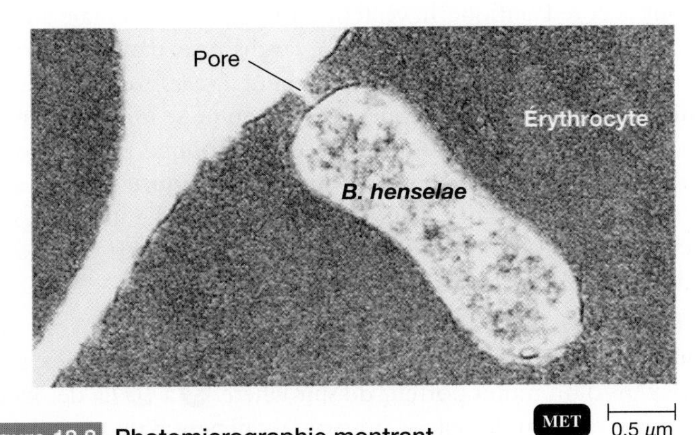

Figure 18.8 Photomicrographie montrant la position de *Bartonella henselæ* à l'intérieur d'un érythrocyte. Un petit pore permet à la bactérie de communiquer avec le liquide extracellulaire.

Le premier signe de la maladie est l'apparition, en quelques jours, d'une papule inflammatoire et douloureuse au point d'inoculation pouvant se compliquer de la formation d'un abcès œdématisé. Environ 2 semaines plus tard, le patient présente un gonflement des nœuds lymphatiques et, habituellement, un malaise général et de la fièvre persistante. Des séquelles osseuses, articulaires et tendineuses sont fréquentes. La maladie des griffes du chat dure quelques semaines et est le plus souvent spontanément résolutive ; dans les cas graves, les nœuds peuvent se tuméfier et se nécroser, et une antibiothérapie peut alors être nécessaire.

La fièvre par morsure de rat

Dans les grandes villes, la population des rats est difficile à contenir. En conséquence, les humains se font mordre assez fréquemment et il arrive qu'ils contractent la **fièvre par morsure de rat**. À une époque, les victimes de telles morsures étaient de jeunes enfants vivant dans des logements insalubres. Aujourd'hui, on en trouve parmi les techniciens de laboratoire, les soigneurs dans les animaleries et les personnes qui ont un rat pour animal de compagnie. Environ la moitié des rats, qu'ils soient à l'état sauvage ou gardés en laboratoire, sont porteurs des bactéries pathogènes. Toutefois, la maladie est provoquée par une minorité de morsures seulement (soit environ 10 %).

Bien qu'elles se ressemblent, il existe en fait deux maladies. En Amérique du Nord, la plus répandue est la *fièvre à streptobacilles*. Elle est causée par *Streptobacillus moniliformis* (quand l'agent pathogène est ingéré, la maladie porte le nom de *fièvre de Haverhill).* Il s'agit d'une bactérie filamenteuse, à Gram négatif, pléomorphe, exigeante et difficile à cultiver. Les premiers symptômes sont la fièvre, des frissons et des douleurs dans les muscles et les articulations. Au bout de quelques jours, on voit apparaître des éruptions sur les membres. Des complications plus graves se manifestent occasionnellement. En l'absence de traitement, la mortalité est d'environ 10 %.

La fièvre par morsure de rat peut être causée par une autre bactérie, en l'occurrence *Spirillum minus.* La maladie porte alors le nom de *fièvre à spirilles*. En Asie, où la plupart des cas surviennent, elle est appelée *sodoku.* Le plus souvent, elle est due à une morsure par un rongeur sauvage. Les symptômes ressemblent à ceux de la fièvre à streptobacilles. Comme l'agent pathogène ne peut pas être cultivé, le diagnostic repose sur l'observation au microscope de la bactérie spiralée à Gram négatif. On traite les deux formes de fièvre à la pénicilline ou à la doxycycline, le plus souvent avec succès.

Les maladies du système cardiovasculaire transmises aux humains par d'autres animaux sont résumées dans l'encadré 18.5.

Les maladies à transmission par vecteur

Les maladies du système cardiovasculaire transmises par des vecteurs sont résumées dans l'encadré 18.6.

La peste

Peu de maladies ont eu autant d'importance dans l'histoire des civilisations que la **peste**, connue au Moyen Âge sous le nom de peste noire, à cause des zones bleu foncé caractéristiques produites sur la peau par les hémorragies.

La peste est due à *Yersinia pestis,* un bacille à Gram négatif. Cette maladie, qui touche principalement les rats, se transmet d'un animal à un autre par la puce du rat, *Xenopsylla cheopis* (figure 7.27a).

Si l'hôte meurt, la puce cherche un remplaçant, soit un autre rongeur ou un humain. Une puce infectée par la peste est affamée parce que la croissance des bactéries forme un biofilm qui obstrue son tube digestif, de sorte qu'elle régurgite rapidement le sang qu'elle ingère. La maladie peut se transmettre sans l'aide d'un arthropode vecteur. On a observé que le contact avec une peau prélevée sur un animal infecté, une griffure de chat domestique ou un autre phénomène semblable sont aussi susceptibles de transmettre l'infection.

Lorsqu'une puce pique un humain, les bactéries pénètrent dans la circulation sanguine et prolifèrent dans la lymphe et le sang. Parmi les facteurs déterminants de la virulence de la bactérie de la peste, on compte sa capacité à survivre et à se développer dans les macrophagocytes, qui ne réussissent pas à la détruire. Ainsi, un nombre beaucoup plus grand de bactéries très virulentes finit par se former, et il en résulte une infection foudroyante. Les nœuds lymphatiques de l'aine et des aisselles gonflent, et la fièvre apparaît lorsque les défenses de l'organisme réagissent à l'infection. Les nœuds tuméfiés, appelés bubons, sont à l'origine de l'appellation **peste bubonique** (**figure 18.9**), qui constitue de nos jours de 80 à 95% des cas. Le taux de mortalité de la peste bubonique est de 50 à 75% pour les cas non traités. La mort se produit généralement moins d'une semaine après l'apparition des symptômes.

La **peste septicémique** est une affection particulièrement dangereuse ; elle résulte de la pénétration et de la prolifération des bactéries dans le sang, souvent à partir de nœuds lymphatiques infectés, ce qui provoque un choc septique avec apparition brutale et intense des signes et des symptômes. Puis, les bactéries sont transportées par le sang jusqu'aux poumons, déclenchant ainsi la forme de la maladie appelée peste pulmonaire. La **peste pulmonaire** se manifeste par de la fièvre, une toux sanguinolente et un délire ; son taux de mortalité atteint presque 100%. Aujourd'hui encore, on n'arrive pas à enrayer la maladie si elle n'est pas diagnostiquée de 12 à 15 heures après l'apparition de la fièvre.

À l'instar de la grippe, la peste pulmonaire se transmet facilement par l'intermédiaire de fines gouttelettes aériennes provenant d'un humain ou d'un animal infecté. Il faut donc prendre de grandes précautions pour éviter la propagation aérienne de l'infection aux personnes qui sont en contact avec le patient, voire avec un cadavre infecté.

L'Europe a été ravagée à maintes reprises par des pandémies de peste de même que l'Asie et surtout l'Inde, un pays où les humains côtoient fréquemment les rats. Aux États-Unis, la dernière flambée associée aux rats est survenue à Los Angeles, en 1924 et 1925. En 1965, la peste est réapparue sur une réserve navajo du Sud-Ouest. La maladie, qui touchait les populations de spermophiles et de chiens de prairie de la région, s'est graduellement propagée dans la plus grande partie des États de l'Ouest et du Sud-Ouest. Les cas de peste chez les humains sont très rares au Canada ; le dernier cas a été signalé en 1939.

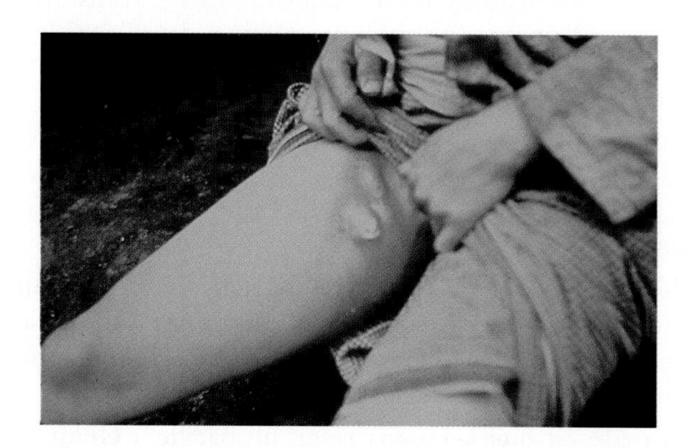

Figure 18.9 **Cas de peste bubonique.** La peste bubonique est une infection à *Yersinia pestis*. On voit ici un bubon sur la cuisse d'une victime.

Le diagnostic de la peste repose habituellement sur l'isolement et l'identification de la bactérie dans des laboratoires spécialisés. Toutefois, il existe un test rapide et fiable qui permet de déceler l'antigène capsulaire de *Y. pestis* dans le sang et les autres liquides organiques en moins de 15 minutes, et ce, même si on se trouve sur le terrain, loin de tout. On peut administrer une antibiothérapie prophylactique aux personnes exposées à l'infection. La streptomycine et la tétracycline font partie des antibiotiques efficaces contre la peste. La guérison confère une immunité fiable. Il existe un vaccin pour les personnes qui risquent d'entrer en contact avec des puces infectées lors d'opérations sur le terrain ou qui sont exposées à l'agent pathogène dans un laboratoire. À notre époque où les voyages internationaux sont fréquents, on a recours à la quarantaine pour isoler les touristes revenant d'une région où une épidémie est déclarée.

La maladie de Lyme

La fréquence saisonnière d'une infection et l'absence de contagion entre les membres d'une famille indiquent souvent qu'il s'agit d'une maladie transmise par une tique. C'est le cas de la maladie de Lyme due à un spirochète nommé *Borrelia burgdorferi*.

À l'heure actuelle, la **maladie de Lyme** est peut-être la zoonose transmise par des tiques la plus courante aux États-Unis : à partir de 1995, plus de 12 000 cas y ont été déclarés chaque année ; l'augmentation a été progressive jusqu'à atteindre près de 30 000 cas en 2009 (figure 9.12a et b). On l'observe principalement sur la côte Atlantique. Au Canada, il n'y a pas de région particulière où l'on note une forte transmission de la maladie. Toutefois, un certain pourcentage des cas sont contractés localement dans les régions où la tique est plus largement répandue, soit dans le sud de l'Ontario et du Québec. Les autres cas seraient liés à des voyages sur la côte Est, celle-ci étant un lieu de villégiature apprécié des Canadiens.

Sur la côte Pacifique, le vecteur est la tique occidentale à pattes noires, *Ixodes pacificus* (figure 7.26), tandis que, dans le reste des États-Unis, le vecteur est principalement *Ixodes scapularis*. Cette dernière est tellement petite que, souvent, on ne se rend pas compte de sa présence (**figure 18.10b**). Sur la côte Atlantique, presque toutes les tiques *Ixodes* sont porteuses du spirochète (**figure 18.10c**), alors que sur la côte Pacifique seul un petit nombre d'entre elles sont infectées, car elles se nourrissent aux dépens des lézards, qui ne sont pas des porteurs efficaces du spirochète.

La tique *Ixodes* se nourrit trois fois durant son cycle vital (**figure 18.10a**). ❶-❷ La première fois, à l'état de larve, elle le fait aux dépens d'un mulot porteur du spirochète. ❸ à ❺ La deuxième fois, à l'état de nymphe, elle se nourrit aux dépens d'un animal – un chien, par exemple – ou d'un humain, auquel elle transmet la maladie. ❻ à ❽ La troisième fois, à l'état de tique adulte, elle se nourrit généralement du sang d'un cerf. Ces actes alimentaires se produisent à des intervalles de plusieurs mois, et la capacité du spirochète à rester viable chez le mulot, qui tolère la maladie, joue un rôle capital quant à la présence continue de l'infection chez les animaux sauvages.

La nymphe ou la tique en quête d'un hôte se perche sur un buisson ou un brin d'herbe. En règle générale, c'est de là qu'elle s'agrippe à l'humain. Elle ne se nourrit pas pendant les 24 premières heures et doit habituellement rester attachée pendant 2 ou 3 jours pour qu'il y ait transmission de la bactérie et établissement de l'infection. On estime qu'environ 1 % seulement des piqûres de tiques communiquent la maladie de Lyme.

Le premier signe de la maladie de Lyme est en général une éruption cutanée au point de la piqûre. Elle a l'apparence d'une zone rougeâtre dont le centre blanchit au fur et à mesure que son diamètre augmente (en anglais = *bull's-eye rash*), jusqu'à ce qu'il atteigne une valeur maximale d'environ 15 cm (**figure 18.10d**). On

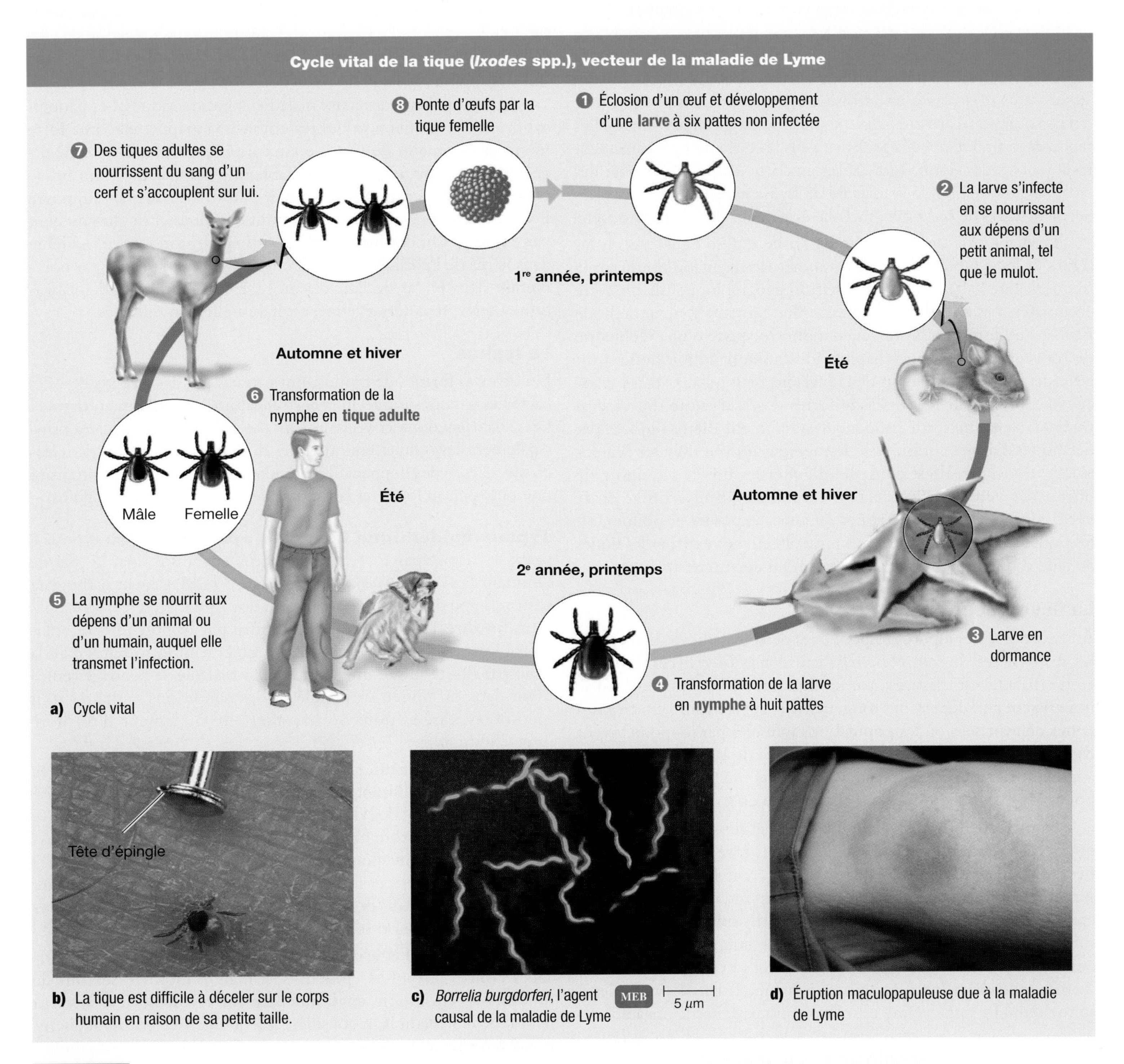

Figure 18.10 **Cycle vital de la tique (*Ixodes* spp.), vecteur de la maladie de Lyme.** Au cours de son cycle vital, qui dure deux ans, la tique *Ixodes scapularis* se nourrit trois fois de sang. Elle devient infectée la première fois qu'elle pique et peut transmettre l'agent pathogène à l'humain la deuxième fois.

observe cet érythème migrant caractéristique dans plus de 75% des cas; une faible proportion des personnes atteintes peuvent ne pas présenter de symptômes. Environ deux semaines plus tard, des symptômes pseudogrippaux (fièvre, malaises, fatigue, céphalées, myalgies) se manifestent, alors que l'éruption cutanée se résorbe. L'administration d'antibiotiques pendant cette période s'avère très efficace pour limiter l'évolution de la maladie.

Durant la seconde phase (si elle a lieu), les spirochètes se disséminent à partir du point d'infection dans les voies sanguine et lymphatique et il y a souvent des manifestations d'atteinte cardiaque. Des symptômes neurologiques, tels que la paralysie faciale, la méningite et l'encéphalite, apparaissent dans certains cas. Des mois ou des années plus tard, lors d'une troisième phase, certains patients non traités souffrent d'arthrite sur une période de plusieurs années. Les réponses immunitaires à la présence de la bactérie sont probablement responsables des dommages causés aux articulations. Plusieurs des symptômes durables de la maladie de Lyme ressemblent à ceux des derniers stades de la syphilis, maladie également due à un spirochète.

Le diagnostic de la maladie de Lyme repose en partie sur les signes et les symptômes et sur un indice de suspicion fondé sur la fréquence de l'affection dans la région géographique où elle a été contractée. Les tests de dépistage les plus courants sont la méthode ELISA ou l'immunofluorescence indirecte, suivie d'une technique de transfert de Western (chapitre 5). Plusieurs antibiotiques sont efficaces pour le traitement de la maladie, bien qu'aux stades avancés on doive avoir recours à de fortes doses. Il existe des vaccins pour les personnes qui risquent fréquemment d'être piquées par des tiques. La prévention reste le meilleur moyen d'éviter l'infection par la tique. Il est conseillé d'éviter les boisés ou, sinon, de porter des vêtements protecteurs, d'utiliser un insectifuge et de vérifier régulièrement les zones cutanées exposées et poilues, où les tiques se fixent le plus souvent; de plus, il faut extirper les tiques à l'aide d'une pince à épiler lorsqu'on en découvre sur la peau.

La fièvre récurrente

À l'exception des espèces responsables de la maladie de Lyme, tous les spirochètes du genre *Borrelia* causent la **fièvre récurrente**. Cette maladie est transmise par les tiques molles et les poux qui se nourrissent aux dépens des rongeurs. Elle apparaît surtout dans des zones défavorisées où les populations infestées par les poux vivent dans des conditions insalubres. L'incidence de la fièvre récurrente augmente durant l'été, alors que l'activité des rongeurs et des arthropodes est maximale; toutefois, elle est rare en Amérique du Nord.

La maladie est caractérisée par de la fièvre, qui dépasse parfois 40,5 °C, un ictère (jaunisse) et des taches rosées sur la peau. La fièvre disparaît au bout de 3 à 5 jours, mais 3 ou 4 rechutes peuvent survenir, chacune étant plus courte et moins intense que le premier épisode. Ces rechutes sont provoquées par des spirochètes différents sur le plan antigénique, qui échappent ainsi aux défenses immunitaires existantes. Le diagnostic repose sur l'observation des bactéries dans le sang du patient, ce qui est inhabituel dans les maladies à spirochètes. La tétracycline est efficace pour traiter la maladie.

L'ehrlichiose et l'anaplasmose humaine

L'**ehrlichiose monocytaire humaine** est causée par *Ehrlichia chaffeensis*, une bactérie à Gram négatif, voisine des rickettsies, intracellulaire obligatoire, qui forme des agrégats appelés *morulas* (mûre, en latin), dans le cytoplasme des monocytes. En règle générale, l'ehrlichiose est transmise par la tique étoilée américaine. Comme elle apparaît aussi dans des régions où cette espèce est absente, on croit qu'il peut y avoir d'autres vecteurs. Le principal réservoir du microbe est le cerf de Virginie, qui semble épargné par la maladie.

L'**anaplasmose granulocytaire humaine** est une maladie semblable à l'ehrlichiose, transmise elle aussi par des tiques et causée par une bactérie intracellulaire obligatoire nommée *Anaplasma phagocytophilum*. Le vecteur est la tique *Ixodes scapularis*, celle-là même qui transmet la maladie de Lyme et la babésiose.

Les symptômes des deux maladies sont identiques. Les patients souffrent d'une affection qui ressemble à la grippe, avec une forte fièvre et des maux de tête. Le taux de mortalité n'est pas négligeable (moins de 5%). Il est probable que ces maladies sont beaucoup plus fréquentes que les cas déclarés ne le laissent supposer. Leurs répartitions géographiques sont étendues et se chevauchent par endroits. On confirme le diagnostic par fluorescence indirecte dans le cas de l'ehrlichiose et par amplification en chaîne par polymérase dans le cas de l'anaplasmose. L'administration d'antibiotiques, tels que la tétracycline, est habituellement efficace.

Le typhus

Les diverses formes de typhus sont causées par des rickettsies – des bactéries parasites intracellulaires obligatoires de cellules eucaryotes. Les rickettsies, dont les vecteurs sont des arthropodes, infectent principalement les cellules endothéliales du système vasculaire, dans lesquelles elles se développent. Il en résulte une inflammation entraînant une obstruction locale et la rupture des petits vaisseaux sanguins.

Typhus épidémique Le **typhus épidémique** (ou typhus à poux) est causé par *Rickettsia prowazekii* et transmis par le pou de l'humain *Pediculus humanus corporis* (figure 7.28). L'agent pathogène se développe dans le tube digestif du pou, qui l'excrète. Il n'est pas transmis directement lors de la piqûre par le pou infecté, mais plutôt lorsque des déjections de ce dernier sont introduites dans la plaie par l'hôte piqué qui se gratte. La maladie se propage seulement dans un milieu surpeuplé où les conditions sanitaires sont médiocres, car les poux se transmettent facilement d'un hôte infecté à un autre.

Le typhus épidémique provoque une fièvre élevée prolongée et des frissons, qui durent au moins deux semaines. Il est caractérisé par des céphalées et de la stupeur ainsi que par une éruption formée de petites taches rougeâtres, causée par des hémorragies sous-cutanées dues à l'invasion, par les rickettsies, des cellules endothéliales tapissant l'intérieur des petits vaisseaux sanguins – en particulier les capillaires cutanés et cérébraux. Le taux de mortalité est très élevé pour les cas non traités.

La tétracycline et le chloramphénicol sont habituellement efficaces contre le typhus épidémique, mais il importe surtout de modifier les conditions environnementales favorables à la dissémination de la maladie. On considère que le microbe est particulièrement dangereux, et il faut donc prendre de très grandes précautions lors de la manipulation de spécimens en laboratoire. Il existe des vaccins pour les membres des forces armées, qui ont été de tout temps très susceptibles de contracter la maladie.

Typhus murin (endémique) Le **typhus murin** est plutôt sporadique qu'épidémique. Le terme «murin» (le mot latin *muris* signifie «souris») évoque le fait que les rongeurs, et notamment les rats et les écureuils, sont les principaux réservoirs de la maladie. Celle-ci est transmise par la puce du rat, *Xenopsylla cheopsis* (figure 7.27a), et l'agent pathogène est *Rickettsia typhi*. On considère que la forme murine est moins grave que le typhus épidémique. En dehors de cet aspect, le typhus murin et le typhus épidémique ne sont pas distincts sur le plan clinique. La tétracycline et le chloramphénicol constituent des traitements efficaces pour le typhus murin, et le meilleur moyen de prévention demeure la lutte contre les populations de rats et l'amélioration des conditions sanitaires.

Fièvre pourprée des montagnes Rocheuses La **fièvre pourprée des montagnes Rocheuses**, ou typhus à tiques, est causée par *Rickettsia rickettsii*. En dépit de son nom (la maladie a d'abord été observée dans les montagnes Rocheuses), elle est particulièrement fréquente dans les États américains du Sud-Est et dans les Appalaches. La rickettsie responsable est un parasite des tiques et elle se transmet généralement d'une génération à l'autre par les œufs; ce mécanisme s'appelle *voie transovarienne* (**figure 18.11a**). Dans les zones où l'affection est endémique, environ 1 tique sur 1 000 est infectée. Pour prévenir la maladie, il est donc impératif de nettoyer régulièrement la peau et de vérifier s'il y a présence de tiques. Différentes tiques jouent le rôle de vecteur dans différentes régions de l'Amérique du Nord: dans l'Ouest, on observe la tique des bois, *Dermacentor andersoni,* et dans l'Est, la tique du chien, *Dermacentor variabilis.*

Une semaine environ après qu'une personne a été piquée par une tique, une éruption cutanée apparaît, que l'on confond parfois avec un signe de la rougeole (**figure 18.11b**). L'éruption se produit souvent sur la peau des mains et des pieds. La personne infectée a aussi de la fièvre et elle souffre de maux de tête. Dans environ 3% des cas déclarés annuellement, la maladie entraîne la mort par insuffisance rénale ou cardiaque.

Les épreuves sérologiques sont positives seulement lorsque la maladie est avancée. Il est difficile de poser un diagnostic avant l'apparition de l'éruption caractéristique, car les signes et les symptômes sont très variables. De plus, chez les personnes à la peau foncée, l'éruption est peu apparente. Si le traitement n'est pas rapide et adéquat, le taux de mortalité se situe à environ 20%. Les antibiotiques,

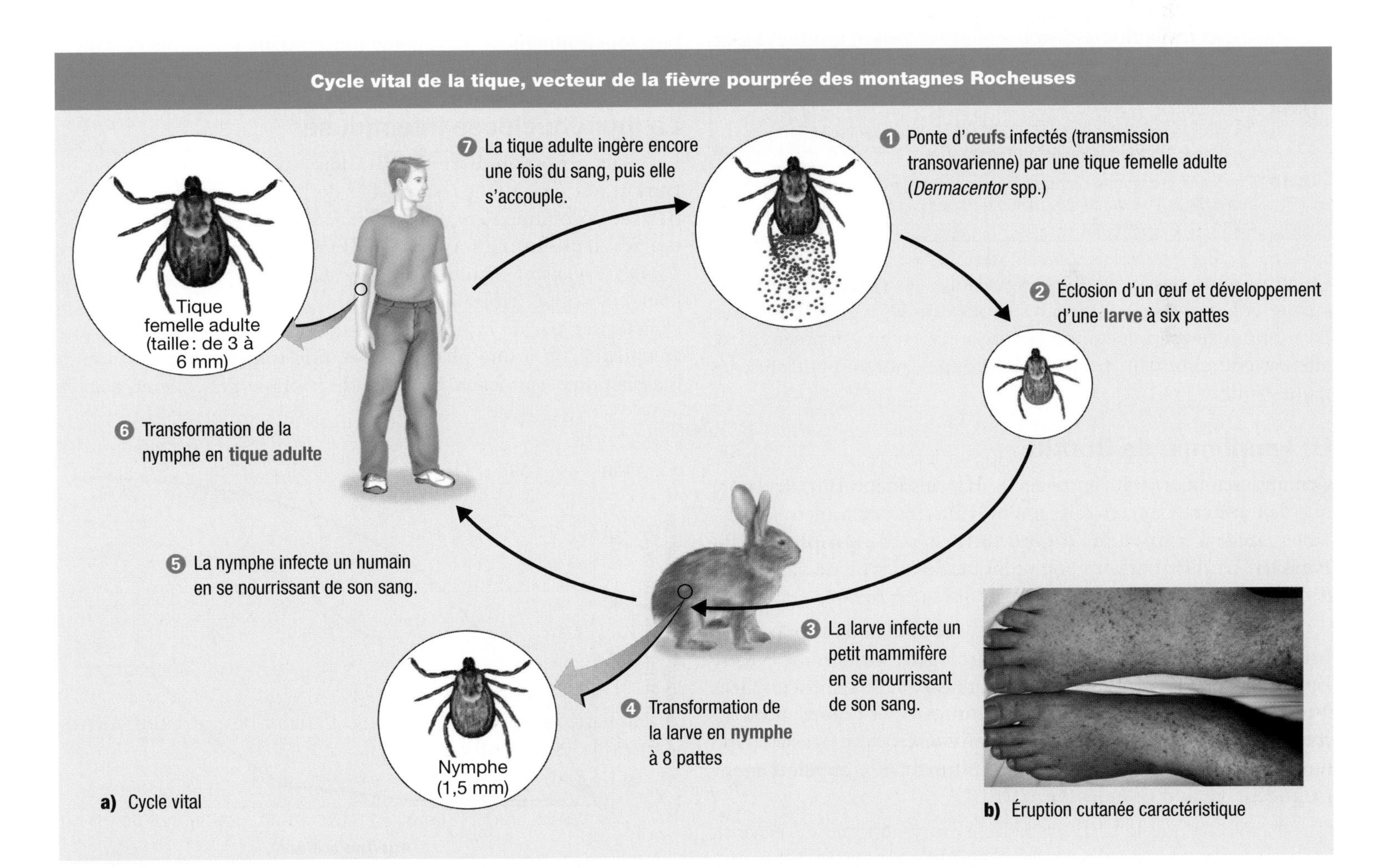
Cycle vital de la tique, vecteur de la fièvre pourprée des montagnes Rocheuses
1 Ponte d'œufs infectés (transmission transovarienne) par une tique femelle adulte (Dermacentor spp.)
2 Éclosion d'un œuf et développement d'une larve à six pattes
3 La larve infecte un petit mammifère en se nourrissant de son sang.
4 Transformation de la larve en nymphe à 8 pattes
Nymphe (1,5 mm)
5 La nymphe infecte un humain en se nourrissant de son sang.
6 Transformation de la nymphe en tique adulte
Tique femelle adulte (taille: de 3 à 6 mm)
7 La tique adulte ingère encore une fois du sang, puis elle s'accouple.
a) Cycle vital
b) Éruption cutanée caractéristique

Figure 18.11 **Cycle vital de la tique (*Dermacentor* spp.), vecteur de la fièvre pourprée des montagnes Rocheuses.** Les mammifères ne sont pas essentiels à la survie de *Rickettsia rickettsii* chez les tiques. La bactérie peut se transmettre par voie transovarienne, de sorte que les larves sont déjà infectées lorsque les œufs éclosent. Les tiques ont néanmoins besoin d'ingérer du sang pour passer d'un stade du cycle vital au suivant.

tels que la tétracycline et le chloramphénicol, sont très efficaces si on les administre assez tôt. Il n'existe toutefois pas de vaccin.

▶ Vérifiez vos acquis

Avant de transmettre la maladie de Lyme à un humain, la tique infectieuse se nourrit du sang d'un animal. Quel est cet animal? **18-9**

Qu'est-ce qui distingue le typhus épidémique et le typhus murin? **18-10**

Quelle bactérie cause la maladie des griffes du chat? **18-11**

Laquelle des infections suivantes est transmise par une tique: le typhus épidémique, le typhus murin ou la fièvre pourprée des montagnes Rocheuses? **18-12**

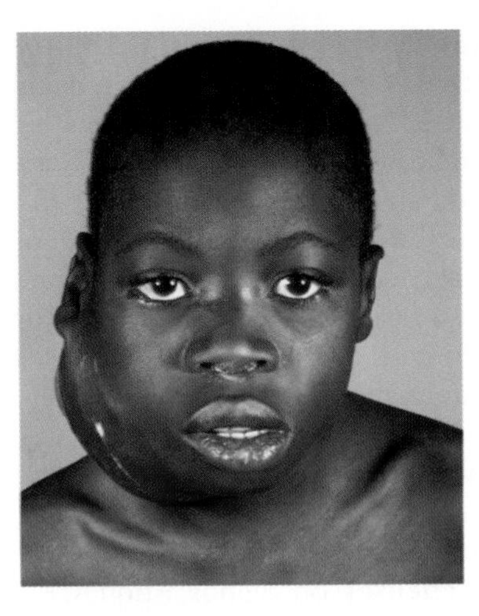

Figure 18.12 Enfant atteint du lymphome de Burkitt. Les tumeurs cancéreuses de la mâchoire dues au virus d'Epstein-Barr touchent surtout les enfants.

Les viroses des systèmes cardiovasculaire et lymphatique

▶ Objectifs d'apprentissage

18-13 Décrire la chaîne épidémiologique qui conduit aux infections virales suivantes, notamment les facteurs de virulence de l'agent pathogène, ses principaux réservoirs, ses modes de transmission, ses portes d'entrée, les facteurs prédisposants de l'hôte réceptif, le mécanisme physiopathologique qui mène à l'apparition des principaux signes et symptômes de la maladie infectieuse (s'il y a lieu), et les moyens thérapeutiques et les épreuves de diagnostic (s'il y a lieu): le lymphome de Burkitt, la mononucléose infectieuse et l'infection à cytomégalovirus.

18-14 Comparer les agents pathogènes, le vecteur, les réservoirs et les symptômes des maladies suivantes: la fièvre jaune, la dengue, la dengue hémorragique et le chikungunya.

18-15 Comparer les agents pathogènes, les réservoirs et les symptômes des maladies suivantes: la maladie à virus Ebola et le syndrome pulmonaire à *Hantavirus*.

Les virus responsables de diverses maladies des systèmes cardiovasculaire et lymphatique sévissent surtout dans les régions tropicales. La mononucléose infectieuse fait figure d'exception à cet égard: elle est courante dans les pays développés, notamment chez les jeunes adultes.

Le lymphome de Burkitt

Durant les années 1950, le médecin irlandais Denis Burkitt a noté que de nombreux enfants africains présentaient une tumeur à croissance rapide à la mâchoire (**figure 18.12**) appelée **lymphome de Burkitt**. La distribution géographique de ce type de cancer est restreinte et semblable à celle du paludisme en Afrique centrale.

Burkitt a émis l'hypothèse que la tumeur était d'origine virale. Intrigués par cette hypothèse, le virologiste britannique Tony Epstein et son élève Yvonne Barr ont réussi à faire croître un virus à partir du matériel prélevé dans les tumeurs, et l'observation au microscope électronique a révélé la présence d'un virus de type herpétique dans les cellules de la culture. On a appelé l'agent pathogène virus d'Epstein-Barr (VEB).

Il est clair que le VEB est associé au lymphome de Burkitt, mais on ne sait pas comment il produit la tumeur. Il semble que des infections paludéennes transmises par des moustiques favorisent l'apparition du lymphome de Burkitt en diminuant la réponse immunitaire au VEB, qui est presque universellement présent chez les humains adultes. En fait, le virus est parfaitement adapté à l'organisme humain et demeure toute la vie chez la plupart des personnes (**figure 18.13**), mais sa présence est inoffensive et évolue rarement vers la maladie.

Dans les régions où le paludisme n'est pas endémique, les cas de lymphome de Burkitt sont rares. L'apparition du lymphome chez des personnes atteintes du sida montre bien à quel point le bon fonctionnement du système immunitaire joue un rôle dans la prévention de la maladie.

La mononucléose infectieuse

Le virus d'Epstein-Barr (VEB), déjà associé au lymphome de Burkitt, est également responsable de la **mononucléose infectieuse**, communément appelée *maladie du baiser*. Le VEB, appelé herpèsvirus humain type 4 (HHV-4), appartient au genre *Lymphocryptovirus* – famille des *Herpesviridæ*, virus à ADN double brin, enveloppé (tableau 8.2). La mononucléose est une infection caractérisée par de la fièvre, des maux de gorge – associés à une amygdalite ou à une pharyngite –, une tuméfaction des nœuds lymphatiques cervicaux, une grande faiblesse générale et, dans le

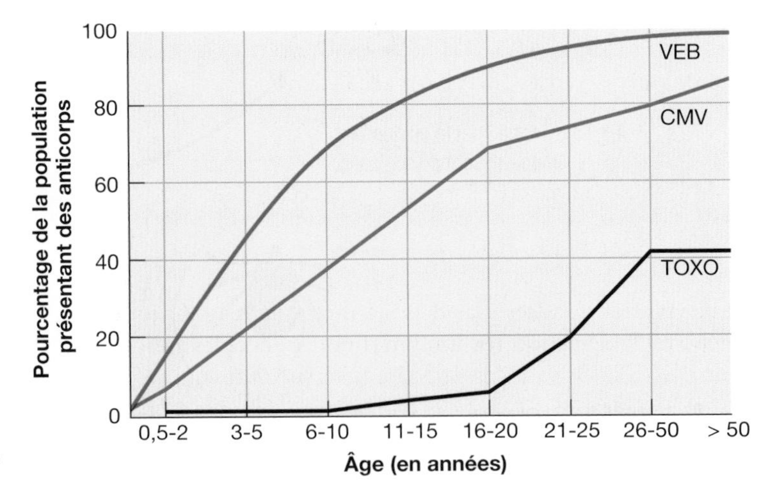

Figure 18.13 Prévalence typique des anticorps contre le virus d'Epstein-Barr (VEB), le cytomégalovirus (CMV) et *Toxoplasma gondii* (TOXO) en fonction de l'âge aux États-Unis. (Source: *Laboratory Management*, juin 1987, p. 23.)

cas d'une infection systémique, une splénomégalie et une hépatomégalie. Une rupture de la rate peut entraîner la mort.

Dans les pays en voie de développement, les infections dues aux VEB se produisent durant la petite enfance et sont souvent asymptomatiques; 90% des enfants de plus de 4 ans possèdent des anticorps. Dans les pays industrialisés tels que le Canada, les États-Unis et la France, l'incidence de l'affection atteint un sommet chez les adolescents et les jeunes adultes de 15 à 25 ans. Au début de l'âge adulte, les signes et les symptômes sont beaucoup plus marqués, en raison probablement de la réponse immunitaire, qui est vigoureuse. En général, la personne se rétablit totalement en quelques semaines, quoique la fatigue puisse persister pendant plusieurs mois. L'immunité acquise est permanente. Le virus se propageant facilement, près de 95% de la population adulte (21 ans et plus) possède des anticorps anti-VEB (figure 18.13).

Le mode habituel de transmission de l'infection est l'échange de salive lors d'un baiser (d'où le nom courant de cette maladie) avec une personne infectée (voie orale, ingestion); la transmission peut aussi se faire par les mains contaminées, par gouttelettes (postillons) ou lors d'un contact indirect avec des objets fraîchement contaminés, par exemple un même gobelet partagé pour boire ou des jouets qui passent de bouche en bouche; la transmission lors d'une transfusion sanguine est possible mais rare, et la transmission par voie aérienne est peu probable. La période d'incubation est de 4 à 7 semaines avant l'apparition des premiers symptômes.

Bien que la réplication du virus, pense-t-on, ait lieu dans les cellules épithéliales des glandes parotides – ce qui explique sa présence dans la salive –, l'infection se limite presque exclusivement aux lymphocytes B, notamment ceux logés dans les tissus lymphoïdes tels que les tonsilles (amygdales) et les nœuds lymphatiques. Le système immunitaire à médiation cellulaire (lymphocytes T) réagit contre les lymphocytes B infectés. Ainsi, la plupart des signes et des symptômes de la mononucléose infectieuse sont associés à la prolifération des lymphocytes B et à la réponse immunitaire dirigée contre eux. Après la guérison, le virus reste à l'état de latence dans un petit nombre de ces lymphocytes B pour le restant de la vie du porteur, qui peut en tout temps en libérer dans sa salive, quoique de moins en moins avec le temps, et contaminer d'autres personnes. Aux États-Unis, près de 20% de la population adulte demeure porteur asymptomatique du virus dans la salive.

L'appellation «mononucléose» évoque le fait que des lymphocytes B dont le noyau est anormalement lobé augmentent dans le sang durant la phase aiguë de l'infection. Durant cette phase, ils se mettent à élaborer des anticorps non spécifiques dits *hétérophiles*. Si le test portant sur les anticorps hétérophiles est négatif, les symptômes peuvent être causés par un cytomégalovirus (voir plus loin) ou par plusieurs autres maladies. La méthode diagnostique la plus précise est la détection par immunofluorescence des anticorps IgM contre le VEB. Il n'y a pas de traitement spécifique et seul le repos est indiqué. Il n'existe pas de vaccin pour immuniser les proches.

Les autres maladies causées par le virus d'Epstein-Barr

Nous avons indiqué, à propos du lymphome de Burkitt et de la mononucléose infectieuse, qu'il y a un lien bien établi entre ces maladies et le VEB. Mais il existe aussi une longue liste d'affections que l'on soupçonne d'être associées à ce virus, sans toutefois pouvoir le démontrer. Parmi les mieux connues d'entre elles, citons la **sclérose en plaques** (une atteinte auto-immune du système nerveux), la **maladie de Hodgkin** (tumeurs de la rate, des nœuds lymphatiques ou du foie), et le **cancer du nasopharynx**, qui touche les Inuits et certains groupes ethniques d'Asie du Sud-Est.

L'infection à cytomégalovirus

L'**infection à cytomégalovirus** est due à l'herpèsvirus humain type 5 (HHV-5) – famille des *Herpesviridæ*, virus à ADN double brin, enveloppé (tableau 8.2). Lorsque le cytomégalovirus (CMV) infecte une cellule, il provoque l'apparition d'une inclusion intranucléaire et le gonflement (ou *cytomégalie*) de la cellule, d'où le nom du virus. La mise en évidence de ces inclusions visibles au microscope, dites «en œil de chouette» ou «en œil de poisson», révèle donc la présence de l'infection.

Les jeunes enfants constituent la principale source d'infection. La maladie est transmise par le baiser et d'autres contacts interpersonnels, notamment par les éducateurs en garderie. L'infection est aussi transmissible par contact sexuel, par transfusion sanguine et par greffe.

L'infection à CMV persiste toute la vie. Lors de la primo-infection, des anticorps sont produits, mais ils n'éliminent pas complètement le virus. Les leucocytes tels les monocytes, les neutrophiles et les lymphocytes T hébergent probablement les virus latents. Dans cet état, ces derniers ne sont pas très affectés par le système immunitaire. Ils se répliquent très lentement et échappent aux anticorps en se déplaçant d'une cellule à l'autre. Ils sont excrétés périodiquement dans les liquides organiques tels que la salive, l'urine, le sperme, les sécrétions vaginales et le lait maternel. Les personnes qui ont été infectées par le CMV deviennent donc des porteurs permanents du virus.

À leur première grossesse, les femmes issues de milieux défavorisés ont 80% de chances d'être naturellement immunisées contre le CMV en raison des mauvaises conditions d'hygiène et de la promiscuité, alors que dans les milieux plus aisés le taux d'immunisation naturelle est d'environ 50%. Une femme immunisée peut parfois transmettre le virus au fœtus – le taux de transmission est de moins de 2% – mais, dans ce cas, le virus ne cause pas de dommages. La première infection à CMV contractée par une femme non immunisée durant sa grossesse peut causer de graves dommages au fœtus – le taux de transmission étant de 40 à 50%. Beaucoup d'enfants qui naissent avec la maladie et ses symptômes meurent, et les survivants présentent des troubles graves, les plus sérieux étant le retard mental et la surdité. Il existe des tests permettant de détecter la présence d'anticorps contre le virus et les médecins devraient déterminer l'état d'immunité des femmes en âge de procréer. Toutes les femmes non immunisées devraient être informées des risques inhérents à une grossesse.

Chez les adultes en bonne santé et les enfants d'un certain âge, la plupart des infections sont subcliniques ou, au pire, s'apparentent à un cas bénin de mononucléose infectieuse. On estime que 80% de la population américaine est porteuse du virus et que, dans certains pays en voie de développement, l'ensemble de la population est parfois infectée (figure 18.13). Il n'est donc pas surprenant que le CMV soit un agent pathogène opportuniste très commun pour les personnes immunodéprimées. Le virus est alors responsable d'une pneumonie chronique souvent mortelle; toutefois, la plupart des organes peuvent aussi être atteints. Chez 85 % des patients atteints du sida, la réactivation de l'infection à CMV se traduit surtout par une *rétinite à cytomégalovirus* susceptible de causer des atteintes oculaires menant à la cécité. Le virus est sensible à plusieurs antiviraux tels le ganciclovir et le formivirsen, mais le traitement doit durer toute la vie. Aucun vaccin fiable n'a encore été mis au point.

Le chikungunya

L'introduction récente du virus du Nil aux États-Unis montre qu'une maladie tropicale transmise par un moustique peut se propager dans un climat tempéré. Les moyens de transport rapides et le réchauffement planétaire sont parmi les facteurs qui contribuent à répandre de telles maladies dans tous les coins du monde. L'une d'elles, le **chikungunya** (appelé familièrement *chik*), suscite des inquiétudes depuis quelque temps. Appartenant à une langue africaine, le terme signifie «qui marche courbé en avant». Les symptômes sont une forte fièvre et des douleurs articulaires intenses et invalidantes, en particulier aux poignets, aux doigts et aux chevilles, qui peuvent persister pendant des semaines ou des mois. On observe souvent une éruption cutanée, et même la formation de cloques étendues. Le taux de mortalité est par contre très faible. Le virus responsable est apparenté à celui qui cause les encéphalites équines de l'Ouest et de l'Est (chapitre 17). La présence d'un réservoir animal est incertaine. Grâce à une mutation, il est en mesure de se reproduire dans les moustiques. Le vecteur est un moustique du genre *Ædes*, principalement *Ædes ægypti*, qui dissémine la maladie largement en Asie et en Afrique. *A. albopictus* est à l'origine de flambées récentes. On a déjà connu une flambée en Italie.

A. albopictus, appelé couramment *moustique tigre* en raison de ses rayures d'un blanc éclatant, est un moustique asiatique bien adapté au milieu urbain et qui tolère les climats froids. On s'attend à ce qu'il finisse par s'établir dans le nord des États-Unis, au Canada et dans les régions côtières de la Scandinavie. Comme il pique le jour et possède un appétit vorace, il peut être très incommodant lors des activités de plein air. Toutefois, c'est en tant que vecteur du chikungunya, de la dengue (voir plus loin) et peut-être d'autres maladies qu'il inquiète le plus les autorités sanitaires.

L'**encadré 18.3** présente une récapitulation de certaines maladies infectieuses des systèmes cardiovasculaire et lymphatique ayant l'humain comme réservoir.

Les fièvres hémorragiques virales classiques

La majorité des fièvres hémorragiques sont des zoonoses. Elles atteignent les humains seulement lorsque ceux-ci entrent en contact avec le virus par l'intermédiaire de son hôte animal normal. Certaines fièvres hémorragiques virales sont connues de la médecine depuis si longtemps qu'elles sont dites classiques; elles sont notamment causées par des *Flavivirus* – famille des *Flaviviridæ*, virus à ARN simple brin positif, enveloppé (tableau 8.2). La première est la **fièvre jaune**, dont le virus est injecté dans la peau par le moustique *Ædes ægypti*. La fièvre jaune est encore endémique dans diverses régions tropicales, telles que l'Amérique centrale, l'Amérique du Sud tropicale et l'Afrique centrale. Autrefois endémique des États du sud des États-Unis jusque dans le Nord, à Philadelphie, elle y est maintenant éradiquée grâce à des programmes de démoustication. Les singes constituent un réservoir naturel du virus de la fièvre jaune, mais la transmission d'humain à humain suffit à faire perdurer la maladie. La lutte locale contre les moustiques et la vaccination des populations exposées sont des moyens de lutte efficaces en milieu urbain.

Les premiers signes et symptômes des cas graves de fièvre jaune sont la fièvre, des frissons et des maux de tête, suivis de nausées et de vomissements. À la fin de cette phase apparaît un ictère, c'est-à-dire un jaunissement de la peau, d'où le nom de la maladie. Cette coloration reflète une atteinte hépatique caractérisée par des dépôts de pigments biliaires dans la peau et les muqueuses. Le taux de mortalité atteint 20 %.

Le diagnostic repose d'ordinaire sur les signes cliniques, mais il peut être confirmé par l'observation d'une augmentation du titre des anticorps ou par l'isolement du virus dans le sang du patient. Il n'existe pas de traitement spécifique de la fièvre jaune. Le vaccin utilisé est une souche virale vivante atténuée et il assure une immunité très efficace tout en produisant peu d'effets secondaires (tableau 26.2 EN LIGNE).

La **dengue** est une maladie virale semblable à la fièvre jaune, également transmissible par le moustique *Ædes ægypti*. Elle est endémique dans les Caraïbes et d'autres régions tropicales, où on estime le nombre de cas à 100 millions par année. La dengue est caractérisée par des symptômes semblables à ceux de la grippe, comme une fièvre élevée, de violents maux de tête, des éruptions cutanées (rash) et des douleurs musculaires et articulaires si fortes qu'on imagine avoir les os brisés (d'où le nom courant donné à la maladie en anglais, *breakbone fever*). À l'exception des symptômes douloureux, c'est une maladie relativement bénigne et rarement mortelle. Une autre forme de dengue, la **dengue hémorragique**, probablement causée par des anticorps formés lors d'une précédente infection par le virus, peut provoquer un choc septique chez la victime – généralement un enfant –, qui risque de mourir en quelques heures.

On enregistre un nombre croissant de cas de dengue dans les pays voisins des Caraïbes. En général, on dénombre plus de 100 cas importés par année aux États-Unis. Il ne semble pas exister de réservoir animal de la maladie. Le moustique vecteur est commun dans les États du golfe du Mexique. En conséquence, on craint que le virus ne finisse par être introduit dans cette région et que la maladie n'y devienne endémique. Les autorités sanitaires s'inquiètent également de l'importation possible du moustique *Ædes albopictus,* qui est un vecteur efficace de la dengue et du chikungunya. Il existe des programmes visant l'éradication de tous les moustiques *Ædes,* qui sont des espèces urbaines proliférant dans des endroits tels que les trous d'arbres, les vieux pneus et les objets en plastique abandonnés.

Les fièvres hémorragiques virales émergentes

Q/R Certaines fièvres hémorragiques virales sont dites émergentes. En 1967, on a observé les premiers cas de fièvre hémorragique en Europe chez des travailleurs de laboratoire qui avaient été en contact avec des singes verts africains en provenance de l'Ouganda. Le virus responsable avait une forme étrange, en filament; ce virus

PLEINS FEUX SUR

LES MALADIES

Encadré 18.3

Les infections à partir du réservoir humain

Le diagnostic différentiel consiste à rechercher dans une liste de maladies celle qui correspond à l'information obtenue au cours de l'examen du patient. Il importe de poser un tel diagnostic afin de mettre en route le traitement et de commander les tests de laboratoire. Les microbes qui circulent dans le sang sont parfois le signe d'une infection grave en évolution.

Par exemple, une femme de 27 ans présente de la fièvre et une toux depuis 5 jours. Elle est hospitalisée à la suite d'une baisse de sa pression artérielle. Malgré un traitement énergique comprenant des liquides et de fortes doses d'antibiotiques, elle meurt 5 heures plus tard. On isole de son sang des cocci à Gram positif et à catalase négative.

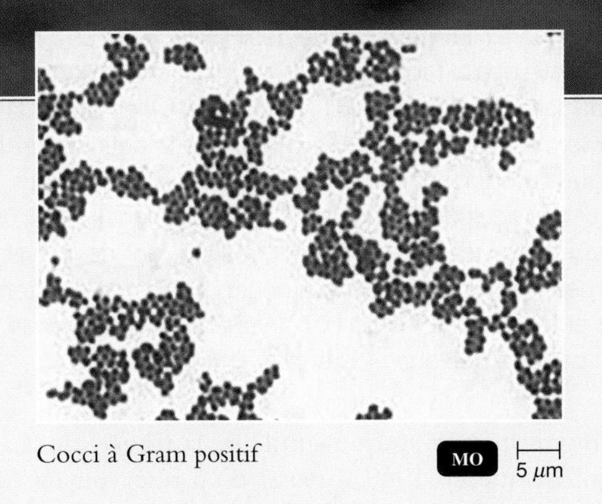

Cocci à Gram positif — MO — 5 μm

Trouvez dans le tableau ci-dessous l'infection qui peut être à l'origine de ces signes et de ces symptômes. Consultez aussi le texte du chapitre.

Maladie	Agent pathogène	Principaux signes et symptômes	Réservoir	Modes de transmission	Prévention/Traitement
BACTÉRIOSES					
Sepsie et choc septique	Bactéries à Gram négatif ; bactéries à Gram positif : entérocoques, SBHB	Frissons, fièvre, augmentation des fréquences cardiaque et respiratoire, hyperleucocytose ; lymphangite ; baisse de la PA ; défaillance organique	Humains	Injection ; cathétérisme	Drotrécogine alfa (Xigris) contre les bactéries à Gram négatif ; antibiotiques contre les bactéries à Gram positif (ces bactéries sont multirésistantes aux antibiotiques)
Fièvre puerpérale	Streptocoques β-hémolytiques du groupe A (SBHA)	Péritonite ; sepsie	Humains : nasopharynx	Nosocomiale	Pénicilline
Endocardite subaiguë **aiguë**	Streptocoques α-hémolytiques (habituellement) *Staphylococcus aureus*	Fièvre, faiblesse générale, murmures cardiaques ; lésions aux valves cardiaques	Humains : nasopharynx	À partir d'un foyer d'infection	Antibiotiques
Péricardite	SBHA	Fièvre, faiblesse générale, murmures cardiaques	Humains : nasopharynx	À partir d'un foyer d'infection	Antibiotiques
RAA	SBHA	Arthrite, fièvre, lésions aux valves cardiaques	Affection probablement auto-immune ; les infections streptococciques à répétition entraînent la production d'anticorps qui endommagent le tissu cardiaque par réaction croisée		Antiinflammatoires Prévention : pénicilline pour traiter les maux de gorge dus aux SBHA
VIROSES Voir le tableau 8.2 pour les caractéristiques des familles de virus qui infectent l'humain.					
Lymphome de Burkitt	Herpèsvirus humain type 4 (HHV-4) ou VEB (*Lymphocryptovirus*)	Tumeur	Inconnu	Inconnus	Chirurgie
Mononucléose infectieuse	HHV-4 ou VEB	Fièvre, faiblesse générale	Humains	Salive	Aucun
Infections à cytomégalovirus	Cytomégalovirus (*Cytomegalovirus*)	Le plus souvent asymptomatique ; l'infection primaire acquise durant la grossesse peut causer des dommages au fœtus	Humains	Liquides organiques	Ganciclovir ; fomivirsen

appartient au genre *Filovirus* – famille des *Filoviridæ*, virus à ARN simple brin négatif, enveloppé (tableau 8.2). On lui a donné le nom de l'endroit où s'était déclarée l'épidémie, soit Marburg, en Allemagne ; la maladie s'appelle **maladie à virus de Marburg**. Les infections par les virus hémorragiques produisent des symptômes anodins au début, soit des céphalées et des douleurs musculaires. Après quelques jours, une fièvre forte s'installe. Les victimes vomissent le sang, ont de graves hémorragies internes et saignent abondamment par les orifices externes, tels que le nez et les yeux. La mort par défaillance multiviscérale et choc survient au bout de quelques jours. Q/R

Une fièvre hémorragique similaire, la **fièvre de Lassa**, est apparue en Afrique en 1969, à partir d'un réservoir de rongeurs. Le virus responsable appartient au genre *Arenavirus* – famille des *Arenaviridæ*, virus à ARN multiples brins négatifs, enveloppé (tableau 8.2). Il se produit régulièrement des épidémies qui tuent des milliers de personnes. La maladie est transmise par l'urine contaminée des rongeurs. Toutefois, la transmission interpersonnelle se fait principalement par contact avec des liquides organiques.

En 1976, des épidémies d'une autre fièvre hémorragique extrêmement dangereuse, due à un filovirus similaire au virus de Marburg, ont eu lieu en Afrique, notamment au Congo (**figure 18.14**). Le taux de mortalité a alors atteint près de 90 %. Cette fièvre a été nommée **maladie à virus Ebola** ou **fièvre hémorragique africaine**, d'après le nom d'un cours d'eau de la région. L'agent causal a pour réservoir naturel probable une chauve-souris frugivore qui n'est pas elle-même affectée par le virus. La transmission entre humains a lieu quand une personne est en contact étroit avec le sang infecté ou d'autres liquides organiques ou tissus malades. Les victimes souffrent d'hémorragies multiples touchant, entre autres, le tube digestif, les poumons, les gencives et les yeux. Mais on sait que la maladie est souvent transmise par contact avec du sang, en particulier par l'intermédiaire de seringues non stériles. Les coutumes funéraires locales telles que le lavage des morts ont particulièrement contribué à la propagation des infections.

Il existe en Amérique du Sud plusieurs fièvres hémorragiques causées par des virus semblables aux arénavirus responsables de la fièvre de Lassa et qui se maintiennent dans les populations de rongeurs. Les **fièvres hémorragiques argentine** et **bolivienne** se transmettent, en milieu rural, par contact avec les déjections des rongeurs. Récemment en Californie, on a attribué un petit nombre de décès au **virus de Whitewater Arroyo**, un arénavirus dont le réservoir est un rat des bois (*Neotoma)*. Il s'agit des premiers cas de fièvre hémorragique à arénavirus observés dans l'hémisphère Nord.

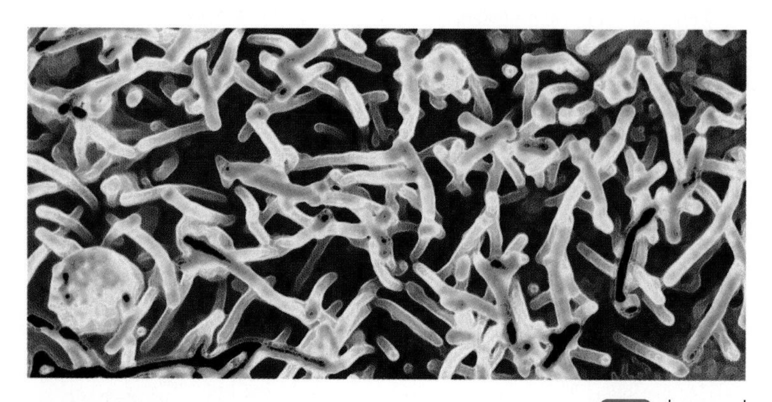

Figure 18.14 Virus Ebola.

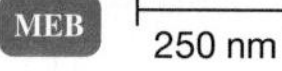

Le **syndrome pulmonaire à *Hantavirus*** est causé par le virus Sin Nombre, qui appartient au genre *Hantavirus* – famille des *Bunyaviridæ*, virus à ARN multiples brins négatifs, enveloppé (tableau 8.2). Ce syndrome est bien connu aux États-Unis, où plusieurs flambées ont eu lieu, en particulier dans le Sud-Ouest américain. La souris sylvestre, le réservoir de la maladie, est bien implantée dans ces régions. La maladie est toutefois rare au Canada. Le syndrome se manifeste sous la forme d'une infection pulmonaire souvent mortelle, au cours de laquelle les poumons se remplissent de liquide causant rapidement une insuffisance respiratoire. Une chute de la pression artérielle entraîne habituellement la mort. Des maladies de ce type ont une longue histoire en Asie et en Europe en particulier. Il existe aussi une **fièvre hémorragique avec syndrome rénal** due à des hantavirus. Toutes les affections de ce type se transmettent par l'inhalation de l'hantavirus contenu dans l'urine séchée et les fèces de rongeurs infectés. Les chercheurs mettent au point un test permettant d'identifier rapidement le virus et font des recommandations pour aider la population à réduire le risque d'exposition aux rongeurs qui pourraient être infectés.

L'**encadré 18.4** présente une récapitulation de certaines fièvres hémorragiques virales.

▶ Vérifiez vos acquis

Pourquoi le lymphome de Burkitt, qui n'est pourtant pas transmis par un insecte vecteur, se rencontre-t-il le plus souvent dans les régions où sévit le paludisme ? **18-13**

Pourquoi doit-on s'inquiéter du moustique *Ædes albopictus* dans les zones tempérées ? **18-14**

La maladie à virus Ebola ressemble-t-elle à la fièvre de Lassa ou plutôt au syndrome pulmonaire à *Hantavirus* ? **18-15**

Les protozooses des systèmes cardiovasculaire et lymphatique

▶ Objectifs d'apprentissage

18-16 Décrire la chaîne épidémiologique qui conduit aux protozooses suivantes, notamment les facteurs de virulence de l'agent pathogène, ses principaux réservoirs, ses modes de transmission, ses portes d'entrée, les facteurs prédisposants de l'hôte réceptif, le mécanisme physiopathologique qui mène à l'apparition des principaux signes et symptômes de la maladie infectieuse (s'il y a lieu), et les moyens thérapeutiques et les épreuves de diagnostic (s'il y a lieu) : la trypanosomiase américaine (maladie de Chagas), la toxoplasmose, le paludisme, la leishmaniose viscérale et la babésiose.

18-17 Analyser les effets de ces maladies sur la santé des humains dans le monde.

Les protozoaires responsables de maladies des systèmes cardiovasculaire et lymphatique ont souvent un cycle vital complexe, et leur présence risque de nuire gravement à l'hôte humain.

La trypanosomiase américaine

La **trypanosomiase américaine**, ou **maladie de Chagas**, est une protozoose du système cardiovasculaire. L'agent responsable

PLEINS FEUX SUR

LES MALADIES

Encadré 18.4

Les fièvres hémorragiques virales

Les fièvres hémorragiques virales sont endémiques dans les pays tropicaux. Sauf dans le cas de la dengue, elles ont toutes pour réservoirs de petits mammifères. Les nombreux voyages à l'étranger ont favorisé l'introduction des virus aux États-Unis. Il n'y a pas de traitements.

Le diagnostic différentiel consiste à rechercher dans une liste de maladies celle qui correspond à l'information obtenue au cours de l'examen du patient. Il importe de poser un tel diagnostic afin de mettre en route le traitement de soutien et de commander les tests de laboratoire. Les CDC ont mis sur pied un service de dépistage des agents pathogènes spéciaux pour faciliter le diagnostic des fièvres hémorragiques virales. Ce service comprend des enceintes isolées où les virus sont mis en culture et analysés par sérologie et biologie moléculaire.

MET 75 nm

Petits virus observés par microscopie électronique dans les tissus d'un patient. On a isolé les particules et déterminé qu'il s'agissait de virus à ARN simple brin de la famille des *Flaviviridæ*.

Par exemple, une jeune femme de 20 ans est travailleuse humanitaire au Guatemala. Elle présente un rash et de vives douleurs articulaires et musculaires. Trouvez dans le tableau ci-dessous l'infection qui peut être à l'origine de ces signes et de ces symptômes. Consultez aussi le texte du chapitre.

Maladie	Agent pathogène	Porte d'entrée	Principaux signes et symptômes	Réservoir	Modes de transmission	Prévention
VIROSES Voir le tableau 8.2 pour les caractéristiques des familles de virus qui infectent l'humain.						
Fièvre jaune	Virus de la fièvre jaune (*Flavivirus*)	Peau	Frissons, fièvre, maux de tête ; nausées et ictère	Singes	*Ædes ægypti*	Vaccin atténué entier ; lutte contre les moustiques
Dengue	Virus de la dengue (*Flavivirus*)	Peau	Fièvre, douleurs musculaires et articulaires intenses, éruption cutanée	Humains	*Ædes ægypti*, *Ædes albopictus*	Lutte contre les moustiques
Fièvres hémorragiques virales émergentes (Marburg, Ebola, Lassa)	*Filovirus* (*Arenavirus*)	Muqueuses	Saignement abondant	Probablement des chauves-souris frugivores et autres petits mammifères	Contact direct avec du sang	Aucune
Syndrome pulmonaire à *Hantavirus*	*Hantavirus* Sin Nombre (*Bunyavirus*)	Voies respiratoires	Pneumonie	Souris sylvestres	Voie aérienne (inhalation)	Aucune

est *Trypanosoma cruzi,* un protozoaire flagellé (**figure 18.15**). La maladie est présente en Amérique centrale et dans certaines régions d'Amérique du Sud où elle infecte de façon chronique de 40 à 50% de la population de certaines zones rurales. La maladie a été introduite aux États-Unis par l'immigration.

Le réservoir de *T. cruzi* est constitué d'un large éventail d'animaux sauvages, tels que des rongeurs, des opossums et des tatous. L'arthropode vecteur est le réduve, qui pique souvent les humains à proximité des lèvres (on l'appelle *kissing bug* en anglais) (figure 7.27c). Cette punaise vit dans les fentes ou les crevasses des huttes en terre ou en pierre recouvertes de toits de chaume. Les trypanosomes, qui se développent dans le tube digestif de l'insecte, sont transmis lorsque ce dernier défèque au moment même où il se nourrit. La personne ou l'animal piqué fait souvent pénétrer les déjections dans la piqûre ou dans une autre lésion cutanée en se grattant, ou en se frottant les yeux.

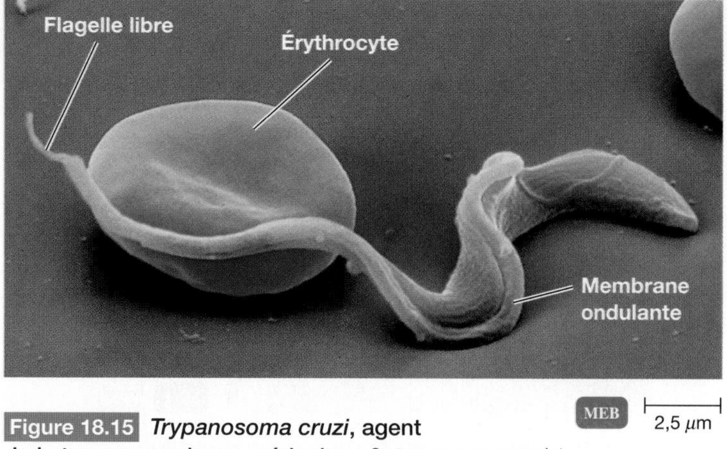

Figure 18.15 ***Trypanosoma cruzi*, agent de la trypanosomiase américaine.** Ce trypanosome possède une membrane ondulante ; le flagelle suit le pourtour de la membrane et se prolonge au-delà du corps du trypanosome, sous forme de flagelle libre.

L'infection progresse par stades. Caractérisée, au stade aigu, par de la fièvre et la tuméfaction des nœuds lymphatiques, la maladie dure quelques semaines, mais semble plutôt anodine. Toutefois, dans 20 à 30 % des cas, elle évolue vers la chronicité, parfois 20 ans plus tard. Une atteinte des nerfs régissant les contractions péristaltiques de l'œsophage et du côlon peut empêcher le transit des aliments et causer une augmentation excessive du volume de ces organes appelée, selon le cas, *mégaœsophage* et *mégacôlon*. La plupart des décès résultent de lésions au cœur, lesquelles touchent environ 40 % des personnes au stade chronique. Si elles sont enceintes durant ce stade, les femmes risquent de transmettre une infection congénitale.

Au stade aigu, on peut parfois déceler les trypanosomes dans une prise de sang. Au stade chronique, les protozoaires sont indétectables, même si l'infection peut être communiquée par transfusion, greffe ou de façon congénitale. Le diagnostic de la maladie chronique repose sur les résultats des épreuves sérologiques, lesquelles ne sont pas très sensibles ni spécifiques.

Il est très difficile de traiter la maladie de Chagas à un stade avancé et chronique. Le trypanosome se multiplie à l'intérieur des cellules, de sorte que la chimiothérapie ne l'atteint pas facilement. À l'heure actuelle, les seuls médicaments offerts sont le nifurtimox et le benznidazole, deux dérivés des triazoles (chapitre 15). Le benznidazole permet de juguler l'infection chez environ 60 % des enfants infectés. Ces médicaments doivent être administrés durant 30 à 60 jours.

La toxoplasmose

La **toxoplasmose** est une maladie causée par le protozoaire *Toxoplasma gondii*, un parasite intracellulaire. Rappelons d'abord qu'un protozoaire qui s'alimente et prolifère porte le nom général de *trophozoïte* (chapitre 7), alors que dans des conditions appauvries le parasite prend une forme kystique protectrice, soit celle d'un *sporozoïte* infectant logé dans un oocyste ou celle d'un *bradyzoïte* logé à l'intérieur d'un kyste tissulaire.

Les chats domestiques jouent un rôle essentiel dans le cycle vital de *T. gondii*, dont ils sont l'*hôte définitif* (**figure 18.16**). Bon nombre de chats urbains sont infectés par le microbe, qui ne semble toutefois provoquer aucune maladie chez eux.

La contamination du chat se fait par l'ingestion de souris ou d'autres petits rongeurs contaminés. (L'infection des petits rongeurs a ceci de particulier qu'elle leur fait perdre leur crainte naturelle des chats qui les capturent ainsi plus facilement.) ❶ Dans l'intestin du chat, les protozoaires ingérés se mettent à proliférer par reproduction asexuée puis sexuée. Lors de la reproduction sexuée, l'union des gamètes mâles et femelles aboutit à la production de millions d'*oocystes* immatures (*oo* = œuf), qui seront libérés dans l'environnement avec les selles du chat. ❷ Les oocystes deviennent matures seulement au bout de 2 à 5 jours ou plus, selon la température du milieu extérieur. Leur maturation aboutit à la formation de deux sporocystes contenant chacun des *sporozoïtes* infestants. ❸ Les oocystes matures constituent la forme de résistance et de dissémination du parasite dans la nature, où ils peuvent survivre pendant des mois. Là, ils contaminent les aliments et l'eau susceptibles d'être ingérés par d'autres animaux – bovins, porcs, rongeurs, mais aussi l'humain – qui correspondent aux *hôtes intermédiaires* du parasite. ❹ Une fois qu'ils ont été ingérés, les oocystes libèrent les sporozoïtes dans le tube digestif. Dans ce nouveau milieu, ces derniers deviennent des trophozoïtes libres, capables de traverser la muqueuse intestinale de l'hôte, de passer dans le sang et de pénétrer finalement dans les macrophagocytes des tissus lymphoïdes (tels que la rate et les nœuds lymphatiques). Cependant, au lieu d'être dégradés, ils bloquent le processus de digestion des macrophagocytes et s'installent à demeure à l'intérieur de ces derniers. À ce stade, le trophozoïte intracellulaire se reproduit très rapidement, d'où le nom particulier de *tachyzoïte* (*tachy* = rapide), et sa prolifération asexuée entraîne l'éclatement du macrophagocyte et la libération d'un nombre encore plus grand de tachyzoïtes. Durant cette phase de prolifération et de dissémination sanguine, les tachyzoïtes atteignent d'autres cellules hôtes. Ils déclenchent alors une intense réaction inflammatoire.

Au bout de deux à trois semaines, lorsque l'action du système immunitaire est la plus efficace, les tachyzoïtes la contournent en se cachant dans les organes où elle est plus faible, soit le cerveau, l'œil et les muscles. La maladie entre alors dans sa phase chronique, tant chez les animaux que chez les humains. Les cellules parasitées de l'hôte intermédiaire s'entourent d'une épaisse paroi protectrice et produisent des *kystes* tissulaires. À l'intérieur du kyste, la reproduction asexuée ralentit et devient presque nulle. À ce stade, le protozoaire porte le nom de *bradyzoïte* (*bradus* = lent). Sous la forme enkystée, les bradyzoïtes survivent pendant des années : le kyste tissulaire devient donc la forme de résistance du parasite à l'intérieur de l'hôte intermédiaire. ❺ Comme il existe beaucoup de petits animaux contaminés dans la nature, c'est souvent à ce stade que la souris infectée est capturée et mangée par le chat, lequel ingère en même temps les kystes tissulaires remplis chacun de 2 000 à 3 000 bradyzoïtes. ❻ Dans l'intestin du chat, les bradyzoïtes sont réactivés et reprennent l'état de trophozoïtes, capables de croissance et de reproduction sexuée menant à la production d'oocystes. Et le cycle recommence.

Chez les personnes immunocompétentes, la toxoplasmose est asymptomatique, ou elle produit seulement des symptômes très légers semblables à ceux de la grippe. Elle confère une immunité permanente à ces individus. Des enquêtes ont montré que 40 %

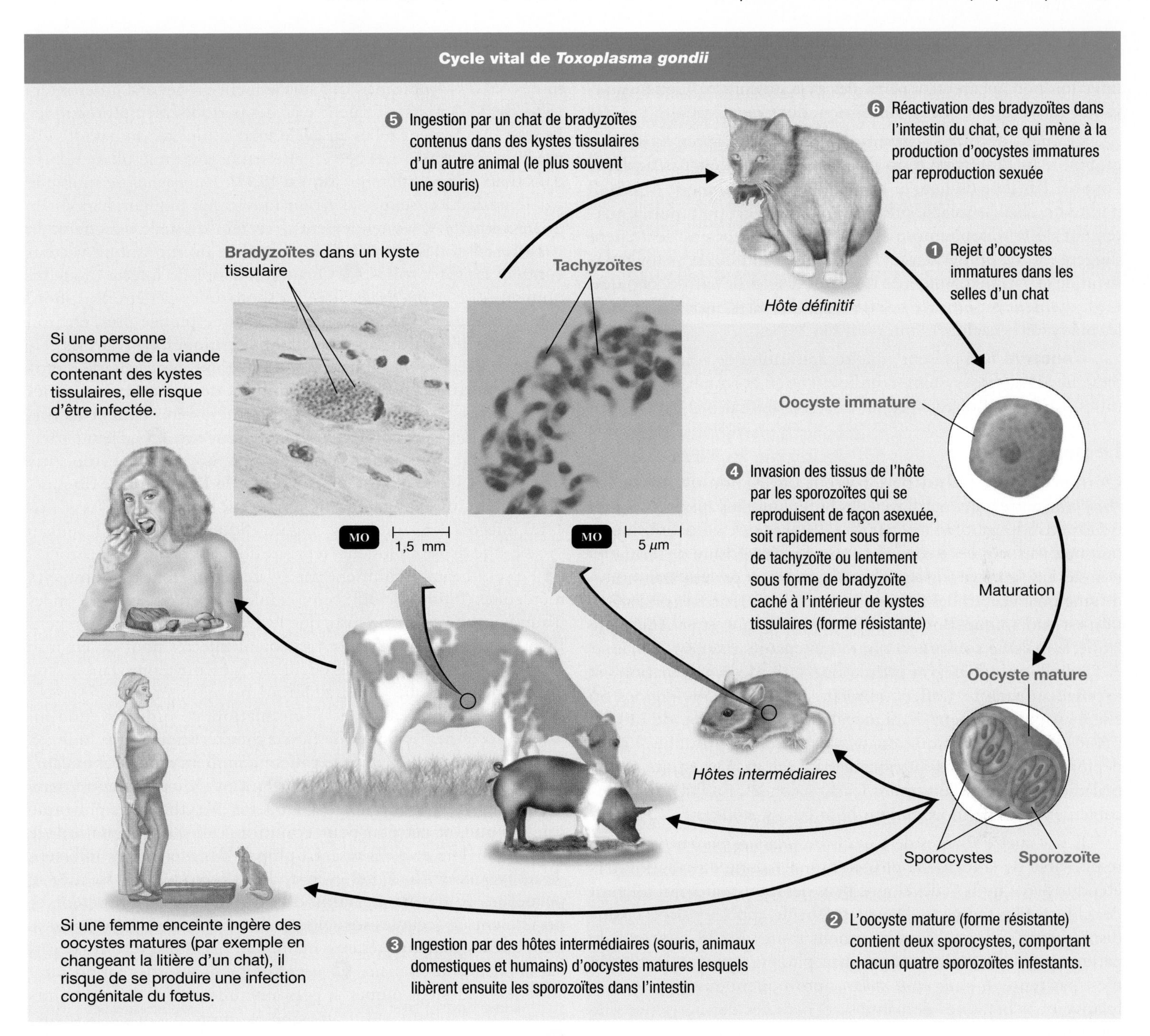

Figure 18.16 Cycle vital de *Toxoplasma gondii*, agent de la toxoplasmose. Le chat domestique est l'hôte définitif ; le protozoaire se reproduit sexuellement dans ce mammifère.

environ de la population américaine finit par élaborer des anticorps contre *T. gondii* (figure 18.13) sans même s'en rendre compte. Les humains contractent habituellement l'infection en consommant de la viande crue ou insuffisamment cuite qui contient des tachyzoïtes ou des kystes tissulaires, mais la transmission peut aussi se faire par contact direct avec des selles de chat.

Le principal risque lié à la toxoplasmose est l'infection congénitale du fœtus, qui peut provoquer l'accouchement d'un enfant mort-né, ou de graves lésions cérébrales ou cardiaques, ou encore des troubles de la vue chez le nouveau-né. Le fœtus n'est touché que si une première infection survient pendant la grossesse. Le parasite traverse la barrière placentaire et atteint les cellules cibles du fœtus. Étant donné que l'immunité n'est pas encore acquise, de nombreux parasites s'enkystent dans les cellules cibles et les dommages au fœtus peuvent donc être très sérieux. Il est recommandé aux futures mamans de ne pas changer la litière du chat ou, à tout le moins, de la changer chaque jour en portant des gants et de se laver les mains tout de suite après. Puisque les oocystes forment des sporozoïtes au bout de 2 à 5 jours, le risque de contamination diminue si on change la litière quotidiennement.

La déficience du système immunitaire, observée en particulier chez les personnes atteintes du sida, permet la réactivation d'une infection non apparente à partir des kystes tissulaires. Cette réactivation cause souvent des troubles neurologiques graves.

On peut déceler la toxoplasmose à l'aide d'épreuves sérologiques, mais l'interprétation de ces dernières n'est pas fiable. À l'opposé, l'analyse du liquide amniotique par la technique de l'ACP donne un résultat valable presque à 100 %. C'est pourquoi le traitement de la toxoplasmose avec des antibiotiques est fortement suggéré lors de doutes sérieux. Il consiste à administrer simultanément de la pyriméthamine, de la sulfadiazine et de l'acide folinique. Ce traitement est efficace contre les tachyzoïtes, mais non contre les bradyzoïtes cachés à l'intérieur des kystes.

L'**encadré 18.5** présente une récapitulation de certaines maladies infectieuses des systèmes cardiovasculaire et lymphatique transmises par contact direct avec un réservoir animal.

Le paludisme

On rencontre le **paludisme** partout où le moustique vecteur *Anopheles* entre en contact avec des hôtes humains auxquels il peut transmettre le protozoaire parasite *Plasmodium*. Le paludisme se transmet parfois à des toxicomanes par l'intermédiaire de seringues non stériles. Il arrive aussi qu'il se communique par une transfusion de sang prélevée sur des personnes ayant visité des zones où l'affection est endémique. En Asie tropicale, en Afrique et en Amérique latine, la maladie constitue aujourd'hui encore un grave problème. À l'échelle mondiale, on estime que 40 % de la population est exposée au parasite. L'affection refait surface dans des régions où elle était pratiquement éradiquée, telles que l'Europe de l'Est et l'Asie centrale. L'Afrique est la plus durement touchée : on y déplore 90 % des morts attribuables à ce fléau. On estime que la maladie y tue un enfant toutes les 30 secondes. En fait, il y a probablement plus de morts aujourd'hui qu'il y a 30 ans.

Il y a quatre formes de paludisme. *Plasmodium vivax*, qui est responsable de la forme la plus commune, a une distribution très étendue parce qu'il se développe dans des moustiques qui tolèrent des climats plus tempérés. Dans cette forme, appelée parfois « paludisme bénin », des accès surviennent toutes les 48 heures et le patient survit généralement pendant plusieurs années, même s'il n'est pas traité. *P. ovale* et *P. malariæ* provoquent aussi des formes relativement bénignes de paludisme, mais ces dernières ont une incidence moins élevée que la première, et leur distribution géographique est plus restreinte.

La forme la plus dangereuse de paludisme est due à *P. falciparum*. Cette forme de paludisme, dite « maligne », est celle qui risque le plus d'être mortelle ; environ la moitié des personnes infectées meurent si elles ne sont pas traitées. Un plus grand nombre d'érythrocytes sont infectés et détruits. Il en résulte une anémie qui entraîne une faiblesse générale. En outre, les érythrocytes ont tendance à se fixer sur les parois des capillaires. Ainsi, ceux qui sont infectés ne se rendent pas à la rate, où les macrophagocytes les élimineraient. Par ailleurs, ils finissent par obstruer les capillaires, et la réduction de l'apport de sang entraîne la mort des tissus. C'est ce qui explique les dommages causés aux reins et au foie. Comme le cerveau est fréquemment atteint, *P. falciparum* est la cause habituelle de l'accès pernicieux à forme cérébrale.

Le paludisme est caractérisé par des accès de frissons et de fièvre, souvent accompagnés de vomissements et de céphalées intenses. Ces symptômes, qui surviennent en général à des intervalles de 2 à 3 jours, alternent avec des périodes asymptomatiques. Ils sont intimement reliés au cycle vital complexe du parasite qui présente une phase asexuée en alternance avec une phase sexuée dans deux hôtes différents (**figure 18.17**). *Plasmodium* se multiplie par reproduction sexuée dans un moustique piqueur, l'anophèle – l'*hôte définitif* –, lequel devient le vecteur du stade infectieux du parasite, celui des **sporozoïtes**. La salive du moustique vecteur contient les sporozoïtes. ❶ Quand un anophèle infecté pique un humain – l'*hôte intermédiaire* –, les sporozoïtes pénètrent d'abord dans la circulation sanguine de la personne piquée puis, environ 30 minutes plus tard, dans les cellules hépatiques. ❷ Dans les cellules du foie, ils se multiplient par schizogonie, processus de reproduction asexuée produisant des milliers de descendants appelés **mérozoïtes** (près de 30 000). ❸ Les mérozoïtes entrent dans la circulation sanguine et infectent des érythrocytes. ❹ Le jeune parasite ressemble à un anneau dans lequel le noyau et le cytoplasme sont visibles. Cette phase s'appelle **stade de l'anneau**. Le diagnostic de laboratoire du paludisme repose sur la recherche d'érythrocytes infectés dans un frottis sanguin (**figure 18.18a**). ❺ L'anneau grossit et se divise à plusieurs reprises, donnant d'autres mérozoïtes. ❻ Les érythrocytes finissent par éclater et libèrent de nombreux mérozoïtes (**figure 18.18b**) ; ceux-ci infectent en quelques secondes d'autres érythrocytes, de sorte que le cycle érythrocytaire se répète. Il suffit que 1 % des érythrocytes soient infectés pour qu'environ 100 000 000 000 de parasites circulent en même temps dans le sang d'un patient typique ! Presque au même moment, des substances toxiques sont libérées dans la circulation, ce qui provoque un nouvel accès de frissons et de fièvre, caractéristique du paludisme. La fièvre atteint 40 °C, puis le patient commence à suer abondamment alors que la fièvre diminue. Pendant l'intervalle entre deux accès, le malade se sent normal. La perte d'érythrocytes provoque une anémie, et cet état peut conduire à une augmentation de volume du foie et de la rate. La plupart des mérozoïtes infectent de nouveaux érythrocytes et le cycle de reproduction asexuée se perpétue. Toutefois, certains d'entre eux se différencient et deviennent des cellules sexuelles mâles et femelles (gamétocytes). Bien que les gamétocytes eux-mêmes ne fassent pas d'autres dégâts dans l'organisme humain, ❼ ils peuvent être absorbés par un autre anophèle qui vient piquer la personne infectée ; ils peuvent alors entrer dans l'intestin du moustique et amorcer leur cycle sexué. ❽ Les gamétocytes mâle et femelle s'unissent pour devenir un zygote. Le zygote forme un oocyste, dans lequel la division cellulaire a lieu, et donne naissance à des sporozoïtes. ❾ Les sporozoïtes engendrés migrent vers les glandes salivaires du moustique. Les sporozoïtes peuvent alors être injectés dans un nouvel hôte humain par la piqûre de l'insecte. Le moustique est l'**hôte définitif** parce que *Plasmodium* y accomplit son stade de reproduction sexuée. Dans l'**hôte intermédiaire** (l'humain, dans le cas présent), le parasite se multiplie par reproduction asexuée.

On observe un phénomène curieux propre au paludisme : l'intervalle entre les périodes de fièvre causées par la libération des mérozoïtes est toujours le même pour une espèce de *Plasmodium* donnée et est toujours un multiple de 24 heures. La raison de cette précision et le mécanisme par lequel elle se réalise ont attiré l'attention des scientifiques. En effet, pourquoi un parasite a-t-il besoin

 Encadré 18.5

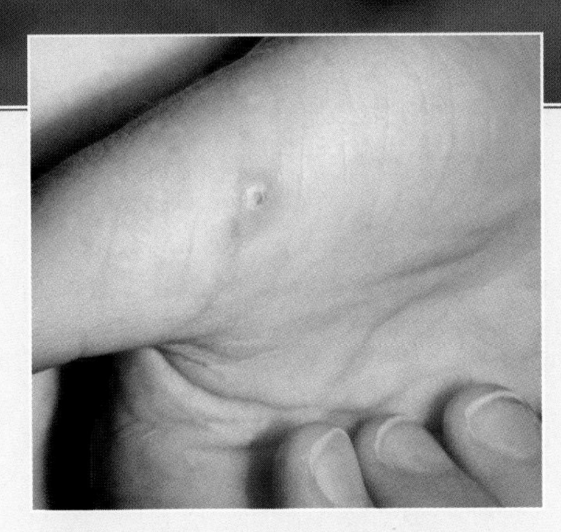
Griffure infectée de la patiente

Les infections transmises par contact direct avec un réservoir animal

Le diagnostic différentiel consiste à rechercher dans une liste de maladies celle qui correspond à l'information obtenue au cours de l'examen du patient. Il importe de poser un tel diagnostic afin de mettre en route le traitement et de commander les tests de laboratoire. On devra prendre en considération les affections décrites ci-dessous lors d'un diagnostic différentiel concernant des patients qui ont été en contact avec des animaux.

Par exemple, une fillette de 10 ans est hospitalisée après 12 jours de fièvre (40 °C) et 8 jours de douleurs au dos. Elle a été griffée récemment par des chats et des chiens. Sa main droite présente une griffure dans laquelle un petit abcès s'est formé. Les tissus prélevés dans l'abcès et mis en culture ne révèlent pas de bactéries. Elle se rétablit au bout de 5 semaines, et ce, sans traitement. Trouvez dans le tableau ci-dessous l'infection qui peut être à l'origine de ces signes et de ces symptômes. Consultez aussi le texte du chapitre.

Maladie	Agent pathogène	Principaux signes et symptômes	Réservoir	Modes de transmission	Prévention/ Traitement
BACTÉRIOSES					
Brucellose	*Brucella* spp.	Abcès local; fièvre ondulante	Herbivores	Contact direct; voie aérienne	Tétracycline, streptomycine
Anthrax	*Bacillus anthracis*	Pustules (anthrax cutané); diarrhée sanglante (a. gastro-intestinal); choc septique (a. pulmonaire)	Gros herbivores; sol	Contact direct; véhicule: aliments contaminés (ingestion); voie aérienne (inhalation)	Vaccination; ciprofloxacine, doxycycline
Maladies dues à des morsures	*Pasteurella multocida*	Infection locale; sepsie	Sécrétions buccales animales	Morsures de chiens et de chats	Pénicilline
Fièvre par morsure de rat	*Streptobacillus moniliformis*, *Spirillum minus*	Sepsie	Rats	Morsures de rats	Pénicilline
Maladie des griffes du chat	*Bartonella henselæ*	Papule au point d'inoculation; fièvre persistante; gonflement des nœuds lymphatiques; douleurs articulaires et tendineuses	Chats domestiques	Morsures ou griffures de chats, puces	Antibiotiques, si l'atteinte est grave
PROTOZOOSES					
Toxoplasmose	*Toxoplasma gondii*	Maladie bénigne; l'infection primaire durant la grossesse peut causer des lésions au fœtus; maladie grave chez les sidéens	Chats domestiques	Véhicule: aliments contaminés (ingestion)	Pyriméthamine, sulfadiazine et acide folinique

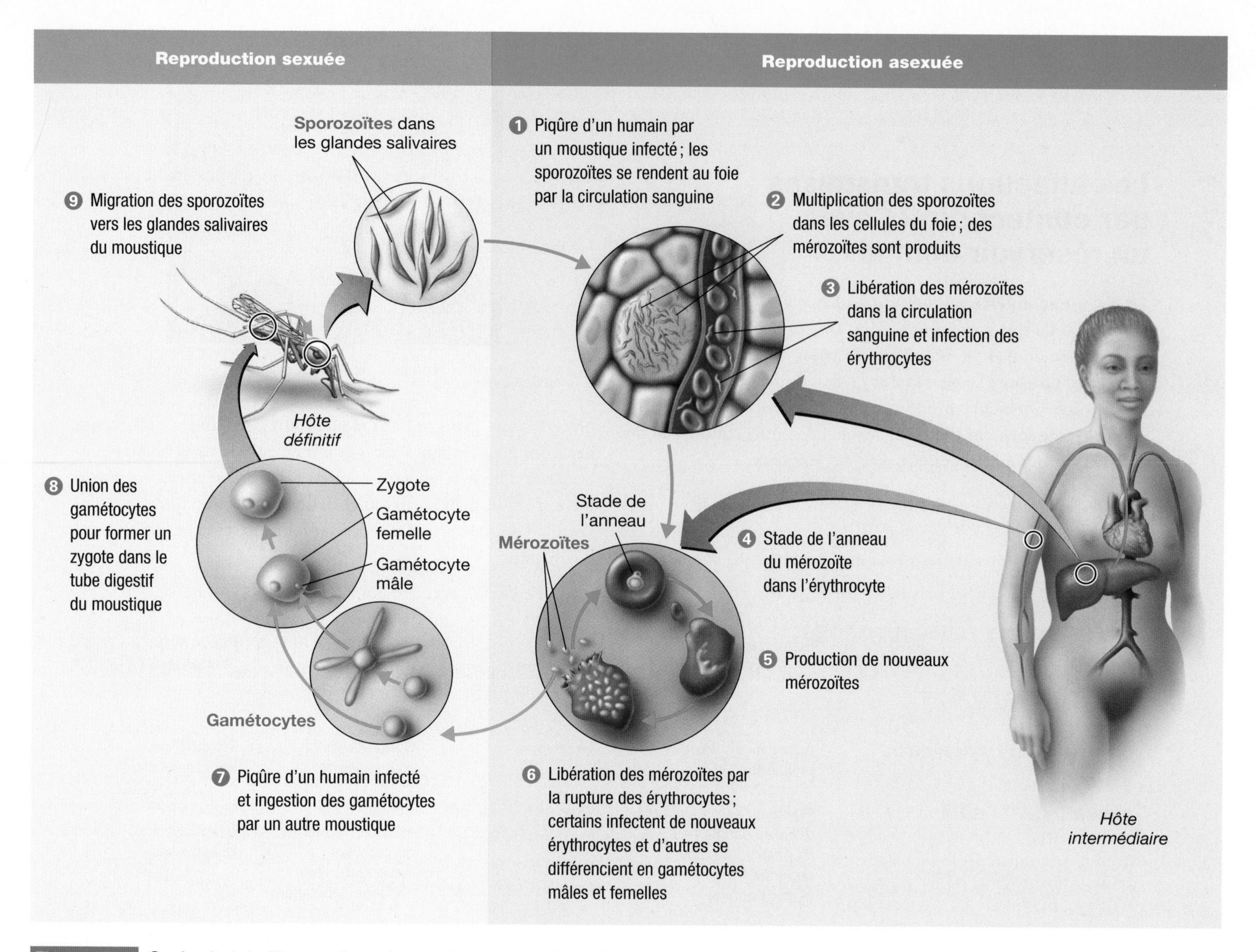

Reproduction sexuée
Reproduction asexuée
Sporozoïtes dans les glandes salivaires
1 Piqûre d'un humain par un moustique infecté ; les sporozoïtes se rendent au foie par la circulation sanguine
9 Migration des sporozoïtes vers les glandes salivaires du moustique
2 Multiplication des sporozoïtes dans les cellules du foie ; des mérozoïtes sont produits
3 Libération des mérozoïtes dans la circulation sanguine et infection des érythrocytes
Hôte définitif
8 Union des gamétocytes pour former un zygote dans le tube digestif du moustique
Zygote
Gamétocyte femelle
Gamétocyte mâle
Stade de l'anneau
Mérozoïtes
4 Stade de l'anneau du mérozoïte dans l'érythrocyte
5 Production de nouveaux mérozoïtes
Gamétocytes
7 Piqûre d'un humain infecté et ingestion des gamétocytes par un autre moustique
6 Libération des mérozoïtes par la rupture des érythrocytes ; certains infectent de nouveaux érythrocytes et d'autres se différencient en gamétocytes mâles et femelles
Hôte intermédiaire

Figure 18.17 Cycle vital de *Plasmodium vivax*, qui cause une forme bénigne de paludisme. La reproduction asexuée du parasite a lieu dans le foie et les érythrocytes de l'hôte humain. La reproduction sexuée s'effectue dans l'intestin d'un moustique, l'anophèle, après l'ingestion par celui-ci de sang contenant des gamétocytes.

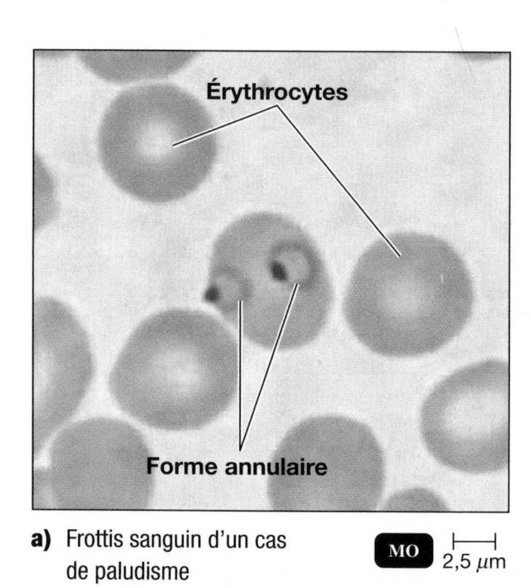

Érythrocytes
Forme annulaire
MO
2,5 μm

a) Frottis sanguin d'un cas de paludisme

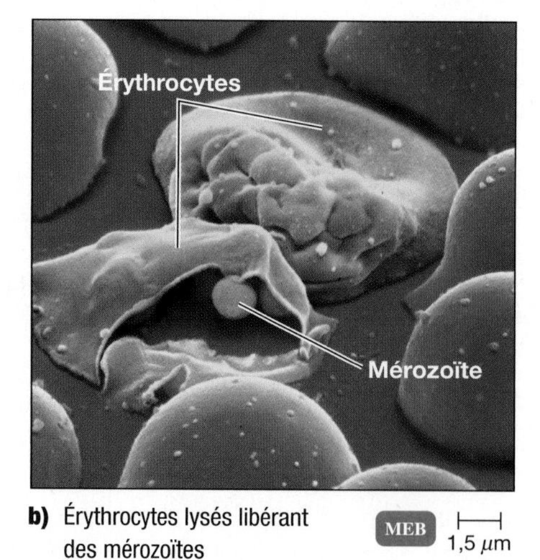

Érythrocytes
Mérozoïte
MEB
1,5 μm

b) Érythrocytes lysés libérant des mérozoïtes

Figure 18.18 Paludisme. a) Le diagnostic du paludisme repose sur l'examen de frottis sanguins. Aux premiers stades, le protozoaire en croissance a l'apparence d'un anneau dans les érythrocytes ; la zone claire au centre de l'anneau est sa vacuole digestive et le point foncé, son noyau. **b)** Certains érythrocytes, en train de se lyser, libèrent des mérozoïtes qui vont infecter d'autres érythrocytes.

d'une horloge biologique? Le développement de *Plasmodium* est régulé par la température du corps de l'hôte, qui fluctue normalement sur une période de 24 heures. Ce synchronisme rigoureux assure que les gamétocytes arrivent à maturité la nuit, quand les anophèles se nourrissent, ce qui facilite la transmission du protozoaire à un nouvel hôte.

Le taux de mortalité du paludisme est particulièrement élevé chez les jeunes enfants. Les personnes qui survivent à la maladie ont acquis une immunité restreinte: elles peuvent être réinfectées, mais les symptômes sont alors moins graves en général. Elles perdent toutefois cette immunité relative si elles quittent une zone endémique où les réinfections sont périodiques. Les individus ayant hérité du trait drépanocytaire (anémie à hémacies falciformes), commun dans beaucoup de régions où le paludisme est endémique, présentent une certaine résistance à la maladie.

La mise au point d'un vaccin pose des problèmes particuliers puisque le parasite du paludisme passe par quatre stades distincts, au cours desquels jusqu'à 7 000 gènes sont exposés à des mutations. En conséquence, le parasite échappe avec beaucoup d'habileté aux attaques du système immunitaire humain. À l'heure actuelle, l'objectif est d'avoir d'ici 2015 un vaccin qui sera efficace à au moins 50% et protégera pendant plus d'un an; puis, pour 2025, d'en avoir un qui sera efficace à 80% et protégera pendant plus de 4 ans.

Le test diagnostique du paludisme le plus fréquemment utilisé consiste en l'analyse d'un frottis sanguin, sur lequel on peut déceler le parasite en forme d'anneau dans les érythrocytes. Il existe des méthodes rapides de détection des antigènes mais leur prix est assez élevé. Il y a un besoin urgent de tests diagnostiques de qualité, rapides, peu coûteux, et dont on puisse tirer des résultats fiables sur le terrain. Dans les régions où la maladie est endémique, le diagnostic repose habituellement sur l'observation des symptômes, principalement la fièvre, mais les erreurs sont fréquentes. On a établi qu'environ la moitié des personnes auxquelles on prescrit des médicaments contre le paludisme n'ont pas la maladie.

La prophylaxie

On peut donner des antipaludéens pour prévenir l'infection. La chloroquine est le médicament de choix pour les personnes qui se rendent dans les quelques endroits où le parasite n'a pas acquis de résistance à ce médicament. Ailleurs, la malarone, une association d'atovaquone et de proguanil, est la mieux tolérée. On prescrit aussi souvent la méfloquine (Lariam), que l'on prend seulement une fois par semaine; il faut toutefois prévenir les utilisateurs de ses effets secondaires possibles, qui comprennent entre autres des hallucinations.

Le traitement

Il existe de nombreux médicaments antipaludéens. La chloroquine est le traitement de choix dans le cas d'un patient arrivant d'une région endémique où cette substance agit encore. Pour les autres, il y a plusieurs possibilités. À l'heure actuelle, les médicaments de prédilection sont la malarone ou la quinine par voie orale, associées à un antibiotique tel que la tétracycline. Ailleurs dans le monde, on se sert beaucoup de dérivés de l'artémisinine, tels que l'artésunate et l'artéméther dérivés de l'*Artemisia*, une plante utilisée depuis longtemps en Chine pour combattre la fièvre. Idéalement, on les prend avec d'autres antipaludéens pour réduire le risque d'engendrer des organismes résistants.

L'application la plus rentable des antipaludéens continuera probablement d'être la prophylaxie à l'intention des voyageurs qui se rendent dans les endroits où ils risquent de contracter la maladie. Toutefois, on ne peut espérer venir à bout du paludisme dans un avenir proche. Pour y arriver, il faudra probablement élaborer une triple stratégie visant l'élimination des vecteurs et la lutte contre la maladie par l'utilisation conjointe d'une approche chimiothérapeutique et d'une approche immunologique. La méthode la plus prometteuse à l'heure actuelle consiste à installer des moustiquaires imprégnées d'insecticide autour des lits, car *Anopheles* se nourrit durant la nuit. Dans les zones infestées, on dort souvent entouré de centaines de moustiques, dont 1 à 5% sont infectieux.

La leishmaniose

La **leishmaniose** est une maladie complexe et répandue, qui se manifeste sous diverses formes cliniques. Il existe environ 20 espèces différentes de protozoaires qui causent la leishmaniose; on les classe souvent en 3 grands groupes pour en simplifier l'étude. Le premier est *Leishmania donovani,* responsable d'une leishmaniose viscérale, dans laquelle les parasites envahissent les organes internes. Les groupes *L. tropica* et *L. braziliensis* se développent de préférence à des températures modérées et ils provoquent des lésions de la peau ou des muqueuses.

La leishmaniose est transmise par un insecte piqueur, le phlébotome femelle, dont la trentaine d'espèces se rencontre dans la majorité des régions tropicales et sur le pourtour de la Méditerranée. Ces insectes, plus petits que le moustique, passent à travers les mailles de la plupart des moustiquaires ordinaires. Les petits mammifères constituent le réservoir des protozoaires, lesquels ne leur nuisent pas. La forme infectieuse, dite *promastigote,* est présente dans la salive de l'insecte; lorsqu'elle pénètre dans la peau de sa victime, elle est phagocytée par un macrophagocyte dans lequel elle perd son flagelle, puis se transforme en *amastigote,* de forme ovoïde. Les amastigotes prolifèrent dans les macrophagocytes, surtout en des points fixes des tissus. Les formes amastigotes sont ingérées par les phlébotomes, se transforment à leur tour en promastigotes dans l'intestin de l'insecte, ce qui perpétue le cycle. Le contact avec du sang contaminé lors de transfusions ou le partage d'aiguilles souillées peuvent aussi aboutir à l'infection.

On a observé un certain nombre de cas de leishmaniose, surtout cutanée, au sein des troupes déployées dans les pays entourant le golfe Persique. On commence à voir des cas isolés d'infections opportunistes chez des personnes porteuses du VIH, notamment en Espagne, en Italie, au Portugal et dans la péninsule Balkanique.

La leishmaniose viscérale

L'infection due à *Leishmania donovani* s'appelle **leishmaniose viscérale**. On la rencontre dans presque tous les pays tropicaux. Toutefois, 90% des cas se trouvent en Inde, au Bangladesh, au Soudan et au Brésil. On estime qu'il y a environ un demi-million de nouveaux cas chaque année. Cette maladie, communément appelée *kala-azar* en Inde, est souvent mortelle. Les premiers signes et symptômes, qui peuvent n'apparaître qu'un an après le début de l'infection, ressemblent aux frissons et à la sudation caractéristiques du paludisme. Lorsque le protozoaire prolifère dans les nœuds lymphatiques ainsi que dans les macrophagocytes du foie et de la rate, le volume de ces organes augmente considérablement. Les reins sont aussi envahis, et il en résulte une insuffisance rénale. Cette maladie débilitante entraîne la mort en un an ou deux si elle n'est pas traitée.

Il existe plusieurs épreuves sérologiques pour diagnostiquer la leishmaniose viscérale. L'amplification en chaîne par polymérase est une très bonne méthode.

En Europe et aux États-Unis, le traitement de première intention est l'amphotéricine B liposomique. Toutefois, étant relativement coûteuse, celle-ci est peu accessible dans les régions où la maladie est endémique, où on a plutôt recours à l'amphotéricine B sous forme classique. La miltefosine a été le premier médicament oral efficace. Elle a permis d'atteindre un taux de guérison très élevé, jusqu'à 82%. Par contre, elle est tératogène et toxique pour un assez grand nombre de personnes. De plus, le parasite y devient rapidement résistant. La paromomycine est un antibiotique de la famille des aminoglycosides, administré par injection. Son prix est abordable et son efficacité est bonne, mais il n'est pas facile de s'en procurer.

La leishmaniose cutanée

L'infection due à *Leishmania tropica* et à *L. major* s'appelle **leishmaniose cutanée**, ou *bouton d'Orient*. Une papule apparaît au point de la piqûre après quelques semaines d'incubation et même des mois plus tard, puis elle se transforme en ulcère (**figure 18.19**); la lésion peut spontanément disparaître mais peut laisser, après la guérison, une cicatrice importante. Cette forme de la maladie est la plus répandue et se rencontre presque partout en Asie, en Afrique et en Méditerranée. On a enregistré des cas au Mexique, en Amérique centrale et dans le nord de l'Amérique du Sud.

La leishmaniose cutanéomuqueuse

L'infection due à *Leishmania braziliensis* s'appelle **leishmaniose cutanéomuqueuse**, parce qu'elle touche à la fois les muqueuses et la peau. Elle provoque une destruction défigurante des tissus du nez, de la bouche et de la partie supérieure de la gorge. On rencontre cette forme de leishmaniose principalement dans la péninsule du Yucatán (au Mexique) et dans les forêts pluvieuses d'Amérique centrale et du Sud. Elle atteint surtout les cueilleurs de chiclé, substance employée dans la fabrication de la gomme à mâcher. La maladie porte aussi le nom de *leishmaniose forestière sud-américaine*.

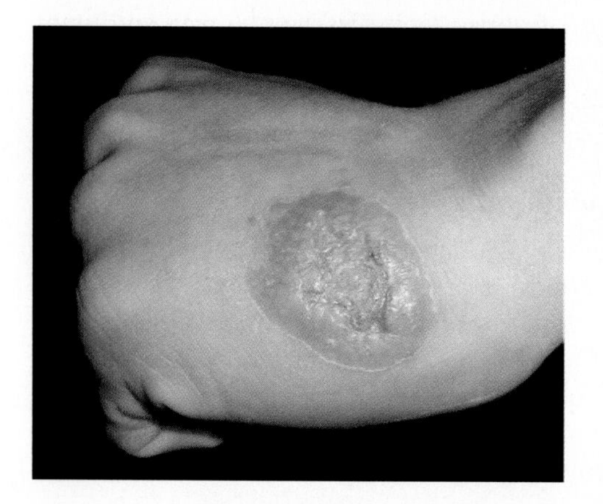

Figure 18.19 **Leishmaniose cutanée.** Lésion sur le dos de la main d'un patient.

Dans les régions où les leishmanioses cutanée et cutanéomuqueuse sont endémiques, le diagnostic repose habituellement sur le tableau clinique et l'examen microscopique des raclures obtenues à partir des lésions.

Les cas bénins de leishmaniose cutanée ou cutanéomuqueuse finissent souvent par guérir, à défaut de quoi l'injection de composés d'antimoine est habituellement efficace. Toutefois, l'antimoine est un métal toxique qu'on tend à remplacer par d'autres substances dans les préparations médicamenteuses.

La babésiose

Depuis quelque temps, on enregistre un nombre croissant de cas de **babésiose**, une affection qui est transmise par des tiques et dont on croyait autrefois qu'elle était limitée aux animaux. Les rongeurs sauvages en sont le réservoir et diverses espèces de tiques du genre *Ixodes* en sont les principaux vecteurs. Aux États-Unis, la maladie qui survient chez l'humain est causée le plus souvent par *Babesia microti*, un protozoaire. Elle ressemble à certains égards au paludisme et il arrive qu'on confonde les deux affections. Le parasite se reproduit dans les érythrocytes et occasionne une longue maladie caractérisée par des frissons, de la fièvre et des sueurs nocturnes. Toutefois, celle-ci peut être beaucoup plus grave, parfois fatale, chez les personnes immunodéprimées. On traite la babésiose par l'administration simultanée d'atovaquone et d'azithromycine.

L'**encadré 18.6** présente une récapitulation de certaines maladies infectieuses des systèmes cardiovasculaire et lymphatique transmises par des vecteurs.

▶ Vérifiez vos acquis

Quelle maladie transmise par les tiques aux États-Unis est parfois confondue avec le paludisme sur les frottis de sang? **18-16**

Laquelle des maladies suivantes la population de l'Afrique gagnerait-elle le plus à éliminer: le paludisme ou la maladie de Chagas? **18-17**

Les helminthiases des systèmes cardiovasculaire et lymphatique

▶ Objectif d'apprentissage

18-18 Décrire le cycle vital de *Schistosoma* et indiquer à quel moment on peut interrompre ce cycle pour prévenir la maladie chez les humains.

Plusieurs helminthes passent une partie de leur cycle vital dans le système cardiovasculaire. Les schistosomes y résident et y pondent leurs œufs, qui sont disséminés dans la circulation sanguine. Les schistosomes sont des vers plats qui appartiennent au groupe des Trématodes. Au chapitre 7, nous avons étudié le cycle vital d'un autre type de trématode, soit la douve pulmonaire *Paragonimus westermani* (figure 7.20).

La schistosomiase

La **schistosomiase** est une maladie débilitante, causée par un petit ver plat (**figure 18.20a**) qui se développe successivement dans deux hôtes différents: un hôte intermédiaire – un mollusque d'eau douce – et un hôte définitif – en général l'humain (ou le bovin).

PLEINS FEUX SUR

LES MALADIES

Encadré 18.6

Les infections transmises par des vecteurs

Le diagnostic différentiel consiste à rechercher dans une liste de maladies celle qui correspond à l'information obtenue au cours de l'examen du patient. Il importe de poser un tel diagnostic afin de mettre en route le traitement et de commander les tests de laboratoire. Lorsque des patients ont été piqués par des tiques ou des insectes, ou qu'ils reviennent de régions reconnues pour leurs maladies endémiques, il faut inclure dans le diagnostic différentiel les affections décrites ci-dessous. On peut prévenir toutes ces affections en évitant de s'exposer aux piqûres d'insectes et de tiques.

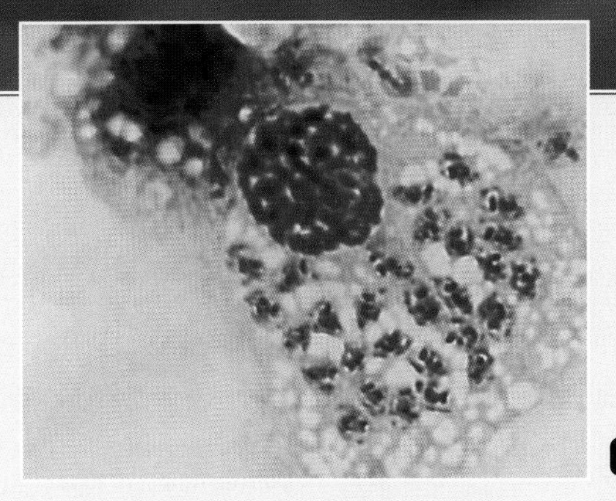

MO 7 μm

Macrophagocyte rempli de cellules ovoïdes

Par exemple, une militaire de 22 ans, de retour d'une période de service en Iraq, a trois ulcères indolores sur la peau. Elle dit avoir été piquée toutes les nuits par des insectes. Au microscope optique, ses macrophagocytes contiennent des corps ovoïdes ressemblant à des protozoaires. Trouvez dans le tableau ci-dessous l'infection qui peut être à l'origine de ces signes et de ces symptômes. Consultez aussi le texte du chapitre.

Maladie	Agent pathogène	Principaux signes et symptômes	Réservoir	Modes de transmission	Prévention/ Traitement
BACTÉRIOSES					
Tularémie	*Francisella tularensis*	Ulcération au point d'entrée; pneumonie et septicémie	Lièvres; spermophiles	Piqûre du thon du cerf; contact direct avec des carcasses infectées; véhicule: aliments contaminés (ingestion); voie aérienne (inhalation)	Tétracycline
Peste	*Yersinia pestis*	Hypertrophie des nœuds lymphatiques; choc septique	Rongeurs	Piqûre de puce; contact direct avec la peau d'un animal infecté; voie aérienne (inhalation)	Streptomycine; tétracycline
Fièvre récurrente	*Borrelia* spp.	Accès de fièvre et série de rechutes; ictère; taches cutanées rosées	Rongeurs	Piqûre de tique molle et de pou	Tétracycline
Maladie de Lyme	*Borrelia burgdorferi*	Éruption cutanée au point de la piqûre; symptômes pseudo-grippaux et symptômes neurologiques	Mulots; cerfs	Piqûre de la tique *Ixodes*	Antibiotiques
Ehrlichiose et anaplasmose	*Ehrlichia chafeensis*, *Anaplasma phagocytophilum*	Symptômes pseudogrippaux; fièvre élevée	Cerfs	Piqûre de la tique *Ixodes*	Tétracycline
Typhus épidémique	*Rickettsia prowazekii*	Fièvre élevée et persistante; stupeur et éruption cutanée	Écureuils	Piqûre du pou de l'humain *Pediculus humanus corporis*	Tétracycline; chloramphénicol
Typhus murin endémique	*Rickettsia typhi*	Fièvre; éruption cutanée	Rongeurs	Piqûre de la puce du rat *Xenopsylla cheopsis*	Tétracycline; chloramphénicol
Fièvre pourprée des montagnes Rocheuses	*Rickettsia rickettsii*	Éruption cutanée maculaire; fièvre et maux de tête	Tiques; petits mammifères	Piqûre d'une tique du genre *Dermacentor*	Tétracycline; chloramphénicol
VIROSES Voir le tableau 8.2 pour les caractéristiques des familles de virus qui infectent l'humain.					
Chikungunya	Chikungunyavirus (*Alphavirus*)	Fièvre; douleurs articulaires	Humains	Piqûre de moustique	En soutien

Maladie	Agent pathogène	Principaux signes et symptômes	Réservoir	Modes de transmission	Prévention/ Traitement
PROTOZOOSES					
Trypanosomiase américaine	*Trypanosoma cruzi*	Lésions au muscle cardiaque ou inhibition des mouvements péristaltiques du tube digestif	Rongeurs, opossums	Piqûre du réduve	Nifurtimox; benznidazole
Paludisme	*Plasmodium* spp.	Accès de frissons et fièvres à intervalles; vomissements et maux de tête	Humains	Piqûre du moustique *Anopheles*	Chloroquine
Leishmaniose	*Leishmania* spp. *L. donovani* *L. tropica* *L. Braziliensis*	 Maladie systémique des organes internes Papules qui deviennent des ulcères Lésions défigurantes des muqueuses du nez, de la bouche, etc.	Petits mammifères	Piqûre du phlébotome femelle	Composés d'antimoine; amphotéricine B
Babésiose	*Babesia microti*	Accès de frissons et fièvre à intervalles	Rongeurs	Piqûre de la tique *Ixodes*	Atovaquone et azithromycine

Le mollusque joue un rôle essentiel dans un stade du cycle vital des schistosomes. Il n'existe pas de mollusque susceptible de jouer le rôle de l'hôte dans la plus grande partie des États-Unis et c'est pourquoi la maladie ne s'y propage pas, et ce, même si on estime que beaucoup d'immigrants y rejettent des œufs de schistosomes dans l'environnement.

Le cycle vital de *Schistosoma* est représenté dans la **figure 18.20b**. ❶-❷ La maladie se transmet par des selles ou de l'urine humaines contenant des œufs de schistosome, qui sont déversés dans des points d'eau avec lesquels des humains entrent en contact. ❸ Dans l'eau, les œufs deviennent de petites larves ciliées, appelées miracidies, qui ❹ s'introduisent dans un mollusque d'eau douce. ❺-❻ Les larves s'y transforment en cercaires (une autre forme larvaire) infestantes, qui sont libérées dans l'eau. ❼ Les cercaires se déplacent en nageant et traversent la peau d'un humain venant en contact avec l'eau contaminée. ❽ De la peau, les cercaires perdent leur queue puis entrent dans les veines et atteignent le système sanguin du tube digestif ou de la vessie, où le parasite devient un ver adulte capable de pondre des œufs. Le ver adulte mâle a une longueur de 15 à 20 mm, et la femelle, plus mince, réside en permanence dans un sillon du corps du mâle, d'où l'appellation «schistosome», ou «corps divisé». Le mâle utilise sa ventouse pour se fixer à son hôte. L'union du mâle et de la femelle assure une production continue d'œufs, dont certains vont se loger dans les tissus de l'hôte. D'autres œufs sont excrétés par les selles ou l'urine et éliminés dans l'eau, et le cycle se perpétue.

Chez l'humain, les symptômes de la maladie sont causés par les œufs résidant dans les tissus. L'organisme réagit en enveloppant ces œufs de tissu pseudocicatriciel, d'où la formation d'un **granulome** – une lésion inflammatoire (**figure 18.21**). Apparemment, le système immunitaire de l'hôte n'influe pas sur le ver adulte, qui semble s'enrober rapidement d'une enveloppe imitant les tissus de son hôte.

Il existe trois formes principales de schistosomiase. La maladie due à *Schistosoma hæmatobium* provoque une inflammation de la paroi de la vessie, alors que *S. japonicum* et *S. mansoni* causent une inflammation de l'intestin. La schistosomiase cause des dommages à différents organes, car les œufs migrent vers diverses parties du corps par l'intermédiaire de la circulation sanguine. On observe par exemple des dommages au foie ou aux poumons, un cancer de la vessie, ou encore des symptômes neurologiques dans le cas où

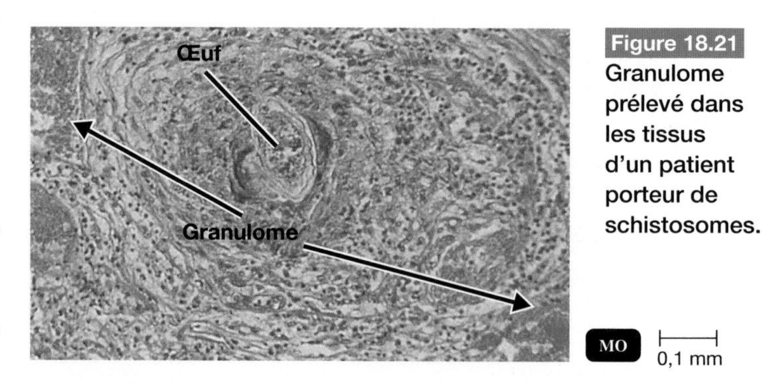

Figure 18.21 Granulome prélevé dans les tissus d'un patient porteur de schistosomes.

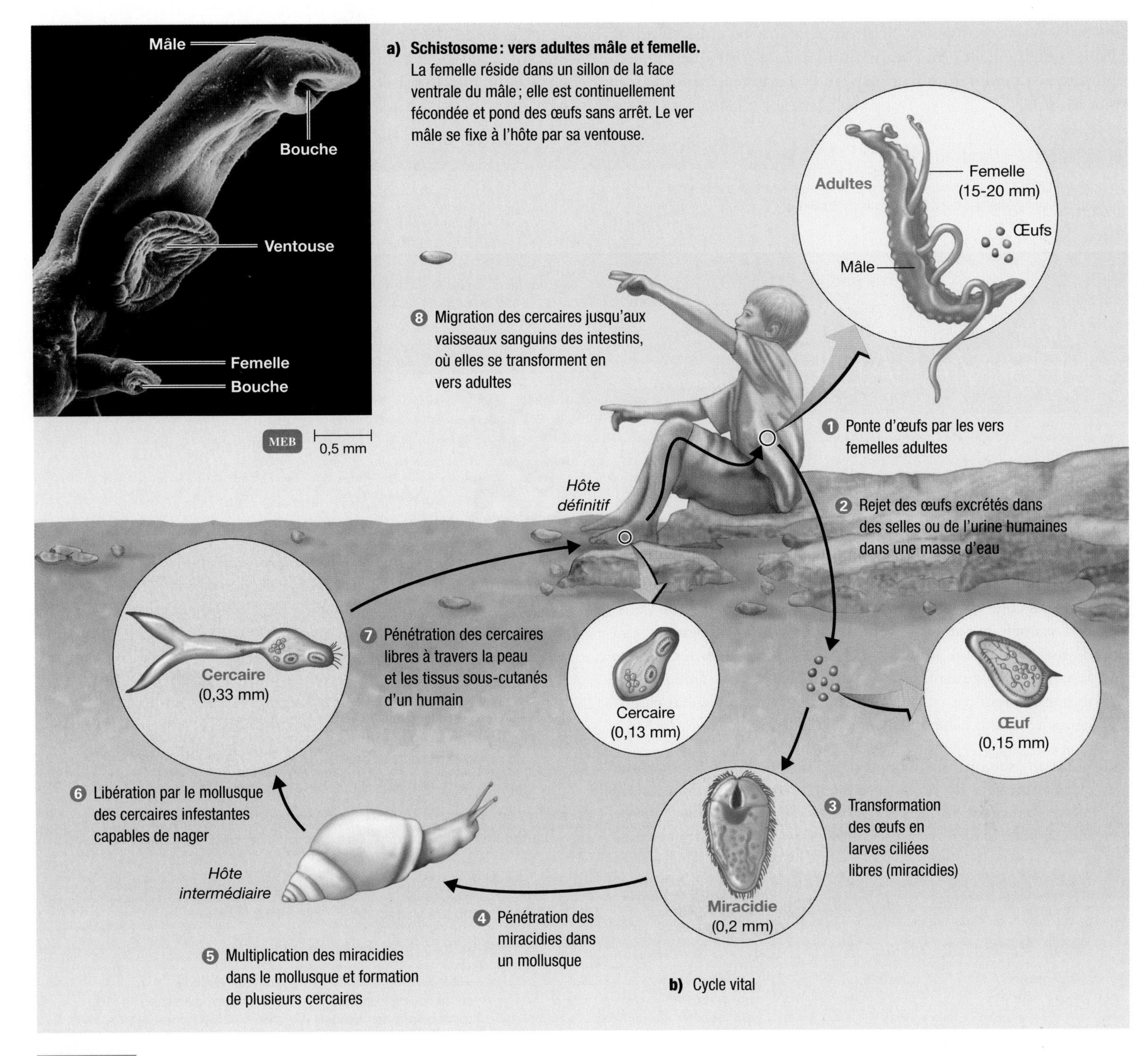

Mâle
Bouche
Ventouse
Femelle
Bouche
MEB
0,5 mm
a) Schistosome : vers adultes mâle et femelle.
La femelle réside dans un sillon de la face ventrale du mâle ; elle est continuellement fécondée et pond des œufs sans arrêt. Le ver mâle se fixe à l'hôte par sa ventouse.
Adultes
Femelle (15-20 mm)
Œufs
Mâle
8 Migration des cercaires jusqu'aux vaisseaux sanguins des intestins, où elles se transforment en vers adultes
1 Ponte d'œufs par les vers femelles adultes
Hôte définitif
2 Rejet des œufs excrétés dans des selles ou de l'urine humaines dans une masse d'eau
Cercaire (0,33 mm)
7 Pénétration des cercaires libres à travers la peau et les tissus sous-cutanés d'un humain
Cercaire (0,13 mm)
Œuf (0,15 mm)
6 Libération par le mollusque des cercaires infestantes capables de nager
Hôte intermédiaire
Miracidie (0,2 mm)
3 Transformation des œufs en larves ciliées libres (miracidies)
4 Pénétration des miracidies dans un mollusque
5 Multiplication des miracidies dans le mollusque et formation de plusieurs cercaires
b) Cycle vital

Figure 18.20 **Cycle vital du schistosome, agent de la schistosomiase.**

les œufs vont se loger dans l'encéphale. On rencontre *S. japonicum* dans l'est de l'Asie et *S. hæmatobium* dans toute l'Afrique et au Moyen-Orient. La distribution de *S. mansoni* est similaire, mais, en outre, l'infection due à ce parasite est endémique en Amérique du Sud et dans les Caraïbes, y compris à Porto Rico. On estime que plus de 250 millions de personnes sont touchées dans le monde.

Le diagnostic repose sur l'identification microscopique des vers ou de leurs œufs dans des spécimens de selles et d'urine, sur des tests par injection intradermique ou sur des épreuves sérologiques, telles que les réactions de fixation du complément et les tests de l'anneau de précipitation.

L'utilisation du praziquantel et de l'oxamniquine (seulement contre *S. mansoni*) est efficace pour détruire les schistosomes. Dans les pays développés, l'existence d'égouts et le traitement des eaux usées réduisent au minimum le risque de contamination. Les mesures d'hygiène et l'élimination des mollusques sont aussi des moyens efficaces de lutte contre la maladie.

La dermatite des nageurs

Les personnes qui se baignent dans les lacs du nord des États-Unis sont parfois atteintes de **dermatite des nageurs**. Il s'agit d'une réaction allergique cutanée aux cercaires, semblable à la schistosomiase.

Les parasites responsables viennent à maturité chez le gibier à plume seulement, et non chez les humains, de sorte que l'infection se limite à la pénétration dans la peau et à une réaction inflammatoire localisée.

L'**encadré 18.7** présente une récapitulation de certaines maladies infectieuses des systèmes cardiovasculaire et lymphatique ayant pour véhicules le sol et l'eau.

▶ Vérifiez vos acquis

Quel animal d'eau douce joue un rôle essentiel dans le cycle vital de l'agent causal de la schistosomiase? **18-18**

PLEIN FEUX SUR

LES MALADIES

Encadré 18.7

Les infections ayant pour véhicules le sol et l'eau

Le diagnostic différentiel consiste à rechercher dans une liste de maladies celle qui correspond à l'information obtenue au cours de l'examen du patient. Il importe de poser un tel diagnostic afin de mettre en route le traitement et de commander les tests de laboratoire. Il existe un petit nombre d'infections systémiques qui se transmettent par contact avec le sol et l'eau. Les agents pathogènes pénètrent habituellement par une lésion de la peau.

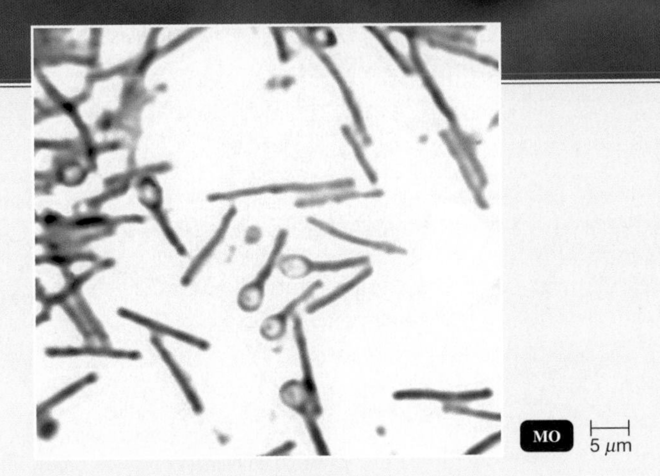

Bactéries isolées de l'orteil du patient et révélées par coloration de Gram

Par exemple, un homme de 65 ans souffrant de mauvaise circulation dans les jambes contracte une infection après s'être blessé à un orteil. La nécrose des tissus rend la circulation encore plus difficile, si bien qu'il faut amputer deux orteils. Trouvez dans le tableau ci-dessous l'infection qui peut être à l'origine de ces signes et de ces symptômes. Consultez aussi le texte du chapitre.

Maladie	Agent pathogène	Principaux signes et symptômes	Réservoir	Modes de transmission	Prévention/ Traitement
BACTÉRIOSES					
Gangrène	*Clostridium perfringens*	Nécrose des tissus mous au site d'infection	Sol	Véhicule*: contact du sol avec une blessure comportant des tissus nécrosés	Ablation du tissu nécrotique; utilisation d'un caisson hyperbare et amputation
HELMINTHIASES					
Schistosomiase	*Schistosoma* spp.	Inflammation et lésions tissulaires dues à la formation de granulomes (dans le foie, les poumons, les reins ou ailleurs)	Hôte définitif: humains	Véhicule: l'eau contaminée par les cercaires qui entrent en contact avec la peau	Traitement des eaux usées; mesures d'hygiène; élimination des mollusques; praziquantel; oxamniquine
Dermatite des nageurs	Larves de schistosomes d'animaux autres que l'humain	Réaction inflammatoire localisée	Gibier à plume	Véhicule: l'eau contaminée par les cercaires, lesquels entrent en contact avec la peau	Aucun

* Par un véhicule commun: transmission à partir d'une unique source contaminée à de nombreux hôtes. L'eau, la nourriture et le sang sont des exemples de véhicules de transmission d'infections.

RÉSUMÉ

INTRODUCTION (p. 487)

1. Le cœur, le sang et les vaisseaux sanguins forment le système cardiovasculaire.
2. La lymphe, les vaisseaux et les nœuds lymphatiques ainsi que les organes lymphoïdes constituent le système lymphatique.

LA STRUCTURE ET LES FONCTIONS DES SYSTÈMES CARDIOVASCULAIRE ET LYMPHATIQUE (p. 488)

1. La fonction du cœur consiste à faire circuler le sang, à assurer le transport de substances vers les cellules des tissus et à permettre l'élimination d'autres substances produites par les cellules.
2. Le sang est un mélange de plasma et de cellules.
3. Le plasma transporte des substances dissoutes. Les érythrocytes transportent l'oxygène. Les leucocytes participent à la défense de l'organisme contre les infections.
4. Le liquide qui s'échappe des capillaires et s'écoule dans les espaces intercellulaires s'appelle liquide interstitiel.
5. Le liquide interstitiel entre dans les capillaires lymphatiques, où il prend le nom de lymphe ; les vaisseaux lymphatiques retournent la lymphe au sang.
6. Les nœuds lymphatiques contiennent des macrophagocytes fixes ainsi que des lymphocytes B et des lymphocytes T.

LES BACTÉRIOSES DES SYSTÈMES CARDIOVASCULAIRE ET LYMPHATIQUE (p. 489)

La sepsie et le choc septique (p. 489)

1. La sepsie est la réponse systémique de l'organisme à la présence d'un foyer d'infection (présumé ou identifié) qui libère des médiateurs de l'inflammation dans le sang.
2. Le choc septique peut être provoqué par des bactéries à Gram négatif ; les signes et les symptômes sont causés par les endotoxines. Il peut aussi être provoqué par des bactéries à Gram positif, tels les entérocoques résistants aux antibiotiques et les streptocoques du groupe B.

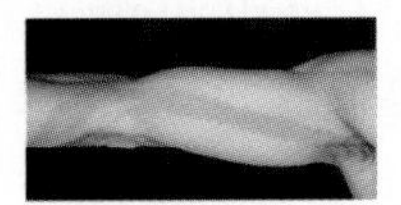

3. La sepsie peut évoluer vers une sepsie grave, laquelle risque d'entraîner un choc septique caractérisé par une chute de la pression artérielle et une défaillance multiviscérale.
4. La fièvre puerpérale débute par une infection de l'utérus consécutive à un accouchement ou à un avortement ; elle peut évoluer vers une péritonite ou une septicémie.
5. Le streptocoque β-hémolytique du groupe A est l'agent responsable de la fièvre puerpérale dans la majorité des cas.
6. Les cas de fièvre puerpérale sont rares aujourd'hui, grâce à l'emploi d'antibiotiques et à l'application de techniques modernes d'hygiène et d'asepsie.

Les bactérioses du cœur (p. 491)

7. L'endocarde est la tunique interne du cœur.
8. L'endocardite bactérienne subaiguë est généralement causée par des streptocoques α-hémolytiques, des staphylocoques ou des entérocoques.
9. La maladie résulte d'un foyer d'infection, dû par exemple à l'extraction d'une dent.
10. Les anomalies cardiaques sont un facteur prédisposant.
11. Les signes de la maladie comprennent la fièvre, l'anémie et un souffle cardiaque.
12. L'endocardite bactérienne aiguë est généralement causée par *Staphylococcus aureus*.
13. L'infection peut survenir même en l'absence d'anomalies valvulaires ; la bactérie entraîne rapidement la destruction des valves cardiaques.

Le rhumatisme articulaire aigu (p. 491)

14. Le rhumatisme articulaire aigu (RAA) est une complication auto-immune d'infections streptococciques.
15. Le RAA se manifeste par de l'arthrite ou par une inflammation du cœur. Il risque de causer des dommages permanents à cet organe.
16. Les anticorps contre les SBHA réagissent aux antigènes streptococciques présents dans les articulations ou dans les valves cardiaques, ou bien ont une réaction croisée avec les antigènes des cellules du muscle cardiaque.
17. Le RAA peut résulter d'une infection streptococcique, par exemple une angine streptococcique. Les streptocoques ne sont pas nécessairement présents dans l'organisme lorsque le rhumatisme apparaît.
18. Le traitement rapide des infections streptococciques peut réduire l'incidence du RAA. Les antiinflammatoires constituent le traitement de choix des symptômes du rhumatisme articulaire.
19. On administre de la pénicilline pour prévenir la résurgence des infections streptococciques.

La tularémie (p. 492)

20. La tularémie est causée par *Francisella tularensis*. Les petits mammifères sauvages, en particulier les lapins, en sont le réservoir.
21. Les signes de la maladie comprennent une ulcération au point d'entrée de l'agent pathogène, suivie par une septicémie et une pneumonie.

La brucellose (p. 492)

22. La brucellose, ou fièvre ondulante, est causée par *Brucella abortus*, dont les réservoirs sont les orignaux et les bisons, *B. melitensis*, pour lequel les moutons et les chèvres sont les réservoirs, ou *B. suis*, dont le réservoir est le porc.

23. Les bactéries pénètrent dans le corps par de minuscules lésions d'une muqueuse ou de la peau ; elles se reproduisent dans les macrophagocytes et se disséminent par les vaisseaux lymphatiques jusque dans le foie, la rate et la moelle osseuse rouge.
24. Les signes de la maladie comprennent un malaise général et des accès de fièvre vespérale.
25. Le diagnostic repose sur des épreuves sérologiques.

L'anthrax (p. 494)

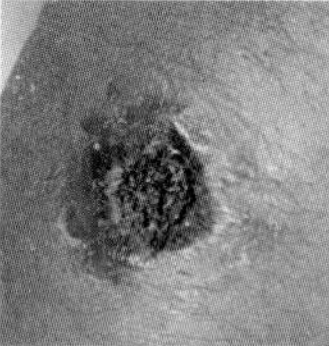

26. *Bacillus anthracis* est l'agent de l'anthrax. Les endospores peuvent survivre jusqu'à 60 ans dans le sol.
27. Les humains contractent l'anthrax en manipulant des peaux d'animaux infectés.
28. Les bactéries pénètrent l'organisme par des coupures de la peau ou par les voies respiratoires.
29. Si elles pénètrent dans la peau, les bactéries provoquent la formation d'une pustule susceptible d'entraîner une sepsie. L'inhalation de bactéries peut causer une pneumonie et un choc septique. La virulence de la bactérie est associée à la présence d'une capsule et à la sécrétion d'exotoxines.
30. Le diagnostic repose sur l'isolement et l'identification de la bactérie.

La gangrène (p. 495)

31. La mort de tissus mous due à une ischémie (interruption de l'apport de sang) s'appelle gangrène.
32. La gangrène favorise particulièrement la croissance de bactéries anaérobies telles que *Clostridium perfringens*.
33. Pour se développer, les microbes utilisent des nutriments libérés par les cellules gangréneuses.
34. *C. perfringens* est susceptible d'envahir la paroi de l'utérus lors d'un avortement effectué de façon inadéquate.
35. L'ablation du tissu nécrotique, l'utilisation d'un caisson hyperbare et l'amputation font partie des traitements de la gangrène gazeuse.

Les maladies systémiques dues à une morsure ou à une griffure (p. 495)

36. *Pasteurella multocida,* qui se transmet par la morsure d'un chien ou d'un chat, est susceptible de causer une septicémie.
37. Des bactéries anaérobies infectent les morsures profondes faites par un animal.
38. La maladie des griffes du chat est causée par *Bartonella henselæ*.
39. La fièvre par morsure de rat est causée par *Streptobacillus moniliformis* et par *Spirillum minus*.

Les maladies à transmission par vecteur (p. 497)

La peste (p. 497)

40. La peste est causée par *Yersinia pestis.* Le vecteur est généralement la puce du rat (*Xenopsylla cheopis*).
41. Les réservoirs de la peste comprennent les rats d'Europe et d'Asie ainsi que les rongeurs d'Amérique du Nord.
42. Les signes de la peste bubonique comprennent la tuméfaction des nœuds lymphatiques (bubons).
43. Si elles pénètrent dans les poumons, les bactéries provoquent la peste pulmonaire.
44. Le diagnostic de laboratoire repose sur l'isolement et l'identification des bactéries.
45. Les antibiotiques constituent un traitement efficace de la peste, mais il faut les administrer très rapidement après l'exposition à la maladie.

La maladie de Lyme (p. 498)

46. La maladie de Lyme est causée par *Borrelia burgdorferi,* et elle est transmise par une tique (*Ixodes*).
47. Les petits rongeurs (tels que les mulots) et les cerfs constituent des réservoirs animaux. La maladie de Lyme est particulièrement fréquente sur la côte atlantique américaine.
48. Le diagnostic repose sur des épreuves sérologiques et sur les signes et les symptômes cliniques.

La fièvre récurrente (p. 500)

49. La fièvre récurrente est causée par diverses espèces du genre *Borrelia* et elle est transmise par les tiques molles.
50. Les rongeurs constituent le réservoir de la maladie.
51. Les signes de la fièvre récurrente comprennent de la fièvre, un ictère (ou jaunisse) et des taches rosées. Ils réapparaissent trois ou quatre fois après un rétablissement apparent.
52. Le diagnostic de laboratoire repose sur la présence de spirochètes dans le sang du patient.

L'ehrlichiose et l'anaplasmose humaine (p. 500)

53. L'ehrlichiose humaine et l'anaplasmose sont causées respectivement par diverses espèces du genre *Ehrlichia* et par *Anaplasma* et sont transmises par la tique *Ixodes.*

Le typhus (p. 500)

54. Le typhus est causé par des rickettsies, qui sont des parasites intracellulaires obligatoires de cellules eucaryotes.

Typhus épidémique (p. 500)

55. Le pou de l'humain, *Pediculus humanus corporis,* transmet *Rickettsia prowazekii* par l'intermédiaire de ses déjections, qu'il excrète dans une plaie pendant qu'il se nourrit.
56. Le typhus épidémique se rencontre particulièrement dans les milieux surpeuplés où les conditions d'hygiène sont médiocres, ce qui favorise la prolifération des poux.
57. Les signes du typhus épidémique sont une éruption cutanée, une fièvre élevée et persistante ainsi que la stupeur.
58. Le traitement consiste à administrer des tétracyclines et du chloramphénicol.

Typhus murin (endémique) (p. 501)

59. Le typhus murin (endémique) est une maladie moins grave, causée par *Rickettsia typhi* et transmise des rongeurs aux humains par l'intermédiaire de la puce du rat.

Fièvre pourprée des montagnes Rocheuses (p. 501)

60. *Rickettsia rickettsii* est un parasite des tiques (*Dermacentor* spp.) du sud-est des États-Unis, des Appalaches et des montagnes Rocheuses.
61. Les rickettsies sont transmissibles aux humains, chez qui elles causent la fièvre pourprée des montagnes Rocheuses.
62. Le chloramphénicol et les tétracyclines sont des médicaments efficaces contre la fièvre pourprée des montagnes Rocheuses.
63. Le diagnostic de laboratoire repose sur des épreuves sérologiques.

LES VIROSES DES SYSTÈMES CARDIOVASCULAIRE ET LYMPHATIQUE (p. 502)

Le lymphome de Burkitt (p. 502)

1. Le virus d'Epstein-Barr (VEB, ou herpèsvirus humain type 4, ou HHV-4) est responsable du lymphome de Burkitt et du cancer du nasopharynx.
2. Le lymphome de Burkitt atteint en particulier les personnes dont le système immunitaire est affaibli, par exemple par le paludisme ou par le sida.

La mononucléose infectieuse (p. 502)

3. La mononucléose infectieuse est causée par le VEB.
4. Le virus est présent dans la salive. Il provoque la prolifération de lymphocytes B atypiques.
5. La maladie se contracte par contact direct avec la salive d'un individu infecté.
6. Le diagnostic s'effectue par immunofluorescence indirecte.

Les autres maladies causées par le virus d'Epstein-Barr (p. 503)

7. Le VEB peut aussi causer d'autres maladies incluant des cancers et, peut-être, la sclérose en plaques.

L'infection à cytomégalovirus (p. 503)

8. Le cytomégalovirus (CMV, un herpèsvirus) provoque l'apparition d'inclusions intranucléaires et d'une cytomégalie des cellules hôtes.
9. Le virus est transmis par l'intermédiaire de la salive et d'autres liquides organiques.
10. L'infection à CMV peut être asymptomatique, bénigne, ou encore évolutive et fatale. Les patients immunodéprimés peuvent présenter une pneumonie.
11. S'il traverse le placenta, le virus peut infecter le fœtus et engendrer un retard mental, des troubles neurologiques et la naissance d'un enfant mort-né.

Le chikungunya (p. 504)

12. Le chikungunya est une maladie caractérisée par de la fièvre et des douleurs articulaires intenses. L'agent causal est un virus transmis par des moustiques du genre *Ædes*.

Les fièvres hémorragiques virales classiques (p. 504)

13. La fièvre jaune est causée par un virus. Le moustique *Ædes ægypti* en est le vecteur.
14. Les signes et les symptômes comprennent de la fièvre, des frissons, des maux de tête, des nausées et un ictère.
15. Le diagnostic repose sur la présence, chez l'hôte, d'anticorps capables de neutraliser le virus.
16. Il n'existe pas de traitement de la maladie, mais on dispose d'un vaccin viral vivant atténué.
17. La dengue est causée par un virus et elle est transmise par le moustique *Ædes ægypti*.
18. Les signes et les symptômes de la dengue sont la fièvre, desdouleurs musculaires et articulaires ainsi qu'une éruption cutanée.
19. La lutte contre les moustiques responsables joue un rôle fondamental dans la prévention de la maladie.
20. La dengue hémorragique apparaît lorsqu'une personne possédant des anticorps contre la dengue est réinfectée par le même virus; elle peut causer un choc septique.

Les fièvres hémorragiques virales émergentes (p. 504)

21. Durant les années 1960, on a déterminé pour la première fois chez l'humain les maladies à virus de Marburg et à virus Ebola ainsi que la fièvre de Lassa.
22. On rencontre le virus de Marburg chez les primates autres que les humains, le virus de Lassa chez les rongeurs et le virus Ebola chez les chauves-souris frugivores.
23. Les rongeurs constituent le réservoir des fièvres hémorragiques argentine et bolivienne.
24. Le syndrome pulmonaire à *Hantavirus* est causé par un hantavirus, qui se transmet par inhalation d'urine séchée d'un rongeur infecté. La fièvre hémorragique avec syndrome rénal est aussi due à un hantavirus.

LES PROTOZOOSES DES SYSTÈMES CARDIOVASCULAIRE ET LYMPHATIQUE (p. 506)

La trypanosomiase américaine (p. 506)

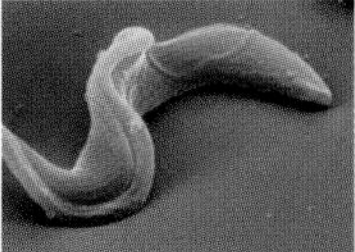

1. *Trypanosoma cruzi* est l'agent de la trypanosomiase américaine, ou maladie de Chagas. Son réservoir comprend de nombreux animaux sauvages, et son vecteur est le réduve. Le parasite cause des dommages au cœur et aux nerfs des organes du tube digestif.

La toxoplasmose (p. 508)

2. La toxoplasmose est causée par le protozoaire *Toxoplasma gondii*, un parasite intracellulaire obligatoire.

3. La reproduction sexuée de *T. gondii* a lieu dans l'intestin du chat domestique, l'hôte définitif, qui excrète les oocystes matures contenant des sporozoïtes dans ses selles.
4. Dans les tissus de l'hôte intermédiaire, les parasites forment soit des tachyzoïtes qui prolifèrent rapidement et envahissent les tissus, soit des bradyzoïtes protégés sous forme de kystes tissulaires.
5. Les humains contractent l'infection en ingérant des tachyzoïtes ou des kystes tissulaires contenus dans de la viande insuffisamment cuite provenant d'un animal infecté, ou encore par contact avec des selles de chat.
6. Il existe une forme congénitale de l'infection. Les signes et les symptômes comprennent des altérations cérébrales et des troubles de la vue graves.

Le paludisme (p. 510)

7. Les signes et les symptômes du paludisme sont des accès de frissons, de fièvre, de vomissements et de maux de tête, qui se produisent à des intervalles de 2 à 3 jours.
8. Le paludisme est transmis par le moustique *Anopheles*. L'agent pathogène est l'une de quatre espèces du genre *Plasmodium*.
9. Les sporozoïtes se reproduisent dans le foie et libèrent des mérozoïtes dans la circulation sanguine, ce qui entraîne l'infection des érythrocytes et la production d'autres mérozoïtes.
10. On tente de créer de nouveaux médicaments au fur et à mesure que les protozoaires deviennent résistants à des substances médicamenteuses telles que la chloroquine.

La leishmaniose (p. 513)

11. La leishmaniose est causée par *Leishmania* spp. et elle est transmise par les phlébotomes.
12. Les protozoaires se reproduisent dans le foie, la rate et les reins.
13. Le traitement consiste à administrer des composés d'antimoine.

La babésiose (p. 514)

14. La babésiose est causée par le protozoaire *Babesia microti*. Elle est transmise aux humains par des tiques, souvent en même temps que le parasite de la maladie de Lyme. Le parasite se reproduit dans les érythrocytes et provoque une anémie.

LES HELMINTHIASES DES SYSTÈMES CARDIOVASCULAIRE ET LYMPHATIQUE (p. 514)

La schistosomiase (p. 514)

1. La schistosomiase est causée par diverses espèces de vers plats du genre *Schistosoma*.
2. Les œufs excrétés dans les selles se transforment en larves (miracidies), qui infectent l'hôte intermédiaire, soit un mollusque. Ce dernier libère des cercaires infestantes, qui pénètrent dans la peau des humains.
3. Les schistosomes adultes vivent dans les veines du foie, de l'intestin ou des voies urinaires des humains.
4. Les granulomes sont produits par le système immunitaire de l'hôte en réaction à la présence d'œufs dans l'organisme.
5. Le diagnostic peut reposer sur l'observation d'œufs ou de schistosomes dans les selles, sur des tests cutanés ou sur des épreuves sérologiques indirectes.
6. Le traitement fait appel à la chimiothérapie. Les mesures d'hygiène et l'élimination des mollusques permettent de prévenir la maladie.

La dermatite des nageurs (p. 517)

7. La dermatite des nageurs est une réaction allergique cutanée aux cercaires qui pénètrent dans la peau. L'hôte définitif du schistosome est le gibier à plume, et non l'humain.

AUTOÉVALUATION

QUESTIONS À COURT DÉVELOPPEMENT

1. Les informations contenues dans le tableau suivant sont les résultats de réactions d'immunofluorescence indirecte (détection par les anticorps fluorescents) effectués sur le sérum de 3 femmes de 25 ans qui désirent devenir enceintes. Laquelle des trois sujets est peut-être atteinte de toxoplasmose ? Quel conseil pourrait-on donner à chaque femme en ce qui a trait à la prévention de la toxoplasmose ?

	Titre des anticorps		
Patiente	Jour 1	Jour 5	Jour 12
Patiente A	1024	1024	1024
Patiente B	1024	2048	3072
Patiente C	0	0	0

2. Expliquez pourquoi la brucellose est une maladie dont l'incidence a fortement diminué dans les pays développés. Pourquoi est-il difficile de traiter cette maladie avec des antibiotiques ?
3. Pour bien des gens, la peste est une maladie du Moyen Âge. Expliquez dans quelles circonstances cette maladie pourrait devenir une nouvelle maladie émergente.
4. Une personne pourrait-elle contracter le paludisme lors d'une transfusion sanguine ? Justifiez votre réponse.
5. Décrivez les dangers qui menacent une population exposée à l'anthrax dans l'éventualité d'une guerre bactériologique.

APPLICATIONS CLINIQUES

N. B. Certaines de ces questions nécessitent que vous cherchiez des réponses dans les différents chapitres du livre.

1. La romancière et poète Marguerite Yourcenar écrivait que sa mère était morte « au champ d'honneur des femmes », c'est-à-dire d'une fièvre puerpérale. Cette infection est généralement causée par le streptocoque β-hémolytique du groupe A (SBHA). Dans le cas de la mère de la romancière,

comment cette infection lui a-t-elle été transmise ? Après un accouchement, quelles sont les complications possibles d'une fièvre puerpérale ? Consultez quelques documents historiques concernant les travaux du médecin Ignác Semmelweis et justifiez l'expression utilisée par la romancière au sujet de la mort de sa mère.

2. Mme Hudon est née en 1926. À l'âge de 12 ans, elle a contracté la scarlatine, maladie causée par le SBHA. À 13 ans, elle a cessé d'aller à l'école en raison d'une crise de rhumatisme. À 24 ans, elle a subi une nouvelle crise de rhumatisme articulaire dans les genoux qui l'a confinée dans un fauteuil roulant pendant près de 6 mois. À 26 ans, au cours de sa première grossesse, elle a reçu un diagnostic de souffle sévère au niveau de la valve cardiaque bicuspide (mitrale). Aujourd'hui, alors qu'elle est âgée de 77 ans, Mme Hudon présente une altération valvulaire qui provoque la formation spontanée de caillots et lui fait courir un risque élevé de thrombose. Décrivez le pouvoir pathogène de la bactérie responsable de la scarlatine. Établissez les liens entre les différentes manifestations pathologiques survenues au cours de la vie de Mme Hudon afin d'expliquer l'évolution de la maladie. (*Indice :* Voir les chapitres 10 et 13.)

3. Une adolescente est admise au service des urgences en état de choc. On note les observations suivantes au dossier : fièvre atteignant 42 °C, vomissements en jets, placards rouges (érythème) sur la peau et faible pression artérielle. Cette patiente, héroïnomane, est bien connue du personnel soignant ; les veines de ses bras sont striées de plaies et de croûtes de pus séché. On diagnostique un syndrome de choc toxique staphylococcique. Déterminez l'origine de l'infection et la porte d'entrée de la bactérie en cause. Reliez le pouvoir pathogène de la bactérie au mécanisme physiopathologique qui a conduit d'une part à l'apparition de l'érythème et d'autre part à la chute de la pression artérielle. À quelles conséquences peut-on s'attendre chez l'adolescente et les autres patients si la bactérie responsable est un *Staphylococcus aureus* multirésistant ? (*Indice :* Voir les chapitres 10, 13 et 16.)

4. Sur 5 patients ayant subi une chirurgie de remplacement valvulaire, 3 ont été atteints d'une bactériémie ; les infirmières doivent surveiller les signes de l'apparition d'un choc septique, tels que fièvre, frissons et chute de la pression artérielle. Une culture effectuée à partir d'un spécimen prélevé sur un manomètre utilisé au cours des opérations a été positive pour *Enterobacter cloacæ,* une bactérie à Gram négatif. Reliez le pouvoir pathogène de cette bactérie à Gram négatif au mécanisme physiopathologique qui conduit d'une part à l'apparition de la fièvre et des frissons, et d'autre part à la chute de la pression artérielle. Une antibiothérapie serait-elle un traitement efficace ? Suggérez des moyens de prévenir d'autres complications semblables. (*Indice :* Voir les chapitres 3, 10 et 15.)

5. Au cours d'un stage à l'hôpital, votre professeur vous soumet le dossier d'un patient âgé de 62 ans. Cet homme est diabétique depuis l'âge de 25 ans. Son état s'est récemment aggravé à la suite d'une blessure à l'orteil faite avec un coupe-ongles. Il est noté au dossier que, à l'arrivée du patient, la peau de l'orteil était noire et gonflée, et présentait des signes de crépitements au contact. Le médecin a diagnostiqué une gangrène gazeuse et a pris rapidement la décision d'amputer l'orteil. Expliquez pourquoi ce patient courait le risque de contracter une gangrène à la suite d'une simple blessure à l'orteil. Citez les réservoirs de la bactérie en cause et décrivez le moyen qui lui permet d'y survivre. Établissez le lien entre le pouvoir pathogène de la bactérie et le mécanisme physiopathologique qui a conduit à la gangrène des tissus. Quel serait le risque pour le patient si son orteil n'était pas amputé ? (*Indice :* Voir les chapitres 3 et 10.)

6. Alexandre, un jeune homme de 19 ans, va à la chasse au cerf. En suivant une piste, il découvre un lièvre mort, partiellement démembré. Il en prélève les pattes de devant et les offre à son amie en guise de talisman. Alexandre a manipulé le lièvre à mains nues, mais il avait des abrasions et des éraflures qu'il s'était faites au cours de son travail comme mécanicien. Deux jours plus tard, des boutons suppurants apparaissent sur ses mains, ses jambes et ses genoux. Le laboratoire effectue une réaction sur le microbe isolé d'une lésion cutanée et conclut à un cas de tularémie. Le médecin confirme ce diagnostic. Décrivez la technique qui a permis d'établir rapidement le diagnostic. Comme cette maladie est relativement rare dans la région, le médecin demande à l'infirmière qui l'assiste dans son cabinet de rédiger une fiche explicative sur les différents maillons de la chaîne épidémiologique et sur les différentes mesures préventives à adopter. Écrivez cette fiche. (*Indice :* Voir le chapitre 26 EN LIGNE.)

7. Vous partez en randonnée pédestre avec des amis. À l'entrée de la piste, un écriteau met en garde les randonneurs : des cas de maladie de Lyme ont été déclarés dans la région et il convient de prendre certaines précautions. Décrivez les types de mesures efficaces à adopter dans cette situation et reliez ces mesures aux modes de transmission de la maladie. Par ailleurs, vos amis vous demandent si, dorénavant, il sera nécessaire d'appliquer ces mesures systématiquement à toutes leurs randonnées. Que leur répondrez-vous ?

8. Inquiet de l'absence d'une amie au cours de biologie, vous la contactez pour avoir de ses nouvelles. Elle vous dit qu'elle a une mononucléose infectieuse, couramment appelée maladie du baiser. En fait, tout a commencé par un mal de gorge et un fort gonflement des nœuds lymphatiques du cou ; elle est très affaiblie depuis quelques jours et ne pourra pas revenir en cours d'ici 3 ou 4 semaines. Le nom de la maladie vous intrigue et vous décidez de faire une recherche pour comprendre pourquoi le baiser a rendu votre amie si malade. Faites la relation entre le pouvoir pathogène du virus et le mécanisme physiopathologique qui a conduit à l'apparition des premiers signes de la maladie. Expliquez comment votre amie peut devenir l'un des maillons de la chaîne de transmission de la maladie.

Consultez le volet de gauche de l'Édition en ligne pour d'autres activités.

CHAPITRE

Les maladies infectieuses du système respiratoire 19

À chaque inspiration, on inhale plusieurs microorganismes présents dans l'air; les voies respiratoires supérieures constituent donc une porte d'entrée majeure pour les agents pathogènes. En fait, les infections du système respiratoire sont le type d'infection le plus courant, et elles comptent parmi les plus graves. L'ingestion d'aliments ou d'eau contaminés peut également conduire à des infections respiratoires. Par ailleurs, certains des agents pathogènes qui pénètrent dans le corps par les voies respiratoires infectent d'autres parties du corps; c'est le cas des virus responsables de la rougeole, des oreillons et de la rubéole.

Toutefois, le corps est doté de divers mécanismes de défense qui participent à l'élimination des agents pathogènes responsables des infections respiratoires: ce sont ceux de l'immunité innée d'une part, de nature tant mécanique (poils, cils et mucus) que chimique (lysozyme) et cellulaire (macrophagocytes), et ceux de l'immunité adaptative d'autre part, associée à la présence d'anticorps IgA dans les sécrétions telles que le mucus, les larmes et la salive.

Ces mécanismes contribuent au maintien de l'homéostasie de l'organisme humain en le protégeant contre l'agression des microbes.

Les encadrés 19.1, 19.3 et 19.4 présentent une récapitulation des maladies infectieuses du système respiratoire décrites dans le chapitre. Pour un rappel des différents maillons de la chaîne épidémiologique, consultez la section « La propagation d'une infection » au chapitre 9 et le schéma guide de la figure 9.6.

Q/R

La coqueluche est déclenchée par la croissance de B. pertussis *sur les cellules représentées ici. Par quel mécanisme la bactérie provoque-t-elle la maladie?*

La réponse est dans le chapitre.

AU MICROSCOPE

Bordetella pertussis, bactérie (orange) qui croît sur les cellules ciliées des voies respiratoires supérieures.

La structure et les fonctions du système respiratoire

▶ Objectif d'apprentissage

19-1 Décrire les mécanismes de protection qui s'opposent à l'entrée des microorganismes dans le système respiratoire.

Pour des raisons pratiques, on divise le système respiratoire en deux grandes parties : les voies respiratoires supérieures et les voies respiratoires inférieures. Les **voies respiratoires supérieures** sont constituées du nez, du pharynx comprenant le nasopharynx, l'oropharynx et le laryngopharynx, et des structures associées, qui comprennent l'oreille moyenne et la trompe auditive (**figure 19.1**). Les conduits partant des sinus et les conduits lacrymonasaux de l'appareil lacrymal débouchent dans la cavité nasale (figure 11.3). La trompe auditive, ou trompe d'Eustache, s'ouvre sur la partie supérieure du pharynx ou nasopharynx.

Sur le plan anatomique, les voies respiratoires supérieures sont dotées de plusieurs mécanismes de défense contre les agents pathogènes aéroportés. Les vibrisses du nez sont des poils rugueux qui filtrent les grosses particules de poussière contenues dans l'air. De plus, la muqueuse qui tapisse le nez et le nasopharynx comporte de nombreuses cellules ciliées et des cellules sécrétant du mucus. Le mucus humidifie l'air inhalé et emprisonne les poussières et les microorganismes, en particulier les particules dont le diamètre dépasse 4 ou 5 μm. Les cellules ciliées jouent un rôle dans l'élimination de ces particules ; le mouvement de leurs cils les refoule vers la bouche.

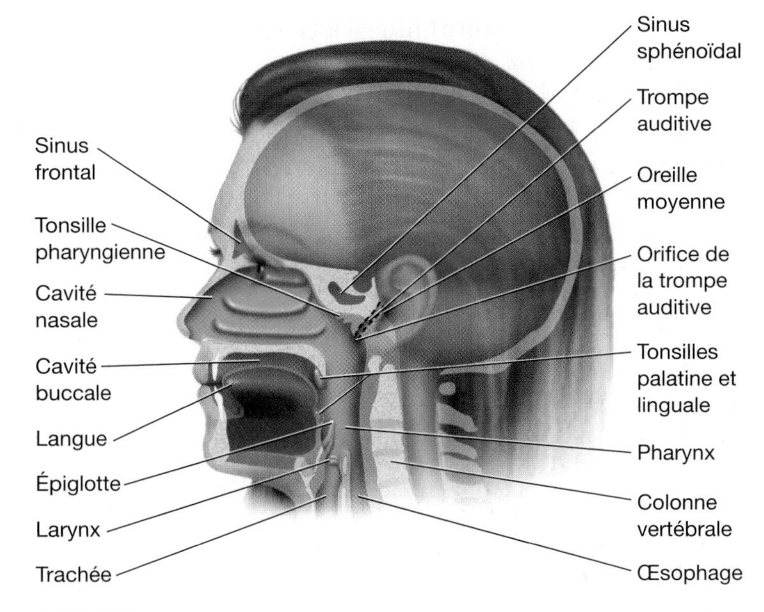

Figure 19.1 **Structures des voies respiratoires supérieures.**

À la jonction entre le nez et l'oropharynx, communément appelé gorge, se trouvent les tonsilles, ou amygdales, formées de tissu lymphoïde, qui participent à la lutte contre certaines infections. Il arrive cependant que les tonsilles s'infectent et contribuent à la dissémination de l'agent pathogène jusqu'à l'oreille par l'intermédiaire de la trompe auditive. Étant donné que le nez et la gorge sont reliés aux sinus, à l'appareil lacrymonasal et à l'oreille moyenne, il n'est pas rare qu'une infection se propage d'une de ces régions à une autre.

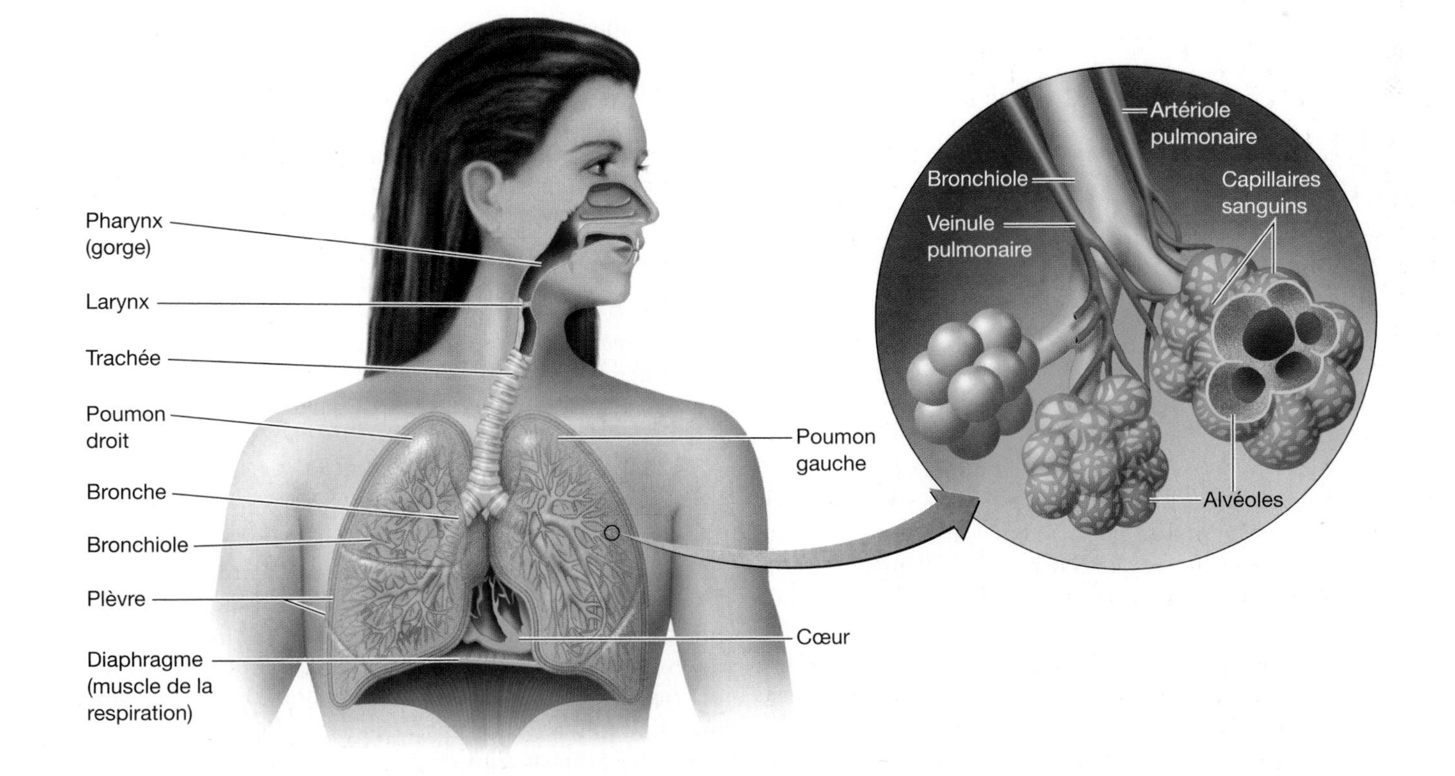

Figure 19.2 **Structures des voies respiratoires inférieures.**

Les **voies respiratoires inférieures** comprennent le larynx, la trachée, les bronches et les alvéoles pulmonaires (**figure 19.2**, page précédente). Deux ou plusieurs alvéoles sont regroupées en sacs alvéolaires, qui constituent le tissu pulmonaire ; c'est à l'intérieur de ces sacs que s'effectuent les échanges gazeux entre les poumons et le sang. Les poumons d'un humain adulte comportent plus de 300 millions d'alvéoles, de sorte que la surface de tissu où ont lieu les échanges gazeux mesure au moins 70 m^2. La membrane à deux feuillets qui entoure les poumons est la plèvre.

La muqueuse ciliée tapissant les voies respiratoires inférieures du larynx jusqu'aux bronchioles s'oppose également à l'entrée des microbes dans les poumons. Les particules emprisonnées sont repoussées vers la gorge par l'activité combinée des cils et du mucus ; ce mécanisme s'appelle *escalier mucociliaire* (figure 11.4). Le lysozyme, une enzyme présente dans tous les liquides biologiques tels que les sécrétions nasales et le mucus des voies respiratoires, concourt à la destruction des bactéries inhalées.

Dans l'épaisseur de la muqueuse bronchique se trouvent de petits follicules lymphatiques composés de macrophagocytes, de lymphocytes B (sécrétant des IgA) et de lymphocytes T. En général, si des microbes atteignent les alvéoles pulmonaires, des *macrophagocytes alvéolaires* les localisent, puis les ingèrent et les détruisent. À cet effet de l'immunité innée s'ajoute celui de l'immunité adaptative, laquelle fait intervenir des anticorps de type IgA présents dans le mucus des voies respiratoires, les larmes et la salive (tableau 12.1) ; les anticorps IgA jouent un rôle dans la protection des muqueuses contre de nombreux agents pathogènes.

▶ Vérifiez vos acquis

À quoi servent les vibrisses des voies nasales ? **19-1**

Le microbiote normal du système respiratoire

▶ Objectif d'apprentissage

19-2 Décrire les caractéristiques et le rôle du microbiote normal des voies respiratoires supérieures et inférieures.

Le microbiote normal du système respiratoire colonise la muqueuse des cavités nasales et du pharynx (tableau 9.1). *Staphylococcus aureus, S. epidermidis, Streptococcus pneumoniæ* et les diphtéroïdes sont majoritaires dans le nez et le nasopharynx, alors que les streptocoques oraux sont plus nombreux dans la cavité buccale et l'oropharynx. Un certain nombre de microorganismes potentiellement pathogènes forme une partie du microbiote normal des voies respiratoires supérieures. En général, ils ne provoquent pas de maladie parce que les microorganismes prédominants du microbiote font obstacle à leur croissance en s'appropriant les nutriments et en produisant des substances inhibitrices ; il s'agit de l'antagonisme microbien ou effet barrière dont nous avons parlé au chapitre 9. Par exemple, les streptocoques oraux exercent un effet barrière sur les streptocoques β-hémolytiques du groupe A.

Par contre, les voies respiratoires inférieures sont pratiquement stériles – bien que la trachée puisse abriter quelques bactéries – grâce à l'efficacité de l'escalier mucociliaire dans les bronches et à l'activité phagocytaire dans les alvéoles.

▶ Vérifiez vos acquis

Quel est le principal mécanisme par lequel les voies respiratoires inférieures se maintiennent dans un état pratiquement stérile ? **19-2**

LES MALADIES INFECTIEUSES DES VOIES RESPIRATOIRES SUPÉRIEURES

▶ Objectif d'apprentissage

19-3 Faire la distinction entre pharyngite, laryngite, tonsillite (amygdalite), sinusite et épiglottite.

Chacun sait par expérience que plusieurs affections courantes touchent les voies respiratoires et que ces dernières se transmettent généralement par contact direct avec des sécrétions des personnes infectées ou porteuses. Nous traiterons sous peu de la **pharyngite**, inflammation des muqueuses de la gorge aussi appelée *angine*. Si l'infection touche le larynx, le sujet souffre d'une **laryngite**, qui réduit sa capacité de parler. Cette dernière affection est causée par une bactérie, telle que *S. pneumoniæ,* ou par un virus, et souvent par des microbes des deux types. Les microbes responsables de la pharyngite peuvent aussi provoquer une inflammation des tonsilles, la **tonsillite**, communément appelée *amygdalite*.

Les sinus paranasaux sont des cavités situées dans certains os crâniens ; ils s'ouvrent sur la cavité nasale. Les muqueuses tapissant les sinus et la cavité nasale forment une membrane continue. L'infection d'un sinus par un microbe tel que *S. pneumoniæ* ou *Hæmophilus influenzæ* se traduit par une inflammation des muqueuses, d'où un abondant écoulement nasal de liquide muqueux et de la congestion. On appelle cet état **sinusite**. Si l'orifice qui permet au mucus de s'échapper du sinus s'obstrue, la pression interne qui en résulte occasionne de la douleur. Des maux de tête et de la fièvre peuvent également compléter les symptômes. Ces maladies sont presque toujours *spontanément résolutives,* c'est-à-dire que la guérison se produit généralement sans intervention médicale. Toutefois, des antibiotiques sont fréquemment prescrits lorsque l'infection est d'origine bactérienne.

La maladie infectieuse des voies respiratoires supérieures la plus dangereuse est l'**épiglottite**, soit l'inflammation de l'épiglotte. L'épiglotte est une structure cartilagineuse, dont la forme évoque une feuille, qui empêche les matières ingérées d'entrer dans le larynx (figure 19.1). L'épiglottite est une maladie à évolution rapide, qui atteint généralement les jeunes enfants chez qui les signes et les symptômes – fièvre, mal de gorge, déglutition difficile et douloureuse – peuvent survenir en quelques heures et entraîner la mort. Elle est due à un agent pathogène, le plus souvent *H. influenzæ* type b. L'administration du nouveau vaccin Hib, élaboré surtout pour lutter contre la méningite, a réduit de façon considérable l'incidence de l'épiglottite chez les personnes immunisées.

▶ Vérifiez vos acquis

Laquelle des affections suivantes est la plus susceptible d'être accompagnée d'un mal de tête : pharyngite, laryngite, sinusite ou épiglottite ? **19-3**

Les bactérioses des voies respiratoires supérieures

▶ Objectif d'apprentissage

19-4 Décrire la chaîne épidémiologique qui conduit aux bactérioses suivantes des voies respiratoires supérieures : la pharyngite streptococcique, la scarlatine, la diphtérie et l'otite moyenne. Préciser notamment les facteurs de virulence de l'agent pathogène, ses principaux réservoirs, ses modes de transmission, ses portes d'entrée, les facteurs prédisposants de l'hôte réceptif, le mécanisme physiopathologique qui mène à l'apparition des principaux signes et symptômes de la maladie infectieuse (s'il y a lieu) et les moyens thérapeutiques et les épreuves de diagnostic (s'il y a lieu).

Les agents pathogènes transmis par voie aérienne entrent d'abord en contact avec des muqueuses lorsqu'ils pénètrent dans le corps par les voies respiratoires supérieures. C'est là que prend racine le processus infectieux qui aboutit à de nombreuses maladies respiratoires et systémiques. Généralement, les microbes quittent le corps par la même porte, soit celle des voies respiratoires.

La pharyngite streptococcique

La **pharyngite streptococcique**, ou **angine streptococcique**, est une infection des voies respiratoires supérieures due au streptocoque β-hémolytique du groupe A (SBHA), une bactérie à Gram positif qui est également responsable de plusieurs infections de la peau et des tissus mous, telles que l'impétigo, l'érysipèle et, plus rarement, l'endocardite bactérienne aiguë (chapitre 16).

La pathogénicité des SBHA vient en partie de leur résistance à la phagocytose. Par ailleurs, ces bactéries produisent des enzymes spécifiques : les *streptokinases,* qui lysent les caillots de fibrine, et les *streptolysines,* qui sont cytotoxiques pour les cellules des tissus, les érythrocytes et les leucocytes.

Sans analyse de laboratoire, il est impossible de distinguer une pharyngite streptococcique d'une pharyngite due à une autre bactérie ou à un virus. Autrefois, le diagnostic reposait sur la culture de bactéries provenant d'un prélèvement de gorge. Il fallait attendre au lendemain, ou même plus longtemps, pour obtenir les résultats. Au début des années 1980, on a mis au point des épreuves de détection rapide des antigènes permettant de reconnaître les streptocoques du groupe A présents dans un prélèvement. Les premières épreuves de ce type étaient fondées sur la réaction d'agglutination indirecte avec des billes de latex enrobées d'anticorps (figure 26.7b EN LIGNE). Aujourd'hui, on utilise plutôt les **méthodes immunoenzymatiques** (**EIA**, pour *enzyme immunoassay*), qui sont plus sensibles et plus faciles à interpréter. On trouve sur le marché une grande diversité de tests rapides permettant d'évaluer les cas de pharyngites. En fait, la majorité des patients qui consultent un médecin pour un mal de gorge ne sont pas infectés par des streptocoques. Certains d'entre eux ont une infection bactérienne d'un autre type, mais dans beaucoup de cas, l'angine est causée par un virus – contre lequel l'antibiothérapie est inefficace. Même s'il est présent, le SBHA n'est pas nécessairement responsable des symptômes. Quoi qu'il en soit, dans les régions où se manifeste le rhumatisme articulaire aigu, on recommande de procéder à une culture bactérienne en plus d'utiliser les tests rapides.

La pharyngite streptococcique est caractérisée par une inflammation locale et une fièvre supérieure à 38 °C (**figure 19.3**). Notez que d'habitude cette pharyngite bactérienne n'entraîne pas de toux. Elle est souvent accompagnée d'une tonsillite – qui peut entraîner de la difficulté à avaler –, et les nœuds lymphatiques cervicaux gonflent et deviennent douloureux. La pénicilline constitue toujours le médicament d'élection pour le traitement des infections à SBHA. Ainsi, le traitement de la pharyngite à SBHA permet de soulager les symptômes, de réduire le risque de complications locales, tels des abcès rétropharyngés et des otites moyennes, et de prévenir les complications d'ordre immunologique (RAA). Comme l'immunité aux maladies streptococciques est spécifique du sérotype du streptocoque, une personne s'étant remise d'une infection causée par un sérotype donné n'est pas immunisée contre une infection provoquée par un autre sérotype.

Les enfants de 5 à 15 ans forment le groupe cible de la pharyngite streptococcique. Au cours des dernières années, l'augmentation de la fréquentation des garderies s'est accompagnée d'une hausse de l'incidence des infections chez les plus jeunes enfants. À l'heure actuelle, la pharyngite streptococcique se transmet principalement par contact direct avec les sécrétions respiratoires d'une personne infectée ; le contact avec des porteurs asymptomatiques augmente les risques de contagion. Comme pour toute infection respiratoire, le moyen le plus efficace de prévenir la pharyngite est de se laver souvent les mains après s'être mouché, avoir éternué ou toussé, et après avoir manipulé des mouchoirs ou des objets contaminés par des sécrétions.

La scarlatine

Si la souche de SBHA responsable de la pharyngite streptococcique élabore une *toxine érythrogène*, elle cause une infection appelée **scarlatine**. C'est ce qui se produit lorsque le streptocoque est lysogène, c'est-à-dire qu'il a lui-même été infecté par un bactériophage capable de lysogénisation (figure 8.12). Nous avons vu que l'information génétique du phage (virus) est alors intégrée dans le chromosome de la bactérie, et que les caractéristiques de cette dernière en sont modifiées.

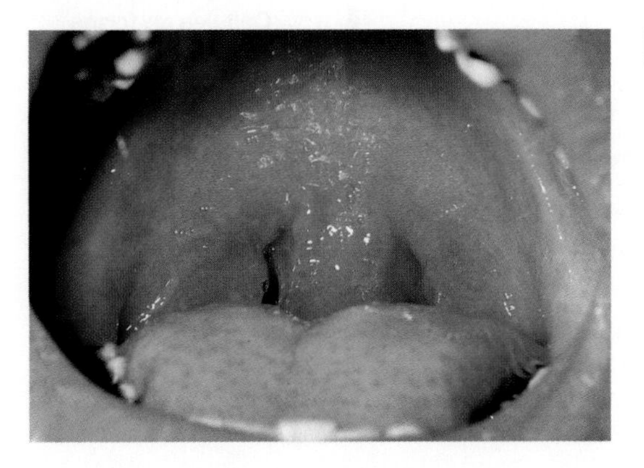

Figure 19.3 Pharyngite streptococcique. Notez l'inflammation.

La toxine érythrogène altère la résistance du corps à l'infection en diminuant la phagocytose et la production d'anticorps. Elle provoque une forte fièvre et un érythème cutané rouge rosé, probablement dû à une réaction d'hypersensibilité de la peau à la toxine en circulation dans le sang. Cet érythème, qui blanchit sous la pression, apparaît au cou et à la poitrine, aux plis axillaires, aux coudes et à l'aine ainsi que sur la surface interne des cuisses, mais il n'atteint généralement pas le visage. La langue prend un aspect dit framboisé (papilles enflammées saillantes) et devient rouge écarlate et enflée lorsque la membrane superficielle se détache. Au fur et à mesure que la maladie évolue, on observe souvent une desquamation de la peau affectée, comme après un coup de soleil.

La gravité et la fréquence de la scarlatine semblent varier en fonction du temps et des endroits où la maladie se déclare, mais en général elles ont diminué au cours des dernières années. Il s'agit d'une maladie transmissible, qui se propage principalement par l'inhalation de gouttelettes infectieuses provenant d'une personne infectée. On pensait autrefois que la scarlatine était associée à la pharyngite streptococcique, mais on sait maintenant qu'elle peut aussi accompagner une infection cutanée streptococcique.

La diphtérie

La **diphtérie** est également une infection bactérienne des voies respiratoires supérieures ; elle fait partie des maladies à déclaration obligatoire. Le microbe responsable est *Corynebacterium diphteriæ,* un bacille à Gram positif (dont la coloration n'est pas uniforme), non producteur d'endospores, et pléomorphe. Sa morphologie évoque fréquemment soit une griffe en forme de V ou de Y ou un arrangement des cellules bactériennes juxtaposées en forme de palissade (**figure 19.4**).

La bactérie se transmet par gouttelettes projetées par une personne malade ou par un porteur sain de même que par contact indirect, quoique moins souvent, avec des objets contaminés ; elle se transmet aussi par voie aérienne parce qu'elle est résistante à la sécheresse. La maladie débute par des maux de gorge, une céphalée et de la fièvre, suivis le plus souvent d'un malaise général et d'un œdème du cou. La diphtérie (d'un mot grec signifiant « cuir ») est caractérisée par la formation d'une membrane grisâtre résistante dans la gorge, en réaction à l'infection de la muqueuse (**figure 19.5**).

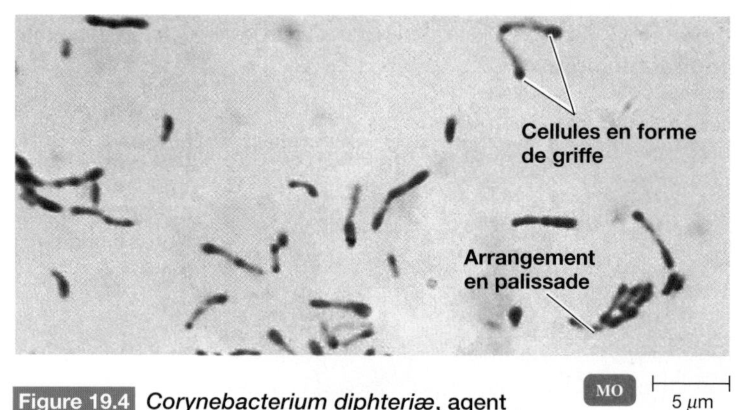

Figure 19.4 ***Corynebacterium diphteriæ*, agent causal de la diphtérie.** La coloration de Gram met en évidence la morphologie particulière de la bactérie. La cellule a l'aspect d'une griffe et, lorsqu'elle se divise, elle forme souvent un V ou un Y, ou adopte un arrangement en palissade.

Cette membrane contient de la fibrine, des tissus morts ainsi que des bactéries et des phagocytes, et elle peut obstruer totalement le gosier ; elle est alors à même de provoquer une suffocation pouvant causer la mort, surtout chez les personnes très âgées ou très jeunes.

La gravité de la diphtérie est associée à la présence d'un phage dans la bactérie infectante. Même si elles n'envahissent pas les tissus, les bactéries lysogènes sont susceptibles de produire une exotoxine puissante. Lorsqu'elle circule dans le sang, la toxine pénètre dans les cellules et inhibe la synthèse des protéines, entraînant rapidement la mort cellulaire (chapitre 10). Seulement 0,01 mg de cette toxine très virulente suffit pour tuer une personne. Donc, pour être efficace, l'administration d'antitoxine – immunisation passive avec des immunoglobulines spécifiques – doit se faire avant que la toxine pénètre dans les cellules des différents tissus. Le myocarde (tissu musculaire cardiaque), les reins et les nerfs en sont les principaux tissus cibles. Lorsqu'elle atteint les nerfs, la toxine peut provoquer une paralysie partielle. Lorsqu'elle touche le cœur et les reins, elle risque de causer la mort rapidement, avant même que la réaction immunitaire ait pu organiser la défense de l'organisme.

La diphtérie est-elle une maladie en voie de disparition ? Jusqu'en 1935, c'était la maladie infectieuse responsable du plus grand nombre de décès chez les enfants de moins de 10 ans en Amérique du Nord. Au Canada, en 1924, 9 000 cas de diphtérie ont notamment été signalés, soit le nombre le plus élevé jamais enregistré dans une année. Vers le milieu des années 1950, l'immunisation systématique avait permis d'obtenir une baisse remarquable de la mortalité due à la maladie. Actuellement, quelques cas reliés à des souches toxinogènes sont détectés chaque année – tant aux États-Unis qu'au Canada –, mais la diphtérie classique est rare. Chez les jeunes enfants, elle touche principalement ceux qui n'ont pas été vaccinés pour des raisons religieuses ou autres. Lorsque la diphtérie était plus courante, les nombreux contacts avec des souches toxinogènes renforçaient l'immunité, laquelle s'affaiblit avec le temps. À l'heure actuelle, de nombreux adultes ne sont pas immunisés parce que tous n'ont pas eu accès à la vaccination systématique lorsqu'ils étaient enfants. Des enquêtes ont montré que, en Amérique du Nord, 20 % seulement de la population adulte possède une immunité efficace. La situation en Russie illustre bien ce qui pourrait se passer si on abandonnait les programmes de vaccination systématique. Récemment en effet, la baisse de l'immunité des populations de presque tous les pays de l'ex-URSS a rendu possible une épidémie. Au Canada, le vaccin DCaT fait partie du protocole normal d'immunisation des nourrissons et des jeunes enfants ; il est suivi d'une dose de rappel au cours de l'enfance (tableau 26.3 EN LIGNE). La lettre D désigne l'anatoxine diphtérique. Chez les adultes, lorsqu'un traumatisme requiert un vaccin antitétanique, on administre généralement le vaccin d_2T_5, qui constitue aussi un rappel pour la diphtérie. Toutefois, *C. diphteriæ* s'est adapté à une population en majorité immunisée. Ainsi, on trouve des souches relativement bénignes dans la gorge et sur la peau de 3 à 5 % des personnes en bonne santé (porteurs sains), ce qui complique l'éradication de la maladie.

C. diphteriæ peut aussi provoquer une **diphtérie cutanée**. Dans ce cas, la bactérie infecte la peau, le plus souvent à la faveur d'une lésion, et la circulation de la toxine dans l'organisme est minimale. Dans les infections cutanées, la bactérie cause des ulcères

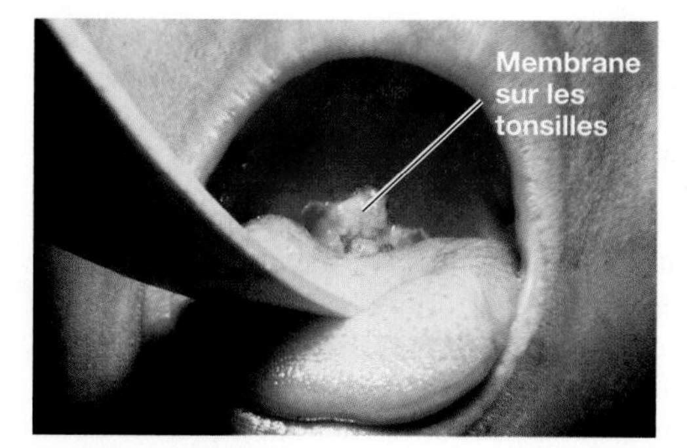

Figure 19.5 **Membrane caractéristique de la diphtérie.** La présence de la membrane épaisse, en plus de l'inflammation de la muqueuse, peut provoquer la suffocation.

recouverts d'une membrane grisâtre et lents à guérir. La diphtérie cutanée est fréquente dans les pays tropicaux. Aux États-Unis, elle touche surtout les autochtones et les adultes des classes socioéconomiques défavorisées. Cette forme de la maladie constitue la majorité des cas de diphtérie déclarés chez les adultes de plus de 30 ans. On a observé des cas de la forme respiratoire provoqués par contact avec une personne atteinte de diphtérie cutanée.

Le diagnostic de laboratoire par la détermination de l'agent bactérien présente des difficultés, car il exige l'utilisation de plusieurs milieux sélectifs et différentiels. La nécessité de distinguer les isolats producteurs de toxine et les souches non toxinogènes complique encore l'identification, car on peut rencontrer les deux types chez un même patient. Bien que certains antibiotiques tels que la pénicilline et l'érythromycine inhibent la croissance de la bactérie, ils ne neutralisent pas la toxine diphtérique. Il faut donc les employer en association avec une antitoxine (immunisation passive par anticorps).

L'otite moyenne

L'infection de l'oreille moyenne, appelée **otite moyenne** ou « mal à l'oreille » par les enfants, est l'une des complications les plus gênantes du rhume ou de toute autre infection du nez ou de la gorge (telle que l'amygdalite). Les agents pathogènes provoquent la formation de pus dont la présence accroît la pression sur la membrane du tympan, qui s'enflamme et devient douloureuse (**figure 19.6**). Cette affection est particulièrement fréquente chez les jeunes enfants, probablement parce que, étant plus petite, la trompe auditive – qui relie l'oreille moyenne à la gorge – s'obstrue plus facilement (figure 19.1). La pénétration de microbes peut aussi se faire directement par le biais d'une petite lésion du tympan. Les baignades en piscine où la tête est plongée sous l'eau sont parfois mises en cause dans l'apparition de la maladie. Toutefois, l'otite dite « des piscines » est le plus souvent externe.

Diverses bactéries sont susceptibles d'occasionner une otite moyenne. L'agent pathogène le plus souvent isolé est *S. pneumoniæ* (environ 35 % des cas), une bactérie communément présente chez des porteurs sains. Parmi les autres bactéries souvent responsables, on note les souches non encapsulées de *H. influenzæ* (de 20 à 30 %), *Moraxella catarrhalis* (de 10 à 15 %), le SBHA (de 8 à 10 %) et *S. aureus* (de 1 à 2 %). Dans 3 à 5 % des cas environ, on ne décèle aucune bactérie. Il peut alors s'agir d'infections virales, et les isolats les plus courants sont des virus respiratoires syncytiaux (voir plus loin).

L'otite moyenne touche 85 % des enfants de moins de 3 ans, et elle est la cause de près de la moitié des consultations en pédiatrie, en particulier durant l'hiver et le printemps. Bien qu'elle puisse être d'origine virale, on suppose toujours, pour prescrire un traitement, que l'otite moyenne est due à une bactérie. Les pénicillines à large spectre telles que l'amoxicilline sont les médicaments d'élection pour les enfants. De nos jours, beaucoup de médecins remettent en question l'utilisation d'antibiotiques, car ils ne sont pas convaincus que ceux-ci hâtent la guérison. Le vaccin élaboré pour prévenir la pneumonie causée par *S. pneumoniæ* (tableau 26.1 EN LIGNE) semble avoir pour effet secondaire de réduire l'incidence de l'otite moyenne, mais seulement de 6 à 7 %.

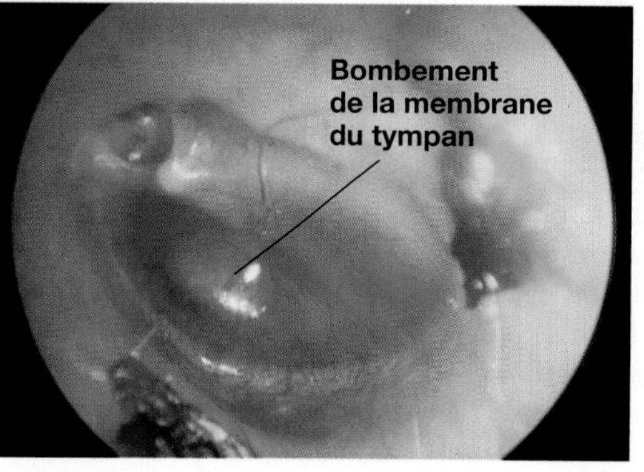

Figure 19.6 **Otite moyenne aiguë accompagnée d'un bombement de la membrane du tympan.**

▶ **Vérifiez vos acquis**

Des trois maladies suivantes, la pharyngite streptococcique, la scarlatine et la diphtérie, deux sont habituellement causées par des bactéries appartenant au même genre. Quelles sont ces deux maladies ? **19-4**

Les viroses des voies respiratoires supérieures

▶ **Objectif d'apprentissage**

19-5 Décrire la chaîne épidémiologique qui conduit au rhume, la principale virose des voies respiratoires supérieures, notamment les facteurs de virulence de l'agent pathogène, ses principaux réservoirs, ses modes de transmission, ses portes d'entrée, les facteurs prédisposants de l'hôte réceptif, le mécanisme physiopathologique qui mène à l'apparition des principaux signes et symptômes de la maladie infectieuse (s'il y a lieu) et les moyens thérapeutiques et les épreuves de diagnostic (s'il y a lieu).

La maladie probablement la plus fréquente chez les humains, du moins dans les zones tempérées, est le rhume, une infection virale, ou virose, des voies respiratoires supérieures.

Le rhume

Un certain nombre de virus sont à l'origine du **rhume**. Environ 50 % des cas sont dus à des *Rhinovirus* – famille des *Picornaviridæ*, virus à ARN simple brin positif, sans enveloppe (tableau 8.2) –; les *Coronavirus* – famille des *Coronaviridæ*, virus à ARN simple brin positif, enveloppé – sont probablement responsables de 15 à 20 % des cas; divers autres virus sont responsables d'environ 10 % des cas; enfin, dans les autres cas, on ne peut déterminer aucun agent infectieux.

Au cours de leur vie, les humains ont tendance à devenir immunisés contre un nombre de plus en plus considérable de virus du rhume, ce qui expliquerait qu'en vieillissant ils aient en général moins souvent le rhume; les jeunes enfants ont entre 3 et 8 rhumes par année, tandis que les adultes de 60 ans en ont en moyenne moins de 1 par année. L'immunité repose sur le rapport d'anticorps IgA et de sérotypes donnés, et elle n'est réellement efficace que pendant un court laps de temps. Certaines populations isolées acquièrent une immunité collective, de sorte qu'elles n'attrapent plus le rhume jusqu'à ce que de nouveaux virus soient introduits dans la communauté. On estime que plus de 200 virus sont susceptibles de provoquer le rhume. De ce nombre, au moins 113 sont des sérotypes de *Rhinovirus,* si bien qu'il semble impossible d'élaborer un vaccin efficace contre autant d'agents pathogènes.

La période d'incubation du rhume est d'ordinaire de 48 heures. La maladie dure généralement 7 jours, et le sujet est contagieux 24 heures avant et jusqu'à 5 jours après le début des signes et des symptômes. Chacun connaît bien les signes du rhume, qui comprennent une irritation de la gorge, des éternuements, des sécrétions nasales abondantes et de la congestion. Ces signes sont dus à la libération de kinines, un des médiateurs chimiques qui déclenchent la vasodilatation et l'augmentation de la perméabilité des vaisseaux sanguins (chapitre 11). (Selon une école de médecine de l'Antiquité, l'écoulement nasal était constitué de déchets provenant du cerveau, d'où l'expression «avoir un rhume de cerveau».) L'infection s'étend facilement de la gorge aux sinus et à l'oreille moyenne, de même qu'au larynx et aux bronches, plus rarement aux poumons. Elle peut donc s'accompagner de complications telles qu'une sinusite, une otite moyenne, une laryngite, une bronchite, voire une pneumonie. En l'absence de complication, le rhume ne cause généralement pas de fièvre.

La température optimale de réplication des *Rhinovirus* est légèrement inférieure à la température corporelle normale, et correspond approximativement à la température dans les voies respiratoires supérieures, qui sont ouvertes sur l'air ambiant. On ne sait pas pourquoi le nombre de cas de rhume est beaucoup plus élevé durant la saison froide dans les zones tempérées. Il reste à démontrer si les contacts résultant de la vie à l'intérieur favorisent une transmission de type épidémique, ou si la sécheresse de l'air est en cause, ou encore si des changements physiologiques rendent les individus plus sensibles.

Un seul *Rhinovirus* déposé sur la muqueuse nasale suffit souvent à provoquer un rhume. Chose étonnante toutefois, on ne s'entend pas sur le mode de transmission par lequel le virus arrive dans le nez. Des expériences menées sur des cobayes montrent que, dans le cas de la grippe, le virus est porté le plus souvent par des gouttelettes d'eau en suspension dans l'air. Quand les températures sont basses, l'air est généralement sec (humidité faible). Les gouttelettes sont alors plus petites et restent plus longtemps en suspension, ce qui facilite la transmission d'une personne à l'autre. En même temps, l'air frais ralentit l'escalier mucociliaire et permet aux virus inhalés de se disséminer dans les voies respiratoires supérieures. Les virus du rhume, à l'instar des virus de la grippe, profiteraient-ils des mêmes conditions pour se propager?

Selon les résultats de certaines expériences, les personnes enrhumées déposeraient des virus sur les poignées de porte, les téléphones et d'autres surfaces, où les virus persistent pendant des heures. Des personnes saines feraient ainsi passer ces virus de leurs mains à leurs voies nasales (auto-inoculation). Cette théorie a été étayée par une expérience dans laquelle on a observé que, chez des personnes saines qui s'enduisent les mains d'une solution virocide d'iode, l'incidence du rhume est beaucoup plus faible que la normale.

On a effectué une série d'expériences avec un groupe de joueurs de cartes, dont la moitié avait le rhume tandis que l'autre moitié ne l'avait pas, et on a abouti à une conclusion différente. Des contraintes imposées à la moitié des joueurs sains ne leur permettaient pas de transférer à leur nez les virus qui seraient passés des cartes à leurs mains; ces contraintes ne s'appliquaient pas à l'autre moitié des joueurs sains. On n'a observé aucune différence quant à la fréquence du rhume chez les deux sous-groupes de joueurs sains – ce qui viendrait étayer l'hypothèse de la transmission par voie aérienne. Par ailleurs, on a placé des sujets sains dans une pièce où aucune des personnes présentes ne souffrait du rhume, et on a pris des précautions pour qu'ils n'entrent pas en contact avec des aérosols de sécrétions, mais on les a fait jouer avec des cartes qui étaient littéralement imbibées de sécrétions nasales; aucun participant n'a contracté le rhume. Au cours d'une autre série d'expériences, peut-être moins désagréables, les chercheurs ont demandé à des volontaires sains d'embrasser des personnes souffrant du rhume pendant 60 à 90 secondes; seulement 8% des volontaires ont contracté l'infection. Les autres personnes étaient-elles immunisées ou protégées grâce à une résistance particulière? On ne connaît toujours pas la réponse.

Comme le rhume est causé par des virus, l'antibiothérapie est inutile. Les médicaments vendus sans ordonnance, tels que les pastilles au zinc ou la vitamine C, n'ont aucun effet sur le temps de récupération. Les antitussifs et les antihistaminiques soulagent les symptômes, mais ils ne hâtent pas le rétablissement. Selon un adage encore d'actualité en médecine, le rhume évolue normalement vers la guérison en une semaine, alors que, s'il est traité, il faut compter 7 jours.

Néanmoins, on s'emploie à explorer de nouvelles pistes pour réduire la durée du rhume, dont certaines sont prometteuses. Presque tous les rhinovirus, lesquels causent une bonne part des rhumes, s'attachent au même récepteur protéique des cellules nasales pour infecter leur hôte. On estime que la clé d'un traitement efficace réside dans une meilleure compréhension de ce mécanisme d'attachement.

Les maladies infectieuses des voies respiratoires supérieures sont résumées dans l'**encadré 19.1**.

Vérifiez vos acquis

Environ la moitié des rhumes sont attribuables au même type de virus. S'agit-il du rhinovirus ou du coronavirus? **19-5**

LES MALADIES INFECTIEUSES DES VOIES RESPIRATOIRES INFÉRIEURES

Beaucoup des bactéries et des virus pathogènes qui infectent les voies respiratoires supérieures peuvent aussi infecter les voies respiratoires inférieures. Si les bronches sont atteintes, il se produit

PLEINS FEUX SUR

LES MALADIES

Encadré 19.1

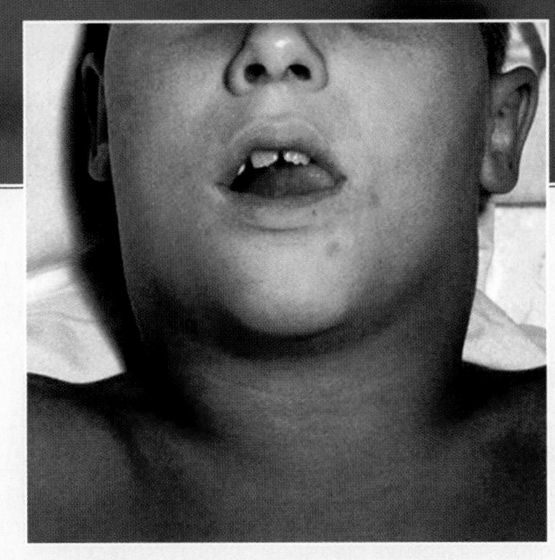

Tuméfaction des nœuds lymphatiques, caractéristique de la maladie

Les maladies infectieuses des voies respiratoires supérieures

Le diagnostic différentiel consiste à rechercher dans une liste de maladies celle qui correspond à l'information obtenue au cours de l'examen du patient. Il importe de poser un tel diagnostic afin de mettre en route le traitement et de commander les tests de laboratoire. En règle générale, le diagnostic différentiel des maladies décrites ci-dessous est fondé sur le tableau clinique et sur les résultats des cultures bactériennes obtenues à partir d'un prélèvement de gorge.

Par exemple, un patient présente de la fièvre et une inflammation de la gorge accompagnée de rougeur et de douleur. Après quelque temps, une membrane grisâtre apparaît dans le pharynx. La mise en culture d'un prélèvement de membrane a révélé des bacilles à Gram positif. Trouvez dans le tableau ci-dessous l'infection qui peut être à l'origine de ces signes et de ces symptômes. Consultez aussi le texte du chapitre.

Maladie	Agent pathogène	Signes et symptômes	Modes de transmission	Prévention/ Traitement
BACTÉRIOSES				
Sinusite	*Streptococcus pneumoniæ* ou *Hæmophilus influenzæ* de type b	Inflammation des muqueuses, écoulement nasal de liquide muqueux, congestion et douleur; parfois de la fièvre	Par contact direct	Antibiotiques
Épiglottite	*H. influenzæ* de type b	Fièvre, inflammation de l'épiglotte et suffocation possible	Par contact direct	Vaccin Hib; antibiotiques et soutien respiratoire
Pharyngite (ou angine) streptococcique	Streptocoques, en particulier SBHA	Inflammation des muqueuses de la gorge, fièvre supérieure à 38 °C, adénopathie cervicale; complication possible: otite moyenne	Par contact direct	Pénicilline; érythromycine (si allergie à la pénicilline)
Scarlatine	Souches de SBHA productrices de toxines érythrogènes	Forte fièvre et érythème rouge rosé sur la peau et la langue; desquamation de la peau touchée	Par contact direct	Pénicilline; érythromycine
Diphtérie	*Corynebacterium diphteriæ*	Malaise général, céphalée, fièvre, maux de gorge et œdème du cou; formation d'une membrane fibreuse dans la gorge; dommages au cœur, aux reins et à d'autres organes; il existe une forme cutanée de la maladie	Par contact direct; par contact indirect; par voie aérienne	Vaccin DCaT; pénicilline et antitoxine
Otite moyenne	Diverses bactéries, dont *S. pneumoniæ*, *H. influenzæ* de type b, SBHA, *Moraxella catarrhalis* et *Staphylococcus aureus*	Douleurs dues à une pression accrue sur la membrane du tympan causée par l'accumulation de pus	Par contact direct (complication du rhume ou de la pharyngite)	Vaccin contre les pneumocoques; antibiotiques à large spectre
VIROSES Voir le tableau 8.2 pour les caractéristiques des familles de virus qui infectent l'humain.				
Rhume	*Rhinovirus*, *Coronavirus*	Inflammation de la gorge, éternuements, sécrétions nasales abondantes et congestion; rarement de la fièvre	Par contact direct; contact indirect avec des objets fraîchement contaminés	Soutien

une **bronchite** ou une **bronchiolite** (figure 19.2). La **pneumonie** est une complication grave de la bronchite, qui touche les alvéoles pulmonaires.

Les bactérioses des voies respiratoires inférieures

Objectifs d'apprentissage

Décrire la chaîne épidémiologique, notamment les facteurs de virulence de l'agent pathogène, ses principaux réservoirs, ses modes de transmission, ses portes d'entrée, les facteurs prédisposants de l'hôte réceptif, le mécanisme physiopathologique qui mène à l'apparition des principaux signes et symptômes de la maladie infectieuse (s'il y a lieu) et les moyens thérapeutiques et les épreuves de diagnostic (s'il y a lieu), qui conduit aux bactérioses des voies respiratoires inférieures suivantes :

19-6 la coqueluche et la tuberculose ;

19-7 la pneumonie à pneumocoques, la légionellose, la psittacose, la fièvre Q et la mélioïdose.

19-8 Décrire les similitudes et les différences entre les sept types de pneumonies bactériennes décrites dans le présent chapitre.

Les bactérioses des voies respiratoires inférieures comprennent la coqueluche, la tuberculose et plusieurs types de pneumonies bactériennes, ainsi que des maladies moins connues telles que la légionellose, la mélioïdose, la psittacose et la fièvre Q.

La coqueluche

L'infection par la bactérie *Bordetella pertussis* provoque la **coqueluche**. *B. pertussis* est un petit coccobacille à Gram négatif, aérobie obligatoire. Les souches virulentes sont munies d'une capsule. Lorsqu'elles pénètrent dans les voies respiratoires, les bactéries, dotées de fimbriæ et d'autres adhésines, se fixent spécifiquement sur l'épithélium cilié de la trachée et des bronches, et s'y multiplient (**figure 19.7a**). Cette phase de prolifération est suivie par la production de plusieurs toxines dont les effets biologiques cumulés entraînent la destruction des cellules ciliées, l'accumulation du mucus – l'escalier mucociliaire est inhibé, de sorte que le mucus n'est plus expulsé –, une réaction inflammatoire locale et des effets systémiques. Parmi les toxines, on note la production de la *toxine pertussique*, une exotoxine libérée dans le sang et associée à une hyperlymphocytose (un signe systémique de la maladie), et de la *cytotoxine trachéale*, un peptide de la paroi cellulaire qui endommage les cellules ciliées en inhibant la synthèse de l'ADN. De plus, la bactérie produit l'*adénylate-cyclase-hémolysine*, une toxine qui perturbe la fonction ciliaire et induit l'apoptose des macrophagocytes alvéolaires. *B pertussis* libère aussi dans la circulation sanguine une endotoxine, mais celle-ci est peu toxique.

La coqueluche est avant tout une maladie d'enfance et peut être très grave. Elle se manifeste tout au long de l'année et dans tous les pays du monde. Elle se transmet par contact direct ou par inhalation des sécrétions (écoulements et gouttelettes) provenant du nez ou de la gorge d'une personne infectée. Le premier stade, appelé *stade catarrhal,* ressemble à un rhume avec apparition d'une fièvre, d'un larmoiement et d'un écoulement nasal. De longues quintes de toux caractérisent le deuxième stade, appelé *stade paroxystique.* (Le nom *pertussis* est formé des éléments latins *per-* = en abondance et *tussis* = toux.) Lorsque l'activité mucociliaire est perturbée, le mucus s'accumule et la personne infectée fait des efforts désespérés pour le rejeter en toussant. Chez les jeunes enfants, la violence de la toux peut entraîner une fracture des côtes. L'inspiration prolongée entre les quintes de toux produit un sifflement aigu évoquant le chant du coq, d'où le nom de la maladie. On observe des accès de toux convulsive plusieurs fois par jour, pendant 1 à 6 semaines ; ces quintes de toux épuisantes sont souvent suivies de vomissements. Le troisième stade, appelé *phase de convalescence,* peut durer des mois. Comme les nourrissons ont plus de difficulté à tousser de manière à dégager les voies aériennes, la coqueluche provoque parfois chez eux des épisodes d'apnée et de cyanose entraînant des altérations cérébrales irréversibles, et le taux de mortalité est relativement élevé dans cette classe d'âge. Chez les adultes, la maladie s'exprime d'habitude par une simple toux persistante, et on la confond fréquemment avec une bronchite. Après la guérison, le patient possède une bonne immunité ; du moins, une deuxième infection ne provoque que de légers symptômes.

Le diagnostic de la coqueluche repose principalement sur les signes et les symptômes cliniques. On peut faire croître l'agent pathogène à partir d'un prélèvement de gorge, qu'on obtient en insérant par le nez un écouvillon que l'on maintient dans la gorge du patient pendant qu'il tousse. On peut aussi avoir recours à une culture sur un milieu spécifique, mais les tests sérologiques et l'amplification en chaîne par polymérase (ACP) effectués directement sur le prélèvement de gorge sont plus rapides. On traite les cas graves de coqueluche avec l'érythromycine ou d'autres macrolides. Bien qu'ils ne procurent pas nécessairement une amélioration rapide de l'état du patient, les antibiotiques rendent ce dernier non infectieux au bout de 5 jours de traitement. En l'absence d'antibiothérapie, la période de contagion s'étend jusqu'à 3 semaines à partir de la phase catharrale.

Depuis son avènement en 1943, la vaccination a entraîné une réduction de la fréquence de la maladie de près de 90 % au Canada. Le nombre de cas signalés a chuté, passant de 160 cas pour 100 000 juste avant l'introduction du vaccin à moins de 20 cas pour 100 000 dans les années 1980, mais a quelque peu progressé depuis 1990 (**figure 19.7b**). Au cours de cette période, on a remis en question la sécurité du premier vaccin anticoquelucheux préparé à partir de germes entiers tués par la chaleur. Étant donné qu'il renfermait une plus grande quantité d'endotoxines que tout autre vaccin, il provoquait souvent de la fièvre et on a pensé qu'il pouvait être la cause de l'apparition de troubles neurologiques. Au Canada, depuis 1997, un vaccin acellulaire contenant des protéines purifiées de *B. pertussis* a été homologué (tableau 26.1 EN LIGNE). Ce vaccin, combiné avec ceux de la diphtérie et du tétanos (DCaT), est administré aux enfants et, sous forme de rappel (dcaT), aux adolescents et aux adultes. L'immunogénicité du vaccin varie entre 77 et 100 % pour chacun des antigènes coquelucheux qui y sont contenus et son efficacité est d'environ 85 % après 3 doses.

En 2004, aux États-Unis, on a assisté à un pic de recrudescence totalisant environ 26 000 cas. Cette progression serait entre autres attribuée au fait que l'efficacité de la vaccination des enfants tend à diminuer au bout d'une douzaine d'années, si bien que de nombreux enfants vaccinés deviennent à nouveau réceptifs à la coqueluche à l'adolescence ou à l'âge adulte. Selon le *Guide canadien*

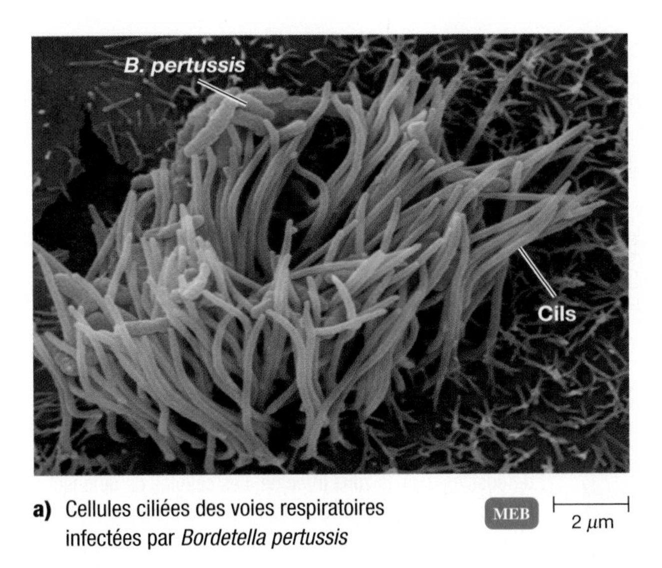

a) Cellules ciliées des voies respiratoires infectées par *Bordetella pertussis* MEB 2 μm

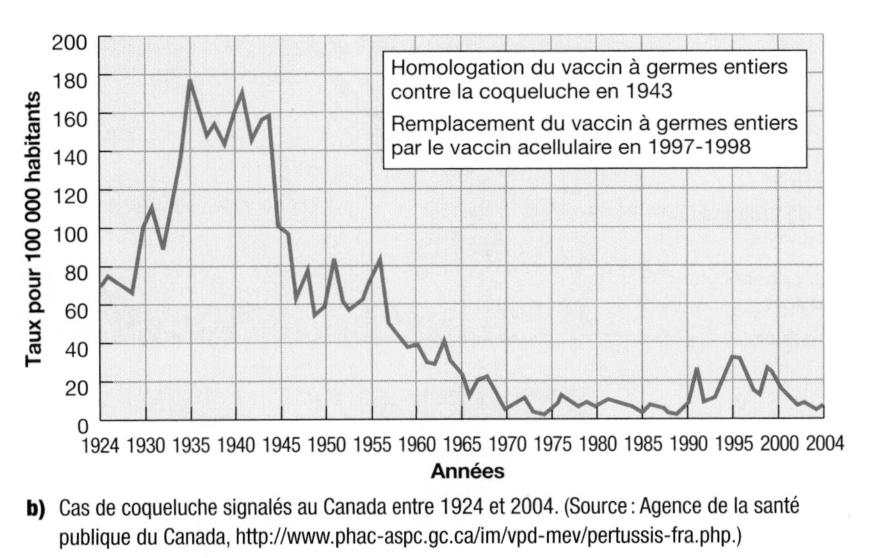

b) Cas de coqueluche signalés au Canada entre 1924 et 2004. (Source : Agence de la santé publique du Canada, http://www.phac-aspc.gc.ca/im/vpd-mev/pertussis-fra.php.)

Figure 19.7 ***Bordetella pertussis.***

d'immunisation, 7e édition, 2006, le déclin de l'immunité induite par le vaccin est un phénomène universel qui touche les adolescents et les adultes partout dans le monde. Il faut toutefois noter que cette progression est due non seulement à la baisse de l'immunité, mais également à l'introduction de techniques de diagnostic plus sensibles (ACP) et de la déclaration accrue des cas de coqueluche chez les adolescents et les adultes. La situation est problématique puisque ces personnes constituent un réservoir important et une source majeure de transmission de l'infection aux nourrissons.

La tuberculose

La **tuberculose (TB)** est une maladie infectieuse causée par *Mycobacterium tuberculosis,* un mince bacille aérobie obligatoire. Cette bactérie – aussi appelée *bacille de Koch,* du nom du médecin qui l'a découverte – se reproduit lentement (son temps de génération est de 20 heures ou plus). En se développant, elle forme des filaments évoquant un mycète, d'où le nom de genre *Mycobacterium* (*myco-* = mycète). Une composante cireuse de la cellule est responsable de l'arrangement funiforme (*funi-* = cordon) (**figure 19.8**) ; si on injecte cette composante, elle cause des effets pathogènes identiques à ceux du bacille tuberculeux.

M. tuberculosis est relativement résistant aux méthodes simples de coloration. Les cellules imprégnées d'un colorant rouge, la fuchsine basique, ne sont pas décolorées par un mélange d'acide et d'alcool ; elles sont dites *acido-alcoolo-résistantes* (chapitre 2). Cette caractéristique reflète la composition inhabituelle de leur paroi cellulaire, riche en lipides. Ces lipides sont peut-être également responsables de la résistance de ces microbes à certaines conditions difficiles du milieu, telles que la sécheresse. En fait, les mycobactéries peuvent survivre pendant des semaines dans des crachats séchés et elles sont très peu affectées par les antiseptiques et les désinfectants (tableau 14.7).

La tuberculose illustre bien l'équilibre écologique qui s'établit entre un parasite et son hôte au cours d'une maladie infectieuse. L'hôte ne se rend pas nécessairement compte que des agents pathogènes ont investi son organisme et que ce dernier les combat. Cependant, si le système immunitaire n'arrive pas à détruire les envahisseurs, l'hôte devient parfaitement conscient de la maladie qui en résulte. Plusieurs facteurs prédisposants influent sur la résistance de l'hôte, soit la présence d'une autre maladie – par exemple un diabète non maîtrisé – et des facteurs physiologiques ou environnementaux – tels que la malnutrition, l'immunodéficience et le sida, la surpopulation et le stress.

Les bactéries de la tuberculose pénètrent par inhalation de gouttelettes contaminées. Seules de très fines particules contenant de 1 à 3 bacilles parviennent jusqu'aux poumons, où un phagocyte situé dans les alvéoles les capture le plus souvent. Chez un individu sain, les macrophagocytes activés par la présence des bacilles réussissent habituellement à détruire ces derniers, de telle sorte qu'ils combattent avec succès une infection potentielle, surtout si la quantité de bactéries est faible. L'homéostasie est ainsi maintenue.

La pathogénie de la tuberculose

La **figure 19.9** illustre la pathogénie de la tuberculose. Elle représente le cas où les mécanismes de défense de l'organisme ne réussissent pas à détruire les bacilles, de sorte que la maladie évolue vers

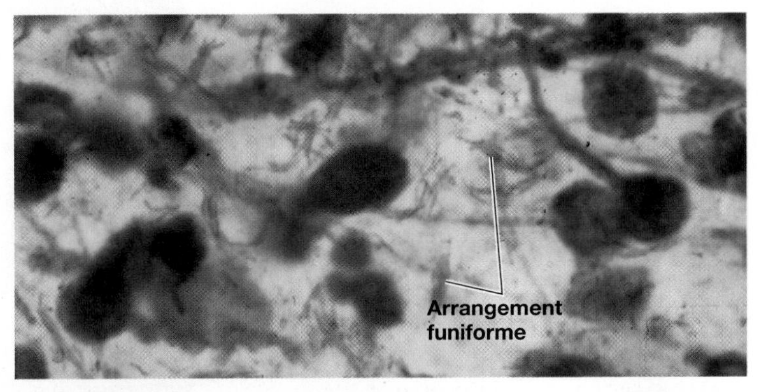

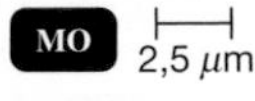

Figure 19.8 ***Mycobacterium tuberculosis.*** En se développant, cette bactérie produit des filaments évoquant un mycète, d'où le nom de genre *Mycobacterium.* MO 2,5 μm

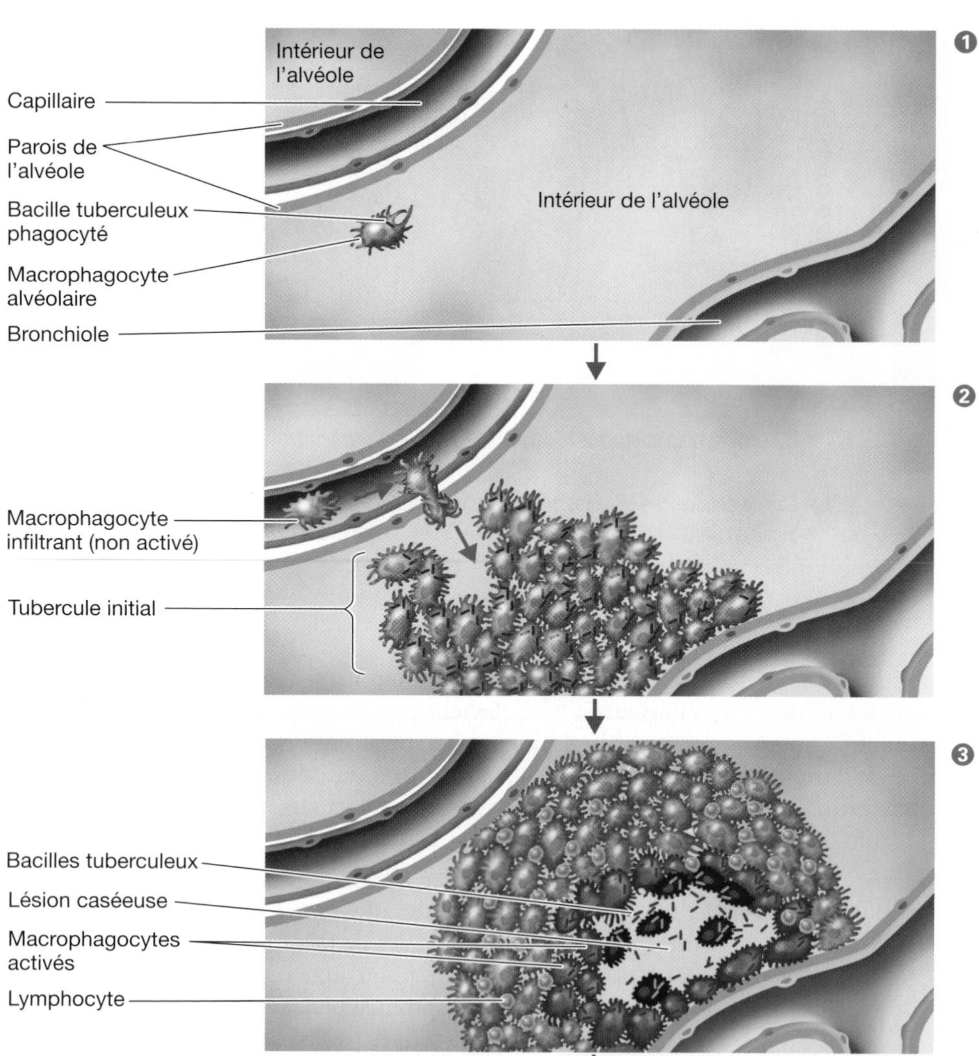

1. Les bacilles tuberculeux qui atteignent les alvéoles pulmonaires sont ingérés par des macrophagocytes, mais en général plusieurs survivent et deviennent des parasites intracellulaires. L'infection s'installe, mais elle est asymptomatique.

2. Les bacilles tuberculeux qui se multiplient dans les macrophagocytes déclenchent une réaction chimiotactique, ce qui attire encore des macrophagocytes et d'autres cellules défensives dans la zone infectée. Les cellules de défense forment une couche enveloppante, puis un premier tubercule (ou granulome). La majorité des macrophagocytes enveloppants ne réussissent pas à détruire les bactéries, mais ils libèrent des enzymes et des cytokines qui provoquent une inflammation locale dommageable pour les poumons.

3. Au bout de quelques semaines, beaucoup de macrophagocytes meurent, ce qui entraîne la formation d'une zone de nécrose (caséum) appelée lésion caséeuse au centre du tubercule. (Le terme « caséum » signifie « semblable à du fromage mou et friable ».) Les macrophagocytes morts libèrent alors les bacilles tuberculeux. Étant donné qu'ils sont aérobies, les bacilles tuberculeux ne se développent pas bien à cet endroit. Cependant, plusieurs restent à l'état de dormance et peuvent réactiver la maladie si les conditions s'y prêtent. Parfois, la maladie prend fin à ce stade, et les lésions se calcifient.

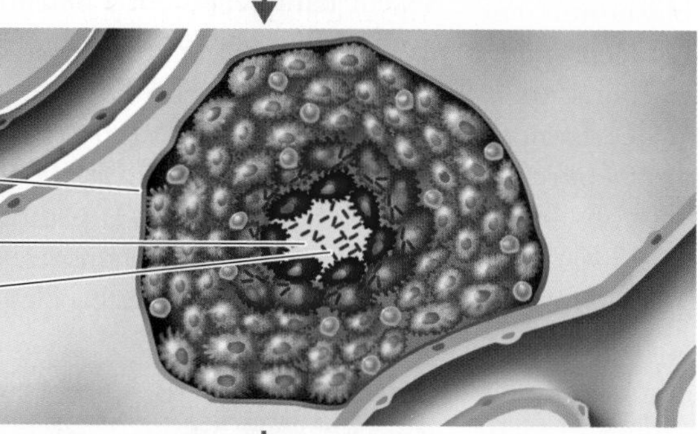

4. Chez certains individus, il se forme un tubercule mature. La maladie évolue lorsque la lésion caséeuse s'agrandit, par un processus appelé liquéfaction. La lésion caséeuse se transforme alors en caverne tuberculeuse, remplie d'air, où les bacilles aérobies se multiplient à l'extérieur des macrophagocytes.

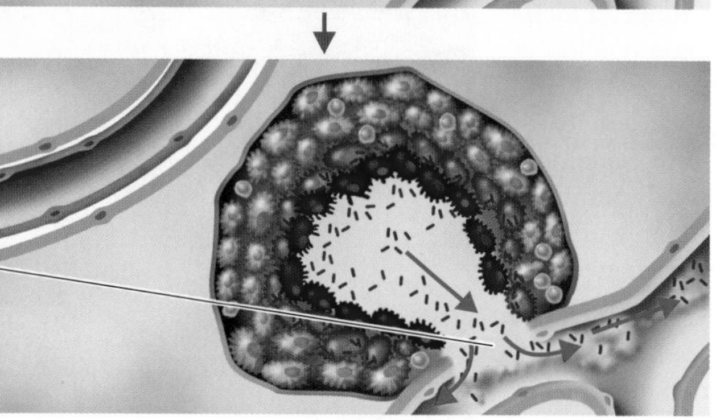

5. La liquéfaction se poursuit jusqu'à ce que le tubercule se rompe, ce qui permet aux bacilles de se disperser dans une bronchiole (figure 19.2) et de se répandre ainsi dans toutes les parties des poumons, puis dans les systèmes sanguin et lymphatique.

Figure 19.9 **Pathogénie de la tuberculose.** La figure représente l'évolution de la maladie lorsque les défenses de l'organisme n'arrivent pas à lutter victorieusement contre le bacille.

la mort. Chez la majorité des individus sains, l'infection disparaît avant d'évoluer vers une maladie mortelle.

❶-❷ Si l'infection progresse, les macrophagocytes alvéolaires ne parviennent pas à détruire les bacilles qu'ils ont ingérés ; la bactérie empêcherait la formation du phagolysosome. Notez que *M. tuberculosis* ne produit ni enzyme ni toxine susceptible de causer des lésions tissulaires. Il semble que la virulence de cet agent pathogène soit liée à la composition de sa paroi cellulaire, riche en lipides. Ces lipides exerceraient un effet chimiotactique sur les macrophagocytes et sur d'autres cellules immunitaires. Toutes ces cellules de défense s'accumulent et se regroupent en formation arrondie, isolant les bactéries pathogènes vivantes dans un granulome appelé *tubercule* – d'où le nom de la maladie.

❸-❹ Si on arrive à arrêter l'infection à ce stade, les granulomes guérissent lentement et ils se calcifient. Ils portent alors le nom de *complexes de Ghon* et sont visibles sur une radiographie. (La tomodensitométrie est plus sensible que la radiographie pour la détection des lésions de la tuberculose.)

❺ Si les mécanismes de défense ne réussissent pas à vaincre l'agent pathogène à ce stade, le processus infectieux se poursuit ; les tubercules matures – qui renferment maintenant de nombreuses bactéries – se rompent et libèrent dans les voies aériennes des bacilles virulents, qui se répandent ensuite dans les systèmes cardiovasculaire et lymphatique.

La toux qui accompagne l'infection contribue à disséminer les bactéries sous forme d'aérosols. Il arrive que les crachats deviennent sanguinolents par suite des lésions subies par les tissus. Avec le temps, l'érosion des vaisseaux sanguins peut entraîner leur rupture et provoquer des hémorragies mortelles. Après la dissémination, l'infection est appelée *tuberculose miliaire* (parce que les nombreux tubercules qui se forment dans les tissus infectés ont la taille d'un grain de millet). Le système immunitaire, affaibli, est vaincu et le patient souffre d'une perte de poids, de toux (les expectorations contiennent souvent du sang) et d'atonie générale. Autrefois, la tuberculose était communément appelée *consomption*.

Le diagnostic de la tuberculose

Les personnes infectées par le bacille de Koch réagissent à ce dernier par une réponse immunitaire à médiation cellulaire. C'est ce type d'immunité qui entre en jeu plutôt que l'immunité humorale parce que l'agent pathogène est localisé principalement dans les macrophagocytes. L'immunité à médiation cellulaire repose sur l'action des lymphocytes T sensibilisés et elle est à la base du **test cutané** (ou **cutiréaction**) **à la tuberculine** (figure 19.10). Ce dernier consiste à introduire dans l'organisme, par scarification, l'antigène – soit une fraction protéique purifiée du bacille tuberculeux, préparée par précipitation d'un bouillon de culture. Si le receveur a déjà été infecté par la mycobactérie, les lymphocytes T sensibilisés réagissent aux protéines, et l'on observe une réaction d'hypersensibilité retardée environ 48 heures plus tard. Cette réaction se traduit par l'induration (durcissement) et le rougissement de la zone entourant le point d'injection. Le test à la tuberculine le plus précis est probablement l'*épreuve de Mantoux,* qui consiste à injecter dans le derme une solution de 0,1 mL d'antigène, puis à mesurer le diamètre de la peau qui présente les signes de la réaction.

Un test à la tuberculine positif chez un très jeune enfant est probablement un signe de tuberculose active. Chez un individu plus âgé, il peut indiquer simplement une hypersensibilité résultant d'une infection antérieure guérie ou d'une vaccination. Il est néanmoins recommandé d'effectuer des examens plus poussés tels qu'une radiographie pulmonaire pour déceler une lésion et des essais pour isoler la bactérie.

La première étape du diagnostic de laboratoire consiste à examiner au microscope des frottis, notamment de crachats. On peut utiliser une coloration acido-alcoolo-résistante ou, pour plus de précision, une technique microscopique d'immunofluorescence. Il est difficile de confirmer un diagnostic de tuberculose en isolant la bactérie, car la croissance de celle-ci est très lente. La formation d'une colonie peut prendre de 3 à 6 semaines, et il faut attendre encore de 3 à 6 semaines pour obtenir des résultats fiables des épreuves de détermination. On a cependant fait d'énormes progrès dans l'élaboration de tests diagnostiques rapides. On dispose maintenant de sondes d'ADN pour identifier des isolats cultivés (figure 5.16) et de méthodes fondées sur l'amplification en chaîne par polymérase, qui permettent de déceler directement *M. tuberculosis* dans les crachats ou dans un autre type de spécimen. Plusieurs nouveaux tests détectent dans le sang la présence d'interféron g (IFNg), une molécule sécrétée par les lymphocytes T en réaction à certains antigènes de la bactérie. Ces tests sont plus spécifiques que les épreuves cutanées ; on observe moins de réactions croisées dues au vaccin BCG (voir ci-après la section sur la vaccination contre la tuberculose). Toutefois, ils ne permettent pas de distinguer la forme latente de la forme active de l'infection.

La détermination de la résistance aux médicaments par les méthodes de culture classiques est longue et exige beaucoup de travail. Certaines techniques moléculaires permettent d'établir plus rapidement s'il y a résistance à la rifampine, laquelle est presque toujours une indication de multirésistance. On s'intéresse aussi aux nouvelles épreuves en milieu liquide *MODS* (*microscopic-observation-drug-susceptibility*), qui allient l'observation microscopique à des tests de sensibilité aux antibiotiques. Les bactéries croissent plus rapidement en milieu liquide qu'en milieu solide. La microscopie permet de déceler les arrangements funiformes (en forme de corde) caractéristiques de la bactérie pathogène et d'évaluer l'action de différents médicaments.

L'espèce *M. bovis,* qui est aussi un agent pathogène, touche surtout les bovins. Elle cause la **tuberculose bovine**, qui se transmet aux humains par l'intermédiaire du lait ou d'aliments

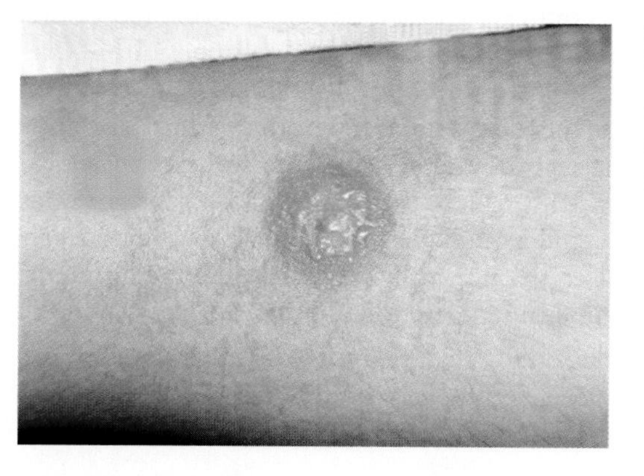

Figure 19.10 **Test cutané (cutiréaction) à la tuberculine sur un bras.**

contaminés. Cette forme bovine est rarement transmise d'une personne à une autre mais, avant la pasteurisation du lait et l'élaboration de méthodes de contrôle, telles que les tests à la tuberculine effectués sur les troupeaux de bovins, elle était fréquente chez les humains. Les infections à *M. bovis* sont responsables d'une tuberculose qui atteint surtout les os et le système lymphatique. Autrefois, cette maladie se manifestait souvent par une déformation de la colonne vertébrale (bosse dorsale) appelée *gibbosité*.

D'autres maladies mycobactériennes touchent les personnes souffrant de sida à un stade avancé. La majorité des isolats appartiennent à un groupe apparenté de microbes appelé complexe *M. avium-intracellulare*. Les infections dues aux agents pathogènes de ce groupe sont rares dans le reste de la population.

Le traitement de la tuberculose

Le premier antibiotique efficace pour traiter la tuberculose a été la streptomycine, utilisée pour la première fois en 1944. On l'administre encore aujourd'hui, mais le plus souvent en tant que thérapie de deuxième intention. À l'heure actuelle, l'Organisation mondiale de la santé (OMS) recommande que le patient suive pendant au moins 6 mois une antibiothérapie comprenant 3 ou 4 médicaments. Le fait que beaucoup ne parviennent pas à se soumettre à un tel régime thérapeutique augmente les risques de produire des souches résistantes. Les deux antituberculeux les plus efficaces sont l'isoniazide et la rifampine (aussi appelée rifampicine). La U.S. Food and Drug Administration approuve aussi le pyrazinamide, la rifapentine et l'éthambutol pour les traitements de première intention. En tout, on peut avoir recours à une dizaine de médicaments, dont beaucoup sont considérés comme des antituberculeux mineurs. Un traitement prolongé est indispensable parce que les bacilles tuberculeux se multiplient très lentement, lorsqu'ils ne sont pas tout simplement en dormance (auquel cas le seul médicament efficace est le pyrazinamide). Beaucoup d'antibiotiques n'agissent que contre les bactéries en croissance. De plus, les bacilles peuvent rester longtemps à l'abri à l'intérieur de macrophagocytes ou dans un autre endroit où ils sont difficiles à atteindre. La polychimiothérapie est nécessaire pour empêcher l'émergence de souches résistantes.

On n'a pas créé de nouveau médicament contre la tuberculose depuis déjà quelque temps: la rifampine, dernier antituberculeux majeur, a été lancée il y a des décennies. Pourtant, il existe un grand besoin d'un ou de plusieurs médicaments qui réduiraient la durée du traitement à moins de 3 mois, tueraient les bacilles persistants qui risquent de se réactiver, et agiraient contre les *souches multirésistantes*.

Certaines études ont révélé qu'en plus de la forme multirésistante (insensible aux médicaments de première intention: isoniazide et rifampine), il existe une *tuberculose ultrarésistante*, contre laquelle les médicaments de première intention et au moins trois des six principales classes de médicaments de seconde intention sont impuissants. Au Canada, en 2004, le profil de résistance des souches aux antituberculeux indique que les isolats de bacilles testés présentent 12,4% de résistance à un ou à plusieurs médicaments et 8,3% à un seul médicament (**figure 19.11a**).

À l'heure actuelle, on fonde des espoirs sur la diarylquinoléine, une nouvelle substance à l'étude dans un modèle animal. Le médicament a pour spécificité unique de dérégler la biosynthèse de l'ATP chez les mycobactéries. De plus, il tue les bacilles en dormance aussi bien que ceux qui se multiplient.

La vaccination contre la tuberculose

Le **vaccin BCG** est une culture vivante de *M. bovis* rendue avirulente par une longue série de cultures sur des milieux artificiels. (Les lettres BCG sont le sigle de bacille de Calmette-Guérin, du nom des deux chercheurs qui ont été les premiers à isoler la souche pathogène.) Relativement efficace pour prévenir la tuberculose, ce vaccin est utilisé depuis les années 1920. À l'échelle mondiale, c'est l'un des vaccins les plus fréquemment administrés; on estime que 70% des enfants d'âge scolaire l'ont reçu en 1990. Cependant, ce vaccin n'est pas très employé au Canada et aux États-Unis, où l'on n'en recommande l'administration qu'aux enfants à risque élevé pour lesquels le test cutané est négatif. Les personnes qui ont reçu le vaccin présentent une réaction positive au test cutané à la tuberculine, ce qui rend difficile l'interprétation de ce dernier chez ceux qui sont immunisés. Les personnes qui s'opposent à la vaccination à grande échelle fondent une partie de leur argumentation sur cette difficulté. Ils en veulent aussi à l'efficacité inégale du vaccin BCG, lequel donne d'assez bons résultats chez les jeunes enfants, mais dont l'effet peut être presque nul chez les adolescents et les adultes. Pis, il arrive souvent que les enfants porteurs du VIH, comptant précisément parmi ceux qui en ont le plus besoin, développent une infection fatale après avoir été vaccinés. Certains travaux récents indiquent que l'exposition au complexe *M. avium-intracellulare*, lequel est répandu dans l'environnement, nuit à l'efficacité du vaccin BCG, ce qui pourrait expliquer pourquoi ce dernier prend mieux au début de la vie, soit avant la contamination par le complexe. Un certain nombre de nouveaux vaccins sont au stade expérimental.

L'incidence mondiale de la tuberculose

On estime qu'un tiers de la population mondiale est infectée par le bacille tuberculeux. Au moins 2 millions de personnes meurent chaque année des suites de la tuberculose, qui est encore aujourd'hui la maladie infectieuse provoquant le plus grand nombre de décès dans le monde. Comme on peut s'y attendre, on observe une grande synergie entre les infections dues au VIH et la tuberculose – plusieurs cas sont des co-infections. Le VIH fait progresser la maladie plus rapidement qu'on ne l'aurait cru possible, de sorte que la tuberculose vient en tête de liste des agents causant la mort des personnes atteintes du sida. Aux États-Unis, il se déclare en moyenne 14 000 cas par année. Certains groupes ethniques sont particulièrement ciblés: les Afro-Américains, les autochtones, les Asiatiques et les Hispaniques (**figure 19.11b**). Chez les Américains de race blanche, ce sont en majorité les personnes très âgées qui sont atteintes par la maladie. Au Canada, 1 641 nouveaux cas de la maladie ont été signalés en 2002.

En tout, le nombre de cas augmente d'environ 2% par année. Quant aux cas de multirésistance, ils augmentent encore plus vite. Aux États-Unis, le traitement de ces derniers peut coûter des dizaines de milliers de dollars par année. Un tel prix est prohibitif dans la plupart des régions du monde.

Les efforts pour combattre la maladie comprennent l'augmentation de la surveillance des nouveaux cas, en particulier chez les nouveaux immigrants, le suivi des patients sous antibiothérapie et la lutte contre les conditions sociales et environnementales qui favorisent la propagation de la maladie. La tuberculose est en passe de devenir un problème de santé mondial (**figure 19.11c**).

> **Vérifiez vos acquis**
>
> La coqueluche provoque une toux qui évoque le chant du coq et qui est causée par l'action de l'agent pathogène sur certaines cellules. Quelles sont ces cellules? **19-6**
>
> Nommez des facteurs qui ont contribué à la régression de la tuberculose, puis à sa récente progression. **19-6**

Les pneumonies bactériennes

Le terme **pneumonie** désigne de nombreuses infections pulmonaires dont la majorité sont d'origine bactérienne. La pneumonie provoquée par *Streptococcus pneumoniæ* est la plus fréquente – au moins les deux tiers des cas –, d'où l'appellation «pneumonie typique». Les pneumonies causées par d'autres bactéries ou par des mycètes, des protozoaires ou des virus sont appelées *pneumonies atypiques*. Cependant, cette distinction est de moins en moins nette en pratique.

On distingue aussi les pneumonies en fonction de la partie des voies respiratoires inférieures qui est atteinte. Par exemple, si les lobes des poumons sont infectés, on parle de *pneumonie lobaire*;

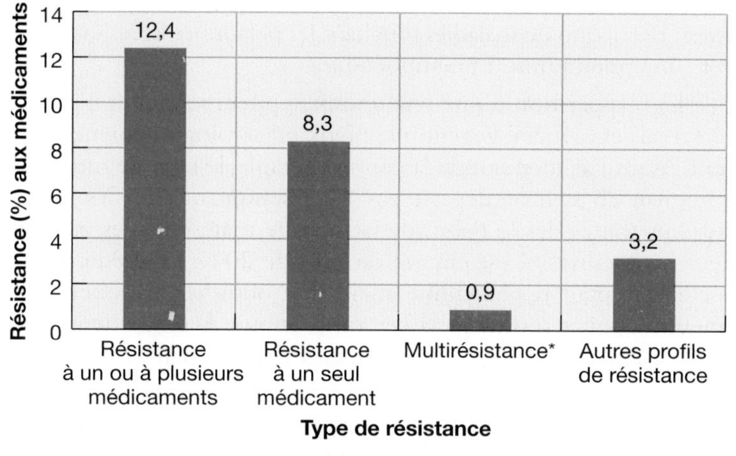

* La bactérie est au minimum résistante à l'isoniazide et à la rifampine.

a) Profil général de résistance aux antituberculeux déclarée au Canada en 2004. (Source : Agence de la santé publique du Canada, http://www.phac-aspc.gc.ca/publicat/tbdrc04/index-fra.php.)

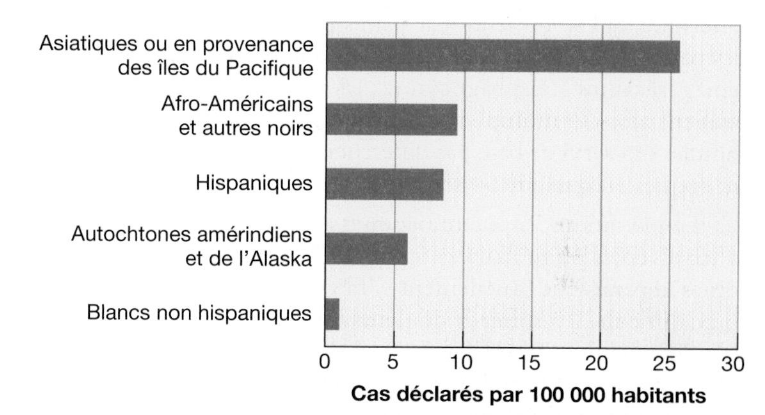

b) Distribution des cas de tuberculose aux États-Unis. Cas déclarés de tuberculose en 2007, par 100 000 habitants, selon la race ou l'origine ethnique. (Source : *Morbidity and Mortality Weekly Report*, 54[53], [30 avril 2007].)

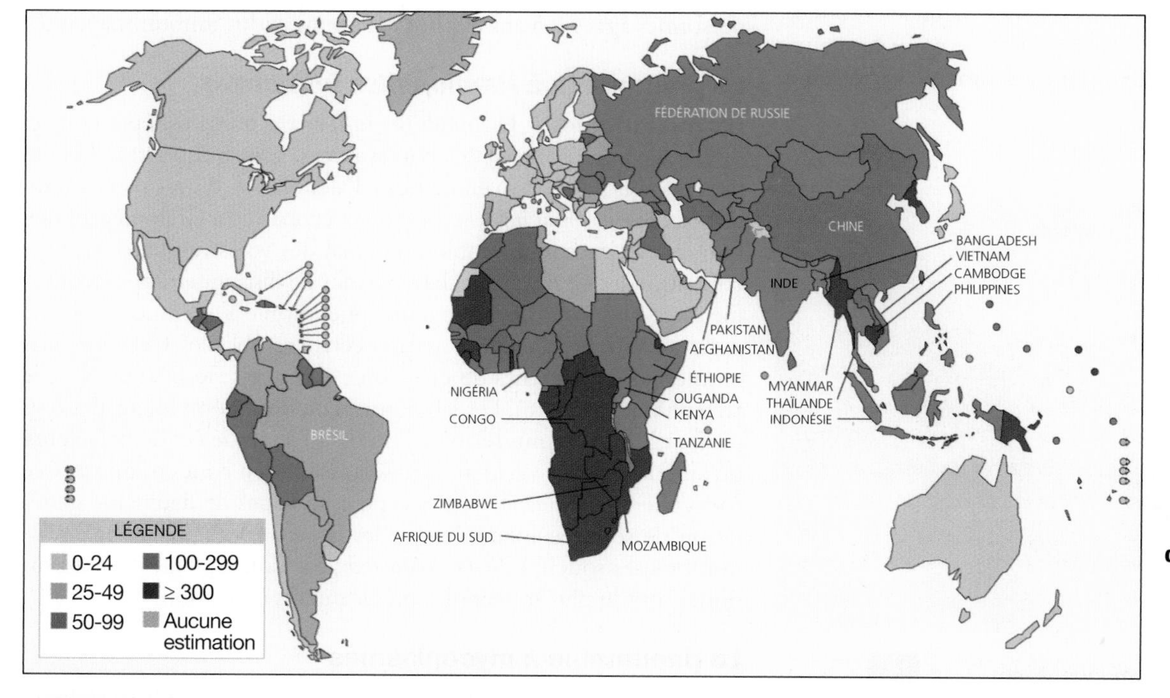

c) Estimation de l'incidence mondiale de la tuberculose, par 100 000 habitants. (Source : OMS, 2011, *Global Tuberculosis Control*.)

Figure 19.11 Statistiques sur la tuberculose.

les pneumonies provoquées par *S. pneumoniæ* sont généralement de ce type. Le terme «bronchopneumonie» indique que les alvéoles pulmonaires adjacentes aux bronches sont infectées. La *pleurésie* est une complication fréquente de diverses pneumonies; elle est caractérisée par une inflammation douloureuse des membranes pleurales.

La pneumonie à pneumocoques

On appelle **pneumonie à pneumocoques** la pneumonie provoquée par *S. pneumoniæ*. Cette bactérie du groupe des streptocoques α-hémolytiques fait partie du microbiote normal des voies respiratoires, mais elle peut devenir pathogène. Elle est aussi une cause fréquente de l'otite moyenne, de la méningite et de la sepsie. *S. pneumoniæ* est un coccus à Gram positif, de forme ovoïde, presque sphérique, qui se présente par paires (diplocoque) (**figure 19.12**). Les paires de bactéries sont entourées d'une capsule dense qui les rend résistantes à la phagocytose; les pneumocoques encapsulés peuvent alors se multiplier et envahir les tissus pulmonaires. Les capsules ont servi de base à la différenciation sérologique des pneumocoques en quelque 90 sérotypes.

La pneumonie à pneumocoques atteint à la fois les bronches et les alvéoles pulmonaires (figure 19.2). Les signes et les symptômes apparaissent brutalement – fièvre avec des pointes élevées, toux, difficulté à respirer et douleurs thoraciques. (L'évolution initiale des pneumonies atypiques est généralement plus lente; la fièvre est moins élevée et les douleurs thoraciques sont moins intenses.) Les poumons ont un aspect rougeâtre à cause de la dilatation des vaisseaux sanguins. En réaction à l'infection, les alvéoles se remplissent d'érythrocytes, de granulocytes neutrophiles et de liquide provenant des tissus adjacents. L'altération des alvéoles réduit les échanges gazeux, ce qui peut entraîner une détresse respiratoire. Les crachats sont fréquemment de couleur rouille, car ils contiennent du sang expulsé des poumons. Les pneumocoques peuvent s'introduire dans la circulation sanguine, dans la cavité pleurale entourant les poumons et, parfois, dans les méninges. On ne connaît aucune relation nette entre une exotoxine ou une endotoxine bactérienne et la pathogénicité du microbe.

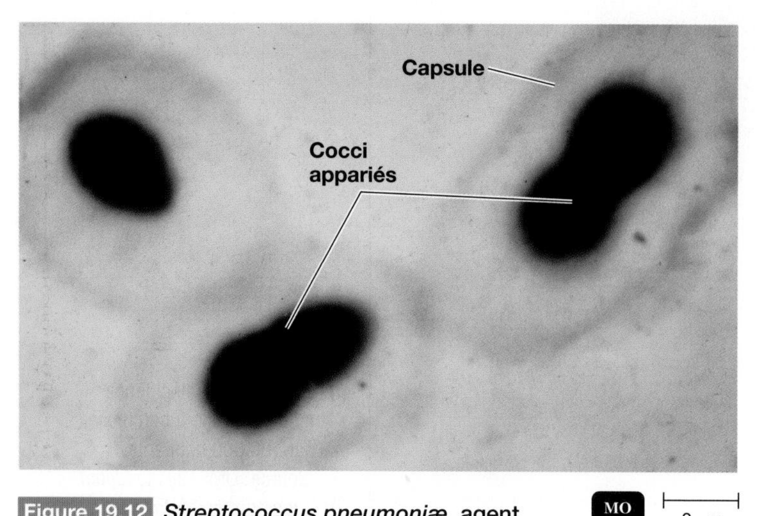

Figure 19.12 ***Streptococcus pneumoniæ*, agent causal de la pneumonie à pneumocoques.** Les bactéries groupées par paires sont entourées d'une capsule.

On établit un diagnostic de présomption en isolant des pneumocoques de la gorge, des crachats ou d'autres liquides. On peut distinguer les pneumocoques des autres streptocoques α-hémolytiques en observant l'inhibition de la croissance autour d'un disque d'optochine (chlorhydrate d'éthylhydrocupréine) ou en effectuant un test de solubilité de la bile. On peut aussi les différencier sur le plan sérologique. Les cas reconnus d'infections envahissantes à *S. pneumoniæ* doivent faire l'objet d'une déclaration auprès des services de santé publique.

De nombreux individus sains sont porteurs de pneumocoques. La majorité des enfants de moins de 2 ans le sont à un moment donné. La transmission se fait de personne à personne par des gouttelettes et par contact indirect avec des objets fraîchement contaminés. La virulence de la bactérie semble dépendre principalement de la résistance de l'hôte, qui peut être affaiblie par le stress. Beaucoup de maladies touchant les personnes âgées évoluent vers une pneumonie à pneumocoques.

La réapparition d'une pneumonie à pneumocoques n'est pas rare, mais en général l'agent infectieux est sérologiquement différent. Avant l'avènement de la chimiothérapie, le taux de mortalité atteignait 25%. Il ne dépasse pas 1% maintenant chez les jeunes patients traités dès le début de la maladie mais, chez les patients âgés hospitalisés, il est encore de près de 20%. Le médicament d'élection était la pénicilline, mais on a observé des souches de pneumocoques résistantes à cet antibiotique. Actuellement, plusieurs autres antibiotiques, particulièrement des macrolides et des fluoroquinolones, ont pris la relève. Deux vaccins antipneumococciques sont maintenant disponibles (tableau 26.1 EN LIGNE). Les protocoles d'immunisation du Canada et du Québec (PIQ) recommandent un vaccin inactivé pour les enfants dès l'âge de 2 mois. Ce vaccin est préparé à partir des polysaccharides capsulaires de 13 sérotypes de *S. pneumoniæ* conjugués à une protéine «porteuse». Un vaccin inactivé sous-unitaire préparé à partir de polysaccharides capsulaires purifiés de 23 sérotypes de *S. pneumoniæ* est suggéré aux personnes âgées (65 ans et plus) et aux individus immunodéprimés.

La pneumonie à *Hæmophilus influenzæ*

Les **pneumonies à *Hæmophilus influenzæ***, transmises par contact direct avec des gouttelettes contaminées, sont fréquentes chez les patients souffrant de malnutrition, d'alcoolisme, d'un cancer ou du diabète. *Hæmophilus influenzæ* est un coccobacille à Gram négatif que l'on trouve dans le microbiote normal des voies respiratoires. Une coloration de Gram de crachats permet de distinguer une pneumonie causée par cet organisme d'une pneumonie à pneumocoques, les signes et les symptômes des maladies étant semblables. Cette bactérie requiert deux facteurs de croissance essentiels: le facteur X et le facteur V (chapitre 6). Les laboratoires cliniques emploient des tests portant sur les besoins relatifs à l'un ou à l'autre de ces deux facteurs, ou aux deux, pour vérifier si un isolat bactérien contient une espèce particulière d'*Hæmophilus*. Les céphalosporines de deuxième génération ne sont pas inactivées par les β-lactamases produites par de nombreuses souches de *H. influenzæ*; par conséquent, ces antibiotiques sont le plus souvent les médicaments d'élection.

La pneumonie à mycoplasmes

Les mycoplasmes, qui sont dépourvus de paroi cellulaire, ne se développent pas dans les conditions de culture prévalant en général lors de l'isolement de la plupart des bactéries pathogènes. C'est pourquoi on confond souvent la pneumonie à mycoplasmes avec une pneumonie virale.

L'agent responsable de la **pneumonie à mycoplasmes** est la bactérie *Mycoplasma pneumoniæ*. On a découvert cette forme de pneumonie en constatant que des infections atypiques réagissaient aux tétracyclines, ce qui révélait un agent pathogène non viral. La pneumonie à mycoplasmes est fréquente chez les jeunes adultes et les enfants; elle constitue environ 20% des cas de pneumonie, mais sa déclaration n'est pas obligatoire. La transmission se fait par contact avec les sécrétions d'une personne infectée. Les signes et les symptômes, qui durent au moins 3 semaines, comprennent une faible fièvre, de la toux et des maux de tête. Ils sont parfois assez graves pour nécessiter l'hospitalisation. L'immunité acquise ne semble pas permanente. La pneumonie à mycoplasmes est aussi appelée *pneumonie atypique* et *pneumonie ambulatoire*.

En croissant sur un milieu contenant du sérum de cheval ou un extrait de levure, les isolats provenant de frottis de la gorge ou de crachats constituent des colonies qui ont un aspect caractéristique d'«œuf frit» (**figure 19.13**), trop petites pour être visibles à l'œil nu. Comme ils n'ont pas de paroi cellulaire, les mycoplasmes présentent des formes très diversifiées (figure 6.20).

Le diagnostic fondé sur l'isolement de l'agent pathogène n'est pas nécessairement utile pour déterminer le traitement puisque le microorganisme, à croissance lente, prend parfois jusqu'à 3 semaines pour se développer. Cependant, on a grandement amélioré les tests diagnostiques au cours de ces dernières années. Ils comprennent maintenant l'amplification en chaîne par polymérase et des tests sérologiques permettant de déceler les anticorps IgM contre *M. pneumoniæ*.

Les antibiotiques tels que la tétracycline font habituellement disparaître les symptômes plus rapidement, mais ils n'éliminent pas les bactéries, qui demeurent dans l'organisme pendant plusieurs semaines.

La légionellose

La **légionellose**, ou **maladie du légionnaire**, a attiré pour la première fois l'attention du public en 1976, lorsqu'une série de décès se sont produits parmi les membres de l'American Legion qui avaient assisté à un congrès à Philadelphie. Comme on n'arrivait pas à déterminer une cause bactérienne, les décès furent attribués à une pneumonie virale. Des recherches plus poussées ont permis d'identifier une bactérie jusque-là inconnue, soit un bacille aérobie à Gram négatif capable de se multiplier dans les macrophagocytes: on l'a appelé *Legionella pneumophila*. On connaît maintenant 44 espèces du genre *Legionella,* mais elles ne sont pas toutes pathogènes.

La maladie du légionnaire est caractérisée par une fièvre atteignant 40,5 °C, de la toux ainsi que par les signes et les symptômes généraux de la pneumonie. Elle ne semble pas être transmissible de personne à personne. Des études récentes ont montré qu'il est facile d'isoler la bactérie des eaux naturelles. De plus, le microbe peut croître dans l'eau de condensation des systèmes de climatisation, de sorte que certaines épidémies observées dans les hôtels, les centres d'affaires et les hôpitaux ont peut-être été causées par transmission aérienne. On sait que des poussées récentes avaient comme origine des baignoires à remous (spas), des humidificateurs, des chauffe-eau, des douches et des fontaines décoratives.

On a en outre démontré que *L. pneumophila* réside dans les conduites d'eau de nombreux hôpitaux. La majorité des établissements de ce type maintiennent, par mesure de sécurité, une température relativement basse (de 43 à 55 °C) dans les conduites d'eau chaude, si bien que dans les zones les plus froides du système la température est favorable à la croissance de *Legionella.* Ce microorganisme est beaucoup plus résistant au chlore que la majorité des bactéries, et il peut survivre durant de longues périodes dans une eau faiblement chlorée. La résistance de *Legionella* au chlore et à la chaleur s'explique par le fait que ces bactéries forment un biofilm hautement protecteur; de plus, elles vivent en association avec des amibes présentes dans l'eau. Les bactéries, ingérées par les amibes, continuent de proliférer et survivent même à l'intérieur d'amibes enkystées. L'installation de systèmes d'ionisation au cuivre et à l'argent s'est avérée la meilleure façon de désinfecter l'eau dans les hôpitaux sujets à la contamination par *Legionella*.

On pense maintenant que la maladie du légionnaire a toujours été relativement courante, bien que non connue. Le nombre de cas déclarés est de plus de 1 000 par année, mais on estime que l'incidence s'élève en fait à plus de 25 000 cas par année aux États-Unis. On observe quelques centaines de cas par année en France, mais bien moins au Canada. Ce sont les hommes de plus de 50 ans qui risquent le plus de contracter la légionellose, en particulier ceux qui font un usage abusif de tabac ou d'alcool, et ceux qui souffrent d'une affection chronique (**encadré 19.2**).

L. pneumophila est également responsable de la **fièvre de Pontiac**, dont les signes et les symptômes comprennent de la fièvre, des douleurs musculaires et, en général, de la toux. Il s'agit d'une maladie bénigne et spontanément résolutive.

La meilleure méthode diagnostique est la culture sur un milieu sélectif contenant du charbon de bois et un extrait de levures. L'analyse des spécimens respiratoires se fait à l'aide de techniques d'immunofluorescence et il existe un test à la sonde d'ADN. Les médicaments préférés sont l'érythromycine et d'autres antibiotiques de la famille des macrolides, tels que l'azithromycine.

La psittacose (ornithose)

Le terme «**psittacose**» vient de l'association de cette maladie avec les oiseaux de la famille des psittacidés, tels que les perruches et les perroquets. En fait, plusieurs autres types d'oiseaux peuvent

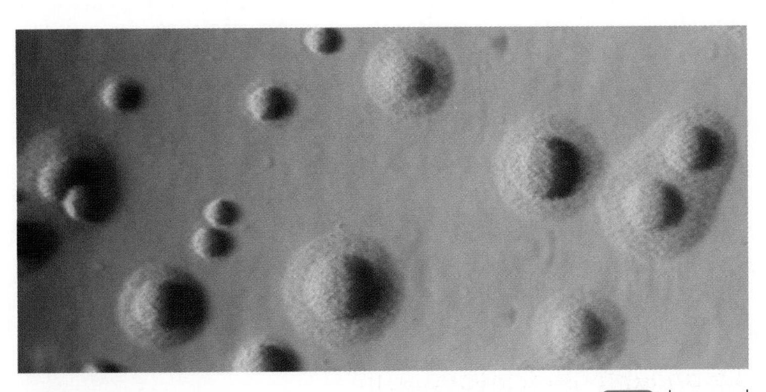

Figure 19.13 Colonies de *Mycoplasma pneumoniæ*, agent causal de la pneumonie à mycoplasmes. MO 0,5 mm

Une flambée

En lisant cet encadré, vous serez amené à considérer une suite de questions que les épidémiologistes se posent quand ils tentent de résoudre un problème clinique. Essayez de répondre aux questions comme si vous étiez vous-même épidémiologiste.

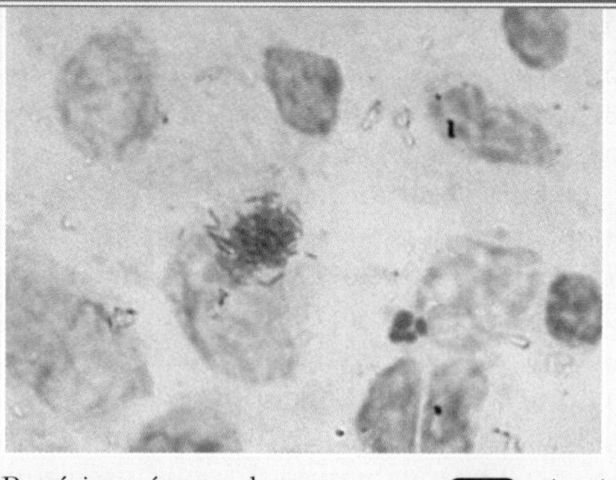

Bactéries présentes dans un prélèvement de tissu et révélées par coloration de Gram — MO — 5 μm

❶ Un homme de 64 ans consulte son médecin. Il a de la fièvre, ne se sent pas bien et il tousse. Il a reçu tous les vaccins, y compris le vaccin DCaT. Son état se détériore au cours des quelques jours suivants; il a de la difficulté à respirer et sa température s'élève à 40,4 °C. Il est hospitalisé. On observe une faible inflammation des poumons accompagnée de sécrétions de consistance aqueuse. Dans la figure de droite, la coloration de Gram révèle des bactéries dans un prélèvement de tissu du patient.

Quelles sont les affections possibles?

❷ Le même jour, un homme de 37 ans se présente au service des urgences; il souffre d'essoufflement, de fatigue et d'accès de toux. La veille, il avait de la fièvre et des frissons; sa température s'est élevée jusqu'à 38,6 °C.

Quels autres examens doit-on faire subir aux deux patients?

❸ Chez les 2 patients, le titre des anticorps contre le sérogroupe 1 de *Legionella pneumophila* est supérieur à 1 024. On avise les autorités sanitaires locales de l'hospitalisation de deux patients atteints de légionellose.

Quels autres renseignements devez-vous obtenir?

❹ Au cours de la semaine qui a précédé l'hospitalisation, les 2 hommes ont passé la nuit dans le même hôtel à 24 heures d'intervalle. Six autres cas de légionellose ont été signalés dans d'autres hôpitaux. On a demandé aux huit patients de remplir un questionnaire de suivi sur leurs déplacements avant la maladie, y compris les endroits visités, l'hébergement, les dates et toute information sur l'exposition à des sources d'infection connues (voir le tableau).

Quelles sont les sources probables de l'infection?

Les déplacements des patients	
Âge	De 37 à 70 ans (moyenne: 60 ans)
Sexe	6 hommes; 2 femmes
Nombre de nuits à l'hôtel	De 1 à 4 (moyenne: 3)
Diabète	4
Immunodéprimé	1
Fumeurs	5
Patients ayant pris une douche à l'hôtel	8
Patients ayant utilisé le spa	1
Patients ayant utilisé la piscine	6

❺ En règle générale, les épidémies de légionellose frappent certains individus sensibles qui sont exposés à un aérosol provenant d'une source d'eau contaminée par *Legionella.*

Pourquoi est-il important de trouver la source de l'infection?

❻ L'analyse rétrospective des cas observés permet d'empêcher la maladie de se propager et de prendre des mesures pour prévenir sa réapparition. On a relevé la présence de *L. pneumophila* dans les réservoirs d'eau chaude et la tour de refroidissement, et dans les douches et les robinets des chambres. Certaines de celles-ci ont été occupées par des patients et d'autres par des personnes qui ne sont pas tombées malades. Toutes les bactéries fixaient le même type d'anticorps monoclonal.

Pourquoi certains clients de l'hôtel ont-ils été épargnés par la maladie?

❼ Lors d'une flambée, le taux d'attaque tend à être plus élevé pour certains groupes à risque, tels que les personnes âgées, les fumeurs et les personnes immunodéprimées.

Quelles sont vos recommandations en matière de prévention?

On a désinfecté les pommes de douche et les robinets à l'eau de Javel. On a nettoyé le filtre du spa et hyperchloré le système d'eau potable.

Les hôtels sont des endroits où il n'est pas rare d'observer des flambées de légionellose. En fait, c'est dans un tel établissement, en 1976 à Philadelphie, qu'on a découvert la maladie.

Source: *MMWR*, 56(48): 1261-1263 (7 décembre 2007).

transmettre cette affection, par exemple les pigeons, les poules, les canards et les dindes. C'est pourquoi on a maintenant recours à l'appellation « **ornithose** », plus générale. L'agent responsable de la psittacose est *Chlamydophila** *psittaci,* une bactérie intracellulaire obligatoire, à Gram négatif.

Les chlamydias diffèrent des rickettsies, qui sont aussi des bactéries intracellulaires obligatoires, notamment par le fait qu'elles forment de minuscules **corps élémentaires** à un stade de leur cycle vital (figure 6.23). Ces derniers permettent à la bactérie de survivre, au contraire des rickettsies, quand les conditions du milieu sont défavorables. Ils lui permettent aussi de se transmettre par voie aérienne. Ainsi, il n'est pas nécessaire qu'il y ait morsure pour que l'agent infectieux passe directement d'un hôte à un autre.

La psittacose est une forme de pneumonie qui cause généralement de la fièvre, des maux de tête et des frissons. Il s'agit souvent d'une infection subclinique et le stress semble augmenter la sensibilité à la maladie. Une perte du sens de l'orientation, ou même du délire dans certains cas, indique une atteinte du système nerveux.

La maladie se transmet rarement d'une personne à une autre. Elle se contracte la plupart du temps par contact avec de la fiente ou des exsudats d'oiseaux. L'un des modes de transmission les plus courants est l'inhalation de particules d'excréments séchés. Quant aux oiseaux, ils ont habituellement la diarrhée, le plumage ébouriffé, des troubles respiratoires et un port mou. Les perruches et les perroquets vendus dans les animaleries sont le plus souvent (mais pas toujours) exempts de la maladie. Beaucoup d'oiseaux sont porteurs de l'agent pathogène dans la rate, sans présenter de symptômes; ils ne deviennent malades que s'ils sont soumis à un stress. Les employés des animaleries et les éleveurs de dindes sont les personnes qui risquent le plus de contracter une ornithose.

Le diagnostic repose sur l'isolement de la bactérie dans des œufs embryonnés ou sur une culture cellulaire. Des tests sérologiques permettent d'identifier l'organisme isolé. Il n'existe pas de vaccin, mais les tétracyclines sont des antibiotiques efficaces pour le traitement de la maladie chez les humains et les animaux. La guérison ne confère pas une immunité efficace, même si le titre d'anticorps dans le sérum est élevé.

Le nombre de cas d'ornithose est généralement faible et les décès sont rares. Le fait que la maladie tarde à être diagnostiquée constitue le principal danger. Avant l'avènement de l'antibiothérapie, le taux de mortalité était d'environ 15 à 20% en Amérique du Nord.

La pneumonie à *Chlamydophila*

Certaines épidémies d'une maladie respiratoire sont dues à l'agent pathogène *Chlamydophila pneumoniæ* et la maladie porte le nom de **pneumonie à *Chlamydophila***. Cette affection ressemble cliniquement à la pneumonie à mycoplasmes. (Il se pourrait qu'il existe une association entre *C. pneumoniæ* et l'athérosclérose – c'est-à-dire l'obstruction des artères par des dépôts de matières grasses.)

La pneumonie à *Chlamydia* se transmet apparemment de personne à personne, probablement par voie respiratoire, mais pas aussi facilement que des infections comme la grippe. Cette forme de pneumonie est assez courante en Amérique du Nord puisque près de un individu sur deux possède des anticorps contre *C. pneumoniæ*. Il existe plusieurs tests sérologiques servant au diagnostic, mais les résultats sont difficiles à interpréter à cause de la variation antigénique. L'antibiotique le plus efficace est la tétracycline.

La fièvre Q

Une maladie est apparue en Australie durant les années 1930. Étant donné qu'il n'y avait pas de cause évidente, on a nommé l'affection **fièvre Q** (*query* signifiant « point d'interrogation »), un peu comme on dirait fièvre X. On a par la suite découvert que l'agent responsable était *Coxiella burnetii,* une bactérie de la classe des γ-protéobactéries qui, à l'instar des genres *Franciscella* et *Legionella*, est un parasite intracellulaire obligatoire (**figure 19.14a**). Cette bactérie vit à l'intérieur du macrophagocyte qui l'a capturée et peut s'y multiplier parce qu'elle tolère les conditions acides du phagolysosome; elle contourne ainsi le moyen de défense habituellement efficace de la phagocytose. La majorité des bactéries intracellulaires ne sont pas assez résistantes pour se transmettre par voie aérienne, mais *C. burnetii* fait exception grâce à sa grande résistance à la dessiccation.

La fièvre Q se manifeste par des symptômes très variés. En outre, on a découvert par dépistage systématique que la maladie est asymptomatique dans environ 60% des cas. La *fièvre Q aiguë* se caractérise habituellement par une fièvre élevée, des maux de tête, des douleurs musculaires et de la toux. On peut se sentir mal en point pendant des mois. Environ 2% des patients subissent une atteinte cardiaque, laquelle est responsable des rares décès. Dans les cas de *fièvre Q chronique*, l'endocardite est la manifestation la mieux connue (chapitre 18), mais elle peut mettre de 5 à 10 ans à se développer après l'infection initiale. Comme il y a peu de signes de maladie aiguë, il arrive souvent qu'on ne l'associe pas à la fièvre Q. Néanmoins, grâce à des diagnostics précoces et à l'antibiothérapie, le taux de mortalité est aujourd'hui inférieur à 5%.

C. burnetii est un parasite de plusieurs arthropodes, en particulier de la tique du bétail, et il se transmet d'un animal à un autre par la morsure de tique. En plus du bétail, les animaux infectés sont les dindes et les moutons de même que les animaux domestiques (mammifères). Chez les animaux, l'infection est habituellement subclinique. La tique du bétail propage d'abord la maladie chez les bovins laitiers, et le microbe est libéré dans les fèces, le lait et l'urine des bêtes infectées. Lorsque la maladie atteint un troupeau, elle s'y maintient par transmission par voie aérienne. Elle se transmet aux humains par l'ingestion de lait non pasteurisé et par l'inhalation de microbes produits dans les étables à vaches laitières et provenant principalement de débris placentaires pendant la saison de vêlage. L'inhalation d'un seul agent pathogène suffit à provoquer l'infection, de sorte que de nombreux travailleurs de l'industrie laitière contractent au moins une infection subclinique. Le risque est également élevé pour les employés des usines de transformation de la viande ou de préparation des peaux. La température de pasteurisation du lait, d'abord fixée de manière à détruire le bacille tuberculeux, a été augmentée en 1956 de manière à garantir l'élimination de *C. burnetii*. En 1981, on a découvert un élément ressemblant à

* On a revu récemment la nomenclature des bactéries de la famille des *Chlamydiaceæ*, si bien que l'ancien nom de genre *Chlamydia* est maintenant réservé à l'espèce *C. trachomatis*, alors que *Chlamydia psittaci* et *Chlamydia pneumoniæ* sont regroupés dans le genre *Chlamydophila* et portent maintenant les noms de *Chlamydophila psittaci* et de *Chlamydophila pneumoniæ*. Toutefois, nous continuerons d'utiliser à l'occasion le nom commun « chlamydia » pour parler de ces trois espèces.

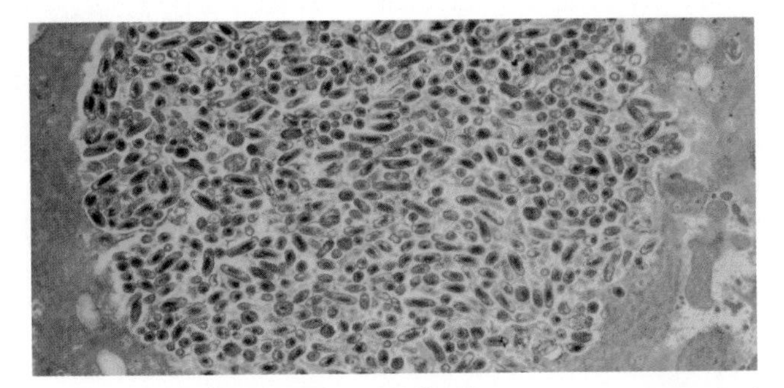

a) Masse de *Coxiella burnetii* se multipliant dans une cellule placentaire MET 2 μm

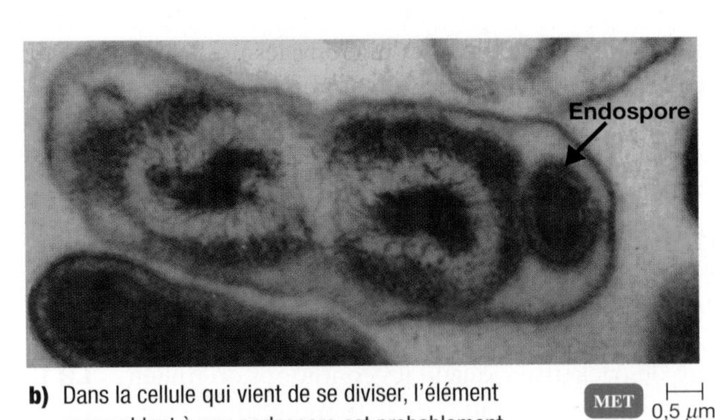

b) Dans la cellule qui vient de se diviser, l'élément ressemblant à une endospore est probablement responsable de la résistance relative du microbe. MET 0,5 μm

Figure 19.14 ***Coxiella burnetii*, l'agent causal de la fièvre Q.**

une endospore dont la présence explique peut-être la résistance de la bactérie à la chaleur (**figure 19.14b**).

On identifie l'agent pathogène par isolement, par culture dans un embryon de poulet ou un œuf, et par culture cellulaire. Les employés de laboratoire se servent de tests sérologiques pour vérifier la présence d'anticorps spécifiques de *Coxiella* dans le sérum d'un patient.

La majorité des cas de fièvre Q surviennent dans l'Ouest canadien et américain. La maladie est endémique dans les États de Californie, d'Arizona, d'Oregon et de Washington. Il existe un vaccin pour les employés de laboratoire et les autres travailleurs exposés. La doxycycline constitue un traitement très efficace. Dans les cas d'infection chronique, la croissance de *C. burnetti* à l'intérieur des macrophagocytes peut rendre la bactérie pharmacorésistante. On rétablit alors le pouvoir antimicrobien de la doxycycline en l'associant à la chloroquine. Cette dernière est un antipaludéen qui augmente l'efficacité de l'antibiotique en élevant le pH du phagosome.

Les principales pneumonies bactériennes sont résumées dans l'**encadré 19.3**.

Les autres pneumonies bactériennes

On découvre de plus en plus de bactéries responsables de pneumonies; les plus importantes sont *Staphylococcus aureus, Moraxella catarrhalis,* et des anaérobies résidant dans la cavité buccale. Des bacilles à Gram négatif, tels que les espèces de *Pseudomonas* et *Klebsiella pneumoniæ,* provoquent aussi parfois des pneumonies bactériennes. La pneumonie à *Klebsiella* touche principalement les personnes âgées dont la résistance est affaiblie, en particulier celles qui sont hospitalisées, qui ont une déficience immunitaire ou qui souffrent d'alcoolisme. La pneumonie à *Pseudomonas,* bactérie qui fait partie du microbiote intestinal, est fréquente en milieu hospitalier. Présentes sur de la literie souillée, les bactéries sont projetées dans l'air au cours des manœuvres de la réfection des lits. *Pseudomonas* résiste à de nombreux désinfectants et persiste même sur les feuilles des plantes. Les personnes affaiblies qui respirent l'air ambiant d'un hôpital sont particulièrement susceptibles de contracter une pneumonie de cette nature.

La mélioïdose

En 1911, à Rangoon, au Myanmar, on a observé une nouvelle maladie chez les toxicomanes. L'agent causal, *Burkholderia pseudomallei*, un bacille à Gram négatif qui appartenait autrefois au genre *Pseudomonas*, ressemble beaucoup à la bactérie qui cause la morve, une affection des chevaux, si bien que la maladie a été appelée **mélioïdose** (du grec *mêlis* = morve et *eidos* = forme). Aujourd'hui, celle-ci est considérée comme une importante maladie infectieuse en Asie du Sud-Est et dans le nord de l'Australie, où l'agent pathogène est largement répandu dans les sols humides. On l'observe sporadiquement en Afrique, dans les Caraïbes, en Amérique du Sud, en Amérique centrale et au Moyen-Orient. Beaucoup d'espèces animales y sont aussi susceptibles. Elle touche le plus souvent les personnes dont le système immunitaire est fragilisé, notamment les diabétiques.

La plupart du temps, le tableau clinique de la mélioïdose est le même que celui d'une pneumonie. La mortalité découle de la dissémination, qui donne lieu à un choc septique. Par ailleurs, la maladie peut se manifester par la formation, dans divers tissus, d'abcès ressemblant aux lésions de la fasciite nécrosante, ainsi que par une sepsie grave, voire par une encéphalite. La transmission s'effectue principalement par inhalation*, mais elle peut aussi se faire par inoculation dans une blessure par perforation et par ingestion. Comme la phase d'incubation peut être très longue, il arrive qu'on assiste à des éclosions tardives de la maladie. Récemment, on a observé plusieurs cas parmi les survivants du tsunami de 2004 dans l'océan Indien.

On pose généralement le diagnostic après avoir isolé l'agent pathogène d'un prélèvement de liquides organiques. Dans les régions où la maladie est endémique, les épreuves sérologiques sont difficiles à interpréter parce que beaucoup de patients ont déjà été exposés à une bactérie semblable, qui toutefois n'est pas pathogène. Des essais cliniques sont présentement en cours pour valider un test fondé sur l'amplification en chaîne par polymérase. L'efficacité de l'antibiothérapie est incertaine; on administre le plus souvent la ceftazidime, une β-lactamine, mais il faut parfois des mois pour obtenir des résultats.

▶ Vérifiez vos acquis

La bactérie qui cause la mélioïdose chez l'humain est aussi à l'origine d'une maladie du cheval. Quelle est cette maladie? **19-7**

Quel est le groupe de bactéries responsable de ce qu'on appelle communément la « pneumonie ambulatoire » ? **19-8**

* On a trouvé des indices sérologiques d'exposition chez près de 7 % des soldats américains revenus du Vietnam, les plus touchés étant les équipages d'hélicoptères, qui avaient probablement inhalé la bactérie.

Sensibilité à l'optochine des bactéries mises en culture sur gélose au sang

Les principales pneumonies bactériennes

La pneumonie est une des principales causes de maladie et de mort chez les enfants dans le monde, et la septième cause de mort aux États-Unis. Elle peut être occasionnée par divers virus, bactéries et mycètes. On prouve qu'elle est d'origine bactérienne en isolant l'agent pathogène de la culture d'un prélèvement de sang ou, dans certains cas, de la culture de sécrétions pulmonaires obtenues par aspiration.

Par exemple, un homme de 27 ans avec des antécédents d'asthme est hospitalisé après 4 jours de toux évolutive et 2 jours de pointes de fièvre. La culture d'un prélèvement de sang a révélé la présence de diplocoques à Gram positif, encapsulés. On a aussi testé la réaction à l'optochine de l'agent soupçonné sur une gélose au sang. Trouvez dans le tableau ci-dessous l'infection qui peut être à l'origine de ces signes et de ces symptômes. Consultez aussi le texte du chapitre.

Maladie bactérienne	Agent pathogène	Signes et symptômes	Réservoir/Modes de transmission	Diagnostic	Prévention/ Traitement
Pneumonie à pneumocoques	*Streptococcus pneumoniæ*	Fièvre élevée, détresse respiratoire et douleurs thoraciques	Humains; par contact direct et contact indirect	Test de sensibilité à l'optochine ou test de solubilité de la bile; tests sérologiques	Vaccins inactivés: conjugué ou sous-unitaires; pénicilline; fluoroquinolone
Pneumonie à *Hæmophilus influenzæ*	*Hæmophilus influenzæ* type b	Semblables à ceux de la pneumonie à pneumocoques	Humains; par contact direct	Croissance sur milieux de culture enrichis des facteurs X et V	Céphalosporines de 2e génération
Pneumonie à mycoplasmes	*Mycoplasma pneumoniæ*	Légers mais durables: fièvre peu élevée, toux et maux de tête	Humains; par contact direct	ACP et test sérologiques	Tétracycline
Légionellose	*Legionella pneumophila*	Fièvre élevée (jusqu'à 40,5 °C), toux, signes et symptômes généraux d'une pneumonie	Eau; par véhicule commun	Culture sur un milieu sélectif; techniques d'immunofluorescence; sonde d'ADN	Érythromycine; azithromycine
Psittacose (ornithose)	*Chlamydophila psittaci*	Souvent absents; sinon, fièvre, maux de tête et frissons	Oiseaux; par contact avec de la fiente ou des exsudats	Croissance sur des œufs embryonnés ou sur une culture cellulaire	Tétracyclines
Pneumonie à *Chlamydophila*	*Chlamydophila pneumoniæ*	Bénins; ressemblent à ceux de la pneumonie à mycoplasmes	Humains; par contact direct	Tests sérologiques	Tétracyclines
Fièvre Q	*Coxiella burnetii*	Bénins; fièvre, frissons, douleurs thoraciques, maux de tête intenses; complications telles que l'endocardite	Mammifères; par vecteur (tiques); par voie aérienne et par véhicule commun (ingestion de lait non pasteurisé)	Isolement par culture dans un embryon de poulet ou un œuf et par culture cellulaire	Doxycycline et chloroquine

Les viroses des voies respiratoires inférieures

▶ Objectif d'apprentissage

19-9 Décrire la chaîne épidémiologique qui conduit aux viroses suivantes des voies respiratoires inférieures : l'infection au virus respiratoire syncytial et la grippe. Préciser notamment les facteurs de virulence de l'agent pathogène, ses principaux réservoirs, ses modes de transmission, ses portes d'entrée, les facteurs prédisposants de l'hôte réceptif, le mécanisme physiopathologique qui mène à l'apparition des principaux signes et symptômes de la maladie infectieuse (s'il y a lieu) et les moyens thérapeutiques et les épreuves de diagnostic (s'il y a lieu).

Les virus doivent vaincre plusieurs défenses de l'hôte qui visent à les piéger et à les détruire avant qu'ils atteignent les voies respiratoires inférieures et y déclenchent une maladie.

La pneumonie virale

La **pneumonie virale** est une complication potentielle de la grippe, de la rougeole et même de la varicelle. Un certain nombre d'*Enterovirus* – famille des *Picornaviridæ*, virus à ARN simple brin positif, sans enveloppe (tableau 8.2) – et d'autres virus sont responsables de pneumonies virales, mais on isole et détermine l'agent responsable dans seulement 1 % des cas d'infections ressemblant à une pneumonie, car peu de laboratoires ont l'équipement requis pour analyser de façon adéquate des échantillons cliniques susceptibles de contenir un virus. Lorsque la cause d'une pneumonie est indéterminée, on suppose fréquemment que l'affection est d'origine virale si on réussit à écarter la possibilité d'une pneumonie à mycoplasmes.

Le virus respiratoire syncytial

L'**infection au virus respiratoire syncytial (VRS)** – famille des *Paramyxoviridæ*, virus à ARN simple brin négatif, enveloppé (tableau 8.2) – est probablement la principale cause de maladie respiratoire virale chez les nourrissons de 2 à 6 mois. Presque tous les enfants sont infectés avant l'âge de 2 ans. Le VRS peut aussi provoquer une pneumonie potentiellement mortelle chez les personnes âgées. Les épidémies ont lieu l'hiver et au début du printemps. Les signes et les symptômes communs sont la toux creuse avec sécrétions abondantes, des frissons, de la dyspnée, de la sibilance et des douleurs thoraciques. Les bronchioles sont souvent atteintes, ce qui entraîne une bronchiolite marquée par une détresse respiratoire grave. La fièvre apparaît seulement lors de complications bactériennes. Nous avons déjà mentionné que le VRS est aussi responsable de cas d'otite moyenne. La transmission se fait par contact direct avec les sécrétions, par inhalation de gouttelettes et par contact indirect avec des objets fraîchement contaminés. Le virus persiste près de 8 heures sur les objets et une demi-heure sur les mains. Il doit son nom à l'une de ses caractéristiques ; il provoque en effet l'hybridation somatique, ou syncytium, lorsqu'on le met en culture cellulaire. Il existe maintenant plusieurs tests sérologiques rapides, portant sur des échantillons de sécrétions des voies respiratoires, qui permettent de déceler à la fois le virus et ses anticorps.

L'immunité naturelle acquise est pratiquement nulle. On a approuvé une préparation aux immunoglobulines pour la protection des nourrissons ayant des troubles respiratoires qui les rendent très vulnérables. Un vaccin est actuellement soumis à des essais cliniques. On administre de la ribavirine (un médicament antiviral) en aérosol aux patients gravement atteints, ce qui diminue sensiblement l'intensité des symptômes. Le plus récent traitement approuvé consiste à donner des anticorps monoclonaux (palivizumab) à des patients à très haut risque.

Le syndrome respiratoire aigu sévère associé au coronavirus (SRAS-CoV)

En mars 2003, une nouvelle pneumonie atypique a été diagnostiquée chez un groupe de personnes de retour au Canada après un voyage à Hong Kong. Cette maladie, dite émergente, a été appelée **syndrome respiratoire aigu sévère**, ou **SRAS**. L'épidémie a été déclarée dès le mois de mai 2003 et, jusqu'au 5 septembre 2003, 438 cas ont été rapportés. En mai 2004, la maladie était endiguée. D'après les statistiques de l'OMS, 8 445 cas de pneumonie atypique ont été recensés au total, et 812 personnes en seraient mortes. Le SRAS est causé par un coronavirus, le SRAS-CoV – famille des *Coronaviridæ*, virus à ARN simple brin positif, enveloppé (tableau 8.2). Des analyses phylogénétiques donnent à penser que le virus du SRAS, présent chez les chauves-souris en Chine, a franchi la barrière des espèces et s'est propagé à l'humain, en passant par des chats ou des civettes, ou les deux.

Les personnes atteintes du SRAS présentent une température supérieure à 38 °C, de la toux et de la difficulté à respirer ; extrêmement grave, la maladie affecte les alvéoles pulmonaires et peut induire un œdème pulmonaire. D'autres symptômes du SRAS comprennent des maux de tête, des maux de gorge, des douleurs musculaires ou de la diarrhée. Le SRAS-CoV se transmet lors d'un contact étroit direct avec une personne infectée et par gouttelettes de sécrétions respiratoires. Une transmission par voie aérienne ou fécale (eaux d'égouts) semble possible. Le personnel soignant et les proches des patients sont très à risque.

Le diagnostic d'une infection par le SRAS-CoV repose sur l'examen clinique, les signes radiologiques du patient, l'isolement du SRAS-CoV sur culture cellulaire et des tests sérologiques (test ELISA). Le traitement inclut la ribavirine, mais surtout des interventions de soutien telle que l'oxygénothérapie.

La grippe

Dans les pays industrialisés, la maladie la mieux connue est sans doute la **grippe**, si on fait exception du rhume. Le syndrome grippal est caractérisé par des frissons, de la fièvre (39 °C), des maux de tête, des douleurs musculaires, une perte d'appétit puis de poids et de la fatigue. La guérison survient habituellement après quelques jours, et des signes et symptômes semblables au rhume apparaissent lorsque la fièvre tombe. Les virus grippaux se logent exclusivement dans les cellules du nez, de la gorge, de la trachée et des bronches. C'est pourquoi la diarrhée n'est pas un signe normal de la maladie ; les malaises intestinaux attribués à la « grippe intestinale » ont probablement une autre cause.

Le virus grippal

Le génome des virus du genre *Myxovirus influenzæ* – famille des *Orthomyxoviridæ*, virus à ARN à multiples brins négatif, enveloppé (tableau 8.2) – est formé de huit segments monocaténaires d'ARN, de longueurs différentes; les fragments d'ARN sont entourés d'une capside (enveloppe protéinique) et d'une membrane externe lipidique (**figures 19.15** et 8.3b). De nombreuses excroissances, caractéristiques du virus, sont insérées dans la membrane lipidique; elles sont de deux types: les *spicules d'hémagglutinine* (*H*) et les *spicules de neuraminidase* (*N*).

Les spicules H – au nombre de 500 environ sur chaque virus – permettent au virus de reconnaître les cellules hôtes et d'y adhérer, avant de les infecter. Les anticorps contre le virus grippal s'attaquent principalement à ces spicules. Le terme «hémagglutinine» évoque l'agglutination des érythrocytes (ou hémagglutination) qui se produit lorsque ceux-ci sont mélangés à des virus. Cette réaction joue un rôle essentiel dans des tests sérologiques tels que la réaction d'inhibition de l'hémagglutination virale, souvent utilisée pour identifier le virus grippal et d'autres virus (figure 26.8 EN LIGNE).

Les spicules N – au nombre de 100 environ par virus – diffèrent des spicules H par leur aspect et leur fonction. Sur le plan enzymatique, ils aident apparemment le virus à se séparer de la cellule infectée après la réplication intracellulaire. Le virus est relâché par bourgeonnement à partir de la membrane plasmique de la cellule hôte, de sorte que, au bout de quelques cycles de réplication, la cellule hôte meurt; l'effet est donc cytocide. Les spicules N stimulent également la formation d'anticorps, mais le rôle de ces derniers dans la résistance de l'hôte à la maladie n'est pas aussi important que celui des anticorps produits en réaction aux spicules H.

On détermine les souches virales à l'aide de la variation des antigènes H et N. On désigne les différents types d'antigènes au moyen de numéros, par exemple H1, H2, H3, N1 et N2. Il y a 16 types de H et 9 types de N. Chacun de ces symboles représente une souche virale qui diffère sensiblement des autres par la composition protéinique des spicules. Ces variations, appelées **mutations antigéniques**, sont assez décisives pour rendre inefficace l'immunité acquise contre un type spécifique d'antigène. Cette capacité de changement est responsable des épidémies, y compris les pandémies de 1918, de 1957 et de 1968, décrites dans le **tableau 19.1**. Notez que l'on a isolé un virus grippal pour la première fois en 1933; jusque-là, on déterminait la composition des antigènes des virus grippaux responsables d'épidémies par l'analyse des anticorps prélevés chez les personnes infectées.

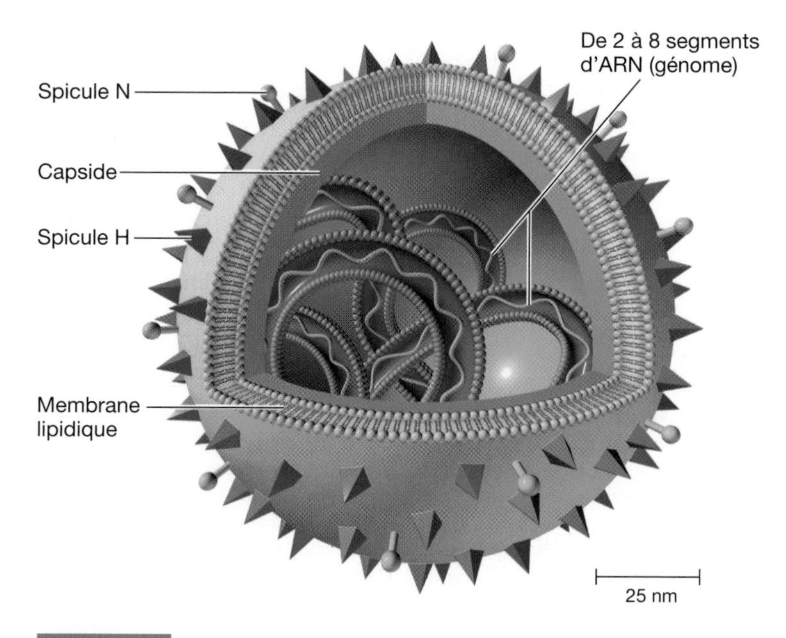

Figure 19.15 Structure détaillée du virus de la grippe. L'enveloppe lipidique qui couvre la capside porte deux types de spicules. Il y a huit segments d'ARN à l'intérieur de la capside.

Les mutations antigéniques sont probablement le fruit d'une recombinaison génétique majeure. Étant donné que l'ARN du virus grippal comporte huit segments, la probabilité de recombinaisons est élevée lors des infections par plus d'une souche. Les spicules d'hémagglutinine se lient aux acides sialiques à la surface des cellules épithéliales. Chez la plupart des oiseaux, ces acides diffèrent de ceux des humains, si bien que les souches aviaires du virus grippal sont généralement distinctes des souches qui ciblent les mammifères. Toutefois, les porcs et beaucoup d'oiseaux sauvages peuvent être infectés par les deux types de souches. En conséquence, les porcs constituent des «creusets» favorables à la recombinaison et au *réassortiment*. Dans les collectivités asiatiques, où humains, poules et porcs partagent le même espace restreint, les chances de réassortiment sont élevées. Les oiseaux migrateurs, en particulier les canards sauvages, peuvent être infectés par les deux types de souches et devenir des porteurs asymptomatiques qui disséminent le virus sur un vaste territoire.

En Asie du Sud-Est, on élève les poulets dans de grandes fermes qui constituent un terrain propice à l'éclosion de la grippe aviaire, telle que H5N1 apparue en Chine en 1996. On observe une très faible transmission aux humains du virus des oiseaux infectés dans ces fermes. Toutefois, on s'inquiète de mutations qui pourraient transformer le virus grippal aviaire en une souche qui se transmettrait facilement d'un humain à l'autre et déclencherait une pandémie meurtrière.

L'épidémiologie de la grippe

Entre deux grandes mutations antigéniques, il se produit de petits changements annuels dans la composition de l'antigène, appelés

Tableau 19.1 Virus grippaux humains*

Type	Sous-type antigénique	Année	Importance de la maladie
A	H3N2 (première pandémie «moderne», qui a débuté dans le sud de la Chine)	1889	Modérée
	H1N1 (Espagne)	1918	Grave
	H2N2 (Asie)	1957	Grave
	H3N2 (Hong Kong)	1968	Modérée
	H1N1 (Russie)**	1977	Légère
	H1N1 (début en Amérique du Nord)	2009	De légère à modérée
B	Aucun	1940	Modérée
C	Aucun	1947	Très faible

* Il semble acquis que les souches H1, H2 et H3 sont infectieuses pour les humains; H4, H5, H6 et H7 infectent principalement les animaux, particulièrement le porc et le poulet; cependant, c'est chez le porc que l'on trouve à la fois H4 et H5. Les souches aviaires H5N1 et H7N7 sont responsables de quelques cas mortels chez les humains.

** Probablement causé par un virus échappé d'un laboratoire.

dérives antigéniques. Par exemple, même si on désigne toujours un virus par H3N2, des souches reflétant de petites variations des antigènes, à l'intérieur du groupe antigénique, font leur apparition. On assigne parfois à ces souches virales un nom relié au lieu où elles ont été découvertes. En général, elles présentent uniquement une altération d'un seul acide aminé de la composition protéinique des spicules H ou N. Une mutation simple, mineure, de ce type constitue probablement une réaction à une pression sélective exercée par les anticorps (habituellement des anticorps IgA localisés dans les muqueuses), qui neutralisent tous les virus sauf ceux qui présentent la dernière mutation. On peut s'attendre à ce qu'une dérive antigénique survienne lors de une multiplication du virus sur un million. Un taux élevé de mutations est une caractéristique des virus à ARN – en l'occurrence le virus de la grippe –, dont la réplication s'effectue sans la fonction de «correction d'épreuves» qu'on trouve chez les virus à ADN.

En raison de la dérive antigénique, un vaccin efficace un jour contre H3, par exemple, sera moins efficace contre les isolats de cette souche 10 ans plus tard. Il y aura eu entre-temps assez de mutations pour que le virus échappe en grande partie à l'action des anticorps produits en réaction à la souche originale.

On classe également les virus grippaux en trois grands groupes, A, B et (parfois) C, selon les antigènes contenus dans leur capside. Les virus du type A, les plus virulents, sont responsables de la majorité des principales pandémies; les virus du type B sont aussi en circulation et ils subissent des mutations, mais ils provoquent généralement des infections plus légères et moins étendues sur le plan géographique.

Presque chaque année, notamment aux mois de novembre et de mars, des épidémies de grippe dite «saisonnière» s'étendent rapidement à des populations de grande taille. La maladie se transmet par contact direct avec des gouttelettes projetées dans l'air lors d'éternuements ou de toux; par contact indirect à partir d'objets ou de surfaces dures (poignées de porte) contaminés; et par autocontamination par les mains portées à la bouche ou au nez. Le virus peut survivre près de 48 heures sur les objets inanimés, quelques heures dans des sécrétions séchées et quelques minutes sur la peau. Ainsi, la transmission est si facile que des épidémies se produisent dès l'apparition d'une souche modifiée. Le taux de mortalité n'est pas élevé – généralement moins de 1 % – et les décès surviennent le plus souvent chez les très jeunes enfants ou les personnes très âgées. Cependant, le nombre de personnes infectées lors d'une grande épidémie est tellement important que le nombre total de décès est souvent considérable. Habituellement, la cause des décès n'est pas la grippe elle-même, mais une surinfection bactérienne. La bactérie *H. influenzæ* doit son nom au fait qu'on a cru à tort qu'elle était le principal agent causal de la grippe, et non un germe responsable d'une infection secondaire. *S. aureus* et *S. pneumoniæ* sont deux autres germes d'infections secondaires importants.

Les vaccins antigrippaux

On n'a pas encore réussi à élaborer un vaccin antigrippal qui procure une immunité durable à l'ensemble de la population. Il est facile de mettre au point un vaccin contre une souche antigénique donnée du virus, mais chaque nouvelle souche qui entre en circulation doit être identifiée rapidement, soit vers le mois de février, pour qu'on soit en mesure de créer et de distribuer un vaccin avant la fin de l'année. La collecte des souches se fait à une centaine d'endroits dans le monde, d'où on les envoie dans des laboratoires centraux pour être analysées. L'information ainsi obtenue sert à déterminer la composition des vaccins qui seront offerts à l'approche de la saison de la grippe. La majorité des vaccins sont *polyvalents,* c'est-à-dire qu'ils peuvent combattre plusieurs souches en circulation au même moment. À l'heure actuelle, les virus grippaux utilisés pour la fabrication de vaccins sont cultivés dans des œufs embryonnés. L'efficacité des vaccins est en général de 70 à 90 %, mais la protection ne dure probablement pas plus de 3 ans pour les souches visées.

On offre depuis peu un vaccin qui s'administre par vaporisation nasale et qui est destiné aux enfants de 1 à 5 ans. On considère comme prioritaire la recherche visant à créer des vaccins plus efficaces et, surtout, à les produire plus facilement et rapidement. Les méthodes de fabrication imposent des contraintes majeures, car il faut utiliser des œufs embryonnés, ce qui est peu pratique et nécessite beaucoup de main-d'œuvre. Les délais requis pour réagir à l'apparition de nouvelles souches de virus sont beaucoup trop longs. De plus, il arrive souvent que les virus ne se multiplient pas bien dans les œufs, et ceux qui sont à l'origine de maladies aviaires provoquent habituellement la mort des embryons. Pour contourner ces difficultés, on se propose de recourir à la *génétique inverse,* une technique prometteuse en théorie. Elle consiste à convertir l'ARN du génome viral en ADN, puis à le manipuler pour éliminer les gènes qui confèrent au virus sa pathogénicité. L'ADN est ensuite reconverti en ARN pour la production du vaccin. Grâce à cette façon de procéder, on obtient assez rapidement un virus non pathogène qui peut se développer dans des œufs embryonnés ou en culture cellulaire. On réduit aussi les risques d'introduire des contaminants nuisibles dans les préparations.

De la pandémie de grippe de 1918-1919 à la pandémie de 2009

Lorsqu'il est question de la grippe, on ne peut passer sous silence la grande pandémie de 1918-1919*, appelée *grippe espagnole*, qui a entraîné la mort de 20 à 50 millions de personnes à l'échelle mondiale. On ne sait pas exactement pourquoi le nombre de décès a été aussi élevé. Aujourd'hui, la majorité des victimes sont de très jeunes enfants ou des personnes très âgées mais, en 1918-1919, le taux de mortalité a été particulièrement élevé chez les jeunes adultes, qui mouraient souvent en quelques heures, probablement d'une hypercytokinémie. L'infection se limite d'ordinaire aux voies

* Il est probable que l'on ne pourra jamais déterminer de façon certaine l'origine de cette célèbre pandémie. Cependant, selon les données les plus fiables, les premiers cas auraient été observés parmi les recrues des forces armées américaines de Camp Funston, au Kansas, en mars 1918. L'infection initiale, causant une maladie relativement bénigne, se serait ensuite répandue rapidement chez les militaires, jusque sur le front occidental en France, où des troupes avaient été dépêchées. Le virus a ensuite subi une mutation antigénique majeure qui a rendu les troupes si malades, de part et d'autre du front, qu'elles étaient dans l'incapacité de combattre. La censure militaire a interdit la révélation de la situation, de sorte que les premières descriptions de cette dernière parurent dans les journaux lorsque l'épidémie avait déjà atteint l'Espagne, d'où l'appellation «grippe espagnole» fréquemment utilisée pour désigner la pandémie. La seconde vague de l'infection, beaucoup plus meurtrière, s'est rapidement répandue à travers le monde et a atteint les États-Unis à l'automne puis à l'hiver 1919.

respiratoires supérieures, mais une modification particulière de la virulence du virus a sans doute permis à ce dernier d'envahir les poumons et d'y causer une hémorragie mortelle.

Des données indiquent que le virus infectait aussi les cellules de divers organes du corps. En 2005, on a séquencé le génome de la souche de 1918 à partir d'échantillons de poumons prélevés à l'époque sur des soldats américains qui avaient succombé à la grippe et à partir de tissus d'une victime de la pandémie qui avait été enterrée dans le pergélisol en Alaska. On a recréé le virus par génétique inverse et on l'a mis en culture dans des œufs embryonnés et des souris. Ces travaux ont permis de conclure que la pandémie a été causée par une souche aviaire H1N1 comportant 10 substitutions d'acides aminés. Par comparaison, les pandémies de 1957 et de 1968 ont été causées par des souches humaines ayant acquis par réassortiment une ou deux protéines de surface d'origine aviaire. Dans le cas de ces deux dernières pandémies, la composante virale adaptée à l'humain a atténué le pouvoir pathogène de l'agent infectieux, si bien que celui-ci n'est pas devenu aussi meurtrier que le virus entièrement aviaire de 1918.

La grippe s'accompagne fréquemment de complications bactériennes qui, avant l'avènement des antibiotiques, étaient souvent mortelles. La souche virale de 1918 est apparemment devenue endémique chez une population de porcs aux États-Unis, où elle avait peut-être pris naissance. La grippe s'est propagée quelquefois aux humains à partir de ce type de réservoir, mais elle ne s'est jamais disséminée autant que l'infection virulente de 1918 (encadré 8.1).

En avril 2009, une nouvelle grippe causée par le sous-type H1N1 est apparue chez des Nord-Américains, notamment au Mexique, et s'est propagée aux humains de diverses régions du monde. Dans les médias, on a souvent associé ce nouveau virus à celui de la grippe espagnole, car ils appartiennent tous les deux au sous-type H1N1. Il faut toutefois rappeler que la variabilité à l'intérieur de chaque sous-type est importante. Cette grippe a d'abord été appelée « grippe porcine », à la suite d'analyses génétiques révélant la présence dans ce virus de séquences ARN d'origine porcine. Puis, l'OMS a recommandé la dénomination « grippe A(H1N1) » après qu'on eut découvert que ce virus était le résultat de recombinaisons entre des virus porcin, humain et aviaire.

Cette nouvelle grippe H1N1 a affecté plus de personnes jeunes et en bonne santé que la grippe saisonnière habituelle, qui touche généralement les jeunes enfants et les personnes âgées. La maladie s'est avérée le plus souvent bénigne. Toutefois, les femmes enceintes et les personnes ayant une affection médicale sous-jacente étaient susceptibles de développer une forme plus grave de la maladie. En juin 2009, l'OMS a déclaré l'état de pandémie de grippe H1N1. Le 10 août, après analyse des données épidémiologiques en provenance du monde entier prouvant que le virus de la grippe H1N1 se comportait comme un virus de grippe saisonnière et que l'incidence de la maladie avait chuté, l'OMS a déclaré qu'on avait atteint la période postpandémique.

Le diagnostic de l'influenza

La grippe est difficile à diagnostiquer à partir des seuls symptômes cliniques, car on observe les mêmes manifestations dans un bon nombre de maladies respiratoires. Toutefois, il existe plusieurs tests sur le marché qui permettent de dépister les grippes A et B en 20 minutes à partir d'un prélèvement narinaire (par lavage ou écouvillonnage) effectué dans le cabinet du médecin. En règle générale, ces tests rapides sont sensibles à plus de 70 % et spécifiques à plus de 90 %. L'identification des souches virales nécessite un appareillage sophistiqué qu'on ne trouve que dans les grands laboratoires.

Le traitement de l'influenza

Deux médicaments antiviraux, l'amantadine et la rimantadine, réduisent sensiblement les signes et les symptômes de la grippe de type A s'ils sont administrés rapidement. Deux autres médicaments, mis sur le marché récemment, sont des inhibiteurs de la neuraminidase, que les particules virales utilisent pour se séparer de la cellule hôte après s'être assemblées. Ce sont le zanamivir (Relenza), qui doit être inhalé, et le phosphate d'oseltamivir (Tamiflu), administré oralement. Si on prend ces médicaments moins de 30 heures après le début de la grippe, la réplication virale ralentit, de sorte que l'efficacité du système immunitaire s'en trouve améliorée. Les symptômes durent aussi moins longtemps, ce qui fait chuter le taux de mortalité. Les complications bactériennes de la grippe peuvent faire l'objet d'une antibiothérapie.

▶ Vérifiez vos acquis

Le réassortiment des segments d'ARN du virus de la grippe est-il à l'origine de la mutation antigénique ou plutôt de la dérive antigénique? **19-9**

Les mycoses des voies respiratoires inférieures

▶ Objectif d'apprentissage

19-10 Décrire la chaîne épidémiologique qui conduit aux mycoses suivantes des voies respiratoires inférieures : l'histoplasmose, la coccidioïdomycose et la pneumonie à *Pneumocystis*. Préciser notamment les facteurs de virulence de l'agent pathogène, ses principaux réservoirs, ses modes de transmission, ses portes d'entrée, les facteurs prédisposants de l'hôte réceptif, le mécanisme physiopathologique qui mène à l'apparition des principaux signes et symptômes de la maladie infectieuse (s'il y a lieu) et les moyens thérapeutiques et les épreuves de diagnostic (s'il y a lieu).

De nombreux mycètes produisent des spores qui se disséminent dans l'air. Il n'est donc pas étonnant que plusieurs mycoses graves touchent les voies respiratoires inférieures. La fréquence des infections fongiques a augmenté au cours des dernières années. Les mycètes opportunistes sont capables de se développer chez les personnes immunodéprimées, dont le nombre s'est considérablement accru depuis l'apparition du sida et la mise sur le marché d'anticancéreux et de médicaments destinés aux receveurs de greffes.

L'histoplasmose

L'**histoplasmose** ressemble à première vue à la tuberculose. En fait, on a découvert que cette maladie était plus fréquente qu'on ne le croyait lorsque des séries de radiographies pulmonaires ont révélé la présence de lésions chez bon nombre de personnes dont les tests à la tuberculine étaient négatifs. Le plus souvent, l'infection atteint d'abord les poumons, puis les agents pathogènes peuvent se répandre dans le sang et la lymphe, et causer ainsi des lésions dans presque tous les organes du corps.

La maladie est fréquemment asymptomatique. S'il y a des symptômes, ils sont généralement mal définis et souvent subcliniques, de sorte que la maladie est prise pour une infection bénigne des voies respiratoires. Dans quelques cas, peut-être moins de 0,1 %, l'histoplasmose évolue vers une maladie systémique grave. Cela se produit lorsque l'inoculum est exceptionnellement important ou lors de la réactivation de l'infection, chez un sujet dont le système immunitaire est affaibli (par le sida, par exemple) ou chez un sujet présentant une anomalie structurale ou fonctionnelle de son système respiratoire. Dans ces deux derniers cas, l'infection est opportuniste.

L'agent responsable, *Histoplasma capsulatum,* est un mycète dimorphe, c'est-à-dire qu'il présente une morphologie levuriforme lorsqu'il se reproduit par bourgeonnement dans les tissus à 37 °C (**figure 19.16a**), tandis que dans le sol ou sur un milieu de culture artificiel il produit un mycélium filamenteux porteur de spores appelées « conidies » (**figure 19.16b**). Dans l'organisme humain, l'agent levuriforme réside dans les macrophagocytes, où il survit et se reproduit. Dans l'environnement, les microconidies sont considérées comme les particules infectieuses susceptibles d'être inhalées ; les macroconidies servent surtout au diagnostic.

Bien que l'histoplasmose soit répandue à l'échelle mondiale, la maladie est limitée géographiquement en Amérique du Nord aux États riverains du Mississippi et de la rivière Ohio. Dans certains de ces États, plus de 75 % de la population possède des anticorps contre l'infection, alors qu'ailleurs, par exemple dans le Nord-Est, il est rare qu'un test soit positif. Au Canada, la maladie est présente surtout dans le centre du pays ; au Québec, on a signalé quelques cas dans la région de Montréal et dans la vallée du Saint-Laurent.

Les humains contractent la maladie en inhalant des poussières riches en spores, produites dans des conditions propices d'humidité et de pH, qu'on rencontre principalement dans les endroits riches en accumulations d'excréments d'oiseaux ou de chauves-souris, tels que les fermes et les grottes. Les oiseaux ne sont pas eux-mêmes porteurs de la maladie parce que leur température corporelle est relativement élevée, mais les fientes contiennent des nutriments et constituent notamment une source d'azote pour le mycète. La température des chauves-souris est plus faible que celle des oiseaux, et ces animaux sont porteurs de l'agent pathogène, qu'ils excrètent dans leurs fèces, contaminant ainsi de nouvelles portions de sol.

Les signes cliniques et les antécédents du patient, des tests sérologiques, des sondes d'ADN et, surtout, l'isolement du microbe ou son identification dans des prélèvements tissulaires sont indispensables pour établir un diagnostic exact. La chimiothérapie la plus efficace à l'heure actuelle est l'administration d'amphotéricine B ou d'itraconazole.

La coccidioïdomycose

La **coccidioïdomycose** est aussi une mycose pulmonaire, mais sa distribution est relativement limitée. L'agent causal, *Coccidioïdes immitis,* est un mycète dimorphe dont on rencontre les spores dans les régions semi-désertiques telles que les sols alcalins secs du sud-ouest des États-Unis (Texas, Californie et Arizona) et dans des sols du même type du nord du Mexique et d'Amérique centrale ou du Sud. Étant donné que la maladie est fréquente dans la vallée du San Joaquin, en Californie, elle est parfois appelée *fièvre du désert* ou *fièvre de San Joaquin*. Dans les tissus, le microbe forme des granulomes à paroi épaisse (diamètre d'environ 30 μm), appelés *sphérules*, qui sont remplis d'endospores sexuées pouvant chacune se différencier en une nouvelle sphérule et propager l'infection (**figure 19.17**). Dans le sol, le mycète produit des hyphes qui se reproduisent de façon asexuée par la formation d'*arthroconidies*, ou *arthroconidiospores* (environ 5 μm de long). Des arthroconidies demeurent dans le sol alors que d'autres, transportées par le vent, transmettent l'infection. Il existe souvent une telle abondance d'arthroconidies qu'une personne peut contracter la maladie simplement en conduisant son véhicule dans une région d'endémie, surtout s'il y a des tourbillons de poussière. Ainsi, on a observé une augmentation de l'incidence de la maladie après un tremblement de terre.

La majorité des infections ne sont pas apparentes, et presque toutes les victimes guérissent en quelques semaines, même si elles ne sont pas traitées. Les signes et les symptômes de la coccidioïdomycose comprennent des douleurs musculaires et parfois de la fièvre, de la toux, des infiltrats pulmonaires et une perte de poids. Dans moins de 1 % des cas, une maladie évolutive semblable à la tuberculose s'étend à tout l'organisme. Chez une bonne proportion des adultes habitant depuis longtemps dans une zone où l'infection est endémique, le test cutané démontre l'existence d'une infection à *C. immitis* antérieure.

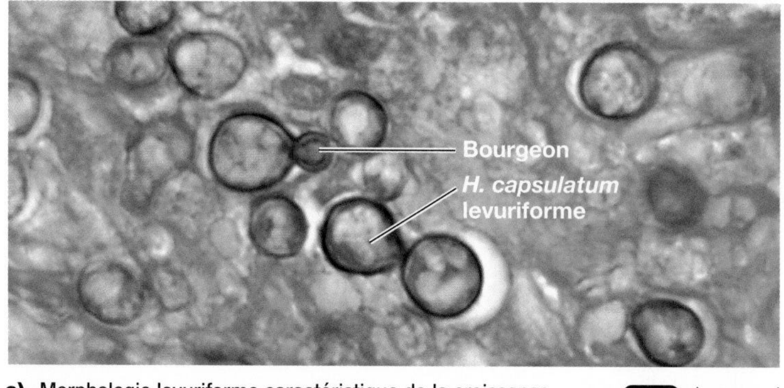

a) Morphologie levuriforme caractéristique de la croissance dans un tissu, à 37 °C — MO, 5 μm

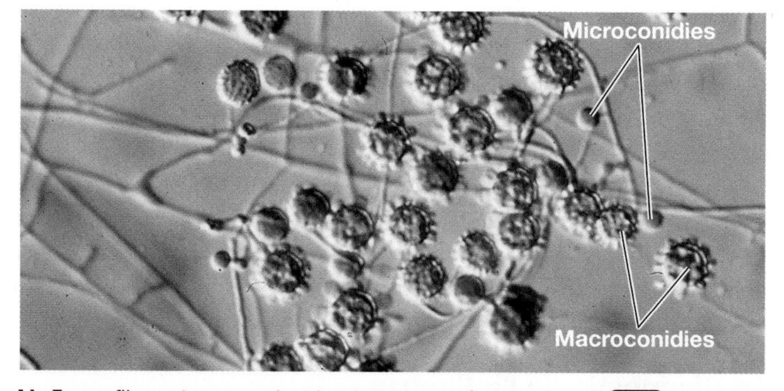

b) Forme filamenteuse, productrice de spores, présente dans le sol à des températures inférieures à 35 °C — MO

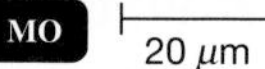

Figure 19.16 *Histoplasma capsulatum*, mycète dimorphe responsable de l'histoplasmose.

L'infection atteint particulièrement les hommes adultes, ce qui donne à penser que des facteurs hormonaux sont en cause. L'incidence de la coccidioïdomycose a augmenté récemment en Californie et en Arizona. Les facteurs favorisants comprennent la croissance du nombre de résidents âgés et de personnes porteuses du VIH ou atteintes du sida, de même que la période de grande sécheresse, qui a facilité la transmission par les poussières. Aux États-Unis, on estime que le nombre d'infections est de 100 000 par année et on dénombre annuellement de 50 à 100 décès dus à la maladie.

La méthode la plus fiable de diagnostic consiste à déterminer la présence de sphérules dans les tissus ou les liquides. On peut mettre en culture le mycète prélevé dans un liquide ou une lésion, mais les employés de laboratoire doivent prendre bien soin de ne pas inhaler d'aérosols infectieux. Il existe plusieurs tests sérologiques et sondes d'ADN permettant d'identifier les isolats. Un test cutané à la tuberculine sert à écarter la possibilité d'un cas de tuberculose.

On utilise l'amphotéricine B pour traiter les cas graves. Cependant, des médicaments imidazolés moins toxiques, dont le kétoconazole et l'itraconazole, sont des substances de remplacement utiles.

La pneumonie à *Pneumocystis*

La **pneumonie à *Pneumocystis*** est causée par *Pneumocystis jirovecii*, anciennement *P. carinii*. La classification taxinomique de ce microbe prête à controverse depuis sa découverte en 1909. On n'est jamais arrivé à déterminer de façon certaine s'il est un protozoaire ou un mycète, car il présente des caractéristiques des deux types de microorganismes. Des analyses récentes de l'ARN et d'autres propriétés structurales indiquent qu'il est étroitement apparenté à certaines levures, de sorte qu'il est habituellement classé comme mycète.

Les adultes immunocompétents présentent peu de symptômes, ou n'en présentent pas. Par contre, les nourrissons nouvellement infectés montrent occasionnellement des symptômes pulmonaires. Les personnes immunodéprimées sont le groupe cible le plus susceptible de développer une maladie symptomatique. Il se peut que ces personnes constituent aussi le réservoir du microbe, qui n'est présent ni dans l'environnement, ni chez les animaux, ni même chez les humains en bonne santé, sauf exceptionnellement. On présume que la défaillance du système immunitaire chez les personnes atteintes du sida permet l'activation d'une infection opportuniste latente par *P. jirovecii*, si bien que la maladie figure parmi les principaux indicateurs du sida. Les individus dont l'immunité est affaiblie par un cancer ou les greffés qui prennent des médicaments immunosuppresseurs pour prévenir le rejet du tissu transplanté sont également susceptibles de contracter cette pneumonie.

Dans les poumons d'un humain, les mycètes résident principalement dans la paroi des alvéoles. Ils y forment un kyste à paroi épaisse, dans lequel des corps intrakystiques sphériques se divisent successivement durant le cycle de reproduction sexuée (**figure 19.18**). ❶ Le kyste mature contient huit corps intrakystiques, ❷ qu'il finit par libérer en se rompant. ❸ Chaque corps intrakystique se transforme alors en trophozoïte. ❹-❺ Les cellules trophozoïtes peuvent se reproduire de façon asexuée, par scissiparité, mais elles peuvent aussi passer au stade sexué en se transformant en kyste. La reproduction de *P. jirovecii* entraîne des lésions tissulaires qui perturbent le fonctionnement des poumons.

À l'heure actuelle, le médicament de choix est une association de deux antibiotiques agissant en synergie, le triméthoprime-sulfaméthoxazole (Bactrim). On peut aussi utiliser d'autres spécialités pharmaceutiques.

La blastomycose (nord-américaine)

La **blastomycose**, ou **blastomycose nord-américaine** pour la distinguer d'une forme similaire présente en Amérique du Sud, sévit notamment aux États-Unis dans la vallée du Mississippi et de l'Ohio, et au Canada, dans le sud de l'Ontario et de l'Alberta ainsi

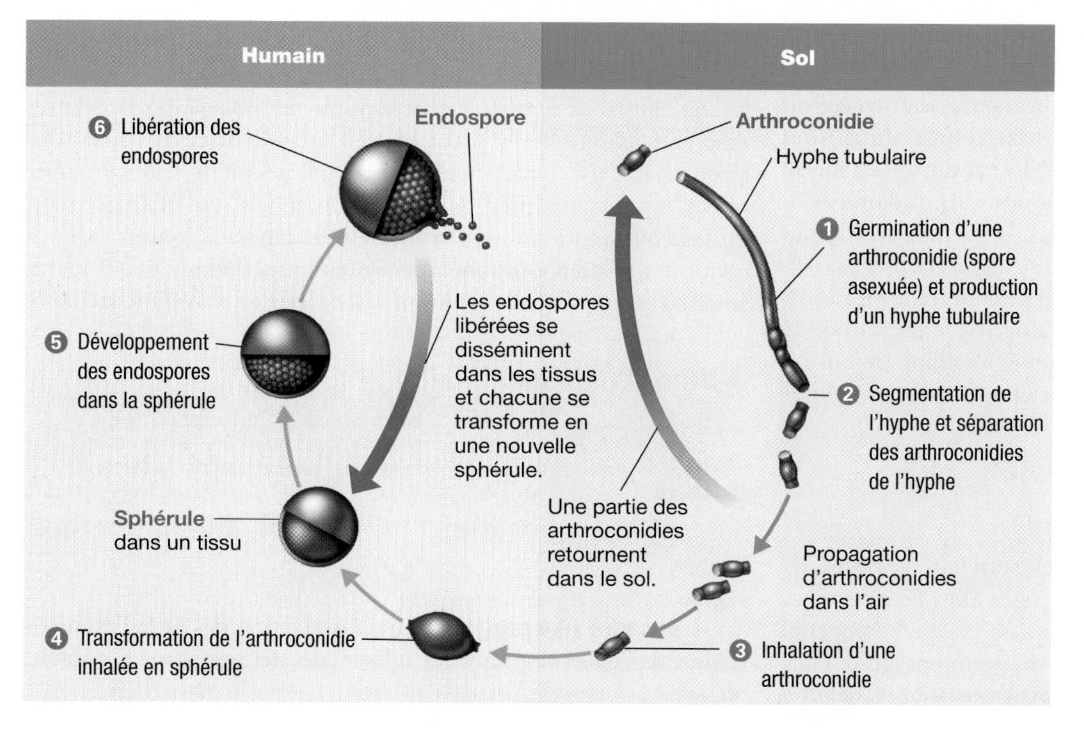
Humain
Sol
❻ Libération des endospores
Endospore
Arthroconidie
Hyphe tubulaire
❶ Germination d'une arthroconidie (spore asexuée) et production d'un hyphe tubulaire
Les endospores libérées se disséminent dans les tissus et chacune se transforme en une nouvelle sphérule.
❺ Développement des endospores dans la sphérule
❷ Segmentation de l'hyphe et séparation des arthroconidies de l'hyphe
Sphérule dans un tissu
Une partie des arthroconidies retournent dans le sol.
Propagation d'arthroconidies dans l'air
❹ Transformation de l'arthroconidie inhalée en sphérule
❸ Inhalation d'une arthroconidie

Figure 19.17 Cycle vital de *Coccidioïdes immitis*, agent causal de la coccidioïdomycose.

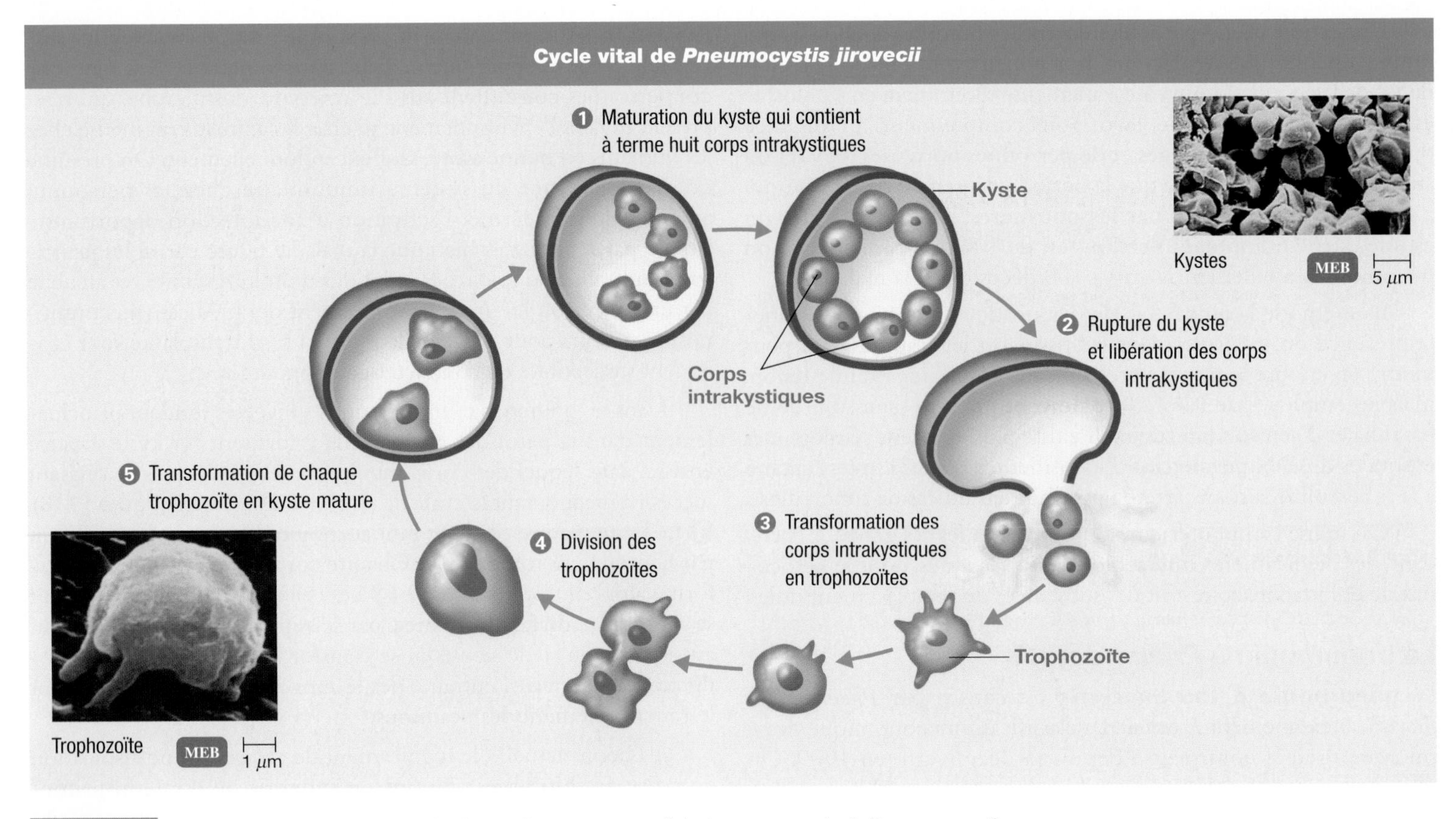
Cycle vital de Pneumocystis jirovecii
1 Maturation du kyste qui contient à terme huit corps intrakystiques
Kyste
Kystes
MEB
5 μm
2 Rupture du kyste et libération des corps intrakystiques
Corps intrakystiques
3 Transformation des corps intrakystiques en trophozoïtes
Trophozoïte
4 Division des trophozoïtes
5 Transformation de chaque trophozoïte en kyste mature
Trophozoïte
MEB
1 μm

Figure 19.18 Cycle vital de *Pneumocystis jirovecii*, agent causal de la pneumonie à *Pneumocystis*.

que dans la vallée du Saint-Laurent au Québec. Le microbe se développe probablement dans le sol lorsque ce dernier est riche en matières organiques. La maladie est causée par *Blastomyces dermatitidis,* un mycète dimorphe existant sous forme de levure dans les tissus des êtres humains et des animaux à sang chaud, et sous forme filamenteuse dans le sol. Il survit aussi sous forme de conidies (spores asexuées) dans le sol. On dénombre annuellement aux États-Unis de 30 à 60 décès consécutifs à une infection disséminée, mais la majorité des cas sont asymptomatiques.

La transmission se fait par inhalation des spores du mycète ou par son introduction dans le corps à la suite d'un traumatisme cutané. L'infection, qui touche d'abord les poumons, peut se répandre rapidement et entraîner des lésions secondaires. On observe fréquemment des ulcères cutanés, la formation d'abcès étendus et la destruction de tissus. L'atteinte cutanée peut aussi être l'unique manifestation de la maladie, en particulier chez les individus dont le système immunitaire est affaibli par le diabète ou le sida. L'agent pathogène peut être isolé d'un échantillon de pus ou d'un prélèvement par biopsie. L'amphotéricine B constitue généralement un traitement efficace.

Les autres mycètes associés à des maladies respiratoires

Plusieurs autres mycètes opportunistes sont susceptibles de causer des maladies respiratoires, en particulier chez les personnes immunodéprimées ou atteintes de maladies chroniques (cancer et diabète, par exemple) ou en contact avec un nombre considérable de spores. L'**aspergillose** est une infection importante de ce type, qui se transmet par voie aérienne par les conidies d'*Aspergillus fumigatus* et d'autres espèces du genre *Aspergillus* souvent présentes dans la végétation en putréfaction. *A. flavus*, une moisissure des céréales et des arachides, sécrète une aflatoxine qui a des effets mutagènes (chapitre 24 EN LIGNE). Le compost constitue un milieu propice à la croissance de ces mycètes, de sorte que les agriculteurs et les jardiniers sont fréquemment en contact avec une quantité infectieuse de ce type de spores.

Des personnes contractent des infections pulmonaires similaires lorsqu'elles sont exposées à des spores de moisissures de genres différents, tels que *Rhizopus* et *Mucor.* Certaines de ces maladies sont très dangereuses, en particulier les aspergilloses pulmonaires envahissantes. Les facteurs prédisposants comprennent un affaiblissement du système immunitaire, le cancer et le diabète. Comme pour la majorité des infections fongiques systémiques, il existe peu d'agents antifongiques efficaces ; le plus utile à ce jour est l'amphotéricine B.

▶ Vérifiez vos acquis

Les excréments d'oiseaux et de chauves-souris constituent un milieu favorable à la croissance d'*Histoplasma capsulatum.* Lequel de ces deux types d'animaux est susceptible d'être lui-même infecté par le mycète ?
19-10

* * *

L'**encadré 19.4** présente une récapitulation des maladies infectieuses des voies respiratoires inférieures décrites dans le présent chapitre.

PLEINS FEUX SUR

LES MALADIES

Encadré 19.4

Les maladies infectieuses des voies respiratoires inférieures

Le diagnostic différentiel consiste à rechercher dans une liste de maladies celle qui correspond à l'information obtenue au cours de l'examen du patient.

Par exemple, en Beauce, au Québec, un travailleur souffrant d'une maladie respiratoire aiguë est hospitalisé. Trois semaines auparavant, il participait à la démolition d'un bâtiment abandonné, où une colonie de chauves-souris s'était établie. La radiographie révèle une masse dans un poumon, mais la cutiréaction à la tuberculine est négative. Par ailleurs, un examen cytologique ne décèle pas de cancer. On procède à l'extirpation chirurgicale de la masse, que l'on examine ensuite au microscope ; on y observe des levures de forme ovoïde. Trouvez dans le tableau ci-dessous les infections qui peuvent être à l'origine de ces signes et de ces symptômes. Consultez aussi le texte du chapitre.

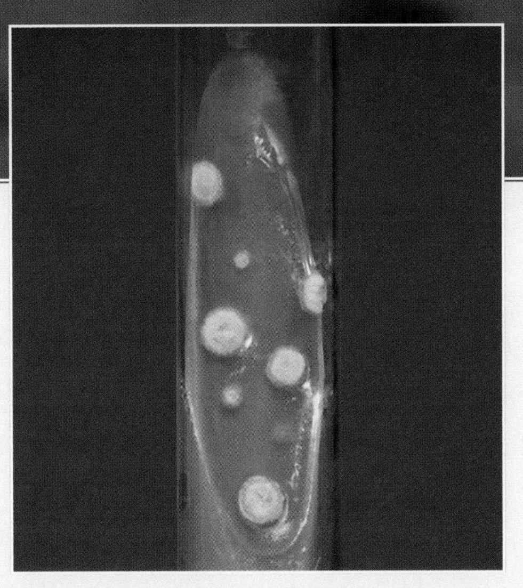

Croissance mycélienne obtenue par mise en culture de la masse excisée du poumon du patient

Maladie bactérienne	Agent pathogène	Signes et symptômes	Réservoir/Modes de transmission	Diagnostic	Prévention/ Traitement
BACTÉRIOSES					
Pneumonies bactériennes (voir l'encadré 19.2)					
Coqueluche	*Bordetella pertussis*	Inflammation de la muqueuse respiratoire et forte toux spasmodique	Humains ; par contact direct	Culture bactérienne ; test sérologique et ACP	Vaccin DCaT ; érythromycine ou autres macrolides
Tuberculose	*Mycobacterium tuberculosis* ; *M. bovis*	Toux (les expectorations contiennent souvent du sang), perte de poids et atonie générale	Humains, vaches ; par voie aérienne, par véhicule commun : lait non pasteurisé	Présence de bacilles acido-alcoolo-résistants dans les prélèvements ; technique microscopique d'immunofluorescence ; culture bactérienne ; radiographie pulmonaire ; sondes d'ADN et ACP ; test pour l'IFNγ	Pasteurisation du lait et vaccin BCG ; associations de médicaments antituberculeux
Mélioïdose	*Burkholderia pseudomallei*	Pneumonie ou abcès tissulaires et septicémie grave	Sol humide ; par voie aérienne, par voie cutanée (blessure), par véhicule commun : ingestion	Culture bactérienne ; tests sérologiques ; ACP	Ceftazidime
VIROSES Voir le tableau 8.2 pour les caractéristiques des familles de virus qui infectent l'humain.					
Maladie à virus respiratoire syncytial (VRS)	Virus respiratoire syncytial (*Pneumovirus*)	Frissons, dyspnée, sibilants et douleurs thoraciques	Humains ; par contact direct, par inhalation de gouttelettes et par contact indirect	Tests sérologiques	Ribavirine, anticorps monoclonaux
Syndrome respiratoire aigu sévère	SRAS-CoV (*Coranovirus*)	Fièvre, toux et dyspnée, œdème pulmonaire	Humains, eau et air ; par contact direct, par gouttelettes, par voie aérienne	Isolement sur culture cellulaire ; tests sérologiques	Ribavirine, oxygénothérapie

Maladie bactérienne	Agent pathogène	Signes et symptômes	Réservoir/Modes de transmission	Diagnostic	Prévention/ Traitement
VIROSES (*suite*)					
Grippe	*Influenzavirus*; plusieurs sérotypes	Frissons, fièvre, maux de tête et douleurs musculaires	Humains, porcs et poulets; par contact direct, par contact indirect et par voie aérienne	Tests sérologiques	Vaccin; amantadine et rimantadine; zanamivir (Relenza) et phosphate d'oseltamivir (Tamiflu)
MYCOSES					
Histoplasmose	*Histoplasma capsulatum*	Semblables à ceux de la tuberculose	Sol contaminés par des excréments d'oiseaux ou de chauves-souris; par voie aérienne	Examen microscopique de microbes levuriformes dans les tissus prélevés; sondes d'ADN	Amphotéricine B ou itraconazole
Coccidioïdomycose	*Coccidioides immitis*	Douleurs musculaires, fièvre, toux et perte de poids	Sols semi-désertiques; par voie aérienne	Examen microscopique de sphérules dans les tissus prélevés, tests sérologiques, sondes d'ADN	Amphotéricine B
Pneumonie à *Pneumocystis*	*Pneumocystis jirovecii*	Pneumonie	Humains ou sol; par voie aérienne	Examen microscopique	Triméthoprime-sulfaméthoxazole
Blastomycose	*Blastomyces dermatitidis*	Abcès étendus et destruction de tissus	Sol; par voie aérienne	Isolement du pathogène	Amphotéricine B

RÉSUMÉ

INTRODUCTION (p. 524)

1. Les infections des voies respiratoires supérieures sont le type d'infection le plus courant.
2. Les agents pathogènes qui pénètrent dans le système respiratoire sont susceptibles d'infecter d'autres parties du corps.

LA STRUCTURE ET LES FONCTIONS DU SYSTÈME RESPIRATOIRE (p. 525)

1. Les voies respiratoires supérieures comprennent le nez, le pharynx et les structures associées, telles que l'oreille moyenne et la trompe auditive.
2. Les vibrisses du nez filtrent les grosses particules contenues dans l'air qui pénètre dans les voies respiratoires.
3. La muqueuse ciliée du nez et du pharynx emprisonne les particules dans le mucus et le mouvement des cils les élimine du corps.
4. Les tonsilles, qui sont composées de tissu lymphoïde, assurent l'immunité contre certaines infections.
5. Les voies respiratoires inférieures comprennent le larynx, la trachée, les bronches, les bronchioles et les alvéoles pulmonaires.
6. L'escalier mucociliaire des voies respiratoires inférieures contribue à empêcher les microbes de se rendre dans les poumons.
7. Le lysozyme, une enzyme présente dans les sécrétions, détruit les bactéries inhalées.
8. Les microbes qui pénètrent dans les poumons peuvent être digérés par les macrophagocytes alvéolaires.
9. Le mucus des voies respiratoires contient des anticorps IgA.

LE MICROBIOTE NORMAL DU SYSTÈME RESPIRATOIRE (p. 526)

1. Le microbiote de la cavité nasale et du pharynx est susceptible de contenir des microbes pathogènes. En règle générale, il exerce un effet barrière contre l'implantation de ces derniers.

2. Les voies respiratoires inférieures sont habituellement stériles, grâce à l'efficacité de l'escalier mucociliaire des macrophagocytes et des anticorps de type IgA.

LES MALADIES INFECTIEUSES DES VOIES RESPIRATOIRES SUPÉRIEURES (p. 526)

1. Les infections des voies respiratoires supérieures portent divers noms. Selon l'endroit précis où les agents pathogènes s'établissent, on les appelle pharyngite, laryngite, tonsillite (amygdalite), sinusite ou épiglottite.
2. Les infections des voies respiratoires supérieures peuvent être causées par diverses bactéries et par divers virus ou, fréquemment, par une association de ces agents pathogènes.
3. La majorité des infections des voies respiratoires supérieures sont spontanément résolutives.
4. *H. influenzæ* type b peut provoquer une épiglottite.

LES BACTÉRIOSES DES VOIES RESPIRATOIRES SUPÉRIEURES (p. 527)

La pharyngite streptococcique (p. 527)

1. La pharyngite (ou angine) streptococcique est due à des streptocoques β-hémolytiques du groupe A ; ces bactéries sont capables de résister à la phagocytose. Elles se transmettent généralement par des gouttelettes.
2. Les symptômes comprennent l'inflammation des muqueuses, le gonflement des nœuds lymphatiques et la fièvre. La tonsillite et l'otite moyenne constituent des complications potentielles.
3. Des méthodes immunoenzymatiques permettent de poser rapidement un diagnostic.
4. Le médicament de choix est la pénicilline.
5. L'immunité contre les infections streptococciques est spécifique du sérotype.

La scarlatine (p. 527)

6. Si la bactérie SBHA responsable de la pharyngite streptococcique élabore une toxine érythrogène, la maladie est susceptible d'évoluer vers la scarlatine. La toxine érythrogène inhibe la phagocytose et la production d'anticorps, affaiblissant ainsi la défense immunitaire de l'organisme.
7. Le SBHA produit une toxine érythrogène lorsqu'il est infecté par un phage qui le rend lysogène. Le phage introduit alors le gène de la toxine dans la bactérie.
8. Les signes et les symptômes comprennent un érythème rouge rosé, une fièvre élevée et une langue dite framboisée (papilles enflammées saillantes sur un enduit rouge écarlate).

La diphtérie (p. 528)

9. La diphtérie est provoquée par *Corynebacterium diphteriæ,* une bactérie productrice d'exotoxine.

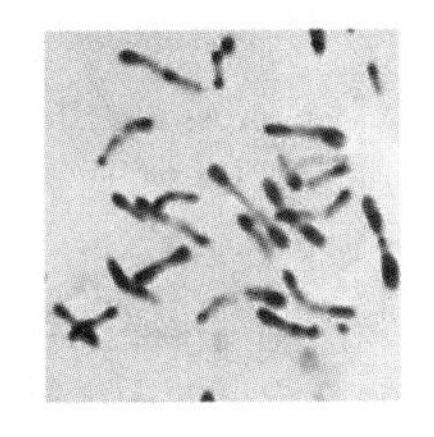

10. *C. diphteriæ* produit une exotoxine lorsqu'il est infecté par un phage qui le rend lysogène. Le phage introduit alors le gène de la toxine dans la bactérie.
11. Il se forme dans la gorge une membrane, contenant de la fibrine et des cellules humaines et bactériennes mortes, qui risque de faire obstacle au passage de l'air.
12. L'exotoxine inhibe la synthèse des protéines et entraîne la mort cellulaire ; il peut en résulter des dommages au cœur, aux reins et aux nerfs.
13. Le diagnostic de laboratoire repose sur l'isolement de la bactérie et sur la culture sur des milieux différentiels et sélectifs.
14. Il faut administrer une antitoxine pour neutraliser la toxine ; les antibiotiques inhibent la croissance de la bactérie.
15. En Amérique du Nord, le programme de vaccination comprend le vaccin DCaT qui contient l'anatoxine diphtérique.
16. La diphtérie cutanée est caractérisée par l'apparition d'ulcères à cicatrisation lente.
17. Dans la diphtérie cutanée, l'exotoxine est faiblement disséminée dans la circulation sanguine.

L'otite moyenne (p. 529)

18. L'otite moyenne est une complication potentielle des infections du nez et du pharynx.
19. L'accumulation de pus entraîne une augmentation de la pression sur la membrane du tympan.
20. Les agents pathogènes bactériens comprennent *Streptococcus pneumoniæ, Hæmophilus influenzæ* non encapsulé, *Moraxella catarrhalis,* le SBHA et *Staphylococcus aureus.*

LES VIROSES DES VOIES RESPIRATOIRES SUPÉRIEURES (p. 529)

Le rhume (p. 529)

1. On connaît près de 200 virus différents susceptibles de causer le rhume. Les *Rhinovirus* sont responsables d'environ 50 % des cas. Le rhume est une infection courante à tout âge, particulièrement chez les jeunes enfants.
2. Les signes et les symptômes comprennent des éternuements, un écoulement nasal et de la congestion.
3. La sinusite, les infections des voies respiratoires inférieures, la laryngite et l'otite moyenne sont des complications potentielles du rhume.
4. Le rhume se transmet par contact indirect, par contact direct et par voie aérienne.
5. La température optimale de réplication des *Rhinovirus* est légèrement inférieure à la température du corps, d'où leur préférence pour les voies respiratoires supérieures.
6. L'incidence du rhume augmente par temps froid, peut-être parce que les gens passent plus de temps à l'intérieur et s'y côtoient davantage, peut-être parce que l'air environnant est plus sec à cause du chauffage, peut-être encore à cause de changements physiologiques chez l'humain.
7. Il y a production d'anticorps spécifiques contre les virus responsables.

LES MALADIES INFECTIEUSES DES VOIES RESPIRATOIRES INFÉRIEURES (p. 530)

1. Beaucoup des microbes qui infectent les voies respiratoires supérieures infectent aussi les voies respiratoires inférieures.
2. Les infections des voies respiratoires inférieures comprennent la bronchite et la pneumonie.

LES BACTÉRIOSES DES VOIES RESPIRATOIRES INFÉRIEURES (p. 532)

La coqueluche (p. 532)

1. La coqueluche est causée par la bactérie *Bordetella pertussis.* Cette maladie touche surtout les enfants.
2. *B. pertussis* produit plusieurs toxines, dont la toxine pertussique, la cytotoxine trachéale, l'adénylate-cyclase-hémolysine et une endotoxine.
3. Le stade initial de la coqueluche ressemble à un rhume ; on l'appelle stade catarrhal.
4. L'accumulation de mucus dans la trachée et les bronches et la destruction des cellules ciliées provoquent une toux profonde, caractéristique du stade paroxystique (le deuxième stade). La phase de convalescence (le troisième stade) peut durer plusieurs mois.
5. Le diagnostic de laboratoire repose sur l'isolement des bactéries sur des milieux sélectifs, suivi de tests sérologiques.
6. L'incidence de la coqueluche a diminué grâce à la vaccination systématique des enfants.

La tuberculose (p. 533)

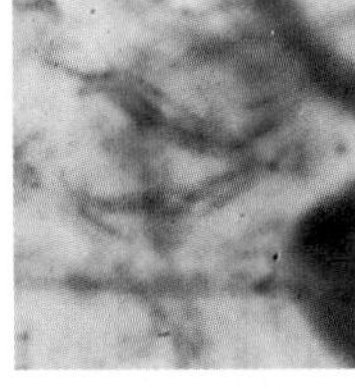

7. La tuberculose est causée par *Mycobacterium tuberculosis.*
8. La résistance de l'agent pathogène aux acides et à l'alcool, de même qu'à la sécheresse et aux désinfectants, est due au fait que sa paroi cellulaire est riche en lipides.
9. *M. tuberculosis* peut être ingéré par des macrophagocytes alvéolaires, dans lesquels il se reproduit s'il n'est pas détruit.
10. Les lésions formées par *M. tuberculosis* sont appelées tubercules. Des bactéries et des macrophagocytes morts composent la lésion caséeuse qui, si elle se calcifie, devient visible sur une radiographie pulmonaire.
11. La liquéfaction de la lésion caséeuse produit une caverne tuberculeuse, dans laquelle *M. tuberculosis* est capable de croître.
12. La rupture d'une lésion caséeuse libère des bactéries dans les vaisseaux sanguins et lymphatiques, et peut ainsi entraîner la formation de nouveaux foyers d'infection ; cet état s'appelle tuberculose miliaire.
13. La tuberculose miliaire est caractérisée par une perte de poids, de la toux et de l'atonie due aux multiples lésions organiques.
14. La chimiothérapie consiste habituellement à administrer 2 médicaments pendant au moins 6 mois ; *M. tuberculosis* est de plus en plus fréquemment résistant aux antibiotiques.
15. Un résultat positif à un test cutané à la tuberculine indique soit une tuberculose active, soit une infection antérieure, ou simplement le fait que la personne a été vaccinée et qu'elle est immunisée contre la maladie.
16. Le diagnostic de laboratoire repose sur la présence de bacilles acido-alcoolo-résistants et sur l'isolement de la bactérie, laquelle requiert jusqu'à huit semaines d'incubation.
17. *Mycobacterium bovis* est responsable de la tuberculose bovine et se transmet aux humains par l'intermédiaire de lait non pasteurisé.
18. Les infections à *M. bovis* touchent généralement les os et le système lymphatique.
19. Le vaccin antituberculeux BCG est constitué d'une culture vivante avirulente de *M. bovis.*
20. Le complexe *M. avium-intracellulare* infecte les personnes atteintes du sida à un stade avancé.

Les pneumonies bactériennes (p. 537)

21. La pneumonie typique est causée par *S. pneumoniæ.*
22. Les pneumonies atypiques sont dues à d'autres microbes.

La pneumonie à pneumocoques (p. 538)

23. La pneumonie à pneumocoques est due à *Streptococcus pneumoniæ* encapsulé qui résiste à la phagocytose.
24. Les signes et les symptômes comprennent de la fièvre, de la difficulté à respirer, des douleurs thoraciques et des crachats couleur rouille.
25. L'identification des bactéries se fait au moyen de la production d'α-hémolysines, de l'inhibition par l'optochine, de la solubilité de la bile et de tests sérologiques.
26. Il existe un vaccin constitué de polysaccharides capsulaires purifiés provenant de 23 sérotypes différents de *S. pneumoniæ.*

La pneumonie à Hæmophilus influenzæ (p. 538)

27. L'alcoolisme, la malnutrition, le cancer et le diabète sont des facteurs prédisposants à la pneumonie à *H. influenzæ.*
28. *H. influenzæ* est un coccobacille à Gram négatif.

La pneumonie à mycoplasmes (p. 538)

29. La pneumonie à mycoplasmes, due à *Mycoplasma pneumoniæ,* est une maladie endémique. Elle est responsable de 20 % des cas de pneumonie.
30. *M. pneumoniæ* produit des colonies ayant un aspect « d'œuf frit » après une incubation de 2 semaines sur un milieu de culture enrichi contenant du sérum de cheval et un extrait de levure.

La légionellose (p. 539)

31. La légionellose est causée par *Legionella pneumophila,* un bacille aérobie à Gram négatif.
32. L'agent pathogène peut croître dans l'eau, par exemple dans les systèmes de climatisation, les humidificateurs, les baignoires à remous, et être ensuite disséminé dans l'air.

33. Cette forme de pneumonie ne semble pas être transmissible de personne à personne.

La psittacose (ornithose) (p. 539)

34. *Chlamydophila psittaci* se transmet par contact avec de la fiente ou des exsudats d'oiseaux contaminés.
35. Les corps élémentaires permettent à l'agent pathogène de la psittacose (ou ornithose) de survivre à l'extérieur de l'hôte.
36. Les personnes qui manipulent des oiseaux dans le cadre de leur travail sont les plus susceptibles de contracter la maladie.

La pneumonie à Chlamydophila (p. 541)

37. *Chlamydophila pneumoniæ* provoque une forme de pneumonie qui se transmet de personne à personne.
38. Le diagnostic de laboratoire repose sur un test d'immunofluorescence.

La fièvre Q (p. 541)

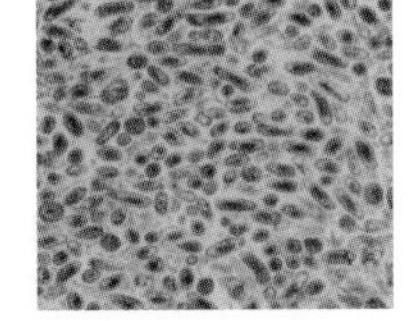

39. La fièvre Q est due à *Coxiella burnetii*, un parasite intracellulaire obligatoire.
40. La maladie se transmet généralement aux humains par l'intermédiaire de lait non pasteurisé ou par l'inhalation d'aérosols présents dans les étables de vaches laitières.

Les autres pneumonies bactériennes (p. 542)

41. Les bactéries susceptibles de provoquer une pneumonie comprennent des bactéries à Gram positif tels *S. aureus* et le SBHA et des bactéries à Gram négatif tels *M. catarrhalis*, *K. pneumoniæ* et les espèces de *Pseudomonas*.

La mélioïdose (p. 542)

42. La mélioïdose est causée par *Burkholderia pseudomallei*. Elle se transmet par inhalation, ingestion ou inoculation dans une blessure par perforation. Elle peut se présenter sous forme de pneumonie, de sepsie et d'encéphalite.

LES VIROSES DES VOIES RESPIRATOIRES INFÉRIEURES (p. 544)

La pneumonie virale (p. 544)

1. Un certain nombre de virus sont susceptibles de provoquer une pneumonie en tant que complication d'une infection telle que la grippe.
2. La cause des pneumonies virales n'est généralement pas déterminée par les laboratoires cliniques parce que l'isolement et l'identification des virus posent des difficultés.

Le virus respiratoire syncytial (p. 544)

3. Le virus respiratoire syncytial (VRS) est la cause la plus fréquente de pneumonie chez les nourrissons.

Le syndrome respiratoire aigu sévère associé au coronavirus (SRAS-CoV) (p. 544)

4. Le SRAS-CoV cause une pneumonie atypique extrêmement grave qui affecte les alvéoles pulmonaires et peut induire un œdème pulmonaire.

La grippe (p. 544)

5. La grippe est due à *Influenzavirus*. Elle est caractérisée par des frissons, de la fièvre, des maux de tête et des douleurs musculaires.
6. La membrane lipidique externe du virus porte des excroissances d'hémagglutinine (H) et de neuraminidase (N), appelées spicules.
7. On identifie les souches du virus par les propriétés antigéniques des spicules H et N ; on classe également les diverses souches en fonction des différences antigéniques des capsides (A, B et C).
8. On identifie les isolats viraux à l'aide de la réaction d'inhibition d'hémagglutination virale et de réactions d'immunofluorescence avec des anticorps monoclonaux.
9. Les mutations antigéniques qui causent des modifications importantes des spicules H et N réduisent l'efficacité de l'immunité naturelle et de la vaccination. Les dérives antigéniques provoquent de légères variations antigéniques.
10. Les décès associés à des épidémies de grippe sont généralement dus à des infections bactériennes secondaires.
11. Il existe des vaccins polyvalents pour les personnes âgées et d'autres groupes à risque élevé.
12. L'amantadine et la rimantadine sont des médicaments efficaces pour prévenir et traiter les infections à *Influenzavirus* A.

LES MYCOSES DES VOIES RESPIRATOIRES INFÉRIEURES (p. 547)

1. Les spores fongiques sont facilement inhalées ; elles sont susceptibles de germer dans les voies respiratoires inférieures.
2. L'incidence des mycoses a augmenté au cours des dernières années. Les mycoses sont des infections opportunistes.
3. L'amphotéricine B sert à traiter les mycoses décrites ci-après.

L'histoplasmose (p. 547)

4. *Histoplasma capsulatum* provoque une infection pulmonaire subclinique qui évolue parfois vers une maladie systémique grave.
5. L'histoplasmose se contracte par inhalation de conidiospores présentes dans l'air.
6. L'isolement du mycète ou son identification dans des échantillons de tissus est essentiel pour poser un diagnostic.

La coccidioïdomycose (p. 548)

7. L'inhalation d'arthroconidiospores de *Coccidioides immitis* risque de provoquer une coccidioïdomycose.
8. La majorité des cas sont subcliniques mais, en présence de facteurs prédisposants tels que la fatigue et la malnutrition, l'infection peut évoluer vers une maladie ressemblant à la tuberculose.

La pneumonie à *Pneumocystis* (p. 549)

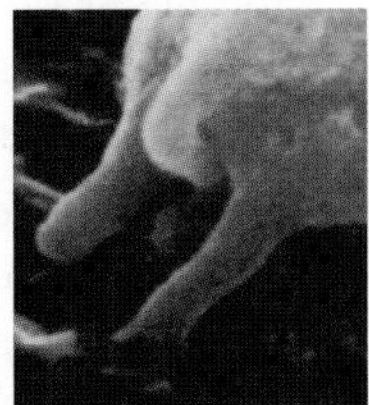

9. On trouve à l'occasion *Pneumocystis jirovecii* dans les poumons de personnes saines.

10. *Pneumocystis jirovecii* provoque des infections opportunistes chez les personnes immunodéprimées.

La blastomycose (nord-américaine) (p. 549)

11. *Blastomyces dermatitidis* est l'agent causal de la blastomycose.
12. L'infection débute dans les poumons et peut par la suite provoquer des abcès étendus dans d'autres parties du corps. Des abcès cutanés peuvent apparaître au niveau d'une lésion.

Les autres mycètes associés à des maladies respiratoires (p. 550)

13. Divers mycètes opportunistes sont susceptibles de provoquer des maladies respiratoires chez un hôte immunodéprimé, surtout si la quantité de spores inhalée est importante.
14. *Aspergillus, Rhizopus* et *Mucor* font partie de ces mycètes opportunistes.

AUTOÉVALUATION

QUESTIONS À COURT DÉVELOPPEMENT

1. Faites la distinction entre le streptocoque β-hémolytique du groupe A (SBHA) responsable de l'angine streptococcique et le SBHA responsable de la scarlatine quant à leurs facteurs de pathogénicité.
2. Expliquez pourquoi le vaccin contre la grippe n'est pas toujours aussi efficace que les autres vaccins.
3. Expliquez pourquoi il n'est pas utile d'inclure des vaccins contre le rhume ou la grippe dans la vaccination de routine des enfants.
4. Quels liens pouvez-vous établir entre la maladie du légionnaire (légionellose) et les hôtels qui offrent à leur clientèle les plaisirs des baignoires à remous?
5. Donnez deux arguments qui démontrent que la pneumonie à *Pseudomonas* est une infection nosocomiale fréquente.

APPLICATIONS CLINIQUES

N. B. Certaines de ces questions nécessitent que vous cherchiez des réponses dans les différents chapitres du livre.

1. Vous finissez votre stage en pédiatrie. Votre professeur vous soumet le cas d'un enfant de 4 ans atteint d'asthme grave et hospitalisé parce qu'il présente depuis 4 jours une toux évolutive accompagnée, dans les 2 derniers jours, d'accès de fièvre. On a obtenu une culture de cocci à Gram positif assemblés par paires à partir d'un échantillon de sang. Le diagnostic est une pneumonie à pneumocoques causée par *Streptococcus pneumoniæ*.

   Les parents de l'enfant sont inquiets, car il s'agit de la troisième pneumonie en un an et demi; ils se demandent s'ils ne devraient pas retirer l'enfant de la nouvelle garderie dans laquelle ils l'ont placé. Vous devez leur expliquer pourquoi l'enfant est sensible à l'infection et pourquoi ils doivent être vigilants en regard de l'évolution de la pneumonie.

   Vous devez également faire un compte rendu aux autres stagiaires sur les liens entre le pouvoir pathogène de la bactérie, les dommages physiologiques qu'elle cause et le dysfonctionnement respiratoire de l'enfant. Vous devez aussi expliquer pourquoi une personne peut contracter plus d'une fois une telle pneumonie. (*Indice :* Voir les chapitres 9 et 10.)

2. Janie est une fillette de 3 ans qui fréquente la même garderie familiale que votre enfant durant la journée. Elle vient d'être admise au service de pédiatrie et on a diagnostiqué une coqueluche. Ses parents avaient d'abord cru à un mauvais rhume, mais les quintes de toux creuse et profonde de Janie, suivies de vomissements, les avaient inquiétés. Les services sociaux ont averti le personnel de la garderie. Vous craignez que votre enfant n'ait attrapé le microbe et le transmette à vos autres enfants, et vous décidez de vous informer sur la gravité de la maladie et sur sa contagiosité.

   Décrivez les liens qui existent entre le pouvoir pathogène de la bactérie, les dommages physiologiques qu'elle cause et le dysfonctionnement respiratoire de l'enfant.

   Expliquez pourquoi la garderie doit être avisée du cas de coqueluche. Avez-vous lieu de vous inquiéter si vos enfants ont reçu le vaccin DCaT ? Justifiez votre réponse. (*Indice :* Voir les chapitres 9, 10 et 11.)

3. Au cours d'un stage de prévention des infections, on vous soumet la situation épidémiologique suivante. Sur une période de 6 mois, 72 membres du personnel d'une clinique présentent des résultats positifs à un test cutané à la tuberculine. On effectue une étude cas témoin pour déterminer la (ou les) source(s) probable(s) de l'infection à *M. tuberculosis* dont souffrent les membres du personnel. On compare en tout 16 cas de la maladie et 34 cas témoins dont le test à la tuberculine est négatif. Les résultats sont notés dans le tableau suivant. On vous demande de déterminer les sources les plus probables de l'infection. Que peut signifier un test cutané à la tuberculine positif? Pourquoi ne vaccine-t-on pas systématiquement toute la population contre la tuberculose ? Si l'iséthionate de pentamidine n'est pas utilisé dans ce cas-ci pour traiter la tuberculose, quelle maladie cherchait-on probablement à combattre en administrant ce médicament ? (*Indice :* Voir le chapitre 26 EN LIGNE.)

	Cas (%)	Cas témoins (%)
A travaillé au moins 40 heures par semaine	100	62
A été en contact avec des patients	94	94
Mangeait dans la salle de repos du personnel	38	35
Réside à Montréal	75	65
De sexe féminin	81	77
Fumeur	6	15
A été en contact avec une infirmière atteinte de tuberculose	15	12
Était présent dans la pièce non ventilée où on a prélevé des échantillons de crachats dont l'analyse a révélé qu'ils étaient positifs pour la tuberculose	13	8
Était présent dans la pièce où on a administré un traitement d'iséthionate de pentamidine en aérosol à des patients atteints de tuberculose	31	3

4. Votre grand-mère habite dans une résidence pour personnes âgées. Elle se plaint qu'elle est souvent enrhumée depuis son arrivée. Les avis varient sur les causes de ces rhumes. Pour certains résidents, c'est parce qu'elle joue régulièrement aux cartes. Pour d'autres, c'est parce qu'elle est maintenant plus âgée et plus fragile. Pour d'autres encore, c'est parce que le chauffage est trop élevé dans la résidence. Votre grand-mère se demande si la vaccination contre la grippe la protégerait contre le rhume ou si la prise d'antibiotiques serait efficace. Vous décidez de lui rendre visite. Vous devez répondre aux questions qu'elle se pose quant aux modes de transmission du rhume et l'informer sur la façon de se protéger contre le rhume ou la grippe. (*Indice :* Voir les chapitres 8 et 9.)

5. Au mois de mars, 6 membres d'une même famille ont présenté de la fièvre, de l'anorexie, des maux de gorge, de la toux, des maux de tête, des vomissements et des douleurs musculaires ; 2 d'entre eux ont été hospitalisés, et l'état des 6 personnes s'est amélioré après une thérapie à la tétracycline. Les titres des anticorps d'échantillons de sérum prélevés en phase de convalescence ont été de 64 et de 32. La famille avait acheté une calopsitte élégante à la mi-février, et s'était rendu compte que la perruche était irritable. On a euthanasié l'oiseau en avril. La maladie dont souffrent les membres de la famille est la psittacose. Décrivez dans l'ordre les différents éléments de la chaîne épidémiologique de cette maladie. Expliquez pourquoi les titres d'anticorps peuvent servir au diagnostic de la maladie. Recherchez des éléments d'information quant aux moyens de prévention qui peuvent être utiles pour protéger la santé de la population. (*Indice :* Voir les chapitres 9 et 26 EN LIGNE.)

6. Au mois d'août, Christophe, un jeune homme de 24 ans, revient d'un séjour en Californie, où il a traversé à pied des régions arides et poussiéreuses. Au mois de septembre, il se sent fatigué et courbaturé et constate qu'il a perdu du poids ; il tousse et a de la difficulté à respirer. Lors de sa première évaluation médicale, le médecin observe des infiltrats au niveau des deux lobes pulmonaires. Il pense qu'il peut s'agir d'une pneumonie typique et prescrit à Christophe des antibiotiques pour une période de 15 jours. Toutefois, il n'a pas attendu d'avoir confirmation de son diagnostic à partir de cultures pour bactéries. En décembre, les signes et les symptômes de Christophe se sont aggravés ; le médecin décèle une masse laryngée et évoque la possibilité d'un cancer du larynx, mais la chimiothérapie ne donne aucun résultat. Finalement, au mois de janvier, une biopsie pulmonaire et une laryngoscopie révèlent la présence de tissu granuleux diffus. On administre de l'amphotéricine B à Christophe, qui quitte l'hôpital 5 jours plus tard. Il souffrait de coccidioïdomycose. Énumérez les causes qui ont entraîné les retards dans le bon diagnostic. Pour quelle raison les antibiotiques n'ont-ils pas agi contre le microbe responsable ? En quoi les informations sur le voyage en Californie auraient-elles été utiles pour poser le diagnostic ? (*Indice :* Voir les chapitres 7 et 15.)

7. Lors d'une formation sur les soins à donner aux patients ayant subi une greffe, on vous soumet le cas suivant. Moins d'un an après avoir subi une greffe de rein réalisée avec un organe provenant d'un même donneur, les deux receveurs ont présenté une histoplasmose. Les receveurs n'ont jamais été en contact l'un avec l'autre et ne se sont jamais rendus dans la région où l'histoplasmose est endémique. Le typage moléculaire révèle que les isolats d'*Histoplasma capsulatum* sont les mêmes chez les deux receveurs.

Rassemblez les données qui permettent d'établir un lien entre la maladie, la greffe d'organe et la possibilité que les personnes atteintes se soient trouvées dans une situation favorisant l'infection. (*Indice :* Voir le chapitre 13.)

Si le donneur est un zoologiste s'occupant de chauves-souris, son emploi peut-il être en lien avec la maladie ? Justifiez votre réponse.

ÉDITION EN LIGNE Consultez le volet de gauche de l'Édition en ligne pour d'autres activités.

Les maladies infectieuses du système digestif

Les maladies infectieuses du système digestif font partie, avec les maladies respiratoires, des affections les plus courantes en Amérique du Nord. La plupart de ces maladies résultent de l'absorption d'eau ou de nourriture contaminées par des microbes pathogènes ou leurs toxines. Les symptômes caractéristiques consistent en l'apparition de troubles gastro-intestinaux plus ou moins graves accompagnés ou non de malaises généraux. Les agents pathogènes aboutissent habituellement dans les aliments ou dans les réservoirs d'eau après avoir séjourné dans les fèces de personnes ou d'animaux infectés. Ainsi, les maladies infectieuses du système digestif se propagent typiquement par *transmission orofécale*. On affaiblit cette forme de transmission en courroie par la manipulation hygiénique des aliments, l'épuration des eaux usées et la désinfection de l'eau potable. À ces mesures s'ajoute la demande grandissante de nouveaux tests pour détecter rapidement et de manière fiable les agents pathogènes dans la nourriture (un bien périssable).

Toutefois, la production des aliments – en particulier les fruits et les légumes – par des pays aux conditions sanitaires précaires laisse présager une augmentation des épidémies dues à des agents pathogènes importés.

Les encadrés 20.1, 20.4, 20.5, 20.7 et 20.8 présentent une récapitulation des maladies infectieuses du système digestif décrites dans le chapitre. Pour un rappel des différents maillons de la chaîne épidémiologique, consultez la section « La propagation d'une infection » au chapitre 9 et le schéma guide de la figure 9.6.

Les États-Unis importent du vin et du fromage de la France, et y exportent des chevaux. Quel rapport y a-t-il entre ces échanges et la trichinose?

La réponse est dans le chapitre.

AU MICROSCOPE

Larve de *Trichinella spiralis*. Cette larve, produite par un petit vers d'environ 1 mm de long, s'enkyste dans les muscles. En grand nombre, elle cause la trichinose.

La structure et les fonctions du système digestif

Objectif d'apprentissage

20-1 Nommer les structures du système digestif qui entrent en contact avec l'eau et les aliments.

Le **système digestif** est divisé en deux principaux groupes d'organes (**figure 20.1**) : les organes du tube digestif et les organes digestifs annexes. Le *tube digestif*, ou *tractus gastro-intestinal*, est essentiellement un tuyau comprenant la bouche (cavité orale), le pharynx (gorge), l'œsophage, l'estomac, l'intestin grêle et le gros intestin. L'autre groupe comprend les *organes digestifs annexes*, c'est-à-dire les dents, la langue, les glandes salivaires, le foie, la vésicule biliaire et le pancréas. À l'exception des dents et de la langue, les organes annexes se trouvent à l'extérieur du tube digestif et sécrètent des substances qui y sont déversées par le biais de conduits ou de canaux.

Le système digestif a pour rôle, entre autres, de digérer les aliments, c'est-à-dire de les dégrader en molécules assez petites pour que les cellules de l'organisme puissent les utiliser. Au cours d'un processus appelé *absorption*, ces produits ultimes de la digestion – les nutriments – passent de l'intestin grêle au sang ou à la lymphe, qui les distribuent aux cellules. Puis, la nourriture se déplace dans le gros intestin, d'où l'eau, certaines vitamines et des nutriments sont aussi absorbés. Durant le cours moyen d'une vie humaine, environ 26 tonnes de nourriture transitent par le système digestif. Les matières solides non digérées, appelées *fèces* ou *selles*, sont éliminées du corps par l'anus. Les gaz intestinaux, ou *flatuosités*, sont constitués d'un mélange d'azote (provenant de l'air avalé), de CO_2, d'H_2 et de CH_4 (méthane) produits par les microorganismes. En moyenne, le corps humain émet entre 0,5 et 2,0 litres de gaz intestinaux par jour.

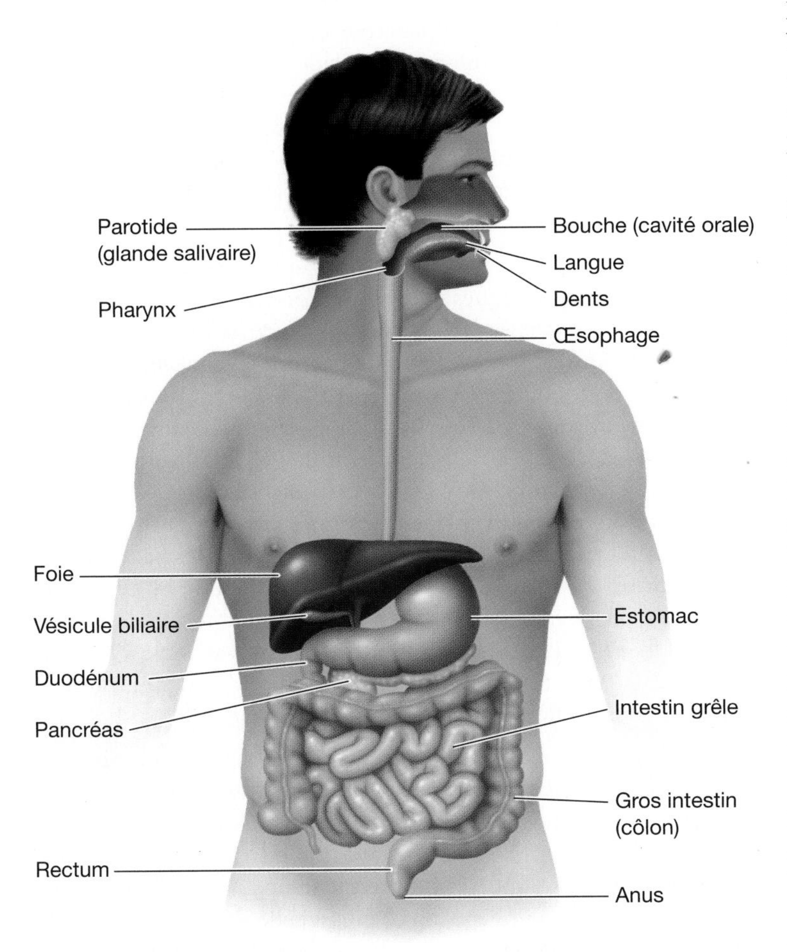

Figure 20.1 **Système digestif humain.**

Vérifiez vos acquis

Lorsqu'il fait l'ablation des polypes intestinaux au moyen d'un instrument capable d'émettre des étincelles, il arrive que le chirurgien provoque une petite explosion. Quelle est la cause de ce phénomène? **20-1**

Le microbiote du système digestif

Objectif d'apprentissage

20-2 Nommer les parties du tube digestif normalement colonisées par un microbiote et décrire le rôle du microbiote intestinal.

La plus grande partie du système digestif est colonisée par de nombreuses bactéries. Dans la bouche, la surface des muqueuses buccale et linguale de même que celle des dents offrent des conditions de croissance favorables aux bactéries aérobies, alors que les crevasses, plus profondes, présentes sur la couronne et le collet des dents en offrent plutôt aux bactéries anaérobies. Chaque millilitre de salive peut contenir des millions de bactéries. L'estomac et l'intestin grêle abritent relativement peu de bactéries, d'une part à cause de la sécrétion de chlorure d'hydrogène (HCl) par l'estomac et, d'autre part, à cause de la progression rapide des aliments dans l'intestin grêle. Par contre, le gros intestin possède une énorme population microbienne s'élevant à plus de 100 milliards de bactéries par gramme de fèces ; celle-ci constitue jusqu'à 40 % de la masse fécale totale. La colonisation est favorisée par un ralentissement du péristaltisme, une grande quantité de fibres et un pH légèrement alcalin. La population bactérienne se compose principalement de bactéries anaérobies strictes ou facultatives (tableau 9.1). La majorité de ces bactéries participent à la dégradation enzymatique des déchets du métabolisme, tels que le cholestérol. Certaines d'entre elles synthétisent des acides aminés, des acides gras et des vitamines, telle la vitamine K, utiles à l'organisme. À côté de ces bénéfices métaboliques, le microbiote intestinal normal joue un rôle primordial en s'opposant à l'implantation d'agents pathogènes par le processus d'antagonisme microbien, aussi appelé *effet barrière*.

Il est important de souligner que la nourriture qui passe par le tube digestif se trouve en réalité à l'extérieur du corps, bien qu'elle soit en contact intime avec lui. Toutefois, contrairement à la peau, qui recouvre la surface externe, le tube digestif est doté d'adaptations qui lui permettent d'absorber les nutriments qui le traversent. En même temps, il empêche les microbes nuisibles contenus dans l'eau et les aliments de s'introduire dans le corps. Il leur fait obstacle par des moyens de défense dont l'un des plus importants est l'acidité élevée de l'estomac, qui élimine un grand nombre de microbes potentiellement pathogènes.

L'intestin grêle a aussi d'importants moyens de défense, au nombre desquels figurent des millions de cellules spécialisées, remplies de granules, appelées *cellules de Paneth*. Ces dernières peuvent phagocyter les bactéries. De plus, elles produisent des protéines antibactériennes appelées *défensines* (chapitre 15) et une enzyme antibactérienne, le *lysozyme*.

▶ Vérifiez vos acquis

Par quels mécanismes le microbiote normal du tube digestif se trouve-t-il relégué à la bouche et au gros intestin? **20-2**

Les bactérioses de la bouche

▶ Objectif d'apprentissage

20-3 Décrire le mécanisme physiopathologique qui conduit à la carie dentaire, à la gingivite et à la parodontite.

La bouche constitue l'entrée du système digestif; elle offre un environnement propice à la vie d'une population microbienne nombreuse et variée.

La carie dentaire

Les dents ne ressemblent à aucune autre structure externe du corps. Elles sont dures et ne perdent pas leurs cellules de surface (**figure 20.2**), si bien qu'elles favorisent l'accumulation des microorganismes et des substances qu'ils sécrètent. Cette accumulation, appelée **plaque dentaire**, est en fait un type de biofilm (chapitre 4) qui influe grandement sur la formation de la **carie dentaire**, c'est-à-dire la détérioration de la dent.

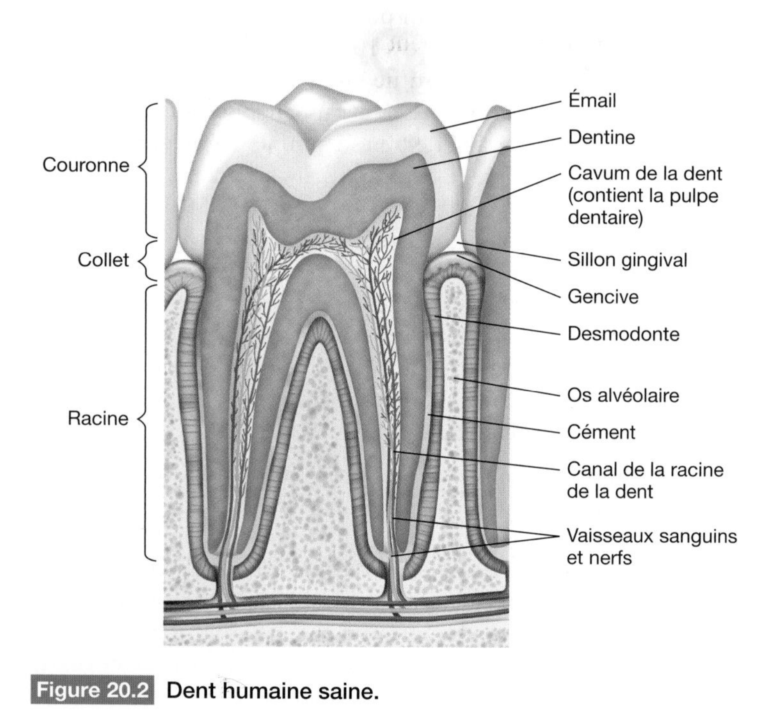

Figure 20.2 **Dent humaine saine.**

Les bactéries de la bouche transforment le saccharose et les autres glucides présents dans la salive en acides – en particulier en acide lactique –, lesquels attaquent l'émail de la dent. La population microbienne située sur la dent et au voisinage de celle-ci est très variée. Grâce à des méthodes d'identification par les ribosomes (voir la section sur l'hybridation *in situ* en fluorescence au chapitre 5), on a isolé plus de 700 espèces de bactéries colonisant la cavité orale. La plupart d'entre elles sont impossibles à cultiver par les techniques habituelles. La bactérie la plus *cariogène*, c'est-à-dire causant la carie, est probablement *Streptococcus mutans*, un coccus à Gram positif dont on pense qu'il est capable de métaboliser un plus large éventail de glucides que n'importe quelle autre bactérie à Gram positif. D'autres espèces de streptocoques sont également cariogènes, mais à un degré moindre.

La formation de la carie dépend de la fixation de *S. mutans* ou d'autres streptocoques à la surface de la dent (**figure 20.3a**). Ces bactéries ne peuvent adhérer à une dent propre, mais, au bout de quelques minutes, la dent récemment brossée sera recouverte d'une pellicule (fine couche) de protéines provenant de la salive. Deux heures plus tard, les bactéries cariogènes sont bien ancrées à cette pellicule et commencent à fabriquer un polymère de glucose collant appelé *dextran* (**figure 20.3b**). Pour produire le dextran, la bactérie hydrolyse d'abord le saccharose en ses monosaccharides, soit en fructose et en glucose. Puis une enzyme – la glucosyltransférase – assemble les molécules de glucose pour composer le dextran autour de la bactérie; le fructose résiduel constitue la source principale de glucides transformés en acide lactique. L'accumulation de bactéries et de dextran sur la dent forme la plaque dentaire, une substance qui résiste à l'action nettoyante de la salive. Lorsqu'elle n'est pas retirée par un brossage efficace et l'utilisation du fil dentaire, la plaque dentaire s'accumule et se calcifie pour former le *tartre dentaire*.

La population bactérienne de la plaque dentaire est surtout composée de streptocoques et de bactéries filamenteuses appartenant au genre *Actinomyces.* (Notons qu'il existe ici une coopération microbienne entre ces deux types de bactéries; *Actinomyces* adhère aux streptocoques déjà fixés aux dents.) *S.mutans* colonise de préférence les endroits protégés contre les effets mécaniques de la mastication et contre les effets de rinçage de la salivation et des liquides ingérés chaque jour. Dans ces endroits, tels que les sillons gingivaux, par exemple, la plaque peut mesurer plusieurs centaines de cellules d'épaisseur. L'acide lactique sécrété par les bactéries s'y trouve abrité de la salive, si bien qu'il n'est pas dilué ni neutralisé, d'où son effet dévastateur sur l'émail de la dent auquel la plaque adhère. Un émail à faible teneur en fluor est plus sensible à l'action de l'acide. C'est la raison pour laquelle l'eau de certaines municipalités et certains dentifrices sont fluorés.

Bien qu'elle contienne des nutriments favorisant la croissance bactérienne, la salive renferme également des substances antimicrobiennes, telles que le lysozyme, qui protège les parties exposées de la dent. Le *fluide creviculaire* joue aussi un rôle protecteur; il s'agit d'un exsudat tissulaire qui s'écoule vers le sillon gingival (figure 20.2) et dont la composition s'apparente plus à celle du sérum qu'à celle de la salive. Le fluide creviculaire protège la dent à la fois par son pouvoir nettoyant et par son contenu riche en cellules phagocytaires et en anticorps sécrétoires de type IgA.

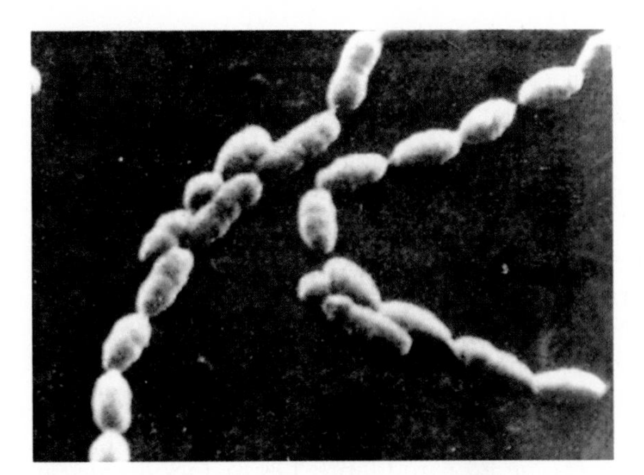

a) *S. mutans* dans un bouillon nutritif avec glucose — MEB — 1 μm

b) *S. mutans* dans un bouillon nutritif avec saccharose ; notez l'accumulation de dextran. Les flèches indiquent les cellules de *S. mutans*. — MEB — 1 μm

Figure 20.3 **Rôle de *Streptococcus mutans* et du saccharose dans la formation de la carie dentaire.**

La **figure 20.4** schématise les différentes étapes de la formation de la carie. ❶ La présence de dépôts de plaque dentaire (points bleus) dans les régions de la dent difficiles à nettoyer est à l'origine du processus. ❷ L'acide lactique produit localement dans les dépôts de plaque dentaire amollit graduellement l'*émail* à la surface de la dent. ❸ Si la carie n'est pas traitée à ce stade, les bactéries creusent l'émail et pénètrent à l'intérieur de la dent ❹ jusqu'à la *dentine*. La population bactérienne qui fait avancer la carie à partir de l'émail jusqu'à la dentine se distingue grandement de celle qui a ouvert la brèche au départ. Dans cette population, les microorganismes dominants sont des bâtonnets à Gram positif et des bactéries filamenteuses. Les bactéries *S. mutans* ne sont présentes qu'en petit nombre. Quant à *Lactobacillus* spp., que l'on tenait autrefois pour responsable de la carie dentaire, on sait maintenant qu'il ne joue aucun rôle dans l'apparition du processus cariogène. Cependant, il sécrète de l'acide lactique en abondance et fait considérablement progresser la carie, une fois que le processus est enclenché. ❺ La région cariée finit par atteindre le cavum de la dent, cavité qui renferme la *pulpe dentaire* composée de tissus conjonctifs, de vaisseaux sanguins et de neurofibres (nerfs). La carie peut s'aggraver par la formation d'un abcès dans les tissus mous entourant la dent.

Tous les microorganismes, ou presque, du microbiote de la bouche peuvent être responsables de l'infection de la pulpe ou de la racine d'une dent. Lorsque ces régions sont atteintes, on a recours à un traitement de canal, ou *traitement radiculaire*, pour éliminer les tissus infectés ou morts et pour introduire les agents antimicrobiens qui empêcheront une récidive de l'infection. Si elle n'est pas traitée, l'infection s'étend de la dent aux tissus mous, produisant alors des abcès dentaires dans lesquels on trouve diverses populations bactériennes dont beaucoup sont anaérobies.

Bien qu'elle soit probablement une des maladies infectieuses humaines les plus courantes aujourd'hui, la carie dentaire a été très rare en Occident jusque vers le XVIIe siècle. Des études ont montré qu'il existe une forte corrélation entre l'introduction du sucre, ou saccharose, dans l'alimentation et la prévalence actuelle de la carie dentaire dans cette région du monde ; de plus, le saccharose, un disaccharide composé de glucose et de fructose, est beaucoup plus cariogène que les deux glucides pris individuellement.

Le saccharose est omniprésent dans l'alimentation occidentale. Cependant, s'il est ingéré seulement aux heures régulières des repas, les mécanismes de protection et de réparation de l'organisme sont habituellement capables de le rendre inoffensif. C'est le sucre pris

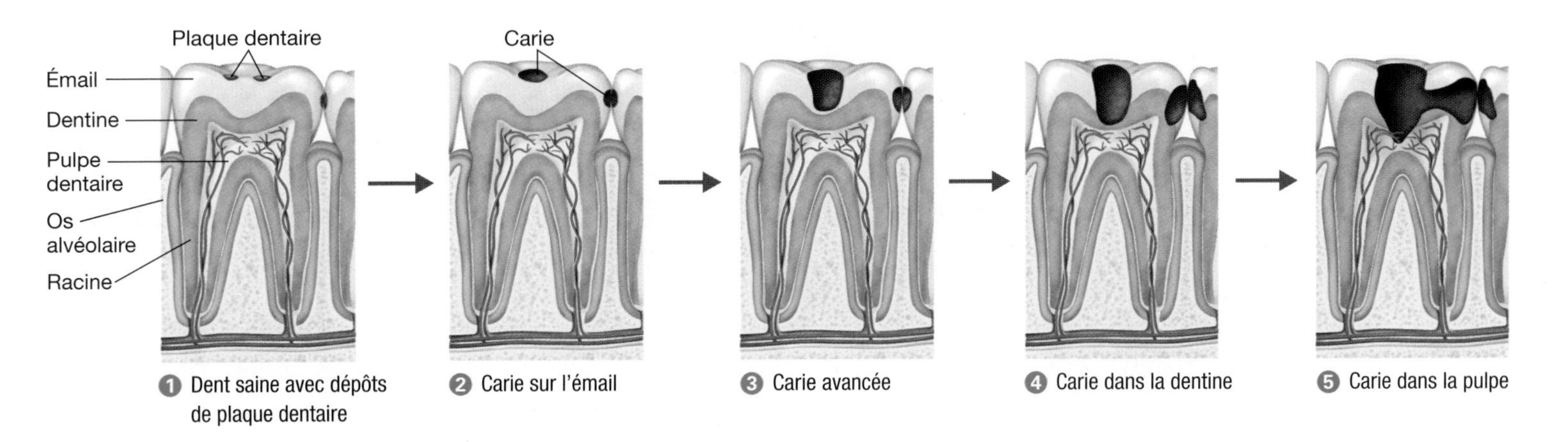

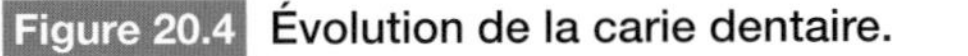

Figure 20.4 **Évolution de la carie dentaire.**

entre les repas qui est le plus dommageable pour les dents. Les sucres-alcools, tels que le mannitol, le sorbitol et le xylitol, ne sont pas cariogènes ; le xylitol semble inhiber le métabolisme des glucides chez *S. mutans*. C'est pourquoi on ajoute ces sucres aux bonbons et aux gommes à mâcher dits « sans sucre ».

Il est clair que la meilleure façon d'empêcher la carie est de réduire au minimum l'ingestion de saccharose, de se brosser les dents, d'utiliser le fil dentaire quotidiennement et de se faire nettoyer régulièrement les dents par un hygiéniste dentaire. Parmi les rince-bouche les plus efficaces pour freiner la formation de la plaque dentaire, on compte ceux à base de chlorhexidine. Toutefois, le brossage et le passage du fil dentaire sont encore les moyens de prévention à privilégier.

La parodontose

Même les personnes qui ont une bonne hygiène dentaire et évitent la formation de caries peuvent, sur le tard, perdre leurs dents à cause d'une **parodontose**. Ce terme regroupe toutes les maladies se caractérisant par une inflammation (parodontite) et une détérioration des tissus de soutien de la dent – le *parodonte,* qui comprend les gencives, le desmodonte, le cément et l'os (**figure 20.5**). La racine dentaire est protégée par un revêtement de tissu conjonctif spécialisé appelé *cément*. À mesure que la gencive se rétracte avec l'âge, la formation de caries sur le cément devient plus courante. La parodontose est une affection qui conduit à la destruction et à la chute de la dent.

La gingivite

Dans beaucoup de cas de parodontose, l'infection se limite aux gencives. L'inflammation qui en résulte, la **gingivite**, se manifeste par un saignement des gencives lors du brossage des dents (figure 20.5). À peu près tout le monde connaît cette affection à un moment ou à un autre. Il a été démontré expérimentalement que la gingivite apparaît en quelques semaines si on cesse le brossage des dents et que la plaque s'accumule. Au cours de ce type d'infection, une panoplie de streptocoques, d'actinomycètes et de bactéries à Gram négatif anaérobies prédominent dans le microbiote. Leurs toxines irritent la gencive, causant la gingivite.

La parodontite

La gingivite peut évoluer en une inflammation chronique nommée **parodontite**. Près de 35 % des adultes souffrent de parodontite, dont l'incidence augmente compte tenu du fait que les gens gardent leurs dents jusqu'à un âge avancé. Normalement, ❶ les dents sont solidement ancrées dans un os et entourées d'une gencive saine. ❷ Lorsque la plaque se développe, la gencive est irritée par les toxines bactériennes, ce qui cause la gingivite : les gencives sont rouges et saignent à la moindre occasion. À ce stade, cette maladie insidieuse n'engendre généralement que peu d'inconvénients. ❸ Mais, à mesure que la dent se déchausse, il peut se former des poches parodontales contenant parfois du pus. ❹ Si elle n'est pas traitée, la gingivite évolue en parodontite. Les toxines détruisent alors la gencive, le cément qui protège la racine et l'os qui soutient la dent. Celle-ci devient mobile et finit par tomber. Beaucoup de bactéries d'espèces différentes, en particulier les espèces de *Porphyromonas*, se rencontrent lors de ces infections ; les tissus sont endommagés par la réaction inflammatoire due à la présence des bactéries. Le traitement de la parodontite fait appel soit au débridement, une chirurgie éliminant les poches parodontales, soit à des techniques de nettoyage spécialisées de la portion de la dent habituellement protégée par la gencive.

La **gingivite ulcéronécrosante aiguë**, aussi appelée **angine de Vincent**, est l'une des infections graves de la bouche les plus courantes. Elle occasionne des douleurs qui rendent la mastication difficile et s'accompagne d'une haleine fétide (halitose). Parmi les bactéries le plus souvent associées à cette infection, on compte *Prevotella intermedia,* qui constitue près de 24 % des isolats. Étant donné que ces agents pathogènes sont d'ordinaire anaérobies, le traitement fait appel à des agents oxydants, au débridement et à l'administration de métronidazole. L'effet de ces traitements est toutefois momentané.

L'**encadré 20.1** résume les maladies bactériennes de la bouche décrites dans ce chapitre.

> **▸ Vérifiez vos acquis**
>
> Pourquoi les bonbons et les gommes à mâcher « sans sucre », qui contiennent pourtant des sucres-alcools, ne sont-ils pas considérés comme cariogènes (causant des caries) ? **20-3**

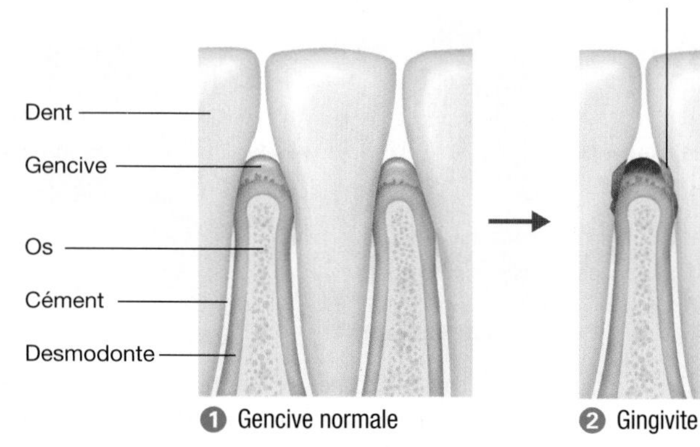

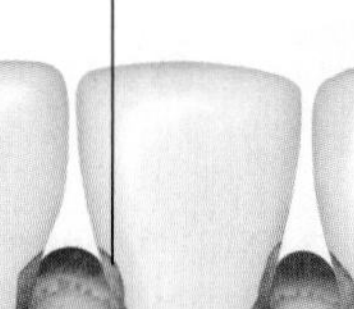

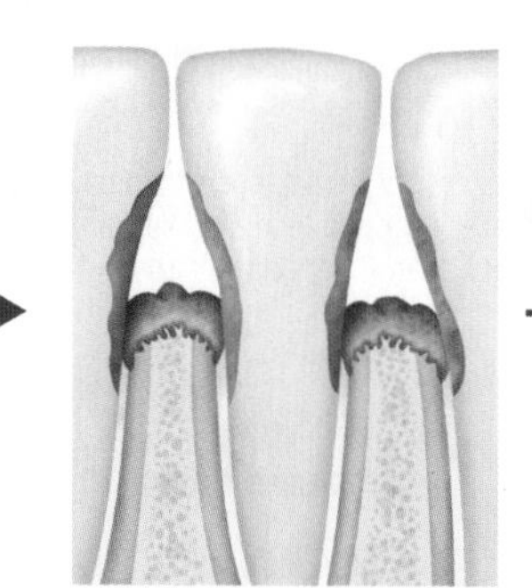

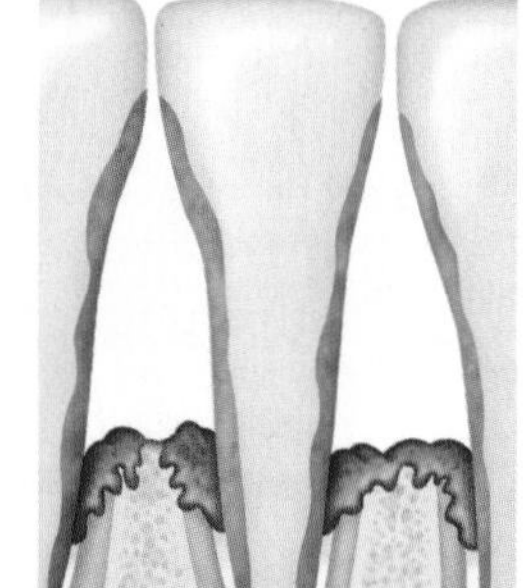

Figure 20.5 Évolution de la parodontose.

PLEINS FEUX SUR

LES MALADIES

Encadré 20.1

Les maladies bactériennes de la bouche

La plupart des adultes présentent des signes de parodontose ; chez environ 14 % des personnes âgées de 45 à 54 ans, on observe une atteinte grave des gencives à la suite d'infections susceptibles de provoquer l'irritation, la tuméfaction, la rougeur ou le saignement gingival persistants, ainsi que de rendre les dents sensibles ou douloureuses, et d'occasionner la mauvaise haleine. Trouvez dans le tableau ci-dessous l'infection le plus susceptible d'être à l'origine de ces signes et de ces symptômes. Consultez aussi le texte du chapitre.

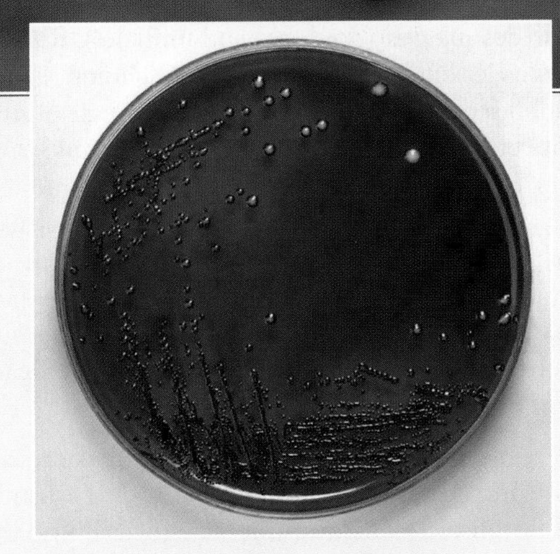

Ce bacille à Gram négatif est à l'origine d'environ le quart des cas.

Maladie	Agent pathogène	Signes et symptômes	Prévention	Traitement
Carie dentaire	Principalement *Streptococcus mutans*	Décoloration ou trou dans l'émail de la dent	Réduction de la consommation de saccharose ; brossage des dents et utilisation du fil dentaire	Obturation de la carie
Parodontose	Divers ; principalement *Porphyromonas* spp.	Gencives rouges (enflammées) et saignantes ; formation de pus dans les poches entourant les dents	Techniques de nettoyage pour retirer la plaque	Débridement des poches parodontales ; antibiotiques
Gingivite ulcéronécrosante aiguë	*Prevotella intermedia*	Mastication difficile ; haleine fétide (halitose)	Brossage des dents et utilisation du fil dentaire	Débridement ; métronidazole

Les bactérioses des voies digestives inférieures

▸ Objectifs d'apprentissage

20-4 Distinguer l'infection intestinale et l'intoxication alimentaire.

20-5 Décrire la chaîne épidémiologique qui conduit aux bactérioses suivantes des voies digestives inférieures : l'intoxication alimentaire par *Staphylococcus aureus*, la shigellose, la salmonellose, la fièvre typhoïde, le choléra, les gastroentérites à *E. coli*, la gastroentérite à *C. difficile*, la gastroentérite à *Campylobacter* et l'ulcère gastroduodénal. Préciser notamment les facteurs de virulence de l'agent pathogène, ses principaux réservoirs, ses modes de transmission, ses portes d'entrée, les facteurs prédisposants de l'hôte réceptif, le mécanisme physiopathologique qui mène à l'apparition des principaux signes et symptômes de la maladie infectieuse (s'il y a lieu) et les moyens thérapeutiques et les épreuves de diagnostic (s'il y a lieu).

Les maladies touchant le système digestif sont essentiellement de deux types : les infections et les intoxications.

Une **infection** survient lorsqu'un agent pathogène pénètre à l'intérieur du tube digestif et s'y multiplie. Les microbes peuvent s'installer sur la muqueuse intestinale et y croître, ou bien la traverser pour migrer vers d'autres organes internes. Les **cellules M** (ou cellules à microplis) servent de portails par lesquels les antigènes et les microbes franchissent l'épithélium de l'intestin pour être pris en charge par le tissu lymphoïde (follicules lymphatiques agrégés), lequel déclenche s'il y a lieu une réponse immunitaire (figure 12.9). Les infections se caractérisent par un délai dans l'apparition du trouble gastro-intestinal, au cours duquel l'agent pathogène prolifère ou cause des dommages au tissu atteint. On observe également de la fièvre, qui constitue l'une des réponses habituelles du corps à un agent infectieux.

Certains agents pathogènes entraînent la maladie en sécrétant des toxines qui perturbent l'activité du tube digestif. L'**intoxication** résulte de l'ingestion de telles toxines préformées. La plupart des intoxications, comme celles causées par *Staphylococcus aureus,* s'accompagnent d'une apparition soudaine – généralement dans les heures qui suivent – de signes révélant un trouble gastro-intestinal. D'ordinaire, la fièvre ne fait pas partie des signes.

Les infections et les intoxications provoquent souvent des *diarrhées,* dont nous avons tous souffert un jour. Les diarrhées graves, sanglantes ou accompagnées de mucus s'appellent **dysenteries**. Ces deux types de maladies du système digestif se caractérisent également par des *coliques* (douleurs abdominales), des *nausées* et des *vomissements*. Ces différentes manifestations cliniques engendrent habituellement des pertes liquidiennes responsables de perturbations physiologiques et métaboliques importantes, telles que la chute de la pression artérielle et des déséquilibres électrolytiques et acidobasiques. La diarrhée et le vomissement constituent des mécanismes de défense par lesquels le corps se débarrasse d'éléments nuisibles pour sa santé. Toutefois, du point de vue microbien, l'expulsion de vomissures par la bouche et l'excrétion de fèces contaminées par l'anus sont deux voies d'échappement extrêmement efficaces pour la transmission de l'agent pathogène.

Le terme « **gastroentérite** » s'applique aux maladies s'accompagnant d'une inflammation des muqueuses de l'estomac et de l'intestin. Le botulisme constitue une catégorie d'intoxication à part, car la toxine préformée agit sur le système nerveux et non pas sur le tube digestif (chapitre 17).

Dans les pays en voie de développement, la diarrhée est la principale cause de mortalité infantile. Environ 1 enfant sur 4 en meurt avant d'atteindre l'âge de 5 ans. La diarrhée nuit également à l'absorption des nutriments et à la croissance des enfants survivants. Bien que plusieurs agents pathogènes puissent la déclencher, elle est provoquée la plupart du temps par des rotavirus. On estime que la mortalité infantile due à cette affection pourrait être réduite de moitié par une *thérapie de réhydratation orale*. En général, ce traitement consiste à administrer au patient une solution de chlorure de sodium, de chlorure de potassium, de glucose et de bicarbonate de soude dans le but de remplacer les électrolytes et les liquides perdus. Ces solutions sont vendues au rayon des produits pour enfants de nombreuses pharmacies.

Les maladies du système digestif sont souvent reliées à la consommation de nourriture. Le meilleur moyen d'éviter les infections et les intoxications alimentaires repose sur la conservation adéquate des aliments.

L'intoxication alimentaire (toxicose alimentaire) par les staphylocoques

L'**intoxication alimentaire par les staphylocoques**, qui survient lors de l'ingestion d'entérotoxines produites par *S. aureus*, est une des principales causes de gastroentérites. Les staphylocoques résistent relativement bien au stress environnemental (chapitre 6). Ils réagissent également assez bien à la chaleur et peuvent tolérer une température de 60 °C pendant une demi-heure. Leur résistance à la sécheresse et aux rayonnements favorise leur survie sur l'épiderme. Grâce à leur résistance à des pressions osmotiques élevées, ils peuvent croître sur des aliments comme le jambon cru, contrairement à leurs compétiteurs, dont la croissance est inhibée par les sels.

S. aureus colonise souvent les voies nasales, endroit accessible aux doigts, qui se contaminent ainsi facilement. Des lésions cutanées sur les mains peuvent être infectées de la sorte. C'est par l'intermédiaire des mains que la nourriture est contaminée. Si on les laisse incuber dans la nourriture, état appelé **rupture dans la chaîne du froid**, les bactéries vont proliférer et libérer des entérotoxines. Cette série d'événements, qui conduit aux épidémies d'intoxication par les staphylocoques, est illustrée à la **figure 20.6**.

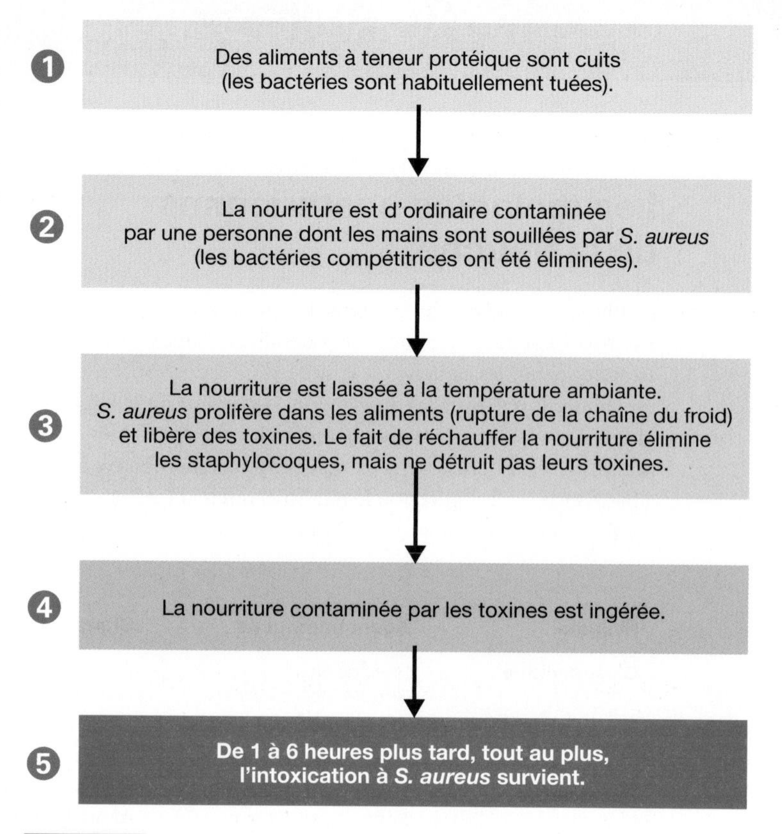

Figure 20.6 **Série d'événements conduisant à l'éclosion d'une épidémie typique d'intoxication alimentaire par les staphylocoques.**

S. aureus sécrète plusieurs toxines qui endommagent les tissus, ce qui augmente la virulence de la bactérie. La production de la toxine du type sérologique A, responsable de la plupart des cas d'intoxication, est souvent corrélée avec la production d'une enzyme coagulant le plasma sanguin. De telles bactéries sont dites *à coagulase positive*; l'enzyme n'aurait pas d'effet pathogène direct, mais sa présence concourt à déterminer les types de bactéries susceptibles d'être virulentes. Cette virulence accrue des souches de *S. aureus* productrices d'entérotoxines et de coagulase serait due à la présence d'un plasmide qui possède les gènes responsables de leur synthèse (chapitre 10).

En général, une population d'environ 1 million de bactéries par gramme d'aliment produit assez d'entérotoxines pour causer la maladie. La croissance de *S. aureus* se trouve favorisée après l'élimination ou l'inhibition des bactéries compétitrices – par exemple par la cuisson, par une pression osmotique plus élevée ou par un taux d'humidité faible. Contrairement aux autres bactéries, *S. aureus* a tendance à proliférer dans ces conditions.

La crème pâtissière, les tartes à la crème et le jambon sont des exemples d'aliments à haut risque. Dans la crème pâtissière, la population des microorganismes compétiteurs est réduite à cause de la pression osmotique élevée du sucre et à cause de la cuisson. Dans le jambon, elle est inhibée par les agents de saumurage tels que les sels et les agents de conservation. Les produits à base de volaille peuvent aussi héberger des staphylocoques s'ils sont manipulés et laissés à la température ambiante. En raison de leur incapacité à entrer en compétition avec les nombreux microorganismes présents dans la viande hachée des hamburgers, les staphylocoques contaminent rarement ce type d'aliment. Toute nourriture préparée à l'avance et non gardée au froid constitue une source potentielle de toxicose alimentaire. Comme il est impossible d'éviter complètement la contamination de la nourriture par les mains, la conservation adéquate des aliments au réfrigérateur est encore le moyen le plus sûr d'empêcher la production de toxines et d'enrayer l'intoxication alimentaire par *Staphylococcus*.

La toxine elle-même est thermostable et peut maintenir sa structure jusqu'à 30 minutes au cours d'une ébullition. Par conséquent, elle n'est pas détruite quand la nourriture est réchauffée, alors que les bactéries sont tuées. Une fois ingérée, elle déclenche rapidement le réflexe de vomissement régi par le cerveau et provoque les coliques et les diarrhées qui s'ensuivent. Il s'agit essentiellement d'une réaction de type immunologique, car l'entérotoxine staphylococcique est le superantigène par excellence (chapitre 10), c'est-à-dire un antigène non spécifique qui stimule en même temps et sans distinction un grand nombre de récepteurs de lymphocytes T, et donne ainsi naissance à une réaction immunitaire exagérée et nocive.

Habituellement, le malade se rétablit dans les 24 heures. Le taux de mortalité associé à l'intoxication par les staphylocoques est presque nul chez les individus en bonne santé, mais il peut être élevé chez les personnes déjà affaiblies, comme les patients des maisons de soins. Le rétablissement ne donne pas lieu à une immunité réelle. Néanmoins, il est possible que l'immunité acquise par une exposition préalable explique en partie la variation de la sensibilité à la toxine au sein d'une population.

Le diagnostic d'une intoxication alimentaire par les staphylocoques s'appuie généralement sur les signes et les symptômes, en particulier sur la rapidité avec laquelle le corps réagit à la toxine. Si l'aliment n'a pas été réchauffé et que les bactéries ne sont pas tuées, l'agent pathogène peut être extrait et mis en culture. Les isolats de *S. aureus* sont testés par *lysotypie*, méthode qui permet de retrouver l'origine de la contamination (figure 5.13). Cette bactérie se développe bien dans un milieu contenant 7,5% de chlorure de sodium, de sorte que l'on utilise souvent cette concentration pour l'isoler. Les staphylocoques pathogènes métabolisent habituellement le mannitol, produisent des hémolysines et des coagulases, et forment des colonies dorées. Ils ne causent pas de détérioration évidente de la nourriture. La détection de la toxine dans les échantillons de nourriture a toujours été difficile; en effet, il arrive que sa concentration ne dépasse pas 1 ou 2 nanogrammes par 100 grammes. Des tests sérologiques fiables ne sont offerts dans le commerce que depuis peu.

La shigellose (dysenterie bacillaire)

Lors des infections bactériennes, la maladie résulte de la croissance de la bactérie dans les tissus de l'organisme et non de l'ingestion d'aliments ou de boissons contenant des toxines déjà formées. Les infections bactériennes, telles que la salmonellose et la shigellose, ont en général une période d'incubation plus longue (de 12 heures à 2 semaines) que les intoxications alimentaires, ce qui reflète le temps requis par les bactéries pour se développer dans l'organisme hôte. Les infections bactériennes se caractérisent souvent par une poussée de fièvre, indicative de la réponse de l'hôte à l'infection.

La **shigellose**, aussi connue sous le nom de **dysenterie bacillaire**, est une forme de diarrhée grave causée par des bacilles à Gram négatif, anaérobies facultatifs, appartenant au genre *Shigella* (du nom du microbiologiste japonais Kiyoshi Shiga). Il existe quatre espèces de *Shigella* pathogènes: *S. sonnei*, *S. dysenteriæ*, *S. flexneri* et *S. boydii*. Ces bactéries colonisent seulement l'intestin des primates, en particulier des grands singes et de l'humain. Elles sont étroitement apparentées à l'espèce pathogène *E. coli*.

L'espèce la plus commune dans les pays industrialisés est *S. sonnei*; elle provoque une dysenterie relativement bénigne. On pense que de nombreux cas de ce que l'on appelle la diarrhée des voyageurs sont des formes légères de shigellose. Par contre, l'infection à *S. dysenteriæ* aboutit souvent à une dysenterie grave et à la prostration. La toxine responsable de cette maladie, la **toxine de Shiga**, est particulièrement virulente (voir plus loin la section sur la colite hémorragique à ECEH).

La bactérie *Shigella* résiste bien dans le milieu extérieur et elle peut rester vivante plus de 6 mois dans l'eau de consommation non réfrigérée. La maladie se contracte par transmission orofécale; les sujets infectés se souillent les mains, par lesquelles ils contaminent directement d'autres personnes ou indirectement la nourriture, l'eau et les objets, tels que les robinets et les poignées de porte. Les éclosions se produisent le plus souvent dans les familles, dans les garderies ou dans des milieux semblables.

La dose infectieuse requise pour provoquer la maladie est faible, soit quelque 200 cellules à peine. Une fois ingérées, les bactéries ne sont pas touchées par l'acidité stomacale. Elles prolifèrent en très grand nombre dans l'intestin grêle, mais endommagent surtout le gros intestin, qu'elles investissent par l'intermédiaire des cellules M (**figure 20.7**). Les étapes du mécanisme physiopathologique de la shigellose sont illustrées à la **figure 20.8**. Les bactéries

Figure 20.7 Invasion d'une cellule M de la muqueuse du gros intestin par *Shigella*. Notez comment la membrane de la cellule M se replie sur la bactérie pour l'envelopper et l'absorber. L'invasion de l'intestin par *Salmonella* se fait aussi de cette façon.

virulentes adhèrent aux cellules M de l'épithélium du gros intestin. ❶ Les cellules M enveloppent les bactéries dans les replis de leur membrane et les absorbent. ❷ Les bactéries se multiplient à l'intérieur des cellules M ❸ puis envahissent rapidement les cellules épithéliales avoisinantes, évitant ainsi les effets de la réponse immunitaire de l'hôte. ❹ Les bactéries produisent la toxine de Shiga, qui tue les cellules, entraînant la destruction des tissus de la muqueuse et l'apparition de petits abcès saignants. C'est pourquoi l'infection donne lieu à des diarrhées aiguës mucosanglantes. Par ailleurs, le processus d'absorption de l'eau est très perturbé, causant une grande perte de liquide ; les individus infectés peuvent avoir jusqu'à 20 selles par jour. Dans certains cas, un état de déshydratation grave s'ensuit, puis un état de déséquilibre électrolytique et acidobasique. Les autres signes et symptômes de l'infection comprennent les coliques et la fièvre. À l'exception de l'espèce *S. dysenteriæ, Shigella* envahit rarement la circulation sanguine. Toutefois, la virulence de la bactérie augmente par le fait que cette dernière n'est pas tuée par le macrophagocyte qui l'ingère : c'est elle qui le détruit !

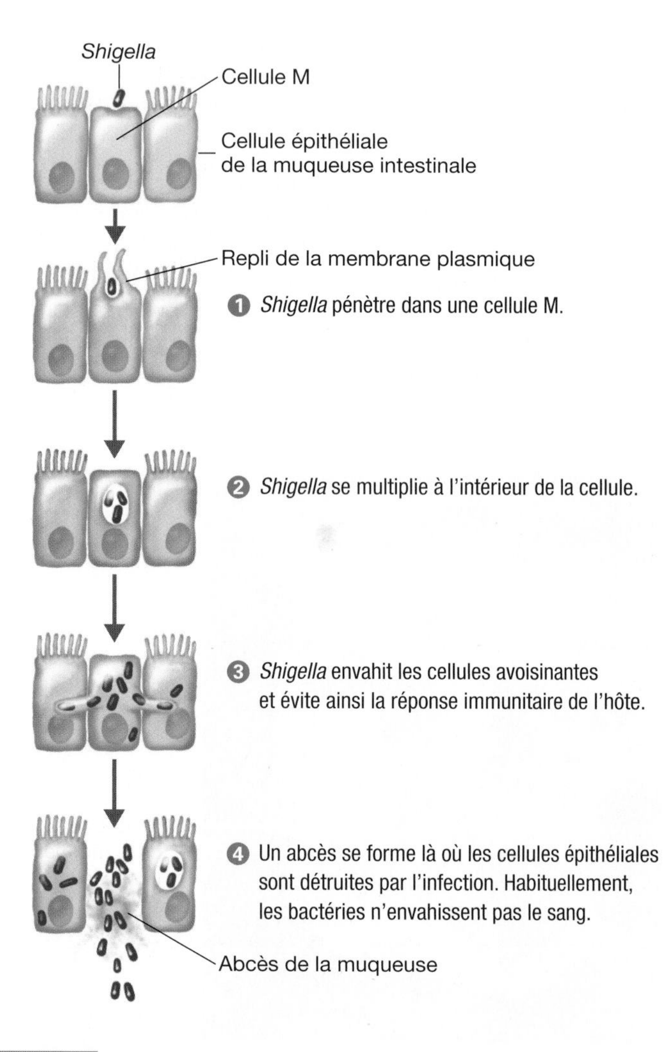

Shigella
Cellule M
Cellule épithéliale
de la muqueuse intestinale
Repli de la membrane plasmique
❶ Shigella pénètre dans une cellule M.
❷ Shigella se multiplie à l'intérieur de la cellule.
❸ Shigella envahit les cellules avoisinantes
et évite ainsi la réponse immunitaire de l'hôte.
❹ Un abcès se forme là où les cellules épithéliales
sont détruites par l'infection. Habituellement,
les bactéries n'envahissent pas le sang.
Abcès de la muqueuse

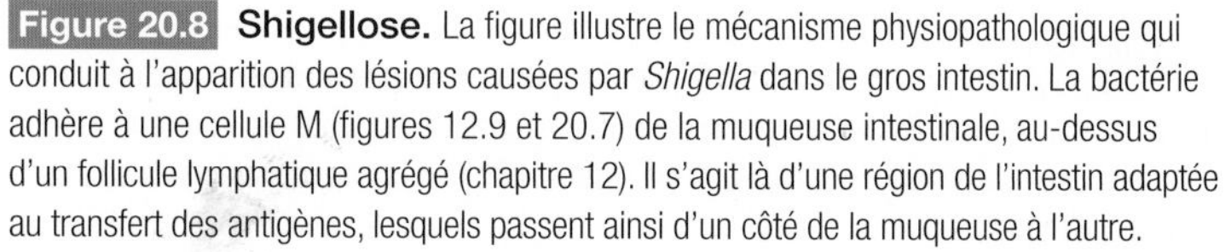
Figure 20.8 Shigellose. La figure illustre le mécanisme physiopathologique qui conduit à l'apparition des lésions causées par *Shigella* dans le gros intestin. La bactérie adhère à une cellule M (figures 12.9 et 20.7) de la muqueuse intestinale, au-dessus d'un follicule lymphatique agrégé (chapitre 12). Il s'agit là d'une région de l'intestin adaptée au transfert des antigènes, lesquels passent ainsi d'un côté de la muqueuse à l'autre.

La maladie est répandue dans l'ensemble des régions du monde. Les Centers for Disease Control and Infection (CDC) estiment qu'il y a environ 450 000 cas de shigellose annuellement, la plupart causés par *S. sonnei* et frappant le plus souvent les enfants de moins de 5 ans. Toutefois, *S. dysenteriæ* cause beaucoup de morts, principalement dans les pays tropicaux où la prévalence de l'infection est grande. Le taux de mortalité dans ces régions peut atteindre 20 %. Il semble que les individus qui se rétablissent acquièrent une certaine immunité. Par contre, ils peuvent demeurer porteurs du germe pendant quelques semaines et, par conséquent, transmettre l'infection. Un vaccin efficace n'a pas encore été mis au point. Une bonne hygiène demeure encore la meilleure mesure de prévention. Dans les cas graves, on a recours à l'antibiothérapie et à la réhydratation orale. À l'heure actuelle, les antibiotiques de choix sont les fluoroquinolones. Toutefois, des souches multirésistantes sont maintenant répandues dans le monde.

La salmonellose (gastroentérite à *Salmonella*)

Les bactéries *Salmonella* (du nom de Daniel Salmon, qui les a découvertes) sont des bacilles à Gram négatif, anaérobies facultatifs, qui ne forment pas d'endospores. Elles résident généralement dans les intestins de l'humain et de nombreux animaux. On considère que toutes les salmonelles sont pathogènes à un certain degré, puisqu'elles causent la **salmonellose**, ou **gastroentérite à *Salmonella***. On les divise en deux grands groupes : les *salmonelles typhiques*, responsables de la fièvre typhoïde (voir plus loin), et les *salmonelles non typhiques*, qui causent la salmonellose, une maladie moins grave.

La nomenclature des salmonelles est complexe. Au lieu d'inclure des espèces, elle comprend plutôt quelque 2 000 sérotypes (sérovars), dont une cinquantaine seulement sont isolés régulièrement aux États-Unis. Pour un exposé détaillé sur la nomenclature de *Salmonella*, reportez-vous au chapitre 6. Rappelons que, pour de nombreux scientifiques, ces bactéries appartiennent à deux espèces seulement, dont la principale est *Salmonella enterica*. Par conséquent, à titre d'exemple, certaines salmonelles peuvent être désignées par l'expression « *S. enterica* sérotype Typhimurium » plutôt que par *S. typhimurium*, l'appellation courante.

Au début de l'infection, les salmonelles envahissent la muqueuse intestinale et s'y multiplient du côté de la lumière du tube digestif. À l'occasion, ❶ elles sont captées par les replis de la membrane d'une cellule M et ❷ prolifèrent à l'intérieur de vésicules. ❸ Puis, la cellule M fait traverser les bactéries par sa membrane ou bien la cellule se lyse. Les bactéries passent ainsi de l'autre côté de la muqueuse et entrent dans la circulation lymphatique (par exemple dans un nœud lymphatique) pour rejoindre ensuite la circulation sanguine, d'où elles peuvent atteindre d'autres organes et les infecter (**figure 20.9**). Les salmonelles se multiplient rapidement à l'intérieur des macrophagocytes. La période d'incubation de la maladie est de 12 à 36 heures environ. La maladie débute brutalement et se manifeste habituellement par des frissons et une fièvre modérée (39 °C), des nausées et des vomissements, des coliques et de la diarrhée. Il est possible que la fièvre associée à l'infection à *Salmonella* soit due à des endotoxines libérées lors de la lyse des bactéries, mais cette relation de cause à effet reste encore à démontrer. La diarrhée serait due à la réaction inflammatoire engendrée par la croissance

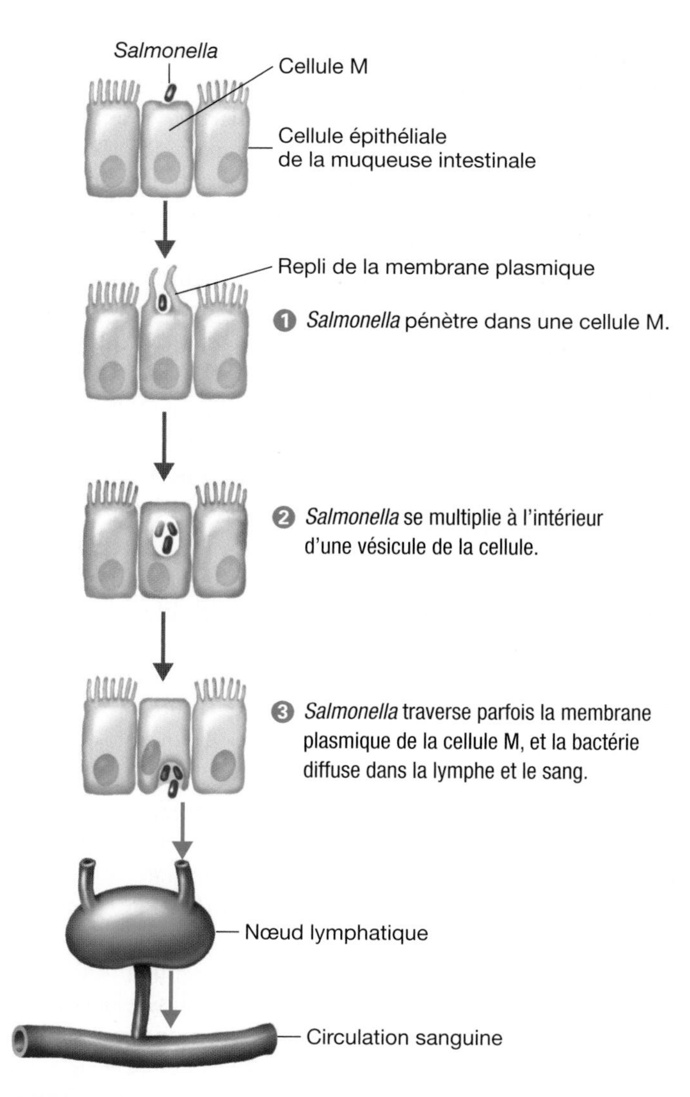

Figure 20.9 **Salmonellose.** La figure illustre le mécanisme physiopathologique qui conduit à l'invasion des cellules épithéliales de la paroi intestinale et à la propagation des bactéries à d'autres parties du corps.

des bactéries sur la muqueuse intestinale. Durant la phase d'état (phase aiguë) de la maladie, on peut trouver jusqu'à 1 milliard de salmonelles par gramme de fèces.

Le taux de mortalité dû à la salmonellose est en général très faible, probablement inférieur à 1 %. Il est plus élevé chez les enfants et les personnes très âgées. La mort est souvent due au choc septique. La gravité de l'infection et le temps d'incubation sont fonction de la quantité de bactéries ingérées, de la virulence de la souche et de l'état de santé du sujet. Normalement, les individus atteints se rétablissent en quelques jours, mais nombre d'entre eux (porteurs) continuent d'excréter la bactérie dans leurs fèces jusqu'à 6 mois après le début de l'infection. L'antibiothérapie n'est pas efficace pour traiter la maladie et peut même faciliter la libération des endotoxines, ce qui aurait pour effet d'aggraver les symptômes. Comme pour la plupart des maladies diarrhéiques, le traitement le plus courant consiste à réhydrater le patient par voie orale.

La salmonellose est présente partout dans le monde, mais il est probable que son incidence est fortement sous-estimée. Aux États-Unis comme au Canada, la plupart des cas surviennent lors d'épidémies sporadiques – en particulier dans les hôpitaux, les centres de soins, les garderies et les restaurants – causées habituellement par des aliments contaminés. Il s'agit de la maladie infectieuse du tube digestif dont l'incidence est la plus élevée aux États-Unis, même si celle-ci diminue depuis les années 1998-1999 (**figure 20.10**). Au Canada, les cas de salmonellose sont aussi en diminution.

Les produits à base de viande sont particulièrement sujets à la contamination par *Salmonella*. La bactérie réside dans les intestins des animaux, et la viande est facilement contaminée lors de sa transformation. Les petits animaux domestiques sont aussi mis en cause. On rapporte des cas de transmission de salmonelles par des canetons offerts à des enfants à l'occasion de la fête de Pâques. Jusqu'à 90 % des reptiles domestiques, tels que les tortues et les iguanes, sont vecteurs de salmonelles et constituent donc des réservoirs de ces bactéries. En fait, la vente des petites tortues (< 10 cm) est maintenant défendue à cause du risque élevé que les enfants les portent à leur bouche. La volaille et ses abats, les œufs et les produits dérivés des œufs, le lait cru ou les produits laitiers (par exemple la crème glacée) sont souvent contaminés par contact avec les excréments d'animaux porteurs de la bactérie, en particulier de *S. enteritidis* et de *S. typhymurium*. On a retrouvé l'origine d'épidémies de salmonellose dans des œufs intacts contaminés. Il semble que la bactérie soit transmise à l'œuf avant même qu'il soit pondu, quand bien même la poule ne présente pas de symptômes. Les autorités sanitaires conseillent de bien faire cuire les œufs avant de les consommer. Les œufs au miroir ou à la coque peuvent encore contenir des salmonelles, car un temps de cuisson inférieur à 4 minutes ne les tue pas. La présence d'œufs crus ou à peine cuits dans des aliments tels que la mayonnaise, la pâte à biscuits et les vinaigrettes crémeuses constitue souvent un facteur de contamination insoupçonné.

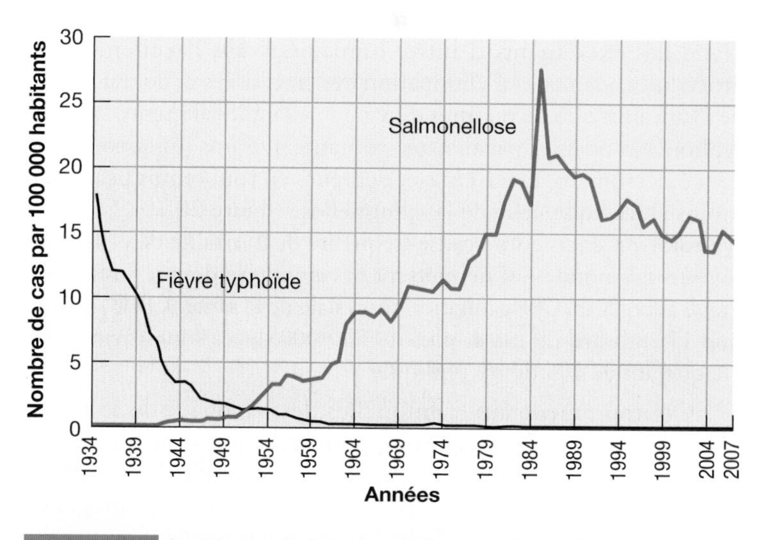

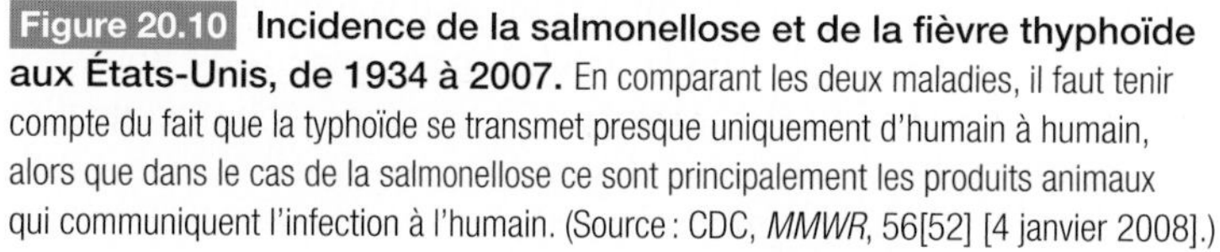
Figure 20.10 **Incidence de la salmonellose et de la fièvre typhoïde aux États-Unis, de 1934 à 2007.** En comparant les deux maladies, il faut tenir compte du fait que la typhoïde se transmet presque uniquement d'humain à humain, alors que dans le cas de la salmonellose ce sont principalement les produits animaux qui communiquent l'infection à l'humain. (Source : CDC, *MMWR*, 56[52] [4 janvier 2008].)

La prévention repose sur l'adoption de mesures sanitaires adéquates et sur une réfrigération appropriée. L'une prévient la contamination et l'autre, l'augmentation du nombre des bactéries. Récemment, des œufs pasteurisés à l'eau chaude pour tuer les salmonelles potentielles ont été mis sur le marché. Ce procédé ne cuit pas l'œuf, mais augmente toutefois son coût. En règle générale, la cuisson tue les microbes. Par exemple, il faut faire cuire le poulet à une température comprise entre 76 et 82 °C et le bœuf haché à 71 °C. Il faut cependant noter que les aliments contaminés peuvent aussi souiller des surfaces comme la planche à découper. Même si les aliments préparés dans un premier temps sur la planche sont destinés à être cuits et que, par conséquent, les bactéries seront tuées, ils peuvent en contaminer un autre, préparé sur la même planche, qui sera mangé cru, par exemple de la laitue, de la luzerne ou des tomates (**encadré 20.2**).

Le diagnostic de la salmonellose repose habituellement sur l'isolement de l'agent pathogène à partir des fèces du patient ou des restes de nourriture. Les bactéries sont isolées à l'aide de milieux sélectifs et différentiels spécifiques; or, ce type de culture est relativement lent. En outre, les bactéries sont généralement présentes en petite quantité dans les aliments, et il est difficile de les déceler. La dose infectieuse (ID_{50}) de la salmonellose peut être inférieure à 1 000 bactéries. En raison de l'incidence de la maladie, on cherche à améliorer les techniques de détection et d'identification. À l'heure actuelle, les meilleurs tests pour la détection de petites quantités de salmonelles dans les aliments sont fondés sur l'amplification en chaîne par polymérase. Ils se réalisent en 5 heures environ et permettent d'identifier les sérotypes les plus souvent observés en clinique.

La fièvre typhoïde

Certains sérotypes de *Salmonella* sont beaucoup plus virulents que d'autres. Le plus virulent, *S. typhi*, cause l'infection bactérienne appelée **fièvre typhoïde**. Au contraire des autres types de *Salmonella* responsables de salmonellose, on ne rencontre pas cet agent pathogène chez les animaux. Il se propage uniquement par l'intermédiaire des excréments d'autres humains. Avant l'avènement de procédures adéquates d'élimination des eaux usées et de traitement de l'eau, ainsi que de mesures d'hygiène visant les aliments, la fièvre typhoïde était une maladie très courante. De nos jours, son incidence décroît aux États-Unis et demeure en tout temps beaucoup moins élevée que celle de la salmonellose (figure 20.10). La fièvre typhoïde est encore une cause fréquente de mortalité dans diverses régions du monde qui ne mettent pas en œuvre des mesures d'hygiène adéquates. L'Organisation mondiale de la santé (OMS) estime que 17 millions de cas et plus de 500 000 décès sont attribuables chaque année à la fièvre typhoïde.

Contrairement aux salmonelles, les bactéries de la fièvre typhoïde sont invasives; elles ne prolifèrent pas dans les cellules épithéliales de l'intestin, mais se multiplient plutôt dans les cellules phagocytaires présentes dans les follicules lymphatiques agrégés de la paroi intestinale (figure 12.9b). Les macrophagocytes finissent par se lyser et libèrent *S. typhi* dans la circulation sanguine. C'est pourquoi la période d'incubation, d'une durée de 2 semaines, est beaucoup plus longue que celle de la salmonellose (qui est de 12 à 36 heures). Transportées par la lymphe et le sang, les bactéries se disséminent dans tout le corps et atteignent d'autres organes, en particulier la rate et le foie. Le patient souffre d'une forte fièvre avoisinant les 40 °C et de migraines persistantes. La diarrhée n'apparaît qu'au cours de la deuxième ou de la troisième semaine, et la fièvre a tendance à baisser. Dans les cas graves, la paroi de l'intestin grêle peut s'ulcérer, se perforer et causer des hémorragies intestinales parfois fatales. À l'heure actuelle, le taux de mortalité se situe à moins de 1% environ. Cependant, avant que ne débutent les premières thérapies avec des antibiotiques en 1948, le taux atteignait près de 20%.

Un certain nombre de patients guéris, soit entre 1 et 3% environ, deviennent des porteurs asymptomatiques de la maladie. Ils transportent l'agent pathogène dans leur vésicule biliaire et continuent d'excréter la bactérie dans leurs fèces. Les porteurs temporaires l'éliminent pendant des mois; toutefois, beaucoup de ces porteurs dits chroniques le demeurent leur vie durant.

Pour fins de diagnostic, les bactéries peuvent être isolées à partir du sang, de l'urine et des fèces. Les fluoroquinolones et les céphalosporines de troisième génération, notamment la ceftriaxone, sont les antibiotiques de prédilection pour traiter les cas graves de fièvre typhoïde. Les porteurs peuvent être soignés avec succès par une antibiothérapie de plusieurs semaines. Toutefois, la résistance aux médicaments demeure un problème fréquent. La guérison donne lieu à une immunité efficace toute la vie.

Les vaccins contre la fièvre typhoïde (tableau 26.1 EN LIGNE) ne font pas l'objet d'une administration routinière dans les pays industrialisés, sauf dans le cas des techniciens de laboratoire qui peuvent être exposés et des membres des forces armées. Les voyageurs qui vont dans les pays à risque élevé, en particulier en Asie, devraient aussi être immunisés. Le vaccin inactivé sous-unitaire (Typhim Vi et Typherix) consiste en une injection de polysaccharides capsulaires purifiés de *S. typhi*. Il entraîne une production d'anticorps chez plus de 95% des adultes et son efficacité varie de 60% sur 2 ans à 50% sur 3 ans. Il existe aujourd'hui un vaccin oral (Vivotif) produit à partir d'une souche vivante atténuée, purifiée et lyophilisée de *S. typhi*, qui induit une réponse immunitaire cellulaire et entraîne la production d'anticorps sécrétoires et humoraux chez près de 64% des sujets. L'administration de 4 capsules permet d'obtenir une efficacité d'environ 62% sur une période de 7 ans selon les calendriers homologués au Canada.

▶ Vérifiez vos acquis

Les symptômes d'une intoxication alimentaire apparaissent-ils plus rapidement que ceux d'une infection alimentaire? Pourquoi? **20-4**

La salmonellose et la fièvre typhoïde sont causées par des microbes très semblables. Dans les pays développés, on a presque éradiqué la typhoïde grâce au traitement des eaux usées. À l'opposé, la salmonellose sévit toujours. Pourquoi? **20-5**

Le choléra

L'agent causal du **choléra**, l'une des gastroentérites les plus graves, est *Vibrio choleræ*, un bacille à Gram négatif légèrement incurvé muni d'un unique flagelle polaire (**figure 20.11**). Le bacille du choléra a pour cible les cellules de l'épithélium de l'intestin grêle. La bactérie ne pénètre pas dans la cellule épithéliale, mais adhère à sa surface et s'y multiplie. Elle élabore, entre autres produits, une enzyme – la mucinase, qui digère le mucus intestinal – ainsi qu'une

Une infection transmise par la nourriture

En lisant cet encadré, vous serez amené à considérer une suite de questions que les épidémiologistes se posent quand ils tentent de résoudre un problème clinique. Essayez de répondre aux questions comme si vous étiez vous-même épidémiologiste.

❶ Le 29 juin, en Ohio, une femme de 36 ans est hospitalisée après 3 jours de nausées, de vomissements et de diarrhée. Sa température est de 39,5 °C et elle est déshydratée.

Quel prélèvement doit-on faire pour connaître la cause des signes et des symptômes?

❷ La culture des matières fécales révèle la présence de bactéries à Gram négatif qui ne fermentent pas le lactose.

Pouvez-vous identifier la bactérie? (Aidez-vous de la photographie.)

❸ On signale une flambée de salmonellose dans 21 États américains. On a observé 459 cas, y compris la patiente, dont on a confirmé l'infection par culture de la bactérie.

Quelles questions faudrait-il poser à ces patients?

❹ Aucun restaurant, ni chaîne de restaurants, n'est associé à la flambée.

Comment allez-vous déterminer la source de l'infection?

❺ Les épidémiologistes ont mené une étude rétrospective au cours de laquelle ils ont comparé 53 patients à 53 témoins sains, habitant tous dans les régions touchées. Ils ont demandé aux 106 personnes de remplir un questionnaire sur les aliments qu'elles avaient consommés. Les résultats sont présentés ci-dessous. Le risque relatif (RR) est une mesure de la probabilité qu'un événement donnera lieu à une maladie. On le calcule au moyen d'une grille 2 × 2 (voir à droite). Le risque doit être calculé pour chaque source d'infection potentielle. Par exemple, celui de la salade de poulet est de 1,71 (voir le tableau).

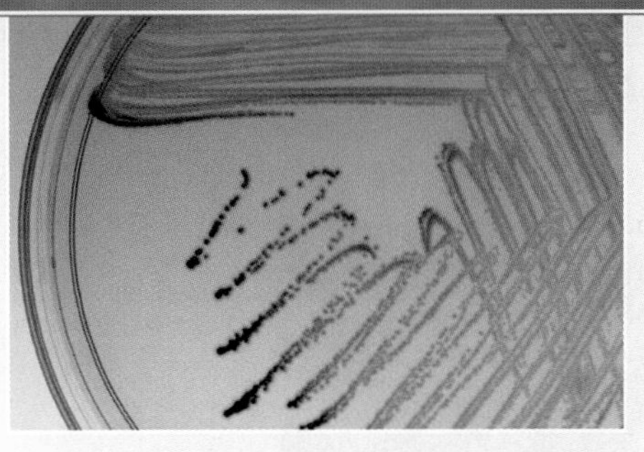

Sur agar SS, les colonies de bactéries *Salmonella* sont noires. Le H_2S produit par le microbe réagit avec le fer dans la gélose et forme un précipité sombre.

Comparez les valeurs du tableau pour déterminer l'origine probable de l'infection.

❻ Il y a une forte corrélation entre la maladie et la consommation de tomates (Roma). Celles-ci ont été cultivées en Floride, puis coupées et mises en boîte dans un établissement du Kentucky.

Que devez-vous faire maintenant?

❼ Des prélèvements effectués à la ferme, dans les eaux des fossés et dans les excréments des animaux ont mis en évidence diverses souches de *Salmonella*.

Nommez les facteurs qui ont fait en sorte que les tomates sont devenues un véhicule de transmission de l'infection.

Dans l'est des États-Unis, on cultive les tomates dans des endroits qui sont en même temps l'habitat naturel de nombreux réservoirs de *Salmonella*, dont des oiseaux, des amphibiens et des reptiles. La bactérie peut s'introduire dans le plant de tomates par les racines et les fleurs. Elle peut pénétrer dans le fruit par de petites fissures de la peau, par la queue lorsqu'on la coupe, ou par la plante elle-même. La contamination est possible à de nombreuses étapes de la culture et de la manutention, de la pépinière où on ensemence les graines jusqu'à la cuisine où on prépare les mets. L'élimination des salmonelles de l'intérieur de la tomate est difficile sans cuisson, même si on traite le fruit avec des solutions chlorées très concentrées.

Source : *MMWR*, 56(35) : 909-911 (7 septembre 2007).

Exposition	Exposé		Non exposé		Risque relatif (RR)
	(a) malade	*(b)* sain	*(c)* malade	*(d)* sain	
Salade de poulet	47	40	6	13	**1,71**
Salade de chou	32	20	21	33	1,58
Salade de fruits	34	30	19	23	1,17
Salade de pommes de terre	42	39	11	14	1,18
Salade de tomates	47	24	6	29	3,9

Calcul du risque relatif au moyen d'une grille 2 × 2

	Malade	Sain	Risque relatif
Ont consommé	*(a)*	*(b)*	$(e) = \frac{a}{a+b}$
N'ont pas consommé	*(c)*	*(d)*	$(f) = \frac{c}{c+d}$
Risque relatif =	$\frac{e}{f}$ = ________		= La valeur du rapport $\frac{e}{f}$ est une mesure du risque que court une personne de tomber malade si elle mange l'aliment en question.

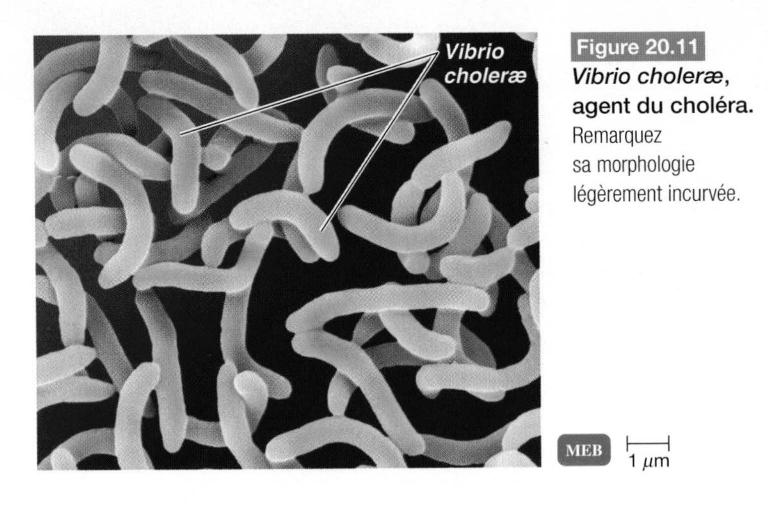

Figure 20.11 ***Vibrio choleræ*, agent du choléra.** Remarquez sa morphologie légèrement incurvée.

exoentérotoxine protéique – le choléragène, qui diffuse localement et perturbe les fonctions des cellules de la muqueuse. La virulence des souches de *V. choleræ* serait due à la lysogénie par un phage portant les gènes de la toxine. Le phage peut transmettre ces gènes à des souches non pathogènes, ce qui augmente le nombre de bactéries nocives (voir au chapitre 10 la section sur les exotoxines).

Les échanges cellulaires sont grandement perturbés par le choléragène. La toxine entraîne une sécrétion abondante de liquides et d'électrolytes, en particulier du potassium, dans la lumière de l'intestin grêle ; de plus, les nutriments ne sont plus absorbés. Mélangées au mucus intestinal, aux cellules épithéliales et aux bactéries, les fèces prennent l'apparence d'eau de riz. La perte soudaine et brutale de liquides et d'électrolytes (de 12 à 20 litres par jour) occasionne une série d'événements : un état de déshydratation grave, suivi d'un effondrement de la pression artérielle puis d'un état de choc menant à la mort. On observe parfois des vomissements violents. En raison de cette perte énorme de liquides, le sang peut devenir si visqueux que les organes vitaux, en particulier les reins, ne fonctionnent plus adéquatement. La bactérie n'envahit pas l'organisme et il n'y a habituellement pas de fièvre. La gravité de la maladie varie considérablement d'un individu à l'autre et il est possible que le nombre de cas subcliniques soit très supérieur à celui des cas déclarés. Le taux de mortalité peut atteindre 50 % pour les cas non traités, mais il peut être inférieur à 1 % pour les cas traités de manière adéquate.

La bactérie du choléra, de même que les autres espèces de *Vibrio*, est étroitement associée à l'eau saumâtre des estuaires, bien qu'elle se répande aussi facilement dans l'eau douce. La bactérie forme des biofilms et colonise les crustacés (tels que les crabes), les algues et d'autres plantes aquatiques, ainsi que le plancton, ce qui favorise sa survie. Dans des conditions défavorables, la cellule bactérienne rétrécit fortement et forme une sphère qui reste en dormance et ne peut être mise en culture. Cette forme dormante contribue à la résistance de la bactérie au stress environnemental. Cet état s'apparente à la sporulation, mais il n'y a pas formation de l'enveloppe habituelle des spores. Sous l'effet d'un changement des conditions environnementales, la bactérie retrouve rapidement une forme cultivable. Les deux formes sont infectieuses.

Si elles s'accommodent bien de leur milieu aquatique, les bactéries du choléra tolèrent très mal l'acidité de l'estomac. Dès lors, elles sont plus susceptibles d'infecter les personnes qui ont peu de sécrétions gastriques ou qui prennent des antiacides. Normalement, il faut une dose infectieuse de l'ordre de 100 millions de *V. choleræ* pour déclencher une maladie grave. Les personnes qui guérissent du choléra acquièrent une immunité efficace contre la bactérie et son entérotoxine.

En raison des différences antigéniques entre les diverses souches bactériennes, une même personne peut souffrir du choléra plus d'une fois. Ainsi, le sérotype *V. choleræ* O1 est divisé en deux biotypes (ou biovars) : le biotype O1, qui a causé les pandémies de 1883-1896 et de 1899-1923, est reconnu comme la forme épidémique classique de la maladie, et le biotype El Tor (nommé *El Tor* ou *eltor* d'après la première culture isolée à El Tor, un lazaret pour les pèlerins de la Mecque) est à l'origine de la pandémie actuelle dont les cas sont recensés depuis 1961. Avant les années 1990, on pensait que seul le sérotype O1 – biotypes O1 et El Tor – causait des épidémies de choléra. On sait aujourd'hui que c'est un nouveau sérotype, le O139, qui a engendré une épidémie largement répandue en Inde, au Bangladesh et dans plusieurs pays d'Asie. Il existe aussi des sérotypes non épidémiques de *V. choleræ*, non-O1 et non-O139, lesquels sont peu souvent associés à de grandes flambées de choléra. Ils causent occasionnellement des infections de plaies ou une sepsie, en particulier chez les individus atteints de maladies hépatiques ou qui sont immunodéprimés.

Au fil des ans, le choléra a frappé à plusieurs reprises l'Europe et les Amériques. De nos jours, cette maladie est endémique en Asie, surtout en Inde, mais ne cause que quelques flambées occasionnelles en Occident, dues essentiellement à un relâchement des pratiques d'hygiène. Des cas sporadiques de choléra imputables au sérotype O1 se sont déclarés dans la région du golfe du Mexique ; il se pourrait que l'agent pathogène soit endémique dans les eaux de mer côtières. Récemment, des variantes de *V. choleræ* O1, hybrides entre les biotypes O1 et El Tor, ont émergé au Bangladesh et se sont disséminées dans le monde, et tout récemment en Haïti à la suite du séisme de janvier 2010. En mars 2011, le choléra avait infecté plus de 330 000 Haïtiens (3 % de la population) et fait plus de 5 000 morts. En mai 2011, l'ONU a conclu que la cause du choléra était la même souche de bactéries qui avait sévi au Népal en 2009. Faute de conditions sanitaires adéquates, l'épidémie aurait été déclenchée par une contamination aux excréments humains de l'eau avoisinant les camps de réfugiés. On recommande donc une surveillance épidémiologique attentive des souches virulentes en circulation dans le monde.

Le meilleur moyen de prévenir les éclosions de choléra est de maintenir des conditions sanitaires de haute qualité. En effet, les selles contaminées peuvent contenir plus de 100 millions de bactéries par gramme. Le diagnostic est basé sur la mise en culture de *V. choleræ* et sur l'évaluation des signes et des symptômes. La bactérie du choléra peut être facilement isolée des fèces et parfois à partir d'échantillons de sang et de plaies.

Dans les zones où le choléra est endémique, la plupart des victimes sont des enfants. La transmission peut s'effectuer soit de manière directe par l'intermédiaire de personnes malades ou de porteurs sains, soit de manière indirecte par l'intermédiaire d'eau et d'aliments contaminés. Les produits de la mer (coquillages, crevettes, crabes, huîtres, etc.) de même que les œufs et les pommes de terre peuvent être contaminés.

Parmi les traitements, la doxycycline est l'antibiotique de choix. Toutefois, la meilleure thérapie demeure le remplacement par voie intraveineuse des liquides et des électrolytes perdus ; pour combler le déficit, il faut parfois administrer 10 % de la masse du patient en quelques heures. Ce traitement est à tel point efficace qu'au Bangladesh on meurt rarement du choléra, une affection pourtant courante.

Un vaccin inactivé est distribué au Canada (Dukoral). Il s'agit d'une préparation orale constituée de cellules entières tuées de *V. choleræ* et d'une sous-unité B recombinante de la toxine cholérique (choléragène). Toutefois, ce vaccin ne protège pas contre la souche de *V. choleræ* O139.

Les autres gastroentérites à *Vibrio*

Outre *V. choleræ*, on connaît au moins 11 autres espèces de *Vibrio* qui causent des maladies chez l'humain. La plupart vivent dans les eaux saumâtres près des côtes. *V. parahæmolyticus* se rencontre dans les estuaires qui se jettent dans la mer un peu partout dans le monde. Sur le plan morphologique, il ressemble à *V. choleræ* ; il est responsable de la plupart des cas de gastroentérite à *Vibrio* spp. chez les humains. Cette bactérie halophile – qui requiert une concentration d'au moins 2 % de sel pour croître de manière optimale – est présente dans les eaux côtières d'Amérique du Nord et d'Hawaï. Au cours de ces dernières années aux États-Unis, les huîtres crues et les crustacés tels que les crevettes et les crabes ont été à l'origine de plusieurs flambées de **gastroentérite à *Vibrio***.

Parmi les signes et les symptômes, on compte les douleurs abdominales, les vomissements, une sensation de brûlure dans l'estomac et des selles liquides semblables à celles du choléra. La période d'incubation est habituellement inférieure à 24 heures. Les patients se rétablissent d'ordinaire en quelques jours.

Parce que *V. parahæmolyticus* présente une affinité particulière pour le sodium et requiert une pression osmotique élevée, on utilise un milieu de culture contenant de 2 à 4 % de chlorure de sodium afin d'isoler la bactérie et d'établir ainsi le diagnostic de gastroentérite à *Vibrio*.

V. vulnificus est un autre vibrion important, que l'on rencontre également dans les estuaires. On utilise un milieu de culture contenant 1 % de chlorure de sodium pour isoler cette bactérie halophile. Les infections ont des conséquences graves surtout pour les individus dont le système immunitaire est déficient. La gastroentérite causée par cette bactérie est caractérisée par de la fièvre, des frissons, des nausées et des douleurs musculaires. Chez les personnes atteintes d'une maladie hépatique, le taux de mortalité dû à une sepsie peut être supérieur à 50 %. Le microbe occasionne souvent des infections très dangereuses s'il s'introduit dans des plaies mineures alors qu'on se trouve dans l'eau au bord de la mer. L'infection peut s'étendre très rapidement dans les tissus et produire des lésions qui nécessitent l'amputation. En cas de sepsie, le taux de mortalité est d'environ 25 %. Pour vaincre une telle infection, qui menace la vie du patient, il faut instituer sans tarder une antibiothérapie.

Les gastroentérites à *Escherichia coli*

Escherichia coli est un bacille à Gram négatif, mobile et, selon les conditions, aérobie ou anaérobie facultatif ; c'est l'un des microorganismes du tube digestif humain les plus prolifiques. Parce qu'il est commun et se cultive facilement, les microbiologistes le considèrent presque comme un compagnon de laboratoire. Les bactéries coliformes sont bénéfiques ; elles favorisent la production de certaines vitamines et dégradent certains aliments qui seraient autrement impossibles à digérer En règle générale, elles sont inoffensives, mais certaines souches peuvent être pathogènes. Toutes les souches pathogènes sont pourvues de fimbriæ spécifiques qui leur permettent d'adhérer à certaines cellules épithéliales de l'intestin. Elles possèdent un plasmide qui porte les gènes codant pour la formation des fimbriæ. Ces bactéries produisent aussi des toxines responsables de troubles gastro-intestinaux que l'on regroupe sous l'appellation « **gastroentérite à *E. coli*** ». La maladie se contracte par transmission orofécale, soit par ingestion d'eau et d'aliments contaminés, soit par contact avec des objets contaminés. Les individus atteints restent contagieux tant qu'ils excrètent des microbes dans leurs fèces. Le manque de propreté et d'hygiène est souvent mis en cause.

Il existe plusieurs biotypes d'*E. coli* pathogènes qui diffèrent par leur virulence et la gravité des dommages qu'ils provoquent ; on distingue ainsi *E. coli* entérotoxinogène (ECET), *E. coli* entéro-invasif (ECEI), *E. coli* entérohémorragique (ECEH) et *E. coli* entéropathogène (ECEP), aussi appelé *E. coli* entéroagrégatif (ECEAg). Les principaux signes et symptômes comprennent des coliques et l'apparition de vomissements et de diarrhées entraînant une déshydratation avancée suivie, dans les formes les plus graves, d'un état de choc septique.

La diarrhée des voyageurs

Il est bien connu que les voyages élargissent les horizons. Il arrive aussi qu'ils activent les intestins, auquel cas ils produisent une affection appelée communément **diarrhée des voyageurs** (ou *turista*). Dans la plupart des cas, il est probable que celle-ci est causée par *E. coli*, dont plusieurs souches sont en mesure de provoquer ce type de malaise. La souche *entérotoxinogène* d'*E. coli* (ECET) n'est pas invasive ; la bactérie adhère aux cellules de la partie proximale de l'intestin grêle par des fimbriæ et sécrète une entérotoxine qui cause une diarrhée abondante, mais sans présence de sang ni de mucus. Le mécanisme d'action s'apparente à celui de la toxine du choléra. Dans les pays en voie de développement, ce biotype est aussi responsable de nombreux cas de diarrhée infantile. On soupçonne que de 50 à 65 % de ces diarrhées lui sont attribuables. C'est aussi la principale cause bactérienne des flambées de gastroentérite qui apparaissent sur les navires de croisière. La contamination est facilitée par la relative résistance de la bactérie aux conditions défavorables qui peuvent exister dans l'environnement. C'est ainsi que le microbe est capable de vivre plusieurs semaines dans la poussière, le sol et les matières fécales, et près d'une heure sur les mains. La dose infectieuse est de 10^8 à 10^{10} bactéries par ingestion.

Les cas de diarrhée des voyageurs attribuables à des souches d'*E. coli entéro-invasives (ECEI)* sont moins communs. Ces bactéries s'attachent aux cellules épithéliales du côlon ; elles envahissent la muqueuse, l'enflamment et peuvent y provoquer la formation d'ulcères. L'infection entraîne de la fièvre et, parfois, une dysenterie semblable à celle causée par *Shigella*, soit des diarrhées mucoïdes et parfois sanguinolentes. La dose infectieuse est habituellement de 10^9 bactéries par ingestion. Le microbe survit facilement dans l'environnement.

D'autres bactéries entériques, telles que *Salmonella* et *Campylobacter*, de même que divers agents bactériens pathogènes, virus et protozoaires non déterminés pourraient aussi être en cause dans l'apparition de la diarrhée des voyageurs. Dans la plupart des cas, l'agent pathogène n'est jamais identifié. Chez les adultes, cette maladie est spontanément résolutive, ce qui rend la chimiothérapie inutile. Une fois l'infection contractée, le meilleur traitement est la réhydratation orale, que l'on recommande habituellement dans tous les cas de diarrhée. Les cas graves peuvent requérir la prescription de médicaments antimicrobiens.

En matière de prévention, quelques comptes rendus indiquent que la prise d'antibiotiques offre une certaine protection. Une autre solution consiste à utiliser des préparations au bismuth, telles que Pepto-Bismol (deux comprimés, quatre fois par jour), si on n'est pas rebuté par la couleur temporairement noire des selles et de la langue. Dans les destinations à risque, la meilleure façon d'éviter l'infection est de suivre le conseil suivant: «Si on ne peut pas le faire bouillir ou l'éplucher, mieux vaut s'abstenir!»

Il a été établi que le vaccin inactivé contre le choléra (Dukoral) assure aussi une protection modérée de courte durée contre la diarrhée des voyageurs causée par *E. coli* entérotoxinogène (ECET). Il existerait une réaction immunitaire croisée entre l'entérotoxine et la sous-unité B recombinante de la toxine cholérique.

La diarrhée aiguë infantile

La souche d'*E. coli entéropathogène (ECEP),* aussi appelée *E. coli* entéroagrégatif (ECEAg), est ainsi nommée parce que les bactéries ont tendance à s'empiler les unes sur les autres en un arrangement qui rappelle un «mur de brique». Cette souche n'est ni toxinogène, ni invasive. Elle est responsable d'épidémies de diarrhée aiguë dans les pouponnières. Elle touche les enfants en bas âge, en particulier lorsqu'ils fréquentent des garderies. Des complications, telles que la déshydratation et un état d'acidose, sont à craindre. La dose infectieuse est de 10^8 à 10^{10} bactéries par ingestion. De plus, cette souche est de plus en plus reconnue comme la seconde cause de la diarrhée des voyageurs.

La colite hémorragique

Au cours de ces dernières années, des souches *entérohémorragiques* d'*E. coli* (ECEH) ont été tenues pour responsables de plusieurs épidémies en Europe et en Amérique. Une fois fixées aux cellules de la muqueuse intestinale par leurs fimbriæ, elles y détruisent les microvillosités intestinales et engendrent la formation de petites protubérances, sur chacune desquelles une bactérie vient se poser, comme sur un piédestal (**figure 20.12**). Ces protubérances sont des structures riches en actine dont la fonction est inconnue; il est possible qu'elles aident les bactéries à infecter les cellules adjacentes. Le facteur de virulence le plus important demeure la production d'une cytotoxine, similaire à celle que fabrique *Shigella*, appelée toxine de Shiga ou vérocytotoxine. C'est pourquoi ces souches d'ECEH sont aussi appelées *E.coli* producteur de toxine de Shiga (ECTS), ou encore producteur de vérocytotoxine (ECVT). (Les taxinomistes considèrent qu'il est impossible de distinguer *E. coli* des espèces appartenant au genre *Shigella*.)

L'agent pathogène le plus fréquemment isolé en Amérique du Nord est *E. coli* O157:H7. Ailleurs, d'autres sérotypes peuvent être prédominants. Cette souche est fréquemment associée à la viande de bœuf haché insuffisamment cuite et à la maladie communément appelée **maladie du hamburger**. L'élevage du bétail se fait de plus en plus par des méthodes inspirées du modèle industriel. Ainsi, des troupeaux entiers de bovins sont nourris au grain dans des parcs d'engraissement plutôt que mis au pâturage. Cette façon de faire influe sur le pH du rumen et favorise la colonisation de l'animal par ECEH, lequel est relativement résistant à l'acide. À l'heure actuelle, de 2 à 3% des bovins domestiques sont porteurs d'ECEH. Ces derniers contaminent les carcasses à l'abattoir. (Les animaux n'ont pas de symptômes apparents.) De plus, les quantités énormes de fumier produites dans les parcs d'engraissement contaminent l'eau d'irrigation et, partant, les légumes verts à feuilles qui sont par la suite consommés crus.

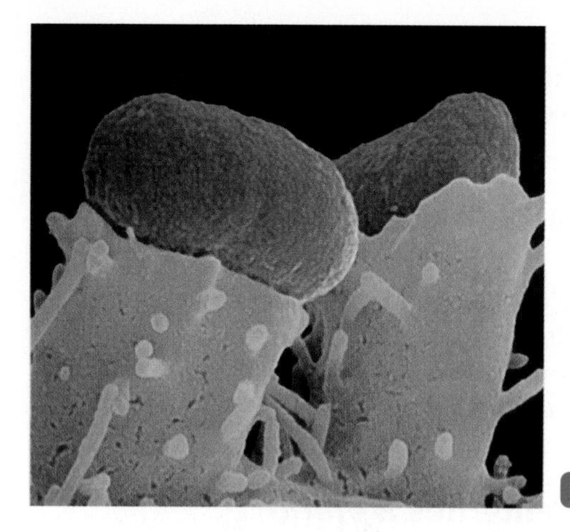

Figure 20.12 ***Escherichia coli entérohémorragique* (ECEH) O157:H7.** En adhérant à la muqueuse de l'intestin, la bactérie ECEH (en mauve) provoque la formation d'une protubérance en forme de piédestal sur laquelle elle se pose.

Des tests ont révélé que la bactérie est présente dans près de 90% des échantillons de viande de bœuf haché, bien que le degré de contamination soit habituellement très bas. Lorsque la viande est taillée en bifteck, la cuisson tue les bactéries, présentes seulement à la surface; mais lorsqu'elle est hachée, les microbes se retrouvent dispersés dans toute la viande, ce qui constitue une source potentielle d'infection. La volaille et les autres viandes pourraient aussi être contaminées. Des pousses de luzerne crues ont été associées à la maladie; d'autres aliments, tels que la simili-dinde, le beurre, la crème, les vinaigrettes et la mayonnaise, sont aussi des véhicules possibles. La bactérie peut survivre des mois au réfrigérateur. La nourriture ne constitue pas la seule source d'infection; quelques cas ont été associés à des enfants ayant eu des contacts avec des animaux lors de visites de fermes ou de zoos. La dose infectieuse des souches d'ECEH est évaluée à quelque 100 bactéries par ingestion.

Chez la plupart des individus atteints, la toxine de Shiga, libérée par l'ECET, entraîne une diarrhée spontanément résolutive, mais chez environ 6% d'entre eux – surtout des enfants, des personnes âgées, des individus souffrant de maladies chroniques ou des sujets dont le système immunitaire est affaibli –, elle se traduit par une inflammation du côlon appelée **colite hémorragique** qui s'accompagne de selles liquides et sanglantes. Contrairement à *Shigella* (figure 20.8), les souches entérohémorragiques d'*E. coli* ne pénètrent pas dans la paroi intestinale, mais libèrent leur toxine dans la lumière du tube digestif.

Le *syndrome hémolytique urémique* (SHU, sang dans les urines conduisant à une insuffisance rénale) est une autre complication grave qui se produit quand la toxine touche les reins. Entre 5 et 10 % des jeunes enfants infectés atteignent ce stade, qui est associé à un taux de mortalité d'environ 5 %. La réhydratation intraveineuse et un monitorage étroit des électrolytes s'avèrent essentiels pour ces patients. Certains enfants peuvent requérir une dialyse des reins, voire une transplantation. Des lésions cérébrales peuvent apparaître et conduire à des troubles de l'apprentissage.

En raison de la médiatisation d'*E. coli* O157:H7, les chercheurs se sont penchés, avec un certain succès, sur l'élaboration de méthodes détectant plus rapidement sa présence dans les aliments sans le recours à la longue mise en culture. On recommande aux laboratoires de santé publique d'effectuer le dépistage systématique d'ECEH O157. Une des méthodes classiques consiste à utiliser un milieu qui permet de reconnaître ces bactéries par leur incapacité de fermenter le sorbitol. Les colonies ainsi identifiées sont soumises à l'*électrophorèse en champs pulsés* (*ECP*), une technique qui permet de séparer les bactéries par sous-types. Les résultats sont consignés dans une base de données nationale appelée PulseNet, dont on se sert pour produire des analyses épidémiologiques.

Au Canada, des cas d'infection à *E. coli* O157:H7 sont signalés chaque année au Centre de contrôle des maladies à Ottawa. En 2000, *E. coli* O157:H7 a tué 7 personnes et rendu malade la moitié de la population de Walkerton en Ontario, ville dont l'eau potable aurait été contaminée par du fumier de vache. Récemment, au printemps 2011, une épidémie d'*E. coli* s'est répandue d'abord en Allemagne, puis dans d'autres pays d'Europe. La souche O104:H4 de la bactérie *E. coli* entérohémorragique (ECEH) a été isolée de lots de produits maraîchers. Les analyses génétiques ont montré que la souche O104:H4 s'était combinée avec une autre souche, l'ECEA 55989, et que dans l'organisme humain *E. coli* O104:H4 produisait des toxines de Shiga. La souche allemande de la bactérie s'est avérée réfractaire à presque tous les antibiotiques ; elle a entraîné la mort de près de 40 personnes et en a contaminé plus de 3 600 autres en Europe, la plupart en Allemagne. Plus de 800 personnes ont développé des complications aux reins.

La gastroentérite à *Campylobacter*

Campylobacter est une bactérie à Gram négatif, microaérophile, en forme de spirale – caractéristique morphologique qui facilite le diagnostic de la gastroentérite qu'elle occasionne. Aux États-Unis, elle est la principale cause des maladies d'origine alimentaire. Cette bactérie est très bien adaptée à l'environnement intestinal de ses hôtes animaux, surtout les poulets. Sa température optimale de croissance avoisine les 42 °C, température proche de celle de ses hôtes. Presque tous les poulets vendus au supermarché sont contaminés par *Campylobacter.* Par ailleurs, près de 60 % des bovins hébergent ce germe dans leurs fèces et dans leur lait. Le lait est donc une source de contamination ; toutefois, la viande rouge est moins souvent contaminée.

On estime que le nombre annuel de cas de **gastroentérite à *Campylobacter*** due à *C. jejuni* s'élève à plus de 2 millions aux États-Unis ; au Canada, le nombre de cas déclarés se situe entre 10 000 et 15 000 par année. La dose infectieuse est de 1 000 bactéries seulement. Du point de vue clinique, cette affection se caractérise par de la fièvre, des coliques, et de la diarrhée ou une dysenterie. En général, le rétablissement se produit en moins d'une semaine. La maladie de Guillain-Barré, un trouble neurologique qui s'accompagne d'une paralysie temporaire, est une complication inhabituelle des infections à *Campylobacter.* Elle survient dans 1 cas sur 1 000. Il semble qu'une molécule de surface de la bactérie, ressemblant à un constituant lipidique du tissu nerveux, provoque une réaction auto-immune qui dégénère en paralysie.

L'ulcère gastroduodénal à *Helicobacter*

En 1982, un médecin australien met en culture une bactérie microaérophile spiralée qu'il avait observée dans des biopsies pratiquées chez des patients atteints d'un ulcère de l'estomac. Appelée *Helicobacter pylori*, cette bactérie est aujourd'hui reconnue comme l'agent causal de la plupart des cas de **maladie ulcéreuse gastroduodénale**, un syndrome caractérisé par des ulcères gastriques et duodénaux. (Le duodénum, qui mesure 25 cm, est le premier segment de l'intestin grêle.) Dans les pays industrialisés, de 30 à 50 % de la population est atteinte de cette maladie. L'incidence de l'infection est plus élevée ailleurs dans le monde. Seulement 15 % des sujets touchés vont connaître l'apparition d'ulcères, ce qui porte à croire que d'autres facteurs reliés à l'hôte sont aussi en cause. Par exemple, les personnes appartenant au groupe sanguin O sont plus susceptibles de contracter la maladie, ce qui est aussi vrai pour le choléra. Par ailleurs, on sait aujourd'hui qu'*H. pylori* joue un rôle dans l'apparition du cancer de l'estomac ; 3 % des personnes infectées par la bactérie développent un cancer gastrique alors que les personnes non infectées y échappent.

La muqueuse de l'estomac contient des cellules sécrétrices de suc gastrique comprenant des enzymes protéolytiques et du chlorure d'hydrogène (HCl), lequel active ces enzymes. D'autres cellules spécialisées produisent une couche de mucus qui protège l'estomac lui-même contre la digestion. Lorsque ce moyen de protection fait défaut, une inflammation de l'estomac (gastrite) survient. Cette inflammation peut évoluer et donner naissance à un ulcère (**figure 20.13**). Pendant longtemps, on a pensé que l'acidité était responsable de l'inflammation, et on a prescrit des médicaments inhibant la libération d'acides. Aujourd'hui, on croit que le système immunitaire réagit à la présence d'*H. pylori* et qu'il déclenche l'inflammation. Par un mécanisme d'adaptation singulier, la bactérie peut croître dans le milieu hautement acide de l'estomac, alors que la plupart des autres microorganismes y meurent. *H. pylori* sécrète en effet de grandes quantités d'une uréase particulièrement efficace – cette enzyme qui transforme l'urée en ammoniac, un composé alcalin –, si bien que la valeur du pH s'élève localement dans la zone de croissance de la bactérie. La détérioration de la couche de mucus protectrice conduit à l'érosion de la paroi de l'estomac.

L'élimination d'*H. pylori* au moyen d'agents antimicrobiens fait généralement disparaître les ulcères de l'estomac. La récidive est rare (de 2 à 4 % par année). L'administration simultanée de plusieurs antibiotiques s'est révélée efficace. Le subsalicylate de bismuth (Pepto-Bismol), aux propriétés antibactériennes, est également efficace et fait souvent partie du traitement. La réinfection peut venir d'un grand nombre de sources environnementales, mais elle est moins susceptible de se produire dans les régions où le niveau d'hygiène

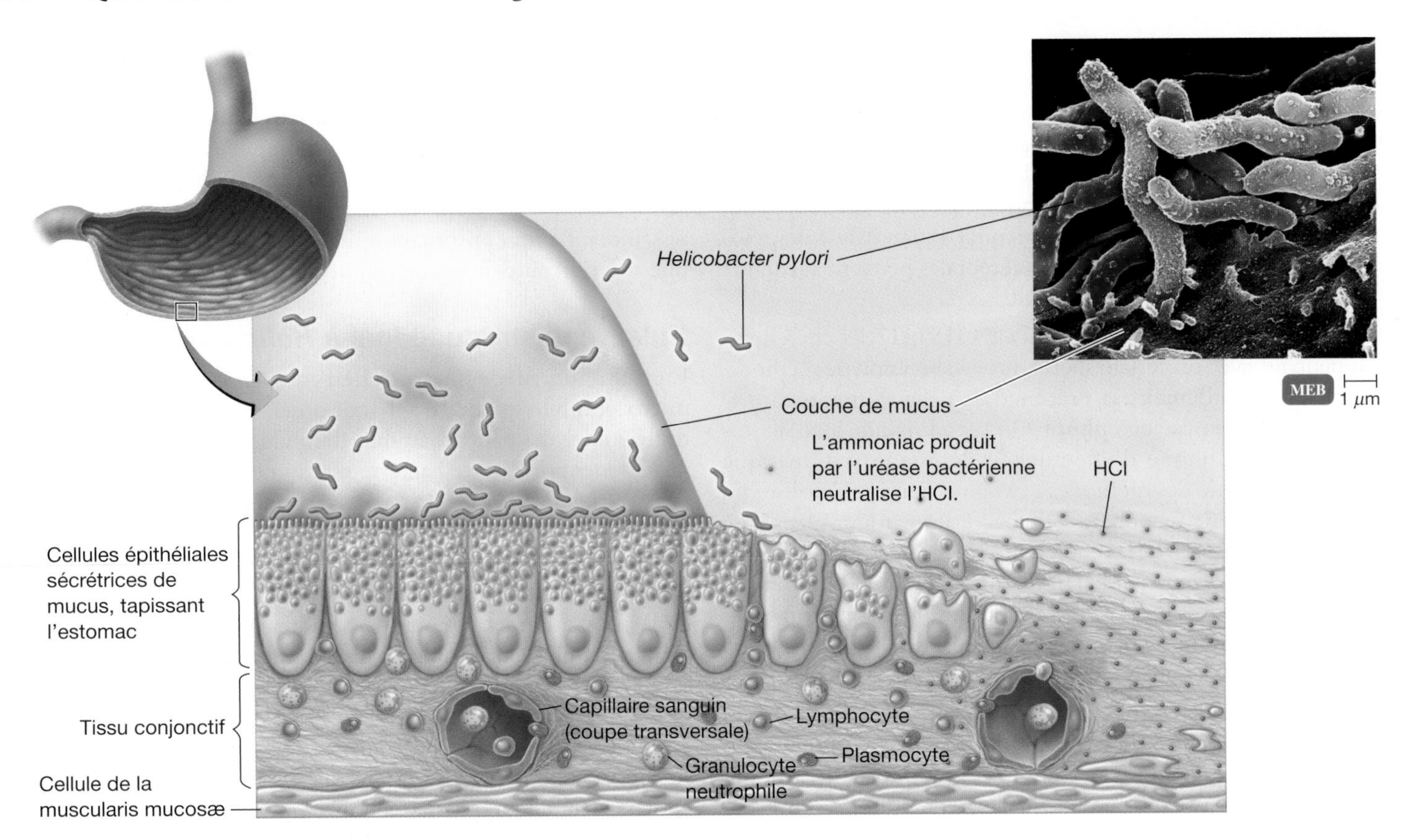

Figure 20.13 L'infection à *Helicobacter pylori* cause une ulcération de la paroi de l'estomac.

est élevé. En fait, selon certains observateurs, les infections à *H. pylori* pourraient disparaître progressivement dans les pays développés.

Le test diagnostique le plus fiable requiert une biopsie des tissus et la culture de la bactérie. Une méthode de diagnostic intéressante fait appel au test respiratoire à l'urée. Le sujet avale de l'urée radioactive et, au bout de 30 minutes, si le test est positif, il expire du CO_2 marqué que l'on peut mesurer. Ce test est très utile pour déterminer l'efficacité d'une chimiothérapie, car un test positif signale la présence d'*H. pylori*. L'analyse des selles en vue de détecter les antigènes d'*H. pylori* convient au suivi des patients qui ont été traités. Elle constitue la méthode non effractive de prédilection, en particulier pour les enfants. Les tests sérologiques pour déceler les anticorps ne sont pas coûteuses, mais elles ne permettent pas de vérifier si la bactérie a été éliminée.

La gastroentérite à *Yersinia*

Yersinia enterocolitica et *Y. pseudotuberculosis* sont également des agents pathogènes entériques, que l'on rencontre de plus en plus fréquemment. Ces bactéries à Gram négatif colonisent l'intestin de nombreux animaux domestiques et sont souvent transmises par la viande et le lait. Elles sont capables de proliférer à des températures peu élevées (4 °C) et de libérer des endotoxines dans les produits conservés au réfrigérateur. Elles peuvent ainsi se multiplier dans le sang destiné aux transfusions et provoquer de graves réactions, voire un état de choc, chez les receveurs.

Ces agents pathogènes sont responsables de la **gastroentérite à *Yersinia***, ou **yersiniose**. Les signes et les symptômes comprennent de la diarrhée, de la fièvre, des maux de tête et des coliques. La douleur est souvent aiguë et, dans certains cas, on prend la gastroentérite pour une appendicite. Le diagnostic repose sur la mise en culture du microbe et sur son analyse par des tests sérologiques. Les adultes guérissent habituellement au bout de 1 ou 2 semaines; les enfants peuvent mettre plus de temps. Un traitement avec des antibiotiques et une réhydratation orale sont souhaitables.

La gastroentérite à *Clostridium perfringens*

Une des formes d'intoxication alimentaire les plus communes, quoique sous-estimée, est due à *Clostridium perfringens*, un gros bacille à Gram positif, anaérobie strict et producteur d'endospores. Cette bactérie est également responsable de la gangrène gazeuse chez l'humain (figure 18.7).

La plupart des épidémies de **gastroentérite à *C. perfringens*** sont associées à de la viande contaminée par une fuite du contenu des intestins des animaux au moment de l'abattage. Dans de tels aliments, les besoins en acides aminés de l'agent pathogène sont satisfaits et, lorsqu'elle est cuite, la viande contient moins d'O_2, ce qui favorise la croissance de *Clostridium*. Les endospores survivent à la plupart des températures de cuisson; le temps de génération de la bactérie végétative est inférieur à 20 minutes dans des conditions idéales. Dès lors, si la nourriture est conservée dans des conditions inadéquates ou si elle est refroidie lentement en raison de mauvaises conditions de réfrigération, les bactéries peuvent rapidement former des populations importantes.

Le microbe se développe dans les intestins et produit une exotoxine causant les douleurs abdominales et la diarrhée caractéristiques de la gastroentérite. Les signes et les symptômes se manifestent en général de 8 à 12 heures après l'ingestion de la bactérie. Dans la plupart des cas, la maladie est bénigne et spontanément résolutive, et n'est probablement jamais diagnostiquée. Le diagnostic repose habituellement sur l'isolement et l'identification de l'agent pathogène dans les fèces.

La gastroentérite à *Clostridium difficile*

Clostridium difficile est une bactérie à Gram positif productrice d'une endospore thermorésistante. On trouve cette bactérie dans les selles de nombreux adultes porteurs asymptomatiques.

La bactérie produit des exotoxines qui déclenchent une inflammation accompagnée d'une augmentation des sécrétions de liquides et d'une plus grande perméabilité de la muqueuse intestinale. L'affection, appelée **gastroentérite à *C. difficile***, se manifeste surtout dans les hôpitaux et les centres d'hébergement et de soins de longue durée, où les bactéries et leurs endospores sont des contaminants courants. Elle est habituellement précipitée par l'utilisation prolongée d'antibiotiques à large spectre. Ceux-ci éliminent la plupart des bactéries concurrentes qui se trouvent dans l'intestin, ouvrant la voie à la prolifération débridée de *C. difficile* et à la production de grandes quantités de toxines. Selon certaines observations, les souches qui se manifestent dans ces flambées sont plus virulentes qu'en temps normal. Toutefois, il arrive aussi que la maladie se propage dans des conditions où les antibiotiques ne sont pas en cause, par exemple parmi les enfants dans les garderies. Certains soignants l'ont attrapé des personnes dont ils avaient la charge. Les signes et les symptômes de l'affection vont d'une légère diarrhée jusqu'à la colite (inflammation du côlon). Cette dernière peut mettre en péril la vie du patient, car elle peut provoquer l'ulcération de la paroi intestinale. L'infection peut donc avoir de graves conséquences. Le taux de mortalité, qui se situe entre 1 et 2,5 %, est le plus élevé chez les personnes âgées.

On soupçonne souvent une gastroentérite à *C. difficile* si le patient prend des antibiotiques. On peut confirmer le diagnostic par un immunoessai qui détecte les exotoxines responsables ou par un dosage des cytotoxines. Bien qu'il soit plus sûr, ce dernier est difficile à réaliser et il faut parfois attendre jusqu'à 48 heures pour obtenir les résultats. Le traitement consiste évidemment à mettre fin à l'antibiothérapie qui a provoqué la maladie et à réhydrater le patient par voie orale. On prescrit habituellement du métronidazole, un médicament qui cible le métabolisme des anaérobies. Il n'existe pas à l'heure actuelle de traitement antimicrobien qui prévienne les récurrences de manière fiable, même pas la vancomycine. Exceptionnellement, on administre des lavements contenant des matières fécales humaines pour tenter de rétablir le microbiote normal. Plusieurs études ont évalué l'efficacité des probiotiques dans le traitement de la gastroentérite à *C. difficile* (**encadré 20.3**).

La gastroentérite à *Bacillus cereus*

Bacillus cereus est une grosse bactérie à Gram positif productrice d'endospores, très répandue dans le sol et les végétaux. Elle est généralement considérée comme inoffensive, bien qu'elle ait causé des épidémies de maladies d'origine alimentaire. Les spores non détruites par la cuisson germent quand la nourriture refroidit. Comme les bactéries compétitrices ont été éliminées lors de la cuisson, *B. cereus* se multiplie rapidement et sécrète des toxines. Les aliments riches en amidon tels que les plats de riz servis dans les restaurants asiatiques sont particulièrement sensibles à ce type de contamination (figure 4.3).

Certains cas de **gastroentérite à *B. cereus*** ressemblent aux intoxications à *C. perfringens* et se traduisent presque uniquement par des diarrhées (de 8 à 16 heures après l'ingestion). Dans d'autres cas, les patients souffrent de nausées et de vomissements (habituellement de 2 à 5 heures après l'ingestion). On croit que des toxines différentes sont responsables de ces symptômes différents. Les deux formes de la maladie sont spontanément résolutives.

L'**encadré 20.4** présente une récapitulation des maladies bactériennes du système digestif décrites dans le chapitre.

Les viroses du système digestif

Objectifs d'apprentissage

20-6 Décrire la chaîne épidémiologique qui conduit aux viroses suivantes des voies digestives inférieures : les oreillons, l'infection à cytomégalovirus, les hépatites A, B et C, et les gastroentérites dues au rotavirus et au virus de Norwalk. Préciser notamment les facteurs de virulence de l'agent pathogène, ses principaux réservoirs, ses modes de transmission, ses portes d'entrée, les facteurs prédisposants de l'hôte réceptif, le mécanisme physiopathologique qui mène à l'apparition des principaux signes et symptômes de la maladie infectieuse (s'il y a lieu) et les moyens thérapeutiques et les épreuves de diagnostic (s'il y a lieu).

20-7 Distinguer les hépatites A, B, C, D et E.

Contrairement aux bactéries, les virus ne se reproduisent pas dans le système digestif. Toutefois, ils envahissent les organes annexes de ce système.

Les oreillons

Les glandes parotides sont la cible du virus responsable des oreillons ; elles sont situées devant et sous les oreilles (figure 20.1). Comme elles constituent l'une des trois paires de glandes salivaires du système digestif, nous traitons des oreillons dans ce chapitre. Le virus des oreillons appartient au genre *Rubulavirus* – famille des *Paramyxoviridæ*, virus à ARN simple brin négatif, enveloppé (tableau 8.2.)

Les **oreillons** se manifestent habituellement par la tuméfaction de l'une ou des deux glandes parotides, entre 16 et 18 jours après l'exposition au virus (**figure 20.14**). Transmis par projection de gouttelettes de salive et de sécrétions des voies respiratoires, et par contact direct avec la salive, le virus pénètre dans l'organisme par ces dernières. La transmissibilité des oreillons est maximale 48 heures après l'apparition des symptômes cliniques. Dès leur entrée, les virus se mettent à proliférer dans les voies respiratoires et les nœuds lymphatiques du cou ; ils sont ensuite transportés par le sang (virémie) et atteignent les glandes salivaires, où ils pénètrent dans les cellules. La virémie se produit plusieurs jours avant la survenue des symptômes et l'apparition du virus dans la salive. Le virus est présent dans le sang et la salive pendant 3 à 5 jours après le début de la maladie et dans l'urine après une dizaine de jours.

Les probiotiques : de bonnes bactéries pour lutter contre les mauvaises !

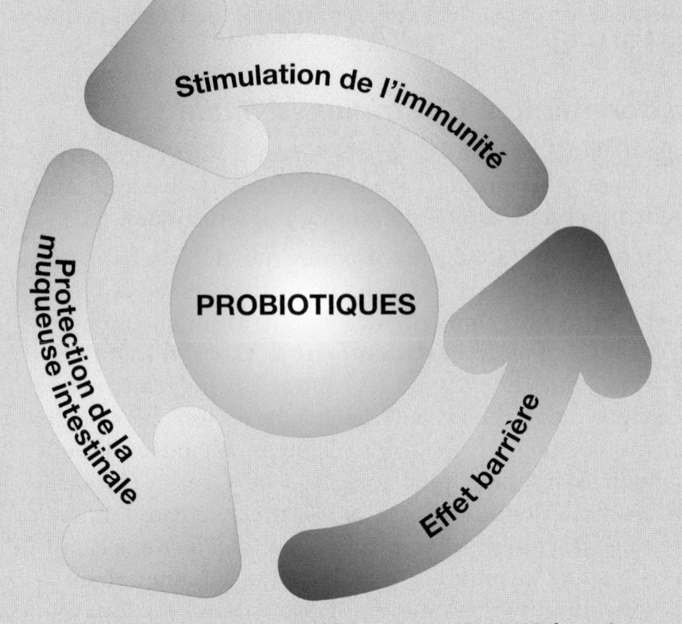

Source : http://recettes-et-sante.blogspot.com/2010/12/la-petite-revolution-des-probiotiques.html.

Probiotiques, un terme maintenant familier qui invite à considérer les microorganismes sous un angle plus favorable dans le domaine de l'alimentation et de plus en plus dans celui de la médecine. Ainsi, les professionnels en diététique insistent sur les bienfaits des probiotiques ; leur consommation procurerait une protection contre la prolifération de microbes nuisibles pouvant provoquer, entre autres choses, des diarrhées ou des vaginites. La médecine reste par ailleurs sur ses gardes. Le nombre insuffisant d'études prouvant leur efficacité ainsi que le manque d'information générale n'aident pas la cause des probiotiques. Toutefois, plusieurs médecins envisagent d'ores et déjà de les utiliser, à titre préventif, pour réduire les risques ou atténuer les signes et les symptômes de la diarrhée secondaire à la prise d'antibiotiques, souvent induite par *C. difficile*.

Qu'est-ce que les probiotiques ? Les probiotiques (*pro-* = pour ; *bios* = vie) sont en fait des cultures microbiennes vivantes qui ont des propriétés bénéfiques pour la santé. La plupart viennent de l'alimentation, en particulier des produits laitiers – par exemple des yogourts naturels. Ils contiennent le plus souvent des bactéries productrices d'acide lactique – *Lactobacillus*, *Enterococcus* et *Bifidobacterium* –, alors que d'autres sont composés de bactéries non lactiques telles que *Bacillus* et de *Saccharomyces*, un type de levure non pathogène.

Comment agissent les probiotiques ? Leur mode d'action n'est pas encore tout à fait élucidé. Toutefois, les chercheurs avancent que l'influence des probiotiques s'exercerait de trois manières : sur le système immunitaire, sur le microbiote normal humain et contre les microbes nuisibles.

Il semblerait que les probiotiques aient un effet modulateur positif sur le système immunitaire – une sorte d'effet de renforcement – qui fait en sorte que nos défenses sont plus fortes contre les microbes pathogènes. Ils augmenteraient aussi l'effet barrière du microbiote normal intestinal. Par exemple, lorsqu'elles colonisent le gros intestin, les bactéries lactiques produisent de l'acide lactique et des bactériocines qui inhibent la croissance de certains agents pathogènes – un bel exemple d'antagonisme microbien. Enfin, les probiotiques pourraient prévenir l'adhérence, l'établissement et la prolifération des microbes pathogènes à l'intérieur du tube digestif et du vagin, et ainsi protéger les muqueuses contre l'infection, voire la maladie infectieuse.

On pense même qu'il pourrait y avoir une combinaison de ces différents effets, et ce, pour le plus grand bienfait de ceux qui en consomment. D'autres effets bénéfiques sont aussi en cours d'évaluation, par exemple l'utilité des probiotiques chez les individus atteints du syndrome du côlon irritable ou ayant un cancer du côlon ou de la vessie.

Comment choisir les probiotiques ? Pour exercer leurs effets bénéfiques, les probiotiques doivent atteindre l'intestin, et ce, sans être inactivés par les enzymes digestives ; ils ne sont efficaces que s'ils sont vivants. On recommande généralement la prise de 2 à 25 milliards de bactéries par jour en prévention et jusqu'à 50 milliards par jour en traitement aigu. Les probiotiques peuvent être ingérés sous forme de capsules entérosolubles, en poudre à dissoudre dans un liquide ou sous forme de véhicule concentré (yogourt thérapeutique). La nouvelle réglementation canadienne sur l'étiquetage des produits de santé naturels oblige les compagnies fabriquant les produits qui renferment des probiotiques à afficher une inscription précisant la teneur en bactéries actives, soit les unités formatrices de colonies (UFC) par gramme.

Y a-t-il des inconvénients à prendre des probiotiques ? Les probiotiques sont en général bien tolérés. Toutefois, il peut se produire quelques effets indésirables tels qu'une augmentation temporaire des gaz intestinaux ainsi qu'une légère irritation intestinale dans certains cas. Les personnes intolérantes au lactose doivent s'abstenir d'en consommer sous forme de produits laitiers. De plus, celles dont le système immunitaire est affaibli devraient consulter un médecin avant d'entreprendre tout traitement aux probiotiques, étant donné les risques accrus d'infections.

Et la conclusion ! Les probiotiques gagnent à être connus. Au cours des prochaines années, on assistera peut-être à une révolution dans le traitement des diverses pathologies gastro-intestinales. Seul l'avenir le dira !

PLEINS FEUX SUR

LES MALADIES

Encadré 20.4

Pour que les enfants ne soient pas tentés de les mettre dans leur bouche, les terrapins aux oreilles rouges doivent mesurer plus de 10 cm.

La bactérioses des voies inférieures du système digestif

Le diagnostic différentiel consiste à rechercher dans une liste de maladies celle qui correspond à l'information obtenue au cours de l'examen du patient. Il importe de poser un tel diagnostic afin de mettre en route le traitement et de commander les tests de laboratoire. La gastroentérite est la maladie la plus fréquente dans le monde. Elle est causée par des bactéries, des virus et des protozoaires qui se transmettent par l'eau et les aliments contaminés. Le traitement consiste le plus souvent à remplacer l'eau et les électrolytes perdus.

Par exemple, un garçon de 8 ans a eu de la diarrhée, des frissons, de la fièvre (39,3 °C), des coliques et des vomissements pendant 3 jours. Un mois plus tard, son frère de 12 ans a présenté le même tableau clinique. Deux semaines avant que le plus jeune tombe malade, ses parents avaient fait l'achat d'un petite tortue, un terrapin aux oreilles rouges mesurant moins de 10 cm, dans un marché aux puces. Trouvez dans le tableau ci-dessous l'infection qui peut être à l'origine de ces signes et de ces symptômes. Consultez aussi le texte du chapitre.

Maladie bactérienne	Agent pathogène	Signes et symptômes	Intoxication/ Infection	Diagnostic	Prévention/ Traitement
Intoxication alimentaire par *Staphylococcus*	*Staphylococcus aureus*	Apparition rapide de vomissements, de coliques et de diarrhée	Intoxication (entérotoxine A)	Lysotypie ; tests sérologiques	Conservation adéquate des aliments ; réhydratation
Shigellose (dysenterie bacillaire)	*Shigella* spp.	Fièvre, coliques, dommages tissulaires et multiples diarrhées mucosanglantes ; déshydratation	Infection (endotoxine, toxine de Shiga et exotoxine)	Prélèvement de selles (humaines) puis isolement sur milieux de culture sélectifs	Hygiène adéquate ; fluoroquinolones ; réhydratation orale
Salmonellose	*Salmonella enterica*	Début brutal : frissons ; fièvre modérée, nausées, vomissements, coliques et diarrhée	Infection (endotoxine)	Prélèvement de selles et d'aliments, puis isolement sur milieux de culture sélectifs et différentiels ; tests sérologiques	Réhydratation orale
Fièvre typhoïde	*Salmonella typhi*	Forte fièvre (40 °C), migraines persistantes et diarrhée ; dans les cas graves, hémorragies intestinales ; taux de mortalité élevé	Infection (endotoxine)	Prélèvement de selles, puis isolement sur milieux de culture sélectifs et différentiels ; tests sérologiques	Fluoroquinolones, céphalosporines de 3e génération ; réhydratation
Choléra	*Vibrio choleræ* O1 et O139	Diarrhée grave avec perte importante de liquides et d'électrolytes	Exotoxine – le choléragène	Prélèvement de selles, puis isolement sur milieux de culture sélectifs et différentiels	Réhydratation par voie intraveineuse ; doxycycline
Gastroentérite à *Vibrio parahæmolyticus*	*V. parahæmolyticus*	Diarrhée similaire à celle associée au choléra, mais généralement moins grave	Infection (endotoxine)	Isolement sur milieux de culture contenant 2-4 % de NaCl	Réhydratation et antibiotiques
Gastroentérite à *Vibrio vulnificus*	*V. vulnificus*	Destruction rapide et étendue de tissus	Infection	Isolement sur milieux de culture contenant 1 % de NaCl	Antibiotiques
Gastroentérite à *E. coli* entérotoxicogène ou diarrhée des voyageurs	ECET ECEI	Diarrhée liquide et abondante	Infection (entérotoxine)	Isolement sur milieux de culture sélectifs	Réhydratation orale

Maladie bactérienne	Agent pathogène	Signes et symptômes	Intoxication/ Infection	Diagnostic	Prévention/ Traitement
Gastroentérite à *E. coli* entéro-pathogène ou diarrhée aiguë infantile	ECEP (ou ECEAg)	Diarrhée aiguë	Infection	Isolement sur milieux de culture sélectifs	Réhydratation orale
Colite hémor-ragique à *E. coli* entérohémor-ragique	ECEH dont *E. coli* O157:H7	Inflammation du côlon avec selles sanglantes ; syndrome hémolytique urémique (sang dans les urines, et peut-être insuffisance rénale)	Infection (toxine de Shiga, exotoxine)	Isolement sur milieux de culture sélectifs (fermentation du sorbitol)	Réhydratation intraveineuse, monitorage des électrolytes
Gastroentérite à *Campylobacter*	*C. jejuni*	Fièvre, coliques et diarrhée ou dysenterie	Infection	Isolement sur milieux de culture faibles en O_2 et riches en CO_2	Aucun
Ulcère gastro-duodénal à *Helicobacter*	*H. pylori*	Ulcères gastroduodénaux	Infection	Test respiratoire à l'urée ; isolement sur milieux de culture	Antibiotiques
Gastroentérite à *Yersinia* ou yersiniose	*Y. enterocolitica*	Fièvre, maux de tête, diarrhée et coliques. Peut être confondue avec l'appendicite.	Infection (endotoxine)	Isolement sur milieux de culture ; tests sérologiques	Réhydratation orale
Gastroentérite à *Clostridium perfringens*	*C. perfringens*	Se limite habituellement à la diarrhée et à des coliques.	Infection (exotoxine)	Isolement sur milieux de culture	Réhydratation orale
Gastroentérite à *Clostridium difficile*	*C. difficile*	D'une diarrhée bénigne à l'apparition d'une colite ; de 1 à 2,5 % de mortalité	Infection (exotoxine)	Test sur les cytotoxines	Métronidazole ; vancomycine
Gastroentérite à *Bacillus cereus*	*B. cereus*	Diarrhée ou nausées et vomissements	Intoxication	Isolement de >10^5 *B. cereus* par gramme de nourriture	Aucun

Les oreillons se caractérisent par de la fièvre et par une inflammation des glandes parotides, dont l'enflure est responsable des douleurs lors de la déglutition. Entre 4 et 7 jours après l'apparition des signes et des symptômes, les testicules peuvent s'enflammer chez 20 à 40 % des hommes qui ont atteint ou dépassé la puberté. Cette affection nommée *orchite* peut entraîner la stérilité. Les autres complications comprennent la méningite, l'inflammation des ovaires et la pancréatite.

Pour prévenir la maladie, il existe un vaccin entier atténué, souvent associé à celui de la rougeole et de la rubéole (vaccin RRO, tableaux 26.2 et 26.3 EN LIGNE). L'incidence des oreillons a fortement chuté depuis la mise sur le marché du vaccin en 1968. Les récidives sont rares. L'infection subclinique ou d'une seule glande parotide (environ 30 % des individus infectés) confère la même immunité que l'infection des deux glandes.

Le diagnostic repose habituellement sur l'observation des signes et des symptômes lors de l'examen clinique. Il n'est pas nécessaire de recourir à des test sérologiques. Si le médecin désire une confirmation de son diagnostic, on peut procéder à l'isolement du virus dans un œuf embryonné ou dans une culture cellulaire et l'identifier au moyen de la méthode ELISA.

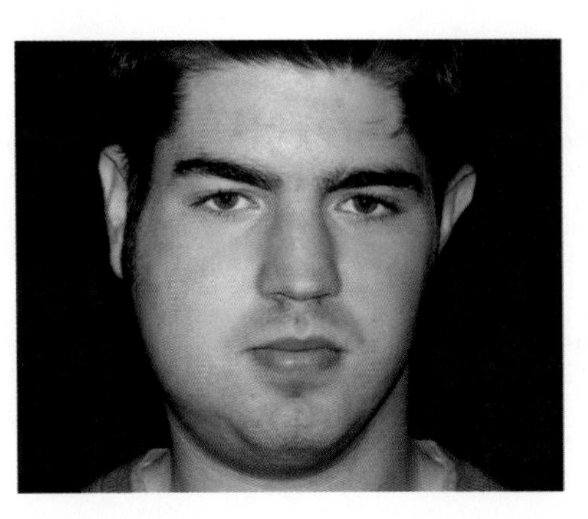

Figure 20.14 Cas d'oreillons. Ce jeune patient présente la tuméfaction typique de l'infection.

▶ Vérifiez vos acquis

Pourquoi considère-t-on les oreillons comme une infection du système digestif? **20-6**

Les hépatites

L'**hépatite** est une inflammation du foie due à l'effet cytopathogène des virus qui l'infectent; les virus endommagent les cellules hépatiques, perturbant ainsi l'activité métabolique de l'organe. La gravité de l'hépatite est fonction de l'étendue des lésions et de leur durée. Par exemple, dans l'hépatite A, la maladie n'entraîne pas de séquelles parce que les cellules hépatiques se renouvellent; dans les hépatites B, C et D, les cellules hépatiques ne sont pas remplacées par du tissu fonctionnel mais plutôt par du tissu cicatriciel, ce qui provoque une fibrose hépatique. L'hépatite virale est maintenant la deuxième maladie infectieuse la plus fréquemment déclarée aux États-Unis. Cinq virus distincts au moins causent la maladie. D'autres sont en cours d'identification, et il en existe probablement que l'on n'a pas encore découverts. L'hépatite résulte aussi parfois d'infections par d'autres virus tels que le virus d'Epstein-Barr ou le cytomégalovirus. Une hépatite aiguë cliniquement identique à l'hépatite virale peut également être due à des médicaments ou à des substances chimiques toxiques. L'**encadré 20.5** présente une récapitulation des caractéristiques des différentes formes d'hépatites virales.

L'hépatite A

Le *virus de l'hépatite A* (*VHA*) est l'agent causal de l'**hépatite A**. Le VHA est un *Hepatovirus* – famille des *Picornaviridæ*, virus à ARN simple brin positif, sans enveloppe (tableau 8.2). Il peut être mis en culture.

Après s'être introduit dans le corps, habituellement par la voie orale, le VHA prolifère dans les cellules de l'épithélium intestinal. Une virémie finit par survenir, et le virus envahit les cellules du foie, des reins et de la rate. Il est excrété dans les fèces, mais on le trouve aussi dans le sang et l'urine. La quantité de particules excrétées est plus importante avant l'apparition des signes et des symptômes et décline rapidement par la suite. Par conséquent, il se peut qu'un individu qui manipule des aliments et transmette le virus ne manifeste pas de signes cliniques visibles. Par ailleurs, le virus peut probablement survivre pendant plusieurs jours sur des surfaces comme les planches à découper. La contamination des aliments ou des boissons par les fèces est favorisée par la résistance du VHA à la désinfection par des solutions de chlore aux concentrations habituellement utilisées dans l'eau. Les mollusques, tels que les huîtres, qui vivent dans des eaux contaminées peuvent également constituer une source d'infection. La transmission est donc presque exclusivement orofécale, par contact direct ou par contact avec des véhicules tels des aliments ou de l'eau contaminés.

Au moins 50 % des infections par le VHA sont subcliniques, surtout chez les enfants; les jeunes de moins de 14 ans sont particulièrement exposés lors des épidémies. Dans les cas cliniques, les premiers signes et symptômes comprennent l'anorexie (perte d'appétit), la nausée, la diarrhée, les douleurs abdominales, la fièvre et les frissons. Dans certains cas, la perturbation de l'activité métabolique du foie s'accompagne d'un ictère, qui se manifeste par un jaunissement de la peau et du blanc des yeux, et par une urine foncée, typique des infections hépatiques. Le foie devient alors douloureux à la pression et enflé. Ces symptômes sont plus susceptibles de se manifester chez les adultes; ils durent entre 2 et 21 jours. Le tissu hépatique endommagé est régénéré et l'infection ne laisse généralement pas de séquelles; le taux de mortalité est faible.

Il n'existe pas de forme chronique de l'hépatite A et le virus n'est habituellement excrété que lors de la phase aiguë de la maladie, bien qu'il soit difficile de le déceler. La période d'incubation dure de 2 à 6 semaines, la moyenne étant de 4 semaines. Les animaux ne sont pas des réservoirs d'infection.

L'hépatite A est présente partout dans le monde. La maladie est beaucoup plus fréquente dans les milieux insalubres. Les cas déclarés chaque année ne constituent qu'une fraction du nombre de cas réels. Le diagnostic de la maladie aiguë repose sur la mise en évidence des IgM anti-VHA, car ces anticorps sont produits environ 4 semaines après l'infection et disparaissent entre 2 et 3 mois plus tard. Le rétablissement donne lieu à une immunité qui dure toute la vie.

Il n'existe pas de traitement spécifique de la maladie, mais on peut injecter aux personnes qui ont été exposées au VHA des immunoglobulines qui les protégeront durant plusieurs mois. Par ailleurs, des vaccins entiers inactivés (Avaxim, Havrix, Vaqta) sont maintenant sur le marché, de même qu'un vaccin bivalent (Twinrix) efficace contre l'hépatite A et l'hépatite B. On conseille la vaccination aux voyageurs à destination de régions où la maladie est endémique et à des groupes à haut risque, tels que les hommes homosexuels et les utilisateurs de drogues injectables (tableau 26.2 EN LIGNE). L'immunisation est souhaitable, car les effets d'une infection par le VHA s'additionnent à ceux de l'hépatite C; ils peuvent endommager le foie et mettre la vie en danger.

L'hépatite B

L'**hépatite B** est causée par le *virus de l'hépatite B* (*VHB*). Le VHB est un *Hepadnavirus* – famille des *Hepadnaviridæ*, virus à ADN double brin, enveloppé (tableau 8.2). Il est très différent du VHA, par sa taille plus importante, son génome à ADN et son enveloppe. Il possède par ailleurs une caractéristique unique; au lieu de répliquer directement son ADN, il synthétise un ARN intermédiaire. Il passe ainsi par un stade où il ressemble temporairement à un rétrovirus.

Le sérum des patients souffrant d'hépatite B contient trois particules distinctes. La plus grosse, la *particule Dane*, est le virus complet, lequel est infectieux et a la capacité de se répliquer. Les *particules sphériques,* plus petites, font environ la moitié de la taille des particules Dane. Enfin, les *particules filamenteuses* sont des particules tubulaires, qui présentent le même diamètre que les particules sphériques mais sont 10 fois plus longues (**figure 20.15**). Les particules sphériques et filamenteuses sont des constituants libres des particules Dane, les acides nucléiques en moins. De toute évidence, l'assemblage n'est pas très efficace, puisque de grandes quantités de ces constituants s'accumulent. Heureusement, ces nombreuses particules non assemblées contiennent un *antigène de surface de l'hépatite B* (*$AgHB_S$*) que l'on peut détecter à l'aide d'anticorps. Les tests faisant appel à ces anticorps facilitent le dépistage du VHB dans le sang.

Le sang peut contenir jusqu'à 1 milliard de virus par millilitre. Il n'est donc pas surprenant que ce dernier soit aussi présent dans

PLEINS FEUX SUR
LES MALADIES

Encadré 20.5

Les caractéristiques des hépatites virales

L'hépatite est une inflammation du foie. Elle peut être aiguë et s'accompagner d'un ictère (jaunisse) ou d'un taux élevé d'aminotransférases sériques. Ces dernières sont des enzymes des cellules hépatiques qui s'échappent dans la circulation lorsque le foie est lésé. L'hépatite chronique peut être asymptomatique, mais il n'est pas rare d'observer des signes d'atteinte du foie (cirrhose ou cancer). L'affection est causée par divers virus, l'alcool ou la drogue. Le plus souvent, l'agent causal est un des virus qui figurent dans le tableau ci-dessous.

Par exemple, après un repas dans le même restaurant, 355 personnes ont contracté une hépatite causée par le même virus. Trouvez dans le tableau ci-dessous les agents pathogènes qui peuvent être à l'origine de ces infections. Consultez aussi le texte du chapitre.

Foie normal

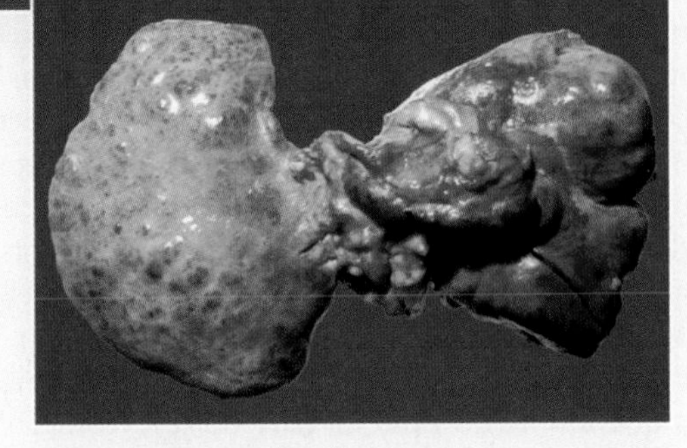

Foie endommagé par l'hépatite C

Maladie	Agent pathogène*	Signes et symptômes	Période d'incubation	Modes de transmission	Test diagnostique	Prévention
Hépatite A	Virus de l'hépatite A (VHA) (*Hepatovirus*)	Subcliniques; parfois cliniques: frissons et fièvre, maux de tête, perte d'appétit, nausées, diarrhée, douleurs abdominales; cas graves: malaises, ictère; non chronique	De 2 à 6 semaines	Transmission orofécale (par contact avec les mains et les objets souillés par les selles); par véhicule commun: aliments ou boissons contaminés	Détection d'anticorps IgM	Vaccins inactivés; protection temporaire par des IgHB (post-exposition)
Hépatite B	Virus de l'hépatite B (VHB) (*Hepadnavirus*)	Subcliniques; ou cliniques: perte d'appétit, fièvre, légères douleurs aux articulations; ictère et dommages au foie plus graves que ceux de l'hépatite A; peut devenir chronique	De 4 à 26 semaines	Par voie parentérale; par contact sexuel; par le sang et les autres liquides biologiques	Détection d'anticorps IgM	Vaccins produits par manipulation génétique de levures
Hépatite C	Virus de l'hépatite C (VHC) (*Hepacivirus*)	Semblables à ceux de l'hépatite B, mais plus susceptibles de devenir chroniques	De 2 à 22 semaines	Voie parentérale	ACP pour l'ARN viral	Aucun vaccin
Hépatite D	Virus de l'hépatite D (VHD) (*Deltavirus*)	Graves dommages au foie; taux de mortalité élevé; peut devenir chronique	De 6 à 26 semaines	Voie parentérale (il doit y avoir co-infection par l'hépatite B)	Détection d'anticorps IgM	Le vaccin contre l'hépatite B offre une protection.
Hépatite E	Virus de l'hépatite E (VHE) (*Hepevirus*)	Semblables à ceux de l'hépatite A, mais les femmes enceintes peuvent présenter un taux de mortalité élevé; non chronique	De 2 à 6 semaines	Transmission orofécale	Détection d'anticorps IgM; ACP pour l'ARN viral	Le vaccin contre l'hépatite A offre une protection.

* Voir le tableau 8.2 pour les caractéristiques des familles de virus qui infectent l'humain.

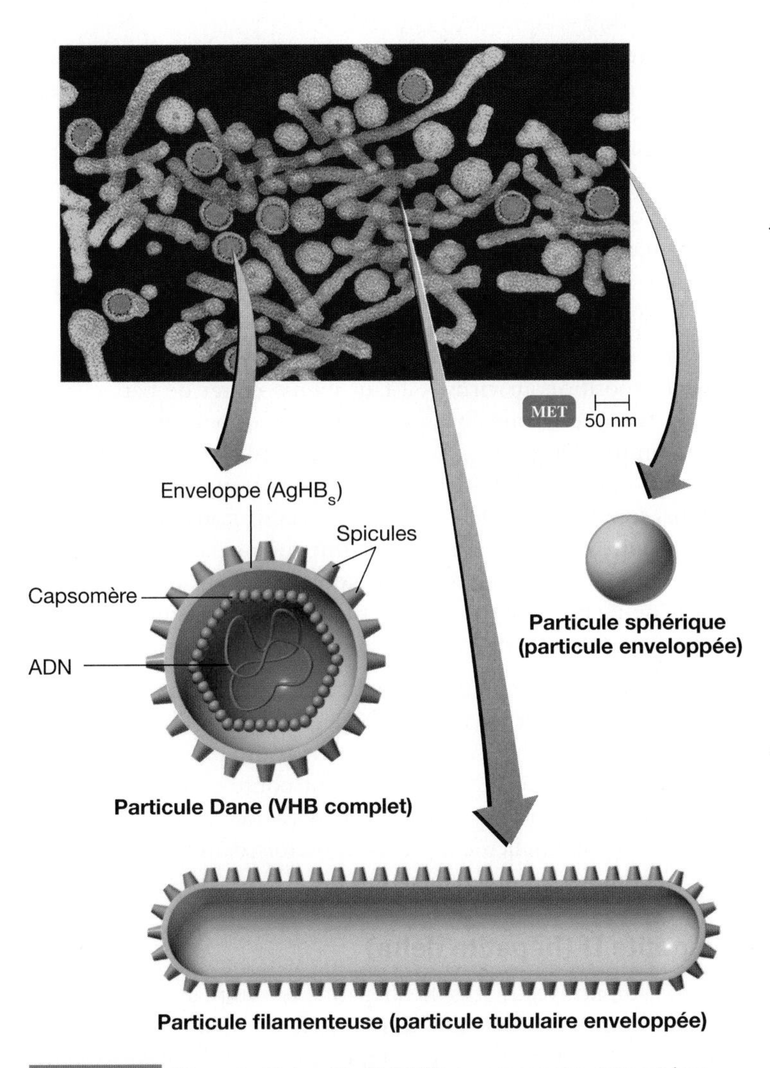

Figure 20.15 **Virus de l'hépatite B (VHB).** La micrographie et les schémas illustrent les différentes particules mentionnées dans le texte.

les liquides biologiques tels que la salive, le lait maternel et le sperme, mais pas dans les selles et l'urine normales (où l'on ne trouve pas de traces de sang). En raison du mode de transmission du virus par exposition directe au sang et aux liquides biologiques, l'incidence de l'hépatite B est plus élevée chez les utilisateurs de drogues qui mettent souvent leurs seringues en commun et ne les stérilisent pas adéquatement. Elle est aussi élevée chez les médecins, infirmières, dentistes, techniciens de laboratoire et autres, qui sont quotidiennement en contact avec le sang. On a également rapporté des cas de transmission du virus par l'intermédiaire du sperme lors de dons pour l'insémination artificielle et lors de rapports sexuels chez des hétérosexuels ayant de nombreux partenaires et chez des hommes homosexuels. Une femme enceinte, notamment si elle est porteuse chronique, peut transmettre la maladie à son enfant, habituellement à l'accouchement. Dans la plupart des cas, on évite ce type de transmission en administrant des immunoglobulines contre l'hépatite B (IgHB) aux bébés immédiatement après la naissance. On doit aussi procéder à la vaccination de ces bébés.

Il est important de distinguer une infection aiguë d'une infection chronique due au VHB. La période d'incubation d'une infection aiguë est de 4 à 26 semaines, avec une moyenne de 12 semaines. Les manifestations cliniques varient énormément et il est difficile de distinguer l'hépatite B des autres hépatites virales en se basant uniquement sur les symptômes. Au début de la maladie, les signes et les symptômes comprennent une perte d'appétit, une fièvre légère et des douleurs aux articulations. Dans le cas d'une hépatite B *fulminante* – 2 % des cas –, les patients présentent de la fièvre et des nausées, et un ictère apparaît habituellement lorsque l'activité métabolique du foie est perturbée, en grande partie à cause de la réaction immunitaire de l'hôte au virus. Dans au moins 90 % des cas, l'infection aiguë évolue vers une guérison sans séquelles. Le taux de mortalité est plus élevé que pour l'hépatite A, mais il est inférieur à 1 % des individus infectés. À l'opposé, chez les patients atteints d'une hépatite B fulminante, le taux est beaucoup plus élevé. Les décès sont dus à une inflammation persistante du foie, qui peut évoluer vers la cirrhose (fibrose et dégénérescence de l'organe), ainsi qu'au cancer.

Si les $AgHB_s$ persistent plus de 6 mois, c'est le signe d'une infection chronique par le VHB ; à ce moment-là, les IgM ont disparu. Cet état est lié à l'âge de l'individu : 90 % des nouveau-nés infectés développent une maladie chronique, comparativement à 25-50 % des enfants de 1 à 5 ans et à 6-10 % des adolescents et des jeunes adultes infectés. D'ordinaire, jusqu'à 10 % des patients infectés deviennent porteurs chroniques. Ces porteurs sont des réservoirs d'infections qui contribuent à la propagation de la maladie. Ils présentent par ailleurs un taux élevé de maladies hépatiques. La forte corrélation entre l'incidence du cancer du foie et celle de l'hépatite B est particulièrement inquiétante. Les porteurs chroniques sont 200 fois plus susceptibles de présenter un cancer du foie que l'ensemble de la population. On estime que, dans l'ensemble du monde, le nombre de porteurs du VHB s'élève à 400 millions.

L'hépatite B sévit partout dans le monde. Le tiers de la population mondiale possède des anticorps révélant une infection antérieure due au VHB, et on estime que la maladie cause 1 million de décès par année. En Afrique et en Asie, les enfants constituent le plus souvent la population cible. En Europe du Nord et en Amérique du Nord, ce sont surtout les jeunes adultes, mais l'incidence de la maladie y est plus faible.

La prévention des infections par le VHB requiert l'adoption de plusieurs mesures. L'une des plus importantes consiste à utiliser des aiguilles et des seringues jetables, et des contraceptifs de type barrière. Par ailleurs, l'analyse du sang destiné aux transfusions a largement contribué à réduire le risque. La vaccination est aussi une stratégie gagnante. Les vaccins qui existent actuellement sont fabriqués à l'aide de la levure génétiquement modifiée *Saccharomyces cerevisiæ*, qui contient le gène de l'$AgHB_s$ (Engerix-B, Recombivax HB ; tableaux 26.2 et 26.3 EN LIGNE). Cette technologie a été utilisée parce que les chercheurs n'ont pas réussi à mettre le virus en culture, étape qui s'est avérée cruciale pour la mise au point des vaccins contre la polio, les oreillons, la rougeole et la rubéole. À l'heure actuelle, l'immunisation contre le VHB se pratique partout dans le monde. Celle des enfants et des jeunes adolescents se fait systématiquement au Canada et aux États-Unis en vue de diminuer les risques de transmission sexuelle de la maladie. Elle est recommandée pour les groupes à haut risque, notamment les travailleurs de la santé, les personnes hémodialysées, le personnel des hôpitaux psychiatriques et les hommes homosexuels qui ont de nombreux partenaires. L'incidence de l'infection est en chute libre dans les régions où la vaccination est répandue, de sorte qu'on parviendra peut-être un jour à éliminer la maladie. Notons aussi que les mesures préventives que l'on a adoptées en vue d'empêcher la diffusion du VIH ont eu aussi un effet bénéfique sur l'incidence de l'infection par le VHB.

Il n'y a pas de thérapeutique spécifique de l'hépatite B aiguë. Les traitements de l'infection chronique sont peu nombreux et ne sont pas curatifs. L'association de la lamivudine (un analogue nucléosidique synthétique ayant pour base la cytosine) et de l'interféron α (IFNα) donne des résultats chez un bon nombre de patients, mais il s'agit d'une solution coûteuse. L'entécavir est une substance récemment approuvée qui ralentit la reproduction du virus. Les médicaments de première intention sont soit l'adéfovir dipivoxil (un analogue nucléosidique), soit l'entécavir. Le plus récente spécialité approuvée est la telbivudine, dont l'efficacité est semblable à celle de la lamivudine. Le dernier recours est souvent la greffe de foie.

L'hépatite C

Dans les années 1960, une forme d'hépatite d'origine transfusionnelle jusque-là inconnue a fait son apparition. Il s'agissait de l'**hépatite C**. Tout comme pour le VHB, on a fini par mettre au point des tests sérologiques décelant les anticorps dirigés contre le virus de l'hépatite C (VHC), qui ont également permis de réduire considérablement la transmission de ce dernier. Il y a toutefois un délai de 70 à 80 jours entre le moment où l'infection se produit et l'apparition d'anticorps détectables contre le VHC. Durant ce laps de temps, le virus passe inaperçu dans le sang contaminé, ce qui explique pourquoi 1 transfusion sur 100 000 a pu être infectieuse. De nouvelles méthodes de dépistage permettent aujourd'hui de détecter le sang contaminé moins de 25 jours après l'infection (**encadré 20.6**). Un test d'amplification en chaîne par polymérase (ACP) décèle l'ARN du virus entre 1 et 2 semaines après l'infection.

Le VHC appartient au genre *Hepacivirus* – famille des *Flaviviridæ*, virus à ARN simple brin positif, enveloppé (tableau 8.2). Il ne tue pas les cellules infectées, mais déclenche une réaction inflammatoire qui soit élimine le virus, soit détruit le foie à petit feu. Il est capable de déjouer le système immunitaire en mutant rapidement. Cette caractéristique de même que le fait que, pour l'instant, on ne peut le mettre en culture que difficilement compliquent la mise au point d'un vaccin.

On a dit de l'hépatite C qu'elle était une épidémie silencieuse. Aux États-Unis, elle cause la mort d'un plus grand nombre de personnes que le sida. La maladie est souvent asymptomatique. En général, il s'écoule une vingtaine d'années entre l'infection et l'apparition de signes cliniques. Aujourd'hui encore, il est probable qu'une petite partie seulement des cas d'infection a fait l'objet d'un diagnostic. Souvent, l'hépatite C n'est détectée que lors de certains tests de routine requis par exemple par les compagnies d'assurances ou pour les dons de sang. Dans la majorité des cas, peut-être même dans 85 % d'entre eux, la maladie évolue vers la chronicité. Il s'agit d'un taux beaucoup plus élevé que celui de l'hépatite B. Selon certaines études menées aux États-Unis, un nombre estimé de 3,2 millions d'individus serait infecté ; au Canada, en 2004, le nombre de cas déclarés s'élevait à 13 403 (figure 9.13).

Environ 25 % des patients chroniques vont présenter une cirrhose ou un cancer du foie. L'hépatite C est probablement responsable de la majorité des greffes du foie. C'est pourquoi on craint que, à mesure que l'infection par le VHC se propage, les hépatites mortelles ne constituent une véritable bombe à retardement qui explosera dans les deux prochaines décennies. Les personnes infectées par le VHC devraient être vaccinées contre le VHA et le VHB afin de diminuer les risques d'endommager davantage leur foie.

La seule façon de prévenir l'infection est de réduire au minimum l'exposition au virus – il faut même éviter de partager des articles tels que rasoirs, brosses à dents ou coupe-ongles. La mise en commun d'aiguilles souillées entre utilisateurs de drogues constitue une source d'infection courante. Au moins 80 % des utilisateurs sont infectés. On a rapporté un cas de transmission exceptionnel entre des sujets ayant utilisé une même paille pour inhaler de la cocaïne. Il est intéressant de noter que, dans plus d'un tiers des cas, on ne parvient pas à préciser le mode de transmission – sang contaminé, contact sexuel ou autre voie de transmission.

Le traitement de prédilection est une association médicamenteuse composée de ribavirine et de peginterféron (l'interféron est conjugué au polyéthylène glycol, ce qui assure une concentration sanguine plus soutenue). Ce traitement coûte cher, et il faut s'y astreindre pendant des mois. Il a aussi de nombreux effets secondaires potentiellement graves. Toutefois, dans bien des cas, on arrive à éliminer complètement le VHC.

L'hépatite D (hépatite delta)

En 1977, un nouveau virus de l'hépatite, connu maintenant sous le nom de *virus de l'hépatite D* (*VHD*), a été découvert chez des porteurs du VHB en Italie. Les personnes qui portaient l'*antigène delta* et étaient également infectées par le VHB présentaient un plus haut taux d'atteintes hépatiques graves et un plus haut taux de mortalité que les personnes ayant uniquement des anticorps contre le VHB. Puis, on s'est aperçu que l'**hépatite D** pouvait survenir sous une forme aiguë (*co-infection*) ou une forme chronique (*surinfection*). Dans les cas d'hépatite B aiguë spontanément résolutive, la co-infection par le VHD disparaît à mesure que le VHB est éliminé de l'organisme. La manifestation de l'affection est similaire à celle d'une hépatite B aiguë classique. Cependant, si l'infection par le VHB évolue vers la chronicité, la surinfection par le VHD s'accompagne souvent d'une détérioration progressive du foie et d'un taux de mortalité de plusieurs fois supérieur à celui des infections par le VHB seulement.

Du point de vue épidémiologique, l'hépatite D est associée à l'hépatite B. Aux États-Unis et en Europe du Nord, la maladie survient principalement chez les groupes à haut risque comme les utilisateurs de drogues par injection.

Sur le plan structural, le VHD appartient au genre *Deltavirus* – famille des *Deltaviridæ*, virus à ARN simple brin négatif, enveloppé (tableau 8.2). Le brin d'ARN est le plus court de tous les virus animaux. Par elle-même, la particule ne peut provoquer l'infection. Le virus devient infectieux lorsque sa partie centrale protéique (antigène delta) est recouverte d'une enveloppe d'antigène HB_s, dont la formation est régie par le génome du VHB (figure 20.15).

APPLICATIONS DE LA MICROBIOLOGIE Encadré 20.6

La sécurité des réserves de sang

Avant la création des banques de sang, les médecins traitants devaient chercher des donneurs parmi les amis du malade et faire eux-mêmes les analyses pour s'assurer que les groupes sanguins étaient compatibles. Dans les années 1940, avec la mise au point des techniques de conservation du sang, la constitution de réserves est devenue l'affaire de spécialistes. La sécurité des produits sanguins est importante pour tous, en particulier pour ceux qui souffrent d'hémophilie et qui reçoivent régulièrement des transfusions de facteurs de coagulation. Une des mesures importantes adoptées pour écarter les agents infectieux des réserves a été de mettre sur pied un système d'approvisionnement entièrement bénévole, ce qui fut fait en 1979. (Ceux qui donnent leur sang gratuitement ont un taux d'infection plus bas que ceux qui le donnent contre rémunération.)

Au début des années 1980, la flambée d'infections par le VIH chez les hémophiles a fait naître de nouvelles inquiétudes à propos de la sécurité des réserves de sang. On a rapidement mis en place des méthodes de dépistage plus sensibles. Aujourd'hui, on soumet systématiquement le sang reçu à des tests sérologiques afin de déceler la présence des virus des leucémies à cellules T, de VIH-1, de VIH-2, de VHB, de VHC, de la bactérie *Treponema pallidum* et du protozoaire *Trypanosoma cruzi*.

Malheureusement, si le donneur est nouvellement infecté, les tests sérologiques ne le détectent pas parce que les anticorps n'apparaissent pas au moment même de l'infection, mais avec un certain retard par rapport à celle-ci. Aujourd'hui, pour écarter la possibilité d'une contamination par le VHC, le VIH et le virus du Nil, on soumet pratiquement tous les dons de sang entier ou de plasma à des analyses des acides nucléiques, qui décèlent l'ADN et l'ARN viral directement, plutôt que les anticorps produits après coup. Ces analyses ont permis de réduire la durée de la « période aveugle », pendant laquelle les infections récentes passent inaperçues, à environ 25 jours dans le cas du VHC et à 12 jours pour le VIH. Toutefois, il faut compter plusieurs jours pour réaliser les analyses, si bien qu'on se voit contraint d'utiliser les plaquettes sans connaître les résultats, celles-ci étant périmées en 5 jours.

On s'inquiète aussi de la contamination possible par de nouveaux virus. C'est ainsi que, lors de la flambée de SRAS de 2003, on a demandé aux personnes ayant voyagé dans les régions où sévissait l'infection de retarder tout don de sang de 14 jours. On commence à employer certains moyens techniques permettant d'assainir le sang par l'élimination de 99,9 % des leucocytes, lesquels abritent de nombreux virus. D'autres techniques visent à inactiver les bactéries ou les virus présents dans le sang. La Croix Rouge américaine exige déjà que le plasma soit soumis à un traitement qui inactive les virus.

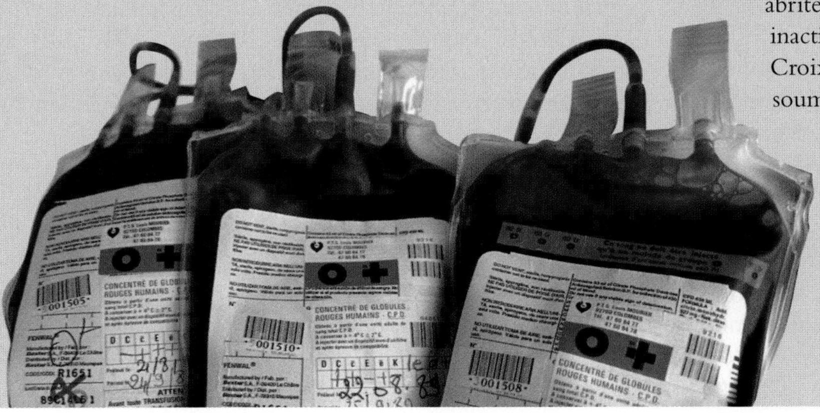

Il est probable qu'on n'arrivera jamais à réduire à zéro les risques associés aux transfusions. Le but, c'est de faire en sorte que les réserves soient le plus sécuritaires possible. La mise au point de sang synthétique permettra peut-être un jour de remplacer celui qui provient des donneurs.

L'hépatite E

L'**hépatite E** se transmet par la voie orofécale, tout comme l'hépatite A, avec laquelle elle présente des similarités sur le plan clinique. À l'instar du VHA, l'agent pathogène, appelé *virus de l'hépatite E (VHE)*, est un virus à ARN simple brin positif, sans enveloppe, qui appartient au genre *Hepevirus* – famille des *Hepeviridæ* (tableau 8.2). Ce virus est endémique dans les régions du monde où les conditions d'hygiène sont déficientes, notamment en Inde et dans le Sud-Est asiatique. Cependant, les deux virus ne sont pas apparentés du point de vue sérologique.

Comme le VHA encore, le VHE ne cause pas d'hépatite chronique mais, pour des raisons inconnues, il tue plus de 20 % des femmes enceintes qu'il infecte.

Les autres hépatites

De nouvelles techniques de biologie moléculaire et de sérologie ont permis de découvrir de nouveaux virus transmissibles par le sang appelés *virus de l'hépatite F (VHF)* et *virus de l'hépatite G (VHG)*. On trouve le VHG dans le monde entier, et aux États-Unis, sa prévalence dépasse celle du VHC. Il est étroitement apparenté au VHC, et est parfois désigné par le sigle GBV-C (pour *GB virus C*). Il paraît être très bien adapté à son hôte humain, à tel point qu'il n'occasionne pas de maladie notable. Environ 5 % des affections chroniques du foie ne sont pas attribuables à une hépatite de la série A à E. Reste à savoir si on finira un jour par établir qu'elles sont causées par le VHF, le VHG, ou encore par un autre virus de cette liste apparemment sans fin.

▶ Vérifiez vos acquis

On offre présentement un vaccin efficace contre deux des hépatites causées par le VHA, le VHB, le VHC, le VHD et le VHE. Quelles sont ces deux affections? **20-7**

La gastroentérite virale

La gastroentérite aiguë est une des maladies les plus courantes chez l'être humain. Lorsqu'elle est d'origine virale, elle est provoquée dans environ 90% des cas par des rotavirus ou par les calicivirus humains ou norovirus, mieux connus sous le nom de virus de Norwalk.

Le rotavirus

Les *rotavirus* (**figure 20.16**) sont les principaux agents responsables de la gastroentérite virale, en particulier chez les jeunes enfants. Ils appartiennent au genre *Reovirus* – famille des *Reoviridæ*, virus à ARN double brin, sans enveloppe (figure 8.2) – et doivent leur nom à leur morphologie en forme de roue (rota = roue). La mortalité est cependant plus élevée dans les pays en voie de développement, où il n'est pas toujours possible d'avoir recours à la thérapie par réhydratation orale. Presque tous les enfants sont infectés avant l'âge de 3 ans. Dans quelques cas, les parents sont aussi infectés. La maladie confère une immunité qui rend les infections par la plupart des souches de rotavirus beaucoup moins fréquentes chez les adultes. La transmission se fait probablement par voie orofécale et par voie aérienne (aérosols de vomissures). Le rotavirus peut survivre plusieurs semaines sur des objets inanimés, ce qui favorise la transmission par contact indirect. Dans la plupart des cas, après une période d'incubation de 2 ou 3 jours, le patient présente une fièvre légère, de la diarrhée et des vomissements, qui persistent une semaine environ.

Le nombre de cas atteint habituellement un maximum durant les mois d'hiver. On estime que la dose infectieuse est de moins de 100 virus; par contre, les patients en excrètent des milliards dans chaque gramme de fèces. Le premier vaccin contre les rotavirus, offert en 1998, a été retiré de la circulation à la suite de problèmes sérieux. Depuis novembre 2011, le *Protocole d'immunisation du Québec* (PIC) recommande la vaccination contre le rotavirus dans le cas des nourrissons et même de ceux ayant déjà fait une gastroentérite à rotavirus, car l'infection ne confère qu'une immunité partielle. Deux vaccins oraux à virus vivants atténués sont offerts au Canada: Rotarix (monovalent) et RotaTeq (pentavalent). Le risque de gastroentérite à rotavirus diminue dès la première dose. La durée de protection des vaccins n'a pas été établie.

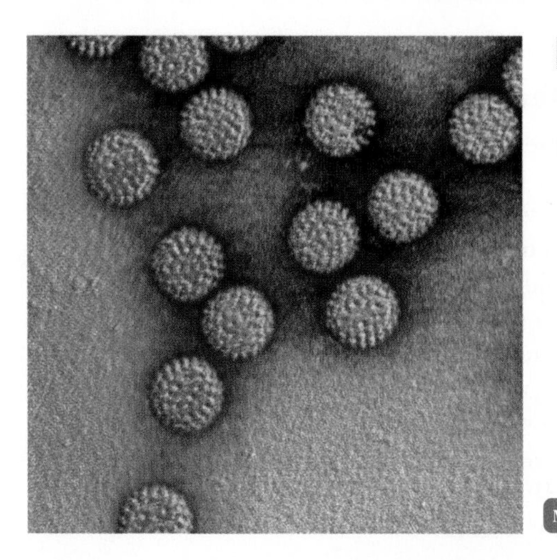

Figure 20.16 **Rotavirus.** Cette micrographie illustre la morphologie des rotavirus.

MET 100 nm

Pour étayer le diagnostic, on a recours habituellement à divers types de tests courants, tels que les essais immunoenzymatiques. Le traitement se limite la plupart du temps à une thérapie par réhydratation orale.

Les norovirus

Les épidémies les plus sérieuses de gastroentérite virale ont été causées par un virus appelé **virus de Norwalk** (du nom d'une localité, Norwalk, en Ohio, où eut lieu une épidémie en 1968). Cet agent pathogène appartient au genre *Norovirus* – famille des *Caliciviridæ*, virus à ARN simple brin positif, sans enveloppe (figure 8.2). Après la découverte d'autres virus semblables, désignés collectivement sous le nom de *virus de type Norwalk*, on a classé l'ensemble de ces agents pathogènes parmi les calicivirus (du latin *calyx* = coupe, la surface du virus étant parsemée de dépressions en forme de coupe). On leur donne aujourd'hui le nom de *norovirus*. On ne connaît pas de façon de les garder en culture et ils n'infectent pas les animaux qui servent habituellement de modèles dans les laboratoires.

Le virus de Norwalk se transmet facilement par voie orofécale (donc par contact avec les mains et les objets souillés par les selles), par ingestion de nourriture et d'eau contaminées et par voie aérienne (aérosols de vomissures). La dose infectieuse est de 10 virus seulement. L'agent pathogène peut être excrété dans les selles pendant plusieurs jours après la disparition des symptômes. Le virus est répandu dans le monde entier et sévit particulièrement pendant la saison froide. Il touche surtout les enfants et les personnes âgées dans les collectivités (par exemple les garderies, les écoles et les centres d'hébergement); de plus, on a récemment observé des flambées de l'infection à bord de paquebots de croisière et de trains de passagers. Les analyses sérologiques indiquent qu'environ la moitié des Américains adultes ont été infectés (encadré 25.1 EN LIGNE). La souche qui domine présentement est apparue vers 2002. Le fait qu'elle se soit imposée peut s'expliquer par plusieurs facteurs. Il est possible qu'elle soit plus virulente, ou stable dans l'environnement. Il se peut aussi que moins de personnes y aient été exposées auparavant et y soient résistantes. L'immunité naturelle à une souche particulière peut durer seulement quelques mois, au plus environ 3 ans.

Après une flambée qui a pris naissance dans un restaurant ou à bord d'un paquebot, le nettoyage et la mise en œuvre de mesures pour prévenir la propagation de l'infection posent un défi de taille. Le virus est particulièrement difficile à déloger des surfaces telles que les poignées de porte ou les boutons d'ascenseurs. Bien que les CDC recommandent l'utilisation des gels désinfectants pour les mains tels que Purel, qui contiennent plus de 62% d'éthanol, on a découvert que les nettoyeurs à mains contenant des détergents, et même l'éthanol, n'inactivent pas ces microbes dans tous les cas. Pour décontaminer les surfaces dures, non poreuses, il faut employer des solutions contenant de 1000 à 5 000 ppm d'hypochlorite (de l'eau de Javel à 5,26% diluée à 1/50 ou 1/10, respectivement). L'Environmental Protection Agency, quant à elle, recommande de décontaminer les surfaces avec un composé à base de peroxyde appelé Virkon-S (chapitre 14).

Les laboratoires dépistent les norovirus dans les selles au moyen de l'ACP et d'essais immunoenzymatiques. La grande sensibilité de ces nouvelles techniques a permis d'établir que les norovirus sont la première cause de gastroentérite non bactérienne (ils seraient à l'origine d'au moins la moitié des flambées d'origine alimentaire observées ces dernières années aux États-Unis).

Après une période d'incubation de 18 à 48 heures, les sujets infectés souffrent habituellement d'une légère fièvre, de nausées, de vomissements, de crampes abdominales et de diarrhée aqueuse pendant 2 ou 3 jours et, à l'occasion, de myalgie et de céphalées. Les enfants sont plus sujets aux vomissements alors que la diarrhée est plus fréquente chez les adultes. L'apparition des signes et des symptômes est souvent brutale et leur gravité dépend de la dose infectante ; l'infection est spontanément résolutive. Les norovirus n'induisent pas de réponse immunitaire importante.

Le traitement de la gastroentérite virale fait appel à la réhydratation par voie orale ou, exceptionnellement, par voie intraveineuse.

L'**encadré 20.7** résume les viroses du système digestif étudiées dans ce chapitre.

▶ Vérifiez vos acquis

Les rotavirus et les norovirus sont deux des principales causes de gastroentérite virale. Contre lequel de ces agents pathogènes offre-t-on un vaccin ? **20-6**

PLEINS FEUX SUR

LES MALADIES

Encadré 20.7

Les viroses du système digestif

Le diagnostic différentiel consiste à rechercher dans une liste de maladies celle qui correspond à l'information obtenue au cours de l'examen du patient. Il importe de poser un tel diagnostic afin de mettre en route le traitement et de commander les tests de laboratoire.

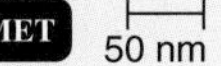

Virus obtenu de la culture des selles du patient

Par exemple, une flambée de diarrhée prend naissance à la mi-juin, atteint un sommet à la mi-août et s'éteint progressivement en septembre. Dans une clinique, on a consigné au dossier d'un patient, membre d'un club de nageurs, qu'il avait souffert de diarrhée (trois selles liquides en 24 heures). On a isolé d'un patient le virus illustré ci-dessus. Trouvez dans le tableau ci-dessous l'infection qui peut être à l'origine de ces signes et de ces symptômes. Consultez aussi le texte du chapitre.

Maladie	Agent pathogène*	Signes et symptômes	Période d'incubation	Modes de transmission	Test diagnostique	Prévention/ Traitement
Oreillons	Virus des oreillons (*Rubulavirus*)	Fièvre et tuméfaction douloureuse des glandes parotides	De 16 à 18 jours	Par contact direct avec de la salive contaminée ; par gouttelettes de salive	Observation des signes et des symptômes ; culture du virus	Vaccin RRO
Gastroentérite virale	*Rotavirus* (*Reovirus*)	Fièvre légère, diarrhée et vomissements pendant 1 semaine	De 1 à 3 jours	Par voie orofécale ; par contact indirect ; par voie aérienne (aérosols de vomissures)	Technique ELISA à partir des selles	Réhydratation orale
	Virus de Norwalk (*Norovirus*)	Fièvre légère, diarrhée et vomissements pendant 2 ou 3 jours	De 18 à 48 heures	Par voie orofécale ; par voie aérienne (aérosols de vomissures) ; par véhicule commun : nourriture et eau contaminées	ACP	Réhydratation orale
Hépatites : voir l'encadré 20.5.						

* Voir le tableau 8.2 pour les caractéristiques des familles de virus qui infectent l'humain.

Les mycoses du système digestif

▶ Objectif d'apprentissage

20-8 Déterminer les causes des intoxications par l'ergot de seigle et par l'aflatoxine.

Certains mycètes produisent des toxines, appelées *mycotoxines*, qui entraînent des maladies du sang, des troubles neurologiques, des dommages aux reins, des atteintes hépatiques et même le cancer. On entretient l'hypothèse d'une intoxication aux mycotoxines quand un certain nombre de patients présentent des signes et des symptômes semblables. Habituellement, on pose le diagnostic après avoir trouvé le mycète ou la mycotoxine dans les aliments soupçonnés de contamination.

L'intoxication par l'ergot de seigle

Certaines mycotoxines sont produites par *Claviceps purpurea*, un mycète qui cause le charbon des céréales. Elles sont responsables de l'**intoxication par l'ergot de seigle**, ou *ergotisme*, due à l'ingestion de seigle ou d'autres céréales contaminés par le mycète. L'ergotisme était très répandu au Moyen Âge. La toxine, un alcaloïde, est contenue dans les **sclérotes**, segments très résistants des mycéliums qui remplissent les fleurs de seigle et qui sont capables de se détacher. La toxine peut causer des hallucinations semblables à celles suscitées par le LSD ; en fait, l'ergot est une source naturelle de LSD. Elle provoque aussi la constriction des capillaires et peut entraîner la gangrène des membres en enrayant la circulation du sang dans le corps. Bien que *C. purpurea* pousse encore à l'occasion sur les céréales, les techniques de meunerie utilisées aujourd'hui éliminent habituellement les sclérotes.

L'intoxication par l'aflatoxine

L'*aflatoxine* est une mycotoxine produite par le mycète *Aspergillus flavus*, une moisissure commune. On la trouve dans de nombreux aliments, notamment dans les arachides. L'**intoxication par l'aflatoxine** peut causer de graves dommages au bétail lorsque leurs aliments sont contaminés par *A. flavus*. Bien que l'on ne connaisse pas tous les risques pour la santé humaine associés à son ingestion, il semble bien que l'aflatoxine joue un rôle dans l'apparition de la cirrhose et du cancer du foie dans certaines régions du monde, telles que l'Inde et l'Afrique.

▶ Vérifiez vos acquis

Quel est le rapport entre les symptômes hallucinatoires résultant parfois de l'intoxication par l'ergot de seigle et ceux provoqués par le LSD ? **20-8**

Les protozooses du système digestif

▶ Objectif d'apprentissage

20-9 Décrire la chaîne épidémiologique qui conduit aux protozooses suivantes des voies digestives inférieures : la giardiase, la cryptosporidiose, la diarrhée à *Cyclospora* et la dysenterie amibienne. Préciser notamment les facteurs de virulence de l'agent pathogène, ses principaux réservoirs, ses modes de transmission, ses portes d'entrée, les facteurs prédisposants de l'hôte réceptif, le mécanisme physiopathologique qui mène à l'apparition des principaux signes et symptômes de la maladie infectieuse (s'il y a lieu) et les moyens thérapeutiques et les épreuves de diagnostic (s'il y a lieu).

Plusieurs protozoaires pathogènes terminent leur cycle vital dans le système digestif humain. Habituellement, ils sont ingérés sous forme de kystes infectieux dotés d'une enveloppe résistante, et excrétés en nombre bien plus élevé sous forme de kystes nouvellement produits.

La giardiase

Giardia lamblia est un protozoaire flagellé capable d'adhérer fermement à la paroi de l'intestin humain (**figure 20.17**). En 1681, Leeuwenhoek le décrivait en ces termes : « organisme à la morphologie plutôt longue que large et dont le ventre plat comporte plusieurs petites excroissances » (figure 7.13c). Sur le plan taxinomique, son appellation peut prêter à confusion : *G. lamblia* est parfois nommé *G. duodenalis* ou encore *G. intestinalis*.

G. lamblia est l'agent causal de la **giardiase**, dite parfois *fièvre du castor*, une maladie diarrhéique de longue durée. Persistant parfois durant des semaines, l'affection se caractérise par le manque d'appétit, des nausées, de la diarrhée, des flatuosités (gaz intestinaux), des coliques, de la faiblesse et une perte pondérale. Une odeur typique de sulfure d'hydrogène (H_2S) émane de l'haleine ou des selles. Les parasites sont ingérés sous forme de kystes qui résistent à l'acidité de l'estomac et passent dans le duodénum, où ils se transforment en trophozoïtes, la forme infectante. Les trophozoïtes se reproduisent par fission binaire et s'agrippent, à l'aide d'une ventouse ventrale, à la muqueuse de l'intestin grêle, où ils causent une inflammation. Ils tapissent la muqueuse en si grand nombre qu'ils nuisent à l'absorption des nutriments, en particulier des lipides – d'où la perte de poids. Ils sont excrétés sous forme de kystes résistants qui, en se dispersant dans la nature, contaminent les objets, la nourriture et les cours d'eau naturels. Ces kystes sont invisibles à l'œil nu, de telle sorte que l'eau claire d'une source peut

Figure 20.17 Forme trophozoïte de *Giardia lamblia*, le protozoaire flagellé responsable de la giardiase. Remarquez l'empreinte ronde laissée par la ventouse ventrale dont le parasite se sert pour se fixer à la paroi de l'intestin. La partie dorsale est lisse et profilée, de sorte que le contenu des intestins glisse facilement sur le microorganisme.

ne pas être, dans les faits, potable. On rencontre aussi l'agent pathogène chez un certain nombre d'animaux sauvages (surtout les castors), chez des animaux domestiques tels que le chien et le chat, et chez des randonneurs qui boivent l'eau des sources et des cours d'eau, et la contaminent à leur tour en y rejetant leurs excréments. Il n'est pas surprenant que les flambées de giardiase se produisent à la saison de la baignade et du camping.

Dans la plupart des flambées, la transmission de l'agent pathogène s'effectue par la contamination des réservoirs d'eau. Comme les kystes résistent à la chloration, il est habituellement nécessaire de recourir à la filtration et à l'ébullition de l'eau pour les éliminer. Il y a également transmission orofécale par contact direct d'une personne infectée à une autre et par contact indirect avec des objets souillés. Ainsi, une gouttelette microscopique laissée sur une poignée de porte peut contenir plusieurs centaines de kystes. L'infection est donc fréquente dans les garderies (où on change les couches des enfants) et dans les centres pour personnes handicapées, où il est difficile de maintenir des mesures d'hygiène adéquates.

G. lamblia serait le parasite le plus fréquent en Amérique du Nord. Environ 7 % de la population américaine et 4 % de la population canadienne sont porteuses du parasite et excrètent des kystes. Cependant, la détection au microscope du parasite flagellé dans les fèces ne constitue pas toujours un outil diagnostique fiable. C'est pourquoi on a parfois recours à l'*épreuve du fil*, qui consiste à faire avaler par le patient un fil d'environ 140 cm de long, dont la majeure partie est enroulée dans une capsule de gélatine. Une des extrémités du fil est fixée à la joue au moyen d'un diachylon ; l'autre porte un petit sac de caoutchouc lesté. La capsule se dissout dans l'estomac et le fil pénètre dans la partie supérieure de l'intestin. Après quelques heures, on retire le sac par la bouche et on en examine le contenu pour y déceler les trophozoïtes de *G. lamblia*. Il existe plusieurs méthodes ELISA sur le marché, qui permettent de détecter le parasite, et des techniques directes de détection par les anticorps fluorescents (AF) des kystes dans les selles. Ces tests s'avèrent particulièrement utiles lors d'un dépistage épidémiologique. Il est difficile de déceler le protozoaire dans l'eau potable, mais ce type de test est nécessaire pour prévenir des flambées de la maladie ou pour découvrir l'origine d'une contamination. En général, on combine les tests destinés à la recherche de *G. lamblia* et à celle de *Cryptosporidium*, un protozoaire que nous étudions dans la prochaine section.

Le métronidazole est un agent antiparasitaire qui vient habituellement à bout de la maladie en une semaine. La U.S. Food and Drug Administration a récemment approuvé le nitazoxanide, un médicament oral pour la cryptosporidiose (figure 20.18) et la giardiase. À l'instar du métronidazole, il perturbe les voies métaboliques des anaérobies, mais il agit plus rapidement.

▶ Vérifiez vos acquis

La giardiase résulte-t-elle de l'ingestion d'un kyste ou de celle d'un oocyste? **20-9**

La cryptosporidiose

La **cryptosporidiose** est causée par le protozoaire *Cryptosporidium*. L'appellation de cet organisme a été révisée récemment par les taxinomistes. Ainsi, l'espèce affectant le plus souvent l'humain porte maintenant le nom de *C. hominis* (on l'appelait jusqu'ici *C. parvum* génotype 1). Elle s'attaque rarement aux autres animaux. *C. parvum* (autrefois, *C. parvum* génotype 2) infecte aussi bien les humains que le bétail. Les deux espèces provoquent la maladie. Chez l'humain, celle-ci se contracte par l'ingestion d'oocystes (**figure 20.18**), qui libèrent dans l'intestin grêle des sporozoïtes mobiles. Ceux-ci pénètrent dans les cellules épithéliales, où ils se transforment en trophozoïtes, lesquels endommagent l'intestin en se développant aux dépens des cellules hôtes. Le parasite achève son cycle vital en libérant des oocystes qui sont excrétés dans les fèces. Ces oocystes contaminent la nourriture et le cycle recommence (faites la comparaison entre ce cycle et celui de la toxoplasmose illustré à la figure 18.16). La maladie se manifeste pendant 10 à 14 jours par une diarrhée qui rappelle le choléra. La cryptosporidiose est une maladie opportuniste chez les sujets immunodéficients, notamment les sidéens, chez lesquels la diarrhée s'aggrave et peut être mortelle. Il n'existe pas de traitement satisfaisant à part la réhydratation orale.

En général, l'infection est transmise aux humains par l'intermédiaire d'eau potable ou d'eau servant à des fins récréatives et contaminée par des oocystes de *Cryptosporidium*, provenant la plupart du temps de déjections animales, surtout celles du bétail. En Amérique du Nord, de nombreux lacs, cours d'eau et puits (sinon la plupart) sont contaminés, en particulier les puits qui alimentent les fermes. À l'instar des kystes de *G. lamblia*, les oocystes sont résistants au chlore et doivent donc être éliminés par filtration. Cependant, même cette méthode s'avère parfois insuffisante. Cela est particulièrement vrai en ce qui concerne l'eau des piscines où les systèmes de chloration et de filtration ne permettent pas d'éliminer les oocystes. On peut alors avoir recours aux rayons ultraviolets, à l'ozonation et au dioxyde de chlore (encadré 7.1). La dose infectieuse est constituée de 10 oocystes seulement. On note également des cas de transmission orofécale lorsque les conditions d'hygiène sont inadéquates ; ainsi, on a observé de nombreuses flambées de cryptosporidiose dans les garderies.

Il est important d'analyser l'eau potable, mais les techniques usuelles sont longues, inefficaces et le matériel nécessaire est encombrant. La méthode la plus courante fait appel à des anticorps fluorescents qui détectent à la fois les kystes de *G. lamblia* et les oocystes

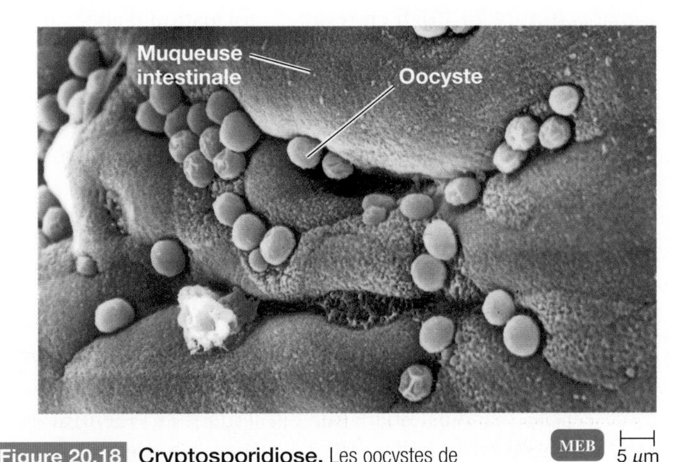

Figure 20.18 **Cryptosporidiose.** Les oocystes de *Cryptosporidium hominis* sont incrustés dans la muqueuse intestinale. MEB 5 µm

de *C. parvum*. Il va sans doute devenir obligatoire d'analyser régulièrement l'eau potable. C'est pourquoi la recherche de techniques simples et fiables fait partie des priorités en santé publique.

La cryptosporidiose est la plupart du temps diagnostiquée en laboratoire. On identifie les oocystes au microscope après coloration acido-alcoolo-résistante ou par des tests sérologiques tels que l'immunofluorescence directe (AF) ou par des techniques immunologiques vendues commercialement. Le traitement recommandé est un nouveau médicament, le nitazoxanide, qui traite aussi la giardiase.

La diarrhée à *Cyclospora*

Au cours de ces dernières années, on a assisté à des flambées de maladies diarrhéiques causées par un protozoaire mal connu. Depuis, l'agent pathogène a été appelé *Cyclospora cayetanensis*.

La **diarrhée à *Cyclospora*** se manifeste par des selles aqueuses, souvent violentes, parfois même explosives, qui durent de quelques jours à plusieurs semaines. La maladie est particulièrement débilitante chez les sujets immunodéprimés comme les sidéens. On ne sait pas si l'humain est le seul hôte du protozoaire. La plupart des flambées ont été associées à l'ingestion d'oocystes présents dans de l'eau, dans des petits fruits ou dans des légumes crus. On pense que les aliments ont été contaminés par des oocystes excrétés dans des fèces humaines ou par des déjections d'oiseaux dans les champs.

L'examen au microscope permet d'identifier les oocystes, dont le diamètre est à peu près le double de celui des oocystes de *Cryptosporidium*. Il n'existe pas de test vraiment fiable pour vérifier la contamination des aliments. L'antibiothérapie de prédilection fait appel au triméthoprime combiné au sulfaméthoxazole.

La dysenterie amibienne (amibiase)

La **dysenterie amibienne**, ou **amibiase**, se contracte presque toujours par contact direct avec les mains et indirect avec des objets souillés ainsi que par des boissons ou de la nourriture contaminées par les kystes de l'amibe *Entamœba histolytica*. Les kystes sont la forme résistante du parasite dans l'environnement (figure 7.14b). Bien qu'elle soit capable de détruire les trophozoïtes, l'acidité stomacale est sans effet sur les kystes. Dans l'intestin, par contre, la paroi du kyste est digérée, libérant ainsi les trophozoïtes. Au cours du cycle pathogène, ces derniers se multiplient dans les cellules épithéliales de la paroi du gros intestin et se nourrissent des tissus environnants (**figure 20.19**). Il en résulte la formation d'abcès arrondis et une dysenterie grave aux fèces mucosanglantes.

De graves infections bactériennes surviennent lorsque la paroi intestinale est perforée. Les abcès doivent donc être traités chirurgicalement. Les amibes pénètrent dans la circulation sanguine, et il n'est pas rare que d'autres organes soient envahis, dont le foie – où des abcès peuvent aussi se former. Les amibes sont hématophages, c'est-à-dire qu'elles se nourrissent d'érythrocytes dans la circulation sanguine.

On pense que 1 personne sur 10 est infectée dans le monde et que, la plupart du temps, la maladie est asymptomatique. Dans environ 10 % des cas, l'affection évolue vers des formes plus graves. Le diagnostic repose principalement sur l'isolement et l'identification de l'agent pathogène dans les fèces. (La présence d'érythrocytes, ingérés par le parasite quand il se nourrit des tissus intestinaux et que l'on peut observer au stade trophozoïte de l'amibe, permet d'identifier *E. histolytica*.) On peut également recourir à plusieurs tests sérologiques pour établir le diagnostic, notamment à l'immunofluorescence (AF) et aux tests d'agglutination au latex. Ces tests s'avèrent particulièrement utiles lorsque les régions atteintes sont situées à l'extérieur de l'intestin et que le patient n'excrète pas d'amibes.

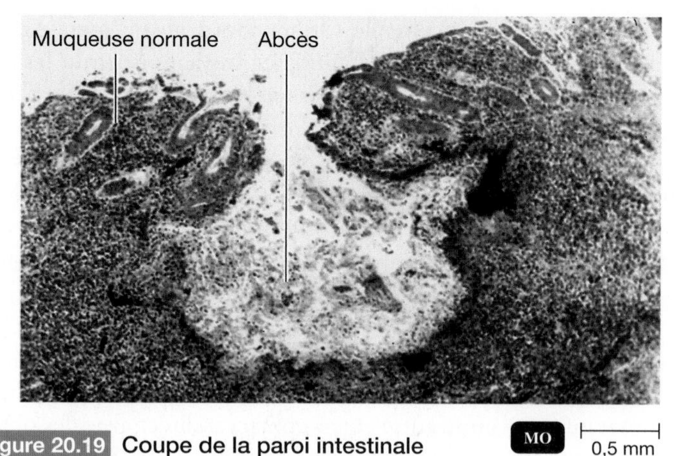

Figure 20.19 **Coupe de la paroi intestinale montrant un abcès en forme de poire causé par *Entamœba histolytica*.**

Le métronidazole et l'iodoquinol, administrés en association, sont les agents antiprotozoaires de choix.

Les helminthiases du système digestif

▶ Objectif d'apprentissage

20-10 Décrire la chaîne épidémiologique qui conduit aux helminthiases suivantes des voies digestives inférieures : la neurocysticercose, l'hydatidose, l'entérobiase, l'ankylostomiase, l'ascaridiase et la trichinose. Préciser notamment les facteurs de virulence de l'agent pathogène, ses principaux réservoirs, ses modes de transmission, ses portes d'entrée, les facteurs prédisposants de l'hôte réceptif, le mécanisme physiopathologique qui mène à l'apparition des principaux signes et symptômes de la maladie infectieuse (s'il y a lieu) et les moyens thérapeutiques et les épreuves de diagnostic (s'il y a lieu).

Les helminthes (vers parasites) sont très communs dans les intestins de l'humain, surtout en présence de conditions insalubres. La **figure 20.20** montre la prévalence mondiale de l'infestation par certains vers intestinaux. Les helminthes se nourrissent du contenu non digéré de l'intestin. En dépit de la taille de certains d'entre eux et de leur apparence spectaculaire, ils engendrent habituellement peu de symptômes. Ces parasites s'adaptent si bien à leur hôte humain, et vice versa, que la révélation de leur présence surprend souvent.

Les infestations par les cestodes

Le cycle vital d'un **cestode** typique, tel que le ténia, comporte trois étapes. Le ver adulte, hermaphrodite, vit dans l'intestin de l'humain, son hôte définitif. Les œufs qu'il y pond sont excrétés dans les selles à l'intérieur de segments du ver. Ils contaminent l'eau ou l'herbe dont les herbivores – tels que les vaches, hôtes

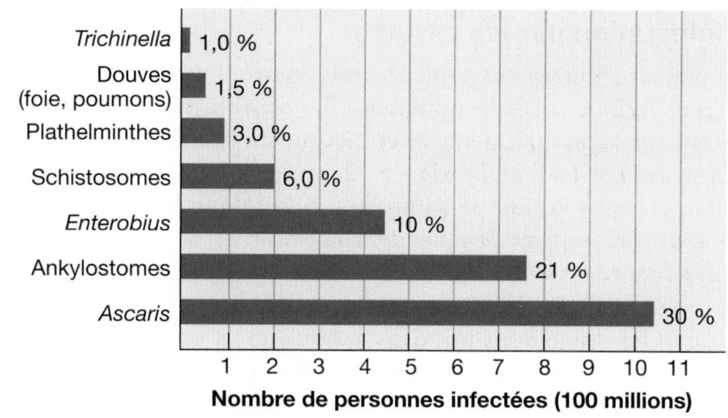

Figure 20.20 Prévalence à l'échelle mondiale des infestations par certains helminthes intestinaux. (Source : OMS.)

intermédiaires – se nourrissent. Les œufs éclosent dans le tube digestif et donnent naissance à une forme larvaire appelée **cysticerque** qui migre vers les muscles de l'animal.

L'infestation de l'humain par les ténias débute par l'ingestion de viande de bœuf, de porc ou de poisson insuffisamment cuite et contenant des cysticerques. Une fois ingéré, le cysticerque se développe en un ver adulte qui se fixe à la paroi intestinale par les ventouses de son scolex (tête) (figure 7.21). Le ténia du bœuf, *Tænia saginata*, communément appelé *ver solitaire,* peut vivre dans l'intestin humain pendant 25 ans et atteindre une longueur de 6 mètres ou plus. En dépit de sa taille, un tel ver cause rarement des symptômes plus sérieux qu'un vague malaise abdominal. Il est toutefois angoissant de voir un segment de plus de 1 mètre (proglottis) sortir de son anus, comme cela se produit parfois.

Tænia solium, le ténia du porc, présente un cycle vital semblable à celui du ténia du bœuf, sauf que son stade larvaire peut se produire chez l'humain. Lorsque c'est le ver adulte qui s'installe dans l'intestin humain, l'infestation porte le nom de **téniase**. En règle générale, il s'agit d'une affection bénigne, voire asymptomatique. Toutefois, l'hôte excrète continuellement des œufs de *T. solium*, qui contaminent les mains et les aliments là où l'hygiène est inadéquate. Si c'est la larve de *T. solium* qui est à l'origine de l'infestation, on parle de **cysticercose**. Celle-ci résulte de l'ingestion des œufs du ver et peut survenir chez les humains comme chez les porcs. Les larves qui émergent de ces œufs peuvent quitter le tube digestif et s'installer dans les tissus. Les cysticerques peuvent croître dans beaucoup d'organes humains, mais s'installent habituellement dans l'encéphale ou les muscles. Lorsque la croissance se déroule dans le tissu musculaire, les symptômes sont rarement graves. Les cysticerques peuvent poser des problèmes plus sérieux lorsqu'ils se développent dans les yeux, causant alors une **cysticercose ophtalmique**, qui affecte la vision (**figure 20.21**). La maladie la plus grave et la plus commune est la **neurocysticercose**, qui se produit lorsque les larves se développent dans le système nerveux central, par exemple dans l'encéphale. L'affection est endémique au Mexique et en Amérique centrale et est devenue relativement commune dans les régions des États-Unis où vivent de nombreux immigrants de ces pays.

Les symptômes s'apparentent à ceux occasionnés par une crise d'épilepsie ou une tumeur du cerveau. Le nombre de cas déclarés est fonction, en partie, de l'accès aux techniques de la tomodensitométrie ou de l'imagerie par résonnance magnétique (IRM), qui seules permettent de poser un diagnostic clair. Dans les régions où la maladie est endémique, on fait subir des tests sérologiques aux patients atteints de troubles neurologiques afin de déceler la présence d'anticorps contre *T. solium*.

Le ténia du poisson, *Diphyllobothrium latum,* infeste le brochet, la truite, la perche et le saumon. À cause de l'engouement croissant des gens pour le sushi et le sashimi (plats japonais à base de poisson cru), les CDC ont émis des avertissements au sujet des risques d'infestations dues au ténia du poisson. On rapporte ainsi le cas saisissant d'un individu qui, 10 jours après avoir mangé du sushi, a présenté des ballonnements, des flatuosités, des éructations, des coliques intermittentes et de la diarrhée. Huit jours après l'apparition des signes et des symptômes, le patient a excrété un ténia, appartenant à une espèce de *Diphyllobothrium,* qui mesurait 1,2 m de long.

En laboratoire, on établit le diagnostic d'infestation par un ténia en examinant les selles au microscope pour y déceler la présence d'œufs ou de segments de ver. Pour éliminer les vers intestinaux, le traitement fait appel à des médicaments antiparasitaires tels que le praziquantel et l'albendazole. Dans certains cas de neurocysticercose, un traitement médicamenteux suffit. Dans d'autres, plus graves, il faut extirper les cysticerques par une opération chirurgicale.

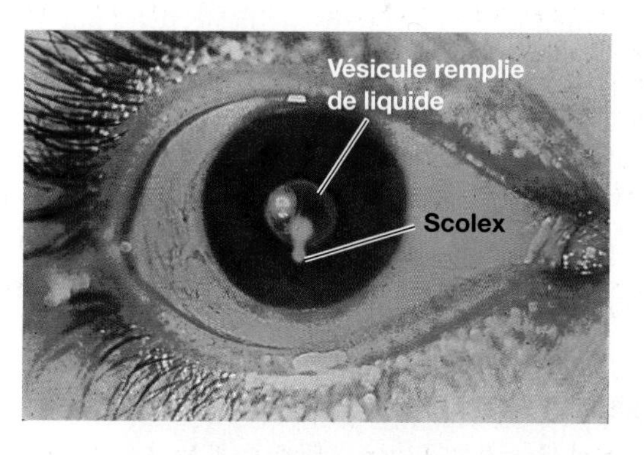

Figure 20.21 Cysticercose ophtalmique chez l'humain.

▶ Vérifiez vos acquis

Quelles espèces de cestodes causent la neurocysticercose ? **20-10**

L'hydatidose

Tous les cestodes ne sont pas nécessairement gros. L'un des plus dangereux, *Echinococcus granulosus,* ne mesure que quelques millimètres de long (le cycle vital de ce parasite est illustré à la figure 7.22). L'humain n'est pas l'hôte définitif d'*E. granulosus*. Le ver adulte réside dans l'intestin d'animaux carnivores tels que le chien et le loup. Habituellement, les humains s'infectent par l'intermédiaire des selles d'un chien qui a été lui-même contaminé en mangeant, selon les régions, de la viande de mouton ou de cerf contenant des kystes du ver. Les kystes peuvent résister plusieurs mois aux conditions climatiques des régions nordiques, comme le Canada. Malheureusement, l'humain peut être un hôte intermédiaire, et les kystes peuvent se développer dans son organisme. La maladie, appelée **hydatidose** ou **échinococcose hydatique**, touche fréquemment les éleveurs de moutons et les chasseurs et peut être très grave.

Après qu'ils ont été ingérés par un humain, les œufs d'*E. granulosus* traversent la paroi intestinale, pénètrent dans le sang et migrent vers divers tissus. Le foie et les poumons sont les sites les plus courants, mais le cerveau et d'autres régions peuvent également être infestés. Une fois sur place, l'œuf se développe et se transforme en un **kyste hydatique** susceptible d'atteindre 1 cm de diamètre en quelques mois (**figure 20.22**). Ces kystes contiennent les larves du parasite. Dans certaines zones du corps, ils restent imperceptibles pendant de nombreuses années ; dans d'autres, où ils peuvent grossir sans entrave, ils deviennent énormes, au point de contenir parfois jusqu'à 15 litres de liquide.

La taille du kyste peut causer des dommages considérables dans certaines régions telles que l'encéphale et l'intérieur des os. S'il se rupture dans les tissus de l'hôte, une multitude d'autres kystes peuvent se développer. Par ailleurs, la pathogénicité des kystes est augmentée par la nature protéinique, fortement antigénique, du liquide qu'ils contiennent et auquel l'hôte peut devenir sensibilisé. En effet, en cas de fuite de liquide lors d'une fissuration du kyste, des réactions allergiques comme l'urticaire peuvent survenir, et il peut même y avoir un choc anaphylactique grave, parfois mortel.

On peut dépister les kystes grâce à plusieurs tests sérologiques qui détectent les anticorps circulants. Toutefois, pour confirmer le diagnostic, ce sont les méthodes d'imagerie médicale, telles que la radiographie, la tomodensitométrie et l'IRM, qui donnent les meilleurs renseignements. Encore faut-il y avoir accès !

Le traitement consiste généralement en l'extirpation chirurgicale du kyste, qui requiert d'immenses précautions afin d'éviter toute libération de liquide. Si la chirurgie n'est pas indiquée, on peut prescrire un agent antiparasitaire, l'albendazole, qui peut tuer les kystes.

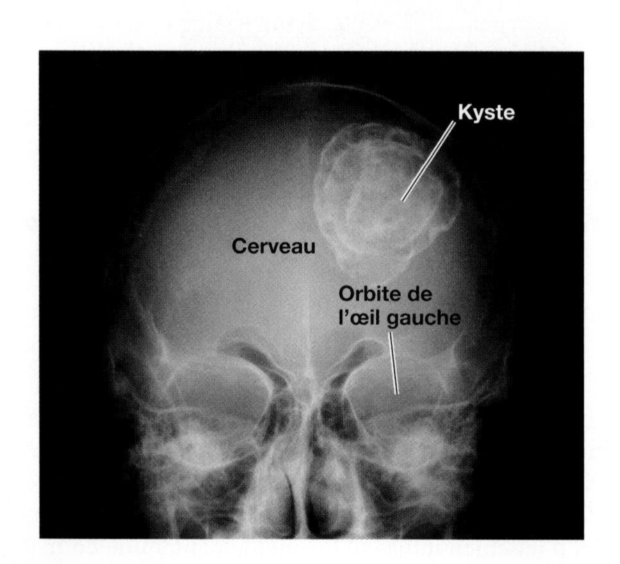

Figure 20.22 Kyste hydatique formé par *Echinococcus granulosus*. Un gros kyste est révélé par cette radiographie du cerveau d'un individu infecté.

Les infestations par les nématodes (vers ronds)

L'infestation par les oxyures

La plupart d'entre nous connaissent l'**oxyure**, *Enterobius vermicularis* (figure 7.23). La maladie qu'il cause, l'**entérobiase**, est la parasitose intestinale la plus fréquente en Amérique du Nord chez les enfants d'âge scolaire. La femelle (de 8 à 13 mm de long) de ce ver minuscule s'échappe la nuit de l'anus de son hôte humain pour pondre ses œufs, provoquant ainsi des démangeaisons et de l'irritabilité, qui constituent les principaux symptômes de la maladie. L'enfant se gratte et recueille des œufs sous ses ongles ; il y a auto-infestation lorsque les doigts sont mis dans la bouche. La transmission a lieu par contact direct avec les mains souillées ou par contact indirect avec des objets contaminés tels que les vêtements, la literie et les jouets. L'inhalation d'œufs très légers est même possible. Toute la maisonnée peut alors être atteinte. Dans la plupart des cas, on pose le diagnostic en révélant la présence des œufs du ver près de l'anus. Pour ce faire, on applique sur la peau un ruban adhésif transparent, qu'on examine ensuite au microscope après l'avoir transféré sur une lame de verre. Des agents antiparasitaires tels que le pamoate de pyrantel, souvent en vente libre, et le mébendazole sont habituellement efficaces contre ce parasite.

L'infestation par les ankylostomes

Autrefois, l'**infestation par les ankylostomes** (vers à crochets), ou **ankylostomiase**, était une parasitose courante dans le sud-est des États-Unis. Dans ce pays, l'espèce la plus commune est *Necator americanus*. Une autre espèce, *Ancylostoma duodenale,* est présente dans l'ensemble des régions du monde.

Le cycle vital de l'ankylostome nécessite une contamination du sol par les selles humaines qui contiennent les œufs. Ces derniers se développent ensuite en larves enkystées infestantes. Dès qu'un pied ou une main humaine entre en contact avec le sol contaminé, la larve se fixe à la peau et la traverse. Elle gagne alors un vaisseau sanguin ou lymphatique et se laisse transporter jusqu'au cœur droit puis aux poumons pour atteindre une alvéole. De là, elle remonte les voies respiratoires jusqu'au pharynx, puis elle est avalée et acheminée vers le duodénum (première partie de l'intestin grêle), où elle se fixe à la muqueuse et devient adulte. L'ankylostome se nourrit de sang et de tissus plutôt que d'aliments partiellement digérés (**figure 20.23**), si bien que la présence de vers en grand nombre peut causer l'anémie et, par conséquent, un état de fatigue et de léthargie.

Les infestations importantes provoquent parfois un symptôme singulier connu sous le nom de *pica,* soit l'envie irrépressible d'aliments particuliers tels que l'amidon de blanchisserie ou la terre contenant une certaine argile. Le pica est un symptôme de l'anémie ferriprive.

L'incidence de la maladie a considérablement décliné grâce à une meilleure hygiène et au port de chaussures. Le diagnostic est établi lorsque l'on trouve des œufs du parasite dans les selles. Ces infestations sont traitées efficacement par le mébendazole.

L'ascaridiase

L'**ascaridiase**, une des infections helminthiques les plus courantes, est due à *Ascaris lumbricoides* (chapitre 7). Le diagnostic est souvent posé lorsqu'un ver adulte émerge de l'anus, de la bouche ou du

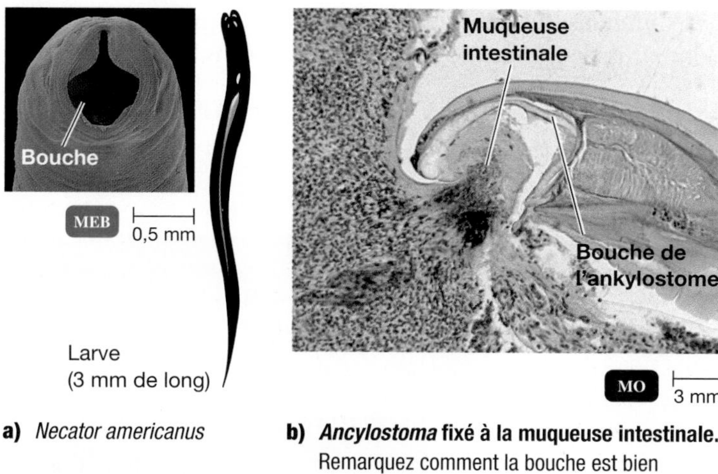

a) *Necator americanus*

b) ***Ancylostoma* fixé à la muqueuse intestinale.** Remarquez comment la bouche est bien adaptée à la prise de nourriture sur le tissu.

Figure 20.23 Ankylostome.

nez. Ces vers peuvent être de taille assez impressionnante et mesurer jusqu'à 30 cm de long (**figure 20.24**). Dans l'intestin, ils se nourrissent d'aliments partiellement digérés et ne causent que peu de symptômes. Ils pondent plus de 200 000 œufs par jour.

Le cycle vital du ver débute lorsque les œufs sont excrétés dans les fèces d'un individu et que, en raison d'une hygiène déficiente, un autre individu les ingère, à la suite d'un contact direct avec des mains souillées ou par contact indirect avec des objets contaminés. Dans le duodénum, les œufs éclosent pour donner naissance à de petites larves infestantes ; ces dernières traversent la paroi intestinale, passent dans le sang et atteignent ainsi le foie puis les poumons, où elles se développent. De là, les larves migrent dans les voies respiratoires, remontent la trachée, rejoignent le pharynx, où elles sont dégluties, et passent enfin dans le système digestif. Dans les intestins, les larves se transforment en vers adultes capables de produire des œufs. Tout ce chemin parcouru pour revenir au point de départ !

Dans les poumons, les minuscules larves peuvent provoquer certains troubles pulmonaires. En général, les vers n'occasionnent pas de symptômes graves, mais la manifestation de leur présence s'apparente à une réaction allergique qui peut s'avérer désagréable. En grand nombre, ils bloquent les intestins, les conduits biliaires et le conduit pancréatique. La migration des vers adultes est l'un des aspects les plus spectaculaires de l'infestation par *A. lumbricoides*. Les vers, munis d'une armature buccale aux lames tranchantes, pénètrent les tissus. S'ils traversent la paroi intestinale, ils infestent la cavité abdominale. Les vers peuvent émerger du nombril de jeunes enfants et s'échapper des narines d'une personne endormie.

Le diagnostic est établi lorsque l'on trouve des œufs du parasite dans les selles. L'ascaridiase est traitée par le mébendazole ou l'albendazole.

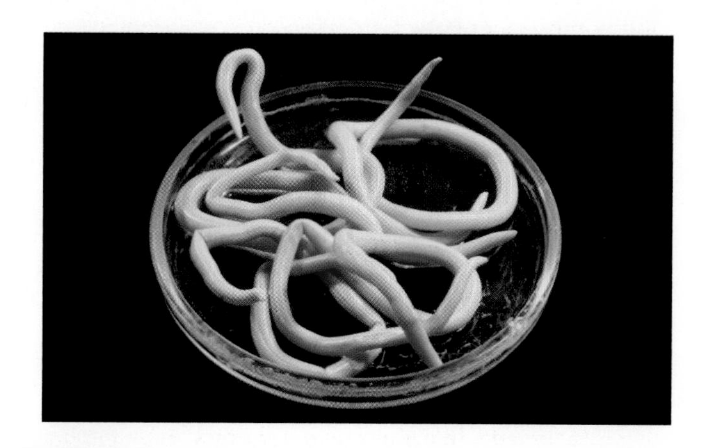

Figure 20.24 ***Ascaris lumbricoides*, agent causal de l'ascaridiase.** Les vers femelles mesurent jusqu'à 30 cm de long.

La trichinose

Les infestations par le nématode *Trichinella spiralis*, appelées **trichinoses**, sont pour la plupart sans danger. La larve, sous forme de kyste, loge dans les muscles de l'hôte.

Q/R La gravité de la maladie est généralement fonction du nombre de larves ingérées. Le mode de transmission le plus commun est probablement l'ingestion de viande de porc insuffisamment cuite (**figure 20.25**). La consommation de viande provenant d'animaux se nourrissant d'ordures (les ours, par exemple) augmente l'occurrence des épidémies. Un certain nombre de cas de trichinose humaine sont apparus en France à la suite de l'importation de viande chevaline contaminée aux États-Unis. Les cas graves peuvent aboutir à la mort, qui survient parfois en quelques jours seulement.

La contamination de la viande hachée peut s'effectuer par l'intermédiaire d'un hache-viande préalablement souillé par de la viande infectée. La consommation de saucisse crue et de viande hachée crue présente des risques de transmission du nématode. La congélation prolongée de viande contaminée – par exemple à −23 °C pendant 10 jours – semble tuer les vers, mais, en aucun cas, ne devrait constituer une solution de rechange à une cuisson adéquate. *T. nativa* n'est toutefois pas tué par la congélation. **Q/R**

Le cycle vital de *T. spiralis* débute lorsque ❶ certains hôtes animaux tels que le porc ingèrent des larves enkystées. Les sucs gastriques digèrent l'enveloppe (capsule) et libèrent les larves qui se développent dans l'intestin en vers adultes mâles et femelles. Ces derniers envahissent la paroi intestinale du porc, puis les femelles produisent des larves qui traversent la paroi intestinale, passent dans la circulation et migrent vers les muscles squelettiques de l'animal. ❷ Dans les muscles, les larves de *T. spiralis* sont enkystées sous la forme de tout petits vers enroulés. ❸ Lorsque la viande d'un animal infecté est accidentellement ingérée par un humain, l'enveloppe des kystes est digérée et les larves pénètrent dans les cellules de la muqueuse intestinale. ❹ Les larves parviennent alors à maturité. Les vers adultes ne demeurent qu'une semaine environ dans la muqueuse intestinale et y produisent des larves capables d'envahir les tissus. Ces larves s'enkystent dans les muscles striés, particulièrement le diaphragme et les muscles de l'œil, où elles sont à peine visibles dans des spécimens obtenus par biopsie.

Les signes et les symptômes de la trichinose comprennent de la fièvre, une tuméfaction autour des yeux, des douleurs musculaires et des troubles gastro-intestinaux. Le diagnostic repose sur la biopsie et sur certaines tests sérologiques. On a récemment mis au point une méthode ELISA qui décèle le parasite dans la viande. Le traitement consiste à administrer du mébendazole, afin de tuer les vers, et des corticostéroïdes, afin de réduire l'inflammation.

L'**encadré 20.8** résume les mycoses, les protozooses et les helminthiases du système digestif étudiées dans ce chapitre.

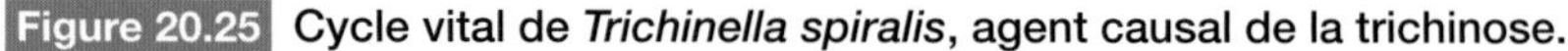

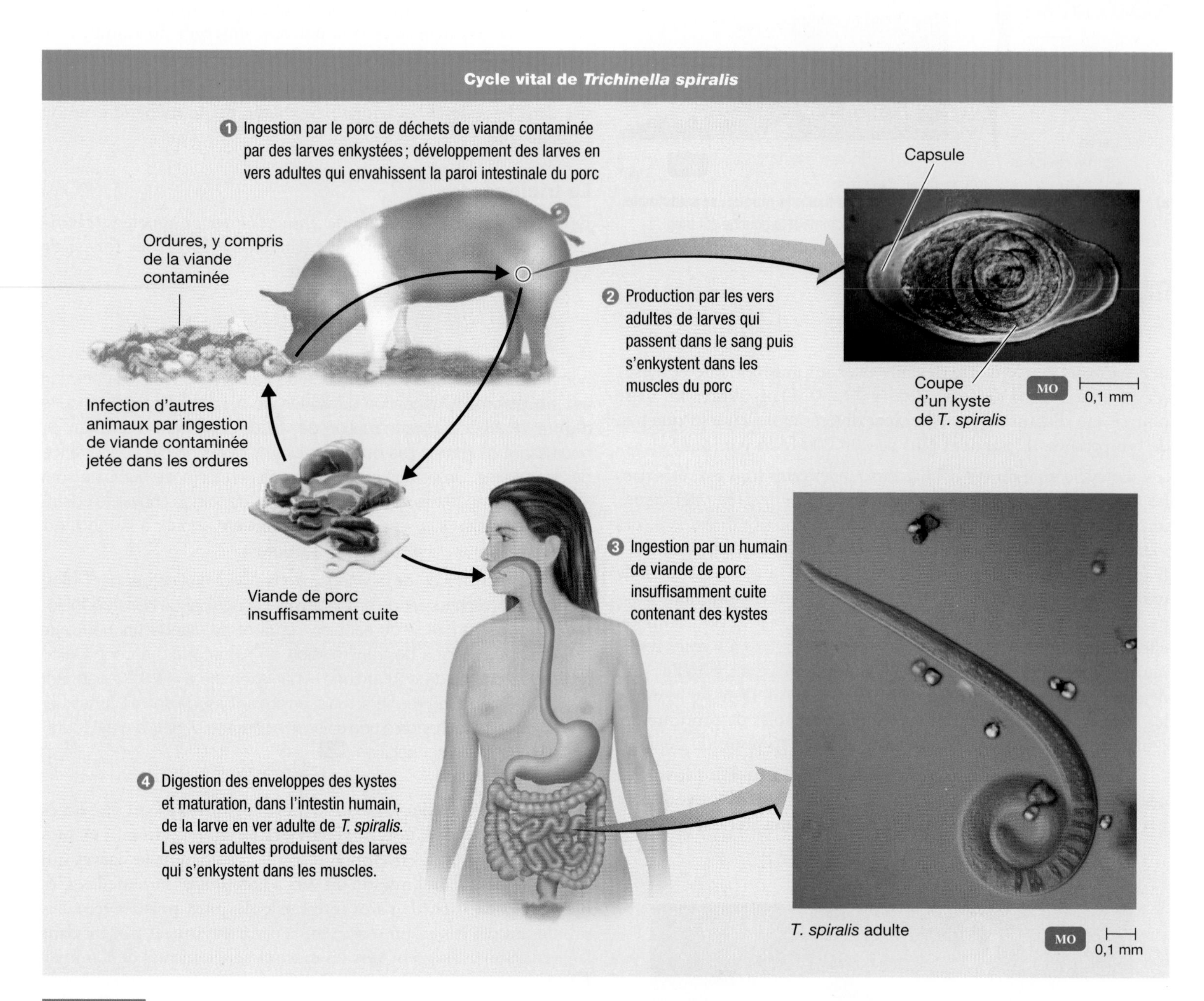
Cycle vital de *Trichinella spiralis*
1 Ingestion par le porc de déchets de viande contaminée par des larves enkystées ; développement des larves en vers adultes qui envahissent la paroi intestinale du porc
Ordures, y compris de la viande contaminée
Capsule
2 Production par les vers adultes de larves qui passent dans le sang puis s'enkystent dans les muscles du porc
Coupe d'un kyste de *T. spiralis*
MO
0,1 mm
Infection d'autres animaux par ingestion de viande contaminée jetée dans les ordures
Viande de porc insuffisamment cuite
3 Ingestion par un humain de viande de porc insuffisamment cuite contenant des kystes
4 Digestion des enveloppes des kystes et maturation, dans l'intestin humain, de la larve en ver adulte de *T. spiralis*. Les vers adultes produisent des larves qui s'enkystent dans les muscles.
T. spiralis adulte
MO
0,1 mm

Figure 20.25 Cycle vital de *Trichinella spiralis*, agent causal de la trichinose.

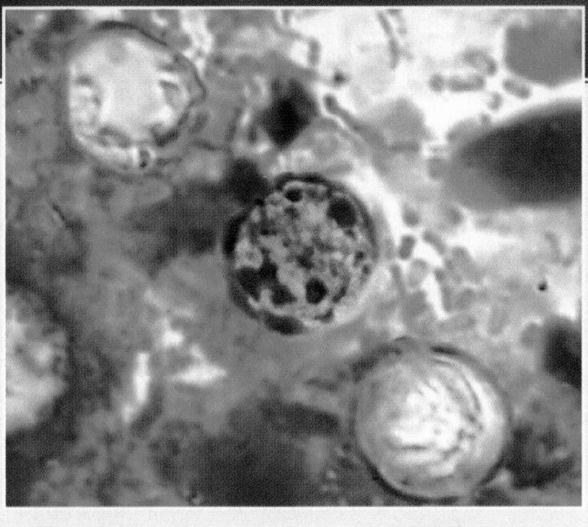

Coloration acido-alcoolo-résistante des selles d'un patient MO 6 μm

Les principales mycoses, protozooses et helminthiases des voies digestives inférieures

Le diagnostic différentiel consiste à rechercher dans une liste de maladies celle qui correspond à l'information obtenue au cours de l'examen du patient. Il importe de poser un tel diagnostic afin de mettre en route le traitement et de commander les tests de laboratoire.

Par exemple, on signale aux autorités sanitaires des cas de diarrhées aqueuses, fréquentes, parfois explosives, dans certains centres d'hébergement. Non seulement les résidents, mais aussi le personnel et les bénévoles sont atteints. La maladie est associée à la consommation de pois mange-tout crus. Trouvez dans le tableau ci-dessous l'infection qui peut être à l'origine de ces signes et de ces symptômes. Consultez aussi le texte du chapitre.

Maladie	Agent pathogène	Signes et symptômes	Réservoir ou hôte	Modes de transmission	Test diagnostique	Prévention/ Traitement
MYCOSES						
Intoxication par l'ergot de seigle	*Claviceps purpurea*	Troubles circulatoires ou neurologiques (hallucinogènes)	Céréales (seigle) contaminées par le mycète qui produit une mycotoxine	Ingestion de seigle ou d'autres céréales contaminés	Détection du mycète dans la nourriture	Aucun
Intoxication par l'aflatoxine	*Aspergillus flavus*	Cirrhose et cancer du foie	Nourriture contaminée par le mycète qui produit une mycotoxine	Ingestion de nourriture contaminée	Techniques immunologiques pour détecter la toxine dans la nourriture	Aucun
PROTOZOOSES						
Giardiase	*Giardia lamblia*	Manque d'appétit, nausées, diarrhée, flatulences, coliques, faiblesse et perte pondérale	Cours d'eau naturels ; animaux domestiques ou sauvages	Transmission orofécale ; par contact direct ; par contact indirect ; par véhicule commun : eau et nourriture	ELISA et immunofluorescence directe	Nitazoxanide ; métronidazole ; chlorhydrate de quinacrine
Cryptosporidiose	*Cryptosporidium hominis*	Diarrhée de type choléra ; peut être mortelle chez les sujets immunodéprimés	Eau ; bétail	Transmission orofécale ; par véhicule commun : eau	Coloration alcoolo-acido-résistante ; ELISA et immunofluorescence directe	Réhydratation orale ; nitazoxanide
Diarrhée à *Cyclospora*	*C. cayetanensis*	Diarrhée aqueuse, fréquente et parfois violente	Humains ; oiseaux, animaux	Par véhicule commun : eau, nourriture (fruits et légumes crus)	Coloration alcoolo-acido-résistante	Triméthoprime associé au sulfaméthoxazole
Dysenterie amibienne (amibiase)	*Entamœba histolytica*	Abcès ; perforation de la paroi intestinale ; atteinte d'autres organes ; taux de mortalité élevé	Humains	Par contact direct ; par contact indirect ; par véhicule commun : boissons ou nourriture contaminées	Isolement et identification par microscopie ; tests sérologiques	Métronidazole et iodoquinol

Maladie	Agent pathogène	Signes et symptômes	Réservoir ou hôte	Modes de transmission	Test diagnostique	Prévention/ Traitement
HELMINTHIASES						
Infestation par les cestodes	*Tænia saginata* (bœuf); *T. solium* (porc); *Diphyllobothrium latum* (poisson)	Peu de signes et de symptômes liés à la présence du ver dans l'intestin; dommages aux organes infestés par les larves; vision altérée; symptômes similaires à une tumeur (neurocysticercose)	Hôte intermédiaire: bétail, porcs, poissons; hôte définitif: humain	Par véhicule commun: viande contaminée par des larves; par auto-infestation	Examen microscopique des selles; IRM	Praziquantel et albendazole
Hydatidose	*Echinococcus granulosus*	Liés à la taille du kyste et au type d'organe dans lequel il est logé: cerveau, os, foie, poumons	Hôte intermédiaire: humain; hôte définitif: animaux carnivores tels les chiens	Par contact avec les selles d'un chien infecté (ingestion des œufs)	Tests sérologiques; rayons X; IRM	Chirurgie; albendazole
Infestation par les oxyures	*Enterobius vermicularis*	Démangeaisons dans la région de l'anus	Hôte intermédiaire: humain; hôte définitif: humain	Par contact direct; par contact indirect; par auto-infestation	Examen microscopique	Pamoate de pyrantel; mébendazole
Infestation par les ankylostomes	*Necator americanus*, *Ancylostoma duodenale*	Les infestations importantes peuvent conduire à l'anémie.	Sol; hôte définitif: humain	Pénétration de la peau par les larves	Examen microscopique	Mébendazole ou albendazole
Ascariase	*Ascaris lumbricoides*	Vers dans l'intestin: habituellement, peu de signes et de symptômes; en grand nombre, blocage des intestins, des conduits biliaire et pancréatique; aggravation si migration des vers adultes vers les tissus; larves dans les poumons: provoquent des troubles pulmonaires	Hôte intermédiaire: humain; hôte définitif: humain	Par contact direct; par contact indirect (ingestion des œufs)	Examen microscopique	Mébendazole
Trichinose	*Trichinella spiralis*	Fièvre, tuméfaction autour des yeux et troubles gastro-intestinaux; les larves s'enkystent dans les muscles striés; habituellement peu de signes et de symptômes, mais les infestations importantes peuvent être mortelles	Hôte intermédiaire: mammifères, y compris l'humain; hôte définitif: mammifères, y compris l'humain	Par véhicule commun: viande de porc contaminée par des larves enkystées	Biopsie; tests sérologiques; ELISA effectuée sur la viande	Mébendazole; corticostéroïdes

RÉSUMÉ

INTRODUCTION (p. 558)

1. Les maladies infectieuses du système digestif font partie des affections les plus communes.
2. Les maladies infectieuses du système digestif résultent habituellement de l'ingestion de microbes et de leurs toxines présents dans les aliments ou l'eau.
3. Les signes et les symptômes caractéristiques des maladies infectieuses du tube digestif sont ceux de la gastroentérite et, selon l'agent pathogène en cause, des malaises généraux.
4. Le cycle de transmission orofécale peut être rompu par le traitement adéquat des eaux usées, par la désinfection de l'eau potable ainsi que par une préparation et une conservation adéquates des aliments.

LA STRUCTURE ET LES FONCTIONS DU SYSTÈME DIGESTIF (p. 559)

1. Le tube digestif comprend la bouche, le pharynx, l'œsophage, l'estomac, l'intestin grêle et le gros intestin.
2. Les organes digestifs annexes comprennent les dents, la langue, les glandes salivaires, le foie, la vésicule biliaire et le pancréas.
3. Dans le tube digestif, et grâce au mouvement mécanique des organes digestifs annexes et à leur production de substances chimiques, de grosses molécules de nourriture sont dégradées en molécules plus petites (nutriments) qui seront absorbées puis transportées par le sang ou la lymphe jusqu'aux cellules. Les fèces sont des substances solides résultant de la digestion ; elles sont éliminées par l'anus.
4. L'acidité des sécrétions gastriques, la sécrétion de lysozyme, la production de macrophagocytes et d'IgA dans la lumière du tube digestif sont des réactions de l'organisme qui s'opposent à l'entrée de microbes et (ou) à l'envahissement microbien.

LE MICROBIOTE DU SYSTÈME DIGESTIF (p. 559)

1. Une grande variété de bactéries colonisent la bouche.
2. Peu de microorganismes résident dans l'estomac et l'intestin grêle.
3. *Lactobacillus*, *Bacteroides*, *E. coli*, *Enterobacter*, *Klebsiella* et *Proteus* colonisent le gros intestin. Ces bactéries concourent à dégrader les aliments et à synthétiser les vitamines.
4. Près de 40 % de la masse fécale se compose de cellules microbiennes.
5. Le rôle principal du microbiote normal intestinal consiste en son effet barrière, qui empêche l'implantation de microbes potentiellement pathogènes.

LES BACTÉRIOSES DE LA BOUCHE (p. 560)

La carie dentaire (p. 560)

1. La carie dentaire débute lorsque l'émail et la dentine de la dent sont érodés et que la pulpe est exposée à l'infection bactérienne.
2. *Streptococcus mutans*, qui réside dans la bouche, dégrade le saccharose en glucose pour produire le dextran et en fructose pour produire de l'acide lactique.

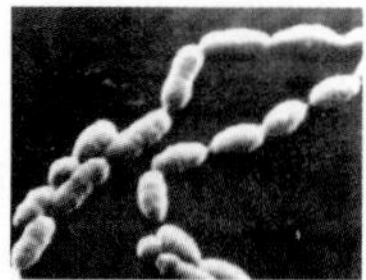

3. L'accumulation du dextran collant forme la plaque dentaire. Les bactéries cariogènes adhèrent au dextran collé sur les dents.
4. L'acide produit par la fermentation des glucides détruit l'émail dentaire à l'endroit où la plaque s'est formée.
5. Les bacilles à Gram positif et les bactéries filamenteuses (*Actinomyces*) pénètrent jusqu'à la dentine et peuvent atteindre la pulpe.
6. Des glucides tels que l'amidon, le mannitol, le sorbitol et le xylitol ne sont pas utilisés par les bactéries cariogènes pour produire du dextran ; ils ne favorisent donc pas la carie dentaire.
7. On prévient la carie dentaire en réduisant l'ingestion de saccharose et en éliminant mécaniquement la plaque.

La parodontose (p. 562)

8. La parodontose est une maladie qui touche les tissus de soutien de la dent.
9. La carie du cément et la gingivite sont causées par les streptocoques, les actinomycètes et les bactéries anaérobies à Gram négatif.
10. Les maladies chroniques de la gencive (parodontite) peuvent détériorer l'os et faire tomber la dent. La parodontite est causée par une réaction inflammatoire consécutive à la prolifération de diverses bactéries sur les gencives.
11. La gingivite ulcéronécrosante aiguë est due à *Prevotella intermedia* et à des spirochètes.

LES BACTÉRIOSES DES VOIES DIGESTIVES INFÉRIEURES (p. 563)

1. Les infections gastro-intestinales sont causées par la prolifération d'un agent pathogène dans les intestins.
2. La période d'incubation, c'est-à-dire le temps requis pour que la croissance des bactéries et la fabrication de leurs produits engendrent des signes et des symptômes, dure de 12 heures à 2 semaines. Les symptômes de l'infection comprennent généralement de la fièvre.
3. L'intoxication bactérienne est souvent consécutive à l'ingestion de toxines bactériennes préformées.
4. Les signes et les symptômes apparaissent entre 1 et 48 heures après l'ingestion des toxines. La fièvre n'en fait généralement pas partie.
5. Les infections et les intoxications provoquent des diarrhées, des dysenteries ou des gastroentérites ; ces manifestations cliniques engendrent habituellement des pertes liquidiennes

responsables de perturbations physiologiques et métaboliques importantes, telles que la chute de la pression artérielle et des déséquilibres électrolytiques et acidobasiques.

6. D'ordinaire, on traite ces maladies en remplaçant les liquides et les électrolytes perdus.

L'intoxication alimentaire (toxicose alimentaire) par les staphylocoques (p. 564)

7. L'intoxication alimentaire par les staphylocoques résulte de l'ingestion d'entérotoxines provenant d'aliments conservés dans des conditions inadéquates.
8. *S. aureus* est inoculé dans les aliments durant leur préparation. La bactérie croît et élabore l'entérotoxine dans la nourriture conservée à la température ambiante.
9. L'entérotoxine n'est pas dénaturée par une ébullition de 30 minutes.
10. Les aliments dont la pression osmotique est élevée (par exemple la viande salée) et ceux qui ne sont pas consommés immédiatement après leur cuisson sont le plus souvent à l'origine de la toxicose alimentaire.
11. Le diagnostic clinique repose sur les signes et les symptômes. Les nausées, les vomissements et la diarrhée débutent de 1 à 6 heures après l'ingestion et durent environ 24 heures.
12. Le diagnostic de laboratoire repose sur l'isolement de *S. aureus* dans un échantillon de nourriture ; il permet de retrouver l'origine de la contamination. Il existe des épreuves sérologiques permettant de déceler les toxines dans les aliments.

La shigellose (dysenterie bacillaire) (p. 565)

13. La shigellose est causée par quatre espèces de *Shigella.*
14. La pathogénie est liée à l'envahissement des cellules épithéliales de l'intestin par les bactéries, à la prolifération de ces dernières et à la destruction des cellules. L'infection s'étend aux cellules voisines, entraînant des lésions tissulaires (abcès) et une dysenterie.
15. Les signes et les symptômes de la maladie comprennent la présence de mucus sanguinolent dans les fèces, des coliques et de la fièvre. Les infections à *S. dysenteriæ* entraînent une ulcération de la muqueuse intestinale.

La salmonellose (gastroentérite à *Salmonella*) (p. 566)

16. La salmonellose, ou gastroentérite à *Salmonella,* est causée par de nombreux sérotypes de *S. enterica.*
17. La pathogénie est liée à la pénétration des cellules épithéliales de l'intestin par les salmonelles, qui s'y multiplient. Les bactéries n'envahissent pas les cellules voisines, mais elles peuvent traverser la muqueuse et gagner la circulation sanguine et lymphatique ; d'autres organes peuvent être atteints.
18. Les signes et les symptômes, qui débutent de 12 à 36 heures après l'ingestion de quantités importantes de *Salmonella,* comprennent les nausées, des douleurs abdominales et la diarrhée. Un choc septique peut survenir chez les enfants et les personnes âgées. Il est possible que la fièvre soit liée à des endotoxines.
19. Le taux de mortalité est inférieur à 1 % ; les individus guéris peuvent être porteurs de la bactérie.
20. En général, la cuisson des aliments détruit *Salmonella.*

La fièvre typhoïde (p. 568)

21. *Salmonella typhi* est l'agent causal de la fièvre typhoïde. La bactérie est transmise par contact avec des fèces humaines.
22. Au bout d'une période d'incubation de 2 semaines, le patient présente de la fièvre et des malaises. Les symptômes persistent de 2 à 3 semaines. La maladie est caractérisée par la pénétration des bactéries dans les macrophagocytes et leur dissémination dans l'organisme ; la paroi intestinale peut se perforer, ce qui engendre des hémorragies intestinales.
23. *S. typhi* reste présent dans la vésicule biliaire des porteurs.
24. Il existe des vaccins pour les voyageurs et les personnes exposées à des risques élevés.

Le choléra (p. 568)

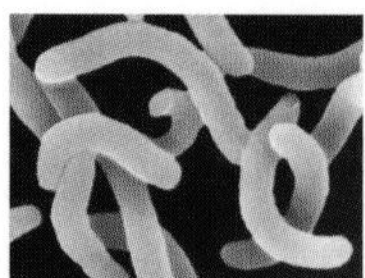

25. *Vibrio choleræ* produit une exoentérotoxine, le choléragène, qui altère la perméabilité membranaire de la muqueuse intestinale. Les vomissements et la diarrhée qui s'ensuivent causent une perte importante de liquides et d'électrolytes. La bactérie n'envahit pas les tissus.
26. La période d'incubation dure environ 3 jours et les signes et symptômes, quelques jours. Le taux de mortalité s'élève à 50 % lorsque l'affection n'est pas soignée.

Les autres gastroentérites à *Vibrio* (p. 571)

27. *V. parahæmolyticus* et *V. vulnificus* causent la gastroentérite à *Vibrio.*
28. La maladie se contracte par ingestion de crustacés ou de mollusques contaminés. Les symptômes apparaissent dans les 24 heures après l'infection. Les patients se rétablissent en quelques jours.

Les gastroentérites à *Escherichia coli* (p. 571)

29. La gastroentérite à *E. coli* peut être causée par des souches d'*E. coli* entérotoxinogènes, d'*E. coli* entéro-invasives, d'*E. coli* entéropathogènes et d'*E. coli* entérohémorragiques.
30. Les gastroentérites à *E. coli* entérotoxinogène et à *E. coli* entéro-invasive se manifestent sous la forme de diarrhée des voyageurs. La gastroentérite à *E. coli* entéropathogène prend une forme épidémique dans les garderies.
31. Chez l'adulte, la maladie est en général spontanément résolutive et ne requiert pas de chimiothérapie.
32. La souche d'*E. coli* entérohémorragique, *E. coli* O157:H7, produit une toxine appelée toxine de Shiga ou vérocytotoxine, qui cause une inflammation et un saignement du côlon. La toxine peut toucher les reins et provoquer le syndrome hémolytique urémique.

La gastroentérite à *Campylobacter* (p. 573)

33. *Campylobacter* est un agent pathogène à l'origine de nombreuses gastroentérites.

34. La bactérie est transmise par le lait de vache.

L'ulcère gastroduodénal à *Helicobacter* (p. 573)

35. *Helicobacter pylori* produit de l'ammoniac, qui neutralise l'acidité stomacale. La bactérie colonise la muqueuse de l'estomac et cause la maladie ulcéreuse gastroduodénale.

36. Le traitement de la maladie ulcéreuse gastroduodénale fait appel au bismuth et à plusieurs antibiotiques.

La gastroentérite à *Yersinia* (p. 574)

37. *Y. enterocolitica* et *Y. pseudotuberculosis* sont transmis par la viande et le lait.

38. *Yersinia* peut croître aux températures de réfrigération.

La gastroentérite à *Clostridium perfringens* (p. 574)

39. *C. perfringens* cause une gastroentérite spontanément résolutive.

40. Les endospores survivent à un chauffage et germent lorsque les aliments (habituellement la viande) sont conservés à température ambiante.

41. L'exotoxine élaborée par les bactéries en croissance dans l'intestin est responsable des signes et des symptômes (douleurs abdominales et diarrhée).

42. Le diagnostic de la maladie repose sur l'isolement de la bactérie dans les fèces et sur son identification.

La gastroentérite à *Clostridium difficile* (p. 575)

43. La croissance de *C. difficile* à la suite d'une antibiothérapie peut occasionner une diarrhée légère ou une colite.

44. La gastroentérite à *C. difficile* se manifeste surtout dans les hôpitaux et les centres d'hébergement et de soins de longue durée.

La gastroentérite à *Bacillus cereus* (p. 575)

45. Les endospores de *Bacillus cereus* sont communément présentes dans le sol et contaminent les aliments. Les spores ne sont pas toujours tuées à la cuisson. La spore peut germer durant le refroidissement de la nourriture, et la bactérie peut alors produire des toxines.

46. L'ingestion d'aliments contaminés par les toxines de *B. cereus* cause de la diarrhée, des nausées et des vomissements.

LES VIROSES DU SYSTÈME DIGESTIF (p. 575)

Les oreillons (p. 575)

1. Le virus des oreillons pénètre l'organisme et en sort par les voies respiratoires.

2. Entre 16 et 18 jours après une exposition, le virus provoque l'inflammation des glandes parotides, de la fièvre et des douleurs à la déglutition. Entre 4 et 7 jours plus tard, une orchite peut survenir.

3. Après l'apparition des signes et des symptômes, on trouve le virus dans le sang, la salive et l'urine.

4. Il existe un vaccin contre la rougeole, la rubéole et les oreillons (vaccin RRO).

Les hépatites (p. 579)

5. L'hépatite est une inflammation du foie. Les signes et les symptômes de la maladie comprennent la perte d'appétit, le malaise, la fièvre et l'ictère (ou jaunisse).

6. Les virus responsables des hépatites comprennent les virus de l'hépatite, le virus d'Epstein-Barr (VEB) et le cytomégalovirus (CMV).

L'hépatite A (p. 579)

7. Le virus de l'hépatite A (VHA) cause l'hépatite A ; dans au moins 50 % des cas, la maladie est subclinique.

8. Le VHA se contracte par ingestion d'aliments ou d'eau contaminés. Il se réplique d'abord dans les cellules de la muqueuse intestinale, puis envahit le foie, les reins et le pancréas par l'intermédiaire de la circulation sanguine.

9. Le virus est éliminé dans les fèces.

10. La période d'incubation est de 2 à 6 semaines. La période d'état dure de 2 à 21 jours et la guérison survient entre 4 et 6 semaines après l'apparition des symptômes.

11. L'immunisation passive peut fournir une protection temporaire. On peut avoir recours à un vaccin.

L'hépatite B (p. 579)

12. Le virus de l'hépatite B (VHB) cause l'hépatite B, une maladie souvent grave en raison des dommages causés aux cellules hépatiques.

13. Le VHB est transmis par transfusion sanguine, par l'usage de seringues contaminées, par l'intermédiaire du sperme dans les relations sexuelles, ainsi que par la salive, la sueur et le lait maternel.

14. Le sang destiné aux transfusions est soumis à des tests qui permettent de déceler la présence d'antigènes HB_s.

15. La période d'incubation moyenne est de 3 mois. La guérison est habituellement totale, mais certains patients présentent une infection chronique ou deviennent porteurs.

16. Un vaccin dirigé contre l'antigène HB_s est offert sur le marché.

L'hépatite C (p. 582)

17. Le virus de l'hépatite C (VHC) est transmis par le sang.

18. La période d'incubation est de 2 à 22 semaines. La maladie est similaire à l'hépatite B, mais évolue vers la chronicité chez certains patients.

19. Le sang destiné aux transfusions est soumis à des tests qui permettent de détecter la présence d'anticorps contre le VHC.

L'hépatite D (hépatite delta) (p. 582)

20. Le virus de l'hépatite D (VHD) possède un ARN circulaire et une enveloppe composée d'antigènes HB_s.

L'hépatite E **(p. 583)**

21. Le mode de transmission du virus de l'hépatite E (VHE) est la voie orofécale.

Les autres hépatites **(p. 583)**

22. Certaines observations donnent à penser qu'il existe une hépatite F et une hépatite G.

La gastroentérite virale (p. 584)

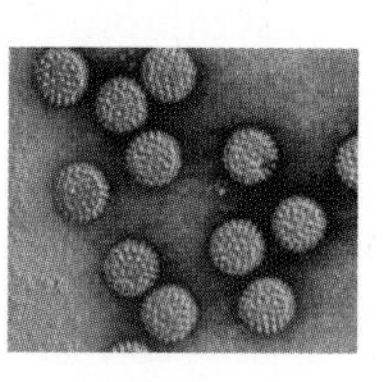

23. La gastroentérite virale est souvent causée par un rotavirus ou par le norovirus.
24. La période d'incubation est de 2 ou 3 jours; la diarrhée dure environ 1 semaine.

LES MYCOSES DU SYSTÈME DIGESTIF (p. 586)

1. Les mycotoxines sont des toxines produites par certains mycètes.
2. Ces toxines ont des effets dommageables sur le sang, le système nerveux, les reins et le foie.

L'intoxication par l'ergot de seigle (p. 586)

3. L'intoxication par l'ergot de seigle, ou ergotisme, est due à la mycotoxine produite par *Claviceps purpurea.*
4. Les céréales sont les végétaux le plus souvent contaminés par la mycotoxine de *Claviceps.*

L'intoxication par l'aflatoxine (p. 586)

5. L'aflatoxine est une mycotoxine produite par *Aspergillus flavus.*
6. Les arachides sont les végétaux le plus souvent contaminés par l'aflatoxine.

LES PROTOZOOSES DU SYSTÈME DIGESTIF (p. 586)

La giardiase (p. 586)

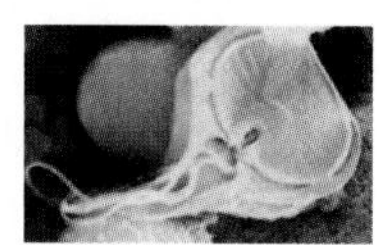

1. *Giardia lamblia* se développe dans l'intestin chez l'humain et chez les animaux sauvages. Le protozoaire est transmis par l'eau contaminée.
2. Les symptômes de la giardiase comprennent le manque d'appétit, des nausées, des flatulences, de la faiblesse et des coliques qui persistent des semaines.
3. La pathogénie repose sur l'adhérence des parasites à la muqueuse intestinale et sur leur multiplication en si grand nombre qu'ils diminuent l'absorption intestinale des nutriments.

La cryptosporidiose (p. 587)

4. *Cryptosporidium hominis* cause la diarrhée. Chez les sujets immunodéficients, la maladie persiste des mois.
5. Le parasite intracellulaire endommage l'intestin en se développant aux dépens des cellules intestinales hôtes.
6. L'agent pathogène est transmis par l'eau contaminée.

La diarrhée à *Cyclospora* (p. 588)

7. *Cyclospora cayetanensis* provoque la diarrhée.
8. La maladie se transmet par l'intermédiaire de produits contaminés.

La dysenterie amibienne (amibiase) (p. 588)

9. La dysenterie amibienne est causée par *Entamœba histolytica*; cet agent pathogène se développe dans le gros intestin.
10. Les amibes se nourrissent d'érythrocytes et des tissus du tube digestif. Dans les infections graves, on observe des abcès et des fèces mucosanglantes.

LES HELMINTHIASES DU SYSTÈME DIGESTIF (p. 588)

Les infestations par les cestodes (p. 588)

1. Les humains s'infestent par les cestodes, ou vers plats, en consommant de la viande de bœuf, de porc ou de poisson insuffisamment cuite qui contient des larves enkystées (cysticerques).
2. Le scolex du ver se fixe à la muqueuse intestinale de l'humain (l'hôte définitif), où il parvient à maturité.
3. Les œufs sont excrétés dans les fèces et doivent être ingérés par un hôte intermédiaire, tel que les herbivores.
4. Les cestodes adultes sont difficiles à déceler chez l'humain.
5. La neurocysticercose survient lorsque les larves du ténia du porc s'enkystent dans l'encéphale humain.

L'hydatidose (p. 589)

6. Les humains infestés par le cestode *Echinococcus granulosus* peuvent abriter des kystes hydatiques dans les poumons, le foie, le cerveau et d'autres organes. Les kystes renferment un liquide très allergène susceptible de causer un choc anaphylactique.
7. D'ordinaire, les chiens et les loups sont les hôtes définitifs du parasite, alors que les moutons et les cerfs sont les hôtes intermédiaires; l'infestation de l'humain est accidentelle.

Les infestations par les nématodes (vers ronds) (p. 590)

L'infestation par les oxyures **(p. 590)**

8. L'humain est l'hôte définitif de l'oxyure *Enterobius vermicularis.*
9. La maladie se contracte par ingestion des œufs du ver.
10. Les femelles pondent leurs œufs la nuit dans la région de l'anus, ce qui cause des démangeaisons.

L'infestation par les ankylostomes **(p. 590)**

11. Les larves des ankylostomes pénètrent l'organisme à travers la peau et migrent jusqu'aux intestins, où ils se développent.
12. Dans le sol, les œufs excrétés dans les fèces éclosent et donnent naissance à des larves.

L'ascaridiase **(p. 590)**

13. Le ver adulte *Ascaris lumbricoides* réside dans l'intestin de l'humain.

14. La maladie se contracte par ingestion des œufs du ver.
15. Les larves parviennent à maturité au cours d'une migration qui débute dans l'intestin, se poursuit dans le sang puis les poumons, et se termine dans l'intestin.

La trichinose **(p. 591)**

16. Les larves de *Trichinella spiralis* s'enkystent dans les muscles de l'humain et d'autres mammifères, et causent la trichinose.
17. L'infection se contracte par ingestion de viande insuffisamment cuite contenant des larves.
18. Le ver femelle adulte se développe dans l'intestin et y pond des œufs. Les nouvelles larves migrent vers les muscles et les envahissent.
19. Les signes et les symptômes de l'infestation comprennent la fièvre, une tuméfaction autour des yeux et des troubles gastro-intestinaux.

AUTOÉVALUATION

QUESTIONS À COURT DÉVELOPPEMENT

1. Décrivez les méthodes de diagnostic couramment utilisées dans les cas de gastroentérite.
2. Dans le cycle vital de *Trichinella,* pourquoi l'infection des humains est-elle considérée comme un cul-de-sac ?
3. Pourquoi la mise en vente de petites tortues et de canetons dans les boutiques d'animaux domestiques est-elle surveillée voire interdite ?
4. Le vaccin contre l'hépatite B est administré à titre préventif aux enfants et aux jeunes adolescents. Expliquez pourquoi cette population de jeunes est particulièrement visée par cette mesure de prévention.
5. On trouve dans le commerce des filtres à eau dont la publicité indique qu'ils sont efficaces contre la giardiase et la cryptosporidiose. Décrivez ce qui distingue ces maladies infectieuses. Serait-il recommandé d'emporter de tels filtres en randonnée, par exemple ? Justifiez votre réponse.
6. Quelles maladies touchant le tube digestif peut-on contracter en se baignant dans une piscine ou dans un lac ? Pourquoi les risques d'attraper ces maladies sont-ils faibles quand on se baigne dans la mer ?

APPLICATIONS CLINIQUES

1. Pour célébrer l'anniversaire d'Annie, Matthieu décide d'organiser un grand barbecue. Il se charge de préparer les hamburgers grillés au charbon de bois. En mordant dans votre hamburger, vous constatez que la viande de bœuf haché est encore rosée ; vous le rapportez donc à Matthieu et lui faites remarquer qu'il devrait prendre soin de bien faire cuire la viande. Matthieu se moque gentiment de vos appréhensions, mais vous insistez parce que vous connaissez les dangers de l'infection à *E. coli* O157:H7. Expliquez à Matthieu comment cette souche d'*E. coli* peut se retrouver dans de la viande hachée. Décrivez le mécanisme physiopathologique susceptible de conduire à l'apparition de graves troubles intestinaux, rénaux et cérébraux chez le jeune enfant.
2. Jérémie emmène un groupe de jeunes scouts faire une excursion en forêt. Le groupe s'installe au bord d'une rivière, près d'un barrage de castor, pour pique-niquer, et les jeunes remplissent leur gourde d'eau fraîche. Deux semaines plus tard, certains d'entre eux présentent de la fièvre, de la diarrhée, des coliques, de la fatigue et une perte de poids. On diagnostique une maladie causée par un protozoaire flagellé ; cette maladie est parfois appelée fièvre du castor. De quel parasite s'agit-il ? Pourquoi les jeunes garçons atteints ont-ils tendance à perdre du poids ? Faites le lien entre les facteurs de résistance du parasite et le type de précautions que ces garçons devront prendre à leur domicile afin d'éviter de transmettre l'infection à leurs proches.
3. Durant l'hiver 2003 au Canada, les Centres de Direction de la santé publique de plusieurs régions du Québec doivent informer la population sur les modes de transmission de la gastroentérite causée par un norovirus, le virus de Norwalk. Vous devez composer un dépliant qui mentionne les groupes de personnes à risque, les signes et les symptômes attendus, les modes de transmission, les conseils à donner pour diminuer la gravité de la maladie et les mesures de prévention efficaces contre la maladie.
4. Le 26 avril à New York, un patient A souffrant de diarrhées depuis 2 jours est hospitalisé. Une enquête révèle que la diarrhée d'un patient B a débuté le 22 avril. Trois autres personnes (patients C, D et E) souffrent de diarrhée depuis le 24 avril ; tous 3 ont des anticorps contre *Vibrio choleræ* avec un titre $\geqslant 640$. Le 20 avril en Équateur, B a acheté des crabes qui ont été bouillis et débarrassés de leur carapace. Il a mangé la chair de ces crabes avec deux personnes (F et G), puis il a congelé le reste des crabes entiers dans un sac. Le patient A est retourné à New York le 21 avril avec le sac de crabes dans sa valise. Ce sac a été mis au congélateur pendant la nuit, puis dégelé le 22 avril. Les crabes ont été réchauffés au bain-marie pendant 20 minutes. Deux heures plus tard, ils ont été servis dans une salade. Au cours d'une période de 6 heures, A, C, D et E ont mangé de cette salade. F et G ne sont pas tombés malades. En construisant la chaîne épidémiologique, démontrez que le réservoir est le crabe et non pas le patient B. Comment aurait-on pu éviter l'infection ? Donnez 2 arguments qui expliquent pourquoi les personnes F et G ne sont pas tombées malades. Quelle a été l'utilité de déterminer le titre des anticorps contre *V. choleræ ?* En tenant compte du fait que l'infection est causée par la souche *V. choleræ* sérotype O1,

biotype El Tor, décrivez le mécanisme physiopathologique susceptible de conduire à l'apparition de très graves pertes de liquides et, par conséquent, à un état de choc sévère.

5. Le personnel soignant d'une salle d'hôpital remarque une augmentation du nombre de cas d'hépatite B. Durant les 6 derniers mois, 50 cas ont été répertoriés, comparativement à 4 cas lors du semestre précédent. Entre le 1er et le 15 janvier, les 50 patients ont été soumis, dans des proportions diverses, à certains actes médicaux qui sont regroupés ci-dessous pour qu'on puisse les comparer:
   - Transfusion, piqûre sur le bout d'un doigt, cathéter veineux, injection d'héparine: 78 %
   - Transfusion, injection d'insuline, chirurgie, piqûre sur le bout d'un doigt: 64 %
   - Piqûre sur le bout d'un doigt, cathéter veineux, injection d'insuline, injection d'héparine: 80 %
   - Transfusion, injection d'héparine, chirurgie, cathéter veineux: 2 %
   - Injection d'héparine, cathéter veineux, injection d'insuline, chirurgie: 0 %

   Faites une déduction quant à l'acte médical par lequel l'hépatite B a pu être transmise aux patients lors de leur séjour à l'hôpital. Formulez une hypothèse quant au moyen de contamination. Fournissez une explication à propos des faibles pourcentages (2 % et 0 %). Démontrez le danger que constitue la transmission de l'hépatite B en décrivant la gravité des dommages hépatiques causés par la maladie.

6. Entre 3 et 5 jours après avoir célébré l'Action de grâces dans un restaurant, 112 personnes présentent une fièvre modérée et une gastroentérite. Après une analyse bactérienne des restants de nourriture de la fête (dinde, sauce aux abattis de volaille, pommes de terre en purée), on a isolé la même bactérie *Salmonella* que celle qui a infecté les patients. La sauce a été préparée à partir des abats de 43 dindes, qui ont été réfrigérés pendant 3 jours avant leur préparation. Les abats crus ont été réduits en purée dans un mélangeur et ajoutés à un fond de sauce chaud. La sauce n'a pas été portée à ébullition une autre fois et a été conservée à la température ambiante toute la journée de l'Action de grâces. Quel est l'aliment particulier à l'origine de l'affection? Quels sont les facteurs qui peuvent influer sur la gravité des signes et des symptômes causés par les salmonelles? Expliquez pourquoi, dans la plupart des cas, le traitement peut se limiter à la réhydratation des patients. Démontrez que les personnes rétablies vont à nouveau faire partie de la chaîne épidémiologique de cette infection.

7. Une flambée de fièvre typhoïde survient après une réunion de 293 membres d'une même famille. On prélève sur les patients des échantillons de sang, d'urine et de fèces que l'on met en culture. On constate la présence de *Salmonella typhi* dans 17 échantillons. La même bactérie se retrouve chez l'un des cuisiniers, qui n'est toutefois pas malade. Neuf plats ont été préparés pour cet événement.

Plats consommés	Pourcentage de malades
Salade verte et rôti de bœuf	60
Pâtes et haricots au lard	42
Pâtes et salade aux œufs	12
Salade aux œufs et rôti de bœuf	0
Haricots au lard et fruits	0

   De quels plats provient *S. typhi*? Comment ces plats ont-ils été préalablement contaminés? Quel test permet de relier l'origine de l'infection, le mode de transmission et la maladie des patients? Pourquoi des prélèvements de sang sont-ils indiqués dans les cas de fièvre typhoïde? Comment expliquez-vous qu'une telle infection puisse causer une péritonite? Pourquoi serait-il conseillé aux personnes malades de faire faire une nouvelle culture 6 mois plus tard?

ÉDITION EN LIGNE Consultez le volet de gauche de l'Édition en ligne pour d'autres activités.

Les maladies infectieuses des systèmes urinaire et génital

CHAPITRE

Les organes du **système urinaire** régulent la composition chimique et le volume du sang, fonction qu'ils accomplissent en excrétant principalement de l'eau et des déchets azotés produits par le métabolisme. Comme il s'ouvre sur l'extérieur, le système urinaire est sujet aux infections résultant du contact avec le milieu. La muqueuse qui tapisse l'intérieur de ses structures est humide et, comparativement à la peau, elle constitue un support favorable à la croissance microbienne.

Le **système génital** comprend les organes qui produisent les gamètes responsables de la propagation de l'espèce et, chez la femme, les organes qui portent et nourrissent l'embryon et le fœtus en développement. Il comprend par ailleurs quelques organes qui font aussi partie du système urinaire. À l'instar de ce dernier, il débouche sur l'extérieur, ce qui le rend vulnérable à l'infection. D'autant plus que les contacts sexuels favorisent l'échange de microbes pathogènes entre les partenaires. C'est pourquoi certains microbes se sont adaptés à ces conditions et utilisent les rapports sexuels comme mode de transmission. Toutefois, ce faisant, ils ont souvent dû renoncer à la capacité de survivre dans des environnements plus rigoureux.

Les encadrés 21.1, 21.3 et 21.4 présentent une récapitulation des maladies infectieuses des systèmes urinaire et génital. Pour un rappel des différents maillons de la chaîne épidémiologique, consultez la section « La propagation d'une infection » au chapitre 9 et le schéma guide de la figure 9.6.

AU MICROSCOPE

Leptospira interrogans. Cet agent pathogène cause la leptospirose. Au point de vue morphologique, il ressemble au spirochète responsable de la syphilis.

Q/R

À l'instar de Leptospira interrogans, *le spirochète qui cause la syphilis pénètre profondément dans les organes. Quelle est la propriété morphologique qui permet à cet organisme de s'enfoncer ainsi dans les tissus?*

La réponse est dans le chapitre.

Les structures et les fonctions du système urinaire

▶ Objectif d'apprentissage

21-1 Décrire les mécanismes de protection qui s'opposent à l'entrée des microbes dans le système urinaire.

Sur le plan anatomique, le **système urinaire** se divise en voies supérieures composées de deux *reins* et de deux *uretères* et en voies inférieures comprenant la *vessie* et un conduit unique, l'*urètre* (**figure 21.1**). À mesure que le sang circule dans les reins, le plasma est filtré. L'*urine*, produit de la filtration, est formée d'eau et de déchets. Elle s'écoule des uretères à la vessie, où elle est emmagasinée jusqu'à son évacuation par l'urètre. Chez la femme, l'urètre sert uniquement à évacuer l'urine ; chez l'homme, il sert à la fois à l'élimination de l'urine et à l'émission du sperme.

L'action de balayage de l'urine durant la miction tend à éliminer de l'urètre les microbes potentiellement infectieux. En outre, l'acidité de l'urine normale fait obstacle à la croissance microbienne. Toutefois, si des bactéries prolifèrent dans la vessie, la présence de valvules situées à la jonction de celle-ci et de chacun des uretères empêche le reflux de l'urine vers les reins. Il ne s'agit pas de véritables valvules anatomiques, mais plutôt de valvules physiologiques ; lorsque la vessie se remplit d'urine, la pression du liquide écrase les orifices des uretères placés en position oblique. Bien fermés, les orifices ne laissent pas pénétrer les microbes. Ce mécanisme, allié à l'action de l'urine, protège donc les reins contre les infections des voies urogénitales, condition essentielle au maintien de l'homéostasie.

Figure 21.1 Organes du système urinaire humain, ici chez la femme.

▶ Vérifiez vos acquis

Le pH de l'urine facilite-t-il la croissance de la plupart des bactéries? **21-1**

Les structures et les fonctions du système génital

▶ Objectif d'apprentissage

21-2 Nommer les voies qu'empruntent les microbes pour pénétrer dans le système génital de la femme et dans celui de l'homme.

Le **système génital de la femme** est formé de deux *ovaires*, de deux *trompes utérines* (*de Fallope*), de l'*utérus* – y compris le *col de l'utérus* –, du *vagin* et des *organes génitaux externes* (**figure 21.2**). Les ovaires produisent des hormones sexuelles femelles et libèrent des ovocytes.

Après son expulsion de l'ovaire au moment de l'ovulation, l'ovocyte pénètre dans une trompe utérine, où la fécondation a lieu si du sperme viable est présent. L'ovule fécondé (zygote) descend dans la trompe et entre dans la cavité de l'utérus. Au moment de

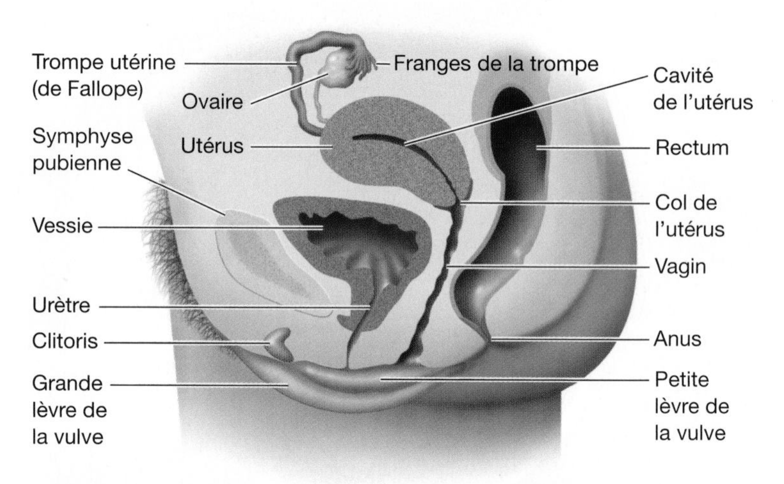

a) Coupe sagittale du bassin montrant les organes génitaux de la femme

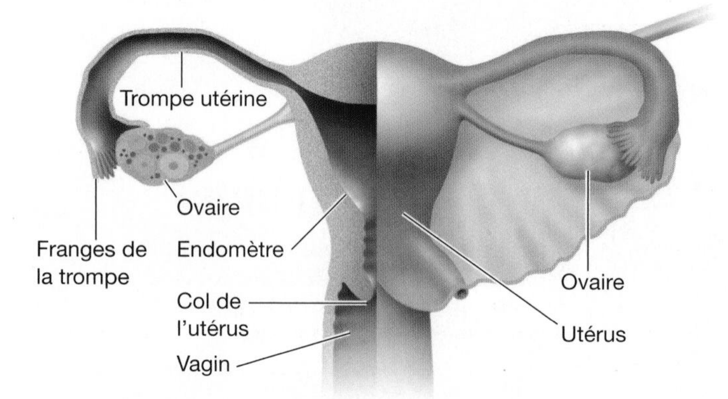

b) Vue antérieure des organes génitaux de la femme

Figure 21.2 Organes génitaux de la femme.

la nidation, il s'implante dans l'endomètre de la paroi de l'utérus, où il se développe en un embryon et, plus tard, en un fœtus. Les organes génitaux externes – la vulve – comprennent le clitoris, les petites et les grandes lèvres et des glandes qui élaborent les sécrétions lubrifiantes durant l'acte sexuel.

Le **système génital de l'homme** est constitué de deux *testicules*, d'un réseau de *conduits*, des *glandes sexuelles annexes* et du *pénis* (**figure 21.3**). Les testicules sécrètent les hormones sexuelles mâles et produisent les spermatozoïdes. Les spermatozoïdes, mobiles, sont libérés dans les tubules séminifères ; ils quittent le testicule pour se rendre dans les conduits de l'épididyme, puis empruntent le conduit déférent et le conduit éjaculateur, dans lesquels ils se mélangent aux sécrétions séminales et prostatiques pour former le sperme. Le sperme parcourt enfin toute la longueur de l'urètre, soit la partie prostatique, la partie membranacée et la partie spongieuse (pénienne), lors de l'éjaculation.

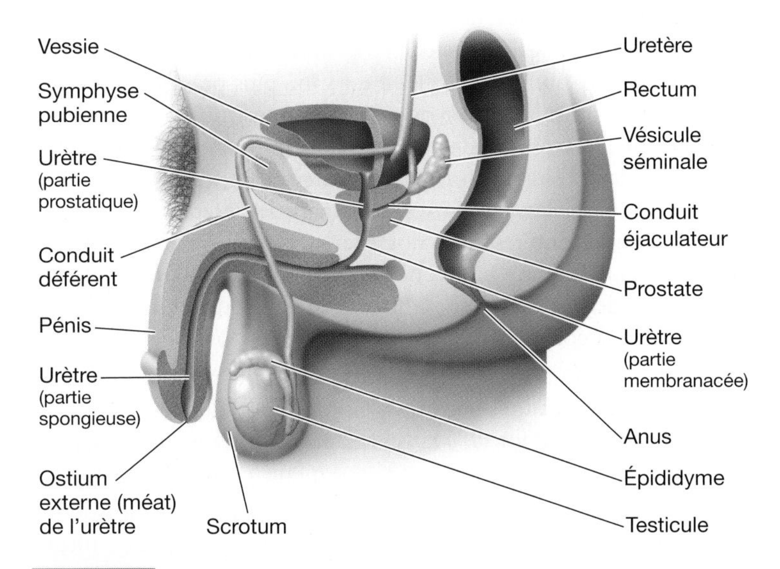

Figure 21.3 **Organes génitaux de l'homme.** Coupe sagittale du bassin chez l'homme.

▶ Vérifiez vos acquis

Examinez la figure 21.2. S'il s'introduit dans le système génital de la femme (utérus, etc.), un microbe pénètre-t-il nécessairement dans la vessie, provoquant alors une cystite? **21-2**

Le microbiote normal des systèmes urinaire et génital

▶ Objectif d'apprentissage

21-3 Décrire les caractéristiques et le rôle du microbiote normal qui colonise la partie spongieuse de l'urètre de l'homme ainsi que l'urètre et le vagin de la femme.

Les voies supérieures du système urinaire et la vessie sont stériles. L'urine vésicale est donc habituellement stérile, mais l'urine évacuée peut être contaminée par des microorganismes du microbiote de l'épiderme près de la partie terminale de l'urètre ; il peut s'agir notamment de staphylocoques à coagulase négative, de *Micrococcus*, d'*Enterococcus*, de lactobacilles, de diphtéroïdes aérobies, de *Bacteroides* et d'entérobactéries telles que *Pseudomonas, Klebsiella* et *Proteus* (tableau 9.1). Par conséquent, l'urine recueillie directement de la vessie renferme beaucoup moins de bactéries que l'urine évacuée.

Lors de prélèvements de laboratoire, cette distinction est très importante ; il est donc nécessaire d'indiquer comment l'urine a été recueillie afin d'orienter la recherche des agents pathogènes par le laboratoire.

Les organes génitaux externes de la femme hébergent des microorganismes appartenant au microbiote qui colonise normalement l'épiderme. La muqueuse du vagin et celle du col de l'utérus sont aussi colonisées par un microbiote. À l'inverse, les muqueuses de la paroi utérine et des trompes sont exemptes de microorganismes, de même que les ovaires. L'écoulement naturel des sécrétions vaginales permet le nettoyage de la muqueuse vaginale et leur acidité empêche l'installation de la plupart des microbes potentiellement pathogènes, en particulier la croissance de levures telles que *Candida albicans*.

Le microbiote vaginal normal subit fortement les effets des hormones sexuelles. Par exemple, quelques semaines seulement après la naissance, le vagin du bébé est colonisé par des lactobacilles. La croissance de cette population bactérienne est due au fait que des œstrogènes sont transférés du sang maternel au sang fœtal et qu'ils causent une accumulation de glycogène dans les cellules tapissant le vagin de la petite fille. Les lactobacilles transforment le glycogène en glucose puis en acide lactique, et le pH du vagin devient acide. Cette transformation du glycogène en acide lactique fournit les conditions nécessaires à la prolifération d'un microbiote tolérant l'acidité dans le vagin.

Les effets physiologiques des œstrogènes diminuent au cours des semaines suivant la naissance, et d'autres bactéries, y compris des corynebactéries et divers cocci et bacilles, deviennent le microbiote prédominant. En conséquence, le pH du vagin devient plus neutre et reste stable jusqu'à la puberté. Au moment de la puberté, les taux d'œstrogènes s'élèvent, les lactobacilles redeviennent prédominants, et le vagin devient de nouveau acide sous l'action de l'acide lactique (pH de 3,8 à 4,5). On trouve aussi dans le vagin d'autres bactéries telles que des streptocoques β-hémolytiques du groupe B, ou *Streptococcus agalactiæ*, divers anaérobies et quelques espèces de bactéries à Gram négatif. La levure *Candida albicans* fait aussi partie du microbiote normal de 10 à 25 % des femmes. Toutefois, l'effet barrière, ou antagonisme microbien, maintenu par les lactobacilles limite la croissance de ces microbes.

Chez la femme adulte, un déséquilibre de l'écosystème vaginal imputable à une augmentation du taux de glycogène (due à l'utilisation de contraceptifs oraux ou à une grossesse, par exemple) ou la destruction du microbiote normal sous l'effet d'antibiotiques peut entraîner une prolifération de *Candida albicans* aboutissant à une inflammation du vagin, appelée *vaginite* ; notons que ce type d'infection est aussi associé à l'utilisation de spermicides, produits susceptibles d'inhiber la croissance des lactobacilles. À la ménopause, les taux d'œstrogènes diminuent à nouveau, la composition du microbiote vaginal redevient progressivement identique à celui qui prévalait durant l'enfance et, par conséquent, le pH redevient neutre. C'est pourquoi, après la ménopause, les risques d'infections vaginales augmentent.

Chez l'homme, les tubules séminifères et les conduits qui mènent à l'urètre, y compris les parties prostatique et membranacée de ce dernier, sont normalement exempts de microorganismes. Par contre, la muqueuse de la partie spongieuse (ou terminale) de l'urètre héberge un microbiote normal provenant de l'épiderme.

▶ Vérifiez vos acquis

Quel rapport y a-t-il entre les œstrogènes et le microbiote du vagin? **21-3**

LES MALADIES INFECTIEUSES DU SYSTÈME URINAIRE

Normalement, les reins, les uretères, la vessie et la partie supérieure de l'urètre sont maintenus dans des conditions stériles. Bien qu'il contienne généralement peu de microbes, le système urinaire est cependant sujet à des infections opportunistes parfois pénibles. Presque toutes ces infections sont de source bactérienne, mais certaines d'entre elles peuvent être occasionnées par des protozoaires, des mycètes ou des schistosomes (helminthes). Comme nous le verrons dans ce chapitre, les infections transmissibles sexuellement touchent souvent les systèmes urinaire et génital.

Les bactérioses du système urinaire

▶ Objectifs d'apprentissage

21-4 Décrire le mode de transmission des infections du système urinaire.

21-5 Énumérer les microbes causant la cystite, la pyélonéphrite et la leptospirose. Nommer les facteurs qui prédisposent à ce type de maladie.

La plupart du temps, les infections du système urinaire débutent par une inflammation de l'urètre, appelée **urétrite**. L'infection de la vessie se nomme **cystite** et celle des uretères, **urétérite**. Les infections de l'urètre et de la vessie peuvent être particulièrement dangereuses lorsque les bactéries remontent dans les uretères et atteignent les reins, où elles causent une *pyélonéphrite*. Lors de bactérioses systémiques, par exemple dans le cas d'une *leptospirose*, il arrive que les reins soient infectés par des bactéries circulant dans le sang. En général, les agents pathogènes responsables de ces maladies peuvent être mis en évidence dans l'urine excrétée.

Les infections bactériennes du système urinaire sont habituellement dues à des microbes qui pénètrent dans l'organisme par l'orifice de l'urètre.

Dans les hôpitaux, les risques de contracter ce type d'infections sont élevés. Il semble que 90% des infections nosocomiales sont liées à l'usage de sondes vésicales. Parce que l'anus est situé près de l'orifice de l'urètre, les bactéries intestinales sont souvent à l'origine des infections urinaires. De fait, plus de la moitié des infections nosocomiales du système urinaire sont provoquées par des bactéries commensales habituelles de l'intestin. La plupart des infections urinaires sont causées par *Escherichia coli*; les infections dues à *Pseudomonas* sont particulièrement graves compte tenu de la résistance naturelle de ces bactéries aux antibiotiques. Des infections urinaires causées par *Enterococcus fæcalis* résistant à la vancomycine (ERV) sont particulièrement à craindre chez les patients âgés, ou affaiblis par des traitements immunosuppresseurs ou atteints de maladies chroniques. En effet, le port d'une sonde urétrale à demeure occasionne souvent une infection urinaire à ERV qu'il est difficile de traiter par antibiothérapie. Le personnel médical, voire les patients eux-mêmes, peuvent être des porteurs colonisés par la bactérie et, de ce fait, devenir des réservoirs de transmission d'ERV.

La cystite

La cystite est une inflammation courante de la vessie chez la femme. Les signes et les symptômes comprennent d'ordinaire la *dysurie* (miction impérieuse, difficile et douloureuse) et la *pyurie* (présence de pus dans l'urine).

L'urètre des femmes mesure moins de 5 cm de long, de sorte que les microbes peuvent facilement l'emprunter pour remonter jusqu'à la vessie. Sur le plan anatomique, il est situé plus près de l'anus que l'urètre des hommes, ce qui favorise sa contamination par les bactéries provenant de l'intestin. Ces facteurs expliquent pourquoi le taux d'infections urinaires est huit fois plus élevé chez les femmes que chez les hommes. Chez les deux sexes, la plupart des infections sont dues à *E. coli*. (Un fait intéressant à noter au sujet du jus de canneberge: une ration quotidienne empêche *E. coli* d'adhérer aux cellules épithéliales). Le deuxième agent pathogène le plus souvent mis en cause est un coccus à coagulase négative, *Staphylococcus saprophyticus*.

Le diagnostic d'une cystite repose souvent sur la présence de symptômes tels qu'une miction douloureuse ou la sensation de ne pas avoir complètement vidé la vessie après la miction. L'urine peut être d'apparence trouble ou être légèrement teintée de sang.

En règle générale, on considère qu'il y a infection lorsqu'un échantillon d'urine ensemencé sur un milieu de culture entraîne la croissance de plus de 100 unités formant colonies (UFC); par exemple, on pose un diagnostic de cystite chez une femme lorsque le nombre de coliformes atteint 100/mL d'urine. L'analyse devrait aussi inclure un test d'urine révélant la présence d'estérase leucocytaire, une enzyme produite par les neutrophiles – ce qui indique une infection active.

Avant d'amorcer un traitement, il est recommandé de procéder à la mise en culture des bactéries pour les identifier et déterminer leur sensibilité aux antibiotiques. L'identification d'*E. coli* peut se faire sur un milieu de culture différentiel tel la gélose MacConkey. L'administration de triméthoprime-sulfaméthoxazole permet habituellement d'enrayer rapidement l'infection. En cas de résistance des bactéries, les fluoroquinolones ou l'ampicilline s'avèrent souvent efficaces.

La pyélonéphrite

Dans 25% des cas non traités, la cystite évolue en **pyélonéphrite**, une inflammation touchant un rein ou les deux. La maladie se manifeste par de la fièvre et des douleurs lombaires ou abdominales. Chez les femmes, elle est souvent une complication consécutive à une infection des voies urinaires inférieures. Dans 75% des cas, l'agent causal est *E. coli*. Comme cette affection provoque généralement une bactériémie, il est utile de faire une hémoculture, en plus d'une coloration de Gram de l'urine. La présence dans l'urine d'estérase leucocytaire et de plus de 10 000 UFC/mL indique une pyélonéphrite. Si elle évolue vers la chronicité, l'affection entraîne une destruction des néphrons, et du tissu cicatriciel se forme dans les reins, ce qui nuit grandement au fonctionnement de ces derniers. En raison des risques potentiels de mortalité, on commence habituellement le traitement par l'administration prolongée, par voie intraveineuse, d'un antibiotique à large spectre tel que les céphalosporines de deuxième ou de troisième génération.

La leptospirose

La **leptospirose** touche principalement les animaux domestiques ou sauvages, mais cette zoonose peut être transmise aux humains, chez qui elle cause parfois de graves maladies rénales ou hépatiques. L'agent causal est le spirochète *Leptospira interrogans* (**figure 21.4**), dont la morphologie est caractéristique ; en effet, cette bactérie spiralée extrêmement fine ne mesure que 0,1 mm de diamètre environ. C'est un aérobie strict susceptible de croître dans une variété de milieux artificiels enrichis au sérum de lapin.

Les animaux infectés par le spirochète excrètent la bactérie dans leur urine pendant une longue période. Les humains s'infectent par contact avec le sol ou de l'eau contaminés par cette urine, ou avec des tissus animaux souillés. Les travailleurs exposés aux animaux ou à des produits animaux courent des risques plus élevés. En général, la bactérie s'introduit dans l'organisme par des lésions légères de la peau ou des muqueuses. Si ingérée, elle envahit le corps en traversant la muqueuse de la bouche. Les chiens et les rats sont les réservoirs infectieux les plus courants. Chez les chiens, le taux d'infection est relativement élevé ; même s'ils sont vaccinés, ils peuvent continuer à excréter *Leptospira*.

Après une période d'incubation de 1 à 2 semaines, des maux de tête, des douleurs musculaires, des frissons et de la fièvre apparaissent brusquement. Au bout de quelques jours, les symptômes aigus disparaissent et la température redevient normale ; cependant, un deuxième épisode de fièvre peut se produire dans les jours qui suivent. Dans très peu de cas, il arrive aussi que les reins et le foie soient gravement touchés (**maladie de Weil**) ; l'insuffisance rénale est alors la cause la plus fréquente de mortalité. Dans le meilleur des cas, le rétablissement confère une très bonne immunité ; toutefois, cette dernière confère une protection seulement contre le sérotype à l'origine de l'infection.

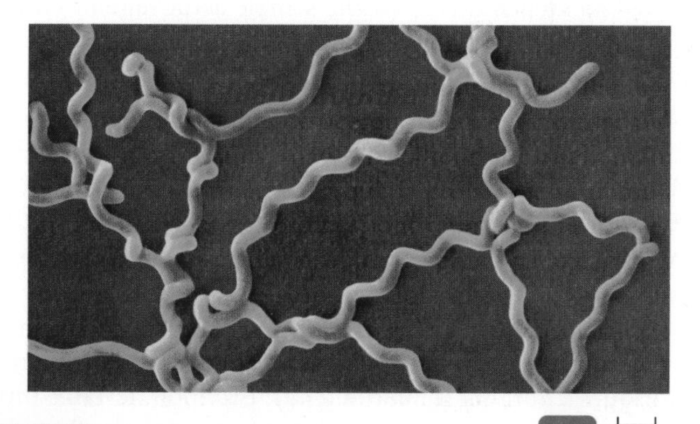

Figure 21.4 ***Leptospira interrogans*, agent de la leptospirose.** Les extrémités recourbées en crochets, dont la forme rappelle le point d'interrogation, sont souvent visibles dans les préparations de ce spirochète.

Dans la plupart des cas, le diagnostic de la leptospirose repose sur une épreuve sérologique compliquée nécessitant l'expertise d'un grand laboratoire. Toutefois, il existe quelques tests sérologiques rapides permettant de poser un diagnostic provisoire. On peut également rechercher le spirochète ou son ADN dans un prélèvement de sang, d'urine ou d'un autre liquide organique. Cependant, comme les signes cliniques de la maladie ne sont pas caractéristiques, il est probable que de nombreux cas ne sont pas diagnostiqués. La doxycycline (une tétracycline) est l'antibiotique recommandé pour le traitement. L'antibiothérapie au stade avancé de la maladie donne rarement des résultats, peut-être en raison des réactions inflammatoires qui accompagnent alors la maladie.

▶ Vérifiez vos acquis

Pourquoi l'urétrite, ou infection de l'urètre, précède-t-elle fréquemment les autres infections urinaires ? **21-4**

Pourquoi la bactérie *E. coli* est-elle la cause la plus fréquente de la cystite, en particulier chez la femme ? **21-5**

L'**encadré 21.1** présente une récapitulation de certaines maladies bactériennes du système urinaire.

LES MALADIES INFECTIEUSES DU SYSTÈME GÉNITAL

Les microbes responsables des infections du système génital sont souvent très sensibles au stress environnemental et se transmettent par contact sexuel.

Les bactérioses du système génital

▶ Objectif d'apprentissage

21-6 Décrire la chaîne épidémiologique qui conduit aux infections bactériennes suivantes : la gonorrhée, l'urétrite non gonococcique, les maladies inflammatoires pelviennes, la syphilis, le lymphogranulome vénérien, le chancre mou et la vaginose bactérienne. Préciser notamment les facteurs de virulence de l'agent pathogène, ses principaux réservoirs, ses modes de transmission, ses portes d'entrée, les facteurs prédisposants de l'hôte réceptif, le mécanisme physiopathologique qui mène à l'apparition des principaux signes et symptômes de la maladie infectieuse (s'il y a lieu) et les moyens thérapeutiques et les épreuves de diagnostic (s'il y a lieu).

La plupart des maladies du système génital sont transmises par les relations sexuelles et sont dites **infections transmissibles sexuellement (ITS)***. Plus de 30 bactérioses, viroses ou parasitoses

* Depuis quelques années, on tend à substituer l'expression « infection transmissible sexuellement » à celle de « maladie transmissible sexuellement », parce que la notion de maladie implique la présence de signes et de symptômes, lesquels sont souvent masqués chez les personnes infectées par les agents pathogènes dont il est question ici. Le terme « ITS » étant plus approprié, nous l'utiliserons systématiquement dans le présent ouvrage.

PLEINS FEUX SUR

LES MALADIES

Encadré 21.1

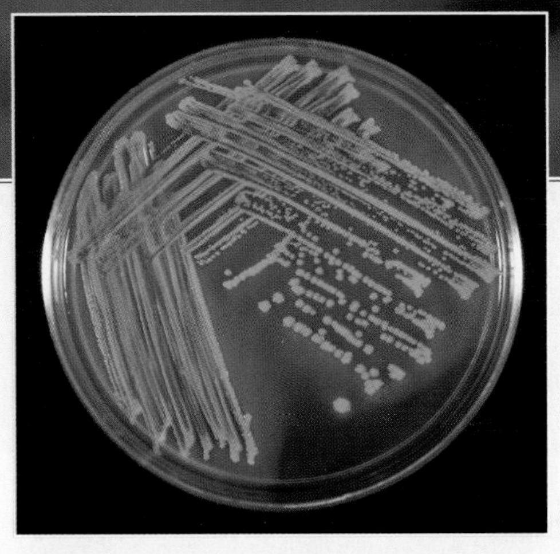
Culture de l'urine de la patiente sur gélose MacConkey

Les infections bactériennes du système urinaire

Le diagnostic différentiel consiste à rechercher dans une liste de maladies celle qui correspond à l'information obtenue au cours de l'examen du patient. Il importe de poser un tel diagnostic afin de mettre en route le traitement et de commander les tests de laboratoire.

Par exemple, une femme de 20 ans éprouve une sensation de brûlure lorsqu'elle urine et a des mictions impérieuses, même si la quantité excrétée est très faible. Toutefois, elle n'a pas de fièvre. Une culture d'urine révèle la présence de bacilles à Gram négatif, qui fermentent le lactose (figure ci-dessus). Trouvez dans le tableau ci-dessous l'infection qui peut être à l'origine de ces signes et de ces symptômes. Consultez aussi le texte du chapitre.

Maladie	Agent pathogène	Principaux signes et symptômes	Diagnostic	Traitement
Cystite (infection de la vessie)	*Escherichia coli*; *Staphylococcus saprophyticus*	Difficulté à uriner ou douleur à la miction	> 100 UFC/mL d'un pathogène potentiel et un test positif de l'estérase leucocytaire	Triméthoprime-sulfaméthoxazole
Pyélonéphrite (infection des reins)	Principalement *E. coli*	Fièvre; douleurs lombaires ou sur le côté au niveau de l'abdomen	> 10^4 UFC/mL d'un pathogène potentiel et un test positif de l'estérase leucocytaire	Céphalosporine
Leptospirose (infection des reins)	*Leptospira interrogans*	Maux de tête, douleurs musculaires, fièvre; l'insuffisance rénale peut constituer une complication	Test sérologique	Doxycycline

sont transmissibles sexuellement. Nombre de ces maladies sont traitées avec succès par l'administration d'antibiotiques et pourraient être évitées par le port du préservatif (condom). Toutefois, il n'existe aucun traitement curatif contre les ITS virales.

La gonorrhée

La **gonorrhée**, ou **blennorragie**, est causée par le diplocoque à Gram négatif *Neisseria gonorrhœæ*. Cette maladie a été décrite pour la première fois en 150 av. J.-C. par le médecin grec Galien, qui l'a aussi nommée (*gono* = semence; *rrhée* = écoulement; écoulement de semence. Il semble qu'il ait confondu pus et sperme). Cette ITS touche la population mondiale des deux sexes et de tous les âges; elle est toutefois plus fréquente chez les hommes âgés de 20 à 24 ans et les jeunes femmes âgées de 15 à 19 ans. Les jeunes de la rue, les hommes homosexuels actifs sexuellement et ayant plusieurs partenaires, les prostitués et leurs partenaires sexuels sont les plus à risque. Le gonocoque (nom donné au diplocoque dans le cas de la maladie qu'il cause) est une bactérie très sensible aux modifications environnementales (dessiccation et température), si bien qu'il survit difficilement à l'extérieur du corps. Cette fragilité explique le fait que la transmission n'est possible que par contact sexuel.

La gonorrhée est une maladie à déclaration obligatoire. Il s'agit en fait de la deuxième ITS d'origine bactérienne en importance aux États-Unis et au Canada. Néanmoins, il est probable que le nombre de cas réels est bien plus important que le nombre de cas déclarés, sans doute de deux à trois fois plus élevé. Malgré cette situation, l'incidence de la maladie semble actuellement en diminution aux États-Unis (**figure 21.5**). La gonorrhée a connu une période de recrudescence durant la Seconde Guerre mondiale (1939-1945). Par la suite, le nombre de cas chute grâce à l'administration d'antibiotiques, mais on assiste à une remontée spectaculaire dans les années 1960 à 1980, période connue pour la libéralisation des pratiques sexuelles.

Au Canada, le taux déclaré de gonorrhée a progressivement diminué de 1989 à 1997. Toutefois, depuis 1998, on constate chez les deux sexes une remontée du taux, qui pourrait être due au fait que la gonorrhée est en voie de devenir résistante aux traitements antibiotiques courants (**encadré 21.2**). En 2006, le taux moyen estimé a atteint 33,1, ce qui est inférieur à celui des États-Unis (figure 21.5). Pour la même année, au Québec, le taux d'incidence, d'environ 16 cas pour 100 000 personnes, est aussi en augmentation, soit de 37 % par rapport à 2005. La stratégie canadienne de

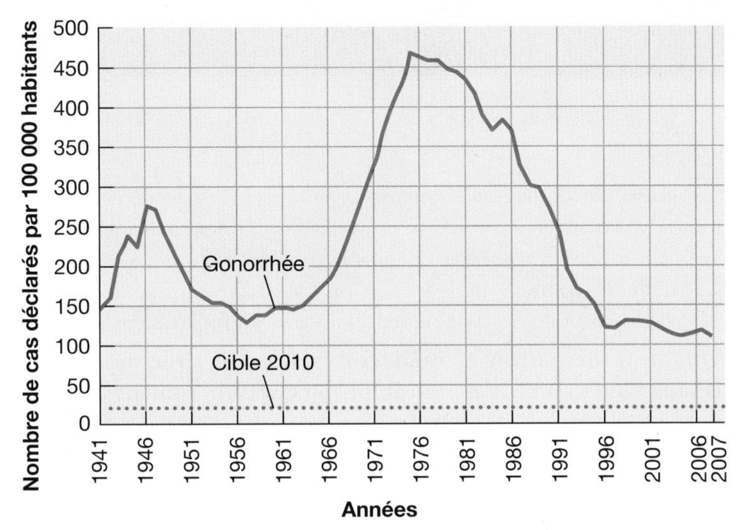

Note : En 2006, le taux de gonorrhée était de 120,9 cas par 100 000 personnes. Pour 2010, la cible de la Santé publique était de faire chuter le taux à 19,0 cas par 100 000 personnes.

Figure 21.5 Incidence de la gonorrhée aux États-Unis entre 1941 et 2007. (Source : CDC, *STI Surveillance*, 13 novembre 2007.)

lutte contre la maladie comprend divers volets – campagnes de sensibilisation, dépistage, meilleures techniques de diagnostic, recherche des partenaires sexuels, traitements efficaces – et vise l'élimination de l'affection.

L'humain est le réservoir naturel du gonocoque. Pour amorcer le processus infectieux, le microbe doit se fixer aux cellules épithéliales d'une muqueuse par l'intermédiaire de ses fimbriæ. Ces dernières permettent à la bactérie de s'accrocher rapidement à la cellule et de résister au nettoyage naturel de la muqueuse. Après l'étape de l'adhérence, le gonocoque envahit l'espace situé entre les cellules prismatiques de l'épithélium de la muqueuse. L'invasion déclenche une inflammation et, lorsque les granulocytes neutrophiles (leucocytes) migrent vers le site enflammé et phagocytent les gonocoques, on observe la formation caractéristique de pus. Habituellement, les gonocoques pénètrent l'organisme par l'urètre chez l'homme et le vagin chez la femme ; cependant, d'autres muqueuses – comme celles de la bouche, du pharynx, de l'œil, du rectum, du col de l'utérus, et celles des organes génitaux externes chez les jeunes filles prépubères – peuvent aussi être infectées. De 20 à 35 % des hommes sont infectés après une seule exposition non protégée au gonocoque, alors que de 60 à 90 % des femmes le sont.

Chez l'homme, la gonorrhée se manifeste par une sensation de brûlure lors de la miction et par un écoulement de pus à l'orifice de l'urètre (**figure 21.6**). Chez environ 80 % des hommes infectés, ces signes et ces symptômes sont évidents après une période d'incubation de quelques jours à peine. En l'absence de traitement, les symptômes persistent durant des semaines et le sujet se rétablit souvent sans subir de conséquences. Dans 5 à 10 % des cas environ, l'infection peut être asymptomatique et entraîner des complications susceptibles d'aboutir à de graves séquelles. L'urétrite est une complication courante, bien qu'elle résulte probablement d'une co-infection par *Chlamydia*. Nous reviendrons plus loin sur ce sujet. L'*épididymite*, ou inflammation de l'épididyme, est rare et habituellement unilatérale, mais elle est douloureuse. Elle survient quand l'infection remonte l'urètre et le conduit déférent (figure 21.3). L'infertilité peut survenir si les testicules sont infectés ou si le conduit déférent est obstrué par du tissu cicatriciel.

Chez la femme, la gonorrhée est plus insidieuse. En effet, seuls le col et le canal du col de l'utérus, qui sont tapissés de cellules épithéliales prismatiques, peuvent s'infecter. L'épithélium de la muqueuse vaginale est constitué de plusieurs couches de cellules pavimenteuses, auxquelles le gonocoque ne peut pas adhérer. Par conséquent, très peu de femmes se rendent compte qu'elles sont infectées. Selon les données du Centre de prévention et de contrôle des maladies infectieuses du Canada, la maladie chez les femmes serait asymptomatique dans 70 à 80 % des cas, pourcentage plus important que chez les hommes. Au fil de l'évolution de la maladie, la femme peut ressentir des douleurs abdominales dues à des complications ainsi que des douleurs pelviennes chroniques, notamment au cours de la maladie inflammatoire pelvienne (que nous abordons plus loin) ; l'infection peut entraîner l'infertilité tubaire et une grossesse ectopique.

Chez les sujets non traités, tant masculins que féminins, les gonocoques peuvent se disséminer dans le sang et provoquer une infection systémique grave. Les complications de la gonorrhée peuvent toucher le cœur (**endocardite gonococcique**), les méninges (**méningite gonococcique**), l'œil, le pharynx et d'autres régions du corps. Dans environ 1 % des cas, les sujets infectés souffrent d'**arthrite gonococcique**, due à la prolifération des gonocoques dans le liquide synovial des articulations. Les articulations habituellement atteintes sont le poignet, le genou et la cheville.

Les infections gonococciques de l'œil surviennent le plus souvent chez les nouveau-nés. Si la mère est porteuse de la bactérie, les yeux de l'enfant peuvent s'infecter lors de son passage dans la filière pelvigénitale. Cette affection, appelée **ophtalmie gonococcique néonatale**, peut conduire à la cécité. Compte tenu de la gravité de la maladie et de la difficulté de s'assurer que la mère n'est pas atteinte de gonorrhée, on administre systématiquement des antibiotiques dans les yeux de tous les nouveau-nés. Lorsqu'on sait que la mère est infectée, on administre également au bébé un antibiotique par voie intramusculaire. Chez les adultes, les infections gonococciques peuvent aussi être transmises des sites infectieux aux yeux par contact avec les mains de la personne infectée.

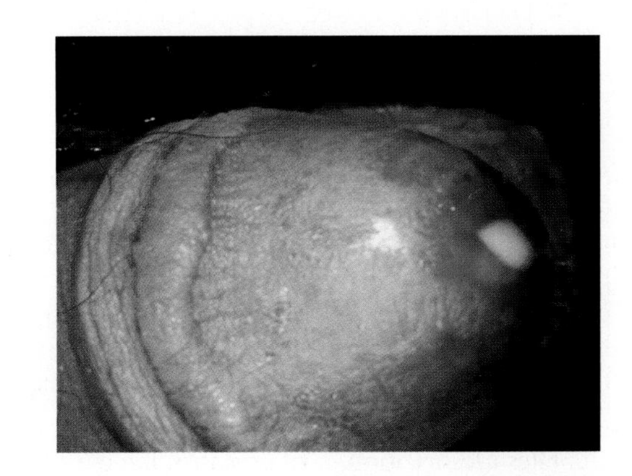

Figure 21.6 Pus s'écoulant de l'urètre d'un homme atteint de gonorrhée aiguë.

CAS CLINIQUES Encadré 21.2

La survie des plus aptes

En lisant cet encadré, vous serez amené à considérer une suite de questions que les professionnels de la santé se posent quand ils tentent de résoudre un problème clinique. Examinez chaque question dans l'ordre où elle se présente et essayez d'y répondre avant de poursuivre votre lecture.

❶ Le 24 mai, un homme de 35 ans se présente à la clinique des ITS de Denver. Depuis environ un mois, ses mictions sont douloureuses et il a des écoulements urétraux.

Quelles questions devez-vous poser pour que l'anamnèse de ce patient soit complète ?

❷ Le 11 mars, il est revenu d'un « voyage de rencontres » en Thaïlande, au cours duquel il a eu des rapports sexuels avec sept ou huit prostituées. Il nie avoir eu d'autres relations sexuelles depuis son retour.

Quel prélèvement et quelles analyses faut-il faire ?

❸ L'analyse de l'écoulement urétral au moyen de l'amplification en chaîne par polymérase (ACP) révèle la présence de *Neisseria gonorrhœæ*. On prescrit au patient de la ciprofloxacine par voie orale en une seule dose de 500 mg.

Pour établir un diagnostic, quels sont les avantages de l'ACP ou des essais immunoenzymatiques (EIA) par rapport à la mise en culture ?

❹ L'ACP et les EIA donnent des résultats en quelques heures, ce qui évite au patient d'avoir à revenir à la clinique pour son traitement. Dans le cas qui nous concerne, le patient se présente de nouveau le 7 juin avec les mêmes symptômes. L'écoulement urétral contient encore une fois *N. gonorrhœæ*. Le patient nie avoir eu des rapports sexuels depuis la dernière consultation. Le médecin traitant demande qu'on soumette l'isolat de *N. gonorrhœæ* à une épreuve de sensibilité aux antimicrobiens.

Quelle information le médecin espère-t-il tirer des résultats de l'épreuve de sensibilité aux antimicrobiens ?

❺ Il est possible que le patient soit infecté par une souche résistante à la fluoroquinolone, d'où l'absence de réponse au traitement. L'épreuve de sensibilité permet de vérifier si c'est le cas.

N. gonorrhœæ est une bactérie qui devient facilement résistante aux agents antimicrobiens, ce qui complique la lutte contre la maladie et le traitement des patients. Le graphique ci-dessous montre l'évolution de la résistance aux antibiotiques aux États-Unis.

Comment la résistance aux antibiotiques s'établit-elle ?

❻ Lorsqu'elles se trouvent dans un milieu où il y a des antibiotiques, les bactéries porteuses de mutations conférant la résistance à ces antibiotiques sont favorisées par les mécanismes de la sélection naturelle et sont de ce fait les plus aptes à survivre.

Comment détermine-t-on l'antibiosensibilité ?

❼ Il faut mettre *N. gonorrhœæ* en culture pour les épreuves de diffusion sur gélose ou de dilution en bouillon grâce auxquelles on détermine la sensibilité aux antimicrobiens. En raison de l'utilisation grandissante des méthodes de diagnostic ne nécessitant pas de culture, telles que l'ACP ou les EIA, il devient de plus en plus difficile de suivre l'évolution de la résistance de *N. gonorrhœæ* aux antimicrobiens.

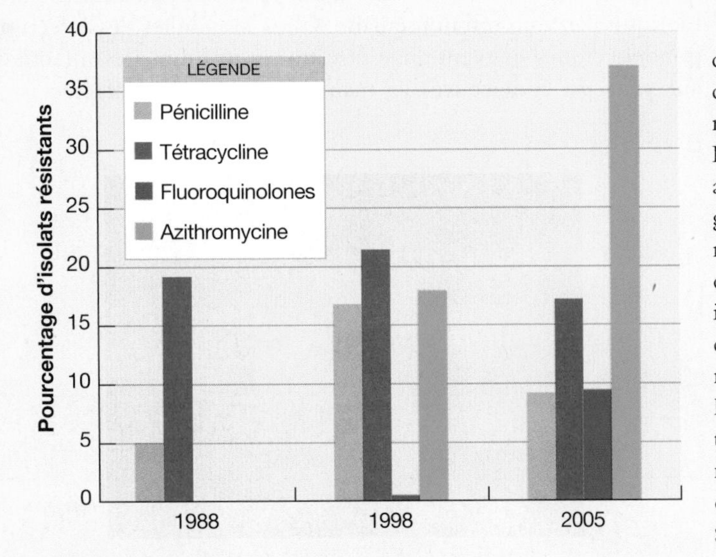

Source : CDC. *Sexually Transmitted Disease Surveillance*, 1998 et 2005.

Au Canada, la résistance aux tétracyclines ou à une association de pénicillines et de tétracyclines est encore élevée. Environ 12 % de l'ensemble des souches testées entre 2000 et 2008 se sont avérées résistantes aux quinolones, comme la ciprofloxacine et l'ofloxacine. Des souches résistantes à l'azithromycine et à l'érythromycine ont aussi été signalées. De 2007 à 2009, la proportion des souches de gonocoques résistantes aux céphalosporines de troisième génération a augmenté de 8,7 % pour la ceftriaxone et de 8 % pour la céfixime. En juillet 2011, lors de la 19e conférence de la Société internationale pour la recherche sur les ITS (ISSTDR), qui se déroulait dans la ville de Québec, on a dévoilé les résultats concernant une nouvelle souche multirésistante de *N. gonorrhœæ*, la souche H041, isolée par des chercheurs au Japon. Cette souche résiste à tous les antibiotiques de la famille des céphalosporines ; elle serait même ultrarésistante à la ceftriaxone. La question est de savoir si cette nouvelle souche H041 va se disséminer dans le monde.

Source : http://www.phac-aspc.gc.ca/std-mts/sti_2006/pdf/503_Inf._Gonocc.pdf.

Les infections gonococciques peuvent être contractées à n'importe quel site de contact sexuel. Ainsi, il n'est pas rare de voir des gonorrhées du pharynx ou du rectum. Les symptômes de la **gonorrhée du pharynx** ressemblent souvent à ceux du mal de gorge classique. La **gonorrhée du rectum** peut être douloureuse et s'accompagner d'un écoulement de pus. Néanmoins, dans certains cas, les signes se limitent à une démangeaison.

Les relations sexuelles avec de nombreux partenaires et l'absence de symptômes cliniques chez la femme ont contribué à l'augmentation de l'incidence de la gonorrhée et des autres ITS dans les années 1960 et 1970. L'utilisation répandue des contraceptifs oraux a également favorisé cette augmentation. En effet, ce moyen de contraception a souvent remplacé les préservatifs et les spermicides, qui empêchent la transmission de la maladie. Du point de vue épidémiologique, le fait que l'immunité du sujet ne le protège pas et qu'il puisse être réinfecté contribue aussi à l'incidence accrue de la maladie.

L'immunité adaptative acquise lors d'une première infection ne protège pas l'individu contre une nouvelle infection. On attribue généralement cette lacune du système immunitaire à l'extraordinaire variabilité antigénique du gonocoque. Toutefois, on a mis au jour récemment un mécanisme qui procure à la bactérie une façon supplémentaire de contourner les défenses du corps. Le gonocoque produit diverses protéines Opa (chapitre 10), grâce auxquelles il adhère aux cellules qui bordent la lumière des voies urinaires et génitales, ce qui lui permet de les infecter. Ces protéines se lient à certains récepteurs des cellules hôtes, dont on trouve une forme particulière à la surface des lymphocytes $CD4^+$ (qui comprennent les lymphocytes T auxiliaires et les lymphocytes mémoires caractérisés par leur longue durée de vie). La liaison du récepteur du lymphocyte avec la protéine Opa appropriée inhibe l'activation de la cellule $CD4^+$ et l'empêche de proliférer, ce qui bloque l'établissement d'une mémoire immunologique dirigée contre *N. gonorrhϾ*. (On a montré expérimentalement que les lymphocytes $CD4^+$ qui n'ont pas le récepteur de la protéine Opa réagissent vigoureusement à la bactérie.) Il est possible que ce mécanisme inhibiteur de la réponse immunitaire explique également pourquoi les personnes atteintes de gonorrhée sont plus susceptibles de contracter d'autres ITS, dont celle par le VIH.

Le diagnostic de la gonorrhée

Chez les hommes, le diagnostic de la gonorrhée repose sur la mise en évidence de gonocoques dans un frottis de pus coloré prélevé à l'orifice de l'urètre. Les diplocoques à Gram négatif typiques qui logent dans les granulocytes neutrophiles sont facilement identifiables (**figure 21.7**). Toutefois, il n'est pas clair s'ils sont voués à la destruction ou s'ils peuvent vivre indéfiniment à l'intérieur de la cellule. Il est probable qu'au moins une partie de la population bactérienne demeure viable. Chez les femmes, la coloration de Gram de l'exsudat n'est pas une technique diagnostique aussi fiable. Habituellement, on prélève un échantillon endocervical et un échantillon sur le col de l'utérus et on les met en culture dans un milieu spécifique. En plus de requérir des nutriments particuliers, cette bactérie doit être mise en culture dans une atmosphère enrichie au dioxyde de carbone (CO_2).

En raison de la grande sensibilité du gonocoque à la dessiccation et aux variations de température, il faut que le prélèvement soit donné directement au technicien de laboratoire ou qu'il soit déposé dans un milieu particulier pour le maintenir en vie durant son transport et avant sa mise en culture, même si la période est courte. Sa mise en culture permet de mesurer sa sensibilité aux antibiotiques. Si les spécimens qui parviennent au laboratoire sont de mauvaise qualité, le diagnostic exact de la gonorrhée est difficile à établir; or, sans dépistage, la transmission de la gonorrhée ne peut être évitée.

Le diagnostic a été facilité par la mise au point d'une méthode ELISA qui, en moins de 3 heures environ, permet de détecter avec une grande précision *N. gonorrhϾ* dans le pus urétral ou dans des prélèvements effectués sur le col de l'utérus avec un tampon d'ouate. D'autres épreuves rapides déjà sur le marché font appel à des anticorps monoclonaux dirigés contre les antigènes situés à la surface du gonocoque. Des tests à base de sondes d'ADN permettent également d'identifier avec précision les isolats de sujets présumés malades.

Le traitement de la gonorrhée

Les directives concernant le traitement de la gonorrhée doivent être révisées souvent pour tenir compte de la résistance, qui ne cesse de gagner du terrain (encadré 21.2). Présentement, dans le cas d'infections des tissus du col de l'utérus, de l'urètre ou du rectum, on recommande d'administrer d'abord des céphalosporines, telles que la ceftriaxone ou la céfixime. La ceftriaxone est aussi recommandée dans les cas d'infections du pharynx. On déconseille les fluoroquinolones en raison de la résistance qui s'est très rapidement établie. Par ailleurs, il faut prescrire en même temps un médicament contre *Chlamydia trachomatis*, sauf si on est sûr qu'il n'y a pas de co-infection par ce microbe (voir plus loin la section « L'urétrite non gonococcique »). Habituellement, on traite aussi les partenaires sexuels des patients pour réduire le risque de réinfection et diminuer l'incidence des ITS en général.

L'urétrite non gonococcique

L'**urétrite non gonococcique**, aussi appelée **urétrite non spécifique**, désigne toute inflammation de l'urètre qui n'est pas due à *N. gonorrhϾ*. Les signes et les symptômes comprennent un écoulement liquidien et une miction douloureuse.

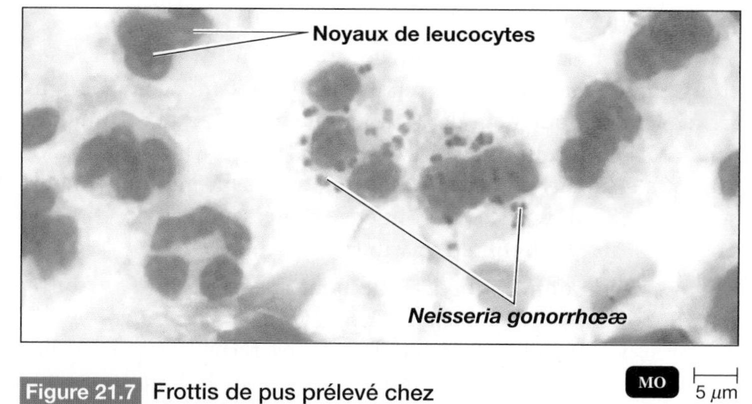

Figure 21.7 Frottis de pus prélevé chez un patient atteint de gonorrhée. *Neisseria gonorrhϾ* est une bactérie à Gram négatif qui se présente par paires de cocci, à l'intérieur des granulocytes neutrophiles qui la phagocytent.

Chlamydia trachomatis

L'agent pathogène le plus souvent associé à l'urétrite non gonococcique est *Chlamydia trachomatis,* un parasite intracellulaire obligatoire. Nombre de sujets atteints de gonorrhée présentent une co-infection par *C. trachomatis*, qui s'attaque aux mêmes cellules prismatiques de l'épithélium que le gonocoque. *C. trachomatis* est aussi responsable du lymphogranulome vénérien, une autre ITS, et du trachome, une infection de l'œil. Nous reviendrons plus loin sur ces deux maladies. Il est à noter qu'il y a 5 fois plus de cas signalés chez la femme que chez l'homme. La bactérie est à l'origine de nombreuses maladies inflammatoires pelviennes chez la femme, ainsi que d'infections de l'œil et de pneumonies chez les bébés nés de mères infectées. En outre, les infections du système génital par les chlamydies sont associées à un risque accru de cancer du col de l'utérus. À ce sujet, il n'est pas clair si la présence des chlamydies constitue un facteur de risque indépendant ou s'il doit y avoir co-infection par le virus du papillome humain (voir plus loin).

En raison du caractère souvent discret des symptômes chez les hommes et de l'absence courante de symptômes cliniques chez les femmes, beaucoup de cas de ce type d'urétrite ne sont pas soignés. Les complications sont rares, mais peuvent être sérieuses. Les hommes peuvent connaître une inflammation de l'épididyme et les femmes, une inflammation des trompes utérines susceptible de causer l'infertilité à la suite de la formation de tissu cicatriciel. Dans près de 60% de ces cas, l'infection peut être d'origine chlamydienne plutôt que gonococcique. On estime que près de 50% des hommes et 70% des femmes ignorent qu'ils sont infectés par la chlamydie.

Pour obtenir un diagnostic, la mise en culture est encore la meilleure méthode, bien qu'elle exige des techniques particulières et qu'elle ne soit pas toujours à la portée du praticien. À l'heure actuelle, on dispose d'un certain nombre d'épreuves qui ne font pas appel à la culture. Plusieurs d'entre elles amplifient et détectent des séquences d'ADN ou d'ARN propres à *C. trachomatis*. Ces tests d'amplification sont rapides, très sensibles (de 80 à 91%) et spécifiques à près de 100%. Toutefois, ils coûtent relativement cher et doivent être réalisés dans un laboratoire au moyen d'appareils spécialisés. On peut utiliser des échantillons d'urine, mais la sensibilité est meilleure si le prélèvement est obtenu par écouvillonnage. On a récemment mis au point un système qui permet aux patients de faire eux-mêmes ce type de prélèvement (urétral ou vaginal, selon le cas), ce que beaucoup d'entre eux trouvent préférable.

En raison des complications graves souvent associées aux infections par *C. trachomatis*, on recommande aux médecins de faire passer systématiquement des examens de dépistage aux femmes de 25 ans et moins qui ont une vie sexuelle active. On recommande aussi ces examens pour d'autres groupes à risque, tels que les personnes célibataires, celles qui ont été exposées à un risque d'ITS et celles qui ont de nombreux partenaires sexuels.

L'urétrite non gonococcique peut aussi être due à d'autres bactéries à part *C. trachomatis.* Ainsi, *Ureaplasma urealyticum,* un membre de la famille des mycoplasmes (bactéries sans paroi cellulaire), peut être responsable d'une urétrite et de l'infertilité. Un autre mycoplasme, *Mycoplasma hominis*, fait partie du microbiote normal vaginal, mais il peut infecter les trompes utérines de manière opportuniste.

Les chlamydies et les mycoplasmes sont sensibles à l'action des antibiotiques de type tétracycline, tels que la doxycycline, ou de la famille des macrolides, tels que l'azithromycine.

Les maladies inflammatoires pelviennes

Le terme « **maladies inflammatoires pelviennes (MIP)** » regroupe toutes les infections bactériennes étendues qui atteignent les organes pelviens de la femme, et en particulier l'utérus, le col de l'utérus, les trompes utérines et les ovaires. Durant les années de fécondité, 1 femme sur 10 souffre de MIP. Sur 4 femmes atteintes, 1 subira de graves complications telles que l'infertilité ou des douleurs chroniques.

Ces maladies sont considérées comme des *infections polymicrobiennes*, c'est-à-dire qu'elles peuvent être causées par plus d'un type d'agent pathogène et sont parfois le résultat d'une co-infection. Les deux microbes les plus courants sont *N. gonorrhϾ* et *C. trachomatis*. La chlamydie cause une MIP qui prend naissance de façon relativement insidieuse et, au début, ne présente pas autant de symptômes inflammatoires que celle due à *N. gonorrhϾ*. Toutefois, elle peut occasionner des lésions plus importantes des trompes utérines, surtout s'il y a plusieurs récidives.

Les bactéries peuvent s'ancrer aux spermatozoïdes et être ainsi transportées de la région cervicale jusqu'aux trompes utérines. Les femmes ayant recours aux moyens de contraception formant une barrière physique, surtout s'ils sont utilisés avec un spermicide, présentent un risque nettement moins élevé de contracter une MIP.

L'infection des trompes utérines, appelée **salpingite**, est la MIP la plus grave. En effet, elle risque d'entraîner la formation de tissus cicatriciels qui bloquent le passage des ovocytes se rendant des ovaires à l'utérus et, par conséquent, qui causent l'infertilité. Un épisode de salpingite provoque l'infertilité dans 10 à 15% des cas; après 3 ou 4 récurrences, entre 50 et 75% des femmes deviennent inféconds. L'obstruction d'une trompe utérine peut entraîner l'implantation d'un ovule fécondé dans la trompe plutôt que dans l'utérus. Cette grossesse, dite *ectopique*, peut mettre en danger la vie de la femme en raison des risques de rupture de la trompe et d'hémorragie. Un nombre croissant de grossesses ectopiques ont été déclarées au cours des dernières années, et cette augmentation est corrélée avec l'incidence croissante des MIP.

Le diagnostic des MIP dépend beaucoup des signes et des symptômes, ainsi que des résultats de laboratoire indiquant une infection du col de l'utérus par un gonocoque ou une chlamydie. La laparoscopie (endoscopie spécialisée) constitue la méthode la plus fiable pour constater l'infection au niveau du col de l'utérus et, par conséquent, pour diagnostiquer les MIP (**figure 21.8**). À l'heure actuelle, le traitement recommandé consiste en l'administration simultanée de doxycycline et de céfoxitine (une céphalosporine). Cette association d'agents est efficace à la fois contre les gonocoques et contre les chlamydies. Ce traitement fait l'objet de révisions constantes.

La syphilis

Les premiers cas de **syphilis** ont été rapportés à la fin du XVe siècle en Europe; on soupçonna alors que les marins de Christophe Colomb avaient ramené la maladie du Nouveau Monde. Quoi qu'il en soit, dès 1547, la syphilis fait l'objet d'une description dans un

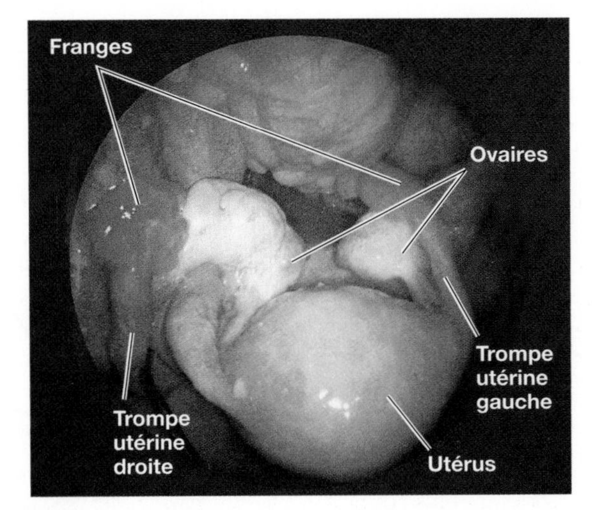

Figure 21.8
Salpingite. Cette photo d'une salpingite, prise à l'aide d'un laparoscope, montre une importante inflammation de la trompe utérine droite ainsi qu'une inflammation et un œdème des franges et de l'ovaire. La trompe gauche n'est que légèrement enflammée.

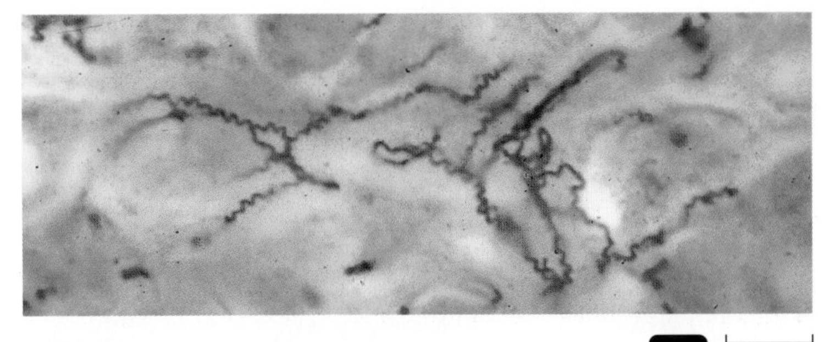

Figure 21.9 ***Treponema pallidum*, agent de la syphilis.** Dans cette micrographie à fond clair, une coloration spéciale, qui consiste en une imprégnation à l'argent, permet de grossir le diamètre du spirochète et de mettre la bactérie en évidence.

texte anglais, où elle est appelée « Morbus Gallicus » (maladie française) et où sa transmission est décrite dans les termes suivants : « Elle se contracte quand une personne pustuleuse commet le péché de la chair avec une autre. »

L'agent de la syphilis est un spirochète à Gram négatif, *Treponema pallidum*, ou tréponème pâle. À l'instar du gonocoque, le tréponème est une bactérie sensible au stress environnemental ; il est rapidement détruit par les variations de température (chaleur ou refroidissement) et par la dessiccation. C'est pourquoi la transmission de la maladie se fait exclusivement par voie sexuelle. Le spirochète a un corps mince et de forme hélicoïdale (**figure 21.9**). Comme il ne possède pas les enzymes nécessaires à la fabrication de nombreuses molécules complexes, il doit emprunter à son hôte divers constituants nécessaires à sa survie. Les souches virulentes ne se cultivent avec succès que dans des cultures cellulaires, à une faible concentration d'O_2 et pour quelques générations seulement, ce qui n'est pas très utile pour établir le diagnostic clinique de la maladie.

Des souches distinctes de *T. pallidum* (*T. pallidum pertenue*) sont responsables de certaines maladies de la peau, telles que le **pian**, propres aux régions tropicales où elles sont endémiques. Ces maladies ne sont pas transmises sexuellement parce que le climat tropical permet à la bactérie de survivre. Récemment, des analyses génétiques des espèces de *Treponema* indiquent que le spirochète du pian, originaire des régions d'Amérique du Sud adjacentes aux Caraïbes, aurait muté et que cette mutation serait intervenue après son introduction en Europe, dont le climat plus froid aurait favorisé avec le temps la sélection des bactéries transmises par contact sexuel.

La syphilis est une ITS répandue dans le monde entier et on dénombre approximativement de 10 à 12 millions de nouvelles infections chaque année. Aux États-Unis, depuis les années 1960, son incidence (**figure 21.10a**) est demeurée assez stable pour atteindre, en 2000, son taux historique le plus bas – ce qui diffère de l'incidence de la gonorrhée pour la même période. Cette relative stabilité de la syphilis par rapport à la gonorrhée est remarquable puisque l'épidémiologie de ces maladies est assez semblable, et qu'il n'est pas rare pour un individu d'être atteint des deux en même temps. La différence observée est en partie attribuable au fait que la syphilis confère une certaine immunité, bien que celle-ci soit imparfaite, alors que la gonorrhée n'en procure pas du tout. En 2006, l'incidence de la syphilis était de 3,3 pour 100 000 habitants, ce qui indique une recrudescence de l'affection. Pour 2010, la cible de la Santé publique était de faire chuter le taux à 0,2 cas pour 100 000 personnes.

Au Canada, l'incidence de la syphilis a fortement diminué à partir de 1991, au point que la maladie a presque été éliminée ; les provinces du centre du pays ont même connu des taux nuls pendant trois années consécutives. Cependant, à partir de 2000, on assiste à une remontée constante des cas de syphilis chez les hommes (**figure 21.10b**). Les problèmes socioéconomiques des grandes villes associés à l'usage des drogues et à la prostitution sont des facteurs qui contribuent à la transmission de la maladie.

Q/R *T. pallidum* ne possède pas de facteurs de virulence évidents tels que des toxines, mais la bactérie produit plusieurs lipoprotéines qui déclenchent une réaction inflammatoire. C'est cette dernière, croit-on, qui provoque la destruction tissulaire associée à la maladie. Très peu de temps après l'infection, les bactéries spiralées au corps très mince gagnent la circulation sanguine et envahissent les tissus profonds, traversant sans difficulté les jonctions entre les cellules. Leur déplacement en tire-bouchon leur permet de nager facilement dans les milieux organiques à consistance gélatineuse. Q/R

La syphilis se transmet par contact sexuel de toute nature, par l'intermédiaire des organes génitaux infectés ou d'autres régions du corps contaminées. La période d'incubation est de 3 semaines en moyenne, et sa durée varie de 10 à 90 jours. L'infection passe par plusieurs stades.

Le stade primaire

Le *stade primaire*, après la période d'incubation, se caractérise par l'apparition, habituellement au site de l'infection, d'un *chancre*, qui est une petite ulcération à la base indurée (**figure 21.11a**). Le chancre est indolore, et un exsudat de liquide hautement infectieux se forme en son centre. La lésion disparaît en quelques semaines. Aucun des signes ou des symptômes ne suscite d'inquiétude chez le sujet atteint. En fait, beaucoup de femmes ne soupçonnent même

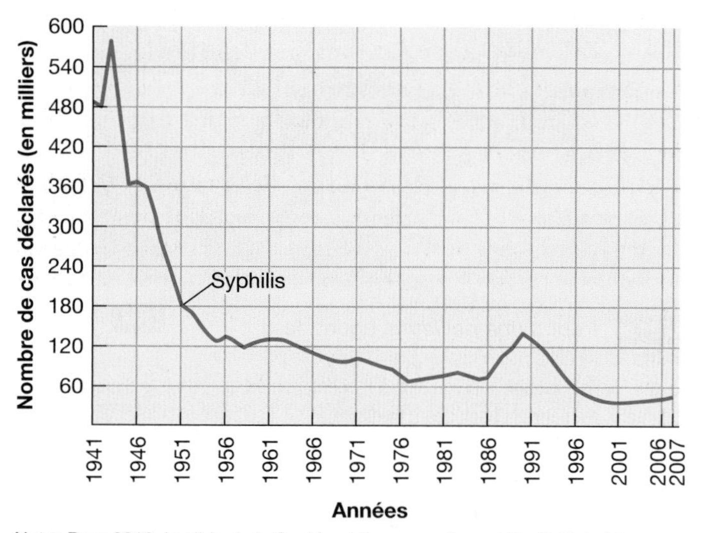

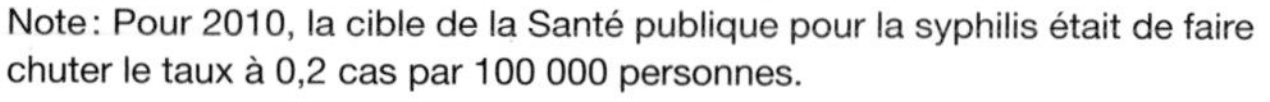
Note : Pour 2010, la cible de la Santé publique pour la syphilis était de faire chuter le taux à 0,2 cas par 100 000 personnes.

a) Incidence de la syphilis aux États-Unis entre 1941 et 2007. (Source : CDC, *STI Surveillance*, 13 novembre 2007.)

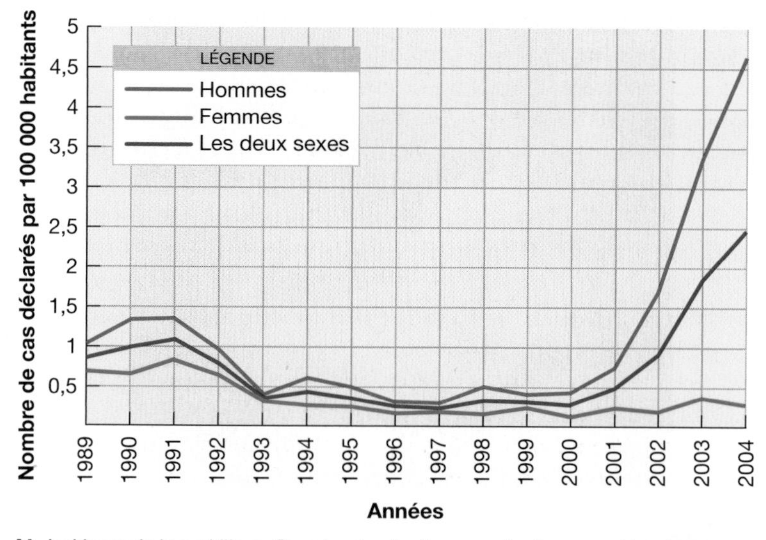

b) Incidence de la syphilis au Canada, chez les hommes, les femmes et les deux sexes, tous âges confondus, entre 1989 et 2004. Depuis 2000, les infections syphilitiques sont en hausse constante. Chez les hommes, en 1997, le taux était de 0,31 et en 2004, de 4,74 pour 100 000 personnes. (Source : Centre de prévention et de contrôle des maladies infectieuses, Agence de la santé publique du Canada, 2006.)

Figure 21.10 **Incidence de la syphilis primaire et secondaire aux États-Unis et au Canada.**

pas la présence du chancre, qui est souvent situé sur le col de l'utérus. Chez les hommes, la lésion se forme parfois dans l'urètre et est donc invisible. C'est à ce stade que la bactérie pénètre dans la circulation sanguine et le système lymphatique, et se répand dans l'ensemble de l'organisme.

Le stade secondaire

Plusieurs semaines après le stade primaire, qui est de durée variable, la maladie entre dans le *stade secondaire*. Ce stade se caractérise essentiellement par l'apparition d'éruptions cutanées (rash) dont les manifestations varient (**figure 21.11b**). L'éruption s'étend sur tout le corps, y compris la paume des mains et la plante des pieds, et se rencontre également sur les muqueuses de la bouche, de la gorge et du col de l'utérus. Les atteintes tissulaires observées à ce stade, et plus tard au stade tertiaire, sont causées par une réaction inflammatoire aux complexes immuns qui se forment dans la circulation et se déposent à divers endroits du corps. Parmi les autres signes et symptômes, on observe souvent la chute des cheveux par plaques, un malaise et une fièvre légère. Quelques personnes peuvent être atteintes de troubles neurologiques.

À cette étape, les lésions de l'éruption contiennent de nombreux spirochètes et sont très infectieuses. La transmission par contact sexuel s'effectue pendant les stades primaire et secondaire. Les dentistes et autres travailleurs de la santé exposés au liquide des lésions syphilitiques peuvent être infectés par des spirochètes qui pénètrent leur organisme par des éraflures cutanées minuscules. Cette transmission par voie non sexuelle est possible mais rare si l'on applique correctement des mesures de prévention, telles que le port de gants et le lavage antiseptique des mains après que les analyses sont terminées. Par ailleurs, les microbes ne survivent pas longtemps sur les surfaces et il est très peu probable qu'ils soient transmis par l'intermédiaire d'objets ; il est donc pratiquement impossible que la syphilis soit contractée à partir d'un siège de toilette. La syphilis secondaire est une maladie discrète ; au moins la moitié des patients qui atteignent ce stade ne se rappellent pas avoir eu des lésions. Les symptômes se dissipent généralement dans les trois mois qui suivent leur apparition.

La période de latence

Les symptômes du stade secondaire de la syphilis disparaissent au bout de quelques semaines, et la maladie entre dans une *période de latence*. Durant cette période, aucun symptôme ne se manifeste. Au bout de 2 à 4 ans de latence, la maladie n'est pas infectieuse normalement, sauf en cas de transmission de la mère au fœtus. Dans la majorité des cas, la maladie ne progresse pas au-delà de la période de latence, même en l'absence de traitement.

Le stade tertiaire

Comme les symptômes de la syphilis primaire et secondaire ne sont pas invalidants, il arrive que des sujets entrent dans la période de latence sans avoir consulté de médecin. Dans plus de 25 % des cas non traités, la maladie réapparaît au *stade tertiaire*. Cette phase ne survient qu'au bout d'un intervalle de nombreuses années, parfois 10 ans, après le début de la période de latence.

T. pallidum possède une couche externe de lipides (c'est une bactérie à Gram négatif) qui ne suscite qu'une très faible réponse immunitaire, en particulier de la part des protéines du complément qui détruisent normalement les cellules bactériennes. On l'a d'ailleurs surnommé l'agent « Téflon ». Néanmoins, il est probable que la plupart des signes et des symptômes du stade tertiaire sont dus à des réactions immunitaires adaptatives de l'organisme (à médiation cellulaire) dirigées contre les spirochètes survivants.

La **gomme syphilitique** est une lésion inflammatoire formée d'un tissu élastique, qui se manifeste sur de nombreux organes – les plus communs étant la peau (**figure 21.11c**), les muqueuses et les os, et ce, après une période d'environ 15 ans. Bien que beaucoup de ces lésions ne soient pas très dangereuses, certaines deviennent ulcéreuses et peuvent sérieusement endommager les tissus, notamment perforer le palais et nuire à l'élocution. On observe rarement ce type de gomme depuis l'avènement de l'antibiothérapie.

La **syphilis cardiovasculaire** atteint le système cardiovasculaire; dans les cas graves, la paroi de l'aorte se trouve affaiblie, ce qui peut entraîner un anévrisme. La **neurosyphilis** atteint 10% des patients non traités. Comme elle peut affecter différentes régions du système nerveux central, les signes et les symptômes varient considérablement. Le patient peut souffrir de troubles de la personnalité, de paralysie générale ou partielle, d'épilepsie, de perte de coordination des mouvements volontaires (tabès), d'aphasie, de cécité, de surdité ou d'incontinence urinaire et fécale. On trouve très peu de spirochètes, voire aucun, dans les lésions du troisième stade de la syphilis. C'est pourquoi on considère que les patients ne sont pas très infectieux. Aujourd'hui, il est rare que la syphilis évolue jusqu'à ce stade. Toutefois, si elle n'est pas traitée, la syphilis tertiaire est mortelle.

La syphilis congénitale

La **syphilis congénitale** constitue l'une des formes de syphilis les plus dangereuses et les plus affligeantes. Cette affection est transmise au fœtus par l'intermédiaire du placenta. Parmi les conséquences les plus graves de la maladie, on compte l'ostéochondrite, le retard mental et d'autres signes neurologiques. On observe surtout ce type d'infection lorsque la grossesse a lieu au cours de la période de latence de la maladie. Si la grossesse survient durant le stade primaire ou secondaire, elle se termine souvent par un accouchement prématuré ou une fausse couche. On peut généralement prévenir la transmission congénitale en traitant la mère avec des antibiotiques pendant les deux premiers trimestres.

Le diagnostic de la syphilis

Il est difficile de poser le diagnostic de la syphilis parce que chaque stade de la maladie requiert des méthodes distinctes de détection. Les épreuves peuvent être regroupées en trois grandes catégories: l'examen microscopique, les tests non tréponémiques et les tests tréponémiques. Pour le dépistage, les laboratoires utilisent soit un test non tréponémique, soit l'examen microscopique d'un exsudat de lésions (lorsque ces dernières sont présentes). Si le résultat est positif, on confirme le diagnostic par un test tréponémique.

Au stade primaire, il faut avoir recours à l'*examen microscopique* pour détecter la syphilis, car les tests sérologiques ne sont pas fiables; en effet, les anticorps requièrent de 1 à 4 semaines pour se développer et l'humain peut être porteur de tréponèmes non pathogènes très semblables à *T. pallidum*. Les spirochètes peuvent être décelés dans les exsudats de lésions humides par microscopie à fond noir; notez que les lésions sèches contiennent peu de microbes vivants, voire aucun. On utilise ce type de microscope parce que la bactérie est difficile à colorer et que son petit diamètre, d'environ 0,2 μm seulement, est à la limite inférieure de résolution du microscope à fond clair. On utilise aussi une réaction immunologique directe (DFA-TP pour *direct fluorescent-antibody test*) utilisant des anticorps monoclonaux (figure 26.10a EN LIGNE) qui permet à la fois de mettre en évidence la bactérie et de l'identifier. Par ailleurs, il existe une technique d'imprégnation à l'argent grâce à laquelle on peut colorer *T. pallidum* et l'observer par microscopie à fond clair (figure 21.9).

Au stade secondaire, quand le spirochète a envahi presque tous les organes, les épreuves sérologiques (tests tréponémiques et non tréponémiques) présentent une réaction positive. Les *tests non tréponémiques* (aussi appelés non spécifiques) ne mettent pas en évidence des anticorps produits contre les spirochètes eux-mêmes; ils détectent plutôt des anticorps appelés réagines. Il semble que, chez les syphilitiques, les réagines soient sécrétées lors d'une réponse immunitaire dirigée contre des lipides tissulaires. Ainsi, l'antigène utilisé dans ce type de test n'est pas le spirochète lui-même, mais un extrait de cœur de bœuf (cardiolipide) qui contient des lipides similaires à ceux qui stimulent la production des réagines chez l'humain syphilitique. Les tests non tréponémiques ne permettent de détecter que de 70 à 80% des cas de syphilis primaire, mais ils détectent 99% des cas de syphilis secondaire. Par exemple, on a recours au **test du VDRL** (pour *Venereal Disease Research Laboratory*) et au **test du RPR** (pour *rapid plasma reagin*), une technique diagnostique similaire mais plus simple et plus rapide, pour dépister la maladie. Le test non tréponémique le plus récent est une méthode ELISA utilisant le même antigène que celui du VDRL.

À l'heure actuelle, les *tests tréponémiques* utilisent des antigènes de *T. pallidum* pour détecter dans le sérum d'une personne la présence d'anticorps dirigés contre le spirochète. Certains essais fondés

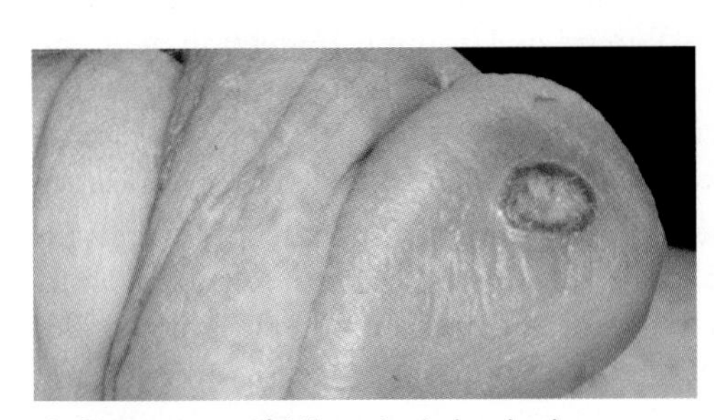

a) Chancre caractéristique du stade primaire, situé sur le pénis

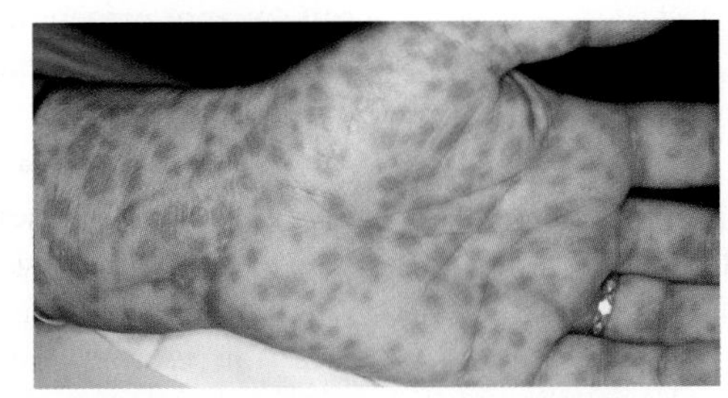

b) Éruptions cutanées caractéristiques du stade secondaire, situées sur le poignet et la paume de la main; ce type de lésion peut apparaître sur l'ensemble du corps.

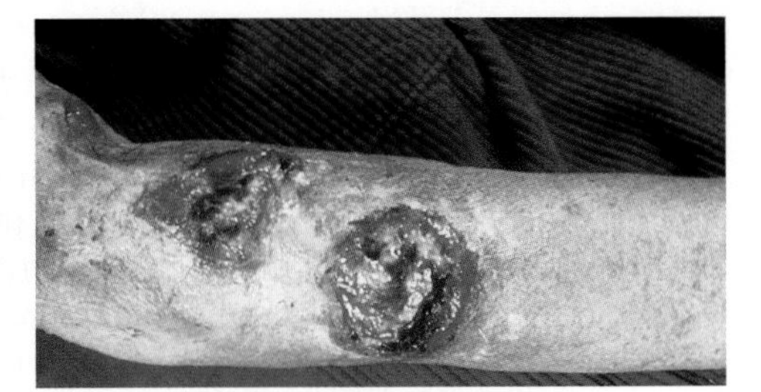

c) Gommes caractéristiques du stade tertiaire, situées sur la face externe du bras

Figure 21.11 Lésions typiques associées aux différents stades de la syphilis.

sur les **méthodes immunoenzymatiques** sont utilisés dans un grand nombre de laboratoires et permettent un criblage à haut débit. Il existe aussi des tests de diagnostic rapide qui peuvent être réalisés dans le cabinet du médecin à partir d'une goutte de sang prélevée au bout du doigt par ponction capillaire. Toutefois, il n'est pas possible de déterminer par ces tests s'il s'agit d'une infection évolutive ou antérieure. Pour le savoir, il faut habituellement faire appel à un grand laboratoire.

La confirmation du diagnostic s'obtient au moyen de tests tréponémiques. Par exemple, le **test du FTA-ABS** (pour *fluorescent treponemal antibody absorption test*) est une technique d'immunofluorescence indirecte utilisant des anticorps fluorescents (figure 26.10b EN LIGNE). Les tests spécifiques ne peuvent servir au dépistage, car dans environ 1 % des résultats, on obtient des faux positifs. Cependant, un résultat positif aux tests spécifiques et aux tests non spécifiques assure un diagnostic de très grande fiabilité.

Le traitement de la syphilis

La maladie se traite couramment par la benzathine, une pénicilline à effet prolongé qui demeure dans l'organisme durant 2 semaines environ. La concentration sérique de l'antibiotique est faible, mais le spirochète y est très sensible.

Pour les personnes allergiques aux pénicillines, plusieurs autres antibiotiques, notamment l'azithromycine, la doxycycline et la tétracycline, se sont aussi avérés efficaces. L'antibiothérapie administrée pour traiter la gonorrhée et d'autres infections n'élimine pas la syphilis, car la durée du traitement est généralement trop courte pour avoir un effet sur le spirochète, qui croît lentement.

Le lymphogranulome vénérien

Un certain nombre d'ITS rares en Amérique du Nord surviennent fréquemment dans les régions tropicales. Par exemple, *Chlamydia trachomatis,* l'agent causal du trachome (infection de l'œil) et le principal responsable de l'urétrite non gonococcique, provoque également le **lymphogranulome vénérien**, une affection des zones tropicales et subtropicales. Il semble que la maladie soit causée par une souche de *C. trachomatis* invasive qui tend à infecter les tissus lymphoïdes.

Les microbes envahissent le système lymphatique. Les nœuds lymphatiques enflent et deviennent douloureux à la pression. Une suppuration (écoulement de pus) peut aussi survenir. L'inflammation des nœuds provoque la formation d'un tissu cicatriciel qui obstrue parfois les vaisseaux lymphatiques. Cette obstruction peut conduire à une tuméfaction des organes génitaux externes chez l'homme ; lorsque les nœuds de la région rectale sont atteints chez la femme, on observe un rétrécissement du rectum. Ces affections peuvent requérir une chirurgie.

À des fins de diagnostic, le pus des nœuds lymphatiques infectés est parfois prélevé. Les chlamydies sont mises en évidence par une coloration à l'iode. On les observe dans les cellules infectées, où elles forment des amas qui ressemblent à des inclusions. La bactérie isolée peut aussi être mise en culture dans des cellules ou dans des œufs embryonnés. L'administration de doxycycline est le traitement de prédilection.

Le chancre mou

L'ITS connue sous le nom de **chancre mou** se rencontre surtout dans les pays tropicaux, où elle est plus fréquente que la syphilis. L'affection est très courante en Afrique, en Asie et en Amérique latine. En Amérique du Nord, l'incidence du chancre mou, comme celle de la syphilis, est étroitement associée à la consommation de drogues. Parce que les médecins voient rarement la maladie et que son diagnostic est difficile, le nombre de cas est probablement sous-estimé.

Le chancre mou se caractérise par un ulcère enflé et douloureux qui siège sur les parties génitales et infecte les nœuds lymphatiques adjacents.

Les nœuds lymphatiques infectés de la région de l'aine se rompent parfois, entraînant un écoulement de pus. Ce type de lésions joue un rôle important dans la transmission par voie sexuelle du VIH, notamment en Afrique. Des lésions peuvent aussi apparaître sur d'autres parties du corps telles que la langue et les lèvres. L'agent du chancre mou est *Hæmophilus ducreyi*, un petit bacille à Gram négatif que l'on peut isoler des exsudats des lésions. Le diagnostic est établi à partir des symptômes et de la culture des prélèvements. Les antibiotiques recommandés pour traiter l'infection comprennent l'érythromycine et la ceftriaxone (une céphalosporine).

La vaginose bactérienne

L'inflammation du vagin due à une infection s'appelle **vaginite** ; elle est habituellement causée par l'un des trois microbes suivants : le mycète *Candida albicans,* le protozoaire *Trichomonas vaginalis* ou la bactérie *Gardnerella vaginalis,* petit bacille pléomorphe à Gram variable (encadré 21.3). La plupart des vaginites sont attribuables à *G. vaginalis*. Cependant, l'infection causée par cette dernière ne s'accompagne d'aucun signe d'inflammation. De ce fait, elle n'est pas à proprement parler une vaginite, et il est préférable de l'appeler **vaginose bactérienne**.

Du point de vue écologique, la vaginose bactérienne demeure mystérieuse. On croit qu'elle survient à la suite d'un événement quelconque qui occasionne une diminution du nombre de bactéries du genre *Lactobacillus*, lesquelles produisent normalement du peroxyde d'hydrogène. L'équilibre des espèces en concurrence dans le microbiote se trouve perturbé, ce qui permet à d'autres bactéries, notamment *G. vaginalis*, de proliférer et de produire des amines qui contribuent à la hausse du pH. On présume que ces diverses bactéries, qui pour la plupart résident normalement dans le vagin des femmes asymptomatiques, sont métaboliquement interdépendantes. La situation ainsi créée ne se prête pas à l'application des postulats de Koch pour déterminer la cause précise de l'affection. Il n'existe pas d'infection équivalente chez les hommes, bien que *Gardnerella* soit souvent présent dans l'urètre de l'homme. L'affection peut être transmise sexuellement, mais elle touche aussi des femmes qui n'ont pas une vie sexuelle active. On trouve souvent le microbe dans le microbiote vaginal de femmes qui ne manifestent pas de symptômes.

La vaginose bactérienne apparaît lorsque le pH du vagin s'élève au-dessus de 4,5. Cette infection se caractérise par un écoulement vaginal mousseux, habituellement abondant. Lorsqu'elles sont traitées avec quelques gouttes d'une solution de peroxyde de potassium (KOH, *Wiff test*), ces sécrétions vaginales dégagent une forte odeur poissonneuse due à la présence d'amines produites par *G. vaginalis.* Le diagnostic repose sur l'odeur de poisson, le pH vaginal et l'observation au microscope de certaines cellules typiques présentes dans les sécrétions. Il s'agit en fait de cellules épithéliales détachées du vagin et tapissées de bactéries ; cet aspect des cellules est évocateur d'une infection à *G. vaginalis* (**figure 21.12**). On considérait autrefois que cette maladie était plus désagréable que grave, mais on croit aujourd'hui qu'elle constitue l'un des facteurs responsables de la naissance de nombreux enfants prématurés et de nombreux bébés au faible poids de naissance.

Le traitement consiste principalement en l'administration de métronidazole, un agent qui élimine les bactéries anaérobies favorisant la maladie, mais qui permet aux lactobacilles du microbiote normal de coloniser à nouveau le vagin. Le traitement par des gels d'acide acétique ou par des bactéries productrices d'acide lactique mises en culture (y compris le yogourt) n'a pas donné de résultats concluants.

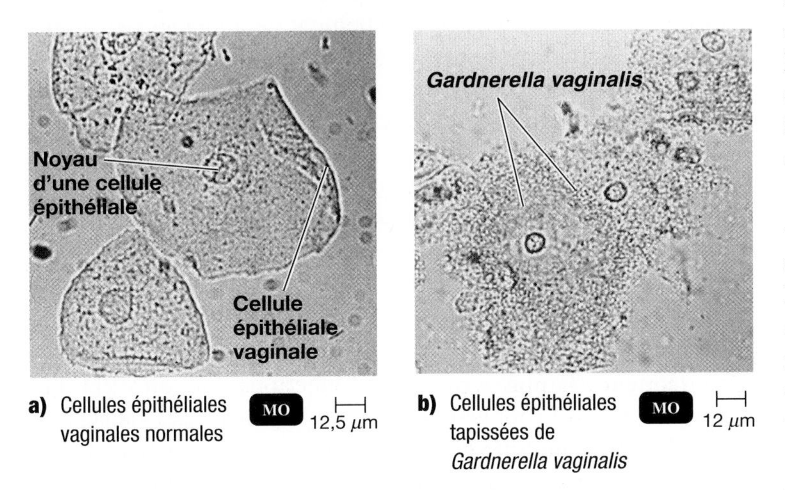

a) Cellules épithéliales vaginales normales

b) Cellules épithéliales tapissées de *Gardnerella vaginalis*

Figure 21.12 **Frottis de cellules épithéliales vaginales.**

▶ Vérifiez vos acquis

Pourquoi l'affection du système génital de la femme, caractérisée principalement par la croissance de *Gardnerella vaginalis*, s'appelle-t-elle *vaginose* plutôt que *vaginite*? **21-6**

Les viroses du système génital

▶ Objectifs d'apprentissage

21-7 Décrire la chaîne épidémiologique qui conduit aux infections virales suivantes: l'herpès génital et les condylomes acuminés. Préciser notamment les facteurs de virulence de l'agent pathogène, ses principaux réservoirs, ses modes de transmission, ses portes d'entrée, les facteurs prédisposants de l'hôte réceptif, le mécanisme physiopathologique qui mène à l'apparition des principaux signes et symptômes de la maladie infectieuse (s'il y a lieu) et les moyens thérapeutiques et les épreuves de diagnostic (s'il y a lieu).

21-8 Décrire le mécanisme physiopathologique qui conduit à la récurrence de l'herpès génital et nommer les circonstances qui la favorisent.

Étant donné qu'il est difficile de traiter de manière efficace les viroses du système génital, ces maladies constituent un problème de santé publique de plus en plus préoccupant.

L'herpès génital

L'**herpès génital** est une ITS bien connue, généralement due à *Herpes simplex virus* type 2 (HSV-2) – famille des *Herpesviridæ*, virus à ADN double brin, enveloppé (tableau 8.2). (Il existe deux types de virus appartenant au genre *Simplexvirus*: le type 1 et le type 2.) *Herpes simplex virus* type 1 est surtout responsable des boutons de fièvre (chapitre 16), mais il peut aussi causer l'herpès génital.

Aux États-Unis, 25 % des personnes de plus de 30 ans sont infectées par le HSV-2, la plupart à leur insu. On observe une augmentation marquée des infections génitales par le HSV-1. Celles-ci se transmettent habituellement par les relations sexuelles buccogénitales. Environ la moitié des cas d'herpès génital au pays sont de ce type.

Les lésions d'herpès génital surviennent après une période d'incubation inférieure à une semaine et entraînent une sensation de brûlure. Puis, des vésicules apparaissent (**figure 21.13**). Chez l'homme comme chez la femme, la miction peut être douloureuse et le sujet éprouve de la difficulté à marcher; le patient est même incommodé par le frottement des vêtements. D'ordinaire, les vésicules guérissent en une quinzaine de jours.

Les vésicules contiennent un liquide infectieux mais, très souvent, la maladie est transmise alors que les lésions ou les signes et symptômes ne sont pas encore apparents. Le sperme peut renfermer le virus. Les préservatifs n'offrent pas nécessairement une protection contre l'infection car, chez la femme, les vésicules sont habituellement situées sur les organes génitaux externes (rarement sur le col de l'utérus ou dans le vagin) et, chez l'homme, elles peuvent se trouver à la racine du pénis.

Parmi les caractéristiques les plus inquiétantes de l'herpès génital, on compte les récurrences potentielles. Volontiers cité par les médecins, l'adage « contrairement à l'amour, l'herpès dure toujours » comporte un fond de vérité. En effet, à l'instar de virus responsables d'autres infections herpétiques, telles que les boutons de fièvre ou la varicelle, le virus demeure à l'état latent dans les cellules des ganglions nerveux de la région génitale, et ce, tout au long de la vie. Certains sujets connaissent plusieurs récurrences par année alors que chez d'autres, elles sont rares. Les hommes y sont plus susceptibles que les femmes. Il semble que la réactivation du virus soit déclenchée par plusieurs facteurs, y compris le stress émotionnel, les menstruations, la maladie (surtout si cette dernière s'accompagne de fièvre, facteur qui influe également sur l'éclosion des boutons de fièvre), et même le réflexe de gratter la région touchée. Environ 88 % des patients infectés par le HSV-2 et environ 50 % de ceux contaminés par le HSV-1 connaîtront des récurrences. Si

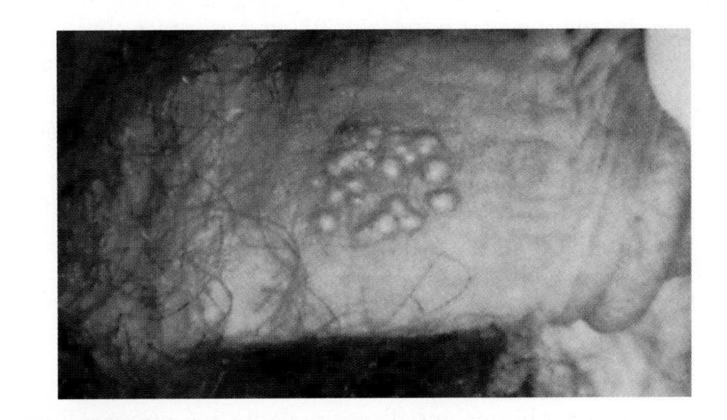

Figure 21.13 **Vésicules d'herpès génital sur un pénis.**

un individu est amené à en subir, la première apparaîtra généralement dans les 6 mois qui suivent l'infection initiale. Les récurrences diminuent avec le temps indépendamment du traitement.

Pour établir le diagnostic, on prélève le virus d'une vésicule. On peut ensuite le mettre en culture pour l'identifier. Toutefois, l'amplification en chaîne par polymérase à partir du prélèvement s'avère plus sensible et peut être plus rapide. S'il n'y a pas de lésions pour faire un prélèvement, on peut avoir recours aux tests sérologiques afin de dépister l'infection ou de confirmer un diagnostic clinique fondé sur les symptômes.

Il n'y a pas de traitement curatif pour l'herpès génital, bien que des recherches sur sa prévention et son traitement se poursuivent sans relâche. Ainsi, lorsqu'il est question de chimiothérapie, on parle d'*atténuation* ou de *maîtrise* des symptômes plutôt que de *guérison*. L'acyclovir et d'autres agents antiviraux tels que le famciclovir et le valacyclovir présentent une certaine efficacité pour soulager les symptômes d'une primo-infection ; la douleur et certains symptômes sont quelque peu allégés et les vésicules disparaissent plus rapidement. L'administration continue d'agents antiviraux pendant plusieurs mois après l'infection semble diminuer les risques de récurrence durant cette période. Des études récentes indiquent que la prise quotidienne de valacyclovir réduit la transmission sexuelle de l'herpès génital de façon significative. À l'heure actuelle, il n'existe pas de vaccin.

L'herpes néonatal

L'**herpès néonatal** est une maladie grave que toute femme en âge de procréer devrait prendre en considération. En effet, le virus peut traverser la barrière placentaire et infecter le fœtus. Il peut en résulter une fausse couche ou de graves atteintes fœtales telles qu'un retard mental et un défaut de la vision ou de l'ouïe. L'herpès chez le nouveau-né est susceptible d'avoir de très graves conséquences si la primo-infection chez la mère a lieu durant la grossesse. C'est pourquoi toute femme enceinte sans antécédent d'herpès génital doit éviter tout contact sexuel avec un partenaire susceptible d'être porteur du virus. Le fœtus ou le nouveau-né encourt des dommages moins probables (par un facteur de 10 environ) lorsqu'il est exposé à un herpès récurrent ou asymptomatique. Il semble que les anticorps maternels aient un certain pouvoir protecteur.

En pratique, on considère que le fœtus est infecté si le virus peut être mis en culture à partir d'un échantillon de liquide amniotique. Même s'il n'est pas touché, le fœtus risque tout de même d'être infecté lors de son passage dans la filière pelvigénitale. Il faut donc prendre des mesures pour le protéger. Les signes cliniques de l'infection ne sont pas toujours visibles et les méthodes décelant le virus chez les porteurs asymptomatiques ne sont pas très fiables. Par conséquent, le dépistage est peu utile. Dans les cas où les lésions virales sont évidentes au moment de la naissance, on suggère souvent de procéder à une césarienne. Il est nécessaire d'effectuer l'opération avant que la membrane fœtale se déchire et que le virus se dissémine dans l'utérus.

Les condylomes acuminés

Les **condylomes acuminés**, communément appelés *verrues génitales*, sont des manifestations d'une maladie infectieuse. Depuis 1907, on connaît son agent causal, le virus du papillome humain (VPH) – famille des *Papovaviridæ*, virus à ADN double brin, sans enveloppe (tableau 8.2). Dans la majorité des cas, ce virus est transmis par contact sexuel ; cependant, on ne sait pas toujours que les condylomes peuvent se transmettre sexuellement, ce qui fait de cette maladie une ITS de plus en plus répandue. Il existe plus de 60 sérotypes de *Papillomavirus*. En 2000 au Canada, on estimait que la prévalence de l'infection, tous sérotypes confondus, atteignait de 20 à 33 % de la population féminine. Aux États-Unis, l'infection atteindrait plus de 25 % des femmes âgées de 14 à 59 ans, constat qui place les condylomes parmi les ITS les plus répandues.

La transmission s'effectue par contact direct avec les organes génitaux ou d'autres parties du corps d'une personne infectée. La période d'incubation dure habituellement de quelques semaines à plusieurs mois. L'apparition de condylomes est le signe d'une infection par le VPH. Sur le plan morphologique, certains condylomes sont très étendus et forment des excroissances multiples en chou-fleur. D'autres sont relativement lisses ou plats (**figure 21.14**). L'infection peut aussi être asymptomatique ; il faut alors faire le dépistage des lésions microscopiques. Chez la femme, le frottis cervicovaginal ou test de Pap (du nom du docteur Papanicolaou, qui l'a mis au point) sert à détecter le virus au niveau du col de l'utérus.

La majorité des cas de condylomes acuminés sont causés par les sérotypes 6 et 11, lesquels sont rarement à l'origine de cancers – conséquence la plus sérieuse des infections dues au VPH. Les sérotypes 16 et 18 sont responsables de la plupart des cancers du col de l'utérus, quoique leur prévalence soit relativement faible. Chez les hommes, le VPH peut causer le cancer du pénis. Les condylomes chez la femme sont beaucoup plus susceptibles d'être précancéreux que les condylomes chez l'homme. Des recherches récentes laissent supposer que certains sérotypes de VPH pourraient aussi favoriser l'apparition de cancers oto-rhino-laryngologiques.

En raison de leur relation avec le cancer, les condylomes doivent être traités. Dans approximativement 90 % des cas, on obtient leur résorption dans les 2 ans. Deux gels, le podofilox et l'imiquimod, s'avèrent souvent efficaces. L'activité antivirale de l'imiquimod (Aldara) semble liée au fait que ce gel stimule la production d'interférons. Par ailleurs, les techniques de cryothérapie (à l'azote liquide), de lasérothérapie et de chirurgie habituellement efficaces contre les verrues ne le sont pas autant contre les condylomes. Il faut cependant se rappeler que, comme dans le cas de l'herpès, on peut se débarrasser des verrues mais pas du virus, qui reste dans l'organisme.

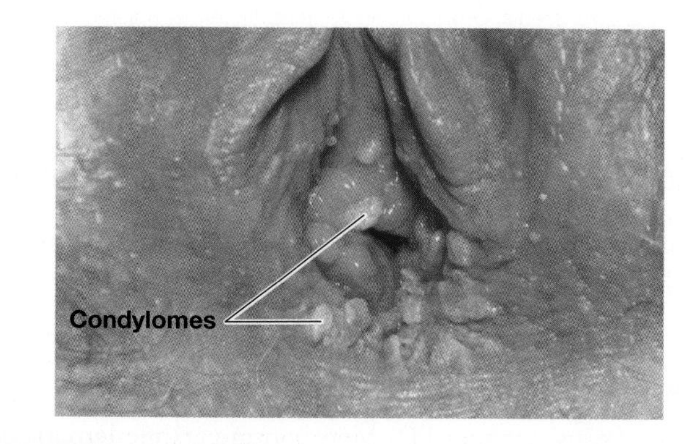

Figure 21.14 Condylomes sur une vulve.

Deux vaccins inactivés sous-unitaires contre le VPH sont distribués au Canada (tableau 26.2 EN LIGNE) : un vaccin bivalent (Cervarix) contre les sérotypes 16 et 18, et un vaccin quadrivalent (Gardasil) contre les sérotypes 6, 11, 16 et 18. Ils sont préparés à partir de pseudoparticules virales purifiées (non infectieuses) comprenant la principale protéine (L1) de la capside des VPH. Tous les ans depuis 2008, la vaccination contre le VPH est offerte gratuitement en milieu scolaire aux filles en 4e année du primaire et en 3e année du secondaire. En général, on cible les femmes qui ont entre 9 et 26 ans et, dans le meilleur des cas, on l'administre avant les premières relations sexuelles. Même si une personne a déjà fait une infection par le VPH, elle peut recevoir le vaccin parce que l'immunité adaptative est spécifique du sérotype de VPH. En 2011, l'Institut national de santé publique a eu le mandat d'étudier la possibilité de donner aussi ce vaccin gratuitement aux garçons au cours des prochaines années afin de réduire la probabilité pour une femme d'avoir une relation sexuelle avec un individu porteur du VPH.

Le sida

Le sida est une maladie virale fréquemment transmise sexuellement. Étant donné qu'il touche le système immunitaire, nous l'avons étudié au chapitre 13. Rappelez-vous que les lésions résultant de nombreuses infections bactériennes ou virales transmises sexuellement favorisent la contamination et la transmission du VIH.

▸ Vérifiez vos acquis

L'herpès génital et les condylomes acuminés sont causés par des virus ; lequel de ces virus présente le plus grand danger lors d'une grossesse ? **21-7**

Quels facteurs sont susceptibles de déclencher la réactivation du virus HSV-2 ? **21-8**

Une mycose du système génital

▸ Objectif d'apprentissage

21-9 Nommer l'agent responsable de la candidose, les facteurs prédisposants de l'hôte réceptif, les signes et les symptômes de la maladie, de même que la méthode de diagnostic et les traitements.

La mycose que nous décrivons dans cette section est l'*infection à levure* bien connue qui fait l'objet d'annonces publicitaires pour des médicaments vendus sans ordonnance.

La candidose

Candida albicans est un mycète levuriforme qui croît souvent sur les muqueuses de la bouche, de l'intestin et des voies urogénitales. L'infection découle habituellement de la prolifération opportuniste du microorganisme lorsque le microbiote normal est détruit par des antibiotiques ou par d'autres facteurs. Comme nous l'avons vu au chapitre 16, *C. albicans* provoque la **candidose buccale**, ou muguet. La levure est également responsable de quelques cas occasionnels d'urétrite non gonococcique chez l'homme et de la **candidose vulvovaginale**, qui est la vaginite la plus courante. Près de 75 % des femmes connaissent au moins un épisode de la maladie au cours de leur vie. De 85 à 90 % des cas sont attribuables à *C. albicans*. Les infections par d'autres espèces, telles que *C. glabrata*, sont plus susceptibles d'être résistantes aux antifongiques et de devenir chroniques ou récurrentes.

Les lésions de la candidose vulvovaginale ressemblent à celles du muguet, mais sont plus irritantes et s'accompagnent de fortes démangeaisons et de sécrétions épaisses, jaunes, caséeuses, inodorantes ou à odeur de levure. *C. albicans*, qui est l'espèce de *Candida* responsable dans la plupart des cas, est un agent pathogène opportuniste. Les facteurs prédisposant à l'infection comprennent l'utilisation de contraceptifs oraux et la grossesse, qui font augmenter le taux de glycogène dans le vagin (voir l'exposé sur le microbiote vaginal normal au début de ce chapitre). Le diabète mal équilibré et l'antibiothérapie sont aussi des facteurs prédisposant à la vaginite à *C. albicans*. L'utilisation d'un antibiotique à large spectre détruit le microbiote bactérien normal et son effet barrière, ce qui laisse la place aux levures opportunistes. La vaginite est la plupart du temps d'origine endogène. Par conséquent, il ne s'agit pas d'une ITS. Cependant, il arrive qu'une femme infecte son partenaire.

Le diagnostic d'une infection à levure repose sur la mise en évidence au microscope des cellules ovoïdes caractéristiques de la levure à partir d'un frottis des lésions et sur l'isolement de la levure dans un milieu de culture. Le traitement consiste en l'application par voie topique de médicaments antifongiques tels que le clotrimazole et le miconazole, qu'on peut se procurer sans ordonnance. Une dose unique de fluconazole administrée par voie orale constitue le traitement de relais.

▸ Vérifiez vos acquis

Quelles perturbations du microbiote bactérien du vagin ont tendance à favoriser la croissance de la levure *Candida albicans* ? **21-9**

L'**encadré 21.3** présente une récapitulation des caractéristiques des formes les plus courantes de vaginite et de vaginose.

Une protozoose du système génital

▸ Objectifs d'apprentissage

21-10 Décrire la chaîne épidémiologique qui conduit à la trichomonase, notamment le type d'agent pathogène, son réservoir, son mode de transmission, les facteurs prédisposants de l'hôte réceptif, les principaux signes et symptômes de la maladie, de même que les moyens thérapeutiques et les épreuves de diagnostic.

21-11 Nommer les maladies du système génital susceptibles de causer des infections congénitales et néonatales, et expliquer comment prévenir ces infections.

La seule ITS causée par un protozoaire touche uniquement les femmes. Même si elle est commune, la maladie n'est guère connue du grand public.

La trichomonase

Trichomonas vaginalis est un protozoaire flagellé et anaérobie, qui fait partie à l'occasion du microbiote vaginal normal chez la femme et du microbiote normal de l'urètre chez l'homme (**figure 21.15** ;

PLEINS FEUX SUR
LES MALADIES

Encadré 21.3

Les caractéristiques des formes les plus courantes de vaginite et de vaginose

Les infections du vagin s'accompagnent souvent d'une vaginite, ou inflammation du vagin. Certaines de ces infections sont associées à l'activité sexuelle, alors que d'autres, telles que la candidose vaginale, ne le sont pas. Le diagnostic différentiel consiste à rechercher dans une liste de maladies celle qui correspond à l'information obtenue au cours de l'examen du patient. On ne peut pas déterminer la cause d'une vaginite à partir des seuls signes et symptômes ou par un simple examen physique. En règle générale, le diagnostic repose sur l'examen microscopique d'un prélèvement des sécrétions vaginales (figure ci-dessus). Trouvez dans le tableau ci-dessous l'infection causée par le microbe qui apparaît sur la micrographie.

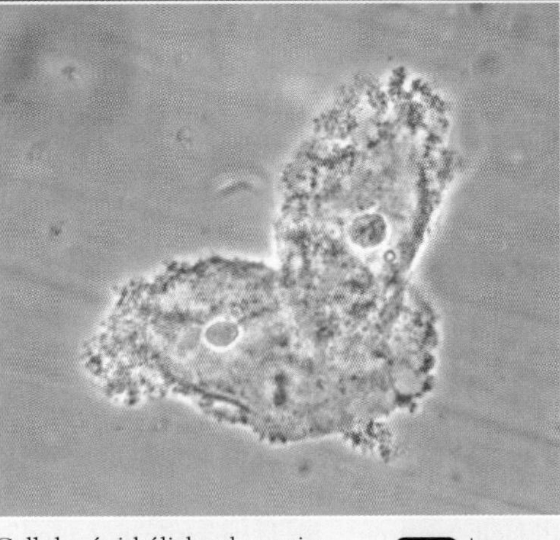

Cellules épithéliales du vagin tapissées de bacilles

MO 50 μm

Maladie	Agent pathogène	Principaux signes et symptômes				Diagnostic	Traitement
		Odeur ; couleur ; consistance des écoulements	Quantité des écoulements	Apparence de la muqueuse vaginale	pH normal : de 3,8 à 4,2		
Candidose	Mycète, *Candida albicans*	Aucune ou odeur de levure ; jaunâtre ; caséeuse	Variable	Sèche, rouge	< 4	Examen microscopique : présence de levures	Clotrimazole ; fluconazole
Vaginose bactérienne	Bactérie, *Gardnerella vaginalis*	Odeur de poisson ; blanc grisâtre ; liquide, mousseuse	Abondante	Rosée	> 4,5	Examen microscopique : présence de cellules épithéliales recouvertes de bacilles	Métronidazole
Trichomonase	Protozoaire, *Trichomonas vaginalis*	Fétide ; jaune verdâtre ; mousseuse	Abondante	Tuméfiée, rouge	De 5 à 6	Examen microscopique : présence du protozoaire ; sonde à ADN ; anticorps monoclonaux	Métronidazole

encadré 21.3). Si l'acidité normale du vagin est modifiée, le protozoaire peut se multiplier, entrer en compétition avec le microbiote normal des muqueuses génitales et causer une **trichomonase**. (Les hommes infectés par le protozoaire ne manifestent généralement pas de symptômes.) Cette affection accompagne souvent la gonorrhée (co-infection). En réponse à l'infection par le protozoaire, les leucocytes s'accumulent au site d'infection. L'écoulement de pus qui en résulte est abondant, d'un jaune verdâtre, et il libère une odeur fétide caractéristique. L'écoulement s'accompagne de démangeaisons et d'irritations. Cependant, plus de la moitié des cas sont asymptomatiques. La trichomonase se transmet d'ordinaire par contact sexuel ; *T. vaginalis* est un protozoaire qui ne résiste pas longtemps à la dessiccation, de sorte qu'il ne se transmet pas par contact indirect avec des objets tels que les sièges de toilette.

Bien que son incidence soit plus élevée que celle de la gonorrhée ou de l'infection par les chlamydies, la trichomonase est considérée comme une maladie relativement bénigne, qu'il n'est pas obligatoire de déclarer. Toutefois, on sait qu'elle peut provoquer un accouchement avant terme avec les problèmes attenants, tels qu'un poids insuffisant à la naissance.

Le diagnostic est posé par l'examen au microscope de l'écoulement purulent et par l'identification du microbe. On peut également procéder à l'isolement du protozoaire et à sa mise en culture en laboratoire. On trouve parfois l'agent pathogène dans le sperme ou dans l'urine de porteurs masculins. On peut aussi avoir recours à de nouveaux tests de dépistage rapide utilisant des sondes d'ADN et des anticorps monoclonaux. Le traitement repose sur l'administration de métronidazole par voie orale aux deux partenaires sexuels, ce qui permet d'enrayer rapidement l'infection.

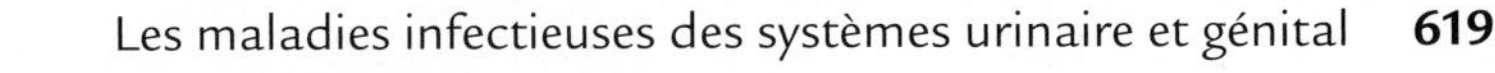

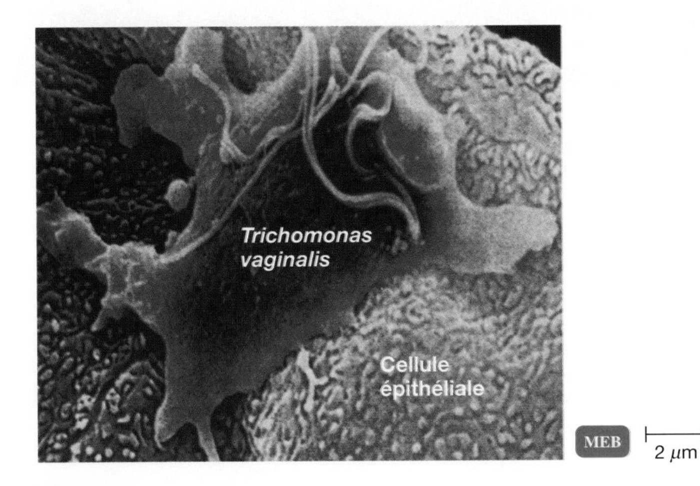

Figure 21.15
Trichomonas vaginalis **adhérant à la surface d'une cellule épithéliale dans un milieu de culture.** Les flagelles sont visibles. (Source : D. Petrin et coll., Clinical and microbiological aspects of *Trichomonas vaginalis*. *ASM Clinical Microbiology Reviews*, 11 : 300-317 [1998].)

La batterie de tests TORCH

Nous avons vu jusqu'ici que certains microbes sont susceptibles de causer des malformations congénitales lorsqu'ils infectent une femme enceinte. L'acronyme TORCH désigne une batterie de tests destinée à dépister ces infections par les anticorps que le système immunitaire leur oppose. Il peut être nécessaire de confirmer le diagnostic par des épreuves supplémentaires. Les lettres de l'acronyme représentent les éléments suivants : **T** pour toxoplasmose ; **O** (*other*) pour autres, tels que syphilis, hépatite B, entérovirus, virus d'Epstein-Barr, virus de la varicelle et du zona ; **R** pour rubéole ; **C** pour cytomégalovirus ; **H** pour virus de l'herpès simplex.

Vérifiez vos acquis

Quels sont les symptômes observés lorsque *Trichomonas vaginalis* est présent dans le système génital de l'homme ? **21-10**

À quoi sert la batterie de tests TORCH ? **21-11**

* * *

L'**encadré 21.4** présente une récapitulation des principales maladies infectieuses du système génital.

PLEINS FEUX SUR

LES MALADIES

Encadré 21.4

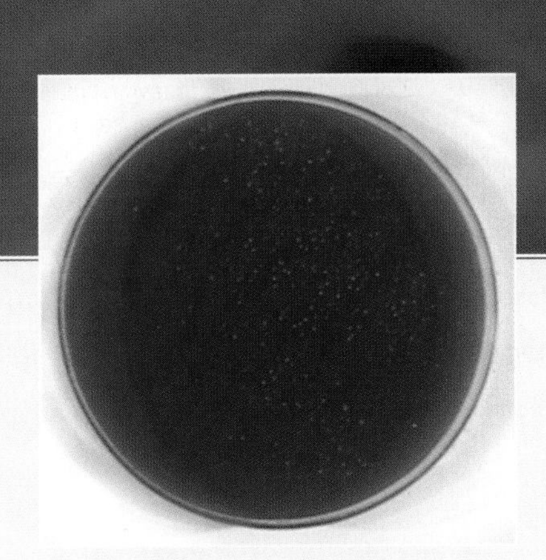

Diplocoques à Gram négatif sur gélose Thayer-Martin

Les maladies infectieuses du système génital

Le diagnostic différentiel consiste à rechercher dans une liste de maladies celle qui correspond à l'information obtenue au cours de l'examen du patient. Il importe de poser un tel diagnostic afin de mettre en route le traitement et de commander les tests de laboratoire.

Par exemple, une femme de 26 ans souffre de douleurs abdominales, de mictions douloureuses et de fièvre. Des cultures effectuées dans un milieu à concentration élevée de CO_2 révèlent des diplocoques à Gram négatif. Trouvez dans le tableau ci-dessous l'infection qui peut être à l'origine de ces signes et de ces symptômes. Consultez aussi le texte du chapitre.

Maladie	Agent pathogène	Principaux signes et symptômes	Traitement
BACTÉRIOSES			
Gonorrhée	*Neisseria gonorrhϾ*	Homme : miction douloureuse et écoulement purulent Femme : peu de symptômes, mais risque de complications telles que les MIP	Céphalosporine
Urétrite non gonococcique	*Chlamydia trachomatis ; Mycoplasma hominis ; Ureaplasma urealyticum*	Miction douloureuse et écoulement liquide ; chez la femme, risque de complications telles que les MIP	Doxycycline ; azithromycine

Maladie	Agent pathogène	Principaux signes et symptômes	Traitement
BACTÉRIOSES (*suite*)			
Maladies inflammatoires pelviennes (MIP)	*N. gonorrhœæ; C. trachomatis*	Douleurs abdominales chroniques; risque d'infertilité	Doxycycline et céfoxitine
Syphilis	*Treponema pallidum*	Stade primaire: douleur au site d'infection (chancre), puis éruptions cutanées et légère fièvre Derniers stades: peuvent se traduire par de graves lésions et des dommages aux systèmes cardiovasculaire et nerveux.	
Lymphogranulome vénérien	*C. trachomatis*	Œdème des nœuds lymphatiques dans la région de l'aine	Doxycycline
Chancre mou	*Hæmophilus ducreyi*	Ulcères douloureux des organes génitaux, nœuds lymphatiques enflés dans la région de l'aine	Érythromycine; ceftriaxone
Vaginose bactérienne	*Gardnerella vaginalis*	Encadré 21.3	
VIROSES Voir le tableau 8.2 pour les caractéristiques des familles de virus qui infectent l'humain.			
Herpès génital	*Herpes simplex virus* type 2 (HSV-2) *Herpes simplex virus* type 1 (HSV-1) *(Simplexvirus)*	Vésicules douloureuses dans la région génitale	Acyclovir
Condylomes génitaux	Virus du papillome humain (VPH) *(Papillomavirus)*	Condylomes dans la région génitale	Vaccin inactivé en prévention; podofilox; imiquimod
Sida	VIH	Chapitre 13	
MYCOSE			
Candidose	*Candida albicans*	Encadré 21.3	
PROTOZOOSE			
Trichomonase	*Trichomonas vaginalis*	Encadré 21.3	

RÉSUMÉ

INTRODUCTION (p. 601)

1. Le système urinaire régule la composition chimique du sang et excrète les déchets en solution dans l'urine.
2. Le système génital produit les gamètes qui assurent la reproduction; chez la femme, il porte le fœtus en développement.
3. Les maladies infectieuses de ces deux systèmes peuvent résulter d'une infection d'origine extérieure (exogène) ou d'une infection opportuniste causée par des microorganismes du microbiote normal (infection endogène).

LES STRUCTURES ET LES FONCTIONS DU SYSTÈME URINAIRE (p. 602)

1. L'urine est transportée des reins à la vessie par l'intermédiaire des uretères et est éliminée par l'urètre.
2. Des valvules (physiologiques) empêchent l'urine de refluer de la vessie vers les uretères et les reins.
3. L'action de balayage de l'urine et l'acidité de l'urine normale présentent des propriétés antimicrobiennes.

LES STRUCTURES ET LES FONCTIONS DU SYSTÈME GÉNITAL (p. 602)

1. Le système génital de la femme est composé de deux ovaires, de deux trompes utérines, de l'utérus, du col de l'utérus, du vagin et des organes génitaux externes.
2. Le système génital de l'homme est composé de deux testicules, d'un réseau de conduits, des glandes sexuelles annexes et du pénis. Le sperme quitte le corps de l'homme par l'urètre.

LE MICROBIOTE NORMAL DES SYSTÈMES URINAIRE ET GÉNITAL (p. 603)

1. Les reins, les uretères, la vessie et la partie supérieure de l'urètre sont normalement stériles; la partie terminale de l'urètre est colonisée par des microorganismes du microbiote normal de la peau.
2. Le microbiote vaginal normal d'une femme en âge de procréer comprend surtout des lactobacilles.
3. Chez l'homme, seule la muqueuse de la partie terminale (ou pénienne) de l'urètre héberge un microbiote normal provenant de l'épiderme.

LES MALADIES INFECTIEUSES DU SYSTÈME URINAIRE (p. 604)

LES BACTÉRIOSES DU SYSTÈME URINAIRE (p. 604)

1. L'urétrite, la cystite et l'urétérite sont des maladies inflammatoires touchant respectivement l'urètre, la vessie et les uretères.
2. La pyélonéphrite est consécutive à une infection de la vessie ou à une infection bactérienne systémique (bactéries venant du sang).
3. Des bactéries à Gram négatif opportunistes venant de l'intestin causent souvent des infections urinaires.
4. Des infections nosocomiales consécutives à la pose d'une sonde peuvent toucher l'urètre. *E. coli* cause plus de la moitié de ce type d'infections. De l'urètre, l'infection peut s'étendre vers la vessie et les reins.
5. Le traitement des infections urinaires repose sur l'isolement des agents pathogènes et sur des tests de sensibilité aux antibiotiques.

La cystite (p. 604)

6. L'inflammation de la vessie, appelée cystite, est une affection courante chez les femmes.
7. Les microorganismes situés à l'orifice de l'urètre et sur toute sa longueur, une mauvaise hygiène et les relations sexuelles sont des facteurs qui contribuent à l'incidence élevée de la cystite chez la femme.
8. Les agents responsables les plus communs sont *E. coli* et *Staphylococcus saprophyticus*.

La pyélonéphrite (p. 604)

9. L'inflammation des reins, appelée pyélonéphrite, est généralement une complication d'une infection des voies urinaires inférieures (de la vessie, par exemple).
10. Dans environ 75% des cas, la pyélonéphrite est causée par *E. coli*.

La leptospirose (p. 605)

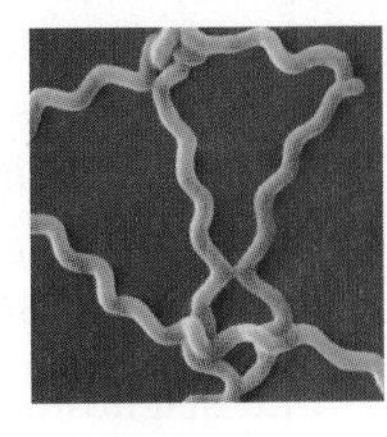

11. Le spirochète *Leptospira interrogans* est l'agent causal de la leptospirose.
12. La maladie est transmise aux humains par l'eau contaminée par de l'urine animale.
13. La leptospirose se caractérise par des frissons, de la fièvre, des maux de tête et des douleurs musculaires.

LES MALADIES INFECTIEUSES DU SYSTÈME GÉNITAL (p. 605)

LES BACTÉRIOSES DU SYSTÈME GÉNITAL (p. 605)

1. La plupart des maladies du système génital sont des infections transmissibles sexuellement (ITS).
2. On peut prévenir la plupart des ITS d'origine bactérienne en utilisant le préservatif (condom); le traitement fait appel aux antibiotiques.

La gonorrhée (p. 606)

3. *Neisseria gonorrhœæ* est l'agent causal de la gonorrhée.
4. Aux États-Unis et au Canada, la gonorrhée est la deuxième ITS d'origine bactérienne en importance.
5. *N. gonorrhœæ* se fixe par ses fimbriæ aux cellules épithéliales des muqueuses des organes génitaux, de la région oropharyngée, des yeux et du rectum; l'invasion déclenche une inflammation suivie de la phagocytose des gonocoques, ce qui cause la formation caractéristique de pus. Le rétablissement ne confère pas l'immunité, et le sujet peut être réinfecté.
6. Chez l'homme, les signes et les symptômes sont une miction douloureuse et un écoulement de pus. En l'absence de traitement, la maladie se complique de l'obstruction de l'urètre et de l'infertilité.
7. Chez la femme, l'infection se situe au niveau du col et du canal du col de l'utérus. La maladie peut être asymptomatique à moins que l'infection s'étende à l'utérus et aux trompes utérines (voir les maladies inflammatoires pelviennes).
8. Chez les deux sexes, quand l'infection n'est pas traitée, des complications comme l'endocardite gonococcique, la méningite gonococcique et l'arthrite gonococcique peuvent survenir.
9. L'ophtalmie gonococcique néonatale est une infection de l'œil transmise par une mère infectée au nouveau-né lors de son passage dans la filière pelvigénitale.
10. Le diagnostic de la gonorrhée repose sur la coloration de Gram, une méthode ELISA ou une sonde d'ADN.

L'urétrite non gonococcique (p. 609)

11. L'urétrite non gonococcique, ou urétrite non spécifique, désigne toute inflammation de l'urètre non causée par *N. gonorrhœæ*.
12. La plupart des cas d'urétrite non gonococcique sont dus à *Chlamydia trachomatis*.

13. L'infection à *C. trachomatis* est l'ITS la plus courante.
14. Les symptômes de l'urétrite non gonococcique – quand ils sont présents – sont souvent discrets, bien qu'une inflammation des trompes utérines et l'infertilité puissent survenir.
15. *C. trachomatis* peut infecter les yeux des nouveau-nés à la naissance.
16. Le diagnostic repose sur la détection de l'ADN des chlamydies dans l'urine.
17. *Ureaplasma urealyticum* et *Mycoplasma hominis* peuvent aussi causer cette affection.

Les maladies inflammatoires pelviennes (p. 610)

18. Les maladies inflammatoires pelviennes regroupent toutes les infections bactériennes étendues qui atteignent les organes pelviens de la femme, en particulier le système génital.
19. Cette maladie est causée par *N. gonorrhϾ, C. trachomatis* et d'autres bactéries qui s'introduisent dans les trompes utérines. L'infection des trompes utérines s'appelle salpingite.
20. L'obstruction des trompes utérines et l'infertilité sont des complications possibles de la maladie.

La syphilis (p. 610)

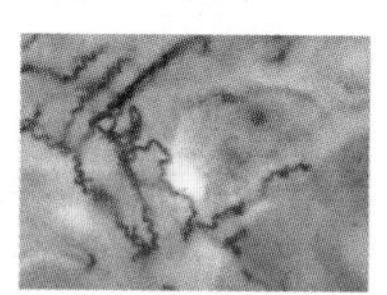

21. La syphilis est causée par *Treponema pallidum,* un spirochète que l'on peut cultiver seulement dans des cellules. *T. pallidum* est transmis par contact direct et peut envahir les muqueuses ou pénétrer l'organisme par des blessures cutanées.
22. La lésion primaire est un petit chancre à la base indurée au foyer d'infection. Puis la bactérie envahit les systèmes cardiovasculaire et lymphatique, et le chancre guérit spontanément.
23. Le stade secondaire se caractérise par l'apparition d'éruptions cutanées disséminées sur le corps et sur les muqueuses. On trouve des spirochètes dans les lésions.
24. La maladie entre dans une période de latence après que les lésions secondaires ont disparu spontanément.
25. Après un intervalle d'au moins 10 ans, des lésions tertiaires appelées gommes apparaissent sur de nombreux organes.
26. La syphilis congénitale est due à la transmission de *T. pallidum,* par l'intermédiaire du placenta, durant la période de latence. Elle peut causer des dommages neurologiques chez le fœtus. La contamination lors du stade primaire peut conduire à un accouchement prématuré ou à l'avortement.
27. *T. pallidum* est mis en évidence à l'aide d'un examen au microscope à fond noir d'un exsudat extrait de lésions primaires et secondaires.
28. À n'importe quel stade de la maladie, on peut utiliser divers tests sérologiques tels que le VDRL, le RPR et l'immunofluorescence (FTA-ABS) pour détecter la présence d'anticorps dirigés contre la bactérie.

Le lymphogranulome vénérien (p. 614)

29. *C. trachomatis* est l'agent causal du lymphogranulome vénérien, maladie principalement tropicale et subtropicale.
30. Les premières lésions apparaissent sur les organes génitaux et guérissent sans laisser de cicatrices.
31. Les bactéries envahissent le système lymphatique et entraînent l'œdème des nœuds lymphatiques, l'obstruction des vaisseaux lymphatiques et la tuméfaction des organes génitaux externes.
32. La bactérie est isolée et identifiée à partir de pus prélevé des nœuds infectés.

Le chancre mou (p. 614)

33. Le chancre mou est causé par *Hæmophilus ducreyi*; il se manifeste par des ulcères enflés et douloureux siégeant sur la muqueuse des organes génitaux et de la bouche.

La vaginose bactérienne (p. 614)

34. La vaginose est une infection sans inflammation causée par *Gardnerella vaginalis.*
35. Le diagnostic d'infection à *G. vaginalis* repose sur l'augmentation du pH vaginal, une odeur de poisson et la présence caractéristique de cellules épithéliales tapissées de bacilles.

LES VIROSES DU SYSTÈME GÉNITAL (p. 615)

L'herpès génital (p. 615)

1. *Herpes simplex virus* type 2 (HSV-2) est la première cause de l'herpès génital.
2. Les signes et les symptômes de l'infection comprennent une miction douloureuse, une irritation des organes génitaux et la présence de vésicules remplies de liquide.
3. Le virus peut demeurer à l'état latent dans les cellules des ganglions nerveux de la région génitale. Les vésicules réapparaissent à la suite d'un traumatisme, d'états fiévreux ou de changements hormonaux.
4. L'herpès néonatal est contracté durant le développement fœtal ou à la naissance du bébé. Il peut s'ensuivre des troubles neurologiques ou des mortalités infantiles.

Les condylomes acuminés (p. 616)

5. Les papillomavirus causent les condylomes acuminés ou verrues génitales.
6. Certains sérotypes de papillomavirus ont été associés au cancer du col de l'utérus.

Le sida (p. 617)

7. Le sida est une maladie du système immunitaire transmissible sexuellement (chapitre 13).

UNE MYCOSE DU SYSTÈME GÉNITAL (p. 617)

La candidose (p. 617)

1. *Candida albicans* cause l'urétrite non gonococcique chez l'homme et la candidose vulvovaginale, souvent opportuniste, chez la femme.

2. La candidose vulvovaginale se caractérise par des lésions qui produisent des démangeaisons et des irritations.
3. Les facteurs prédisposants sont la grossesse, le diabète, les tumeurs et le traitement par des antibiotiques à large spectre.
4. Le diagnostic repose sur la mise en évidence de la levure et sur son isolement à partir d'un frottis des lésions.

UNE PROTOZOOSE DU SYSTÈME GÉNITAL (p. 617)

La trichomonase (p. 617)

1. *Trichomonas vaginalis* cause la trichomonase lorsque le pH du vagin s'élève. Les sécrétions ont une odeur fétide.
2. Le diagnostic repose sur la mise en évidence du protozoaire dans les sécrétions purulentes prélevées sur le foyer d'infection.

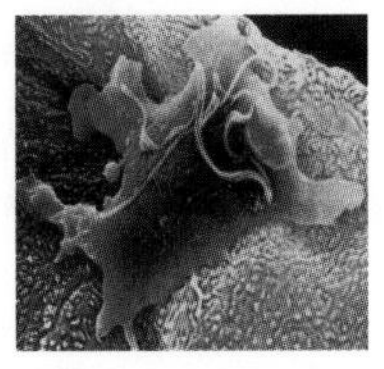

La batterie de tests TORCH (p. 619)

3. Les tests TORCH permettent de détecter les anticorps dirigés contre certains agents pathogènes susceptibles d'infecter le fœtus.

AUTOÉVALUATION

QUESTIONS À COURT DÉVELOPPEMENT

1. Une maladie tropicale cutanée appelée pian est transmise par contact direct. Il est difficile de distinguer son agent causal, *Treponema pallidum pertenue,* de *T. pallidum*. L'apparition de la syphilis en Europe coïncide avec le retour de Christophe Colomb du Nouveau Monde. En tenant compte du climat tempéré européen, est-il possible que *T. pallidum* se soit formé à partir de *T. pallidum pertenue*? Comment?
2. Pourquoi des bains fréquents peuvent-ils être un facteur de prédisposition à la vaginose bactérienne, à la candidose vulvovaginale et à la trichomonase?
3. La liste suivante permet d'identifier certains microbes qui causent les infections urogénitales. Complétez-la en donnant les genres étudiés dans ce chapitre qui correspondent aux caractéristiques énumérées.

Spirochète aérobie à Gram négatif ____________________

Spirochète anaérobie à Gram négatif ____________________

Coccus en paire à Gram négatif ____________________

Bacille à Gram variable ____________________

Parasite intracellulaire obligatoire des urétrites non gonococciques ____________________

Bactérie sans paroi cellulaire ____________________

Mycète

Cellules eucaryotes ovoïdes ____________________

Protozoaire

Flagelle ____________________

Pas de microbes observés/ cultivés à partir d'une vésicule ____________________

APPLICATIONS CLINIQUES

N. B. Certaines de ces questions nécessitent que vous cherchiez des réponses dans les différents chapitres du livre.

1. Une jeune femme de 28 ans est hospitalisée dans un hôpital de la région de Montréal; depuis 1 semaine, elle souffre d'arthrite au genou gauche. Quatre jours plus tard, un homme de 32 ans est examiné pour une urétrite avec miction douloureuse et écoulement purulent du pénis, signes qui persistent depuis 2 semaines. À la même période, dans un hôpital de la ville voisine, 2 jeunes femmes dans la vingtaine sont hospitalisées. L'une se plaint de douleurs à la cheville et au poignet gauches depuis 3 jours. L'autre souffre depuis 2 jours de nausées, de vomissements, de maux de tête et d'une raideur au cou. Des prélèvements de liquide synovial, de liquide cérébrospinal et d'écoulement de l'urètre sont analysés par un même laboratoire privé. Les agents pathogènes isolés à partir du liquide synovial, du LCS et d'un frottis de l'urètre sont des diplocoques à Gram négatif présents dans des leucocytes (granulocytes neutrophiles). Les tests de sensibilité aux antibiotiques donnent les mêmes résultats pour tous les spécimens prélevés chez ces 4 personnes.

   À partir des signes et des symptômes de l'homme et des caractéristiques de l'agent pathogène isolé des quatre prélèvements, quel est probablement l'agent causal recherché? Quelles sont les caractéristiques de virulence de cet agent pathogène? Reliez l'agent en cause au mécanisme physiopathologique qui a conduit à l'apparition de l'écoulement purulent chez l'homme. S'agit-il de la même maladie dans les 4 cas? Si oui, quelle est la preuve du lien entre ces cas? Comment la maladie a-t-elle été transmise? Quelle mesure de prévention doit être mise en place ici? Expliquez pourquoi ces 4 patients courent encore le risque de contracter la maladie.
2. Voici l'histoire d'un cas qui pourrait presque être vraie.

   À l'aide des renseignements suivants, dites de quelle maladie l'enfant est probablement atteint. Comment la mère a-t-elle contracté la maladie? Établissez les phases de la maladie pour chacun des 2 parents et pour l'enfant. La maladie a été diagnostiquée le 8 novembre. Quelle intervention médicale aurait permis de la dépister plus tôt?

11 avril:	Une jeune femme enceinte âgée de 23 ans est examinée pour la première fois après 4 mois et demi de grossesse par un médecin dans une clinique d'obstétrique. Son épreuve du VDRL est négative.

6 juin :	La jeune femme consulte un médecin au service des urgences d'un hôpital, car elle présente depuis quelques jours des lésions aux lèvres génitales. Le résultat de la biopsie est négatif pour le cancer et pour l'herpès.
1er juill. :	Elle retourne au service des urgences, car les lésions labiales l'incommodent encore. Le médecin ne lui propose aucun test supplémentaire.
25 juill. :	La jeune femme accouche prématurément à son septième mois de grossesse à la clinique d'obstétrique. Son épreuve du RPR est de 1/32 alors que celle du nouveau-né est de 1/128. Les documents sont classés dans le dossier de la patiente ; toutefois, le médecin de la clinique d'obstétrique n'est pas avisé des résultats positifs, de sorte que le suivi de la patiente n'est pas fait.
15 sept. :	Le père du bébé, avec lequel la mère n'a pas de contacts, car il est incarcéré dans une prison, présente des lésions multiples au pénis et des éruptions cutanées sur l'ensemble du corps.
1er oct. :	La mère trouve que son bébé est léthargique. Au service des urgences de l'hôpital, on lui dit de ne pas s'inquiéter et que l'enfant est en bonne santé.
2 oct. :	Le père du bébé présente toujours des éruptions cutanées sur le corps, notamment sur la paume des mains et sur la plante des pieds ; toutefois, la mère ne manifeste plus aucun symptôme.
8 nov. :	L'enfant tombe gravement malade ; il souffre d'une pneumonie et est hospitalisé. Le médecin qui l'examine observe des signes d'ostéochondrite. Il demande les dossiers de la mère et de l'enfant à la clinique d'obstétrique et demande à rencontrer le père. Un suivi de la famille doit être fait d'urgence.

3. Jacinthe, une jeune femme de 31 ans, désire avoir un enfant depuis 4 ans ; cependant, elle croit qu'elle est infertile. Mais voilà qu'elle est hospitalisée d'urgence pour une grossesse ectopique. Son médecin diagnostique une infection asymptomatique à *Chlamydia trachomatis*. Quel rapport pouvez-vous faire entre les dommages causés par cet agent pathogène et l'infertilité ? Y a-t-il un lien entre l'infection et la grossesse ectopique ? Justifiez votre réponse.

4. Vous travaillez dans le centre-ville de Montréal. Des données récentes révèlent une recrudescence des cas de chlamydies et de condylomes génitaux. Vous devez compiler des informations sur ces deux maladies et mettre l'accent sur leur prévention. Préparez ces deux fiches en prenant soin de détailler les éléments de la chaîne épidémiologique ainsi que les mesures de prévention spécifiques de ces deux ITS. Décrivez les traitements respectifs utilisés contre ces deux infections et expliquez en quoi leurs résultats diffèrent quant à leur effet sur la disparition de l'agent pathogène.

5. Mme Jasmin, une femme de 59 ans, est ménopausée depuis 4 ans. Elle souffre régulièrement d'irritations vulvaires qui entraînent de fortes démangeaisons. Elle est particulièrement soigneuse sur le plan de son hygiène intime et prend un bain deux fois par jour ; cependant, cela ne la soulage pas. Le médecin qu'elle consulte lui apprend que ses symptômes sont ceux d'une infection à *Candida albicans* et que la ménopause contribue fréquemment à l'apparition de cette infection. Il lui prescrit un médicament et lui suggère de réduire la fréquence de ses bains. Expliquez le processus métabolique qui favorise l'apparition de l'infection à la ménopause. Pourquoi les bains fréquents sont-ils déconseillés ?

ÉDITION EN LIGNE Consultez le volet de gauche de l'Édition en ligne pour d'autres activités.

Le guide taxinomique des maladies infectieuses

Les bactéries et les bactérioses

Proteobacteria

Alphaproteobacteria

Anaplasmose granulocytaire humaine	*Anaplasma phagocytophilum*	p. 500
Brucellose	*Brucella* spp.	p. 492 et 494
Ehrlichiose	*Ehrlichia* sp.	p. 500
Fièvre pourprée des montagnes Rocheuses	*Rickettsia rickettsii*	p. 501
Maladie des griffes du chat	*Bartonella henselæ*	p. 497
Typhus épidémique	*Rickettsia prowazekii*	p. 500
Typhus murin (endémique)	*Rickettsia typhi*	p. 501

Betaproteobacteria

Coqueluche	*Bordetella pertussis*	p. 532-533
Fièvre par morsure de rat	*Spirillum minor*	p. 497
Gonorrhée (blennorragie)	*Neisseria gonorrhœæ*	p. 606-609
Infections nosocomiales	*Burkholderia* spp.	p. 335
Maladie inflammatoire pelvienne	*N. gonorrhœæ*	p. 610
Méloïdose (pneumonie)	*Burkholderia pseudomallei*	p. 542
Méningite à méningocoques	*Neisseria meningitidis*	p. 464
Ophtalmie gonococcique du nouveau-né	*Neisseria gonorrhœæ*	p. 450 et 454

Gammaproteobacteria

Chancre mou	*Hæmophilus ducreyi*	p. 614
Choléra	*Vibrio choleræ*	p. 568-571
Conjonctivite	*Hæmophilus influenzæ*	p. 450
Cystite	*Escherichia coli*	p. 604
Dermatite	*Pseudomonas æruginosa*	p. 440
Dysenterie bacillaire (shigellose)	*Shigella* spp.	p. 565-566
Épiglottite	*H. influenzæ*	p. 526
Fièvre Q	*Coxiella burnetii*	p. 541
Fièvre typhoïde	*Salmonella enterica typhi*	p. 568
Gastroentérite (colite hémorragique)	*E. coli* (ECEH)	p. 572-573
Gastroentérite (diarrhée aiguë infantile)	*E. coli* (ECEP)	p. 572
Gastroentérite (diarrhée des voyageurs)	*E. coli* (ECET)	p. 571-572
Gastroentérite à vibrio	*Vibrio parahæmolyticus*	p. 571
Gastroentérite à vibrio	*Vibrio vulnificus*	p. 571
Gastroentérite à *Yersinia* (yersiniose)	*Yersinia enterocolitica*	p. 574
Infections nosocomiales	*Serratia marcescens*	p. 249
Infections urinaires	*Proteus mirabilis*	p. 143
Légionellose	*Legionella pneumophila*	p. 539
Maladies dues à une morsure d'animal	*Pasteurella multocida*	p. 496-497
Méningite à Hib	*H. influenzæ*	p. 464
Otite externe	*P. æruginosa*	p. 440
Otite moyenne	*H. influenzæ*	p. 529
Otite moyenne	*Moraxella catarrhalis*	p. 529
Peste	*Yersinia pestis*	p. 497-498
Pneumonie	*H. influenzæ*	p. 538
Pneumonie	*Klebsiella pneumoniæ*	p. 542
Pneumonie	*Moraxella catarrhalis*	p. 542
Pyélonéphrite	*E. coli*	p. 604-605

Salmonellose	*Salmonella enterica*	p. 566-568
Tularémie	*Francisella tularensis*	p. 492
Epsilonproteobacteria		
Gastrite	*Helicobacter pylori*	p. 573
Gastroentérite à *Campylobacter*	*Campylobacter jejuni*	p. 573
Ulcère gastroduodénal à *H. pylori*	*H. pylori*	p. 573-574
Firmicutes		
Clostridia		
Botulisme	*Clostridium botulinum*	p. 468-469
Gangrène	*Clostridium perfringens*	p. 495
Gastroentérite à *C. difficile*	*Clostridium difficile*	p. 575
Gastroentérite à *C. perfringens*	*C. perfringens*	p. 574-575
Tétanos	*Clostridium tetani*	p. 466-468
Mollicutes		
Pneumonie à mycoplasmes	*Mycoplasma pneumoniæ*	p. 538-539
Urétrite non gonococcique	*Mycoplasma hominis*	p. 610
Urétrite non gonococcique	*Ureaplasma ureolyticum*	p. 610
Bacilli		
Anthrax	*Bacillus anthracis*	p. 494-495
Carie dentaire	*Streptococcus mutans*	p. 560-562
Cystite	*Staphylococcus saprophyticus*	p. 604
Endocardite bactérienne aiguë	*Staphylococcus aureus*	p. 491
Endocardite bactérienne subaiguë	Streptocoques α-hémolytiques	p. 491
Érysipèle	Streptocoque β-hémolytique gr. A	p. 439
Fasciite nécrosante	Streptocoque β-hémolytique gr. A	p. 439
Fièvre puerpérale	Streptocoque β-hémolytique gr. A	p. 491
Folliculite	*S. aureus*	p. 436
Gastroentérite à *B. cereus*	*Bacillus cereus*	p. 575
Impétigo (non bulleux)	*S. aureus*	p. 436
Impétigo (non bulleux)	Streptocoque β-hémolytique gr. A	p. 436
Intoxication alimentaire	*S. aureus*	p. 564-565
Listériose	*Listeria monocytogenes*	p. 465-466
Méningite	Streptocoque β-hémolytique gr. B	p. 464
Méningite à *S. pneumoniæ*	*Streptococcus pneumoniæ*	p. 465
Otite moyenne	*S. pneumoniæ*	p. 529
Pharyngite streptococcique	Streptocoque β-hémolytique gr. A	p. 527
Pneumonie	*S. pneumoniæ*	p. 538
Rhumatisme articulaire aigu	Streptocoque β-hémolytique gr. A	p. 491-492
Scarlatine	Streptocoque β-hémolytique gr. A	p. 527-528
Syndrome de choc toxique	*S. aureus*	p. 438
Syndrome de choc toxique streptococcique	Streptocoque β-hémolytique gr. A	p. 439
Syndrome d'épidermolyse staphylococcique aigu	*S. aureus*	p. 436
Actinobacteria		
Acné	*Propionibacterium acnes*	p. 440-441
Diphtérie	*Corynebacterium diphteriæ*	p. 528-529
Lèpre	*Mycobacterium lepræ*	p. 469-470
Mycétome	*Nocardia asteroides*	p. 153-154
Tuberculose	*Mycobacterium tuberculosis*	p. 533-537
Tuberculose	*Mycobacterium bovis*	p. 535
Vaginose	*Gardnerella vaginalis*	p. 614-615
Chlamydiæ		
Conjonctivite à inclusions	*Chlamydia trachomatis*	p. 454
Lymphogranulome vénérien	*C. trachomatis*	p. 614
Maladie inflammatoire pelvienne	*C. trachomatis*	p. 610
Pneumonie	*Chlamydophila pneumoniæ*	p. 541

Psittacose	*Chlamydophila psittaci*	p. 539 et 541
Trachome	*C. trachomatis*	p. 454
Urétrite non gonococcique	*C. trachomatis*	p. 610
Spirochætes		
Fièvre récurrente	*Borrelia* spp.	p. 500
Leptospirose	*Leptospira interrogans*	p. 605
Maladie de Lyme	*Borrelia burgdorferi*	p. 498-500
Syphilis	*Treponema pallidum*	p. 610-614
Bacteroidetes		
Gingivite ulcéronécrosante aiguë	*Prevotella intermedia*	p. 562
Parodontite	*Porphyromonas* spp.	p. 562
Fusobacteria		
Fièvre par morsure de rat	*Streptobacillus moniliformis*	p. 497

Les mycètes et les mycoses

Ascomycota		
Aspergillose	*Aspergillus fumigatus*	p. 550
Blastomycose	*Blastomyces dermatitidis*	p. 549-550
Histoplasmose	*Histoplasma capsulatum*	p. 547-548
Mycotoxicoses	*Aspergillus flavus*	p. 279 et 586
Mycotoxicoses	*Claviceps purpurea*	p. 279 et 586
Mycotoxicoses	*Stachybotrys*	p. 167
Teignes (dermatomycoses)	*Microsporum, Trichophyton*	p. 447-448
Deuteromycota		
Candidoses	*Candida albicans*	p. 448 et
Coccidioïdomycose	*Coccidioides immitis*	p. 548-549
Pneumonie	*Pneumocystis carinii*	p. 549
Sporotrichose	*Sporothrix schenckii*	p. 448
Basidiomycota		
Cryptococcose (méningite)	*Cryptococcus neoformans*	p. 477
Mycotoxicoses	*Amanita phalloides*	p. 279
Pellicules	*Malassezia furfur*	p. 434

Les algues et les maladies qu'elles provoquent

Diatomées		
Intoxication par phycotoxine amnestique	Diatomées	p.173
Dinoflagellata		
Ciguatera	*Gambierdiscus toxicus*	p.171
Intoxication par phycotoxine paralysante	*Alexandrium*	p.173

Les protozoaires et les protozooses

Archæzoa		
Giardiase	*Giardia lamblia*	p. 586-587
Trichomonase	*Trichomonas vaginalis*	p. 617-619
Apicomplexa		
Babésiose	*Babesia microti*	p. 514
Cryptosporidiose	*Cryptosporidium parvum*	p. 587-588
Diarrhée à *Cyclospora*	*Cyclospora cayetanensis*	p. 588
Paludisme	*Plasmodium* spp.	p. 510-513
Toxoplasmose	*Taxoplasma gondii*	p. 508-510
Amœbozoa		
Dysenterie amibienne (amibiase)	*Entamœba histolytica*	p. 588
Kératite	*Acanthamœba* spp.	p. 456
Méningoencéphalite granulomateuse	*Acanthamœba* spp.	p. 479

Euglenozoa

Leishmaniose	*Leishmania* spp.	p. 513-514
Méningoencéphalite	*Nægleria fowleri*	p. 478
Trypanosomiase africaine	*Trypanosoma brucei*	p. 477-478
Trypanosomiase américaine (maladie de Chagas)	*T. cruzi*	p. 506-508

Les helminthes et les helminthiases

Plathelminthes (cestodes)

Dermatite des nageurs	Schistosomes	p. 517-518
Hydatidose	*Echinococcus granulosis*	p. 589-590
Infestations par les cestodes	*Tænia* spp.	p. 588-589
Schistosomiase	*Schistosoma* spp.	p. 514-517

Némathelminthes (nématodes)

Ascaridiase	*Ascaris lumbricoides*	p. 590-591
Infestation par les ankylostomes (ankylostomiase)	*Necator americanus*	p. 590
Infestations par les oxyures (entérobiase)	*Enterobius vermicularis*	p. 590
Trichinose	*Trichinella spiralis*	p. 591-592

Les arthropodes et les maladies qu'ils provoquent

Gale	*Sarcoptes scabiei*	p. 449
Pédiculose du cuir chevelu	*Pediculus humanis capitis*	p. 449-450

Les virus et les viroses

Virus à ADN

Condylomes acuminés	*Papovaviridæ*	p. 616-617
Cinquième maladie (érythème infectieux)	*Parvoviridæ*	p. 446
Hépatite B	*Hepadnaviridæ*	p. 579-582
Herpès génital (type 2)	*Herpesviridæ*	p. 615-616
Herpès type 1 (boutons de fièvre)	*Herpesviridæ*	p. 444
Herpès type 1 (h. des gladiateurs)	*Herpesviridæ*	p. 444
Infection à cytomégalovirus	*Herpesviridæ*	p. 503-504
Kératite herpétique	*Herpesviridæ*	p. 456
Lymphome de Burkitt	*Herpesviridæ*	p. 502
Mononucléose infectieuse	*Herpesviridæ*	p. 502-503
Roséole	*Herpesviridæ*	p. 447
Varicelle	*Herpesviridæ*	p. 442-443
Variole	*Poxviridæ*	p. 442
Verrues	*Papovaviridæ*	p. 441
Zona	*Herpesviridæ*	p. 443

Virus à ARN

Dengue	*Togaviridæ*	p. 504
Encéphalite à arbovirus (EC)	*Bunyaviridæ*	p. 474
Encéphalite à arbovirus (ESL)	*Flaviviridæ*	p. 474
Encéphalite à arbovirus (EEE et EEO)	*Togaviridæ*	p. 474
Encéphalite herpétique	*Herpesviridæ*	p. 445
Encéphalites à *Lyssavirus*	*Rhabdoviridæ*	p. 474
Fièvre Chikungunya	*Togaviridæ*	p. 504
Fièvre jaune	*Flaviviridæ*	p. 504
Fièvres hémorragiques classiques	*Filoviridæ, Arenaviridæ*	p. 504-507
Gastroentérite à *Norovirus*	*Calciviridæ*	p. 584-585
Gastroentérite à *Rotavirus*	*Reoviridæ*	p. 584
Grippe	*Orthomyxoviridæ*	p. 544-547
Hépatite A	*Picornaviridæ*	p. 579
Hépatite C	*Flaviviridæ*	p. 582

Hépatite D	*Deltaviridæ*	p. 582
Hépatite E	*Hepevirus*	p. 583
Infection à VRS	*Paramyxoviridæ*	p. 54
Maladie du virus du Nil occidental (VNO)	*Flaviviridæ*	p. 474
Oreillons	*Paramyxoviridæ*	p. 575
Poliomyélite	*Picornaviridæ*	p. 470-472
Rage	*Rhabdoviridæ*	p. 472-474
Rhume	*Coronaviridæ*	p. 529-530
Rhume	*Picornaviridæ*	p. 529-530
Rougeole	*Paramyxoviridæ*	p. 445-446
Rubéole	*Togaviridæ*	p. 446
Sida	*Rétrovirus*	p. 354-360
SRAS-CoV	*Coronaviridæ*	p. 544
Stomatite vésiculeuse (m. mains-pieds-bouche)	*Picornaviridæ*	p. 447
Syndrome pulmonaire à *Hantavirus*	*Bunyaviridæ*	p. 506

Les prions et leurs maladies

Kuru	Prions	p. 481
Maladie de Creutzfeldt–Jakob	Prions	p. 479 et 481

Les vaccins

Objectifs d'apprentissage

A-1 Définir le vaccin.

A-2 Expliquer pourquoi la vaccination est efficace.

A-3 Différencier les types de vaccins suivants et donner un exemple de chacun d'eux : atténué à agents entiers, inactivé à agents entiers, anatoxine, sous-unitaire et conjugué.

A-4 Comparer les vaccins sous-unitaires et les vaccins à ADN.

A-5 Comparer la production des vaccins à agents entiers à celle des vaccins recombinants et à ADN.

A-6 Définir l'adjuvant.

A-7 Décrire la sécurité des vaccins.

Bien avant l'invention des vaccins, on savait que les personnes qui se rétablissaient de certaines maladies, telle la variole, étaient immunisées contre elles pour la vie. Les médecins chinois ont peut-être été les premiers à exploiter ce phénomène pour prévenir la maladie. Leur traitement, destiné aux enfants, consistait à faire aspirer par le nez des squames de pustules varioliques séchées.

En 1717, Mary Montagu raconte, au retour de ses voyages en Turquie, que là-bas « une vieille femme arrive avec une coquille de noix remplie de matière provenant d'un bon cas de variole et vous demande quelle veine (vaisseau sanguin) vous voulez qu'on ouvre. Elle met alors dans la veine autant de substance qu'elle peut en faire tenir sur la tête de son aiguille ». À la suite de cette intervention, les personnes étaient habituellement légèrement malades pendant une semaine, mais une fois remises, elles étaient protégées contre la variole. La méthode, appelée **variolisation**, devint courante en Angleterre. Malheureusement, il lui arrivait d'échouer, et le receveur en mourait. Au XVIIIe siècle, en Angleterre, le taux de mortalité associé à la variolisation était d'environ 1 %, ce qui était une amélioration considérable par rapport au taux de 50 % auquel on pouvait s'attendre dans les cas infectieux de variole.

À l'âge de 8 ans, Edward Jenner est un de ceux qui reçoivent ce traitement antivariolique. Plus tard, après être devenu médecin, il s'interroge sur les propos d'une fermière qui affirme ne pas craindre la variole parce qu'elle a déjà contracté la vaccine. La vaccine est une maladie sans gravité qui cause des lésions sur les pis de vaches ; les fermières s'infectent souvent les mains en tirant le lait. Inspiré par ses souvenirs de la variolisation, Jenner entreprend une série d'expériences en 1798, au cours desquelles il inocule la vaccine à des personnes dans l'espoir de prévenir la variole. On sait maintenant que les inoculations de Jenner ont fonctionné parce que le virus de la vaccine, qui n'est pas un agent très pathogène, est étroitement apparenté au virus de la variole. Le virus qui a servi aux premiers vaccins a été remplacé peu après par une autre forme du virus de la vaccine, qui confère aussi l'immunité à la variole. Curieusement, on connaît peu de choses de l'origine de cet important virus, mais il s'agit probablement d'un hybride formé, il y a longtemps, des virus de la vaccine et de la variole qu'on aurait accidentellement mélangés. En l'honneur des travaux de Jenner, on a inventé le mot « vaccination » (du latin *vacca*, « vache »). La création de vaccins basés sur le modèle du vaccin antivariolique est, à elle seule, la plus importante application de l'immunologie.

Deux siècles plus tard, la variole a été éliminée partout dans le monde en grande partie grâce à la vaccination, et deux autres maladies virales, la rougeole et la poliomyélite, sont en passe de l'être aussi.

La vaccination : principe et effets

Un **vaccin** est une préparation antigénique qui a pour objectif de provoquer chez la personne une réponse immunitaire dirigée contre un agent pathogène spécifique et capable de la protéger contre l'infection naturelle ou d'en atténuer les conséquences. Une telle préparation antigénique est obtenue à partir de microbes atténués (affaiblis), ou inactivés (tués), ou de fragments purifiés de microbes, ou d'anatoxines. L'administration d'un vaccin provoque chez le receveur une réaction immunitaire primaire qui se traduit généralement par la formation d'anticorps et de lymphocytes mémoires ayant une longue durée de vie. Plus tard, quand le receveur est exposé à l'agent pathogène spécifique ou à sa toxine, les lymphocytes mémoires sont stimulés et produisent une réaction secondaire rapide et intense (figure 12.16). Cette réaction imite celle de l'immunité active acquise naturellement lorsqu'une personne se rétablit de la maladie.

La mesure de la réponse immunitaire aux vaccins est obtenue à partir de deux données : l'immunogénicité du vaccin et celle de son efficacité. L'*immunogénicité* se mesure en pourcentage d'individus en bonne santé ayant reçu 1 dose de vaccin et qui atteignent un titre d'anticorps protecteurs pendant une certaine période donnée ; par exemple, plus de 95 % des enfants obtiennent un titre d'anticorps protecteurs après la primovaccination contre *Hæmophilus influenzæ* de type b (Hib). L'*efficacité* du vaccin est la mesure du pourcentage de la population vaccinée qui devient protégée contre toute forme de la maladie ; par exemple, le vaccin contre les infections invasives à Hib confère une protection supérieure à 95 %. Toutefois, l'expérience nous enseigne que la vaccination contre les bactéries entériques pathogènes, comme celles qui sont à l'origine du choléra et de la fièvre typhoïde, sont loin d'être aussi efficaces ou de protéger aussi longtemps que ceux administrés contre les maladies virales telles que la rougeole et la variole.

On peut vaincre beaucoup de maladies transmissibles en modifiant les habitudes de vie ou l'environnement. Par exemple, une bonne hygiène peut empêcher la propagation du choléra et l'utilisation de préservatifs (condoms), ralentir celle des infections transmissibles sexuellement. Si la prévention échoue, on peut souvent guérir les infections bactériennes par des antibiotiques. Par contre, il est plus difficile de traiter les maladies virales une fois qu'elles sont établies. En conséquence, la vaccination est souvent la seule méthode efficace pour lutter contre leur propagation. On peut toutefois circonscrire une maladie infectieuse sans qu'il soit nécessaire que toute la population soit immunisée contre elle. Si la majorité des gens sont immunisés – situation appelée *immunité collective* (chapitre 9) –, les éclosions de la maladie sont limitées à des cas sporadiques parce qu'il n'y a pas assez d'individus sensibles pour propager une épidémie.

Les **tableaux A.1** et **A.2** dressent la liste des principaux vaccins distribués au Canada pour prévenir les maladies bactériennes et virales chez les humains. Le **tableau A.3** présente la liste des vaccins combinés distribués au Canada. Ces différentes listes de vaccins sont similaires, à quelques exceptions près, à celles des vaccins distribués aux États-Unis. Notez qu'en France, certains vaccins, par exemple le vaccin contre le tétanos, la diphtérie, la coqueluche et la poliomyélite (vaccin Tétracoq), est obligatoire. Le **tableau A.4** présente le *Protocole d'immunisation du Québec* (PIC). Notez que le calendrier régulier et les recommandations faites au Québec suivent de près ceux élaborés par l'Agence de la santé publique du Canada et par les Centers for Disease Control and Prevention (CDC) des États-Unis.

En plus de la vaccination de base, d'autres vaccins peuvent être recommandés pour différentes raisons (travail, conditions médicales, habitudes de vie, voyages). Ainsi, les travailleurs de la santé – plus à risque – sont fortement encouragés à recevoir certains vaccins, notamment le vaccin contre l'hépatite B et le vaccin annuel contre la grippe (ou influenza). La vaccination protège le personnel et réduit en même temps les risques de transmission à leurs patients. Le vaccin contre la rage (ou antirabique) est aussi conseillé aux biologistes et aux vétérinaires exposés au virus de la rage par suite de morsures d'animaux. Selon leur état de santé, le Québec recommande, par exemple, pour les adultes atteints de maladies chroniques, les vaccins contre la grippe, le pneumocoque, le méningocoque, les hépatites A et B et contre l'infection invasive à *Hæmophilus influenzæ* de type b. Il est aussi conseillé de vacciner contre la tuberculose les individus dont les modes de vie sont plus à risque, tels les sans-abris, et contre l'hépatite B les usagers de drogues par voie intraveineuse, les personnes qui ont de nombreux partenaires sexuels et ceux qui côtoient quotidiennement des porteurs du virus de l'hépatite B. On propose aux voyageurs susceptibles d'être exposés à des affections non endémiques dans leur pays d'origine les vaccins contre le choléra, la fièvre jaune, la fièvre

Tableau A.1 Principaux vaccins utilisés au Canada pour prévenir les maladies bactériennes chez les humains

Type de vaccin	Maladies bactériennes évitées	Préparation des vaccins	Noms commerciaux des vaccins non combinés
Atténué entier (vivant)	Tuberculose	Préparé à partir d'une souche vivante atténuée et lyophilisée de *Mycobacterium bovis*	BCG[1]
	Fièvre typhoïde (vaccin oral)[A]	Préparé à partir d'une souche vivante atténuée, purifiée et lyophilisée de *Salmonella typhi*	Vivotif[10]
Inactivé entier	Diarrhée à ECET et choléra (vaccin oral)[B]	Préparé à partir d'une souche inactivée de *Vibrio choleræ* et d'une sous-unité B recombinante de la toxine cholérique	Dukoral[1] (ECET et choléra)
Inactivé : anatoxine	Diphtérie	Préparé à partir de protéines purifiées produites par *Corynebacterium diphteriæ*	
	Tétanos	Préparé à partir de protéines purifiées produites par *Clostridium tetani*	
Inactivé sous-unitaire : protéines purifiées	Coqueluche	Préparé à partir de protéines purifiées produites par *Bordetella pertussis*	
Inactivé sous-unitaire : polysaccharides purifiés	Infection invasive à pneumocoque	Préparé à partir de polysaccharides capsulaires purifiés de 23 sérotypes de *Streptococcus pneumoniæ* (23-valent)	Pneumo 23[1] Pneumovax 23[2]
	Typhoïde (vaccin injectable)	Préparé à partir de polysaccharides capsulaires purifiés de *Salmonella typhi*	Typhim Vi[1] Typherix[2]
Inactivé conjugué : (polysaccharides purifiés conjugués à une protéine « porteuse »)	Infection invasive à *Hæmophilus influenzæ* de type b	Préparé à partir d'un polysaccharide capsulaire purifié d'*Hæmophilus influenzæ* de type b conjugué à une protéine tétanique (anatoxine)	Act-Hib[1]
	Infection invasive à méningocoque de sérogroupe C	Préparé à partir d'oligosaccharides de *Neisseriæ meningitidis* conjugués à une protéine diphtérique (anatoxine) Préparé à partir d'un polysaccharide de *N. meningitidis* conjugué à une protéine tétanique	Menjugate[3] Meningitec[4] NeisVac-C[2]
	Infection invasive à méningocoques de sérogroupes A, C, Y, W135	Préparé à partir des polysaccharides de 4 sérogroupes (A, C, Y et W135) conjugués à une protéine diphtérique (4-valent)	Menactra[1] Menveo[5]
	Infection invasive à pneumocoque	Préparé à partir des polysaccharides capsulaires de 13 sérotypes de *S. pneumoniæ* conjugués à une protéine diphtérique (13-valent) Préparé à partir des polysaccharides capsulaires de 10 sérotypes de *S. pneumoniæ* conjugués à des protéines porteuses (10-valent)	Prevnar 13-valent[6] Synflorix 10-valent[2]

A. L'enrobage spécial des gélules contenant le vaccin oral le protège de la digestion jusque dans l'intestin, où il est absorbé.

B. L'entérotoxine produite par la plupart des souches ECET s'apparente à la toxine du choléra, de sorte qu'il y a une réaction immunitaire croisée entre cette entérotoxine et la sous-unité B recombinante de la toxine cholérique contenue dans le vaccin.

1. Sanofi Pasteur
2. GSK
3. Merck Frosst
4. Wyeth
5. Novartis
6. Pfizer Canada
10. Berna Biotech

Tableau A.2 Principaux vaccins utilisés au Canada pour prévenir les maladies virales chez les humains

Type de vaccin	Maladies virales évitées	Préparation des vaccins	Noms commerciaux des vaccins non combinés
Atténué entier (vivant)	Fièvre jaune	Atténué sur culture cellulaire	YF-VAX[1](FJ)
	Influenza (vaccin intranasal)[A]	Atténué sur culture cellulaire	Flumist[8]
	Oreillons	Atténué sur culture cellulaire	
	Poliomyélite (vaccin oral)	Atténué sur culture cellulaire	
	Rotavirus[B] (vaccin oral)	Atténué sur culture cellulaire	Rotarix[2] (monovalent) RotaTeq[3] (pentavalent)
	Rougeole	Atténué sur culture cellulaire	
	Rubéole	Atténué sur culture cellulaire	
	Varicelle	Atténué sur culture cellulaire	Varilrix[2] Varivax III[3]
	Zona	Atténué sur culture cellulaire	Zostavax[3]
Inactivé entier (antigènes viraux)	Encéphalite européenne à tiques	Préparé sur culture cellulaire, inactivé et purifié	FSME-IMMUN (EET)[9]
	Encéphalite japonaise	Préparé sur culture cellulaire, inactivé et purifié	IXIARO[5]
	Hépatite A	Préparé sur culture cellulaire, inactivé et purifié	Avaxim[1] Havrix[2] Vaqta[3]
	Poliomyélite (vaccin injectable)	Préparé sur culture cellulaire à partir de 3 souches de virus de la poliomyélite inactivés et purifiés	Imovax Polio[1](trivalent)
	Rage	Préparé sur culture cellulaire, inactivé et purifié	Imovax Rage[1] RabAvert[11]
Inactivé sous-unitaire : à protéines purifiées	Hépatite B	Produit par *Saccharomyces cerevesiæ*, une levure qui, après la recombinaison génétique, contient le gène codant pour l'antigène de surface du virus de l'hépatite B, soit l'AgHBs	Engerix-B[2] Recombivax HB[3]
	Influenza (vaccin injectable)[A]	Préparé à partir de culture cellulaire : contient des virus fragmentés ou sous-unitaires	Fluviral[2] Intanza[1] Vaxigrip[1] Agriflu[5] Influvac[7]
	Infection au virus du papillome humain (VPH)[C]	Préparé à partir de pseudoparticules virales purifiées (autoassemblage des protéines [L1] de la capside des VPH) ; les protéines sont produites par la technique de l'ADN recombinant (Cervarix) ou par fermentation en culture recombinante de *Saccharomyces cerevisiæ* (Gardasil)	Cervarix[2] (bivalent) Gardasil[3] (quadrivalent)

A. Le vaccin contre l'influenza contient des antigènes représentant 2 virus de type A et 1 virus de type B ; la composition est ajustée annuellement en fonction des souches de virus de la grippe qui circuleront probablement au Canada au cours de l'automne et de l'hiver.

B. Depuis le 1er novembre 2011, le Comité consultatif national de l'immunisation (CCNI) recommande d'ajouter au calendrier régulier le vaccin contre le rotavirus aux nourrissons âgés de 2 à 7 mois.

C. Pour toutes les filles et femmes âgées de 9 à 26 ans.

1. Sanofi Pasteur
2. GSK
3. Merck Frosst
5. Novartis
7. Abbott
8. Astrazeneca
9. Baxter
11. RabAlert

typhoïde, l'encéphalite japonaise, la diarrhée à ECET (*Escherichia coli* entérotoxinogène), les hépatites A et B. Ces personnes peuvent se renseigner sur les inoculations recommandées à l'heure actuelle auprès des services de santé publique. Les voyageurs canadiens sont tenus de garder à jour leur carnet de vaccination appelé « Certificat international de vaccination ou certificat attestant l'administration d'une prophylaxie ».

La consultation du *Protocole d'immunisation du Québec* (PIC), comprenant les mises à jour d'octobre 2011, de même que celle du *Guide canadien d'immunisation** vous donneront la possibilité d'obtenir de l'information pertinente sur les calendriers d'immunisation, les types de vaccins, leur composition, leur immunogénicité et leur efficacité, les contre-indications et les manifestations cliniques possibles, leurs noms commerciaux, et plus encore ; vous pourrez aussi constater les similitudes et les différences entre les protocoles québécois et canadien d'immunisation.

* *Guide canadien d'immunisation*, 7e édition, 2006. Agence de la santé publique du Canada. http://www.phac-aspc.gc.ca/publicat/cig-gci/index-fra.php.

▶ Vérifiez vos acquis

Qu'est-ce qu'un vaccin ? **A-1**

Comment la vaccination procède-t-elle pour protéger l'humain contre une maladie infectieuse ? **A-2**

Les types de vaccins et leurs caractéristiques

Il y a aujourd'hui plusieurs grands types de vaccins. On a su exploiter au maximum les connaissances acquises et les techniques inventées au cours des dernières années pour mettre au point certains des types de vaccins les plus récents. Tout comme l'infection naturelle, la vaccination provoque une réponse immunitaire à la fois humorale et à médiation cellulaire. Cette réponse variera en fonction de deux

Tableau A.3 Principaux vaccins combinés utilisés au Canada pour prévenir les maladies bactériennes et virales chez les humains

Vaccin	Maladies évitées	Noms commerciaux des vaccins combinés
dcaT **dcaT-Polio**	Diphtérie-coqueluche-tétanos Diphtérie-coqueluche-tétanos-poliomyélite	Adacel[1] Boostrix[2] Adacel-Polio[1] Boostrix-Polio[2]
d_2T_5	Diphtérie-tétanos	Td Adsorbées[1]
d_2T_5-Polio	Diphtérie-tétanos-poliomyélite	Td-Polio Adsorbées[1]
DCaT-Polio	Diphtérie-coqueluche-tétanos-poliomyélite	Quadracel[1] Infanrix-IPV[2]
DCaT-Polio-Hib	Diphtérie-coqueluche-tétanos-poliomyélite-*Hæmophilus influenzæ* de type b	Pediacel[1] Infanrix-IPV/Hib[2]
DCaT-Polio-Hib-Hépatite B	Diphtérie-coqueluche-tétanos-poliomyélite-*Hæmophilus influenzæ* de type b-hépatite B	Infanrix-hexa[2]
RRO	Rougeole-rubéole-oreillons	Priorix[2] M-M-R II [1]
RRO-Var	Rougeole-rubéole-oreillons-varicelle	Priorix-Tetra[2]
Hépatite A et hépatite B	Hépatite A et hépatite B	Twinrix[2]
Hépatite A et typhoïde	Hépatite A et fièvre typhoïde	Vivaxim[1]

1. Sanofi Pasteur
2. GSK
3. Merck Frosst

paramètres : le type de vaccin administré (atténué ou inactivé) et les facteurs liés à l'hôte, par exemple l'âge et l'état de santé.

Les **vaccins atténués à agents entiers**, ou **vaccins atténués à agents complets**, sont composés de microbes vivants mais atténués (affaiblis) par passages successifs sur des milieux de culture ou sur culture cellulaire. La réponse immunitaire et la protection conférée par ces vaccins atténués sont similaires en nature et en intensité à celles qui découlent de l'infection naturelle. On obtient rapidement une immunité à vie, surtout contre les virus, sans inoculation de rappel, et on atteint souvent un taux d'efficacité de 95 %. Cette action de longue durée s'établit probablement parce que les microbes atténués se multiplient dans le corps, amplifiant ainsi la dose de départ et procurant une suite d'immunisations secondaires (rappels). Le vaccin de Sabin contre la poliomyélite et celui qui est utilisé contre la rougeole, la rubéole et les oreillons (RRO) sont des exemples de vaccins préparés avec des virus atténués entiers. Le vaccin contre le bacille de la tuberculose et certains vaccins récents contre la fièvre typhoïde, administrés par voie orale, contiennent des bactéries vivantes atténuées. Les microbes atténués sont habituellement dérivés d'organismes qui ont été cultivés longtemps et ont ainsi accumulé des mutations qui leur ont fait perdre leur virulence. Ces vaccins présentent toutefois certains dangers ; par exemple, les microbes vivants peuvent redevenir virulents par mutation réverse et causer une maladie infectieuse vaccinale (nous y reviendrons plus loin dans le présent chapitre). Les vaccins atténués sont contre-indiqués chez les personnes dont le système immunitaire est affaibli. On leur préfère alors des vaccins inactivés, s'ils existent.

Les **vaccins inactivés à agents entiers**, ou **vaccins inactivés à agents complets**, sont constitués de microbes qui ont été tués, habituellement par des procédés physiques (chauffage) ou par des procédés chimiques (au formol ou au phénol). Parmi ceux dont on se sert chez les humains, on compte les vaccins contre la rage (on donne parfois aux animaux un vaccin atténué, mais on le considère comme trop dangereux pour les humains), contre la grippe et contre la poliomyélite (vaccin Salk). Les vaccins à bactéries inactivées comprennent ceux contre la diarrhée à ECET et le choléra. Soulignons que les vaccins inactivés entiers posent un problème : comme les microbes qu'ils contiennent sont tués, ils ne se multiplient pas dans l'organisme ; il faut donc inoculer un plus grand nombre de microbes dans les vaccins inactivés que dans les vaccins atténués et administrer des doses de rappel. Ils sont aussi moins immunogènes, d'où le besoin d'ajouter un adjuvant (voir plus loin). L'utilisation de vaccins inactivés entiers comporte également un danger ; en effet, si les procédés d'inactivation ne sont pas efficaces à 100 %, il peut rester des microbes actifs capables d'engendrer la maladie. Plusieurs vaccins inactivés, longtemps utilisés, sont en passe d'être remplacés dans la plupart des situations par de nouvelles formes plus efficaces ; c'est le cas des vaccins contre la coqueluche et la fièvre typhoïde.

Les **anatoxines**, qui sont des toxines inactivées, sont utilisées comme vaccins pour protéger le corps contre les toxines produites par les agents pathogènes. Les anatoxines tétaniques et diphtériques font partie depuis longtemps de la série d'inoculations effectuées couramment chez les enfants. L'immunité complète nécessite une série d'injections, suivie d'un rappel tous les 10 ans. Beaucoup

Tableau A.4 Calendrier régulier de vaccination selon le *Protocole d'immunisation du Québec* (PIQ)

Âge	Vaccins				
2 mois[1]	DCaT	Polio inactivé	Hib	Pneumocoque conjugué	Rotavirus[2]
4 mois[1]	DCaT	Polio inactivé	Hib	Pneumocoque conjugué[3]	Rotavirus[2]
6 mois[1]	DCaT	Polio inactivé	Hib	Influenza[4]	
1 an[5]	RRO[6]	Varicelle[6]	Méningocoque conjugué de sérogroupe C[6]	Pneumocoque conjugué[6]	
18 mois[1]	DCaT	Polio inactivé	Hib	RRO	
De 4 à 6 ans[7]	dcaT[8]	Polio inactivé			
4e année du primaire[9]	Hépatite B[10]	VPH (filles)			
De 14 à 16 ans[11]	dcaT[12]				
50 ans[13]	d_2T_5 ou dcaT				
60 ans	Influenza[14]				
65 ans	Pneumocoque polysaccharidique				

1. Un vaccin combiné DCaT-Polio-Hib est utilisé pour la vaccination contre la diphtérie, la coqueluche, le tétanos, la poliomyélite et Hib chez les enfants âgés de 2, 4, 6 et 18 mois.
2. La vaccination contre le rotavirus prévoit un calendrier à 2 ou 3 doses, à 2 mois d'intervalle, selon le vaccin utilisé.
3. Administrer à l'âge de 6 mois une dose additionnelle de vaccin conjugué contre le pneumocoque aux enfants à risque accru.
4. Le vaccin est recommandé durant la saison de l'influenza chez les enfants âgés de 6 à 23 mois. Administrer 2 doses à 4 semaines d'intervalle à la première saison.
5. Un vaccin combiné RRO-Var est utilisé pour la vaccination contre la rougeole, la rubéole, les oreillons et la varicelle à l'âge de 1 an.
6. Il faut administrer ce vaccin le jour du 1er anniversaire ou le plus tôt possible après ce jour.
7. Un vaccin combiné dcaT-Polio est utilisé pour la vaccination contre la diphtérie, la coqueluche, le tétanos et la poliomyélite à l'âge de 4 à 6 ans.
8. À noter qu'il existe une différence de concentration des composants diphtérique et coquelucheux dans les versions DCaT et dcaT (la formulation adulte des vaccins contre la coqueluche s'écrit dcaT, parce que la quantité d'antigènes contre la coqueluche y est moindre que dans la formulation pédiatrique, DCaT).
9. Un programme de vaccination contre l'hépatite B et contre le VPH (chez les filles) est appliqué en milieu scolaire pendant la 4e année du primaire par le réseau des centres de santé et de services sociaux (CSSS).
10. Le programme de vaccination contre l'hépatite B est appliqué avec un vaccin combiné contre l'hépatite A et l'hépatite B.
11. Un programme pour la mise à jour de la vaccination et l'administration du dcaT est appliqué en milieu scolaire pendant la 3e année du secondaire par le réseau des CSSS. Un programme de vaccination de rattrapage contre le VPH (chez les filles) est également appliqué jusqu'en 2013.
12. Par la suite, on recommande un rappel de d_2T_5 tous les 10 ans.
13. Comme la majorité des adultes ne reçoivent pas leur injection de rappel tous les 10 ans, il est recommandé, à cet âge, de mettre à jour le calendrier vaccinal. Les adultes qui n'ont jamais reçu de dose du vaccin acellulaire contre la coqueluche devraient recevoir une seule dose de dcaT.
14. Il faut administrer ce vaccin annuellement.

Source : *Protocole d'immunisation du Québec*, édition avril 2009, mises à jour d'octobre 2011. http://publications.msss.gouv.qc.ca/acrobat/f/documentation/piq/09-283-02.pdf.

d'adultes âgés n'ont pas eu de rappels ; ils ont probablement un faible niveau de protection contre ces maladies.

Les **vaccins sous-unitaires** ne contiennent que les fragments (ou fractions) antigéniques – des protéines purifiées – d'un agent pathogène, bactérie ou virus. Ces vaccins stimulent une réponse immunitaire mieux ciblée et suscitent une meilleure tolérance. Quand ils sont produits par les techniques de l'ADN recombinant, c'est-à-dire que les fragments antigéniques sont synthétisés par des microbes d'une espèce différente qu'on a programmés à cet effet, on les appelle **vaccins recombinants**. Par exemple, le vaccin contre l'hépatite B est constitué d'une partie de la capside protéique du virus et est produit par une levure génétiquement modifiée. Les vaccins sous-unitaires sont plus sûrs par nature parce qu'il n'y a aucun microbe pouvant se reproduire dans le receveur. De plus, ils ne contiennent pas de matières étrangères ou en ont peu et, de ce fait, provoquent généralement moins d'effets secondaires fâcheux. De la même façon, il est possible de séparer les fragments de cellules bactériennes lysées et d'en retenir les fractions antigéniques désirées. C'est ainsi qu'on prépare les nouveaux **vaccins acellulaires** contre la coqueluche.

Les sous-unités de certains vaccins peuvent aussi être constituées de polysaccharides capsulaires purifiés, comme c'est le cas du vaccin fabriqué contre plusieurs sérotypes de *Streptococcus pneumoniæ*. Ces polysaccharides sont en fait des antigènes T-indépendants capables de se lier directement aux lymphocytes B (figure 12.6) ; toutefois, le système immunitaire des bébés de moins de 15 mois réagit mal à ces antigènes, et ces derniers ne développent pas de mémoire immunitaire, de telle sorte que la vaccination primaire doit être suivie de doses de rappel régulières. Des **vaccins conjugués** ont été mis au point au cours des dernières années pour suppléer à la faible réponse immunitaire des enfants aux vaccins sous-unitaires constitués de polysaccharides capsulaires. C'est pourquoi on les combine à des protéines «porteuses» telles que les anatoxines diphtérique et tétanique. Cette méthode a permis de créer un vaccin très efficace contre *Hæmophilus influenzæ* de type b qui offre une protection appréciable, même à 2 mois.

Les **vaccins à ADN**, ou *vaccins à base d'acides nucléiques*, sont une réalisation récente sur laquelle on fonde de grands espoirs. Des expériences chez les animaux révèlent que, en injectant des plasmides d'ADN «nu» dans les muscles, on obtient la production de la protéine antigénique encodée dans cet ADN. On peut effectuer l'injection à l'aide d'une aiguille conventionnelle mais aussi, d'une façon plus efficace, en utilisant un «pistolet à gènes» qui permet d'introduire le vaccin dans un grand nombre de noyaux de cellules de la peau. Une fois produites, les protéines antigéniques sont acheminées jusqu'à la moelle osseuse rouge et stimulent à la fois l'immunité humorale et l'immunité à médiation cellulaire. Ces antigènes sont habituellement exprimés pour de longues périodes et stimulent une bonne mémoire immunologique. Notez que les vaccins constitués de capsules polysaccharidiques de bactéries ne peuvent être fabriqués de cette façon.

À ce jour, deux types de vaccins à ADN destinés aux animaux ont été approuvés: un qui protège les chevaux contre le virus du Nil occidental, et un autre qui protège les saumons d'élevage contre une maladie virale grave. Des essais cliniques sur les humains sont en cours afin de tester les vaccins à ADN pour un certain nombre de maladies. On peut s'attendre à procéder à l'immunisation humaine avec certains de ces vaccins d'ici quelques années. De tels vaccins offriraient des avantages considérables pour les pays en voie de développement. Les «pistolets à gènes» élimineraient le besoin de devoir disposer d'une grande quantité de seringues et d'aiguilles, et ces vaccins ne nécessiteraient pas de réfrigération. Les procédés de fabrication pour de tels vaccins sont très semblables pour diverses maladies, ce qui devrait permettre de diminuer les coûts.

▶ Vérifiez vos acquis

L'expérience démontre que les vaccins atténués entiers sont habituellement plus efficaces que les vaccins inactivés. Expliquez pourquoi. **A-3**

Entre le vaccin sous-unitaire et le vaccin à ADN, lequel est le plus susceptible de prévenir une maladie causée par une bactérie capsulée tel un pneumocoque? **A-4**

La création de nouveaux vaccins

L'administration d'un vaccin efficace constitue la méthode la plus souhaitable d'empêcher la propagation de la maladie. Le vaccin fait en sorte que l'individu ne soit même pas atteint par l'affection ciblée et il est généralement plus économique, car il évite les coûts engendrés par la maladie. Cet aspect est particulièrement important dans les pays en voie de développement.

Par le passé, la mise au point de vaccins n'était possible que si on parvenait à cultiver le microorganisme pathogène en quantités assez grandes pour être utiles. On a obtenu les premiers vaccins viraux en les cultivant sur des animaux. Par exemple, on faisait proliférer le virus de la vaccine, qu'on utilisait contre la variole, sur le ventre rasé de veaux. Il y a plus de 100 ans, Pasteur préparait son vaccin contre la rage en faisant se multiplier le virus rabique dans le système nerveux central de lapins.

Il a fallu attendre la création des techniques de culture cellulaire pour voir l'introduction de vaccins contre la poliomyélite, la rougeole, les oreillons et plusieurs autres maladies dont les virus ne se multiplient que chez un être humain vivant. Les cultures cellulaires d'origine humaine, ou plus souvent d'animaux étroitement apparentés tels que le singe, ont permis de produire ces virus sur une grande échelle. L'œuf embryonné est un moyen pratique pour cultiver de nombreux virus (figure 8.7), et on l'utilise pour préparer plusieurs vaccins (par exemple contre la grippe). Le premier vaccin contre l'hépatite B contenait des antigènes viraux que l'on avait tirés du sang d'humains infectés de façon chronique par le virus de cette maladie parce qu'on ne disposait d'aucune autre source. On a toutefois renoncé à cette source lorsqu'on s'est aperçu que le sang humain prélevé pouvait aussi contenir le virus du sida.

Pour les vaccins recombinants ou à ADN, il n'est pas nécessaire de cultiver le microbe de la maladie dans une cellule ou dans un animal hôte. Cela permet de contourner un obstacle majeur, celui de certains virus qu'il n'a pas été possible jusqu'à maintenant de faire croître par culture cellulaire, par exemple celui de l'hépatite B.

Les plantes pourraient également servir pour la fabrication de vaccins. Des gènes extraits de bactéries et de virus pathogènes ont déjà été transférés dans des cellules de pomme de terre afin que ces cellules végétales génétiquement modifiées produisent des protéines antigéniques (vaccinales). Par la suite, ces protéines «vaccinales» seraient testées sur des humains, probablement sous forme de pilules à prendre par voie orale. Les vaccins oraux seraient souhaitables pour plusieurs raisons, en plus du fait de ne pas devoir recourir aux injections. En effet, ils seraient particulièrement efficaces pour protéger contre les maladies causées par les agents pathogènes qui envahissent le corps par les muqueuses. Cela comprend évidemment les maladies intestinales comme le choléra, mais également les pathogènes causant le sida, la grippe et d'autres maladies qui envahissent l'organisme par les muqueuses du nez, des parties génitales et des poumons. Les plants de tabac représentent des candidats de choix à cette fin, parce qu'ils ont peu de risques de contaminer la chaîne alimentaire.

Entre les années 1870 et 1910, on a assisté à ce qui a été appelé l'âge d'or de l'immunologie. C'est l'époque où on a découvert les éléments clés de l'immunologie et où on a créé plusieurs vaccins essentiels. À l'heure actuelle, on est peut-être sur le point de vivre un second âge d'or au cours duquel la nouvelle technologie sera mise à contribution pour lutter contre les maladies infectieuses émergentes et les problèmes posés par la diminution de l'efficacité des antibiotiques. Il est remarquable qu'il n'existe pas de vaccin utile contre les chlamydias, les mycètes, les protozoaires ou les helminthes parasites des humains. Par ailleurs, la protection offerte par les vaccins contre certaines maladies, telles que le choléra et la tuberculose, n'est pas parfaite. On s'emploie actuellement à trouver des vaccins contre au moins 75 maladies, allant d'affections mortelles importantes, telles que le sida et le paludisme, à des troubles communs tels que l'otalgie (maux d'oreille). Mais on constatera probablement que les découvertes faciles en matière de vaccin ont déjà eu lieu.

Les maladies infectieuses ne sont pas les seules cibles possibles de la vaccination. Des chercheurs étudient actuellement la possibilité que des vaccins puissent traiter et prévenir la cocaïnomanie, la maladie d'Alzheimer et le cancer, et servir de moyen de contraception.

Un problème de santé à l'échelle mondiale

Le présent texte présente une suite de questions que les spécialistes en santé publique se posent lorsqu'ils cherchent à réduire l'apparition des maladies. Essayez de répondre à chaque question avant de passer au point suivant.

❶ Le 14 mai, une jeune fille de 17 ans souffre de fièvre (38,3 °C) et présente de petites taches rouges à centre blanc bleuté dans la bouche (figure 16.14b). Elle a présenté une éruption cutanée sur la figure deux jours plus tard; l'éruption s'est ensuite étendue sur son tronc et ses membres. Par la suite, un enfant de 2 ans souffrait d'une fièvre et d'une pneumonie. Au total, 34 personnes de son église ont présenté une éruption maculopapuleuse survenant à la suite de symptômes semblables à ceux du rhume: fièvre, toux et conjonctivite.

De quelle maladie s'agit-il? (*Indice*: Voir le tableau de l'encadré 16.2.)

❷ On a confirmé que ces personnes souffraient de la rougeole en effectuant des tests pour déceler les immunoglobulines M (IgM) de la rougeole. La rougeole est une maladie virale très contagieuse qui peut causer la pneumonie, la diarrhée, l'encéphalite, et même la mort.

Quels autres renseignements devez-vous obtenir?

❸ La patiente de référence a voyagé en Roumanie pendant deux semaines. Elle et d'autres personnes infectées n'ont pas été vaccinées contre la rougeole.

Le risque actuel de contracter la rougeole est-il le même partout dans le monde?

❹ Depuis 2000, le nombre de cas de rougeole déclarés à l'échelle mondiale a considérablement chuté; toutefois, un certain nombre d'éclosions sont récemment survenues, particulièrement en Afrique, mais également en Europe. Les Amériques, y compris le Canada, ont signalé des éclosions de rougeole liées à l'introduction du virus de la rougeole d'autres régions. La rougeole est donc encore endémique dans de nombreux pays où la vaccination n'est pas systématique (**figure A**). Les voyageurs doivent donc tenir leur carnet de vaccination à jour.

Quels sont les efforts investis ces dernières années pour éradiquer la rougeole?

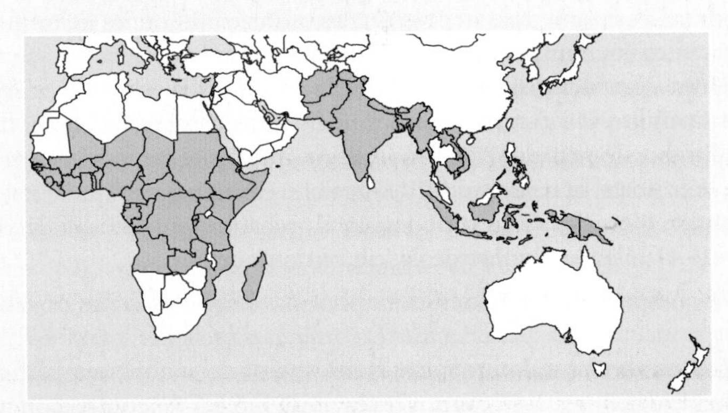

Figure A Pays présentant le plus de décès causés par la rougeole

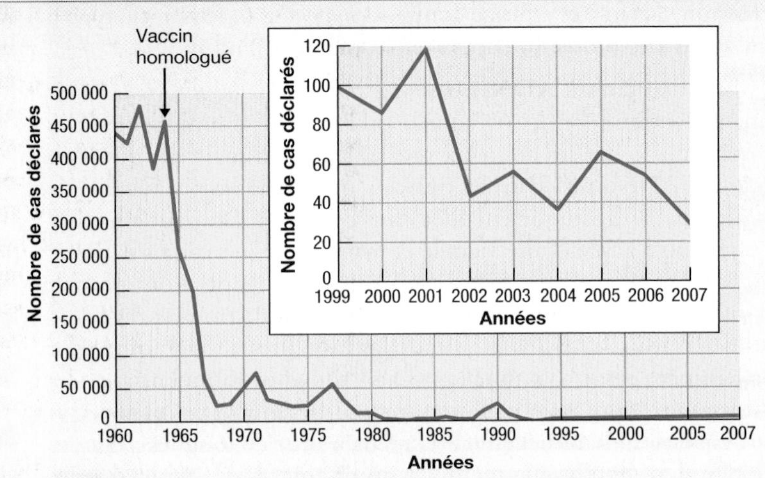

Figure B Nombre de cas de rougeole déclarés aux États-Unis, de 1960 à 2007 (Source: CDC, 2008.)

❺ La Measles Initiative (Initiative contre la rougeole), un groupe dirigé par l'American Red Cross, de concert avec la United Nations Foundation, l'UNICEF, les CDC et l'OMS, s'est engagée à réduire le nombre de décès dus à la rougeole à l'échelle mondiale. Ce groupe a permis la vaccination de plus de 400 millions d'enfants dans plus de 50 pays. En 2000, la rougeole avait causé plus de 757 000 décès, principalement des enfants de moins de 5 ans. En 2006, les décès causés par la rougeole ont été réduits à 242 000 personnes dans le monde entier.

Depuis 1994, l'Organisation panaméricaine de la santé et ses partenaires ont résolu d'éradiquer la rougeole sur le territoire des Amériques. Dès 2007, aux États-Unis, on ne rapportait plus que 30 cas, alors qu'avant la mise au point du vaccin contre la rougeole, près de 500 000 cas étaient recensés par année (**figure B**). Durant la même période, le Canada s'est aussi fixé comme objectif l'éradication de la rougeole, et en 1998, il a mis en place un système national de surveillance de la maladie. De 2002 à 2010, 327 cas de rougeole confirmés ont été signalés au Canada. La moyenne est de 11 cas par année, sauf en 2007 (102 cas), en 2008 (62 cas) et en 2010 (99 cas). Le nombre élevé de cas lors de ces années est surtout dû à des éclosions au Québec, en Ontario et en Colombie-Britannique, respectivement*. Depuis avril 2011, une épidémie de rougeole frappe surtout le Québec et, en date du mois de novembre 2011, on a rapporté plus de 750 cas.

Qu'arriverait-il si nous cessions de vacciner contre la rougeole?

❻ S'il n'y avait pas de vaccin, il y aurait davantage de cas de la maladie, des séquelles graves, et plus de décès. Certaines maladies pouvant être prévenues par la vaccination sont toujours assez répandues ailleurs dans le monde. Comme il s'est passé pour le présent cas, les voyageurs peuvent rapporter à leur insu ces maladies dans leur pays d'origine, et s'ils ne sont pas protégés par la vaccination, les maladies en question peuvent rapidement se répandre dans la population et causer des épidémies.

Source: Adaptation de *MMWR*, 54(42):1073–1075 (28 octobre 2005).

* Agence de la santé publique du Canada (mise à jour de juin 2011). http://www.phac-aspc.gc.ca/im/vpd-mev/measles-fra.php.

Des travaux sont en cours pour améliorer certains antigènes qui manquent parfois d'efficacité quand on les injecte seuls. Par exemple, certains produits chimiques, appelés **adjuvants** (du latin *adjuvare*, «aider»), sont ajoutés aux antigènes pour renforcer le pouvoir immunisant du vaccin et, par conséquent, son efficacité. Nous discutons de ce point plus loin. L'alun est l'adjuvant le plus utilisé à ce jour. D'autres adjuvants ont récemment été enregistrés, notamment une substance à base d'huile, le MF59, et des virosomes. Ces derniers imitent certains composants bactériens et facilitent le transport vers les nodules lymphatiques et l'absorption par les cellules présentatrices d'antigène.

À l'heure actuelle, près de 20 injections distinctes sont recommandées pour les bébés et les enfants, ce qui nécessite parfois de faire 3 injections ou plus au cours d'un seul rendez-vous. Il est donc utile de mettre au point des combinaisons de vaccins, comme c'est le cas pour le vaccin DCaT-Polio-Hib, qui combine la vaccination contre 5 maladies infantiles. Il serait également souhaitable de mettre au point des méthodes de vaccination qui remplaceraient la seringue. Plusieurs personnes ont déjà reçu une injection par «pistolet» à haute pression, qui est couramment employée pour les vaccinations de masse, et des aérosols nasaux sont maintenant disponibles pour contrer la grippe. La majorité des vaccins actuels induisent principalement l'immunité humorale, fondée sur les anticorps. Cependant, il faudra également produire des vaccins qui induisent une immunité à médiation cellulaire efficace contre des maladies telles que l'infection par le VIH, la tuberculose et le paludisme. Ces exigences ne sont pas nécessairement incompatibles.

▶ Vérifiez vos acquis

Quel type de vaccin parmi les suivants Louis Pasteur a-t-il mis au point: à agents entiers, recombinant ou à ADN? **A-5**

Quelle est l'origine du terme «adjuvant»? **A-6**

La sécurité des vaccins

Les vaccins comptent parmi les outils les plus sécuritaires de la médecine moderne. Puisque les vaccins sont administrés en général à des personnes en bonne santé, pour prévenir et non pour traiter une maladie, ils doivent satisfaire aux normes de sécurité les plus élevées. Ils ne sont pas exempts de tout effet indésirable pour autant, car aucune mesure n'est sûre ni efficace à 100%. Les risques associés à un vaccin doivent être comparés avec ses avantages, soit les maladies évitées. Si un vaccin n'offre aucun avantage, un seul cas d'effet secondaire est inacceptable. C'est pourquoi la vaccination contre la variole a été abandonnée à la suite de la disparition de la maladie. Cela étant dit, les vaccins ont fréquemment des effets secondaires mineurs, comme une fièvre légère ou une sensibilité au point d'injection. Ces manifestations sont temporaires et constituent une réaction normale au vaccin. En revanche, les effets secondaires graves sont possibles quoique plus rares. Par exemple, pour tous les vaccins, la contre-indication majeure est celle de l'allergie à la suite de l'administration d'une dose antérieure du même vaccin ou d'un autre produit ayant un composant identique. Des réactions allergiques (anaphylaxie) graves représentent moins de 1 cas par million de doses. Les personnes en état d'immunosuppression et les femmes enceintes ne doivent pas recevoir de vaccins atténués. Ainsi, s'il existe une contre-indication – état ou affection qui accroissent considérablement le risque d'apparition d'effets secondaires graves si le vaccin est administré –, la vaccination ne doit pas se faire.

La sécurité des vaccins est une préoccupation partout dans le monde, pour la population générale comme pour les professionnels de la santé. De nos jours, les vaccins qu'on administre sont beaucoup plus purifiés que ceux auxquels on avait recours il y a 30 ans, et même si les enfants reçoivent plus de vaccins qu'auparavant, la quantité totale d'antigènes présents dans les vaccins est beaucoup plus faible maintenant. En plus des études réalisées pendant la mise au point des vaccins, une fois qu'un vaccin est utilisé à grande échelle, la surveillance des effets secondaires permet d'assurer un suivi et d'intervenir au besoin. Au Québec, les programmes de vaccination sont instaurés après l'évaluation des risques et des bénéfices pour la population et à la suite d'avis du Comité sur l'immunisation du Québec de l'Institut national de santé publique du Québec.

Malgré toute la sécurité mise en place en ce qui concerne les vaccins, il y a constamment des risques pour lesquels il est important de se questionner*. Aujourd'hui encore, le vaccin oral contre la poliomyélite peut causer une maladie vaccinale dans de rares cas. En 1999, un vaccin pour prévenir la diarrhée infantile causée par un rotavirus a été retiré du marché parce qu'il occasionnait chez plusieurs receveurs une occlusion intestinale qui mettait leur vie en danger. À diverses occasions, d'autres problématiques liées aux vaccins ont alerté la population. Par exemple, le syndrome de Guillain-Barré (SGB) a déjà été associé au vaccin tétanique; le vaccin contre la coqueluche inactivé, à des lésions au cerveau; le vaccin contre l'influenza, à des troubles neurologiques démyélinisants chez les enfants âgés de 6 à 23 mois (groupe d'âge étudié); le vaccin contre l'hépatite B, à la sclérose en plaques et à la fatigue chronique; certains vaccins administrés aux enfants ont été associés à l'augmentation des risques d'asthme ou d'allergies et d'autres au syndrome de mort subite du nourrisson; et enfin, d'autres vaccins, au cancer et au diabète de type 1.

L'opinion publique est constamment alertée par les groupes de pression qui sensibilisent la population à la gravité de certains effets postvaccinaux. Une telle situation s'est présentée il y a quelques années, lorsqu'un lien possible entre le vaccin RRO, dont l'administration est presque universelle, et l'autisme a fait l'objet d'une campagne de sensibilisation mondiale. Sur le plan médical, les experts reconnaissent que l'autisme, un trouble envahissant du développement, a une composante génétique majeure et apparaît chez l'enfant avant sa naissance. Ce trouble neurologique est généralement diagnostiqué entre 18 et 30 mois. Cette période correspond au calendrier d'immunisation des enfants, et certains ont été tentés d'établir une relation de cause à effet entre les deux. Les cas d'autisme observés sont souvent des cas isolés, de telle sorte que les observations ne sont pas suffisantes pour prouver qu'il existe un lien réel irréfutable; théoriquement, si la presque totalité de la population infantile reçoit un vaccin, on observera à coup sûr des cas d'autisme, de troubles neurologiques ou d'autres affections dans cette dernière. Dans de telles controverses, le lien doit être établi

* Agence de la santé publique du Canada, *La sécurité des vaccins – Foire aux questions*. http://www.phac-aspc.gc.ca/im/vs-sv/vs-faq-fra.php (date de modification: 2011-02-04).

par une analyse rigoureuse de la littérature scientifique (recherches fondées sur les méthodes scientifiques validées, comptes rendus d'études réalisées partout dans le monde).

Lors de la dernière campagne de vaccination nationale contre la grippe H1N1, deux aspects de la vaccination ont soulevé bien des débats dans la population québécoise et canadienne : le thimérosal et les adjuvants à base d'alun. Le thimérosal est un dérivé du mercure utilisé comme agent de conservation dans des fioles à doses multiples – un format très utile pour les programmes de vaccination de masse. À cause de la présence du dérivé de mercure, le thimérosal a été associé à l'apparition de l'autisme et à d'autres troubles du développement. En fait, le thimérosal, en quantité infime dans les vaccins, est métabolisé en éthylmercure et est éliminé rapidement de l'organisme*. Les propriétés biochimiques du thimérosal le distinguent nettement du méthylmercure, la forme de mercure trouvée dans l'environnement qui peut provoquer des lésions cérébrales et nerveuses graves si elle est ingérée en grande quantité. Selon les experts, le thimérosal ne devrait donc pas être mis en cause dans l'apparition de troubles neurologiques.

Les adjuvants agissent en prolongeant la présence des antigènes au point d'injection, ce qui permet de diminuer la quantité d'antigènes nécessaires pour obtenir une meilleure réponse immunitaire aux vaccins qui en contiennent. Depuis plusieurs années, l'alun, ou sulfate d'aluminium et de potassium dodécahydrate, est utilisé comme adjuvant dans les vaccins (par exemple le DCaT, les vaccins contre les hépatites, la méningite, la pneumonie). Un vaccin qui en contient doit être administré par voie intramusculaire. Il déclenche généralement une réaction inflammatoire locale, comme une rougeur, un œdème, une sensibilité et, dans certains cas, un nodule au point d'injection, soit des manifestations cliniques qui disparaissent habituellement quelques jours après la vaccination. Il faut éviter une infiltration de l'adjuvant dans les tissus sous-cutanés parce qu'il est susceptible d'y causer une réaction inflammatoire importante, accompagnée de nodules sous-cutanés et même parfois d'abcès stériles qui peuvent persister plus longtemps. Les effets nocifs des adjuvants à base d'aluminium sont souvent en lien avec des injections dont le contenu s'est écoulé ailleurs que dans le muscle.

Bien qu'il soit impossible de rendre toute intervention médicale, y compris la vaccination, exempte de risques, les efforts continuent pour produire des vaccins qui ont moins d'effets secondaires et sont plus économiques, efficaces et faciles à administrer. L'opinion publique exige des compagnies pharmaceutiques qu'elles créent des types de vaccins présentant le minimum de risques. Une grande vigilance reste essentielle. Dans un sens, la vaccination a pour défaut d'avoir réussi. De nos jours, dans les pays industrialisés, peu de parents connaissent la terreur causée par les épidémies de poliomyélite paralysante, lors desquelles ils sont réduits à l'impuissance devant la menace qui pèse sur leurs enfants. Peu nombreux sont ceux qui ont vu un cas de tétanos ou de diphtérie. Malgré les risques inévitables, c'est le bien-être du plus grand nombre de personnes que vise la vaccination, qui demeure le moyen le plus sûr et le plus efficace de combattre les maladies infectieuses. Idéalement, la mise au point de méthodes de prévention – dont la vaccination fait partie – devrait être associée à la lutte contre la pauvreté.

▶ Vérifiez vos acquis

Que peut-on répondre à ceux qui considèrent que le mercure contenu dans certains vaccins est dangereux ? **A-7**

* Agence de la santé publique du Canada. http://www.phac-aspc.gc.ca/im/q_a_thimerosal-fra.php#4 (date de modification : 2011-03-03).

GLOSSAIRE

A

Abcès Accumulation de pus localisée. (p. 298)

Acide domoïque Biotoxine produite par des diatomées qui s'accumule dans des mollusques filtreurs tels que les myes, les moules, les pétoncles et les huîtres ; toxique lorsqu'il est ingéré par l'humain. (p. 171)

Acide mycolique Acide gras ramifié à longue chaîne, caractéristique des bactéries du genre *Mycobacterium*. (p. 56)

Acide para-aminobenzoïque (PABA) Précurseur de la synthèse de l'acide folique. (p. 403)

Acidophile Bactérie qui tolère bien l'acidité d'un milieu dont le pH peut être inférieur à 4. (p. 82)

Action oligodynamique Capacité des composés d'un métal lourd à exercer une activité antimicrobienne à faibles doses. (p. 386)

Adhérence 1) Fixation d'un microbe à la membrane plasmique d'une cellule hôte ; étape souvent préalable à la manifestation d'une maladie infectieuse. 2) Fixation d'un phagocyte à la membrane plasmique d'une autre cellule ou d'une substance étrangère. (p. 265, 294)

Adhésine Protéine de liaison spécifique des glucides, faisant saillie sur les cellules procaryotes (bactéries) et servant à l'adhérence ; aussi appelée *ligand*. (p. 265)

ADN recombinant Molécule d'ADN hybride résultant d'un processus de recombinaison in vitro de gènes provenant de sources différentes, par exemple un fragment d'ADN humain combiné à de l'ADN de bactéries. (p. 15)

Aérobie strict Organisme qui a besoin d'oxygène moléculaire (O_2) pour vivre et se développer ; les processus de la respiration cellulaire aérobie requièrent la présence d'oxygène comme accepteur d'hydrogène. (p. 84)

Affinité Attraction chimique réciproque de deux substances ; aussi force de liaison entre deux substances, p. ex. entre un anticorps et un antigène. (p. 320)

Aflatoxine Toxine cancérogène produite par *Aspergillus flavus*, une moisissure. (p. 279)

Agar-agar Polysaccharide complexe extrait d'une algue marine, servant à la fabrication des milieux de culture solides utilisés en laboratoire de microbiologie ; aussi appelé *agar*. (p. 87)

Agent antisens (ou ADN antisens) Court segment d'ADN synthétisé à partir d'un ARNm (d'où le nom « antisens »). Introduit dans une cellule, l'agent antisens s'hybride avec l'ARNm, ce qui a pour effet d'inhiber la traduction de ce dernier. On l'utilise pour bloquer la biosynthèse de protéines responsables de l'effet pathogène de certains microbes. Aussi appelé *nubiotique*. (p. 425)

Agent de surface Tout composé diminuant la tension entre les molécules qui se trouvent à la surface d'un liquide ; aussi appelé *surfactant*. (p. 387)

Agent pathogène Organisme susceptible de causer une maladie. (p. 228)

Agent pathogène opportuniste Microbe qui ne cause habituellement pas de maladie mais qui peut devenir pathogène dans certaines conditions, lorsque le système immunitaire et la résistance de l'individu sont affaiblis. (p. 234)

Agglutination Rassemblement ou regroupement de cellules en amas. Agrégats d'antigènes non solubles (particules) reliés par des anticorps spécifiques. (p. 320)

Agranulocyte Leucocyte dont les granulations ne sont pas visibles dans le cytoplasme ; p. ex. monocytes et lymphocytes. (p. 291)

Agranulocytose Disparition partielle ou totale des granulocytes circulant dans le sang ; situation qui comporte un risque accru d'infection microbienne. (p. 343)

Alcool Molécule organique comprenant un ou plusieurs groupements hydroxyle (—OH) (p. 385)

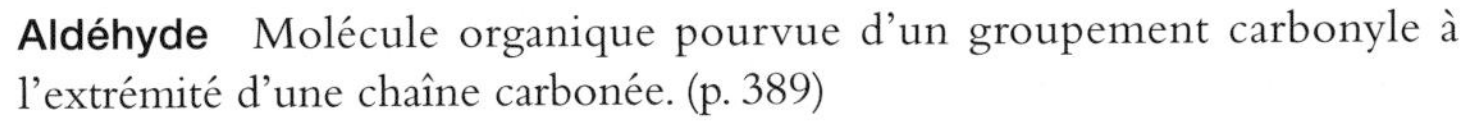

Aldéhyde Molécule organique pourvue d'un groupement carbonyle à l'extrémité d'une chaîne carbonée. (p. 389)

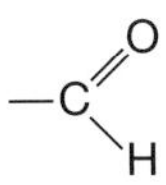

Algue Eucaryote photosynthétique ; une algue peut être unicellulaire, filamenteuse ou pluricellulaire, mais elle ne possède pas les tissus caractéristiques des plantes (composant les racines, les tiges et les feuilles). (p. 7)

Allergène Antigène qui provoque une réaction d'hypersensibilité. (p. 338)

Allergie Réaction démesurée à un allergène, qui entraîne des changements pathologiques ; aussi appelée *hypersensibilité*. (p. 338)

Allogreffe Greffe d'un tissu qui ne provient pas d'un donneur génétiquement identique (c.-à-d. ni du receveur ni d'un vrai jumeau). (p. 351)

Allylamine Agent antifongique qui perturbe la synthèse des stérols. (p. 409)

***Alveolata* (ou alvéolés)** Groupe d'eucaryotes unicellulaires caractérisés par la présence de petites vésicules (ou alvéoles) sous-membranaires ; comprennent entre autres les ciliés et les apicomplexes. (p. 176)

Amanitine Peptide toxique produit par certaines amanites (mycètes). (p. 279)

Aminoglycosides (ou aminosides) Classe d'antibiotiques dont l'action entraîne l'inhibition de la synthèse des protéines et l'arrêt de la croissance des bactéries ; p. ex. streptomycine, gentamicine, kanamycine, néomycine et tobramycine ; aussi appelés *aminoglucosides*. (p. 406)

***Amœbozoa* (ou amibozoaires)** Groupe d'eucaryotes unicellulaires qui se déplacent au moyen de pseudopodes. Les organismes composant ce groupe sont généralement appelés *amibes*. (p. 175)

Amphitriche Se dit d'une cellule bactérienne ayant un ou plusieurs flagelles aux deux extrémités. (p. 50)

Amplification en chaîne par polymérase (ACP) Technique consistant à utiliser l'ADN polymérase pour obtenir in vitro un très grand nombre de copies d'une matrice d'ADN. (p. 125)

Anaérobie aérotolérant Organisme qui n'utilise pas d'oxygène moléculaire (O_2), mais qui ne souffre pas de la présence de cet élément. (p. 85)

Anaérobie facultatif Organisme capable de se développer en présence ou en l'absence d'oxygène moléculaire (O_2). (p. 85)

Anaérobie strict Organisme qui ne consomme pas d'oxygène moléculaire (O_2) et qui meurt en présence de cet élément, toxique pour lui. La production d'énergie est assurée par des processus de fermentation. (p. 85)

Anaphylaxie Réaction d'hypersensibilité où interviennent des anticorps de la classe des IgE ainsi que des mastocytes et des granulocytes basophiles. (p. 338)

Anaphylaxie localisée Réaction immédiate d'hypersensibilité limitée à une zone circonscrite de la peau ou d'une muqueuse ; p. ex. rhume des foins, éruption cutanée, asthme. (p. 340)

Anaphylaxie systémique Réaction d'hypersensibilité systémique qui provoque la vasodilatation périphérique, puis un état de choc ; aussi appelée *choc anaphylactique*. (p. 339)

Anémie hémolytique Forme d'anémie provoquée par la destruction des érythrocytes (ou hémolyse). (p. 343)

Animaux Règne constitué des eucaryotes pluricellulaires dépourvus de paroi cellulaire. Comprennent les éponges, les vers, les insectes, les vertébrés. Les Animaux obtiennent l'énergie et les nutriments dont ils ont besoin par ingestion de molécules organiques ; aussi appelés règne des *Animalia*. (p. 116)

Anion peroxyde Anion oxygène formé de deux atomes d'oxygène ; (O_2^{2-}) ; anion toxique qui agit comme agent antimicrobien. (p. 85)

Antagonisme Opposition fonctionnelle, p. ex. entre deux médicaments ou deux microbes. (p. 424)

Antagonisme microbien Compétition pour les nutriments entre le microbiote normal et des microbes potentiellement pathogènes ; le microbiote normal protège l'hôte contre l'implantation de ces microbes ; aussi appelé *effet barrière*. (p. 233)

Antibiogramme Analyse permettant de déterminer la sensibilité d'une bactérie à un ou à plusieurs antibiotiques. (p. 419)

Antibiotique Agent antimicrobien, en général produit naturellement par une bactérie ou un mycète. (p. 13, 399)

Antibiotique à large spectre Antibiotique utilisé pour lutter contre une vaste gamme de bactéries à Gram positif ou négatif. (p. 400)

Anticorps Protéine produite par l'organisme dont la synthèse est stimulée lors d'une première exposition ou accélérée lors d'expositions suivantes à un antigène auquel elle se combine spécifiquement pour le neutraliser ou le détruire ; aussi appelé *gammaglobuline* ou *immunoglobuline*. (p. 30, 314)

Antigène Toute substance qui déclenche la formation d'anticorps et ne réagit qu'avec l'anticorps spécifique correspondant ; aussi appelé *immunogène*. (p. 51, 314)

Antigène d'histocompatibilité Antigène du soi situé à la surface de cellules humaines ; commun aux cellules d'un même organisme et responsable des rejets de greffe. (p. 348)

Antigène de transplantation spécifique aux tumeurs (TSTA, pour *tumor-specific transplantation antigen***)** Antigène viral situé à la surface d'une cellule transformée (tumorale). (p. 219)

Antigène endogène Antigène produit par l'hôte, mais le plus souvent d'origine étrangère (virale ou autre). (p. 324)

Antigène H Antigène produit par les flagelles des entérobactéries, que l'on décèle par un test sérologique ; aussi appelé *antigène flagellaire*. (p. 51)

Antigène T Antigène présent dans le noyau d'une cellule tumorale. (p. 219)

Antigène T-dépendant Antigène qui provoque la production d'anticorps seulement lorsque les lymphocytes T auxiliaires interviennent également. (p. 317)

Antigène T-indépendant Antigène qui provoque la production d'anticorps sans l'intervention de lymphocytes T auxiliaires. (p. 318)

Antirétroviral Classe de médicaments utilisés pour le traitement des infections liées aux rétrovirus. (p. 412)

Antisepsie Tout traitement chimique appliqué à des tissus vivants dans le but de détruire et d'éliminer les microbes potentiellement pathogènes ou d'en ralentir la croissance ; la substance chimique utilisée est appelée *antiseptique*. (p. 370)

Antisérum Liquide extrait du sang, qui contient des anticorps ; aussi appelé *immunsérum*. (p. 122, 332)

Antitoxine Anticorps spécifique produit par l'organisme en réaction à une exotoxine bactérienne ou à une anatoxine. (p. 270)

Apicomplexa **(ou apicomplexes)** Protozoaires eucaryotes unicellulaires, parasites intracellulaires obligatoires ; dotés d'un complexe d'organites caractéristiques, situé à l'extrémité de la cellule ; aussi appelés *sporozoaires*. (p. 175)

Apoptose Mort naturelle programmée d'une cellule ; les fragments résiduels sont éliminés par phagocytose. (p. 324)

Archæzoa Protozoaires eucaryotes primitifs, unicellulaires, dépourvus de mitochondries ; p. ex. *Giardia lamblia* et *Trichomonas vaginalis*. Aussi appelés *archéozoaires*. (p. 173)

Archéobactéries Cellules procaryotes dépourvues de peptidoglycane ; elles constituent l'un des trois domaines (domaine des *Archæa*). (p. 5, 111)

Arthroconidie Spore fongique asexuée résultant de la fragmentation d'un hyphe tubulaire en cellules simples ; aussi appelée *arthroconidiospore*. (p. 164)

Ascospore Spore fongique sexuée qui se forme à l'intérieur d'un asque chez les ascomycètes. (p. 165)

Asepsie Absence de contamination par des agents pathogènes ou potentiellement pathogènes ; visée par toute technique de stérilisation, de désinfection, d'antisepsie et de décontamination. (p. 9, 370)

Aspergillose Maladie causée par des mycètes du genre *Aspergillus* ; la forme la plus répandue est l'aspergillose bronchopulmonaire. (p. 550)

Asque Chez les ascomycètes, structure en forme de sac qui contient les ascospores. (p. 165)

Autoclave commercial Appareil de stérilisation par la vapeur sous pression, qui fonctionne habituellement à 103 kPa et à 121 °C. (p. 376)

Autogreffe Greffe d'un tissu provenant du sujet lui-même. (p. 350)

Azole Agent antifongique qui nuit à la synthèse des stérols de la membrane plasmique ; p. ex. imidazole et triazole. (p. 409)

B

Bacille Toute bactérie en forme de bâtonnet. (p. 44)

Bactéricide Substance ayant la propriété de tuer les bactéries. (p. 370)

Bactérie Organisme procaryote caractérisé par des parois cellulaires constituées de peptidoglycane. (p. 5, 111)

Bactérie atriche Bactérie dépourvue de flagelle. (p. 49)

Bactériémie État infectieux résultant de la présence de bactéries vivantes dans le sang. (p. 239)

Bactériologie Science traitant des procaryotes, principalement des bactéries et des archéobactéries. (p. 14)

Bactériophage Virus qui infecte spécifiquement les cellules bactériennes ; aussi appelé *phage*. (p. 195)

Bactériostatique Se dit d'un agent susceptible d'inhiber ou de freiner la croissance bactérienne. (p. 370)

Baside Chez les basidiomycètes, structure en forme de massue qui produit les basidiospores. (p. 165)

Basidiospore Spore fongique sexuée, portée sur une baside, caractéristique des basidiomycètes. (p. 165)

Biocide Substance qui détruit les microbes ; aussi appelé *germicide*. (p. 370, 401)

Biofilm Communauté de microorganismes qui forme généralement une mince couche visqueuse sur une surface naturelle ou artificielle, telle qu'une prothèse. (p. 17, 86, 266, 373)

Biogenèse Théorie selon laquelle une cellule vivante ne peut provenir que d'une autre cellule vivante. (p. 9)

Biologie moléculaire Discipline scientifique qui allie plusieurs sciences telles la génétique, la biochimie et la physique, et dont l'objet d'étude touche particulièrement l'ADN et la synthèse des protéines chez les organismes vivants. (p. 15)

Biorestauration Utilisation de microorganismes pour éliminer un polluant du milieu ; aussi appelée *bioremédiation* ou *bioréhabilitation*. (p. 16)

Biostatique Agent antimicrobien qui empêche ou freine la croissance des microbes. (p. 401)

Biotechnologie Dans l'industrie, utilisation des propriétés biochimiques des microorganismes, des cellules ou de leurs constituants pour fabriquer un produit particulier. (p. 16)

Bioterrorisme Utilisation de microbes (virus, bactéries, mycètes) ou de toxines dans le but de provoquer intentionnellement une maladie ou le décès d'êtres vivants (humains, animaux ou plantes). (p. 496)

Biovar Sous-groupe d'un sérotype déterminé en fonction de propriétés chimiques ou physiologiques caractéristiques ; aussi appelé *biotype*. (p. 143)

Bisbiguanide chloré Groupe de substances antimicrobiennes servant d'antiseptiques à large spectre et appliquées principalement sur la peau ; agit en altérant les protéines des membranes bactériennes ; p. ex. chlorhexidine. (p. 384)

Bisphénol Groupe de substances antimicrobiennes, telles que l'hexachlorophène et le triclosan, composées de deux groupements phénol. (p. 384)

Blastoconidie Spore fongique asexuée résultant du bourgeonnement de la cellule mère ; à maturité, le bourgeon se détache. (p. 164)

Bouillon nutritif Milieu liquide, complexe et composé d'extrait de bœuf et de peptone. (p. 89)

Bourgeonnement 1) Mode de reproduction asexuée ayant comme point de départ une excroissance de la cellule mère, dite bourgeon, dont le développement donne naissance à une cellule fille. 2) Mode de libération d'un virus qui s'enrobe d'une enveloppe lipidique pour sortir, à travers la membrane plasmique, d'une cellule hôte animale. (p. 94, 218)

Brin – ARN viral dont le brin est négatif et qui ne peut pas jouer le rôle d'ARN messager ; aussi appelé *brin antisens*. (p. 216)

Brin + ARN viral dont le brin est positif et qui est susceptible de jouer le rôle d'ARN messager ; aussi appelé *brin sens*. (p. 216)

Bubon Gonflement d'un nœud lymphatique, dû à une inflammation. (p. 488)

Bulle Soulèvement épidermique dont le diamètre est supérieur à 1 cm (grosse vésicule), rempli de liquide séreux. (p. 435)

C

Caisson hyperbare Appareil permettant de soumettre un organisme, en entier ou en partie, à des pressions supérieures à 100 kPa. (p. 495)

Capnophile Microorganisme dont la croissance est optimale lorsque la concentration de CO_2 est relativement élevée. (p. 91)

Capside Enveloppe ou coque protéique d'un virus, qui entoure l'acide nucléique. (p. 198)

Capsomère Sous-unité protéique d'une capside virale. (p. 199)

Capsule Enveloppe gélatineuse externe de certaines bactéries, composée de polysaccharides ou de polypeptides. (p. 38, 48)

Carbapénems Classe d'antibiotiques à large spectre comprenant une β-lactamine (imipénem) et de la cilastatine sodique ; inhibent la synthèse de la paroi cellulaire. (p. 405)

Carboxysome Inclusion procaryote qui contient la ribulose 1,5-diphosphate carboxylase. (p. 64)

Catalase Enzyme qui catalyse la décomposition du peroxyde d'hydrogène (H_2O_2) en eau et en oxygène. (p. 85)

CD4 Molécule membranaire de certaines cellules du système immunitaire, en particulier des lymphocytes T auxiliaires (T_H). Ceux-ci sont souvent appelés *lymphocytes CD4+*. (p. 323)

CD8 Molécule membranaire présente sur les lymphocytes T cytotoxiques (T_C). Ceux-ci sont souvent appelés *lymphocytes CD8+*. (p. 323)

Cellule dendritique Cellule présentatrice d'antigène caractérisée par de longues excroissances digitiformes, présente dans les tissus lymphoïdes et la peau. (p. 291, 325)

Cellule M (pour *microfold*) Cellule intestinale qui accepte et transfère des antigènes aux lymphocytes. (p. 322, 567)

Cellule présentatrice d'antigènes (CPA) Cellule dendritique, macrophagocyte ou lymphocyte B, qui englobe un antigène et en présente des fragments aux lymphocytes T sur sa surface cellulaire. (p. 322)

Cellule souche Cellule non différenciée, pluripotente, qui donne naissance à d'autres cellules. Ainsi, les cellules souches de la moelle osseuse rouge produisent les cellules sanguines, dont les lymphocytes B et T. (p. 350)

Cellule tueuse naturelle (NK, pour *natural killer***)** Cellule lymphoïde qui détruit les cellules tumorales ou les cellules infectées par des virus. (p. 291, 326)

Cénocyte Cellule dont le cytoplasme contient plusieurs noyaux et qui est caractéristique de certains mycètes microscopiques et de certaines algues. (p. 162)

Centrosome Partie d'une cellule eucaryote constituée d'une région péricentriolaire (fibres protéiques) et d'une paire de centrioles ; joue un rôle dans la formation du fuseau mitotique lors de la division des chromosomes. (p. 73)

Céphalosporine Antibiotique, produit par le mycète *Cephalosporium*, qui inhibe la synthèse de la paroi cellulaire des bactéries à Gram positif. (p. 405)

Cercaire Larve d'un trématode, qui se déplace en nageant. (p. 181)

Cestode Helminthe hermaphrodite à l'origine, par exemple, de la téniase ou de l'échinococcose hydatique ; aussi appelé *ver plat*. (p. 588)

Chaîne épidémiologique Ensemble des facteurs qui contribuent à la propagation d'une maladie infectieuse et qui font en sorte qu'elle se développe chez un individu ; comprend six maillons : l'agent causal, le réservoir, la porte d'entrée, le mode de transmission, la porte de sortie du microbe et la réceptivité de l'hôte. (p. 241)

Charge virale plasmatique Taux de VIH/ARN dans le plasma sanguin (millions de copies par millilitre) mesuré au cours du traitement d'un patient atteint du sida. (p. 360)

Chimiokine Cytokine qui déclenche, par chimiotactisme, la migration de leucocytes vers des zones infectées. (p. 328)

Chimiotactisme Mouvement déclenché par la présence d'une substance chimique. (p. 50, 293)

Chimiothérapie Traitement par des substances chimiques. (p. 13, 398)

Chlamydoconidie Spore fongique asexuée produite au sein d'un segment de l'hyphe ; entourée d'une paroi épaisse. (p. 164)

Chloramphénicol Antibiotique bactériostatique à large spectre qui nuit à la synthèse protéique. (p. 406)

Choc anaphylactique Réaction d'hypersensibilité systémique qui provoque la vasodilatation périphérique, puis un état de choc ; aussi appelé *anaphylaxie systémique*. (p. 339)

Choc endotoxique Chute de la pression artérielle causée par la présence dans le sang d'endotoxines provenant de la paroi de bactéries à Gram négatif. (p. 274)

Choc septique Chute brusque de la pression artérielle due à la présence de toxines bactériennes, qui sont généralement des endotoxines produites par des bactéries à Gram négatif. (p. 274)

Chromatophore Chez les bactéries photoautotrophes, saccule dans la membrane plasmique où se trouve la bactériochlorophylle ; aussi appelé *thylakoïde*. (p. 58)

Chromosome Structure composée principalement d'ADN, qui constitue le support physique de l'information génétique ; contient les gènes. (p. 70)

Cil Organe de locomotion. Prolongement relativement court de certaines cellules eucaryotes, composé de neuf paires de microtubules en cercle et de deux microtubules centraux (disposition de type 9 + 2) ; aussi appelé *cil vibratoire*. (p. 66, 287)

Ciliophora Protozoaires qui se déplacent au moyen de cils ; aussi appelés *Ciliés*. (p. 176)

Citerne Sac membraneux aplati du réticulum endoplasmique et du complexe golgien ; aussi appelée *saccule*. (p. 71)

Clade Groupe d'organismes qui partagent un ancêtre commun ; branche d'un cladogramme. (p. 116)

Cladogramme Arbre phylogénétique dichotomique dont la division en branches est régulière et qui représente la classification des organismes en fonction de leur apparition chronologique dans le processus d'évolution ; met en évidence les relations phylogénétiques entre les organismes. (p. 128)

Classe Division taxinomique comprise entre l'embranchement et l'ordre. (p. 114)

Classe de différenciation (CD) Nombre donné à un épitope sur un seul antigène ; p. ex. antigène CD4 (ou protéine CD4), que l'on trouve sur la surface des lymphocytes T auxiliaires. (p. 323)

Clé dichotomique Procédé d'identification fondé sur une suite de questions à double choix, la réponse à une question menant à une autre question à double choix jusqu'à ce que la nature de l'organisme étudié soit déterminée ; aussi appelée *clé analytique*. (p. 128)

Clone Population de cellules identiques descendant d'une même cellule initiale. (p. 114)

Coagulase Enzyme bactérienne qui provoque la coagulation du plasma sanguin et contribue à la formation d'une enveloppe protectrice autour des foyers infectieux. (p. 267, 435)

Coccobacille Bacille ovale dont la morphologie est proche de celle d'un coccus. (p. 46)

Coccus (pluriel : **cocci**) Bactérie sphérique ou ovoïde. (p. 44)

Collagénase Enzyme bactérienne qui hydrolyse le collagène et contribue à la destruction de la barrière naturelle que constitue le tissu conjonctif. (p. 268)

Colonie Masse visible de cellules microbiennes descendant d'une même cellule mère ou d'un groupe de microbes identiques. (p. 93)

Colonisation Implantation et installation de microorganismes sur des tissus, où ils vivent normalement de façon plus ou moins permanente sans provoquer de maladie. (p. 230)

Colorant acide Sel dont la couleur est attribuable aux ions négatifs ; les colorants acides sont utilisés pour la coloration négative. (p. 36)

Colorant basique Sel dont la couleur est attribuable aux ions positifs et qui est utilisé pour la coloration de bactéries. (p. 36)

Colorant différentiel Colorant qui permet de distinguer des objets, tels que des bactéries, en fonction des réactions à la coloration. (p. 36)

Coloration Application d'un ou de plusieurs colorants sur un échantillon visant à le rendre visible au microscope ou à rendre visibles des structures données. (p. 35)

Coloration acido-alcoolo-résistante Coloration différentielle utilisée pour identifier des bactéries qu'une solution d'acide et d'alcool ne décolore pas (p. ex. *Mycobacterium*). (p. 37)

Coloration de Gram Coloration différentielle qui permet de classer les bactéries en deux grandes catégories : à Gram positif et à Gram négatif. (p. 36)

Coloration négative Processus par lequel on obtient des bactéries incolores sur un fond coloré. (p. 36)

Coloration simple Méthode de coloration de microorganismes au moyen d'un seul colorant basique. (p. 36)

Commensalisme Association symbiotique entre deux organismes vivants qui est profitable pour l'un d'entre eux seulement, mais ne présente pas de danger pour le second. (p. 234)

Complexe antigène-anticorps (Ag-Ac) Produit de la combinaison d'un antigène et de son anticorps spécifique à la base de la protection immunitaire ; utilisé dans de nombreux tests diagnostiques. (p. 320)

Complexe d'attaque membranaire (MAC, pour *membrane attack complex***)** Protéines du complément C5 à C9 dont l'action combinée cause des lésions dans la membrane plasmique, ce qui entraîne la mort de la cellule. (p. 300)

Complexe golgien Organite qui joue plusieurs rôles, dont la sécrétion de certaines protéines ; aussi appelé *appareil de Golgi*. (p. 71)

Complexe immun Produit de la combinaison d'un antigène et de son anticorps spécifique ; peut être associé à des composants du système du complément lors d'une maladie auto-immune. (p. 343)

Complexe majeur d'histocompatibilité (CMH) Ensemble des gènes qui codent pour les antigènes d'histocompatibilité ; aussi appelé *système HLA* (pour *human leukocyte antigen*). (p. 318, 348)

Composé d'ammonium quaternaire Détergent cationique, utilisé comme désinfectant, qui comporte quatre groupements organiques liés à un atome central d'azote ; utilisé comme désinfectant ; aussi appelé *quat*. (p. 387)

Concentration minimale inhibitrice (CMI) La plus petite concentration d'agent chimiothérapique qui empêche la croissance des microorganismes in vitro. (p. 418)

Concentration minimale létale (CML) La plus petite concentration d'agent chimiothérapique qui tue les bactéries in vitro ; aussi appelée *concentration minimale bactéricide* (CMB). (p. 419)

Condenseur Système de lentilles situé sous la platine porte-objet du microscope et qui oriente les rayons lumineux vers l'échantillon. (p. 24)

Conidie Type de spore asexuée unicellulaire ou pluricellulaire qui n'est pas enfermée dans un sac ; ces spores forment des chaînes au bout d'un conidiophore ; aussi appelée *conidiospore*. (p. 166)

Conjugaison Transfert par contact direct de matériel héréditaire d'une cellule à une autre ; a lieu chez les bactéries et les protozoaires, selon des processus différents. (p. 173)

Contre-colorant Colorant utilisé pour créer un contraste lors d'une coloration différentielle. (p. 36)

Conversion phagique Acquisition de propriétés nouvelles par une cellule hôte infectée par un phage lysogénique. (p. 210, 275)

Corps d'inclusion Granule ou particule virale, présente dans le cytoplasme ou le noyau de certaines cellules infectées, qui joue un rôle important dans l'identification des virus qui causent l'infection. (p. 277)

Corps élémentaire Forme infectieuse des chlamydias. (p. 154, 541)

Courbe de croissance bactérienne Graphique représentant le développement d'une population de bactéries en fonction du temps. (p. 96)

Courbe du cycle de réplication Graphique représentant les phases de la multiplication intracellulaire d'une population de virus en fonction du temps. (p. 206)

Crise Phase de la fièvre caractérisée par la vasodilatation et la transpiration. (p. 299)

Culture Microorganismes qui se développent et se multiplient dans un récipient contenant un milieu de culture. (p. 87)

Cuticule Enveloppe externe des helminthes. (p. 181)

Cyanobactérie Procaryote photoautotrophe qui produit du dioxygène (O_2). (p. 146)

Cycle lysogénique Mécanisme de réplication virale dans lequel l'ADN d'un phage s'intègre au chromosome bactérien sous la forme d'un prophage, sans entraîner la mort de la cellule. (p. 207)

Cycle lytique Mécanisme de réplication d'un phage, qui entraîne la lyse de la cellule hôte. (p. 207)

Cyclose Mouvement du cytoplasme d'une cellule eucaryote. (p. 69, 179)

Cysticerque Larve enkystée du ténia. (p. 183, 593)

Cytokine Petite protéine libérée par des cellules humaines en réaction à une infection bactérienne ; peut provoquer directement ou indirectement de la fièvre, des douleurs ou l'activation des cellules du système immunitaire. (p. 285, 297, 328)

Cytolyse Destruction d'une cellule, due à la rupture de sa membrane plasmique, qui provoque l'écoulement de son contenu. (p. 291)

Cytométrie en flux Méthode de dénombrement de cellules à l'aide d'un cytomètre en flux, qui détecte les cellules grâce à la présence d'un marqueur fluorescent sur la surface de ces dernières. (p. 124)

Cytoplasme Chez une cellule procaryote, toute la matière située à l'intérieur de la membrane plasmique ; chez une cellule eucaryote, toute la matière située à l'intérieur de la membrane plasmique et à l'extérieur du noyau. (p. 62, 69)

Cytoprocte Chez certains protozoaires, structure spécialisée servant à l'élimination des déchets ; aussi appelé *pore anal*. (p. 173)

Cytosol Partie liquide du cytoplasme. (p. 69)

Cytosquelette Ensemble des microfilaments, des filaments intermédiaires et des microtubules qui maintiennent la forme de la cellule eucaryote, procurent un soutien à ses éléments internes et permettent le mouvement dans son cytoplasme. (p. 69)

Cytostome Orifice buccal chez certains protozoaires. (p. 173)

Cytotoxicité à médiation cellulaire dépendant des anticorps Mécanisme de destruction des cellules enrobées d'anticorps faisant intervenir des phagocytes ou des cellules tueuses naturelles. (p. 320, 327)

Cytotoxine Toxine bactérienne qui tue la cellule hôte ou en altère le fonctionnement. (p. 270)

D

Débridement Extraction chirurgicale de tissus nécrosés. (p. 468)

Décapsidation Processus par lequel un acide nucléique viral est séparé de sa capside. (p. 211)

Décontamination Opération destinée à éliminer les microbes ou à en réduire le nombre sur des tissus vivants et sur des objets inertes à des taux considérés comme sans danger, de manière à respecter les normes d'hygiène et de santé publique. (p. 370)

Dégranulation Libération du contenu des granulations sécrétrices des mastocytes et des granulocytes basophiles durant l'anaphylaxie. (p. 339)

Délétion clonale Destruction des lymphocytes B et T qui réagissent aux antigènes du soi durant le développement du fœtus. (p. 318)

Dénombrement de colonies après culture Mesure directe de la croissance microbienne par le comptage du nombre de colonies formées après culture sur une gélose en boîte de Petri. (p. 98)

Dénombrement direct de cellules microbiennes Mesure directe de la croissance microbienne par le comptage du nombre de cellules (p. ex. de bactéries) à l'aide d'un microscope ou d'un compteur. (p. 100)

Dérive antigénique Variation mineure dans la composition antigénique d'un virus de la grippe, qui survient au fil du temps; aussi appelée *glissement antigénique*. (p. 546)

Dérivé phénolé Substance synthétique dérivée du phénol et employée comme désinfectant et antiseptique; aussi appelé *composé phénolique*. (p. 383)

Dermatophyte Mycète responsable d'une mycose cutanée. (p. 167, 447)

Désensibilisation Prévention d'une réaction allergique inflammatoire. (p. 341)

Désinfection Tout traitement appliqué à des objets inanimés en vue de détruire et d'éliminer les microorganismes pathogènes et potentiellement pathogènes ou d'en ralentir le développement, et en vue de rendre le milieu impropre à leur prolifération; la substance chimique utilisée est appelée *désinfectant*. (p. 370)

Dessiccation État d'assèchement dû à la perte d'eau dans l'environnement des microorganismes. (p. 379)

Détection par les anticorps fluorescents (AF) Méthode diagnostique fondée sur l'observation, au microscope à fluorescence, d'organismes ou de structures ayant fixé des anticorps marqués à l'aide d'un fluorochrome; aussi appelée *immunofluorescence*. (p. 30)

Détermination de la composition des bases d'ADN Pourcentage en moles de guanine et de cytosine dans l'ADN d'un microorganisme (G + C). (p. 124)

DI_{50} Nombre de microorganismes requis pour produire une infection manifeste chez 50% des animaux-test inoculés (dose infectieuse pour 50% des hôtes). (p. 265)

Diapédèse Passage de leucocytes entre les cellules de la paroi des capillaires jusqu'aux tissus. (p. 298)

Diffusion facilitée Processus passif (ne nécessitant pas d'énergie) qui permet le passage d'une substance à travers la membrane plasmique, d'une région de forte concentration vers une région de concentration plus faible, par l'intermédiaire d'un transporteur protéique. (p. 59)

Diffusion simple Déplacement de molécules ou d'ions d'une région de concentration élevée vers une région de faible concentration. (p. 59)

Dilution en série Processus qui consiste à diluer plusieurs fois un échantillon. (p. 98)

Dimorphisme Propriété des organismes possédant deux formes adultes distinctes; p. ex., certains mycètes se présentent soit comme une levure, soit comme une moisissure. (p. 163)

Dimorphisme sexuel Aspect nettement différent des organismes mâles et femelles adultes d'une même espèce. (p. 185)

Diplobacilles Bacilles (bâtonnets) qui restent groupés par paires après s'être divisés. (p. 46)

Diplocoques Cocci qui restent groupés par paires après leur division. (p. 44)

DL_{50} Dose létale pour 50% des hôtes inoculés avec des microorganismes pathogènes, durant une période donnée. (p. 265)

Domaine Classification taxinomique qui se fonde sur les séquences d'ARNr; division supérieure au règne. (p. 7, 109, 114)

Douve Ver plat appartenant à la classe des Trématodes. (p. 181)

E

Échinocandine Classe d'antifongiques systémiques qui perturbent la synthèse de la paroi cellulaire par inhibition non compétitive d'un système enzymatique présent chez la plupart des mycètes pathogènes mais absent des cellules de mammifères. (p. 411)

Écologie microbienne Discipline scientifique qui étudie la distribution et le rôle des microorganismes dans leur environnement, ainsi que les interactions des microorganismes entre eux et avec le milieu. (p. 15)

Ectoparasite Parasite qui s'établit à la surface de l'organisme hôte pour se nourrir aux dépens de celui-ci. (p. 7, 188)

Effet cytopathogène Chez la cellule hôte, effet manifeste de la présence d'un virus, qui peut causer des dommages à la cellule ou entraîner sa mort. (p. 205, 277)

Élément figuré Cellule sanguine, p. ex. érythrocyte, leucocyte, ou fragment de cellule sanguine, p. ex. thrombocyte. (p. 289)

Embranchement Division taxinomique qui se situe entre le règne et la classe; aussi appelé *phylum*. (p. 114)

Énanthème Éruption de couleur rouge sur les muqueuses apparaissant dans plusieurs maladies infectieuses. (p. 435)

Endocytose Mécanisme d'entrée de matériel dans une cellule eucaryote par invagination de la membrane plasmique. (p. 69)

Endogène Se dit: 1) d'une infection causée par un microbe (opportuniste) déjà présent dans l'organisme sous une forme inoffensive; 2) d'un antigène, généralement d'origine virale et fragmenté, produit à l'intérieur d'une cellule hôte. (p. 237)

Endospore Structure bactérienne dormante très résistante qui se forme à l'intérieur de certaines bactéries lorsque les conditions du milieu sont défavorables. (p. 38, 64)

Entérobactérie Nom courant d'une bactérie de la famille des *Enterobacteriaceæ*, qui colonise l'intestin des humains et d'autres animaux. (p. 142)

Entérotoxine Exotoxine responsable de la gastroentérite et produite notamment par les bactéries *Staphylococcus*, *Vibrio* et *Escherichia*. (p. 143, 150, 270)

Enveloppe Paroi externe qui recouvre la capside chez certains virus. (p. 199)

Épidémiologie Science qui étudie la fréquence, la distribution et la transmission des maladies. (p. 255)

Épidémiologie analytique Comparaison d'un groupe d'individus atteints d'une maladie et d'un groupe d'individus sains dans le but de déterminer la cause de la maladie. (p. 256)

Épidémiologie descriptive Collecte et analyse de toutes les données se rapportant à l'incidence d'une maladie afin d'en déterminer la cause. (p. 255)

Épidémiologie expérimentale Étude d'une maladie au moyen d'expériences contrôlées. (p. 256)

Épithète spécifique Second terme, qui précise l'espèce, dans la nomenclature binominale. (p. 3, 113)

Épitope Structure présente à la surface d'une molécule d'antigène, capable de se combiner à une seule molécule d'anticorps; aussi appelé *déterminant antigénique*. (p. 314)

Épreuve sérologique Technique sérologique qui permet de diagnostiquer une maladie infectieuse en révélant la présence d'un type particulier d'anticorps produit contre un microbe ; aussi appelée *test sérologique.* (p. 122)

Ergot Toxine produite sur certaines céréales par le mycète *Claviceps purpurea*, qui est responsable de l'ergotisme. (p. 279)

Escalier mucociliaire Cellules ciliées de la muqueuse des voies respiratoires inférieures, qui propulsent les particules inhalées à l'extérieur des poumons ; aussi appelé *tapis roulant mucociliaire.* (p. 287)

Espèce Division la plus spécifique de la hiérarchie taxinomique. (p. 3, 113)

Espèce eucaryote Ensemble d'organismes étroitement apparentés et interféconds. (p. 114)

Espèce procaryote Population de cellules qui ont en commun des séquences d'ARNr ; dans les épreuves biochimiques traditionnelles, population de cellules qui présentent des caractéristiques semblables. (p. 114)

Espèce virale Ensemble de virus qui ont une même information génétique et une même niche écologique. (p. 117, 201)

Éthambutol Agent antimicrobien actif contre les mycobactéries, qui inhibe la synthèse de la paroi cellulaire. (p. 406)

Étiologie Étude des causes des maladies. (p. 229)

Eucaryote 1) Cellule dont l'ADN est situé à l'intérieur d'un noyau entouré d'une enveloppe nucléaire distincte. 2) Domaine des Eucaryotes : ensemble de tous les eucaryotes (animaux, plantes, mycètes et protistes). (p. 6, 44, 109)

Euglenozoa (ou **euglénozoaires)** Groupe d'eucaryotes unicellulaires qui se déplacent au moyen de flagelles. Les organismes composant ce groupe sont les euglénoïdes et les hémoflagellés. (p. 176)

Exanthème Éruption cutanée de couleur rouge qui apparaît dans certaines maladies infectieuses. (p. 435)

Exogène Se dit d'une infection causée par des microbes provenant du milieu externe. (p. 237)

Exotoxine Toxine protéique libérée par des cellules bactériennes vivantes, le plus souvent à Gram positif. (p. 269)

F

Facteur nécrosant des tumeurs (TNF, pour *tumor necrosis factor***)** Polypeptide libéré par des phagocytes en réaction à des endotoxines bactériennes et qui provoque un état de choc. (p. 237, 328)

Facteur organique de croissance Composé organique essentiel à la survie d'un organisme et que celui-ci est incapable de synthétiser ; il doit donc être fourni par le milieu. (p. 86)

Facteur prédisposant Tout élément qui rend l'organisme plus sujet à une maladie ou qui modifie l'évolution d'une maladie ; aussi appelé *facteur de risque* ou *facteur d'influence.* (p. 240)

Facteur Rh Antigène présent à la surface des globules rouges chez les singes rhésus et la majorité des humains ; les globules qui possèdent cet antigène sont dits Rh^+. (p. 342)

Famille Division taxinomique qui se situe entre l'ordre et le genre. (p. 114)

Fermentation Dégradation enzymatique des glucides qui ne nécessite pas la présence d'O_2, dans laquelle l'accepteur d'électrons final est une molécule organique et l'ATP est synthétisée par phosphorylation au niveau du substrat. (p. 10)

Ferritine Molécule protéique permettant le stockage tissulaire du fer (essentiellement dans le foie, la rate et la moelle osseuse). (p. 306)

Fièvre Élévation de la température centrale du corps au-dessus des valeurs physiologiques normales, causée par une modification à la hausse du thermostat hypothalamique ; souvent accompagnée de frissons. (p. 299)

Filament axial Chez les spirochètes, structure servant à la mobilité ; aussi appelé *endoflagelle.* (p. 51, 154)

Filtration Technique permettant de procéder au passage d'un liquide ou d'un gaz à travers un appareil servant de filtre. (p. 378)

Filtration sur membrane Filtration au moyen d'une membrane dont les pores ont 0,45 μm de diamètre et retiennent la majorité des bactéries. (p. 100)

Filtre à air à haute efficacité contre les particules Matériau filtrant qui joue le rôle de crible et élimine de l'air les particules dont le diamètre est supérieur à 0,3 μm. (p. 378)

Fimbria (pluriel : **fimbriæ)** Appendice d'une bactérie qui lui sert à se fixer à un substrat ou à un autre organisme. (p. 51)

Fixation Lors de la préparation d'une microplaquette, processus consistant à attacher un échantillon à une lame porte-objet. (p. 35)

Fixation de l'azote Transformation de l'azote en ammoniac. (p. 83)

Flagelle Mince appendice filamenteux à la surface d'une cellule qui sert à la locomotion et est composé de flagelline chez les cellules bactériennes ; formé d'un ensemble de deux microtubules centraux entourés de neuf paires de microtubules dans les cellules eucaryotes. Le nombre et l'arrangement des flagelles sont variables. (p. 49, 66)

Flambage Méthode de stérilisation d'une anse de repiquage, qui consiste à maintenir celle-ci dans une flamme nue. (p. 378)

Fleur d'eau Dans la nature, prolifération d'algues microscopiques qui forment des colonies visibles. (p. 172)

Fluorescence Propriété d'une substance d'émettre de la lumière d'une couleur donnée lorsqu'elle est exposée à une source de lumière, p. ex. de lumière ultraviolette. (p. 29)

Fluoroquinolone Agent antibactérien synthétique qui inhibe la synthèse de l'ADN. (p. 408)

Follicule lymphatique agrégé Amas isolé de tissu lymphoïde se trouvant dans la paroi des intestins. (p. 322)

Fongicide Agent qui tue les moisissures et les champignons parasites. (p. 370)

Forme L Cellule procaryote dépourvue de paroi cellulaire ; peut retourner à un état avec paroi. (p. 56)

Formule leucocytaire du sang Nombre de leucocytes de chaque type dans un échantillon de 100 leucocytes. (p. 291)

Frottis Mince couche de matière contenant des microorganismes, étalée sur la surface d'une lame. (p. 35)

Fulminant Se dit d'un état infectieux qui se développe soudainement et dont la gravité augmente rapidement. (p. 440)

Fusion Intégration des membranes plasmiques de deux cellules distinctes de manière qu'une des deux cellules contienne tout le cytoplasme des deux cellules initiales ; mécanisme de pénétration de certains virus dans les cellules hôtes. (p. 211)

G

Gamète Cellule reproductrice mâle ou femelle. (p. 173)

Gamétocyte Cellule protozoaire mâle ou femelle. (p. 173)

Gammaglobuline Globuline constituée de la fraction des glycoprotéines sériques qui, au cours de l'électrophorèse, se déplacent plus lentement que les α- et les β-globulines ; aussi appelée *immunoglobuline* ou *anticorps.* (p. 332)

Gangrène Mort d'un tissu mou causée par l'interruption de l'alimentation en sang. (p. 495)

Gélose nutritive Bouillon nutritif auquel on a ajouté de l'agar-agar. (p. 89)

Génie génétique Fabrication et manipulation in vitro de matériel génétique ; aussi appelé *technologie de l'ADN recombinant.* (p. 15)

Génomique Étude des gènes et de leurs fonctions. (p. 14)

Genre Premier terme du nom scientifique (dans la nomenclature binominale) ; taxon qui se situe entre la famille et l'espèce. (p. 3, 113, 114)

Germination Déclenchement du développement d'une cellule végétative à partir d'une spore ou d'une endospore quand les conditions extérieures redeviennent favorables. (p. 64)

Glycocalyx Polymère gélatineux qui enveloppe une cellule, composé de polypeptides ou de polysaccharides, ou des deux. (p. 48, 69)

Gram négatif (paroi à) Paroi cellulaire composée d'une mince couche de peptidoglycane recouverte d'une membrane de lipopolysaccharide. (p. 36)

Gram positif (paroi à) Paroi de la majorité des bactéries à Gram positif, composée d'une couche épaisse de peptidoglycane ; contient des acides teichoïques. (p. 36)

Granule métachromatique Granule qui emmagasine des phosphates inorganiques et se colore en rouge sous l'action de certains colorants bleus ; caractéristique de *Corynebacterium diphteriæ*. L'ensemble des granules métachromatiques s'appelle *volutine*. (p. 63)

Granulocyte Leucocyte dont le cytoplasme contient des granulations visibles ; les granulocytes comprennent les granulocytes neutrophiles, les granulocytes basophiles et les granulocytes éosinophiles. (p. 289)

Granulocyte basophile Leucocyte qui fixe bien les colorants basiques et n'est pas phagocyte ; comporte des récepteurs pour les régions Fc des anticorps de la classe des IgE qui entrent en jeu dans les réactions d'hypersensibilité de type I. (p. 291, 339)

Granulocyte éosinophile Granulocyte dont les granulations fixent facilement l'éosine ; phagocyte. (p. 291)

Granulocyte neutrophile Granulocyte doté d'une grande capacité phagocytaire ; aussi appelé *leucocyte polynucléaire*. (p. 291)

Granzyme Protéase qui provoque l'apoptose d'une cellule. (p. 291, 324)

Griséofulvine Antibiotique fongistatique. (p. 411)

Grossissement total Grossissement d'un échantillon microscopique qu'on obtient en multipliant le grossissement de l'oculaire par celui de l'objectif. (p. 26)

H

Halogène L'un des éléments suivants : fluor, chlore, brome, iode et astate. (p. 385)

Halophile extrême Microorganisme qui se développe uniquement dans un milieu dont la concentration en sel est élevée. (p. 26)

Halophile facultatif Organisme capable de se développer dans un milieu dont la concentration en sel atteint 2 %, mais qui ne requiert pas une telle concentration. (p. 83)

Halophile strict Organisme qui vit dans un milieu où la pression osmotique et la concentration de NaCl (près de 30 %) doivent être élevées. (p. 82)

Helminthe Ver parasite, rond ou plat. (p. 7, 180)

Hémolysine Enzyme bactérienne qui lyse les érythrocytes. (p. 271)

Hétérocyste Grosse cellule de certaines cyanobactéries ; site de fixation de l'azote. (p. 146)

Histamine Substance, libérée par certaines cellules d'un tissu, qui cause une vasodilatation locale, une augmentation de la perméabilité des vaisseaux sanguins et la contraction des muscles lisses. (p. 296, 339)

Histone Protéine associée à l'ADN des chromosomes chez les eucaryotes. (p. 70)

Homéostasie Tendance de l'organisme à maintenir son milieu intérieur dans un état d'équilibre ; dans le cas d'une agression microbienne, cet état résulte de la résistance immunitaire de l'organisme humain aux agents agresseurs pathogènes. (p. 228, 229, 284)

Hôte affaibli Hôte dont la résistance à l'infection est réduite. (p. 249)

Hôte définitif Organisme qui abrite la forme adulte, sexuellement mature, d'un parasite. (p. 510)

Hôte intermédiaire Organisme qui abrite un helminthe ou un protozoaire en phase larvaire, ou asexuée. (p. 510)

Hôte réceptif Organisme qui présente un risque plus élevé d'infection endogène ou d'infection exogène ; aussi appelé *hôte sensible*. (p. 240)

Hyaluronidase Enzyme bactérienne qui hydrolyse l'acide hyaluronique et contribue à la dissémination des microorganismes à partir d'un foyer d'infection. (p. 268)

Hybridation *in situ* en fluorescence (FISH, pour *fluorescent in situ hybridization*) Utilisation de sondes d'ARN ribosomique afin d'identifier des microbes sans mise en culture. (p. 128)

Hybridation moléculaire Appariement de simples brins d'ADN complémentaires ; méthode qui permet de mesurer la capacité des brins d'ADN d'un organisme à s'unir par appariement de bases complémentaires (ou à s'hybrider) avec des brins d'ADN d'un autre organisme. (p. 126)

Hypersensibilité Réaction démesurée à un allergène, qui entraîne des changements pathologiques ; aussi appelée *allergie*. (p. 338)

Hypersensibilité retardée Réactions de type IV ou à médiation cellulaire. (p. 344)

Hyperthermophile Microorganisme qui se développe dans des conditions de température très élevées, soit supérieures à 80 °C ; aussi appelé *thermophile extrême*. (p. 81)

Hyphe Long filament de cellules chez les mycètes ou les actinomycètes. (p. 161)

Hyphe segmenté (ou **hyphe septé)** Hyphe constitué d'unités mononucléaires ressemblant à des cellules. (p. 162)

Hypothèse de l'origine endosymbiotique Modèle de l'évolution des eucaryotes selon lequel certains organites auraient comme origine de petites cellules procaryotes vivant à l'intérieur d'un hôte procaryote plus grand. (p. 74)

I

Immunité (ou **résistance)** Capacité que possède un organisme de se défendre contre un agent pathogène. (p. 12, 284)

Immunité à médiation cellulaire Réaction immunitaire où interviennent 1) des lymphocytes T stimulés par des antigènes associés à des cellules présentatrices d'antigènes et 2) des lymphocytes T réagissant à des cellules infectées ; les lymphocytes T se différencient par la suite en lymphocytes T effecteurs de divers types. (p. 313)

Immunité active acquise artificiellement Production par l'organisme d'anticorps et de lymphocytes spécialisés en réaction à une vaccination. (p. 330)

Immunité active acquise naturellement Production spontanée d'anticorps et de lymphocytes spécialisés en réaction à une maladie infectieuse. (p. 330)

Immunité adaptative Capacité de l'organisme à se défendre spécifiquement contre certains microbes ou substances pathogènes par des anticorps et des lymphocytes T. (p. 285, 313, 330)

Immunité collective Présence d'une immunité chez la majorité des individus d'une population ; aussi appelée *immunité de masse*. (p. 238)

Immunité humorale Immunité assurée par des anticorps en solution dans les liquides organiques, qui se met en place grâce à la médiation des lymphocytes B. (p. 313)

Immunité innée Résistance de l'hôte aux maladies infectieuses, mettant en œuvre des moyens de défense dont l'intensité de l'action n'est pas déterminée par le nombre d'expositions à l'agent pathogène. (p. 284, 285)

Immunité passive acquise artificiellement Transfert à un individu réceptif d'anticorps humoraux produits par un autre individu, au moyen de l'injection d'un antisérum. (p. 330)

Immunité passive acquise naturellement Transfert naturel d'anticorps humoraux, p. ex. par transfert placentaire ou par allaitement. (p. 330)

Immunodéficience Absence, congénitale ou acquise, de réponses immunitaires adéquates. (p. 353)

Immunodéficience acquise Incapacité de produire des anticorps spécifiques ou des lymphocytes T, acquise durant la vie d'un individu et causée par une maladie ou par l'absorption d'un médicament. (p. 353)

Immunodéficience congénitale Incapacité, attribuable au génotype de l'individu, à produire des anticorps spécifiques ou des lymphocytes T. (p. 353)

Immunoglobuline (Ig) Catégorie de protéines globulaires sériques dont la fonction est de reconnaître et de neutraliser des agents pathogènes qui attaquent l'organisme; aussi appelée *gammaglobuline*. (p. 314)

Immunothérapie Méthode de traitement de certaines maladies visant à modifier les réactions immunitaires de l'organisme, soit par renforcement, correction ou répression. (p. 353)

Immunotoxine Substance anticancéreuse issue de la combinaison d'un agent toxique pour les cellules cancéreuses avec un anticorps monoclonal se fixant spécifiquement sur ces cellules. (p. 35)

Incidence Nombre de nouveaux cas d'une maladie apparus dans la population exposée durant une période donnée. (p. 238)

Inclusion Matière contenue dans une cellule, généralement composée de dépôts de réserve. (p. 63)

Indice de réfraction Vitesse relative de la lumière à travers une substance donnée. (p. 26)

Infection Pénétration ou multiplication de microorganismes pathogènes chez un individu. (p. 229, 567)

Infection focale Infection généralisée dont le point de départ est une infection locale. (p. 239)

Infection locale Infection caractérisée par le fait que les agents pathogènes sont concentrés dans une petite zone de l'organisme. (p. 239)

Infection secondaire 1) Infection causée par un microbe opportuniste, après qu'une primo-infection a affaibli les défenses de l'hôte. 2) Infection causée par des bactéries résistantes qui ont survécu à un traitement antibiotique; aussi appelée *surinfection*. (p. 239)

Infection subclinique Infection qui ne cause pas de maladie observable. (p. 239)

Infection transmissible sexuellement (ITS) Qui se transmet entre partenaires au cours de diverses formes de relations sexuelles; inclut des infections qui présentent ou non des symptômes. L'expression ITS (infection transmissible sexuellement) est aujourd'hui plus utilisée que MTS (maladie transmissible sexuellement). (p. 605)

Infection virale persistante Processus morbide qui évolue graduellement, sur une longue période; aussi appelée *infection à virus lent*. (p. 219)

Inflammation (ou **réaction inflammatoire)** Réaction locale appartenant à la deuxième ligne de l'immunité innée et caractérisée par l'apparition de signes tels que la rougeur, la chaleur, la tuméfaction, et de symptômes tels que la douleur, et parfois la perte fonctionnelle; réponse physiologique qui comprend la vasodilatation et l'augmentation de la perméabilité capillaire suivie de la pénétration des phagocytes dans le tissu lésé. (p. 296)

Interférence ARN Technologie de lutte contre les maladies infectieuses basée sur l'inactivation spécifique de l'ARNm d'un microbe par l'utilisation d'un petit ARN antisens (ARNsi) pouvant s'apparier avec l'ARNm et provoquer son inactivation; la biosynthèse de protéines du microbe pathogène est ainsi inhibée. (p. 425)

Interféron Protéine antivirale produite par certaines cellules animales en réaction à une infection virale. (p. 278, 304, 328)

Interleukine Substance chimique qui stimule, entre autres, la multiplication des lymphocytes T. (p. 328)

Intoxication État résultant de l'ingestion d'une toxine produite par un microbe; la toxine préformée est présente dans la nourriture ingérée. (p. 563)

Intoxication par phycotoxine amnestique (IPA) À la suite de l'ingestion de moules contaminées, diarrhée et perte de mémoire causées par l'acide domoïque produit par des diatomées. (p. 171)

Intoxication par phycotoxine paralysante Paralysie qui touche les humains intoxiqués à la suite de l'absorption de moules ayant produit des mytilotoxines. (p. 171)

Invasine Protéine de surface, produite par *Salmonella typhimurium* et *Escherichia coli*, qui modifie l'arrangement des filaments d'actine du cytosquelette situé à proximité de la membrane cellulaire; contribue à la pénétration de la bactérie dans la cellule. (p. 268)

Invasion Période du processus infectieux succédant aux phases de pénétration et d'adhérence des microbes aux tissus et qui correspond à l'apparition des premières manifestations cliniques d'une maladie infectieuse. (p. 265)

Iodophore Complexe formé d'iode et d'une molécule organique; antiseptique cutané (p. ex. Betadine). (p. 385)

Isogreffe Greffe d'un tissu provenant d'une source génétiquement identique (c.-à-d. du greffé lui-même ou d'un vrai jumeau). (p. 350)

Isoniazide (INH) Agent bactériostatique utilisé dans le traitement de la tuberculose; inhibe la synthèse de la paroi cellulaire. (p. 406)

K

Kératine Protéine présente dans l'épiderme, les poils et les ongles. (p. 167, 433)

Kétolide Antibiotique macrolide semi-synthétique; efficace contre les bactéries résistantes aux macrolides. (p. 407)

Kinase 1) Enzyme qui enlève un groupement phosphate de l'ATP et le lie à une autre molécule. 2) Enzyme bactérienne qui lyse la fibrine (caillot sanguin) et contribue à la dissémination des bactéries. (p. 267)

Kinine Substance, libérée par des cellules tissulaires, qui cause la vasodilatation, une augmentation de la perméabilité des vaisseaux et l'attraction des phagocytes lors de la réaction inflammatoire. (p. 297)

Kyste Sac doté de son propre revêtement, qui contient du liquide ou une autre matière; chez certains protozoaires, enveloppe protectrice. (p. 173)

Kyste hydatique Larve enkystée du ver *Echinococcus granulosus*. (p. 183, 590)

L

Lectine Protéine liant les glucides sur une cellule. (p. 300)

Leucocidine Enzyme bactérienne capable de détruire les granulocytes neutrophiles et les macrophagocytes. (p. 271)

Leucocyte Type de cellule sanguine; aussi appelé *globule blanc*. (p. 289)

Leucotriène Substance, produite par les mastocytes et les granulocytes basophiles, qui accroît la perméabilité des vaisseaux sanguins et facilite l'adhérence des phagocytes aux agents pathogènes. (p. 297, 339)

Levure Mycète unicellulaire non filamenteux. (p. 162)

Levure bourgeonnante Cellule de levure qui, après la mitose, se divise de façon asymétrique et produit une petite cellule (un bourgeon) à partir de la cellule mère. (p. 162)

Levure scissipare Cellule de levure qui, après la mitose, se divise de façon symétrique et donne ainsi naissance à deux nouvelles cellules filles. (p. 163)

Lignée de cellules diploïdes Cellules eucaryotes cultivées in vitro. (p. 205)

Lignée de cellules primaires Cellules dérivées de tissus, qui se développent in vitro pendant quelques générations seulement. (p. 205)

Lipide A Partie lipidique de la membrane externe d'une cellule à Gram négatif; aussi appelé *endotoxine*. (p. 272)

Lipopolysaccharide (LPS) Molécule formée d'un lipide et d'un polysaccharide, située dans la membrane externe de la paroi cellulaire des bactéries à Gram négatif. (p. 54)

Lophotriche Se dit d'une cellule bactérienne dont une extrémité porte au moins deux flagelles. (p. 50)

Lymphocyte Leucocyte qui joue un rôle clé dans l'immunité adaptative. (p. 291)

Lymphocyte B Cellule susceptible de se transformer en plasmocyte producteur d'anticorps ou en cellule mémoire. (p. 313)

Lymphocyte mémoire Lymphocyte B ou T responsable de la réaction immunitaire secondaire qui se produit lors d'une deuxième exposition au même antigène; aussi appelé *cellule mémoire*. (p. 329)

Lymphocyte T Lymphocyte dont la maturation s'effectue dans le thymus et qui assure l'immunité adaptative à médiation cellulaire. (p. 313)

Lymphocyte T auxiliaire (T_H) Lymphocyte T spécialisé dont le rôle consiste à activer et à réguler les lymphocytes B et les lymphocytes T cytotoxiques; aussi appelé *lymphocyte CD4+*. (p. 323)

Lymphocyte T cytotoxique (T_C) Lymphocyte T spécialisé qui détruit les cellules infectées par des antigènes; aussi appelé *lymphocyte CD8+*. (p. 323)

Lymphocyte T régulateur Lymphocyte qui semble inhiber l'activité des autres lymphocytes T. (p. 325)

Lymphocyte T_H1 Lignée de lymphocytes T_H productrice de cytokines; ces dernières activent les cellules de l'immunité cellulaire telles que les macrophagocytes, les cellules tueuses naturelles et les lymphocytes Tc; elles agissent aussi sur les lymphocytes B; enfin, elles stimulent la phagocytose et augmentent l'activité du complément. (p. 323)

Lymphocyte T_H2 Lignée de lymphocytes T_H productrice de cytokines; ces dernières stimulent la production des granulocytes éosinophiles, des IgM et des IgE (associées aux réactions allergiques). (p. 323)

Lyophilisation Congélation d'une substance à une température comprise entre − 54 et − 72 °C, suivie de la sublimation, dans le vide, de la glace qui s'est formée; aussi appelée *cryodéshydratation*. (p. 94)

Lyse Destruction d'une cellule causée par la rupture de la membrane plasmique, qui entraîne l'écoulement du cytoplasme. (p. 52, 207)

Lyse osmotique Rupture de la membrane plasmique provoquée par la pénétration d'eau dans la cellule lorsque celle-ci est plongée dans une solution hypotonique. (p. 56)

Lysogénie État caractérisé par le fait que l'ADN d'un phage est incorporé à la cellule hôte sans qu'il y ait lyse. (p. 209)

Lysogénisation Phase du cycle de la réplication virale qui entraîne l'incorporation d'ADN viral dans l'ADN de l'hôte. (p. 209)

Lysosome Organite renfermant des enzymes digestives. (p. 71)

Lysotypie Méthode d'identification de bactéries à l'aide de souches spécifiques de bactériophages. (p. 124)

Lysozyme Enzyme capable d'hydrolyser la paroi cellulaire d'une bactérie. (p. 288)

M

Macrolide Antibiotique, tel que l'érythromycine, qui inhibe la synthèse des protéines. (p. 407)

Macrophagocyte Phagocyte; monocyte mature. (p. 291, 326)

Macrophagocyte activé Macrophagocyte dont la capacité phagocytaire et d'autres fonctions sont accrues par l'exposition à des médiateurs libérés par des lymphocytes T_H, après que ces derniers ont été stimulés par des antigènes. (p. 326)

Macrophagocyte fixe Macrophagocyte situé dans un organe ou un tissu (p. ex. le foie, les poumons, la rate, les nœuds lymphatiques). (p. 293)

Macrophagocyte libre Macrophagocyte qui quitte la circulation sanguine pour migrer vers un tissu infecté. (p. 293)

Macule Lésion cutanée plane et rougeâtre. (p. 435)

Magnétosome Inclusion d'oxyde de fer produite par certaines bactéries à Gram négatif, qui joue le rôle d'aimant. (p. 64)

Maladie État où l'organisme ou une partie de celui-ci n'arrive pas à s'adapter ou est incapable de fonctionner normalement; toute altération de l'état de santé. (p. 228)

Maladie à déclaration obligatoire Maladie que les médecins doivent nécessairement déclarer aux autorités sanitaires. (p. 257)

Maladie aiguë Maladie qui évolue rapidement, mais dure peu de temps. (p. 238)

Maladie auto-immune Lésions des organes d'un individu causées par son propre système immunitaire. (p. 347)

Maladie chronique Maladie qui évolue lentement et est de longue durée, ou qui revient fréquemment. (p. 238)

Maladie contagieuse Maladie qui se transmet facilement d'une personne à une autre. (p. 237)

Maladie endémique Maladie constamment présente dans une population donnée. (p. 238)

Maladie épidémique Maladie acquise par un nombre relativement élevé de personnes dans une région donnée durant un intervalle de temps relativement court. (p. 238)

Maladie infectieuse Maladie causée par un agent pathogène qui envahit un hôte réceptif et demeure chez l'hôte durant une partie au moins de son cycle vital; aussi appelée *infection* (p. 18, 229)

Maladie infectieuse émergente Maladie nouvelle ou ressurgissant sous une forme jusque-là inconnue, dont l'incidence est croissante ou susceptible de croître dans un avenir proche. (p. 18)

Maladie latente Maladie comportant une période où aucun symptôme ne se manifeste et où l'agent pathogène est inactif. (p. 238)

Maladie non transmissible Maladie qui ne se transmet pas d'une personne à une autre. (p. 237)

Maladie sporadique Maladie qui n'est présente qu'occasionnellement dans une population. (p. 238)

Maladie subaiguë Maladie qui se situe entre l'état aigu et l'état chronique. (p. 238)

Maladie transmissible Toute maladie susceptible de se propager d'un hôte à un autre. (p. 237)

Marée rouge Prolifération de dinoflagellés planctoniques. (p. 171)

Margination Processus qui permet aux phagocytes de s'agripper à l'endothélium des vaisseaux sanguins. (p. 298)

Mastocyte Cellule, présente dans le tissu conjonctif, qui contient de l'histamine et d'autres substances entraînant la vasodilatation. (p. 339)

Médicament antimicrobien Substance chimique utilisée pour le traitement d'une maladie causée par un microorganisme, qui détruit l'agent pathogène sans endommager les tissus de l'organisme. (p. 398)

Médicament de synthèse Agent chimiothérapique préparé en laboratoire à partir de substances chimiques. (p. 13)

Membrane filtrante Matière jouant le rôle de crible, dont les pores sont assez petits pour retenir les microorganismes; un pore de 0,45 μm de diamètre retient la majorité des bactéries. (p. 378)

Membrane ondulante Flagelle considérablement modifié de certains protozoaires. (p. 174)

Membrane plasmique Membrane à perméabilité sélective qui entoure le cytoplasme d'une cellule. Enveloppe externe des cellules animales; chez d'autres organismes, se trouve à l'intérieur de la paroi cellulaire; aussi appelée *membrane cytoplasmique*. (p. 57, 69)

Mérozoïte Trophozoïte (forme végétative) de *Plasmodium* présent dans les érythrocytes ou dans les cellules hépatiques. (p. 510)

Mésophile Organisme qui se développe à des températures limites comprises entre 10 et 50 °C et dont la température optimale est autour de 37 °C. La majorité des bactéries pathogènes pour l'humain sont des mésophiles. (p. 80)

Mésosome Repli irrégulier de la membrane plasmique d'un procaryote qui constitue un artéfact lors de la préparation pour l'étude microscopique. (p. 58)

Métacercaire Phase enkystée d'une douve chez son dernier hôte intermédiaire. (p. 181)

Métagénome Ensemble des génomes provenant du séquençage des ADN et des ARN de populations entières de microorganismes ou d'organismes présents dans un environnement donné ou dans un écosystème complet. (p. 231)

Métagénomique Discipline qui permet de séquencer et d'étudier le génome d'espèces de bactéries incultivables, soit 99 % des bactéries des écosystèmes. (p. 231)

Méthode de diffusion sur gélose Test de diffusion sur un milieu gélosé utilisé pour déterminer la sensibilité d'un microbe à des agents chimiothérapeutiques ; aussi appelée *test de Kirby-Bauer*. (p. 416)

Méthode de dilution en bouillon Méthode de détermination de la concentration minimale inhibitrice (CMI) d'un agent antimicrobien au moyen de la dilution en série dans un milieu liquide. (p. 419)

Méthode des porte-germes Méthode utilisée pour déterminer l'efficacité d'un désinfectant ou d'un antiseptique pour combattre différentes espèces microbiennes. (p. 383)

Méthode des stries Technique qui permet l'isolement de colonies sur un milieu de culture solide. (p. 93)

Méthode du nombre le plus probable Estimation statistique du nombre de coliformes dans 100 mL d'eau ou dans 100 g d'un aliment ; aussi appelée *méthode du NPP*. (p. 100)

Méthode immunoenzymatique Méthode de titrage qui sert au dosage d'anticorps ou d'antigènes présents dans un échantillon prélevé sur un individu, dans laquelle des réactions enzymatiques servent d'indicateurs ; aussi appelée *méthode ELISA*. (p. 527, 614)

Microaérophile Organisme dont la croissance est optimale dans un milieu où la concentration en oxygène moléculaire (O_2) est inférieure à la concentration atmosphérique. (p. 86)

Microbiome humain Ensemble des communautés microbiennes vivant sur et dans l'humain et leurs interactions fonctionnelles avec l'organisme humain ; désigne aussi l'ensemble des génomes appartenant aux microorganismes présents sur et dans l'humain. (p. 231)

Microbiote normal Ensemble des microorganismes qui colonisent un hôte sans provoquer de maladie ; aussi appelé (anciennement) *flore microbienne normale*. (p. 17, 230).

Microbiote transitoire Microorganismes présents chez un animal durant un court laps de temps et qui ne causent pas de maladie ; aussi appelé (anciennement) *flore microbienne transitoire*. (p. 230)

Micromètre (μm) Unité de mesure qui vaut 10^{-6} m. (p. 24)

Microonde Rayonnement électromagnétique dont la longueur d'onde est comprise entre 10^{-1} et 10^{-3} m. (p. 381)

Microorganisme Organisme vivant trop petit pour être visible à l'œil nu ; les microorganismes comprennent les bactéries, les mycètes, les protozoaires et les algues microscopiques, de même que les virus. (p. 3)

Microscope à contraste de phase Microscope optique composé qui permet l'observation des structures situées à l'intérieur d'une cellule au moyen d'un condenseur spécial. (p. 28)

Microscope à fond noir Microscope doté d'un dispositif servant à diffuser la lumière émise par l'illuminateur, de manière que l'échantillon paraisse blanc sur un fond noir. (p. 28)

Microscope électronique Microscope qui utilise un faisceau d'électrons comme source d'éclairage au lieu de la lumière. Peut fournir des agrandissements de plus de 100 000 × et donner des images de cellules et de virus. (p. 31)

Microscope électronique à balayage (MEB) Microscope électronique qui fournit des images tridimensionnelles de l'échantillon dans son environnement agrandi de 20 000 × ou moins. (p. 31)

Microscope électronique à transmission (MET) Microscope électronique qui grossit de 10 000 à 100 000 × de minces coupes d'un échantillon. Permet d'obtenir des images de structures internes cellulaires et de détecter la présence de virus intracellulaires. (p. 31)

Microscope optique composé (MO) Microscope muni de deux ensembles de lentilles, qui utilise la lumière visible comme source d'éclairage ; aussi appelé *microscope photonique*. (p. 24)

Microscopie confocale (MC) Technique de microscopie optique qui, à l'aide de traceurs fluorescents et du laser, fournit des images numérisées en deux ou trois dimensions. (p. 30)

Microsporidia Protozoaires eucaryotes de l'embranchement des *Microspora*, dépourvus de mitochondries et de microtubules ; parasites intracellulaires obligatoires ; aussi appelées *microsporidies*. (p. 174)

Microtubule Cylindre creux formé d'une protéine, la tubuline ; unité structurale des flagelles, du cytosquelette et des centrioles des eucaryotes. (p. 66)

Milieu complexe Milieu de culture dont on ne connaît pas la composition chimique exacte ; aussi appelé *milieu empirique*. (p. 89)

Milieu d'enrichissement Milieu de culture favorisant la croissance d'un microorganisme présent en faible quantité dans un échantillon, ce qui permet à terme de l'isoler. (p. 92)

Milieu d'isolement Gélose nutritive permettant la croissance des bactéries en colonies isolées dans le but de les repiquer et d'obtenir des cultures pures. (p. 90)

Milieu de culture Préparation nutritive artificielle destinée à la culture de microorganismes en laboratoire. (p. 87)

Milieu différentiel Milieu de culture conçu pour distinguer les caractéristiques particulières et identifiables de certaines espèces bactériennes. (p. 91)

Milieu réducteur Milieu de culture contenant des ingrédients susceptibles d'éliminer l'oxygène dissous dans le milieu, ce qui permet la croissance d'organismes anaérobies. (p. 90)

Milieu sélectif Milieu de culture conçu pour empêcher la croissance des microorganismes indésirables et pour stimuler la croissance des microorganismes recherchés. Le milieu sélectif peut être électif s'il est conçu pour la recherche d'un seul microorganisme. (p. 91)

Milieu synthétique Milieu de culture dont on connaît exactement la composition chimique. (p. 89)

Mitochondrie Organite qui contient les enzymes intervenant dans le cycle de Krebs et la chaîne de transport des électrons ; siège de la production d'ATP. (p. 72)

MMWR *Morbidity and Mortality Weekly Report*, publication des Centers for Disease Control and Prevention (CDC), aux États-Unis, qui contient des données sur les maladies à déclaration obligatoire et d'autres sujets présentant un intérêt particulier. (p. 257)

Mobilité Capacité d'un organisme à se mouvoir par lui-même. (p. 49)

Modèle de la mosaïque fluide Modèle qui rend compte de la structure dynamique de la membrane plasmique composée de phospholipides et de protéines. (p. 58)

Monobactame Classe d'antibiotiques synthétiques dont la structure β-lactame est monocyclique, p. ex. aztréonam. (p. 405)

Monocyte Leucocyte précurseur d'un macrophagocyte. (p. 291)

Monoïque Qui comporte les organes de reproduction mâles et femelles ; aussi appelé *hermaphrodite*. (p. 181)

Monomère Petite molécule qui, en se liant à d'autres de même nature, forme un polymère. (p. 314)

Monotriche Se dit d'une cellule bactérienne qui possède un seul flagelle à une extrémité. (p. 50)

Morbidité 1) Incidence et prévalence d'une maladie à déclaration obligatoire. 2) État d'un organisme atteint par une maladie. (p. 257)

Mordant Substance qu'on ajoute à une solution colorante pour en accroître la capacité de coloration. (p. 36)

Mortalité Nombre de décès dus à une maladie à déclaration obligatoire. (p. 257)

Motif moléculaire associé aux agents pathogènes Caractéristique moléculaire des microbes pathogènes qui n'existe pas sur les cellules humaines et qui déclenche une réaction immunitaire. (p. 285)

Muqueuse Membrane qui tapisse les cavités et les conduits du corps communiquant avec l'extérieur, y compris le tube digestif. (p. 287)

Mutation antigénique Modification génétique majeure d'un virus de la grippe qui entraîne une variation des antigènes H et N ; aussi appelée *cassure antigénique*. (p. 545)

Mutualisme Forme de symbiose bénéfique pour les deux organismes ou populations associés. (p. 234)

Mycélium Masse de longs filaments cellulaires qui se connectent et s'enchevêtrent, caractéristique des moisissures. (p. 162)

Mycète Organisme qui appartient au règne des Mycètes ; chimiohétérotrophe eucaryote capable d'absorber les éléments nutritifs. (p. 6, 116)

Mycologie Science qui traite des mycètes (champignons). (p. 14, 161)

Mycorhize Mycète qui vit en symbiose avec les parties souterraines d'une plante. (p. 161)

Mycose Infection ou maladie infectieuse provoquée par un mycète. (p. 166, 447)

Mycose cutanée Infection fongique de l'épiderme, des ongles ou des poils. (p. 167)

Mycose sous-cutanée Infection fongique d'un tissu situé sous la peau. (p. 166)

Mycose superficielle Infection fongique localisée dans les cellules épidermiques superficielles et dans la tige des poils. (p. 167)

Mycose systémique Infection fongique des tissus profonds. (p. 166)

Mycotoxine Toxine produite par un mycète. (p. 279)

N

Nanomètre (nm) Unité de mesure qui vaut 10^{-9} m, ou 10^{-3} μm. (p. 24)

Nécrose Mort d'un tissu. (p. 495)

Nettoyage antiseptique Réduction, voire élimination des microbes potentiellement pathogènes présents sur les tissus vivants. (p. 370)

Neurotoxine Exotoxine bactérienne dont l'action perturbe la transmission normale de l'influx nerveux. (p. 270)

Neutralisation Réaction antigène-anticorps qui inactive une exotoxine bactérienne ou un virus. (p. 320)

Nœud lymphatique Organe situé sur le parcours des vaisseaux lymphatiques qui filtre la lymphe et qui contribue à la défense immunitaire de l'organisme contre les agents pathogènes. (p. 292)

Nomenclature binominale Système dans lequel chaque organisme est désigné au moyen de deux mots (le genre suivi d'une épithète spécifique). (p. 113)

Noyau Partie d'une cellule eucaryote qui contient le matériel génétique. (p. 70)

Nucléoïde Région du cytoplasme d'une cellule bactérienne qui contient le chromosome libre. (p. 62)

Nucléole Partie du noyau d'une cellule eucaryote où a lieu la synthèse de l'ARNr. (p. 70)

O

Objectif Dans un microscope optique composé, jeu de lentilles le plus près de l'échantillon. (p. 24)

Oculaire Dans un microscope optique composé, lentille la plus proche de l'observateur. (p. 24)

Œdème Accumulation anormale de liquide interstitiel dans une partie de l'organisme ou des tissus, qui se traduit par un gonflement. (p. 296)

Oligoélément Élément chimique dont une petite quantité est essentielle au développement. (p. 84)

Oncogène Gène ayant la faculté de transformer une cellule normale en cellule cancéreuse. (p. 219)

Ookyste Chez les organismes de l'embranchement des *Apicomplexa*, structure reproductrice (zygote) dans laquelle de nouvelles cellules sont produites par division cellulaire de façon asexuée. La division cellulaire marque le début de la phase suivante de l'infection. (p. 173)

Opa Protéine membranaire présente sur des bactéries telles que les gonocoques (et qui est associée à l'opacité des colonies) ; permet aux bactéries d'être captées par les granulocytes neutrophiles et de déclencher une infection. (p. 267)

Opportuniste Désigne un agent microbien qui fait partie du microbiote normal de l'organisme humain mais qui peut devenir pathogène lorsque les mécanismes immunitaires s'affaiblissent. (p. 167)

Opsonisation Processus favorisant la phagocytose grâce à certaines protéines sériques (opsonines ou anticorps) qui enrobent les microbes. (p. 294, 320)

Ordre Division taxinomique qui se situe entre la classe et la famille. (p. 114)

Organite Chez les eucaryotes, structure enfermée dans une membrane. (p. 70)

Osmose Déplacement des molécules de solvant à travers une membrane à perméabilité sélective, d'une région où la concentration des solutés est faible vers une région où la concentration des solutés est plus élevée ; peut s'exprimer en termes de diffusion de l'eau d'une région où la concentration en eau est élevée vers une région où la concentration en eau est plus faible. (p. 59)

Oxygène singulet Oxygène moléculaire (O_2) très réactif (toxique). (p. 85)

P

Pandémie Épidémie à l'échelle mondiale. (p. 238)

Papule Petite lésion surélevée de la peau qui peut être remplie de liquide séreux ou de pus ; dans ce dernier cas, on l'appelle *pustule*. (p. 435)

Parasite intracellulaire obligatoire Parasite qui ne peut se reproduire qu'à l'intérieur d'une cellule hôte vivante. (p. 195)

Parasitisme Relation symbiotique dans laquelle un organisme (le parasite) vit aux dépens d'un autre organisme (l'hôte) sans que ce dernier en tire un avantage quelconque. (p. 234)

Parasitologie Science qui traite des parasites (protozoaires, vers parasites et arthropodes ectoparasites). (p. 14)

Parasitose Maladie infectieuse causée par des organismes unicellulaires ou pluricellulaires (autres que des bactéries, des mycètes et des virus), c'est-à-dire par des protozoaires (protozooses), des helminthes (helminthiases ou parasitoses à vers) ou des ectoparasites (parasitoses dues aux arthropodes, insectes ou arachnides). (p. 188)

Paroi cellulaire Enveloppe externe de la majorité des cellules des bactéries, des mycètes, des algues et des plantes ; chez les bactéries, la paroi cellulaire est constituée de peptidoglycane. (p. 52)

Pasteurisation Processus qui consiste à chauffer légèrement une substance de manière à détruire les microorganismes putréfiants ou les agents pathogènes. (p. 10)

Pasteurisation rapide à haute température Pasteurisation à 72 °C durant 15 s. (p. 378)

Pathogène Se dit d'un agent (bactérie, virus, mycète ou parasite) qui peut provoquer une maladie. (p. 3)

Pathogénie Processus par lequel une maladie se développe ; aussi appelée *pathogenèse*. (p. 229)

Pathologie Science qui a pour objet l'étude des maladies. (p. 229)

Pénicillines Classe d'antibiotiques produits soit par *Penicillium* (pénicillines naturelles), soit par l'addition de chaînes latérales au noyau β-lactame (pénicillines semi-synthétiques). (p. 404)

Pénicillines naturelles Molécules de pénicilline produites par l'espèce *Penicillium* ; p. ex. pénicillines G et V. (p. 404)

Pénicillines semi-synthétiques Variantes de pénicillines naturelles qu'on obtient en introduisant des chaînes latérales différentes qui élargissent le spectre de l'action antimicrobienne et font obstacle à la résistance microbienne. (p. 404)

Peptide antimicrobien Antibiotique ayant une action bactéricide et un large spectre d'activité. (p. 306, 424)

Peptidoglycane Molécule structurale de la paroi cellulaire bactérienne, constituée d'un squelette glucidique associé à des tétrapeptides latéraux. Contient des molécules de N-acétylglucosamine et d'acide N-acétylmuramique ; aussi appelé *muréine*. (p. 52)

Perforine Protéine, libérée par les lymphocytes cytotoxiques, qui crée un pore dans la membrane d'une cellule cible. (p. 291, 324)

Période d'état Intervalle de temps durant lequel la maladie infectieuse est en phase aiguë, c'est-à-dire que les signes et les symptômes sont les plus intenses. (p. 240)

Période d'incubation Intervalle de temps entre l'introduction dans l'organisme d'un agent infectieux et l'apparition des premiers signes ou symptômes de la maladie. (p. 240)

Période de convalescence Intervalle de temps durant lequel l'organisme récupère, c'est-à-dire qu'il revient graduellement à l'état antérieur à la maladie. (p. 241)

Période de déclin Intervalle de temps durant lequel les signes et les symptômes de la maladie s'estompent. (p. 240)

Période prodromique Intervalle de temps qui suit la période d'incubation et pendant lequel apparaissent les premiers symptômes d'une maladie. (p. 240)

Péritriche Se dit d'une cellule bactérienne dont les flagelles sont répartis sur toute la surface. (p. 49)

Perméabilité sélective Propriété d'une membrane plasmique qui permet le passage de certaines molécules et de certains ions, mais limite le passage d'autres particules. (p. 58)

Peroxydase Enzyme qui dégrade le peroxyde d'hydrogène (H_2O_2). (p. 85)

Peroxydes Classe de désinfectants utilisés pour la stérilisation, qui agissent par oxydation. (p. 390)

Peroxysome Organite qui oxyde les acides aminés, les acides gras et les alcools. (p. 73)

Petit ARN interférent (ARNsi) Fragment d'ARN antisens (ARNsi) synthétisé in vitro à partir d'un ARNm codant pour une protéine d'un agent pathogène ; utilisé lors d'un traitement, l'ARNsi s'apparie avec l'ARNm et provoque son inactivation, bloquant ainsi la biosynthèse de la protéine du microbe pathogène. (p. 425)

Phagocyte Cellule capable d'engloutir et de digérer des particules nuisibles à l'organisme. (p. 293)

Phagocytose Processus par lequel certaines cellules absorbent des particules de taille relativement grande (p. ex. bactéries), par invagination de la membrane plasmique. (p. 293)

Phagolysosome Vacuole digestive d'un phagocyte. (p. 295)

Phagosome Vacuole nutritive d'un phagocyte ; aussi appelé *vésicule phagocytaire*. (p. 295)

Phalloïdine Toxine produite par un mycète. (p. 279)

Phase d'éclipse Phase de la multiplication d'un virus pendant laquelle il n'existe pas de virion complet et infectieux dans la cellule hôte ; seuls les constituants – l'acide nucléique et les protéines virales – sont détectés. (p. 207)

Phase de croissance exponentielle Période de croissance bactérienne durant laquelle le nombre de cellules augmente de façon logarithmique. (p. 96)

Phase de déclin Période de décroissance exponentielle d'une population de bactéries ensemencées sur un milieu de culture fermé ; aussi appelée *phase de décroissance logarithmique*. (p. 96)

Phase de latence Dans la courbe de croissance bactérienne, intervalle de temps durant lequel les microorganismes préparent les conditions favorables à leur croissance ; la croissance est nulle ou très lente. (p. 96)

Phase stationnaire Partie de la courbe de croissance bactérienne où le nombre de bactéries qui se divisent est égal au nombre de bactéries qui meurent. (p. 96)

Phénol Désinfectant et toxique puissant dérivé du benzène. Très dilué, peut servir d'antiseptique. (p. 383)

Phénomène d'Arthus Inflammation et nécrose au site de l'injection d'un sérum étranger, dues à la formation de complexes antigène-anticorps. (p. 344)

Phototactisme Réaction motrice déclenchée et entretenue par la lumière. (p. 50)

Phylogénie Étude de l'histoire évolutive d'un groupe d'organismes ; les relations phylogénétiques sont des relations évolutives. (p. 109)

Pilus (pluriel : **pili**) Appendice d'une bactérie qui sert à la fixer à des surfaces ; permet l'adhérence entre deux bactéries lors du processus d'échange de matériel génétique (conjugaison). (p. 51)

Pinocytose Chez les eucaryotes, processus d'ingestion de liquide par invagination de la membrane plasmique. (p. 211)

Plage de lyse Zone pâle dans une couche de bactéries à la surface d'une gélose, provoquée par l'action lytique des bactériophages qui inhibe la croissance des bactéries. (p. 202)

Plancton Regroupement d'organismes en suspension dans l'eau ; constitue la base de la plupart des chaînes alimentaires d'eau douce et d'eau salée. (p. 171)

Plantes Règne constitué des eucaryotes pluricellulaires dont la paroi cellulaire est composée de cellulose ; aussi appelées règne des *Plantæ*. (p. 116)

Plaque dentaire Enduit (biofilm) composé de cellules bactériennes, de dextrane et de déchets alimentaires qui adhère aux dents. (p. 560)

Plasma 1) Partie liquide du sang, dans laquelle sont suspendus les éléments figurés (érythrocytes, leucocytes et thrombocytes). 2) Mélange de gaz dont les atomes sont excités électriquement et ioniquement, qu'on utilise pour la stérilisation. (p. 289, 389)

Plasmide Petite molécule circulaire d'ADN extrachromosomique, qui se réplique indépendamment du chromosome de la cellule dans laquelle il est présent. Facteur de virulence pour les bactéries qui en contiennent. (p. 62)

Plasmocyte Cellule résultant de la différenciation d'un lymphocyte B activé ; les plasmocytes produisent des anticorps spécifiques. (p. 318)

Plasmode Masse plurinucléée de protoplasme, notamment chez les protistes fongiformes plasmodiaux. (p. 179)

Plasmolyse Réaction de rétrécissement par laquelle une cellule perd de l'eau lorsqu'elle se trouve dans un milieu hypertonique. (p. 61, 82)

Pléomorphe Se dit de certaines bactéries qui peuvent se présenter sous plusieurs formes. (p. 47)

Pneumonie Inflammation des poumons causée par divers microbes. (p. 532, 537)

Polyène Agent antifongique, comportant plus de quatre atomes de carbone et au moins deux liaisons doubles, qui altère les stérols de la membrane plasmique des eucaryotes. (p. 408)

Polypeptide 1) Chaîne d'acides aminés. 2) (Au pluriel) Classe d'antibiotiques. (p. 52)

Pore nucléaire Canal de la membrane nucléaire par lequel les substances entrent dans le noyau et en sortent. (p. 70)

Porine Protéine située dans la membrane externe de la paroi cellulaire des bactéries à Gram négatif, qui permet le passage de petites molécules. (p. 54)

Portage État d'un individu porteur de germes et susceptible de les transmettre à d'autres. (p. 241)

Porte d'entrée Voie empruntée par un agent pathogène pour pénétrer dans l'organisme. (p. 246)

Porte de sortie Voie empruntée par un agent pathogène pour quitter l'organisme. (p. 243)

Porteurs sains Personnes qui abritent des agents pathogènes qu'elles sont susceptibles de transmettre, même si elles ne présentent aucun signe de maladie. (p. 241)

Postulats de Koch Critères servant à déterminer l'agent responsable d'une maladie infectieuse. (p. 12, 235)

Pouvoir pathogène Capacité d'un microbe à pénétrer dans un organisme, à s'y multiplier et(ou) à produire des toxines, et à provoquer une maladie; aussi appelé *pathogénicité*. (p. 264)

Prébiotique Substance alimentaire qui favorise la croissance des bactéries bénéfiques dans le corps. (p. 234)

Prélèvement Action de prendre un spécimen ou un échantillon de substance biologique à des fins d'analyse et de culture microbienne. (p. 414)

Préspore Structure constituée du chromosome, du cytoplasme et de la membrane d'une endospore, à l'intérieur d'une cellule bactérienne.

Pression osmotique Pression nécessaire pour empêcher le mouvement de l'eau pure dans une solution contenant des solutés lorsque l'eau pure et la solution sont séparées par une membrane à perméabilité sélective. (p. 60)

Prévalence Nombre total de cas (nouveaux et anciens) d'une maladie dans la population exposée durant une période donnée. (p. 238)

Primo-infection Infection aiguë qui provoque l'apparition de la maladie initiale; aussi appelé *infection primaire*. (p. 239)

Prion Agent infectieux formé d'une protéine autoreproductrice qui ne contient pas d'acide nucléique en quantité décelable. (p. 7, 221, 479)

Probiotique Microorganisme qui, une fois ingéré, demeure vivant et est capable de s'installer sur la muqueuse intestinale et d'y faire sa place à côté du microbiote intestinal permanent; prévient la croissance de pathogènes. (p. 234)

Procaryote Cellule dont le matériel génétique n'est pas contenu dans une membrane nucléaire. (p. 5, 44)

Proglotti Segment d'un ténia qui contient les organes de reproduction mâles et femelles. (p. 183)

Prophage ADN d'un phage intégré dans l'ADN d'une cellule hôte. (p. 209)

Prostaglandine Substance hormonoïde libérée par des cellules endommagées, qui accroît l'inflammation. (p. 297, 339)

Protéine antivirale (PAV) Protéine produite en réaction à l'interféron et qui inhibe la reproduction virale. (p. 305)

Protéine de la phase aiguë Protéine sérique dont les concentrations varient d'au moins 25% lors de l'inflammation. (p. 296)

Protéine M Protéine thermorésistante et acidorésistante, présente sur la paroi cellulaire et sur les fimbriæ des streptocoques. (p. 267)

Protéobactérie Bactérie chimiohétérotrophe à Gram négatif qui possède une séquence distinctive d'ARNr. (p. 134)

Protiste Terme générique désignant les eucaryotes unicellulaires ou pluricellulaires simples; habituellement des protozoaires, des algues ou des protistes fongiformes. (p. 116)

Protoplaste Bactérie à Gram positif dépouillée de sa paroi cellulaire. Cellule fragile et sensible aux effets de la pression osmotique. (p. 56)

Protozoaire Organisme eucaryote unicellulaire, généralement chimiohétérotrophe. (p. 7)

Provirus ADN viral intégré dans l'ADN chromosomique d'une cellule hôte. (p. 217)

Pseudohyphe Courte chaîne de cellules fongiques qui se forme lorsque le processus de bourgeonnement donne lieu à des cellules filles qui ne se séparent pas les unes des autres. (p. 163)

Pseudopode Prolongement cytoplasmique d'une cellule eucaryote qui joue un rôle dans la locomotion et la nutrition; présent chez les amibes. Se forme chez les phagocytes lors de l'étape de l'ingestion. (p. 175)

Psychrophile Organisme qui se développe à des températures limites comprises entre 0 et 20 °C environ et dont la température optimale est de 15 °C environ. (p. 80)

Psychrotrophe Organisme qui se développe à des températures limites comprises entre 0 et 35 °C environ et dont la température optimale se situe entre 20 et 30 °C. (p. 80)

Puce à ADN Plaquette de silice qui porte des sondes d'ADN; utilisée pour reconnaître l'ADN dans les échantillons analysés; aussi appelée *biopuce à ADN*. (p. 126)

Pus Accumulation de phagocytes morts, de cellules bactériennes mortes et de liquides organiques. (p. 238)

Pustule Petit soulèvement épidermique contenant du pus. (p. 435)

Pyocyanine Pigment bleu-vert produit par *Pseudomonas æruginosa*. (p. 440)

Q

Quinolone Antibiotique qui inhibe la réplication de l'ADN par interaction avec l'enzyme ADN gyrase. (p. 408)

R

Radical hydroxyle Forme toxique d'oxygène (OH•) produite dans le cytoplasme par un rayonnement ionisant et par la respiration aérobie. (p. 85)

Radical superoxyde Forme toxique d'oxygène ($O_2^{\cdot-}$) produite durant la respiration aérobie; aussi appelé *anion superoxyde*. (p. 85)

Rayonnement ionisant Rayonnement à haute énergie, tel que les rayons X et les rayons gamma, dont la longueur d'onde est inférieure à 1 nm; cause l'ionisation. (p. 380)

Rayonnement non ionisant Rayonnement de faible longueur d'onde, tels les rayons ultraviolets (UV), qui ne provoque pas l'ionisation. (p. 380)

RE lisse Réticulum endoplasmique dépourvu de ribosomes; aussi appelé *RE agranulaire*. (p. 71)

RE rugueux Réticulum endoplasmique dont la surface comporte des ribosomes; aussi appelé *RE granulaire*. (p. 71)

Réaction du greffon contre l'hôte État observé lorsqu'un tissu transplanté, tel que la moelle osseuse, présente une réaction immunitaire contre le receveur du tissu. (p. 351)

Réaction immunitaire secondaire Augmentation rapide du titre des anticorps causée par l'exposition à un antigène après une réaction primaire à ce même antigène; aussi appelée *réponse anamnestique*. (p. 328)

Réaction primaire Production d'anticorps en réaction à un antigène lors du premier contact avec celui-ci. (p. 328)

Récepteur Point d'attache d'un agent pathogène sur une cellule hôte. (p. 265)

Récepteur d'antigène Molécule transmembranaire des lymphocytes T et des lymphocytes B (anticorps) qui permet à ces cellules de reconnaître leur antigène spécifique et de s'y fixer. (p. 313)

Récepteur Toll (TLR, pour *Toll-like receptor*) Protéine transmembranaire des cellules immunitaires qui reconnaît les pathogènes et active des réactions immunitaires ciblant précisément ces derniers. (p. 285)

Rédie Trématode en phase larvaire dont la reproduction asexuée donne des cercaires. (p. 181)

Règne Division taxinomique qui se situe entre le domaine et l'embranchement; ensemble taxinomique regroupant les embranchements. (p. 114)

Rejet hyperaigu Rejet très rapide d'un tissu greffé, qui se produit généralement lorsque le tissu provient d'une source non humaine. (p. 351)

Réplication virale Processus de prolifération virale par lequel un seul virus peut se multiplier, jusqu'à produire des milliers de copies de lui-même, à partir d'une seule cellule hôte. (p. 206)

Réservoir d'infection Source continuelle d'infection. (p. 241)

Résistance Capacité de repousser la maladie grâce aux réactions de défense spécifiques et non spécifiques. (p. 17)

Résolution Capacité d'un instrument à effet grossissant (p. ex. un microscope) de distinguer des détails; aussi appelée *pouvoir de résolution*. (p. 26)

Réticulum endoplasmique (RE) Dans une cellule eucaryote, réseau membraneux, formé de sacs aplatis et de tubules, qui relie la membrane plasmique et l'enveloppe nucléaire. (p. 71)

Ribosome Dans une cellule, organite qui participe à la synthèse protéique ; composé d'ARN et de protéines. (p. 63, 69)

Rifamycine Antibiotique qui inhibe la synthèse de l'ARNm bactérien. (p. 408)

Risque de contagion Toute situation qui favorise la transmission de microbes pathogènes, virulents ou opportunistes, d'une personne à l'autre. (p. 247)

Rupture dans la chaîne du froid Conservation inappropriée d'aliments, à une température qui permet la croissance de bactéries. (p. 564)

S

Saccule Sac membraneux aplati du complexe golgien ; aussi appelé *citerne*. (p. 71)

Saprophyte Organisme qui tire sa nourriture de substances organiques en décomposition. (p. 165)

Sarcine Coccus qui se divise sur trois plans et forme des amas de huit bactéries qui restent groupées après s'être divisées. (p. 46)

Saxitoxine Neurotoxine produite par certains dinoflagellés ; aussi appelée *mytilotoxine*. (p. 171, 281)

Schizogonie Processus de division multiple par lequel un organisme se divise et produit ainsi un grand nombre de cellules filles. (p. 514)

Scissiparité Reproduction d'une cellule procaryote, telle qu'une bactérie, par division en deux cellules filles identiques. (p. 44, 94)

Sclérote Masse compacte de mycélium durci du mycète *Claviceps purpurea*, qui remplit les fleurs de seigle infectées ; produit l'ergot, une toxine. (p. 586)

Scolex Extrémité antérieure des cestodes, tels que les ténias, qui porte des ventouses et parfois des crochets ; constitue aussi la forme larvaire infestante. (p. 181)

Sélection clonale Formation de clones de lymphocytes B et T activés pour lutter contre un antigène spécifique. (p. 318)

Sélection thymique Processus de délétion clonale se produisant dans le thymus, ayant pour fonction l'élimination des cellules lymphocytaires qui réagissent aux auto-antigènes (molécules du soi) et la sélection de celles qui réagissent aux antigènes étrangers (molécules du non-soi). (p. 322)

Sepsie Réponse systémique de l'organisme à la présence d'un foyer d'infection qui libère des médiateurs de l'inflammation, généralement des cytokines, dans la circulation ; le siège de l'infection n'est pas nécessairement le système sanguin, et il peut même ne pas y avoir présence de microbes dans le sang. (p. 239)

Septicémie Infection systémique causée par la présence et la persistance de microbes pathogènes ou de leurs toxines dans le sang circulant ; provoque de la fièvre et peut endommager des organes. (p. 239)

Séquençage de l'ARN ribosomal Détermination de l'ordre des bases nucléotidiques de l'ARNr. Méthode utilisée pour déterminer les relations phylogénétiques entre les organismes. (p. 128)

Séroconversion Changement dans la réponse humorale d'une personne à un antigène révélé lors d'un test sérologique. (p. 360)

Sérologie Branche de l'immunologie qui étudie le sérum sanguin et les réactions immunitaires in vitro entre les antigènes et les anticorps. (p. 122, 332)

Sérotype Variation au sein d'une même espèce de bactéries, déterminée par la différence antigénique entre ces dernières ; aussi appelé *sérovar*. (p. 51, 122, 143)

Sida (syndrome d'immunodéficience acquise) Maladie infectieuse provoquée par le virus de l'immunodéficience humaine (VIH), qui infecte les cellules CD4+.

Sidérophore Protéine bactérienne fixant les ions ferriques. (p. 269, 306)

Signe Changement, observable et mesurable, dû à une maladie. (p. 237)

Site de fixation à l'antigène Site d'un anticorps qui se lie spécifiquement à un déterminant antigénique. (p. 314)

Site privilégié Partie d'un organisme (ou tissu) à l'abri des réactions immunitaires ; aussi appelé *tissu privilégié*. (p. 349)

Solution hypertonique Lorsque deux solutions sont séparées par une membrane, la solution hypertonique est celle dont la concentration des solutés est supérieure. Solution dans laquelle, après l'immersion d'une cellule, la concentration des solutés est supérieure à celle du cytoplasme. (p. 61)

Solution hypotonique Lorsque deux solutions sont séparées par une membrane, la solution hypotonique est celle dont la concentration des solutés est inférieure. Solution dans laquelle, après l'immersion d'une cellule, la concentration des solutés est inférieure à celle du cytoplasme. (p. 60)

Solution isotonique Solution dans laquelle, après l'immersion d'une cellule, la concentration des solutés est identique des deux côtés de la membrane plasmique. (p. 60)

Sonde d'ADN Brin monocaténaire d'ADN ou d'ARN, court et marqué, utilisé pour localiser le brin complémentaire dans une quantité donnée d'ADN. (p. 126)

Souche Groupe de cellules génétiquement identiques, provenant toutes d'une même cellule ; aussi, ensemble des organismes d'une espèce ayant en commun des caractères particuliers qui les distinguent des autres sans que l'on puisse toutefois considérer qu'ils constituent une nouvelle espèce. (p. 114)

Spécificité Pourcentage de faux positifs obtenus par un test diagnostique ; aussi appelée *spécificité diagnostique*. (p. 320)

Spectre d'action antimicrobienne Gamme des microorganismes sur lesquels un médicament antimicrobien est susceptible d'agir ; si cette gamme est étendue, on dit que le médicament a un large spectre d'activité. (p. 400)

Spectre d'hôtes cellulaires Éventail des espèces, des souches et des divers types de cellules qu'un agent pathogène peut infecter. (p. 195)

Sphéroplaste Bactérie à Gram négatif dont on a altéré la paroi cellulaire de manière à obtenir une cellule sphérique. Cellule sensible aux effets de la pression osmotique. (p. 56)

Spicule 1) En virologie, complexe de protéine et de glucides (glycoprotéine) formant des pointes proéminentes à la surface de certains virus. 2) En parasitologie, l'une de deux structures externes d'un ver rond mâle, qui sert à guider le sperme. (p. 184, 199)

Spirille Bactérie hélicoïdale (ou en tire-bouchon). (p. 46)

Spirochète Bactérie caractérisée par une forme flexible en hélice et dotée de filaments axiaux. (p. 46)

Sporange Sac contenant une ou plusieurs spores. (p. 164)

Sporangiophore Hyphe aérien supportant un sporange. (p. 164)

Sporangiospore Type de spore fongique asexuée, produite dans un sporange. (p. 164)

Spore Structure reproductrice, asexuée ou sexuée, chez les mycètes. (p. 163)

Spore asexuée Cellule reproductrice résultant de la mitose puis d'une division cellulaire (chez les eucaryotes), ou de la scissiparité ; produite par les hyphes d'un mycète sans l'intervention d'un autre membre de l'espèce. Il y a deux types de spore asexuée : la conidie et la sporangiospore. (p. 164)

Spore sexuée Spore issue de la reproduction sexuée ; naît de la fusion de noyaux provenant de souches compatibles d'une même espèce. (p. 164)

Sporozoïte Forme infectieuse pour les humains de *Plasmodium*, un protozoaire présent chez les moustiques (anophèles). (p. 510)

Sporulation Processus de formation de spores et d'endospores ; aussi appelé *sporogenèse*. (p. 64)

Stade de l'anneau Jeune trophozoïte de *Plasmodium*, présent dans un érythrocyte, qui a la forme d'un anneau. (p. 510)

Staphylocoques Cocci qui se divisent sur plusieurs plans et forment des grappes ou de larges feuillets. (p. 46)

Stérile Exempt de microorganismes. (p. 87)

Stérilisation Élimination, par des procédés physiques ou chimiques, de tous les microorganismes, y compris les endospores. (p. 370)

Stérilisation par air chaud Stérilisation dans un four à 170 °C, pendant environ 2 h. (p. 378)

Streptobacilles Bactéries en forme de bâtonnet qui restent assemblées en chaînettes après la division cellulaire. (p. 46)

Streptocoques Cocci qui restent assemblés en chaînettes après la division cellulaire. (p. 44)

Sulfamide Composé bactériostatique qui nuit à la synthèse de l'acide folique par inhibition compétitive ; aussi appelé *sulfonamide*. (p. 408)

Superantigène Antigène qui active plusieurs types de lymphocytes T, ce qui déclenche une réaction immunitaire très intense et nocive. (p. 271, 337)

Superoxyde dismutase (SOD) Enzyme qui élimine les radicaux libres superoxyde. (p. 85)

Surgélation Conservation de cultures bactériennes à une température comprise entre – 50 et – 95 °C. (p. 94)

Surinfection Croissance d'un agent pathogène qui a acquis une résistance au médicament antimicrobien utilisé ; croissance d'un agent pathogène opportuniste. (p. 401)

Surveillance immunitaire Élimination par le système immunitaire des cellules cancéreuses avant qu'elles ne deviennent des tumeurs établies. (p. 352)

Susceptibilité Absence de résistance à une maladie. (p. 284)

Symbiose Association de deux populations ou de deux organismes différents en vue de leur survie. (p. 84, 234)

Symptôme Changement subjectif, dû à une maladie, dans les fonctions vitales d'un patient. (p. 237)

Syncytium Cellule géante plurinucléée produite au cours de certaines infections virales. (p. 278)

Syndrome Groupe spécifique de signes et de symptômes reliés à une maladie. (p. 237)

Synergie 1) Effet de deux microbes agissant ensemble, qui a une plus grande intensité que la somme des effets produits par chacun des microbes agissant seul. 2) Principe selon lequel deux médicaments administrés simultanément ont une plus grande efficacité que la somme des effets obtenus lorsqu'ils sont utilisés séparément. (p. 408)

Systématique Science de la classification des organismes vivants sous forme de hiérarchie. (p. 109)

Système ABO Classification des globules rouges en fonction de la présence ou de l'absence des antigènes A et B. (p. 341)

Système des phagocytes mononucléés Système qui comprend les différents types de macrophagocytes libres et de macrophagocytes fixes situés, par exemple, dans la rate, le foie, les nœuds lymphatiques et la moelle osseuse rouge ; aussi appelé *système réticulo-endothélial*. (p. 293)

Système HLA (pour *human leucocyte antigen*) Ensemble de gènes qui regroupe l'essentiel de l'information génétique codant pour les protéines (ou antigènes) d'histocompatibilité ; la composition du HLA est spécifique de chaque individu, sauf chez les vrais jumeaux. Le système HLA correspond au complexe majeur d'histocompatibilité chez l'humain. (p. 348)

T

Tactisme Mouvement constituant une réaction à un stimulus du milieu. (p. 50)

Taux de morbidité Rapport entre le nombre de personnes atteintes d'une maladie durant une période donnée et la population totale exposée au risque de l'infection. (p. 257)

Taux de mortalité Rapport entre le nombre de décès dus à une maladie, durant une période donnée, et la population totale. (p. 257)

Taxinomie Science qui traite de la classification des organismes. Un taxon est une unité taxinomique. (p. 108, 109)

Taxon Rang taxinomique identifié, quel qu'en soit le niveau. (p. 109)

Technique d'étalement en profondeur Permet l'isolement de colonies par étalement de l'inoculum bactérien en profondeur. Consiste à mélanger l'inoculum bactérien avec la gélose en phase liquide, puis à placer celle-ci dans une boîte de Petri où elle se solidifiera. (p. 99)

Technique d'étalement en surface Permet l'isolement de colonies par étalement de l'inoculum bactérien sur la surface d'une gélose en boîte de Petri. (p. 99)

Technique des empreintes génétiques Analyse de l'ADN de microorganismes, par électrophorèse de fragments produits par une enzyme de restriction de l'ADN. (p. 125)

Technique de transfert de Western Technique qui utilise des anticorps pour déceler la présence de protéines spécifiques séparées par électrophorèse ; aussi appelée *immunobuvardage*. (p. 123)

Technologie de l'ADN recombinant Fabrication et manipulation in vitro de matériel génétique ; aussi appelée *génie génétique* ou *technologie de recombinaison de l'ADN*. (p. 15)

Température maximale de croissance Température la plus élevée à laquelle une espèce microbienne peut croître. (p. 80)

Température minimale de croissance Température la plus basse à laquelle une espèce microbienne peut croître. (p. 80)

Température optimale de croissance Température à laquelle un organisme se développe le plus rapidement. (p. 80)

Temps d'inactivation thermique (TDT, pour *thermal death time***)** À une température donnée, laps de temps minimal requis pour que toutes les bactéries contenues dans un milieu de culture liquide soient détruites. (p. 375)

Temps de génération Temps requis pour que le nombre de cellules d'une population double. (p. 95)

Temps de réduction décimale À une température donnée, temps requis (en minutes) pour tuer 90 % d'une population de bactéries ; aussi appelé *valeur D*. (p. 376)

Ténia Ver plat appartenant à la classe des Cestodes ; couramment appelé *ver solitaire* (*Tænia solium*). (p. 182)

Test à la lépromine Test cutané servant à déterminer la présence de lymphocytes T réagissant à *Mycobacterium lepræ*, agent causal de la lèpre. (p. 470)

Test cutané à la tuberculine Test cutané utilisé pour déceler la présence de lymphocytes T contre *Mycobacterium tuberculosis* ; aussi appelé *cutiréaction*. (p. 535)

Test d'agglutination sur lame Méthode de détermination d'un antigène par combinaison, sur lame, avec un anticorps spécifique. (p. 122)

Test du FTA-ABS (pour *fluorescent treponemal antibody absorption test*) Test d'immunofluorescence indirecte qui utilise des antigènes tréponémiques pour détecter la présence d'anticorps spécifiquement dirigés contre *Treponema pallidum* ; sert à diagnostiquer la syphilis ; aussi appelé *épreuve du FTA-ABS*. (p. 614)

Test du RPR (pour *rapid plasma reagin*) Test sérologique non spécifique (utilisant un antigène non tréponémique), plus rapide et plus simple que le test du VDRL, qui sert à poser le diagnostic de la syphilis ; aussi appelé *épreuve du RPR*. (p. 613)

Test du VDRL (pour *Venereal Disease Research Laboratory*) Test sérologique non spécifique (utilisant un antigène non tréponémique) qui sert à déceler la présence d'anticorps appelés *réagines* dans le sérum d'une personne infectée par *Treponema pallidum* ; aussi appelé *épreuve du VDRL*. (p. 613)

Test E Méthode par diffusion sur gélose utilisée pour déterminer la sensibilité à un antibiotique au moyen d'une bande de plastique imprégnée de solutions d'un antibiotique de concentrations différentes. (p. 418)

Test LAL (pour *Limulus amœbocyte lysate*) Épreuve servant à déceler la présence d'endotoxines bactériennes dans des échantillons. (p. 275)

Tétracycline Antibiotique à large spectre, qui nuit à la synthèse des protéines. (p. 406)

Tétrades Cocci qui se divisent sur deux plans et forment des groupements de quatre cellules. (p. 44)

Thalle Corps végétatif d'un mycète, d'un lichen ou d'une algue. Composé de long filaments de cellules reliées les unes aux autres. (p. 161)

Théorie cellulaire Théorie selon laquelle tous les êtres vivants sont constitués de cellules. (p. 8)

Théorie de la génération spontanée Théorie selon laquelle certains êtres vivants peuvent être engendrés «spontanément» à partir de la matière non vivante. Ce processus hypothétique a été infirmé par les expériences qui sont venues soutenir la théorie de la biogenèse. (p. 8)

Théorie germinale des maladies Théorie selon laquelle de nombreuses maladies pourraient être le résultat de la croissance de microbes; par conséquent, les microbes pourraient être la cause de maladies. (p. 12)

Thérapie génique Traitement d'une maladie par le remplacement de gènes anormaux. (p. 16)

Thérapie par phage (ou **phagothérapie)** Traitement antibactérien qui consiste à utiliser des bactériophages pour tuer des bactéries responsables d'infections; le principe s'appuie sur le fait que l'activité lytique d'un phage s'exerce contre une seule souche bactérienne, parfois contre plusieurs souches d'une espèce donnée. (p. 425)

Thermophile Organisme qui se développe à des températures comprises entre 40 et 70 °C environ et dont la température optimale est de 55 °C environ. (p. 80)

Thylakoïde Dans un chloroplaste, sac membraneux aplati contenant la chlorophylle; le thylakoïde d'une bactérie est aussi appelé *chromatophore*. (p. 73)

Tissu privilégié Partie d'un tissu à l'abri des réactions immunitaires; aussi appelé *site privilégié*. (p. 350)

Titre des anticorps Estimation de la quantité d'anticorps dans le sérum ou de virus contenue dans une solution, qui est obtenue par la dilution en série et exprimée par la réciproque de la dilution. (p. 328)

Tolérance immunitaire Capacité d'un organisme à reconnaître le soi et à ne pas former d'anticorps ou de lymphocytes T contre lui-même. (p. 318, 347)

Toxémie Présence de toxines dans le sang. (p. 239, 269)

Toxicité sélective Propriété de certains agents antimicrobiens qui sont toxiques pour un microorganisme donné, mais non toxiques pour l'hôte. (p. 398)

Toxigénicité Capacité d'un microorganisme à produire une toxine. (p. 269)

Toxine Toute substance délétère (poison) produite par un microorganisme. (p. 269)

Toxine A-B Exotoxine bactérienne composée de deux polypeptides. (p. 271)

Toxine de Shiga Exotoxine produite par *Shigella dysenteriæ* et *E. coli* entérohémorragique. (p. 565)

Toxoïde (ou **anatoxine)** Toxine modifiée par la chaleur et le formol de manière à détruire sa toxicité tout en conservant ses propriétés antigéniques. (p. 270)

Traitement à ultra-haute température (UHT) Traitement d'un aliment à des températures très élevées (de 140 à 150 °C) durant un très court laps de temps de manière que l'aliment puisse être conservé à la température ambiante. (p. 378)

Traitement antirétroviral hautement actif (HAART, pour *highly active antiretroviral therapy*) Combinaison de médicaments qu'on administre pour traiter une infection par le VIH. (p. 363)

Traitements équivalents Méthodes différentes qui ont le même effet quant à la régulation de la croissance bactérienne. (p. 378)

Transduction localisée Processus par lequel un fragment d'ADN d'une cellule, adjacent à un prophage, est transféré à une autre cellule. (p. 210)

Transferrine Protéine humaine liant le fer, qui réduit la quantité de fer disponible pour un agent pathogène; aussi appelée *β-globuline plasmatique*. (p. 306)

Transformation 1) Processus qui assure le transfert de gènes d'une bactérie à une autre, sous la forme d'ADN nu en solution. 2) Modification d'une cellule normale en cellule cancéreuse par l'action d'un virus oncogène. (p. 219)

Translocation de groupe Chez les procaryotes, transport actif d'une substance dont les propriétés chimiques sont altérées au cours de son passage à travers la membrane plasmique. (p. 62)

Transmission biologique Mode de transmission d'un agent pathogène d'un hôte à un autre au moment où cet agent se reproduit chez le vecteur (p. ex. dans le paludisme). (p. 246)

Transmission mécanique Mode de transmission d'une infection par les arthropodes, qui transportent les agents pathogènes sur leurs pattes et d'autres parties de leur corps (p. ex. dans la fièvre typhoïde). (p. 246)

Transmission orofécale Mode de transmission d'une infection par des selles se retrouvant dans la bouche d'une personne à cause d'un mauvais lavage des mains ou contaminant de l'eau qui est ensuite consommée. (p. 247)

Transmission par contact Propagation d'une maladie par contact direct ou indirect, ou par l'intermédiaire de gouttelettes. (p. 244)

Transmission par contact direct Propagation d'un agent pathogène de personne à personne par le contact avec des sécrétions contaminées présentes, p. ex. sur les mains; aucun objet ne joue le rôle d'intermédiaire; aussi appelée *transmission interpersonnelle*. (p. 244)

Transmission par contact indirect Propagation d'un agent pathogène à un hôte réceptif par le contact avec des objets inanimés (mouchoirs, couches, vaisselle, etc.) fraîchement contaminés par des sécrétions. (p. 244)

Transmission par gouttelettes Transmission de gouttelettes (de sécrétions nasopharyngées, de salive) assez grosses, enrobées de mucus, et transportées sur une courte distance (< 1 m); contamination par inhalation des gouttelettes, ce qui demande un contact étroit. Se distingue de la *transmission aérienne* de microgouttelettes, c'est-à-dire de fines particules > 5 μm en suspension dans l'air, résultant de l'évaporation des grosses gouttelettes, et qui parcourent plus d'un mètre depuis le réservoir jusqu'à l'hôte. (p. 244)

Transmission par un véhicule commun Transmission, à de nombreux hôtes, d'un agent pathogène à partir d'une unique source contaminée. L'eau, la nourriture, le sang et les liquides biologiques sont des exemples de véhicules de transmission d'infections. (p. 245)

Transport actif Déplacement net d'une substance à travers une membrane contre un gradient de concentration; nécessite une dépense d'énergie de la part de la cellule. (p. 61)

Trophozoïte Forme végétative d'un protozoaire. (p. 173)

Turbidité Aspect trouble ou manque de transparence d'une suspension. (p. 100)

U

Unités formant colonies (CFU) Unités mesurant le nombre de colonies apparaissant sur une gélose. (p. 98)

Unités formatrices de plages de lyse (UFP) Plages de lyse virales visibles dénombrées. (p. 202)

V

Vaccin Préparation de microorganismes atténués ou inactivés (tués), ou de fractions sous-unitaires de microorganismes, ou d'anatoxines, qui a pour effet de stimuler le système immunitaire et de produire une immunité active acquise. (p. 330)

Vaccination Processus qui confère une immunité active par l'administration d'un vaccin; aussi appelée *immunisation*. (p. 330)

Vacuole Inclusion intracellulaire entourée d'une membrane lipidique chez les eucaryotes, et d'une membrane protéinique chez les procaryotes. (p. 72, 173)

Vacuole gazeuse Inclusion présente dans une cellule procaryote aquatique qui permet la flottaison de ce microorganisme; aussi appelée *vacuole à gaz*. (p. 64)

Valence Nombre de sites de fixation à l'antigène sur un anticorps; chaque anticorps possède au moins deux sites identiques qui se lient aux épitopes. (p. 314)

Valeur d'inactivation thermique (TDP, pour *thermal death point***)** Température minimale à laquelle toutes les bactéries contenues dans un milieu de culture liquide sont détruites en moins de 10 minutes. (p. 375)

Variation antigénique Modification d'un antigène de surface qui se produit dans une population microbienne. (p. 268)

Vasodilatation Augmentation du diamètre des vaisseaux sanguins. (p. 296)

Vecteur Arthropode qui transporte des agents pathogènes d'un hôte à un autre. (p. 187, 246)

Ver plat Animal appartenant à l'embranchement des Plathelminthes. (p. 181)

Ver rond Animal appartenant à l'embranchement des Nématodes. (p. 184)

Vésicule Petite lésion gonflée remplie de liquide séreux. (p. 435)

Vésicule de sécrétion Sac, entouré d'une membrane, produit par les citernes du complexe golgien; sert au transport des protéines nouvellement synthétisées vers la membrane plasmique, où elles sont sécrétées par exocytose. (p. 71)

Vésicule de stockage Organite, provenant du complexe golgien, qui contient des protéines produites dans le réticulum endoplasmique rugueux. (p. 71)

Vésicule de transfert Sac membraneux qui transporte les protéines entre les différentes citernes du complexe golgien. (p. 71)

Vésicule de transport Sac membraneux qui transporte les protéines depuis le réticulum endoplasmique rugueux vers le complexe golgien. (p. 71)

Vibrion Bactérie incurvée, en forme de virgule. (p. 46)

Vibrisse Poil situé à l'intérieur des narines. (p. 287)

Virémie Présence de virus dans le sang. (p. 239)

Viroïde ARN infectieux. (p. 222)

Virologie Science qui traite des virus. (p. 14)

Virucide Agent qui inactive les virus ou détruit leur pouvoir infectieux. (p. 370)

Virulence Degré de pathogénicité d'un microorganisme. Dénote à la fois la capacité du microbe d'agresser l'hôte et sa capacité de se protéger contre les moyens de défense de l'hôte. Associée à la capacité de causer la mort. (p. 264)

Virus Agent filtrable, parasite et invisible au microscope classique, constitué d'un acide nucléique contenu dans une capside (coque protéique). (p. 7, 195)

Virus complexe Virus (p. ex. bactériophage) dont l'architecture comporte généralement des structures telles qu'une tête, une queue et des fibrilles. (p. 201)

Virus oncogène Virus capable de rendre une cellule cancéreuse en y introduisant son génome viral; peut rester latent dans l'organisme; aussi appelé *oncovirus*. (p. 219)

Voie parentérale Voie de pénétration d'un agent pathogène dans l'organisme, par dépôt direct dans les tissus sous-cutanés et les membranes. (p. 247)

Volutine Phosphate inorganique emmagasiné dans une cellule procaryote. (p. 63)

X

Xénogreffe Greffe d'un tissu provenant d'un donneur qui appartient à une autre espèce que celle du receveur; aussi appelée *hétérotransplantation* ou *xénotransplantation*.

Z

Zone d'inhibition Dans la méthode par diffusion sur gélose, région entourant un agent antimicrobien où l'on n'observe aucune croissance de bactéries. (p. 416)

Zoonose Maladie présente surtout chez les animaux sauvages ou domestiques, mais transmissible aux humains. (p. 241)

Zoospore Spore assurant la reproduction asexuée des algues, qui se déplace grâce à deux flagelles. (p. 171)

Zygospore Spore fongique sexuée, caractéristique des zygomycètes. (p. 165)

SOURCES DES PHOTOGRAPHIES

Page couverture : David Scharf/Peter Arnold/Getty Images.

Ouverture de la première partie : ARTSILENSEcom/Shutterstock.

CHAPITRE 1

Ouverture de chapitre : Scimat/Photo Researchers Inc. *Enc. 1.1 (en haut et en bas à droite)* : Sascha Drewlo *et al.* (2001). *Applied and Environmental Microbiology* ; *(en bas à gauche)* : DigitalVision. *Fig. 1.1a* : SPL/Photo Researchers Inc. ; *fig. 1.1b* : Dennis Kunkel/ Phototake Inc. ; *fig. 1.1c* : David M. Phillips/Visuals Unlimited ; *fig. 1.1d* : K.G. Murti/Visuals Unlimited. *Fig. 1.2a* : Collection de l'University of Michigan Health System, don de Pfizer, inc. – UMHS.15 ; *fig. 1.2b* : Christine Case. *Fig. 1.3(3)* : Charles O'Rear/Corbis. *Fig. 1.4 (en haut)* : Bettmann Archive/Corbis ; *fig. 1.4 (au centre)* : Bettmann Archive/Corbis ; *fig. 1.4 (en bas)* : Rockefeller Archive Center. *Fig. 1.5b* : Donald Heyneman/Michael M. Kliks. *Fig. 1.6* : Scimat/Photo Researchers Inc. *Fig. 1.7* : Centers for Disease Control and Prevention (CDC). *Page 20 (en haut)* : SPL/Photo Researchers Inc. ; *(en bas)* : Stephen Durr.

CHAPITRE 2

Ouverture de chapitre : Biophoto Associates/Photo Researchers Inc. *Enc. 2.1* : Visuals Unlimited. *Fig. 2.1* : Gracieuseté de Leica Microsystems. *Fig. 2.2 (de gauche à droite)* : The Scanning Probe Microscopy Unit/University of Bristol, Royaume-Uni ; O. Meckes et N. Ottawa/Photo Researchers Inc. ; Scimat/Photo Researchers Inc. ; Mae Melvin/CDC ; Tom Murray. *Page 28 (toutes)* : Pearson Science. *Page 29 (à gauche)* : Mike Abbey/Visuals Unlimited ; *(à droite)* : CDC. *Page 30 (à gauche)* : Dennis Kunkel/ Phototake Inc. ; *(à droite)* : A. Diaspro *et al.*, « Functional Imaging of Living Paramecium by Means of Confocal and Two-Photon Excitation Fluorescence Microscopy », *Proceedings of SPIE*, 2002 ; 4622. © 2002 SPIE. De Diaspro Lab, www.lambs.it, Département de physique, Université de Gênes. *Page 31 (à gauche, haut)* : M.S. Good *et al.*, « An Estimate of Biofilm Properties Using an Acoustic Microscope Ultrasonics, Ferroelectrics and Frequency Control », *IEEE Transactions*, Septembre 2006 ; 53(9), p. 1637-1648. © 2006 IEEE. Reproduction autorisée sous licence de Rightslink ; *(à gauche, bas)* : Phototake Electra/Phototake Inc. ; *(à droite)* : Karl Aufderheide/ Visuals Unlimited. *Page 32 (en haut)* : Matthias Amrein *et al.*, « Scanning Tunneling Microscopy of recA-DNA Complexes Coated with a Conducting Film », *Science*, 22 avril 1988 ; 240(4851) : 514-6. © 1988 American Association for the Advancement of Science. Reproduction autorisée par l'AAAS sous licence de Rightslink ; *(en bas)* : D.M. Czajkowsky, E.M. Hotze, Z. Shao et R.K. Tweten, « Vertical Collapse of a Cytolysin Prepore Moves its Transmembrane Beta-hairpins to the Membrane », *The EMBO Journal*, 18 août 2004 ; 23(16) :3206-15. Image fournie par Zhifeng Shao, U. of Virginia. Reproduit avec la permission de Macmillian Publishers, Ltd. *Tableau 2.2, page 33 (de haut en bas)* : Pearson Science ; Pearson Science ; Pearson Science ; Mike Abbey/Visuals Unlimited ; *page 34 (de haut en bas)* : Dennis Kunkel/Phototake Inc. A. Diaspro *et al.*, « Functional Imaging of Living Paramecium by Means of Confocal and Two-Photon Excitation Fluorescence Microscopy », *Proceedings of SPIE*, 2002 ; 4622. © 2002 SPIE. De Diaspro Lab, www.lambs.it, Département de physique, Université de Gênes ; M.S. Good *et al.*, « An Estimate of Biofilm Properties Using an Acoustic Microscope Ultrasonics, Ferroelectrics and Frequency Control », *IEEE Transactions*, Septembre 2006 ; 53(9), p. 1637-1648. © 2006 IEEE. Reproduction autorisée sous licence de Rightslink ; Phototake Electra/Phototake Inc. ; Karl Aufderheide/Visuals Unlimited ; *page 35 (de haut en bas)* : Matthias Amrein *et al.*, « Scanning Tunneling Microscopy of recA-DNA Complexes Coated with a Conducting Film », *Science*, 22 avril 1988 ; 240(4851) : 514-6. © 1988 American Association for the Advancement of Science. Reproduction autorisée par l'AAAS sous licence de Rightslink ; D.M. Czajkowsky, E.M. Hotze, Z. Shao et R.K. Tweten, « Vertical Collapse of a Cytolysin Prepore Moves its Transmembrane Beta-hairpins to the Membrane », *The EMBO Journal*, 18 août 2004 ; 23(16) :3206-15. Image fournie par Zhifeng Shao, U. of Virginia. Reproduit avec la permission de Macmillian Publishers, Ltd. *Fig. 2.7b* : Jack Bostrack/Visuals Unlimited. *Fig. 2.8* : E.C.S. Chan/Visuals Unlimited. *Fig. 2.9a* : Jack Bostrack/Visuals Unlimited ; *fig. 2.9b* : Joseph W. Duris et Silvia Rossbach, Western Michigan University ; *fig. 2.9c* : Eric Graves/Photo Researchers Inc. *Page 41* : Karl Aufderheide/Visuals Unlimited. *Page 42* : Biophoto Associates/Science Source/Photo Researchers Inc.

CHAPITRE 3

Ouverture de chapitre : NIAID/RML. *Enc. 3.1a* : Eshel Ben-Jacob, Université de Tel Aviv, Israël ; *enc. 3.1b* : Sebastien Vilain ; *enc. 3.1c* : Heinrich Lunsdorf, Center for Infection Research, Allemagne ; *enc. 3.1 (en bas)* : DigitalVision. *Fig. 3.1 (de haut en bas)* : O. Meckes et N. Ottawa/Photo Researchers ; David M. Phillips/Visuals Unlimited ; *3.1* : G. Shih et R. Kessel/Visuals Unlimited ; G. Shih et R. Kessel/ Visuals Unlimited ; David Scharf/Peter Arnold/Getty Images. *Fig. 3.2 (de haut en bas)* : Manfred Kage/Peter Arnold/Getty Images ; Dennis Kunkel/Phototake Inc. ; Microworks Color/Phototake Inc. *Fig. 3.3* : N.H. Mendelson et J.J. Thwaites, ASM News 1993 ; 59 : 25, fig. 2. Reproduction autorisée. *Fig. 3.4a* : London School of Hygiene/SPL/Photo Researchers Inc. ; *fig. 3.4b* : Stanley Flegler/Visuals Unlimited ; *fig. 3.4c* : Charles Stratton/Visuals Unlimited. *Fig. 3.5a* : Horst Volker et Heinz Schlesner, Institut fur Allgemeine Mikrobiologie, Kiel ; *fig. 3.5b* : Dr. H.W. Jannasch/Woods Hole Oceanographic Institute. *Fig. 3.6* : Ralph A. Slepecky/ Visuals Unlimited. *Fig. 3.7a* : Science Source/Photo Researchers Inc. ; *fig. 3.7b* : David M. Phillips/Visuals Unlimited ; *fig. 3.7c* : Michael Abbey/Visuals Unlimited ; *fig. 3.7d* : Ed Reschke/Peter Arnold/Getty Images. *Fig. 3.9a* : Custom Medical Stock Photo Inc. *Fig. 3.10* : Kwangshin Kim/Photo Researchers Inc. *Tab. 3.1 (au centre)* : Manfred Kage/Peter Arnold/Getty Images ; *(à droite)* : Manfred Kage/ Peter Arnold/Getty Images. *Fig. 3.12* : T.J. Beveridge/Biological Photo Service. *Fig. 3.13* : H.S. Pankratz et R.L. Uffen, Michigan State University/Biological Photo Service. *Fig. 3.14b* : Christine Case. *Fig. 3.18* : Visuals Unlimited. *Fig. 3.19b* : Visuals Unlimited. *Fig. 3.20b (à gauche)* : Biophoto Associates/Photo Researchers Inc. ; *(à droite)* : Don Fawcett/Photo Researchers Inc. *Fig. 3.21a* : David M. Phillips/ Visuals Unlimited ; *fig. 3.21b* : David M. Phillips/Visuals Unlimited ; *fig. 3.22c* : Don Fawcett/Photo Researchers Inc. *Fig. 3.23b* : Don Fawcett/Photo Researchers Inc. *Fig. 3.24b* : M. Powell/Visuals Unlimited. *Fig. 3.25b* : Keith Porter/Photo Researchers Inc. *Fig. 3.26b* : E.H. Newcomb et W.P. Wergin/Biological Photo Service.

CHAPITRE 4

Ouverture de chapitre : Scimat/Photo Researchers Inc. *Enc. 4.1b (à gauche)* : Christine Case ; *(à droite)* : Christine Case. *Fig. 4.8* : CDC/Jim Gathany. *Fig. 4.9* : Christine Case. *Fig. 4.10* : Gracieuseté et © Becton Dickinson and Company. *Fig. 4.11a et b* : Christine Case. *Fig. 4.12b* : Lee Simon/Photo Researchers Inc. *Fig. 4.18a* : Pall/ Visuals Unlimited ; *fig. 4.18b* : K. Taiaro/Visuals Unlimited. *Page 104 (à droite, haut)* : Gracieuseté et © Becton Dickinson and Company ; *(à droite, bas)* : Christine Case. *Page 105* : Lee Simon/Photo Researchers Inc.

Ouverture de la deuxième partie : Jarrod Erbe/Shutterstock.

CHAPITRE 5

Ouverture de chapitre : L. L. Pifer, W. T. Hughes et M. J. Murphy Jr., « Propagation of *Pneumocystis Carinii in Vitro* », *Pediatric Research*, Avril 1977 ; 11(4) :305-16. *Tab. 5.1 (de gauche à droite)* : O. Meckes et N. Ottawa/Photo Researchers ; Scimat/Photo Researchers Inc. ; Stanley Flegler/Visuals Unlimited/Getty Images. *Fig. 5.3* : J. Pickett-Heaps/Photo Researchers Inc. *Fig. 5.4a* : Georgette Douwma/Nature Picture Library ; *fig. 5.4b* : Christine Case. *Enc. 5.1a* : Gracieuseté du Museum of Comparative Zoology ; *enc. 5.1 (en bas)* : Terry Whittaker/FLPA. *Fig. 5.9(1)* : Christine Case ; *fig. 5.9(2)* : Christine Case ; *fig. 5.9(3)* : Christine Case. *Fig. 5.10a et b* : Christine Case. *Fig. 5.11a* : Sinclair Stammers/SPL/Photo Researchers Inc. ; *fig. 5.11b* : Colin Cuthbert/SPL/Photo Researchers Inc. *Fig. 5.12* : CDC. *Fig. 5.13* : Chris Jones, University of Leeds. *Fig. 5.14* : Pascal Goetgheluck/SPL/Photo Researchers Inc. *Fig. 5.17a* : Volker Steger/SPL/Photo Researchers Inc. ; *fig. 5.17d* : Laboratoire de James Liao, UCLA DNA Microarray Core Facility. *Fig. 5.18a et b* : V.A. Kempf, K. Trebesius et I. B. Autenrieth, « Fluorescent In Situ Hybridization Allows Rapid Identification of Microorganisms in Blood Cultures », *Journal of Clinical Microbiology*, Février 2000 ; 38(2) :830-8, fig. 1. Reproduction autorisée par l'American Society for Microbiology. *Page 131* : Laboratoire de James Liao, UCLA DNA Microarray Core Facility.

CHAPITRE 6

Ouverture de chapitre : National Library of Medicine. *Fig. 6.1a et b* : USDA/APHIS Animal and Plant Health Inspection Service. *Fig. 6.2* : Yves Brun. *Fig. 6.3* :

R. L. Moore/Biological Photo Service. *Fig. 6.4*: John D. Cunningham/Visuals Unlimited. *Fig. 6.5*: Visuals Unlimited. *Enc. 6.1a*: University of Bath ; *(en bas)*: F. Rauschenbach/Arco Images/Alamy. *Fig. 6.6*: David M. Phillips/Visuals Unlimited. *Fig. 6.7*: Dr. Linda Stannard/UCT/SPL/Photo Researchers Inc. *Fig. 6.8*: Dennis Kunkel/Visuals Unlimited. *Fig. 6.9a*: Institut Pasteur/CNRI/Phototake Inc.; *fig. 6.9b*: Pablo Zunino, Laboratorio de Microbiologia, Istituto de Investigaciones Biologicas Clemente Etable. *Fig. 6.10*: S. Rendulic et S. Schuster. *Fig. 6.11b*: Jonathan Eisenback/Phototake Inc. *Fig. 6.12*: B. Dowsett, CAMR/SPL/Photo Researchers Inc. *Fig. 6.13a*: R. Calentine/Visuals Unlimited ; *fig. 6.13b*: Ron Dengler/Visuals Unlimited. *Fig. 6.14*: Paul Johnson/Biological Photo Service. *Fig. 6.15*: Cabisco/Phototake Inc. *Fig. 6.16*: Esther R. Angert, Cornell University. *Fig. 6.17a*: Tiré de C. L. Hannay et P. Fitz James, *Canadian Journal of Microbiology,* 1955 ; 1 :694/Conseil national de la recherche du Canada ; *fig. 6.17b*: R.E. Strange et J.R. Hunter dans G.W. Gould et A. Hurst (eds), *The Bacterial Spore*, 1969, p. 461, figure 4. (Orlando, FL: Academic Press). *Fig. 6.18*: O. Meckes et N. Ottawa/Photo Researchers Inc. *Fig. 6.19a*: Scimat/Photo Researchers Inc. *Fig. 6.20a*: D.C. Krause et D.Taylor-Robinson (1992). « Mycroplasmas which infect humans » in J. Maniloff, R. N. McElhaney, L.R. Finch et J.B. Baseman, *Mycoplasmas*: *Molecular Biology and Pathogenesis*, p. 419, fig. 1. Reproduction autorisée par l'American Society for Microbiology ; *fig. 6.20b*: Michael Gabridge/Visuals Unlimited. *Fig. 6.21*: Kitasato University. *Fig. 6.22*: David M. Phillips/Visuals Unlimited. *Fig. 6.23*: Kurt Reed, Marshfield Medical Research Foundation. *Fig. 6.24*: J.A. Breznak et H.S. Pankratz/Biological Photo Service. *Fig. 6.25*: Chris Bjornberg/Photo Researchers Inc. *Fig. 6.26*: Karl O. Stetter et R. Rachel, Université de Regensburg, Regensburg, Allemagne. *Fig. 6.27*: National Library of Medicine. *Page 158*: Dr. Linda Stannard/UCT/SPL/Photo Researchers Inc. *Page 159 (à gauche)*: Scimat/Photo Researchers Inc.; *(à droite)*: Karl O. Stetter et R. Rachel, Université de Regensburg, Regensburg, Allemagne.

CHAPITRE 7

Ouverture de chapitre: Yuuji Tsukii, Université de Hosei, Japon. *Fig. 7.2a et b*: Pearson Science. *Fig. 7.3*: David Scharf/Peter Arnold/Getty Images. *Fig. 7.4*: Christine Case. *Fig. 7.5a*: Dennis Kunkel/Phototake Inc.; *fig. 7.5b*: M.F. Brown/Visuals Unlimited ; *fig. 7.5c et d*: David M. Phillips/Visuals Unlimited ; *fig. 7.5e*: G. Shih et R. Kessel/Visuals Unlimited. *Fig. 7.6 (à gauche)*: M.F. Brown/Visuals Unlimited ; *fig. 7.6 (à droite)*: G. Shih et R. Kessel/Visuals Unlimited. *Fig 7.7 (à gauche)*: J. Dijksterhuis, J. Nijsse, FA Hoekstra et EA Golovina, « High viscosity and anisotropy characterize the cytoplasm of fungal dormant stress-resistant spores », *Eukaryotic Cell*, Février 2007 ; 6(2) :157-70, fig. 7. Reproduction autorisée par l'American Society for Microbiology ; *fig. 7.7 (à droite)*: J. Dijksterhuis (2007). « Heat resistant ascospores » in J. Dijksterhuis et R.A. Samson, *Food Mycology*: *A multifaceted look at fungi and food.* Taylor and Francis, Boca Raton, Florida, USA, p. 101-117. CRC Press LLC Journals Division. *Fig. 7.8(5)*: Christine Case ; *fig. 7.8 (7, à droite)*: Biophoto Associates/Photo Researchers Inc. *Fig. 7.9*: Manfred Kage/Peter Arnold/Getty Images. *Fig. 7.11 (à gauche)*: Fred M. Rhoades ; *fig. 7.11 (à droite)*: Yuuji Tsukii, Université de Hosei, Japon. *Fig 7.12*: M. Abbey/Visuals Unlimited. *Fig. 7.13b*: David M. Phillips/Visuals Unlimited ; *fig. 7.13c*: Mary Anne Harrington, TML/MSH Shared Microbiology Service ; *fig. 7.13d*: CDC-DPDx/Melanie Moser. *Fig. 7.14*: Peter Arnold/Getty Images. *Fig. 7.15b*: E.R. Degginger/Photo Researchers Inc. *Fig. 7.16*: M. Abbey/Visuals Unlimited. *Enc. 7.1a*: CDC-DPDx/Melanie Moser. *Fig. 7.17*: Carolina Biological Supply Company/Phototake Inc. *Fig. 7.18(3)*: Christine Case ; *fig. 7.18(6, à gauche)*: Christine Case. *Fig. 7.19b*: Steve J. Upton, Parasitology Research, Division of Biology, Kansas State University. *Fig. 7.21*: Stanley Flegler/Visuals Unlimited. *Fig. 7.22a*: M. B. Hildreth, M. D. Johnson et K. R. Kazacos, « Echinococcus Multilocularis : A Zoonosis of Increasing Concern in the United States », *Compendium on Continuing Education for the Practicing Veterinarian*, Mai 1991 ; 13(5) : 727-41 ; *fig. 7.22b*: R. Calentine/Visuals Unlimited. *Fig. 7.23a*: R. Calentine/Visuals Unlimited. *Fig. 7.24*: C.E. Atkins, « Heartworm Caval Syndrome », *Seminars in Veterinary Medicine & Surgery*, 1987 ; 2 :64-71. *Fig. 7.25*: Hans Pfletschinger/Peter Arnold/Getty Images. *Fig. 7.26*: Tom Murray. *Fig. 7.28a*: Image Source/Alamy ; *fig. 7.28b*: O. Meckes et N. Ottawa/Photo Researchers Inc. *Page 189*: J. Dijksterhuis (2007). « Heat resistant ascospores » in J. Dijksterhuis et R.A. Samson, *Food Mycology*: *A multifaceted look at fungi and food.* Taylor and Francis, Boca Raton, Florida, USA, p. 101-117. CRC Press LLC Journals Division. *Page 190*: Fred M. Rhoades. *Page 191 (à gauche, haut)*: M. Abbey/Visuals Unlimited ; *(à gauche, bas)*: Stanley Flegler/Visuals Unlimited ; *(à droite)*: Tom Murray.

CHAPITRE 8

Ouverture de chapitre: O. Meckes et N. Ottawa/Photo Researchers Inc. *Fig. 8.2b*: R.C. Valentine et H.G. Pereira, J. Mol. Biol/Biological Photo Service. *Fig. 8.3b*: K.G. Murti/Visuals Unlimited. *Fig. 8.4b*: Frederick A. Murphy/CDC. *Fig. 8.5b (en haut)*: O. Meckes et N. Ottawa/Photo Researchers Inc.; *(en bas)*: Hans Gelderblom/Visuals Unlimited. *Fig. 8.6*: Christine Case. *Fig. 8.9a et b*: G. Steven Martin/Visuals Unlimited. *Fig 8.14*: D. O. White et F. J. Fenner (1994). *Medical Virology*, 4^{e}, Academic Press, California. *Fig. 8.16a*: CDC ; *fig. 8.16b*: Dr. Linda Stannard/UCT/SPL/Photo Researchers Inc. *Fig. 8.18a*: Frederick A. Murphy, University of Texas Medical Branch, Galveston ; *fig. 8.18b*: Dr. Linda Stannard/UCT/SPL/Photo Researchers Inc. *Fig. 8.20b*: Visuals Unlimited/Corbis. *Fig. 8.23*: Gracieuseté de T. O. Diener, USDA.

Ouverture de la troisième partie: O. Meckes et N. Ottawa/Photo Researchers Inc.

CHAPITRE 9

Ouverture de chapitre: O. Meckes et N. Ottawa/Photo Researchers Inc. *Fig. 9.1a*: Juergen Berger/SPL/Photo Researchers Inc.; *fig. 9.1b*: SPL/Photo Researchers Inc.; *fig. 9.1c*: David Scharf/Science Faction. *Fig. 9.7a*: Stone/Getty Images ; *fig. 9.7b*: Stockbyte Platinum/Alamy ; *fig. 9.7c*: Andrew Davidhazy, Photo Arts and Sciences, Rochester Institute of Technology. *Fig. 9.8*: Helen King/Corbis. *Fig. 9.9a*: Loic Bernard/iStockphoto.com ; *fig. 9.9b*: Rhoberazzi/iStockphoto.com ; *fig. 9.9c*: Jason Lugo/iStockphoto.com. *Fig. 9.10*: Imagebroker/Alamy. *Enc. 9.2a*: Christine Case ; *enc. 9.2b*: zilli/iStockphoto.com. *Page 258*: SPL/Photo Researchers Inc.

CHAPITRE 10

Ouverture de chapitre: Gillette Corporation/SPL/Photo Researchers Inc. *Fig. 10.1b*: SPL/Photo Researchers Inc.; *fig. 10.1c*: Gillette Corporation/SPL/Photo Researchers Inc. *Fig. 10.2*: C. Ginocchio, S. Olmstead, C. Wells et J. E. Galan, « Contact with Epithelial Cells Induces the Formation of Surface Appendages on Salmonella Typhimurium », *Cell*, Février 1994 ; 76(4) :717-24. © 1994, Elsevier Science Ltd. *Enc. 10.1a*: P. Marazzi/SPL/Photo Researchers Inc.; *enc. 10.1b (petite)*: Jason D. Pimentel ; *enc. 10.1b (grande)*: Janice Carr/CDC. *Fig. 10.6a*: Frederick A. Murphy, University of Texas Medical Branch, Galveston ; *fig. 10.6b*: Diana Hardie, University of Cape Town Medical School, Afrique du Sud. *Fig. 10.7*: John P. Bader/Biological Photo Service. *Page 282*: Frederick A. Murphy, University of Texas Medical Branch, Galveston.

CHAPITRE 11

Ouverture de chapitre: Janice Carr/CDC. *Fig. 11.2*: Ed Reschke/Peter Arnold/Getty Images. *Fig. 11.4*: Anatomical Travelogue/Photo Researchers Inc. *Tab. 11.1*: Barbara Saiejko-Mroczka et Paul B. Bell, Department of Zoology/University of Oklahoma, sauf: *Macrophagocyte*: Nivaldo Medeiros, www.hematologyatlas.com ; *cellule dendritique*: Gracieuseté de © Associazione Giuseppe Bigi ; *cellule tueuse naturelle* et *lymphocyte B*: © American Society of Hematology. Tous droits réservés. *Fig. 11.6*: O. Meckes et N. Ottawa/Photo Researchers Inc. *Fig. 11.9 (les deux)*: R.D. Schreiber *et al.*, « Bactericidal Activity of the Alternative Complement Pathway Generated from 11 Isolated Plasma Proteins », *Journal of Experimental Medicine,* 1979 ; 149 :870-882. © 1979, Rockefeller University Press. *Enc. 11.1*: Susumu Nushinaga/SPL/Photo Researchers Inc. *Page 309 (à gauche)*: O. Meckes et N. Ottawa/Photo Researchers Inc.; *(à droite)*: R.D. Schreiber *et al.*, « Bactericidal Activity of the Alternative Complement Pathway Generated from 11 Isolated Plasma Proteins », *Journal of Experimental Medicine,* 1979 ; 149 :870-882. © 1979, Rockefeller University Press.

CHAPITRE 12

Ouverture de chapitre: David Scharf/Peter Arnold/Getty Images. *Fig. 12.3c*: Gracieuseté du professeur Zhifeng Shao, University of Virginia. *Fig. 12.9b*: T. Kato et R.L. Owen dans *Mucosal Immunology* de J. Mestecky, M.E. Lamm, W. Strober, J. Bienenstock, J.R. McGhee et L. Mayer, © 2005, Elsevier Academic Press, San Diego, pp. 131-151. Reproduction autorisée par Elsevier. *Fig. 12.12*: Dr. Gopal Murti/SPL/Photo Researchers Inc. *Fig. 12.13*: David Scharf/Peter Arnold/Getty Images. *Fig. 12.14*: Photo Lennart Nilsson/Scanpix. *Fig. 12.15b*: Anthony Butterworth. *Enc. 12.1a*: Protein Data Bank (1F45) ; *enc. 12.1 (en bas)*: AG StockUSA/Alamy.

CHAPITRE 13

Ouverture de chapitre: David Scharf/Peter Arnold/Getty Images. *Fig. 13.1*: Photo Lennart Nilsson/Scanpix. *Fig. 13.2a et b*: David Scharf/Peter Arnold/Getty Images. *Fig. 13.3*: James King-Holmes/SPL/Photo Researchers Inc. *Enc. 13.1*: P. Marazzi/SPL/Photo Researchers Inc. *Fig. 13.7*: Jim W. Grace/Photo Researchers Inc.

Fig. 13.8: Gracieuseté de la Harvard Medical School. *Fig. 13.11a et b*: Photo Lennart Nilsson/Scanpix. *Fig. 13.13c*: NIBSC/SPL/Photo Researchers Inc. *Page 364 (à gauche)*: Photo Lennart Nilsson/Scanpix; *(à droite)*: James King-Holmes/SPL/Photo Researchers Inc.

CHAPITRE 14

Ouverture de chapitre: Dennis Kunkel/Phototake Inc. *Fig. 14.5*: Christine Case. *Fig. 14.8*: Christine Case. *Fig. 14.9*: CDC. *Enc. 14.1*: Christine Case.

CHAPITRE 15

Ouverture de chapitre: Photo Lennart Nilsson/Scanpix. *Fig. 15.1*: Michael T. Madigan. *Fig. 15.3a et b*: Photo Lennart Nilsson/Scanpix. *Fig. 15.7*: Madeline Bastide, Laboratoire d'immunologie et de parasitologie, Université de Montpellier, France. *Fig. 15.9*: Christine Case. *Fig. 15.10*: Gracieuseté de AB Biodisk. *Fig. 15.11*: National Library of Medicine. *Enc. 15.1a*: C. Poppe, L.C. Martin, C.L. Gyles, R. Reid-Smith, P. Boerlin, S.A. McEwen, J.F. Prescott et K.R. Forward, «Acquisition of Resistance to Extended-Spectrum Cephalosporins by *Salmonella enterica* subsp. *enterica* Serovar Newport and *Escherichia coli* in the Turkey Poult Intestinal Tract», *Applied and Environmental Microbiology*, Mars 2005; 71(3):1184-1192, fig.1. Reproduction autorisée par l'American Society for Microbiology. *Fig. 15.14*: Eddy Vercauteren. *Page 426*: Michael T. Madigan. *Page 427*: Photo Lennart Nilsson/Scanpix. *Page 428*: Christine Case.

Ouverture de la quatrième partie: Sebastian Kaulitzki/Shutterstock.

CHAPITRE 16

Ouverture de chapitre: O. Meckes et N. Ottawa/Photo Researchers Inc. *Fig. 16.1*: Steve Gschmeissner/Science Photo Library. *Fig. 16.3a et b*: M.E. Olson, I. Ruseska et J.W. Costerton, «Colonization of *n*-bityl-2-cyanoacrylate tissue adhesive by *Staphylococcus epidermis*», *Journal of Biomedical Materials Research*; 22:485-495. © 1988 John Wiley & Sons, Inc./Wiley-Liss, Inc. Reproduit avec la permission de John Wiley & Sons, Inc. *Enc. 16.1a*: Stephen Tristram, School of Human Life Science, Tasmania; *enc. 16.1b*: Christine Case. *Fig. 16.4*: Pulse Picture Library/CMP Images/Phototake Inc. *Fig. 16.5*: Dr Charles Stoer/Camera M. D. Studios. *Fig. 16.6a et b*: P.P. Cleary, University of Minnesota School of Medicine/Biological Photo Service. *Fig. 16.7*: J. Cavallini/Custom Medical Stock Photo Inc. *Fig. 16.8*: Ben Barankin/Dermatlas, www.dermatlas.org. *Fig. 16.9*: Pulse Picture Library/CMP Images/Phototake Inc. *Fig. 16.10*: National Medical Slide Bank/Custom Medical Stock Photo Inc. *Fig. 16.11a*: Peter Usbeck/Alamy; *fig. 16.11b*: P. Marazzi/SPL/Photo Researchers Inc. *Fig. 16.12*: P. Marazzi/SPL/Photo Researchers Inc. *Fig. 16.14a*: Lowell Georgia/Photo Researchers Inc.; *fig. 16.14b*: P. Marazzi/SPL/Photo Researchers Inc. *Fig. 16.15*: Franceschini/CNRI/SPL/Photo Researchers Inc. *Fig. 16.16a*: Medical-on-Line/Alamy; *fig. 16.16b*: Jane Shemilt/SPL/Photo Researchers Inc. *Fig. 16.17a*: O. Meckes et N. Ottawa/Photo Researchers Inc.; *fig. 16.17b*: Biophoto Associates/Photo Researchers Inc. *Fig. 16.18*: O. Meckes et N. Ottawa/Photo Researchers Inc. *Fig. 16.19*: BSIP/PIR/Photo Researchers Inc. *Enc. 16.2*: CDC. *Enc. 16.3*: Medical-on-Line/Alamy. *Enc. 16.4*: P. Marazzi/SPL/Photo Researchers Inc. *Enc. 16.5*: SPL/Photo Researchers Inc. *Fig. 16.20a et b*: OMS, «Priority eye diseases, Trachoma», *Prevention of Blindness and Visual Impairment*, http://www.who.int/blindness/causes/priority/en/index2.html. *Page 457*: M.E. Olson, I. Ruseska et J.W. Costerton, «Colonization of *n*-bityl-2-cyanoacrylate tissue adhesive by *Staphylococcus epidermis*», *Journal of Biomedical Materials Research*, 22:485-495. © 1988 John Wiley & Sons, Inc./Wiley-Liss, Inc. Reproduit avec la permission de John Wiley & Sons, Inc. *Page 458*: O. Meckes et N. Ottawa/Photo Researchers Inc.

CHAPITRE 17

Ouverture de chapitre: D.T. John, T.B. Cole Jr et F.M. Marciano Cabral, «Sucker-like Structures on the Pathogenic Amoeba *Naegleria Fowleri*,» *Applied Environmental Microbiolgy*, Janvier 1984; 47(1):12-4, fig. 3. Reproduction autorisée par l'American Society for Microbiology. *Fig. 17.3*: D.S. Stephens, L.H. Hoffman et Z.A. McGee. «Interaction of *Neisseria meningitidis* with Human Nasopharyngeal Mucosa: Attachmnent and Entry into Columnal Epithelial Cells», *Journal of Infectious Diseases*, 1983; (148):369-376. *Fig. 17.5*: Daniel A. Portnoy. *Fig. 17.6 a*: Everett Collection Inc./Alamy. *Fig. 17.7a*: Daniel A. Portnoy; *fig. 17.7b*: C. James Webb/Phototake Inc. *Enc. 17.1a*: Frederick A. Murphy, University of Texas Medical Branch, Galveston; *enc. 17.1b*: Bureau of Land Management. *Enc. 17.2*: Jim Gathany/CDC. *Fig. 17.10*: Edward J. Bottone, Mount Sinai School of Medicine. *Fig. 17.12*: D.T. John, T.B. Cole Jr et F.M. Marciano Cabral, «Sucker-like Structures on the Pathogenic Amoeba *Naegleria Fowleri*», *Applied Environmental Microbiolgy*, Janvier 1984; 47(1):12-4, fig. 3. Reproduction autorisée par l'American Society for Microbiology. *Fig. 17.13a*: Via/SPL/Photo Researchers Inc.; *fig. 17.13b*: Ralph Eagle/Photo Researchers Inc. *Enc. 17.3*: Brodsky/CDC. *Enc. 17.4*: CDC. *Page 483*: D.S. Stephens, L.H. Hoffman et Z.A. McGee. «Interaction of *Neisseria meningitidis* with Human Nasopharyngeal Mucosa: Attachmnent and Entry into Columnal Epithelial Cells», *Journal of Infectious Diseases*, 1983; (148):369-376. *Page 484*: Everett Collection Inc./Alamy. *Page 485*: Via/SPL/Photo Researchers Inc.

CHAPITRE 18

Ouverture de chapitre: Dr. Thomas W. Geisbert, USAMRIID. *Fig. 18.3*: Bart's Medical Library/Phototake Inc. *Fig. 18.4*: CDC. *Fig. 18.5*: Gracieuseté du National Museum of Health and Medicine, Silver Spring, MD. *Enc. 18.1*: CDC. *Fig. 18.6*: Science Source/Photo Researchers Inc. *Fig. 18.7*: P. Marazzi/SPL/Photo Researchers Inc. *Enc. 18.2*: Georgia Tech, photo: Gary Meek. *Fig. 18.8*: D.L. Kordick et E.B. Breitschwerdt, «Intraerythrocytic presence of *Bartonella henselae*», *Journal of Clinical Microbiology*, Juin 1995; 33(6):1655-1656, fig. 3. Reproduction autorisée par l'American Society for Microbiology. *Fig. 18.9*: CDC. *Fig. 18.10b*: CDC; *fig. 18.10c*: Scott Camazine/Photo Researchers Inc.; *fig. 18.10d*: James Gathany/CDC. *Fig. 18.11b*: Custom Medical Stock Photo Inc. *Fig. 18.12*: M.A. Ansary/SPL/Photo Researchers Inc. *Enc. 18.3*: Ann Smith/Reproduction autorisée par l'ASM MicrobeLibrary (http://www.microbelibrary.org). *Fig. 18.14*: Dr. Thomas W. Geisbert, USA Medical Research Institute of Infectious Diseases. *Enc. 18.4*: CDC. *Fig. 18.15*: O. Meckes et N. Ottawa/Photo Researchers Inc. *Fig. 18.16 (à gauche)*: Photo originale d'A. Kimbal tirée de *A Pictorial Presentation of Parasites*, édité par Dr H. Zaiman; *fig. 18.16 (à droite)*: Gracieuseté de SFI Program. *Enc. 18.5*: Sellers, Emory University/CDC. *Fig. 18.18a*: CDC; *fig. 18.18b*: Photo Lennart Nilsson/Scanpix. *Fig. 18.19*: Walter Reed Army Institute of Research. *Enc. 18.6*: A.J. Sulzer/CDC. *Fig. 18.21*: Photo originale de M. Voge tirée de *A Pictorial Presentation of Parasites*, édité par Dr H. Zaiman. *Fig. 18.20a*: SPL/Photo Researchers Inc. *Enc. 18.7*: Visuals Unilimited/Corbis. *Page 519*: Bart's Medical Library/Phototake Inc. *Page 520 (à gauche)*: Science Source/Photo Researchers Inc. *(à droite)*: CDC. *Page 521*: O. Meckes et N. Ottawa/Photo Researchers Inc.

CHAPITRE 19

Ouverture de chapitre: J. A. Edwards, N. A. Groathouse et S. Boitano, «*Bordetella Bronchiseptica* Adhrence to Cilia Is Mediated by Multiple Adhesin Factors and Blocked by Surfactant Protein A», *Infection and Immunity*, Juin 2005; 73(6):3618-26. Reproduction autorisée par l'American Society for Microbiology. *Fig. 19.3*: P. Marazzi/SPL/Photo Researchers Inc. *Fig. 19.4*: P. B. Smith/CDC. *Fig. 19.5*: Visuals Unlimited. *Fig. 19.6*: Professeur Tony Wright, Institute of Laryngology and Otology/SPL/Photo Researchers Inc. *Enc. 19.1*: Edgar O. Ledbetter, *Visual Red Book* sur CD-ROM 2001, © AAP. Reproduction autorisée par l'American Academy of Pediatrics. *Fig. 19.7a*: J. A. Edwards, N. A. Groathouse et S. Boitano, «*Bordetella Bronchiseptica* Adhrence to Cilia Is Mediated by Multiple Adhesin Factors and Blocked by Surfactant Protein A», *Infection and Immunity*, Juin 2005; 73(6):3618-26. Reproduction autorisée par l'American Society for Microbiology. *Fig. 19.8*: Biophoto Associates/Photo Researchers Inc. *Fig. 19.10*: Mediscan/Visuals Unlimited. *Fig. 19.12*: Raymond B. Otero/Visuals Unlimited. *Fig. 19.13*: Michael Gabridge/Visuals Unlimited. *Enc. 19.2*: CDC. *Fig. 19.14a*: Moredun Animal Health Ltd/SPL/Photo Researchers Inc.; *fig. 19.14b*: Gracieuseté du National Museum of Health and Medicine, Silver Spring, MD. *Enc. 19.3*: Christine Case. *Fig. 19.16a*: Libero Ajello/CDC; *fig. 19.16b*: Arthur M. Siegelman/Visuals Unlimited. *Fig. 19.18 (à gauche)*: L. L. Pifer, W. T. Hughes, M. J. Murphy Jr., «Propagation of *Pneumocystis Carinii in Vitro*», *Pediatric Research*, Avril 1977; 11(4):305-16; *fig. 19.18 (à droite)*: A.B. Dowsett/SPL/Photo Researchers Inc. *Enc. 19.4*: Lenore Haley/CDC. *Page 553*: P. B. Smith/CDC. *Page 554*: Biophoto Associates/Photo Researchers Inc. *Page 555 (à gauche)*: Moredun Animal Health Ltd/SPL/Photo Researchers Inc.; *(à droite)*: L. L. Pifer, W.T. Hughes, M.J. Murphy Jr., «Propagation of *Pneumocystis Carinii in Vitro*», *Pediatric Research*, Avril 1977; 11(4):305-16.

CHAPITRE 20

Ouverture de chapitre: Eric Grave/Photo Researchers Inc. *Fig. 20.3a et b*: S. Hamada et H.D. Slade, «Biology, immunology, and cariogenicity of *Streptococcus mutans*», *Microbiology and Molecular Biology Reviews*, Juin 1980; 44(2):331-384. Reproduction autorisée par l'American Society for Microbiology. *Enc. 20.1*: Laura Ahonen.

Fig. 20.7 : B.B. Finlay et P. Cossart, « Exploration of Mammalian Host Cell Functions by Bacterial Pathogens », *Science,* 1997 ; 276 :718-25. Reproduction autorisée par l'AAAS. *Enc. 20.2* : Christine Case. *Fig. 20.11* : Dennis Kunkel/Visuals Unlimited. *Fig. 20.12* : I. Rosenshine *et al.*, «A Pathogenic Bacterium Triggers Epithelial Signals to Form a Functional Bacterial Receptor That Mediates Actin Pseudopod Formation », *The EMBO Journal*, Juin 1996 ; 15(11) :2613-24, fig. 1c. *Fig. 20.13* : SPL/Photo Researchers Inc. *Enc. 20.4* : Mauro Rodrigues/Shutterstock. *Fig. 20.14* : P. Marazzi/SPL/Photo Researchers Inc. *Enc. 20.5 (en haut)* : Southern Illinois University/Photo Researchers Inc.; *enc. 20.5 (en bas)* : Custom Medical Stock Photo Inc. *Fig. 20.15* : Linda Stannard, UCT/SPL/Photo Researchers Inc. *Enc. 20.6* : Eureka Slide/SuperStock. *Fig. 20.16* : Gopal Murti/Phototake Inc. *Enc. 20.7* : E.L. Palmer/CDC. *Fig. 20.17* : Robert Owen, Paulina Nemanio et David P. Stevens, « Ultrastructural Observations of Giardiasis in a Murin Model », *Gastroenterology*, Avril 1979 ; 76(4) :757-769. © 1979 American Gastroenterological Association. Reproduction autorisée par Elsevier Inc. *Fig. 20.18* : EM Unit, London School of Hygiene and Tropical Medicine, Londres, Royaume-Uni. *Fig. 20.19* : Gracieuseté de Armed Force Institute of Pathology. *Fig. 20.21* : Photo originale de M. King tirée de *A Pictorial Presentation of Parasites*, édité par Dr H. Zaiman. *Fig. 20.22* : Gracieuseté de Armed Force Institute of Pathology. *Fig. 20.23a* : David Scharf/Peter Arnold/Getty Images ; *fig. 20.23b* : R. Calentine/Visuals Unlimited. *Fig. 20.24* : Sinclair Stammers/SPL/Photo Researchers Inc. *Fig. 20.25 (en haut)* : Eric Grave/Photo Researchers Inc.; *fig. 20.25 (en bas)* : Daniel Snyder/Visuals Unlimited/Getty Images. *Enc. 20.8* : CDC-DPDx/Melanie Moser. *Page 595* : S. Hamada et H.D. Slade, « Biology, immunology, and cariogenicity of *Streptococcus mutan* », *Microbiology and Molecular Biology Reviews*, Juin 1980 ; 44(2) :331-384. Reproduction autorisée par l'American Society for Microbiology. *Page 596* : Dennis Kunkel/Visuals Unlimited. *Page 598 (en haut)* : Gopal Murti/Phototake Inc.; *(en bas)* : Robert Owen, Paulina Nemanio et David P. Stevens, « Ultrastructural Observations of Giardiasis in a Murin Model », *Gastroenterology*, Avril 1979 ; 76(4) :757-769. © 1979 American Gastroenterological Association. Reproduction autorisée par Elsevier Inc.

CHAPITRE 21

Ouverture de chapitre : Dennis Kunkel/Visuals Unlimited. *Fig. 21.4* : Dennis Kunkel/Visuals Unlimited. *Enc. 21.1* : Christine Case. *Fig. 21.6* : CDC. *Fig. 21.7* : Gary E. Kaiser, The Community College of Baltimore County. *Fig. 21.8* : Gracieuseté de David Soper. *Fig. 21.9* : Michael Abbey/Photo Researchers Inc. *Fig. 21.11a* : Biophoto Associates/Photo Researchers Inc.; *fig. 21.11b* : Collection CNRI/Phototake Inc.; *fig. 21.11c* : CDC. *Fig. 21.12a et b* : Seattle STD/HIV Prevention Training Center at the University of Washington. *Fig. 21.13* : Michael Remington. *Fig. 21.14* : Bart's Medical Library/Phototake Inc. *Enc. 21.3* : M. Rein/CDC. *Fig. 21.15* : CDC. *Enc. 21.4* : Renelle Woodall/CDC. *Page 621* : Dennis Kunkel/Visuals Unlimited. *Page 622* : Michael Abbey/Photo Researchers Inc. *Page 623* : CDC.

ÉDITION EN LIGNE

Ouverture de la cinquième partie : Chepko Danil Vitalevich/Shutterstock.

CHAPITRE 22

Ouverture de chapitre : C. Ginocchio, S. Olmstead, C. Wells et J. E. Galan, « Contact with Epithelial Cells Induces the Formation of Surface Appendages on Salmonella Typhimurium », *Cell*, 25 février 1994 ; 76(4) :717-24. © 1994 Elsevier Science Ltd. Reproduction autorisée par Elsevier. *Enc. 22.1* : Ken Graham/Accent Alaska.

CHAPITRE 23

Ouverture de chapitre : I. Rosenshine *et al.*, «A Pathogenic Bacterium Triggers Epithelial Signals to Form a Functional Bacterial Receptor That Mediates Action Pseudopod Formation », *The EMM Journal*, 3 juin 1996 ; 15(11) :2613-24. *Fig. 23.4b (les deux)* : Thomas A. Steitz, Yale University. *Enc. 23.1* : Bryan Reinhart/Masterfile. *Fig. 23.22* : Christine Case. *Fig. 23.23* : Christine Case. *Fig. 23.24* : Christine Case. *Enc. 23.2b* : Christine Case.

CHAPITRE 24

Ouverture de chapitre : Dr. Gopal Murti/SPL/Photo Researchers Inc. *Fig. 24.1a* : Dr. Gopal Murti/SPL/Photo Researchers Inc. *Enc. 24.1* : Linda Stannard, UCT/Photo Researchers Inc. *Fig. 24.6a* : NIH Kakefuda/Science Source/Photo Researchers Inc. *Fig. 24.7* : Gracieuseté de M. Guthold (Wake Forest University) et C. Bustamante (University of California, Berkeley). *Fig. 24.10* : Visuals Unlimited. *Fig. 24.26a* : Charles C. Brinton, Jr., University of Pittsburgh ; *fig. 24.26b* : Omikron/Photo Researchers Inc. *Fig. 24.29a* : Dr. Gopal Murti/Phototake Inc.

CHAPITRE 25

Ouverture de chapitre : SPL/Photo Researchers Inc. *Fig. 25.5b* : D. Cheney et B. Metz (non publié). *Fig. 25.6* : Peter Arnold/Getty Images. *Fig. 25.7* : Institut Pasteur/Phototake Inc. *Fig. 25.10* : Peter Arnold/Getty Images. *Fig. 25.13* : SPL/Photo Researchers Inc. *Fig. 25.17* : CDC. *Enc. 25.1b* : S.U. Parshionikar *et al.*, «Waterborne Outbreak of Gastroenteritis Associated with a Norovirus », *Applied and Environmental Microbiology*, Septembre 2003 ; 69(9) :5263-5268. Reproduction autorisée par l'American Society for Microbiology. *Fig. 25.18* : R.S. Oremland *et al.*, « Structural and Spectral Featuring of Selenium Nanospheres Produced by Se-respiring Bacteria », *Applied Environmental Microbiology*, Janvier 2004 ; 70(1) :52-60, fig. 1a. Reproduction autorisée par l'American Society for Microbiology. *Fig. 25.19* : Nigel Cattlin/Alamy. *Page 756* : Institut Pasteur/Phototake Inc. *Page 757* : CDC.

CHAPITRE 26

Ouverture de chapitre : F. Marsik/Visuals Unlimited. *Fig. 26.3b* : Christine Case. *Fig. 26.5a* : L. J. Le Beau/Biological Photo Service. *Fig. 26.10a* : F. Marsik/Visuals Unlimited. *Fig. 26.12 (les deux)* : BSIP/Photo Researchers Inc. *Page 783* : BSIP/Photo Researchers Inc.

Ouverture de la sixième partie : emin kuliyev/Shutterstock.

CHAPITRE 27

Ouverture de chapitre : George J. Wilder/Visuals Unlimited. *Fig. 27.1a* : M. Brown/Biological Photo Service ; *fig. 27.1b* : R. Peterson/Biological Photo Service. *Fig. 27.2a* : Gracieuseté de Mycorrhizal Applications, www.mycorrhizae.com ; *fig. 27.2b* : Peter Arnold/Getty Images. *Fig. 27.5(4)* : Holt Studios International Ltd/Alamy. *Fig. 27.7* : George J. Wilder/Visuals Unlimited. *Fig. 27.10* : Visuals Unlimited. *Fig. 27.11a et b* : Nancy Pierce/Photo Researchers Inc. *Fig. 27.15* : Peter Atkinson/ANT Photo Library. *Enc. 27.1a et b* : Christine Case. *Enc. 27.1 (en bas)* : Pedro Armestre/Agence France Presse/Getty Images. *Fig. 27.16* : © 2011 IDEXX Laboratories, Inc. Colilert et Colilert-18 sont des marques déposées de IDEXX Laboratories, Inc. ou de ses affiliés aux États-Unis et/ou dans les autres pays. *Fig. 27.18* : Blue Flag, www.blueflag.org. *Fig. 27.20b* : Virgil Paulson/Biological Photo Service. *Fig. 27.21* : Environmental Leverage, www.EnvironmentalLeverage.com. *Fig. 27.22a* : Douglas Munnecke/Biological Photo Service. *Fig. 27.23a* : Christine Case. *Page 810 (à gauche)* : Gracieuseté de Mycorrhizal Applications, www.mycorrhizae.com ; *(à droite)* : Nigel Cattlin/Alamy. *Page 811* : © 2011 IDEXX Laboratories, Inc. Colilert et Colilert-18 sont des marques déposées de IDEXX Laboratories, Inc. ou de ses affiliés aux États-Unis et/ou dans les autres pays.

CHAPITRE 28

Ouverture de chapitre : David Scharf/Peter Arnold/Getty Images. *Fig. 28.2* : Packaging Technologies & Inspection, Tuckahoe, NY. *Fig. 28.4* : Ted Horowitz/International Paper. *Fig. 28.6b* : Hank Morgan/Rainbow. *Fig. 28.8a et b* : David Frazier/Photo Researchers Inc.; *fig. 28.8c* : Junebug Clark/Photo Researchers Inc. *Fig. 28.10b* : Collection du North Carolina Biotechnology Center. *Fig. 28.12* : Peter Arnold/Getty Images. *Enc. 28.1 (en haut)* : Reproduction autorisée par Kelco Biopolymers, San Diego ; *enc. 28.1 (en bas à gauche)* : StockFood Creative/Getty Images ; *enc. 28.1 (en bas à droite)* : Seelevel.com. *Fig. 28.14* : Capstone Microturbines, www.microturbine.com. *Fig. 28.15* : Solix Biofuels. *Page 830* : Junebug Clark/Photo Researchers Inc. *Page 831* : Peter Arnold/Getty Images.

INDEX

Note: Les lettres *e*, *f* et *t* renvoient respectivement à des encadrés, à des figures et à des tableaux; les folios en caractères gras, à des concepts définis dans le texte; les folios de couleur, à des pages de l'Édition en ligne.

A

C

F

G

J

K

L

M

S